椒江二桥成桥全景

椒江二桥全景鸟瞰

椒江二桥夜景

安装防撞钢套箱兼作承台施工围堰

插打钻孔桩钢护筒

索塔承台及塔座施工

索塔下塔柱及横梁施工完成

全桥桥面铺装施工完成

主跨主梁合龙施工

全桥施工完成后全景

全桥通车后全景

椒江二桥工程设计施工关键技术

椒　江　二　桥　建　设　指　挥　部
中铁大桥科学研究院有限公司　编
同济大学建筑设计研究院(集团)有限公司

人民交通出版社股份有限公司
China Communications Press Co.,Ltd.

内 容 提 要

椒江二桥是一座处于海洋腐蚀环境、强风及复杂地质条件的大跨度组合梁斜拉桥，抗风、防撞以及耐久性设计要求高，超长、变径桩基础设计、施工难度大。本书系统地总结了该桥科研、设计及施工的关键技术。

本书可供桥梁设计、施工、科研、工程管理人员及大专院校师生阅读参考。

图书在版编目(CIP)数据

椒江二桥工程设计施工关键技术 / 椒江二桥建设指挥部，中铁大桥科学研究院有限公司，同济大学建筑设计研究院(集团)有限公司编. — 北京 ：人民交通出版社股份有限公司，2015.11

ISBN 978-7-114-12523-2

Ⅰ. ①椒… Ⅱ. ①椒… ②中… ③同… Ⅲ. ①斜拉桥-桥梁设计-台州市②斜拉桥-桥梁施工-台州市 Ⅳ. ①U448.27

中国版本图书馆 CIP 数据核字(2015)第 245981 号

书　　名：椒江二桥工程设计施工关键技术
著 作 者：椒江二桥建设指挥部
　　　　　中铁大桥科学研究院有限公司
　　　　　同济大学建筑设计研究院(集团)有限公司
责任编辑：赵瑞琴
出版发行：人民交通出版社股份有限公司
地　　址：(100011)北京市朝阳区安定门外外馆斜街 3 号
网　　址：http://www.ccpress.com.cn
销售电话：(010)59757973
总 经 销：人民交通出版社股份有限公司发行部
经　　销：各地新华书店
印　　刷：北京市密东印刷有限公司
开　　本：880 × 1230　1/16
印　　张：64.5
字　　数：1980 千
版　　次：2015 年 12 月　第 1 版
印　　次：2015 年 12 月　第 1 次印刷
书　　号：ISBN 978-7-114-12523-2
定　　价：198.00 元

《椒江二桥工程设计施工关键技术》

编辑委员会

主　　任：邬美荣　赵　鸣

副 主 任：朱闽海　洪丽娟　王亚萍　陈　炜　田启贤
周仙通

委　　员：徐利平　杨学祥　宋伟峰　刘洪亮　王春雷

审　　稿：洪丽娟　周仙通　徐利平　杨学祥　彭旭民
李　娜　吴乾坤　自　杰

编写人员：林学建　党志杰　吴建中　邹焕祖　林利平
戴利民　赵佳男　罗喜恒　郑本辉　刘　健
李建中　朱乐东　苏庆田　袁万诚　徐　栋
丁顺泉　殷鹏来　王云正　李晓德　吴乾坤
党权交　赵聪明　张俊毅　自　杰　叶派平
徐　俊　张龙伟　陈　炜　田启贤　汪正兴
彭旭民　吴美艳　袁立宏　曹明明　蔡　欣

编　　辑：党志杰　蔡　欣

序

椒江二桥及接线工程是浙江省及台州市公路“十一五”建设规划中跨越椒江的重要通道,连接椒江两岸的省道及港口,承担椒江两岸的交通。项目路线起于临海杜桥镇与椒江前所街道交界处,终于太和二路交叉口,路线全长8.222km。工程的实施,对推动台州经济迈向沿海时代具有十分重大的意义。

椒江二桥全长3550m,主桥为跨度480m的五跨连续半封闭钢箱组合梁斜拉桥,主桥长900m,桥宽39.5m,全漂浮支撑体系。该桥于2010年4月主体工程开工建设,于2014年1月建成通车。

由于该桥区地形、地质及水文条件复杂,软土地基处理数量多,复杂地质条件下,超长、大变径端承桩施工难度大,尤其主跨斜拉桥主梁采用半封闭钢混凝土组合梁结构,大跨度钢混凝土组合梁设计、施工关键技术难度大,抗风、防撞以及海洋腐蚀环境下耐久性设计要求高,构成本桥科研的技术关键点和难点。

椒江二桥工程紧密结合国民经济发展需要,注重先进技术应用,开展关键技术研究和创新,取得多项创新成果。同时精心设计、精心施工、精心管理,提高经济效率,安全、优质完成椒江二桥工程建设。该桥的建成,对促进地区国民经济发展具有重大意义;所取得的技术成就为提升我国桥梁建设技术水平做出了新的贡献。该桥的建成,是广大建设者辛勤劳动的结晶,它凝聚了建设管理、设计、施工、科研等建桥人的聪明和智慧。《椒江二桥工程设计施工关键技术》一书,正是这一系列关键技术的总结和记录,该书对于桥梁建设具有宝贵的应用价值和参考意义。

签字:

2014年9月30日

前　言

椒江二桥及接线工程是浙江省及台州市公路“十一五”建设规划中的区域T线公路75省道改建跨越椒江的重要通道，连接椒江两岸的74、75、82、83省道及头门港、海门港、龙门港，将主要承担椒江两岸的交通，既具有公路的功能，也兼顾城市道路的功能。同时，椒江二桥也是浙江省交通运输厅贯彻落实中央决策部署，加快交通基础设施建设组织实施的“六个一批”项目中属“尽快开工一批”的重点项目，也是实施市政府“三个台州”的战略要求。该工程的实施，对推动台州市经济迈向沿海时代具有十分重大的意义。项目路线起于临海杜桥镇与椒江前所街道交界处的道感堂村附近（K62+294），终于太和二路交叉口（K70+515.954），路线全长8.222km。

椒江二桥在椒江口老鼠屿处跨越椒江，其桥位距上游椒江大桥约7km，离下游沿海高速公路桥位约3.8km。椒江二桥长3550m，主桥里程K67+358~K68+258，全长900m，为五跨连续半封闭钢箱组合梁斜拉桥，桥宽39.5m，全漂浮支撑体系，主塔为钻石形，两边跨各设一个辅助墩。

由于该桥区地形、地质及水文条件复杂，软土地基处理数量多，复杂地质条件下，超长、大变径端承桩施工难度大，尤其主桥斜拉桥主梁采用半封闭钢箱组合梁结构，大跨度钢混凝土组合梁设计、施工关键技术，以及抗风、防撞、海洋腐蚀环境下耐久性设计要求高，构成本桥科研的技术关键点和难点，并取得多项设计、施工重要科研技术成果。

椒江二桥的建设，凝聚了设计、施工、科研等建桥技术人员和专家的聪明智慧，积累了许多有价值的技术经验。为系统地总结和介绍这些宝贵的经验，丰富桥梁技术宝库，以供日后借鉴，并为维修养护提供基础数据，特编写出版《椒江二桥工程设计施工关键技术》一书。

全书共分四篇，分别为：椒江二桥工程概述；设计与关键技术；桥梁结构施工关键技术；科研、试验与创新。由椒江二桥建设指挥部、中铁大桥科学研究院有限公司、同济大学建筑设计研究院（集团）有限公司等单位共同编写。

限于编者水平和时间紧迫，本书内容难免有错误和不妥之处，恳请读者不啬指正。

编者

2014年9月

目　录

第一篇　椒江二桥工程概述

第二篇　设计与关键技术

第三篇 桥梁结构施工关键技术

第四篇 科研、试验与创新

椒江二桥工程概述

第一章　工 程 概 述

第一节　地理位置及工程项目范围

一、地理位置

椒江二桥及接线工程是浙江省及台州市公路“十一五”建设规划中的区域T线公路75省道改建跨越椒江的重要通道，连接椒江两岸的74、75、82、83省道及头门港、海门港、龙门港，将主要承担椒江两岸的交通，既具有公路的功能，也兼顾城市道路的功能。同时，还起到连接台金高速公路东延段以及拟建中的沿海高速公路的作用，给既有交通运输网提供一条更加便捷的通道。因此，本工程的建设对于完善台州市交通网络，加快台州市、椒江区的城市化进程，进一步拓展城市发展空间和促进沿线区域经济的协调发展具有重要意义。

同时，本工程也是浙江省交通运输厅贯彻落实中央决策部署，加快交通基础设施建设组织实施的“六个一批”项目中属“尽快开工一批”的重点项目；也是实施市政府“三个台州”的战略要求。对推动台州市经济迈向沿海时代具有十分重大的意义。

椒江二桥及接线工程位于台州市东部临海市和椒江区境内，其中椒江二桥是本项目的控制性工程，在椒江口老鼠屿处跨越椒江，桥位距上游椒江大桥约7km，离下游沿海高速公路（甬台温复线）“工可”桥位约3.8km。本项目路线起于临海杜桥镇与椒江区前所街道交界处的道感堂村附近（K62+294），即台金高速公路东延与75省道临时平面交叉口处，沿老路向南200m后偏向西避开道感堂村走新线至大树岙村西侧，于K64+00处上跨现75省道，向南延伸接规划台东大道至老鼠屿，跨越椒江至浙江花蝶染料化工厂东侧，穿部队营房后接回疏港大道（台东大道），沿疏港大道（台东大道）线位向南；终于太和二路交叉口，里程K70+515.954，路线全长8.222km。椒江二桥及接线工程地理位置见图1-1-1。

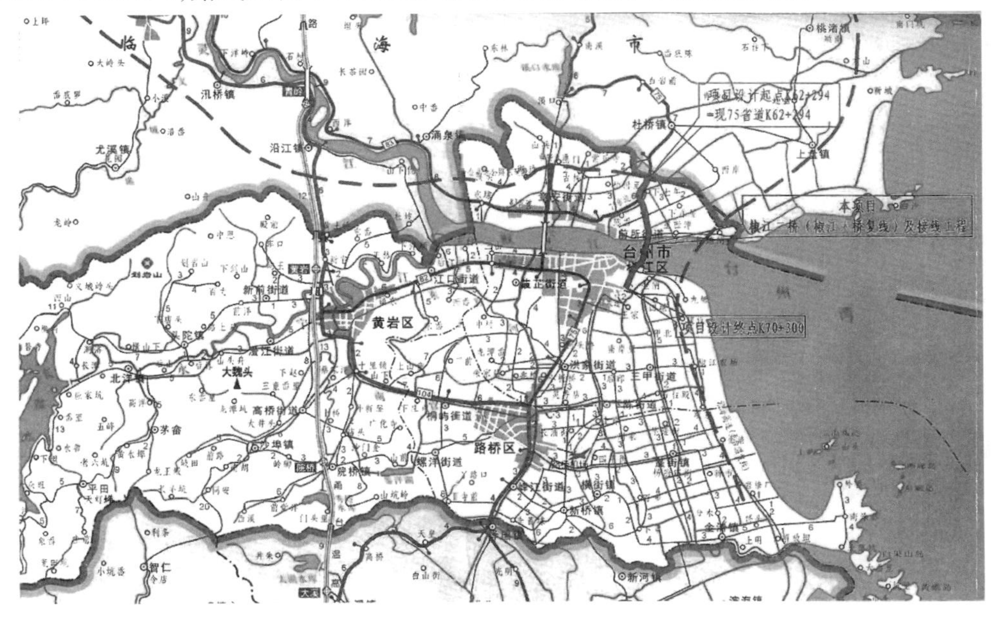

图1-1-1　椒江二桥及接线工程地理位置

二、工程项目范围

椒江二桥工程范围从北引桥桥台 K65 +983 起至南引桥桥台右线 ZK69 +755.5 止，桥梁右线全长 3772.5m（左线 ZK69 +827.5 止，桥梁左线全长 3844.5m），全线包括：北引桥、主桥和南引桥。

北引桥里程 K65 +986 ~ K67 +358，桥梁长度 1372m（墩号 N38 ~ N03），其结构布置见图 1-1-2。

其跨度组成及结构形式为：3 ×（8 ×30m）三联八跨连续组合小箱梁，桥宽 31.5m；38m +53m +2 × 38m，连续箱梁，宽 31.5m；45m +60m +4 ×80m +60m 变高度连续刚构，桥宽 37.5m。

主桥里程由 K67 +358 ~ K68 +258（墩号 N03 ~ S03），其结构布置见图 1-1-3。跨度组成 70m +140m + 480m +140m +70m，为主梁五跨连续半封闭钢箱梁组合梁斜拉桥，宽 39.5m 全漂浮支撑体系；主塔为钻石形，两边跨各设一个辅助墩。

南引桥分左、右两幅，里程与跨度组成分别为：

左幅 K68 +258 ~ ZK69 +824.5，跨度组成为 60m +2 ×80m +60m 变高度连续刚构，3 ×45m 异形连续箱梁，50m +50m +40m 连续箱梁，4 ×40m +35m 连续箱梁，道路 81m，7 ×30m 连续箱梁，道路 55.5m，4 × 30m 连续箱梁，5 ×30m 连续箱梁，左线桥梁总长 3702m。

右幅 K68 +258 ~ YK69 +752.5，跨度组成为 60m +2 ×80m +60m 变高度连续刚构，4 ×45m 异形连续箱梁，45m +2 ×50m 连续箱梁，2 ×50m +40m 连续箱梁，4 ×40m 连续箱梁，道路 30m，7 ×30m 连续箱梁，道路 69.5m，30m +2 ×35m +30m 连续箱梁，5 ×30m 连续箱梁，右线桥梁总长 3667m。南引桥结构布置见图 1-1-4。

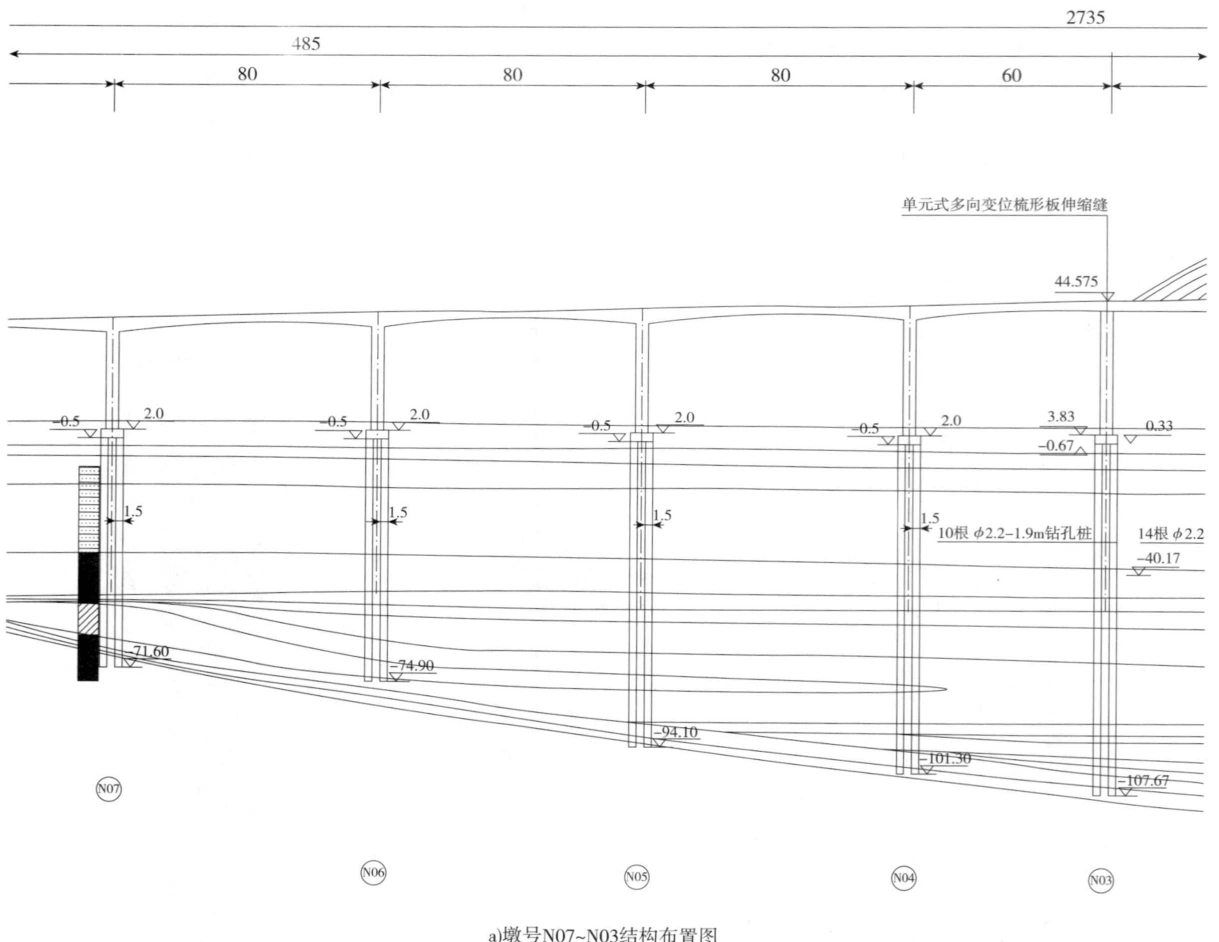

a)墩号N07~N03结构布置图

图 1-1-2

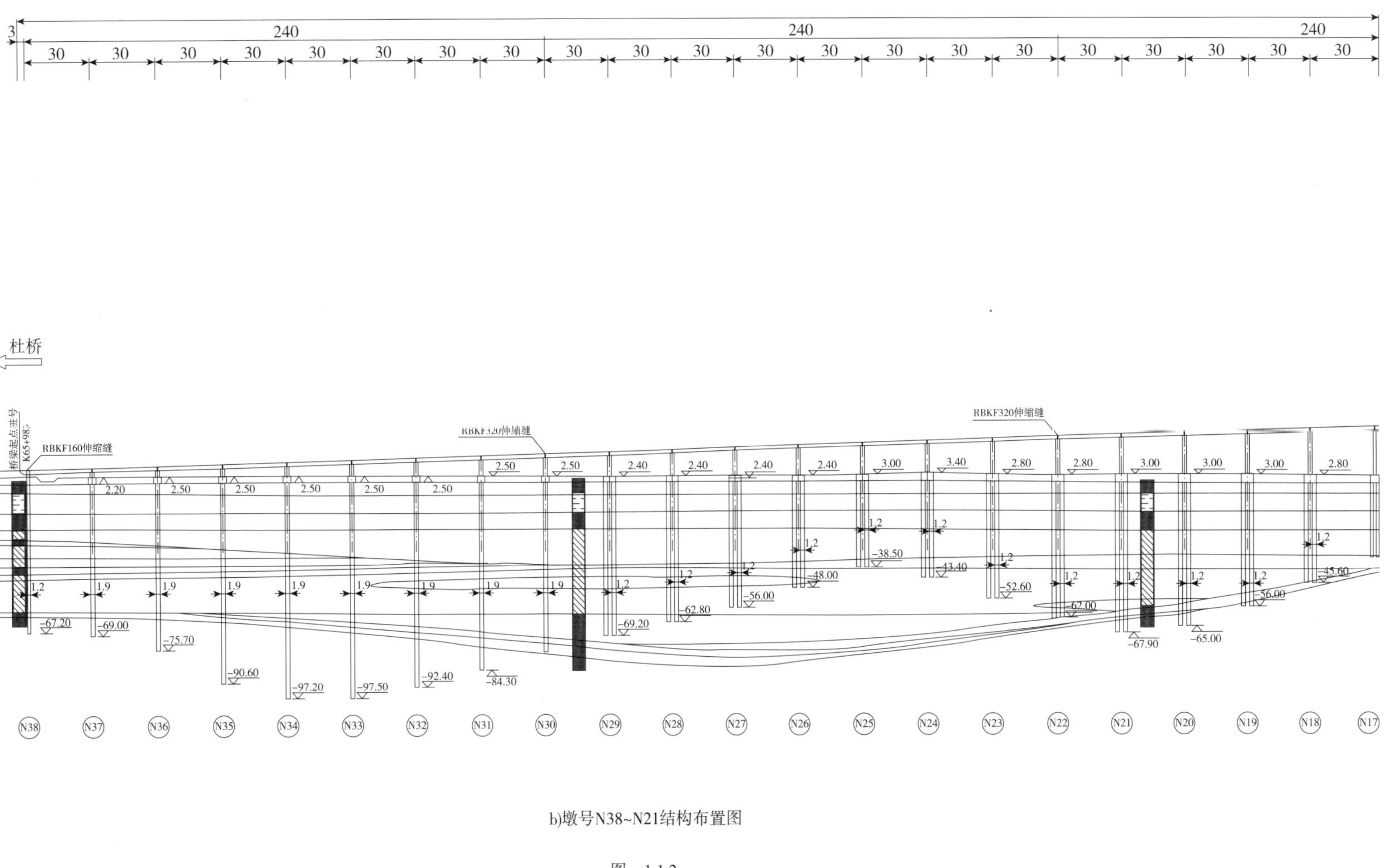

b)墩号N38~N21结构布置图

图 1-1-2

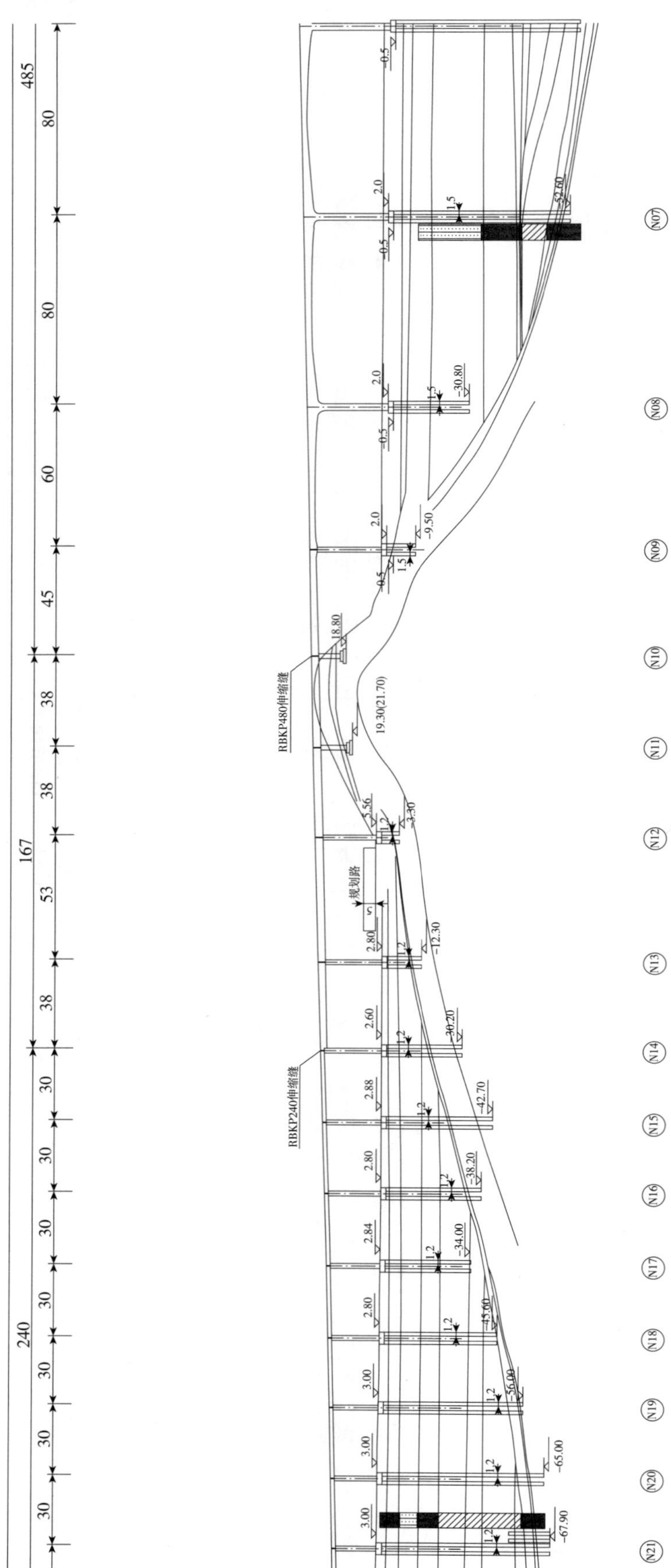

c)墩号N21~N07结构布置图

图1-1-2　北引桥结构布置图（尺寸单位:m）

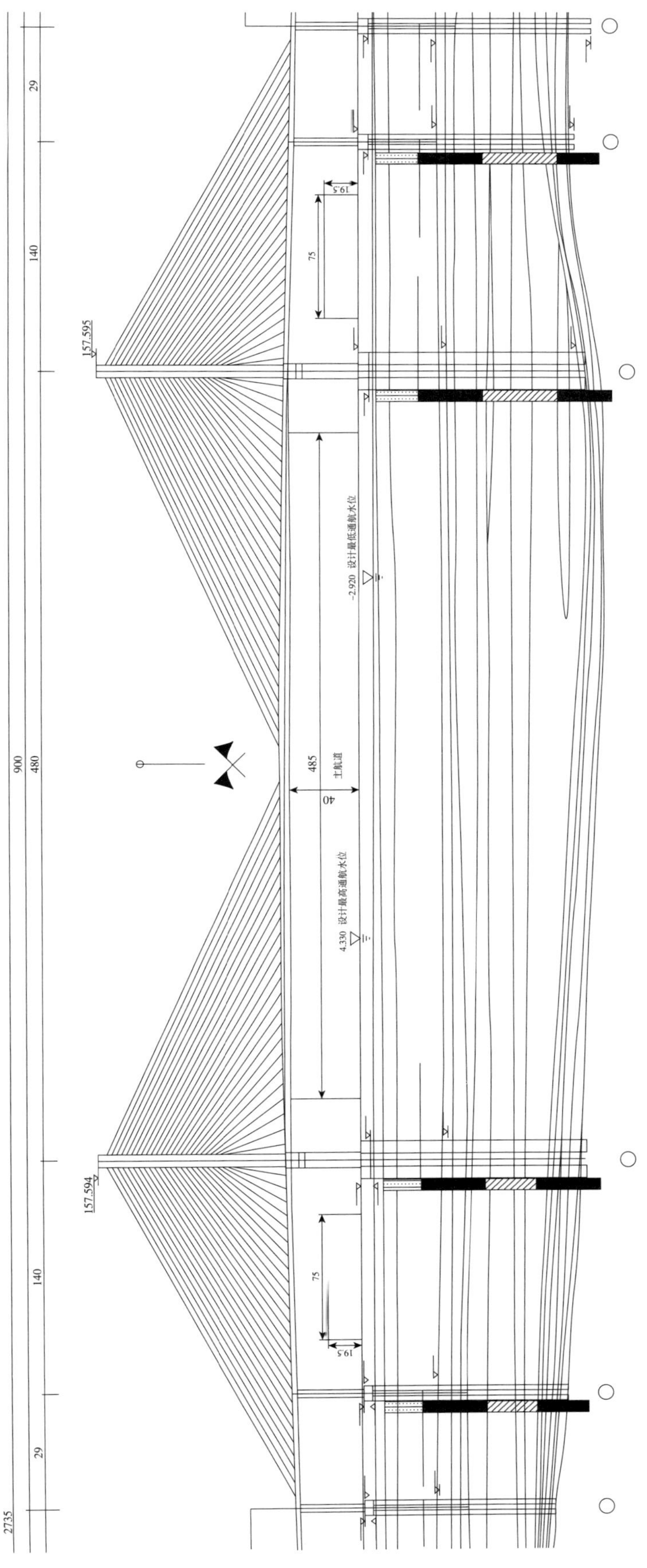

图1-1-3 主桥结构布置图（尺寸单位:m）

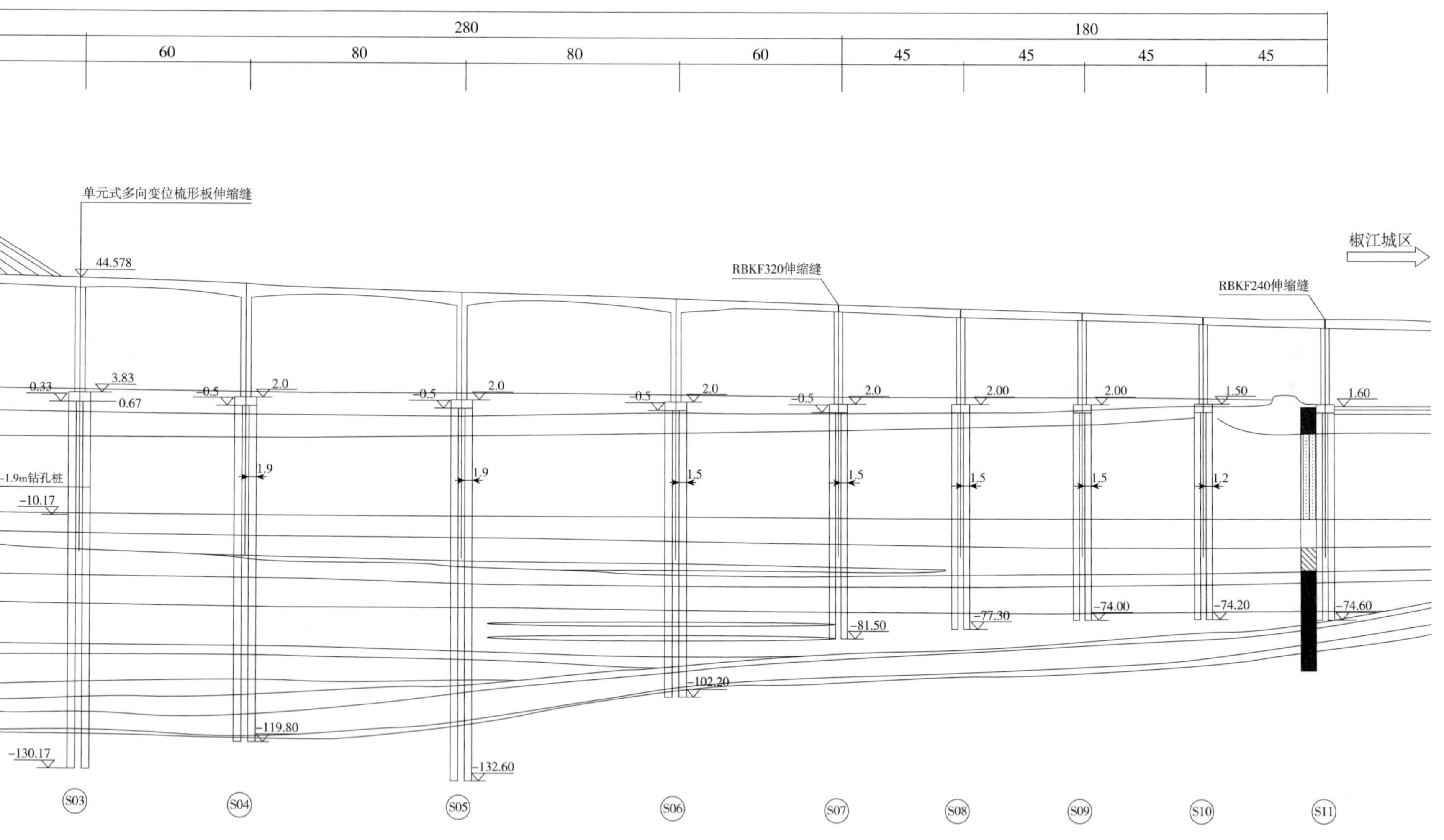

a)墩号S03~S11结构布置图

图 1-1-4

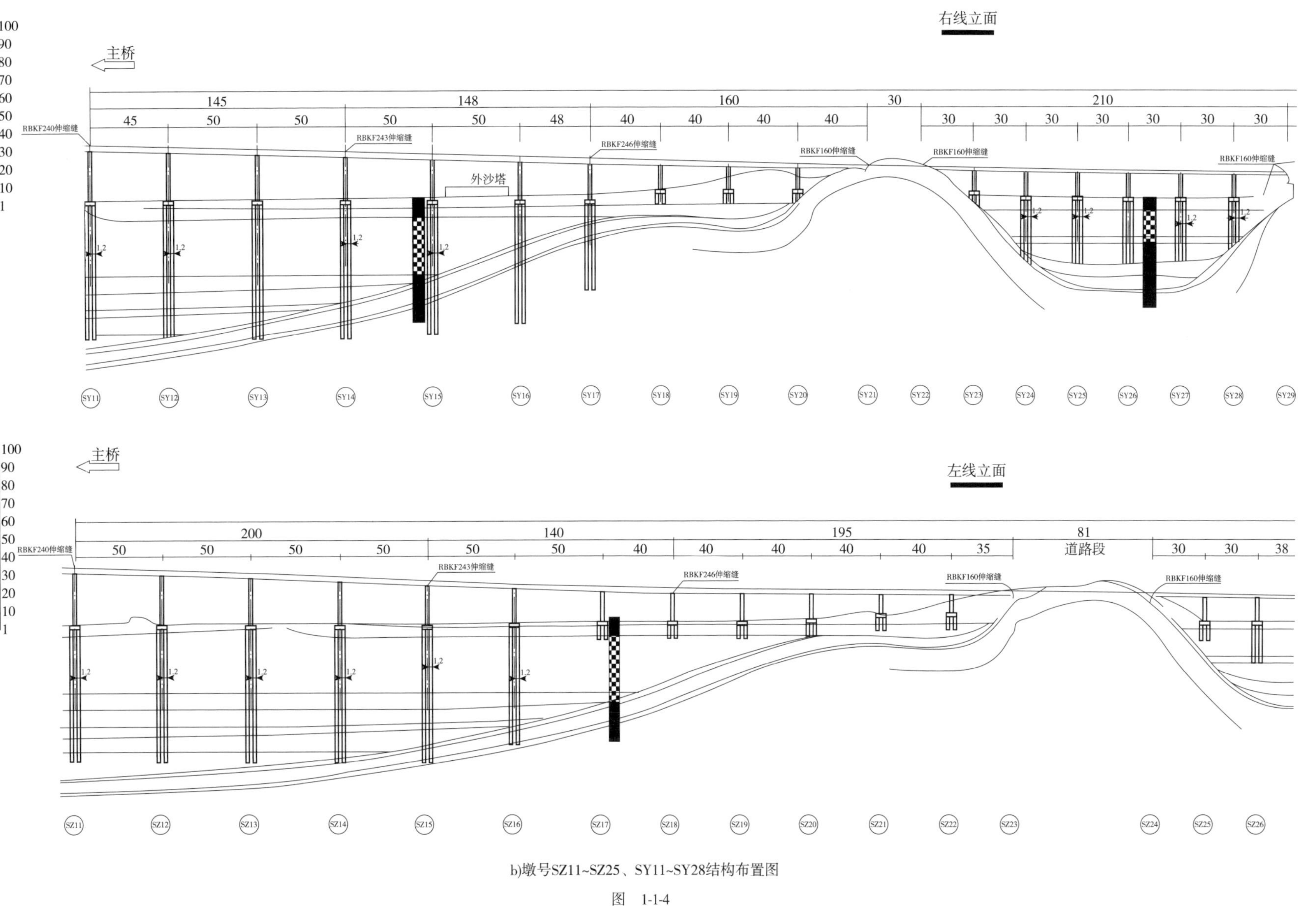

b)墩号SZ11~SZ25、SY11~SY28结构布置图

图 1-1-4

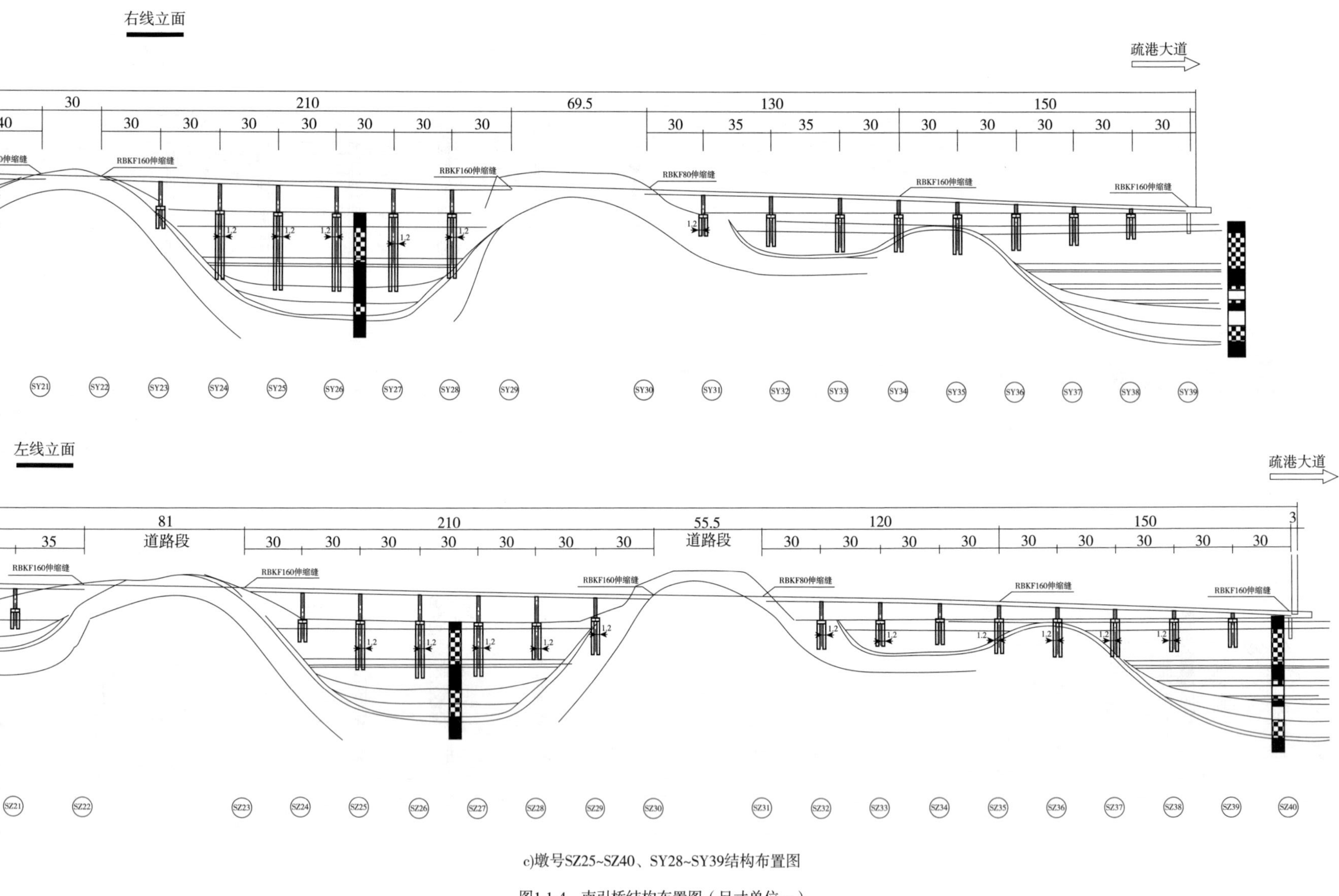

c)墩号SZ25~SZ40、SY28~SY39结构布置图

图1-1-4　南引桥结构布置图（尺寸单位:m）

三、两岸接线

北接线起点为临海杜桥镇与椒江区前所街道交界处的道感堂村附近，里程为 K62 +294 至北引桥起点，里程 K65 +986，北接线长 692m；南接线由南引桥终点 ZK69 +824. 5 至太合二路交叉口，里程 K70 +516，南接线长 691. 5m。北接线路基宽 32m，行车道宽 2 ×3 ×3. 75m；南岸接线采用分离式路基，单幅路基顶宽 15. 25m，行车道宽 2 ×3. 5m。

第二节 自然环境条件

一、地形地貌

工程所在地区为平原和低山丘陵区相间地形，地势西高东低。江北部分线路经过区域现主要以水稻田为主，区内河流、水渠纵横交错，水系呈网格状分布，水网密度大，且分布有大量大大小小、形状各异的水塘、鱼塘等。江南部分线路经过区域现主要以水稻田、村庄及厂区等为主，区内河流、水渠纵横交错，其间分布有少量水塘、鱼塘等。路线跨越椒江处为台州湾椒江入海口，海域开阔，岸线较平直，潮滩发育，水深大多小于 10m。台州湾椒江河口两侧为大片的黏土质粉沙浅滩，其中南侧为台州浅滩，宽约 7km，南北长约 15km；河口北侧顺河岸为南洋海涂，宽约 2. 5km，顺岸长达 9km。椒江两岸陆域河网密布，地势平坦，高程一般在 2 ~5m(85 国家高程系统)；局部地段有山丘分布。

椒江二桥拟建区段椒江河口平面呈典型的喇叭形，以北岸的淞浦闸至南岸的九塘一线划分，小园山至淞浦闸河段岸线平直，河面宽度往东逐渐展开，水面宽度由 970m 扩展到 3900m，其中老鼠屿附近河面扩展到 800m 左右。

椒江二桥江面宽度约 1770m，主河床底较为平坦，河槽呈“U”字形，主槽宽度 500m 左右，近年来主河槽有向北略微摆动的趋势。河槽最深点高程约 −8. 4m，南北主塔位置的现状床底高程分别为 −8. 2m 和 −5. 3m。

二、气象

(一)气温

多年年平均气温 17. 0℃；年平均最高气温 212℃；年平均最低气温 138℃；极端最高气温 40. 3℃；极端最低气温 −7. 1℃。年平均相对湿度 82%，每年 4—8 月较为湿润，6 月的平均相对湿度为 90%；冬季气候较为干燥，12 月至翌年 2 月平均相对湿度为 70% 左右。

(二)降水

流域多年平均降水量为 1652mm，降雨天数 160—175 天。降雨时空分布不均匀，山区大于平原。年际变化较大，在 1000—2300mm 之间，最大与最小年雨量比值可达 23 倍。降雨年内分配也不均匀，4—9 月降雨量约占全年降雨量的 73%。年内有两个明显的雨季，5—6 月称梅汛期，降雨量约占全年的 27%，7—9 月为台汛期，降雨量约占全年的 43%。

多年平均降水量 1652mm；历年最大降水量 2371mm；历年最小降水量 913mm；一日最大降水量 321mm；年平均降水日数 166 天；降水量大于或等于 25mm 的年平均降水日数 15. 9 天。

(三)风与台风

台风是本区域又一重大气象要素。1949 年以来，登陆台州 12 级以上的台风 13 次，最大风力 50. 4m/s，历年 1 分钟最大风速为 25m/s(1975 年 8 月)。台风影响一般规律为平均每年 1 ~2 次，最多可达 3 ~4 次，影响季节一般为 7—9 月，最早 5 月，最迟 11 月。

自 1949 年以来，对工程区域造成最严重影响的台风有 8 个，其中 9711 号台风实测极大风速 5725m/s，日最大降水量492.0mm，最高潮位7.9m，损坏海塘江堤776km；9417号台风实测极大风速55.0m/s，日最大降水量675.0mm，最高潮位7.43m，损坏海塘江堤949km。

（四）雾况与雷暴

本地区多年平均雾日27.3天，雾日多集中在冬季和春季，每年3—6月雾日最多，占全年的72%，雾日变化比较明显，一般都发生在早晨至上午10时左右。年平均雾日数50天（能见度小于1km）；年最多雾日数88天（大陈站）；年最少雾日数28天。

多年平均雷暴日数30天；年最多雷暴日数65天；年最少雷暴日数15天。

（五）水文

椒江二桥的椒江河口区是典型的非正规半日潮。由于河口平面形态呈喇叭形，向内收缩，潮波受到地形、摩阻及上游径流顶托和两岸边界的约束反射等影响，上溯过程中变形剧烈，涨潮历时缩短，落潮历时延长。根据离桥址最近的海门水位站1959至2003年的潮位资料：

平均高潮位2.45m，平均低潮位－1.54m，平均潮差4.022.45m；最高水位5.67m，最低水位－2.72m，最大潮差6.87m，平均涨潮历时5h6min，平均落潮历时7h19min。涨、落潮流主流向基本为往复流，大潮期涨潮流274°～283°，落潮的主流向91°～109°。垂线涨潮最大流速达1.97m/s，下游垂线涨潮最大流速1.43m/s。由此可知，老鼠屿桥位处的涨潮流速1.437～1.97m/s。

三、桥区河段稳定性及航道

（一）桥区河段稳定性

椒江是台州境内最大河流，也是浙江第三大河。干流自仙居县天堂尖曲折向东至椒江牛头颈入海，全长1973km，沿途有灵江、永宁江和永安溪、始丰溪等80多条江溪汇入，流域面积6613km^2，占全市陆域面积2/3左右。上游永安溪、始丰溪，流经仙居盆地和天台盆地，在临海市城西三江村汇合灵江；中游灵江，宽300～800m，均为感潮河段，向东折南至黄岩区三江口，汇合水宁江（澄江）为椒江；下游河口段，自三江口至牛头颈，河面宽950～2000m，航道顺直，为纳潮河段。出牛头颈后堤岸迅速展宽，至距牛头颈18公里的白沙南北堤岸宽达19km。

除牛头颈附近之外，椒江口内河段的历次测图岸线基本重合；牛头颈附近1988年比1933年有少量外推，一般在100m以内，1988年后十分稳定，而且与目前港区的岸线吻合较好，说明此区域的岸线变化是港区建设的需要，人为的使岸线外推，并非岸滩淤积造成，所以，椒江河段的岸线在自然条件下十分稳定。

椒江口外航道的横断面形态单一，老鼠屿区段水下地形较为平坦，桥位断面处河床呈“L”形，主槽宽度500m左右，河床底高程－60～7.0m。近年来桥位断面出现北部河床少量冲刷，南部河床少量淤积的现象，主槽有向北略微摆动的趋势，北侧岸坡陡峻且密集，南侧岸滩相应较为舒展，水动力轴线偏向江道北侧。

总体而言，椒江河段大趋势属动态稳定，特别是桥址河段已为人工岸线及自然山体岩矶所约束，除了人为干预，岸线不会有大的变动；河槽受椒江洪淤潮冲规律影响，排除大量采砂及河口大规模整治工程影响外，桥址断面的冲淤幅度相对不大；从河床演变特点及趋势分析，该桥址断面是合适的。

（二）航道

椒江在口门处受南岸牛头颈、北岸的小园山矶头控制，习惯上将牛头颈至三江河口12km河段称为椒江内河段，平均河宽1500m，最大河宽1800m，属山溪性半日潮汐河流，河岸顺直，河宽沿程变化不大，河床宽而较浅。牛头颈以东河段称为椒江外河段，出牛头颈后河道迅速展开进入喇叭形的台州湾内，两岸发育成较大的岸滩。

外海来港船舶经一江山岛、头门岛后进入台州湾即椒江口外航道。椒港口外航道自牛头颈口门至台州湾水深区段180km长度内，航道顺直，但航道水深很浅，自上游永宁江建闸后导致海门港附近河床形态发生变化。−5.0m(黄海)深槽消失，−4.0m等深线不能贯通，经过整治，南槽−3.88m等深线贯通。小园山—牛头颈以外河床展宽，成喇叭口状，水流流速减小，落淤加强，形成栏门沙，口外航道水深不足处有10km多，其最浅段涛江浦与杜下浦之间长约2km段，水深仅2.4~2.8m。

目前3000吨级和5000吨级船舶可乘潮进出，浅吃水万吨级海轮需在港外锚地过驳减载后方可乘潮进出。船舶满载吃水5.8m时其航道通航保证率为68%，船舶吃水5.3m时通航保证率为85%。

四、区域地质稳定性评价

勘察区位于华南褶皱系浙东南褶皱带的温州—临海拗陷的东北部，界于黄岩—象山断拗之间。地质构造格式以脆性断裂为主，褶皱不明显。主要断裂构造为温州镇海大断裂及淳安—温州大断裂。

温州—镇海大断裂：断裂总体走向为北东25°，自黄岩县长潭水库往北经临海、宁海、镇海而潜没于灰鳖洋。这一段地表特征十分明显。该断裂自黄岩县长潭水库以南延经温州、矾山，南伸入福建境内，全长约320km，断裂带宽5~10km，断面多向北西倾，倾角陡立。该断裂可能形成于燕山中晚期。

泰顺一黄岩大断裂：位于浙江东南沿海，呈北东向展布，由泰顺往北东经永嘉、黄岩直抵三门湾，省内长约260km。地表为断续出露的北东向断裂，一般长达20~30km。断裂发育在上侏罗统和白垩系中，燕山晚期的岩体常被其切割。断裂东侧以频繁跳动的强磁场为特征，西侧以平静的磁场为背景，两者分界明显。

受上述断裂影响，测区北西向和北东东向次级断裂发育，并伴有南北，东西向低级断裂或节理带。

五、工程地质评价

将本段线路勘察深度以浅的岩土层分为10个工程地质层，37个工程地质亚层，按岩土体的成因时代由新到老顺序分述如下。

(1)① ①层：填土(mcQ_4^{ml})：杂色，松散-稍密，湿，主要由碎石、卵砾石及粉质黏土等人工回填而成，局部含少量生活垃圾及建筑垃圾。主要分布在沿线公路、房屋及堤坝。

(2)② ②层：粉质黏土(黏土)(mQ_4^3)：灰黄色、褐黄色，褐灰色，软塑，饱和，含少量铁锰质氧化斑点，干强度高，韧性中等，无摇震反应。广泛分布于沿线平原区浅部，局部小河、塘及椒江地段缺失。物理力学性质一般。地基土承载力基本容许值$[\sigma_0]=80\sim90$kPa，桩周土极限摩阻力：钻孔灌注桩τ_i值$=15\sim20$kPa；沉桩τ_i值$=18\sim25$kPa。

(3)③ ③1层：淤泥质粉质黏土(溅泥质黏土mQ_4^3)：褐黄色，灰色，流塑，饱和，含有机质及腐殖质，局部夹粉砂薄层，干强度高，韧性中等，无摇震反应。广泛分布于沿线平原区上部，椒江流域地段为淤(海)泥。物理力学性质差。地基土承载力基本容许值$[\sigma_0]=50\sim60$kPa，桩周土极限摩阻力：钻孔灌注桩τ_i值$=13\sim18$kPa；沉桩τ_i值$=15\sim20$kPa。

(4)④ ③2层：淤泥(mQ_4^2)：灰色，流塑，饱和，含有机质及腐殖质，局部夹粉砂薄层，局部夹贝壳碎屑，干强度高，韧性中等，无摇震反应。广泛分布于沿线平原区上部。物理力学性质差。地基土承载力基本容许值$[\sigma_0]\approx50$kPa，桩周土极限摩阻力：钻孔灌注桩τ_i值≈13kPa；沉桩τ_i值≈15kPa。

(5)⑤ ③3层：淤泥质黏土(淤泥质粉质黏土)(mQ_4^1)：灰色，流塑，饱和，含有机质及腐殖质，局部夹粉砂薄层，局部夹贝壳碎屑，干强度高，韧性中等，无摇震反应。广泛分布于沿线平原区上部。物理力学性质差。地基土承载力基本容许值$[\sigma_0]\approx55$kPa，桩周土极限摩阻力：钻孔灌注桩τ_i值≈15kPa；沉桩τ_i值≈18kPa。

(6)⑥ ④1层：黏土($al\text{-}mQ_4^1$)：褐灰色，软塑~流塑，局部流塑，饱和，鳞片状，局部夹贝壳碎屑，干强度高，韧性中等，无摇震反应。广泛分布于沿线平原区中部。物理力学性质差。地基土承载力基本容许值[σ_0]=80~90kPa,桩周土极限摩阻力:钻孔灌注桩 τ_i 值=20~25kPa;沉桩 τ_i 值=25~30kPa。

(7)⑦ ④夹层:粉质黏土(粉土)(al-mQ_4^1):褐灰色,软塑,饱和,含大量粉细砂,干强度高,韧性中等,无摇震反应。局部分布。物理力学性质好。地基土承载力基本容许值[σ_0]=120~140kPa,桩周土极限摩阻力:钻孔灌注桩 τ_i 值=25~30kPa;沉桩 τ_i 值=30~35kPa。

(8)⑧ ④2 层:含圆砾粉质黏土(al-Q_4^1):褐灰色,软塑,饱和,含少量砾石,干强度高,韧性中等,无摇震反应。广泛分布于沿线平原区中部。物理力学性质好。地基土承载力基本容许值[σ_0]≈220kPa,桩周土极限摩阻力:钻孔灌注桩 τ_i 值≈50kPa;沉桩 τ_i 值≈55kPa。

(9)⑨ ④3 层:含粉质黏土卵石(al-mQ_1):褐灰色,稍密-中密,饱和,卵石含量占 50%~65%,粒径 2~6cm 为主,圆砾占 15%~20%,磨圆度较好,呈次圆-圆状,含量不均,原岩成分以凝灰岩为主,粉质黏土含量占 30%~35%,其余为砂。该层仅分布于椒江流域中部,卵石粒径、含量从椒江北岸向南岸渐变,ZK7 孔粒径最小,含量最少,北岸局部为含粉质黏土圆砾。物理力学性质较好。地基土承载力基本容许值[σ_0]≈320kPa,桩周土极限摩阻力:钻孔灌注桩 τ_i 值≈85kPa;沉桩 τ_i 值≈95kPa。

(10)⑩ ⑤1 层:含粉质黏土圆砾(alQ_3):褐灰色,稍密-中密,饱和,卵石含量占 20%~35%,粒径 2~8cm 为主,圆砾含量占 30%~45%,粒径以 0.5~2.0cm 为主,磨圆度较好,呈次圆-圆状,含量不均,原岩成分以凝灰岩为主,粉质黏土含量占 30%~40%,其余为砂。该层仅分布于椒江流域中部,圆砾粒径、含量从椒江北岸向南岸渐变,北岸局部地段为含粉质黏土砾砂。物理力学性质较好。地基土承载力基本容许值[σ_0]≈280kPa,桩周土极限摩阻力:钻孔灌注桩 τ_i 值≈70kPa;沉桩 τ_i 值≈80kPa。

(11)⑪ ⑤2 层:含粉质黏土圆砾(alQ_3):褐灰色,稍密-中密,饱和,卵石含量占 15%~25%,粒径 2~8cm 为主,圆砾含量占 40%~50%,粒径以 0.5~2.0cm 为主,磨圆度较好,呈次圆-圆状,含量不均,原岩成分以凝灰岩为丰,粉质黏士含量占 30%~40%,其余为砂。该层圆砾粒径、含量从椒江北岸向南岸渐变,ZK7 孔粒径最小,含量最少,北岸局部地段为含粉质黏土砾砂。物理力学性质较好。地基土承载力基本容许值[σ_0]≈260kPa,桩周土极限摩阻力:钻孔灌注桩 τ_i 值≈650kPa;沉桩 τ_i 值≈75kPa。

(12)⑫ ⑤2 夹层:粉质黏土(alQ_3):青灰色,褐灰色,硬塑,局部软塑,饱和,干强度高,韧性中等,无摇震反应。局部分布于椒江流域中部。物理力学性质好。地基土承载力基本容许值[σ_0]≈150kPa,桩周土极限摩阻力:钻孔灌注桩 τ_i 值≈40kPa;沉桩 τ_i 值≈455kPa。

(13)⑬ ⑥1 层:粉质黏土(al-1Q_3^{2-2}):青灰色,青灰色夹灰黄色,软-硬塑,饱和,局部夹少量砾石,干强度高,韧性中等,无摇震反应。局部分布沿线平原区下部。物理力学性质较好。地基土承载力基本容许值[σ_0]≈200kPa,桩周土极限摩阻力:钻孔灌注桩 τ_i 值≈45kPa;沉桩 τ_i 值≈50kPa。

(14)⑭ ⑤2 层:黏土(al-lQ_3^{2-2}):褐灰色,灰色,浅灰色,硬塑,局部软塑,饱和,干强度高,韧性中等,无摇震反应。局部分布沿线平原区下部。物理力学性质较好。地基土承载力基本容许值[σ_0]≈220kPa,桩周土极限摩阻力:钻孔灌注桩 τ_i 值≈50kPa;沉桩 τ_i 值≈550kPa。

(15)⑮ ⑥3 层:黏土(al-lQ_3^{2-2}):青灰色,青灰夹灰黄色,软~硬塑,饱和,干强度高,韧性中等,无摇震反应。局部分布沿线平原区下部。物理力学性质好。地基土承载力基本容许值[σ_0]≈160kPa,桩周土极限摩阻力:钻孔灌注桩 τ_i 值≈40kPa;沉桩 τ_i 值≈45kPa。

(16)⑯ ⑦1 层:粉质黏土(al-lQ_3^{2-1}):青灰色,浅灰色,软-硬塑,饱和,干强度高,韧性中等,无摇震反应。局部分布沿线平原区下部。物理力学性质好。地基土承载力基本容许值[σ_0]=150~170kPa,桩周土极限摩阻力:钻孔灌注桩 τ_i 值=35~45kPa;沉桩 τ_i 值=40~50kPa。

(17)⑰ ⑦2 层:含圆砾粉质黏土(al-lQ_3^{2-1}):褐灰色,浅灰色,硬塑,局部软塑,饱和,含少量砾石,干强度高,韧性中等,无摇震反应。局部分布。物理力学性质好。地基土承载力基本容许值[σ_0]=200~220kPa,桩周土极限摩阻力:钻孔灌注桩 τ_i 值=50~55kPa;沉桩 τ_i 值=55~65kPa。

(18)⑱ ⑦3 层:黏土(al-lQ_3^{2-1}):褐灰色,浅灰色,硬塑,局部软塑,饱和,干强度高,韧性中等,无摇震反应。局部分布沿线平原区下部。物理力学性质好。地基土承载力基本容许值[σ_0]=200~230kPa,桩周土极限摩阻力：钻孔灌注桩 τ_i 值≈55kPa；沉桩 τ_i 值≈65kPa。

（19）⑲ ⑦3 夹层：（含圆砾）粉质黏土（al-lQ_3^{2-2}）：褐灰色，浅灰色，硬塑，饱和，含少量砾石，干强度高，韧性中等，无摇震反应。局部分布。物理力学性质好。地基土承载力基本容许值[σ_0]≈200kPa，桩周土极限摩阻力：钻孔灌注桩 τ_i 值≈45kPa；沉桩 τ_i 值≈50kPa。

（20）⑳ ⑦4 层：黏土（al-lQ_3^{2-1}）：青灰色，浅灰色，灰黄色夹青灰色，硬塑，饱和，干强度高，韧性中等，无摇震反应。局部分布沿线平原区下部。物理力学性质好。地基土承载力基本容许值[σ_0] = 180 ~ 220kPa，桩周土极限摩阻力：钻孔灌注桩 τ_i 值 = 45 ~ 60kPa；沉桩 τ_i 值 = 50 ~ 65kPa。

（21）㉑ ⑧1 层：（含角砾）粉质黏土（el-dlQ_{3+2}）：灰黄色，褐黄色，硬塑，饱和，局部有少量角砾，干强度高，韧性中等，无摇震反应。分布于平原区底部及山体山麓地带。物理力学性质好。地基土承载力基本容许值[σ_0]≈220kPa，桩周土极限摩阻力：钻孔灌注桩 τ_i 值≈50kPa；沉桩 τ_i 值≈60kPa。

（22）㉒ ⑧2 层：含碎石粉质黏土（含粉质黏土碎石）（el-dlQ_{3+2}）：褐黄色，灰黄色，稍密-中密，湿，碎石含量占 25% ~65%，粒径 2 ~6cm 为主，呈棱角状，其余为粉质黏土。分布于平原区底部及山体山麓地带。物理力学性质好。地基土承载力基本容许值[σ_0]≈240kPa，桩周土极限摩阻力：钻孔灌注桩 τ_i 值≈60kPa；沉桩 τ_i 值≈70kPa。

（23）㉓ ⑧3 层：块石（el-dlQ_{3+2}）：灰色，灰紫色，密实，块石含量占 60% ~85%，粒径 20 ~50cm，呈棱角状，其余为少量粉质黏土。局部分布与山体山麓地带。物理力学性质较好。地基土承载力基本容许值[σ_C]≈400kPa，桩周土极限摩阻力：钻孔灌注桩 τ_i 值≈100kPa；沉桩 τ_i 值≈115kPa。

（24）㉔ ⑨1 层：全风化凝灰岩（J_3C）：灰色，浅灰色，褐灰色，岩石风化强烈，呈砂土状或含碎石砂土状，原岩成分尚可辨认，手可捏碎。物理力学性质好。地基土承载力基本容许值[σ_0]≈200kPa，桩周土极限摩阻力：钻孔灌注桩 τ_i 值≈50kPa；沉桩 τ_i 值≈65Pa。

（25）㉕ ⑨2 层：强风化凝灰岩（J_3C）：褐灰色、褐黄色，凝灰质结构，碎块状构造，节理裂隙很发育—发育，裂隙面铁质渲染，岩芯呈碎块状。物理力学性质较好。15kPa。地基土承载力基本容许值[σ_0]≈450kPa，桩周土极限摩阻力：钻孔灌注桩 τ_i 值≈100kPa；沉桩 τ_i 值≈115kPa。

（26）㉖ ⑨3 层：弱风化凝灰岩（J_3C）：灰色，青灰色，褐灰色，凝灰质结构，块状-大块状构造，节理裂隙发育—较发育，微张—闭合状，裂隙面少量铁锰质渲染，岩石致密坚硬，岩芯较破碎呈碎块—短柱状，RQD = 0 ~45%。物理力学性质较好。地基土承载力基本容许值[σ_0]≈400kPa，桩周土极限摩阻力：钻孔灌注桩 τ_i 值≈100kPa；沉桩 τ_i 值≈115kPa。

（27）㉗ ⑧4 层：微风化凝灰岩（J_3C）：灰色，青灰色，凝灰质结构，块状-大块状构造，节理裂隙发育—不发育，闭合状为主，岩石致密坚硬较完整，岩芯较破碎呈短柱状，少量碎块状，RQD = 20% ~65%。物理力学性质较好。地基土承载力基本容许值[σ_0]≈2000kPa，桩周土极限摩阻力：钻孔灌注桩 τ_i 值≈150kPa；沉桩 τ_i 值≈170kPa。

（28）㉘ ⑩1 层：弱风化沉凝灰岩（J_3C）：灰紫色，凝灰质结构，块状-大块状构造，节理裂隙发育—较发育，微张—闭合状，裂隙面少量铁锰质渲染，岩石敏密坚硬，岩芯较破碎呈碎块—短柱状，RQD = 0% ~26%。物理力学性质较好。地基土承载力基本容许值[σ_0]≈1200kPa，桩周土极限摩阻力：钻孔灌注桩 τ_i 值≈110kPa；沉桩 τ_i 值≈125kPa。

六、水文地质评价

（一）地表水

勘察区内地表水系极为发育。区内线路跨越多条河流：区内河流基本呈北南向，属内河，水流平缓，自北向南汇入区内南侧的椒（灵）江干流，组成有机相连的水网。

本区由于地势平坦，多低洼水区（池塘、河流、航道），一般条件下，地表水位（河水面）总是低于潜水位，只有在短暂的暴雨时节，河水位接近或稍微超过潜水位。故地表水对孔隙潜水的补给很弱。

勘察区属于典型的水网化低洼平原区,沟河塘汊极为发育,纵横交织成网,河流密度较大。河道宽窄不一,河床平缓,河道连通江海,不同程度受潮水影响,属感潮型河流。

(二)含水岩组水文地质特征

根据地下水的赋存条件、水理性质、水力特征、含水介质、地层时代及成因等因素,区域内地下水按赋存条件可分为松散岩类孔隙潜水、松散岩类孔隙承压水、基岩裂隙水。

1. 松散岩类孔隙潜水

松散岩类孔隙潜水大致可分为两个含水岩组:(1)全新统上段滨海积粉质黏土、亚砂土含水岩组。区内广泛分布,含水层岩性为一层褐黄、灰黄色粉质黏土。厚度 0.30 ~ 30m,水位埋深 0.10 ~ 2.30m 之间,含水和透水性均较差,水量极贫乏。地下水的补给主要为大气降水及地表水体的入渗补给,排泄以开采排泄为主。(2)第四系残坡积含角质黏土、碎石粉质黏土、粉质黏土碎石孔隙潜水含水层。本层零星分布于山麓和山坡地带,厚度较小、透水性差、富水性差,地下水主要接受大气降水、农田灌溉水和基岩风化裂隙水补给,丰水季节以泉流形式排泄。

2. 松散岩类孔隙承压水

主要分布于滨海湖沼积淤积平原的深部,主要有 3 个含水岩组:(1)全新统第 1 承压含水层。区内该承压含水层主要由冲湖积物组成,含水层厚度约 3 ~ 8m,岩性主要为冲海积含圆砾粉质黏土、含粉质黏土卵石等,水质微咸,水量贫乏,顶板埋深一般 35 ~ 45m 之间。(2)上更新统上段第 II 承压含水层。该承压含水层主要由冲积物组成,岩性为冲稍含粉质黏土圆砾、砾砂等,含水层厚度约 25 ~ 30m,水质微咸,水量中等,顶板埋深一般 45 ~ 60m 之间。(3)上更新统下段承压含水层。该承压含水层主要由冲湖积物组成,岩性为冲湖积含圆砾粉质黏土等,含水层厚约 1 ~ 5m,水质微咸,水量贫乏,顶板埋深一般 65 ~ 90m 之间。

3. 基岩裂隙水

基岩裂隙水主要赋存于上侏罗统火山碎屑岩的裂隙中。基岩裂隙水广泛分布于测区,主要受大气降水补给,富水性受裂隙发育程度、风化程度、岩石性质、地形条件等影响。富水性差异大,无统一的地下水水位,水位及流向主要受地形地貌条件制约,由山脊向沟谷方向运动,以泉和渗流湿地形式为主排泄补给地表水。枯水期地表水流量即为地下水的排泄量,水质优良,为当地居民主要饮用水源,对混凝土无腐蚀性。基岩裂隙水主要沿弱风化与强风化(界面)活动,并造成表部残坡积土层与下伏基岩连接渗透,构成软弱活动界面,在工程建设中应予以注意并采取相应的措施。

(三)地下水、地表水腐蚀性特征

根据实测水样资料,结合《公路工程地质勘察规范》(JTJ06498)判定场区地下水为 II 类环境:南北两岸场地地表水主要属氯化物 · 重碳酸钙、氯化物 · 重碳酸钠型水,为淡水,pH 值 7.67 ~ 7.83,侵蚀性 CO_2 含量 1Img/L。地下水质对混凝土结晶类腐蚀、分解类腐蚀、结晶分解复合类腐蚀均呈无腐蚀性。

椒江流域地表水水质较差,为咸水,水质对混凝土结晶类腐蚀呈弱腐蚀性,对分解类腐蚀呈无腐蚀性,对结晶分解复合类腐蚀呈中等腐蚀性,将对工程建设产生不良影响,应采取安全防护措施。

七、不良地质路段情况

本项目主要跨越滨海淤积平原及滩涂区和丘陵区两种地貌单元,地形平坦,地基土成因类型较为复杂。根据地层结构,岩性特征及对路基稳定性的影响程度划分为两种路段:基岩路段和软土路段。基岩路段的地质均为岩石出露强-弱风化凝灰岩。不良地质主要为软土路段。一般软土路段表层为海积成因“硬壳层”,层厚约 1.0 ~ 2.2m,软塑状,中等-高压缩性,物理力学性质一般;浅部为海积成因淤泥质土,层厚 5.8 ~ 15.50m,流塑状,具高含水率、高灵敏度、高压缩性,抗剪切强度低,透水性差,固结时间长,物理力学性质差;上部为冲海积成因黏土,层厚 2.0 ~ 4.5m. 软塑状,物理力学性质一般;下部为冲湖积成因上段粉质黏土、黏土,层厚约 10.0 ~ 15.0m,软塑-硬塑状,低-中等压缩性,力学性质较好;底部为残坡积成困碎石土,层厚1.0～3.0m,稍密-中密状,力学性质较好;下伏基岩为凝灰岩,力学性质好。

在椒江二桥段浅部为海积成因淤泥质土,层厚22.5～42.8m,流塑状具高含水率,高压缩性;上部为冲海积成因黏土、含粉质黏土卵石,层厚10.0～15.5m,软塑-稍密状;中部为冲积成因含粉质黏土圆砾、粉质黏土,层厚约0～27.0m;底部为残坡积成风碎石土,层厚1.5～3.0m,稍密-中密状;下伏基岩为凝灰岩,力学性质好。

八、地震

工程区近代地震特点是强度弱,震级小,频率低,地震基本烈度小于Ⅵ度。据地震台站的历史统计及近期监察资料,台州市及紧邻地区(包括北自宁海南到温州,西起缙五东到海岸)历时地震很少,震级大多小于4级,其中等于或大于4级的历史地震有6次,最高震级为温州1813年10月17日发生的4.4级地震,该地区历史上发生的中强地震(指≥4级地震)都集中在1813年至1867年这55年时间内。近期发生的地震都是小于2级的微震,且多发生在本区以西的鹤西-化北东向大断裂带附近,距测区有一定距离。

根据国家地震局发布的1:400万《中国地震动参数区划图》(GB 18306—2001)和《公路工程抗震设计规范》(JTG B02—2013),测区设计基本地震加速度值为<0.05g,地震基本烈度为小于Ⅵ度区,属浙江省区域地壳基本稳定区,区域稳定性较好。本工程设计中抗震设防烈度提高一度,按Ⅶ度区考虑地震设防。

路线穿越区大部分地段位于温黄滨海淤积平原,上部分布厚约10.0～120.0m的覆盖层,根据《公路工程抗震设计规范》(JTG B02—2013)判定,场地土属Ⅳ类土,为软弱土,属抗震不利地段;路线其余路段穿越剥蚀丘陵区,表层覆盖残坡积碎石土层,层厚不一,局部强-弱风化基岩直接裸露,根据《公路工程抗震设计规范》(JTG B02—2013)判定,场地土属Ⅰ类土,为坚硬土,属抗震有利地段。

九、工程地质勘察的主要结论和建议

(一)主要结论

沿线跨越温黄滨海淤积平原为滩涂区及剥蚀丘陵区这两种地貌单元。通过勘察,将全线勘测深度范围内的岩土划分为10个工程地质层组,37个工程地质亚层。地基土承载力推荐值主要依据《公路桥涵地基与基础设计规范》(TTG D63—2007),结合当地经验确定。

工程勘察的主要结论如下:

(1)测区范围内主要不良地质现象为崩塌及边坡稳定性。

(2)沿线路基土划分为两种路段:基岩路段、软土路段。

(3)本次勘察测得地下水位埋深在0.50～8.20m之间,动态变化不大。公路沿线椒江南北两侧地段地表水、地下水水质较好,微咸-淡水,水质对混凝土结晶类腐蚀、分解类腐蚀、结晶分解复合类腐蚀均呈无腐蚀性。椒江流域地表水水质较差,为咸水,水质对混凝土结晶类腐蚀呈弱腐蚀性,对分解复合类腐蚀呈无腐蚀性,对结晶分解复合类腐蚀呈中等腐蚀性,将对工程建设产生不良影响,应采取安全防护措施。

(二)主要建议

工程地质勘察的主要建议如下:

(1)基岩埋藏较深地段,建议构造物采用桩基础,桩型可选择钻孔灌注桩,⑤大层粉质黏土、含粉质黏土圆砾,⑥大层粉质黏土、黏土,⑦大层粉质黏土、黏土,⑧大层碎石土,⑨大层均可作为桩端持力层。构造物所处工程地质条件不同,地层差异较大,桩端持力层起伏变化较大,桩基施工时,现场应加强对土层的判别,准确确定持力层位置。桩基础采用基岩作为持力层,桩端施工须全断面进入持力层一定深度;基岩埋藏较浅地段,可选择采用扩大基础等浅基础;

（2）拟建公路跨越滨海淤积平原，上部分布巨厚-厚层软土层，呈流塑～软塑状，易缩径，影响成桩质量，日后桥梁桩基础施工时应注意严把质量关，防止因软土易缩径而造成桩身质量问题；同时软土进一步固结过程中，将可能会产生对桩基础的负摩阻力，设计时应考虑此因素对单桩承载力的影响；

（3）本工程填方路基工程，施工时清除表面耕土、填土，一般可采取粉体喷射搅拌法或塑料插板法加固浅部地基土，在分层压密填方；在路桥结合处，采取粉体喷射搅拌法加固处理。池塘分布位置应彻底挖除池塘表层淤泥，回填水稳定性较好的砂土料再堆填。应严格控制填方路基与桥基接线处的差异沉降。桥梁区软土有机质含量较高，可能会影响粉体喷射搅拌法处理浅部地基上的处理效果，应引起重视。

第三节　设计依据及技术标准

一、设计依据

设计依据如下：

（1）浙江省发展和改革委员会文件《省发改委关于椒江二桥及接线工程初步设计批复的函》（浙发改函[2009]L4号）2009年2月20日；

（2）浙江省交通运输厅文件《关于报送接线工程初步设计文件的函》（浙交函【2009】2号），2009年1月5日；

（3）《椒江二桥及接线工程勘察设计合同》；

（4）《椒江二桥及接线工程勘察设计重新招标文件》2008年9月；

（5）《椒江二桥及接线工程施工图设计地质勘察报告》2009年1月；

（6）浙江省交通规划设计研究院《椒江二桥及接线工程两阶段初步设计咨询报告》，2008年11月；

（7）浙江省交通规划设计研究院《椒江二桥及接线工程两阶段施工图（送审）设计咨询报告》，2009年1月；

（8）中华人民共和国浙江海事局《关于椒江二桥及接线工程通航安全评估报告的批复》（浙海通航[2009]288号）。

二、主要设计标准

（1）公路等级：平原和低山丘陵区一级公路标准，双向6车道；

（2）设计速度：80km/h；

（3）桥梁标准横断面布置为：2.0m（中央分隔带）+2×[0.5m（路缘带）+3×3.75m（行车道）+2.5m（紧急停车带）+1.5m（防撞护栏0.5m及斜拉索区1.0m）+2.75m（人行、非机混行道）+0.25m（人行道护栏）]。

路基宽度：32m，横断面布置为：2.0m（中央绿化带）+2×[0.5m（左侧路缘带）+3×3.75m（行车道）+2.5m（右侧硬路肩）+0.75m（土路肩）]。

最大纵坡：南接线6.0%，主桥5.0%，桥面横坡：2.0%。

（4）桥梁结构设计基准期：100年；

（5）汽车荷载等级：公路—Ⅰ级，人群荷载标准值：2.5kN/m^2；

（6）路面设计标准轴载：BZZ—100kN；

（7）桥下通道净空高度：二级及二级以上公路、城市主干道：5m；

三级及四级公路、城市次干道：4.5m；

（8）抗震设防标准：地震基本烈度小于Ⅵ度，按Ⅶ度设防，见表1-1-1；

抗震设防标准 表 1-1-1

桥梁	设防地震概率水平	结构性能要求	结构校核指标
主通航孔桥	P1:100 年 10%(重现期 950 年)	主要结构完好无损,一般构件接近或刚进入屈服	主要结构和一般构件强度
	P2:100 年 3%(重现期 3283 年)	主塔可出现微小裂缝,一般构件变形应小于极限值	主要结构校核强度,一般构件校核变形
非通航孔桥	P1:50 年 10%(重现期 475 年)	主要结构接近或进入屈服	主要结构校核正常使用极限状态
	P2:50 年 3%(重现期 1642 年)	主要结构变形小于极限值	主要结构校核变形

(9)抗风设计标准:运营阶段设计重现期 100 年,设计基本风速 45m/s;

施工阶段设计重现期 5 年,根据具体情况采用;

(10)设计洪水频率:主航道桥、副航道桥、引桥均采用 1/300;

(11)椒江二桥设计水位(高程为 85 国家高程系统):

设计洪水位 300 年一遇 6.75m;最高设计通航水位 20 年一遇 483m;

最低设计通航水位 98% 保证率 -2.92m;

(12)通航净空尺度和通航孔数量

根据浙港航函[2007]37 号文以及交水发[2008]299 号文,通航净空尺度:

主通航孔:代表船型 10000 吨级海轮,通航净空高度设计最高通航水位以上不小于 40m,通航净空宽度按双向通航设计不小于 405m;

副通航孔:代表船型 500 吨级海轮,通航净空高度设计最高通航水位以上不小于 19.5m,通航净空宽度按双向通航设计不小于 75m;

(13)船舶撞击力标准

主桥整体倒塌年频率须小于 10^{-4},经船舶撞击力标准专题研究,主桥及江中引桥采用的船舶撞击力标准,见表 1-1-2。

主桥及江中引桥采用的船舶撞击力标准 表 1-1-2

桥墩		船撞力(MN)		撞击荷载作用高度(m)		
		横桥向	纵桥向	总高度	最高撞击位置	最低撞击位置
主桥	主塔墩	41.0	20.5	11.8	5.7	-6.1
	辅助墩	21.5	10.8	11.8	5.7	-6.1
	过渡墩	13.0	6.5	11.8	5.7	-6.1
引桥	近主桥第一墩	6.5	3.3	4.2	2	-2.2
	其他非通航孔墩	3.5	1.8	4.2	2	-2.2

(14)结构耐久性设计标准:主桥和江中引桥耐久性设计要求为,潮汐区、浪溅区以下构件按Ⅲ类海水环境要求,其他构件按Ⅱ类滨海环境要求。

其他指标均按《公路工程技术标准》(JTGB01—2003)执行。

第二章　椒江二桥桥位比选

第一节　接线及起讫点选择

一、桥位选择基本原则

桥位选择是关系到桥梁本身的工程技术可行性、社会使用效益长久性、相对经济合理性以及工程安全可靠性等重大问题，应综合考虑公路功能、公路等级、通行能力，结合河势演变、河流水文、河床地质、通航要求、环境影响等进行综合设计，并设置完善的防护设施，以安全宣泄洪水，增强桥涵的防灾能力。

特大桥位应选择河道顺直稳定、河床地质良好、河槽能通过大部分设计流量的河段，不宜从断层、岩溶、滑坡、泥石流等不良地质地带通过。

桥梁的桥型、跨径、孔数应遵循安全、适用、经济、美观、有利环保的原则，并考虑因地制宜、就地取材、节能、便于施工和养护等等一般原则。

椒江二桥桥位选择，除应符合上述原则外，尚应符合地区基本条件：

(1)符合浙江省和台州市的交通规划，符合台州市主城区的路网规划，有利于与地方道路连接。

(2)符合台州市城市总体规划，尽量避免对两岸现有和规划的城镇、港口码头的干扰，并有利于带动沿线的经济发展。

(3)因地制宜、就地取材，充分利用当地的水文、地质、地形等自然条件，为工程提供较好的建设条件，降低工程难度，最大限度地降低造价。

(4)保障船舶通航安全，尽量避免建桥对船舶航行的影响。

(5)符合可持续发展战略，注意环境保护，使桥梁景观与环境相协调。

二、接线选择基本原则

(1)符合特大桥桥位选址，使接线顺直、方便和通畅。

(2)符合省交通运输厅和台州市交通局制定的浙江省交通规划网和台州市交通规划网。

(3)根据地形、地貌，尽可能使路线控制点之间的距离短捷，达到“方案不漏、走向合理、路线短顺、指标合适、投资较省”的目的。

(4)路线经过城镇时，结合城镇规划，线位采用“离而不远，近而不进”的原则。

(5)线位重视环境保护和水土保持，合理利用地形，正确运用技术指标，保证线形的均衡性，从工程造价、自然环境、社会环境等重大影响因素进行多方面的论证，尽可能选用较高的技术指标。

三、接线起讫点

由于制约本工程线位的主要因素是椒江二桥桥位，故首先对桥位进行选择和比较，然后对线位主要控制点及主要构造物位置等进行现场踏勘，将路线方案重新调整，提出大桥桥位及接线的线位方案。老鼠屿附近河面宽1700m左右，按拟建大桥所需发挥的作用及规划路网布局，椒江二桥桥位只能在椒江大桥至老鼠屿一带选择。因为椒江河口成典型的喇叭形，以北岸的淞浦闸至南岸的九塘一线划分，小园山至淞浦闸河段岸线平直，河面宽度往东逐渐展开，水面宽扩展到3900m，不但河面加宽，桥梁造价提高，而且就线位来说，增加迂回，路线增长，造价也要提高。

根据台州市公路水路交通建设规划[2003—2020]布局和"十一五"交通规划，结合台州市总体规划和路网规划，大桥北岸连接线起点定为临海杜桥镇与椒江区前所街道交界道感堂附近，即台金高速东延与75省道临时平面交叉口处；大桥南端接线终点为疏港大道与太和二路交叉口处，与疏港大道顺接，再通过疏港大道上接75省道。

第二节 工可阶段桥位方案比选及结论

一、初选桥位方案

根据地形条件和控制因素，选择3个初选桥位进行比选。方案一：老鼠屿桥位；方案二：椒江大桥拼宽桥位；方案三：小园山—牛头颈桥位。各方案相同起点、终点条件下进行比较。工可阶段3个桥位方案见图1-2-1。

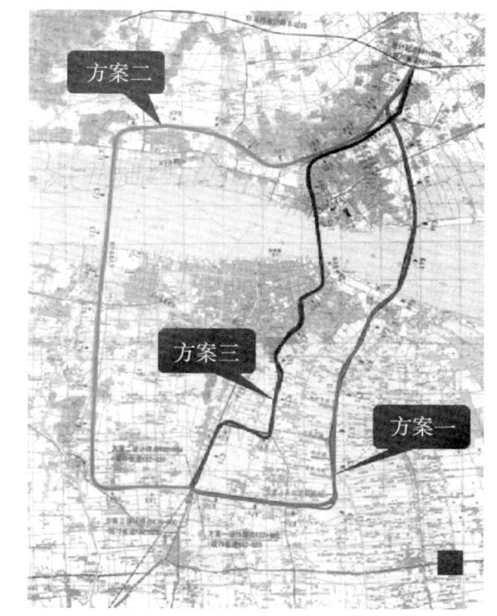

图1-2-1 工可阶段3个大桥位方案

1. 方案一：老鼠屿桥位及其接线

老鼠屿桥位，是《台州市城市总体规划》"三桥一隧"过江通道台东大桥桥位。北岸位于涛江闸西的老鼠屿，南岸接台东（疏港）大道。江面宽1700m左右，桥梁长度3550m。

接线起点为临海杜桥镇与椒江区前所街道交界处的道感堂村附近，即台金高速东延与75省道临时平面交叉口处。跨越椒江后接回规划台东（疏港）大道，在沙王村附近接现有75省道，终点桩号为K77 +465，路线全长15. 88km，比现75省道短5. 355km。

2. 方案二：椒江大桥拼宽桥位及其接线

椒江大桥拼宽方案，也是《台州市城市总体规划》"三桥一隧"桥位之一。北岸位于椒江区章安街道建设村，南岸位于繁荣村东侧，江面宽1500m左右，一般水深在6m左右，两岸地形平坦，桥梁长度2580m。

接线起点同方案一，右线走新线在K64 +300处与老路相接，向南跨越椒江，沿规划台州大道，向东接现有75省道，终点桩号为K82 +104，路线长20. 52km，比现75省道短0. 588km。

3. 方案三：小园山—牛头颈桥位及其接线

小园山—牛头颈桥位。北岸位于前所街道小园山西侧，南岸位于牛头颈山东侧，此处为椒江江面最窄处，宽970m左右，桥梁长度2940m左右。

接线起点同方案一。接线起点到陈岙村向南，在小园山西侧跨椒江至牛头颈东侧，向西利用东海大道接回现75省道，向南至终点沙王村附近，终点桩号为K76 +000。该方案穿越椒江老城区，为椒江城区居民方便，分别在椒江北岸设置由省道上椒江二桥的连接线，在椒江南岸设置下椒江二桥连接线。路线全长为14. 41km，比现75省道短6. 82km。

二、桥位及接线方案比选

方案一、方案二、方案三起、终点位置相同，但中间线位不同，且每个方案由于受台州市椒江区城市总体规划和路网规划的限制，3个方案总体技术指标都较高，局部受规划限制技术指标较差。主要技术指标比较见表1-2-1。

方案主要技术经济指标比较 表 1-2-1

指标＼项目		方案一（K61+588~K77+465）	方案二（K61+588~K82+104）	方案三（K61+588~K76+000）	方案一对方案二		方案一对方案三	
					增加	减少	增加	减少
路线长度(km)		15.88	20.52	14.41	—	4.64	1.47	—
桥梁	总长(m/座)	4291/16	3399/15	4269/8	892	—	22	—
	椒江二桥(m)	3550	2580	2980	970	—	570	—
隧道(m/座)		—	480/2	390/2	—	480	—	390
软基长度(km)		8.8	10.9	2.6	—	2.1	6.2	—
房屋拆迁(km^2)		68.5	103.3	141.3	—	34.8	—	72.8
征用土地(hm^2)		73	112.2	65.3	—	39.2	7.7	—
互通立交(处)		—	1	—	—	1	—	1
平交(处)		8	8	4	—	—	4	—
投资估算(亿元)		15.45	13.12	15.93	2.33	—	—	0.48
结论意见		推荐方案	—	—	—	—	—	—

以上3个桥位方案综合比较，方案一与城市建设相协调，与航道及码头便于处理，拆迁量最少，无隧道、满足省道快速、安全、便捷、通畅的要求，完善路网交通功能，将大大拓展市区发展空间，直接带动主城区南北整合和向东扩展，因此推荐方案一桥位作为椒江二桥及接线工程的初选桥位。

三、老鼠屿桥位方案进一步研究

对于老鼠屿桥位进一步研究了A、B、C三个桥位方案：

A方案：该桥位北岸位于老鼠屿，南岸经海正药业东侧接疏港大道，椒江二桥桥梁长度3548m。该方案桥中线的法线与航道夹角偏大，达15.9°。

B方案：桥位北岸位于老鼠屿，南岸线位需避开岩头变电所及海正药业厂房。椒江二桥桥梁长度3550m，桥中线的法线与航道夹角约5°，满足规范交角不宜大于5°要求，但是需搬迁部队营房、靶场，拆迁物流码头2个泊位及3座35kV高压铁塔。

C方案：桥位北岸位于距老鼠屿西侧炮台山山脚，南岸接疏港大道，距离飞越物流码头415m，椒江二桥桥梁长度3460m。该方案桥中线的法线与航道夹角约4.9°，满足规范交角不宜大于5°要求，但是前提是要拆迁海螺水泥码头，政策处理难度大，同时南、北两岸均有一个“S”弯，线形较差。

A方案虽符合城市总体规划，但存在明显缺陷：一是该桥位中线的法线与航迹线夹角不满足规范交角不宜大于5°要求；二是桥梁斜跨江面观瞻效果不佳，同时海螺水泥厂熟料码头需拆迁，政策处理难度很大，故A方案难以实施。

C方案北岸线位不符合规划，南岸平面线形较差，海螺水泥厂熟料码头同样需要拆迁，故实施难度也很大。

四、工可阶段桥位方案研究结论

各方案中，只有B方案具有基本符合城市总体规划、桥位中心线与航迹线接近正交、码头及地面建筑拆迁具有可实施性、工程综合造价较低等优点，具有较明显优势，故推荐B方案为实施桥位。A、B、C3个桥位图见图1-2-2。

老鼠屿桥位接线，北岸起点选择台金高速东延与75省道临时平面交叉口处，南岸终点设置在椒江区疏港大道与太和二路交叉口处。接线起、终点的选择有利于车流的集散，满足本项目作为区域过境、过江交通的功能要求。

按照上述论证老鼠屿桥位 B 方案，接线总长 8.01km，椒江二桥桥梁长度 3550m，软基处理长度 3.12km，房屋拆迁 13.78km^2，预计投资 15.16 亿元。老鼠屿桥位 B 方案作为椒江二桥推荐桥位。

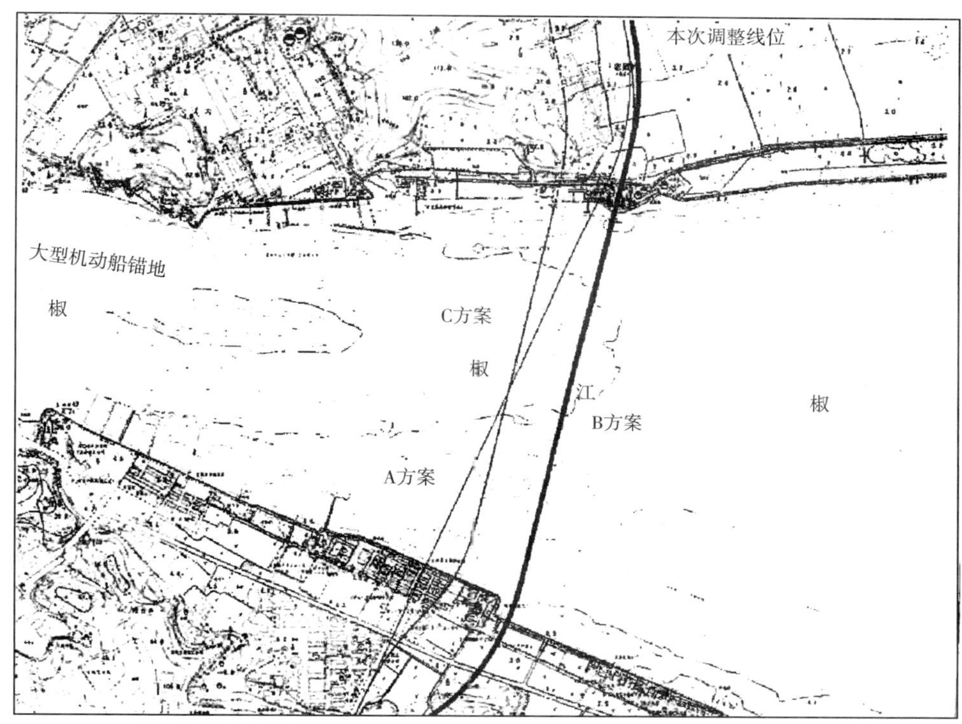

图 1-2-2 老鼠屿桥位 A、B、C3 个方案局部桥位布置图

第三章　桥型方案比选

第一节　工可阶段桥型方案比选及结论

一、主桥桥型方案比选

在桥型的选择上力求与环境景观协调,适用、安全、经济、美观、新颖,要充分体现当今世界上先进的建桥新技术、新水平,立足于国内,选用先进可靠、经济合理、施工方便可行、结构安全耐久的桥型,使之成为台州市连接椒江两岸的标志性建筑。经研究,工可阶段对于B桥位方案提出4种主桥桥型方案布置:斜拉桥、矮塔斜拉桥、中承式拱桥和悬索桥。

水中引桥部分,由于水较深、地质条件差,选用桥墩少、工艺成熟的连续刚构;岸上引桥,考虑施工方便、结构简洁的30m跨预应力混凝土箱梁。

(一)四个桥型方案

(1)主跨480m双塔斜拉桥方案,两边跨各设一个辅助墩。其跨径布置为:(70+140+480+140+70)m=900m;

(2)主跨300m三塔矮塔斜拉桥方案,其跨径布置为:(160+2×300+160)m=920m;

(3)主跨800m双塔悬索桥方案,其跨径布置为:(8×40+800+8×40)m=1440m;

(4)主跨300m中承式拱桥方案,其跨径布置为:(85+2×300+85)m=770m。主桥桥型方案布置图见图1-3-1。

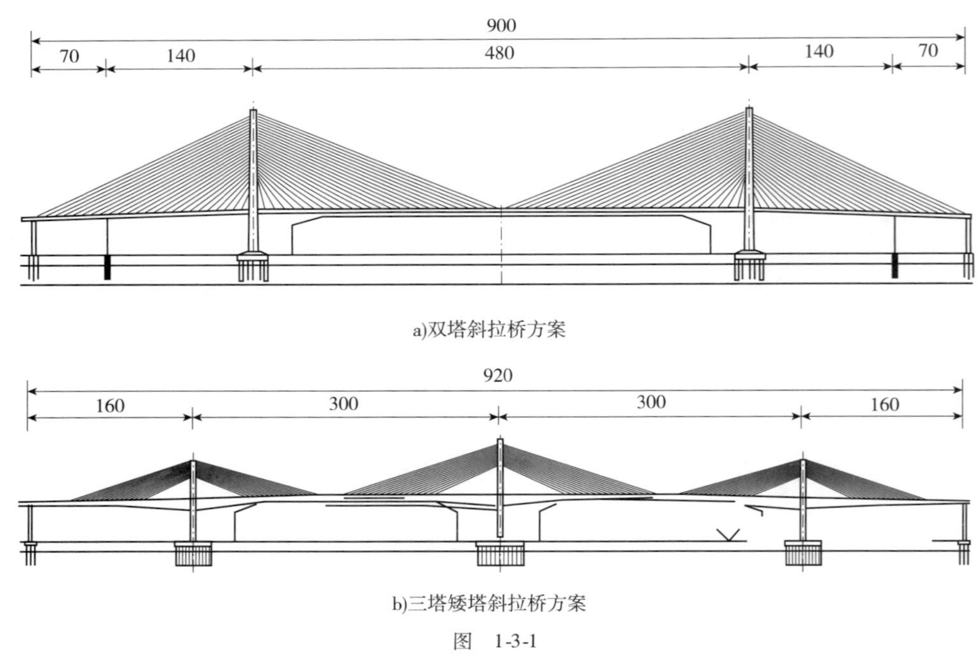

a)双塔斜拉桥方案

b)三塔矮塔斜拉桥方案

图　1-3-1

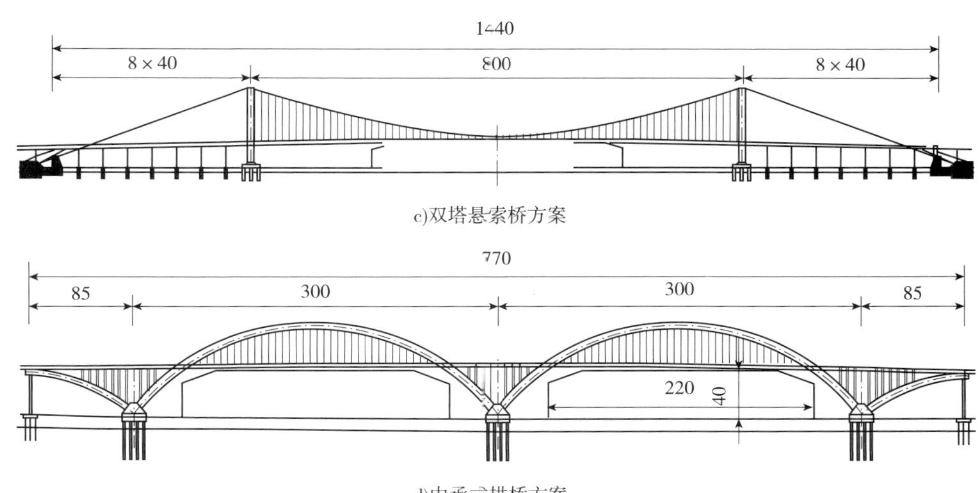

c)双塔悬索桥方案

d)中承式拱桥方案

图 1-3-1　主桥桥型方案布置图(尺寸单位:m)

(二)桥型方案比较(表 1-3-1)

主桥桥型方案比较　　表 1-3-1

	1. 斜拉桥	2. 矮塔斜拉桥	3. 悬索桥	4. 中承式拱桥
地形条件	水较深,通航净空高,适合高墩结构	水较深,通航净空高,适合高墩结构	两岸基岩较浅,利于锚碇设置;附近有大型码头,跨度大有利通航	水较深,通航净空高,地质条件差,需采用无推力系杆拱桥
通行功能	桥面伸缩缝少,通行顺畅	桥面伸缩缝少,通行顺畅	桥面伸缩缝少,通行顺畅	桥面伸缩缝少,通行顺畅
受力体系	三跨斜拉桥,受力明确	矮塔斜拉结构受力体系明确	三跨悬索桥受力明确,采用地锚	飞鸟拱,造型成熟,受力明确
施工难度	采用悬臂吊装拼接施工,技术成熟	挂篮悬臂施工工艺成熟	江面施工大跨度悬索桥难度高,对施工单位有较高要求	主桥施工工艺复杂,江上施工难度较大
抗风性能	本地台风登陆频繁,大跨斜拉桥抗风技术较成熟,需进行专项研究	较好	本地台风登陆频繁,大跨悬索桥结构须进行风洞试验等抗风研究	成桥阶段抗风性能较好,施工阶段需考虑抗风措施
经济指标	估算总投资 111037 万元	估算总投资 106833 万元	估算总投资 145664 万元	估算总投资 96371 万元
景观效果	斜拉桥造型美观、气势雄伟	多塔斜拉形成连续节奏感,比较美观	跨径大,具有较强视觉冲击力,造型美观	两跨飞鸟拱,造型较美观
施工工期估计	2 年 8 个月	2 年 6 个月	3 年	2 年 2 个月
对航道影响	吊装主梁节段时稍有影响。建桥后航道使用性能较好	悬臂施工时有影响。建桥后航道分为两个单向航道,与目前航运管理和下游沿海高速路跨江大桥通航孔布置影响较大	吊装加劲梁时有影响。建桥后航道使用性能较好	吊装拱圈及桥面系时影响较大。建桥后航道分为两个单向航道,与目前航运管理和下游沿海高速路跨江大桥通航孔布置影响较大

二、桥型方案比选结论

以上4个桥型方案中:大跨径悬索桥造价过高,矮塔斜拉桥和飞鸟拱在近2km的宽阔江面上景观效果不佳,且与下游的沿海高速通航孔不对应。经过综合比选认为,斜拉桥桥型方案在本桥位外形美观、跨径合理、造价适中、有利通航,工程可行性研究阶段推荐480m双塔组合梁斜拉桥桥型方案。建议在初步设计阶段详细勘测水文、地质、河流,结合通航以及城市规划要求,兼顾景观及投资能力对桥型做进一步的比选。并充分考虑桥梁的防撞设计。

三、省发改委关于椒江二桥及接线工程可行性研究报告批复的函(摘要)

省发改委对椒江二桥及接线工程可行性研究报告关于建设的必要性、建设规模和技术标准以及项目总投资及资金筹措的批复:

工程建设的必要性:"目前沟通台州市椒江两岸的唯一通道为椒江大桥,为双向四车道。随着经济社会的发展,椒江大桥的日交通量已超过2万辆以上,已不能满足经济社会发展和交通量增长的需要。椒江二桥连接椒江两岸的75省道,也是连接头门港、海门港、龙门港的重要集疏运道路。该项目建设对完善路网,缓解台州市过江交通压力,拓展城市发展空间,促进台州港和台州沿海产业带的发展等方面具有重要意义。"

建设规模和技术标准:"目前沟通台州市椒江两岸的唯一通道为椒江大桥,为双向四车道。随着经济社会的发展,椒江大桥的日交通量已超过2万辆以上,已不能满足经济社会发展和交通量增长的需要。椒江二桥连接椒江两岸的75省道,也是连接头门港、海门港、龙门港的重要集疏运道路。该项目建设对完善路网,缓解台州市过江交通压力,拓展城市发展空间,促进台州港和台州沿海产业带的发展等方面具有重要意义。项目起点为椒江道感堂,与75省道相接,经前所、跨椒江建桥,终点与椒江太和二路相接,路线全长约8km,其中椒江二桥长约3550m。

项目按《公路工程技术标准》(JTG B01—2003)六车道一级公路技术标准,设计速度为80km/h,路基宽32m,路幅布置为:中央分隔带宽2.0m+左侧路缘宽2×0.5m+行车道宽2×11.25m+硬路肩宽2×2.5m+土路肩宽2×0.75m。椒江二桥全宽34m,其中主跨宽39.5m。桥涵设计荷载公路-Ⅰ级,大中小桥设计洪水频率1/100,特大桥设计洪水频率1/300。"

项目总投资及资金筹措:"该项目按省政府批准纳入椒江二桥'四自'工程,总投资约16亿元,资本金6.4亿元,由项目法人台州市椒江太桥实业有限公司出资建设,其余9.6亿元资金由国家开发银行浙江省分行贷款解决。"

第二节 工可阶段建设条件研究科研成果要点

一、椒江二桥及接线工程地质灾害危险性评估

本次地质灾害危险性评估由核工业西南勘察设计院完成,成果经专家评审认为,评估范围基本合理;地质环境条件阐述较清楚;评估方法可行;结论合理正确。评估结论及建议要点如下。

(一)地质灾害危险性评估结论

(1)拟建椒江二桥及接线工程总长8.006km,设计公路等级为一级,属重要建设项目。线路经过地区地质环境条件属中等复杂类型,综合确定建设用地地质灾害危险性评估等级为一级。

(2)本次工作依据国土资源部《地质灾害危险性评估技术要求》进行评估,基本查明了沿线建设用地范围内的地质环境条件及地质灾害现状,对工程建设可能引发和工程建设本身可能遭受的地质灾害危险性进行预测和综合评估,并提出了相应的防治措施。本研究成果可以作为工程建设防治地质灾害的

依据。

(3)现状地质灾害危险性评估表明:评估区现状地质灾害主要为二处崩塌(JJ01、JJ04),仍有发生崩塌的可能,现状稳定性比较差,现状地质灾害危险性中等;其余地段自然斜坡、沟谷现状稳定性较好,未发现崩塌、滑坡、泥石流、地面塌陷、地面沉降以及地裂缝等地质灾害,现状地质灾害危险性小。

(4)地质灾害危险性预测评估表明:拟建公路分为路堤、路堑及桥梁3个路段,工程建设引发或遭受地质灾害主要类型为边坡崩塌、滑坡等地质灾害,地质灾害危险性中等路段为路堑路段3处,总长0.3535km,占总线路长度的4.4%,其余路段属地质灾害危险性小。

(5)综合评估:根据现状评估和预测评估,拟建的公路工程建设用地地质灾害危险性中等路段总长0.3535km,占总线路长度的4.4%,引发或遭受边坡崩塌、滑坡等地质灾害的可能性中等,地质灾害危险性中等,采取适当的防护和治理措施,其建设用地为基本适宜;其他路段工程建设加剧、引发或遭受地质灾害的可能性小,地质灾害危险性小,建设用地为适宜。

(二)防止地质灾害的建议

(1)由于拟建线路区地质环境条件的复杂性和调查工作的局限性,工程建设时有可能产生成果中尚未发现的问题,建设单位应予以重视。

(2)地质灾害的防治工作是一个动态管理过程,尽量减少对地质环境的改变,建议加强施工过程中的现场及工程运营期的地质环境监测,发现不稳定征兆,及时采取应对措施。

(3)拟建工程布设路段地形起伏不大,工程地质条件较差,施工过程中应特别注意施工人员、机械设备的安全、应严格按设计要求施工。

(4)开挖岩、土渣注意充分回收利用,合理安排场地堆放。

(5)应在详细勘察阶段查明岩土的埋藏分布规律及物理力学性质指标等工程地质条件。场地做好防洪防涝预防措施。

二、椒江二桥及接线工程海域使用论证

(一)论证结论

1. 项目用海必要

本项目连接南北两岸网路的区位条件十分成熟。大桥北岸接线起点选择台金高速东延与75省道临时平面交叉口处,南岸接线终点设置在椒江区疏港大道与太和二路交叉口处,与疏港大道顺接。本项目的建成开辟了椒江第二通道,将与椒江北岸现75省道、椒江大桥、中心大道、疏港大道一起构成台州主城区的环线快速路,满足本项目作为区域过境、过江交通的功能要求。项目建设有效缓解椒江大桥交通压力,提升75省道功能的客观需要,改善台州港货物集散条件,促进台州沿海产业带发展。项目水工建筑物包括主桥、引桥等设施,其建设须占用一定范围的海域,桥梁两侧需要一定的保护范围,其用海也是必需的。

2. 项目用海与海洋功能区划、相关规划

本项目为路桥工程用海,符合浙江省、台州市海洋功能区划。同时与台州市城市发展规划、台州市海洋经济发展规划、台州市公路水运交通建设规划、台州港总体规划、台州市航道及锚地规划、椒江流域防洪规划相一致。

3. 项目用海与利益相关者的协调

与本项目利益相关的用海项目主要有椒江华益制冰厂码头和外沙标准海塘。本项目与椒江华益制冰厂码头前沿港池用海存在室间重叠,根据椒江区政府承诺,将对该码头政策处理,以保证大桥建设用海需要,其协调是可能的。大桥南岸引桥墩处在江堤管理范围以内,已报水利部门审批,根据台州市水利局初审意见,原则同意本项目桥梁平面布置、梁高标底、桥跨设置。

4. 项目用海选址、用海方式、面积和期限

本项目用海与区域的社会条件、资源生态环境条件以及周边的用海活动总体相适宜，选址合理。

根据相关数模计算结果，本项目用海对周边海域的流场、冲淤影响较为有限，与其他用海活动相适宜，其用海方式是合理的。项目申请总用海面积 10.7715hm^2，满足项目用海需要和工程设计技术标准，面积量算符合《海籍调查规范》的要求，用海面积合理。

本桥梁结构设计基准期为 100 年，且项目建设与浙江省及台州市公路建设规划、台州港总体规划相衔接，因此，本项目申请用海期限 50 年是合理的。

5. 项目用海主要不利影响

项目用海存在一定风险，主要是项目所在海域淤泥层厚，地质条件差，很难满足拟建工程承载力要求，施工期如果基础处理不当，易引起桥梁结构沉降、崩塌风险。

（二）建议

（1）椒江华益制冰厂码头前沿港池与拟建项目存在用海空间重叠，为确保椒江二桥重点工程建设用海需要，双方协调结果应尽早予以落实，项目用海需在相邻用海关系协调一致的前提下方可申请办理。

（2）项目所在海域船舶交通流集中，通航密度大，项目施工期间和营运期间应对船只碰撞桥墩的风险引起高度重视，采取必要的安全防范措施。

（三）海域使用管理对策

根据本项目的特点，提出以下三个方面的管理对策。

（1）本项目水工建筑物结构复杂、施工周期长，由于数模分析结果有一定的局限性，因此，有必要对施工期及营运期的流场变化、底床冲淤、水下地形进行动态跟踪监测。

（2）本项目在施工和营运期间，应加强对船舶碰撞风险、危险品运输风险等事故的防范，制定科学有效的事故应急响应机制，紧急情况下能够迅速启动应急响应程序，避免给海洋环境带来影响。

（3）本项目海域用海面积是海域使用动态监控的重点。项目用海面积、界址获得批准后，施工必须严格按照批准的范围进行。项目施工方案、施工周期如有变动，施工期间若需占用其他海域，应按有关规定申请办理。

三、椒江二桥及接线工程通航安全评估

大桥施工会给该水域的通航环境带来一定变化，建成后的大桥，也会给进出本水域的船舶航行带来较大影响，为保证施工期和大桥建成后通航安全，由上海海事大学进行通航安全评估，评估结论如下：

（1）本工程建设与本工程对附近水域的影响同时存在。本工程建设与该水域用海目标一致。大桥的建设与这些功能区的性质不存在相互影响。

（2）根据历次海图和水下地形图资料对比分析，多年来深泓线走向基本稳定，与现有航道走向一致，深泓线在局部区段虽有左右摆动，但幅度小，总体趋向稳定。桥位区的深泓线靠北岸，与岸线基本平行，深槽稳定，岸线变化较小，有利于桥梁工程通航孔布置。

（3）本工程采用 B 方案，桥位中心线的法线与水流交角不超过 5°，有利于通航安全。

（4）由于本工程采用的最高通航水位为 4.83m，附近台州湾跨海大桥和椒江大桥采用的最高通航水位分别为 4.75m、5.04m。因此，在考虑大桥净高时，应注意最高通航水位不同而产生的差异。

（5）大桥通航净空尺度满足近期和远期进出港口代表船型通航的要求，如需要考虑到未来特殊船型通航的可能性，对未来船型发展的预测适当留有余地。处理大桥北岸附近不符合规范的水工设施。

（6）根据原有习惯航道和拟建工程主通航孔边界关系分析，两者没有完全覆盖。大桥建成后，应明确设定桥区航道，通过引导标的设置，引导通航船舶沿各自的航道通过通航孔，并与椒江大桥的一致。

（7）因本工程建设而产生的新碍航物，较大地限制了航路走向和航行水域，改变了原有的航行习惯，增加了船舶操纵难度，如对新航路不熟悉，极易发生碰撞桥墩事故。

(8)前期设计资料中未涉及本大桥建设应配置的相关助航标志。因此,业主应尽快安排设计永久性和施工期间的通航标志,并通过相关部门的审批。

(9)安全管理规定的重点是施工期间和桥梁建成后船舶通过桥区时的航行规则等,施工期间安全是本工程安全的重要保证。落实好各项安全保障措施,协调或缓解本工程对通航环境的影响,椒江二桥及接线工程的通航安全是有保障和可行的。

(10)拟建桥区目前现场监管力量薄弱,大桥开工在即,需要尽快建立管理机制,配备必要的监管力量,实行超前管理,及时开展相关工作。必要的安全对策应包括建立桥区水域安全管理机构、落实安全配套设施、加强通航管理、设置警戒区域和警示标志、制订和宣传桥区水上交通安全管理规定及法规、设置助导航设施、设置结构性防护设施、建立大桥安全防护体系等。

(11)施工期间的安全是影响该水域通航环境的主要因素。配套物力和配套设施的投入是必要的,特别是通过 CCTV 建立的 VTS 设施,其监管、警戒的现场管理功能,可大大改善大桥附近水域的通航条件。

四、椒江二桥工程项目雷击风险预评估

椒江二桥雷击风险主要为桥体遭受直接雷击导致的结构破坏,桥面人员生命安全和桥面电子信息系统遭受雷电电磁感应破坏的风险。椒江二桥工程项目雷击风险项目评估由台州市防雷设施监测所进行,评估结论如下:

经计算,椒江二桥处在雷暴相对频繁的区域,历年雷暴密度最大值为 4.43 次/(km·a),二桥年预计雷击次数为 6.30 次/a。椒江二桥工程区闪电的高发期集中在 6、7、8 月份,午后(14:00—18:00)为雷暴易发时段,晚间(18:00—24:00)为雷暴次易发时段,从 2007—2009 年记录的最大强度闪电为 330.6kA,最小的强度为 -11.3kA。闪电强度日分布无明显规律。椒江二桥由南往北的闪电密度值约为 29.5 ~ 32.6 次/(km^2·a)逐渐增加,在大桥北岸引桥处达到最高值。椒江二桥工程区从南到北跨越不同的雷暴强度分布区,雷击强度在桥体北岸及桥体西侧较强,主航道桥和南引桥部分雷击强度梯度相对比较平缓。

建议椒江二桥工程部考虑增加以下雷击防护措施:

(1)为了确保桥面上的车辆人员免遭直接和间接雷击伤害及路灯系统的正常使用,建议利用椒江二桥两边的金属灯杆作为接闪器,灯杆必须采用 12m 以上类型,且灯杆上的灯须处在直击雷保护范围之内。

(2)利用钻孔灌注桩内外边缘钢筋及桩外钢护筒作为接地极,这有利于雷电流的快速释放。桥梁主钢筋与钢护筒相连,然后利用塔桥内的钢筋和桩基内的钢筋作为引上线,与避雷针和桥面的两侧路灯基座相连。

(3)经计算,椒江二桥电子信息系统雷电防护等级应定为 D 级,在电力系统和信息系统相应端口安装适应的 SPD。由于 $R'_{2'}$ 风险值 9.85×10^{-4} 接近允许值 $R_T = 10^{-3}$,因此,在条件允许的情况下,建议提高防护等级,降低风险值。

(4)通信线缆建议采用铅做屏蔽物的电缆,屏蔽层单位电阻值 20Ω/km,并安装符合 IEC62305—5 标准 I 级防护的 SPD。如桥体箱梁可提供屏蔽作用,则防雷设计可利用箱梁的连续钢筋作为线缆的屏蔽体,并同时安装 I 级防护的 SPD。

在业主经济可以承受的前提下,宜采取更高等级雷电防护措施,以进一步提高雷电防护效果,降低雷电闪击总风险。

五、椒江二桥及接线工程环境影响研究

本项目研究椒江二桥及接线工程的实施对区域环境的影响,即对社会环境、生态环境、声环境、空气环境、水环境、工程水域水动力和冲淤以及交通运输风险分析和研究,并进行影响评估。项目由台州市环境科学设计研究院完成。评估主要结论如下:

本项目建设符合建设项目环保审批原则。

研究认为：

(1)只要项目建设、运营过程中加强环境质量管理，认真落实相应环境保护措施，减轻对周围声、水、大气环境及生态、社会环境的影响程度，则本项目的建设对环境的影响不大；

(2)本项目建成将极大地缓解椒江大桥及75省道交通压力，改善台州港货物集散条件，充分发挥甬台温铁路台州客货站的辐射作用，带动区域经济发展；

(3)本项目建设符合国家产业政策；符合环境区划和城市总体规划；设备、施工工艺选用先进，项目建设符合现代社会对交通基础设施的需求，符合清洁生产的要求；

(4)加强环境管理，并采取各种必要措施后，项目对周围环境影响在可接受范围内；应积极采取各种措施，保持路面整洁，确保交通畅通，尽量减少废水污染物、废气等排污总量；

(5)从环境保护角度看，本项目是可行的，本项目建设基本能维持地区环境质量。

六、椒江二桥及接线工程水动力泥沙数学模型研究

本研究收集并分析了椒江口附近海域基本自然条件，建立了工程海域平面二维潮流泥沙数学模型，并用实测资料对潮流、泥沙等参数进行验证计算。采用模型模拟研究不同水文条件下，工程实施引起工程海域的潮的流场及含砂量场的变化等，并分析建桥后工程河道的泥沙冲淤变化。主要研究结论如下：

(1)对实测水流(包括水位、流速、流向过程)和实测含沙量过程的验证结果良好，本次研究建立的椒江口数学模型能够复演天然的流场和含沙量场，能用于工程方案计算。

(2)工程对河道流态的影响仅在工程区局部。桥墩附近产生分流现象，流向最大改变为10°，流向的影响范围在上游800m以及下游1.5km的范围内。

(3)工程建设后，流速最大减幅0.95m/s，最大增幅0.11m/s，影响范围约在桥上游3.6km，桥下游4.8km的范围内，影响范围有限。

(4)数模计算表明，工程后河道的进潮量略微减小，减小幅度不大，工程对河道进潮量的影响不大。

(5)工程实施后，河道涨、落的含沙量总体趋势没有改变，仅工程区局部含沙量发生变化。

(6)工程建设后，桥位附近流迹线受桥墩分流的影响，流迹线略有偏移，流迹线的偏向与分流方向一致，总体而言各工况变化不大。

(7)工程建设后引起泥沙冲、淤区域呈相间分布，桥墩上下游呈现出淤积趋势，特别是主墩上下游淤积明显，墩位处淤积较大(约0.8~10m)，由于墩对水流的挤压作用，使得墩间流速加大，使其呈现冲刷态势，两个主墩间冲刷幅度较明显，最大达0.53m/a。

(8)依据海门水文站历年高、低潮位和潮差资料进行年极值频率分析，得出不同重现期设计高、低潮位和潮差，其中100年一遇设计高、低潮位分别为6.02m和-2.86m、100年一遇潮差为6.92m。

(9)分别计算了主通航孔的左、右两墩、主通航孔中心以及左右两侧滩地上的不同重现期流速。计算结果表明，主通航孔中心及左、右两墩的300年一遇流速分别为3.36m/s、3.3lm/s和3.25m/s，100年一遇流速分别为2.93m/s、2.90m/s和2.84m/s。

(10)波浪数学模型计算结果表明，桥位沿线波高由北向南依次增大，C点处波高最大，300年一遇$H_1\%$为4.61m，100年一遇$H_1\%$为4.38m。

七、椒江二桥工程场地设计地震动参数研究报告

初步设计阶段，受台州市交通局委托，浙江省地震工程研究所完成了《椒江二桥工程场地设计地震动参数研究报告》。研究单位完成了区域及近场区地震活动性分析、区域及近场区地震构造评价、桥址区断裂活动研究、地震危险性概率分析、场地工程地震条件探测等工作，现场工作完成了的浅层地震勘探、钻孔施工、波速测试、取样及测试等项工作。在上述工作的基础上，通过建立场地模型，进行土层地震反应分析计算工作，得到了100年超越概率10%和4%(冲刷层深度)场地地震动参数的初步结果，为设计地

震动参数采用提供依据。

椒江二桥工程场地设计地震动参数研究主要成果要点如下：

(1)近场及桥位区地震活动

工程区近代地震特点是强度弱，震级小，频率低，地震基本烈度小于Ⅵ度。据地震台站的历史统计及近期监察资料，台州及紧邻地区历年地震很少，震级大多小于4级。近期发生的地震都是小于2级的微震，且多发生在本区以西的鹤西—奉化北东向大断裂带附近，距测区有一定距离。

地震烈度：根据国家质量技术监督局2001年2月发布的《中国地震动参数区划图》(GB18306—2001)，工作区地震动参数峰值加速度分区为<0.05g区，地震烈度小于Ⅵ度。

路线穿越区大部分地段位于温黄滨海淤积平原上部分布厚约10.0~120.0m的覆盖层，根据《公路工程抗震设计规范》(JTJ013—86)判定，场地土属Ⅳ类土，为软弱土，属抗震不利地段；路线其余路段穿越剥蚀丘陵区，表层覆盖残坡积碎石土层，层厚不一，局部强-弱风化基岩直接裸露，场地土属Ⅰ类土，为坚硬土，属抗震有利地段。

(2)土层反应计算结果

根据椒江二桥两个主墩位置ZK11和ZK12钻孔场地土层反应分析计算模型，以2个超越概率(100年10%和4%)水平下的12条基岩人工合成地震动时程作为输入，进行相应概率水平下的场地土层地震反应计算，得到冲刷层深度(12m)加速度峰值见表1-3-2。

工程场地不同超越概率的冲刷层深度水平峰值加速度(单位:g) 表1-3-2

	北岸		南岸	
100年超越概率	10%	4%	10%	4%
6个不同随机相位地表水平峰值加速度	0.048	0.077	0.045	0.077
	0.054	0.068	0.049	0.067
	0.043	0.083	0.044	0.080
	0.047	0.070	0.050	0.064
	0.051	0.077	0.039	0.064
	0.057	0.072	0.050	0.064
均值	0.050	0.075	0.046	0.069

(3)工程场地设计地震动参数(表1-3-3)

工程场地设计地震动参数(冲刷层深度，阻尼比5%) 表1-3-3

地震动参数		$A_m(g)$	β_m	$\alpha_m(g)$	$T_1(s)$	$T_g(s)$
北岸	100年超越概率10%	0.05	2.25	0.113	0.1	0.9
	100年超越概率4%	0.075	2.25	0.169	0.1	0.9
南岸	100年超越概率10%	0.046	2.25	0.104	0.1	0.9
	100年超越概率4%	0.069	2.25	0.155	0.1	0.9

第三节 初步设计阶段桥型方案比选

一、主通航孔布置

(一)主通航孔的控制及影响因素

椒江二桥位于椒江口外航道，桥位处水域宽阔，江面宽1700左右m，江底平坦，桥位断面处河床呈"U"型，水流平缓，航道走向基本稳定。主槽宽度500m左右，水深4m左右(理论最低潮位下)。近年来桥位断面出现北部河床少量冲刷，南部河床少量淤积的现象，主槽有向北略微摆动的趋势。目前乘潮可通航 5000t 级船舶和浅吃水万 t 级海轮，规划可乘潮通航常规万 t 级海轮。大桥轴线与航道的夹角为 85°0′7″。见图 1-3-2。

图 1-3-2　桥位与航道平面

控制及影响主桥跨径的主要因素：

1. 通航净空

根据《75 省道椒江二桥通航净空尺度和技术要求论证报告》及交通部《关于浙江台州椒江二桥通航净空尺度和技术要求的批复》(交水发[2008]299 号)："主通航孔通航净空高度在设计最高通航水位以上不小于 40m，通航净空宽度按双向通航设计应不小于 405m；副通航孔通航净空高度在设计最高通航水位以上不小于 19.5m，通航净空宽度按单向通航设计应不小于 75m。"批复意见确定了单孔双向的通航形式。

批复意见要求尽可能增大通航孔跨度，尽量减少水中桥墩数量。

2. 航道

由于航道在桥位轴线的上、下游各约 3km 处存在 10°～13°弯折，因此跨径选择应给通航留有一定的航向调整余地，理顺与上游椒江大桥桥区的航道衔接，有利于船舶的航行安全。

考虑桥墩附近紊流区对船舶航行安全的影响，应留有一定富余量。

主跨应在建桥投资许可的条件下尽量覆盖深水区，为通航提供较好条件。

3. 防撞

结构距航道越远，发生撞击的概率越小，船舶撞击力亦越小。因此，应有一定的通航净宽余量，以减小船舶撞击主体结构的概率，保证结构安全。

防船撞设施近期拟利用施工钢套箱，可以同时对承台和船只形成保护。远期当钢套箱损坏严重难以发挥作用时可以考虑采用设置独立桩防撞装置。这也是考虑到近期船舶相对较少、吨位相对较小，而远期船舶的吨位和密度将逐渐增大，所以防撞设施可以分近远期实施。

4. 结构形式

重视桥面高度和主跨跨径、主跨跨径和边跨跨径、边跨跨径与两侧引桥跨径的协调、匹配，形成较好的视觉协调效果。

桥墩应避开河道主流和主航槽，桥墩形状尽量呈流线型或圆形，以减小对水流的阻力。

主桥和江面引桥的墩身、基础及防撞设施的阻水面积不能超过《浙江省涉河桥梁水利技术规定(试行)》中跨越Ⅰ、Ⅱ级堤防桥梁的阻水面积百分比不宜大于 5%，不得超过 7% 的规定。

寻求通航所需桥梁大跨度和建设投资的平衡点和性价比，既要满足功能要求，不留隐患，不留遗憾，又要尽可能降低造价，减小工程规模。

(二)主跨位置确定

根据航道中心线(航迹线)与桥轴中心线交点桩号为 K67 + 808.000 确定主通航中心位置，见图 1-3-3。

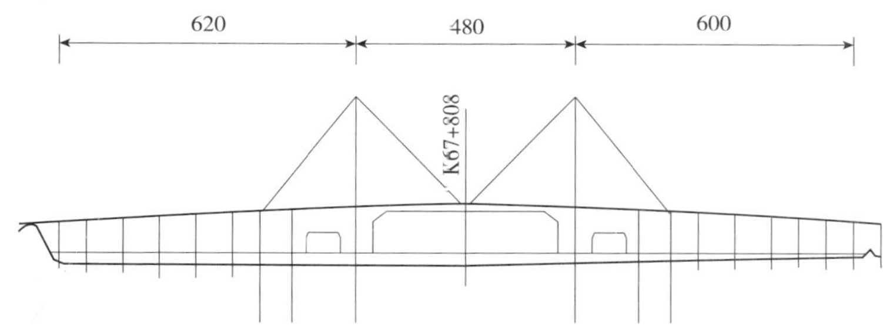

图 1-3-3 主通航孔位置和尺度(尺寸单位:m)

(三)跨径选择

根据上述控制及影响因素，椒江二桥主跨应满足：

(1)通航净宽不小于 405m；

(2)索塔基础及防撞设施按最大尺寸控制，根据设计方案，两侧共 27m；

(3)航道避开索塔基础侧面水流紊流区影响，预留一定富余：两侧共 2 ×20m。

因此，主跨跨径要求尺寸为：405 + 27 + 2 × 20 = 472m。综合考虑航道安全、河势特征及结构经济性能，主跨跨径取为 480m。

二、桥型方案

根据上述 480m 主跨跨径要求，可选用的桥型方案主要有斜拉桥、悬索桥及系杆拱桥等跨越能力较大的结构形式。

(一)双塔斜拉桥方案

对于主跨达 480m 的桥梁结构来说，斜拉桥是较为适合的桥型。双塔三跨或五跨式斜拉桥在深水区大型结构物相对较少，主跨不仅能满足主通航孔的双向通航要求，同时其边跨容易满足两侧各设置副通航孔的条件，且对河势影响较小，工程造价合理。见图 1-3-1。

(二)单跨悬索桥方案

与斜拉桥方案比较，在进行悬索桥方案布跨时，考虑了如下特点：

(1)悬索桥的跨越能力较强，在主跨满足 480m 低限条件下，跨径的选择空间较大。

(2)悬索桥有两个迎水宽度比主塔基础更庞大的锚碇，考虑局部冲刷和施工难度，应尽量将锚碇放在岸上或浅水区，见图 1-3-1。

(3)虽然悬索桥的跨越能力较强，但由于江面宽约 1700m，如将锚碇均放在两岸，跨径将超过千米，不仅抗风性能要求高，造价也将有大幅度的提高；若跨度过于小，则将导致锚碇位于深水中，施工难度大。

综合上述因素，如选择中跨 800m 左右的悬索桥，在不过分增加主桥长度，将锚碇放在较浅水域，可适当降低其施工难度。

根据《浙江省涉河桥梁水利技术规定(试行)》中的跨越Ⅰ、Ⅱ级堤防桥梁的阻水面积百分比不宜大于 5%，不得超过 7% 的规定，本桥型方案无法满足桥墩、基础对河床断面阻水面积的要求。

(三)中承式系杆拱桥方案

拱桥是一种造型优美的桥型，根据本桥的通航要求，如选用两个主跨 300m 的中承式系杆拱桥，来满足两个单向220m的净宽要求。对于航运繁忙的港口来说，在主河槽中部增设桥墩既不利于防撞，又增加河道阻水，所以该方案在工程可行性研究阶段已被否定。

如采用满足单孔双向通航的布置，主跨将达500m以上，其规模及造价将远高于斜拉桥方案。国内类似的已建桥梁有上海卢浦大桥（主跨550m，用钢量3.5万吨，钢材指标1169kg/m^2）、重庆菜园坝大桥（主跨420m，用钢量1.8万t，钢材指标738kg/m^2），其高昂的造价和复杂的施工程序使该方案的性价比大受影响，见图1-3-1。

三、桥型方案比选

综合考虑河势、通航及工程造价等因素，在满足航道要求的前提下，确定双塔斜拉桥方案作为主要研究桥型，并针对斜拉桥各具体方案展开比选和关键技术的研究，见表1-3-4和表1-3-5。

桥型方案比选 表1-3-4

方案	双塔斜拉桥	单跨悬索桥	中承式系杆拱桥
主跨(m)	480	800	520
地形条件	水深较深，通航净空高，适合高墩结构	北岸有较浅的基岩，有利于锚碇设置；南岸附近有大型码头，悬索桥跨度有利于通航	水深较深，通航净空高
船撞安全性	主通航孔跨径离航道富余一定安全距离，船撞概率可控	索塔基础离航道富余距离大，船撞概率小	主通航孔跨径离航道富余一定安全距离，船撞概率可控
施工难度	采用悬臂吊装拼接施工，技术成熟	江面宽、水深对悬索桥锚碇的施工难度很高	主桥施工工艺复杂，在江面上临时索塔悬臂安装拱肋施工难度较大
抗风性能	无论在施工和运营阶段，结构抗风性能较好	结构颤震稳定性较低，通过采取措施，能够满足抗风要求	施工阶段抗风需采取措施，成桥阶段能满足抗风安全要求
对航道影响	吊装加劲梁时稍有影响，建桥后航道使用性能较好	吊装加劲梁时有影响。建桥后航道使用性能好	吊装拱圈及加劲梁时影响较大，建桥后航道使用性能好
全桥估算(亿元)	11.10	14.56	13.6
推荐意见	初步设计方案	初步设计不再同深度比较	初步设计不再同深度比较

国内外已建类似组合梁斜拉桥的边、中跨比例 表1-3-5

序号	桥名	跨径(m)	边/中跨比	建成年
1	上海杨浦大桥	99+144+602+144+99	0.403	1993
2	福建青州闽江大桥	40+250+605+250+40	0.479	1996
3	江津观音岩长江大桥	221.5+436+221.5	0.508	2009
4	韩国四海大桥	200+470+200	0.426	2000
5	上海东海大桥	73+132+420+132+73	0.488	2005
6	希腊Rion-Antirion桥	286+3×560+286	0.511	2004

四、主桥跨径布置

双塔斜拉桥的跨径布置比较典型的有3跨和5跨等几种形式。对于480m主跨，边跨的布置不仅影响结构的整体刚度、施工工期及施工安全，而且还关系到工程的投资规模及大桥景观效果。

双塔斜拉桥的边跨跨径主要从以下几方面考虑：

(1)合适的边跨布置可使斜拉桥结构合理,索塔两侧恒、活载容易获得平衡,结构具有良好的刚度;

(2)受主跨通航净高40m影响,边跨桥墩较高,应采用较大的跨度;

(3)与主桥衔接的引桥均为高墩,跨度布置应能在两者间协调过度;

(4)设置辅助墩对提高结构整体刚度有益;

(5)协调的边、中跨比值,可使桥梁立面更舒展、美观。

从受力性能和景观效果来说,采用接近对称布置的视觉效果要好一些,但拉索应力幅度及桥长增加。

综合以上各种因素,初步确定斜拉桥的跨径布置为70+140+480+140+70=900m,边、中跨比例约0.44,设置一个辅助墩。其布置见图1-3-4。

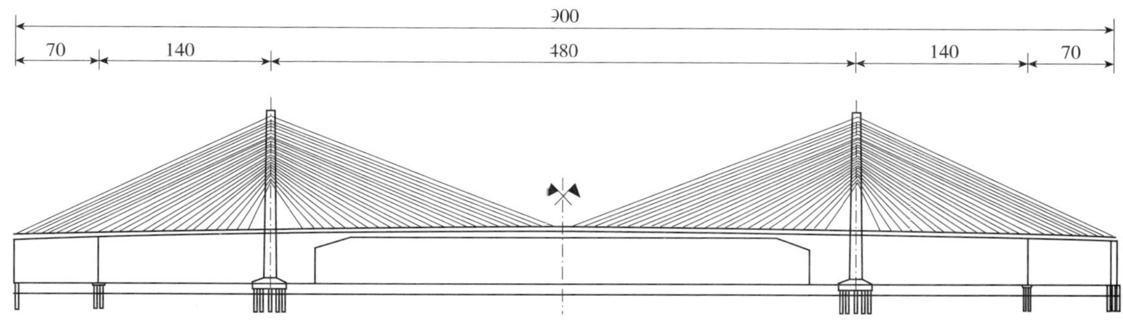

图1-3-4 双塔斜拉桥桥跨布置(尺寸单位:m)

第四节 推荐桥型方案

全桥分为北引桥、主桥和南引桥3个桥梁段:北引桥从桥台K65+986起,至K67+358,桥梁长度1372m;斜拉桥主桥从K67+358至K68+258,桥梁长度900m;南引桥从K68+258起,左线至ZK69+824.5桥台结束,桥梁长度1430m;右线至YK69+752.5桥台结束,桥梁长度1395m。

一、主桥

主桥采用半封闭钢箱组合梁、钻石形索塔斜拉桥结构,塔的高跨比为0.318:1。主桥中跨位于R=12000m的竖曲线范围内,与两侧边跨顺接(纵坡2.45%)。桥跨布置见图1-3-5。

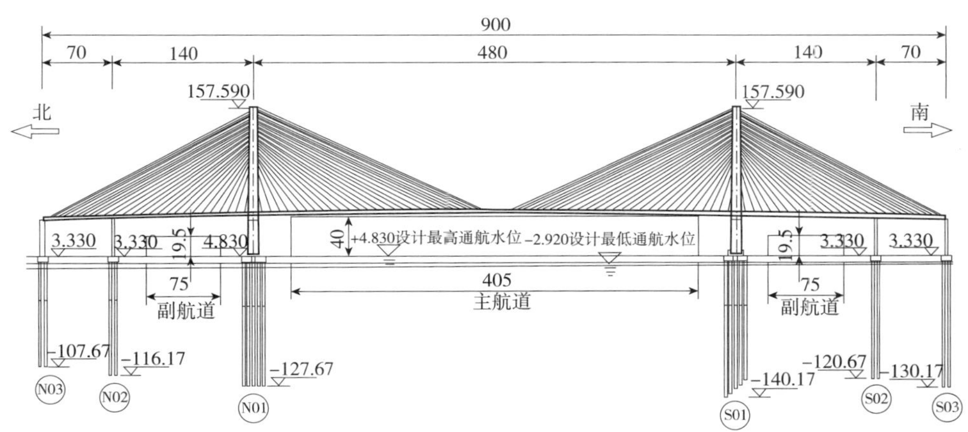

图1-3-5 桥跨布置图(尺寸单位:m)

主桥桥址处风力大,风况复杂,大桥在施工期及运营期的抗风稳定性是设计关注的重点问题。为此,对组合梁进行了节段模型风洞试验,对桥梁风致振动进行了全面的分析研究。试验表明,不论是在施工期间还是运营期间，采用扁平流线型半封闭钢箱组合梁，其颤振临界风速均大于颤振检验风速，具有很好的抗风性能。所采用的组合梁主要轮廓尺寸为：含风嘴全宽约 42. 5m，不含风嘴顶板宽 39. 6m，底板宽为 32. 482m（不包括风嘴），中心线处高度 3. 5m（不含铺装）。主梁标准断面见图 1-3-6。

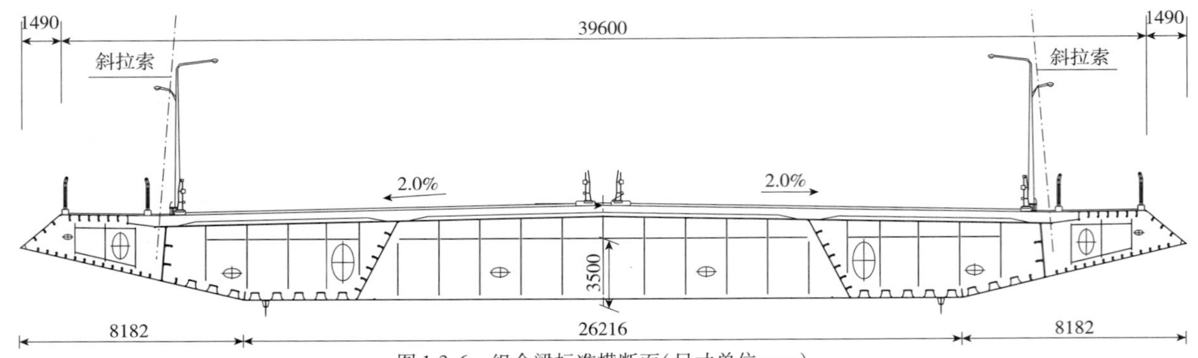

图 1-3-6 组合梁标准横断面（尺寸单位：mm）

上翼缘板在顺桥向采用了全桥相同的 24mm 板厚，宽度 800mm，水平及斜底板采用了 16mm、20mm、30mm 三种不同的钢板厚度，底板采用 U 形加劲肋加劲，基本间距 800mm。加劲肋厚度 8mm，外腹板厚均为 30mm，内腹板厚均为 16mm。横隔板标准间距为 4. 5m，非吊点处横隔板 12mm 厚，吊点处 16mm 厚。混凝土桥面板标准厚度 260mm，在箱梁腹板及横梁的上翼缘设 140mm 混凝土承托。

组合梁施工采用在钢梁节段上浇筑混凝土桥面板，再整体运输安装的办法。标准梁段采用桥面吊机施工，最大起吊重量约 370t；边跨（过渡墩～辅助墩）梁段采用浮吊吊装，最大起吊长度 9m，最大起吊重量约 476t，梁段间采用高强螺栓连接。

二、索塔

索塔采用钻石形塔，见图 1-3-7。从上至下分为塔头、上塔柱、下横梁、下塔柱、塔座五个部分。索塔总高 152. 76m，其中塔头高 25m，上塔柱高 91. 56m，下塔柱高 36. 2m；下塔柱横桥向外侧面的斜率为1/4. 213，内侧面的斜率为 1/2. 843；上塔柱横桥向斜率为 1/6. 474。上塔柱截面顺桥向宽度由 7. 5m 渐变到 8. 5m，横桥向宽度为 4. 5m。下塔柱截面顺桥向宽度由 8. 5m 渐变到 11. 5m，横桥向宽度由 4. 5m 渐变到 8m。索塔在桥面以上高度为 107. 992m，高跨比为 0. 225，塔底左右塔柱中心间距 20m。

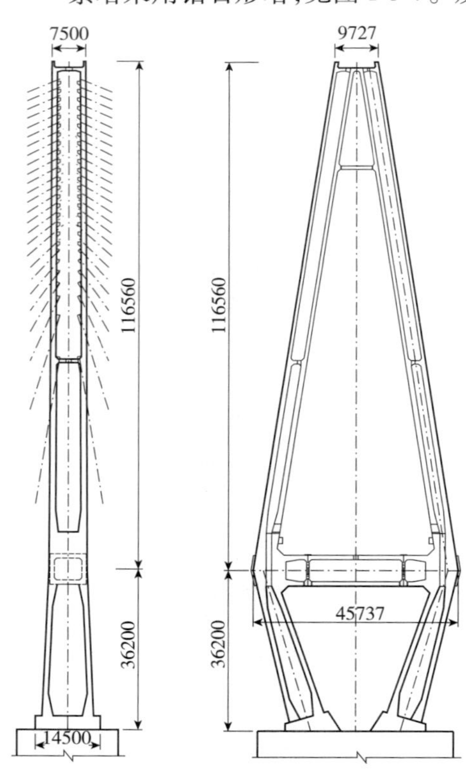

图 1-3-7 钻石形索塔（尺寸单位：mm）

塔柱采用空心箱形断面，上塔柱锚固区塔壁厚度为横桥向 0. 8m，顺桥向为 1. 2m，中间设钢锚梁；上塔柱非锚固区壁厚为横桥向 1. 2m，顺桥向 1. 4m；下塔柱塔壁厚度均为 1. 2m。

斜拉索锚固区采用钢锚梁和预应力钢筋两种方式，钢锚梁设置在塔头和上塔柱中，承受斜拉索的平衡水平力。钢锚梁共 19 节，分 4 类，各锚固一对斜拉索。共 19 对斜拉索均可采用钢锚梁结合预应力粗钢筋方式锚固，A1 ～ A7（J1 ～ J7）7 对采用 JL32mm 精轧螺纹粗钢筋方式锚固。

三、嵌岩端承桩基础

主塔基础采用 30 根 2. 8m→2. 5m 的钻孔灌注桩基础，北塔 N01 基础平均桩长 120. 5m，平均桩尖高程为 －121. 67m，最大桩长 126. 5m，最低桩尖高程为 －127. 67m；南塔基础 S01 平均桩长

129.3m，平均桩尖高程为 -130.47m，最大桩长 139m，最低桩尖高程为 -140.17m，采用端承桩，入岩深度不小于 3.5m，基岩为 9-3 层的中风化凝灰岩，岩石单轴饱和抗压强度为 22MPa。

承台厚 6m，承台顶高程为 4.83m。承台平面呈尖端形，端部倒圆。承台顶设置分离式塔座。

辅助墩（N02、S02）和过渡墩（N03、S03）采用整体式基础。辅助墩基础为 14 根直径 2.5→2.2m 钻孔桩，N02 辅助墩桩长 116.7m，S02 辅助墩桩长 121.2m。端承桩入岩深度不小于 2m，基岩为 9-3 层的中风化凝灰岩，岩石单轴饱和抗压强度 22MPa。承台呈圆端形，长 44.25m，宽 9.75m，高 3.5m，采用 C35 混凝土。过渡墩基础为 10 根直径 2.2→1.9m 钻孔桩，N03 过渡墩桩长 130.7m，进入基岩 2m，基岩为 9-3 层的弱风化凝灰岩，岩石单轴饱和抗压强度 22MPa。承台呈圆端形，长 35.35m，宽 9.35m，高 3.5m，采用 C35 混凝土。钢护筒壁厚采用 25mm。

椒江二桥工程考虑到超长嵌岩端承桩的技术难度和施工风险，安排了专门的工艺试桩，试桩位于南主塔附近，设计桩长 137m，持力层为中风化凝灰岩。是目前国内最长的端承桩。直径采用 2.8→2.5m 变桩径。

护筒采用的钢护筒全长 53.4m，单根钢护筒重约 72.54t。根据设计要求及以往的施工经验，钢护筒直径为 3.0m，壁厚为 18mm。为了减小钢护筒施沉过程中的阻力及防止钢护筒底口变形，钢护筒底口设置刃脚，并在底口以上 100cm 范围内护筒外侧加焊 20mm 厚钢板进行局部加强。

四、江中引桥

北岸江中引桥采用预应力混凝土变截面单箱双室连续刚构—连续梁组合结构，跨径组合从主桥侧起为 60m + 4 × 80m + 60m + 45m = 485m，其中 N04 ~ N08 墩处为墩梁固接的连续刚构体系，N09 墩处为设置支座的连续梁体系。

左右幅均由一个单箱双室箱形截面组成，每幅桥宽 18.25m。箱梁顶板宽 18.25m，厚 0.25m，设 2% 的横坡；底板宽 13.25m，厚度在距跨中 1.0m 处为 0.25m，距桥墩中心 1.75m 处为 0.6m（N09 墩处为 0.5m），中间按二次抛物线变化，横桥向底板也设 2% 的横坡；箱梁根部梁高 4.5m（N09 墩处为 3.0m），跨中梁高 2.2m，箱梁梁高从距跨中 1.0m 至距主墩中心 1.75m 处按二次抛物线变化；腹板厚度 1 ~ 2 号节段为 0.80m，在 3 ~ 4 号节段内由 0.8m 按直线变化到 0.45m，5 ~ 9 号节段为 0.45m，在梁端附近，箱梁腹板也局部加厚；翼缘板悬臂长为 2.5m，端部厚 0.15m，根部厚 0.45m。

与桥墩断面相应，在桥墩墩顶设置 2 道厚 0.8m 的横隔板，边跨端部设厚 1.2m 的端横梁，跨间不设横隔板。采用挂篮悬臂施工。

连续刚构 N04 ~ N08 墩墩身宽 13.25m，厚 3.5m，采用八边形钢筋混凝土空心墩，高桩承台，群桩基础。为避免船舶撞击破坏，N04 墩墩柱从承台顶 8m 范围为实心断面，N05 ~ N08 墩墩柱从承台顶 5.6m 范围为实心断面。N09 墩为实心墩，横桥向宽为 10.5m，厚 2.5m。

为提高基础防船撞能力，将江中引桥左右幅的承台连为一个整体，承台厚 2.5m。N04 墩承台外形尺寸为 41.7m × 6.5m，下设 18 根直径 1.5m 钻孔灌注桩。N05 ~ N08 墩承台外形尺寸为 37.3m × 6.5m，下设 12 根直径 1.5m 钻孔灌注桩。桩基础按端承桩设计，要求进入中风化基岩不小于 2.3m。

南岸引桥采用预应力混凝土变截面连续刚构，跨径组合为 60m + 2 × 80m + 60m = 280m，其中 SZ01 联在 S04 墩和 S05 墩之间桥宽从 18.25m 加宽到 21.75m，采用单箱三室断面，SY01 联在 S07 墩附近局部加宽，采用单箱双室断面，结构细部设计同南岸江中引桥。

第四章　工程建设管理

第一节　工程建设概要及参建单位

一、工程建设概要

(一)工程建设的重要意义

椒江二桥及接线工程是浙江省及台州市公路“十一五”建设规划中的区干线公路75省道改建跨越椒江的重要通道,连接椒江两岸的74、75、82、83省道及头门港、海门港、龙门港,将主要承担椒江两岸的公路交通及城市道路功能。同时,还起到连接台金高速东延段以及拟建中的台州湾大桥作用,给既有交通运输网提供了一条更加便捷的通道。因此,椒江二桥的建设对推动台州经济迈向沿海时代,完善台州市交通网络,加快台州市、椒江区的城市化进程,进一步扩展城市发展空间和促进区域经济协调发展具有重要意义。

(二)主要工程数量

北接线长3690m,主桥全长3702m,南接线长381m,椒江二桥及接线工程全长7.773km。主要工程数量:全桥工程路基土石方21.3945万m^3;主桥用钢1.3350万t,斜拉索高强度钢丝2350t;主桥及南、北引桥混凝土28.07万m^3、钢筋约4.4544万t、预应力钢筋3406t。

(三)管理机构及职能

2008年5月12日成立椒江二桥建设指挥部,并受台州市椒江大桥实业有限公司委托,全程代建椒江二桥项目。

根据本工程管理特点,指挥部下设办公室、合同与财务处、安全保卫处、工程管理处、总工办、征迁管理处等6个处室,并明确各处室职责。

办公室职责:负责文秘、后勤、接待、宣传报导、车辆调度安排、考勤等。

合同与财务处职责:工程计划财务的编制、工程资金的审核、结算、支付,经常费用的报销、设计变更的审核、计量支付、合同管理、工程造价管理。

工程管理处的职责:工程前期工作、工程质量、进度管理、工程交竣工验收。

总工办的职责:负责技术方案的协调、方案审定、工程技术档案。

征迁管理处的职责:征地拆迁的政策起草,征用土地报批,定界内建筑物的拆迁兑现和政策处理,施工过程中的保障协调工作,信访接待。

安全保卫处职责:负责施工过程中的安全保卫和安全管理工作,及时处置工程建设和政策处理中的突发事件。

在项目建设过程中,严格遵守基本建设程序,依据国家规范,参照交通运输部通用招标文件范本制定椒江二桥及接线工程各施工及监理招标文件,通过省重点工程招标平台公开招标选择承包人和监理单位。按合同对施工、监理单位进行监督、管理,结合浙江省及本工程的具体实情,制定严格的工程管理制度,对工程的进度、质量、投资进行全方位的科学管理与严格控制。

(四)资金来源

在省交通运输厅的大力支持和市、区两级政府的高度重视下,台州市椒江大桥实业有限公司与各股东单位进行了充分的沟通和协商。2009 年 6 月 12 日,台州市椒江大桥实业有限公司召开股东大会,通过了股东会决议,椒江二桥项目资本金占概算的 35%,计 57233 万元,其中:

浙江省公路局出资 20604 万元,占项目资本金的 36%;

台州市椒江电力投资开发有限公司出资 16025 万元,占项目资本金的 28%;台州市能源开发有限公司出资 13736 万元,占项目资本金的 24%;

台州市国有资产投资集团有限公司出资 6868 万元占项目资本金的 12%。

申请国家开发银行浙江省分行项目贷款 11.1 亿元。因前期工作时间较紧,初设阶段未将建设期贷款利息列入概算中,以及新增变更项目、政策处理费用增加等各种因素,预计超过概算 2.7 亿元。资金缺口问题已报请区政府转报市政府协调省、市、区三级股东单位,建议按原定比例 36%、36%、28% 追加缺口资金。台州市国有资产投资集团有限公司及下属台州市能源开发公司先追加投资 3402 万元;椒江电力投资公司追加投资 2646 万元。

(五)建设工期

2010 年 4 月份主体工程开工建设,于 2014 年 1 月建成通车。

二、主要参建单位

主要参建单位见表 1-4-1。

参建单位一览表 表 1-4-1

建设单位	台州市椒江大桥实业有限公司	
代建单位	椒江二桥建设指挥部	
监督单位	台州市交通工程质量安全监督站	
监理单位	武汉桥梁建筑工程监理有限公司	
	浙江公路水运工程监理有限公司	
	台州市公路水运工程监理咨询有限公司	
设计单位	线路及桥梁工程	同济大学建筑设计研究院(集团)有限公司
		台州市交通勘测设计院
咨询单位	中交公路规划设计院有限公司	
监控单位	施工监控	中铁大桥局集团武汉桥梁科学研究院有限公司
	健康监测	中交公路规划设计院有限公司
施工单位	合 同 段	单 位 名 称
	1 施工标	乐清市路桥工程有限公司
	2 施工标	路桥集团国际建设股份有限公司
	3 施工标	中交第一公路工程局有限公司
	路面施工标	台州市椒江交通建设工程有限公司
	房建施工标	方远建设集团股份有限公司
	机电施工标	浙江省机电设计研究院有限公司
	涂装施工标	北京航材百慕新材料技术工程股份有限公司
	绿化施工标	浙江天宏园林有限公司
	安全设施施工标	台州市路马交通安全设施有限公司
	艺术灯光施工标	浙江中企实业有限公司
	航标设置	温州海光航标技术工程有限公司

续上表

	内　　容	单　　位
检测单位	桩基成孔检测	杭州华烨交通工程检测有限公司
	钢结构材料监测、焊缝检测	中铁大桥局集团武汉桥梁科学研究院有限公司
	椒江二桥成桥荷载试验	上海同济建设工程质量检查站
	桩基无破损检测	中铁大桥局集团武汉桥梁科学研究院有限公司
	水泥搅拌桩	台州市交通工程试验检测中心
	路基弯沉、压实度	台州市交通工程试验检测中心
	路面平整度	台州市交通工程试验检测中心
	路面弯沉、压实度、厚度	台州市交通工程试验检测中心

第二节　工程建设管理

一、内部管理

椒江二桥建设指挥部运行以来，提出“以创新理念建和谐团队，靠科学管理铸精品工程”。严格遵守重点建设项目管理有关规定，规范指挥部运行机制。

加强制度建设，规范内部管理。根据省、市、区政府重点建设项目管理的有关规定，先后出台了《椒江二桥工程建设征地拆迁安置补偿实施意见》、《各处室工作职责》、《椒江二桥财务管理制度》、《椒江二桥工程计量支付试行办法》、《椒江二桥工程变更管理试行办法》、《椒江二桥工程进度管理办法》、《椒江二桥工程质量管理办法》等制度，围绕项目审批、征地拆迁、资金使用、招标投标、工程变更及合同的签订和履行等重要环节，建立健全相关制度，明确相关工作流程，用制度确保项目规范运行。

争取各方支持，形成外部监督。指挥部提请区委由区纪委向指挥部派驻纪检监察员；与区检察院共同设立预防职务犯罪工作领导小组，并建立联络员制度；提请区政府向指挥部派出财政审价中心工作人员参与指挥部计量支付管理工作；区政协也为椒江二桥项目确定了民主监督员；省审计厅、交通运输厅通过审计招标指定工程造价、会计师事务所进行跟踪审计；此外，指挥部聘请中交公路规划设计院和有关专家作为技术咨询单位和顾问，就有关技术问题进行把关。指挥部定期或不定期就有关问题及时向其通报情况，提请把关审核，共同参与监督。

工程变更签证严格按照《椒江区政府投资项目投资控制和资金管理规定》和浙江省交通厅《关于进一步加强国省道及重要县道新改建项目设计变更管理工作的通知》的要求执行，超过30万元以上的变更项目均按规定程序进行上报审批。

积极开展创优争先、立功竞赛和廉政文化进重点工程等活动，营造良好建设氛围。以设立廉政文化宣传栏、廉政文化活动园地、营造廉政文化景观为依托，积极推进廉政文化进重点工程活动。通过举行廉政签约仪式，参观预防职务犯罪警示教育展览，定期举办廉政建设专题讲座、报告会、学习会等，充分发挥文化功能的作用，推动了廉政文化进重点工程活动的深入开展。

二、安全管理

高度重视安全生产管理和结构安全管理工作，并根据工程管理的实际情况，强势推进平安工地建设工作。通过“平安工地”创建达标考核，贯彻落实以人为本、安全发展的理念，夯实椒江二桥安全监管工作基础，建立安全生产长效管理机制。

严格执行先方案后施工，先准入后进场，先验收后投入。专项编制椒江二桥安全生产管理规定和安全生产手册，并作为椒江二桥参建各方安全生产管理的行为准则，全面标识安全生产危险源，重视危险源控制。

架设桥梁既是重劳动的“粗活”，又是考验技术的“细活”，一着不慎就有可能出现严重后果，为此指挥部对每个危险性较大分部分项工程都编制安全生产专项方案并进行论证，同时对相关施工技术、安全管理及施工作业人员进行安全技术交底。对技术、结构上影响安全的方案委托咨询单位中交规划设计院复核验算，以确保工程结构安全。

安全生产管理重在过程管理，指挥部建立周、月、季检安全检查制度，并组织进行各项安全专项检查，及时整改落实，消除安全隐患，形成了安全隐患排查的长效机制。加强特种设备和特种作业人员进场动态管理，切实做到特种作业人员持证上岗，机械设备经检验合格后方投入使用，并建立档案，做到一机一卡、一机一指挥。

三、质量技术管理

（一）工程质量目标

项目开工建设以来，实施标准化工地建设，并把标准化工地作为工程管理的重要抓手。为使整个工程建设质量始终处于有效的受控状态，明确提出工程质量目标：确保单位工程和分部工程优良率达到100%，分项工程优良率达到95%以上；力保路面8年内不大修；确保桥涵构造物混凝土表面平整光洁，色泽一致，轮廓分明。消除质量通病，杜绝重大质量事故和隐患。

（二）质量控制措施

1. 牢固树立“一个”高定位的建设理念

把椒江二桥建设成“精品工程”，“重抓标准化工地建设，强化质量管理、创建精品工程”为目标。积极开展以“管理规范、工程优质、生产安全、施工文明”为要求的创建标准化工地活动，坚持以新的思想、新的理念、新的要求、新的标准来建设椒江二桥，大力弘扬“质量创新”、“科技筑路”和“以人为本”的新颖建设理念。

2. 建立健全“两个”管理网络

（1）建立健全质量保证体系网络

制定了质保体系网络，通过签订质量目标责任状，强化各参建单位的质量责任感和使命感，促使每一位工程建设者把质量意识贯彻到工程建设的全过程。指挥部、监理部、项目经理部根据要求，分别建立了质量保证体系，从组织网络、质量责任、施工要点、创优办法、通病防治、奖惩制度等方面予以了明确。

（2）建立健全安全保证体系网络

将安全生产作为工程的一个重要工作来抓，多次组织施工、监理单位召开以安全生产为主题的会议，下发了安全生产方面的文件，签订安全生产责任状。

3. 强化设计“三个”过程控制

（1）超前做好设计指导。

（2）加强设计审查。

（3）动态跟踪设计，加强现场设计服务。

4. 坚持“四级”质量检测制度

本项目工程建设检测采用承包人自检、驻地监理抽检、指挥部抽检和省、市质量安全监督站检测中心巡回检测的四级检测制度。

5. 坚持“五项”特色制度

始终坚持制度先行，以制度指导实践，以制度规范行为。并结合工程建设各阶段的特点，在“立功竞赛”活动开展的过程中，坚持“五项”特色制度：

（1）坚持进场审查制度。

(2)坚持原材料准入制度。

(3)坚持首件工程认可制度。

(4)坚持重要工序、隐蔽工程三方联检制度。

(5)坚持质量预控制度。

6. 打好主桥攻坚战

对大桥施工的每一个重大方案进行充分论证和审查;坚持管理创新,落实“整体分解,由大化小、各个击破”的施工控制及技术实施原则,攻克难点。

大桥建设取得了五项显著的技术创新成果。一是总结出在地质条件复杂的椒江入海口凝灰岩中风化基岩(该岩层倾斜度较大且起伏不规则,且岩石强度较高)中施工超大直径超长桩的施工经验,确保了所有桩基质量均达到Ⅰ类桩标准;二是采用先进技术及科学措施,通过混凝土浇注温度控制设计解决了分二次浇筑超大体积5840.4m^3混凝土而没有出现温缩裂缝的施工难题;三是细致分析研究椒江二桥主梁采用半封闭双箱组合梁新颖的组合结构体系,在满足受力和施工的条件下尽可能减少用钢量,同时,该课题在剪力钉推出试验的基础上,建立剪力钉受力结构关系模型,实现了精细化分析新型组合梁全截面在施工、运营阶段的内力状态;四是对钢梁与剪力钉的力学性能试验和研究,采用双节段吊装方法,保障了主桥在台风期前完成主梁合龙;五是利用《大跨度新型组合梁斜拉桥关键技术研究》课题,为我省推广运用钢混凝土组合梁桥积累了宝贵设计、施工经验。本桥钢箱梁全部采用电脑控制精确加工及涂装。监测证明,钢箱梁制作轴线偏差控制在5mm以内,高程误差控制在10mm以内,钢箱梁中跨合龙两侧轴线偏位8mm,高程偏差2mm。

7. 根据工程实际,有重点地抓了以下几个方面的工作

(1)狠抓混凝土外观及保护层厚度的质量通病。从混凝土的配合比模板、混凝土输送方式、振捣等环节入手,多次召集施工、监理讨论整改,使混凝土外观质量得到较大的提高。对混凝土分别采取了覆盖浇水养护,薄膜养护、薄膜养生液养护及自动喷淋控温等方法,防止混凝土产生裂缝。在钢筋安装过程中要求现场加强控制力度,保证箍筋、拉钩筋加工准确;督促现场监理做到勤量测,浇筑前严格执行三检程序,浇筑完成后由质监工程师提供书面测量报告,有效提高了钢筋保护层的合格率。

(2)狠抓钢筋连接件的加工和安装质量。钢筋连接件的加工和安装质量关系到结构主筋受力情况,指挥部进行了重点整治,邀请厂家专业人员来工地对操作人员和质检、监理人员进行了培训,并随时抽检。

(3)依托专家评审会形式,确保重大技术方案科学可靠。2011年度指挥部分别组织召开了近10个专题评审会。在方案的实施过程中充分落实专家组咨询意见,确保重大技术方案的科学可靠。

(4)积极申报2011年交通运输厅科技计划项目,台州市2个科研项目全部落户在椒江二桥。指挥部作为承担单位,实施椒江二桥多级主动防撞系统研究和大跨度斜拉桥新型组合梁设计与施工关键技术研究。目前,课题研究工作进展有序。

四、进度管理

(1)严格制订总体计划。针对工期紧、要求高、任务重的建设特点,在工程开工前编制了“总体实施计划大纲”。

(2)建立市、区政府目标责任制。纳入各级政府的工作目标,实行统一领导、分级负责。

(3)制订与落实阶段计划。每个年度和季度均召开阶段性计划会议,制订下达年度和季度建设指导计划,并分解细化各项计划,落实到各标段,同时检查前一阶段的计划执行情况,分析计划执行中存在的问题,提出解决的措施和办法。

(4)加强计划检查与考核。监理、施工单位按照指挥部的年度、季度计划,结合工程实施的实际情况,认真编制实施计划,采取调整人员、机具、改善工艺水平等措施,以月计划保旬计划,以旬计划保年

计划。

(5)充分利用“立功竞赛”,加强工程进度管理。

(6)运用横道图,制订节点工期。由于工程施工单位较多,工序交叉多,工期相对紧张,指挥部充分利用横道图,分析项目关键点,制订出关键点节点工期,利用网络计划进行各工序之间的协调,使整个施工计划处于有序的控制之中。

五、椒江二桥工程技术重点、难点

(一)软土地基处理数量多、难度大

椒江二桥及接线工程所在地区为平原和底山丘陵区相间地形,地势西高东低。北岸部分线路经过区域现主要以水稻田为主,区内河流、水渠纵横交错,水系呈网格状分布,水网密度大,且分布有大量大大小小、形状各异的水塘、鱼塘等。

为加快施工进度,缩短软土路基的沉降观测期,全线软土路基全部采用水泥搅拌桩处理,数量就达14.5万延米以上,其他如钢塑格栅、等超载预压、碎石垫层、预应力管桩等各类处理方法均在本线路上得到运用。

(二)主桥钢混凝土组合梁施工技术开拓创新之路

主跨斜拉桥主梁采用半封闭钢混凝土组合梁的结构形式,是由钢箱梁采用抗剪连接件与混凝土桥面板组成的新式桥梁结构体系,具有更高抗扭刚度和更优的断面受力性能以及结构耐久性。组合梁形成时桥面板混凝土与钢结构的连接质量的保证以及在台风期大吨位组合梁整体吊装、主跨、次边跨合龙等都是大跨径组合梁斜拉桥的施工难点。

为确保半封闭钢箱组合梁组合、吊梁施工进度,椒江二桥采用“先组合、后整体吊装”的施工方法以及“两节段同时浇筑湿接缝”的施工工艺,并针对性地采取了将各阶段前一接缝进行临时加强的处理措施,有利于保证施工质量和缩短沿海台风区域桥梁施工周期。

组合梁后浇湿接缝附近处焊钉连接件的真实受力难以通过现有的理论方法进行精确计算,采用9个群钉连接件模拟试件和3个连接件基本力学性能试件,进行《大跨度新型组合梁斜拉桥关键技术研究》的试验研究。取得连接件的剪力与相对滑移曲线、试件的最大承载力、最大相对滑移量以及观察试件混凝土表面裂缝、连接件的断裂等破坏现象等试验数据,明确了组合梁群钉连接件的受力性能和承载力,为椒江二桥组合梁两节段设计与施工提供技术支持。

椒江二桥最大起吊梁段长度9m,最大起吊重量约570t,大吨位组合梁整体吊装如何过台风期是本桥的一大难点。为此要求对最大双悬臂施工状态制定在边跨设临时墩和承台上设置抗风缆索两种临时抗风方案。并按两种临时抗风措施,对吊梁施工期最长单悬臂及最大双悬臂施工态进行抗风理论计算。同时要求对临时抗风措施进行咨询审核。汇总了上述成果报告以及主梁结构抗风验算结果和专家意见,指挥部研究决定,2013年5月完成主梁中跨合龙作为时间节点控制,确保主梁吊装安全渡过台风期及南、北岸吊梁同步施工,又有利于施工监控、保证了2013年的路面施工处在黄金期控制沥青路面的施工质量。

(三)复杂地质条件下,超长、大变径端承桩施工难度大

两个塔墩基础、多个桥墩基础是桩长达100m以上的端承桩,超长、大变径(ϕ2.8→ϕ2.5m)、穿越不同土层,最长深度达126.5m;索塔、承台群桩基础巨大,施工技术复杂;施工工期短,处于台风多发区,存在较大的风险;需对施工设备、成桩工艺、承载力试验及检测手段等关键技术进行专题研究。

(四)椒江二桥沥青路面结构优化设计

针对椒江二桥建成通车后交通量大、重载多、所处区域夏季气温高等特点,为提高路面的使用品质和使用寿命,并结合目前浙江省内几座大桥铺装层均采用双层SMA改性沥青及热熔型改性沥青防水层做

法，对沥青混凝土铺装层进行优化设计。将椒江二桥机动车道沥青混凝土铺装层按双层设计，铺装下层采用5cm厚的SMA-16沥青混凝土，铺装面层为4cm厚的SMA-13沥青混凝土，铺装总厚度为9cm。防水黏结层采用热熔型改性沥青上面散布碎石组成的防水黏结体系。为了增加沥青跟碎石的黏结力，并将普通碎石全部换成玄武岩。通过以上优化，较好满足椒江二桥对沥青铺装层所要求的良好的抗车辙性能、良好的平整度及抗滑性能、良好的耐久性和抗疲劳性能、良好的变形适应性等各项性能要求。

(五)生态化、景观化的绿色工程

建设过程中，把“十里画卷绘海门，多彩绿廊迎盛装”作为椒江二桥景观设计追求的境界。素材取于当地自然景观，以绿色为主体，以生态为目的，融入自然环境，从而体现人与自然协调发展的生态美，将道路沿线景观设计成一副流动的风景画。重视适生植物品种的调查，动态优化绿化设计，大量运用乡土树种；在路基两侧、中央分隔带、交通岛、老鼠屿山、沿线的上下坡、垂直桥下空间、收费站管理房区内因地制宜通过地形设计成自然排水的湿地系统，营造环绕的水系、亲水池塘等景观，广种植物；放缓路基边坡坡率，取消坡面防护工程及浆砌排水沟，利用客土喷播、挂网喷播等生态防护新技术实现植被全覆盖，使人造工程返璞归真；同时注重细节美感，对桥头锥坡、边沟砌筑、排水工程等也进行了大量景观设计，提升椒江二桥的美感。

(六)建设期间受客观不利因素影响较多

由于主塔和主桥架梁施工受台风影响较大，不确定因素大，增加了施工的难度。建设期间征地拆迁政策处理工作对工程建设产生了一些不利影响，且随着国家宏观经济政策调整以来，筑路等地方材料价格和民工工资在2011—2012年大幅上涨，本工程2010年签约的土建单位施工单位普遍以低价中标，亏损较严重，因资金面紧张，加大了指挥部对工程进度、质量控制的压力。

(七)上开口双边钢箱混凝土板组合梁梁段制造、安装施工难度大

组合梁制作难度大，混凝土浇筑后，受混凝土重力和徐变的影响，组合梁横向有变形，梁段纵向线形也发生变化，制作时需考虑胎架刚度及反变形；由于混凝土浇筑，振捣、混凝土徐变、运输、吊装等施工过程产生的几何影响以及受组合梁的结构特点及存放龄期不小于6个月的特殊要求影响，组合梁制作难度大、存放场地要求高；制作满足安装几何精度极难。

桥面距离水面较高，钢箱组合梁宽度大，节段自重大，且受涨落潮的影响，如何确保能够快速、安全的从运梁船上提升钢箱组合梁节段，转运到安装位置，按规范和设计要求实现高强度螺栓接头施工、主桥组合梁合龙是本工程的关键点。

第三节　施 工 监 理

监理人员依据监理合同对工程质量、安全、环保、费用、进度实施监督管理。建设单位必须严格执行国家工程建设质量管理、安全生产、环境保护等法规，创造合法、规范、有序的监理工作环境。

一、监理概况

(一)监理机构设置

1. 监理单位资质

椒江二桥及接线工程监理实行一级监理制，即总监理工程师办公室(总监办)。

由武汉桥梁建筑工程监理有限公司、浙江公路水运工程监理有限公司、台州市公路水运工咨询有限公司联合体共同组成。三家监理公司资质均为交通运输部甲级，特殊独立大桥专项。总监理工程师为联合体牵头单位委派。

2. 监理人员的配备

先后参加建设椒江二桥及接线工程项目监理工作有46人，其中监理人员40人，辅助人员6人，监理人员中具有高级职称的8人，中级职称11人，初级职称21人。

总监办下建立试验室(在海门港北岸)，总监办设总监理工程师1名、副总监监理工程师2名，配备了桥梁、道路(兼安全设施、绿化)、测量、合同、试验检测、房建、安全等专业监理工程师和监理员、资料管理人员；根据工作需要配备了钢结构、焊接、防护涂装、制索、机电等专业监理工程师，并根据本工程技术特点，聘请了中铁大桥局集团武汉桥梁科学研究院部分专家组成技术顾问组。

(二)监理工作依据

(1)国家及省、市颁发的有关监理法规、工程质量检验评定标准、规范、施工规程等；

(2)浙江省及台州市关于交通工程建设的相关文件；

(3)业主对该工程的施工、监理招标文件及签订的相关合同；

(4)经批准的工程设计图纸、文件及附件；

(5)经批准的监理计划、监理细则及签发的施工图纸、变更文件和指令；

(6)在工程实施过程中有关的会议纪要、函电和文字记载。

(三)监理工作目标

(1)质量控制目标：确保分项工程合格率100%，所辖施工标段交工验收的质量评定均为90分及以上。

(2)进度控制目标：满足施工合同规定。

(3)投资控制目标：坚持合同原则，合理控制投资，加强事前控制，预测不利因素，有效地控制变更与索赔，做好协调工作，协助业主将投资控制在概算范围内。

(4)安全生产、环境保护目标：杜绝重、特大人身死亡事故，重、特大海上交通责任事故，重大设备责任事故及火灾事故，锅炉、氧气、乙炔等高压容器爆炸事故；不发生严重污染施工区域的水上污染事故以及严重影响施工区域环境的环境污染事故。不发生有较大社会影响的治安事件。

(四)监理工作内容

(1)编制监理计划和细则

根据《公路工程施工监理规范》(JTG G10—2006)及本项目监理合同的规定，总监办承担了椒江二桥及接线工程范围内十个施工合同段在施工全过程和缺陷责任期内的监理工作。

监理计划由总监理工程师主持编制，是在监理合同期内开展监理工作的指导性文件。

监理细则根据监理计划，针对技术复杂、专业性较强的分项、分部工程或监理工作的某一方面，由驻地监理工程师主持编写、经总监理工程师批准的操作性文件。

(2)审查实施性的施工组织设计

每个合同段开工前，总监办均对施工单位提交的《实施性施工组织设计》进行审查。首先由各专业监理工程师对质量保证体系、施工方案、进度安排进行初步审查，对资源配备、施工组织及质量、安全、环保保证措施等核查落实，如存在明显不合理的内容，退回施工单位修改；如与指导性施工组织存在较大偏差，则进一步分析原因，总监办提出正式审查意见后，对重大技术及安全专项方案报业主及时组织专家审查会进行评审。

根据施工工序安排，第2、3合同段(南、北主塔)先期开工建设，(南引桥、北引桥)、第1合同段的路基及道感堂桥、75立交桥及隔桥开工建设，主塔、钢混组合梁及斜拉索的进展对全桥施工进度起控制性作用，对外加工件的供货也有影响。因此，在进行施工组织设计审查时，这三个合同段的进度协调是审查的一个重点。主桥上构施工阶段，各外加工件及辅助设施的施工协调是施工组织审查的又一个重点。因此，在审查各土建合同段、外加工合同段的施工组织时均围绕现场施工这条主线来控制。

椒江二桥及接线工程技术含量较高，各个施工阶段均有一些重大技术方案、工艺需要慎重把关。为此，总监办对合同段施工的各阶段、主塔基础、塔身、索导管安装、钢锚梁安装及下横梁、塔头、0号块段支架搭设、钢箱梁吊装、连续钢构挂篮现浇箱梁、支架现浇混凝土连续箱梁、预制小箱梁、板梁等方案，以及钢混组合梁造加工、斜拉索制造、钢箱梁焊接工艺评定试验、单元件及节段制造、防腐涂装、工地焊接及涂装等工艺均组织了各方联合审查,对一些重大技术难题报请业主召开专家审查会。通过这些措施,为以上技术方案、工艺的完善搭建了很好的平台,使其更为优质、高效、安全、可靠。实践证明,这些审查工作取得了良好的效果。

(3)严格执行各分项工程开工审批和交底制度

合同段及单位工程开工报告在相应的施工组织设计审批后,专业工程师签署审查意见,报总监批准后执行,报业主备案;分部工程开工报告专业工程师审查,总监批准后执行,总监办备案。总监办中心试验室、测量组、桥梁组、道路组、安全、环保组、合同组审查技术准备资料、核查现场开工条件、进行必要的验证工作并会签后,总监方予审查(批)开工报告。通过严格的开工审批程序,保证工程施工顺利组织实施,工程质量也得到有效控制。

通过业主及时组织设计交底工作。本工程施工设计图提供比较及时,为及时交底并组织施工创造了良好的条件。交底时提出的问题尽量当场解决,并以正式设计文件予以确认。同时,业主、设计、监理、施工等单位在日常工作中加强沟通,及时发现问题并迅速解决,保证施工顺利进行。

(4)严格执行监理指令和检查施工用表

总监办根据对施工单位提出要求的性质不同分别采用指令或通知的方式。监理通知与指令发出后即要求及时落实,实际工作和书面文件都须闭合。在监理通知、指令的落实方面,总监办各级监理人员坚持锲而不舍的精神,不解决问题决不罢休,因此所发各项通知、指令从实际工作和书面文件两方面都已闭合,取得了预期的效果。

椒江二桥及接线工程总监办及时编制各分项工程监理实施细则,按照浙江省工程项目统一用表对《椒江二桥及接线工程设项目工程监理基本表格表式及用表说明》(包括监理管理程序所涉及的施工用表)对施工单位进行交底、检查,为监理进场后顺利开展工作创造了良好的条件。总监办进场后即与施工单位研究验评标准和上述文件,结合监理管理和施工应用的需要,对部分表格进行了局部调整,确定了适用标准,增强了可操作性,并在应用过程中不断完善。

二、工程质量监理

(一)监理主要方法

监理采取审批、检查、抽检、验收、试验、巡视、旁站等方法进行控制。对分项工程开工报告、施工方案、安全措施进行审批,对施工单位的作业过程对照施工规范,批准的方案进行检查验收。对已完工序按设计文件和施工规范要求组织检查验收。对施工质量采取事前、事中、事后控制。

(二)质量的事前控制

(1)掌握和熟悉质量控制的技术依据及施工图纸。

(2)审查施工队伍的资质。

(3)审查及复核控制网、次级加密网施工放样。

(4)审查施工单位原材料、试件取样方法或方案。

(5)按频率抽验原材料,对不合格的材料不允许进场使用。

(6)审查施工机械设备能否满足施工要求。

(7)督促施工单位建立完善质保体系,安全体系,环保体系。完善质量报表,质量事故报告制度。

(三)质量的事中控制

(1)坚持首件制。各标段、各分项工程施工开始时,首件在专业监理工程师检查验收合格后,必须通过总(副)监理工程师检查认可后方可进行全面施工。目的是为了规范和统一监承双方质量控制标准。

(2)控制施工工艺过程的质量。针对监理项目各工序的具体情况,监理工程师经常巡视工序施工情况,对重要环节、关键部位或隐蔽过程实施全过程的旁站监理。

(3)坚持工序交接检查。坚持上道工序未经检查验收合格不准进行下道工序的原则。上道工序完成后先由施工单位进行自检、专职检,合格后报监理工程师,监理工程师应在规定时间内到现场检验,合格后签署相关工程资料,认可方能进行下道工序。

(4)隐蔽工程完成后,先由施工单位自检专职检,初验合格后填报隐蔽工程质量验收报告单,报告监理工程师检查验收。

(5)行使质量监督权,下达停工指令。为保证工程质量,出现下述情况之一,监理工程师有权指令施工单位立即停工整改:①未经检验即进行下道工序作业;②工程质量下降,经指出后未采取有效改正措施,或采取了一定措施而效果不好,继续作业;③擅自采用未经认可或批准的材料;④擅自变更设计图纸的要求;⑤擅自将工程转包;⑥擅自让未经同意的分包单位进场作业;⑦没有可靠的质量保证措施贸然施工,已出现质量下降征兆。

(6)行使好质量否决权,为工程进度款的支付签署质量认证意见。

(7)对不称职的主要技术人员、管理人员,监理工程师有权提出更换要求。

(8)做好巡视、旁站和监理日志记录工作,监理工程师逐日记录有关工程质量动态及影响因素情况。

(9)组织现场质量协调会,重要工序关键部位施工前,组织施工单位有关人员进行技术交底,讲解监理规范中的技术要求、控制要点及注意事项。对施工过程中出现的问题,及时组织施工单位有关人员进行总结,找出原因及解决措施。

(10)经常向业主报告有关质量动态情况。

(四)质量的事后控制

(1)分项工程完工后,及时进行分项工程交工验收。

(2)审核竣工图及其他技术文件资料。

(3)整理工程技术文件资料,并编目归档。

(五)监理主要措施

(1)组织措施:建立健全监理组织,完善职责分工及有关制度,落实投资控制、质量控制、进度控制、协调制度。

(2)技术措施:审核施工组织设计和施工方案,严格事前、事中、事后的质量控制措施,对进度滞后时建议增加作业面或要求施工单位加大资源投入,采用高效能施工机械,采用新工艺、新技术。

(3)经济措施:严格质量检验和验收,及时进行计量支付工作。

(4)合同措施:按合同条款及时支付工程款,不符合合同规定质量要求的拒付工程款,按合同要求及时调整施工进度以确保项目整体形象进度达到要求。

(六)对施工、制造技术难点的控制

1.依托评审和科学研究成果实施监理

主桥是椒江二桥及接线工程的标志性工程,也是控制性工程。监理对该桥的每道工序都慎之又慎,一是依托专家评审会形式,确保重大技术方案科学可靠,在过程中对桥梁总体设计、下部结构施工组织设计、桩基自平衡试验、索塔承台钢套箱、钢箱梁和钢锚梁制造方案、制造规则及焊接工艺评定试验、主塔施工方案、斜拉索制造及运输的施工组织设计和工艺实施细则、钢混凝土组合梁制造、运输方案、南引桥和北引桥连续钢构施工组织设计、上部结构吊装方案及景观亮化、沥青路面结构层设计等都逐一组织评审;二是对椒江二桥的结构受力特点、剪力滞效应、索力优化、半封闭钢混凝土组合梁桥面板混凝土裂缝控制、大跨度新型组合梁斜拉桥、高强螺栓湿接缝剪力钉受力等关键技术展开课题研究,通过科研解决椒江二桥斜拉桥结构安全与耐久性问题,指导本桥的设计优化。

2. 主桥钢混凝土组合梁施工质量的控制

钢混凝土组合梁制造为专业分包，钢箱梁部分由江苏中泰钢结构股份有限公司制造。首先，对原材料、外加工件、单元件的质量严格控制。对进场的钢板、焊丝、焊剂、焊条等性能，生产厂家必须复验，监理审查其报告，并按规定的比例对钢板进行抽验。厂家复验或监理抽验不合格的材料监理督促其清退出场。为验证焊接质量和厂家检验结果，监理必须对焊接试板进行抽检。

焊缝质量是保证钢箱梁制造质量的关键。业主委托第三方中铁大桥局集团武汉桥梁科学研究院有限公司检测中心对钢箱梁焊缝质量进行无损检测，检测方法包括超声波探伤、射线探伤和磁粉探伤。无损检测工作包括板单元制造、钢箱梁节段组焊及工地焊接（风嘴及边跨合龙段）全过程。按不低于规定的比例随机抽检，保证每一节段、每一轮抽检分布的均匀性；对锚箱、腹板等关键部位进行重点检测，对检测发现问题的部位，返修后重点复查，确保不放过任何质量隐患，但不容许二次以上返修。

主桥主梁采用半封闭钢混凝土组合梁的结构形式，在二次总拼完成后，直接在胎架上现浇混凝土桥面板，驻厂监理对桥面板钢筋、波纹管定位验收合格后，方可批准进行混凝土桥面板施工；控制好桥面板在上部结构吊装时的精确连接。组合梁形成时桥面板混凝土与钢结构的连接质量的保证以及在台风期大吨位组合梁整体吊装、次边跨主跨合龙等都是大跨径组合梁斜拉桥的施工控制重点。

为确保半封闭钢箱组合梁组合、吊梁施工进度，椒江二桥采用“先组合、后整体吊装”的施工方法以及“两节段同时浇筑湿接缝”的新工艺，即将常规单节段施工顺序（即每个梁段安装随后进行其与前梁段之间的接缝施工）更改为“双节段”施工（梁段连续安装 2 段后进行前面两道接缝的混凝土施工），并针对性地采取将各双节段前一接缝进行临时加强的处理措施，有利于保证施工质量和缩短沿海台风区域桥梁施工周期。

3. 斜拉索制造质量的控制

斜拉索制造为专业分包，由重庆万桥交通科技发展有限公司制造。原材料、半成品的质量控制是确保拉索制造质量的核心。为此，总监办驻厂监理严把质量关，所有委托试验检测单位的资质均报监理审查、业主批准。原材料、半成品的外观、尺寸检查由驻厂监理自行检查。

高强钢丝直接采购天津二钢生产的成品，锚具探伤必须按合适的标准进行，不合格产品必须进行处理，最终检测全部合格。

斜拉索正式生产前进行了静载试验，按设计要求验证产品实际承载力。驻厂监理对试验室资质及仪器、设备的计量检定情况进行了检查、确认，对试验全过程进行了旁站监督。

4. 沥青路面结构的优化

监理对沥青混凝土铺装层同意进行优化设计（详见第二节）。施工中监理全程旁站控制，保证沥青路面结构的优化，能够满足椒江二桥对沥青铺装层所要求的良好的抗车辙性能、平整度及抗滑性能、耐久性和抗疲劳性能等各项指标要求。

（七）工程验收

1. 检查验收

根据验评标准及相关规范，监理严格进行分项、分部、单位、合同段工程的检查验收，并负责组织分部工程以下的验收工作。

分项工程验收是所有其他验收工作的基础，而分项工程验收的依据是工序检验、巡视与旁站记录、测量与试验检测成果等基础资料。专业监理工程师（包括结构、测量、试验等相关专业）联合审核以上资料均符合标准后方同意分项工程验收，由总监理工程师审查、签认，作为工程计量的依据。

分项工程验收合格后，施工单位立即进行质量评定，同时监理独立进行监理的工程质量评定工作。对所有分项工程均已验收、评定合格的分部工程，施工、监理分别整理、汇总各自的验收、评定资料，总监办组织验收、评定。单位工程的验收、鉴定验收工作由业主统一组织，总监办参加验收并按要求做好各项准备工作。

2. 评定结果

1）监理分项工程评定工作情况

监理办根据测量、试验、结构监理在现场抽验时所采集的数据和 JTG F80/1—2004《公路工程质量检验评定标准》为依据对所抽检的每一个分项工程进行评定，评定结果显示：本监理合同段工程监理抽验的分项工程合格率为 100%。

2）监理分部工程评定工作情况

以评定的各分项工程结果对各分部工程进行评定，本监理合同段工程的各分部工程评定质量等级为合格。

3）监理单位工程评定工作情况

以评定的各分部工程结果对各单位工程进行评定，本监理合同段工程的各单位工程评定质量等级为合格。

4）监理合同段工程评定工作情况

以评定的各单位工程结果对所辖施工标段交工验收的质量评定均达到了 90 分以上，履行了合同规定的服务目标。

三、进度控制

监理的进度控制措施包括计划审查、检查落实、整改调整等。

（一）抓住关键线路上的关键点

为确保总体进度计划的实现，监理要充分理解总体进度计划的精神，抓住进度网络图关键线路上的关键点，对各合同段的总进度计划在全桥总体进度计划中的地位要有充分的认识。根据工程进展情况，监理建议业主及时督促承包单位签订钢锚梁制造合同、钢混组合梁加工制造合同、斜拉索制造合同等，为上部结构的吊装赢得了时间，保证了关键节点的进度。

监理对工程进度从宏观上进行有效控制，微观上则实施动态控制。从宏观上，全力督促并配合施工单位完成主桥基础、主塔施工等。从微观上，对部分因施工困难导致的局部工期延误，通过后续工序从技术、组织、经济等措施上进行调整，尽量保证满足总体进度计划关键节点的工期要求。

（二）协调生产进度

土建工程第 2、第 3 合同段主桥部分开始均为独立施工，但上部结构钢混组合梁吊装工作与主塔的进度应基本一致，为避免彼此相互影响，监理重点抓住此节点进行进度协调。为达到进度要求，保证钢混凝土组合梁按时完成施工任务，业主与总监办积极组织项目部、制梁单位与运输单位进行动员与协调，保障安全运输，要求按时把梁运至施工现场。为加快主梁吊装进度，施工单位提出把单节段吊装改为双节段吊装，业主与总监办组织专家论证并经设计单位验算通过、施工单位进一步完善后批准了此方案，主梁吊装阶段节省了施工时间。

驻厂监理督促厂家保证本桥钢混组合梁及斜拉索有足够的生产能力，随时满足现场架设进度的需要。在多管齐下的组织措施保证下，驻厂监理加大监管力度，督促厂家从人力、物力、财力等各方面提供充分保障，以保证高质量、高速度进行生产。通过协调生产进度达到了预期目标，未对后续施工产生任何影响。

四、投资控制

（一）计量依据

监理要求各施工单位根据施工设计图纸对合同工程量清单进行详细核算，建立计量台账。在工程实施过程中，根据批准实施的变更、索赔项目和合同约定的计量支付规则，对工程量清单进行修订，并按修订后的清单作为计量支付的依据。

(二)计量支付的先决条件

监理坚持把质量合格作为计量和支付的先决条件,任何有缺陷的工程,坚决不予计量和支付;在计量支付程序和方法上必须满足合同条款的要求,并作为计量的必要和充分条件;确保所有费用在计算上的正确性和准确性,在支付内容上无遗漏、无重复,在支付时间上尽量不超前或滞后。严格按以上原则进行监理,确保了合同的顺利进行。

(三)计量支付

椒江二桥及接线工程项目的工程计量工作由监理与施工单位共同实施,由合同专业工程师审核,总监负责签认报业主审批。支付包括预付款支付、中期支付和最终支付三类。

预付款:按合同规定的比例和方法办理《预付款支付证书》,总监审核签认,报业主批准后进行支付。

中期支付:施工单位依据《中间交验审批表》填写《中间计量表》,监理合同工程师负责审核计量依据,包括相关工程量清单、设计文件、变更/索赔文件、计量规则等。专业监理工程师审核《中间计量表》及相关资料后报总监签认。

最终支付:最终支付的基本程序与中期支付相似,但支付的条件不同。所有遗留工程、缺陷修复工作全部完成并经监理、业主验收合格,总监签署《缺陷责任期终止证书》,完成工程结算,全部工程通过竣工验收合格,具备以上条件后方可办理最终支付。最终支付金额根据工程结算与累计完成的中期支付情况决定,已支付金额多退少补,最终应与工程结算相符。

由于坚持原则、遵守程序、严格把关,未发生错计、漏计、提前计量现象,也未无故滞后计量。

五、合同管理

(1)通过有效的合同管理,确保工程项目的投资、质量和进度三大目标的实现。

(2)严格控制工程变更,对于工程变更,监理都要进行严格审查,首先对照施工合同和设计图纸核查有无变更的需要,在征求设计单位和指挥部的意见后,方可实施变更。

(3)防止违约与合同纠纷,在全桥施工过程中,业主、监理和各施工单位密切配合,各自严格遵守合同。本桥未发生违约事件及合同纠纷。

(4)对专业分包严格管理,本工程钢混凝土组合梁及斜拉索制造为专业分包,总监办按规定程序和要求对分包进行了审批和严格管理。未发生承包人违反合同规定转包、分包情况。

六、安全、环保及信息管理

总监办自开工就建立了安全保证体系及环境保护体系组织机构,以总监为组长,副总监为副组长,各专监为成员成立安全及环境保护工作领导小组。

(一)安全管理

建立组织机构,全面落实安全责任,制订规章制度及安全监理措施,抓安全检查和专项整治。通过切实落实安全检查制度,及时发现施工现场和内业资料管理存在的主要问题和安全隐患,根据三定原则(定人、定时、定措施)落实整改和治理。工程施工期间,监理部向各施工单位发出《安全监理指令单》122 份。同时,各项目部对施工现场查实的违章违纪工作的人员,都逐一按规定进行纠正和处理。由于加强了对施工现场和内业的安全检查和专项整治,有效控制了各类安全事故的发生,起到了积极的安全保障作用。

(二)环保管理

工程建设中,环保管理工作,总监总体负责。专业环保监理工程师及监理员对施工现场进行每日巡察,对现场污染环境的事件采取口头通知及监理书面指令方式要求各项目部限期整改。对存在的隐患及问题在每月工地例会上进行总结,使环境污染事件得到了有效控制。各施工现场都做到工完场清,并做到及时恢复原始地貌工作。同时,采取有效措施降低噪声及光污染现象,故未发生污染环境事件。

(三)信息传递

椒江二桥及接线工程指挥部建立了网络平台,实施了网络平台上传办公系统,及时发布信息与及时上传信息,发挥了信息化及时交流传递功能,更准确、更快的进行信息交流沟通渠道。

(四)信息管理

信息管理最终反映在工程建设资料上。文件、图纸、申请及审批手续管理是以其来源为主线,以台账的方式建立闭合关系;工程资料管理是以工程划分为核心,按资料闭合、集中存放。监理的各部门所辖工程资料分别管理、集中存放。业主、质量监督部门组织的定期检查表明,椒江二桥及接线工程项目良好的资料管理为编制竣工资料打下了坚实的基础。

第四节 大 事 记

一、2007 年

4 月,完成《椒江二桥(椒江大桥复线)及接线工程可行性研究报告》(下简称《工可》)编制,市政府委托市咨询委重点就线路桥位和资金筹措方案进行咨询论证,先后召开省级专家咨询会和市内研讨会、座谈会。

9 月,省公路局对《工可》文本进行了初审,《工可》报告名称由原"75 省道(道感堂至沙王)改建工程"调整为"椒江二桥(椒江大桥复线)及接线工程",同时进行《工可》文本的修改和报送。

9 月,完成了椒江二桥通航论证报告的编制并通过了通航论证报告的审查。

10 月 16 日,省发改委、省交通厅在椒江联合组织了项目工程的《工可》专家审查会,并获得了通过。

二、2008 年

1 月 29 日,省发改委对该项目建议书进行了正式批复["省发改委关于椒江二桥及接线工程项目建议书批复的函",(浙发改函[2008]17 号)],表明该项目正式立项。

1 月 31 日,台州市政府召开了椒江二桥桥型方案咨询会,一致建议采用《工可》报告推荐的桥位 B 方案。同时建议对桥梁桥面使用功能和横断面布置、防撞设施方案等作进一步完善。

5 月 14 日,省建设厅出具项目规划选址意见书及审查意见。

5 月 21 日,椒江国土局出具建设项目用地初审意见表。

6 月 17 日,通航净空尺度和技术要求论证报告由省交通厅转报交通运输部。

9 月 4 日,交通运输部以交水发[2008]299 文件对通航净空尺度和技术要求进行了批复。

9 月 10 日,省发改委以浙发改函[2008]204 号文件对《工可》进行了批复。

10 月 17 日,对项目勘察设计进行了重新招标,确定市交通勘察设计院等单位组成的联合体为中标单位。

12 月 30 日,举行工程开工典礼,典礼由台州市副市长叶阿东主持;市委书记张鸿铭宣布项目开工。椒江二桥建设指挥部举行成立挂牌仪式。

三、2009 年

1 月 19 日,台州市交通局邀 16 位专家组织召开椒江二桥及接线工程施工图设计审查会议。

3 月 16 日,以省交通厅副总工陆耀忠为组长的 15 人专家组,在杭州召开椒江二桥施工栈桥及试桩方案评审会。

4 月 13 日,市交通局在杭州组织召开了椒江二桥施工栈桥及试桩工程招标文件审查会,指挥部各相关负责人参加了会议。

5月20日,在省重点工程招投标交易中心产生了椒江二桥栈桥及试桩工程施工和监理的推荐中标人名单,其中,施工标推荐第一中标人为路桥集团国际建设股份有限公司;监理标推荐第一中标人为浙江省公路水运咨询监理公司。

7月21日,第一阶段(施工栈桥及试桩)正式开工。

8月14日,在杭州召开了《椒江二桥及接线工程通航安全评估报告》专家评审会议。

11月5日,椒江二桥建设指挥部在杭州组织召开了椒江二桥试桩方案专家咨询会。

11月12日,椒江二桥1号试桩正式开钻,标志着栈桥和试桩工程已进入攻坚阶段。1号试桩为独立桩,位于南岸主桥南塔S1号墩附近,桩位离主桥中心线约28m,理论桩长137m,并进入岩层6m,是目前国内桥梁最长的一根桩。

11月28日、29日,椒江二桥工程设计单位在上海组织召开二桥工程船撞设防标准及防撞设计研究专题评审会、二桥工程第二次顾问会议暨半封闭钢箱组合梁斜拉桥关键技术研究专题评审会。

12月9日,椒江二桥建设指挥部召开主体工程招标工作会议。

12月28日,浙江省交通厅对椒江二桥及接线工程施工图设计进行了批复。

四、2010年

1月15日,指挥部组织监理、土建施工投标单位踏勘现场,并召开椒江二桥及接线工程监理、土建施工投标预备会。

1月28日,指挥部组织召开了椒江二桥及接线工程土建施工工程量清单预算价以及监理招标上限价审查会。

2月5日,椒江二桥及接线工程监理、土建施工标于省公共资源交易中心顺利开标。

3月30日,业主与中标单位施工标乐清市路桥工程有限公司,路桥集团国际建设股份有限公司,中交第一公路工程局有限公司,监理标武汉桥梁建筑工程监理有限公司、浙江公路水运工程监理有限公司、台州市公路水运工程监理咨询有限公司联合体签订合同。

4月10日,第一根钢护筒顺利嵌入,标志着二桥主体工程建设全面展开。

4月23日,指挥部召开椒江二桥及接线工程第一次安全工作会议。

5月27日,举行椒江二桥总体施工组织方案评审会,并形成专家组意见,各项目部总体施工方案通过了专家评审。

6月10日下午,举行第2标段3号桩基开钻仪式。

6月11日、12日,省交通厅质监局对椒江二桥工程进行监督交底,包括合同履约要素、监理工作的主要内容、桥梁工程标准化工地要求和质量控制要点、政策法规。

9月11日,椒江二桥第3标段过渡墩第一根钻孔灌注桩—6号桩基顺利灌注成功。标志着椒江二桥另一个工程节点施工拉开序幕。

10月20日、21日,指挥部在江苏中泰桥梁钢构股份有限公司进行椒江二桥钢箱梁及钢锚梁技术交底会议。

10月24日晚8时,椒江二桥S01主塔最后一根桩基——11号桩基成功灌注,主墩共30根桩基全部完成。

11月7日上午,椒江二桥第2标段首个承台顺利浇筑。此次陆上引桥17号墩左幅首个承台的胜利浇筑,标志着椒江二桥路面工程已经顺利展开。

11月11日,椒江二桥施工单位组织召开了主桥墩钢套箱吊装及承台施工安全专项施工方案论证会,并形成专家组意见。

11月16日,中铁大桥局集团武汉桥梁科学研究院有限公司中标施工监控、主桥钢结构材料及焊缝检测。

11 月 23 日下午，第 2 标段首节墩身浇筑成功。

12 月 1 日，南岸主墩钢吊箱顺利完成封底。

12 月 12 日，北主墩钢套箱顺利吊装成功，此次钢套箱吊装采取的是横桥向吊装方案。

12 月 13 日，椒江二桥索塔承台、塔座大体积混凝土温控方案评审会，椒江二桥及接线工程设计交底会。

12 月 17 日，指挥部邀请了香港理工大学教授和台州海事局、椒江海事处专家，就椒江二桥多级主动防撞系统进行研究。

12 月 18 日，完成北主墩钢套箱第一次封底施工，此次水下封底厚度为 1m，混凝土工程量约为 $800m^3$。封底共分 6 个隔舱，隔舱封底逐舱对称进行。

12 月 22 日，北 08 号墩承台钢套箱顺利安装完成。

五、2011 年

1 月 19 日，水上引桥 N08 号墩承台完成第一次浇筑，此次浇筑高度为 1m，混凝土 $230m^3$。

2 月 24 日，北主墩东塔座混凝土浇筑施工顺利完成，此次浇筑的塔座为楔形实体结构，高度为 1.7 ~ 4.5m，浇筑混凝土共计 $639m^3$。

3 月 3 日，S01 主塔第二个塔座及塔柱起步段顺利浇筑成功，正式进入了主塔主体施工阶段。

3 月 26 日，南岸主塔左塔肢第二节段顺利施工完成，此节段施工完成了液压自爬模的拼装，历经 5h 连续浇筑，完成了第二节段施工。

4 月 11 日，椒江二桥首轮钢箱梁制造技术总结评审会在江苏靖江召开。并邀请 7 名专家组成专家组。

同日，第 3 标段主桥过渡墩吊箱成功下放，并顺利完成封底。此次钢吊箱整个套箱底板进行了分块设计，每块构成独立体系，块与块之间采用搭接方式，达到能拆卸的效果。

4 月 23 日，第 2 标段 N08 号墩右幅墩身顶节模板顺利拆除，这标志着水上引桥段首座八边形钢筋混凝土空心墩身施工顺利完成。

4 月 25 日，第 2 标段 N19 号墩左幅首个盖梁完成混凝土浇筑。

5 月 11 日，水上引桥首座空心墩 N08 号右幅墩身完成施工。墩身混凝土分 6 次进行浇筑，最大浇筑高度为 6m，最小浇筑高度为 3m。

5 月 16 日，省交通厅工程质量监督局主持召开椒江二桥运营期结构监测巡检养护管理系统设计与实施招标文件评审会。

6 月 13 日，椒江二桥及接线工程第 2 合同段斜拉索制造工艺及安装方案评审会在福建漳州开发区召开。会议特邀专家就斜拉索制造工艺实施细则、施工组织设计和安装方案进行讨论，并形成专家组一致意见。

6 月 23 日，第 2 标段完成北主塔下横梁混凝土浇筑。

6 月 28 日，第 3 标段完成南主塔下横梁混凝土浇筑。

6 月 29 日，椒江二桥健康监测系统设计与实施招标在省公共资源交易中心开标，评标委员会推荐中标单位为中交公路规划设计院有限公司。

7 月 4 日，南岸第一个墩柱——SZ12 墩柱完成了混凝土浇筑，墩高 25.15m，采用 500cm × 200cm 矩形截面（设 150cm × 30cm 倒角），墩柱采用翻模法分四节段施工。

7 月 5 日，指挥部召开施工监控研究细则评审会。

7 月 8 日，在第 3 标段会议室召开南岸引桥墩身施工安全专项方案、南岸引桥箱梁施工技术方案及施工安全专项方案专家评审会议。

7 月 21 日，指挥部召开斜拉索原材料检测方案讨论会，指挥部、监理部和项目部有关人员参加会议。

7 月 29 日，指挥部在杭州组织召开椒江二桥主桥上部结构施工方案专家评审会。

9 月 2 日，第 2 标段水上引桥首个连续箱梁 0 号块完成混凝土浇筑。0 号块浇筑标志着椒江二桥水上引桥部分建设正式由下部结构施工全面转入上部结构施工阶段。

9 月 9 日，区政府主持召开了椒江二桥预应力管桩变更、桥梁大伸缩缝变更、第 3 标段南引桥雨水渠变更等有关问题，并按有关规定就工程变更上报审批。

同日，指挥部组织在江苏镇江召开椒江二桥及接线工程主桥钢箱梁涂装方案及工艺试验专家评审会，经过讨论，形成专家组一致意见。

10 月 18 日，第 3 标段项目部召开挖孔桩爆破方案专家评审会。

10 月 22 日，指挥部组织在杭州召开椒江二桥健康监测系统施工图设计评审会。

10 月 24 日，第 3 标段最长箱梁 SY03 联箱梁预压施工圆满完成，标志着椒江二桥开始进入箱梁施工阶段。

10 月 29 日，椒江二桥 S01 主塔第十九节浇筑完毕，标志着主塔施工进入了钢锚梁施工阶段。

11 月 30 日，第 3 标段完成现浇箱梁首次浇筑。

12 月 2 日，第 3 标段完成 SZ08 墩钢板桩围堰承台混凝土施工，至此椒江二桥项目水下结构施工任务全部完成。

12 月 11 日，椒江二桥北索塔左右幅塔柱合龙。

12 月 13 日，椒江二桥栈桥及试桩工程交工验收组对南北栈桥和老鼠屿隧道现场进行检查，一致通过交工验收。

12 月 15 日，指挥部在杭州组织召开了椒江二桥景观、健康监测、机电和房建工程方案审查会。

12 月 20 日，椒江二桥南索塔左右幅塔柱合龙，至此，椒江二桥南北索塔左右幅塔柱顺利合龙。

六、2012 年

1 月 17 日，指挥部在杭州组织召开了椒江二桥主桥台风期吊梁临时抗风方案专家评审会。会议对主桥台风期吊梁临时抗风方案进行论证。

2 月 5 日，椒江二桥北主塔完成封顶。

2 月 20 日，第 2 标段完成首片 30m 预制小箱梁浇筑。此次浇筑的首片预制小箱梁为中跨中梁。

3 月 2 日，南主塔完成封顶。

4 月 12 日，第 2 标段完成陆地引桥首片预制箱梁架设。椒江二桥陆地引桥段共有预制小箱梁 240 片，采用预制安装、简支变连续的方法施工。

5 月 8 日，椒江二桥开始主桥第一块钢箱梁的吊装施工，标志着椒江二桥进入主桥上部结构施工阶段。

5 月 16 日，省公路学会举办的钢 - 混组合梁施工技术现场交流会在椒江二桥召开。

7 月 18 日下午，椒江二桥北岸 3 号块标准段钢箱梁成功被桥面吊机吊起、就位。此次吊装是桥面吊机拼装完成后，吊装的首片钢箱梁，是续主桥索塔区钢箱梁支架 + 浮吊安装施工后的又一重要节点施工。

9 月 26 日，第 2 标段预制小箱梁安装第一阶段架设完成，标志着椒江二桥陆地引桥的架设取得了阶段性胜利。

10 月 12 日，第 2 标段 N03 ~ N04 号墩现浇段钢管支架顺利完成左右幅平移。

11 月 1 日，S01 联 6 套挂篮全部拼装完成。标志着刚构连续梁全面进入悬臂浇筑施工阶段。

11 月 6 日，第 2 标段完成制梁场最后一片 30m 小箱梁混凝土浇筑，至此陆地引桥共计 240 片的 30m 小箱梁全部完成预制施工。

11 月 20 日，南岸接线路基工程正式开工。南岸接线路基为挖方路基，最大挖方高度 12.775m，挖方量共计 39022.4m^3，其中石质挖方量 30385.2m^3，开挖施工难度相对较大。

12 月 3 日，第 2 标段项目部在上海组织椒江二桥伸缩缝装置采购开标会议，会议选定两家公司进行竞争性谈判，经过三轮报价，最后玛格巴公司以最低报价719.8万元中标。

12月24日，第2标段水上引桥完成了8～9号左幅箱梁的合龙，标志着水上引桥左右幅箱梁全部合龙完成。

12月28日，椒江二桥完成次边跨合龙，标志着椒江二桥主桥上部结构施工取得阶段性胜利，实现了年底次边跨合龙的重大节点目标。

12月31日，主桥混凝土结构项目涂装工程在省招标中心开标，北京航材百慕新材技术工程股份有限公司被评为第一中标人。

七、2013年

1月8日，南岸桩基施工全部完成，南岸水上大直径超长嵌岩桩144根，冲击钻钻孔灌注桩179根和人工挖孔桩32根，其中水上大直径超长嵌岩桩最大桩长达140m，最大桩径达2.8m。

1月9日，完成南岸右幅第1联5号、6号挂篮中跨合龙段合龙。

2月26日，指挥部召开椒江二桥高架走锚消能式拦阻船舶方案讨论会。

3月5日，椒江二桥艺术灯光景观施工招投标，在省重点工程交易中心举行，经过评标委员认真评标，浙江中企为第一中标候选人。

3月30日，指挥部在杭州组织召开椒江二桥桥面铺装方案变更评审会。

5月2日，椒江二桥及接线工程路面工程招投标在浙江省公共资源交易中心举行。经公示，确定台州市椒江交通建设工程有限公司中标。

5月10日，椒江二桥SY01联边跨最后一方混凝土顺利浇筑完成。

5月13日，椒江二桥及接线工程机电工程招投标在浙江省公共资源交易中心举行。经公示，确定浙江省机电设计研究院有限公司中标。

6月2日，指挥部在杭州召开椒江二桥非通航孔拦阻船舶设施方案设计审查会。

6月8日，省交通运输厅在杭州组织召开由椒江二桥建设指挥部与香港理工大学深圳研究院承担的《椒江二桥多级主动防撞系统研究》科研项目鉴定验收评审会。

6月12日12时30分，椒江二桥合龙段正式起吊；6月14日20点至21时30分，合龙段合龙锁定；6月15日至23日进行箱口高栓、湿接缝模板、钢筋、预应力施工等。

6月24日上午，椒江二桥举行主桥合龙仪式。

6月29日，第1标段部分路段路基完成交工验收，进入路面施工阶段。

7月18日，指挥部召集人行道护栏竞争性谈判。通过三轮竞价，南京广奥景观装饰工程有限公司为中标单位。

11月24日，省交通运输厅在杭州组织召开《大跨度斜拉桥新型组合梁设计与施工关键技术研究》科研项目鉴定会。鉴定委员会经过讨论形成一致意见，认为该课题已完成合同规定的研究任务，研究成果具有良好的推广应用前景。

八、2014年

1月22日，椒江二桥及接线工程完成交工质量评定。

3月18日完成工程交工验收。

第五节　工程交工验收及验收结论

一、交工质量评定组织情况

椒江二桥建设指挥部委托台州市交通工程试验检测中心有限公司对椒江二桥及接线工程的实体和

外观质量进行了检测，提供了《工程外观检查报告》和《工程实体检测报告》。委托上海同济建设工程质量检测站对椒江二桥及接线工程主桥连续漂浮双索面结合梁斜拉桥、北引桥第1联连续刚构－连续梁组合箱梁桥及第5联简支变连续预应力混凝土小箱梁桥、南引桥第一联预应力混凝土连续刚构桥、第二联预应力混凝土变宽度连续箱梁桥及第四联预应力混凝土连续箱梁桥进行了荷载试验，提供了《桥梁荷载试验报告》。委托中铁大桥局集团武汉桥梁科学研究院有限公司对主桥钢箱梁进行钢结构材料监测及焊缝检测，提供了《材料监测报告》及《焊缝检测报告》。

2014年1月22日组织了椒江二桥及接线工程的交工质量评定，评定小组根据上述提供的报告并进行了现场核查，查阅了工程施工的质保资料，进行认真的讨论，形成了工程交工质量评定报告。

二、交工验收及结论

2014年3月18日召开了椒江二桥及接线工程交工验收会议，椒江二桥及接线工程通过了交工验收。

交工质量评定结果：

椒江二桥及接线工程经交工检测，各项指标符合设计和规范要求，工程交工质量得分为：95.1分，为合格工程。

设计与关键技术

第一章　组合梁斜拉桥设计关键技术

第一节　组合梁斜拉桥概述

一、概述

现代组合梁斜拉桥的设计思想起源于德国著名桥梁专家莱翁哈特(Leonhart)教授,他在1982年领导完成的美国佛罗里达州跨越坦帕(Tampa)湾主跨为365m的日照桥(Sunshine Skyway)的投标方案设计,采用了纵桥向两片钢主梁及横梁组成梁格,上缘通过剪力钉与预制混凝土桥面板结合成整体共同受力,而不再是初期将混凝土桥面板简支于钢梁上仅仅承受局部荷载作用。这一设计思想成就了具有重要意义的现代组合梁斜拉桥的技术创新。虽然该方案没有被采用,但1987年通车的加拿大安那西斯桥(Annacis)(主跨465m)的基本设计思想来之于该方案,成为世界上第一座现代组合梁斜拉桥。

1983年,在研究上海黄浦江大桥方案时,同济大学李国豪校长在国内首次提出组合梁斜拉桥方案,随后,上海南浦大桥、杨浦大桥、徐浦大桥、青州闽江大桥等一批组合梁斜拉桥相继建成,表2-1-1为国内外组合梁传统截面斜拉桥。

国内外组合梁传统截面斜拉桥　　表2-1-1

序号	桥　　名	所在地	跨长(m)	桥宽(m)	建成年代	主梁形式
1	日照桥(Sunshine Skyway)(投标方案)	美国	381	22.52	—	工字形组合梁
2	安那西斯桥(Annacis)	加拿大	465	—	1987	工字形组合梁
3	上海南浦大桥	中国上海	423	30.3	1991	工字形组合梁
4	胡格利二桥(2nd Hooghly)	印度	457	35	—	工字形组合梁
5	贝当桥(Baytown)	美国	380	—	—	工字形组合梁
6	达得福特桥(Dartford)	英国	450	—	—	—
7	塞文二桥(Severn)	英国	456	—	—	—
8	上海杨浦大桥	中国上海	602	30.35	1993	分离式双箱组合梁
9	汀九大桥	中国香港	448+475	2×18.5	1997	工字形组合梁
10	上海徐浦大桥	中国上海	590	35.95	1997	分离式双箱组合梁
11	青州闽江大桥	中国福建	605	27	2003	工字形组合梁
12	Rion-Antirion 桥	希腊	560	27.2	2004	工字形组合梁
13	江津观音岩长江大桥	中国四川	436	36.2	2009	工字形组合梁
14	宁波清水浦大桥	中国宁波	468	2×22	2011	工字形组合梁
15	武汉二七长江大桥	中国武汉	616	32.3	2011	工字形组合梁

二、组合梁施工工艺

对于工字形边主梁形式的组合梁斜拉桥,采用钢梁和桥面板分别预制、安装,最后通过浇筑湿接缝形

图 2-1-1 混凝土桥面板预制的组合梁施工

成整体组合梁截面的施工工法保证了钢和混凝土在组合前充分释放混凝土的收缩徐变应力，且吊安重量轻；但施工安装程序繁琐，现场安装周期长，图 2-1-1 为预制混凝土桥面板的组合梁施工。

当能够有效控制组合梁混凝土收缩徐变应力时，包括桥宽较小、钢梁和混凝土结合点分布均匀、控制混凝土塌落度（或采用收缩补偿混凝土等）以减小混凝土收缩等条件下，可以采用先在预制场内完成钢梁上混凝土桥面板的浇筑，形成一个组合后的主梁节段再整体安装的工法。2004 年建成通车的希腊 Rion-Antirion 桥，是首次采用先将钢梁和混凝土组合，再节段整体安装工法的组合梁斜拉桥。该桥桥面宽度 27.2m，工字形钢梁梁高 2.2m，间距 22.1m，混凝土桥面板厚度 25cm。2005 年建成通车的东海大桥主航道桥是我国首次采用此种工法的全封闭钢箱组合梁，标准节段梁长 8m，宽 33m，重 369t。

图 2-1-2 为东海大桥主航道桥节段吊装图。图 2-1-3 为希腊 Rion-Antirion 桥节段吊装图。

图 2-1-2 东海大桥主航道桥节段吊装

图 2-1-3 希腊 Rion-Antirion 桥节段吊装

组合梁中钢梁和混凝土桥面板的施工顺序改变，即由“先拼装后组合”改为“先组合后拼装”，从而实现了由“散拼”改进为“整装”，提高了预制节段的工厂化程度，减少了施工现场安装的工序，缩短了现场安装周期。

第二节 组合梁斜拉桥总体结构设计

一、总体布置

（一）结构体系

组合梁结构体系的选择与跨经关系最大，为避免桥面板承受过大负弯矩所引起的过大拉应力，对大跨度主梁一般多采用漂浮体系，而不采用在塔处产生大的负弯矩的其他支撑体系。除早期组合梁采用稀索支撑外，现代大跨径组合梁斜拉桥几乎全采用密索体系布置。这方便于施工和减低梁的高度。在索面形式上多采用扇形索面，拉索集中锚固于上塔柱，减少主塔弯矩。如 Annacic 桥、南浦大桥、杨浦大桥、Baytown 桥、及 Hooghly Ⅱ桥，都采用密索漂浮体系。

（二）横桥向索面布置

钢主梁和混凝土主梁斜拉桥的横桥向索面布置都可以根据行车要求、桥宽、跨径和塔高作单、双索面的比较选择，由于组合梁的主梁与横梁的梁格体系，在单索面情况下主梁抗扭性能差，因此多采用双索面。至于是否采用空间双索面，则应根据跨径、桥宽及抗风等要求决定。

(三)主梁节段布置

配合密索从有利施工和根据桥面板受力需要,对主梁梁段的长度、横梁间距应做统一考虑。横梁间距与跨径及所采用的桥面板有关。主梁节段长度从方便架设考虑,以布置 1 ~2 根拉索和 2 ~4 根横梁为宜,节段过长会导致架梁时需采用临时拉索的麻烦。

(四)辅助墩的设置

是否有条件设置辅助墩,需视桥址情况而定。辅助墩可提高斜拉桥的总体刚度,减小主塔弯矩和中跨跨中挠度。在上海南浦大桥设计中,曾对设辅助墩与不设辅助墩做了比较。设辅助墩还可减少主梁边孔尾端负弯矩。辅助墩顶的负弯矩还可以采用其他途径减低(如设置双链杆构造)。更重要的是当边跨在平衡架设至辅助墩后,施工的抗风稳定性被大大加强,直至长悬臂架设至中孔合龙。不需特殊设置另外的抗风措施。南浦大桥、杨浦大桥都设置辅助墩,效果很好。

(五)过渡孔设置

设置过渡孔有利于背索的受力。对组合梁设置过渡孔并将过渡梁压在尾端主梁上,对背索的布置和受力更好,并且不需设置额外的平衡重;可避免在恒载情况下锚墩(斜拉桥尾端外边墩)受拉。日照桥采用主梁越过锚墩伸至引桥,安纳西斯桥则使梁外伸一段长度,将组合梁的过渡孔用铰接挂在斜拉桥的外伸主梁上,尾端拉索也布置在外伸梁上。南浦大桥、杨浦大桥采用将预制梁直接压在锚墩顶部的主梁上。

(六)横断面布置

如前所述,组合梁一般为双索面,故在横断面布置上采用钢双边主梁。钢主梁断面形式有实腹开口工字形、箱形、Π 形等。钢主梁断面选择需视跨径、桥宽、荷载等级、抗扭刚度、抗风等要求而定。开口实腹工字形便于钢主梁制作和架设,但不适于空间索面。同时当工字梁受力很大时,为避免采用过厚的翼缘和腹板带来焊接制作和高强度螺栓连接设计与施工困难,此时宜采用箱型或 Π 形断面。箱形断面抗扭刚度大,对扩大桥面有效分布宽度也有利,但制作加工工作量大。在双层桥面时对主梁可选桁梁作比较。小纵梁的多少需视桥面板布置需要而定,安纳西斯桥、南浦大桥仅在桥轴线处设置一道,杨浦大桥根据需要设置二道小纵梁。

(七)混凝土桥面板

混凝土桥面板是组合梁极其重要的部分,直接承受轮压活载和全桥整体荷载作用,整体断面的轴向力主要由桥面板承受,设计施工应给予极大重视。

1. 预制与现浇

为尽量减少混凝土桥面板的收缩、徐变引起的斜拉桥的内力,桥面板应尽量采用预制,并于良好养护下养生较长时间,以减少后期收缩和徐变变形影响。收缩和徐变对内力影响随跨径的增大所占的比重也越大。水泥应采用早强高强度等级硅酸盐水泥,混凝土采用高强度等级,以获得低的徐变系数。采用桥面板预制,可以缩短工期。对于跨径不大的组合梁也可以采用现浇桥面板。

2. 接缝现浇混凝土

接缝现浇混凝土宜采用微膨胀、低收缩混凝土。接缝现浇混凝土应选择早强混凝土,以降低混凝土养护周期,缩短工期。

3. 桥面板厚度

桥面板厚度与钢横梁间距、钢梁格形式和荷载等级有关,当桥面板布置应力钢索时,需考虑预应力索管道尺寸布置需要。为设计和施工方便,一般采用全桥等厚。桥面板承受斜拉索水平分力,越近塔处压力越大,跨度较大时,应根据受力分析将近塔处桥面板加厚。

凡是桥塔或墩顶横向限位块处,主、横梁应加强或横梁间距加密。

二、主梁锚固点构造

工字形双主梁锚拉板斜拉索锚固通常有两种布置方式:一种是将锚拉板的锚固板正对主梁腹板焊于主梁翼缘板上,此种构造翼缘板厚度方向受拉,要求翼缘板材性能满足 Z 向性能要求,锚固板与翼缘板焊缝需工艺处理,图 2-1-4 为锚固板焊于主梁翼缘板顶面。此种方式已有较多实桥采用实例;二是主梁翼缘板开槽锚固板穿过上翼缘直接与主梁腹板对接焊接,图 2-1-5 为锚固板与主梁腹板焊接。此种构造锚固板与腹板连接设计不合理,制造、焊接难于保证质量,较前者更难于满足疲劳寿命要求,此种方式尚未见实桥采用实例。两者在锚箱与锚固板连接端部圆弧处焊缝终端是疲劳控制点,均需采取工艺处理。

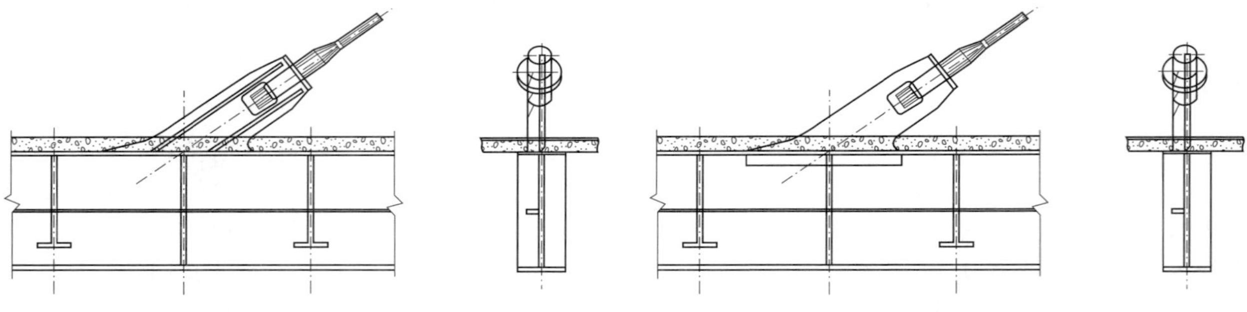

图 2-1-4　锚固板焊于主梁翼缘板顶面

图 2-1-5　锚固板与主梁腹板焊接

另一种将斜拉索锚箱布置于主梁腹板外侧,锚箱与腹板采用高强度螺栓摩擦连接或焊接。美国的贝当桥为高强度螺栓摩擦连接,南浦大桥为焊接连接,美国的昆西(Quincy)桥和日照桥均采用焊接方式。此种构造方式应处理好斜拉索轴力的偏心附加弯矩的疲劳影响,即对承锚板、承压板与腹板连接焊缝工艺处理,以避免焊缝端疲劳开裂。

第三节　组合梁斜拉桥总体结构分析

控制组合梁斜拉桥设计的主要因素包括成本、稳定性、强度和施工方法。对于大跨度桥而言通常组合梁斜拉桥成本低于正交异性钢桥面板箱型主梁的斜拉桥。对于在强风地区采用平衡悬臂法建造的超大跨度桥,由于侧向弯曲和轴力的组合作用,桥面板需进行空气动力稳定性和侧向强度控制设计。

在运营阶段,强度问题通常是组合梁斜拉桥设计的重点考虑方面。因此,需要确定结构的破坏荷载和机理来评估桥面板的安全状态和薄弱区段。通过采用非线性结构分析方法来模拟桥面板施工阶段以获得其永久荷载效应分布,然后分析加载直至结构破坏。

非线性分析的目的并非对结构基于规范标准进行设计验证,而是对结构荷载响应直至破坏的实际评估。材料特性由均值确定。结构强度由不同的荷载等级评估,该荷载等级的值,由运营状态逐步增加至极限应变引起结构局部破坏或整体破坏。

恒载和活载施加次序以及荷载模式对结果有重大影响。因此,对施工阶段进行模拟可确定恒载的分布。不同的活载模式和荷载增值可以改变结构响应和破坏荷载。时间效应产生的相关桥面板轴力重分布,在考查混凝土桥面板和钢混组合桥面板的最不利效应时必须考虑。

一、结构模型

计算软件用于钢结构、混凝土结构和钢混组合结构的材料、几何和时间非线性分析。最近该软件的升级使平面框架结构特别是斜拉桥节段和顶推架设法的模拟成为可能。组合钢混桥面板采用平行 3 节点 7 自由度钢和混凝土框架单元,通过连续弹簧单元(图 2-1-6)模拟的连接件进行集合。桥塔和拉索分别采用混凝土框架和索单元建模。

建模中需要对组合斜拉桥施工过程进行分阶段。该软件可以用于评估结构中安装和卸除桥面板或桥塔节段，施加预应力，张拉或卸除斜拉索，安装或拆除支撑等结构变化而产生的应力、应变、力和变形。

桥面板剪力滞现象通过使用适当的有效板宽 b_{eff} 来考虑，其中 b_{eff} 定义见图 2-1-7，对象为考虑剪力键与钢梁连接的、无竖向支座支撑部分混凝土板刚度的组合板（图 2-1-7）。斜拉桥中，b_{eff} 同样与组合梁弯曲效应以及斜拉索的轴力引起的桥面板水平力有关。有效板宽影响组合桥面板的内力和挠度，因此它与使用极限状态有关。为了评估其在极限状态的重要性，破坏荷载计算中取 $b_{eff}=7.5\text{m}(\approx 0,5[b_1+b_0])$。

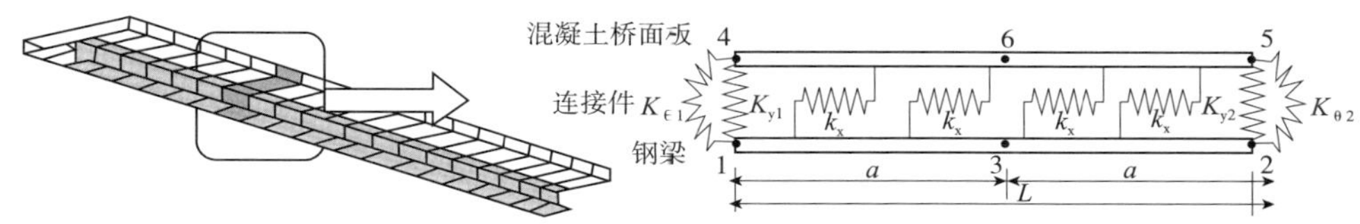

图 2-1-6 3 节点 7 自由度组合钢混桥面板单元

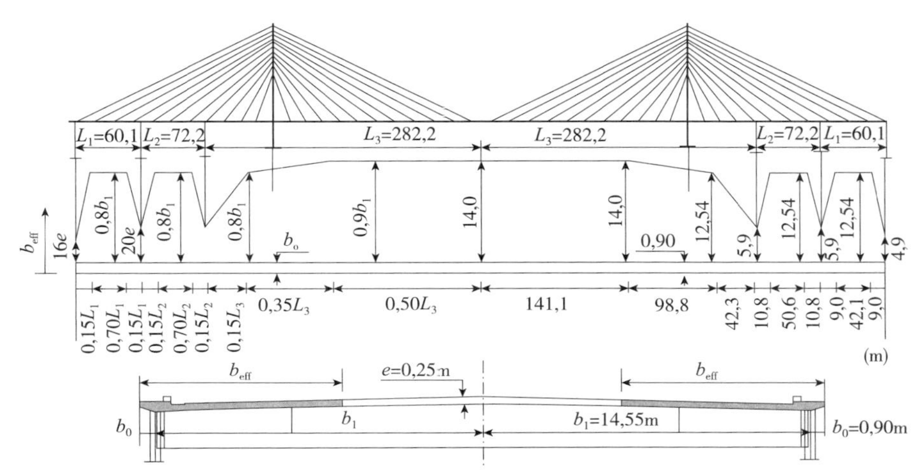

图 2-1-7 组合斜拉桥的有效板宽（尺寸单位：m）

二、材料非线性及其时间效应

钢和混凝土的材料非线性通过纤维模型进行分析。钢材采用双线性应变硬化关系曲线（图 2-1-8），混凝土采用单轴荷载作用抛物线—矩形应力应变关系曲线。分析中还考虑了混凝土的拉伸硬化效应。混凝土老化采用 CODE 90 规范中的公式。钢和混凝土强度均采用了平均抗拉强度和平均抗压强度。

混凝土收缩徐变引起应变根据 CODE 90 规范中的模型进行计算。考虑到施工阶段中的应力水平的变化，采用了平均等效时间法计算徐变应变。根据这种方法（此方法避免了混凝土纤维的应力历史的记忆）基于叠加原理，收缩徐变的时间可以分为几个小阶段。在每一个时间阶段末，t_i，程序都将计算每层纤维的应变 $\varepsilon_{cc}(t,t_o)$，然后求解非线性方程得到一个与等效时间唯一对应的徐变系数 $\varphi(t,t_{eq})$，此徐变系数用来估计 $t>t_i$ 时刻的应变 $\varepsilon_{cc}(t,t_o)$。但是，这样的方法使得应力与应变折减不相符合，因此，对这种方法进行改进，考虑两种不同的应力步 $\sum t_i\sigma_c^+(t_i)$ $\sum t_i\sigma_c^-(t_i)$，[7] 要用两个不同等效时间 t_{eq}^+，t_{eq}^- 来估算 $\varepsilon_{cc}(t,t_o)$，见式（2-1-1）。

$$\varepsilon_{cc}(t,t_o)=\frac{\varphi(t,t_o)}{E_c(28)}\sigma_c(t_o)+\sum_{t_i}\frac{\varphi(t,t_i)}{E_c(28)}\Delta\sigma_c(t_i)=\frac{\varphi(t,t_{eq}^+)}{E_c(28)}\sum_{t_i}\sigma_c^+(t_i)+\frac{\varphi(t,t_{eq}^-)}{E_c(28)}\sum_{t_i}\sigma_c^-(t_i) \tag{2-1-1}$$

钢梁和混凝土板之间的剪切连接件可以考虑成刚性或柔性。当为柔性连接件时，需要定义刚度 Kx，Ky 和 K_θ（图 2-1-6）。通常 Ky 和 K_θ 在桥面板脱离或板对梁的相对转角极限值时取值很大。桥面板与梁剪力-滑移非线性关系对应水平刚度。对于焊钉连接件，基本上使用 Ollgaard 试验关系（图 2-1-8）。

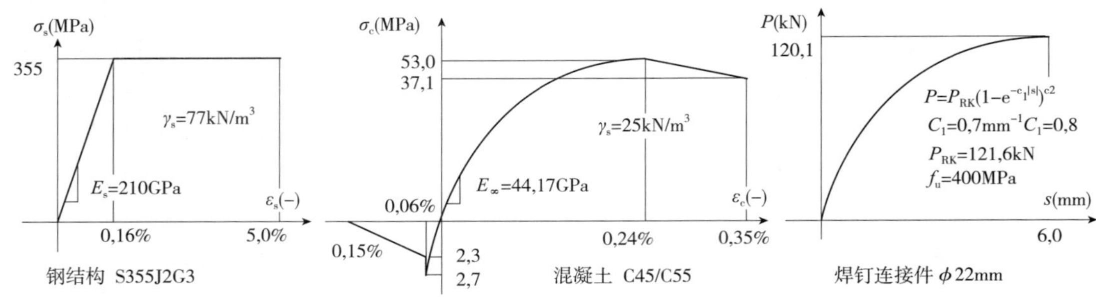

图 2-1-8　钢、混凝土和剪力连接件材料本构关系曲线

三、几何非线性

在组合斜拉桥的分析中,几何非线性包括斜拉索的垂度效应和几何参数变化效应两个部分。

由于索的自重,在两个锚头间的索呈曲线状。索在垂度和应力变化下的几何非线性的考虑方法为将索视为直线,索的等效弹性模量用著名的 Ernst 公式进行计算。索的应力—应变曲线只取到钢的屈服强度部分,屈服强度 $f_y = 1770\text{MPa}$。

对于非线性有限元分析来说,每个单元的切线刚度矩阵[k]由以下 4 个单元叠加得来:仅考虑小变形的线性刚度矩阵[k_0],初始线性位移刚度矩阵[k_u],初始非线性位移刚度矩阵[k_{u2}],初始应力刚度矩阵[k_s]。其中最后一个矩阵代表了桥塔和桥面板的 P-Δ 效应,而初始位移刚度矩阵考虑了结构的几何参数变化。

第二章 主桥基础方案研究

第一节 工程地质概述

椒江二桥所在地区的地形地貌在第一篇第一章第一节中已有叙述。

椒江二桥拟建区段椒江河口平面呈典型的喇叭形,见图 2-2-1。

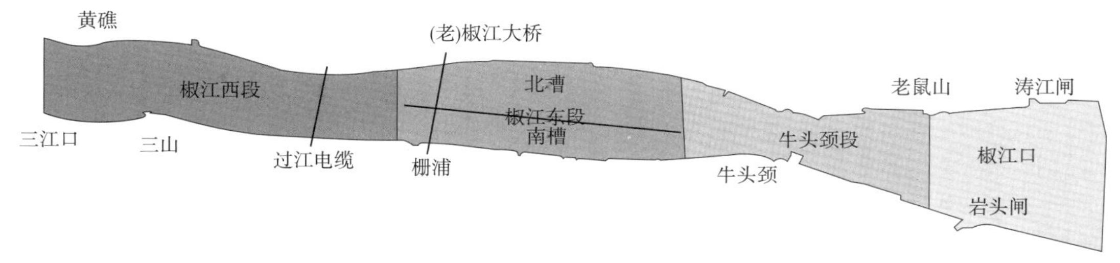

图 2-2-1 椒江平面形态图

图 2-2-2 为椒江二桥桥轴断面示意,河槽呈"u"字形,河槽最深点高程约 -8.4m,南北主塔位置的现状床底高程分别为 -8.2m 和 -5.3m。

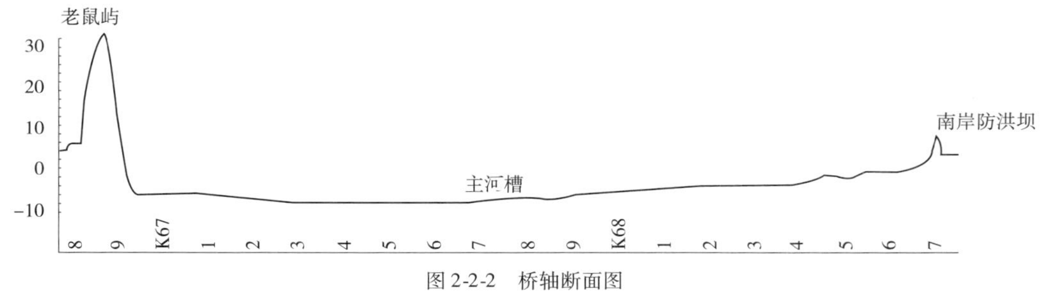

图 2-2-2 桥轴断面图

拟建椒江二桥场地勘探深度范围内共分布 20 个工程地质土层,其中:主墩处弱风化凝灰岩覆盖层厚约 120 ~ 135m,③层以浅部各土层(约 46m),物理力学性质极差,承载力低,不宜作为拟建大桥的桩基持力层;④层含黏性土卵石及其以下各土层性质均较好,均可作为拟建大桥的桩基持力层。本项目工程地质层组特征见表 2-2-1。

第二节 索塔基础方案研究

一、国内桥梁深水基础的发展

(一)钢筋混凝土管柱及桩基础

武汉长江大桥(公、铁两用连续钢桁梁),我国首创管柱基础,见图 2-2-3。在后来的其他工程中,管柱直径从 1.5m 发展到 3.0m、3.6m、5.8m,并由普通钢筋混凝土发展到预应力钢筋混凝土。

表 2-2-1

工程地质层组特征一览表

地层时代 系	地层时代 统	地层单元 组	地层单元 段	地层代号	成因类型	顶板埋深(m)	厚度(m)	岩性特征简述	钻孔灌注桩 [σ0] Kpa	钻孔灌注桩 Ti Kpa	沉桩 Ti Kpa
第四系	全新统			①	meQ_4^{me}	0.00~0.00	0.70~1.10	填土:杂色,松散~稍密,湿,主要由碎石、卵砾石及粉质黏土等人工回填而成,局部含少量生活垃圾及建筑垃圾。主要分布在沿线公路、房屋及堤坝			
		上组	上段	②	mQ_4^3	0.00~1.10	1.00~2.60	粉质黏土(黏土):灰黄色,褐黄色,褐灰色,软塑,饱和,含少量铁锰质氧化斑点,干强度高,韧性中等,无摇震反应。广泛分布于沿线平原区浅部,局部小河、塘及椒江地段缺失	80~90	15~20	18~25
				③1		0.00~3.10	1.10~7.60	淤泥质粉质黏土(淤泥质黏土):褐黄色,灰色,流塑,饱和,含有机质及腐殖质,局部夹粉砂薄层,干强度高,韧性中等,无摇震反应。广泛分布于沿线平原区上部,椒江流域地段为淤(海)泥	50~60	13~18	15~20
		中组		③2	mQ_4^2	4.45~9.40	1.00~31.70	淤泥:灰色,流塑,饱和,含有机质及腐殖质,局部夹粉砂薄层,局部夹贝壳碎屑,干强度高,韧性中等,无摇震反应。广泛分布于沿线平原区上部	50	13	15
		下组		③3	mQ_4^1	13.60~40.10	4.30~13.60	淤泥质黏土(淤泥质粉质黏土):灰色,流塑,饱和,含有机质及腐殖质,局部夹粉砂薄层,局部夹贝壳碎屑,干强度高,韧性中等,无摇震反应。广泛分布于沿线平原区上部	55	15	18
		上组	下段	④1	$al\text{-}mQ_4^1$	17.80~53.95	0.90~16.30	黏土:褐灰色,软塑~流塑,局部流塑,饱和,鳞片状,局部夹贝壳碎屑,干强度高,韧性中等,无摇震反应。广泛分布于沿线平原区中部	80~90	20~25	25~30
				④夹		15.80~51.50	1.10~2.45	粉质黏土(粉土):褐灰色,软塑,饱和,含大量粉细砂,干强度高,韧性中等,无摇震反应。局部分布	120~140	25~30	30~35
		下组		④2		23.80~24.50	0.80~1.20	含圆砾粉质黏土:褐灰色,软塑,饱和,含少量砾石,干强度高,韧性中等,无摇震反应。广泛分布于沿线平原区中部	220	50	55
				④3		43.35~58.10	3.80~12.60	含粉质黏土卵石:褐灰色,稍密~中密,饱和,卵石含量占 50%~65%,粒径 2~6cm 为主,圆砾占 15%~20%,磨圆度较好,呈次圆~圆状,含量不均,原岩成份以凝灰岩为主,粉质黏土含量占 30%~35%,其余为砂。该层仅分布于椒江流域中部,卵石粒径、含量从椒江北岸向南岸渐变,ZK7 孔粒径最小,含量最少,北岸局部为含粉质黏土圆砾	320	85	95
	上更新统	上组	上段	⑤1	alQ_3	47.30~62.30	5.90~11.90	含粉质黏土圆砾:褐灰色,稍密~中密,饱和,卵石含量占 20%~35%,粒径 2~8cm 为主,圆砾含量占 30%~45%,粒径以 0.5~2.0cm 为主,磨圆度较好,呈次圆~圆状,含量不均,原岩成份以凝灰岩为主,粉质黏土含量占 30%~40%,其余为砂。该层仅分布于椒江流域中部,圆砾粒径、含量从椒江北岸向南岸渐变,北岸局部地段为含粉质黏土砾砂	280	70	80

续上表

地层时代		地层单元		地层代号	成因类型	顶板埋深(m)	厚度(m)	岩性特征简述	钻孔灌注桩		沉桩
系	统	组	段						[σ0] Kpa	Ti Kpa	Ti Kpa
第四系	上更新统	下组	上段	⑤2	alQ_3	43.70 ~ 79.20	0.90 ~ 17.15	含粉质黏土圆砾:褐灰色,稍密 ~ 中密,饱和,卵石含量占15% ~25%,粒径2 ~ 8cm为主,圆砾含量占40% ~55%,粒径以0.5 ~2.0cm为主,磨圆度较好,呈次圆 ~ 圆状,含量不均,原岩成份以凝灰岩为主,粉质黏土含量占30% ~40%,其余为砂。该层圆砾粒径、含量从椒江北岸向南岸渐变,ZK7孔粒径最小,含量最少,北岸局部地段为含粉质黏土砾砂	260	65	75
				⑤2夹		44.60 ~ 77.50	1.00 ~ 11.00	粉质黏土:青灰色,褐灰色,硬塑,局部软塑,饱和,干强度高,韧性中等,无摇震反应。局部分布于椒江流域中部	150	40	45
		上组	上段	⑥1	$al\text{-}lQ_3^{2-2}$	20.60 ~ 26.40	2.30 ~ 10.50	粉质黏土:青灰色,青灰色夹灰黄色,软 ~ 硬塑,饱和,局部夹少量砾石,干强度高,韧性中等,无摇震反应。局部分布沿线平原区下部	200	45	50
		下组		⑥2		27.60 ~ 31.20	2.20 ~ 5.90	黏土:褐灰色,灰色,浅灰色,硬塑,局部软塑,饱和,干强度高,韧性中等,无摇震反应。局部分布沿线平原区下部	220	50	55
				⑥3		32.30 ~ 34.60	2.30 ~ 6.10	黏土:青灰色,青灰夹灰黄色,软 ~ 硬塑,饱和,干强度高,韧性中等,无摇震反应。局部分布沿线平原区下部	160	40	45
		上组	下段	⑦1	$al\text{-}lQ_3^{2-1}$	38.40 ~ 85.10	0.50 ~ 12.90	粉质黏土:青灰色,浅灰色,软 ~ 硬塑,,饱和,干强度高,韧性中等,无摇震反应。局部分布沿线平原区下部	150 ~ 170	35 ~ 45	40 ~ 50
				⑦2		33.40 ~ 81.00	1.00 ~ 7.10	含圆砾粉质黏土:褐灰色,浅灰色,硬塑,局部软塑,饱和,含少量砾石干强度高,韧性中等,无摇震反应。局部分布	200 ~ 220	50 ~ 55	55 ~ 65
		下组		⑦3		38.80 ~ 111.60	1.20 ~ 17.50	黏土:褐灰色,浅灰色,硬塑,局部软塑,饱和,干强度高,韧性中等,无摇震反应。局部分布沿线平原区下部	200 ~ 230	55	65
				⑦3夹		38.30 ~ 104.70	0.80 ~ 6.90	(含圆砾)粉质黏土:褐灰色,浅灰色,硬塑,饱和,含少量砾石干强度高,韧性中等,无摇震反应。局部分布	200	45	50
				⑦4		68.50 ~ 118.60	1.80 ~ 5.30	黏土:青灰色,浅灰色,灰黄色夹青灰色,硬塑,饱和,干强度高,韧性中等,无摇震反应。局部分布沿线平原区下部	180 ~ 220	45 ~ 60	50 ~ 65

续上表

地层时代		地层单元		地层代号	成因类型	顶板埋深(m)	厚度(m)	岩性特征简述	钻孔灌注桩		沉桩
系	统	组	段						[σ0] Kpa	Ti Kpa	Ti Kpa
第四系	上至中更新统			⑧1	el-dlQ^{3+2}	0.00～120.40	0.70～12.00	(含角砾)粉质黏土:灰黄色,褐黄色,硬塑,饱和,局部含少量角砾,干强度高,韧性中等,无摇震反应。分布于平原区底部及山体山麓地带	220	50	60
				⑧2		0.00～122.40	0.50～8.30	含碎石粉质黏土(含粉质黏土碎石):褐黄色,灰黄色,稍密～中密,湿,碎石含量占25%～65%,粒径2～6cm为主,呈棱角状,其余为粉质黏土。分布于平原区底部及山体山麓地带	240(320)	60(75)	70(85)
				⑧3		7.80～58.40	1.40～2.80	块石:灰色,夹灰紫色,密实,块石含量占60%～85%,粒径20～50cm,呈棱角状,其余为少量粉质黏土。局部分布与山体山麓地带	400	100	115
侏罗系	上侏罗统	茶湾组		⑨1	J_3c	10.00～107.80	0.60～5.90	全风化凝灰岩:灰色,浅灰色,褐灰色,岩石风化强烈,呈砂土状或含碎石砂土状,原岩成份尚可辨认,手可捏碎	200	50	65
				⑨2		0.80～127.40	0.50～5.50	强风化凝灰岩:褐灰色,褐黄色,凝灰质结构,碎块状构造,节理裂隙很发育～发育,裂隙面铁锰质渲染,岩芯呈碎块状	450	100	115
				⑨3		3.10～130.10	6.10～13.10	弱风化凝灰岩:灰色,青灰色,褐灰色,凝灰质结构,块状～大块状构造,节理裂隙发育～较发育,微张～闭合状,裂隙面少量铁锰质渲染,岩石致密坚硬,岩芯较破碎呈碎块～短柱状,*RQD*=0%～45%	1500	130	145
				⑨4		—	—	微风化凝灰岩:灰色,青灰色,凝灰质结构,块状～大块状构造,节理裂隙发育～不发育,闭合状为主,岩石致密坚硬较完整,岩芯较破碎呈短柱状,少量碎块状,*RQD*=20%～65%	2000	150	170
				⑩1		118.05(ZK14)		弱风化沉凝灰岩:灰紫色,凝灰质结构,块状～大块状构造,节理裂隙发育～较发育,微张～闭合状,裂隙面少量铁锰质渲染,岩石致密坚硬,岩芯较破碎呈碎块～短柱状,*RQD*=0%～26%	1200	110	125

武汉长江大桥是中国跨越长江第一桥，下部结构首次采用新型管柱基础，管柱直径 1.55m，采用振动打桩机下沉。管柱基岩钻孔深度 2 ~ 7m，每根管柱承载力 19100kN，采用导管法灌注水下混凝土。一种封底混凝土在覆盖层内，另一种封底在岩盘上。这种基础的成功实施，为特大桥梁的深水基础开创了一种有效的新型式。

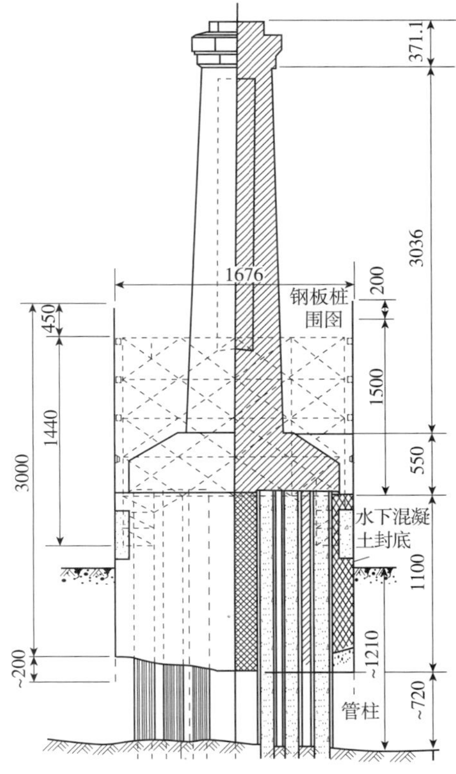

图 2-2-3 武汉长江大桥管柱基础（尺寸单位：cm）

（二）重型沉井及浮运沉井基础

代表桥梁是南京长江大桥（公、铁两用连续钢桁梁）。为解决施工水深 30.5m 覆盖层厚度 55m 的深水施工，发展了重型沉井、浮运钢筋混凝土沉井和钢沉井，见图 2-2-4。

南京长江大桥桥址地形复杂，所以分别采用 4 种形式基础：

（1）位于浅水而覆盖层深厚墩址处，采用筑岛重型混凝土沉井，穿越深度达 54.87m，在国内首创纪录；

（2）在基岩好而覆盖层较厚墩位处，选用钢围令钢板桩围堰管柱基础；并首次采用大直径 3.6m 先张法预应力混凝土管柱；

（3）在基岩好，覆盖层较厚，而水位甚深的墩位处，采用首创的浮式钢沉井加管柱的复合基础；

（4）在水深、覆盖层厚，但基岩强度较低的墩立处，采用浮式钢筋混凝土沉井，上部为钢筋混凝土结构，下部为钢与钢筋混凝土组合结构。

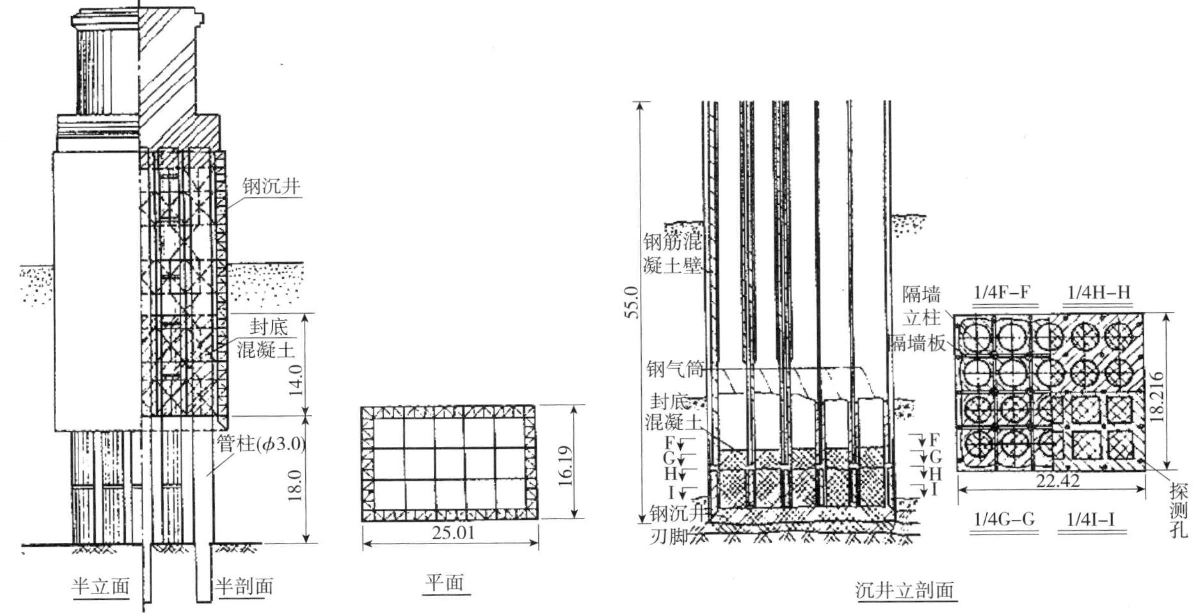

图 2-2-4 南京长江大桥基础示意图（尺寸单位：m）

（三）双壁钢围堰及钢吊箱钻孔桩基础

1976 年修建九江长江大桥（图 2-2-5），首创双壁钢围堰施工钻孔桩基础；克服了长江及其他深水水系在洪水期间修建深水基础困难的问题。自此许多跨越江河湖海的大桥都采用钢围堰加钻孔桩基础形式。

图 2-2-5　九江长江大桥(双壁钢围堰)

近年来从技术和经济角度出发,发展了钢吊箱(钢套箱)围堰+钻孔桩高桩承台这一独特的基础形式(表 2-2-2)。代表桥梁有:武汉白沙洲长江大桥、钱塘江四桥、钱塘江五桥、南京长江二桥、润扬大桥、安庆长江公路大桥等。以上桥梁均采用双壁钢吊箱围堰防水,施工平台钻孔的深水高桩承台结构。

截至 2010 年国内大跨径桥梁超长桩基础见表 2-2-3 所示,其中最长的桩基础是苏通长江大桥,桩长达到 125m,最长的嵌岩桩是宁波金塘桥和绍嘉通道桩长约 115m。

国内主要钢吊箱和钢围堰深水桩基础　　表 2-2-2

工程名称	桥型	基础形式	施工水深(m)
苏通大桥	双塔双索面钢箱梁斜拉桥 (100+100+300+1088+300+100+100)m	双壁钢吊箱高桩承台钻孔桩	50
武汉白沙洲大桥	钢混凝土混合主梁斜拉桥 (50+180+618+180+50)m	双壁钢吊箱高桩承台钻孔桩	20
南京二桥	南汊主桥主跨 628m 钢箱梁 双塔双索面斜拉桥	双壁钢围堰,围堰高度 54.2m	50
南京三桥	双塔双索面钢箱梁斜拉桥 (63+257+648+257+63)m	无底双壁钢围堰哑铃形承台	10
润扬大桥	北主桥双塔双索面 钢箱梁主梁斜拉桥 (176+406+176)m	双壁钢套箱哑铃形承台	—
安庆长江公路大桥	双塔双索面钢箱梁斜拉桥 (50+215+510+215+50)m	双壁钢围堰大直径钻孔桩	25
杭州湾跨海大桥北航道	双塔双索面钢箱梁主梁斜拉桥 (70+160+448+160+70)m	—	12
杭州湾跨海大桥南航道	A 型单塔双索面钢箱梁 主梁斜拉桥 (主跨 318m)	单壁钢吊箱,上下游和系梁各独立制作	—
东海大桥的颗珠山大桥	双塔双索面斜拉桥 (50+139+332+139+50)m	双壁有底钢套箱整体吊装	—

国内大跨径桥梁超长桩的应用情况一览表　　表 2-2-3

工程名称	桩径(mm)	桩长(m)	桩基类型	桩端持力层
五河口大桥	2.5	95.00	摩擦桩	黏土
京杭运河大桥	2.5	85.00	摩擦桩	细砂
灌河大桥	2.5	96.00	摩擦桩	黏土
东海大桥	2.5	110.00	摩擦桩	粉细砂
跨苏申外港	2.0	97.50	摩擦桩	亚砂夹粉砂

续上表

工 程 名 称	桩径(mm)	桩长(m)	桩 基 类 型	桩端持力层
跨苏申内港	1.5	85.00	摩擦桩	细砂
无锡蓉湖大桥	1.5	88.50	摩擦桩	砾砂
杭州湾大桥	1.5	87.00	摩擦桩	黏土
苏通大桥	2.8./2.5	125	摩擦桩	粉砂、细砂
东海大桥	2.5	110	摩擦桩	粉细沙
辽河大桥	2.5	100	摩擦桩	细砂
荆州长江(北汉)桥	2.5	90.4	摩擦桩	卵石土
绍嘉通道	3.8	116	嵌岩桩	弱风化泥质砂岩
南京长江三桥	2.0	90	嵌岩桩	微风化泥岩
宁波金塘桥	2.85/2.5	115	嵌岩桩	弱风化岩层

二、椒江二桥主墩基础形式选择

针对椒江二桥的特殊地质条件和实际情况，分别对桩基础和沉井基础进行了方案研究。

(一)桩基础设计方案

1.摩擦桩和嵌岩桩比选

桩基础在我国目前的斜拉桥主墩基础中是采用较多的形式。桩具有穿透土层而达到较大深度的能力，有利于合理利用地质条件选择持力层，能适应河道较大冲刷变化。当基岩面在基础范围高差变化较大时，桩基础较其他基础形式有更好的适应变化的能力。在深水基础中，桩基方案工程量小，在具备相当的施工技术设备条件时，桩基方案的工期是较短的。

国内桩基础应用比较广泛，例如苏通桥采用桩径为2.5m的摩擦桩基础，桩长达到125m。而南京三桥采用110m桩长的嵌岩桩，桩径达到3m，基岩为砾岩和砂砾岩。

本桥位的地质条件较差，索塔位置淤泥层较厚(约40m)，淤泥层以下主要为黏土层，土侧摩阻力偏低，还有部分含黏土的卵石层和圆砾层。在约40m深的淤泥层中基本得不到多少桩侧的摩阻力，也就是这部分的桩长基本是浪费的，因此摩擦桩很不经济。而且由于摩擦桩的桩距较大(>2.5倍桩径)，采用摩擦桩承台的体量也将非常巨大。

经勘察，桥位处基岩走势呈西高东低，北塔处的基岩面平均埋深约-109m，最大深度处约-116m；南塔处基岩面平均埋深约-125m，最大深度约-130m。为弱风化凝灰岩，饱和单轴抗压强度样本平均值约为22MPa，是理想的嵌岩桩持力层。根据规范计算2.5m桩径嵌岩桩的单桩容许承载力为60600kN。而同样直径2.5m的摩擦桩，桩长108m，进入强风化凝灰岩1m，其容许承载力为26100kN。之所以将强风化凝灰岩作为摩擦桩持力层，是因为强风化层以上为全风化层和黏土层，若将它们作为摩擦桩的持力层则单桩容许承载力会大幅下降(承载力减少约5000kN)。

根据地质资料分别布置了摩擦桩和嵌岩桩如图2-2-6和图2-2-7所示。

摩擦桩采用2.5m桩径，48根，桩长108m。嵌岩桩采用变桩径，桩径从2.9m变化到2.6m，24根，北塔平均桩长约115m，南塔平均桩长约135m。经计算，单桩轴向受压承载力容许值为68230kN，其中桩周土总侧阻力为8049kN(12%)、嵌岩段总侧阻力22393kN(33%)、总端阻力为37789kN(55%)。

2.嵌岩桩桩径比选

针对地质报告提供的基岩埋深和侧土参数，在采用相同的上部构造(半封闭钢箱组合梁)和相同的塔形前提下，北塔根据初勘ZK10孔，进行嵌岩柱4种桩径的比选(表2-2-4)。

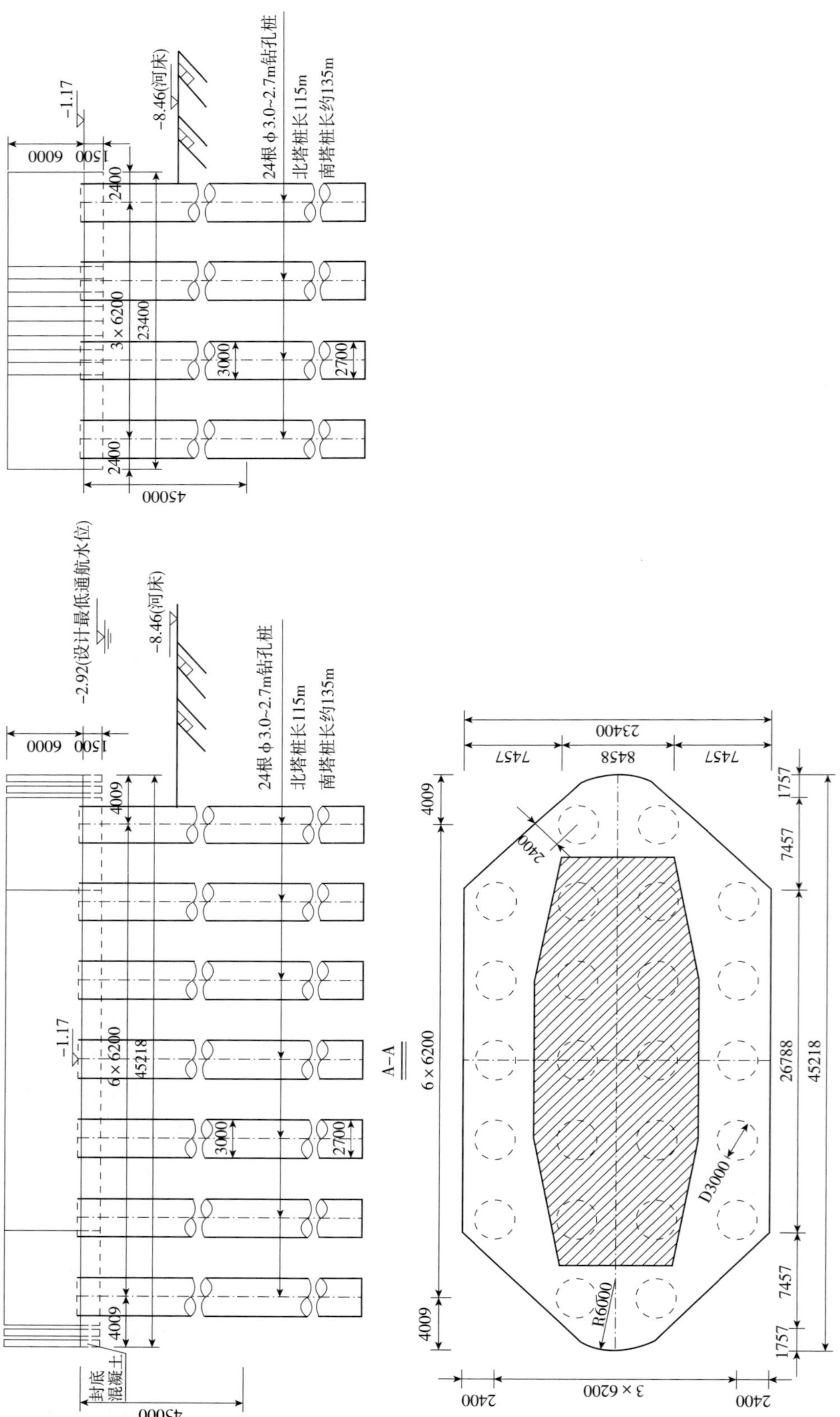

图2-6 主墩嵌岩桩基础布置（尺寸单位:mm）

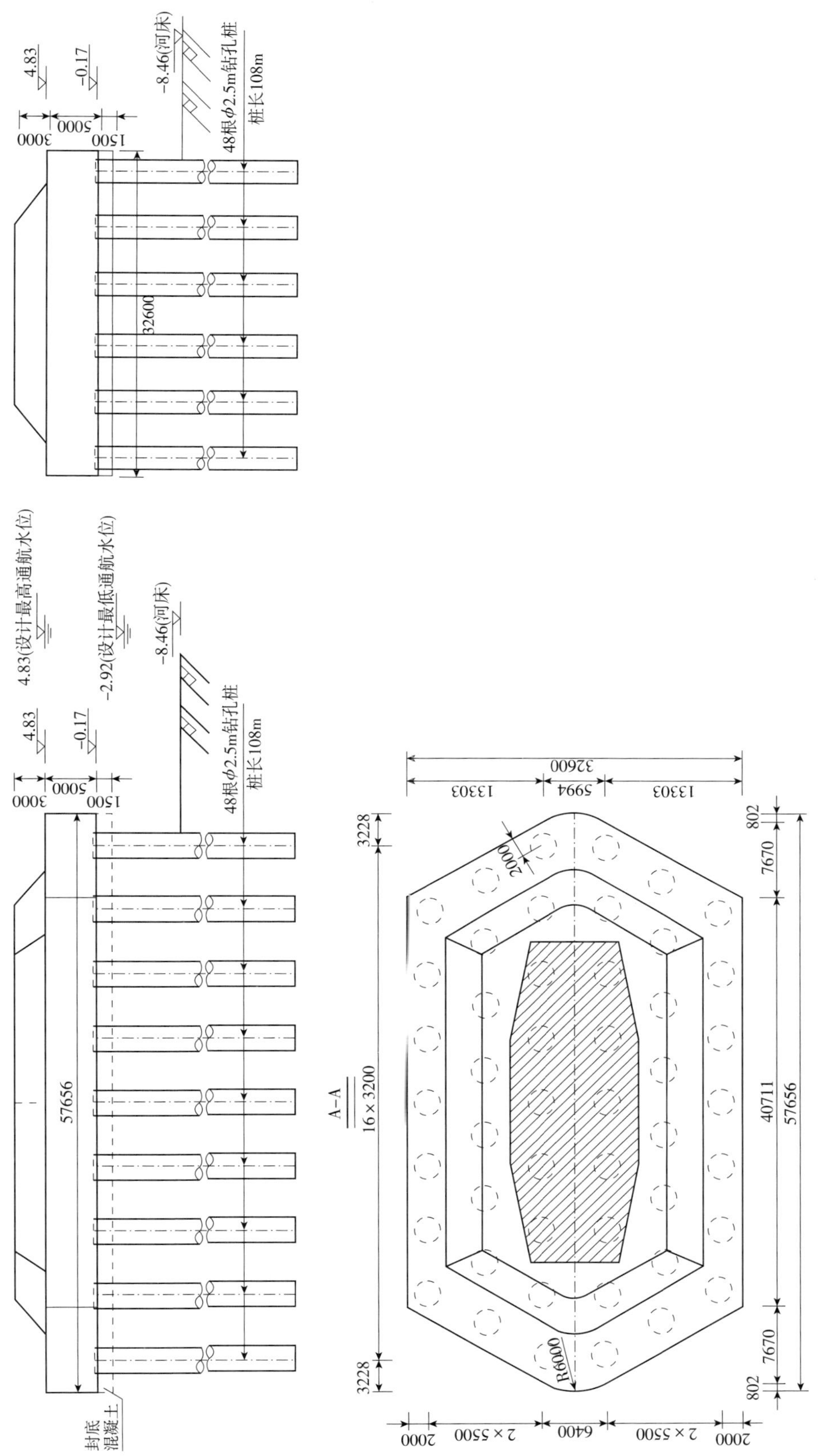

图2-2-7 主墩摩擦桩基础布置（尺寸单位:mm）

四种桩径基础规模及单桩承载能力容许值 表 2-2-4

4 种桩径	承台		钻孔桩		考虑桩身强度单桩承载能力(kN)	单桩轴向受压承载力容许值(kN)	单桩实际承载能力(kN)
	平面面积(m^2)	厚度(m)	桩长(m)	桩数			
ϕ2.5m 嵌岩桩	865.6	6	115/135	37	6771	4992	4992
ϕ2.8m 嵌岩桩	892.2	6	115/135	28	8493	6060	6060
ϕ3.0m 嵌岩桩	885.2	6	115/135	24	9750	6823	6823
ϕ3.3m 嵌岩桩	871.3	6	115/135	21	11797	8046	8046

注:1. 表中“考虑桩身强度的单桩承载能力”为不考虑桩身弯矩情况下按 C30 混凝土设计抗压强度换算的单桩自身的轴向抗压承载力。

2. 表中“单桩轴向受压承载力容许值”是按照新规范 JTG D63—2007 计算得到的嵌岩桩基础的单桩地基承载力。

3. 表中“单桩实际承载能力”是取前面两项中的较小值。

四种桩径基础材料比选见表 2-2-5。

嵌岩桩 4 种桩径主塔(两个)基础材料数量 表 2-2-5

4 种桩径	承台		钻孔桩	
	C35 混凝土(m^3)	C30 封底混凝土(m^3)	水下 C35 混凝土(m^3)	护筒用钢(kN)
ϕ2.5m 嵌岩桩	10387.2	2596.8	38848.6	5594.6
ϕ2.8m 嵌岩桩	10706.4	2676.6	37506.9	4699.9
ϕ3.0m 嵌岩桩	10622.1	2655.5	37254.3	4294.8
ϕ3.3m 嵌岩桩	10405.2	2601.3	39914.3	4107.5

可以看出,在一定桩径范围内,当桩径逐渐增大,基础用量越来越经济;但是当桩径变大到导致布桩排数过少,抗风性能就立刻下降,例如 21 根 ϕ3.3m 桩(3 排桩)的抗风性能不如 24 根 ϕ3.0m 桩(4 排桩)。因此,综合考虑 4 种桩径,推荐采用 ϕ3.0m 桩径(对于钻石型塔,由于竖向荷载略小,最合适的桩径是 2.9m)。

在进一步的计算中考虑到主塔基础设计主要是由船撞力、极限风荷载等水平力控制,不是竖向力控制。而水平力产生的桩身弯矩主要分布在桩身上段,因此最终设计采用在桩身上段采用 2.8m 桩径,在桩身下部采用 2.5m 桩径。

3. 承台顶高程及承台尺寸确定

大跨径桥梁承台的设计主要根据桩的形式、桩径、桩距来决定,表 2-2-6 是国内主要大跨径桥梁承台设计情况。

国内主要大跨径桥梁承台设计参考(单位:m) 表 2-2-6

工程名称	主跨	桩径	通航水位(最高)(最低)	承台高程(二承台)(一承台)	承台厚度(二承台)(一承台)
苏通大桥	1088	2.5~2.8	4.30 -1.46	6.32 -1.0	7.32 6
南京三桥	648	3.0	8.71	-1.0	7
润扬大桥北汊	406	2.5	7.34 -0.43	0.0	6.0
武汉军山大桥	460	2.5	27.1 10.32	7.5	6.0
安庆长江公路大桥	510	3.0	16.98 2.48	-3.25	6.0

续上表

工程名称	主跨	桩径	通航水位 （最高） （最低）	承台高程 （二承台） （一承台）	承台厚度 （二承台） （一承台）
杭州湾跨海大桥北航道	448	2.8～3.1	5.19	7.7 5.2	2.5 6.0
东海大桥主航道	420	2.5～2.8	4.02	9.0 4.0	5.0 6.0
东海大桥的颗珠山大桥	332	2.5～2.8	4.02	7.5 4.5	3.0 6.0

根据综合比较，按照 ϕ3m 桩径的嵌岩桩进行设计，本桥的承台尺寸定为长（横桥向）50.17m，宽（顺桥向）23.4m，高 6m，为六边形承台，两端的尖角主要起到分水，减小水压力的作用。

承台高程的确定要综合考虑下列因素：潮位、桩基础受力、防船撞、桩基防腐蚀、桥梁景观。

经综合比较，将承台顶高程置于 4.83m（设计最高通航水位）。承台厚度拟定 6m 厚，承台封底混凝土厚度 1.5m，桩顶距浪溅区尚有一定距离；常水位高程 2.0m 左右。由于防撞钢套箱下伸到承台封底混凝土（高程 -2.67m）以下，这样就不会发生撞桩的情况。

4. 承台施工方案比选

椒江二桥桥位处水深 5～10m，河床底的土质以淤泥为主。桩基础显然是可行的基础方案，但选择何种承台施工方案对工程造价优化和工期缩短的影响是关键的。在上节提到的各种桩基础施工方案中，双壁钢吊箱或双壁钢围堰具有更好适用性。

钢围堰多适用于低桩承台，如果水深相对较浅，也可用于高桩承台。钢围堰的缺点是大型钢围堰需要在工厂预制，分节段浮运至现场，需要大型定位船定位，而且由于水下有较深的淤泥层，钢围堰的稳定和着床有一定的困难。

双壁钢围堰施工步骤（图 2-2-8）：

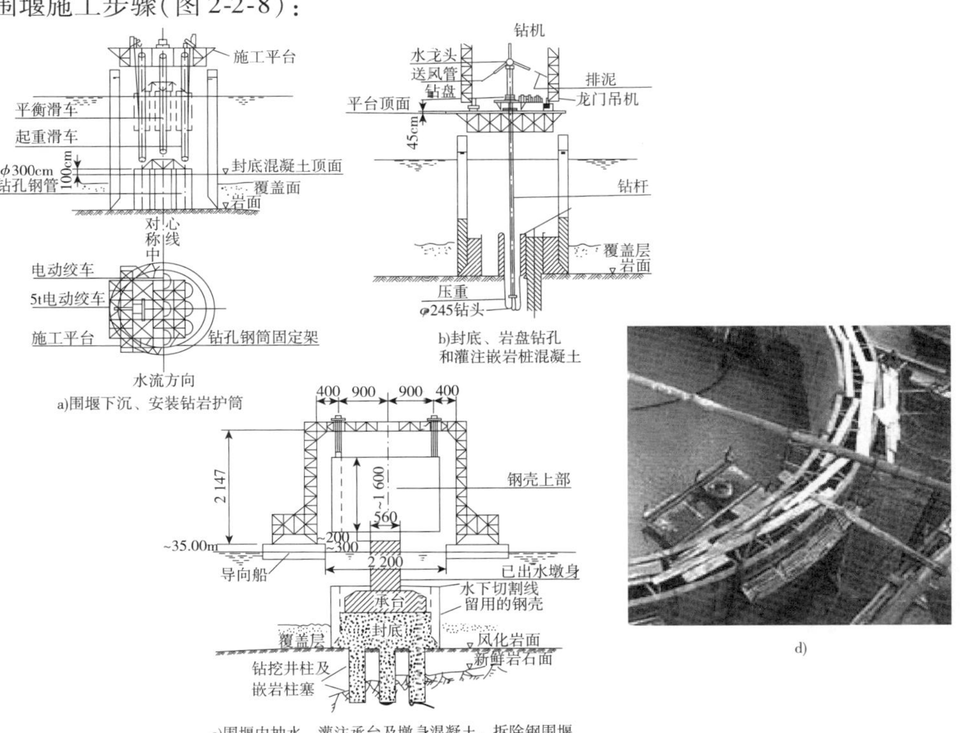

图 2-2-8 围堰施工基本工序（尺寸单位：cm）

双壁钢围堰制造→浮运→着床→下沉→清基与封底→钻孔灌注桩施工→承台、墩身施工。

钢吊箱适用于水深较深的情况下的高桩承台，钢吊箱可以作为承台浇筑的底模和侧模，施工便利，已有较多成功的经验。

钢吊箱施工步骤见图2-2-9：

（河床预防护）→钢护筒及架设施工平台（钢管桩或定位船等）→（河床防护）→钻孔灌注桩施工→桩端压浆→钢吊箱施工→浇筑承台混凝土。

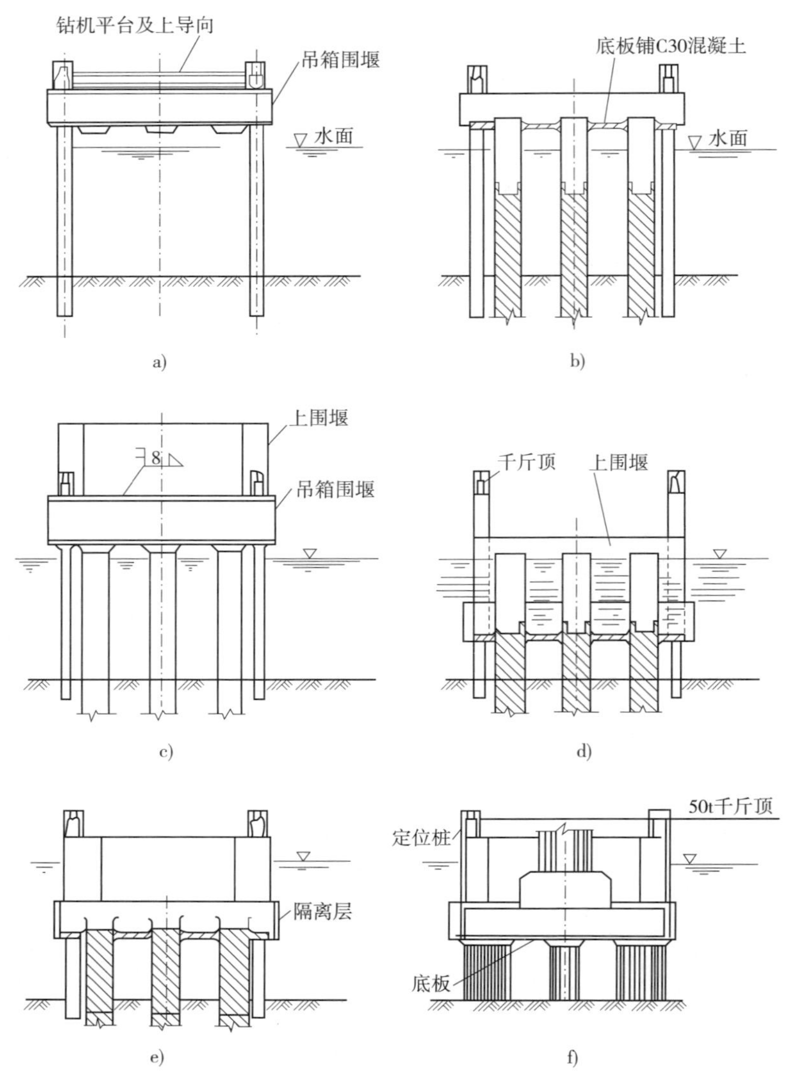

图2-2-9　钢吊箱施工基本工序

钢吊箱施工周期较短，施工难度小，阻水也比较有利，施工工艺也已日渐成熟，因此把它作为本阶段推荐方案。

（二）沉井基础

1. 沉井基础具有以下特点

（1）整体性稳定性好，刚度大，能承受较大垂直荷载和水平荷载（本工程具有船撞力、台风、流水、波浪、潮水作用等较大水平力），相较桩基础在强大水平荷载作用下基础及桥塔变位更小。另外沉井受力明确可靠，而超长大直径桩桩土作用机理复杂，桩受力离散性大；

（2）适宜用于较大水深范围和较大厚度覆盖层范围；

(3)施工过程中具有良好的防水、挡土能力及施工平台作用;

(4)重力式沉井圬工量大,造价高,工期长,下沉困难。泥浆套沉井虽然可以大大减少圬工量,加快下沉速度,但下沉至设计高程后清基困难,不易稳定,且竣工后井壁泥浆套影响摩阻承载力。相比之下空气幕沉井优点较突出,既可以大量减少圬工量同时减轻地基承载力负担,加快下沉进度(空气幕沉井可比重力式沉井减少圬工量30% ~50%,加快进度20% ~60%),又可以在达到设计高程后,一经停气,井壁周围土壤即可迅速恢复对井壁的固结,清基时稳定性也容易控制。但无论何种沉井,均需要现场分节浇筑,工期较长。如遇到地基密实、粒径较大的卵石层或坚硬的黏土层,下沉缓慢,费用较高;

(5)悬浮下沉过程中需设置临时锚碇及定位船进行定位,对繁忙航道影响较大;

(6)沉井基础阻水面积远大于桩基础,难以达到《浙江省涉河桥梁水利技术规定(试行)》(2008)中航道内建筑物阻水面积不大于7%的要求。

2. 国内沉井基础实例(表2-2-7)

国内沉井基础实例一览 表2-2-7

桥梁名称	主跨跨径(m)	基础形式	附注
苏通大桥(初步设计阶段)	1088	主墩为重力式沉井,78×40m,高60m(未嵌岩)	施工图阶段改为桩基础(沉井108000m^3,桩99700m^3,承台42271m^3)
江阴长江大桥(悬索桥)	1385	北锚碇基础为空气幕沉井,高58m(未嵌岩)	—
九江长江大桥	216	引桥9号墩用空气幕沉井,高40m(未嵌岩)	—
海口新世纪大桥(斜拉桥)	340	主墩采用重力式沉井基础,高40.6m(未嵌岩)	—
南宁永和大桥(下承式拱桥)	335	主墩采用重力式沉井基础,高约19m(嵌岩)	—
芜湖长江大桥(斜拉桥)	312	铁路引桥0161号桥台采用重力式沉井,高45m(未嵌岩)	处于巨厚软土层
吉林临江门大桥(独塔斜拉桥)	2×132.5	主墩采用重力式沉井,高约21.5m(嵌岩)	岩层中采用排水爆破开挖法
广东省高明大桥(中承式拱桥)	100	主墩采用亘力式沉井,高约40m(嵌岩)	岩面倾斜,沉井为异形刃角
珠江海印大桥(斜拉桥)	175	主墩采用重力式沉井,高18~20m(嵌岩)	岩面倾斜,沉井为不等高
南京长江大桥(连续梁桥)	160	主桥4~7号墩采用重力式沉井,高55m(嵌岩)	水深30m,覆盖层厚35m
泰州长江大桥(三塔悬索桥)	2×1080	中塔采用重力式沉井,高76m(未嵌岩),南北塔采用Φ2.8m摩擦桩基础	—

3. 沉井设计方案

沉井构造图如图2-2-10所示。

沉井总高60m,沉井地面高程-55.17m,顶面高程+4.83m,沉井首节为15m高的钢壳混凝土沉井,其余节段为45m高的混凝土沉井,混凝土标号为水下C35,刃脚处钢板壁厚16mm,其余钢节段处壁厚

8mm，混凝土井壁壁厚 1.2m，钢壳混凝土隔墙壁厚 8mm。持力层为含黏性土圆砾（4 －2 层），fa0 = 320kPa。

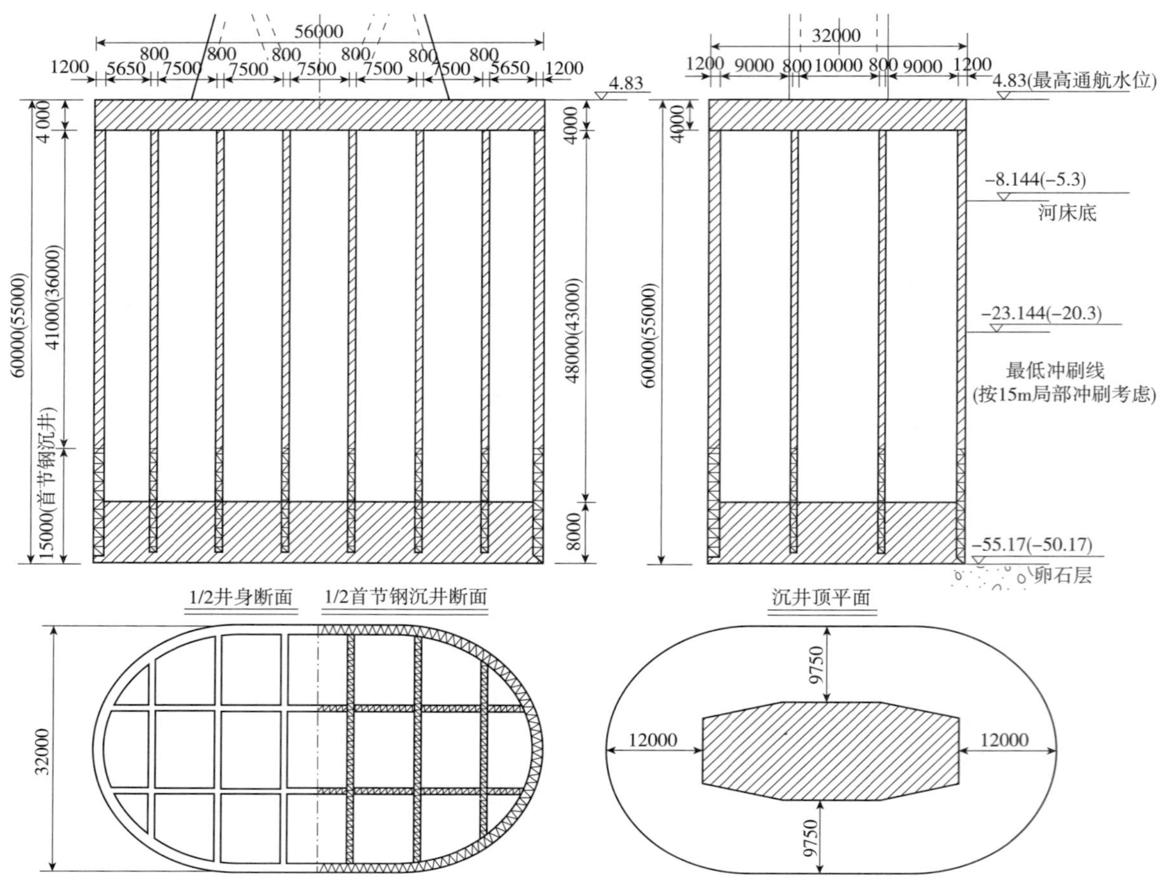

图 2-2-10　沉井基础方案（尺寸单位：mm）

（三）基础形式综合比选

根据以上方案研究、分析，对沉井基础和桩基础进行重点比较，见表 2-2-8。

基础方案综合比较　　表 2-2-8

基础形式		嵌岩桩	摩擦桩	沉井基础
平面尺寸（m）		承台呈六边形，45.2×23.4	承台呈六边形，57.7×32.6	圆端形，56×32
其他尺寸（m）		平均桩长 125，变桩径 2.8→2.5，承台厚度 6.0	平均桩长 108，桩径 2.5，承台厚度 3+5=8	总高度 60
设计	控制因素	桩身强度控制群桩根数；承台尺寸由控制船型和群桩数量决定	单桩容许承载力控制群桩根数；承台尺寸由控制船型和群桩数量决定	沉井整体稳定性及基底承载力决定沉井尺寸
	结构受力特性	承台刚度大，桩基承载力比较均匀，但单桩受力特性有一定离散性，桩土共同作用需准确分析	承台刚度大，桩基承载力比较均匀，但单桩受力特性有一定离散性，桩土共同作用需准确分析	整体稳定性好，刚度大，受力比较明确，基础承载力大，地基沉降值大于桩基础
	沉降（mm）	嵌岩桩除桩身压缩外基本无沉降	由于已经进入强风化岩层，沉降非常小	244（成桥以后 98）

续上表

基础形式		嵌岩桩	摩擦桩	沉井基础
施工	经验	桩基础国内施工单位经验丰富	桩基础国内施工单位经验丰富	国内施工单位经验一般
	风险	由于施工单位经验丰富,出问题几率较小	由于施工单位经验丰富,出问题几率较小	沉井下沉有一定风险
	沉井接高/承台施工	钢吊箱施工承台经验丰富,速度快	钢吊箱施工承台经验丰富,速度快	由于规模较大,结构比较复杂,估计每节接高需要20天左右
	下沉/钻桩	桩径大,桩长长,钻孔难度较大,清空要求高	桩径大,桩长长,钻孔难度较大,清空要求高	下沉深度较大,精度要求高,下沉控制是本方案的主要难点所在
	适应性	适应性强	适应性强	需要占用较大的施工水域
	对通航的影响	施工过程基本不影响通航	施工过程基本不影响通航	施工过程对通航影响大
	工期	较短,洪水对施工基本没有影响	较短,洪水对施工基本没有影响	较长,同时由于下沉深度大,可能需要在达到设计高程之前渡洪,需要严格的监控
防船撞性能		由于桩基础的离散性,船撞时撞击部位附近的桩受力较大,而且桩的损伤很难检查	由于桩基础的离散性,船撞时撞击部位附近的桩受力较大,而且桩的损伤很难检查	由于沉井基础的整体性,船撞时撞击力由整个基础承受,受力性能好
对河道影响		河道阻水面积小于7%	河道阻水面积大于7%	河道阻水面积大于7%
全桥索塔基础混凝土方量(m^3)		50532	76996	78371
方案推荐		推荐	比选	比选

由表2-2-8可以看出,摩擦桩基础的优点是施工相对其他两种基础简单,缺点是工程量较大,阻水不满足浙江省的7%的河道阻水面积要求,抗船撞力的能力一般;沉井方案的优点是整体受力性能好、抗船撞能力强,缺点是施工风险高、工期长,施工期间对航道影响大,工程量与摩擦桩相近,基础沉降难以控制,阻水面积同样不满足要求;嵌岩桩方案的优点是工程量最少,阻水面积满足要求,缺点是最大桩长达到140m,施工难度大,超长嵌岩桩传力机理需要做专题研究,抗船撞力的能力一般。

综上所述,虽然每种方案都有其优缺点,但综合台州地区的实际情况,本着结构合理、施工方便、造价经济的原则,最终采用嵌岩桩作为推荐方案。通过设置防撞钢套箱减小船撞力。

三、索塔桩基础与承台设计

(一)桩基础设计

椒江二桥最终主塔基础设计采用30根2.8~2.5m的钻孔灌注桩基础,北塔N01基础平均桩长120.5m,平均桩尖高程为-121.67m,最大桩长126.5m,最低桩尖高程为-127.67m;南塔基础S01平均桩长129.3m,平均桩尖高程为-130.47m,最大桩长139m,最低桩尖高程为-140.17m,采用端承桩,入岩深度不小于3.5m,基岩为9~3层的中风化凝灰岩,岩石单轴饱和抗压强度为22MPa。在承台中央预留有两个备用孔。详见图2-2-11。本桥的建成,改写了我国桩孔灌注桩超长桩桩长的纪录。

入岩深度要求详见图2-2-12。

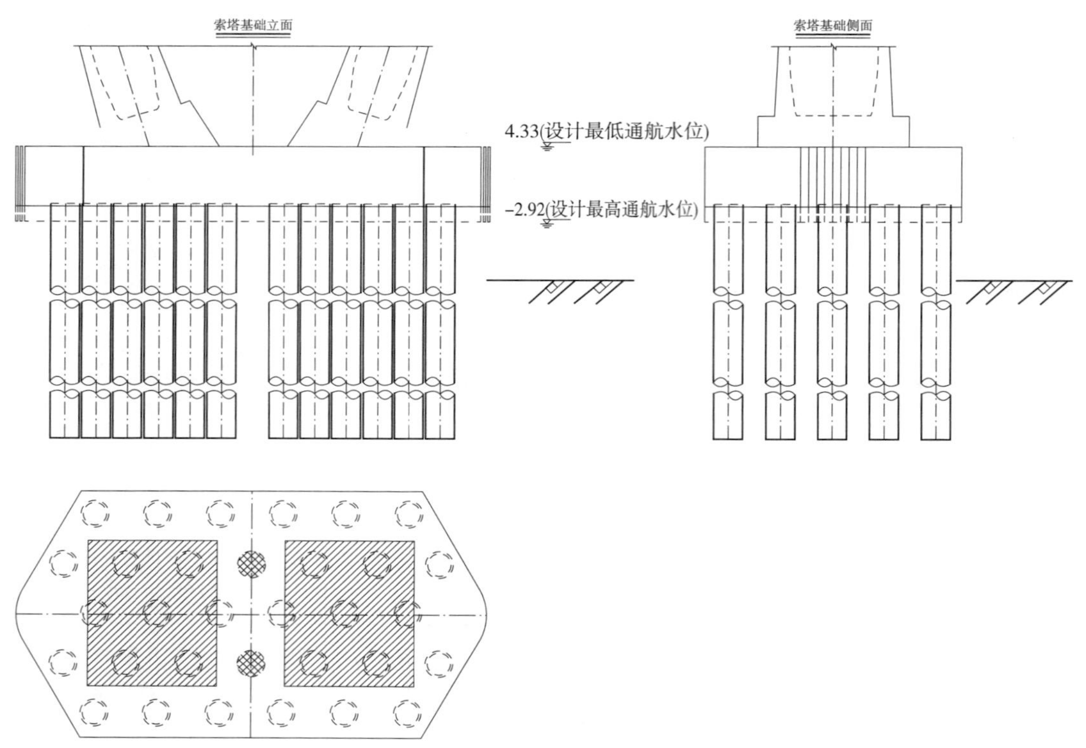

图 2-2-11　椒江二桥主桥主墩基础设计(尺寸单位:mm)

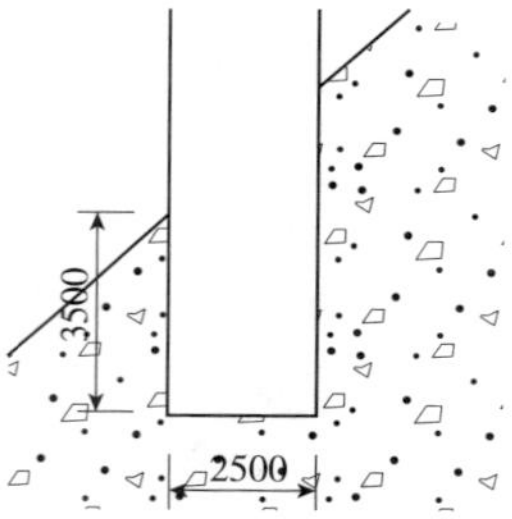

(二)承台设计

承台厚 6m,承台顶高程为 4.83m。承台平面呈尖端形,端部倒圆。承台顶设置分离式塔座。承台四周设置防船撞钢套箱。承台封底厚度 1.5m,采用 C30 水下混凝土。

(三)基础计算

基础计算的主要荷载与索塔基本一致,有所不同的是基础设计要考虑船撞力和波浪力的作用。

根据椒江二桥实际情况,主桥整体倒塌年频率须小于 10^{-4}。经船舶撞击力标准专题研究,主桥及江中引桥采用的船舶撞击力标准如表 2-2-9 所示。

3500
2500

图 2-2-12　桩端入岩示意图(尺寸单位:mm)

椒江二桥及其接线工程设防船撞力标准　　表 2-2-9

桥　墩		船撞力(MN)		荷载作用高度(m)		
		横桥向	纵桥向	总高度	最高撞击位置	最低撞击高度
主桥	主塔桥墩	41.0	20.5	11.8	5.7	−6.1
	辅助墩	21.5	10.8	11.8	5.7	−6.1
	过渡墩	13.0	6.5	11.8	5.7	−6.1
引桥	近主桥第一桥墩	6.5	3.3	4.2	2	−2.2
	其他非通航孔墩	3.5	1.8	4.2	2	−2.2

经过计算,主塔基础的主要控制工况是极限静风荷载加波浪力。波浪力见表 2-2-10。

主桥主墩波浪力一览表 表 2-2-10

基础	波浪力		流水力(kN)
	水平力(kN)	浮托力(kN)	
承台	2788	1009	72
群桩	185	366	36

采用 100 年一遇的最高水位和波浪来计算波浪力，波高取 100 年 $H_{1\%}$:4.15m，其平均周期$\overline{T}$:15.5s，平均波长$\overline{L}$:170.6m，100 年一遇最高潮位：+6.06m，低潮位 -2.86m，设计流速，取 100 年一遇的最大流速 2.93m/s。

第三节 辅助墩过渡墩桩基础与承台设计

根据浙江省水利水电技术中心提供的《椒江二桥潮流泥沙研究报告》，辅助墩、过渡墩处最大局部冲深 7.81m。

辅助墩（N02、S02）和过渡墩（N03、S03）采用整体式基础。辅助墩基础为 14 根直径 2.5～2.2m 钻孔桩，N02 辅助墩桩长 116.7m，桩底高程 -116.17m，S02 辅助墩桩长 121.2m，桩底高程 -120.67m。采用端承桩，入岩深度不小于 2m，基岩为 9-3 层的中风化凝灰岩，岩石单轴饱和抗压强度 22MPa。承台呈圆端形，长 44.25m，宽 9.75m，高 3.5m，采用 C35 混凝土。承台顶高程 3.83m。封底混凝土厚 1m，采用 C30 水下混凝土。见图 2-2-13。

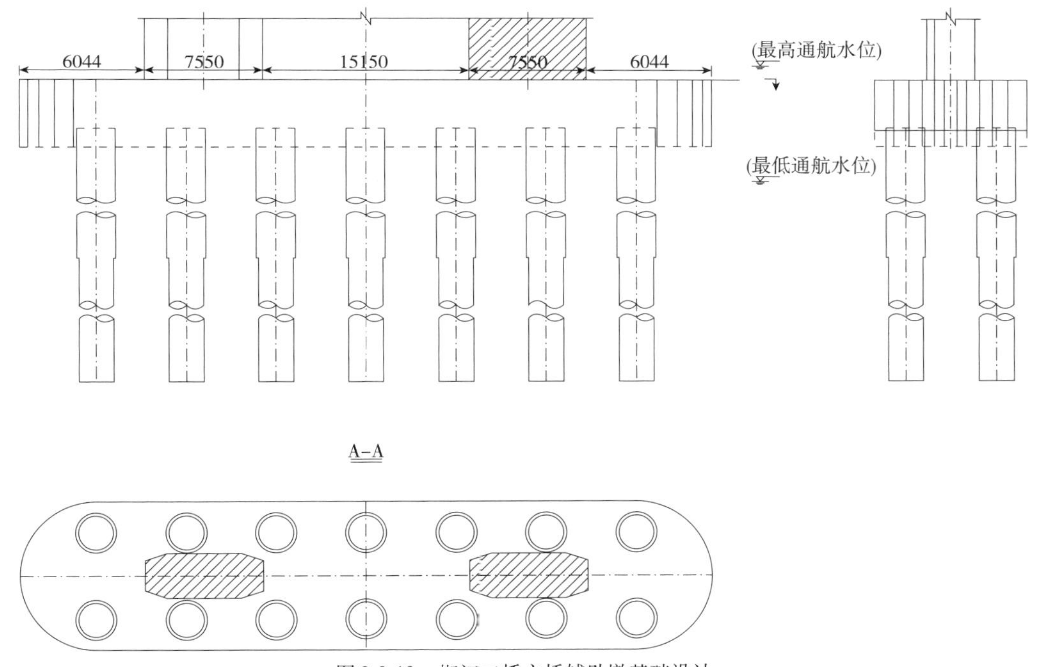

图 2-2-13 椒江二桥主桥辅助墩基础设计

过渡墩基础为 10 根直径 2.2～1.9m 钻孔桩，N03 过渡墩桩长 130.7m，桩底高程 -130.17m。进入基岩 2m，基岩为 9-3 层的弱风化凝灰岩，岩石单轴饱和抗压强度 22MPa。承台呈圆端形，长 35.35m，宽 9.35m，高 3.5m，采用 C35 混凝土。封底混凝土厚 1m，采用 C30 水下混凝土。钢护筒壁厚采用 25mm。见图 2-2-14。

同时，为了加强桥梁自身的抗船撞能力，桩身埋入承台 0.2m，桩身顶部沿着钢护筒外周边均匀焊接 48 根锚固筋伸入承台内，且钢护筒顶部切割成条状亦伸入承台内，以加强钢护筒与承台的连接。

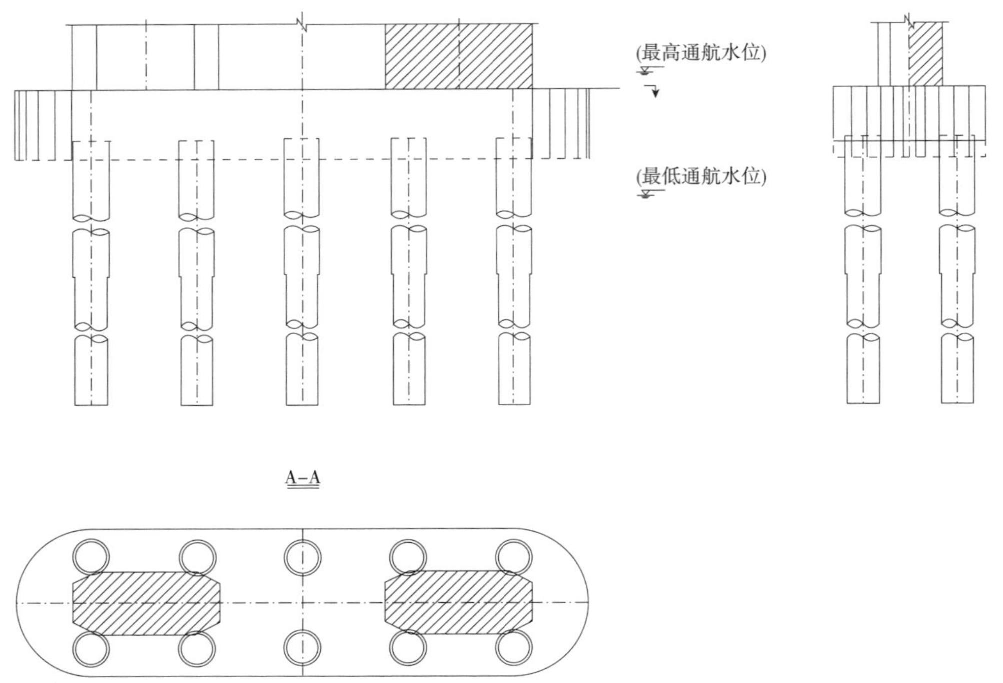

图 2-2-14　椒江二桥主桥过渡墩基础设计

辅助墩、过渡墩计算的主要荷载与主塔墩基本一致。另外和主塔墩基础一样要考虑船撞力和波浪力。经过计算主要控制组合为恒载 + 活载 + 常规风 + 船撞力 .

第四节　索塔与桥墩防船撞系统设计

一、主墩防撞措施

椒江二桥主桥主墩(N01、S01)采用防撞钢套箱作为防撞设施。防撞设施的设计与承台的施工相结合,即防撞设施既作为船舶撞击承台的保护设施又作为承台施工时的钢套箱。

防船撞钢套箱总高 9.5m,高出承台以上 1m,伸到封底混凝土以下 1m。横桥向由于船撞力较大,钢套箱厚度为 2.5m,顺桥向厚度为 1.7m。

防撞设施的功能:主要利用与船体结构匹配的钢结构变形破损消能,钢结构材料性能稳定,单位重量材料破损时消耗能量大。在碰撞动力学性能分析的基础上进行消能设施结构的设计优化,控制钢结构材料性能和最大崩溃载荷。船舶撞击桥墩时,设施破损消能,减少对桥墩的碰撞力同时减少船舶破损程度,避免船舶前伸部分触及桥墩上部结构,同时保护桩基。

桥墩防撞设施可能遭受的波浪冲击力较大,为了减少波浪力,采取消波措施,在设施外壁开设消波孔,在水位较低时,消波孔可明显减少波浪的冲击力;采用折线型设施外形,在波浪与设施撞击过程中使水流改变方向。采取消波措施后,防撞设施的消能性能不会明显变化,但可减少波浪对设施的冲击力。

防撞设施的设计考虑了防撞体在船舶撞击破损后可以进行维修替换。

本防撞设施的主体结构采用 Q235C 钢,主要采用 10mm 钢板和型钢。采用焊接方式连接,焊接位置及节段的划分由施工方自行决定。

防撞橡胶件采用耐老化的氯丁橡胶,安装在防撞设施和桥墩承台之间,改善防撞设施与桥墩承台的接触性能。其技术要求应满足近海环境条件下寿命为 10 年。橡胶件可更换,橡胶件采用不锈钢螺栓与防撞设施连接条件。

预埋件采用不锈钢,其目的为方便防撞设施的安装维护,在安装或拆卸防撞设施时起临时固定的作用,在强流和涌浪的作用下起保险作用。预埋件的设计抗拉负荷为1000kN。预埋件与钢牛腿采用不锈钢螺栓连接,钢牛腿上的预留孔直径为100mm,允许防撞设施在船舶撞击条件下发生位移。

为方便设施维修检查,在防撞设施上设置了4副钢质直梯,2副钢质扶梯。

二、辅助墩防撞措施

辅助墩防船撞采用橡胶护舷方案。一方面减小船撞力,另一方面起到保护船舶和承台局部结构的作用。

采用D500H型橡胶护舷。尺寸为500mm×500mm×1500mm,端距100mm,孔距325mm,设计压缩量为50%,反力为686kN,吸能量为47kN·M,性能公差要求在正负10%以内。该橡胶的性能曲线如图2-2-15所示。

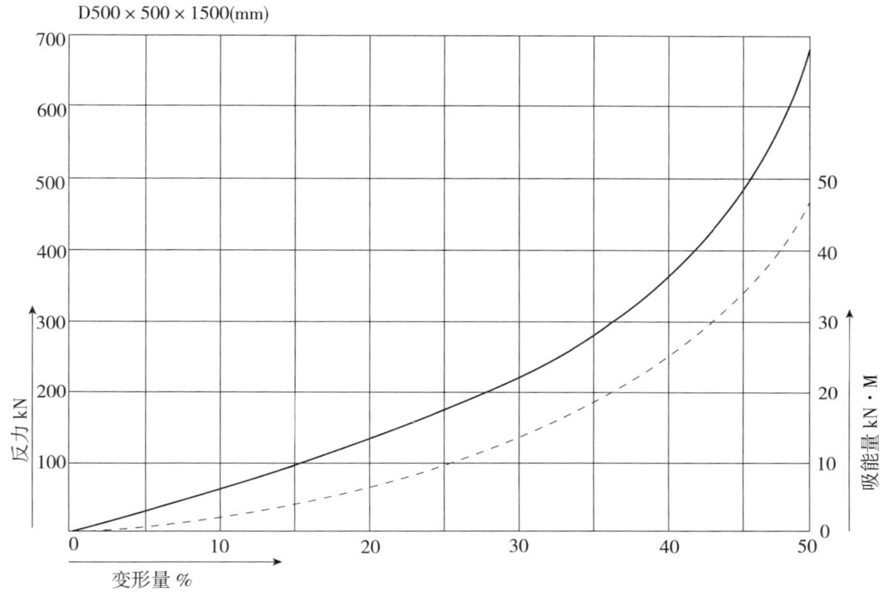

图2-2-15 橡胶的性能曲线

在船撞几率较大的辅助墩端部采用竖向紧密排列布置,在辅助墩两侧采用横向3排的布置方式,间距900mm。

橡胶护舷在国内的应用已经比较成熟,建议采用厂家定型产品,以及配套的预埋件。承台施工时要注意锚固螺栓的预埋。

锚固螺栓要根据海工条件下的防腐要求进行防腐处理。

第三章　塔形方案比选与设计

第一节　塔形方案比选

一、索塔塔形选择与设计

索塔外形设计要求首先满足结构受力要求，同时要兼顾景观、施工、造价等因素。

从景观上来讲，斜拉桥的索塔是主干，是大桥整体形象的最重要的组成部分，因此索塔的造型是大桥最引人注目的部位，索塔的形状和结构尺寸的大小比例，将对全桥的景观产生很大的影响。

通常斜拉桥索塔外形可以有多种，常见的有单柱形、双柱形、门形、H 形、梯形、倒 V 形、钻石形、A 形和倒 Y 形等各种形式。表 2-3-1 为目前世界上几座大跨径斜拉桥的塔形及塔高。

目前世界上大跨径斜拉桥的塔形及塔高　　表 2-3-1

桥　名	多多罗桥	诺曼底桥
塔形照片		
所在国	日本	法国
建成时间	1998	1998
主跨(m)	890	856
塔高(m)	224.0	202.7
塔形	钻石形	倒 Y 形
桥　名	苏通大桥	南京三桥
塔形照片		XINHUA

续上表

桥　名	苏通大桥	南京三桥
所在国	中国	中国
建成时间	2008	2005
主跨(m)	1088	648
塔高(m)	300.4	215.0
塔形	倒Y形	A形

单柱型和双柱型塔适用于跨径较小的斜拉桥，门型塔和H形塔在塔顶有较大的横梁，对全桥整体景观不利，倒Y形塔适用于超大跨径斜拉桥(一般跨径下采用倒Y形塔基础规模比A形塔还要大)。通过对各种塔形的搜索，根据椒江二桥的大跨径、高索塔的特点，较合理的索塔外形主要有H形、钻石形、A形、花瓶形这几种。

在确定基本塔形之后要确定的是塔形各部分的结构尺寸和合理比例关系。塔形的尺度主要由三个几何要素(*B*、*H*1、*H*2)决定，以A形塔为例(图2-3-1)。可以说一座斜拉桥的桥宽、桥跨及通航净空确定了，它的最主要的几何要素就已经明确。对于本桥，桥面宽度(含非机动车道和人行道)为39.5m，通航净空高度为40m，上塔柱高度按$0.23\times480\approx110$m。

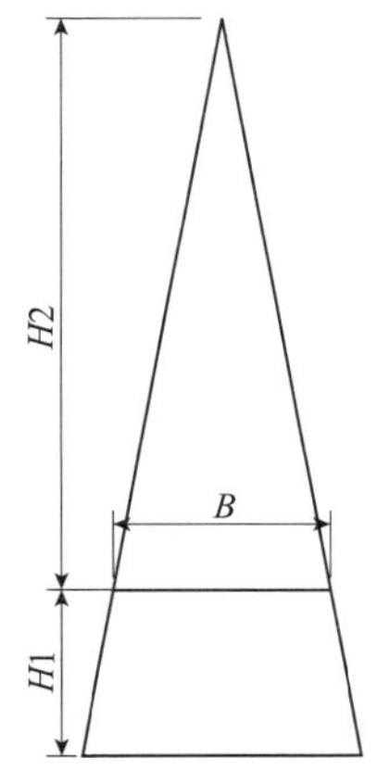

图2-3-1　塔形的几何要素

在基本要素确定后，塔形结构可以在此基础上通过一系列调整衍生出各种塔形，见图2-3-2。

例如A形塔基础尺寸较大，可以考虑以下两种办法进行处理：

一是将下塔柱并拢，则衍生出钻石形塔，类似于日本生口桥。接下来钻石形可以将塔头变换成倒Y形则又形成一种新的钻石塔形，类似于杭州湾大桥。这种塔形如果塔高不够高则会在桥面上给人以压迫感，因此可以考虑将单根的上塔柱拆开成为两根则压迫感明显有所缓和，类似于军山桥。如果拆开的距离再加大则成了一种类似于H形塔的塔形。

二是将A形塔上塔柱略微分开，则下塔柱延伸下来的横向尺寸会明显减小，达到降低基础规模的效果。这种衍生的塔形如果将上塔柱继续延伸交于一点则又成为一种带上横梁的A形塔。因此塔形的演变可以说是千变万化，根据我们对结构、功能以及景观上的要求进行比选，就能得到最优的塔形方案。

根据上面的演变，以及对塔柱各部分合理比例的资料收集与消化理解，得到了比较适合本桥位客观条件的10种塔形，见图2-3-3。包括花苞型两个，钻石形三个，H形两个，花瓶形两个，A形一个，其中花苞形索塔是我们独创的新型桥塔。

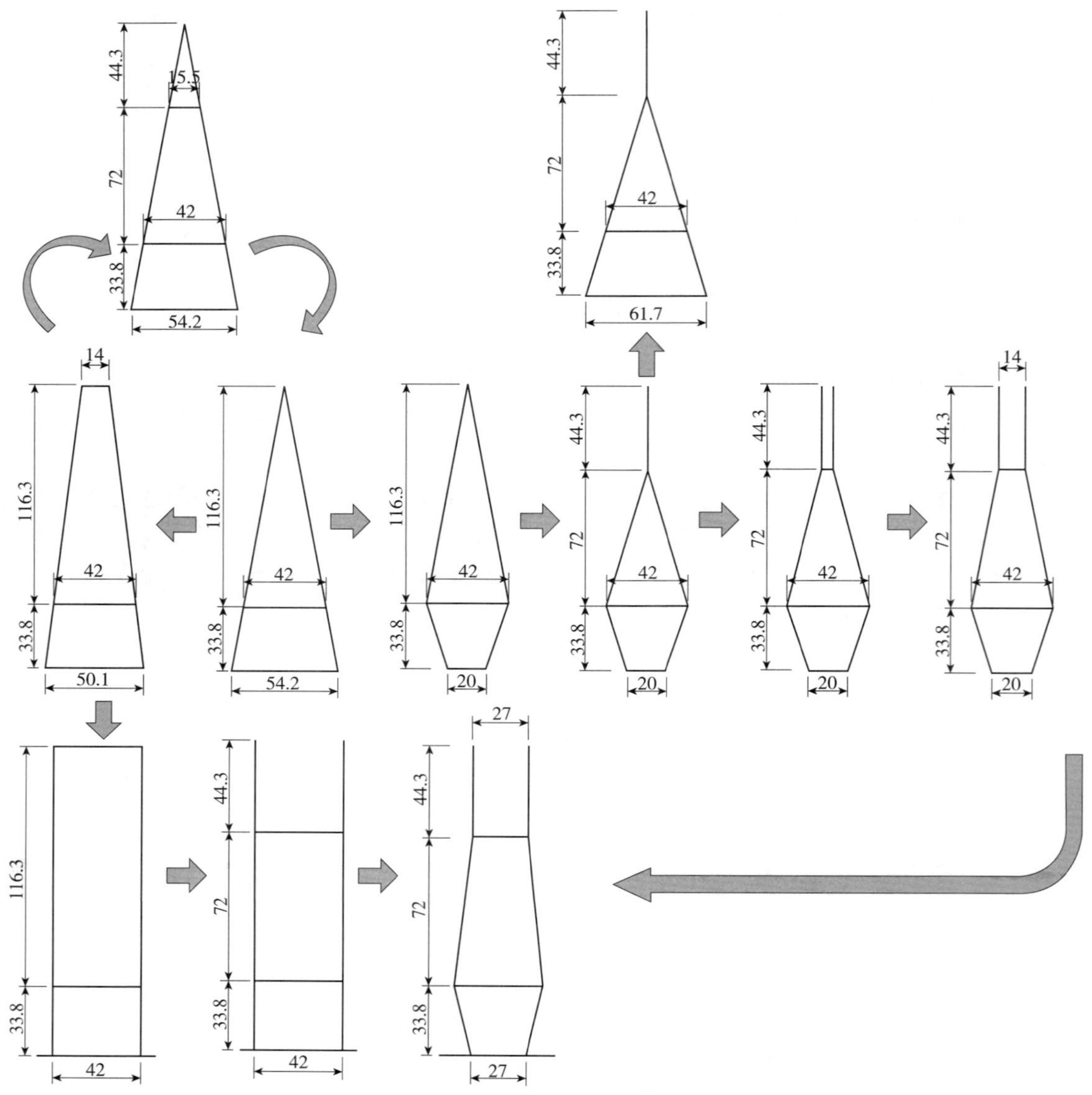

图 2-3-2　塔形的衍生过程(尺寸单位:m)

花苞形塔的塔形构思详见图 2-3-4,由梅花的花苞经过抽象和演变而得到的。花苞形下塔柱截面有利于在各种水流方向下减少阻水面积,从景观上看,则刚好可以作为花苞外形的花托,和上塔柱一起形成花苞的整体效果,象征台州经济发展含苞待放,在不久的将来必将绽放出盛开的花朵。

花苞形塔吸收了钻石形和花瓶形塔的特点,具有良好的结构稳定性和抗风能力。最关键的是下塔柱部位虽然较大,但很好地适应了椒江口感潮河段的特殊环境。这是因为感潮河段的水流流向不仅受河势本身的影响,还与海潮的涨落有很大关系,因此本桥位处的水流方向非常复杂。根据这一情况,我们设计了圆端形的下塔柱来适应不同流向的水流,以最大限度减小建桥对河势的影响,也更加有利于保证通航安全。

在进一步的景观比较中,认为上塔柱的主要元素都是比较刚性和富有力度的,下塔柱的圆端形和这种刚性的效果不尽协调,因此将下塔柱改为接近圆端形的八边形,这样通过八边形的线条增加塔身的力度感,更具有时代气息。

经过对十个塔形的研究、比选,认为 A 形塔基础规模较大,且对河势影响较大,而 H 形塔的平行索面不利于抗风，因此将塔形集中在花苞形、钻石形和花瓶形上。另外我们根据顾问专家的意见对三种塔形做了进一步的优化。表2-3-2是对三种塔形的比选。

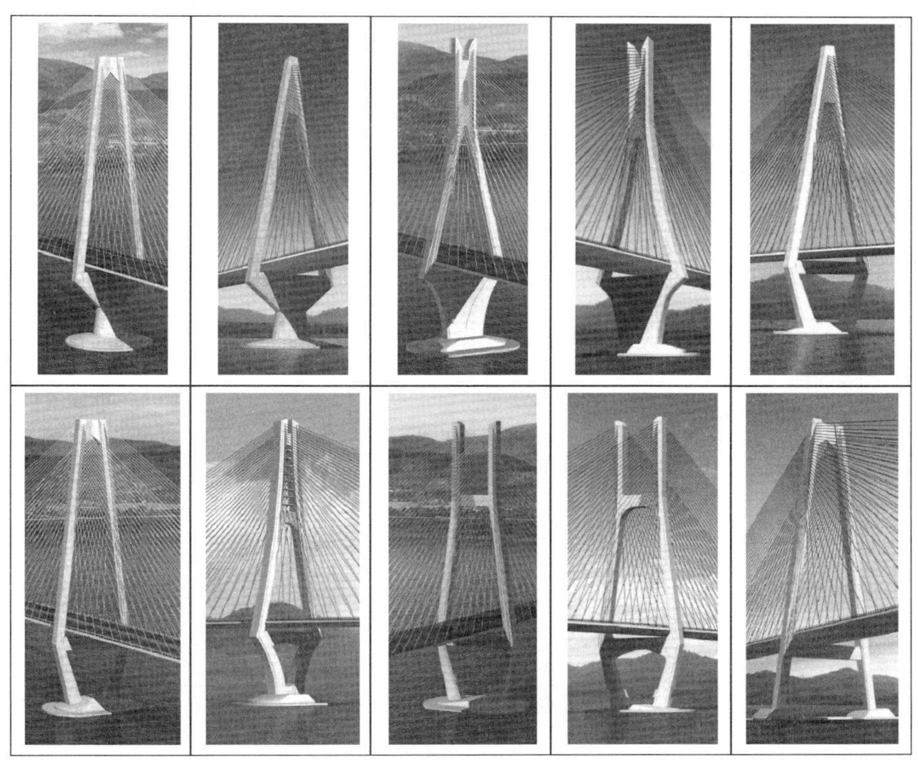

图2-3-3　前期阶段的10个比较塔形

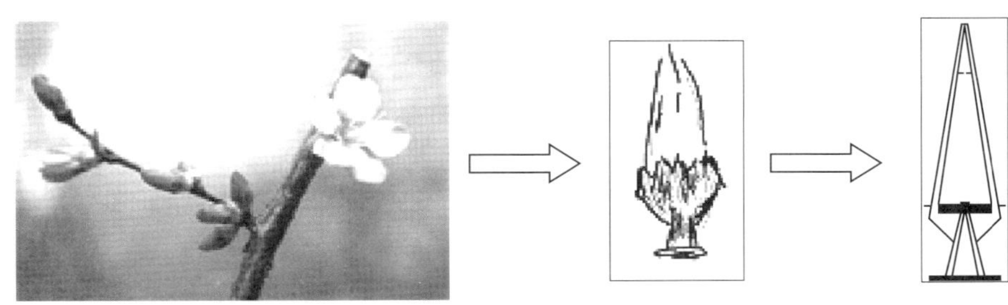

图2-3-4　花苞形索塔的造型构思演变过程

三 种 塔 形 比 选　　表2-3-2

塔　　形	钻 石 形	花 苞 形	花 瓶 形
三维图			

续上表

塔　形	钻 石 形	花 苞 形	花 瓶 形
内力(弯矩)图			
景观特点	通透、简洁	塔形新颖、优美	稳重、线条流畅
结构受力性能	下塔柱受力性能稍弱	下塔柱受力较复杂,传力路径不明确	下塔柱受力性能较好,抗船撞能力强
对应基础桩径(m)	2.9	3	3
遇洪水时下塔柱外形对水流干扰程度	一般	较小	一般
施工难易	施工便利、技术成熟	下塔柱构造比较复杂,施工难度较大	施工便利、技术成熟
工程量(m^3,单个索塔计)	约 10683	约 13386	约 13101
建安费(万元,索塔连同基础,全桥计)	19718.6	22008.9	21848.4
实例	日本生口桥	无,属首创	东海大桥、鹤见航道桥
方案推荐	推荐	比选	比选

经过综合比较,钻石形塔造价最省、施工简便、工艺成熟,传力路径明确,经过初步设计评审后确定为最终的实施方案。

二、索塔断面设计

(一)断面选择

索塔除了塔形要考虑景观效果外,塔柱的横断面形式对全桥的景观影响也很大,并且不同的断面对塔柱所受的风荷载大小也有直接的关系,因此必须对其进行多方案的比选和研究,使塔柱断面既能满足结构受力要求,又要有利于抗风稳定性,还要求通过断面的变化,产生出一定的景观效果。

目前,大跨径斜拉桥的塔柱横断面形式大多采用箱形断面,在本次初步设计中考虑了多种主塔断面进行综合比较(见图 2-3-5)。

通过初步比选,选取了其中三种断面形式进行深入比较,图 2-3-6 为这三种横断面形式的立体效果图。

(二)景观比较

塔柱断面不大时,一般采用多边形、长圆形、矩形等,当断面较大时,应进行"切角"或"凹槽"处理。实践证明,在原断面总尺寸相同的情况下,随着切角大小不同,视觉宽度有显著不同,多角断面与凹槽产生的纵向线条,增加了纤细感与耸立向上的动势,再加上断面随塔柱升高而递减,不仅符合受力要求,而且高耸的态势将变得更为有力,另外凹槽有利于锚具的安置,减少外露的繁杂感。

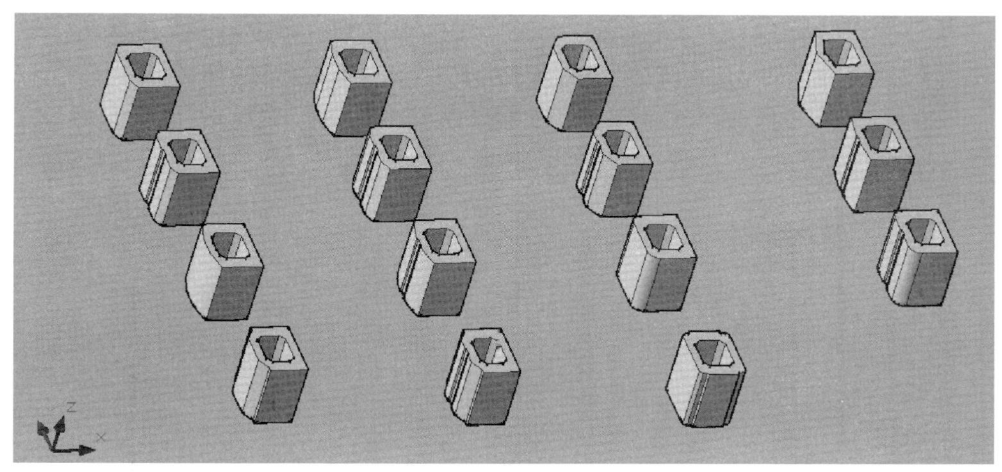

图 2-3-5 塔柱断面形式透视图

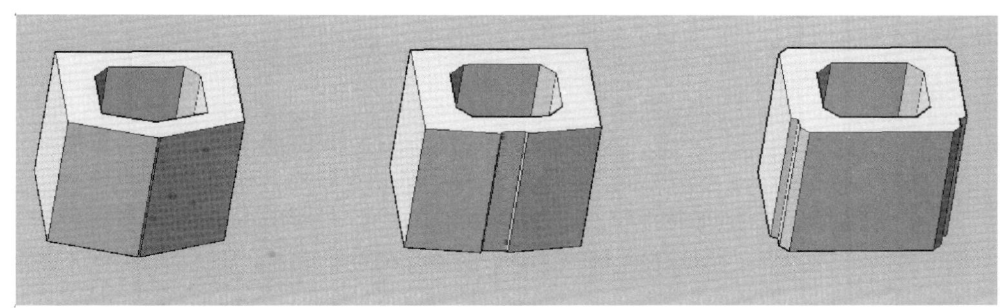

断面形式一 断面形式二 断面形式三

图 2-3-6 精选出的三种主塔断面

图 2-3-6 中，断面形式一为横向外侧带棱角的五边形，从侧面看线条效果明显，同时断面精致简洁，施工十分方便。断面形式二的截面造型以矩形为基础，四角处设置折线的倒角，使塔柱刚中有柔，并增加了塔柱外形的体面变化。同时在塔柱顺桥向的外侧开设槽口，使粗壮的塔柱显得精细和富于变化。尤其在阳光照射下产生的阴影效果，丰富了表面变化，增强了耸立感，令塔柱更具有建筑性。

由于斜拉桥的外观主要由直线条的拉索和塔柱组成，给人的总体感觉是刚劲有力，而由直线倒角和凹槽组成的断面，突出了这种效果，因此从景观方面考虑，由直线条构成的断面二和断面三较好。断面一的景观效果与棱角的坡度有关，坡度大有利于景观，但在受力方面略有欠缺，故要求合理地选择棱角的坡度，如能在受力与景观方面综合考虑，选择较大的坡度，其景观效果将是非常好的，如丹麦—瑞典的厄勒海峡大桥。

（三）系数比较

本桥索塔高达 157.3m，索塔承受的主要荷载为拉索传来的索力和由于自身阻风而受到的风力，而塔柱的断面形式与塔柱所受到的纵、横向风力大小有直接的关系，具体反应在塔柱断面的阻力系数大小上。为了研究索塔不同断面的气动性能，采用了数值风洞技术进行了三种断面的阻力系数计算。断面一至三的阻力系数如表 2-3-3 所示，差别不大，横纵桥向综合比较，断面三略小。

不同断面锚索区阻力系数 表 2-3-3

断 类 型	顺 桥 向	横 桥 向
断面一	1.896	3.367
断面二	1.761	3.748
断面三	1.81	3.45

另外主塔的涡振风速和塔截面形式及主塔的自振频率有关，经验算，三种截面相差不多。

(四)断面比选结论

通过以上分析,将三种不同断面的特点列于表 2-3-4 中进行综合比较。

索塔断面形式比较 表 2-3-4

项 目 内 容	断面形式一	断面形式二	断面形式三
塔柱典型断面			
外形特点	以矩形和三角形为基本形式,并在三角处设置圆弧倒角,引起景观的变化	以矩形为基本形式,在四角处设置折线倒角,并在外侧开设槽口,以增加线条,引起景观上的变化	以矩形为基本形式,在塔柱内侧设内折线倒角,在塔柱外侧设两重折线倒角,以增加线条,引起景观上的变化
景观效果	断面以刚性的直线组成,给人稳重有力的感觉,景观效果良好	已在国内外多座桥上采用过这种形式的断面,景观效果良好,但当折线倒角的力度不大时,远处观看难以察觉线条的变化	塔柱内侧倒角近看有一定效果,远看效果不明显,外侧凸起线条比较明显,可以延伸到下塔柱,使下塔柱体量看起来不至于特别庞大
抗风性能	抗风性能一般	四周设置倒角,且有凹槽,抗风性能较好	四周设置倒角,抗风性能较好
施工难易	圆弧半径为定值,且分布于断面的外侧,立模和脱均较容易	倒角和槽口的尺寸是固定的,且都是直线变化,施工较容易	塔柱内侧倒角施工比较容易,塔外侧倒角施工稍嫌复杂
工程实例	厄勒海峡桥	南京二桥 润扬大桥北汊桥	无
方案推荐	—	—	推荐

索塔断面比选的目标是景观优美、受力合理,既要满足结构受力要求,有利于抗风稳定性,又要求通过断面的变化达到优美的景观效果。经过以上对 3 种断面的比选,3 个断面的景观效果均较好,而断面三的风阻力系数略小、索塔整体效果好,因此设计推荐采用第 3 种断面形式作为索塔的断面。

三、索塔锚索构造方案比选

主塔的拉索锚固段,是将一个斜拉索的局部集中力,安全、均匀地传递到塔柱的重要受力构造,采取何种方式锚固,与拉索的布置、拉索的根数和形状、塔形和构造等方面密切相关。根据椒江二桥桥塔的形式及拉索的构造特点,有 3 种锚固方式可以选择:钢锚箱、钢锚梁和环向预应力。下面分别加以阐述。

(一)钢锚箱方式

索塔锚索区截面尺寸约为(7.5 ~8)×4.5m,锚索区高度约为 72m。

钢锚箱锚固方式(图 2-3-7)的构思是塔柱两侧拉索的大部分水平分力通过锚箱的竖直钢板来平衡,少部分水平力由塔柱承受,拉索锚固在两块竖直钢板之间,这样可以大大减少塔壁所承受的水平力。

根据主塔的截面布置,塔壁外轮廓尺寸约:(7.5 ~8)×4.5m,混凝土端板壁厚取为 0.9m,按 600kN 索力水平分力计算,为满足张拉要求,两锚点的水平距离为 3.6m,锚箱区水平投影长度为 0.8m。

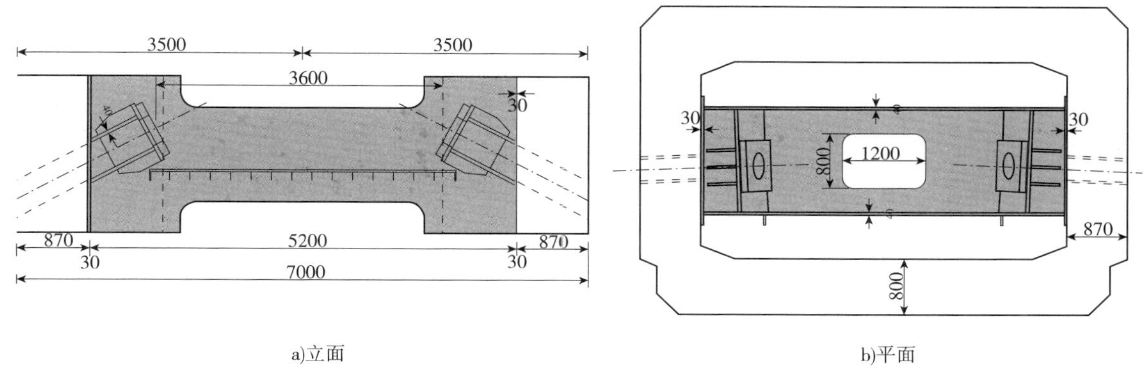

图 2-3-7 钢锚箱方案构造图(尺寸单位:mm)

通过相关试验和文献可以了解到,钢锚箱和混凝土的水平拉力分配可按钢、混凝土分配的计算模式进行简化计算。

根据计算得到钢锚箱和混凝土塔壁侧板的拉力分配比关系约为:0.56∶0.44。根据国内外相关桥梁的经验,一般钢锚箱方案比较理想的分配比例是钢锚箱占80%以上。这主要是由于采用钢锚箱的桥梁一般跨径较大,或采用两侧索面合并锚固的形式,因此可以采用比较大的钢锚箱,分担更多的索力。本桥若采用钢锚箱方案,则钢锚箱承担水平分力比例过小,由塔壁承担水平分力比例过大。由于钢锚箱方案塔壁相对较薄,塔壁抵抗弯矩能力较差,需要额外施加预应力。根据计算需施加27根JL32精轧螺纹钢,预应力损失按20%考虑,可保证端板不开裂,见图2-3-8。

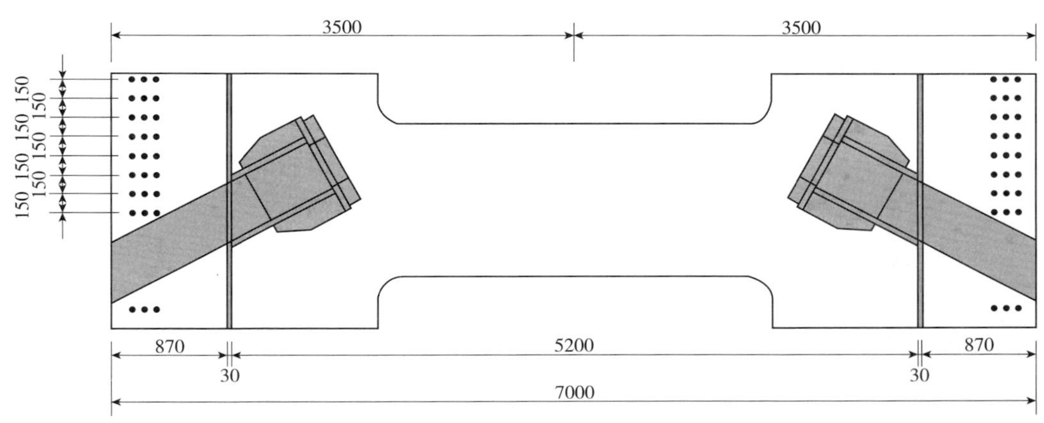

图 2-3-8 钢锚箱预应力施加方案(尺寸单位:mm)

众所周知,钢锚箱方案的主要优点在于对塔壁的要求较低,可以主要靠钢锚箱自身承担大部分的斜拉索力,一般不需要另外施加预应力,缺点是造价偏高。如果在钢锚箱的基础上仍要施加较多的预应力,很显然这种方案是缺乏竞争力的。

(二)钢锚梁方式

1. 方案介绍(图2-3-9)

塔壁外轮廓尺寸约:(7.5～8)×4.5m,混凝土端板壁厚为0.9m,按600kN索力水平分力计算,为满足张拉要求,两锚点的水平距离为3.6m,锚箱区水平投影长度为0.8m。

2. 方案设计

采用以下的方案:在完成一期恒载施工之前,钢锚梁与牛腿不固结,由钢锚梁单独承受索力的水平分力;在完成一期恒载施工之后,钢锚梁与牛腿固结,二期以及活载产生水平力由钢锚梁和混凝土塔壁共同承担。

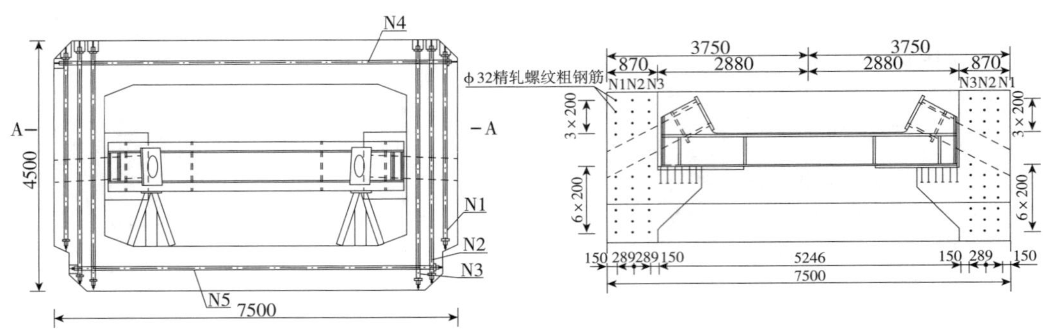

图 2-3-9 钢锚梁方案图(尺寸单位:mm)

需要验算的工况如下:

(1)工况一:在完成一期恒载之前(索力约为总索力 70%),钢锚梁与牛腿不固结,此时进行钢结构的应力验算。结果:钢结构的拉应力为 48.1MPa。

(2)工况二:考虑二期和活载之后,钢结构的应力以及混凝土极限承载力和使用极限状态验算。考虑 10 年徐变,结果为:短边最小压应力为 0.7MPa,最大压应力为 9.5MPa,不会开裂;长边为钢筋混凝土构件,最小压应力为 0.3MPa,最大压应力为 2.9MPa,不会开裂。

(3)工况三:换索时,由于索力完全卸载后,钢锚梁回缩时,引起塔壁变形,进行混凝土塔壁极限承载力和使用阶段极限状态验算。结果为:短边最小压应力为 3.9MPa,最大压应力为 5.2MPa,不会开裂;长边为钢筋混凝土构件,最小压应力为 2.0MPa,最大压应力为 2.4MPa,不会开裂。

(4)工况四:考虑断掉一根索以致索塔单侧受拉的时候,验算结构的安全性。应按结构极限承载能力来控制,此时短边的最大弯矩为 2777kN. m,对应轴压力为 8094kN,拟配 *Φ*16@ 150 的钢筋,满足承载能力极限状态要求;长边弯矩为 972kN. m,轴压力为 1490kN. m,拟配 *Φ*16@ 150 的钢筋,满足承载能力极限状态要求。

(5)工况五:通过试算确定最大不平衡索力的值。施工过程中最不利的工况考虑为一期恒载产生的索力作为不平衡索力。

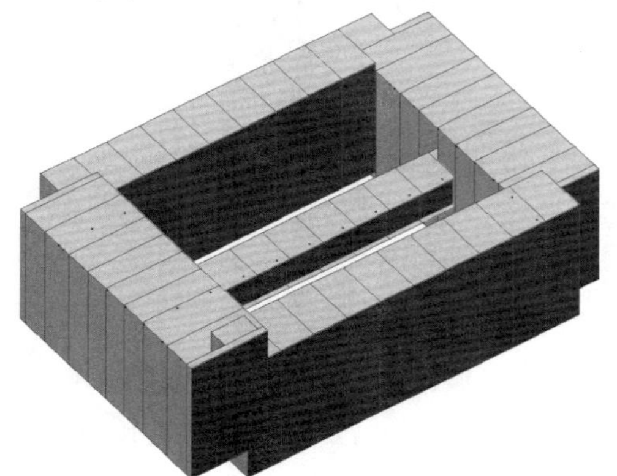

图 2-3-10 计算模型图

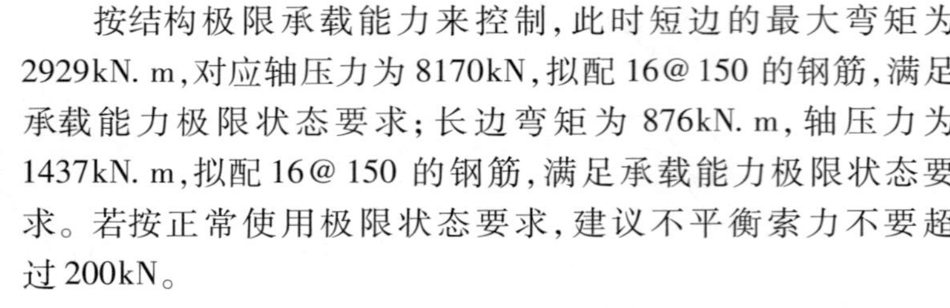

按结构极限承载能力来控制,此时短边的最大弯矩为 2929kN. m,对应轴压力为 8170kN,拟配 16@ 150 的钢筋,满足承载能力极限状态要求;长边弯矩为 876kN. m,轴压力为 1437kN. m,拟配 16@ 150 的钢筋,满足承载能力极限状态要求。若按正常使用极限状态要求,建议不平衡索力不要超过 200kN。

可见此种预应力配置方式是可以满足工况五的要求的。

通过模拟计算 2m 范围内短边拟配 21 根 JL32 精轧螺纹钢,长边拟配 8 根 JL32 精轧螺纹钢,通过计算预应力损失约 20% 左右。计算模型如图 2-3-10 所示。

(三)环向预应力方式

1. 环向预应力锚固方式概述

环向预应力锚固方式是国内最常用的斜拉索锚固方式。它具有施工方便、造价低廉,后期养护简单等优点。尤其适合分离式塔柱空间索面的斜拉桥锚固体系。环向预应力缺点在于到目前为止对于环向预应力小半径大吨位的预应力损失和空间应力分布情况的研究还没有达到非常完善的水平,另外高空作业预应力张拉的质量比较难于保证。以往出现过不少由于预应力损失估计不足导致预应力偏低或者是由于高空张拉误差较大产生的塔上锚索区的竖向裂缝。虽然大都对桥梁的正常使用没有很大的影响,但会导致桥梁的耐久性降低，需要大量人力和物力投入进行维修和维护。表 2-3-5 列举出环向预应力锚固方式在国内的应用情况。

国内主要斜拉桥索塔环向预应力锚固方式的采用情况 表 2-3-5

桥 名	跨径(m)	索塔锚固方式	建 成 年 份
武汉军山桥	主跨 460	单层环向预应力	2001 年
五河口大桥	152 + 370 + 152	双层环向预应力	2005 年
鄂黄长江公路大桥	主跨 480	双层环向预应力	2002 年
南京二桥	主跨 628	单层环向预应力	2001 年
铜陵长江大桥	主跨 432	双层环向预应力	1995 年
安庆长江大桥	主跨 510	环向预应力加直线束	2004 年
重庆大佛寺长江大桥	主跨 450	环向预应力加直线束	2001 年
重庆长江二桥	169 + 444 + 169	环向预应力加直线束	1995 年
重庆忠县康家沱长江大桥	主跨 460	单层环向预应力	2006 年
杨浦大桥	主跨 602	环向预应力加直线束	1993 年
润扬长江大桥北汊桥	主跨 406	单层环向预应力	2005 年

本桥设计方案都是分离式空间索面的锚固体系，因此环向预应力体系是比较适合的。本次设计中索塔环向预应力共提出了 4 种比较方案，分别为：

方案 1：双层 15 − ϕ_s15. 2mm；

方案 2：单层 19 − ϕ_s15. 2mm + 直线 15 − ϕ_s15 2mm；

方案 3：单层 12 − ϕ_s15. 2mm + 体外索 12 − ϕ_s15. 2mm(小刚度钢管)；

方案 4：单层 12 − ϕ_s15. 2mm + 体外索 12 − ϕ_s15. 2mm(大刚度钢管)。

4 种方案的布置详见图 2-3-11(方案比选阶段塔壁长边为 7m)。

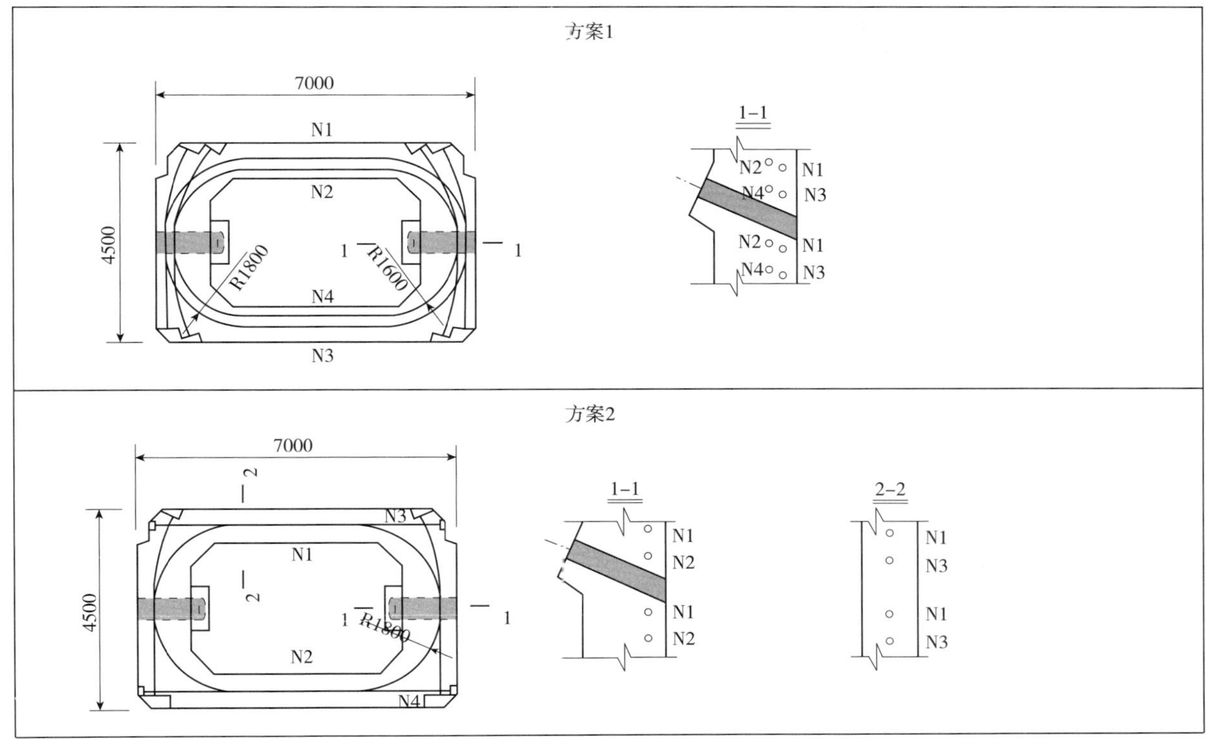

图 2-3-11

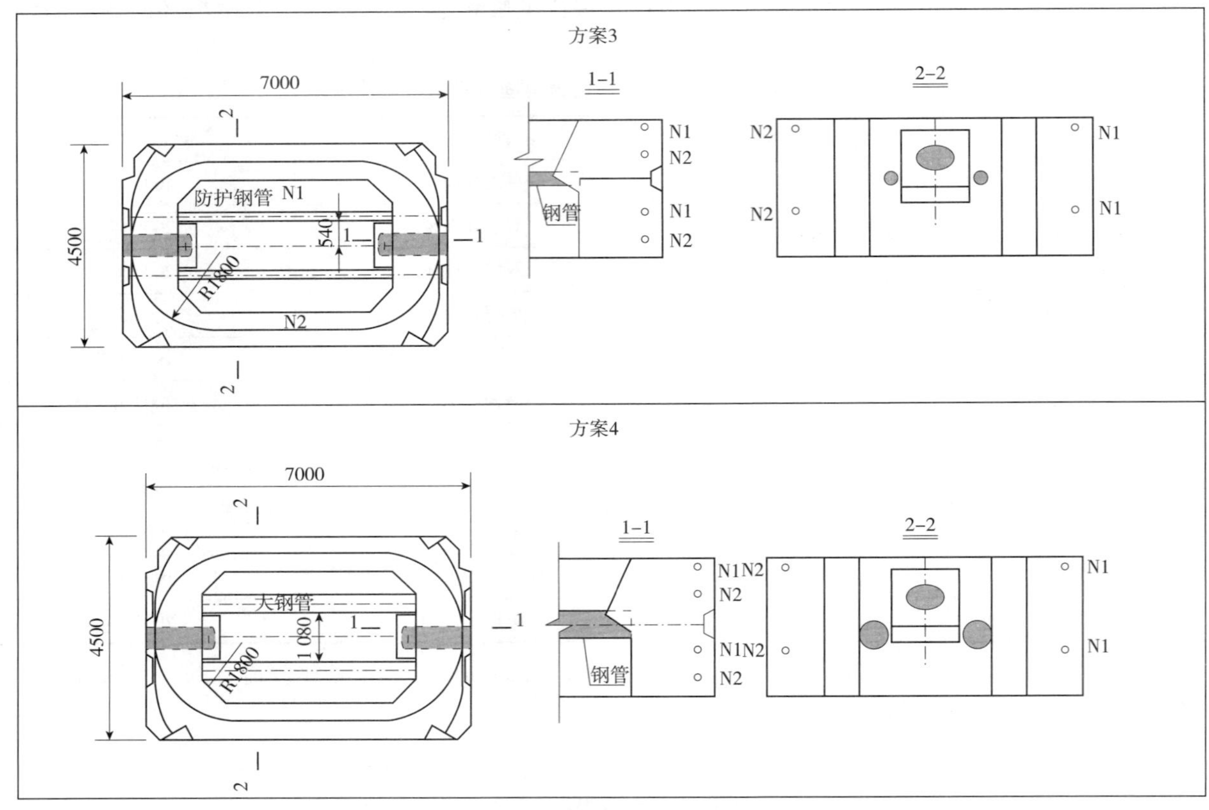

图 2-3-11　四种方案预应力布置图(尺寸单位:mm)

在以往的工程实践中,环向预应力主要采用的是单层环向预应力、双层环向预应力,对拉井字形预应力粗钢筋等方式。本桥考虑上面 4 种方案主要是基于以下理由:

(1)实践证明,单层环向预应力对于施工误差所产生的失效概率比较难以保证;

(2)井字形预应力粗钢筋存在应力盲区,塔壁的加腋区域往往会出现开裂;

(3)考虑体外预应力是对斜拉索锚固方式的一种新的大胆尝试,用体外预应力直接平衡斜拉索力,可以避免一般环向预应力产生的不利的附加弯矩,也会大大减少预应力的数量;

(4)考虑大刚度钢管是在体外预应力张拉阶段直接承担部分张拉力,在斜拉索张拉时再释放,这样解决了在张拉预应力之前锚固端塔壁反向开裂的问题。

4 种方案比较的基本原则是:各阶段受力上合理,施工上可行,后期养护方便。

计算采用平面杆系结构,计算模型如图 2-3-12 所示(以双层环向预应力为例),主塔混凝土材料采用 C50,预应力钢束每束张拉控制应力均为 $0.75R_y^b = 1395\text{MPa}$,斜拉索力由于在初步设计阶段有较大的变化范围,所以暂时按水平分力取 600kN/索为基准。

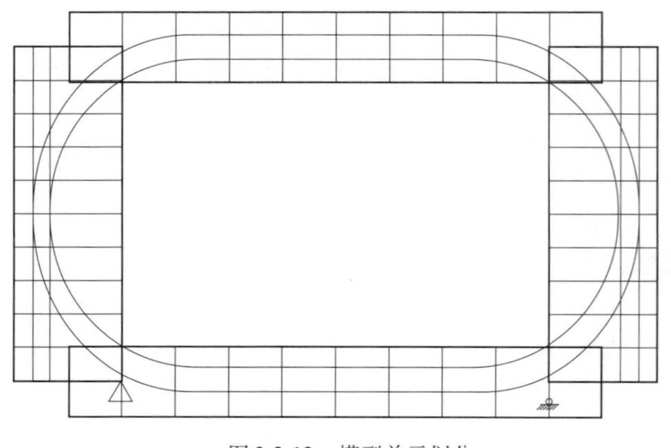
图 2-3-12　模型单元划分

前面提到,在以往的环向预应力设计中,往往存在预应力损失和施工偏差的估计不足,因此在本桥的设计中,考虑了对预应力损失的敏感度分析。这主要是为了得到可以容纳一般情况下出现的预应力损失偏差摩擦系数 μ、管道偏差系数 k 的取值,使得在预应力损失最大、最小的范围内结构都能保证一定的安全度。虽然这样考虑的前提仍然是按照理论分析和一些相关试验的结果,可能和实际情况仍有一定的距离，但比较以往的设计已经有很大的进步，能够大大提高环向预应力的可靠性。

2. 预应力损失敏感度分析

在一种环向预应力锚固方案中有很多根预应力钢束（钢筋），对于同一位置或对称位置不妨只取其中的一根钢束来作预应力损失的敏感度分析，得到了不同的摩擦系数、管道偏差系数下预应力的损失程度。其中锚具回缩为6mm，摩擦系数μ、管道偏差系数k的取值出自于规范和一些同等跨径的斜拉桥环向预应力锚固区的试验结果，其中规范的取值为：$\mu=0.15$，$k=0.0015$，参照试验最大值为：$\mu=0.35$，$k=0.005$，松弛率按《公路钢筋混凝土及预应力混凝土桥涵设计规范》（JTG D62—2004）第6.2.6条规定选取为0.3。N1为外层的预应力钢筋，N2为内层的预应力钢筋，分析结果如下图2-3-13所示。

由图2-3-13和图2-3-14可以看出，k值对预应力损失的影响程度不大，在μ值相同的情况下，k值由0.0015变化到0.005时，对预应力损失度的影响不到2%；而μ值影响较大，当其从0.15增加到0.35时，对预应力损失度的影响达到8%。

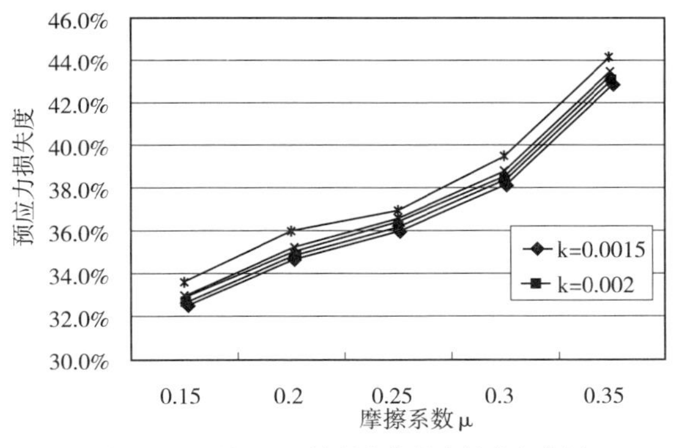

图2-3-13　基于N1的预应力损失敏感度分析

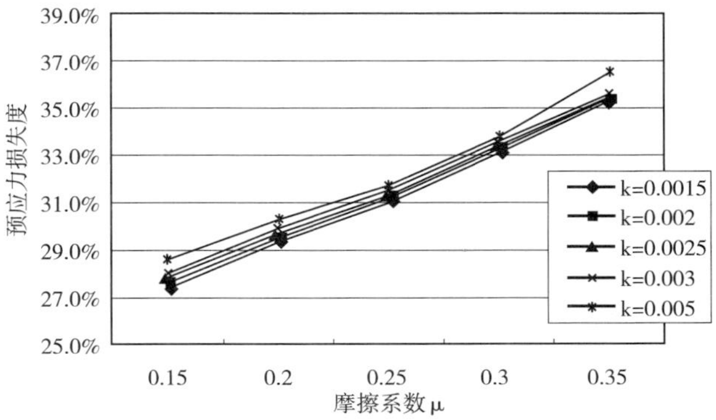

图2-3-14　基于N2的预应力损失敏感度分析

参考相关文献及试验报告，在环向预应力的设计中按$k=0.0015$（对应$\mu=0.15$）和$k=0.003$（对应$\mu=0.35$）两种情况进行验算，这样就同时满足了环向预应力损失可能达到的最大和最小值。

3. 各方案环向预应力设计

以下各表中短边为拉索锚固边，预应力损失中考虑锚具回缩6mm，松弛率按《公路钢筋混凝土及预应力混凝土桥涵设计规范》（JTG D62—2004）第6.2.6条规定选取为0.3。

（1）方案1：双层15－ϕ_s15.2mm

此方案的钢束布置如图2-3-11所示，其中N1、N2、N3、N4各两束，表2-3-6为结构在各主要工况下的受力情况。

方案一各阶段应力结果表　　表2-3-6

双层15－ϕ_s15.2mm　湿度：80%　加载龄期：7d						
荷载组合	应力位置		k	μ	k	μ
			0.0015	0.15	0.003	0.35
环向预应力	短边应力（MPa）	外侧	－13.7		－12.7	
		内侧	0.5		0.6	
	长边应力（MPa）	外侧	－1.4		－0.6	
		内侧	－3.9		－3.3	
环向预应力＋索力	短边应力（MPa）	外侧	－7		－6	
		内侧	－8.8		－8.8	
	长边应力（MPa）	外侧	－1.4		－0.7	
		内侧	－0.6		0.2	

续上表

双层 15 − ϕ_s15.2mm　湿度:80%　加载龄期:7d						
荷载组合	应力位置		k	μ	k	μ
			0.0015	0.15	0.003	0.35
环向预应力 + 索力 + 收缩徐变 10 年	短边应力(MPa)	外侧	−6.3		−5.3	
		内侧	−9.3		−9.3	
	长边应力(MPa)	外侧	−1.4		−0.6	
		内侧	−0.4		0.4	

此方案可采用常规的施工方法,一次张拉完全部预应力钢筋,然后进行拉索的安装和张拉。

(2)方案 2:单层 19 − ϕ_s15.2mm + 直线 12 − ϕ_s15.2mm

此方案的钢束平面布置如图 2-3-11 所示,其中 N1、N2、N3、N4 各两束,表 2-3-7 为各主要工况下结构的受力情况。

方案二各阶段应力结果表　　表 2-3-7

单层 19 − ϕ_s15.2mm + 直线 12 − ϕ_s15.2mm　湿度:80%　加载龄期:7d						
荷载组合	应力位置		k	μ	k	μ
			0.0015	0.15	0.003	0.35
环向、直线预应力	短边应力(MPa)	外侧	−9.9		−9.2	
		内侧	1.5		1.3	
	长边应力(MPa)	外侧	−6.6		−5.4	
		内侧	−4.5		−3.8	
环向、直线预应力 + 索力	短边应力(MPa)	外侧	−2.6		−1.9	
		内侧	−8.2		−8.5	
	长边应力(MPa)	外侧	−6.4		−5.2	
		内侧	−1.1		−0.4	
环向、直线预应力 + 索力 + 收缩徐变 10 年	短边应力(MPa)	外侧	−1.4		1.5	
		内侧	−9.2		−9.4	
	长边应力(MPa)	外侧	−6.7		−5.5	
		内侧	−0.5		0.2	

此方案可采用常规的施工方法,一次张拉完全部预应力钢筋,然后进行拉索的安装和张拉,施工过程无特殊要求。

(3)方案 3:单层 12 − ϕ_s15.2mm + 体外索 12 − ϕ_s15.2mm(小刚度钢管)

此方案所用钢管外径为 $D = 130$mm,壁厚 $t = 5$mm,每个节段布置两根对称的钢管,钢管不穿入塔壁,而是在塔壁处与塔壁固接,里面穿一束 15-12 钢绞线,预应力筋布置如图 2-3-11 所示,钢管不参与受力,只对体外索起防护作用。表 2-3-8 为结构在各主要工况下的受力情况。

从分析结果可以看出结构在张拉预应力和体外索阶段锚固壁内侧受到 5.2 ~ 5.4MPa 的拉应力,如果只张拉预应力不张拉体外索,锚固壁内侧受到 1.3MPa 拉应力,满足规范要求,因此在施工上应先张拉环向预应力,然后进行体外索和斜拉索的张拉,张拉方法:体外索采用分批张拉,具体张拉情况随斜拉索张拉程序的变化而定。

(4)方案 4:单层 12 − ϕ_s15.2mm + 体外索 12 − ϕ_s15.2mm(大刚度钢管)

此方案所用钢管外径为 $D = 400$mm,壁厚 $t = 80$mm,每个节段布置两根对称的钢管,里面穿一束 15-

12 钢绞线，钢束布置如图 2-3-11 所示。表 2-3-9 为结构在各主要工况下的受力情况。

方案三各阶段应力结果表 表 2-3-8

单层 12 − ϕ_s15. 2mm + 体外索 12 − ϕ_s15. 2mm（损失 40%） 湿度:80% 加载龄期:7d						
荷载组合	应力位置		k	μ	k	μ
			C. 0015	0. 15	0. 003	0. 35
环向预应力	短边应力（MPa）	外侧	−6. 8		−6. 4	
		内侧	1. 5		1. 3	
	长边应力（MPa）	外侧	−2. 6		−1. 9	
		内侧	−1. 9		−1. 4	
环向预应力 + 体外索	短边应力（MPa）	外侧	−10. 6		−10. 1	
		内侧	5. 3		5. 2	
	长边应力（MPa）	外侧	−2. 7		−2	
		内侧	−4. 1		−3. 6	
环向预应力 + 索力 + 体外索	短边应力（MPa）	外侧	−2. 3		−2	
		内侧	−5. 3		−5. 4	
	长边应力（MPa）	外侧	−2. 9		−2. 2	
		内侧	−0. 2		0. 3	
环向预应力 + 索力 + 体外索 + 收缩徐变 10 年	短边应力（MPa）	外侧	−2. 1		−1. 8	

方案四各阶段应力结果表 表 2-3-9

单层 12 − ϕ_s15. 2mm + 体外索 12 − ϕ_s15. 2mm（损失 35%） 湿度:80% 加载龄期:7d						
荷载组合	应力位置		k	μ	k	μ
			0. 0015	0. 15	0. 003	0. 35
环向预应力 + 体外索	短边应力（MPa）	外侧	−6. 7		−7	
		内侧	1. 7		1. 6	
	长边应力（MPa）	外侧	−1. 3		−2. 1	
		内侧	−1. 6		−1. 9	
环向预应力 + 体外索 + 拉索	短边应力（MPa）	外侧	−2. 0		−1. 7	
		内侧	−5. 7		−5. 8	
	长边应力（MPa）	外侧	−1. 6		−2. 3	
		内侧	0. 5		0. 2	
环向预应力 + 索力 + 体外索 + 收缩徐变 10 年	短边应力（MPa）	外侧	−0. 2		0. 2	
		内侧	−7. 8		−7. 8	
	长边应力（MPa）	外侧	−1. 5		−2. 2	
		内侧	1. 7		1. 4	

在施工方法上，采取先进行混凝土塔壁内预应力和体外索的张拉，然后进行斜拉索的张拉；本施工方法在张拉环向预应力和最后斜拉索全部张拉完成的各阶段塔壁内外侧的应力情况都满足规范要求，但在考虑

收缩徐变10年后锚固壁外侧的拉应力超出了规范允许的范围,在下一步设计中应进行深入分析研究;因为所采用的钢管在实际工程中比较难做,所以此方案可利用轴向刚度相等原则采用其他形式的截面。

4. 材料用量比较

表2-3-10为各方案所用材料的数量(一个索塔节段)。

各方案材料数量表　　表2-3-10

项目		方案1	方案2	方案3	方案4
		长度(m)			
预应力钢筋	19 - ϕ_s15.2mm	0	54.6	0	0
	15 - ϕ_s15.2mm	111.8	0	0	0
	12 - ϕ_s15.2mm	0	33.6	58.6	58.6
预应力钢筋换算到1束ϕ_s15.2mm预应力筋的长度		1677.4	1440.9	703.5	703.5
锚具数量(个)	M19	0	8	0	0
	M15	16	0	0	0
	M12	0	8	8	8
波纹管长度(m)		100.6	77.1	53	53
预应力筋重量(kN)		1.85	1.59	0.77	0.77
钢材(kN)	Q345	0	0	0.44	1.69

5. 比选结论

通过对4种方案的分析,得到了4种方案各自的一些特点,如表2-3-11所示。

各方案优缺点比较　　表2-3-11

方案	优点	缺点
方案1 双层15 - ϕ_s15.2mm	①各种荷载工况下截面应力情况较好,有一定的安全储备 ②其他同等跨径的斜拉桥采用较多,施工工艺比较成熟 ③与单层预应力相比,采用双层预应力减小了结构失效概率	和单层预应力布置相比,此方案高空张拉作业次数较多
方案2 单层19 - ϕ_s15.2mm + 直线12 - ϕ_s15.2mm	①预应力筋用量相对较少 ②直线短束受力比较明确	①各种荷载工况下截面应力情况一般,安全储备较少 ②直线短束预应力钢筋施工阶段预应力张拉比较难控制
方案3 单层12 - ϕ_s15.2mm + 体外索12 - ϕ_s15.2mm (小刚度钢管)	①预应力筋用量较少 ②体外索直接分担斜拉索索力,受力比较明确	①各种荷载工况下截面应力情况一般,安全储备较少 ②分批张拉施工繁琐,后期斜拉索换索需要分批释放索力,难度比较大
方案4 单层12 - ϕ_s15.2mm + 体外索12 - ϕ_s15.2mm (大刚度钢管)	①预应力筋用量少 ②体外索直接分担斜拉索索力,受力比较明确	①各种荷载工况下截面应力情况一般 ②受后期收缩徐变对结构产生比较大的不利影响 ③钢-混连接构造复杂 ④钢材用量高

通过综合比较分析确定方案一作为推荐方案。

(四)锚固方式比选

表 2-3-12 对钢锚箱、钢锚梁、环向预应力 3 种锚固方式在设计、施工等方面进行了比较。

三种锚固形式比较 表 2-3-12

类　别	钢 锚 箱	钢 锚 梁	环向预应力
构造简图			N2 1 N4
塔柱受力影响	平衡水平力锚箱承受,不平衡水平力塔柱整体承受	一期恒载由力钢锚梁承受,二期恒载和活载由钢锚梁和塔壁共同承受	水平力由一侧塔柱壁承受
安装精度	钢锚箱在工厂预制完成,容易控制锚固点的位置和角度;现场仅需控制塔柱混凝土基座高程	工厂完成钢锚梁制作,确定锚垫板位置,现场施工对每组牛腿位置均需精确定位	锚固系统全部在现场完成,由于在高空作业,锚垫板的角度及位置控制较难
施工要求	对吊装能力有一定要求,钢锚箱在浇筑上塔柱前采用焊接拼装,施工较为方便,但国内经验不多	吊装能力要求小于钢锚箱,钢锚梁的安装在塔柱施工完成后,对塔柱内部空间有要求,安装定位要求较高	主要施工难点是需要多次张拉预应力,高空浇筑混凝土锚固构造也有一定难度。张拉损失的保障有一定难度
后期养护	钢结构体量较大,养护有一定难度	养护量小于钢锚箱	仅锚头需养护
工程实例	苏通大桥 诺曼底大桥	安娜西斯桥 南浦大桥	杨浦大桥 南京二桥

表 2-3-13 对钢锚箱、钢锚梁、环向预应力 3 种锚固方式的材料数量进行了比较。数量中未计入锚垫板。

方案材料数量比较(以一个索塔节段计) 表 2-3-13

方 案 名 称	钢材(kg)	预应力钢束(kg)	预应力粗钢筋(kg)
钢锚箱 + 预应力	i230	—	145
双层环向预应力	—	172	—
钢锚梁 + 预应力	590	—	165

在 3 种锚固形式中,钢锚箱方案明显不适合本桥的塔柱尺度。环向预应力有着造价低、后期维护简单的优点。但结合国内以往的经验,环向预应力的性能往往取决于施工质量,人为因素比较大。而且高空作业,质量检测也比较困难。因此将可靠性更高的钢锚梁结合预应力粗钢筋的作为最终的推荐方案。

第二节　索塔设计与总体计算

一、索塔设计

(一)塔柱设计(图 2-3-15)

索塔采用钻石形,从上至下分为塔头、上塔柱、下横梁、下塔柱、塔座 5 个部分。塔顶高程 157.590m,承台顶高程 4.830m,索塔总高 152.76m;其中塔头高 25m,上塔柱高 91.56m,下塔柱高 36.20m;下塔柱横桥向外侧面的斜率为 1/4. 213，内侧面的斜率为 1/2. 843；上塔柱横桥向斜率为 1/6. 474。上塔柱截面顺桥向宽度由 7. 5m 渐变到 8. 5m，横桥向宽度为 4. 5m。下塔柱截面顺桥向宽度由 8. 5m 渐变到 11. 50m，横桥向宽度由 4. 50m 渐变到 8. 0m。索塔在桥面以上高度为 107. 992m，高跨比为 0. 225，塔底左右塔柱中心间距 20. 00m。塔柱采用空心箱形断面，上塔柱锚固区塔壁厚度为横桥向 0. 80m，顺桥向为 1. 20m，中间设钢锚梁；上塔柱非锚固区壁厚为横桥向 1. 20m，顺桥向 1. 40m；下塔柱塔壁厚度均为 1. 20m。索塔竖向主筋采用直径 32mm 的 HRB335 钢筋。

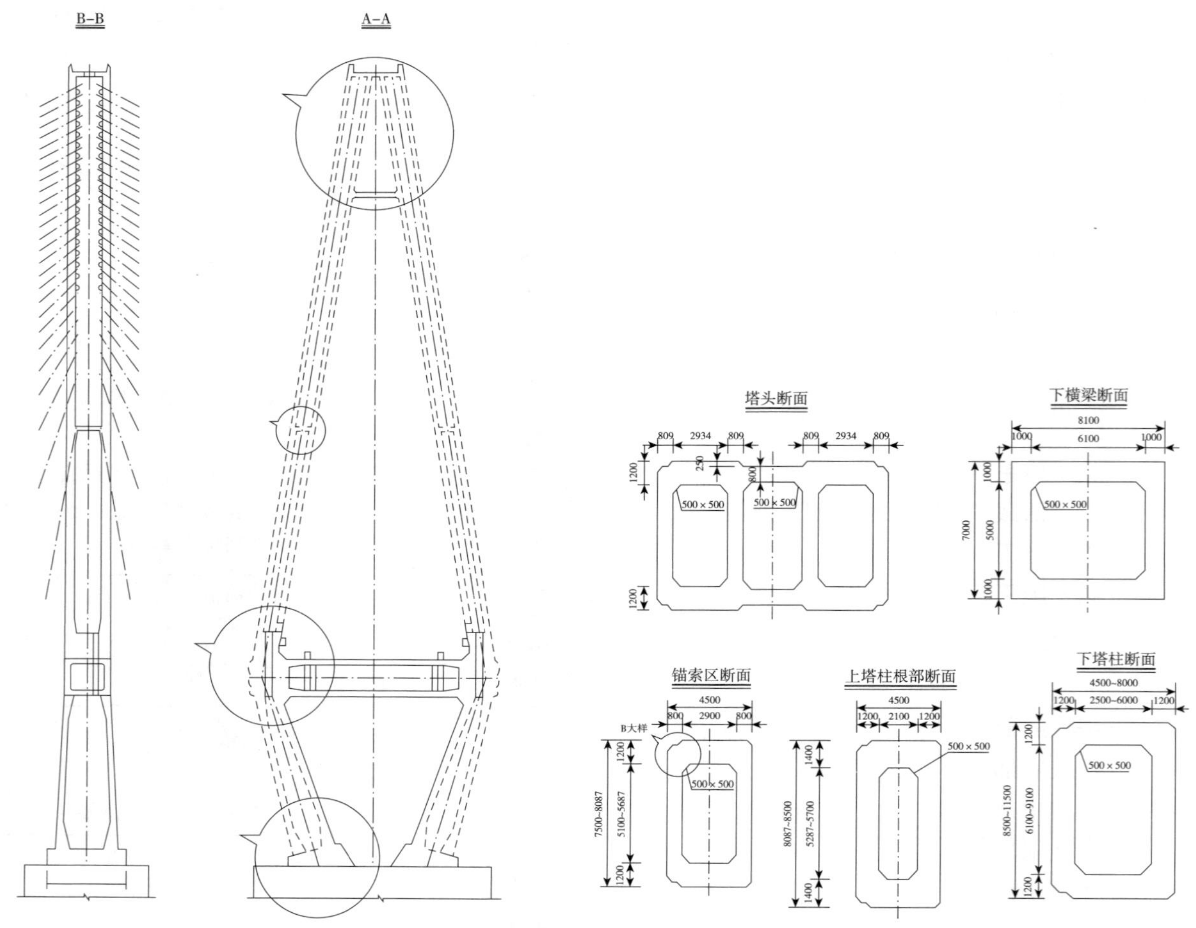

图 2-3-15　索塔总体布置图（尺寸单位：mm）

为增加索塔景观效果，减少风荷载作用，塔柱外侧均设两级的倒角。为便于通行和维护，塔顶、桥面处、横梁顶面均设有进出人孔。索塔上塔柱、下塔柱内两侧均设爬梯。索塔附属结构外露的钢结构应采取相应防腐措施或采用不锈钢件。

（二）钢锚梁及牛腿设计

根据专家意见初步设计选用了钢锚梁组合预应力粗钢筋作为施工图阶段的索塔锚固方式。钢锚梁作为斜拉索锚固结构，设置在塔头和上塔柱中，承受斜拉索的平衡水平力。钢锚梁共 19 节，分 4 类，各锚固一对斜拉索。钢锚梁由受拉锚梁和锚固构造组成。根据总体计算各阶段索力，A8 ~ A26（J8 ~ J26）共 19 对斜拉索均可采用钢锚梁结合预应力粗钢筋方式锚固，A1 ~ A7（J1 ~ J7）仅采用预应力粗钢筋方式锚固，预应力钢筋采用 JL32mm 精轧螺纹粗钢筋。

钢锚梁锚固方式施工步骤为：

（1）在索塔和钢筋混凝土牛腿施工时牛腿顶面预埋钢板，钢板与牛腿间通过剪力钉连接。

（2）索塔和牛腿的混凝土达到强度后，张拉塔内预应力粗钢筋。

(3)分别吊装钢锚梁左右两部分到指定位置,在塔上完成栓接。

(4)安装斜拉索,张拉斜拉索到指定吨位(张拉吨位由施工监控单位提供,报由设计、监理同意后实施)后在钢锚梁底板和牛腿顶部预埋钢板之间三边围焊。

(5)索塔下横梁顶部高程44.530m,采用等截面箱形断面,高7.0m、宽8.1m,顺桥向和高度方向壁厚均为1.0m。下横梁上对称布置两个限位阻尼装置的支座。在每个限位阻尼支座下设一道壁厚0.6m的竖向隔板;下横梁内布置60束19Φ^S15.2钢绞线,锚下张拉控制应力采用$0.75f_{pk}=1395MPa$,每束张拉力为3711kN,所有预应力锚固点均设在塔柱外侧。

由于本桥为全漂浮体系,下横梁上不设永久竖向支座,仅设纵向阻尼装置。施工期间设置临时支座和临时锚固装置。

(6)施工阶段钢箱梁和横梁需要临时固结,临时固结采用预应力钢束,在中跨合龙后拆除。

(7)索塔附属构造包括塔柱内爬梯、检修平台、除湿系统、防雷系统及预埋件、照明系统及预埋件等。

本桥设有人行道和非机动车道,因此设置了绕塔平台。绕塔平台采用预应力混凝土悬臂梁结构,横桥向结构宽3.45m,顺桥向宽4.90m,施工中应注意绕塔平台与主梁边缘高程的接顺。

二、索塔总体计算

(一)荷载组合

荷载组合如下:

(1)恒载+体系温度+极限风;

(2)恒载+活载+温度+常规风(与汽车荷载组合);

(3)恒载+施工临时荷载+施工阶段风荷载;

(4)恒载+施工临时荷载+一端落梁。

(二)验算截面位置

选取钻石形索塔4个不利截面:

(1)下塔柱底部截面;

(2)上塔柱底部截面;

(3)上塔柱中部截面;

(4)上塔柱顶部截面。

索塔验算的截面如图2-3-16所示。

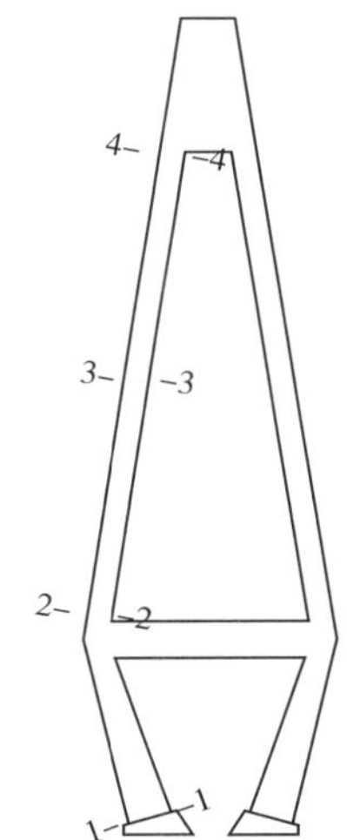

图2-3-16 索塔验算截面示意图

(三)运营阶段验算结果

承载能力极限状态组合,计算结果见表2-3-14~表2-3-17。

恒载+极限风 表2-3-14

截面位置及配筋	荷载方向	轴力(kN)	弯矩(kN·m)	截面抗力(kN)	是否满足	安全系数
下塔柱底部截面(一排Φ32@200束筋)	顺桥向	3.62×10^5	9.56×10^5	6.18×10^5	是	1.7
	横桥向	3.62×10^5	9.06×10^5	5.50×10^5	是	1.5
上塔柱底部截面(一排Φ32@200束筋)	顺桥向	2.62×10^5	4.35×10^5	3.96×10^5	是	1.5
	横桥向	2.42×10^5	2.72×10^5	3.30×10^5	是	1.4
上塔柱中部截面(一排Φ32@200束筋)	顺桥向	2.31×10^5	1.56×10^5	3.95×10^5	是	1.7
	横桥向	2.00×10^5	1.27×10^5	3.42×10^5	是	1.7
上塔柱顶部截面(两排Φ32@200束筋)	顺桥向	9.92×10^4	5.09×10^4	3.96×10^5	是	4.0
	横桥向	1.18×10^5	2.48×10^5	1.58×10^5	是	1.3

恒载 + 活载 + 温度 + 常规风　　表 2-3-15

截面位置及配筋	荷载方向	轴力(kN)	弯矩(kN·m)	截面抗力(kN)	是否满足	安全系数
下塔柱底部截面（一排 Φ32@200 束筋）	顺桥向	3.08×10^5	4.80×10^5	7.43×10^5	是	2.4
	横桥向	3.69×10^5	2.43×10^5	8.36×10^5	是	2.3
上塔柱底部截面（一排 Φ32@200 束筋）	顺桥向	2.28×10^5	3.58×10^5	4.06×10^5	是	1.8
	横桥向	2.20×10^5	2.81×10^5	3.01×10^5	是	1.4
上塔柱中部截面（一排 Φ32@200 束筋）	顺桥向	1.76×10^5	2.14×10^5	3.43×10^5	是	2.0
	横桥向	2.15×10^5	6.45×10^4	4.07×10^5	是	1.9
上塔柱顶部截面（两排 Φ32@200 束筋）	顺桥向	9.51×10^4	7.20×10^4	3.70×10^5	是	3.9
	横桥向	9.68×10^4	1.32×10^5	2.31×10^5	是	2.4

恒载 + 极限风 + 抖振　　表 2-3-16

截面位置及配筋	荷载方向	轴力(kN)	弯矩(kN·m)	截面抗力(kN)	是否满足	安全系数
下塔柱底部截面（一排 Φ32@200 束筋）	顺桥向	3.62×10^5	1.68×10^6	3.99×10^5	是	1.1
	横桥向	3.62×10^5	1.38×10^6	3.63×10^5	是	1.0
上塔柱底部截面（一排 Φ32@200 束筋）	顺桥向	2.62×10^5	5.76×10^5	3.36×10^5	是	1.3
	横桥向	2.44×10^5	3.79×10^5	2.46×10^5	是	1.0
上塔柱中部截面（一排 Φ32@200 束筋）	顺桥向	2.31×10^5	6.00×10^5	2.32×10^5	是	1.0
	横桥向	2.00×10^5	2.33×10^5	2.62×10^5	是	1.3
上塔柱顶部截面（两排 Φ32@200 束筋）	顺桥向	9.92×10^4	1.28×10^5	3.20×10^5	是	3.2
	横桥向	1.60×10^5	3.26×10^5	1.70×10^5	是	1.1

恒载 + 活载 + 温度 + 常规风 + 抖振　　表 2-3-17

截面位置及配筋	荷载方向	轴力(kN)	弯矩(kN·m)	截面抗力(kN)	是否满足	安全系数
下塔柱底部截面（一排 Φ32@200 束筋）	顺桥向	3.08×10^5	7.52×10^5	6.41×10^5	是	2.1
	横桥向	3.69×10^5	3.73×10^5	7.69×10^5	是	2.1
上塔柱底部截面（一排 Φ32@200 束筋）	顺桥向	2.28×10^5	5.37×10^5	3.19×10^5	是	1.4
	横桥向	2.20×10^5	3.10×10^5	2.74×10^5	是	1.2
上塔柱中部截面（一排 Φ32@200 束筋）	顺桥向	1.76×10^5	2.92×10^5	3.05×10^5	是	1.7
	横桥向	2.15×10^5	8.37×10^4	3.72×10^5	是	1.7
上塔柱顶部截面（两排 Φ32@200 束筋）	顺桥向	9.51×10^4	9.60×10^4	3.22×10^5	是	3.4
	横桥向	9.68×10^4	1.57×10^5	1.69×10^5	是	1.7

(四)正常使用验算结果

极限状态内力组合,计算结果见表 2-3-18 ~ 表 2-3-21。

恒载 + 极限风　　表 2-3-18

截面位置及配筋	荷载方向	轴力(kN)	弯矩(kN·m)	裂缝宽度(mm)	裂缝限制(mm)	是否满足
下塔柱底部截面（一排 Φ32@200 束筋）	顺桥向	2.69×10^5	7.28×10^5	<0.1	0.15	是
	横桥向	2.69×10^5	5.89×10^5	<0.1	0.15	是
上塔柱底部截面（一排 Φ32@200 束筋）	顺桥向	1.95×10^5	2.62×10^5	<0.1	0.2	是
	横桥向	1.80×10^5	2.07×10^5	<0.1	0.2	是

续上表

截面位置及配筋	荷载方向	轴力(kN)	弯矩(kN·m)	裂缝宽度(mm)	裂缝限制(mm)	是否满足
上塔柱中部截面（一排 Φ32@200 束筋）	顺桥向	1.59×10^{5}	1.10×10^{5}	<0.1	0.2	是
	横桥向	1.42×10^{5}	9.16×10^{4}	<0.1	0.2	是
上塔柱顶部截面（两排 Φ32@200 束筋）	顺桥向	7.38×10^{4}	3.42×10^{4}	<0.1	0.2	是
	横桥向	8.52×10^{4}	1.72×10^{5}	<0.2	0.2	是

恒载+活载+温度+常规风 表 2-3-19

截面位置及配筋	荷载方向	轴力(kN)	弯矩(kN·m)	裂缝宽度(mm)	裂缝限制(mm)	是否满足
下塔柱底部截面（一排 Φ32@200 束筋）	顺桥向	2.89×10^{5}	3.42×10^{5}	<0.1	0.15	是
	横桥向	2.89×10^{5}	1.98×10^{5}	<0.1	0.15	是
上塔柱底部截面（一排 Φ32@200 束筋）	顺桥向	2.16×10^{5}	2.60×10^{5}	<0.1	0.2	是
	横桥向	2.14×10^{5}	1.45×10^{5}	<0.1	0.2	是
上塔柱中部截面（一排 Φ32@200 束筋）	顺桥向	1.76×10^{5}	1.64×10^{5}	<0.1	0.2	是
	横桥向	1.78×10^{5}	5.35×10^{4}	<0.1	0.2	是
上塔柱顶部截面（两排 Φ32@200 束筋）	顺桥向	7.63×10^{4}	6.04×10^{4}	<0.1	0.2	是
	横桥向	7.73×10^{4}	1.07×10^{5}	<0.1	0.2	是

恒载+极限风+抖振 表 2-3-20

截面位置及配筋	荷载方向	轴力(kN)	弯矩(kN·m)	裂缝宽度(mm)	裂缝限制(mm)	是否满足
下塔柱底部截面（一排 Φ32@200 束筋）	顺桥向	2.69×10^{5}	4.68×10^{5}	<0.1	0.15	是
	横桥向	2.69×10^{5}	9.48×10^{5}	0.54	0.15	否
上塔柱底部截面（一排 Φ32@200 束筋）	顺桥向	1.95×10^{5}	2.37×10^{5}	<0.1	0.2	是
	横桥向	1.80×10^{5}	2.79×10^{5}	0.23	0.2	否
上塔柱中部截面（一排 Φ32@200 束筋）	顺桥向	1.59×10^{5}	3.05×10^{5}	<0.2	0.2	是
	横桥向	1.42×10^{5}	1.64×10^{5}	<0.1	0.2	是
上塔柱顶部截面（两排 Φ32@200 束筋）	顺桥向	9.32×10^{4}	7.82×10^{4}	<0.1	0.2	是
	横桥向	8.37×10^{4}	2.26×10^{5}	0.39	0.2	否

恒载+活载+温度+常规风+抖振 表 2-3-21

截面位置及配筋	荷载方向	轴力(kN)	弯矩(kN·m)	裂缝宽度(mm)	裂缝限制(mm)	是否满足
下塔柱底部截面（一排 Φ32@200 束筋）	顺桥向	2.89×10^{5}	5.28×10^{5}	<0.1	0.15	是
	横桥向	2.89×10^{5}	2.87×10^{5}	<0.1	0.15	是
上塔柱底部截面（一排 Φ32@200 束筋）	顺桥向	2.16×10^{5}	3.24×10^{5}	<0.1	0.2	是
	横桥向	2.14×10^{5}	1.65×10^{5}	<0.1	0.2	是
上塔柱中部截面（一排 Φ32@200 束筋）	顺桥向	1.76×10^{5}	2.17×10^{5}	<0.1	0.2	是
	横桥向	1.78×10^{5}	6.65×10^{4}	<0.1	0.2	是
上塔柱顶部截面（两排 Φ32@200 束筋）	顺桥向	7.63×10^{4}	7.68×10^{4}	<0.1	0.2	是
	横桥向	7.73×10^{4}	1.23×10^{5}	<0.1	0.2	是

考虑到极限风与抖振同时发生属于罕遇偶然荷载，按承载能力控制，对裂缝不进行控制。其他工况满足抗裂均满足要求。

(五)施工阶段验算结果

取施工阶段最大双悬臂和最大单悬臂阶段的不对称风荷载、落梁,以及裸塔阶段等不利工况进行验算。未列出的断面验算工况与其他工况相比不控制设计。

索塔施工用的最上面一道临时横撑在主梁合龙后拆除,以保证施工阶段塔柱截面的安全。

1. 极限承载能力验算(表 2-3-22 ~ 表 2-3-25)

恒载 + 施工临时荷载 + 施工不对称风荷载 表 2-3-22

截面位置及配筋	荷载方向	轴力(kN)	弯矩(kN·m)	截面抗力(kN)	是否满足	安全系数
下塔柱底部截面(一排 Φ32@200 束筋)	顺桥向	2.43×10^5	7.05×10^5	5.90×10^5	是	2.4
	横桥向	3.32×10^5	6.64×10^5	6.16×10^5	是	1.9
上塔柱底部截面(一排 Φ32@200 束筋)	顺桥向	1.53×10^5	3.19×10^5	3.47×10^5	是	2.3
	横桥向	1.96×10^5	2.18×10^5	3.31×10^5	是	1.7
上塔柱中部截面(一排 Φ32@200 束筋)	顺桥向	1.06×10^5	1.37×10^5	3.19×10^5	是	3.0
	横桥向	8.30×10^4	1.00×10^5	2.44×10^5	是	2.9
上塔柱顶部截面(两排 Φ32@200 束筋)	顺桥向	7.54×10^4	7.00×10^4	3.53×10^5	是	4.7
	横桥向	3.23×10^4	9.25×10^4	1.01×10^5	是	3.1

恒载 + 施工临时荷载 + 一端落梁 表 2-3-23

截面位置及配筋	荷载方向	轴力(kN)	弯矩(kN·m)	截面抗力(kN)	是否满足	安全系数
下塔柱底部截面(一排 Φ32@200 束筋)	顺桥向	2.38×10^5	6.13×10^5	6.25×10^5	是	2.6
	横桥向	2.38×10^5	5.57×10^4	9.27×10^5	是	3.9
上塔柱底部截面(一排 Φ32@200 束筋)	顺桥向	1.48×10^5	5.18×10^5	1.90×10^5	是	1.3
	横桥向	1.48×10^5	8.46×10^4	4.46×10^5	是	3.0
上塔柱中部截面(一排 Φ32@200 束筋)	顺桥向	1.01×10^5	2.42×10^5	2.31×10^5	是	2.3
	横桥向	1.01×10^5	5.34×10^4	3.46×10^5	是	3.4
上塔柱顶部截面(两排 Φ32@200 束筋)	顺桥向	1.70×10^4	1.97×10^3	4.42×10^5	是	26.0
	横桥向	1.70×10^4	1.13×10^5	2.67×10^4	是	1.6

裸塔恒载 + 施工风荷载 表 2-3-24

截面位置及配筋	荷载方向	轴力(kN)	弯矩(kN·m)	截面抗力(kN)	是否满足	安全系数
下塔柱底部截面(一排 Φ32@200 束筋)	顺桥向	1.70×10^5	3.74×10^5	6.69×10^5	是	3.9
	横桥向	1.80×10^5	2.25×10^5	7.27×10^5	是	4.0
上塔柱底部截面(一排 Φ32@200 束筋)	顺桥向	8.48×10^4	2.17×10^5	2.96×10^5	是	3.5
	横桥向	7.85×10^4	1.38×10^5	1.97×10^5	是	2.5
上塔柱中部截面(一排 Φ32@200 束筋)	顺桥向	4.31×10^4	8.24×10^4	1.48×10^5	是	3.4
	横桥向	3.71×10^4	7.00×10^4	1.52×10^5	是	4.1
上塔柱顶部截面(两排 Φ32@200 束筋)	顺桥向	1.67×10^4	1.15×10^4	3.77×10^5	是	22.6
	横桥向	2.26×10^4	1.26×10^5	3.38×10^4	是	1.5

恒载+施工临时荷载+施工不对称风荷载+抖振 表 2-3-25

截面位置及配筋	荷载方向	轴力(kN)	弯矩(kN·m)	截面抗力(kN)	是否满足	安全系数
下塔柱底部截面（一排 Φ32@200 束筋）	顺桥向	2.43×10^5	8.98×10^5	5.07×10^5	是	2.1
	横桥向	3.32×10^5	1.03×10^6	4.77×10^5	是	1.4
上塔柱底部截面（一排 Φ32@200 束筋）	顺桥向	1.53×10^5	5.83×10^5	1.54×10^5	是	1.0
	横桥向	1.96×10^5	2.99×10^5	2.49×10^5	是	1.3
上塔柱中部截面（一排 Φ32@200 束筋）	顺桥向	1.06×10^5	3.19×10^5	1.81×10^5	是	1.7
	横桥向	8.30×10^4	1.52×10^5	1.60×10^5	是	1.9
上塔柱顶部截面（两排 Φ32@200 束筋）	顺桥向	7.54×10^4	7.12×10^4	3.51×10^5	是	4.7
	横桥向	3.23×10^4	1.56×10^5	4.17×10^4	是	1.3

2.混凝土边缘压应力和受拉钢筋拉应力验算(表 2-3-26~表 2-3-29)

恒载+施工临时荷载+施工不对称风荷载 表 2-3-26

截面位置	横桥向			
	上塔柱顶部	上塔柱中部	上塔柱底部	下塔柱底部
施工阶段荷载组合	最大双悬臂不平衡施工风	最大双悬臂不平衡施工风	最大双悬臂不平衡施工风	最大双悬臂不平衡施工风
混凝土边缘压应力(MPa)	−8.86	−6.27	−10.79	−12.20
钢筋拉应力(MPa)	52.8	−35.8	−61.7	\
截面位置	纵桥向			
	上塔柱顶部	上塔柱中部	上塔柱底部	下塔柱底部
施工阶段荷载组合	最大双悬臂不平衡施工风	最大双悬臂不平衡施工风	最大双悬臂不平衡施工风	最大双悬臂不平衡施工风
混凝土边缘压应力(MPa)	−4.72	−7.52	−9.11	−8.12
钢筋拉应力(MPa)	\	\	−50.2	−48.6

注:正号表示拉应力,负号表示压应力,“\”表示不出现拉应力。

恒载+施工临时荷载+一端落梁 表 2-3-27

截面位置	横桥向			
	上塔柱顶部	上塔柱中部	上塔柱底部	下塔柱底部
施工阶段荷载组合	最大双悬臂+一端落梁	最大双悬臂+一端落梁	最大双悬臂+一端落梁	最大双悬臂+一端落梁
混凝土边缘压应力(MPa)	−9.06	−6.09	−6.90	−5.11
钢筋拉应力(MPa)	166.2	\	\	\
截面位置	纵桥向			
	上塔柱顶部	上塔柱中部	上塔柱底部	下塔柱底部
施工阶段荷载组合	最大双悬臂+一端落梁	最大双悬臂+一端落梁	最大双悬臂+一端落梁	最大双悬臂+一端落梁
混凝土边缘压应力(MPa)	−0.76	−10.79	−26.76	−8.87
钢筋拉应力(MPa)	\	−49.0	95.7	\

注:正号表示拉应力,负号表示压应力,“\”表示不出现拉应力。

裸塔恒载 + 施工风荷载　　表 2-3-28

截面位置	横桥向			
	上塔柱顶部	上塔柱中部	上塔柱底部	下塔柱底部
施工阶段荷载组合	裸塔恒载 + 施工风荷载	裸塔恒载 + 施工风荷载	裸塔恒载 + 施工风荷载	裸塔恒载 + 施工风荷载
混凝土边缘压应力(MPa)	-10.68	-6.55	-9.97	-5.44
钢筋拉应力(MPa)	172.7	0.6	-3.3	\
截面位置	纵桥向			
	上塔柱顶部	上塔柱中部	上塔柱底部	下塔柱底部
施工阶段荷载组合	裸塔恒载 + 施工风荷载	裸塔恒载 + 施工风荷载	裸塔恒载 + 施工风荷载	裸塔恒载 + 施工风荷载
混凝土边缘压应力(MPa)	-0.95	-3.08	-7.17	-5.90
钢筋拉应力(MPa)	\	-18.4	-26.4	\

注:正号表示拉应力,负号表示压应力,"\"表示不出现拉应力。

恒载 + 施工临时荷载 + 施工风荷载 + 抖振　　表 2-3-29

截面位置	横桥向			
	上塔柱顶部	上塔柱中部	上塔柱底部	下塔柱底部
施工阶段荷载组合	恒载 + 施工风荷载 + 抖振	恒载 + 施工风荷载 + 抖振	恒载 + 施工风荷载 + 抖振	恒载 + 施工风荷载 + 抖振
混凝土边缘压应力(MPa)	-13.86	-14.40	-19.46	-21.26
钢筋拉应力(MPa)	197.7	-1.7	-56.6	-61.3
截面位置	纵桥向			
	上塔柱顶部	上塔柱中部	上塔柱底部	下塔柱底部
施工阶段荷载组合	恒载 + 施工风荷载 + 抖振	恒载 + 施工风荷载 + 抖振	恒载 + 施工风荷载 + 抖振	恒载 + 施工风荷载 + 抖振
混凝土边缘压应力(MPa)	-4.75	-18.59	-34.24	-12.38
钢筋拉应力(MPa)	-3.4	\	221.0	-53.8

注:正号表示拉应力,负号表示压应力,"\"表示不出现拉应力。

施工阶段短暂状况混凝土压应力限值为:$0.8f_{ck}'=23.3$MPa(取 C50 混凝土 90% 抗压标准强度);钢筋拉应力限值为:$0.75f_{sk}=251$MPa。由上表可以看出,应力均满足《公路钢筋混凝土及预应力混凝土桥涵设计规范》(JTG D62—2004)的要求。

3. 中性轴处主拉应力(剪应力)验算[表 2-3-30a)、表 2-3-30b)]

纵桥向中性轴处主拉应力　　表 2-3-30a)

截面位置	横桥向			
	上塔柱顶部	上塔柱中部	上塔柱底部	下塔柱底部
施工阶段最不利荷载组合	最大双悬臂不平衡施工风	裸塔恒载 + 施工风荷载	最大双悬臂不平衡施工风	裸塔恒载 + 施工风荷载
剪力(kN)	6604	1414	8230	15237
中性轴处主拉应力(MPa)	1.31	0.27	1.35	0.43
应力限值(MPa)	2.385	2.385	2.385	2.385
是否满足	是	是	是	是

横桥向中性轴处主拉应力 表 2-3-30b)

截面位置	纵桥向			
	上塔柱顶部	上塔柱中部	上塔柱底部	下塔柱底部
施工阶段最不利荷载组合	裸塔恒载+施工风荷载	裸塔恒载+施工风荷载	裸塔恒载+施工风荷载	裸塔恒载+施工风荷载
剪力(kN)	850	1752	2658	3949
中性轴处主拉应力(MPa)	0.14	0.29	0.27	0.29
应力限值(MPa)	2.385	2.385	2.385	2.385
是否满足	是	是	是	是

施工阶段短暂状况中性轴处混凝土主拉应力限值为：$0.9f_{tk}'=2.385$MPa(取 C50 混凝土 90% 抗拉标准强度)。由上表可以看出，应力均满足《公路钢筋混凝土及预应力混凝土桥涵设计规范》(JTG D62—2004)的要求。

三、索塔锚固设计及局部应力分析

(一)索塔锚固设计

钢锚梁共 19 节，分 4 类，各锚固一对斜拉索。钢锚梁由受拉锚梁和锚固构造组成。根据总体计算各阶段索力，A8～A26(J8～J26)共 19 对斜拉索均可采用钢锚梁结合预应力粗钢筋方式锚固，A1～A7(J1～J7)仅采用预应力粗钢筋方式锚固，预应力钢筋采用 JL32mm 精轧螺纹粗钢筋。见图 2-3-17。

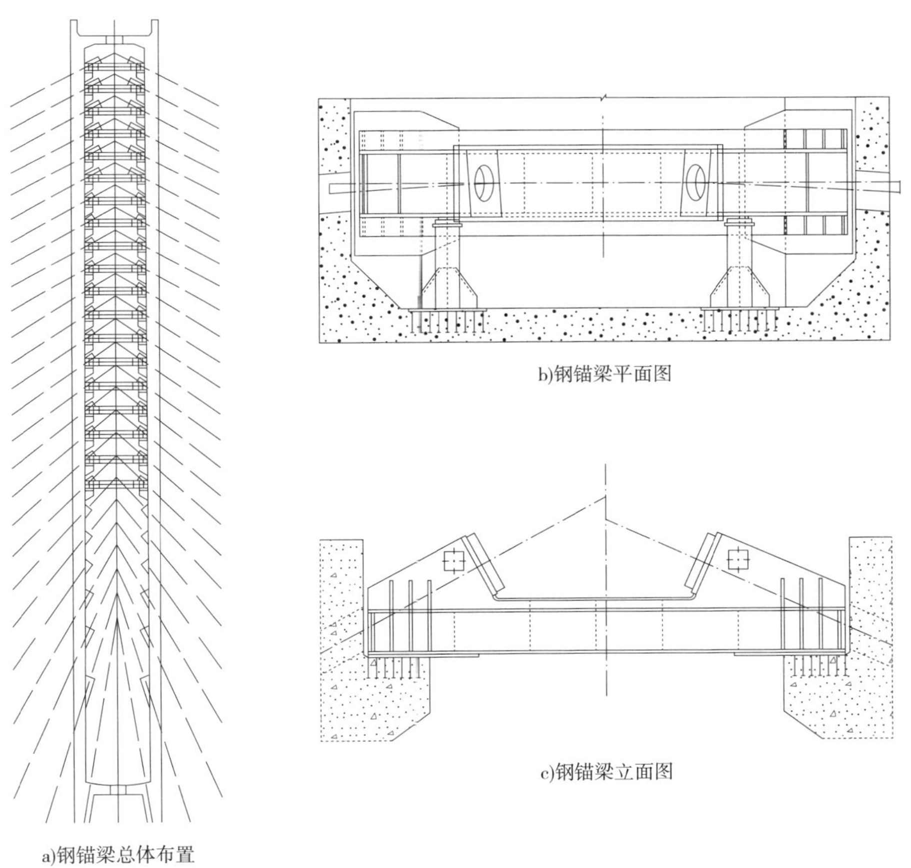

a)钢锚梁总体布置

b)钢锚梁平面图

c)钢锚梁立面图

图 2-3-17 钢锚梁锚固方式

施工步骤为：

(1)在索塔和钢筋混凝土牛腿施工时牛腿顶面预埋钢板，钢板与牛腿间通过剪力钉连接；

(2)索塔和牛腿的混凝土达到强度后，张拉塔内预应力粗钢筋；

(3)分别吊装钢锚梁左右两部分到指定位置，在塔上完成栓接；

(4)安装斜拉索，张拉斜拉索到指定吨位后，在钢锚梁底板和牛腿顶部预埋钢板之间三边围焊。

(二)索塔斜拉索锚固平面杆系计算

1. 索塔斜拉索计算工况

椒江二桥斜拉索在索塔上共26个锚固节段，在索塔锚固区从下往上依次编号为1～26，在锚固区采用了两种锚固方式：

(1)环向预应力(锚固节段1～7)

(2)钢锚梁+环向预应力(锚固节段8～26)

为了掌握混凝土塔壁和钢锚梁在各荷载工况下的受力情况，保证锚固区在施工和后期运营阶段处于安全的受力状态，利用平面杆系有限元对构件进行了受力分析，在计算中考虑的工况分别如下：

(1)张拉预应力粗钢筋；

(2)斜拉索张拉；

(3)施加二期+活载等荷载组合作用下的最大索力；

(4)收缩徐变10年；

(5)换索工况(考虑两侧索力放松到零，钢锚梁回缩的工况)；

(6)断索工况(根据计算，一侧断索不考虑冲击效应时另一侧索力会略微减小，因此偏安全地一侧仍按使用组合最大索力计算)，考察一侧施加最大索力，另一侧钢锚梁回缩的工况；

(7)由于张拉空间不够可能采取单侧张拉的工况，张拉时控制索力的水平力按300kN考虑。

有限元计算模型见图2-3-18。

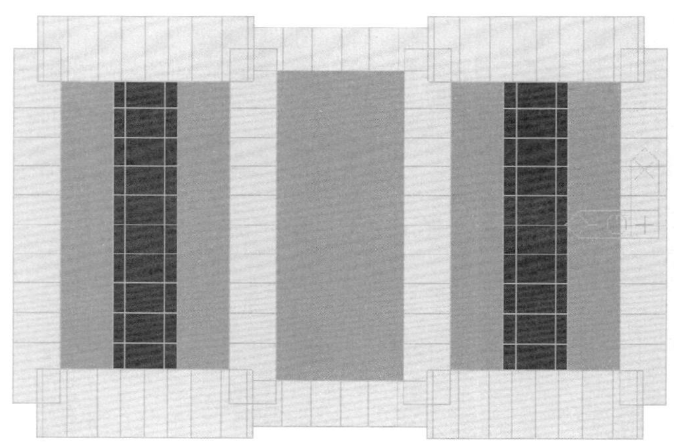

图2-3-18　有限元模型

结合椒江二桥桥址处实际气候在计算收缩徐变时空气湿度取为80%，混凝土的加载龄期取为7d，在施工阶段应严格控制。

2. 钢锚梁锚固方式平面杆系分析

由总体计算提供的索力可知：施工阶段张拉的最大索力为6387kN(J26号索)，运营阶段的最大索力为7761kN(A26号索)，钢锚梁与混凝土塔壁固结时的斜拉索拉力水平分量分别为3000kN、3500kN、4000kN、5827kN时锚固区的受力情况如表2-3-31～表2-3-34所示，锚索区预应力布置见图2-3-19。

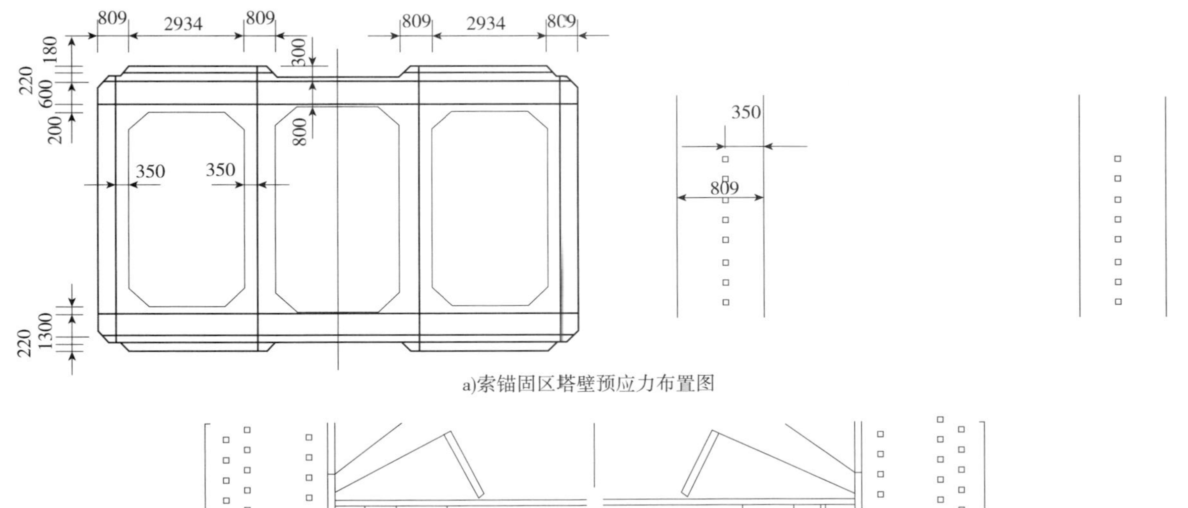

a)索锚固区塔壁预应力布置图

b)钢锚梁立面布置图

图 2-3-19 锚索区预应力布置图(尺寸单位:mm)

张拉水平分力 3000kN 时锚固钢锚梁受力情况 表 2-3-31

应力控制点位置		张拉螺纹钢筋	正常使用(未考虑收缩徐变)	正常使用(考虑 10 年收缩徐变)	换索	断索
短边中点(MPa)	外侧	-6.3	-3.4	-0.6	-5.5	2.6
	内侧	-3.2	-5.9	-8.1	-3.1	-11.3
长边中点(MPa)	外侧	-2.0	-2.0	-1.9	-1.9	-2.9
	内侧	-3.0	-2.0	-0.9	-2.7	-2.6
钢锚梁应力(MPa)		0	45.6	31.7	-0.5	11.9

张拉水平分力 3500kN 时锚固钢锚梁受力情况 表 2-3-32

应力控制点位置		张拉螺纹钢筋	正常使用(未考虑收缩徐变)	正常使用(考虑 10 年收缩徐变)	换索	断索
短边中点(MPa)	外侧	-6.3	-3.7	-0.8	-5.0	2.3
	内侧	-3.2	-5.5	-7.9	-2.8	-10.9
长边中点(MPa)	外侧	-2.0	-2.0	-1.9	-1.9	-2.7
	内侧	-3.0	-2.1	-1.0	-2.8	-2.5
钢锚梁应力(MPa)		0	47.6	33.3	1.1	13.4

张拉水平分力 4000kN 时锚固钢锚梁受力情况 表 2-3-33

应力控制点位置		张拉螺纹钢筋	正常使用(未考虑收缩徐变)	正常使用(考虑 10 年收缩徐变)	换索	断索
短边中点(MPa)	外侧	-6.3	-4.1	-1.1	-6.0	2.1
	内侧	-3.2	-5.2	-7.6	-2.6	-10.7
长边中点(MPa)	外侧	-2.0	-2.0	-1.9	-1.9	-2.9
	内侧	-3.0	-2.2	-1.1	-2.9	-2.8
钢锚梁应力(MPa)		0	49.6	34.9	2.6	15.0

张拉水平分力 5827kN 时锚固钢锚梁受力情况　　表 2-3-34

应力控制点位置		张拉螺纹钢筋	正常使用(未考虑收缩徐变)	正常使用(考虑 10 年收缩徐变)	换索	断索
短边中点(MPa)	外侧	-6.3	-5.3	-2.0	-7.0	1.1
	内侧	-3.2	-3.9	-6.6	-1.6	-9.7
长边中点(MPa)	外侧	-2.0	-2.0	-1.9	-1.9	-3.1
	内侧	-3.0	-2.7	-1.4	-3.2	-2.6
钢锚梁应力(MPa)		0	56.8	40.6	8.4	20.8

从各工况的计算结果可以看出，在施工阶段和正常使用阶段混凝土塔壁均处于受压状态，在满足钢锚梁与混凝土塔壁的连接和牛腿的受力要求的情况下，施工阶段张拉的索力(kN)越大对后期正常运营阶段混凝土塔壁的受力越有利，钢锚梁的应力水平在 60MPa 左右；另外从计算结果可以看出收缩徐变对结构后期运营阶段的受力影响比较大，应引起重视，在施工阶段采取一定的措施来减小这一不利影响。

3. 环向预应力锚固区受力分析

对索塔锚固区下面几个锚固节段(1～7)采用配置精轧螺纹钢筋的形式，下面为这几个节段中最不利节段的计算结果，拉索最大索力为 3596kN(A7 号拉索)。采用 Φ32 的精轧螺纹钢筋，分别验算了张拉控制应力在 667MPa(永存应力 530MPa)和 480MPa(永存应力 360MPa)时混凝土塔壁的安全性。见表 2-3-35、表 2-3-36。锚固区预应力布置见图 2-3-20。

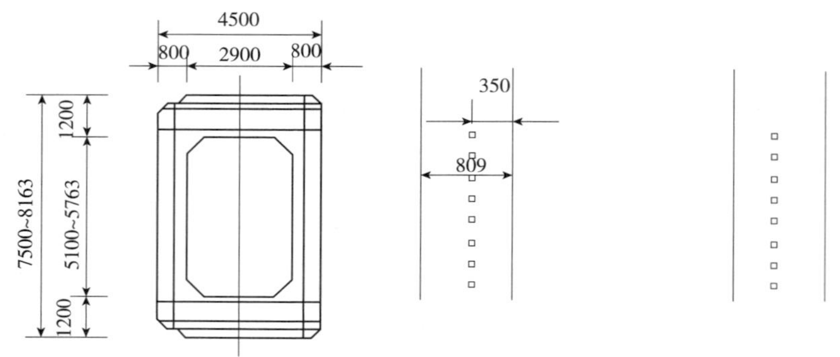

图 2-3-20　锚固区预应力布置图(尺寸单位：mm)

张拉控制应力 667MPa 时混凝土塔壁的应力情况　　表 2-3-35

应力控制点位置		张拉螺纹钢筋	正常使用(未考虑收缩徐变)	正常使用(考虑 10 年收缩徐变)
短边中点(MPa)	外侧	-5.8	-1.5	-1.1
	内侧	-3.4	-7.5	-7.2
长边中点(MPa)	外侧	-2.0	-2.0	-1.9
	内侧	-2.9	-1.3	-1.1

张拉控制应力 480MPa 时混凝土塔壁的应力情况　　表 2-3-36

应力控制点位置		张拉螺纹钢筋	正常使用(未考虑收缩徐变)	正常使用(考虑 10 年收缩徐变)
短边中点(MPa)	外侧	-5.8	0.2	0.6
	内侧	-3.4	-6.4	-6.2
长边中点(MPa)	外侧	-2.0	-1.4	-1.3
	内侧	-2.9	-0.5	-0.3

从计算结果可知：1～7 号锚固节段在正常使用状态下混凝土塔壁均处于受压状态，结构受力安全；即使在永存预应力折减 50%(考虑受施工影响比较大)的情况下混凝土塔壁的受力也是安全的，满足规

范的要求。

4. 拉索施工阶段不平衡力确定

为了确定张拉索力阶段塔壁的安全性，对钢错梁锚固区施工阶段的不平衡索力进行了试算，综合考虑钢锚梁与牛腿间的受力，最后不平衡索力的水平分力为 3000kN 时塔壁的受力情况如图 2-3-21 及图 2-3-22所示。

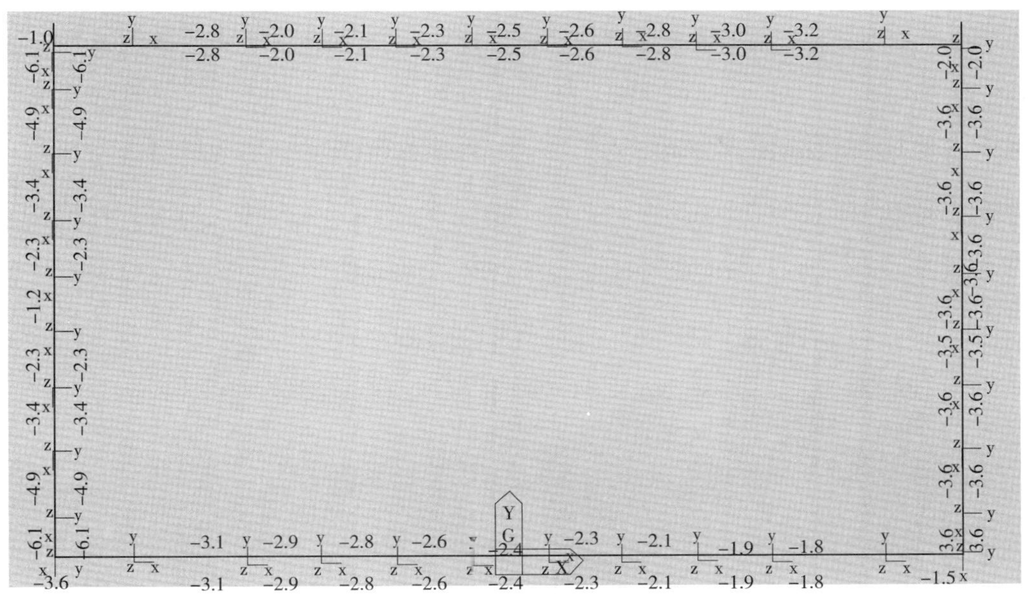

图 2-3-21 按单箱单室计算时混凝土塔壁受力情况（MPa）

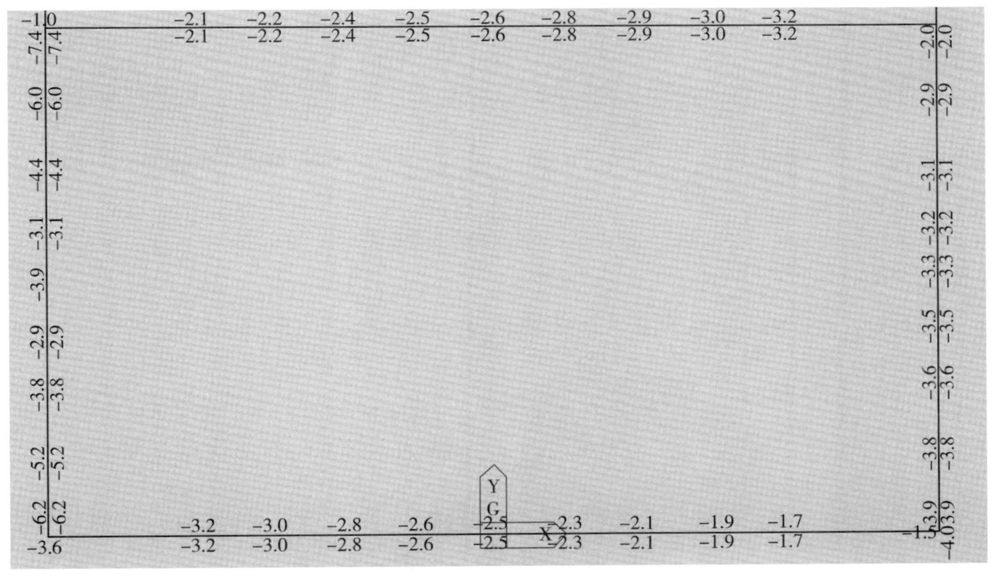

图 2-3-22 按单箱三室计算时混凝土塔壁受力情况（MPa）

由上图可知，在给定的不平衡水平力下混凝土塔壁内外侧处于受压状态，这说明混凝土塔壁在施工阶段确定的不平衡索力工况下受力是安全的，确定的不平衡索力是可行的。

通过对椒江二桥索塔锚固区的计算可知：在考虑的各种工况下，施工图阶段配置的预应力钢筋是满足混凝土塔壁的受力要求的，钢锚梁的受力也是安全的。

由钢锚梁锚固区计算结果知：在施工阶段和正常使用阶段混凝土塔壁均处于受压状态，在满足钢锚梁与混凝土塔壁的连接和牛腿的受力要求的情况下,施工阶段张拉的索力吨位越大对后期正常运营阶段混凝土塔壁的受力越有利,钢锚梁的应力水平在60MPa左右;另外,收缩徐变对结构后期运营阶段的受力影响比较大,应引起重视,在施工阶段采取一定的措施来减小这一不利影响。

对环向预应力锚固区计算结果可知:1~7号锚固节段在正常使用状态下混凝土塔壁均处于受压状态,结构受力安全;即使在永存预应力折减50%(考虑受施工影响比较大)的情况下混凝土塔壁的受力也是安全的,满足规范的要求。

综合考虑张拉空间和施工阶段混凝土塔壁的受力安全,试算确定将最大不平衡索力控制在300kN以内。

四、钢锚梁空间板壳有限元分析

(一)有限元模拟

1. 模型的建立(图2-3-23~图2-3-25)

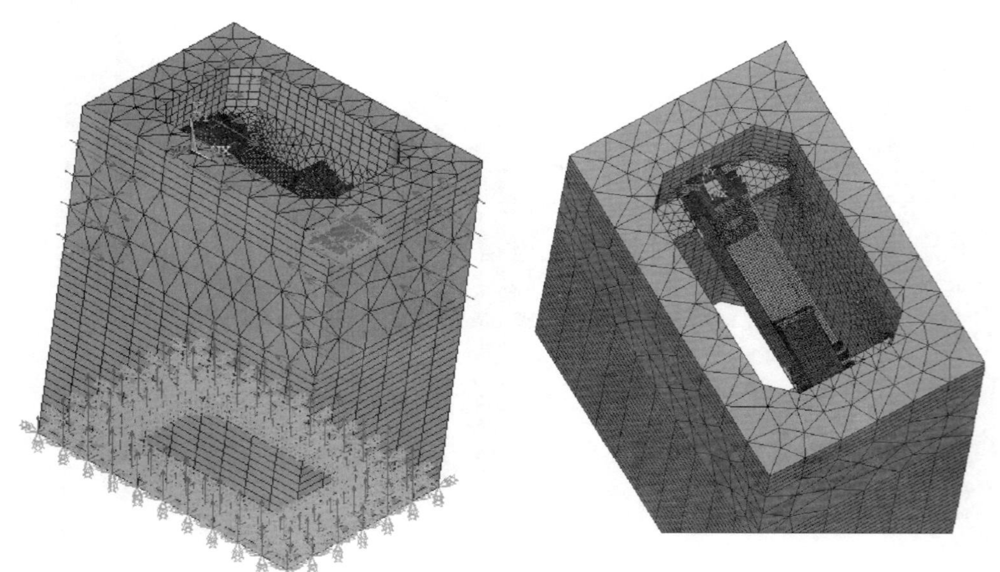

图2-3-23 有限元模型示意图

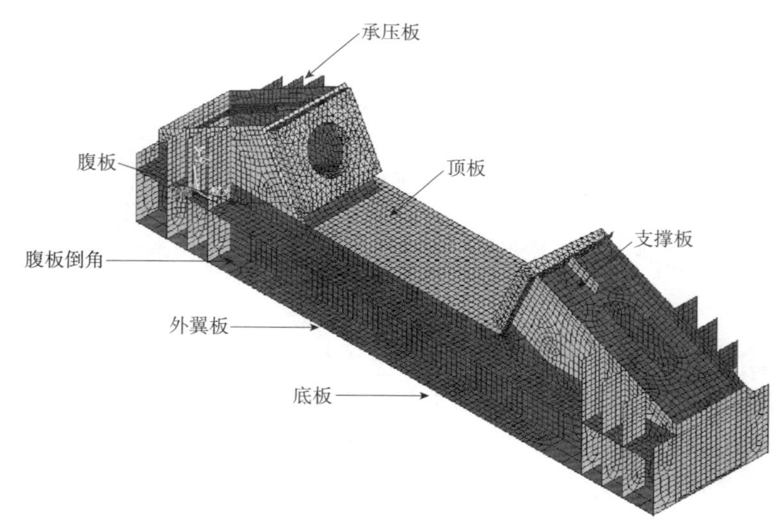

图2-3-24 钢锚梁模型

图 2-3-25 边界条件约束主塔节段底部

利用实体单元 SOILD45 模拟混凝土塔壁,板壳单元 SHELL63 模拟钢锚梁;为了模拟索力在钢板中的扩散过程,特别的将锚垫板用实体单元 SOLID95 模拟。

为了较全面了解钢锚梁传力机理和特征,本次分析分别考虑索力最大的 26 号索和索力与传力板长度比值最大的 9 号索。板件厚度见表 2-3-37。

板件厚度明细表 表 2-3-37

板件名称	厚度(mm)		板件名称	厚度(mm)	
	26 号钢锚梁	9 号钢锚梁		26 号钢锚梁	9 号钢锚梁
腹板	35	30	承压板	60	60
隔板和加劲	24	24	支撑板	40	40
底板	30	30	后盖板	24	24
顶板	24	24	锚垫板	100	100
外翼板	30	30			

为了减少边界条件对钢锚梁计算结果的影响,塔壁共建了 4 个节段的长度。

本模型由于塔自身边界条件模拟与实际有较大不同,塔自身的应力不准,但钢锚梁的应力结果是准确的。

2. 荷载的施加以及施工阶段的模拟

本模型考虑的主要荷载为索力和塔节段预应力。索力分两个阶段模拟,其中 26 号钢锚梁取值:一期索力取值 6300kN,成桥后组合最大值 7700kN(采用在第一阶段的基础上再加 1400kN 索力的增量)。9 号钢锚梁取值:一期索力取值 3000kN,成桥后组合最大值 4200kN(采用在第一阶段的基础上再加 1200kN 索力的增量)。塔节段预应力:根据平面计算得的结果得到了塔壁中的永存预应力,将此预应力作为外力均匀的加在塔节段上。

边界条件:约束主塔节段底部。

施工阶段的模拟情况主要如下:

施工阶段利用耦合(CP)命令来模拟施工阶段钢锚梁边界条件的变化。

第一阶段,钢锚固梁一端与塔牛腿共用节点,另一侧为活动端,放开沿锚梁长度方向的自由度,将其余两个方向自由度与牛腿相对节点自由度耦合,这样就模拟了在张拉一期索力时锚梁在牛腿的滑动。

第二阶段:将钢锚梁的端部节点自由度与牛腿完全耦合,这样就模拟了张拉一期完成后牛腿顶钢板与钢锚梁底钢板完全焊死。

(二)计算结果和分析

以典型的 26 号钢锚梁为例。总体云图见图 2-3-26。

主要板件两阶段应力分布见图 2-3-27 ~ 图 2-3-33。

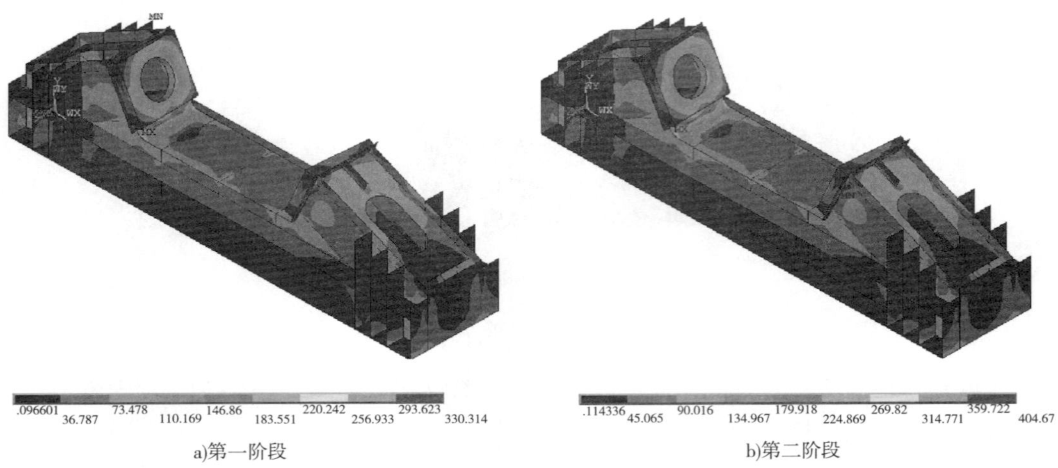

a)第一阶段　　b)第二阶段

图 2-3-26　26 号钢锚梁两阶段应力分布

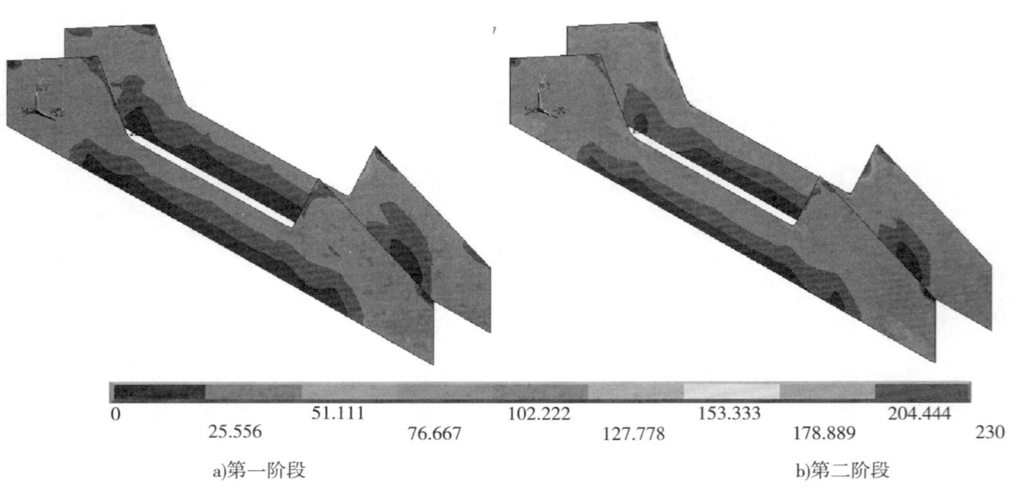

a)第一阶段　　b)第二阶段

图 2-3-27　26 号钢锚梁腹板两阶段应力分布

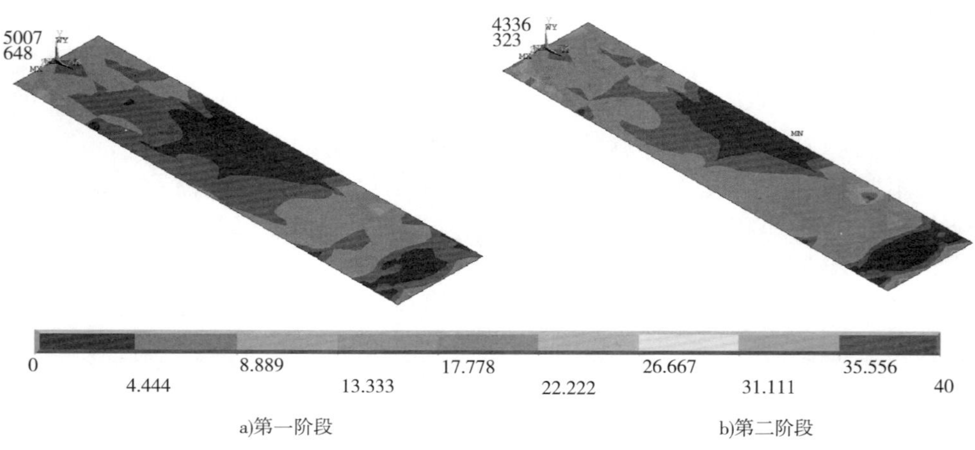

a)第一阶段　　b)第二阶段

图 2-3-28　26 号钢锚梁底板两阶段应力分布

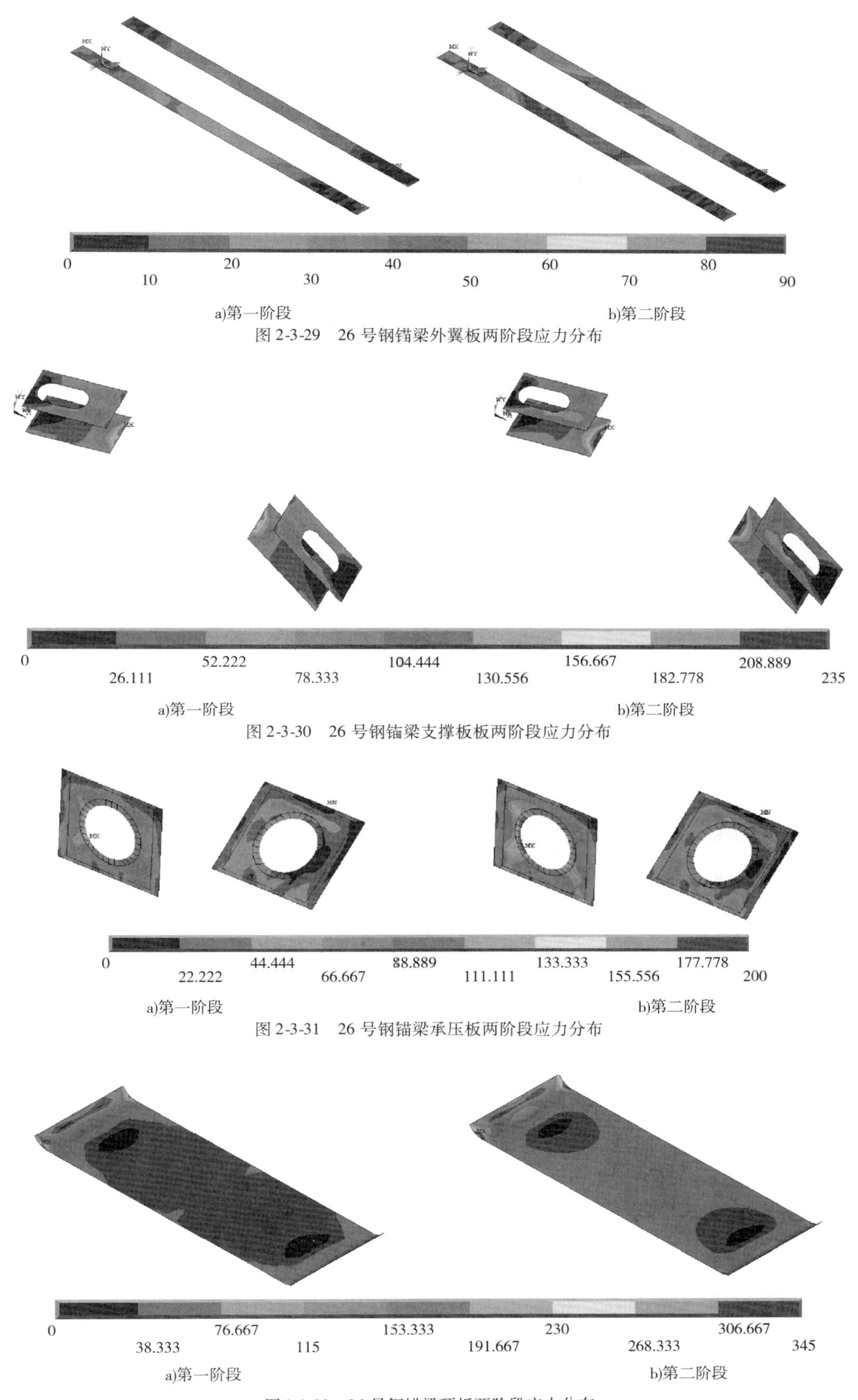

图 2-3-29　26 号钢锚梁外翼板两阶段应力分布

图 2-3-30　26 号钢锚梁支撑板板两阶段应力分布

图 2-3-31　26 号钢锚梁承压板两阶段应力分布

图 2-3-32　26 号钢锚梁顶板两阶段应力分布

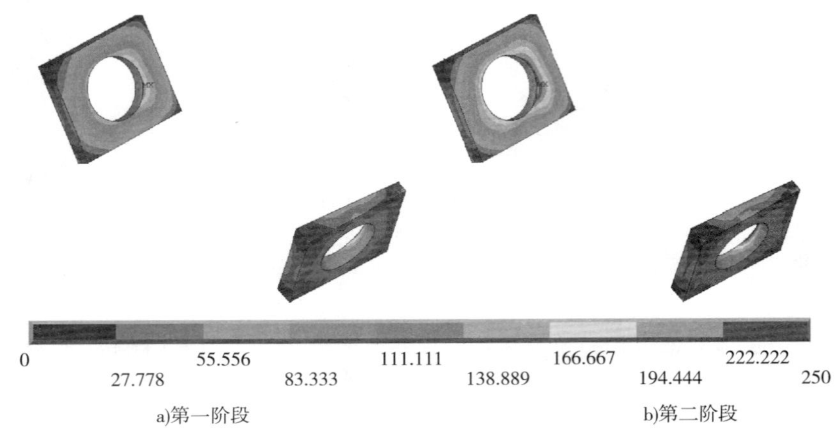

图 2-3-33　26 号钢锚梁锚垫板两阶段应力分布

两阶段钢锚固梁的应力分布情况大致相同,总体变化为:第二阶段的各部分的应力都有不同程度提高。大部分板件应力峰值在 200MPa 以下,只有部分板件个别区域存在一定的应力较大区域。

第一个区域,支撑板前端的内侧。

细部图线(以第二阶段总索力 770kN 计算)见图 2-3-34。

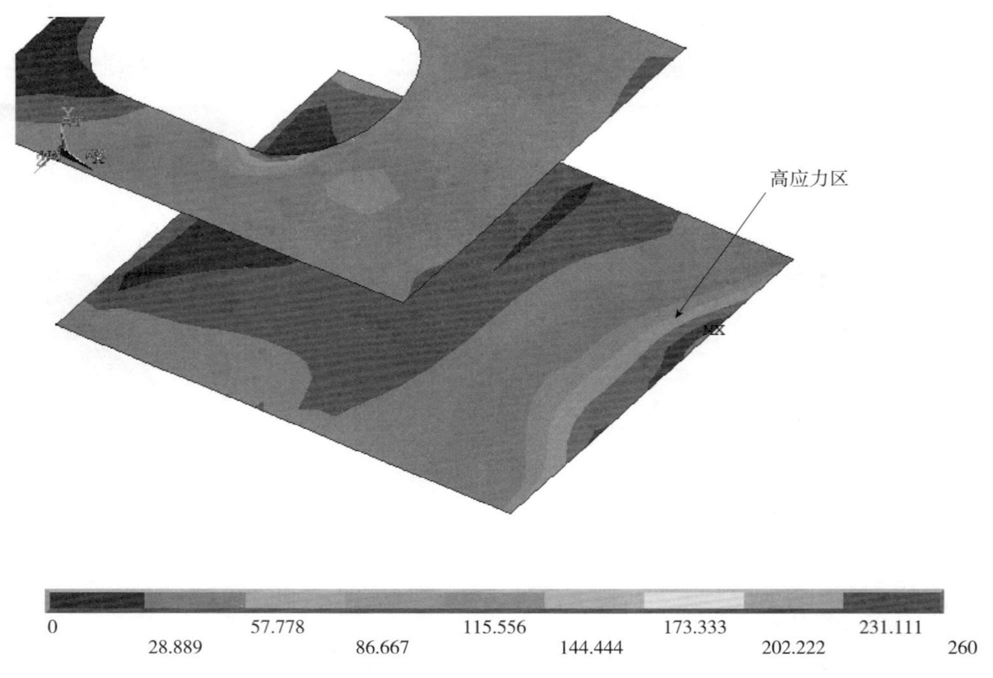

图 2-3-34　一区支撑板前端的内侧应力云图

从细部图可以看出,此部分超过 260MPa 应力区很小,板件总体应力在 230MPa 以下,可以认为板件是安全的。

第二个区域,支撑板前端的内侧应力见图 2-3-35。

此区域紧邻腹板的折角处,本来就存在较大的应力集中,现已按 100mm 的半径做了倒角,高应力区范围不算太大,考虑到钢材进入塑性后应力会重分布,此处的应力状况会得到进一步改善。此处盖板的存在,有效缓解了腹板自身在折角处的应力集中,腹板此处的应力已降到 220MPa 以下,腹板是本结构的主要传力构件,保证腹板的绝对安全是非常有必要的。

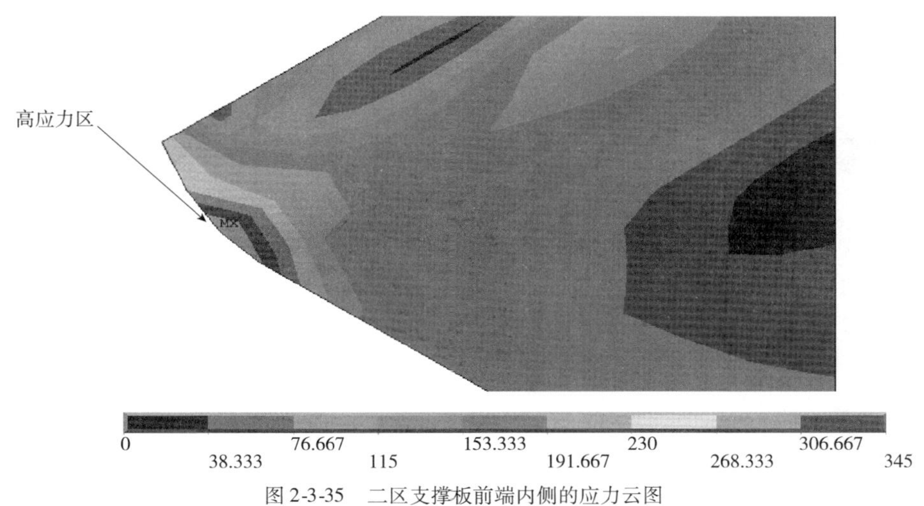

图 2-3-35　二区支撑板前端内侧的应力云图

(三)计算结论

钢锚梁各部件应力情况统计见表 2-3-38。

26 号钢锚梁应力统计表　　表 2-3-38

总体应力水平(MPa)		
板件名称	第一阶段	第二阶段
腹板	80	100
底板	20	30
外翼板	70	90
支承板	160	200
承压板	130	150
盖板	150	230
锚垫板	160	200

通过以上的分析我们可以看出,目前的设计的各部分板件尺寸基本合理,没有出现应力大面积超标情况,局部存在一定的应力集中。

为了优化现有设计,结合计算情况做出了以下改进:

(1)腹板倒角尽量做大,进一步降低此处的应力集中;

(2)考虑调整底板厚度。

第四章　组合梁创新及上部结构设计

第一节　上部结构比选及推荐方案

一、主桥总体布置

斜拉桥是一种主梁体系受压、弯，斜拉索受拉的桥梁结构，其主要的受力构件由直接承受车辆荷载的主梁、支承主梁的斜拉索，以及将主梁及斜拉索的反力传给地基的塔、墩及基础组成。

工可阶段针对椒江二桥按通航要求和结构受力特性进行桥型比选，推荐采用5跨连续双塔斜拉桥方案。由于本桥处于宽阔江面上，边跨跨径采取与衔接引桥基本相同的布置，并向主跨逐步增大，会使大桥产生韵律感和较好的整体美学效果。

主桥桥跨布置采用70m + 140m + 480m + 140m + 70m，主跨480m适应主孔的通航要求，两边孔跨度140m能较好地满足500吨级船队的通航要求；70m小边跨与引桥跨径协调，且辅助墩的设置，能够较好地平衡主跨荷载，提高结构刚度。以下结构方案均以此种跨径布置为前提。主桥总体布置见图2-4-1。

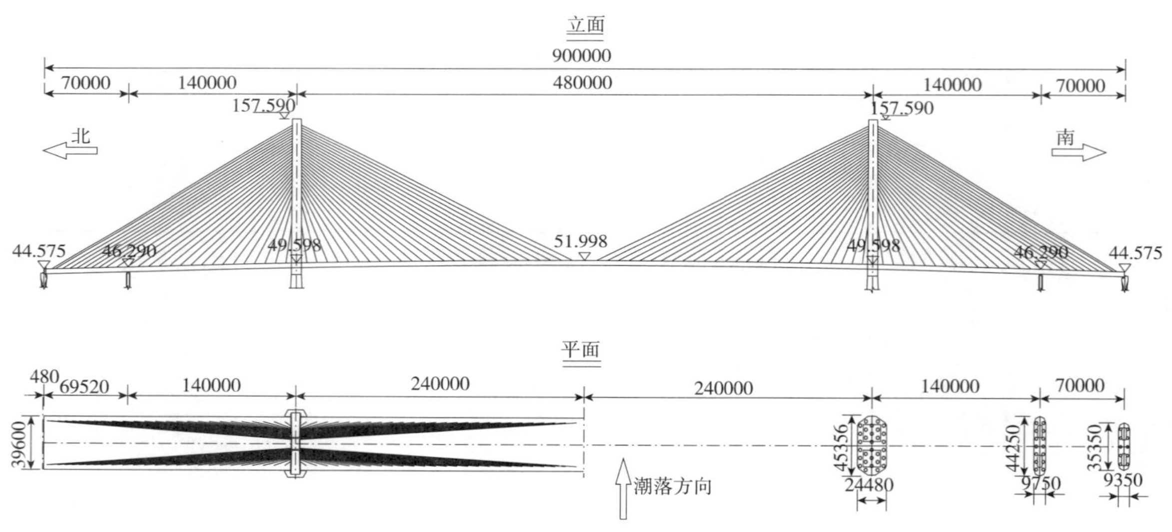

图2-4-1　主桥总体布置图(尺寸单位：mm)

二、主梁结构设计方案

斜拉桥按主梁形式可分为桁架式、箱式和板式；按所用材料不同可分为钢梁、混凝土梁、混合梁和组合梁。

对于钢桁架主梁斜拉桥，在不考虑双层桥面通车的情况下，将不作为研究对象。

由于拟建椒江二桥的椒江河口区，是典型的非正规半日潮，且主桥全部位于河槽范围，水深6～10m，桥面结构距水面高度约40m。该建桥条件对于混合梁斜拉桥而言，边跨混凝土部分如采用支架现浇施工方法，不仅会压缩河道、影响涨落潮汐，而且施工费用也比较高。因此，也不再对混合梁斜拉桥做深入研究。

根据《公路斜拉桥设计细则》(JTG/T D65—01—2007)，“不同跨径斜拉桥主梁选择：主跨在400m以下的双塔斜拉桥宜采用混凝土主梁；主跨在600～800m的斜拉桥宜采用钢主梁或混合梁；主跨在400～600m的斜拉桥宜进行各种主梁综合比较后选择”的原则，对于480m跨径的斜拉桥来说，钢箱梁斜拉桥、混凝土梁斜拉桥和组合梁斜拉桥各具特点、各有优势，且国内外均有建成桥例。鉴于此，对上述3种斜拉桥方案进行深入分析和比较。目前国内外已建类似跨度的斜拉桥主梁形式见表2-4-1。

类似跨径的斜拉桥主梁形式　　表2-4-1

序　号	桥　　名	所 在 地	主跨跨径(m)	桥宽(m)	建 成 年	主 梁 形 式
1	奉节长江大桥	中国重庆	460	20.5	2005	混凝土双主梁
2	重庆忠县长江大桥	中国重庆	460	27	2008	混凝土双主梁
3	鄂黄长江大桥	中国湖北	480	27.7	2002	混凝土双主梁
4	荆州长江大桥北汊	中国湖北	500	27	2002	混凝土双主梁
5	上海南浦大桥	中国上海	423	30.3	1991	工字型组合梁
6	江津观音岩长江大桥	中国四川	436	36.2	2009	工字型组合梁
7	上海杨浦大桥	中国上海	602	30.35	1993	箱型边主梁组合梁
8	青州闽江大桥	中国福建	605	27	2001	工字型组合梁
9	东海大桥	中国上海	420	33	2007	全封闭钢箱组合梁
10	军山长江大桥	中国湖北	460	38.8	2001	钢箱梁
11	湛江海湾大桥	中国广东	480	28.5	2007	钢－混凝土混合梁
12	Rion－Antirion 桥	希腊	560	27.2	2004	工字型组合梁

(一)钢箱梁方案

多座钢箱梁主梁斜拉桥设计、施工与运营实践证明，流线型扁平钢箱梁具有抗扭刚度大、空气动力稳定性好，制造与架设技术成熟，全封闭结构利于防腐，便于养护。

钢箱梁斜拉桥方案采用传统的全封闭扁平箱形结构。宽39.5m，高3.0m。纵向飘浮体系，在桥塔处设置主梁限位阻尼装置。正交异性钢桥面板，标准段为顶板厚14mm、8mm的U形加劲肋，底板厚12mm、6mm的U形加劲肋。梁上索距12m，锚箱设置在边腹板外侧。为平衡主跨，在边跨局部范围箱内设置压重。钢箱梁截面图见图2-4-2。

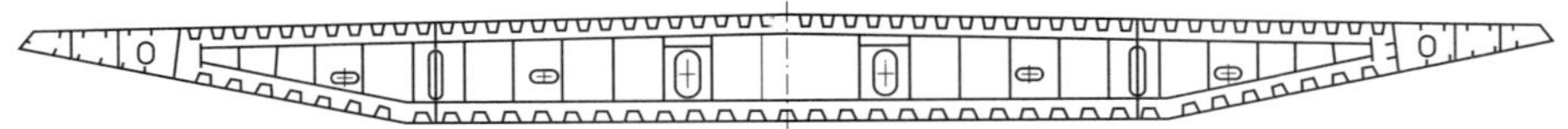

图2-4-2　钢箱梁截面图

1. 静力分析

钢箱梁主梁方案的静力计算结果见表2-4-2。

- 从静力计算结果分析，结构总体刚度及塔、梁内力(应力)均在规范允许范围之内；
- 在活载作用下(指设计荷载)，拉索的最大应力幅达217MPa；
- 在设计风荷载作用下，塔底内力达到1629MN·m(纵桥向)、1633MN·m(横桥向)。

钢箱梁静力计算表（按一次落架计） 表 2-4-2

项目名称			钢箱梁静力计算参数及计算结果
桥跨布置(m)			70+140+480+140+70
主桥长(m)			900
主梁特征	形状梁高(3.0m)		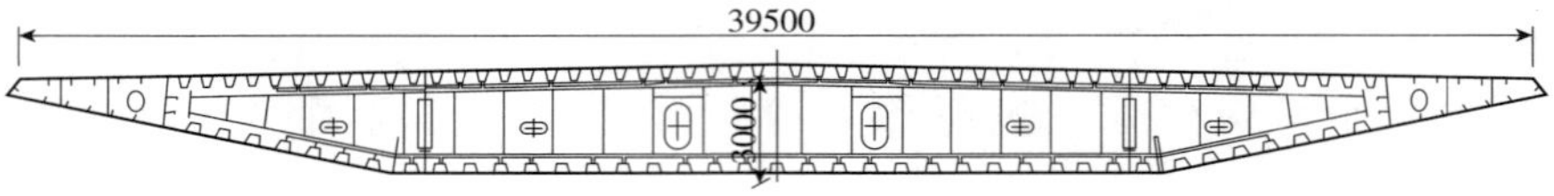39500 3000
	面积(m^2)		1.564
	惯矩(m^4)		2.183
	钢梁材料指标(kg/m^2)		448(仅主结构)
活载位移(mm)	塔顶水平位移		-79~176
	中跨 L/2 处挠度		-510~68
	边跨 L/2 处挠度		-122~100
	梁端水平位移		±131
(恒+活)塔力	塔底	N(kN)	408575/378647
		Q(kN)	1897/-3148
		M(kN·m)	354106/-196510
主梁应力(恒+活)(MPa)	上缘		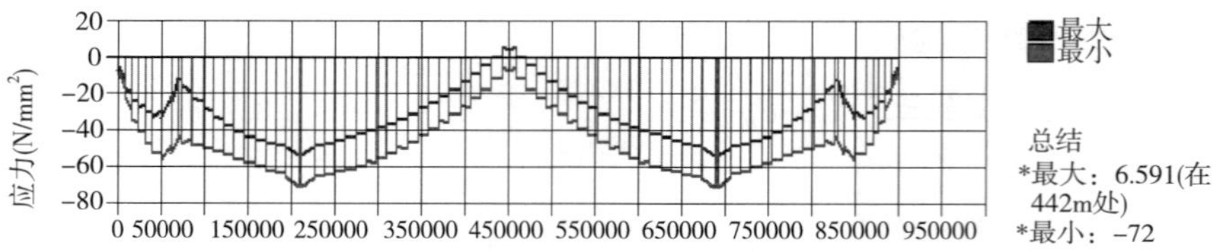20 0 -20 -40 -60 -80 应力(N/mm²) 0 50000 150000 250000 350000 450000 550000 650000 750000 850000 950000 最大 最小 总结 *最大：6.591(在442m处) *最小：-72
	下缘		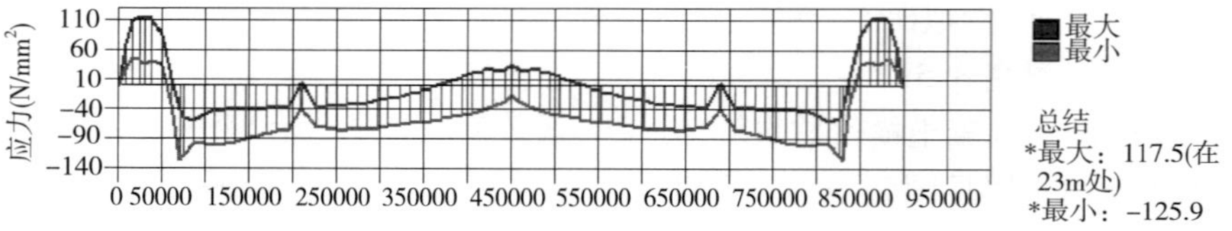110 60 10 -40 -90 -140 应力(N/mm²) 0 50000 150000 250000 350000 450000 550000 650000 750000 850000 950000 最大 最小 总结 *最大：117.5(在23m处) *最小：-125.9
塔底内力(恒+风)	纵向	N(kN)	390293/378625
		Q(kN)	31839/-31200
		M(kN·m)	1553694/-1629272
	横向	N(kN)	390293/378625
		Q(kN)	18550/-18148
		M(kN·m)	1633004/-1480695
边跨/中跨最大索力(kN)			5843/5876
斜拉索最大应力幅(MPa)			217/145
单侧边跨压重(kN)			26740

注："/"的分子指最大值，分母指最小值。

2. 气动参数分析

针对椒江大桥钢箱梁方案，采用计算流体动力学（CFD）方法分析计算静止或振动桥面周围的气流，积分桥梁表面的压强，可得到抗风性能分析所需的基本参数。钢箱梁主梁0°攻角涡元粒子分布（成桥状态）图见图2-4-3，钢箱梁方案主梁成桥状态静力三分力系数见表2-4-3。

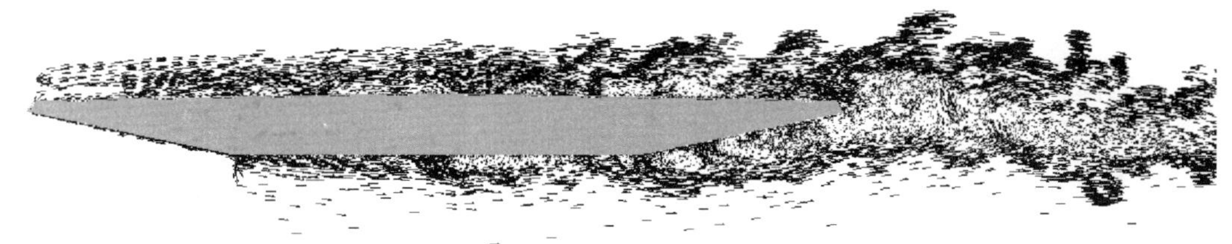

图2-4-3 钢箱梁方案主梁0°攻角涡元粒子分布（成桥状态）

钢箱梁方案主梁成桥状态静力三分力系数 表2-4-3

攻角（°）	C_H	C_V	C_M
-5	0.8400	-0.2742	-0.0538
-3	0.9015	-0.1450	-0.0383
0	0.9850	0.1310	0.0100
3	0.8167	0.3259	0.0481
5	0.7012	0.3905	0.0622
参数	$B=40.186\text{m}, H=3\text{m}, \rho=1.225\text{kg/m}^3$		

根据上述流体计算动力学（CFD）计算所得的桥梁加劲梁断面颤振导数结果，用半逆解法对钢箱梁方案成桥状态0°和+3°风攻角下桥梁结构的颤振稳定性进行了分析，得到成桥状态的颤振临界风速为120m/s，大于颤振检验风速82.5m/s，满足抗风要求。

（二）混凝土双主梁方案

混凝土主梁斜拉桥目前较常采用的是板式断面，已建成的桥例较多。主要原因是其构造简单、施工简便、后期养护费用低。但对于跨度接近500m的混凝土斜拉桥，由于其自重大，其经济性能将与基础形式和规模有着密切的联系，且结构耐久性也成为必须面对的技术难点。

针对本项目，拟研究的混凝土主梁形式如下：

边主梁梁高3.5m（肋高3.2m），标准段混凝土桥面板厚30cm，在边跨及塔梁局部区域的主肋增设底板，厚50cm。混凝土横梁标准间距6m，边跨尾索区横梁加密到3m；拉索与横梁一一对应布置。混凝土双主梁断面布置见图2-4-4。

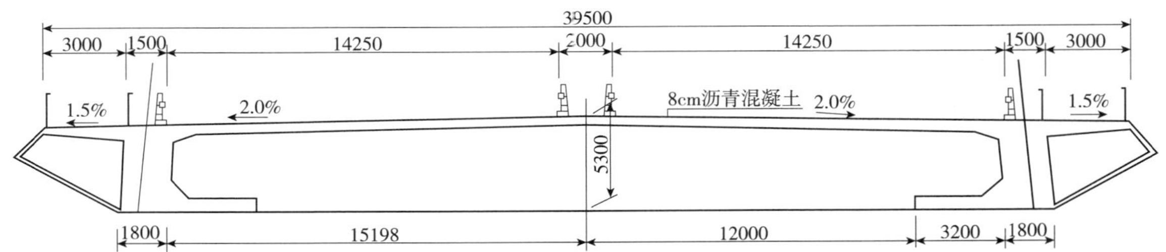

图2-4-4 混凝土双主梁断面布置（尺寸单位：mm）

1.静力分析

对混凝土双主梁的静力状态计算结果见表2-4-4。

- 从静力计算结果分析，结构总体刚度及塔、梁内力（应力）均在规范允许范围之内；
- 在活载作用下，拉索的最大应力幅为158MPa；
- 在设计风荷载作用下，塔底内力达到1933MN·m（纵桥向）、1614MN·m（横桥向）。

混凝土双主梁静力计算表(按一次落架计)　　表 2-4-4

项目名称			混凝土双主梁静力计算参数及计算结果
桥跨布置(m)			70+140+480+140+70
主桥长(m)			900
主梁特征	形状(3.5m 梁高)		39.5/2　39.5/2
	面积(m^2)		22.842(标准)/27.2982(加厚)
	惯矩(m^4)		23.868/38.0498
	材料指标	混凝土(m^3/m^2)	0.89
		预应力(kg/m^2)	25
活载位移(mm)	塔顶水平位移(mm)		-48/93
	中跨 L/2 处挠度(mm)		-216/15
	边跨 L/2 处挠度(mm)		-51/46
	梁端水平位移(mm)		-59/63
(恒+活)塔内力	塔底	N(kN)	-702819/-726567
		Q(kN)	-3060/628
		M(kN·m)	6947/310950
(恒+活)主梁应力(MPa)	上缘(1/2 桥长)		0.5　-15.6　-16.2
	下缘(1/2 桥长)		-6.6　-11.5　-10.8
(恒+风)塔底内力	纵向	N(kN)	-705115.9/-702467
		Q(kN)	-66205/66205
		M(kN·m)	1933213.4/-1933213
	横向	N(kN)	-693156/-690507
		Q(kN)	-9348/9348
		M(kN·m)	1613598/-161398
边跨/中跨最大索力(kN)			8949/8654/1351158
斜拉索最大应力幅(MPa)			135/158
单侧边跨压重(kN)			18550kN

注:"/"的分子指最大值,分母指最小值。

2. 气动参数分析

针对椒江大桥混凝土双主梁方案,采用计算流体动力学(CFD)方法分析计算静止或振动桥面周围的气流,积分桥梁表面的压强,可得到抗风性能分析所需的基本参数。图 2-4-5 是混凝土双主梁方案主梁0°攻角涡元粒子分布(成桥状态),表 2-4-5 为静力三分力系数。

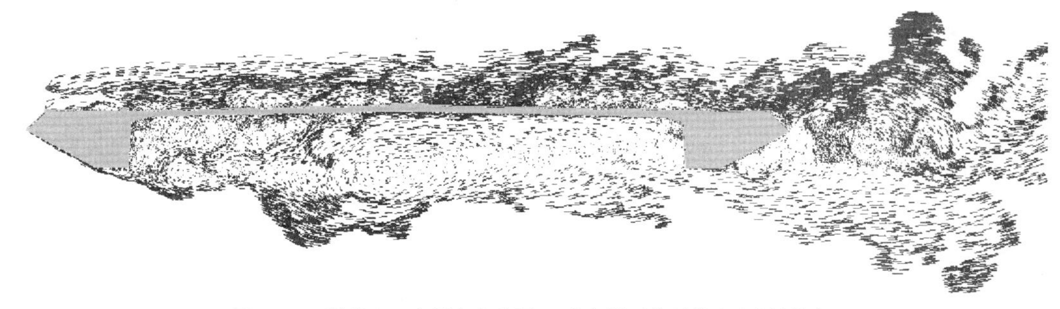

图 2-4-5　混凝土双主梁方案主梁 0°攻角涡元粒子分布(成桥状态)

混凝土双主梁方案主梁成桥状态静力三分力系数　　表 2-4-5

攻角(°)	C_H	C_V	C_M
-5	1.3041	-0.1424	0.0064
-4	1.1974	-0.1678	0.0120
-3	1.0335	-0.2608	0.0134
-2	1.0614	-0.2305	0.0185
0	1.0324	-0.1812	0.0324
2	1.0091	0.0647	0.0465
3	1.0743	0.1433	0.0460
4	1.0145	0.1913	0.0558
5	1.1208	0.2878	0.0523
参数	$B = 39.5\text{m}, H = 3.5\text{m}, \rho = 1.225\text{kg/m}^3$		

根据上述流体计算动力学(CFD)计算所得的桥梁加劲梁断面颤振导数结果,用半逆解法对混凝土双主梁方案成桥状态 0°和 +3°风攻角下桥梁结构的颤振稳定性进行了分析,得到成桥状态的颤振临界风速为 95m/s,大于颤振检验风速 82.5m/s,虽能满足抗风要求,但富余量不多。

(三)组合梁方案

组合梁方案的主要特点是用混凝土桥面板代替正交异性钢桥面板,既能节约钢梁的材料用量,也可以避免钢桥面铺装使用寿命短、维护成本高的技术难题。相对于混凝土梁而言,组合梁自重轻的优势是显而易见的,可以减小深水基础规模、降低综合造价。

组合梁最典型、最常见的是边主梁断面形式有:工字形、箱形和 Π 形等,典型的桥例有上海南浦大桥、青州闽江大桥及希腊 Rion-Antirion 桥(工字形)、上海杨浦大桥(箱形)。这种形式的主梁其最大的特点是用钢量小、施工简便、对安装设备要求不高,但由于其抗扭刚度较小,故抗风性能一般。国内外已建成组合梁斜拉桥及施工方法见表 2-4-6。

国内外已建成组合梁斜拉桥及施工方法　　表 2-4-6

桥　名	国　家	建成年份	主跨(m)	主梁形式及施工方法	桥面板混凝土等级
南浦大桥	中国	1990	423	工字形边主梁组合梁桥面板预制安装、现浇接缝	C60
青州闽江大桥	中国	2002	605	工字形边主梁组合梁 桥面板预制安装、现浇接缝	C60
Rion-Antirion 桥	希腊	2004	560	工字形边主梁组合梁 组合梁整体预制、整体吊装	C60

续上表

桥　名	国　家	建成年份	主跨(m)	主梁形式及施工方法	桥面板混凝土等级
杨浦大桥	中国	1993	602	箱形边主梁组合梁 桥面板预制安装、现浇接缝	C60
东海大桥	中国	2007	420	全封闭钢箱组合梁组合梁 整体预制、整体吊装	C60

椒江二桥处于强风区，基本设计风速为42.7m/s，主梁横截面的抗风性能及其经济性能是必需综合考虑的问题。结合国内类似桥梁的设计经验，在更好满足抗风安全的前提下，兼顾其经济性、施工可行性。为此，对钢混凝土组合梁的结构状态进行分析、比较。

针对上述几种组合梁的特点，从结构静力状态、材料选用、抗风性能及施工安装方法等方面入手，综合分析以上各种组合梁形式的可行性和经济性。

1. 边主梁组合梁

边主梁的方案比较将针对工字形和箱形两种形式展开。工字形边主梁桥面宽39.5m，道路中心处梁高3.5m，其中工字梁高2.9m，标准段混凝土板厚260mm，边跨及塔梁局部区域混凝土板加厚到400mm。钢梁上翼缘板宽800mm、厚36～100mm；钢梁下翼缘板宽800mm、厚60～125mm；腹板厚26～50mm；横隔板标准间距4.5m，拉索在梁上间距按9m布置，截面两侧设风嘴。工字形边主梁组合梁断面布置见图2-4-6。

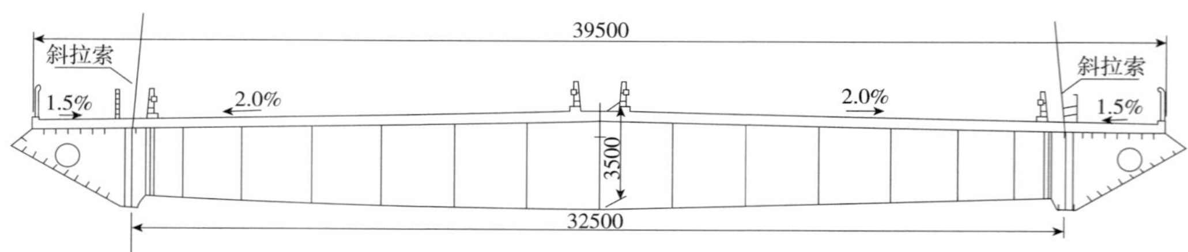

图2-4-6　工字形边主梁组合梁断面布置(尺寸单位:mm)

箱形边主梁桥面宽39.5m，道路中心处梁高3.5m，其中边箱高2.9m，宽2.0m。标准段混凝土板厚260mm，边跨及塔梁局部区域混凝土板加厚到400mm。钢箱上翼缘板厚28～40mm、下翼缘板厚40～80mm；腹板厚24～32mm；横隔板标准间距4.5m，拉索在梁上间距按9m布置。截面两侧设闭合风嘴，与边箱联成一体。箱形边主梁组合梁断面布置见图2-4-7。

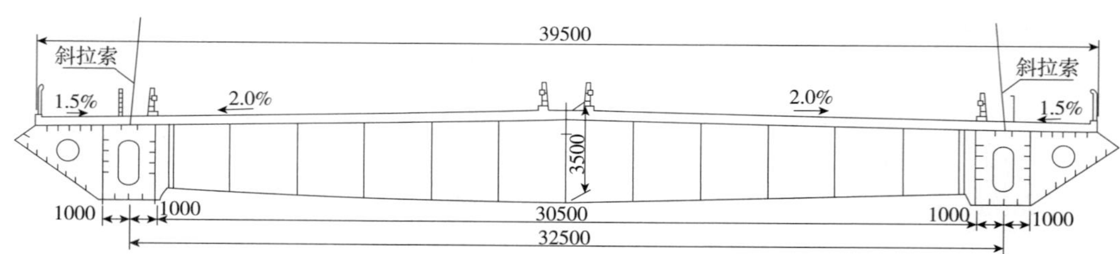

图2-4-7　箱形边主梁组合梁断面布置(尺寸单位:mm)

2. 静力分析

对两种截面形式的静力状态计算结果见表2-4-7，由表可知：

(1)从静力计算结果分析，工字形边主梁及箱形边主梁结构总体刚度及塔、梁内力(应力)均在规范允许范围之内；

(2)工字形边主梁上、下缘的钢板厚度已达100mm和125mm，对材料性能及加工制作提出了很高的要求，施工技术难度高。

边主梁组合梁计算比较表（按一次落架计）　　表 2-4-7

项目 \ 布置方式			工字形边主梁	箱形边主梁
桥跨布置（m）			70 + 140 + 480 + 140 + 70	
主桥长（m）			900	
主梁特征	形状（3.5m 梁高）		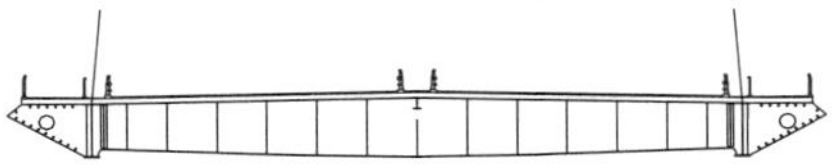	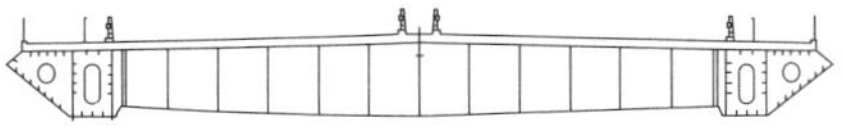
	面积（m^2）		11.732	12.832
	惯矩（m^4）		2.267	3.438
	最大板件厚度（mm）		125	80
	钢梁材料指标（kg/m^2）		229（仅主结构）	304（仅主结构）
活载位移（mm）	塔顶水平位移		205/ −103	171/ −82
	中跨 L/2 处挠度		48/ −550	−37/ −463
	边跨 L/2 处挠度		46/ −55	−35/ −103
	梁端水平位移		139/ −133	114/ −114
（恒 + 活）塔内力	塔底	*N*（kN）	−4.9 × 105/ −4.3 × 105	−5.1 × 105 ~ −4.8 × 105
		Q（kN）		
		M（kN · m）	2.5 × 105 ~ −6.5 × 104	3.7 × 105 ~ −9.8 × 104
（恒 + 活）主梁应力（MPa）	上缘		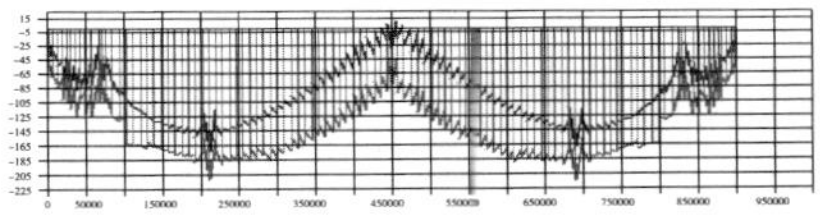	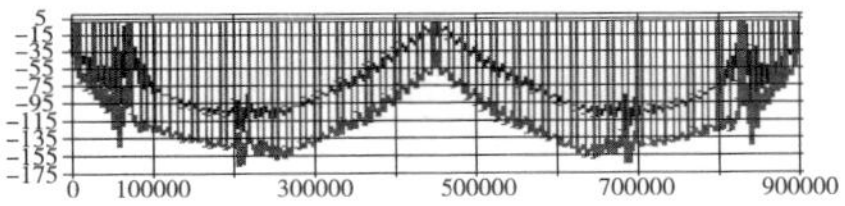
	下缘		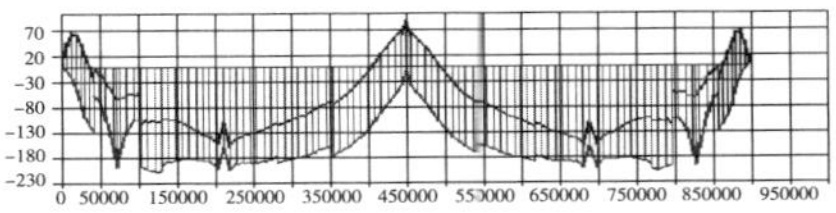	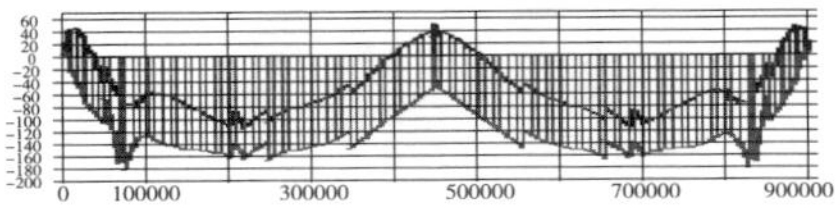
边跨/中跨最大索力（kN）			6058/6537	7384/7143
斜拉索最大应力幅（MPa）				
单侧边跨压重（kN）			22300	31008

注："/"的分子指最大值，分母指最小值。

3. 气动参数分析

针对椒江二桥箱形边主梁方案，采用计算流体动力学（CFD）方法分析计算静止或振动桥面周围的气流，积分桥梁表面的压强，可得到抗风性能分析所需的基本参数。图 2-4-8 为箱形边主梁组合梁方案主梁 0°攻角涡元粒子分布（成桥状态），箱形边主梁组合梁方案主梁成桥状态静力三分力系数见表 2-4-8。

图 2-4-8　箱形边主梁组合梁方案主梁 0°攻角涡元粒子分布（成桥状态）

箱形边主梁组合梁方案主梁成桥状态静力三分力系数　　表 2-4-8

攻角(°)	C_H	C_V	C_M
-5	0.6202	-0.7256	-0.0255
-3	0.7490	-0.6351	-0.0162
0	1.0054	-0.1848	0.0153
3	0.9653	0.3757	0.0376
5	0.9226	0.7205	0.0376
参数	$B=40.96\text{m}, H=3.5\text{m}, \rho=1.225\text{kg/m}^3$		

根据上述流体计算动力学(CFD)计算所得的桥梁加劲梁断面颤振导数结果,用半逆解法对箱形边主梁组合梁方案成桥状态0°和+3°风攻角下桥梁结构的颤振稳定性进行了分析,得到箱形边主梁方案成桥状态的颤振临界风速为97m/s,大于颤震检验风速82.5m/s,虽能满足抗风要求,但富余量不多。工字形边主梁的抗风性能要弱于箱形边主梁,故未展开工字形边主梁的研究。

(四)钢箱组合梁

钢箱组合梁的方案比较将针对全封闭钢箱组合梁与半封闭钢箱组合梁两种形式展开。

全封闭组合梁(图 2-4-9)采用单箱三室截面,全宽39.5m、高3.5m,其中钢箱梁高3.1m,标准段混凝土板厚260mm,钢-混凝土连接处加腋高140mm,边跨及塔梁局部区域混凝土板加厚到400mm。钢梁上翼缘板宽800mm、厚24~30mm;底板采用正交异性板,厚10mm,U肋加劲;边腹板厚30mm,中腹板厚16mm;横隔板标准间距4.5m,拉索在梁上间距按9m布置。

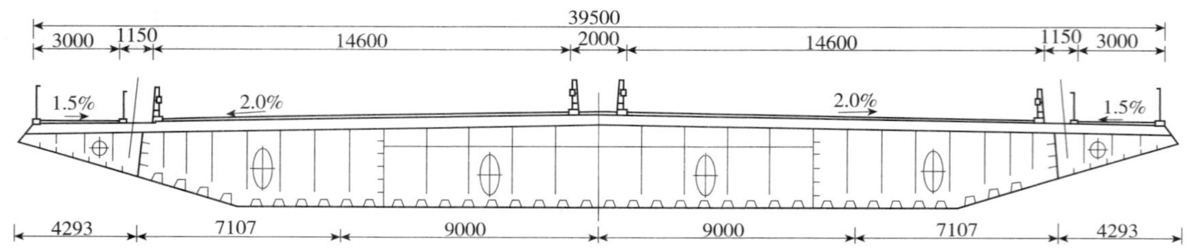

图 2-4-9　全封闭钢箱组合梁断面布置(尺寸单位:mm)

半封闭组合梁(图 2-4-10)采用双箱单室截面,外部轮廓与全封闭钢箱一致,全宽39.5m、高3.5m,其中钢箱梁高3.1m,标准段混凝土板厚260mm,钢-混凝土连接处加腋高140mm,边跨及塔梁局部区域混凝土板加厚到400mm。钢梁上翼缘板宽800mm、厚24mm;底板采用正交异性板,厚16~24mm,U肋加劲;边腹板厚30mm,中腹板厚16mm;横隔板标准间距4.5m,上翼缘板宽600mm、厚24mm,两箱之间的下翼缘板宽600mm、厚18mm。拉索在梁上间距按9m布置。

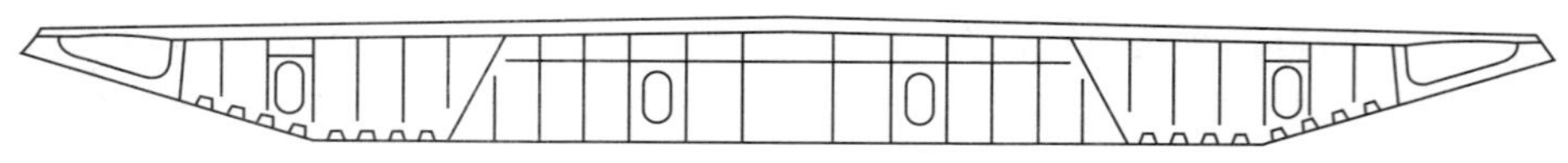

图 2-4-10　半封闭钢箱组合梁断面布置

1. 静力分析

对两种截面形式的静力状态计算结果见表 2-4-9。

静力计算结果分析表明,半封闭和全封闭钢箱组合梁结构总体刚度及塔、梁内力(应力)均在规范允许范围之内。两者下缘应力相差较大,全封闭组合梁小约40MPa,主要是由于底板宽度不同造成。若按同等应力水平,在满足设计要求的前提下,全封闭组合梁标准段底板厚度可进一步减薄(约8mm),就可满足纵向受力要求,该状况将造成底板厚度与局部构造及加劲构件厚度不匹配。换言之,底板厚度将由构造要求控制,单从经济性方面考虑是欠合理的。

钢箱组合梁计算比较表(按一次落架计)　　表 2-4-9

项目名称 \ 参数与结果		全封闭组合梁	半封闭组合梁
桥跨布置(m)		70 + 140 + 480 + 140 + 70 = 900	
主梁特征	形状(3.5m 梁高)	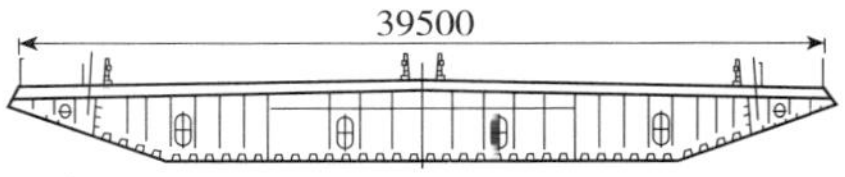 39500	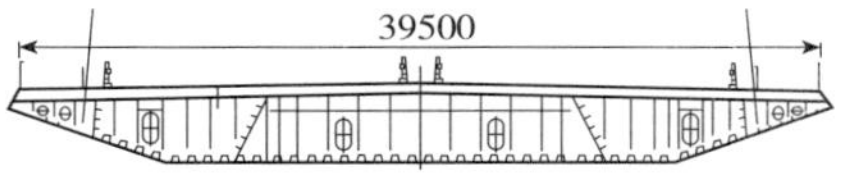 39500
	面积(m^2)	0.896	0.663
	惯矩(m^4)	0.915	0.690
节段安装特征点移(mm)	已装节段		-4.4
	已装节段 + 吊机		-10
	已装节段 + 吊机 + 新节段	-19.0	-22.8
	新节段	1.45	2.1
活载位移(mm)	塔顶水平位移	177/ -100	137/ -103
	中跨 *L*/2 处挠度	34/ -380	34/ -374
	边跨 *L*/2 处挠度	88/ -95	90/ -103
	梁端水平位移	122/ -117	127/ -121
(恒 + 活)塔内力	塔底 *N*(kN)	-538828/ -511604	522650/ -491847
	塔底 *Q*(kN)	8417/ -8418	6673/ -6054
	塔底 *M*(kN · m)	310129/ -172236	298010/ -130475
(恒 + 风)塔底内力	纵向 *N*(kN)	-513874/ -513875	511404/508615
	纵向 *Q*(kN)	25509/ -25507	44840/ -44712
	纵向 *M*(kN · m)	1806730/ -1806890	-2293440/2225310
(恒 + 活 + 徐变 + 收缩)主梁应力	上缘	 -153.7MPa	-165MPa
	下缘	-156.3MPa	 -165MPa　-198.5MPa
边跨/中跨最大索力(kN)		9216/8655	7799/7634
单侧边跨压重(kN)		35876	20900
斜拉索最大应力幅(MPa)		118/126	119/127
主桥建安费(亿元)		6.88	6.60

注:"/"的分子指最大值,分母指最小值。

在设计风荷载作用下,两者的塔底内力分别为 2293MN · m、1806MN · m(纵桥向),风荷载对全封闭方案的影响效应相对半封闭要好一些;

半封闭组合梁(结构主体部分)钢材用量指标比全封闭组合梁低约20.2%;

钢桥面(沥青)铺装的使用寿命期短,维护成本高,且目前国内钢箱梁正交异性板疲劳开裂现象屡有发生;

表2-4-10和表2-4-11列出了半封闭组合梁斜拉桥和钢箱梁斜拉桥方案的索塔基础设计控制工况。

半封闭组合梁斜拉桥索塔基础控制工况 表2-4-10

组合工况	桩顶内力(kN、kN·m)			桩底反力(kN)	单桩承载能力	桩身强度(MPa)	
	N_{max}	N_{min}	M	N_{max}	[P](kN)	Ra	Rg
顺桥向 恒+温度+无车风	57280	640	20450	64580	85290	11.2/10.5	108.2/227.7
横桥向 恒+活+沉降+船撞	34142	23287	24144	41442	85290	12.1	114.3

钢箱梁斜拉桥索塔基础控制工况 表2-4-11

组合工况	桩顶内力(kN、kN·m)			桩底反力(kN)	单桩承载能力	桩身强度(MPa)	
	N_{max}	N_{min}	M	N_{max}	[P](kN)	Ra	Rg
顺桥向 载+温度+无车风	42697	1032	1429.5	48697	75750	9.8/9.1	94.9/189.5
横桥向 恒+活+沉降+船撞	28544	16559	2388	34544	75750	14.9	158.3

注:1.以上结果为北塔计算结果,南塔按约135m桩长计算,计算结果不再赘述。

2.单桩实际承载能力含义为考虑桩身强度的单桩承载能力和单桩地基承载力中的较小值。

由表2-4-10和表2-4-11可知,两个斜拉桥方案的主墩基础,受船撞和极限风因素的影响,均由桩身强度控制设计,而非桩承载力。对全封闭钢箱梁来说,其自重轻、风阻系数小的优势未能得到体现。

综上分析,两种钢箱组合梁在结构受力上均能满足要求,相比较而言半封闭钢箱组合梁在经济性方面更具优势。

2.气动参数分析

针对椒江大桥半封闭钢箱组合梁方案,采用计算流体动力学(CFD)方法分析计算静止或振动桥面周围的气流,积分桥梁表面的压强,可得到抗风性能分析所需的基本参数。

半封闭钢箱组合梁组合梁方案主梁0°攻角涡元粒子分布(成桥状态)见图2-4-11,半封闭钢箱组合梁方案主梁成桥状态静力三分力系数见表2-4-12。

图2-4-11 半封闭钢箱组合梁组合梁方案主梁0°攻角涡元粒子分布(成桥状态)

半封闭钢箱组合梁方案主梁成桥状态静力三分力系数 表 2-4-12

攻角(°)	C_H	C_V	C_M
-5	0.3870	-0.6340	-0.0692
-3	0.5750	-0.4980	-0.0379
0	0.8270	-0.1930	0.0156
3	0.8560	0.0901	0.0627
5	0.8330	0.3340	0.0852
参数	$B=40.8\mathrm{m}, H=3.5\mathrm{m}, \rho=1.225\mathrm{kg/m^3}$		

根据上述流体计算动力学(CFD)计算所得的桥梁加劲梁断面颤振导数结果,用半逆解法对半封闭钢箱组合梁方案成桥状态0°和+3°风攻角下桥梁结构的颤振稳定性进行了分析,得到成桥状态的颤振临界风速为126m/s,大于颤振检验风速82.5m/s,满足抗风要求。全封闭钢箱组合梁也能满足抗风要求。

在结构受力及抗风均能满足要求的前提下,半封闭组合梁的经济性能较好,且施工相对简单、快捷。

三、主梁方案比较

主梁方案比选阶段对钢箱梁、半封闭钢箱组合梁、箱形边主梁组合梁及混凝土双主梁斜拉桥4个方案进行了比较,以期从受力、抗风、施工及经济性等方面寻求合理的结构形式。方案比较结果见表2-4-13。

主梁结构方案比较表 表 2-4-13

<table>
<tr><td colspan="2">方案
要点</td><td>钢箱梁方案</td><td>半封闭钢箱组合梁方案</td><td>箱形边主梁组合梁方案</td><td>混凝土双主梁方案</td></tr>
<tr><td colspan="2">主跨跨径(m)</td><td colspan="4">70+140+480+140+70=900</td></tr>
<tr><td colspan="2">方案可行性</td><td>通过结构受力分析和施工方案研究,技术可行,方案成立</td><td>通过结构受力分析和施工方案研究,技术可行,方案成立</td><td>通过结构受力分析和施工方案研究,技术可行,方案成立</td><td>通过结构受力分析和施工方案研究,技术可行,方案成立</td></tr>
<tr><td colspan="2">设计难度</td><td>体系简单,受力明确,设计较容易</td><td>受力明确、结构合理,设计有一定难度,但可做到</td><td>体系简单,受力明确,设计较容易</td><td>体系简单,受力明确,但规模较大,设计有一定难度,但可做到</td></tr>
<tr><td colspan="2">技术成熟程度</td><td>目前世界上已建成最大跨径达到1088m,技术成熟</td><td>与国内已建同类桥型跨度相当,技术成熟</td><td>国内已建同类桥型跨度为605m,技术成熟</td><td>目前国内已建成最大跨径达到500m</td></tr>
<tr><td rowspan="3">施工</td><td>施工方法</td><td>下部基础及主塔现浇,钢箱梁预制悬臂拼装</td><td>下部基础及主塔现浇,组合梁整体预制,悬臂拼装,后现浇节段间桥面板</td><td>下部基础及主塔现浇,钢梁悬臂拼装,桥面板预制安装</td><td>下部基础及主塔现浇,混凝土梁节段悬臂浇筑</td></tr>
<tr><td>施工难度</td><td>基础规模较小,上部悬臂施工难度小</td><td>基础规模较大,上部结构悬臂施工难度较小</td><td>基础规模较大,上部结构悬臂施工难度较小</td><td>基础规模最大,施工有一定难度;上部结构施工工序简单、难度较小</td></tr>
<tr><td>施工进度</td><td>施工速度最快</td><td>施工速度较快</td><td>工序较多、速度较慢</td><td>节段数量多,施工速度较慢</td></tr>
</table>

续上表

要点＼方案	钢箱梁方案	半封闭钢箱组合梁方案	箱形边主梁组合梁方案	混凝土双主梁方案
养护、维修	钢箱梁须定期养护，工作量较大；沥青铺装使用寿命短，需维修	钢梁须定期养护，工作量较大	钢梁须定期养护，工作量大	养护工作量小
耐久性	除桥面沥青铺装外，其他构件的耐久性好	组合截面整体预制，耐久性较好	混凝土桥面板预制后安装，钢-混凝土结合处耐久性不易保证	混凝土梁开裂问题未能圆满解决，故其耐久性风险始终存在
抗风性能	施工阶段抗风稳定性一般，使用阶段稳定性较好	施工阶段抗风稳定性一般，使用阶段稳定性最好，安全度大	结构抗颤振稳定性能力一般，基本满足抗风安全要求	结构抗颤振稳定性能较低，采取措施后，能满足抗风安全要求
颤振检验风速（m/s）	82.5			
颤振临界风速（m/s）	120(133)	126(114)	97	95
主桥建安费（亿元）	7.49	6.60	6.52	5.80
推荐意见		推荐		

注：1. 表中括号内的数值为抗风节段模型的试验成果。

2. 主桥建安费中的主要材料价格采用2008年2月份台州市交通工程主要材料价格，不足部分采用公路定额中的价格及当时市场价格。

经对上述4种结构形式的分析、比较，得到如下结论：

(1)各方案结构静力计算均能满足设计要求。

(2)在抗风性能方面：

①钢箱梁及半封闭钢箱组合梁成桥状态的颤振临界风速分别为133m/s和114m/s(节段模型试验结果)，大于颤振检验风速82.5m/s，满足抗风要求，且有较大的安全储备；

②双主梁形式的组合梁(工字形和双边箱)虽然在外侧作了风嘴处理，但在成桥状态的颤振临界风速也仅为97m/s(CFD模型计算结果)，虽然大于颤振检验风速82.5m/s，但考虑到台州历年台风频发，风速较高的特点，安全储备偏小；

③作风嘴处理后的混凝土双主梁，其成桥状态的颤振临界风速为95m/s(CFD模型计算结果)，抗风性能与双主梁形式的组合梁类似，安全储备偏小。

(3)与半封闭组合梁相比，全封闭组合梁计算所需底板厚度较薄，板厚由构造要求控制，从经济性方面考虑结构欠合理。

(4)裂缝是大跨度混凝土结构的通病，主要影响混凝土结构的耐久性及正常使用寿命。根据相关资料，国内类似桥梁的混凝土主梁已有不同程度的开裂或经历过不同程度的维修，近年来修建的斜拉桥也有部分进行了大修。因此耐久性将是制约混凝土双主梁方案的主要因素。

综上所述，半封闭钢箱组合梁方案综合优势明显，更适合于该桥位，故将该方案作为主桥推荐方案，其标准断面图见图2-4-12。

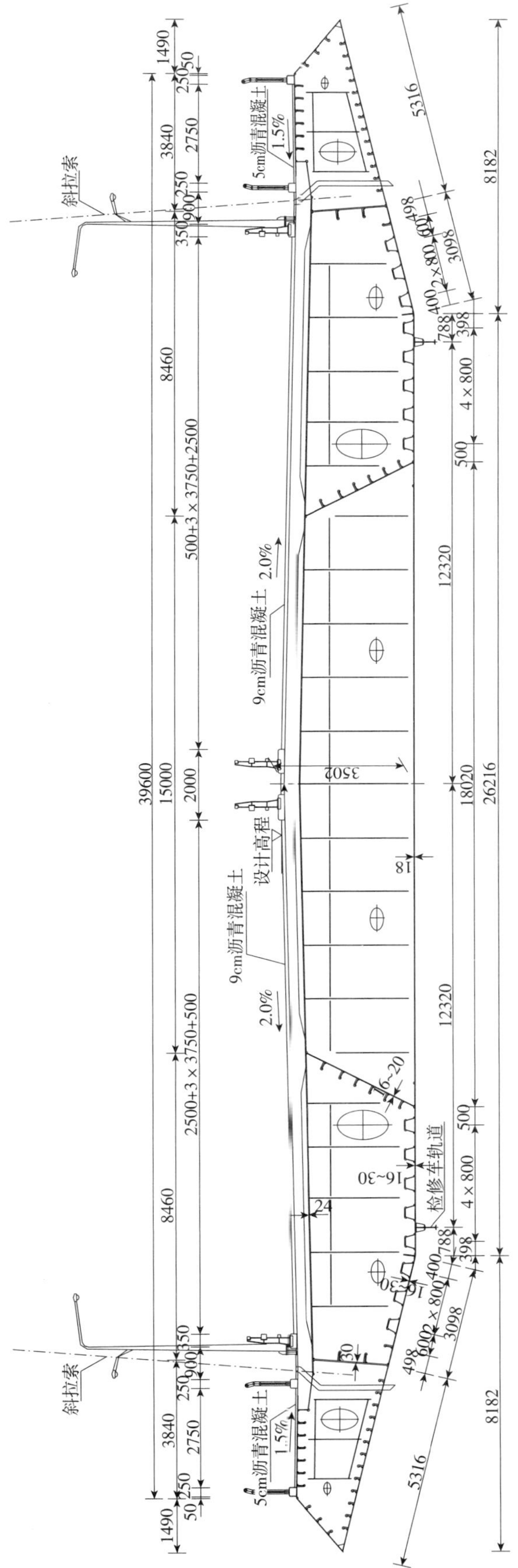

图2-4-12 半封闭钢箱组合梁标准断面图（尺寸单位:mm）

第二节　半封闭钢箱组合梁斜拉桥结构支承体系

一、概述

斜拉桥是多跨连续的柔性结构，选择合适的支承条件对纵向位移和结构受力控制非常重要。目前，斜拉桥采用了多种因建桥条件而异的支承方式，如塔梁固结、纵向滑动、弹性约束、全飘浮体系等，表2-4-14为目前世界上几座大跨径斜拉桥采用的结构体系和支承方式。

目前国内外大跨径斜拉桥采用的结构体系和支承方式　　表2-4-14

桥　　名	国　家	建成年份	主跨(m)	主　梁	结构体系和主梁支承方式
苏通大桥	中国	1999	890	钢梁	索塔处设置横向抗风支座和纵向带限位功能的黏滞阻尼器
鹤见航道桥	日本	1995	510	钢梁	索塔处设竖向支座、水平弹性拉索阻尼装置和螺旋桨式阻尼器
南京二桥	中国	2001	628	钢梁	索塔处设钢支座(竖向支承，纵向滑动即半飘浮体系)
杨浦大桥	中国	1993	602	组合梁	索塔处设0号索，全飘浮体系
东海大桥	中国	2007	420	组合梁	索塔处设钢支座(竖向支承，纵向阻尼器)
Rion-Antirion桥	希腊	2004	560	组合梁	索塔处设置横向抗风支座和纵向带限位功能的黏滞阻尼器
荆州长江大桥	中国	2002	500	混凝土梁	索塔处设0号索，全飘浮

图2-4-13　苏通大桥限位阻尼器的最后加工

苏通大桥由于是超大跨径斜拉桥，塔、梁、索尺度大，迎风面高、大，在无交通风荷载+温度的组合作用下，飘浮体系梁端和塔顶位移均达2m以上。对于纵桥向风荷载作用来说，塔梁固结体系最佳，全飘浮体系最差，但是，对于温度影响来说，情况刚好相反。因此，塔梁之间寻求一种机械连接装置，使结构在温度作用时呈现出飘浮体系的特性，在纵向风力作用时，呈现出固结体系的特性，地震等动力反应则显现阻尼约束特性。为此，苏通大桥首次提出并使用阻尼+限位连接机械装置，见图2-4-13。

日本鹤见航道(Tsurumi)桥虽然跨径不是很大，但是地震烈度较高，结构地震反应大，该桥在塔梁连接处安装螺旋桨式阻尼装置和水平弹性拉索装置，以保证在地震、活载和温度组合下，拉索的拉应力不会超过容许应力。螺旋桨式阻尼装置见图2-4-14。

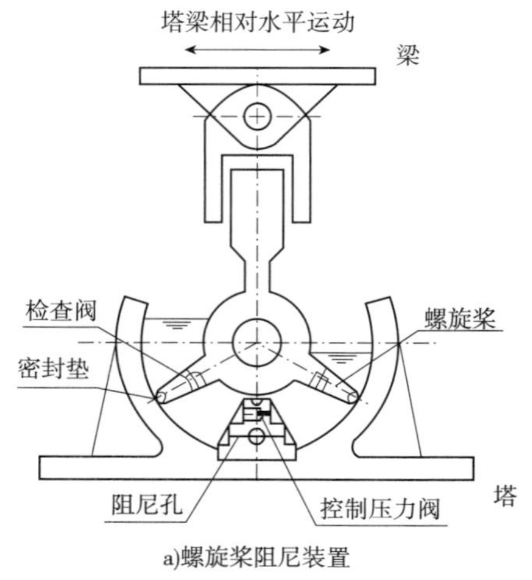

a)螺旋桨阻尼装置

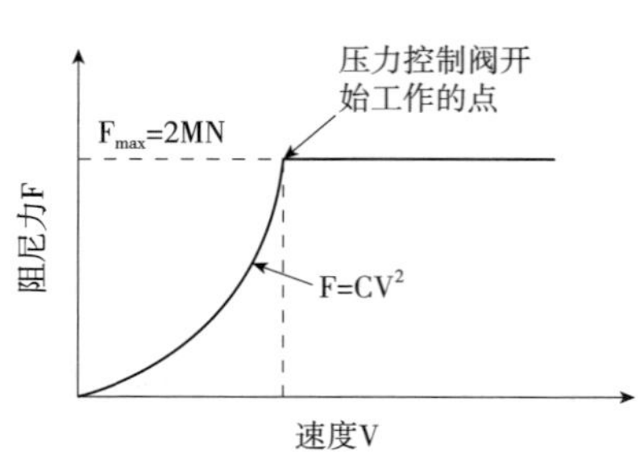

b)阻尼力速度曲线

图2-4-14　螺旋桨式阻尼装置

螺旋桨式阻尼器和水平弹性拉索组合应用比仅用水平弹性拉索可以减小主梁纵向位移30%左右，减小水平索拉力20%~30%左右。

二、结构体系设计

(一)结构体系比较

现代斜拉桥结构体系在大部分情况下可以采用传统的约束体系，如全飘浮体系、半飘浮体系、塔梁墩固结体系等。但如果是超大跨径斜拉桥或者在强风、强震区的大跨径斜拉桥，需要对结构体系进行专题研究，采用能够应对特殊荷载的结构约束方式。从椒江二桥桥位基础资料可知，桥位处台风频繁，设计基本风速42.7m/s，这一风速是国内为数不多的高值。因此，针对椒江二桥的结构和布孔情况，对结构体系进行分析，采取专门的应对措施保证结构的安全和经济。

首先对5跨连续半封闭钢箱组合梁斜拉桥方案的纵向全飘浮体系进行纵向风荷载计算，结果表明，其塔底弯矩、塔顶水平位移和主梁梁端位移分别为3.168×10^6kN·m、1224mm、1434mm，其值分别比正常使用组合(恒载+沉降+活载+温度+有交通风)大225%、162%、94%，极限风荷载成为控制设计的荷载，如果不采取附加措施，大桥不仅将增大很大的投资，而且将影响正常使用。如何控制纵风下的塔梁内力和位移，成为大桥设计的关键技术问题。根据在苏通大桥上的研究思路和成果，在塔梁之间附加限位阻尼装置，可以很好的控制极限风荷载作用下塔底弯矩、塔顶水平位移和主梁梁端位移等数值，表2-4-15是纵向飘浮体系和塔梁之间采用限位阻尼器后的风荷载计算结果。

不同结构体系静力反应汇总 表2-4-15

项目		纵向全飘浮(恒+风)	索塔处设限位阻尼器(恒+风+温)
索塔塔底	N(kN)	501257	511404
	Q(kN)	32729	44712
	M(kN·m)	3.168×10^6	2.293×10^6
主梁梁端水平位移(mm)		1434	404
塔顶水平位移(mm)		1224	488

从上表可知：索塔处设置限位阻尼器后(限位行程为26cm)，纵向静风力产生的塔底弯矩和梁、塔的水平位移与飘浮体系相比，分别减小了27%、71%、60%。

(二)椒江二桥结构体系

根据上述分析，本桥采用5跨连续漂浮体系，空间密索型布置；索塔与主梁间设置纵向限位阻尼约束装置，横向设抗风支座传递风荷载。约束装置可以自由跟从主梁由于温度变化、平均风速和活载引起的缓慢移动，对结构没有约束，就像全漂浮体系一样；对于纵桥向大风作用，装置利用行程限位功能(当结构达到±300mm的行程时，限位力达到额定设计值，其中30mm的限位位移量是保证多个装置由于各种误差造成不同步受力的措施保障，同时避免对结构产生刚性冲击)控制索塔和基础受力；而刹车、阵风和地震导致快速移动形成阻尼约束，使主梁快速停止振动。一个塔梁连接处安装4个限位阻尼约束装置，全桥共8个，具体设计参数见表2-4-16。

主梁与过渡墩及辅助墩之间设置纵向滑动支座，并限制横向相对运动。支承体系布置图见图2-4-15。主桥约束体系概要汇总于表2-4-17。

单个限位阻尼装置的主要参数　　表 2-4-16

分　　类	名　　称	阻尼限位装置
动力阻尼参数	力与速度函数	$F = CV^{\alpha}$
	速度指数 α	0.2
	阻尼系数 $C[\mathrm{kN}/(\mathrm{m/s})^{0.2}]$	2500
	最大反应速度(m/s)	0.186
	阻尼力(kN)	1786
	地震反应计算冲程(mm)	±140
静力限位参数	额定最大行程(mm)	±300
	静力限位力(kN)	4750
	两个方向的限位刚度(MN/m)	100
	限位位移量(mm)	30
	温度变形速度	10 小时 232mm
	温度变形最大阻力(kN)	<1786 ×5% =89
阻尼系统正常使用极限状态安全系数		2
限位系统正常使用极限状态安全系数		1.5
阻尼器水平转动(度)		2

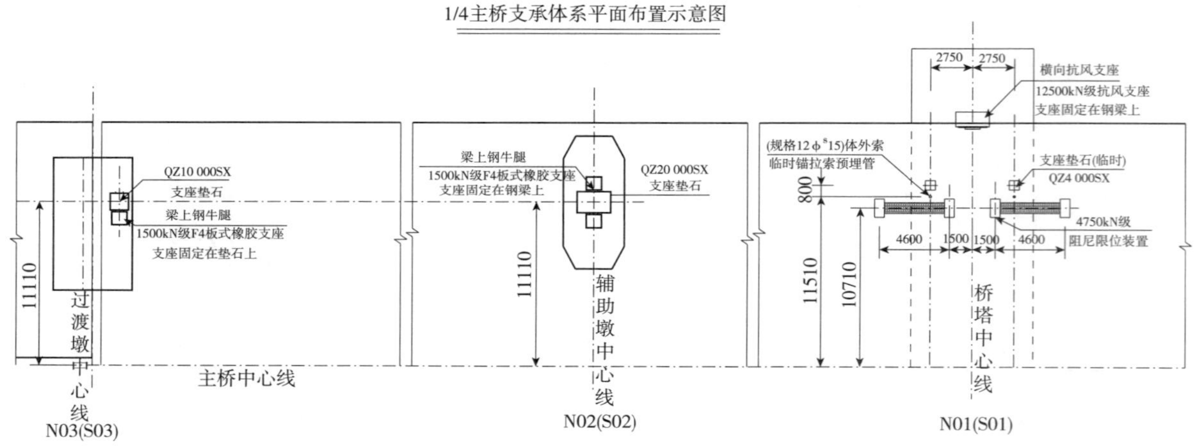

图 2-4-15　支承体系布置图(尺寸单位:mm)

结构体系约束系统概要　　表 2-4-17

约 束 方 向	过 渡 墩	辅 助 墩	塔梁连接处
纵桥方向	滑动	滑动	动力阻尼额定行程限位
横桥方向	主从约束	主从约束	约束
垂直方向	约束	约束	—

三、半封闭钢箱组合梁结构及构造

(一)组合梁结构构造研究

主梁的外形选择要综合考虑抗风性能、几何刚度、加工制作和视觉效果等因素,对组合梁方案还要使其形状适应钢和混凝土结合的构造要求。

由于桥位位于强风区，主梁断面外形采用流线型有利于提高抗风性能，外侧风嘴与边箱联成一体，边箱中腹板采用斜向布置，避免直腹板影响气流的伸展，形成折线结合的形式。

以下从结构受力合理性、抗风性能及经济性等方面考虑，对组合梁梁高、横隔板形式进行必要的比选优化。

1. 主梁高度比较

主梁高度考虑了 3.0m 和 3.5m 两种情况，相同外形、不同高度主梁断面形式比较见表 2-4-18。

不同梁高计算结果比较（按一次落架计） 表 2-4-18

项目 \ 梁高			3m 梁高	3.5m 梁高
主梁特征	形状		39500	39500
	面积（m^2）		0.622758	0.66317
	惯矩（m^4）		0.44552	0.69
	面积比、惯矩比		1.0、1.0	1.065、1.568
横隔板变形（mm）	施工吊装阶段		−27.6（桥面中心处）	−21.7（桥面中心处）
	恒载 + 汽车		20（桥面中心处）	8（桥面中心处）
活载位移（mm）	塔顶水平位移		183/−110	137/−103
	中跨 L/2 处挠度		39/−392	34/−374
	边跨 L/2 处挠度		98/−112	90/−103
横隔板应力（MPa）	吊装阶段	上缘	−3.16	−3.57
		下缘	127	121.4
	恒 + 汽	上缘	−45	6
		下缘	50	48
主梁内力（恒 + 活）	索塔处	*N*（kN）	−35458/−43659	−39277/−47613
		Q（kN）	3076/1096	3361/1135
		M（kN·m）	5525/1582	6363/1203
	辅助墩顶	*N*（kN）	−31127/−62182	−37204/−53816
		Q（kN）	6880/2352	6452/2731
		M（kN·m）	−3057/−18143	−2488/−19377
	跨中	*N*（kN）	−808/−12492	−1135/−12322
		Q（kN）	2534/−2523	2705/−2688
		M（kN·m）	6297/−1874	7819/−1810
主梁应力（恒 + 活）	上缘（MPa）		−169.03	−165.01
	下缘（MPa）		74.50 −180.31 −205.79	57.04 −186.20 −210.52
边跨/中跨最大索力（kN）			7626/7564	7799/7634
斜拉索最大应力幅（MPa）			117/132	119/127
单边跨压重（kN）			20000	20900

注："/"的分子指最大值，分母指最小值。

计算研究表明：

(1)增加梁高，截面面积增加不多(用钢量无很大的变化)，但抗弯刚度、抗扭刚度增加显著，使截面抗弯、抗扭能力增强。

(2)风荷载的影响：较低的梁高可以减小迎风面积，从而减小桥梁承受的风荷载。主梁所受静风荷载内力是由主梁、斜拉索和索塔所受静风荷载的综合效应，根据建立的全桥空间模型分析，成桥阶段梁、索、塔对主梁所引起的静风荷载效应各不相同，其中塔的影响很小，在5%以下；梁约占30%；索引起的风效应最大，达到了70%左右。因此，虽然3.0m和3.5m高度主梁引起的风荷载效应有一定差别，但在主梁所承受总静风内力中差别更小；且本桥主梁宽度达39.5m，横向刚度很大，完全可以承受由于梁高不同所增加的风荷载，不会控制主梁设计。

(3)两种不同梁高对塔、梁和索受力影响变化不大。3.5m梁高横向刚度及抗弯能力相对强大，对于施工期间桥面吊机作用下的节段刚度和横隔板受力具有明显的优势，施工及运营阶段安全储备更高。

综合考虑，3.5m梁高更能增加组合梁在施工及运营阶段的安全储备，因此确定最终梁高为3.5m。

2.横隔板形式及间距比较

(1)横隔板形式。横隔板考虑了实腹式和桁架式两种类型，并对其构造特点和受力特性进行了分析比较。

桁架式横隔板可以减轻梁重、节省钢材，与实腹式相比可减轻30kN/道；能增大箱内透空率，便于今后维护，并为工地焊接提供较好的通风条件。但该种横隔板刚度小，竖向变形大，箱梁整体抗扭性能差，构造比较复杂。实腹式横隔板是目前斜拉桥钢箱梁普遍采用的形式，工艺成熟，构造简单，竖向刚度较大，箱梁的抗扭性能较好；但用钢量稍大，透空率小，施工和维护工作条件稍差。

本桥组合梁节段最重达400t以上，桥面吊机的前后支点以及拉索吊点处存在很大的局部集中力，此处横隔板需加强。采用桁架式横隔板加大构造后，其用钢量与实腹式差别不大，也不如板式安全稳妥、构造简单，没有明显的优势。

综上所述，经综合比较，采用实腹式横隔板比较合理。

(2)横隔板间距。横隔板间距直接影响桥面板的局部应力、刚度和主梁整体刚度，也关系到混凝土桥面板的使用。间距太小，钢材用量增加，间距太大，对混凝土桥面板受力不利。目前国、内外已建成的组合梁斜拉桥横隔板间距多为4.0～4.5m，如上海南浦大桥、杨浦大桥及青州闽江桥均为4.5m，东海大桥、希腊里翁桥为4.0m。本桥横隔板间距采用3.0m和4.5m都可与9m的索距较好的配合，可以保证斜拉索处集中力得到良好的分散。不同横隔板间距计算结果比较见表2-4-19。

不同横隔板间距计算结果比较　　表2-4-19

项目 \ 横隔板间距			3m间距		4.5m间距	
特征点位移(mm)	特征点描述(以a点为基准点)		a b o			
			b	0	b	0
	吊装阶段	新节段	2.1	1.9	2.6	2.1
		已装节段	-4.1	-4.9	-3.7	-4.4
		已装节段+吊机	-7.7	-10	-7.8	-10
		已装节段+吊机+新节段	-15.752	-21.434	-16.679	-22.8
	使用阶段	恒载	9	-3	4	-2
		恒载+汽车	10	-4	6	-3

续上表

项目 \ 横隔板间距			3m 间距		4.5m 间距	
横隔板特征点应力（MPa）	特征点描述		0	1	0	1
	吊装阶段	新节段	-0.95	-6.7	-1.37	-8.5
		已装节段	-1	37.3	-2.18	37
		已装节段+吊机	-1.4	60.3	-2.87	62.6
		已装节段+吊机+新节段	-3.2	112.5	-4.1	121.4
	使用阶段	恒载	-36	27	5	30
		恒载+汽车	-38	42	6	68
桥面板内力（KN·m）	内力（应力）位置		支点	跨中	支点	跨中
	恒载	M（纵向）	-204	50	-223	58
		M（横向）	-194	53	-233	60
	恒载+活载	M（纵向）	-239	92	-243	100
		M（横向）	-240	92	-247	106
桥面板应力（MPa）	恒载	上缘（纵向）	-3.3	-15	-5.5	-16.2
		下缘（纵向）	-18.6	-5.8	-16	-4.8
		上缘（横向）	10.6	-5.8	9.9	-6.3
		下缘（横向）	-8	0.6	-8	1.8
	恒载+活载	上缘（纵向）	-4.3	-19	-6.7	-19.3
		下缘（纵向）	-18.9	-6.6	-17.2	-5.2
		上缘（横向）	12	-8.7	12.3	-9.2
		下缘（横向）	-7.8	3.0	-8	3.2
桥面板配筋		纵向	ϕ20@100	ϕ20@100	ϕ20@100	ϕ20@100
		横向	（a 点）ϕ16@75	（o 点）ϕ16@150	（a 点）ϕ16@75	（o 点）ϕ16@150

从结构受力看，3.0m 间距的横隔板横向刚度略大，但两者横向变形差异不大；在施工吊装阶段 3.0m 和 4.5m 间距的横隔板应力基本一致；

对于混凝土桥面板，3.0m 间距的桥面板最大裂缝（0.165mm）比 4.5m 间距对应裂缝（0.190mm）稍小，均能满足规范要求，对于拉索吊点位置桥面板局部负弯矩，可以通过加强局部配筋解决。

从经济性考虑，3.0m 和 4.5m 间距的横隔板材料用量相差近 1/3；因此在满足受力要求的条件下，选择较大的间距（4.5m）是合理的，具体比较见表 2-4-19。因此，本桥横隔板间距采用 4.5m。

（二）组合梁结构设计要点

根据上述分析，半封闭钢箱组合梁的结构总体设计参数确定如下，见表 2-4-20；组合梁标准横断面图见图 2-4-16。

结构设计要点一览表　　表 2-4-20

方　案　要　点		备　　注
桥跨布置(m)	70 + 140 + 480 + 140 + 70 = 900	—
桥型结构	双塔双索面半封闭钢箱组合梁斜拉桥	—
结构体系	漂浮体系,纵向设限位阻尼器	—
斜拉索类型	平行钢丝	—
斜拉桥索面类型	扇型空间索面	—
斜拉索标准间距(m)	主梁:9;索塔:2.0	—
主梁型式	流线型扁平半封闭组合箱梁	—
主梁总宽度(m)	39.6(不含风嘴)	—
主梁高度(m)	3.5	—
桥面板厚度(m)	0.26 ~ 0.4	—
主梁横隔板间距(m)	4.5	—
主梁材料	钢梁:Q345qD、Q370qD;混凝土:C60	—
索塔型式	钻石型	—
索塔高度(m)	152.76	—
索塔材料	C50 混凝土	—
索塔基础型式	桩基础	—
索塔基础材料	桩 C35 水下混凝土,承台 C35,钢护筒 Q345C	—
主梁宽跨比	1∶12.2	不含风嘴
边中跨比	0.4375∶1	—
塔高(桥面以上)与中跨比	0.225∶1	—
梁高与中跨比	1∶137.1	—

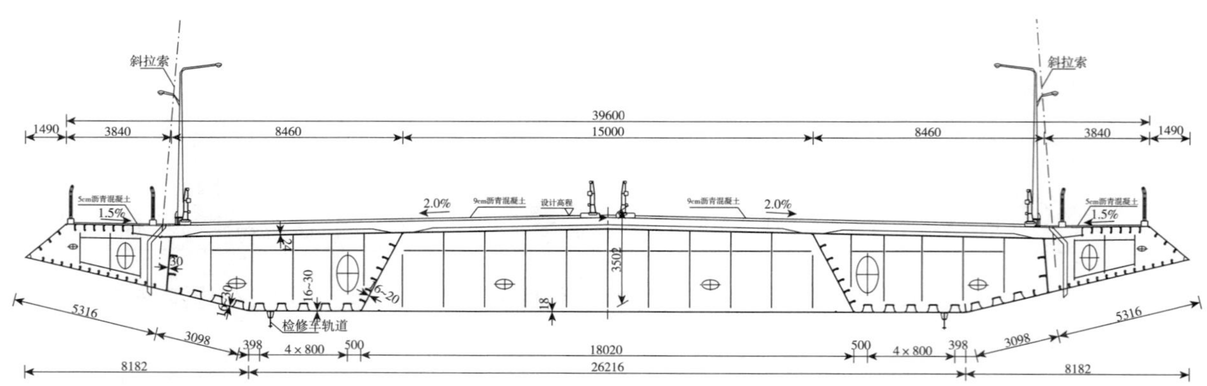

图 2-4-16　组合梁标准横断面(尺寸单位:mm)

(三)组合梁结构设计

1. 材料

钢梁钢板厚度较大和关键受力区段构件,如外腹板(30mm)和锚箱结构(≥30mm)钢板采用 Q370qD 级钢;而其他钢板均采用 Q345qD 级钢(Q345qD 钢板力学性能见表 2-4-21)。钢材性能均应符合《桥梁用结构钢》GB/T714—2000 的要求。其化学成分见表 2-4-22;碳当量 Ceq(%)≤0.42。

Q370qD、Q345qD 钢板力学性能表 表 2-4-21

钢牌号 \ 性能参数	板厚(mm)	σ_s(MPa)	σ_b(MPa)	δ_5(%)	冷弯 180°	纵向 -20℃ Akv/J
Q345qD	≤16	345	510	21	d = 2a	34
	>16 ~ 35	325	490	20		
	>35 ~ 50	315	470			
Q370qD	≤16	370	530	21	d = 2a	41
	>16 ~ 35	355	510	20		
	>35 ~ 50	330	490			

Q370qD、Q345qD 化学成分(%) 表 2-4-22

钢牌号 \ 化学成分	C	Si	Mn	P	S	V	N_i	Als
Q345qD	≤0.18	≤0.60	1.10 ~ 0.60	≤0.025	≤0.025	≤0.08	≤0.045	≥0.015
Q370qD	≤0.17	≤0.50	1.20 ~ 0.60	≤0.025	≤0.025	≤0.08	≤0.045	≥0.015

注:Ceq(%) = C + Mn/6 + (Cr + Mo + V)/5 + (Ni + Cu)/15。

(1)根据受力的要求,Q370qD 外腹板(30mm)应具有 Z 向抗层状撕裂性能。

(2)根据受力的要求,Q345qD 索塔区底板(30mm)应具有 Z 向抗层状撕裂性能。

(3)全部 Q370qD 和 Q345qD 钢板均须做冲击韧性试验,-20°C 冲击功按 GB/T714—2000 执行;并按 GB/T714—2000 进行 180°冷弯试验,要求不裂。

(4)钢梁节段间连接用高强度螺栓应符合 GB1228—2006、GB1321—2006 的技术要求,螺母应符合 GB1229—2006 的要求,垫圈应符合 GB1230—2006 的要求。

2. 组合梁结构构造

1)梁段划分(图 2-4-17、表 2-4-23)

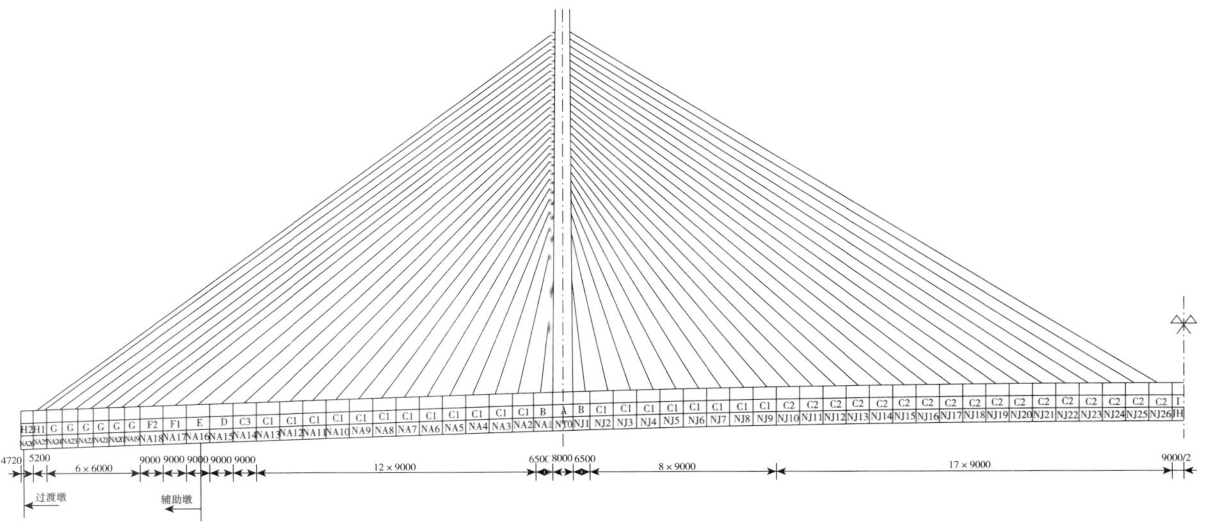

图 2-4-17 梁段划分图(尺寸单位:mm)

表 2-4-23

节段长度、重量参数表

梁段类型	A	B	C1	C2	C3	D	E	F1	F2	G	H1	H2	I
梁段编号	T0	A1、J1	A2-A13、J2-J9	J10-J26	A14	A15	A16	A17	A18	A19-A24	A25	A26	JH
全桥数量	2	4	40	34	2	2	2	2	2	12	2	2	1
边箱上缘板厚(mm)	24	24	24	24	24	24	24	24	24	24	24	24	24
边箱下缘板厚/U肋厚度(mm)	30/10	30/10	20/8	16/8	20/8	30/10	30/10	30/10	20/8	20/8	30/10	30/10	16/8
边箱中腹板厚(mm)	20	20	16	16	16	16	20 + 16	16	16	16	16	20	16
边箱边腹板厚(mm)	30	30	30	30	30	30	30	30	30	30	30	30	30
横隔板厚度(mm)	HG2/30 + 20 HG2-1/20 + 16	HG3-1/16 + 16 HG4/30 + 16	HG1/12 + 12 HG3/16 + 16	HG1/12 + 12 HG3/16 + 16	HG1/12 + 12 HG3-1/16 + 16	HG1/12 + 12 HG3-1/16 + 16	HG3-1/16 + 16 HG5/36 + 20 HG5-1/30 + 16	HG1/12 + 12 HG3-1/16 + 16	HG1/12 + 12 HG3-1/16 + 16	HG1/12 + 12 HG3-1/16 + 16	HG1/12 + 12 HG8/16 + 16	HG6/24 + 24 HG7/30 + 16 HG7-1/24 + 16 HG7-2/16 + 16	HG1/12 + 12
梁段长度(mm)	8000	6500	9000	9000	9000	9000	9000	9000	9000	6000	5200	4720	9000
最大起重量(t)	391.6	309.9	329.7	327.9	331.7	387.0	449.8	408.3	395.9	265.8	387.0	315.0	341.3
起重方式	浮吊	浮吊	桥面吊机	桥面吊机	桥面吊机	浮吊	浮吊	浮吊	浮吊	浮吊	浮吊	浮吊	桥面吊机

主梁采用半封闭流线型扁平钢箱组合梁，考虑构造及施工架设等因素，主梁划分为A、B、C1、C2、C3、D、E、F1、F2、G、H1、H2、I共13种类型、107个梁段。其中A、B为零号段梁段，D、E、F1、F2、G、H1、H2为边跨梁段；C1、C2为标准梁段；I为跨中合龙段；C3为边跨合龙段。主梁节段标准长度9m、边跨尾索区节段长度为4.72m。标准梁段采用桥面吊机施工，最大起吊重量约3413kN；塔区零号段及边跨（过渡墩～辅助墩）梁段采用浮吊吊装，最大起吊长度9m，最大起吊重量约4500kN。除H1、H2梁段间采用焊接外其余梁段采用高强螺栓连接。

2）钢梁构造

（1）上翼缘板

根据受力需要及施工便利性，上翼缘板在顺桥向采用了全桥相同的24mm板厚，宽度800mm。

（2）底板及其加劲肋

底板包括水平底板和斜底板两部分，根据受力需要，水平及斜底板在顺桥向不同区段采用了16mm、20mm、30mm三种不同的钢板厚度。

底板采用U型加劲肋加劲，基本间距800mm，加劲肋厚度8mm；在过渡墩及辅助墩的填芯区域，底板采用板式加劲，并在加劲上开孔及设置拉筋，保证混凝土与钢表面有效结合及避免灌注填芯混凝土时钢板变形。

（3）外腹板及其加劲肋

外腹板厚均为30mm。为保证其具有足够的抗压屈能力，设置了两道240mm×24mm水平板式加劲肋，在抗风支座横隔板位置断开，并与横隔板焊接；其他位置在横隔板上开孔穿过。

拉索锚固附近增设两道240mm×24mm平板加劲肋与横隔板焊接，以增大外腹板刚度。

外腹板通长的两道纵向加劲肋由于索力与腹板存在偏心，使腹板受到一个面外的弯矩，因此外腹板必须采用Z向钢，并须进行抗层状撕裂相关试验。

（4）内腹板及其加劲肋

除索塔两侧共42m范围和压重范围内腹板厚为20mm外，内腹板厚均为16mm。为保证其具有足够的抗压屈能力，设置了六道200mm×14mm水平板式加劲肋。

（5）横隔板

①横隔板由箱内、箱外共3块板组成，均采用整体式横隔板。

②横隔板标准间距为4.5m，可以保证钢箱梁具有足够的横向刚度、抗扭刚度，保证满足施工期间桥面吊机及运营荷载产生的局部变形及应力要求；根据构造要求，索塔区、辅助墩及过渡墩区域梁段部分横隔板采用了特殊间距布置。

③非吊点处横隔板箱内12mm厚、箱外12mm厚，拉索吊点处箱内16mm厚、箱外16mm厚；各支座及阻尼器安装处等特殊部位根据受力需要，采用了不同板厚。

④根据受力、施工和构造要求，横隔板共分为13种类型，具体尺寸及适用位置详见表2-4-24。具体构造见图2-4-18。

横隔板一览表 表2-4-24

序号	编号	厚度(mm)	适用位置	数量(道)
1	HG1	12	C1～C3、D、F1、F2、G、H1、I梁段一般位置	99
2	HG2	30+20	塔区A梁段抗风支座处	2
3	HG2-1	20+16	塔区A梁段临时锚固处	4
4	HG3	16	C1、C2梁段拉索处	74
5	HG3-1	16	B、C3、D、E、F1、F2、G梁段拉索处	26
6	HG4	30+16	B梁段阻尼器锚固处	8

续上表

序　号	编　号	厚度(mm)	适 用 位 置	数量(道)
7	HG5	36 + 20	E 梁段辅助墩支座处	2
8	HG5-1	30 + 16	E 梁段非拉索处	4
9	HG6	24	H2 梁段端部封板	2
10	HG7	30 + 16	H2 梁段过渡墩支座处	2
11	HG7-1	24 + 16	H2 梁段拉索处	2
12	HG7-2	16	H2 梁段填芯段隔板	2
13	HG8	16	H1 梁段拉索处	2

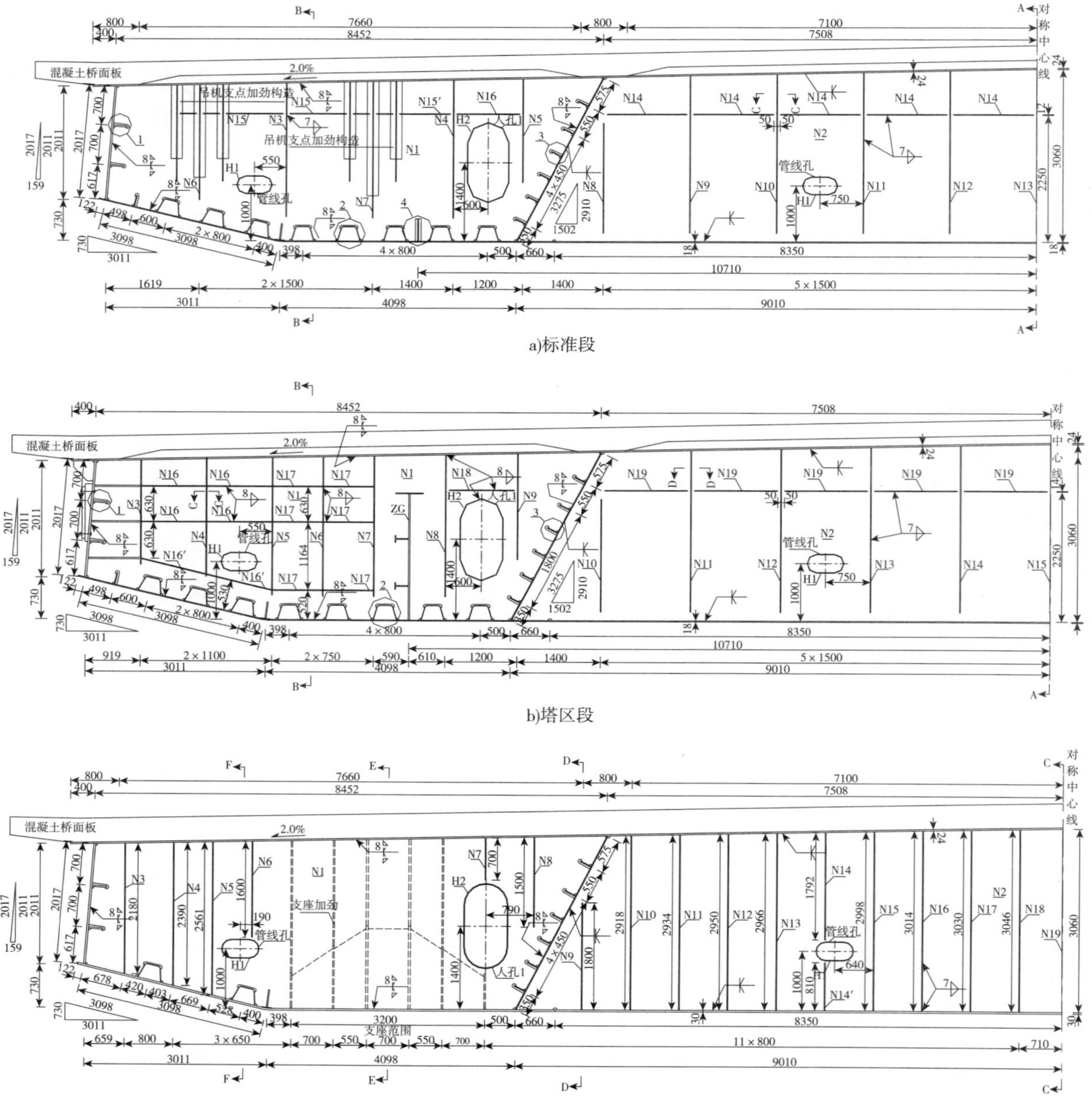

图 2-4-18　横隔板构造(尺寸单位:mm)

3. 节段间连接(图 2-4-19)

组合梁钢箱(上翼板、腹板、底板及其加劲肋)节段间均采用摩擦型高强螺栓连接(边跨 H1、H2 节段间采用焊接连接),在方便施工的同时、可加快施工进度。高强螺栓采用 10.9 级 M22、M24、M27 三种摩擦型连接副,标准接缝全截面共 2800 个螺栓连接副,全桥共 107 个节段、104 道螺栓连接接缝(2 道焊接连接接缝),总计 442400 个螺栓连接副。均采用双面拼接板拼接。摩擦面采用电弧喷铝,喷涂层厚度不小于 200μm。

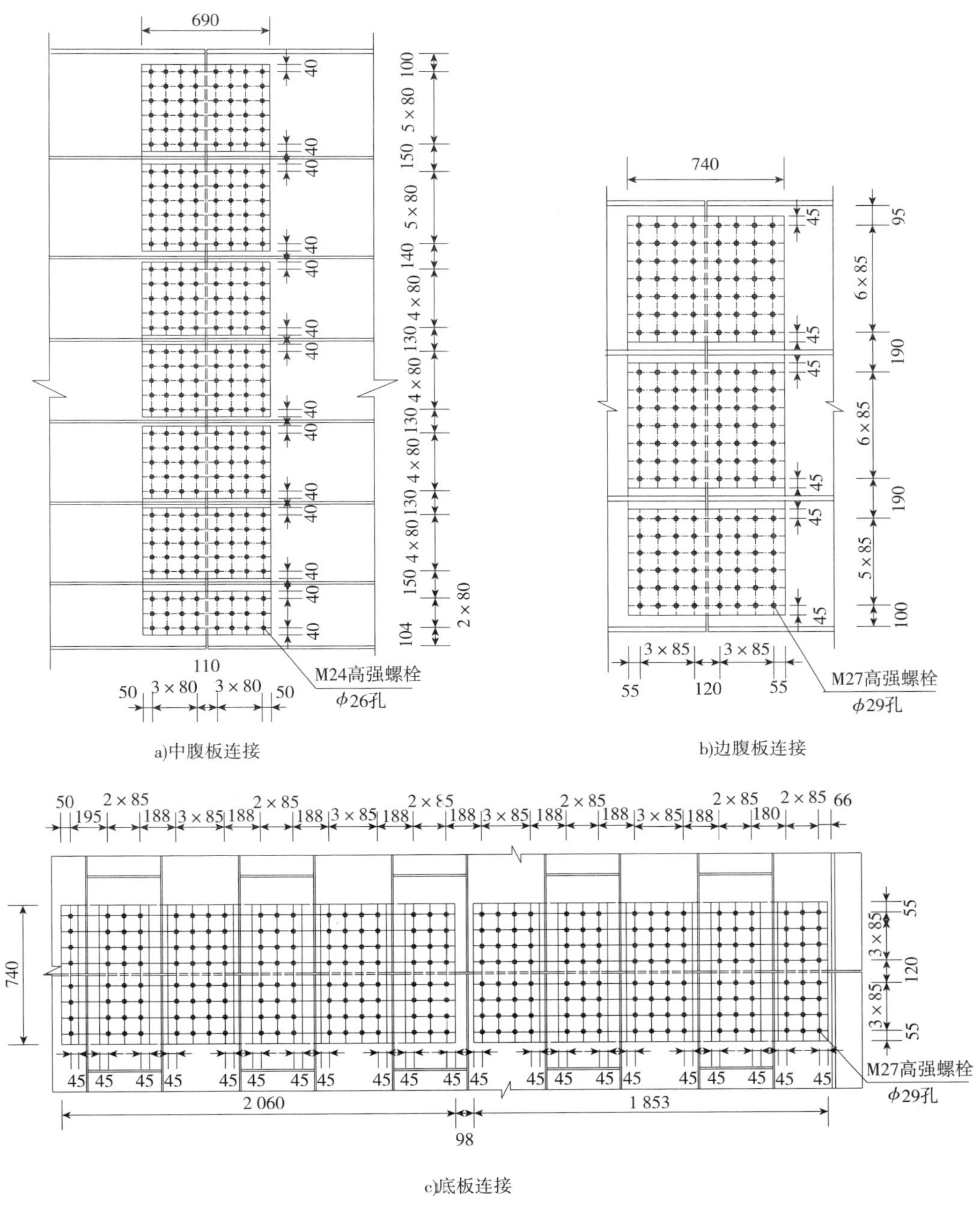

a)中腹板连接

b)边腹板连接

c)底板连接

图 2-4-19　节段间连接(尺寸单位:mm)

对于节段间板件厚度不同的情况,可通过增设垫板来实现对接。为了保证箱梁内部的密封性,节段间拼接缝采用不干性密封材料进行密封。

4. 桥面吊装临时构造

起吊钢箱梁及组合梁均利用桥面临时吊点，临时吊耳是通过精制螺杆与连接在钢箱上翼板、腹板间的承力件实现可靠连接，承力件通过高强度螺栓与钢箱上翼板、腹板连接。该临时吊点可作为桥面吊机后锚点锚固用。

5. 墩顶区及压重构造(图 2-4-20)

对于如何克服支点负弯矩区的拉应力，始终是钢-混凝土组合结构需面对的关键问题，根据计算，在辅助墩支座对应位置的混凝土桥面板内，纵横向均出现了较大的拉应力峰值。通过分析，该峰值的绝大部分是由支反力的剪滞效应产生，原因是该横隔板周边纵横向截面刚度不足，导致应力扩散范围有限所致。

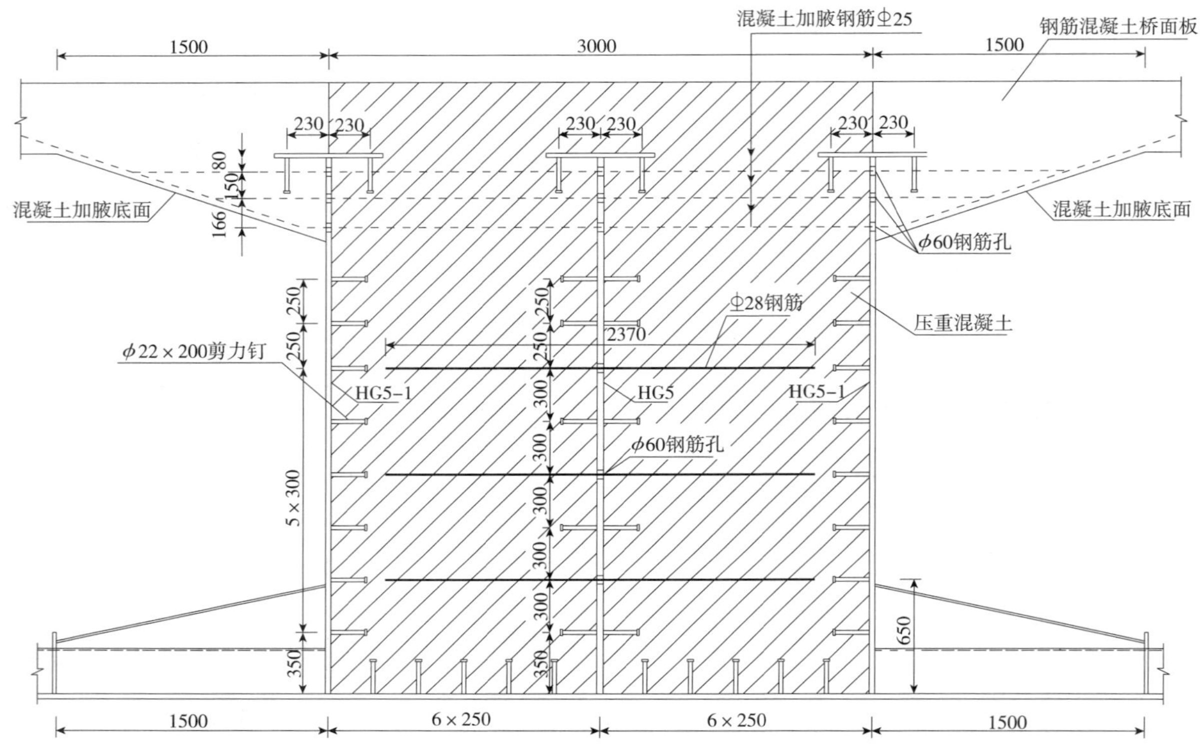

图 2-4-20　辅助墩顶压重区的构造布置图(尺寸单位：mm)

由于本桥跨度达 480m，使支点产生负反力的活载加载区段很长，为确保在正常运营荷载下，过渡墩及辅助墩不出现上拔力，需在桥墩附近施加压重。由于半封闭组合梁箱内空间较小，压重量有限。

根据分析，将辅助墩(过渡墩)支座附近 3(5)道横隔板全宽范围内底板封闭形成钢箱(单箱三室)，在钢箱内填充铁砂混凝土，并在填充区域周壁设置剪力键及拉筋，防止箱壁变形。为保证填芯区混凝土与周壁钢板密贴，参与结构传力，在周壁板表面及支座加劲上设置剪力键和钢筋，使两者组合形成整体。辅助墩填芯段宽 3m，过渡墩填芯段宽 4. 42m。该构造措施既消除了支反力产生的剪滞效应，降低了混凝土表面的纵横向拉应力，同时又保证了支座处的压重。

6. 人非通道及风嘴构造(图 2-4-21)

人非通道的钢桥面板与组合梁混凝土桥面板通过预埋钢板实现过渡，搭接长度为 400mm，钢板与混凝土板间通过剪力钉连接。

人非通道及风嘴与主梁同时加工，根据实际施工情况确定风嘴随梁段一起吊装或滞后安装。风嘴与梁体采用焊接，各风嘴节段间的横桥向环焊缝在全桥合龙后(二期前)施焊，使风嘴不参与主梁受力，仅承受其自身重量、风荷载及人、非荷载。桥面板采用12mm厚钢板加板式加劲，风嘴采用10mm厚钢板加板式加劲。

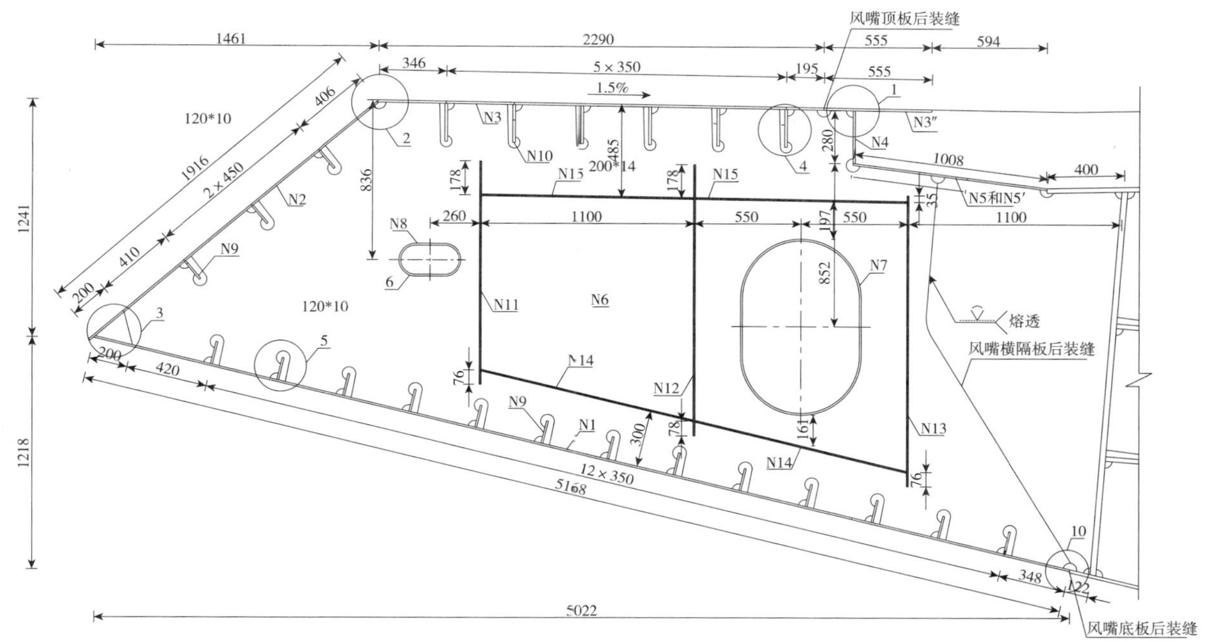

图2-4-21　风嘴的构造布置图（尺寸单位：mm）

（四）组合梁防腐设计

1.钢梁

1）涂装部位

由于钢箱梁各部位所处的环境条件、工作条件和涂装维修的难易程度各不相同，涂装的功能要求、类型和寿命也不尽相同。钢箱梁涂装根据部位和方案的不同，可分为五部分：钢箱梁主体及风嘴外表面（除钢混凝土结合面）、钢箱梁主体内表面、风嘴内表面、钢混凝土结合面、钢箱梁特殊部位。

2）涂装寿命要求

钢箱梁主体及风嘴外表面（除钢混凝土结合面），系指除钢混凝土结合面以外的、所有直接暴露于大气中的钢箱梁外表面部分，其防腐寿命要求为25年以上。

钢箱梁主体内表面（含风嘴内表面），系指箱内所有部分，该部分处于封闭环境中，并设置有抽湿系统，可保证箱内相对湿度小于50%，防腐寿命要求为50年。细节密封如图2-4-22所示。

钢混凝土结合面，系指混凝土桥面板与钢梁上翼缘结合的部分，由于涂装体系无法达到与桥梁结构同寿命，因此为保证在混凝土桥面板开裂的不利情况下能有效阻隔渗漏的雨水浸入钢板表面，在混凝土桥面板顶面涂刷防水层。

钢箱梁特殊部位，系指涂装死角、后期维修特别困难部位，如腹板外拉索锚固处锚箱构件（防腐寿命要求>25年）等。

2.混凝土桥面板

组合梁最关键也是最薄弱的部位就在钢混凝

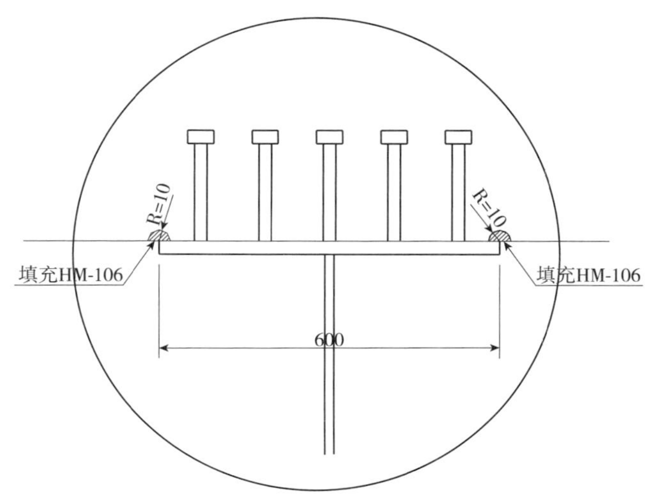

图2-4-22　相关密封要求的图（尺寸单位：mm）

土结合面的边缘，为保证结合面周边混凝土不开裂（剥离），在结合面边缘的混凝土上开槽，采用不干性密封材料 HM106 充填。

3. 涂装方案

钢桥的防腐主要有重防腐系统（寿命约 25 年）和热喷涂长效防腐（寿命约 30 年）两种体系。本桥涂装面积大、维修工作量大且工作条件恶劣、养护成本较高，宜首选耐腐蚀寿命长的方案，以降低维护费用。

该涂装方案要求防腐寿命为 30 年以上，见表 2-4-25。钢箱梁及风嘴外表面涂层颜色将由业主根据景观设计要求确定。

钢梁涂装方案　　表 2-4-25

<table>
<tr><th>部位</th><th>工序</th><th>材料名称</th><th>技术要求</th><th>执行标准</th></tr>
<tr><td rowspan="9">钢箱梁体及风嘴外表面（除钢混凝土结合面外）</td><td rowspan="2">加工阶段</td><td>钢板预处理</td><td>喷砂 2.5 级</td><td></td></tr>
<tr><td>无机硅酸锌车间底漆</td><td>20μm</td><td></td></tr>
<tr><td>喷砂除锈</td><td>棱角钢砂</td><td>Sa3 级，Rz25-100μm</td><td>GB/T 11373—1989
GB/T 13288—2009</td></tr>
<tr><td>底层</td><td>大功率二次雾化电弧喷铝</td><td>180μm</td><td>GB/T 9793—2012
GB/T 11374—2012</td></tr>
<tr><td>封闭层</td><td>μm 改性环氧封闭漆</td><td>渗入铝涂层孔隙</td><td></td></tr>
<tr><td>中间层</td><td>环氧云铁中间漆</td><td>2 × 50μm</td><td></td></tr>
<tr><td>面层</td><td>丙烯酸聚氨酯面漆</td><td>2 × 40μm</td><td></td></tr>
<tr><td></td><td>涂层总厚度</td><td>360μm</td><td></td></tr>
<tr><td rowspan="6">钢箱梁内表面（含风嘴要求配置除湿设备，相对湿度≤50%）</td><td rowspan="2">加工阶段</td><td>钢板预处理</td><td>喷砂 2.5 级</td><td></td></tr>
<tr><td>无机硅酸锌车间底漆</td><td>20μm</td><td></td></tr>
<tr><td>喷砂除锈</td><td>棱角钢砂</td><td>Sa2.5 级，Rz30-70μm</td><td>GB/T 8923.1—2011
GB/T 13288—2011</td></tr>
<tr><td>底层</td><td>环氧富锌底漆</td><td>70μm</td><td>HG/T 3668—1983</td></tr>
<tr><td>面层</td><td>环氧厚浆漆</td><td>100μm</td><td></td></tr>
<tr><td></td><td>涂层总厚度</td><td>170μm</td><td></td></tr>
<tr><td rowspan="9">高强螺栓栓接面</td><td rowspan="2">栓接前</td><td>二次喷砂除锈</td><td>Sa3 级，Rz25-100μm</td><td rowspan="2">GB 11373—1989
GB 8923—1988
GB/T 9793—2012</td></tr>
<tr><td>二次雾化电弧喷铝</td><td>150 ± 50μm（表面粗糙度应达到栓抗滑移系数 0.50）</td></tr>
<tr><td rowspan="3">栓接面栓接后外露表面</td><td>表面净化处理</td><td>无油、干燥</td><td rowspan="3">GB 11373—1989
GB 8923—2011
GB/T 4956—2003</td></tr>
<tr><td>铝涂层 μm 改性环氧封闭漆 1 道</td><td>渗入铝涂层孔隙</td></tr>
<tr><td>后续涂层按所在内外表面部位从中间漆开始继续施工</td><td></td></tr>
<tr><td rowspan="4">栓接后螺栓螺母外露表面</td><td>表面净化处理</td><td>无油、干燥</td><td rowspan="4">GB 11373—1989
GB/T 8923—2011
GB/T 4956—2003</td></tr>
<tr><td>机械打磨除锈</td><td>St3 级</td></tr>
<tr><td>环氧富锌底漆</td><td>≥1 × 60μm</td></tr>
<tr><td>后续涂层按所在内外表面部位从中间漆开始继续施工</td><td></td></tr>
</table>

续上表

部　位	工　序	材 料 名 称	技 术 要 求	执 行 标 准
上翼缘板顶面	加工阶段	钢板预处理	喷砂 2.5 级	
		无机硅酸锌车间底漆	20μm	
	喷砂除锈	棱角钢砂	Sa2.5 级,Rz30-70μm	GB/T 8923—2011 GB/T 13288—2011

注:1. 特殊部位与钢箱梁主体外表面防腐体系相同。

2. 加工阶段钢材表面预处理和车间底漆涂装由加工单位完成,钢板进场经辊平后表面预处理 Sa2.5 级,涂装醇溶性无机硅酸锌车间底漆一道。

3. 面漆颜色按业主要求确定考虑到钢箱梁从场地防腐到安装及除湿机的正常使用有 1 ~ 2 年的时间。

4. 建议钢箱梁内部的防腐涂层增加一道环氧富锌底漆(70μm)。

5. U 形加劲肋在与桥面焊接前,其内侧应完成涂装,涂车间底漆一道。

(五)混凝土桥面板结构设计

1. 材料

1)混凝土

组合梁桥面板预制部分采用 C60 级混凝土,现浇部分采用 C60 级微膨胀混凝土。混凝土技术指标应符合《公路钢筋混凝土及预应力混凝土桥涵设计规范》(JTG D62—2004)、《公路桥涵施工技术规范》(JTG TF50—2011)的规定。C60 级微膨胀混凝土添加 UEA－H 膨胀剂,主要技术性能指标应符合建材行业标准《混凝土膨胀剂》(JC 476—2001)的要求,如表 2-4-26 所示:

UEA-H 膨胀剂主要技术性能指标　　表 2-4-26

检 验 项 目	标　准　值		
氧化镁(%)	≤5.0		
含水率(%)	≤3.0		
总碱量(%)	≤0.75		
氯离子(%)	≤0.05		
限制膨胀率(%)	水中	7d	≥0.025
		28d	≤0.10
	空气中	21d	≥0.020
抗压强度(MPa)	7d		≥25
	28d		≥45
抗折强度(MPa)	7d		≥4.5
	28d		≥6.5

2)普通钢筋

组合梁混凝土板中的钢筋 R235 及 HRB335 采用符合《钢筋混凝土用热轧光圆钢筋》(GB 13013—1991)、《钢筋混凝土用热轧带肋钢筋》(GB 1499—2007)标准要求。

3)预应力钢筋

组合梁混凝土板中的预应力粗钢筋采用符合《预应力混凝土用螺纹钢筋》(GB/T 20065—2006)标准的精轧螺纹钢筋;预应力钢绞线应符合《预应力混凝土用钢绞线》(GB /T 5224—2014)标准的要求。

4)剪力钉

剪力钉是将钢主梁与混凝土桥面板结合成整体的构件,焊钉规格为 $\phi22\times300$(符合《电弧螺柱焊用圆柱头焊钉》，GB 10433—2002），具体技术性能要求见附件“组合梁栓钉及焊接质量检验规则”。

2. 桥面板结构构造

1）标准节段桥面板构造（图 2-4-23 ~ 图 2-4-25）

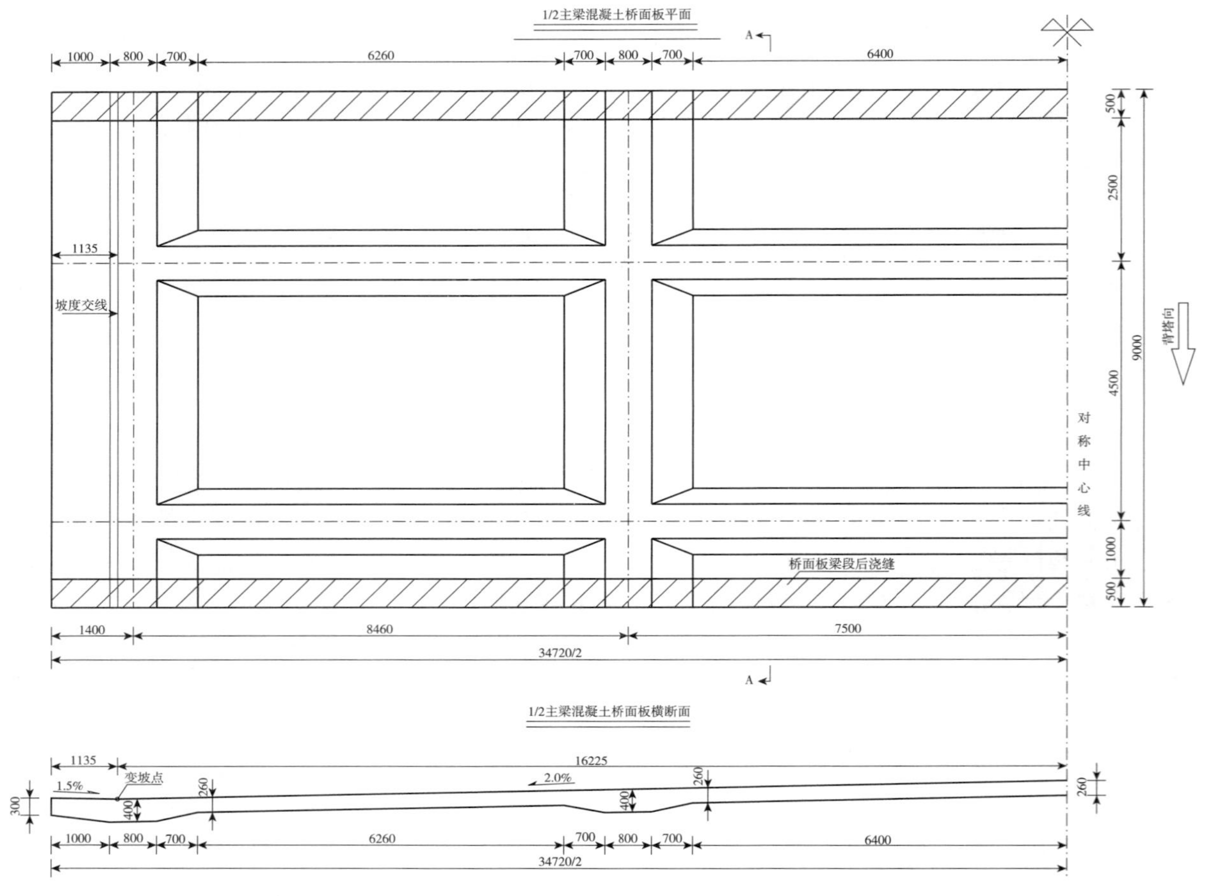

图 2-4-23　标准节段桥面板构造（尺寸单位：mm）

半封闭钢箱组合梁腹板横向间距为 8. 46m 和 15. 0m，横隔板纵向间距 4. 5m，混凝土桥面板基本为纵向受力的单向板。桥面板标准厚度 260mm，在箱梁腹板及横梁的上翼缘设 140mm 混凝土承托；在边跨 78m 范围的桥面板加厚到 400mm（无承托）。

混凝土桥面板在钢梁预拼完成后，直接在钢梁上浇筑，形成组合梁。每个节段纵向两端各留 500mm 作为节段间后浇接缝。

2）剪力钉布置（图 2-4-24）

混凝土桥面板与钢梁上翼缘采用剪力钉连接形成组合结构，标准段剪力钉布置：（横桥向）腹板上翼缘@ 125mm、横梁上翼缘@ 200 ~ 300mm，过渡区域@ 150mm；（纵桥向）腹板、横梁上翼缘交叉区域@ 125mm，腹板上翼缘@ 200 ~ 250；过渡墩、辅助墩顶的剪力钉作特殊布置。

剪力钉共两种规格：长钉（h = 300mm）布置在腹板上翼缘的两侧、其他区域布置标准钉（h = 200mm）。

3）桥面板配筋（束）

桥面板为纵向单向板，根据计算，横向配筋主要由混凝土收缩、温度及活载等工况控制，采用直径 22mm 的 HRB335 钢筋、标准间距 150mm；纵向配筋主要由恒载、预应力、混凝土收缩徐变、温度及活载等组合工况控制，上层采用直径 20mm 的 HRB335 钢筋，下层采用直径 25mm 的 HRB335 钢筋，标准间距 100mm；辅助墩区域纵横向钢筋加密加强，拉索及无索隔板端部的局部区域钢筋作局部加强。

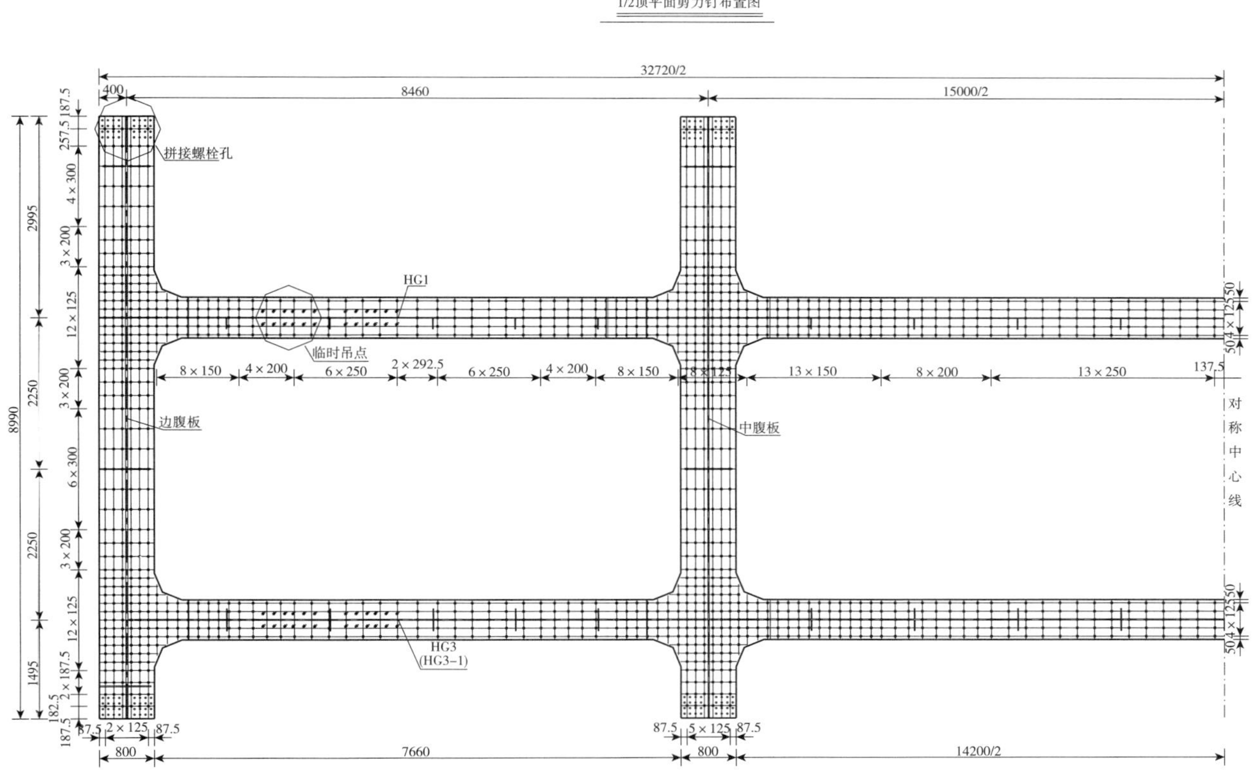

图 2-4-24　标准节段剪力钉布置（尺寸单位：mm）

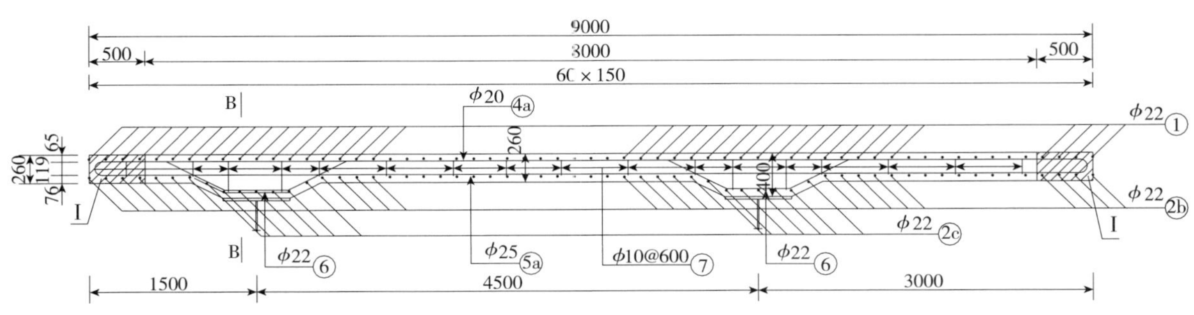

图 2-4-25　标准节段钢筋布置（尺寸单位：mm）

在悬臂施工过程中，受桥面吊机等因素影响，混凝土桥面板出现一定程度的拉应力（约 3.0MPa），索塔区桥面板上缘拉应力相对较大（约为 4.0MPa）；根据分析结果，通过配置通长的预应力粗钢筋来消除施工阶段存在的桥面板拉应力，该部分预应力兼顾使用阶段；索塔区在运营阶段无拉应力，故该区域仅针对施工阶段配置纵向临时短束；辅助墩及跨中局部区域配置纵向短束。所有短束均采用 12 − ϕ^{j}15.2 钢绞线束。如图 2-4-26、图 2-4-27 所示。

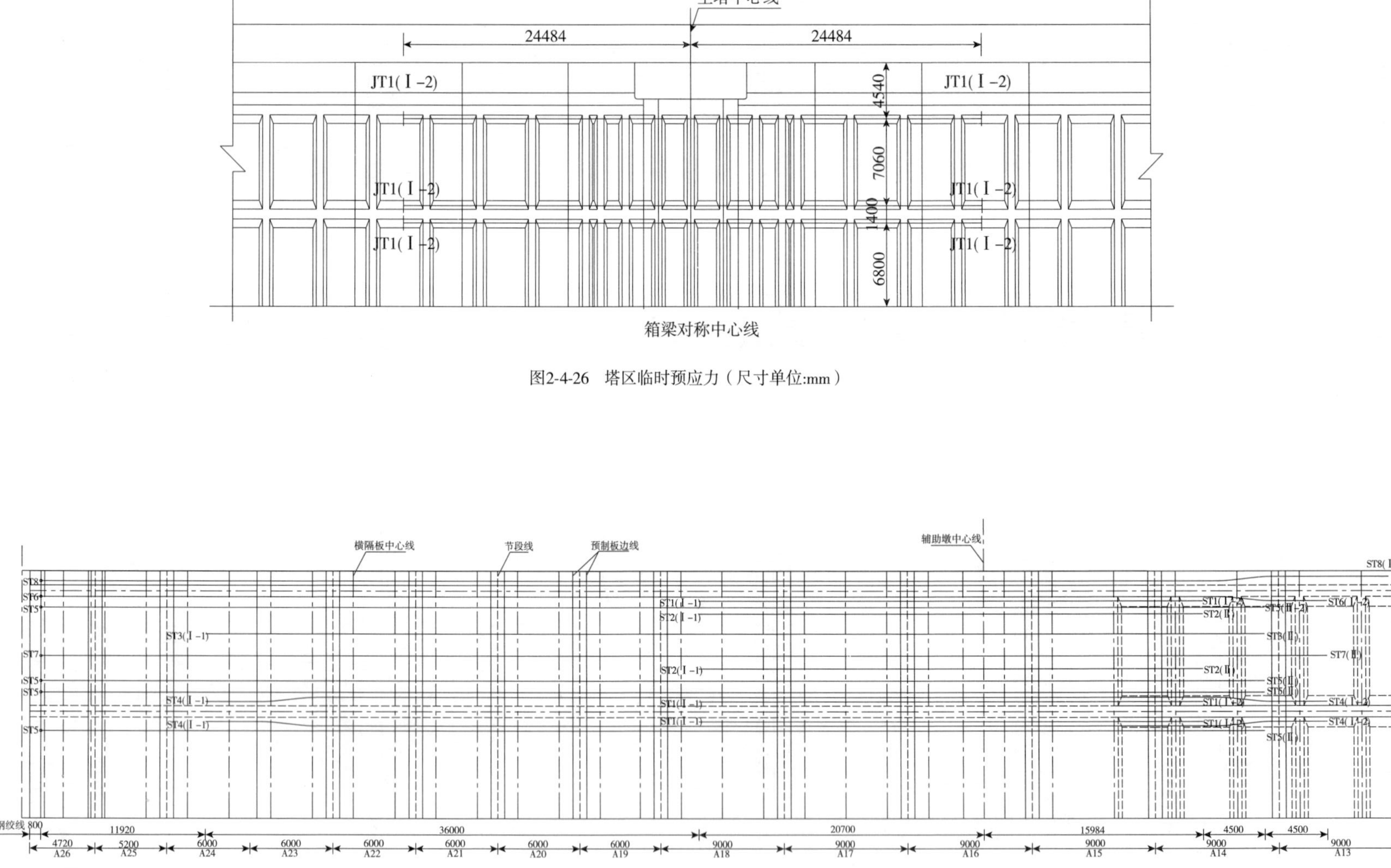

图2-4-26 塔区临时预应力（尺寸单位:mm）

图2-4-27 辅助墩预应力布置（尺寸单位:mm）

第三节　半封闭钢箱组合梁施工要点

一、组合梁制作

(一)一般要求

(1)钢箱梁的设计尺寸,均为设计基准温度下17℃的理论尺寸。

(2)钢箱梁制造、验收和工地用计量器具必须经计量单位检定合格后方可使用。

(3)高强度螺栓连接摩擦面抗滑移系数要求不小于0.50。

(4)角点加劲设于底板与斜底板交角的角平分线上。

(5)角焊缝端部应围焊,图中未注明焊脚尺寸一般宜不小于$1.5(t)^{1/2}$,t为两焊件中较厚焊件的厚度。

(6)为保证混凝土的密实度,要求桥面板混凝土的塌落度应控制在5~8。

(7)桥面系混凝土缘石及栏杆立柱预埋件可在组合梁制作时同步施工。

(二)钢箱梁焊接

(1)钢箱梁制造的焊接工艺是保证焊接质量的关键,所有类型的焊缝在施焊前应做焊接工艺评定,按评定结果编制的焊接工艺执行。

(2)除梁节段工地连接采用高强螺栓连接外,其余钢箱梁均为焊接连接。为保证焊缝质量,应尽量采用焊接变形小的CO_2气体保护焊。

(3)所有要求熔透的对接及角接焊缝均应熔透:对坡口焊接的贴角焊缝,当未给出贴角尺寸时,一般宜不小于$1.5(t)^{1/2}$,t为两焊件中较厚焊件的厚度。

(4)钢箱梁的腹板及锚固板、承压板相互间连接焊缝均为熔透焊缝,并尽量采用熔敷金属量少、焊后变形小的坡口。对于锚箱承压板与腹板的连接焊缝,要求焊后对焊趾进行锤击处理。腹板与顶、底板及拉索处横隔板的连接焊缝均需按设计要求熔透。

(5)上翼缘板、底板的纵横向对接焊缝、外腹板与顶板、斜底板间焊缝均为Ⅰ级熔透焊缝,并尽量采用熔敷金属量少、焊后变形小的坡口。U型加劲肋与底板间的角焊缝采用单面V形坡口焊接,其熔透深度不小于0.8倍的板厚。

(6)U形加劲肋采用冷加工制作要求圆角外缘不得有裂纹。U型加劲肋与顶、底板焊接前,其内侧应完成涂装。横隔的过U肋切口,均要打磨平整。

(7)对于施工过程中的临时工艺孔洞,必须在设计指定的位置切割,施工结束后按原状恢复,其焊缝按Ⅰ级熔透焊缝进行检查,并将表面磨平。

(8)焊前预热温度应通过焊接试验和焊接工艺评定确定,预热范围一般为焊缝每侧100mm以上,距焊缝30~50mm范围内测温。修补时,碳弧气刨前的预热温度与施焊时相同。为防止T形接头出现层状撕裂,在焊前预热中,必须特别注意厚板一侧的预热效果。

(9)焊缝无损检验要求

①焊缝质量分级(表2-4-27)。

②焊缝无损检验等级。

焊缝无损检验等级详见表2-4-28。

③无损检验的最终检验应在焊接24h后进行。

④X射线抽探要求及数量应满足《公路桥涵施工技术规范》(JTG TF50—2011)的规定。

⑤不合格焊缝要进行返修,且返修次数不宜多于2次;第二次返修后,若仍不合格,应查明原因,报监理工程师研究处理。

⑥板件对接引弧板施焊的边缘焊缝需打磨平整。焊接过程断弧时,应按工艺要求处理施焊。

⑦施工用临时螺栓孔洞在施工结束后都要用螺钉封堵,禁止使用塞焊。

焊缝质量分级 表 2-4-27

焊缝部位	质量等级	探伤方法	执行标准	备注
上翼缘(底)板纵横向对接	Ⅰ级	超声波	TB 10212—2009 GB/T 11345—2013 GB/T 3323—2005 JB/T 6061—2007	—
		X 射线		—
锚箱与腹板间熔透角焊缝	Ⅰ级	超声波		—
		磁粉		—
横隔板与腹板的熔透角焊缝	Ⅰ级	超声波		—
限位装置耳板与底板的熔透角焊缝	Ⅰ级	超声波		—
纵隔板与底板的熔透角焊缝	Ⅰ级	超声波		与限位装置耳板对应的
腹板与上翼缘板间熔透焊缝	Ⅰ级	超声波		—
横隔板长(宽)度对接焊缝	Ⅱ级	超声波	GB/T 11345—2013	
纵隔板长(宽)度对接焊缝	Ⅱ级	超声波	GB/T 11345—2013	与限位装置耳板对应的
腹板与底板间熔透坡口角焊缝	Ⅰ级	超声波	TB 10212—2009 JB/T 6061—2007	
		磁粉		
横隔板与上翼缘(底)板坡口角焊缝	Ⅰ级	超声波		
		磁粉		
横隔板与腹板坡口角焊缝	Ⅱ级	磁粉	JB/T 6061—2007	
横隔板与上翼缘(底)板角焊缝	Ⅱ级	磁粉		
顶、底板 U 肋坡口角焊缝	Ⅱ级	磁粉		

焊缝无损检验等级 表 2-4-28

焊缝质量级别	探伤方法	检验等级	验收标准
Ⅰ级对接焊缝	超声波	B 级	GB11345—2013 Ⅰ级
	X 射线	AB 级	GB3323—2005 Ⅱ级
Ⅱ级对接焊缝	超声波	B 级	GB11345—2013 Ⅱ级
	X 射线	AB 级	GB3323—2005 Ⅲ级
熔透角接焊缝	超声波	A 级	GB11345—2013 Ⅱ级
	磁粉(板厚大于等于 30mm 时)		JB/T6061—2007 Ⅱ级
根部部分熔透坡口角焊缝	超声波	A 级	TB10212—2009 Ⅱ级
贴角焊缝	磁粉		JB/T6061—2007 Ⅱ级

(三)梁段组拼、吊运与存放

(1)钢箱梁组装胎架长度不得小于 5 个标准梁段的长度,钢箱梁组拼、几何精度及设定线形并经检查合格后,(仍在胎架上)浇筑混凝土桥面板。

(2)预拼装必须不少于 5 个标准梁段,按施工控制确定的无应力线形组拼钢梁,梁段间预留栓接间隙,相邻梁段断面匹配应满足公差要求。整体组拼完成后,标记梁段号,然后进行涂装、存放等后续作业。梁段拼装顺序应与吊装顺序相同,吊装时不允许调换梁段号。

(3)每个梁段上均应设置长度、高程、轴线测量控制点,标记明显、耐久。

(4)每个梁段均应精确测量梁体长度以及拉索锚固点的位置(在均匀温度下,精确测量拉索锚固点与桥面参考点的相对位置和梁段间参考点间的距离),误差要求在±2mm以下;半跨钢梁总长度的累积误差要求小于15mm。

(5)涂装完成后要对每个组合梁段精确称重(可在预拼场利用压力传感器或标定的液压千斤顶测量,也可在块件起吊期间测量),提交施工控制组。

(6)组拼时要充分考虑钢梁自重、栓接间隙和胎架刚度的影响,尽量保证横坡的精度。

(7)组拼只有在顶面与底板之间的温差小于±2℃的温度条件下才应进行;如试装过程中温度偏离标准温度17℃,则应得出和标准温度的相互关系。组拼过程中应采取措施,克服温差带来的影响。

(8)梁段应单层堆放,堆放支点按图中所示位置,应尽量使各支点受力均匀,不允许出现跷跷板的情况。堆放场地应坚固可靠,不允许不均匀沉降;梁体应采用厚度不小于150mm的木块支垫。

(9)梁段的运输过程起吊时只能利用临时吊点。

(10)在存放与运输过程中,在梁端部均应用特制块体(如橡胶块)将U形加劲肋口封住,以防雨水侵入,该块体在梁对接时方能去掉。

二、组合梁运输

(一)水上运输设备

水上运输采用1500t组合梁专用运输船或1500t机动舱口驳,当用专用运输船时,可用液压平板车将梁段直接运上船;而当用机动舱口驳船时,需用浮吊将梁段吊上驳船。运输船的具体船型、数量由承建单位根据实际运输方案及工期要求自行确定。

由于本桥桥面离水面高达52.5m(索塔区域),要求浮吊的梁段起吊高度将达58m。虽然大部分节段重量均在450t以内,但国内现有能满足这一起吊高度要求的500t左右浮吊很少,因此以下仅列出1000t浮吊的技术参数要求见表2-4-29。

浮吊主要技术参数 表2-4-29

起重能力	1000t
梁段起吊高度	58m
舷外伸距	20~25m
梁段尺寸	4.72~9m×35.5m(42.5m含风嘴)
梁段重量	266t~450t

(二)梁段装船

专用运输船装船时,应使船艏部置于码头前沿的搁墩上,要求将运输船牢牢地与码头系结,这样运梁平车就可直接上船。为满足这一要求,就必须根据每天的潮汐变化来选择装船的时间。在选择梁段装船时间时,应考虑以下两个影响因素:其一,考虑梁段上船后船的吃水增加,应选择梁段上船时为涨潮时间段。其二,要求针对码头和运梁船的实际情况,确定具体潮位时间段作为最佳装船时间。同时,梁段上船后潮水上涨的幅度应大于船舶吃水的增加,这样梁段上船后,随着潮水上涨运梁船上浮,自动脱离搁墩。

采用机动舱口驳船运梁时,每一梁段在制造时装有8个临时吊耳,吊耳与主梁间用高强螺栓连接。为防止主梁在起吊时发生变形,应尽可能使吊耳承受竖向力。因此,要求配备一付专用框架式吊具。吊具下方设吊点,与梁段的吊点连接,吊具上方另设吊点,用于挂索。这样,在吊装时钢丝索的水平分力由框架承担,竖向分力由吊耳承受。

(三)水上运输及定位

运输船将往返于存梁场与桥位之间,运输周期将根据运输距离及组合梁安装周期确定。

1. 吊装梁段的第一阶段

在吊装主塔区和70m边跨区梁段时,34个梁段全部由专用运梁船运送。运梁船停靠于浮吊旁,浮吊直接将梁段从运梁船吊到支架上。起吊时,浮吊上的工作人员要注意观察吊塔回转时是否会碰到梁段。如与梁段相碰,则需在浮吊与运梁船之间加设隔离浮筒,以保证梁段的安全吊装。

2. 吊装梁段的第二阶段

按运梁计划吊装梁段的第二阶段(标准梁段C1、C2、C3及I),应由专用运输船或机动舱口驳船运输,桥面吊机安装。

3. 船舶定位

运梁船可采用双锚定位法,浮吊可采用四锚定位。由于锚缆长度长(运梁船约80m,浮吊约200~300m),对航道有不同程度影响:

(1)在安装索塔区的A、B及C1梁段时,主航道受浮吊定位影响较大,期间可能仅满足单孔单向通航的要求;

(2)在浮吊安装70m边跨(D、E、F1、F2、G、H1、H2)梁段时,两侧的辅通航孔需临时禁航。

第二阶段标准梁段的吊装(C1、C2、C3及I)由运梁船配合桥面吊机实现,对航道有一定影响,可采取有限通航或间歇性停航措施。

运梁船从定位到完成梁段吊装离船直至返航约2~3h,浮吊从抛锚定位到完成吊装作业直至收锚约7~10h。在梁段吊装阶段,航道等相关管理部门应密切配合,以保证船舶进出安全有序。

船在江中的位置,由岸上设置的全站仪提供定位数据,船上的操作人员通过对讲机接受测量员所报数据进行抛锚定位,梁段的精确吊装位置,则通过船上锚机调整到位。精度要求达到1m范围。

(四)其他

(1)梁段提升过程中要确保平稳。在梁段即将吊离驳船时,应防止由于其偏移而产生的横摆;为此每个梁段吊装前应用经纬仪准确标定架设梁段的位置,并进行吊具定位试验。

(2)施工期间,要求对斜拉索采取临时减振措施。

(3)由于主梁宽度很大,边跨梁段利用浮吊侧向起吊时,吊臂可能与风嘴相碰。为此,组合梁局部部位风嘴将在吊装完成后工地安装。吊装时,也应在浮吊吊臂或主梁外腹板上悬挂橡胶类缓冲构件,避免可能发生的碰撞。

(4)边跨梁段吊放于支架上时,支点应处于设计图指定的临时支点位置,并设置荷载分布装置,以免钢箱梁局部受损。

(5)由于桥面系栏杆在主梁合龙完成后安装,因此施工过程中须采取临时措施,保证施工人员的安全。

(6)应考虑主梁合龙实际环境温度与17℃设计基准温度的差异,确定A、E、H2梁段安装时的预偏位置,确保成桥状态在设计基准温度时,A梁段中心与索塔中心线重合。

三、组合梁架设

(一)架设方法概述

1. 索塔区A、B、C1梁段

起吊梁段长度6.5~9m,最大起吊重量约392t,起吊高度60m,梁段数量10个。利用大型浮吊将主梁吊放于索塔处支架上,定位、栓接。

2. 标准梁段C1、C2

梁段长度9.0m,最大起吊重量约330t,最大起吊高度62m,梁段数量72个。利用桥面双吊机对称垂直起吊,定位、栓接。

3. 边跨 D、E、F1、F2、G、H1、H2 梁段

起吊梁段长度 4.72 ~9m，梁段数量 24 个。最大起吊重量约 450t，起吊高度 58m，利用大型浮吊将主梁吊放于边跨支架上，定位、除 H1、H2 焊接外其余栓接。

4. 边、中跨合龙 C3、I 梁段

梁段长度 9.0m，梁段数量 3 个，利用桥面双吊机起吊，定位、连接。

(二)组合梁及斜拉索架设

1. 索塔区 A、B、C1 梁段

索塔施工完成后，拼装 A、B、C1 梁段施工用托架；利用大型浮吊吊装 A 梁段，纵向滑移精确就位后，与索塔横梁临时固结。继续吊装 B、C1 梁段，与 A 梁段栓接后，施工节段间后浇混凝土，张拉纵向临时预应力，并张拉第 1、第 2 对斜拉索；张拉到位后利用浮吊起吊主梁吊机散件，并在梁上拼装完成。

2. 标准梁段 C1、C2

利用桥面吊机对称悬拼 9m 标准梁段，其标准施工工序见图 2-4-28。重复以上施工工序，直至第 13 号索对应梁段吊装。

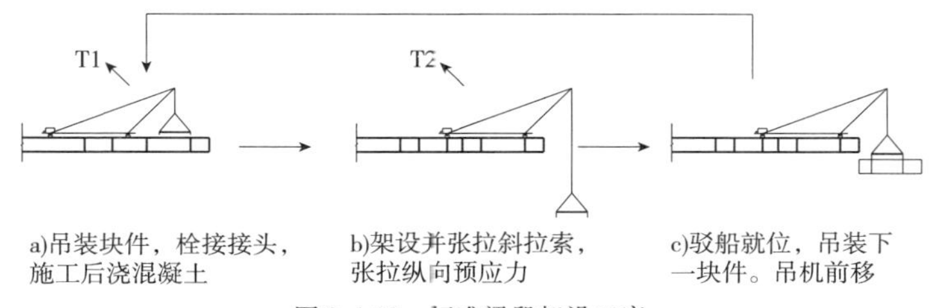

图 2-4-28 标准梁段架设工序

3. 边跨梁段 D、E、F1、F2、G、H1、H2

(1)在 70m 边跨搭设的支架上，利用浮吊起吊 E 梁段，置放于辅助墩上，精确就位；按顺序分别起吊 D、F1、F2、G 及 H1、H2 梁段，逐段定位、逐段连接，最后吊装 C3 梁段，置于辅助墩支架上，与 D 梁段对接，精确就位后栓接。浇筑后浇接缝混凝土。施工单位应根据确定的施工工艺要求，进行支架的设计和施工，应保证支架的刚度和强度满足相应要求。

(2)边跨压重通过在辅助墩及过渡墩顶的局部区段内充填铁砂混凝土来实现，分 2 ~3 次完成。第一次填芯混凝土(占总量的 1/4)可在本梁段精确就位后施工，余下的填芯混凝土应在完成斜拉索张拉及纵向预应力张拉后(即中跨合龙后)进行。

4. 边、中跨合龙段施工

(1)边跨合龙：待 13 号斜拉索张拉完后，将桥面吊机前移，对悬臂端距离进行 24 或 48 小时测量，根据测量结果确定驳船定位、合龙段配切长度及闭合时段。同时起吊边跨合龙 C3 梁段及中跨 J14 号拉索对应梁段，安装 A14、J14 号斜拉索，梁段精确定位后栓接，边跨合龙。

(2)边跨合龙及 A14、J14 号斜拉索张拉完后，将主梁吊机前移，逐段吊装中跨余下的 C2 梁段，并同步张拉边、中跨对应的斜拉索，直到 A26、J26 号斜拉索张拉完成。对中跨悬臂端距离进行 24 或 48h 测量，根据测量结果确定驳船定位、合龙段配切长度及合龙时段，实现中跨合龙，拆除塔梁临时固接构件。

5. 斜拉索架设

斜拉索按梁段安装步骤逐一进行挂索安装；索盘上桥需要大型起吊设备；斜拉索在塔端牵引挂索，塔端张拉。对于长索的架设，应认真研究施工工艺。

(三)组合梁工地连接

梁段吊至设计位置后，首先匹配边腹板中部，利用腹板栓孔从腹板高度中间向上下两侧逐一打入冲钉，在完成约 1/3 边腹板冲钉后，安装并挂上斜拉索(不张拉)，吊机逐渐松钩(松钩最大不得超过节段重

量的 1/3)使中腹板部分栓孔基本对齐,然后逐一打入冲钉(约 1/3),迫使中腹板对位,完成中腹板的匹配;初拧边、中腹板的螺栓后,吊机松钩,施拧上翼缘板及底板的螺栓,最后实施周边加劲螺栓,复拧检验合格后,即完成梁段工地连接。

(四)桥面吊机设计要求

主梁采用双吊机起吊,每个梁段有 4 个吊点、8 个吊耳。单个吊机前后支点距离为 18m、横向支点间距为 3m;横向两吊机中心间距为 26m。吊机设计时应严格遵循设计单位所提出的吊机布置位置、吊点和后锚点分布要求,不能随意改动。

单台吊机重量要求不超过 800kN,起吊速度为 30m/h,顺桥向可调整范围 ±800mm、横桥向为 ±100mm,并能调整梁段纵向坡度。吊机系统制造完成后,要求进行加载和性能试验,确保安全。

(五)悬臂安装索塔与主梁临时连接设计要求

为保证上部结构安装的抗风安全性,施工期要求主梁与索塔临时固定,纵向、横向和竖向都应提供约束。纵向约束可利用纵向阻尼限位装置的耳板通过临时拉杆实现,每个索塔共 2 道,4 个临时约束。横向约束由索塔处抗风支座提供。通过在梁底和索塔横梁底张拉 2 排(每排 2 根)竖向预应力索克服上拔力(单排预应力索所需初张拉力为 2×1500 = 3000kN),下压力由 4 个临时支座承担(单个支座可承担压力 4000kN)。如图 2-4-29 所示。

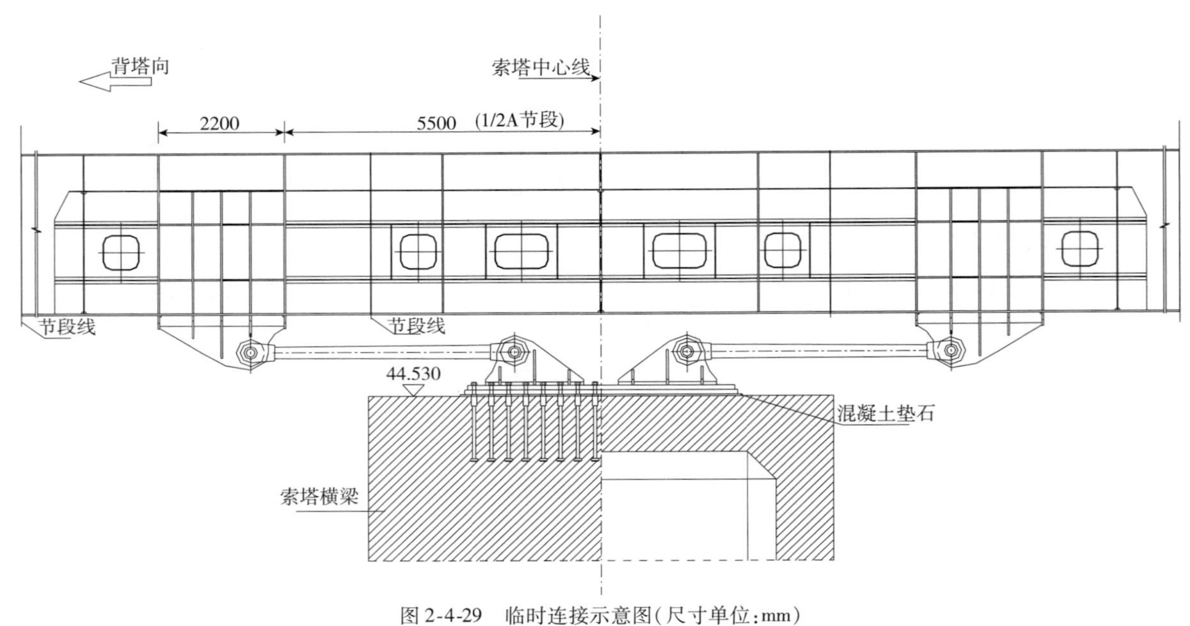

图 2-4-29　临时连接示意图(尺寸单位:mm)

四、抗风措施

本桥主梁施工悬臂很长,结构刚度较小;桥位处风况复杂,施工期间可能会遭遇到台风,风险较大。在常风的作用下,主梁也极易发生振动,给主梁定位和焊接带来困难。尽管目前的设计已经过了风洞试验验证,证明大桥在施工期有足够的安全性,但仍须给予高度重视,认真研究和采取预案措施,以确保架梁安全。以下是设计在考虑可能遇到的施工风险因素后,所提出的抗风险措施要求和建议。

(一)70m 边跨支架施工

在 70m 边跨搭设支架,使双悬臂施工长度减小,提高结构刚度,有利于控制主梁悬臂上下摆动,降低施工风险。

(二)调质阻尼器的使用

为减少主跨钢梁在各种风速条件下的振动,可在长悬臂(长度 200m 左右)的最前端安装调质阻尼器。调质阻尼器有助于减少水平或竖向振动变位,并可随伸臂的进展而向前移动。

(三)力争边跨早日合龙

边跨合龙后,结构整体刚度明显增大,抗风险能力增强。因此,可通过优化上部结构安装工艺,加快施工进度,争取早日边跨合龙。

(四)合理安排工期

在工期安排上应尽量避免在大风季节,尤其是台风季节进行长悬臂施工,确保在台风季节来临前完成主梁的合龙,合理规避风险。

(五)台风期紧急措施

台风来临时,可采取以下紧急措施:

(1)使用临时抗风缆。在中跨施工到一定长度后,如遇大风、台风时,需安装临时抗风缆。抗风缆可系于塔顶与梁顶之间或江底的锚块上,台风来临之前安装,警报解除后拆除,确保主梁安全。

(2)桥面吊机移至索塔处;移动或拆除脚手架、桥面机械设备。

(3)利用减振绳,控制斜拉索振动;若接近合龙时遭遇台风,通过绳索连接主梁两侧。

第四节　斜拉索系统及拉索防腐设计

一、斜拉索与主梁锚固方式

斜拉索在外腹板上的锚固区域受力大,应力集中,是斜拉桥关键构件之一。目前斜拉索锚固方式主要有两种:拉板式、锚箱式。

(一)拉板式锚固

拉板式锚固是指通过连接板将斜拉索在桥面以上锚固。该锚固方式已在希腊 Rion-Antirion 桥(图 2-4-30)、青州闽江大桥(图 2-4-31)得到应用。该种连接具有构造简单,传力明确,便于安装和日常检修等优点;但只适合在塔端张拉,拉索减振器由于离桥面较高,安装不方便,锚固系统外露也不美观。

图 2-4-30　希腊 Rion-Antirion 桥锚拉板构造

图 2-4-31　青州闽江桥锚拉板构造

拉板与腹板通过顶面对接焊缝连接,可以适应各斜拉索横向倾角的不同,使腹板采用固定倾角,降低了制造难度;但由于拉板与腹板连接是一很长的水平端焊缝,在活载作用下,构造疲劳设计问题突出。须保证拉板和顶板、腹板之间的焊缝质量,锚索区拉板、腹板和顶板对接焊缝、顶板的 Z 向拉伸和抗层状撕裂性能进行评定。

(二)锚箱式锚固

锚箱式锚固是通过在腹板外侧(或两腹板间)焊接的锚箱结构锚固,拉索锚固在锚箱的承压板上。

杨浦大桥和东海大桥(两腹板间)、多多罗大桥、南京二桥、苏通大桥等均采用锚箱式锚固。其优点是腹板不受各索横向倾角的影响,可以采用固定倾角,倾角之差可在锚箱内调整,降低了制造难度,

(三)索梁锚固构造设计

本桥采用锚箱式锚固(图2-4-32),锚箱焊于主梁边腹板外侧。斜拉索拉力通过锚箱的两个锚固板与边腹板的剪力焊缝传给主梁腹板。主梁腹板和承压板内侧均设置了补强板,以利于锚固处的应力合理分散到主梁上。为使承压板的附加弯曲应力较小,除增大承压板及其垫板厚度外,将承压板做成四边支承的构造。

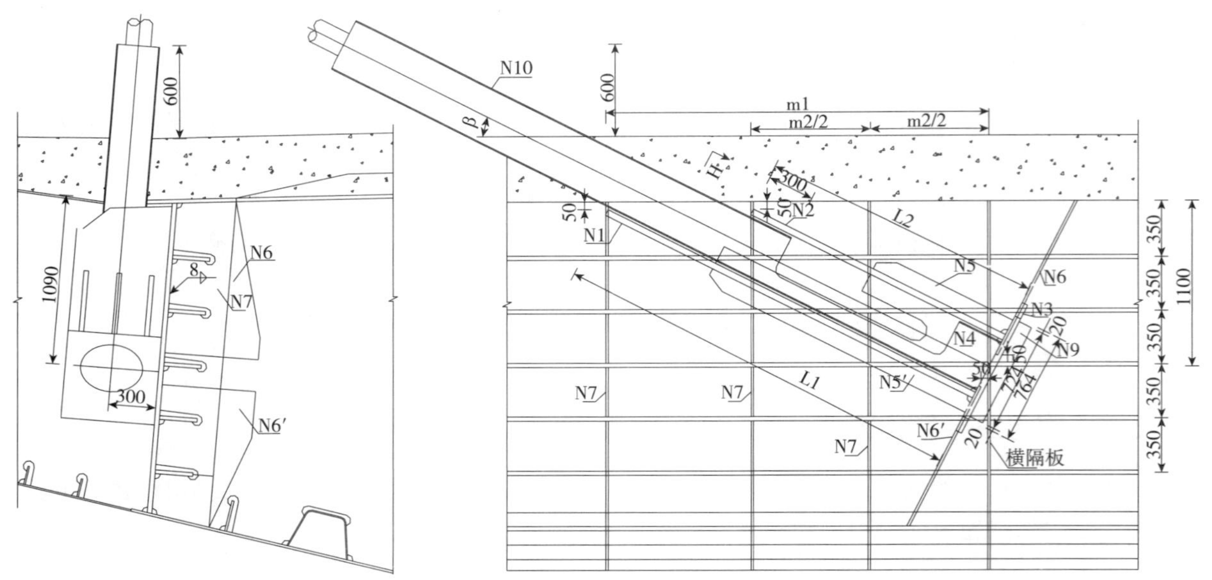

图2-4-32 M2锚箱构造(尺寸单位:mm)

图中:N1、N2-承压板厚44mm,N4、N5-加劲板厚30mm,N9-锚垫板厚90mm。

根据索力大小的不同,锚箱构造分成了M1~M3共3种类型。设计要求,拉索轴线与锚垫板不垂直度偏差±0.1°。承压板、锚垫板与边腹板焊缝为熔透角焊缝,端部包角、焊趾打磨锤击。

二、斜拉索设计

(一)斜拉索材料及防腐设计

(1)拉索所用钢丝为7mm热镀锌钢丝,标准强度为1670MPa,其技术指标应符合《桥梁缆索用热镀锌钢丝》(GB/T17101—2008)要求。

(2)斜拉索采用平行钢丝冷铸锚斜拉索,性能应符合《斜拉桥热挤聚乙烯高强钢丝拉索技术条件》(GB/T18365—2001)的要求。

(3)钢丝束外缠绕纤维增强聚酯带带,然后外挤高密度聚乙烯护套及彩色护套。

高密度聚乙烯护套及彩色护套其主要性能应符合《桥梁缆索用热镀锌钢丝》(GB/T17101—2008)要求。

(4)斜拉索冷铸锚具

①斜拉索锚杯、螺母采用合金结构钢40Cr,性能应符合《合金结构钢》(GB/T3077—1999)相关要求;锚板选用45钢,性能符合《优质碳素结构钢》(GB/T699—1999)相关要求。其他受力部件选材均符合相应的国家和部颁标准。

②锚杯、螺母的毛坯件皆采用锻制圆钢的锻打件,符合《冶金设备制造通用技术条件锻件》(YB/TO36.7—1999)相关要求;锚杯、螺母均应进行调质处理,螺母硬度HB230-270,锚杯硬度HB250-290。

③锚杯、螺母必须逐件按《锻轧钢棒超声波检验方法》(GB/T4162—1991)进行超声波探伤,并达到B级要求;并必须逐件按《锻钢件磁粉检验方法》(JB/T8468—1996)或《压力容器无损检测》(JB/T4730.4—2005)进行磁粉探伤,并达到Ⅱ级要求。

④锚具各组件金属表面均作镀锌防腐处理,镀锌厚度为12~20μm.,锚杯、螺母镀锌后进行脱氢处理。锌层评定方法符合《金属覆盖层钢铁上的锌电镀层》(GB/T9799—2011)、《人造气氛腐蚀试验盐雾试验》(GB/T10125—2012)的规定。

⑤锚具螺纹牙型及几何精度应符合《梯形螺纹牙型》(GB/T5796.1—2005)的规定;螺纹直径与螺距符合《梯形螺纹直径与螺距系列》(GB/T5796.2—2005);螺纹基本尺寸符合《梯形螺纹基本尺寸》(GB/T5796.3—2005)。螺纹入口倒角部分通过钳作打磨平滑,以便于安装。

(5)拉索组装件

①成品索由冷铸锚具、斜拉索体等组装而成,各部分须满足上述技术要求。

②成品索应满足设计长度要求,长度误差ΔL应符合下述规定:

索长$L\leqslant 200$m时,$\Delta L<20$mm

索长$L>200$m时,$\Delta L<(L/20000)$mm

③每一根成品索出厂前须预张拉,预拉力为标准破断荷载的0.55倍,预张拉后冷铸锚中锚板回缩值不得大于5mm。

④拉索力学性能满足GB/T18365—2001《斜拉桥热挤聚乙烯高强钢丝拉索技术条件》的要求,静载破断力不小于拉索公称破断力的95%,极限延伸率$\xi\geqslant 2\%$;疲劳性能按拉索应力上限为$0.4\sigma_b$,应力下限$0.28\sigma_b$,经200万次脉冲加载后断丝不大于总数的5%。

⑤拉索弹性模量:$E\geqslant 1.9\times 10^5$MPa。

⑥防水性能满足美国后张预应力协会PTI—2001《斜拉索设计、测试和安装条例》水密性试验要求,即拉索经疲劳试验后,置于3m高的有色水头中,浸渍96h后,锚索无渗漏。

⑦拉索索体外层HDPE护套表面应采取双螺旋线的抗风雨激振措施,相关参数应满足设计要求。

(二)斜拉索规格

标准强度1670MPa平行钢丝斜拉索,全桥共$4\times 26\times 2=208$根斜拉索,最长255.5m,最大规格为PES7-313,单根最大重量为240kN。根据索力的不同,设计有PES7-151、PES7-199、PES7-241、PES7-283、PES7-313 5种规格。

(三)斜拉索设计寿命

斜拉索设计寿命为30年,并考虑其可更换性。斜拉索采用双防腐系统(包括钢丝热镀锌和高密度聚乙烯外保护层),以保证斜拉索在其设计寿命期内免遭腐蚀。对于在大桥上安装后不可进行现场维护的锚固部件(含锚固填充料),其防腐系统的设计应该确保在整个设计寿命期间不需维护仍然可以有效使用;对于可以进行现场维护的锚固部件,其防腐系统的设计寿命为30年。

(四)斜拉索减振措施

由于拉索较长,自振频率较低,在风或行车荷载的激励下易产生振动,需加以控制。完全抑制拉索的振动非常困难,减振措施的目标是将拉索振动的幅度控制在可接受的范围之内。为使拉索的风/雨激振和涡激振动得到抑制,大桥将采用阻尼器、气动措施并用的综合减振方案。

1.气动措施

斜拉索的护套表面应该进行处理,使风/雨激振得到抑制。表面螺旋线斜拉索可以有效地抑制拉索的风雨激振发生,但要防止阻力系数过大。根据对气动措施的设计要求选定规格、种类,不同直径拉索可采用相同的设计参数,即缠绕双螺旋线的螺距为8倍拉索直径、螺旋线直径2mm、顺时针缠绕式。

2.阻尼器

阻尼减振器自身能够为斜拉索提供至少0.03以上的结构附加阻尼,并使拉索最大振幅不大于索长

的 ±1/1700。

采用外置式阻尼器，阻尼器应具备一定的强度和抗疲劳性能，使用寿命至少 20 年，连接支架要有足够的刚度以保证阻尼器正常工作。在最大阻尼反力的作用下，支架变形不得超过 0.5mm。

三、斜拉索制作

斜拉索的机械性能，几何尺寸和耐久性是设计的根本要素，对其各个组件应严格按照 GB/T18365—2001 的规定进行材料选择、生产制造和试验。

（一）制造、测量精度

设计图中所标注的斜拉索长度均为 17℃基准温度下的尺寸，应对斜拉索的无应力长度 L_0 进行测量和标记工作，L_0 单位为 mm。长度的测量和标记工作应在非常稳定的均匀温度条件下避开阳光或在晚间进行，标记要明显、牢固。索长测量允许误差要满足以下条件：

$L_0 < 200$m 时，$\Delta L_0 = \pm\left(\dfrac{L_0}{10000}\right)$mm；

$L_0 \geqslant 200$m 时，$\Delta L_0 = \pm\left(\dfrac{L_0}{20000}\right)$mm。

为使斜拉索安装有足够的调节范围，两端都将采用张拉端锚具。

（二）性能要求

应进行斜拉索各个组件的详细设计，并提交能满足设计要求的有关试验证明（如钢丝的拉伸试验、弯曲试验以及镀锌试验和斜拉索的静载、疲劳试验等 GB/T18365—2001 所规定的试验内容）。

斜拉索锚固构造的细节设计和制造要充分考虑到由于拉索垂度、主梁挠曲和风致振动所引起的转角的弯曲附加应力的影响，能有效降低二次应力、改善局部受力状况。

第五节　斜拉桥上部结构总体计算

一、计算模型

上部结构静力分析采用平面杆系及空间网格两套程序进行，以成桥线形为基准进行结构离散，并根据架设过程形成各阶段的计算图式，详细分析结构各阶段的应力和位移变化情况。平面杆系计算使用 MIDAS/Civil 程序、空间网格计算采用 WISEplus 程序，均计入了斜拉索垂度效应及几何非线性因素影响。平面杆系计算模型见图 2-4-33。

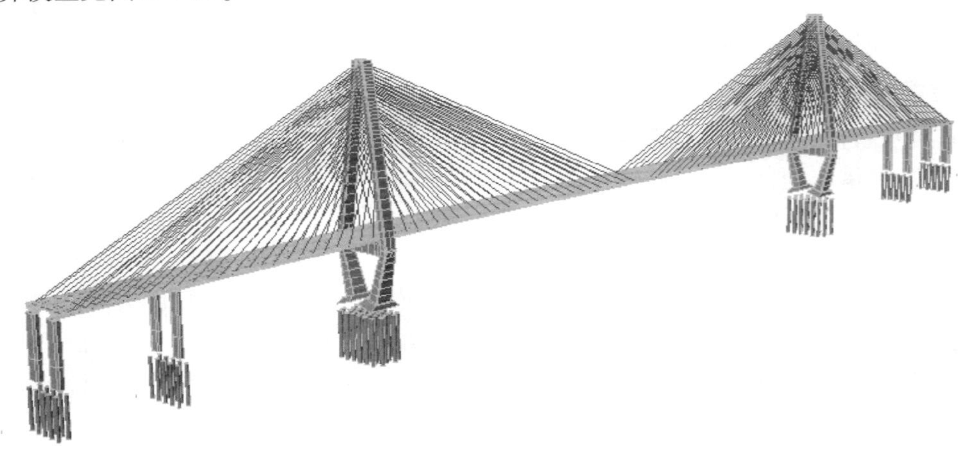

图 2-4-33　平面杆系计算模型

施工阶段主梁与塔临时固接，与过渡墩、辅助墩均为纵向活动、竖向约束铰支承；

成桥后主梁与塔仅设有纵向限位装置，不设竖向约束支座，横向设抗风支座；主梁与过渡墩及辅助墩均为纵向活动、竖向约束铰支承；

塔底与承台固接，基础根据变形协调原理模拟（即考虑桩土效应）。

二、计算荷载

（一）恒载

1. 一期恒载

包括主梁、索塔、斜拉索的重量，主梁及索塔按照实际断面尺寸计取，斜拉索按拉索规格的单位重量计取。

2. 二期恒载

合计：93kN/m（防撞栏杆全宽4道，人行道栏杆全宽4道14kN/m，铺装9cm沥青混凝土）。

3. 压重荷载

根据计算负反力的情况，按实际压重范围及数量计入。

4. 施工荷载

施工中桥面吊机重暂按单侧1000kN计，前、后支点距离18m。吊机前、后支点横向中心间距26m，前支点作用在已安装节段最前端的一道横隔板上。

（二）斜拉索初始张拉力

斜拉索初始张拉力按施工过程实际数值计入。

（三）活载

车辆荷载标准按《公路工程技术标准》（JTJ001—1997）取定，荷载等级为公路I级，横桥向按8车道考虑，折减系数0.50。

人群荷载：桥面两侧人行道各2.75m宽，按规范取值。

（四）温度荷载

（1）整体升温+26.3℃，降温：−29.4℃（与百年一遇的设计风速组合时的体系温度按7~9月的多年平均月最高/最低气温与多年平均温度的差值考虑）。

（2）塔左右侧温差±5℃。

（3）斜拉索与梁、塔之间温差：±15℃。

（4）桥面板局部温差：按规范取值。

（五）风荷载

根据节段模型试验结果，主梁阻力系数取为1.3018，斜拉索阻力系数采用0.8。主塔塔冠处横桥向风阻力系数取1.47，纵桥向取为3.45；中塔柱断面顺桥向迎风侧阻力系数取2.1，背风侧阻力系数为0.52，横桥向取为1.05；下塔柱断面顺桥向迎风侧阻力系数为2.2，背风侧阻力系数为0.13，横桥向取为1.31。

（1）桥位10m高处100年一遇基本风速为45m/s，10年一遇基本风速为37.8m/s，施工期间按10年一遇计。

（2）与汽车荷载组合的风力按桥面风速25m/s计算，超过25m/s不与汽车荷载组合。

（3）梁、塔限位行程荷载组合的风力按日常年平均10m高、基本风速为5m/s计算。

（六）支座沉陷

索塔沉降量按2cm计，边墩和辅助墩按1cm计。

(七)纵向限位装置行程

纵向限位装置行程按±300mm计。

三、荷载组合

(一)主桥施工过程

除按节段悬臂拼装模拟施工全过程外,还作了以下工况的验算:

(1)最大双悬臂稳定计算。

(2)最大双悬臂一侧落梁计算。

(3)最大双悬臂两侧不均匀静风计算。

(4)最大单悬臂稳定计算。

(二)成桥后的运营阶段

对以下6种工况组合进行了计算:

(1)恒载+活载。

(2)恒载+活载+支座沉陷+体系升温。

(3)恒载+活载+支座沉陷+体系降温。

(4)恒载+活载+支座沉陷+主梁体系升温+索、塔正温差+塔左、右侧正温差+梁上下缘正温差+常规静风荷载。

(5)恒载+活载+支座沉陷+主梁体系降温+索、塔负温差+塔左、右侧负温差+梁上下缘负温差+常规静风荷载。

(6)恒载+支座沉陷+特定体系温差+极限静风荷载。

四、总体计算小结

(1)成桥初期:组合梁混凝土桥面板的最大压应力为-12.6MPa,最小压应力为-2.1MPa(辅助墩处);钢梁上缘的压应力为-129MPa;下缘压应力最大为-157MPa,拉应力最大为165MPa。

(2)成桥后期:混凝土桥面板的压应力为-10.92MPa,最小压应力为-1.6MPa(辅助墩处);钢梁上缘的压应力为-150MPa;下缘压应力最大为-182MPa,拉应力最大为147MPa。

(3)在标准组合下(成桥后期):混凝土桥面板最大压应力为15MPa,钢梁上缘最大压应力179MPa、下缘最大压应力244MPa,其中由混凝土徐变、收缩产生的钢梁压应力为:上缘增大21MPa压应力、下缘中跨区增大25MPa压应力,考虑到温度参与组合,钢结构允许应力提高25%,上述应力结果满足规范要求。

(4)在恒载+活载作用下(成桥后期):钢梁上缘最大压应力为164MPa,下缘最大压应力为198MPa。混凝桥面板在长期效应组合下不出现拉应力,最小压应力为-0.9MPa出现在辅助墩处,满足规范要求。

(5)索塔(考虑限位阻尼器效应)在标准组合下:最大压应力达到-16.4MPa压应力,不出现拉应力。在偶然组合极限风状态下塔身最大压应力为-17.8MPa。满足规范要求。

第五章　引 桥 设 计

第一节　引桥及接线路线设计

一、平面设计

本项目起点桩号为K62+294,即台金高速东延段与75省道临时平面交叉口处,路线沿老路向南后折向西走新线,于K64+000处上跨现75省道,跨越椒江后并入疏港大道。在椒江南岸大堤处由整体式断面变成分离式断面,同时预留75省道南延工程接口,分离式左右线与原疏港大道接顺。终点位于太和二路交叉口,桩号为K70+515.954。路线长8.222km。

北岸接75省道,设计速度为80km/h。南岸接城市道路疏港大道,设计速度为60km/h。平面线形设计尽量避免周边的拆迁,并力求平顺、节约土地和工程造价。平面、纵断面的设计均满足规范要求,最小圆曲线半径为R=150m,并在圆曲线两端设置缓和曲线,并设置相应的超高。主桥及引桥范围平面布置见图2-5-1。

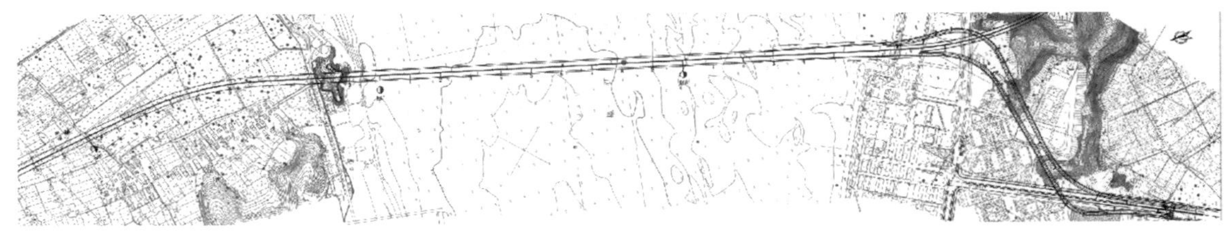

图2-5-1　主桥及引桥范围的路线平面图

二、纵断面设计

纵断面线形设计主要点:

(1)满足主线车速80km/h时各项指标;

(2)综合考虑土方填挖平衡、路基强度、河道通航净空、相交道路交叉及设计规范要求的坡段长度等因素确定各变坡点位置及高程;

(3)满足椒江二桥主航道通航净空40m,净宽405m的要求;

(4)满足上跨及下穿主线净空5m的要求,满足沿线相交农耕通道2.7m及人行通道2.2m净空要求;

(5)除既有路段改造外,满足道路纵断面排水要求(纵坡≥0.3%);

(6)满足椒江二桥桥面行人、非机动车通行对纵坡及坡长的限制;

(7)满足桥梁两侧落地段纵坡充分交通安全要求,桥梁应尽早落地,降低造价;

(8)江内主桥与两岸景观的视觉衔接;与平面线形组合得当。

椒江二桥的主线纵断面见图2-5-2,南岸左线纵断面及南岸右线纵断面分别见图2-5-3a)和图2-5-3b)。

图 2-5-2　椒江二桥主线纵断面

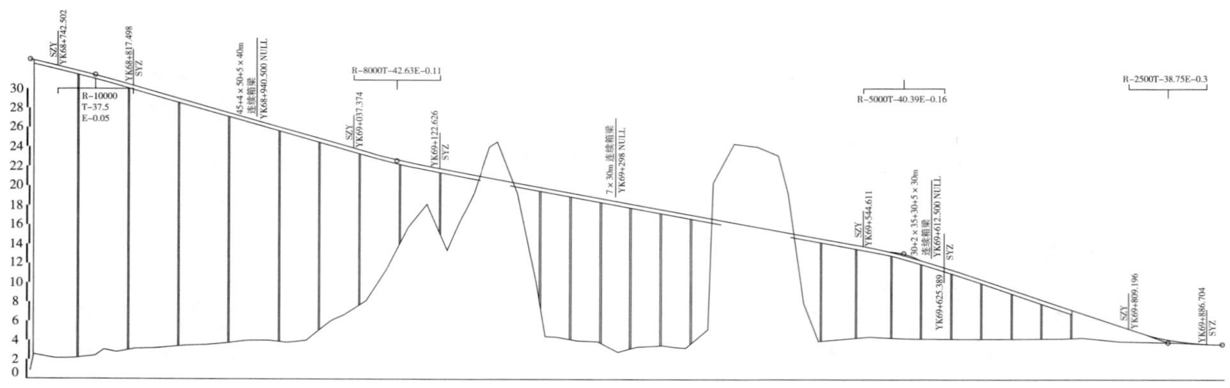

a) 右线

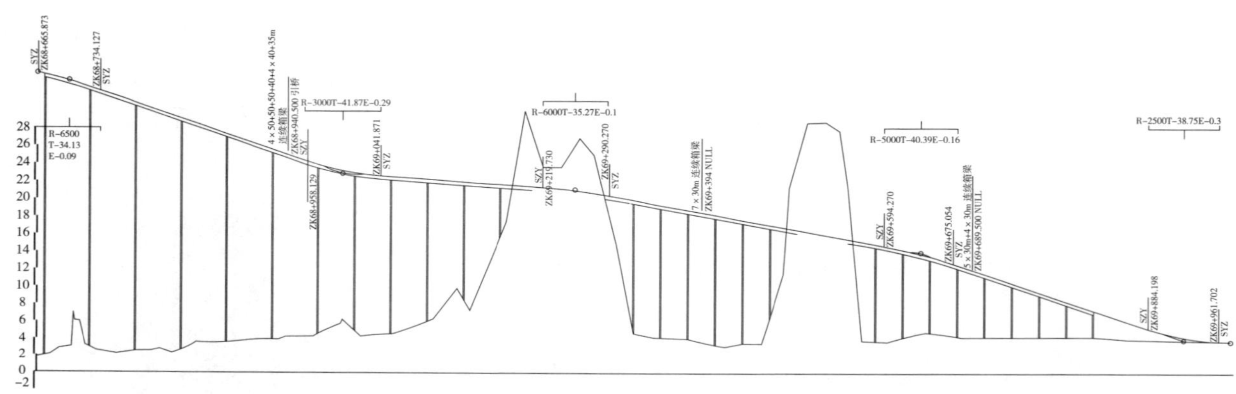

b) 左线

图 2-5-3　椒江二桥南岸纵断面

本项目采用的主要技术指标采用如表 2-5-1 ~ 表 2-5-3。

主要技术指标采用情况表

表 2-5-1

序　号	项　目	单　位	规定指标		采用指标	
1	公路等级	级	一级集散		一级集散	
2	设计速度	km/h	80	60	80	60
3	停车视距	m	110	75	110	75
4	平曲线极限值	m	250	125	470	150
	一般值	m	400	200	470	150
	不设超高最小半径	m	2500	1500	2500	1500
5	最大纵坡	%	5	6	3. 287	3. 5
	最小坡长	m	200	150	200	262. 95
	凸型一般值	m	4500	2000	4500	5000
	凹型一般值	m	3000	1500	5000	2500
	竖曲线最小长度	m	70	50	120	68. 26

北岸接线及引桥技术指标表 表 2-5-2

序号	项目	单位	规定指标	采用指标
1	公路等级	级	一级集散	一级集散
2	设计速度	km/h	80	80
3	停车视距	m	110	110
4	平曲线极限值	m	250	470
	一般值	m	400	470
	不设超高最小半径	m	2500	2500
5	最大纵坡	%	5	2.9
	最小坡长	m	200	200
	凸型一般值	m	4500	4500
	凹型一般值	m	3000	5000
	竖曲线最小长度	m	70	120

南岸引桥技术指标表 表 2-5-3

序号	项目名称		规范技术指标		本合同段采用技术指标	
					分离式路基	疏港大道地面接线
1	道路等级		城市主干道Ⅰ级	城市主干道Ⅱ级	城市主干道Ⅰ级	城市主干道Ⅱ级
2	设计速度(km/h)		60	40	60	40
3	路基宽度(m)		16.5	50	16.5	50
4	行车道宽度(m)		2×3×3.75	2×3×3.75	2×3×3.75	2×3×3.75
5	停车视距(m)		70	40	70	40
6	最大纵坡(%)		5	6	3.5	0.2
7	最短坡长(m)		170	110	255	113.34
8	不设超高圆曲线最小半径(m)		600	300	150	—
9	不设缓和曲线圆曲线最小半径(m)		1000	500	150	—
10	平曲线最小长度(m)		100	70	226.105	—
11	缓和曲线最小长度(m)		50	35	70	—
12	凸曲线最小半径(m)	极限值	1200	400	5000	10000
		一般值	1800	600		
13	凹曲线最小半径(m)	极限值	1000	450	2500	7500
		一般值	1500	700		

三、横断面设计

横断面布置综合考虑交通流量、交通功能、交通安全等因素依据设计规范确定。桥梁总体功能定位为可通行机动车、非机动车和行人的全功能交通桥梁。车道数确定为双向 6 车道,右侧硬路肩宽 2.5m,江面段桥梁两侧各布置 2.75m 宽行人、非机动车道。

(一)道路标准横断面

(1)起点~75 省道南延立交段:采用整体式路基断面如图 2-5-4 所示。

0.75m(土路肩)+2.5m(硬路肩)+3×3.75m(行车道)+0.5m(左侧路缘带)+2m(中央分隔带)+

0.5m(左侧路缘带)+3×3.75m(行车道)+2.5m(硬路肩)+0.75m(土路肩)=32m。

(2)75省道南延立交~疏港大道段:采用分离式路基断面如图2-5-5所示。

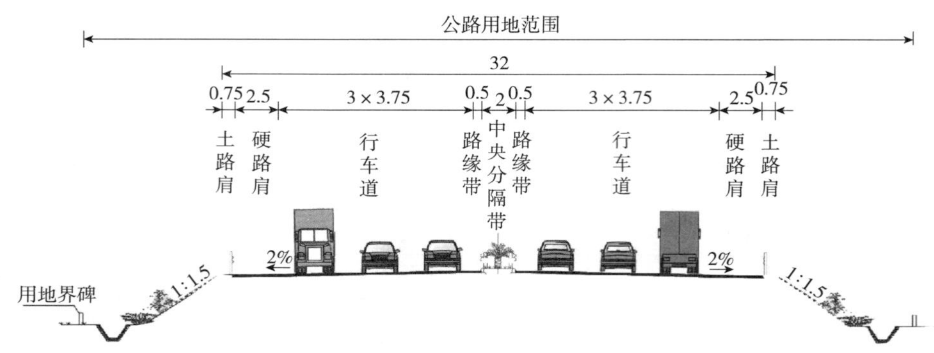

图2-5-4 整体式路基道路标准横断面布置图(尺寸单位:m)

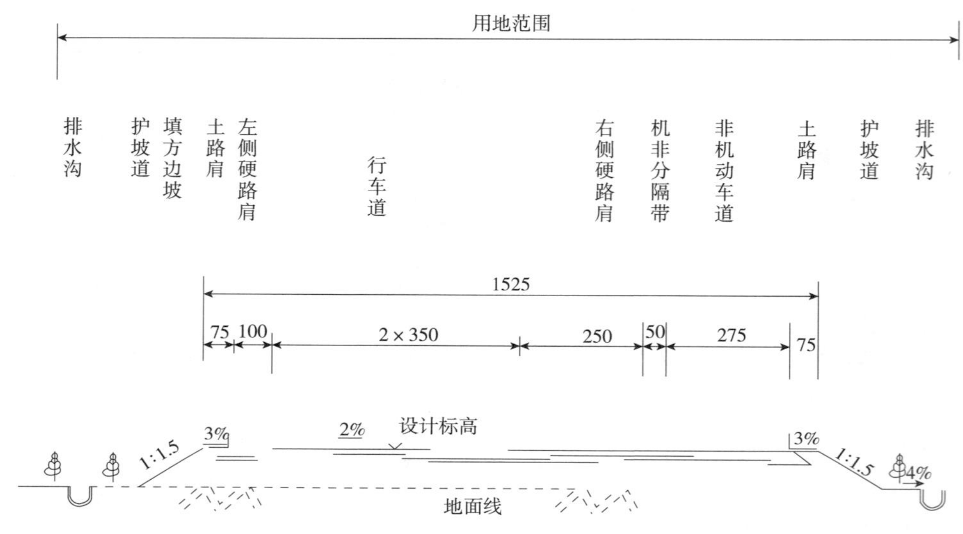

图2-5-5 分离式路基道路标准横断面布置图(尺寸单位:cm)

0.75m(土路肩)+2.75m(非机动车道)+0.5m(防撞护栏)+2.5m(硬路肩)+2×3.5m(行车道)+1m(左侧路缘带)+0.75m(土路肩)=15.25m。

(二)江中桥梁横断面

设置人行、非机动车混行道的江中引桥宽度为37.5m。具体布置如图2-5-6所示。

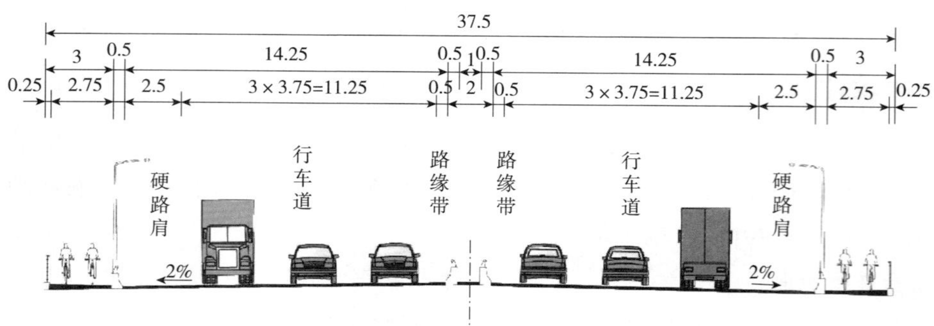

图2-5-6 江中引桥横断面布置图(尺寸单位:m)

0.25m(人行道护栏)+2.75m(人行、非机动车混行道)+0.5m(防撞护栏)+2.5m(紧急停车带)+3×3.75m(行车道)+0.5m(左侧路缘带)+2m(中央分隔带)+0.5m(左侧路缘带)+3×3.75m(行车道)+2.5m(紧急停车带)+0.5m(防撞护栏)+2.75m(人行、非机动车混行道)+0.25m(人行道护栏)=37.5m。

主桥横断面两侧各增加1m宽拉索区,布置从略。

(三)岸上引桥横断面

岸上引桥宽度分别为31.5m、14.5m。具体布置为:

(1)整体式断面岸上6车道引桥如图2-5-7所示。

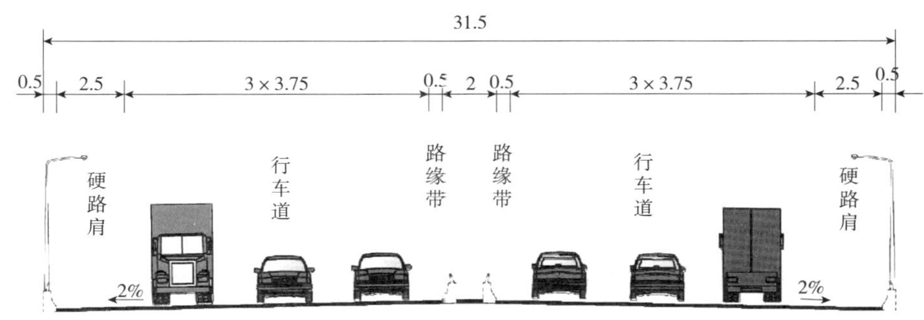

图2-5-7 6车道岸上引桥横断面布置图(尺寸单位:m)

0.5m(防撞墙)+2.5m(紧急停车带)+3×3.75m(行车道)+0.5m(路缘带)+2m(中央分隔带)+0.5m(路缘带)+3×3.75m(行车道)+2.5m(紧急停车带)+0.5m(防撞墙)=31.5m。

(2)分离式断面岸上双车道引桥(含非机动车道)如图2-5-8所示。

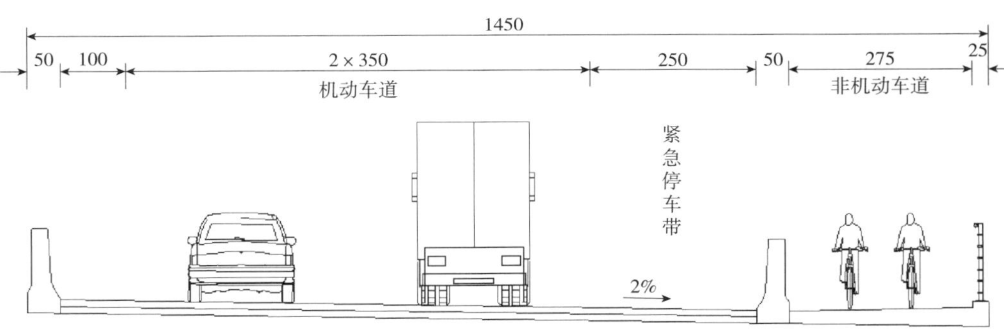

图2-5-8 双车道岸上引桥横断面布置图(尺寸单位:cm)

0.25m(护栏)+2.75m(非机动车道)+0.5m(防撞护栏)+2.5m(硬路肩)+2×3.5m(行车道)+1m(左侧路缘带)+0.5m(防撞护栏)=14.5m。

四、平纵横线形组合分析

受码头规划、岸线开发利用、与航道夹角及两岸征地拆迁等多种条件的限制,本工程桥位选择余地很小。由于桥位处墩台轴线与航道夹角不得超过5°,接线道路线位与桥梁线位在两岸均形成夹角,且在南岸形成“S”弯。为确保交通安全,设计中除严格避免不利的平纵线形组合外,转弯处均设置较高标准的平曲线,各平曲线段亦严格按规范要求设置超高。

大桥所处路线范围共有3处平弯点及5个竖向变坡点。采用的平曲线长度、圆曲线半径、缓和曲线长度、竖曲线半径、竖曲线长度等指标均符合规范要求。经全面核查,沿线也无其他影响交通安全的不良线形组合情况。

综合上述,设计最终采用的平、纵线形组合达到了行车安全舒适、技术经济合理、景观效果良好的目标。

第二节 引桥跨径和梁型选择

椒江二桥的引桥可分为3部分:与主桥衔接的江中区段、岸上高墩区段及矮墩区段。

一、跨径选择

(一)确定引桥跨径布置的控制因素

1. 江面宽度

桥位处江面宽度约1.8km,江面范围引桥长约900m。为保证工期,提高经济效益,宜选择结构可靠、经济合理、施工简便快捷的跨径和结构型式。

2. 河势复杂

桥墩的设置将局部改变原有的水流条件,而引桥桥墩阻水面积在整个跨江大桥中占一定比例,因此选择引桥跨径和基础结构时应在经济合理的范围内适当增大跨度,以尽量减小桥梁建设对河势的影响。

3. 深水施工

根据地质资料,拟建桥位的河床底覆盖层厚,各层土参数偏低,而且有较厚的淤泥层。相对一般地区基础所占整个工程费用比例偏高,而且深水基础施工困难,周期缓慢,加之高墩墩身所占工程量也比较大,因此考虑适当增大引桥跨径,减少过多的水中基础。

4. 景观效果

引桥长度在整个跨江大桥中占近50%,对协调和衬托整个大桥的景观效果起到非常重要的作用。

5. 桥墩防撞

江中引桥虽不通航,但广东九江大桥等的经验教训表明非通航孔的引桥也要考虑一定的防撞要求。从防撞角度考虑,引桥跨径应该适当加大,这样墩身和基础自身的抗撞能力比较强。反之如果跨径过小,墩身和基础比较单薄,抗船撞能力将大大降低。

6. 经济因素

在满足以上各项要求的前提下,尽可能降低造价,减小工程规模。

以下按区段介绍引桥的跨径选择情况。

(二)与主桥衔接的江中区段

由于与主桥相衔接的江中区段桥墩较高(约35m),考虑整体协调性,宜布置较大跨径的桥梁,结合与主桥70m边跨的协调及对河势的影响,考虑布置70~80m跨度的桥梁。对于70~80m预应力混凝土连续梁或连续刚构来说,可采用满布支架法、预制拼装法、悬臂浇筑法和顶推法施工。

由于本区段桥墩较高(最高达40m)且水深较大(本区段河床高程最小为-7.9m),因此采用支架法施工不合理。又因本区段较短,若采用预制拼装法其经济性较差,故也不考虑。顶推法施工是沿桥轴方向,在预制台座上分节段预制梁段,然后通过水平液压千斤顶施力,借助滑动装置将梁段向前顶进,因而在水深、墩高的情况下,可省去大量施工脚手架,对桥下通航影响小,可集中管理指挥,高空作业少,施工安全可靠,质量也容易保证。而悬臂浇筑的施工工艺较为成熟,无论国内还是国外都有许多工程实例,国内许多施工单位都有成熟经验。综上所述,对悬臂浇筑法和顶推法施工作了进一步比较。

根据资料检索,目前国内不设临时墩的最大顶推跨度为52m,曾考虑采用50m等高度连续梁方案,跨径与主桥边跨的70m比较协调,梁高3.5m也与主桥相同,景观效果较好,而且无需设临时墩,经济性较好，但河势分析表明，该方案的阻水面积百分比不满足《浙江省涉河桥梁水利技术规定（试行）》不得超过7%的要求。故顶推法施工的桥型方案最终选用跨径与主桥边跨接近的72m等高度连续梁，悬臂浇筑法施工的桥型方案选用主跨80m、边跨60m的变高度连续刚构，这两个方案的比较见表2-5-4，立面效果比较见图2-5-9。

与主桥衔接的江中区段桥型方案比选表 表2-5-4

项目 ＼ 桥型方案	主跨80m变高度预应力混凝土连续刚构	跨径72m等高度预应力混凝土连续梁
梁高(m)	2.0～4.5	4.0
施工方法	悬臂浇筑	预制顶推
施工进度	较快	快
景观效果	尚可	较好
建安费相对比例	1	1.067

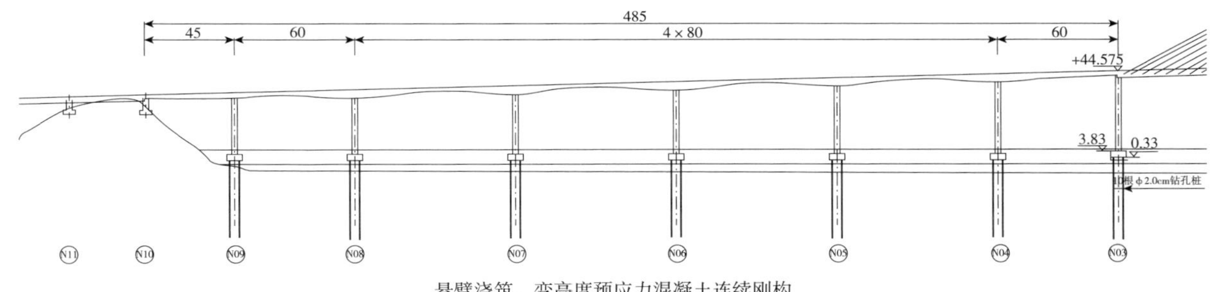

悬臂浇筑、变高度预应力混凝土连续刚构

顶推施工、等高度预应力混凝土连续箱梁

图2-5-9 变高度连续刚构与等高度连续箱梁立面效果比较（尺寸单位：m）

由比较可知，80m预应力连续刚构施工方法成熟，造价适中，但变高梁与主桥直接连接，景观上协调性稍差一些，另外，江中悬臂浇筑的施工点较多，施工管理难度较大；而72m等高度预应力混凝土连续梁方案与主桥的景观协调性较好，施工质量较容易保证，但造价偏高，同时，相对于悬臂浇筑施工而言，顶推施工桥梁在国内的工程实例较少，熟悉顶推施工的施工单位也较少，对施工单位的要求也相对较高。另外，南岸江中引桥大部分范围均在变宽段内，因此南岸江中引桥不适宜采用顶推法施工，为使南、北江中引桥协调一致，将80m预应力连续刚构作为江中引桥的推荐方案。

（三）岸上高墩区段

岸上高墩区段是指墩高在18～30m范围的引桥，该范围主要对40m、50m、60m跨径的桥梁方案进行比较，其结果见表2-5-5。

由比较可知，60m跨径梁造价较高，而40m和50m连续梁造价差别不大，鉴于桥墩较高，采用50m跨径较40m跨景观效果好，故岸上高墩范围内在造价相当的情况下选用较大跨50m跨径桥梁较为合适。

岸上高墩区段桥型方案比选表 表 2-5-5

项目＼桥型方案	跨径 40m 预应力混凝土梁	跨径 50m 预应力混凝土梁	跨径 60m 预应力混凝土梁
梁高(m)	2.4	3	3.6
施工方法	满布膺架或移动模架	满布膺架或移动模架	满布膺架或移动模架
施工进度	较快	较快	较快
景观效果	较差	较好	较好
建安费相对比例	1	1.02	1.28

(四)岸上矮墩区段

岸上矮墩区段是指墩高在 3 ~ 18m 范围的引桥,对该范围内的引桥,30m、40m、50m 跨径的预应力混凝土梁都是可以比选的方案,其结果见表 2-5-6。

岸上矮墩区段桥型方案比选表 表 2-5-6

项目＼桥型方案	跨径 30m 预应力混凝土梁	跨径 40m 预应力混凝土梁	跨径 50m 预应力混凝土梁
梁高(m)	1.8	2.4	3
施工方法	满布膺架或预制吊装	满布膺架或预制吊装	满布膺架或预制吊装
施工进度	快	快	快
景观效果	较好	较好	较差
建安费相对比例	1	1.08	1.19

由比较可知,30m、40m、50m 跨径桥梁的施工方法和施工进度相差不大,在景观上,墩高 3 ~ 18m 时选用 30m 梁和 40m 梁都较适宜,在经济指标上 30m 梁最省,因此本区段选用 30m 跨径桥梁。

二、梁型选择

(一)50m 跨径的桥型

对于 50m 跨径的桥梁,桥型方案可选择简支 T 梁和现浇连续箱梁。对这两种梁型的比较可知,50m 简支 T 梁的经济性与连续箱梁相差不大,相对于连续箱梁而言,50m 简支 T 梁结构整体性及景观效果较差,且侧向刚度弱,目前的 T 梁通用图只做到 40m,故推荐采用 50m 现浇连续箱梁。

(二)30m 跨径的桥型

对于 30m 跨径的桥梁,桥型方案可选择简支 T 梁、组合小箱梁及现浇箱梁。简支 T 梁结构整体性及景观效果较差,因此,将经济性和整体性均比较好的简支变连续组合小箱梁作为北引桥岸上矮墩区段的推荐方案,考虑到引桥 50m 跨径推荐采用现浇连续箱梁,如 30m 跨径也采用连续箱梁,景观效果较好,但造价稍高,因此,将 30m 跨径现浇连续箱梁作为南引桥岸上矮墩区段的推荐方案。

第三节 北引桥结构设计

北引桥起点桩号为 K65 +986.000,于桩号 K67 +358.000 处与主桥相接,全长 1372m。北引桥部分位于 R =1000m 右偏圆曲线上,纵面位于 R =7200m 的凹形竖曲线和 R =21000m 的凸形竖曲线上。北引桥标准断面桥面横坡为 2%,平曲线部分设置 3% 的超高,最大纵坡 3.287%。

北引桥江中部分桥面布置为:0.25m(人行道栏杆)+2.75m(人行道和非机动车道)+0.5m(防撞栏杆)+2.5m(硬路肩)+3×3.75m(行车道)+0.5m(路缘带)+0.5m(钢护栏)+1.0m(中央分隔带)+0.5m(钢护栏)+0.5m(路缘带)+3×3.75m(行车道)+2.5m(硬路肩)+0.5m(防撞栏杆)+2.75m(人行道和非机动车道)+0.25m(人行道栏杆)=37.5m,每幅桥宽 18.25m。

北引桥岸上部分桥面布置为:0.5m(防撞栏杆)+2.5m(硬路肩)+3×3.75m(行车道)+0.5m(路缘

带）+0.5m（钢护栏）+1.0m（中央分隔带）+0.5m（钢护栏）+0.5m（路缘带）+3×3.75m（行车道）+2.5m（硬路肩）+0.5m（防撞栏杆）=31.5m，每幅桥宽15.25m。

北引桥共有五联，自南向北：

第1联（NS01联，N03~N10墩）采用预应力混凝土变截面单箱双室连续刚构－连续梁组合结构，跨径组合从主桥侧N03墩起为60m+4×80m+60m+45m=485m，其中N04~N08墩处为墩梁固接的连续刚构体系，N09墩处为设置支座的连续梁体系。

第2联（NS02联）采用（38+53+2×38=167）m四跨预应力混凝土等高度单箱双室连续箱梁，因与规划道路斜交，采用斜桥正做的方式跨越规划道路，左右幅跨径布置有所区别。

第3联至第5联（NS03~NS05联）采用装配式部分预应力混凝土简支变连续组合小箱梁，每联跨径布置均为8×30m=240m。

北引桥均由上、下行分离的左、右幅组成，其中NS01联每幅桥宽18.25m，NS02~NS05联每幅桥宽15.25m。

一、NS01联

横断面结构布置参见图2-5-10。

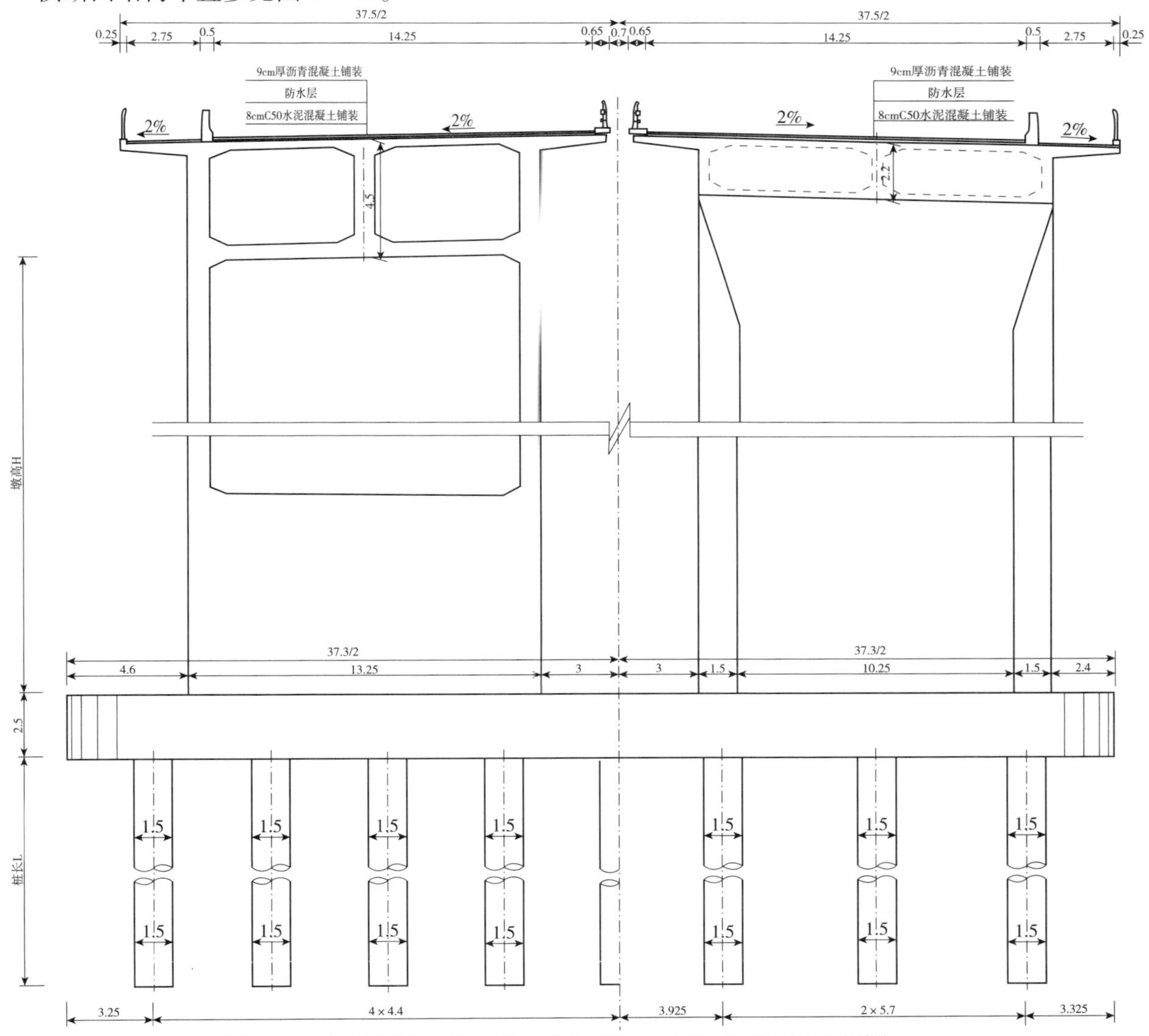

图2-5-10 北引桥预应力刚构箱梁结构布置图（左：主墩，右：跨中）（尺寸单位：m）

(一)上部结构

NS01 联为(60 +4 ×80 +60 +45)m 7 跨预应力混凝土变截面连续刚构和连续箱梁的组合体系,左右幅均由一个单箱双室箱形截面组成,每幅桥宽 18.25m。

箱梁顶板宽 18.25m,根部梁高 4.5m(N09 墩处为 3.0m),跨中梁高 2.2m,箱梁梁高从距跨中 1.0m 至距主墩中心 1.75m 处按二次抛物线变化,翼缘板悬臂长为 2.5m,跨中和支点断面见图 2-5-11。

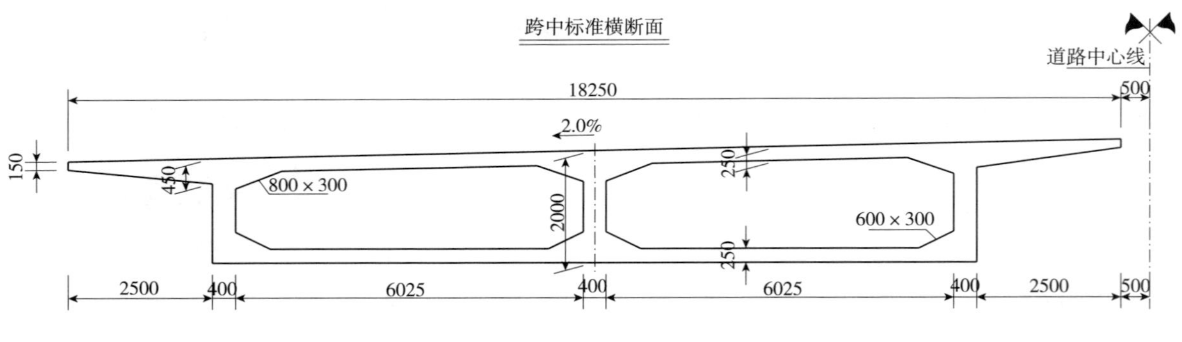

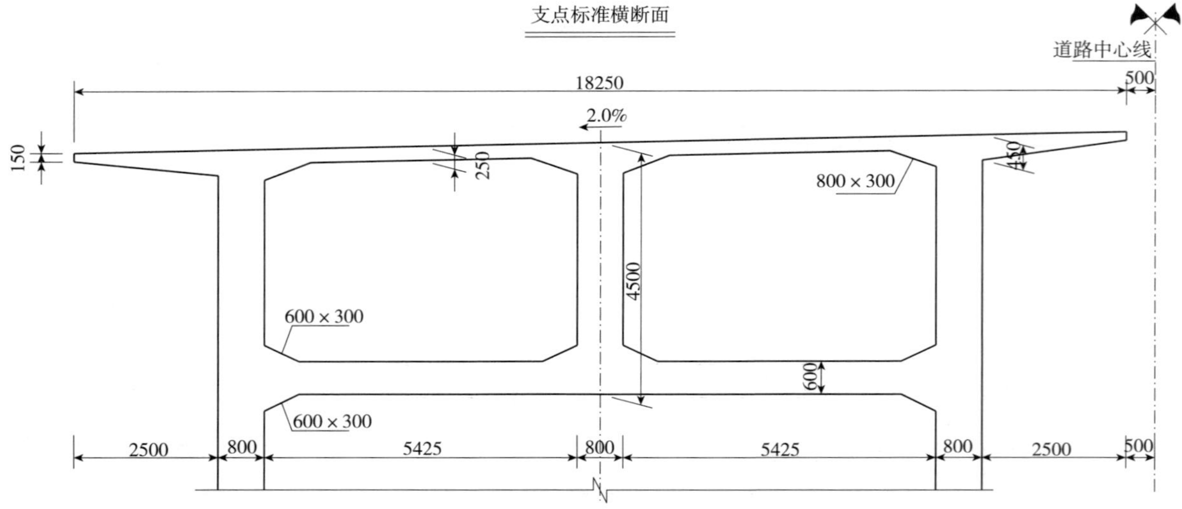

图 2-5-11　NS01 联横截面(尺寸单位:mm)

与桥墩断面相对应,在桥墩墩顶设置二道厚 0.8m 的横隔板,边跨端部设厚 1.2m 的端横梁,跨间不设横隔板。

采用挂篮悬臂施工,80m 跨共分 0 ~9 号共 10 个节段,0 号节段长 12m,1 ~9 号节段长 3.0 ~4.0m,节段最大重量为 1 号节段的 151.8t。

本联按 A 类部分预应力混凝土构件设计,纵向预应力钢束分腹板束(w)、顶板束(T)和底板束(B)三种,采用 9Φ_S15 2 和 12Φ_S15 2,张拉控制应力 1395MPa。

N09 墩处临时固接采用 JL32 精轧螺纹钢筋。

(二)下部构造

连续刚构 N04 ~N08 墩墩身宽 13.25m,厚 3.5m,采用八边形钢筋混凝土空心墩,高桩承台,群桩基础。为避免船舶撞击破坏,N04 墩墩柱从承台顶 8m 范围为实心断面,N05 ~N08 墩墩柱从承台顶 5.6m 范围为实心断面。N09 墩为实心墩,横桥向宽为 10.5m,厚 2.5m。

为提高基础防船撞能力,将江中引桥左右幅的承台连为一个整体,承台厚 2.5m。N04 墩承台外形尺寸为 41.7 ×6.5m,下设 18 根直径 1.5m 钻孔灌注桩。N05 ~N08 墩承台外形尺寸为 37.3 ×6.5m,下设 12

根直径 1.5m 钻孔灌注桩，桩基础按端承桩设计，要求进入中风化基岩不小于 2.3m。

二、NS02 联

横断面结构布置参见图 2-5-12。

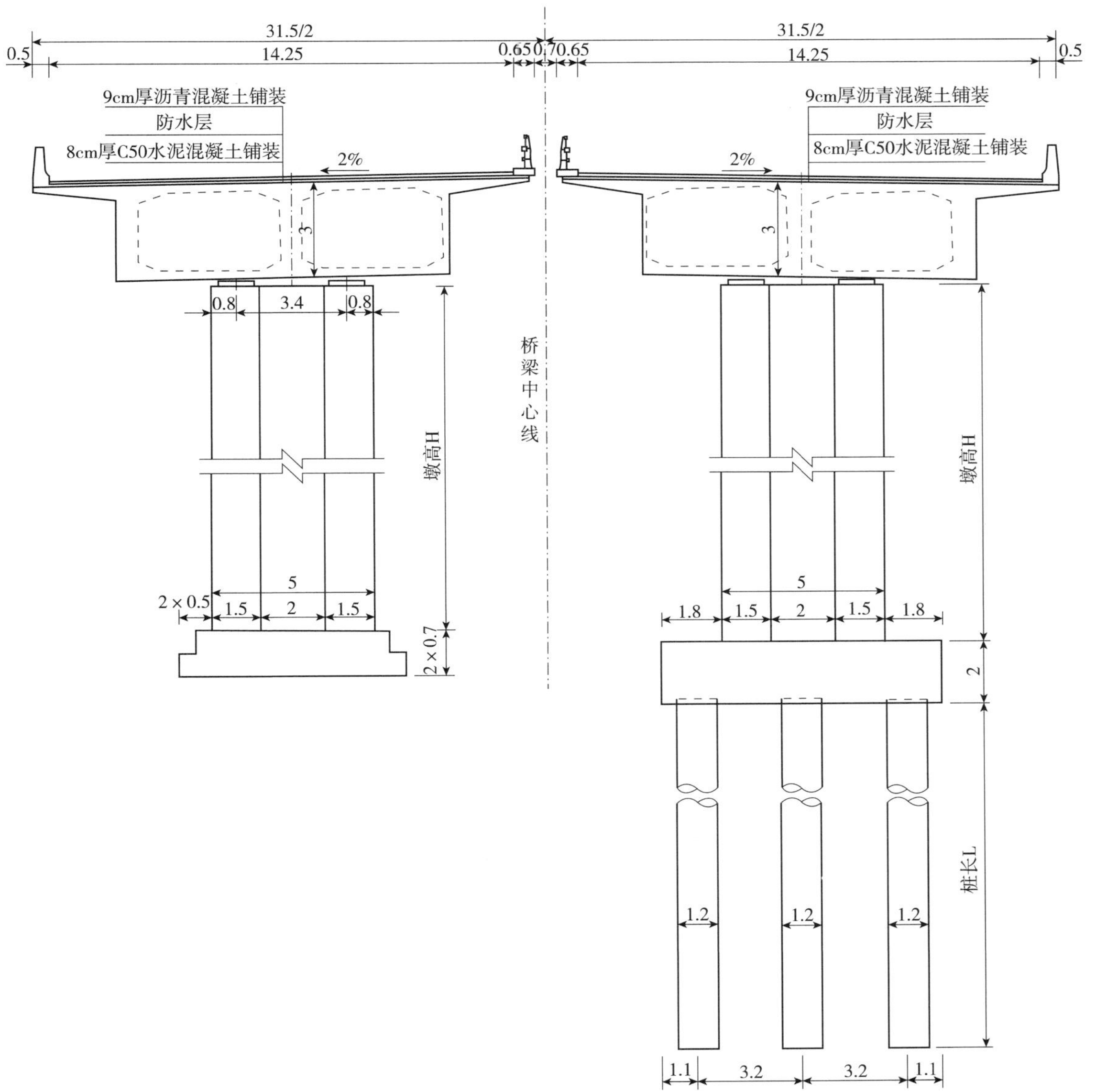

图 2-5-12 北引桥预应力连续箱梁结构布置图(左:边跨低墩,右:中跨高墩)(尺寸单位:m)

(一)上部结构

NS02 联为(38+53+2×38=167)m 4 跨预应力混凝土等高度连续箱梁，因与规划道路斜交，采用斜桥正做的方式，从主桥侧计起，左幅跨径布置为 38m+41.3m+53m+34.7m，右幅跨径布置为 38m+34.7m+53m+41.3m。

每幅桥由一个单箱双室箱形截面组成，每幅桥宽 15.25m。箱梁梁高 3.0m，顶板宽 15.25m，厚 0.25m，设 2% 的横坡；底板宽 10.25m，跨中厚度为 0.25m，支点处为 0.6m，中间设 8m 长的变化段，横桥向底板也设 2% 的横坡；腹板厚度跨中为 0.45m，支点处为 0.7m。翼缘板悬臂长为 2.5m，端部厚 0.15m，根部厚 0.45m。跨中和支点断面见图 2-5-13。

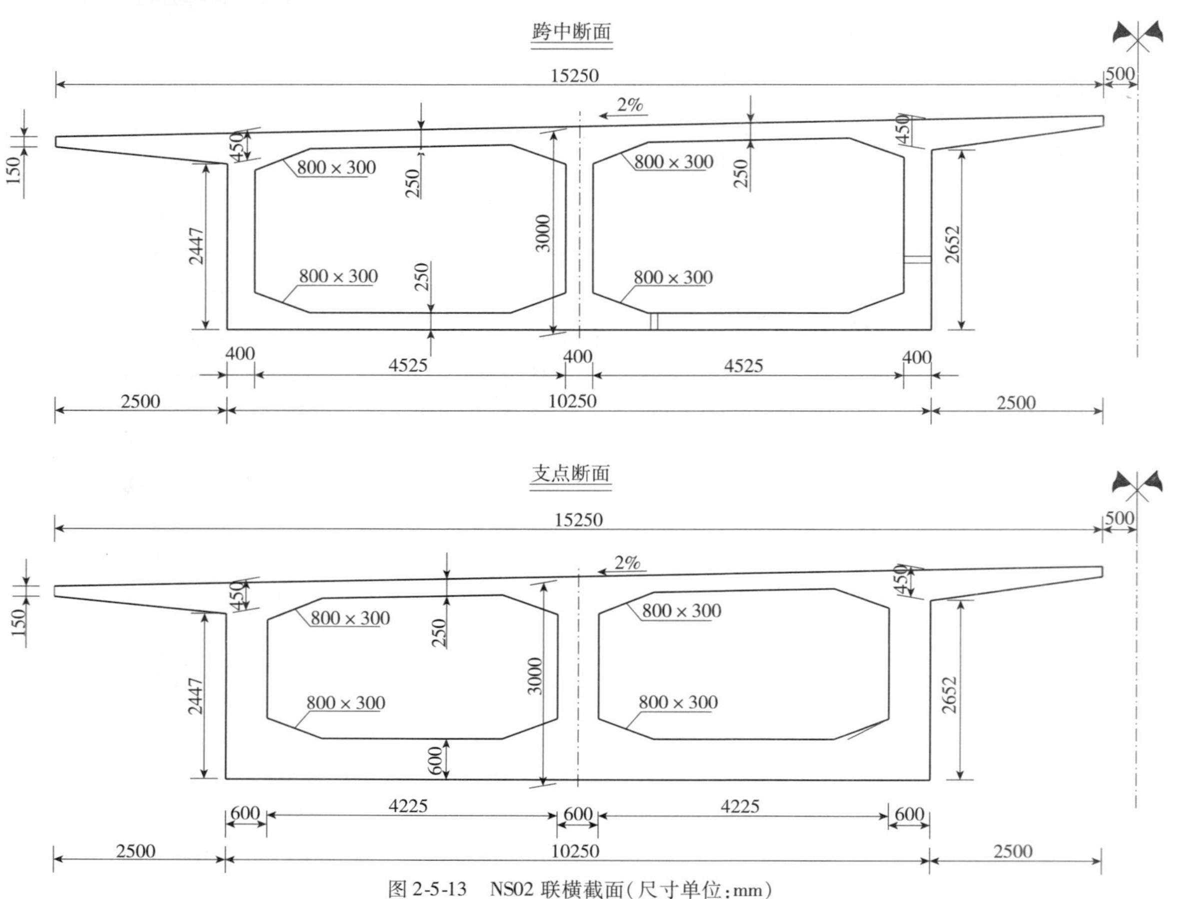

图 2-5-13　NS02 联横截面(尺寸单位:mm)

在桥墩墩顶设置厚 2.0m 的中横梁,边跨端部设厚 1.2m 的端横梁,在 N14 墩处设带牛腿端横梁,跨间不设横隔板。

采用满堂支架逐孔浇筑,在距 N12 墩 8m(N13 墩侧)处设一施工缝。

本联按 A 类部分预应力混凝土构件设计,纵向预应力钢束分腹板束(w)、顶板束(T)和底板束(B)三种,采用 $9\Phi_S15.2$ 和 $12\Phi_S15.2$,张拉控制应力 1395MPa。

(二)下部构造

N10 墩 ~ N13 墩采用钻孔灌注桩基础,每个承台下设 6 根直径 1.2m 钻孔桩,钻孔桩按端承桩设计,要求进入中风化基岩不小于 1.8m。

承台平面尺寸为 8.6m(横桥向)×5.4m(顺桥向),厚度 2.0m。墩柱平面尺寸为 5.0m(横桥向)×2.0m(顺桥向),采用八角形钢筋混凝土实心墩。

三、NS03 ~ NS05 联

横断面结构布置参见图 2-5-14。

(一)上部结构

NS03 ~ NS05 联采用装配式部分预应力混凝土简支变连续组合小箱梁,每联跨径布置均为 8×30m = 240m。NS03 ~ NS05 联部分位于半径 1000m 的平曲线上,设 3% 的超高。

每幅桥桥宽 15.25m,由五片预制小箱梁组成,现浇带宽度 0.6m。预制小箱梁平均梁高 1.6m,顶板宽中梁为 2.4m,边梁为 2.825m,厚 0.18m,根据各孔的平均横坡设置顶板的横坡;底板宽 1.0m,跨中厚度为 0.18m,支点处为 0.25m,中间设 1.5m 长的变化段,横桥向底板为水平;腹板厚度跨中为 0.18m,支点处为 0.25m。见图 2-5-15。

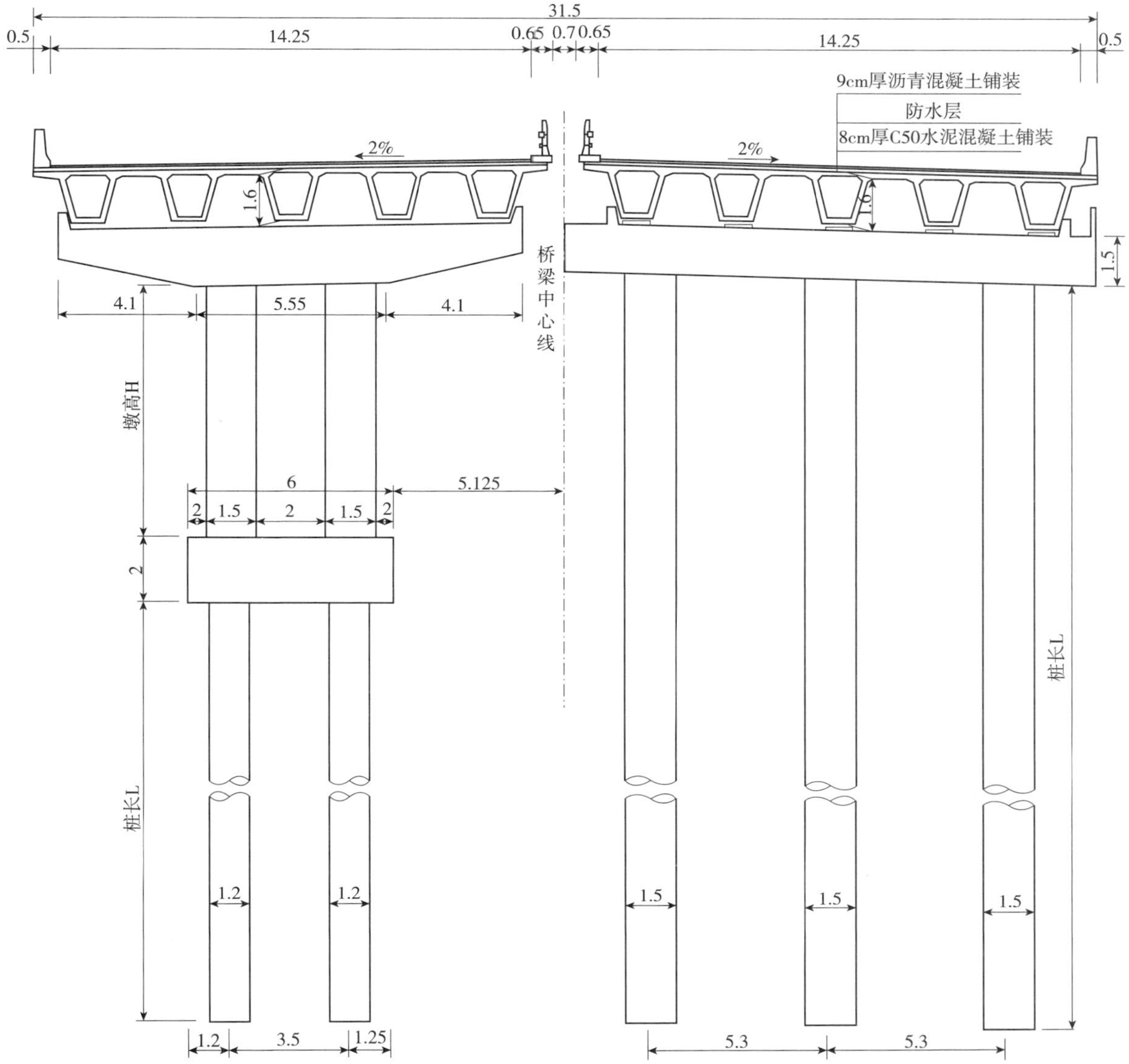

图 2-5-14　北引桥 30m 跨预应力小箱梁结构布置图(左:中墩,右:桥台)(尺寸单位:m)

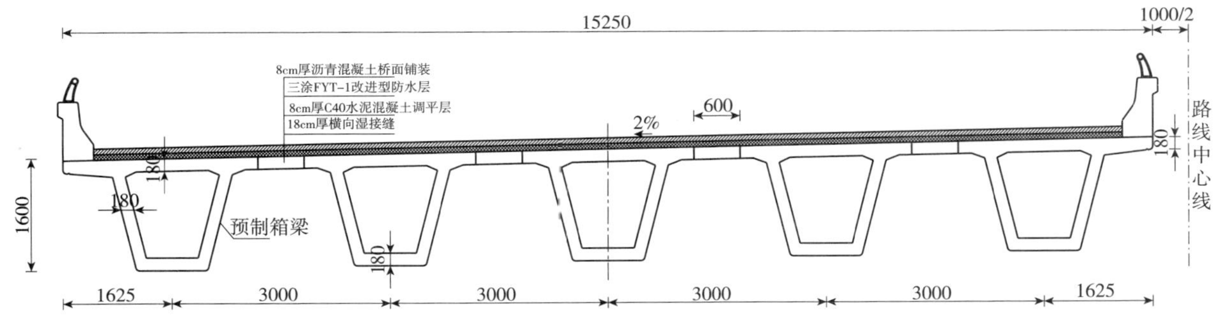

图 2-5-15　30m 连续组合小箱梁标准横截面(尺寸单位:mm)

在桥墩墩顶设置厚 1.0m 的现浇中横梁,边跨端部设厚 0.5m 的端横梁,跨中设置一道厚 0.2m 的横隔板。

采用预制安装、简支变连续施工。

按 A 类部分预应力构件设计,纵向预应力钢束分正弯矩束和负弯矩束二种,正弯矩束采用 $4\Phi_S15.2$

和 5Φ_S15.2，负弯矩束采用 3Φ_S15.2 和 4Φ_S15 2，张拉控制应力 1395MPa。

（二）下部构造

N14～N37 墩采用钻孔灌注桩基础，每个承台下设 4 根直径 1.2m 钻孔桩，钻孔桩按端承桩设计，要求进入中风化基岩不小于 1.8m。

承台平面尺寸为 6.0m（横桥向）×5.7m（顺桥向），厚度 2.0m。每幅桥盖梁总长 13.8m，每侧挑臂长 4.4m，高度 1.8m，厚度 1.9m（N14 墩为 2.05m）。墩柱平面尺寸 N14～N25 墩为 5.0m（横桥向）×1.7m（顺桥向），N26～N37 墩为 5.0m（横桥向）×1.3m（顺桥向）。

盖梁按预应力混凝土构件设计，采用 7ϕ_s15.2，需根据上部结构施工进度分阶段张拉，张拉控制应力 1395MPa。

N38 桥台采用轻型桥台，每幅下设 3 根直径 1.5m 钻孔灌注桩。

四、结构分析

（1）上部结构静力分析以平面杆系理论为基础，采用桥梁博士或 MIDAS 进行计算。考虑恒载、活载、预应力、混凝土收缩徐变（按 3650d 计）、支座强迫位移、温度变化、风、地震等荷载的作用。计算中按有关规范规定对各种荷载进行不同的荷载组合，对结构的强度、刚度和应力进行了计算和验算。

（2）上部结构施工阶段计算：施工计算时结合各联结构布置、施工方案并考虑工程施工实际情况进行工况划分，分别对各梁段施工过程中的内力、应力、挠度进行了计算和验算。

设计中 NS01 联按先边跨合龙、后中跨合龙的顺序考虑，合龙应在当天气温最低时进行。

（3）箱梁横向分析采用框架模型进行计算，以此配置顶板横向钢筋。

（4）下部结构按有关规范规定对盖梁、墩身、承台、桩基进行了分析计算。

（5）连续刚构施工过程中进行了以下几种工况的验算，并以此控制临时固结所需的预应力钢筋及临时支承。

①最后一个悬臂段不同步施工，一侧施工，另一侧空载；

②一侧堆放的材料、机具等按 8.5kN/m 计，悬臂端部作用 200kN 集中力，另一端空载；

③一侧施工机具等动力系数 1.2，另一侧为 0.8；

④悬臂施工阶段一侧箱梁自重增加 3%，另一侧自重减少 3%。

（6）结构计算相关参数

C50 混凝土容重：26kN/m^3 弹性模量：3.45×10^4MPa；

基础不均匀沉降：1.0cm；

箱梁整体升降温：±25℃；

竖向日照温差：$T_1=15.2$℃，$T_2=5.74$℃，竖向日照反温差为正温差乘以 −0.5；

管道摩擦系数：$\mu=0.15$；

管道偏差系数：$K=0.0015$；

锚具变形、钢筋回缩和接缝压缩值（一端）：6mm；

相对湿度：80%；

混凝土加载龄期：10d。

第四节　南引桥结构设计

南引桥起点在主桥的南侧，桩号为 K68＋258.000，由上、下行分离的左、右幅组成，左线于桩号 K68＋665.493（ZK68＋665.493）处从主线分出，左线桥梁终点为 ZK69＋824.476，全长 1566.476m，其中桥梁长 1430m；右线于桩号 K68＋715.209（YK68＋715.209）处从主线分出，右线桥梁终点桩号为 YK69＋

752.510,全长1494.51m,其中桥梁长1395m。

南引桥江中部分位于直线变宽段内,左线在外沙路和疏港大道附近分别位于 $R=150\text{m}$ 右偏和左偏圆曲线上,纵面位于 $R=3000\text{m}$ 的凹形竖曲线,$R=6000\text{m}$ 和 $R=5000\text{m}$ 的凸形竖曲线上;右线在外沙路和疏港大道附近分别位于 $R=200\text{m}$ 右偏和 $R=150\text{m}$ 左偏圆曲线上,纵面位于 $R=8000\text{m}$ 的凹形竖曲线和 $R=5000\text{m}$ 的凸形竖曲线上。南引桥标准断面桥面横坡为2%,$R=200\text{m}$ 平曲线部分设置5%的超高,$R=150\text{m}$ 平曲线部分设置6%的超高,最大纵坡3.5%。

南引桥江中部分处于变宽段,标准段断面的桥面布置同北引桥,每幅桥宽18.25m,最宽处约27.5m。

南引桥岸上部分的桥面布置为:0.5m(防撞栏杆)+1.0m(硬路肩)+2×3.75m(行车道)+2.5m(硬路肩)+0.5m(防撞栏杆)+2.75m(人行道和非机动车道)+0.25m(人行道栏杆)=14.5m,左右线的桥宽均为14.5m。

南引桥左右线各有8联,布跨自北向南:

(60+2×80+60)m变高度预应力连续刚构+下接。

左线:7联预应力连续箱梁:3×45m异型变宽+4×50m+(2×50+40)m+(4×40+35)m+路基81m+7×30m+路基55.5m+4×30m+5×30m。

右线:7联预应力连续箱梁:4×45m异型变宽+(45+2×50)m+(2×50+40)m+4×40m+路基30m+7×30m+路基69.5m+(30+2×35+30)m+5×30m。

第1联(左线SZ01联,右线SY01联)采用预应力混凝土变截面连续刚构,跨径组合为60m+2×80m+60m=280m,其中SZ01联在S04墩和S05墩之间桥宽从18.25m加宽到21.75m,采用单箱三室断面,SY01联在S07墩附近局部加宽,采用单箱双室断面。

第2联(左线SZ02联,右线SY02联)分别采用3×45=135m三跨和4×45=180m四跨预应力混凝土等高度单箱4室连续箱梁,为变宽度的异形跨连续梁。

第3联至第5联(左线SZ03~SZ05联,右线SY03~SY05联)采用预应力混凝土等高度单箱双室连续箱梁,桥宽14.5m,左线跨径布置为4×50+(50+50+40)+(4×40+35)m,右线跨径布置为(45+50+50)+(50+50+40)+4×40m,大部分位于圆曲线和缓和曲线上。

第6联(左线SZ06联,右线SY06联)采用预应力混凝土等高度单箱双室连续箱梁,桥宽14.5m,跨径布置均为7×30m,该联大部分位于直线段上,仅SZ06联在SZ30台附近处于缓和曲线上。

第7联(左线SZ07联,右线SY07联)采用预应力混凝土等高度单箱双室连续箱梁,桥宽14.5m,左线跨径布置均为4×30m,右线为30+2×35+30m,该联大部分位于R=150m的圆曲线和缓和曲线上,圆曲线上设置6%的超高。

第8联(左线SZ08联,右线SY08联)采用预应力混凝土等高度单箱双室连续箱梁,桥宽14.5m,跨径布置均为5×30m,该联大部分位于直线段上,在与第7联相接处有部分处于缓和曲线上。

一、SZ01联和SY01联

横断面结构布置见图2-5-16。

(一)上部结构

SZ01联和SY01联为(60+2×80+60)m四跨预应力混凝土变截面连续刚构,左、右幅分别由一个单箱三室、单箱双室箱形截面组成。

左幅SZ01联在S04墩和S05墩之间桥宽从18.25m逐渐加宽到21.75m,采用单箱3室断面,箱梁顶板宽18.25m~21.75m,厚0.25m,设2%的横坡;底板宽13.25~16.75m,厚度在距跨中1.0m处为0.25m,距桥墩中心1.75m处0.6m,中间按二次抛物线变化,横桥向底板也设2%的横坡;腹板厚度1~2号节段为0.70m,在3~4号节段内由0.7m按直线变化到0.4m,5~9号节段为0.4m,在梁端附近,箱梁腹板也局部加厚。

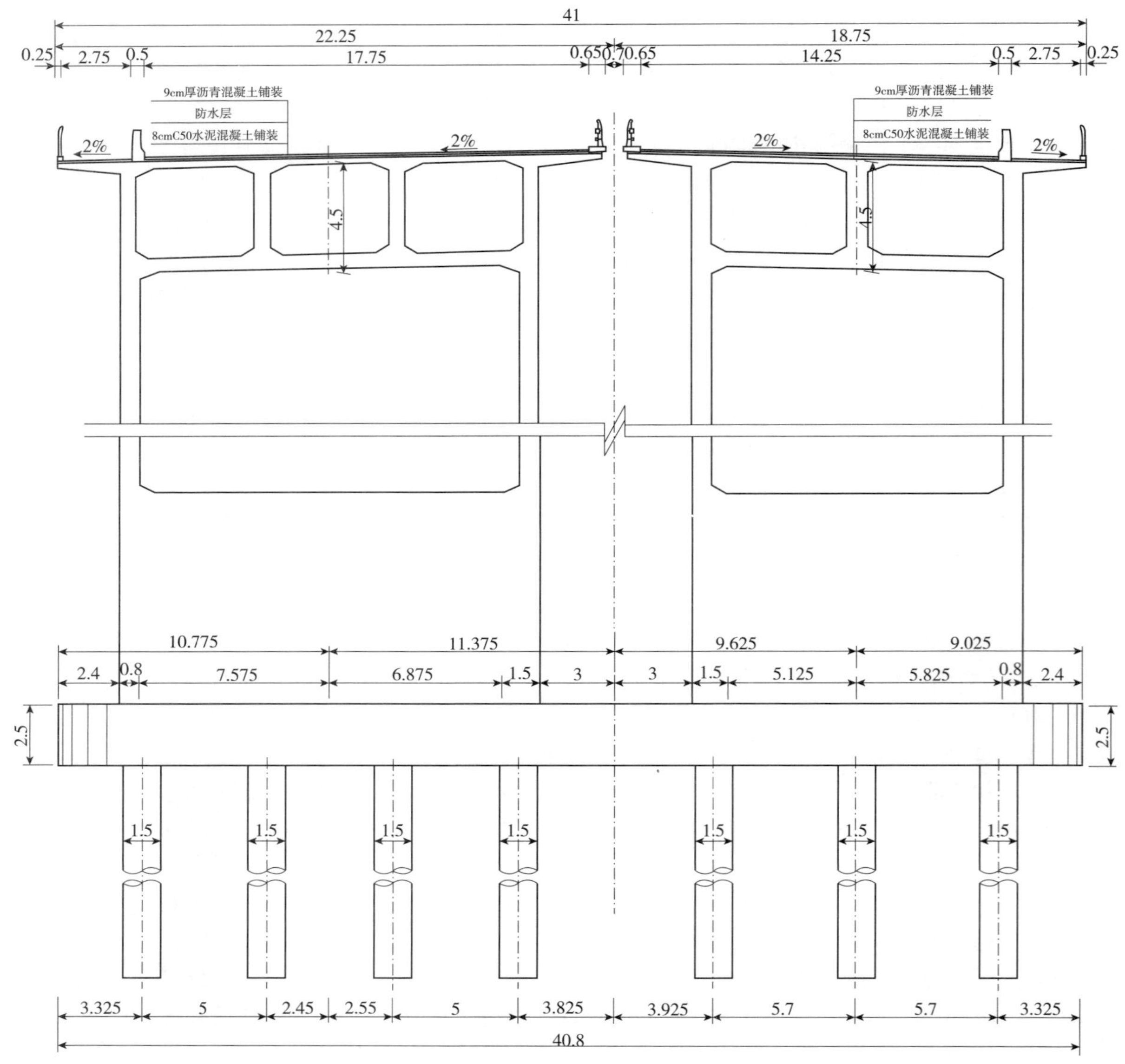

图 2-5-16　南引桥预应力刚构箱梁结构布置图(支墩截面,左侧加宽分出左线)(尺寸单位:m)

右幅 SY01 联采用单箱双室断面,在距 S07 墩约 29m 处开始局部加宽,箱梁顶板宽 18.25m ~ 19.522m,厚 0.25m,设 2% 的横坡;底板宽 13.25 ~ 14.522m,厚度在距跨中 1.0m 处为 0.25m,距桥墩中心 1.75m 处 0.6m,中间按二次抛物线变化,横桥向底板也设 2% 的横坡;腹板厚度 1 ~ 2 号节段为 0.8m,在 3 ~ 4 号节段内由 0.8m 按直线变化到 0.45m,5 ~ 9 号节段为 0.45m,在梁端附近,箱梁腹板也局部加厚。

SZ01 联和 SY01 联箱梁根部梁高 4.5m,跨中梁高 2.2m,箱梁梁高从距跨中 1.0m 至距主墩中心 1.75m 处按二次抛物线变化;翼缘板悬臂长为 2.5m,端部厚 0.15m,根部厚 0.45m。

与桥墩断面对相应,在桥墩墩顶设置 2 道厚 0.8m 的横隔板,边跨端部设厚 1.2m 的端横梁,仅 SZ01 联在桥面加宽位置设跨间横隔板。

采用挂篮悬臂施工,80m 跨共分 0 ~ 9 号共 10 个节段,0 号节段长 12m,1 ~ 9 号节段长 3.0 ~ 4.0m,节段最大重量为 SZ01 联 1c 号节段的 1858kN。

(二)下部构造

连续刚构 S04 ~ S06 墩墩身宽 13.25 ~ 16.75m,厚 3.5m,采用 8 边形钢筋混凝土空心墩,高桩承台,群桩基础。为避免船舶撞击破坏，S04 墩墩柱从承台顶 8m 范围为实心断面，S05 ~ S06 墩墩柱从承台顶 5. 6m 范围为实心断面。

为提高基础防船撞能力，将江中引桥左右幅的承台连为一个整体，承台厚 2. 5m。S04 墩承台外形尺寸为 41. 7 ×6. 5m，下设 18 根直径 1. 5m 钻孔灌注柱。S05 ~ S06 墩承台外形尺寸为 40. 8 ×6. 5m，下设 14 根直径 1. 5m 钻孔灌注桩，桩基础按端承桩设计。

二、SZ02 联和 SY02 联

（一）上部结构

SZ02 联为 3 ×45 =135m 3 跨预应力混凝土等高度连续箱梁，SY02 联为 4 ×45 =180m 4 跨预应力混凝土等高度连续箱梁，均位于桥面变宽段范围，左、右幅均由一个单箱四室箱形截面组成。

SZ02 联箱梁梁高 3. 0m，顶板宽 21. 75 ~27. 5m，厚 0. 25m，设 2% 的横坡；底板宽 16. 75 ~22. 556m，跨中厚度为 0. 25m，支点处为 0. 6m，中间设 8m 长的变化段，横桥向底板也设 2% 的横坡。

SY02 联箱梁梁高 3. 0m，顶板宽 19. 526 ~ 27. 381m，厚 0. 25m，设 2% 的横坡；底板宽 14. 524 ~ 22. 379m，跨中厚度为 0. 25m，支点处为 0. 6m，中间设 8m 长的变化段，横桥向底板也设 2% 的横坡。

SZ02 联和 SY02 联，箱梁腹板厚度跨中均为 0. 4m，支点处为 0. 6m。翼缘板悬臂长为 2. 5m，端部厚 0. 15m，根部厚 0. 45m。

在桥墩墩顶设置厚 2. 0m 的中横梁，边跨端部设厚 1. 2m 的端横梁，跨间不设横隔板。

（二）下部构造

S07 ~ S09 墩及 S10（右幅）墩身宽 8. 0 ~ 10. 5m，厚 2. 5m，其中 S07 墩墩顶局部加厚到 3. 0m，采用八边形钢筋混凝土实心墩，高桩承台，群桩基础。

采用钻孔灌注桩基础，每个承台下设 6 根直径 1. 2m 钻孔桩，钻孔桩按端承桩设计，要求进入中风化基岩不小于 2. 3m。

S07 墩 ~ S09 墩左右幅承台分离布置，S07 墩和 S10 墩每幅桥的承台平面尺寸为 17. 9m（横桥向）× 6. 5m（顺桥向），S08 墩和 S09 墩每幅桥的承台平面尺寸为 16. 5m（横桥向）×6. 5m（顺桥向），厚度均为 2. 5m。

三、SZ03 ~ SZ05 联，SY03 ~ SY05 联

横断面结构布置参见图 2-5-17。

（一）上部结构

SZ03 ~ SZ05 联和 SY03 ~ SY05 联采用预应力混凝土等高度单箱双室连续箱梁。桥宽 14. 5m，SZ03 联跨径布置为 4 ×50m，SZ04 联为 2 ×50 +40m，SZ05 联为 4 ×40 +35m，SY03 联跨径布置为 45 + 2 ×50m，SY04 联为 2 ×50 +40m，SY05 联为 4 ×40m。这些联大部分位于圆曲线和缓和曲线上，最大超高 6%。

左、右线均由一个单箱双室箱形截面组成，每幅桥宽 14. 5m。SZ05 联和 SY05 联箱梁梁高 2. 5m，其他联的箱梁梁高 3. 0m，顶板宽 14. 5m，厚 0. 25m，设与道路超高相应的横坡；底板宽 9. 5m，跨中厚度为 0. 25m，支点处为 0. 6m，中间设 8m 长的变化段，横桥向底板也设与顶板相同的横坡；SZ04 联和 SY04 联的腹板厚度跨中为 0. 5m，支点处为 0. 75m，其他联的腹板厚度跨中为 0. 45m，支点处为 0. 7m。翼缘板悬臂长为 2. 5m，端部厚 0. 15m，根部厚 0. 45m。跨中和支点断面见图 2-5-18。

在桥墩墩顶设置厚 2. 0m 的中横梁，边跨端部设厚 1. 5m 的端横梁，各跨跨中设 0. 3m 厚的横隔板。

SY03 联、SZ04 联和 SY04 联采用满堂支架浇筑，SZ03 联、SZ05 联和 SY05 联采用满堂支架逐孔浇筑，施工缝设在距桥墩 6m 处。

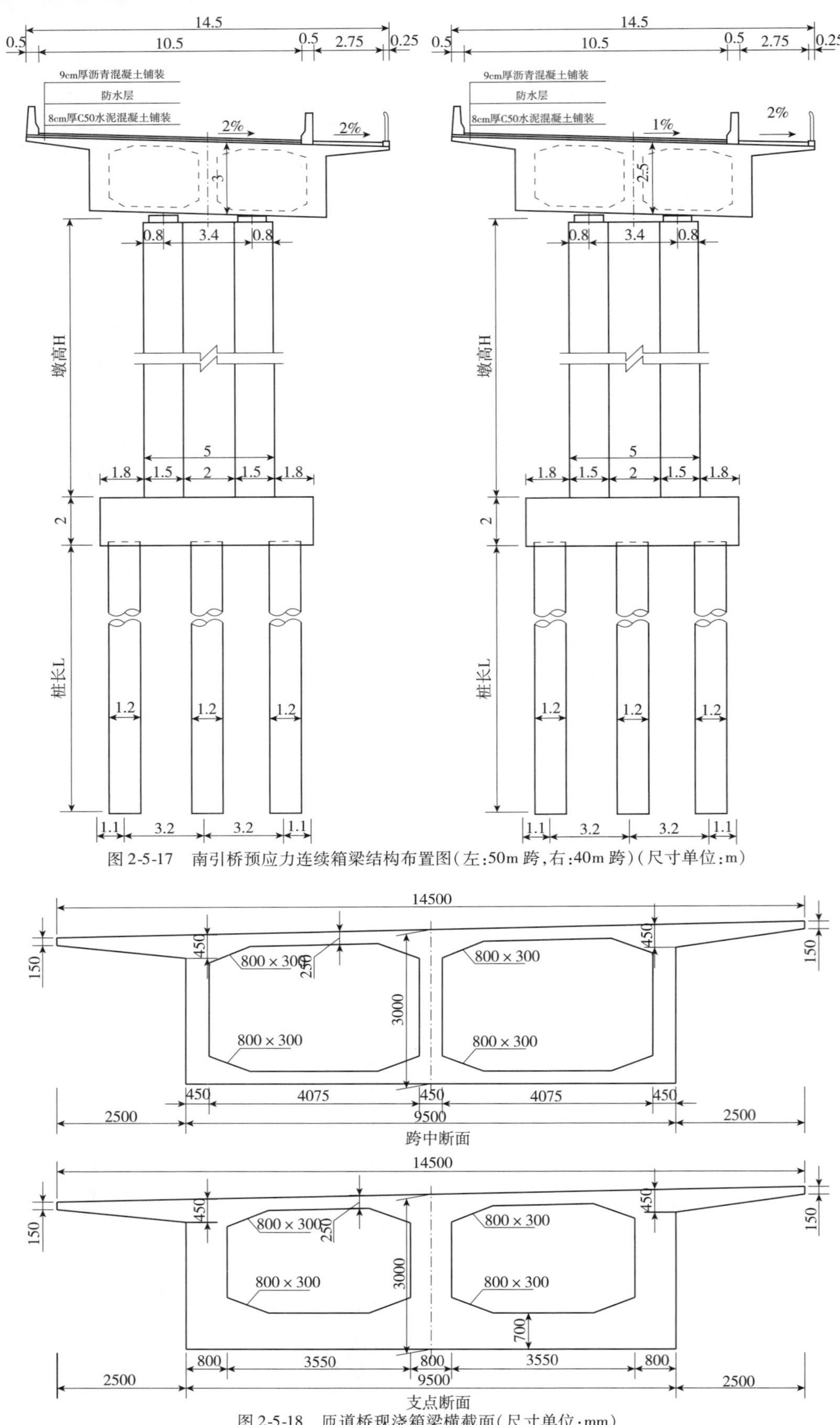

图 2-5-17　南引桥预应力连续箱梁结构布置图(左:50m 跨,右:40m 跨)(尺寸单位:m)

图 2-5-18　匝道桥现浇箱梁横截面(尺寸单位:mm)

(二)下部构造

SZ03~SZ05 联和 SY03~SY05 联各墩墩身宽 5.0m,厚 2.0m,其中 S10 墩(左幅)、SZ14 墩、S11 墩、S14 墩墩顶局部加厚到 2.5m,采用八边形钢筋混凝土实心墩,群桩基础。

采用钻孔灌注桩基础,每个承台下设 6 根直径 1.2m 钻孔桩,钻孔桩按端承桩设计,要求进入中风化基岩不小于 1.8m。

左右幅承台分离布置,承台平面尺寸为 8.6m(横桥向)×5.4m(顺桥向),厚度均为 2.0m。

SZ22 台和 SY21 台采用重力式桥台,扩大基础。

四、SZ06~SZ08 联,SY06~SY08 联

横断面结构布置参见图 2-5-19。

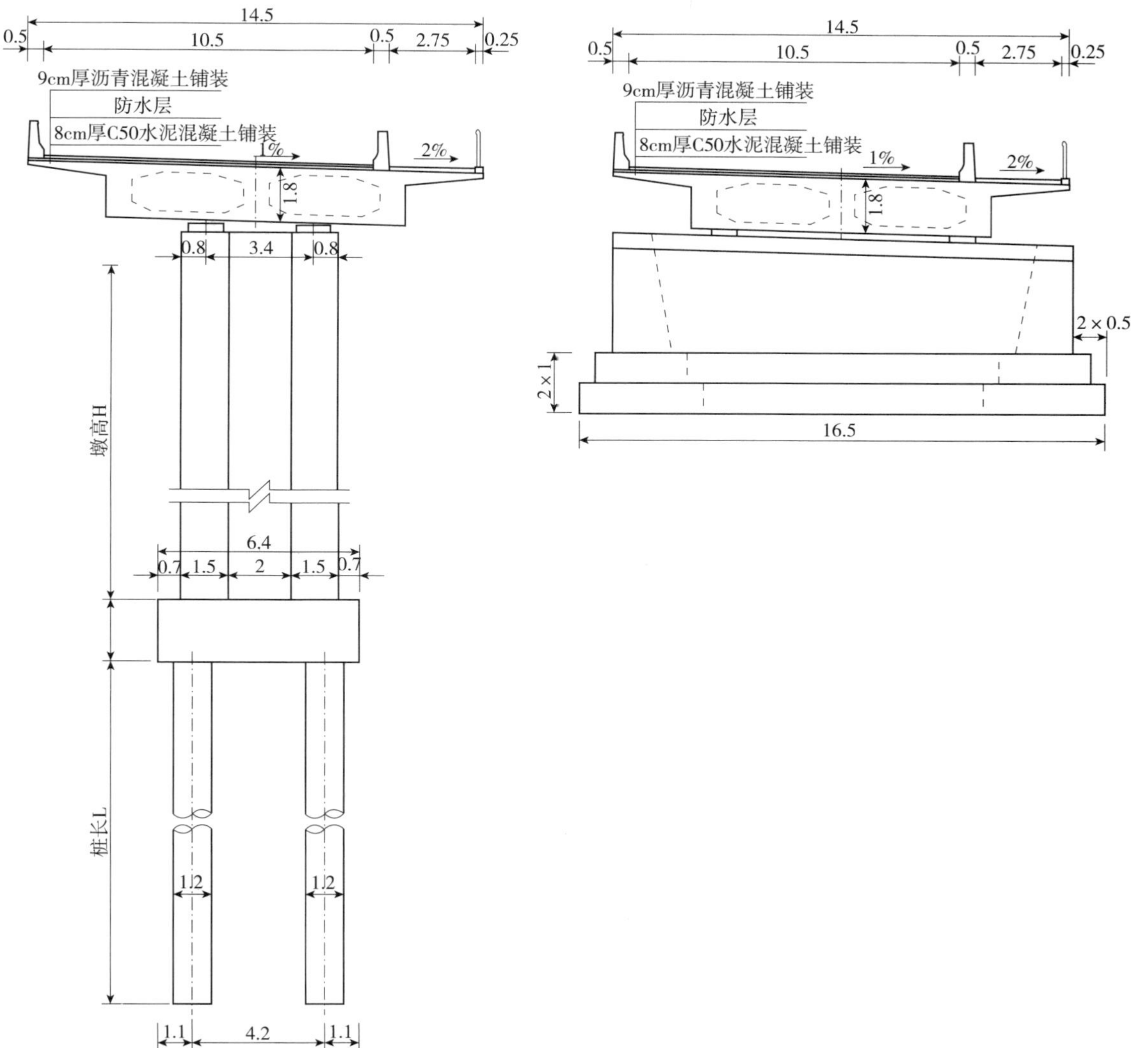

图 2-5-19 南引桥 30m 跨预应力连续箱梁结构布置图(左:桥墩,右:桥台)(尺寸单位:m)

(一)上部结构

SZ06~SZ08 联和 SY06~SY08 联采用预应力混凝土等高度单箱双室连续箱梁,桥宽 14.5m。SZ06 联和 SY06 联跨径布置为 7×30m,SZ07 联为 4×30m,SY07 联为 30+2×35+30m;SZ08 联和 SY08 联跨

径布置为 5×30m，其中，SZ07 联和 SY07 联基本位于 R = 150m 的圆曲线和缓和曲线上，最大超高 6%，其他联大部分位于直线段上，部分位于缓和曲线上。

左、右线均由一个单箱双室箱形截面组成，每幅桥宽 14.5m。箱梁梁高 1.8m，顶板宽 14.5m，厚 0.25m，设与道路超高相应的横坡；底板宽 9.5m，跨中厚度为 0.25m，支点处为 0.4m，中间设 3m 长的变化段，横桥向底板也设与顶板相同的横坡；腹板厚度跨中为 0.45m，支点处为 0.8m。翼缘板悬臂长为 2.5m，端部厚 0.15m，根部厚 0.45m。

在桥墩墩顶设置厚 2.0m 的中横梁，边跨端部设厚 1.2m 的端横梁，SZ07 联和 SY07 联各跨跨中设 0.3m 厚的横隔板，其他联不设跨间横隔板。

SZ07 联、SZ08 联、SY07 和 SY08 联采用满堂支架浇筑，SZ06 联和 SY06 联采用满堂支架逐孔浇筑，施工缝设在距桥墩 6m 处。

（二）下部构造

SY31 ~ SY33 墩墩身宽 1.8m，厚 1.5m，墩顶横桥向加宽到 3.2m，采用矩形钢筋混凝土实心墩，设 0.2m×0.2m 的倒角，群桩基础。

其他桥墩墩身宽 5.0m，厚 2.0m，其中 SY34 墩和 SZ35 墩墩顶局部加厚到 2.5m，采用八边形钢筋混凝土实心墩，群桩基础。

采用钻孔灌注桩基础，每个承台下设 4 根直径 1.2m 钻孔桩，钻孔桩按端承桩设计，要求进入中风化基岩不小于 1.8m。

承台平面尺寸为 6.4m（横桥向）×5.4m（顺桥向），厚度均为 2.0m。

SZ23 台、SZ30 台、SZ31 台、SY22 台、SY29 台和 SY30 台采用重力式桥台，扩大基础。

SZ40 台和 SY39 台采用轻型桥台，每个桥台下设 2 根直径 1.5m 钻孔桩，钻孔桩按端承桩设计，要求进入中风化基岩不小于 2.3m。

第五节　人行和非机动车通道设计

一、北岸老鼠屿坡道桥

老鼠山位于台州电厂西侧，紧临椒江北岸，山顶最高处海拔约 32m，北引桥恰好从此山顶经过，且局部路段需开挖山体。为了充分利用地形，因地制宜，节约工程造价，故在老鼠山山顶处设置人行非机动车道衔接段，该衔接段起到沟通椒江二桥与绕山道路及北岸地面道路的作用，供行人和非机动车上、下桥。

该衔接段起点位于 K66 + 873，与北引桥两侧的人行和非机动车道相接，紧沿箱梁梁体向北下行 38m，各自转弯 180°后继续下行约 15m，再转弯 90°至桥下，与老鼠山连接线相接，左右幅衔接段长均为 85m，宽度均为 3m。为了尽可能方便行人和非机动车上下引桥，同时又要兼顾老鼠山连接线降坡的需要，衔接段的最大纵坡控制在 10% 以内，非机动车推行长度控制在 65m 以内。左右侧衔接段起点处各设一跨跨径 25m、梁高 1.1m 的预应力空心板简支梁桥，两次跨越下穿道路。由于衔接段右幅 0 号桥台悬空于采石场之上，将右幅桥台架设在引桥桥墩的外挑梁上，左幅 0 号桥台采用柱式扩大基础，1 号桥台均采用重力式桥台。

二、南岸人行楼梯

为了方便行人上下南引桥，减少迂回，在外沙路与外沙塘之间设置人行楼梯，楼梯所对应的主线桩号分别为 ZK68 + 845、YK68 + 828。人行楼梯紧贴左右幅桥梁人行非机动车道外侧，外围尺寸为 10.2m × 6.2m。

楼梯采用梁式楼梯，每个楼梯四角设置立柱，立柱尺寸为 1000mm × 1000mm；楼梯板为板式结构，板厚 300mm，板宽 3000mm；基础采用钻孔灌注桩形式，桩基直径为 1000mm。楼梯顶面离地面高度约 25m，右幅楼梯共设置 165 级台阶，左幅楼梯共设置 157 级台阶，台阶宽 × 高为 300mm × 150mm，台阶表面采用花岗岩镶面。

第六章　桥面及附属设施设计

第一节　桥 面 铺 装

一、桥面铺装要求

桥面沥青铺装设计要求符合椒江二桥的交通状况与环境条件,并应满足以下技术要求。

(一)优良的抗车辙性能

由于椒江二桥交通流量大,且集装箱等重载车辆较多,交通状况属于特重交通。一般沥青路面在如此重型交通情况下,会很快出现车辙。因此,如何保证桥面沥青铺装层具有很好的抗车辙性能,以期能够有效地防止或延缓沥青铺装层车辙的出现是桥面铺装设计的技术关键。

(二)良好的耐久性

椒江二桥沥青桥面运营环境是入海口经受长时间日照和强烈的紫外线辐射,材料老化较快。同时海风中富含氯离子,积累的盐分对桥面铺装会产生氯离子腐蚀作用。试验证明沥青混合料经受盐分长期的侵蚀,沥青要产生剥离而使性能下降。因此桥面铺装设计应考虑提高其抗老化和抗氯盐腐蚀能力。

(三)沥青铺装层与桥面板要求良好的黏接性和抗渗性

重交通条件下,沥青铺装层与水泥混凝土桥面板要具有良好的黏结力,以防止脱层或产生剪切推移;同时又能有效地防止水的渗入,起到保护桥面板的作用。黏结材料应对水泥混凝土板有良好的渗透固结,并起到反渗下封闭层作用。

(四)沥青铺装应具有良好的抗滑性能

椒江二桥处于椒江入海口,海洋型气候空气湿度大,暴雨、阵雨现象较为常见。在这种环境条件下,桥面湿滑,抗滑性能降低;而集装箱车辆行驶时虽然速度并不很快,但由于惯性大,桥面铺装设计同样应考虑保证良好的抗滑性能,以保证交通安全。

(五)组合梁桥面

椒江二桥主桥结构为钢混组合梁,优良的防水性能可以确保组合梁桥面混凝土板及钢混连接部位的耐久性。

(六)浙江省关于沥青路面设计的指导意见

对高速公路、一二级公路,为提高沥青混合料的使用性能和延长沥青路面的使用寿命,或采用普通的道路沥青不能满足使用要求时,宜对上面层或中面层沥青结合料采取改性措施,或采用 SMA 等特殊的矿料级配。

目前浙江省内几座大桥铺装层均采用双层 SMA 改性沥青及热熔型改性沥青防水层做法。经实践证明双层 SMA 结构是一种非常良好的桥面铺装体系,且热熔型改性沥青防水黏结层黏结强度较高,具有一定厚度(1 ~1.5mm)防水效果好,且造价低,施工机械化程度高,施工质量能够较好的保证。

二、国内外桥面铺装概况

(一)国外铺装设计

欧美混凝土桥梁桥面一般铺设防水层或防水系统,大多采用双层式(防水层+面层)或三层式(防水层+中间层+磨耗层)铺装,总厚度为4~10cm。各国在对防水系统的选用上,有的国家偏重于使用卷材,而有的则偏重于使用涂膜。

1.日本的桥面铺装

结构组合形式一般为:

(1)沥青混合料层+板状防水材料+沥青橡胶黏结剂+混凝土桥面板;

(2)沥青混合料层+3层氯丁橡胶型防水材料+氯丁橡胶黏结剂+混凝土桥面板;

(3)沥青混合料层+乳化沥青(黏结)+沥青层(防水)+沥青橡胶黏结剂+混凝土桥面板。

水泥混凝土桥梁桥面铺装的沥青混合料层一般为两层,SMA混合料、密级配沥青混凝土和浇筑式沥青混凝土都有应用。浇筑式沥青混凝土一度是日本应用最广泛的铺装类型,但是由于其热稳定性差,20世纪90年代初期,日本开始在工程中应用改性沥青SMA作为铺装下层,使用效果良好。

2.丹麦的桥面铺装

在防水层上铺筑1.5~2.2cm的开级配沥青混凝土作保护层、4cm改性沥青混凝土黏结层和4cmSMA磨耗层。

3.美国的桥面铺装

钢桥面铺装沥青混合料层典型结构由两层环氧沥青混凝土组成,厚度为5cm左右,其防水黏结层也采用环氧沥青。水泥混凝土桥梁桥面的沥青铺装与日本、丹麦的类似;从1972年开始将钢纤维混凝土大量地应用于水泥混凝土桥梁的桥面铺装。

(二)国内铺装设计

目前高速公路水泥混凝土桥梁桥面所采用的沥青混凝土铺装的结构基本与路面的沥青混凝土结构相同,主要结构为:

黏结层(乳化沥青、改性乳化沥青、热熔改性沥青等)或涂膜防水层或卷材防水层+中面层(AC-20、SMA 20等)+上面层(AC-13、SMA13等);有些桥梁在进行桥面铺装的过程中采用了黏层+砂粒式沥青混凝土+路面上面层结构(AC-13、SMA13等),采用砂粒式沥青混凝土的目的是作为防水找平层。对于特殊的大型桥梁(一般为钢桥面),目前的桥面铺装类型除了常用的改性沥青外,还有SMA、浇筑式沥青混凝土和环氧沥青混凝土。

1.SMA桥面铺装

汕头海湾大桥是一座预应力混凝土悬索桥,总长760m。桥面初次铺装时采用钢纤维混凝土,1995年底通车;由于通车后桥面铺装破坏严重,1997—1998年,对桥面铺装进行了改造:下层采用SMA16调平、上层采用SMA13罩面,通车至今已经历了多年考验,目前整体性能完好。

福州市三县洲闽江大桥是预应力混凝土斜拉桥,采用双层丁苯橡胶改性沥青SMA铺装,结构层为:黏结防水层+3cmSMA9.5下铺装层+5cmSMA16上铺装层,1999年建成通车,至今使用效果良好。

试验表明,热碾压的SMA和AC沥青混凝土由于属颗粒组成的材料,在现场空隙率条件下,均存在一定的贯穿空隙,但在同等空隙水平情况下,相同最大粒径的SMA贯穿空隙远小于AC,而且最大粒径越小,贯穿空隙讲越少,因此SMA的防水概率高于AC。按水工防水的技术要求,SMA在5.1m水头(0.5bar)压力下所测渗水系数小于10×10^{-7}cm/s,因此铺装下面层使用SMA的防水体系的综合防水性将优于AC。

2.浇筑式沥青混凝土

浇筑式沥青混凝土密实不透水,整体性强,黏韧性好,防水和抗冲击、动载能力强,具有优良的耐久性,是欧洲和日本等国的主要桥面铺装材料,近年来在我国的混凝土桥面铺装工程中也开始应用,在香港青马大桥、江阴大桥、上海东海大桥、台湾的新东大桥和高屏溪大桥上得以应用。施工难度较热铺沥青混凝土大、造价高。

3. 环氧沥青混凝土

环氧沥青混凝土强度高、刚度大,优良的抗疲劳性能,良好的耐久性。由于工艺及价格的原因,目前国内主要应用在钢桥面铺装,如南京长江二桥、南京长江三桥、润扬长江大桥等大跨径钢桥面铺装。

(三)国内铺装实例

1. 东海大桥主航道桥(表 2-6-1)

东海大桥主航道桥桥面铺装 表 2-6-1

铺装面层	改性沥青 SMA-13	厚度:50mm
	洒布改性乳化沥青	用量:300 ~ 500g/m^2
铺装下层	GA10,表面撒布 5 ~ 10mm 碎石	厚度:30mm 用量:500 ~ 800g/m^2
防水黏结层	溶剂型沥青橡胶	用量:200 ~ 400mL/m^2
	撒布 0.6 ~ 1.18mm 预拌碎石	用量:300 ~ 800g/m^2
	反应型树脂下封层	总用量:400 ~ 600g/m^2
混凝土桥面板	喷砂处理,形成干燥、洁净、粗糙的表面	

2. 杭州湾跨海大桥(表 2-6-2)

杭州湾跨海大桥桥面铺装 表 2-6-2

铺装面层	改性沥青 SMA-13	厚度:45mm
	洒布 SBS 改性乳化沥青	用量:300 ~ 400g/m^2
铺装下层	改性沥青 SMA-13	厚度:45mm
防水黏结层	砂粒式橡胶沥青混凝土防水找平层	厚度:25mm
	反应型树脂下封层	总用量:300 ~ 400g/m^2
混凝土桥面板	喷砂处理,形成干燥、洁净、粗糙的表面	

3. 上海长江大桥组合梁非通航孔桥(表 2-6-3)

上海长江大桥组合梁非通航孔桥桥面铺装 表 2-6-3

铺装面层	SMA-13 高弹改性(SBS + 20% 湖沥青)沥青混凝土	厚度:45mm
	黏层油(改性)	
铺装下层	浇筑式沥青混凝土	厚度:35mm
防水黏结层	黏层油(改性)	厚度:25mm
	反应性树脂防水黏结层	
混凝土桥面板	喷砂处理,形成干燥、洁净、粗糙的表面	

4. 厦门海沧大桥(表 2-6-4)

厦门海沧大桥桥面铺装 表 2-6-4

铺装面层	改性沥青 SMA-13	厚度:35mm
	洒布改性乳化沥青	用量:400 ~ 600g/m^2
铺装下层	改性沥青 SMA10	厚度:30mm
防水黏结层	撒布 2.36 ~ 4.75mm 预拌碎石	用量:300 ~ 800g/m^2
	0.8 ~ 1.2mm 厚度防水黏结剂	总用量:400 ~ 600g/m^2
钢板处理	无机富锌漆:40 ~ 80μm	
	喷砂除锈 Sa2.5 级,50 ~ 100μm	

5. 上海卢浦大桥(表 2-6-5)

上海卢浦大桥桥面铺装 表 2-6-5

铺装面层	改性沥青 SMA-10	厚度:35mm
	洒布改性乳化沥青	用量:400~600g/m^2
铺装下层	改性沥青 SMA10	厚度:35mm
防水缓冲层	防水缓冲层	厚度:3~6mm
	溶剂黏结剂底涂层	用量:100~200ml/m^2
黏结层	撒布 1.18~2.36mm 碎石	用量:500~800g/m^2
	环氧黏结剂	0.4~0.6mm
	撒布 0.3~0.6mm 碎石	用量:300~400g/m^2
	环氧黏结剂	0.2~0.3mm
钢板处理	环氧富锌漆:50~100μm	
	喷砂除锈 Sa2.5 级,50~100μm	

三、铺装方案比选与确定

(一)主桥

1. 车行道

(1)方案 A:双层 SBS 改性沥青方案(表 2-6-6)

双层 SBS 改性沥青方案 表 2-6-6

铺装面层	SBS 改性沥青 AC-13	厚度:40mm
	洒布改性乳化沥青	用量:300~500g/m^2
铺装下层	SBS 改性沥青 AC-20	厚度:50mm
防水黏结层	橡胶沥青砂胶	厚度:3~6mm 用量
	二阶反应型桥面防水黏结剂	总用量:300~400g/m^2
	二阶反应型高强快干防水黏结剂	用量:250~300g/m^2
混凝土桥面板	喷砂处理	

①沥青混凝土铺装面层应具备良好的高温抗车辙性、抗滑性及抗水损害性,因此,选用经级配优化的 SBS 改性沥青 AC-13 作为铺装面层。对于铺装下层则选用 SBS 改性沥青 AC-20 以提高铺装层的高温稳定性及耐久性。

②防水黏结层由二阶反应型桥面防水黏结剂和二阶反应型高强快干防水黏结剂共同承担。该防水体系是集合了优良渗透固结作用和黏结防水性能的防水体系,防水层中多设置了橡胶沥青砂胶,砂胶作为防水缓冲层,起到有效防水和黏结,同时起到抵抗变形和缓冲应力作用。

(2)方案 B:双层 SMA 方案(表 2-6-7)

双层 SMA 方案 表 2-6-7

铺装面层	SMA-13	厚度:40mm
	洒布改性乳化沥青	用量:300~500g/m^2
铺装下层	SMA-16	厚度:50mm
防水黏结层	撒布 9~13mm 碎石	
	热溶型改性沥青 总用量:1200~1500g/m^2	
混凝土桥面板	喷砂处理,形成干燥、洁净、粗糙的表面	

SMA 具有容易碾压、空隙率小、热稳性好、抗水损害、表面粗糙均匀等优点。双层 SMA 桥面铺装体系能从结构和材料上满足混凝土桥面的使用要求。由于 SMA 是一种骨架嵌挤的间断级配结构，具有高沥青用量、低空隙率、高抗车辙能力、高抗滑性能，能够满足椒江二桥对沥青铺装层所要求的良好的抗车辙性能、良好的平整度及抗滑性能、良好的耐久性和抗疲劳性能、良好的变形适应性等各项性能要求。

2. 拉索区

（1）方案 C：浇筑式沥青方案（表 2-6-8）

浇筑式沥青方案　　表 2-6-8

铺装面层	浇筑式沥青 GA-10	厚度：50mm
	洒布改性乳化沥青	用量：300 ~ 500g/m²
防水黏结层	3 ~ 6mm 橡胶沥青砂胶	厚度：3 ~ 6mm 用量
	二阶反应型桥面防水黏结剂	总用量：300 ~ 400g/m²
	二阶反应型高强快干防水黏结剂	用量：250 ~ 300g/m²
混凝土桥面板	喷砂处理	

浇筑式沥青混凝土（GA-10）结构形式为完全悬浮型，沥青含量高，细集料多，在高温下经特殊搅拌工艺拌制后，混合料呈现流动状态，经摊铺整平后，混合料靠自重流动作用，形成密实且不透水的铺装层。经特殊聚合物改性剂改性后，GA-10 的高温性能和低温性能有了很好的平衡，能同时兼具良好的高低温性能，整体上具有很好的抗疲劳性能。

（2）方案 D：SBS 改性沥青方案（表 2-6-9）

双层 SBS 改性沥青方案　　表 2-6-9

铺装面层	SBS 改性沥青砂 AC-10	厚度：25mm
	洒布改性乳化沥青	用量：300 ~ 500g/m²
	SBS 改性沥青砂 AC-10	厚度：25mm
防水黏结层	撒布 9 ~ 13mm 碎石	
	热熔型改性沥青　总用量：1200 ~ 1500g/m²	
混凝土桥面板	喷砂处理	

3. 人非通道

对于混凝土和钢结构的纵缝首先进行人工磨平（见图 2-6-1），然后进行表面抛丸，范围内灌注渗透型环氧树脂，待环氧树脂固化后喷涂带胎基厚度为 3mm 的止水带，处理完毕再进行人非通道铺装。

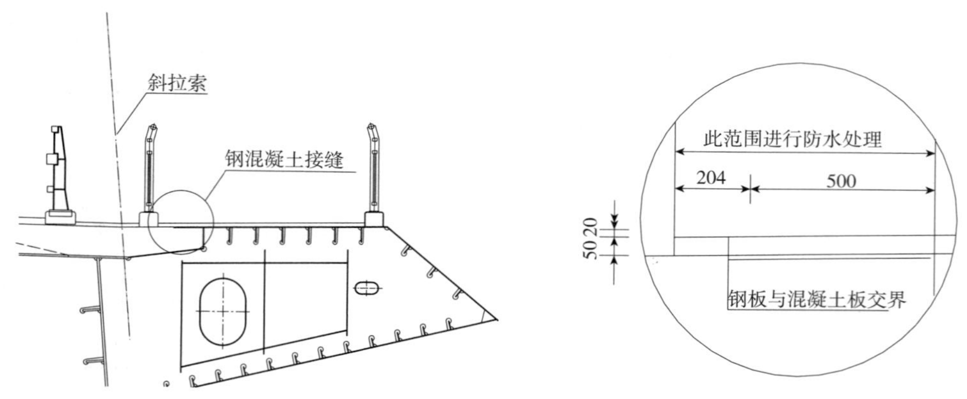

图 2-6-1　接缝位置及大样（尺寸单位：mm）

（1）方案 E：SBS 改性沥青砂 + 二阶反应型桥面防水黏结剂（表 2-6-10）

SMA 方案

表 2-6-10

铺装面层	SBS 改性沥青砂 AC-10	厚度:25mm
	洒布改性乳化沥青	用量:300 ~ 500g/m²
	SBS 改性沥青砂 AC-10	厚度:25mm
防水黏结层	3 ~ 6mm 橡胶沥青砂胶	
	二阶反应型桥面防水黏结剂	
	二阶反应型高强快干防水黏结剂	
防腐处理（钢桥面板）	环氧富锌漆	用量:150 ~ 200g/m²
	喷砂除锈	清洁度:Sa2.5 级，粗糙度:50 ~ 100μm
混凝土桥面板	喷砂处理	

(2)方案 F:SBS 改性沥青砂 + 热熔型改性沥青防水层(表 2-6-11)

SBS 改性沥青砂方案

表 2-6-11

铺装面层	SBS 改性沥青砂 AC-10	厚度:25mm
	洒布改性乳化沥青	用量:300 ~ 500g/m²
	SBS 改性沥青砂 AC-10	厚度:25mm
防水黏结层	撒布 9 ~ 13mm 碎石	
	热熔型改性沥青　总用量:1200 ~ 1500g/m²	
防腐处理（钢桥面板）	环氧富锌漆	用量:150 ~ 200g/m²
	喷砂除锈	清洁度:Sa2.5 级，粗糙度:50 ~ 100μm
混凝土桥面板	喷砂处理	

(二)引桥

1. 车行道

(1)方案 G:SBS 改性沥青方案

①防水层

热熔型聚合物改性沥青。

②铺装层

上层 4cm AC-13 沥青混凝土(SBS 改性沥青);

下层 5cm AC-20 沥青混凝土(SBS 改性沥青)。

黏结层采用改性乳化沥青涂层 300 ~ 400g/m²。

(2)方案 H:SMA + SBS 改性沥青方案

①防水层

热熔型改性沥青(1.2 ~ 1.5kg/m2) + (9 ~ 13mm)碎石。

②铺装层

上层 4cm SMA-13 改性沥青;

下层 5cm AC-16C 沥青混凝土(SBS 改性沥青)。

黏结层采用改性乳化沥青涂层 300 ~ 400g/m²。

2. 人非通道

(1)方案Ⅰ:SBS改性沥青砂

①防水层

热熔型聚合物改性沥青。

②铺装层

采用双层2.5cm(AC-10)改性沥青砂。

黏结层采用改性乳化沥青涂层300~400g/m^2。

(2)方案J:优化防水层SBS改性沥青混凝土

①防水层

热熔型改性沥青(1.2~1.5kg/m^2)+(9~13mm)碎石。

②铺装层

采用双层2.5cm(AC-10)改性沥青砂。

黏结层采用改性乳化沥青涂层300~400g/m^2。

(三)方案汇总

将以上主桥各部位及引桥各部位的方案,综合性价比、减少铺装类型等因素,汇总成为如下两组方案(表2-6-12)。

桥面铺装汇总方案　　表2-6-12

		主桥			引桥	
		车行道	拉索区	人非通道	车行道	人行道
方案一	防水层	二阶反应型桥面防水黏结剂二阶反应型高强快干防水黏结剂	二阶反应型桥面防水黏结剂二阶反应型高强快干防水黏结剂	二阶反应型桥面防水黏结剂二阶反应型高强快干防水黏结剂	热熔型聚合物改性沥青	热熔型聚合物改性沥青
方案一	铺装层	4cmSBS改性沥青AC-13 5cmSBS改性沥青AC-20	5cm浇筑式沥青GA-10	双层2.5cmSBS改性沥青AC-10	4cmSBS改性沥青AC-13 5cmSBS改性沥青AC-20	双层2.5cmSBS改性沥青AC-10
方案二	防水层	热熔型改性沥青,撒布碎石	热熔型改性沥青,撒布碎石	热熔型改性沥青,撒布碎石	热熔型改性沥青,撒布碎石	热熔型改性沥青,撒布碎石
方案二	铺装层	4cmSMA-13 5cmSMA-16	双层2.5cmSBS改性沥青AC-10	双层2.5cmSBS改性沥青AC-10	4cm SMA-13改性沥青5cmSBS改性沥青AC-16C	双层2.5cmSBS改性沥青AC-10

在广泛调查的基础上,重点从原材料、机械设备、混合料设计与实验、摊铺施工的实例工程以及运营期预防性养护等几方面,经过路用性能、施工可控性和运营期可维护性的系统研究比选,并经专家论证讨论一致推荐椒江二桥采用方案二SMA铺装方案,实际施工过程中,考虑到防水性能要求将拉索区改为聚丙烯纤维混凝土铺装。图2-6-2为铺装结构图。

四、主要材料技术要求

(一)防水黏结层

热熔型改性沥青防水涂料技术性能指标见表2-6-13。

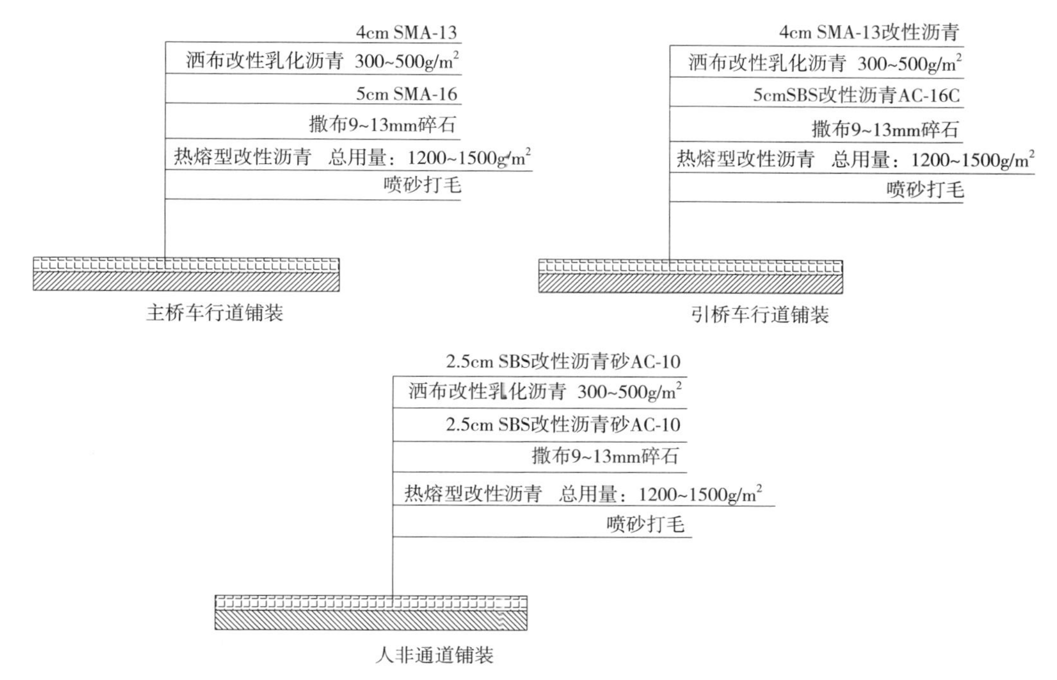

图 2-6-2 椒江二桥推荐 SMA 铺装方案结构图

热熔型改性沥青防水涂料技术性能指标 表 2-6-13

项 目	性能指标		执行标准
	Ⅰ	Ⅱ	
耐热度(C)	80	85	企业标准 Q73834306-9.01—2003
	无流淌滑动和集中性气泡		
低温柔性(CØ20^min^)	-20	-10	
	无裂纹		
黏贴强度(MPa 大于)	0.2	0.3	
断裂延伸率(%)	450	350	
不透水性(0.1MPa,30^min^)	无渗透水	无渗透水	

(二)沥青混凝土铺装层(表 2-6-14 ~ 表 2-6-18)

沥青混合料矿料级配范围 表 2-6-14

层 位	级配类型	通过下列筛孔(方孔筛,mm)的质量百分率(%)										
		19	16	13.2	9.5	4.75	2.36	1.18	0.6	0.3	0.15	0.075
密级配改性沥青混凝土	AC-10			100	90 ~ 100	44 ~ 78	30 ~ 58	20 ~ 44	13 ~ 32	9 ~ 13	6 ~ 16	4 ~ 9
沥青玛蹄脂碎石	SMA-16	100	90 ~ 100	65 ~ 85	45 ~ 65	20 ~ 32	15 ~ 24	14 ~ 22	12 ~ 18	10 ~ 15	9 ~ 14	8 ~ 12
	SMA-13		100	90 ~ 100	50 ~ 75	20 ~ 34	15 ~ 26	14 ~ 24	12 ~ 20	10 ~ 16	9 ~ 15	8 ~ 12

SMA 混合料,满足表 2-6-15 所示的要求。SBS 改性沥青满足表 2-6-16 所示的要求。

粗集料、细集料及矿粉技术指标应满足《公路沥青路面施工技术规范》(JTG F40—2004)中相应的要求。

在铺装下层和面层之间撒布改性乳化沥青,攻性乳化沥青性能要求见表 2-6-17。

SMA 改性沥青技术要求 表 2-6-15

试验项目	单位	技术要求	
		使用普通沥青	使用改性沥青
马歇尔试件尺寸	mm	ϕ101.6×63.5	
马歇尔试件击实次数	—	两面击实 50 次①	
空隙率 *VV*	%	3~4	
矿料间隙率(*VMA*)不大于	%	17.0	
粗骨料骨架隙率 *VCA* 不大于	—	VCA_{DRC}	
沥青饱和度 VFA	%	75~85	
稳定度不小于	kN	5.5	6.0
流值	mm	2~5	—
谢伦堡析漏损失	%	不大于 0.2	不大于 0.1
肯塔堡飞散损失	%	不大于 20	不大于 15

SBS 改性沥青技术要求 表 2-6-16

试验项目		要求	试验方法
针入度(25℃)0.1mm		60~100	JTJ 052—2011 T0604
软化点 ℃		≥75	JTJ 052—2011 T0606
延度(5℃) cm		≥70	JTJ 052—2011 T0605
弹性恢复率(25℃) %		≥90	JTJ 052—2011 T0662
黏度(135℃) Pa. s		≤3.0	JTJ 052—2011 T0625
闪点 ℃		≥250	JTJ 052—2011 T0611
旋转薄膜烘箱老化	质量变化,不大于%	±0.5	JTJ 052—2011 T0610
	针入度比(25℃) %	≥65	
	弹性恢复率(25℃)%	≥80	
	延度(5℃) cm	≥30	
PG 分级		PG76-28	AASHTO-TP1/TP5

改性乳化沥青性能指标 表 2-6-17

试验项目		要求	试验方法
1.18mm 筛上余量 %		≤0.1	JTJ 052—2011 T0652
贮存稳定性(5d) %		≤5	JTJ 052—2011 T0655
黏度 $C_{25.3}$ s		8~25	JTJ 052—2011 T0621
蒸发残留含量 %		≥55	JTJ 052—2011 T0651
蒸发残留物性质	针入度(25℃)0.1mm	40~100	JTJ 052—2011 T0604
	延度(5℃) cm	≥20	JTJ 052—2011 T0605
	软化点 ℃	≥55	JTJ 052—2011 T0606

铺装下层沥青混凝土与桥梁边缘构造的防水性通过 dga 贴缝条来密封,另外,dga 贴缝条还用在沥青混凝土的施工缝。该材料的技术参数如表 2-6-18 所示。

dga 贴缝条的技术参数 表 2-6-18

试验项目	要求	试验方法
软化点(R&B) ℃	≥90	JTJ 052—2011,T0606
低温柔度(-20℃,30min,R=15mm)	无裂纹	GB 18243—2000
弹性恢复率(25℃) %	≥10	JTJ 052—2011,T0662

第二节 塔梁连接限位阻尼器

一、设计要点

(1)本桥采用的限位阻尼器具有动力阻尼耗能、额定行程静力限位的功能,阻尼器设置于塔、梁之间,每个索塔处设置4个,全桥共8个。阻尼器允许主梁在温度、平均风等荷载引起的纵向缓慢移动,对脉动风、刹车和地震引起的动力响应具有阻尼耗能作用。当由静风、温度和汽车引起的塔梁相对纵向位移在阻尼器设计行程以内时,不约束主梁运动;超出行程时,对主梁位移产生限位作用。单个阻尼器具体设计参数见表2-6-19。

单个阻尼器设计参数 表 2-6-19

分类	名称	阻尼限位装置
动力阻尼参数	力与速度函数	$F=CV^{\alpha}$
	速度指数α	0.2
	阻尼系数 C[kN/(m/s)$^{0.4}$]	2500
	最大反应速度(m/s)	0.186
	阻尼力(kN)	1786
	地震反应计算冲程(mm)	±140
静力限位参数	额定最大行程(mm)	±300
	静力限位力(kN)	4750
	两个方向的限位刚度(MN/m)	100
	限位位移量(mm)	30
	温度变形速度	10小时232mm
	温度变形最大阻力(kN)	<1786×5%=89.3
阻尼系统正常使用极限状态安全系数		2
限位系统正常使用极限状态安全系数		1.5
阻尼器水平转动(度)		2

(2)要求阻尼器对各种动力激励如:脉动风、车辆制动力和车辆行驶等引起的不同频率、速度和振幅的振动均具有良好的阻尼作用。

(3)阻尼器安装后应能够在-25℃~+50℃的气温、100%相对湿度的环境工作,并能承受以下气象条件下的各种可能组合:雨、雪、雨夹雪、雹、冰、雾、烟、风、臭氧、紫外线、砂、尘及盐雾。

(4)在大桥桥位处工作条件下,阻尼器的油缸服务寿命要求达到50年、可动构件达到20年;关节轴承和销子应能承受拉、压交替荷载的冲击。

二、制造、试验要求

(一)阻尼器的制造

阻尼器的制造应严格按照相应规范的材料和工艺的要求。

1. 缸体

阻尼器的缸体要求用无缝的圆柱整体钢管组成,在承受2倍设计阻尼力时,没有任何屈服、变形破坏、泄露等现象,腔体内壁净长度误差小于±2mm。

2. 活塞和活塞杆

活塞杆要求高度抛光,能承受运动过程中的任何载荷,不允许变形、锈蚀,和油缸紧密结合的活塞把阻尼器分成两个液腔,活塞上的小孔是为了两个腔体中在一定的活塞压力下液体可以来回流动。

3. 液体

阻尼器中的液体要求不可燃、无毒、温度稳定并不随时间而老化变质,一般采用液态硅油,燃点超过340℃。

4. 密封

内装液体受压并在长期载荷作用下不泄漏。

5. 储备室

液体黏滞阻尼器的设计一般需要一个储备室。储备室可以和阻尼器用同一个金属缸体,用一个控制阀控制室内的液体的进出,也可以是一个分开的金属缸,目的是用来控制和补充液压油的多少。当采用高度平衡的活塞杆时,不需要储备室。

(二)阻尼器的出厂检测内容

1. 外形测试

检查阻尼器外形几何尺寸和外观质量,如有无漏油、油漆剥落、外壳损坏等。

2. 耐压测试

确保阻尼器油缸和管道在设计阻尼力的2倍安全系数下恒定24小时,不能漏油。

3. 总行程测试

阻尼器的总行程必须满足设计值600mm(含限位位移量)。

4. 慢速位移最大阻力测试

阻尼器在温度等原因引起的慢速运动时,其阻力不得大于56kN。

5. 静力限位测试

每个阻尼器在活塞位于最大受拉位置和最大受压位置时,测试其静力最大拉力和最大压力,即$1.5 \times 4750 = 7125$kN,记录力和位移关系曲线,要求阻尼器在拉和压两个方向上的限位刚度均满足100MN/m。

6. 动力测试

在模拟动力的试验设备上检验,按设计要求作一个完整的滞回过程,给出以下参数和曲线:

阻尼力、冲程和速度的时程曲线;

冲程和阻尼力的滞回曲线;

不同冲程下的阻尼力与理论曲线的对比(要求在±15%的误差范围内);

在受拉和受压情况下的最大阻尼力和冲程。

上述耐压测试和动力测试应考虑温度的影响,分别考虑以下3种温度条件:-25℃,+15℃,+50℃。

(三)阻尼器的质量预检试验

结合阻尼器在本桥中的运营需要进行质量预检试验,主要内容有:

1. 对各种频率输入的反应性能检测试验

这个试验的目的是认证阻尼装置在各种频率和速度时的性能、确认按公式 $F = CV^{\alpha}$ 的计算结果、校核制造商的试验数据。在以下每一个谐波频率下进行三个最大位移的循环试验，频率分别为 0.05Hz、0.2Hz、0.5Hz、1.0Hz、2.0Hz 和 5Hz（相应周期为 20.0s、5.0s、2.0s、1.0s、0.5s 和 0.2s）。试验的结果将特征速度、阻尼系数和每个循环的耗能作为加载频率的函数绘制成力和速度曲线。

2. 抗动风荷载下的疲劳能力试验

这个试验的目的是检测阻尼器在 50 年服务寿命期内抵抗累计动风造成的密封系统疲劳磨损的性能。经过 50000 次以脉动风位移 ±5mm、不低于 2mm/s 的速度、小于 1Hz 的频率循环试验后，观察密封系统是否漏油，评估抗振性能可能的变化情况。

测试数据用来鉴定在高强度循环作用的高频、小位移荷载作用下引起的装置损坏、衰退情况，用肉眼检查密封系统是否由于疲劳磨损引起退化，装置在第 2 个和第 49998 个周期的力－位移特征反应曲线的变化应小于 15%，阻尼器力学滞回曲线的变化应小于 15%。

三、安装、维护和监控要求

（1）在大桥通车前，完成阻尼器安装。

（2）控制阻尼器安装精度是控制一个塔梁连接处 4 个阻尼器限位力不均匀的重要环节之一，钢梁上耳板销孔中心至索塔横梁上耳板销孔中心的纵桥向距离应等于阻尼器活塞处于油缸中位时球铰中心的距离，且安装误差小于 ±8mm。

（3）阻尼器的设计、生产单位提供阻尼器日常检查、维护的使用说明书。

（4）所有设备的安装应便于检查和维护，要保证使用的可靠性和连续性。

（5）应安装监控系统对阻尼器的位移、阻尼力（或限位力）、油缸压力及振动频率和速度等参数作实时记录和跟踪，以保证阻尼器的工作处于可监控状态。

第三节　支座及伸缩装置

一、桥梁支座

支座是桥梁结构中连接上部及下部结构的一个重要装置。支座的主要作用是：承受桥梁上部结构的恒、活载并传给墩、台，乃至基础；适应桥跨结构的水平位移和转角位移。支座的实际工作状态（受力及约束功能）应与结构计算图式基本相符，以使桥梁结构的实际受力状态与理论计算结果更为接近。

（一）支座类型及平面布置

桥梁支座按其约束形式可以分为固定支座和活动支座，后者又可分为单向活动支座和双向（多向）活动支座。固定支座可以承受竖向力和水平力，允许转动但不允许水平位移，即相当于结构计算图式中的固定铰；单向活动支座可以承受竖向力和一个方向（有约束向）的水平力，允许转动及一个方向（无约束向）的水平位移，双向（多向）活动支座只承受竖向力，而允许转动和水平位移，活动支座即相当于计算图式中的活动铰。

随着桥梁建设事业的发展与科技进步，桥梁支座的技术水平也相应得到了提高。目前，我国公路桥梁常用的支座，按其结构形式分类有：板式橡胶支座、盆式橡胶支座、球型支座等。

支座的平面布置形式主要与桥跨的结构形式有关，一般以一个连续结构来进行布置，其基本原则为；

（1）使桥跨结构的恒、活载能可靠且均衡地传递至各个墩、台；

（2）每联连续结构在各个自由度方向均须有至少一个约束；

（3）当桥跨结构受温度变化、混凝土收缩和徐变等因素影响，出现各种（及各方向）变形时，能将由此

而带来的结构内力变化限制在最小的状态,保证结构的安全;

(4)一般情况下,连续梁桥的固定支座宜设置在中间位置的桥墩上。

不同的桥跨结构形式,其支座的布置方式是多样的,概括地说就是使桥跨结构稳定、可靠地固定于墩、台,且能适应梁体的各种变形,各支座的受力、位移相对均衡。

(二)支座技术条件

目前,我国桥梁用各类支座都已产品化、系列化,桥梁设计人员不必像以往那样去进行支座产品的设计,只要根据标准或供应商提供的产品样本进行支座类型与规格的选择。支座选用的基本依据是计算的竖向力、水平力、水平位移、转角位移等参数,另外还需考虑支座的使用环境等因素。

交通部行业标准《公路桥梁板式橡胶支座》(JT/T T4—2004)、《公路桥梁盆式橡胶支座》(JT 391—1999),以及国家标准《球型支座技术条件》(GB/T 17955—2009),这三部标准对我国公路桥梁常用的三类支座提出了具体的技术要求。

三种类型支座的性能、价格比较为:对于同样的竖向承载能力,板式橡胶支座的价格较低,球型支座的价格较高;板式橡胶支座的允许转角位移较小,而球型支座的允许转角位移较大,后者基本上可以满足桥梁结构在各种因素作用下产生的转角位移要求。对于盆式橡胶支座而言,其性能与价格均位于前两者之间。此外,板式橡胶支座和盆式橡胶支座的转角位移是通过支座两侧橡胶的压缩变形差实现的;从受力角度来讲,转角位移越大,所产生的支座反力矩也越大。对于长期使用后的橡胶老化也会对支座的转角位移性能产生不利影响,亦即支座产生转角位移时引起的支座反力矩有所提高。而球型支座则不然,其产生的支座反力矩与支座的转角位移无关,仅与支座反力、转动球面半径和滑动面的摩擦系数有关。因此,球型支座较适用于转角位移较大的情况。就承载能力而言,板式橡胶支座相对较小,适用于中、小跨径桥梁;大跨径桥梁多采用盆式橡胶支座或球形支座。

(三)椒江二桥支座型号及布置

鉴于本桥处于海湾地区,属于严重腐蚀环境,桥梁支座选用应首先考虑防腐性能。运营阶段共有如下5种支座类型,见表2-6-20。

支座类型统计 表2-6-20

支座类型	过渡墩	辅助墩	塔梁处
纵向位移(mm)	±450	±400	阻尼限位器
横桥向	1500kN 级 F4 板式橡胶支座(限位)	2×1500kN 级 F4 板式橡胶支座(限位)	2×12500kN 级抗风支座
竖向	QZ10000-SX	QZ20000-SX	QZ4000-SX(临时)
	转角:0.02rad	转角:0.02rad	转角:0.02rad

其中,辅助墩支座倒装,平面聚四氟乙烯滑板安装在墩顶。过渡墩支座正装,平面聚四氟乙烯滑板安装在梁底。支座安装时应根据监控单位提供预偏量进行锁定。安装定位精度应符合规范要求。

考虑到桥位处于滨海环境,故所有支座金属表面的防腐有效期应达到30年以上,具体涂装要求如表2-6-21所示。

支座金属表面的防腐涂装方案 表2-6-21

序号	涂装顺序	名称	涂装道数	涂装方法	涂装场所	干膜厚	涂装间隔	
						μm/道	最短	最长
1	表面处理	喷砂除锈、Sa3、粗糙度 RZ40~120						
2	喷涂层	喷涂 Ac 铝层	1	电弧喷涂	工厂车间	200	—	4h
3	封闭层	H53-42 环氧涂料	1	无气喷涂	工厂车间	30	24h	3个月

续上表

序号	涂装顺序	名　称	涂装道数	涂装方法	涂装场所	干膜厚	涂装间隔	
						μm/道	最短	最长
4	防锈漆	8840 环氧不锈钢鳞片涂料	2	无气喷涂	工厂车间	160	24h	5d
5	中间漆	842 环氧云铁防锈漆	1	无气喷涂	工厂车间	50	24h	3 个月
6	面漆	S43-31 脂肪族聚氨酯面漆	1	无气喷涂	工厂车间	40	24h	不限
7	面漆	S43-31 脂肪族聚氨酯面漆	1	无气喷涂	现场	40	—	不限

二、桥梁伸缩缝

为了消除或减小桥梁结构中的温度应力，或由于其他原因致使结构材料出现胀缩而带来的附加应力，以及为了确立桥梁结构某种经济合理的力学计算图式，在桥梁结构，特别是桥面体系中设置伸缩缝划分段落，将是不可避免的一种措施。一般而言，伸缩装置并不具备传递轴力以及剪力和弯矩的功能。

(一)伸缩缝装置的技术要求

《公路桥涵设计通用规范》(JTG D60—2004)规定桥面伸缩装置应保证能自由伸缩，并使车辆平稳通过。伸缩装置应具有良好的密水性和排水性，并应便于检查和清除沟槽的污物。《公路钢筋混凝土及预应力混凝土桥涵设计规范》(JTG D62—2004)对桥梁伸缩装置的设计规定如下：

(1)伸缩装置的材料及其成品的技术要求应符合行业标准《公路桥梁伸缩装置》(JT/T 327—2004)的有关规定。

(2)采用定型生产各类伸缩装置时，可根据桥梁所在地区的气温条件和施工季节，选择伸缩装置的安装温度，算出桥梁接缝处梁体因温度变化、混凝土收缩、徐变、车辆制动而产生的伸长量和缩短量(接缝的闭口量和开口量)，并据此选用伸缩装置的类型和型号。自行设计伸缩装置时，对于承受汽车荷载的钢构件，应考虑冲击作用及重复作用引起的疲劳影响。

(3)根据伸缩装置的安装宽度，绘制桥梁接缝处的结构图，标明安装伸缩装置所必需的槽口尺寸(上、下口宽度)、伸缩装置连接所需要的预埋件及其位置。

(二)伸缩装置的各项技术指标

(1)伸缩装置直接承受车轮荷载的冲击，必须具备足够的强度和刚度。此项指标应和桥梁荷载等级相同。

(2)伸缩量为伸缩装置拉伸和压缩变形的总和。伸缩量主要和桥面伸缩缝间距有关。

(3)转角为伸缩装置绕桥梁横轴所能转动的角度。具备了这个性能，才能保证桥梁上部结构在伸缩缝处可以自由转动。转角以弧度表示，其大小和梁端的转角有关。

(4)伸缩装置平整度是车辆平顺通过伸缩缝的保证。伸缩装置安装完成后，其表面不能出现影响行车平顺的坑槽。

(5)对伸缩装置提出防渗防漏性能要求，是为了防止桥面流水和杂物污染墩台，对伸缩装置的防水性能，列出了具体数值指标，要求注满水后 24h 无渗漏。

(6)模数式伸缩装置特别是大伸缩量的多单元模数式伸缩装置，由于构造相对复杂，所以还要求该伸缩装置必须具备横向错位、竖向错位、纵向错位的功能。

(三)椒江二桥伸缩缝选用及技术要求

主桥大位移伸缩缝参考国内外实际工程应用，最终采用 Mageba 模数式伸缩缝。其他小位移伸缩缝考虑行车舒适度及实际工程应用，采用宁波路宝 RB 梳齿板型伸缩缝。

1. 技术参数

(1)设计荷载:公路-Ⅰ级;

(2)桥面坡度:纵坡　不大于3%(主线桥),匝道桥最大纵坡为3.4994%;

横坡　主线桥2%,双向;匝道桥最大横坡7%,单向;

(3)设计基准温度:17℃;

(4)与桥轴线交角:正交;

(5)路面铺装层设计厚度:10cm;

(6)模数式伸缩装置最大单缝缝宽在任何情况下不得超过80mm。

2. 伸缩装置类型

(1)主桥:采用模数式伸缩装置;

(2)引桥:采用单元式多向变位梳形板式伸缩装置;

(3)匝道桥:采用梳形板式伸缩装置。

3. 转角

(1)模数式缝(伸缩量1200mm)

立面:±0.02rad;

平面:±0.005rad。

(2)梳齿板式缝

①伸缩量　320mm

立面:±0.02rad;

平面:±0.005rad。

②伸缩量　不大于240mm

立面:±0.01rad;

平面:±0.005rad。

4. 伸缩装置设计寿命

主要部件40年;次要可更换部件20年;橡胶带寿命不低于5年。

5. 其他技术要求

(1)伸缩装置应具有足够的刚度,在最不利荷载作用时,缝中心处竖向挠度,不得超过缝宽的1/800。

(2)伸缩装置在横桥向应自成缘石,以免雨水横桥向泄漏。

(3)伸缩装置上表面应进行抗滑处理,使其具有与路面相同的粗糙度。模数式缝上表面采用涂装作抗滑层时,应保证五年内伸缩装置上表面的摩擦系数不小于0.55。梳齿板式缝上表面应进行刻槽处理,表面摩擦系数不小于0.55。

(4)伸缩装置钢结构外露面及预埋件,均应进行防腐涂装或防腐处理,表面防腐设计年限为20年。伸缩装置中金属构件采用三重防腐方案;耐候钢+金属喷涂+重防腐涂装(符合ISO12944标准的C5M级涂装,厚度≥320um)。

(5)采用国产材料生产的模数式伸缩装置支承梁间距不大于1.2m,采用进口材料生产的伸缩装置支承梁间距需符合《公路桥梁伸缩装置》(JT/T 327—2004)标准。

(6)伸缩装置密封条应锚固牢靠,应在密封条伸长至150mm时也不脱落,或当车轮碾压过夹有石头或其他杂物的密封条上时,也能确保密封条不脱落。

(7)伸缩装置密封条及其连接处必须做到彻底防水,即至少在密封条伸长20%(96mm)、沿轴向扯动40mm的情况下,24h不渗水,并应在投标文件中附试验报告。

(8)梳形板式伸缩装置应具有“防水、防尘、防噪”三防功能。梳齿板下应采用不锈钢板作为滑动面,采用橡胶板作为防水层,防水层橡胶板厚度不得小于5mm。伸缩装置安装槽口的两侧,应设排水槽,以避免逆坡积水。

第四节　塔梁除湿系统设计

一、组合箱梁除湿

主桥组合梁共设6套除湿系统,分布在3个设备段内,除湿范围为主梁(SA25～NA25)的内部空间。

(一)除湿参数要求

(1)相对湿度:45% RH ±5% RH;

(2)室内温度:和外界温度相近。

(二)除湿系统

(1)总体布置——钢箱梁共设3个设备段(NA12、NJ26、SA12),每个设备段2套除湿系统,全桥共6套除湿系统(除湿系统1～6)。

(2)系统配置——每套除湿系统均包括1台除湿机和1台混合箱,以及相应的风管体统和控制系统。除湿系统3、4带平衡系统和新风系统。

(3)设备布设——每个设备段的2套除湿系统基本为大桥中心线的对称布置。建议除湿机等放置在设备段钢箱梁横隔板距边2995mm的背塔一端。在设备段钢箱梁(包括预留件)制成并整体涂装、盖板后(吊运前),进行除湿设备的地面安装。

(4)总体气流——除湿装置将干空气通过钢箱梁的送风底肋送至该系统两端的出风段,并由出风段送风底肋的出风口分别向钢箱梁(中室)和风嘴均布出风。由于出风口的正压和除湿装置回风口的负压的压力差,出风段气流通过横隔板上的人孔、管线孔和过焊孔等回到除湿装置回风口,在该系统控制范围内形成了充分的气流循环,使干空气始终充满钢箱梁内部空间。

(5)设备段预留件——包括底肋上的设备底板、A型风口、隔断板;横隔板上的电控箱支架;底板上的再生进、出风管,新风管、平衡管;外腹板上的C型风口等。

(6)出风段预留件——包括底肋上的B型风口、隔断板;外腹板上的B型风口等。

(7)控制系统——每套除湿系统设置控制系统一套,随时检测内部湿度,除湿系统将根据湿度自动卸载或停止运行,充分节能。并能根据业主要求通过输出端口为上位机提供运行参数,实现远程监控。另参见"自控系统说明"。

(8)除湿系统电功率——每套除湿系统运行电功率15KW,6套共计90KW(380V,50Hz)。

(9)供电要求——业主可将供电、信号线缆头子就近放至电控箱位置(线缆稍长些),由除湿系统安装人员完成电控箱的接线。

二、索塔柱室除湿

(一)设计要求

(1)除湿空间范围

南北索塔上柱室的内部空间(高程88.89～155.39)

(2)空气参数要求

相对湿度:<45% RH

室内温度:和外界温度相近

(二)除湿系统说明

经过对索塔结构资料分析、核算,建议采用以下除湿系统方案:

总体布置——大桥南北索塔各有2个上柱室,每个上柱室设1套除湿系统,共4套除湿系统(除湿系统7～10)。

系统配置——每套除湿系统均包括1台除湿机和1台混合箱,以及相应的风管系统和控制系统。

设备布设——除湿设备布置在高程88.89的平台上,北塔东西上柱室的除湿系统基本为大桥中心线的对称布置。南北塔上柱室除湿系统基本为主跨跨中线的对称布置。

总体气流——高程88.89平台上的除湿装置将干空气通过预留送风立管送至上柱室顶部(高程155.39)的出风管,并由均布的出风口向下出风。由于出风口的正压和除湿装置回风口的负压的压力差,气流通过横锚梁等回到除湿装置回风口,从而形成了充分的气流循环,使干空气始终充满上柱室内部空间。

预留件——包括高程88.89平台上的设备底座;混凝土壁上的电控箱支架、再生进出风管;沿混凝土壁(高程88.89～155.39)的风管支架、送风立管等。

控制系统——每套除湿系统设置控制系统一套,随时检测内部湿度,除湿系统将根据湿度自动卸载或停止运行,充分节能。并能根据业主要求通过输出端口为上位机提供运行参数,实现远程监控。另参见"自控系统说明"。

除湿系统电功率——每套除湿系统运行电功率7kW,4套共计28kW(380V,50Hz)。

供电要求——业主可将供电、信号线缆头子就近放至电控箱位置(线缆稍长些),由除湿系统安装人员完成电控箱的接线。

(三)自控系统说明

PLC控制系统可以自动设定相对湿度的控制值(除湿系统的卸荷值),除湿系统的温湿度变送器,将控制点采集到的温湿度数据输送到控制箱并进行自动编排,控制系统将根据设定值进行系统的自动操作运行。

在各个湿度控制区域,根据风流组织设置的湿度传感器的信号,自动区分大、中、小数值,比较设定的参数,自动多级控制除湿系统的运行,并达到最佳的经济运行目的。除湿机将根据内部的湿度情况,通过无级调节,对除湿机的再生加热自动进行卸载运行。

除湿系统3、4设新风、回风自控和平衡系统。当箱体内因维修或操作要求进入工作人员时,除湿系统将根据远端(或近端)的设置,系统自动进入新风输入状态。新风通过电动阀门的控制,先进入除湿机进行除湿;之后,除湿机将处理后的干燥的新鲜室外风由送风系统输送到各个所需要的内部除湿区域。为控制钢梁箱内由于空气湿度变化造成的压力膨胀,保持和平衡室内外压差,特在其箱梁底板处设置空气压力平衡阀,按照设定的室内外压差自动开启或关闭与室外联通管道的风阀,确保箱体内外的气压平衡。

除湿系统的上述所有运行信号,可通过控制器的RS485通信口,与总控室内上位联机。除湿机设备既可以通过PLC和触摸屏进行就地操作和控制,也可以通过上位机进行远程操作和控制,从而实现了总控室对大桥内所有的除湿系统、钢箱梁内湿度等各种数据进行监控。

除湿机采用PTC形式进行再生加热,而以往以电热器形式再生在突然断电时引起自燃的事已有发生,采用PTC形式就避免了除湿机在大桥上发生自燃的可能性,从而大大提高了再生加热的安全性。

第五节　航标灯、航空障碍灯及避雷系统设计

一、大桥航空障碍灯照明设计

(一)大桥航空障碍灯照明设计依据

根据《民用机场飞行区技术标准》(MH5001—2006)及《民用建筑电气设计规范》(JGJ 16—2008)

10.3.5 有关条文，航空障碍灯的设置应符合下列规定：

(1)障碍标志灯应建筑物或构筑物的最高部位。

(2)障碍标志灯的水平、垂直距离不宜大于45m。

(3)障碍标志灯宜采用自动通断电源的控制装置，并宜设有变化光强的措施。

(4)障碍标志灯的设置应便于更换光源。

(5)障碍标志灯电源应按主体建筑中最高负荷等级要求供电。

(二)大桥航空障碍灯照明设计及安装

椒江二桥主桥为双塔斜拉桥，长900m，桥面宽39.5m。主塔处桥面高程+49.599，塔顶高程+157.590，桥面以上主塔高度为107.991m。

为飞机飞行安全，在塔顶及塔中部两处横桥向设置高光强航空障碍灯。

主塔中部及顶部全部采用高光强航空障碍灯，LED光源，白色闪光，控制箱在主塔人孔进门处壁式安装。

塔中部与塔顶航空障碍灯应同步闪烁，控制箱及二次控制接线由厂家配套提供相应图纸并现场调试；电源进线处需加浪涌保护器.

考虑到开孔需避开主塔预应力粗钢筋，在主塔高程+86.73、+120.59处横桥向外侧塔壁分别开孔，孔洞大小255×500mm，孔洞处钢筋补强。同时考虑孔洞离塔内平台构造约0.5m，以方便航空障碍灯安装、更换。塔中部航空障碍灯处根据实际需要可增加内侧门。航空障碍灯安装的水平、垂直距离均不大于45m。

航空障碍灯主电缆沿塔内爬梯旁线槽内敷设，航空障碍灯孔洞旁预埋出线管，分支线穿管引出。

航空障碍灯电源由主塔下横梁处低压配电柜专线提供，在低压柜旁设置EPS不间断供电电源，停电时旁路及时切换，保证临时供电时间>10h。备用电源是专供航空障碍灯停电时自动转换的蓄电池，与路段低压配电箱并排安装；

航空障碍灯安装支架及紧固件均采用不锈钢材质，可直接从厂家配套采购。支架加工时应双面焊，焊缝高6mm，焊接后焊缝作防腐处理。

所有灯具支架、控制箱、接线盒、穿线钢管和线槽均应可靠接地；塔顶灯具外壳与避雷带可靠连接；

航空障碍灯的选购应符合《民用机场飞行区技术标准》(MH5001—2006)及《民用建筑电气设计规范》中其特性要求；安装前需经过当地空军认可。塔中部及塔顶航空障碍灯安装布置示意图2-6-3。

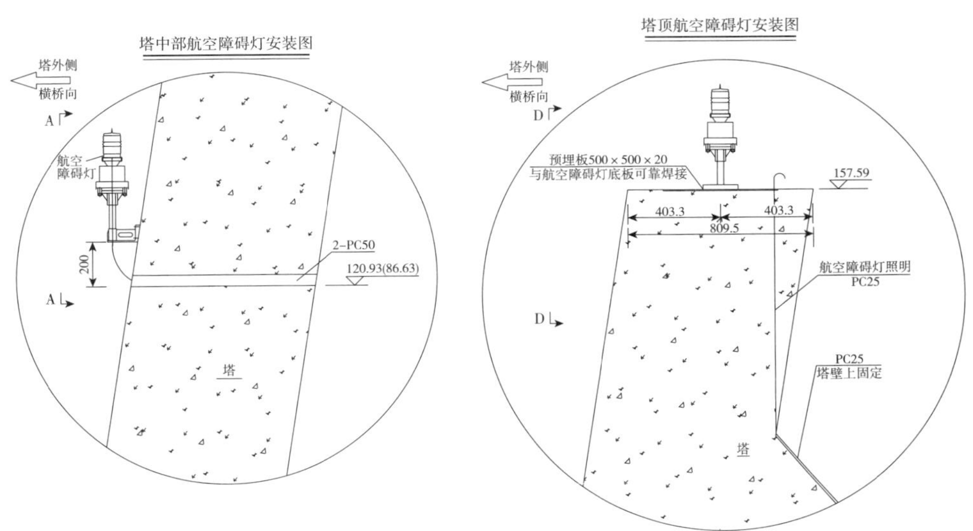

图2-6-3 塔中部及塔顶航空障碍灯安装布置示意图(尺寸单位：mm)

二、大桥防雷装置设计

（一）概述

本工程全桥防雷、接地保护系统为行人、行车以及桥体结构安全需要而设置。全桥段在各桥墩、桥台、主塔处做接地装置。桥面接地带将所有桥墩、桥台、主塔基础接地装置并接。

（二）设计依据及主要规范

（1）《建筑物防雷设计规范》GB50057—2010

（2）《建筑物电子信息防雷技术规范》GB50343—2012

（3）《防雷装置设计技术评价规范》QX/T106—2009

（4）《民用建筑电气设计与安装图集》

（三）防雷接地装置施工注意事项

（1）本工程照明低压接地采用 TN-S 制接地保护系统，并为照明灯具电源线路装设漏电保护器作接地故障保护。

（2）所有箱式变压器的 10kV 中压进线侧母排上装设避雷器作为过电压保护，所有 220/380V 低压线路输入端出线处，安装相应等级的电源 SPD 电涌保护器，以防雷击电磁脉冲。

（3）全桥各桥墩、桥台、主塔、地面埋地变处、箱式变等均须作接地装置。要求桥墩、桥台、主塔接地电阻值均不大于 1Ω。

（4）桥梁基础施工时应同步进行接地装置的施工。接地装置是采用钢护筒、钻孔桩内竖向钢筋笼及声测管作接地极，并采用承台内水平结构箍筋将基础内所有接地极联结为一体；用桥墩、桥台、主塔内结构钢筋网作接地引下线及水平连接线；每墩（台）引上桥面（塔顶）的接地引下线不少于 4 根，每间隔 5m 将桥墩（塔）内的水平箍筋与桥墩的主钢筋（4 根接地引下线）焊接，做等电位联结。

（5）在主塔内每隔约 5m 利用塔内箍筋作为水平避雷带（均压环），水平避雷带与接地引下线（塔内竖向结构钢筋，不少于 4 根）焊接后和主塔墩接地装置可靠焊接。

（6）在主塔塔顶安装有避雷带和提前放电型避雷针。避雷针、避雷带均须与主塔接地引下线（塔内竖向结构钢筋，不少于 4 根）可靠焊接。避雷针、避雷带均采用不锈钢。至少有 2 根接地引下线与避雷针底座可靠焊接。

提前放电型避雷针高出塔顶最高处至少 3m。

（7）塔顶避雷带采用 $\Phi16$ 不锈钢沿塔顶女儿墙四周敷设，塔顶上的金属物体、避雷针就近与避雷带焊接。

（8）所有斜拉索均可作为防侧击雷接闪器；所有斜拉索的金属套管的上、下两端与就近的防雷带可靠连接。

（9）桥面钢栏杆、钢灯柱均可作为防雷接闪器，钢栏杆、钢灯柱均应与接地带可靠焊接。钢栏杆断开处须焊接跨接地线，跨接地线需有防腐措施。

（10）为保证接地的安全可靠性，在防撞墙内预埋□40 × 5 热镀锌扁钢作为接地带贯通全桥。同时在外西桥、隔桥桥、分离立交桥、椒江二桥中央分隔带、主桥索区及南引桥 Y 匝道内侧防撞墙沿 10kV 高压金属线槽旁增加 40 × 5 热镀锌扁钢作为接地带贯通全桥。在伸缩缝处采用铜质编织带过渡，并保证有足够的伸缩余量。同时在埋地变地坑及配电柜基础周围增加接地装置，接地扁钢引入地坑及电缆井内壁，埋地变外壳及配电柜可靠接地，要求接地电阻值均不大于 4Ω。

接地带在伸缩缝处采用软连接过渡，保证接地带有足够的伸缩量并全桥贯通；接地带将所有桥墩、桥台、主塔接地装置并接；各桥墩（台）接地引下线除与桥面接地带焊接外，桥面钢栏杆、钢箱梁、各钢构也应可靠接地，作等电位联结。

（11）作为接地引下线及水平连接线的结构钢筋应按规范要求相互搭接焊接，且双面连续焊，焊接长度不小于 150mm，搭接钢筋直径不小于 $\Phi12$。墩、梁处、伸缩缝处接地钢筋可采用钢绞线或铜质连接带软连接,并保证有足够的伸缩余量。

(12)接地引下线下与基础内钢筋、钢护筒(接地装置)焊接,上与梁内及塔内钢筋笼搭接焊接,形成防雷接地系统。

(13)在桥墩、桥台、主塔打承台混凝土之前,对基础接地装置的接地电阻值进行实测,要求每处接地电阻不大于1Ω,并做好检测记录;若达不到要求,须加打人工接地极。

(14)作为接地引下线及水平连接箍筋的结构钢筋要求涂红色油漆,以区别其他结构钢筋。施工中要有指定专人负责此项工作。按图检查接地端子是否按设计图要求位置预埋,在各设接地装置的桥墩、桥台、主塔处,从下到顶的接地线是否贯通。

(15)接地线、防撞墙钢护栏、钢栏杆、桥体内钢筋网、钢箱梁、主塔内钢筋网、斜拉索上、下锚头、埋地变及控制柜、各类支架及钢平台、塔内爬梯、各配电终端、灯柱、穿线钢管、桥上各监控设备外壳、检查车设备外壳、除湿机设备外壳等均应与接地带可靠焊接,做等电位联结。

(16)各类高、低压过桥穿线钢管、电缆槽道、检查车轨道、水管、爬梯等长金属构件每隔约30m做一次重复接地。当相邻两金属管道的距离≤100mm时,应每隔约30m做跨接地线连接。

(17)所有灯柱、灯具、电缆金属外皮、穿线钢管、电缆槽道、照明控制柜、各类支架及钢平台、接线盒、斜拉索、埋地变、中压控制柜、各配电终端、塔内爬梯、航标灯架、航标灯牌、航空障碍灯及其支架、避雷针、塔顶避雷带、各预埋铁件、各爬梯、各钢构、金属栏杆、钢箱梁、监控设备金属外壳、检查车设备、除湿机设备外壳、高、低压过桥管路、过桥水管等所有正常情况不带电的电气装置的金属外壳等,均应与接地装置可靠连接,形成电气通路,见示意图图2-6-4。

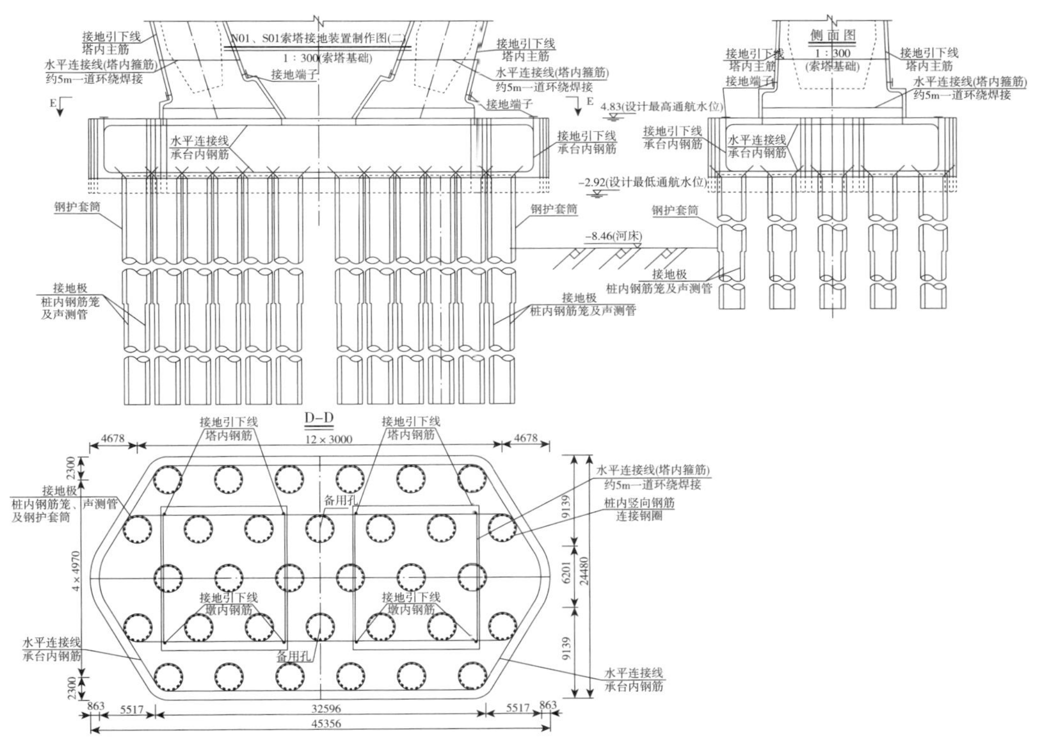

图2-6-4 接地装置连接形成电气通路(尺寸单位:mm)

三、桥梁航标灯牌设计

(一)航标灯布设原则

以服务船舶和大桥安全为宗旨,达到安全、便利、准确、经济的助航效果。

（二）设计依据及主要规范

《中国海区可航行水域桥梁助航标志》(GB24418—2009)

（三）航标灯牌布置

本工程通航孔为 N02-N01，N01-S01，S01-S02 墩共 3 跨。

标牌尺寸按《水运工程导标设计规范》(JTJ237—99)，主通航孔标牌尺寸取定白天显形距离不小于 1 海里，副通航孔标牌尺寸取定白天显形距离不小于 0.5n mile。

标牌材质采用工业级不锈钢制作。发光体为全向 LED 灯器。太阳能供电，配蓄电池、充放电控制器、无线遥测等。

1. 主通航孔

N01-S01 主塔之间为主通航孔、双向通航。标牌设置在人行道栏杆外侧。

此通航桥孔设置左侧标 2 座、标示通航桥孔航道的左侧界限；日标牌为边长 2.0m 红色实心正方形；

发光体由 4 块外形尺寸 1.76m×0.24m 的红色 LED 灯阵组成，控制部分分离设计。额定电压 12V，工作电流 2.65A，灯光射程 >3 海里，防护等级 IP65，同步精度 <1ms，闪光周期 IALA256 种，合理使用年限 6 年。

右侧标 2 座、标示通航桥孔航道的右侧界限；日标牌为边长 2.4m 绿色实心正三角形。

发光体由 3 块底边尺寸 2.16m、底角 60°、高 0.24m 的等腰梯形的绿色 LED 灯阵组成，控制部分分离设计。额定电压 12V，工作电流 3.325A，灯光射程 >3 海里，防护等级 IP65，同步精度 <1ms，闪光周期 IALA256 种，合理使用年限 6 年。

双向通航中央标 2 座、标示通航桥孔航道的中线；日标牌为边长 2.0m 白底实心正方形，中央标绘两平行上下绿色箭头。

发光体由单个高尺寸 1.9m 双向箭头形绿色 LED 灯阵组成，控制部分分离设计。额定电压 12V，工作电流 1.2A，灯光射程 >3n mile，防护等级 IP65，合理使用年限 6 年。

2. 上航副通航孔

S01-S02 墩之间为上航副通航孔。标牌设置在人行道栏杆外侧。

设置通航桥孔单向标 1 座、标示通航桥孔航道的中线，表示该航道为单向通航孔；日标牌为边长 1.5m 白底实心正方形，中央标绘绿色向上箭头。

发光体由单个高 1.42m 箭头形绿色 LED 灯阵组成，控制部分分离设计。额定电压 12V，工作电流 0.6A，灯光射程 >2 海里，防护等级 IP65，合理使用年限 6 年。

桥孔禁航标 1 座，表示禁止船只驶入；日标牌为边长 1.5m 黄底红×实心正方形。

发光体由单个垂直叉形红色 LED 灯阵组成，控制部分分离设计。额定电压 12V，工作电流 0.6A，灯光射程 >2n mile，防护等级 IP65，合理使用年限 6 年。

3. 航副通航孔

N02-N01 墩之间为下航副通航孔。标牌设置在人行道栏杆外侧。

设置通航桥孔单向标 1 座、标示通航桥孔航道的中线，表示该航道为单向通航孔；日标牌为边长 1.5m 白底实心正方形，中央标绘绿色向上箭头。

发光体由单个高 1.42m 箭头形绿色 LED 灯阵组成，控制部分分离设计。额定电压 12V，工作电流 0.6A，灯光射程 >2n mile，防护等级 IP65，合理使用年限 6 年。

桥孔禁航标 1 座、表示禁止船只驶入，日标牌为边长 1.5m 黄底红×实心正方形。

发光体由单个垂直叉形红色 LED 灯阵组成，控制部分分离设计。额定电压 12V，工作电流 0.6A，灯光射程 >2n mile，防护等级 IP65，合理使用年限 6 年。

4. 道右侧高风险禁航孔

N03-N02 墩之间为高风险禁航孔。标牌设置在人行道栏杆外侧。

设置通航桥孔禁航标 2 座、表示禁止船只驶入；日标牌为边长 1.5m 黄底红×实心正方形。

发光体由单个垂直叉形红色 LED 灯阵组成,控制部分分离设计。额定电压 12V,工作电流 0.6A,灯光射程 >2n mile;防护等级 IP65,合理使用年限:6 年。

5. 航道左侧高风险禁航孔

S02-S03 墩之间为高风险禁航孔。标牌设置在人行道栏杆外侧。

设置通航桥孔禁航标 2 座、表示禁止船只驶入;日标牌为边长 1.5m 黄底红 × 实心正方形。

发光体由单个垂直叉形红色 LED 灯阵组成,控制部分分离设计。额定电压 12V,工作电流 0.6A,灯光射程 >2n mile,防护等级 IP65,合理使用年限 6 年。

6. 桥墩警示标

N02、N01、S01、S02 墩(塔)共设置桥墩警示标 8 座,桥墩警示标设置在桥墩上下游侧的承台中央,标示通航孔桥墩或桥墩的防撞设施。

日标牌为黄红黄横带圆柱形钢管,高 4.2m。

发光体选用全向 LED 冷光源产生的灯质:IALA256 种,黄光。主要技术指标:直流工作电压 9 ~ 28V,直流工作电流≤0.8A,静态直流电流≤5mA,启闭照度 300lux ±50lux,灯光射程 >5n mile(T =0.74),发光颜色符合(GB12708—2002),合理使用年限 6 年。

7. 雷达应答器

在 N01-S01 跨中部下游侧设置雷达应答器 1 座。

8. 太阳能板及配件

选用多晶硅太阳能板组件,主要技术指标:额定电压 16.5V,光电转换率≥13%,防护等级 IP65,合理使用年限 6 年。

蓄电池:选用免维护蓄电池,主要技术指标:额定电压 2V/只 ×6 只或 12V,浮充电压 13.5V ~ 14.5V,合理使用年限 6 年。

充放电控制器:过充过放电压控制范围为 10.8 ~ 14.5V 之间。当蓄电池充电电压高于 14.5V 时,控制器自动切断充电电路,当蓄电池放电电压低于 10.8V 时,控制器自动切断放电电路,并具有切断信号输出,允许最大电流不小于 10A。

9. 航标遥测

采用 GSM 数据传输模式遥测装置,能动态监测航标灯器、蓄电池使用状况。

航标灯标牌布置如图 2-6-5 所示。

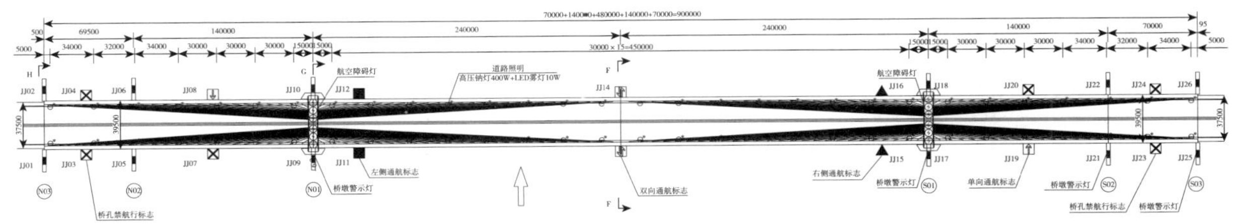

图 2-6-5 航标灯标牌布置平面示意图(尺寸单位:mm)

第六节 主梁检查车设计

一、设计要点

(一)主要设计参数

(1)设计荷载:均布活载 0.3kN/m,集中活载 3.5kN,均布恒载 3.1kN/m;

(2)电动机:型号:ZDY121-4;

数量:6;

总功率 N:0.8×6=4.8kW;

总扭矩 M:5.54×6=33.24N·m;

转速 n:1380r/min;

总静制动力矩:8.38×6=50.28N·m;

(3)减速箱:速比 i_1:(90/30)×(112/18)=18.67;

传动速比 i_2:49/10=4.9;

总速比:18.67×4.9=91.48;

(4)工作速度:$V=n\times2\pi\times R=7.25\text{m/min}$;

(5)最大横向轮距:3660mm;

纵向轮距:24640mm;

整车全长:44050mm;

(6)桥梁检查车桁架宽1760mm,高2100mm;

(7)桥梁检查车桁架与箱梁底部距离:1050mm;

(8)桥梁检查车台数:全桥6台。

(二)计算方法

(1)桁架采用平面杆系有限元方法分析,并用计算机离散模拟分析和常规公式两种方法进行内力计算。

(2)其他构件、零件、标准件按总体受力分析的结果进行设计和验算。

二、结构方案

检查车根据主梁结构形式,采用悬挂式吊车方案,即驱动机构通过钢轮倒置于工字钢轨道上,桁架通过门架与驱动机构相连,在电机的驱动下运行。

桥梁检查车主要由桁架和驱动机构所组成。桁架主要承受自重、行人和维护检查器具物品等荷载。上下弦杆分别采用140×140×12mm、70×70×4mm角钢,弦杆和腹杆以节点板连接。为提高桁架横向刚度,两侧下弦杆之间与两侧上下弦之间一样,采用人字形腹杆连接。在桁架700mm的高度上,横向和纵向焊接70×70×4mm的角钢,在其上面铺设5mm厚的菱形花纹铝板和4mm厚的菱形花纹钢板,钢板焊有加强肋,便于人行检查和维护,同时提高了桁架整体稳定性。

驱动机构主要由电动机、减速箱、钢轮、支架和杠杆组成。选用ZDY121-4型电动机,重量轻、便于在支架上悬挂。这种锥形转子电动机的定子内孔与转子外圆均为圆锥面。电动机通电时,作用于转子上的磁拉力分解为径向和轴向的两个分力,由于轴向磁拉力的作用,使转子产生轴向移动,压缩制动弹簧使风扇制动与后盖刹车面脱开,电动机随即运转。当电动机断电时磁拉力随之消失,风扇制动轴在弹簧压力的作用下,紧贴后端刹车面,产生制动力矩,使电动机迅速制动。设置减速箱,提高速比,降低运行速度,增加力矩和制动力矩,以提高整车的牵引性能。支架与杠杆、杠杆与门架均通过销轴相连,钢轮能分别绕两支点转动,使钢轮与钢轨紧密贴合,保证所有电机不发生空转,以克服运行过程中各种阻力。在车体行进方向和回车方向设置行程开关,以保护回车接触桥墩时的安全。每个电机可单独控制,也可整体控制,使得电机减速和加速,以克服行进中不同步现象。在检查车两端,通过固定在箱梁两侧的悬梯,可以进入检查车。备用爬梯用于紧急情况(如断电)时检查人员直接上桥面。

为防止施工过程中检查车滑落,在每个起吊梁段轨道前端设置了临时限位块,待下一梁段吊装完成后拆除。

三、制造加工要点

检查车中的桁架和驱动机构等主要总成和部件均采用 Q235A 材料，销轴、齿轮材料采用 45 钢，应符合 GB700—88 标准，其他构件按设计图要求选择的材料，也应符合国家有关标准。

(1)所有部件、零件均在制造厂加工焊接，销、轴、齿轮等零件应进行热处理。减速箱装配后，要进行跑合运转，门架与桁架焊接时要保证相对位置准确，不得有歪扭现象，否则要按图纸要求进行整形。

(2)凡属 Q235A 材料的零件焊接，采用 E4301 焊条，手工施焊；对于薄板零件，采用二氧化碳保护焊；对于复合不锈钢管，采用 Cr25Ni13 焊丝，用氩弧焊施焊。所有焊接可参考有关焊接手册提出的焊接工艺、方法进行，不得有虚焊、气孔、夹渣、裂纹等缺陷。

(3)对于槽钢之间、角钢之间的焊接，其尺寸可参考机械设计手册进行切割、下料。

(4)整车在厂内加工、焊接、装配后，须进行运行试验。试验用的台架，要求至少 50m 长，并且要有 2.5% 的坡度。养护车经测试合格后，方能运抵桥上安装使用。在桥上安装之前，应卸下驱动机构，待桁架连同门架平齐时再安装驱动机构，为调整方便，电机随后安装。

(5)整车在出厂前涂防锈漆两道，面漆一道，安装后再涂面漆一道，面漆与箱梁外表面相同。

(6)电器控制柜内接线用 BV1.0 单支铜芯塑料导线，车体布线采用 KYVD(4×2.5)护套控制电缆，敷设固定间距 <300mm。行程开关、蜂鸣器、标志灯、通道灯和主令开关(ISH)的安装位置待整车组装时协商处理。

四、质量、动力和其他要求

(1)检查车所有加工零部件须经检验合格后，方能组装。所有外构件应有合格证书，并进行抽查。对 ZDY121-4 锥形转子电动机，每台须经检验，要求转速相同，并且要有起动力矩大，运转平稳，制动可靠等性能。

(2)在箱梁底部，安装三相电路一条，检查车可以使用供电系统的三相电源，也可以使用大桥自备的发电机组，电源电压为 380V，检查车应低于额定电压 90% 的情况下使用。为使检查车用电方便，电源控制闸应在离检查车较近的地方设置。全桥配置八台养护车，三相电路设置一条即可。

(3)养护车要求轨道位置准确，其误差在 5mm 以内，轨道接头平顺，不得有错位现象。

第七章　桥梁景观设计

第一节　概　　述

自从南浦大桥建成后，我国桥梁建设进入了斜拉桥的崭新阶段。此后短短的二十几年间，众多跨江、跨海大桥已建成通车，更多大桥正在或将要进行规划，这种桥梁建造发展的状况是前所未有的。

在结构设计方面，毫无疑问，我国的水平已经进入世界先进行列，不少大桥的跨径已超千米，海峡大桥的难关也已攻破。在这种情况下，如何把将来诸多拟建的桥梁工程建造得耐用、造型优美并与周围景观紧密融合，很值得我们去研究。造型优美、风格统一、景观处理完整的大跨径桥梁能够使人们从桥梁造型美和环境美中得到享受，并体会到我国现代桥梁建设的宏伟，体会到我国桥梁独特的风格、品味。

椒江二桥是连通台州市南北的重要通道，对其进行深入的造型研究不但有现实意义，也将对未来我国桥梁建设起到重要影响。斜拉桥是本次椒江二桥设计的推荐方案，在造型与景观设计方面予以了充分的重视。

本章从桥址周围环境调查分析开始，结合众多造型手法，对大桥的线形、比例、主要承重构件造型、索面造型、边跨辅助墩造型、引桥造型进行综合研究，力求达到结构与造型相协调的创新方案。

一、背景调查分析

（一）自然环境分析

本项目起点为椒江区与临海杜桥镇交界处道感堂，向南延伸跨椒江，终点在椒江南岸与市府大道相接。本项目所经区域可划分为丘陵和平原两个地貌单元。丘陵分布区，一般地形高程在150m以下。山坡大多较为平缓，植被发育，基岩极少裸露，坡度一般为15°～30°，较陡处达35°～40°。山坡平缓地段，特别是小垭口地形下部，常发育有深过3～5m的小冲沟，沟壁陡立。平原区地形平坦，地面高程一般为3～4m左右，局部低洼处仅2.5m，大多种植水稻及经济作物。

大桥北岸为过高程为34m的老鼠屿，继续向北基本为农田和鱼塘。椒江南岸为九洲药业股份公司和海正股份有限公司，然后向南跨越太和山和腾云山较低的交汇处（高程约11m），再向南地势较为平坦，全线无险峻高山。环境带有南方婉约、秀丽之美。见图2-7-1、图2-7-2。

图2-7-1　台州自然环境

(二)人文环境分析

图 2-7-2　大桥桥位环境

不同的桥梁适合不同的地方，对当地特有的人文环境进行分析是大桥造型设计的前提。在掌握充分资料的前提下开展设计工作，能够保证大桥的造型设计拥有独到之处。

台州自然风光雄奇秀丽、古朴庄严、玄远清幽；人文景观源远流长、内涵丰富、独放异彩。名山古刹时掩时映，碧海蓝天云卷云舒，自有一派江南“海上仙子国”的明媚秀色。“台州地阔海溟溟，云水长和岛屿青”，这是唐朝大诗人杜甫对台州的赞美。台州拥有国家重点风景名胜区四A级旅游区(点)天台山和国家级历史文化名城临海，及仙居、桃渚、长屿硐天、方山——南嵩岩等四个省级风景名胜区，还有森林公园和地质公园等。气候温和，物产丰饶。游人来台州，既可以游历名山，观览沧海，寻访古迹，栖息田园，充分享受回归大自然的情趣，又可感受到时代的气息和活力。

台州自古以“海上名山”著称。海岸曲折，山奇水秀，风光旖旎。台州共有自然景观62处，人文景观62处，其中有国家级旅游风景区、文物保护单位、地质公园、森林公园等10多个。例如中国历史文化名城临海，有2100多年历史，历史积淀丰厚，人文胜迹荟萃。主要景点有国家文物保护单位台州府城墙，全长6000多m，始建于东晋，经全面修复，雄奇壮丽，被誉为“江南长城”；又如天台山国家级重点风景名胜区以“佛宗道源”著称于世的天台山是中国佛教第一个宗派天台宗的发祥地，又是中国道教南宗的本山。重点景点有国清寺、石梁、赤城山、寒山湖、华顶峰等。国清寺是国家级文物保护单位，也是日本、韩国佛教天台宗的祖庭，至今，在日韩和东南亚一带仍拥有300多万天台宗佛教徒。

另外，台州的一些建筑非常具有当地特色，例如石塘渔村，以石塘山为屏，三面环海，楼房道路皆用石块垒筑，形成错落有致的古堡式石屋群，建筑风格十分独特。大海的美景、奇特的建筑和渔村的情趣融为一体，海湾、沙滩、礁石、小街、海色天香。

源远流长的人文景观环境，为在台州造桥，提供了丰富的设计灵感及素材。见图2-7-3。

图 2-7-3　丰富多彩的人文景观

(三)经济环境分析

台州是股份制经济的发源地,是中国当前两大经济模式之一的"温台模式"的创始者。其中,台州民营经济的比重占了台州经济总量的97%以上,高于同省的宁波70%,绍兴96%的比重水平。高程度的私有划也促使台州拥有了雄厚的民间资本和发达的金融放贷业。据十年前有关部门统计,仅路桥小小一个区的私人企业,总资产上亿元的有18家,上千万的有2800多家,至于那一些500万元以上的企业,更是多如牛毛。台州虽然是个新兴的城市,名气不大,但起点高,发展迅猛。仅2002年,台州就以13.8%的增速名列浙江省首位。2003年年,台州的人均收入水平超过杭州、宁波、上海、北京,跻身浙江省上半人均收入第二,全国人均收入前十名的位置,成为了继杭州、宁波、温州后的浙江又一大城市。2005年人均可支配收入列长三角地区第一位。

社会的不断进步,经济的不断发展,对城市建设提出了更高的目标(图2-7-4)。自然,也对大桥的景观提出了较高的要求。椒江二桥将成为台州经济发展的标志性建筑,并能适应未来城市发展和建设的需要,使大桥的景观价值与当地的经济增长产生积极互动的影响,促进两岸经济的进一步腾飞。考虑到大桥的交通意义、经济价值和以后可形成宝贵的旅游资源等因素。因此应确定较高的景观设计目标,以适应未来城市经济增长的需求。另一方面,该地区具有的雄厚的经济实力也为大桥的景观工程提供了经济保障。

图2-7-4　经济快速发展的台州

二、视点分析

景观是由"景"和"观"两部分组成,视点即人们观桥的不同位置及角度,工程总体景观的效果与视点场有着重要的关系,对工程的景观视点加以认真的分析,确定工程景观的重点与构成及景观定位是至关重要的。

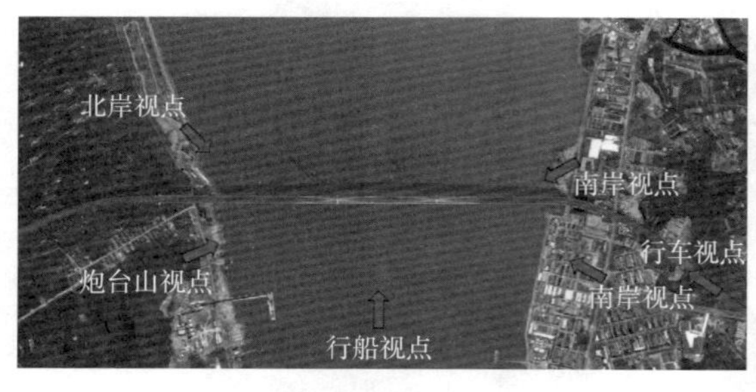

图2-7-5　视点分析

视点位置的构成是决定大桥景观的重要条件。椒江二桥横跨椒江,可以从许多视点观看大桥的雄姿,因此需从不同的视点对大桥的景观进行分析,并充分考虑到不同视点大桥景观的不同效果,椒江二桥景观设计的开展应建立在观桥视点调查的基础上,认真分析大桥视点的构成,抓住主要的视点,从而确定景观内容的构成,如图2-7-5所示。

视点场又分动视点和静视点,根据椒江二桥的工程特点,分别对以上存在的视点进行三维仿真模拟和分析。

(一)南岸桥头区域的观桥视点(静视点)

南岸视点较低,由于大桥的长度和走向,对获取大桥整体景观印象不够完整,此处观桥的效果一般(桥塔方案为初设方案,下同)。南岸视点如图2-7-6所示。

(二)北岸炮台山山坡上的观桥视点(静视点)——**炮台山视点**

北岸君田山与炮台山相连,在炮台山山坡上观桥能对大桥整体景观有比较完整的印象,大桥桥塔造型、跨径比例及韵律在此视点均得到较好的体现,如图2-7-7所示。此视点景观效果较好,随着经济的发展,可以考虑在此建立桥头观景区。

图2-7-6　南岸视点

图2-7-7　炮台山视点

(三)桥上行车视点(动视点)——**桥上行车视点**

由远及近靠近大桥,更能够体现出大桥的气势,是今后欣赏桥塔雄伟姿态的最佳动视点,由于全桥线路长,在桥面行车视点停留的时间也较长,形成了大桥主要的视点,而且视点较高,观赏角度较佳,也构成了今后旅游的主要观光线,如图2-7-8所示。

(四)乘船航行的观桥视点(动视点)——**行船视点**

此视点同样有由远及近观桥的气势效果,同时又能观赏全桥在椒江中延伸的虚无缥缈之感,是观看全桥优美姿态的最佳视点(图2-7-9)。当船行近至主塔桥下观塔时,是欣赏桥塔雄伟姿态又一最佳视点。由于江面宽广,人们可以乘船以不同的角度来观赏大桥的不同姿态,因此,观赏角度较佳,同时也构成可开发的江上旅游观光线。

图2-7-8　桥上行车视点

图2-7-9　行船视点

(五)空中鸟瞰视点(动视点)——**空中视点**

当人们空中飞行经过该处时,可以看到桥梁和环境的整体形象,在大面积的天空映衬下,椒江二桥犹如一道长虹横跨椒江南北(图2-7-10),其夜间的形象尤其突出,但该视点稀少。

通过以上对椒江二桥视点分析,得出以下结论意见:

(1)桥面车流量大,是观桥的主要视点,且行车视点始终贯穿大桥整体线型,桥面视点为今后大桥景观的主视点,该视点要求桥面的护栏通透性好、造型美观,对桥面系中其他的构造物的造型要求也比较高,同时对主桥的主塔和色彩、夜景等因素也提出了较高的要求,并要求具有平纵线型的变化效果。

图2-7-10　空中视点

(2)江面较宽,江面视点主要集中于通航孔位置,能取得完整的观桥效果，因此大桥纵面线形的效果也非常重要，对大桥的纵曲线要求较高。

(3)大桥两岸岸边观桥的视线适中，对大桥的整体性要求较高；两岸视点较低，可考虑建造高视点的观景设施，以供观赏大桥的雄姿。

通过视点的分析、选定及模拟，能够比较直观、准确地预见大桥建成后的景观形象。

三、世界著名桥梁景观

在斜拉桥的发展过程中，其美学设计也逐渐发展成熟，至今世界已有不少美观的斜拉桥出现，比如日本的多多罗桥、汀九桥与法国的诺罗底大桥等（表 2-7-1）。对这些桥梁进行学习分析将有助于我们自己的桥梁设计，起到承前启后的作用，并保证本桥美学设计的特色。

世界著名桥梁景观造型

表 2-7-1

桥　名	图　示	分　析
苏通长江大桥		苏通大桥位于中国江苏，主跨 1088m，桥塔高近 300m，桥塔为倒 Y 型，2008 年建成
昂船洲大桥		昂船洲大桥位于中国香港，主跨 1018m，桥型为独柱型，2008 年建成
多多罗大桥		多多罗大桥位于日本尾适，主跨 890m，桥塔为钻石型，1999 年建成
诺曼底大桥		诺曼底大桥位于法国勒阿弗尔，主跨 856m，桥塔高 215m，桥塔为倒 Y 型，1995 年建成
南京长江二桥		南京长江二桥位于中国南京，主跨 628m，塔高 195.41m，桥塔为钻石型，2001 年建成

第二节　大桥平、纵面线形景观分析研究

一、平面线形研究

为保证大桥的平纵线形在任何可视的角度均能有良好的景观效果，对选定的大桥的线形方案进行了深入的研究分析。通过大型计算机对大桥工程图进行三维立体模拟（图 2-7-11），准确地再现大桥桥线的走向与方位。同时为保证理论分析的科学性与严谨性，对大桥的空间光线、周边地理环境的材质（如水、天、植被、地形等）、左右行车道等进行综合全面的仿真模拟，选择视点生成存在并符合人们观看的视觉效果图，然后根据模拟的效果进行研究分析。重点将从大桥平面线形与纵面线形两方面进行研究。

图 2-7-11　大桥线形

由于大桥在南岸线形为一反 S 弯，从行车视点角度出发，对其进行三维仿真模拟。在全桥中选取四个关键视点，作为行车视点的代表。

视点一（K69 + 663.032）景观分析［图 2-7-12a）］：从该视点可以看见桥面平面线形丰富的变化，反 S 弯带来优美的视觉效果，同时弯道的视觉导向作用为主桥视觉效果做出充分的铺垫。该视点视觉效果丰富，使行车能够充分地欣赏大桥景色，从中体会设计者独到的匠心。

视点二（K69 + 187.405）景观分析［图 2-7-12b）］：该视角可见主桥与依稀的江面，能够带来大桥的中景效果，同时，L 形的弯道带来力量感，能体现出大桥的宏伟之势。

视点三（K68）景观分析［图 2-7-12c）］：该视点为主桥与引桥交接的视点，可见斜拉索展开成两面扇子包裹桥面空间，为行车提供充足的安全感，塔头简洁、有力的细节清晰可辨。

视点四（K67）视点分析［图 2-7-12d）］：即将过到对岸，可见远处道路蜿蜒连绵，给人以柳暗花明的视觉效果。

a)视点一(K69+663.032)景观效果

b)视点二(K69+187.405)景观效果

c)视点三(K68)景观效果

d)视点四(K67)景观效果

图 2-7-12　各视点效果图

以上 4 个桥面行车视点,从不同位置及角度,模拟了大桥的景观效果,这几个视点,基本可以反映椒江二桥的独特造型及宏伟雄姿,体现出大桥平面线形的优美。

二、纵面线形分析

大桥的竖向线型是优美的弧形,这不仅避免了大跨度加劲梁的下垂感,又可以形成极强的跨越感,像一道彩虹坠落凡间,并且这样的设计具有力学上的优越性。主桥线形和全桥纵面线形详见图 2-7-13、图 2-7-14。

图 2-7-13 主桥线形

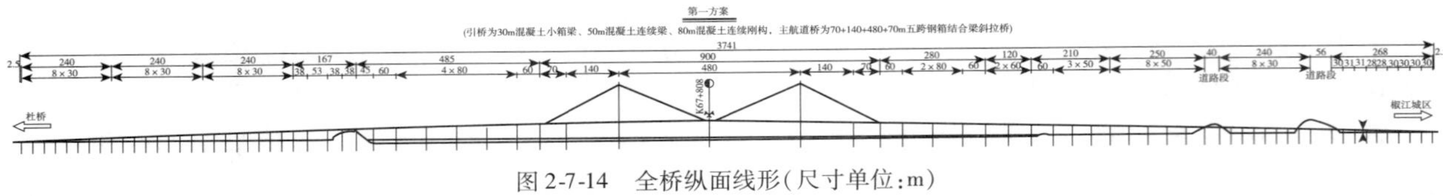

图 2-7-14 全桥纵面线形(尺寸单位:m)

第三节 大桥比例研究

相对其他桥型来说,斜拉桥涉及更多的比例问题,除了大桥整体比例、桥塔自身比例、塔高与跨径之比外,还会有斜拉索的比例。这些比例是决定桥梁景观的重要因素,同时对调整桥梁的形态构成,获得良好的视觉均衡起重要作用。

对于斜拉桥来说,处理好众多比例关系以获得良好的造型所需的功夫可能比悬索桥的要多。因此,本章就椒江二桥斜拉桥方案的桥梁比例进行研究,内容包括边跨与中跨比、塔高与跨径比、边跨辅助墩及引桥辅助墩跨径比。

一、大桥边跨与中跨比

在桥梁的整体比例研究中,最重要的比例因素是边跨与中跨之比,这对一座桥梁的整体美观起决定性作用,合理的比例也能保证大桥整体受力的合理性。

在椒江二桥的边、中跨之比的造型景观设计过程中,运用造型设计方法中的尺寸相似原理,即在设计中,选定某个比例作为大桥的主要设计比例,以大桥全长作为基本尺寸,按照这个比例进行一系列缩放,可得到一系列尺寸。把这些尺寸运用于不同的桥跨布置,即全桥按选定的这个比例进行尺寸优化。

当面临选择哪个比例作为主要设计比例时,许多人会想起黄金分割,这个比例是从分割长度得到的结果:

$a+b$,式中 $b<a$,于是有$\dfrac{b}{a}=\dfrac{a}{(a+b)}$如果 $a=\dfrac{\sqrt{5}+1}{2}b=1.618b$

则其倒数 $b=0.618a$,接近于小六度值,$\dfrac{5}{8}=0.625$ 或$\dfrac{8}{5}=1.600$。

黄金分割是费博纳西级数(Reihe von Fibonacci)收敛的结果。它是诸多比率中美的典范,为世界公认。例如常见到的一些包装箱盒等都是以黄金比或接近黄金比为基础的造型;打领带的时候,带夹夹在黄金分割处是最好看的;摄影的时候,把主体放在黄金分割线上拍的相片艺术感较好。

椒江二桥斜拉桥方案的主桥长度为 210m + 480m + 210m,主桥总长度为 900m。以 900m 为基本尺寸,结合尺寸相似原理,把经典的黄金分割比例运用到椒江二桥的比例设计,可得出一系列数字,即:900 × 0.618 = 556.2;556.2 × 0.618 = 343.73;343.73 × 0.618 = 213.3。这一系列尺寸分别应该对应的跨径为:中跨、边跨 + 1/2 中跨、边跨的跨径。

这组数字与实际工程的中跨、边跨 + 1/2 中跨、边跨的跨径:480m、450m、210m 相差不远,也可看作设计基本按照黄金分割比进行设计。

这样的比例也会给大桥带来和谐、统一的感觉。综上,由于选取的各部分尺寸既符合结构要求又符合总体的体量关系要求,各尺寸间均含有相近的比例因子 0.618,所以由这些尺寸所确定的形体比例,能基本达到协调匀称的要求(图 2-7-15、图 2-7-16)。

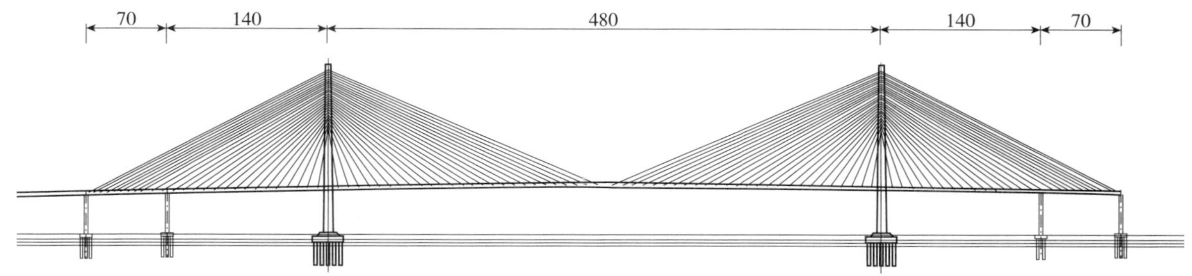

图 2-7-15　480m 跨径方案(尺寸单位:m)

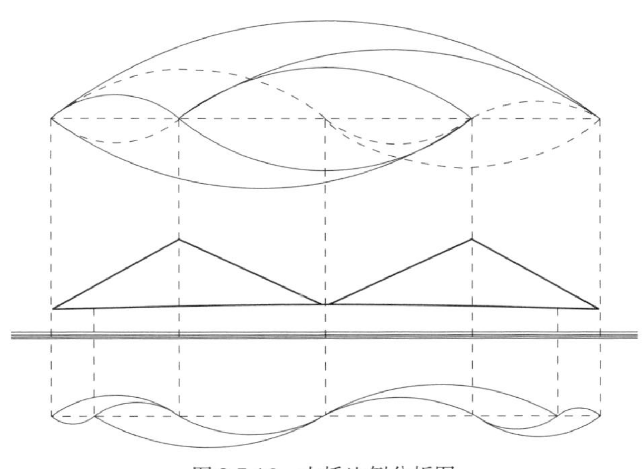

图 2-7-16　大桥比例分析图

在这种跨径布置情况下,可以认为大桥符合基本的美学规则——黄金分割法。这样的处理相对合理,能带给人以均称、稳定、端庄的美感。因此在设计中,推荐使用这种桥跨布置。

二、通过立面分割来确定桥塔高度

当全局比例造型已具雏形之后,为增强局部造型比例与全局比例的和谐性,需要依据不同的形态采用不同的艺术处理手段来加强这些效果。这里通过立面特征矩形面来对全桥进行分割,寻求完美比例下的桥塔高度。

在造型设计中,通常采用具一定比例美、又具有特定性的特征矩形(正方形、均方根形……)作为形体立面的基本图形。一般认为这些图形以取得较好的数比关系和美感,应用它们之间的演变关系,将它们按功能与艺术要求进行内部分割变化,可得到形体的动静结合、相互呼应协调的艺术效果。特征矩形面的分割是按一定的、简便的几何作图,获得特征矩形内部分割后仍为特征矩形的组合,从而保持了一定的数比规律,使分割后的立面仍获得造型要求的比例美与结构美的要求。

由于大桥主桥长为900m，根据特征矩形分割法原理，能整除主桥长的一系列数值为：900/10 = 90；900/9 = 100；900/8 = 113.5；900/7 = 138.6；900/6 = 150；900/5 = 180；900/4 = 225；900/3 = 300；900/2 = 450。

这些结果中的任何一个作为特征矩形的边长去分析大桥立面，从理论上都能得到比较美观的比例，但是在工程实际中，大桥桥塔的高度是不能任意选择的，要根据大桥跨径及桥面高程来取值，因此，选择150m为综合塔高。采用这个塔高时，大桥从结构上和造型上都能得到很好的满足。桥梁立面造型中，特征矩形面的分割如图2-7-17所示。

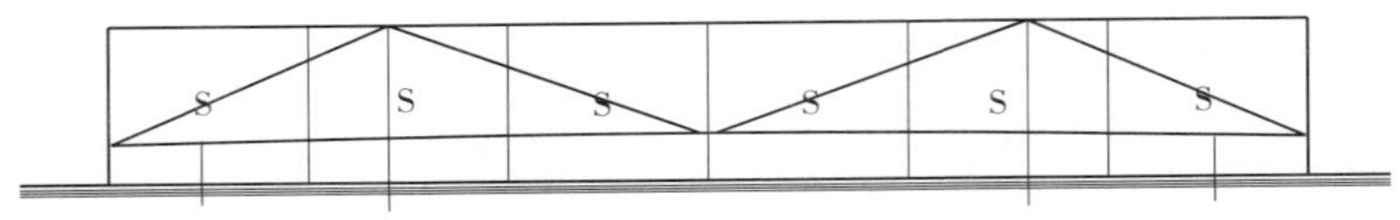

图2-7-17　大桥特征矩形面的分割

在设计中采用的桥塔高度约为157m，与150m高度的理想塔高非常接近，可认为在视觉误差允许范围内。大桥全桥被6个正方形分割，在这种设计下，大桥整体比例能够得到很好的协调、均衡。

三、大桥边跨及引桥跨径比

边跨的处理会影响到大桥整体效果，因此在设计开始时，应该对其进行一定的考究。

在音乐中，小整数之间的比例(1∶2，2∶3，3∶4或4∶3和3∶2)在音调和长度方面都有愉快的效果。试用一根单弦(一根拉直的琴弦)，将其分为若干相等长度的节段，将单弦中间支承处左右段弦与空弦发出的音调进行比较就可证明这一点。

在音乐中，这些和谐或协调的音程是大家所熟知的，例如：

弦长	频率	
1∶2	2∶1	八度音
2∶3	3∶2	五度音
3∶4	4∶3	四度音
4∶5	5∶4	主三度音

两个基本音调越是和谐，它们就共鸣得越好；和谐音波节和基本音波节是一致的。不同的音程共鸣的程度，将引起我们不同的感觉。

音乐、色彩和几何尺寸间的和谐共性很早就被发现，并且在许多不同文化阶段中为思想家们所全神贯注地注意着。正因为音乐、色彩和几何尺寸间的和谐性有着密切的联系，如果在引桥桥跨及主桥边跨设计中，能够融入音乐和谐音的元素，那么跳动的音符将不仅出现在乐谱中，还将出现在宏伟的大桥上。

椒江二桥的引桥桥跨布置方案一以30m连续梁桥接50m连续梁桥接80m刚构桥再接70m主桥边跨为主，如图2-7-18示。

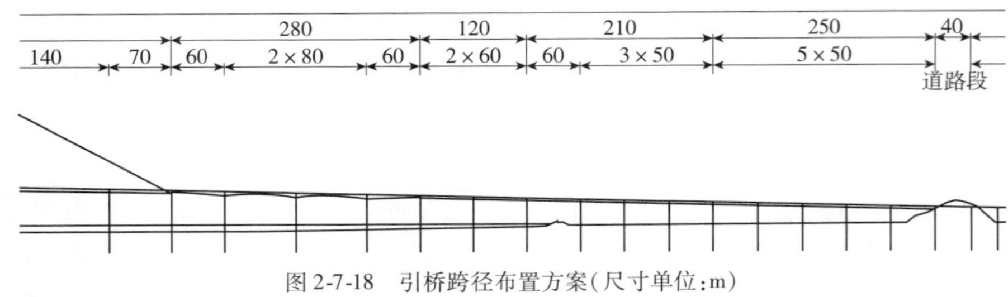

图2-7-18　引桥跨径布置方案(尺寸单位：m)

在方案1的引桥跨径布置中，采用了30∶50∶60∶80∶60∶70的跨径布置，转换成音调，其弦长及频率近似如下：

弦长	频率
3:5	5:3
5:6	6:5
6:8	8:8
8:6	6:8
6:7	7:6

在这个比例下,其数列接近等差数列,由于存在由6-8-6-7的音调出现,使得弹奏的难度稍大。

但总体上,这个比例下的音调为和谐音,它们彼此间能产生共鸣,当然,这也更容易引起观赏者的心声共鸣,此曲弹奏起来犹如高山流水,激昂起伏。

70m的辅助墩跨径与主桥边跨剩余的140m跨径成等比数列,这营造出一种静态的动势。也是桥梁造型美的重要方面,任何物体,只要显示出类似楔形的轨迹与倾向,就能给人以动势的印象,如图2-7-19所示。

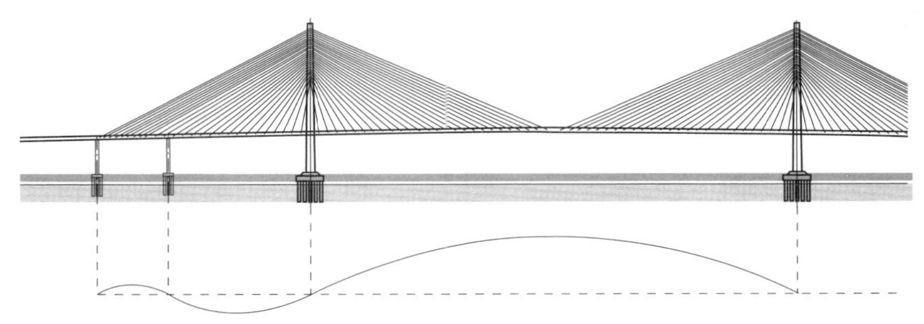

图2-7-19 边跨跨径布置图

音质的因素(音调)是由激发的感觉来判断的,建筑物的比例引起的音调,而激发的感觉来源于音调和尺寸、知觉和逻辑、感觉和知识的耦合。音调的纯比例是对耳朵的和谐;相应的空间尺寸的和谐是对眼睛的和谐。这些和谐能给人们以愉快的感觉。

同时,一个完美的造型须具备统一性和差异性,因此边跨的渐变也是和这一规则相统一的,统一性是建立秩序美、和谐美的基础。一个建筑如果只有统一而无变化将会引起单调、乏味。因此,统一中注入变化才能增加造型独特的情趣和生动感。

通过采用动感规则及加入和谐音作为引导设计,大桥边跨比例达到多样统一、比例和谐、均衡稳定、韵律优美的特点,这是符合当代人的审美要求的。

第四节 大桥主塔美学设计

在完成整体比例设计后,人们在几百米甚至上千米远的观察点上对桥梁进行观察时,能获得比例协调、整体造型优雅的视觉形象。接下来的工作将是对大桥桥塔作进行进一步的美学设计。

在中、近距离观看桥梁时,由于人们视觉的选择性功能的影响,高耸的桥塔、轻柔的主梁和大面积的索面将会首先映入人们的眼帘。这些构件造型设计的好坏成了人们感觉、评价一座桥梁美与不美的关键。因为人们观察事物通常都会带有先入为主的主观观点,所以人们对桥梁美的感觉很大一部分依赖于他们先看到的部位。所以桥塔、主梁、索面造型设计对整座大桥景观的影响是很大的。

同时,由桥塔、主梁、拉索是大桥的主要受力构件,这些构件承受了大桥主要的重量,所以在美学设计时,必须将结构与造型综合考虑来进行设计,这些构件的结构、美学设计将是设计的难点与重点。

桥塔是表现桥梁整个形象的主要部位,最能体现斜拉桥刚劲的力度感。桥塔也是竖向荷载传递的主要途径,因此,桥塔结构必须清晰的体现竖向荷载沿塔身到塔座的传力过程。本节对于桥塔的美学设计是从桥塔受力的力线分析开始的,但力线分析所得结果只是一些数据与力线云图,不能直接应用到桥梁造型中，只有把力线分析的结果与各种造型方法相结合进行设计，才能获得造型优良的桥梁。

一、钻石形和花瓶形桥塔美学设计

椒江二桥塔形的第二方案为钻石形桥塔方案，如图 2-7-20 所示。该桥塔方案较为简约，钻石形桥塔与江南的柔美风格相呼应。横梁以下高度约为 36m，横梁以上高度约为 118m，塔头部分高为 20m。在这个方案中，由横梁、塔柱分割出来的空间面积各约为 73m^2 与 198m^2，其比值为 0. 368，也非常接近 1 与 0. 618 的差值。因此，可以认为该桥塔的比例符合黄金分割法。

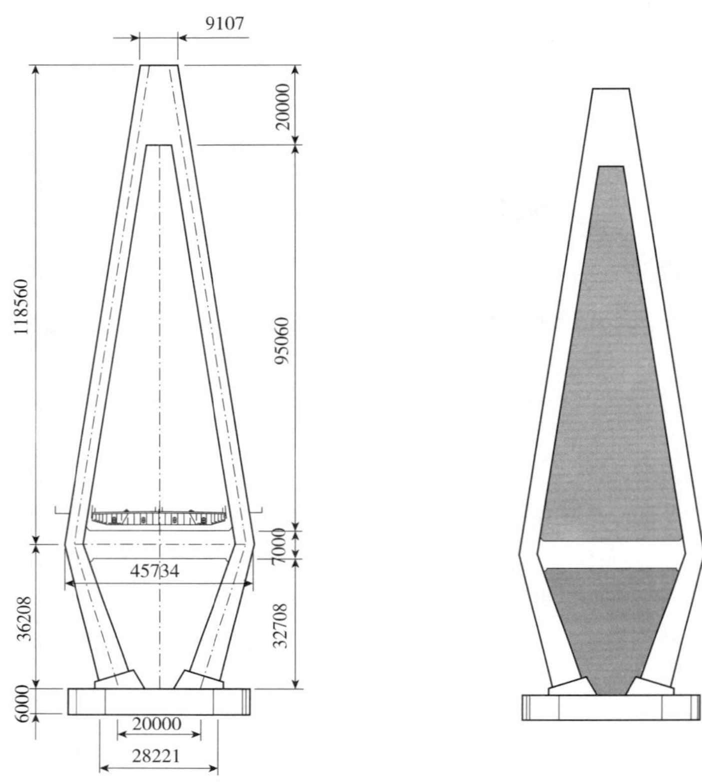

图 2-7-20　钻石形桥塔造型设计（尺寸单位：mm）

椒江二桥塔形的第三方案为花瓶形桥塔，如图 2-7-21 示，该桥塔方案为塔座全封闭方案，桥塔刚劲有力，与方案一相似，能比较好地配合反 S 形的桥梁线形与桥址周围环境。从图 2-7-21 中可知，其塔头尺寸为 41m，在这中间又被横梁分隔成 16. 5m 与 24. 5m 的长度。该方案塔身长度约为 74m，塔座长度约为 39m。

由以上尺寸之比可以得知：16. 5/(16. 5 + 24. 5) = 0. 4；41/(41 + 74) = 0. 357；39/(39 + 74) = 0. 345；这些数值都接近于 1 与黄金分割比的差值 0. 382，因此可以认为该桥塔的尺寸比例在人眼对比例尺寸感知的误差范围内，推断该桥塔自身比例良好。

二、钻石形桥塔美学设计

桥梁美学设计是从力学性能和形式构成两方面进行桥梁设计，把力线分析结果与桥梁美学方法相结合进行美学设计能同时照顾到桥梁的力学性能与美学要求，因此在对桥塔结构进行了力线分析，了解力线的传递轨迹后，根据设计概念和环境的特点、桥梁设计条件，从单元造型法的角度出发，寻求与力线传递轨迹较吻合的建筑元素作为最主要的构型单元。

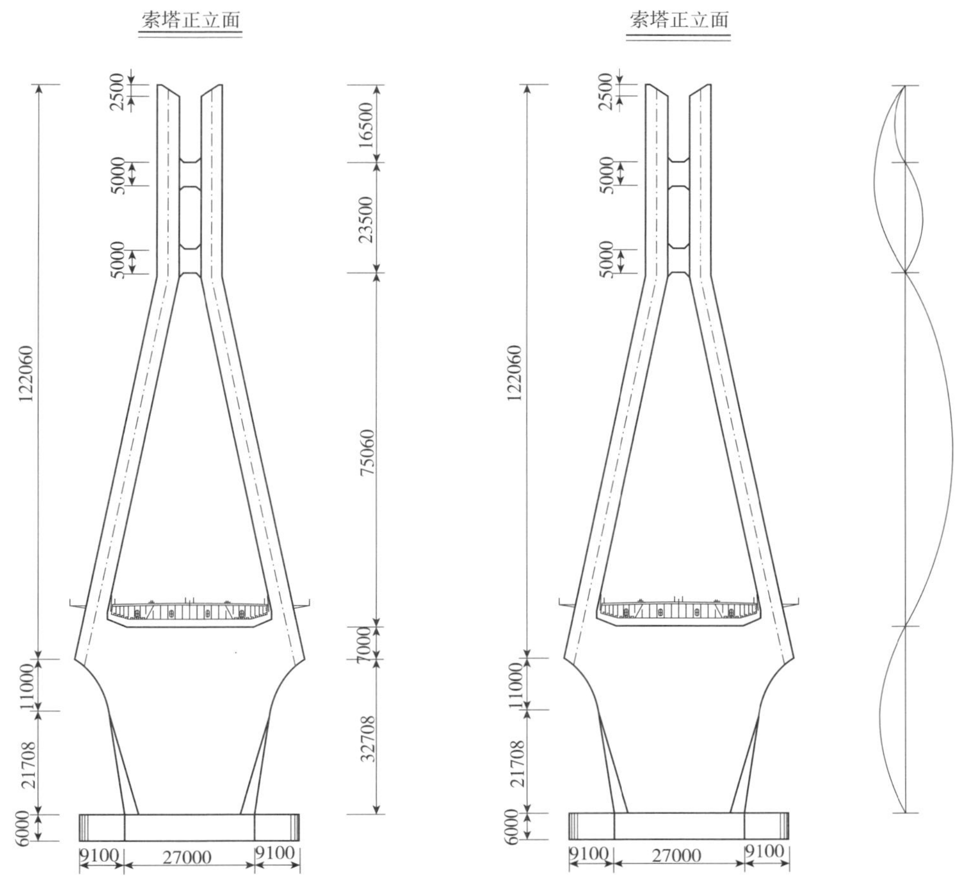

图 2-7-21 花瓶形桥塔造型设计(尺寸单位:mm)

无论何种形体,如作几何分解都可以看作是由一些常见的几何体所组成。一个结构的特点往往是由这些众多的几何体单元决定的,它们综合在一起就构成了结构外形。这些最常见的建筑元素有助于给结构本身以一定的特征。

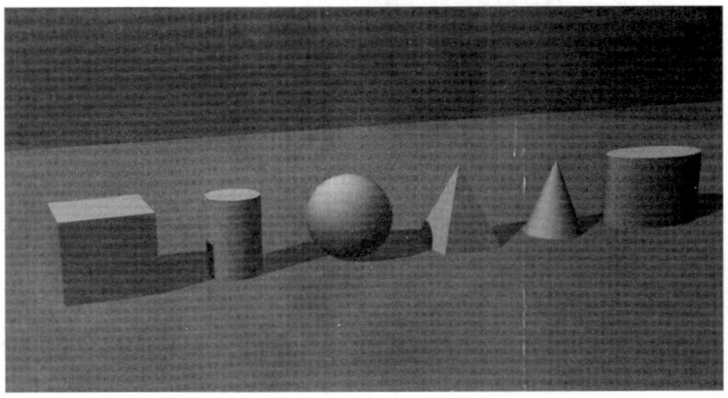

建筑元素的基本形状为:方形、圆柱形、球形、棱锥形、圆锥形以及椭圆形或者这些几何形的一部分。建筑元素并不都是一成不变的简单几何体,只要在工艺允许的范围内,完成可以灵活塑造形体。如图 2-7-22所示。

由于椒江二桥的结构已属较为成熟的桥型,所以其景观与美学上的创新要求更高,美学上应该达到独特的风格,在其在成熟桥型的基础上,实现美学的创新。

图 2-7-22 基本建筑元素

(一)结合桥梁环境分析进行桥塔美学设计

台州自然风光雄奇秀丽、古朴庄严、玄远清幽;人文景观源远流长、内涵丰厚、独放异彩。名山古刹时掩时映,碧海蓝天云卷云舒,自有一派江南“海上仙子国”的明媚秀色。

在考虑使桥梁与环境相协调的设计时,一般有:消去法、融合法与强调法等几种建筑元素处理手法,这三种基本手法可隐蔽桥梁的存在、使桥梁和环境按基本相同的格调融合或强调突出桥梁的存在。在台州这个环境幽雅的地域造桥,可以选择与其风格一致的桥梁,使桥梁与环境融为一体;也可以选择与其风格截然相反的桥梁,突出桥梁作为科技产物的存在。

桥梁风格的确定,关键在于桥塔的外形,桥塔的结构形式、形状、线条均能对桥梁风格起决定作用。

“台州地阔海溟溟,云水长和岛屿青”,这是唐朝大诗人杜甫对台州的赞美,也是桥址环境的真实写照；图 2-7-11 的桥址照片，可见一斑。桥址位处平原，周围没有高山或岛屿等大体量的要素，一些低矮的丘陵零星分布在桥址四周。在这种地势有起有伏的地方设计桥梁，考虑采用融合法与强调法相结合的方法来进行设计效果会比较好。达到大桥与环境不会有太大的差异，以至于格格不入，同时也能强调桥梁的存在，为优美的环境地添一道亮丽风景线。

从桥梁平面线形分析可得，椒江二桥的平面线形已存在多处折曲与反 S 形弯道，这种平面线形极大地丰富了行车视点，为过往人们带来更多欣赏大桥的角度。同时，这种平面线形也正呼应了台州的柔美，使大桥呈现出动人一面。

因为平面线形为一优美曲线，为了达到刚柔并济，呼应周围环境的同时，强调桥梁的存在，需要主桥风格呈现一定的阳刚气质。

（二）塔头美学设计

在方案阶段，提出了几种不同的桥塔塔头方案，如图 2-7-23 所示。

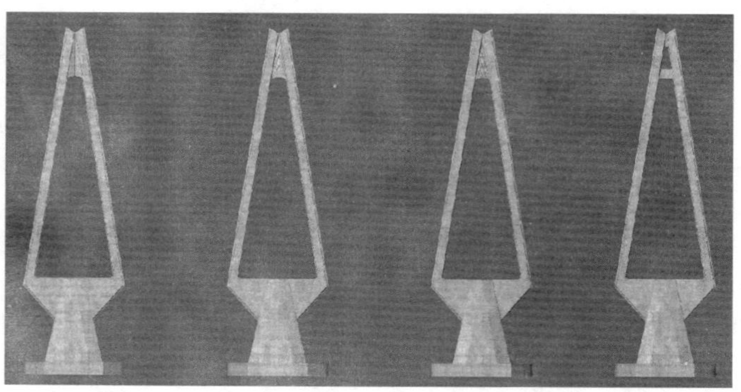

图 2-7-23　桥塔造型图

上图 4 个方案中，前 3 个方案都是带 K 形元素的塔头造型，第四个方案为一道横梁。从刚劲的角度出发，前 3 个方案的表现力要好于第 4 个方案。因此，推荐采用 K 形塔头方案。而前 3 个方案的塔头刻画方面又存在不同点，分别为：从左至右第 1 个塔头为左右两折面组成的上横梁；第 2 个塔头带有 3 道角度逐渐变小的 K 形折线；第 3 个塔头带有四道角度相同的 K 形折线。从左到右为由简至繁的风格设计。

从美学的角度出发，为了达到桥塔自身的整体效果，推荐采用方案一的简洁外形，从光与影的角度出发，方案一的效果也比其余方案好，使得桥塔更富有立体感。

（三）塔座美学设计

塔座是塔体与基础相连的部分，也是塔体塔柱联系的重要构件。其造型应着重表现塔体各部分的有机统一、塔体和基础的牢固连接以及荷载最终到大地的传入。

方案设计初期，从花苞的形状中获得造型灵感，设计了桥塔的塔座造型如图 2-7-24 所示。

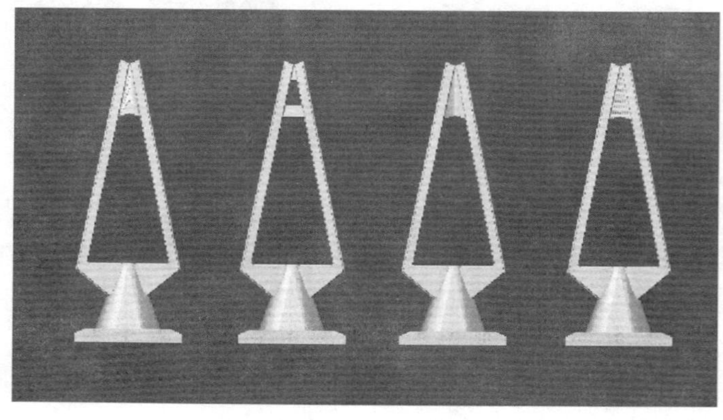

图 2-7-24　椭圆形塔座造型

塔座断面形状如下图 2-7-25 所示，为椭圆形断面。

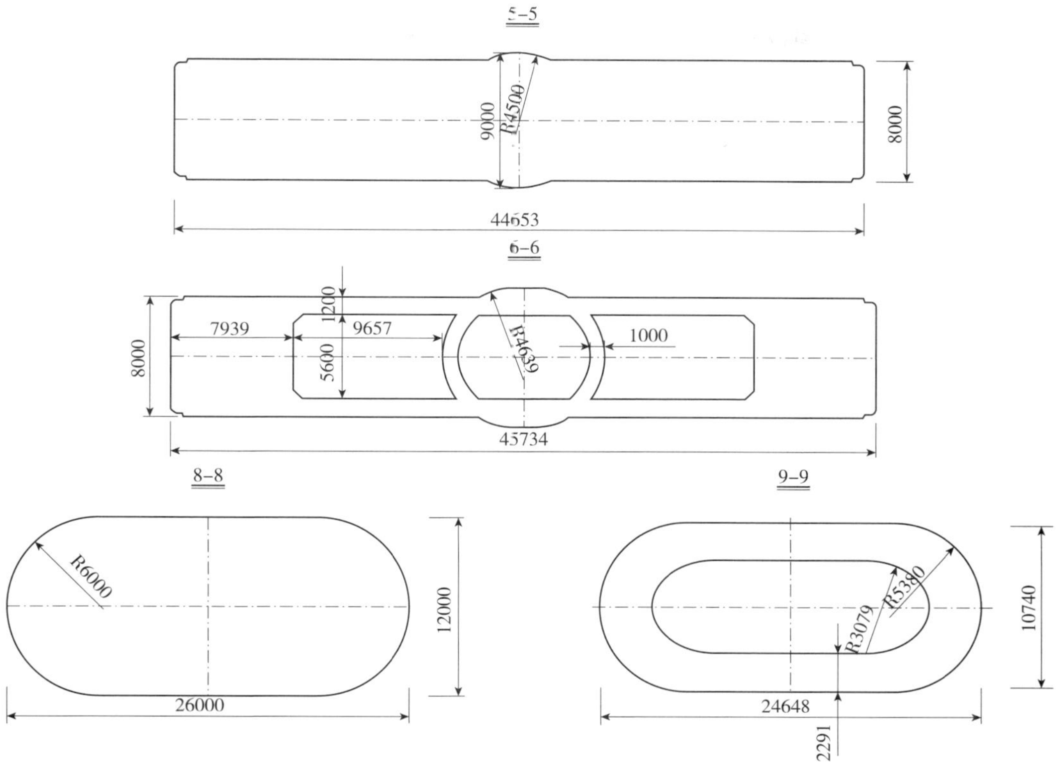

图 2-7-25 椭圆形塔座断面（尺寸单位：mm）

这种断面能较好地呼应于“花苞”的造型效果。随着桥塔美学研究的深入，为了切合桥塔的刚劲效果，提出了六角形断面的塔座造型，如下图 2-7-26 所示。

由于塔座是整个桥塔可视部分的基础，塔座造型的稳定感能影响整个桥塔的景观效果，六角形断面的塔座比椭圆形塔座更具力度感，能体现塔座作为基础所需要的力量美，同时，上小下大的梯形立面为塔座带来很好的稳定感。这样设计带来了明显的光影效果，现代造型感更强烈，同时也能加强整个桥塔的刚劲造型效果。

对桥塔塔座进行受力计算后，发现在六角形塔座与桥塔立柱交接的锐角处存在一定的应力集中。这影响到了整个桥塔的力线流传递，增加了桥塔受力的复杂性，因此，有必要对塔座进行外形上的修改，以减小应力集中现象，使力线流的传递更为顺畅。

针对应力集中现象，八角形的塔座方案应运而生，如图 2-7-27 所示。

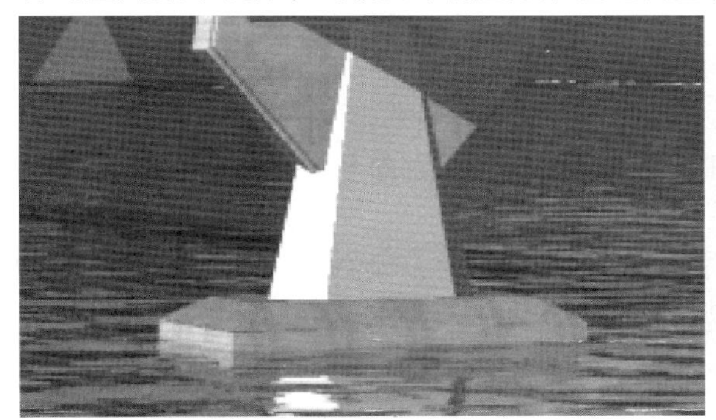

图 2-7-26 六角形塔座造型

图 2-7-27 八角形塔座造型

这个塔座方案在六角形的基础上增加两条边,边长与塔柱横桥向宽度相等,这种外形设计使得塔柱的应力较六角形方案更为流畅地传入塔座。同时,八角形断面的塔座造型依然保留了与六角形断面相近的力量感与稳定感,为本阶段工作采用。

(四)桥塔比例的协调性分析

在塔头与塔座外形都确定好后,如何使它们以和谐的比例相组合,是桥塔比例设计的重点,也是桥塔美学设计的关键。

从图 2-7-28 可得知,桥塔总高度约为 157m,其中塔座部分高 39. 7m。那么,塔头高度的确定将关系到整个桥塔外形的优美程度。在这种情况下,不妨先尝试分别为 20m、25m 及 30m 高度的塔头。

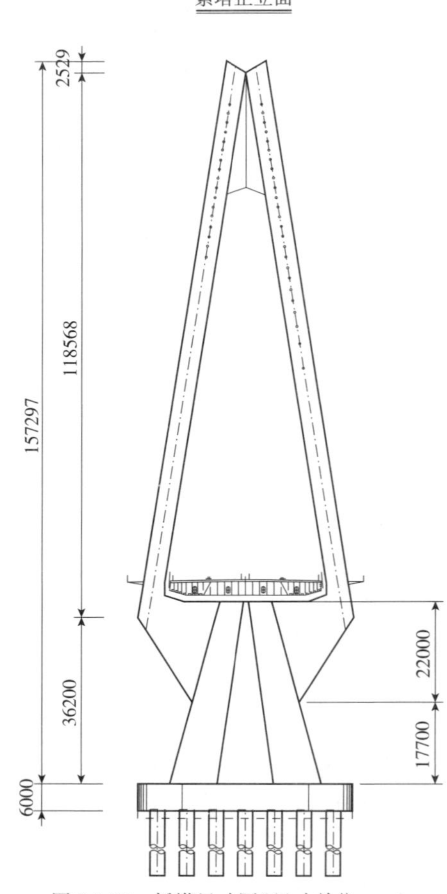

图 2-7-28　桥塔尺寸图(尺寸单位:mm)

图 2-7-29 所示几种塔头在施工难度及材料用量上差别不大,因此,从桥塔自身比例出发,探讨塔头高度将有助于此问题的解决。分析上图桥塔比例效果,左边桥塔存在头小身大的感觉,这会产生整个桥塔弱不禁风之感。反观右边桥塔,似乎塔头视觉重量有点过大。相比左与右两个方案,中间方案,也就是塔头取 25m 高度方案,能够初步给人以协调感。

图 2-7-30 所示的花苞形桥塔比例协调,并非偶然,$25/(25+39.7)=0.386=1-0.614$,也就是说,塔头所占的高度,是塔头与塔座高度的 0. 386,这个值非常接近 0. 618 与 1 的差值,可以断定,这符合了经典的黄金分割比例,这也就是协调感的由来。

此时,以箱梁底面为分界线,截取的桥塔上半部分与下半部分面积几乎相等,这使得桥塔在主梁以上、以下的视觉重量得以接近,因而取得了很好的重心平衡。通过分析,可以认为塔头高度取为 25m 时,为最佳的塔头高度。

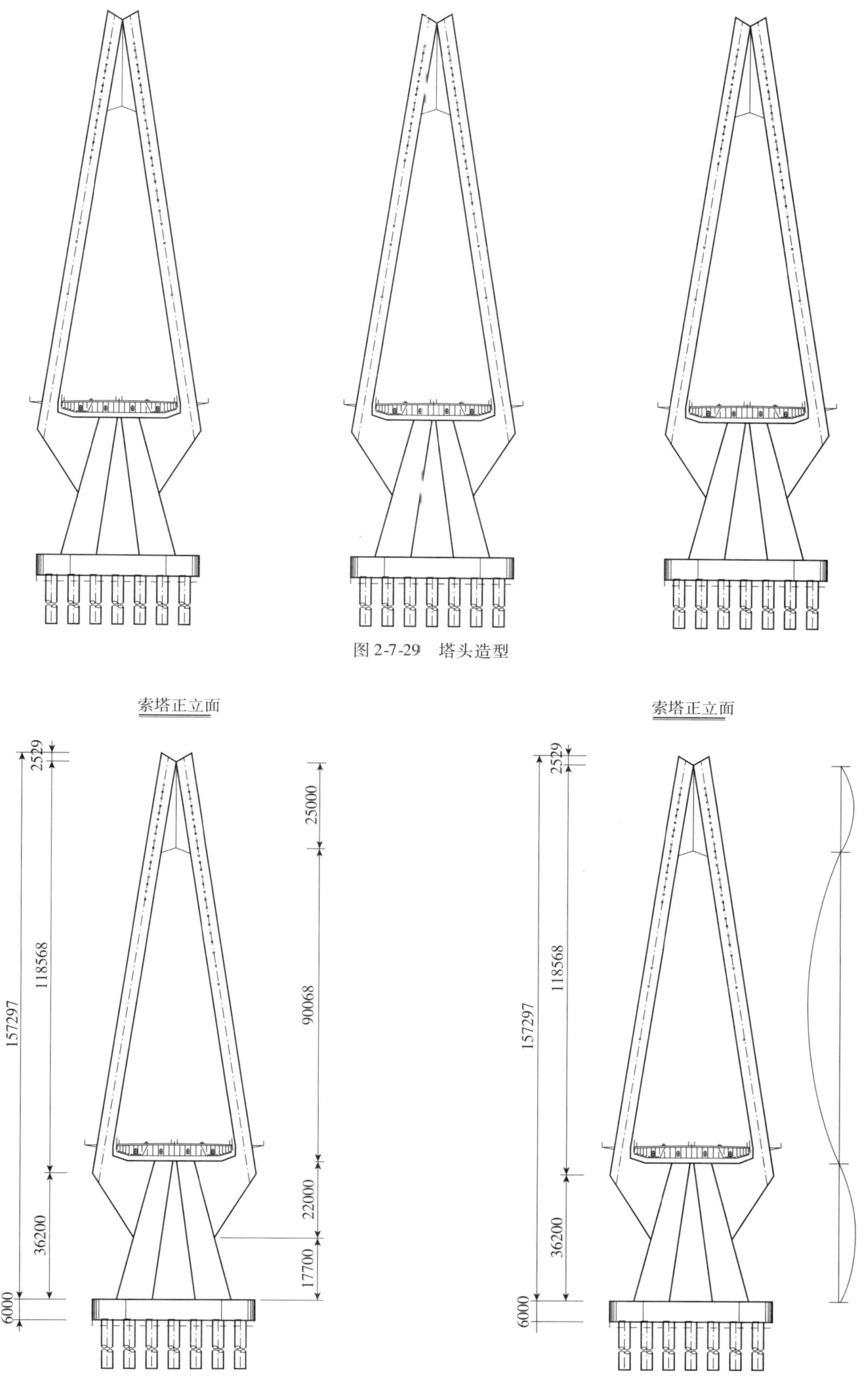

图 2-7-29 塔头造型

图 2-7-30 花苞形桥塔比例(尺寸单位:mm)

第五节　索面美学设计

斜拉索不仅是斜拉桥的主要构造单元，每根斜拉索的直径与桥梁整体的规模相比是一根非常细的线，但根数多了则可以将其看作是一个整体的面，起着调整桥梁形态构图比例，调整视觉均衡的作用。因此索面造型也是决定桥梁景观的一个重要因素。

本斜拉桥方案的拉索按26对在桥塔前后两边分布。从桥塔起，拉索以9m的间距在纵桥向布置，跨过辅助墩后，拉索间距缩短到6m。全桥来看，索面呈伞形散开，具有较好的景观效果。

但由于9m到6m之间缺少索距的过渡变化，如果能在注意梁截面内力及支座反力变化的同时，从景观上增加一段7m与一段8m的拉索间距，即把原来的6+6+……+6+6+9+9+……+9改变成：6+6+……+6+7+8+9+……+9的索距布置（图2-7-31），整体造型则真正展开成完美扇形。

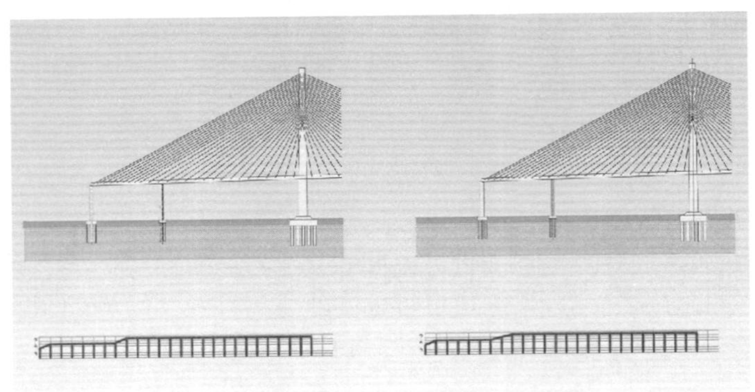

图2-7-31　索距调整前后索面造型对比图

第六节　桥梁色彩设计

钢筋混凝土结构是现代桥梁建设的核心，钢筋是桥梁承载的中心。受海湾大桥地理环境及气候影响，钢筋混凝土结构腐蚀普遍存在，特别是钢筋腐蚀是结构过早损坏，影响耐久性的主导因素。在世界各国，由于钢筋混凝土腐蚀已发生很多严重的事故，因此，钢筋混凝土的防腐已成为世界关注的大问题。

对大型桥梁钢筋混凝土的腐蚀一种简单而有效的方法就是进行防腐涂装，在桥梁涂装过程中存在着色彩的选择问题，而桥梁色彩是桥梁景观的重要组成部分，本次工作是针对椒江二桥的环境特点和大桥工程要求，对椒江二桥的防腐色彩涂装进行深入的研究，为大桥色彩的选定提供决策依据。根据对大桥周边环境的调查及色彩理论分析，确保大桥的整体景观形象，使大桥内在质量与外观形象达到优质，构成精品工程（图2-7-32）。

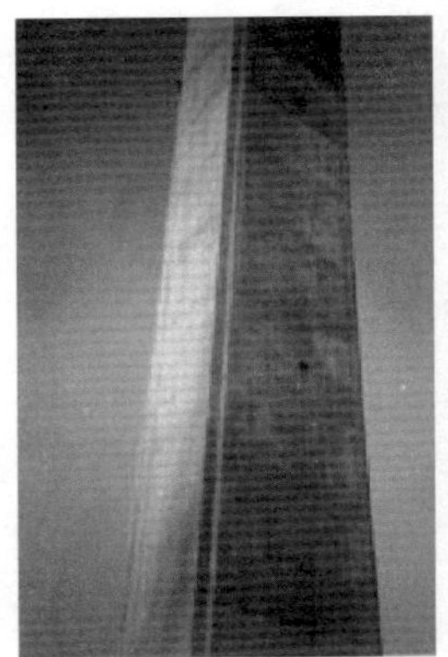

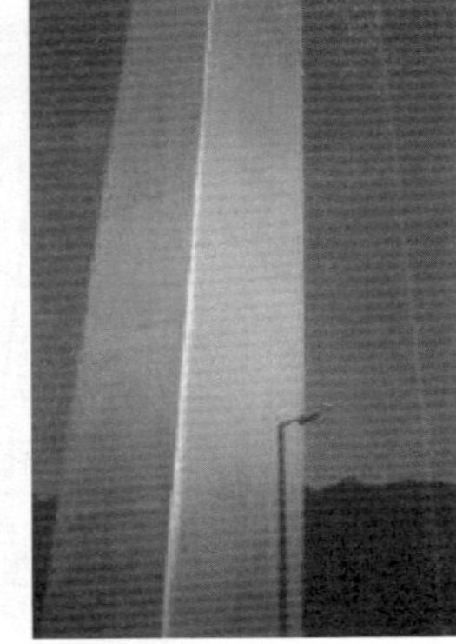

图2-7-32　桥塔涂装前后效果对比

一、防腐色彩涂装的研究目的

大桥色彩是影响桥梁景观效果的重要因素之一，是桥梁景观的重要组成部分，是大桥外观形象及展示桥梁个性的直接表现，不同的色彩对大桥的鲜明度、文化性及独特性等起着至关重要的作用。

桥梁的结构（钢箱梁、防撞护栏、斜拉索）防腐涂装必然存在着色彩选择问题，目前，大型桥梁的建设以混凝土材料为主，混凝土结构的防腐涂装成为结构耐久性的重要保护措施，因此从大桥的结构防腐和桥梁美化的角度考虑，为椒江二桥进行的防腐色彩研究能达到以下目的：

(1)与周围环境相协调，创造更美的新景观；

(2)表现地域性、文化性、主题与亲切感，体现桥梁建筑的风格；

(3)预示结构的功能，更好地展现桥梁形态美与功能美；

(4)利用色彩的诱目性，增强桥梁的标志和象征作用；

(5)利用色彩的心理效果，防止驾驶员的视觉疲劳；

(6)利用涂装安全色，提醒航道行船者注意，防止交通事故；

(7)防止构件材料裸露锈蚀。

本次研究以涂装与桥梁美化相组合，在对当地地域文化、气候特征、建设环境、风俗习惯等充分调查和分析的基础上，并以突出大桥结构特色，创造标志性人文景观为指导思想，配合通航警示等功能，为大桥作了不同的色彩方案研究。

大桥的形象不是孤立于环境之中的，桥梁色彩的选定不但要从视觉效果、地域文化、风俗习惯等多方面考虑，还要使桥梁结构色彩与环境协调，才能充分展示大桥的雄姿。由于椒江二桥工程量巨大，其社会影响力是空前的，所以椒江二桥的色彩设计既要考虑到周边环境的关系，又要与台州这个现代化城市相符合，并与21世纪未来的发展相协调，在空间中具有桥梁的形象信号和象征作用。

二、椒江二桥周围环境的色彩调查分析

大桥作为公共建筑物不是孤立的成为视觉对象，必然与周围的环境一起映入人们的视线，并成为景观的重要组成部分。所以在桥梁色彩设计之前必需对其周边环境色彩和城市建筑色彩进行详细的调查，以使大桥与环境和谐统一，又能充分展现大桥的宏伟气势，使其成为标志性建筑。

台州市的色彩倾向见图2-7-33～图2-7-39。

台州市作为一座海洋城市，其海洋文化的经久不衰，无疑从侧面反映出其代表的先进特征。椒江二桥的出现颇具卧虎藏龙之势，在代表了先进创造力的同时，也站在了现代海洋文化的风尖浪头之上。因此其色彩不仅应体现积极向上的拼搏精神，表现台州人民改造环境、征服自然，变天堑为通途的气魄和意志，并且还要流露一点前卫的味道。

图2-7-33　台州历史名胜国清寺

图2-7-34　台州的海岸色彩A

图2-7-35　台州的海岸色彩B

作为长三角的后起之秀，台州近年新建了许多建筑，这些建筑的色调，很大程度上反映了台州的色彩。

图 2-7-36　台州的现代建筑色彩 A

图 2-7-37　台州的现代建筑色彩 B

图 2-7-38　台州的现代建筑色彩 C

图 2-7-39　台州现代建筑的色彩 D

大桥的色彩设计不但要考虑大桥的形象是否与环境和谐统一，是否具有文化内涵等，同时大桥的建设环境和工程构造对色彩设计有着一定的影响和制约。

(1)大桥的不同构件所采用的防腐体系不同，具有不同的材质机理和色彩表现。斜拉索防腐一般采用聚乙烯套管，聚乙烯有着较高的反光率，材料着色有着一定限制，而不同的色彩对紫外线有着不同的反射和吸收，所以对斜拉索的色彩选择需考虑到对内部钢索的保护以及套管的色彩寿命。钢箱梁和混凝土结构件，一般采用涂装防腐，涂料有着较多的种类和色彩选择，色彩选择对涂料寿命和保护影响较少。由于大桥采用的防腐体系不同，为使大桥色彩和谐统一，应根据色彩的不同特性作相应的调整。

(2)混凝土是大桥建设的重要材料，近年来由于涂装防腐施工易于控制，便于维护等特点，已被多座大桥广泛采用。椒江二桥由于混凝土量巨大，是否采用涂装防腐，还需进一步确定，所以混凝土结构是否采用涂装是大桥色彩设计必须考虑的大问题。

(3)由于海洋环境下，空气中水汽含量大，能见度较低，可视范围小，会使得大桥形象不突出，针对以上情况，结合警示功能为大桥选择相应的色彩，也是大桥色彩设计面对的现实问题。

三、色彩方案研究

大桥的色彩还与桥梁的形态、规模与桥位处的条件、跨径、构造形、材料等多种因素有关，针对其规模及形象，选择与之相适应的色彩以更好地展示其功能美和形态美也是十分重要的，大桥的色彩设计不但考虑大桥的形象是否与环境和谐统一，也要考虑到：

(1)大桥的不同结构件所采用的防腐体系不同，各结构件有着不同的材质机理和色彩表现；

(2)混凝土结构的耐久性措施是否采用涂装(桥塔及引桥是否涂装)，也影响到大桥的色彩完整性、和谐性等问题；

(3)通航孔桥的通航警示功能和非通航孔桥桥面的视觉效果。同时，大面积单一色彩会显得单调而缺乏生气，致使总体印象不清楚，应结合形态特征及航道警示性的需要，对塔、梁、斜拉索、护栏、灯柱等进行部分配色，以突出重点，展现风格，同时，各配件的配色要服从总的格调，要和谐统一。

四、桥梁色彩与环境的搭配

色彩和谐的原则是指色彩中既对比又调和的统一关系，即在色彩的组合中，将不同的色彩与相似的色彩有机的统一在一起，创造出和谐的色彩。眼睛喜欢的是色相的结合，但在色彩的处理上超过三个基本色相就很难获得成功。色彩设计最简易的方法是把主导色的色相设置得面积最大，彩度最低；辅导色为其次的面积，彩度较高的色相；而重点色则是面积最小，彩度最强。

桥梁色彩通常以简单、淡雅为宜，用小面积的色块作对比来突破总体的单调，起到补充、强化空间的作用。此外，为了调节桥下的沉闷感，在桥底面或桥墩处以明朗而反射率高的色彩为宜，如在跨线桥梁底涂以明亮的色彩。桥梁色彩处理应注意以下问题：

(1)应充分考虑民族文化传统和地方风俗的影响，尊重各地区、各民族对色彩的爱好习惯，兼顾民风民俗。

(2)从与周围环境色彩协调原则出发选择桥梁主体色相，并考虑环境色彩对桥梁的影响。

(3)色彩要突出和加强造型，使桥梁造型更加完善。

桥梁色彩处理除本身和谐统一外，还必须桥型特性相一致。由于桥梁建筑是由各种物质材料构成的，它的色彩和质感必然在一定程度上受到建筑材料的限制和影响。从这点上说，要获得良好的色彩、质感效果，就必须善于选择建筑材料。

不同的桥梁性格，需要不同的环境衬托，而本方案的桥位环境与那些绿树繁茂有所不同，所以要充分考虑到现有的环境等因素之后，去寻找一种真正能融合本文案的色彩导向和方案。

本方案桥位周围环境色彩有一定的统一和谐性，色彩纯度很高的区域比较少，色相相对有一定的关联性。

本方案桥梁建筑的色彩设计也考虑采用这样处理：应有主体色彩基调，对比色只宜用在小的部位上。大面积谈、小面积浓，使其在一般基调中突出出来。主体色应力求淡雅，细部宜加强。只有淡雅才能获得明朗的效果，也只有多样化才能打破建筑的沉闷感。色彩的倾向是以暖色、高明度、低彩度的色彩为主。

因此在桥梁色彩的选择上要力图突出桥梁的建筑美，可以选用一些较醒目的颜色与周围的环境产生对比。但是也要在标新立异的同时保证景观，特别是色彩景观的和谐性。

分析台州的历史、自然与建筑环境的色彩可知，台州的历史建筑以原色及朱红色为主；自然环境中，碧海蓝天的色调是最引人入胜的色彩，因此取蓝、白色为自然环境的主色调；建筑环境中，白色、暖调可确定为台州的基调。综合色彩分析结果，考虑彩度及明度的方案，选定大桥的主色调为：白色、蓝色、红色，至于哪种色彩作为基调或附属结构色彩，需要进一步研究分析。

五、大桥色彩设计

桥梁的建设是多种材料、多个构件、多种形式组成的一体，大桥的色彩设计针对其规模、形象、结构、功能，选择相应的色彩，在满足功能的基础上，以展示大桥的形态美、结构美、功能美。根据椒江二桥的实际情况，为使大桥形象更加完美，大桥色彩选定以下4个结构部位进行设计：桥塔、主梁、引桥和护栏。

(一)桥塔的色彩涂装

桥塔作为斜拉桥主体构造要素在力学上起着主要作用，其高耸的形象引人注目，起着象征、标志作用，是景观中重要的因素。近来，混凝土结构防腐已成社会关注的问题，结合防腐功能为塔进行色彩防腐涂装，达到内优外美的工程要求，构成新的人文景观。

图2-7-40～图2-7-42分别为桥塔的白色、红色和蓝色涂装方案。

图2-7-40　白色桥塔涂装方案

图 2-7-41　红色桥塔涂装方案

图 2-7-42　蓝色桥塔涂装方案

从以上 3 种涂装方案效果上看,桥塔的白色涂装方案最吻合海岸城市的蓝天白云景象,同时也使桥塔的气势最为突出;红色方案使桥塔过于复杂,与周围色彩不符合;蓝色方案导致大桥容易与蓝天的色彩相混,使得在晴朗天气下本该有的桥梁美景难以显现。

(二)箱梁的色彩涂装

钢箱梁作为大桥的主要承载结构,也是构成大桥均衡稳定的形态美的重要因素;由于钢箱梁的防腐采用涂装防腐的形式,面漆一般采用聚氨酯材料,此种材料有较好的色彩选择,钢箱梁的色彩选择在满足防腐的功能基础上,要与塔和拉索形成统一的整体,也要体现出钢箱梁简洁、明快、轻巧、舒展、连续流畅的美感。参见图 2-7-43、图 2-7-44。

图 2-7-43　海沧大桥箱梁蓝灰色的涂装

图 2-7-44　宜昌公路大桥箱梁红色涂装

由于本桥接近于海洋环境,因此考虑与主塔相近的色彩设计,使全桥呈现统一的色彩,呼应于周围环境。

(三)引桥的色彩涂装

引桥连接主桥与两岸,是主桥的延伸与过渡,是组成大桥完整形象的重要组成部分,建筑材料以混凝土结构为主,面积较大,墩柱众多,质地粗糙色彩单一,结合混凝土结构防腐为引桥进行色彩涂装,会使大桥形象更加完整统一。鉴于主桥色彩选用白色,考虑全线色彩的和谐统一,引桥的色彩推荐采用与主桥一致的白色。

(四)护栏的色彩涂装

护栏是桥面系的重要组成部分,与灯杆、拉索等构成特定的桥面空间,其防腐一般与钢箱梁相同,采用涂装防护。防护栏的色彩不但对行车起着指导、警示的作用,而且不同的色彩也对延缓行车疲劳,保证行车安全起着重要的作用。

由于大桥处于海洋环境,雾气现象较常发生,白色护栏较容易与远处的雾气色彩相混淆,不利于行车安全,因此大桥护栏色彩推荐采用蓝色或红色,如图 2-7-45 所示。

a)护栏白色彩模拟A

b)护栏蓝色彩模拟B

c)护栏红色彩模拟C

图 2-7-45　护栏色彩模拟

第七节　夜景设计与新技术应用

夜景需要通过专业的场景编辑软件实现以下场景模式。

一、基本场景模式

以亮度适宜的白色为主色调，整个建筑表面整体被有序照亮，并注重光色在建筑整体层面上的渐变、明暗，以产生生动、感人的效果；LED 景观照明在亮度和颜色彩度上允许有因客观原因造成的衰减和变化，但过渡要均匀自然，应该呈现一种均匀的色彩，不可在局部出现明显不均匀的点状的或成片的高光。

二、重大节假日场景模式（含通车日）

配合建筑不同的使用功能及场合、季节转换及现场互动要求，建筑夜景可呈现出不同的“表情”。以烘托热烈欢腾的气氛。图 2-7-46 为平时模式夜景效果，图 2-7-47 为节日模式夜景效果。

图 2-7-46　平时模式夜景效果

图 2-7-47　节日模式夜景效果

平时通过采用智能 LED 灯具打亮桥塔，达到"上亮下暗"的艺术效果，并以交通安全为光环境设计基本点，营造出一个舒适、富有意境的、耐看的、个性的夜景灯光，杜绝眩光，对索塔及拉索进行重点设计，表达桥的力与美，强调索塔的高度感。

节日适当采用琥珀色、黄色光，营造节日气氛，适当的微妙动态场景确保行车安全性。

到了午夜，进入节能模式，整个桥的景观照明亮度降低，只留关键部位的布光，桥体的造型特征依然得到体现。图 2-7-48 为午夜模式、图 2-7-49 为防撞栏杆夜晚效果。

图 2-7-48　午夜模式

图 2-7-49　防撞栏杆夜晚效果

景观照明所用器材汇总表见表 2-7-2。

灯具汇总表

表 2-7-2

灯具名称	灯具参数
大功率 LED 投光灯	电压:AC100~240V……50/60Hz 运行模式:DMX512/静态模式/无线接收物理特性 外壳材质:压铸铝 使用环境 IP67
LED 护栏侧壁灯	• 高品质铝型材灯体,坚固耐用 • 高品质阳极氧化铝反射器 • 钢化玻璃,耐高温硅胶密封圈,确保高防护等级的实现
金卤投光灯	• 适合各种潮湿区域 • 标准光学腔防护等级 IP65 • 高压铸铝外壳,表面电镀上色 • 单端或双端安装方式
桥梁 LED 点光源	外壳材质 压铸铝,银灰色静电喷塑表面处理 输入电源 100~240VAC ±10%;50/60Hz 防护等级 IP66 控制适用 DMX512(1990)
LED 防雾灯	电压:AC100~240V……50/60Hz 运行模式:单色仅开关功能 外壳材质:压铸铝 使用环境 IP65
LED 线条灯	电压:DC 24V 运行模式:单色仅开关功能 色温:3000K 使用环境 IP65

第八章　桥梁结构耐久性设计

第一节　耐久性设计条件

椒江二桥工程位于椒江口，是典型的非正规半日潮。桥位区域属亚热带季风气候区，受海洋性气候影响，气候温和湿润、雨量丰沛、光照充足、四季分明，冷热变化较大；夏季因冷热高气压对峙，造成连绵不断的黄梅雨，受太平洋副热带气压控制，盛行东南风，夏季是台风的活动期；秋季冷空气势力加强，且受长江下游小高压影响，常出现秋高气爽的天气，秋季也是台风的活动期；冬季受北方冷高压气团控制，天气晴冷，盛行西北风。

桥位处于出海口，涨落潮的干湿侵蚀效应、海洋大气的腐蚀环境，对大桥的使用寿命有较大的影响。工程结构采取高标准的防腐措施是确保结构在设计使用寿命年限内的安全和满足正常使用功能的重要环节。国内外大量的海洋工程实践显示，处于海洋环境中的钢结构和钢筋混凝土结构，其耐久性远不如人们所期望的那么经久耐用，这主要是由于氯化物的存在导致了钢结构及钢筋混凝土结构的腐蚀。因此，必须采取可靠的防腐措施，以满足桥梁的设计使用寿命要求。

公路沿线椒江南北两侧地段地表水、地下水水质较好，为微咸淡水，水质对混凝土结晶类腐蚀、分解类腐蚀、结晶分解复合类腐蚀均呈无腐蚀性；椒江流域地表水水质较差，为咸水，水质对混凝土结晶类腐蚀呈弱腐蚀性，对分解类腐蚀呈无腐蚀性，对结晶分解复合类腐蚀呈中等腐蚀性。影响桥梁耐久性的主要因素包括氯离子渗透、硫酸盐侵蚀，温度应力裂缝和碱骨料反应等，如表2-8-1所示。

椒江流域地表水腐蚀性情况一览表　　表2-8-1

环境地质条件	腐蚀类型	水类型	水样分析编号	评价标准	腐蚀等级
Ⅱ类环境	结晶类腐蚀	地表水	413	SO_4^{2-} 含量1041.0mg/L；500～1500mg/L	弱
	结晶分解复合类腐蚀	地表水	413	$Mg^{2+}+NH_4^+=497.4$；<2000	无
		地表水	413	$CL^-+SO_4^{2-}+NO_3^-=8938.1$；8000～10000	中等

第二节　耐久性设计标准

根据椒江二桥的具体桥况，按《公路钢筋混凝土及预应力混凝土桥涵设计规范》(JTG D62—2004)第1.0.7条，并结合《公路工程混凝土结构防腐技术规范》(JTG/T B07-01—2006)第3.0.4条中的相关内容对桥梁各构件进行分类：主桥和江中引桥潮汐区、浪溅区以下构件按Ⅲ环境类别(海水环境)要求进行耐久性设计；主桥和江中引桥其他构件按Ⅱ类环境类别(滨海环境)要求进行耐久性设计，具体分类如表2-8-2所示。

结构耐久性设计标准　　表 2-8-2

环境类别	环境条件	所属各桥梁构件
Ⅰ	温暖或寒冷地区的大气环境、与无侵蚀性的水或土接触的环境	岸上引桥(200m 以外)箱梁 岸上引桥(200m 以外)墩身 所有岸上引桥桩基 所有岸上引桥承台
Ⅱ	海洋大气环境,指海水浪溅区以外且其前面无建筑物遮挡的环境	江中主桥上部结构(主桥桥面板) 索塔上塔柱 江中引桥上部结构 岸上引桥(200m 内)墩身 岸上引桥(200m 内)箱梁
Ⅲ	海水环境,指潮汐区、浪溅区及海水中的环境	江中桥梁桩基(含索塔桩基) 江中桥梁承台(含索塔承台) 江中桥梁墩身 索塔下塔柱

第三节　耐久性设计构思

从设计概念上采用有利于提高耐久性的结构形式和构造细节,选择合理的施工方法,使施工容易达到设计要求。

一、钢结构的耐久性设计

钢材是目前在海水环境下的工程设施中采用的主要建筑材料之一,而不采取防腐措施的钢材在海洋环境下其耐久性能是极其脆弱的;如碳素钢在海洋大气区的年单面腐蚀速率为 0.05 ~ 0.10mm/年,在浪溅区的年单面腐蚀速率为 0.20 ~ 0.50mm/年,在水位变动区及水下区的年单面腐蚀速率为 0.12 ~ 0.20mm/年,在泥下区的年单面腐蚀速率为 0.05mm/年,因此海洋工程钢结构必须采取防腐措施才能达到一定的设计寿命。

海洋工程钢结构的防腐是一个复杂的问题,同一地点的结构,在不同的部位,如大气区、浪溅区、水位变动区、水下区、泥下区的腐蚀情况是不一样的,即使在同一部位,在不同的季节,由于构造细节不同,气温、风雨等自然条件的变化,腐蚀情况又会有所不同。而在不同的地区,由于海水的 pH 值、温度、含盐量、潮流等自然条件的不同,腐蚀情况又会有差别。因此对钢结构采取防腐措施必须具体问题具体分析,采取适合当地条件的科学有效的防腐蚀措施。

目前,对海洋工程钢结构常采取的防腐措施一种是机械隔离措施,即采用一定材料包覆在待保护材料表面,使之与水、氧气等产生腐蚀的物质隔离以达到防腐蚀的目的;另一种是根据腐蚀微电池的原理,人为提高待保护材料的电位,使之处于电位较高的一极,从而达到保护的目的。

(一)涂层防腐

涂层是采用涂料以一道或多道单一涂覆作业形成的保护层。涂层防腐系统采用有着良好附着性、耐蚀性、抗渗性的材料,如富锌漆、环氧云铁防锈漆、氯化橡胶漆、丙烯酸聚氨酯、环氧沥青等涂覆在钢结构表面,将钢结构表面与外部环境隔离开来,从而排除外部环境因素如海水、空气、盐雾等影响,达到防腐的效果。有时对于不同材料和形状的被保护构件用树脂黏结料与玻璃丝布交替涂刷、缠绕在结构表面、或采用聚乙烯材料包覆在结构表面达到防腐的目的。

1. 涂料防腐

涂料是一种含有颜料的液态或粉末状材料。涂料防腐是通过涂覆作业形成保护层。涂料防腐具有施工简单、成本低的特点。可适用于不同的部位。海上钢结构采取涂料防蚀，其不同的部位对涂料有着不同的要求，在大气区要求涂料有良好的耐候性，而浪溅区及潮差区（水位变动区）除要求有良好的耐候性外，还要求有适应干湿交替、耐磨损、耐冲击的性能。而水下部分涂料如果是阴极保护措施联合作用，那么涂料还需具有耐碱性和耐电位性能。涂料防腐具有施工方便，灵活的特点，如有损坏亦易于修补，对构件形状的适应性强，由于大多数涂料均为石油化工的衍生物，分子易断裂。

一般防腐涂层总厚仅为 100 ~ 150μm，这一厚度空气中的氧和水仍能透过涂层到达金属表面，使用寿命有限。重防腐体系涂层厚达 250 ~ 500μm，由于不同材料、涂层结构和厚度加强了涂层隔离能力。一般年限可达 10 ~ 20 年左右。

2. 玻璃钢包覆

玻璃钢是一种复合材料，是以玻璃纤维（布）作为增强材料，树脂作为黏结剂复合而成的一种材料。它具有质较高强、耐蚀性好、绝缘性高的优点，同时具有可设计性和灵活成型的特点。玻璃钢适用于码头桩基防腐。据推测，其理论寿命可达 40 年，但普通玻璃钢有脆性、抗冲性能差。

3. 交联聚乙烯热缩带包覆

聚乙烯是高分子材料中性能稳定、具有一定力学性能和优良耐腐蚀性能的材料。这种材料经辐射交联后，性能得到进一步加强。将这种材料经过一定的处理手段后包覆于钢结构之上，经加热收缩后，将其箍紧，形成一有机体封闭系统，限止 Cl^-、O_2、H_2O 等有害物质的侵入，从而达到对结构的保护作用。据日本推算，这种材料单独用于海洋浪溅区环境中，当厚度达到 2.5mm 时，寿命可达 40 年以上。这种保护措施国外以前多有使用，但目前用得较少，国内工程实例不多，目前仅丹东地区一码头及华东地区一码头上使用过。

（二）金属喷涂保护措施

金属喷涂保护系统一般包括喷涂金属层和封闭涂层。金属层一般为锌、铝或锌、铝合金。

该措施是采用火焰喷涂或电弧喷涂方法将熔融金属锌、铝或其他金喷射到处理后的钢结构表面，在其表面形成一层致密、均匀的薄层，这层金属涂层一方面对结构起到机械封闭作用，另一方面也起到局部牺牲阳极的保护作用。

火焰喷涂与电弧喷涂工艺相比较，前者的金属涂层与结构金属基体之间的附着力低，且喷涂效率也不高。

另外，在金属喷涂层的外面，一般还要涂一层与金属涂层匹配的涂料，以封闭金属涂层的微孔，从而更好地保护金属基体，封闭层一般为环氧富锌封闭底漆。

金属喷涂保护措施在国外运用比较早，工程运用实例也比较多。在国内，这种保护手段也有成功实用的实例，如石臼港 10 万吨级煤码头轨道钢箱型梁（位于大气区）采用喷铝层保护手段，至今良好。

（三）阴极保护措施

钢材腐蚀是由于钢材在其与自然环境所形成的微电池中处于阳极地位，电位较高，因电子流失造成腐蚀。阴极保护就是基于这样的原理，采取人为的手段，提高环境中原有阳极的电位，使钢材变成电位较低的一极；这样，电子就从外部朝钢材——阴极流动，从而减缓钢材的腐蚀速度。根据提高钢结构电位的手段不同，阴极保护手段分为牺牲阳极阴极保护法和外加电流阴极保护法。阴极保护措施一般使用于水下部位。这种防腐措施不但能控制金属的均匀腐蚀。局部腐蚀，而且能有效抑制晶间腐蚀、应力腐蚀、疲劳腐蚀等由电解质引起的其他腐蚀行为。阴极保护措施技术可靠，控制效果好，使用年限长。

1. 牺牲阳极阴极保护法

该法由与被保护体耦合的牺牲阳极提供保护电流。如在水下钢结构的表面耦连锌、铝等合金块（即牺牲阳极),由于合金块与钢结构相比处于较高电位一极(阳极),因此,合金属块不断溶解、消耗,提供保护水下钢结构的所需电流,从而达到防腐的目的。

2. 外加电流阴极保护法

该方法是利用整流器提供直流电流,通过辅助阳极向水下钢结构提供所需的保护电流,从而达到保护的目的。

以上两种方法都能达到保护目的,各有其优缺点:牺牲阳极方法不需外加电源,稳定性高,在设计期限内基本不用维修,但初期投入大。外加电流法需要有外接电源,设备须管理、维护,初期投资少些,一旦外界电源断开,则水下部分钢结构将失去保护。

阴极保护措施是目前对水下区及泥下区钢结构进行保护时应用最广泛、最成熟的有效措施。

另外,如果阴极保护手段与涂料配合使用,则一方面能在阴极保护系统建立前对钢结构采取有效保护,另一方面能减少保护电流密度,提高电流分散度,使钢结构表面的电位分布更均匀,从而有效地减缓水下钢结构的腐蚀。

(四)耐腐钢

在冶炼过程中,在钢结构钢材中添加一定量的铜、镍、铬等合金元素,使其具有更高的抗腐蚀性能。但是这种措施的费用是十分昂贵的。

二、混凝土结构的耐久性设计

混凝土构件在海水环境下存在腐蚀现象,而且有的腐蚀情况还很严重。根据我国80年代对华南沿海的一些港口码头建筑物的调查,这些港口码头水工建筑物在建成10年左右就开始出现不同程度的腐蚀现象,如锈迹、锈裂、混凝土剥落、露筋等,甚者只有5年的建筑物也已开始出现腐蚀现象。另外根据美国联邦公路管理署1997年的统计结构表明,混凝土桥梁建成后10~20年就需要维修的情况非常普遍。

海水环境下的建筑物由于腐蚀因素的影响,不进行防护是不能满足设计寿命要求的,尤其是提出较长设计年限的工程,不采取措施,更是难以达到要求。

混凝土结构的使用寿命是一个比较模糊的概念,一般均定性的表述为:从结构投入使用到受到损坏影响结构的使用安全或失去使用功能而不得不废弃或重建的时间周期。进行维修、加固等可以延长结构使用寿命,但代价是非常昂贵的。

对于高性能混凝土,不仅锈蚀引发期可以大大延长,其锈蚀扩展期的长短也不容忽略,因此目前也有将设计寿命的概念扩展,即混凝土使用寿命为出现破坏或功能降低的时间,包含锈蚀引发期的锈蚀扩展期,如加拿大联盟大桥的设计寿命为100年就是这样定义的。

对于钢筋混凝土结构而言,混凝土内部的高碱性能使钢筋表现形成一层钝化膜,保护钢筋免受锈蚀。钢筋锈蚀始于这层钝化膜的破坏,而当出现下列情况时,钢筋表面的钝化膜会受到破坏:

供氧量不足:钢筋表面的钝化膜保持完好需要相当于0.2~0.3mA/m^2的氧流量,如果氧流量低于此值,则钝化膜厚度就会逐渐减小至完全消失,导致钢筋非常缓慢的锈蚀。这种情况常出现在水下或地下水位以下的位置,而且一般情况下对混凝土中钢筋腐蚀的影响很少;

碳化:空气中的二氧化碳渗入混凝土中与其内部的氢氧化钙反应,产生碳酸盐和水,使混凝土的碱度pH值降低到8.5~9,低于保持钝化膜所需要的减度环境,暴露于大气中的混凝土构筑物会受到碳化影响,但这个过程比较缓慢。

混凝土内部(钢筋表面)达到一定的氯离子浓度。氯离子在钢筋表面达到一定的浓度时,会使钢筋表面的钝化膜破坏,导致点蚀。处于海洋环境下的混凝土构筑物,氯离子渗入混凝土是引起钢筋锈蚀最主要的和最快的因素。

考虑本工程的特点,在本工程的设计过程中主要研究了以下几个方面的混凝土防腐蚀技术措施:

(1)提高混凝土中钢筋的保护层厚度。试验显示,即使是低水灰比、高质量的混凝土,在暴露于有氯盐存在的环境中，混凝土表面12mm深度内的氯离子含量远远超过25～20mm深度范围内的氯离子的含量。因此在海洋环境中的工程，混凝土保护层的厚度应比一般的混凝土保护层厚度要大一些，同时还要考虑施工偏差的因素。

(2)控制混凝土的水灰比。通常，混凝土的水灰比越接近最低水灰比，混凝土的密实性越高，混凝土的抗腐蚀性能越好。

(3)应用阻锈剂。阻锈剂能有效阻止或延缓氯离子对钢筋钝化膜的破坏。阻锈剂的掺量应综合氯化物的预期含量、生产厂家的建议等多方面的因素确定。

国内目前采用的阻锈剂多为无机盐类产品，这种以亚硝酸盐为基本成分的阻锈剂一般有毒性，目前在国外已开始有采用有机类的阻锈剂的。

(4)应用环氧涂层钢筋。环氧涂层钢筋就是一种在普通钢筋表面静电喷涂一层环氧树脂薄膜的钢筋，涂层厚度一般在0.15～0.30mm。其作用就是通过涂层隔离钢筋与腐蚀介质的接触来达到防腐的目的。在钢筋表面涂层控制良好的情况下，涂层钢筋能有效地延缓钢筋锈蚀的开始。但环氧涂层钢筋对施工的要求相对较高。

(5)应用混凝土表面涂层。通常为在已施工好的混凝土表面及时涂上防腐材料，也包括在大管桩或PHC桩表面包覆特殊材料(如玻璃钢等)。

混凝土表面涂层是降低氯离子渗透速度和混凝土碳化速率的有效辅助措施，但涂层一般易老化，能起到保护年限较短，通常在10～20年不等。

另外涂料中还有一种渗透性的涂料，它除了有一般涂料的作用外，还具有渗透性，在涂层施工时可以渗透进入混凝土一定的深度范围，以到达封闭混凝土内毛细孔的作用，从而到达降低氯离子的渗透率的作用。

(6)采用阴极保护。阴极保护方法是通过电化学方法强迫保护钢筋。这种技术方法要求较为复杂，目前在国际一些重大工程中有应用，如丹麦—瑞典厄勒海峡工程中也作了准备进行阴极保护的准备工作(该措施作为储备措施，尚未起用)。

(7)采用高性能混凝土(High Performance Concrete)。所谓高性能混凝土(HPC)与长期以来使用的普通混凝土差别主要在于其对于配合比和附加掺料的不同要求。高性能混凝土通过掺入粉煤灰、高炉矿渣、硅灰石粉等中的二种或三种掺料，来提高混凝土在特定条件下所需要的特定性能，如高弹性模量、低渗透性以及抵抗某些类型破坏的性能。

高性能混凝土对骨料的要求比较高，高性能混凝土一般要求最大骨料粒径比普通混凝土要细。另外由于高性能混凝土的水灰比一般均比较小，因此要采用高效减水剂，高效减水剂与水泥之间还必须要有良好的相容性。

近年来，为了提高桥梁的工作年限，长期保护大桥的正常运行开通，必须提高桥梁的耐久性。对于海工混凝土结构而言抵抗海水侵入、防止混凝土的钢筋锈蚀是最主要的内容。因此在保证混凝土强度这一基本性能的同时，提高混凝土耐久性尤为重要，因而高性能混凝土突显了其在海工应用中的优势。

高性能混凝土的骨料必须仔细选择，一般最大粒径均小于普通混凝土使用的骨料。国外高性能混凝土的骨料最大粒径一般介于10～14mm之间(我国交通部《海港工程混凝土结构防腐蚀技术规范》规定高性能混凝土的骨料最大粒径为25mm)。

高性能混凝土材料组分的另一特点是其低水灰比和使用高效减水剂。高性能混凝土的水灰比一般都在0.4以下(我国交通部《海港工程混凝土结构防腐蚀技术规范》规定水灰比W/C≤0.35)。

高性能混凝土与普通混凝土，在工作性能、力学性能、耐久性能等方面均有明显的优点，二者比较情况如表2-8-3所示。

下面具体以C60普通混凝土和C60高性能混凝土为例，对二者的性能进行比较如表2-8-4所示。

高性能混凝土是以高耐久性为目标而发展起来的，而高耐久性则突出体现在混凝土材料低渗透、低缺陷、高密实等方面。

高性能混凝土与普通混凝土性能比较　　表 2-8-3

项目	普通混凝土	高性能混凝土
工作性能	塌落度与用水量有关,新拌料一般较黏	坍落度大,新拌料松
	可能产生离析泌水现象	不离析,不泌水,易于施工
	塌落度损失大	塌落度损失小,适宜泵送
力学性能	28 天强度满足设计要求	28 天强度满足设计要求,后期仍稳定,其他力学性能,如抗折、劈拉等可得到优化
耐久性	中等	混凝土密实,抗离子渗透性能可提高一个数量级,抗冻、抗碳化等性能也可提高,抗硫酸盐腐蚀性能好,并具有抑制碱骨料反应的能力

C60 普通混凝土和 C60 高性能混凝土性能比较　　表 2-8-4

项目	C60 普通混凝土	C60 高性能混凝土
工作性能	塌落度为 130mm,新拌料较黏	塌落度为 180mm,新拌料松
	有离析泌水现象	不离析,不泌水,易于施工
	1 小时塌落度损失为 50%	1 小时塌落度无损失
力学性能	R7 =54.5MPa,R28 =68.9MPa R60 =73.7MPa	R7 =53.3MPa,R28 =73.1MPa R60 =79.8MPa
	劈拉强度 4.75MPa,抗折强度 8.6MPa,弹性模量 31GPa	劈拉强度 4.98MPa,抗折强度 9.4MPa,弹性模量 39GPa
耐久性	抗渗等级 S12,渗水高度 32mm	抗渗等级 S20,渗水高度 37mm
	人工加速碳化 28 天 3.5mm	人工加速碳化 28 天小于 1mm
	人工加速冻融试验 50 次质量、强度损失大于 2 ~3%	人工加速冻融试验 50 次质量、强度损失 1 ~2%

本工程针对不同的结构部位、使用要求以及受力特征采取相应的一种或几种防腐措施。

上述 7 种措施中,本工程根据结构特点在除阴极保护以外的其他几种混凝土防腐措施中进行选择。

三、桥梁各主要构件的耐久性设计

根据本桥各结构特点,防腐措施总结如下。

(一)钻孔灌注桩的防腐

(1)桩基础采用 C35 水下混凝土,其技术标准必须符合交通部部颁标准《公路钢筋混凝土及预应力混凝土桥涵设计规范》(JTG D62—2004)、《公路桥涵施工技术规范》(JTG TF50—2011)、《海港工程混凝土结构防腐蚀技术规范》(JTJ 275—2000)的规定。28d 氯离子扩散系数要求小于 3.0 ×10 －12m^2/s,桩基混凝土最大胶凝材料用量为 450kg/m^3。混凝土宜双掺,使用优质矿渣粉和粉煤灰及优质高效减水剂。辅掺料性能应满足相关规范的要求。使用减水剂时,基桩新拌混凝土含气量控制在 3% ~5% 。

(2)主墩保留施工用的钢护筒,钢护筒防腐蚀方案采用熔结环氧粉末涂层体系;技术要求如表 2-8-5 所示。

熔结环氧粉末涂层体系技术要求　　表 2-8-5

部　　位	泥下区(冲刷线以上)	水下区、浪溅区和水位变动区
主桥主墩、辅助墩和过渡墩基础钢护筒	单层环氧粉末,厚度≥300μm	加强级改性双层环氧涂层,涂层总厚度≥625μm

注:冲刷线位于河床底面以下 12m,冲刷线以下钢护筒仅需考虑施工期间的防腐,设计无特殊要求。

(3)主筋保护层厚度不小于85mm。

(二)承台的防腐

(1)承台采用C35高性能混凝土。混凝土胶凝材料用量不大于4.3kN/m^3。混凝土90d的氯离子扩散系数应≤2.5×10－12m^2/s。混凝土宜双掺使用优质矿渣粉和粉煤灰及优质高效减水剂。辅掺料性能应满足相关规范的要求。使用减水剂时,新拌混凝土含气量控制在3%以内。

(2)钢筋网片

用于索塔承台的顶面及四个侧面的防裂钢筋网采用直径8mm的冷轧带肋钢筋,间距为10×10cm的钢筋网片,其指标应符合《冷轧带肋钢筋》(GB13788—2008)和《冷轧带肋钢筋混凝土结构技术规程》(JGJ95—2003)的要求。

(3)主筋保护层厚度不小于85mm。

(三)主塔及桥墩的防腐

(1)索塔及桥墩混凝土90d的氯离子扩散系数应≤2.0×10～12m^2/s。混凝土胶凝材料用量为不小于3.6kN/m^3,不大于480kg/m^3。混凝土宜双掺使用优质矿渣粉和粉煤灰及优质高效减水剂。辅掺料性能应满足相关规范的要求。使用减水剂时,新拌混凝土含气量控制在2%以内。

(2)出于索塔及桥墩的耐久性的考虑,要求主筋保护层厚度不小于60mm。

(3)预应力锚固区的封端混凝土应有良好的抗裂性,水胶比不大于0.4;金属锚具的混凝土保护层厚度不小于9cm。

(4)桥墩及主塔外表面增加涂层防腐。

①大气区混凝土表面涂装防护体系配套如表2-8-6所示。

大气区混凝土表面涂装防护体系配套表 表2-8-6

涂层名称	配套涂料名称	涂层干膜平均厚度(μm)
底层	环氧树脂封闭漆	渗透性,50
中间层	环氧树脂漆	200
面层	聚氨酯面漆	80
涂层总干膜平均厚度		330

注:底层封闭漆为渗透性,涂层干膜总平均厚度为330μm。

②浪溅区及潮差区混凝土涂装防护体系见表2-8-7。

浪溅区及潮差区混凝土表面涂装防护体系 表2-8-7

涂层名称	配套涂料名称	涂层干膜平均厚度(μm)
底层	湿固化环氧树脂封闭漆	渗透性,50
中间层	湿固化环氧树脂漆	300
面层	聚氨酯面漆	90
涂层总干膜平均厚度		440

注:底层封闭漆为渗透性,涂层干膜总平均厚度为440μm。

③索塔上部区混凝土表面涂装防护体系如表2-8-8所示。

索塔上部区混凝土表面涂装防护体系配套 表2-8-8

涂层名称	配套涂料名称	涂层干膜平均厚度(μm)
底层	环氧树脂封闭漆	渗透性,50
中间层	环氧树脂漆	200
面层	聚氨酯面漆	80
涂层总干膜平均厚度		330

注:底层封闭漆为渗透性,涂层干膜总平均厚度为330μm。

(四)混凝土箱梁的防腐

(1)采用掺加矿渣硅酸盐水泥,水胶比小于0.4。

(2)钢筋保护层不小于50mm。

(3)在混凝土内掺加亚硝酸钙阻锈剂。

(4)混凝土表面涂层保护。

(五)斜拉索的防腐

(1)设计采用多级保护的概念。

(2)采用镀锌、PE护套、注油性腊等防腐。

(3)索导管涂层防锈,采取密封措施,防止积水。

(六)体内预应力索

(1)采用真空压浆技术,确保管道内的压浆层致密充满,从而保护钢束不受湿气侵袭。

(2)尽量采用非金属材质的预应力管道。

(3)混凝土封锚。

(七)组合梁的防腐

组合梁防腐涂装如表2-8-9~表2-8-15所示。

钢梁外表面涂装方案 表2-8-9

序号	设计要求	设计值	备注
1	表面净化处理	无油、干燥	GB11373—1989
2	除锈等级	Sa2.5	GB8923—2011
3	车间底漆	20~25μm	—
4	二次表面处理	Sa3	GB8923—2011
5	表面粗糙度	Rz60~100μm	GB11373—1989
6	电弧喷铝(Ce铝)	160μm	GB/T3190 容许偏差±40μm
7	环氧封闭漆	无厚度要求	—
8	环氧云铁中间漆	20×70μm	—
9	氟碳面漆	2×30μm	颜色待定
10	总干膜厚度	360μm	—

注:1.不包括桥面铺装下钢梁顶面。
2.主梁、塔索套管外表面同上表。

钢梁(除风嘴外)内部结构表面涂装方案 表2-8-10

序号	设计要求	设计值	备注
1	表面净化处理	无油、干燥	GB11373—1989
2	除锈等级	Sa2.5	GB8923—2011
3	车间底漆	20~25μm	2年以上寿命
4	除湿设备	—	—

注:主梁内除采取上述防腐措施外,要求设置除湿设备。

钢梁风嘴内部结构表面涂装方案　　表 2-8-11

序　号	设 计 要 求	设 计 值	备　注
1	表面净化处理	无油、干燥	GB11373—1989
2	除锈等级	Sa2. 5	GB8923—2011
3	车间底漆	20 ~ 25μm	—
4	二次表面处理	Sa2. 5	—
5	表面粗糙度	Rz25 ~ 100μm	GB11373—1989
6	环氧富锌漆	60μm	浅色
7	耐磨改性环氧厚浆漆	100μm	—
8	总干膜厚度	160μm	—

钢-混凝土结合面涂装方案　　表 2-8-12

序　号	设 计 要 求	设 计 值	备　注
1	表面净化处理	无油、干燥	GB11373—1989
2	除锈等级	Sa2. 5	GB8923—2011
3	车间底漆	20 ~ 25μm	—
4	外表面涂装	—	外底面及外侧面
5	内表面涂装	—	内底面及内侧面
6	二次表面处理	Sa2. 5	GB8923—2011（顶面两侧各 50mm 范围）
7	二次表面处理	St3	GB8923—2011（顶面中部 700mm 范围）
8	玻璃鳞片环氧漆	500μm	顶面两侧各 50mm 范围

风嘴位置钢桥面顶面涂装方案　　表 2-8-13

序　号	项　目	涂 料 品 种	道数/最低干膜厚度
1	表面处理	喷砂除锈达到 Sa2. 5 级，Rz30 ~ 70μm	
2	底漆	环氧富锌底漆	1/80

斜拉索套管及桥面排水管涂装方案　　表 2-8-14

序　号	涂 装 体 系	干膜厚度（μm）及涂装道数	备　注
1	表面酸洗处理，清除氧化层，露出钢结构本色		—
2	热浸镀锌	80	锌纯度≥99. 99%
3	环氧封闭漆	无厚度要求	排水管内表面及与混凝土结合的钢管外表面不涂

（八）塔内钢锚梁的防腐

索塔钢锚梁高强螺栓及各板件的防腐方案见下表 2-8-15。

钢锚梁涂装方案　　表 2-8-15

涂　层	涂 装 体 系	干膜厚度（μm）
钢板处理	喷砂 Sa2. 5	—
	无机硅酸锌车间底漆	20
	喷砂 Sa2. 5	—
底漆	无机富锌漆	80 × 1
中间漆	环氧（云铁）漆	50 × 2
面漆	环氧面漆	50 × 2

第三篇 桥梁结构施工关键技术

第一章 下部结构施工

第一节 塔柱基础及承台施工

一、桩基础施工

(一)桩基概述

椒江二桥桥址处淤泥层较厚,桩基入岩、桩长较长。北塔主墩N01索塔水中直径2.8~2.5m变截面钻孔桩30根;平均桩长120.5m,平均桩尖高程为-121.67m,最大桩长126.5m,最低桩尖高程为-127.67m。南塔主墩S01索塔水中直径2.8~2.5m变截面钻孔桩30根;平均桩长129.3m,平均桩尖高程为-130.47m,最大桩长139m,最低桩尖高程为-140.17m。

采用端承桩,入岩深度不小于3.5m,基岩为9-3层的中风化凝灰岩,岩石单轴饱和抗压强度为22MPa。每墩群桩在承台中央部位设有二根备用桩位。钻孔桩钢护筒内直径为ϕ280cm,施工泥面约-8.22m,护筒底高程为-46.17m;主墩基础布置如图3-1-1所示。

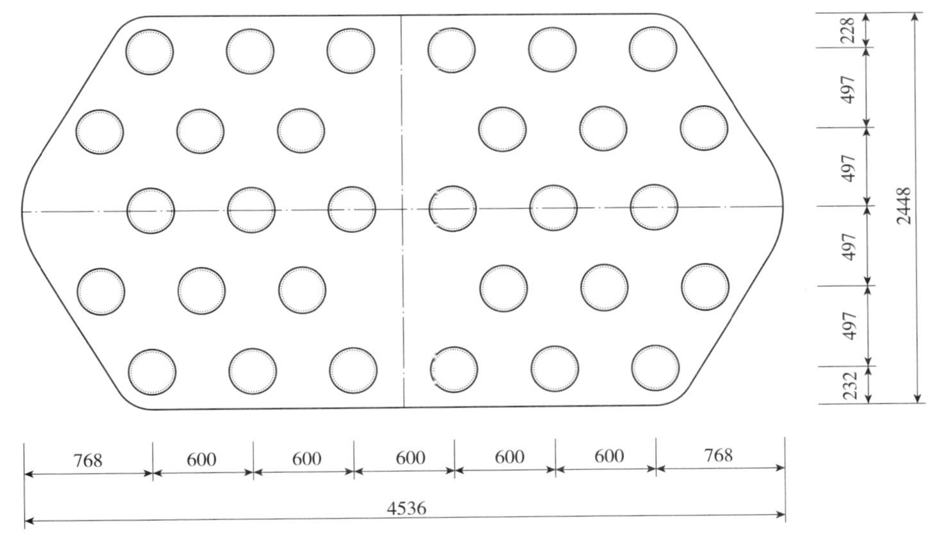

图3-1-1 主墩基础布置图(尺寸单位:cm)

主墩基桩超长且桩径大,地处潮涌大、地质条件复杂,为工程的重点、难点。各墩基桩参数见表3-1-1。

基桩参数表 表3-1-1

墩 号	桩径(mm)	根 数	变截面处高程(m)	桩长(m)	混凝土方量(m^3)	钢筋笼重(kN)
N01	Φ2800~2500	30	-46.17	均120.5	647.70	785.3
N02	Φ2500~2200	14	-40.17	116	485.25	671.2
N03	Φ2200~1900	10	-40.17	107.5	343.43	499.1

索塔基础桩基工程施工特点:

(1)主墩钢护筒的直径达2.8m,钢护筒长度达53m,单根最重约92t,需要穿透粉砂层、到达黏土层。

由于受流速、冲刷影响，钢护筒起吊、定位、插打均较为困难，对吊装、插打设备要求高。

（2）基桩需穿越不同地质层，最长达126.5～139m，是目前国内最长的超长嵌岩桩；墩位处涨落潮水流流速快、冲刷大，成孔、成桩风险较大。

（3）基桩钢筋直径大且长，主筋为直径40mm的三级钢筋，单根基桩钢筋笼总重达78.5t，下放时间长，现场施工组织要求高。

（4）采用大功率配套一体化钻机进行深厚覆盖层超长斜岩面基桩成孔施工。

桥位地质条件特殊，穿越不同土层（上覆淤泥层厚达40m左右，中部有厚度20m左右的卵石层属漏浆层），底部基岩岩面倾斜较大，局部倾角达到40°，嵌岩深度不小于3.5m。而且椒江水域地质水文条件复杂，潮差大，含黏土圆砾—碎石层漏浆严重，极易塌孔；圆砾石直径大，钻孔容易卡管；超长桩嵌岩，对钻机设备的扭矩、钻杆刚度、空压机容量等要求极严格且成孔精度控制难度大。

施工选择RC300钻机，钻机功率较大、钻杆刚度大且配套带有扶正器及配重，采用PHP淡水泥浆护壁，保证了基桩成孔质量。

（5）超声检测采用新型高强双密封薄壁管。

钻孔桩声测管材料或安装工艺较差时，会发生漏浆、堵管、断裂、弯曲、下沉、变形等事故，严重影响基桩检测质量，甚至造成无法检测而不得不钻芯来验证基桩质量。施工采用新型高强度双密封薄壁声测管，其接头采用双密封液压连接，管壁较普通声测管更薄，具有对超声波影响小、检测灵敏准确、安装方便、节省钢筋笼安装时间和施工成本低等优点。

（二）钻孔钢平台搭设（以N01号水中主塔墩为例）

1.钻孔平台设计

1）钻孔平台设计方案

N01号墩钻孔平台通过钢栈桥与陆地连接。结合钻孔桩施工，把承台浮式钢套箱的底篮用钢护筒来支承，作为钻孔桩施工平台。桩基完成后转换为钢吊箱，进行承台施工；钢栈桥以及钻孔桩施工的辅助平台采用常规小钢管桩支承。

平台设计按重现期20年一遇的环境条件进行。初步考虑了3个方案：

（1）常规的钢管桩承重钻孔平台：插打承重钢管桩、形成整体钢平台，然后沉放钢护筒；

（2）钢护筒承重与钢管桩辅助承重钻孔平台：插打钢管桩形成起始钢平台，然后用导向架沉放钢护筒逐渐扩展，最后形成钻孔区联合平台；

（3）直接采用打桩船沉放钢护筒，利用钢护筒承重作为钻孔施工平台。

综合考虑椒江二桥具体的地质、水文、气象等因素，结合在东海大桥、金塘大桥等海上项目基础施工的经验，采用方案（3），采用打桩船能够保证钢护筒定位精度和垂直度，施工进度也加快。

2）平台结构形式

N01号、S01号南北两主墩采用桩基钢护筒作为钻孔工作平台的基础。（非钻孔区辅助平台采用小钢管桩承重）

主墩钻孔平台顶与既有栈桥顶高程同为+7.5m，平面尺寸为66m×40m。ϕ2800mm×25mm的钢护筒按设计桩位布置，平联高程+4.0m；钢护筒之间通过单层ϕ600mm×8mm平联钢管焊接成整体，平联钢管同时作为各桩基之间的泥浆连通管。为增加平台整体抗风浪能力，临时钢管桩ϕ1000mm×10mm及临时桩与钢护筒之间设置两层ϕ300mm×6mm平联和剪刀撑，平联高程+5.0m、+2.0m。

平台上部为钢结构，主、次承重梁采用HN60窄翼缘型钢、横桥向布置在每排钢管桩或钢护筒侧面牛腿的顶部，分配梁采用I20a（部分I25）工字钢、顺桥向布置在次承重梁顶部，间距30～40cm，呈空间网格形式布置，以焊接形式连接。面板采用10mm厚钢板。

平台四周安有护栏、防雷装置和漏电保护设备。沿平台垂直桥轴线方向设置跨径32m，净高32m，吊重100t的龙门吊。

N01 墩钻孔平台构造如图 3-1-2 所示。

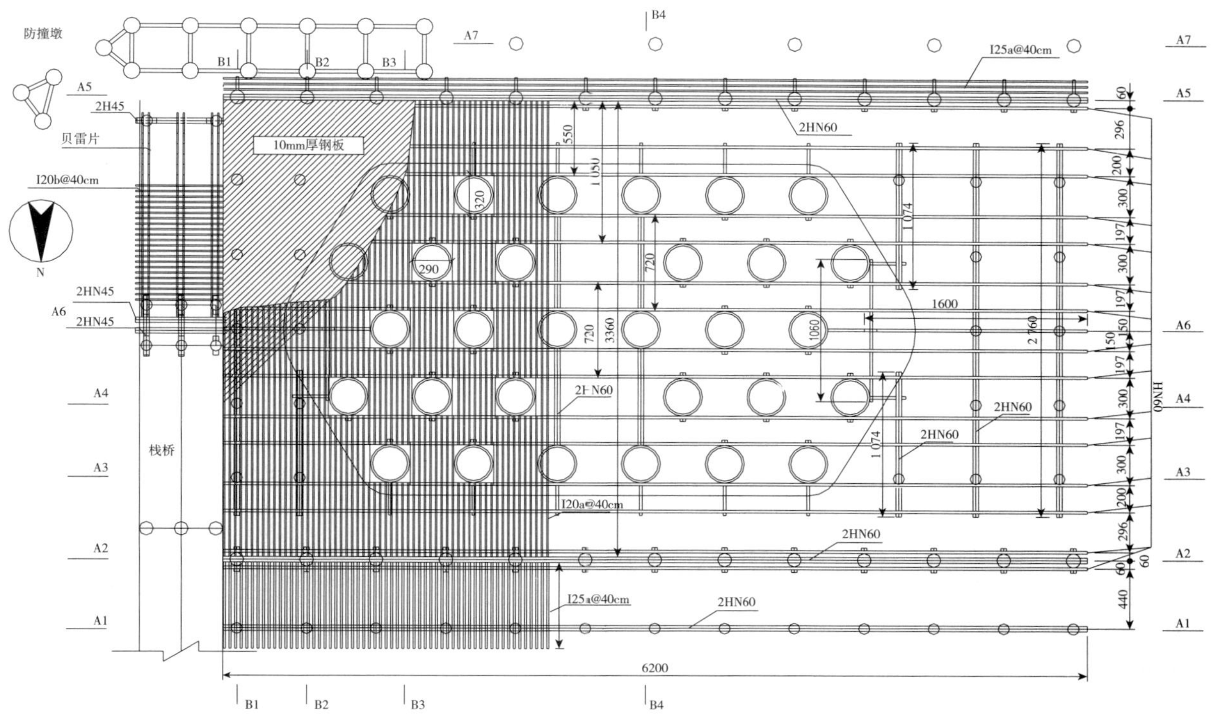

a)N01号墩钻孔平台平面布置图

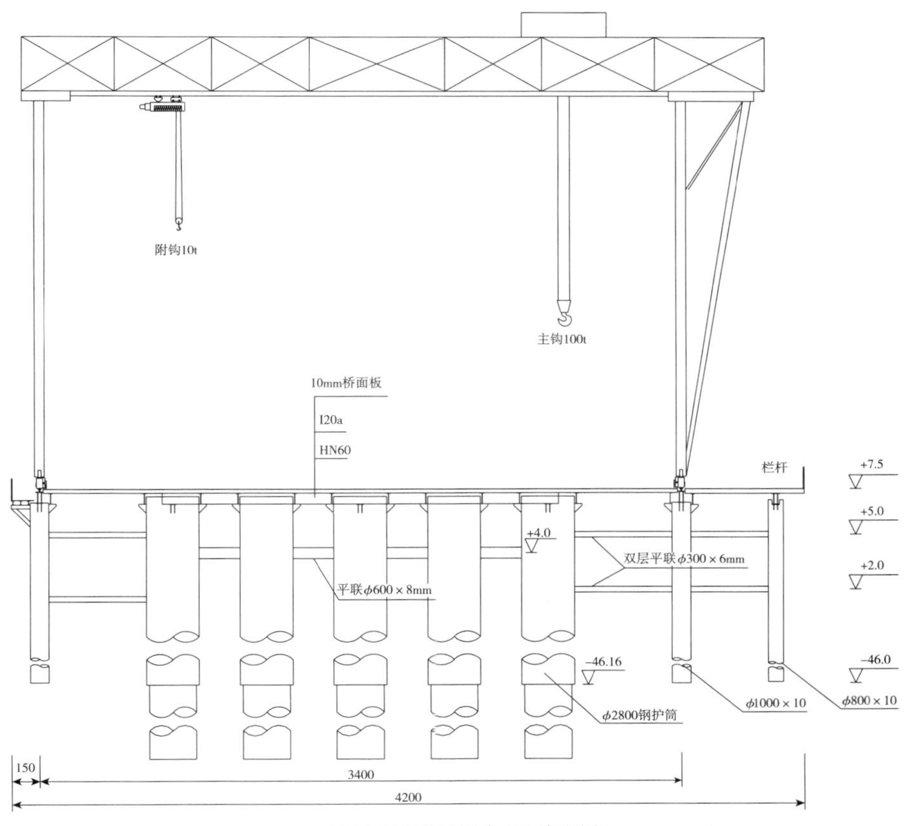

b)N01号墩钻孔平台立面布置图

图 3-1-2 N01 号墩钻孔平台构造示意图

3)平台结构受力验算

(1)平台上部结构验算

①主要控制荷载为 RC—300 钻机荷载,50t 履带吊 + 吊重荷载,100t 龙门吊荷载。计算结果如表 3-1-2。

平台上部结构各种构件验算结果 表 3-1-2

荷载类型	被验算构件	工况	弯曲应力 $\sigma < f = 205\text{MPa}$	剪应力 $\tau < fv = 120\text{MPa}$	变形(mm)	结论
平台面层钢板		刚度和强度足够,施工时只需避免较大的集中荷载或冲击荷载直接作用				
钻机荷载	分配梁(I20a)	简支 4.4m	122.6	37.4	2.5	符合要求
	HN60 型钢主梁	跨径 3.0m	63.9	14.3	0.9	符合要求
履带吊荷载	分配梁(I20a)	履带垂直作用	144.9	5.1	13	符合要求
		履带平行作用	115.4	17.4	3	符合要求
	HN60 型钢主梁	跨径 6m 单支	104.2	15.6	5.5	符合要求
		跨径 7.5m 双支	92.48	10.0	7.5	符合要求
龙门吊荷载	双支 HN60 型钢	跨径 5.0m	104.9	15.7	3.7	符合要求

②护筒侧牛腿验算

护筒侧牛腿所承受的最大力为 375.32kN,即前述钻机荷载下 HN60 型钢主梁中支点反力。

a. 牛腿抗剪计算(仅计算竖向劲板)

经计算牛腿抗剪安全,安全系数 >3.0。

b. 牛腿焊缝抗剪计算(仅计算竖向劲板)

经计算牛腿焊缝抗剪安全系数 >4.0。

(2)下部基础验算

①桩的稳定性验算

钻孔平台所采用的钢管桩与栈桥钢管直径、长度均一致,栈桥设计时已计算了单桩可抵抗的波浪力及水流力,均满足规范要求;且从栈桥施工实际可知,单桩插打后自身稳定,在单排桩连成整体后施加荷载时也稳定,本平台辅助桩与钢护筒等连成整体,群桩连成整体后施加荷载的稳定性好。钢护筒插打到位,由于钢护筒直径远大于辅助钢管桩,入土长度不小于钢管桩稳定性更好。

②桩的承载力验算

钢管底高程为 -46m 计,局部冲刷按 5m 计。根据 N01 墩地质资料,按《港口工程桩基规范》计算,

$$Qd = (U\sum qf_i l_i + qRA)/\gamma R = 890.7\text{kN} > 691.07\text{kN}$$

式中 691.07kN 为龙门吊荷载下单桩承受最大作用力,可见钢管桩的承载力满足要求。钢护筒直径远大于钢管桩,承载力亦能满足要求。

2. 钻孔平台搭设施工

1)钻孔平台搭设顺序

钻孔平台采用打桩船插打钢护筒,浮吊和履带吊插打钢管桩,现场焊接平联,浮吊和履带吊拼装上部结构的施工方法。整体采取流水作业组织施工。

2)连接平台和辅助平台的搭设

连接平台临时钢管桩由栈桥上的 50t 履带吊提吊 DZ90 振桩锤施工,履带吊停放在已施工完成的主墩平台上,吊装悬臂导向支架,利用悬臂导向支架精确打入平台基础钢管桩。测量人员用一台全站仪和一台经纬仪同时对桩的平面位置和横纵桥向垂直度进行测量控制。振桩锤技术参数见表 3-1-3,履带吊插打钢管桩的工艺过程如图 3-1-3 所示。

DZJ90A 振桩锤振技术参数 表 3-1-3

型号	电机功率	静偏心力矩	激振力	振动频率	自重
DZJ90A	90kW	0~403N·m	0~546kN	0~1100r/min	65kN

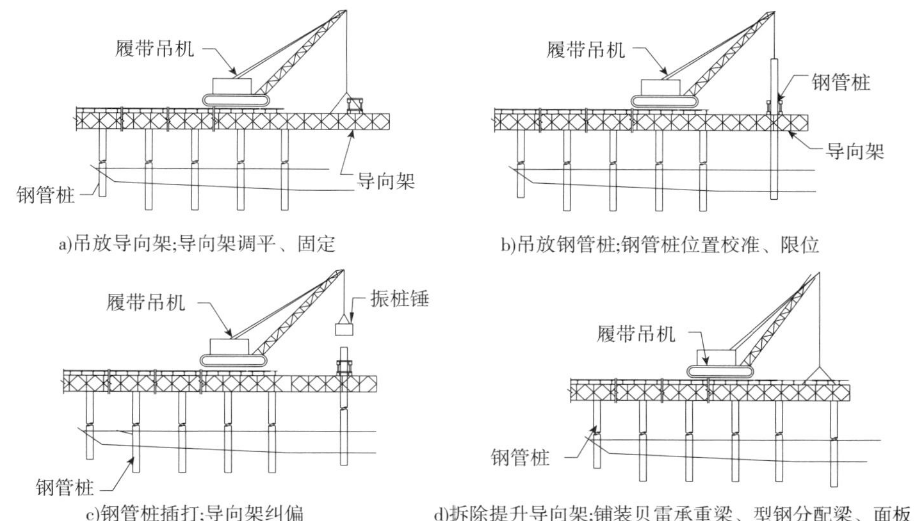

图 3-1-3 插打临时钢管桩

3)钢护筒、钢管桩施工

(1)钢护筒制作

钢管桩采用 Q235A 钢板在专业钢结构加工厂制作,焊缝采用螺旋焊缝,要求达到二级焊缝标准。

①钢护筒结构,N01 墩的钢护筒长 53m,壁厚 25mm,材质为 Q345C 钢板;临时接高钢护筒长 5m,壁厚 18mm,材质为 Q235 钢板。护筒内径统一为 280cm。

钢护筒顶部、底部护筒口 0.5m 范围内贴焊 16mm 厚 Q235A 钢板补强处理。

②钢护筒制作

钢护筒加工质量及外形尺寸允许偏差满足《港口工程桩基规范》(JTJ254—98)和《钢结构工程施工质量及验收规范》(GB50205—2001)的要求。

(2)钢护筒运输

本工程要求钢管桩整根沉放,制作时按照设计要求将钢管桩焊接成整根,并按沉放顺序装船运输至施工现场。

钢护筒叠放不超过 2 层,吊桩落驳时,先中间后两边对称装船。钢护筒尺寸重量大、易滚动且表面涂有防腐层,为确保防腐涂层不损坏,在驳船甲板上设置型钢底座及稳桩支架,并加固驳船甲板。与钢护筒接触面贴一层 20mm 的橡胶皮,每层钢管桩间用宽 50cm,厚 20mm 橡胶皮隔开。采用材质柔软的 $\Phi=6$cm 涤纶绳横向捆绑加固。

钢护筒在生产、储存、搬运、浮吊运输、测量放样及安装时,因施工条件恶劣,防腐涂层表面的碰撞仍不可避免,必须及时进行表面修补。修补材料采用 Interzone 954,刷涂 15min 后(20℃)即可浸泡在海水中,能够在海水中继续固化。修补前涂层破损部位用电动工具打磨至规范要求。

(3)钢护筒施沉

采用打桩船插打钢护筒及施工流程(图 3-1-4),打桩船参数如表 3-1-4 所示。

插打时由打桩船自带的 GPS 定位系统定位,并用两台全站仪全程跟踪,进行复核,以满足规范要求的精度。

钢管桩和钢护筒定位采用“海上沉桩 GPS-RTK 测量定位系统”来实现,安装在打桩船上的 3 个 GPS 接收机接收陆基站发射的固定频率数据链,以此作为定位的基准数据。钢管桩 GPS-RTK 测量定位系统工作流程如图 3-1-5 所示。

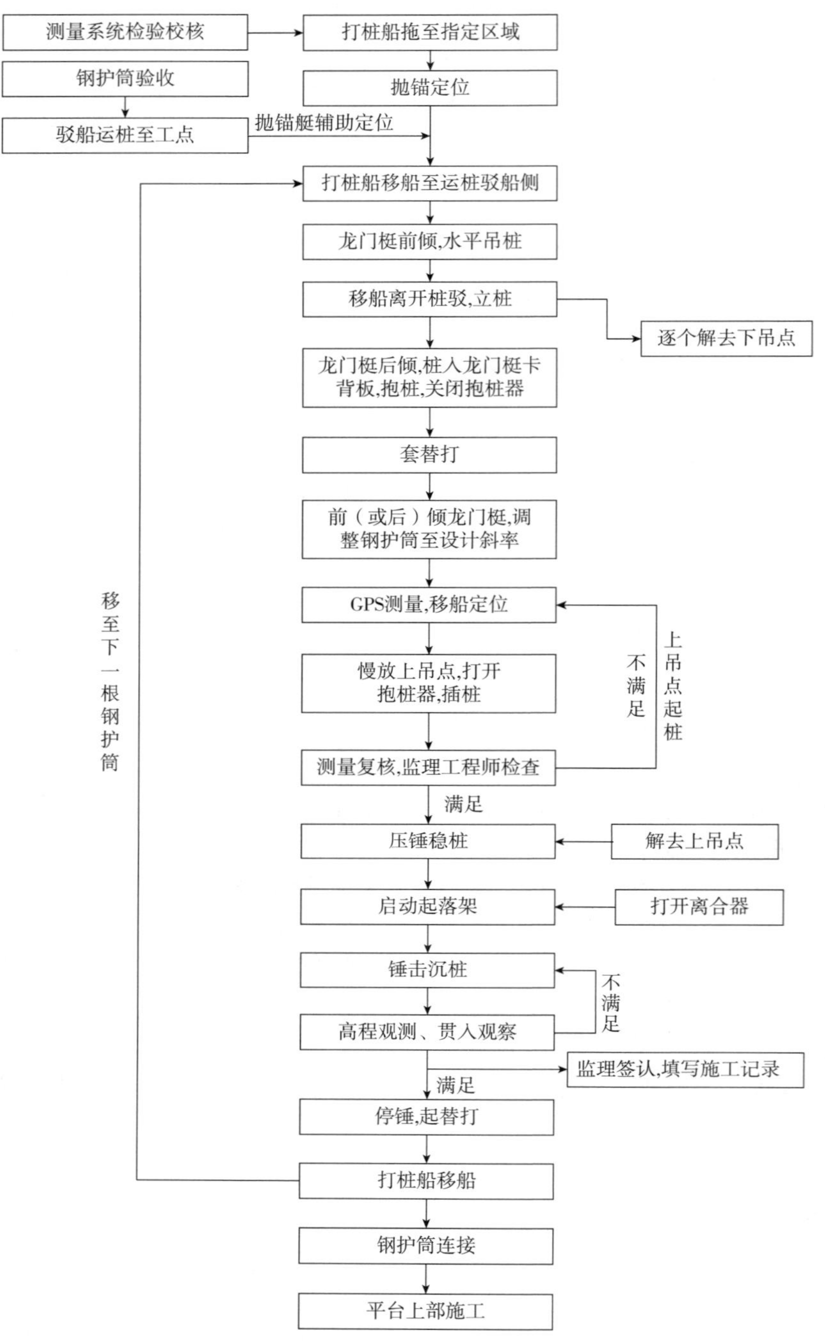

图 3-1-4　插打钢护筒施工流程图

打桩船插打钢护筒顺序,充分考虑简化打桩船定位次数及定位不影响航道通行。

钢护筒施沉步骤:打桩船抛锚就位;打桩船移船;吊点连接;起桩;移船、立桩;套替打;测量定位;插桩;锤击沉桩;停锤。

钢护筒插打以高程控制为主,贯入度控制为辅,钢管桩按高程控制。停锤标准:

①钢护筒沉桩至设计高程时,可以停锤;

打桩船参数表　　表3-1-4

打桩船技术参数		打桩船照片
船长	60.0m	路建桩8号打桩船
船宽	27.0m	
型深	5.0m	
动力	主发电机组:400kVA×1	
	副发电机组:50kVA×2	
	液压泵站:柴油机600PS×2	
打桩部分	桩架高度:水面以上92m	
	俯仰角:30°	
	可打桩径:≤ϕ320cm	
	可打桩长:78m(水面以上)	
	起重能力:200t	
	桩锤质量:35t	

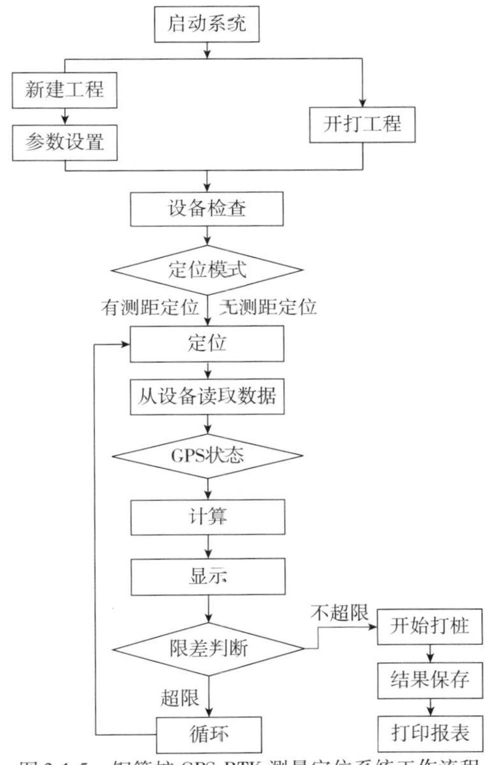

图3-1-5　钢管桩GPS-RTK测量定位系统工作流程

②护筒底高程距设计高程0~8m时,最后10击每击平均贯入度≤12mm可以停锤;

③护筒底高程距设计高程大于8m且最后10击每击平均贯入度≤8mm时,及时同监理、设计、业主汇报,商量确定处理方案;

④如果停锤时钢护筒底高程未达到设计变截面高程,在钻孔桩施工时需就此采取相应的专项处理措施。

沉桩施工注意事项:

①打桩施工时,若桩顶有损坏或局部压屈,则应对该部分予以割除并接长至设计高程。

②由于施工环境十分恶劣,相关部门要做好天气及海洋预报资料的收集,并及时将相关情况传达到参与现场施工的相关部门或个人。现场同时要设立潮位观测标尺,适时进行潮水位观测并做好记录。

(4)施加钢管连接

①临时平联的施加

钢管桩(钢护筒)施打后,要及时加焊钢管临时连接。用两根 I20a 工钢直接安放于桩顶,用两块$\delta=12$mm 的三角钢板作为加劲板,于钢护筒外侧分别与钢护筒及 I20a 型钢施焊进行加固。排间的临时连接与排内连接形式相同。

②桩间的钢管连接

打桩船完成一个平台的钢管桩振设施工后,应及时进行高程放样并加焊钢管连接,钢管平联布置如图 3-1-6a)、b)所示。

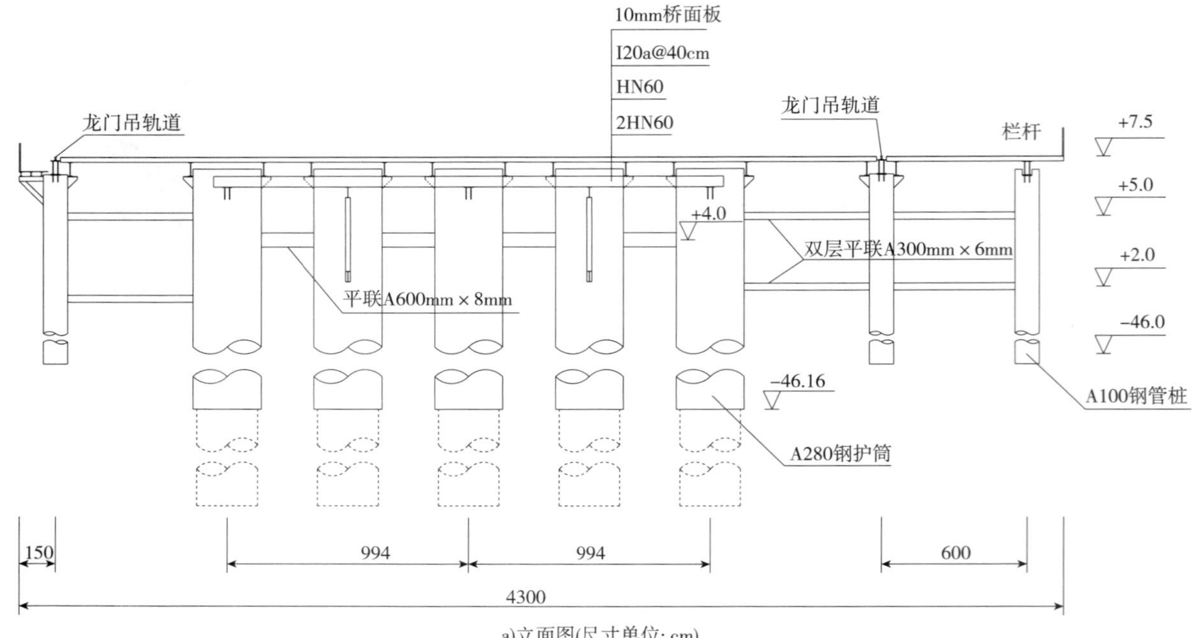

a)立面图(尺寸单位: cm)

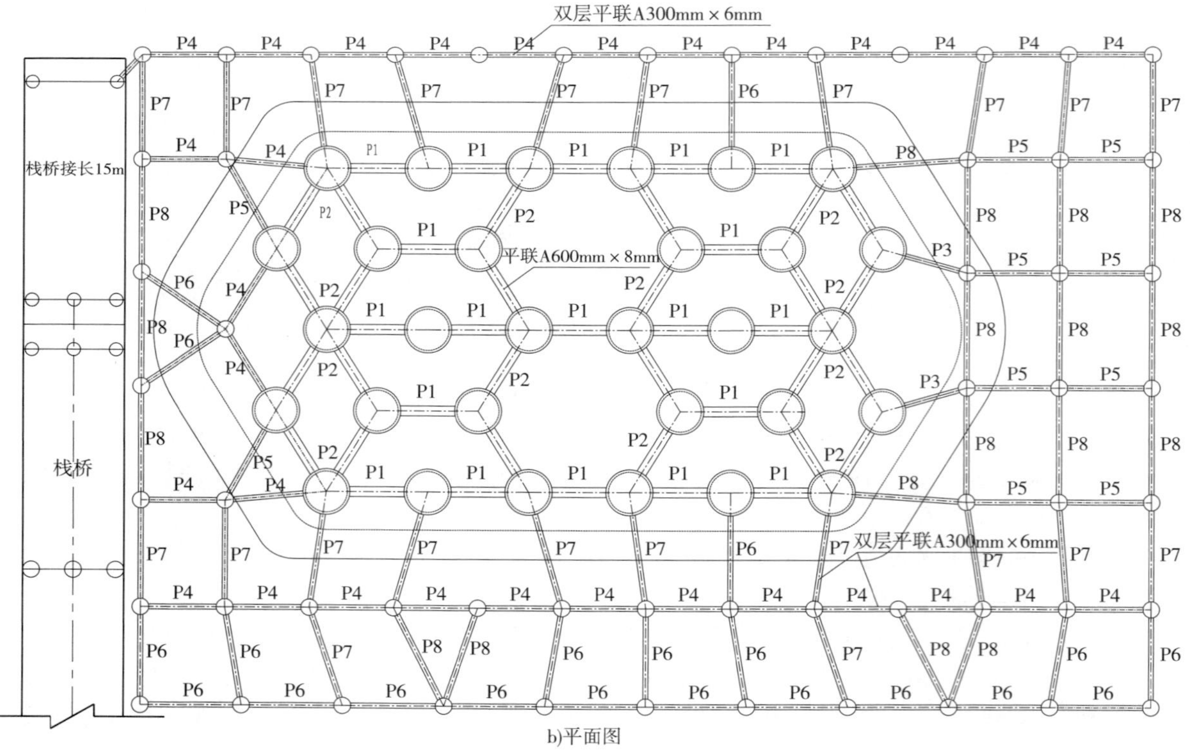

b)平面图

图 3-1-6　主墩平台平联布置

主墩平台钢护筒连接采用直径 Φ60cm，壁厚 8mm 的钢管；钢管桩连接采用直径 Φ30cm，壁厚 6mm 的钢管，且连接钢管与被连接钢管相贯的空间曲线应无过大间隙。套筒接头形式如下图 3-1-7 所示。

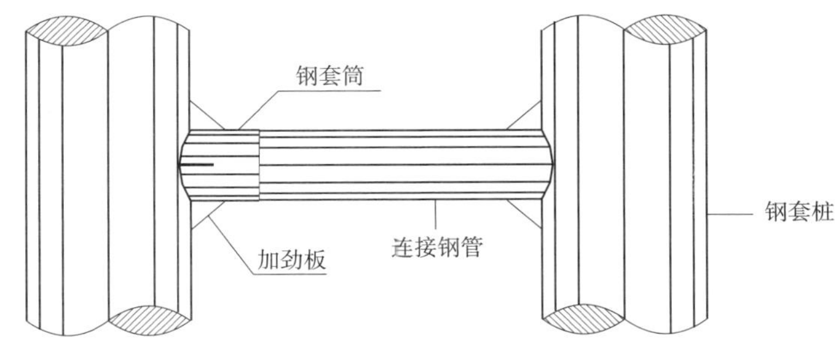

图 3-1-7　套筒接头布置形式

③钢管桩的连接施工是平台施工的重点、难点，由于施工环境恶劣、施工中不可预见因素多，平台钢管桩连接施工大部分为焊接，焊缝质量要求高，焊缝质量必须满足行业标准要求。连接未施工完成前，不得转序进行上部结构的铺设。连接施工过程中应及时进行钢管桩的牛腿放样及焊接。

4）龙门吊安装

龙门吊主要用于钢筋笼整体下放和钻孔过程的钻机、钻具等吊装。龙门按净空 32m，跨径 32m，起吊能力 1000kN 设计。

插打连接平台、辅助平台临时桩的同时，进行龙门吊基础钢管桩的插打，之后设置龙门吊的承重梁和轨道，利用 70t 履带吊机在连接平台处进行龙门吊的安装。龙门吊安装由专业厂家指导完成，安装后报相关质检单位验收。

5）钻孔平台上部结构铺设

平台上构采用龙门吊和 70t 履带吊逐块安装。上部结构的铺设主要包括：安装 HN60 主次承重梁（或贝雷梁）、安装 I20a 分配梁、铺设 1cm 钢板面板。

6）横联钢管及平台上部结构施工注意事项

（1）钢护筒、钢管桩插打结束后及时焊接横联钢管，如来不及焊接横联，采用型钢临时焊接。

（2）平台钢护筒是主要承重结构，而上部结构及施工荷载自重均通过牛腿传递至钢护筒，牛腿焊接质量，应严格控制。

（3）上部结构全部采用焊接方式连接，没有例外。

（4）平台施工时应禁止施工杂物、铁件掉入护筒。严禁施工船舶撞击钢护筒、钢管桩。

3. 备用孔施工

主墩群桩基础中央部位设计两根备用桩，备用孔钢护筒加工与其他桩孔相同，但由于钻孔平台和部分桩基已经完成，无法采用打桩船插打，需超出平台顶面一定距离采用振动锤及导向架施工；相应钢护筒全长 55m，直缝分 4 节段加工，每节段长 13.75m，单节重约 23.6t。每单节上口设 2～3 个吊耳便于起吊，首节钢护筒因为不能入泥，在吊耳下方焊接 4 个牛腿板，用来把护筒临时固定在平台上。

备用孔钢护筒振沉采用 80t 履带吊、桁架式导向架以及 DZJ480 型可调偏心力矩振动桩锤进行沉放。

设计有两个备用孔，启用备用孔需首先确定使用哪一个备用孔，然后在不影响其他各钻孔区的钻孔施工的前提下，适当调整出问题孔区的钻孔顺序。

（三）超长大直径钻孔桩施工

椒江二桥开工前，先期实施了试桩工程。通过岸边 75.8m 长的试桩得到了单桩承载力以及强风化以上土层的桩侧土摩阻参数。通过设计桩长 137m、实际桩长 133m 的试桩成功实施了当时国内最长的超长嵌岩端承桩。

通过主桥桩基施工总结出在地质条件复杂的椒江入海口凝灰岩中风化基岩（该岩层倾斜度较大且起

伏不规则,岩石强度较高)中施工超大直径超长桩的施工经验,确保了桩基质量达到Ⅰ类优良桩标准。

1. 工艺流程和设备选型

钻孔桩施工工艺流程如图 3-1-8 所示。

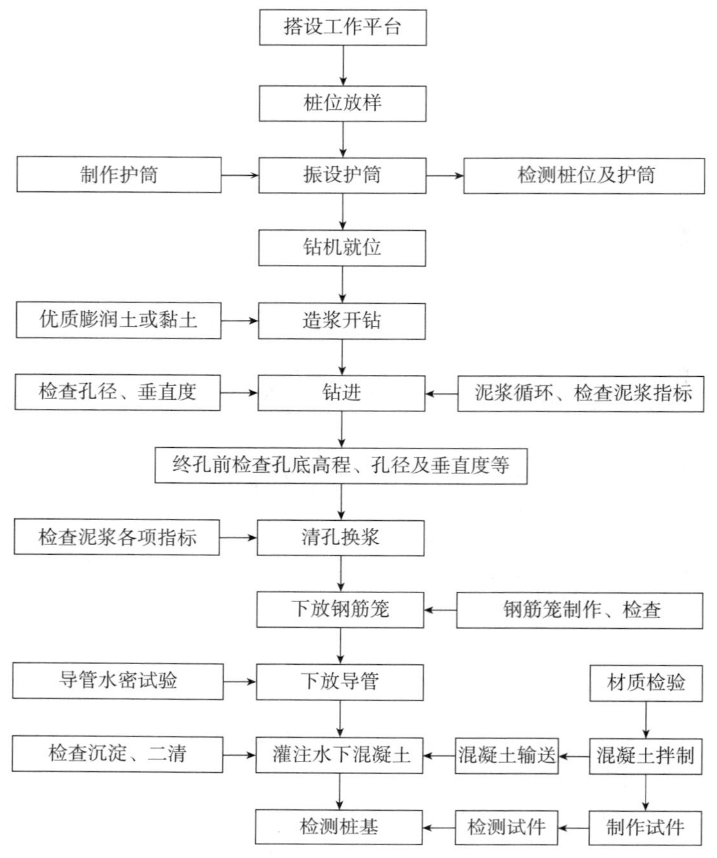

图 3-1-8　钻孔桩施工工艺流程图

钻机及配套设备正确选型是顺利完成本工程基桩施工的关键因素之一。

N01 号墩基桩从平台到孔底近 136m,对钻机的扭矩及钻杆质量提出了较高要求,宜选用技术性能先进,提升能力和配重较大的大型全液压气举反循环钻机,结合试桩 1 的成功经验,N01 号墩基桩施工布置 6 台 RC-300 钻机进行钻孔施工,其主机功率、扭矩、钻杆直径及刚度、可钻孔径、孔深均能满足本工程要求,钻机投入数量以及性能指标见表 3-1-5。钻孔需穿越的地层主要有:淤泥、淤泥质黏土、黏土、亚黏土、圆砾层、卵石层、凝灰质岩层等。根据地质情况,试桩钻孔选择了两种钻头:一种是单环四翼刮刀钻头,用于在淤泥、黏土、砂性土、圆砾及卵石等地层中钻进;另一种是滚刀钻头,用于在凝灰质岩层中钻进。钻杆为气举与泵吸反循环两用钻杆。采用气举反循环时,钻具设有两个空气混合室。配套设备机具主要包括大容量空压机、高效率的泥浆净化器和适用于不同地层的钻头、用于储浆和补浆的泥浆船等,见表 3-1-6。

钻机主要性能参数表

表 3-1-5

项　　目	钻机性能参数	项　　目	钻机性能参数
钻机型号	RC-300	最大提升能力(kN)	1900
投入数量(台)	6	最大转速(rpm)	28
最大钻孔口径(m)	3.0	钻杆规格(mm)	330×25×3000
最大钻孔深度(m)	150	总功率(kW)	224
输出扭矩(kN·m)	300	循环方式	气举反循环或泵吸反循环

主要配套设备机具表 表3-1-6

序号	设备名称	单位	数量	备注
1	BX_3-500 交流电焊机	台	8	
2	5PNL 泥浆泵	台	10	4 套备用
3	Φ2.5m 刮刀钻头	个	5	改进型
4	Φ2.5m 滚刀钻头	个	8	改进型
5	Φ2.6m 刮刀钻头(带钢丝绳)	个	5	改进型
6	配套钻杆	m	6×150/套	
7	ZX-250 泥浆净化器	台	6	48kW
8	英格索兰 VHP750E 空压机	台	6	$21.5m^3/min$
9	泥浆船	艘	2	$300m^3$/艘
10	泥浆测试仪	套	6	

2. 泥浆制备及泥浆循环系统

本工程的地质水文条件复杂,配置和保持优质的护壁泥浆是决定钻孔施工成败的关键。为此选择在1号试桩中成功应用的PHP淡水泥浆方案:采用淡水制作的不分散、低固相、高黏度的优质泥浆钻孔。

1)泥浆配比

泥浆可分为淡水泥浆和海水泥浆。淡水泥浆性能稳定,胶体率易保证,性能优于海水泥浆。本工程采用淡水泥浆。

PHP泥浆的主要成分包括膨润土、CMC(羧甲基纤维素)、Na_2CO_3(纯碱)、PHP(聚丙烯酰胺絮凝剂)等。PHP泥浆配合比见表3-1-7。考虑到局部地层可能存在漏浆严重的现象,施工现场必须购买一定数量的锯木灰和水泥以备堵漏需要。泥浆护壁情况良好。

PHP 泥浆配合比 表3-1-7

成分	淡水	膨润土	CMC	纯碱 Na_2CO_3	PHP
配合比(kg)	1000	80~100	0.05~0.07	2~3	0.03

注:泥浆配合比可根据现场实际条件进行适当调整。

2)泥浆配制和储备

泥浆的基浆配制在钻孔平台顶面其他护筒或泥浆船上进行,单次采用$1.5m^3$造浆筒配1PN泵造浆。首次造浆按泥浆船$300m^3$容量配备造浆原料。基浆主要用于调整钻进过程中的泥浆指标和在漏浆地层中补充泥浆。

基浆配制程序:

(1)按$1.5m^3$泥浆所需的造浆原料配备淡水、膨润土、PHP、纯碱、CMC;

(2)膨润土的拌制:开动1PN泵专用拌浆机,将膨润土徐徐投入,严禁整包投放,以防止膨润土结团;一边投入膨润土、一边用1PN泵出水管冲击投入的膨润土将悬浮的"膨润土团"冲散冲碎;搅拌均匀后用泥浆泵抽入造浆钢护筒;

(3)PHP和纤维素溶液的配置:每1桶清水配置1小碗PHP或纤维素,用木棍充分搅拌均匀并要求浸泡12h以上后方可倒入造浆筒内,一边倒入一边用5PNL出水管冲击倒入处,让PHP或纤维素溶液在造浆筒内搅拌均匀;

(4)纯碱溶液的配置:每1桶(175kg容积)清水配置5kg的纯碱,用木棍充分搅拌均匀后方可倒入泥浆池中,让纯碱溶液在整个造浆筒内搅拌均匀;

(5)调浆:进行泥浆性能检测,若达不到基浆的性能要求,则可适量地加入膨润土和纤维素溶液。在调浆过程中,首先要确保膨润土用量达到足额数量,必要时可超10%投放;当调浆效果不理想时,可采用

空压机辅助造浆、确保泥浆池内造浆材料充分搅和;

(6)泥浆性能达标后排放到泥浆船上储备。

3)泥浆循环系统

首先将护筒内的海水用基浆置换出来。

钻进过程中,泥浆通过净化器(性能指标见表3-1-8)使直径在0.074mm以上的颗粒筛分到储渣池内,处理后的泥浆通过连接管流入钻孔孔内。最后施工的桩的泥浆可收放到指定的容器,与钻渣一起通过运渣车或运渣船运至指定地点处理。

泥浆净化器性能指标 表3-1-8

名称型号	黑旋风ZX-250	名称型号	黑旋风ZX-250
处理能力(m^3/h)	250	总功率(kW)	48
分率程度(μm)	≥27	经处理后泥浆含砂率(%)	≤1
除砂率(%)	≥90	重量(kg)	3700

4)泥浆的现场控制

在钻孔施工过程中,PHP泥浆最初的控制指标来自试桩总结,见表3-1-9。

为了保证施工各阶段的泥浆性能指标,在钻孔施工过程中对泥浆性能指标定期进行检测。开钻时每小时检测一次,泥浆性能稳定后每4小时检测一次,并根据钻进过程中地层变化情况增加检测频率。初始钻孔时,采用正循环方式开口。当钻头钻进至钢护筒底口附近时改用反循环方式排渣。当钻孔深度超过52m后(从孔内水面算起),反循环改用中间气室出气。

根据前阶段试桩施工经验,PHP泥浆护壁情况良好。考虑到含黏土圆砾层和含粉质黏土碎石层存在严重漏浆的现象,现场须提前配备一定数量的片状锯末以备堵漏之需。

泥浆控制注意事项:

(1)钻孔作业过程中严禁往孔内加入清水,如有需要通过泥浆船补充基浆。每一作业班组至少测试一次泥浆指标。

(2)当含砂率超标时,需开启泥浆分离器,降低含砂率指标值。

(3)如果胶体率低于95%或黏度还没有达到要求时,通过泥浆船内的基浆对孔内泥浆进行置换,必要时适当加入分散剂Na_2CO_3和增黏剂CMC,增加水化膜厚度,提高胶体率,增加泥浆黏度,使其能够达到使用性能指标,防止地层出现吸水膨胀和坍塌现象。

(4)进入圆砾层、砾石层,若发现孔内水头下降时,立即往孔内投放片状锯末、通过泥浆船补充泥浆。

(5)对回收利用的泥浆要进行及时调整,性能指标不满足要求的需及时添加基浆及增黏剂、分散剂等材料,使其性能达标。

(6)钻渣和废弃泥浆的处理不能就近倒入江中,钻孔过程中的钻渣应装入专用储渣池内,通过运渣车转运到指定地点进行处理;灌注混凝土过程中溢出的泥浆,用引流槽引流至泥浆船,然后运输到指定地点处理后排放。

3. 钻孔前准备工作

1)确定钻孔顺序,完成技术方案、试验资料等的准备,规划布置平台上的机械设备

由于主墩下各个桩的距离较近,基础下方又存在有软弱和粉细砂之类的松散土层,在钻孔灌注桩的连续成孔中,易发生塌孔而造成相距较近的两孔间串孔。

为防止串孔,采用两序施工(间隔一个)的钻孔施工顺序,并合理安排相邻基桩的施工时间差。

N01号墩上5台钻机钻孔区域划分及钻孔顺序如图3-1-9所示。

2)对现场技术人员及作业人员进行一级技术交底和质量交底,且在开钻前,由现场技术人员对现场操作人员进行二级技术和质量交底

通过前期工艺试桩确定泥浆配比和不同地层的钻进参数,确定每层的钻进工艺,控制好钻进速度。

桥位处有不规则半日潮，且潮差较大（平均潮差超过4m），而根据潮位不断调整护筒内水位又很难操作；考虑到护筒入土较深，要不易发生串孔现象，需主要从防止塌孔，以及保持护筒内水位（略高于潮位水头高度+5.5m）两方面着手。

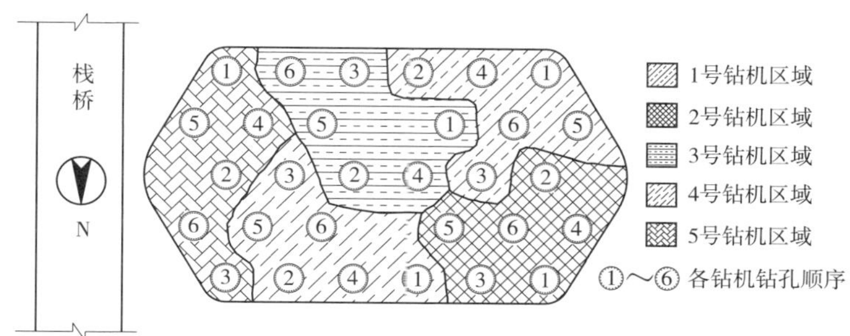

图3-1-9 N01号墩钻机钻孔区域划分及钻孔顺序

3）钻机安装及校核

钻机通过龙门吊，50t履带吊协助安装就位，其底座应水平、稳定，钻架中心与钻机转盘中心的连线应与钻盘垂直，钻头、钻杆和桩中心在一铅垂线上，以保证孔位正确，钻孔顺直。钻机底盘大梁的水平定位固定点至少要有6个基准点以上，钢轨两端均用枕木铺垫，保证钻机在钻进过程中不产生位移，同时在钻进的过程中加强校核。

4）钻孔前应对钻孔的各项准备工作进行检查，钻孔时应按设计资料及实际地质情况绘制地质剖面图。钻机安装检查合格、泥浆制备达到要求后，方可开钻。

5）钻具应加足够的配重块，钻孔时始终保持减压钻进，钻压不得超过钻具重力之和（扣除浮力）的80%，以保证成孔垂直度和孔形。

4. 钻进成孔

钻孔作业分班连续进行，如确因故需停止钻进时，将钻头提升放至安全位置、以免发生埋钻事故，经常对钻孔泥浆抽检，不符合要求时要及时补充或调制泥浆。钻进成孔分为3个阶段，分别是：护筒内钻进、护筒下土层钻进和岩层内钻进。

1）护筒内钻进

护筒内土层为全新统土层，多以淤泥和淤泥质黏土为主。开孔可利用上覆黏土层进行造浆，但须加入符合调浆要求的新制备泥浆，确保护筒内泥浆满足各地层的钻进要求。刚开始钻进采用正循环造浆，当泥浆指标达到预定标准后改用反循环钻进。采用直径Φ2.8m的改进型刮刀钻头，每小时进尺可控制在2～3m左右，孔内补充清水，混合泥浆经泥浆净化器处理后回流入护筒，转运处理。钻进至护筒底口以上1m左右时，利用泥浆船上配制好的泥浆置换孔内泥浆，当孔内泥浆指标符合要求后，提钻换ϕ2.5m钻头。

护筒内壁清理：为使护筒与桩身混凝土结合为整体，需对护筒内壁的泥皮以及淤泥进行清理，当第一阶段（护筒内）钻进结束，检查完钻杆，更换钻头后，第二次下钻时，在始终处在护筒内（距钻头约60m）的钻杆上安装两个护筒内壁清扫器（长20～25cm的钢丝刷，间距约20～30m，终孔时下层清扫器离护筒底口约1.0m），边钻孔边清除附着在护筒上的泥沙和泥皮。

2）护筒下土层钻进

护筒下土层钻进采用Φ2.5m孔径的刮刀钻头，开钻时钻头反循环空转，调整孔内泥浆指标符合要求后，采用反循环减压钻进，在护筒底口附近慢速钻进，形成稳定孔壁，防止塌孔和护筒底口漏浆，每小时进尺控制在0.3～0.8m左右。钻头出护筒5m后恢复正常钻进，根据不同土层的特点，在钻孔过程中及时调整护壁泥浆指标和钻进速度，孔内补充优质泥浆，对于$④_3$、$⑤_1$层的含粉质黏土圆砾、砾砂层，采用轻压、低挡慢速钻进方法，以免孔壁不稳定，发生局部扩孔，或局部坍孔，并充分浮渣、排渣，以防堵管或埋钻。具体措施：

（1）可加入适量的干锯末、纸浆等纤维质物质，以避免严重漏浆现象。

(2)刮刀钻进过程中,可能遇到大粒径的孤石或漂石,此时可提起钻头1m左右进行扫孔,反复进行2~3次,若仍不能穿过则提钻改用滚刀钻进。

3)岩层内钻进

(1)斜岩面钻进

斜岩面顶部为强风化层,仍采用刮刀钻头低挡减压慢速钻进,过程中通过钻机顶部液压提升装置,反复提钻扫孔,防止发生斜孔。

在进入岩层前约2m的位置时,必须严格观察钻渣。当刮刀导向锥进入岩层面附近时,若钻杆、钻机同时晃动厉害,仪表的电流电压表指针摆动大,表明已进入岩层面,此时应观测钻杆的摆动方向来确定岩层面如何倾斜;如钻进困难,可提钻改用组合式滚刀钻头进行钻进。

由于岩层存在起伏,往往钻头并非全断面接触到岩层,判断入岩会有较大困难;而钻进时如判断出现误差,钻进速度不减,容易造成桩位偏差,桩孔弯曲,所以在该地层钻进时必须减慢进尺。

(2)岩层内钻进

设计要求桩端全断面进入弱风化凝灰岩,判断的主要依据为:

①看是否达到等高线高程。根据地勘资料,岩面倾斜起伏较大,但一般不超过1m;

②看钻进情况,在钻头初进入岩层时,钻杆、钻机同时晃动厉害,仪表指针摆动异常;而钻头全断面进入后则钻进较慢且平稳,钻进速度在强风化层中一般为20~50cm/h,在弱风化岩层中为20cm/h;

③看返渣岩样。强风化岩层一般棱角不明显,多为次棱及次圆形,粒径一般为5~12cm,硬度较低,矿物风化蚀变较强,多见石英及长石颗粒;弱风化岩样多为棱角及刃角形,粒径3~8cm,硬度较高,矿物较新鲜。

钻头全断面穿过斜岩面后,换ϕ2.5m的滚刀钻头减压钻进,并根据钻进速度,在终孔前24h左右调整含砂率、泥浆比重等指标。

4)钻孔过程中的泥浆指标(表3-1-9)

钻孔过程中的泥浆指标 表3-1-9

地层情况	相对密度	黏度(Pa·s)	含砂率(%)	胶体率(%)	失水(ml/30min)	泥皮厚(mm/30min)	酸碱度(pH)
一般地层	1.05~1.20	16~20	≤4	≥95	≤20	≤3	8~10
易坍地层	1.10~1.30	18~28	≤4	≥95	≤20	≤3	8~10
卵石土层	1.10~1.15	20~35	≤4	≥95	≤20	≤3	8~10

5)工艺参数及其过程控制

钻机在不同的地层中应选择不同的钻压和钻进速度,如表3-1-10所示。

钻进过程钻机参数选择表 表3-1-10

地　层	钻压(kN)	转数(rpm)	钻速(m/h)
护筒口地层	<100	5~10	0.3~0.8
砂质粉土层	100~150	10~15	1.5~2.0
粉质黏土层	100~120	10~15	1~2
淤泥质黏土层	100~150	10~20	2~3
卵石及圆砾层	150~200	6~10	1~2
凝灰岩	300~500	6~10	0.5~1

在钻进过程中,要求做到"慢放、勤放",要时刻观察电流表的变化情况,当出现异常抖动时慢慢提取钻头,待电流稳定时再正常钻进,否则容易造成"蹩车"。

加接钻杆时,应先停止钻进,将钻具提离孔底1.5~2.0m,维持泥浆循环10min以上,以清除孔底沉渣并将管道内的钻渣携出排净,然后加接钻杆。钻杆连接螺杆应拧紧上牢,认真检查密封圈,以防钻杆接头部位漏水漏气，导致反循环无法正常进行。

及时详细地填写钻孔施工记录，正常钻进时，应参照地质资料掌握土层变化情况，及时捞取钻渣取样，判断土层，记入钻孔记录表。根据核对判定的土层及时调整钻进参数。

6）终孔、清孔、提钻

钻孔达到设计高程后，应进行孔深检查，符合要求后，应立即进行清孔，目的是清理孔内钻渣，尽量减少孔底沉淀的厚度，保证钻孔桩的承载力。

（1）清孔

终孔后，及时进行清孔，采用钻机气举法自行换浆清孔，即用新拌泥浆置换孔内高浓度泥浆，使孔内泥浆比重、黏度、含砂率、胶体率等指标满足要求。清孔时将钻头提至距孔底30cm左右，缓慢旋转钻具，补充优质泥浆，进行反循环清孔，同时保持孔内水头，防止塌孔。孔内泥浆指标符合表3-1-11要求后（循环时间控制在2～4h，循环满足2个循环以上），及时停机拆除钻杆、移走钻机，经检测各项指标满足设计和成孔质量标准要求，尽快进行成桩施工。

一次清孔后孔内泥浆指标参数 表3-1-11

项目名称	比重（g/cm^3）	黏度（s）	胶体率（%）	含砂率（%）	pH值
指标	1.10～1.15	18～20	≥95%	≤1	8～10

（2）成孔检测

终孔后，委托第三方采用超声波孔壁测试仪对成孔质量进行检测。设备包括主机、绕线器和绞车三大部分，其测试原理是利用超声波在均匀介质中传播速度恒定理论，通过实测超声波的发射、接收时间差，直接得到探测器至孔壁距离。检测过程中，由绞车将探测器自动放下并靠探测器自重保持测试中心处于铅垂位置，各种测试数据由记录仪做同步放大，在专用记录纸上同时记录两条孔壁信号。

成孔质量标准：倾斜度≤1/200，其余见施工规范。

5. 钢筋笼制作及安装

1）钢筋笼制作

N01主墩基桩钢筋笼总重约785kN，最长为120.5m。钢筋笼在加工车间下料，分节同槽制作，用长线胎模固定，胎模的示意如图3-1-10所示。

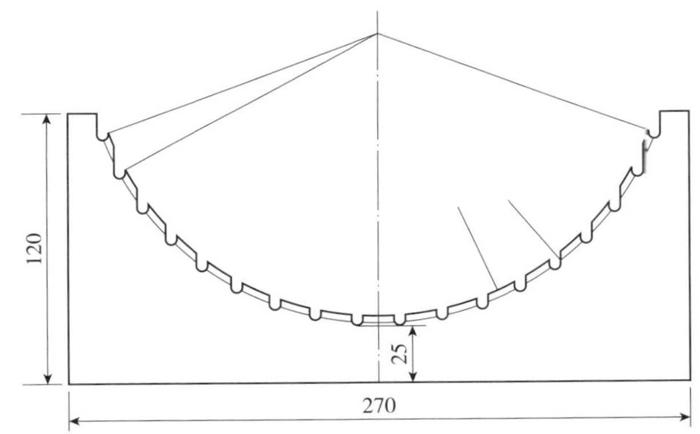

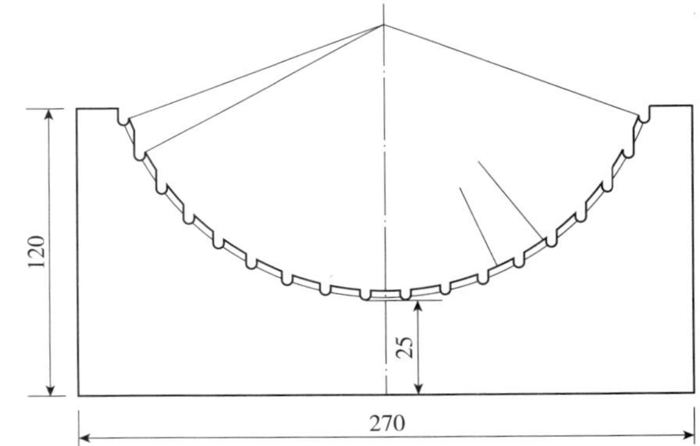

图3-1-10 钢筋笼骨架胎膜示意图（尺寸单位：cm）

单节钢筋笼长度为9m。主筋采用滚轧直螺纹连接，每个断面接头数量不大于50%，相邻接头断面间距不小于1.5m。加工好的钢筋笼按安装要求分节、分类编号，根据前场需要，钢筋笼通过平板车运至钻孔平台。

（1）主筋直螺纹制作（以主墩为例）

对主筋Φ40钢筋长丝为9.5cm，短丝为5cm；套丝允许误差+0.5cm。套好的丝扣应进行外形质量检查和专用螺纹环规检查。合格的丝扣长丝端用套筒拧好，短丝端用塑料保护帽保护。

(2)加劲环钢筋的制作

在套丝的同时进行加劲箍的制作,加劲箍在特制的胎膜进行弯曲加工,弯曲好之后焊接成形。为防止钢筋笼吊安全及运输过程中变形,加劲箍用 $\Phi40$ 钢筋加焊"#"字形支撑,待钢筋笼起吊至孔口时,将支撑割去。制作的加劲箍直径允许偏差 ±5mm。

(3)长线台座上钢筋笼加工

钢筋笼采用等强直螺纹连接工艺施工,必须解决上下节钢筋笼精确对位的关键性技术问题:采用"靠模法"进行精确对位。

"靠模法"制作钢筋笼施工流程见图 3-1-11。

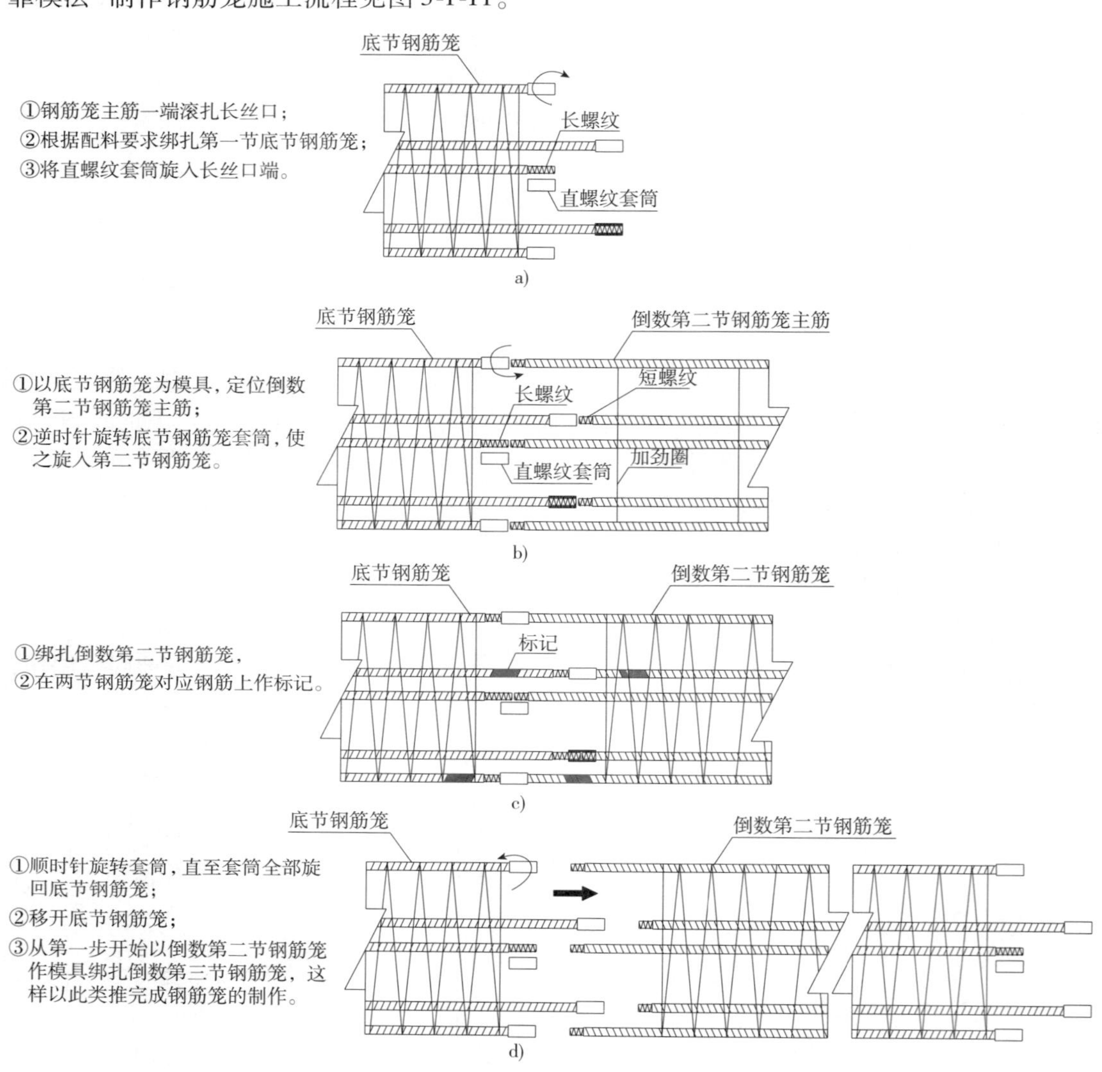

图 3-1-11　钢筋笼靠模法施工流程图

(4)钢筋笼外观检查

每节钢筋笼制作完后,应对其外观进行目测和量测,检查结果应符合下列要求:①焊缝表面平整,不得有较大的凹陷、焊瘤;②接头处不得有裂纹;③咬边深度,气孔、夹渣的数量和大小以及接头偏差,不得超过表 3-1-12 所规定的数值。

(5)钢筋笼的拆分与存放

钢筋笼检查合格后,将各节钢筋笼之间的连接接头拆开,按照现场沉放的先后顺序反向方向进行拆分,拆分后的钢筋笼在运输之前,用塑料套筒将直螺纹位置套上,防止在运送过程中破坏丝扣。另外还要对每节钢筋笼进行编号,防止运输及对接时出现差错。钢筋笼拆分后在台座存放,用篷布覆盖。

钢筋电弧焊接接头尺寸偏差及缺陷容许值 表 3-1-12

<table>
<tr><th colspan="2" rowspan="2">名称</th><th rowspan="2">单位</th><th colspan="3">接头形式</th></tr>
<tr><th>帮条焊</th><th>搭接焊</th><th>坡口焊及熔槽帮条焊</th></tr>
<tr><td colspan="2">帮条沿接头中心线的纵向偏移</td><td>mm</td><td colspan="3">0.5d</td></tr>
<tr><td colspan="2">接头处弯折</td><td>mm</td><td>4</td><td>4</td><td>4</td></tr>
<tr><td colspan="2" rowspan="2">接头处钢筋轴线的偏移</td><td rowspan="2">mm</td><td>0.1d</td><td>0.1d</td><td>0.1d</td></tr>
<tr><td>3</td><td>3</td><td>3</td></tr>
<tr><td colspan="2">焊缝厚度</td><td>mm</td><td>+0.05d</td><td>+0.05d</td><td>—</td></tr>
<tr><td colspan="2">焊缝宽度</td><td>mm</td><td>+0.1d</td><td>+0.1d</td><td>—</td></tr>
<tr><td colspan="2">焊缝长度</td><td>mm</td><td>−0.5d</td><td>−0.5d</td><td>—</td></tr>
<tr><td colspan="2">横向咬边深度</td><td>mm</td><td>0.5</td><td>0.5</td><td>0.5</td></tr>
<tr><td rowspan="2">在长2d的焊缝表面上</td><td>数量</td><td>个</td><td>2</td><td>2</td><td>—</td></tr>
<tr><td>面积</td><td>mm^2</td><td>6</td><td>6</td><td>—</td></tr>
<tr><td rowspan="2">在全部焊缝上</td><td>数量</td><td>个</td><td>—</td><td>—</td><td>2</td></tr>
<tr><td>面积</td><td>mm^2</td><td>—</td><td>—</td><td>6</td></tr>
</table>

注:1. d 为钢筋直径(mm);

2. 低温焊接接头的咬边深度不得大于0.2mm。

2)钢筋笼安装

(1)钢筋笼运输

N01号墩基桩钢筋笼采用龙门吊装车,平板车运至施工平台后用履带吊起吊下放。

(2)钢筋笼下放安装

N01号墩钢筋笼安装下放采用采用100t龙门吊结合70t履带吊进行,配合简易限位箍。

N02号、N03号墩基桩钢筋笼的接长下放采用50t履带吊配合专用下放导向架,卷扬机下放。

下放钢筋笼时要重点检查钢筋的直螺纹接头和声测管接头。直螺纹接头的检查使用卷尺量直螺纹接头的长丝,对接好得接头量长丝裸露的尺寸应达到套筒的一半。声测管接头重点看接头位置是否有穿孔现象,以防泥浆、砂浆渗入管中。下放过程中应及时往声测管中注入淡水。

钢筋笼下放后为了保证钢筋笼中心与设计桩中心一致,在上口设置定位筋。定位筋的大小根据实测钢护筒偏位确定。钢筋笼顶高程通过在钢筋笼上口设置挂钩挂到护筒口来控制。下放到最后一节,当钢筋笼顶进入护筒时,对钢筋笼中心进行复测。确保钢筋笼中心偏位和顶高程均满足表3-1-13的数据。

钢筋安装实测项目 表 3-1-13

<table>
<tr><th colspan="2">检验项目</th><th>检验方法</th><th>规定值或允许偏差</th></tr>
<tr><td rowspan="4">主筋</td><td>根数</td><td>目测</td><td>符合设计</td></tr>
<tr><td>直径(mm)</td><td>尺量</td><td>符合设计</td></tr>
<tr><td>间距(mm)</td><td>尺量</td><td>±20</td></tr>
<tr><td>机械连接</td><td>力矩扳手</td><td>符合规范要求</td></tr>
<tr><td rowspan="2">骨架筋</td><td>长度(mm)</td><td>尺量</td><td>±10</td></tr>
<tr><td>外径(mm)</td><td>尺量</td><td>±5</td></tr>
<tr><td colspan="2">箍筋间距(mm)</td><td>尺量</td><td>0,−20</td></tr>
<tr><td colspan="2">保护层厚度(mm)</td><td>尺量</td><td>+10</td></tr>
</table>

注:在海水或腐蚀环境中,保护层厚度不应出现负值。

声测管长度应高出钻孔平台高度,声测管接头顺直牢靠,为防止声测管和钢筋笼在运输、安装过程中出现相对位移而撕裂焊缝,根据以往施工经验将声测管与钢筋笼的主筋采用箍圈固定,安装期间检测管内注满清水。检测管上下端均应密封。

根据设计要求，为防止钢筋笼与钢护筒等接触，形成锈蚀通道而钢筋保护层采用圆形封闭式塑料保护层垫块，塑料垫块中间穿钢筋，焊在钢筋笼主筋上。垫块在每隔 2m 的横断面上均匀布置 4 个。

6. 二次清孔

现场检验泥浆指标渣厚度满足规定值和通过监理验收通过后才能进行下一道工序施工。

混凝土导管下完后，若沉渣厚度不满足设计要求时，用导管进行二次清孔。二次清孔采用水下混凝土灌注的刚性导管配 Φ5.0cm 直径无缝钢管为高压风管，通过 20m^3/min 空压机输送压缩空气气举法排出孔底高浓度泥浆，冲散沉淀层，使之呈悬浮状态后立即开始水下混凝土施工。风管的风压应控制在 0.5～0.8MPa，不宜过大或过小。气压过大可能会损坏泥浆壁，造成塌孔；气压过小则不能使沉渣翻滚，不利于清孔效果。清孔后，经监理工程师现场检验泥浆指标合格后（表 3-1-14），用测绳测量孔深，与终孔时的孔深比较，沉渣厚度应满足规定值。若沉渣厚度大于规定值，则要继续清孔，直到符合要求为止。

二次清孔后孔内泥浆指标参数　　表 3-1-14

项目名称	比重（g/cm^3）	黏度（s）	胶体率（%）	失水率（ml/30min）	含砂率（%）	pH 值
指标	1.03～1.10	18～20	≥95%	≤20	≤0.5	8～10

注：1 号试桩泥浆比重 1.12～1.14g/cm^3。

7. 水下混凝土灌注

1）导管

混凝土灌注采用内径 Φ325（壁厚 δ = 8mm）型螺纹接头导管，按《公路桥涵施工技术规范》（JTG/T F50—2011）要求，在混凝土灌注前进行水密承压和接头抗拉试验、长度测量、标码等工作，严禁用压气代替压水，水密试验的水压不小于孔内水深 1.3 倍的压力，通过计算确定为 2.3MPa。导管在出厂前生产单位一次性将导管全部对接好，检验接头水密性，采用高压水枪对导管注入高压水，其注压值控制在 2.5MPa 以上，并持荷 5min。检验满足要求后，及时编号，按照编号下放。

导管利用 50t 履带吊配合安装。首先调整护筒顶口处导管限位卡板的中心与钻孔中心在同一直线上，然后下放底节导管，利用卡板卡住导管顶部 Φ8 钢筋，在导管接头处装入密封圈，同时在丝扣上涂抹黄油，以保证密封效果。采用吊车起吊第二节导管与首节导管对接，借助外力将丝扣拧紧，最后缓慢下放。循环重复上述操作，直至将导管下放完毕。导管底部距孔底（或孔底沉渣面）高度，以能放出混凝土为度，本工程定为 400mm。

导管下放完毕，计算导管柱总长和导管底部位置，并作好记录。重新测量孔深及孔底沉渣厚度，如沉渣厚度超过规范要求，则应利用导管进行二次清孔，直至孔底沉渣厚度符合要求。

2）混凝土灌注设备

本项目自己筹建混凝土拌和站，项目部试验室负责采购混凝土原材料、提供混凝土的配合比，单桩灌孔前至少储备 1500m^3 混凝土的原材料。为保证混凝土质量，投入 2 套拌和楼，每套生产能力 90m^3/h。拌和站靠近施工现场，混凝土罐车可在 5min 内到达施工现场。为满足混凝土灌注时间要求，灌孔时，采用 8 辆 8m^3 混凝土罐车运输混凝土。

桩基混凝土施工前，根据首批灌混凝土方量配置 20m^3 集料斗一个，4m^3 中料斗一个，1m^3 小料斗一个。20m^3 集料斗的储料量与出料速度需满足首批混凝土灌注顺利埋管要求，该集料斗高度为 3m，设置放量闸门，由专人指挥和操作。

3）混凝土配合比

桩身混凝土设计等级水下 C35，混凝土配合比设计通过试配确定，混凝土除满足强度要求外，还须符合下列要求：

粗集料采用级配良好的石灰岩或花岗岩碎石，粒径 5～31.5mm；细集料宜采用级配良好的中砂，细度模数应控制在 2.3～2.8；胶凝材料宜不小于 380kg/m^3，以改善混凝土的和易性、流动性；混凝土初凝时间大于18h；混凝土的塌落度控制在18～22cm，3h以后不小于16cm，流动度不小于50cm；混凝土应具有良好的和易性、流动性、泵送性，可掺入适量的粉煤灰及外加剂；水泥中含碱量小于0.6%。

4）水下混凝土浇筑

二次清孔完成后立即开始灌注水下混凝土。

保证能够不间断进行混凝土浇筑。首批混凝土浇筑采用拔塞法和隔水球相结合的工艺。

首批灌注混凝土的数量如图3-1-12所示。

$$V=\frac{\pi D^2(h_2+h_3)}{4}+\frac{\pi d^2 h_1}{4}=14.7\text{m}^3$$

集料斗容量应大于15m³，实际按27m³控制，通过25m³的大集料斗配2m³的小料斗实现。首批混凝土结束后直接采用小料斗接料灌注。

初存量必须按要求备足，严禁初存量不足就灌入孔内。确认初存量备足后，即可剪断球胆挡板，灌入首批混凝土。同时，观察孔内返浆情况，测定埋管深度，检查导管内是否有水。

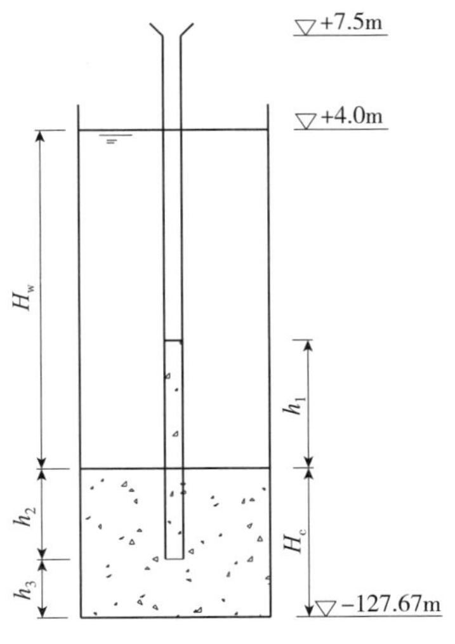

图3-1-12 首批灌注混凝土的数量计算图式

混凝土初灌完毕后，安装灌注料斗，连续不断地进行混凝土灌注，严禁中途停灌。灌注过程中，设专人测量混凝土面深度，做到先测后拆管。灌注过程中，在桩周设置3个混凝土观测点，经常用测锤探测混凝土面的上升高度，并适时提升拆卸导管，保持导管的合理埋深。混凝土面高程测量应以测锤多点测量为准，同时用混凝土灌注量计算值进行校核。导管的埋深应不小于2m，但最大埋深不宜超过6m，一般控制4～6m。每次起升导管前，探测一次管内外混凝土面高度。特别情况下（局部严重超径、缩径、漏失层等）应增加探测次数，同时观察返浆情况，以正确分析和判定孔内情况。导管提升时应保持轴线竖直和位置居中，逐步提升。如导管接头挂住钢筋笼，可转动导管，使其脱开钢筋后，移到钻孔中心。

随着孔内混凝土的上升，需逐节拆除导管。拆下的导管应立即洗刷干净。

灌注接近变截面处部位时，稍加大混凝土灌注速度和混凝土的塌落度。为了保证该处混凝土的密实要求，浇灌中可适当上下活动导管，活动范围控制在0.2～0.5m，另外可再适当提高混凝土埋管深度，但不要超过6m。在此处首次起升导管前，必须有2～3名经验丰富的技术人员准确探测管内外混凝土面高度，一致确认后方可起升导管。

灌注接近桩顶部位时，为了严格控制桩顶高程，应计算混凝土的需要量，严格控制最后一次混凝土灌入量。混凝土灌注高程按高出设计桩顶高程1.0～1.5m控制，确保凿除后的桩头强度达到设计要求。

混凝土灌注过程中，根据规范要求制作混凝土试块，并随时对混凝土的和易性、塌落度进行检测；同时做好灌注桩水下混凝土灌注记录和混凝土施工值班记录。

混凝土初凝后，用高压水泵对声测管进行冲水，保证声测管顺畅、不堵管。

5）混凝土灌注时泥浆处理

由混凝土置换出来的孔内泥浆以及混凝土浇至桩顶以上部分含有水泥浆的废浆经连通管流入其他钢护筒内。

8. 钻孔桩基桩质量检测

基桩质量检测按设计和规范规定达到14d强度以后进行。主桥基础每根桩均按设计要求进行超声波无破损法检测，同时要求用无破损法检测桩底沉渣厚度。桩基检测前，先对声测管用高压水管进行冲水检查，若有淤塞，需不断冲洗，直至孔底。

实际桩基质量情况：除1根Ⅱ类桩外，其余桩基质量均达到Ⅰ类桩标准。

9. 钻孔桩质量控制及预控措施

主桥钻孔灌注桩施工难度大，期间可能发生斜孔、扩孔、塌孔、孔缩径、渗漏浆、掉钻、沉渣过厚、声测管孔底堵塞、灌混凝土时堵管、断桩等危险。应对措施如下：

1）防止出现斜孔、控制竖直度措施

（1）钻机底座牢固可靠，钻机不得产生水平位移和沉降。同时钻进的过程中每接长一根钻杆、钻进时间超过4h或怀疑钻机有歪斜时均要进行基座检测调平。

（2）采用大直径大刚度钻杆：所有的钻杆直径均在330mm以上，壁厚不小于25mm，可克服因钻杆刚度不足而造成的钻头摆幅过大、钻进效率低、钻杆易折断等现象。

（3）为了保证钻孔的垂直度，在钻头上部设置导正器，并设两个单重20t的配重钻杆，使钻具在重力的作用下始终垂直向下；在护筒内的钻杆上按20～30m的间距设置两个钻具扶正器，以减少钻杆的自由变形长度；钻机转盘始终保持水平，每加2～3节钻杆，检查一次钻机转盘水平度和钻杆垂直度情况；钻杆每隔20m左右设导向筒。

（4）钻进过程根据不同的地层控制钻压和钻进速度，在土层变化位置采用低压慢转施工。

（5）钻孔的垂直度偏差控制在5‰之内，发现孔斜后及时进行修孔。

采取上述施工防控措施使1号试桩竖直度控制在0.45%以内，满足设计要求。

2）防止斜岩面钻进孔斜的控制措施

施工难度最大的是嵌岩施工，除了以上措施以外。

（1）进入岩层时应通知地质工程师判断岩层，每进尺50cm进行取样，刮刀钻头不进尺立即起钻换滚刀钻头，采取轻压慢转。岩层倾角大时一定要减压钻进，控制进尺，多活动钻具，来回扫孔，避免产生台阶，待钻头全断面入岩后方可正常按嵌岩钻进参数钻进。

（2）提钻后、换ϕ2.5m滚刀钻头前，用超声波检孔仪检查孔径、竖直度，如偏差过大，重新下放刮刀钻头扫孔；如偏差不大，通过下放滚刀钻头扫孔予以修正。

3）防止孔缩径的措施

（1）使用与钻孔直径相匹配的钻头以气举反循环工艺钻进成孔，采用高黏度、低固相、不分散、低失水率的膨润土泥浆清渣护壁。

（2）根据工艺试桩或首根桩钻孔的钻进参数、孔径检测情况，适当调整钻进参数，在淤泥质黏土层采用小钻压、中等转数钻进成孔，并控制进尺。

（3）当发现钻孔缩径时，可通过提高泥浆性能指标，降低泥浆的失水率，以稳定孔壁。同时在缩径孔段注意多次扫孔，以确保成孔直径。

4）漏浆地层的处理及防止扩孔、塌孔措施

（1）选用优质泥浆（不分散、低固相、高黏度的淡水泥浆）护壁，控制钻进速度，使孔壁泥皮牢靠，以保持孔壁的稳定。配备300m^3泥浆船，备好泥浆，一经漏浆，能及时补充优质泥浆，保持水头稳定；

（2）加强泥浆指标的控制，使泥浆指标始终在容许范围内。经常检测泥浆质量，及时加入膨润土、增黏剂、纯碱等进行改善。清孔时保证水头高度不损失，下放钢筋笼时不碰撞孔壁。在钻孔过程中于潮位的变化很快，要适时往孔内补充新制备泥浆，确保孔内泥浆水头高于高潮水位1m。

（3）钻孔施工时，密切注意泥浆面的变化，一旦发现有漏浆现象，分不同情况及时采取控制措施：

①加大泥浆比重和黏度稳定孔壁，停钻进行泥浆循环，补浆保证浆面高度，如果塌孔范围较小时观察浆面不再下降后方可钻进。

②如果漏浆继续发生，则在补浆的同时需在浆液里加适量的片状干锯末、纸浆等纤维质物质，经过循环堵塞孔隙，使渗、漏浆得以控制。实践证明，堵漏效果明显。

③在采用上述措施后，若漏浆得不到控制，要停机提钻，填充黏土，放置稳定一段时间后，再进行施钻。

（4）由具有丰富施工经验的技术工人参与施工，强调预防为主的指导思想，避免塌孔事故；一旦发现塌孔现象，应立即停钻采取对应措施。

5）防止掉钻措施

掉钻的主要原因是因为钻杆与钻杆或钻杆与钻头之间的连接承受不了扭矩或自重，使接头脱落、断裂或钻杆断裂所致。防止掉钻措施为:加强接头连接质量检查,加强钻杆质量检查,对焊接部位进行超声波检测,使用前全面仔细检查一次,避免有裂纹或质量不过关的钻具用于施工中,同时钻进施工时要中低压、中低速钻进,严禁大钻压、高速钻进,减小扭矩。

如果不慎发生掉钻事故,钻杆较长(在5m以上,钻具倾斜)时,采用偏心钩打捞;如果钻杆较短,采用特制的三翼滑块打捞器进行打捞。打捞要及时,不可耽搁,以免孔壁不牢,出现塌孔,故现场需备好偏心钩和三翼滑块打捞器,以防万一。

6)防止超钻或沉渣过厚措施

(1)计算钻杆长度到达设计孔底高程后,钻具不再进尺,采用大气量低转速开始清孔循环,泥浆进行全部净化,经过2h后,停机下钻杆探孔深,此时若不到孔底高程,差多少,钻具再下多少。

(2)防止沉渣超标的一个重要方法是成孔后,孔内泥浆指标要达到规定要求,规范要求含砂率应小于2%。但对于孔深在130多米,经过近30h的静止沉淀,泥浆中的砂子会沉淀下来10%~15%,在含砂率2%的情况下想将沉渣厚度控制在50cm以内是不现实的,所以拟定将含砂率降至0.5%以下,采用泥浆净化装置循环去砂,降低含砂率。

提高泥浆循环速度,增强泥浆携带钻渣的能力;用优质膨润土和化学外加剂提高泥浆黏度,以减缓砂粒沉淀速度;随时对泥浆指标进行测试,及时降低泥浆含砂率;严格要求钻杆接头的密封性,确保泥浆反循环排渣效率;及时排除废弃泥浆,勤捞沉淀池中的沉渣,及时补充泥浆。

7)防止声测管孔底堵塞、超声波检测不到位的措施

根据设计变更文件,桩基础采用薄壁式专用声测管,此种声测管的双密封挤压接头操作方便,速度较快,效果良好。在施工中每下放一节钢筋笼后,都要在声测管内灌满水,以便检查声测管的接头的密封性。切忌直接引用江水灌入声测管内(尤其汛期江水含泥量高),由于声测管总长约135m,如果所灌水含泥量有1%,则经过一段时间的静止,声测管内就有1m多的沉淀,后期声测检测时探头就会下不到位。下放钢筋笼时施工现场采用供水管提供淡水,以预防探测管底部堵塞、超声波检测不到位。声测管接头连接施工时采用液压钳连接接头,接头要牢固不得漏浆,顶、底口封闭要严实,声测管与钢筋笼用粗铁丝软连接,确保声测管每根都能够检测到底。

8)防止钻孔桩灌注混凝土意外

(1)堵管现象预防措施

①一种是气堵,当混凝土满管下落时,导管内混凝土(或泥浆)面至导管口的空气被压缩,当导管外泥浆压力和混凝土压力处于平衡状态时就出现气堵现象,解决气堵现象的措施有:首批混凝土浇筑时,在泥浆面以上的导管中间要开孔排气,当首批混凝二满管下落时,空气能从孔口排掉,就不会形成堵管。首批过后正常浇筑时,应将丝扣连接的小料斗换成外径小于导管内径的插入式轻型小料斗,使混凝土小于满管下落,不至于形成气堵;

②另外一种堵管现象为物堵。混凝土施工性能不好,石子较多,或混凝土原材料内有杂物等,在混凝土垂直下落时,石子或杂物在导管内形成拱塞,导致堵管。由于孔较深,混凝土自由落至孔底时速度较大,易形成拱塞,因此要求混凝土有较好的流动性、不离析性能和丰富的胶凝材料,同时加强现场物资管理,使混凝土原材料中不含有任何杂物,并在浇筑现场层层把关。确保混凝土浇筑顺利。

(2)混凝土上翻不流畅的预防措施

混凝土配合比中水灰比、砂率、粗集料最大粒径都应严格控制,混凝土塌落度控制在18~22cm,要有良好的流动性、和易性,优先采用中粗砂,级配较好的碎石,集料的最大粒径不应大于导管内径的1/6~1/8和钢筋最小净距的1/4,同时不应大于40mm(本工程采用粒径为5~25mm)。为提高混凝土的和易性及增加初凝时间,在正常的混凝土配合比中添加缓凝型高效减水剂,并在尽可能短的时间内灌注完毕。

(3)桩身有夹渣、夹泥、蜂窝等事故的预防措施

泥浆过稠,如泥浆比重大且泥浆中含较大的泥块,增加了灌注混凝土的阻力,导致在施工中经常发生导管堵塞、流动不畅等现象。有时造成灌满导管后,不得不提取导管上下振击,使其中的混凝土流下去。

因为导管内储存大量混凝土，一旦流出导管，会冲破泥浆最薄弱处急速返上，并将泥浆夹裹于桩内，造成夹泥层。

在混凝土灌注过程中，须不断测定混凝土面上升高度，并根据混凝土供应情况来确定拆卸导管的时间、长度，以免发生桩身夹渣、夹泥、蜂窝事故。

（4）断桩的原因主要是导管埋置深度不够，导管拔出混凝土面（或导管拔断），形成了泥浆隔层。防止措施为：对导管埋深进行记录，同时用搅拌站浇筑方量校核测深锤测得混凝土面高程，始终保持导管埋深在 2 ~ 6m，同时对导管要进行试压，并舍弃使用时间长或壁厚较薄的导管，确保导管有一定的强度。

（5）确保拌和站的生产能力：混凝土灌注前尤其是 N01 号墩基桩灌注时采用 2 套拌和站，同时备好发电机，确保钻孔桩混凝土浇筑连续。这也是保证不发生断桩的必要条件。

9）N01 号墩斜孔处理

N01-18 号、20 号、6 号孔先后出现偏斜超过规定的情况，分析认为是设备纠偏能力不够（所加配重 250 ~ 300kN 相对较小；部分时段钻机减压不够；无法配置专用的活动式扶正器。）和实际操作经验差（减压钻进无直接数据显示，控制进尺、上下扫孔全凭手工操作）等原因，采取了专门订做滚筒式钻头、回填贫混凝土，钻头直径适当加大，更换先进钻机等 4 种纠斜措施。

其中 N01 ~ 18 号孔 2010 年 7 月 17 日成孔检测，该孔在高程 －107.3 开始偏斜，至孔底高程 －117.133偏斜达 0.9m；针对此情况，专门订做高 2.0m，直径 2.5m 滚筒式钻头、滚筒底口一周焊接合金钢齿，在孔底对倾斜凸出部分进行环向切割处理，2010 年 8 月 1 日第 2 次成孔检测，纠偏有效果，但仍不够好。于是追加回填高度 10m、体积 58.4m^3 的 C40 早强贫混凝土，并超高 1m，在达到 20MPa 时即下钻，每钻进 30cm 将钻头提起上下扫孔。

N01 ~20 号孔 2010 年 7 月 28 日成桩检测，该孔在高程 －120.86 开始偏斜，至孔底高程 －126.56 偏斜达 0.7m；直接采用回填 C50 早强贫混凝土 6m，并超高灌注 1m，在达到 40MPa 时即下钻减压钻进。

N01 ~6 号孔 2010 年 7 月 29 日成孔检测，该孔在高程 －63m 至 －89m 处向东南方向倾斜凸出，局部达到 30 ~40cm。主要原因是该孔钻进时出现大量漂石，刮刀钻头连续不断堵钻杆，更换滚刀钻头又将部分漂石挤压至孔壁一侧，形成了斜孔。措施是将钻头直径适当加大，对 －63 ~ －89m 倾斜凸出部分快速进行扫孔、同时密切注意和防范卵石层漏浆与塌孔现象。

N01 号墩后续施工改用大功率、大扭矩、性能更为先进的钻机，进一步落实“及时更换滚刀钻头，采用减压慢速钻进，每钻进 20 ~30cm 提钻上下扫孔，配置专用的活动式扶正器”等措施，取得良好效果。

10）N01 ~2 号断桩处理

（1）施工情况

N01 ~2 号孔桩底高程 －123.35m，于 2010 年 8 月 5 日完成二清，孔底沉渣检测合格，经监理工程师同意开盘灌注。首批料翻浆顺利；灌注至高程 －109.5m 时发生堵管，采取活动导管，上提导管，大料斗满料冲击等措施，仍无法正常灌注。拆除导管后发现导管后中下部石子堆积堵管。

鉴于出现缺陷的部位较深，无法将钢筋笼拔起以及对钢筋笼水下切割，亦无法对已浇筑的混凝土进行清除处理。

（2）断桩原因分析

由于混凝土原材料不稳定、水泥为不同批次，浇筑时气温较高，水泥中的掺和料细小变化导致减水剂与水泥不匹配，从而发生混凝土离析；后在试验室试拌也证明混凝土有离析板结现象。

（3）处理思路

在新老混凝土交接面处钻直径 100cm 的中央孔，进入完好的混凝土面下 50cm，该孔作为锚栓；

在钢筋笼内侧增设封底小钢管，二次浇筑混凝土后用来钻孔、压浆和穿钢棒锚杆做混凝土交接面处理；

二次浇桩后通过小钢管钻地质孔钻至完好的混凝土以下 220cm，通过芯样确定缺陷区间；用高压清水对各孔缺陷段进行高压旋转射流切割，彻底排渣；同时在 5 个小钢管中埋入 ϕ60mm 钢棒用做锚杆，锚杆进入上下两端长度不少于220cm,然后高压注浆。

(4)具体处理方法

①小钻机清淤

采用直径1000mm的钻头,沿钢筋笼中心下钻至已灌注的混凝土面,清理混凝土顶面的沉渣和水泥浮浆,直至钻出的渣中为较均匀的混凝土渣样并继续下钻50cm。实际钻至高程-109.2m进入完整的混凝土面,继续钻至高程-109.7m结束。

②埋设压浆管进行二次混凝土灌注

在二次灌注前在钢筋笼内侧增埋5根ϕ100mm钢管,5根钢管均匀分布在直径170cm的圆周上,钢管底口埋至现在混凝土面以上1.5m的位置。钢管底端采用钢板封底,底部15cm高度范围内开10个ϕ10mm小孔,小孔成梅花形布置,采用弹性橡胶(车内胎)包裹封死底部。然后进行钻孔桩二次水下混凝土灌注。

实际5根ϕ10cm小钢管下放至高程为-107m。小钢管布置如图3-1-13所示。

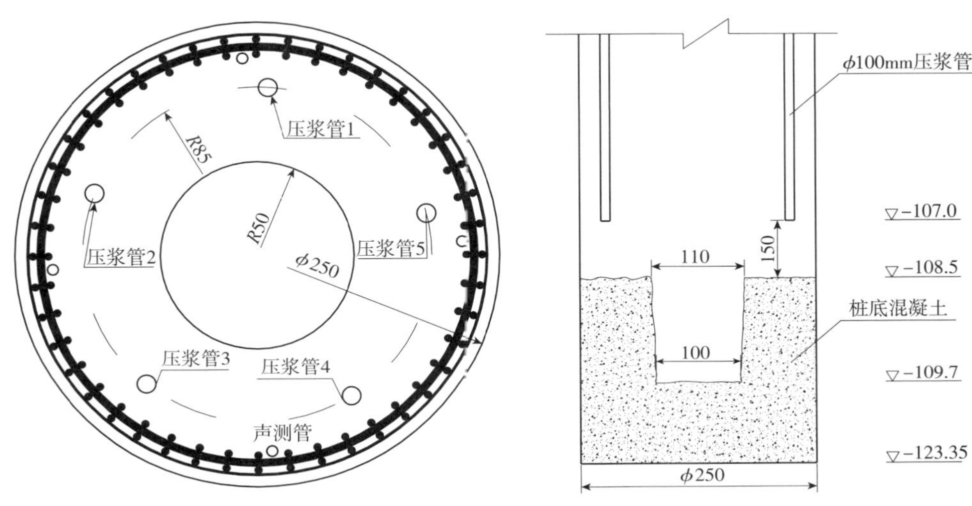

图3-1-13 断桩处理小钢管布置(尺寸单位:cm)

③地质钻机钻孔

待钻孔桩混凝土终凝后先采用高压水将小钢管底部四周的橡胶套压爆,然后再采用ϕ70mm高速钻机将底端钢板钻穿,并继续下钻进入连续密实完好的混凝土2.2m。通过芯样确定缺陷区间,如图3-1-14所示:

④缺陷部位的切割处理

待混凝土达到设计强度后,将带有合金喷射器的组合钻具分别下入各孔,以高压注浆泵提供高压清水对各孔缺陷段进行高压旋转射流切割。射流压力35~40MPa左右,排量80L/min左右,提升速度5~10cm/min,旋转速度18r/min,该压力下能将50cm范围强度在30MPa以内的混凝土冲散。根据混凝土芯样确定的缺陷段,分别采用仰角30°和水平角以及俯角30°三个角度进行缺陷段环切处理,尽量将有缺陷的较弱桩身及夹层变得松散并剥落。处理区间如图3-1-15所示:

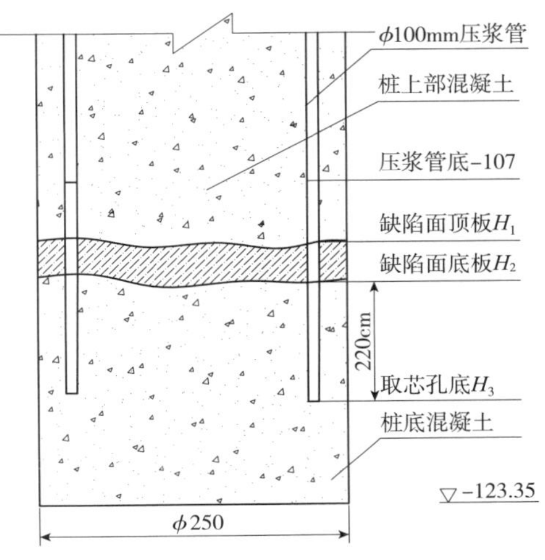

图3-1-14 断桩处理地质钻机钻孔

⑤底部清渣

用大排量清水注向管内,首先打开管1管2,向管1中注入高压水,水压力1~2MPa,由于管底部混凝土存在缺陷,加上已采用高压水切割处理，管 1 和管 2 间将会形成连通，可从管 2 出水，同时将底部的沉渣及杂质带出，直至管 2 中出水全部为清水暂停半小时，再次压水直至管 2 出水全部为清水；封闭管 2，打开管 3，采用相同的方法依次打开管 4、管 5 处理。完成对管 2、管 3、管 4、管 5 的压水清渣处理。直至无渣无泥为止。

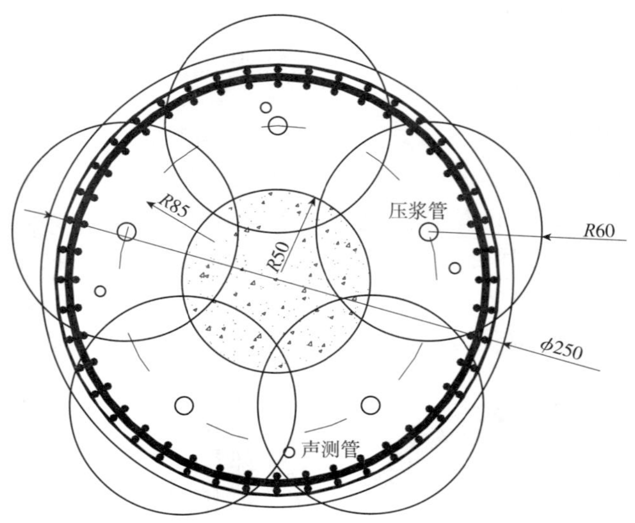

图 3-1-15　断桩缺陷部位切割处理的区间示意(尺寸单位:cm)

⑥插入钢棒

在 5 根管中分别插入 ϕ60mm 圆钢钢棒，圆钢长 5 ~ 7m，嵌入底部第一次浇筑的混凝土 2. 2m，同时保证上部进入钢管长度不小于 2. 2m。

⑦水泥浆清桩

完成步骤⑤后，将 5 管顶端皆打开，从管 1 压入水灰比为 1∶1 的水泥浆置换 5 根管内清水，直至其他 4 管循环出的浆液与压进的浆液一致。

⑧压水泥砂浆

通过管 1 向桩底缺陷部位压充水泥砂浆(内加微膨胀剂)，当砂浆从另外 4 个管内冒出时，逐一封闭另外 4 个管(管口加焊钢筋并用 15cm 厚水泥砂浆埋植井口，以保证 5MPa 压力时不泄不漏)。要求管 1 的压力达到 5MPa，并稳压 10min 后逐渐减压，同时对所压砂浆取样，留作强度实验。

⑨检测

待注浆后 15d，利用原来的 4 根声测管对断桩处的注浆效果进行检测，判断注浆效果。

如检测不合格则启用备用孔，按照备用孔使用预案，立即组织加工备用孔钢护筒，采用 100t 龙门吊配合 DZJ480 型液压振动锤振设钢护筒，钻孔、下钢筋笼、完成混凝土灌注。

N01 ~2 号断桩处理经检测结果合格，备用孔未使用。

(5)断桩处理施工主要设备(表 3-1-15)

断桩处理施工主要设备配置表　　表 3-1-15

序号	设备名称	规格型号	数量	用场
1	高速钻机(含配套设施)	XY - 1	1 套	用于将压浆管钢底板钻穿并继续钻进至桩底密实混凝土
2	高压压浆泵	ZJB40	1 台	缺陷部位的切割处理
3	高压管	带钢丝	若干 m	配合泥浆泵使用
4	空压机	$3m^3/min$	1 台	清渣用
5	泥浆搅拌设备		1 台	拌制所需水泥浆
6	合金喷射器		若干个	

二、钢套箱结构设计、制造、运输及安装

主墩承台尺寸:(长×宽×高)45.36m×24.48m×6.0m。主墩承台底高程均为-1.17m,封底混凝土底面高程为-2.67m,封底厚度为1.5m,如图3-1-16所示。采用钢套箱方法施工。

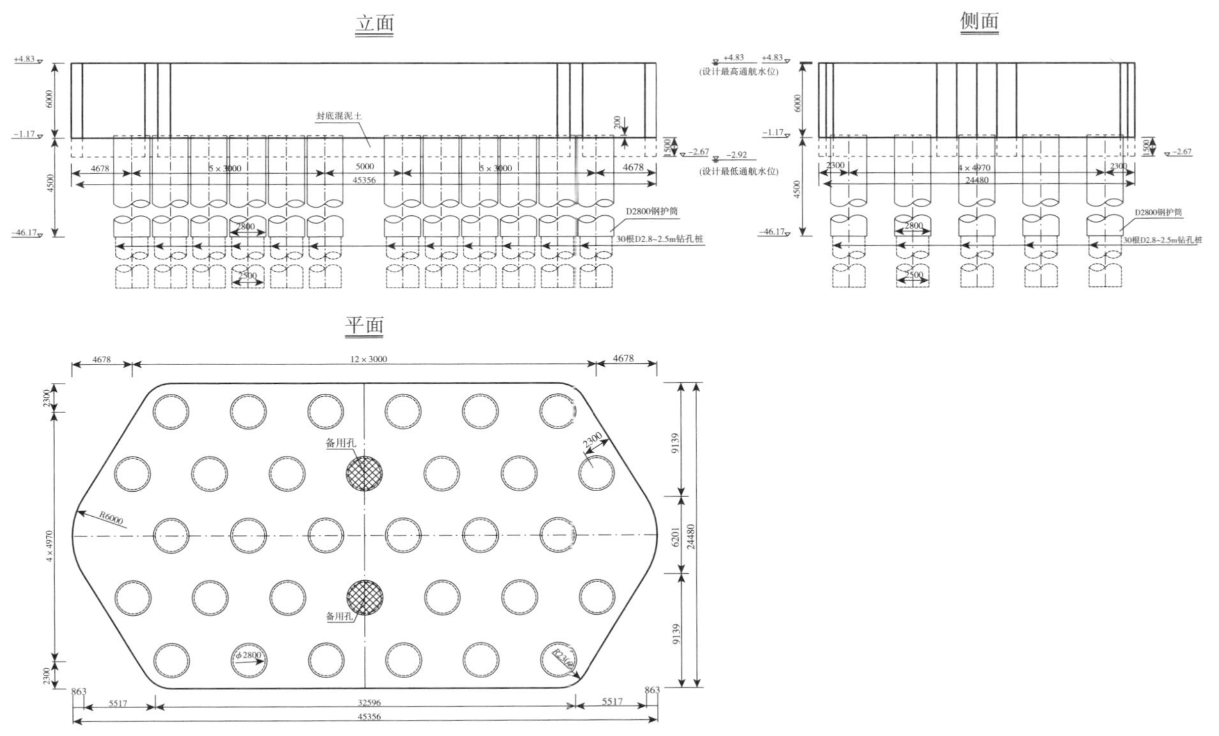

图3-1-16 主墩承台构造图(尺寸单位:mm)

南北主墩承台防撞设施的设计均与承台施工相结合,防撞设施既作为船舶撞击承台的保护设施又作为承台施工时的钢套箱。钢套箱设计、制造、运输及安装方法相似,仅以北主墩为例。

防船撞钢套箱总高9.5m,高出承台以上1m、伸到封底混凝土以下1m。横桥向由于船撞力较大,钢套箱厚度为2.5m,顺桥向厚度为1.7m。外轮廓尺寸(长×宽)50.5m×28m。总重约621.9t(包含底篮共重850t)。

(一)钢套箱结构设计

1.设计标准

(1)采用20年一遇的潮位水位设计:最高水位:+5.15m;最低水位:-2.62m。

(2)桥位处设计流速 $V=2.69\text{m/s}$。

(3)采用20年一遇的波高计算,波高取20年 $H_{5\%}=1.2\text{m}$;其平均周期 $T=3.4\text{s}$;平均波长 $L=18.2\text{m}$。

2. 构造形式

钢套箱主要由五部分组成:底篮、套箱侧板、支撑系统、承重系统和吊装系统。其中套箱侧壁为永久结构,是主墩防船撞装置的一部分。钢套箱结构布置如图3-1-17所示,钢套箱侧壁节段划分如图3-1-18所示。

1)底篮

钢套箱底篮采用高140cm的桁架结构,由主桁架、次桁架、分配槽钢、连接槽钢及面板组成,钢底板($\delta=8\text{mm}$钢板)焊接在底桁架的下面,钢底板上开孔根据实测的钻孔灌注桩桩位坐标精确放样。实际开孔直径比桩直径大30cm(预留孔直径Φ315cm)。

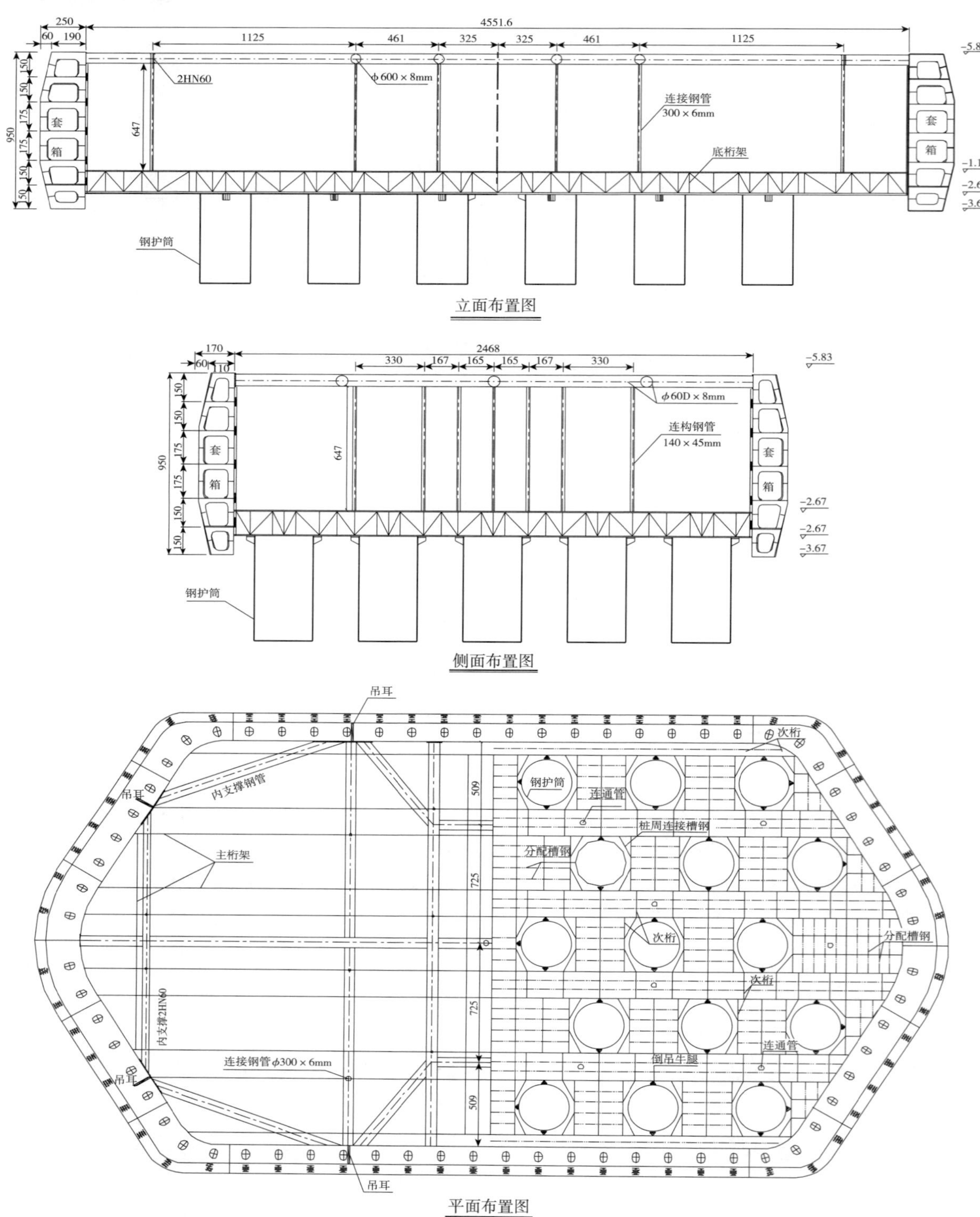

图 3-1-17　主墩承台防撞钢套箱结构布置图(尺寸单位:cm)

底篮主桁间距可根据实际开孔位置进行调整,以便主桁能正压在牛腿上。次桁尺寸、位置根据主桁调整情况进行相应调整。另外在钢底板上设置了 12 个连通管,以便海水能进入套箱形成对流,减少套箱底部的压力。底篮各构件大样如图 3-1-19 所示。

底篮的底板与侧板背面间直接采用焊接连接,确保封底混凝土浇筑后不漏水,并在侧板的正面用油漆标识出焊接部位高度,以便将来套箱更换时割除方便。连接方式如图 3-1-20 所示。

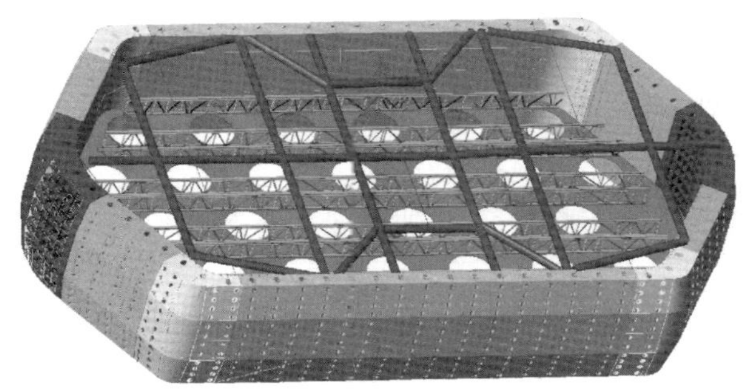

图 3-1-18　防撞钢套箱节段划分图

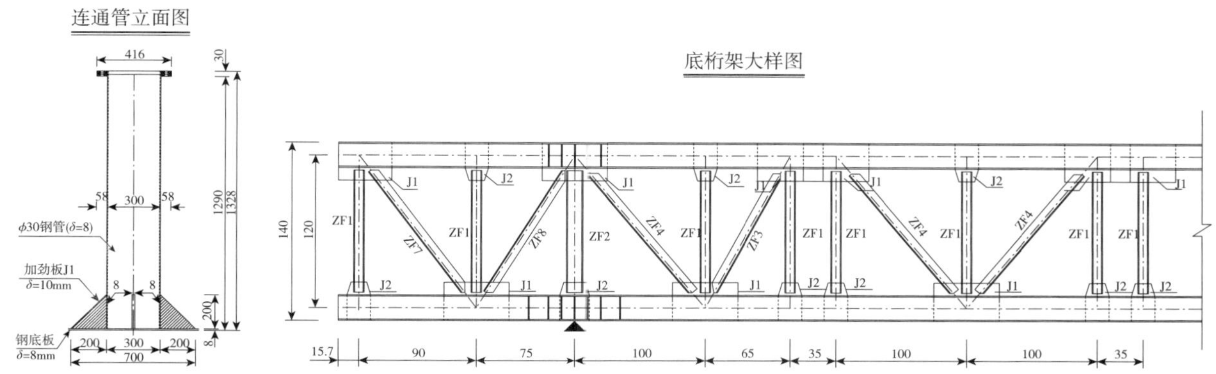

图 3-1-19　底篮连通管及底桁架大样图(尺寸单位:cm)

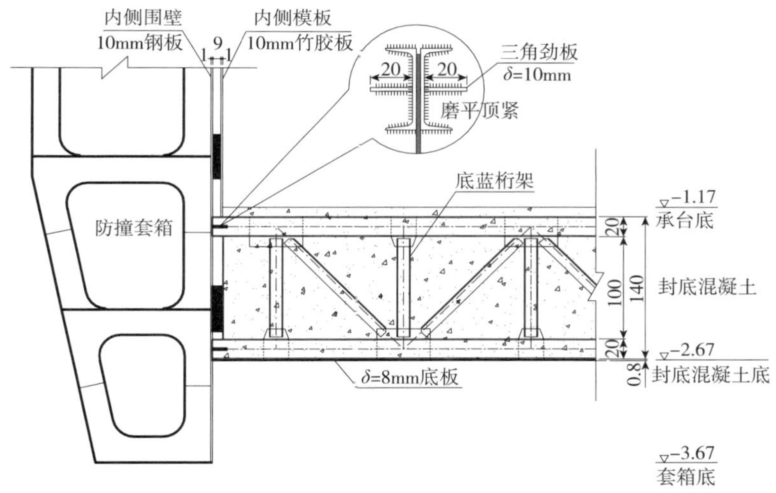

图 3-1-20　底篮与套箱侧板连接布置图(尺寸单位:cm)

2)套箱侧板(承台防撞结构)

整个套箱侧壁外轮廓尺寸长 50.556m,宽 28.08m,侧壁厚度横桥向 2.5m,顺桥向 1.7m。侧壁为箱形截面,内外面板厚 8mm,横隔板厚 8mm。

沿四周共分为 16 个节段单元体,(由于原划分位置与隔板及牛腿相碰撞,制作时将划分位置均向圆弧段偏移 100mm),每个单元体含内外面板、上甲板、下底板、1~5 平台板和 2~5 条竖向隔板。单元体均采用厂内预拼装、然后焊接为一个整体钢套箱,拖船结合甲板驳船运至现场,进行工地吊装工作。

套箱侧板采用钢板制成类似船体的箱形结构,与船体结构匹配,利用箱形钢结构变形破损来消能,以减少船舶对桥墩的碰撞力。套箱侧板结构采用 Q235C 钢,主要有 10mm 钢板和型钢,整个套箱侧板分为 4 个类型(A、B、C、D 型)共 12 段,各段间均采用焊接方式连接。钢套箱与承台之间留有 100mm 的间隙,布置防撞橡胶件（防撞橡胶件为耐老化的氯丁橡胶，采用不锈钢螺栓与侧板连接）及90mm厚的木肋和10mm竹胶板，具体布置如图3-1-21所示。

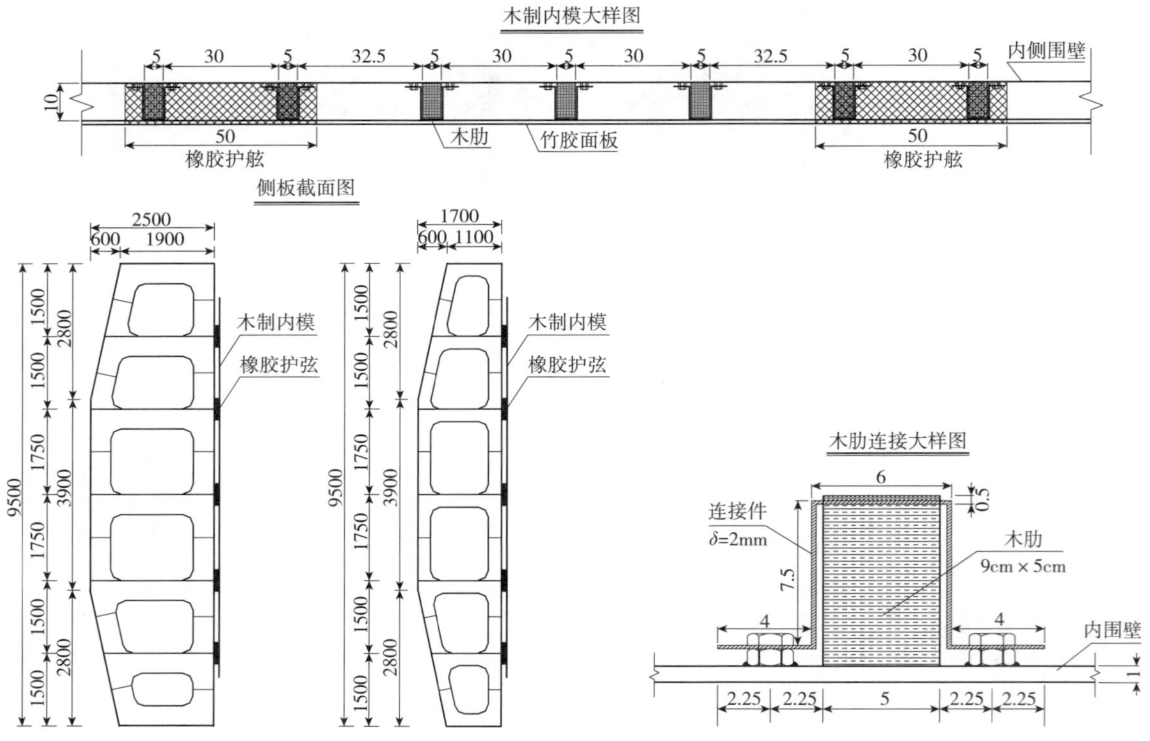

图3-1-21 内模构造及侧板截面图（尺寸单位：cm）

3）支撑系统

支撑系统分结构支撑和临时支撑两部分。结构支撑包括套箱上口侧板间的水平支撑钢管和连接支撑钢管与底板桁架的竖向钢管，如图3-1-22所示。

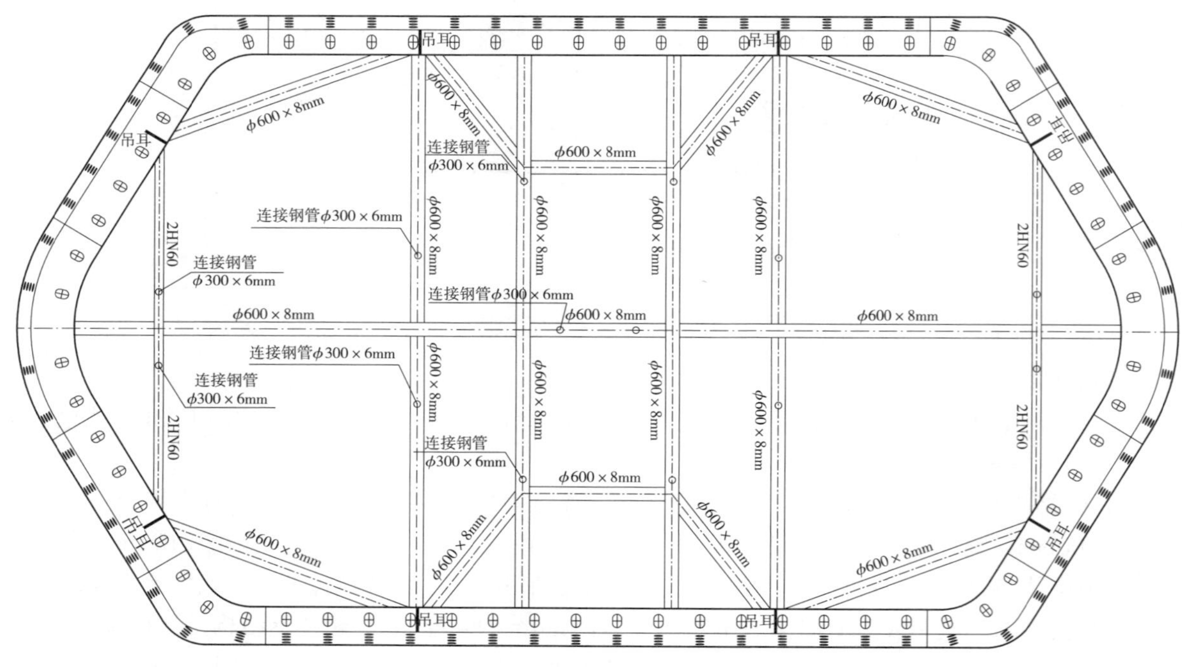

图3-1-22 内支撑平面布置图

水平支撑钢管（$\Phi600\times8$mm 钢管、2HN60 型钢）在套箱整体吊装时承受水平分力，后期承台浇筑时又承受混凝土的侧压力；竖向连接钢管是抵抗吊装过程中套箱底篮的下挠变形。

临时支撑即水平限位装置，是用于套箱下放时限制侧向位移，确保水平方向稳定。

4）承重系统

承重系统由倒挂牛腿（74 个）和反压装置（6 套）、反压牛腿（30 个）等组成。

5）吊装系统

钢套箱吊装系统采用吊耳形式，8 个吊耳均设置在钢套箱强加劲肋顶面位置。

3. 钢吊箱工况分析及计算

底篮和整体模型采用 MIDAS 结构有限元分析软件进行计算，4 种计算工况如下：

（1）工况一：套箱吊装时，吊耳承受套箱自重（含底篮、内支撑等）、支撑钢管保证整体稳定。主要验算水平内支撑钢管。

（2）工况二：浇筑第一次封底混凝土后，未达到强度时，底篮承受封底混凝土和套箱自重（含底篮、内支撑等）作用；主要验算底板和底篮桁架的整体计算。

底板依长宽比分别按双向板或单向板计算，第一次封底实际厚度 1.0m，计算取 1.3m；荷载计入底篮自重荷载（SZ = −1）、封底混凝土压力荷载（$q=-30.6\text{kN/m}^2$）、套箱侧板自重（$G=600\text{t}$），底篮构件的最大位移为 7.6mm，受力最大的主桁六中各杆件的应力值如图 3-1-23 所示。

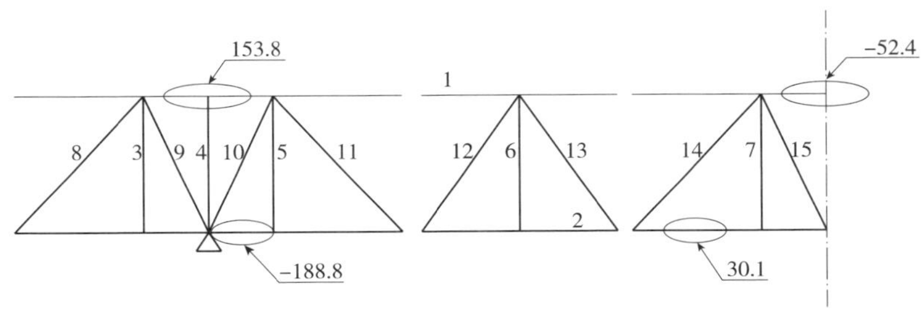

图 3-1-23 底篮 1/2 主桁六的计算简图

下弦杆 2 压应力甚大，需采取局部加强，在竖杆 3 ~ 竖杆 5 区段的弦杆里面加设 4 根 $\phi25$ 的圆钢，并且每隔 15cm 加设一道加劲板。

（3）工况三：第一次封底混凝土达到强度，抽水后，第一层封底混凝土握裹力承受套箱（含底篮、内支撑等）、封底混凝土自重及浮力、波浪浮托合力作用。验算如下：

①高潮水位时：第一层封底混凝土握裹力 + 反压牛腿反力 ≥ 浮力 + 波浪浮托力 − 套箱总重 − 封底混凝土自重；

②低潮水位时：第一层封底混凝土握裹力 + 倒吊牛腿反力 ≥ 套箱总重 + 封底混凝土自重。

第一层封底混凝土握裹力根据经验取 150kN/m^2，设反压牛腿设置 30 个。钢护筒与封底混凝土之间的黏结不会破坏，工况三满足要求。

（4）工况四：第一次承台浇筑后，未达到强度时，封底混凝土握裹力及倒吊牛腿承受套箱、封底混凝土和承台自重作用。

计算需要满足：（封底混凝土握裹力 + 加强劲板黏结力 + 倒吊牛腿反力）≥（承台混凝土自重 + 封底混凝土自重 + 套箱自重）

锚劲板承载力计算：采用在底桁架的次桁上弦及上部桩周连接槽钢的上方焊接加强劲板的方法来充当锚筋，以提高封底混凝土的承载力，尺寸均为 150mm × 300mm，厚度为 15mm，30 根护筒各设置 8 块加强劲板。设置加强劲板后总共能为封底混凝土分摊 30 × 1960kN = 58800kN 的握裹力，安全系数 $K=2.05$，满足要求。

(二)钢套箱加工制作材料和制造工艺要求

1. 钢套箱材料

套箱所用钢板、型钢均为A3钢(Q235A),其规格型号和性能必须符合设计要求和国家标准。焊接材料也应选用符合国家标准的要求。

2. 钢套箱制作工艺

(1)加工制作单位应按设计图纸和相关技术规范、标准要求,编制制作方案和进行详尽的工艺设计,并经委托方同意后实施。

(2)套箱加工时应加工制作样板、样架、台座,以使误差控制在要求误差范围之内。

(3)在放样下料前,应对原材料进行调直,调平、矫正,矫正允许误差按相关规范制定,必要时须进行清洁、除锈处理。

(4)桁架弦杆需接长时,按等强度要求,确保接头连接质量,尺寸误差标准按GB50205—2012附录C执行。

(5)套箱桁架结点为焊接连接,各杆件在结点板上一般为双侧焊接和三侧围焊。焊缝类型须符合设计要求。

(6)焊工应持证上岗,正式加工制作前应进行焊接工艺评定试验。

(7)防撞设施开设的消波孔四周应磨光处理。

(8)由于防撞橡胶件与钢套箱用不锈钢螺栓连接,套箱围壁板需开孔 $D=32$mm,开孔四周应磨光且进行密封处理,以防漏水。

3. 焊缝质量(JTJ041—2000规范及有关标准)和几何尺寸允许偏差(表3-1-16)

套箱几何尺寸允许误差　　表3-1-16

检查项目		允许误差	检查方法
套箱整体尺寸	长(mm)	±10(要求长、宽方向的两条边误差方向相同)	用钢尺直接丈量
	宽(mm)	±10	
	高(mm)	±5	
	对角线(mm)	±10	
侧板平整度	内侧(mm)	1	2m靠尺量测
	外侧(mm)	3	
底蓝桁架	桁架片间距(mm)	±2	用钢尺直接丈量
	桁架弦杆中心距(mm)	±2	
	节间对角线差(mm)	3	
	结点处杆件轴线错位(mm)	3	划线量测
	桁片平整度(扭曲)(mm)	L/5000≤3	量测桁片四角任意两点连线间隙或四角置于标准平面上后,其中一角的间隙
杆件	杆件下料长度(mm)	±2	量测
	结点间各边尺寸	±1	

4. 底篮制作时底板开孔

需根据实测的钻孔灌注桩桩位坐标,在钢底板上精确放样得出开孔位置。开孔实际直径比桩直径大30cm,以便套箱安装时有一定的间隙,有利于套箱的安装。底篮制作过程中,主桁间距可根据实放的开孔位置进行调整,以便主桁能正压在牛腿上。次桁尺寸、位置根据主桁调整情况进行相应调整。底板上设置连通管使海水进入套箱形成对流,以减少海水对套箱底部的压力。

(三)钢套箱加工制作

1. 总体施工概述

1)制造与安装划分为 5 个阶段:板单元件制作、单元体组装、整体预拼装及焊接、船舶运输及桥位吊装

制作工序重点为:

(1)板单元件(弧形)制作、精度、质量控制点(焊接反变形、样板检验)。

(2)单元体组装质量控制点(单元体总体尺寸、端口几何尺寸、位置尺寸)。

(3)节段整体预拼装(单节各单元体之间的匹配以及单节上下端口位置匹配、临时连接件,端口区域 250 ~ 300mm 范围连接板、构件预拼前不进行焊接)。

(4)临时加强、单元体吊点、套箱吊点、拖船系固等控制点。

2)板单元划分和制造

防撞钢套箱在专业厂家加工制作,综合考虑供料、工艺、制作、运输及批量生产等因素,对板片进行了划分。整个侧壁共划分为(ABCD)4 大类 16 个节段单元体,详见图 3-1-24。

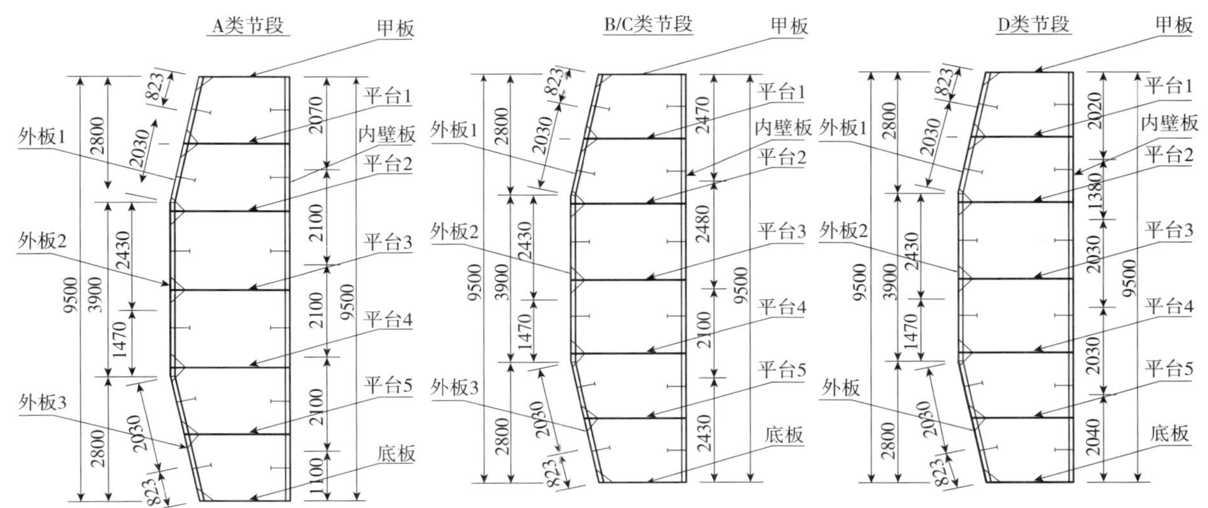

图 3-1-24 钢套箱侧壁节段构造(尺寸单位:mm)

每个节段钢套箱单元体再划分成箱壁板单元、隔板单元、平台单元等。板单元实现单元标准化,所有板单元可按类型在车间内专用胎架上形成流水作业制造。

3)单元体(节段)制造方案

(1)箱壁板单元接宽

在箱壁板单元参与单元体组装前,先在圆弧曲线的专用胎架上将几块侧壁板单元拼焊成一体。拼接时使用样板控制焊缝两侧加劲肋的中心距,且预置反变形,以保证焊后尺寸和线形。由于组装胎架上的对接焊缝减少,能缩短制造周期,而且有利于控制钢套箱单元体的外形尺寸。

(2)单元体(节段)组装

在拼装场把板单元组装成单元体(节段),采用钢套箱单个单元体(节段)卧式组装、焊接,按照箱壁板单元→隔板单元→平台单元的顺序,单元体实现立体阶梯形组装方式逐层组装与焊接。组装中,以胎架为组装平台,以隔板、平台单元为内胎,重点控制钢套箱单元体圆弧段的线形、钢套箱几何形状和尺寸精度、相邻接口的精确匹配等。

然后进行钢套箱节段(16 个单元体)匹配预拼装。

4)单元体(节段)预拼装、钢套箱大合龙

单元体制造完成后,按照制造规范的要求进行预拼装以验证设计图纸的正确性、检验制造工艺的合

理性、工艺装备的精确性;检查各构件的几何尺寸、线形、焊接间隙,如发现尺寸有误或超差时,可在预拼装场进行尺寸修正和调整匹配,随后进行钢套箱各节段的大合龙。保证钢套箱各节段制造尺寸的误差控制在规范规定的允许偏差之内。

2. 施工方法及技术措施

1)材料采购验收

钢材、焊接材料、涂装材料等严格按照施工图设计说明和国家规范标准进行采购、材料复验、材料管理和验收。

2)技术准备

编制《钢套箱制造验收规则》、《钢套箱制造工艺方案》,施工图转化、工装设计、焊接和火焰切割工艺评定、油漆工艺试验、工艺文件编制和质量计划编制等技术准备工作。

3)板单元制造工艺

板单元制造按照“钢板赶平及预处理→数控精确下料→零件外加工→胎型组装→反变形焊接→局部修整”的顺序进行。

4)单元体(节段)组拼

(1)拼装胎架设计:

①对胎架应严格要求平整度,制作成一个施工平台,以方便单元体立式制作时划线。

②胎架基础及结构必须有足够的承载力刚度,避免在使用过程中沉降及变形。

③在胎架上设置纵、横基线和基准点,胎架外设置独立的标志杆以控制单元体的位置及高度,确保各部尺寸。胎架外设置独立的基线、基点,以便随时对胎架进行检测。

④胎架设置有立式靠模,保证井壁单元上胎架的准确定位。

⑤每轮次钢套箱节段下胎后,应重新对胎架进行检测,做好检测记录,确认合格后方可进行下一轮次的组拼。

⑥单元体组装胎架按场地布置设置 10 ~ 20 个胎位,单节预拼装按前面的场地设置 1 个预拼装胎架平台。

(2)组拼工艺要点

各单元体(节段)组拼流程大致是一致的,和箱壁板单元一样先组焊为一个整体吊装单元参与组装。单元体组装过程中重点控制单元体的几何形状、尺寸精度、圆弧线形,端口设置临时加强,保证端口尺寸,保证防撞套箱连接时的匹配性。卧式制作的单元体为保证单元体的外形和几何尺寸,防止产生过大的内应力,单元体的焊接应分步进行,并遵循先内后外、先下后上、由中心向两边的施焊的原则。优先选用 CO_2 焊方法,同时对于设计要求熔透的焊缝尽量采用陶质衬垫单面焊双面成型的焊接工艺。

5)预拼装、大合龙焊接

钢套箱单元体在预拼装场的预拼装胎架上进行预拼装,可少量进行尺寸修正和调整,然后进行各个节段的大合龙焊接,拼接为整个钢套箱。如图 3-1-25 所示。

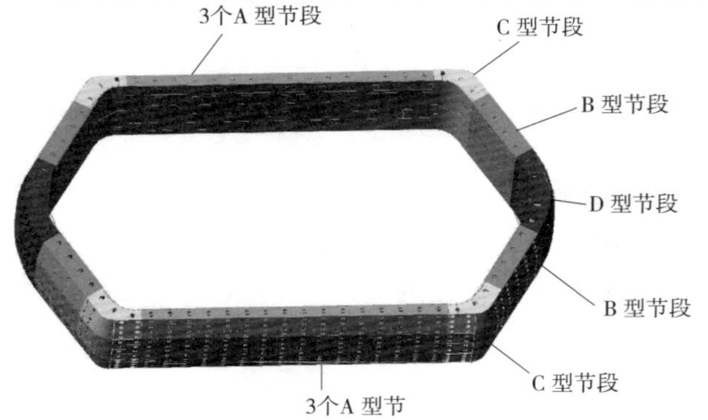

图 3-1-25　预拼装和大合龙焊接

16 个钢套箱单元体按照从中间向两边安装顺序进行逐节段匹配组装,在不受日照影响的条件下,精确调整和测量单个节段的长度、高度、端口尺寸、直线度等,经监理工程师签认后,运出胎架,然后对钢套箱按设计要求进行涂装。

预拼装应注意的事项如下:

(1)预拼装、合龙要根据监理工程师批准的预拼装图、合龙图和工艺进行。

(2)预拼装、合龙时要考虑温度对个钢套箱节段外形的影响。

(3)预拼装、合龙时确定一个基准单元体先上预拼胎架,与胎架刚性固定,其他单元体以基准单元体为基准进行预拼。

6)装焊钢套箱的底篮(附属设施的组焊)

(1)在胎架上将底板板片,按照基线将底板焊接为一个整体。并在底板上将主桁、次桁的组装线划出。结合水准仪控制底板的高程。允许偏差<2mm。

(2)复核已划好的底板板片上主次桁架组装线,根据基线对线组装桁架片单元。与基线允许偏差<0.5mm。

(3)搭脚手架,做施工平台。根据施工图纸安装内支撑、连接管、吊耳。然后安装竹胶板、防撞橡胶件等设施。

(四)钢套箱防腐涂装

1. 钢构件各部位表面防腐涂装体系

钢套箱的防撞系统为永久结构,设计要求内外表面进行防腐处理。防撞钢套箱外表面采用重防腐隔离层保护,内表面采用防腐蚀油漆保护。具体涂装体系如表3-1-17所示。

钢套箱表面涂装体系 表3-1-17

涂装部位	涂装体系	干膜厚度(μm)	备注
外表面	喷砂除锈达到Sa2.5级,粗糙度Rz30-75μm		—
	环氧富锌底漆	70	—
	超强环氧耐磨漆	3×120	—
	聚氨酯面漆	50	安全色-橘红 International 色卡 PHA275/PHA046
	聚氨酯面漆	50	节段组装后整体施工
内表面	喷砂除锈达到Sa2.5级,粗糙度Rz30-75μm		—
	环氧富锌底漆	70	—
	环氧中间漆	2×120	—
	环氧面漆	2×50	×

2. 涂装工艺要求

(1)原材料质量控制:必须检查核对涂料品种、规格、批号、名称、牌号、出厂合格证书、产品质量、生产厂家推荐的工艺参数等,合格后方可施工。

(2)钢板预处理采用喷丸(砂)除锈处理,达到GB8923-88要求的Sa2.5级,粗糙度达到Rz30-75μm,喷砂前应先除湿、除油,合格后做无机硅酸锌车间底漆一道,膜厚为20μm。

(3)涂装采用高压无气喷涂工艺,不易喷涂的边角、焊缝部位采用人工刷涂。

(4)因内部空间小,钢构件不易涂装。要求在封板前或散件状态,先完成内表面涂装施工,注意留出焊缝区域不涂漆。

(5)需要焊接的接缝处每侧留出50~100mm宽不涂装,并用胶带黏贴保护,待组拼焊接完毕后,方可进行涂装。焊缝及涂层破损等部位修补时,表面处理采用打磨处理,达到St3级,然后按其所在部位油漆配套逐层进行补涂。

(6)涂层表面应力求光滑、平整,不得有针孔、明显流挂、皱皮、漏涂等弊病,面漆应光洁美观、色彩均匀,颜色与比色卡相一致。

此外,钢套箱在拼装、运输过程中应注意保护外表面的防腐隔离层,不得擦伤;如有擦伤,应及时进行防腐隔离层涂刷处理。

3. 施工工艺试验和各工序施工技术要求

喷漆施工环境要求：施工温度5～38℃（有特殊要求的油漆除外），相对湿度小于85%。表面喷砂处理后4h（雨天不超过2h）内涂装。

节段安装后接缝涂装技术要求：所有节段整体安装完毕后，对接缝及涂层破损部位表面采用手工动力工具打磨处理达到St3.0级，周边涂层打磨出坡度，然后补涂各道油漆。

各工序检验数量和频次按设计和相关标准要求进行。

（五）钢套箱运输及安装

制作完成的防船撞钢套箱通过浮吊吊装上船，经水路运到桥位后，采用浮吊起吊安装就位。

椒江二桥防船撞钢套箱总长度50.5m，宽度28m，高度9.5m。钢套箱含底篮总重约850t，考虑到桥位吊装需要，厂内制作时在钢套箱上甲板及外侧板上增加8个临时起吊吊耳（图3-1-26）。吊耳承载力应通过设计计算。

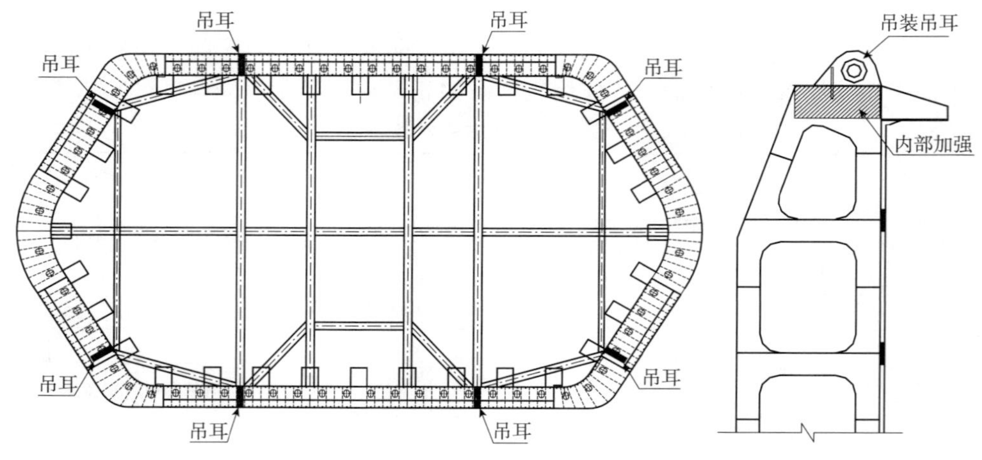

图3-1-26 钢套箱临时吊耳位置

1. 防撞套箱场内转运

厂内运输配备2台法国生产的大型液压载重平板车，用于各节段的场内转运和滚装装船。平车的液压系统具备荷载调节功能，保证承载的各个着力点受力均匀，避免钢套箱局部变形。

防撞套箱下胎时，由平车沿防撞套箱下方的车道对准起顶位置，将防撞套箱顶起运出胎架区，运送到指定事先设置的墩位上。放置时用木楔将防撞套箱调平，平板车退出。

防撞套箱场内转运至喷砂、涂装房。

防撞套箱转运时，按顺序由平板车沿防撞套箱下方的车道进入待运防撞套箱下方位置，调整好车的位置，保持受力平衡。确认车上的木枋处于防撞套箱下放的横梁位置后，在防撞套箱与平板车之间设置方木，方木上铺设橡胶板。然后平板车起升，将防撞套箱顶起离开墩位，并送到喷砂涂装房，放置于事先设置好的钢墩上。喷砂房、涂装房钢墩的设置与临时堆放场的钢墩位置要求一致。转运流程：出胎转临时堆场→喷砂房喷砂→涂装房涂装→进临时堆场修补涂装→存放区顺序存放待运。

2. 套箱的水上运输

由于结构特殊、运输沿线路况可行，考虑安全第一，水上运输专门租用载重能力8000t的“振航”08号大型海上无动力甲板驳船和拖船。各分段运到桥位后采用起重能力1300t的“稳强3号”浮吊吊装。

1）套箱运至码头

在液压平板车上与分段底部之间垫上200mm×300mm×3000mm的方木，方木上垫以5mm厚橡胶板，将套箱从存放区运至码头，置于预先布设在码头上的钢墩上。

2)套箱装船

运输船停靠码头,采用1300t大型双钩浮吊吊装装船。吊装布置如图3-1-27所示,装船图3-1-28所示。

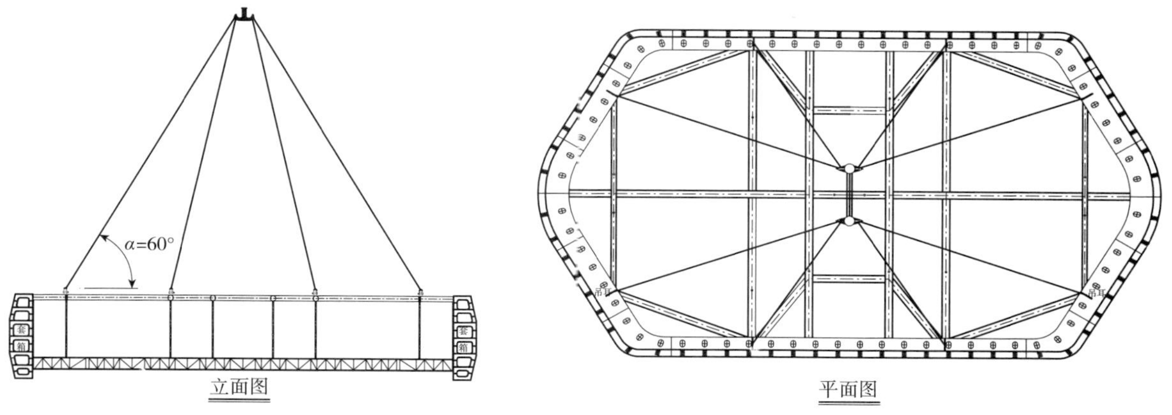

图3-1-27 钢套箱吊装布置图

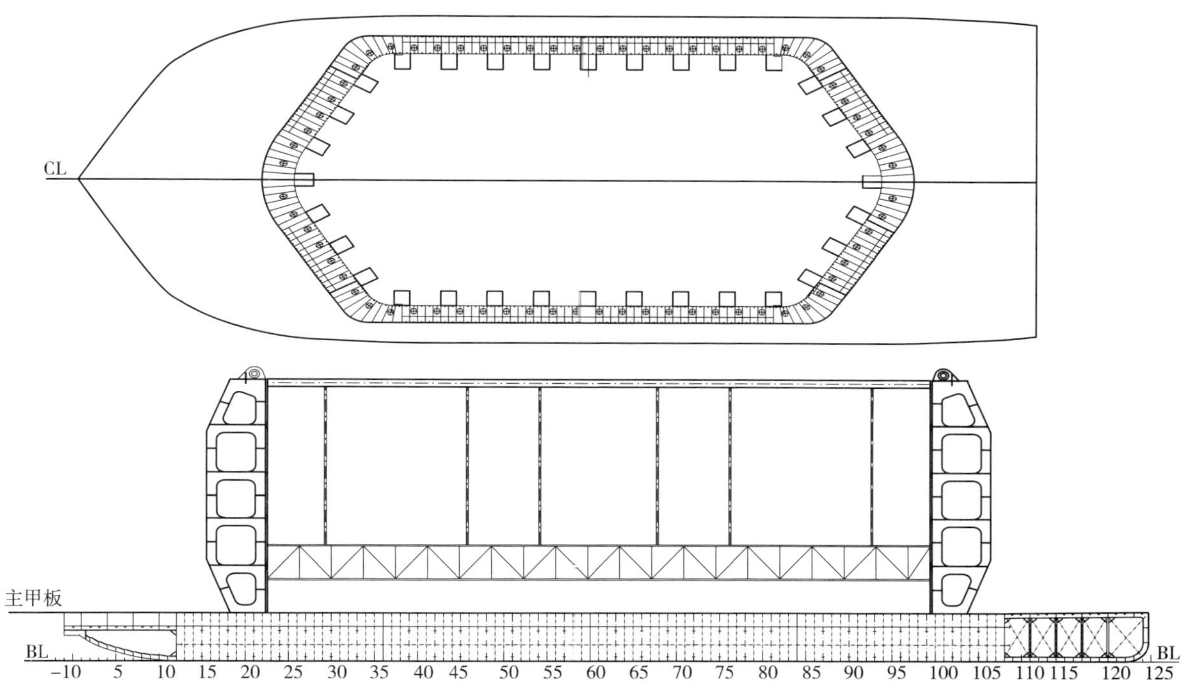

图3-1-28 钢套箱装船

钢套箱吊索与水平面最小夹角 $\alpha=60°$。

应进行钢套箱8点试吊和模拟牛腿"点"支承试验,以检验吊装系统安全、钢套箱整体变形,以及套箱底篮受力及底板与侧板的连接质量。

3)钢套箱节段绑扎固定

套箱在装船后,由12只5t手拉葫芦和钢丝绳将梁段与船体牢固的系结在一起,钢丝绳与钢套箱接触处加入木垫块或胶皮垫以防损伤构件边缘。

4)安全航行

运输组有一艘交通艇专门引航和护航,负责整个航行的安全。

沿海水路运输船舶安全航行主要需克服风、雨、雾、航道、桥区等自然因素造成的困难,主观上应加强人员的工作责任心,执行水运规章、法规,和发挥人员操作经验。采取的主要措施有:

(1)根据大件运输的特殊性,航行区域,预计抵达时间和气象、航道、水位及其他可能遇到的不安全因素,具体拟订和布置安全措施。认真执行《防雾规定》,严禁冒雾冒险航行。遇雾锚泊时,仍按航行值班,主机不关,便于应急。

(2)船上配足消防设备,堵漏器材及应急物资;进行消防、舵机失灵应急演习;全面检查主机、辅机、电机、舵机、锚机、应急系统和通信导航设备等,确保良好的适航状态。

(3)船长、轮机长每隔1h查船验舱,对所运货物状态、系固情况、倾斜仪读数及航行稳定协调性进行详尽检查,认真作好记录,若发现异常情况及时向拖轮船长汇报,并上报项目组长,采取措施尽快解决。

(4)船长监航段和船舶特点等航行法规,按航道设标规范要求,谨慎操作,提前与相遇的高速船舶或尾浪大的船舶加强联系,请求对方协助避让和慢车,并主动减速,以防波浪造成钢套箱摇晃或倾斜。

5)拖航锚泊

(1)选择拖航时间

钢套箱一旦出港,钢套箱无论在海上还是桥位处停放既不经济又不安全,应及时拖运,但需慎重选择拖航时间。

①出航日应风平浪静,航线所经海域风力小于7级。

②中长期天气预报(20天以内)无台风等灾害性天气。

③从天文潮规律方面考虑,套箱应在小汛期(小潮期)接近低平潮时安装就位,接近大汛低平潮前后浇筑封底混凝土。小汛期内抽水,破桩头,绑扎承台钢筋,接近大汛前浇筑第一次承台混凝土。

(2)拖航

拖轮二艘,主拖轮功率为2237kW,位于驳船前方,用拖缆软拖;副拖轮功率为1193kW,位于驳船一侧,除提供辅助拖航动力外,协助主拖轮控制航行方向及护航。

(3)锚泊

船队到达施工墩位附近后按事前安排抛锚停泊,浮吊横桥向停泊在安装墩一侧,运套箱的船横桥向停泊在浮吊前方,与桥墩间应保持一定的安全距离(驳船为“顺诚驳8号”,总质量2998t,尺寸为90m×26.3m;船首尾各2口斯贝克锚,重约2.1t~2,6t)具体锚泊位置见图3-1-29。

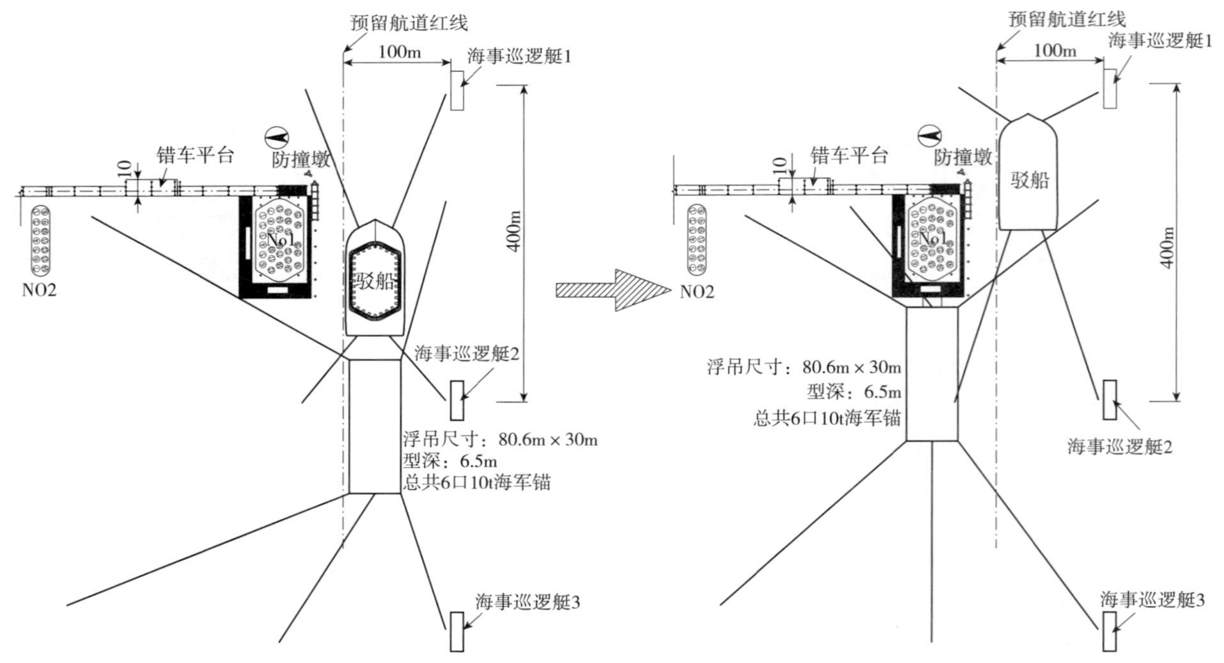

图3-1-29　运输驳船、浮吊锚泊位置示意图

船队在夜间锚泊应悬挂警示信号灯,并值夜班,观察潮水涨落,防止走锚撞墩。

3.套箱安装前的准备工作

准备工作包括:拆除钻孔平台、焊接倒挂牛腿、安装导向架、放置封堵板。

1)拆除钻孔平台

将所有钢护筒 +3.53m 以上部分割除,对钢护筒平面位置进行初测与精测;利用钻孔平台上履带吊从平台的一端向另一端拆除平台结构,保留墩侧加宽平台。

2)焊接倒挂牛腿、安装导向架、放置封堵板

(1)焊接倒挂牛腿

倒挂牛腿由挂板 G1、承重面板 N1、加劲钢板 N2 组成,如图 3-1-30 所示。

倒挂牛腿是承台施工重要受力部件,要保证牛腿焊接位置正确及确保焊缝质量。

牛腿的焊接位置以钢护筒的实际偏位而定,如图 3-1-31 所示,牛腿的中轴线与护筒的直径(顺桥轴线或墩轴线方向)方向重合。牛腿承重面板顶面高程为 -2.68m,其误差须控制在 2mm 之内。

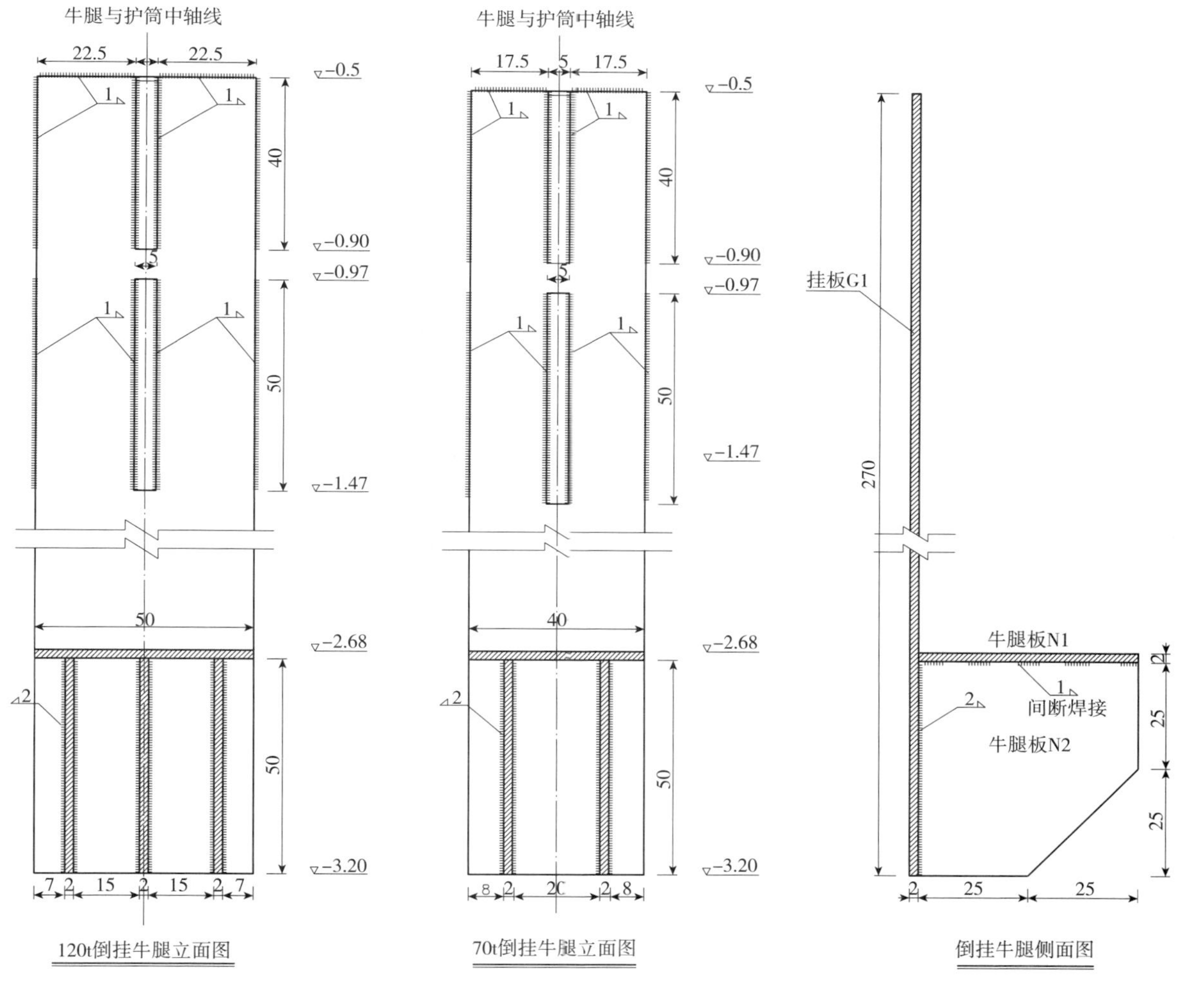

图 3-1-30 倒挂牛腿构造图(尺寸单位:cm)

牛腿与钢护筒焊接前,应对钢护筒相应位置进行除锈处理,保证牛腿焊接质量和结合紧密。牛腿的焊接应在低平潮期内进行,焊接时不能有海水击打在焊缝上。焊缝均要进行超声波探伤检查。

(2)安装导向架

导向架共 4 个,设置在墩 4 个角桩位置,在钢护筒顶部,以便于套箱的顺利就位(图 3-1-32)。

导向架顶部高程不宜超过 +5.0m,以防套箱下放中,导向架顶到套箱内支撑,影响安装。导向架构造示意如图 3-1-33 所示。

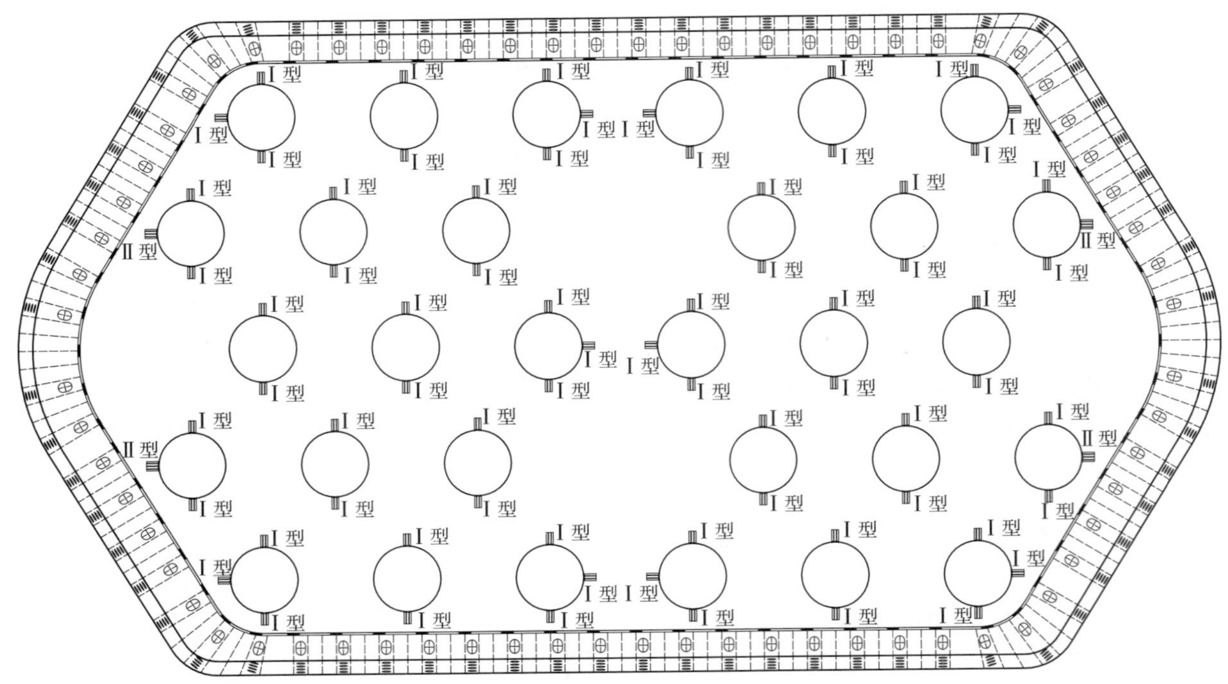

图 3-1-31　倒挂牛腿平面布置图

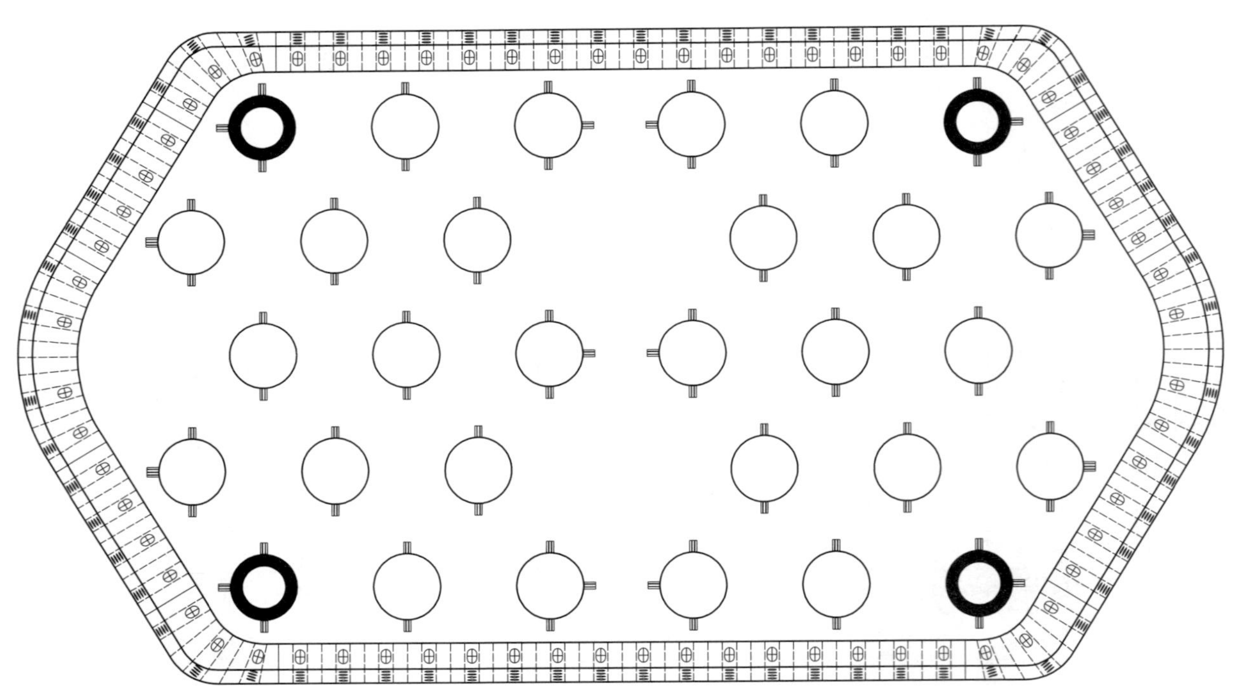

图 3-1-32　导向架平面布置图

(3)安装封堵板

由于钢护筒的偏位会妨碍套箱整体下放，因此在底板加工时底板与钢护筒间留有一定缝隙，底板开孔比护筒实测位置加大约 15cm(实际预留孔直径 Φ315cm)，所以在套箱下放前，需事先准备好的两个半圆弧形封堵板放置于牛腿上(封堵板连接板上的螺栓此时不完全拧紧)，待套箱就位后，由潜水员下水拧紧螺栓以缩小环形加劲圈与护筒周边缝隙。

封堵板在套箱安装前一、两天装上去，不宜过早。待套箱就位后，套箱自重使底板与封堵板紧密贴合在一起，视缝隙大小（封堵板与护筒和底板间的缝隙已夹含有一层橡胶件作为缝隙填充）可采取抛填砂袋、抹“堵漏王”材料或采取适当直径的圆钢筋再水下焊接（点焊）堵缝等措施来保证底篮不漏即可。

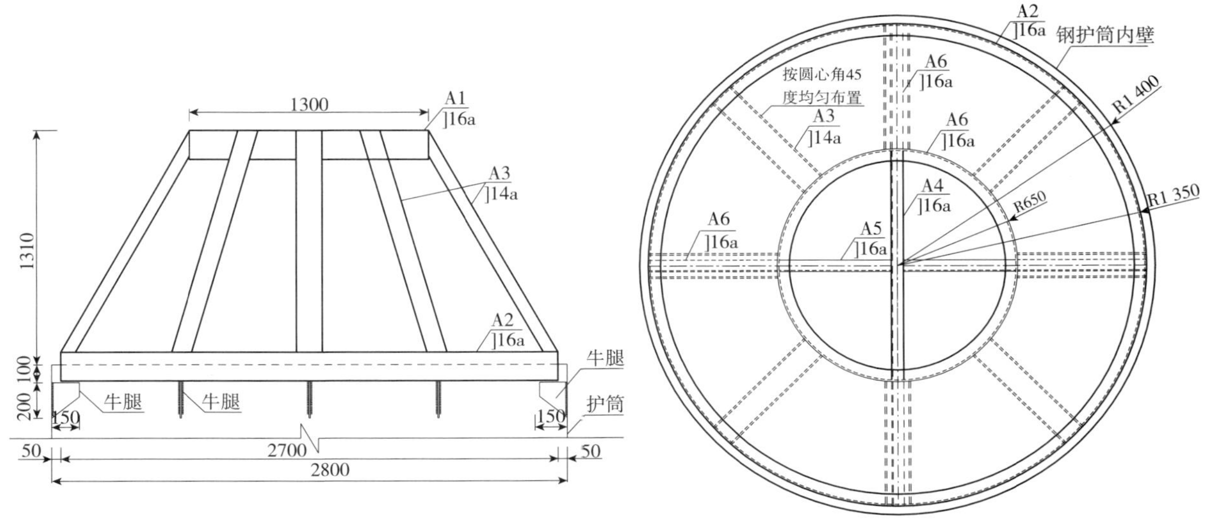

图 3-1-33　导向架构造示意图（尺寸单位：cm）

封堵板及其环形加劲圈均采用厚度为 1cm 的钢板，两半圆弧封堵板间采取螺栓连接，环形加劲圈及三角加劲板在牛腿位置处避让。封堵板构造见图 3-1-34。

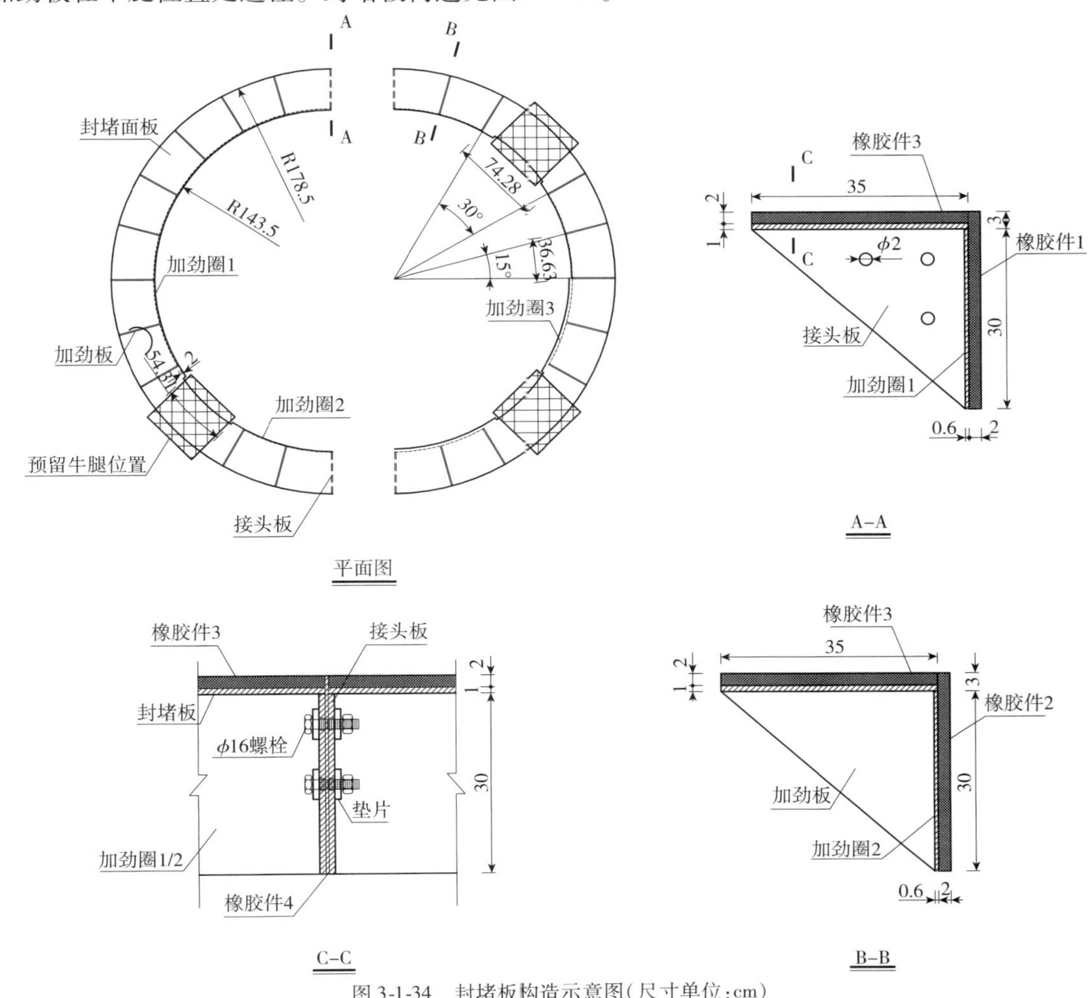

图 3-1-34　封堵板构造示意图（尺寸单位：cm）

4. 钢套箱起吊安装

1)准备工作

(1)测量方法与测量控制

①在墩轴线一端,加宽平台上标示出理论墩轴线;

②在邻墩的桥轴线上搭设墩侧临时测量平台并定出理论桥轴线;

③在2个平台上各置一台全站仪,实时控制套箱的墩轴线和桥轴线两个方向,在套箱就位后即时测读套箱就位精度。

(2)反压牛腿、限位支撑架就位(在拆除平台时事先焊好水平限位支撑钢管,并在其上搭设简易平台及预备好安装水平限位支撑用的挂架),焊接反压牛腿的15台电焊机(每两个牛腿用一台电焊机)固定于套箱顶部,或加工制作放电焊机的"马凳"放进套箱内,或直接放在护筒里,并备好配电柜。

(3)指挥、测量、起重、电焊,安装限位支撑架人员,按分工计划,准备进入岗位。

(4)浮吊挂上起重绳(注意需将钓钩间距用钢丝绳固定,起重索下端与套箱吊耳销接),在高平潮前后开始起吊作业。

2)起吊安装(图3-1-35)

套箱起吊选择在小潮期未高平潮时,天气晴朗且无风的天气。首先将起重浮吊吊臂倾斜角度调整至60°,起重索下端与套箱吊耳销接,在套箱两端挂上微调钢丝绳并引至设在浮吊上的牵引葫芦,一切准备工作就绪后,徐徐吊起钢套箱离开驳船50cm左右,再次检查套箱受力与变形情况及浮吊工作状态,如无异常情况,继续起吊套箱至+10m高程(底部)。当开始退潮时起吊离船。

3)平移定位

套箱吊离驳船后,移走定位船及驳船,通过收放浮吊锚缆,缓慢平稳地将浮吊平移至墩位上方,锚准导向架微调对位。

a)钢套箱吊运

b)钢套箱就位

图3-1-35　钢套箱安装

4)下放就位

(1)此步工作在落潮水流相对平稳后开始(低平潮前1h左右),争取半小时内完成,以利于反压牛腿焊接及限位支撑安装。

(2)一人一桩对位观察(共30人穿上救生衣、系好安全带),先在套箱顶部观察对位情况,待套箱下降一定高度后,进入箱内观察,并报告观察情况。

(3)指挥员根据仪器观测和观察员肉眼观察情况,指挥浮吊正确对位后缓慢下放套箱,先后通过导向架、进入护筒顶部(+3.53m),然后暂停下放,观察底板处各桩桩位就位情况,和整体套箱偏位情况套箱不能偏压牛腿过多。

(4)分析观测情况,如有异常,需及时应对;如无异常,则以每50cm一级逐级下放套箱,直至离牛腿面10cm处再次暂停下放。

(5)经纬仪再次测读套箱位置,并尽可能参照测读数据调整套箱位置后继续下放套箱,接近牛腿面时重复上述步骤,下沉到位。

5)安装限位装置

(1)经检查(整体套箱就位精度,牛腿支撑情况,底板孔位与护筒间相对位置等)套箱就位达到设计要求后，松钩50%。

(2)施工人员立即分成8组，快速安装水平限位支撑，待端部4个水平限位支撑基本就位后，完全松钩，待全部水平限位及竖向反压限位装置安装完成后，打开吊索销子，浮吊就地待命。

钢套箱水平限位支撑共8个，采用千斤顶和钢管加工而成，事先悬挂在套箱内支撑钢管上或是存放在底桁架上方的架子上。水平限位装置构造及布置如图3-1-36、图3-1-37所示。

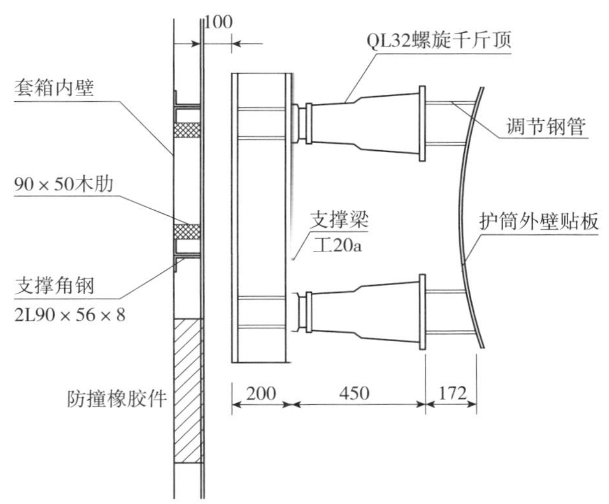

图3-1-36 钢套箱水平限位装置构造图(尺寸单位:cm)

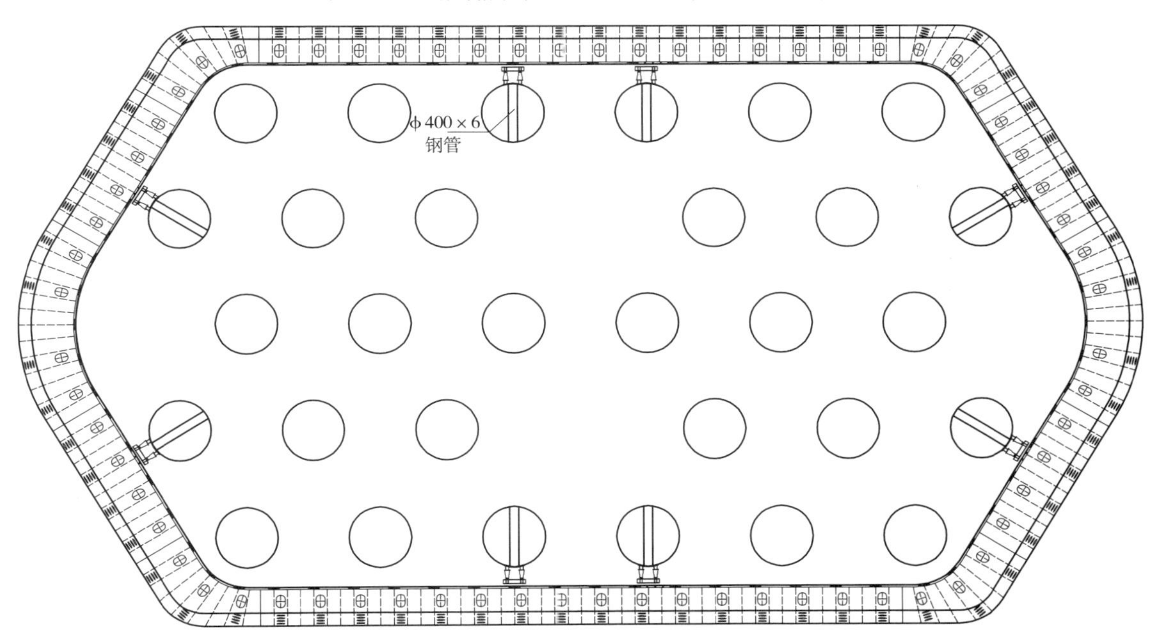

图3-1-37 钢套箱水平限位总体布置图

在安装水平限位支撑的同时，迅速安装6套竖向临时反压限位装置，如图3-1-38、图3-1-39所示。反压装置安装完毕后迅速焊接反压牛腿。实际上，30个反压牛腿很难在一个潮水期内完成，故将反压牛腿分成两批，第一个潮水至少保证首批18个牛腿的焊接。

6)检查套箱底篮缝隙情况，发现情况及时上报并处理

5. 套箱封底及抽水

封底混凝土分两次浇筑：在套箱就位、加固后，焊接完反压牛腿，等到退潮后清理完底板淤泥等准备工作后，分仓浇筑第一层1.0m高封底混凝土。采用刚性导管法从四周向中间挤压的方式施工。在第一

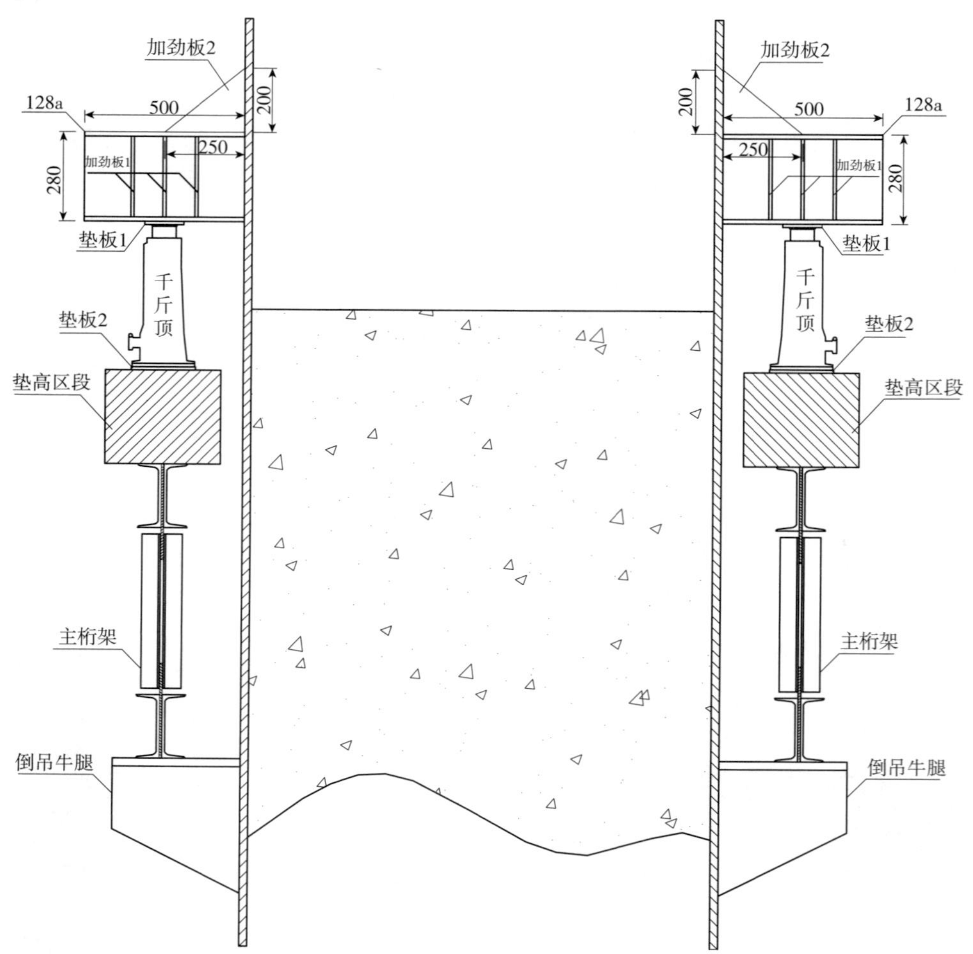

图 3-1-38　反压设施构造图(尺寸单位:cm)

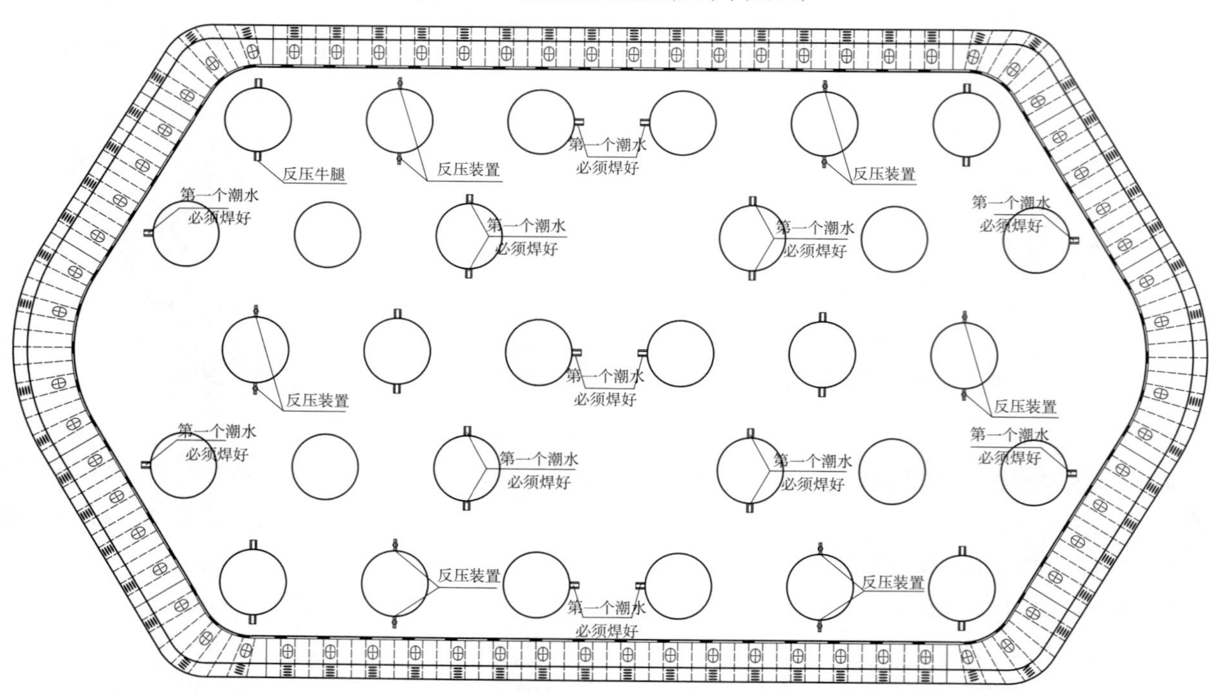

图 3-1-39　钢套箱反压设施总体布置图

次封底混凝土达到强度后抽水，完成抽水工作后，对产生微小渗漏部位采用“堵漏王”补漏。抽水后，二次封底前对混凝土表面及护筒周围进行清理，焊接桩周锚劲板、安装防止混凝土表面开裂的 $\Phi8$ 钢筋网片，然后采用干浇工艺浇筑第二层 0.5m 高封底混凝土。

1）封底前的准备工作

（1）隔仓板及其侧向支撑由套箱加工厂加工。

（2）由于钢套箱桁架底板上的淤泥无法完全清理干净，在套箱封底后，江水仍然会从钢护筒周边沿封底混凝土与底板之间的缝隙渗漏进入套箱内模、而影响承台的后续施工。故在套箱制作后，要求环绕套箱内围壁周边设置一条通长焊缝凸起、以加强阻隔江水渗漏；通长凸焊台阶设置在底桁架下弦杆底部与底板接触处，下弦杆底部单侧与底板满焊焊接，焊缝厚度不小于 6mm。

（3）操作平台即利用现有的套箱内支撑 $\Phi600\times8$mm 钢管作为主梁，在内支撑钢管上铺设 H45 型钢作为次梁，次梁上面再铺设木板充当通道。

（4）清除护筒表面的锈蚀及附着物，以增强护筒与封底混凝土之间的黏结力。

（5）由于本桥海水悬沙含量高且粒径较小，套箱就位后会很快在套箱底板和护筒周边沉积一层泥沙。根据相关工程经验，这层泥沙清理比较困难。故在套箱钢底板加工时，每个舱室的底板设置 3 个直径 15cm 的排水孔，并配套孔塞。

（6）每个分舱准备 4 个布料点，封底共准备 $2m^3$ 料斗 8 个及配套导管（单根导管长 9m），封底前搭设好操作平台并将料斗布置在布料点，封底混凝土的输送采用混凝土汽车泵。

2）第一次封底

第一次套箱封底按 6 个舱进行，如图 3-1-40、图 3-1-41 所示。封底顺序是先中间后两边，即 A 舱⇨B 舱⇨C 舱。

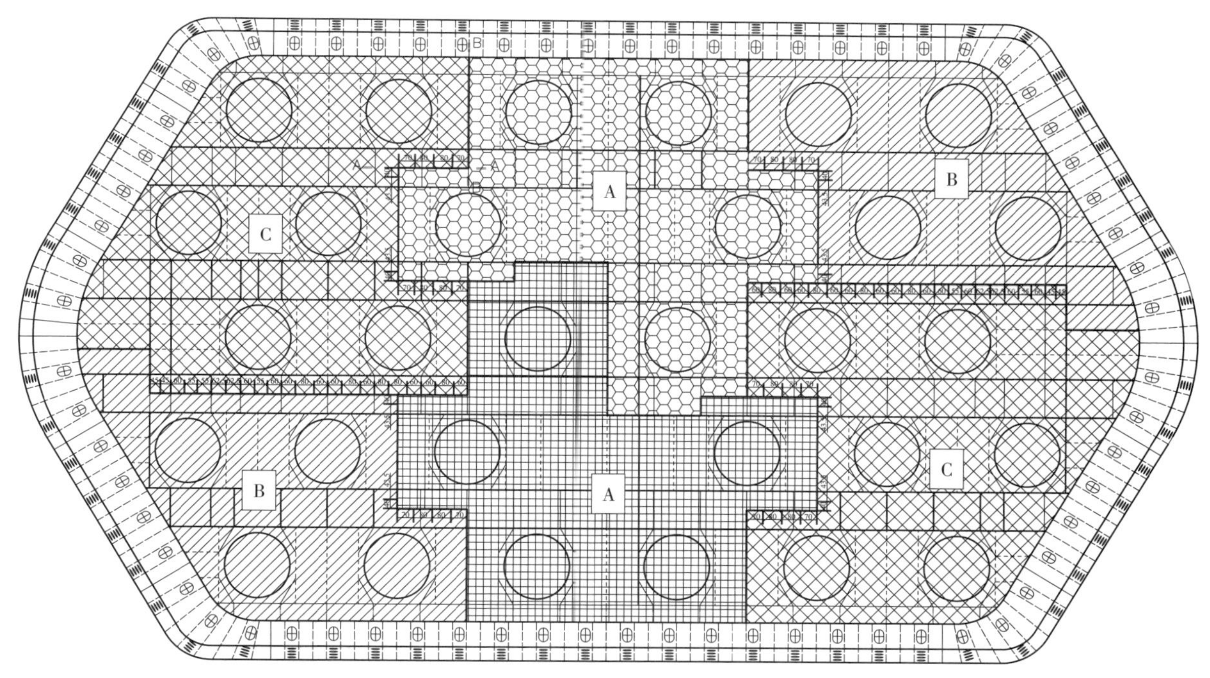

图 3-1-40　套箱封底分舱示意图

浇筑封底混凝土前，先保证底板上的连通管迄通。第一次封底混凝土厚 1m，混凝土浇筑方式为水下浇筑方式，要求混凝土浇筑密实、不离析，浇筑时尽量保证封底混凝土顶面的平整。派潜水员下水查看底板有无漏混凝土现象，发现情况应及时处理。

第一次套箱封底投入 8 辆混凝土运输车，在主墩东侧栈桥和西侧墩侧平台上各布置 1 辆混凝土汽车泵，钻孔平台上的 2 台混凝土地泵备用，均通过输送布料杆泵送入布料点。

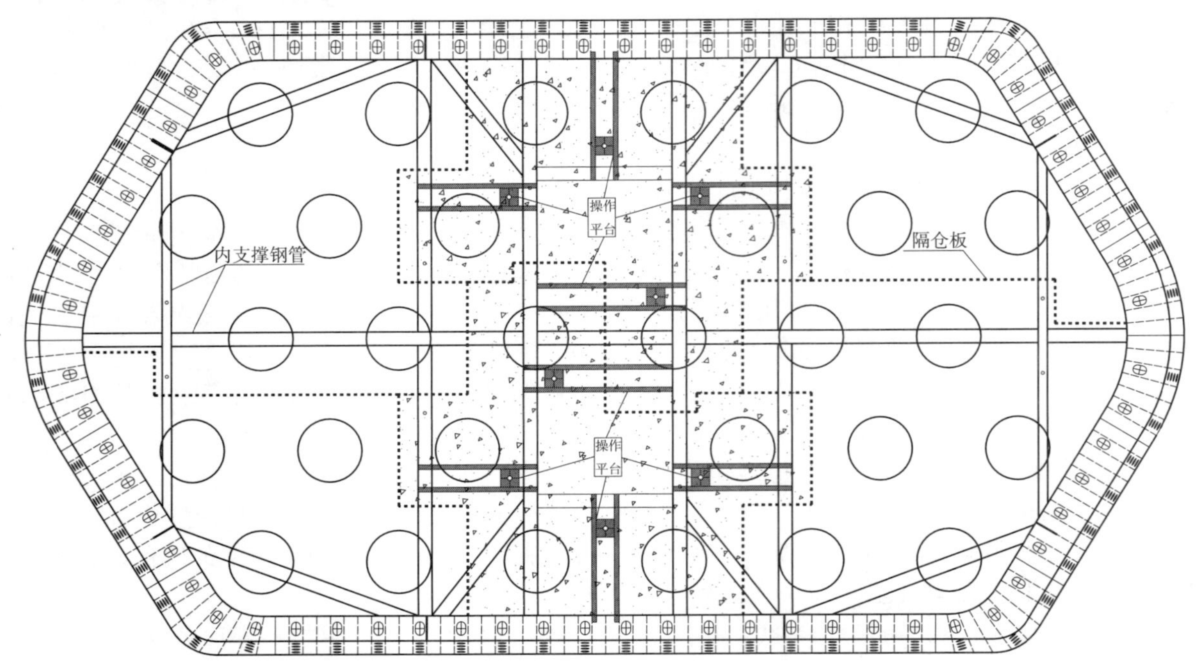

图 3-1-41 套箱封底平台布置示意图

2 座拌和楼每个实际拌和能力为 $90m^3/h$,第一次封底混凝土方量约为 $1000m^3$,工作时间大约 10h。封底混凝土采用 C30 水下混凝土,整个混凝土在浇筑过程中,要求 2 套设备连续作业,保证套箱第一次封底一次性成功。

混凝土封底完毕,至少在连通管四周一定范围内盖上塑料薄膜,打开连通管,使海水在套箱内外形成对流,避免潮水破坏尚未达到强度的封底混凝土。

3)封底混凝土内锚劲板及钢筋网片的布设

第一次封底混凝土达到强度后,封闭连通管并抽干套箱内的水,并焊接桩周锚劲板、布设钢筋网片。

钢套箱及封底混凝土同时在风、浪、潮等组合荷载作用下,需设置封底混凝土锚劲板,如图 3-1-42 所示。锚劲板焊接在各个钢护筒四周,与底板主桁共同作为封底混凝土的受力结构,锚劲板将承台荷载传递给基桩。锚劲板施焊前,必须将钢护筒上的铁锈清理干净,以保证其焊接质量。

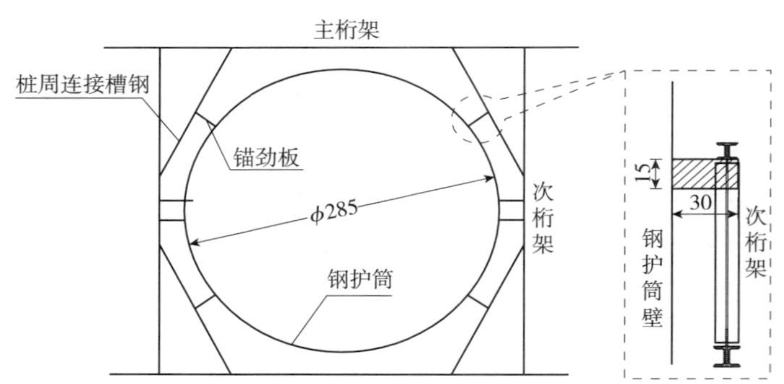

图 3-1-42 封底混凝土内锚劲板布置及大样图

根据主墩套箱底桁架变形位移计算结果,受桁架型钢变形位移影响,封底混凝土可能开裂。为此,在底桁架变形位移较大处的封底混凝土顶面(留 5cm 保护层)铺设一层 $\phi8@10$ 的冷轧带肋钢筋网,钢筋网与底篮桁架上弦杆点焊,如图 3-1-43 所示。钢筋网在封底下料点处开 50cm×50cm 口,以便于浇灌混凝土。

4)第二次封底

第二次封底混凝土厚 0.5m,混凝土浇筑方式跟陆上浇筑方式一样,要求振捣密实,浇筑时尽量保证封底混凝土顶面的平整。

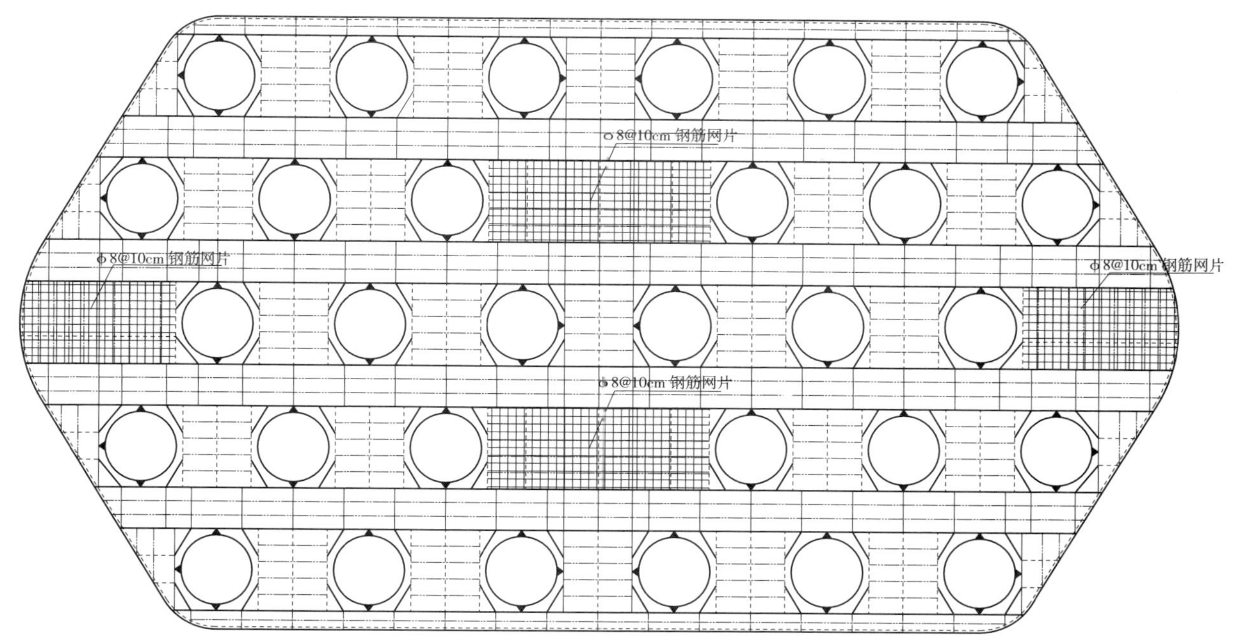

图 3-1-43　封底混凝土顶面铺设钢筋网片区域图

5）封底混凝土灌注质量控制

（1）封底混凝土质量要求

为满足封底混凝土布料要求，封底混凝土塌落度控制在 18 ~ 22cm，初凝时间控制在 8h 左右，初始流动度不小于 600mm，7d 强度达到设计强度的 90%。

（2）封底混凝土浇筑

①混凝土浇筑时几个下料口应均匀布置，每间隔一定时间下料口移动位置（方量 4 ~ $5m^3$）。50cm 一层均匀下料，保证混凝土面均匀上升，整个浇筑过程中，拌和站始终处于工作状态，不断供料，保证混凝土浇筑速度。

②封底混凝土浇筑过程中，须严格控制混凝土布料厚度，确保封底混凝土的质量。

③封底混凝土施工配备 70t 履带吊一台、负责在整个套箱范围内储料斗拔塞和其他临时设备的提运。

④钢护筒切割、封底混凝土整平及桩顶处理。

当二次封底混凝土强度达到设计强度，进行钢护筒切割处理；钢护筒的切除分次进行，先将距封底顶面 2.588m 以上的钢护筒全断面切除，再将其余封底顶面以上的钢护筒切割成条形钢板，并且使切割后的钢板与桩身呈 15°夹角。护筒切割后的每片钢板最小宽度不小于 120mm，切割后钢板外侧焊接由 1 号钢筋组成的束筋，2 根 1 号钢筋先在底部 150mm 进行双面焊连接，其余长度范围内点焊焊接，形成束筋后，再将底部 150mm 与钢护筒进行双面焊，其余长度的束筋与切割钢板点焊。点焊长度不宜小于 40mm，焊点间距 500mm，定位点焊用的焊接材料应与正式施焊用的材料相同，焊接质量应符合规范要求。

由于二次封底混凝土是按干处浇筑方式进行的，因此封底混凝土表面高差起伏不大，可按设计高程，进行人工凿除整平混凝土。若封底混凝土产生微小渗漏时采用水玻璃或涂刷 Krystol 高效防水材料止水。

桩头破除前须将钢筋剥离，然后采用风镐人工破除桩头达到设计高程，同时要求达到混凝土新鲜面。

三、承台大体积混凝土浇筑

N01 号主墩承台及其封底混凝土的混凝土方量分别为：5840.4m^3（C35）、1460.1m^3（C30 水下）。

（一）承台施工方法概述

桩基施工完毕后，割除护筒间平联管并拆除钻孔工作面，保留墩侧施工平台。在钢护筒上焊接倒吊牛腿，切割部分钢护筒并安装导向装置，放置护筒周围与底板连接的封堵板等，然后整体吊装钢套箱至倒吊牛腿上，并对套箱进行平面整体限位，限位完成后浮吊松钩，安装钢套箱反压装置以及焊接反压牛腿；最后进行承台混凝土封底，封底混凝土达到设计强度后，进行承台施工。以 N01 墩承台施工为例。

（二）N01 墩承台施工

1. 概述及施工工艺流程

N01 号墩承台钢套箱利用防船撞设施作为侧板，钢套箱整体吊装。

封底混凝土厚 1.5m，施工完毕，割除设计高程以上部分钢护筒，并将桩头清凿至设计桩顶高程，利用钢套箱内壁作为承台模板，绑扎承台钢筋及墩座、墩身预埋筋，承台钢筋混凝土按照大体积混凝土进行施工控制；安装冷却水管，做好温控、保温养护等控制措施；承台混凝土分层浇筑，分层厚度由温控计算确定。第一次浇筑 2.0m 高混凝土，第二次浇筑 4.0m 高混凝土。

主墩承台的大体积混凝土施工有专门的温控工艺设计，通过混凝土温度控制分两次、共浇筑超大体积 5840.4m^3 混凝土而没有出现温缩裂缝。

在主墩承台施工时，做好下横梁施工支架等预埋件的预埋工作，各预埋件均表面进行防腐处理。N01 号墩承台施工流程如图 3-1-44。

2. 承台钢筋加工制作安装

钢筋在加工厂内制作成半成品，现场按混凝土浇筑工艺分两次绑扎到位。承台侧面构造钢筋可一次性加工成型，底部顺桥、横桥向结构钢筋较长，转运不便，可考虑分节加工。根据承台尺寸，横桥向主筋为 6 节，顺桥向主筋均分为 3 节。分节钢筋转运至现场后采用等强直螺纹连接，并按规范要求错开接头。

承台作为浪溅区内的结构物，其防腐要求较高，要求承台钢筋保护层厚度不低于设计要求，因此在钢筋下料过程中必须考虑安装上的误差，确保钢筋保护层的厚度。另外根据图纸承台底面、侧面均设有一层 D8 冷轧钢筋焊接网，间距为 100mm × 100mm，钢筋网片净保护层厚 30mm。底面钢筋网片距离承台为 12cm，钢筋网的保护层采用混凝土垫块来控制。侧面钢筋网片一次性安装到位，采用与架立钢筋同时绑扎、连接成整体的方法。侧面分布钢筋和架立钢筋采用扎丝绑扎，绑扎时注意扎丝头向内，防止扎丝升入保护层内形成腐蚀通道，安装模板时确保钢筋的保护层厚度。

由于承台底部钢筋层数多、间距较小，很容易给混凝土的振捣带来困难，因此要求底部各层钢筋上下对准。另外由于承台钢筋用量大，需设必要的架立钢筋和劲性钢支撑。架立钢筋作为上部钢筋的支撑结构，应具有一定的刚度，并将其作为冷却管的支撑架。

还有塔座预埋筋外露部分应错头。在钢筋安装过程中桩基锚固筋与承台钢筋的位置冲突时，采用适当调整承台钢筋位置。

3. 预埋件设置

承台内的预埋件主要包括套箱钢牛腿、电梯及塔柱预埋钢筋、塔柱劲性骨架、下横梁支架及 0 号块钢箱梁支架搭设及温度监测、测量沉降观测点等所需的预埋件。还有防雷接电装置设置等。如图 3-1-45 所示。

所有预埋件均应根据其设计位置，在混凝土浇筑前进行准确预埋。预埋件施工时，均设置安装定位框,若定位框与承台钢筋位置冲突时,适当调整承台钢筋,以保证预埋构件的位置准确,所有外露预埋件都要求作深埋处理。

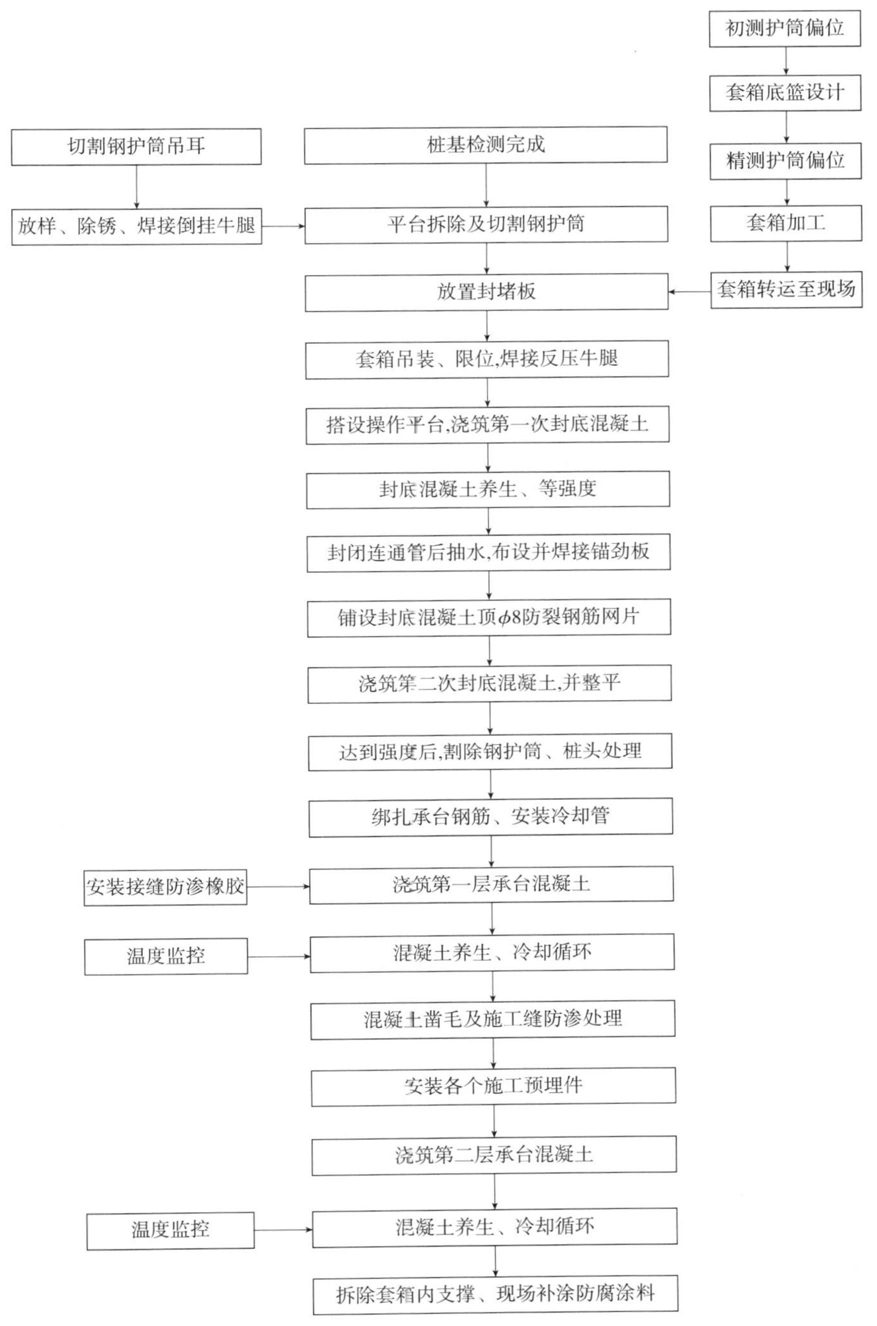

图 3-1-44 N01 号墩承台施工工艺流程图

4. 防雷接电装置设置

在 N01 号主墩内设有接地装置,各基础利用桩内钢筋笼及声测管作为接地极,利用结构钢筋作为接地引下线和水平连接线,水平连接线与接地引下线焊接后和应与其接地装置可靠焊接。作为接地的钢筋之间的连接均采用双面焊接,焊接长度不小于 150mm;引出的接地钢筋长度不小于 500mm;作为接地极的桩内钢筋笼须与钢护筒可靠焊接联结;施工应有电工配合,接地电阻应不大于 1Ω。技术要求按照《电气装置安装工程接地装置施工及验收规范》进行。承台接地装置布置如图 3-1-46 所示。

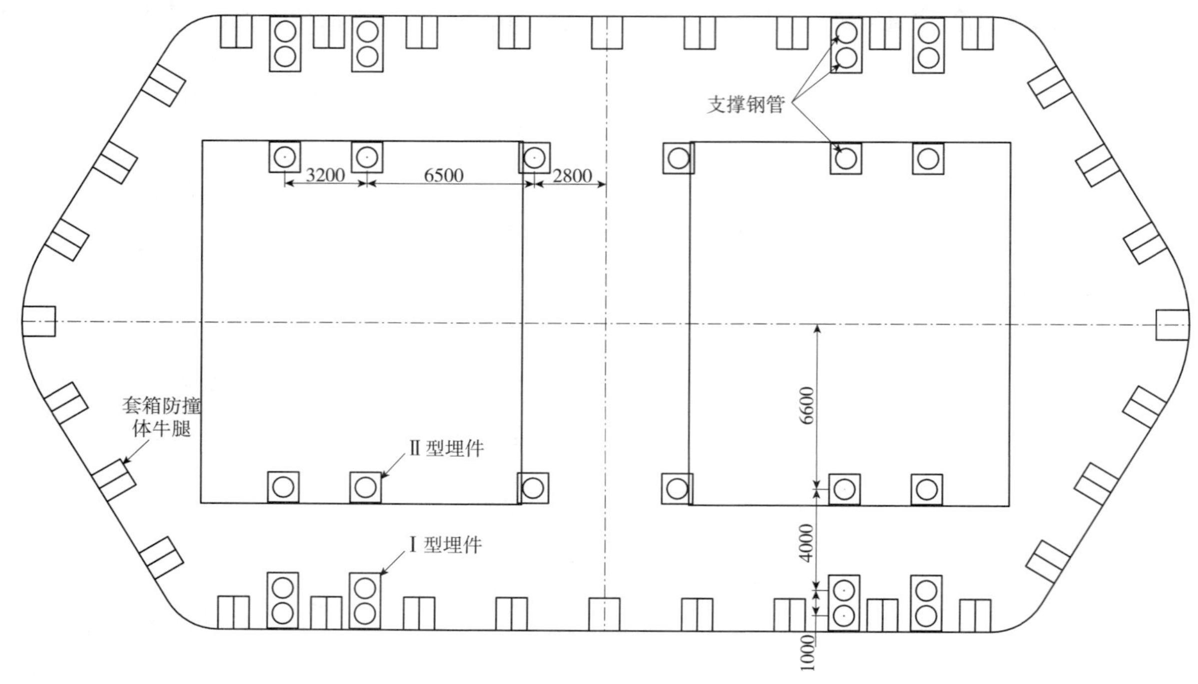

图 3-1-45　套箱钢牛腿、主桥下横梁及 0 号块支架预埋件平面布置图(尺寸单位:mm)

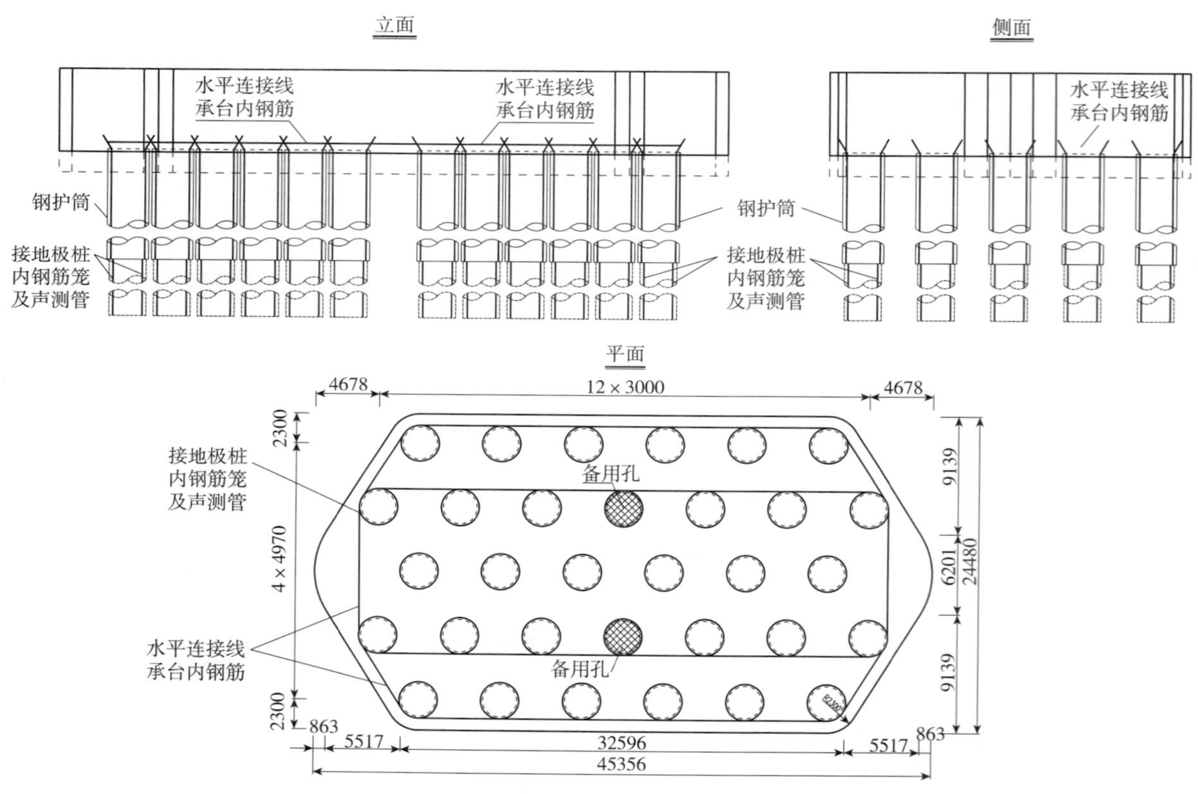

图 3-1-46　承台接地装置布置图(尺寸单位:mm)

5. 承台混凝土浇筑

1)承台混凝土施工要点

承台混凝土由自建 2 套拌和站供应,投入 8 辆混凝土罐车,在主墩东侧栈桥连接平台和西侧墩侧辅助平台上各布置 1 辆混凝土地泵,利用输送泵管布料杆泵送入模,在局部位置设置溜槽入模,另采用 70t

履带吊作为现场施工的吊装设备。

承台混凝土塌落度控制在160±20mm。混凝土经串筒入模。混凝土浇筑时水平分层进行，每层浇筑厚度控制在30cm左右。采用ϕ70mm插入式振动棒振捣密实。振动器移动间距不应超过振动器作用半径的1.5倍；与侧模应保持10~15cm距离；插入下层混凝土5~10cm。对每一振动部位，必须振动到该部位混凝土密实为止。混凝土的浇筑应连续进行，如因故必须间断时，其间断时间应小于前层混凝土的初凝时间或能重塑的时间。对设置测温点的位置不宜直接振捣，以免破坏测温点。浇筑承台混凝土之前，冷却管需进行试通处理，压水检验。

2）施工缝处理

承台混凝土分次浇筑存在施工接缝，从以下几方面入手处理好接缝：

（1）严格按规范要求对第一次混凝土进行凿毛和淡水冲洗处理；

（2）缩短前后两次混凝土浇筑的时间间隔，以减小两层混凝土间因收缩、徐变的不同而产生的附加内力；

（3）二次混凝土浇筑前对凿毛混凝土顶面进行淡水润湿至饱和，并铺一层1~2cm厚的1∶2水泥砂浆；

（4）水平接缝四周设工形橡胶止水带。

6. 套箱补充涂装

当混凝土达设计强度的75%时，可安排割除所有内支撑钢管，并将原来内支撑钢管影响防撞结构的部分补充完整，并按防腐要求重新涂装。

（三）主墩承台大体积混凝土浇筑采取的养护、温控措施

1. 概述

承台及后续施工的塔座、塔柱（实心段部分）等混凝土施工均为大体积混凝土施工，除了分层浇筑以减少单次成型的体积外，还需要采取有效的养护和温控措施，以防止大体积混凝土出现温差裂缝等质量缺陷。

承台施工前专门做温控设计，编制详细的温控方案。参照温控方案执行。由于承台施工期间为冬季施工，宜采用“覆盖法”养护。详细温控措施及养护操作方法参见主墩承台温度控制施工专项方案。

2. 冷却水管布设方法

根据混凝土结构内部温度分布特征，冷却水管采用Φ40×2.5mm的电焊钢管制作，水管之间通过丝扣连接或是黑色橡胶套管紧密连接，弯管部分采用冷弯工艺加工。

根据混凝土内部温度分布特征及控制最高温度的要求，索塔承台第一浇筑层布设2层冷却水管，第二浇筑层布设4层冷却水管，共6层；水管水平/垂直管间距均为80cm，距离混凝土上下表面为40~80cm，距离混凝土侧面为100~148cm，单层8套水管。

冷却水管均采取上下层交错布置，每套管长不超过150m，出水口和入水口集中布置、统一管理。冷却水管布置如图3-1-47所示。

3. 大体积混凝土施工采取的温控措施

主墩承台在长度、厚度、体积等方面均为超长、超厚大体积混凝土，应采取必要的温控措施，控制混凝土可能产生的裂缝，提高混凝土的抗渗抗裂能力。

（1）优化混凝土配合比、降低水泥水化热

配合比设计优化的目标是：采用优质原材料，在满足强度要求和工作性能的前提下，配制出抗渗性能好、体积收缩小、绝热温升尽可能的优质混凝土。

水泥水化热温升主要取决于水泥品种、水泥用量及散热速度等因素，在水运工程中为了降低混凝土的水化热同时又能提高混凝土的密实性，大多采用粉煤灰和粒化高炉渣粉复掺，可选用矿渣硅酸盐水泥加粉煤灰的组合或普通硅酸盐水泥加矿渣、粉煤灰的组合，这样既减少了水泥用量又降低了混凝土的水化热温升,控制最终水化热,增加了混凝土的抗渗能力。

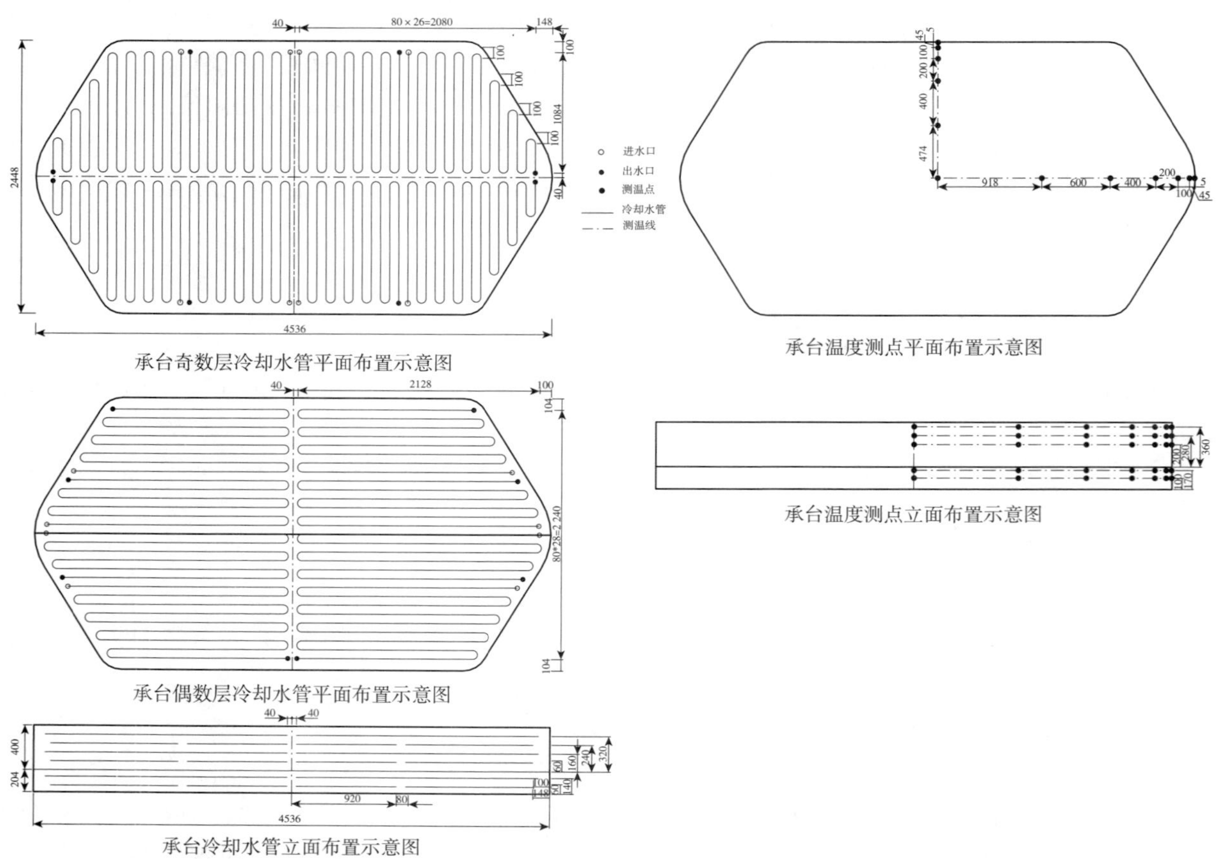

图 3-1-47 冷却水管布置图(尺寸单位:cm)

另外在满足施工的前提下,尽可能使用塌落度相对较低的混凝土,有利于减少混凝土用水量,降低温升、减少干缩,提高抗开裂性。

(2)控制混凝土的浇筑温度

避免在高温时浇筑承台混凝土,采用冷水机制冷水拌制混凝土。

浇筑温度是指混凝土经拌和,运输至模板内的温度,混凝土浇筑时间尽量选在一天中气温较低的时间内进行。

(3)埋置水平冷却管

按要求在混凝土浇筑前预先埋入冷却管,利用管内流淌的冷水带走混凝土内部的部分热量,从而降低混凝土内部的最高温度。当发现进出水口温差过大或过小,或者水温与混凝土内部温度的差值超过25℃时,应及时调整水温或流量,防止水管周围因较大的温度应力而产生裂缝。关闭冷却水管的时间可选择在停止冷水后,温度不再上升这一阶段。

(4)保温、保湿养护

采取保温保湿的方法防止混凝土内外温差、总降温差、降温速度超过规定要求,做到整体温差平衡。混凝土的养护采用"内散外蓄"的办法,将混凝土内外温差控制在25℃以内,因此从混凝土浇筑开始通水至通水结束时间内派专人负责每隔2h测量混凝土内部温度,并对测量记录及时分析。一般情况下,混凝土浇筑完毕待终凝后立即在上表面用淡水蓄水养护,蓄水深度应在30cm左右,以推迟混凝土表面水分的迅速散失,控制混凝土表面温度与内部中心温度及与外界气温的差值,防止混凝土表面开裂。气温较低季节施工时,应采取覆盖保温保湿材料进行养护。

4. 冷却管压浆

冷却管使用完毕即采取常规压浆工艺灌浆封孔,并将伸出承台顶面的部分截除。

第二节 塔柱施工

一、工程概况

索塔采用钻石形，从上至下分为塔头、上塔柱、下横梁、下塔柱、塔座5个部分。塔顶高程157.59m，承台顶高程4.83m，索塔总高152.76m。其中塔头高25m，上塔柱高91.56m，下横梁采用等截面箱形断面高(7m，宽8.1m)，下塔柱高36.2m；索塔在桥面以上高度为107.992m，塔底左右塔柱中心间距20.00m。塔柱采用空心箱形断面，上塔柱锚固区塔壁厚度为横桥向0.80m，顺桥向为1.20m，中间设钢锚梁；上塔柱非锚固区壁厚为横桥向1.2m，顺桥向1.4m；下塔柱塔壁厚度均为1.2m。索塔竖向主筋采用直径32mm的HRB335钢筋。索塔结构图如图3-1-48所示。

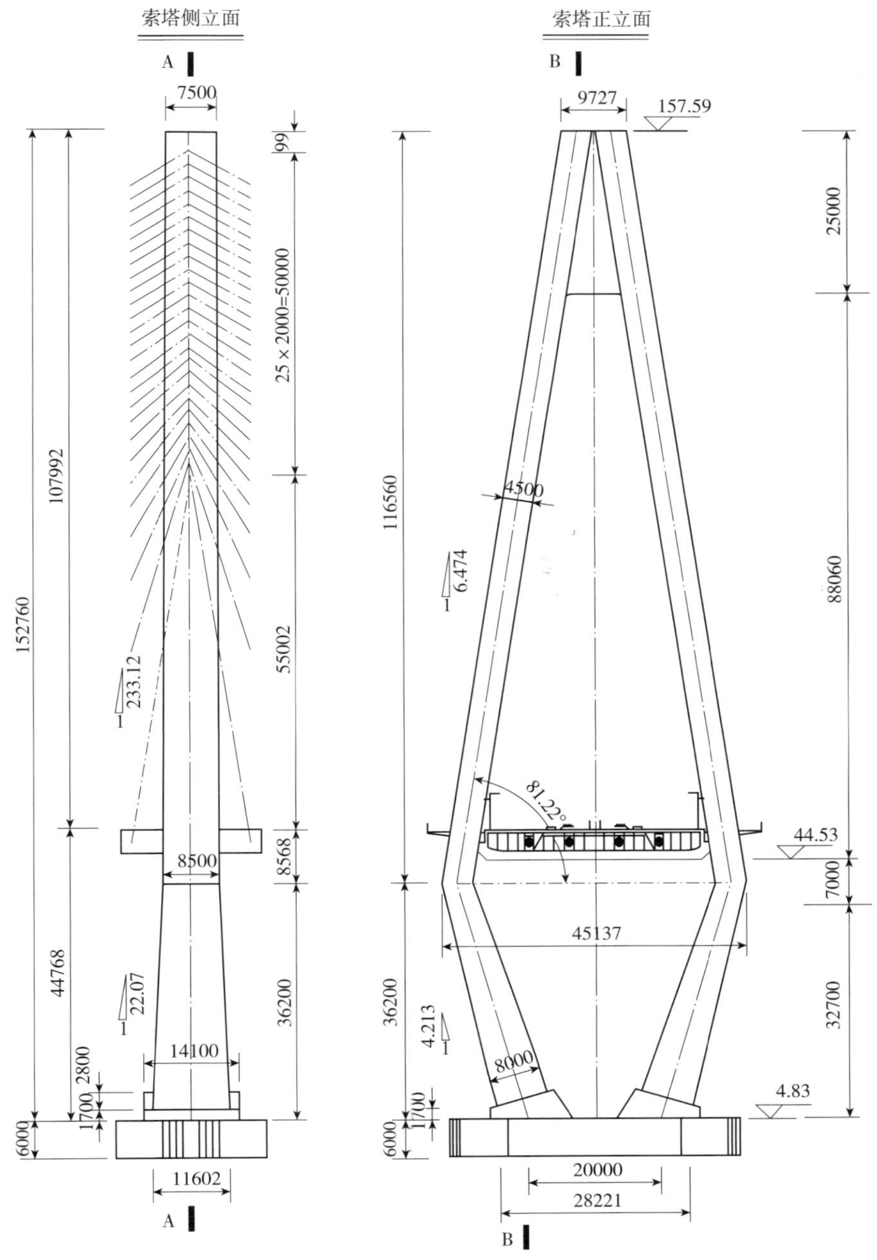

图3-1-48 索塔结构图(尺寸单位:mm)

钢锚梁作为斜拉索锚固结构，设置在塔头和上塔柱中，钢锚梁共19节，分4类，各锚固一对斜拉索。下面以北塔柱为例说明塔柱施工。

二、塔柱施工方法

（一）主塔施工方法总述

（1）塔柱施工标准节段高度为6m，根据施工需求，在上塔柱钢锚梁阶段及下塔柱设置调整段；塔座（含下塔柱起步段）及下塔柱第1节段采用满堂支架施工工艺，其他节段采用液压自爬模工艺进行施工。内模标准节段采用与外模板相同的结构。内模非标节段及上下倒角采用普通竹胶板进行，内模不采用爬模工艺，采用逐节预埋支撑搭设临时工作平台立模施工。

（2）下横梁采用支架法分两次现浇。考虑上下塔柱的结构，下横梁与塔柱交汇段同步现浇施工。

（3）上塔柱钢锚梁在工厂制作运输至施工现场安装，QTZ315型塔吊吊装就位。

（4）塔头合龙段首节采用原液压爬模的预埋件（爬锥）作为受力支撑构件，上面搭设分配梁、底模的方式进行施工。塔头合龙段以上节段采用和标准段爬模施工相同的方法进行施工。

索塔总高152.76m，共分为27个节段。标准节段混凝土斜高6.0m。塔座一次浇筑完成，且下塔柱1m范围起步段和塔座同时浇筑；下塔柱分为6个节段；下横梁与对应部分塔柱同时浇筑，分为2个节段；上塔柱与塔头共分为21个节段。北索塔混凝土节段划分如图3-1-49所示。

塔柱内竖向主筋均采用滚轧直螺纹套筒机械连接。劲性骨架在地面单片制作、塔上整体拼装。当劲性骨架与索塔主筋相碰时，劲性骨架适当避让。

索塔施工混凝土浇筑采用泵送方式，索塔下设置一台固定拖泵，通过泵管将混凝土直接泵送至作业点，再由串筒布料到浇筑位置，进行混凝土振捣。

采用钻石形索塔，为保证塔柱线形，在下塔柱施工过程中设置主动拉杆，在上塔柱施工过程中设置主动横撑，主动横撑在索塔施工完成后拆除。

（二）塔柱施工工艺流程

塔柱总体施工流程框图（施工步骤）如图3-1-50所示。

（三）塔柱主要施工设备

1. 塔吊选择及布置

为满足N01号主塔施工配置2台塔吊，左右幅各1台。西侧配置1台QTZ125F平臂塔吊，东侧（栈桥侧）配置一台QTZ315平臂塔吊。其中QTZ315型塔吊最大起重荷载为160kN，足以满足主塔及上部结构施工需求。QTZ125最大起重荷载为80kN，亦可满足单塔肢施工的需求。

受箱梁影响，塔吊基础无法安装在承台上，因此采用临时钢管桩作为塔吊基础，对钢管桩以及基础等进行了详细的验算。塔吊分次接高安装，根据塔吊受力要求，每隔18m设置一道附墙架（严格按照塔吊厂家设计图纸进行），并与塔柱侧壁预埋件连接。塔吊布置平面示意如图3-1-51所示。

2. 电梯选择及布置

根据实际施工需要及主塔结构形式，主塔施工共需配置3台SCQ150型电梯，安装高度约170m，承担施工人员和零星材料、小型工具的上下垂直运送。电梯在100m高度以下，每9m设一道附墙架；在100m高度以上，每6m设一道附墙架，附墙架与固定在塔柱上的托架型钢进行焊接或销接。电梯在使用过程中，最大悬臂高度不得超过6m。

塔柱第1、2节段施工完成后开始同步安装电梯，导轨（标准节）附着于塔柱外壁，并随着爬架的爬升而接高，由于下塔柱施工时电梯与塔柱距离较远。附墙需增用竖向脚手架管支撑。以减小自由变形长度。脚手架同时也兼做过往通道的支撑用。

3. 混凝土输送泵、泵管、施工用水管布置

塔柱混凝土由后场搅拌站生产，栈桥侧放置2台输送泵。由于塔柱高度为152.76m，混凝土泵管由

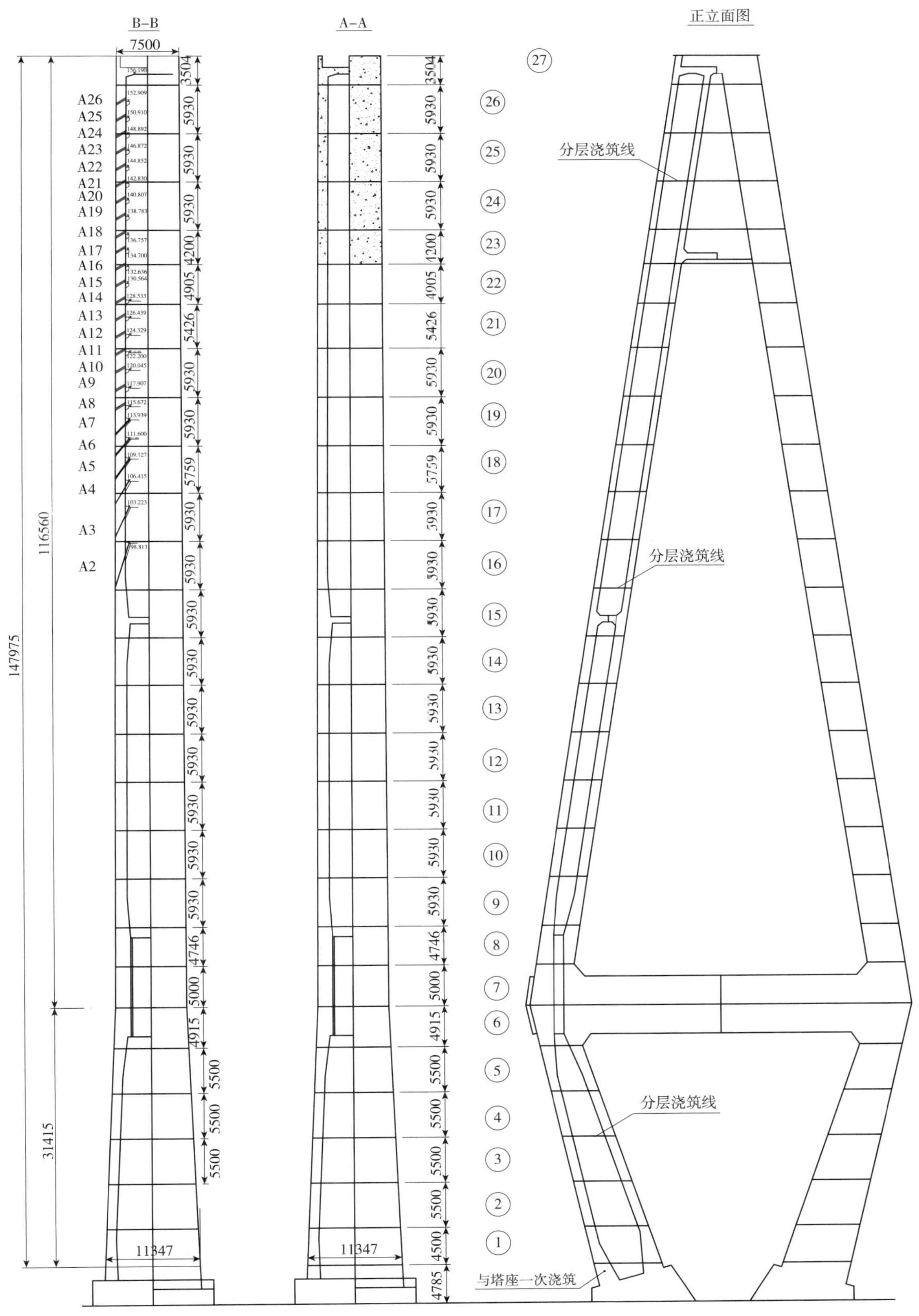

图 3-1-49 北索塔混凝土施工节段划分图(尺寸单位:mm)

普通泵管和高压泵管组成,泵管直径为 125mm。为了安全起见:高度为 100m 以下的壁厚选择为 9 ~ 10mm,直管单根长度为 2m,120m 高度以上壁厚为 6 ~ 7mm,直管单根长度为 3m。

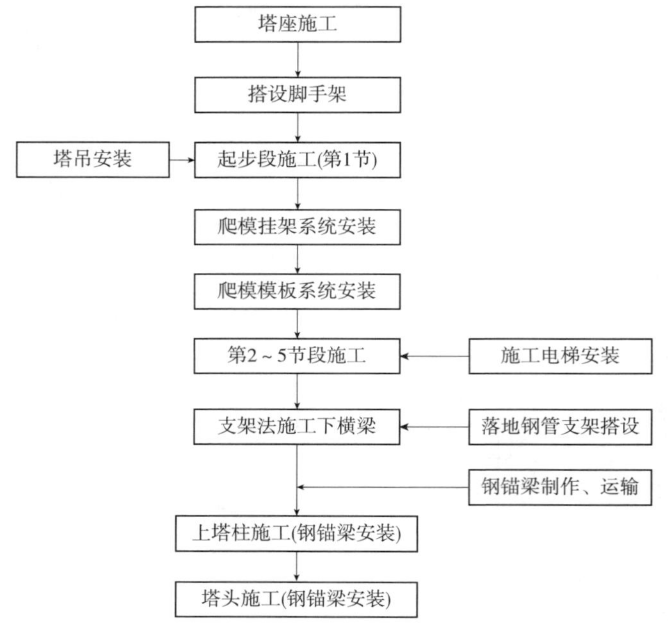

图 3-1-50　塔柱施工流程框图

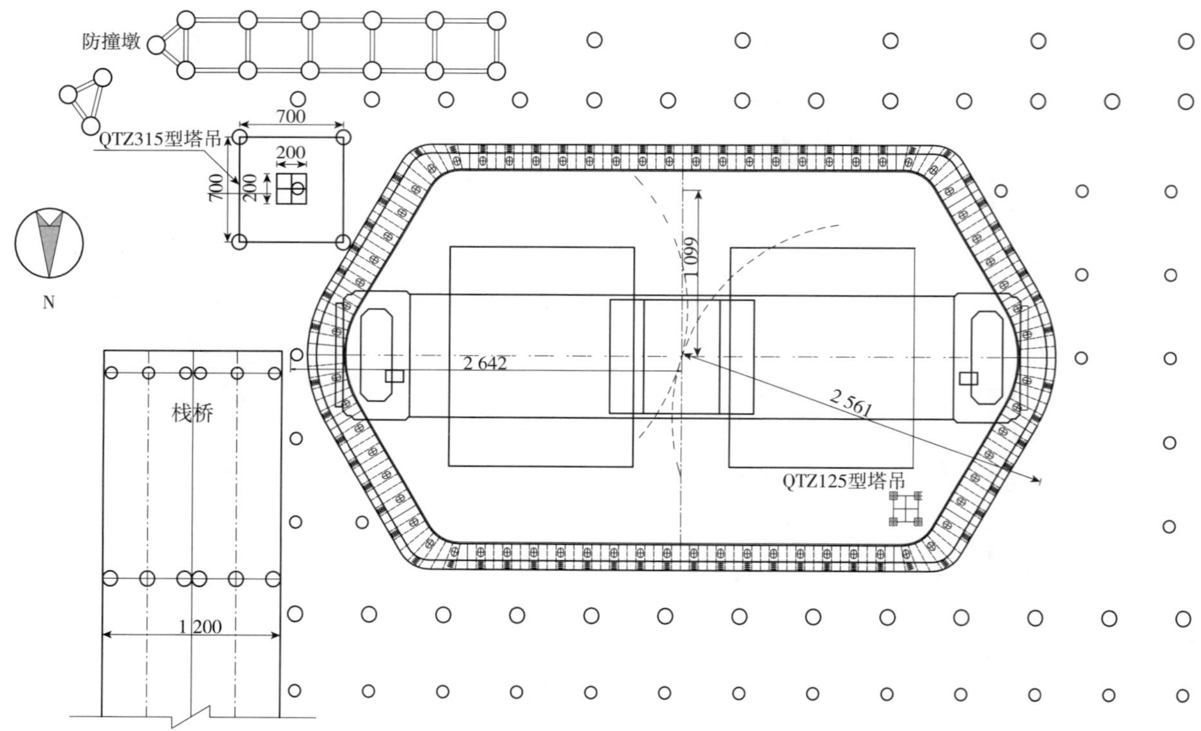

图 3-1-51　塔吊布置平面示意图

为方便混凝土泵管的拆除及检修,泵管从 HBT80C 座地卧泵接出,经过水平管到塔吊基座位置后然后沿塔吊布设。随着塔吊节段的增高而接长,在泵管端头接 6m 软管,进行混凝土布料,水平管每隔 3m

垫枕木,垂直管每 3 ~ 6m 与塔吊标准节固结 1 次(用 U 形卡及螺栓固结)。

索塔施工用水通过高压离心泵输送至索塔施工点,左右塔各设置 1 根水管,从一总管引入,与总管连接处设置高压阀门。水管采用 ϕ50mm 高压钢管,水管沿塔吊标准节布置,采用法兰接长水管。

为避免混凝土污染索塔,座地泵泵管沿索塔内腔布置上升至浇筑地点。在索塔起步段施工时,在索塔内侧面预留孔,作为泵管进入索塔内腔的通道,在索塔施工完成后对预留孔进行修补,泵管沿索塔内腔上升时每间隔 3m 附墙。施工用水采用自来水,索塔用水的储水池用钢护筒改造而成,储水池 $20m^3$ 左右。索塔用水通过高压离心泵输送至索塔施工点,两条输水管(ϕ50mm)与泵管一同沿索塔内腔布置。上、下游塔肢输水管通过总管与高压离心泵连接,每个输水管在与总管连接处设置一个高压球阀,单个塔肢供水时其中一个球阀关闭,另一球阀开启(实施供水)。

4. 液压爬模

1)采用的系统

索塔施工采用北京卓良模板有限公司 ZL-ZPM-100 型液压自爬模系统,节段浇筑可达 6m。

相对传统的爬架体系,液压自爬模板体系有许多优点:①液压爬模可整体爬升,也可单组爬升,爬升稳定性好;②操作方便,安全性高,可节省大量工时和材料;③除了因为建筑结构的要求(如结构面突然缩进或形状突变)需要对模架改造之外,一般情况下爬模架一次组装到顶不落地,节省了施工场地,而且减少了模板(特别是面板)的碰伤损毁;④液压爬升过程速度快、平稳、同步、安全;⑤提供全方位的操作平台,不必为重新搭设操作平台而浪费材料和劳动力;⑥结构施工误差小,纠偏简单,施工误差可逐层消除;⑦模板自爬,原地清理,大大降低塔吊的吊次。

2)液压爬模主要部件

液压自爬模体系主要由液压爬升体系和模板体系组成,其主要部件有:

(1)液压爬升体系

爬升体系包括内爬架和外爬架。外爬架为自动液压爬架,包括悬挂件及预埋件、爬升导轨、液压顶升设备、操作平台。爬架总高度约 16m,主工作平台由三角支撑架及连接型钢组成,承受整个爬架重量及施工荷载,并通过预埋件将荷载传递到混凝土上。所有平台构件均由型钢连接而成,拼装及拆卸极为方便快捷。

外爬架采用液压顶升设备进行爬架提升,塔柱在顺桥向两侧各布置 3 套顶升力为 100kN 的液压顶升设备,在横桥向两侧各布置 2 套顶升力为 100kN 的液压顶升设备,所有顶升设备可以单独操作,也可以同时操作。

内爬架总高度约 12m,主要由工作平台及锚固悬挂件组成。其中工作平台包括 1 个上部操作平台、1 个主工作平台及 2 个下部作业平台。主工作平台作业净空为 6m,平台大小可伸缩,以适应塔柱内腔截面尺寸的变化。内爬架的提升采用 50kN 手拉葫芦,手拉葫芦在内腔顺桥向布置,每侧各 3 只。

液压爬模系统总装图如图 3-1-52 所示。

(2)模板系统

由于塔柱施工禁止用对拉螺杆固定模板,模板系统改良后主要由木面板(进口 WISA 胶合板)、H20 木工字梁、外背桁架(横向背楞和专用连接件组成)3 部分组成。

在单块模板中,进口 WISA 胶合板面板与竖肋(木工字梁)采用自攻螺丝和地板钉连接,竖肋与横肋(双槽钢背楞)采用连接爪连接,在竖肋上两侧对称设置吊钩。两块模板之间采用芯带连接,用芯带销插紧固定,从而保证模板的整体性,使模板受力更加合理、可靠。液压爬模结构平立面布置如图 3-1-53 所示。

3)液压爬模工作原理及施工流程

导轨依靠附在爬架上的液压油缸进行提升,导轨提升到位后与上部爬架悬挂件连接,爬架与模板体系则通过顶升液压油缸沿着导轨进行爬升。

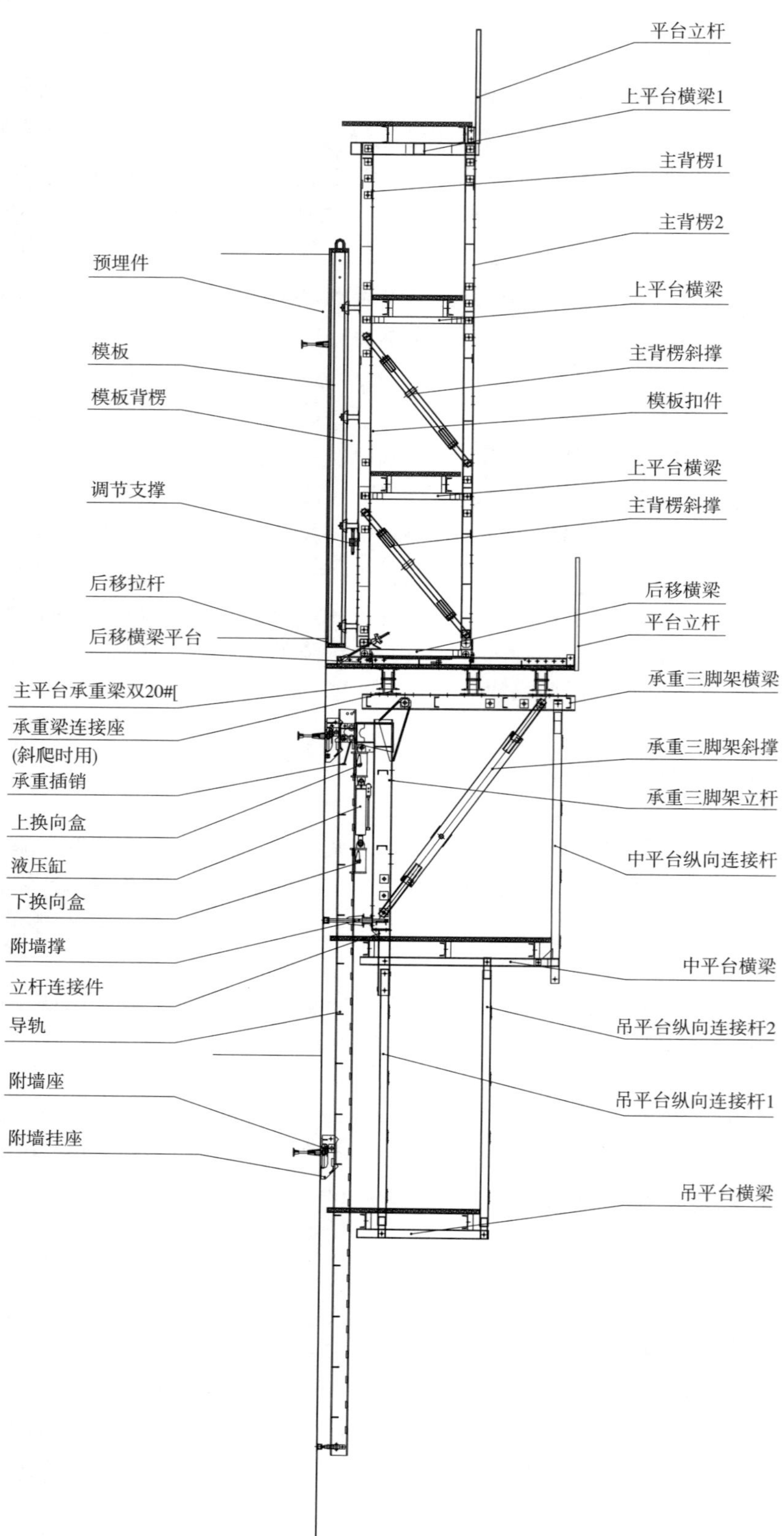

图 3-1-52　液压爬模系统总装图

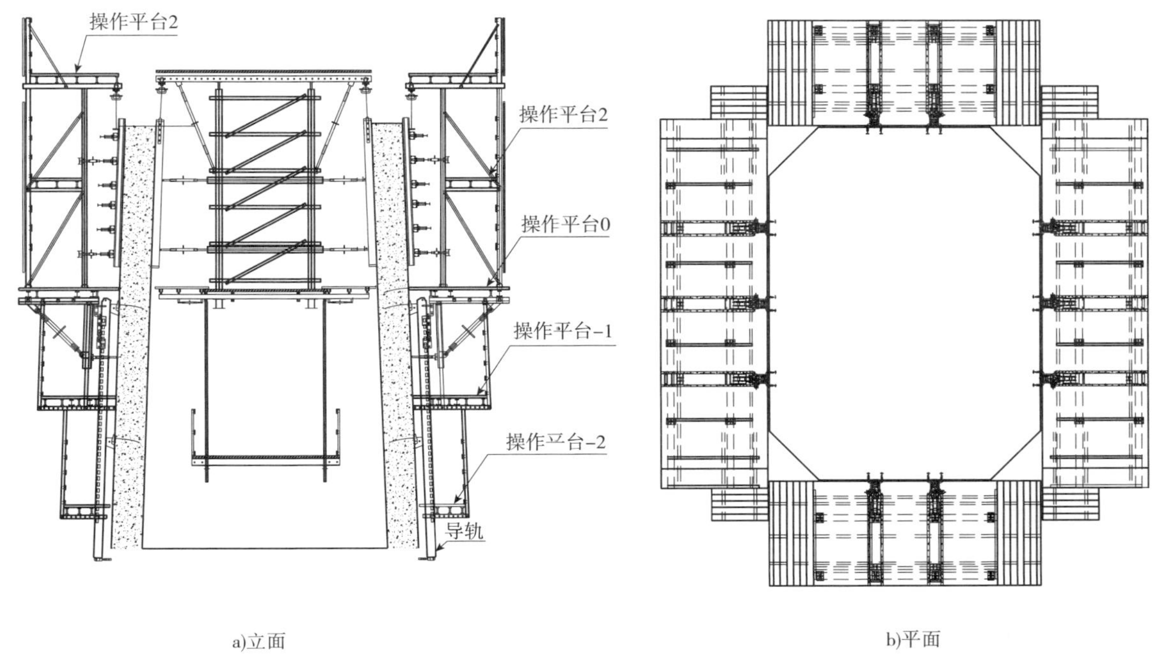

图 3-1-53 液压爬模结构平立面示意图

(四)本桥预应力施工工艺

1.预应力工程概况

1)桥型

主桥为:(70+140+480+140+70)m 双塔双索面组合梁斜拉桥,引桥主要为:30m 预制小箱梁,38~53m 现浇箱梁,60~80m 悬浇箱梁。

2)预应力概况

包括预应力钢束和预应力精轧螺纹筋两种,预应力束采用 19(15,12,9,7,5,4)ϕ_j15.2 高强度、低松弛钢绞线,标准强度 $f_{pk}=1860$MPa,锚下张拉控制应力为 $\sigma_{con}=1395$MPa;预应力钢筋采用 ϕ32 精轧螺纹粗钢筋,标准强度 $R_Y^b=785$MPa,锚下张拉控制应力为 706MPa(张拉力 567kN)。

其中第 2 标段北索塔预应力工程统计如表 3-1-18 所示。

2.预应力施工工艺流程

3.预应力安装

1)预应力管道的安装

预应力管道:钢束采用波纹管,钢筋采用焊管。波纹管必须具有制造商的出厂合格证和质量保证书,且已按规范要求检查合格。波纹管进场后,除核对其类别、型号、规格及数量外,尚应对其外观、尺寸、集中荷载下的径向刚度、荷载作用后的抗渗透性和抗弯曲渗漏进行检验。

预应力安装时,应注意以下问题:

(1)波纹管与锚垫板接头处用胶布缠裹严密,确保不漏浆。

(2)预应力管道必须按设计图纸要求的间距设置定位筋,确保管道线形的准确,混凝土振捣时应尽量避免振捣棒碰撞预应力管道,以免产生漏浆现象。

(3)锚垫板与边模贴严密,防止水泥浆漏入堵塞锚垫板;当管道与结构钢筋发生冲突时,应首先考虑预应力管道位置的准确。

(4)预应力管道安装好后,要注意保护,不得随便在管道上踩动而导致管道变形或破坏其线形。

椒江二桥北索塔预应力工程统计表 表 3-1-18

<table>
<tr><th colspan="2">项　目</th><th>部　位</th><th>预应力形式</th><th>张 拉 要 求</th></tr>
<tr><td rowspan="7">主桥</td><td>主塔</td><td>拉杆</td><td>φ32mm 精轧螺纹筋</td><td></td></tr>
<tr><td rowspan="3">主塔</td><td>环向预应力</td><td>φ32mm 精轧螺纹筋</td><td>混凝土强度≥设计 90%</td></tr>
<tr><td>绕塔平台</td><td>15-4、15-5 预应力钢绞线</td><td>混凝土强度≥设计 90%
且龄期达到 14d</td></tr>
<tr><td>下横梁</td><td>15-19 预应力钢绞线</td><td>混凝土强度≥设计 90%</td></tr>
<tr><td rowspan="3">钢混
组合梁</td><td rowspan="2">顶板</td><td rowspan="2">15-12 预应力钢绞线</td><td>边跨混凝土强度≥设计 90%</td></tr>
<tr><td>中跨合龙混凝土强度≥设计 80%</td></tr>
<tr><td>顶板（主梁
临时、永久）</td><td>φ32mm 精轧螺纹筋</td><td>混凝土强度≥设计 80%</td></tr>
<tr><td rowspan="14">北引桥</td><td>下部结构</td><td>盖梁</td><td>15-7 预应力钢绞线</td><td>混凝土强度≥设计 90% 且龄期达到 10d</td></tr>
<tr><td rowspan="13">上部结构</td><td rowspan="6">NS01 联
（连续刚构）</td><td>15-12、15-9 钢绞线（腹板）</td><td rowspan="5">混凝土强度≥设计 90%
且龄期达到 7d</td></tr>
<tr><td>15-9、15-12 钢绞线（底板）</td></tr>
<tr><td>15-9 钢绞线（顶板）</td></tr>
<tr><td>15-12 钢绞线（N03 墩横梁）</td></tr>
<tr><td>15-12 钢绞线（N09 墩横梁）</td></tr>
<tr><td>15-15 钢绞线（N10 墩横梁）</td><td rowspan="4">混凝土强度≥设计 95%
且龄期达到 10d</td></tr>
<tr><td rowspan="4">NS02 联
（现浇梁）</td><td>15-19 钢绞线（腹板）</td></tr>
<tr><td>15-9、15-12 钢绞线（顶板）</td></tr>
<tr><td>15-9 钢绞线（底板）</td></tr>
<tr><td>15-19 钢绞线（中横梁）</td><td rowspan="4">混凝土强度≥设计 85%
且龄期达到 7d</td></tr>
<tr><td rowspan="3">NS03 ~ NS05 联
（小箱梁）</td><td>15-4 钢绞线（中跨腹板）</td></tr>
<tr><td>15-5 钢绞线（边跨腹板）</td></tr>
<tr><td>15-4、15-3 钢绞线（顶板）</td></tr>
</table>

2）预应力筋的安装

预应力材料技术条件、质量证明书等内容必须符合现行国家标准，需按规范要求对进场材料进行试验。下料长度计算应考虑结构的孔道长度、锚夹具厚度、千斤顶长度和张拉工作度等因素。预应力筋的下料，应采用砂轮切割机或者切断机切断，严禁使用电弧焊进行切割。

预应力筋安装分为混凝土浇筑前安装和混凝土浇筑后安装：

（1）混凝土浇筑前安装：主塔环向预应力筋；NS01 联箱梁部分预应力束（T7-T9，B1-B4，B11-B14）。

（2）混凝土浇筑后安装：主塔除环向预应力筋以外的预应力筋；北引桥除 NS01 联（T7-T9，B1-B4，B11-B14）预应力束外的所有预应力。

3）其他

（1）主桥组合梁桥面板内主梁悬拼施工用永久预应力筋在钢箱梁吊装前或者下节段吊装前安装到位。

（2）主桥组合梁顶板预应力束在相应的节段安装完成后进行预应力的安装（根据监控指令进行）。

4. 预应力张拉

当混凝土强度和龄期达到设计规定的要求后，可安排张拉。由于本工程特殊的气候环境，空气湿度大、含盐高，预应力束（筋）容易锈蚀，因此，预应力束在符合张拉条件后要及时张拉、压浆。

1)张拉机具准备

张拉设备的相关要求:

(1)预应力筋的张拉宜采用穿心式双作用千斤顶,整体张拉或放张宜采用具有自锚功能的千斤顶;张拉千斤顶的额定张拉力宜为所需张拉力的1.5倍,至少不得小于1.2倍。与千斤顶配套使用的压力表应选用防震型产品,其最大读数应为最大应力的1.5~2.0倍,标定精度应不低于1.0级。

(2)张拉千斤顶进场后,将千斤顶、油表、油泵一起送有资质单位进行校准。

(3)千斤顶、压力表、油泵必须配套使用,不得临时调换,当出现故障时,立即检修并重新校准。需由专人负责保管这些设备。

(4)千斤顶一般使用超过6个月或300次,或在使用过程中出现不正常现象时,应重新校准。

2)预应力的张拉

预应力束的张拉和 ϕ32 预应力螺纹钢筋的张拉。预应力钢绞线锚下张拉控制应力为 σ_{con} = 1395MPa,预应力筋(ϕ32 精轧螺纹粗钢筋)锚下控制应力为706MPa,控制张拉力为567kN。

(1)预应力束张拉力及伸长量计算

钢绞线的理论伸长量可根据以下公式计算:

$$\Delta L = \frac{P_p L}{A_p E_p}$$

式中:ΔL——计算伸长量(mm);

P_p——预应力筋的平均张拉力(N),直线筋取张拉端的拉力 P;

L——预应力筋的长度(mm);

A_p——预应力筋的截面面积(mm^2);

E_p——预应力筋的弹性模量(N/mm^2)。

(2)预应力束的张拉

除NS01联部分钢束(T7-T9,B1-B4,B11-B14)采用单端张拉外,其余预应力束均采用两端张拉。预应力两端张拉时要求两端必须同步施加预应力和控制伸长量,预应力束实行双控,其中以应力控制为主,伸长量控制为辅。张拉顺序按照设计图纸要求进行张拉。

预应力束张拉按照以下程序进行:0→初应力→δ_{con}(持荷5min锚固)。

实施张拉时,应使千斤顶的张拉作用线与预应力束的轴线重合一致。预应力筋张拉时,应先调整到初应力 σ_0(该初应力宜为张拉控制应力 σ_{con} 的10%~25%),伸长值应从初应力时开始量测。预应力束(筋)的实际伸长值除量测的伸长值外,尚应加上初应力以下的推算伸长值。预应力筋的实际伸长值 ΔL(mm)可按下式计算:

$$\Delta L = \Delta L_1 + \Delta L_2$$

式中:ΔL_1——从初应力至最大张拉应力间的实测伸长值(mm);

ΔL_2——初应力以下的推算伸长值(mm),可采用相邻级的伸长值。

预应力束张拉结果需满足:实际伸长量与设计伸长量偏差不超过±6%;每束钢绞线断丝和滑丝不超过1丝,且每个断面断丝之和不超过该断面钢丝总数的1%。如果钢绞线断丝超出允许范围,原则上应更换钢绞线,当不能更换时,在监理工程师许可的条件下,可采取补救措施(如提高其他束预应力值),但须满足设计上各阶段极限状态的要求。

张拉过程中,做好张拉详细施工记录。

当实际延伸量与理论计算伸长量差值超过规范要求时,应从以下几方面找原因:

①校验张拉设备;

②调整管道的摩擦系数;

③调整初应力大小;

④调整穿束方式,使每股钢绞线顺滑,保证张拉时各股钢绞线受力均匀;

⑤测定钢绞线的弹性模量。

(3)预应力螺纹钢筋的张拉

ϕ32 精轧螺纹筋主要用在主塔环向预应力以及钢混组合梁顶板。

预应力筋张拉采用拉杆式 YCW60C 型千斤顶张拉,预应力螺纹钢筋张拉按照以下程序进行:0→初应力→δ_{con}(持荷 5min)→0→δ_{con}(锚固)。预应力钢筋在张拉过程中不允许出现断筋或者滑丝的现象,其余伸长量计算及注意事项等和预应力束张拉一样。

5. 预应力压浆

预应力筋张拉锚固后,孔道应尽早压浆,且应在 48h 内完成。本标段的压浆工艺均采用真空压浆。

1)真空压浆工艺

(1)水泥浆出口及入口接上密封阀门,将真空泵连接在非压浆端上,压浆泵连接在压浆端上,以串联的方式将负压容器、三向阀门和锚具盖帽连接起来,其中锚具盖帽和阀之间用一段透明的喉管连接。

(2)在压浆前关闭所有排气阀门(连接至真空泵的除外)并启动真空泵 10min。压力表显示真空负压力达到 -0.08MPa 并稳定后方可压浆。如未能满足上述数据,则表示波纹管未能完全密封,需在继续压浆前进行检查及修正。

(3)在保持真空泵运作的同时,开始往压浆端的水泥浆入口压浆。注意,在压浆过程中真空压力将会下降(0.03MPa)。从透明的喉管中观察水泥浆是否已填满波纹管。继续压浆直至水泥浆到达安装在负压容器上方的三相阀门。

(4)操作阀门以隔离真空泵及水泥浆,将水泥浆导向废浆桶方向。继续压浆直至所溢出的水泥浆形成流畅及一致性,且没有不规则的摆动,即认为管道已被浆液充满。

(5)关闭真空泵,关闭设在真空泵侧管道出浆处的阀门。

(6)将设在压浆盖帽排气孔上安装小盖,并保持压力在 0.4MPa 下继续压浆半分钟。

(7)关闭设在压浆泵出浆处的阀门,关闭压浆泵。

(8)压浆过程中按规定制作水泥浆试件。

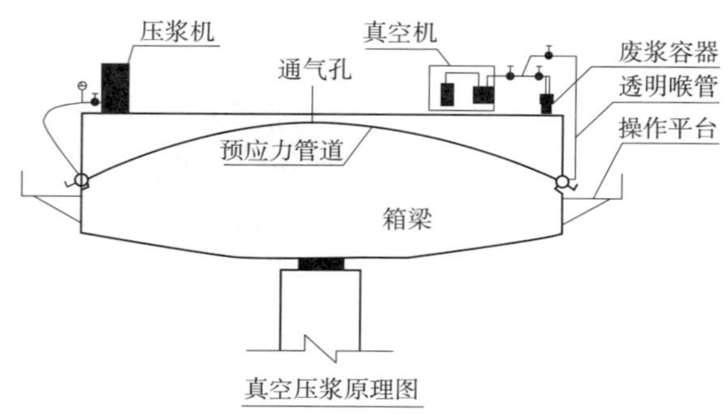

图 3-1-54　真空压浆原理图

(9)压浆结束 10d 可通过通气孔向管道内灌浆,确保通气孔处水泥浆的饱满。

附:真空压浆原理如图 3-1-54 所示。

2)压浆施工设备

(1)压浆设备包括:活塞压浆机;水泥浆搅拌机;水泥浆稠度仪;电子天平;100kg 天平;水泥浆试模等。

(2)真空辅助压浆还需要以下专用设备:真空泵;配套压力表(应到计量部门标定);压力瓶,作为防护屏障防止稀浆进入真空崩而损坏真空泵;加筋泌水管,须承受较大的负压。

3)水泥浆

(1)外加剂应与水泥具有良好的相容性,且不得含有氯盐、亚硝酸盐或其他对预应力筋有腐蚀作用的成分。

(2)膨胀剂宜采用钙矾石系或复合型膨胀剂,不得采用以铝粉为膨胀源的膨胀剂或总碱量 0.75% 以上的高碱膨胀剂。

(3)水泥浆的强度要求不低于 C40。

(4)水灰比采用 0.29 ~ 0.35。

(5)水泥浆拌和后 3h 泌水率控制在 2% 。

(6)在1.725L漏斗中,水泥浆的稠度应为14~18s。

4)压浆注意事项

(1)压浆前注意事项

①压浆所用浆液应符合设计和规范要求。

②应对孔道及压浆设备行清洁处理。

(2)压浆过程注意事项

①压浆时,对曲线孔道应从最低点的压浆孔压入;对结构中以上下分层设置的孔道(环向预应力筋),应按先下层后上层的顺序进行压浆。同一管道的压浆应连续进行,一次完成。压浆应缓慢、均匀地进行,不得中断。

②压浆现场技术员1名,试验员1名,压浆工人12名。技术员在真空泵处控制管道真空度和出浆情况,并协调现场压浆情况。试验员在压浆机处,控制水泥性能等。12名操作工人各自坚守自己的工作岗位,严格履行工作职责,按规范操作,确保施工安全。

③保持真空泵水箱中的指示水位,水温≤45℃。

④启动真空泵前先开水阀,停阀时先关闭水阀。

⑤完成抽真空工作时,要及时排空真空泵内余水。

⑥确保水泥浆不得进入真空泵内,如果发生,应立即停机处理。

⑦负压容器内水泥浆不得超过其容器的50%。

⑧现场配备:配备的阀门、快换接头、密封盖帽螺塞、密封生胶带、玻璃、空压机、扳手等,以备急用。

⑨孔道压浆应填写施工记录。

(3)压浆后注意事项

①压浆后48h内结构混凝土温度以及环境温变不得低于5℃,否则应对结构混凝土进行保温养护。

②压浆后应通过检查孔检查压浆的密实情况,如有不实,应及时进行补压浆处理。

③压浆完成后,应及时对锚固端按设计要求进行封闭保护或防腐处理,需要封锚的锚具,应在压浆完成后对梁端混凝土凿毛并将周围冲洗干净,设置钢筋网浇筑封锚混凝土;长期外漏的锚具应采取防锈措施。

④对后张预制构件(小箱梁),在孔道压浆前不得安装就位;压浆后,应在浆液强度达到规定强度后方可移运和吊装。

6.工程质量保证技术措施

(1)预应力张拉施工前,应做好下列工作:①张拉作业区,应设警告标志,无关人员,严禁入内。②检查张拉设备工具(如千斤顶、油泵、压力表、油管、顶楔器及液控顶压阀等)是否符合施工安全的要求;压力表应按规定周期进行检定。③锚环和锚塞使用前,应认真仔细检查及试验,经检验合格后,方可使用。④高压油泵与千斤顶之间的连接点各接口必须完好无损,螺母应拧紧。油泵操作人员要戴防护眼镜。⑤油泵开动时,进、回油速度与压力表指针升降保持一致,并做到平稳、均匀。安全阀应保持灵敏可靠。⑥张拉前,操作人员要确定联络信号,张拉两端应设便捷的通信设备。

(2)张拉作业前应搭设好张拉作业平台,平台四周应加设护栏、设置上下扶梯及安全网。施工的吊平台,应安挂牢固,必要时可另备安全保险设施。张拉时,预应力筋两端的正面严禁站人和穿越。严格按照预应力施工工艺进行施工,认真、严肃、真实的做好各项规定的施工记录。

(3)张拉前应对张拉节段各部位做必要的检查,确认混凝土浇筑振捣质量合格,无蜂窝、空洞、异常裂缝以及混凝土强度达到设计允许的强度等级,龄期后,方可进行张拉。

(4)张拉操作中,若出现异常现象(如油表振动剧烈,发生漏油,电机声音异常,发生断丝、滑丝等),应立即停机进行检查。

(5)张拉钢束完毕,退销时,应采取安全防护措施,防止销子弹出伤人。卸销子时,不得强击。

(6)张拉时和张拉完毕后,对张拉施锚两侧均应妥善保护,不得压重物。张拉完毕,尚未灌浆前,预应力端应设围护和挡板。严禁撞击锚具、钢束及钢筋。不得在预应力端附近作业或休息。

(7)精轧螺纹筋张拉前,除对张拉台座检查外,还应对锚具、连接器进行试验检查。

(8)管道压浆时,应严格按照规定压力进行。施压前应调整好安全阀,经检验确认无误后,方可作业。管道压浆时,操作人员戴防护眼镜和其他防护用品。关闭阀门时,作业人员应站在侧面,以确保安全。

(9)高度重视压浆的施工质量,保证压浆的密实度。

三、索塔劲性骨架及塔柱混凝土浇筑

(一)钢筋、劲性骨架、液压爬模及混凝土施工方法

1. 钢筋

索塔主筋为热轧 32mm 直径 HR335 钢筋,采用滚轧直螺纹套筒机械连接。根据塔柱节段划分,钢筋基本连接高度取 12m。

1)钢筋制作及运输

钢筋在加工场集中加工制作,钢筋加工的形状、尺寸需符合设计要求,复杂的细部尺寸需进行放大样制作。

丝头加工步骤如下:

(1)钢筋应先调直再按设计接头位置下料,下料采用电动砂轮锯。钢筋切口应垂直钢筋轴线,不得有马蹄形或翘曲端头。不允许用气割进行钢筋下料。

(2)按钢筋规格调整好滚丝头内孔最小尺寸及涨刀环,调整及滚压行程开关位置,保证滚压螺纹的长度。

(3)加工钢筋螺纹时,需采用水溶性切削润滑液;当气温低于 0℃时,应掺入 15% ~20% 亚硝酸钠,不得用机油作润滑液或不加润滑液套丝。

(4)操作工人应用环规、塞规逐个检查钢筋丝头的外观质量,检查牙型是否饱满、无断牙、秃牙缺陷。

(5)钢筋套丝完成后,一端套上直螺纹套筒,另一端用塑料保护帽对端头螺纹进行保护。

索塔、塔座钢筋规格型号较多,长度变化较大,每一型号钢筋数量都较大,因此加工的半成品钢筋应按型号、规格、用途等进行编号挂牌,按分层分块的方法分别堆放,对于通长钢筋则先按分层分块要求捆绑成一起,再进行集中堆放。

半成品的钢筋由运输车运往施工现场,钢筋从加工场运输到墩位现场处时,在索塔施工平台上设置钢筋堆放区,用枕木垫高堆放,同时做好钢筋防水、防锈措施。为了保证钢筋连接的顺利进行,加工好的钢筋在运输及吊装过程中要加强保护,尤其是钢筋的外露螺纹及套筒的内螺纹。

2)钢筋定位

如果在主筋安装过程中没有将其位置逐根一次性准确限定到位,而是先初步固定后再调节定位,将会大大增加工作量。施工中考虑在劲性骨架定位加固后,对劲性骨架 4 个角点进行测量,在顶面外围再加焊围檩,作为索塔主筋精确定位的框架。围檩是控制主筋平面位置、保证模板安装和钢筋保护层的具体措施。

在浇筑第一层承台混凝土时,预埋塔柱钢筋定位劲性骨架埋件。施工第二层承台时,精确定位劲性骨架位置,将劲性骨架与预埋件牢固焊接形成一个稳定牢固的整体。将塔柱预埋钢筋与劲性骨架焊接固定,精确、牢固的定位预埋钢筋。

3)钢筋安装、绑扎

钢筋现场安装时利用管钳在安装现场完成连接。

钢筋连接步骤如下:

(1)将待连接钢筋吊装就位。

(2)回收塑料保护帽,连接前检查钢筋规格与连接套筒规格是否一致,确认丝头无损坏后,将带有连接套筒的一端拧入待连接钢筋。

(3)用管钳扳手拧紧钢筋接头,并达到规定的螺纹长度。连接时,将扳手钳头咬住连接钢筋,垂直钢筋轴线均匀加力,严禁钢筋丝头未拧入连接套筒就用扳手连接钢筋,否则会损坏接头丝扣,造成钢筋连接质量事故。

主筋用直螺纹接头连接之后,每一层箍筋由下而上、从内向外的顺序绑扎。对钢筋复杂的细部进行纸上放样,并编制绑扎顺序。箍筋平直部分与竖向钢筋交叉点,可每隔一根箍筋相互成梅花式扎牢,绑扎高度按每次混凝土浇筑高度进行。为避免钢筋扎丝成为塔座、塔柱钢筋的腐蚀通道,绑扎钢筋时扎丝不能留尾巴,扎丝头不能伸入保护层内。

4)下横梁处钢筋弯曲

索塔为钻石形结构,索塔主筋在下横梁处需进行弯曲。为确保主筋的折角位置、角度精确,采用轻便机械工具现场弯曲。

2. 劲性骨架

1)一般要求

为满足索塔高空倾斜状况下钢筋、模板施工的精确定位,方便测量放线,索塔施工时设置劲性骨架。劲性骨架采用∠100×10 角钢主弦杆及∠75×8 角钢腹杆形成桁架。劲性骨架必须有足够的强度和刚度,尤其是下塔柱因为倾斜角度较大,其劲性骨架刚度要大。上塔柱及塔头劲性骨架计时需考虑索导管定位的框架,以确保索导管的定位精度。

为方便安装,劲性骨架在后场地面分节段单片加工制作,每个塔肢的劲性骨架按塔柱四面分成 4 块在地面精确加工,运输至现场后塔吊吊装在塔上整体拼装。劲性骨架分节高度与塔柱节段划分相匹配,确保主筋接长时的稳定,标准节高取为 5.93m,塔上接高时视主筋接高长度确定骨架接高为一节或两节。当劲性骨架与索塔主筋、预应力筋、索导管相碰时,劲性骨架适当避让。

2)加工制作

劲性骨架加工方法如下:

(1)为提高劲性骨架加工精度,在后场设置平整的劲性骨架加工加工平台。

(2)根据劲性骨架尺寸、倾斜角度、预偏角度,在加工平台上用墨线标示出劲性骨架外廓线。

(3)定位、安装外廓线位置的竖向型钢、上下平面型钢,并进行空间尺寸检测。

(4)安装剩余的横向连接撑以及斜撑杆,并焊接加固,进行空间尺寸复测。

(5)进行编号,以方便现场安装。

劲性骨架分片加工完成后,通过运输车运输至现场,塔吊吊装。为了保证劲性骨架在起吊、运输过程不发生较大的变形,起吊采取四点吊,在运输车辆上,使用方木在支撑处进行支垫,并尽量保证水平,使用绳索进行加固,以防止其翻落。

3)现场安装

为便于劲性骨架安装定位,下节劲性骨架宜高出混凝土顶面 20cm,在骨架顶部设置一块钢板以便于下一节骨架的安装。

现场安装方法如下:

(1)4 个下角点对准已有骨架 4 个顶角控制点,4 个上角点用垂球或经纬仪校核偏差,各角点偏位要求控制在±1~2cm 之内。

(2)由测量人员校核其倾斜度是否合乎要求,必要时用楔形钢板微调,当达到设计要求后,立即将骨架与连接板施焊。垫高或截断高度不能大于 3cm,以防整个骨架出现倾斜。

(3)4 片骨架分别定位后,连成一体,增加刚度。

为保证劲性骨架受力后顺应塔柱的倾斜度,可根据计算和测试对劲性骨架进行一定角度的预偏,预偏角度一般为大于塔柱倾斜度0.5°~1°的仰角。当劲性骨架与模板拉杆、索导管等发生冲突时,注意调整劲性骨架。

3.液压爬模安装及爬升

1)安装流程

爬模架体安装顺序为:安装附墙装置→安装承重三角架→安装上架体→安装模板→安装下架体→安装导轨→安装液压装置。

2)爬升流程

爬升原理:液压爬模的动力来源是本身自带的液压顶升系统,以达到一定强度的塔柱混凝土作为承载体,利用自身的液压顶升系统和上下两个换向盒分别提升导轨和支架,实现架体与导轨的互爬,从而使液压爬模稳步向上爬升,再利用后移装置实现模板的水平进退。

爬模爬升顺序为:混凝土浇筑完并达到强度→拆模后移→安装附墙装置→提升导轨→爬升架体→绑扎钢筋→模板清理刷脱模剂→埋件固定模板上→合模→浇筑混凝土。

4.混凝土浇筑

索塔塔柱及横梁混凝土总方量为11210m^3,均采用高性能海工耐久混凝土,设计强度等级C50,海工耐久混凝土采用混凝土常规原材料、常规工艺,经配比优化而成,在海洋环境中具有高耐久性、高尺寸稳定性和良好工作性能。上塔柱是钢混结合段,对混凝土与钢锚梁之间的连接性、耐久性以及混凝土防裂性能要进行试验与研究。下塔柱、下横梁、塔座混凝土90d氯离子扩散系数应$\leq 1.5\times10^{-12}m^2/s$,电通量应<1000库仑;上塔柱、塔头混凝土90d氯离子扩散系数应$\leq 2.0\times10^{-12}m^2/s$,电通量应<1500库仑。

混凝土采用泵送工艺,其配合比设计严格按照相关规范进行,以保证泵送混凝土的流动性、和易性以及缓凝、早强、高强等性能。确定配合比后,在正式使用前,应经工地试验室试验并报监理工程师认可,以确保混凝土的施工质量。

混凝土由搅拌站集中生产,由混凝土罐车运输到现场平台,再由平台上的固定拖泵输送到浇筑节段作业点,通过串筒布料到浇筑位置。串筒由薄钢板卷制而成,串筒单节长度1.0m,根据混凝土高程情况接长或缩短串筒长度,从而保证混凝土自由流落高度不超过2.0m,确保混凝土不离析。

索塔混凝土浇筑时采取分层浇筑、对称分层布料、分层振捣施工方法,每层的布料厚度为30cm。为了保证塔柱混凝土的密实度,在施工中应加强对每层布料厚度、振捣时间与振捣间距的控制。振捣时,振捣棒应插入混凝土内,上、下层混凝土振捣时应将振捣棒插入下层混凝土内5~10cm,每一处振捣应快插慢拔,必须振捣至该处混凝土不再下降,不再冒出气泡,表面出现泛浆为止。

索塔锚固区由于设置有斜拉索锚固结构,增加了索导管、钢锚梁预埋钢板以及剪力钉等,塔柱钢筋、齿块钢筋密集,同时又锚固区环向预应力钢筋,混凝土浇筑时须加强振捣,以确保混凝土质量。

混凝土浇筑期间,需安排专人检查模板、预应力管道、预埋钢筋、预埋件的稳固情况,对松动、变形、移位等情况,及时将其复位并固定好。

每次混凝土浇筑完毕后,以模板顶口线为基准,对靠近模板、宽约1.5cm的混凝土顶面内外接缝作修正、压实、抹平处理。在进行施工缝凿毛时,严禁破坏这条接缝,以确保上下层混凝土接缝顺直。凿毛由人工完成,当交界面混凝土强度达到2.5MPa时,即可由人工开始凿除混凝土表面的水泥砂浆和松软层,经凿毛处理的混凝土面采用压缩空气清理干净。

由于索塔模板底口无接口模,为防止混凝土浇筑时漏浆以及上下两节段混凝土结合部出现过大的错台,待浇节段的模板底部应压紧已浇节段的混凝土顶部外表面,不得留有空隙。混凝土浇筑前,再次对接缝表面进行检查清理,若有杂物,应清理干净,以防夹渣。混凝土浇筑过程中,应经常观察模板与下节段混凝土面的贴紧情况,若出现漏浆,旋紧相应部位的对拉杆螺母及支撑螺旋。接缝两侧的混凝土应充分振捣,以使缝线饱满密实。

索塔混凝土为高标号、高性能混凝土，塔柱壁较厚，产生的水化热较高，而且桥位处受风影响大，使高塔混凝土养护增加了难度。混凝土养护在温度高于10℃时采用喷水覆盖保湿养护，在温度低于10℃时采用覆盖保温养护。

对于施工临时预埋件在使用期间应进行防锈处理，当液压爬模系统向上爬升一节段后，应及时取出预埋爬锥并修补留下的爬锥孔。

（二）塔座施工

1. 塔座施工概况

塔座呈分离式斜台状，横桥宽度由12.448m渐变至9.971m、顺桥向宽度14.5m、高度由1.7m渐变至4.5m，一次浇筑成型，混凝土强度等级为C50。为使索塔结构受力更好且方便塔柱爬模施工，在塔座上部浇筑一段下塔柱作为调平层，其顶面高程为+9.615。调平层与塔座一次浇筑成型，混凝土强度等级为C50，索塔塔座（两塔座）的混凝土方量为：1048.2m^3，塔座及下塔柱起步段（1.0m高度）采用一次性支模整体浇筑，以提高塔座与塔柱的连接质量。承台施工结束后，待混凝土强度达到2.5MPa时，对塔座范围内的承台表面凿毛处理，凿毛完成后绑扎塔座及塔柱钢筋。需注意在承台施工时需准确预埋塔座及塔柱钢筋。

塔座施工流程如图3-1-55所示。

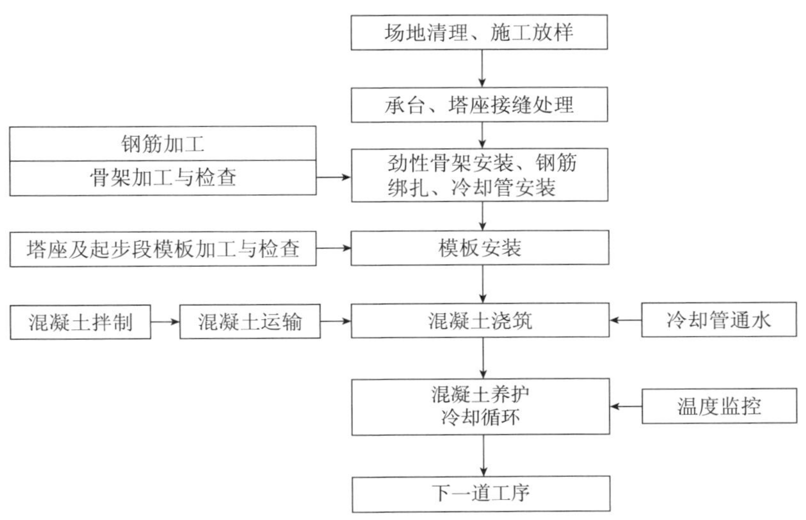

图3-1-55 索塔塔座及下塔柱起步段施工工艺流程图

2. 塔座钢筋的绑扎及温控措施

1）塔座钢筋制作及绑扎

钢筋原材料在制作前要调直，除锈去污，为便于施工，钢筋在加工场按图纸设计加工成半成品，加工好后运至现场进行绑扎。钢筋骨架的尺寸，焊接及保护层厚度要达到设计要求，所用焊条要符合规范要求，绑扎完成经自检合格后，报监理工程师检查，经检验合格后方可支模板。

施工过程中注意以下几点：

（1）钢筋宜堆置在仓库（棚）内，露天堆置时，应垫高并加遮盖，并按不同钢种、等级、牌号、规格及生产厂家分批验收，分别堆存，不得混杂，而且应设立识别标志。钢筋应具有出厂质量保证书和试验报验单，对不同型号的钢筋均应抽取试样做力学性能试验。

（2）钢筋的表面应洁净，使用前应将表面的油渍、漆皮、鳞锈等清除干净。钢筋应平直，无局部弯折。钢筋的弯制和末端的弯钩应符合设计及规范要求。

（3）主筋采用CABR连接器连接，且每一断面连接器数目不超过该断面主筋总数的50%。

（4）主筋上设置垫块，且每m^2不少于4个，以保证钢筋骨架的混凝土保护层厚度。

(5)施工时注意下塔柱钢筋的放置,如遇冲突,塔座钢筋对下塔柱主筋作适当避让。

(6)由于塔座钢筋用量大且横桥向一边为斜面,为防止钢筋骨架变形,必要时需设劲性钢支撑。

2)塔座冷却水管安装和排水管预埋

(1)水管材质及加工工艺

冷却水管采用 $\Phi40\times2.5$mm 的电焊钢管制作。水管之间通过丝扣连接或是黑色橡胶套管紧密连接,弯管部分采用冷弯工艺加工。

(2)水管布置

根据混凝土内部温度分布特征及控制最高温度的要求,单个塔座共布设 4 层冷却水管;水管水平管间距均为 80cm,垂直管间距为 80 ~ 100cm,距离混凝土上下表面为 80 ~ 100cm,距离混凝土侧面为 120 ~ 131cm,第 1、2 层单层两套水管,第 3、4 层单层 1 套水管。

冷却水管均采取上下层交错布置,每套管长不超过 150m,出水口和入水口集中布置、统一管理。冷却水管布置如图 3-1-56 所示。

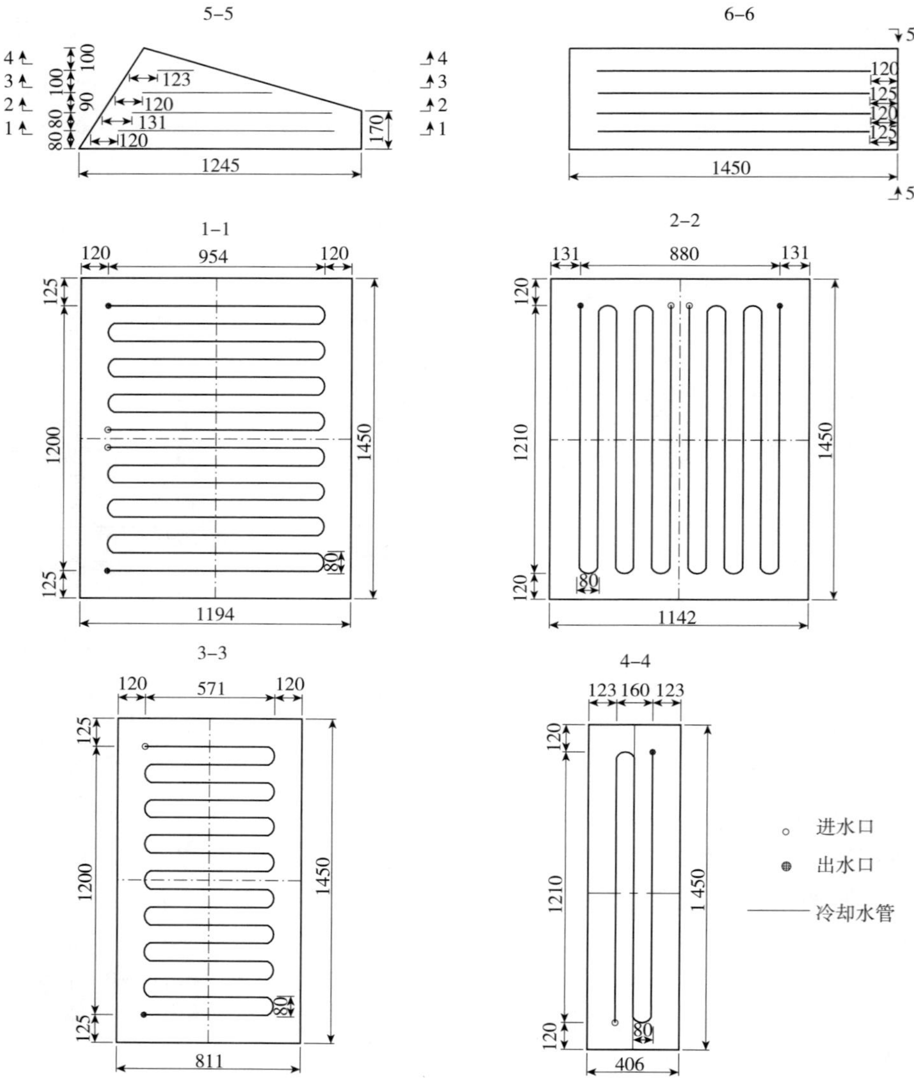

图 3-1-56　冷却水管布置图(尺寸单位:cm)

(3)水管使用及控制

①采用循环淡水做冷却水。设置至少两个容积≥$20m^3$ 的连通的蓄水箱,一个作为供应冷却进水用,另一个作为回收冷却出水用。冷却出水在水箱自然冷却一定时间并蓄满时,由水泵抽取到供应蓄水箱里

进行补水。

②准备2台15kW水泵，一台备用。

③用分水器将各层各套水管从水箱集中分出，分水器设置相应数量的独立水阀以控制各套水管冷却水流量；需设置一定数量的减压阀以控制后期通水速率。

④混凝土浇筑前确保进行不短于0.5h的加压通水试验，查看水流量大小是否合适，发现管道漏水、阻水现象要及时修补至可正常工作。

⑤冷却水管采用丝扣连接，连接部位须绑扎止水带；或使用黑橡胶套管连接，两边用4道铁丝错位绑扎，确保不漏水。冷却水管必须使用铁丝（非扎丝）绑扎固定在钢筋上，减小混凝土下落对冷却水管的冲击；施工时注意对冷却水管的保护，应避免混凝土直接落到冷却水管上，严禁工人踩踏冷却水管。

⑥每层循环冷却水管被混凝土覆盖并振捣完毕后即可通水，通水时间根据测温结果确定。

⑦塔座混凝土一般温升较快，浇筑至温峰前必须通最大水流量，尽量削减混凝土温峰；控制混凝土温升期冷却水进水温度，以20～25℃为宜，如果进水水温过高，通过更换新鲜淡水或加冰块对冷却水进行降温，以求达到降温削峰的效果；温峰过后（以现场测温数据为准）关闭回收蓄水箱，仅用供应蓄水箱进行循环降温，其间不补充冷却水，防止塔座混凝土降温过快造成温度应力累积而引起开裂。

⑧待冷却水管停止循环水冷却并养生完成后，先用空压机将水管内残余水压出并吹干冷却水管，然后用压浆机向水管压注水泥浆，以封闭管路。

3.塔座混凝土浇筑

塔座混凝土由自建拌和站供应，计划投入2套拌和楼、8辆混凝土罐车及2台混凝土地泵，利用输送泵管泵送入模，施工现场用脚手架搭设施工平台，并采用70t履带吊作为现场施工的吊装设备。

塔座混凝土塌落度控制在160±200mm。混凝土浇筑时水平分层进行，每层浇筑厚度控制在30cm左右。采用ϕ70mm插入式振动棒振捣密实，振动器移动间距不应超过振动器作用半径的1.5倍；与侧模应保持10～15cm距离；插入下层混凝土10～20cm。对每一振动部位，必须振动到混凝土密实为止。混凝土的浇筑应连续进行，如因故必须间断时，其间断时间应小于前层混凝土的初凝时间或能重塑的时间。对设置测温点的位置不宜直接振捣，以免破坏测温点。

混凝土采取保温保湿的方法防止内外温差、总降温差、降温速度超过规定要求，做到整体温差平衡。

4.塔座施工重点难点及主要措施

1）控制塔座温度裂缝的难点

塔座为大体积混凝土，合理的温度裂缝控制是施工的重点和难点。

（1）塔座混凝土方量大、强度等级高，一般来说由于承台尚未冷却、浇筑塔座前后混凝土因水泥水化热产生的绝热温升和内外温差比承台浇筑更大，出现裂缝的风险较大；

（2）塔座于2011年1月浇筑，属冬季施工，环境温度较低，混凝土内表温差控制难度较大；

（3）索塔承台混凝土强度等级为C35，而塔座混凝土强度等级为C50，且承台和塔座混凝土浇筑间隔期控制难度大，这些因素将导致混凝土收缩、弹模发展不一致；

（4）索塔塔座为异型结构、受力复杂，边角处不易振捣，混凝土密实度、匀质性不佳易产生薄弱环节，受力容易出现裂缝。而塔座位于浪溅区，混凝土结构一旦开裂，外界侵蚀介质极易穿过混凝土表面渗透到钢筋，导致钢筋锈蚀、混凝土胀裂剥落，危及桥梁的正常运行及使用寿命。

2）温控设计与控制措施

采取各种措施，对大体积混凝土结构进行合理的温控设计与控制，以保证混凝土使用寿命和运行安全。

（1）工况选择

工况一：塔座常规浇筑；工况二：塔座浇筑前对承台上表层混凝土进行通水加热，使承台与塔座交界面产生一定的热胀以降低新老混凝土结合面的约束。

两种工况均存在温度应力较大、安全系数较低、后期结合面应力集中的问题，整体开裂风险较大，但预热结合面对后期结合面应力集中略有改善。为了尽量提高塔座后期抗开裂能力，选择工况二作为较佳温控方案。

(2)温控原则和标准

混凝土温度控制的原则是：控制混凝土浇筑温度；尽量降低混凝土的温升、延缓最高温度出现时间；控制温峰过后混凝土的降温速率；降低混凝土中心和表面之间、新老混凝土之间的温差以及控制混凝土表面温度和气温之间的差值。温度控制的方法和制度需根据气温、混凝土配合比、结构尺寸、约束情况等具体条件确定。

索塔塔座温控标准如下：

①浇筑温度≥5℃；②内部最高温度≤57℃；③混凝土最大内表温差≤25℃；④通水冷却过程中，冷却水管入水口水温与出水口水温之差≤15℃；⑤温峰过后混凝土缓慢降温，通过保温控制混凝土最大降温速率≤3.0℃/d。

(3)现场温度控制措施

从混凝土的原材料选择、配比设计以及混凝土的拌和、运输、浇筑、振捣到通水、养护等全过程控制措施如下：

①混凝土配制使大体积混凝土具有良好的抗裂性能、体积稳定性和抗渗性：

a. 采用低水化热的胶凝材料体系。

b. 选用优质聚羧酸类缓凝高性能减水剂。

c. 掺加优质引气剂，控制混凝土含气量在3% ~4%左右，改善混凝土和易性、均质性。

d. 选用级配良好、低热膨胀系数、低吸水率的粗集料，粗集料含泥量不得超过0.5%，细集料含泥量不得超过2%。

e. 尽可能使用使用低流动性混凝土，减少混凝土用水量，降低温升、减少干缩。

②控制混凝土的浇筑温度。

控制混凝土入模温度，尽量选在一天中气温较低的时间内浇筑混凝土。

冬季施工不低于5℃。

③埋设冷却水管及控制冷却水循环，参见本章第一节“三、承台大体积混凝土浇筑”。

在升温的一段时间内应加强内部散热，如加大通水流量、降低通水温度等；当混凝土处于降温阶段则要表面保温覆盖以减小降温速率。

④混凝土表面及界面应力控制。

塔座浇筑前对承台上表面相应区域进行通水加热，使承台与塔座交界面产生一定的热胀以降低新老混凝土结合面约束，避免结合面应力集中，从而降低塔座混凝土开裂风险。

承台二次通水的预热水管在不影响承台面筋布置的前提下尽量接近结合面。水管距离承台上表面40cm，水管间距50cm，单层4套水管，承台预热水管布置见图3-1-57。

二次通水要求有一定的温度，将冷却用淡水加热至40 ~50℃，通入承台上表层水管循环，并定期补充热水。

承台上表面埋设水平及竖直测温元件，水平测温元件距离混凝土顶面20cm，竖直测温元件距离混凝土顶面5cm，用于监测混凝土预热温度梯度。根据测温结果调整进水温度及流量。浇筑前两天至塔座温峰出现前可通温淡水，塔座开始降温后参与塔座冷却水循环，和塔座同时停止通水。

⑤控制混凝土施工各个环节。

混凝土开裂的原因往往不是单一因素，需控制混凝土施工的各个环节、实现设计的混凝土结构耐久性。

a. 控制混凝土浇筑间歇期。

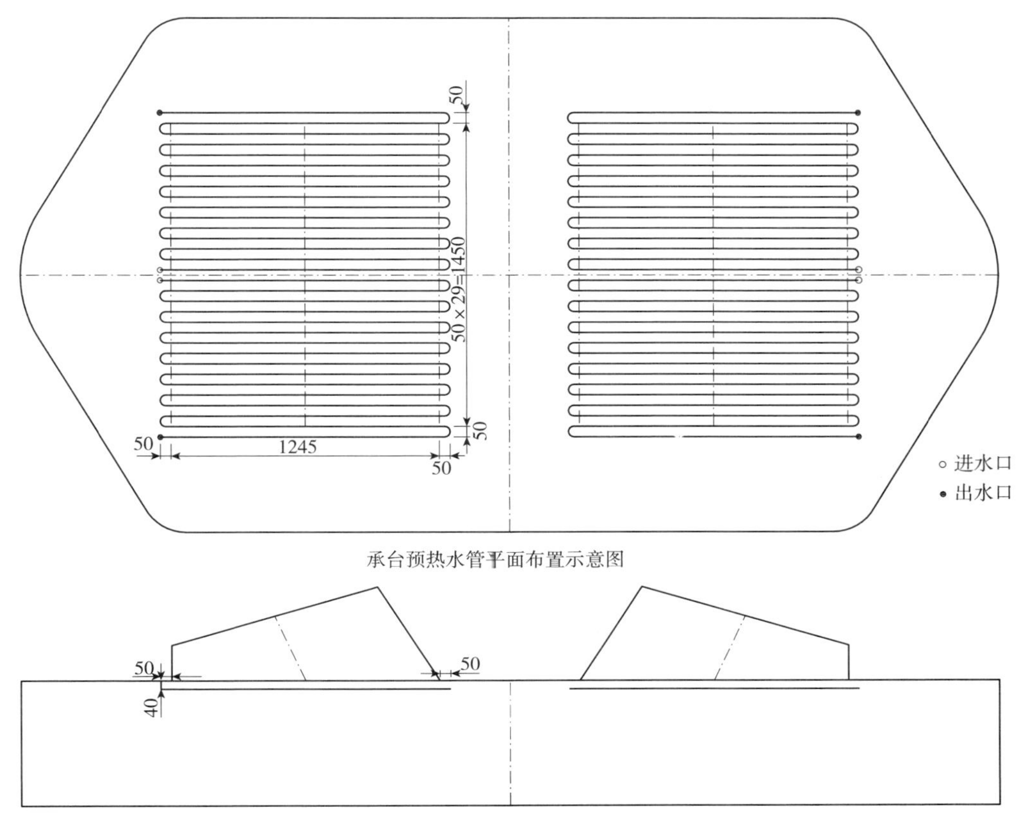

图 3-1-57 承台预热水管布置示意图(尺寸单位:cm)

一般控制在 7d 左右,不宜超过 10d。

b. 浇筑和振捣。

混凝土按规定厚度、顺序和方向浇筑,分层布料厚度不超过 30cm,振动棒垂直插入,快插慢拔,振捣深度重叠 10～20cm。振捣时插点均匀,防止过振或漏振,避免用振捣棒横拖赶动混凝土拌和物,以免造成离下料口远处砂浆过多而开裂。

c. 养护。

要保证混凝土养护湿度和温度两个方面。塔座侧面开裂风险大,单一采用木模板保温保湿难达到控裂效果,故使用透水模板布,一方面提高混凝土的抗裂能力,另一方面可起到保湿养护的效果;模板外填充保温材料(覆盖棉絮、喷保温泡沫等)。上表面为斜面,先铺设一层湿土工布保湿,然后铺设一层棉絮保温。侧面及上表面均需包裹、覆盖防风油布进行保温保湿养护。

养护及带模养护时间根据温度监测结果进行适当调整,保证混凝土内表温差及气温与混凝土表面温差在控制范围内。塔座拆模时间不短于 14d,拆模后的侧面需立即喷洒 30～40℃温水并包裹厚土工布或彩条布养护至少 7d。

(4)现场温度监控

①混凝土实时温度监测控制实施流程图如图 3-1-58 所示。

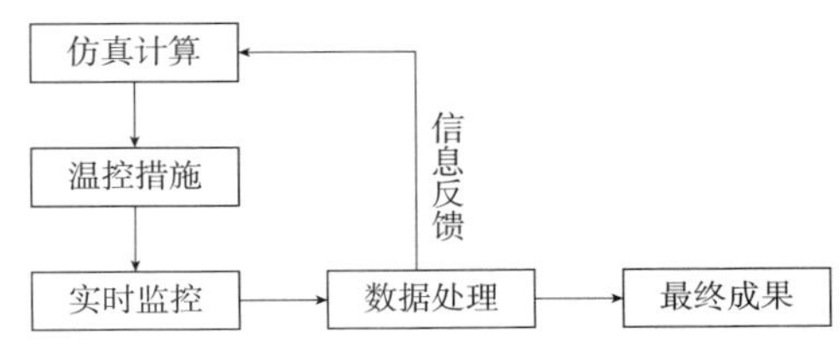

图 3-1-58 温控实施流程图

②仪器和测点布置。

温度检测仪采用智能化数字多回路温度巡检仪,温度传感器为热敏电阻传感器。

监测元件用等边角钢 36mm×4mm 进行保护,元件埋设示意图见图 3-1-59。

温度测点布置如图 3-1-60 所示。

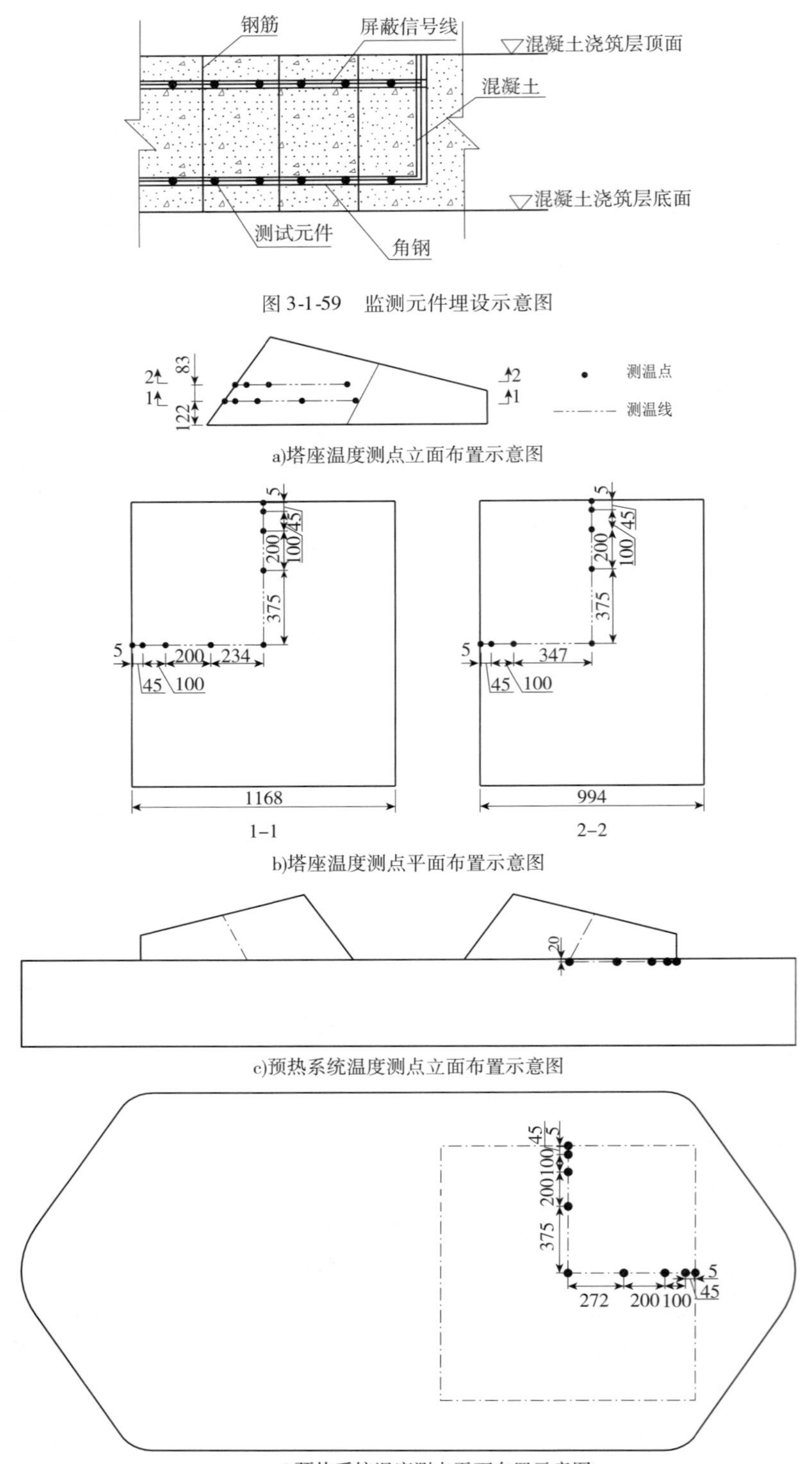

图 3-1-59 监测元件埋设示意图

a)塔座温度测点立面布置示意图

b)塔座温度测点平面布置示意图

c)预热系统温度测点立面布置示意图

d)预热系统温度测点平面布置示意图

图 3-1-60 温度测点布置示意图(尺寸单位:cm)

塔座为非对称结构,水平方向取其平面尺寸较大处、垂直方向取其较厚处布置测点;承台预热区测点选取预热区的 1/4 块布置,并布置一定数量的竖直方向温度测点以监测混凝土竖向预热效果。

充分考虑温控指标的测评。温度测点布设包括表面温度测点(在构件中心部位短边长边中心线表面以下 5cm 布置)和内部测温点(布置在构件中心处)。

③温度现场监测。

主要包括：混凝土温度场测量和环境体系温度测量。通过温度监测仪监测已浇筑塔座各部位混凝土的实际温度及温度分布，环境体系包括气温、冷却水温度测量。

温度监测要求如下：

a. 浇筑块温度场测量：混凝土浇筑过程中，浇筑完毕后至水化热升温阶段，每2h测量一次；水化热降温阶段第一周，每4h测量一次，一周后每天选取气温典型变化时段进行测量，每天测量2~4次。

b. 大气温度测量：与混凝土温度同步观测。

c. 通水冷却过程温度测量：与浇筑块温度场测量过程同步进行。

d. 特殊情况下，如寒潮期间，适当加密测量次数。

e. 塔座混凝土全部浇筑完毕后，根据温度场及应力场的预测计算结果，结合与监测结果的对比分析，确定终止测量时间。

f. 每次观测完成后及时填写温度监测记录表。

④现场监测异常的应对措施。

a. 浇筑温度过低：加热拌和水以提高出机口温度，输送罐车及泵管覆盖棉絮。

b. 冷却水进水温度过高：每小时测量一次，确保进水口水温≤30℃。如果水温过高，建议更换成低温水。

c. 最高温度偏高：可加大通水流量、降低冷却水温度，但注意控制水温比混凝土中心温度低15~25℃之间。

d. 内外温差偏高：可加大通水流量、降低进水温度以加强内部降温，利用冷却出水进行混凝土表面蓄水养护，做到外保内散。塔座可于模板外包裹保温材料（泡沫、棉絮等）进行保温。

（三）塔柱施工

主塔施工混凝土浇筑按垂直高度进行水平分层，整个塔柱共划分为27个节段（不含塔座及底节调平层），具体划分层情况如下：首先浇筑塔座及调平层垂直高度为4.785m，塔柱第1节段高度为4.5m，第3~5节段高5.5m；第6、7节段为下横梁，根据爬模施工工艺及实际情况，下横梁需分两次进行浇筑（模板在横梁中线拐角处无法分开，且不打算投入2套模板）。第23节段为塔头合龙段，为了减少塔头合龙段施工支架承受的荷载，将该层层高调整为4.2m。此外，为了使上塔柱牛腿、锚块与塔身混凝土一起整体浇筑成形，对上塔柱隔板之上的分节进行了适当调节。其余节段均为标准段，高度均为5.93m。

1. 下塔柱施工

1）施工方法简述

下塔柱施工高程范围为+9.615m~+36.115m，高度为26.5m（不含塔座和调平层），分5节完成。第2~5节段为标准段，高度为5.5m，索塔塔座直接在承台上立模浇筑；塔座及底节调节段4.785m施工完成后，为缩短与塔座混凝土浇筑间隔时间，减少混凝土收缩徐变等的不同步性，塔柱第一节段浇筑高度为4.5m，采用支架直接在塔座上立模支撑施工，并首次埋设液压爬模挂架的预埋件；塔柱第1节段施工完毕后，安装液压爬模外爬架模板支撑平台。再利用液压爬模外爬架模板支撑平台以上部分作为挂架施工塔柱第2节段。塔柱施工完第2节段后，安装爬架提升系统，并提升一个节段，下部安装挂架系统，爬架安装完成。第3节段开始进入标准爬模工艺施工阶段。下塔柱节段循环施工工艺流程如图3-1-61所示。

2）标准爬模操作程序

模板架体通过自带的液压顶升系统与导轨间形成互爬而稳步向上爬升。标准段循环爬升步骤如下：

第一步：混凝土达到要求强度后（不低于15MPa）后移模板→安装预埋挂座、提升导轨→爬架爬升。

第二步：爬升到位后拼接劲性骨架（可先进行）→绑扎钢筋→裁切模板（由于下塔柱截面为渐变）、安装预埋系统。

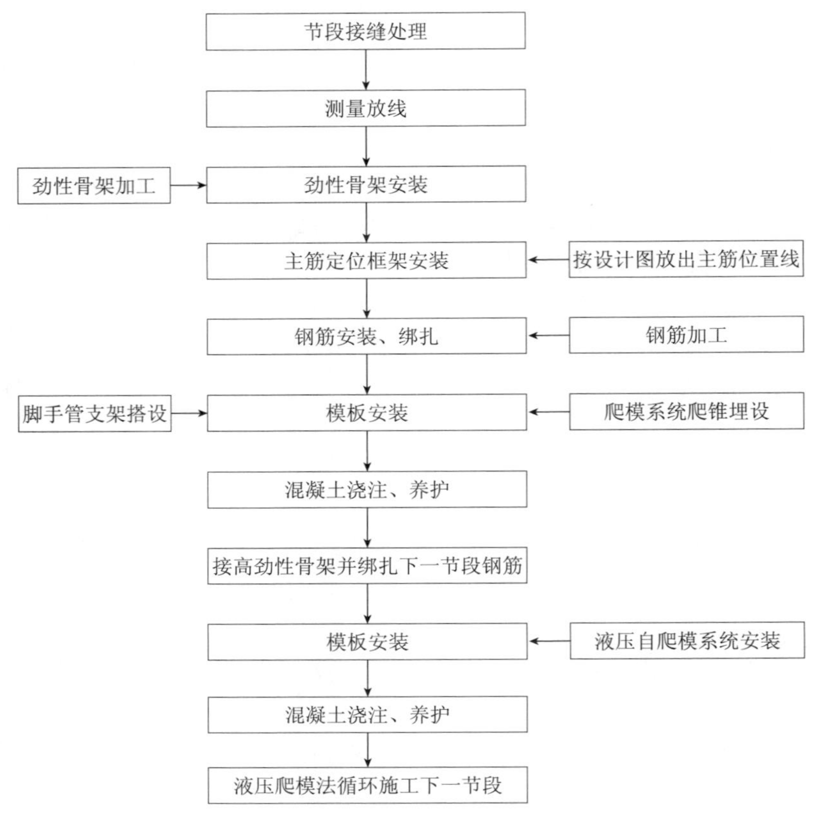

图 3-1-61　下塔柱节段循环施工工艺流程

第三步：模板前移→合模（外模）→安装内模→测量校正模板→安装拉杆→浇筑混凝土并养护。

第四步：循环进行第一步、第二步、第三步，直到爬架改装（施工完下横梁后）。

前两个节段施工示意如图 3-1-62 所示。

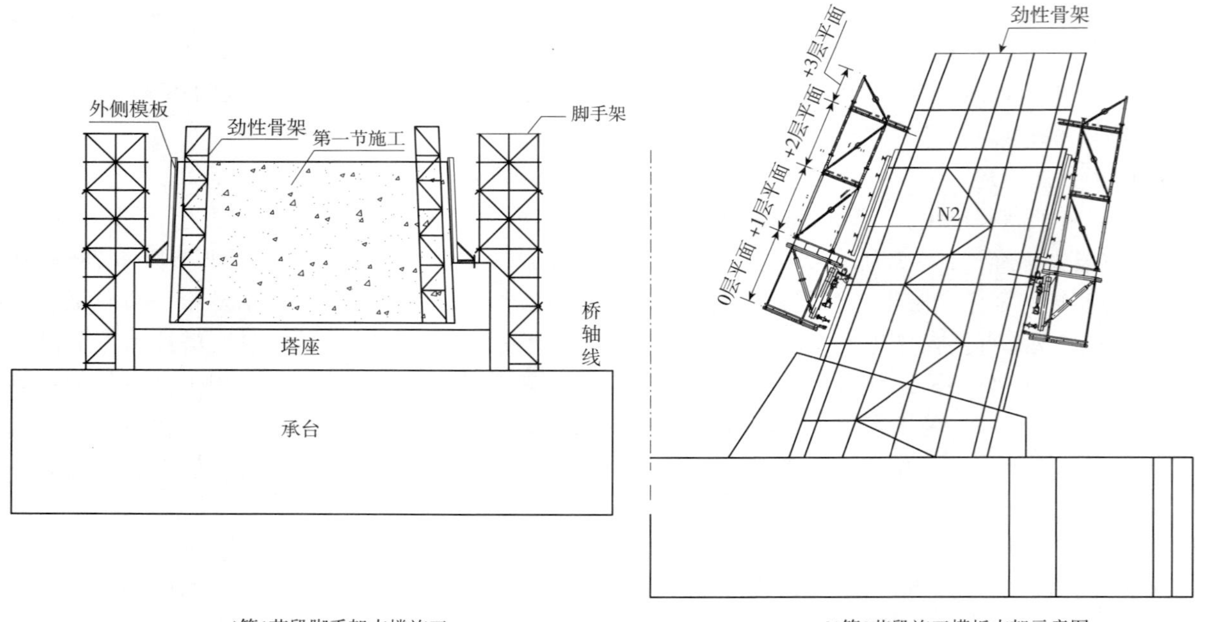

a)第1节段脚手架支撑施工　　b)第2节段施工模板支架示意图

图 3-1-62　N1、N2 节段施工示意

3）劲性骨架及钢筋的制作、安装

（1）劲性骨架的制作、安装

塔柱的塔壁内设劲性骨架，劲性骨架在后厂分段加工，分段运输至现场后塔吊吊装超前拼接，精确定位。劲性骨架采用∠100×10 角钢主弦杆及∠75×8 角钢腹杆形成桁架。劲性骨架必须具有足够的刚度和强度（特别是下塔柱由于倾斜较大），制作时按照塔柱混凝土分层高度兼顾主筋接长情况进行分节，每一节设上下两层截面。安装时用加劲板将劲性骨架竖杆连接定位即可，定位后可供测量放样、立模、钢筋绑扎等使用。

为了提高劲性骨架的加工精度，在后场设置平整场地并由专业队伍进行加工，并设置加工胎架。加工时按照先制作上下两型钢截面再立杆空间连接的思路进行，并对其进行编号。

塔柱标准节段劲性骨架立面及平面布置如图 3-1-63 所示。

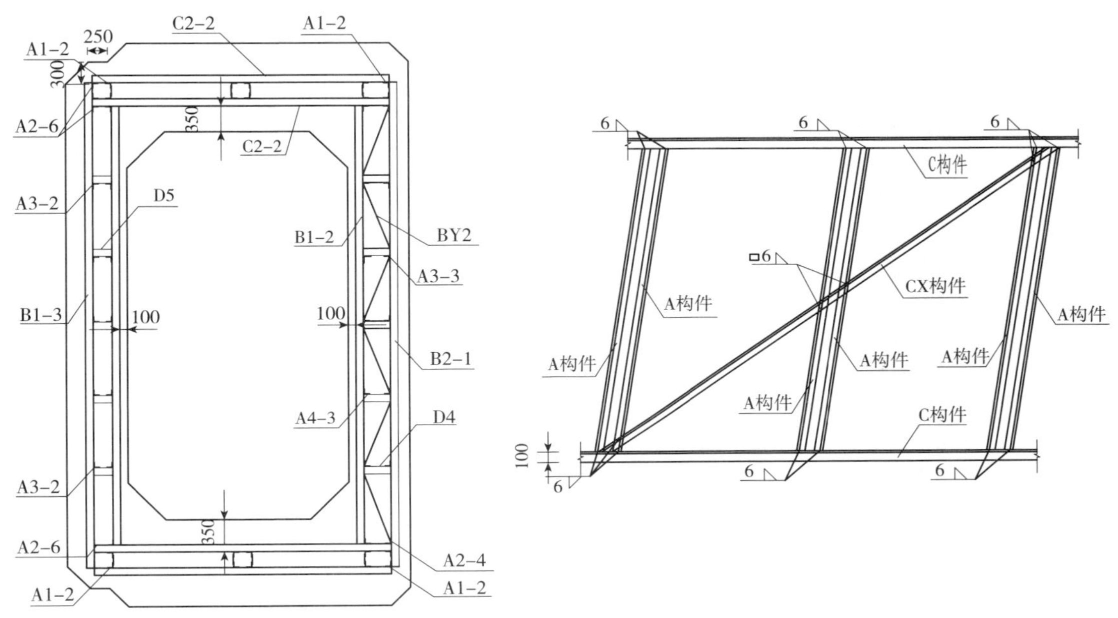

图 3-1-63 塔柱劲性骨架布置

（2）主塔钢筋制作、安装

钢筋采用后场加工成形，现场安装的办法施工。塔柱竖向主筋采用 Φ32mm 钢筋，采用机械连接方式（用管钳扳手进行），同一截面内的接头不应超过全部钢筋的 1/2。截面闭合箍筋接头要求焊接，相邻两层接头应错开布置。主筋连接之后，每一层箍筋由下而上、从内向外的顺序绑扎，为方便施工且降低高空作业安全风险，主筋 9m 定尺，混凝土浇筑 3 次接长 2 次主筋。

此外，因索塔为钻石形结构，索塔主筋在下横梁处需进行弯曲，为确保主筋折角角度精确，采用轻便机械工具进行现场弯曲（待底节混凝土强度达到要求后进行，一般为绑扎下节钢筋前进行）。

4）爬模施工

（1）液压爬架

液压爬模架体主要由上架体、下架体、提升系统、埋件系统组成。主塔单肢共设计使用 14 榀下架体和 16 榀上架体。架体总高度为 17.8m，最宽平台（主平台）宽 2.8m。其中下架体部分共 3 层平台：即主平台、液压操作平台（主要用于爬升导轨和架体操作）和吊平台（主要用于拆除预埋系统、混凝土修补等）。上架体采用桁架形式，主要用于支撑模板部分。上架体的 3 层平台主要用于钢筋绑扎（上平台）、模板安装、对拉螺杆安装、拆模、合模和校正模板等。架体的总装图如图 3-1-64 所示。

（2）模板体系

模板采用木梁胶合模板体系，由胶合板、木工字梁、槽钢背楞、连接爪和吊钩等构件组成。模板体系在后场根据施工图纸拼装完成。

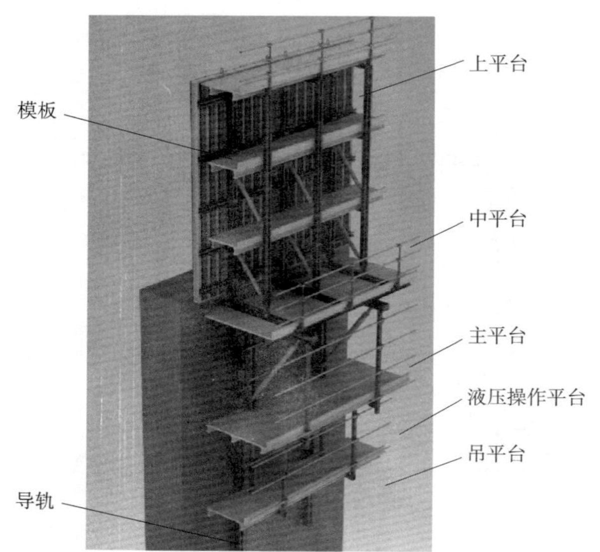

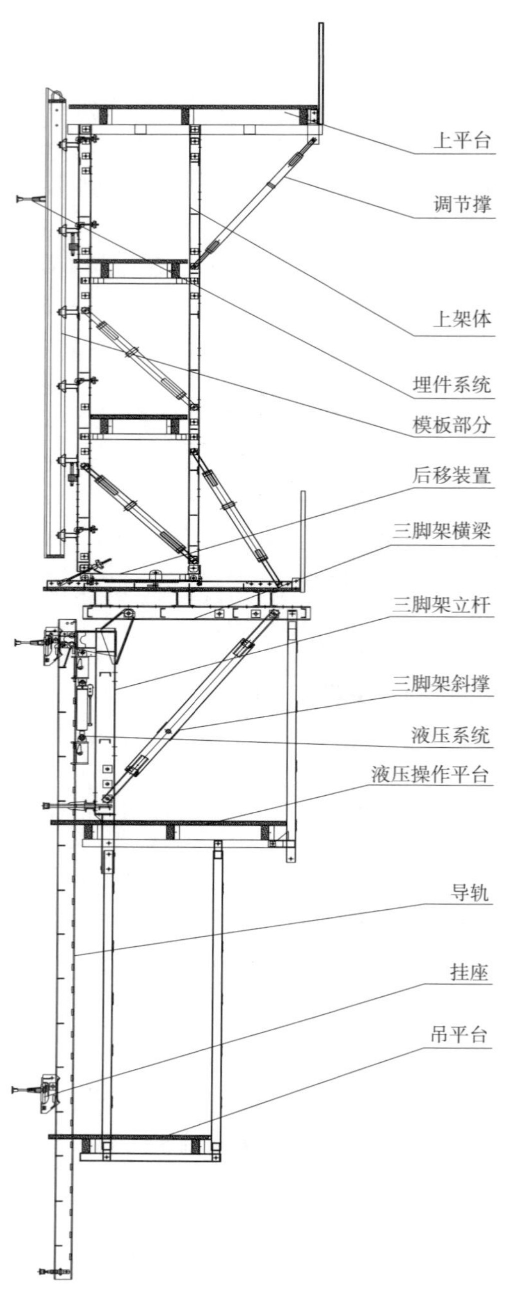

图 3-1-64　液压爬模架体总装图

内模标准节段采用与外膜相同的木梁胶合模板，操作平台采用井字架平台；在塔壁上预埋爬锥，安装爬锥挂件，将内模平台支撑在爬锥挂件上，上塔柱可以利用拉索锚固钢横梁牛腿。平台主梁采用双 10］［槽钢，分配梁采用 20 木工字梁，面板满铺 3cm 厚木板（预留人洞），平台下可以悬挂吊篮以方便埋件的拆除。内模平台采用手拉葫芦或者塔吊提升。

（3）液压爬模的使用

爬架完成安装需浇筑 3 次混凝土，爬架安装步骤如下：

第一步：拼接劲性骨架→绑扎钢筋→安装预埋件→安装模板→测量校正→爬架起步段混凝土浇筑及养护。

第二步：模板拆除→安装爬架的主平台、操作平台→绑扎钢筋→安装模板（形成主平台、中平台和上平台)→安装爬架预埋件→测量校正模板→混凝土浇筑及养护。

第三步:拼接劲性骨架→绑扎钢筋→后移模板并插导轨→爬架爬升→爬升到位后安装吊平台→合模并预埋爬架预埋件→测量校正模板→混凝土浇筑及养护。

液压爬模的施工流程:上节混凝土浇筑→爬升导轨→模板后移→爬升模板,合模、下节混凝土浇筑。

5)混凝土施工

(1)C50 混凝土配合比设计

塔柱及横梁混凝土均采用 C50 混凝土,混凝土胶凝材料用量不大于 480kg/m^3,采用双掺优质矿渣粉和粉煤灰优质高效减水剂。上塔柱预应力锚固区的封锚混凝土应有良好的抗裂性,水胶比不大于 0.4。

(2)塔柱混凝土浇筑

塔柱混凝土由后场拌和站拌制,混凝土罐车运送至现场,泵送进行浇筑,泵管沿塔吊逐渐接长,混凝土泵型号为 HBT80C-1818DⅢ,理论垂直泵送高度为 320m,最大输送压力为 18MPa,一次性泵送到位,并通过串筒布料到浇筑位置,串筒由薄钢板卷制而成,根据需用高度逐节接长或缩短。保证混凝土自由流落高度不超过规范要求的 2m,确保混凝土不离析。由于塔柱施工垂直泵送高度较大,混凝土配合比设计时需考虑混凝土的和易性、可泵性并达到缓凝早强的效果。

塔柱混凝土浇筑时采取分层浇筑、分层振捣的原则,为了保证塔柱混凝土的密实度,在施工中应加强对每层布料厚度、振捣时间与振捣间距控制。混凝土浇筑期间,安排专人检查模板,对松动、变形、移位等情况要及时处理使其复位并加固。混凝土浇筑完毕后,当交界面混凝土强度达到 2.5MPa 时,即可由人工开始凿除混凝土表面的水泥砂浆和松软层,凿毛时注意靠近模板边 2cm 外要保留,以保证接缝处的外观。凿毛处理后的混凝土采用空压机清理干净。塔柱每个节段上表面采用洒水养生直至下一次混凝土浇筑,侧面待拆模后及时喷洒养护剂进行养生。

(3)塔柱混凝土养护

①主塔塔身混凝土养护方法

主塔施工采用爬模分节浇筑的工艺,每个节段混凝土浇筑初凝后立刻对该节段混凝土顶面进行洒水养护,松模后(模板离开混凝土表面较小空隙)继续往混凝土顶面洒水,水流沿塔身流下,保湿养护;拆模后首先迅速喷涂养护剂(考虑到索塔施工为夏季,气温较高,洒水养护及挂设土工布需要一定时间),随后便开始将土工布或帆布包裹覆盖该节段塔壁四周。待爬模爬升后,通过布置在主平台下方环形的钢管及喷头喷水养护(绕塔柱四周布设 ϕ50mm 的钢管,每隔 60cm 设置一个喷头,喷头采用 2mm 左右的小孔),养护用水则沿塔壁流下,通过湿透土工布而起保湿作用。随着塔柱节段的施工,水管也应随着模架提升。养护期间设专人负责,洒水养护时间不少于 7d。

②主塔塔身混凝土养护步骤如下:初凝前混凝土顶面洒水养护→松模后继续洒水养护→拆模后立即喷养护剂养护→盖土工布→模板爬升、养护用水管接长、横向连接、喷水养护→下一节混凝土施工→收起底节覆盖的土工布。

③塔身养护注意事项

a. 索塔养护用水采用淡水,通过高压离心泵输送至索塔养护点,左右塔各设置 1 根水管,从总管引入;与总管连接处设置高压阀门,操作人员操控高压阀门。水管采用 ϕ50mm 高压钢管,水管沿塔吊标准节布置,并采用法兰接长连接。

b. 由于索塔单节施工最短工期为 4d(上塔柱无索区),该部分养护时需要洒水覆盖上下两个节段,待底面一节混凝土养护期满后,即可拆除覆盖的土工布(作业人员可以在爬架吊平台上操作)。覆盖采用土工布进行,考虑塔壁倾斜较大,仰面土工布不易紧贴塔身,故在土工布下口圈套穿绳紧固。

c. 模板爬升后水管用法兰接长,临时固定在液压爬模下架体主平台上,并将各面水管环向连接,喷水养护。

(4)塔柱施工预埋件、拉杆的处理

塔柱施工结构预埋件(永久性的)均按照设计要求进行防腐处理,临时预埋件均采用活动式的结构形式(必须预埋的钢板均进行相应的防腐处理)或预埋爬锥或 PVC 管 + 锚栓等的结构形式,以便于拆除。预埋件拆除后,按照混凝土表面修复程序进行表面修复。

塔柱施工拉杆均采用活拉杆(埋 PVC 管),节段施工完成后将 PVC 露出混凝土表面的部分取掉,并将拉杆孔用砂浆先填堵后表面修复,以减少色差。

6)塔柱钢筋、混凝土验收标准及检测要求

严格控制塔柱的倾斜度误差不大于 1/3000,且塔柱轴线偏差不大于 20mm;塔柱断面尺寸偏差不大于 20mm,塔顶高程偏差不大于 10mm,斜拉索锚固点高程偏差不大于 10mm,斜拉索锚具轴线偏差不大于 5mm,承台处塔柱轴线偏差不大于 10mm。其他局部尺寸精度应符合《公路桥涵施工技术规范》(JTJ 041—2000)的要求。

7)下塔柱施工拉杆

随着塔柱升高,钻石形构造下塔柱将产生较大水平外倾位移和外倾力。为此结合施工工艺和下塔柱的高度,在索塔施工同时设置临时拉压杆结构,临时拉压杆结构必须具有足够的强度与刚度,并与塔柱固结,待斜拉索施工完成后方可拆除。下塔柱设 2 道临时拉杆,上塔柱设置 3 道主动横撑。

项目部严格按照设计要求设置塔柱施工拉杆,根据主塔施工实际的施工荷载、塔柱分节长度进行拉杆设计、有关计算书交设计单位复核,经监理单位确认后实施。

2. 上塔柱施工

1)施工方法简述

下横梁施工完成后便进入上塔柱施工阶段,上塔柱施工采用与下塔柱相同的施工工艺及流程,但由于上、下塔柱有 157.9°夹角,下横梁施工完成后液压爬模模板及架体需要落地一次,按照与下塔柱第 1 节相同的方法施工第 8 节(上塔柱首节)并随后进入爬模标准施工流程(相同的施工步骤不再赘述)。上塔柱结构较复杂,除塔身本身结构施工外还有锚固块(含牛腿)、索道管安装、环向预应力(预应力粗钢筋)、拉压杆施工、钢锚梁安装等。以下将分别详细介绍各部施工方法(劲性骨架及钢筋施工等参照下塔柱,不在赘述)。

2)混凝土施工

(1)上塔柱混凝土浇筑仍采用泵送一次性到位,由于塔柱施工垂直高度越来越大,泵送高度较大,所以混凝土配合比设计时需在下塔柱混凝土基础上多考虑塌落度的指标,以保证混凝土的质量。

(2)标准节段施工流程

第 1 步:混凝土达到要求强度后,后移模板→安装预埋挂座、提升导轨→爬架爬升。

第 2 步:爬升到位后拼接劲性骨架(可在爬升前提前完成)→安装索导管并测量校正、定位→绑扎钢筋→安装预埋系统。

第 3 步:模板前移→合模→测量校正模板并再次复查索导管→安装拉杆→浇筑混凝土并养护。

第 4 步:循环进行第 1 步、第 2 步、第 3 步,直到塔柱浇筑完成。

(3)上塔柱每层浇筑 2 个或 3 个牛腿,为保证牛腿混凝土质量。混凝土浇筑时除使用串筒外还应特别注意牛腿混凝土的密实性。必要时要将振捣器从塔柱内腔送入,对各个牛腿单独进行振捣。

(4)斜拉索索导管加工

上塔柱 A1 ~ A7(J1 ~ J7)混凝土锚固块采用预应力粗钢筋形式锚固在混凝土底座上,为提高索道管加工精度,索道管由专业厂家加工,加工成型后运输至工地现场。由于个别斜拉索导管索道管倾斜较大且个别长度较长,为简化现场测量工作且提高测量精度,主塔施工预埋时需将索道管分节,分节索管采用法兰盘及高强螺栓连接。

索道管采用 20 号热轧无缝钢管,防腐工艺采用酸洗后热浸锌工艺进行防腐(施工工艺见 GB/T 1392—2002),加工时须注意钢管切口角度的精确性,切割时钢管两端需磨光,出口端内侧要磨成圆倒角,切口面的椭圆度要满足设计要求。此外,安装前采用硬质塑料布将端口封闭,防止混凝土浇筑时进入索管以及小型材料、工具等沿索管滑落,降低施工风险。

(5)斜拉索索道管安装定位

劲性骨架在粗定位后,用全站仪作三维精确定位,精度应符合设计要求。索道管安装定位采用手拉葫芦和花篮螺栓配合。塔上索管安装定位,宜分两次进行。第一次初步定位,根据索管设计坐标,在劲性骨架放出坐标点,依据坐标点用水平尺、垂球卷尺将索管初步安放好。第二次精确定位,根据拉索锚固中心坐标、索管斜率、索管实测长度,推算出索管上下口设计坐标,用全站仪检测初定位置并进行调整,直至索管上下口三维坐标都符合设计要求后,将索管电焊固定在骨架上,再进行一次复测。

索道管安装定位的具体步骤为:①劲形骨架节段在塔柱上安装定位;②测量索道管的位置,并对该处索管处的劲形骨架进行适当加固,根据放样位置焊接托架及吊点,而后将索导管放置在托架上,进行首次定位;③根据索道管的倾斜角度,用手拉葫芦吊起索道管,并用花篮螺栓固定;④将测量自行设计的半圆形装置(精密加工,将索管中心线引出,以便于对中杆立置)按要求放于索管内,全站仪测量定位,并根据测量结果进行调节,直至精度满足设计要求;⑤对索导管进行固定,从多角度对索道管进行支顶,并用钢筋或小型钢将索管固定于托架及劲形骨架上;⑥浇筑混凝土后,对索道管要进行复测,并做好详细偏差记录,不断总结经验为后续安装定位提供参考。

3)环向预应力施工

上塔柱 A1 ~ A7(J1 ~ J7)采用预应力粗钢筋(JL32 精轧螺纹)方式锚固,A8 ~ A26(J8 ~ J26)共 19 对斜拉索均采用钢锚梁结合预应力粗钢筋方式锚固,锚固区采用直径 32mm 的精轧螺纹钢筋,采用一端张拉、一端锚固。张拉端和锚固端在相邻层反向布置、交替锚固。采用的 JL32mm 精轧螺纹粗钢筋,应符合《预应力混凝土用螺纹钢筋》(GB/T20065—2006)标准;抗拉强度标准值(屈服强度)为 785MPa,弹性模量 $E=200000$MPa。

精轧螺纹钢筋预埋管道采用 $\phi60\times2.5$ 的钢管,端部的预埋锚垫板垂直与孔道中心,锚垫板与管道点焊,并利用防水带完全密封,以防止漏浆。管道采用定位钢筋固定安装,使其在混凝土浇筑期间不发生位移。

精轧螺纹钢筋在混凝土浇筑前安装,管道端部用棉纱密封以防止湿气进入。张拉槽口采用竹胶板制作,槽口与锚垫板、模板间缝隙必须密封以防止漏浆。

(1)施工操作平台

由于塔柱采用爬模结构,整个模板高度 >17m,底部吊平台的位置处于下两个节段的位置。环向预应力的张拉、封锚可以直接在爬模吊平台上进行。此外,由于上塔柱环向预应力位置距下横梁高度较大,且受爬模平台承重能力的限制,而压浆时需用到水箱、压浆机、搅拌机等设备。故在塔柱模板拆除后,利用塔柱上爬架预埋留下的锥形螺母,用脚手管搭设施工平台,平台沿塔柱四周按宽出 2m。在放置水箱、真空泵、卷扬机、压浆机、搅拌机和堆放水泥的区域,要临时采取加强措施。

(2)张拉、压浆、封锚

混凝土的强度达到 100% 设计强度后方可进行张拉,张拉后由监理单位进行抽检,即采用扳手检查张拉后的螺母,确保回缩量不大于 1mm。张拉设备为 YG-70 型穿心式千斤顶,钢筋单向张拉,张拉程序为:0→初始预应力→σ_k(持荷 2min)锚固。在安装有精轧螺纹预应力筋附近进行电焊时,对全部预应力筋进行保护,防止溅上焊渣或造成其他损坏。

精轧螺纹钢筋张拉完成后 24h 内压浆,水泥浆强度需达到 40MPa 以上。最后采用与塔柱相同配合比的混凝土封锚,混凝土拌和时可适当添加膨胀剂。

4)钢锚梁施工

钢锚梁运至现场,采用塔吊起吊安装并连接成整体,按标准节段周期循环吊装钢锚梁,上塔柱在钢锚梁安装同时进行塔柱混凝土施工。钢锚梁总体施工工艺流程如图 3-1-65 所示。

5)拉压杆施工

(1)拉压杆设置概述

N01 索塔为钻石形结构,从上至下分为塔头、上塔柱、下横梁、下塔柱、塔座五个部分。其中下塔柱向外倾斜，横桥向外侧面的斜率为1/4.213，内侧面的斜率为1/2.843；上塔柱向内倾斜，横桥向斜率为1/6.474。由于塔柱的内/外倾斜，随着施工高度的逐渐增加而形成较大斜率的悬臂状态，塔柱会因偏心受力过大而在塔柱根部形成较大的弯矩，若超过C50混凝土的极限抗拉强度，将会形成裂缝与塔柱偏位。因此，需在索塔施工时设置拉压杆来抵消主塔在施工过程中由于自重偏载而产生的横向力，防止混凝土开裂。同时拉压杆也起到控制塔柱的变形与稳定结构的作用。

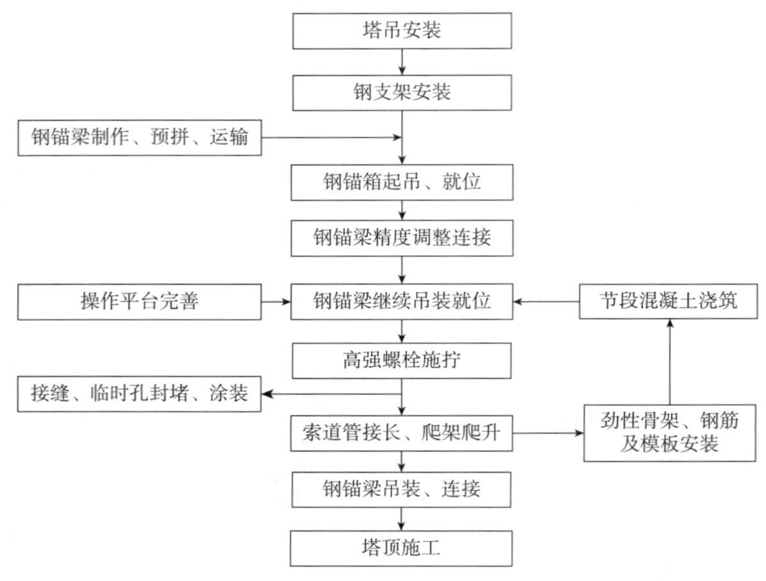

图3-1-65　钢锚梁施工总体流程图

(2)拉压杆位置的确定原则

确定的拉压杆位置主要根据是，塔柱根部在悬臂浇筑过程中，由自重、风载、施工荷载等作用下，混凝土不产生裂纹与索塔轴线偏位在规定范围内的最大悬臂高度。结构计算内容主要为塔柱混凝土强度验算及变形分析，并由设计及监控单位复核、监理工程师认可后实施。

(3)主塔施工荷载(表3-1-19)

主塔施工荷载计算　　表3-1-19

荷载类型		单位荷载	备注
爬模重量(含施工平台)	下塔柱	1018kN	单个塔肢的爬模总重
	上塔柱	825.5kN	单个塔肢的爬模总重
	塔头(合龙后)	1611kN	塔头施工爬模总重
塔柱自重	下塔柱(塔座以上34.488m)	1006.59kN/m	计算平均截面:6.25×10m，壁厚1.45m(塔柱仰角73.691°)
	上塔柱下段(计算长度:48.023m)	670.42kN/m	4.5×8.3m，壁厚长边1.2m，短边1.4m(塔柱仰角81.219°)
	上塔柱上段(塔柱上横梁以下44.123m)	509.64kN/m	4.5×7.9m，壁厚长边0.8m，短边1.2m(塔柱仰角81.219°)
施工荷载	振捣混凝土产生荷载	2kN/m^2	
	倾倒混凝土产生荷载	2kN/m^2	
	人员、设备等施工荷载	2.5kN/m^2	
其他施工荷载	临时材料堆放	总共20kN计	
风荷载(垂直于塔柱)		2.28kN/m^2	平均风速为42.7m/s

(4)塔柱拉压杆设置

下塔柱设2道临时拉杆，上塔柱设置3道主动横撑。根据设计复核情况最终确定。

6)塔头合龙段施工

主墩塔头高25m,塔头合龙段(第23节段)施工时,利用两塔肢内侧的8榀架体作为塔头合龙段的施工支架。在爬模架体置HN45分配梁及底模、侧模进行合龙段施工。为了减少合龙段施工时支架的荷载,塔头合龙段分节高度做适当调节,以满足下一节顺桥向2面可以安装爬模架体为原则。层高定位4.2m,支架如图3-1-66所示。

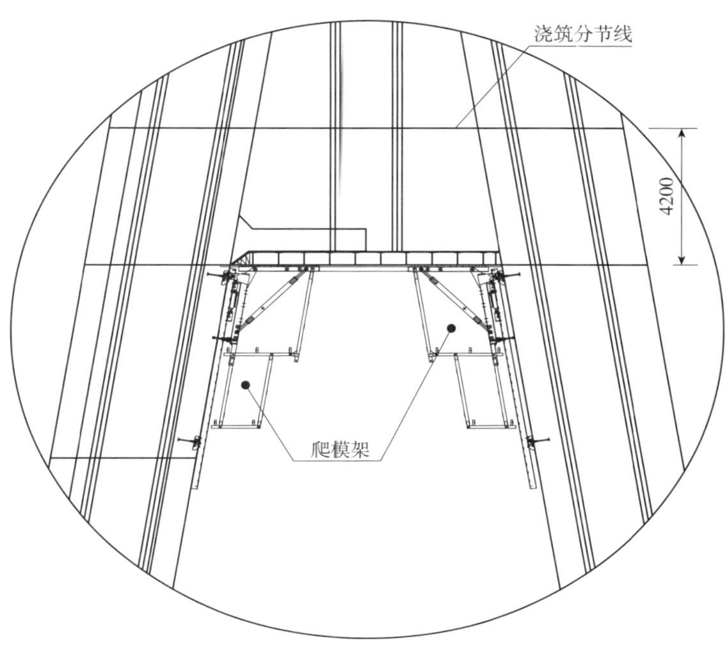

图3-1-66 塔头合龙段施工时支架(尺寸单位:mm)

待塔头合龙段施工完成后,顺桥向两塔肢连接区分别安装2榀爬模架体,按照与下塔柱第2节相同的施工方法进行爬架的安装,爬升等,直至施工索塔塔头结束。爬架的平面布置如图3-1-67所示。

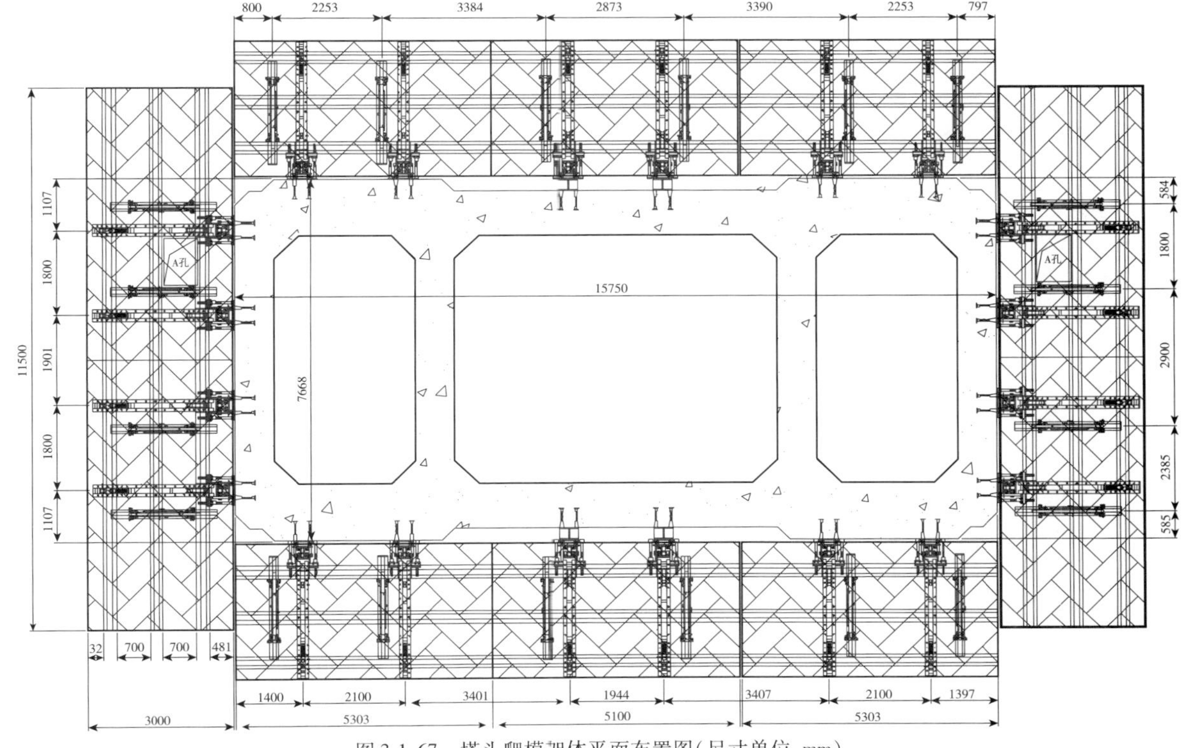

图3-1-67 塔头爬模架体平面布置图(尺寸单位:mm)

由于塔头处设计有装饰槽(凹槽),混凝土施工时通过加“木盒子”的方法留设。

7)主塔绕塔平台施工

本桥设置了绕塔平台,用来连接主桥人行道和非机动车道。绕塔平台采用预应力混凝土悬臂梁结构,单个平台共含9个肋梁,横桥向结构宽3.45m,顺桥向宽4.9m,预应力采用19Φ_s15.2mm的低松弛钢绞线,设计采用15-4、15-5成套通锚。绕塔平台采用C50混凝土,1个平台需混凝土26.93m^3,施工中应注意绕塔平台与主梁边缘高程的接顺。绕塔平台平面布置如图3-1-68所示。

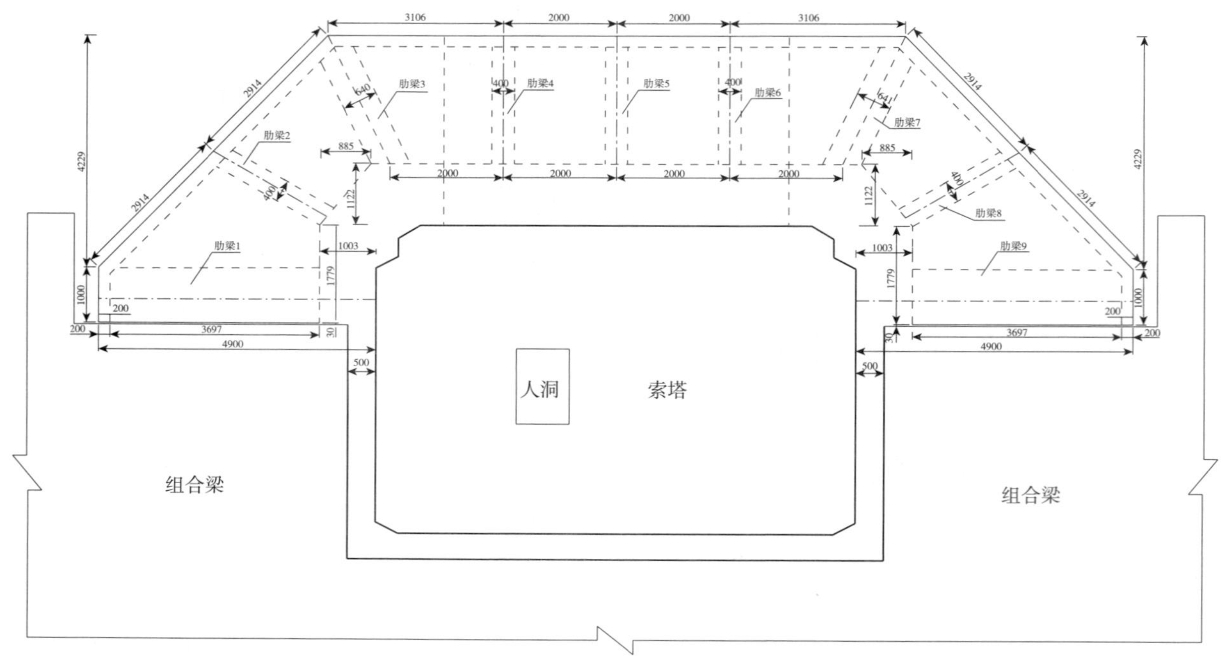

图3-1-68 绕塔平台平面布置(尺寸单位:mm)

(1)总体施工方案

在主塔第7、第8节段施工时先后埋设绕塔平台托架预埋件Ⅱ、预埋件Ⅰ和绕塔平台预留钢筋及预应力管道等,然后在爬模架提升、底部稍高出绕塔平台结构高度后,即施工绕塔平台托架,以托架作为操作平台,在托架平台上面立模板、绑扎钢筋和浇筑绕塔平台混凝土。

东侧绕塔平台被作为东侧斜电梯的基础平台以及上下两电梯之间的转换平台,在达到适当施工高度后应立即进行施工,并埋设预埋件以便搭设东侧斜电梯;而西侧绕塔平台由于西侧斜电梯整体通过,在塔柱施工时只需预留各种埋件,待后期西侧斜电梯拆除之后再搭设托架、进行绕塔平台施工。

(2)托架平台施工

托架平台的基本构造是托架桁片之上布设I20b的分配梁,分配梁之上布置10cm×10cm的方木,方木上再满铺18mm的多层板(注意平台四周要设置安全防护栏杆)。托架平台的顶高程统一为+48.368m,低于绕塔平台最低处高程约10cm。

单个托架平台放射形地设置了9个托架桁片(3个桁片1、6个桁片2),桁片桁片统一制作,运至现场直接吊装,然后均与塔柱预埋件面层钢板焊接。为避免桁片横向摆动,在桁片两两之间加设槽钢平联以提高横向稳定性。

托架桁片顶面I20b工钢分配梁间隔50cm布置一道,分配梁之上每间隔40cm布置一根10cm×10cm的方木。

托架平台的总体布置见图3-1-69,托架桁片的构造见图3-1-70,托架平台上部构造布置见图3-1-71。

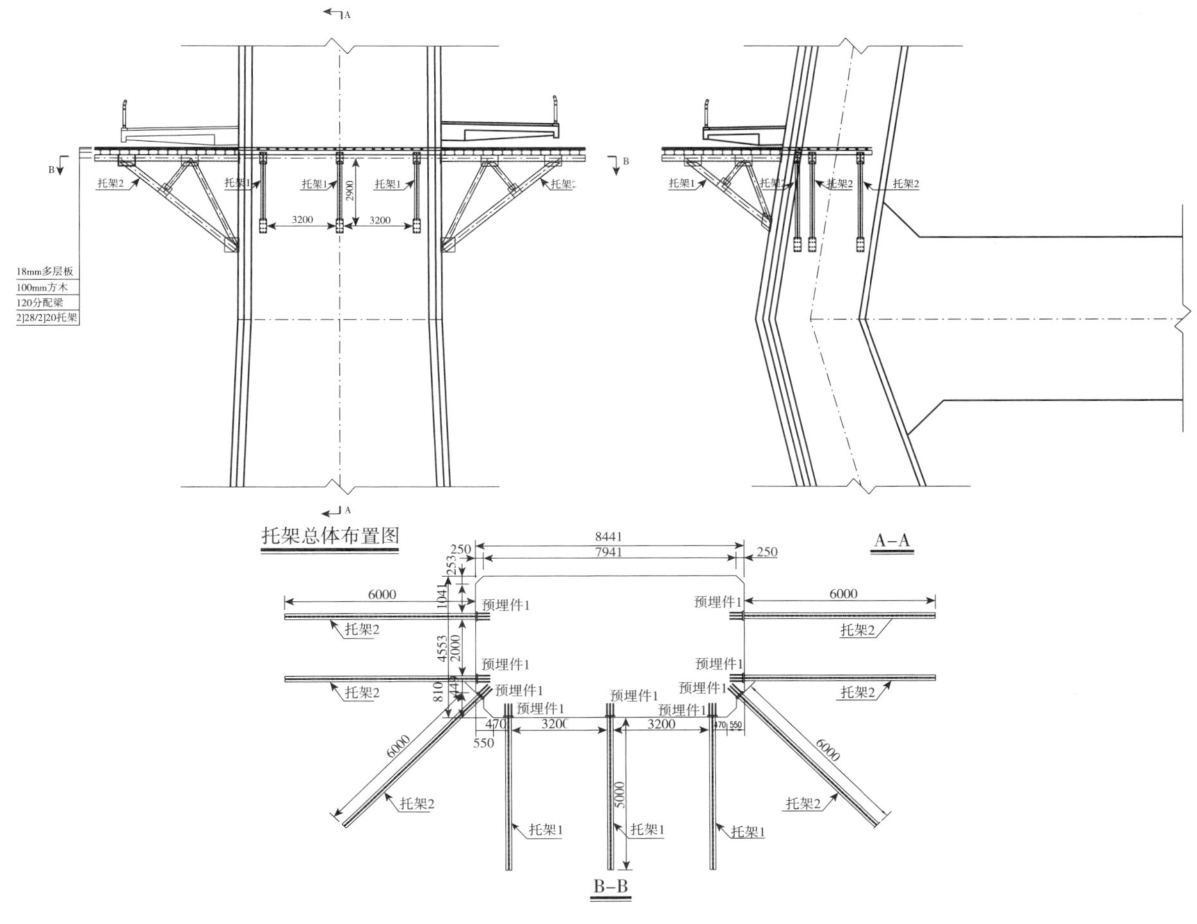

图 3-1-69 托架平台总体布置图(尺寸单位:mm)

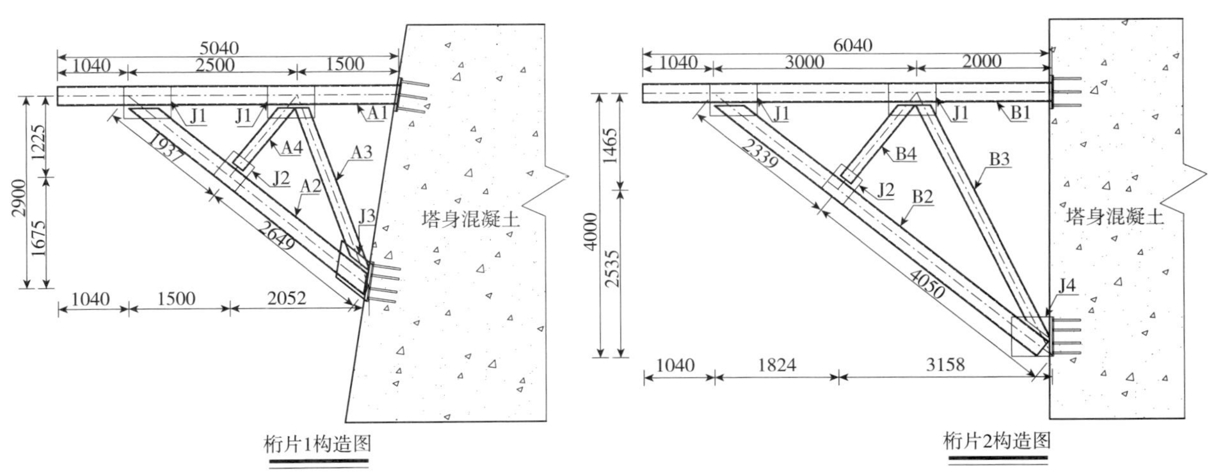

图 3-1-70 托架桁片构造图(尺寸单位:mm)

(3)模板施工

托架未设纵坡,托架平台顶部高程 +48.25m 与绕塔平台底模间的竖向距离 15 ~ 90cm,需先根据绕塔平台的纵坡以及平台的具体构造搭设模板底座;然后安装绕塔平台的模板,底座制作时应注意各底座竖杆之间的横向连接,以保证稳定性。

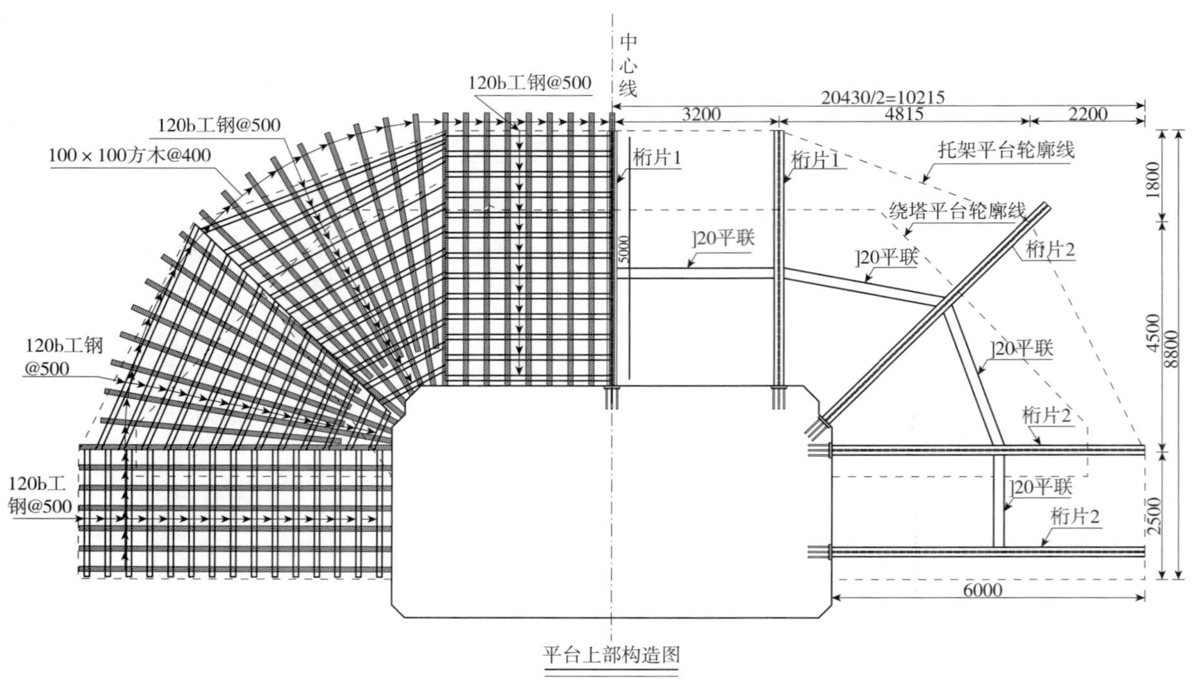

图 3-1-71 托架平台上部构造布置图(尺寸单位:mm)

(4)钢筋施工

钢筋采用后场加工,现场安装的施工方法。绕塔平台钢筋分为预留和接长两部分。

预留部分在塔柱第 8 节段时施工,预留方式见图 3-1-72,预留钢筋的数量、长度及位置与设计保持一致;预留钢筋全部一端车 5cm 短丝,加上套筒拧紧,套筒另一端塞满土工布并紧贴塔柱模板内壁,保证混凝土浆不会进入套筒。

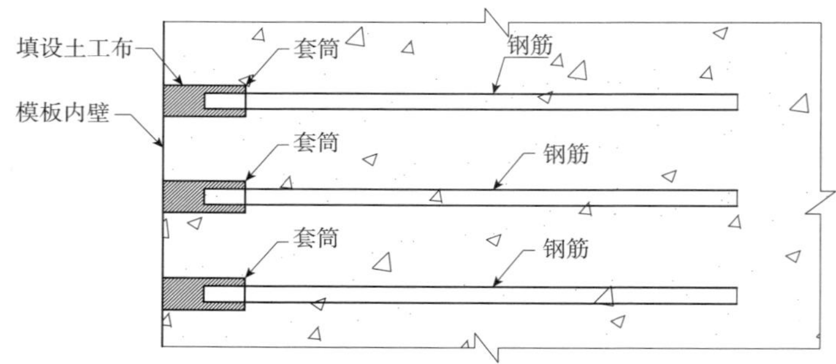

图 3-1-72 绕塔平台钢筋预留方式

第二部分施工是在绕塔平台托架搭设完成之后,对预留钢筋位置进行凿毛,在露出套筒之后接长预留钢筋,并同时绑扎其他所有钢筋。

(5)混凝土施工

绕塔平台混凝土采用 HBT80C-1818DⅢ型混凝土泵一次性浇筑完成,理论垂直泵送高度为 320m,最大输送压力为 18MPa。混凝土出泵管后垂直下落高度不得大于 2m,否则应设置串筒。混凝土采用分层浇筑,每层浇筑厚度不超过 50cm,用插入式振捣棒振捣密实。

(6)预应力施工

绕塔平台肋梁 2 和肋梁 8 为钢筋混凝土结构,其余 7 个肋梁为预应力结构,预应力布置如图 3-1-73,预应力钢束 N1、N2、N3 均为两端张拉。

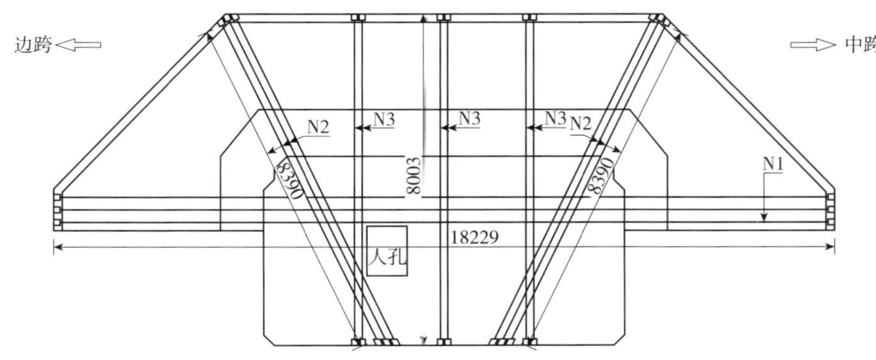

图 3-1-73 绕塔平台预应力布置图

①预应力管道安装

预应力管道采用符合 JT/T529—2004 标准的 SGB-50Y 型塑料波纹管，管道的固定安装采用定位钢筋网片，网片采用井字形布置的 $\Phi10$ 圆钢，且每隔 800mm 设一道。

在混凝土浇筑前，必须将管道上一切非有意留的孔、开口或损坏之处修复。

②钢绞线安装及张拉

绕塔平台预应力束均采用 ϕ_j 15.2 – 4/5 低松弛钢绞线，均为直线束，设计张拉控制力为 775.6kN/969.5kN。

当浇筑混凝土强度达到设计强度的 90% 时且龄期达到 14d 后方可张拉预应力束。由于椒江二桥处特殊的气候环境，空气湿度大、含盐高，预应力束（筋）容易锈蚀，因此，预应力束（筋）在符合张拉条件后要及时张拉、压浆。

绕塔平台预应力钢绞线采用 QCY270 型前卡式单孔张拉千斤顶进行张拉，千斤顶的后部采用自动工具锚，前部采用限位板。预应力均采取两端对称张拉，采用双控，先张拉长束，再张拉短束，以张拉力为主，引伸量作为参考。

张拉程序为：0→10% 初应力→σ_{con}（持荷 2min 锚固）。预应力束张拉采用分级并平稳张拉，两端张拉进程应基本保持一致。

预应力束张拉结果需满足：实际伸长量与设计伸长量偏差不超过 ±6%；每束钢绞线断丝和滑丝不超过 1 丝，且每个断面断丝之和不超过该断面钢丝总数的 1%。如果钢绞线断丝超出允许范围，原则上应更换钢绞线，当不能更换时，在监理工程师许可的条件下，可采取补救措施，如提高其他束预应力值，但须满足设计上各阶段极限状态的要求。

③主要张拉流程

a. 准备工作：穿束→安装工作锚板，工作锚板与锚垫板应尽可能同轴→安装工作夹片。

b. 安装限位板。

c. 安装千斤顶：千斤顶前端止口应对正限位板。

d. 安装工具锚：工具锚应与前端工作锚板的孔位一一对应，不应使工具锚与工作锚之间的钢绞线扭绞。

e. 张拉：按批准的初张拉吨位进行预张拉，并记录伸长值初读数→继续向千斤顶加油至 2 倍初张拉吨位，记录伸长值读数→继续向千斤顶加油至设计油压值，测量伸长值并做好张拉记录，如实际伸长量满足要求，进行下一步工作，若施加伸长量不能满足要求，查找原因并进行超张拉。

f. 锚固：打开高压油泵截至阀，缓慢将千斤顶的油压降到零，活塞回程，工作夹片即自动跟进锚固钢绞线。

g. 拆除设备：卸下工具锚、千斤顶、限位板，24h 后切除多余钢绞线。

④预应力施工注意事项

a. 钢绞线和预应力钢筋进场后，必须按有关规定对其强度、外形尺寸、初始应力和物理及力学性能等进行严格试验。锚头应进行裂缝探伤检验，夹片应进行硬度检验，锚具应进行组合锚固性能试验。同时应就实测的弹性模量和截面面积对预应力束的引伸量做修正。

b. 锚固预埋套筒采用外径 140mm，壁厚 4mm 的低压流体输送焊接管（GB/T 3091—1993）。

c. 锚固套筒底板与锚垫板之间采用 4 枚 M5 × 20（GB/T 5781—2000）螺栓连接，连接前应预先在锚垫板上攻丝并在锚固预埋套筒底板相应位置上打孔。

d. 为防止套筒锈蚀，锚固预埋套筒外端与平台圈梁壁间距不小于 20mm，浇筑平台混凝土时应严格封堵套筒，防止混凝土进入套筒内。

（7）孔道压浆

预应力束张拉完成后 48h 内，进行孔道压浆。水泥浆的强度应符合设计规定不低于 40MPa。

①孔道的准备。

②压浆设备准备：压浆设备有活塞压浆机、水泥浆搅拌机、水泥浆稠度仪、电子天平、100kg 天平、水泥浆试模等；真空辅助压浆还需要以下专用设备：真空泵、配套压力表（应到计量部门标定）、压力瓶（作为防护屏障防止稀浆进入真空泵而损坏真空泵）、加筋泌水管（须承受较大的负压）。

③水泥浆的拌制。

④进行压浆：压浆应缓慢、均匀地进行，不得中断，并应将所有最高点的排气孔依次一一放开和关闭，使孔道内排气通畅。较集中和邻近的孔道，宜尽量先连续完成压浆，不能连续压浆时，后压浆的孔道应在压浆前用压力水冲洗通畅。

压浆须使用活塞式压浆泵，不得使用压缩空气。压浆的最大压力宜为 0.5 ~ 0.7MPa；当孔道较长或采用一次压浆时，最大压力宜为 1.0MPa。注浆方法必须确保充分填充整个导管以及钢绞线的空间。压浆应达到孔道另一端饱满和出浆，并应达到排气孔排出与规定稠度相同的水泥浆为止。为保证管道中充满灰浆，关闭出浆口后，应保持不小于 0.5MPa 的一个稳压期，该稳压期不宜少于 2min。

压浆后应从检查孔抽查压浆的密实情况，如有不实，应及时处理和纠正。压浆时，每一工作班留取不小于 3 组的 70.7mm × 70.7mm × 70.7mm 立方体试件，标准养护 28d，检查其抗压强度，作为评定水泥浆质量的依据。

⑤清洗设备。

⑥封锚。

3. 主塔施工预埋件设置

塔身施工时，应注意各种预埋件和预埋钢筋的埋设，分别设在爬梯、检修平台、绕塔平台、电缆、照明设施、主梁施工临时锚固、主梁抗风支座、避雷设施、排水设施、栏杆、滑模支架、施工用升降机支架、交通工程、景观工程、除湿机等部位。

四、索塔横梁施工

（一）下横梁工程概况

索塔下横梁是位于上下塔柱之间，连接左右两个塔身的横桥向预应力混凝土梁，主要作用是将桥梁上部钢梁自重及其他荷载传递至塔身、承台及基础上。本项目施工的下横梁为矩形截面空心梁，下横梁距承台顶面 36.2m，其长 × 宽 × 高为：36.63m × 8.10m × 7.00m，顺桥向和高度方向壁厚均为 1m。混凝土方量为 1163.9m^3，下横梁自重约为 2910t。主塔下横梁顶部高程 44.53m。下横梁上对称布置有两个限位阻尼装置的支座。在每个限位阻尼支座下设一道壁厚 0.6m 的竖向隔板；下横梁内布置 60 束 19Φ_s15.2 钢绞线，锚下张拉控制应力采用 0.75f_{pk} = 1395MPa，每束锚下张拉力为 3711kN，所有预应力锚固点均设在塔柱外侧。本桥为全漂浮体系，下横梁上不设永久竖向支座。施工期间设置临时支座和临时锚固装置。

下横梁处于上、下塔柱之间，施工时下横梁分两次与对应高度处的塔柱 N6、N7 节段同步施工一起浇筑（含横梁上下倒角）。索塔下横梁构造如图 3-1-74 所示。

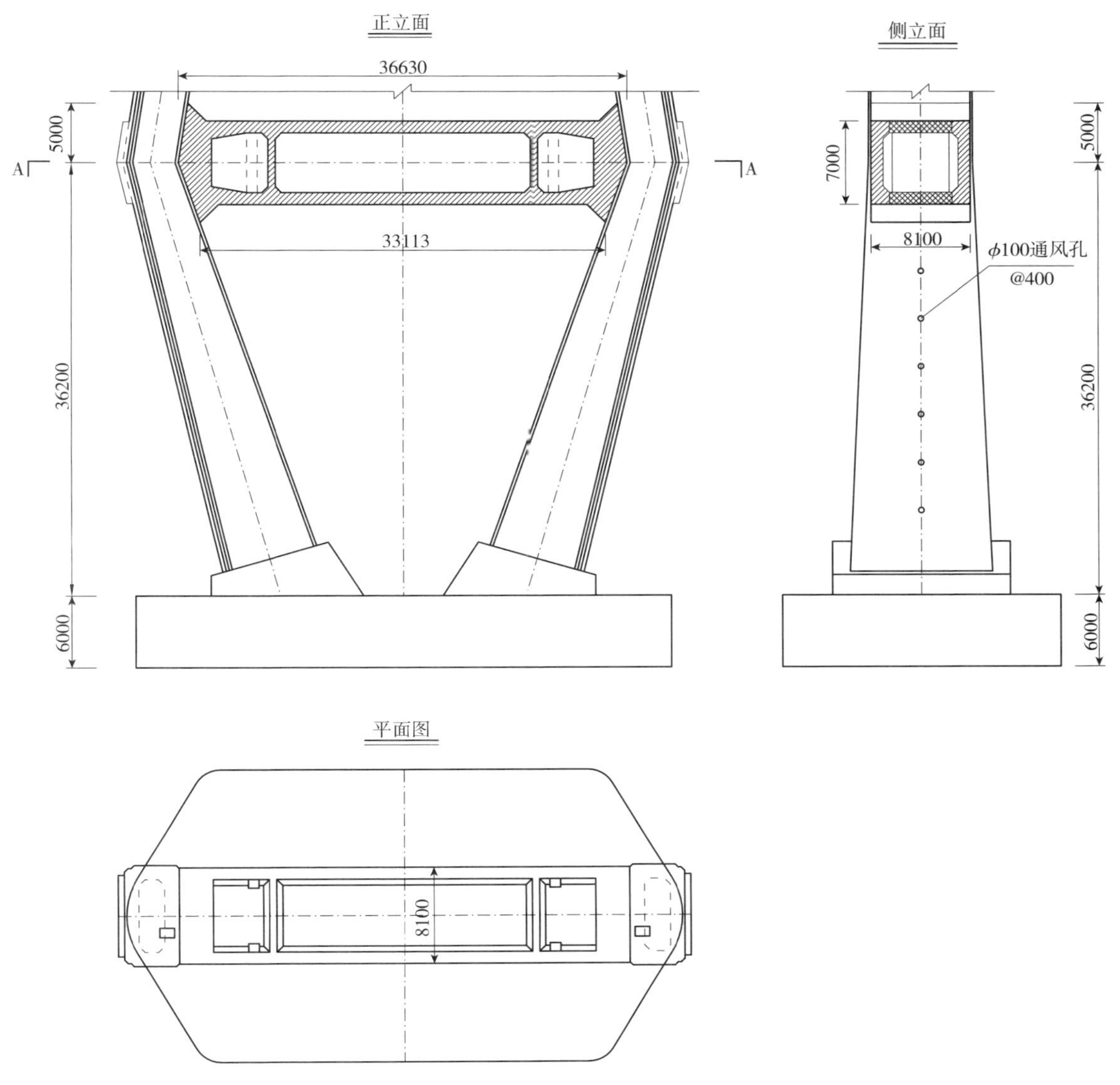

图 3-1-74 索塔下横梁构造图（尺寸单位：mm）

（二）下横梁施工工艺流程

下横梁施工流程如图 3-1-75 所示。

（三）下横梁支架施工方案

1. 下横梁支架布置

根据本桥索塔工程特点，索塔下横梁支架采用钢管桩支架 + 桁架体系支撑，支撑考虑整个横梁的荷载。横梁支撑在塔柱壁上设牛腿，中间 2 排 ϕ800mm × 10mm 钢管桩支撑，每排 6 根，其顶部各布置一根 2HN60 型钢承重梁（横桥向），承重梁上方沿横桥向每隔 1. 6m 布置一组 15m 长的 321 型贝雷桁架（纵桥向）。钢管桩底部立于承台顶面和塔座顶面，钢管桩长度在 35. 5 ~ 39. 6m 之间，由多节拼接而成，钢管桩之间采用法兰盘接长。

为保证钢管的刚度和稳定性，每排两根钢管桩之间采用钢管、型钢焊接平联。各排钢管桩之间利用索塔塔柱施工的水平支撑联系，降低钢管桩的自由高度，防止发生失稳现象。每隔 6m 设置一道平联，总共设置了 5 层 2]28a 型钢平联。

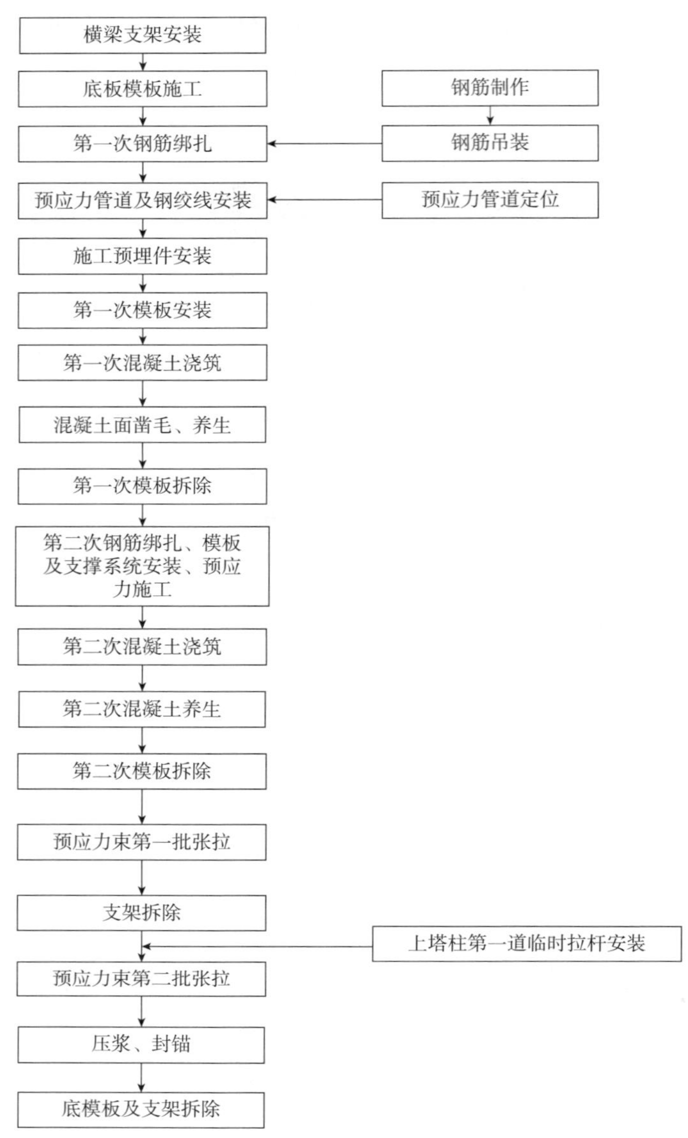

图 3-1-75　索塔下横梁施工流程图

下横梁施工完成后，其后续还有钢箱梁 0 号块支架的施工，在进行下横梁支架设计时尽量考虑保留其支架钢管，作为 0 号支架的支撑钢管使用。

支架详细布置及结构如图 3-1-76 所示。

钢管桩的安装或拆除均采用塔吊作为起重设备，根据起吊能力将钢管桩分节安装，采用法兰盘方式接长钢管桩，钢管桩上设爬梯和自升式吊篮用于钢管接长和拆除。每根钢管桩第一节安装后，及时将钢管桩底部与预埋钢板焊接，钢管桩每节安装完成后及时进行平联施工，待平联施工完成后再进行下一节钢管桩的拼接，以增加支架整体稳定性。支架拆除在下横梁第一次预应力张拉结束后进行。

2. 下横梁支架预压

(1)支架预压目的：在等荷载情况下，对支架进行预压，以消除支架钢管、承重梁及模板的非弹性变形的影响，同时测量支架的弹性变形的实际数值，作为梁体立模的抛高预拱值数据设置的参考，并附带检查支架的受力稳定情况，确保支架受力的安全。

(2)支架预压范围：索塔下横梁第一层浇筑范围进行等荷载(100%)预压。

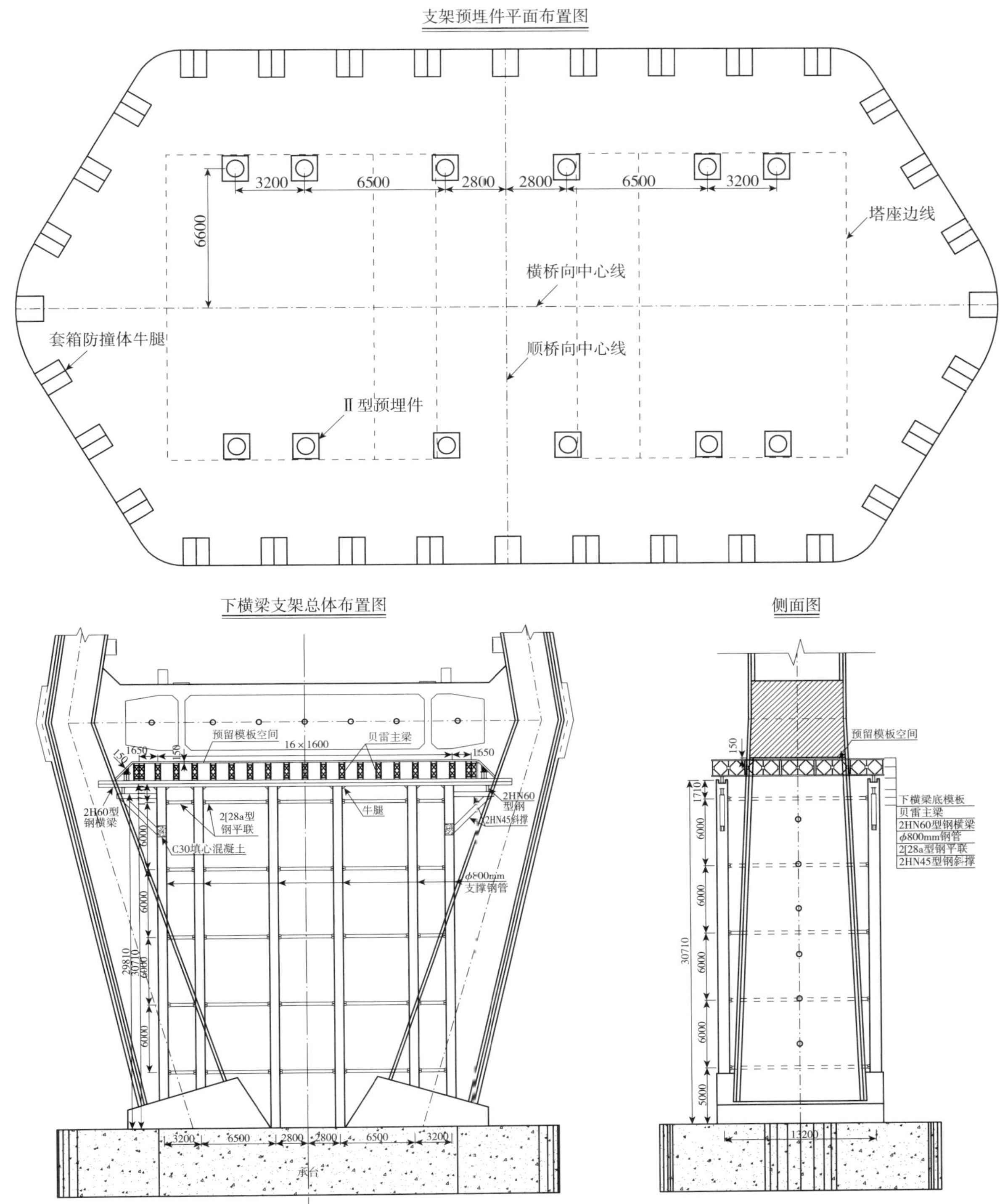

图 3-1-76　下横梁支架总体布置图(尺寸单位:mm)

(3)支架预压形式:考虑到预压荷载值较大(下横梁重量一半为1455t)且下横梁施工高度在承台顶30m以上。根据以往的施工经验,采用常规堆载砂袋或水箱的方法难度较大,且费时、费力。根据项目部下横梁支架施工方案,采用通过在贝雷主梁上加压梁与支架钢管底部加设垫梁之间穿预应力钢绞线并用液压千斤顶施拉的方法对下横梁支架进行预压。千斤顶设置在支架底部垫梁处(单端张拉),张拉时在承台或是塔座顶部搭设简易操作平台,采取分级逐级施压直至满载。下横梁支架预压措施布置如图3-1-77所示。

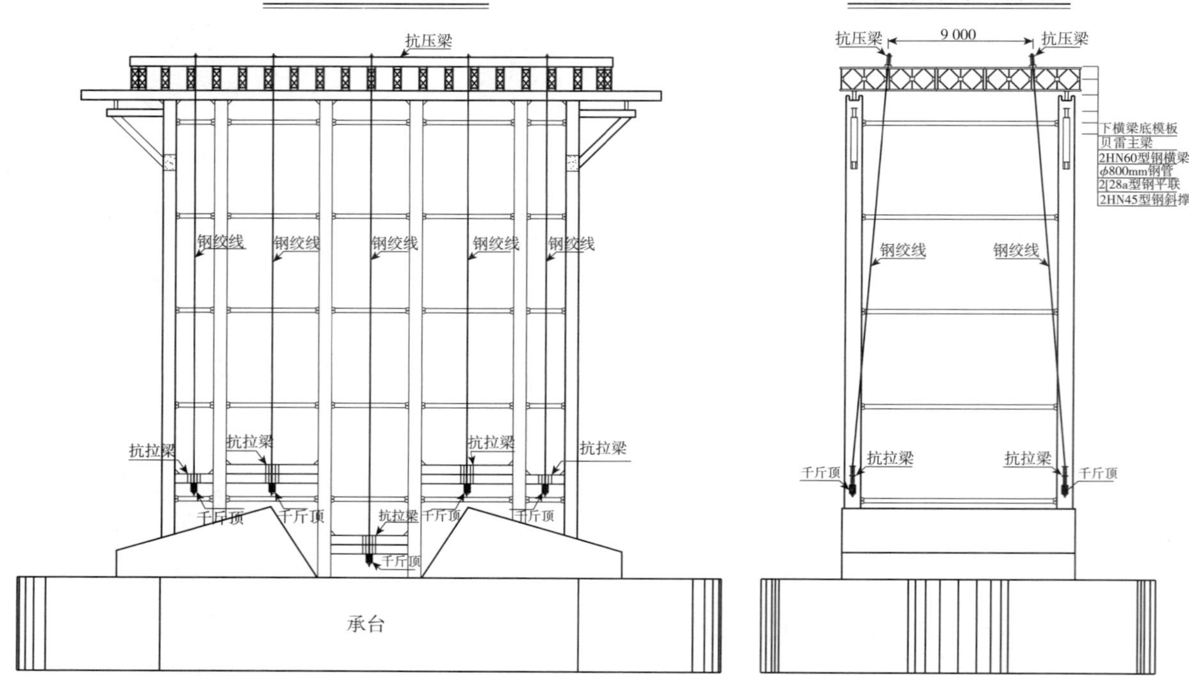

图 3-1-77　下横梁支架预压措施布置图(尺寸单位:mm)

(4)支架预压荷载说明:预压方案的布置为在贝雷主梁顶部南北两侧各放置一根 2HN60 型钢压梁,压梁各距贝雷主梁跨中 4.5m,每个压梁均设置 5 个抗压点,共计 10 个;在支架底部两两钢管桩之间加设 2HN60(4HN60)型钢垫梁(局部采用 1cm 厚钢板加强)。压梁与垫梁在受力点处穿预应力钢绞线,由于每个抗压点需分配的力为:1500kN/10/12 = 125kN,而 12ϕ_s15.2 型公称直径为 15.20mm 的钢绞线(截面积为 140mm^2)标准强度为 1860MPa,即每根钢绞线可承担 0.75 × 1860 × 140 = 195.3kN 的预压力(195.3kN > 125kN),可完全达到支架预压的目的。

(四)下横梁模板施工

下横梁模板采用自制钢模及木模,其中侧模及底模为钢模,内模为木模。为方便塔吊吊装及后续挂篮底模的使用,侧模板分成 2 个类型共 8 个块段,底模板分成 4 个类型共 13 个块段。内模中的侧模、底模和倒角模板均采用 18mm 的多层木胶面板,内楞采用 100mm × 100mm 的方木,外楞采用 2[8 型钢。

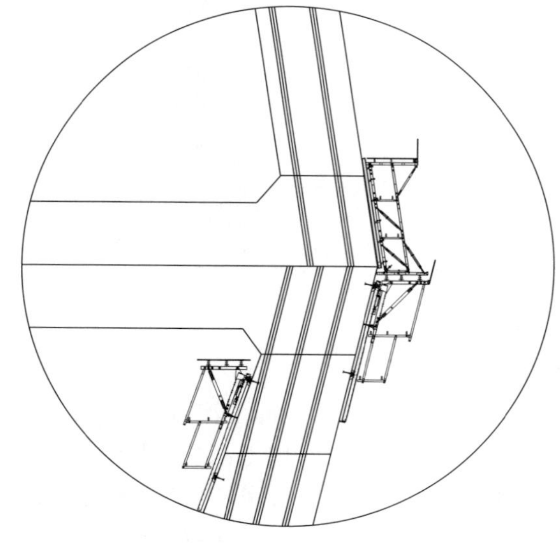

图 3-1-78　塔梁同步浇筑爬模示意图

1. 侧模

下横梁施工为塔梁同步浇筑,与下横梁交汇处的塔柱模板仍采用原液压爬模,爬模示意如图 3-1-78 所示。

(1)侧模面板采用 A3 钢板,厚为 6mm;面板采用∠75 × 5 角钢封边并开设间距为 150mm、直径为 16mm 的螺栓孔,采用 M14 的螺栓连接;内龙骨采用[8 型钢,间距为 300mm;外龙骨采用 2[8 型钢,间距为 1000mm;外楞采用 M25 的拉杆对拉固定,拉杆间距为 1000mm × 1000mm。

(2)模板外楞型钢的布设应与下横梁内模侧模的外楞型钢一一对应且用拉杆对拉固定,其余未与内箱重合的部位拉杆对穿下横梁侧模。

(3)拉杆采用 Q235 圆钢加工而成,并采用双螺母和双垫片固定。

(4)外楞型钢采用6mm钢板连接,连接板尺寸为50mm×130mm。

(5)模板面板和内楞焊接整体吊装,外楞现场吊装焊接。

2. 底模

(1)底板采用A3钢板,厚为6mm;龙骨采用[8型钢,间距为500mm和250mm;采用∠75×5角钢封边并开设间距为150mm、直径为16mm的螺栓孔,采用M14的螺栓连接。

(2)当角钢开孔位置与龙骨相冲突时,适当调整开孔间距。

(3)龙骨型钢与面板焊接并整体吊装。

3. 内模

(1)下横梁内模中的侧模、底模和倒角的模板结构组合均为:面板采用18mm的多层板;内楞采用100mm×100mm的方木,间距为250mm;外楞采用2[8型钢,间距1000mm;外楞采用M25的拉杆对拉固定,拉杆间距为1000mm×1000mm。

(2)下横梁内模顶模结构组合为:面板采用18mm的多层板;内楞采用100mm×100mm的方木,间距为300mm;外楞采用100mm×150mm的方木,间距为1000mm;外楞采用ϕ48×3mm钢管支架支撑,支架立杆间距为900mm×1000mm,横杆步距为1200mm。

(3)内模各断面之间的面板接缝采用企口缝;各断面的内楞相连接部位加设一根等长度的三角木方作为连体;侧模、倒角和底模之间的外楞型钢(除三角形倒角区域外)的间距应一一对应,并相互焊接成整体。

(4)模板检测项目及安装检测标准:如表3-1-20所示。

模板安装检测标准 表3-1-20

位　置	允许偏差	位　置	允许偏差
侧、底模板全长	±10mm	底模板中心线与设计位置	+2mm
底模板宽	+5.0mm	顶模板中心线与设计位置	+10mm

(五)下横梁混凝土施工

下横梁混凝土分两次浇筑完成,下横梁第一次完成底板和1/2腹板混凝土浇筑(浇筑高度为3.5m),第二次完成1/2腹板及顶板混凝土浇筑(浇筑高度为3.5m)。

横梁钢筋在现场进行绑扎,在横梁处塔柱施工时,在模板侧壁预留横梁预埋钢筋及预埋波纹管,钢筋接头采用直螺纹接头,接头埋设按规范要求错开。

横梁混凝土由本单位自建拌和站拌制,用塔底混凝土输送泵泵送进行浇筑。型号选择为HBT80C-1818DⅢ的混凝土泵,理论垂直泵送高度为320m,最大输送压力为18MPa,一级泵送到位。浇筑混凝土时,保证混凝土出泵管后垂直下落高度不大于2m,并采用分层浇筑,每层浇筑厚度不超过50cm,用插入式振捣棒振捣密实。

施工缝处理:混凝土在达到2.5MPa之后,对腹板上表面进行凿毛处理(人工凿除混凝土表面的水泥砂浆和松弱层,露出粗集料)和淡水冲洗处理,并在下一次浇筑前润湿12h,但所有明水需清除;缩短前后两次混凝土浇筑的时间间隔,以减小两层混凝土间因收缩、徐变的不同而产生的附加内力。

横梁内施工用预埋件均需进行防腐处理,混凝土施工结束后宜用草袋、草帘等在混凝土终凝前盖于混凝土表面每天应均匀洒水,经常保持潮湿状态;昼夜温差大的地区,混凝土浇筑完以后3d内应采取保暖措施,防止混凝土产生收缩裂缝。

混凝土施工主要指标技术质量指标:

(1)拆模时的梁体混凝土强度应符合设计要求;当设计无具体规定时,侧模板拆除混凝土强度应达到设计强度的60%及以上,且能保证棱角完整;底模板拆除混凝土强度应达到设计强度的100%(跨度大于8m)。

(2)拆模时的梁体混凝土芯部与表层、箱内与箱外、表层与环境温差均不宜大于15℃;气温急剧变化时不宜拆模。

(3)梁体外形尺寸允许偏差如表3-1-21所示。

梁体外形尺寸允许偏差 表3-1-21

名　称	允许偏差值	名　称	允许偏差值
梁全长	±20mm	梁上拱	L/3000mm
梁跨度	±20mm	顶板厚	+10mm
梁高	+10mm, -5mm	底板厚	+10mm

(4)梁体及封端混凝土外观质量应平整密实、整洁、不露筋、无空洞、无石子堆垒、桥面流水畅通。对空洞、蜂窝、漏浆、硬伤掉角等缺陷,需修整并养护到规定强度。蜂窝深度不大于5mm,长度不大于10mm,不多于4个/m^2。

(六)下横梁预应力施工方案

下横梁内布置60束$19\phi_s15.2$预应力钢绞线,锚下张拉控制应力采用$0.75f_{pk}=1395MPa$,每束张拉力为3711kN。

1.预应力管道安装

预应力管道采用SGB-100Y型塑料波纹管,预应力管道的尺寸和位置应准确,孔道应平顺,端部的预埋锚垫板应垂直与孔道中心线。预应力管道的安装允许偏差按施工规范。

管道应采用定位钢筋网片固定安装,定位钢筋网片采用$\Phi10$钢丝,井字形布置,直线处800mm一道,曲线处500mm一道。另外还可根据具体情况增加数量和长度,定位网片须与结构钢筋焊牢,以保证管道位置精确,防止混凝土浇筑过程中管道移位。

管道必须没有裂缝、裂纹等,结合处必须是密封的,损坏的管道必须现场拆除。

张拉槽口采用竹胶板制作,槽口与锚垫板、模板间缝隙必须密封以防止漏浆。

下横梁预应力筋在混凝土浇筑前穿束,预应力束安装完成后应进行全面检查,以查出可能被损坏的管道。在混凝土浇筑前,必须将管道上一切非有意留置的孔、开口或损坏之处修复以防止漏浆堵管。

2.钢绞线安装

预应力钢绞线采用符合《预应力混凝土用钢绞线》(GB/T 5224—2003)标准的高强度低松弛钢绞线,公称直径15.20mm,公称截面面积140mm^2,钢绞线标准强度$f_{pk}=1860MPa$,弹性模量$E_p=1.95\times10^5MPa$。

钢绞线可在浇筑混凝土之前或之后穿入管道,穿束前应检查锚垫板和孔道,锚垫板位置应准确,孔道内应畅通,无水和其他杂物。

安装前,必须检查钢绞线表面有无腐蚀;清除腐蚀之后,钢绞线表面看不到明显的凹坑,则证明薄层铁锈没有造成钢绞线损坏。

穿束前应检查锚垫板和孔道,锚垫板应位置准确,孔道内应畅通。

在任何情况下,当在安装有预应力束的构件附近进行点焊时,对全部预应力束进行保护,防止溅上焊渣或造成其他损坏。

3.预应力筋的张拉、压浆

(1)预应力的张拉

下横梁预应力钢绞线采用YCW400型穿心式千斤顶进行张拉,千斤顶公称张拉力为3956kN,横梁预应力采取两端对称张拉,千斤顶对每一钢束的全部预应力束施加应力。

张拉程序为:0→10%初应力→σ_{con}(持荷2min锚固)。预应力束张拉采用分级并平稳张拉,两端张拉进程应基本保持一致。下横梁预应力钢束分两次张拉，在下横梁浇筑完成并达到设计强度的90%以上时张拉腹板束，张拉顺序为：先从腹板中部向上下缘依次进行，腹板两侧同一高度的预应力钢束应对称张拉；在上塔柱浇筑至第一道临时外顶横撑时张拉顶底板束，从顶、底板中部向左右对称张拉。

下横梁预应力钢束布置如图3-1-79所示。

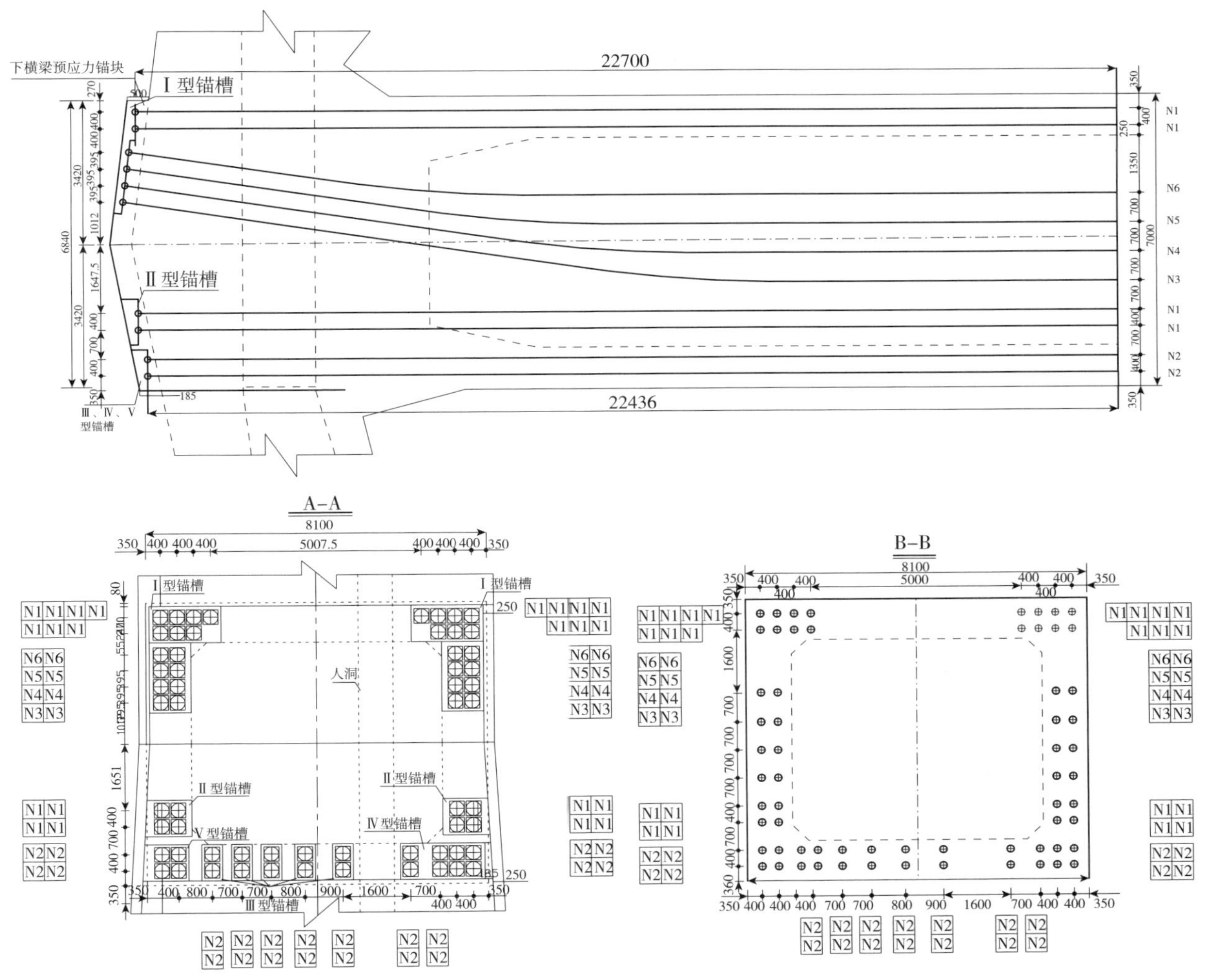

图3-1-79　下横梁预应力钢束布置图（尺寸单位：mm）

张拉时采用张拉吨位与延伸量双控制，以张拉吨位为主，张拉延伸量未扣除初始张拉力，以垫板端面为量测点。

预应力束张拉结果需满足：实际伸长量与设计伸长量偏差不超过±6%；每束钢绞线断丝和滑丝不超过1丝，且每个断面断丝之和不超过该断面钢丝总数的1%。如果钢绞线断丝超出允许范围，原则上应更换钢绞线；当不能更换时，在监理工程师许可的条件下，可采取补救措施，如提高其他束预应力值，但须满足设计上各阶段极限状态的要求。

（2）钢绞线伸长量计算

钢绞线的张拉控制应力 $\sigma_{con}=0.75f_{pk}=0.75\times1860=1395\text{MPa}$，当超张拉时，控制应力可提高，但在任何情况下，钢绞线的控制应力不超过 $0.80f_{pk}=1488\text{MPa}$。

下横梁预应力束均采用 $\phi_j15.2-19$ 低松弛钢绞线，设计张拉控制力为 $P=3711\text{kN}$，预应力筋的截面面积 $A_p=140\times19=2660\text{mm}^2$，弹性模量 $E_p=1.95\times10^5\text{MPa}$。

①钢绞线伸长量计算

预应力钢绞线的理论伸长值 ΔL(mm)及张拉力,按照《公路桥涵施工技术规范》计算:

$$\Delta L=\frac{P_{p}L}{A_{p}E_{p}}$$

预应力筋平均张拉力按下式计算:

$$P_{p}=\frac{P(1-e^{-(kx+\mu\theta)})}{kx+\mu\theta}$$

式中:k——孔道每 m 局部偏差对摩擦的影响系数取 $k=0.0015$;

μ——预应力筋与孔道壁的摩擦系数取 $\mu=0.20$(表 3-1-22)。

预应力张拉系数 k 及 μ 值表 表 3-1-22

孔道成型方式	k	μ 值		
		钢丝束、钢绞线、光面钢筋	带肋钢筋	精扎螺纹钢筋
预埋铁皮管道	0.0030	0.35	0.40	—
抽心成型孔道	0.0015	0.35	0.60	
预埋金属螺旋管道	0.0015	0.20 ~ 0.25	—	0.50

由于下横梁钢绞线采用对称张拉,计算截面为沿钢绞线长度方向的中心位置截面,L 取 1/2 钢束长度,1/2 钢束长度钢绞线伸长量 ΔL,整根钢绞线伸长量计算 $2\Delta L$。

②钢绞线实际伸长量

预应力束张拉时,应先调整到初应力 σ_0(该初应力为张拉控制应力 σ_{con} 的 10%),初应力后进行正式的分级张拉和量测预应力筋伸长值,而量测的伸长值未包括从零张拉到初应力时的伸长值。因此,在确定实际伸长值时,除量测的伸长值外,还应计入初应力时的伸长量,由于每束预应力筋的松紧、弯直程度不相同,所以初应力时的伸长量不宜采用量测的办法,而采用推算的方法。推算时,可采用相邻级的伸长值计算。张拉时按以下程序进行:

0→初应力($0.1\sigma_k$)→计算应力($0.2\sigma_k$)→控制张拉至 σ_k→补偿张拉应力 $1.02\sigma_k$→持荷 2 分钟→锚固伸长量计算公式为: $\Delta l=\Delta l_1+\Delta l_2=(l_{\sigma}-l_{0.1\sigma})+(l_{0.2\sigma}-l_{0.1\sigma})$

式中: Δl——预应力筋(束)的实际伸长量;

$l_{0.1\sigma}$、$l_{0.2\sigma}$、l_{σ}——预应力筋(束)在 10%、20%、100% 控制张拉应力时的张拉伸长量。

(3)管道压浆

预应力束张拉完成后 24h 内,进行孔道真空压浆。压浆完毕,经检查后应随即布筋,立模浇筑封锚混凝土,以防锚具锈蚀。预应力管道压浆用水泥浆,按 70mm × 70mm × 70mm 立方体试件,标准养护 28d 测得的抗压强度不应低于 40MPa。压浆应做到一次成功,饱满密实。对截面较大的孔道,水泥浆中可掺入适量的细砂。水泥浆的技术条件应符合下列规定:

①水灰比宜为 0.40 ~ 0.45,掺入适量减水剂时,水灰比可减少到 0.35。

②水泥浆的泌水率最大不得超过 3%,拌和后 3h 泌水率宜控制在 2%,泌水应在 24h 内重新全部被浆吸回。

③为减少收缩,可通过试验在水泥浆中掺入适量膨胀剂,但其自由膨胀率应小于 10%。

④水泥浆稠度宜控制在 14 ~ 18s 之间。

孔道的准备:压浆前,应对孔道进行清洁处理。对于金属管道必要时应冲洗以清除有害材料,对孔道内可能发生的油污等,可采用已知对预应力筋和管道无腐蚀作用的中性洗涤剂或皂液,用水稀释后进行冲洗;冲洗后,应使用不含油的压缩空气将孔道内的所有积水吹出。压浆设备准备见前述。

水泥浆的拌制:水泥浆的水灰比须经过监理的同意,必须先在混合器中加入水,然后再加入水泥。水和水泥充分混合后，按规定添加掺和物。混合过程一直持续到达到匀质为止。可手动混合。材料的加入必须是连续的，并且必须足够慢，以防止泥浆离析。水泥浆自拌制至压入孔道的延续时间，视气候情况而定，一般为30～45min范围内，水泥浆在使用前和压注过程中应连续搅拌。对于因延迟使用所致的流动度降低的水泥浆，不得通过加水来增加其流动度。

压浆：压浆应缓慢、均匀地进行，不得中断。较集中和邻近的孔道，宜尽量先完成连续压浆；不能连续压浆时，后压浆的孔道应在压浆前用压力水冲洗通畅。

压浆常使用活塞式压浆泵，不得使用压缩空气。压浆的最大压力宜为0.5～0.7MPa；当孔道较长或采用一次压浆时，最大压力宜为1.0MPa。注浆方法必须确保充分填充整个导管以及钢绞线的空间。压浆应达到孔道另一端饱满和出浆，并应达到排气孔排出与规定稠度相同的水泥浆为止。为保证管道中充满灰浆，关闭出浆口后，应保持不小于0.5MPa的一个稳压期，该稳压期不宜少于2min。

压浆后应从检查孔抽查压浆的密实情况，如有不实，应及时处理和纠正。压浆时，每一工作班留取不小于3组的70mm×70mm×70mm立方体试件，标准养护28d，检查其抗压强度，作为评定水泥浆质量的依据。

清洗设备：所有设备，尤其是压浆管，在进行完系列操作以及每天工作结束之后，必须利用清水彻底清洗干净。

封锚：对需封锚的锚具，压浆后应将其周围冲洗干净并对混凝土凿毛，然后设置钢筋网浇筑封锚混凝土。长期外露的锚具，应采取防锈措施。封锚后混凝土表面修复按监理批复的修复程序进行。

五、上塔柱钢锚梁制造和安装

索塔钢锚梁作为斜拉索锚固结构，设置在塔头和上塔柱中。钢锚梁共19节，分4类，各锚固一对斜拉索。钢锚梁由受拉锚梁和锚固构造组成。根据总体计算各阶段索力，A8～A26（J8～J26）共19对斜拉索均可采用钢锚梁结合预应力粗钢筋方式锚固，A1～A7（J1～J7）仅采用预应力粗钢筋方式锚固，预应力钢筋采用JL32mm精轧螺纹粗钢筋。

钢锚梁支承于索塔牛腿上，侧向设限位装置，单个钢锚梁最重8.6t。

（一）钢锚梁制作设计要求

（1）钢锚梁作为空间索面传力的承载结构，焊接制造。必须保证锚垫板的空间角度。应采取合理的工艺方法和组装焊接顺序，将焊接变形控制在公差允许的范围之内。钢锚梁焊缝及热影响区的冲击功不小于−20℃34J。

（2）应确保钢锚梁与牛腿预埋钢板接触面的平面度及座板与塔壁预埋钢板间的角度满足设计给定的公差要求，以保证钢锚梁受力均匀和摩擦副的滑动不受影响。

（3）所有焊接的坡口形式及尺寸均应按照GB985-88或GB986-88的要求处理。所有类型的焊缝在制造前做焊接工艺评定试验，并依据试验结果编制焊接工艺。

（4）角焊缝端部应围焊，棱角焊缝尺寸一般不小于$1.5(t)^{1/2}$值，t为两焊件中较厚焊件的厚度。

（5）图中要求磨光顶紧的部位，焊接前必须用0.2mm塞尺检查是否顶紧，插入深度不应超过要求顶紧长度的1/4，合格后方可焊接。

（6）钢锚梁是斜拉桥受力的关键构件，主要连接焊缝均为熔透角焊缝。要求焊后对焊缝进行超声冲击处理。

（7）焊前预热温度应通过焊接工艺评定试验确定，施工过程中必须严格执行。预热范围一般为焊缝每侧100mm以上，距焊缝30～50mm范围内测温。修补时，碳弧气刨前的预热温度与施焊时相同。

（8）焊缝无损检验要求

①焊缝质量分级如表3-1-23所示。

焊缝质量分级表及检验范围　　表 3-1-23

焊缝部位	质量等级	探伤方法	执行标准	检验范围
钢锚梁箱形腹板与承压板间熔透角焊缝 钢锚梁箱形腹板与锚座扳板间熔透角焊缝	Ⅰ级	超声波 磁粉	TB 10212—2009 JB/T 6061—2007	全长
钢锚梁锚下平行加劲板与箱形腹板熔遗角焊缝 钢锚梁箱形腹板与锚垫板熔透角焊缝	Ⅰ级	超声波	TB 10212—2009	全长
箱形腹板与上下盖板间坡口角焊缝	Ⅱ级	超声波	TB 10212—2009	全长

②焊缝无损检验等级详见表 3-1-24。

焊缝无损检验等级　　表 3-1-24

焊缝质量级别	探伤方法	检验等级	验收标准
熔透角接焊缝	超声波	A 级	GB11345—2013 Ⅱ级
	磁粉		JB/T 6061—2007 Ⅱ级
贴角焊缝	超声波		TB 10212—2009 Ⅱ级

③无损检验的最终检验应在焊接 24h 后进行。

④不合格焊缝返修次数不得多于 2 次。

(9)为保证涂装漆膜的均匀，钢锚梁外露边缘要求打磨成圆角，其半径为 $R = 1 \sim 2$mm。

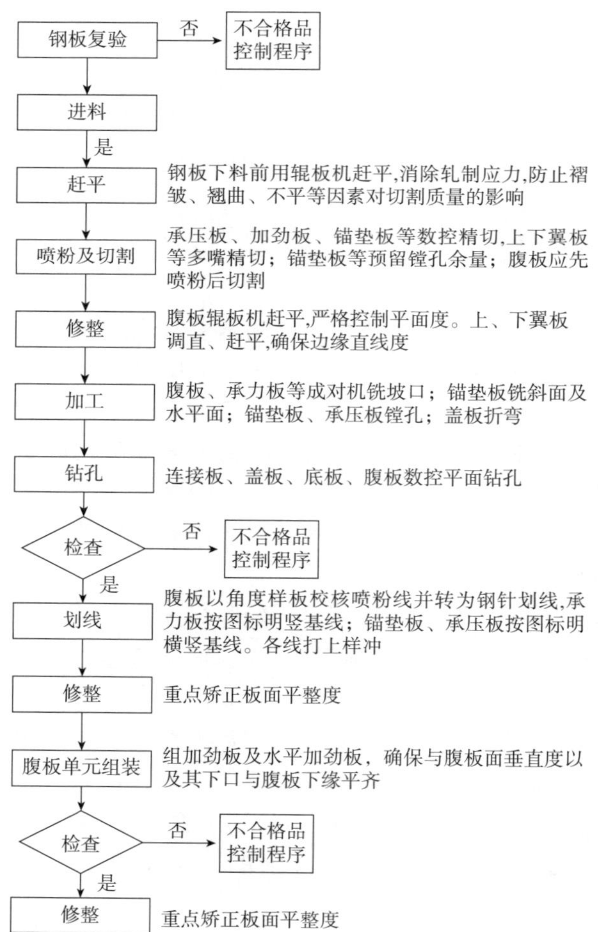

图 3-1-80　板单元制作工艺流程

(10)锚梁箱形腹板与支撑板之间的表面涂装应在组焊前完成。

(11)钢锚梁试拼装

①钢锚梁制造完成后，应在厂内进行试拼装。

②试装重点检验如下：钢锚梁试装整体几何尺寸精度；箱形对接偏差；拼接节点栓孔重合率。

(12)制造验收标准

钢锚梁按《公路桥涵施工技术规范》(JTJ041—2000)制造检查验收。

(二)主塔钢锚梁制作

1. 制造方案

主塔钢锚梁为箱型杆件结构，为斜拉桥正常运营的关键，其锚垫板的角度控制直接影响斜拉索的张拉角度。

制作时关键控制三方面：钢锚梁的腹板、顶和底板几何精度及焊接质量；锚垫板的空间角度；每对主塔钢锚梁间锚垫板锚孔中心面内间距尺寸。

2. 钢锚梁制作工艺流程

板单元制作、钢锚梁组拼工艺流程及工艺步骤分别如图 3-1-80 ~ 图 3-1-82 所示。

3. 钢锚梁制作质量控制

有关钢材检验、焊接工艺评定、板单元制造、板件组拼、组焊、连接预拼等质量控制的内容与钢箱梁相同。

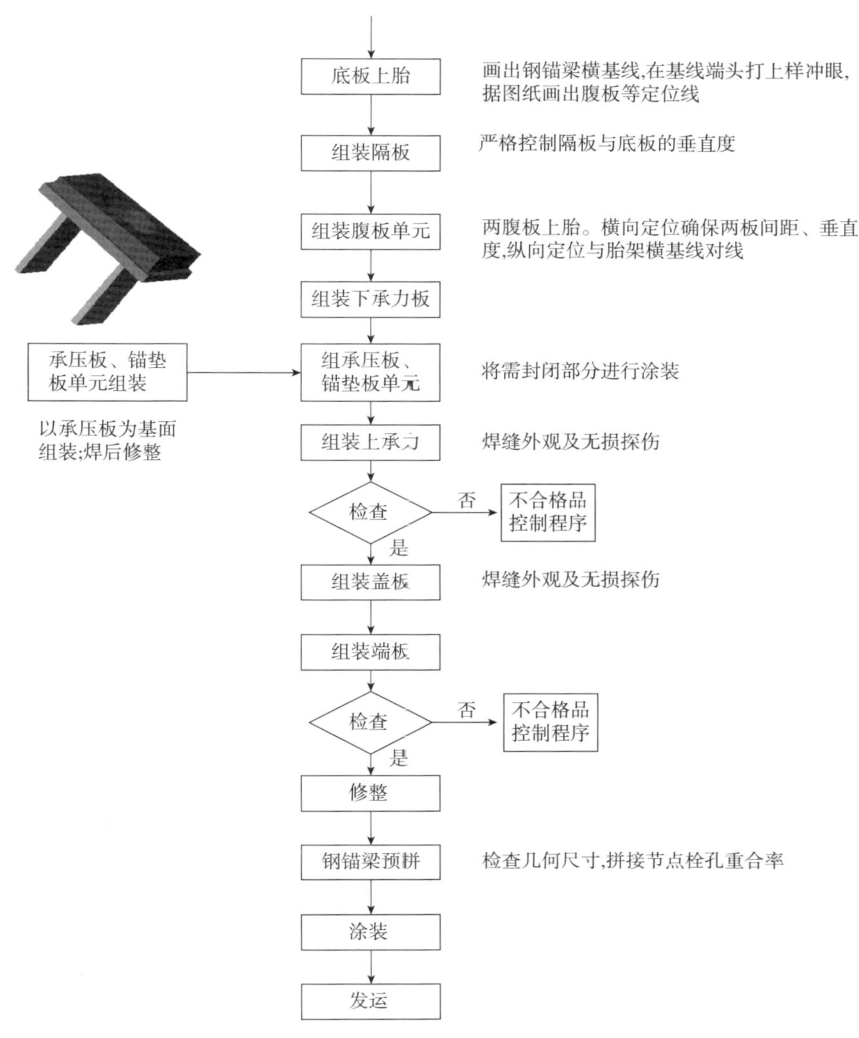

图 3-1-81 钢锚梁组拼工艺流程

(三)钢锚梁安装

椒江二桥双塔双索面组合梁斜拉桥每塔的两侧各布置 26 对斜拉索,除 7 对近塔斜拉索直接锚固在索塔上外,其他 A8 ~ A26(J8 ~ J26)共 19 对拉索采用钢锚梁结合预应力粗钢筋方式锚固。钢锚梁安放在索塔内、支承于索塔牛腿上,侧向设限位装置,又分为 A ~ D 4 种类型,单个钢锚梁重量为 5977.7kg ~ 8372.6kg。

1. 钢锚梁安装施工方法

1)施工总体思路

钢锚梁是斜拉索主要受力及传力构件,主要承受拉索水平分力,并将拉索的竖向分力传递到主塔牛腿上。钢锚梁安装思路如下:

(1)为方便钢锚梁在塔内操作,自塔柱施工至斜拉索钢锚梁锚固区起,每完成 1 ~ 2 节塔柱混凝土浇筑,即可进行钢锚梁安装施工。

(2)每片钢锚梁分 2 节安装,将边跨侧锚固钢横梁编为①号梁,中跨侧锚固钢横梁编为②号梁,节段间以高强螺栓连接。

(3)钢锚梁的安装采用塔柱外侧塔吊提升,从塔顶下放至待安装位置安装,用葫芦及千斤顶配合调整钢横梁精确定位,安装顺序由下至上。

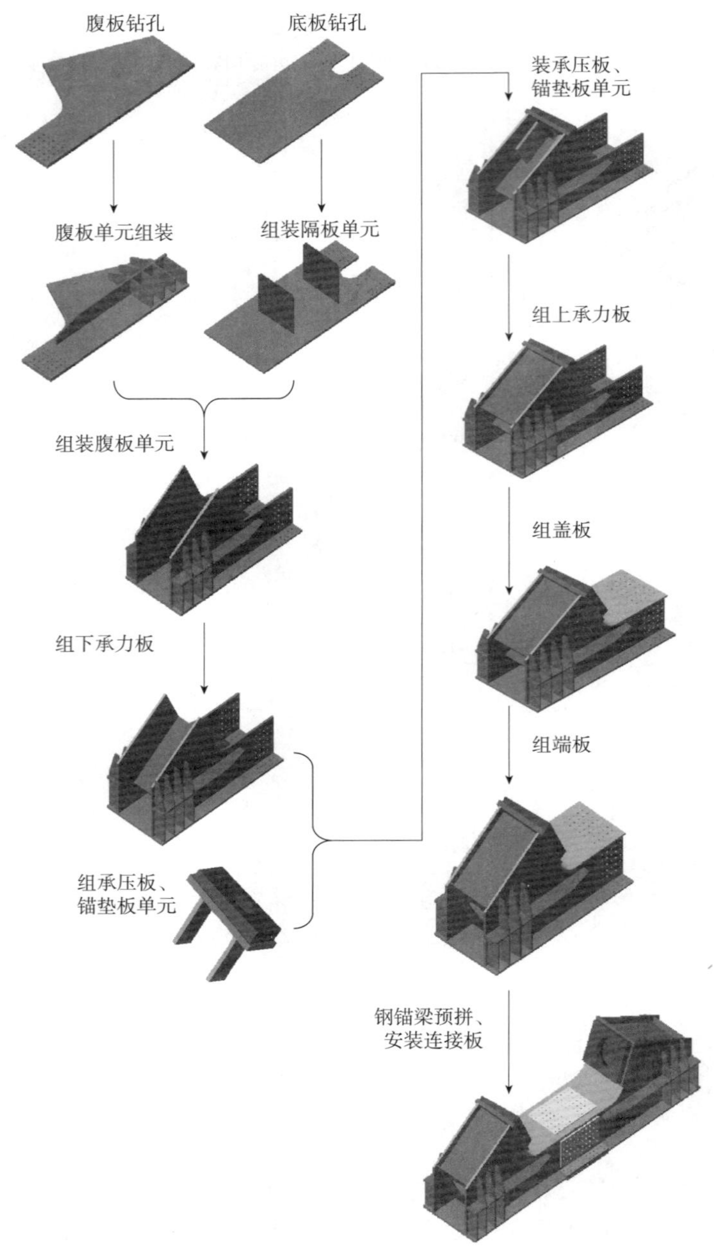

图 3-1-82　钢锚梁组

(4)钢锚梁侧向限位装置在工地加工场加工并焊接成整体,运至现场后用塔吊提升至塔内安装,现场焊接。

2)钢锚梁施工准备

钢锚梁施工的前期准备包括牛腿、底板预埋件及侧向预埋件施工。牛腿施工的钢筋、模板、混凝土应严格按照主塔施工技术工艺进行;为保证振捣混凝土密实,牛腿预埋钢板除具有一定的平整度外,应在钢板上适当位置钻不少于 10 个 $\phi 50$ 的通气孔,同时也作为混凝土振捣孔(图 3-1-83)。开孔范围应为牛腿顶面区域,与钢锚梁焊接位置不得开孔;侧向预埋钢板位置要正确,安装时采用钢板剪力钉与塔内钢筋临时焊接固定,当存在剪力钉与塔内钢筋交叉冲突时,可适当调整钢筋间距,严禁割断剪力钉。牛腿及侧向预埋钢板施工高程如表 3-1-25 所示。

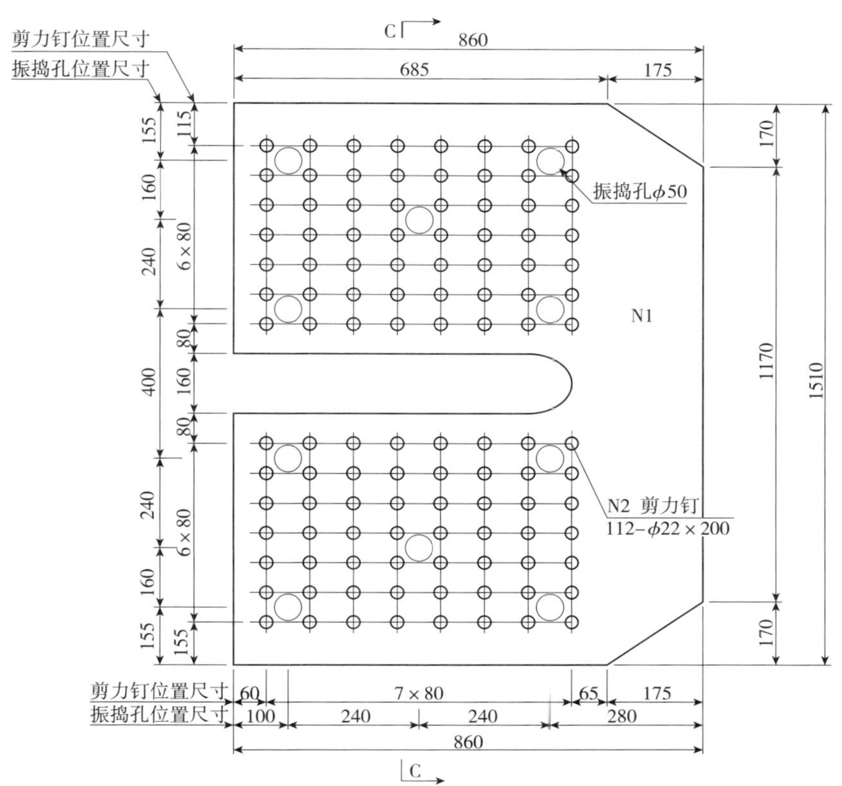

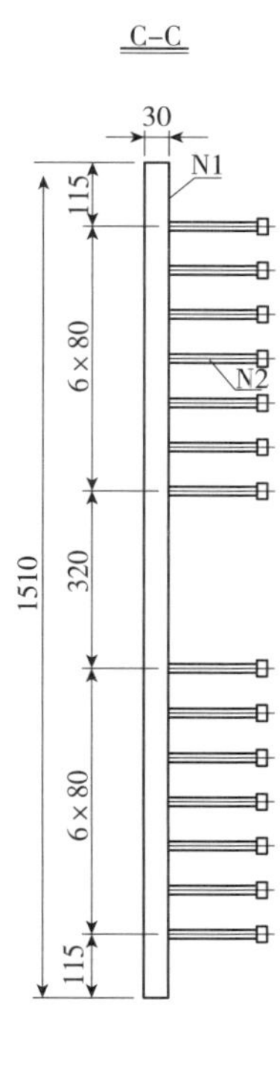

图 3-1-83 牛腿预埋钢板构造图(尺寸单位:mm)

侧向限位装置相对牛腿位置汇总表(北塔) 表 3-1-25

索 号	牛腿高程(m)	侧向限位装置类型	距离 h(m)	侧向限位装置中心线高程(m)
8	115. 572	A 类	0. 75	116. 322
9	117. 807	B 类	0. 78	118. 587
10	119. 945	C 类	0. 95	120. 895
11	122. 100	C 类	0. 95	123. 050
12	124. 229	C 类	0. 95	125. 179
13	126. 339	C 类	0. 95	127. 289
14	128. 433	C 类	0. 95	129. 383
15	130. 464	D 类	1. 08	131. 544
16	132. 536	D 类	1. 08	133. 616
17	134. 600	D 类	1. 08	135. 680
18	136. 657	D 类	1. 08	137. 737
19	138. 683	D 类	1. 08	139. 763
20	140. 707	D 类	1. 08	141. 787
21	142. 730	D 类	1. 08	143. 810
22	144. 752	E 类	1. 12	145. 872
23	146. 772	F 类	1. 12	147. 892
24	148. 792	F 类	1. 12	149. 912
25	150. 810	F 类	1. 12	151. 930
26	152. 809	F 类	1. 12	153. 929

3)钢锚梁施工工艺流程

钢锚梁由专业厂家(江苏中泰钢结构)加工,加工完成后转运至现场,现场起吊安装并连接成整体;钢锚梁采用塔吊吊装,按标准节段施工周期循环吊装,上塔柱在钢锚梁安装同时进行塔柱混凝土施工。钢锚梁安装总体施工工艺流程如图 3-1-84 所示。

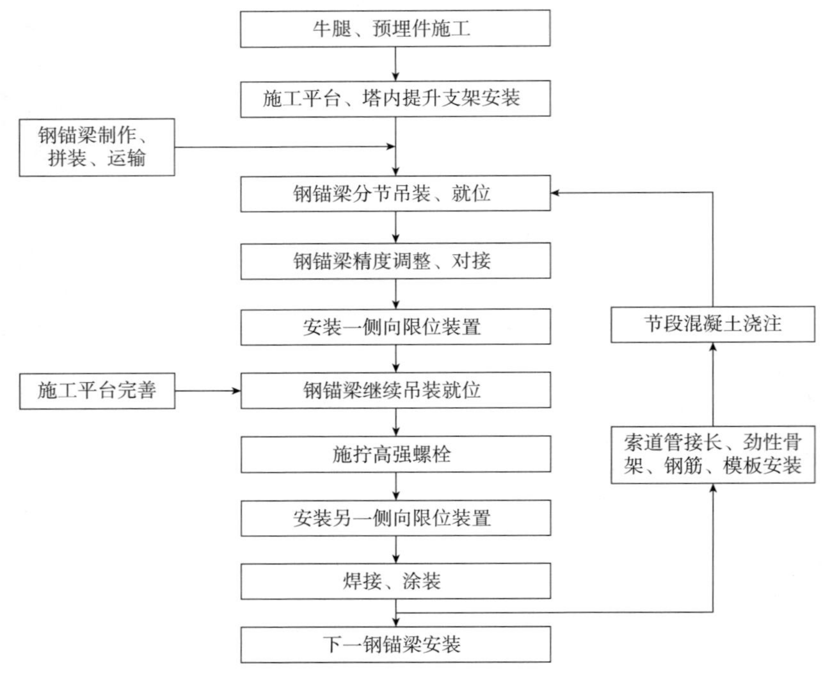

图 3-1-84 钢锚梁安装施工总体流程图

2. 钢锚梁制作、预拼装、运输

钢锚梁加工后进行预拼,预拼在出厂前完成。钢锚梁加工后通过栈桥运输至现场,由塔吊起吊进行安装。D 类钢锚梁(锚 8 号索)安装时搭设支架,以后各锚梁安装时以前一对钢锚梁作为操作平台(主塔施工单节可完成 2 ~ 3 对牛腿)。

节段间高强螺栓施工,一对钢锚梁两部分均采用高强度螺栓连接,运抵工地高强螺栓连接副及时进行工艺检验且在制定地点干燥保存。

3. 钢锚梁的安装工艺

现在以 8 号拉索钢锚梁的安装为例,对钢锚梁的安装工艺做详细说明。

(1)测量复核牛腿顶面高程。

(2)平台搭设:在 8 号拉索混凝土牛腿上搭设施工平台,平台搭设时,两牛腿间通过预埋焊接型钢支撑,为保证钢锚梁连成整体后两端刚好坐落在牛腿面上,平台的中间支撑设置应比牛腿面低 5 ~ 10cm,钢锚梁安装时用木楔垫平,平台构造如图 3-1-85 所示。牛腿上的承重钢板清理干净。

(3)起吊:钢锚梁采用塔吊进行吊装,最大单片吊装重量约 4 吨。为避免损伤钢锚梁涂装层,应采用软吊带进行吊装。

(4)安装:由于塔内牛腿平面位置的干扰,钢锚梁应按如下所示顺序安装。

①利用塔吊将 8 号拉索①号梁和②号梁分别由承台提升躲开上层牛腿从索塔内腔中心处缓慢下放,平稳错开放置在 8 号索牛腿施工平台上。9 号索的混凝土牛腿上放置两根 I 28a 型钢,在型钢上挂 4 个 5t 葫芦,利用手拉葫芦调整钢锚梁节段平整度,同时把①号梁提起,水平缓慢移动到位。

②用冲钉将腹板外侧连接板固定在①号梁腹板上,调整钢锚梁位置,使②号梁腹板与外侧连接板螺栓孔眼对齐,并打上冲钉使②号梁与连接板固定,然后安装内侧腹板连接板并用冲钉在四个角上将两侧

连接板与腹板固定。最后安装顶底层连接板并在四角固定。

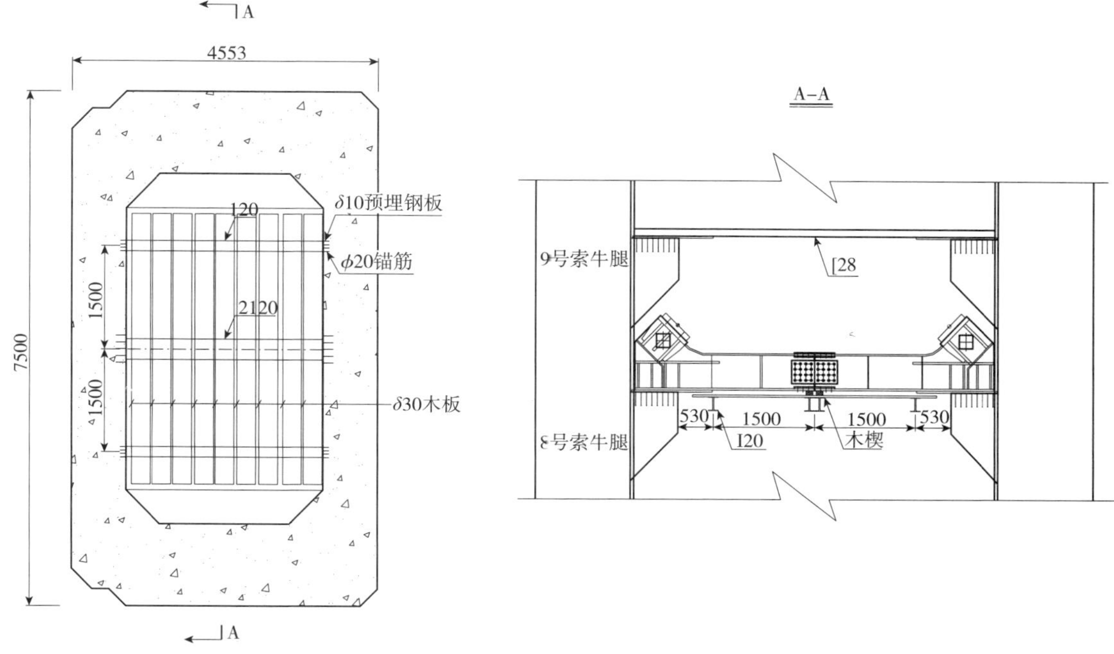

图3-1-85 钢锚梁施工操作平台构造(尺寸单位:mm)

③安装高强螺栓。高强螺栓按先腹板后顶底板、由中心向四周成发射状顺序安装,按由内向外的顺序施拧。施拧分两次进行,初拧预紧力为设计预紧力的60%,螺栓全部初拧后,按设计预紧力拧紧螺栓。两侧腹板的高强螺栓安装应同时进行,螺栓拼接参见《高强螺栓施工细则》。

④先安装一端侧向限位装置。

⑤用手拉葫芦将整个钢锚梁提起移动到安装位置,在千斤顶和楔块的配合使用下调整钢横梁的支承板与预埋在牛腿上的下支承板精确对位,使钢锚梁准确定位。

⑥安装另一端侧向限位装置。

⑦横向支撑安装好后再安装纵向支撑钢板,将钢板楔紧后再与预埋钢板和钢锚梁焊接。

⑧安装完成后进行各部位的焊接,斜拉索安装后将钢锚梁与牛腿3边围焊,结构施焊完毕必须按防腐要求进行涂装。

⑨重复以上步骤,直至8号~26号索钢锚梁安装完毕。

4.钢锚梁施工质量控制及注意事项

钢锚梁是斜拉索主要承重构件,安装过程中严格按有关设计文件及技术要求进行,同时施工中还应注意以下问题。

(1)上塔柱施工时应按设计位置预埋钢锚梁纵向及横向支撑预埋件,同时在牛腿上设置螺栓预留孔,牛腿施工结束后,按设计位置埋设螺栓,并在预留孔内填注环氧砂浆。牛腿顶面浇筑4cm厚40号砂浆调节层,调节层表面平整度控制在±0.5mm范围内。调节层达到强度后,安装承重钢板,拧紧螺栓。安装限位装置时,若发现因各种因素所造成的安装空间变小,可对限位装置焊接端稍作修整,以使限位装置支承板与钢锚梁贴紧;安装空间过大,支承处则采用加厚钢板处理。

(2)为使前后施工工序衔接紧凑,在塔柱施工部分牛腿后,即开始底节钢锚梁牛腿预埋件、承重钢板的施工。

(3)钢锚梁安装前,先将承重钢板槽口清理干净,在槽口内安装四氟板,然后再安装不锈钢板。

(4)钢锚梁吊装时,吊点布置应对称,保证钢锚梁水平下放。为不损坏钢锚梁,吊装时采用软吊带。吊装时禁止发生碰撞,以免钢锚梁发生变形和损坏防锈涂层。

(5)由于钢锚梁分两节安装,为保证安装时钢锚梁两节接头对位准确,需在底节牛腿上设置施工平台,安装钢锚梁时先将两节钢锚梁放置在施工平台上,调整钢锚梁位置使其精确就位后安装连接高强螺栓。

(6)安装高强螺栓时,摩擦面应保持干净、清洁,同时不得在雨中进行高强螺栓安装。

(7)高强螺栓施工时,应以先中心、后四周、由内至外的顺序施拧。

(8)螺栓施拧后,检查连接板间的缝隙。其密贴要求为:以专用插片插入板边缘深度20mm,其空隙应小于0.2mm。

(9)施工前到场的高强螺栓应严格管理,严禁露天堆放,防止油污和腐蚀。

(10)斜拉索施工时塔内卷扬机及张拉千斤顶需放置在钢锚梁上,钢锚梁上应设置施工平台,施工平台与钢锚梁接触部位应加垫橡胶垫。

(四)钢锚梁与索塔牛腿预埋板焊接

1.钢锚梁锚固方式施工步骤

(1)在索塔钢筋混凝土牛腿顶面预埋钢板,钢板通过剪力钉与牛腿连接;

(2)索塔和牛腿的混凝土达到强度后,张拉塔内预应力粗钢筋;

(3)分别吊装钢锚梁左右两部分到指定位置,在塔上完成栓接;

(4)斜拉索安装并张拉到指定吨位(根据监控指令)后在钢锚梁底板和牛腿顶部预埋钢板之间三边围焊,钢锚梁与牛腿预埋钢板间采取熔透角焊缝,如图3-1-86所示。

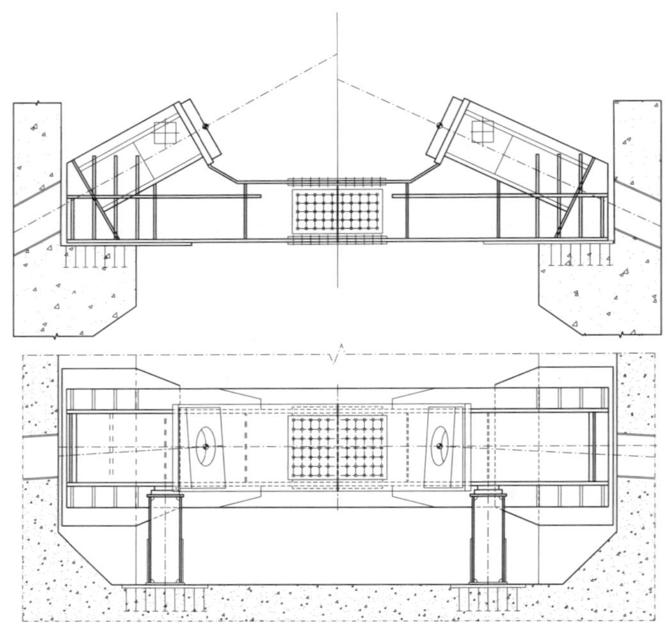

图3-1-86 钢锚梁锚固方式

2.钢锚梁焊接及质量控制

钢锚梁的焊接及质量控制按设计要求、《公路桥涵施工技术规范》(JTJ041—2000)和焊接工艺评定结果进行。

六、塔柱施工测量及控制措施

(一)本桥测量工作总体方法

目前国内大型斜拉桥施工测量主要采用全站仪三维极坐标法和GPS全球卫星定位系统两种方法或者两者配合使用,本桥施工测量采用全站仪三维极坐标法。

1. 首级施工控制网的复测和加密

业主提供了两岸 6 个首级大桥 GPS 控制点 G1、G2、G3、G4、G5、G6；需复测无误后方可使用。还必须对测量控制网进行加密。

前期依据首级控制点和布设加密点以建立一级施工测量控制网，后期阶段二级加密控制点根据大桥上部结构测量控制需要，主要布设于主墩、辅助墩、过渡墩以及南、北引桥墩，为保证大桥整体精度及局部主塔、钢箱梁施测精度，需南北岸共同布置。

控制点加密分阶段进行，第 2 阶段施工加密控制点在 5 号墩、辅助墩、过渡墩、主塔的承台上布设。第 3 阶段施工控制点布设于南北引桥墩项、辅助墩顶、过渡墩顶及横梁顶；第 4 阶段控制点在南、北引桥箱梁顶面、辅助墩、过渡墩、主塔墩钢箱梁顶布设。

高程加密控制点布设于每个观测墩旁，同时在每个观测墩顶建立校核水准点。一、二级加密点的高程测设方法分别用三角高程测量方法、精密水准仪测量方法作业，按三等水准精度要求进行。二级高程加密点只用于部分引桥不能通视的桩基和墩身放样。

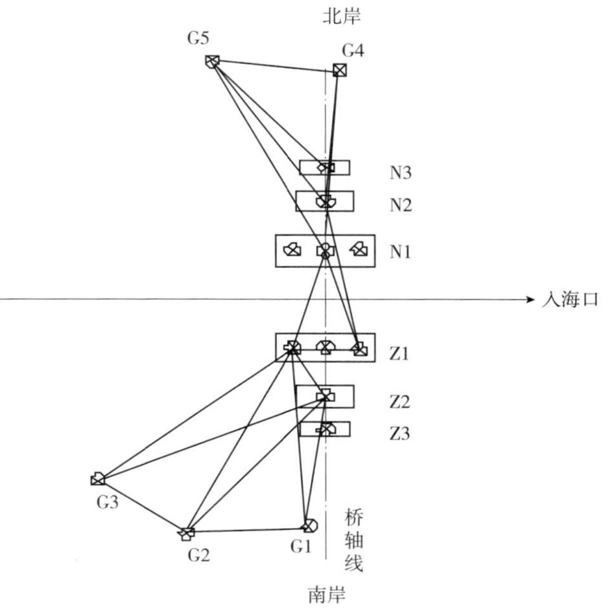

图 3-1-87 施工测量控制网图

上述测量控制网如图 3-1-87 所示。

2. 施工测量仪器(表 3-1-26)

施工测量仪器一览表(一个主塔) 表 3-1-26

序号	名称	型号	精度			数量
1	GPS	徕卡 1230GC	静态	平面	5mm + 0.55ppm	4 台
				高程	5mm ± 1ppm	
			动态	平面	10mm ± 1ppm	
				高程	20mm ± 2ppm	
2	全站仪	徕卡 1201 + R100	1″			1 台
			1mm ± 1.5ppm，免棱镜 2mm + 2ppm			
3	全站仪	徕卡 1800	1″			1 台
			1mm ± 2ppm			
4	水准仪	徕卡 NA2	0.7mm/km			2 台
5	电子水准仪	徕卡 DNA030	3mm/km			1 台
6	钢卷尺	长城牌 50m	$\Delta = \pm[(0.3 + 0.2L) + 0.2]$mm			3 把

3. 高程测量和校核方法

1) 水准仪钢尺量距法

高程测量的传统方法是直接用检定过的钢尺配合几何水准传递。即用重物(与检定时的质量相当)吊挂在钢尺下端，并用水准仪照准钢尺读数，便可直接得到垂直距离，进而求出不同截面的高程。采用此法简单易行，但需注意修正钢尺长度，除了上述钢尺拉力外还包括：钢尺名义长度、温度、垂曲、自重伸长等的改正。

2)EDM(Electromagnetic Distance Measurement)三角高程法

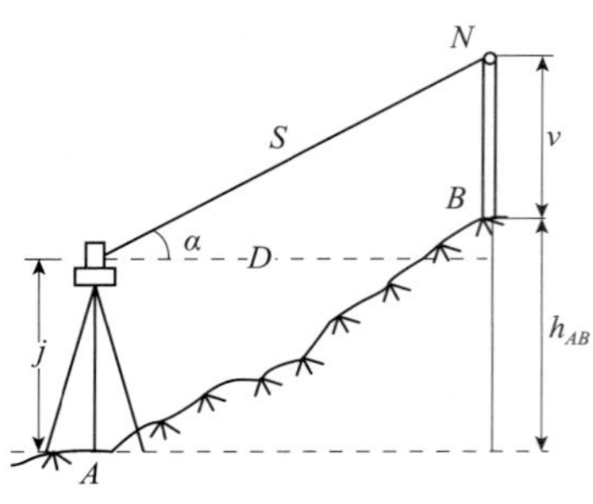

图 3-1-88 三角高程单向观测示意图

随着施工的进展塔高逐渐增高,每次接高现浇段的高度也大,垂吊钢尺就变得很困难,加上施工现场各种因素的干扰,如重物质量、高度受塔柱操作平台的影响,工作效率甚低。而高程是关键性的数据,务必绝对可靠。必须正确检核。

采用 EDM(Electromagnetic Distance Measurement)三角高程法校核,较为理想,如图 3-1-88 所示。

3)精密天顶测距法

在已知高程的底层水准点架设全站仪,将弯管望远目镜指向天顶,在各层的垂直通道处水平安置反射棱镜,即可得到仪器轴上底层至各层垂直方向棱镜之距离。

4)水平角观测误差的来源及消除措施

在野外复杂的条件下,由于观测人员和仪器的局限性以及外界因素的干扰,水平角观测误差来源于三个方面:一是观测过程中引起的人为误差;二是外界条件引起的误差;三是仪器的误差。仪器误差又包含仪器本身的误差和操作过程中产生的误差。

其中,外界条件引起的主要误差及消除措施如表 3-1-27。

外界条件引起的主要误差及消除措施　　表 3-1-27

项　目	产 生 原 因	影 响 性 质	消除或减弱措施
目标成像质量不佳	(1)地面对阳光热量的吸收和辐射,是大气产生对流,引起目标影响跳动; (2)大气中的水汽和尘埃使空气透明度不好,造成目标成像不够清晰	对成果精度的影响呈偶然性	(1)使视线有足够的高度; (2)选择有利的观测时间
水平折光	不同的地面对热量的吸收或辐射的能力不同,引起大气密度在水平方向上分布不均匀,视线通过时产生折射,使水平方向值产生误差	对某一方向或某一测站的方向值呈系统性影响	(1)选点时尽量避开容易形成水平折光的地形、地物; (2)选择有利的观测时间; (3)视线超越越远或远离障碍物一定的距离
觇标内架或脚架扭转	目标或脚架:各部件湿度的不同和变化引起不均匀涨缩。钢标:各部件温度的不同而产生的不均衡的胀缩	呈系统性影响	(1)上、下半测回照准目标的次序相反; (2)缩短每次观测的时间; (3)温度或湿度剧变时停止观测; (4)不使脚架受潮,观测时不让阳光直接照射
相位差	由于阳光照射方位的不同,使圆筒分成明、暗两部分,随着目标背景的不同观测时照准较暗或较明亮的部分而不是圆筒的中心轴线	在同一观测时间段内,对某一方向值产生系统性的影响	(1)最好采用上、下午各测半数测回; (2)观测时仔细分辨,照准圆筒的中心线部位; (3)使用反光较少的圆筒如微位相差圆筒; (4)照准回光进行观测
视准轴误差	(1)视准轴与水平轴的不正交; (2)仪器望远镜单方向受热	对某一方向的影响随目标的高度变化;对盘左或盘右读数的影响大小相等,符号相反	(1)取盘左、盘右读数的中数; (2)防止仪器单方面受热或日光直接照射仪器

4. 建立施工专用局部坐标系及坐标转换

(1)施工时将主桥椒江独立坐标系通过坐标旋转、平移转换至以桥轴线为 x 轴,横桥向为 y 轴,高程递增方向为 z 轴的主桥施工专用桥轴线坐标系,x 值与里程保持一致。同时采用坐标变换的方式,依据设计的墩中心坐标和里程值求出椒江独立坐标系与桥轴线坐标系的转换参数,得到两套相对固定的坐标系统,主桥施工放样时采用施工专用桥轴线坐标系,需要时可通过转换提供椒江独立坐标系的坐标。

(2)坐标转换的参数计算

椒江独立整体坐标系(x,y)和施工专用桥轴线坐标系(x',y')可按下式进行转换:

$$\begin{pmatrix} x \\ y \end{pmatrix} = \begin{pmatrix} a \\ b \end{pmatrix} + \begin{pmatrix} \cos\alpha & -\sin\alpha \\ \sin\alpha & \cos\alpha \end{pmatrix}\begin{pmatrix} x' \\ y' \end{pmatrix} \text{或} \begin{pmatrix} x' \\ y' \end{pmatrix} = \begin{pmatrix} \cos\alpha & \sin\alpha \\ -\sin\alpha & \cos\alpha \end{pmatrix}\begin{pmatrix} x-a \\ y-b \end{pmatrix}$$

式中:a、b——两坐标系的平移参数;

α——旋转参数。

5. 桩基、承台、墩身施工测量

1)桩基施工测量

主桥位于椒江水域中间,钢护筒定位采用“海上打桩 GPS-RTK 定位系统”实现。由固定在打桩船上的 GPS 流动站以 RTK 方式控制船体的位置、方向和姿态,同时用两台全站仪交会复核并控制倾斜度;使用全站仪测量替打底和护筒顶相交平面点高程以控制高程,校核每个墩的前面两根护筒,后面以是否与前两根护筒平齐为准。

固定在船上的免棱镜测距仪测定桩身在一定高程上的相对于船体桩架的位置,由此可以推算出桩身在设计高程上的实际位置,并显示在系统计算机屏幕上。通过与设计坐标比较,进行移船纠位,直至偏位满足规范要求后,下桩开打。钢护筒定位质量控制标准如表 3-1-28 所示。

钢护筒定位质量控制标准 表 3-1-28

序号	项目	规定值或允许偏差	检验方法或频率
1	桩位(mm)	群桩 100,排架桩 50	用全站仪测量
2	倾斜度(mm)	0.5% 桩长,且不大于 250	吊垂线用钢尺量或用测斜仪检查

陆上桩基,先用坐标法放出桩基中心点供护筒定位使用,护筒定位后再用全站仪复核并测量护筒高程,供钻机定位和钻孔使用。

2)承台施工测量

某个桥墩钻孔灌注桩完毕后即可进行承台施工。承台施工采用有底钢吊箱作为挡水结构物和承台模板来进行,承台施工的放样也就是钢吊箱定位,钢吊箱定位精度和承台同等精度。

承台的平面控制和高程采用全站仪进行常规的三维坐标测量等方法来进行。

钢吊箱定位的具体步骤如下:

(1)基桩竣工测量

当基桩钢护筒完成后,搭建临时的作业平台,测出每根桩护筒顶高程、护筒顶中心坐标、倾斜度,进行钢护筒竣工偏位测量。将其归算到设计高程处的坐标与设计坐标相比较,其限差应满足施工规范和设计要求;钢管护筒钻孔桩平面竣工偏位测量应采用全站仪三维坐标法精测模式,桩顶高程测量使用水准仪测量。

采用全站仪三维坐标法对钢管护筒钻孔桩进行多次测量;当基桩施工完成、桩头处理完毕后,用自制的专用十字架(要求十字架中心与桩中心重合)测出每根桩顶在设计高程处的实际中心坐标,计算出桩顶偏位,再用吊线锤或其他方法,将桩顶向下 3m 处的桩中心 A 点引测桩顶处,测出其实际坐标(即桩顶向下 3m 处的桩中心实际坐标),通过顶口中心和 A 点的实测坐标计算出桩的实际倾斜度和倾斜方向。

(2)钢吊箱底板开孔放样

先根据实测的桩顶中心实际坐标、实际倾斜度和倾斜方向,计算出桩在钢吊箱底设计高程处的实际中心坐标,再根据桩顶中心实际坐标和桩在钢吊箱底设计高程处的实际中心坐标计算出它们相对于底板纵横轴线(与承台纵横轴线一致)的距离,用钢尺量距法在底板上标出该两点,最后以该两点为圆心、钢护筒外径加大100mm作为直径的圆端形对钢吊箱底板进行开孔。

(3)钢套箱安装测量

①在套箱安装时,事先标记出理论上安装十字线的中心。用两台全站仪分别安置在承台的纵向和横向对应的轴线上观测套箱上的十字中心是否跟设计中心重合,再采用全站仪三维坐标法对套箱进行检核。调整起重船的位置和幅度,当轴线偏位在限差15mm以内时,套箱安装至桩顶位置。

②用其中一台全站仪放出承台的纵横轴线及各钢管桩的中心点,再用钢尺拉尺检核尺寸无误后,划出安装十字线。施工人员根据所划安装十字线焊接套箱安装导向板。

③套箱安装完毕后,用仪器测定出套箱顺桥线和垂桥线以及高程,推算出套箱顶口中心的实际三维坐标,根据套箱倾斜度推算出底口中心的实际三维坐标,可以检验底中的偏位。

(4)承台顶、底轴线及高程的放样

主墩钢套箱封底混凝土浇筑完毕后,进行桩基成品测量报验;承台平面位置按照上述套箱安装放样的步骤中提到的测量方法进行,对塔座预埋钢筋要放点控制,保证预埋位置正确;预设沉降观测点,强制归心观测墩。高程放样采用水准仪在套箱钢内壁以及伸入的钢管桩上标记,并抄平。

陆上承台,按承台轮廓和桩基孔位及开挖深度、坡度,确定开挖大样并打桩定位,当桩头露出时,在桩头上测量高程确定破桩位置和开挖的深度基准(没有仪器时也能施工);待具备放点条件时,采用坐标法进行桩基成品测量并进行承台模板安装放样,模板安装好以后测量复核并放出墩身预埋钢筋控制点。

3)墩身施工测量

墩身施工的平面放样方法为全站仪边角法。

将全站仪架设在距放样点位最近的控制点上,后视另一临近的控制点,采用全站仪放样的坐标法,根据墩身的设计坐标,对墩身进行放样。用红色油漆标注出点位,然后用墨斗弹出墩身的边线,弹出的墨线是立模时模板定位的依据。

在模板支设完成后,用全站仪监测模板的垂直度,以保证墩身成品的垂直度满足设计及规范要求。

墩身施工的高程放样及墩身的平面尺寸、中心偏位、和墩顶高程偏差的检测等参见下节“索塔塔柱施工测量控制措施”。

6. 索塔施工测量

塔柱施工首先进行劲性骨架定位,然后进行塔柱主筋边框架线放样,最后进行塔柱截面轴线点、角点放样及塔柱模板检查定位与预埋件安装定位。

主塔施工测量重点是:保证塔柱、钢锚梁、索导管等各部分结构的倾斜度、外形几何尺寸、平面位置、高程满足规范及设计要求。主塔施工测量难点是:在有风振、温差等情况下,确保高塔柱测量控制的精度。其主要控制定位有:劲性骨架定位、钢筋定位、模板定位、钢锚梁定位、索导管定位、预埋件安装定位等。

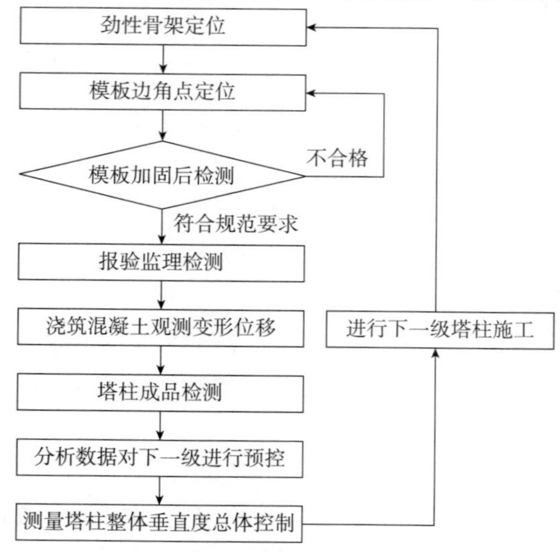

图3-1-89　塔柱施工测量控制工艺流程图

根据全桥的高精度要求,结合施工方案对主塔及索导管测量采用轴线基准点作为控制点,采用三维坐标放样进行测设,尽可能减少环境因素(温度、风力、索力)对测设精度的影响。

在塔柱施工过程中,按设计、监理及控制部门的要求,在索塔上预埋变形监测点,随时观测并获得因基础变位、混凝土收缩、弹性压缩、徐变、风力、温度等对索塔影响所产生的变形量,并按设计、监理及控制部门的要求进行预设及调整。

塔柱施工放样时,按设计及监控部门要求考虑塔柱预偏量。塔柱施工测量控制工艺流程如图3-1-89所示。

(二)索塔塔柱施工测量控制措施

1. 塔柱施工测量方法及要求

1)塔柱平面测设放样

塔柱中心点设置于承台、塔顶等处,采用徕卡 1800 全站仪双极坐标法测量,主塔中心点坐标测设是为了控制全桥主塔桥轴线一致,使主塔中心里程偏差符合设计及规范要求。为保证南北二塔跨径准确,使用同一条导线边的端点作为南北二塔平面控制的测站点,其中北索塔施工测量使用 S01 号墩位处的导线点作测站,后视 N01 号吨位处的导线点测控。

塔柱平面测设放样:采用全站仪边角法。全站仪架设在承台控制点上,双后视设站,直接放样塔柱 4 个侧面轴线或 4 个角点的坐标,反复调整、检测每一节段塔柱模板,完成塔柱施工放样。塔柱平面测点如图 3-1-90 所示。

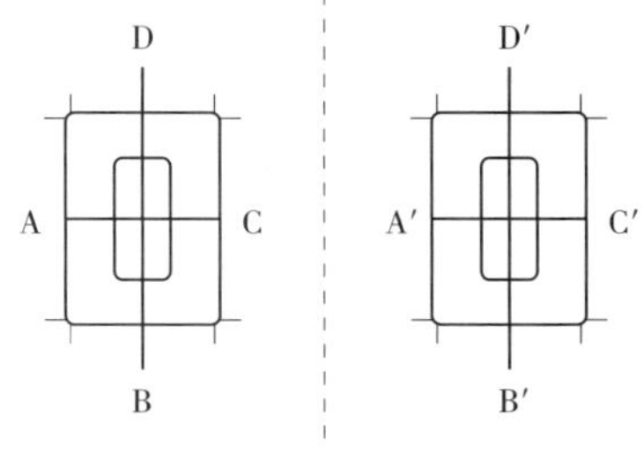

图 3-1-90 塔柱平面测点

塔柱施工首先进行劲性骨架定位,然后进行塔柱主筋边框架线放样,最后进行塔柱截面轴线点、角点放样及塔柱模板检查定位与预埋件安装定位,各种定位及放样采用全站仪三维坐标法。

塔柱施工放样时,按设计及监控部门要求考虑塔柱预偏量。

2)主塔高程基准传递控制

高程测设放样:由承台上的高程基准向上传递至塔身、横梁、桥面及塔顶,原拟采用全站仪三角高程和水准测量相结合方法。当塔柱施工进入高层施工时,实际施工高程传递方法主要采取全站仪悬高测量和精密天顶测距法。

(1)全站仪悬高测量

采用全站仪三角高程测量已知高程水准点至待定高程水准点之高差。悬高测量要求在较短的时间内完成,高程精确量至 mm。正倒镜观测,使目标影像处于竖丝附近,且位于竖丝两侧对称的位置上,以减弱横线不水平引起的误差影响,六测回测定高差,再取中数确定待定高程水准点与已知高程水准点高差,从而得出待定高程水准点高程。

(2)精密天顶测距法

天顶测距的具体做法:事先在塔柱上选择要测量的点位,并计算出该点在承台上的投影位置坐标,在承台和塔柱上部按计算出的坐标放样出点位,将仪器架设在承台上的点。后视承台上高程基准点,得出仪器高程。再将仪器望远镜竖向旋转至天顶附近,在塔柱上部按放出的点位摆放棱镜,测出仪器到棱镜的距离,计算出棱镜点的高程。再采用水准仪将棱镜高程传递至索塔相关部位,进行高程放样。该方法简化了传统水准仪配钢尺测距需在较高位置上经过多次传递的过程,免除了传递当中产生的测量误差。

塔柱施工高程放样检核,与平面位置放样同步进行,利用全站仪的三维坐标功能来校核模板高程,防止出错。

3)塔柱倾斜度、铅垂度的控制测量

主塔中心偏离,表现为主塔混凝土浇筑定型模板中心偏离,主塔倾斜度控制采用全站仪三维坐标截面中心法,通过测量主塔节段混凝土浇筑施工的定型模板截面中心、调整模板顶截面与底截面的中心坐标,从而控制主塔倾斜度在设计及规范要求的范围内。用激光经纬仪和传统线坠测量法校核。

观测塔柱倾斜度、铅垂度的方法:用全站仪测回法测角度或测坐标来计算,观测点布设在塔柱顶纵横轴线侧壁上适当的位置,布设的位置可随塔柱的施工阶段作相应调整。

在每节塔柱的施工中,除了模板轴线、特征点和结构尺寸等定位要素按设计要求严格的控制塔柱倾斜度、垂直度外,还要定期对塔柱顶面顺桥向和横桥向两个方向的变位值进行连续跟踪观测,以便掌握在自然条件下塔柱纵横向偏移的变化规律,为下一工序提供参考,及时修正定位程序,将塔柱倾斜度、垂直度控制在允许的范围内。

4)允许偏差

各项允许偏差为:

(1)塔柱倾斜度误差不大于1/3000,且最大垂直度偏差不大于20mm。

(2)塔柱断面尺寸偏差不大于±20mm。

(3)塔柱顶面高程偏差不大于±10mm。

(4)承台处塔柱轴线偏差不大于10mm。

(5)塔壁厚度偏差不大于±5mm。

(6)每一节段塔柱的垂直度偏差不大于10mm。

5)测量要点

测量要点如下:

(1)准确计算塔柱的定位数据。

(2)做好控制点上的安全防护。

(3)塔柱放样尽量减小太阳光照的影响,选择合适的观测时段,如太阳刚刚升起之后或其他合适的观测时间,各节段宜在同一时段内。

(4)可以通过几个拐角点的实测坐标计算塔柱的轴线偏差,以实现塔柱的轴线控制。如图3-1-91所示,利用G、F和B、C四点计算塔柱的横轴线偏差;利用A、H和D、E四点计算塔柱的纵轴线偏差。

(5)塔柱施工过程中,按设计、监理及监控部门要求,在塔柱上埋设变形观测点,随时观测因基础变位、混凝土收缩、弹性压缩、徐变、风力及周围温度对塔柱变形的影响。采用全站仪三维坐标法监测主塔变形,绘制主塔变形测量图。根据设计、监理及控制部门要求进行相应实时调整,以保证塔柱几何形状及空间位置符合设计及规范要求。

2. 钢锚梁安装定位

钢锚梁、索导管安装定位采用全站仪放样三维空间极坐标法控制,将全站仪架设在承台控制点上,为了减小角度观测误差采用双后视法设站(一个后视设站,另一个检查)以保证建站的精度及稳定性。

牛腿顶面高程、钢锚梁底面高程、平整度测量采用水准仪测量,以全站仪三角高程测量校核。

1)钢锚梁安装前检查

在钢锚梁及预埋底座吊装之前,采用鉴定钢尺、精密水准仪和全站仪对钢锚梁(包括索导管)的几何尺寸、高程测量观测点、结构轴线测量控制点、标记等进行检查。

2)钢锚梁安装定位

(1)钢锚梁安装定位关键是控制中心轴线、平面位置及高程。若钢锚梁定位控制测点(截面角点、特征点、轴线点)实测三维坐标与设计三维坐标不符,应重新就位钢锚梁,调整至设计位置,将误差调整至设计及规范要求的范围内,再进行高强度螺栓的安装和施拧工作。各节钢锚梁安装时,先用匹配的冲钉精确定位,再进行复测,将误差控制在设计及规范允许范围。

(2)由于钢锚梁和牛腿位于塔柱内部,无法直接进行高程放样,为此我们采用塔柱高程放样的方法将水准点引到模板或者劲性骨架上,再在模板操作平台或者其他临时结构上架设仪器进行高程放样。

(3)允许误差:钢锚梁及牛腿顶面高程偏差不得大于±10mm。钢锚梁轴线偏差不得大于5mm。钢锚梁顶面平整度不得大于5mm。

3. 斜拉索导管定位校核

待钢锚梁安装定位完毕,连接相应段的斜拉索导管,校核钢锚梁上索导管控制测点。对法兰连接的索导管,必须再次校核,确保索导管的水平倾角、横向偏角、偏距及中心位置正确。

(1)索导管定位采用全站仪三维坐标法。

(2)根据索道管出口及锚固点设计坐标,建立斜拉索轴线空间直线数据模型,利用计算机编程并转换为椒江独立坐标系，进行测放（利用特定模具）。

在索道管定位前，必须实时检测全站仪各项轴系误差以确保设置值为当前状态下的实测值。实际观测过程中，对棱镜的观测均采用正倒镜两测回观测。

定位测量前按索编号准备好定位数据，包括：左幅、右幅，每根索 X 东坐标；Y 北坐标；H 放样点处的高程。

（3）测设方法一：利用定位模具，如图 3-1-91 所示。

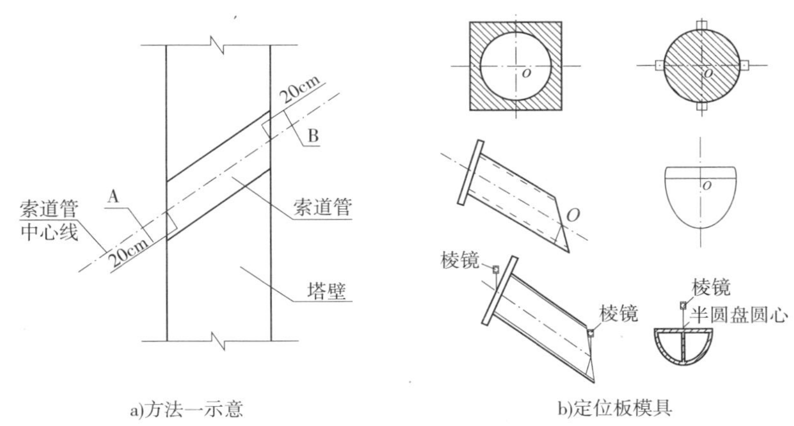

图 3-1-91 定位方法一及定位板模具

①索道管的初定位

用吊机将索道管大概吊装至放样点 A、B（锚固点和塔壁侧出口在劲性骨架上的平面位置点，比设计高 50～100cm）下方，悬挂线铊在 A、B 点上，线铊底尖至 A、B 点的长度，即是实测 A、B 点高程与锚固点和出口处管中心设计高程的差值 ΔZ，ΔZ_{H}，用倒链或其他微调工具调整索道管位置使其锚固点和塔壁侧出口处管中心位置与线铊底尖吻合，对点误差控制在 10mm 以内，并临时固定。

②索道进行精密定位

首先调整锚垫板中心位置，将锚固点定位板（模具）放入索道管并临时固定，使其盘面与锚垫板面位于同一平面，此时盘心即为索道管锚固点位置，实测该点三维坐标并调整到设计位置；然后将出口定位板放入索道管出管口并临时固定（注意半圆盘标志要尽量与索道管轴线垂直），此时半圆盘盘心即为索道管中轴线上的一点。实测该点三维坐标，反算索道管轴线长度，计算出该长度设计坐标及该点的偏差值，将其微调直到合格。由于调整管口时可能引起锚垫板中心位置变化，因此要复测锚垫板中心并再次进行微调，如此反复直至满足限差要求后，将索道管与劲性骨架固结。为防止吊装碰撞索道管而引起其变位，在塔柱混凝土浇筑前要对索道管进行竣工检查。

上述方法主要是利用模具直接确定索导管轴线，测该轴线点三维坐标反算轴线长度，通过程序计算该点设计坐标，根据实测坐标移动微调整到设计位置，重点是确保轴线上立直棱镜。

定位板模具如图 3-1-91b）。模具分两种，一种是锚固点定位圆形模具（内径按索道管内径加工厚 10mm，中间用冲钉在圆心上冲小孔）使用时圆板面与锚垫板紧贴，小孔标志即锚固点中心空间位置。一种是半圆形，可直接扣到索道管出口，圆心点即索道管轴线点，可直接立棱镜测量。

③允许误差

a. 斜拉索锚固点高程偏差不大于 ±10mm。

b. 斜拉索孔道位置偏差不大于 ±10mm。

④要点

a. 准确计算索道管的定位数据，计算时应注意索道管的直径及切削角。

b. 充分利用劲性骨架辅助定位及固定。

c. 由于每一节段塔柱在浇筑混凝土之后，索道管完全被混凝土所覆盖，因此对索道管进行成品检测比较困难。基于这种情况，在对索道管进行施工放样时，利用特定的模具测量索道管的中心线来实现索道管的施工放样及混凝土后复核检测。

d. 测量时间段，在日照、风力，且空气湿度及塔柱温度变化不大的时间段里进行索道管定位。

（4）测设方法二：三维坐标测控，如图 3-1-92 所示。

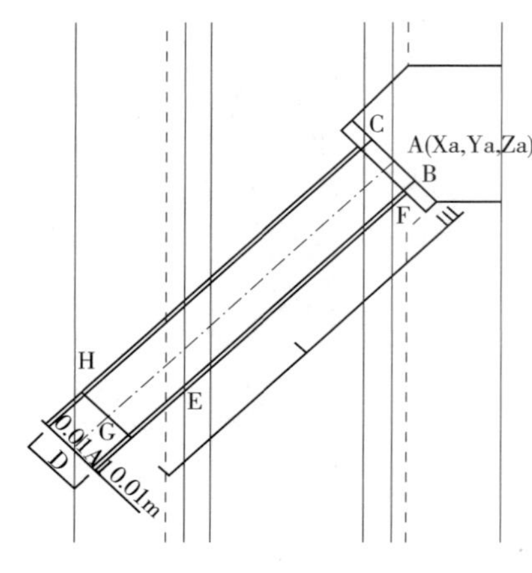

图 3-1-92　定位方法二

①方法说明

由设计参数推算出一套可确定每一根索导管轴线空间设计主点位置的测量放样数据，即由索导管的设计参数计算图 3-1-93 所示的索导管的测量放样点 E 和 F 的高程，B 点、C 点、H 点的空间三维坐标。其重点是找准 C、H、B 点，并在索道管上标识出。

对于任一根索导管，只要定出索导管下边缘与劲性骨架相切点 E 和锚箱底面 F 点的高程（锚箱底面水平），则该导管在高度方向上的位置也就确定了，此时索导管只能沿其轴线方向和横桥向移动，再控制索导管出口下缘（外侧）G 点到 E 点的距离及索导管与劲性骨架相切点到劲性骨架顺桥向两个侧面的距离，则索导管的位置也就唯一确定了。

②索导管初定位方法

首先用钢尺配合水准仪在劲性骨架的 4 个角定出 E 点和 F 点的等高点，在此用角钢加焊支撑，吊装索导管，并以已定位的劲性骨架为基准调整索导管的平面位置，使其大致就位，索导管初定位完毕。

③索导管的精确定位方法

索导管初定位可能与设计位置存在较大的偏差，精确定位是在的锚固端上缘、下缘和出口上缘分别用水平尺准确找出其最高点 C 和 H 及最低点 B，利用全站仪的测三维坐标功能，在控制点上设置全站仪，用二测回三维坐标测量的方法，测定其坐标，指挥调整使其 X 坐标和 Y 坐标偏差，直至均小于 ±5mm，最后用钢尺配合水准仪采用往返测的方法测定索导管出口下外缘和锚箱底面的高程，使其误差小于 ±5mm。

第三节　辅助墩、过渡墩基础及墩身施工

一、工程概况

N02 ~ N08、S02 ~ S07 墩均采用群桩基础。N02 号、S02 号辅助墩基础采用 14 根 Φ2. 50m→2. 20m 变截面钻孔灌注桩，N03 号、S03 号边过渡墩基础采用 10 根 Φ2. 20m→1. 90m 变截面钻孔灌注桩，其余引桥墩基础共采用 Φ1. 50m 钻孔桩 86 根，Φ1. 20m 钻孔桩 152 根。

其中辅助墩 N02 号距北岸约 460m，墩下设 14 根 ϕ2. 5 ~ 2. 2m 钻孔桩，平均桩长 116. 0m。承台为四边形半圆边整体式承台，承台尺寸为 44. 25m × 9. 75m × 3. 5m，承台顶高程 + 3. 33m。

过渡墩 N03 号距北岸约 390m，墩下设 10 根 ϕ2. 2 ~ 1. 9m 钻孔桩，平均桩长 107. 5m。承台为四边形半圆边整体式承台，承台尺寸为 35. 35m × 9. 35m × 3. 5m，承台顶高程 + 3. 33m。

二、基础施工

N02 号墩桩底高程为 − 116. 17m，钻孔桩钢护筒采用 ϕ250cm，壁厚 25mm，护筒底高程为 − 40. 16m。

N03 号墩桩底高程为 − 107. 67m，钻孔桩钢护筒采用 ϕ220cm，壁厚 25mm，护筒底高程为 − 40. 16m。

水上墩钻孔平台采用与主墩类似的施工工艺进行。陆上墩平台施工工艺相对简单，不再赘述。下面以北岸辅渡墩施工为例说明，N02 墩、N03 基础布置如图 3-1-93、图 3-1-94 所示。

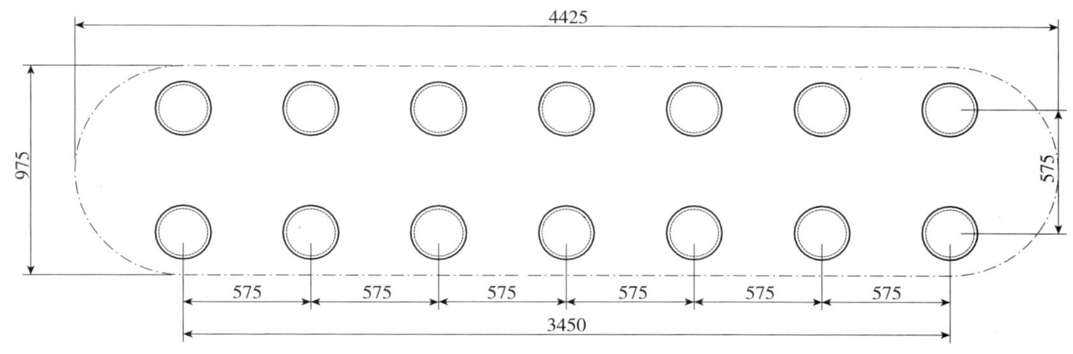

图 3-1-93 N02 墩基础布置图(尺寸单位:cm)

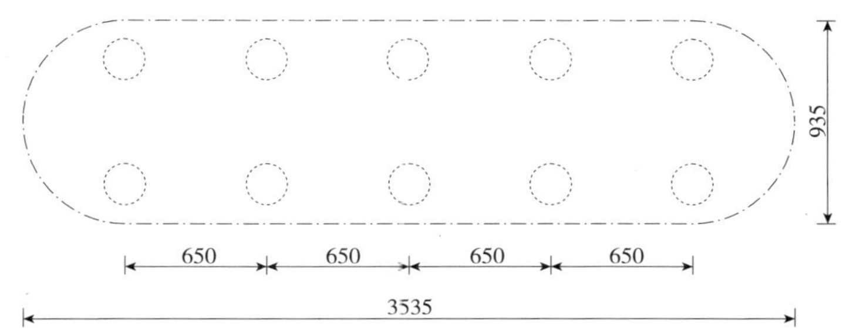

图 3-1-94 N03 墩基础布置图(尺寸单位:cm)

(一)水上钻孔平台

1. 概述

水上墩钻孔平台与主墩类似,即采用钻孔钢护筒作为水上钻孔平台的承重结构,N02 号、N03 号平台布置的外部轮廓尺寸分别为 49.5m×14.25m、41m×141m,平台顶面高程 +7.5m。

钢护筒长约 47m,按整根制作、运输、插打,施工时按高程加贯入度双控。钢护筒之间设单层平联焊接成整体抵抗风浪,Φ600×8mm 平联钢管高程 +4.0m、兼作钻孔泥浆循环连接管。

墩侧辅助平台基础采用 Φ800×10mm 钢管桩,之间设双层平联焊接成整体,Φ300×6mm 平联钢管高程 +5.0m、+2.0m。

施工环境中自然气象特征和水位、潮汐潮流、波浪等水文特征以及工程地质等与主墩类似,河床底高程以及桩底高程见表 3-1-29。

N02~N08 墩河床底高程以及桩底高程 表 3-1-29

墩　　号	河床底高程(m)	桩底高程(m)
N02	-8.24	-116.17
N03	-7.49	-107.67

2. 平台设计

1)平台设计标准及荷载要求

主要设计控制荷载:结构自重,RC—300 型钻机,80t 履带吊 +40t 吊重。

2)平台结构形式

钻孔施工平台与主墩类似,平台总体布置图如图 3-1-95、图 3-1-96 所示。

3)平台结构受力验算

(1)平台上部结构验算:允许值弯曲应力 $f=205$MPa,剪应力 $f_v=120$MPa。

①主要控制荷载为 RC—300 型钻机荷载,80t 履带吊(辅渡墩采用 80t 履带吊)+吊重荷载 400kN,计算结果如表 3-1-30 所示。

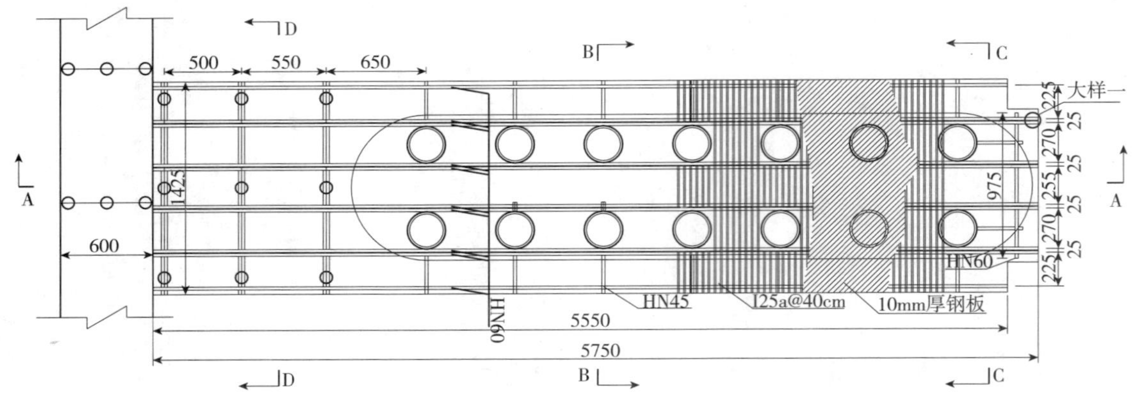

图 3-1-95 N02 号墩平台总体布置图(尺寸单位:cm)

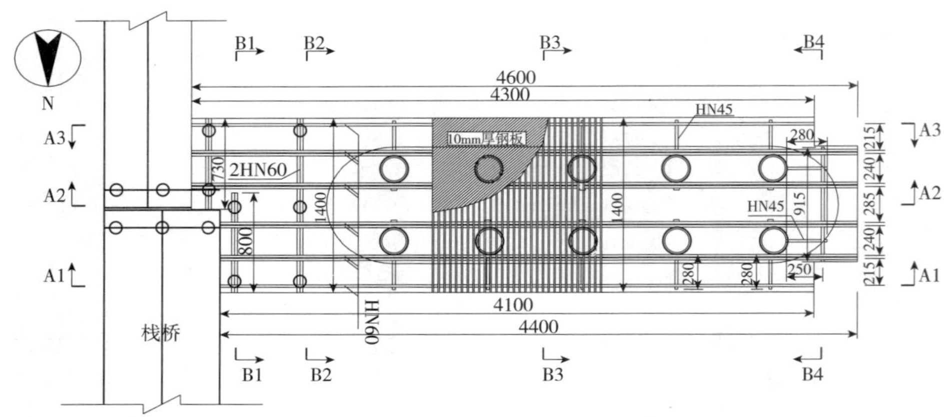

图 3-1-96 N03 号墩平台总体布置图(尺寸单位:cm)

上部结构各种构件验算 表 3-1-30

荷载类型	被验算构件	工况	弯曲应力 $\sigma < f = 205\text{MPa}$	剪应力 $\tau < f_v = 120\text{MPa}$	变形(mm)	结论
平台面层钢板			刚度和强度足够,施工时只需避免较大的集中冲击			
钻机荷载	分配梁(I25a)	2.7~3.0m	50.57	13.94	2.0	符合要求
	HN60 型钢主梁	跨径 6.5m	36.57	10.04	0.5	符合要求
履带吊荷载	分配梁(I25a)	履带垂直作用	94.82	6.21	3.0	符合要求
		履带平行作用	140.91	21.47	1.8	符合要求
	HN60 型钢主梁	跨径 6.5m 单支	188.64	26.13	12.0	符合要求

②牛腿验算:牛腿竖向劲板抗剪安全系数 >3.0。

③斜撑验算:N02 墩三角斜撑的 HN45 梁结构稳定验算,XC1 斜撑受力最不利,最大弯曲应力 $\sigma = 70.87\text{MPa} < f = 205\text{MPa}$,最大变形量为 2.5mm,符合要求。

斜撑型钢与护筒连接:上支点为受拉,下支点为受剪,焊缝安全系数 >3。

(2)下部基础验算:桩的稳定性和承载力验算同主墩。钢护筒单桩所承受的最大作用力为 1600kN,钢管底高程为 -40.17m 计,局部冲刷按 5m 计。根据 N02 墩地质资料,按《港口工程桩基规范》,$Ra = 1901.66\text{kN} > 1600\text{kN}$,钢护筒的承载力满足要求。

3. 平台施工

1）施工方法

N02-N06 墩平台采用与 N01 号墩类似的方法施工，钢护筒结构区别：钢护筒长 47.2m，其中永久钢护筒长 42.2m，壁厚 25mm。N02 墩临时接高钢护筒壁厚 16mm、内径 250cm；N03 墩临时接高钢护筒壁厚 18mm、内径 220cm。

2）钢管桩的涂装

因平台基础上部长期暴露在空气中，下部浸泡在海水中，海水和潮湿空气对钢管的腐蚀性较大，且使用周期长。根据设计要求，主桥辅助墩（N02）和过渡墩（N03）桩基的护筒需要参与受力，应作为永久结构来考虑，因此 N02、N03 墩钢护筒施打前需进行防腐处理。

根据《海港工程混凝土结构防腐蚀技术规范》JTJ275—2000 的规定，并依据港工设计水位，椒江二桥主桥 N02、N03 墩钢护筒采用整根一次性涂装熔结环氧粉末涂层体系防腐蚀，如表 3-1-31 所示。

椒江二桥环境分区的划分及相应防腐厚度　　表 3-1-31

序号	区段	高程范围	防腐厚度
1	大气区	高程在 +9.83m 以上部分	不采用涂料
2	浪溅区	高程在 +0.71 ~ +9.83m 部分	加强级改性双层环氧涂层，涂层总厚度 ≥625μm
3	水位变动区	高程在 −3.11 ~ +0.71m 部分	
4	水下区	高程在 −3.11 以下至河床底	

3）钢护筒运输

4）钢护筒施沉

5）施加钢管联结

待打桩船完成一个平台的钢管桩振设施工后，应及时进行高程放样并加焊正规的钢管连接，钢管平联布置如图 3-1-97、图 3-1-98 所示。

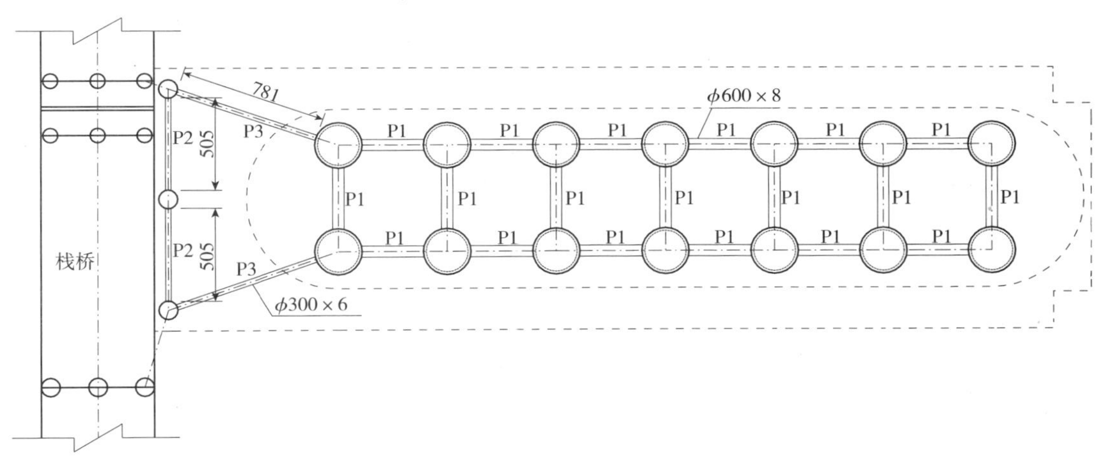

图 3-1-97　N02 墩平台平联布置图

N02-N08 墩平台钢护筒连接详见主墩相应章节。

6）上部结构铺设：施工流程及技术要求详见主墩相应章节

7）平台搭设施工中的注意事项

（1）N02 号-N08 号墩钢套箱采用平台上构做套箱底篮，因此为了便于套箱施工完成后主承重梁的回收，主承重梁和分配梁采用栓接或卡接形式。待套箱施工完成，将螺栓松开即可取出主承重梁。

（2）护筒插打完毕后在护筒上口盖一铁盖或钢筋网盖，防止平台施工时施工杂物掉入护筒。若不慎掉入铁件，可采用大磁铁来捞取，以免给钻孔施工留下后患。其余可参见主墩平台搭设相应章节。

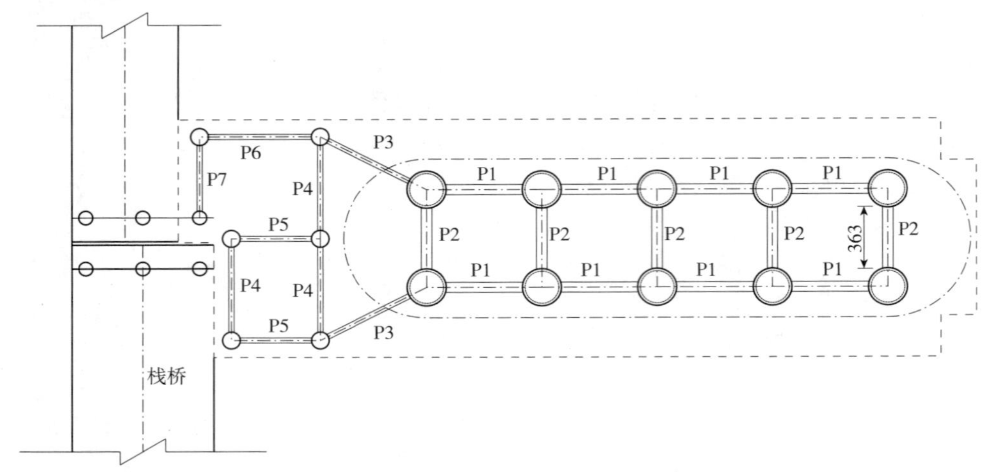

图 3-1-98　N03 墩平台平联布置图

(二)钻孔桩施工

N02 号辅助墩距北岸约 460m,采用群桩基础。每个墩下设 14 根直径 ϕ2.5~2.2m 钻孔灌注桩,平均桩长 116.0m。承台为四边形半圆边整体式承台。

N03 号过渡墩距北岸约 390m,采用群桩基础。每个墩下设 10 根直径 ϕ2.2~1.9m 钻孔灌注桩,平均桩长 107.5m。承台为四边形半圆边整体式承台。

N02 号、N03 号墩钻孔桩施工参照本章第一节 N01 号墩钻孔桩施工。钻孔平台搭设已如前述。区别如下:N02 号、N03 号墩基桩钢筋笼的接长下放采用 50t 履带吊配合专用下放导向架,卷扬机下放。

(三)承台施工

1. 工程概况

N02 号~N09 号墩均采用群桩基础,承台采用整体式结构,各承台平面构造见图 3-1-99。

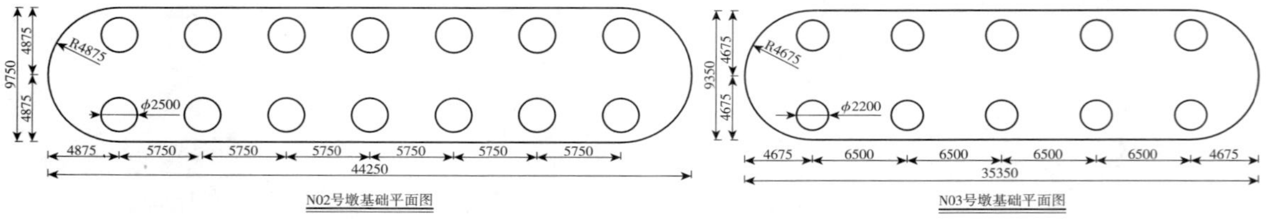

图 3-1-99　N02 号、N03 号承台平面构造图(尺寸单位:mm)

根据设计图纸,N02 号~N09 号各墩承台技术参数如表 3-1-32 所示。

N02 号、N03 号各墩承台技术参数　　表 3-1-32

墩号	承台尺寸(m)	承台底高程(m)	封底混凝土厚度(m)	承台混凝土(C35)方量(m^3)	封底混凝土方量(C30 水下 m^3)
N02	44.25×9.75×3.5	-0.17	1.00	1438.63	411.04
N03	35.35×9.35×3.5	-0.17	1.00	1091.17	311.76

N02 号、N03 号墩承台施工方法基本一致,以 N02 号墩为例叙述承台施工工艺及方法,N03 号墩承台施工参照 N02 号墩。

N02~N03 号墩在水中没有墩侧栈桥平台,套箱侧板安装需要利用浮吊吊装,(N08 墩则可采用履带吊吊装)。N02 号~N03 号墩承台采用水中单壁有底钢套箱施工,具体施工工序如图 3-1-100 所示。

除主墩外,其他水中墩承台采用散拼有底钢套箱下放的工艺施工承台,封底选在低潮位时干浇,除了套箱结构形式和套箱拼装下放方式与 N01 号不同外,其他工艺基本一致。

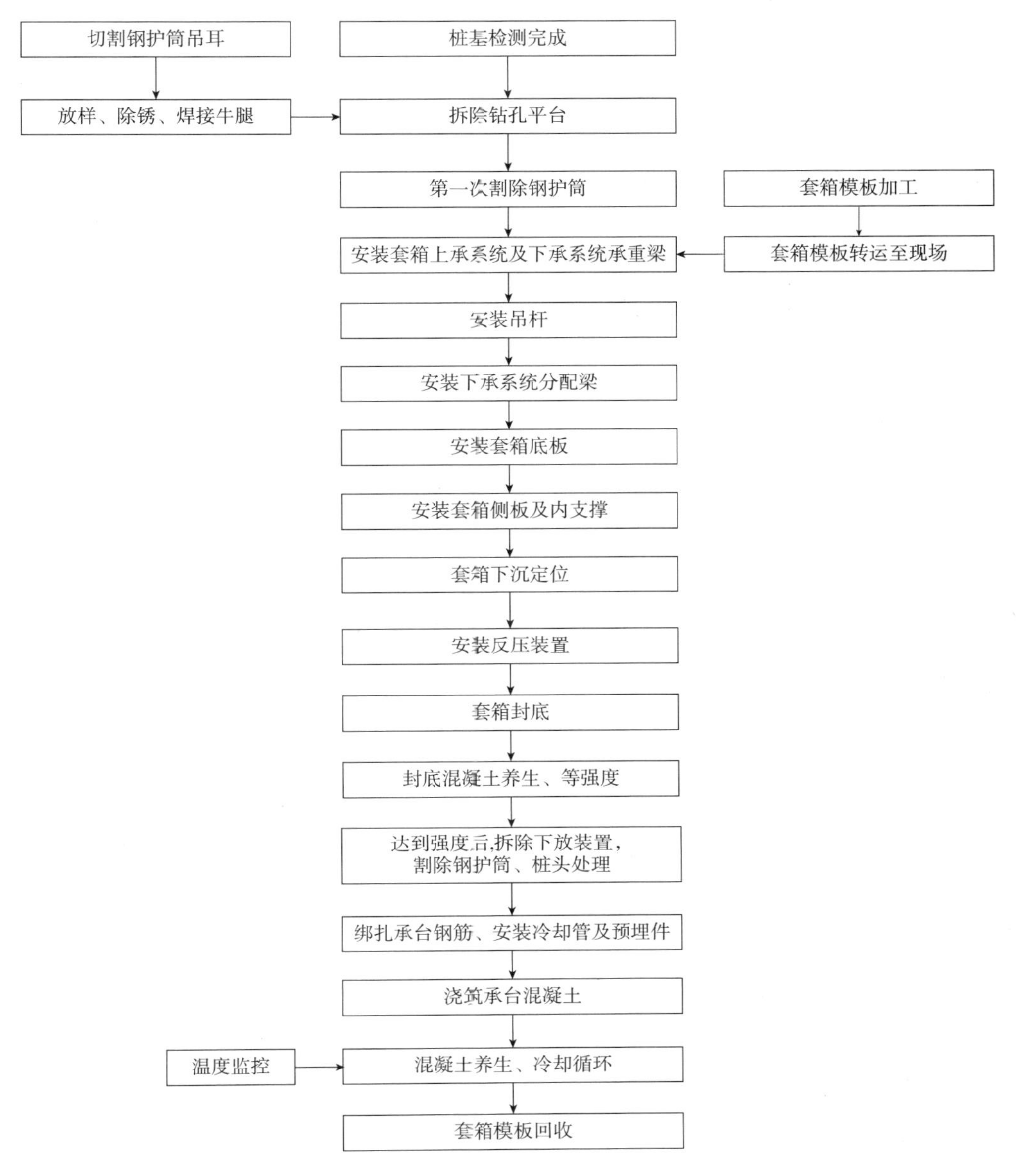

图 3-1-100 承台施工流程图

承台套箱施工要点如下:

(1)套箱侧板作为承台施工的模板,加工及拼装精度见表 3-1-33。

套箱加工允许偏差(mm) 表 3-1-33

部分	板块外形尺寸	螺栓孔直径	螺 栓 孔 距	螺栓孔群中心线与杆件中心线的横向偏移
底板	-5,0	+0.7,0	±0.5	1.0
侧板	-2,0	+0.7,0	±0.5	1.0

(2)套箱底板和侧板均在后场分块加工,现场组拼;块件为焊接结构,焊缝必须满足图纸要求;底板拼装采用焊接,焊缝应饱满;侧板采用栓接,拼缝间贴橡胶板止水。

(3)在钻孔平台拆除后,在钻孔钢护筒上测量放样,定出中线、高程,在高程 +2.0m 处拼装底板。

(4)套箱共设 28 套下放系统,下放过程应统一指挥,保证平稳下放。

(5)在套箱下放过程中,借助底板作为操作平台,彻底清除护筒上的海生物,保证封底混凝土与护筒周围的黏结。

(6)套箱为挡水结构,封底结束后,必须保证不漏水,若出现局部渗漏,应尽快用快速堵漏剂封堵。

(7)板块在吊装转运时应防止发生碰撞变形,影响拼装精度。

2. 承台钢套箱结构形式

椒江二桥 N02 号~N09 号墩承台采用有底单壁钢吊箱,钢套箱结构主要由侧板、底板、内支撑、支吊系统4部分组成。支吊系统又可分为上承系统、下承系统和吊杆。其工作原理是:在深水桩基完成后,用吊装设备将钢套箱整体或逐部分拼装成整体,安装下放,然后通过荷载支承力的转换,将整个套箱重量(及以后封底混凝土重量)悬吊在桩基主护筒顶部,然后灌注混凝土封底,待封底混凝土形成强度后,钢套箱即和封底混凝土结合在一起,并通过封底混凝土锚固在桩基主护筒上,撤去原来的钢套箱支吊系统,然后进行承台的后续施工。这时,封底混凝土作为承台底模,钢套箱侧板则可作为承台侧模。

过渡墩承台钢套箱结构形式如图 3-1-101 所示。

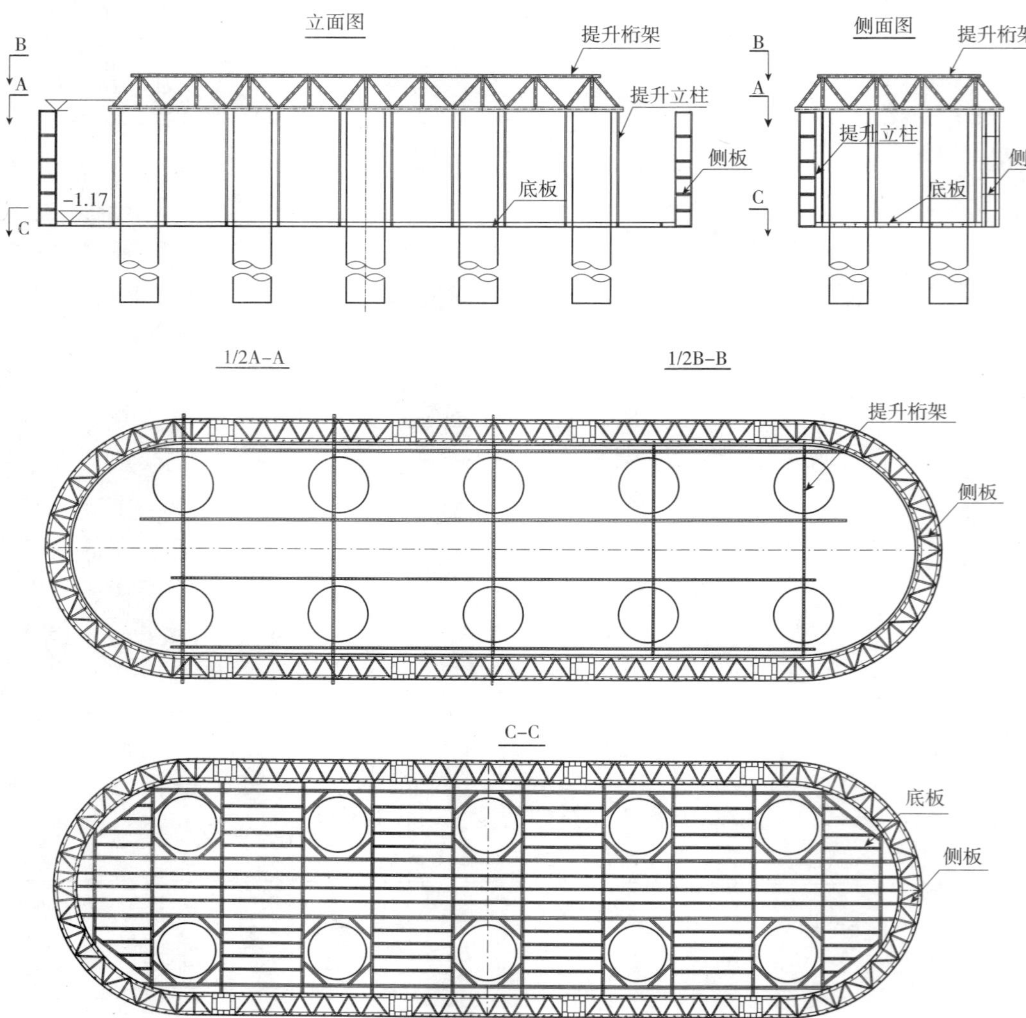

图 3-1-101　过渡墩承台钢套箱结构布置图

(1)侧板分为 A、B、C 3 种类型共计 12 块,由 8mm 钢板、槽 8、工 20,工 32 多层型钢组成。内设 $\phi600\times6$mm 钢管内支撑。如图 3-1-102 所示。

(2)套箱底板为型钢肋板结构,面板厚 10mm,I28a 型钢作承重结构;底板承重梁采用 2HN60 型钢,分配梁采用 I25a。具体布置如图 3-1-103 所示。

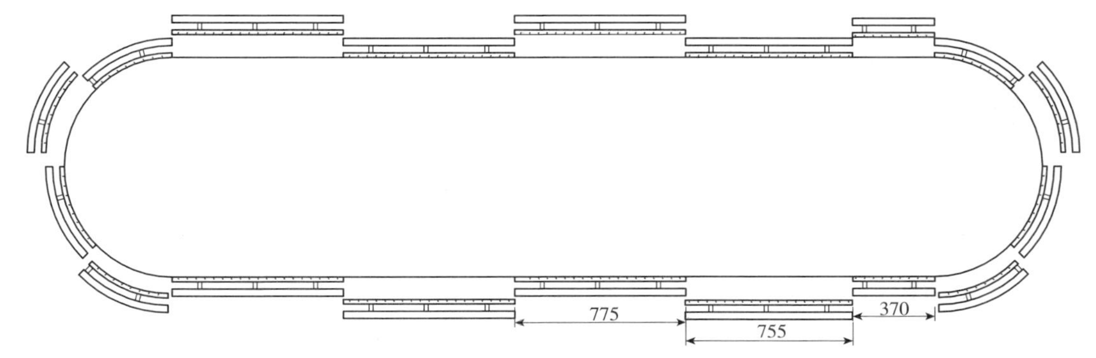

图 3-1-102　套箱侧板结构

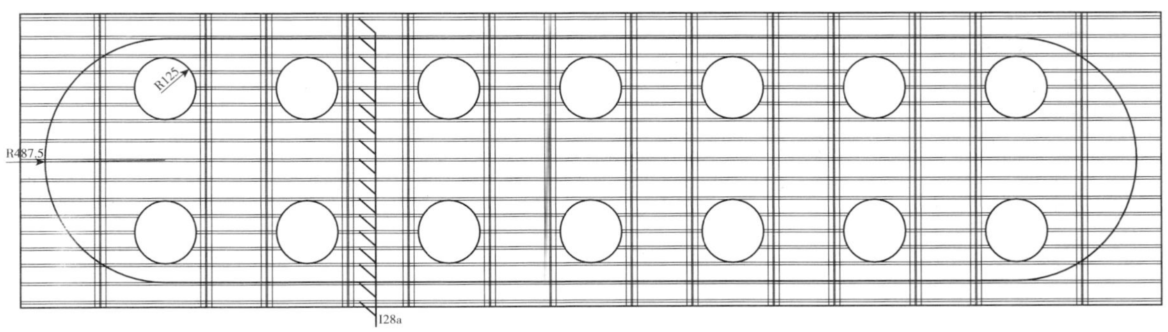

图 3-1-103　套箱底板结构(尺寸单位:cm)

(3)内支撑采用 ϕ600mm×6mm 钢管,连接在套箱侧板最外侧龙骨(2I32)上。如图 3-1-104 所示。

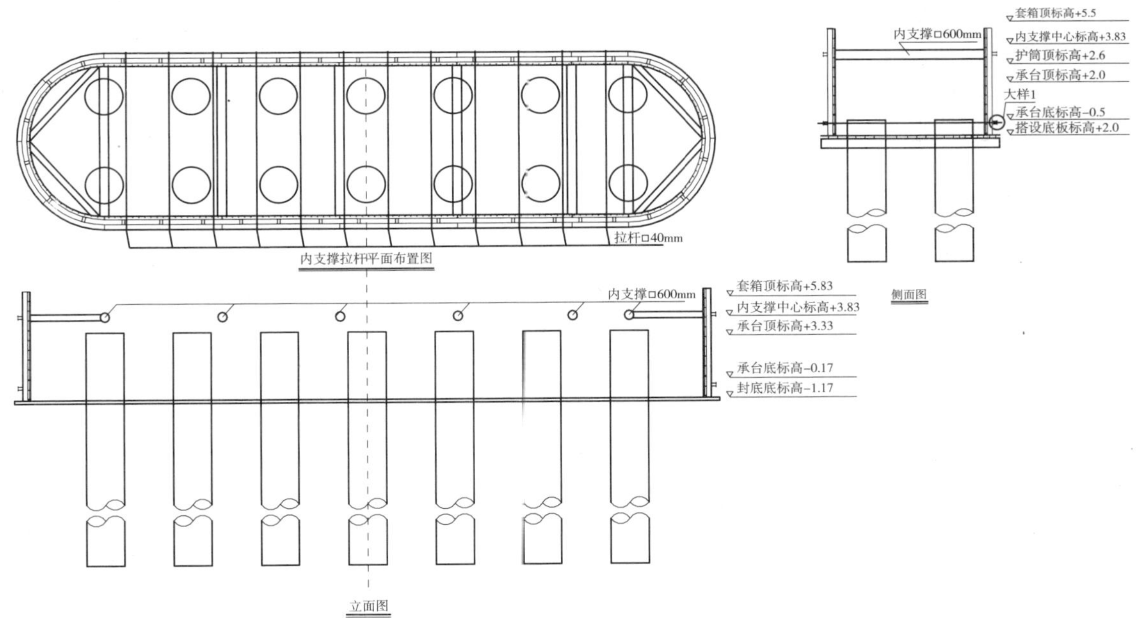

图 3-1-104　套箱内支撑结构

(4)悬吊系统由上承重梁(2HN45)、吊杆(ϕ32 精轧螺纹钢筋),扁担梁(2 槽 16)以及 32t 千斤顶组成,具体布置如图 3-1-105 所示。

3. 套箱安装

套箱组成系统及荷载:整个套箱由上承系统、下承系统、吊杆、套箱侧板、底板、内支撑、限位装置及下放系统组成。N08 号墩套箱底板顶面高程为 -0.5m,封底混凝土顶面高程 +1.5m,封底混凝土厚度均为

1.0m。现以 N08 号墩套箱为例进行介绍。

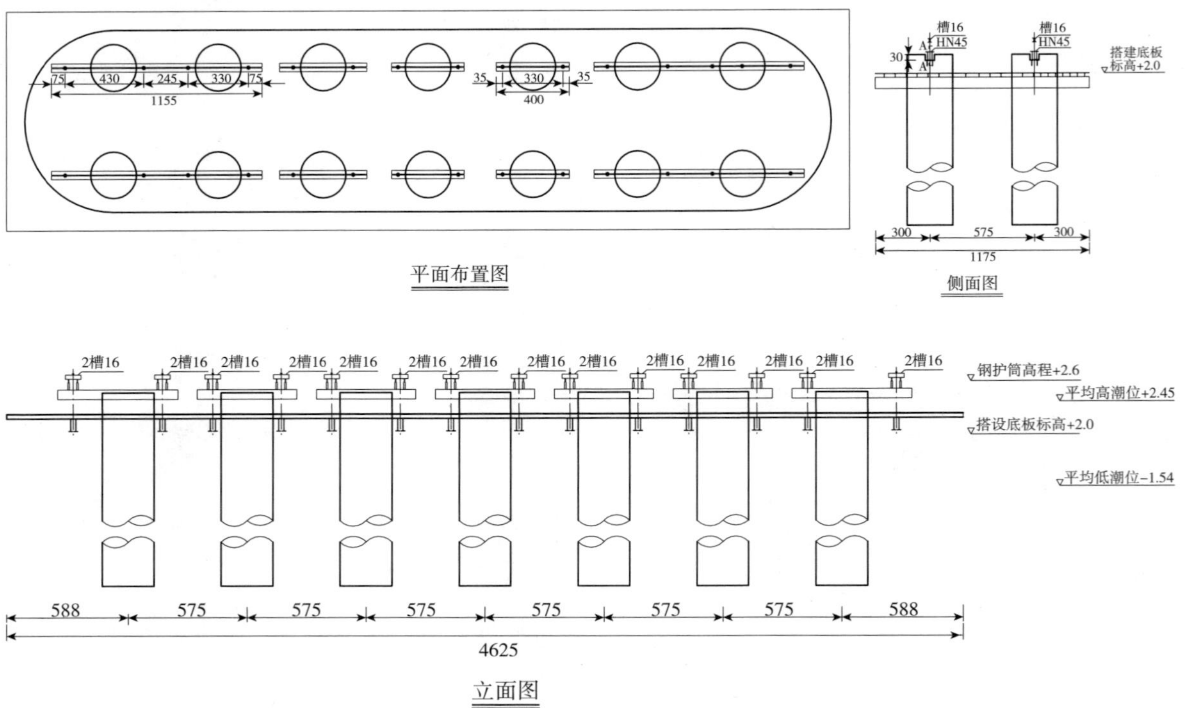

图 3-1-105 套箱吊悬系统结构(尺寸单位:cm)

1)准备工作

钻孔完毕,拆除钻孔平台的同时在高程 1.19m 处焊接底板下承梁临时支撑牛腿;分段加工下承重分配梁,然后在护筒或施工平台上进行等强对接,以便于吊装。同时将钢护筒顶高程割至 +2.6m。

2)安装下承系统承重梁及套箱底板

按照设计图纸,在临时支撑牛腿上布设套箱下支承主梁,然后再在主梁上布设底板分配梁,最后空出钢护筒的位置铺上钢面板(其施工方法可参照钻孔平台)。

3)安装套箱侧板以及内支撑

套箱钢底板安装完毕后,在整个底板上面放出套箱内边框大样(包括中心轴线),按图纸要求先把套箱侧板逐块安装好,同时在套箱底板上焊接短槽钢或钢板,使套箱侧板底部限位或固定。全部侧板安装完毕并将位置调整正确后,安装内支撑以及侧板下部限位装置。安装过程中,套箱侧板和底板接缝处用高强度等级水泥砂浆勾缝;套箱侧板间接缝内垫橡胶垫。套箱侧板采用螺栓连接。安装完毕后,检查竖缝螺丝是否上紧,橡胶垫是否完整。

套箱纵横各内支撑在交接部位应加设限位钢板并焊接牢固,内支撑两端和侧板接合处应各垫一块 800mm×800mm×20mm 钢板,以防止内支撑钢管两端管壁应力过大。为防止套箱侧板向外侧倾覆,内支撑和侧板应焊接牢固。

注意,内支撑钢管可根据情况,分多段放入套箱内再进行等强度连接。

4)安装上承系统承重梁及吊杆

在钢护筒顶部安装上承系统承重梁。安装时需注意与下承系统承重梁的平面位置一致。安装完毕则可开始安装吊杆。

由于在涨落潮环境下紧迫施工,每根吊杆下端螺母应当先焊在支撑牛腿(2I20a)底部,并要焊接牢固。安装时,吊杆下端应露出螺母 15cm。吊杆在封底底高程以上 1.2m 范围内需套设 Φ45mm 钢管以隔离封底混凝土,并用封口胶带封住钢管上端。吊杆上端穿过上承系统及上端锚垫板,锚垫板亦应先焊接在上承系统上,且其位置下方的 HN45 型钢腹板应焊接劲板。套箱下沉、定位套箱侧板安装完毕,并检查合格后，采用吊杆配合手摇螺旋千斤顶同步缓慢下放套箱侧板（注意要尽量同步）。

套箱下放系统及操作步骤：

（1）在吊杆上安装手摇螺旋千斤顶、扁担梁及工具螺母等；

（2）将各千斤顶顶缸空载伸出125mm，接着拧紧扁担梁上面的工具螺母，使扁担梁压紧千斤顶；

（3）用千斤顶将吊杆稍稍顶起约5mm，稳住后，将扁担梁下端的工作螺母拧退100mm；

（4）各千斤顶同步均匀缓慢下放，直至工作螺母重新抵住其下的锚垫板，此时千斤顶所承担的重力转移到工作螺母上；

（5）重复上述步骤二、步骤三、步骤四操作，每次下放约100mm。直至将套箱下放到位；

（6）将没有安装下放系统的吊杆上紧螺母，然后对吊杆全面逐根检查，力求各吊杆受力一致，至此套箱下放完成。

在下放过程中，应随时检测套箱侧板4角高程及外侧板倾斜度，保证套箱侧板4角高程应一致，外侧板不得倾斜。下放速度控制在10cm/次，可采取在各根吊杆上做记号的办法，让底板各点下沉速度一致。要求每下沉50cm后，对套箱底板、外侧板进行一次全面的检查，检查无异后方可继续施工。如此反复，逐渐把套箱底板下沉。当套箱下沉至设计高程尚有50cm时，更应注意外侧板四角高程保持一致而不能倾斜。尔后，缓慢将套箱下放至设计高程（N02号、N03号、N08号墩套箱底板顶面高程分别为+0.83、+0.83、-1.5m）。要求套箱安装完毕后顶面高程高差控制在10mm以内。

5）技术安全注意事项

（1）有底套箱施工工艺复杂，施工过程中体系转换次数多，容易引发安全事故。一旦施工失败，后果严重。要求全体施工人员思想高度重视，施工前进行技术质量、安全全面交底，作业班组进行施工培训。

（2）明确施工管理机构和岗位责任。有底套箱施工中，作业队长现场指挥、也是第一责任人，现场技术员为施工质量监督员。施工中必须严格按作业指导书操作，如发现异常应立即停止施工。

（3）安装下承系统时，及时用15.5mm钢丝绳（每根有效长度约为6m，两端均带跑头）拴住承重梁、分配梁的一端，逐个编号且不允许缠绕，绳的上端用铁丝固定在套箱侧板并露出水面，日后可通过钢丝绳回收承重梁、分配梁。

（4）为加强套箱的整体刚度，在套箱安装完毕后应对套箱外侧板水平加劲箍筋梁进行焊接，所有内支撑、斜撑等均需按设计要求焊接牢固。套箱下水前对侧板底板进行全面检查，发现有破损破漏的地方应及时补强、修复，防止封底时跑浆、漏水。

（5）套箱下沉安装到位后，应立刻安装反压装置。

4. 套箱封底

（1）尽量选择晴好天气，在低潮时开始封底。

（2）封底采用干封，封底混凝土采用自拌混凝土。

（3）封底过程中应做好混凝土的振捣，保证混凝土顶面的平整。

（4）套箱封底的方量约为230m^3，拌和楼平均每小时的拌料能力为180m^3，整个封底大约要持续2h。

5. 承台混凝土浇筑

1）割除回收钢护筒，凿除桩头

承台封底成功、拆除吊杆和套箱的上下承系统后，即可割除回收钢护筒，测量放样凿除桩头。N02、N03墩钢护筒的切除应分次进行，先将距封底顶面2.071m（N03墩为1.864m）以上钢护筒全断面切除，再将其余封底顶面以上的钢护筒按设计图纸中所示形状进行切除，并且使切割后的钢板与桩身呈15°夹角。桩头应保留封底顶面上的15cm。

2）承台模板

承台施工即采用钢套箱作为施工模板，承台横桥向的两侧圆弧段（上下游方向）分成2段圆弧模板加工拼接，应采取适当的措施将模板固定在钢套箱侧板上，并在其后加设支撑，保证模板接缝严密，不漏浆。

3)绑扎钢筋

钢筋保护层厚度允许误差为±10mm,保护层垫块必须满足要求。承台施工时注意墩柱钢筋及各个预埋件位置必须精确无误。

钢筋绑扎施工时必须保证钢筋规格、尺寸、型号、间距符合设计要求。直径大于25mm的钢筋必须使用套筒挤压接头或镦粗直螺纹接头,并应分别符合技术规程的有关规定。

承台竖向钢筋的间距较小,很可能与套箱的内支撑冲突。可将发生冲突的钢筋分成两段,并作成镦粗直螺纹接头,用套筒进行连接。

4)冷却水管布置

根据混凝土结构内部温度分布特征,冷却水管采用热传导性能好、并有一定强度的输水管($\Phi40\times2.5$),冷却管每层高度可根据承台内钢筋布置作适当调整,各层冷却管进出水口间如相互冲突也可适当调整。

5)承台混凝土浇筑

(1)施工要点

承台混凝土浇筑分两次进行,首次浇筑1.5m,第二次浇筑2m,采用粉煤灰和高效缓凝剂双掺技术,以降低水化热和延缓水化热放热峰值时间。采用拌和站集中拌和、混凝土输送车运输、混凝土输送泵泵送入模的方法进行施工。混凝土按阶梯断面浇筑,每层厚度30cm左右。

(2)施工缝处理

承台混凝土分次浇筑存在施工缝,处理好分次混凝土浇筑接缝是一道重要工序。①严格按规范要求对第一次混凝土进行凿毛和淡水冲洗处理;②缩短前后两次混凝土浇筑的时间间隔,以减小两层混凝土间因收缩、徐变的不同而产生的附加内力;③二次混凝土浇筑前对凿毛混凝土顶面进行淡水润湿。

6)养护措施

承台混凝土浇筑完毕后,及时进行养护。由于施工期间为非冬季施工,采取的养护方式如下:

(1)混凝土初凝后在顶面铺湿麻袋(或土工布)并洒水养生7d。

冬季施工时,现场应备好防冻保暖物品、防冻剂、草袋等,临时自来水管应做好防冻保温工作,采用稻草泥纸筋包裹。混凝土浇捣后,应及时覆盖草包,采取防冻蓄热养护方法,在混凝土强度达到设计强度等级的40%,同时亦不低于500N/cm^{2}之前,应保持围帘薄膜内混凝土表面温度不低于5℃。在低温施工时,对于混凝土构件应延长保温养护期,适当延长拆模时间,以保证混凝土的施工质量。

(2)养护期间,混凝土强度达到2.5MPa之前,不得使其承受人员、施工机具、脚手架等荷载。

(3)设置专职养护技术人员、操作工人,随时对混凝土养护进行巡查,养护责任落实到个人,确保养护效果。同时在养护设备方面给予充分的准备,确保养护及时和持续。

6.温控措施

(1)承台混凝土配合比设计时应选用低热水泥。

(2)选用粒形好、强度高、级配好、热膨胀系数低、吸水率低的优质集料。

(3)掺加高效缓凝型高效减水剂。

(4)严格控制混凝土入模温度。大体积混凝土在夏季施工时,采取以下措施降低混凝土的入模温度:

①选择夜间低温时段进行混凝土浇筑,夜间温度相对较低,同时混凝土原材料和承台施工现场的套箱板、钢筋的温度也相对较低。

②对混凝土原材料进行预冷降温。

③加快输送和浇筑速度,在混凝土输送容器、管道外用帆布遮阳,并经常浇水降温,以减少混凝土在运输和浇筑过程中的温度上升。

(5)利用循环冷却水对承台大体积混凝土进行温控

在浇筑混凝土的同时,采用内部降温法进行温度控制。即在承台混凝土中埋设循环冷却散热水管,通过循环水在水管中的流动带走混凝土内部部分热量从而达到降温的目的。循环冷却水管在承台浇筑完毕、开始终凝时开始通水,直至温控达到要求、满足停止通水条件后结束。

①循环冷却水的工作方式

混凝土内部水化峰值出现之前,利用蓄水作为循环冷却水的水源,同时为了防止蓄水的水温过高,在原钻孔平台的连接平台上备用1个$20m^3$的冷水蓄水桶,保证循环水水温要求。

a.在混凝土的浇筑完毕,混凝土开始终凝时,即开始小量通水循环。

b.混凝土终凝后,采用内蓄水,在水化热峰值出现之前,改用蓄水作为冷却水。过程中监测蓄水的温度,若蓄水温度过高在蓄水里面投入冰块或添加低温淡水。蓄水温度应控制在混凝土表面温度±10℃范围内。

c.为了确保大体积混凝土内部均匀降温,在蓄水温度一定的前提下,调整循环水的流速。同时严格控制进水温度,保证冷却水管进水温度与混凝土内部最高温度之差在20℃之内,尽量使进水温度最低,且进水温度不宜超过25℃。

d.升温时段,通水流量应大于45L/min,形成紊流,降温时段,可通过水阀控制减缓通水,使流速减半,水流平缓,以层流状态冷却混凝土。

e.混凝土浇筑起至通水结束时间内派专人负责测量混凝土内部温度,并对测量记录及时分析,用以指导温控。冷却管通水时间在峰值过后可逐渐减少,当混凝土温升峰值过后,混凝土内部的温度小于40℃,混凝土的内外温差小于25℃,停止循环。

f.冷却管使用完毕后即压浆封孔,并将伸出承台顶面部分截除。

g.承台混凝土内部温度的监测。

a)检验施工质量和温控效果,在承台各分块温度特征点处埋设温度传感器(或测温管),布设温度测点,采用现场定时自动测温记录仪进行24h温度监测,以指导循环水降温。

b)混凝土温度的监测在浇筑后立即进行,应连续不断,温度峰值出现以前每2h监测一次,峰值出现后每4h监测一次,持续5d,然后转入每天测2次,直到温度变化基本稳定。在监测混凝土内部温度变化的同时,还应监测环境温度、冷却水管进出口水温度、混凝土浇筑温度等。

c)当发现进出水口温差过大或过小,或者蓄水的水温与混凝土内部温度的差值超过20℃时,应及时调整水温或流量,防止水管周围因较大的温度应力而产生裂缝。

②循环冷却水温控的注意事项

a.要保证冷却管的密闭性,防止钢筋绑扎及混凝土振捣过程对其损坏,在养护完成后,必须使用淡水冲洗,并用水泥浆灌注。

b.要保证循环水不间断,并且根据进出管口水的温度调节循环水的流速。

c.冷却管的进出口管与胶管的连接处用的接头为橡胶管,此处必须扎紧,防止管内水泄漏。冷却管的进出口均引至后续结构物,以避免外露预埋件处理的麻烦。

d.现场技术员应做好温控过程混凝土内部温度的监测工作,并做好详细的记录。温控中循环水是否停止根据混凝土内部温度及内外温差确定。

e.作业队应在人员安排方面、温控养护设备方面给予充分的准备,确保温控及养护的及时性及持续性。

三、墩身施工

(一)墩身施工概述

N02号~N03号为水上分离式下部实心上部空心钢筋混凝土薄壁墩,除填心段采用C15混凝土,其余为C40混凝土。墩身截面为八边形,构造图如图3-1-106、图3-1-107和表3-1-34所示。

N02号~N03号墩利用已搭设好的栈桥及塔吊进行水上墩身的施工。墩身采用翻模法常规工艺施工施工。墩身顶部实心段最后一次整体浇筑。

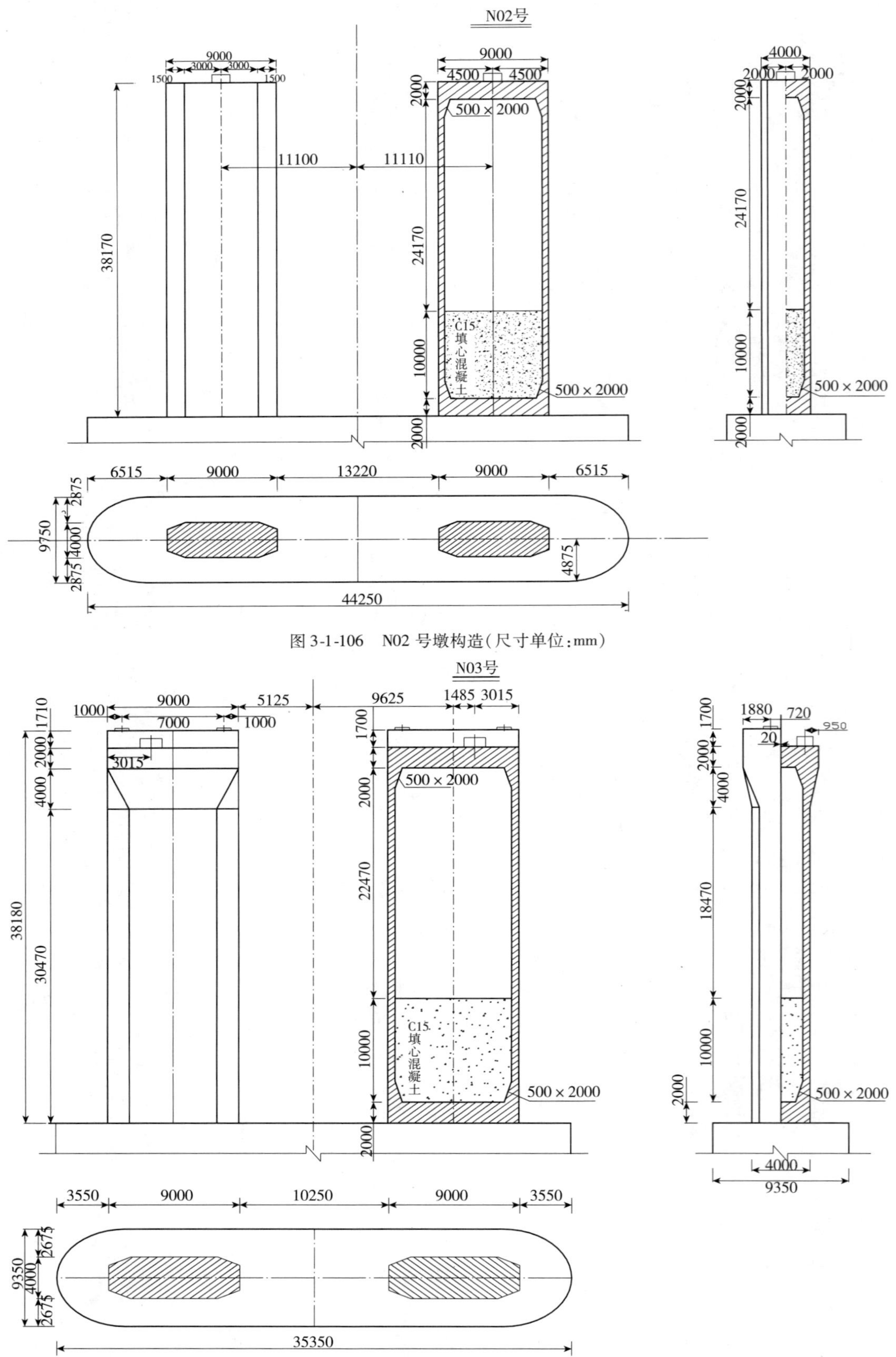

图 3-1-106　N02 号墩构造(尺寸单位:mm)

图 3-1-107　N03 号墩构造(尺寸单位:mm)

N02 号、N03 号墩身技术参数 表 3-1-34

桥墩	墩身尺寸(m)	数量	墩高(m)	备注	施工方法
N02	9×4	2	38.17	空心薄壁墩下部实心段 2m (C15 混凝土填心 10m)	塔吊配合翻模分节浇筑
N03	9×4	2	38.18		

墩身施工工艺流程如图 3-1-108 所示。

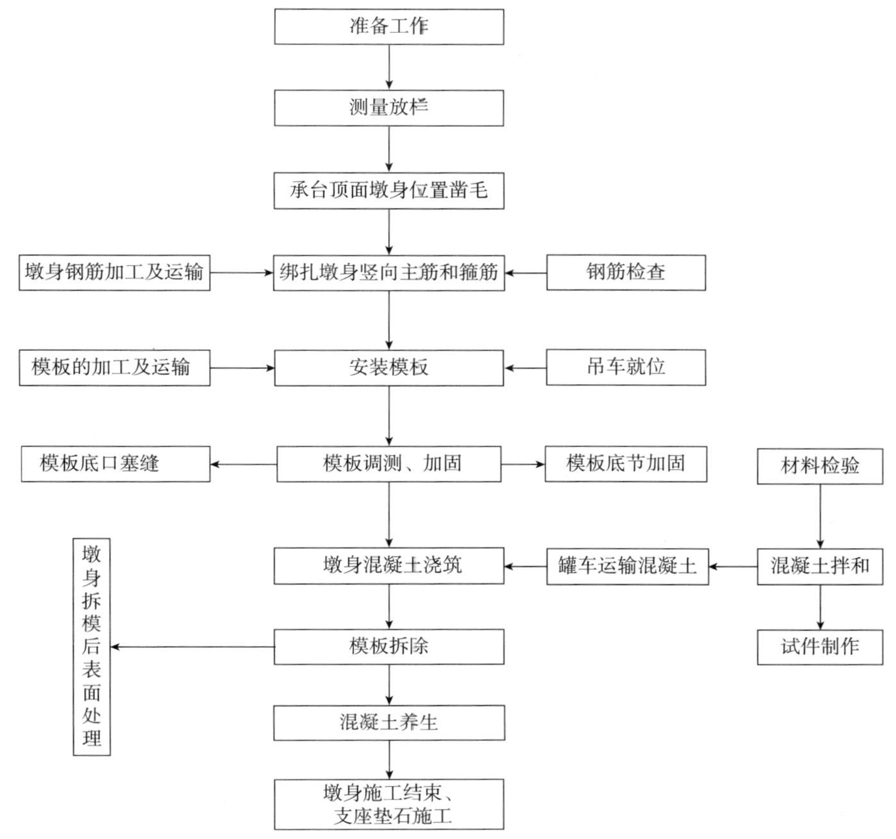

图 3-1-108 墩身施工工艺流程图

(二)墩身施工前准备

施工前,在承台顶面测设出墩身轴线和平面轮廓线、进行二次凿毛处理,并用淡水洗净,同时对墩身模板连接面的混凝土进行整平。清洁预埋钢筋表面。

1. 塔吊安装

水上墩 N02 号~N03 号模板、钢筋及混凝土浇筑均需塔吊配合施工,每个承台中央设置一个塔吊,由于 N02 号~N03 号墩上部结构为主桥的边跨钢箱梁,墩身施工完成需将塔吊拆除。

2. 施工平台搭设

操作平台连同墩身模板桁架厚度一起、总宽 1.5m。

3. 墩身施工测量控制

墩身现浇施工,模板安装精度为,轴线偏位:±10mm,顶面高程:±10mm,垂直度:0.3%h 且不大于 20mm。

墩身放样步骤具体如下:

(1)测设墩身轴线

(2)测设墩身设计底部高程

(3)墩身模板定位

模板安装后,用全站仪对模板平面位置(平面坐标)对顺、横桥向轴线及4个角点进行检查与调整纠偏,确保墩身的精度。

(4)墩身模板高程校核

每一节现浇段墩身模板顶面高层采用全站仪三角高程法校核。

总之,当首级加密点之间的承台或部分承台竣工后,应进行三等水准高程贯通测量和相当于三等导线测量精度的平面位置的贯通测量,并测出各承台竣工位置和高程,报批后,方可进行墩身的施工。墩身竣工后,采用二等水准高程测量和相当于二等导线测量精度的平面贯通测量,报批后,方可进行支座垫石及盖梁的施工。

在墩身现浇前,根据承台贯通测量的成果,测放墩身十字线(纵、横桥向轴线),并将墩身十字线和高程逐节向上传递;墩顶高程根据全桥贯通测量的二等水准成果进行修正。

(三)墩身模板施工

1. 第一节墩身模板安装

墩身首节钢筋绑扎完成后,即可逐块安装第一节模板。模板按照“先远后近、不挡吊装视线”的原则安装,即根据吊具的位置,先安装远的一侧模板,这样能够保持良好的吊装视线。

每一块模板安装就位时,在其底部第一道桁架底下支垫木楔,将模板顶面调成水平,并且同层四块模板顶口基本处于同一高程上,相邻两块模板的顶面高差控制在2mm以内,同时保证模板的垂直度达到板面上下边的平面偏差在2mm以内。模板底口与承台之间的缝隙用若干个钢楔子楔紧,同时在模板内侧用木条封住缝隙,在外侧用M50水泥砂浆将缝隙勾缝、填塞密实,保证不渗水和漏浆。

模板板块之间的连接缝用海绵条填塞,用建筑用胶水将海绵条粘在模板接缝处,两块模板对位后,连接螺栓受力,海绵条受到挤压起到密封作用。

每一层、每一块模板安装就位时,都需要测量校核。第一层模板精确就位、底部与承台上预埋件固定、拉好抗风缆、相邻模板间每一道桁架对角螺杆紧固完毕,再安装上层模板。上层模板起吊就位、立稳并扶垂直后,先在水平连接缝处用定位栓及时固定,并用手摇液压千斤顶做位置粗调,后立即上好连接螺栓,但不要上太紧。按照同样的方法完成第二层各块模板的安装、定位,同时紧固好相邻模板间的竖向连接缝螺栓。然后,紧固相邻模板间每一道桁架对角螺杆。

当上述工序完成后,对整层模板位置进行微调,在上、下两节模板水平桁架之间设置竖向调节拉杆,通过对称松、紧调节拉杆来精调其位置;在模板微调过程中,测量实时跟踪校核。

模板微调完成后,将尚未紧固的上、下两层模板水平连接缝螺栓立即紧固。最后,再用制作好的型钢将上、下两层模板的相邻两道桁架联成整体,增强上、下两层模板的整体刚度。

2. 墩身模板施工

墩身10.5m以内采用吊车配合立模,混凝土使用串筒入模一次性浇筑完成。N10、N11其他墩身高于10.5m混凝土浇筑采用吊车或塔吊配合翻模浇筑,首次浇筑9m,中间每次浇筑6m,外加端头1.5m活动模板浇筑。

当第一节墩身混凝土浇筑完毕,混凝土强度和养护期达到拆除模板条件时,拆除底层标准节模板(上部标准高度模板留在墩身上不拆除,作为墩身顶部模板的基础模板)安装到基模上,再把第三节模板安装上,作为第二节墩身模板。

第三节墩身模板和顶部模板的安装方法与第二节墩身第二层模板的安装方法一样。

3. 内模操作平台

采用墩身四周预埋爬锥,每个爬锥利用螺栓将牛腿牢固连接。牛腿上焊接型钢作为吊架,作为内模支撑及施工操作平台。施工完成后拆除螺栓,将吊架整体上调,重新通过螺栓将吊架牛腿与墩壁预埋爬锥连接,形成新的操作平台及内模支撑。

内模操作平台如图 3-1-109 所示。

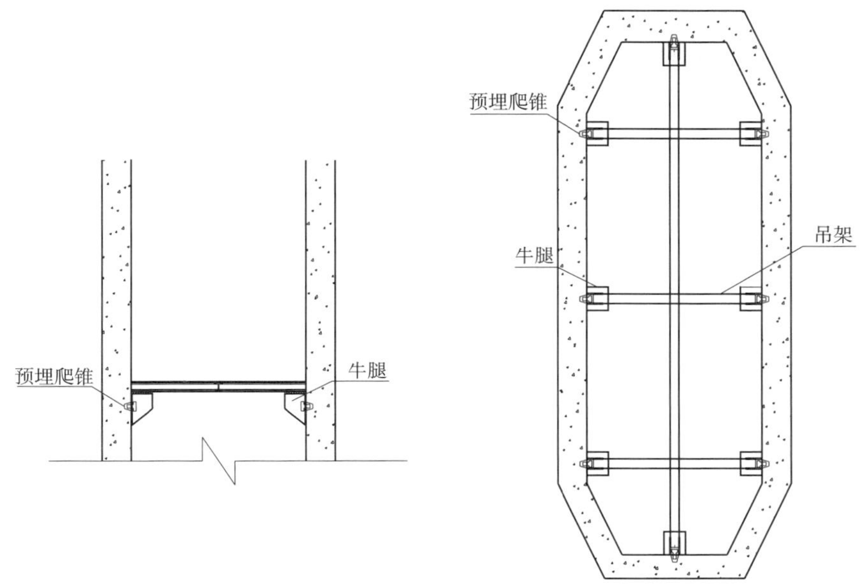

图 3-1-109 内模操作平台

(四)墩身混凝土施工

墩身混凝土节段划分如表 3-1-35 所示。

翻模法墩身节段划分 表 3-1-35

墩 号	混凝土节段	分 节 区 段
N02	6	9m + 6m + 6m + 6m + 6m + 5.17m
N03	7	(0.07m + 9m) + 6m + 6m + 6m + (3m + 0.4m) + 4m(变截面) + 3.7m

按照墩身构造的不同截面结构形式,墩身模板分节段加工。

为了模板配置时节约材料且方便周转,不足 40cm 段利用型钢或临时钢模在第一节段浇筑完成(在墩身底部处理,以便于变截面处模板的连接)。外、内模均为翻模施工,然后组织后续标准节段施工。至施工墩身顶端实心段部位时,墩身顶部离倒角部位提前 1m 预埋钢板,钢板经带弯钩钢筋焊接至墩身钢筋上。然后利用型钢焊接至预埋钢板上,并搭设桁架作为顶面模板的支持结构。顶面倒角及顶面面板则利用竹胶板加工成型。其结构如图 3-1-110所示。

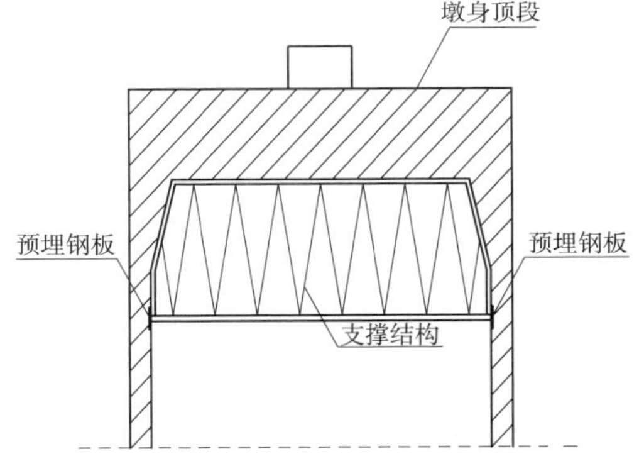

图 3-1-110 墩身顶面内模板的支持结构

墩身混凝土设计强度等级为 C40 高性能混凝土。混凝土采用陆地上拌和站拌制,混凝土输送泵泵送入模。墩身混凝土浇筑时,混凝土经串筒将混凝土输送到模板底部,控制混凝土自由落体高度不大于 2m。混凝土分层浇筑,每层不大于 30cm。

在第一节墩身混凝土浇筑前,摊铺一层厚度为 10 ~ 20mm 的水泥砂浆,再进行下道工序施工。以上各节段的施工缝处理也应如此。

为保证墩身混凝土节段水平施工缝的平直、美观,在墩身模板顶口(通长)安置一条 3cm 高、6cm 宽的木条,利用螺栓栓接在模板顶口之上。这样,让每节墩身混凝土均浇筑至高于墩身模板顶口 3cm 处,凿毛时木条先不拆除,将木条以内混凝土表面进行凿毛,基本上凿除 3cm,使混凝土的施工缝处于同一个平面之上。本工程混凝土施工缝采用风动机凿毛，凿毛后将混凝屑与杂物清除，然后用淡水进行清洗，凿毛时混凝土强度不小于10MPa。

墩身最后一节钢筋施工时应按照设计要求进行支座垫石钢筋和盖梁钢筋的预埋工作。因墩身最后一节施工完毕后，要完成墩顶中线贯通测量需经历较长一段时间才进行后续的施工，为防止钢筋锈蚀，拟在钢筋上涂刷水泥浆防锈。支座垫石及盖梁施工时，先将位置处的混凝土表面进行充分的凿毛，并用淡水冲洗干净，然后根据放样线进行模板的安装。支座垫石混凝土采用与墩身混凝土一致的配比，浇筑完毕后喷洒养护剂并结合天气情况加以覆盖养护，防止支座垫石出现裂缝。

（五）墩身混凝土养护

1. 常温条件下混凝土施工完毕的养护

墩身混凝土浇筑完毕，立即用木抹子将混凝土顶面收抹平整，并覆盖一层塑料薄膜，以防止混凝土表面被风吹失水而发生干缩裂缝。混凝土终凝后，掀开塑料薄膜，在混凝土表面上铺设一层5cm厚的海绵并在其上洒淡水使其完全吸水饱和，然后再将塑料薄膜恢复到覆盖状态，以减缓海绵和混凝土表面水分的蒸发。另外，在海绵失水80%左右时，由专人定期、及时予以补水，保证养护效果。

由于墩身采用高性能混凝土，按照混凝土强度不小于10MPa和混凝土温度内外温差不大于25℃的要求，进行拆模控制。墩身模板拆除后，首先检查混凝土表面是否存在外观质量问题，若有则按照监理程序申报检查和按规范要求的办法进行处理。检查完毕，立即用塑料薄膜把墩身包裹起来，包裹完成后认真检查塑料薄膜的密封情况，对搭接部位的缝隙和破口用塑料胶布黏贴，在老混凝土上有足够的搭接段，在基准模板底部要密贴，保证塑料薄膜包裹有良好的密封性和养护效果。原则上施工完成后再拆除塑料，至少要保证在15d养护期内是完好无损的。

2. 冬季条件下的墩身混凝土养护措施

墩身施工完成后，立即套用特制的帆布围筒，对其进行保温，模板拆除后的养护与常温条件下的养护方法一样，即包裹塑料薄膜。除此之外，还应在墩身上继续套用围筒对其进行保温。帆布围筒上、下口均有系绳，系绳收紧后能够与墩身紧贴，围筒内即存在不流动的空气，达到保温目的。

（六）保证质量的技术措施

保证墩身施工质量的技术措施有：

(1)保证墩身模板的制作质量；

(2)保证模板运输过程安全；

(3)保证模板安装质量；

(4)严格控制墩身钢筋混凝土材料质量；

(5)严格控制墩身钢筋的质量；

(6)保证墩身混凝土的浇筑质量；

(7)严格控制混凝土表面平整度；

(8)严格控制混凝土表面不出现蜂窝麻面；

(9)严格控制墩身混凝土表面颜色；

(10)墩身成品保护。

四、支座安装

（一）工程概况

椒江二桥及接线工程各部位桥梁支座主要有：主桥：多向活动横向抗风盆式橡胶支座、多向活动竖向支座；辅助墩、过渡墩：多向活动横向抗风盆式橡胶支座、多向活动竖向支座；引桥（北引桥N03～N14号墩，南引桥S03～S07号、左线S07～SZ22号、右线S07～SY21号墩）：固定盆式支座、单向活动盆式橡胶支座、多向活动盆式橡胶支座；引桥（北引桥 N14 ~ N38 号墩，南引桥左线 SZ23 ~ SZ40 号、右线 SY22 ~ SY39 号墩）：固定板式橡胶支座、滑动板式橡胶支座。

（二）支座的结构形式（图 3-1-111）

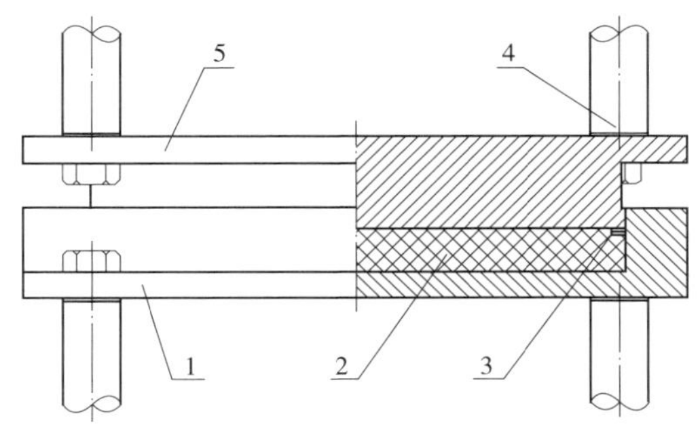

a)固定盆式橡胶支座

1-下支座板；2-承压橡胶板；3-黄铜密封圈；4-定位套筒；5-上支座板

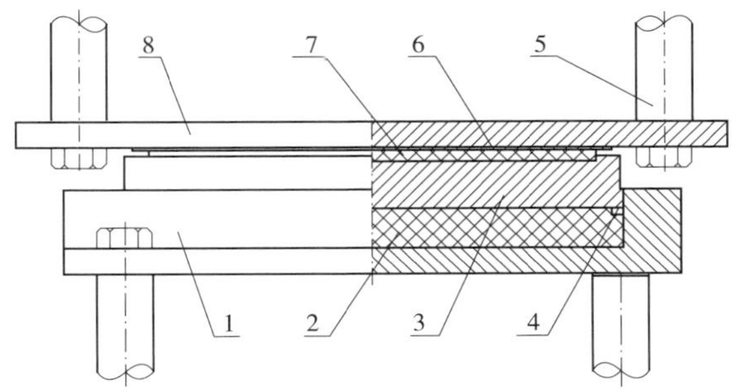

b)双向活动盆式橡胶支座

1-下支座板；2-承压橡胶板；3-中间钢板；4-黄铜密封圈；5-定位套筒；
6-平面不锈钢板；7-平面四氟滑板；8-上支座板

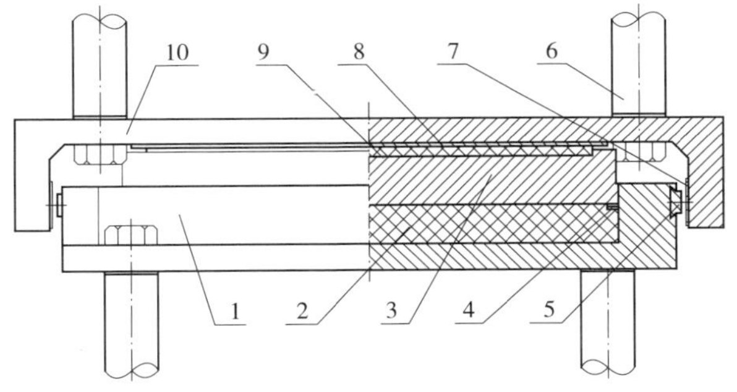

c)单向活动盆式橡胶支座

1-下支座板；2-承压橡胶板；3-中间钢板；4-黄铜密封圈；5-侧向四氟滑板；6-定位套筒；
7-侧向不锈钢板；8-平面不锈钢板；9-平面四氟滑板；10-上支座板

图 3-1-111　主要支座的结构形式

（三）支座安装

1. 支座连接方式

支座的连接包括支座与梁体以及支座与墩台的连接。

1）支座与墩（台）的连接

支座通过支座下垫板与墩（台）连接，一般应设置支承垫石，垫石的高度应满足安装、养护、更换方便的要求，垫石的平面尺寸应满足压力传递要求（即支座四周 45°范围应位于支承垫石内），垫石的混凝土强度不低于 C40（具体根据设计图纸要求执行），垫石内应布置钢筋网。施工时支承垫石的平面尺寸、高程、平整度等均要符合设计及规范要求。支座下垫板与墩(台)的连接一般采用定位套筒连接。墩(台)垫石施工时要预留出定位套筒孔,安装时先将定位套筒和螺栓装在支座下垫板上,再将支座按设计位置用楔形块定位在垫石上,然后向支座下面和预留孔内灌注环氧砂浆(参考配合比:按重量计的环氧树脂为100、二丁脂为10、乙二胺为8、水泥200、河沙为500)。

2)支座与梁体连接

支座通过上盖板与梁体连接,为保证支座的水平,应通过混凝土楔形块或楔形钢板将梁底调平。上盖板与梁体的连接根据桥梁的施工工艺,既可采用螺栓连接,也可采用焊接连接。

采用螺栓连接时,先将定位套筒和螺栓装在上盖板上,然后在上盖板顶面布置钢筋网,浇筑梁体。

采用焊接连接时,应在梁体上设置平整度较高的预埋钢板,预埋钢板上应设置一定数量的连接钢筋。为保证预埋钢板下混凝土的密实度,预埋钢板上应预留适量的排气孔。预埋钢板边长应比相应支座上、下盖板边长至少大于40mm。预埋钢板与上支座板应按规定焊缝厚度和焊缝间距进行间断对称焊接,以免温度过高导致垫板变形或者烧坏聚四氟乙烯滑板。焊接完后应去除焊渣,并对焊接部位进行防锈喷漆处理。

2. 支座的安装要求

1)安装前

支座安装前方可开箱,并检查支座各部件及装箱清单,不得随意拆卸。活动支座要注意对聚四氟乙烯板和不锈钢滑板的保护,防止划伤和脏物黏附于不锈钢滑板与聚四氟乙烯滑板表面,并注意检查5201-2硅脂是否注满。

2)安装时

支座安装时务必确认滑动方向与设计要求一致,根据施工图区别横纵桥方向。中心线与主梁中心线应重合或平行,对单向活动支座,导向块必须保持平行,交叉角不大于5°。如安装温度与当地年平均温度不同时,应通过计算确定支座主位移方向预偏值。

3)装后

应在上、下支座板间设置临时连接定位,以防止施工过程中发生错位,待梁体混凝土达到一定强度后,拆除临时连接设施;对支座进行防尘、防水处理后(可用橡胶围板或薄铁皮等在支座周围进行防尘保护附属设施的安装),再进行上部结构的施工。在上部结构施工过程中,支座应保持洁净,且不得受到机械损伤、灼热、污染和其他不利因素的影响,并应保持支座均匀受力。施工完成后,应拆下临时防尘、调平装置,将支座外部防尘装置装好。

3. 支座安装对支座垫石的要求

支座安装时,支座垫石应具有一定的强度及平整度,垫石平面尺寸要符合要求。浇筑混凝土时,垫石应预留足够定位套筒孔及灌浆流槽(注意:每个预留孔应在支座下盖板覆盖范围外设置两道灌浆流槽)。支座套筒定位如图3-1-112所示。

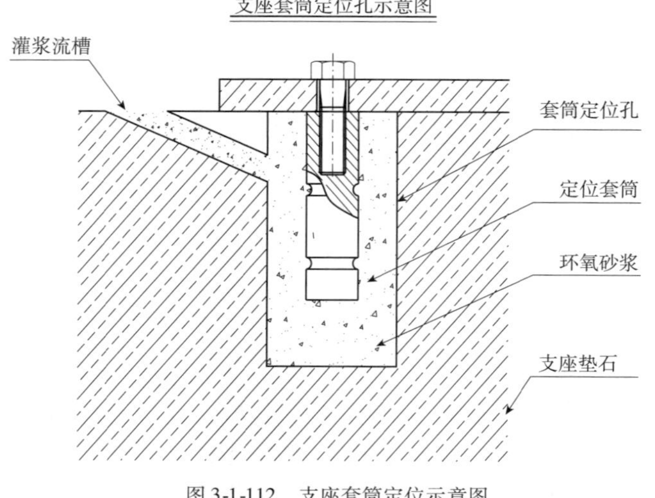

图3-1-112 支座套筒定位示意图

4. 支座安装工艺流程

支座安装工艺流程为:垫石顶凿毛清理→测量放线→找平修补→拌制环氧砂浆→支座安装→支座顶面高程复核→灌浆填充支座定位套筒孔→支座防尘罩的安装。

5. 支座的安装方法

1)主桥支座的安装方法

(1)N01号墩竖向支座

结合主桥上部结构施工方案,塔区5片梁采取浮吊中跨侧起吊、落梁,滑移至边跨的方式进行，由于塔区0号支架的滑移轨道恰通过竖向支座的支座垫石处，所以N01号/S01号墩临时竖向支座的安装顺序为：塔区5片梁段就位及位置调整→轨道处理→竖向支座与钢箱梁连接→支座垫石钢筋绑扎→支座垫石模板的安装→垫石混凝土浇灌。

相关注意事项如下：

根据实际施工情况，若梁段吊装条件允许也可将竖向支座提前安装于钢箱梁底部，因为竖向支座高度较小而且不影响梁段的滑移，可避免在梁底安装时受空间限制等。

须待支座垫石混凝土达到一定强度后方可进行钢箱梁的临时锚固作业。

(2)辅助墩、过渡墩竖向支座安装

结合主桥上部结构施工，辅助墩、过渡墩竖向支座的安装均采用支座预先在垫石上预留锚栓孔，吊装支座调整位置后先固定下垫板，待梁段调整到位后连接钢箱梁的方式进行。

相关注意事项如下：

预留孔：在浇注垫石混凝土时，按照支座预留孔尺寸，并结合支座锚固孔的平面布置尺寸进行锚固孔的预留。

找平：将墩垫石顶面去除浮沙，表面应清洁、干燥、平整、无油污。若垫石顶面的高程差距过大，可用环氧砂浆调整。

支座就位：将锚固连接装置对准预留孔后落梁，并从旁边开槽向孔内灌注环氧砂浆，直到灌满为止。

拆去临时锁定装置：支座一般有临时锁定装置，在安装完毕后应撤去该装置。

(3)主塔横向抗风支座

主塔横向抗风支座需在塔梁临时固结的时候进行安装，兼作横向的临时约束和永久性约束，主塔横向抗风支座与主塔抗风支座垫石连接是通过将支座左侧盖板与垫石上预埋钢板焊接连接(考虑横向预留孔时很难将预留孔灌满，质量难保证)，上部结构施工时，为了安装精确及操作方便，采用先将支座与钢箱梁连接并于预埋钢板焊接后进行支座垫石钢筋、混凝土施工。

相关注意事项如下：

支座盖板与预埋钢板焊接时可在支座与钢箱梁螺栓连接前实现，避免了立焊且焊接变形容易控制。

垫石里面的预埋钢板的锚筋须与垫石钢筋主筋焊接且有足够的锚固深度及弯钩，严禁随意割断。

(4)辅助墩、过渡墩横向抗风支座安装

辅助墩、过渡墩横向抗风支座采用超薄型结构设计，一边通过焊接连接在支座垫石的预埋钢板上，另一端采用螺栓连接于钢箱梁底板的钢牛腿上。上部结构施工时，经设计同意，将抗风支座与钢箱梁底部钢牛腿的连接变更为高强螺栓连接，如图3-1-113所示。

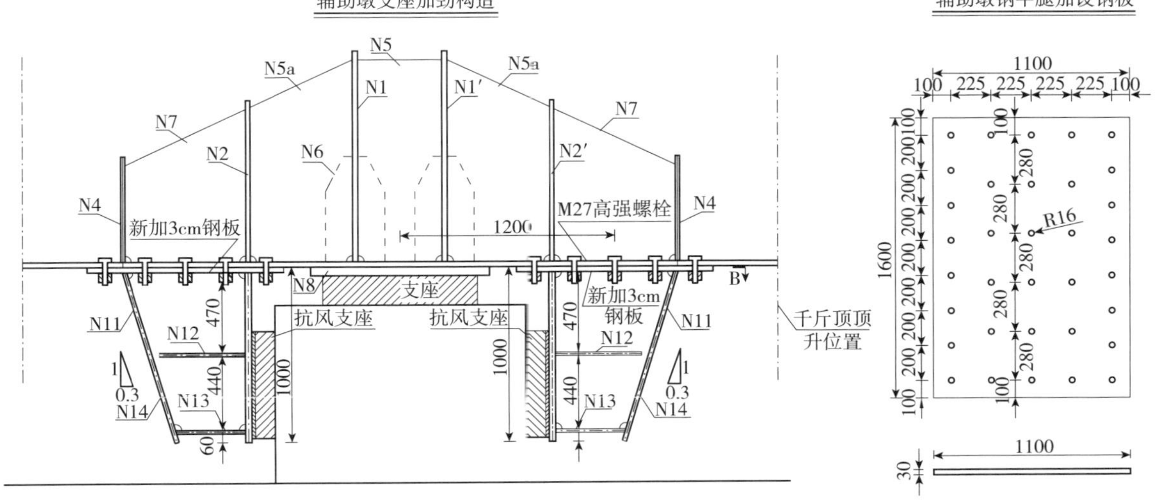

图3-1-113　辅助墩抗风支座连接示意(尺寸单位:cm)

详细安装步骤如下：

①施工支座垫石，支座安装前将垫石侧面钢板的油污清除；

②将支座整体吊装至垫石处（该支座可分离为两部分，厂家发运时只将支座两盖板用临时螺栓连接）；

③将临时连接松开，使两盖板分开，先在支座垫石的预埋钢板上精确放出支座盖板的位置，并将一侧盖板焊接在支座垫石的预埋钢板上；

④连接抗风支座钢牛腿及钢箱梁底板；

⑤将另一半盖板螺栓连接在钢箱梁的钢牛腿上，抗风支座安装完毕。

若焊接空间可以操作，也可考虑先进行一端的螺栓连接后进行另一端的焊接连接（2）NS01 联、NS02 联支座的安装方法。

相关注意事项如下：

预留孔：在浇筑墩台（或垫石）的混凝土时，按照支座预留孔尺寸，并结合支座锚固孔的平面布置尺寸进行锚固孔的预留。

找平：将墩台（或垫石）顶面去除浮沙，表面应清洁、干燥、平整、无油污。若墩台（或垫石）顶面的高程差距过大，可用环氧砂浆调整。

安放支座：在支座上应标出纵、横向中心线，将支座放置在垫石上，使支座的中心线同墩台（或垫石）设计位置中心线相重合；采用定位套筒和螺栓连接方式进行安装。

调整高程：复测支座顶面高程，可在支座底板四周用钢楔块调整支座水平，并使支座顶面高程符合设计要求。环氧砂浆硬化后，拆除支座四角临时钢楔块，并用环氧砂浆填满抽出楔块的位置。

定位套筒孔处理：灌浆填充支座定位套筒孔。

浇梁：当下部连接的灌浆材料的强度达到设计要求后看，连接好上部定位套筒并采用焊接等形式临时固定，并多支座进行临时保护，然后支座上支模并浇筑混凝土。

拆去临时锁定装置：在现浇混凝土梁体形成整体并达到设计强度后，在张拉梁体预应力之前，拆除支座上下板连接装置，以防止约束梁体正常转角位移。

2）NS03 ~ NS05 联支座的安装方法

本项目预制小箱梁设计采用圆形板式橡胶支座，分为滑动式及固定式两种，由于设计的小箱梁底具有一定的纵坡，小箱梁非连续端在浇筑混凝土前，支座处应预先埋设调平钢板，待架设小箱梁时再将预埋钢板与支座上钢板断续焊成一整体，以实现滑动支座安装要求。但实际施工中 NS03 ~ NS05 联曲线段内的箱梁长各不相同，即预埋钢板相对于预制台座的位置也各不相同，在台座上开设凹槽预埋调平钢板不仅难以做到，且施工质量也难以保证。因此，进行设计变更为：钢板 A（厚 25mm，原来用于调平）预埋时不设凸缘台阶，而是将支座上钢板（厚 8mm）更改为顶面具有与梁底同一坡度、底面水平的楔形钢板，如图 3-1-114所示。

（1）滑动支座

安装前准备：小箱梁架设前，检查整个支座垫石的高程及平整度，除去垫石上的浮尘、对平整度不符合要求的垫石用环氧砂浆进行找平处理，在支座上标出纵、横轴线；

吊梁前：采用断续焊接方式将支座上调平钢板与梁底预埋钢板进行连接；

安放支座：按要求将支座放置在垫石上，并使支座中心线同垫石中心线相重合；

落梁：主梁就位后，检查支座轴线是否仍然与中心线重合，对超出允许范围内的支座进行调整；

防尘设施安装：防尘设施的设置是借助支座上盖板，即在支座上盖板边缘预先设有螺栓孔，通过压条将橡胶围布固定，如图 3-1-115 所示。

（2）固定支座

安装前准备：墩顶横梁浇筑前，检查整个支座垫石的高程及平整度，除去垫石上的浮尘、对平整度不符合要求的垫石用环氧砂浆进行找平处理，在支座上标出纵、横轴线。

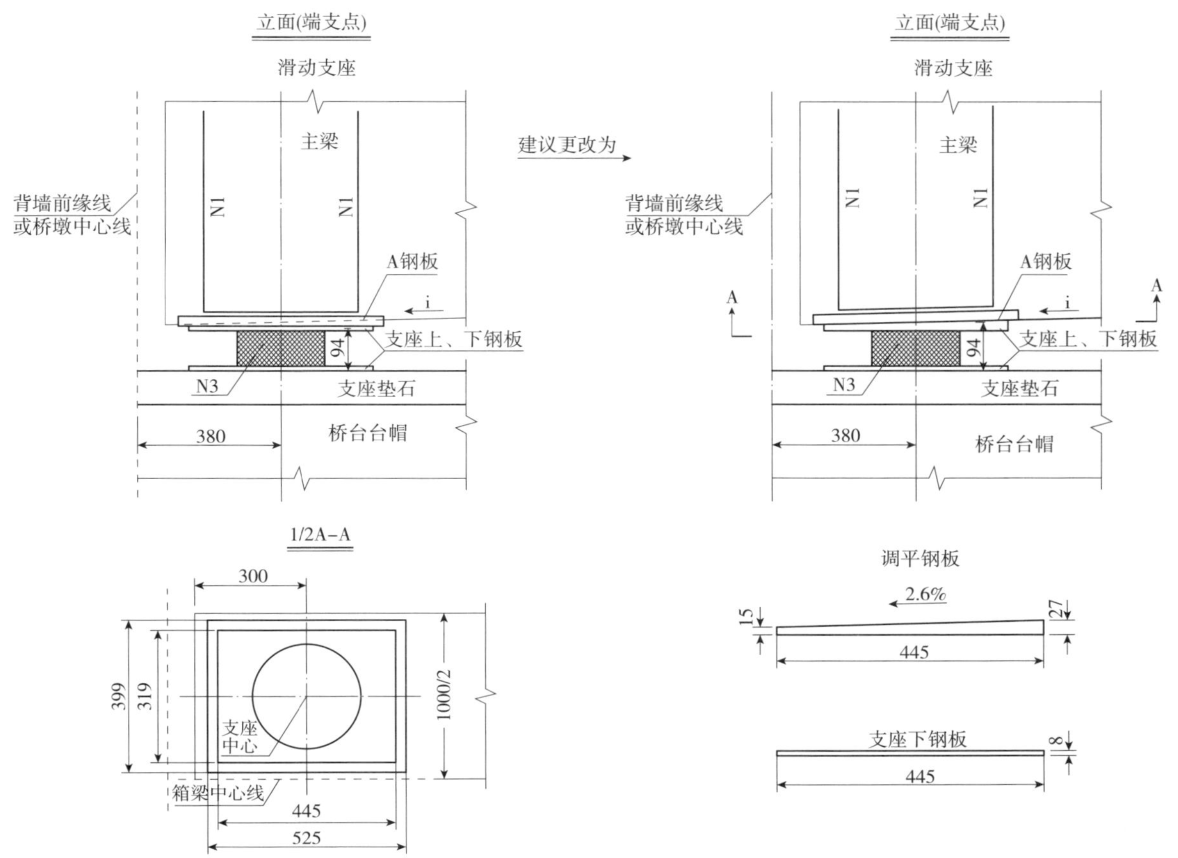

图 3-1-114 小箱梁非连续端支座预埋钢板调整一般构造图(尺寸单位:mm)

图 3-1-115 支座防尘罩照片

安放支座:按要求将支座放置在垫石上,盖上支座上钢板,并使支座中心线同垫石中心线相重合。

焊接锚筋:施焊时注意对滑板支座的保护。

浇筑横梁混凝土:浇筑混凝土前,在钢板顶面抹上一层环氧砂浆调整梁体坡度(钢板或环氧砂浆整平中心露出梁底 10mm)。

拆除临时支座:箱梁顶板负弯矩预应力施工完毕(即箱梁结构体系转换完成),拆除墩顶临时支座,此时,滑板支座在无支承力下和主梁完全接触。

(四)支座安装注意事项

1. 盆式橡胶支座

支座规格和质量应符合设计要求,支座安装时其上下缘盖板必须与接触面平整密贴,支座四周不得有0.3mm以上的缝隙；应严格保持清洁。活动支座的聚四氟乙烯板和不锈钢板不得有刮伤、撞伤。氯丁橡胶板块密封在钢盆内，要排除空气，保持紧密。

（1）支承垫石表面平整，垫石两支座水平面应尽量处于同一平面内，其平面度不得超过1/1000。支座垫石浇筑时，除预留足够的支座定位套筒孔外，每个套筒预留孔应设两道灌浆流槽。

（2）盆式橡胶支座的上、下缘盖板采用焊接或螺栓连接方式与梁体底面或墩台顶面预埋钢板固定；采用焊接时，应对支座进行保护，防止烧坏混凝土和支座部件。现浇梁底部预埋的钢板或滑板，应根据浇筑时的温度、预应力张拉、混凝土收缩与徐变对梁长的影响，设置相对于设计支轴中心的预偏值。

（3）梁体安装完毕后，或现浇混凝土梁体形成整体并达到设计强度后，在张拉梁体预应力之前，解除支座上下板临时锁定装置。

2. 板式橡胶支座

（1）橡胶支座在安装前，应检查产品合格证书中有关技术性能指标，如不符合设计要求时，不得使用。

（2）支座下设置的支承垫石，混凝土强度应符合设计要求，顶面要求高程准确，表面平整，在纵坡情况下梁一端同一支承垫石两支座水平面应尽量处于同一平面内，其相对误差不得超过1mm，避免支座发生偏歪、不均匀受力和脱空现象。

（3）安装前应将墩、台支座垫石处清理干净，用环氧砂浆抹平，并使其顶面高程符合设计要求。

（4）将设计图上标明的支座中心位置标在支承垫石及橡胶支座上，橡胶支座准确安放在支承垫石上，要求支座中心线同支承垫石轴线相重合。

（5）当墩、台两端高程不同，顺桥向有纵坡时，支座安装方法应按设计要求操作。

（6）安放支座前，抹平的环氧砂浆必须达到设计强度，并保持清洁和粗糙。小箱梁吊装就位时应准确且应与支座密贴，就位不准确或支座与梁体不密贴时，必须吊起，采取更换钢板厚度并使支座位置限制在允许偏差内，不得用撬棍移动梁体。

（7）当支座上缘板与梁体预埋钢板采用焊接连接时，吊梁前，事先将支座上缘板与梁体预埋钢板采用对称断续焊固定，焊接时应防止烧伤支座及混凝土。

3. 支座安装验收标准（表3-1-36）

支座安装规定值或允许偏差 表3-1-36

项次	检查项目		规定值或允许偏差
1	支座中心与主梁中线（mm）		2
2	支座顺桥向偏位（mm）		10
3	高程（mm）		符合设计规定，未规定时±5
4	支座四角高差（mm）	承压力≤500kN	<1
		承压力>500kN	<2
5	支座上下各部件纵轴线（mm）		必须对正
6	活动支座	顺桥向最大位移（mm）	±250
		双向活动支座横桥向最大位移（mm）	±25
		横轴线错位距离（mm）	根据安装时的温度与年平均最高、最低温差计算确定
		支座上下挡块最大偏差的交叉角（′）	必须平行<5

第二章　上部结构施工

第一节　组合梁梁段制造、运输

一、工程概述

（一）工程概况

椒江二桥及接线工程位于浙江省台州市东部台州湾椒江入海口，其中椒江二桥长约3.702km，按6车道一级公路标准设计，设计速度为80km/h。主桥上部结构为钢混凝土组合梁。

主桥桥型为：900m双塔双索面组合梁斜拉桥，桥跨布置为70m+140m+480m+140m+70m。半封闭钢箱组合梁全宽约42.5m（含风嘴），底板宽14.96m，中心线处高度3.5m（不含铺装）。主梁梁段长度4.72~9m。标准钢箱梁梁段高3.1m、宽39.6m（不含风嘴）、长9m，斜拉索锚固于箱梁边腹板上。

桥跨布置见图3-2-1，组合梁标准断面见图3-2-2。

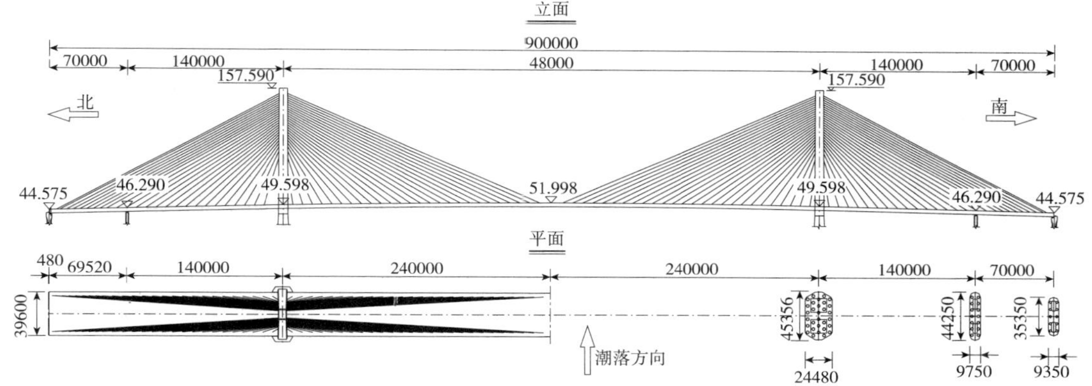

图3-2-1　桥跨布置图（尺寸单位：mm）

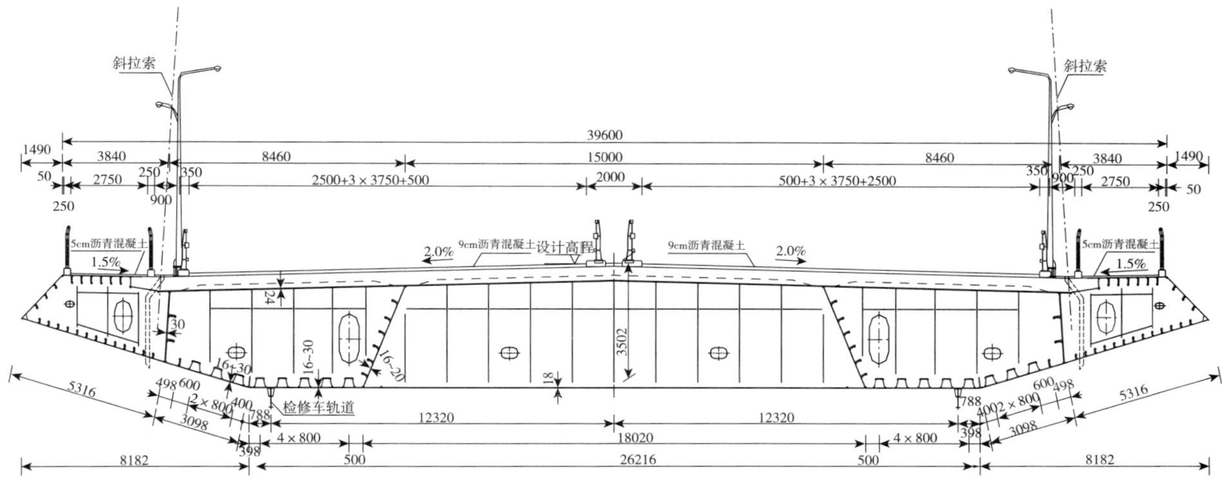

图3-2-2　组合梁标准断面图（尺寸单位：mm）

梁段构造概略表

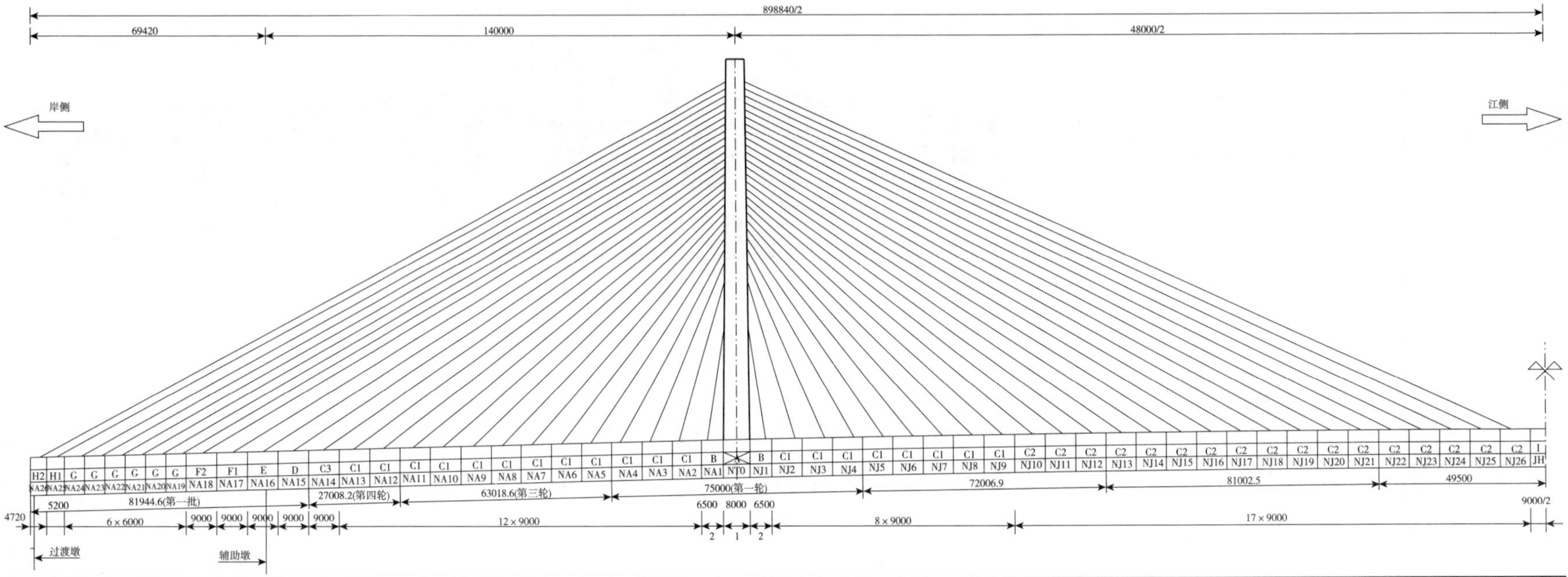

梁段类型	A	B	C1	C2	C3	D	E	F1	F2	G	H1	H2	I
梁段编号	T0	A1,J1	A2 ~ A13,J2 ~ J9	J10 ~ J26	A14	A15	A16	A17	A18	A19 ~ A24	A25	A26	JH
全桥数量	2	4	40	34	2	2	2	2	2	12	2	2	1
边箱上缘板厚(mm)	24	24	24	24	24	24	24	24	24	24	24	24	24
边箱下缘板厚/U肋厚度(mm)	30/10	30/10	20/8	16/8	20/8	30/10	30/10	30/10	20/8	20/8	30/10	30/10	16/8
边箱中腹板厚(mm)	20	20	16	16	16	16	20 + 16	16	16	16	16	20	16
边箱锚腹板厚(mm)	30	30	30	30	30	30	30	30	30	30	30	30	30
横隔板厚度(mm)	HG2/30 + 20 HG2-1/20 + 16	HG 3-1/16 + 16 HG4/30 + 16	HG1/12 + 12 HG3/16 + 16	HG1/12 + 12 HG3/16 + 16	HG1/12 + 12 HG3 - 1/16 + 16	HG1/12 + 12 HG3-1/16 + 16	HG3-1/16 + 16 HG5/36 + 20 HG5-1/30 + 16	HG1/12 + 12 HG3-1/16 + 16	HG1/12 + 12 HG3-1/16 + 16	HG1/12 + 12 HG3-1/16 + 16	HG1/12 + 12 HG8/16 + 16	HG6/24 + 24 HG7/30 + 16 HG7-1/24 + 16 HG7-2/16 + 16	HG1/12 + 12
梁段长度(mm)	8000	6500	9000	9000	9000	9000	9000	9000	9000	6000	5200	4720	9000
最大起重量(t)	391.6	309.9	329.7	327.9	331.7	387.0	449.8	408.3	395.9	265.8	387.0	315.0	341.3
起重方式	浮吊	浮吊	桥面吊机	桥面吊机	桥面吊机	桥面吊机	桥面吊机	桥面吊机	桥面吊机	桥面吊机	桥面吊机	桥面吊机	桥面吊机

图 3-2-3　组合梁梁段划分图(尺寸单位:mm)

主梁划分为A、B、C1、C2、C3、D、E、F1、F2、G、H1、H2、I共13种类型、107个梁段。其中A为零号段梁段,B、D、E、F1、F2、G、H1、H2为边跨梁段;C1、C2为标准梁段;I为中跨合龙段;C3为边跨合龙段。主梁梁段标准长度9m、边跨尾索区梁段最小长度为4.72m。标准梁段采用桥面吊机施工,最大起吊重量约450t;塔区梁段采用浮吊吊装,最大起吊长度9m,最大起吊重量约430t。除H1、H2梁段间采用焊接外其余梁段均采用高强螺栓连接。全桥钢结构总重约16000t。梁段划分见图3-2-3。

(二)结构特点及工艺性

1.钢箱梁构造

1)上翼缘板

根据受力需要及施工便利性,上翼缘板在顺桥向采用了全桥相同的24mm板厚,宽度800mm,包括:横梁、横隔板、中腹板、锚腹板上翼缘板。

2)底板

底板包括水平底板和斜底板两部分,根据受力需要,水平及斜底板在顺桥向不同区段采用了16mm、20mm、30mm 3种不同的钢板厚度。底板采用U形加劲肋,基本间距800mm,厚度8mm;在过渡墩及辅助墩的填芯区域,底板采用板式加劲。钢箱梁的各种类型底板单元的具体数量和厚度见表3-2-1。

底板单元清单 表3-2-1

序号	梁段类型	梁段数量	板厚度(mm)	U肋厚度(mm)
1	G类梁段	12	20	8
2	C1+C3+F2类梁段	44	20	8
3	C2类梁段	34	16	8
4	I合龙梁段	1	16	8
5	E类梁段	2	30	10
6	H1、H2类梁段	4	30	10
7	B类梁段	4	30	10
8	A类梁段	2	30	10
9	D+F1类梁段	4	30	10

3)横隔板及横梁

(1)每档横梁及横隔板位置在两个边厢内各一块横隔板,边厢间一块横梁。横隔板均采用整体式横隔板。

(2)横隔板及横梁标准间距为4.5m,根据构造要求,索塔区、辅助墩及过渡墩区域梁段部分横隔板及横梁采用了特殊间距布置。

(3)非吊点处横隔板厚12mm,拉索吊点处厚16mm,支座及阻尼器安装处等特殊部位根据受力需要,采用不同板厚。

(4)根据受力、施工和构造要求,横隔板及横梁共分为13种类型,具体尺寸及适用位置见表3-2-2。

4)锚腹板

梁段锚腹板横向间距为31.92m,锚腹板厚均为30mm,设置了两道240mm×24mm水平板式加劲肋,在抗风支座横隔板位置断开,并与横隔板焊接,其他位置在横隔板上开孔穿过。拉索锚固附近增设3道240mm×24mm平板加劲肋与横隔板焊接。锚腹板采用Z向性能钢Z15。

5)中腹板

梁段中腹板横向间距为15.0m。除索塔两侧共42m范围和压重范围中腹板厚为20mm外,中腹板厚均为16mm。为保证其具有足够的抗压屈能力,设置了6道200mm×14mm水平板式加劲肋。

横梁/横隔板一览表 表3-2-2

序 号	编 号	厚度(mm)	适 用 位 置	数量(道)
1	HL/HG1	12	C1 ~ C3、D、F1、F2、G、H1、I 梁段一般位置	99
2	HL/HG2	30 + 20	塔区 A 梁段抗风支座处	2
3	HL/HG2-1	20 + 16	塔区 A 梁段临时锚固处	4
4	HL/HG3	16	C1、C2 梁段拉索处	74
5	HL/HG3-1	16	B、C3、D、E、F1、F2、G 梁段拉索处	26
6	HL/HG4	30 + 16	B 梁段阻尼器锚固处	8
7	HL/HG5	36 + 20	E 梁段辅助墩支座处	2
8	HL/HG5-1	30 + 16	E 梁段非拉索处	4
9	HL/HG6	24	H2 梁段端部封板	2
10	HL/HG7	30 + 16	H2 梁段过渡墩支座处	2
11	HL/HG7-1	24 + 16	H2 梁段拉索处	2
12	HL/HG7-2	16	H2 梁段填芯段隔板	2
13	HL/HG8	16	H1 梁段拉索处	2
合计				229

2. 混凝土桥面板

桥面板标准厚度260mm，在箱梁腹板及横梁的上翼缘设140mm混凝土承托；在边跨78m范围的桥面板加厚到400mm（无承托）。混凝土桥面板在钢箱梁预拼完成后，直接在钢箱梁上浇筑，形成组合梁。每个梁段纵向两端各留500mm作为梁段间后浇接缝。混凝土桥面板与钢箱梁上翼缘采用剪力钉连接形成组合结构，标准段剪力钉布置：（横桥向）腹板上翼缘@125mm、横梁@200 ~ 300mm，过渡区域@150mm；（纵桥向）腹板、横梁上翼缘交叉区域@125mm，腹板上翼缘@200 ~ 250；过渡墩、辅助墩顶的剪力钉作特殊布置。

剪力钉共两种规格：ϕ22mm × 300mm布置在腹板上翼缘的两侧，全桥共计39432个，其他区域布置标准钉ϕ22mm × 200mm，全桥共计240126个。

3. 索梁锚固构造

斜拉索采用锚箱式构造，锚固于主梁腹板外侧。主梁腹板和承压板内侧均设置了加劲板，以利于锚固处的应力合理分散到主梁腹板上。根据索力大小的不同，锚箱构造分成了M1 ~ M3共3种类型。

4. 梁段间连接

组合梁钢箱（上翼板、腹板、底板及其加劲肋）除边跨H1、H2梁段间采用焊接连接，其余均采用摩擦型高强螺栓连接。高强螺栓采用10.9级M22、M24、M27 3种摩擦型连接副。除闭口肋拼接采用M22高强螺栓，斜腹板及200mm开口肋拼接采用M24高强螺栓外，其余拼接均采用M27高强螺栓。全桥共107个梁段、104道螺栓连接接缝（2道焊接接缝），总计44.24万套螺栓。

5. 吊装临时构造

起吊钢箱梁及组合梁均利用桥面临时吊点，临时吊耳通过精制螺杆与承力件实现可靠连接，承力件通过高强度螺栓与钢箱上翼板、腹板连接。该临时吊点可作为桥面吊机后锚点锚固用。

6. 风嘴构造

风嘴与梁体采用焊接，各风嘴梁段间的横桥向环焊缝在全桥合龙后（二期前）施焊。风嘴顶板采用12mm厚钢板加板式加劲肋，导风板及底板采用10mm厚钢板加板式加劲。

二、半封闭钢箱梁制造

（一）焊接工艺评定试验

1. 评定目的

为确保椒江二桥主桥组合梁、钢锚梁的焊缝质量，在制造前进行了相应的焊接工艺评定试验。斜拉桥组合梁、钢锚梁焊接工艺评定试验，是对组合梁、钢锚梁结构的各种焊接接头进行分类和汇总，结合相应规范、制造工艺方案和可实施的焊接方法，最后确定涵盖设计全部焊接接头的接头形式，共计32组评定项目，分别为全熔透对接接头8组，全熔透T形接头9组，部分熔透T形接头9组，T形角接头6组，具体见表3-2-3～表3-2-6。

2. 评定依据

焊接工艺评定试验按照设计、《铁路钢桥制造规范》（TB10212—2009）和相应钢板标准和焊接材料标准进行。评定试验参数如表3-2-7所示。

3. 评定用钢材

焊接工艺评定试验试板材质与设计要求一致，为Q345qD和Q370qD两种。Q345qD和Q370qD钢的化学成分、力学性能经复验全部符合《桥梁用结构钢》（GB/T714—2008）的规定。

4. 焊接材料选取

手工电弧焊焊条为E5015，直径4.0mm。CO_2 气体保护焊实心焊丝为ER50-6，直径1.2mm。CO_2 气体保护焊药芯焊丝为E501T-1，直径1.2mm。埋弧焊焊丝H10Mn2，直径为5.0mm。焊剂为SJ101q。所有焊接材料化学成分和力学性能的质量经复验均符合相应国家标准规范的要求。

（1）焊丝H10Mn2力学性能的复验是与焊剂SJ101q匹配焊接所得熔敷金属的测试结果，焊剂SJ101q力学性能的复验是与焊丝H10Mn2匹配焊接所得熔敷金属的测试结果，其试验温度均为-40℃。

（2）化学成分中实心焊丝ER50-6和埋弧自动焊焊丝H10Mn2均为焊丝的化学成分，焊条、药芯焊丝均为熔敷金属的化学成分。

1）焊接材料的使用范围

（1）E5015手工焊条主要用于定位焊和焊缝缺陷的修补等。

（2）CO_2 气体保护焊ER50-6（Φ1.2）实心焊丝用于下列情况。

钢箱梁焊缝：a. 边箱底板平对接单面焊双面成型的打底焊缝；b. 边箱与中横梁上下翼板的平对接焊缝；c. 横隔板、边腹板、中腹板、中横梁、风嘴等部位加劲板T型接头角焊缝；d. 边箱横隔板与底板、边腹板、中腹板的平位、立位的连接焊缝；e. 角点加劲部位的连接焊缝；f. 支座部位加劲肋T形接头角焊缝；g. 边箱隔板与外腹板、中腹板间的连接焊缝；h. 中横梁与上下翼缘板的打底焊缝；i. 横隔板立位对接焊缝等。

钢锚梁焊缝：a. 腹板与顶底板的坡口角焊缝；b. 横隔板与腹板、顶板间的角焊缝；c. 加劲板与腹板、顶底板间的角焊缝。

（3）CO_2 气体保护焊E501T-1（Φ1.2）药芯焊丝用于下列情况。

钢箱梁焊缝：a. 外腹板与顶底板间的熔透角焊缝；b. 中腹板与顶底板间的熔透角焊缝；c. 中横梁腹板与中腹板间的熔透角焊缝；d. 锚箱与锚腹板的熔透角焊缝；e. 支座部位的有坡口焊缝；f. 闭口肋与底板坡口角焊缝等。

钢锚梁焊缝：a. 承力板间的熔透角焊缝；b. 承力板与承压板间的熔透角焊缝；c. 承力板与腹板间的熔透角焊缝。

（4）埋弧焊焊丝和焊剂H10Mn2（Φ5.0）+SJ101q用于下列情况。

钢箱梁焊缝：a. 边箱底板的单面焊双面成型焊缝的填充和盖面；b. 中横梁腹板与上下翼缘板的填充及盖面焊缝；c. 边箱隔板与上翼缘的焊缝；d. 钢箱梁钢板接料焊缝等。

钢锚梁焊缝：钢板的接料焊缝等。

2）焊接衬垫

顶板单元、底板单元等对接单面焊双面成型焊缝，采用陶瓷衬垫型号为TG2.0Z；嵌补段采用钢衬垫。

5. 焊接设备

（1）埋弧自动焊采用直流电源ZD5-1250焊接、反极性接法。

（2）CO_2 气体保护焊焊接电源为NB-500型，反极性接法。

全熔透对接接头 表 3-2-3

序号	试件编号	板厚组合(mm)	钢板材质	接头形式及坡口(mm)	焊接材料	焊接方法	焊接位置	代表焊缝	代表板厚(mm)	备注
1	JJ/BI-1212-1S	12+12	Q345qD	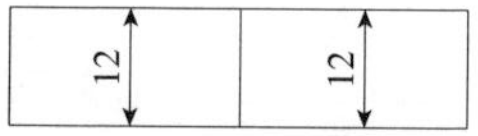	H10Mn2(ϕ5) SJ101q	SAW	平位(1G)	横隔板对接接料风嘴底板纵向对接缝	12+12 10+10	
2	JJ/BV-1616-1S	16+16	Q345qD	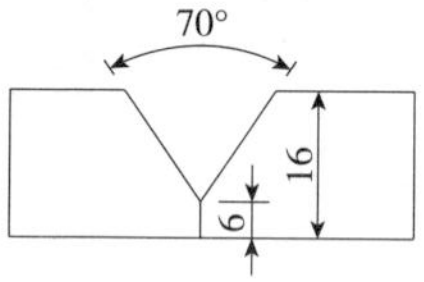	H10Mn2(ϕ5) SJ101q	SAW	平位(1G)	横隔板对接接料中腹板不等厚对接接料	16+16 16+20	反面清根
3	JJ/BX-2424-1G	24+24	Q345qD	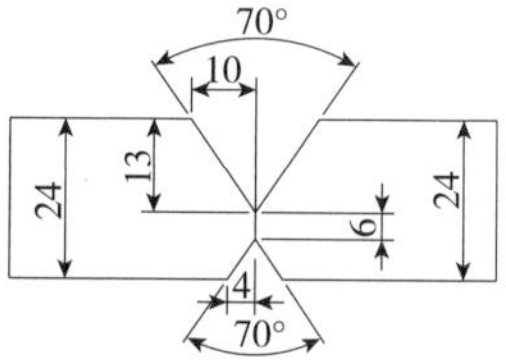	H10Mn2(ϕ5) SJ101q	SAW	平位(1G)	横隔板对接接料	20+20 24+24 30+30 36+36	反面清根
4	JJ/BV-1616-1G	16+16	Q345qD	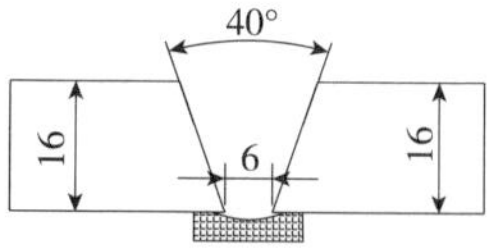	ER50-6(ϕ1.2)	GMAW	平位(1G)	钢箱梁边箱顶底板与中横梁上下翼缘板的对接焊缝斜底板纵向对接缝风嘴块体与斜底板对接焊缝	12+16 16+16 16+18 18+18 18+20 18+30	陶质衬垫
5	JJ/BV-1616-1GS	16+16	Q345qD	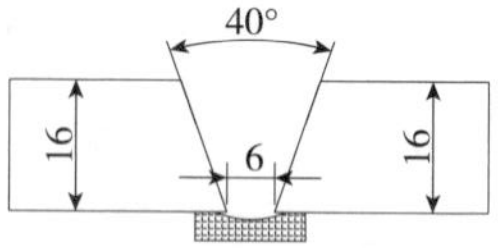	ER50-6(ϕ1.2)+ H10Mn2(ϕ5) SJ101q	GMAW SAW	平位(1G)	钢箱梁边箱顶底板与中横梁上下翼缘板的对接焊缝斜底板纵向对接缝	16+16 16+18 18+18 18+20 18+30	陶质衬垫
6	JJ/BV-2424-1G	24+24	Q345qD	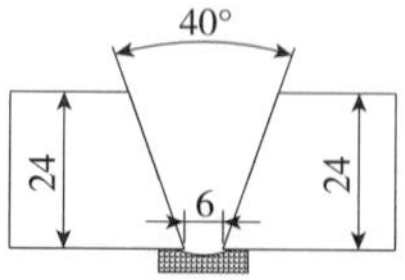	ER50-6(ϕ1.2)	GMAW	平位(1G)	钢箱梁边箱顶底板与中横梁上下翼缘板的对接焊缝斜底板纵向对接缝	24+24 30+30	陶质衬垫

续上表

序号	试件编号	板厚组合（mm）	钢板材质	接头形式及坡口（mm）	焊接材料	焊接方法	焊接位置	代表焊缝	代表板厚（mm）	备注
7	JJ/BV-1616-3G	16 + 16	Q345qD	40°; 16; 6; 16	ER50-6 （ϕ1.2）	GMAW	立位（3G）	加劲肋嵌补件对接焊缝风嘴隔板与隔板嵌补件对接焊缝	12 + 12 14 + 14 16 + 16	陶质衬垫
8	JJ/BV-2020-1GS	20 + 20	Q345qD	40°; 20; 6; 20	ER50-6（ϕ1.2） + H10Mn2（ϕ5） SJ101q	GMAW SAW	平位（1G）	底板纵向对接缝	20 + 20 30 + 30	陶质衬垫

全熔透T形接头　　表3-2-4

序号	试件编号	板厚组合（mm）	钢板材质	接头形式及坡口（mm）	焊接材料	焊接方法	焊接位置	代表焊缝	代表板厚（mm）	备注
1	JJ/TC-3030-2F	30 + 30	Q345qD + Q370qD	30; 45°; 55°; 19; 2; 30	E501T-1（ϕ1.2）	FCAW	横位（2F）	边腹板与上翼板的熔透角焊缝、边腹板与斜底板的熔透角焊缝	24 + 30	背面清根（坡口开在Q370qD板上）
2	JJ/ TC-2030-2F	20 + 30	Q345qD	52°; 20; 30	E501T-1（ϕ1.2）	FCAW	横位（2F）	中腹板与上翼板的熔透角焊缝、中腹板与平底板的熔透角焊缝	16 + 24 16 + 30 16 + 20 16 + 16 20 + 24 20 + 30 20 + 20 20 + 16	背面清根
3	JJ/ TC-2030-1GS	20 + 30	Q345qD	55°; 20; 2; 30; 45°; 45°	ER50-6（ϕ1.2） + H10Mn2（ϕ5） SJ101q	GMAW + SAW	平位（1F）	中间横梁腹板与顶底板的熔透角焊缝	16 + 16 20 + 20 30 + 30	背面清根船位焊

续上表

序号	试件编号	板厚组合（mm）	钢板材质	接头形式及坡口（mm）	焊接材料	焊接方法	焊接位置	代表焊缝	代表板厚（mm）	备注
4	JJ/TC-2030-2G	20 + 30	Q345qD	20；12；55°；45°；2；30	ER50-6（ϕ1.2）	GMAW	横位（2F）	中间横梁腹板与顶底板的熔透角焊缝、过渡墩支座加劲熔透角焊缝	16 + 16 20 + 20 24 + 30 30 + 30	背面清根
5	JJ/TC-2030-3G	20 + 30	Q345qD	20；12；55°；45°；2；30	ER50-6（ϕ1.2）	GMAW	立位（3F）	过渡墩支座加劲熔透角焊缝、中间横梁腹板与中腹板的立位熔透角焊缝	20 + 20 24 + 30 30 + 30	背面清根
6	JJ/TC-1630-3F	16 + 30	Q345qD	2；30；14；16；45°	ER50-6（ϕ1.2）	GMAW	立位（3F）	中间横梁腹板与中腹板的立位熔透角焊缝	16 + 20 16 + 16	背面清根
7	JJ/TC-4430-2F	44 + 30	Q370qD	44；27；2；55°；45°；30	E501T-1（ϕ1.2）	FCAW	横位（2F）	锚箱锚拉板 N1、N2 及承压板 N3 与外腹板的熔透角焊缝、钢锚梁承力板 N3A\N3 与承压板 N6、钢锚梁承力板 N3A 与承力板 N3	40 + 30 44 + 30 48 + 30 60 + 30 40 + 40 30 + 60	背面清根
8	JJ/TC-4030-1F	40 + 30	Q370qD	30°；40；10；30	E501T-1（ϕ1.2）	FCAW	平位（1F）	钢锚梁承力板 N3A\N3 与 N1 N1′	40 + 35 35 + 60 30 + 30 30 + 60	钢衬垫
9	JJ/TC-4030-3F	40 + 30	Q370qD	30°；40；10；30	E501T-1（ϕ1.2）	FCAW	立位（3F）	钢锚梁承力板 N3A\N3 与 N1 N1′	40 + 35 35 + 60 30 + 30 30 + 60	钢衬垫

部分熔透T形接头

表 3-2-5

序号	试件编号	板厚组合(mm)	钢板材质	接头形式及坡口(mm)	焊接材料	焊接方法	焊接位置	代表焊缝	代表板厚(mm)	备注
1	JJ/TP-2024-1S	20+24	Q345qD	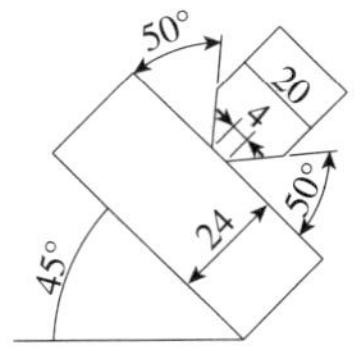 50°, 20, 4, 50°, 24, 45°	H10Mn2(ϕ5.0)	埋弧焊(SAW)	1F	横隔板腹板与上翼缘板的坡口角焊缝	30+24 20+24 16+24 24+24	船位焊
2	JJ/TP-2430-2G	24+30	Q345qD+Q370qD	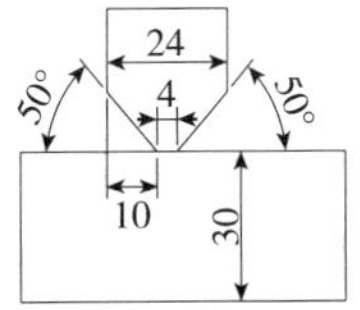 24, 4, 50°, 50°, 10, 30	ER50-6(ϕ1.2)	GMAW	横位(2F)	外腹板与腹板加劲肋 抗风支座加劲肋与外腹板	24+30 30+30	
3	JJ/TP-2430-3G	24+30	Q345qD+Q370qD	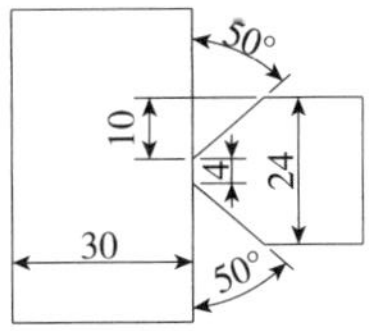 50°, 10, 4, 24, 30, 50°	ER50-6(ϕ1.2)	GMAW	立位(3F)	横隔板与外腹板坡口角焊缝	24+30 30+30 36+30	
4	JJ/TP-1420-2G	14+20	Q345qD	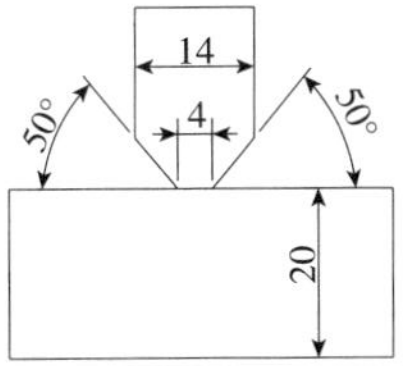 14, 4, 50°, 50°, 20	ER50-6(ϕ1.2)	GMAW	横位(2F)	中腹板与腹板加劲肋坡口角焊缝、横隔板与底板坡口角焊缝	14+20 14+16 16+20 16+30	
5	JJ/TP-2430-2Ga	24+30	Q345qD	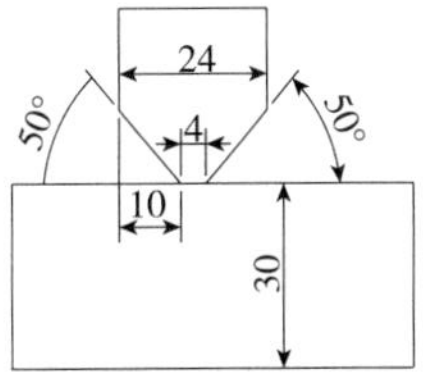 24, 4, 50°, 50°, 10, 30	ER50-6(ϕ1.2)	GMAW	横位(2F)	横隔板与底板坡口角焊缝锚箱 N1、N2 与 N3 坡口角焊缝	20+30 20+20 30+20 30+30 30+60 36+20 36+30	

续上表

序号	试件编号	板厚组合（mm）	钢板材质	接头形式及坡口（mm）	焊接材料	焊接方法	焊接位置	代表焊缝	代表板厚（mm）	备注
6	JJ/TP-1620-3G	16+20	Q345qD	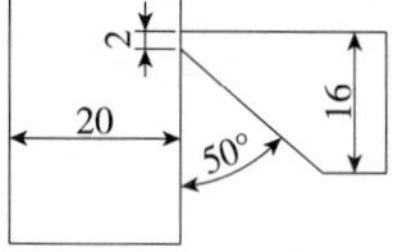	ER50-6（ϕ1.2）	GMAW	立位（3F）	横隔板与中腹板坡口角焊缝	16+20 16+16	
7	JJ/TP-1020-1F	10+20	Q345qD	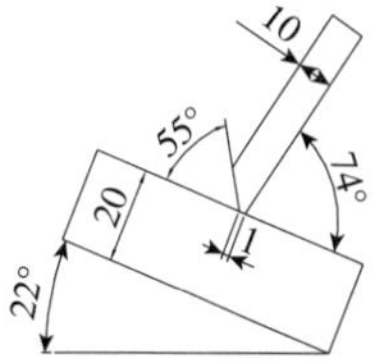	E501T-1（ϕ1.2）	FCAW	平位（1F）	U 肋与底板	8+20 8+16 10+30	
8	JJ/TP-1020-2F	10+20	Q345qD	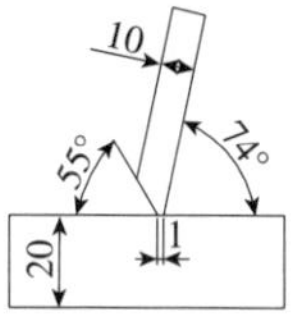	E501T-1（ϕ1.2）	FCAW	横位（2F）	U 肋与底板	8+20 8+16 10+30	

T 形 角 接 头

表 3-2-6

序号	试件编号	板厚组合（mm）	钢板材质	接头形式及坡口（mm）	焊接材料	焊接方法	焊接位置	备注
1	JJ/TF-K8-1S	16+20	Q345qD	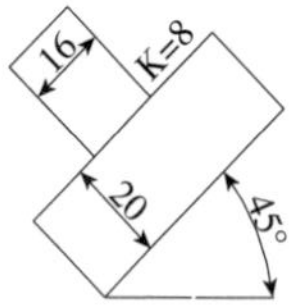	H10Mn2（ϕ5.0）	埋弧焊（SAW）	平位（1F）	船位焊
2	JJ/TF-K8-2G	16+20	Q345qD	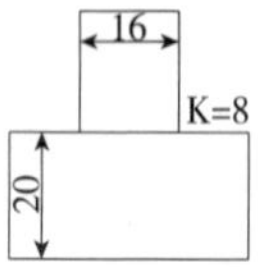	ER50-6（ϕ1.2）	GMAW	横位（2F）	

续上表

序号	试件编号	板厚组合(mm)	钢板材质	接头形式及坡口(mm)	焊接材料	焊接方法	焊接位置	备注
3	JJ/TF-K8-3G	16 +20	Q345qD	20, 16, K=8	ER50-6 (ϕ1.2)	GMAW	立位(3F)	
4	JJ/TF-K8-4F	16 +20	Q345qD	20, 16, K=8	E501T-1(ϕ1.2)	药芯焊丝 CO_2 气体保护焊(FCAW)	仰位(4F)	
5	JJ/TF-K12-2G	30 +30	Q345qD	30, 30, K=12	ER50-6 (ϕ1.2)	实芯焊丝 CO2 气体保护焊(GMAW)	横位(2F)	
6	JJ/TF-K12-3G	30 +30	Q345qD	30, 30, K=12	ER50-6 (ϕ1.2)	实芯焊丝 CO_2 气体保护焊(GMAW)	立位(3F)	

焊接工艺评定试验工艺参数

表 3-2-7

序号	试件编号	板厚(mm)	熔敷示意图	焊接材料	焊道	焊接电流(A)	电弧电压(V)	焊接速度(m/h)	道间温度(℃)	气流量(L/min)	干伸长(mm)	焊接方法	焊接位置
1	JJ/BI-1212-1S	12 +12	1, 2	H10Mn2 (ϕ5) SJ101q	1	650 ±30	31 ±2	26 ~30	—	—	28 ~35	SAW	平位(1G)
					2	650 ±30	31 ±2	26 ~30	—				
2	JJ/BV-1616-1S	16 +16	1, 2, 3, 4	H10Mn2 (ϕ5) SJ101q	1	550 ±30	30 ±2	26 ~31	—	—	28 ~35	SAW	平位(1G)
					2	620 ±30	31 ±2	25 ~30	117				
					3、4	620 ±30	31 ±2	25 ~30	125、93				

续上表

序号	试件编号	板厚(mm)	熔敷示意图	焊接材料	焊道	焊接电流(A)	电弧电压(V)	焊接速度(m/h)	道间温度(℃)	气流量(L/min)	干伸长(mm)	焊接方法	焊接位置
3	JJ/BX-2424-1G	24+24		H10Mn2(ϕ5) SJ101q	1	550±30	29±2	25~30	—	—	28~35	SAW	平位(1G)
					2	620±30	30±2	25~30	110				
					3、4	630±30	31±2	25~30	123、103				
					5、6	620±30	31±2	25~30	96、127				
					7、8	630±30	31±2	25~30	133、115				
4	JJ/BV-1616-1G	16+16		ER50-6(ϕ1.2)	1	220±20	28±2	18~22	—	20-25	12~20	GMAW	平位(1G)
					2	240±20	30±2	18~22	123				
					3~6	240±20	30±2	18~22	115~135				
5	JJ/BV-1616-1GS	16+16		ER50-6(Φ1.2)+H10Mn2(Φ5.0)	1	220±20	28±2	18~22	—	20-25	12~20	GMAW	平位(1G)
					2、3	600±30	30±2	25~30	103、127	—	28~35	SAW	
					4、5	630±30	32±2	25~30	133、125				
6	JJ/BV-2424-1G	24+24		ER50-6(Φ1.2)	1、2	220±20	28±2	18~22	103	20-25	12~20	GMAW	平位(1G)
					3~6	240±20	30±2	18~22	117~135				
					7、8	240±20	30±2	18~22	125、106				
					9~11	240±20	30±2	18~22	103~121				
7	JJ/BV-1616-3G	16+16		ER50-6(Φ1.2)	1	140±20	22±2	4.5~5.5	—	20-25	12~20	GMAW	立位(3G)
					2、3	160±20	24±2	4.5~5.5	128、130				
					4	160±20	24±2	4.5~5.5	117				
8	JJ/BV-2020-1GS	20+20		ER50-6(Φ1.2)+H10Mn2(Φ5.0)	1、2	220±20	28±2	18~22	127	20-25	12~20	GMAW	平位(1G)
					3~5	600±30	30±2	25~30	115~131	—	28~35	SAW	
					6、7	630±30	32±2	25~30	137、126				
9	JJ/TC-3030-2F	30+30		E501T-1(Φ1.2)	1	220±20	28±2	18~22	113	20-25	12~20	FCAW	横位(2F)
					2~7	240±20	30±2	18~22	109~131				
					8~12	260±20	30±2	18~22	108~134				
					13~17	260±20	30±2	18~22	103~120				
					18~23	260±20	30±2	18~22	125~145				
					24~31	260±20	30±2	18~22	110~140				

续上表

序号	试件编号	板厚(mm)	熔敷示意图	焊接材料	焊道	焊接电流(A)	电弧电压(V)	焊接速度(m/h)	道间温度(℃)	气流量(L/min)	干伸长(mm)	焊接方法	焊接位置
10	JJ/TC-2030-2F	20+30		E501T-1(Φ1.2)	1、2	220±20	28±2	18~22	117、123	20-25	12~20	FCAW	横位(2F)
					3、4	250±20	30±2	18~22	127、108				
					5~9	250±20	30±2	18~22	103~139				
					10~13	250±20	30±2	18~22	107~135				
					14~17	240±20	30±2	18~22	112~130				
11	JJ/TC-2030-1GS	20+30		ER50-6(Φ1.2)+H10Mn2(Φ5.0)	1	220±20	28±2	18~22	93	20-25	12~20	GMAW	平位(1G)
					2、3、4	620±30	32±2	24~28	105~117		28~35	SAW	
					5	220±20	28±2	18~22	126	20-25	12~20	GMAW	
					6、7、8	620±30	32±2	24~28	113~130		28~35	SAW	
12	JJ/TC-2030-2G	20+30		ER50-6(Φ1.2)	1、2	220±20	28±2	18~22	103、98	20-25	12~20	GMAW	横位(2F)
					3~6	260±20	30±2	18~22	117~130				
					7~13	260±20	30±2	18~22	107~142				
					14~19	260±20	30±2	18~22	93~118				
13	JJ/TC-2030-3G	20+30		ER50-6(Φ1.2)	1	140±20	24±2	4.5~5.5	127	20-25	12~20	GMAW	立位(3F)
					2	170±20	26±2	4.5~5.5	110				
					3	170±20	26±2	4.5~5.5	126				
					4、5	170±20	26±2	4.5~5.5	135、140				
14	JJ/TC-1630-3F	16+30		ER50-6(Φ1.2)	1	130±20	24±2	4.5~5.5	121	20-25	12~20	GMAW	立位(3F)
					2、3	150±20	24±2	4.5~5.5	107、113				
					4	160±20	24±2	4.5~5.5	115				
					5	160±20	24±2	4.5~5.5	128				
15	JJ/TC-4430-2F	44+30		E501T-1(Φ1.2)	1、2	220±20	28±2	18~22	132、127	20-25	12~20	GMAW	横位(2F)
					3~6	240±20	30±2	18~22	108~133				
					7、8	240±20	30±2	18~22	103~112				
					9~12	240±20	30±2	18~22	109~138				
					13~25	240±20	30±2	18~22	102~135				
					26~38	240±20	30±2	18~22	101~136				

续上表

序号	试件编号	板厚（mm）	熔敷示意图	焊接材料	焊道	焊接电流（A）	电弧电压（V）	焊接速度（m/h）	道间温度（℃）	气流量（L/min）	干伸长（mm）	焊接方法	焊接位置
16	JJ/TC-4030-1F	40+30	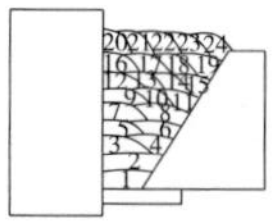	E501T-1（ϕ1.2）	1、2	220±20	28±2	18~22	132、136	20-25	12~20	FCAW	平位（1F）
					3~11	240±20	30±2	18~22	127~142				
					12~24	240±20	30±2	18~22	112~141				
17	JJ/TC-4030-3F	40+30	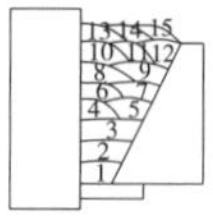	E501T-1（ϕ1.2）	1~3	140±20	24±2	4.5~5.5	130~141	20-25	12~20	FCAW	立位（3F）
					4~9	160±20	26±2	4.5~5.5	115~130				
					10~12	160±20	26±2	4.5~5.5	103~129				
					13~15	160±20	26±2	4.5~5.5	140~147				
18	JJ/TP-2024-1S	20+24	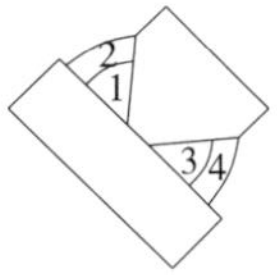	H10Mn2（ϕ5）SJ101q	1	550±30	30±2	25~30	—	—	28~35	SAW	平位（1G）
					3	550±30	30±2	25~30	—				
					2	650±30	32±2	25~30	—				
					4	650±30	32±2	25~30	—				
19	JJ/TP-2430-2G	24+30	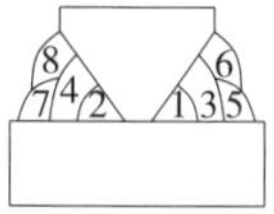	ER50-6（ϕ1.2）	1	220±20	30±2	18~22	127	20-25	12~20	GMAW	横位（2F）
					2	240±20	30±2	18~22	135				
					3、4	240±20	30±2	18~22	130、121				
					5~8	240±20	30±2	18~22	112~123				
20	JJ/TP-2430-3G	24+30	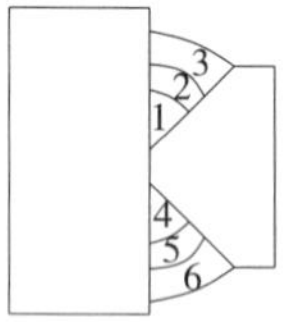	ER50-6（ϕ1.2）	1	140±20	24±2	4.5~5.5	130	20-25	12~20	GMAW	立位（3F）
					2、3	160±20	24±2	4.5~5.5	125、117				
					4	140±20	24±2	4.5~5.5	121				
					5	160±20	24±2	4.5~5.5	127				
					6	160±20	24±2	4.5~5.5	135				
21	JJ/TP-1420-2G	14+20	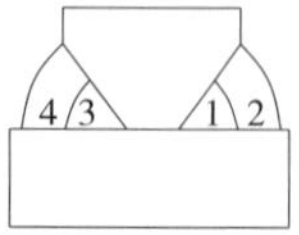	ER50-6（ϕ1.2）	1	240±20	30±2	18~22	—	20-25	12~20	GMAW	横位（2F）
					2	240±20	30±2	18~22	123				
					3	240±20	30±2	18~22	110				
					4	240±20	30±2	18~22	118				

续上表

序号	试件编号	板厚(mm)	熔敷示意图	焊接材料	焊道	焊接电流(A)	电弧电压(V)	焊接速度(m/h)	道间温度(℃)	气流量(L/min)	干伸长(mm)	焊接方法	焊接位置
22	JJ/TP-2430-2Ga	24 + 30		ER50-6(φ1.2)	1、2	240 ± 20	30 ± 2	18 ~ 22	127、115	20 − 25	12 ~ 20	GMAW	横位(2F)
					3、4	240 ± 20	30 ± 2	18 ~ 22	120、131				
					5、6	240 ± 20	30 ± 2	18 ~ 22	137、129				
					7、8	240 ± 20	30 ± 2	18 ~ 22	140、135				
23	JJ/TP-1620-3G	16 + 30		ER50-6(φ1.2)	1	140 ± 20	24 ± 2	4.5 ~ 5.5	—	20 − 25	12 ~ 20	GMAW	立位(3F)
					2	140 ± 20	24 ± 2	4.5 ~ 5.5	120				
					3	140 ± 20	24 ± 2	4.5 ~ 5.5	112				
					4、5	140 ± 20	24 ± 2	4.5 ~ 5.5	133				
24	JJ/TP-3030-1G	30 + 30		ER50-6(φ1.2)	1、2	240 ± 20	30 ± 2	18 ~ 22	107、122	20-25	12 ~ 20	GMAW	横位(2F)
					3、4	240 ± 20	30 ± 2	18 ~ 22	130、137				
					5、6	240 ± 20	30 ± 2	18 ~ 22	129、140				
					7、8	240 ± 20	30 ± 2	18 ~ 22	145、118				
					9 ~ 11	240 ± 20	30 ± 2	18 ~ 22	102 ~ 121				
					12 ~ 14	240 ± 20	30 ± 2	18 ~ 22	125 ~ 137				
25	JJ/TP-1020-1F	10 + 20		E501T-1(φ1.2)	1	280 ± 20	30 ± 2	23 ~ 28		20-25	12 ~ 20	FCAW	平位(1F)
					2	300 ± 20	32 ± 2	23 ~ 28	107				
26	JJ/TP-1020-2F	10 + 20		E501T-1(φ1.2)	1	220 ± 20	26 ± 2	18 ~ 22		20-25	12 ~ 20	FCAW	横位(2F)
					2 ~ 4	260 ± 20	30 ± 2	18 ~ 22	109 ~ 121				
27	JJ/TF-K8-1S	16 + 20		H10Mn2 (φ5) SJ101q	1	650 ± 30	31 ± 2	22 ~ 25	—	—	28 ~ 35	SAW	平位(1G)
					2	650 ± 30	31 ± 2	22 ~ 25	—				

续上表

序号	试件编号	板厚（mm）	熔敷示意图	焊接材料	焊道	焊接电流（A）	电弧电压（V）	焊接速度（m/h）	道间温度（℃）	气流量（L/min）	干伸长（mm）	焊接方法	焊接位置
28	JJ/TF-K8-2G	16 + 20		ER50-6(φ1.2)	1	240 ± 20	30 ± 2	18 ~ 22	—	20-25	12 ~ 20	GMAW	横位（2F）
					2	240 ± 20	30 ± 2	18 ~ 22	—	20-25	12 ~ 20	GMAW	横位（2F）
29	JJ/TF-K8-3G	16 + 20		ER50-6(φ1.2)	1	160 ± 20	28 ± 2	4 ~ 6	—	20-25	12 ~ 20	GMAW	横位（2F）
					2	160 ± 20	28 ± 2	4 ~ 6	—	20-25	12 ~ 20	GMAW	立位（3F）
30	JJ/TF-K8-4F	16 + 20		E501T-1（φ1.2）	1 ~ 3	180 ± 20	28 ± 2	12 ~ 16	103、105	20-25	12 ~ 20	FCAW	仰位（4F）
					4 ~ 6	180 ± 20	28 ± 2	12 ~ 16	97 ~ 117				
31	JJ/TF-K12-2G	30 + 30		ER50-6(φ1.2)	1 ~ 3	240 ± 20	30 ± 2	16 ~ 19	103 ~ 109	20-25	12 ~ 20	GMAW	横位（2F）
					4 ~ 6	240 ± 20	30 ± 2	16 ~ 19	105 ~ 130				
32	JJ/TF-K12-3G	30 + 30		ER50-6(φ1.2)	1、2	160 ± 20	24 ± 2	3.5 ~ 4.5	121、103	20-25	12 ~ 20	GMAW	立位（3F）
					3、4	160 ± 20	24 ± 2	3.5 ~ 4.5	115、107				

(3)U 肋坡口角焊缝采用电源为 NB-500 型电源,反极性接法。

6. 试验项目及工艺参数

焊接工艺评定试验共 32 组,其中:全熔透对接接头 8 组,全熔透 T 形接头与部分熔透角接焊缝 18 组,T 形接头角焊缝 6 组,见表 3-2-3 ~ 表 3-2-6。各种接头、选用焊接材料、焊接位置和试验工艺参数见表 3-2-7。

7. 焊接工艺评定试验焊缝质量要求

1)外观检查

评定试板焊缝全部进行外观检查,表面不允许有裂纹、超标咬边和焊瘤等缺陷,角焊缝的焊脚尺寸符合要求,其外观质量应符合《铁路钢桥制造规范》(TB 10212—2009)的相关规定。

2)无损检验

(1)无损检验为超声波检验,检验在试板焊接完成 24h 后进行。

(2)全熔透对接焊缝和全熔透 T 形接头的对接与角接组合焊缝的超声波检验结果应符合 GB11345—89 Ⅰ级;T 形接头部分熔透对接与角接组合焊缝的超声波检验结果应符合 GB11345—89 Ⅱ级;T 形接头角焊缝超声波检验结果应符合 TB10212—2009 的Ⅱ级。

3)焊接接头力学性能要求

(1)焊缝强度:焊缝金属 R_{eL}、R_m 不低于母材标准 R_{eL}、R_m;对接接头抗拉强度:不低于母材标准值 R_m。

(2)焊缝金属伸长率:不低于母材标准值 A。

(3)接头韧性:对接接头焊缝金属、热影响区(线外 1mm) -20℃的 V 形缺口冲击功不低于 47J。

(4)冷弯:板厚小于等于 16mm 的对接接头,$d=2a$、弯曲 180°不裂;板厚大于 16mm 的对接接头,$d=$ 3a、弯曲 180°不裂。

4)接头力学性能试样的制取及试验

(1)接头力学性能试验项目及试样数量按 TB 10212—2009 的规定执行,见表 3-2-8。

接头力学性能试验项目及试样数量表 表 3-2-8

试板接头形式	试 验 项 目	试样数量(个)
对接接头	接头拉伸(拉板)试验	1
	焊缝金属拉伸试验	1
	接头侧弯试验①	1
	低温冲击试验②	6
	接头硬度试验	1
熔透角接试件	焊缝金属拉伸试验	1
	接头硬度试验	1
	低温冲击试验②	6
T 形接头	焊缝金属拉伸试验	1
	接头硬度试验	1

注:①侧弯试验弯曲角度 $\alpha=180°$。板厚 $\delta \leqslant 16$mm 时,$d=2a$,板厚 $\delta > 16$mm 时,$d=3a$;当板厚 <10mm,做一个面弯,一个背弯,$d=2a$(a 为试样厚)。

②低温冲击试验缺口开在焊缝中心、热影响区(熔合线外 1mm)处各 3 个。

(2)焊接接头力学性能试样的制取和试验按照 GB 2649 ~ GB 2655 执行。

(3)每一组试板进行宏观断面酸蚀试验,试验方法应符合《钢的低倍组织及缺陷酸蚀试验方法》(GB 226)的规定。另外,通过断面检查,还应满足以下要求:

①等厚或不等厚板对接焊缝,必须全熔透,其根部重叠部分应大于 2mm。

②坡口角焊缝的焊缝有效厚度满足设计要求。

③U 形肋坡口角焊缝熔透深度满足设计要求。

5)焊缝检验结果

(1)焊缝外观

所有试板的焊缝都需经进行外观检查,未发现裂纹、超标咬边和焊瘤等缺陷,外观成型良好,角焊缝的焊脚尺寸符合要求。

(2)无损检验

①所有试板的焊缝都需经超声波检验,并且在试板焊接完成24h(板厚≥40mm的48h)后进行。

②对接焊缝、T形熔透接头对接接头焊缝和角焊缝的组合焊缝(熔透)超声波检验质量符合GB 11345—89 Ⅰ级;T形接头部分熔透的对接与角接组合焊缝符合TB 10212—2009 Ⅰ级;T形接头角焊缝超声波检验质量符合TB 10212—2009 Ⅱ级。

(3)焊接接头力学性能评定结果

①焊缝金属的屈服强度(R_{el})和抗拉强度(R_m)均不低于母材标准值。

②焊缝金属伸长率(A)不低于母材标准值。

③对接接头焊缝和和翼板厚度大于30mm的T形接头全熔透角焊缝,其焊缝和热影响区-20℃的V缺口冲击功不低于47J。

④板厚小于等于16mm、大于等于10mm的对接接头$d=2a$、弯曲180°的侧弯未裂;板厚大于16mm的对接接头,$d=3a$,弯曲180°的侧弯未裂。

⑤焊接接头硬度均未超过HV350。

⑥焊缝的宏观照片未发现气孔、夹渣、未熔合和裂纹等缺陷。

⑦U肋与顶板、底板间部分熔透角焊缝的熔透深度不小于U肋板厚的0.8倍。

⑧T形接头角焊缝的焊脚尺寸均满足设计要求。

⑨焊接接头宏观断面照片见图3-2-4,成型良好。

8.试验结论

1)焊接工艺评定试验结果表明,试验所采用的焊接工艺合理、工艺参数正确,焊接接头的力学性能全部满足《铁路钢桥制造规范》(TB 10212—2009)、设计图纸和招标文件的要求。

2)评定试验所采用的焊接工艺可以作为编制椒江二桥焊接工艺规程的依据。

(二)制造工艺方案

1.钢箱梁制造工艺方案设计

1)总体工艺方案概述

钢箱梁采用分幅结构形式,桥面板采用混凝土桥面板。横梁采用工型结构,全桥共计13种类型的钢箱梁,分别为:A、B、C1、C2、C3、D、E、F1、F2、G、H1、H1、I类型的梁段,共计107个梁段。

一般标准梁段由底板单元、横隔板单元、中腹板单元、锚腹板单元、横梁和风嘴单元等组成,特殊梁段由顶板单元、底板单元、横隔板单元、中腹板单元、锚腹板单元、横梁和纵隔板单元等组成,梁段板单元组成见图3-2-5。

钢箱梁制造与安装划分为4个阶段:即板单元制造、梁段总拼及一期预拼装、二期预拼及混凝土浇筑、桥位环口焊接(仅限于焊接环口)。

工艺流程:板单元制造→钢箱梁梁段连续匹配组焊及一期预拼装→下胎→剪力钉焊接→上二期预拼胎架→按制造线形预拼装→浇筑混凝土→环口连接板抹孔及复位→下胎→附属件安装→混凝土养护→涂装→称重→存放→梁段装船→梁段吊装定位→梁段环口高强度螺栓施拧或焊接→桥位涂装→交付。

2)板单元组成

板单元包括:底板单元、腹板单元、横隔板单元、纵隔板单元、横梁单元和风嘴单元。制造均采用专用的工装设备在车间内完成。

3)梁段制造及一期预拼装

JJ/BI-1212-1S
JJ/BV-1616-1S
JJ/BX-2424-1G
JJ/BV-1616-1G
JJ/BV-1616-1GS
JJ/BV-2424-1G
JJ/BV-1616-3G
JJ/BV-2020-1GS
JJ/TC-3030-2F
JJ/TC-2030-2F

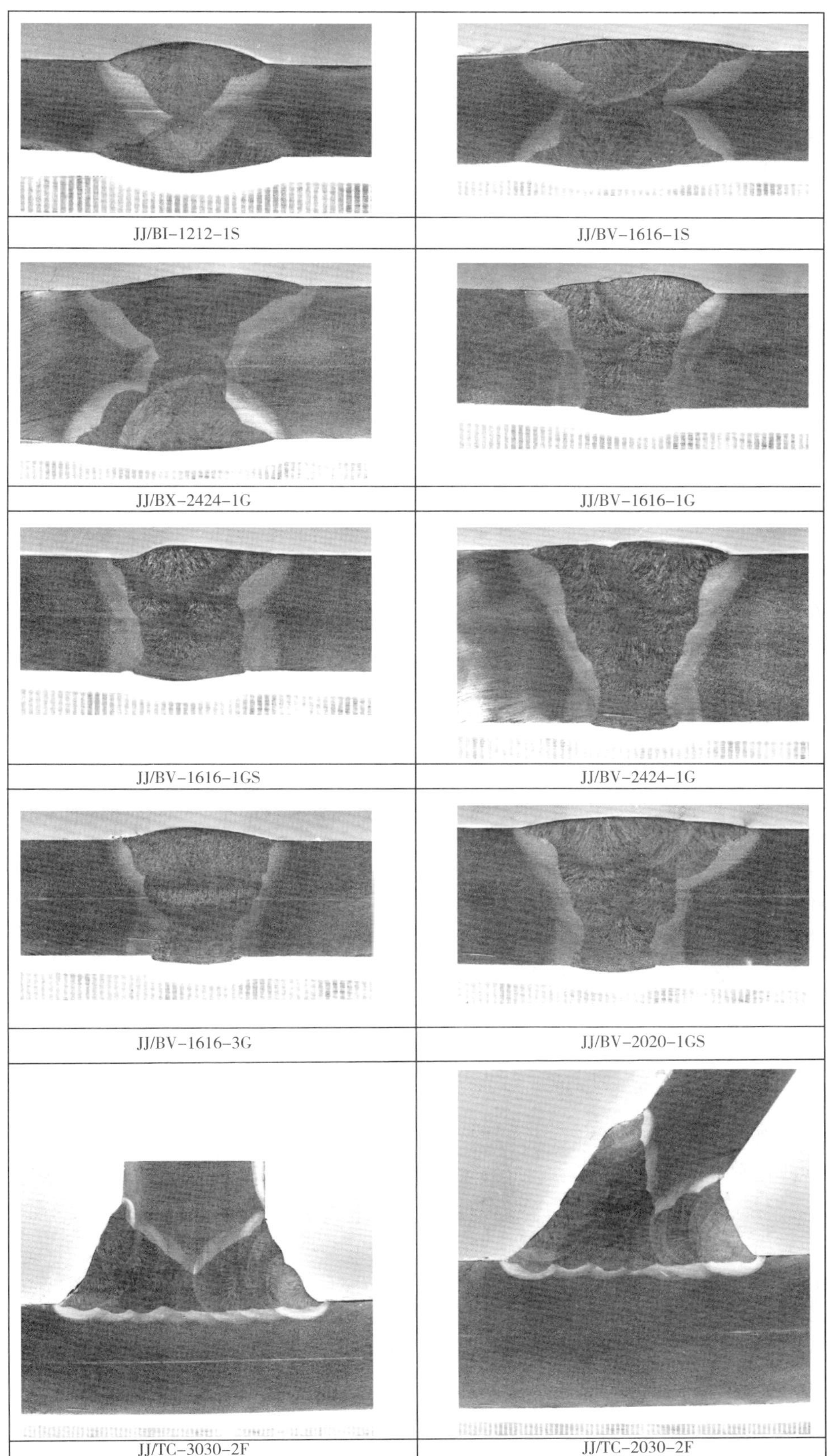

图 3-2-4

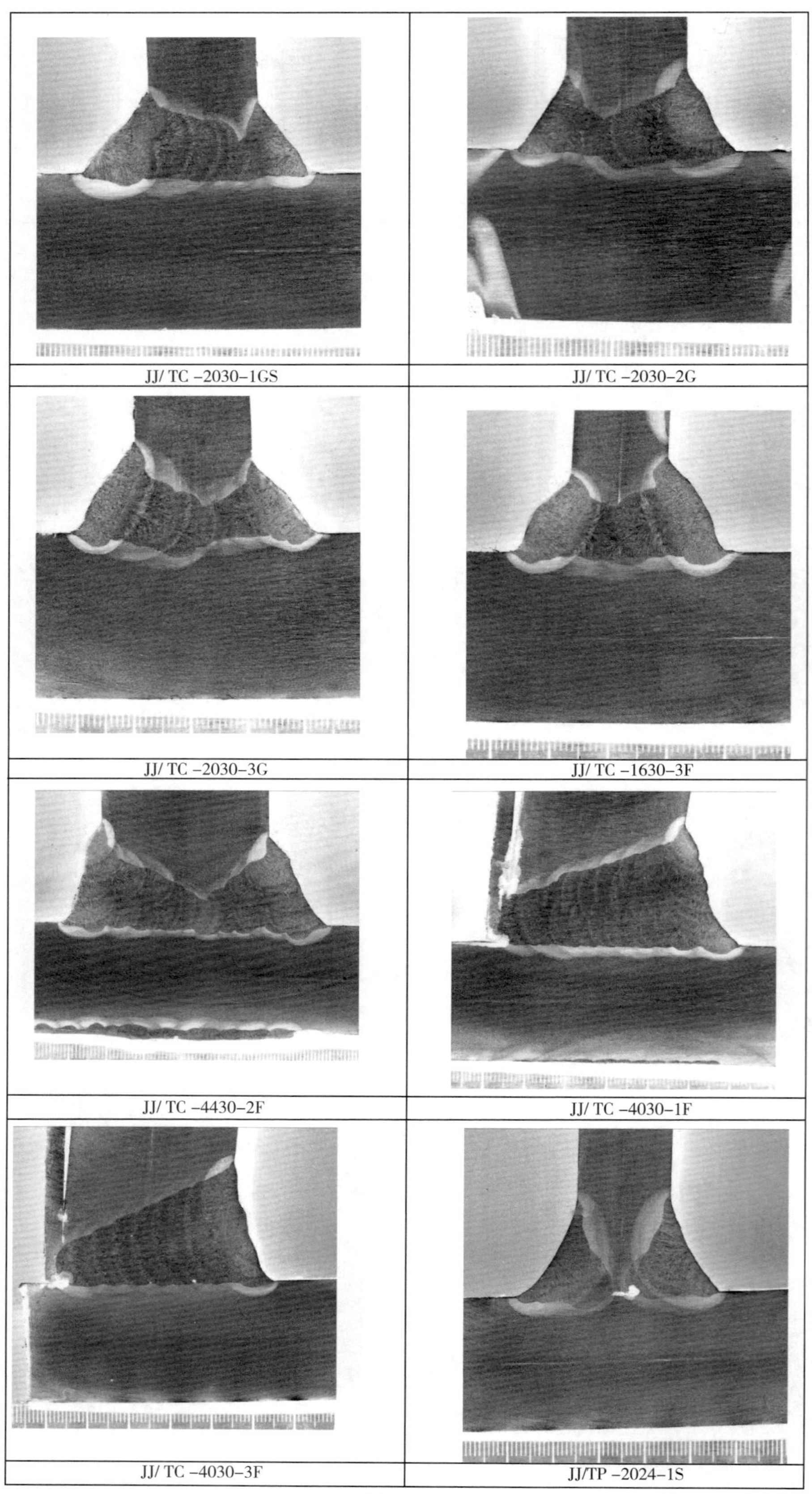

JJ/ TC -2030-1GS	JJ/ TC -2030-2G
JJ/ TC -2030-3G	JJ/ TC -1630-3F
JJ/ TC -4430-2F	JJ/ TC -4030-1F
JJ/ TC -4030-3F	JJ/TP -2024-1S

图　3-2-4

JJ/TP -2430-2G
JJ/TP -2430-3G
JJ/TP -1420-2G
JJ/TP -2430-2Ga
JJ/TP -1620-3G
JJ/TP -3030-1G
JJ/TP -1020-1F
JJ/TP -1020-2F

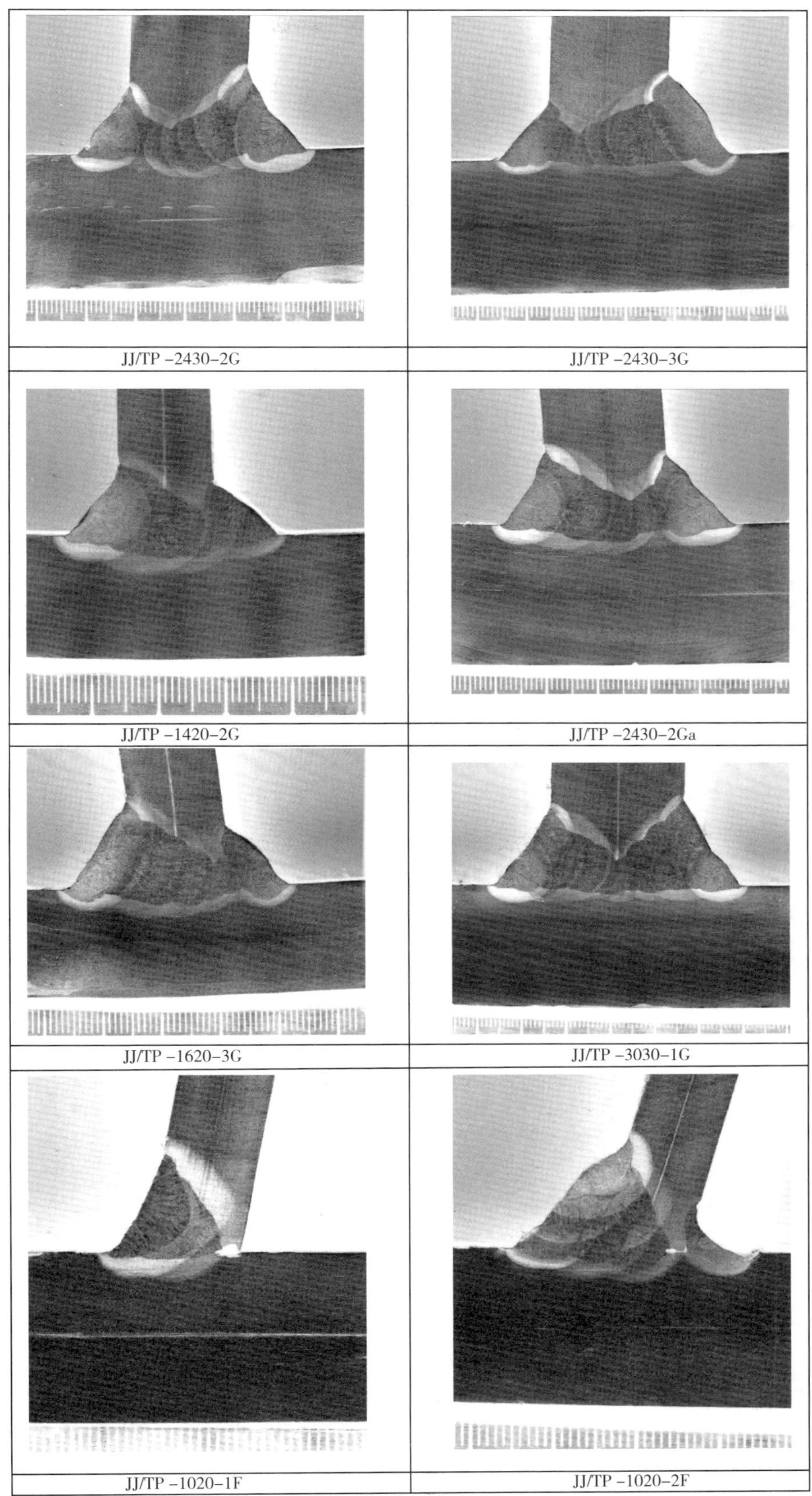

图 3-2-4

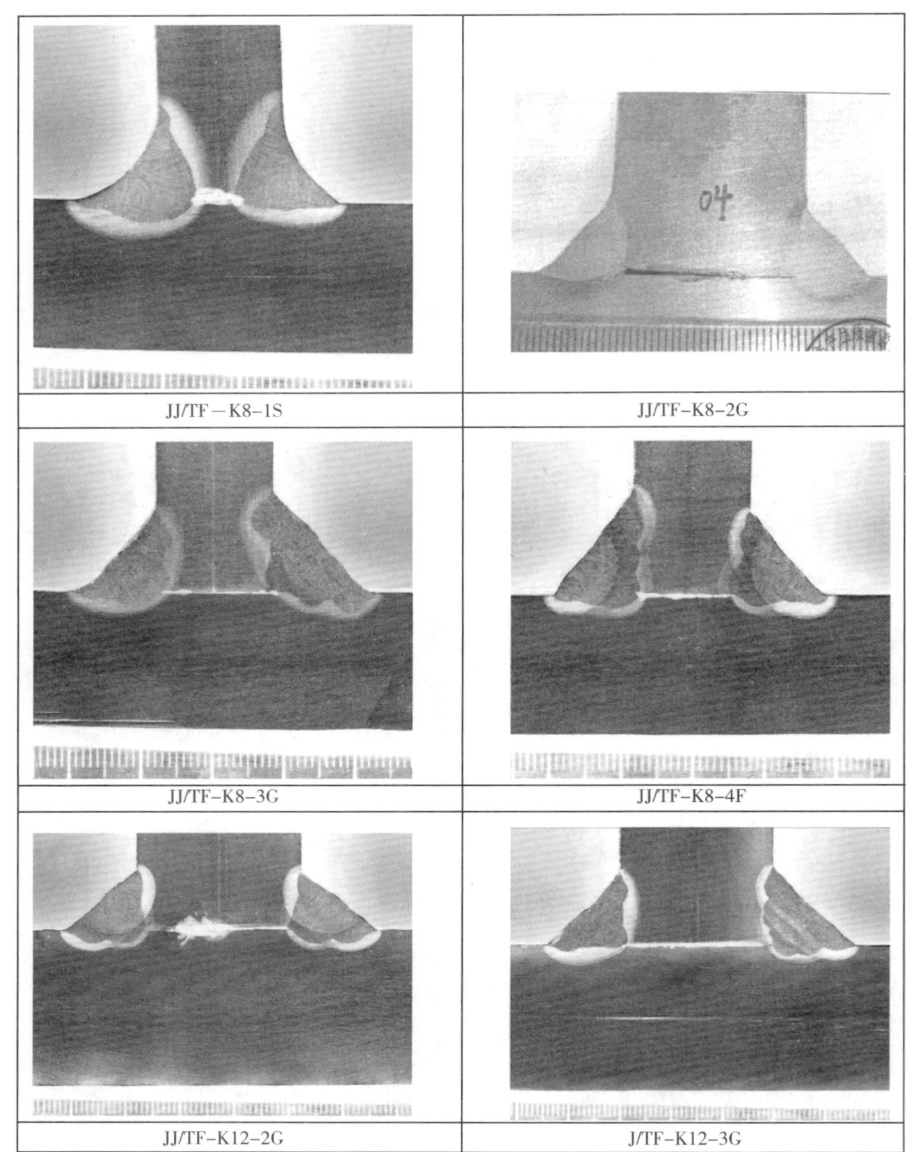

图 3-2-4　焊接接头宏观断面照片

板单元制造完成后，在设置了横向预拱线形的整体组装胎架上，按照以往组合梁制造的成熟工艺，采用多梁段连续匹配组装、焊接及预拼装同时完成的工艺方案。

在梁段制造中，按照"两侧边箱平斜底板→中间工型横梁定位→中腹板→横隔板→锚腹板→一期预拼装→解体下胎→焊接剪力钉→转入下道工序"的顺序，实现立体阶梯形推进方式逐段组装与焊接。组装时，以胎架为外胎，以横隔板为内胎，重点控制组合梁几何形状和尺寸精度。每轮次预拼装合格后，标记梁段号，梁段出胎。

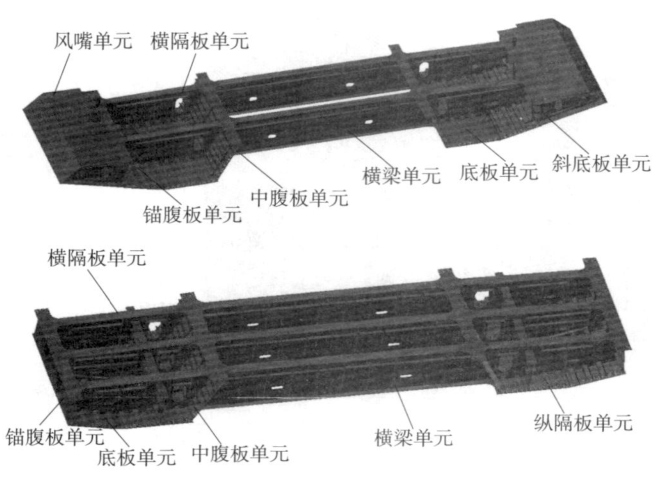

图 3-2-5　梁段板单元组成图

4）梁段二期预拼和混凝土浇筑

梁段总拼下胎后，先进行剪力钉焊接，待外

观处理并报检验合格后，梁段移至二期预拼胎架，实施二期预拼装，梁段预拼尺寸全部合格之后使用工艺拼接板连接，完成混凝土桥面板浇筑，并保养一段时间。

5）连接板抹孔及复位

装上半孔拼接板，使用抹孔器抹另一半孔群的孔，抹孔完成后根据孔位卡样板钻孔。钻孔完成后将拼接板复位，检查通孔率。

6）工艺设计原则

（1）加工的工艺原则：单元化生产，分步组装、分步焊接，预制反变形，板单元采用胎型组装，避免人为因素造成的偏差。梁段采取多节段连续组装及预拼装方法。

（2）焊接的工艺原则：采用小间隙、小坡口焊接，选择焊接线能量小的焊接方法，保证焊缝的力学性能，控制焊接顺序，减少整体焊接量，减少焊缝的拘束度，减少热矫正工作量，以减少由收缩累计产生的内应力。

（3）制孔的工艺原则：将梁段环口拼接处各单元螺栓孔在钢箱梁拼装前全部一次钻足设计孔径，梁段环口拼接板先出一半孔群，另一半在二期预拼尺寸合格并混凝土浇筑完成后抹孔。

2. 板单元制造

1）板单元划分

（1）板单元划分

根据设计施工图以及相关技术规定，并考虑制造工艺等相关因素，对钢箱梁板单元的划分见图3-2-6。

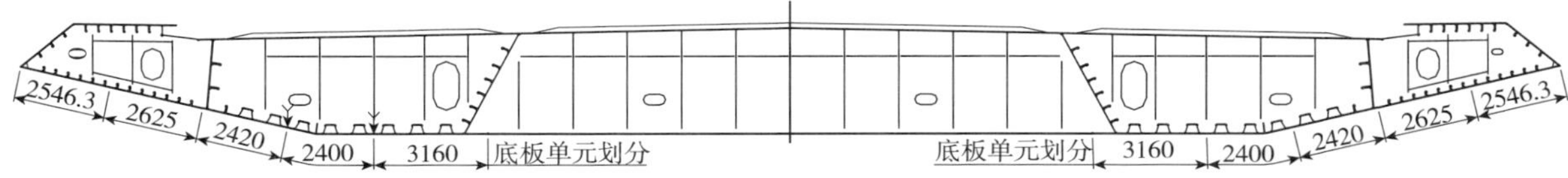

图3-2-6 板单元划分示意图（尺寸单位：mm）

每个标准梁板单元的数量：底板共6块；风嘴单元2个；横隔板单元和横梁单元按不同类型的梁段数量有所不同。不同类型梁段的横隔板和横梁数量见表3-2-9。

不同类型梁段的横隔板和横梁数量表 表3-2-9

梁段类型	A	B	C	D	E	F	G	H1	H2
横隔板数量	3	3	2	2	4	2	2	2	4
横梁数量	3	3	2	2	4	2	2	2	3

另外考虑到横隔板在总拼时能顺利落下，将横隔板划出一块作为横隔板接板并带在中斜腹板上安装，横隔板安装示意图见图3-2-7。

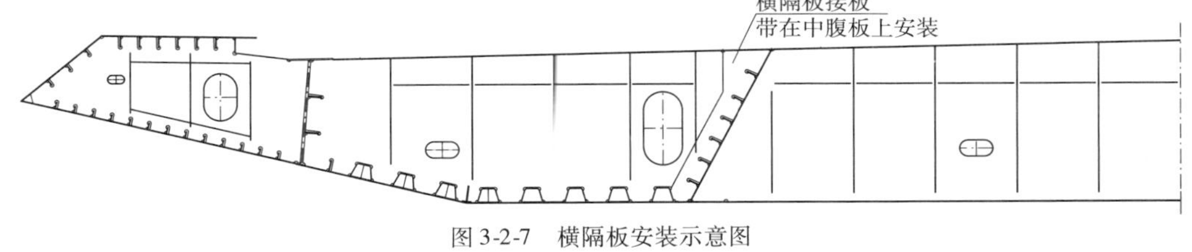

图3-2-7 横隔板安装示意图

（2）板单元制造工艺

板单元制造步骤：钢板赶平及预处理，数控精切下料，U形加劲肋制造，高强度螺栓孔钻制，用高精度U形肋自动定位板单元组装胎组装底板单元，横隔板单元外形尺寸控制，对单侧有纵肋的板单元采用反变形焊接，优先选用CO_2气保焊接、局部修整。

2）底板单元制造

（1）底板单元制造工艺流程见图3-2-8

（2）底板单元制作工艺要点

①板单元组装

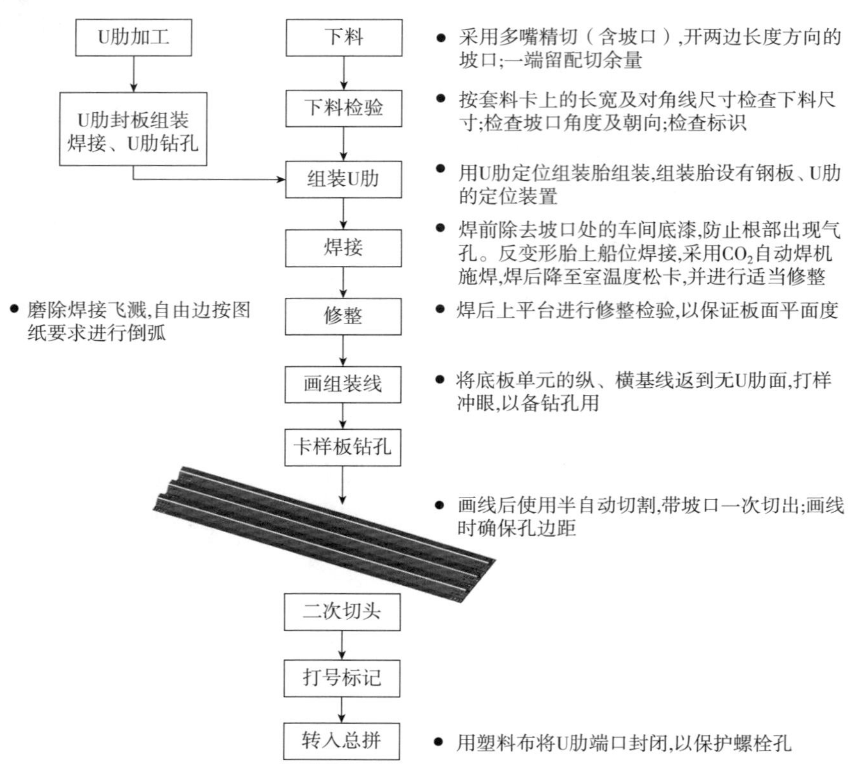

图 3-2-8　底板单元制造工艺流程

底板单元 U 形肋采用高精度定位组装胎进行定位组装，严格控制 U 形肋纵、横向位置，特别是横隔板及端口位置的 U 形肋间距。板单元组装时钢板靠档角定位；U 形肋纵向采用端挡定位，横向用梳形卡具定位，纵向保证基准段纵肋与面板坡口端平齐，横向保证 U 形肋中心距偏差在 ±0.5mm 之内。垂直方向设置螺旋丝杠使梳形卡向下将 U 肋与底板顶紧，保证 U 肋与底板的组装间隙小于 0.5mm。

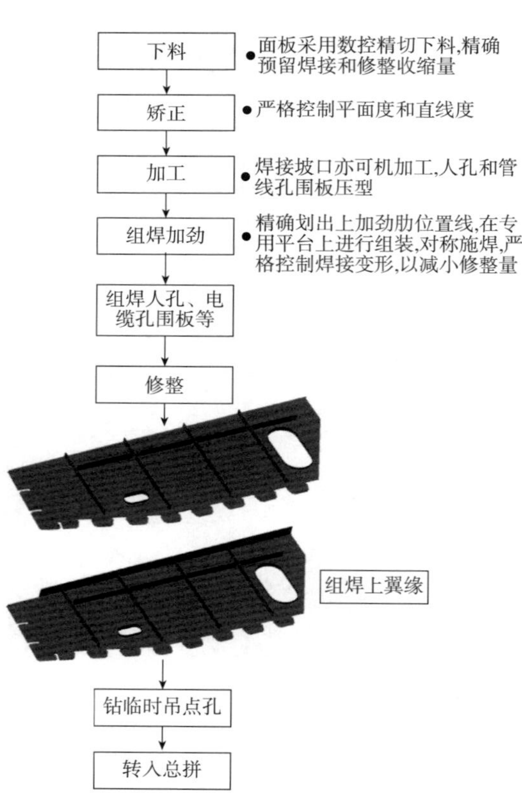

图 3-2-9　横隔板制造工艺流程

②反变形焊接工艺

为保证 U 形肋与底板的焊接的熔深，以及为减小焊接变形及焊后火焰修整量，在板单元反变形焊接胎上进行船位焊接。通过 U 形肋焊接试板断面检验焊缝熔透深度是否达到设计要求。

③样板检查

为保证板单元 U 形肋间距满足要求，除采用上述的工艺、工装外，还将采用专用样板检查控制横隔板位置的 U 形肋间距，样板自由落入率必须达到 100%，样板要重点检查横隔板组装及端口位置。

④卡样板钻孔

板单元组焊并修正合格后，采用卡样板钻孔。样板孔距按设计图上的尺寸制作，钻孔时样板先与板单元对线，然后用卡具固定；首先钻四个对角线的孔，用冲钉将样板固定后，再钻其余的螺栓孔。

3）横隔板单元制造

（1）横隔板制造工艺流程见图 3-2-9

（2）横隔板单元制作工艺要点

a. 钢板下料前机械赶平，消除应力处理。b. 在专用画线平台上精确画线组装水平、竖向加劲肋和围板，焊接、矫正。c. 检验切割程序和质量，对横隔板首件检测槽口尺寸、间距偏差、长度偏差、宽度偏差、拼装对角线差等，然后再批量下料。

4）中腹板单元制造

中腹板单元制造工艺流程见图 3-2-10。

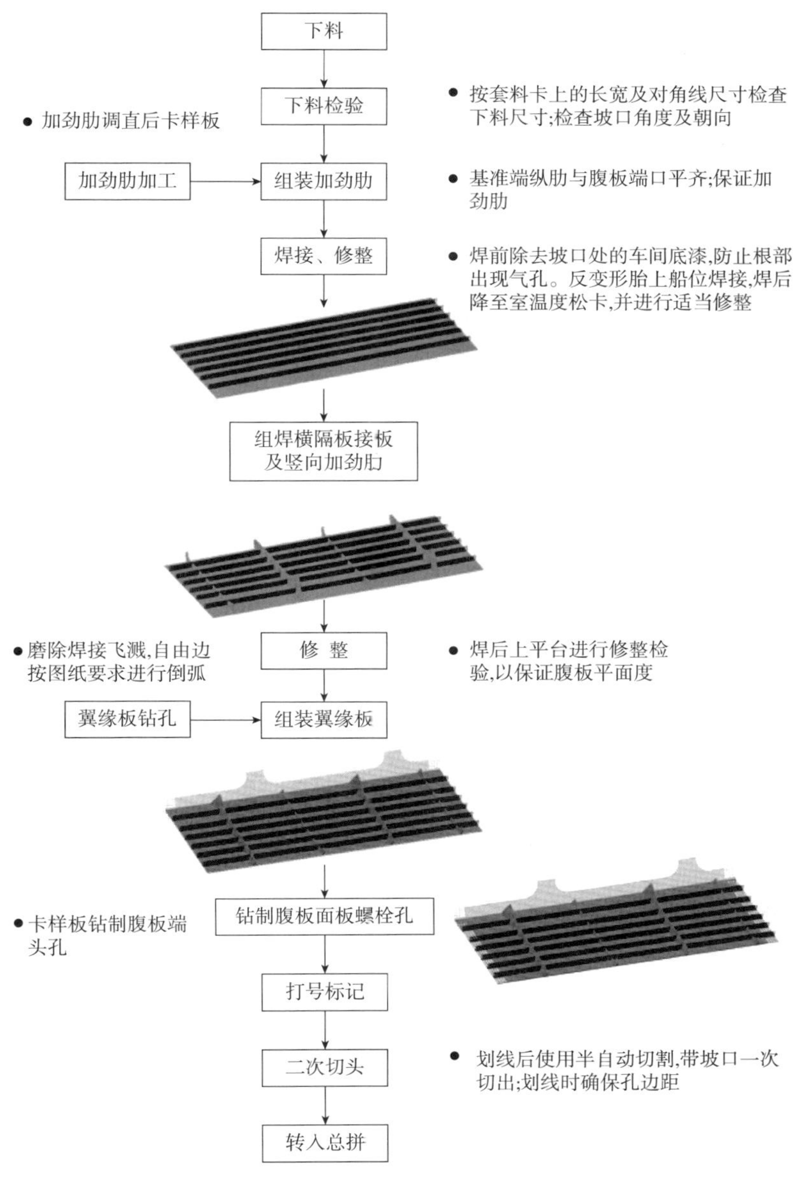

图 3-2-10　中腹板单元制造工艺流程图

5）锚腹板单元制造

锚腹板单元制造工艺流程见图 3-2-11。

6）中间横梁单元制造

本桥横梁为工形横梁，所有横梁均在车间内加工制作，中间横梁由上下翼缘板、腹板和加劲肋组成。制造工艺流程见图 3-2-12。

7）风嘴单元制造

风嘴块体由顶板单元、底板单元、隔板单元、导风板单元组成。制造工艺流程见图 3-2-13。

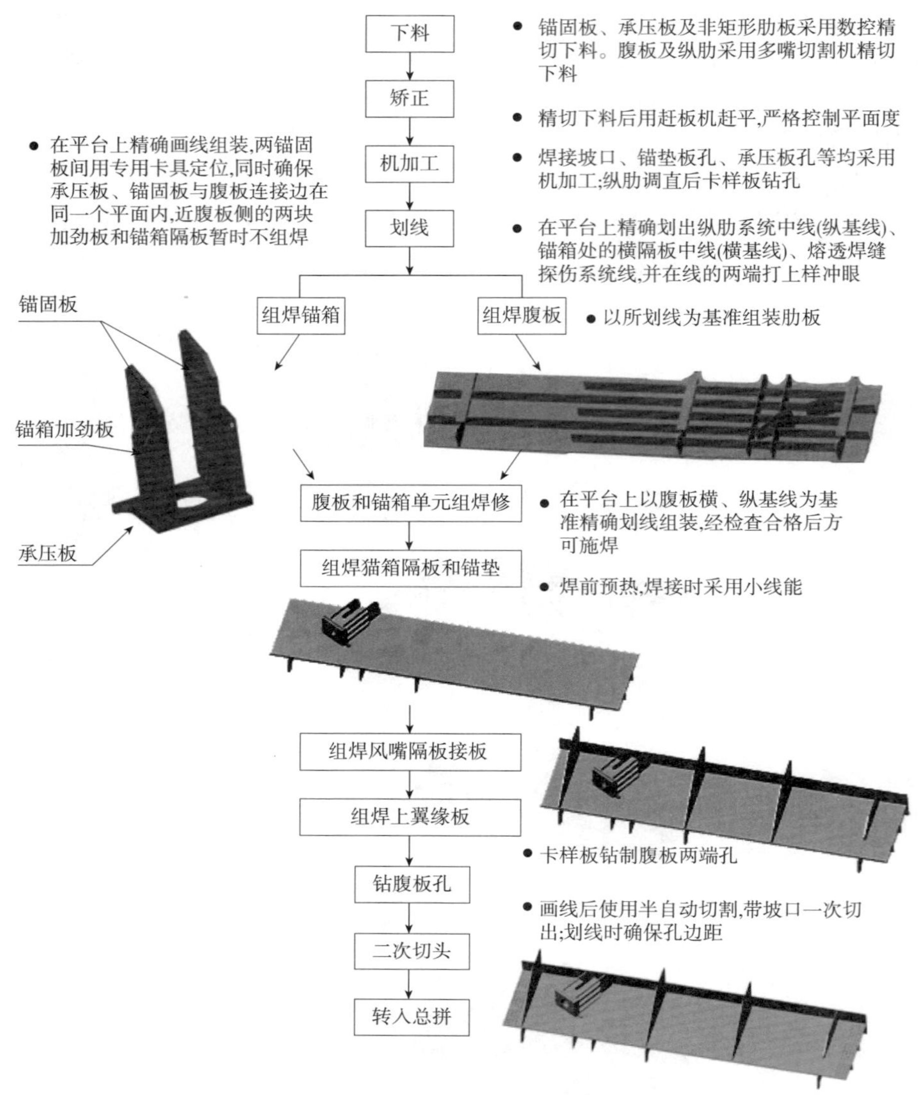

图 3-2-11　锚腹板单元制造工艺流程见图

3. 梁段制造工艺

1)梁段制造工艺流程

椒江二桥设计划分为 107 个梁段,钢箱梁一期总拼整体组装全部在总拼胎架(45m × 170m)上完成组装,下胎后在二期胎架(45m × 175m)进行钢箱梁的二期预拼和混凝土浇筑。梁段制造工艺流程见图 3-2-14。

2)一期整体组装胎架

整体组拼胎架设计方案见图 3-2-15。

3)一期梁段总拼轮次

根据一期总拼胎架的长度,全桥 107 个梁段分为 6 个轮次进行一期总拼、预拼,具体梁段编号和轮次见图 3-2-16。

4)梁段制造

板单元及风嘴单元制造完成后,在总拼胎架上进行多梁段连续匹配组装及一期预拼装。组装采用"正装法",以胎架为外胎,以横隔板为内胎,各板单元按纵、横基线就位。梁段间的板单元采用工艺连接板连接,梁段之间设置一定的间隙,因此在加工工艺连接板时应考虑总拼装时梁段的间隙和焊接收缩量。

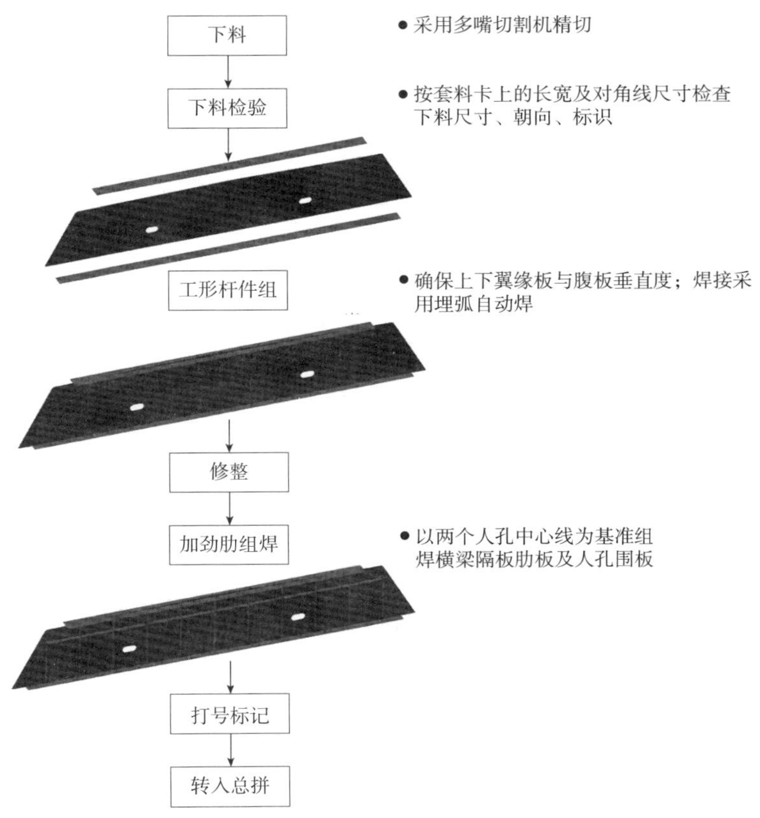

图 3-2-12 中间横梁单元制造工艺流程

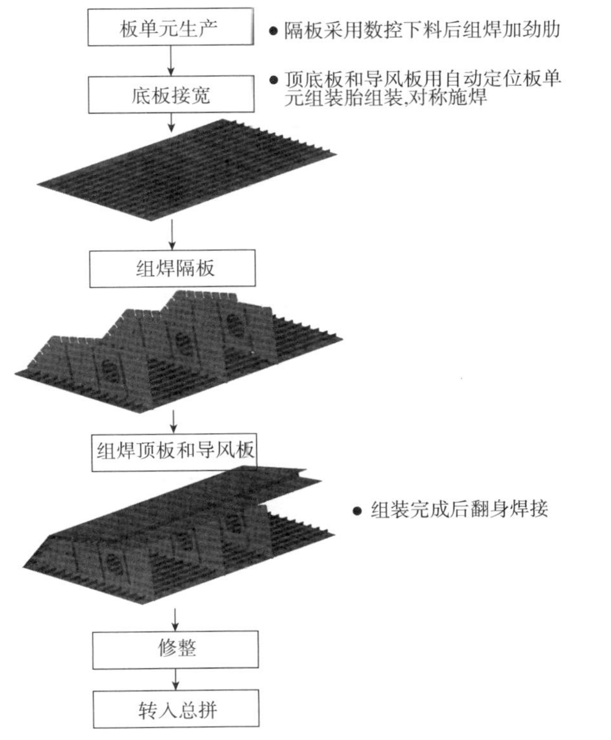

图 3-2-13 风嘴单元制造工艺流程

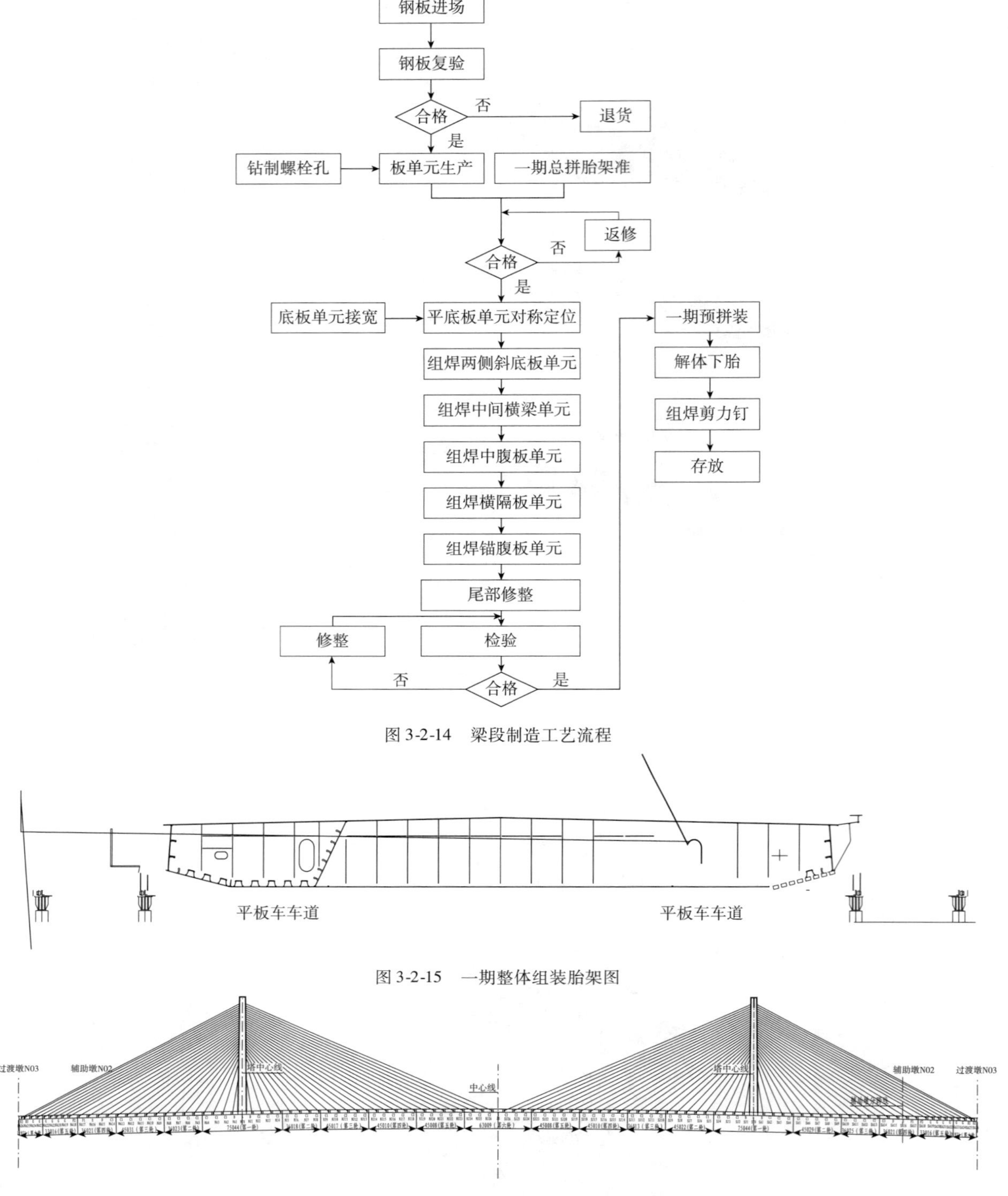

图 3-2-14　梁段制造工艺流程

图 3-2-15　一期整体组装胎架图

图 3-2-16　一期梁段总拼轮次图

(1)组焊平底板

先将基准梁段两侧箱梁的直底板置于胎架上，首先定位基准梁段的直底板单元。横向定位线：以标志塔上的标志线为基准，纵向定位：与胎架上的基线精确对正后，将其固定。然后自基准梁段开始，前后依次定位其他梁段直底板板块，梁段间板块之间用工艺连接板、冲钉和工艺螺栓连接。组焊平底板见图 3-2-17。

(2)组焊斜底板

自基准梁段开始，左右前后依次对称定位两侧斜底板板块。横向定位：控制斜底板与直底板纵基线间距;纵向定位:以板单元的端口检查线为基准。梁段间用工艺连接板连接。焊接底板间对接焊缝。组焊斜底板见图3-2-18。

图3-2-17 组焊平底板

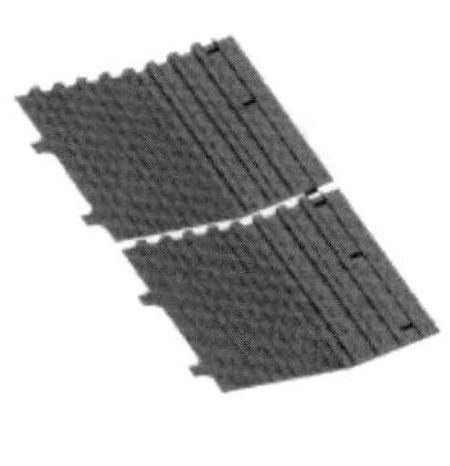

图3-2-18 组焊斜底板

(3)组焊中间横梁

自基准梁段开始,前后依次定位中间横梁。横向定位:以标志塔上的标志线为基准;纵向定位:与底板上的横梁定位线对齐。定位后焊接与底板间对接焊缝。组焊中间横梁见图3-2-19。

(4)组焊中腹板

横向定位:控制中腹板上翼缘板中心与横梁中心线尺寸;纵向定位:以板单元的端口检查线为基准。梁段之间用工艺连接板连接。焊接与底板、横梁腹板间角焊缝。组焊中腹板见图3-2-20。

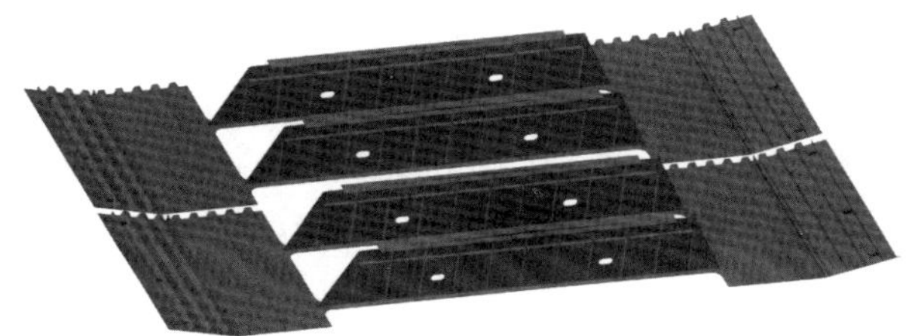

图3-2-19 组焊中间横梁

图3-2-20 组焊中腹板

(5)组焊横隔板单元

以底板的横、纵基线为基准,组装横隔板,先完成横隔板横向对接缝后焊接与斜直底板的角焊缝。组焊横隔板单元见图3-2-21。

(6)组装锚腹板单元

横向定位:锚腹板下边以底板上的纵基线为基准,上边以定位标志线(标志塔上)为基准;纵向定位:以底板的端口检查线为基准。同时用经纬仪校对上下游锚腹板相对错位,合格后纵向板块用工艺连接板连接,先完成锚箱腹板与斜底板的熔透角焊缝(腹板与横隔板之间只能用活马连接)后完成锚箱腹板与横隔板间的角焊缝。组装锚腹板单元见图3-2-22。

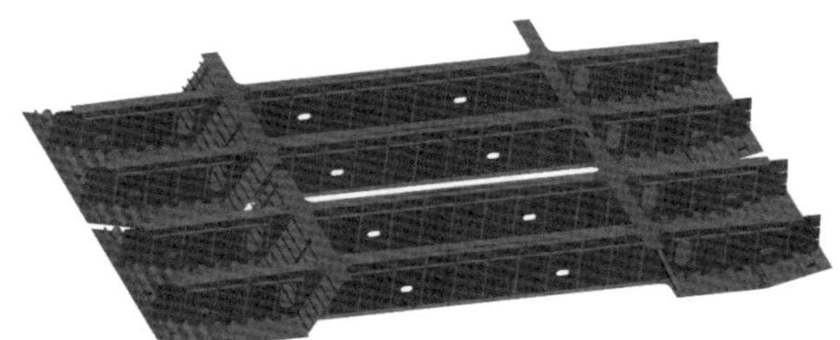

图3-2-21 组焊横隔板单元

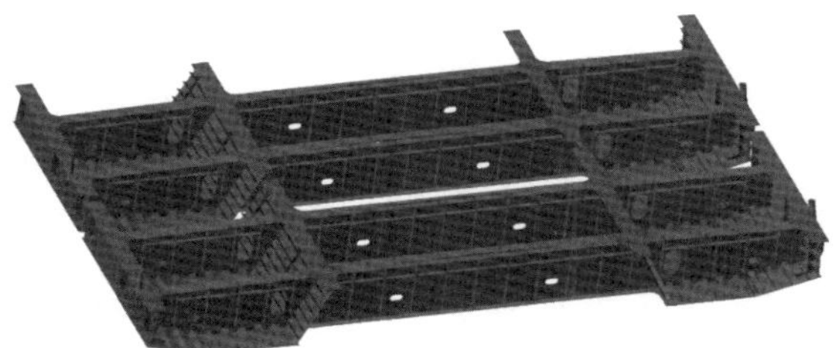

图3-2-22 组装锚腹板单元

(7)线形检查

梁段匹配组焊完毕后,检查制造长度。在不受日照影响的条件下,调整和测量长度、端口尺寸、直线度等,检验合格后,除最后一节梁段外其余梁段出胎,最后一节梁段前移作为复位梁段,再与后续梁段进行拼装。出胎的组合梁按施工图规定的编号喷涂标记。

(8)下胎

待梁段组焊完成并全面检验合格后,解除工艺连接板,解体下胎。

梁段解体下胎后,进行组合梁剪力钉组焊、整体外观的打磨和修补,进行外观报验,报验合格后移至组合梁预拼胎架进行二期预拼和混凝土浇筑。梁段解体下胎见图3-2-23。

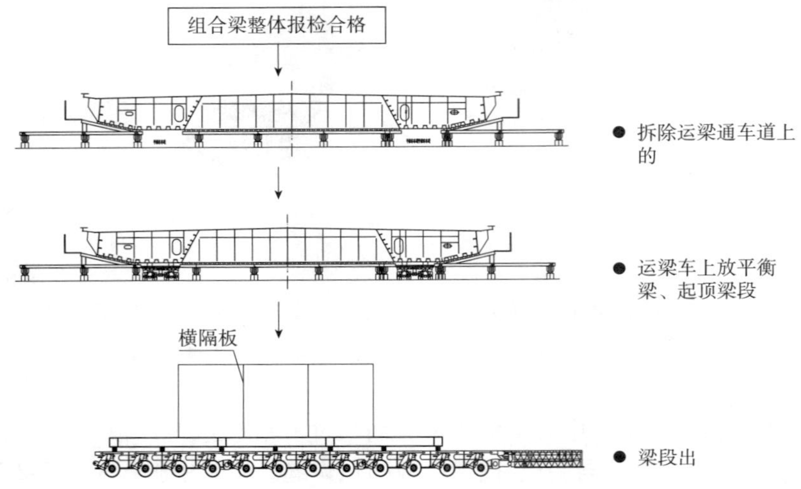

图3-2-23 梁段解体下胎

5)梁段一期预拼装检测

每轮梁段整体组焊完成后直接在胎架上进行预拼装检查。重点检查:梁段纵向累加长度、扭曲、梁段间端口匹配情况等。根据工艺要求,梁段预拼装检查前应解除胎架对梁体的约束,使梁段处于自由状态。

梁段扭曲检查:通过检查各梁段两端横隔板处的左右高程值,判断各梁段的水平状态及扭曲情况。梁长及拉索锚固点位置检查:将组合梁锚固点位置返至其翼缘板上作为检查线,检查各梁段的累加长度。

梁段间端口连接应重点检查锚腹板、中腹板及中心线处梁高,相邻中腹板、锚腹板对位偏差,底板平斜对接转角偏差、板边错边量、底板U形肋栓孔重合率等。

三、梁段二期预拼和混凝土板浇筑

(一)工艺流程

梁段二期预拼和混凝土板浇筑工艺流程见图3-2-24。

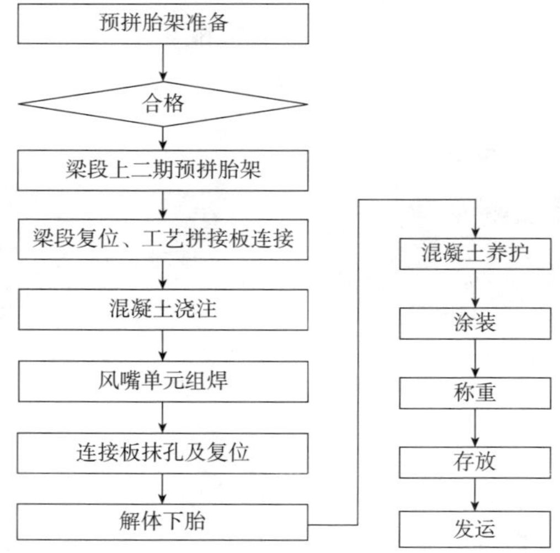

图3-2-24 梁段二期预拼装及混凝土板浇筑工艺流程图

(二)重点、难点以及相应的工艺措施

组合梁在二期预拼和混凝土浇筑过程中,主要有以下几个方面要给予重点考虑:

(1)混凝土浇筑时在梁段端头覆盖塑料薄膜以保护端头螺栓孔。

(2)混凝土浇筑后,因组合梁自身重量的增加,梁段纵向线形有向下的变化。通过增加胎架的刚度以保证梁段的纵向线形,采取以下措施:

①在二期预拼胎架制作时,要加大胎架的支墩、纵横梁的型材规格。

②所有的线形牙板采用16mm以上的钢板。

(3)受混凝土重力和徐变的影响,组合梁横向有下挠变形,为保证成桥时符合设计要求,采取在梁段制作过程中在横向预设反变形。

(4)混凝土浇筑完成需要保养一段时间,待到达一定强度后(设计强度的80%以上),组合梁才能解体下胎。

(5)桥位连接板螺栓孔的匹配性是本桥的一个重要难点。为保证桥位的匹配性,采取了以下的措施:

①底板、中腹板、锚腹板单元,除板式加劲肋和U肋外,其他位置的螺栓孔均在组焊并修正完成后,采用整体覆盖式卡样板钻孔。

②在梁段总拼装过程中,梁段间采用工艺拼接板连接。

③在二期预拼尺寸检验合格后用工艺连接板连接,再完成混凝土浇筑。

④桥位拼接板先出半边孔群,在混凝土完成浇筑并保养一段时间,待到达一定强度后实施连接板另外半边孔群的抹孔,抹孔完成卡样板钻孔,最后完成连接板的复位。

(6)拼装梁段长度累计的修正:精确测量本轮次二期预拼装后的累计总长和误差,在下一轮次的连接板抹孔时进行修正,不使误差积累。

(三)预拼胎架准备

二期预拼胎架的设计与整体组装胎架类似,但其强度要比总拼胎架要高,设计方案见图3-2-25。

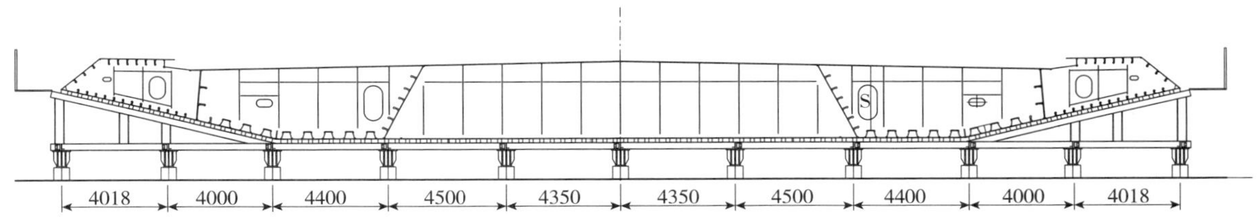

图3-2-25 二期预拼胎架(尺寸单位:mm)

(四)梁段二期预拼装

1. 预拼装检查

梁段上预拼胎架后,调整和测量线形、长度、端口尺寸、直线度等,重点检查:桥梁纵向线形;梁段纵向累加长度;扭曲;梁段间端口匹配情况等。

梁段调整时可使用千斤顶、万向滑板等移梁工具。

2. 预拼连接

预拼尺寸合格后用工艺连接板进行连接。

(五)混凝土桥面板施工

1. 桥面板施工工艺流程图

二期预拼完成后,按设计图纸和工艺要求进行桥面板施工支架的搭设及桥面板钢筋的绑扎,直接在钢箱梁上浇筑,形成组合梁。主要施工流程见图3-2-26。

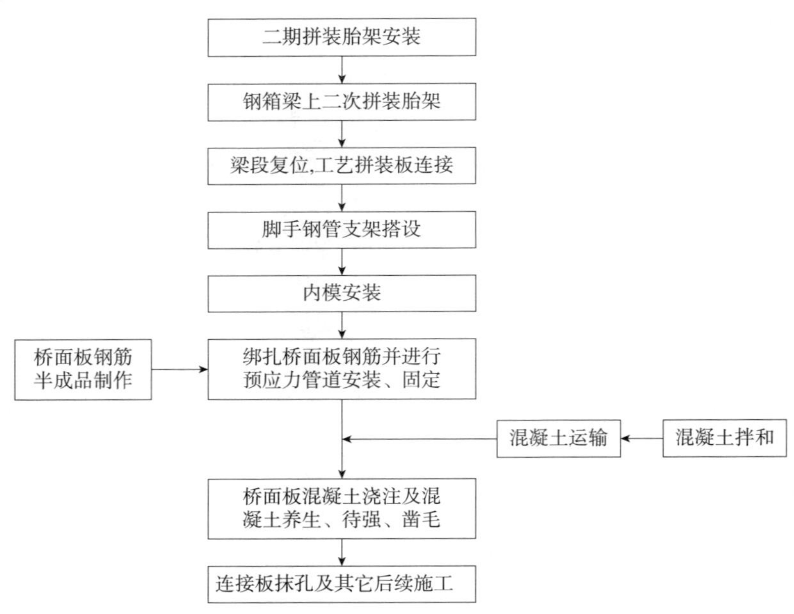

图 3-2-26 桥面板施工工艺流程图

2. 桥面板支架搭设、模板安装

钢箱梁二期拼装在二期胎架上完成,二期胎架由型钢制作而成,胎架型钢间距横桥向为 4.1 ~5.5m,顺桥向间距为 2.8m。钢箱梁二期拼装后进行桥面板支架的拼装,桥面板支架主要由 ϕ48 ×3.5 脚手支架(含调节头)、顶板分配方木与竹胶板面板组成。钢管间距按 0.9m ×0.9m 布距,倒角部分作加密处理,支架顶纵桥向布置承重方木,横桥向按等间距 30cm 布置分配方木,最后铺设竹胶面板。模板可分块制作、现场拼装。拼装后的模板线形、高程、接缝需符合相关施工规范及设计施工图的具体要求。由于本项目钢箱梁为半封闭型,横桥向左右两侧为含底板的封闭结构,为不造成底板变形,此处支架坐落于底板 U 肋的分配木方上,风嘴部位带斜角处可采用支架底部加楔块的方法垫平。其他不封闭处(横梁部位)脚手支架坐落在地基上(做适当处理,在二期拼装胎架组装一并进行)。

由于桥面板在顺桥向的中腹板(特殊梁段含纵隔板)及横桥向的横梁、横隔板设有倒角(E 梁段特殊,无倒角,桥面板厚度均为 40cm),模板可提前定型制作。

桥面板支架布置见图 3-2-27。

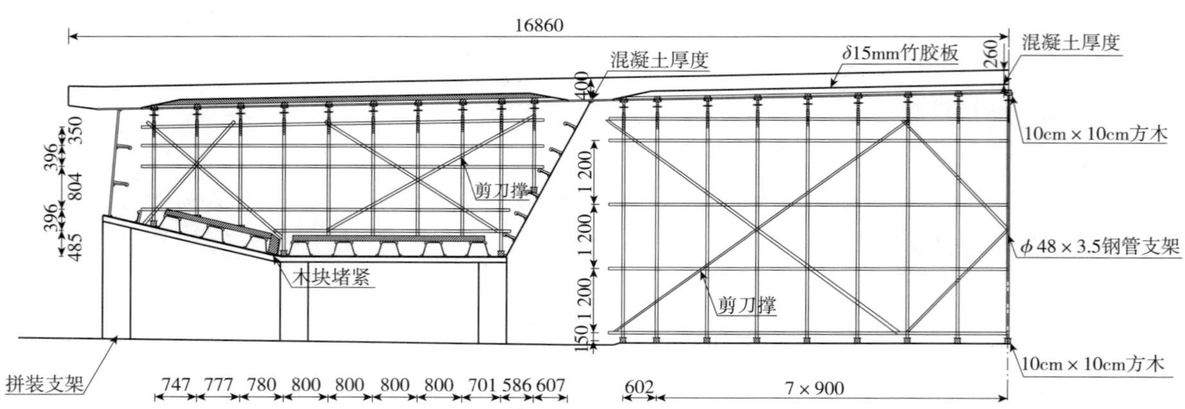

图 3-2-27 桥面板支架布置图(尺寸单位:cm)

3. 钢筋绑扎

桥面板钢筋在钢箱梁加工单位指定场地进行半成品加工,现场绑扎成形。桥面板钢筋构造较简单,上下共两层钢筋,C1 梁段(标准阶段)桥面板钢筋构造见图 3-2-28。

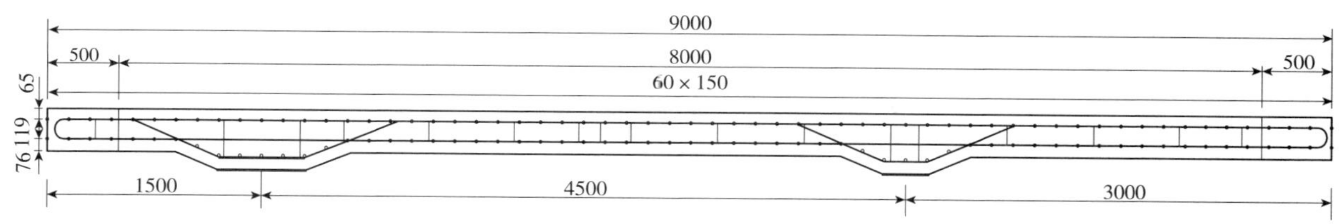

图 3-2-28 桥面板钢筋构造(尺寸单位:mm)

桥面板钢筋注意事项如下:

(1)钢筋位置若与预应力管道或钢梁剪力钉相碰时,可做适当调整,但不得任意切断或取消;

(2)注意湿接缝处钢筋的预留,预留钢筋要整齐,长度满足设计对湿接缝钢筋搭接的要求等;

(3)尾梁段由于有压重混凝土,桥面板钢筋绑扎时要按设计要求留设 300mm×600mm 的压重混凝土灌注预留孔。须将钢筋留出。待顶板混凝土加腋及压重混凝土浇筑完毕后,现场焊接伸出钢筋;

(4)压重混凝土里面钢筋的绑扎具体参见本章第二节"组合梁安装施工关键技术"。

4. 预应力管道安装

本项目桥面板预应力共含以下 4 种类型:

(1)边跨预应力(12Φ^s15.2 钢绞线)。

(2)中跨合龙段预应力布置(12Φ^s15.2 钢绞线)。

(3)塔区主梁悬臂施工临时预应力(12Φ^s15.2 钢绞线)。

(4)主梁悬拼施工用永久预应力筋 Φ32 预应力精轧螺纹钢筋。

在桥面板钢筋绑扎施工的同时要注意对应钢箱梁节段预应力的设计形式,波纹管安装采用定位网片固定,定位网片和结构钢筋焊牢。保证管道位置的准确,防止混凝土浇筑过程中管道上浮。桥面板混凝土浇筑完成后要及时采用自制的"通孔器"检测,以便遇到堵漏的情况时及时处理。钢箱梁节段预留的波纹管要注意保护,桥面板混凝土浇筑后及时用棉布塞填,外层可考虑用透明胶带包裹。防止锈蚀或吊装过程(混凝土浇筑后其他施工影响)碰撞管道。

管道的埋设注意平弯、竖弯的角度,保证管道的顺畅,以减少预应力的损失。此外,注意桥面板底部齿块的设置以及锚垫板的预留等。每个梁段预应力管道的位置(特别是梁端部连接处)严格按设计要求复核。以保证主梁施工期间钢绞线顺利穿过。

管道的布置与钢箱梁上剪力钉冲突时,适当调整管道,但要保证管道线性的顺畅。

5. 桥面板混凝土浇筑

钢梁 5 个节段预拼完毕后,在拼装胎架上进行桥面板的现浇施工。依次安装模板、钢筋后开始浇筑混凝土并进行养护,一次浇筑 5 片桥面板。

本桥的组合梁桥面板预制部分采用 C60 混凝土,现浇部分采用 C60 微膨胀混凝土。预制桥面板混凝土采用拌和站集中拌制而成,由于混凝土设计塌落度较小(6~8),浇筑时采用起吊设备吊装料斗浇筑的方式进行,采用普通振捣方式进行,振捣时注意避免碰撞预应力管道。由于桥面板标准断面的混凝土高度只有 26cm,混凝土可选择单层对称布料的方式进行。混凝土浇筑过程中,主要有以下几个方面要给予重点考虑:

(1)混凝土浇筑前认真检查脚手支架安全稳定性,发现隐患应立刻进行加固,确保架体在混凝土浇筑过程中安全牢靠。

(2)混凝土浇筑时在梁段端头覆盖塑料薄膜以保护端头螺栓孔和拼接板。

(3)梁板钢筋密集处需加强振捣及检查,确保密实。

(4)混凝土浇筑完成后,需要保养一段时间,待到达一定强度后,组合梁才能解体下胎;为保证浇筑混凝土的强度,特增设一付预拼胎架,保证有充裕的时间进行二期预拼和混凝土浇筑,确保流水作业。

(5)桥面板采用 C60 高强度等级混凝土,且沿桥宽方向长度较长(34.72m),应采取必要的措施,控制混凝土可能产生的裂缝，提高混凝土的抗渗抗裂能力。采取以下措施控制桥面混凝土的裂缝：

①优化混凝土配合比、降低水泥水化热。优选水化热低的水化热较低的硅酸盐水泥，优化混凝土配合比，掺加粉煤灰、矿粉等专用掺和料及高效外加剂，减少混凝土配合比中的水泥用量混合材，降低水化热，从而提高混凝土的耐久性，增加混凝土抗渗能力。

②掺加收缩减低剂，混凝土减缩剂的早期减缩率较大，对提高混凝土的抗裂能力是十分有益的，使用减缩剂则可大大减弱混凝土开裂的趋势，提高其耐久性。

③控制混凝土的浇筑温度，夏季混凝土浇筑温度控制在32℃以下，混凝土浇筑时间尽量选在一天中气温较低的时间内进行。

④桥面板沿桥宽方向长度较长(34.72m)，在施工过程中采取横向分缝浇筑，可以有效地避免混凝土收缩产生的裂缝。

⑤混凝土浇筑完毕待终凝后立即派专人在混凝土表面洒水养护，以推迟混凝土表面水分的迅速散失，防止混凝土表面开裂。气温较低季节施工时，应采取覆盖电热毯保温保湿养护。

组合梁混凝土桥面板结构允许偏差见表3-2-10。

组合梁混凝土桥面板结构允许偏差 表3-2-10

序号	检查项目	允许偏差	检查频率		检查方法
			范围	点数	
1	长度(mm)	±15	每段、每跨	3	用钢尺，两侧和轴线
2	厚度(mm)	+10～0		3	用钢尺，两侧和中间
3	高程(mm)	±20		1	有水准仪测量，每跨测3～5处
4	横坡(mm)	±0.15		1	用水准仪测量，每跨测3～5个断面
5	模板与支架、钢筋、混凝土质量	符合规范要求			用水准仪测量每个锚固点

此外，应注意组合梁钢混凝土结合面的边缘，为保证结合面周边混凝土开裂(剥离)后不渗水，在结合面边缘的混凝土上开槽，采用不干性密封材料HM106充填，确保结合面的耐久性。

(六)桥位拼接板抹孔

1.抹孔

抹孔前先检查各连接部位板面是否错边，然后按照：中腹板→底板→锚腹板的顺序完成。单元件遵循先面板后纵肋的顺序抹孔。面板连接板抹孔时，将半孔连接板贴在面板内侧，4角先使用冲钉定位后打入不少于孔数的10%冲钉，再紧固临时螺栓，最后使用专用抹孔器，在梁外按图3-2-32打出孔的中心线及孔圆周线。底板、腹板纵肋抹孔时半孔连接板均覆于纵肋下表面，以利于操作。孔数较少位置可只抹四角孔。桥位拼接板抹孔见图3-2-29。

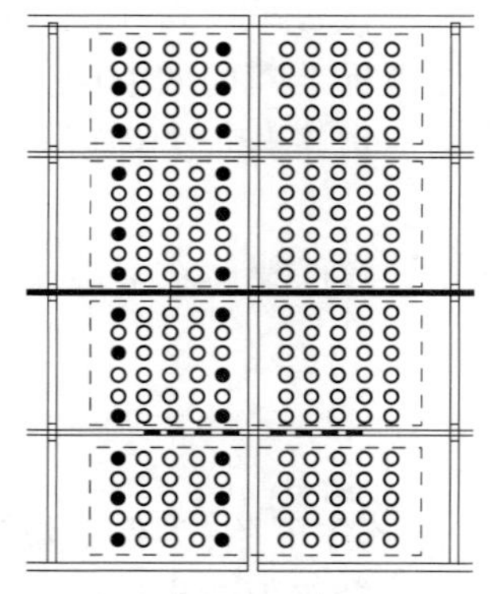

图3-2-29 桥位拼接板抹孔位置他图

注：图中涂黑为抹孔位置

2.半孔连接板钻孔

拆下连接板，将模板复在半孔连接板上，对准定位孔及检验孔，先出四角定位孔，并用冲钉及螺栓定位(冲钉呈对角线)，再钻其余孔。钻孔采用摇臂钻床进行钻孔。

3.连接板复位

按照冲钉总数应不少于孔数的10%，螺栓总数不应少于孔数的20%要求进行连接板复位并检查连接板与梁段的匹配情况，其检验项目如下：

(1)连接板与梁段本体的密贴度。

(2)连接板孔的通孔率。试孔器应100%通过。

(七)称重

采用静态轴重秤(图3-2-30)，特点是：

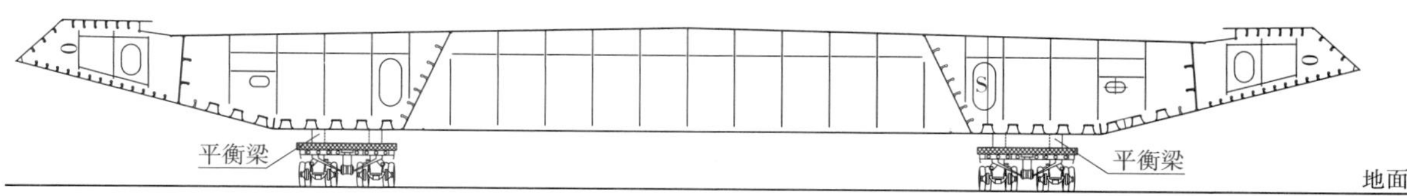

图 3-2-30　称重工艺流程

(1)精度高,系统精度≤0.075%,达到国家Ⅲ级秤的标准。

(2)整车称重,操作简便,流程时间短。利用尼古拉斯平板车每个模块4轴线原理,标准9m梁段整车计量,一次称重。静态轴重秤主要由秤体、称重传感器、稳压电源、接线盒和连接件组成。这套系统将连接计算机并配置打印机。车辆行驶,待模块Ⅱ(四轴)平稳停放在秤台后,记录数据。

(3)依上述步骤,待所有模块全部通过秤台后,仪表自动累计出重物总重。

(4)数据储存并打印。

四、梁段存放、转运及应急预案

(一)梁段场内存放和转运

梁段的运输包括场内运输及装船运输。

1. 运输设备

钢箱梁的厂内运输采用2台法国生产的大型液压载重平板车完成,用于9m长的标准梁段的场内转运。平车的液压系统具备荷载调节功能,保证承载的各个着力点受力均匀,避免组合梁局部变形。

称重车:宽度——3000mm;最大高度——1450mm;长度——18600mm;最小高度——600mm;每轴线——设计承重32t;总起升承载能力——7680kN;轮子偏转角——90°。

2. 梁段场内转运、存放

组合梁在一期和二期拼装胎架上制造完成后,拆除平车通道的胎架横梁,由两辆液压平板车分别沿梁段下方的车道进入到待运梁段的下方位置,调整好两辆平板车的平行距离,保持两车前后距离一致。车上的木方垫处于梁段下方,木方上铺设橡胶板,然后两车同时将梁段顶起,运出胎架区,将梁段转运临时堆场,放置于事先设置好的钢墩上。钢墩上必须置放厚度大于150mm的木块、橡胶板。放置时用木楔将梁段调平,避免3点着力。梁段运输示意见图3-2-31。

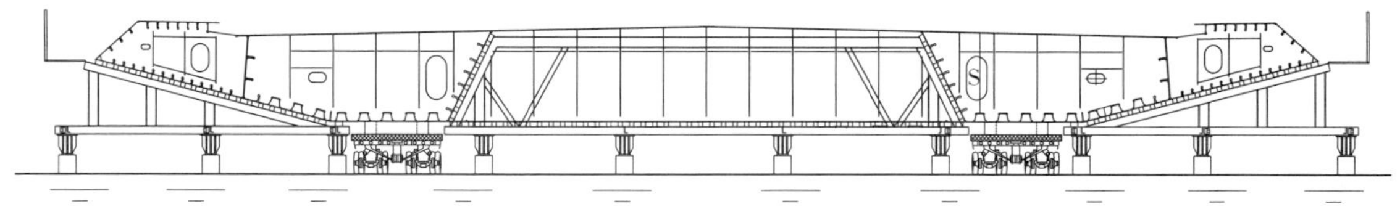

图 3-2-31　梁段运输示意图

(二)梁段水上运输路线及流程

由于钢箱梁制造场地紧临江阴长江公路大桥北岸的长江之滨,拥有1000m长江岸线及5000吨级重型直立式码头。制作完成的组合梁梁段通过浮吊吊装装船,水路一直到桥位后采用浮吊或桥面吊机起吊安装就位。

海上运输路线全程约400n mile。

1. 水上运输流程

综合梁段的重量、数量以及吊装工期等因素,确定采用平甲板海船的运输方案。运输流程见图3-2-32。

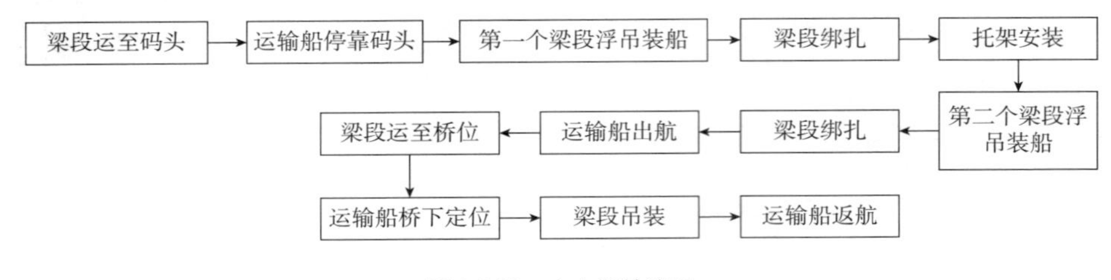

图 3-2-32　水上运输流程

2. 吊装设备

梁段吊装采用浮吊配合作业，选用 600t 自航起重船“稳强 1 号”和 1300t 自航起重船“稳强 3 号”浮吊，其中“稳强 1 号”为常用浮吊，“稳强 3 号”为备用浮吊。

3. 运输设备

为满足椒江二桥组合梁梁段现场安装要求，确保箱梁的吊装进度，根据设计施工要求：双塔 4 台架桥机作业，单塔组合梁对称吊装施工，每航次发运到现场的梁段不小于 4 件，运梁船只采用托架装船法装运，大船一个航次装 4 个梁段，小船一个航次装 2 个梁段，所以运梁船舶必须保证在 4 艘以上，桥位吊装与途中运输、临时锚地停泊交替进行。

选用的运梁船具备以下特点：

(1) 多年水上作业及航行，有丰富的施工经验。

(2) 装载最重梁段后，吃水为 1.5 ~ 2.5m，满足当地水域的吃水条件。

(3) 所有运梁船舶操作人员均熟悉当地水域情况。

(4) 船舶航区为沿海、海上运输甲板船，除驾驶室区域外，其他区域平甲板不宜有上层建筑，如果有应进行改造。

(5) 自航船有足够的马力，自身有海上运输安全的系泊、锚泊设备。

(6) 船长不小于 75m(>75m 以上)，船宽不小于 15.2m(≥15.2m 以上)，装载梁段的甲板区长度应不小于 58m(两端应保证一定的间隙位置)。

(7) 优先选用首驾驶船舶，也可选用少量的尾驾驶船舶，但必须除驾驶室升高外，其余部位均为平甲板(有升高甲板室的应改造)。

(8) 自身有压载调节浮态的功能，利用压载舱来调节船舶浮态，必要时通过计算可适当再考虑固定压载，确保运梁船在正常浮态下航行。

4. 水运码头

梁段运输码头为直立式重载码头，承载能力 5000kN，码头宽 25m。

(三) 梁段装船与绑扎固定

1. 梁段运至码头

梁段装船：先由两台 NICOLAS 液压平板车平行行进到待运梁段下方，在液压平板车上与梁段底部之间垫上 200mm × 300mm × 3000mm 的方木，方木上垫以 5mm 厚橡胶板，将梁段从存放区运至码头，置于预先布设在码头上的钢墩上，每侧摆放 4 个钢墩，共 8 个钢墩，钢墩的摆放位置按照梁段纵横隔板的位置进行布置。

2. 运输船停靠码头

根据吊装指令，每条运输船选择合适的时间停靠码头。

3. 梁段装船

(1) 装船方式：采用大型浮吊吊装装船。

(2) 梁段上船过程：当浮吊与梁段的连接等准备工作完成后，浮吊开始起吊至运梁船上，梁段落至运梁船上的预设支墩。梁段纵向中心线与船纵向中心线方向一致。

具体装船过程见图3-2-33。

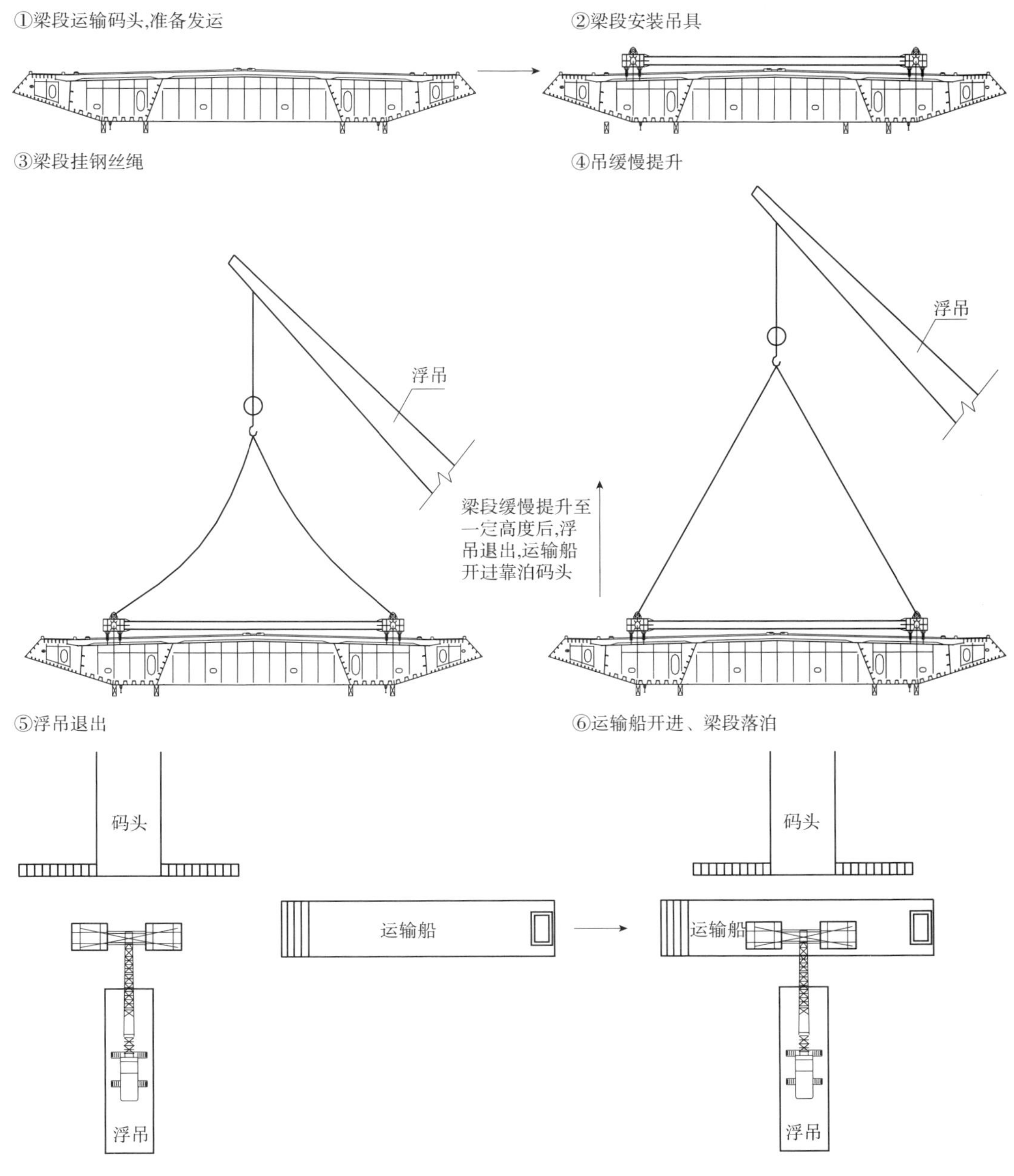

图3-2-33 装船过程图

4. 专用框架式吊具

每个梁段在制造时装有8只临时吊耳,吊耳与主梁间用高强螺栓连接。吊具下方设吊点,与梁段的吊点连接,吊具上方另设吊点,用于挂索。吊装时钢丝索的水平分力由框架承担,竖向分力由吊耳承受。因此,在梁段吊装时设计配备一付专用框架式吊具。

5. 运输船装船方案

本桥梁段采用支架叠装的方案。考虑到支架的承载能力,重量在340吨以上的部分梁段不采用支架叠装。

1)支架横梁设计

支架横梁采用两根H型钢(规格:2HN692×300),每根横梁单重2.024吨,每艘运输船上设置6根横梁。横梁上垫35mm的橡胶垫,以便受力均匀、防止运输过程滑动。

梁段装船示意图见图3-2-34。

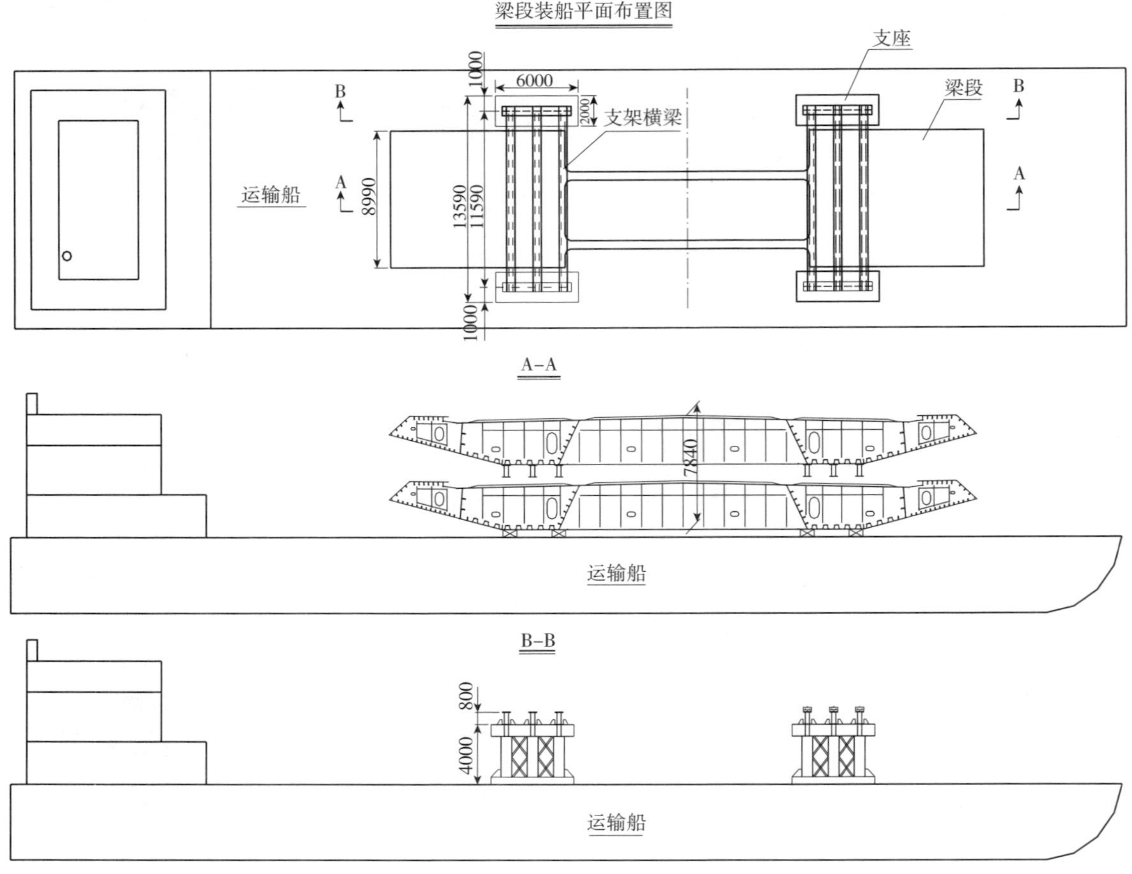

图 3-2-34　梁段装船示意图

2)梁段绑扎

为保证梁段运输途中的安全,梁段在装船后,由 5t 手拉葫芦和钢丝绳将梁段与船舶甲板牢固的系接在一起,使梁段与船舶形成一个牢固的整体。钢丝绳与梁段接触处加入木垫块或胶皮垫以防损伤梁段边缘。所有工作检查确认后,船舶才能出港航行。经绑扎牢固后,运输船离开码头即可向桥位驶去。梁段绑扎见图 3-2-35。

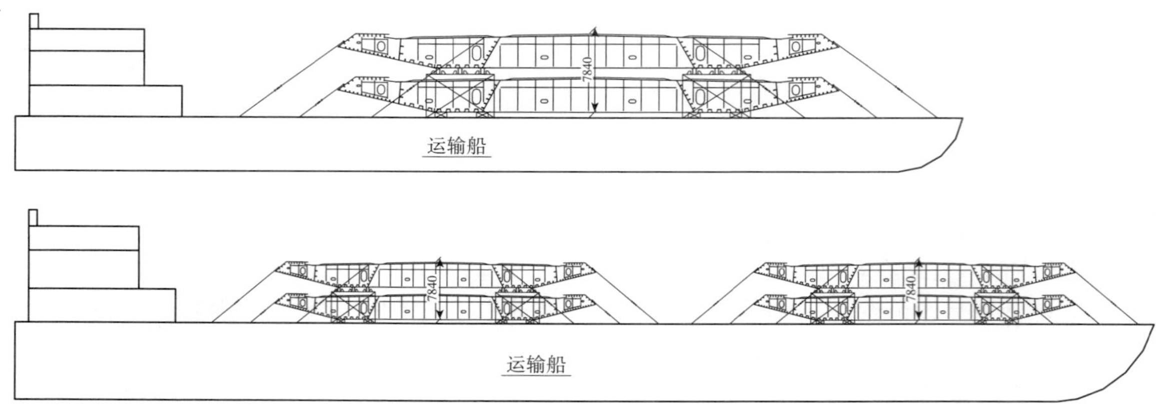

图 3-2-35　梁段绑扎图

(四)船舶抛锚定位

1. 定位前准备工作

将桥梁的定位吊装分为两个阶段完成,第一阶段为定位作业前的准备工作即粗定位,第二阶段为精确定位与吊装。锚地待命必须要有严格的制度加以保障,并做好定位吊装的一切准备工作。

(1)定位吊装作业前,必须明确各岗位、各船舶直至每个人的职责,各责任人必须同时配备统一型号、统一频率的对讲机和手机两套通信工具,保证通信畅通。

(2)所有运梁船及辅助船舶,均应在48h 前到达临时锚地候潮,对定位吊装应有一定的储备时间。

(3)认真检查运梁船的机械设备运行正常,运梁船自身的锚泊设备,系泊设备完好,航行设备一切正常。

(4)运梁船定位前的备用交通船 1 ~2 艘、抛锚船 2 艘、测量艇 1 ~2 艘、大功率(马力应接算成 kW 以上全回转)拖轮 2 艘齐全完好,并由熟悉当地水域、对河床情况熟悉的船长指挥操作,在紧急情况发生时,随时协助运梁船舶,安全撤离吊装现场。

2. 运梁船桥位抛锚、定位步骤

(1)用 GPS 定位,抛锚船距桥轴中心线约 130m 处连续抛下 4 只 10t 海军锚作为定位锚。

(2)每个定位锚均配好缆索,系好浮标,配备缆索长 >150m。

(3)运梁船与定位锚系结。

(4)系结完成后,由运梁船上的绞缆机械在全回转拖轮的协助下缓慢放缆,使运梁船缓慢地往桥梁中心线方向移动,直至运梁船移动到桥梁安装位置附近,完成梁段的初步定位。整个过程锚抓力要足够,并有全回转拖轮绑住协助作业,以保证安全作业的。

(5)进行梁段的精确定位:放缆至船上梁段中心线与钢箱梁安装位置中心线完全重合,并且全回转拖轮进行梁段纵、横向的精确定位。

(6)以同样的步骤完成上述抛锚定位,4 只定位锚可完成 6 个标准段即 54m 与主梁的吊装,完成吊装任务的定位锚由抛锚船起抛锚。运梁船桥位抛锚、定位见图 3-2-36、图 3-2-37。

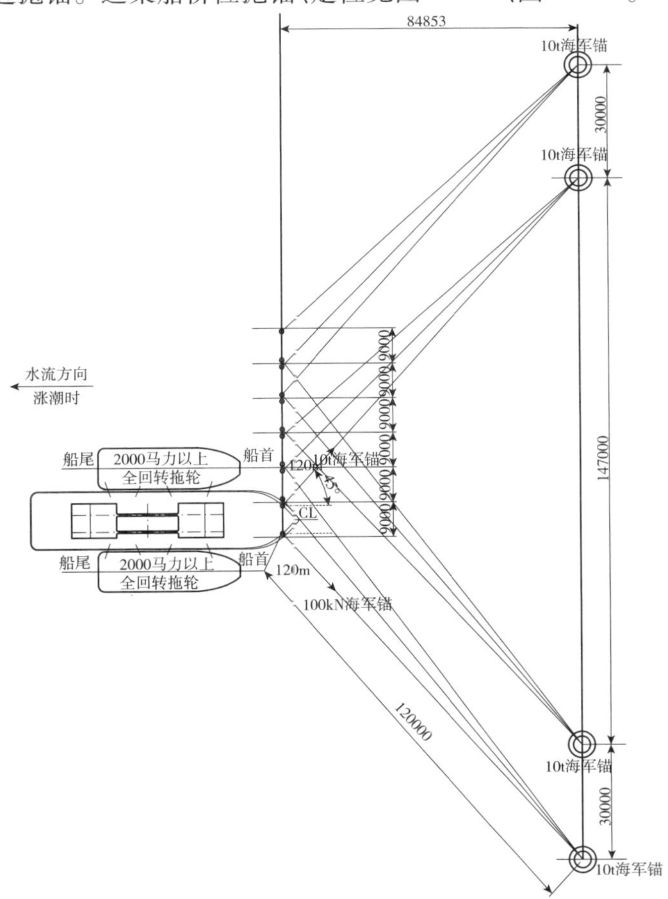

图 3-2-36 运梁船首驾驶船型抛锚、定位(尺寸单位:mm)

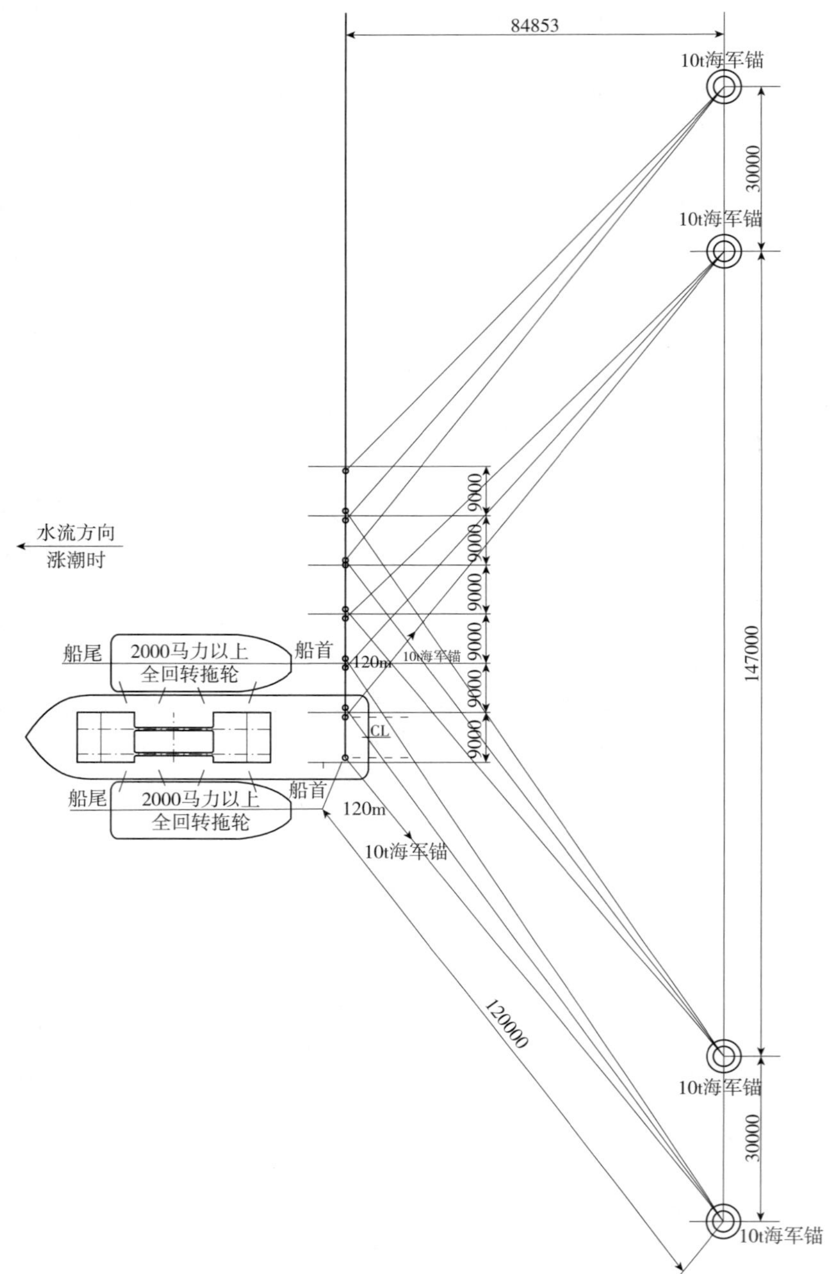

图 3-2-37　运梁船尾驾驶船型抛锚、定位(尺寸单位:mm)

3.其他应注意的问题

(1)在船舶选型上,首选首驾驶室甲板船,其次考虑一些符合条件的尾驾驶室船舶,但无论什么船舶都必须保证除驾驶室有上层建筑外,其余均为平甲板,对不适合的船舶应进行改造。

(2)定位时驾驶室端两侧应配备绞缆器两台,能满足 10t 海军锚的紧缆及系泊力,运梁船定位主要依靠左右两条绑结的大马力全回转拖轮。

(3)利用运梁船自身调节压载功能,通过调节压载水来调节浮态,必要时可在首端或尾端增加适当固定压载,以调节浮态。

(4)万一出现在涨平潮时段没有完成定位作业延至落潮,则立即取消吊装作业,运梁船也随着潮水远离栈桥,全部船舶撤离确保栈桥安全。

(5)每吊装3排梁段(27m),地锚上的系结移动一次,为了满足定位吊装作业要求,在吊装的一端可一次性抛下4只定位锚,可满足吊装作业连续性。

4. 定位船方案

(1)首先用GPS定位,在主桥下游侧抛下4只地锚。

利用定位锚及全回转拖轮完成定位船的准确定位,定位船的定位位置在定位前先计算出与吊装梁段安装位置的间隔距离,定位船示意图见图3-2-38。

(2)运梁船在全回转拖轮的协助下,通过拖轮的顶、推移动,使运梁船缓慢移向定位船,通过与定位船上首、尾缆绳系结,停靠在定位船上,完成其粗定位。

(3)4只地锚同样可完成6个标准梁段即54m长主梁的吊装,完成吊装任务的地锚由抛锚船起抛轮换。

(4)通过定位船上首、尾紧缆器及全回转拖轮辅助完成其梁段精确定位,见图3-2-39。

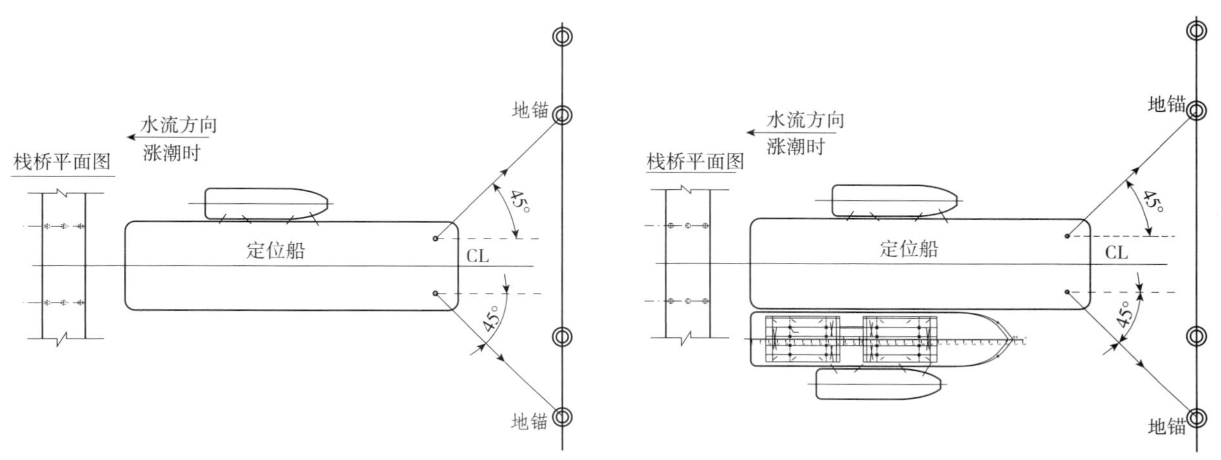

图3-2-38 定位船示意图　　图3-2-39 梁段精确定位

(5)梁段装船后运往桥位航行时间往返约需10d左右。为保证运输船的可操纵性与夜航性,船上配备了两套航行信号系统和雷达导航系统;另外组织一支航修队来对付航行途中的突发故障。

(五)水上运输安全及应急预案

1. 水上运输安全措施

(1)由主管安全的领导担任运输的总指挥,全程监控。配备经验丰富、驾驶技术过硬的船舶驾驶人员及轮机人员进行运输,确保航行安全。

(2)选用的船只必须达到国家各级水运监管部门的安全要求。整个运输期间,船长必须加强与沿途各港航管部门的联系,坚决服从水上航行管理,并注意收听气象预报,遇有大风、浓雾及任何危及安全的情况时,要驶往锚地抛锚,确保运输船及节段的安全。

(3)运输过程中必须认真研究常通过的各个航道水域情况,做好航行方案,属实安全措施。航行中要高度集中精力,加强瞭望,注意航道水流变化,认真谨慎操舵。

(4)为确保枯水期安全,运输过程中要申请海事部门、航道管理部门支持并指导船舶过滩通航工作。

(5)运输船在运行过程中,要坚持航前、航时、航后会议制度,根据航道、水情、气象等各种情况进行分析,提出航行安全方案。

(6)成品节段在运输时要利用钢丝绳、葫芦对构件进行绑扎固定,避免构件滑移。在绑扎时,应加垫木块,严防损伤构件。

(7)运达工地后,如因故不能及时起吊,运输船应在港监部门指定的锚地抛锚待命。

(8)在运输过程中对所运输货物进行货物保险。

2. 运输过程中防台、抗洪及意外应急预案

贯彻“安全第一，预防为主”的方针，坚持“早防早避，以防为主，防抗结合，层层把关，职责落实”的原则，做好防台抗洪工作，避免和减少损失。

1）防台、防洪预案

项目部成立以项目经理为第一负责人的管理体系，当船舶遇到应急事故时，该管理体系开始运转，层层落实责任到人。

承运商在防台、防洪方面制定了一系列的文件，例如《防台防洪规则》和《防台防洪作业指导书》，并要求所有船员平时加强练习。运输船舶防台主要采用避台港口来防台，随时掌握天气变化信息，选择最佳出航时间，以满足船舶避风要求。

项目经理部在项目开工初期就编报了《水上施工安全专项方案》，该方案含盖内容较广，包括了钢箱梁现场施工及运输过程的安全注意事项及相关规定、应急预案等，亦可指导后续施工。

做好气象预报的接收工作，确保在大风来临前进入避风锚地。浓雾天气停航避碰。

2）船舶碰撞处理

（1）运输船舶在水域内发生碰撞事故等紧急情况后，船长立即用 VHF 向船管部门及海事救捞局准确报告现场情况，同时呼请周围船舶进行有效救助。

（2）如被损船舶出现船舱进水时，全船船员在船长的组织下各就各位，保障动力，进行排水堵漏，在失去机舱动力时要及时启用备用泵排水。

（3）当受损船舶舱内出现进水量大于排水量时，船长要当机立断，使受损船舶尽量向浅水区移位。

3）船舶搁浅处理

（1）显示搁浅信号，测量船舶周围水位情况，检查各舱是否受损漏水，查对当时潮汐时刻表，如无法利用潮汐脱浅，采取减载或船舶拖带脱浅。

（2）船舶搁浅造成船舱漏水时要及时堵塞漏洞，修复船舶后脱离浅滩，必要时向船管部门和项目部报告，请求援助。

4）船舶遇险失控处理

（1）显示“船舶失控”信号，向就近船舶发出请求救援呼叫，及时向船管部门和项目部应急小组报告本船失控情况并通过 GPS 报告船舶方位。

（2）避开水底管线、水上构筑物、船舶流量密集区的水域抛锚。

（3）随时与船管部门和船舶应急小组保持联系，以便船管部门和应急小组提供必要的救助。

（4）如运输船舶发现本船在水底管线附近施工走锚时或收听到海底光缆监控台 VHF80 频道的紧急呼叫时，船长须立即向船管部门和项目部报告本船情况，当本船船位已与管线浮标垂直距离小于 30m 时船舶必须做出弃锚决定，并设置浮标以备打捞。

5）船舶火灾处理

（1）当船舶发生火情时，应立即对外发送“船舶失火”信号，立刻向船管部门和项目部报告火情和船舶方位，船长按船员部署规定指挥船员各就各位组织灭火。

（2）如在航行中，须操纵船舶使失火部位处于下风，如船舶停靠在平台、栈桥、码头时应设法将火船撤离。

（3）在救火过程中注意船舶的浮性、排水和平衡措施。确保灭火人员通道畅通，关闭油柜阀门，切断电源。

6）船舶溢油处理

（1）不管任何情况造成船舶对外溢油都要当即向船管部门和项目部应急领导小组报告溢油的真实情况，项目部根据报告，立即组织船舶和人员调用防污器材赶赴现场救治，必要时请求船管部门支援。

(2)如供受油时溢油,须立即停泵并关闭所有阀门,封闭溢油层甲板全部出水孔,禁止明火及电源靠近。如因海损事故溢油,须设法关闭事故船舶油舱阀门,在使用通讯器材时要加强防爆措施。

7)动力故障处理

运输船本身发生动力故障时,动用备用拖轮将运输船拖至桥位。用备用船只投入运输,保证施工进度。

第二节　组合梁安装施工关键技术

一、总体施工工艺流程

椒江二桥主桥采用半封闭钢箱组合梁、钻石型索塔斜拉桥结构。全宽约42.5m(不含风嘴宽39.6m),底板宽14.96m,中心线处高度3.5m(不含铺装)。主梁梁段长度4.72~9m。标准钢箱梁梁段高3.1m、长9m,箱梁与斜拉索通过边腹板上的锚箱连接,边中跨比为0.4375:1,塔的高跨比为0.318:1。主桥中跨位于R=12000m的竖曲线范围内,与两侧边跨顺接。

桥跨布置见第一节图3-2-1,组合梁标准断面图见图3-2-2,梁段划分图见图3-2-3,梁段板单元组成见图3-2-5。

(一)各区段施工方法

主桥上部结构施工南北两岸同步进行,上部结构施工主要为钢箱梁的安装及斜拉索施工。钢箱梁安装分“支架+浮吊安装法”和桥面吊机提升法两种方式,各区段采用不同安装方式(以北岸为例)见图3-2-40。

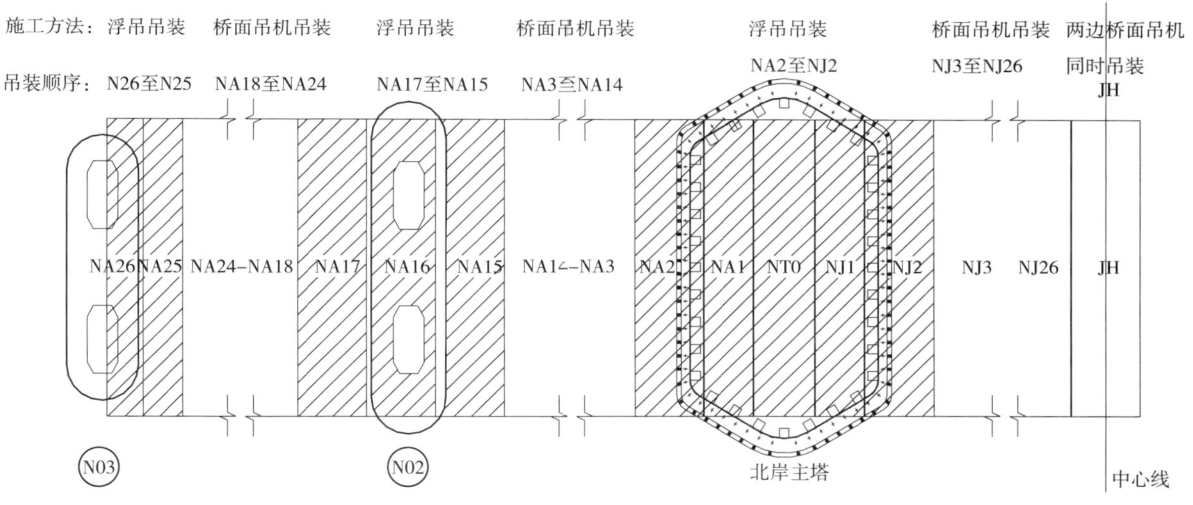

图3-2-40　梁段安装方式示意图

(二)施工工艺流程图

主桥上部结构施工工艺流程图见图3-2-41。

二、组合梁索塔区梁段安装施工

(一)塔区梁段施工方法简述

主桥索塔区钢箱梁安装共包括A(T0)、B(J1、A1)、C1(J2、A2)3种梁段共5个块段,起吊梁段长度6.5m、8m、9m,最大起吊重量约421.8t,起吊高度约48m,段数量10个(南北索塔区各5个)。各梁段尺寸见表3-2-11。

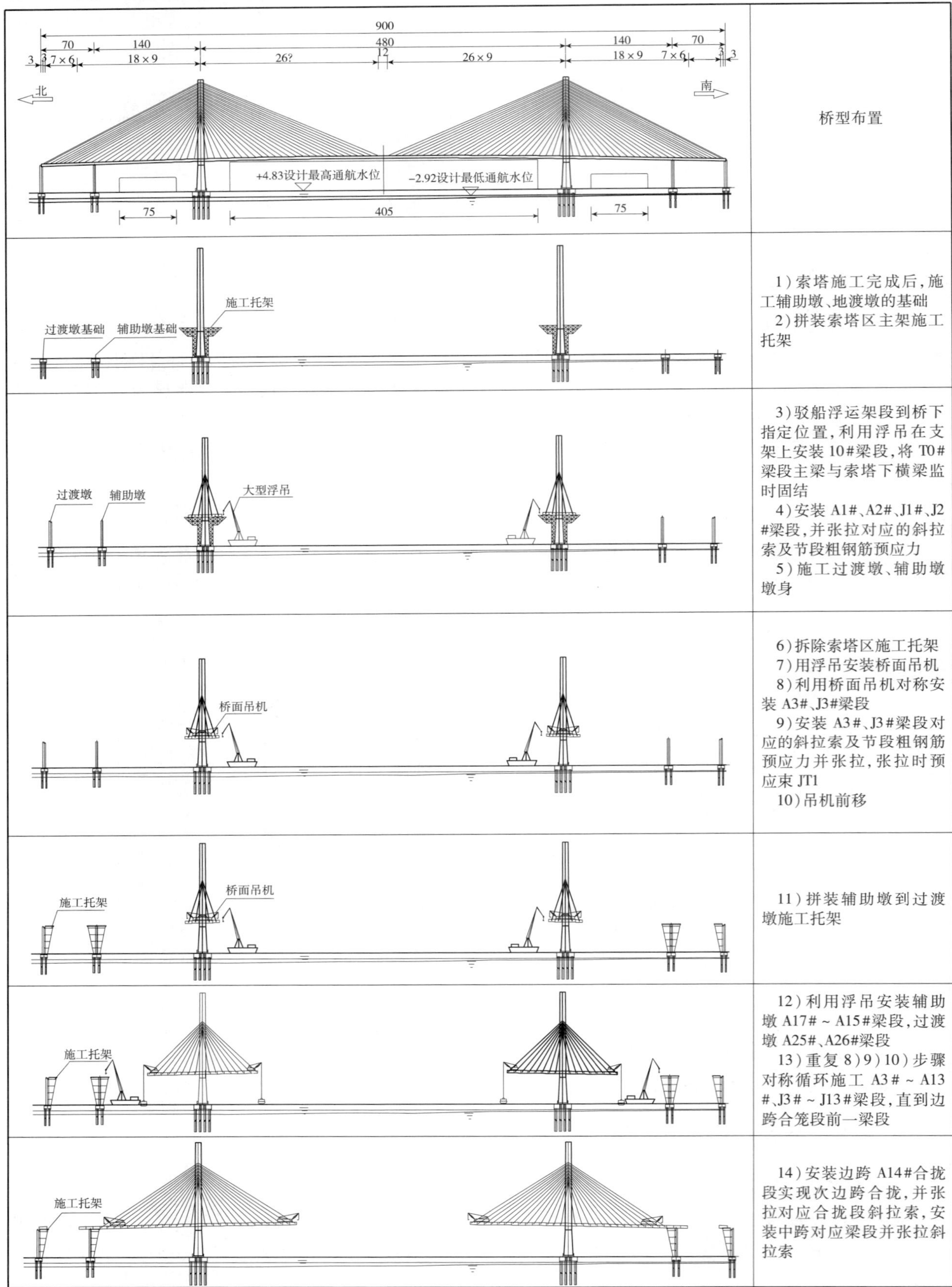

桥型布置

1)索塔施工完成后，施工辅助墩、地渡墩的基础
2)拼装索塔区主架施工托架

3)驳船浮运架段到桥下指定位置，利用浮吊在支架上安装10#梁段，将T0#梁段主梁与索塔下横梁监时固结
4)安装A1#、A2#、J1#、J2#梁段，并张拉对应的斜拉索及节段粗钢筋预应力
5)施工过渡墩、辅助墩墩身

6)拆除索塔区施工托架
7)用浮吊安装桥面吊机
8)利用桥面吊机对称安装A3#、J3#梁段
9)安装A3#、J3#梁段对应的斜拉索及节段粗钢筋预应力并张拉，张拉时预应束JT1
10)吊机前移

11)拼装辅助墩到过渡墩施工托架

12)利用浮吊安装辅助墩A17#~A15#梁段，过渡墩A25#、A26#梁段
13)重复8)9)10)步骤对称循环施工A3#~A13#、J3#~J13#梁段，直到边跨合笼段前一梁段

14)安装边跨A14#合拢段实现次边跨合拢，并张拉对应合拢段斜拉索，安装中跨对应梁段并张拉斜拉索

图 3-2-41

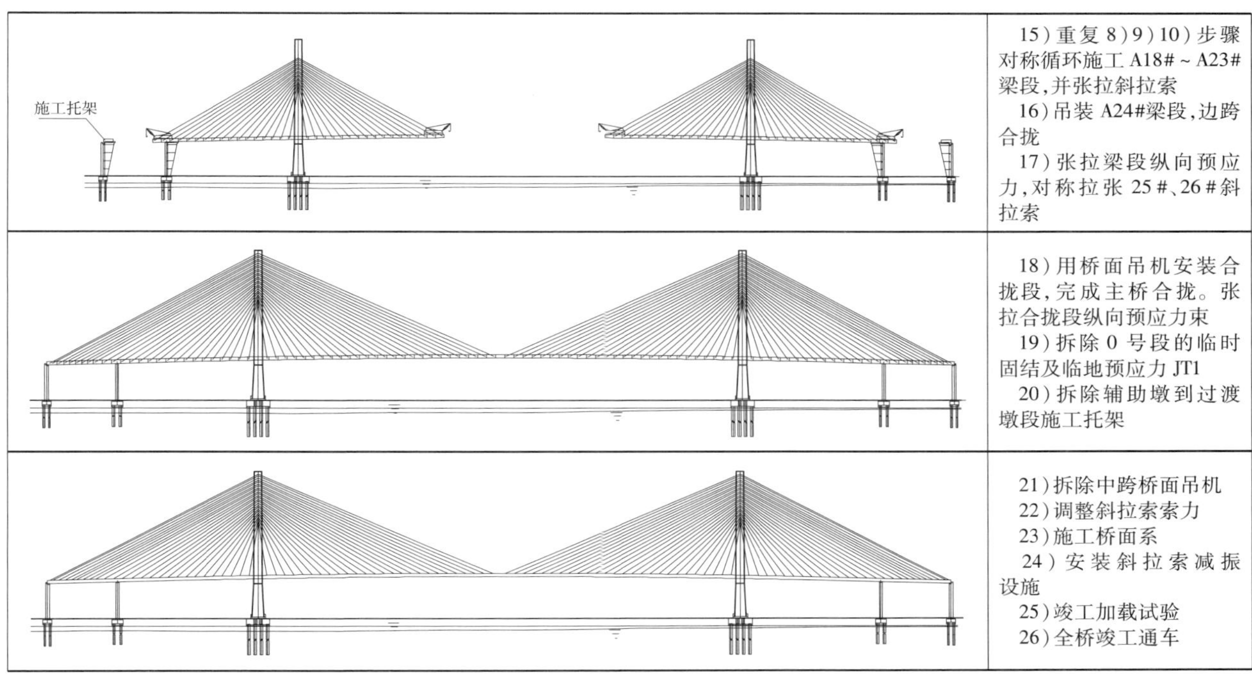

图3-2-41 主桥上部结构施工工艺流程图(尺寸单位:cm)

索塔区各梁段参数表 表3-2-11

块段编号	外形尺寸(长×宽×高)(m)	梁重(t)	数量
A(T0)	8.0×31.92×3.502	421.8	1
B(J1、A1)	6.5×31.92×3.502	357.1	2
C1(J2、A2)	9.0×31.92×3.502	393.3	2

索塔区梁段均利用大型浮吊将其吊放于索塔处支架上,然后再进行定位与栓接。为了保证梁段的调整精度,5个梁段一次(分块)吊装至支架上,全部吊装完成后再进行梁段位置的调整、连接等工作。索塔区钢箱梁总体施工流程见图3-2-42。

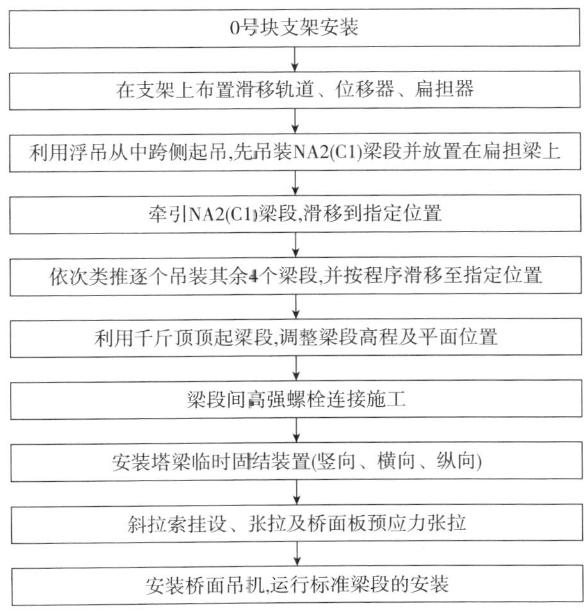

图3-2-42 索塔区钢箱梁总体施工流程图

(二)塔区梁段支架搭设

塔区梁段支架(亦称"0号支架")。支架采用ϕ800mm×10mm大直径钢管作为承重结构,钢管底部通过预埋件固结在主墩承台上,钢管顶部设置纵梁、滑移轨道、移位器、施工平台、通道等设施。由于承台沿桥纵向的尺寸仅为24.48m,而塔区梁段总长为39m,因此在支架两侧必须设置斜向钢管,以满足钢梁安装长度的要求。

在钢管之间设置2]28a型钢、ϕ300mm×6mm钢管作为平、斜联,以保证钢管的刚度和稳定性,各层平联间的控制间距为6.0m。

塔区梁段的安装要求,需在塔区梁段支架顶部设置施工平台及通道,保证施工人员在移梁、调梁及梁段栓接等施工的安全。施工操作平台借助钢管支架,在钢管支架顶部适当高度加焊三脚架支撑进行。人员通道设置在纵梁上,半幅桥支架的两条纵梁中心间距为3.2m,纵梁底距钢梁底的距离大于1.7m,已可满足施工作业人员的需要。

支架的总体布置见图3-2-43及图3-2-44。

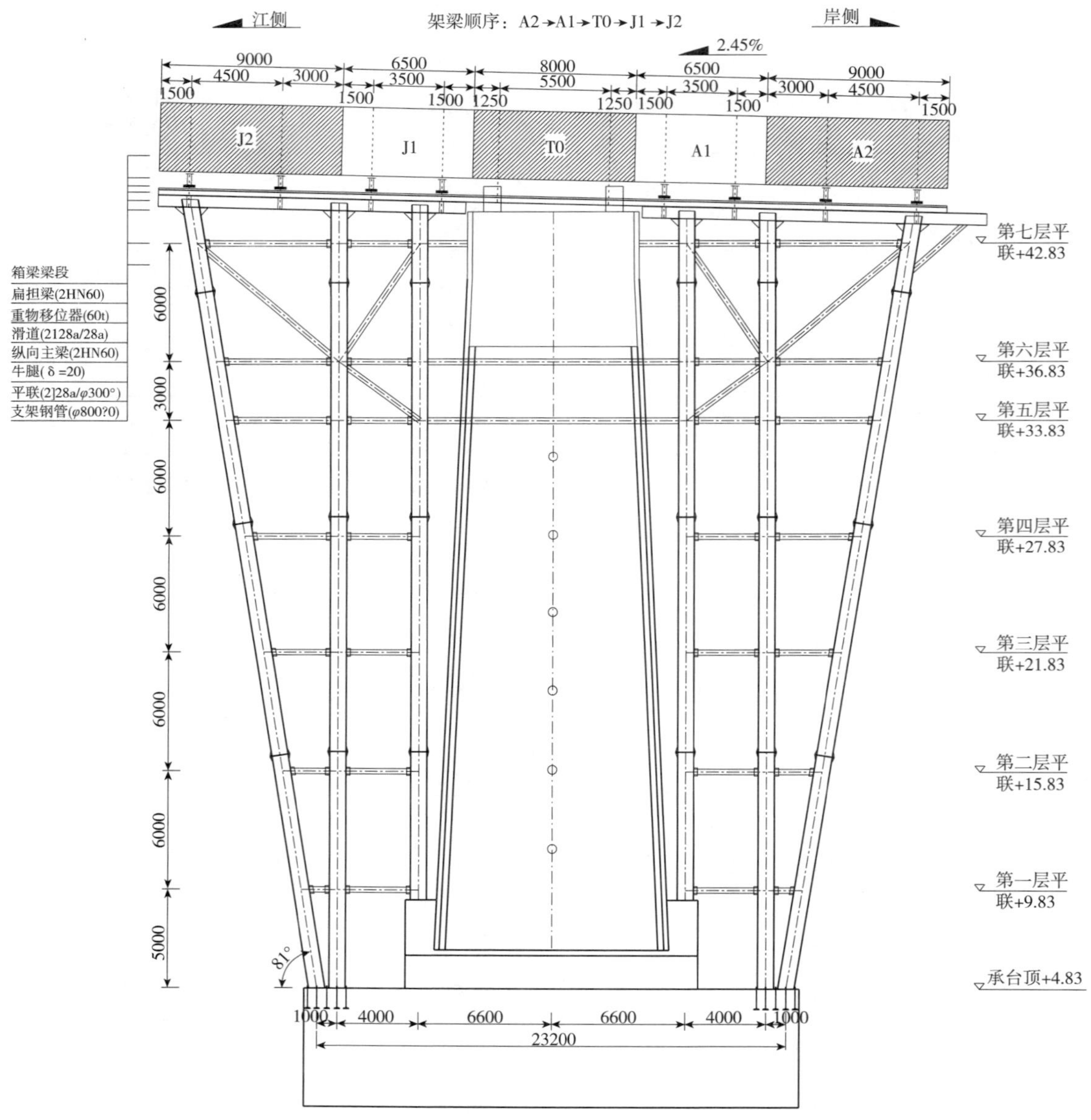

图3-2-43　塔区梁段支架侧面布置图(尺寸单位:mm)

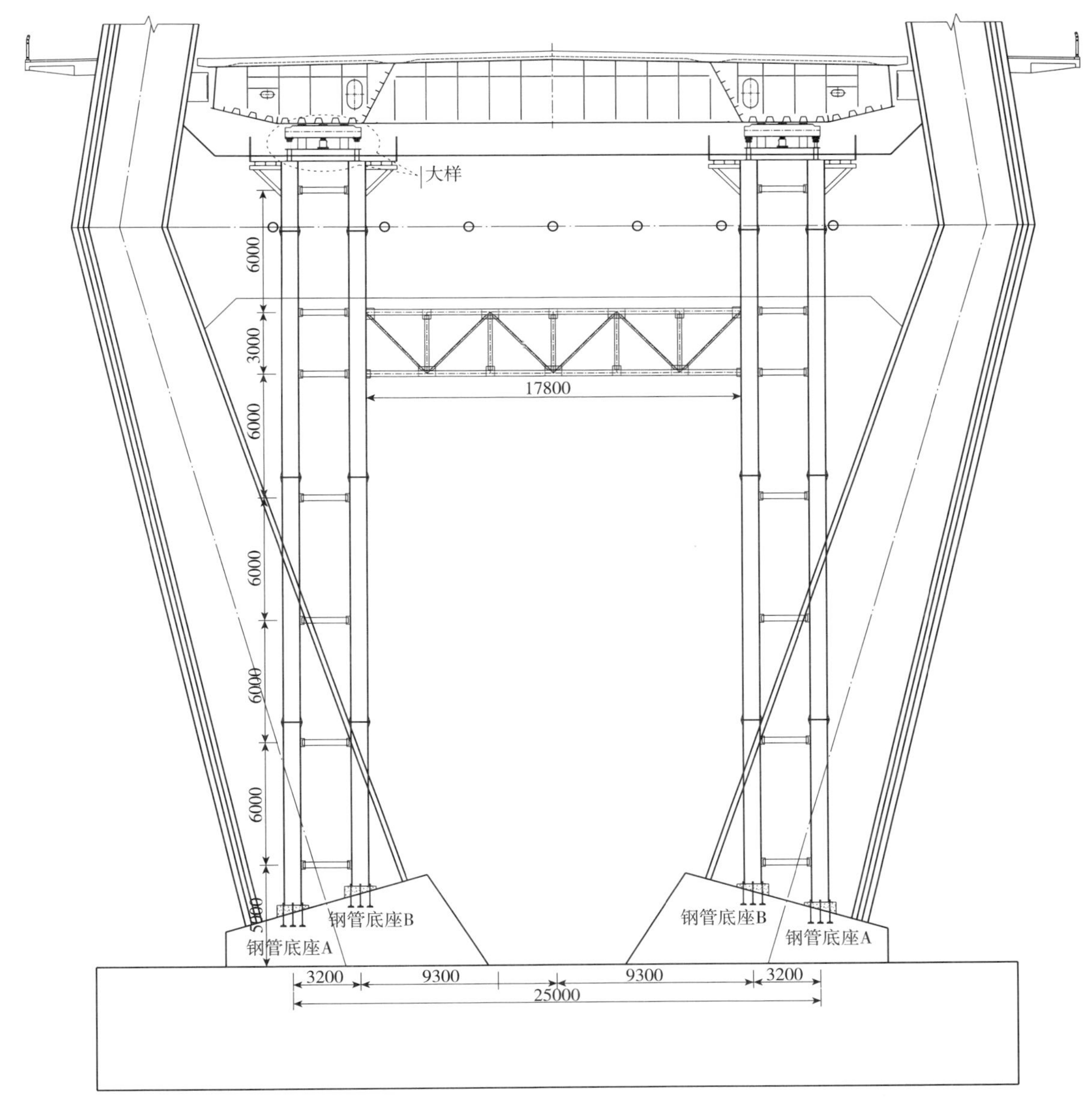

图 3-2-44 塔区梁段支架立面布置图(尺寸单位:mm)

(三)塔区梁段安装

1. 确定吊装顺序的基本原则

(1)0 号块支架上的梁段自重荷载应尽量对称、均匀加载,避免支架上出现竖向拉力,从而影响支架的稳定性;(2)减少浮吊的移位次数;(3)确保大型浮吊的顺利抛锚就位。

2. 吊装顺序

综合考虑以上原则和现场施工作业条件,塔区梁段的吊装拟采取的顺序为:

A2 梁段(C1)→A1 梁段(B)→T0 梁段(A)→J1 梁段(B)→J2 梁段(C1)

即:浮吊停泊于中跨侧,先将 A2 梁段(C1)安装在 0#支架靠中跨一侧,然后通过纵向滑移系统移动 A2 梁段(C1)到设计位置,在调整好梁段的平面位置之后取出移位器倒用,继续进行 A1 梁段(B)的安装作业,重复上述过程,逐段完成塔区钢箱梁 5 个块段的安装。梁段吊装及移动示意图见图 3-2-45。

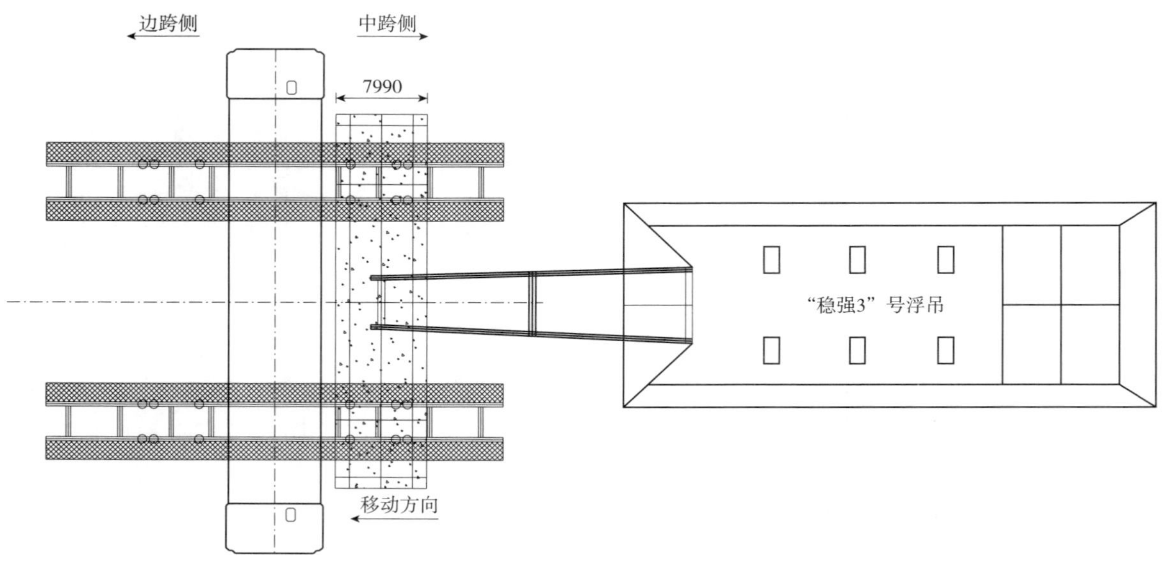

图 3-2-45 梁段吊装及移动示意图

(四)钢箱梁吊架设计及吊装索具的配置要求

1. 吊架的设计

钢箱梁临时吊耳设计采用高强螺栓连接耳板与横隔板。根据验算,螺栓所受剪力较大,为了改善吊耳受力性能,对于使用浮吊吊装的梁段,项目部采用自行设计的吊架来实现梁段临时吊耳的受力形式为竖向受力的目的,见图 3-2-46。

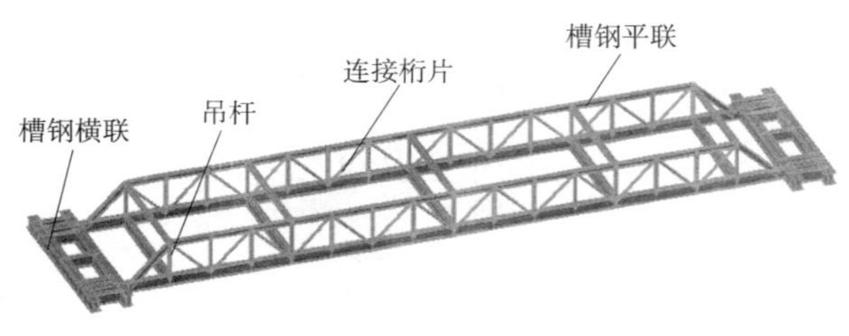

图 3-2-46 浮吊吊装梁段吊架示意图

吊架主要由连接桁片、吊杆和吊耳等组成。桁片的上弦杆为双拼][20a 槽钢、下弦杆为双拼][40a 槽钢、竖杆为双拼][10 槽钢、斜腹杆为 2L75 ×50 ×5 角钢加工而成,总重约 30t。

吊架吊杆由双拼 2HN45 型钢组成,双拼型钢中间夹焊吊耳($\delta = 36$mm),吊架吊耳同时考虑吊装梁段临时吊点的纵向距离 3.5m、4.5m、5.5m 3 种,吊架与钢箱梁临时吊耳也采用钢丝绳连接(该处采用专门定制的净高为 1m 的套环型钢丝绳),吊杆及吊耳布置见图 3-2-47。

2. 钢丝绳配置参数

钢丝绳配置参数见表 3-2-12。

钢丝绳配置参数 表 3-2-12

规格	直径(mm)	额定载荷(kN)	破断负荷(kN)	索长(m)	数量(根)
压制索具	$D = 120$	≥1200	≥6000	32	4

3. 卸扣参数

卸扣参数见表 3-2-13。

卸扣参数 表 3-2-13

规格型号	额定载荷(kN)	W(mm)	S(mm)	D(mm)	数量(个)
S-BX120-3 1/2	1500	140	369	108	24

4. 钢箱梁吊装示意图

吊索与水平面最小夹角 $\alpha = 52°$,钢箱梁吊装示意图见图 3-2-48。

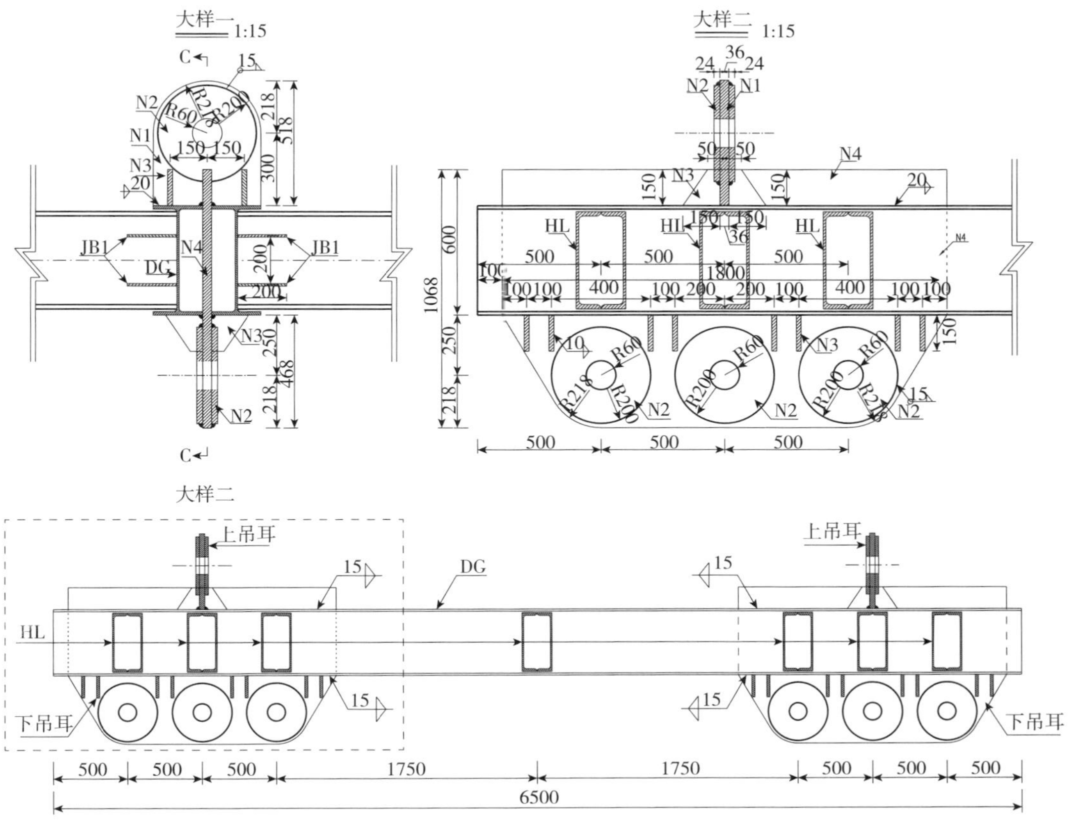

图 3-2-47 吊杆及吊耳布置图(尺寸单位:mm)

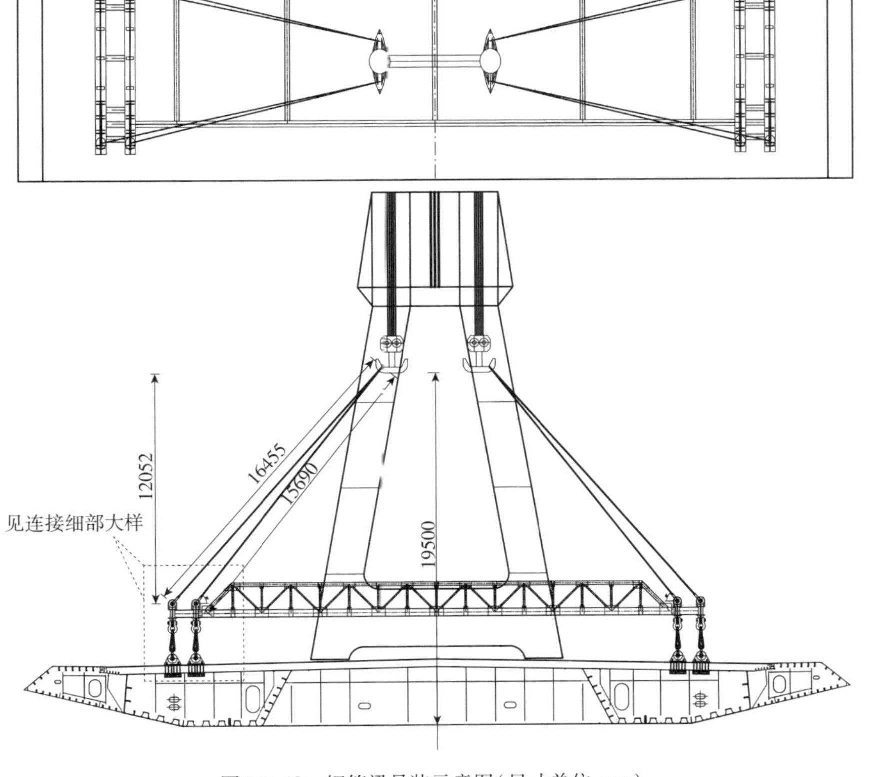

图 3-2-48 钢箱梁吊装示意图(尺寸单位:mm)

(五)钢箱梁吊装浮吊选择及主要参数

钢箱梁吊装作业的浮吊选型,主要是用以下3项要求来作为依据。

1.吊高要求

(1)根据钢箱梁吊装作业期间潮位表数据,取期间最低水位 -2.0m 作为浮吊起吊水位进行吊高计算。

(2)0号支架最高点(滑道上扁担梁顶部)高程约为 +46.5m,取钢箱梁吊装时底部高出扁担梁 1m 计算,即钢箱梁吊装时底部高程约为 +47.5m。

(3)钢箱梁底到吊钩的距离为19m(起吊钢丝绳高度15.5m + 箱梁高度3.5m)。

综上所述吊钩离水面的最小高度(亦称吊高):$H_{min} = 47.5 + 19 - (-2.0) = 68.5$m。

2.吊幅要求

根据现场实际情况,浮吊在江侧起吊其跨径大于15m时,船首可完全避开承台钢套箱江侧端的防撞墩,另加上3m的安全距离,浮吊的吊幅要求为不小于18m即可。

3.吊重要求

钢箱梁一次性安装重量按450t计。

根据所提供的1300吨级"稳强3"浮吊技术参数(表3-2-14),在"稳强3"扒杆变幅到65°时(最大起吊角度为70°),吊幅为31.7m、吊重为1300吨、吊高为71.2m,并在达到预定高度时起重臂杆不碰钢箱梁、0号支架,完全可以满足此次钢箱梁吊装要求,故选定该型浮吊。

"稳强3"浮吊主要技术参数 表3-2-14

变幅(°)	吊幅(m)	吊重(吨)	吊高(m)
68	27.62	1300	73.42
67	28.98	1300	72.68
66	30.34	1300	71.94
65	31.70	1300	71.20
60	38.50	1000	67.50
55	44.90	800	63.30

(六)钢箱梁吊装浮吊锚泊、工场布置及航道的占用(北岸为例)

(1)运钢箱梁的船(以下称"驳船")进入椒江口临时锚地按海事要求报港后,符合潮位时进入施工现场抛锚就位。待驳船就位后,浮吊顺桥向停泊在驳船南侧,见图3-2-49。驳船停靠时与桥墩间应保持一定的安全距离(驳船为"京润86号",总重1344.3吨,尺寸为58.80m×12.4m;船首2口霍尔锚,重约0.66t)。

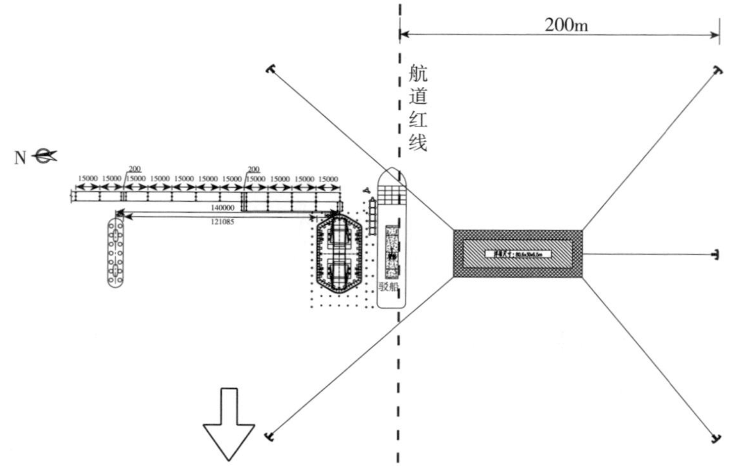

图3-2-49 浮吊、驳船锚泊位置关系图一

(2)浮吊就位于主墩江侧,船舶抛锚定位,船艉抛2口八字开锚,锚缆绳350m,船首艉各1根抽心锚,锚缆绳400m,船艏2口8字开锚外加2根安全带缆绳。"稳强3"尺寸为80.6m×30m×6.5m浮吊钢箱梁下放时锚泊位置见图3-2-50。

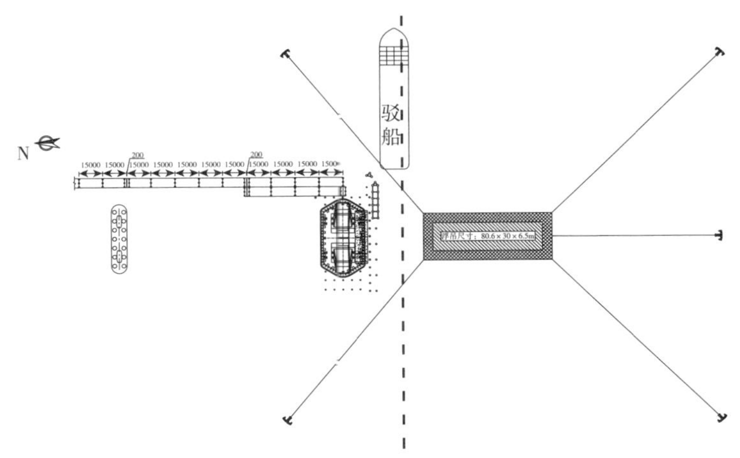

图3-2-50 浮吊、驳船锚泊位置关系图二

(3)钢箱梁的吊装占据航道的范围为200m×400m,占用航道时间为3d。此外,在钢箱梁吊装期间,船舶抛锚定位的"锚浮子"将会漂到北岸的制冰码头或海螺码头处,将影响海螺码头下游方向靠泊,需联系相关海事部门协调,以便安全、顺利的完成钢箱梁吊装作业。

(七)钢箱梁吊装方案

(1)钢箱梁吊装须选择在风力较小(不宜大于六级),天气晴朗的时段进行,起吊前一天,"稳强3"(1300t浮吊)与"京润86号"(运钢箱梁驳船)预先按上图抛锚就位,第二天(起吊当天)"稳强3号"在早上低平潮时靠近驳船准备起吊挂钩,挂钩前进行卸扣、摆放位置、箱梁内小型材料、工具等再次确认后,开始挂钩,采用人工拉钢索安装卸扣,预计8人,整个过程预计2h。

(2)在涨水期间起吊,待脱空30cm后,暂停起吊,检查各个装置,视有无异常情况,一切正常后,继续起吊至预先设定高度(高于支架最高点不小于1m)。

(3)钢箱梁起吊后,达到预定高度,此时潮水正常情况正位于高平潮时刻,"稳强3"移位至主墩轴线正中位置,通过调整浮吊船位置及起升钩配合钢箱梁安装,尽量不使用变幅机构(必要时用拖轮协助)。考虑钢箱梁安装过程中吊装位置较高,所以整个过程必须密切注意涌浪对浮吊的影响,采取慢调、循序渐进的方法进行,防止钢箱梁摆动过大以至于发生与支架或塔柱碰撞的情况。

(4)在支架搭设完毕后,事先在支架上拉设缆风绳,以协助钢箱梁的横桥向定位,在每一片梁移动至设计位置后,重复以上过程开始吊装第2片梁。

(5)吊装完最后第5片梁后,浮吊及驳船起锚,离开施工区域。钢箱梁吊装就位示意图见图3-2-51。

(八)钢箱梁落梁、定位

钢箱梁的落梁定位等可分三大步骤即落梁→移梁→调梁,以下分别进行说明。

1.钢箱梁落梁

落梁是将吊起的梁段安全、平稳放置于塔区支架扁担梁上的过程。

支架上扁担梁采用2HN60型钢制作,作为直接承受钢梁自重荷载的构件,其上依次设钢垫板、橡胶垫板。

落梁具体操作及相关注意事项:

(1)浮吊起吊梁段应选着风力较小的晴天进行,吊梁前须事先拴好缆风绳以便于梁段落架前作业人员辅助调整梁段位置及防止晃动等;同时通过缆风绳协助钢箱梁的横桥向定位,尽量将横向偏差控制在5cm以内。

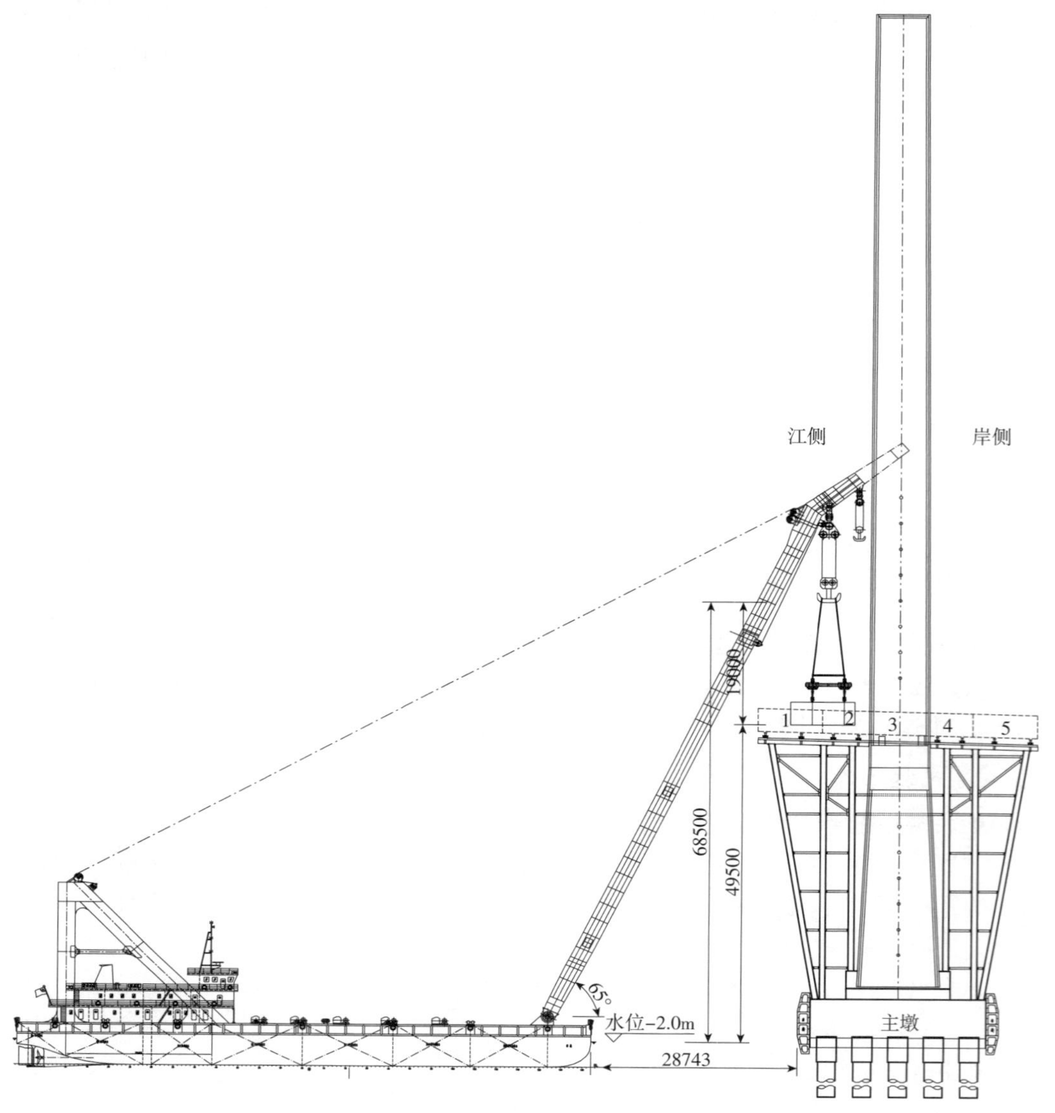

图 3-2-51　钢箱梁吊装就位示意图(尺寸单位:mm)

(2)落梁前须仔细观察扁担梁的位置与加劲梁的隔板是否对准,待 4 个点均检查完毕后方可落梁。

(3)梁段下落到支架扁担梁后逐级松钩,过程中须仔细对支架进行检查,将预先设定的测量观测点进行复测,同时安排专人进行支架平联焊缝、牛腿等主要受力部位进行排查,确保支架的安全。

(4)待上述检查完毕后开始松钩,落梁完毕。

2. 钢箱梁移梁

移梁是指将吊装后暂放于中跨侧的梁段通过移位器沿主梁上的滑道将其移动到指定安装部位的过程。移梁作为梁段就位粗定位,通过移位器调整钢梁的顺桥向位置,粗调控制钢梁的顺桥向位置的偏差不得大于 2cm。

滑道:采用 2HN45 型钢制作,型钢直接铺设在纵向主梁上,型钢顶面上再平行放置]40a 槽钢(起限位槽的作用)。型钢与纵向主梁、槽钢与型钢采用间断焊接,焊缝长度 10cm,间距 40cm,焊缝厚度 8mm,滑道安装须保证顶面平整,其平整度应控制在 2mm 以内。

移位器(CRM 履带式重物移运器)从专业厂家购置。根据各钢箱梁总重量参数,单片梁拟采用 8 台 100t 的移位器进行梁段移位。

移梁具体操作及相关注意事项:

(1)移位前需将单侧两根扁担梁用型钢焊接固定,以避免梁段在移动过程中不同步。

(2)钢箱梁的移位通过在前方用4个10t的手拉葫芦完成,移动时须安排专人负责且同步拉动葫芦。

(3)在梁段移位过程中若发现个别施力点葫芦拉动困难,须及时喊停并检查调整。

(4)由于梁段滑移方向为中跨至边跨侧(下坡),为了安全起见,通过在梁段后面用4个10t的手拉葫芦以及在移位器的前方放置木楔来起到保险、限位作用。

(5)滑道通过下横梁的位置恰处于临时垫石处,安装滑道前先将与临时垫石相冲突的部分钢筋切断,待边跨侧梁段移运到位后再进行垫石施工。

3. 钢箱梁精确就位

梁段的精确就位是指将已经移动就位的梁段通过放置在支撑梁上的三向千斤顶进行梁段轴线、高程等的调节,使其满足设计、监控的要求。

千斤顶支撑梁:采用2HN60型钢制作,与纵向主梁直接对焊连接且在梁中加设加劲板,作为千斤顶安放的支撑结构。支撑梁的平面位置对应位于各梁段横隔板下方。

三向千斤顶系统:本工程钢箱梁梁段调整决定摒弃以往大桥上采用的手拉葫芦与普通油压千斤顶相结合的方法。三向千斤顶系统主要有千斤顶底盘、竖向千斤顶和侧向千斤顶等组成。三向千斤顶系统见图3-2-52。

(1)竖向千斤顶:塔区钢箱梁安装的最大梁段重量为421.8t,每个梁段设置四个千斤顶,在钢梁位置调整过程中极限情况下为三个千斤顶受力,单个千斤顶最大承受荷载为1406kN,因此拟选用200t千斤顶配合钢梁的移位(同时考虑周转在过渡墩处使用)。YCW200B型系列千斤顶满足要求。

(2)侧向千斤顶:每个三向千斤顶系统在设置了一个竖向千斤顶的同时分别在其侧面纵横向各设置一个薄型千斤顶,由于在单片钢箱梁平面位置的调整过程中有四个侧向千斤顶受力,根据经验单个千斤顶最大承受荷载一般不会超过30t,因此选用RCS-302型薄型千斤顶满足要求。

(3)千斤顶底盘:采用2cm厚钢板制作而成,在底盘的上部设置四氟板、垫板作为滑动系统,千斤顶安放在钢垫板上,通过设置在底盘四周的侧向千斤顶实现千斤顶位置的微调,从而实现钢箱梁的精确定位。

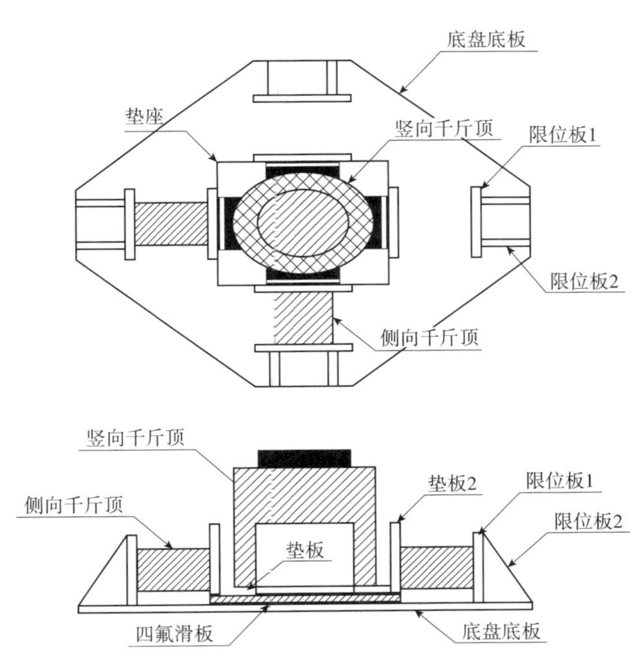

图3-2-52 三向千斤顶系统

三向千斤顶安置在底盘上,通过底盘上不锈钢板和四氟板间的相对滑动实现钢梁位置的调整。

调梁前在千斤顶支撑梁上放置好底盘,并在底盘上放置好竖向千斤顶并在其上部加垫数块 20mm 厚钢板及橡胶皮(防止底板变形或划伤涂装层)。调梁时这 4 只移位器的竖向千斤顶应同时顶升,以防止局部受力偏大,导致支架梁挠度变大,增加支架不安全因素。钢箱梁被顶起后,按照先调整轴线,再调整里程,最后调整高程的顺序调整梁段,直至梁段高程、四角相对高差、轴线及拼缝宽度符合设计及监控要求后,方可进行钢箱梁的连接。使用三向千斤顶调梁,可以使钢箱梁轴线控制在 2mm 以内,高程控制在 2mm 以内。钢箱梁定位装置见图 3-2-53。

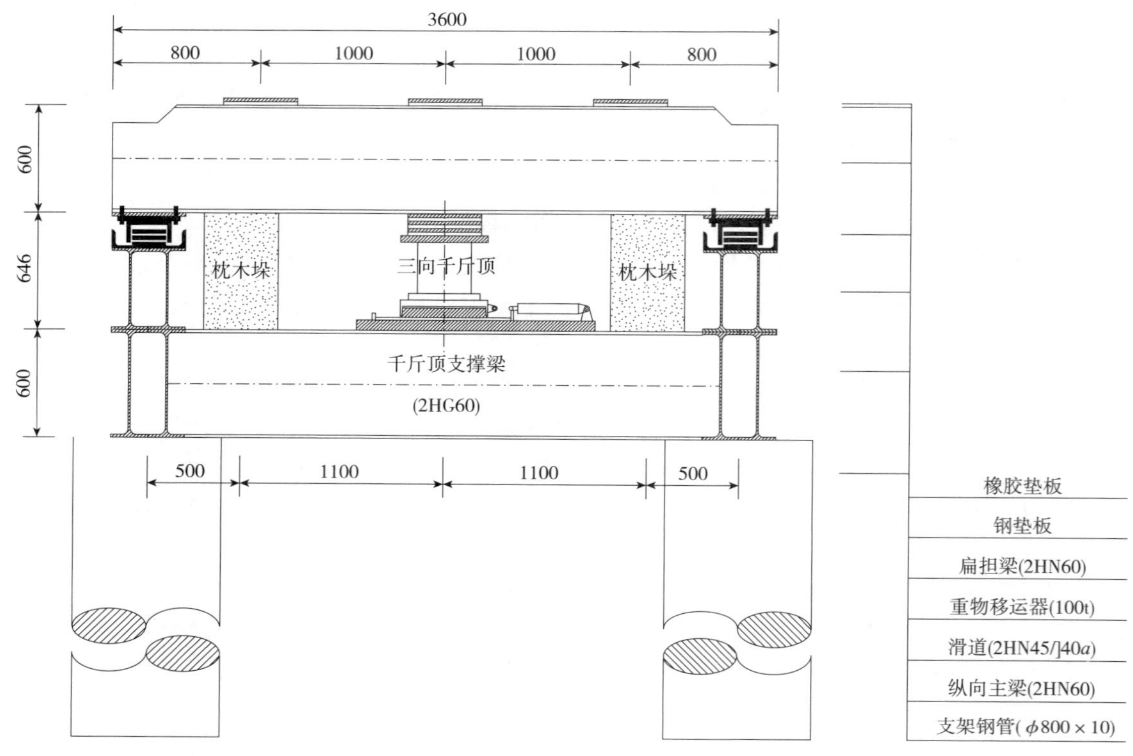

图 3-2-53　钢箱梁定位装置(尺寸单位:mm)

钢箱梁定位注意事项:

(1)钢箱梁初安装完成后首先进行梁段纵、横向位置的调整,其方法是先利用四个三向千斤顶的竖向千斤顶将钢箱梁微微顶起(约 30mm),然后通过水平千斤顶顶推相应位的顶推滑块,以实现梁段的纵、横向位置移动。在纵隔板之下紧挨落梁时的枕木垛或钢凳布设三向千斤顶系统,用以调梁。

(2)用竖向千斤顶将钢箱梁顶起,通过调整枕木垛或钢凳的高度将钢箱顶起或落下,每次约 20 ~ 40mm,反复此过程,直至达到钢箱梁的安装高度,完成钢箱梁的竖向调整。

(3)调整时,采用对钢箱梁纵轴线上前后两点及与纵轴线垂直的根基线上的左右侧两点进行双控制的定位方法,在较短时间内即可准确地完成钢箱梁的定位。

(4)准确定位后将钢箱梁支承在枕木垛或钢凳上。

(5)由于江上昼夜温差较大,箱梁平面位置会受温度影响。在凌晨日出之前需再次进行微调,通过测量钢箱梁 4 角点设定位置的高程和轴线来进一步准确定位。在梁段焊接之前需要进行梁段位置的复核(特别是纵横向位置),误差满足安装精度要求时方可进行下一步的连接施工。

(九)主梁临时锚固施工

根据设计要求,为了满足悬臂施工的需要及保证上部结构的抗风安全性,施工期要求主梁与索塔临时竖、纵、横三向固定,需施加约束力的实际值应根据设计及监控单位计算结果最终确定,以确保临时锚固满足施工节段的要求。

1. 塔梁竖向临时锚固

本项目主桥钢主梁与索塔临时锚固单塔共设计 4 个锚固装置，每个锚固装置采用 2 束 $7\phi^s15.2$mm 的低松弛 270 级钢束钢绞线进行。钢主梁与索塔临时锚固构造见图 3-2-54。

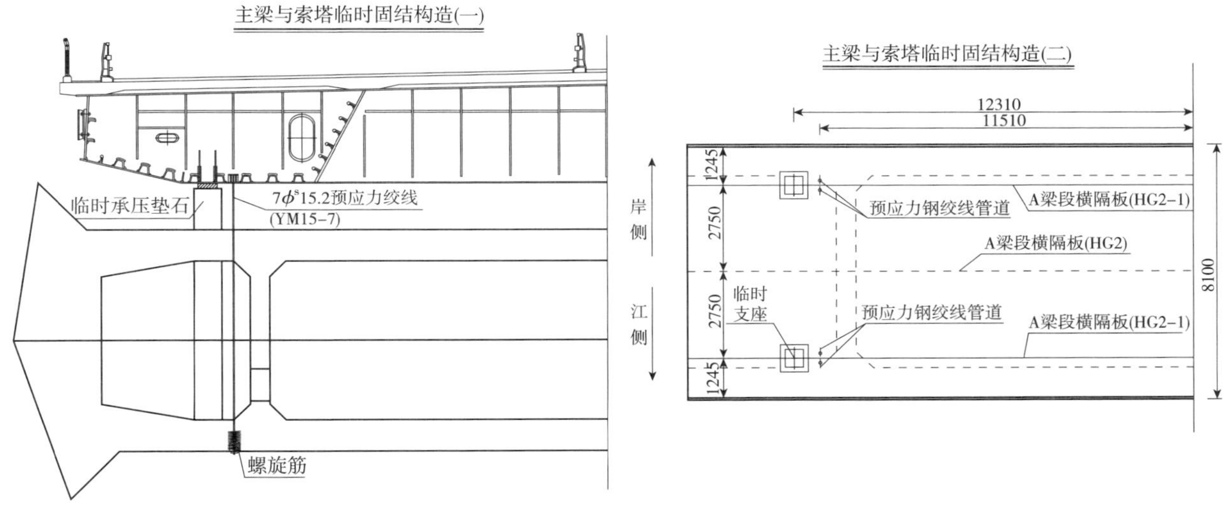

图 3-2-54 钢主梁与索塔临时锚固构造（尺寸单位：mm）

为了降低高空作业安全风险且简化操作工艺，钢箱梁与索塔临时锚固在钢箱梁（在横隔板位置处增加锚箱并采用加劲板进行加强）梁内完成张拉，为了传力性更好，临时锚固受力点位于对称于横隔板两侧 150mm 的位置，具体锚固位置大样见图 3-2-55。

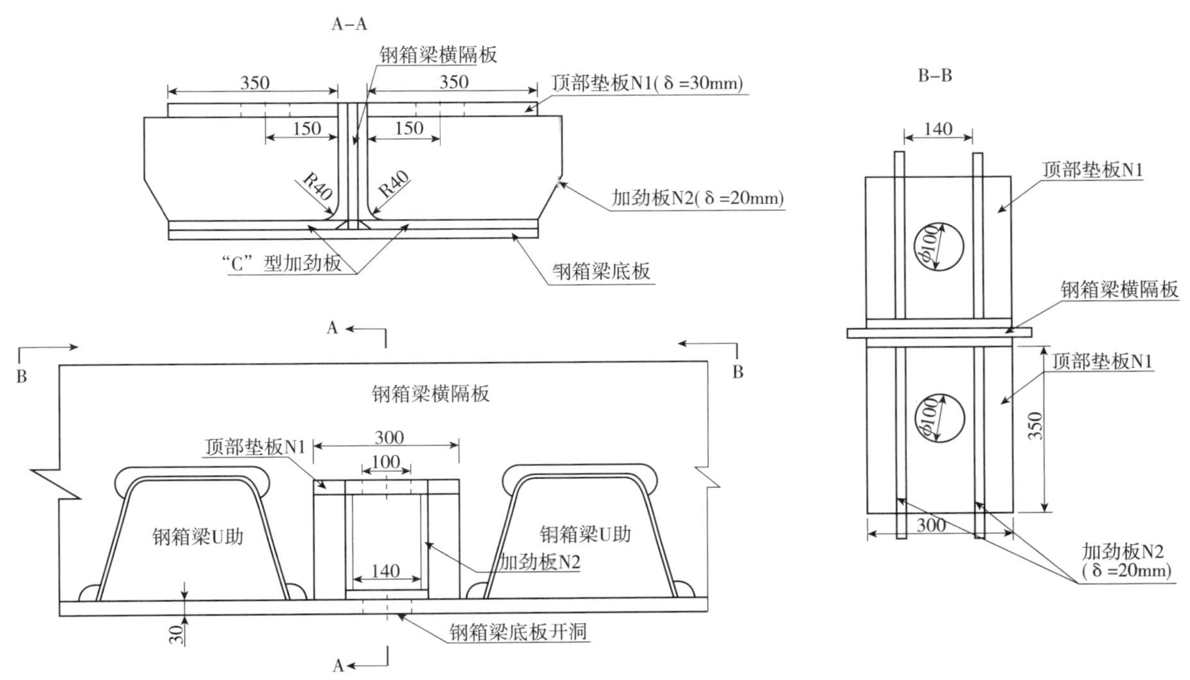

图 3-2-55 临时锚固位置大样（尺寸单位：mm）

根据设计要求：每个锚固装置（含 2 束 $7\phi^s15.2$mm）所需的张拉力为 1500kN，张拉采用 4 台 150t 穿心千斤顶东西两侧对称进行。此外，为了防止下横梁底端钢绞线夹片在张拉过程或后期坠落，拟采用 OVM 公司的防松锚具，使夹片不会松动，保证临时锚固质量。

2. 塔梁纵向的临时约束

塔梁纵向临时约束采用在纵向阻尼器连接耳板间连接临时拉压杆的形式完成，根据设计提供的施工过程中的最大纵向力1360kN，连接杆件长度为3900mm，根据计算临时拉压杆的截面形式为箱型截面，塔梁纵向临时约束示意图见图3-2-56。

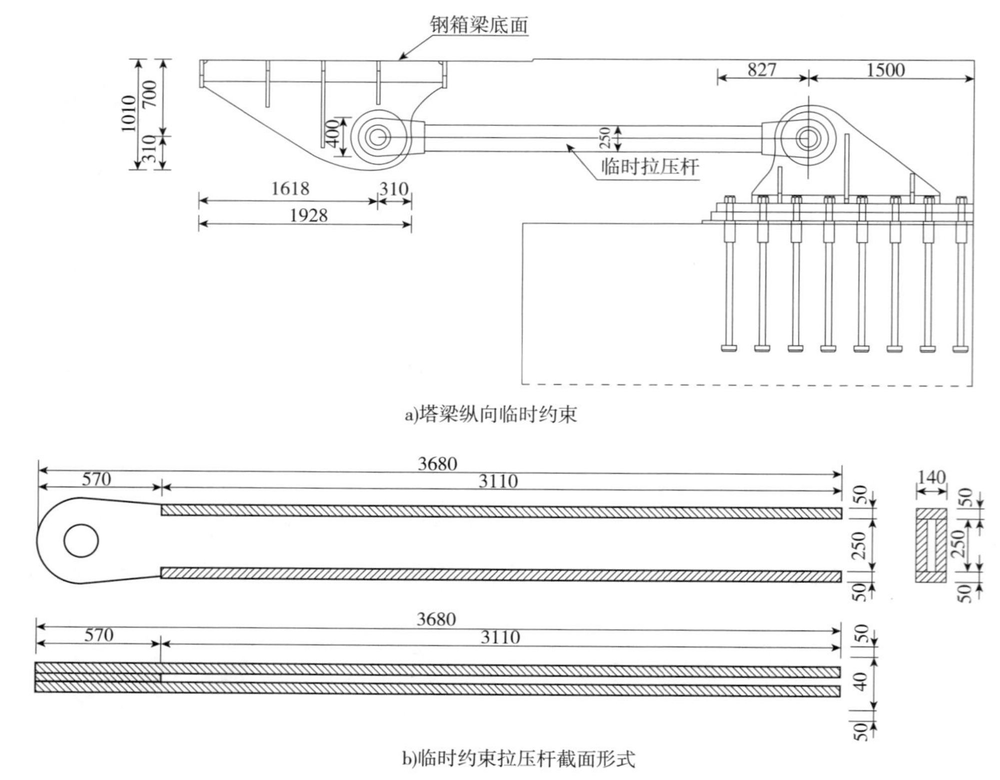

图3-2-56　塔梁纵向临时约束（尺寸单位：mm）

3. 塔梁的横向约束

塔梁的横向约束采用横向永久抗风支座进行，横向抗风支座在塔区梁段位置调整后进行安装。

（十）检查车的安装

根据上部结构施工的需要，钢箱梁检查车将用作后续湿接缝施工及钢箱梁面漆涂装等作业平台，为了满足施工需要且对悬臂施工不产生影响，检查车的安装拟在桥面吊机完成吊装3号梁段后对称进行。

三、辅助墩、过渡墩墩顶梁段施工

（一）概述

辅助墩、过渡墩墩顶梁段南北两侧各5片，其中辅助墩墩顶各3片，过渡墩墩顶各2片。均采用浮吊吊装至钢管支架上完成安装，各梁段的长度及重量汇总见表3-2-15。

梁段长度及重量汇总表　　　　表3-2-15

梁段编号	辅助墩处梁段			过渡墩处梁段	
	NA15	NA16	NA17	NA25	NA26
梁段类型	D	E	F1	H1	H2
长度（m）	9	9	9	5.2	4.72
梁重（t）	443.961	565.797	451.14	444.737	379.306

注：上表中梁段重量未计压重混凝土重量。

根据设计要求及实际施工工艺，辅助墩及过渡墩梁段 NA16、NA26 均设有压重混凝土（辅助墩处 273m^3 共重 1229t，过渡墩处压重混凝土 399m^3 重约 1596t），压重混凝土施工实行分步压重的方式。

（二）辅助墩及过渡墩墩顶支架设计与搭设

1. 辅助墩处梁段支架设计与安装

辅助墩墩顶 D、E、F1 类梁段施工支架由 $\phi800\times\delta10$mm 钢管立柱、双拼[ ]槽 28 型钢平联（上面三道采用 H45 加强型）、H60 型钢纵横梁组成。根据施工工艺，辅助墩处支架平面布置见图 3-2-57。

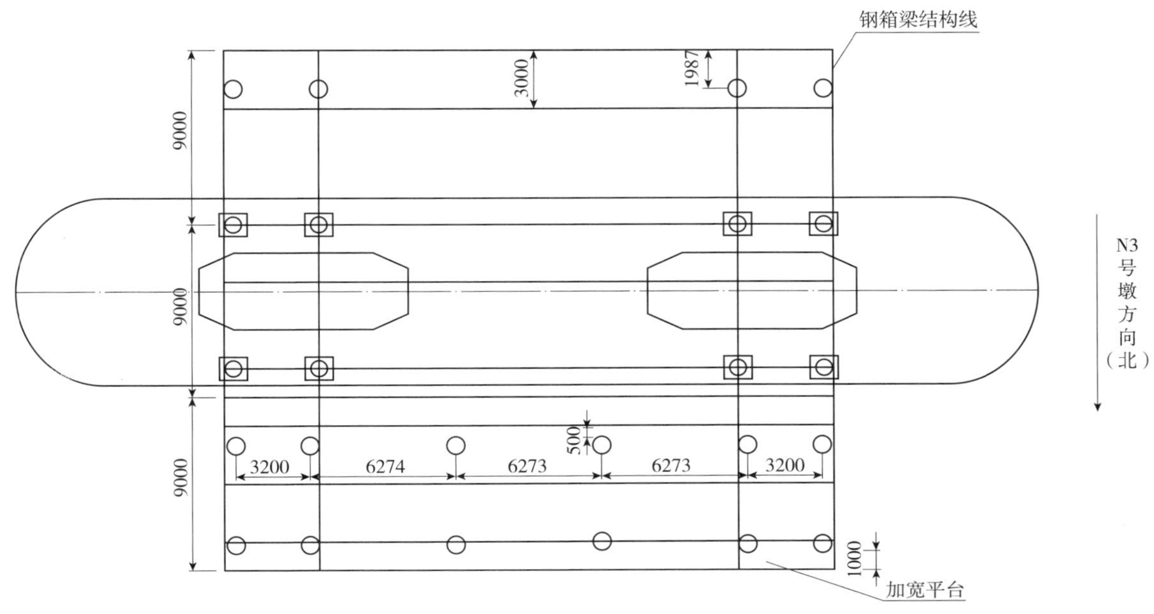

图 3-2-57 辅助墩处钢箱梁支架平面布置图（尺寸单位：mm）

钢管分节段加工制作和安装，单节长度为 12m，分节之间通过法兰盘连接，法兰连接板厚 20mm，连接螺栓采用 M24。支架钢管及平联安装采用塔吊起吊安装，水上钢管桩在平台加宽段在辅助墩承台施工期间已预先插打完毕，待施工平台拆除后，接长钢管桩，并焊接平联系统。为了支架的整体稳定性，辅助墩墩身埋设预埋钢板，钢管支架平联与墩身预埋钢板焊接牢固。

2. 过渡墩处梁段支架设计与安装

过渡墩处钢箱梁支架用于支撑 NA25、NA26 号梁段，支架坐落于过渡墩承台上（承台上预埋钢板），钢管采用 $\phi800$mm × 10mm，平联采用型钢及桁架结构形式，支架平面布置形式见图 3-2-58。

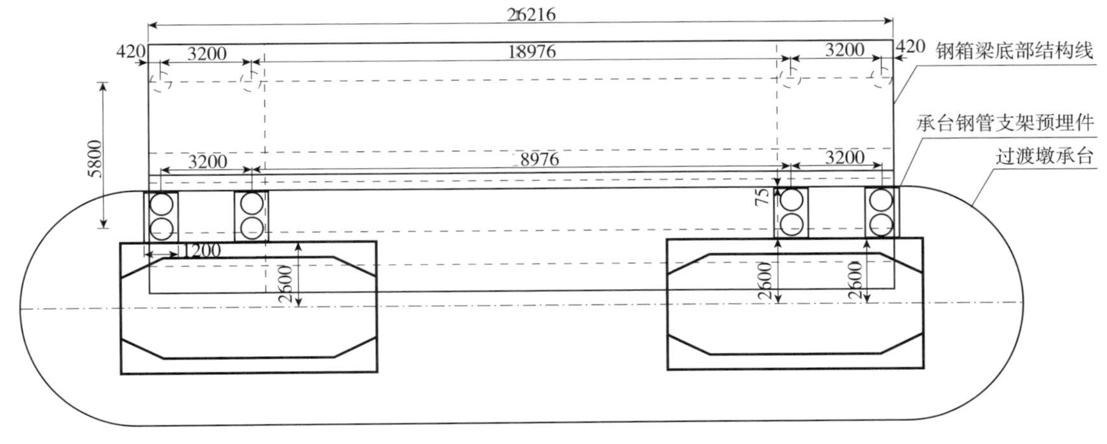

图 3-2-58 过渡墩处钢箱梁支架平面布置图（尺寸单位：mm）

承台上搭设的 8 根 ϕ800mm × 10mm 钢管桩作为主要承重结构，其中外侧钢管采用斜桩设计，经双[ ]28 槽钢平联连接内侧钢管，整个钢管支撑支架通过双[ ]28 型钢与墩身预埋钢板焊接牢固，承担水平方向拉力。支撑钢管与墩身每隔 6m 设置一道平联，确保连接可靠。

支架在墩身施工完毕后利用塔吊安装，采用在钢管上焊接爬梯为钢管支架上焊接牛腿、过渡墩桁架焊接操作平台及人行通道，辅助墩牛腿及过渡墩桁架焊接要求平整，高程准确，焊缝饱满。墩身预埋件严格按照施工图制作及安装。

（三）梁段的吊装

辅助墩、过渡墩的钢箱梁的吊装也采用与索塔区钢箱梁吊装同样的设备“稳强 3 号”浮吊进行，但与主墩顺桥向吊装方法不同，这里采用横桥向吊装方案，浮吊吊装停泊位置示意见图 3-2-59。吊索与水平面最小夹角 $\alpha = 54°$。浮吊吊装参数验算如下。

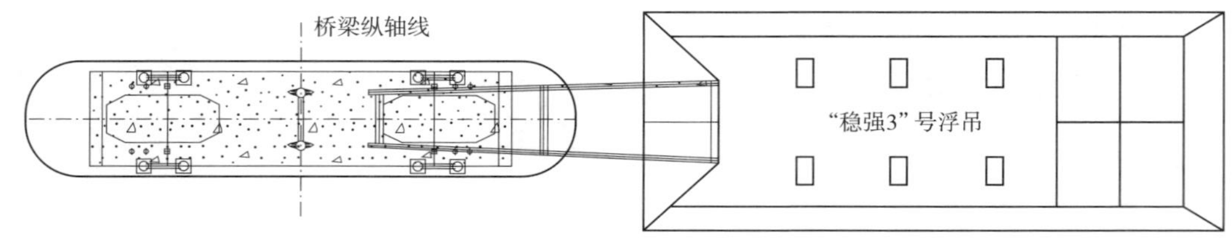

图 3-2-59　浮吊吊装平面位置示意图

1. 吊高要求

(1)取水位 0.0m 作为浮吊起吊水位进行吊高计算。

(2)辅助墩、过渡墩支架最高点（滑道上扁担梁顶部）高程约为 +43.5m，取钢箱梁吊装时底部高出扁担梁 1m 计算，即钢箱梁吊装时底部高程约为 +44.5m。

(3)钢箱梁底到吊钩的距离为 17m（吊钩到钢箱梁顶部 13.5m + 箱梁高度 3.5m）。

综上所述吊钩离水面的最小高度：$H_{min} = 44.5 + 17 - (-0.0) = 61.5$m。

2. 吊幅要求

辅助墩及过渡墩的承台长度的一半为 22.125m、17.675m，加上 3m 的安全距离，浮吊的吊幅需要大于 25.5m。

3. 吊重要求

钢箱梁一次性安装重量按 600t 计。

根据 1300T 级“稳强 3”浮吊技术参数，在“稳强 3”扒杆变幅到 55 度时，吊幅为 44.9m、吊重为 800t、吊高为 63.30m，并在达到预定高度时起重臂杆不碰钢箱梁（尚剩 1m 的安全距离）、支架，完全可以满足此次钢箱梁吊装要求，此外，在总吊重小于 800t 时可启动辅钩来协助大钩完成，保证横向吊装钢箱梁时大臂与钢箱梁风嘴有足够的安全距离，故选定该型浮吊。

（四）钢箱梁吊装浮吊锚泊、工场布置

(1)运钢箱梁的船（以下称“驳船”）进入椒江口临时锚地按海事要求报港后，符合潮位时进入施工现场抛锚就位。待驳船就位后，浮吊横桥向停泊在驳船西侧，如图 3-2-60（左）所示。

(2)浮吊就位于辅助墩（过渡墩）西侧，船舶抛锚定位，船艉抛 2 口八字开锚，锚缆绳 350m，船首艉各 1 根抽心锚，锚缆绳 400m，船艏 2 口 8 字开锚外加 2 根安全带缆绳。“稳强 3”浮吊钢箱梁下放时锚泊位置见图 3-2-60（右）。

（五）钢箱梁就位

1. 辅助墩梁段就位

辅助墩处梁段 NA15、NA16、NA17 均采用浮吊吊装于支架，采用移位器和三向千斤顶对梁段进行移位、调节。

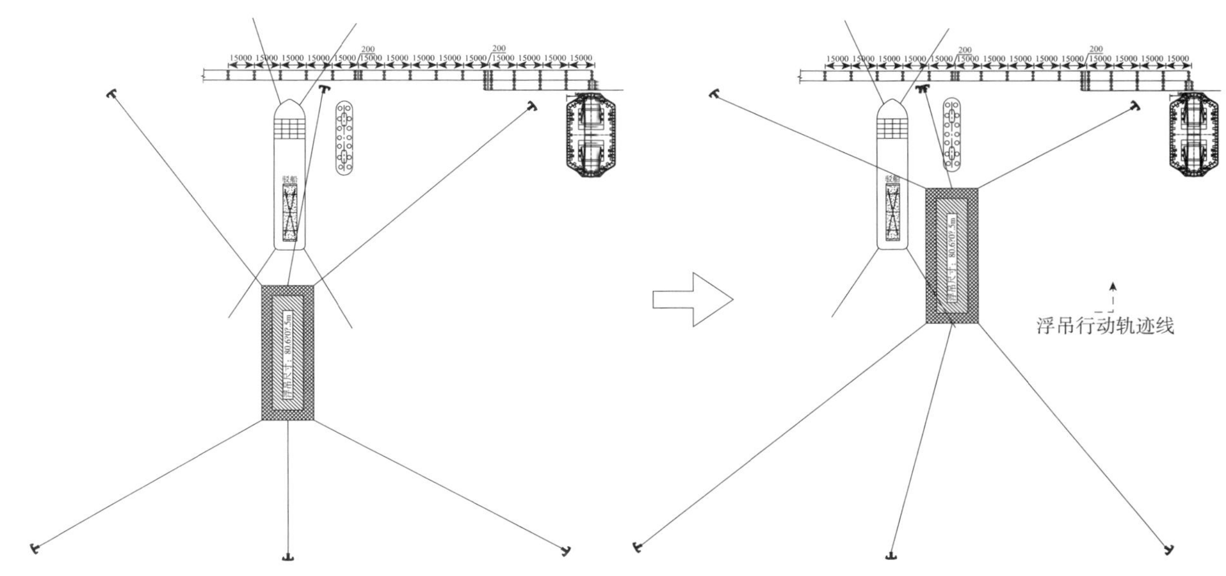

图 3-2-60 辅助墩钢箱梁吊装浮吊锚泊示意图

2. 过渡墩梁段就位

过渡墩处梁段 NA25 和 NA26 采用浮吊单个吊装就位，现场拼焊成整体，就位时首先通过支架上拉设缆风绳协助浮吊初定位，完成初定位后落梁，后通过三向千斤顶微调精确定位，具体做法与塔区梁段施工方法相同，不再赘述。

(六)辅助墩及过渡墩压重混凝土施工

1. 压重混凝土拌和

辅助墩、过渡墩的压重混凝土设计采用铁砂混凝土。铁砂混凝土的容重辅助墩处采用不小于 4.5t/m^3，过渡墩处采用不小于 4t/m^3，铁砂混凝土由水泥、粉煤灰、矿粉、钢丸、铁矿石粗骨料、铁矿石细骨料、水、外加剂按一定比例拌和而成。铁砂混凝土采用拌和机拌制，泵送浇筑的方式完成。由于本项目铁砂混凝土属大体积混凝土，因此需具有大体积混凝土的施工相关性能。

2. 压重混凝土施工

根据设计及监控指令要求适时进行压重混凝土施工。施工混凝土前先进行钢箱梁横隔板 U 形加劲上拉筋的焊接以及横隔板处穿孔钢筋，横隔板处穿孔钢筋采用分短截下料，直螺纹连接器连接。压重混凝土从混凝土灌注孔进入。施工时注意人孔及管线孔内部的支撑以防止变形。辅助墩压重混凝土断面示意图见图 3-2-61。

四、标准梁段施工(以北岸为例)

标准梁段施工为除塔区梁段(NT0、NA1、NA2、NJ1、NJ2)、辅助墩顶(NA15、NA16、NA17)及过渡墩顶梁段(NA25、NA26)外的其他梁段的施工。标准梁段采用桥面吊机两侧对称吊装的方式进行。

(一)桥面吊机

1. 桥面吊机的设计及组成

桥面吊机主架由 Q345 钢材制成并用 10.9 级螺栓连接以利运输和现场组装。主要由主桁架、提升系统、行走系统、锚固系统及工作平台等组成。每套桥面吊机采用 2 台 350t 液压油缸作为提升机构(总起吊能力为 700t)，每套桥面吊机总重为 113t，其中主要为承重主桁架(两片共 73.26t)、吊具(两个共 20.5t)、行走机构(2 个共 2.55t)，其他还包括卷筒、导向架、油缸支架等。

1)桥面吊机主构架

桥面吊机主体结构示意见图 3-2-62。

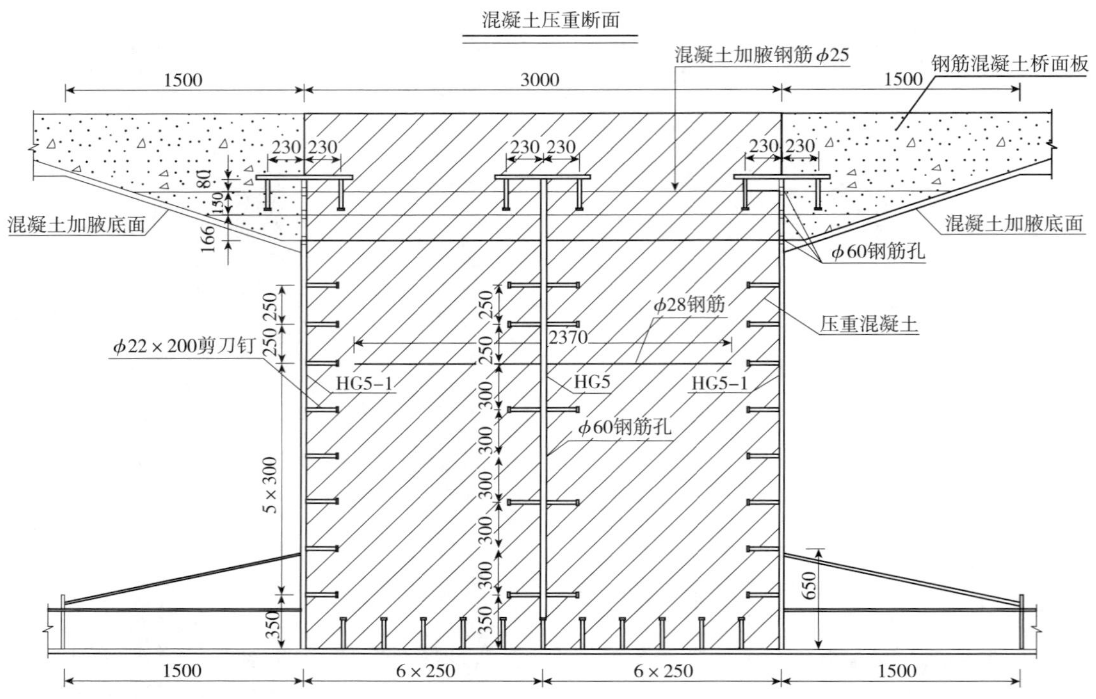

图 3-2-61 压重混凝土断面示意图(尺寸单位:mm)

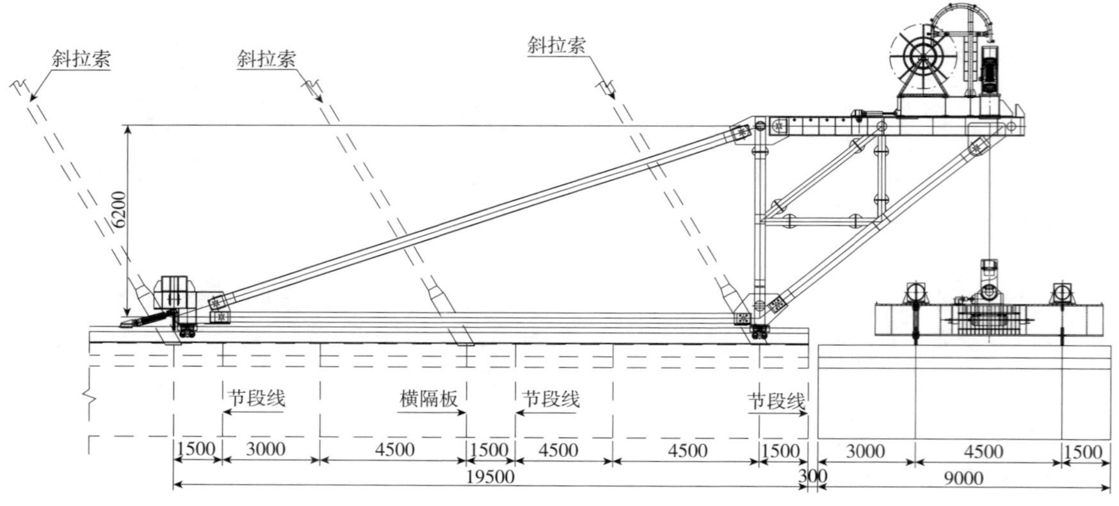

图 3-2-62 桥面吊机主体结构侧面示意图(尺寸单位:mm)

2)桥面吊机的提升和校准系统

每个桥面吊机的提升系统包括一个钢绞线千斤顶,该千斤顶安装在专门设计的平台上。平台上有液压千斤顶负责边侧和纵向运动,见图 3-2-63。

每个桥面吊机提升系统含一个吊具——扁担梁,扁担梁的设计所遵循的原则在以往类似项目中已得到运用。每个桥面单元由 2 根扁担梁提升。每根扁担梁由用 4 个螺栓连接的提升吊耳与桥面相连。用钢丝绳将扁担梁与提升吊耳相连。这样便可很方便地在桥面正上方通过扁担梁提供 4 个接头并有效利用了桥面吊耳安装裕量。

扁担梁还包括一个桥面调平系统,它由一个双向液压泵提供动力。该泵推动一钢梁沿扁担梁滑行,改变桥面单元重心上方的主吊销栓的位置,从而改变桥面单元纵向坡度。扁担梁示意见图 3-2-64。

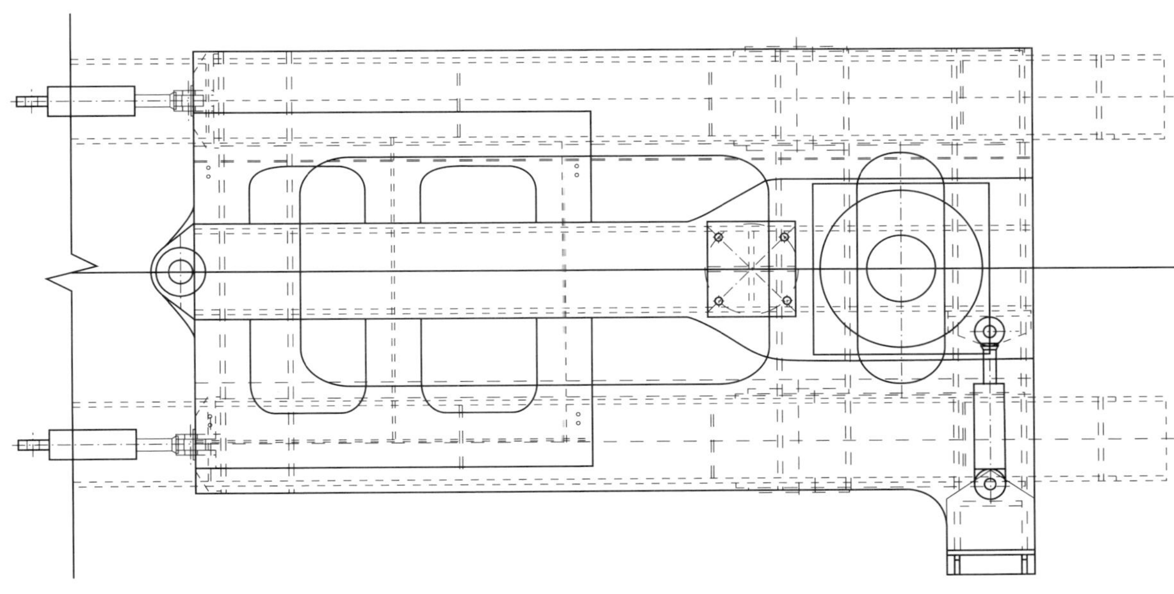

图 3-2-63 桥面吊机主体结构平面示意图

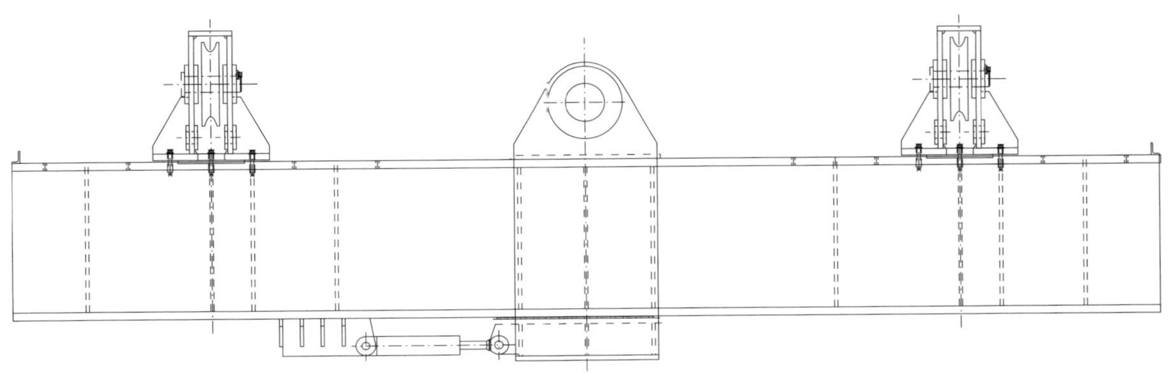

图 3-2-64 扁担梁示意图

3)行走系统

桥面吊机可通过液压油缸和行走梁在操作位之间实现自动行走。由于每个工作面上的两台桥面吊机使用独立工作的液压行走系统,故可根据需要独立或联合行走。桥面吊机前端采用 2 根短行走梁,后端则采用滚轮。行走系统的主要由行走梁和行走油缸组成。液压油缸和行走梁见图 3-2-65。

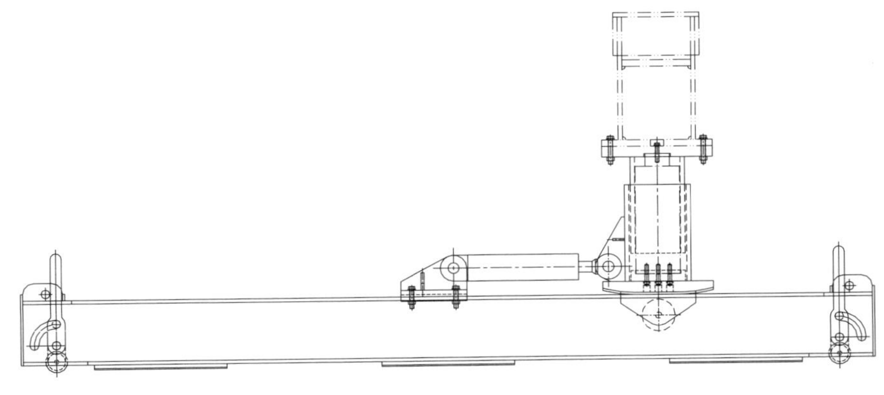

图 3-2-65 液压油缸和行走梁

2. 桥面吊机的工作原理

桥面吊机采用计算机控制液压同步提升技术,实现了大吨位钢箱梁的整体提升,并可以全自动完成同步升降、实现力和位移控制、操作闭锁、过程显示和故障报警等多种功能。桥面吊机结构及提升系统是根据本工程的特点进行设计的。

同步提升的原理为:主控计算机除了控制所有提升油缸的统一动作之外,还必须保证各个提升吊点的位置同步在提升体系中,设定主令提升吊点,其他提升吊点均以主令吊点的位置作为参考来进行调节,因而,都是跟随提升吊点。提升系统同步控制见图 3-2-66。

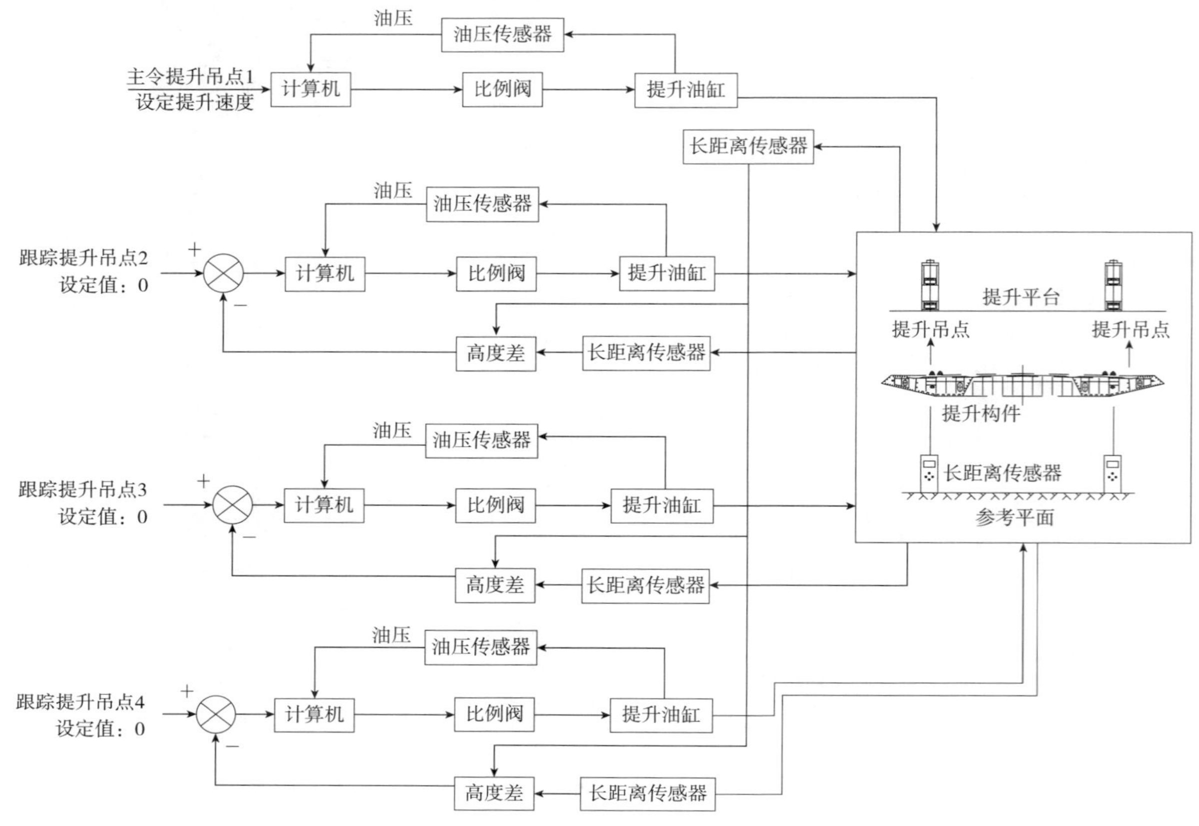

图 3-2-66　提升系统同步控制

计算机控制液压同步提升系统由钢绞线及提升油缸集群(承重部件)、液压泵站(驱动部件)、传感检测及计算机控制(控制部件)和远程监视系统等几个部分组成。

(1)钢绞线及提升油缸是系统的承重部件,用来承受提升构件的重量。

(2)液压泵站是提升系统的动力驱动部分,它的性能及可靠性对整个提升系统稳定可靠工作影响最大。

(3)传感检测主要用来获得提升油缸的位置信息、载荷信息和整个被提升构件空中姿态信息,并将这些信息通过现场实时网络传输给主控计算机。主控计算机可以根据当前网络传来的油缸位置信息决定提升油缸的下一步动作,同时,主控计算机也可以根据网络传来的提升载荷信息和构件姿态信息决定整个系统的同步调节量。

3. 桥面吊机的安装

桥面吊机利用塔吊分散件吊装到索塔区已安装梁段上拼装。桥面吊机拼装完毕后,分空载、加载和同步进行调试试验。桥面吊机的安装步骤如下:

第一步,在桥塔处桥面平台上吊装桥面吊机前支点及后支点。

第二步,安装后连杆及之间的联系杆件和后锚固梁 1。

第三步，安装立柱和后锚固梁2。

第四步，安装节点结构和后拉杆及其联系杆件。

第五步，安装后拉杆与后连杆之间联系杆件和前大梁、前撑杆结构。

第六步，安装前大梁与前撑杆结构之间的联系杆件和行走机构。

第七步，安装上吊点结构及其提升油缸、导向架、卷筒。

4. 桥面吊机的提升

桥面吊机的提升可分为试提升和正式提升两个环节。

1）试提升

（1）解除上部结构与地面的所有连接。

（2）认真检查上部结构，并去除一切计算之外的载荷。

（3）认真检查整体提升系统的工作情况（结构地锚、钢绞线、安全锚、液压泵站、计算机控制系统、传感检测系统等）。

（4）运用前述的控制策略，采用手动方式完成油缸的第一个行程；行程结束后，认真检查上部结构、提升平台、提升地锚的情况；确认一切正常后，再完成第二、第三行程，此即试提升阶段。

（5）试提升结束，经项目部检查确认后，提升至预定高度（离开支撑胎架）。空中停滞2～3h以上，观察整个结构和提升系统的情况。

（6）在首片梁的试提升节段可同时用于桥面吊机的吊装试验。

2）正式提升

（1）在正式提升过程中，控制系统运行在自动方式。

（2）整体提升过程中，认真做好记录工作。

（3）正常提升预计需要4～5h。

（4）按照安装的要求，整体提升至预定高度；若某些吊点与支座高度不符，可进行单独的调整。

（5）调整完毕后，锁定提升油缸下锚（机械锁定），完成油缸安全行程。

（6）提升过程中，由于钢绞线从油缸上部不断出来，为保证提升顺利进行，每点需要2人疏导钢绞线和喷脱锚灵。

5. 桥面吊机的拆除

主跨合龙段吊装完成后，将桥面吊机从桥面拆除，拆除采用汽车吊，由汽车运离现场。拆除的顺序为：扁担梁（吊架）→连续千斤顶、卷线盘与其他设备→连续千斤顶与卷线盘支架→承重主桁架→行走机构。

（二）标准梁段施工

组合梁标准梁段C1、C2、F2、G、I等梁段，长度9m，最大起吊重量约565t，最大起吊高度约50m。标准梁段施工共投入南北两岸各2套桥面吊机。单个吊机前后支点距离为18m、单片主桁的横向两支点间距为3m；横向两吊机中心间距为26m。

标准梁段施工分单节段施工及双节段施工两种，其中单节段施工的梁段编号又分岸侧和江侧。

岸侧：A3号、A4号、A13号、A14号、A15号、A16号、A17号、A18号、A24号、A25号、A26号、JH（中跨合龙段），双节段施工的梁段编号有：A5号～A6号、A7号～A8号、A9号～A10号、A11号～A12号、A19号～A20号、21号～22号。

江侧：J3号、J4号、J23号、J24号双节段施工的梁段编号有：J5号～J6号、J7号～J8号、J9号～J10号、J11号～J12号、J13号～J14号、J15号～J16号、J17号～J18号、J19号～J20号、J21号～J22号、J25号～J26号。

标准梁段施工单节段（以3号为例）及双节段（以相邻两梁段5号～6号为例）安装流程见图3-2-67及图3-2-68。

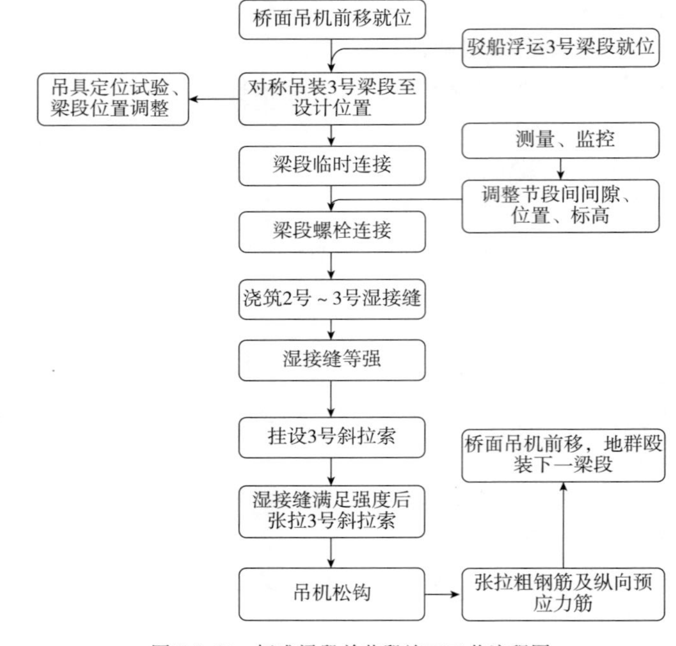

图 3-2-67　标准梁段单节段施工工艺流程图

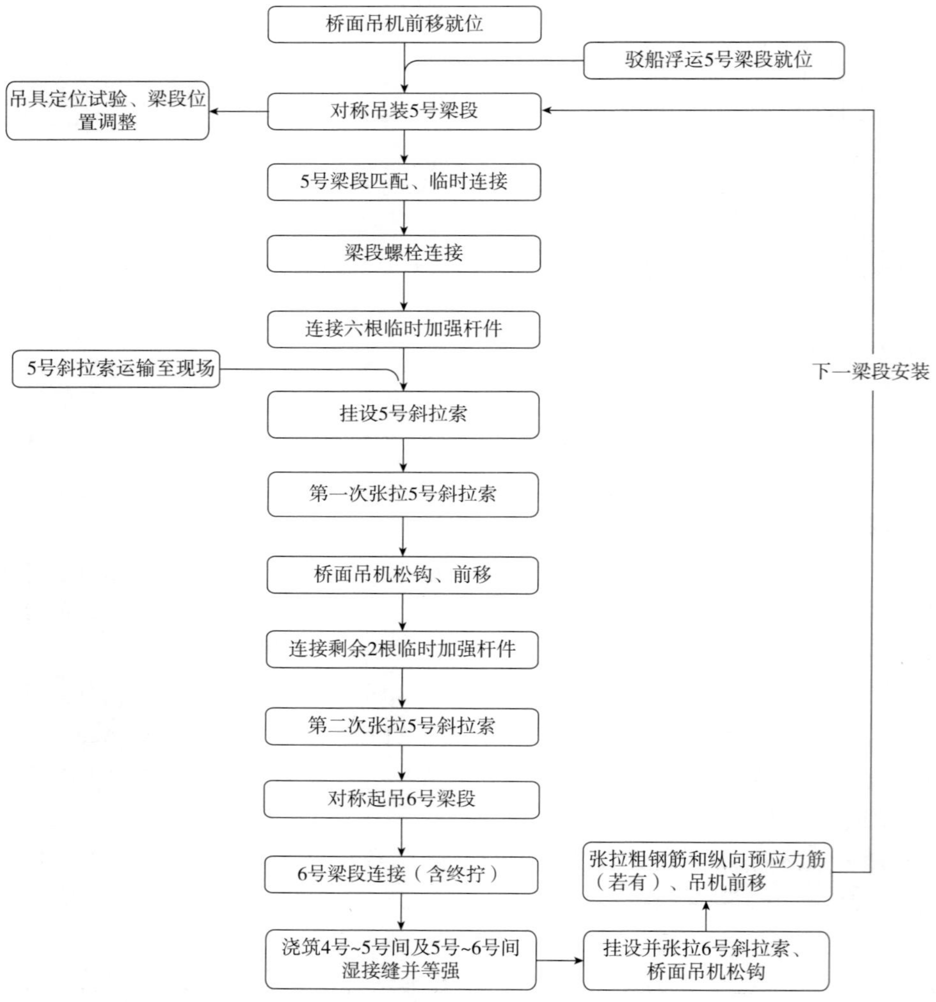

图 3-2-68　标准梁段双节段施工工艺流程图

1. 梁段的装船、运输

1)梁段装船

根据项目梁段的使用计划进行梁段的发运,在加工场内先由两台 NICOLAS 液压平板车平行行进到待运梁段下方,在液压平板车上与梁段底部之间垫上 200mm × 300mm × 3000mm 的方木,方木上垫以 5mm 厚橡胶板,将梁段从存放区运至码头,置于预先布设在码头上的钢墩上,每侧摆放 4 个钢墩,中间 2 个,共 10 个钢墩,钢墩的摆放位置按照梁段横隔板、横梁的位置进行摆放。梁段装船、运输流程见图 3-2-69。

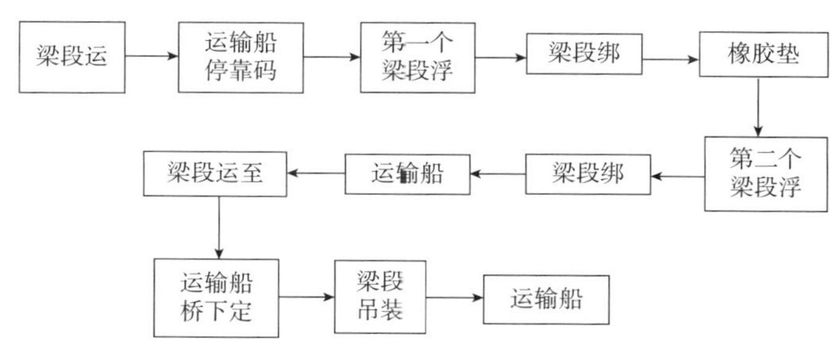

图 3-2-69 梁段装船、运输流程

(1)装船方式:采用大型浮吊吊装装船。

(2)梁段上船过程:运梁船要求提前在旁边码头待命,船上要做好装梁前所有准备。浮吊成"丁"字型定位在码头上,准备开始第一个梁段的起吊。为了平衡临时吊耳螺栓的水平力,避免螺栓受剪。梁段的起吊采用自制的吊架完成,当浮吊与梁段的连接等准备工作完成后,起吊梁段往后退,退止离码头大约 20m 左右。运梁船逆水靠上码头,浮吊将梁段搁置在距尾部 2m 位置。为确保运梁船不倾斜,梁段应放置在运梁船的纵舯位置。第一个梁段落位后,运梁船立即离开码头,同时第一个梁段上面摆放 65cm 橡胶垫块(高度大于临时吊耳),重复上述流程装载第二个梁段。当两个梁段装载完毕后,运梁船按绑扎方案进行绑扎并固定。在申报海事部门后根据航行计划离泊出港。

(3)装船方案:梁段采用叠装的方案,每船上下共放置 2 片梁(经过对采用"叠装"方式时梁段桥面板上下缘及整体的受力的计算分析,应力及稳定性均符合要求)。

2)梁段运输

(1)航次安排:根据椒江二桥上部结构施工计划,项目部拟采用 5 艏运梁船(含备用 1 艏)专门负责椒江二桥钢箱梁的运输,其中 2 艏组对服务于北岸钢箱梁运输,2 艏组对服务于南岸钢箱梁运输。另 1 艏作为备用船。由于采用叠装法装运,一个航次 4 条船共可装 8 个梁段。注意:每条船装梁时,根据实际使用情况,先安装的梁段置于上层。

(2)梁段绑扎:为保证梁段运输途中的安全,梁段在装船后,由 5t 手拉葫芦和钢丝绳将梁段与船舶甲板牢固的系接在一起,使梁段与船舶形成一个牢固的整体。钢丝绳与梁段接触处加入木垫块或胶皮垫以防损伤梁段边缘。所有工作检查确认后,运梁船离开码头即可出发。

2. 运梁船舶现场的抛锚、定位

1)定位前准备工作

桥位的定位总体分为两个阶段完成,第一阶段为定位作业前的准备工作及粗定位,第二阶段为精确定位与吊装。锚地待命必须要有严格的制度加以保障,并做好定位吊装一切准备工作:

(1)定位吊装作业前,必须明确各岗位、各船舶直至每个人的职责,各责任人必须同时配备统一型号、统一频率的对讲机和手机两套通讯工具,保证通讯畅通。

(2)所有运梁船及辅助船舶,均应在 48h 前到达临时锚地候潮,对桥位吊装应有一定的储备时间。

(3)认真检查运梁船的机械设备运行正常,运梁船自身的锚泊设备,系泊设备完好,航行设备一切正常。

(4)运梁船定位前的备用交通船1~2艘、抛锚艇2艘、测量艇1~2艘,并由熟悉当地水域,对河床情况熟悉的船长指挥操作,在紧急情况发生时,随时协助运梁船舶,安全撤离吊装现场。

2)船舶抛锚定位

运梁船已在锚地抛锚待命,接到吊装方指令后,即开始作业。以下以北岸为例,南岸对称作业即可。

京润88号停泊于主航道位置,其定位较容易,位于边跨的京润86号定位较复杂。由于大桥的下游有栈桥,运梁船必须从上游往下游靠。安全起见,运梁船要在潮水最高潮时起锚,慢慢开往主航道,开过主塔距离300~400m或者更远,船再向右转向90°。此时的船已是船尾对着主塔侧,潮水已开始退潮,船由于潮水的作用慢慢地往下游靠近。同时开动主机控制船速,使船慢慢接近。主要观察船尾与栈桥的距离及控制船尾与大桥保持平行状态。当船尾离栈桥170~180m时,运梁船抛下左锚,左锚抛下后船头右转向,抛右锚,船首两锚成"八"字形,然后每个锚放两节锚链,长度约50m,把船调整船尾跟栈桥平行,控制两锚链受力相等。

再次观测船娓与栈桥的距离,根据50m两节锚链计算,确认距离为120m左右时,再均匀缓慢松艏部左右锚链。当左、右锚链松开4节(100m)时,船尾离栈桥60~70m,此时稳住船身后用锚艇拉出船尾的两根直径21mm的钢丝绳分别带在原先抛好的两个固定锚上(注:固定锚为2t的海军锚。每个固定锚有两锚浮,分别加以标记,一个起锚用,一个带钢丝绳用)。

当钢丝绳连接上后,慢慢把其拉紧后再均匀松船艏的两个锚链,使得运梁船慢慢地往栈桥方向靠近,直到船尾离栈桥4m左右停下来,收紧四锚,牢牢地稳住船位,不再前后、左右移动,稳定停在桥面吊机的吊钩下方。运梁船抛锚定位轨迹参见图3-2-70。

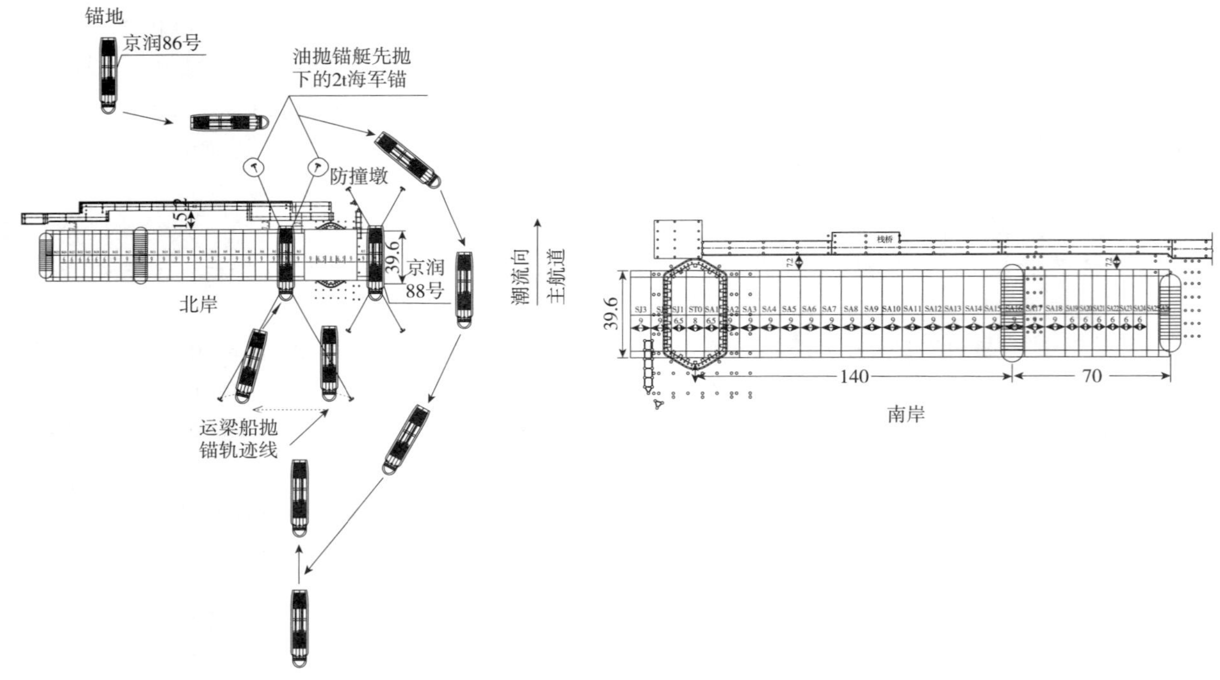

图3-2-70 运梁船桥位抛锚定位轨迹

3.标准梁段吊装

标准梁段组合梁由驳船运输到桥面机投影下,桥面吊机从海面垂直起吊安装。施工期间对航道有一定影响,施工前与航道部门提前沟通协调航道限制问题。

边、中跨两侧梁段4台吊机同时起吊。梁段桥面吊装施工步骤如下所述:

(1)标准梁段安装时,边、中跨两侧桥面吊机同时起吊,即需配置2艘运梁驳船,结合梁用驳船运输至起吊位置(运输船应抛锚定位,将需要起吊的结合梁定位在该梁设计位置的投影线上),调整吊具系统,保证吊梁时能平稳起吊，连接吊架与组合梁吊点，当吊架点与梁体上吊点不垂直时，可稍移动至正确位置后，再正式起吊组合梁。

（2）吊装第 N 个梁段前，桥面吊机及操作平台均应到达工作位置。即桥面吊机前支点位于第 N-1 段梁前端组合梁前支点处。

（3）组合梁起吊离开船体约 20cm 高，稳载一段时间，对吊装的安全性进行全面的检查，发现问题及时整改，若不满足后续吊装工序施工时将组合梁放回到运梁船上。桥面吊机吊装钢箱梁示意图见图 3-2-71。

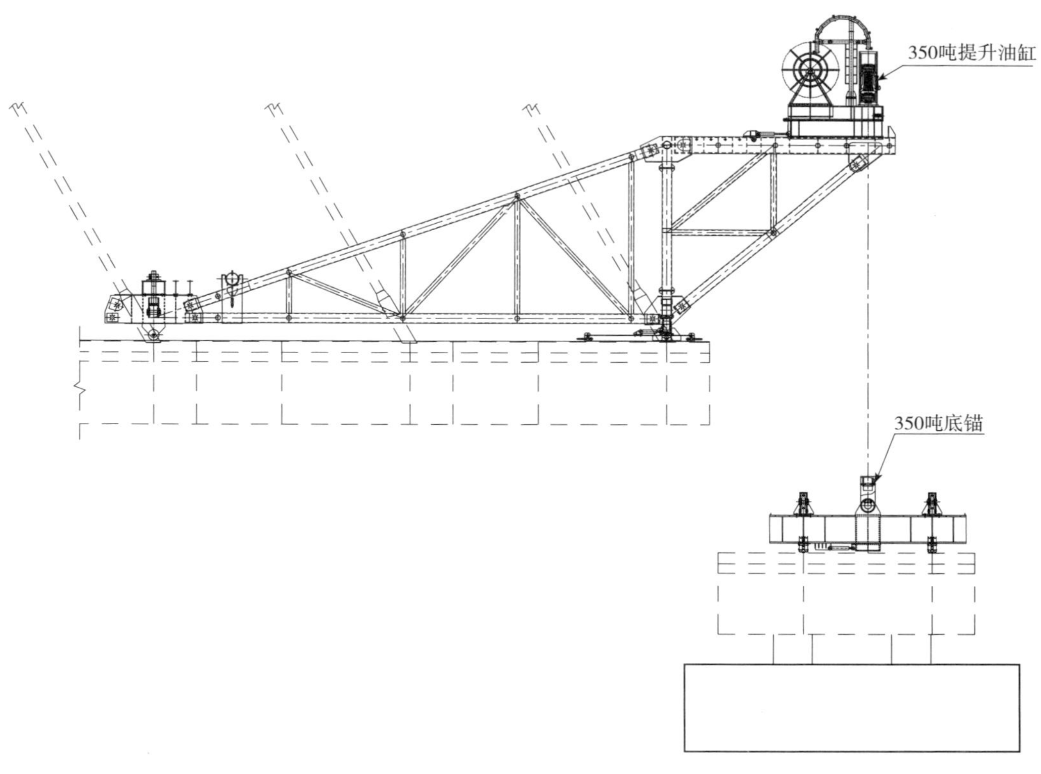

图 3-2-71 桥面吊机吊装钢箱梁示意图

（4）组合梁继续提升，组合梁起吊一定高度后，运输船撤离现场，当结合梁接近待拼装位置时，吊机应减速提升直至结合梁到位。

（5）通过采用 2 台纵向调位千斤顶调节主吊索使所吊的桥面节段至已安装好的桥面节段边缘 50mm 内，然后用 2 台桥面调平油缸调节桥面纵坡直至与已安装好的桥面节段相匹配，梁段精确调位。

（6）每条运梁船装载的梁段为 2 个，在吊装过程中，当运梁船上起吊完一个梁段时，船的载荷发生变化，使船的浮态相应变化，为了使船以及梁段仍保持平衡，将由船上的压载系统进行压载舱的调节，使船及梁段保持平衡。

4. 标准梁段调位及匹配

梁段的定位及匹配，应选在避开日照的标准时间完成，还应避开大风期，按设计提供的含预拱高程，另加施工调整值控制。

由于桥面设有纵向坡度，因此施工时拟采取必要的控制措施。

梁段调位及匹配操作程序主要为：

（1）梁段提升到位后，利用装置于吊架扁担梁上液压千斤顶驱使组合梁的纵向移动，同时拉动布置于两梁段间的纵向和斜向手拉葫芦，使梁段向已装组合梁靠龙。

（2）利用改变主吊销拴在扁担梁上的位置来调节梁段的纵向坡度，使吊装梁段的纵坡与已装组合梁一致。

(3)匹配边腹板中部,利用腹板栓孔从腹板高度中间向上下两侧逐一打入冲钉,完成约1/3边腹板冲钉。

(4)依次完成底板、中腹板的匹配。

(5)初拧、终拧边腹板、底板以及中腹板等所有螺栓。

(6)实施周边加劲螺栓,复拧检验合格后,完成梁段工地匹配连接。

五、钢箱梁合龙段安装施工

根据上部结构施工工序,椒江二桥合龙段含:次边跨合龙段 A14(梁段类型为 C3);边跨合龙段 A24(梁段类型为 G);中跨合龙段 JH(梁段类型为 I),钢箱梁合龙按次边跨→边跨→中跨合龙顺序进行。

(一)次边跨合龙施工(北岸为例)

本项目次边跨合龙采用对 NA14-NA15 梁段接缝连接板后配孔并结合在辅助墩处设置反力架千斤顶顶推的方式进行。

1. 次边跨合龙准备工作

(1)辅助墩处支架搭设完成,移梁轨道及移位器、扁担梁等均放置到位,高程调整到位;

(2)辅助墩顶支座垫石、支座已施工并安装完毕,用于顶推梁段的反力支撑架与墩顶预埋件连接完成,临时连接于钢箱梁底板的顶推牛腿架就位;

(3)在 NA14、NA15 梁段发运前,根据施工现场对已安装梁段等的测量数据进行 NA14-NA15 梁段连接板配孔,确保合龙后梁段与支座的位置符合设计要求;

(4)采用浮吊吊装梁段 NA15、NA16、NA17 于辅助墩处支架上并完成三段梁的拼接安装(连接成整体),并对梁段的轴线和高程进行调整;

(5)将支座上盖板打开,采用顶推的反力架结合三向千斤顶将梁段整体向岸侧预偏 10cm;

(6)待 NA13 的对应 13 号斜拉索初张拉后桥面吊机前移,准备吊装次边跨合龙段 NA14。

2. 次边跨合龙段安装

(1)采用桥面吊机起吊 NA14 梁段;

(2)进行 NA13-NA14 接缝连接板的冲钉、高强螺栓施工;

(3)采用预先备好的顶推设施将三片梁段整体向江侧顶推,待缝宽接近 1cm 左右时停止顶推,并量测上下龙口的缝宽差异以及梁段的标高、轴线偏位等情况,连接冲钉及工艺螺栓,完成合龙梁段的匹配;

(4)进行 NA14 ~ NA15 接缝处底板、外腹板、中腹板等连接板的高强螺栓施工,次边跨合龙结束。

(二)边跨合龙施工(北岸为例)

本项目边跨合龙采用先将梁段(NA25、NA26)预偏,合龙段起吊后通过千斤顶顶推 NA25、NA26 的方法进行。

1. 边跨合龙准备工作

(1)过渡墩处支架搭设;

(2)过渡墩顶支座垫石及支座提前进行施工、安装,高程调整到位并在过渡墩处提前将预先准备好的顶推(4 台 250T 液压千斤顶、配套油泵等)设备准备到位;

(3)根据收集的气象资料(主要为历年日气温变化规律情况),确定最佳合龙温度,并根据该温度计算对应梁段全长的总温差变形量(理论分析);

(4)采用浮吊吊装完成过渡墩墩顶梁段 NA25、NA26 的安装(整体吊装),并将梁段的轴线和高程调整于预期值,即在梁段安装时通过支座滑板调节先向边跨侧预偏 10cm(由于 NA26 梁段处支座为 QZ10000SX 支座,纵向水平位移有 $e = \pm 450$mm,转角 $\theta = 0.02$ 弧度);

(5)施工 NA23 梁段,待 NA23 的对应 23 号斜拉索张拉后桥面吊机前移,准备吊装 NA24。

2. 边跨合龙段安装

(1)桥面吊机对称起吊 NA24,并进行 NA23-NA24 连接板处冲顶、螺栓连接;

(2)在满足拟定合龙温度条件时,采用液压千斤顶顶推法对 NA25、NA26 梁段进行顶推移位,逐步接近合龙。顶推示意见图 3-2-72;

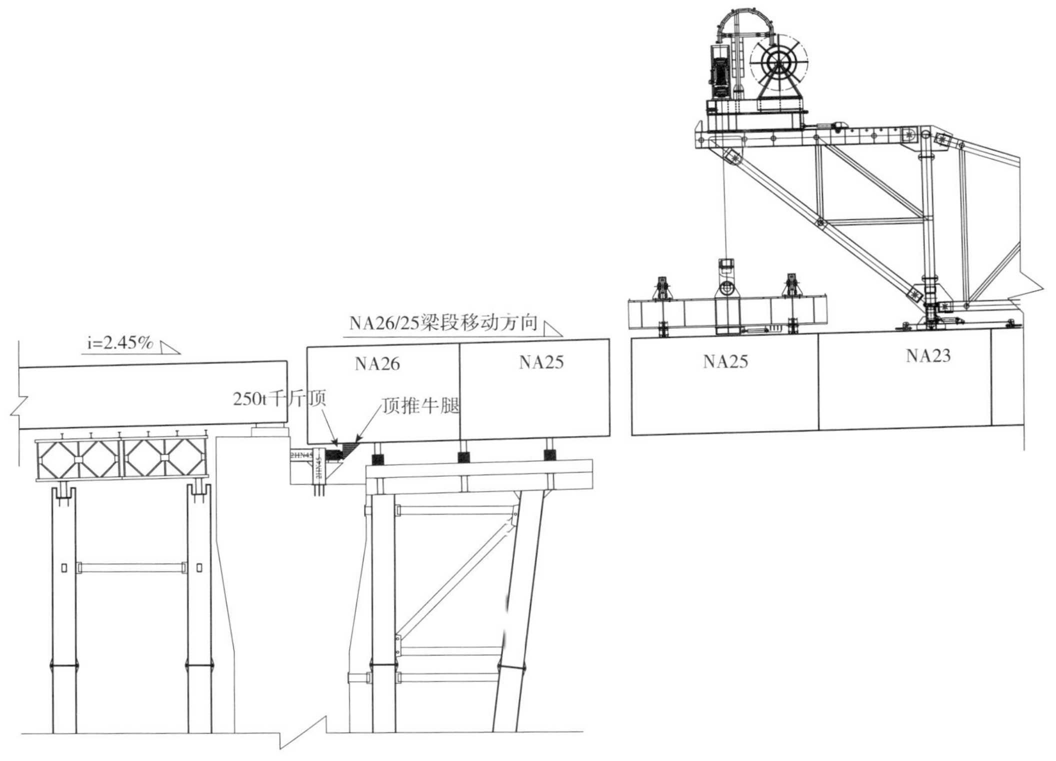

图 3-2-72 边跨合龙顶推示意

(3)在梁段移位至初步满足冲钉施工要求时,停止移位,进行 NA24-NA25 接缝处冲钉施工。此时应保证施工气温符合要求,冲钉施工应尽快安排在 2h 内完成所有接头板的 50% 数量;

(4)随后进行 NA24-NA25 间高栓施工,边跨合龙施工完毕。立即解除支座的临时约束。

(三)中跨合龙施工

本项目中跨合龙段施工采用合龙梁段在工厂配切,在预定合龙温度下自然合龙。

1. 合龙的准备工作

(1)梁段加工时 JH 梁段(合龙段)半侧不开孔并使加工长度留有余量。

(2)根据收集的气象资料(主要为历年日气温变化规律情况),确定最佳合龙温度,并根据该温度计算对应梁段全长的总温差变形量。

(3)在合龙前 20d(提前 2 个节段开始)选择温差较小、相对稳定的时段,精确多次测量钢箱梁两悬臂端之间的长度,并做好详细记录,根据现场量测的实际数据结合理论计算合龙温度时龙口的宽度进行 JH 梁段厂内二次配切以及相应半侧连接板配孔等工作。

(4)完成中跨 NJ26、SJ26 号梁段安装后,对已完成的钢箱梁节段进行调索,使钢箱梁高程及线型达到预期目的。

(5)将桥面吊机的吊具拆除,并各向前移动 4.5m,然后将上吊点向前移动,使其位置距前支点水平距离 7.5m,安装合龙段专用的吊具,准备吊装合龙段。

2. 中跨合龙段安装

(1)提前起吊 JH 梁段至已安装梁下方,待温度开始下降时密切观察气温变化及合龙口宽度的变化,选择龙口宽度大于梁长时将 JH 梁段提起;中跨合龙段安装时吊机移动及起吊见图 3-2-73 和图 3-2-74。

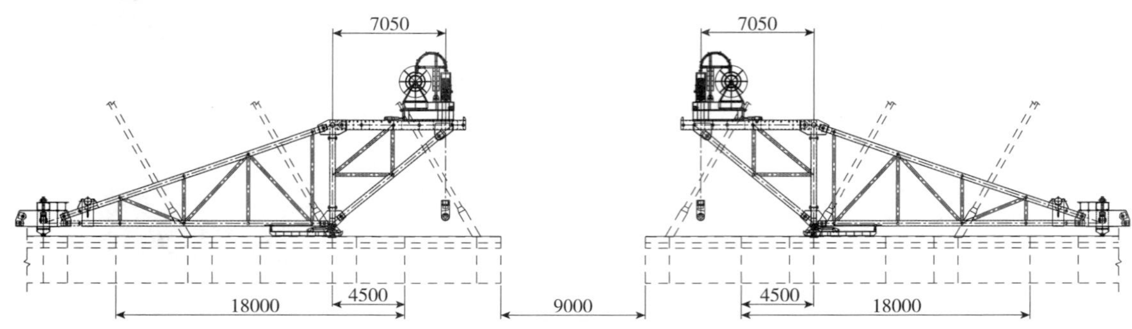

图 3-2-73　吊机移动前(尺寸单位:mm)

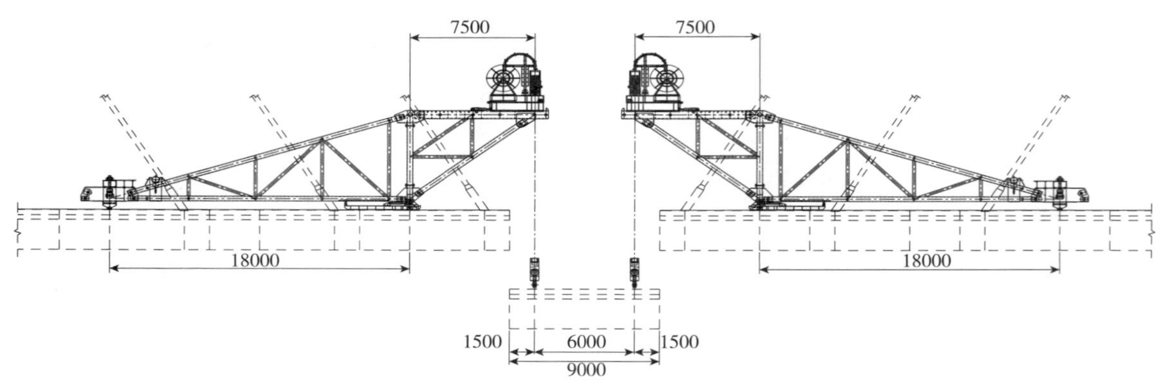

图 3-2-74　吊机到位起吊(尺寸单位:mm)

(2)先将 SJ26-JH 接缝先打上冲钉并进行高栓施工,再将 NA26-JH 接缝处的大块连接板安放到 NA26 梁段上,打上冲钉安装工艺螺栓固定,根据温度的变化观察缝宽,当连接板与 JH 梁段螺栓孔接近一致时开始打冲钉、安装工艺螺栓,完成合龙,进行高栓施工。

(3)解除钢箱梁的纵向约束,拆除桥面吊机。

(4)最后即可安装横向抗风支座、纵横向阻尼限位装置。

(四)合龙施工的质量保证措施

(1)本项目钢箱梁为叠合梁截面形式,钢箱梁整体刚度较大,梁段在匹配时因温度影响的扭曲变形等较小,通过过程中每个梁段均选择在气温较低时段进行精确测量的方式来保证梁段的匹配精度,从而保证后续合龙段施工的顺利进行;

(2)加强加工精度的控制,尤其是控制二拼线型,保证连接板的加工质量和精度;

(3)过程中加强监控,必要时采用对角斜拉的方式调整,克服合龙前因轴线偏位引起的龙口误差;

(4)项目部南北两岸各设一组测量人员,确保测量工作可以满足现场施工的需要,做到"随叫随到";

(5)加强项目部与监控单位、设计代表的沟通,设专人负责。确保上部结构施工过程中现场实际信息的畅通,有助于监控计算及指令的落实。

六、高强螺栓及剪力钉施工

(一)钢箱梁高强螺栓

主梁划分为 A、B、C1、C2、C3、D、E、F1、F2、G、H1、H2、I 共 13 种类型、107 个梁段。其中 A 为零号段梁段,B、D、E、F1、F2、G、H1、H2 为边跨梁段;C1、C2 为标准梁段;I 为中跨合龙段;C3 为边跨合龙段。主梁梁段标准长度 9m、边跨尾索区梁段最小长度为 4.72m。标准梁段采用桥面吊机施工,最大起吊重量约 450t;塔区梁段采用浮吊吊装,最大起吊长度 9m,最大起吊重量约 430t。除 H1、H2 梁段间采用焊接外其余梁段均采用高强螺栓连接。全桥钢结构总重约:16000t。

组合梁钢箱(上翼板、腹板、底板及其加劲肋)梁段间均采用摩擦型高强螺栓连接(边跨 H1、H2 梁段间采用焊接连接),高强螺栓采用 10.9 级 M22、M24、M27 3 种摩擦型连接副,标准接缝全截面共 2800 个螺栓连接副,全桥共 107 个梁段、104 道螺栓连接接缝(2 道焊接接缝),全桥实际总用量 M27,177376 套,M24,82048 套,M22,39936 套,共为 299360 套:

(二)钢锚梁高强螺栓

钢锚梁作为斜拉索锚固结构,设置在塔头和上塔柱中。钢锚梁共 19 节,分 4 类。钢锚梁由受拉锚梁和锚固构造组成。

钢锚梁共分为 A、B、C、D 4 类,A 类钢锚梁用于 22 号 ~26 号处,B 类钢锚梁用于 15 号 ~21 号处,C 类钢锚梁用于 10 号 ~14 号,D 类钢锚梁用于 8 号 ~9 号。高强螺栓连接采用 10.9 级 M24 摩擦型连接副,公用 M24,3696 套。

(三)高强螺栓的验收、检查及存放

1. 高强螺栓的验收、检查

(1)高强螺栓进场后应由物资部门进行验收,验收应检查螺栓进场规格型号、进场数量、生产批号、出厂质量证明文件、外观质量检测等,建立高强螺栓进场台账,并填写进场材料报验单报试验室,供应商应按批提交质量检验报告(含扭矩系数)和质量保证书。并应符合(GB1228 ~1231—2006)的规定。

(2)高强螺栓进场后,由物资部门通知试验室按照规范分批次取样对螺栓扭矩系数进行复检,按每 3000 套为一批,抽 8 套进行复验,复验合格方可上桥使用。复验项目包括:

①一套高强螺栓连接副由一个 10.9S 高强度大六角头螺栓,一个 10H 高强度大六角螺母,两个 HRC35 ~45 高强度垫圈组成。

②外观、外形尺寸、形位公差、连接副扭矩系数(在扭矩—轴力计上试验)、螺栓楔负载、螺母硬度、垫圈硬度、螺母保证荷载等试验并应提供试验报告单。

2. 高强螺栓连接构件的验收

(1)高强螺栓的栓孔应采用钻孔成型,孔边应无飞边、毛刺。

(2)高强螺栓连接板上所有螺栓孔,均应采用量规检查,其通过率为:用比孔的直径小 1.0mm 的量规检查,每组至少应通过 85%,用比螺栓公称直径大 0.2mm ~0.3mm 的量规检查,应全部通过。

(3)按上一条检查时,凡量规不能通过的孔,必须经施工图编制单位同意后,方可扩钻或补焊后重新钻孔。扩钻后的孔径不得大于原设计孔径 2.0mm,补焊时,应用与母材力学性能相当的焊条补焊,严禁用钢块填塞。每组孔中经补焊重新钻孔的数量不得超过 20%。处理后的孔应作出记录。

(4)加工后的构件,在高强螺栓连接处的钢板表面应平整、无焊接飞溅、无毛刺、无油污。

(5)经处理后的高强螺栓连接处摩擦面,应采取保护措施,防止沾染脏物和油污。严禁在高强螺栓连接处摩擦面上作任何标记。

(6)经处理后的高强螺栓连接处摩擦面的抗滑移系数应符合设计要求。

3. 高强螺栓的存放

(1)高强螺栓在验收合格后按包装箱上的批号、规格分类存放保管,使用前严禁任意开箱、开包,以防锈蚀。

(2)高强螺栓在运输、装卸、保管及安装过程中应轻拿轻放,不能损伤螺纹,保护好表面处理状态。应特别注意防尘。现场使用高强度螺栓应妥善保管并应在穿入结构前拆包,以免锈蚀或表面碰损。

(3)为保证现场施工,螺栓连接副应成箱在室内仓库保管,库房应防潮湿、通风、干燥、无尘(集装箱内置空调及生石灰)并按批号、规格分类堆放,保管使用中不得混批。高强度螺栓连接副包装箱码放底层应架空,距地面高度大于 300mm,堆放不宜过高。

(4)库房制定管理、领用制度,建立库存和发放登记表。每天用多少,领用多少。不能以长代短或以短代长，领用高强螺栓的规格、数量，应经现场施拧值班技术人员签认。未用完的高强螺栓不得露天过夜，应交由库房妥善保管，已锈蚀的不能使用。

(5)使用时，应按当天高强螺栓连接副需要使用的数量领取。当天安装剩余的必须妥善保管，不得乱扔、乱放。在安装过程中，不得碰伤螺纹及沾染脏物，以防扭矩系数发生变化。

(6)高强度螺栓连接副的保管时间不应超过6个月。保管周期超过6个月时，若再次使用须按要求进行扭矩系数试验或紧固轴力试验，检验合格后方可使用。

(四)高强螺栓的实验

1. 扭矩系数实验

高强螺栓连接副施工前，应按出厂批次复验高强螺栓连接副的扭矩系数，每批复验8套。8套扭矩系数的平均值和标准偏差应符合设计要求，设计未要求时平均值偏差应在0.110~0.150之内，其标准偏差应小于或等于0.010；测定数据应作为施拧的主要参数。

高强螺栓的施工扭矩由下式计算确定：

$$T_c = k \cdot P_c \cdot d$$

式中：T_c——施工扭矩(N·m)；

k——高强螺栓连接副的扭矩系数平均值，该值由实验测得；

P_c——高强螺栓施工预拉力(kN)；

d——高强螺栓公称直径(mm)，见表3-2-16。

高强螺栓预拉力 表3-2-16

螺栓性能等级	螺栓公称直径			
	M22	M24	M27	M30
设计预拉力 P(kN)	190	225	270	355
施工预拉力 P_c(kN)	210	250	300	390

2. 摩擦面抗滑移系数试验

1)试验方法

抗滑移系数试验应以钢结构制造批次为单位，由制造厂和安装单位分别进行，每批3组。以单项工程每2000t为一制造批，不足2000t者视作一批。单项工程的构件摩擦面选用两种及两种以上表面处理工艺时，则每种表面处理工艺均需试验。抗滑移系数试验应采用双摩擦面的两栓拼接的拉力试件，拉力试件图见图3-2-75。每组试板材料表见表3-2-17。

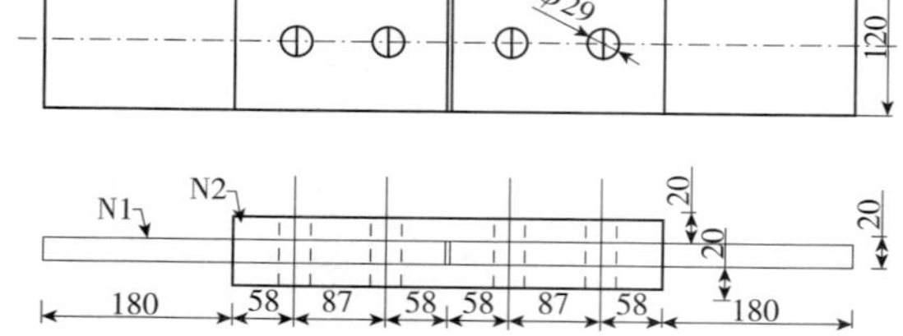

图3-2-75 抗滑移系数拉力试件图(尺寸单位：mm)

每组试板材料表 表3-2-17

件　号	材　质	规　格	每组数量
N1	Q345qD	20×120×383	2
N2		20×120×411	2

该试件每轮次加工6组试件，全部试件均在厂内下料、钻孔并作摩擦面处理后其中三组由厂方完成抗滑移系数试验，另外三组随梁段发往项目部由项目部完成现场抗滑移试验，椒江二桥共计6个轮次，共需完成36组，项目部完成厂内高强度螺栓抗滑移系数试验共计18组。

高强螺栓抗滑移系数试验方法应符合以下规范：

(1)试验用试验机误差应在1%以内；

(2)试验用的贴有电阻片的高强螺栓、压力传感器和电阻应变仪在试验前采用试验机进行标定，其误差应在2%以内；

(3)测定抗滑移系数的试件为拉力试件;

(4)测定抗滑移系数的试件应由钢桥制造厂加工,试件与所代表的钢桥应为同一材质、同批制作、同一摩擦面处理工艺,使用同一性能等级和同一直径的高强螺栓连接副并在相同条件下运输、存放;

(5)测定抗滑移系数的试件为双面拼装试件,试件尺寸见图 3-2-101;

(6)试件板面应平整、无油污,孔边,无飞边、毛刺;

(7)按图 3-2-101 所示进行试件组装,先打入冲钉定位,然后逐个换成贴有电阻变片的高强螺栓(或用压力传感器),拧紧高强螺栓的预应力达到(0.95 ~ 1.05)P(P 为高强螺栓设计预应力);

(8)将试件装在试验机上,使试件的轴线与试验机夹具中心线严格对中,在试件侧面画直线,画线位置如图 3-2-101 所示,测出高强螺栓预拉力实测值,然后进行拉力试验,平稳加载,加载速度为 3 ~ 5kN/s,拉至滑动测得滑动荷载 N;

(9)在试验中发生以下情况之一时,认为达到滑动荷载:

①试验机发生回针现象;

②X-Y 记录仪中变形发生突变;

试件测画面画线发生错动。

2)抗滑移系数的计算

抗滑移系数 f 按下式计算,取两位有效数字;

$$f=\frac{N}{m\sum P}$$

式中:N——由试验机测得的滑动荷载(kN,取 3 位有效数字);

m——摩擦面数,取 m = 2;

$\sum P$——与试件滑动荷载对应一侧的高强螺栓预拉力实测值之和(kN,取 3 位有效数字)。

(五)高强螺栓的连接

1. 高强螺栓施拧前的准备

大六角头高强螺栓施工采用定扭矩电动扳手进行。

本项目电动扳手配置计划见表 3-2-18。

电动扳手配置计划表 表 3-2-18

规　格	扳手型号	需求量(台)	扭矩范围	备　注
1500N · m	GSR212E	4	1000 ~ 2100N · m	配 M27 套筒 4 个
900N · m	GSR122E	9	600 ~ 1200N · m	配 M27、M22 套筒 4 个,M24 套筒 5 个
1500N · m	ACD2000	2	750 ~ 2000N · m	检查扳手(手动)

2. 高强螺栓施拧

高强螺栓施拧顺序的原则为从刚度大的部位向不受约束的自由端进行,同一节点内从中间向四周成发射状顺序安装,按由内向外的顺序施拧。

钢锚梁高强螺栓的安装按先腹板后顶底板,两侧腹板的高强螺栓安装应同时进行。钢箱梁螺栓施拧顺序为先腹板,再底板、顶板。

1)安装冲钉

高强度螺栓连接安装时应在每个节点上先打定位冲钉,宜呈梅花形排列,穿入的临时螺栓和冲钉数量由安装时可能承担的荷载计算确定并应符合下列规定:不得少于安装总数的 30%;不得少于 2 个临时螺栓;冲钉直径比螺栓孔直径小 0.3mm,误差 +0.01、-0。

2)高强螺栓安装

(1)高强螺栓安装前,应仔细核对领取的高强螺栓包装盒上的批号和《高栓施拧扭矩控制通知单》上填写的批号是否一致;不一致的,应及时通知现场技术员和试验室,不得擅自使用。高强螺栓、螺母、垫圈应按厂家提供的批号配套使用。

(2)高强螺栓连接时,应注意核对高强螺栓的长度是否和图纸一致,由于各节点板厚不一样,本项目高强螺栓长度种类较多,一定要特别注意。

(3)在冲钉安装完毕后进行高强螺栓安装,高强螺栓按由箱外向箱内的方向穿设,顶板螺栓由下向上穿设。个别因螺栓不方便施拧的,可以调整安装方向,但应征得现场技术员、监理同意。

(4)高强螺栓严禁强行穿入,以防止损伤螺纹,影响预紧力。

(5)安装高强螺栓时应注意垫圈及螺母的正反面,垫圈的正反以垫圈内径处有无倒角来判别,螺母正反以支面有无螺肩判别,垫圈使用要正确,即螺栓头一侧及螺母一侧各置一个垫圈,垫圈有内倒角的一侧应朝向螺栓头和螺母的支承面。

(6)冲钉拆除必须在高强螺栓初拧完毕后方能对其逐个替换,并进行处理。

(7)如高强螺栓穿不过,应对该孔进行扩孔,扩孔前将该孔四周高强度螺栓全部拧紧(初拧),扩孔孔径不应大于设计孔径2mm。扩孔的方法应得到设计人员的同意。

(8)当拼装出现摩擦面间隙时,间隙<1mm不处理;间隙在1~3mm时应将拼接板磨成1:10过渡坡;间隙大于3mm时加垫板。过渡坡面及垫板面均应按摩擦面涂装工艺涂装,以确保摩擦系数达到设计要求。

3)施工扭矩的确定及电动扳手的标定

初拧扭矩按照终拧扭矩的50%控制,终拧扭矩按照试验室计算填写,并下发《高栓施拧扭矩控制通知单》。

高强螺栓的施工用电动扳手在班前班后由试验室进行标定,标定扭矩误差不得超过控制扭矩值的±5%。

4)高强螺栓初拧和终拧

(1)初拧力矩定为终拧施工力矩的50%。

(2)高强度螺栓的拧紧顺序,应从钉群中心板件刚度大的部分向不受约束的板边缘进行。

(3)初拧和终拧应在同一工作日内完成,施拧时用卡死扳手卡住螺栓头,防止螺栓转动。

(4)初拧后采用不易掉色的蓝色记号笔在螺母、垫圈及板面画线标记,拧紧一个标示一个,以防止漏拧。此外,初拧后全部螺栓用0.3kg的小锤沿施拧方向逐个敲击进行初拧检查。

(5)终拧顺序应与初拧顺序相同,终拧时施加扭矩应平稳连续,不得采用冲击拧紧和间断拧紧。螺栓、垫片不得与螺母一起转动,如发生转动,应更换螺栓,重新初拧、终拧。

(6)终拧完成的螺栓采用不掉颜色的红色记号笔进行标识,拧紧一个标示一个,防止漏拧,并记录施拧班组的人员、施拧位置、施工扳手编号,以便在扳手不合格时查找其施拧的螺栓,利于检查处理。

(7)电动扳手应与控制箱配套使用,并应独立供电及配置稳压电源。

(8)高强螺栓超拧应更换并废弃换下来的螺栓,不得重复使用。

(9)因空间狭窄高强度螺栓扳手不宜操作的部位,可采用加高套管或用手动扳手安装。可转动螺栓头,但必须根据试验调整紧固扭矩。

3. 高强螺栓及摩擦面均需进行防腐涂装

(1)高强度螺栓终拧后,连接处的板缝及时用腻子封闭,并按设计要求涂漆防腐。

(2)栓接后栓接面外露表面经表面净化处理后,进行纳m改性环氧封闭漆的喷涂施工,使之渗入铝涂层;自检专检合格后报监理验收;报验合格后后续涂层按所在内外表面从中间漆开始施工。

(3)栓接后螺栓螺母外露表面经表面净化处理后,进行机械打磨除锈使构件达到St3级,自检、专检合格报监理检验。报验合格后进行环氧富锌漆的涂装,使干膜厚度≥60um。

(4)外表面最后一道面漆与钢箱梁外表面最后一道面漆涂装施工同步进行。

(六)高强螺栓的质量检查

(1)校验扳手扭矩精度,范围为:±3%。

(2)高强螺栓终拧后,螺栓丝扣外露应为2~3扣,其中允许10%的螺栓外露1扣或4扣。按照节点数抽查5%,且不少于10个。

(3)观测全部终拧后的高强度连接副,检查初拧后用记号笔画线的板面与螺母相对位置是否已发生错动,以检查终拧有否漏拧。

(4)扭矩检查:高强螺栓连接副终拧完成1h后24h内应进行扭矩检查并向监理报验。检查采用扭矩松扣回扣法或紧扣法。

①松扣回扣法:在螺尾端头和螺母相对应位置划线,将螺母退回30°,用手动扭矩检查扳手测定拧回至原来位置时的扭矩值;紧扣法:用检查扳手拧紧螺母,测得螺母与螺栓刚发生微小相对转角时的扭矩。测定的扭矩值应不小于规定值的10%为合格矩检查数量:每个被抽查节点按螺栓数抽查5%,且不应少于1个。

②每个栓群或节点检查的螺栓,其不合格者不宜超过抽检总数的20%;如超过此值,则应继续抽检,直至累计总数80%的合格率为止。对欠拧者应补拧,不符合扭矩要求的螺栓应更换后重新补拧。

(七)连接板上剪力钉施工

高强度螺栓连接副终拧检查合格后,按设计要求须进行连接板上剪力钉的施焊。

(1)剪力钉焊接工作必须严格按照剪力钉焊接工艺规程进行焊接,剪力钉施焊时,与钢板要保持垂直,焊枪保持稳定不动,直至焊接金属完全固化。

(2)开始生产前,都必须按规定工艺试焊2个剪力钉,进行外观和30°角弯曲试验,合格后方可进行正式焊接。试焊若不符合要求,应调整焊接工艺参数重新试焊,直到合格为止,焊接位置为平位。

(3)焊接剪力钉前,应将大于2倍剪力钉直径钢板待焊区内的铁锈、油污、氧化皮、底漆等有害物打磨干净,露出金属光泽。

(4)焊接顺序原则上应从被焊构件长度方向中心逐渐向两边展开,接地导线尽可能对称于被焊结构件。

(5)剪力钉被焊之后,应及时敲掉剪力钉周围的护圈。剪力钉底角应保证360°周边挤出焊角高度应满足规范要求。

(6)焊接设备必须专人管理,并安装在防雨防潮的地方。

七、主桥上部结构预应力、湿接缝及塔梁阻尼器施工

(一)上部结构预应力施工

1. 预应力概况

椒江二桥及接线工程上部结构桥面板预应力束分为永久束和临时束两大类。永久束有边跨预应力、中跨合龙预应力束和主梁悬拼施工用永久预应力束,主梁施工临时预应力束在索塔区附近NA3~NJ3(SA3~SJ3)梁段范围。具体施工部位及施工时间汇总见表3-2-19。

预应力具体施工部位及施工时间汇总表 表3-2-19

预应力名称	施工部位	规格型号	施工时间	备注
边跨预应力	NA12~NA26 SA12~SA26	12Φ_s15.2	边跨合龙后 ST1/2→ST3/4→ST5/6/7→ST8	具体张拉顺序根据监控单位确定
中跨合龙段预应力	NJ19~SJ19	12Φ_s15.2	中跨合龙后 先长索后短索	参考监控要求
塔区主梁悬臂施工临时预应力	NA3~NJ3 SA3~SJ3	12Φ_s15.2	节段悬臂施工时进行	拆除时间依实际监控而定
主梁悬拼施工用永久预应力筋	NA13~SA13	JLΦ32	节段施工完成后	参考监控要求

2. 预应力施工

预应力管道的埋设在桥面板混凝土浇筑前在钢箱梁加工厂内完成，在施工现场进行预应力的张拉、压浆、封锚等工序。

按照设计要求及监控单位的张拉指令要求进行各预应力施工，中跨、辅助墩预应力束和临时束均采用标准抗拉强度 $f_{pk}=1860\text{MPa}$，弹性模量 $E=1.95\times10^5\text{MPa}$ 的钢绞线，辅助墩预应力束和临时束锚下控制张拉力 $N_k=2344\text{kN}$，锚下张拉控制应力 $\sigma_k=1395\text{MPa}$。中跨合龙预应力束锚下控制张拉力 $N_k=1758\text{kN}$，锚下张拉控制应力 $\sigma_k=1395\text{MPa}$。

预应力施工为常规工艺，严格按照规范、设计和招标文件进行施工，不做详细介绍。

（二）桥面板湿接缝施工

椒江二桥主桥桥面板接缝混凝土采用标号为 C60 的微膨胀混凝土，主桥顶板横向接缝宽 1m 长 34.72m。为使施工避开台风期影响，将原设计的常规单节段施工方法变更为双节段施工方法，为了加强组合梁受力性能，在湿接缝处钢梁边腹板及中腹板上缘增加了相应的 I 型连接件，I 型连接件通过预埋在混凝土桥面板的钢板焊接固定。采用双节段施工的梁段的前一个接缝均需进行上述加强，钢梁湿接缝处补强连接示意图见图 3-2-76。

桥面板接缝混凝土按以下施工流程进行：桥面板预留钢筋连接→桥面板预留波纹管连接→模板吊设→缝内钢筋绑扎→清理接缝内垃圾、浇筑前缝内浇水湿润→混凝土拌制、运输→浇捣→养护。接缝混凝土由拌和站集中拌制，泵送至梁段接缝处浇筑。

湿接缝的混凝土采用“吊架”进行，吊架示意图见图 3-2-77。

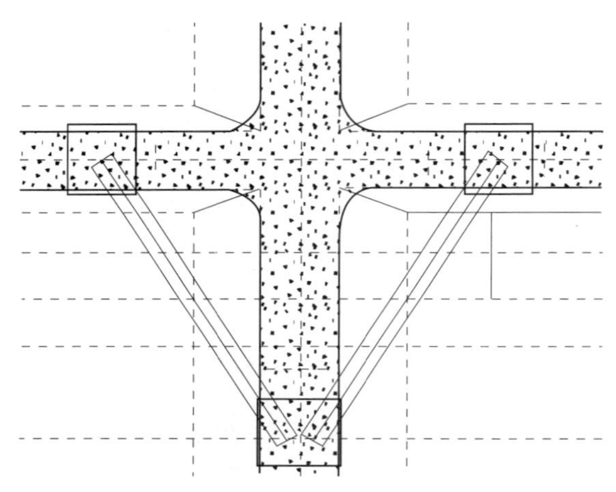

图 3-2-76　钢梁湿接缝处补强连接示意图

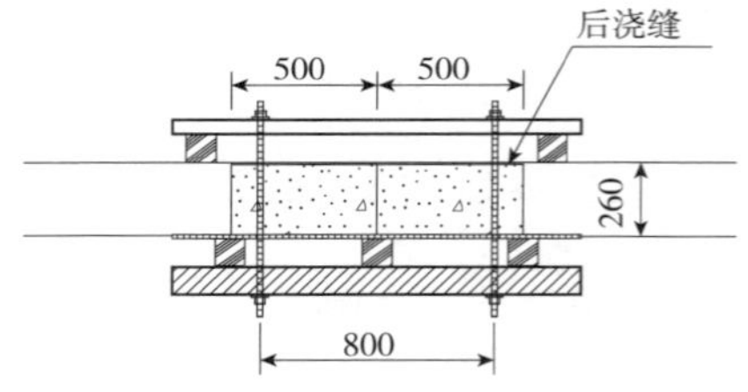

图 3-2-77　湿接缝浇筑混凝土吊架示意图（尺寸单位：mm）

根据设计要求，为了留设避雷设施，在进行梁段 NJ1、SJ1 湿接缝施工时，需在接缝处预埋 4 根 SC80 的镀锌钢管，长度为 600mm，露出桥面 100mm，且露出桥面钢管应设置防水弯头。

（三）塔梁纵向阻尼器的安装

主桥南北两侧共设置 8 套纵向阻尼器，阻尼器通过耳环座分别与塔、梁铰接，阻尼器的耳环座分别利用螺栓和焊接固定在塔、梁的预埋件上。塔梁的耳环及阻尼器的外形尺寸见图 3-2-78。

阻尼器的安装顺序为：测量复测预埋板位置→清理预埋板→钢箱梁端耳环座安装→下横梁顶双耳环座安装→复测两耳环间距离→适当调节阻尼器长度→阻尼器安装（销轴连接）→位置复测→防腐涂装处理。

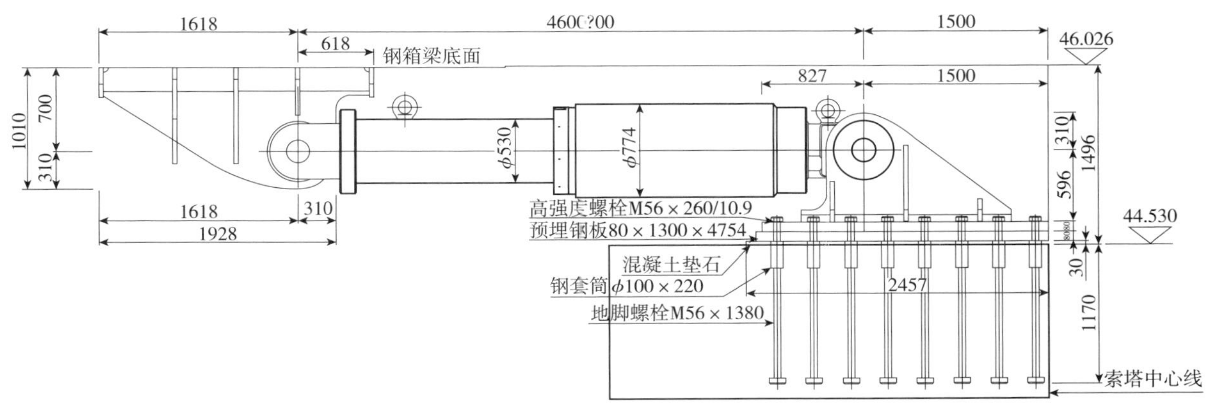

图 3-2-78 塔梁阻尼器外形结构示意(尺寸单位:mm)

八、钢箱梁及钢锚梁的涂装施工

(一)涂装方案

椒江二桥主桥钢箱梁及钢锚梁的涂装分厂内涂装和桥位涂装两种形式。

1. 工厂涂装方案

1)预处理

钢板、型材加工制造前必须进行预处理;钢板、型材预处理采用抛丸(砂)除锈处理,喷砂前应先除湿、除油,清除影响涂装的一切杂质,达到 GB8923—1988 要求的 Sa2.5 级,粗糙度 Rz 30 ~ 70μm,合格后涂刷无机硅酸锌车间底漆一道,膜厚为 20μm。

2)二次表面处理及涂装施工

钢构件加工制作完成检验合格后,涂装体系见表 3-2-20 和表 3-2-21。

钢箱梁涂装体系

表 3-2-20

结构部位	涂装体系	膜厚(μm)	道数	备注
钢箱梁体及风嘴外表面(除钢混凝土结合面外)	喷砂 Sa3 级、Rz = 25 ~ 100μm			
	大功率二次雾化电弧喷铝	180	1	
	纳 m 改性环氧封闭漆	渗入铝涂层,不计厚度	1	
	环氧云铁中间漆	2 × 50	2	
	丙烯酸聚氨酯面漆	2 × 40	2	第二度现场施工
箱梁内表面(含风嘴,布置除湿系统,相对湿度≤50%)	喷砂 Sa2.5 级、Rz = 30 ~ 70μm			
	环氧富锌底漆	70	1	
	环氧厚浆漆	100	1	
高强度螺栓连接面	二次喷砂除锈 Sa3 级 Rz25 ~ 100um			栓接前
	二次雾化电弧喷铝	150 ± 50	1	
栓接面外露表面	表面净化处理	无油、干燥		栓接后
	纳米改性环氧封闭漆	渗入铝涂层,不计厚度		
	后续涂层按所在内外表面从中间漆开始施工			
螺栓螺母外露表面	表面净化处理	无油、干燥		
	环氧富锌底漆	≥60	1	
	后续涂层按所在内外表面从中间漆开始施工			
上翼缘板顶面	喷砂 Sa2.5 级、Rz = 30 ~ 70μm			

3)工厂涂装注意事项

(1)结构检验验收合格后,进入涂装施工工序,首先检查构件表面,如表面有因割除吊耳、临时构件、补焊等产生凹坑、突起等表面缺陷的,要求尽量打磨平整后,再喷涂油漆。外表面实在打磨不平整并且影响外观要求的,在喷涂第一道面漆前,刮腻子予以填平。

(2)特殊部位(指涂装死角、后期维修特别困难部位,如腹板外拉索锚固处锚箱构件等)与钢箱梁主体外表面防腐体系相同,面漆颜色由业主确定;U 肋在装焊前,其内侧应完成涂装,采用喷砂除锈处理,达到 GB8923—1988 要求的 Sa2.5 级,合格后做醇溶性无机硅酸锌车间底漆一道,膜厚为 20μm。

(3)组合梁最关键也是最薄弱的部位就在钢混凝土结合面的边缘,为保证结合面周边混凝土不开裂(剥离),在结合面边缘的混凝土上开槽,采用不干性密封材料 HM106 充填。

(4)内部空间狭窄的密封区域,需在密封最后一块板前或在散件状态下,将内部涂装做好,注意留出需焊接的焊缝部位 50 ~ 100mm 暂不油漆。

(5)现场需焊接的焊缝区域,需预留 50 ~ 100mm 暂不油漆,喷砂后用胶带保护。

(6)在钢构件涂装过程中,必须待上一道漆实干后并在重涂间隔时间内做下一道漆。

钢锚梁涂装体系 表 3-2-21

钢锚梁	喷砂 Sa2.5 级		
	无机富锌漆	2×40	2
	环氧(云铁)漆	2×50	2
	环氧面漆	2×50	2

(7)在焊点、断面、尖锐边缘、铆接点、栓接及转角处的涂层厚度应适当,涂层过厚会出现裂纹。

桥位涂装体系见表 3-2-22。

桥位涂装体系 表 3-2-22

涂装部位	涂装体系	干膜厚度(μm)	备注
钢箱梁及风嘴外表面焊缝及涂层破损部位	表面净化处理,无油、干燥,喷砂除锈 Sa2.5 级,粗糙度 30 ~ 75μm		—
	环氧富锌底漆	100	刷涂/高压无气喷涂
	环氧云铁中间漆	180	刷涂/高压无气喷涂
	丙烯酸聚氨酯面漆	40	刷涂/高压无气喷涂
钢箱梁、风嘴内表面焊缝及涂层破损部位(U 肋内表面除外)	表面净化处理,无油、干燥,打磨除锈 St3 级		
	环氧富锌底漆	70	刷涂/高压无气喷涂
	环氧厚浆漆	100	刷涂/高压无气喷涂
高强螺栓栓接面	表面净化处理	无油、干燥	栓接面栓接后外露表面
	纳米改性环氧封闭漆	渗入铝涂层,不计厚度	
	后续涂层按所在内外表面部位从中间漆开始继续施工		
	表面净化处理	无油、干燥	栓接后螺栓螺母外露表面
	机械打磨除锈	St3	
	环氧富锌底漆	≥60	
	后续涂层按所在内外表面部位从中间漆开始继续施工		
全桥外表面最后一道面漆	对表面整体清洁、拉毛		—
	丙烯酸聚氨酯面漆	40	高压无气喷涂

2. 桥位涂装方案

桥位梁段吊装安装报验合格后,开始进行桥位涂装,桥位涂装主要包括:(1)全桥钢箱梁外表面最后一道面漆的涂装；(2)高强螺栓栓接面；(3)其他有涂层破损部位的修复(表 3-2-23 显示了整个涂装体系，桥位处根据不同破损情况进行相应的补涂、修复)。

(二)涂装工艺要求

1. 结构处理

二次涂装前须对构件表面进行检查，并作出标识，采用手动或电动工具按表 3-2-23 进行打磨处理，必要时需先进行补焊。(结构处理工作主要由制作方进行)

补焊、打磨标准 表 3-2-23

序 号	部 位	焊缝及缺陷的补焊打磨标准	评定方法
1	自由边	1. 用砂轮磨去锐边或其他边使其圆滑过渡，最小曲率半径为 2mm 2. 圆角可不处理	目测
2	飞溅	1. 用刮刀或砂轮机除去可见飞溅物 2. 钝角飞溅物可不打磨	目测
3	焊接咬边	超过 0.8mm 深或宽度小于深度的咬边需采取补焊或打磨进行修复	目测
4	表面损伤	超过 0.8mm 深的表面损伤、坑点或裂纹必须采取补焊或打磨进行修复	目测
5	手工焊缝	表面超过 3mm 不平度的手工焊缝或焊缝有夹杂物，须用打磨机打磨至表面不平度小于 3mm	目测
6	自动焊缝	一般不需特别处理	目测
7	正边焊缝	带有铁槽、坑的正边焊缝应按“咬边”的要求进行处理	目测
8	焊接弧	按“飞溅”和“表面损伤”的要求进行处理	目测
9	切割表面	打磨至凹凸度小于 1mm	目测
10	厚钢板边缘切割硬化层	用砂轮磨掉 0.3mm	目测

2. 表面清洁

为增强漆膜与钢材的附着力，喷砂前、后应对钢材表面进行清洁处理，然后才能涂装。表面清洁工艺基本流程为：用压缩空气吹除表面粉粒，用无油污的干净棉纱、碎布抹净，防止再污染。经过再清洁的钢材表面应达到表 3-2-24 所规定的要求。

表面清洁的要求 表 3-2-24

项 目	清 洁 要 求	项 目	清 洁 要 求
油脂	清除，且不留有肉眼可见痕迹	粉笔记号	用干净的棉纱抹净，允许有可见痕迹
水分、盐分	肉眼看不见	专用油漆笔记号	不必清除
肥皂液	肉眼看不见	未指定油漆笔记号	用铲刀等工具清除，肉眼看不见
焊割烟尘	用手指轻磨檫，不见有烟尘跌落	其他损伤	用碎布或棉纱抹净，允许有肉眼可见痕迹
白锈(钙盐)	用手指轻磨檫，不见有烟尘跌落		

3. 喷砂工艺要求

1)喷砂前准备

根据工艺试验选用可以满足规范中清洁度和粗糙度要求的磨料，采用棱角钢砂进行喷砂；测量施工环境的温度和湿度以及钢板表面温度。喷砂开始前开启空压机，同时由质检员检测出气口压缩空气清洁度，并将检验结果记录于钢箱梁段喷砂除锈质量记录表中。

2)喷砂

喷砂时严格按喷砂工艺参数进行施工。在喷砂过程中，每天至少进行一次环境检测，并根据实际情况安排除湿、加温。钢板清洁度钢箱梁外表面、栓接面为 Sa3.0 级，Rz25 ~ 100μm，内表面及风嘴内表面为 Sa2.5 级,Rz30~70μm。

磨料使用过程中应定期进行检查,并采用过筛、除灰、补充等处理,以保证磨料正常使用。

3)吸砂、吸尘

喷砂后吸砂、吸尘组对工件进行清洁处理。由大功率吸砂机、轨道车及人工辅助清除砂、尘;并用大功率吸尘机进行真空吸尘,使工件表面彻底清洁。经检验合格后,工作人员再进入箱梁内部时必须穿戴干净的手套、鞋套。

4. 电弧喷铝施工技术要求

1)材料要求

涂装材料应具有出厂质量证明书,并符合设计要求。喷铝用铝丝的含铝量不低于 99.5%,直径 ϕ3mm。磨料必须清洁、干燥,如果用铜矿砂,粒子直径一般要求 0.8~3.2mm。压缩空气必须清洁干燥。

2)表面净化处理

表面净化处理的质量应达到干燥、无灰尘、无油脂、无污垢、无锈斑,以及无其他可溶性盐类在内的污染。

3)表面除锈处理

除锈质量应达到 GB8923—1988 中的 Sa3 的要求,钢材表面应无可见的油脂、污垢、氧化皮、铁锈和油漆涂层等附着物,应显示均匀的金属色泽。

4)粗化处理

粗糙度要求达到 Rz25—100μm。

压缩空气:粗化处理的压缩空气要纯净、干燥,空压机要配备除湿、除油净化设备。

空压机要与尘土飞扬的操作场地分离,喷砂环境温度要高于 5℃,相对湿度 85% 以下,基面实际温度要高于露点温度 3℃,雨天不得施工。

喷砂后应及时进行喷涂,粗化后至开始电弧喷涂的时间间隔不得超过 4h。应在室内或干燥的环境喷涂。经过粗化处理的表面应立即一次性连续进行喷涂作业,因特殊原因而中途停止喷涂,对尚未施喷的粗化表面,检查其是否生锈,如发现生锈必须再喷砂除锈,达到标准要求。

5)电弧喷铝

(1)喷涂前的准备工作:喷涂工人应进行技术培训,学习工艺和操作规程持证上岗。检查电源、空压机、风包、喷枪等性能和试运转情况。根据工艺要求进行试喷。经检查合格后,方可开始喷涂。检查表面预处理质量、环境测定。

(2)涂层后处理:涂层后处理是指喷涂后涂层缺陷修复处理,如涂层表面出现漏涂、起皮、鼓泡、大熔滴、松散粒子、裂纹和掉块等缺陷,一定要用扁铲铲掉,并局部再次喷砂,粗化合格后再重新喷涂。

6)封闭处理

喷涂合格后应立即进行封闭处理,封闭前电弧喷涂表面不得有污染和水汽,封闭涂装应在露点温度 3℃以上、相对湿度 85% 以下进行、风力不大于 3 级的通风良好的环境下施工。封闭施工对边角和死角地方采用手工提前进行涂刷,以保证封闭效果。稀释剂的比例,根据实际情况,按现场技术服务人员的要求执行。

5. 油漆涂层施工技术要求

(1)压缩空气必须纯净、干燥,要求配备除湿、除油净化设备。

(2)涂料施工前应仔细确认涂料品种、质量、涂装位置和生产厂家推荐的工艺参数,双组分涂料要明确混合比例及使用方法和配量。

(3)所有油漆施工环境为:温度 5~38℃(有特殊情况的油漆除外),相对湿度小于 85%,钢构件表面实际温度高于露点温度 3℃以上,风力不大于 3 级。喷涂前应对不易喷涂的边角等部位采用手工提前进行涂刷,以保证漆膜厚度。稀释剂的比例,按现场技术服务人员的要求执行。对于有特殊施工要求的油漆,要严格按照其使用说明书或现场技术服务人员的要求执行。

空气清洁度:要求环境少尘、无灰。涂装前工件表面应干燥、无灰尘、无油污、无氧化皮、无锈迹。喷砂后应在4h内进行喷漆工作。相对湿度增大时,应进一步减少喷砂和喷漆的时间间隔。每道漆实干后并在时间间隔期内喷涂下一道漆。对不易喷涂的部位需提前手工预涂。

(三)施工设备、机具及检测仪器

1. 施工设备、机具(表3-2-25)

施工设备、机具表　　表3-2-25

序号	机械名称	额定功率、容量或吨位	型号、产地	单位	数量	备注
1	复盛空压机	$28m^3$	PES-1060	台	2	
2	英格索兰空压机	$25.5m^3$	XP900-1	台	1	
3	空压机	$6m^3$	WY-6/7-DY	台	2	
4	空压机	$2.5m^3$	W2.5/8	台	2	
5	喷砂机	0.3t	5620	台	7	
6	吸砂机	75kW	WH-75	台	2	
7	二次雾化电弧喷涂机	25kW	DXT-20-600	台	10	
8	绕丝机		国产	台	1	
9	空气储气包	$6m^3$	国产	台	2	
10	冷冻干燥机	$40m^3$	JBL-12HTF	台	1	
11	吸射式喷砂枪		国产	台	2	
12	内置式喷砂机		NPL190-950	台	1	
13	内置式喷漆机		NPL190-950	台	1	
14	喷漆泵	$200m^2/h$	GPQ-6C、9C	台	3	
15	搅漆泵		TJ3	台	2	
16	打磨机	1kW	125	台	6	
17	笔型磨机		S40	台	10	
18	隔爆型防爆风机	0.75kW	BYDE32	台	2	
19	轴流风机	15kW	4-68	台	2	

2. 检测仪器配置(表3-2-26)

检测仪器配置表　　表3-2-26

名称	型号、产地	单位	仪器数量	备注
表面粗糙度测量仪	英国ELCOMETER公司产	套	1	
湿度、温度及露点测试仪	英国ELCOMETER公司产	套	2	
钢板温度仪	113-1	台	1	
干膜测厚仪	456	台	3	
湿膜卡	115-2	只	20	
涂层结合力测试仪(划格仪)	2MM/3MM	台	1	
涂层结合力测试仪(拉拔仪)	F108-1A	台	1	
电脑		台	1	

(四)工艺参数

1. 喷砂工艺参数:气压:0.65~0.75MPa;喷射角度:60°~75°;喷射距离:300~500mm。

2. 喷漆工艺参数:气压:0.65~0.75MPa;喷涂角度:90°;喷涂距离:300~500mm 要求有 1/3 左右喷涂带重叠。

3. 喷铝工艺参数

气压:0.65~0.75MPa;电压:25~35V;电流:300~400A;喷涂角度:75°~90°;喷涂距离:100~150mm;多次、垂直交叉喷涂施工,要求有 1/3 左右喷涂带重叠。

(五)工厂内主要构件的涂装施工工艺流程

1. 钢箱梁涂装

(1)钢箱梁体及风嘴外表面(除钢混凝土结合面外)涂装工艺流程图如图 3-2-79 所示。

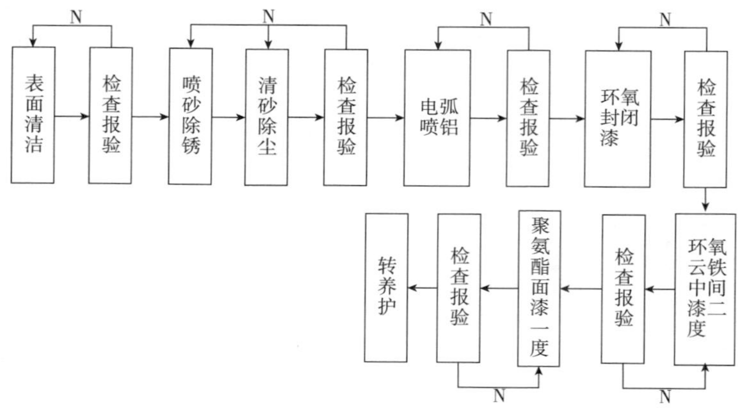

图 3-2-79 钢箱梁体及风嘴外表面涂装工艺流程图

最后一道面漆现场施工。

(2)钢箱梁内表面(含风嘴)涂装施工流程图如图 3-2-80 所示。

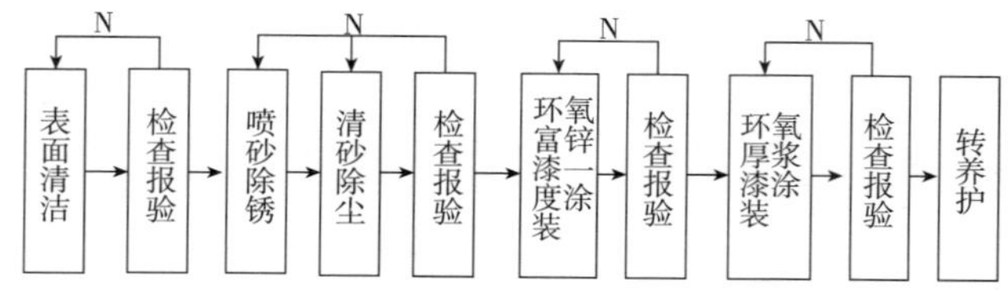

图 3-2-80 钢箱梁内表面(含风嘴)涂装施工流程图

2. 钢锚梁涂装施工流程图(图 3-2-81)

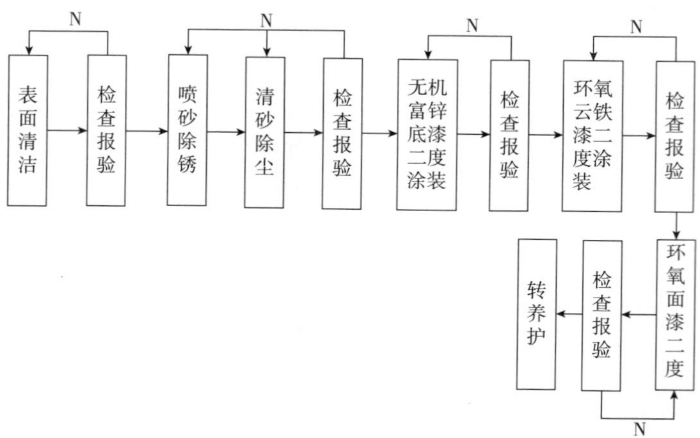

图 3-2-81 钢锚梁涂装施工流程图

(六)现场涂装工艺流程

1. 损伤面修复涂装施工流程图如图 3-2-82 所示

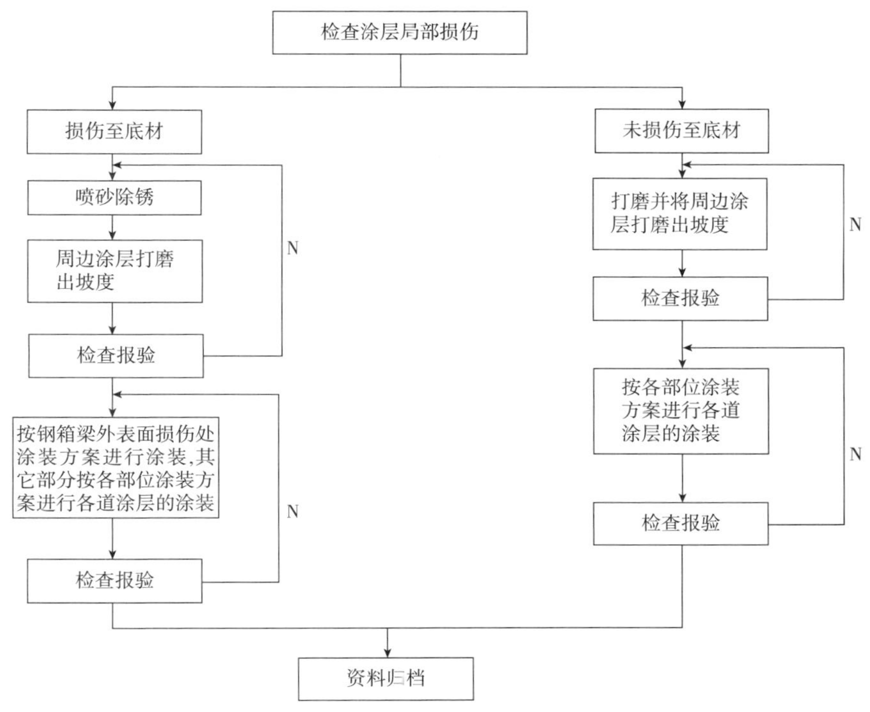

图 3-2-82 损伤面修复涂装施工流程图

2. 全桥外表面最后一道面漆涂装施工流程图如图 3-2-83 所示

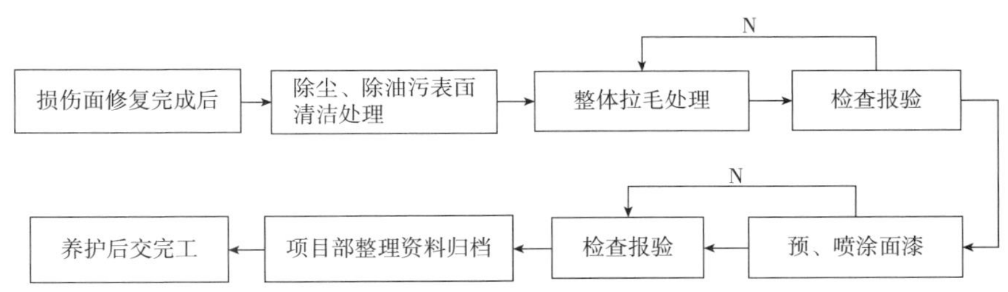

图 3-2-83 全桥外表面最后一道面漆涂装施工流程图

(七)质量检验

施工过程中应严格按照标准和设计要求进行。

1. 对喷砂除锈的检验

1)检验依据

国家标准 GB8923—1988《涂装前钢材表面锈蚀等级和除锈等级》。

2)质量标准

清洁度为 Sa3.0 级:钢材表面应无可见的油脂、污垢、氧化皮、铁锈和油漆涂层等附着物,该表面应显示均匀的金属色泽。

Sa2.5 级:钢材表面应无可见的油脂、污垢、氧化皮、铁锈和油漆涂层等附着物,任何残留的痕迹应仅是点状或条纹状的轻微色斑。

3)检测方法和数量

用目视法,全面检查。检查时必须有良好的光线。

2. 对涂层的检验

1）检验依据

国家标准 GB9286—1998《色漆和清漆漆膜的划格试验》、GB/T5210—2006《涂层附着力的测定法，拉开法》、GB/T9793—1997《金属和其他无机覆盖层热喷涂锌、铝及其合金》、JT/T722—2008《公路桥梁钢结构防腐涂装技术条件》、TB/T1527—2004《铁路钢桥保护涂装》。

2）质量标准

外观：涂料涂层表面应平整、均匀一致，无漏涂、起泡、裂纹、气孔和返锈等现象，允许轻微橘皮和局部轻微流；铝涂层表面均匀一致，不允许有漏涂、起皮、鼓泡、大熔滴、松散粒子、裂纹和掉块等，允许轻微结疤和起皱。

附着力：涂料涂层，划格法不大于 1 级；拉开法（涂层厚度超过 250μm 时）涂层体系附着力不小于 3MPa；铝涂层划格试验检测附着力，如果没有出现涂层从基体上剥离或金属涂层层间分离，则为合格；铝涂层拉力试验，附着力不低于 5.9MPa。

厚度：施工中随时查湿膜厚度以保证干膜厚度满足设计要求。内表面采用“85－15”规则判定，即允许有 15% 的读数可低于规定值，但每一单独读数不得低于规定值的 85%；外表面采用“90－10”规则判定，即允许有 10% 的读数可低于规定值，但每一单独读数不得低于规定值的 90%。漆膜厚度测定点的最大值不能超过工艺要求厚度的 3 倍。

3）检测方法和数量

外观：目视法，全面检查，检查时必须有良好的光线。

附着力：测点位置随机选定，每个梁段按工艺不同各取 3 处检测。

检测方法如下：

（1）涂料涂层，划格试验时涂层厚度不大于 80μm，划线间隔为 1mm；涂层厚度为 80～120μm 时，划线间隔为 2mm；涂层厚度为 120～250μm 时，划线间隔为 3mm，当检测的涂料涂层厚度大于 250μm 时，用拉开法检验附着力，按 GB/T5210—2006《涂层附着力的测定法，拉开法》进行。

（2）铝涂层，栅格试验，涂层厚度不大于 200μm 时，划痕间隔为 3mm，涂层厚度大于 200μm 时，划痕间隔为 5mm；拉力试验。

厚度：用涂层厚仪测量涂层厚度。

构件内、外表面要求检测每道涂层厚度及完工后的漆膜总厚度。

以钢梁单元件为一测量单元，在特大杆件表面上以 $10m^2$ 为一测量单元，每个测量单元至少应选取三处基准表面，每一基准表面测量 5 点，取其算术平均值，厚度达到工艺要求。

（八）原材料质量控制

1. 磨料的质量控制

（1）从合格的供方采购磨料，选择棱角钢砂磨料进行喷砂处理，其粒度和形状均应满足喷射处理后对表面清洁度和粗糙度的要求。

（2）由仓库保管员对进库前的磨料验证其合格证、质保书，表面应清洁、干燥，验证合格后入库存放。存放和保存应在专用库房内，库房应防止漏水。

（3）经验证不合格或有疑问的磨料由仓库保管员提出复验申请，并由质量安全部送权威检测机构复检硬度、化学成分等以决定能否使用。

（4）使用过程中定期对磨料进行检查，并采用过筛、除灰、补充新磨料等措施，以保证磨料正常使用。

（5）凡在露天情况下使用的磨料或者在使用过程中受到污染影响的磨料均应废弃，不能再使用。

2. 涂料的质量控制

涂料生产厂家必须具有 ISO9000 认证证书。

1）涂料的采购

根据本项目所处的地理环境，涂装材料必须适用本项目的各个部位，生产厂家应提供涂料出厂质量保证书、材料规格及使用说明书，包括存放要求、限期、质量检测要求等。

2）涂料的封装和运输

所有涂料应装在密闭容器内，容器的大小应方便运输。每个容器应在侧面贴说明书，表明用途、颜色、批号、生产日期和生产厂家等。

3）涂料复验

对涂料的相关指标到国家认可的检验机构进行复验，要求达到设计和相关标准要求。

油漆的复检采取抽样法。对于每批油漆，取样A、B两份，A、B样各500毫升，按不同组别进行分别密封。A样送检，送检的全过程应由监理工程师旁站或者陪同。B样应经过密封后保存，在封条上应有监理、承包人、油漆商、施工单位代表共同签字。

涂料的试验必须在涂料开始使用前完成，确保工程使用的涂料为合格的涂料。

4）涂料应存放在专用库房内，库房应防止漏水，有安全、防火设施。除非另有说明，超过贮存期的涂料应予废弃，不得用于永久性工程

3. 铝丝的质量控制

1）铝丝的采购

铝丝生产单位必须具有ISO9000认证证书。从专业生产企业采购合格铝丝，一般要求直径3mm，铝含量不小于99.5%。

2）铝丝的复验

对涂料的相关指标到国家认可的检验机构进行复验，要求达到设计和相关标准要求。

3）铝丝的存放

铝丝应存放在专用库房内，库房应防止漏水。

第三节 斜拉索制造与安装

一、斜拉索工程概况

椒江二桥斜拉索为空间双索面扇形结构，每塔的两侧各布置26对斜拉索。斜拉索采用直径7mm的低松弛高强平行镀锌钢丝束，型号含PES(C)7-151、PES(C)7-199、PES(C)7-241、PES(C)7-283、PES(C)7-313 5种。斜拉索外层防护采用热挤双层聚乙烯防护套，在梁端设置斜拉索外置阻尼器。梁段中跨及边跨索距为9m，全桥共设4×26×2=208根斜拉索，其中最长约255.5m，单根最大重量约26t。斜拉索断面结构见图3-2-84。

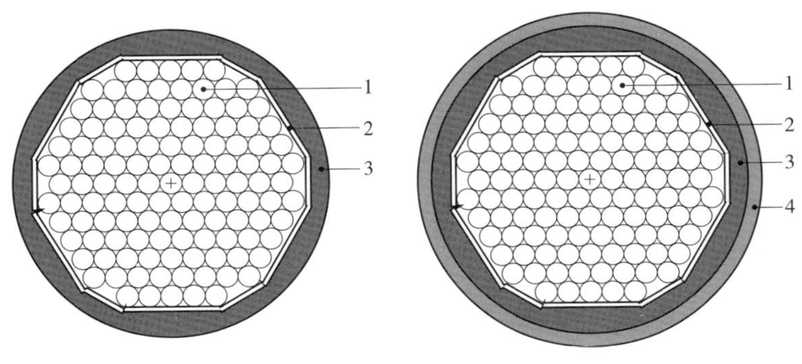

图3-2-84 斜拉索断面结构示意图

1-高强钢丝；2-缠绕细钢丝或纤维增强聚酯带；3-黑色聚乙烯护套；4-彩色聚乙烯护套

二、斜拉索原材料和制造工序检验

原材料检验严格按照招标文件及国家、行业标准进行进场检验和委托检验，检验不合格的原材料不容许用于该项目斜拉索生产中。

(一)高强镀锌钢丝检验

高强镀锌钢丝进场检验，依据标准《桥梁缆索用热镀锌钢丝》GB/T17101—2008 和投标文件中《技术规范》检验合格后，方能用于斜拉索制造。

1. 验证制造厂家提供的质量文件

钢丝用盘条材质的主要技术性能指标和盘条的钢牌号，必须符合技术规范要求；

镀锌钢丝松弛试验报告和质量证明书的各项检验项目技术指标必须符合《桥梁缆索用热镀锌钢丝》GB/T17101—2008 标准要求。

2. 包装及外观

钢丝进场时，包装应符合合同规定要求。每盘必须挂有明显的标牌，标牌字迹应清楚，内容必须包括制造厂家名称和商标、产品名称、卷号和炉号、规格、重量等，并符合《钢丝验收、包装、标志及质量证明书的一般规定》。钢丝盘卷应整齐、不得紊乱。

高强镀锌钢丝的表面应光滑、无损伤、锈蚀以及其他使用上的缺陷；钢丝整卷长度内不得有任何形式的接头，不得有任何方式的机械加工；钢丝的长度方向不应呈波浪形、不得存在折弯、扭曲等缺陷。

3. 抽样频率及第三方检测

每批钢丝进场后，按《斜拉桥热挤聚乙烯拉索技术条件》(GB/T18365—2001)，在驻厂监理的见证下按5%随机抽样，送第三方单位检测，进行力学性能试验，试验结果必须满足标准要求。不合格钢丝不准投入斜拉索制造使用。镀锌钢丝检测项目与检测方法见表3-2-27。

镀锌钢丝检测项目与检测方法

表3-2-27

序号	检测项目	技术指标	供方出厂检验		需方进场检验		检测方法
			检验频率	检验数量	抽检频率	检验数量	
1	直径	±0.07	逐盘	2350盘	5%	118盘	自检
2	不圆度	≤0.07	逐盘	2350盘	5%	118盘	自检
3	表面质量		逐盘	2350盘	5%	118盘	自检
4	抗拉强度	≥1670MPa	逐盘	2350盘	5%	118盘	送三检
5	规定非比例延伸强度	≥1490MPa	1根/10盘	235盘	5%	118盘	送三检
6	断后伸长率	≥4.0%	逐盘	2350盘	5%	118盘	送三检
7	反复弯曲	≥5次	1根/10盘	235根	5%	118盘	自检
8	弹性模量	$(2.0\pm0.1)\times10^5$MPa	1根/10盘	235根	协议	3组	送三检
9	矢高	≤30mm/m	1根/10盘	235根	5%	118盘	自检
10	翘高	≤150mm/5m	1根/10盘	235根	5%	118盘	自检
11	锌层重量	≥300	1根/10盘	235根	—	—	—
12	锌层均匀性	≥4次	1根/10盘	235根	—	—	—
13	松弛试验		1根/300t	8根	—		—
14	疲劳试验		1根/2000t	1根	—	—	—

注：本项目镀锌钢丝约为2350吨，初步按照1t/盘估算，最终以实际进场盘数为准。

(二)冷铸锚锚具的检验

冷铸锚具进厂必须按技术图纸要求进行验收，包括制造厂家提供有关质量文件。

1. 验证制造厂家提供的保质文件

制造厂家提供的产品质量证明文件,必须满足冷铸锚具技术图纸要求。质量证明文件包括以下内容:材质证明书、热处理检测报告、无损检测报告表面处理报告及产品合格证。

2. 检验项目

(1)锚具外观检验,检验频率 100%(目测),锚具应无明显碰伤、撞伤;镀锌层应完整、均匀;锚具编号应清楚。

(2)配合、旋合检验,检验频率 100%,定位环与连接筒之间配合检验;锚杯与锚圈、锚杯与连接筒之间旋合检验;锚固板孔眼尺寸符合设计要求。

(3)锚杯硬度、镀锌层厚度检验,检验频率 100%;镀锌层厚度、检验频率 50%。

(4)互换性检验,检验频率 10%,同种规格相同部件具有互换性。

锚具检测项目与检测方法见表 3-2-28。

锚具检测项目与检测方法 表 3-2-28

序号	检测项目	技术指标	检测依据	验证资料	检测方法
1	钢件、锻件检测 1. 超声波探伤 2. 硬度检测 3. 材料机械性能:拉伸强度、屈服强度、延伸率、冲击强度和化学分析	锚杯 HBC230—270 锚圈 HBC230—270 其他碳素钢的钢材力学性能及化学性能符合 GB/T699—1999	GB/T4162—1991 GB700—2006 GB699—1999 GB3077—1999	探伤报告 硬度检验记录 机械性能和化学分析报告	探伤仪,100% 检验 硬度计,100% 检验 机械性能按 GB228 方法 化学分析按 GB223 方法
2	机加工检测 表面外观 基本尺寸	梯形螺纹符合 GB/T12359—1990	按技术图纸、检验项目	机加工检验记录	螺纹通止规、游标卡尺,深度卡尺、量规全检
3	成品检测 检测内容: 1. 螺母与锚杯的配合、互换性 2. 镀锌层质量 3. 尺寸加工误差 4. 锚板孔眼直径 5. 其他表面处理质量 6. 质量保证书	锌层厚 20 ~ 40 微 m 技术图纸 技术图纸	按技术文件中有关技术条件、技术图纸。检查项目和标准	检验记录 检验记录 检验记录 检验记录 检验记录 检验记录	实测实配,全检 目测,全检 螺纹通止规、游标卡尺、深度卡尺、量规全检 游标卡尺,全检 目测,全检 全检

(三)冷铸锚填料的检验

冷铸锚冷铸填料由环氧树脂、固化剂、增韧剂、稀释剂、填充料等构成,所用材料均有合格证明。

在灌铸过程中,每个冷铸锚冷铸体在配料时,制作一组三个圆柱体试件(Φ25mm × 30mm)同炉固化,进行抗压试验,冷铸体的试件强度值≥147MPa。

验证厂家提供的检验报告,是否符合 CJ/T 297—2008《桥梁缆索用高密度聚乙烯护套料》的要求执行中各项技术指标。

上道工序检验合格后,方可进行下一道工序。

1. 粗下料长度检验

在钢丝下料之前,必须复核钢丝粗下料长度。起止标记清楚,经检验合格之后方可下料生产。

2. 扭绞成型检验

裸索扭绞成型后,检验缠绕带的紧密性,无鼓丝及钢丝交叉错位现象。裸索直径抽测不少于 3 个截面,每个截面用游标卡尺在互为 120 °三个方向上测量裸索直径,其最大直径应小于进缆套平直段内径 3mm。

3. 热挤高密度聚乙烯检验

在挤出过程中,对挤出直径进行控制性检测,PE 防护层直径公差为(+2.0, -1.0)mm。挤塑后检验表面质量,做到吊杆索表面无气泡。每根吊杆索 PE 防护层不允许有接头。

4. 精下料检验

斜拉索精下料之前,必须复核斜拉索下料长度,索长误差满足条件 50m 小于 1mm 的要求,复核无误,标记清楚,方可下锯断料。

5. 灌锚检验

在每个锚具灌注同时,需做一组三个试件,进行同炉固化。固化后试件端部应加工平整,然后检测其抗压强度。试件强度值≥147MPa 方为合格。

6. 超张拉检验

按超张拉要求吨位张拉,记录拉杆每级荷载位移与级间索长增量。超张拉检验结束之后,进行锚固板内缩值测量,内缩值≤6mm。

7. 成品索长检验

超张拉后,在保证索股无应力平直的情况下,测量成品索长度。其长度误差 ΔL_0 应符合技术规范的要求。

8. 弹性模量检测

在超张拉检验后作弹性模量试验,成品拉索的弹性模量不小于 1.90×10^5MPa。

9. 静载性能试验

取一根规格为 PES(C)7—151 斜拉索做静载性能试验,试验索最大索力,应不小于公称破断索力的 95% 。即:PES(C)7—151 应不小于公称破断索力 9705kN 的 95% 即 9220kN。

10. 盘卷检验

索盘卷应紧密,排列整齐,锚具固定可靠。每根拉索还应挂有合格标牌,标牌应牢固可靠地系于包装层外的两端冷铸锚上,牌上注明拉索编号、规格型号、长度、重量、制造厂名、工程名称、生产日期等,字迹应清晰。

11. 成品外观检验

(1)钢丝束按规定整齐紧密排列,无错位,聚乙烯护套质地紧密,无气泡,厚度均匀。

(2)挤出后拉索外径允许偏差,正偏差为 2mm,负偏差为 1mm。

(3)成品拉索外观良好完整,不允许有深于 1mm 的划痕。

(4)成品拉索两端冷铸锚外表面不得有划伤、锈蚀,锚圈和锚杯能自由旋合。

三、斜拉索制作工艺

(一)锚具制造工艺

1. 锚具结构

斜拉索锚具为冷铸锚具,采用国家标准(GB/T18365—2001),锚具规格按用户要求。每套锚具由锚杯、锚板、螺母、连接筒、密封结构、冷铸填料等主要部分组成。

2. 锚杯、螺母的生产工艺流程如下:材料检验→下料→锻→退火→粗加工→超声波探伤→调质→精加工→钳→磁粉探伤→镀锌→脱氧→最终检验。

3. 锚具的技术要求

(1)锚杯、螺母选用合金结构钢35CrMo,应符合《合金结构钢》(GB/T3077—1999)中的相关要求;锚板选用45#钢,符合《优质碳素结构钢》(GB/T699—1999)中的相关要求。

(2)锚杯、螺母的毛坯件皆采用轧制或锻制圆钢的锻打件,应符合《冶金设备制造通用技术条件锻件》(YB/T036.7—1999)中的相关要求。

(3)锚杯、螺母在加工过程中进行调质热处理,以使其获得优良的综合力学性能,螺母表面硬度HB230~270,锚杯表面硬度HB250~290。

(4)锚杯、螺母在加工过程中,必须逐件按《锻轧钢棒超声波检验方法》(GB/T4162—2008)进行超声波探伤,并达到B级要求;并必须逐件按《锻钢件磁粉检验方法》(JB/T8468—1996)或《压力容器无损检测》(JB/T4730.4—2005)进行磁粉探伤,并达到Ⅱ级要求。

(5)锚具各组件金属表面均作镀锌防腐处理,锌层厚度为12~20μm。锚杯、螺母镀锌后进行脱氢处理。锌层评定方法符合《金属覆盖层钢铁上的锌电镀层》(GB/T9799—1997)、《人造气氛腐蚀试验盐雾试验》(GB/T10125—1997)的规定。

(6)锚具螺纹牙型符合《梯形螺纹牙型》(GB/T5796.1—2005)或《普通螺纹基本牙型》(GB/T192-2003)的规定;螺纹直径与螺距符合《梯形螺纹 直径与螺距系列》(GB/T5796.2—2005)或《普通螺纹 直径与螺距系列(直径1~600mm)》(GB/T193—2003)的规定;螺纹的基本尺寸符合《梯形螺纹基本尺寸》(GB/T5796.3—2005)或《普通螺纹基本尺寸(直径1~600mm)》(GB/T196—2003)的规定。螺纹入口部分通过钳工打磨平滑,以便于安装。

(7)同一规格锚具的相同部件具有互换性,锚杯及螺母能够自由旋合。

(8)锚杯与螺母刻印有规格型号及产品流水号作为标识。

(二)斜拉索加工制造工艺

椒江二桥工程斜拉索加工制作方案:斜拉索采用工厂化制作,软盘盘卷包装技术运输,经业主、驻地监理验收合格后运输至大桥施工现场的。

1. 斜拉索加工制造工艺

1)钢丝粗下料

经检验质量合格的钢丝,拆除外包装后用5t行车吊将钢丝吊运到PE厂房内的放丝系统上,剪掉包装钢带,由排丝架的牵引机从放丝盘牵出,每次放丝为16根,根据椒江二桥斜拉索设计索长得出的钢丝粗下料尺寸进行粗下料。

2)钢丝排丝

根据椒江二桥斜拉索PES(C)7-151、PES(C)7-199、PES(C)7-241、PES(C)7-283、PES(C)7-313,共5种规格的索体断面排列图(依据GB18365—2001《斜拉索热挤聚乙烯高强钢丝拉索技术条件》),将排丝架上已粗下料的合格钢丝按索体断面逐一穿入分丝板中,形成符合斜拉索断面的正六边形或缺角正六边形。

3)扭绞成型

将已经排好的各种规格钢丝,通过间距为2m的扭绞板将所有的钢丝作同心左向扭绞,钢丝合股成型,扭绞成型过程中应自始至终保证钢丝排列整齐,扭绞密实,最外层钢丝的扭绞角度为2°~4°。与此同时利用双缠带机将纤维增强聚酯压敏胶带紧密、均匀地缠绕在成型的索股上,带宽50mm,宽度不小于带宽的1/3,重叠层数不多于4层,从而形成扭绞钢丝束。纤维增强聚酯压敏胶带缠包层应整齐,致密,无破损。

4)热挤高密度聚乙烯塑料

缠包后的钢丝束在挤出工序进行外挤黑色PE及彩色PE双层高密度聚乙烯,在挤出过程中严格按照挤塑机一区、二区、三区、四区、五区、六区的温度控制要求,高密度聚乙烯塑料均匀地覆塑在成型索股上，黑色 PE 及彩色 PE 双层高密度聚乙烯防护层厚度满足《斜拉索热挤聚乙烯高强钢丝拉索技术条件》(GB18365—2001)和技术规范的要求，PE 防护层厚度公差为(+2.0，-1.0)mm。

挤出后的索体在经过温水冷却槽后，进入冷水冷却槽前，经过特制的索体表面处理设备和工艺，在索体表面形成抗风雨振的双螺旋线 PE 防护套。

由于 PE 表层采用表面双螺旋线技术，达到减少风雨振效应的目的。热挤完成后的 PE 防护表面应采用整体多层螺旋包装，确保外观无破损。

5)索股精下料

根据本项目斜拉索设计无应力下料长度，考虑温度等修正值，计算出斜拉索在制作环境条件下的斜拉索无应力下料长度。拉索切割长度偏差 ΔL 应符合以下规定：

$L \leqslant 100$m 时，$\Delta L < 20$mm

$L > 200$m 时，$\Delta L < L/5000$mm

6)安装锚具和灌注

根据灌锚设计要求的锚固钢丝长度去除索体端部相等长度的高密度聚乙烯塑料，依次将锚具组件安装在即将埋入锚具内的钢丝上。将端头裸露的钢丝进行清洗，去除杂质及油污并穿入分丝板。钢丝端头采用液压冷镦，镦头直径不小于钢丝直径的 1.5 倍，高度不小于钢丝直径，头形正规，允许有 0.1mm 的纵向裂缝，不允许有横裂缝；镦头以下不得有削弱断面。镦头机随时注意调整，每操作一批镦头，例行检查镦头机一次，确保镦头质量。钢丝镦头整齐，镦头过后再用专用密封工装对冷铸锚具进行灌注前密封。

将密封完成后的斜拉索起吊到灌锚架上进行垂直固定，先将锚具进行预热，再将经检验合格的冷铸填料灌注入锚具中，同时振动密实，把灌注后的锚具放入固化炉中，固化温度和固化时间进行分段多点控制，保证固化均匀。冷铸填料在浇铸时须同时制作一组三个直径 25mm、高 30mm 的圆柱体试件同炉固化。经处理后作抗压试验，冷铸体的试件强度在常温下达到 147MPa，试验结果的取值按《斜拉桥热挤聚乙烯高强钢丝拉索技术条件》(GB/T 18365—2001)的规定。

7)成品检验

每根成品索在出厂之前先进行预拉，以消除其非弹性延伸值和斜拉索受力后延伸不一致的问题，而后进行超张拉检验，合格后方能出厂。根据大桥设计要求，成品拉索在张拉生产线上按照招标文件技术规范规定的拉力进行索力超张拉锚固检验，即设计索力小于或等于 3000kN 时取 1.4 倍，设计索力大于 3000kN 小于 6000kN 时，取 1.3 倍，设计索力大于 6000kN 时，取 1.2 倍。成品索超张拉以后，冷铸锚分丝板内缩值不大于 5mm，锚圈和锚杯的旋合不受影响。经超张拉检验后的成品斜拉索，卸载至 20% 的超张拉力时，测量拉索长度，再换算成零应力时的拉索长度，进行长度复测。长度的测量和标记工作应在非常稳定的均匀温度条件下避开阳光或在晚间进行，标记要明显、牢固长度偏差应符合合同规定。拉索长度换算公式如下：

$$L_0 = L/(1 + P/E_A) + \Delta$$

式中：L_0——零应力时的拉索长度；

L——工作长度：20% 的超张拉力时拉索长度；

P——20% 超张拉力；

E_A——拉索的抗拉强度；

Δ——温度修正值。

8)盘卷包装

对斜拉索采取成盘形式盘卷，采用脱盘盘卷，用专用打盘机将包装好的斜拉索进行盘卷。盘卷内径应大于 20 倍拉索直径 D，且大于 1.8m，拉索盘卷应紧密，排列整齐。

每盘成品拉索采用不损伤拉索表面质量且阻燃的材料捆扎结实，捆扎不少于 6 道，然后用麻布条将整个圆周紧密包裹。两端的冷铸锚应有保护和固定措施。

包装好后平稳整齐堆垛。成品索宜库内存放，若露天存放应加遮盖。

9）标识储存

斜拉索检验合格后，应在每根拉索的两端冷铸锚上，用红色油漆写上拉索编号与规格型号；每根拉索还应挂有合格标牌，标牌应牢固可靠地系于包装层外的两端冷铸锚上，牌上注明拉索编号、规格型号、长度、重量、制造厂名、工程名称、生产日期等，字迹应清晰。

10）交付运输

接到装运斜拉索通知后，立即起运，运输过程中采用有效的措施保护斜拉索及附件表面不被划伤，防止锚具外表镀锌层损伤及螺纹碰伤等。

11）斜拉索制作相关检验文件

（1）出厂合格证；

（2）原材料检验报告；高强镀锌钢丝：出厂检验报告、进场抽检报告、聚乙烯 PE 塑料：出厂检验报告、进场验证报告、冷铸锚具：出厂检验报告、进场抽检报告；

（3）生产过程抽样检测报告；高强钢丝抽样检测报告、冷铸锚铸体试件强度检测报告等。

四、静载实验

（一）试验目的

通过静载试验检验斜拉索的静载性能是否达到规定的要求：

（1）静载破断荷载应不小于斜拉索公称破断荷载的95%；

（2）断丝率不大于5%；

（3）延伸率大于2%；

（4）斜拉索在静载试验过程中钢丝应在钢索部分破断，不得从锚具中拔出。

（二）试验依据

（1）椒江二桥及接线工程第2标段主桥斜拉索制作、运输及安装合同协议书；

（2）《斜拉桥热挤聚乙烯高强钢丝拉索技术条件》（GB/T 18365—2001）。

（三）试验对象

规格：PES（C）7-151 钢丝抗拉强度为1670MPa；数量：1 根；长度：试验索的自由长度不短于3m。试验索均按为椒江二桥斜拉索制作原材料、制作工艺制作。

（四）试验内容

（1）试验索最大索力，应不小于公称破断索力的95%。即：PES（C）7-151 应不小于9220kN；

（2）检查分丝板内缩值；

（3）检查试验索其他破坏情况。

（五）试验系统设计

1.加载系统

将试验索直接锚固于 YCW1700A-200 型千斤顶和两个3000t 级钢结构张拉横梁之间，千斤顶加载，钢结构张拉横梁作反力架。

2.测力系统

用压力传感器及相配的数字显示仪进行测力，误差≤1%。

3.量测系统

（1）用一台 J2-1 经纬仪观测试验索固定端的移动量，用另一台 J2-1 经纬仪来观测试验索张拉端索长的变化量。

（2）用深度游标卡尺来量测锚具铸体材料内缩值，用百分表随时观测试验索铸体材料回缩值。

试验张拉、观测系统布置见图 3-2-85。

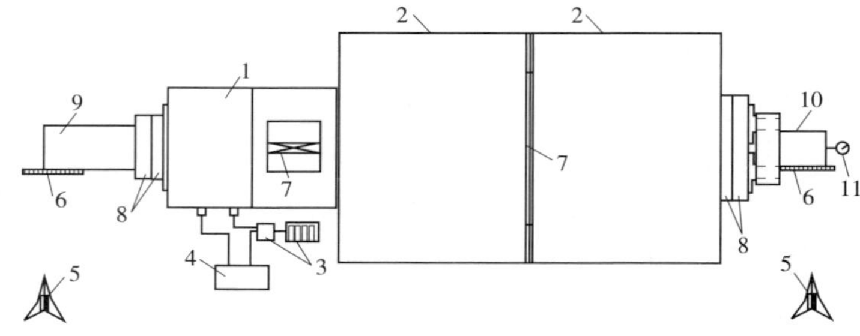

图 3-2-85　试验张拉、观测系统布置示意图

1-YCW1700A-200 型千斤顶；2-3000 吨级钢结构张拉横梁；3-压力传感器相配的数字显示仪；4-油泵；5-J2-1 经纬仪；6-钢制标尺；7-试验索；8-垫板；9-斜拉索用冷铸锚具；10-斜拉索用冷铸锚具；11-百分表

（六）试验方法

1. 预拉

由 0. 1Pb（Pb：公称破断索力）开始，每级 0. 1Pb，逐级加载至 0. 6Pb，加载速度不大于 100MPa/min，每级持荷 5 分钟后量测每级索长的变化。加载到 0. 6Pb 后，持荷 10min，卸荷至 0. 1Pb 后测量并记录分丝板内缩值，预拉过程中随时观测分丝板内缩情况。

2. 正式张拉

（1）由 0. 1Pb 开始，每级 0. 1Pb，逐级加载至 0. 8Pb。每级持荷 5min 后量测每级索长的变化量。

（2）荷载达到 0. 8Pb 后持荷 30min 继续加载，每级 0. 05Pb，每级持荷 5min，量测每级索长变化，且随时观测铸体材料内缩值。逐级加载至公称破断索力的 95%。试验荷载达到 95% 公称破断索力后转为变形量控制，当试验索的延伸率超过 2% 时就卸载，卸载后测量分丝板的内缩值，记录达到最大试验索力时试验索的延伸量，并观察试验索的情况。

（七）计算与结果

根据试验数据处理与计算，得出静载试验结论：

（1）静载破断荷载不小于斜拉索公称破断荷载的 95%。

（2）断丝率不大于 5% 的要求。

（3）延伸率大于 2% 的要求。

（4）试验索其他破坏情况正常。

五、外置式阻尼器

（1）阻尼器应满足抑制拉索 3Hz 以下风致振动、且最大振幅为 $A \leqslant \pm L/1700$（L = 索长）的要求。

（2）阻尼器应具有稳定的阻尼特性，并易于调节，以适应不同振型的最优阻尼要求。安装阻尼器后实测斜拉索对数衰减率 $\delta \geqslant 0.03$。

（3）阻尼器应能够在 −20 ~ 100℃ 的气温、100% 相对湿度的环境下工作，并能承受以下气象条件下的各种可能组合：雨、雪、雨夹雪、雹、冰、雾、烟、风、臭氧、紫外线、砂、尘。

（4）提供的阻尼器应具有一定的强度和抗疲劳性能，使用寿命至少 20 年，并且可以更换，便于检查，关节轴承必须采用不锈钢材料。

（5）阻尼器缸体轴线与斜拉索必须保持 90°夹角，单个黏滞阻尼器最大行程 ±50mm。

（6）阻尼器的连接部位要具有较高的加工精度，连接件之间配合紧密，不得松动，以免影响减振效果。连接方式的设计要易于调节定位、施工和更换。

（7）其余有关要求按《公路斜拉索设计规范》（JTJ027—96）、《公路桥梁抗风设计规范》（JTG/T D60-01—2004）执行。

(8)漆膜厚度≥240μm。

六、斜拉索施工

(一)斜拉索施工工艺及流程

斜拉索施工主要包括:索上桥面、桥面展索、挂索、压锚、张拉、调索等几大工序,由于本项目斜拉索较多,对于不同索长的索,斜拉索挂设、压锚、张拉的方式也有所区别,主要概括如下:

(1)对于短索(1 号 ~7 号)采用塔吊(或塔顶鹰嘴吊机)直接牵引挂设,锚固顺序为先塔后梁,塔端张拉即可。

(2)对于较长索(8 号 ~16 号)采用鹰嘴吊机挂设,张拉杆硬牵引的方式压锚,为了安全先挂塔端,待塔端接上张拉杆后将索放出一定距离,然后进行梁端压锚(卷扬机完成)。梁端压锚结束后进行塔端最后压锚,张拉采用塔端张拉。

(3)对于长索(17 号 ~26 号)采用鹰嘴吊机挂设,张拉千斤顶和钢绞线软牵引的方式压锚,同样为了安全先挂塔端,待接上塔端软牵引的钢绞线后将索放出一定距离,然后进行梁端压锚(卷扬机完成),梁端结束后进行塔端最后压锚。根据监控单位计算的索伸长量,对于后面施工的几对斜拉索若塔端张拉空间受限时考虑在梁端张拉。

以下以长索为例,对斜拉索施工的总体流程进行描述。施工工艺及流程见图 3-2-86。

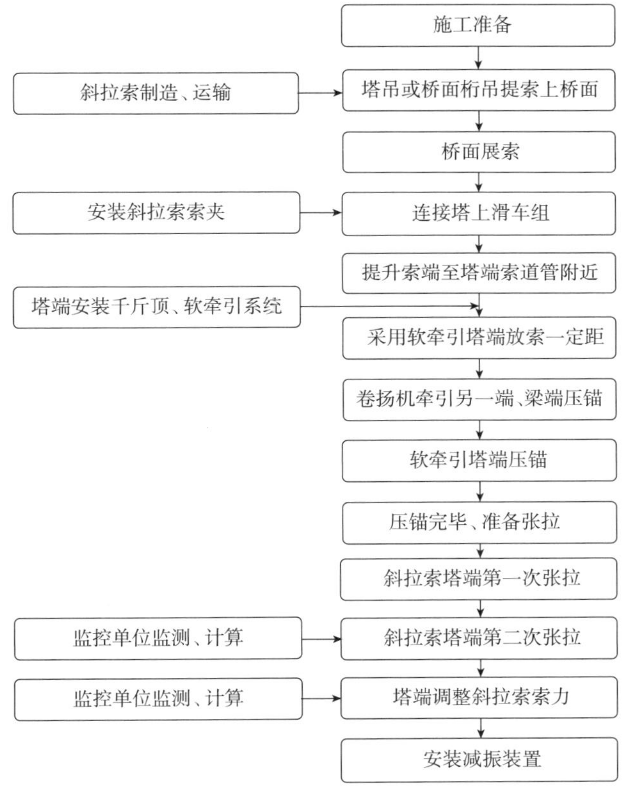

图 3-2-86　斜拉索施工工艺及流程图

(二)斜拉索施工主要设施、设备选型及布置

1. 施工设施、设备总体布置

斜拉索施工需要在桥面上布置的主要设备、设施有:卷扬机、吊索桁车、导向架、角度调整支架、放索机等。桥面上主要设备、设施布置见图 3-2-87。

在塔上布置的主要设备设施有:卷扬机、塔外施工平台、钢梁式起吊系统等。塔上主要设备、设施布置见图3-2-88。

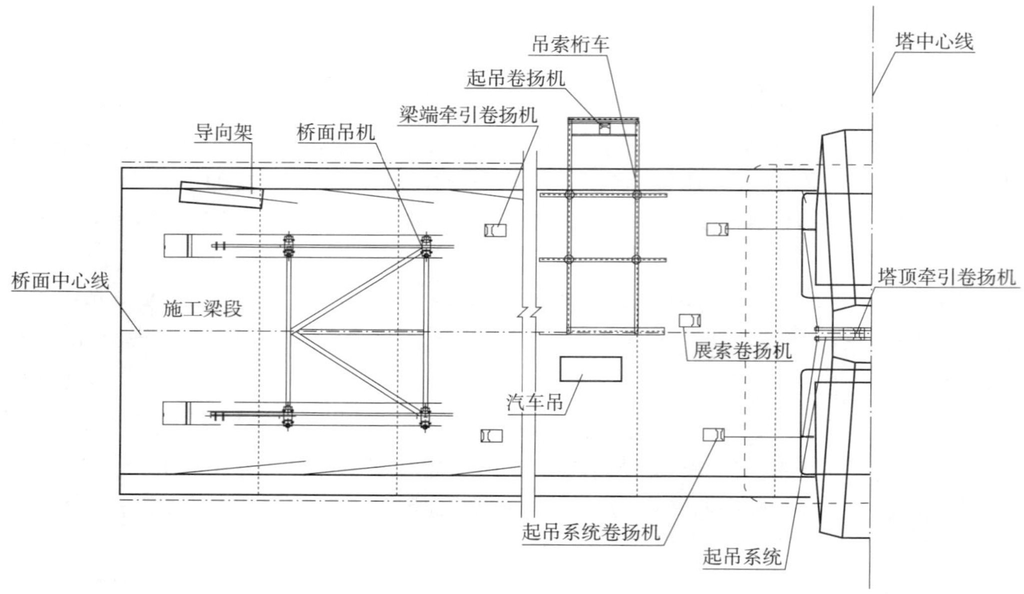

图3-2-87 桥面上主要设备、设施布置图

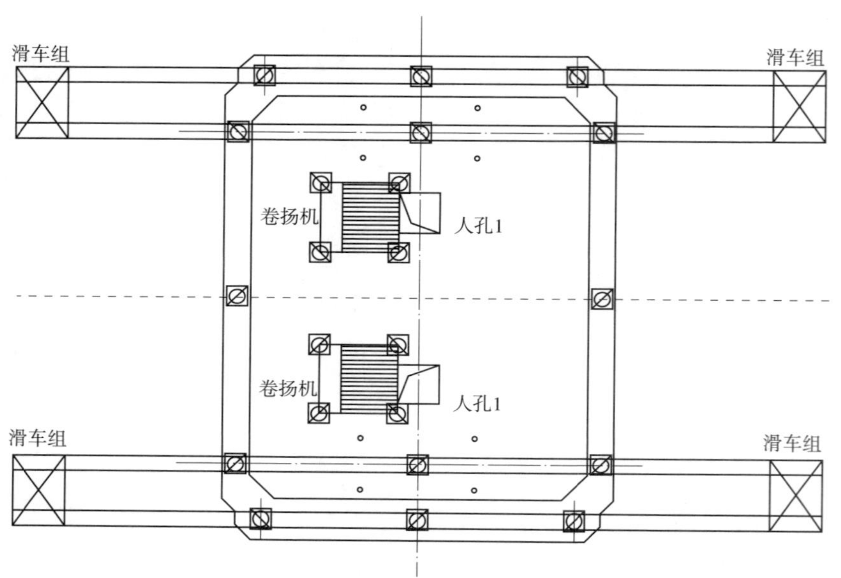

图3-2-88 塔上主要设备、设施布置图

2. 卷扬机的选型及布置

为确保斜拉索挂设、压锚、桥面展开等工序的操作方便、控制准确，作为重要施工设备的卷扬机拟选用液压可调速型。

卷扬机的布置情况为：索塔的塔顶布置2台(5t)卷扬机，用以牵引塔端锚杯进入索套管；索塔塔肢两侧的梁上各布置3台(5t)卷扬机，其中2台用于提升斜拉索；4台(5t)用于展索、牵引及压锚。各卷扬机均配置滑车组。

3. 起重设施、设备

斜拉索施工选用的起重设施、设备主要包括现有2台塔吊、梁面吊索桁车起吊系统、塔顶门架起吊系统等。

1)吊索桁车

桥位配有最大起吊能力为16t的塔吊,可将重量在16t以内的索盘直接提上桥面,对于超过16t的18~26号索拟采用桥面吊索桁车提升上桥面,起吊重量为30t。

梁面吊索桁车设置在J1号索及J2号索中间,因斜拉索之间空间有限,主梁高度仅设置为6m,顶部桁车及卷扬机系统采用梯形放置,避开斜拉索,以满足吊钩高度净空8m的需求;吊机悬臂长度为6.9m,索盘吊装时离钢箱梁边最大净距为1m。斜拉索盘陆运至栈桥边平台三角处起吊,然后行走小车沿横桥向移动,将索放置于桥面索盘上,索盘通过卷扬机经横桥向从桁车尾部移出,进行后续展索施工。

梁面吊索桁车主要由6根ϕ400mm(δ8mm)的钢管作为支撑系统;双H45作为行走轨道支撑梁;][200mm槽钢作为吊机后锚点斜拉杆件;其余加强杆件采用][160槽钢。

吊索桁车布置示意图见图3-2-89。

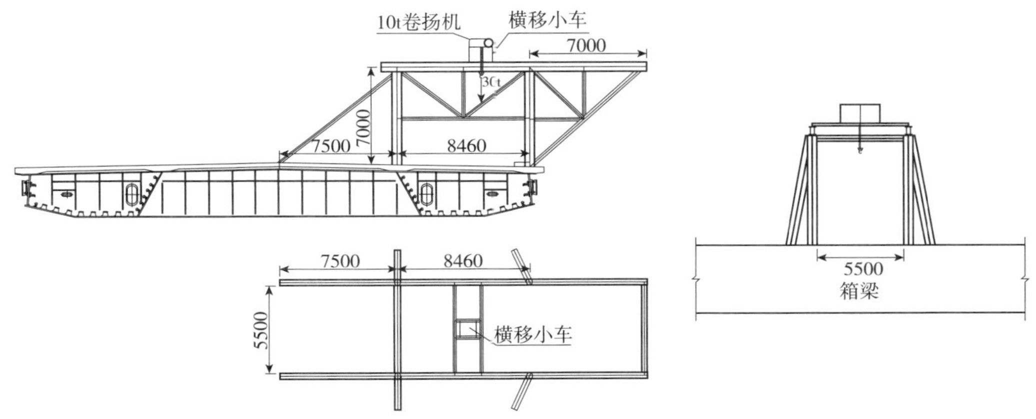

图3-2-89 吊索桁车布置示意图(尺寸单位:mm)

2)塔顶挂索鹰架

塔顶挂索鹰架,悬臂长度为2.75m,鹰架主梁采用2工45a型钢,主梁通过在塔顶预埋钢件与塔顶固定。其与桥面上的卷扬机共同构成了塔端挂索的主提升机构,鹰架具体结构见图3-2-90。

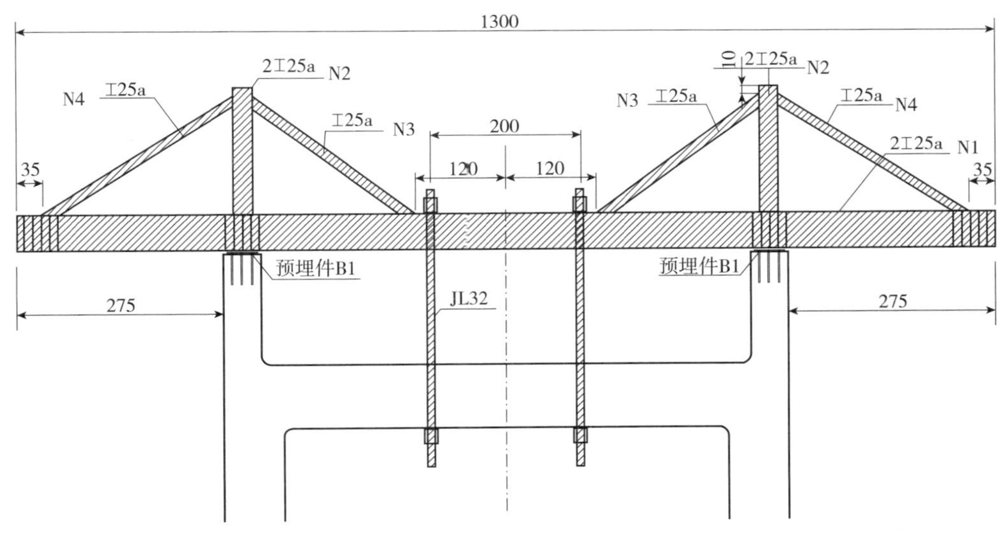

图3-2-90 塔顶挂索鹰架侧面布置图(尺寸单位:mm)

本项目索塔形状为钻石型结构,塔端斜拉索不在同一条垂直线上,因而在挂索过程中需要移动两次鹰架位置,鹰架平面布置见图3-2-91(图中虚线位置为鹰架移动后的位置)。

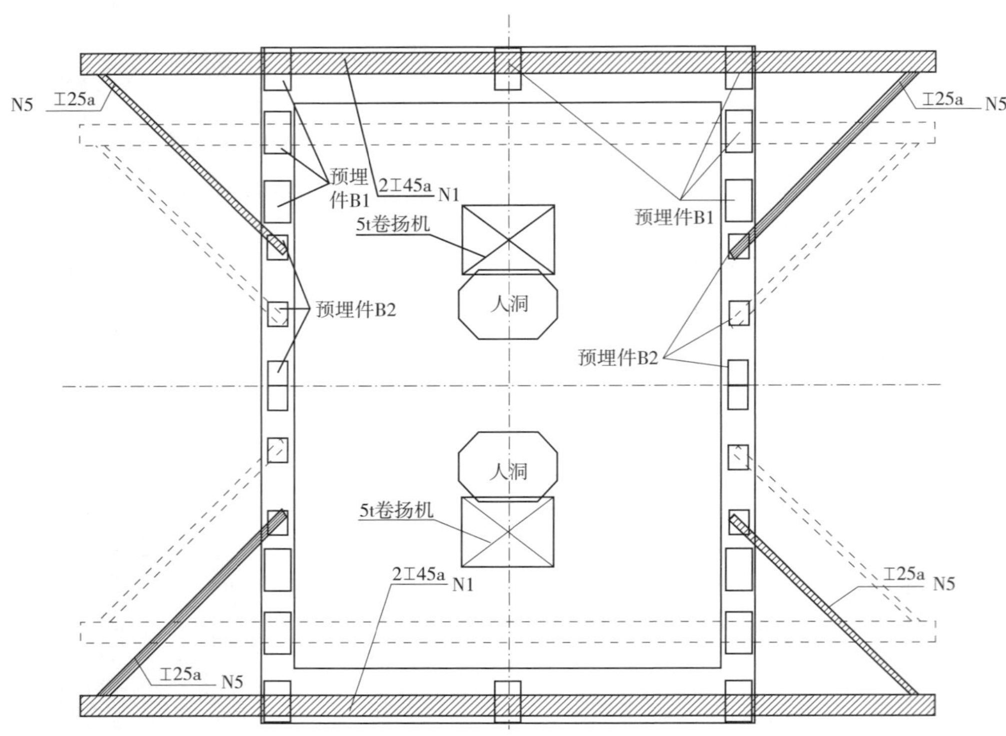

图 3-2-91　塔顶挂索鹰架布置图

4. 斜拉索展索设施

斜拉索展索设施主要包括放索机、托索小车。放索机用于舒展索体、散去扭力，托索小车用于斜拉索在桥面移动。

1）放索机

拉索均采用裸盘运输，卧式放索机由放索转盘、底座及轴承三部分组成。塔吊或塔顶门架提升塔端锚头时，放索机上的斜拉索盘可随放索转盘一起绕轴承转动，从而散去扭力。卧式放索机结构示意见图3-2-92。

2）托索小车

为方便斜拉索在桥面的移动及展开，避免斜拉索与桥面直接接触，防止聚乙烯套损伤，采用托索小车。托索小车滚轮采用专业厂家生产的塑料轮，可以最大限度的保护斜拉索。托索小车结构示意图见图3-2-93。

图 3-2-92　卧式放索机

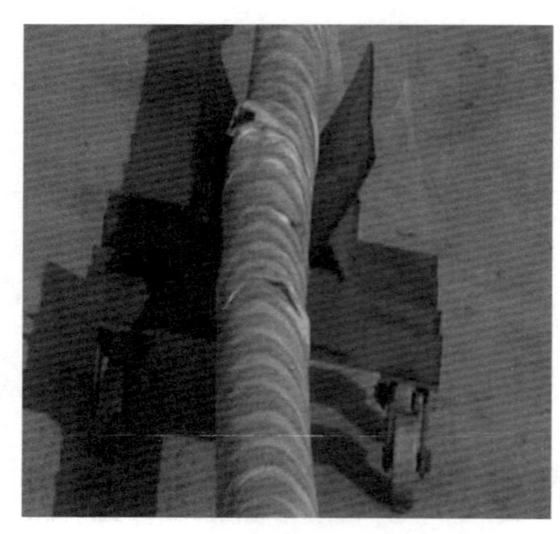

图 3-2-93　托索小车结构示意图

5. 牵引锚固及张拉设施

斜拉索牵引锚固及张拉设施主要分为:卷扬机牵引系统、钢绞线软牵引系统及张拉杆硬牵引、张拉系统。

1)卷扬机牵引系统

卷扬机牵引系统主要由卷扬机、滑车组及连接索夹共同组成。

索夹是挂索、压锚的着力点,是挂索、压锚设备同斜拉索的连接工具。索夹采用壁厚10mm的钢管与钢板焊接而成,在钢管同斜拉索接触处加垫10mm厚的优质橡胶垫,施工过程中可以很好地保护斜拉索免受损伤。索夹结构见示意图见图3-2-94。

2)软牵引系统

钢绞线软牵引系统主要由软牵引千斤顶、油泵、牵引连接装置及钢绞线等组成。

(1)软牵引千斤顶

若使用连续千斤顶牵引钢绞线,由于塔内操作空间较小会影响施工,故本项目拟采用普通千斤顶进行软牵引。

(2)软牵引锚具及钢绞线

软牵引采用 Φ_j15.24 钢绞线(每根钢绞线允许承载力取150kN),配套7孔OVM锚具。

(3)软牵引压套

软牵引压套主要根据张拉杆的内丝、理论软牵引力选择。本项目选用外径为130mm的软牵引套。为确保施工安全,软牵引压套选型时,软牵引力按理论计算值的1.5(安全系数)倍确定。

图3-2-94 索夹结构示意图

3)拉杆硬牵引及张拉系统

张拉杆硬牵引及张拉系统由穿心孔千斤顶、油泵、压力传感器、张拉杆、变径螺母及撑脚等组成,硬牵引及张拉系统组成形式见图3-2-95。

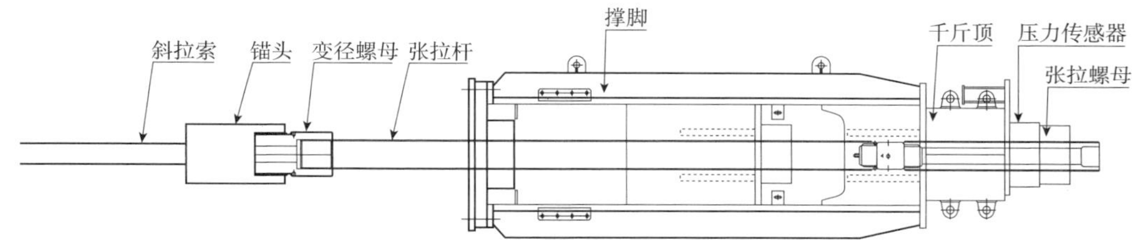

图3-2-95 硬牵引及张拉系统组成形式示意图

(1)张拉千斤顶

根据斜拉索的张拉控制力选择张拉千斤顶,为减小施工过程中的误差、确保千斤顶的使用安全,尽量使每根斜拉索的张拉控制力只达到所用千斤顶允许能力的50%~85%范围内。张拉千斤顶因塔内操作空间太小,采用四个200t小顶当撑脚组成800t组合千斤顶,减小设备总尺寸。

(2)张拉油泵

张拉油泵根据OVM系列产品配套使用情况选择,选用型号为ZB-800,数量5台,生产厂家为OVM。

(3)力传感器

压力传感器具体选型见表3-2-29。

(4)拉丝杆

张拉丝杆用于牵引及张拉斜拉索,材质为42CrMo。锻打后需经过超声波检验,并达到GB/T4162—2000《锻造钢棒超声波检验方法》规定B级标准。张拉丝杆的参数见表3-2-30。

压力传感器参数　　表 3-2-29

规格型号	生产厂家	额定量程(kN)	精　度	数量(台)
4900 型荷载盒	美国基康	0 ~ 8000	0. 26% F. S ~ 0. 5% F. S	1

张拉丝杆的参数表　　表 3-2-30

型　号	长度(mm)	螺纹(mm)	允许张拉力(kN)	数　量
A	1000	Tr190 × 12	8000	8
B	800	Tr190 × 12	8000	8
C	660	Tr190 × 12	8000	8

(5)变径螺母

变径螺母材质采用 40Cr,材料需经过超声波检验,并达到 GB/T4162—2000《锻造钢棒超声波检验方法》规定 B 级以上,表面硬度达到 HRC26 ~ 30。螺母内、外径根据斜拉索锚杯内径与该索采用张拉杆型号进行确定。

(6)垫板的加工

挂索前,根据设计要求及实际情况,精加工各种规格索垫板若干厚度 h 为 20mm,30mm 和 50mm。索垫板结构示意图见图 3-2-96。

6. 斜拉索施工工作平台的搭设

斜拉索施工工作平台主要包括:施工吊篮、角度调整支架等。

1)施工吊篮

为方便斜拉索塔端挂设,确保施工安全并结合主塔为钻石型的结构特点,斜拉索塔端施工拟采用塔吊吊装一专设的施工吊篮完成。施工吊篮主要用于斜拉索塔端角度调整、导入索套管及解除吊索具。

2)梁端斜拉索牵引角度调整支架

角度调整设施用于斜拉索梁端软、硬牵引角度调整,确保斜拉索同索套管中心线重合,方便斜拉索锚头顺利进入索套管及在管内移动。角度调整设施主要由角度调整支架及手拉葫芦组成。

在桥面上安装四台斜拉索调整支架,角度调整装置与桥面吊机一体化设计。调整支架见图 3-2-97。

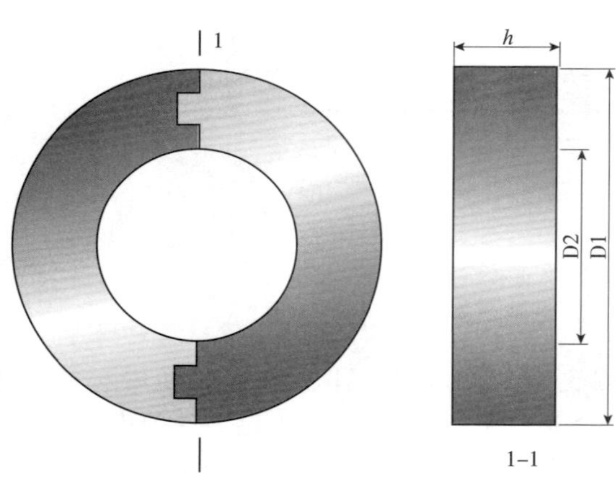

图 3-2-96　索垫板结构示意图

图 3-2-97　斜拉索角度调整支架

(三)斜拉索施工

1. 斜拉索运输及上桥面

斜拉索在专业工厂加工,经验收合格后,成盘运至项目部。再用汽车运至栈桥处利用塔吊或梁面吊索桁车提升索盘置于放索机上。

2. 斜拉索的桥面展开

1）短索（1 号～7 号）的展开

短索直接用塔吊提升离开桥面而展开，提升前，按要求安装索夹，展开的斜拉索下放时，使其落到软垫上或托索小车上。

2）长索（8 号～26 号）的展开

长索展开时，利用梁上的卷扬机牵引索盘前移，同时转动索盘上部，展开斜拉索，缓慢放至托索小车上。当索完全展开后，利用卷扬机配合将锚头从索盘上卸下。

斜拉索的展开流程图：

第一步：卷扬机牵引锚头，同时启动放索机，将锚头置于展索小车上。

第二步：在梁端锚头处连接卷扬机钢丝绳，启动卷扬机，牵引梁端锚头至前端梁，部分展开斜拉索。

第三步：在斜拉索中部安装索夹、提升吊具，塔吊挂钩，提升斜拉索中部到一定的高度，使之在桥面上完全。

3. 斜拉索塔端挂设

1）斜拉索塔端挂设

采取塔端软硬组合牵引方式挂设。斜拉索梁端挂设完成并锚固后，在斜拉索张拉端（塔端）锚杯上安装变径螺母，将锚杯与张拉杆连接，在张拉杆头部安装软牵引，在距离锚杯适当的位置（根据操作需要计算选取）处安装起吊夹具。利用塔吊或塔肢附近的 5t 卷扬机提升斜拉索至索孔位置（索孔底口设有弧型导向），从塔柱索套管内放下牵引钢丝绳，将软牵引头与牵引绳连接；同时启动塔内卷扬机提升张拉杆。在塔吊或塔顶挂索鹰架的配合下，使张拉杆头部对准索套管，塔顶卷扬机牵引软牵引钢绞线进入索套管并穿过牵引千斤顶。启用软牵引千斤顶，当硬牵引张拉杆在塔内露出一定距离后，拧紧张拉杆锚固螺母，拆除提升和软牵引装置。

2）施工流程

第一步：在塔端锚头处安装夹具、组合张拉杆，连接塔顶门架滑车组钢丝绳，启动卷扬机提升斜拉索端部，同时塔吊下放斜拉索中部。

第二步：塔顶门架将塔端锚头提升至索套管口处后，从索套管内放出牵引钢丝绳，将其与软牵引头相连。塔内卷扬机牵引钢绞线穿过索套管。

第三步：拆除牵引钢丝绳，安装软牵引限位板、夹片、千斤顶、锚具等。

第四步：起重小车纵移，手拉葫芦调整角度，塔内千斤顶牵引塔端锚头进入索套管。

第五步：拧紧张拉杆锚固螺母，拆除挂索夹具、塔内软牵引，至此斜拉索塔端软牵引挂设完成。

4. 斜拉索梁段牵引、压锚

1）短索的梁端压锚

利用桥面压锚卷扬机、手拉葫芦进行斜拉索梁端压锚。

压锚时，先通过索套管前端两侧设置的导向滚轮，用滑车组将锚头牵引至索套管口处，使锚头进入索套管，继续牵索，直至锚头锚固于锚垫板上。放松、拆除压锚机具。

2）长索梁端牵引、压锚

长索在梁端牵引、压锚时，先将角度调整支架上的手拉葫芦下放到一定高度，然后在吊车、葫芦、导向滚轮、角度调整支架等设备的配合下，将斜拉索牵至梁端锚固点锚固。

5. 斜拉索张拉

在塔端锚杯上安装变径螺母，依次安装撑脚、张拉丝杆、张拉千斤顶、垫板、压力传感器与工具螺母，启动 4 台千斤顶对称同步进行张拉，边张拉边旋错固螺母。张拉力以设计、监控提供数据为准。张拉采用几何控制法进行施工控制，张拉时通过斜拉索的安装长度来进行控制，以安装索力进行检验，索力误差控制在 ±5% 范围内。斜拉索张拉示意图见图 3-2-98。

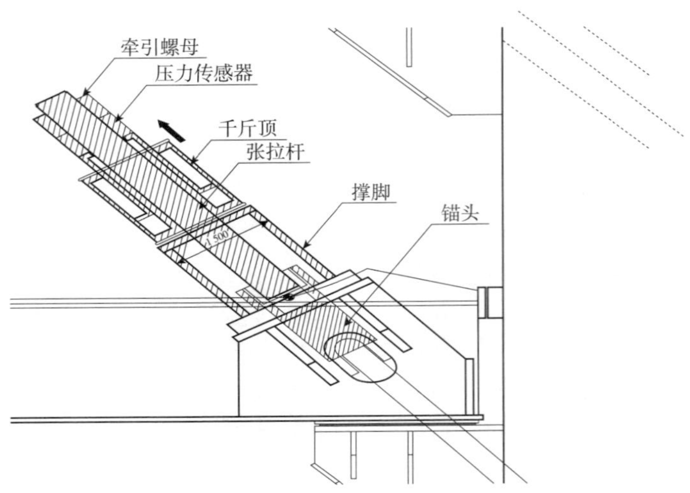

图 3-2-98　斜拉索张拉示意图

斜拉索张拉施工流程:

第一步:接长张拉杆,安装压力传感器、千斤顶、牵引螺母 2,开启油泵用千斤顶硬牵引斜拉索。

第二步:拆除一节加长张拉杆,开启油泵对称同步张拉斜拉索。边张拉边拧紧牵引螺母 1。

第三步:当第二节加长张拉杆全部露出牵引螺母后,拆除第二节加长张拉杆,继续对称张拉斜拉索。

第四步:斜拉索锚头锚固后,换撑脚,开启油泵继续对称张拉斜拉索。

第五步:张拉到位后,拆除所有张拉设备,进行下节段施工。

6. 斜拉索索力调整

斜拉桥结构体系是高次超静定的复杂结构。在实际施工过程中,由于施工偏差、风荷载、温度变化等因素的影响,使斜拉桥各索的实际索力值、桥面高程同设计计算值有一定的偏差,因而应结合监控索力与桥面高程等参数对张拉后的斜拉索进行索力调整,使索力与桥面线型同时满足设计要求。索力调整是个多次重复的过程,直到完全满足设计要求为止。

索力是否调整,由监控和设计单位根据实测的索力及桥面线形情况确定。索力调整由各个千斤顶单独完成,包括斜拉索的张拉及放松,即索力增加和减少。

(四)斜拉索减振设施的安装

斜拉索的减振包括临时减振和永久性减振两类,具体安装方法如下:

1. 临时减振

(1)每根斜拉索施工完成后,用 CC 美式花篮螺丝将斜拉索同钢箱梁临时连接,如 3-2-99 所示,索夹及耳板的位置根据监控要求布置。

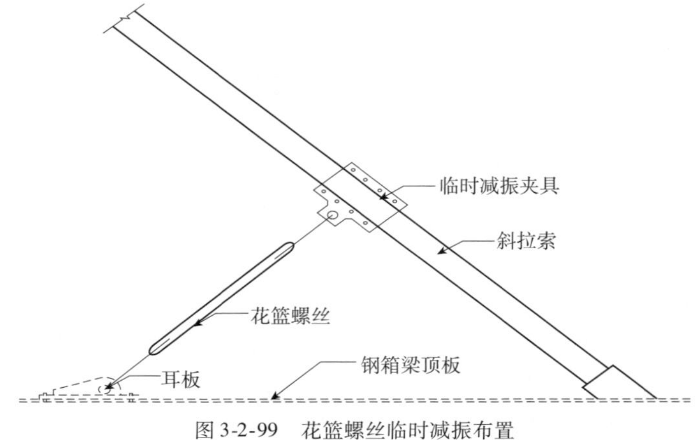

图 3-2-99　花篮螺丝临时减振布置

（2）每根斜拉索施工完成后，用锥形橡胶垫将梁端索套管夹紧。

（3）在斜拉索部分施工完成后，安装棕麻绳临时辅助索。

（4）将相邻两根斜拉索用花篮螺丝连接。

2. 斜拉索永久减振设施安装

1）减振器概况

椒江二桥及接线工程全桥有208根拉索，拉索成空间分布，每根拉索都设置斜拉索外置式黏滞阻尼器（也称减振器）。根据安装条件，将阻尼器设计为Ⅰ、Ⅱ两种安装形式。且安装高度 H 不同，其中A1～A18、J1～J17号拉索阻尼器安装高度为2150mm；J18～J21号拉索阻尼器安装高度为2350mm；A19～A26、J21～J26号拉索阻尼器安装高度为2500mm。

2）减振器安装前准备

安装斜拉索外置式黏滞阻尼器前，需要先检查阻尼器的安装位置空间及支承架预埋钢板位置是否符合设计要求，如有差错应及时协调更正。明确斜拉索的分布，确保阻尼器与斜拉索的编号一致。

3）减振器安装

Ⅰ型阻尼器适用于A1～A25、J1～J26号斜拉索。支承架设计为垂直桥面安装，并加装斜撑管，增加其刚度。每套阻尼器有两个阻尼油缸，阻尼器油缸成60°夹角安装，两个油缸都与拉索垂直；阻尼器安装在斜拉索垂直投影面内见图3-2-100。

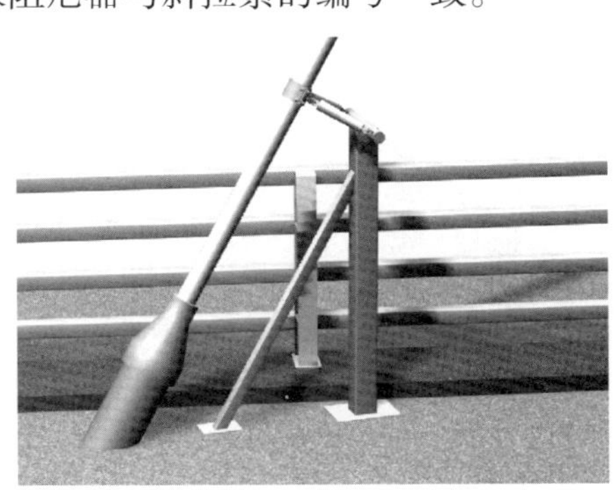

图3-2-100 减振器安装示意

安装方法：

（1）确定索夹安装位置

用线锤及卷尺量取阻尼器索夹安装高度 H，用记号笔在拉索表面做上标记“O”。该点再向上或向下偏移70mm，做上标记“O′”，该点即与索夹上边缘或下边缘重合。用于确保索夹的正确安装。

（2）找出斜拉索中心线在桥面上的垂直投影线 L，方法如下：

①在拉索上任意找两处（间距远些），用线锤线贴住拉索同一侧面，线锤平稳后在桥面上得两点“A”、“B”，连接该两点得直线AB（图3-2-101）。

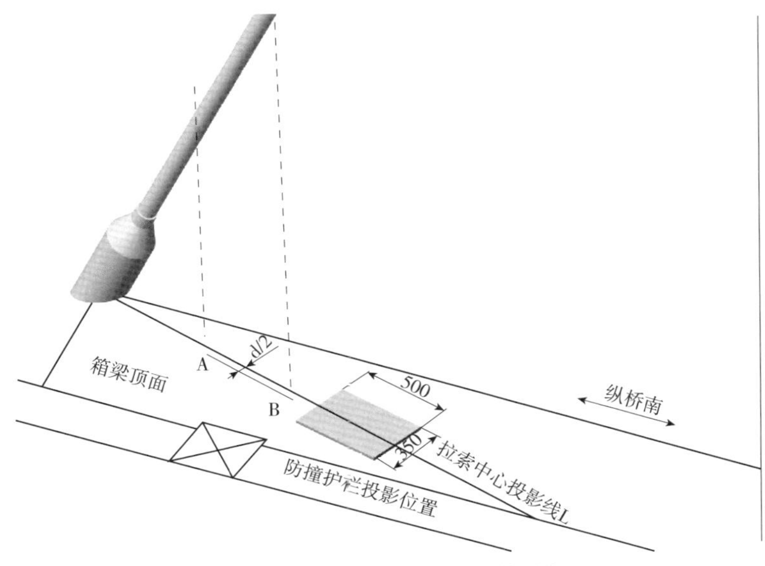

图3-2-101 拉索在桥面上投影线示意

②将直线AB偏移 $d/2$ 距离得直线 L，直线 L 即为拉索中心线在桥面的投影线。延长 L，使其通过支撑架预埋钢板和斜撑管预埋钢板顶面。

(3)阻尼器的安装

由于斜拉索面内实际角度与理论角度有偏差,阻尼器支撑架的上支架圆管与下支架方管采取现场调节后焊接,保证了阻尼器与拉索垂直,支撑架方管与桥面垂直。

①将索夹连接件、阻尼器油缸、上支架用销轴组装为整体结构。注意4个销轴应同一插入方向。

②将索夹内侧表面贴住拉索下表面,上边缘或下边缘与拉索上的标记重合,盖上索夹的另一半,用螺栓连接,稍许收紧,保证索夹不上下移动,而可以左右移动。

③安装支撑架,同时调整支承架和索夹的位置,保证支承架方管底面纵向中心线与箱梁顶面上的拉索中心线的垂直投影线重合,顶端弧形槽面贴住上支架圆管,阻尼器耳环与连接耳环面平行。

④拧紧索夹连接螺栓,将上支架圆管与下支架顶端点焊牢固,下支架底面钢板与阻尼器预埋钢板点焊牢固。

⑤安装斜撑管,将斜撑管底端与斜撑管预埋钢板顶面点焊牢固,上端与支承架点焊牢固。斜撑管中心线也应保证在拉索的中心投影面内。

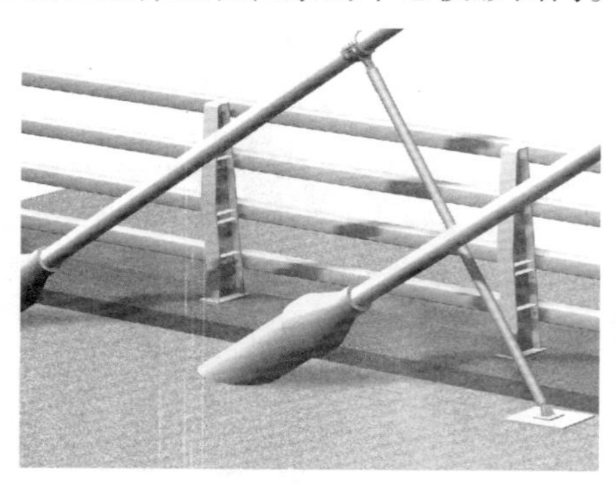

图3-2-102　减振器轴线与拉索示意

Ⅱ型阻尼器适用于A26号斜拉索,由于A26号拉索与A25号拉索纵向距离较小,安装空间受到限制,将阻尼器设计为单缸形式。阻尼器与拉索和箱梁采用铰接连接,阻尼器耳环内设有不锈钢自润滑关节轴承,保证运动不卡阻。

阻尼器安装时,索夹位置和拉索投影线的确定同形式Ⅰ阻尼器一样,安装高度 $H=2500\text{mm}$。只要保证阻尼器轴线与拉索垂直,且安装在斜拉索垂直投影面内(图3-2-102),阻尼器与连接件耳环无卡死。

阻尼器双耳环座与预埋钢板焊接牢固,螺栓连接件、油漆破损和焊接损坏处应补涂油漆。

(五)斜拉索的保护及修复

1. 斜拉索保护

斜拉索的保护包括在运输过程中、场内堆放、起吊过程、施工挂设过程以及后期运营时段的保护几种。

1)斜拉索的运输保护

根据索厂与施工现场的地理位置选择合适的运输线路;根据斜拉索具体的几何参数选择合适的运输工具,同时派专人在运输过程中负责沿途的保护工作。

2)斜拉索的场内堆放保护

斜拉索运至施工现场后,根据现场的具体布置情况选择合适的堆放场地,并且要在堆放处采取确实可行的防雨、防晒、防火措施以及在堆放处摆放明显的标志,同时还须安排专人定时巡查,发现隐患及时排除。

3)拉索的场内运输、起吊保护

斜拉索场内运输时要在运输车厢内加垫橡胶轮胎;采用大直径纤维绳起吊,选取的纤维绳要考虑足够的安全系数,同时要对纤维绳定期检查,发现损伤应立即更换。

4)斜拉索施工过程中的保护

(1)对吊索用钢丝绳、卷扬机以及塔吊进行定期和不定期的检查、养护,对出现损伤的钢丝绳立马进行更换。

(2)斜拉索起吊上升开始前,在斜拉索上挂设抗风缆减小斜拉索上升过程中的摆动与旋转。

(3)斜拉索上升过程中采取两点保护,让塔外可伸缩换索挑梁滑车组随同斜拉索一起上升,对斜拉索进行跟踪保护。确保在塔吊或塔顶卷扬机出现异常情况时,斜拉索不至于坠落。

(4)当斜拉索将要到达索道孔处时,派专人上挂索电梯进行塔外指挥进孔,避免斜拉索进索道孔过程中刮伤丝扣。

(5)对放索盘进行改造,降低索盘高度,提高转向灵活性,同时在斜拉索展开将要完成时采用吊车或扒杆等工具起吊后放至桥面。

(6)增加托索小车的安放密度,在放索过程中严格控制斜拉索的位置,避免斜拉索接触桥面或护拦装置。

(7)加大固定点埋件的型号以及提高固定点焊接或螺栓连接的等级要求,定期对固定点进行检查、加固。

(8)加大压锚夹具的长度,增加夹具同斜拉索的接触面积,减小斜拉索单位面积的受力。夹具安装要尽量保持水平,确保斜拉索两侧受力均匀,不出现局部应力集中而破坏斜拉索聚乙烯套。

(9)在索导孔前端安装导向架,在斜拉索入索导孔过程中通过液压伸缩杆调整方向,确保斜拉索始终同索套管在同一直线上。

(10)在斜拉索施工加工件上加涂防锈漆,确保加工件在施工过程中不锈蚀污染斜拉索。

5)斜拉索的后期保护

在整桥完工前,对已施工完成的斜拉索采取确实可行的临时减振措施进行保护,同时安排专人在整个施工过程中对斜拉索进行全面保护。

2. 斜拉索修复

1)PE 护套的受伤程度分级

根据斜拉索受损面积的大小及深度,可将受损程度分为三级:

(1)轻度受损[图 3-2-103-a)]:受创面较小,创面深度较浅;

(2)中度受损[图 3-2-103-b)]:表面划痕深,受创面面积大;

(3)深度受损[图 3-2-103-c)]:表面划痕深,钢丝裸露。

a)轻度受损

b)中度受损

c)深度受损

图 3-2-103　PE 护套的受伤程度分级

2)修补方案

(1)轻度受损是外层彩色 PE 挂伤,可用外层彩色塑料填平凹坑,表面用毛毡轮打磨光滑。

(2)中度受损是外层彩色 PE 挂伤,且内层黑色 PE 也挂伤,先用黑色 PE 塑料填满内层凹坑,再用外层彩色塑料填平外层凹坑,最后用毛毡轮将表面打磨光滑。

(3)深度受损的拉索,PE 护套已破损,塑料外层保护失效,须立即修补。结合工地现场情况,可采用目前最可靠的钢丝表面涂覆耐蚀密封胶和表面双层高密度塑料(HDPE)堆焊方法。

本方法可较好的修补 HDPE 损伤并最大可能的保证表面外观质量,但由于竖向破损长度较大,HDPE 表面环向收缩力局部已不可再恢复。本方法修补后,在桥梁动载作用下,修补位置在正常寿命期限内有开裂的可能,后期使用需加强定期观察,一旦出现防护病害,仍需再次修补。

3)拉索修补设备

斜拉索的修补工具主要有 DH-3 型热塑性塑料焊接机,其温度的调节比较方便,且重量轻,移动方便,焊头小,用于轻度受损的 HDPE 层的修复)和德国 MUNSCH 热塑性塑料挤出式焊接机(焊出的焊缝机械强度接近于被焊母材,焊接强度高、密封效果好、宽焊缝出料量大、速度快,用于中度受损和深度受损的 HDPE 层的修复)以及其他如电刨、角磨机、铍型砂轮、花形叶轮、毛毡轮等辅助工具。

第四节　桥面铺装施工技术

一、工程概况

本项目起点桩号为K62+294,终点桩号为K70+515.954,全长8.2km,其中椒江二桥长约3702m,采用6车道一级公路技术标准,设计速度为80km/h,路基宽32m,椒江二桥主跨宽39.5m,引桥宽37.5m,主桥布跨:0+140+480+140+70m,为双塔斜拉桥,上部结构为钢混凝土叠合梁。

路面结构层为8cm C50水泥混凝土铺装+热熔型改性沥青黏层+9mm-13mm碎石+5cmSMA-16改性沥青+黏层+4cmSMA-13改性沥青。其中8cmC50水泥混凝土铺装由原主桥施工单位负责施工。

桥面铺装施工前,先后进行了5cm SMA-16下面层和4cmSMA-13上面层沥青玛蹄脂试验路段的铺筑。

二、试验段的目的及试验要求

(一)试验路段施工位置

1. SMA-16改性沥青下面层试验段铺筑,选定在K67+945~K68+245段右幅主桥面上,铺筑长300m。本次铺筑SMA-16沥青玛蹄脂层厚5cm,宽14.25m,一次性完成铺筑。

2. 根据现场实际情况,在闸道段南引桥右幅YK68+718.91~YK69+162.51,长度443.6m处,对SMA-13改性沥青面层进行试验段铺筑。本次铺筑SMA-13沥青玛蹄脂层厚4cm,宽10.5m,一次性完成铺筑。

(二)试验段的目的

通过对5cm SMA-16下面层和4cmSMA-13上面层沥青玛蹄脂试验路段铺筑的现场工艺试验,检验施工组织设计的合理性和可操作性,证实拌和、摊铺和压实设备的效率和施工方法、施工组织的适用性,检验管理机构和劳动力组合的可靠性和适用性并适时调整、优化,掌握改性沥青玛蹄脂碎石的铺设工艺。验证改性沥青玛蹄脂碎石SMA-13面层和SMA-16下面层配合比与压实关系,得出合理的机械设备组合,松铺厚度及系数,碾压遍数,碾压行进速度。对照压实机械及确定施工工艺,重点掌握施工工艺中各工序在不同环境条件下最佳操作时间及工序最佳衔接时间,收集现场第一手资料,总结经验以便优化施工方案确保大规模正式施工的顺利进行。保障各项技术指标达到设计要求,在规定的工期条件下配置人员、机械、车辆等,从而满足工期的需要。

(三)试验段要求

通过试验路段改性沥青玛蹄脂碎石SMA-13面层和SMA-16下面层的施工,确定正确的压实方法和为达到规定的压实度所需要的压实设备类型及与之相适应的工序,同时确定各类压实设备的最佳组合下的各自碾压遍数等,以指导全线施工。

(1)确定各种集料用料的控制方法;

(2)确定摊铺方法和合理的摊铺机具;

(3)确定压实机械的选择和组合,压实的顺序、速度和压实遍数;

(4)确定整平和整形的合适机具和方法;

(5)确定松铺系数和最佳配合比。

三、沥青玛蹄脂试验段的施工

(一)现场情况

(1)导线点、水准点联测完成。

(2)该路段抛丸、热熔型改性沥青防水层均施工完毕,并通过验收。

(二)施工工艺流程

SMA-16 沥青玛蹄脂采用的施工工艺流程:清理下承层──→施工放样──→沥青拌和站拌和──→自卸汽车运输──→机械铺筑──→压路机碾压──→跟踪检测──→交通管制。

(三)材料及配合比

(1)沥青

沥青为韩国生产的 A-70 号 SBS 改性沥青,沥青整套检验由我项目部委托有关权威机构进行,试验室对针入度、延度、软化点进行检查,各项指标符合图纸及规范的要求。

(2)粗集料

粗集料采用石质坚硬、清洁、不含风化颗粒、近立方体颗粒的碎石,本试验段改性沥青玛蹄脂碎石 SMA-16 下面层及 SMA-13 面层选用磐安玄武岩石场生产的合格的玄武岩石料,用反击式破碎机轧制的碎石。

(3)细集料

本试验段细集料采用磐安玄武岩石场生产的 0~2.36mm 碎石,表面层坚硬、洁净、干燥、无风化、无杂质。

(4)矿粉

采用兰溪市磊晶建材厂生产的石灰岩碱性石料经磨细得到的矿粉,矿粉干燥、洁净,矿粉储存在铁制密封桶中,无受潮。

(5)纤维稳定剂

试验段改性沥青玛蹄脂碎石 SMA-16 及 SMA-13 需要添加纤维稳定剂,掺加木质素纤维,木质素纤维的掺加量是沥青混合料的 3‰,掺加比例以质量计。采用南通海恒新材料有限公司生产的木质纤维。

以上原材料其各项技术指标经检测符合设计和规范要求。

(6)配合比

①SMA-16:矿料掺配比例为:碎石 16~19mm∶碎石 9.5~16mm∶碎石 4.75~9.5mm∶石屑 0~2.36∶矿粉=24∶32∶27∶9∶8。

最佳油石比为 5.8%;毛体积相对密度为 2.700。

②SMA-13:矿料掺配比例为:碎石 9.5~16mm∶碎石 4.75~9.5mm∶石屑 0~2.36∶矿粉=53∶30∶9∶8。

最佳油石比为 6.0%;毛体积相对密度为 2.684。

(四)施工过程

1. 准备工作

1)试验准备

做好改性沥青玛蹄脂碎石混合料的配合比工作,并上报审批,原材料检测全部完成,检查用于现场的检测仪器设备应齐全。

2)测量准备

试验段改性沥青玛蹄脂碎石 SMA-16:施工现场按 10m 一个断面以桥梁两侧护栏边桥面沥青混凝土铺筑厚度 5cm 作为控制高程,计算松铺摊铺厚度,进行高程控制。

试验段改性沥青玛蹄脂碎石 SMA-13:施工现场按 5m 一个断面以桥梁两侧护栏边桥面沥青混凝土铺筑厚度 4cm 作为控制高程,计算松铺摊铺厚度,进行高程控制。

3)拌和设备准备

施工前,拌和设备先进行标定,正式拌和之前,调试所有的拌和设备,使混合料的沥青用量、拌和成型温度、马歇尔试验的稳定度、流值、密度、及空隙率等均达到到规定的要求。

4)原材料准备

开工前储备了充足的原材料，满足连续施工的需要；进场的原材料应按照规范要求进行自检，质量和规格符合规范要求。

5)配合比

严格按照由试验室已经调好的生产配合比施工。

6)下承层准备

下面层改性沥青玛蹄脂碎石 SMA-16 施工前，先对热熔型改性沥青防水层进行检验，对表面有浮动的碎石进行清理。

上面层改性沥青玛蹄脂碎石 SMA-13 施工前，先对 SMA-16 下面层进行检验，对表面有尘土、烟头等杂物进行清理。

7)其他准备

试验段开工前完成所有摊铺设备的进场工作，并对设备进行调试和检修，确保在施工过程中不会出现任何故障。

2. 施工工艺

1)测量放线

下承层中边桩高程测设：桥面两侧水泥混凝土面层作为基线，测设出中边桩对应桩号摊铺面层改性沥青玛蹄脂碎石 SMA-16 的松铺高程；预定松铺系数为 1.20，并在中边桩上做好标记，以便于随时调整摊铺机的平衡梁，确保摊铺厚度，确保面层改性沥青玛蹄脂碎石 SMA-16 的高程符合要求。

2)混合料拌和

(1)严格按照改性沥青和集料的加热温度以及改性沥青 SMA-16、SMA-13 的出厂温度进行拌和。改性沥青 SMA-16、SMA-13 的施工温度范围见表 3-2-31。

改性沥青 SMA-16、SMA-13 的施工温度(℃) 表 3-2-31

沥青加热温度	160 ~ 170	摊铺温度	不低于 160，低于 140 作为废料
集料温度	180 ~ 190	初压开始温度	不低于 150
混合料出厂温度	170 ~ 185，超过 190 废弃	复压最低温度	不低于 130
运到现场温度	不低于 165	碾压终了温度	不低于 100

(2)拌和楼控制室逐盘打印改性沥青及各种矿料的用量和拌和温度，并用拌和总量检验各种材料的配比和改性沥青 SMA-16、SMA-13 油石比的误差。

(3)改性沥青 SMA-16、SMA-13 拌和时间及加料次序参照表 3-2-32。使所有集料颗粒全部裹覆沥青结合料，并以沥青混合料拌和均匀为度。

改性沥青 SMA-16、SMA-13 拌和时间及加料采用次序 表 3-2-32

加矿料 加矿粉	干拌 约 10s	加沥青 加纤维	湿拌 约 40s	出料
总生产时间约 60 ~ 70s				

(4)拌和站设置人员在放料时目测检查混合料的均匀性，及时分析异常现象。确认无异常现场后才准许混合料进入运料车。

(5)搅拌结束后，用拌和楼打印的各料数量，进行总量控制。以各仓用量及各仓筛分结果，在线检查矿料级配；计算平均施工级配和油石比，与设计结果进行校核；以产量计算平均厚度，与路面设计厚度进行校核。

3)混合料的运输及温度控制

(1)将自卸汽车车厢清扫干净，为防止沥青与车厢板黏结，车厢侧板和底板涂一薄层菜籽油与水的混合液,有余液积聚在车厢底部时要及时清理。

(2)从拌和站向自卸车上放料时,为使装料均匀,采用多次移动卡车装料的方法,分次装料(一般以奇次为宜)。一车料最少应分3次装载。首先将料放于车厢的前部,然后移动自卸车,将料放于车厢的后部,最后再移动运料车,使余下的料在车厢的中部均匀分装,以避免混合料中的粗料滚向四周,从而在摊铺时出现粗料斑和明显的路面纹理不均匀现象。

(3)运料车采用双层篷布覆盖,两层篷布中间加设了棉被,在目前的气温条件下用以保温、防雨、防污染。

(4)沥青混合料运输车的运量较摊铺机摊铺速度有所富余,施工过程中摊铺机前方应有运料车在等候卸料。开始摊铺时在施工现场等候卸料的运料车对改性沥青SMA-16不少于4辆,对改性沥青SMA-13等候卸料的运料车不少于5辆。

(5)混合料运到现场时,凭沥青混合料出厂检验单接收,并检测沥青混合料的温度和拌和质量,如有花料及混合料已结成团块或遭雨淋等,不得铺筑在道路上,符合要求后再准备卸料。

(6)运料车应在摊铺机前10~30cm处停住,不得撞击摊铺机。卸料过程中运料车应挂空挡,靠摊铺机推动前进。

4)混合料的摊铺

(1)连续稳定的摊铺,是提高路面平整度最主要措施。施工中采用两台摊铺机梯队摊铺,以提高摊铺层均匀性和压实度。摊铺机的摊铺速度应根据拌和机的产量、施工机械配套情况及摊铺厚度,按1.5m/min左右予以控制,做到缓慢、均匀、不间断地摊铺。

(2)沥青混合料未压实前,施工人员不得进入踩踏。不得用人工不断地整修,只有在特殊情况下,需在现场主管人员指导下,允许用人工找补或更换混合料,缺陷较严重时应予铲除。

(3)改性沥青SMA16沥青混合料采用走钢丝绳装置控制摊铺厚度,改性沥青SMA-13沥青混合料采用走平衡梁装置控制摊铺厚度。由两台摊铺机联合作业实施摊铺,前摊铺机过后,摊铺层纵向接缝上呈斜坡,后面摊铺机跨缝20cm以上摊铺。两台摊铺机距离不超过10m。

(4)摊铺前0.5~1h将熨平板预热至规定温度(不低于100℃),摊铺时熨平板采用中强夯等级,使铺面的初始压实度不小于85%。摊铺机熨平板拼接紧密,不存有缝隙,防止卡入粒料将铺面拉出条痕。

(5)摊铺机集料斗在刮板尚未露出,尚有约10cm厚的热料时,下一辆运料车即开卸料,做到连续供料,并避免粗料集中。积极采取相应措施,尽量做到摊铺机不拢料,以减少面层离析。

5)混合料的碾压

(1)改性沥青SMA-16、SMA-13的初压、复压用钢轮振动压路机碾压,碾压遵循紧跟、慢压、高频、低幅的原则进行。混合料摊铺后紧跟着在尽可能高温状态下开始碾压,不得等候。不得在低温状态下反复碾压,防止磨掉石料棱角、压碎石料,破坏石料嵌挤。碾压温度应符合表3-2-31的规定。初压和复压设有2台钢轮压路机。碾压段的长度控制在10~20m左右。

(2)在初压和复压过程中,采用同类压路机并列成梯队压实。采用振动压路机压实改性沥青SMA-16、SMA-13路面时,压路机轮迹的重叠宽度不超过20cm,当采用静载压路机时,压路机的轮迹应重叠1/3碾压宽度。不得向压路机轮表面喷涂柴油、汽油、机油类或油水混合液,需要时可喷涂清水、洗涤剂或含有植物油隔离剂的水溶液,喷洒应呈雾状,以不黏轮为度。

(3)路机以均匀速度碾压。压路机碾压速度见表3-2-33。

压路机碾压速度(km/h) 表3-2-33

压路机类型	初　压	复　压	终　压
静载钢轮压路机	2~3	2.5~5	2.5~5
钢轮振动压路机	2~4	4~5	—

(4)改性沥青 SMA-16、SMA-13 路面摊铺后应抓紧碾压,由专人负责指挥协调各台压路机的碾压路线和碾压遍数,使摊铺面在较短时间内达到规定压实度,且碾压温度符合表 3-2-31 的规定。压路机折返应呈梯形,不在同一断面上。

(5)对松铺厚度、碾压顺序、碾压遍数、碾压速度及碾压温度应设专岗检查。改性沥青 SMA-16、SMA-13 路面应严格控制碾压遍数,在压实度达到最大理论密度 94% 以上,或者路面现场空隙率不大于 6% 后,不再作过度碾压。如碾压过程中发现有沥青玛蹄脂上浮或石料压碎、棱角明显磨损等过碾压的现象时,应停止碾压。

(6)路面压实完成 24h 后,方能允许施工车辆通行。

6)施工接缝的处理

(1)纵向施工缝:对于采用两台摊铺机成梯队联合摊铺方式的纵向接缝,在前部已摊铺混合料部分留下 10 ~ 20cm 宽暂不碾压作为后高程基准面,并有 5 ~ 10cm 左右的摊铺层重叠,以热接缝形式在最后作跨接缝碾压以消除缝迹。上中层纵缝应错开 15cm 以上。

(2)横向施工缝:全部采用平接缝。用三米的直尺沿纵向位置,在摊铺段端部的直尺呈悬臂状,以摊铺层与直尺脱离接触处定出接缝位置,用锯缝机割齐后铲除;继续摊铺时,将接缝锯切时留下的灰浆擦洗干净,涂上少量黏层沥青,摊铺机熨平板从接缝后起步摊铺;碾压时用钢筒式压路机进行横向压实,从先铺路面上跨缝逐渐移向新铺面层。

(3)横向施工缝应远离桥梁湿接缝 20m 以外,不许设在湿接缝处,以确保湿接缝两边路面表面的平顺。

7)检测

碾压成型后,试验室人员及时对面层改性沥青玛蹄脂碎石 SMA-16、SMA-13 的压实度、平整度、厚度、高程及横坡等进行检测,根据检测结果决定是否对松铺系数、压实方法进行调整。

(五)试验段成果

1. 混合料的松铺系数

(1)改性沥青玛蹄脂碎石 SMA-16 混合料松铺系数的试验成果见表 3-2-34。

SMA-16 混合料松铺系数的试验成果 表 3-2-34

	位置	桩号					单侧平均厚度(mm)	平均厚度(mm)
		K67 +945	K68 +010	K68 +070	K68 +170	K68 +245		
压实前	左	5.9	6.0	6.1	5.8	6.1	5.98	5.95
	中	6.0	5.8	5.8	6.1	6.0	5.94	
	右	5.7	6.1	6.1	6.0	5.8	5.94	
压实后	—	5.1	5.0	4.7	5.2	5.1	5.0	5.02

可见改性沥青玛蹄脂碎石 SMA-16 混合料的松铺系数为:5.95 ÷ 5.02 = 1.185

(2)改性沥青玛蹄脂碎石 SMA-13 混合料松铺系数的试验成果见表 3-2-35。

SMA-13 混合料松铺系数的试验成果 表 3-2-35

	位置	桩号					单侧平均厚度(mm)	平均厚度(mm)
		YK68 +720	YK68 +800	YK68 +890	YK68 +970	YK69 +160		
压实前	左	4.7	4.8	4.8	4.7	4.7	4.74	4.74
	中	4.8	4.6	4.6	4.7	4.7	4.68	
	右	4.8	4.9	4.8	4.7	4.8	4.80	
压实后	—	4.0	4.1	3.9	4.1	4.0	4.02	

可见混合料的松铺系数为:4.74 ÷ 4.02 = 1.18

2. 压实机械与工艺

压实机械的选择和组合,压实顺序、速度和遍数采用的碾压方式:碾压5遍以下达不到规定的压实度,碾压6遍以上才达到规定要求,且外观无碾压轮迹,最终确定为碾压6遍。既静碾1遍后,振动碾压4遍,再静碾1遍。静载初压速度控制在3.0km/h;振动复压速度控制在4km/h。

3. 各工序的配合

拌和、运输、摊铺和碾压机械的协调和配合:TITAN423型摊铺机2台、XD110双钢轮振动压路机2台、DD118HF双钢轮振动压路机1台、15吨以上自卸车15台、全电脑控制LB3000型沥青搅拌站1台套、ZL50装载机2台、100kVA变压器1台。10人协助摊铺、2人负责现场机械维护修理、1人负责现场车辆协调、2人负责现场碾压遍数及速度控制。

4. 材料性能

(1)SMA-16试验所测沥青用量为5.30%,平均油石比为5.6%。SMA-13试验所测沥青用量为5.45%,平均油石比为5.75%。

(2)SMA-16平均马歇尔稳定度10.94kN,马歇尔密度2.669kg/m^3。SMA-13平均马歇尔稳定度10.81kN,马歇尔密度2.685kg/m^3。

(3)SMA-16、SMA-13木质纤维掺量均为3.0%。

(4)钻芯法测定沥青面层压实度试验,压实度均达到98%以上,满足压实度要求。

四、桥面铺装施工技术

本桥桥面铺装是在SMA-16沥青玛蹄脂试验段和SMA-13沥青玛蹄脂试验段施工完成后,总结了试验段成果并进一步补充和完善的基础上实施的。

(一)施工部署

1. 施工顺序

根据主桥施工单位现场实际交验的情况,计划从南引桥左幅SZ01－SZ05段开始抛丸施工,再转至主桥及北引桥的右幅,按流水施工作业安排,及时对已抛丸的桥面进行防水层的施工。右幅桥面全部交验完成后封闭右幅开始全面施工,右幅完成后转移至左幅开始封闭施工。分别进行SMA-16下面层及SMA-13上面层大面积铺筑,直至完成全部桥面铺装施工。

2. 材料及机具安排

1)材料安排

本工程项目桥面铺装所用的主要材料有改性沥青、碎石及SMA玛蹄脂沥青混凝土。

碎石为金华磐安玄武岩场生产,该场采用反击式破碎机对玄武岩进行二次加工,经检测能满足设计与规范的要求,且料场中料源良好、充足。

沥青为韩国生产的A-70号SBS改性沥青,沥青整套检验委托有关权威机构进行,每批到货至少抽检一次,试验室对针入度、延度、软化点进行检查,并留样备检。

2)机具安排

机具安排见表3-2-36。

(二)施工准备

1. 技术准备

(1)项目部组织有关人员认真学习招标文件、设计图纸及有关文件,使施工人员明确设计思想,理解设计意图,熟悉设计文件的各个细节,对设计文件和图纸进行现场校核,对主要控制点是否准确无误进行复核。

机具安排

表 3-2-36

机械名称	规格型号	额定能力	数量(台)	机械情况
沥青拌和站	LB3000	240t/h	1	良好
沥青摊铺机	TITAN423	12m	2	良好
双钢轮压路机	DD118HF	13t	2	良好
双钢轮压路机	XD110	11t	2	良好
发电机组	NT271LW51	120kVA	1	良好
装载机	ZL50、SL50W	$5m^3$	2	良好
抛丸机	DC4025	—	2	良好
同步封层车	SX1315NR366	—	1	良好

(2)认真进行测量交桩工作，项目部技术人员在工程正式开工前，详细复核测量交桩内容，并对所交桩的高程、中心桩点进行有效的保护，对测量交桩成果进行审核，要求达到规范规定的精度范围。

(3)按照施工程序要求，以及前期进行过的试验路段方案及总结，必须进行详细地设计交底工作。

(4)按照认可的材料施工，储料充分，每批次材料进场后按规定频率做抽检试验。

2. 施工现场准备

(1)消除与本工程有关的障碍物，正式施工前进行平整清理、放样，封闭施工现场的区域，作好文明施工现场的相关工作。

(2)统一筹划，合理布置，认真组织，以利于施工顺利进行。

3. 施工机械与质量检测仪器的准备工作

(1)配备齐全的施工机械和配件，做好开工前的保养、调试和试机。SMA-16 下面层和 SMA-13 上面层采用机械化连续摊铺作业，因而必须配备以下主要施工机械。

①间歇式沥青混合料拌和机，额定产量大于 300t/h。全部生产过程由计算机自动控制，配有良好的打印装置。拌和机应配备良好的二级除尘装置和木质素纤维添加装置。

②沥青混合料摊铺机 2 台。

③非接触式平衡梁装置 2 套(4 只)。

④压路机：静重不小于 10t 双钢轮压路机 2 台，13t 双钢轮压路机 2 台。

⑤载重量 15t 以上的自卸汽车宜备 20 辆左右。

⑥智能型沥青洒布车 1 辆。

(2)配备性能良好、精度符合规定的质量检测仪器，并配备足够的易损部件。主要仪器设备如下：

针入度仪、延度仪、软化点仪、沥青混合料马歇尔试验仪、马歇尔试件击实仪、试验室用沥青混合料拌和机、脱模器、沥青混合料离心抽提仪(带矿粉离心加速沉淀仪)、沥青路面用标准筛(方筛孔)、集料压碎值试验仪、两台烘箱、试模 12 只、恒温水浴、冰箱、路面取芯机、路面平整度仪、砂当量仪等。

4. 劳动力及物资的配备

(1)施工管理人员迅速到位开展各项准备工作。

(2)组织选择合格的各工种人员，并按计划要求分批进场。

(3)做好各种材料，主要构配件及机具进场计划。施工机具经认真检修与保养后按计划分批进场。

(4)做好上岗前的技术培训工作以及对施工人员进行三级安全教育，特殊工种必须持证上岗。

(5)场区内施工道路做好整平并与场外道路衔接。

(6)施工人员的配备见表 3-2-37。

施工人员的配备 表 3-2-37

工 种	人 数	工 种	人 数
机操工	6	测量工	2
机修工	2	路面铺装工	17
焊工	1	辅助工(普工)	15
试验工	2	合计	45

(三)主要施工技术方案

1. SMA-16、SMA-13 的布置原则

按照设计图纸要求,本项目主桥及引桥的下面层改性沥青玛蹄脂碎石 SMA-16 的厚度为 5cm。上面层改性沥青玛蹄脂碎石 SMA-13 的厚度为 4cm。

2. 测量放线

(1)下承层中桩放样:用全站仪,采用坐标放样法,施工现场在直线段上按 10m 一个断面,曲线段按 5m 一个断面恢复路线中边桩,放样轴线偏位控制在 20mm 以内,并在桩上标出边缘位置和改性沥青玛蹄脂碎石 SMA-16、SMA-13 的松铺设计高程。

(2)下承层中边桩高程测设:高程测设用水准仪进行,测设出中边桩对应桩号摊铺面层改性沥青玛蹄脂碎石 SMA-16 和 SMA-13 的松铺高程,根据试验路段铺筑情况,预定松铺系数为 1.18,并在中边桩上做好标记,以便于随时调整摊铺机的平衡梁,确保摊铺厚度及面层改性沥青玛蹄脂碎石 SMA-16、SMA-13 的高程符合设计规范要求。

3. 混合料拌和

(1)严格掌握改性沥青和集料的加热温度以及改性沥青 SMA-16、SMA-13 的出厂温度。改性沥青 SMA-16、SMA-13 的施工温度范围见表 3-2-31。

(2)拌和楼控制室要逐盘打印改性沥青及各种矿料的用量和拌和温度,并定期对拌和楼的计量和测温进行校核;每天用拌和总量检验各种材料的配比和改性沥青 SMA-16、SMA-13 油石比的误差。

(3)拌和时间由试拌确定。改性沥青 SMA-16、SMA-13 拌和时间及加料次序参照表 3-2-45 选用,必须使所有集料颗粒全部裹覆沥青结合料,并以沥青混合料拌和均匀为度。

(4)要注意目测检查混合料的均匀性,及时分析异常现象。如混合料有无花白、冒青烟和离析、析漏等现象。如确认是质量问题,应作废料处理并及时予以纠正。在生产开始以前,有关人员要熟悉本项目所用各种混合料的外观特征,这要通过细致地观察室内试拌的混合料而取得。

(5)要严格控制油石比和矿料级配,避免油石比不当而产生泛油和松散现象。调整矿粉填加方式,避免矿质混合料中小于 0.075mm 颗粒偏低的现象出现。拌和机开拌后每天上午、下午各取一组混合料试样做马歇尔试验和抽提筛分试验,检验油石比、矿料级配和改性沥青 SMA-16、SMA-13 的物理力学性质。

(6)混合料不得在储料仓中长时间储存,以不发生沥青析漏为度,且不得储存过夜。

(7)搅拌结束后,用拌和楼打印的各料数量,进行总量控制。以各仓用量及各仓筛分结果,在线检查矿料级配;计算平均施工级配和油石比,与设计结果进行校核;以产量计算平均厚度,与路面设计厚度进行校核。

4. 混合料的运输及温度控制

同本节试验段中"混合料的运输及温度控制"。

5. 混合料的摊铺

(1)连续稳定的摊铺,是提高路面平整度最主要措施。施工中采用两台摊铺机梯队摊铺,以提高摊铺层均匀性和压实度。摊铺机的摊铺速度应根据拌和机的产量、施工机械配套情况及摊铺厚度,按 1 ~

3m/min 左右予以调整，不超过 3m/min，容许放慢到 1 ~ 2m/min，做到缓慢、均匀、不间断地摊铺。不应任意以快速摊铺几分钟，然后再停下来等下一车料。不得停铺用餐，争取做到每天收工停机一次。

(2)用机械摊铺的混合料未压实前，施工人员不得进入踩踏。不用人工不断地整修，只有在特殊情况下，需在现场主管人员指导下，允许用人工找补或更换混合料，缺陷较严重时应予铲除，并调整摊铺机或改进摊铺工艺。

(3)改性沥青 SMA-16 沥青混合料采用走钢丝绳装置控制摊铺厚度，SMA-13 沥青混合料采用平衡梁装置控制摊铺厚度。由两台摊铺机联合作业实施摊铺，前摊铺机过后，摊铺层纵向接缝上呈斜坡，后面摊铺机应跨缝 10cm 左右摊铺。两台摊铺机距离不超过 10m。

(4)摊铺前 0.5 ~ 1h 应将熨平板预热至规定温度(不低于 100℃)，摊铺时熨平板应采用中强夯等级，使铺面的初始压实度不小于 85%。摊铺机熨平板必须拼接紧密，不许存有缝隙，防止卡入粒料将铺面拉出条痕。

(5)摊铺机集料斗在刮板尚未露出，尚有约 10cm 厚的热料时，下一辆运料车即开卸料，做到连续供料，并避免粗料集中。积极采取相应措施，尽量做到摊铺机不拢料，以减少面层离析。

(6)摊铺选择在当日高温时段进行，路表温度低于 15℃时不宜摊铺。摊铺遇雨时，立即停止施工，并清除未压实成型的混合料。遭受雨淋的混合料应废弃，不得卸入摊铺机摊铺。

6. 混合料的碾压

(1)改性沥青 SMA-16、SMA-13 的初压、复压采用钢轮振动压路机碾压，碾压应遵循紧跟、慢压、高频、低幅的原则进行。混合料摊铺后必须紧跟着在尽可能高温状态下开始碾压，不得等候。不得在低温状态下反复碾压，防止磨掉石料棱角、压碎石料，破坏石料嵌挤。碾压温度应符合表表 3-3-31 的规定。必须有足够数量的压路机，初压和复压均不宜少于 2 台。碾压段的长度控制在 10m ~ 20m 为宜。

(2)在初压和复压过程中，采用同类压路机 XD110 型并列成梯队压实，不得采用首尾相接的纵列方式。采用振动压路机压实改性沥青 SMA-16、SMA-13 路面时，压路机轮迹的重叠宽度不应超过 20cm，当采用静载压路机时，压路机的轮迹应重叠 1/3 碾压宽度。不得向压路机轮表面喷涂柴油、汽油、机油类或油水混合液，需要时可喷涂清水、洗涤剂或含有植物油隔离剂的水溶液，喷洒应呈雾状，以不黏轮为度。

(3)压路机应以均匀速度碾压。压路机适宜的碾压速度随初压、复压、终压及压路机的类型而别，碾压方式通过试铺确定，压路机碾压速度见表 3-2-33。

(4)改性沥青 SMA-16、SMA-13 路面摊铺后应抓紧碾压，由专人负责指挥协调各台压路机的碾压路线和碾压遍数，使摊铺面在较短时间内达到规定压实度，且碾压温度符合表 3-2-31 的规定。压路机折返应呈梯形，不应在同一断面上。

(5)对松铺厚度、碾压顺序、碾压遍数、碾压速度及碾压温度应设专岗检查。改性沥青 SMA-16、SMA-13 路面应严格控制碾压遍数，在压实度达到最大理论密度 94% 以上，或者路面现场空隙率不大于 6% 后，不再作过度碾压。如碾压过程中发现有沥青玛蹄脂上浮或石料压碎、棱角明显磨损等过碾压的现象时，应停止碾压。

(6)路面压实完成 24h 后，方能允许施工车辆通行。

(7)碾压时要特别注意以下几个方面：

①防止漏油。施工前认真检验摊铺机和压路机，防止机械故障造成液压油泄漏污染。

②防止黏轮。施工前检查压路机喷水装置，选用清水，避免堵塞管道，否则容易造成改性沥青的黏连，严重影响路面的平整度及外表美观。

③防止过度碾压。混合料达到一定压实度，继续碾压会使玛蹄脂挤压到表面，降低构造深度，因此当发现构造深度减小，玛蹄脂有上浮迹象时碾压即应停止。

④碾压达到规定的遍数以后，紧跟着进行 3m 直尺平整度检测，发现局部平整度较差的点立即进行适当碾压处理。

7. 施工接缝的处理

同本节试验段中“施工接缝的处理”。

8. 检测

碾压成型后，要及时对面层改性沥青玛蹄脂碎石 SMA-16 的压实度、平整度、厚度、高程及横坡等进行检测，根据检测结果决定是否对松铺系数、压实方法进行调整。桥面沥青混凝土面层检测项目及检测方法见表 3-2-38。

桥面沥青混凝土面层检测项目及检测方法 表 3-2-38

<table>
<tr><th colspan="4">检 查 项 目</th><th colspan="2">规定值或
允许偏差</th><th>检查频率(方法)</th><th>检查情况
(实测值)</th><th>备注</th></tr>
<tr><td rowspan="8">关键项目</td><td colspan="3">强度或压实度</td><td colspan="2">在合格标准内</td><td>按附录 B 或 D 检查</td><td></td><td></td></tr>
<tr><td colspan="3">厚度(mm)</td><td colspan="2">+10，−5</td><td>以同梁体产生相同下挠变形的点为基准点，测量桥面浇筑前后相对高差：每 100m 测 5 处</td><td></td><td></td></tr>
<tr><td rowspan="6">平整度</td><td rowspan="3">高速、一级公路</td><td></td><td>沥青混凝土</td><td>水泥混凝土</td><td rowspan="5">平整度仪：全桥每车道连续检测，每 100m 计算 IRI 或 σ</td><td rowspan="6"></td><td rowspan="6"></td></tr>
<tr><td>IRI(m/km)</td><td>2.5</td><td>3.0</td></tr>
<tr><td>σ(mm)</td><td>1.5</td><td>1.8</td></tr>
<tr><td rowspan="3">其他公路</td><td>IRI(m/km)</td><td colspan="2">4.2</td></tr>
<tr><td>σ(mm)</td><td colspan="2">2.5</td></tr>
<tr><td>最大间隙
h(mm)</td><td colspan="2">5</td><td>3m 直尺，每 100m 测 3 处 ×3 尺</td></tr>
<tr><td rowspan="3">一般项目</td><td colspan="2" rowspan="2">横坡(%)</td><td>水泥混凝土</td><td colspan="2">±0.15</td><td rowspan="2">水准仪：每 100m 检查 3 个断面</td><td rowspan="2"></td><td rowspan="2"></td></tr>
<tr><td>沥青面层</td><td colspan="2">±0.3</td></tr>
<tr><td colspan="3">抗滑构造深度</td><td colspan="2">符合设计要求</td><td>砂铺法：每 200m 查 3 处</td><td></td><td></td></tr>
</table>

9. 改性沥青玛蹄脂碎石 SMA-16、SMA-13 面层施工工艺框图

改性沥青玛蹄脂碎石 SMA-16、SMA-13 面层施工工艺框图见图 3-2-104。

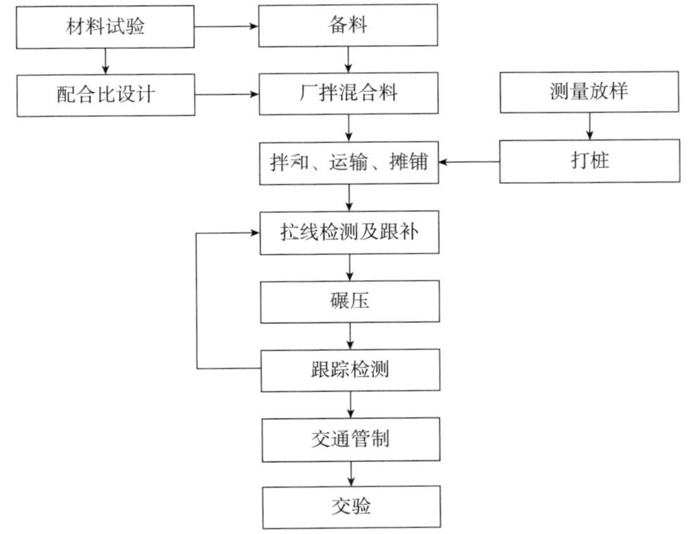

图 3-2-104 改性沥青玛蹄脂碎石 SMA-16、SMA-13 面层施工工艺框图

五、质量控制及安全施工

(一)质量保证体系

针对本工程施工作业的具体内容,制定施工前原材料检验程序见图 3-2-105;验收程序见图 3-2-106。

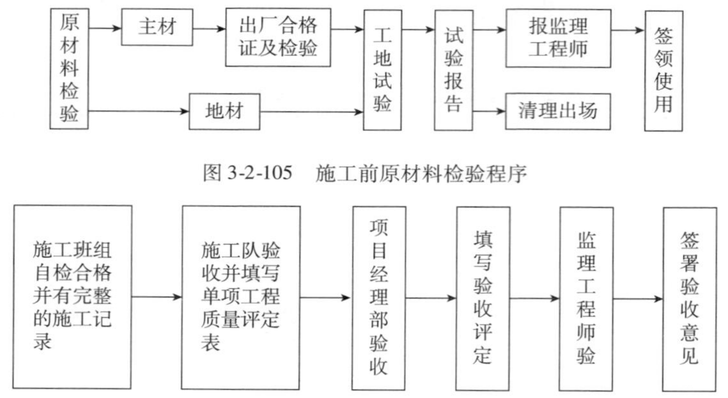

图 3-2-105　施工前原材料检验程序

图 3-2-106　单项工程验收程序框图

(二)质量保证措施

(1)建立完善的试验检测体系,完善级配碎石混合料配合比设计,确保所有试验项目的试验结果能满足规范要求,并经审查批准后方可正式用于工程。

(2)设立专职质检工程师岗位,加强内部质检工作,严格控制施工各工序质量。加强项目施工全过程的控制和各工序环节的监督与检查,严格施工过程中的经常检查、工序衔接或交接中的专职检查、工程质量评定及定期的工程质量大检查工作。

(3)组织技术人员认真会审设计文件和图纸,切实了解和掌握工程的要求和施工的技术标准,理解业主的需要和要求,如有不清楚或不明确之处,及时向业主或设计单位提出书面报告。定期做技术交底,并开展技术交底会议。交底内容做到由主要技术负责人传达给现场负责人,再由现场负责人传达给施工队的顺序,让每个相关工作人员都清楚技术标准．质量要求和施工操作方法。

(4)开工前要做好各部位、工序的技术交底工作,使各级施工人员清楚地掌握对将要进行施工的部位、工序的施工、施工工艺、技术规范要求,对特殊和重点部位要真正做到心中有数,确保施工操作的准确性和规范性。

(5)配齐满足工程施工需要的人力资源。有针对性地组织各类施工人员学习规范和技术要求,进行必要的施工前岗位培训,以满足工程施工的技术需求。特殊工种作业人员须持有效上岗操作证,技术人员、组织管理人员必须熟悉本工程的技术,工艺要求,了解工程的特点和现场情况,以确保工程施工能正常运转。

(6)配齐满足工程施工需要的各类设备。自有设备必须经检修、试机、检验合格后,方能进场施工。外租设备在进场前,要进行检验和认可,经证明能满足工程施工要求后,方可进场施工。

(7)工程施工实行现场标牌管理,标示牌上注明分项工程作业内容、简要工艺和质量要求、施工及质量负责人姓名等。

(8)为确保工程达到设计要求和规范标准,测量队严把检测关,并加强对测量人员的管理和业务培训工作。为保证测量工作的连续、稳定性,测量人员必须保持相对稳定。严格按照质量管理体系中对测量质量控制的要求,实行从放线到竣工“一条龙”质量控制程序,严格执行复核制度、交底签认制度、向监理工程师报批制度以“放准;勤复;点、线、面通盘控制”的方法,确保测量工作的准确无误,并做好测量原始记录的保存归档工作。

(9)每道工序都应及时报检,加强自检,现场施工员和试验员要做好技术指导和数据指导,发现问题要及时上报,不包庇,并及时改正,不合格段必须返工处理。

(10)加强工序间的质量控制和施工过程控制,相关技术人员和实验员跟班作业,严格督促每道工序的质量。分析问题,总结经验教训,不断提高自身的技术水平和专业知识,严格控制质量。

(三)安全保证措施

1. 安全教育与培训

(1)项目部利用各种会议和宣传工具,对职工进行安全生产教育,提高全员安全素质。对全员进行专门的安全知识、法规教育。

(2)施工单位应按有关临时及附属工程规定规范生产,并做到以人为本、安全第一。发现安全隐患要及时修整,并配备安全防护设备。

(3)操作人员和运输车操作人员须持证上岗,夜间照明系统必须保证完善到位,不得违规作业,机械和运输车须按时检查,发现问题要及时修整。

(4)要建立安全作业区,在标志旗围护下安全施工,不得影响路面交通。抓好现场管理,坚持文明施工,尤其是机动车辆要限速行驶,不侵道、不抢行,做到文明礼让,并专人指挥交通,严防交通事故发生。

(5)全文明施工教育,教育内容保证落实到每个工作人员,明白安全施工的重要性。施工人员进入现场必须戴好安全帽。

(6)应设警示牌,严禁闲杂人员参观。现场设置专职安全员,及时检查安全工作并做好安全记录。

2. 安全纪律

(1)遵守劳动纪律,服从领导和安全检查人员的指挥。上岗作业时思想集中,坚守岗位,未经允许不得随意从事其他工种作业,不得酒后作业。

(2)严格执行本工种(岗位)安全操作规程,有权拒绝违章指挥,有责任制止他人违章作业。

(3)对施工现场各种防护装置、防护围栏。盖板、安全标志等,不得随意拆除和挪动。

(4)机械操作及运输安全管理。

运输车辆驾驶员经过安全培训后方可上岗作业;严禁驾驶员酒后驾车或不按交通规则的规定行驶,要求做到中速行驶,礼让三先,穿越城镇、乡村时慢速行驶;加强对各类机械操作人员的安全教育。

(四)安全生产规程

1. 拌和机安全生产规程

(1)拌和机机长是稳定土拌和场施工作业范围内的安全环保第一责任人,必须兼管所辖区域内的安全环保工作。

(2)操作人员必须持合格有效的特种作业证,方可上岗作业。

(3)非专业人员禁止操作、维护该设备。操作人员要尽职尽责,严格按操作程序操作。出现问题立即停车,严禁设备带病工作,严禁操作人员擅离工作岗位。

(4)任何人不得擅自更改电气装置或控制线路,不得擅自更改电气装置的整定值和规格。

(5)工地配电及安全保护须符合国家现行的有关供电安全规范、标准。用电设备严格按规定接零或接地,以防发生触电事故。

(6)设备运转过程中,严禁人员进入搅拌缸!严禁人员将手伸进螺旋输送机!严禁人员站在皮带机上!以防发生伤亡事故。

(7)若确属维修需要,应断开电源,挂上"正在维修、严禁合闸!"标志牌,并设专人看护,以防误合闸。维修人员应配备相应的劳动保护用品。

(8)设备运转过程中,除发生意外事故需紧急停车外,不得随意按急停按钮。

(9)每次启动设备前,应按电铃三次,方可启动设备。任何人听到电铃声后应立即离开主机、皮带输送机、成品料斗附近,以防发生意外。机器运转过程中,严禁在主机上下、皮带输送机、成品料斗下站人。

(10)粒料料斗振动器严禁空运转或长时间振动。机器运转过程中,切勿使粒料等落入运转部位,以免卡住损坏运转部件。停机前主机内应无存料,避免带载启动,损坏机器。

(11)风力在6级以上,应停止作业,并做好相应防范措施。

(12)各料斗要边出料边进料,不准装满料斗后再开出料门,更不允许装满料斗长时间放置,以免影响出料。

(13)设备停用后须拉闸断电并锁好门。

(14)所有进入施工现场的人员必须穿防滑鞋、佩戴安全帽。

(15)夜间施工时,现场必须有符合操作要求的照明设备,靠便道侧的拌和机设备支架上应张贴反光膜,并设置安全警示标志。

(16)施工现场必须配置合格齐全有效的消防器材,施工人员必须熟知消防器材的使用方法。

(17)稳定拌和机的水泥罐必须按相关要求设置风缆,同时在拌和机设备的最高点安装避雷设施,确保安全施工。

(18)设备运转传动部位,必须设置完善的防护罩。

(19)高空作业必须严格遵守高空作业的相关要求(佩戴安全帽、穿防滑鞋、系安全带并高挂低用)。

2.装载机安全生产规程

(1)驾驶员及有关人员在使用装载机之前,必须认真仔细地阅读制造企业随机提供的使用维护说明书或操作维护保养手册,按资料规定的事项去做。否则会带来严重后果和不必要的损失。

(2)绝对严禁驾驶员酒后或过度疲劳驾驶作业。

(3)在中心铰接区内进行维修或检查作业时,要装上“防转动杆”以防止前、后车架相对转动。

(4)维修装载机需要举臂时,必须把举起的动臂垫牢,保证在任何维修情况下,动臂绝对不会落下。

(5)检查并确保所有灯具的照明及各显示灯是否正常显示。特别要检查转向灯及制动显示灯的正常显示。

(6)检查并确保在启动发动机时,不得有人在车底下或靠近装载机的地方工作,以确保出现意外时不会危及自己或他人的安全。

3.压路机安全生产规程

(1)必须在压路机前后、左右无障碍物和人员时才能启动。

(2)变换压路机前进后退方向应待滚轮停止后进行。严禁利用换向离合器作制动用。

(3)压路机靠近路提边缘作业时,应根据路提高度留有必要的安全距离。上坡时变速应在制动后进行,下坡时严禁脱檔滑行。

(4)两台以上压路机同时作业,其前后间距不得小于3m;在坡道上纵队行驶时,其间距不得小于20m。

(5)起振和停振必须在压路机行走时进行;在坚硬路面行走,严禁振动。

(6)换向离合器、起振离合器和制动器的调整,必须在主离合器脱开后进行,不得在急转弯时用快速檔;严禁在尚未起振情况下调节振动频率。

4.运输车辆的安全生产规程

(1)运输车辆的车厢要严密,防止物料洒落、污染地面。

(2)车载沙、石、土等物料时,不得超重、超高、超速,并在施工管理人员指定的地方卸载。

(3)运输车辆在卸料时,应注意卸料上空有无电线、通讯线,卸料完毕后,应将料斗放落到位,再行驶。

(4)禁止人货混装混运。

(5)车载物料洒落公路或其他地方的,应由该台机械作业人员或具体分包此项工作的作业队立即派人清理干净,防止环境污染或造成安全隐患。

(6)公路上行驶必须遵守道路交通规则;运载易燃、易爆等危险物品时,应遵守有关规定,除必要的随车人员外,不得搭乘其他人员。

5. 摊铺机安全生产规程

(1)摊铺机操作人员必须经过专业培训,了解机械性能、构造,掌握保养知识,熟练地掌握本机性能及操作要领和安全事项,并经有关部门确认合格后,方可单独操作。

(2)起动发动机前必须检查:油(机油、燃油、工作油、润滑油)量是否足,风扇上皮带松紧度,有无漏油及其部件松动现象。检查当天工作所需的各种配件、附件、工具等是否齐备。

(3)运料车辆倒料必须有人指挥,准确将料卸入机器料斗内。

(4)摊铺机工作前须和左右调平人员取得联系,确保其他人员不在作业内,方可作业。

(5)作业档向行车走档转换,必须在机器完全停稳后,各工作部件停止工作情况下进行。

(6)操作人员严禁酒后操作,操作设备时必须穿戴整齐,不得穿拖鞋,不得有吸烟、饮食等其他有碍安全作业行为。

(7)摊铺机在工作后,所有防护装置必须安装在指定位置上。

(8)操作室(台)必须保持清洁,及时清理油污等污物,不得乱放工具等其他物品。

(9)驾驶员离开操作台前,必须将操作机构全部置于“0”位上。

(10)对于液压自动加宽摊铺机加宽时,必须注意和观察附近情况,以免伤人和损坏设备。

(11)设备保养必须按照说明书中的要求进行。

6. 洒水车安全生产规程

(1)洒水车的安全防护装置必须齐全、灵敏、有效。

(2)在施工现场行驶时应遵守现场的限速规定。无限速规定时,应根据现场道路及周围人员情况确定车速,但最大时速不得大于15km。

(3)在施工现场倒车应先鸣笛,确认安全以后方可倒车。

7. 夜间施工的安全生产规程

(1)夜间施工时,现场必须有符合操作要求的照明设备,施工驻地要设置路灯。

(2)施工中的小型桥涵两侧及穿越路基的管线等临时工程,应设置围栏,并设置安全警示标志。

(3)夜间施工现场应派专人指挥机械设备、人员安全作业。

8. 临时用电安全生产规程

(1)电工作业时必须一人操作,一人监护,作业人员必须穿绝缘鞋,停电验电后挂停电检修标识牌再作业。

(2)进入施工现场必须戴好合格的安全帽,系紧下颚带,锁好带扣,高处作业必须系好合格的安全带,系挂牢固,高挂低用。

(3)进入施工现场禁止吸烟,禁止酒后作业,禁止追逐打闹,禁止窜岗,禁止操作与自己无关的机械临电设备,严格遵守各项安全操作规程和劳动纪律。

(4)进入作业地点时,先检查、熟悉作业环境。若发现不安全因素、隐患,必须及时向有关部门汇报,并立即处理整改,确认安全无误后再进行施工作业。对施工过程中发现危及人身安全的隐患,应立即停止作业,及时要求有关部门处理解决。现场所有安全防护设施和安全标志等,严禁私自移动和拆除。

(5)努力学习专业安全技术知识,敬岗爱业,养成良好的职业道德风尚,树立为生产一线服务的思想,确保安全用电。

(6)严格执行安全用电有关规定和规范标准,服从安全管理,做到自己不违章作业,拒绝违章指挥,和及时制止他人违章作业。

(7)禁止带电操作,需要拉闸操作和维修时,须经项目部有关部门审批,作业时执行安全用电的组织措施和技术措施，不得自行拆改用电设备设施和线路，严格执行规范标准和施工要求。

(8)每天对现场用电设备、设施、线路进行两次例行巡视检查，发现问题及时停电检修并监护，同时报有关领导组织处理，所有设备、设施、线路要防护到位。设备设施要保持整洁有效。

9.防火安全生产规程

(1)施工现场必须建立健全防火制度和防火岗位责任制，配备齐全、完好、有效的消防灭火器具、设备，并放置在人员活动明显可见的地方，便于发生火灾时，随时取用补救。

(2)施工现场重点防火部位要明确，并设有警告标志。仓库、木工作业场、乙炔器所在房间以及容易发生火灾处，无关人员不得随便出入，不准吸烟或动火。

(3)施工现场的生产、生活用火必须事先向消防或有关部门申请检查批准发给用火证后，方可生火，每个生火点都必须由专人负责。

(4)施工用火要在每个用火点设防火措施，并由专人管理，不准在火点周围堆放易燃物，不准在火炉上烘衣服，不准在电源附近、电线下部设用火点。

(5)遇有5级以上大风时，须立即切断室外一切电源，停止明火作业。

(6)现场一旦发生火灾，要有组织的进行补救，同时拨“119”电话报警。

(7)不同物质着火，应采取不同的补救措施。如油类着火，要用干粉泡沫灭火器，用湿麻袋、湿布等物使火焰与空气隔绝，严禁浇水造成爆炸，使火势蔓延。

六、环境保护体系

(一)环境保护的目标

认真贯彻落实国家有关环境保护的法律、法规和规章及本合同的有关规定，做好施工区域的环境保护工作，对施工区域外的植物、树木尽量维持原状，防止由于工程施工造成施工区域附近地区的环境污染。加强临时征地的边坡治理，防止冲刷和水土流失。积极开展尘、噪音治理，合理排放废渣、生活污水和施工废水，最大限度地减少施工活动给周围环境造成的不利影响。

(二)环境保护措施

工程开工前，编制详细的施工区和生活区的环境保护措施计划。根据具体的施工计划制定出与工程同步的防止施工环境污染的措施，防止工程施工造成施工区域附近地区的环境污染和破坏。

指派专门机构和专业人员全面负责施工区及生活区的环境监测和保护工作。积极配合当地环境保护行政主管部门对施工区和生活营地进行的定期或不定期的专项环境监督监测。

第三章　南、北引桥施工

引桥基桩采用直径1.2～1.5m钻孔桩(其施工工艺相对成熟)陆上墩承台直接采用支护开挖基坑、立模浇筑混凝土施工。分离式墩身采用常规工艺施工,墩高9m以内的采用吊车配合立模一次浇筑成型,墩高超过9m的墩身采用吊车配合翻模分段浇筑,而N02～N09墩则利用用塔吊配合翻模浇筑,高墩第一次浇筑约3m,中间每次浇筑9m,同时分节应满足设计要求。钢筋、模板以及混凝土施工工艺参照索塔施工。

引桥上部施工以北引桥为例。北引桥按照NS01联、NS02联、NS03～NS05联几个作业面平行组织施工。NS01联箱梁0号节段和边跨现浇段采用支架施工,NS02联箱梁采用满堂支架逐跨现浇施工。NS01联上部箱梁其余节段悬浇施工。以下按3种施工方法分别叙述北引桥上部施工。

第一节　引桥连续刚构箱梁支架现浇施工

一、工程概况

北引桥自南向北第一联(NS01联,N03～N10墩)为预应力混凝土连续刚构—连续梁组合结构,左、右幅上、下行分离,左右幅均由一个单箱双室箱形截面组成,跨径组合从主桥侧N03墩起为60m+4×80m+60m+45m=485m,其中N04～N08墩处为墩梁固接的连续刚构体系,N09墩处为设置支座的连续梁体系,采用JL32精轧螺纹钢筋临时固接。NS01联主梁高2.2～4.5m,主墩顶设双隔板、主梁0号节段和边跨现浇段都采用支架施工;80m主跨双悬臂各分0～9号共10个节段采用挂篮悬臂施工,0号节段长12m,1～9号节段长3.0～4.0m,节段最大重量为1号节段的151.8t。

自南向北第二联(NS02联,N10～N14墩)为(38+53+2×38=167m)四跨预应力混凝土等高度连续箱梁,因与规划道路斜交,采用斜桥正做的方式,左右幅跨径布置略有差别。在N14墩处设带牛腿端横梁,跨间不设横隔板。采用满堂支架逐跨现浇施工。

二、NS01联0号节段施工

NS01联双幅共计12片0号箱梁,位于N04～N09墩墩顶处,梁体尺寸为:长×宽×高为18.25m×12m×4.5m(N09墩处梁高3m),混凝土浇筑方量为340.3m^3(N09处混凝土浇筑方量为246.2m^3),单片梁体重约884.7t(N09处重约640.1t)。

NS01联0号箱梁主要采用墩旁托架法施工,仅N09墩0号箱梁的墩旁支架需落地安装。

(一)0号块托架设计及结构形式

0号块托架由墩身预埋件、型钢托架片、纵横梁、钢桁片组成。各墩0号块托架的结构形式见图3-3-1。

N09墩0号块支架的结构形式见图3-3-2。

支架安装完毕应进行预压,以消除结构非弹性变形,并检验结构的承载能力及稳定性。预压过程分级加荷,并进行详细观测,分析数据,按实测的弹性变形量和施工控制要求,确定立模高程和预拱度。

N09墩墩梁临时锚固预应力钢筋,于墩顶处用连接器接长至梁顶锚固,体系转换时先将梁顶N3张拉锚头松开并拆下墩顶连接器,然后拆除临时支座。

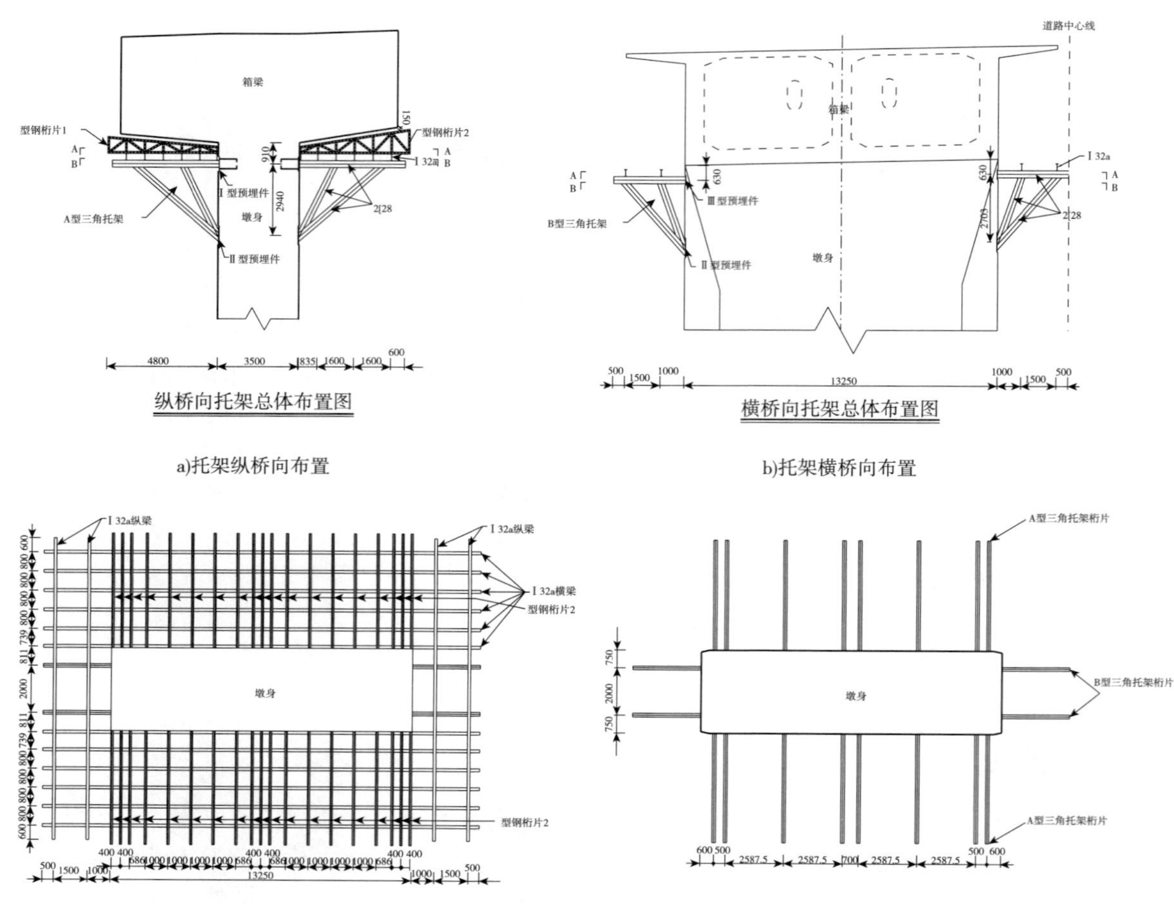

c)纵、横分配梁布置

图 3-3-1　0 号块托架布置图(尺寸单位:mm)

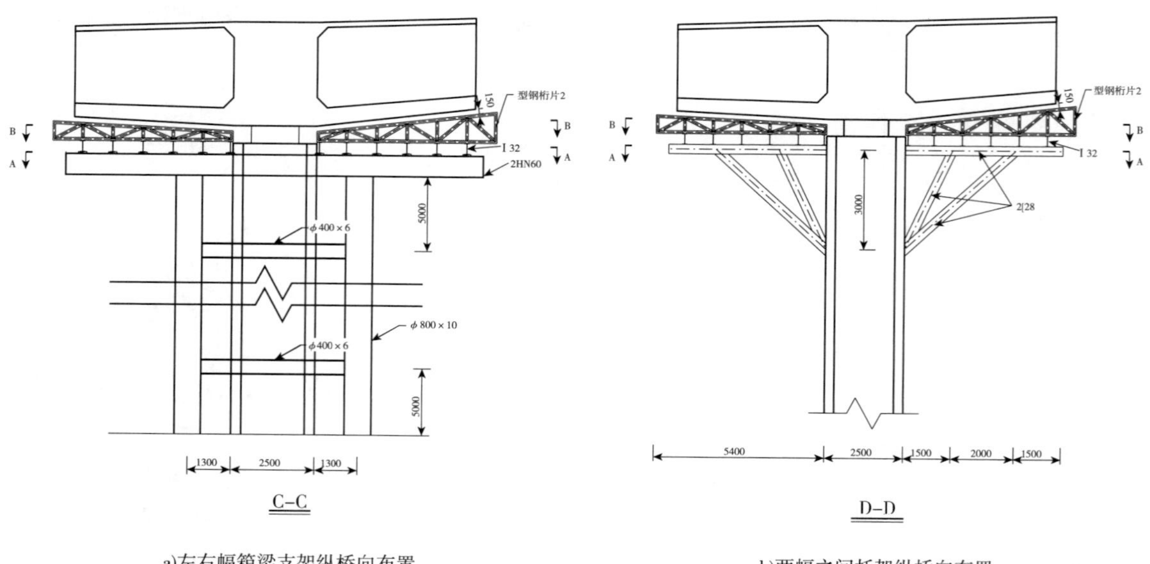

a)左右幅箱梁支架纵桥向布置

b)两幅之间托架纵桥向布置

图　3-3-2

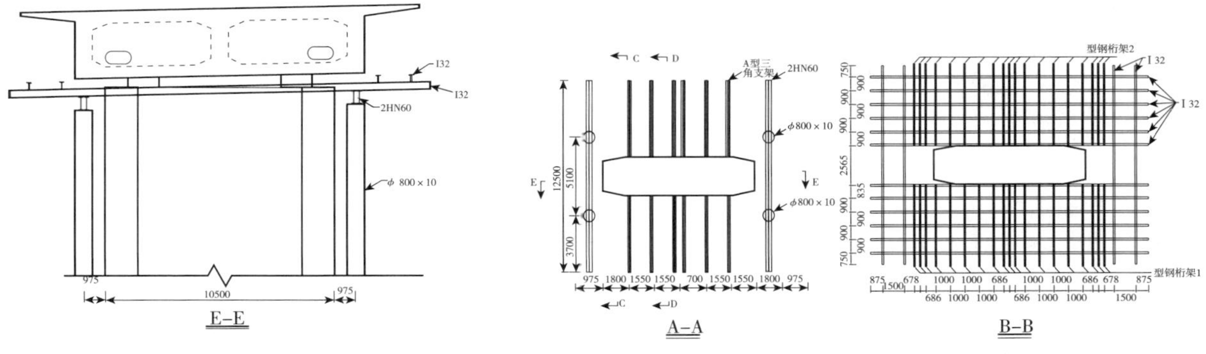

c)N09墩0号块支架横桥向布置　　d)N09墩0号块支架纵、横分配梁布置

图 3-3-2　N09 墩 0 号块支架布置图(尺寸单位:mm)

(二)0 号箱梁托架法施工工艺

1.0 号块箱梁托架法施工工艺流程如图 3-3-3 所示

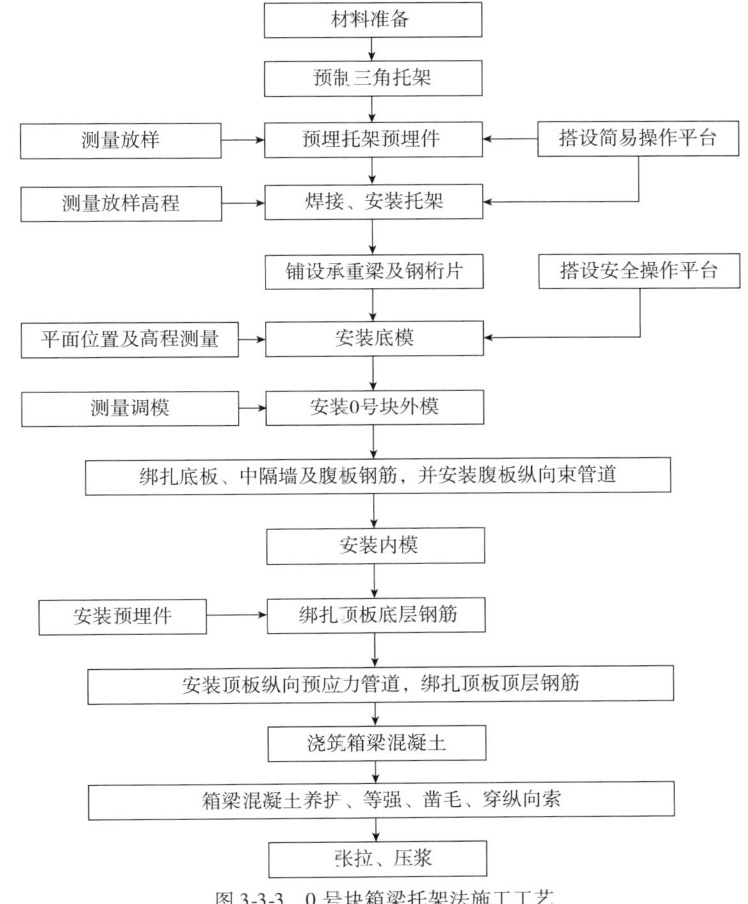

图 3-3-3　0 号块箱梁托架法施工工艺

2.0 号箱梁托架法施工工艺步骤简介

1)预埋件表面清理及复测

必须清理和检测预先埋设在桥墩墩身或帽梁中、用来支撑型钢基座的钢板等。清理时应将预埋件表面的混凝土、油污锈迹等处理干净,以保证预埋件与型钢的焊接质量。在清理过程中还应检查预埋件与墩身混凝土间的连接情况,并加固预埋质量不好的预埋件。

预埋件清理完成后,应由测量人员检查预埋件的位置、平整度,以保证结构均匀受力。

2)安装托架桁片

将托架桁片安装到清理后的预埋件上,托架桁片安装完成后需焊接平联,以保证桁片的稳定性。N09 墩需首先安装钢管支撑桩并同时焊接平联。

3)安装承重梁

托架安装完成后,安装纵、横分配梁,作为 0 号箱梁施工的承重结构。

4)安装型钢桁片

在纵、横分配梁上安装型钢桁片。

5)箱梁施工

在型钢桁片上安装 0 号块外模模板,在外模内绑扎钢筋,安装预应力管道,安装内模,浇筑混凝土等。在混凝土达到设计强度的 90% 且龄期达到 10d 后,张拉预应力筋,并压浆。

6)张拉临时锚固

N09 墩在 0 号块预应力筋张拉完成后,张拉临时锚固钢筋,将 0 号块锚固在墩身上。

(三)NS01 联 0 号块托架施工

0 号块托架在施工过程中支托现浇箱梁的重量。引桥墩身施工完毕后即可安装 0 号块托架。

1.0 号块托架结构特点及加工、安装技术要求

0 号块支架由墩身预埋件、托架桁片、纵横梁、钢桁片组成。

1)墩身预埋件

墩身预埋件预埋在墩身内,用于支撑托架桁片,为阻止腐蚀通道的产生,预埋件位于墩身表面的钢板采用不锈钢板,同时在靠近墩顶的预埋件上设锚筋,用以抵抗由墩身向外的水平拉力,锚筋采用 ϕ28 钢筋。

2)托架桁片

托架桁片统一用 2 槽 28a 型钢制作,用于支撑托架的纵横梁。

3)纵横梁

纵横梁采用 I32a,用作 0 号块托架的承重梁。

4)钢桁片

钢桁片是由槽钢通过连接钢板焊接成的桁架片,用作 0 号块托架的分配梁。

2.0 号块托架搭设

1)准备工作

托架安装前,首先应将墩身预埋部位的水和杂物清理干净。

2)安装托架桁片

准备工作完成后,用塔吊安装托架桁片并将托架桁片准确连接到预埋件上,为加快安装速度,可根据施工需要将桁片连接成整体,再安装到指定位置。桁片安装好后,应由测量人员对其进行复测,并调整偏位较大的桁片。

3)安装纵横梁、钢桁片

利用塔吊逐一安装支架顶部纵横梁。钢桁片设在支架纵横梁上,安装前先按桁片设计位置在纵横梁上做标记。钢桁片可多片按设计间距先连在一起后整体吊至纵横梁上安装,并通过在纵横梁与钢桁片间设落模钢楔来调平钢桁片,使其顶面高程满足设计要求。

3.0 号块托架预压

0 号块托架搭设完毕后需要在顺桥向悬臂端托架(支架)上进行等载预压,预压采用堆载预压,预压吨位:N04 ~ N08 墩 0 号块单侧 255t,N09 墩单侧 190t;预压时间为 24h。

(四)0 号节段模板施工

0 号块模板由外侧模、内模和底模组成,模板在加工厂家加工完成。底模采用大块钢模,一次铺设完

成。底模面板采用6mm钢板,外楞采用型钢6.3、间距25cm。底模长4.7m,以后可作为挂篮底模使用。

外侧模采用钢模,面板采用6mm钢板,6.3型钢加劲,外设自制桁架;内模采用自制木模,内外模间采用$\phi25$对拉螺杆固定并承受施工时的混凝土侧压力,内模顶板采用脚手钢管做支撑承受顶板荷载。

(五)0号箱梁施工

1.模板安装

0号箱梁模板安装时首先搭设安全操作平台,再安装底模,然后安装外侧模。

1)搭设安全操作平台

模板安装前,先在0号块托架型钢桁片上焊悬挑型钢(长约1m),上铺木板,然后在整个0号块四周外设安全网形成安全作业操作平台,最后在托架上测放出模板的安装线。

2)底模安装

采用大块钢板,直接铺在钢桁片上。模板安完,应检查模板与钢桁片间是否结合密贴,若有空隙应用钢板将其支垫密实。

底模安装完成后应由测量复测模板的平面位置及高程,若须调校,则应重新调校后再进入下道工序施工。

3)外侧模安装

0号块外模安装前须在托架上、翼板下立钢管脚手架。钢管脚手架架立在墩顶两侧翼板下横向分配型钢上,钢管脚手架顶上安装可调顶托,外侧模翼板通过顶托支撑。

2.0号块钢筋混凝土施工

1)钢筋绑扎及预应力筋安装

0号块支架搭设及模板复测完成,开始绑扎钢筋。

钢筋绑扎及竖向预应力筋安装应注意以下事项:

(1)钢筋骨架制作前,应将钢筋表面的油渍、漆皮、鳞锈等清除干净。

(2)钢筋下料前,核对半成品钢筋的钢号、规格、直径、长度和数量,如有错漏,及时纠正、增补钢筋严格按照图纸要求加工并进行标识。

(3)钢筋下料尺寸应考虑安装误差,确保箱梁净保护层厚度符合设计要求:箍筋净保护层厚25mm。

(4)预应力筋的下料长度应满足张拉要求,预应力筋的切割采用砂轮机。

(5)预应力管道安装前应作抗渗透试验,波纹管与锚垫板接头处用胶布缠裹严密,确保不漏浆。

(6)预应力管道必须按要求固定,保证管道顺直和位置准确,混凝土振捣时,应尽量避免振捣棒碰撞预应力管道,以免产生漏浆现象。

预应力管道安装的注意事项:

(1)所使用的预应力钢束钢筋及锚具必须具有制造商的质量证书,且已是按规范要求检查合格;波纹管进场后,及时做抗渗透性和抗弯曲渗透试验。

(2)预应力管道必须按设计图纸要求的间距设置定位筋,确保管道线型的准确。

(3)当管道与箱梁钢筋发生冲突时,应首先考虑预应力管道位置的准确。

(4)预应力管道安装好后,操作人员要注意保护,不得随意在管道上踩动,导致管道变形或破坏其线型。

(5)张拉端的锚垫板与管道连接处必须顺直。

模板上所设拉杆外面必须套PVC管,避免形成腐蚀通道。

2)安装预埋件

(1)混凝土浇筑前的施工预埋件主要有5种:

①箱梁变形观测点;

②托架及模板拆除所需预留孔;

③通气孔以及泄水孔;

④防撞栏杆预埋筋;

⑤挂篮施工预埋件。

a. 后锚预埋筋；

b. 吊带孔；

c. 内模吊杆孔；

d. 滑梁吊杆孔。

(2)0 号块预埋件的安装应注意以下几个问题：

①预埋件的安装顺序应考虑各道工序的实际进展情况，及时预埋，不能遗漏；

②预埋位置必须符合设计或施工要求；

③各施工预埋件的埋设必须避免形成腐蚀通道；

④当预埋件位置与预应力束发生冲突时，应征得设计同意方可调整预埋件或束的位置。

3)安装内模

在底板、侧板钢筋绑扎及竖向预应力筋安装完成后，开始安装木制内模。

内模安装应注意保证箱梁内侧混凝土净保护层厚不小于 2.5cm，且要避免形成腐蚀通道，不得在结构钢筋上焊接钢筋头来支撑或固定内模。

4)0 号块混凝土浇筑

0 号块混凝土标号为 C50，混凝土浇筑可一次浇筑完成。

(1)浇筑前的准备工作

①混凝土浇筑前按设计配合比进行现场试拌。

②0 号块支架及模板稳定性检查。

③施工机具、设备搅拌系统、振动棒振动器等的性能检查。

④清除钢筋及底板上的杂物。

(2)混凝土浇筑

0 号块混凝土采用同一拌和站制备并可直接由泵送入模。

混凝土浇筑应前后、左右对称进行，先浇筑底板、墩顶横隔墙，然后对称浇筑腹板，最后浇筑顶板。

混凝土浇筑前先将模板洒水润湿，事先用来润湿泵管的砂浆不能直接泵入模板。混凝土浇筑时，每层浇筑厚度控制在 30cm 左右，严禁单点或少点布料，禁止利用振捣器使混凝土长距离流动，这会使混凝土产生离析。考虑到支架的弹性及非弹性变形的影响，要求底板浇完后，混凝土初凝前对支架与墩顶模板交接处的混凝土进行“复振”，避免产生沉降裂纹。

混凝土施工现场 6 个人(分 2 组)专门负责混凝土的振捣，混凝土振捣人员必须经验丰富且不得随意更换；1 人专责指挥泵管移动；2 人负责泵管短距离移动；2 人(1 个木工、1 个电焊工)负责检查模板；现场技术员全过程值班，对钢筋混凝土浇筑质量负总责。

混凝土宜用 ϕ50mm 或 ϕ70mm 插入式振动棒振捣密实。振动器移动间距不应超过振动器作用半径的 1.5 倍；与侧模应保持 10 ~ 15cm 距离；浇筑上层混凝土时振动棒插入下层混凝土 5 ~ 10cm。混凝土振捣密实的标志是混凝土停止下沉、不冒气泡、泛浆、表面平坦。混凝土的浇筑应连续进行，因故间断时间应少于前层混凝土的初凝时间或能重塑的时间。

混凝土浇筑过程中重点控制锚垫板处混凝土的浇筑厚度、振捣质量，确保混凝土密实。

(3)混凝土浇筑注意事项

①按规范要求均匀布料，不得堆集。

②钢筋及预应力管道较密，应严加注意振动棒不得直接碰振波纹管，同时还必须保证管道四周混凝土振捣密实。

③混凝土振捣人员必须责任心强，且具有丰富的混凝土振捣经验。

④混凝土浇筑完毕后，应及时用通孔器(可用塑料管制作)检查管道是否畅通，如遇有堵管，应及时采取通水(或其他)措施将管道清理通畅。

5）混凝土养护

北引桥箱梁0号块混凝土施工基本上已经过了冬期，混凝土的非冬季期养护方法如下：

混凝土初凝后在混凝土顶面铺湿麻袋（或土工布）并洒水养生7d。

要求始终保持混凝土表面处于湿润状态。各施工队必须派专人（一个施工点2～3名）24h负责养生，必须作好养生记录，记录包括混凝土养护期间的大气温度（每日测4次，6h一次）、天气、洒水时间，风力风向等。

若遇特殊情况，气温较低（仍符合冬期施工条件），则按“冬期混凝土施工方案”对新浇混凝土进行养护。

6）预应力束（筋）张拉

0号块箱梁为纵向预应力体系，纵向悬臂束由高强度、低松弛钢铰线组成大吨位群锚体系，钢束采用12（9）$\phi_j 15.2$钢铰线，标准强度$f_{pk}=1860MPa$，锚下张拉控制应力为$\sigma_{con}=1395MPa$。

当混凝土强度达到设计强度的90%且龄期达不小于10d，可安排张拉。本工程的气候环境特殊，空气湿度大、含盐高，预应力束（筋）容易锈蚀，因此，预应力束在符合张拉条件后要及时张拉、压浆。

步骤如下（详见第一章第二节“二、（四）本桥预应力施工工艺”）：

（1）张拉机具准备；

（2）预应力材料准备；

（3）预应力材料的制作；

（4）张拉。

0号块纵向束采用两端张拉，两端必须同步施加预应力和控制伸长量，纵向预应力实行双控，其中以应力控制为主，伸长量控制为辅。

张拉时千斤顶的张拉作用线与预应力束的轴线应重合。当张拉束中有一根或多根钢绞线产生滑移时，停止张拉，查明原因，若满足设计要求，可采用整束超拉（不超过规范允许值）；否则，须退出全部夹片重新张拉；若钢绞线刻痕严重，应换束。每束钢铰线断丝或滑丝不得超过1丝，且每个断面滑丝之和不超过该断面钢丝总数的1%；单根粗钢筋不允许出现断丝和滑移现象。张拉后，发现有夹片破碎时，应在换夹片后，再行张拉。

张拉时按以下程序进行：

$$0 \longrightarrow 初应力(0.1\sigma_k) \longrightarrow 控制张拉应力\ \sigma_k \longrightarrow 持荷\ 2min \longrightarrow 锚固$$

在张拉过程中，做好张拉详细施工记录。

7）压浆

内容详见第一章第二节“二、（四）本桥预应力施工工艺”

8）0号块支架的拆除

0号块混凝土强度达到设计强度的90%，张拉完毕，可安排拆除外模、底板及钢桁片。

（六）箱梁0号块的施工测量

（1）墩身施工完毕后，根据布设于承台上的加密控制点，用全站仪边角坐标法在墩顶上放样出箱梁0号块的墩轴线、桥轴线两个方向的中心线和支座安装线。采用不同的测量方法或控制点，对放样点位或轴线进行复测。

在墩顶放样出箱梁底板的设计高程，用红铅笔画出标记并弹出墨线。放样出的高程和中心线，是箱梁0号块的底板铺设的定位基准。

（2）箱梁底板铺设完毕后，开始箱梁0号块侧板的放样，主要是控制箱梁的高度、箱梁顶板的宽度尺寸、和箱梁侧板的垂直度：用经过检测的钢尺根据放样好的0号块的底板高程，严格控制箱梁模板的高程，使其尺寸符合要求。用水平尺和垂球相结合的办法严格控制箱梁侧模的垂直度，用另一经过检测的长钢尺严格控制箱梁模板的顶面宽度。当箱梁0号块侧板的高度、垂直度、顶面宽度同时达到设计要求后，固定箱梁0号块的侧模。

（3）在箱梁0号块钢筋全部绑扎完成后，对模板进行复测，即采集箱梁模板顶面4个顶点的坐标和高程数据，与设计值比对、校差，校差在容许范围内，则可以进行下一道工序的施工。

（4）0号块的混凝土浇筑之前，在中心位置预埋长约40cm的$\phi32$钢筋，顶端打磨成半球状，约高出混凝土面5mm；预埋长宽30mm×30cm、厚1cm的钢板一块。在混凝土浇筑完成后，把具有精密水准成果的控制点，采用GPS静态测量的方法，引测到0号块的顶面。引测完成后，用全站仪在预埋的钢板上精密地放样出箱梁0号块的中心，按加密导线点作业方法复核，其坐标以复核值为准；并把高程精密地引测到预埋的钢筋头上。相邻墩的0号块施工全部完成后，把各0号块中心的平面成果和高程成果进行联测，对于联测成果有在容许范围内的误差，把联测的各点进行归化改算，得到最终的平面和高程成果。位于钢板上的0号块中心点和钢筋头上的高程成果是箱梁其他块段施工测量和箱梁监控测量的主要依据。

箱梁其他块段为挂篮悬浇，施工测量放样见后面本章第二节。

三、NS01联边跨现浇段施工

NS01联箱梁共计两个边跨现浇段，分别为N09～N10墩的支架现浇段1和N03～N04墩的支架现浇段2。两个支架现浇段均为单箱双室截面，其梁高为2.2m，梁顶宽18.25m（在靠近主桥位置处加宽至19.25m），梁底宽13.25m，在靠近边墩墩顶位置处截面加厚，其余均为等截面形式，其标准断面图见图3-3-4，其中边跨现浇段1的长度为23.88m，边跨现浇段2的长度为18.88m。

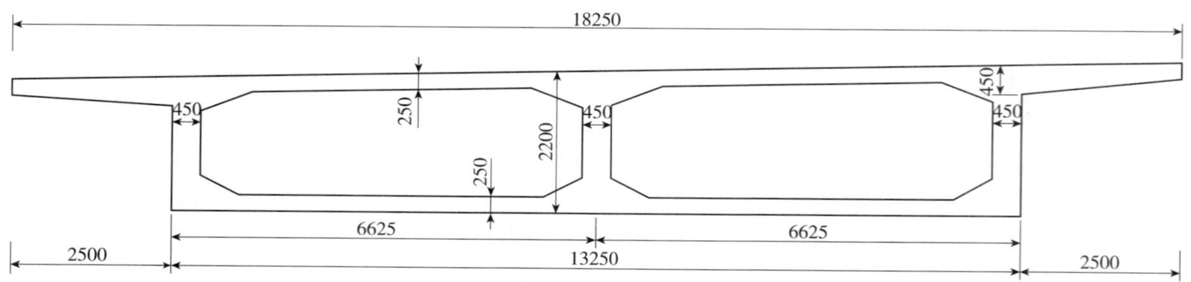

图3-3-4 NS01联箱梁边跨现浇段标准断面图（尺寸单位：mm）

（一）施工工艺流程（图3-3-5）

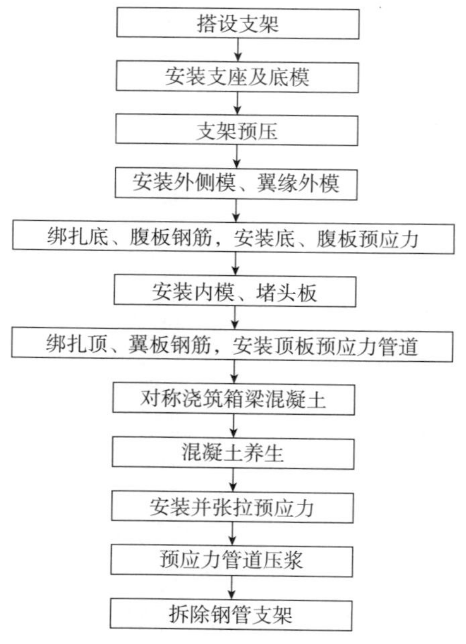

图3-3-5 边跨现浇段施工工艺流程

（二）支架搭设

1. 支架搭设方案

由于边跨现浇段 1 所处位置处的地形起伏较大，而边跨现浇段 2 又处于水中，因此本项目边跨现浇段采用大直径钢管支架进行施工，以降低工程环境对施工的影响，提高施工工效。

考虑边跨现浇段箱梁的截面形式、梁长等因素，大直径钢管支架的控制跨度为 10m，每排设置 3 根 ϕ800mm × 10mm 大直径钢管。为保证钢管的稳定性 3 根钢管之间通过平联连接，平联采用 ϕ600mm × 8mm 钢管，各层平联间的控制间距为 9m。每排钢管顶部设双肢 *H*600mm × 200mm 窄翼型型钢横梁，其上依次设置 7 道双排贝雷纵梁和型钢分配梁作为现浇段施工荷载的传力结构。

大直径钢管支架布置如图 3-3-6、图 3-3-7 所示。

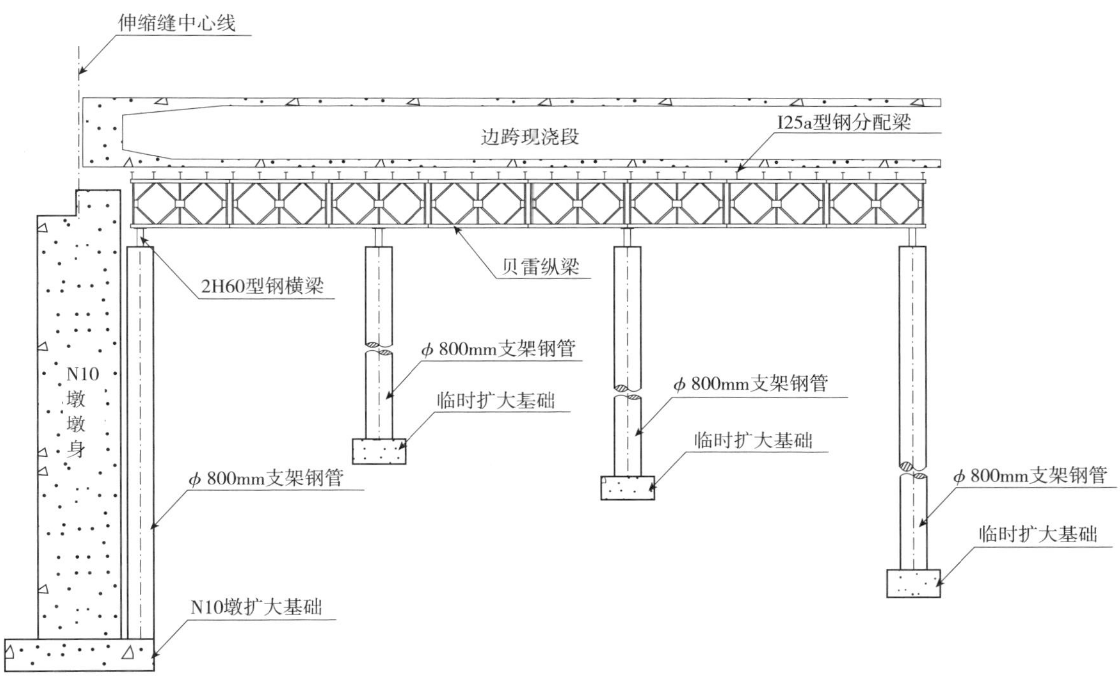

图 3-3-6　支架顺桥纵向布置图

2. 支架搭设结构计算

（1）模板计算：

模板采用木模，模板面板采用竹胶板厚度 h = 18mm，弹性模量 E = 7600N/mm^2，抗弯强度[f] = 13N/mm^2。腹板下方木间距 250mm，其余间距为 500mm。

腹板下面板计算：取 1m 宽板条为计算单元，新浇筑混凝土本身自重、模板及其框架（包括内、外模）自重、混凝土倾倒冲击力、施工人员及堆放荷载合计均布荷载 q = 100.6kN/m。弯曲应力 $\delta = M/W$ = 0.629 × 10^3/(54 × 10^{-6}) = 11.65MPa < 13MPa。最大挠度为：f = 0.72mm < 1000/400 = 2.5mm，符合要求。

非腹板下面板计算：取 1m 宽板条为计算单元，均布荷载合计 q = 22.6kN/m。弯曲应力 δ = M/W = 10.47MPa < 13MPa；最大挠度 f = 2.48mm < 1000/400 = 2.5mm，符合要求。

（2）腹板下方木计算：

方木采用华北落叶松顺纹承压力[δ_n] = 11MPa，弹性模量 E = 9 × 10^{3}MPa。1m 宽板条均布荷载合计 q = 25.15kN/m。弯曲应力 $\delta = M/W$ = 8.46MPa < 11MPa。挠度 f = 5ql^4/(384EI) = 1.38mm < 750/400 = 1.88mm，符合要求。

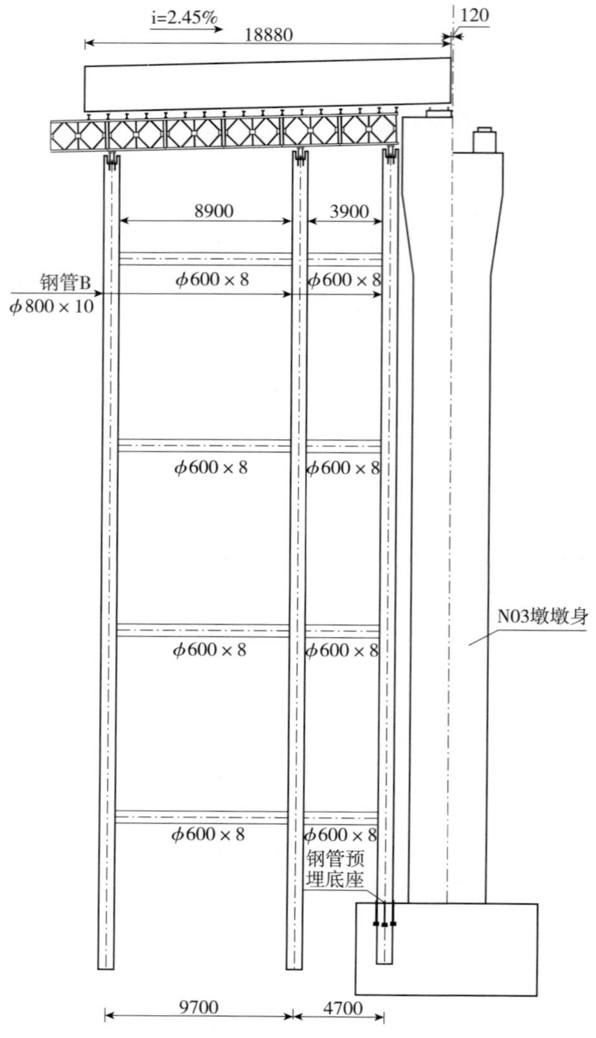

图 3-3-7　支架横向布置图

3. 分配梁的设计与计算

1）计算模型分析

贝雷纵梁上布设型钢分配梁，分配梁采用 I20a 型钢，型钢间距按照 75cm 布设。型钢分配梁上的主要计算荷载为箱梁自重，在计算时，考虑各点处的箱梁自重荷载直接由该位置处的分配梁承担，如图 3-3-8 所示，图中所示为各点处混凝土的实体高度，由此可计算得箱梁自重荷载分布图，见图 3-3-9。

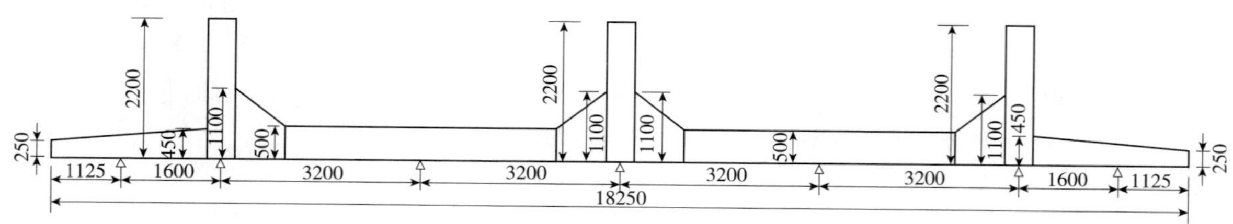

图 3-3-8　箱梁横断面各点处混凝土高度（尺寸单位：mm）

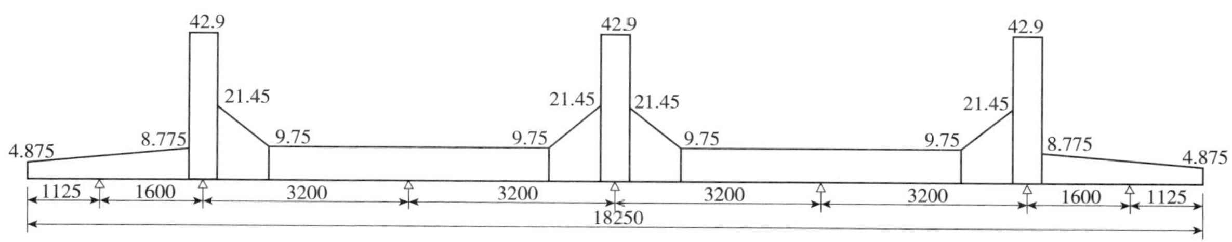

图 3-3-9 箱梁自重荷载分布图(尺寸单位:mm)

实际施工中由于上部荷载已经过模板系统的传递和重分配,因此分配梁上的荷载分布较为均匀,其应力、变形等的计算结果均比采用上述方法计算出的结果要小,因此采用上述方法进行计算所得的结果更偏于安全。

2)荷载计算

(1)混凝土自重荷载:

腹板下面板处为 $3\times26=78$kPa,非腹板下面板处为 $0.5\times26=13$kPa。

(2)模板系统自重为荷载:

模板系统自重为40t一跨(10m),其均布荷载为:$q_1=1.64$kN/m。

(3)施工人员、施工料具运输、堆放荷载 $q_2=1.0\text{kPa}\times0.75\text{m}=0.75$kN/m。

(4)按相关规范,混凝土倾倒荷载:$q_3=1.5$kN/m;混凝土振捣荷载:$q_4=0.5$kN/m。

(5)总荷载分布图,总荷载 $=1.2\times$混凝土自重 $+1.4\times(q_1+q_2+q_3+q_4)$。

分配梁计算总荷载如图 3-3-10 所示。

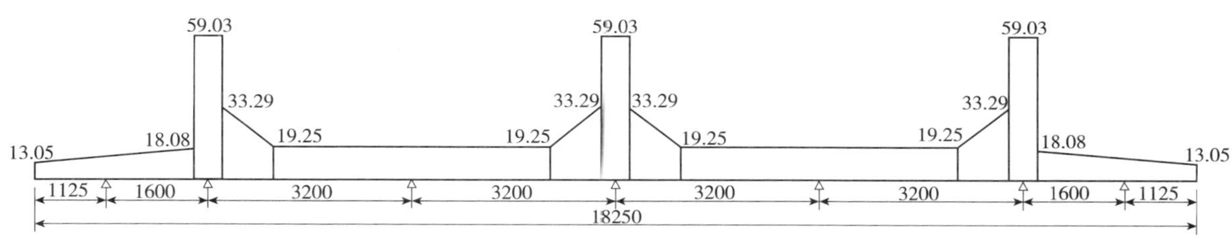

图 3-3-10 分配梁总荷载分布图(尺寸单位:mm)

钢材 Q235a 的应力允许值:

$$[\sigma]=140\text{MPa}\times1.2=168\text{MPa}$$

$$[\sigma_w]=145\text{MPa}\times1.2=174\text{MPa}$$

$$E=2.1\times10^5\text{MPa}$$

式中系数 1.2 为临时结构材料应力值提高系数。

3)结构分析

使用工程计算软件 Midas 建立有限元计算模型,以计算型钢分配梁的计算状态。

由上面的计算结果知:最大弯应力:$\sigma_{max}=78.6\text{MPa}<[\sigma_w]=174\text{MPa}$;最大支反力为 88.3kN。型钢分配梁的应力满足规范要求。

4. 贝雷纵梁计算

1)贝雷设计参数取值

双排单层贝雷(未设加强弦杆)的几何特性为:$W=7157.1\text{cm}^3$,$I=500994.4\text{cm}^4$;

贝雷的材质为 16Mn 钢,其应力允许值和弹性模量为:$[\sigma]=210\text{MPa}\times1.2=252\text{MPa}$;

$[\tau]=120\text{MPa}\times1.2=144\text{MPa}$、$E=2.1\times10^5\text{MPa}$。

式中系数 1.2 为临时结构材料应力值提高系数。

2)结构分析

由分配梁计算结果可知,贝雷所受最大荷载为:$q=117.7\text{kN/m}$。

贝雷纵梁的控制跨径为 10m,将相关计算参数、计算荷载代入上面的公式,所得的计算结果为:

最大弯曲应力:$\delta_{max}=q_1^2/(10W)=164.45\text{MPa}<252\text{MPa}$;

最大挠度:$f_{max}=7.5\text{mm}<1/400=25\text{mm}$;

最大板力:$R_{max}=1.1q_1=1294.7\text{kN}$。

根据上面的计算结果可知:贝雷纵梁的应力、挠度均满足规范要求。

5. 型钢横梁及钢管承载力计算

1)计算模型分析

贝雷纵梁、型钢横梁及支撑钢管的布置如图 3-3-11 所示,进行计算时将贝雷纵梁的计算结果(支座反力)作为荷载作用在型钢横梁上,以计算型钢横梁的受力是否满足要求,并计算钢管的支撑力。

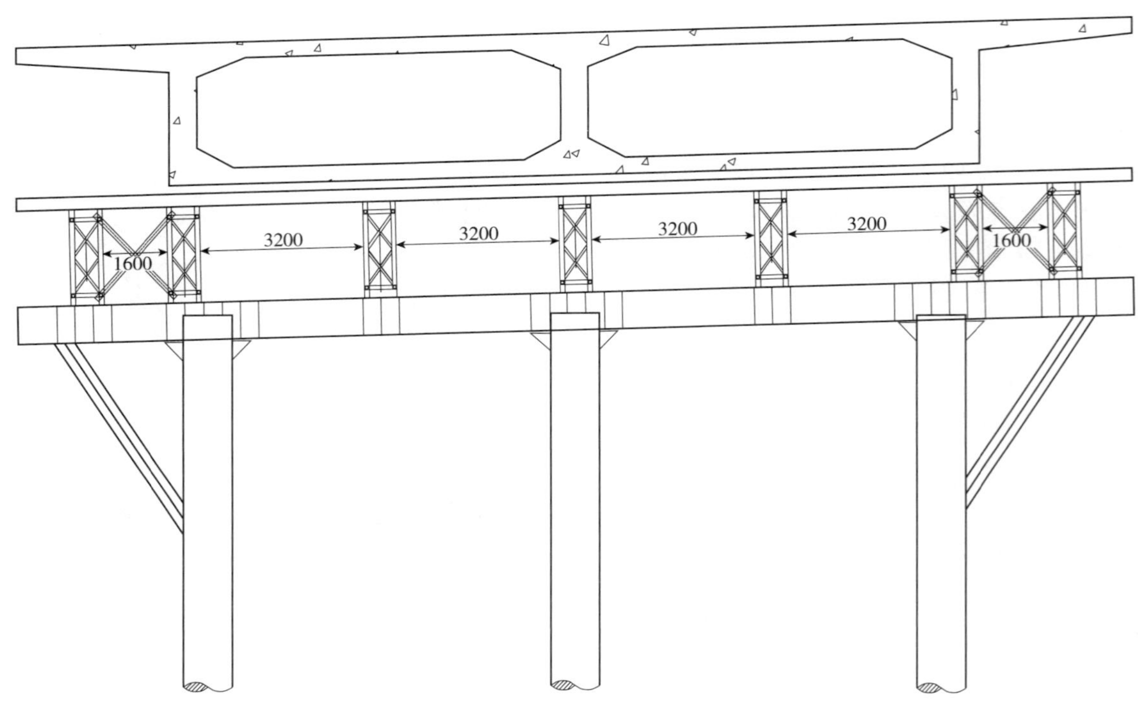

图 3-3-11 贝雷纵梁、型钢横梁及支撑钢管布置图(尺寸单位:mm)

2)计算参数取值

钢材 Q235a 的应力允许值为:$[\delta]=205\text{MPa}$;$[\delta_w]=110\text{MPa}$;$E=2.1\times10^5\text{MPa}$

式中系数 1.2 为临时结构材料应力值提高系数。

在长细比 $\lambda\leqslant50$,即单桩自由长度≤40m 时,$\phi800\text{mm}\times10\text{mm}$ 大直径钢管的单根允许承载力为:

$$[P]=0.828\times[\sigma]\times S=0.828\times168\text{MPa}\times790\text{mm}\times10\text{mm}\times\pi=3452.4\text{kN}$$

3)计算结果

最大弯应力:$\delta_{max}=151.5\text{MPa}<174\text{MPa}$;

最大支点反力:$R_{max}=1.1q_1=2245\text{kN}<[\text{P}]=3452\text{kN}$。

因此,型钢横梁的应力、变形等均满足规范要求。

6. 支架钢管

根据上面的计算结果,型钢横梁中的最大支点反力为 2245kN,即支撑钢管所承受的压力为 2245kN,

因此在钢管底部的扩大基础或者钢管桩的承载力应不小于2245kN。

现浇段1钢管桩采用混凝土扩大基础,扩大基础基坑开挖要求进入强风化凝灰岩层,基坑开挖后,测定其地基承载力不小于400kPa。

经计算单根钢管控制最大受力为2245kN,考虑混凝土基础应力按45°角扩散,则地基应力为:

$P = 2245/2.6^2 = 332\text{kPa} < 400\text{kPa}$,地基承载力满足要求。

现浇段2钢管桩直接打入水中,钢管桩底高程设为-50m,则其承载力为:

$Ra = 0.5U\sum a_i l_i q_{ik} = 2331\text{kN} > 2245\text{kN}$,符合要求。

(三)模板安装

1. 底模安装

底模采用大块钢模直接铺于支架分配梁上,因外模采用侧包底形式,所以要严格控制底板的平面几何尺寸。底模安装完成后应由测量复测模板的平面位置及高程,若须调校,则应重新调校后再进入下道工序施工。

2. 侧模安装

现浇段外模安装前须在托架上、翼板下立钢管脚手架。钢管脚手架架立在翼板下横向分配型钢上,钢管脚手架顶上安装可调顶托,外侧模翼板通过顶托支撑。

(四)支架预压

在底模安装完毕后,支架应进行100%的等载预压以确保安全和消除非弹性变形,并按实测的弹性变形量和施工控制要求,确定立模高程和预拱度。

支架预压采用堆载预压,预压重量为:现浇段1预压782.1t,现浇段2预压637.4t,预压时间为24h。

(五)钢筋及预应力管道施工

在底模以及外侧模安装完成后,进行钢筋的绑扎。钢筋根据工艺分两次绑扎到位,首先绑扎底板及腹板钢筋,然后绑扎顶板钢筋。

1. 钢筋绑扎安装注意事项

(1)钢筋骨架制作前,应将钢筋表面的油渍、漆皮、鳞锈等清除干净;

(2)钢筋下料前,核对半成品钢筋的钢号、规格、直径、长度和数量,如有错漏,及时纠正、增补严格按照图纸要求加工并进行标识;

(3)钢筋下料尺寸应考虑安装误差,确保箱梁净保护层厚度符合设计要求:箍筋净保护层厚25mm;

(4)预应力筋的下料长度应满足张拉要求,预应力筋的切割采用砂轮机;

(5)预应力管道安装前应作抗渗透试验,波纹管与锚垫板接头处用胶布缠裹严密,确保不漏浆;

(6)预应力管道必须按要求固定,保证管道顺直和位置准确,混凝土振捣时,应尽量避免振捣棒碰撞预应力管道,以免产生漏浆现象。

2. 预应力管道安装注意事项

(1)所使用的预应力钢束钢筋及锚具必须具有制造商的质量证书,且已是按规范要求检查合格;波纹管进场后,及时做抗渗透性和抗弯曲渗透试验。

(2)预应力管道利用"井"字形钢筋固定,必须按设计图纸要求的间距设置定位筋,确保管道线型的准确;管道接头采用外接头,接头处用胶布缠裹密实。为了保证管道畅通,可在管道安装完毕后,穿入比其直径略小的PVC衬管,并在混凝土浇筑过程中经常转动,以避免漏浆堵塞,混凝土浇筑完毕后将PVC管拔出。

(3)当管道与箱梁钢筋发生冲突时,应首先考虑预应力管道位置的准确。

(4)预应力管道安装好后,操作人员要注意保护,不得随意在管道上踩动,以免管道变形或破坏其线型。

(5)张拉端的锚垫板与管道连接处必须顺直。锚垫板四周采用海绵将缝隙堵塞密实,防止水泥浆漏入堵塞锚垫板。

(6)模板上所设拉杆外必须套 PVC 管,避免形成腐蚀通道。

(六)预埋件安装

1. 混凝土浇筑前的施工预埋件种类

(1)箱梁变形观测点;

(2)通气孔以及泄水孔;

(3)防撞栏杆预埋筋。

2. 现浇段预埋件的安装注意事项

(1)预埋件的安装顺序应考虑各道工序的实际进展情况,及时预埋,不能遗漏;

(2)预埋位置必须符合设计或施工要求;

(3)各施工预埋件的埋设必须避免形成腐蚀通道;

(4)当预埋件位置与预应力束发生冲突时,应征得设计同意方可调整预埋件或束的位置。

(七)内模安装

在底板、侧板钢筋绑扎及预应力管道安装完成后,开始安装内模,内模均为木模,内模支撑采用钢管脚手架支撑。

内模安装应注意保证箱梁内侧混凝土净保护层厚不小于 2.5cm,且要避免形成腐蚀通道,不得在结构钢筋上焊接钢筋头来支撑或固定内模。

(八)混凝土浇筑及养护

1. 混凝土标号

NS01 联边跨现浇段箱梁混凝土的标号为 C50,混凝土采用一次性浇筑,其中现浇段 1 混凝土重 782.1t,现浇段 2 混凝土重 637.4t。

2. 混凝土浇筑

1)混凝土浇筑前的准备工作

(1)混凝土浇筑前应按设计配合比在现场试样;

(2)支架及模板稳定性检查;

(3)施工机具、设备(如混凝土输送泵、振动棒振动器等)性能检查;

(4)清除钢筋及底板上的杂物;

(5)混凝土浇筑前先将模板洒水润湿,混凝土开始浇筑时用来润湿泵管的砂浆不能直接泵入模板。

2)混凝土摊铺与振捣

采用泵送混凝土入模,由一端向另一端斜坡分层灌注,先灌底板,其次腹板,最后顶板。

混凝土宜用 ϕ50mm 或 ϕ70mm 插入式振动棒振捣密实。振动器移动间距不应超过振动器作用半径的 1.5 倍;与侧模应保持 10 ~ 15cm 距离;浇筑上层混凝土时振动棒插入下层混凝土 5 ~ 10cm。混凝土振捣密实的标志是混凝土停止下沉、不冒气泡、泛浆、表面平坦。混凝土的浇筑应连续进行,如因故必须间断时,其间断时间应小于前层混凝土的初凝时间或能重塑的时间。混凝土浇筑按水平分层进行,每层混凝土的厚度控制在 30 ~ 40cm。因波纹管较密集,用小振动棒配合大振动棒施工。对每一振捣部位,严格按照技术规范要求振捣到该部位混凝土密实为止。并避免振动棒碰撞模板、钢筋及预应力管道等。

3)混凝土浇筑中的注意事项

(1)按规范要求将分层混凝土厚度控制在 30cm 左右,并要均匀布料,不得堆集。

（2）由于现浇段钢筋及预应力管道较密，混凝土振捣应严加注意，振动棒不得直接碰振波纹管，同时还必须保证管道四周混凝土振捣密实。

（3）混凝土振捣人员必须责任心强，且具有丰富的混凝土振捣经验。

（4）混凝土浇筑完毕后，应及时用通孔器（可用塑料管制作）检查管道是否畅通，如遇有堵管，应及时采取通水（或其他）措施将管道清理通畅。

4）混凝土养生

在混凝土初凝时间内用塑料薄膜将混凝土外露部分覆盖，待混凝土初凝后在混凝土顶面铺湿麻袋（或土工布）并洒水养生7d。

要求在混凝土洒水养生期间，始终保持混凝土表面处于湿润状态。因此要求各施工队必须派专人（一个施工点2～3名）24h负责养生，养生人员必须作好养生记录，记录包括混凝土养护期间的大气温度（每日测4次，6h一次）、天气、洒水时间，风力风向等。

若遇特殊情况，气温较低（符合冬期施工条件），则按制定的“冬期混凝土施工方案”对新浇混凝土进行养护。

（九）预应力张拉、压浆

当混凝土强度和龄期达到设计强度的90%且龄期不小于7d，可安排张拉。由于本工程特殊的气候环境，空气湿度大、含盐高，预应力束（筋）容易锈蚀，因此，预应力束在符合张拉条件后要及时张拉、压浆。

预应力施工详见第一章第二节“二、（四）本桥预应力施工工艺和方法”。

除部分钢束（T7-T9，B1-B4，B11-B14）采用单端张拉外，其余预应力束均采用两端张拉。预应力两端张拉时要求两端必须同步施加预应力和控制伸长量，预应力束实行双控，其中以应力控制为主，伸长量控制为辅。张拉顺序按照设计图纸要求进行张拉。

预应力束张拉按照以下程序进行：0→初应力→δ_{con}（持荷5min锚固）。

预应力筋张拉锚固后，孔道应尽早压浆，且应在48h内完成。本桥工程的压浆工艺均采用真空压浆。

（十）支架拆除

在箱梁进行完预应力施工后可安排支架的拆除，支架的拆除应遵循后支先拆、先支后拆的原则顺序进行，在拆除模板、支架时，要循环分层举行。最后自上而下按模板、支架结构的组合依次拆除。

为了便于支架的拆除，钢管桩顶端的槽口低于牛腿高程2cm，在进行拆除时直接割掉牛腿使型钢2HN60直接落在钢管桩上。

（十一）现浇支架箱梁施工测量

箱梁施工前需要对已经搭设好的支架进行加载预压，待支架不再沉降或沉降满足要求后，开始铺设箱梁底板。底板铺设前，放样出箱梁底板的顺桥方向以及横桥方向的轴线和箱梁底板的设计高程（含预留沉降量），供箱梁底板铺设就位使用。

箱梁底板铺设完成后，检查复核箱梁底板的轴线和高程，当底板轴线和高程均满足设计要求后，放出箱梁外侧模板安装线，开始安装箱梁的外侧模并复核高程。在箱梁外侧模安装过程中，用全站仪严格控制箱梁外侧模板的轴线位置和高程，同时控制箱梁模板的几何尺寸。箱梁外侧模安装完成后，待钢筋和内模安装完成用全站仪和水准仪检查箱梁模板整体的轴线偏位和高程，轴线偏位和高程偏差满足设计要求，进行下一工序施工；轴线偏位和高程偏差不满足设计和规范要求时，对模板进行调整，直到满足设计和技术规范要求为止。

四、NS02联满堂支架现浇施工

N12号～N13号墩根据现场放样规划路的具体位置，设置车辆通行孔，通行孔两侧设置防护墙，在搭设支架之前要再次调查、确认地下管线、文物等，以免造成文物管线破坏！

（一）施工工艺流程（图 3-3-5）

（二）地基处理

NS02 联用地条件复杂，根据地质勘测资料，桥位所处地质多为黏土，承载力相当低。采用钢管桩支架法逐跨浇筑施工，对地基的要求高，为了保证施工顺利进行，钢管桩底部采用扩大基础，陆上段钢管桩底部采用 N10 墩的开挖土换填以保证地基承载力能够满足支架的要求。陆上段钢管桩基础底换填土完成后要进行扩大基础承载力实验，进一步验证支架基础的承载力。

陆上段扩大基础结构如图 3-3-12 所示，在靠近道路外侧设置排水沟以保证地基承载力。

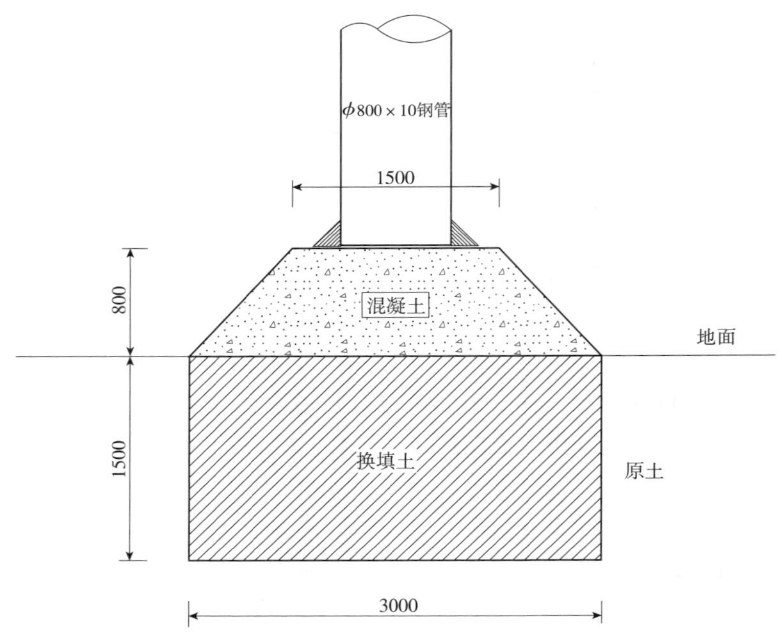

图 3-3-12　陆上段钢管桩支架扩大基础（尺寸单位：mm）

（三）钢管桩支架的搭设

支架采用“ϕ800×10mm 钢管 +2HN60 型钢 + 贝雷 + I20a +10×10cm 方木 + 竹胶板”的结构形式，钢管桩底部采用扩大基础，陆地段钢管桩扩大基础底部采用换填土。支架布置如图 3-3-13、图 3-3-14 所示，具体如下：

（1）ϕ800mm×10mm 钢管：横桥向采用 3 根（变截面采用 4 根）、中心间距为 2.5m，纵向间距最大为 10m。

（2）2HN60 型钢：钢管桩顶摆放。

（3）贝雷：横桥向摆放，两片为一组，间距为 45cm，组与组间为 1.6m。

（4）I20a 工钢：纵桥向放在贝雷上，墩横梁部位以纵向间距 60cm 布置，其他按 75cm 摆放。

（5）ϕ48mm×3.5mm 钢管脚手架，立于 I20a 工钢之上，墩横梁部位间距布置为 60cm×60cm，腹板处布置为 60cm×90cm，其他部位为 90cm×90cm。

（6）10cm×10cm 方木：底板横桥向以 30cm 间距布置。

（7）陆地段钢管桩扩大基础尺寸为 3m×3m×0.8m，扩大基础下采用换填土，老鼠屿上扩大基础尺寸为 2.4m×2.4m×0.8m。

（8）跨路段设 30.6×2×0.8m 条形基础。

10cm×15cm 方木：钢管脚手架上进行摆放，共设两层，底层墩横梁部位纵向以间距 60cm 布置，其他地方为 90cm，上层方木横向均以间距 30cm 布置。

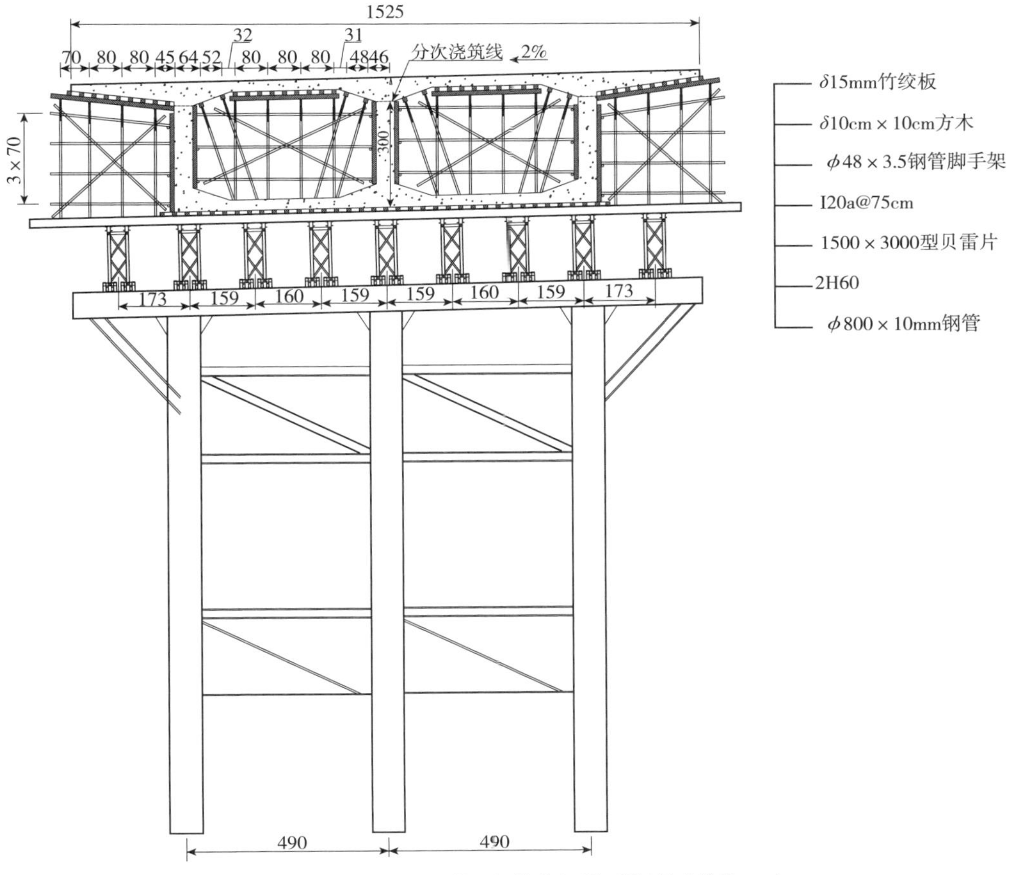

图 3-3-13 NS02 联标准截面钢管支架断面图(尺寸单位:cm)

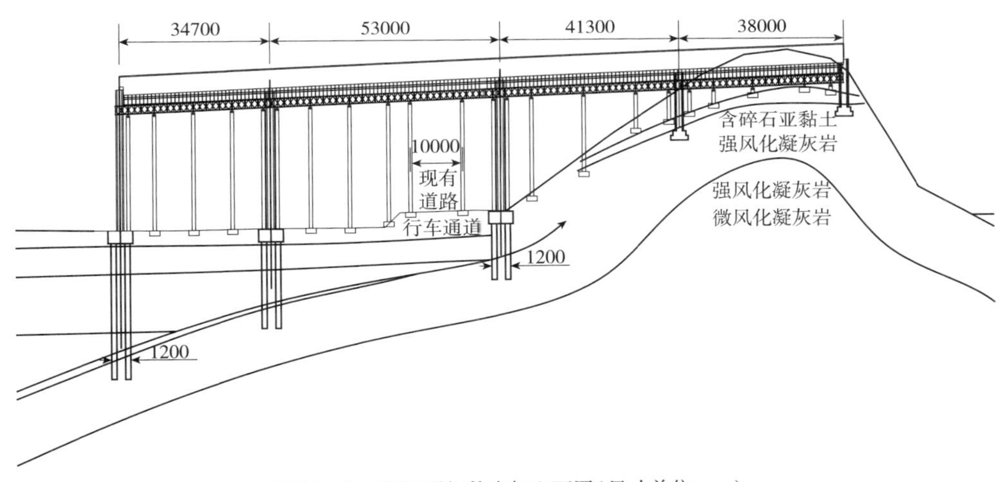

图 3-3-14 NS02 联钢管支架立面图(尺寸单位:mm)

(四)模板工艺

1. 底模板

底模板采用竹胶板铺设而成。墩顶处箱梁支座事先安放就位,直接利用支座上垫板作底模。

2. 侧、翼缘板、顶模板

侧、翼缘板、顶模板面板均采用 2440mm×1220mm×15mm 竹胶合板加工,采用 120mm×60mm 方木做横肋,相互间距为 30cm,背 2[8 做龙骨。

3. 模板制作、安装和拆除

底模、侧模先安装，然后绑扎底板、腹板和横梁钢筋，然后安装内腹模和顶模板，最后绑扎翼板和顶板钢筋绑。侧模板和腹模板通过 ϕ16mm 拉杆对拉固定，拉杆竖向间距不大于 80cm，水平间距不大于 100cm，顶模板采用 $\phi48 \times 3.5$mm 钢管脚手架支撑。根据箱梁腹板浇筑高度，分块分次立模。

模板安装前应进行测量放样。立模前，清理施工缝、检查钢筋保护层和预埋件等，模板表面应光滑无污渍，模板接缝黏贴双面胶，使接缝严密不漏浆。

在施工过程中，禁止用猛烈的敲打和强扭等方法进行模板的安装及拆除，防止模板出现较大变形，影响施工的正常进行。如出现较大变形，需及时进行校正，以保证施工质量。

模板安装后，应进行测量检查，保证模板位置准确，线形平顺。仔细检查模板接缝螺栓是否齐全和紧固，拉杆是否符合设计规格，螺母是否上紧（要求采用双螺母），模板接缝不得有较大错台，模板拉杆和接缝空洞应填塞密实。

混凝土强度达到 2.5MPa 以上后，方可拆除外侧模和堵头板，外侧模采用汽车吊提放到箱梁顶面；内腹模、顶模及翼板模板，在混凝土强度达到 85% 设计强度后方可拆除，除底模外其余外侧模、内腹模、顶模及翼板模均重复至下一块段使用。底模板在预应力张拉后方能拆除。

（五）钢筋加工和安装

钢筋在钢筋加工棚集中加工，加工好的钢筋按规格、长度、编号堆放整齐，并注意防雨防锈；钢筋下料前，应编制钢筋配料单，以减少钢筋接头和钢筋数量为原则，做到合理搭配。钢筋的弯制和末端的弯钩应符合《公路桥涵施工技术规范》的要求。

施工时应结合实践施工条件和施工工艺安排，尽量考虑先预制钢筋骨架（或钢筋骨架片）、钢筋网片，现场就位后进行焊接或绑扎。钢筋骨架（或钢筋骨架片）和钢筋网片的预制及安装均应符合《公路桥涵施工技术规范》（JTG/F F50—2011）的有关规定。

凡因施工需要而切断的钢筋当再次连接时，必须进行焊接，单面焊 $\geq 10d$，双面焊 $\geq 5d$。钢筋的交叉点应用铁丝绑扎结实，必要时也可用点焊焊牢。箍筋弯钩的叠合处，在梁中应沿梁长方向置于上面并交错布置。

钢筋与模板之间设置垫块，垫块应与钢筋扎紧，并梅花形错开布置。非焊接钢筋骨架的多层钢筋之间，应用短钢筋支垫定位，保证位置准确。钢筋保护层厚度应符合设计要求。

（六）混凝土施工

1. 混凝土浇筑

NS02 联箱梁采用满堂支架分两个节段逐孔浇筑，在距 N12 墩 8m（N13 墩侧）处设一施工缝。每个节段混凝土浇筑分两次进行，首次浇筑底腹板混凝土，然后再进行顶板模板和钢筋的安装，最后再浇筑顶板混凝土。

浇筑混凝土前，应仔细检查钢筋、模板及预埋件等，施工缝表面洒水湿润，经监理工程师验收合格后，方可进行混凝土浇筑。混凝土采用后场拌和站拌和，混凝土输送泵泵送，直接入模的浇筑方式，对称浇筑。

混凝土的浇筑顺序先从端横梁、底板开始，然后至腹板、顶板。结合设计与施工要求，箱梁混凝土浇筑顺序的主要原则为：先底板、后腹板、再顶板；自前端低向后端高水平分层浇筑。

混凝土采用插入式振捣器振实，水平分层浇筑，分层振捣，每层浇筑厚度为 30 ~ 40cm，顶底板可一次性浇筑完 25cm 厚度，应在下层混凝土初凝前或能重塑前浇筑完上层混凝土。在每层混凝土浇筑过程中，随混凝土的灌入及时采用插入式振动棒振捣。振动棒移动间距不超过振动棒作用半径的 1.5 倍。振捣过程中，振动棒与模板间距保持 5 ~ 10cm 的距离，并避免碰撞钢筋骨架和波纹管，不得直接和间接地通过钢筋施加振动。振捣上层混凝土，振动棒应插入下层混凝土内 5 ~ 10cm，每一处振捣完毕后，应徐徐提出振动棒。对每一振动部位，必须振动到该部位混凝土密实为止，密实的标志是混凝土停止下沉，不在冒气泡，表面呈现平坦、泛浆。

2. 混凝土养护

箱梁混凝土为高强度混凝土，加强混凝土的保温、指派专人进行洒水养护，顶面覆盖土工布，防止阳光直接照射产生收缩裂缝。洒水养护时间一般为7d，可根据空气的湿度、温度和水泥品种及掺加的外加剂等情况，酌情延长或缩短，每天洒水次数以能保持混凝土表面经常处于湿润状态为度。

混凝土强度达到2.5MPa前，不得使其承受行人、运输工具、模板等荷载。

3. 施工缝处理

箱梁混凝土分段浇筑面应按施工缝的要求进行全断面凿毛，凿除混凝土表面水泥砂浆和松软层。采取人工凿毛方式，在混凝土表面强度达到2.5MPa时开始凿毛，周边混凝土凿毛时由外向内凿除，防止混凝土大块脱落，影响接缝外观质量。经凿毛处理的混凝土面及压浆后，应用水冲洗干净。

施工缝的纵向连接钢筋应预埋，接头应错开，并保证其搭接长度。

（七）预应力施工工艺

预应力施工详细内容见第一章第二节“二、（四）本桥预应力施工工艺”塑料波纹管和锚垫板与钢筋绑扎一同安装。波纹管的尺寸与位置应正确，轴线偏差见表3-3-1。孔道应平顺，端部锚垫板应垂直于孔道中心。管道应采用“#”型或“U”型定位钢筋固定安装，使其能牢固地置于模板内的设计位置，并在混凝土浇筑期间不产生位移。定位筋间距直线管道不大于0.8m，曲线管道不大于0.5m，设计有要求时按设计规定执行。

预应力管道制安允许偏差 表3-3-1

项目		允许偏差（mm）
管道坐标	梁长方向	30
	梁高方向	10
管道间距	同排	10
	上下层	10

波纹管安装完毕后、应注意保证预应力管道的畅通且不破损；张拉前将锚垫板口堵塞，防止水或其他杂物进入。锚垫板位置及尺寸要求准确，锚垫板必须与预应力管道垂直；预应力钢束张拉后，应在距锚头3cm处切割，严禁电弧、火焰切割。锚槽在封锚时，相应部位的钢筋必须等强恢复。

1. 预应力筋制作

同束内应采用强度相同的钢绞线，编束时，应逐根理顺，绑扎牢固，防止互相缠绕。

2. 穿束及张拉

穿束：纵向预应力钢绞线均采用先穿法。张拉：纵向预应力钢绞线除顶、底板外均为单端张拉，张拉时采取张拉力和伸长量双控，以张拉力为主，伸长量校核，伸长量与计算值的偏差±6%以内，否则应暂停张拉，待查明原因并采取措施予以调整后，方可继续张拉。

混凝土强度达到设计强度的95%且龄期达到10d后方可张拉，张拉前试验室应压一组同条件养生混凝土试块，达到设计张拉强度后，试验室下发张拉通知单，方可开始张拉。

张拉计算书应通过监理工程师的批准，现场技术人员根据标定的回归方程，计算、列表并绘制张拉力与油表关系曲线。

张拉程序为0→初应力→δ_{con}（持荷5min锚固）。

钢绞线的断丝或滑丝数不得超过规范要求。

张拉顺序应严格按照设计要求进行。张拉顺序为：先横梁钢束，腹板束，后顶、底板束；先长束，后短束；各部位的钢束均应横向对称张拉。

（八）支架拆除

支架高度较高，可采用汽车吊配合人工从上而下进行拆除，即拆除顺序跟搭设的相反。

第二节　悬臂段挂篮悬浇施工(NS01 联)

NS01 联共投入 6 对挂篮进行箱梁的悬臂施工,即 N04 ~ N09 墩各设置 1 对挂篮,先施工右幅悬臂箱梁,右幅悬臂施工完后周转到左幅进行施工。挂篮为自行加工的同一形式的菱形挂篮。

一、菱形挂篮

(一)挂篮构造

NS01 联引桥挂篮主体结构分为:主桁结构、底篮结构、悬吊系统、锚固系统、行走系统、模板系统等 6 大部分组成。

1. 主桁结构

主桁为菱形结构,三个腹板各设置一道,包括下弦杆、立柱、前腹杆、上弦杆、斜拉杆、下弦杆平联、立柱平联及上前横梁等,主桁各节点间采用节点板通过焊接的方式进行连接。见图 3-3-15。

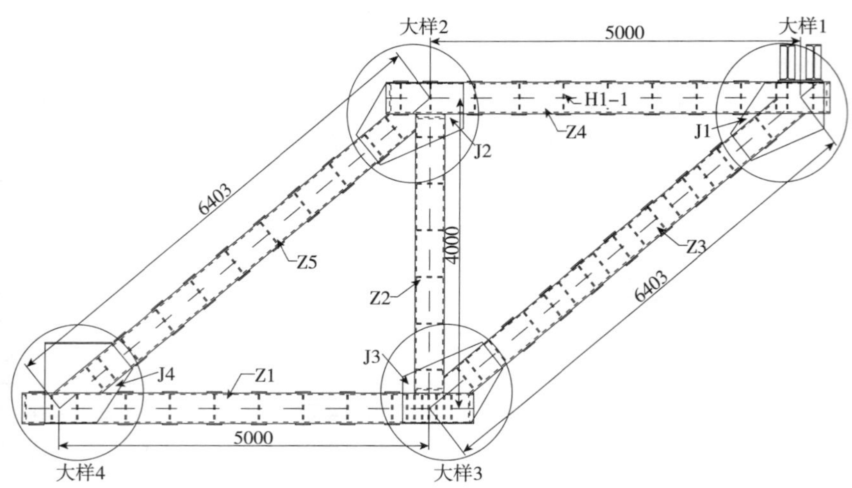

图 3-3-15　主桁主体结构图(尺寸单位:mm)

(1)下弦杆、立柱、前腹杆、上弦杆和斜拉杆:均由 2[40 型钢加工而成,通过 16mm 节点板连接为整体,设置加劲板和连接板增加构件整体刚度,在两端头进去 5cm 利用封闭加劲板进行加强连接,完成 1 号块浇筑后,可对下弦杆适当接长,以方便挂篮行走。

(2)主桁平联:主桁立柱和下弦杆平联为桁架式结构,利用角钢和槽钢通过焊接加工而成,保证挂篮整体稳定性。

(3)上前横梁:上前横梁由 2H45 加工而成,通过连接板连接为整体,设置加劲板增加构件整体刚度,在安装到位后,要对其进行限位。

2. 底篮结构布置(图 3-3-16)

底篮由前横梁、后横梁和纵梁等组成。

(1)前横梁:底篮前横梁采用 2[40 型钢加工而成,通过连接板连接为整体。

(2)后横梁:底篮后横梁采用 2H45 型钢加工而成。

(3)纵梁:底板处底篮纵梁为桁架式梁,均采用 I16 加工而成;底板两侧设安全操作平台,采用 I25a。纵梁与前、后横梁均采用焊接连接。

3. 悬吊系统

悬吊系统由前横梁吊杆、后横梁吊杆、提升锚固梁组成,一个挂篮共设置前横梁吊杆 8 根,后横梁吊杆 6 根，内模吊杆前、后各 4 根，外模吊杆前、后各 4 根，悬吊底篮行走吊杆 2 根，吊杆均采用直径为 32mm 的预应力精轧螺纹粗钢筋。提升、锚固梁采用 2[16 进行加工，每根吊杆的顶升和锚固均采用 2 台 32t 的螺旋千斤顶提供顶升力。悬吊系统布置如图 3-3-17 所示。

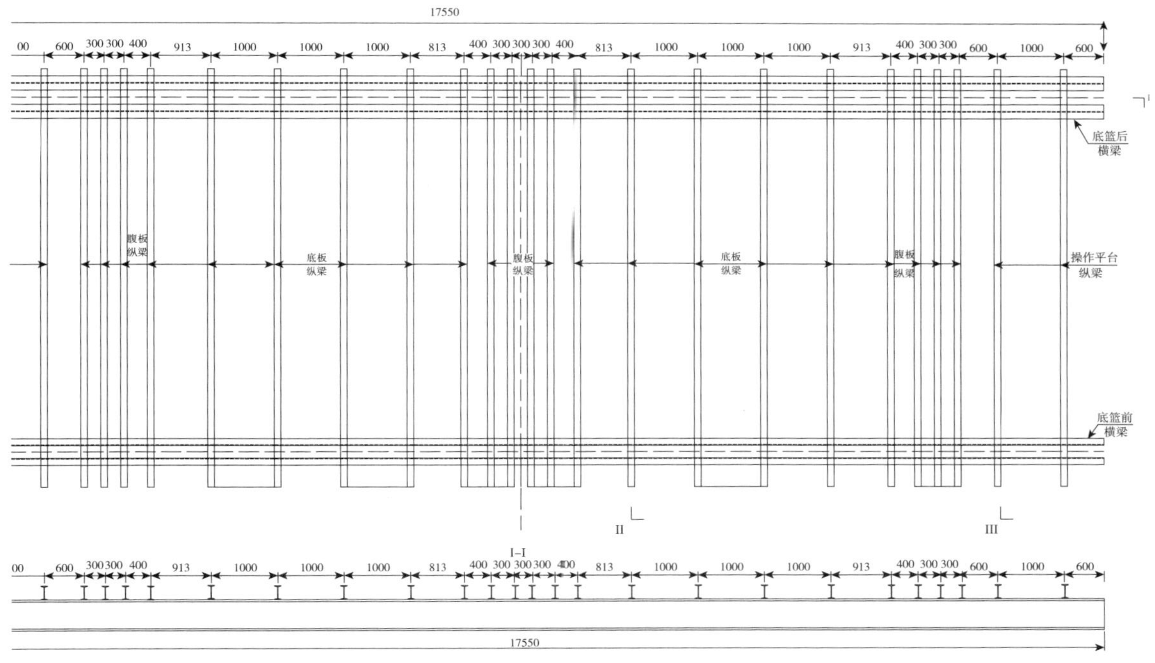

图 3-3-16　底篮布置图（尺寸单位：mm）

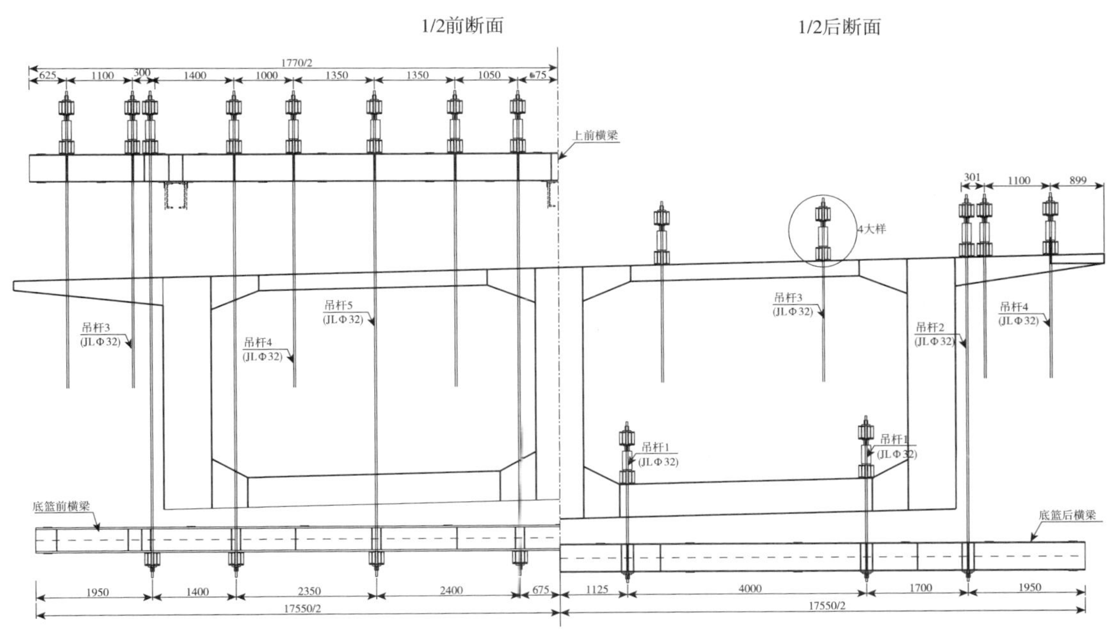

图 3-3-17　悬吊系统布置图（尺寸单位：mm）

4. 锚固系统和行走系统

(1)锚固系统分为主桁后锚和吊杆锚固。

(2)行走系统由前、后支腿、走棍、行走轨道、行走锚梁、外导梁、外导梁行走架、内导梁和内导梁行走架组成。

5. 模板系统

模板系统由外模板、内模板和底模组成。为了增加模板整体刚度，并减少拉杆数量，外模板采用桁架式，一块外模包括 5 片桁架；单块外模板重量为 33. 764kN。

内模均采用木模。

（二）挂篮设计计算

1. NS01 联各块段结构参数（表 3-3-2，表 3-3-3）

N04 ~ N08 号墩上部结构箱梁各块段结构参数一览表 表 3-3-2

块段号	长度（m）	高度（m）	顶板宽（m）	顶板厚（m）	腹板（m）	底板厚（m）	重量（t）
1 号块	3	3. 692	18. 25	0. 25	0. 8	0. 477	151. 8
2 号块	3	3. 408	18. 25	0. 25	0. 8	0. 434	142. 5
3 号块	3. 5	3. 116	18. 25	0. 25	0. 625	0. 39	149. 9
4 号块	3. 5	2. 863	18. 25	0. 25	0. 45	0. 351	129. 4
5 号块	4	2. 624	18. 25	0. 25	0. 45	0. 314	133. 2
6 号块	4	2. 439	18. 25	0. 25	0. 45	0. 287	126
7 号块	4	2. 306	18. 25	0. 25	0. 45	0. 266	120. 6
8 号块	4	2. 227	18. 25	0. 25	0. 45	0. 255	117
9 号块	4	2. 2	18. 25	0. 25	0. 45	0. 25	115. 2

N09 号墩上部结构箱梁各块段结构参数一览表 表 3-3-3

块段号	长度（m）	高度（m）	顶板宽（m）	顶板厚（m）	腹板（m）	底板厚（m）	重量（t）
1 号块	3	2. 454	18. 25	0. 25	0. 625	0. 334	111. 5
2 号块	3	2. 324	18. 25	0. 25	0. 45	0. 291	97. 4
3 号块	3. 5	2. 232	18. 25	0. 25	0. 45	0. 261	104
4 号块	3. 5	2. 2	18. 25	0. 25	0. 45	0. 25	101

2. 设计要求及参数

1）相关要求

（1）挂篮尽可能轻型化，挂篮自重加全部施工荷载控制在 650kN 以下；

（2）挂篮与梁段混凝土的质量比为 0. 3 ~0. 5，最多 0. 7。

2）主要设计参数

允许最大变形（包括吊带变形的总和）：20mm。

施工时、行走时的抗倾覆安全系数：2. 0。

混凝土自重：2. 6l/m^3。

施工人员和材料等堆放荷载：1. 5kPa。

胀模系数：1. 05。

振捣对水平模板产生的荷载：2. 0kPa。

模板重量：30t（待定）。

挂篮自重：56t（待定）。

3）挂篮结构选型和设计

NS01 联最大块段（1 号、3 号）重量约为 150t，且最大长度（5 号 ~9 号）为 4m，选用菱形挂篮，主桁形式为“菱形”。挂篮由主承重系、底篮系、内外模板系、悬吊系、锚固系、行走系 6 大部分组成。

取 3m、3. 5m、4m 3 种长度的特征块段 1 号、3 号、5 号块作为主要控制设计块段。

计算时取最重块段 1 号块重量，并偏安全采用 3.5m 长度进行验算。分别验算底篮纵梁、底篮后横梁、底篮前横梁、上前横梁和主桁等，同时验算挂篮空载行走工况。

3. 荷载计算

以 1 号块荷载计算为例

1）1 号块断面分块（图 3-3-18）

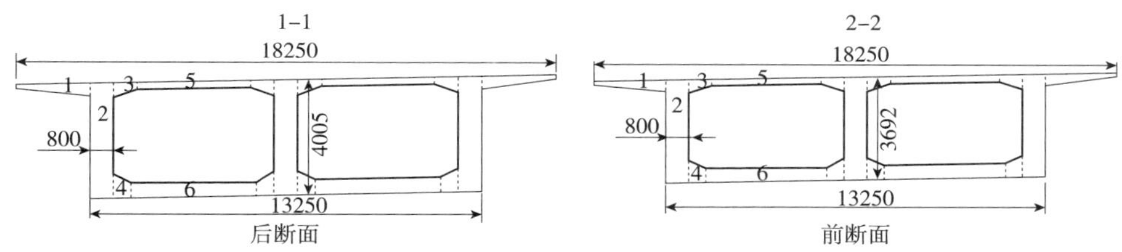

图 3-3-18　1 号块断面图（尺寸单位：mm）

2）各块段的混凝土重量

按 2.6t/m³、长度取 $L=3$m 计算：

$$G_1=0.75\times3\times=2.6=5.85\text{t};G_2=\frac{(2.95+3.2)}{2}\times3\times2.6=24\text{t};\cdots\cdots$$

则
$$\sum G=2G_1+3G_2+4G_4+4G_3+2G_5+2G_6=153.12\text{t}$$

3）模板荷载

外侧模 200kg/m²，翼缘模板 90kg/m²，内模 150kg/m²，底模 100kg/m²。

例如：单侧外侧模重：4.5×4.2×0.2t/m² = 3.78t，底模重：13.25×4.2×0.1t/m² = 5.565t，单侧翼缘模、单侧内侧模、单块顶模重：0.729t、1.7t、3.42t。

4）施工荷载

人员和施工材料、机具行走或堆放荷载取 1.5kPa，振捣混凝土产生的荷载取 2.0kPa。

4. 底篮纵梁设计

底篮纵梁按照桁架梁计算：（I16），计算长度取 3.5m。

1）计算荷载

（1）单个腹板底纵梁计算

①堆放、振捣荷载：0.35t/m² ×3.5m ×0.8m =0.98t。

②混凝土自重：$G_2=24$t。

③内侧模重：1.7t。

单个腹板总荷载：考虑 1.05 倍的涨模系数，则 $P=1.05\times24+0.98+17=278.8$kN。

（2）单侧底板底纵梁计算

顶板模板悬吊于已浇筑的块段及前横梁上。

①堆放、振捣荷载：3.5kN/m² ×5.425m ×3.5m =66.5kN。

②混凝土自重：$2G_4+G_6=2\times3.08+16.38=22.5$t。

③底模板：27.8kN。

考虑 1.05 倍涨模系数，则总荷载 $P=1.05\times225+66.5+27.8=330.6$kN。

2）内力和截面计算：

（1）内力计算

底篮纵梁采用桁架形式：腹板底纵梁受力为：$P_1=278.8/3=92.9$kN；底板纵梁受力为：$P_2=330.6/6=55.1$kN。以腹板纵梁受力作为控制荷载，则纵梁桁架受力均布荷载为：$P=92.9/3=31$kN/m。纵梁受力计算图示如图 3-3-19 所示。

图 3-3-19 中,上排数字为荷载,下排数字没有括弧为节点编号,括弧内数字为杆件编号。

I16 截面计算参数:$I=1127\text{cm}^4$,$Wx=140.875\text{cm}^3$,$A=26.11\text{cm}^2$。

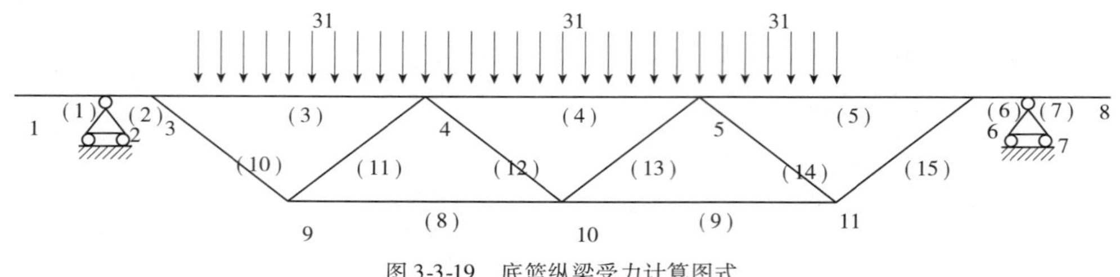

图 3-3-19　底篮纵梁受力计算图式

(2)截面应力验算

经过计算得:

2 号杆件弯矩最大,$M=14.88\text{kN}\cdot\text{m}$,轴力为 0,则 $\sigma=M/W=14880000/140875=105\text{MPa}$,满足要求。

10 号杆件 $M=12.24\text{kN}\cdot\text{m}$,轴力为 97.98kN,则 $\sigma=\dfrac{M}{W}\pm\dfrac{N}{A}=86.89\pm37.5$,则 $\sigma_{\max}=127\text{MPa}$,满足要求。

8 号杆件轴力最大,为 133.72kN,弯矩最大为 3.46kN·m。

则 $\sigma=\dfrac{M}{W}\pm\dfrac{N}{A}=2.46\pm51.21$,则 $\sigma_{\max}=53.67\text{MPa}$,满足要求。

2 号杆件剪力最大,$Q=59.54\text{kN}$,则 $\tau=\dfrac{Q}{A}=22.8\text{MPa}$,满足要求。

(3)变形和反力

底篮纵梁变形图最大位移为:$3.3\text{mm}<l/400=12\text{mm}$,满足要求;

作用于前后横梁的反力 $R_{前}$、$R_{后}$ 汇总如表 3-3-4 所示。

作用于前后横梁的反力(单位:kN)　　表 3-3-4

反力	腹板底纵梁	底板底纵梁
$R_{后}$	59.5kN	35.3kN
$R_{前}$	48.8kN	29kN

5.底篮后横梁设计

底篮后横梁由 2H45 型钢加工而成。计算以 1 号块控制,考虑混凝土浇筑和行走两个工况。

1)混凝土浇筑工况

计算简化:后吊杆锚于箱梁翼缘板顶板处,箱内后锚杆在底板顶处,均作为支点。单根 H45:$I=33700\text{cm}^4$,$W_x=1500\text{cm}^3$,$A=97.41\text{cm}^2$。如图 3-3-20 所示。

底篮后横梁混凝土浇筑工况受力计算图如图 3-3-21(图中各数字含义同图 3-3-19)所示。

计算中荷载大小:腹板底纵梁 59.5kN,底板底纵梁 35.3kN。

经过计算得:最大弯矩为 50.64kN·m。

$\sigma=\dfrac{M}{W}=16.88\text{MPa}<[\sigma]=145\text{MPa}$,满足要求。

最大剪力为 124.5kN,$\tau=\dfrac{Q}{A}=6.4\text{MPa}<[\tau]=85\text{MPa}$,满足要求。

通过以上计算,各杆件强度满足设计要求。

最大位移为:0mm,满足要求。

各支点反力值为:93.03,192.67,193.8,193.8,192.67,93.03kN。

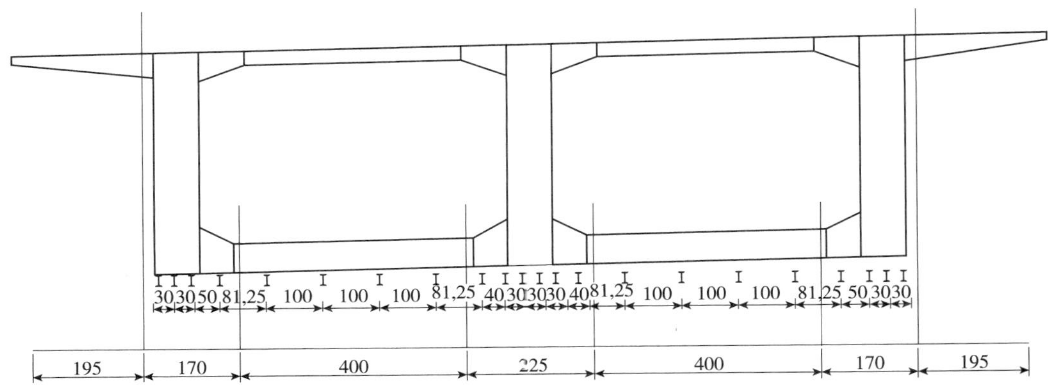

图 3-3-20 底篮后横梁计算简化(尺寸单位:mm)

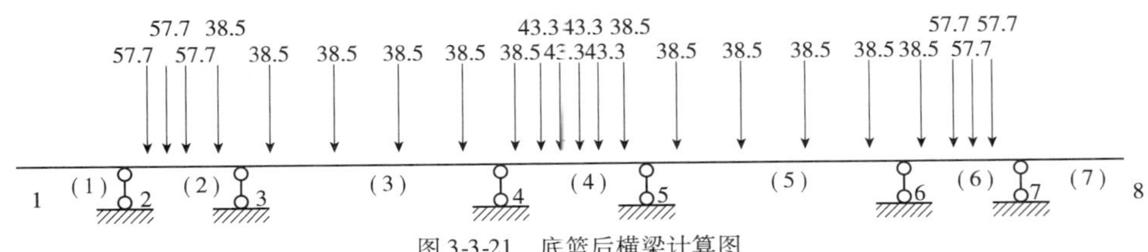

图 3-3-21 底篮后横梁计算图

2)行走工况

底板按照 20t 重考虑(包括底篮纵梁、底篮前后横梁、底模板重等),则单侧为 10t。如图 3-3-22 所示。

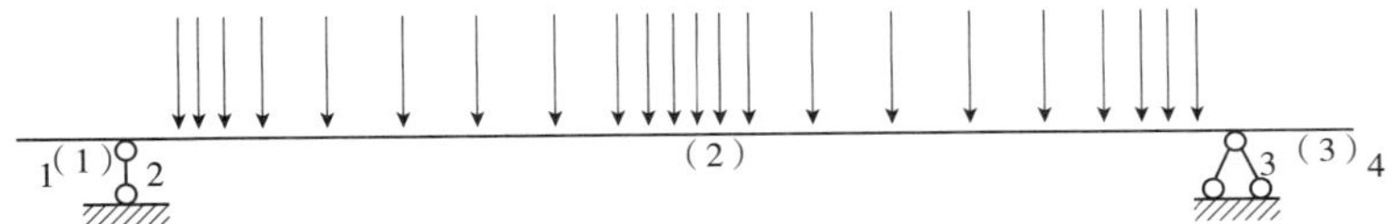

图 3-3-22 行走工况底篮后横梁结构计算图式

若采用 2H45,则中间下挠度为 2.7cm。

6. 底篮前横梁设计

底篮前横梁由 2[40 型钢加工而成。

底篮前横梁结构计算图示如图 3-3-23 所示。

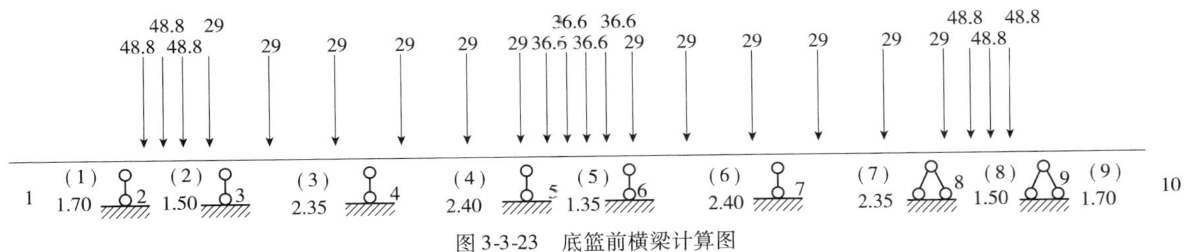

图 3-3-23 底篮前横梁计算图

计算中荷载大小:腹板底纵梁 48.8kN,底板底纵梁 29kN。

图 3-3-23 中,上排数字为荷载,下排数字没有括弧为节点编号,括弧内数字为杆件编号。

经过计算得:

最大弯矩 $M_{max}=30.8\text{kN}\cdot\text{m}$。

则 $\sigma_{max}=\dfrac{M}{W}=17.5\text{MPa}<[\sigma]=145\text{MPa}$,满足要求。

最大剪力为:105.45kN。

$\tau=\dfrac{Q}{A}=7\text{MPa}<[\tau]=85\text{MPa}$,经过计算,各杆件强度满足设计要求。

最大位移为:0。

各支点反力值为:69.945,137.55,61.42,124.86,124.61,61.39,137.47,69.954kN。

7. 上前横梁设计

1)翼缘板荷载(按照最不利块段4m长进行计算)

(1)混凝土自重:$P_1=0.75\times4\times26=78$kN;

(2)施工人、料、机荷载、振捣混凝土产生的总荷载:$P_2=2.5\times4\times3.5$kN/m^2 $=35$kN;

(3)单侧翼缘模板重:1.02t;单侧外侧模板重:3.78t。

总荷载:$P=1.05\times78+35+10.2+37.8=164.9$。

作用于前横梁荷载 $P=164.9/2=82.45$kN。

2)内箱顶板荷载

(1)单侧内箱混凝土自重:$P_1=1.59\times4\times26=165.36$kN;

(2)施工人员和施工材料、机具行走或堆放荷载、振捣混凝土产生的总荷载:$P_2=5.425\times4.0\times3.5$N/m^2 $=75.95$kN;

(3)内模板:68.2kN。

总荷载:$P=1.05\times165.36+75.95+68.2=317.78$kN。

则作用于前横梁 $P=317.78/2=158.9$kN。

3)前横梁计算

上前横梁由2H45型钢加工而成。

结构计算图示如图3-3-24所示。

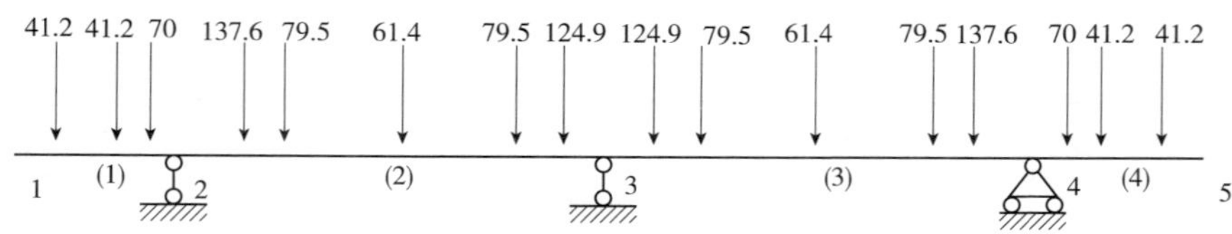

图3-3-24 上前横梁计算图

图3-3-24中,上排数字为荷载,下排数字没有括弧为节点编号,括弧内数字为杆件编号。

经过计算得:

最大弯矩 $M_{\max}=-75.03$kN·m。

则 $\sigma_{\max}=\dfrac{M}{W}=25\text{MPa}<[\sigma]=145\text{MPa}$,满足要求。

最大剪力为275.03kN。

则 $\tau=\dfrac{Q}{A}=14.1\text{MPa}<[\tau]=85\text{MPa}$。

经过计算,各杆件强度满足设计要求。

最大位移2.5mm。

支座反力值如下:368.08,534.44,368.08kN。

8. 挂篮主桁计算

主桁各构件均采用2[40,几何尺寸:上弦、下弦500cm,前腹杆、后腹杆640.31cm,立杆400cm。各节点采用焊接形式进行连接。

结构验算:分混凝土浇筑和行走两种工况进行验算。

1)混凝土浇筑

按主桁前端受力最大进行验算,而上前横梁在中桁处反力最大、为534.4kN,按535kN计算。如图3-3-25所示。

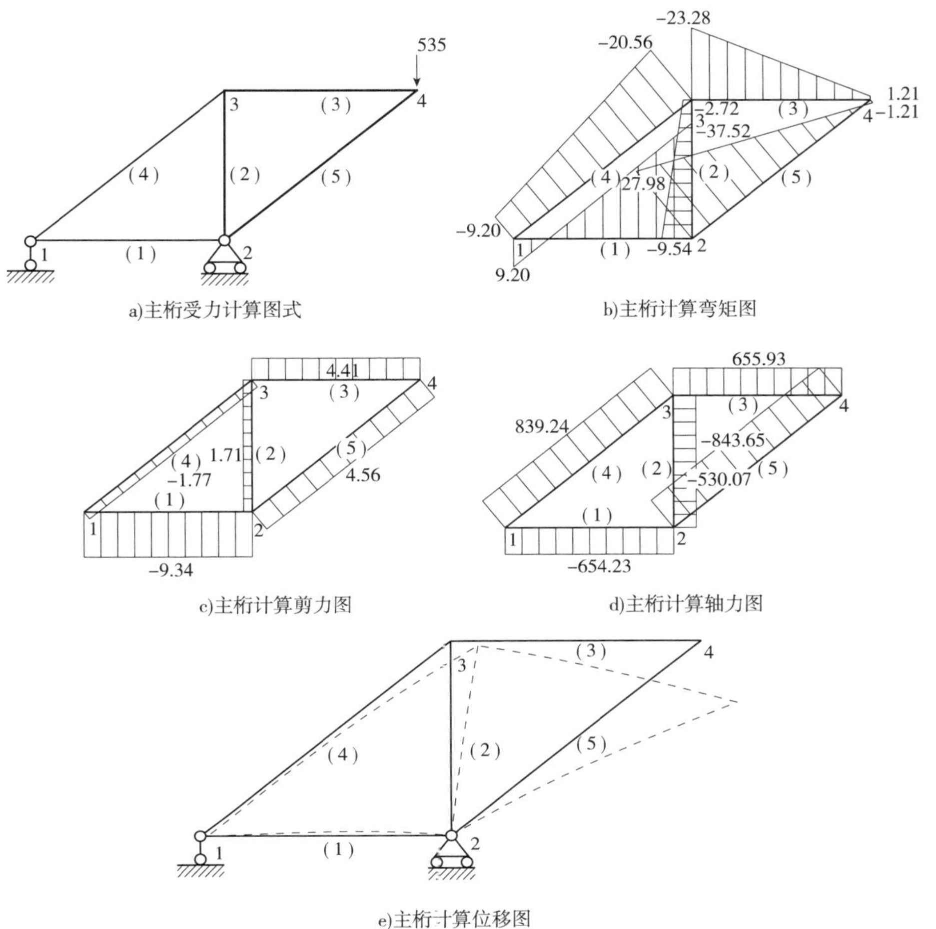

图 3-3-25 混凝土浇筑主桁计算图

经过计算得：

下弦杆最大弯矩为 37.52kN·m，立杆最大弯矩为 9.54kN·m，前腹杆最大弯矩为 27.98kN·m，前斜拉带最大弯矩为 23.28kN·m，后斜拉带最大弯矩为 20.56kN·m。

下弦杆所受剪力最大，为 9.34kN。

下弦杆轴力为 654.23kN，立杆轴力为 530.07kN，前腹杆轴力为 843.65kN，前斜拉带轴力为 655.93kN，后斜拉带轴力为 839.24kN。

前端最大位移为：8.7mm。

验算下弦杆：

□40 $i_x = 152.7\text{mm}$ $i_y = 128.1\text{mm}$ $L = 5\text{m}$ $\lambda = L/i_y = 39$ $\varphi = 0.903$

$\sigma = \dfrac{M}{W} \pm \dfrac{N}{\varphi A} = 23.2 \pm 48.3$ $\sigma_{max} = 71.5\text{MPa} < [\sigma] = 145\text{MPa}$，满足要求。

验算立杆：

□40 $i_x = 152.7\text{mm}$ $i_y = 128.1\text{mm}$ $L = 4\text{m}$ $\lambda = L/i_y = 31.2$ $\varphi = 0.931$

$\sigma = \dfrac{M}{W} = 0.6 \pm 37.9$ $\sigma_{max} = 38.5\text{MPa} < [\sigma] = 145\text{MPa}$，满足要求。

验算前腹杆：

□40 $i_x = 152.7\text{mm}$ $i_y = 128.1\text{mm}$ $L = 6.4\text{m}$ $\lambda = L/i_y = 50$ $\varphi = 0.856$

$\sigma = \dfrac{M}{W} \pm \dfrac{N}{\varphi A} = 17.27 \pm 65.67$ $\sigma_{max} = 82.94\text{MPa} < [\sigma] = 145\text{MPa}$，满足要求。

验算后斜拉带：

$\sigma = \frac{N}{A} = 43.7\text{MPa} < [\sigma] = 145\text{MPa}$，满足要求。

验算前斜拉带：

$\sigma = \frac{N}{A} = 55.9\text{MPa} < [\sigma] = 145\text{MPa}$，满足要求。

经过计算各杆件强度及稳定性均满足设计要求。

支座反力为：535kN。

2）挂篮行走

工况：下弦杆接长 2.5m，行走到位，锚固位置距后支腿 2.5m。

计算重量：底篮纵梁 7.5t，底篮模板 6t，底篮下横梁 3t，上前横梁 3.5t，前端受力总和为 13.25t，按照 14t 计；单片主桁按照 7t 进行计算。主要考虑尾梁段受力，如图 3-3-26 所示。

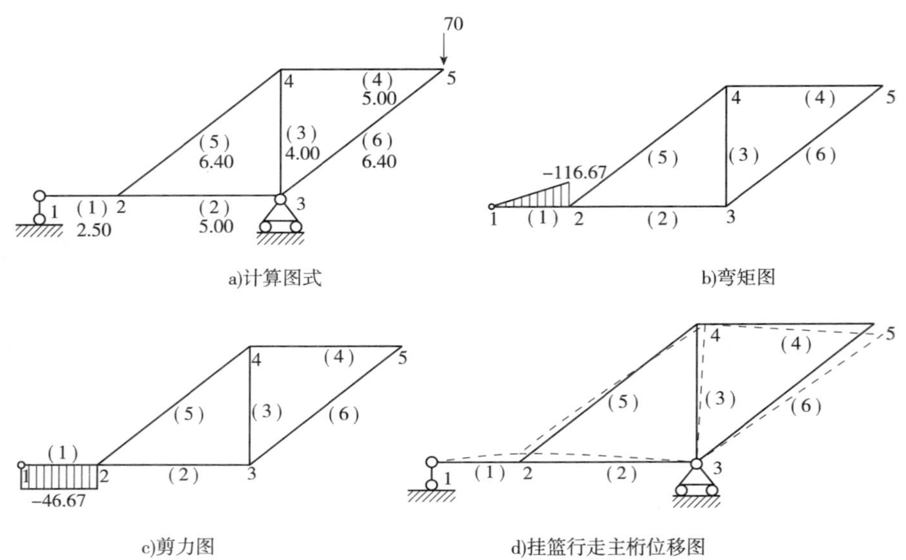

图 3-3-26 挂篮行走主桁计算图

经过计算得：

最大弯矩为 116.63kN·m，$\sigma_{max} = \frac{M}{W} = \frac{116630000}{1757770} = 66\text{MPa}$；

最大剪应力 $\tau = \frac{Q}{A} = 3.1\text{MPa}$；

尾梁最大位移为：4mm。均满足要求。因此行走小车行走至距离后支点 2.5m 位置是可行的。

9. 外导梁验算

采用□40 作为外导梁，分两种情况进行验算：

1）行走验算

行走主要是承受模板的重量，最不利状态为最长块段行走到位时。外侧模板总重量为：3376.4kg，按照 3500kg 进行计算，另外行走时底模通过行走吊杆悬吊在外导梁上，单侧行走吊杆按照 5t 进行计算：则外导梁行走计算简图如图 3-3-27 所示。

最大弯矩为 148.16kN·m，$\sigma_{max} = \frac{M}{W} = 84\text{MPa}$，满足要求。

最大位移：1.4cm，可以满足要求。

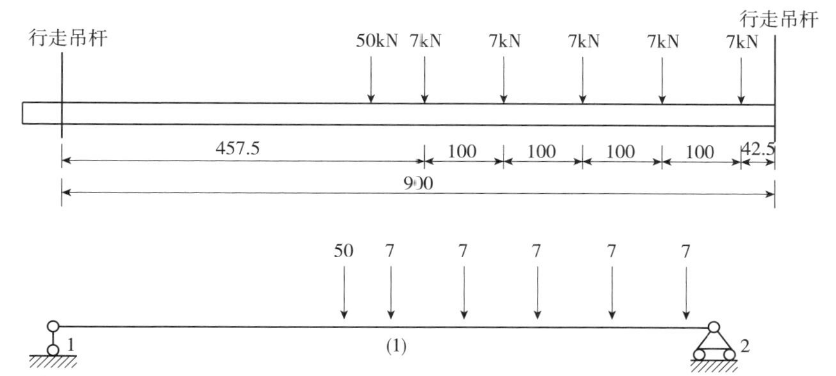

a)外导梁行走计算图式（尺寸单位：cm）

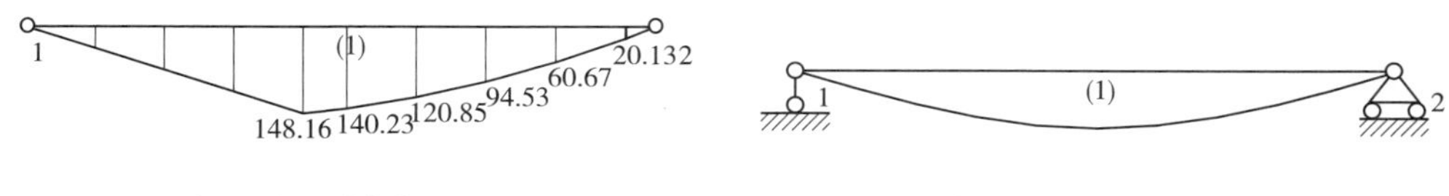

b)外导梁行走计算弯矩图

c)外导梁行走计算位移图

图 3-3-27　外导梁行走计算图

2)混凝土浇筑验算

翼缘板荷载(按照最不利块段 4m 长进行计算)：

(1)混凝土自重：$P_1=0.75\times4\times26=78\text{kN}$。

(2)施工人员和施工材料、机具行走或堆放荷载、振捣混凝土产生的总荷载：$P_2=2.5\times4\times3.5\text{kN/m}^2=35\text{kN}$。

(3)单侧翼缘模板重：$2.7\times4.2\times0.09\text{t/m}^2=1.02\text{t}$。

单侧外侧模板重：$4.5\times4.2\times0.2\text{t/m}^2=3.78\text{t}$。

则总荷载：$P=1.05\times78+35+10.2+37.8=164.9(\text{kN})$。

外导梁混凝土浇筑计算如图 3-3-28 所示。

最大弯矩为：107.06kN·m，$\sigma_{\max}=\dfrac{M}{W}=61\text{MPa}$，满足要求。

最大剪力为：85kN，则 $\tau=\dfrac{Q}{A}=5.7\text{MPa}$，满足要求。

最大位移为：3.7mm。

10. 内导梁验算

采用 2I28 作为内导梁，分两种情况进行验算：

1)行走验算

行走主要是承受模板的重量，最不利状态为最长块段行走到位时。

单个内箱内模板总重量为：6615.6kg，按照 7000kg 进行计算，内导梁行走计算简图如图 3-3-29 所示。

最大弯矩为：48.39kN·m，$\sigma_{\max}=\dfrac{M}{W}=47.6\text{MPa}$，满足要求。

最大剪力为：25.6kN，$\tau=\dfrac{Q}{A}=4.6\text{MPa}$，满足要求。

最大位移为：13mm。

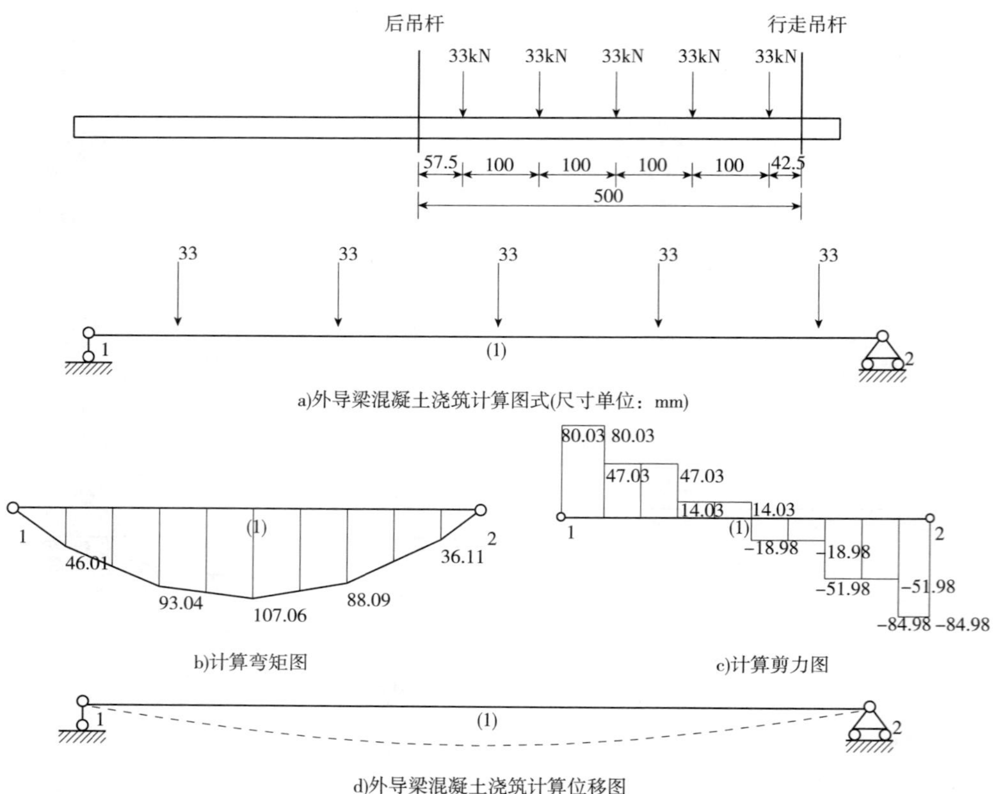

图 3-3-28　外导梁混凝土浇筑计算图

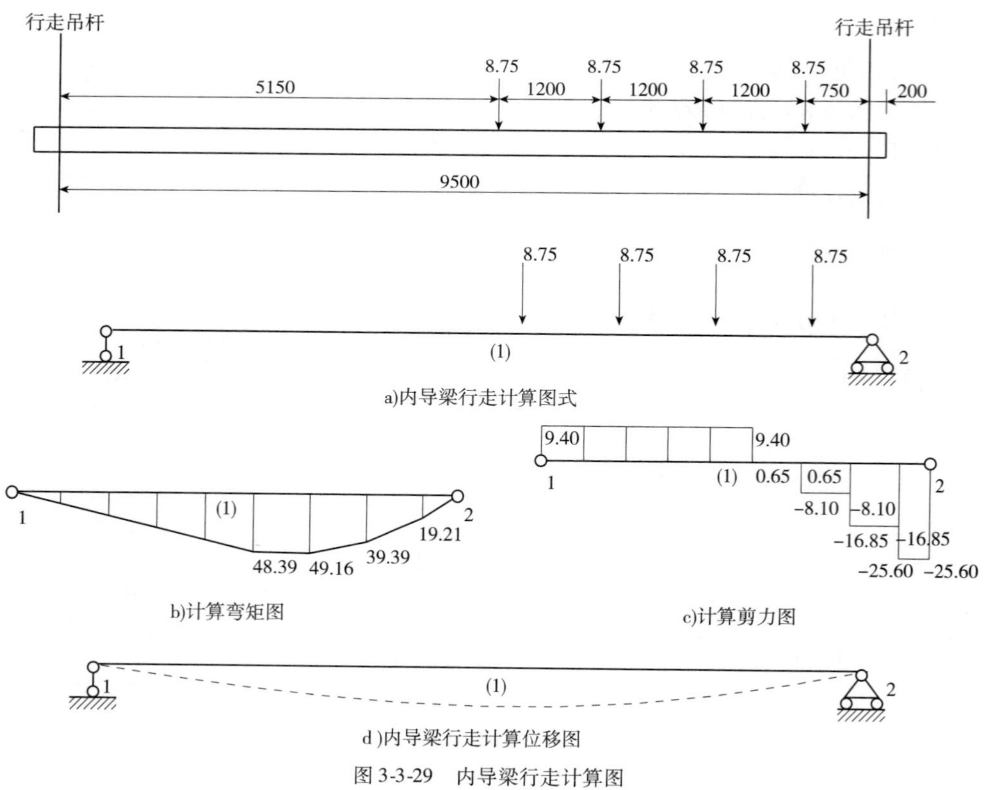

图 3-3-29　内导梁行走计算图

2)混凝土浇筑验算

内箱顶板荷载

(1)单侧内箱混凝土自重:P1 = 1.59 × 4 × 26 = 165.36kN。

(2)施工人员和施工材料、机具行走或堆放荷载、振捣混凝土产生的总荷载:$P_2 = 5.425 \times 4.0 \times 3.5\text{N/m}^2 = 75.95\text{kN}$。

(3)内模板:68.2kN。

总荷载:$P = 1.05 \times 165.36 + 75.95 + 68.2 = 317.78\text{kN}$。

则单个导梁受到的集中荷载为39.7kN,按照40kN进行计算。

内导梁混凝土浇筑受力计算图如图3-3-30所示。

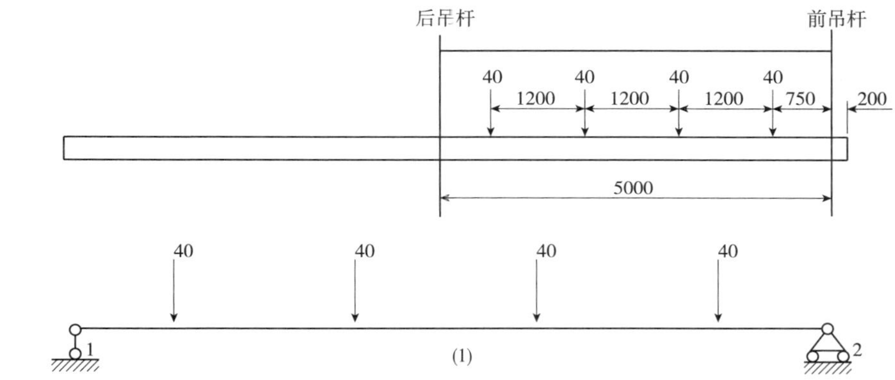

a)内导梁混凝土浇筑计算图式(尺寸单位:mm)

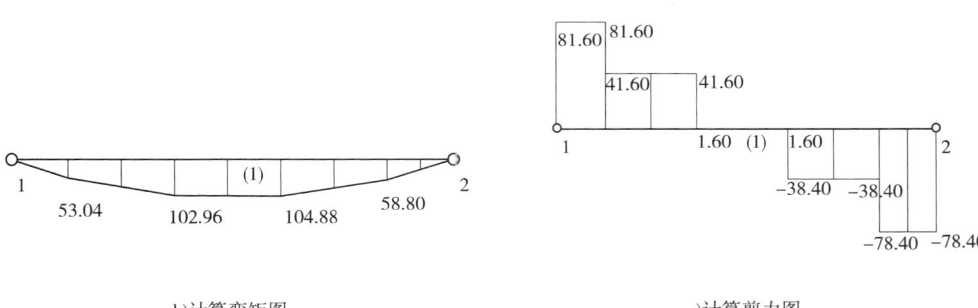

b)计算弯矩图

c)计算剪力图

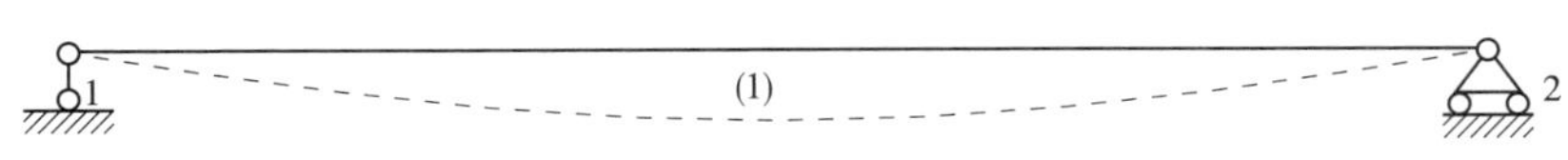

d)内导梁混凝土浇筑计算位移图

图3-3-30　内导梁混凝土浇筑计算图

最大弯矩为104.88kN · m,$\sigma_{\max} = \frac{M}{W} = 103\text{MPa}$,满足要求。

最大剪力为:78.4kN,$\tau = \frac{Q}{A} = 7\text{MPa}$,满足要求。

最大位移为9mm < 1/400 = 12.5mm,满足要求。

(三)挂篮加工及拼装

1.挂篮加工

挂篮应严格按照图纸要求进行加工。每片主桁在后场加工成整体,加工好后转运到施工现场,加工时要精确放样,保证型钢轴线位置和各节点位置与设计位置一致,同时特别注意型钢与节点板间的焊接

质量,焊缝厚度不小于10mm,且焊缝质量等级不低于二级;其他构件焊接质量应满足焊接质量要求,焊缝厚度不小于母材厚度;

钢材材料:本挂篮施工用钢均为Q235A钢。

2. 挂篮拼装

1)准备工作

挂篮拼装前必须仔细阅读熟悉图纸,理解设计意图,并作好以下准备工作:

(1)待0号块施工完毕并张拉且满足要求后,在箱梁两侧腹板顶面位置测量放样出行走轨道中心线;

(2)用M20级砂浆调平行走轨道中心线,两侧行走轨道中心线调平层面高差不得超过5mm;砂浆达到强度要求后铺设行走轨道。

2)挂篮拼装要点

挂篮结构按照先主体后局部,先上部后下部的顺序拼装,拼装时应注意安全,尤其注意受力关键点构件的拼装,如吊点位置、支腿位置等。

挂篮拼装顺序为:先主桁及锚固系统,后上横梁及悬吊系统,再为底篮结构,最后为模板系统。

(1)先按照标出的中心线进行挂篮轨道的安装。

(2)按照支腿中心线安放前、后支腿,保证位置准确。

(3)用塔吊将单片主桁安装到位,放置于支腿上,保证位置准确,同时两侧进行临时固定,完成2片主桁安装后即进行连接系的安装,再进行第3片主桁及其连接系的安装。

(4)每片主桁安装到位后,需将后锚安装到位,并锚固到位。

(5)安装挂篮上前横梁。

(6)安装吊杆及前、后横梁,且保证吊杆吊点锚固到位。

(7)安装纵梁和底模。

(8)安装内、外导梁。

(9)安装模板系统。

(四)挂篮加载实验

1. 试验目的

挂篮加载试验,主要是通过测量挂篮在各级静力试验荷载作用下的变形,了解挂篮结构在工作状态时与设计期望值是否相符。

(1)检验结构的安全性,消除挂篮主桁、吊带及底篮的非弹性变形。

(2)测出挂篮前端在各个块段荷载作用下的竖向位移。

(3)测出挂篮主桁各杆件、前吊带及后锚在最大荷载作用下的应力。

2. 试验方案

新制挂篮取一只进行加载试验,挂篮加载试验采取“液压千斤顶加载法”进行,在已浇块段上安装斜支腿,液压千斤顶安装于底篮前横梁上,以千斤顶施压作为试验荷载,采取逐级递增加载逐级测量的试验方法。加载总重量为最不利块段荷载的1.25倍。液压千斤顶加载布置如图3-3-31所示。

0号块施工时将预压系统的斜支腿等预埋件按设计要求预埋好,挂篮拼装完成后,利用塔吊将预压系统安装好。最后利用液压千斤顶逐级加载完成预压。

1)试验荷载

为了能绘制出挂篮总挠度曲线,了解箱梁最不利块段施工时挂篮前端最大挠度,应按等代荷载的方法对试验荷载进行分级,加载试验应模拟80m跨3号块箱梁荷载,分级加载具体步骤如下:

(1)模拟箱梁底板荷载加载;

(2)在上述基础上模拟腹板荷载加载;

(3)在上述基础上模拟顶板及翼缘荷载加载;

(4)在上述基础上模拟模板荷载加载;

(5)在上述基础上模拟1.25倍以上总荷载加载。

加载分块如图3-3-32所示。

加载分级如表3-3-5所示。

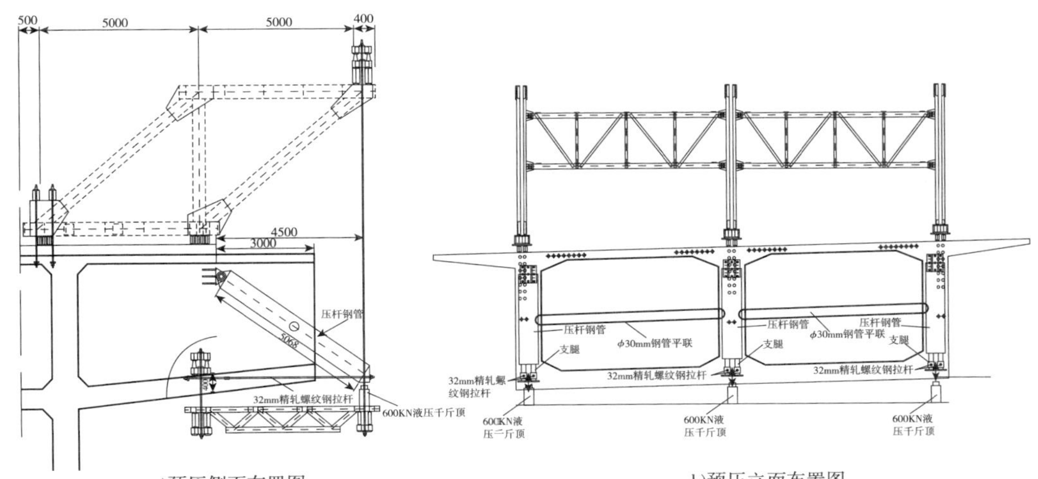

a)预压侧面布置图 b)预压立面布置图

图3-3-31 液压千斤顶加载布置(尺寸单位:mm)

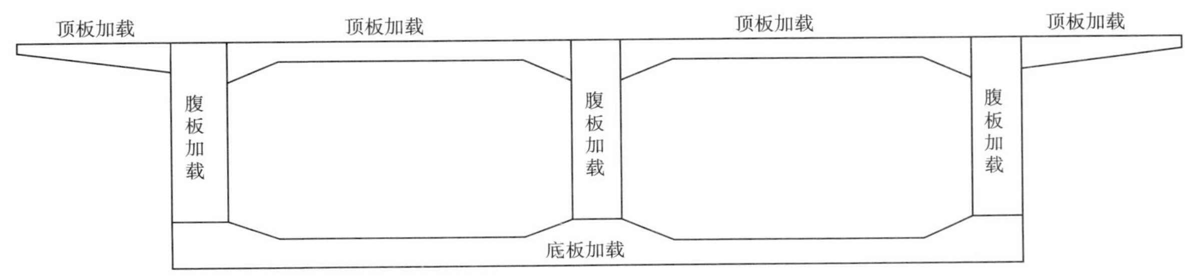

图3-3-32 加载分块示意

挂篮加载分级表 表3-3-5

加载顺序	1	2	3	4	5	6
加载类型	预加载	第1级加载(底板)	第2级加载(腹板)	第3级加载(顶板)	第4级加载(模板)	第5级加载(1.25倍最不利块段荷载)
加载大小(kN)	300	287	499.8	412.2	155	414
累积荷载(kN)	300	587	1086.8	1499	1654	2068
换算后前支点累计荷载(kN)	135	264	489	675	744	930.6
单只千斤顶加载(累计)(kN)	45	88	163	225	248	310

注:1. 采用3支600kN千斤顶进行加载;

2. 底板加载重量为587kN,腹板加载重量为499.8kN,顶板加载重量为412.2kN,模板加载重量为155kN。

2)观测项目

(1)后锚上挠值;

(2)前支点沉降值;

(3)主桁前端变形;

(4)主桁上前横梁吊带处和主桁上前横梁跨中变形;

(5)底篮前横梁吊带处挠度。

3)测点布置

(1)挂篮主梁顶面的观测点

①每根主梁的后锚处设置一个观测点,即测点 1-1、1-2 和 1-3。

②每根主梁的前支腿处设置一个观测点,即测点 2-1、2-2 和 2-3。

(2)上前横梁顶面的观测点

①上前横梁的八根吊带处各设置一个观测点,即测点 3-1 ~3-8。

②上前横梁的跨中各设置一个观测点,即测点 3-9 和 3-10。

(3)底篮前横梁顶面的观测点

底篮前横梁八根吊带和中心点各设置一个观测点,即测点 4-1 ~4-9。

测点布置如图 3-3-33 所示。

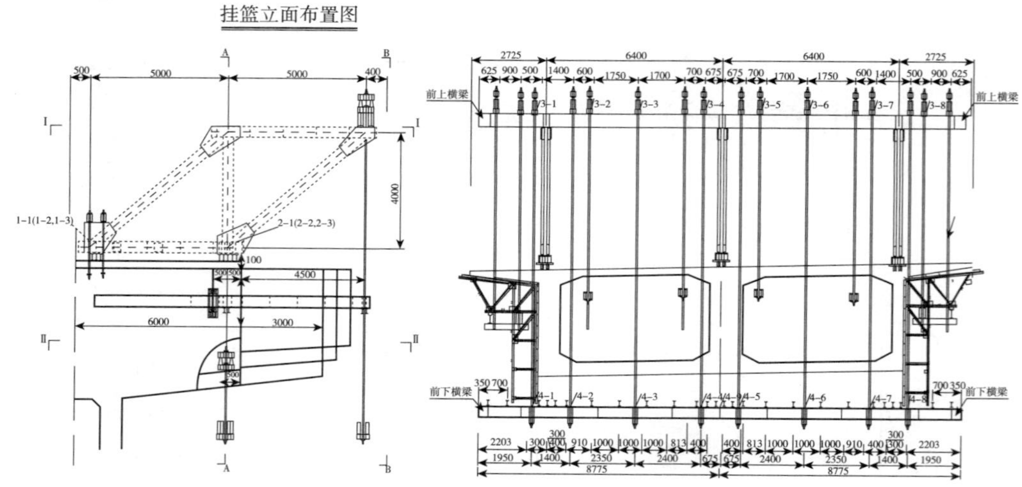

图 3-3-33 测点布置图(尺寸单位:mm)

4)变形观测方法

(1)采用国家三等水准测量或工程测量变形,三等水准测量的精度可达到 ±1mm;

(2)由于挂篮变形受日照温差的影响,根据公式 $L_1 = L_0(1 + \alpha\triangle t_0)$ 计算,挂篮构件中吊带变形受温差影响最大。在温差达 10℃时,变形之差为 1.1mm。为了准确测得挂篮变形值,加载试验时间应选择在温差较小的时间段进行。

3. 试验加载程序

(1)在箱梁 0 号块段上安装挂篮,安装预压系统斜支腿,做好试验前其他各项准备工作。

(2)在进行正式加载试验前,用第一级荷载进行预加载,预加载试验持荷时间为 20min。预加载的目的在于,一方面使结构进入正常工作状态,另一方面检查测试系统和试验组织是否工作正常。在确认测试系统和试验组织工作正常后开始正式加载。

(3)按照第 1 级荷载即底板加载,利用 3 个液压千斤顶对称均匀进行加载。

(4)在第 1 级荷载的基础上,按照第 2 级(腹板加载)与第 1 级(底板加载)荷载差值进行加载。

(5)按照上述方法,依次进行第 3 级(顶板加载)至第 4 级荷载的加载试验。

(6)每次加载完毕后,均进行变形观测并记录。

(7)试验荷载采用分级单循环加载的方法施加,按等代荷载的分级逐级递增加载,试验荷载持续时间一般为 20min,且取决于结构变位达到相对稳定所需要的时间;只有结构变位达到相对稳定后,才能进入下一荷载阶段。同一级荷载内,若结构变位最大的测点在最后 5min 内的变位增量小于第一个 5min 变位增量的 15%,或小于所用量测仪器的最小分辨值,即认为结构变位达到相对稳定。

(8)加载达到设计试验荷载,且变形在设计允许范围内可立即终止加载试验。

4. 卸载程序

(1)按照荷载等级5→4→3→2→1→0进行卸载。每卸载一级均需进行变形观测。

(2)挂篮卸载完毕后,对主桁焊缝进行检验,发现问题及时处理,确保挂篮施工安全可靠。

5. 加载试验注意事项

(1)如果加载值没有达到设计加载荷载,且变形大于设计允许值,应停止加载试验,分析原因后采取相应的措施。

(2)为使前下横梁处满足局部承压的要求,在千斤顶下设置垫块,每个千斤顶下最少保证3只桁片共同受力。

(3)加载试验应选择在风力小于6级的天气进行。

6. 试验成果

挂篮加载试验完毕后,将得到试验成果如下:

(1)按照试验方案加载后,可等代测量出不同等级荷载加载后的主桁、吊带、后锚、前支点等变形值以及挂篮总变形值。

(2)根据在各个荷载作用下的挂篮竖向位移,绘制荷载与变形的相关曲线图。

(3)根据已测数据回归出一组荷载与挂篮变形在弹性阶段的变形曲线。

二、挂篮悬臂施工

(一)挂篮行走

挂篮行走分为以下几个步骤:

(1)挂篮行走前,在已浇好箱梁块段箱梁两侧腹板顶面位置测量放样出行走轨道中心线,调平行走轨道中心线,两侧行走轨道中心线调平层面高差不得超过5mm,然后铺设行走轨道。

(2)安装行走锚梁及保险锚。

(3)放松底篮及模板系统锚固精轧钢,使底篮及模板下降。

(4)拆除挂篮后锚系统。

(5)葫芦挂在主桁下弦杆上,利用葫芦牵引挂篮及外侧模板向前行走。

(6)挂篮行走时,每片主桁带一个放松的锚固梁(松5cm)作为保险装置,在行走一定距离后将保险前移。

(7)外侧模板和底模在挂篮的牵引下,跟随外导梁向前移动。为了保险起见,除了行走吊杆悬吊底模板外,还需采用葫芦将后横梁挂在外导梁上。

(8)挂篮前移即将到位时,调整挂篮轴线位置,挂篮到位后,调整挂篮的高程。

(9)装设挂篮后锚、底篮及模板系统锚固钢筋,将挂篮锚固。

(10)调整外模板的轴线位置及高程,调整好后可进行后续施工。

(二)模板安装

1. 底模板安装

底模采用大块钢模直接铺于底篮上,因挂篮外模采用侧包底形式,所以要严格控制底板的平面几何尺寸。

2. 外侧模板安装

外侧模板利用已浇0号块的外模。支承模板及骨架的滑梁前端悬吊于主桁,后端的内侧利用滑轮小车悬吊于已浇箱梁翼板;浇筑混凝土时设置锚杆替代滑轮小车锚于已浇箱梁翼板。挂篮前移时,外模滑梁及外模随同前移。

3. 内模板安装

内模板利用已浇0号块的内模。支承模板及骨架的滑梁前端悬吊于主桁,后端悬吊于前段已浇箱梁顶板。挂篮前移时,内模滑梁随同前移,挂篮就位后,且底板及腹板钢筋绑扎完毕,再用葫芦将内模牵引前移就位。腹板部分内模腹板高度变化采用拆除一定高度模板的方式来实现,内外模采用对拉螺杆连接。

4. 堵头模板安装

根据箱梁腹板浇筑高度,分块分次立模,安装时要注意波纹管位置。

(三)钢筋施工

1. 钢筋绑扎及预应力筋安装

挂篮前移就位并模板调整完成后,可进行钢筋的绑扎。钢筋采用后场下料,现场绑扎的施工方法。

1)钢筋绑扎工艺

在挂篮、底模板及外模板复测调整完成后,可进行底板底层钢筋的绑扎,绑扎完成后安装底板预应力束管道,接着绑扎底板上层钢筋及定位筋。

腹板钢筋绑扎及腹板预应力管道安装完成后,安装内模并进行复测调整内模。内模就位应注意保证箱梁内侧混凝土净保护层厚为 2.5cm,且要避免形成腐蚀通道,不得在结构钢筋上焊接钢筋头来支撑或固定内模。内外模采用对拉螺杆进行连接,拉杆外必须套 PVC 管,避免形成腐蚀通道。内模全部安调完成,绑扎箱梁顶板下层钢筋,安装顶板预应力管道,最后绑扎箱梁顶板及翼板顶层钢筋。

2)钢筋绑扎过程中应注意的事项

(1)钢筋骨架制作前,应将钢筋表面的油渍、漆皮、鳞锈等清除干净。

(2)钢筋下料前,核对半成品钢筋的型号、规格、直径、长度和数量,如有错漏,及时纠正、增补,严格按照图纸要求加工并进行标识。

(3)钢筋绑扎时应确保箱梁箍筋净保护层厚度为 2.5cm,垫块采用梅花形布置,垫块布置 4 个/m^2。

(4)如钢筋绑扎时和预应力管道发生冲突,应适当移动钢筋位置以避让预应力管道。

(5)钢筋绑扎前,根据适当情况设置支撑钢筋,形成支撑骨架后在进行绑扎。

(6)考虑到顶板齿板预应力张拉需要,应根据需要预留孔。

(7)预应力筋的下料长度应满足张拉要求,波纹管与锚垫板接头处用胶布缠裹严密,确保不漏浆。

(8)预应力管道必须按设计图纸要求的间距设置定位筋,确保管道线型的准确;定位筋在直线段间距 0.9m,曲线段间距 0.45m,混凝土振捣时应尽量避免振捣棒碰撞预应力管道,以免产生漏浆现象。

(9)模板上所设拉杆必须套 PVC 管,避免形成腐蚀通道。

2. 预埋件安装

混凝土浇筑前的施工预埋件主要有 4 种:

(1)箱梁变形观测点;

(2)通气孔以及泄水孔;

(3)防撞栏杆预埋筋;

(4)挂篮施工预埋件:

①后锚预埋筋;

②吊杆孔;

③内、外模吊杆孔;

④滑梁吊杆孔。

(四)混凝土浇筑及养护

1. 混凝土标号

NS01 联挂篮悬浇箱梁混凝土的标号为 C50。

2. 混凝土浇筑

(1)混凝土浇筑前的准备工作

①混凝土浇筑前应按设计配合比在现场试样。

②检查挂篮及模板稳定性。

③检查施工机具、设备(如混凝土输送泵、振动棒振动器等)性能。

④清除钢筋及底板上的杂物。

⑤混凝土浇筑前先将模板洒水润湿,混凝土开始浇筑时用来润湿泵管的砂浆不能直接泵入模板。

(2)浇筑顺序

一对挂篮混凝土浇筑严格按照设计要求做到平衡对称施工。混凝土浇筑应连续、均衡、对称进行,每个块段竖向依次对称浇筑底板、腹板及顶板混凝土,顺序如下:

①底板浇筑时纵桥向为块段较低一端向较高一端方向进行,横桥向为两侧腹板向箱梁块段中轴方向对称均衡进行。

②对于每个块段的腹板浇筑,按纵向水平分层进行,每层混凝土的厚度控制在 30 ~ 40cm,两侧腹板左右相互交替连续浇筑,如此循环,直至腹板混凝土浇筑完毕。

③对于顶板混凝土,纵桥向为块段端部向根部进行,横桥向为中轴处顶板向两侧腹板顶板及两侧翼缘板对称进行。

(3)混凝土摊铺与振捣

混凝土宜用 ϕ50mm 或 ϕ70mm 插入式振动棒振捣密实。振动器移动间距不应超过振动器作用半径的 1.5 倍;与侧模应保持 10 ~ 15cm 距离;浇筑上层混凝土时振动棒插入下层混凝土 5 ~ 10cm。混凝土振捣密实的标志是混凝土停止下沉、不冒气泡、泛浆、表面平坦。混凝土的浇筑应连续进行,如因故必须间断时,其间断时间应小于前层混凝土的初凝时间或能重塑的时间。混凝土浇筑按水平分层进行,每层混凝土的厚度控制在 30 ~40cm。因波纹管较密集,月小振动棒配合大振动棒施工。对每一振捣部位,严格按照技术规范要求振捣到该部位混凝土密实为止。并避免振动棒碰撞模板、钢筋及预应力管道等。

(4)混凝土浇筑过程中质量控制

①利用 0 号块中心处的水准点控制模板的高程,并利用相邻墩位的水准点进行校核,确保无误。

②混凝土浇筑过程中,观测挂篮的下挠情况,以掌握挂篮变形情况是否与设计值相符。

③混凝土浇筑过程中,对吊带及挂篮前端挠度进行控制与调整。

④混凝土浇筑过程中,安排专人随时对模板及拉杆进行检查。

⑤因箱梁临时锚固预应力筋不压浆,浇筑混凝土过程中安排专人对临时锚固预应力筋进行观测,如发生松动现象,应及时进行补张拉。

⑥混凝土浇筑完毕,在混凝土强度达到 2.5MPa 之前不得使其承受行人、运输工具、模板等荷载。

(5)施工缝处理

每个块段混凝土浇筑完毕,当浇筑混凝土强度达到 2.5MPa(根据混凝土配合比,试验确定混凝土达到该强度的时间)后,混凝土接合面及时进行凿毛处理,凿毛质量严格按照规范要求控制,要求将其表面水泥浆凿除至骨料露出。在下一块段混凝土浇筑前,表面洒适量水进行湿润,防止混凝土接合面出现干缩裂缝。

3. 混凝土养生

养护方法如下:

混凝土初凝后在其顶面铺湿麻袋(或土工布)并洒水养生 7d;要求在洒水养生期间,必须始终保持混凝土表面处于湿润状态。各施工队必须派专人(一个施工点 2 ~ 3 名)24h 负责养生,养生人员必须作好养生记录;记录包括混凝土养护期间的大气温度(每日测 4 次,6h 一次)、天气、洒水时间,风力风向等。

气温较低(但符合冬期施工条件),则按“冬期混凝土施工方案”对新浇混凝土进行养护。

(五)预应力束的张拉、压浆

NS01 联悬臂箱梁为纵向预应力体系,纵向悬臂束由高强度、低松弛钢纹线组成大吨位群锚体系,钢束采用 12(9)ϕ_j15.2 钢纹线,标准强度 f_{pk} = 1860MPa,锚下张拉控制应力为 σ_{con} = 1395MPa。

当混凝土强度达到设计强度的90%且龄期达不小于10d,可安排张拉。由于本工程特殊的气候环境,空气湿度大、含盐高,预应力束(筋)容易锈蚀,因此,预应力束在符合张拉条件后要及时张拉、压浆。

预应力施工详细内容见第一章第二节“二、(四)本桥预应力施工工艺和方法”,步骤如下:

(1)张拉机具准备;

(2)预应力材料准备;

(3)预应力材料的制作;

(4)张拉;

张拉时按以下程序进行:

0→初应力($0.1\sigma_k$)→控制张拉应力σ_k→持荷2分钟→锚固在张拉过程中,做好张拉详细施工记录。

(5)预应力束的压浆。

(六)挂篮拆除

所有悬臂施工块段浇筑完毕,进行挂篮拆除,其拆除顺序为:

(1)利用梁顶上的卷扬机提升挂篮底篮,拆除前后悬吊吊杆,然后下放底篮至驳船上。

(2)外侧模拆除也采用卷扬机将模板整体下放至驳船后再解体的方法实施。内模在箱内拆除。

(3)挂篮上部拆除利用吊车完成。包括斜拉带、立柱及其平联、主梁及其平联、前后悬吊、前横梁、中后横梁、前后支腿及行走轨道等。

(七)箱梁悬浇块段的施工测量

箱梁其他悬浇块段施工采用全站仪和水准仪等常规的测量仪器和常规的测量方法进行施工测量。

1.施工放样

箱梁0号块的浇筑完成之后,以箱梁中心的控制点为依据放样出挂篮的轨道线,挂篮拼装完成后,即开始箱梁其他块段的施工。挂篮行走之后,开始进行箱梁块段模板的施工放样。将全站仪架设于箱梁0号块中心的控制点上,瞄准另一相邻墩的0号块中心控制点,定出墩轴线方向,全站仪的度盘归零或180°。用经过检定的钢尺在施工的块段断面上控制箱梁顶面宽度;一名测量员将钢尺0端放在顶面模板内侧,另一名测量员将钢尺拉紧。通过全站仪在钢尺上读出读数L,设箱梁的顶面宽度为L_0,当$L=L_0/2$时,说明箱梁模板无轴线偏位,当$L\neq L_0/2$时,则轴线需要调整。将水准仪后视0号块中心的加密水准点,计算出视线高,根据监控单位提供的立模高程和视线高计算出前视读数,依据前视读数控制箱梁顶板的高程达到设计高程。

模板的轴线调整和高程的调整同时进行,当模板的轴线和高程均达到设计和规范要求时,用全站仪采用边角法在模板上放样出箱梁块段的断面线。模板放样完成。

在每对块段的钢筋绑扎完成后,混凝土浇筑之前,需要对模板的高程进行复测,避免因挂篮的吊带松动而引起的模板的下沉。模板的高程复测完毕后,若高程无异常变化,则可以浇筑混凝土。

2.施工中的块段检测

箱梁每对块段浇筑并在纵向张拉之后,需要对每对块段进行竣工测量。用经过检定的钢尺分出每对箱梁块段的轴线,将全站仪架设于箱梁0号块中心,后视相邻墩的0号块中心,配置后视方位角,输入测站坐标,放样出块段的设计中心,从而实测出块段的中心偏位和轴线偏位;用水准仪以0号块中心的水准点为后视点,实测出块段断面的高程。实测出的轴线偏位、中心偏位和高程的偏差,是箱梁块段评定的重要指标。

在混凝土浇筑的前、中间、结束并张拉后,做好该块段的沉降观测工作。

3.悬臂浇筑监控测量

箱梁施工过程中的监控测量,是根据箱梁各个块段施工时的线形变化的数据,提供箱梁施工的立模高程。

监控测量的实施方法根据监控单位提供的监控方案和交底文件确定，分不同的施工阶段，对箱梁的高程和平面线形变化数据进行采集，采集得到的数据提供给监控单位进行分析，得到不同块段的立模的设计高程。一般一对箱梁块段的监控测量分成3个阶段，即挂篮前移阶段、混凝土浇筑后预应力后张拉前阶段和预应力张拉后阶段。具体的测量方法、测量的时间、测量时的温度等，由监控单位确定。

三、悬臂箱梁合龙段施工

箱梁的合龙是控制主桥受力状况和线形的关键工序，因此箱梁的合龙顺序、合龙温度和工艺都必须严格控制。箱梁合龙段采用"吊架法"进行施工，即利用吊杆将底篮悬挂在合龙段两侧的箱梁顶板和底板上，在底篮上铺设底模和架设外模，进行合龙段施工。吊架是非标准构件，吊架如图3-3-34所示自行加工。

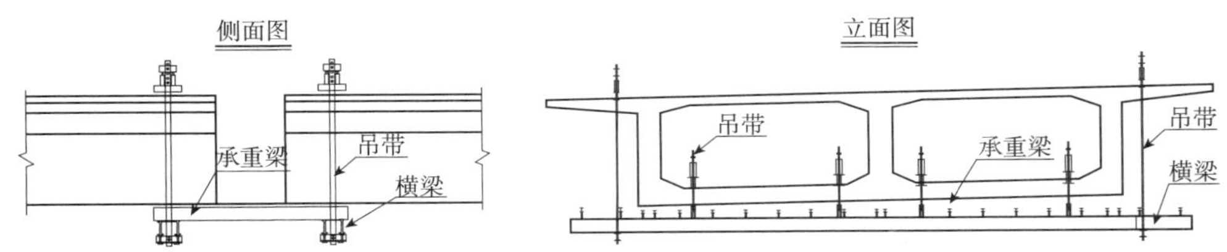

图3-3-34 合龙段吊架施工示意图

(一)合龙顺序

合龙按先边跨，后中跨的顺序进行。

具体合龙段施工顺序为：首先进行45m边跨的合龙→松开N09墩顶临时固接钢筋→2个60m跨合龙→4个80m跨依次合龙，即全桥合龙→凿除N09墩处临时支座。

(二)合龙段主要施工步骤(图3-3-35)

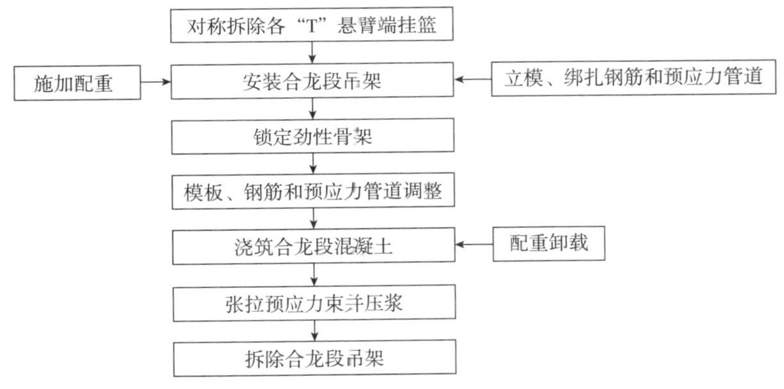

图3-3-35 合龙段主要施工步骤流程图

(1)对称拆除各"T"的悬臂施工挂篮。

(2)安装合龙吊架，合龙前应在两悬臂端加平衡重，并在混凝土浇筑过程中逐步撤除，使悬臂挠度保持稳定。悬臂端可加水箱配重，每侧水箱的容水重量为合龙段混凝土重量的一半。

(3)劲性骨架的安装。

按设计合龙温度及张拉预应力后弹性压缩进行约束锁定。在锁定前，应用千斤顶和顶支架将梁段顺桥向预顶；锁定后，撤除千斤顶，再复测合龙段长度、高程。

(4)选择夜晚气温较恒定时段锁定劲性骨架,合龙段劲性骨架要求焊接迅速完成,并形成刚接,焊接时应在预埋件周围采取降温措施,避免烧伤混凝土。

(5)立模、绑扎钢筋和预应力管道,可于劲性骨架锁定前进行,但应在锁定后调整,使其满足设计和规范的要求。

(6)浇筑合龙段混凝土,浇筑的同时,水箱同步等重放水,以保持悬臂的稳定。

(7)待混凝土立方体强度不低于设计混凝土强度的90%且龄期不小于10d后,按先长束后短束的顺序张拉钢束至设计吨位,张拉应均匀对称进行;张拉完成后应及时压浆。

(8)拆除合龙段吊架。

(三)合龙段施工注意事项

(1)合龙时间的选择:各合龙跨合龙前,应对主梁的梁顶高程、桥轴线和桥长进行联测,观测气温变化及气温引起的梁体竖向和水平向相对位置变化的关系,连续观测时间不小于48h,以确定浇筑合龙混凝土的时间区段。

合龙温度宜选择在一天内低温时间段且较长时间内气温变化不大时合龙。

(2)45m跨合龙后,解除N09墩处墩梁临时固结。

(3)浇筑混凝土过程中,应特别注意对锚下等处的混凝土捣实,防止出现蜂窝。

(4)合龙段永久钢束张拉前,应尽量减少箱梁悬臂的日照温差,可采取覆盖箱梁悬臂等减少温差的措施。

(5)跨中合龙段张拉之前,不得在跨中范围内堆放重物或行走施工机具。

(四)施工监控

施工监控是确保箱梁施工实际与设计相吻合的重要控制手段,监控的主要内容为墩身应力及沉降观测,箱梁线型、各个节段变位及各部分应力监测。考虑的主要因素有气温变化条件、结构材料、施工荷载、收缩徐变、控制计算参数、梁体实际浇筑方量等。

第三节　架桥机安装箱梁施工(NS03~NS05联)

一、工程概况

北引桥NS03~NS05联采用装配式部分预应力混凝土简支变连续组合小箱梁桥跨结构,部分位于半径1000m的平曲线上,每联跨径布置均为8×30m=240m。每幅桥桥宽15.25m,由5片预制小箱梁组成,预制小箱梁平均梁高1.6m,设0.6m宽的现浇带。

全桥共计240片预制小箱梁,采用预制安装、浇筑湿接段、简支变连续的方法施工。

二、小箱梁试验段施工

(一)试验目的

通过试验梁施工,模拟小箱梁施工各道工序,达到如下目的:

(1)检验模板强度和刚度;

(2)检验施工工艺,包括钢筋绑扎、预应力管道安装、模板安装和混凝土浇筑;

(3)验混凝土配合比、外观质量及模板接缝对外观质量的影响程度。

(二)试验总体规划

1.试验方法

选取边跨边梁非连续端一侧3m长作为试验梁段,外模板配置长度为1.5m+6m,内模板配置长度为1.5m+1.5m。

2. 施工配合比(表 3-3-6)

小箱梁试验梁段混凝土施工配合比　　表 3-3-6

混凝土标号	水泥	砂	碎石	粉煤灰	矿粉	水	外加剂	水灰比	砂率	坍落度(mm)
	P042.5	中砂	5～25mm	Ⅱ	S95	饮用水	VIVID-500			
C50	315	730	1019	50	110	149	5.46	0.31	42	160±20

3. 试验梁段施工时机

预制台座施工完毕后即着手进行试验梁段的施工,提前做好各项材料准备。

(三)施工方案

1. 施工工艺流程(图 3-3-36)

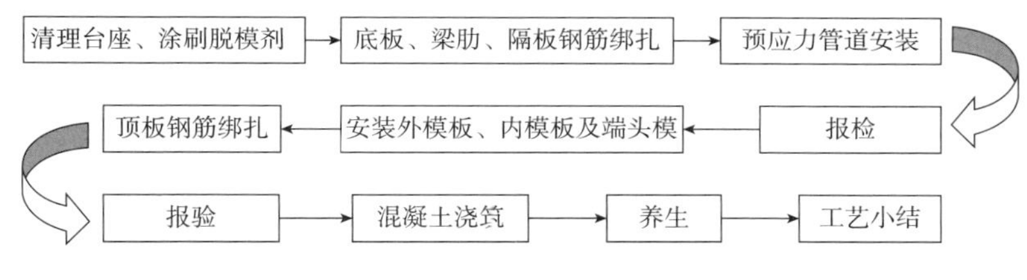

图 3-3-36　试验梁段施工工艺流程

2. 施工工序

(1)施工前,首先对小箱梁底模即台座顶面预埋钢板进行认真清理,打磨掉表面浮锈,并涂刷脱模剂。

(2)完成底模处理后,即开始绑扎试验段小箱梁底板、梁肋及隔板钢筋。一侧按照小箱梁边跨非连续端头进行绑扎,另一侧按照小箱梁边跨连续端进行绑扎,连续端钢筋露出端头 0.3m。横断面钢筋布置按照设计图纸要求进行绑扎。试验梁段结构图如图 3-3-37 所示。

(3)钢筋绑扎完成后,按照设计图纸要求预埋预应力管道。

(4)按照正常质检程序进行报验,并请监理进行检查,检查合格后方可进入下道施工工序。

(5)开始安装外侧模板和内模板,安装前需按照模板编号将需要的模板转至施工现场,并对模板进行仔细清理,将表面浮锈打磨干净,并用洗洁精对模板表面进行清洗,用棉布或海绵将表面擦干,涂刷脱模剂。模板拼装过程中,在模板拼缝上黏贴双面胶,防止漏浆,并保证模板拼缝没有错台。

(6)模板安装完成后,由测量复测模板,合格后开始绑扎顶板钢筋。

(7)钢筋绑扎完成后,按照正常质检程序进行报验,并请监理进行检查,检查合格后方可进入下道施工工序。

(8)检查合格后,同时试验室将配合比通知单送交拌和站,开始浇筑混凝土。拌和站做好拌料准备工作,接到配合比通知单后,立即开始拌料,并注意拌和混凝土的质量,由试验室进行监督。混凝土采用罐车运至施工现场,采用龙门吊配合料斗的方式进行浇筑。浇筑过程中,技术人员控制到现场混凝土的质量,如发现料的质量不满足施工要求,不得将混凝土倒入模板内。选择有经验的工人进行混凝土振捣,防止出现漏振或过振现象,影响外观质量。

(9)混凝土浇筑完成后,要加强养生,在表面铺设一层塑料薄膜,再在上面铺设一层土工布。满足拆模要求后,及时拆除模板,同时加强小箱梁侧面和翼缘板底面的养护,采用农用喷雾剂将表面润湿,再在表面贴一层塑料薄膜,保证表面始终处于湿润状态。

(10)两端头模板拆除后,进行混凝土凿毛;采用人工凿毛,保证凿毛表面整齐且满足连接质量要求。

(11)试验梁段浇筑完成后,对外观质量和整个施工工艺进行评价和总结,提交总结报告,以指导后续小箱梁的正式施工。

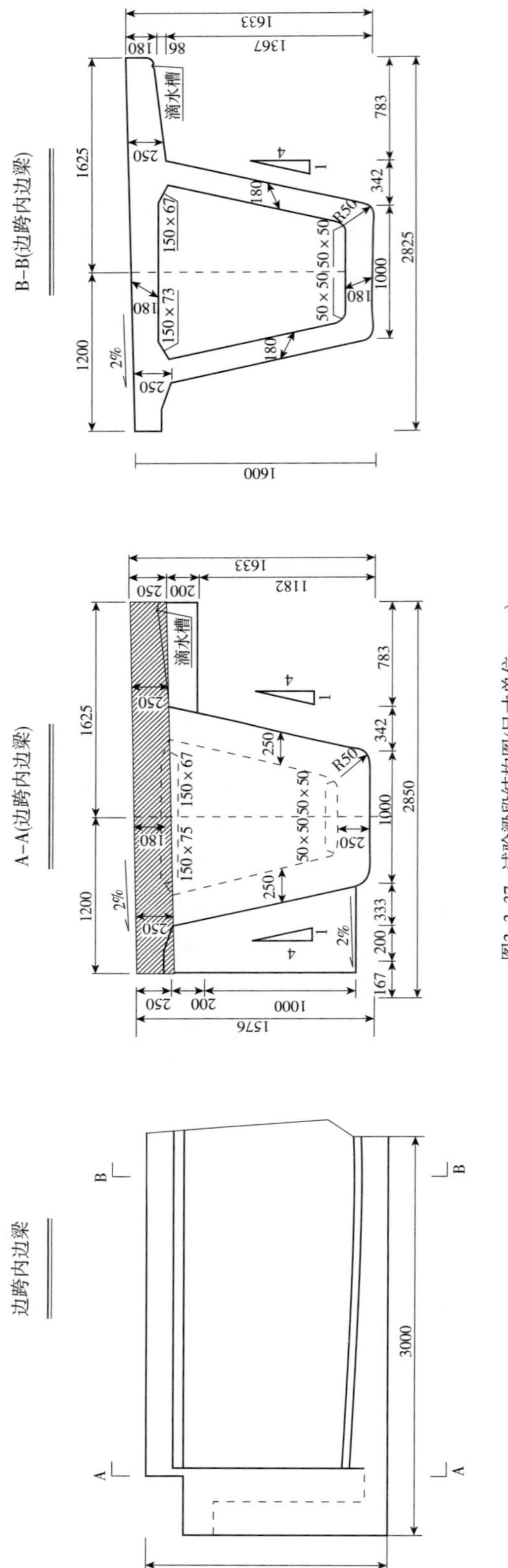

图3-3-37 试验梁段结构图(尺寸单位：mm)

三、小箱梁预制施工

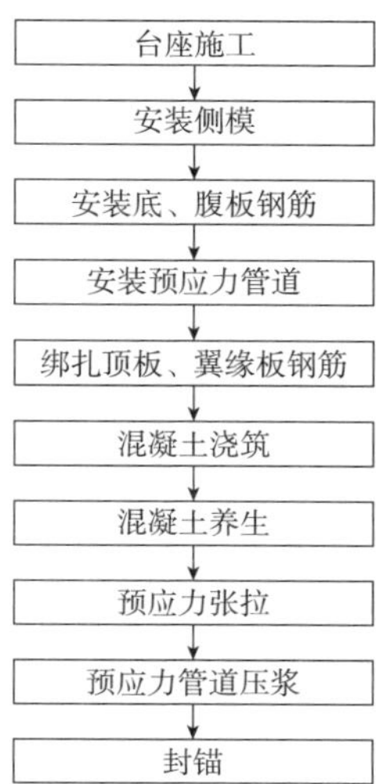

图 3-3-38　箱梁预制施工流程图

本工程预应力小箱梁共 240 片，均为 30m 箱梁。

（一）施工流程（图 3-3-38）

（二）预制场设置

预制场在 N30～N38 墩范围，场内设 10 个预制台座，4 个存梁台座。利用预制场龙门吊出梁，架桥机架设。如图 3-3-39 所示。

梁板钢筋骨架或钢筋半成品均在加工厂绑扎成型，运输至台座上安装；混凝土由混凝土搅拌站供应，混凝土罐车运输，吊车起吊料斗或输送泵输送混凝土入模。

（三）箱梁预制台座构造

台座施工前，按照规范和设计要求进行软基处理施工。台座端部采用钢筋混凝土扩大基础，台座中部为条形混凝土基础。台座为型钢和钢板组合结构，在处理好的扩大基础和条形基础上铺设横向型钢承重梁，然后铺设纵向分配梁和钢板。台座施工完成后进行整体试压，检查是否存在不均匀沉降，并按要求设置反拱。

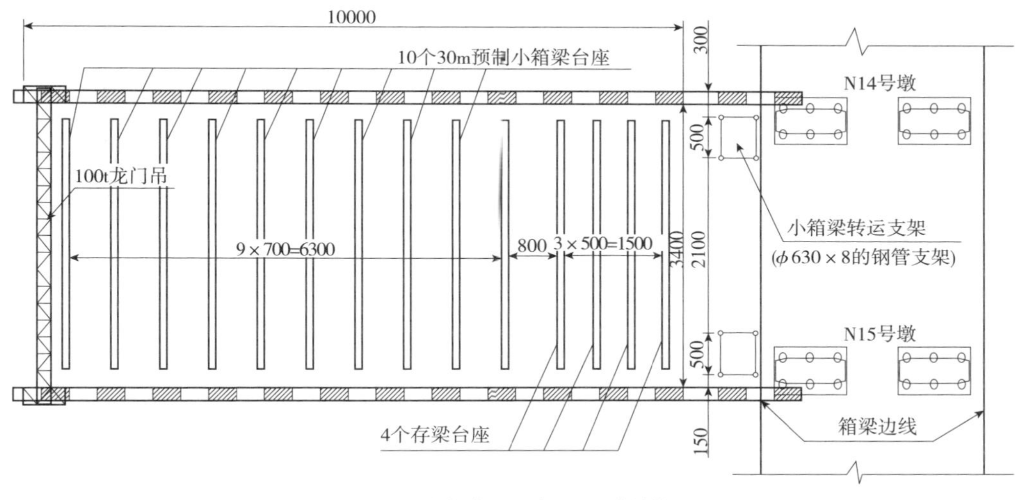

图 3-3-39　预制场布置示意图（尺寸单位：mm）

（四）箱梁预制场龙门吊机

预制场设置 100T 龙门吊机，用于箱梁出槽等。龙门吊净跨为 34m，净高 32m，采用甲型万能杆件拼装。如图 3-3-40 所示。

四、预制小箱梁架桥机安装施工

（一）概述

1. 施工特点

本工程从 N14～N38 墩为 30m 长预制小箱梁，总计 240 片，最重梁段约重 94t。小箱梁的预制台座及梁厂设在 N30～N38 墩区段。

小箱梁架梁吊装采用两种方式。第一种是在桥墩较高的 N14～N30 墩范围内，以龙门吊配合架桥机安装，龙门吊提梁、移梁平车运梁喂梁、架桥机进行安装；第二种是在桥墩较低的 N30 ~ N38 墩范围内，用龙门吊直接提梁架梁。每当一联箱梁吊装完毕后，应及时进行中横梁及桥面湿接缝施工，使小箱梁整体化。

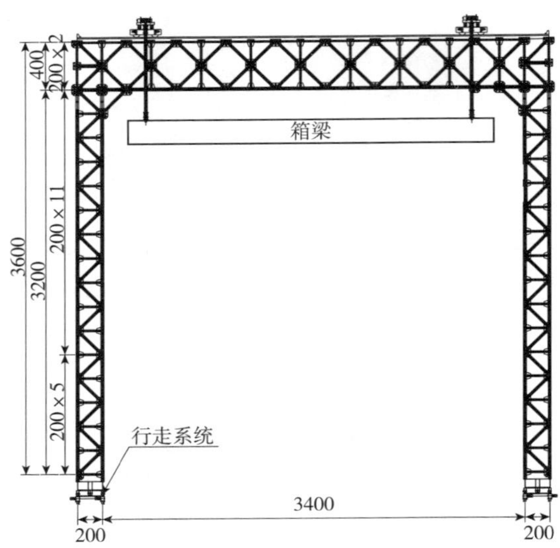

图 3-3-40　预制场跨墩 100t 龙门示意图(尺寸单位:cm)

2. 总体施工方案说明

预制小箱梁平均长度为 30m，其最重梁段约为 94t，考虑预制小箱梁架设的方便和安全，首先利用一台 100t 和一台 60t 的龙门吊架设 N30 ~ N32 桥墩小箱梁，然后在架设好的小箱梁上拼装架桥机。桥机拼装完毕，利用桥墩 N30 ~ N32 的位置，布置两台龙门吊负责提梁至运梁车上。运梁车为轨道式运梁车，轨道安装在左幅中梁之上，运梁车沿轨道从梁厂区将梁移至架梁区。架桥机由大桩号向小桩号方向同步架设左右幅的预制小箱梁，全幅或半幅架梁采用整机横移落梁方法。完成 N30 ~ N14 墩小箱梁的架设。当小箱梁预制完成后，破除梁厂区的施工台座，完成 N30 ~ N38 墩的下部施工，由梁厂区内的两台龙门吊负责提梁架梁。

总体架梁顺序如图 3-3-41 所示。

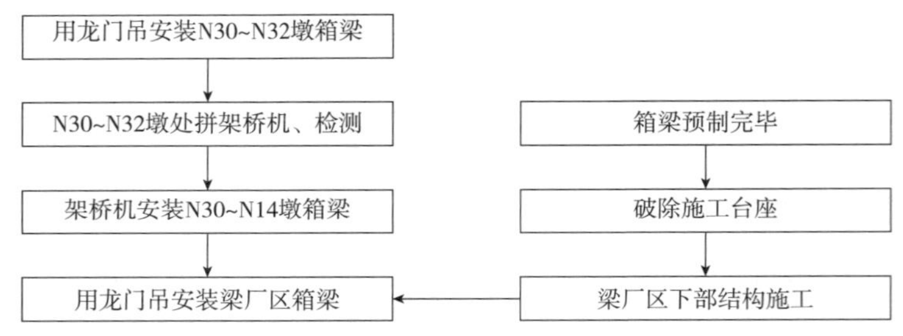

图 3-3-41　总体架梁顺序

(1) N30 ~ N38 墩架梁。N30 ~ N38 墩地处梁厂的施工区域，利用现场的 100T 和 60T 龙门共同提梁，架梁过程中保持龙门行走的同步性及吊钩上升和下降的同步性。梁厂区的架梁施工如图 3-3-42 所示。

(2) N30 ~ N14 墩架梁。N30 ~ N14 墩采用龙门配合提梁，运梁平车负责运梁、喂梁，架桥机架梁的施工工艺。

桥面运梁采用轨道式运梁车，平车轨道间距为 2m，轨道外侧距梁边为 20cm，运梁车行走于单幅中梁之上，在运梁时必须将隔板及部分桥面的钢筋连接好，以保证运梁时箱梁的稳定性，不至倾覆。

架桥机箱梁安装工艺流程如图 3-3-43 所示。

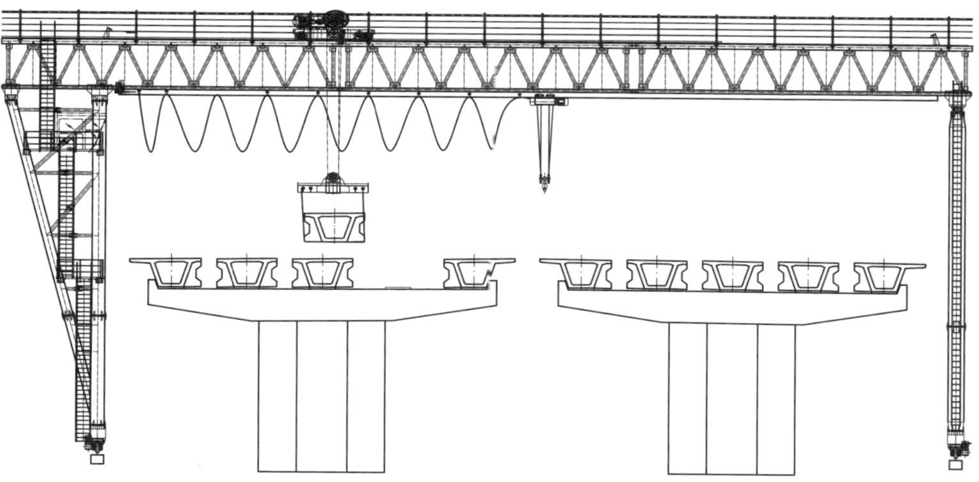

图 3-3-42　梁厂区的架梁施工

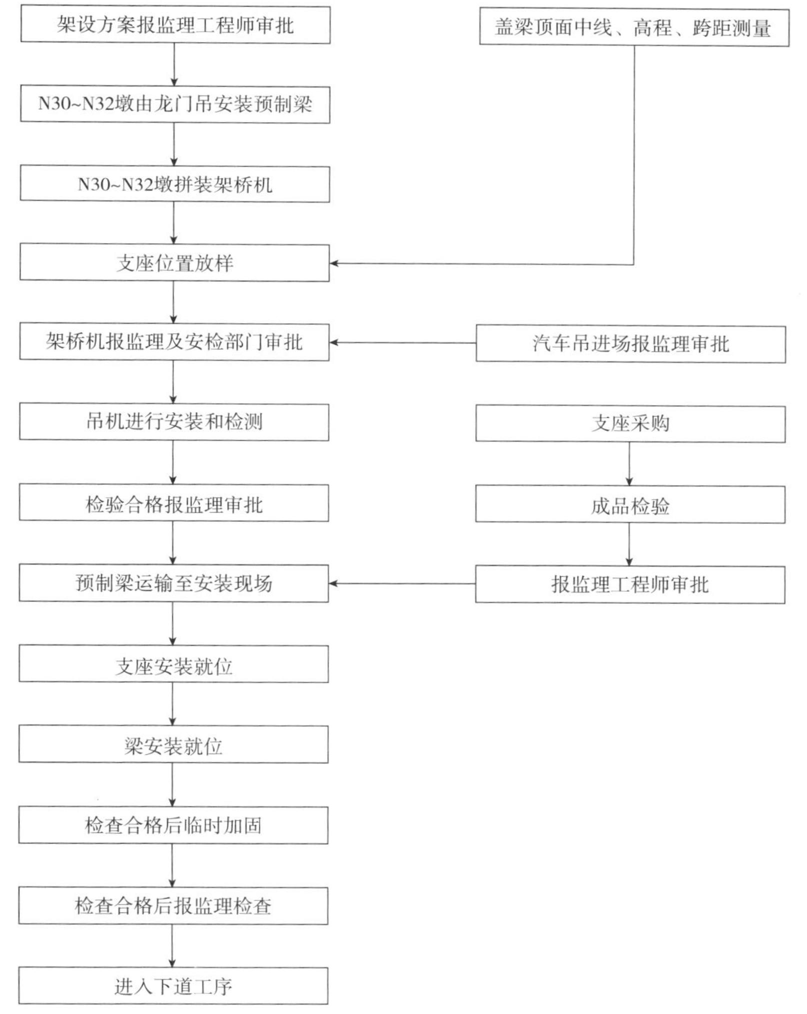

图 3-3-43　架桥机箱梁安装工艺流程

3. 架桥机特点及参数

(1)步履式双导梁架桥机结构示意图如图 3-3-44 所示。

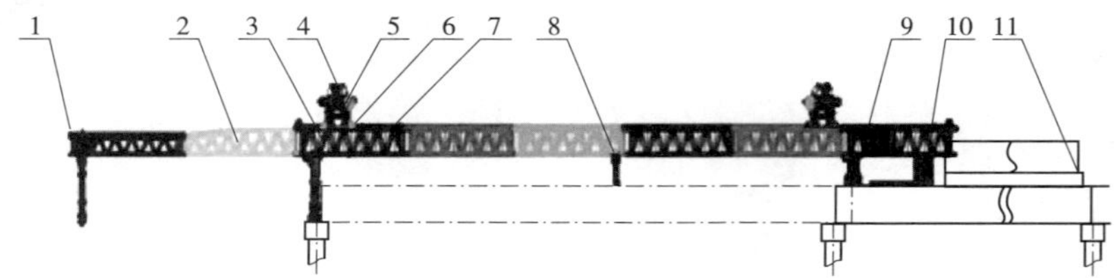

图 3-3-44 步履式双导梁架桥机结构示意图

1-前辅助顶杆;2-引导梁;3-主导梁;4-吊重行车;5-主横梁;6-纵移台车;7-前支腿;8-中辅助顶杆;9-中支腿;10-后支腿;11-运梁车

(2)SDLB170T/50m 型架桥机参数如表 3-3-7 所示。

步履式双导梁架桥机参数 表 3-3-7

序号	架桥机型号 / 性能参数	SDLB170t/50m
1	起重能力(kN)	1700
2	架设跨径(m)	50
3	适宜梁型	—
4	喂梁方式	T 梁、工字梁、箱梁
5	起落速度(m/min)	尾部运梁车喂梁
6	起重行车移动速度(m/min)	0.8
7	吊梁纵移速度(m/min)	2.89
8	整机横移速度(m/min)	4.65
9	整机纵移速度(m/min)	1.18
10	适应纵坡(%)	4
11	适应横坡(%)	2
12	适应最小曲线(m)	350
13	适应斜交桥(°)	0 ~ 45
14	工作状态风压(级)	6
15	非工作状态风压(级)	8
16	解体后单件长度(m)	10
17	解体后单件最大重量(t)	6.85
18	平均架梁速度(片/h)	1
19	整机过孔时间(h)	5
20	整机过孔方式	步履式纵移,无需尾部配重,无需桥机纵移轨道
21	横轨配置(一般配置)(m)	适用于两片梁之间垫导体间距≤2.6m,及两帽梁端部垫导体间距≤2.6m,悬臂区段实际的悬臂长度不大于 65cm
22	整机自重(t)	168(不含横轨)
23	整机长度(m)	90(主导梁 65,辅导梁 25)
24	配套功率(kW)	92

4. 架梁作业前的准备

1）人员劳动力组成

架桥机属大型桥梁安装专用设备，架桥机作业必须分工明确，统一指挥，要设专职指挥员、专职操作员、专职电工和专职安全检查员。要有严格的施工组织及防范措施，确保施工安全。人员基本组成如下：项目部分管负责人1名，现场负责人1名，技术人员2名，吊装队长1名，操作人员4名，起重工6名，液压工2名，电焊工2名，电工1名，辅助工人8～12名，专职安全员1名。

2）主要机械设备（表3-3-8）

架设小箱梁的主要机械设备　　表3-3-8

序号	机具名称	单位	数量	用　途	备　注
1	60T龙门吊	台	1	箱梁安装	
2	100T龙门吊	台	1	箱梁安装	
3	170T架桥机	台	1	箱梁安装	
4	100T运梁车	辆	2	箱梁运输	
5	25T汽车吊	台	2	架桥机安装	辅助工作
6	电焊机	台	4	箱梁焊接	
7	钢丝绳	m	若干	架桥机固定	
8	5t导链葫芦	个	8	架桥机固定	

（二）施工准备

1. 预制梁的检查验收

对预制箱梁的外形尺寸、混凝土的强度、预埋件数量、预应力钢束张拉结果及孔道灌浆的浆体进行检验复查，达到设计与规范的要求为合格，合格者逐件签发合格证才予以吊装，否则严禁安装。

小箱梁安装前，在梁端画上轴线标记，以利于安装时校正。同时，箱梁吊点位置设置应以设计要求为准。

2. 盖梁的检查验收

检查桥墩盖梁、支座垫石的混凝土强度，支座的质量要求、高程及平面尺寸是否符合设计及规范要求。在支座垫石上用油墨标出安装轴线，以利于安装时梁体正确摆放。

3. 测量位置复核、支座安装

小箱梁安装之前清理盖梁顶面杂物，清扫干净，测量放样出支座的中心，支座安装完毕后，按照支座横轴线用墨线弹出梁边线，并检查支座顶面高程无误后方可进行安装。支座安装前将墩台支座处和梁底面的油污去掉，盖梁顶垫石平整，顶面高程符合设计要求。安装前测定支座中心正确位置，支座水平安装，保证支座表面平整度在规定范围内。

4. 安装机械设备的检查验收和技术、安全技术交底

组织项目技术、生产、安全等有关部门人员到现场对进行作业的机具（如架桥机、龙门吊、运梁车等）进行技术、安全的检查验收，确保施工作业顺利进行，同时对作业人员进行安全技术交底工作。

（三）架桥机拼装和调试

架桥机采用SDLB170T/50m型架桥机。

1. 架桥机拼装

安装前先在安装位置用型钢或贝雷桁架搭设马架，将主桁梁用吊车或龙门吊机吊装在马架上组拼完，再把支腿、平车等各部件安装就位，行走平车下安装轨道，电力线路连接完毕后，用支腿处顶升千斤顶

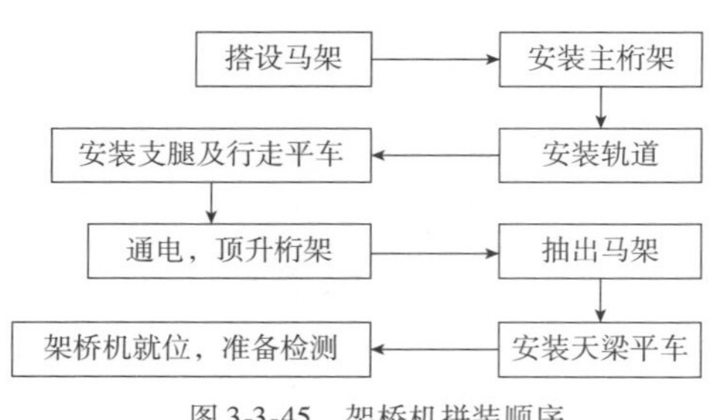

图 3-3-45　架桥机拼装顺序

将整个架桥机顶升；将马架抽出后回油千斤顶，使架桥机平车落于轨道上；然后根据桥面纵坡调整架桥机前后支腿，使架桥机处于水平状态；最后将天梁平车安装在桁架上，对架桥机所有机动部件进行试运转后，将架桥机推至梁待安装的位置。拼装顺序如图 3-3-45 所示。

架桥机安装时要注意以下问题：

(1)架桥机拼装位置要选择好，不得有碍架桥机纵横移动；架桥机后支腿尽量处于已安装梁的端部梁肋位置，马架高度必须满足安装行走平车的空间。

(2)架桥机桁架每个接点用两根销棒栓接，销棒使用前必须仔细检查其质量，安装时尽量使用龙门吊机以便销孔对接。

(3)架桥机顶升时，顶升支腿处必须垫有足够的分配梁，以免过大的集中力将桥面板损坏。

(4)桥机拼装完毕后，必须将所有运行轨道的端部止滑楔块安装牢固后，方可进行纵横向移动试验。

2. 架桥机纵横移动

首先铺设纵向延伸轨道至已安装完毕的箱梁梁端，架桥机横移至轨道上方，接着分别将后、中支腿顶离轨道，轮箱转向使平车滚轮与轨道吻合，拆除中后支腿横向钢轨；然后将中、后支腿下落使平车滚轮落于纵向轨道上，将横梁移动至后支腿处作为配重并收起前支腿，把下一跨盖梁横向轨道铺装好。一切工作准备就绪、安全检查后，整机纵向运行到位；接着落下前支腿，顶升压紧后，顶升后支腿并铺设横向钢轨；最后顶升中支腿铺设横向钢轨，把中支腿轮箱转向落在横向钢轨上。

架桥机移动时必须注意以下要点：

(1)架桥机纵向移位时，两起吊天车(横梁)运行至后支腿处作配重，并临时固定，以防架桥机纵向运行时失稳。

(2)架桥机支腿顶升时一定要在箱梁腹板中心线上操作，若支腿不在腹板中心线上，则加垫钢横梁把受力分配传递到腹板上。中支腿横移轨道避开翼缘板，前后横移轨道可满垫方木进行应力分配。

(3)为保证安全，架桥机前移必须按前、后、中支腿的顺序进行临时顶升。顶升支腿时注意一个支腿的两个千斤顶应同时顶升、同时回落。

(4)前支腿横移轨道由吊车配合转运安装，中、后支腿横移轨道则由架桥机携带一起位移。

(5)纵向移动要做好一切准备工作，要求一次到位，不允许中途停顿。

(6)架桥机主梁空载纵向前移时，应调整纵坡 $<3\%$，不满足时应调整轨道至此要求。

(7)架桥机纵向位移就位结束后，必须进行一次全面安全试运行，重点检查螺栓、销子连接是否牢固，钢绳及接头、电气线路是否正确，电线是否被破损和挤压，液压系统是否正常，以及轨道接头是否平顺，支垫是否平稳和轨距尺寸是否符合要求等。架桥机试运行状况正常后，才进行小箱梁下一步安装作业。

(8)架桥机安装、运行严格按《SDLB170T/50m 架桥机操作使用说明书》进行。

3. 架桥机试吊

1)试吊工艺流程

试吊工艺流程：试吊前的准备与检查→空载试验→动载试验(额定荷载)。

在架桥机试吊前，必须在架桥机的安装进行检查验收，检查龙门吊机的电气系统、起吊系统、行走系统等是否满足架桥机的出场要求，确保架桥机的试吊安全的完成。

2)空载试验

空载试验的目的是为了检查制造和安装中存在的质量缺陷。首先进行各机构的单独运转，此时应确切观察电压、电流、功率、起动电流，转向、转速是否正常；然后进行联合运转，包括正反转和快慢车状态各运动部件是否松动,不应有超过规定的偏斜和振动,工作温度不超过规定范围,制动器应动作灵活,可靠,架桥机的各支腿应稳定可靠。

检查电器设备的工作状态,接触器的动作正确,所有限位开关和安全装置的动作应灵敏可靠。

除上述一般性试车检查之外,还要对各机构作如下检验。

3)起升机构

起升机构应检验如下:

(1)无负荷,每挡各升降2~3次,不应有卡阻现象和异响;

(2)控制器的指示方向与电机转动方向应一致;

(3)检查起升卷筒轴承处应无振动;

(4)各滑轮工作应良好;

(5)架桥机的运行应正常;

(6)架桥机在中支承系统和前支承系统上左右横向移动2~3次,各支承系统之间的各部件应无异样;

(7)电缆应收放自由;

(8)限位开关与缓冲器应工作准确;

4)额定荷载试验(无配载)

额定荷载动载试验的目的是验证架桥机机构及制动器在额定荷载作用下的性能,如果各部件在其性能试验中未发现损坏,连接处没有松动,结构无永久变形,则视为正常。

架桥机拼装完成后,应进行荷载试验,荷载试验应以1片30m箱梁作为试验荷载。荷载试验的目的是检验架桥机的结构承载力。

荷载试验的方法如下:

(1)2台吊梁小车同时吊起1片小箱梁后,前小车走行至两支腿中点处,此时2台小车的起升机构处于制动状态,测量导梁跨中挠度。

(2)荷载施加后应使其作用时间保持在10min以上,观察是否有滑钩现象,若有则要测量下滑距离。

(3)检查架桥机结构是否出现裂纹、永久变形、油漆剥落或对架桥机的性能与安全有破坏性的影响。

(4)检查架桥机各机构是否正常工作,各连接处是否出现松动或损坏,必要时对架桥机的主要结构进行应力测试。

5)架桥机从运梁台车上起吊混凝土梁(无配载)进行以下试验

(1)架桥机前面的天车从运梁台车上起吊预制箱梁的一端前行,前行30m后,后面的天车起吊箱梁的后端,这时需要检测两台天车的同步性,当前面的天车行驶至桥架的跨中时,测量桥架跨中挠度。

(2)当天车行驶至前后支承之间时,桥架吊装着箱梁,左右移动2~5m,检查支承系统是否正常。

(3)试吊一切正常后,将预制箱梁放置桥架下面的运梁平车上。

架桥机试吊布置如图3-3-46所示。

图3-3-46 架桥机试吊布置图

4.架桥机过孔

架桥机过孔步骤如图3-3-47所示。

(1)工况1:在已成桥面上,全面检查架桥机的各个部件,同时做好过孔的准备工作。

(2)工况2:后支架前移到中支腿后方。

(3)工况3:开动导梁上的两套起重行车移动到导梁尾部做配种,主导梁前行,直至辅导梁到达前方盖梁指定位置。将辅导梁前端固定牢固。

(4)工况4:后支架携轨离开桥面,至前盖梁处。

(5)工况5:前支架前移到位。

(6)工况6:主导梁移动到位,过孔结束。

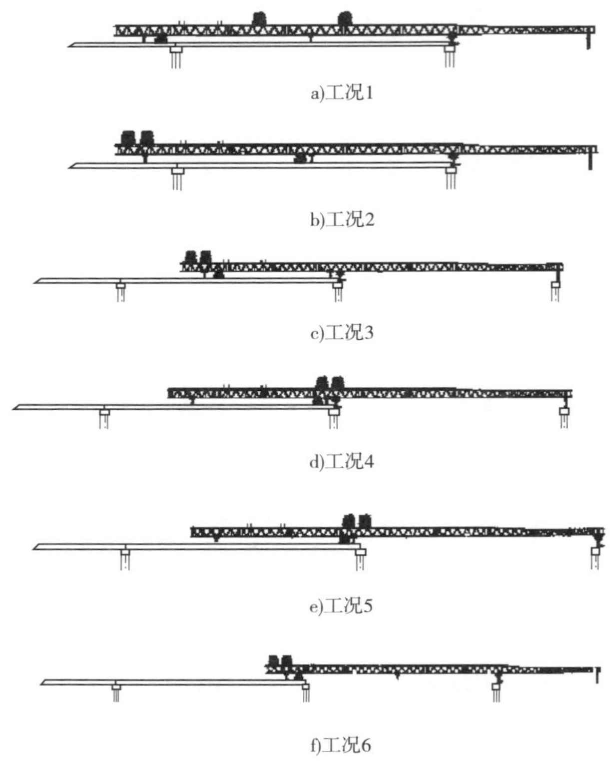

a)工况1

b)工况2

c)工况3

d)工况4

e)工况5

f)工况6

图3-3-47 架桥机过孔步骤

(四)预制小箱梁安装架设

1. 支座安装施工方法

(1)在盖梁混凝土浇筑完成并张拉第一批钢绞线后,架设预制小箱梁之前进行支座的安装(支座类型和数量如表3-3-9所示),首先把盖梁顶清理干净并由测量人员在盖梁上的支座垫石上用墨线按设计要求弹出各个支座的中心线位置(横桥方向和顺桥方向的位置)。

(2)把支座预先摆放在支座垫石上(对着弹出的中心线摆好),然后采用架桥机把小箱梁安装在支座上,完成支座的安装。

(3)对于箱梁连续端,安装箱梁时需配备临时支座,待体系转换完毕后,由板式橡胶支座受力,取掉临时支座。

2. 支座安装应注意事项

(1)橡胶支座在安装前,应检查产品合格证书中有关技术性能指标,如不符合设计要求时,不得使用。

(2)预制小箱梁在架设前,应在梁场内将支座预埋钢板底的泥浆、混凝土残渣等凿除干净,并在梁头的纵横两个方向弹出支座中心线,对于滑动支座上的不锈钢板,应在梁场内用环氧树脂加压黏结牢固。

(3)安装前应将支座垫石接触面处理干净,顶面要求高程准确,表面平整,同一片梁在考虑纵坡后其相邻墩垫石顶面高程的相对误差不得超过3mm,避免支座发生偏歪,不均匀受力和脱空现象。

(4)将设计图上标明的支座中心位置标在支座垫石及橡胶支座上,橡胶支座准确安放在支座垫石上,要求支座中心线同支座垫石中心线相重合。

(5)当墩、台两端高程不同,顺桥向有纵坡时,支座安装方法应按设计规定办理。同时注意左右幅边梁的吊运方向及有伸缩缝处梁端的方向,以避免装错车给吊梁引起的不便。

(6)小箱梁安放时,必须仔细,使其就位准确且与支座密贴,就位不准时,或支座与梁板不密贴时,必须吊起,采取措施铺干水泥或垫不锈钢板使支座位置限制在允许偏差内,不得用撬棍撬梁。

(7)对于箱梁的连续端,在顶板预应力未张拉前,临时支座受力,板式橡胶支座禁止受力。

(8)临时支座在顶板负弯矩预应力施工完成后解除。

NS03-NS05 联小箱梁支座类型及数量统计表 表 3-3-9

支座类型	数量	备注
$GYZF_4275\times65$(NR)	120	适用于 N14,N22,N30,N38
$GYZF_4375\times77$(NR)	120	适用于 N15,N21,N23,N29,N31,N37
$GYZ_375\times77$(NR)	300	适用于 N16-N20,N24-N28,N32-N36

3.架梁施工工艺

架梁准备→架桥机拼装及试吊→架桥机纵移过孔就位→运箱梁→架桥机起吊箱梁就位→重复架梁过程直至→孔架设完毕→架桥机过孔至下一孔→继续架梁。

架桥机架设小箱梁施工流程(工况 1~5)如图 3-3-48 所示。

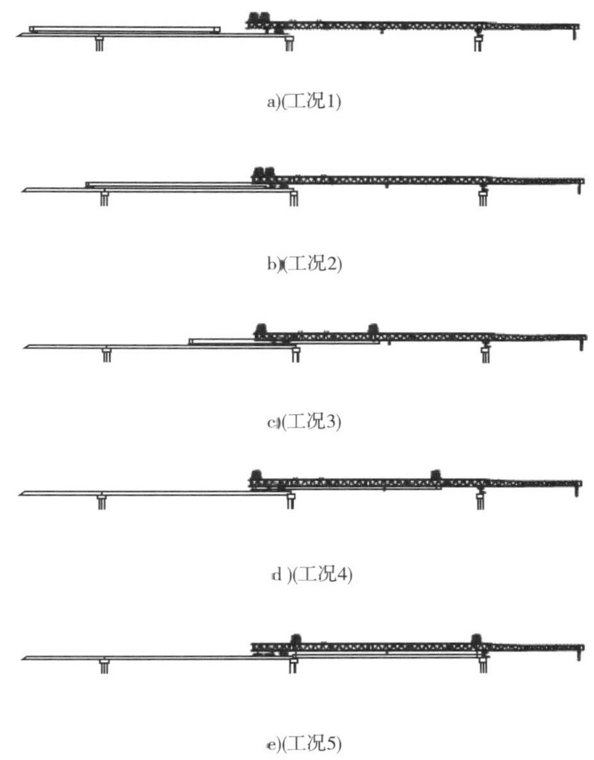

图 3-3-48 架桥孔架设小箱梁施工流程图

(1)工况 1:将小箱梁通过龙门吊移至运梁车上,运至架桥机尾部。

(2)工况 2:前后起重行车均退到架桥机尾部,前起重行车(即 1 号起重行车)吊起架桥机前端。

(3)工况 3:后移梁车和 1 号起重行车同步前移。

(4)工况 4:当箱梁后端移至 2 号起重行车正下方时,2 号起重行车起重梁体,两车同时吊梁前移动。

(5)工况 5:两起重行车同时载梁至架梁段,落梁、就位。

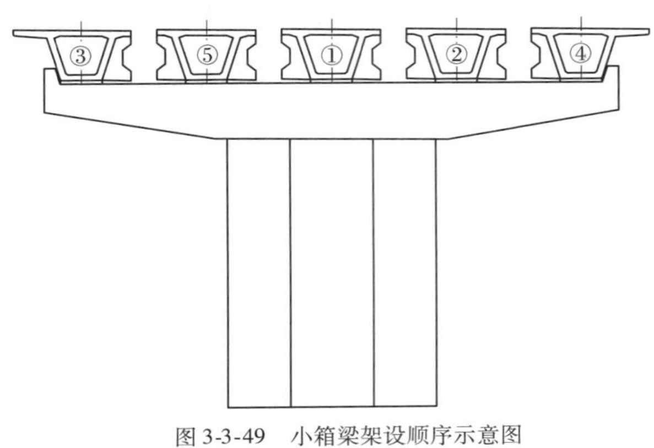

图 3-3-49　小箱梁架设顺序示意图

4. 架梁顺序

架梁顺序应尽量保证盖梁两侧均匀加载，且不会出现过大偏心扭矩，因此对于标准跨 10 片梁的截面，出于安全和对称架梁考虑，单幅架梁顺序如图所示，左右幅架梁顺序对称。小箱梁架设顺序示意如图 3-3-49 所示。

架设后应加强横向临时支撑措施，确保梁体竖直，并及时连接横隔板和梁翼缘板的预留钢筋，以增强箱梁的稳定和形成整体受力。对于斜交角度不大的梁，可以通过调整钢丝绳的长度以及横梁上天车的位置来调整小箱梁的位置，满足架梁的需要。

5. 落梁安装

初步定位后开始下落箱梁，箱梁下落至距支承垫石 50cm 时减缓下落速度，检查箱梁底部十字线与支承垫石顶面十字线之间的偏差，调整天车后下落箱梁至墩顶支座上，保证一次落梁到位。避免梁的左右、前后摆动。如果梁的落点有偏差，可通过架桥机适当调整箱梁位置。

落梁后应对准支座中心十字线，测量梁体垂直度及梁顶高程应满足设计要求。

6. 架梁注意事项

（1）吊装前应对预制梁进行全面的质量检查，对装运过程中产生缺陷变形的预制梁予以矫正，处理符合要求方可使用。

（2）起吊前天车、吊具及梁体点必须对中，防止起吊时梁体发生纵、横向联合晃动，吊具与吊点的连接应保证 4 个吊点均匀受力，防止梁体受扭。

（3）架桥机就位后要检查各支点支承情况。架桥机抬梁体时，起重天车的走行和起吊速度应何持一致，尽量防止梁倾斜。

（4）设专人分工观察架桥机各主要受力部位和运转机械状况，如发现异常情况或声响，应立即停车检查。开始起吊时使梁体稍离开支承面，确认各部无误及梁体与架桥无晃动时，两台起重天车同时平稳提升。应时刻注意梁体水平及上述天车、吊具及梁体吊点的同点问题。

（5）严格防止起吊过程中的梁体与墩身、其他梁本或物件相碰撞，落梁时应保持前后端平衡，同步均匀下落至接近支承座。

（6）计算选择起重后钢丝绳，安全系数不得小于 6。钢丝绳应能紧密有序地排在卷筒上，防止钢丝绳槽的上层钢丝绳卡入下层钢丝绳。为避免提升或走行过限，应设限位器。卷扬机钢丝绳放出到最大限度时，卷筒上应至少留有 4 圈钢丝绳。

（7）存、运梁在墩顶、箱梁翼板处设置支撑点，以保证箱梁的稳定性。

（8）遇 6 级及大于 6 级的大风、大雾、大雷雨、夜间照明不足等施工条件，停止架梁作业。

（9）架梁人员必须经过培训上岗，明确分工，统一指挥。信号、手势必须明确，操作必须灵敏。

（10）高空作业人员必须穿防滑鞋，吊装梁体、人攀登、常行走的危险位置不得沾染油污，若有油污应及时处理。

五、体系转换和桥面系施工

（一）NS03-NS05 联体系转换和桥面系施工顺序

1. 体系转换

通过架桥机架设的构件一般均为简支结构体系，需要按设计要求进行体系转换。即浇筑纵横湿接缝并张拉桥面预应力钢筋，形成整体连续结构体系。

体系转换共需4步,具体如下:

第一步:连接接头段钢筋,绑扎横梁钢筋,设置接头段顶板束波纹管并穿束。在日温最低时,浇筑连续接头、中横梁。

第二步:拆除连续接头、跨中横梁处模板,连接桥面板湿接缝钢筋,在日温最低时,浇筑湿接缝混凝土。

第三步:混凝土达到设计强度的85%后,且混凝土龄期不小于7d时,按照设计图纸,要求的顺序张拉顶板负弯矩预应力钢束,并压注水泥浆。

第四步:连接顶板钢束张拉预留槽口处的钢筋后,现浇桥面现浇层混凝土,浇筑完成后拆除一联内临时支座,完成体系转换。

2. 桥面系施工顺序如图3-3-50

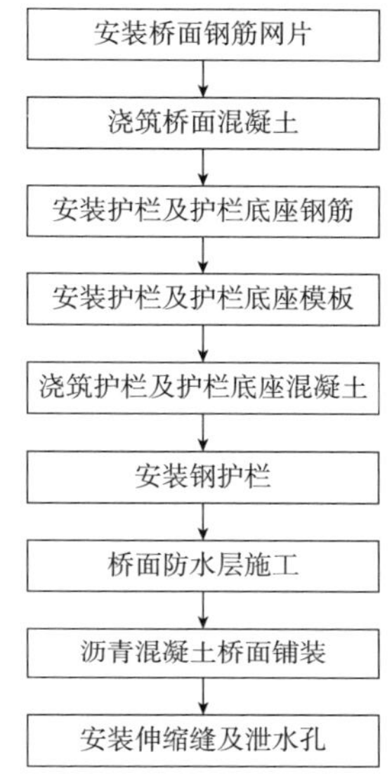

图3-3-50 桥面系施工工艺框图

(二)横向湿接缝施工

(1)箱梁中心线及高程复测、调整;
(2)梁断面凿毛;
(3)永久支座安装就位;
(4)底模支立;
(5)钢筋绑扎;
(6)侧模支立;
(7)预应力束布设;
(8)混凝土浇筑;
(9)养生;
(10)预应力施工。

(三)纵向湿接缝施工

(1)梁边打毛;
(2)底模支立;
(3)钢筋绑扎;
(4)混凝土浇筑;
(5)养生。

(四)体系转换

(1)一联全部浇筑完毕,湿接缝混凝土达到设计强度,张拉压浆完毕后,即进行梁体体系转换。采取掏砂筒抽取临时支座方式进行,具体如下:

①搭设墩柱两侧人行跳板,以方便操作人员上、下操作。

②抽取临时支座插片,掏出砂筒内部分黄沙,使砂筒盖在自重下落,脱离梁体支撑点,掏沙时尽量做到四个支点同时下降,减少梁的附加应力。

③取出砂筒并置于指定地方。

(2)预留张拉槽口的浇筑。

在预留张拉端槽口内将原切断钢筋按规范焊接要求凿出相应长度后进行焊接连接,焊接采用单面焊或帮条焊。采用吊模方式进行槽口的模板制立工作。

(3)简支变连续,沙桶(即箱梁临时支座)拆除采取隔端拆除的方法。

科研、试验与创新

第一章　椒江二桥斜拉桥新型组合主梁设计与施工关键技术研究

组合结构桥梁以其整体受力的经济性,发挥两种材料各自优势的合理性以及便于施工的突出优点,在欧、美、日的桥梁建设中占有重要地位,取得了世人瞩目的成就。我国的组合结构桥梁在研究、设计、施工等方面与国外都存在明显的差距,相关基础理论研究滞后,系列化、系统性的试验研究较少,目前国内交通行业并无专门的组合结构设计规范可供参考。尽管近20年我国建造了一定数量的组合结构桥梁,但组合梁的斜拉桥比例较少。斜拉桥中组合梁的形式比较单一,南浦大桥开始使用了梁格式钢梁与混凝土桥面板组合梁形式后,国内的一大批大跨径斜拉桥的主梁采用了这种组合梁形式,后来东海大桥的主梁为了适应重型车辆的运输特点采用了封闭组合梁截面形式。椒江二桥主桥的主梁为分离式半封闭双箱组合梁,与以往的斜拉桥组合梁形式不同。针对椒江二桥的结构特点与建设需求,开展系列化、系统性的分析与试验研究,能够为促进我国组合结构桥梁健康发展作出贡献。

第一节　组合梁整体受力分析

计算内容主要包括全桥结构在恒载、活载(车道荷载)、混凝土收缩徐变、系统均匀温度和不均匀温差等荷载的作用下所产生的内力以及应力。采用空间杆系有限元方法分析,计算模型如图4-1-1所示,主梁简化为由刚臂连接的空间三梁单元,索塔采用空间梁单元,拉索简化为杆单元,主梁单元与拉索间采用刚臂连接。

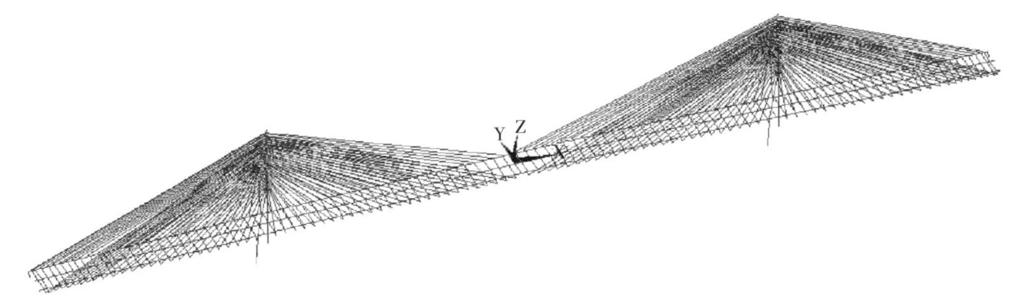

图4-1-1　有限元整体模型

一、计算条件和荷载

(一)计算假定

对斜拉桥的整体分析作如下计算假定:

(1)忽略施工中的施工荷载,如施工人员、施工设备、施工桥面板工具索等荷载;

(2)计入斜拉索垂度引起的几何非线性效应,忽略塔梁大变形的影响;

(3)不计入索塔不均匀沉降与支座变位效应。

(二)计算荷载

材料:主梁混凝土C60;桥塔C50;基础C30。二期恒载:95.0kN/m(防撞栏杆2.0kN/m/侧,人行道栏杆1.5kN/m/侧,铺装9cm沥青混凝土)。斜拉索布置图如图4-1-2所示,其对应的成桥索力见表4-1-1。

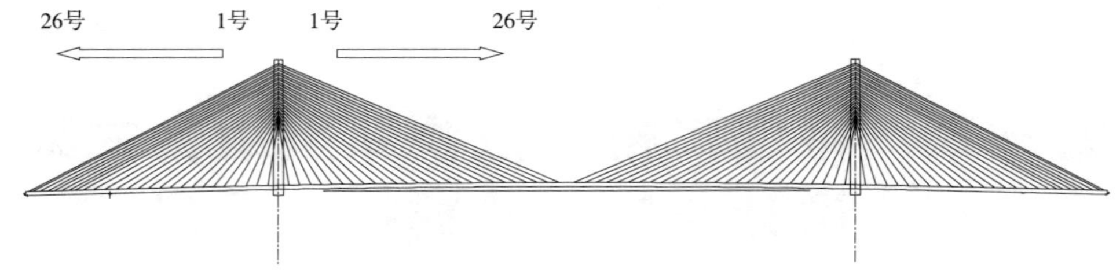

图 4-1-2　斜拉索布置图

恒载成桥索力表(单位:kN)　　表 4-1-1

拉索编号	边跨		拉索编号	中跨	
	索力	拉索型号		索力	拉索型号
A1	3376	PES7 – 199	J1	3324	PES – 199
A2	2810	PES7-151	J2	2764	PES-151
A3	2653	PES7-151	J3	2648	PES-151
A4	2756	PES7-151	J4	2692	PES-151
A5	2853	PES7-151	J5	2722	PES-151
A6	2944	PES7-151	J6	2800	PES-151
A7	3149	PES7-151	J7	3078	PES-151
A8	3294	PES7-151	J8	3187	PES-151
A9	3701	PES7-199	J9	3385	PES-199
A10	3798	PES7-199	J10	3508	PES-199
A11	3873	PES7-199	J11	3583	PES-199
A12	4252	PES7-241	J12	3945	PES-241
A13	4424	PES7-241	J13	4099	PES-241
A14	4605	PES7-241	J14	4275	PES-241
A15	4809	PES7-241	J15	4474	PES-241
A16	5073	PES7-241	J16	4589	PES-241
A17	5042	PES7-241	J17	4720	PES-241
A18	4757	PES7-241	J18	4881	PES-241
A19	5030	PES7-241	J19	5079	PES-241
A20	5200	PES7-241	J20	5298	PES-241
A21	5192	PES7-241	J21	5328	PES-241
A22	5500	PES7-283	J22	5710	PES-283
A23	5620	PES7-283	J23	5802	PES-283
A24	5823	PES7-283	J24	5935	PES-283
A25	6170	PES7-313	J25	6204	PES-313
A26	6397	PES7-313	J26	6263	PES-313

二、恒载作用

(一)整体变形

在一期和二期恒载作用下,结构变形图如图 4-1-3 所示,跨中最大竖向变形为 0.40m,约为主跨的 1/1200。

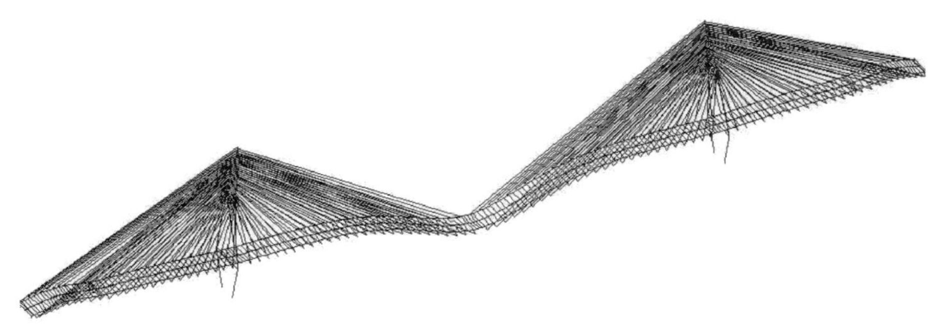

图 4-1-3 恒载作用变形图

(二)主梁内力

在恒载(包括二期恒载)作用下,混凝土桥面板和钢主梁(单根)的轴力图见图 4-1-4。由图可知,在索塔处,主梁轴力出现最大值,钢梁轴向压力最大值约为 -26700kN,混凝土桥面板轴向压力最大值为 -125000kN左右,比例为 1:4.68。(注:本章内力、应力图中,横坐标 0m 为中跨中,主墩位于 ±240m,辅助墩位于 ±380m)

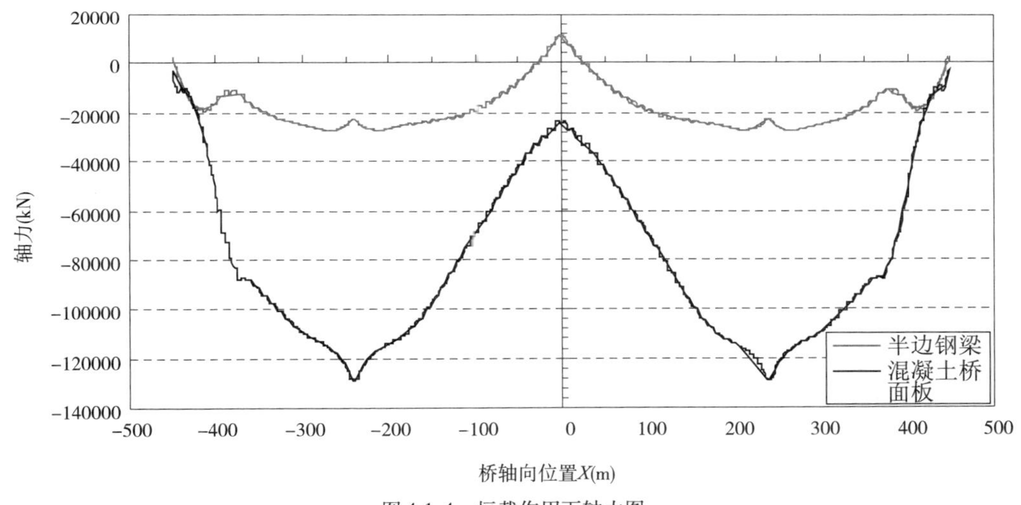

图 4-1-4 恒载作用下轴力图

图 4-1-5 为混凝土桥面板和钢主梁(单根)在恒载(包括二期恒载)作用下的弯矩图。由图可知,钢梁的边跨和跨中出现正弯矩,大小约为 5018kN · m;在边墩附近和距离跨中约 100m 处出现负弯矩,最大值约为 -9420kN · m;混凝土桥面板在边跨和辅助墩处出现负弯矩,最大值约为 -2550kN · m,其他部分弯矩较小。

(三)恒载作用应力

图 4-1-6 为恒载(包括二期恒载)作用下主梁沿桥轴向正应力图。由图可知,混凝土桥面板在全桥范围内受压,不出现拉应力,最大正应力约为 -12.5MPa,跨中区域正应力约为 -2.67MPa;钢主梁在边墩附近及跨中区域出现拉应力,其余区段为压应力,最大压应力大小约为 -78MPa,最大拉应力约为 60.6MPa。

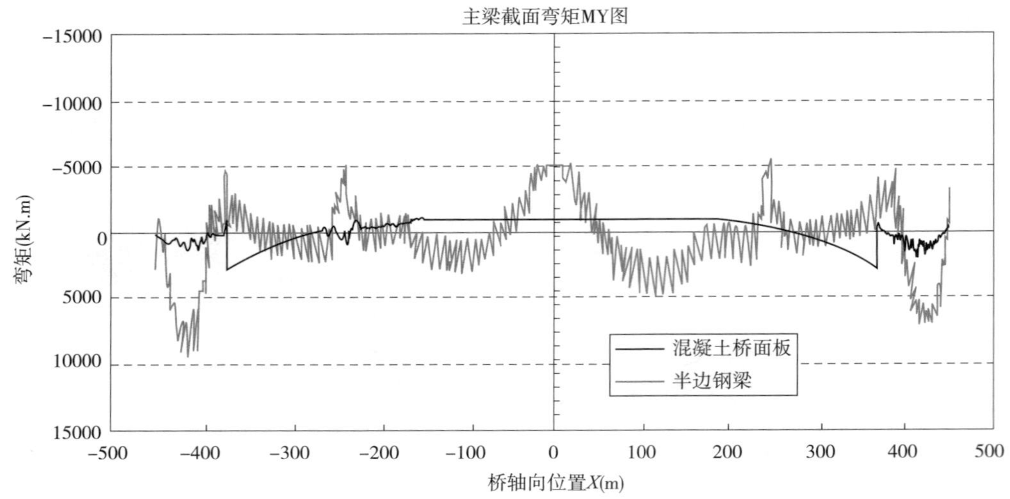

图 4-1-5　恒载作用下截面弯矩图

注：图中弯矩的正负号是按照有限元程序设定，与工程习惯正好相反。

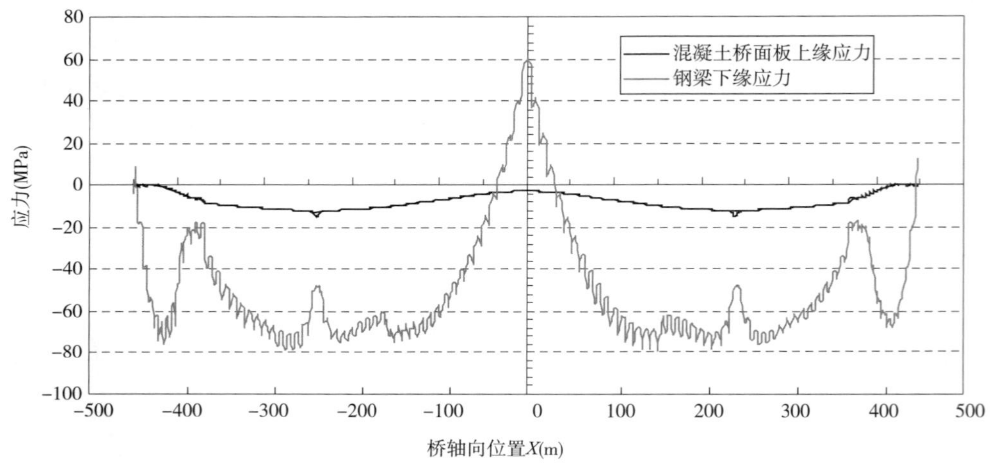

图 4-1-6　恒载作用下截面桥轴向正应力图

注：钢主梁最大压应力 -78MPa，跨中最大拉应力 60.6MPa；混凝土板最大压应力 -12.5MPa。

三、预应力作用

纵向预应力包括通长束和局部加密预应力，全桥通长束为预应力粗钢筋，张拉应力 675MPa，规格 $\phi32$；辅助墩前后 34m 范围内设置 30 束预应力钢绞线，张拉应力 1395MPa，规格 12 - $\phi_j15.2$，跨中合龙段设置 22 束预应力钢绞线，张拉应力 1395MPa，规格 12 - $\phi_j15.2$，全桥不设置横向预应力，参见图 4-1-7。由于预应力筋局部加密，主梁轴力和弯矩出现突变，在辅助墩处出现最大轴向压力和最大正负弯矩。

在预应力荷载作用下，钢梁轴向压力最大值出现在辅助墩处，约为 -8311kN；混凝土桥面板轴向压力最大值为 -60000kN 左右，比例为 1:7.21；钢梁最大正弯矩约为 2800kN·m，最大负弯矩为 -3200kN·m 左右；混凝土桥面板负弯矩最大值为 -2000kN·m 左右。

混凝土桥面板在全桥范围内受压，不出现拉应力，最大正应力出现在辅助墩附近，约为 -5.5MPa，跨中区域正应力约为 -4.59MPa；钢主梁大部分区域为压应力，最大压应力大小约为 -24MPa，最大拉应力出现在边墩附近，约为 7.5MPa。参见图 4-1-7d)。（钢主梁辅墩最大压应力 -24MPa，边墩最大拉应力 7.5MPa；混凝土板辅墩最大压应力 -5.5MPa。）

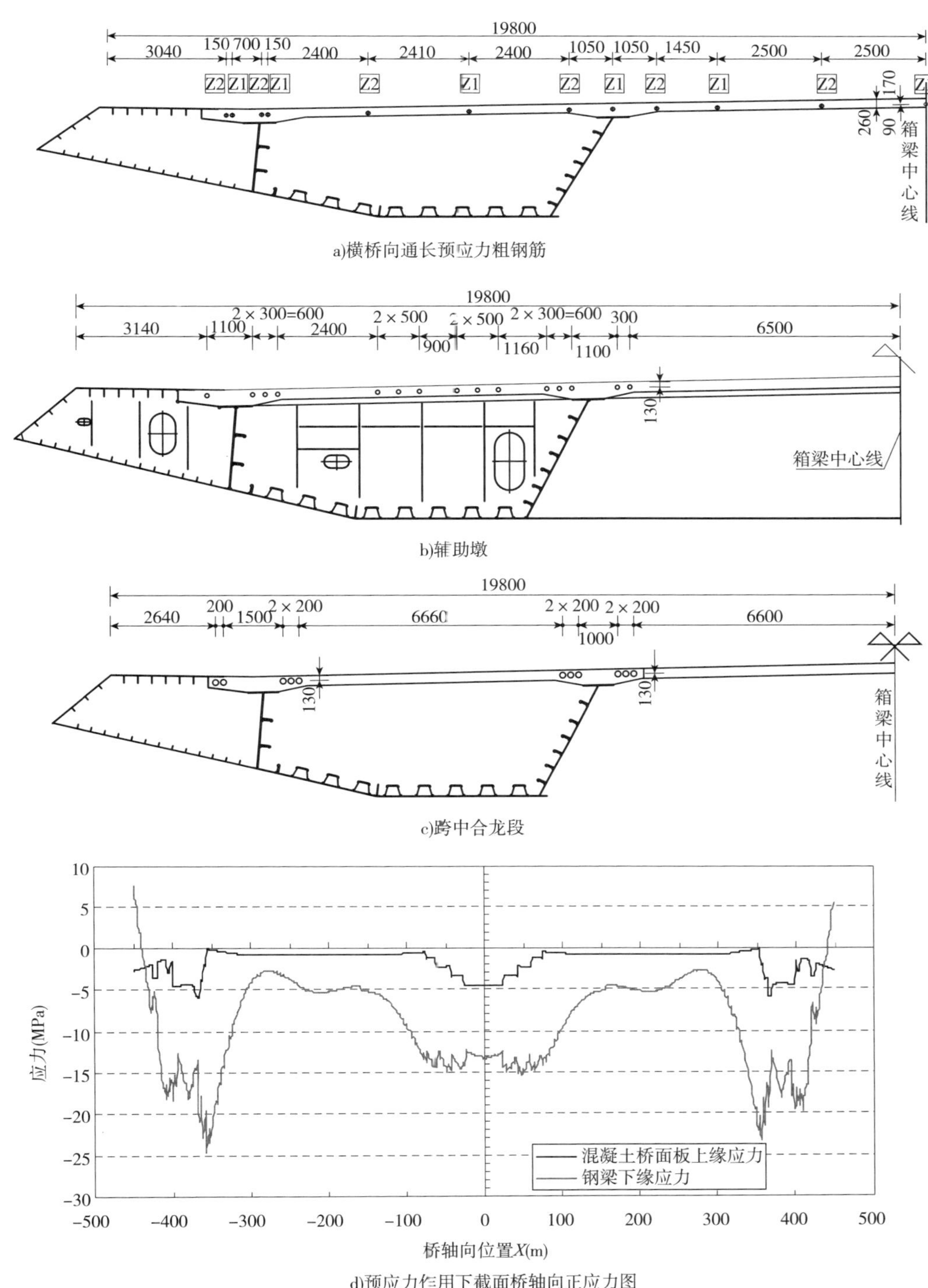

图 4-1-7 预应力布置图(尺寸单位:mm)

四、活载作用

活载按辅助墩处最大负弯矩影响线的最不利工况施加车道荷载,集中力加在最大峰值处,得到活载作用下混凝土桥面板在辅助墩处出现最大轴拉力,约为 30000kN;钢梁在辅助墩处出现最大轴压力,约 −12000kN。该工况下,主梁截面正应力如图 4-1-8 所示,钢主梁在辅助墩处应力出现峰值,约为

-44MPa;而混凝土桥面板的桥轴向正应力最大值不超过 3.0MPa。(辅助墩处钢主梁最大压应力 -44MPa,最大拉应力 30MPa;混凝土板最大拉应力 +3.0MPa)

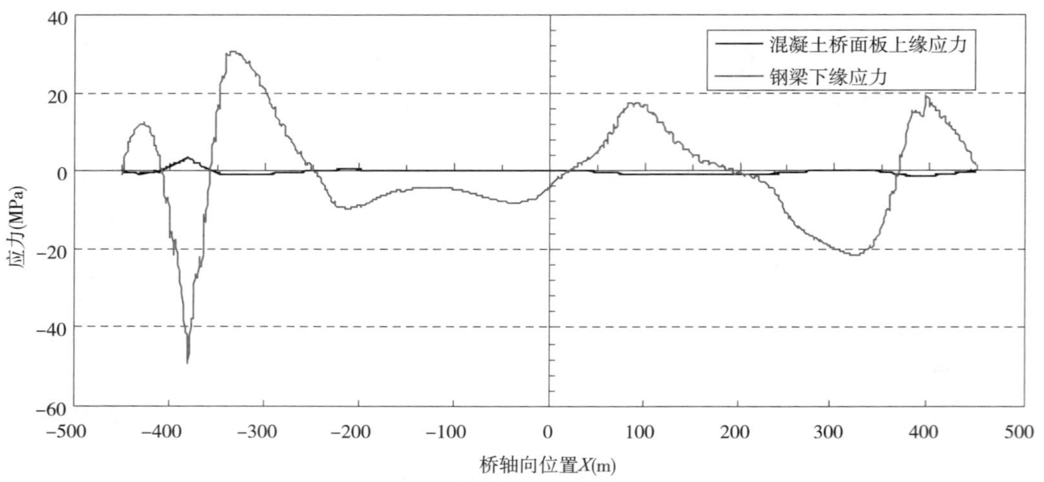

图 4-1-8 辅助墩最大负弯矩时截面正应力图

活载按塔根处最大轴力影响线的最不利工况施加车道荷载,集中力加在最大峰值处,得到在该工况活载作用下,混凝土桥面板和钢梁的最大轴压力均出现在塔根处,其大小分别为 -15000kN 和 -5000kN。该工况下,主梁截面桥轴向正应力分布如图 4-1-9 所示,在索塔附近,钢主梁下缘出现压应力峰值,约为 -16MPa;在跨中附近,出现拉应力最大值,约为 22MPa。混凝土桥面板相对于钢主梁应力很小,最大压应力不超过 -1.38MPa。(钢主梁塔根处下缘最大压应力 -16MPa、跨中最大拉应力 22MPa;混凝土板最大压应力仅 -1.38MPa。)

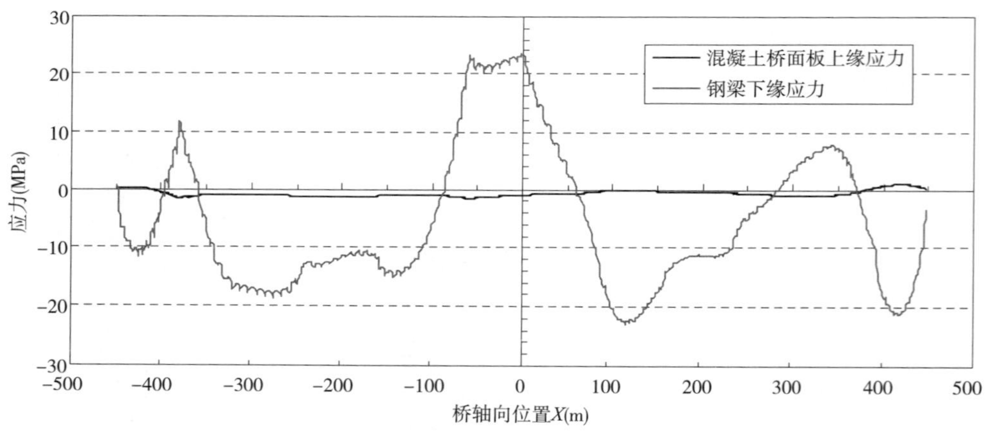

图 4-1-9 塔根处最大轴力时截面正应力图

活载按跨中截面最大正弯矩影响线的最不利工况施加车道荷载,集中力加在最大峰值处,得到活载作用下混凝土桥面板在辅助墩处和跨中断面出现较大的轴压力,最大值约为 -18000kN;钢梁的最大轴拉力均出现在跨中,其大小约为 9000kN。该工况下,主梁截面桥轴向正应力分布如图 4-1-10 所示,钢梁下缘压应力最大值出现在跨中处,约为 48MPa,钢梁下缘最大压应力出现在距跨中 100m 位置处,约为 -21MPa。混凝土桥面板的上缘正应力较小,且均为压应力,最大值不超过 2.0MPa。(钢主梁跨中处下缘最大拉应力 48MPa,距中跨中约 100m 位置处下缘最大压应力 -21MPa;混凝土板上缘受压应力仅为 -2.0MPa。)

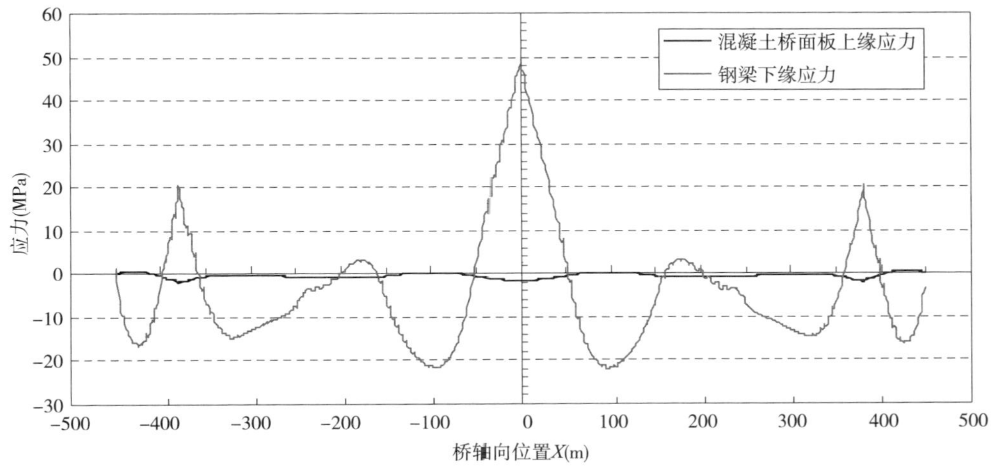

图 4-1-10　跨中最大正弯矩时截面正应力图

五、收缩徐变作用

采用按龄期调整有效弹性模量法，混凝土的加载龄期按 120d 计算。由于成桥 10 年后收缩徐变基本稳定，其产生的次内力变化也基本趋于平缓，混凝土的收缩徐变作用对主梁受力的影响按成桥后 10 年计算。假设收缩徐变时环境平均相对湿度 75%，水泥种类系数 5，收缩开始时混凝土龄期为 5d，得到混凝土的收缩应变和徐变系数随时间变化的曲线，如图 4-1-11 所示。

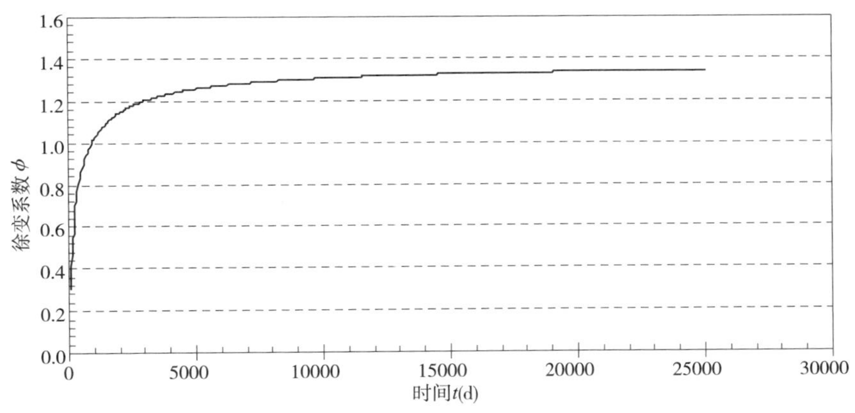

图 4-1-11　徐变系数随时间变化图

由于收缩徐变作用，混凝土桥面板受拉，钢主梁受压。混凝土 10 年的收缩徐变作用下，在索塔处，混凝土桥面板最大轴向拉力为 -58000kN，钢主梁最大轴向压力为 25000kN。收缩徐变作用对钢主梁的截面弯矩影响较大，而混凝土桥面板弯矩影响较小。钢梁在辅助墩附近出现负弯矩峰值，最大负弯矩约为 -2800kN · m，最大正弯矩出现在边墩附近，最大正弯矩约为 5800kN · m。混凝土桥面板最大负弯矩出现在辅助墩处，约为 -2000kN · m。

收缩徐变作用下，混凝土桥面板和钢梁的应力分布如图 4-1-12 所示，混凝土桥面板的上缘最大拉应力约为 5.45MPa，钢主梁下缘最大压应力发生在索塔处，约为 -70MPa。由于收缩徐变使得混凝土桥面板产生拉应力，混凝土板的最大正应力由成桥初期的 -15MPa 下降到 -9MPa。钢主梁最大压应力由成桥初期的 -76MPa 增加到 -150MPa，约增加 92%。（索塔辅墩钢主梁下缘最大压应力 -70MPa，混凝土板上缘最大拉应力 5.45MPa。）

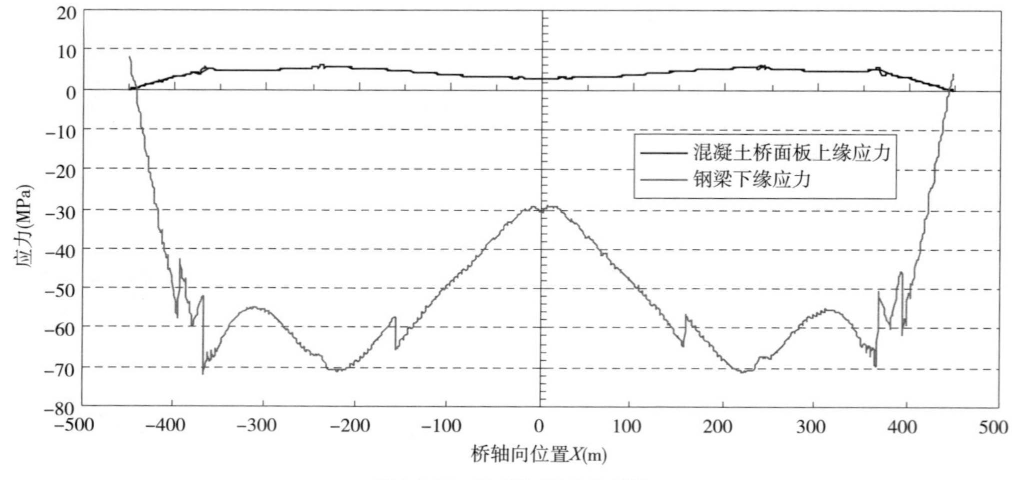

图 4-1-12　收缩徐变正应力图

六、温度梯度作用

考虑温度梯度时，按照混凝土桥面板升降温 ±15℃，钢箱梁温度为 0℃。

混凝土桥面板升温 15℃，钢主梁受拉，混凝土桥面板受压，混凝土桥面板的最大轴拉力为 -24000kN，钢梁的最大轴压力为 11000kN。正温度梯度作用下，主梁受力沿纵向变化不大。混凝土桥面板升温 15℃，混凝土桥面板弯矩很小。钢主梁弯矩在边墩处出现负弯矩峰值，最大负弯矩约为 -4500kN · m，在辅助墩附近出现正弯矩峰值，约为 1800kN · m。混凝土桥面板升温 15℃，钢主梁下缘正应力和混凝土桥面板上缘正应力分布如图 4-1-13 所示。钢主梁下缘最大拉应力发生在辅助墩附近处，约为 31. 0MPa；混凝土最大压应力不超过 -2. 0MPa，且分布很均匀。（索塔辅墩钢主梁下缘最大拉应力 31MPa，混凝土板上缘最大压应力 -2. 0MPa。）

混凝土桥面板降温 15℃，所得结果与桥面板升温 15℃的应力符号相反、数值相等、分布规律相同。

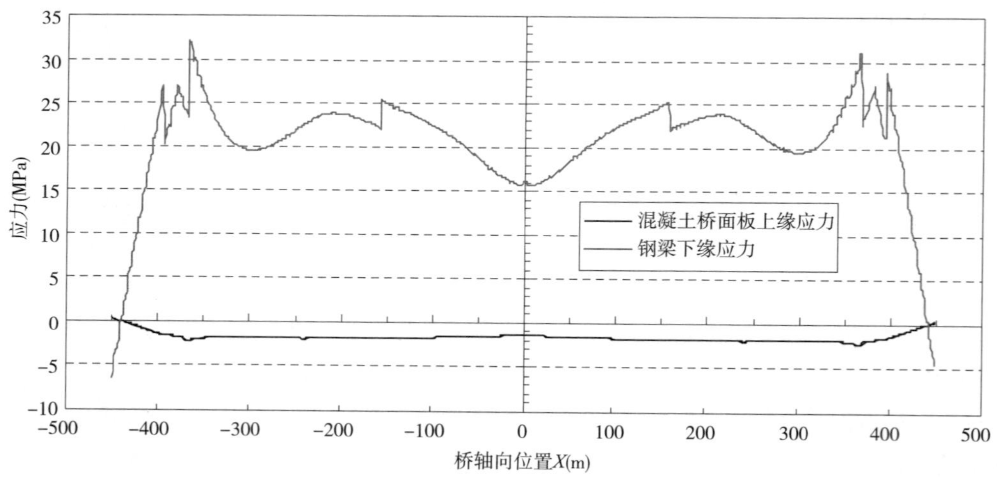

图 4-1-13　正温度梯度截面正应力图

七、均匀温差

考虑均匀温差，整体升温为 26. 3℃，整体降温为 -29. 4℃。

整体升温 26. 3℃，混凝土桥面板受拉，钢主梁受压。最大拉力和压力都发生在辅助墩处，其大小分别约为 4000kN 和 -7600kN，且两者变化趋势基本一致。整体升温荷载作用下，混凝土桥面板最大正弯矩值出现在辅助墩处,且存在突变,约为4000kN·m,在跨中区域为负弯矩区,且分布较均匀,最大负弯矩约为-1600kN·m。钢梁在辅助墩区域附近出现弯矩峰值,最大正弯矩为1500kN·m,最大负弯矩为-1000kN·m,其余部分均较小。整体升温26.3℃,混凝土桥面板上缘应力很小,最大应力不超过0.9MPa。钢主梁下缘压应力最大值出现在辅助墩附近,约为-14MPa。辅墩处钢主梁下缘最大压应力-14MPa,混凝土板上缘最大拉应力+0.9MPa。截面正应力变化如图4-1-14所示。

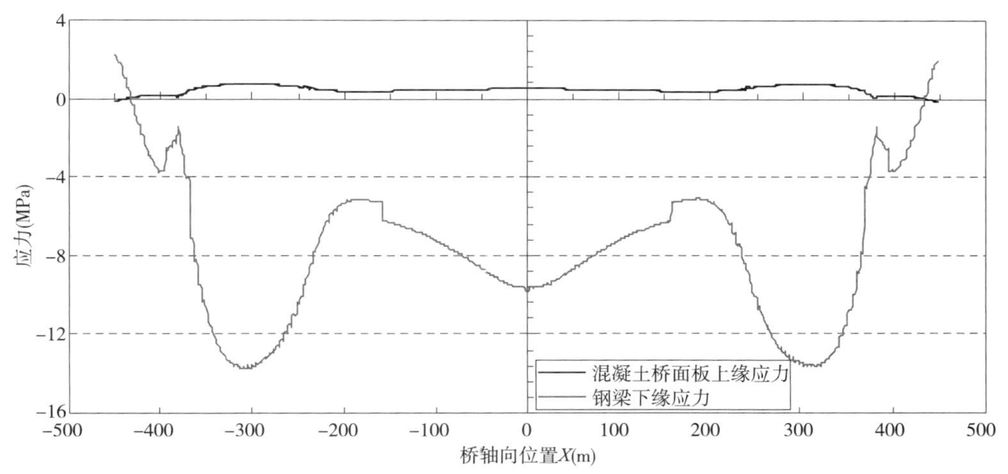

图4-1-14 均匀升温截面正应力图

整体降温-29.4℃,混凝土桥面板受压,钢主梁受拉。最大轴拉力和轴压力都发生在辅助墩附近,大小分别约为-8200kN和4500kN,两者变化趋势基本一致。整体降温荷载作用下,混凝土桥面板最大负弯矩值出现在辅助墩处,且存在突变,约为-4500kN·m,在跨中区域为正弯矩区,且分布较均匀,最大负弯矩约为1800kN·m。钢梁在辅助墩区域附近出现弯矩峰值,最大负弯矩为-1800kN·m,最大正弯矩为1000kN·m,其余部分均较小。整体降温-29.4℃,应力符号与整体升温相反、分布规律相同。混凝土桥面板上缘应力很小,最大压应力不超过-1.0MPa。钢主梁下缘拉应力最大值出现在跨中处,约为18MPa。

八、应力组合

(一)正常使用状态短期组合

正常使用状态短期荷载主要包括恒载、主梁预应力、活载、混凝土桥面板与钢梁的温差及混凝土的收缩徐变,按照《公路桥涵设计通用规范》的相关规定进行组合,短期荷载组合如下:

组合1:1.0×恒载+0.7×活载最小+1.0×预应力+1.0×收缩徐变+0.8×温差升温。

组合2:1.0×恒载+0.7×活载最小+1.0×预应力+1.0×收缩徐变+0.8×温差降温。

组合3:1.0×恒载+0.7×活载最大+1.0×预应力+1.0×收缩徐变+0.8×温差升温。

组合4:1.0×恒载+0.7×活载最大+1.0×预应力+1.0×收缩徐变+0.8×温差降温。

1.混凝土桥面板上缘应力

对于正常使用状态短期组合作用下,混凝土桥面板在边墩附近出现拉应力,约为1.38MPa,其余区域基本不出现拉应力,混凝土板上缘最大压应力出现在塔根附近及辅助墩区域,最大值约为-12MPa,如图4-1-15所示。

2.钢主梁下缘应力

对于正常使用状态短期组合作用下,钢梁下翼缘应力在边跨和跨中区域出现拉应力,其他区域均为压应力,最大拉应力出现在跨中区域,大小约为53MPa,最大压应力不超过-174MPa,如图4-1-16所示。

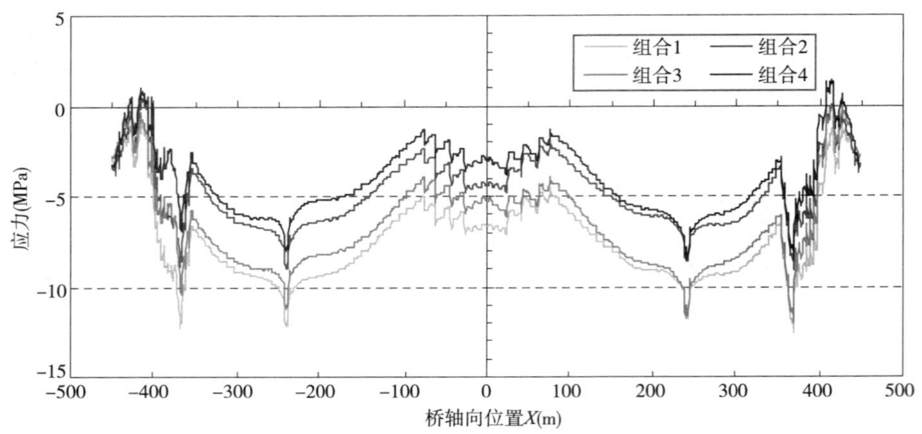

图 4-1-15　混凝土桥面板桥轴向正应力图

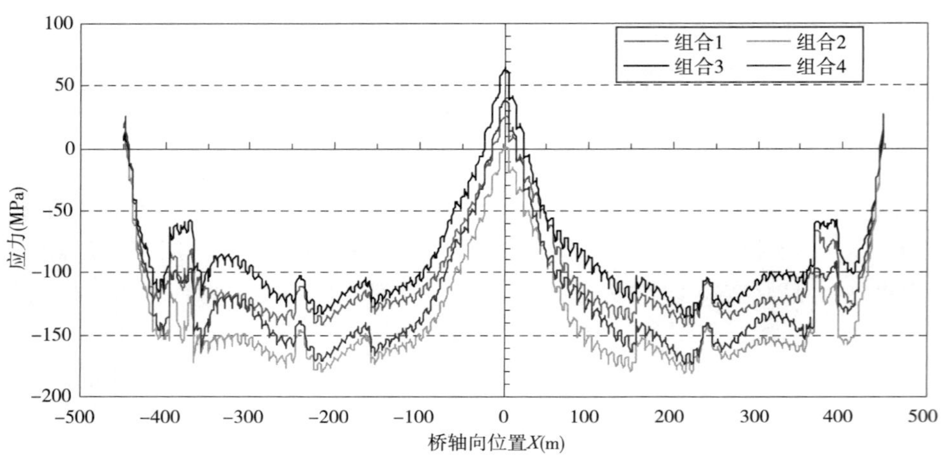

图 4-1-16　钢梁下翼缘桥轴向正应力图

(二)正常使用状态长期组合

按照 JTG D62—2004《公路钢筋混凝土及预应力混凝土桥涵设计规范》6.3 条规定，正常使用状态长期荷载主要包括恒载、主梁预应力、活载及混凝土的收缩徐变，并按照《公路桥涵设计通用规范》的相关规定进行组合，长期荷载组合如下：

组合 1：1.0×恒载+0.4×活载最小+1.0×预应力+1.0×收缩徐变。

组合 2：1.0×恒载+0.4×活载最大+1.0×预应力+1.0×收缩徐变。

1. 混凝土桥面板上缘应力

对于正常使用状态长期组合作用下，混凝土桥面板在边墩附近出现拉应力，约为 0.4MPa，其余区域基本不出现拉应力，混凝土板上缘最大压应力出现在塔根附近及辅助墩附近，最大值约为 -10MPa，如图 4-1-17所示。

2. 钢主梁下缘应力

对于正常使用状态长期组合作用下，钢梁下翼缘应力在边跨和跨中区域出现拉应力，其他区域均为压应力，最大拉应力出现在跨中区域，大小约为 43MPa，最大压应力不超过 -151MPa，如图 4-1-18所示。

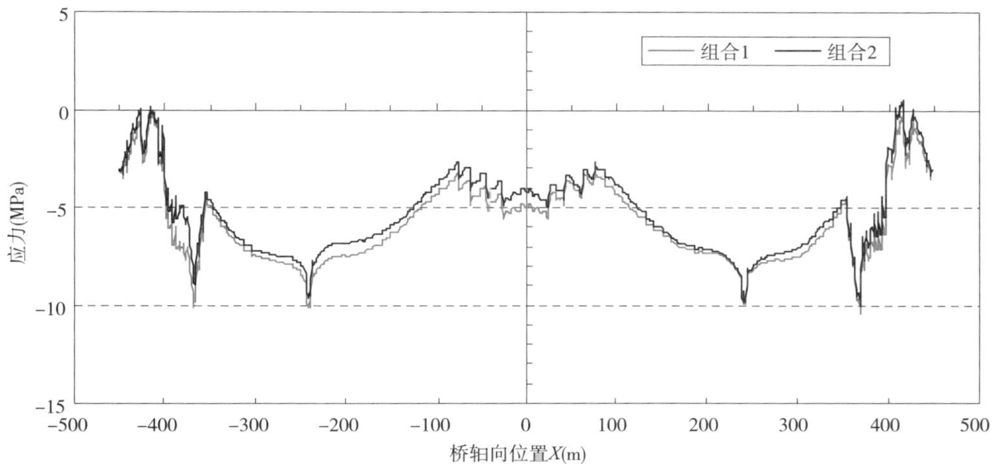

图 4-1-17 混凝土桥面板桥轴向正应力图

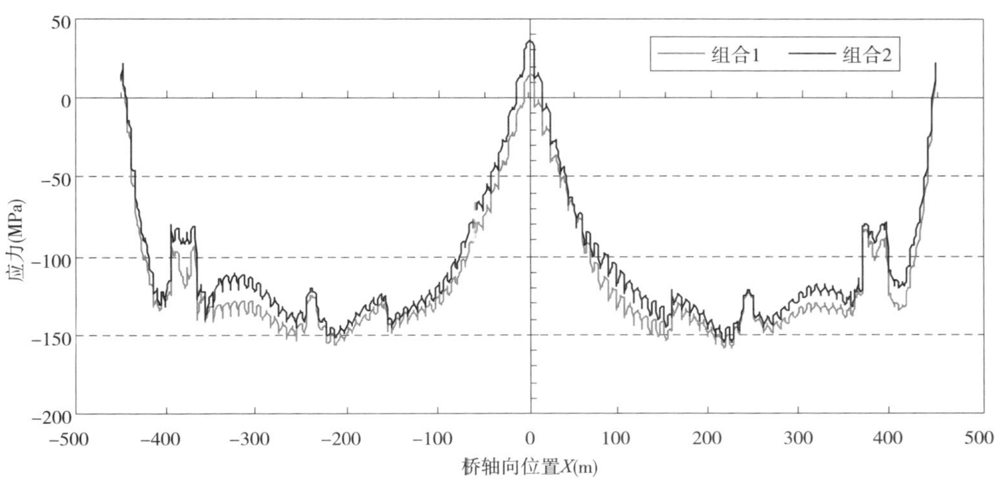

图 4-1-18 钢梁下翼缘桥轴向正应力图

(三)标准组合

组合 1:恒载 + 活载最小 + 预应力。

组合 2:恒载 + 活载最大 + 预应力。

组合 3:恒载 + 活载最小 + 预应力 + 收缩徐变。

组合 4:恒载 + 活载最大 + 预应力 + 收缩徐变。

组合 5:恒载 + 活载最小 + 预应力 + 收缩徐变 + 温差升温。

组合 6:恒载 + 活载最小 + 预应力 + 收缩徐变 + 温差降温。

组合 7:恒载 + 活载最大 + 预应力 + 收缩徐变 + 温差升温。

组合 8:恒载 + 活载最大 + 预应力 + 收缩徐变 + 温差降温。

1. 混凝土桥面板上缘应力

对于标准组合作用下,混凝土桥面板在边墩附近出现拉应力,约为 1.75MPa,其余区域基本不出现拉应力,混凝土板上缘最大压应力出现在塔根附近和辅助墩附近,最大值约为 -17MPa,如图 4-1-19 所示。

2. 钢主梁下缘应力

对于标准组合作用下,钢梁下翼缘应力在边跨和跨中区域出现拉应力,其他区域均为压应力,最大拉应力出现在跨中区域,大小约为 94.5MPa,最大压应力不超过 -176.8MPa,如图 4-1-20 所示。

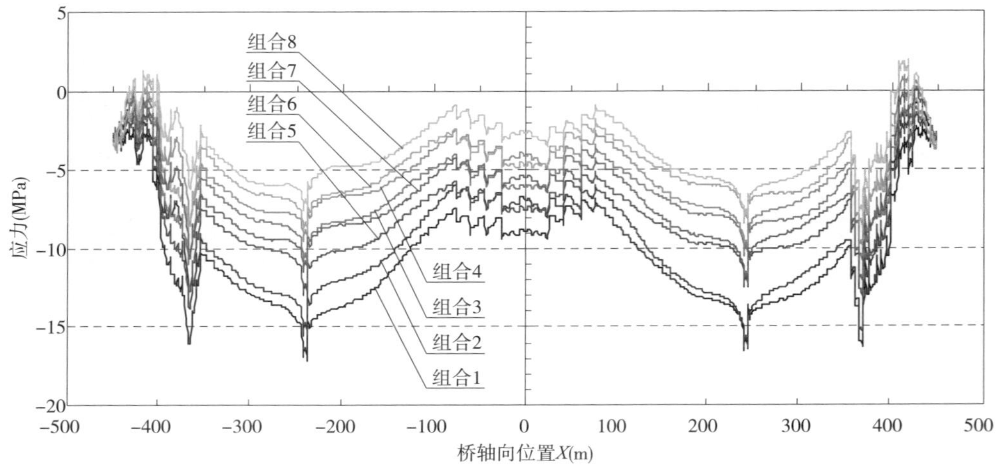

图 4-1-19　混凝土桥面板桥轴向正应力图

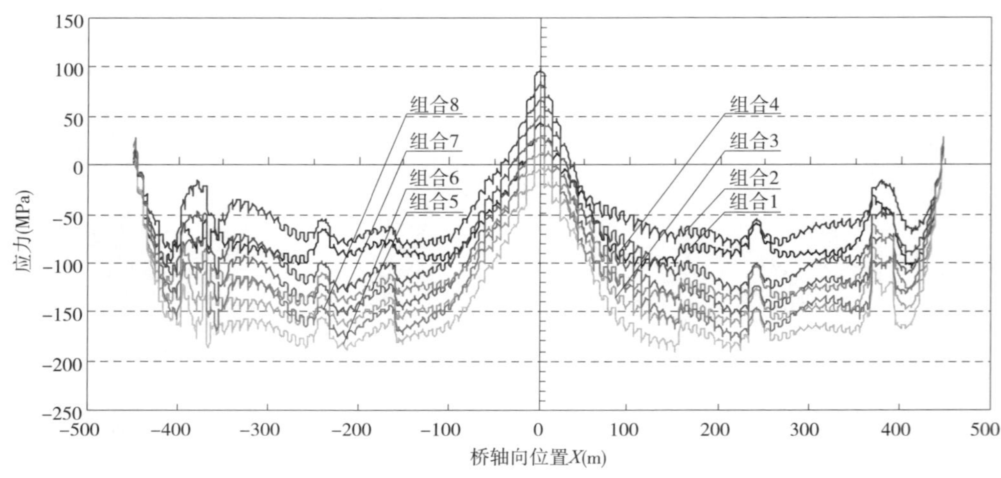

图 4-1-20　钢梁下翼缘桥轴向正应力图

第二节　组合梁局部受力分析

一、概述

采用混合有限元方法对主梁的局部位置进行受力分析。选取主梁 470m 范围采用板壳建模，其他部位建立杆系模型，杆系单元与板壳单元在界面处的节点按照平截面假定建立位移约束方程，得到混合有限元计算模型。杆系单元部分，主梁简化为由刚臂连接的空间三梁单元、索塔采用空间梁单元、拉索简化为杆单元，主梁单元与拉索间采用刚臂连接。板壳模型部分的混凝土桥面板采用 Shell 181 单元，辅助墩处填实混凝土采用 Solid 45 单元，钢梁采用 Shell 63 单元；在辅助墩处、塔下、跨中关心部位加密单元剖分。板壳模型中考虑了混凝土桥面板的纵向预应力，全桥计算模型如图 4-1-21 所示。

在混合有限元模型中主要分析组合梁混凝土板与钢梁受力情况。计算时主要考虑恒载、预应力、收缩、徐变、正负温度梯度、活载以及标准组合Ⅰ和Ⅱ、正常使用短期组合、正常使用长期组合的工况。这里标准组合Ⅰ、Ⅱ、正常使用短期组合、正常使用长期组合分别如下定义：

标准组合Ⅰ：恒载 + 预应力 + 收缩 + 徐变 + 负温度梯度 + 活载；

标准组合Ⅱ：恒载 + 预应力 + 收缩 + 徐变 + 正温度梯度 + 活载；

正常使用短期组合：恒载 + 预应力 + 收缩 + 徐变 +0. 7 × 负温度梯度 +0. 8 × 活载；

正常使用长期组合：恒载＋预应力＋收缩＋徐变＋0.4×活载。

自重根据模型材料特性自动计入，二期铺装采用在混凝土桥面板上施加 2.74kN/m^2 的均布面荷载进行模拟，过渡墩压重简化为节点荷载施加在底板的加劲肋上，压重区域为主梁端部 0～5m 范围内，压重大小为每延米 1726kN；辅助墩压重通过填实混凝土自重计入。车辆荷载在板壳单元部分采用车轮加载，在杆系部分单元采用车道荷载，活载采用影响线取最不利区域进行加载，并考虑了相应的纵、横向折减。

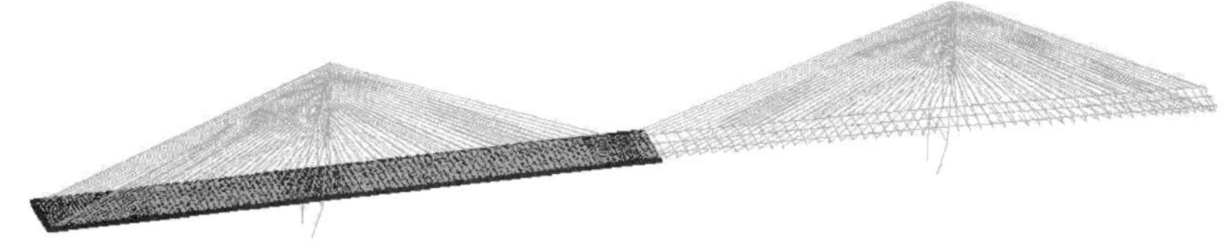

图 4-1-21 全桥板壳混合有限元模型

二、混凝土顶板受力

（一）辅助墩处

恒载作用下辅助墩处混凝土桥面板的正应力如图 4-1-22 所示。

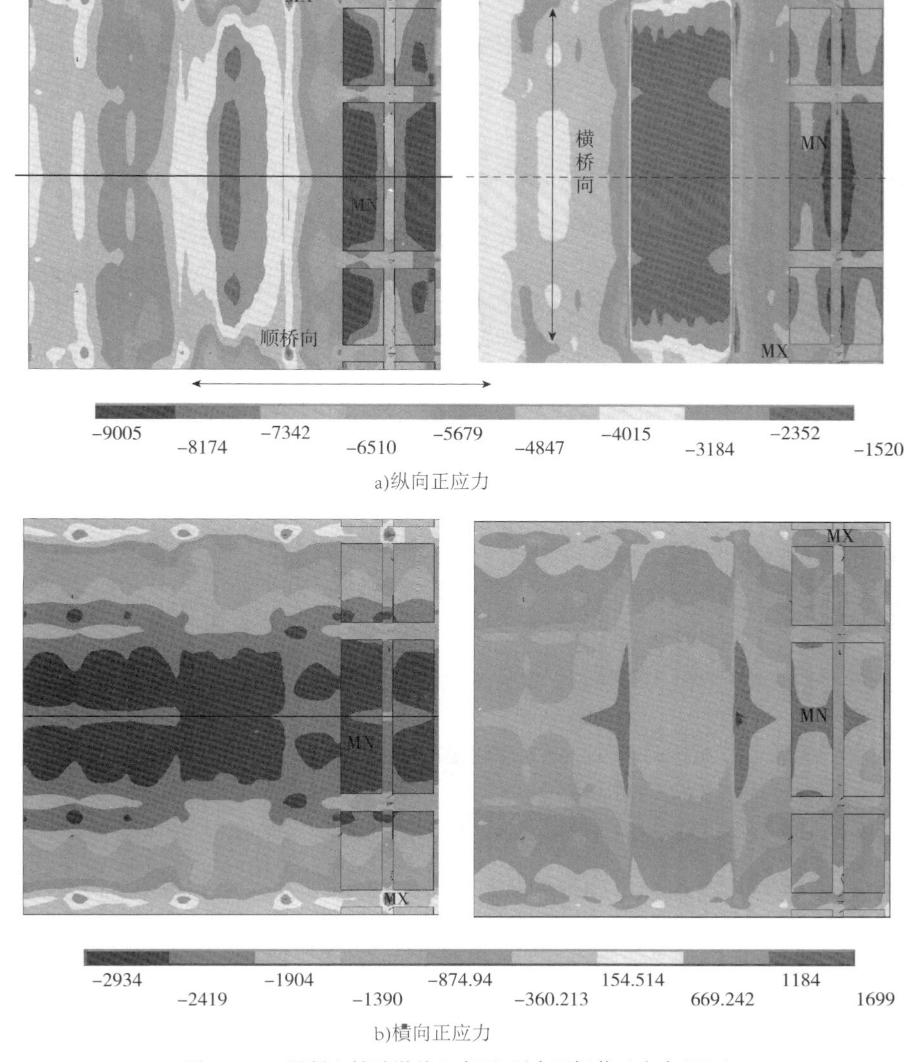

a)纵向正应力

b)横向正应力

图 4-1-22 混凝土辅助墩处上表面、下表面恒载正应力（kPa）

恒载作用下辅助墩处混凝土桥面板未出现拉应力，大部分区域都为 3 ~ 6MPa 的压应力。在填实混凝土与非填实混凝土过渡处应力有突变，在斜拉索位置有局部受弯现象。

预应力作用下辅助墩处混凝土桥面板的正应力如图 4-1-23 所示。纵桥向预应力产生 3. 2 ~ 5. 7MPa 的纵桥向压应力。

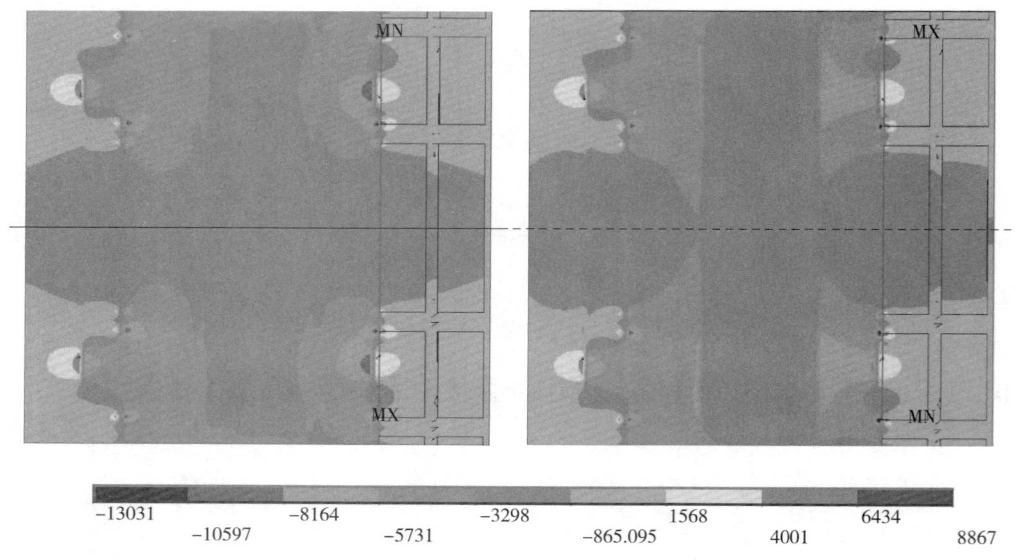

图 4-1-23　混凝土辅助墩处上表面、下表面预应力纵向正应力(kPa)

混凝土收缩效应作用下辅助墩处混凝土桥面板的正应力如图 4-1-24 所示。由于钢箱梁中填充混凝土的约束作用，收缩引起辅助墩处混凝土桥面板的纵桥向拉应力 2. 2 ~ 6. 2MPa。

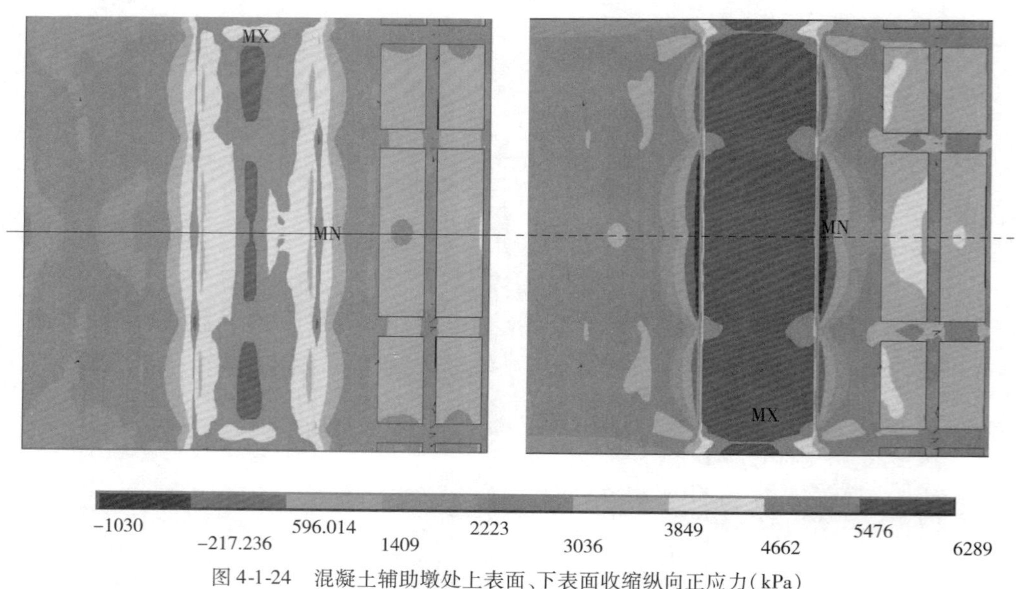

图 4-1-24　混凝土辅助墩处上表面、下表面收缩纵向正应力(kPa)

徐变效应作用下辅助墩处混凝土桥面板的正应力如图 4-1-25 所示。徐变在混凝土桥面板的大部分区域产生 2. 3 ~ 3. 1MPa 的顺桥向拉应力，在填充混凝土边缘的桥面板出现最大拉应力为 3. 1MPa。

正温度梯度作用下辅助墩处混凝土桥面板的正应力如图 4-1-26 所示。正温度梯度在混凝土桥面板的顺桥向产生 1. 0 ~ 2. 1MPa 的压应力，由正温度梯度引起的横桥向应力都是压应力，最大压应力集中在填实段的外腹板处，压应力峰值为 2. 1MPa。

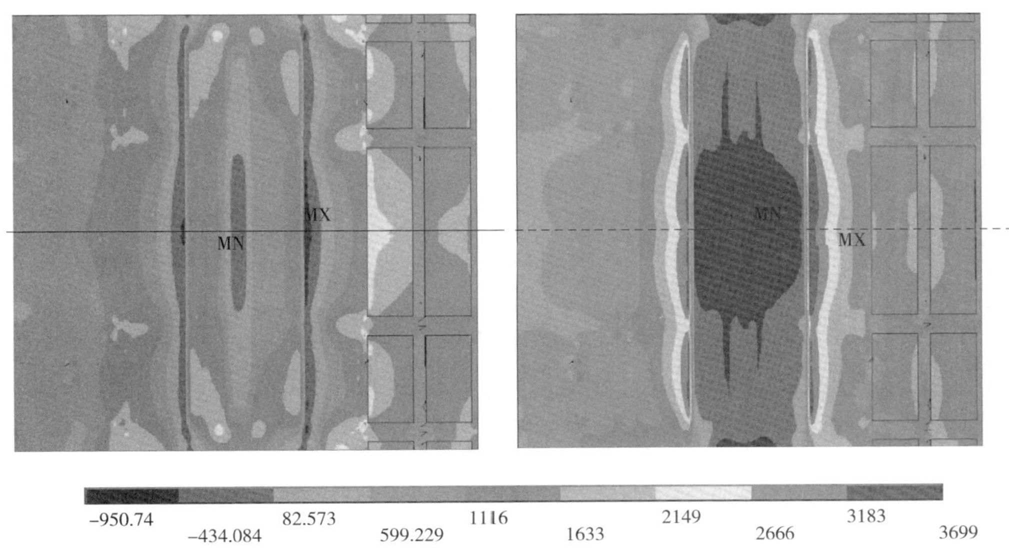

图 4-1-25 混凝土辅助墩处上表面、下表面徐变纵向正应力(kPa)

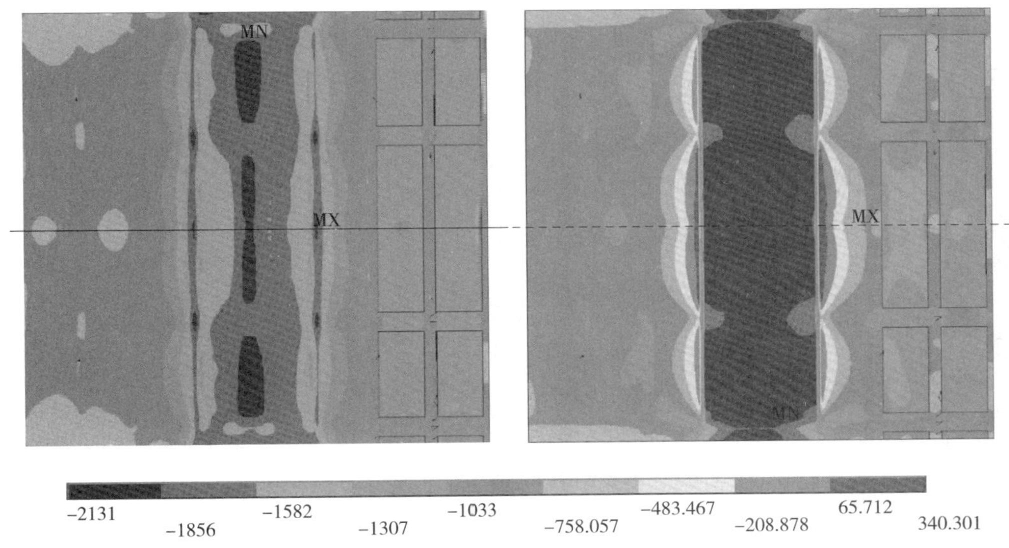

图 4-1-26 混凝土辅助墩处上表面、下表面正温度梯度纵向正应力(kPa)

负温度梯度作用下辅助墩处混凝土桥面板的正应力与正温度梯度作用分布相反,数值相等。

活载作用下辅助墩处混凝土桥面板的正应力如图 4-1-27 所示。在活载作用下,在过渡段边缘出现局部受弯,上表面最大拉应力为 1.1MPa,下表面最大压应力为 3.1MPa。

标准组合Ⅰ作用下辅助墩处混凝土桥面板的正应力如图 4-1-28 所示。标准组合Ⅰ作用下辅助墩处混凝土桥面板在混凝土填实段的桥面板最大拉应力达到 5.1MPa,这主要是由收缩、负温度梯度引起的。其余大部分区域都处于受压状态,压应力大小在 2.6~8.5MPa。在填实与非填实过渡处应力有突变。辅助墩处填实部分混凝土桥面板横桥向拉应力明显大于非填实部分,最大拉应力为 1.1~3.7MPa,从梁的中间向两侧逐渐增大。其余部分受压,压应力为 0.5~2.0MPa。

标准组合Ⅱ作用下辅助墩处混凝土桥面板的正应力如图 4-1-29 所示。标准组合Ⅱ作用下辅助墩处混凝土桥面板纵桥向正应力和横桥向应力均小于标准组合Ⅰ。

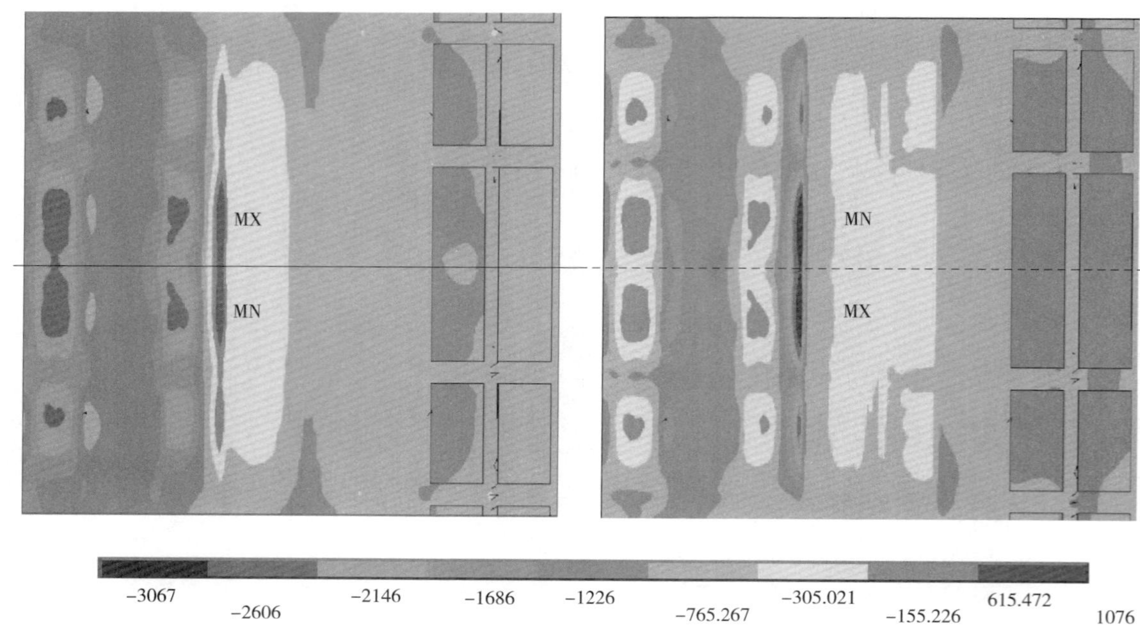

图 4-1-27　混凝土辅助墩处上表面、下表面活载纵向正应力(kPa)

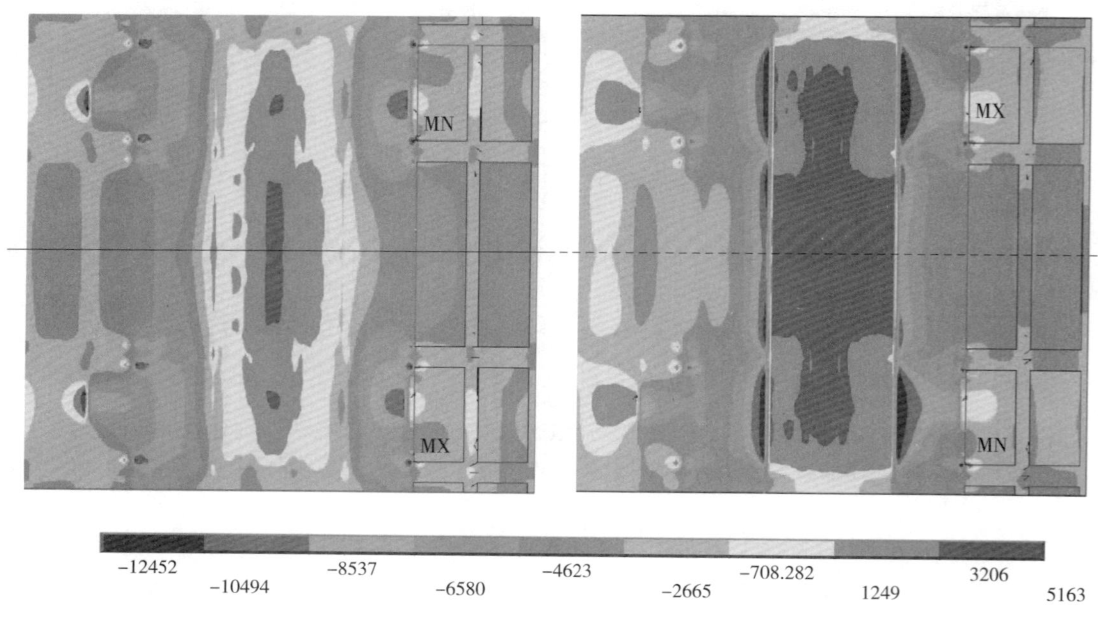

图 4-1-28　混凝土辅助墩处上表面、下表面标准组合 I 纵向正应力(kPa)

正常使用短期组合下辅助墩处混凝土桥面板的正应力如图 4-1-30 所示。正常使用短期组合下辅助墩处混凝土桥面板在混凝土填实段的桥面板上表面部分区域的拉应力在 3.1MPa 以内,这主要是由收缩、负温度梯度引起的。其余大部分区域都处于受压状态,压应力大小在 2.7～8.5MPa。

正常使用长期组合下辅助墩处混凝土桥面板的正应力如图 4-1-31 所示。正常使用长期组合下辅助墩处混凝土桥面板在混凝土填实段的桥面板上表面大部分区域都处于受压状态,压应力大小为 1.4～9.1MPa,部分区域出现拉应力,但应力大小在 2.4MPa 以内。辅助墩处混凝土桥面板横桥向应力较为复杂,在填实段的外腹板处桥面板出现小区域的应力集中,受压侧应力为 0.5～2.5MPa,受拉侧应力 1.5～2.8MPa。

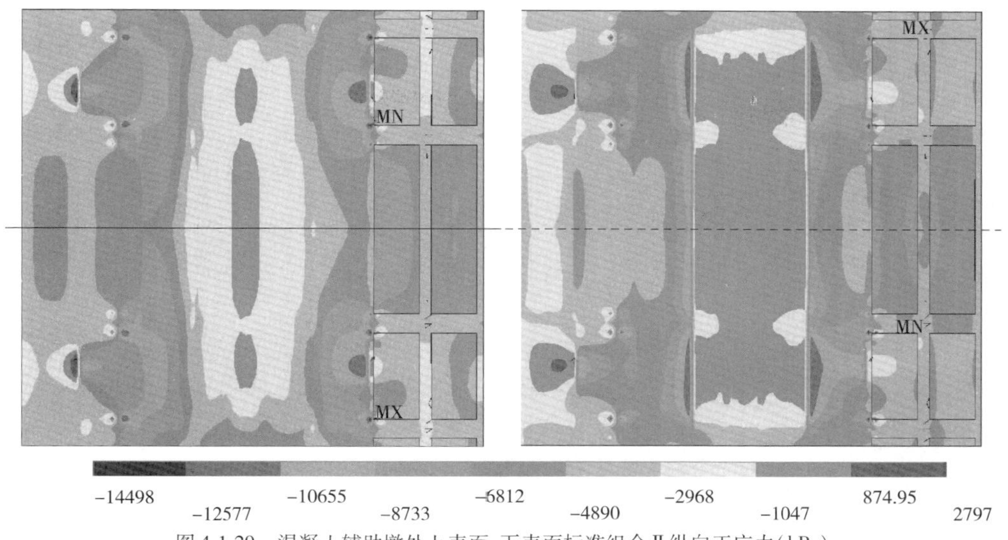

图 4-1-29 混凝土辅助墩处上表面、下表面标准组合Ⅱ纵向正应力(kPa)

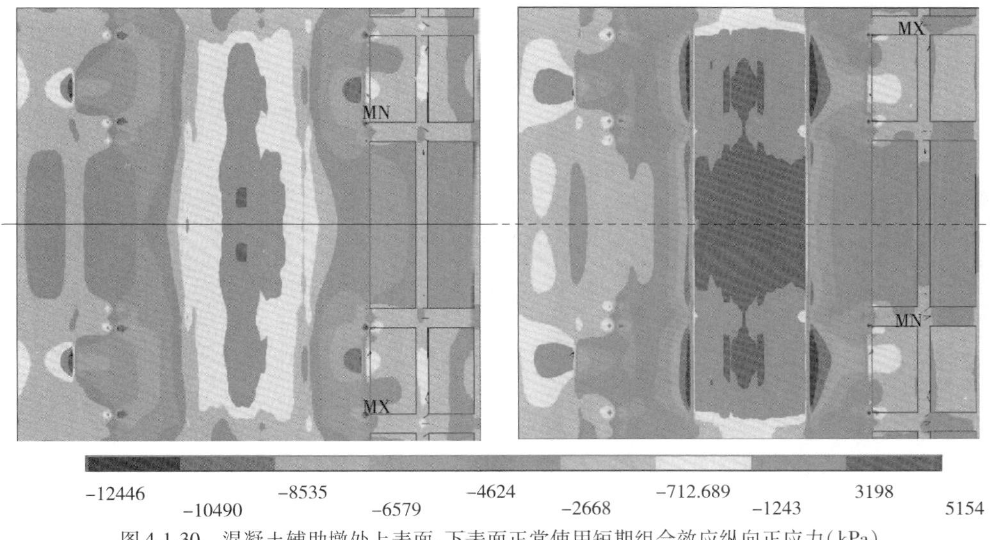

图 4-1-30 混凝土辅助墩处上表面、下表面正常使用短期组合效应纵向正应力(kPa)

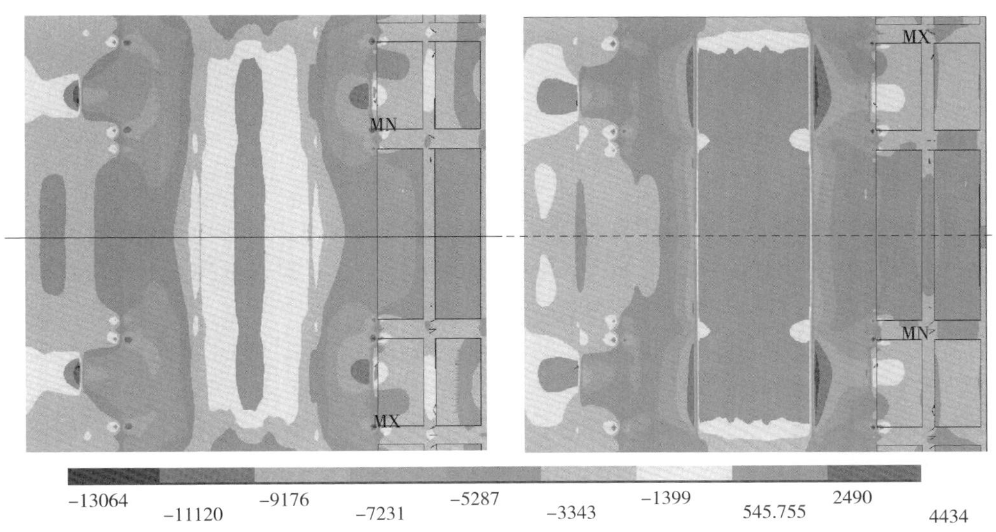

图 4-1-31 混凝土辅助墩处上表面、下表面正常使用长期组合效应纵向正应力(kPa)

(二)桥塔处

恒载作用下桥塔处混凝土桥面板的正应力如图4-1-32所示。

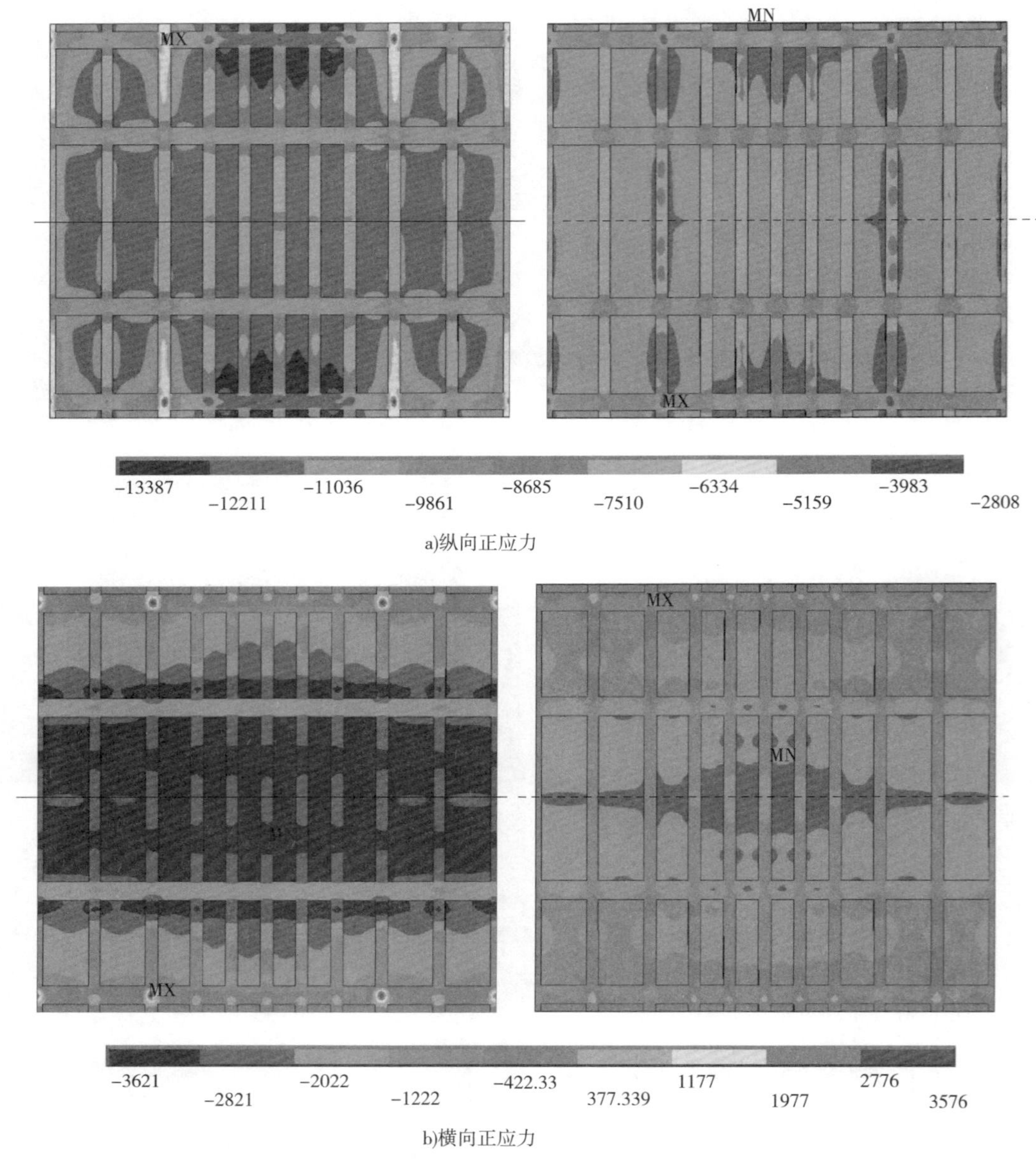

a)纵向正应力

b)横向正应力

图4-1-32 混凝土桥塔处上表面、下表面恒载横向正应力(kPa)

恒载作用下桥塔处混凝土桥面板在拉索作用位置呈现纵桥向局部受弯,但分布范围很小,未出现拉应力。其余大部分区域都为8.6~13.4MPa的压应力。桥塔处混凝土桥面板在索作用的位置存在明显的横桥向局部受弯,局部拉应力峰值达3.6MPa,拉应力分布在拉索锚固腹板两侧各2.5m的范围内。其余大部分区域为1~3.6MPa的压应力。

此外,纵桥向预应力产生约0.4~0.9MPa的纵桥向压应力;收缩引起的纵桥向拉应力为2.4~3.4MPa,在横隔板集中的外腹板处的混凝土的出现应力集中现象,在底板出现最大拉应力为3.7MPa;徐变在顺桥向产生2.3~3.1MPa的拉应力,在外腹板处混凝土出现最大拉应力为3.1MPa,横桥向徐变效应较小,大部分区域低于1MPa。正温度梯度产生的应力分布规律与收缩的应力分布规律相似,符号相反;负温度梯度产生的应力分布规律与收缩的应力分布规律相似,符号相同;车轮荷载作用位置的纵横向拉应力出现在重车后轴作用处,表现出明显的面外弯曲特征。最大拉应力约1.0MPa。

标准组合Ⅰ作用下桥塔处混凝土桥面板在拉索作用位置呈现纵桥向局部受弯，最大拉应力达到2.9MPa，但分布范围很小。其余大部分区域都为2～5MPa的压应力。桥塔处混凝土桥面板横桥向总体表现为横向受弯状态，在腹板位置形成支承，受压侧应力为1.3～3.2MPa，受拉侧应力为0.6～2.5MPa。在横隔板与外侧腹板相交的局部区域出现了小区域的应力集中现象。标准组合Ⅱ作用下桥塔处大部分混凝土桥面板纵桥向正应力和横桥向应力均小于标准组合Ⅰ。

正常使用短期组合下，桥塔处混凝土桥面板在拉索作用位置呈现纵桥向局部受弯，最大拉应力为2.2MPa，但分布范围很小。其余大部分区域都为3.1～7.3MPa的压应力。桥塔处混凝土桥面板横桥向总体表现为横向受弯状态，在腹板位置形成支承，受压侧应力为1.1～2.7MPa，受拉侧应力为0.6～2.2MPa。在横隔板与外侧腹板相交的局部区域出现了小区域的应力集中。正常使用长期组合下，桥塔处混凝土桥面板全截面受压，压应力在8.5MPa之内。桥塔处混凝土桥面板横桥向总体表现为横向受弯状态，在腹板位置形成支承，大部分区域都处于受压状态，压应力都在3.0MPa之内。在拉索处以及横隔板与外侧腹板相交的局部区域出现了小区域的应力集中，拉索处拉应力峰值为3.3MPa，但分布区域在拉索处2m范围以内。

（三）主跨跨中处

恒载作用下主跨跨中处混凝土桥面板的正应力如图4-1-33所示。

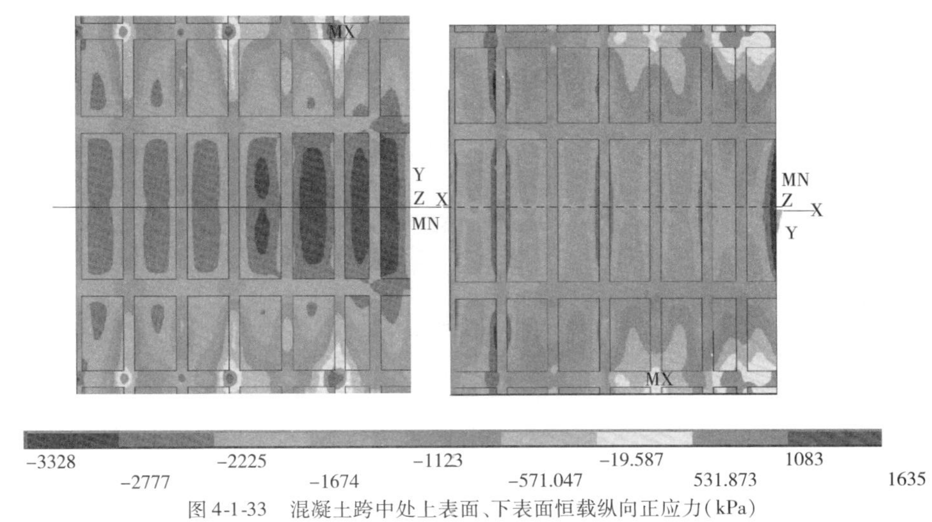

图4-1-33 混凝土跨中处上表面、下表面恒载纵向正应力（kPa）

恒载作用下跨中处混凝土桥面板在拉索作用位置呈现纵桥向局部受弯，由于跨中轴力较小，拉索位置出现了1.6MPa的拉应力，但分布范围不大。桥面板其余大部分区域纵桥向压应力由跨中向主塔逐渐增加，跨中部分压应力2.7～3.3MPa。跨中处混凝土桥面板在索作用位置存在明显的横桥向局部受弯，局部拉应力峰值达1.2MPa，拉应力分布在拉索锚固腹板两侧各2.5m的范围内。其余大部分区域为1～3MPa的压应力。

纵桥向预应力产生4.1～5.7MPa的纵桥向压应力。收缩引起的跨中纵桥向拉应力为2.1～3.2MPa，横桥向拉应力为0.9～2.5MPa。徐变引起的纵横桥向应力较小，大部分区域都在1MPa以下。正温度梯度产生的应力分布规律与收缩的应力分布规律相似，符号相反。负温度梯度产生的应力分布规律与收缩的应力分布规律相似，符号相同。车轮荷载作用位置的纵横向拉应力出现在重车后轴作用处，表现出明显的面外弯曲特征。最大拉应力在1.0MPa左右。

标准组合Ⅰ作用下跨中处混凝土桥面板在拉索和车轮作用位置呈现纵桥向局部受弯。车轮作用局部的拉应力在2.0MPa以下。其余部分，上表面大部分区域为1.1～6.0MPa的压应力，下表面大部分区域为1.1MPa左右的压应力。跨中处混凝土桥面板总体表现为横向受弯状态，在腹板位置形成支承。在车轮作用位置存在明显的局部受弯，但拉应力在2.0MPa以下，在横隔板与外腹板处出现小区域的应力集中。上表面大部分区域为 1.1 ~ 2.1MPa 的压应力,下表面大部分区域为 0.80 ~ 2.7MPa 的拉应力。标准组合Ⅱ作用下跨中处混凝土桥面板纵桥向正应力和横桥向应力均小于相应的预应力情况下的标准组合Ⅰ。

正常使用短期组合下跨中处混凝土桥面板在拉索和车轮作用位置呈现纵桥向局部受弯。车轮作用局部的拉应力在 2.1MPa 以下。上表面大部分区域为 0.9 ~ 7.1MPa 的压应力,下表面大部分区域为 0.9MPa 左右的压应力。跨中处混凝土桥面板总体表现为横向受弯状态,在腹板位置形成支承。在车轮作用位置存在明显的局部受弯,但拉应力在 2.4MPa 以下,在横隔板与外腹板处出现小区域的应力集中。上表面大部分区域为 0.9 ~ 2.6MPa 的压应力,下表面大部分区域为 0.7 ~ 2.4MPa 的拉应力。

正常使用长期组合下跨中处混凝土桥面板在拉索和车轮作用位置呈现纵桥向局部受弯,但都处于受压状态。上表面大部分区域为 1.9 ~ 7.9MPa 的压应力,下表面大部分区域为 1.9 ~ 3.4MPa 的压应力。跨中处混凝土桥面板总体表现为横向受弯状态,在腹板位置形成支承。在车轮作用位置存在明显的局部受弯,但都处于受压状态,在横隔板与外腹板处出现小区域的应力集中。上表面大部分区域为 0.5 ~ 2.8MPa 的压应力,下表面大部分区域为 0.5MP 左右的压应力。

(四)边跨 1/4 处

恒载作用下边跨 1/4 处混凝土桥面板的正应力如图 4-1-34 所示。

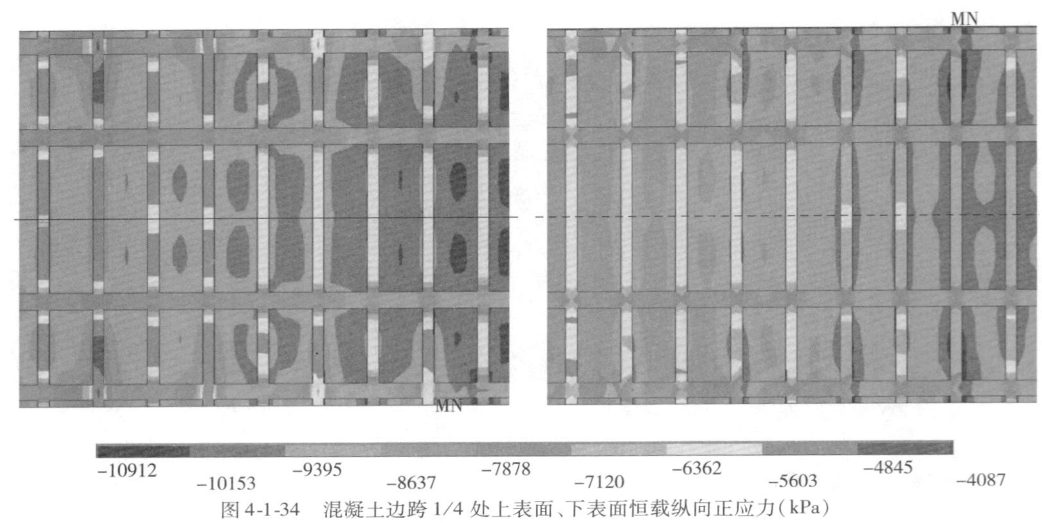

图 4-1-34　混凝土边跨 1/4 处上表面、下表面恒载纵向正应力(kPa)

恒载作用下边跨 1/4 处混凝土桥面板在拉索作用位置呈现纵桥向局部受弯,由于边跨 1/4 处轴力较大。桥面板纵桥向都为压应力,大小在 4 ~ 10MPa,大小由边跨 1/4 处向主塔逐渐增加。边跨 1/4 处混凝土桥面板在索作用位置存在明显的横桥向局部受弯,局部拉应力峰值达 1.7MPa,拉应力分布在拉索锚固腹板两侧各 2.5m 的范围内。其余大部分区域为 1.1 ~ 3.3MPa 的压应力。

纵桥向预应力产生 0.3 ~ 0.9MPa 的纵桥向压应力。收缩引起的边跨 1/4 处桥面板的纵桥向拉应力为 1.5 ~ 3.3MPa,横桥向拉应力为 0.9 ~ 2.5MPa。徐变在顺桥向产生 0.7 ~ 2.0MPa 的拉应力,在外腹板处混凝土出现最大拉应力为 2.7MPa,横桥向徐变效应较小,大部分区域低于 1MPa。正温度梯度产生的应力分布规律与收缩的应力分布规律相似,符号相反。负温度梯度产生的应力分布规律与收缩的应力分布规律相似,符号相同。由活载引起的边跨 1/4 处的桥面板应力较小,所有区域的纵横向应力都在 1.0MPa 以下。

标准组合Ⅰ作用下边跨 1/4 处混凝土桥面板在拉索处呈现纵桥向局部受弯,由于边跨 1/4 处轴向压应力较大,由拉索引起的拉应力约 0.5MPa,其余大部分区域都为 2.3 ~ 4.5MPa 的压应力。边跨 1/4 处混凝土桥面板总体表现为横向受弯状态,在腹板位置形成支承。在横隔板与外腹板相交处的桥面板出现小区域的应力集中现象,其中拉应力峰值达 3.5MPa 左右。上表面大部分区域为 0 ~ 1.2MPa 的压应力,下表面大部分区域为 0.1 ~ 2.3MPa 的拉应力。标准组合Ⅱ作用下边跨 1/4 处混凝土桥面板纵桥向正应力和横桥向应力均小于相应的预应力情况下的标准组合Ⅰ。

正常使用短期组合下边跨 1/4 处混凝土桥面板在拉索呈现纵桥向局部受弯，由于边跨 1/4 处轴向压应力较大，混凝土桥面板全截面处于受压状态，压应力大小为 1.5～4.7MPa 的压应力。边跨 1/4 处混凝土桥面板总体表现为横向受弯状态，在腹板位置形成支承。在横隔板与外腹板相交处的桥面板出现小区域的应力集中现象，其中拉应力峰值达 3.0MPa 左右。上表面大部分区域为 0.3～1.4MPa 的压应力，下表面大部分区域为 0.8～2.4MPa 的拉应力。

正常使用长期组合下边跨 1/4 处混凝土桥面板在拉索呈现纵桥向局部受弯，由于边跨 1/4 处轴向压应力较大，混凝土桥面板全截面处于受压状态，压应力大小为 3.3～6.7MPa 的压应力。边跨 1/4 处混凝土桥面板总体表现为横向受弯状态，在腹板位置形成支承。在横隔板与外腹板相交处的桥面板出现小区域的应力集中现象，其中拉应力峰值达 1.5MPa 左右。上表面大部分区域为 1.3～2.2MPa 的压应力，下表面大部分区域为 0.5MPa 左右的压应力。

（五）中跨 1/4 处

恒载作用下中跨 1/4 处混凝土桥面板的正应力如图 4-1-35 所示。

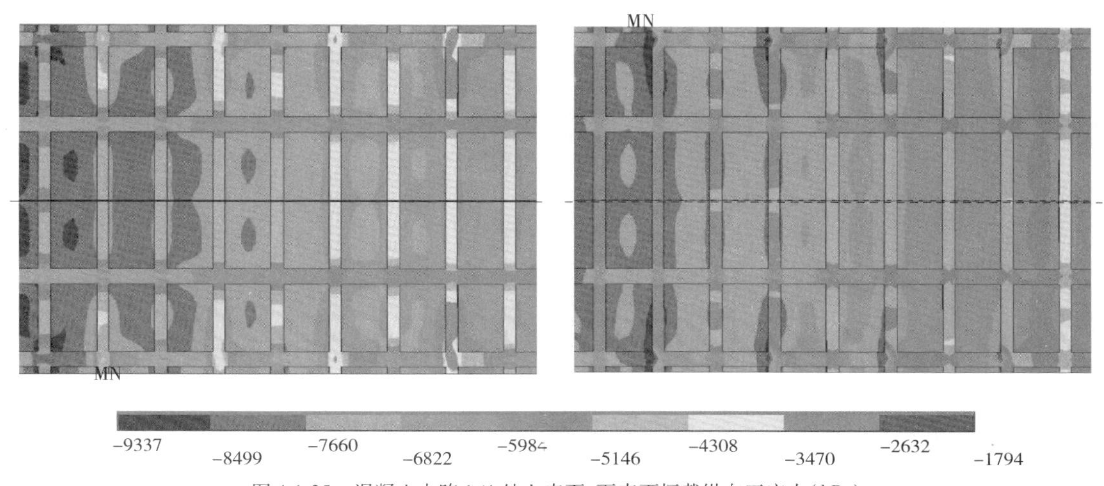

图 4-1-35　混凝土中跨 1/4 处上表面、下表面恒载纵向正应力(kPa)

恒载作用下中跨 1/4 处混凝土桥面板在拉索作用位置呈现纵桥向局部受弯，由于中跨 1/4 处轴力较大，桥面板纵桥向压应力由中跨 1/4 处向主塔逐渐增加，压应力大小在 4.3～9.3MPa。中跨 1/4 处混凝土桥面板在索作用位置存在明显的横桥向局部受弯，局部拉应力峰值达 1.6MPa，拉应力分布在拉索锚固腹板两侧各 2.5m 的范围内。其余大部分区域为 1.1～3.3MPa 的压应力。

纵桥向预应力产生 0.4～0.9MPa 的纵桥向压应力。收缩引起的中跨 1/4 处桥面板的纵桥向拉应力为 1.6～3.4MPa，横桥向拉应力为 0.9～2.6MPa。徐变在顺桥向产生 0.5～1.4MPa 的拉应力，在外腹板处混凝土出现最大拉应力为 2.5MPa，横桥向徐变效应较小，大部分区域低于 1MPa。正温度梯度产生的应力分布规律与收缩的应力分布规律相似，符号相反。负温度梯度产生的应力分布规律与收缩的应力分布规律相似，符号相同。由活载引起的中跨 1/4 处的桥面板应力较小，所有区域的纵横向应力都在 1.0MPa 以下。

标准组合Ⅰ作用下中跨 1/4 处混凝土桥面板在拉索呈现纵桥向局部受弯，由拉索处局部受弯引起的拉应力也在 1MPa 以内，分布区域在拉索周围 2m 范围之内，其余大部分区域都为小于 3.4MPa 的压应力。中跨 1/4 处混凝土桥面板总体表现为横向受弯状态，在腹板位置形成支承。由于收缩以及温度梯度引起的局部拉应力峰值达 4.2MPa，但只出现在很小区域。其余上表面大部分区域为小于 1.5MPa 的压应力，下表面部分区域为小于 1.7MPa 的拉应力。

标准组合Ⅱ作用下中跨 1/4 处混凝土桥面板纵桥向正应力和横桥向应力均小于相应的预应力情况下的标准组合Ⅰ。正常使用短期组合下中跨 1/4 处混凝土桥面板在拉索呈现纵桥向局部受弯，由拉索处局部受弯引起的拉应力也在 1.2MPa 以内，分布区域在拉索周围 2m 范围之内，其余大部分区域都为小于

3.5MPa 的压应力。中跨 1/4 处混凝土桥面板总体表现为横向受弯状态，在腹板位置形成支承。由于收缩以及温度梯度引起横隔板与外腹板处的局部拉应力峰值达 3.7MPa，但只出现在很小区域。其余上表面大部分区域为小于 1.3MPa 的压应力，下表面部分区域为小于 1.4MPa 的拉应力。

正常使用短期组合下中跨 1/4 处混凝土桥面板在拉索呈现纵桥向局部受弯，由于中跨 1/4 处轴向压应力较大，混凝土桥面板全截面处于受压状态，压应力在 5.4MPa 以内。中跨 1/4 处混凝土桥面板总体表现为横向受弯状态，在腹板位置形成支承。由于收缩以及温度梯度引起横隔板与外腹板处的局部拉应力峰值在 1.6MPa 以内，而且分布在小部分区域。其余上表面大部分区域为小于 2.0MPa 的压应力，下表面部分区域为 0.4MPa 的左右的压应力。

三、钢梁底板受力

(一)辅助墩处

恒载作用下辅助墩处钢梁底板的正应力如图 4-1-36 所示。

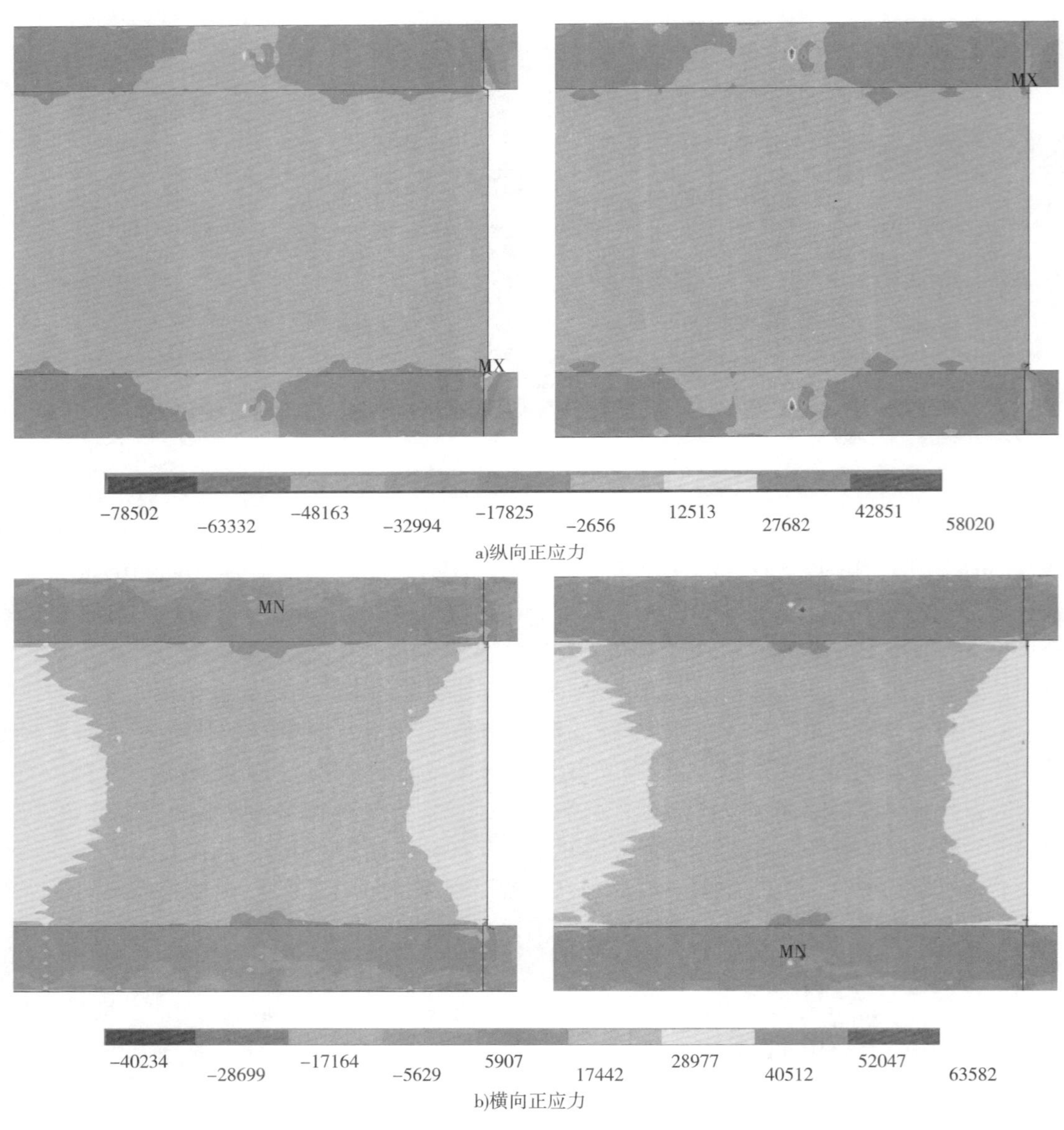

图 4-1-36 钢梁底板辅助墩处应力(kPa)

恒载作用下辅助墩处钢梁纵桥向正应力大部分在 17.8MPa 左右，在斜拉索附近应力达到 80MPa，应力沿截面由两端向中间逐渐减小，下翼缘的纵向应力在 3MPa 以下。辅助墩处钢梁整体受力比较均匀，应力大小为 17 ~ 28MPa，在斜拉索处出现小部分的应力集中，但应力也在 64MPa 以下。

预应力作用下辅助墩处钢梁底板的正应力如图 4-1-37 所示。钢梁中预应力产生约 6.9MPa 的纵桥向压应力，下翼缘纵向应力在 1MPa 以下，横桥向为 1 ~ 2.1MPa 的压应力。由于全桥未设横向预应力，钢梁由预应力产生的横向应力都在 2MPa 以内。

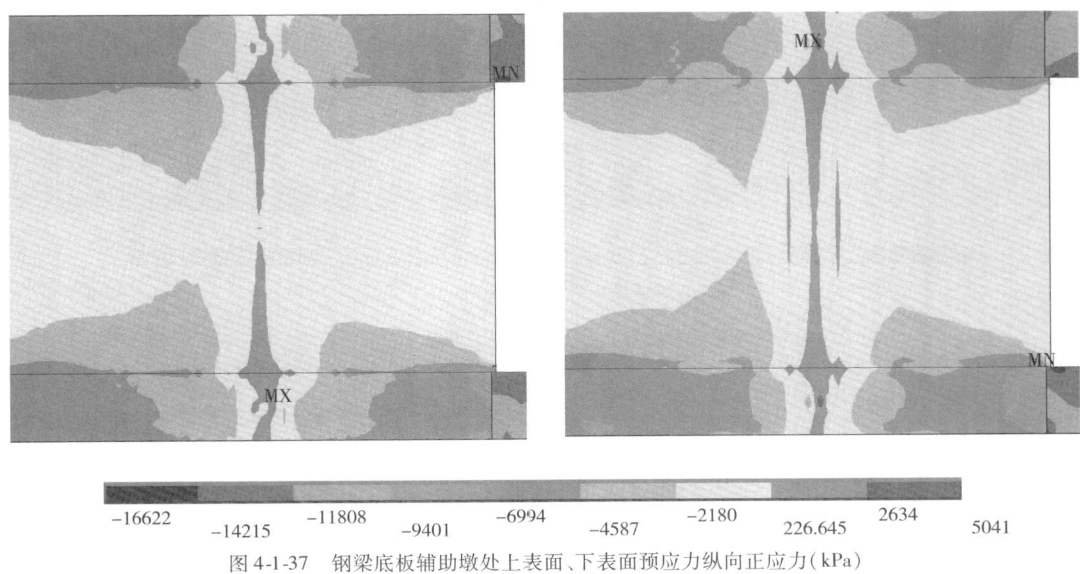

图 4-1-37 钢梁底板辅助墩处上表面、下表面预应力纵向正应力（kPa）

混凝土收缩作用下辅助墩处钢梁底板的正应力如图 4-1-38 所示。钢梁中混凝土收缩产生约 34MPa 的纵桥向压应力，横梁下翼缘的纵向压应力在 20MPa 以下，横桥向大部分区域的应力为 1 ~ 2MPa 的拉应力。

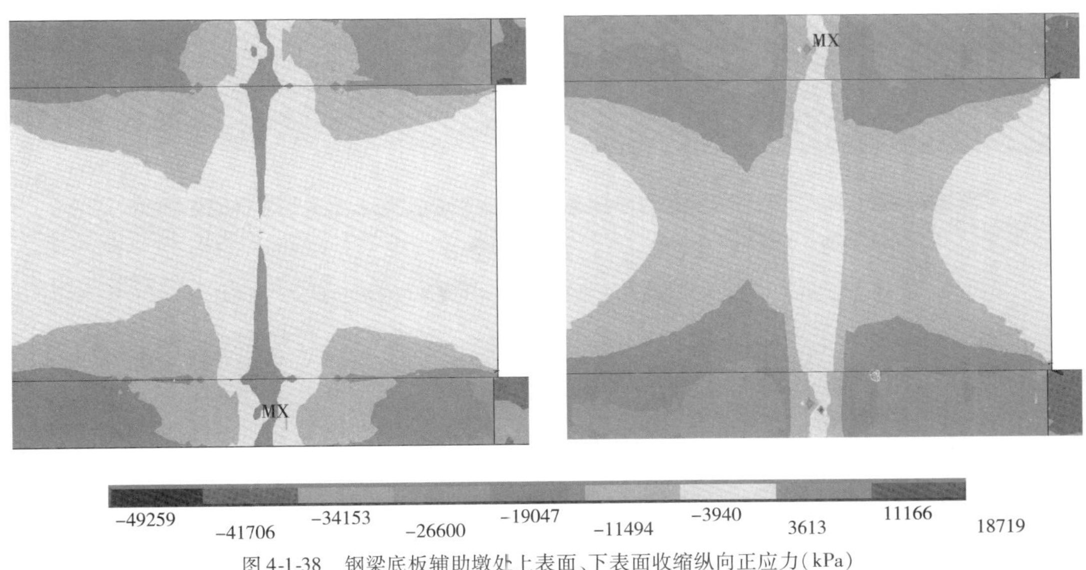

图 4-1-38 钢梁底板辅助墩处上表面、下表面收缩纵向正应力（kPa）

混凝土徐变作用下辅助墩处钢梁底板的正应力如图 4-1-39 所示。钢梁中由混凝土徐变产生约 10MPa 左右的纵桥向压应力，下翼缘的纵向压应力在 5MPa 以下，横桥向大部分区域的应力为 1.9 ~ 5.5MPa 的压应力。

正温差作用下辅助墩处钢梁底板的正应力如图 4-1-40 所示。钢梁中由正温差产生的应力与收缩所产生的应力大小以及应力分布相似，应力符号相反。

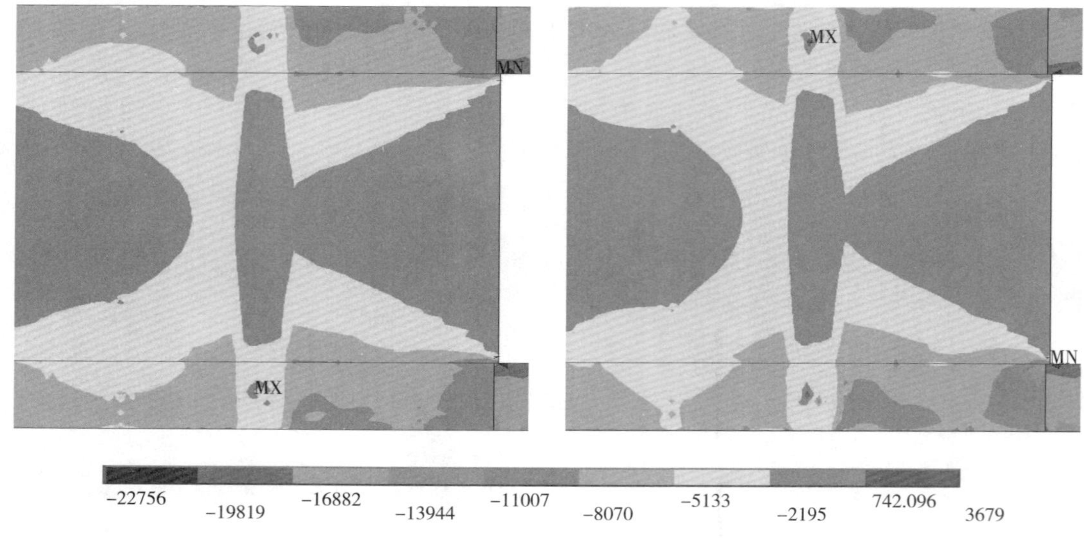

图 4-1-39 钢梁底板辅助墩处上表面、下表面徐变纵向正应力(kPa)

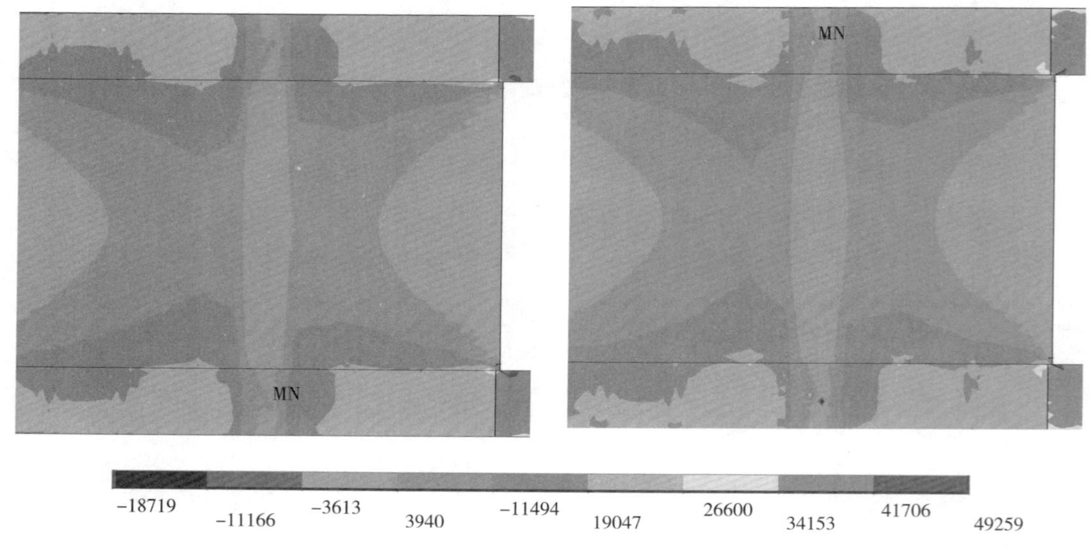

图 4-1-40 钢梁底板辅助墩处上表面、下表面正温度梯度纵向正应力(kPa)

负温差作用下辅助墩处钢梁底板的正应力如图 4-1-41 所示。钢梁中由负温差产生的应力与混凝土收缩所产生的应力大小以及应力分布相似,符号相同。

活载作用下辅助墩处钢梁底板的正应力如图 4-1-42 所示。辅助墩处钢梁中由汽车活载引起纵、横桥向应力比较均匀,大部分区域的应力大小都在 10MPa 以下,在斜拉索作用位置出现小区域的应力集中,纵向应力峰值为 21MPa,横向应力峰值为 17.6MPa。

标准组合Ⅰ作用下辅助墩处钢梁底板的正应力如图 4-1-43 所示。标准组合Ⅰ作用下辅助墩处钢梁纵桥向正应力主要是以受压为主,大部分区域的压应力在 100MPa 以下。辅助墩处钢梁外腹板横桥向应力主要处于受压状态,压应力大小在 13MPa 以内。钢箱梁下翼缘的横向应力分布均匀,应力大小都在 45MPa 以下。

标准组合Ⅱ作用下辅助墩处钢梁底板的正应力如图 4-1-44 所示。在标准组合Ⅱ作用下辅助墩处钢梁纵桥向正应力和横桥向拉应力均小于标准组合Ⅰ。

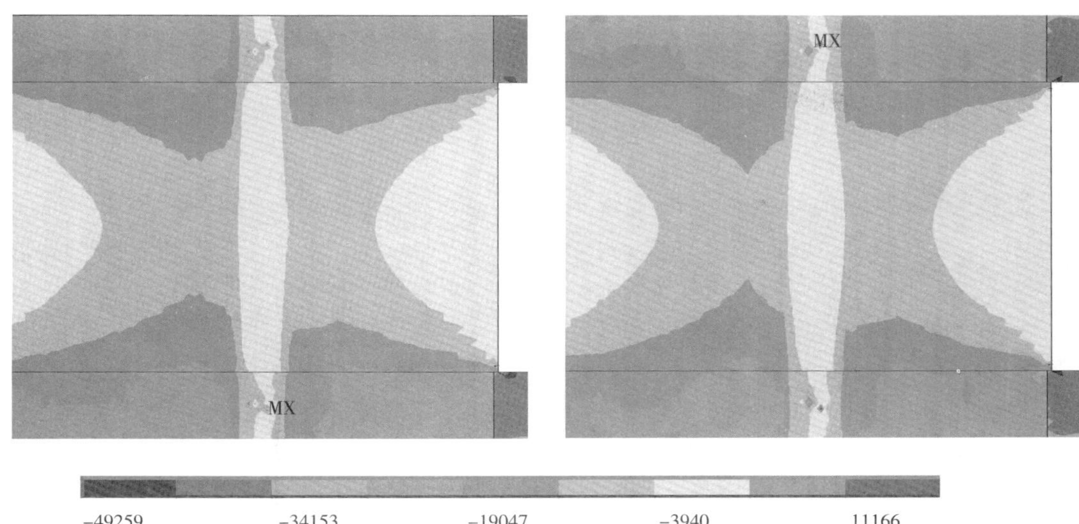

图 4-1-41 钢梁底板辅助墩处上表面、下表面负温度梯度纵向正应力(kPa)

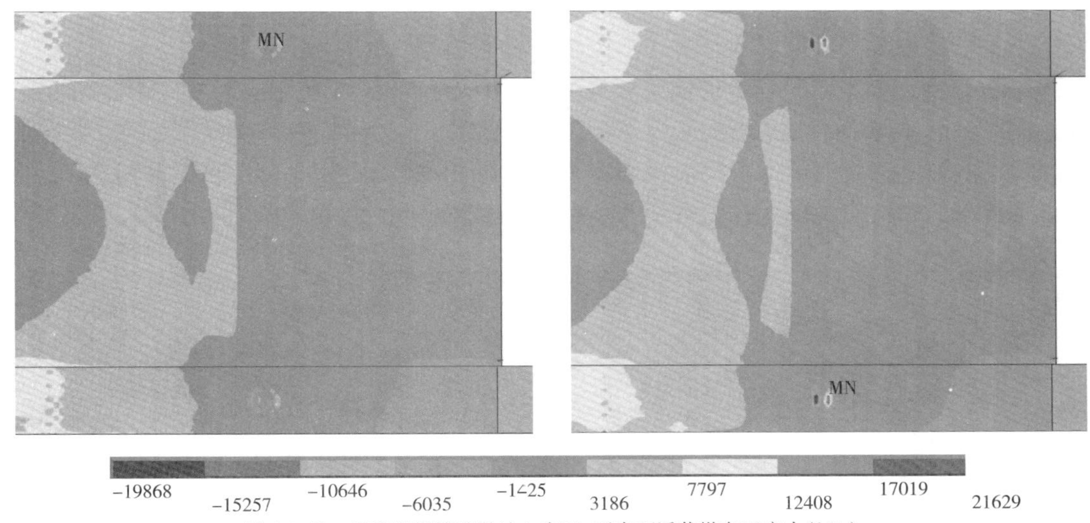

图 4-1-42 钢梁底板辅助墩处上表面、下表面活载纵向正应力(kPa)

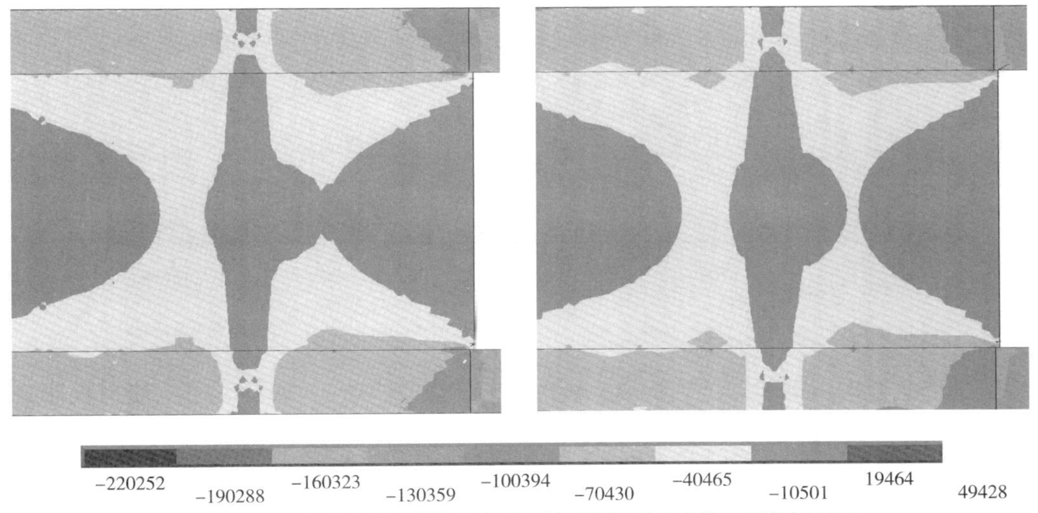

图 4-1-43 钢梁底板辅助墩处上表面、下表面标准组合 I 纵向正应力(kPa)

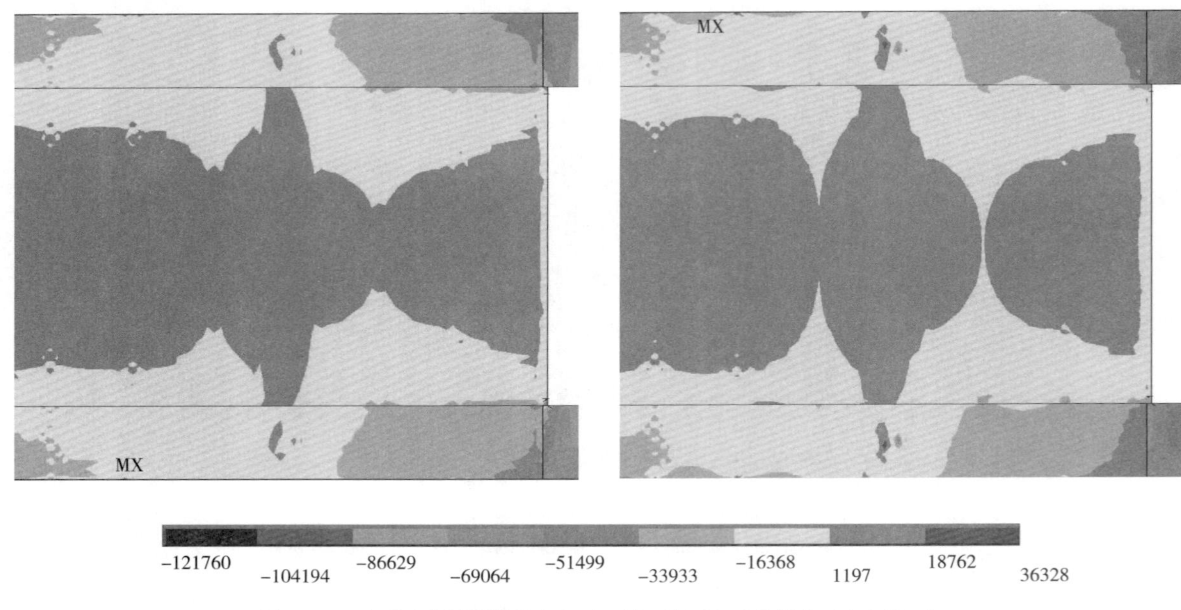

图 4-1-44 钢梁底板辅助墩处上表面、下表面标准组合Ⅱ纵向正应力(kPa)

正常使用短期组合作用下辅助墩处钢梁底板的正应力如图 4-1-45 所示。正常使用短期组合作用下辅助墩处钢梁纵桥向正应力主要是以受压为主,大部分区域的压应力在 94MPa 以下,下翼缘纵桥向压应力小于 46.9MPa。辅助墩处钢梁外腹板横桥向应力主要处于受压状态,大部分区域压应力在 10MPa 以内。钢箱梁下翼缘的横向应力以受拉为主且分布均匀,应力都在 43MPa 以下。

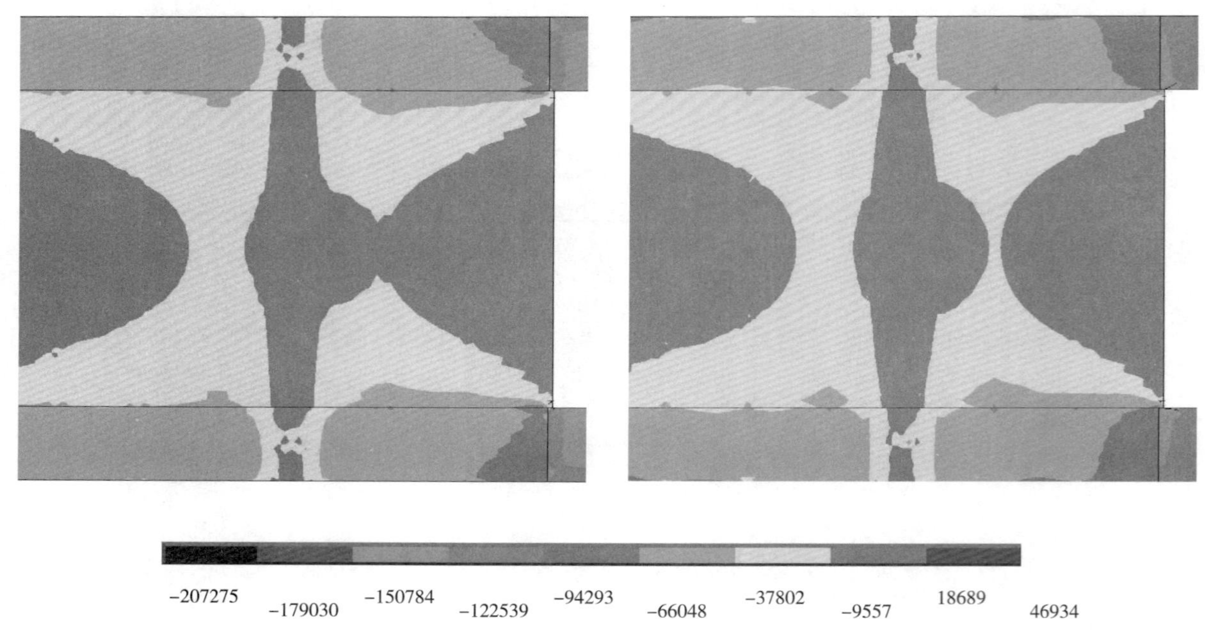

图 4-1-45 钢梁底板辅助墩处上表面、下表面正常使用短期组合效应纵向正应力(kPa)

正常使用长期组合作用下辅助墩处钢梁底板的正应力如图 4-1-46 所示。正常使用长期组合作用下辅助墩处钢梁纵桥向正应力主要是以受压为主,大部分区域的压应力在 94MPa 以下,下翼缘纵桥向压应力小于 38.3MPa。辅助墩处钢梁外腹板横桥向应力主要处于受压状态,大部分区域压应力在 8.6MPa 以内。钢箱梁下翼缘的横向应力以受拉为主且分布均匀,应力都在 21MPa 以下。

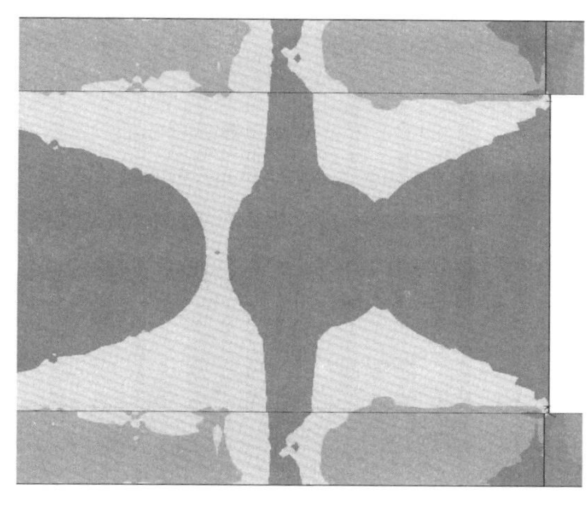
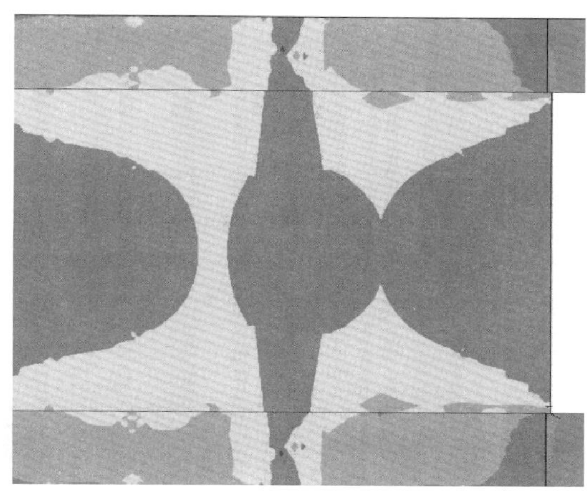

图 4-1-46 钢梁底板辅助墩处上表面、下表面正常使用长期组合效应纵向正应力(kPa)

(二)桥塔处

恒载作用下桥塔处钢梁底板的正应力如图 4-1-47 所示。

恒载作用下桥塔处钢梁纵桥向正应力大部分在 52MPa 以下,由于斜拉索作用下,在斜拉索附近压应力达到 71MPa,但应力沿纵向由两端向桥塔处逐渐减小至 34.5MPa,由于横梁主要为横向受力构件,横梁下翼缘的纵向压应力在 6.8MPa 以下。

桥塔处钢梁底板横桥向应力分布均匀,外腹板大部分区域应力在 18.9MPa 左右,横梁下翼缘横向拉应力峰值为 96MPa。桥塔处钢梁中预应力产生的纵、横向应力都较小,纵桥向压应力大部分在 5.2MPa 以内,横桥向压应力不超过 2MPa。桥塔处钢梁中由混凝土收缩产生的纵桥向应力较为均匀,纵向压应力绝大部分在 23 ~31MPa,横桥向压应力大部分为 4MPa,但在横隔板处钢梁纵、横应力主要为拉应力,横向应力在 13MPa 左右。桥塔处钢梁中由混凝土收缩产生的纵桥向应力较为均匀,纵向压应力绝大部分在 22MPa 以内,横桥向压应力大部分为 2.6MPa。钢梁中由正温差产生的应力与收缩所产生的应力以及应力分布相似,应力符号相反。钢梁中由于正温差产生的应力与收缩所产生的应力以及应力分布相似,符号相同。桥塔处钢梁中在汽车活载作用下的纵桥向应力大部分为压应力,压应力都在 19MPa 以内。在横梁、钢梁内腹板以及钢梁底板相交处的局部区域有应力集中现象,产生 51MPa 的拉应力,钢梁中横桥向压应力较为均匀,大部分在 3MPa 以内,横梁下翼缘中最大拉应力为 30.9MPa。

标准组合Ⅰ作用下桥塔处钢梁纵桥向正应力主要是以受压为主,压应力峰值为 176.7MPa,横梁下翼缘为横向受力构件,纵向应力较小,应力都在 22MPa 以内。桥塔处钢梁横桥向应力较为均匀,主要为受压状态,压应力在 5MPa 左右。由于横梁下翼缘的长度较短,出现 146MPa 的拉应力,这主要是在索支撑下梁的横向受弯引起的。标准组合Ⅱ作用下桥塔处钢梁底板纵桥向正应力和横桥向正应力均小于标准组合Ⅰ。

正常使用短期组合作用下桥塔处钢梁纵桥向正应力主要是以受压为主,压应力峰值为 165MPa,横梁下翼缘为横向受力构件,纵向应力较小,应力都在 14MPa 以内。桥塔处钢梁横桥向应力较为均匀,主要为受拉状态,拉应力在 35MPa 之内。由于横梁下翼缘的长度较短,出现 132MPa 的拉应力,这主要是在索支撑下梁的横向受弯引起的。

正常使用长期组合作用下桥塔处钢梁纵桥向正应力主要是以受压为主,压应力峰值为 134MPa,横梁下翼缘为横向受力构件,纵向应力较小,应力都在 9MPa 以内。桥塔处钢梁横桥向应力较为均匀,主要为受拉状态,拉应力在 31MPa 之内。由于横梁下翼缘的长度较短,出现 113MPa 的拉应力,这主要是在索支撑下梁的横向受弯引起的。

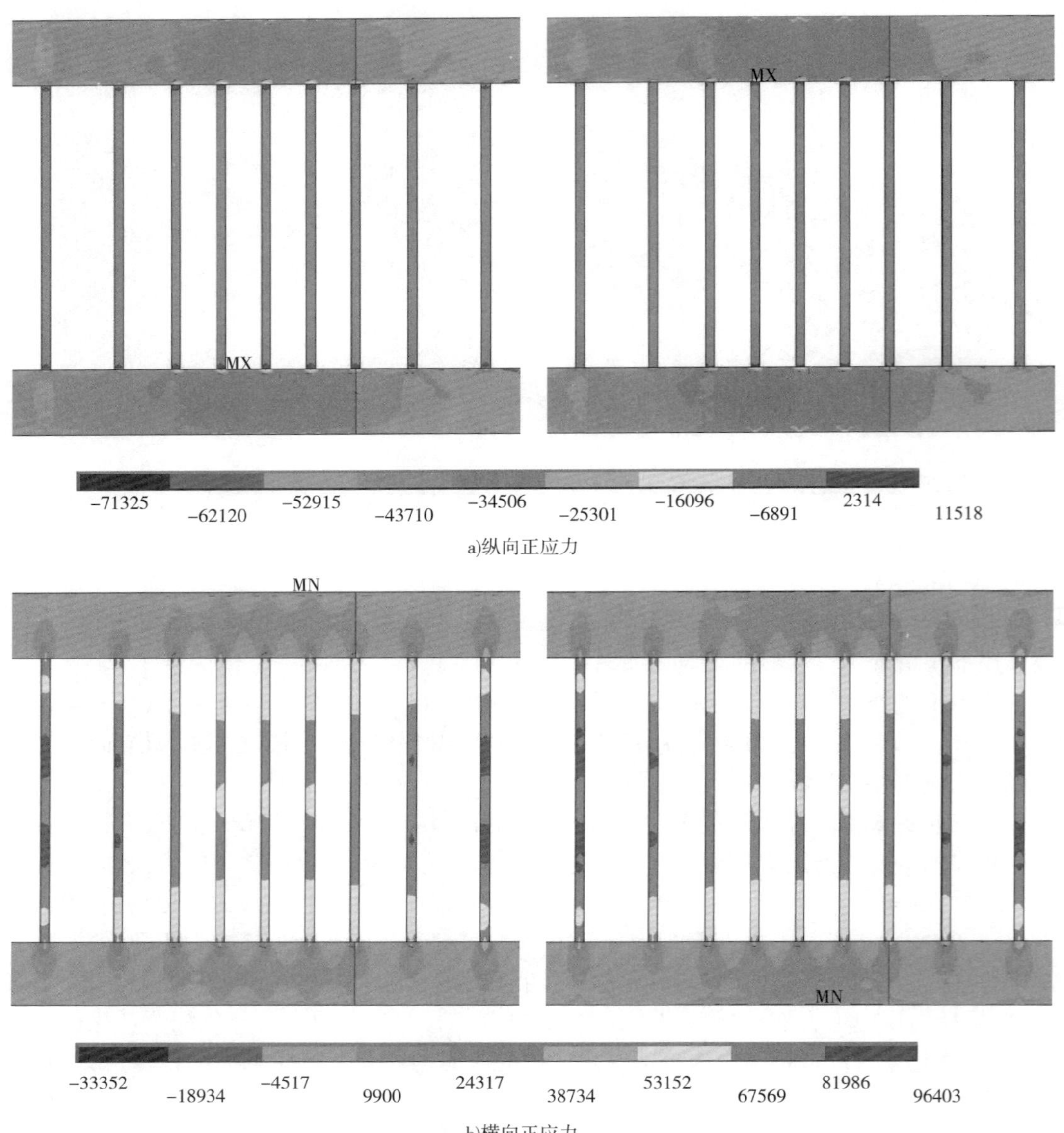

a)纵向正应力

b)横向正应力

图 4-1-47　钢梁底板桥塔处上表面、下表面恒载横向正应力(kPa)

(三)跨中处

恒载作用下跨中处钢梁底板的正应力如图 4-1-48 所示。

恒载作用下跨中处钢梁纵桥向正应力受斜拉索的影响,在索附近的钢梁纵桥向正应力为压应力,峰值为 56MPa,沿远离斜拉索的方向压应力逐渐减小并转变成为拉应力,拉应力基本都在 21MPa 以内。

跨中处钢梁中预应力产生的应力较为均匀,纵桥向压应力大部分在 5MPa 左右,由于全桥未设置横向预应力,横桥向压应力大部分在 2MPa 以内。跨中处钢梁中由混凝土收缩引起的纵桥向应力主要为压应力,纵向压应力绝大部分在 21MPa 以内,横桥向应力大部分在 2MPa 以内。跨中处钢梁中由混凝土徐变产生的纵桥向应力主要为压应力,纵向压应力绝大部分在 9MPa 以内,横桥向压应力大部分在 1MPa 以内。钢梁中由正温差产生的应力与收缩所产生的应力大小以及应力分布相似,应力符号相反。钢梁中由负温差产生的应力与收缩所产生的应力大小以及应力分布相似,符号相同。跨中处钢梁中在汽车活载作用下的纵桥向以拉应力为主,拉应力分布较为均匀为 40 ~ 55MPa。钢梁中横桥向应力较为均匀,大部分区域的应力都在 6MPa 以内。

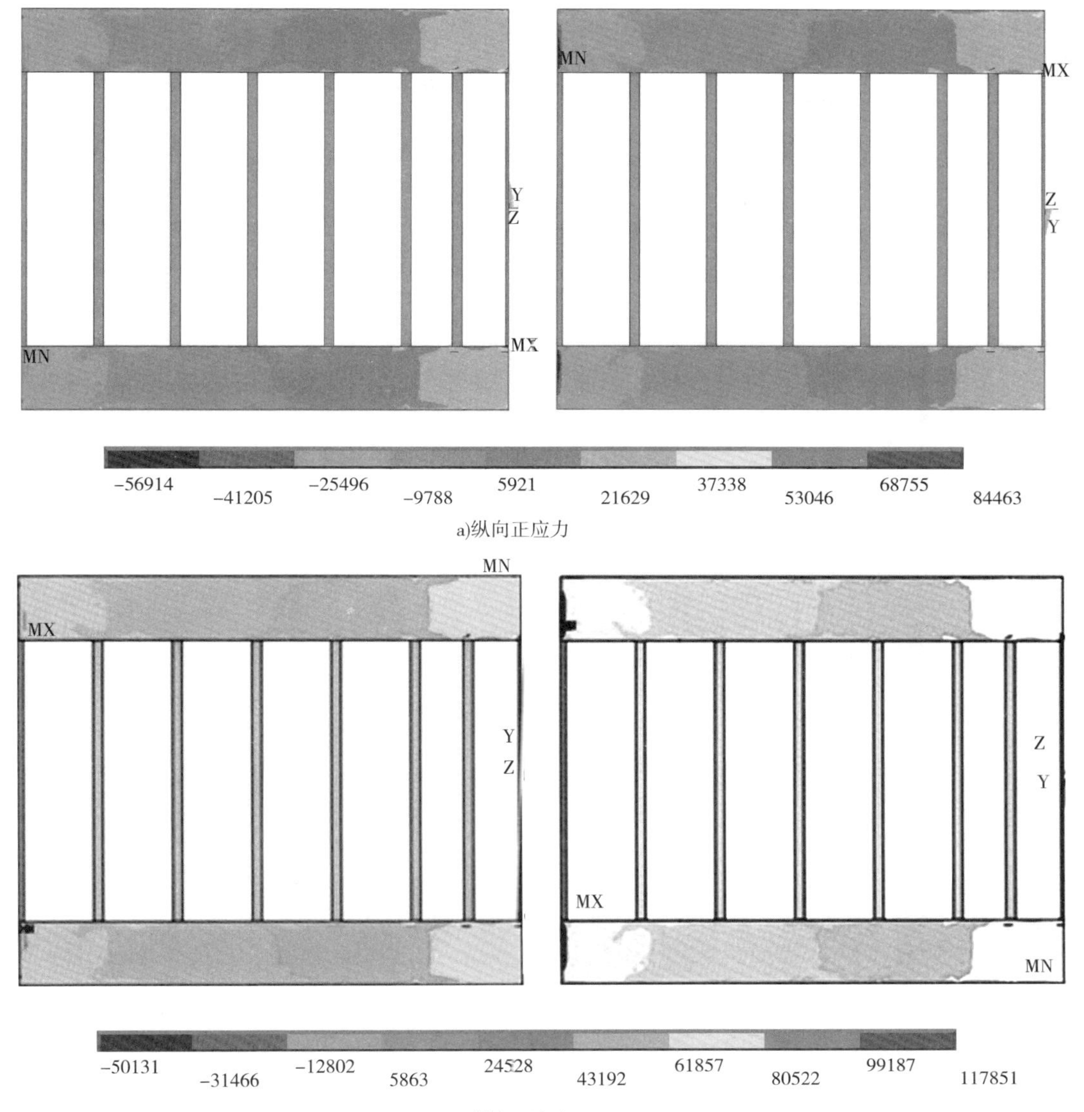

a)纵向正应力

b)横向正应力

图 4-1-48　钢梁底板跨中处上表面、下表面恒载横向正应力(kPa)

标准组合Ⅰ作用下跨中处钢梁纵桥向正应力大部分为拉应力，拉应力在 113MPa 以内，由于斜拉索的影响，在索附近处的钢梁纵桥向正应力为压应力，峰值为 63MPa，沿远离斜拉索的方向压应力逐渐减小并转为拉应力。桥塔处混凝土桥面板横桥向应力的分布较为均匀，应力都在 26MPa 以内，横梁下翼缘由于宽度较小，横向应力较为集中峰值为 170MPa 左右。标准组合Ⅱ作用下跨中钢梁底板纵桥向正应力和横桥向拉应力均小于标准组合Ⅰ。

正常使用短期组合作用下跨中处钢梁纵桥向正应力大部分为拉应力，拉应力在 168MPa 以内，由于斜拉索的影响，在索附近处的钢梁纵桥向正应力为压应力，峰值为 74MPa，沿远离斜拉索的方向压应力逐渐减小并转为拉应力。桥塔处混凝土桥面板横桥向应力的分布较为均匀，应力都在 27MPa 以内，横梁下翼缘由于宽度较小，横向应力较为集中峰值为 157MPa 左右。

正常使用长期组合作用下跨中处钢梁纵桥向正应力大部分为压应力，压应力在 73MPa 以内，由于斜拉索的影响，在索附近处的钢梁纵桥向正应力为压应力，沿远离斜拉索的方向压应力逐渐减小并转为拉应力。桥塔处混凝土桥面板横桥向应力的分布较为均匀，应力都在 26MPa 以内，横梁下翼缘由于宽度较小，横向应力较为集中峰值为 138MPa 左右。

(四)边跨 1/4 处

恒载作用下边跨 1/4 处钢梁底板的正应力如图 4-1-49 所示。

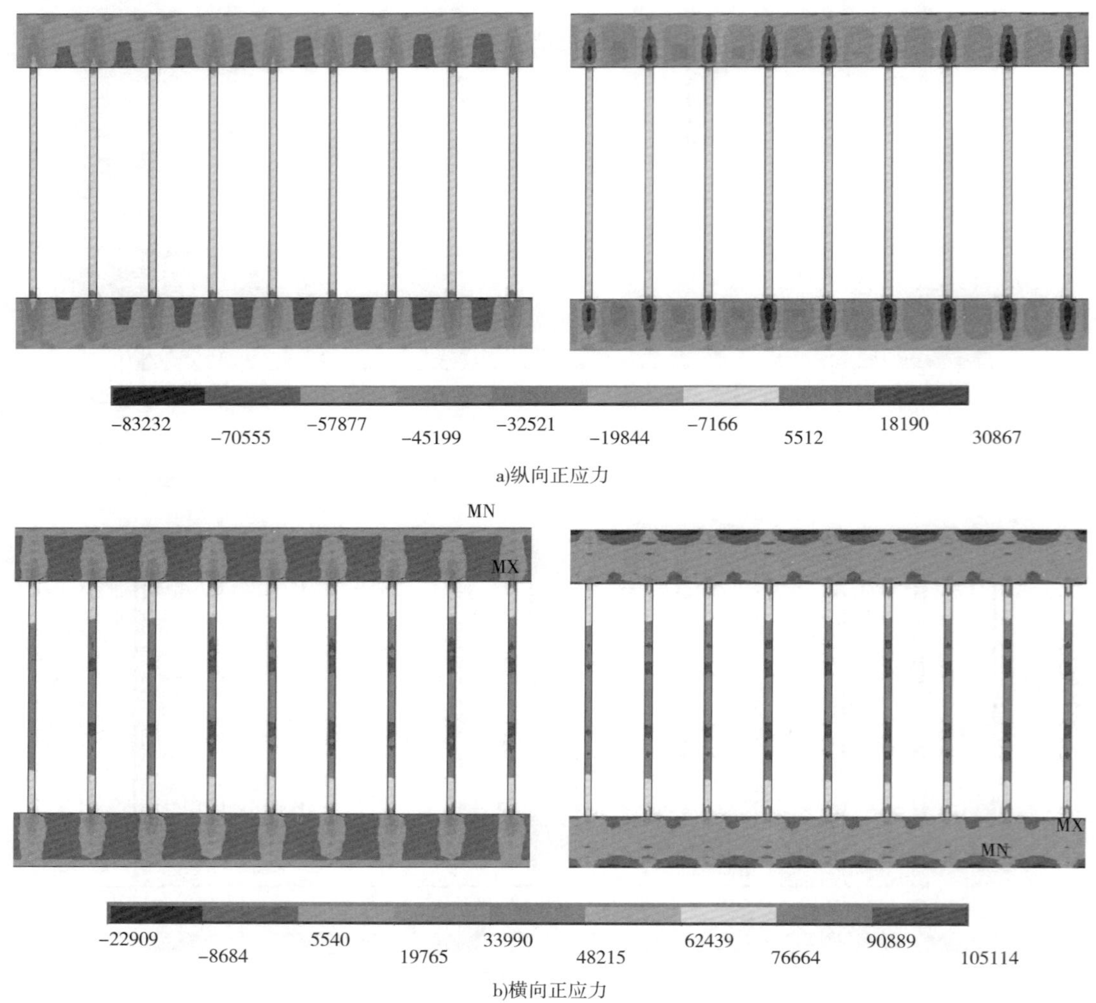

图 4-1-49 钢梁底板边跨 1/4 处上表面、下表面恒载横向正应力(kPa)

恒载作用下边跨 1/4 处钢梁纵桥向正应力大部分为压应力,上表面压应力在 57MPa 以内,下表面压应力在 83MPa 以内。边跨 1/4 处钢梁的横桥向应力上表面以拉应力为主,在 34MPa 以内,下表面以受压为主,在 23MPa 以内。

边跨 1/4 处钢梁中预应力产生的应力较为均匀,纵桥向压应力大部分在 9MPa 以内,由于全桥未设置横向预应力,横桥向压应力大部分在 2MPa 以内。边跨 1/4 处钢梁中由混凝土收缩产生的纵桥向应力主要为压应力,纵向压应力绝大部分在 26.5MPa 以内,横桥向压应力大部分在 4MPa 以内,横梁下翼缘由于宽度较小,其拉应力都在 9.4 ~ 11.6MPa。边跨 1/4 处钢梁中由混凝土徐变产生的纵桥向应力主要为压应力,纵向压应力绝大部分在 16MPa 以内,横桥向压应力大部分在 3.3MPa 以内。钢梁中由正温差产生的应力与收缩所产生的应力以及应力分布相似,应力符号相反。钢梁中由负温差产生的应力与收缩所产生的应力以及应力分布相似,符号相同。边跨 1/4 处钢梁中在汽车活载作用下的纵桥向应力分布均匀,大部分区域为压应力,应力为 14MPa 左右,横桥向应力分布均匀,大部分区域应力都在 2MPa 以内。

标准组合 I 作用下边跨 1/4 处钢梁纵桥向正应力主要是以受压为主,在横梁附近的钢梁下表面压应力峰值为 175MPa 左右,横梁之间的钢梁压应力为 85MPa 左右。边跨 1/4 处钢梁横桥向大部分区域为在小于 27MPa 的压应力,在横梁处出现 46MPa 左右的拉应力。由于横梁下翼缘的长度较短,出现 139MPa

的拉应力，这主要是在索支撑下梁的横向受弯引起的。标准组合Ⅱ作用下边跨 1/4 处钢梁底板纵桥向正应力和横桥向拉应力均小于标准组合Ⅰ。

正常使用短期组合作用下边跨 1/4 处钢梁纵桥向正应力主要是以受压为主，在横梁附近的钢梁下表面压应力峰值为 165MPa 左右，横梁之间的钢梁压应力为 80MPa 左右。边跨 1/4 处钢梁横桥向大部分区域为在小于 27MPa 的压应力，在横梁处出现 44MPa 左右的拉应力。由于横梁下翼缘的长度较短，出现 132MPa 的拉应力，这主要是在索支撑下梁的横向受弯引起的。

正常使用长期组合作用下边跨 1/4 处钢梁纵桥向正应力主要是以受压为主，在横梁附近的钢梁下表面压应力峰值为 137MPa 左右，横梁之间的钢梁压应力为 66MPa 左右。边跨 1/4 处钢梁横桥向大部分区域为在小于 24MPa 的压应力，在横梁处出现 38MPa 左右的拉应力。由于横梁下翼缘的长度较短，出现 116MPa 的拉应力，这主要是在索支撑下梁的横向受弯引起的。

（五）中跨 1/4 处

恒载作用下中跨 1/4 处钢梁底板的正应力如图 4-1-50 所示。

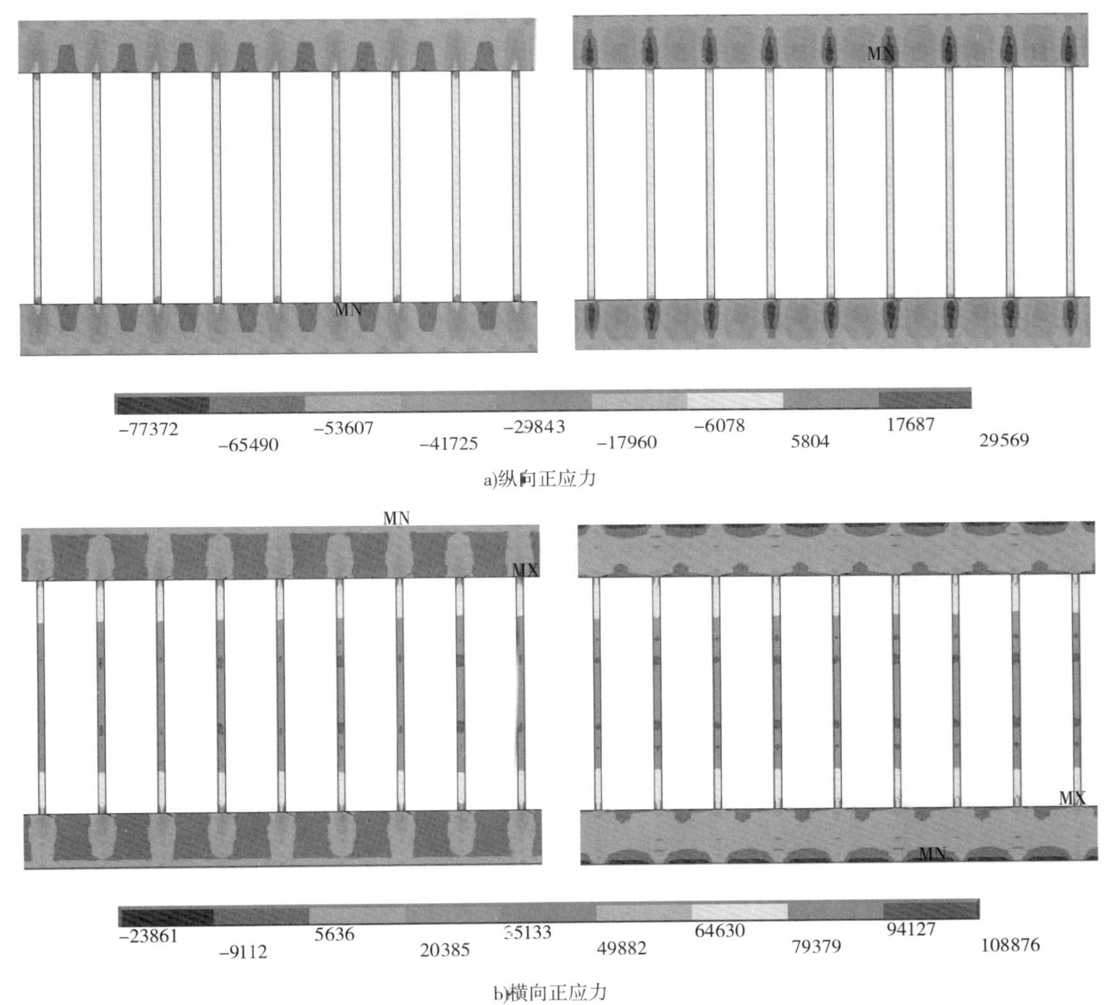

图 4-1-50　钢梁底板中跨 1/4 处上表面、下表面恒载横向正应力（kPa）

恒载作用下中跨 1/4 处钢梁纵桥向正应力大部分为压应力，上表面压应力在 65MPa 以内，下表面压应力在 77MPa 以内。中跨 1/4 处钢梁的横桥向应力上表面以拉应力为主，大小在 35MPa 以内，下表面以受压为主，在 24MPa 以内。中跨 1/4 处钢梁中预应力产生的应力较为均匀，纵桥向压应力大部分在 4.3～5.8MPa以内，由于全桥未设置横向预应力，横桥向压应力大部分在 1.2MPa 以内。

边跨1/4处钢梁中由混凝土收缩产生的纵桥向应力主要为压应力，纵向压应力都在27.6MPa以内，横桥向压应力大部分在4MPa以内，横梁下翼缘由于宽度较小，其拉应力都在9.7～12MPa。中跨1/4处钢梁中由混凝土徐变产生的纵桥向应力主要为压应力，纵向压应力都在17.3MPa以内，横桥向压应力大部分在1.8MPa以内。钢梁中由正温差产生的应力与收缩所产生的应力大小以及应力分布相似，应力符号相反。

钢梁中由负温差产生的应力与收缩所产生的应力大小以及应力分布相似，符号相同。中跨1/4处钢梁中在汽车活载作用下的纵桥向应力大部分区域为压应力，应力为9.0～14.6MPa，横桥向应力分布均匀，大部分区域应力都在2MPa以内。

标准组合Ⅰ作用下中跨1/4处钢梁纵桥向正应力主要是以受压为主，在横梁附近的钢梁下表面压应力峰值为163MPa左右，横梁之间的钢梁压应力为99MPa左右。中跨1/4处钢梁横桥向大部分区域为在小于30MPa的压应力，在横梁处出现47MPa左右的拉应力。由于横梁下翼缘的长度较短，出现143MPa的拉应力，这主要是在索支撑下梁的横向受弯引起的。标准组合Ⅱ作用下中跨1/4处钢梁底板纵桥向正应力和横桥向拉应力均小于标准组合Ⅰ。

正常使用短期组合作用下中跨1/4处钢梁纵桥向正应力主要是以受压为主，在横梁附近的钢梁下表面压应力峰值为153MPa左右，横梁之间的钢梁压应力为73MPa左右。中跨1/4处钢梁横桥向大部分区域为在小于29MPa的压应力，在横梁处出现45MPa左右的拉应力。由于横梁下翼缘的长度较短，出现大小为137MPa的拉应力，这主要是在索支撑下梁的横向受弯引起的。

正常使用长期组合作用下中跨1/4处钢梁纵桥向正应力主要是以受压为主，在横梁附近的钢梁下表面压应力峰值为128MPa左右，横梁之间的钢梁压应力为61MPa左右。中跨1/4处钢梁横桥向大部分区域为在小于26MPa的压应力，在横梁处出现40MPa左右的拉应力。由于横梁下翼缘的长度较短，出现123MPa的拉应力，这主要是在索支撑下梁的横向受弯引起的。

四、桥面板裂缝宽度计算

通过混合有限元计算确定各控制截面的混凝土应力状态如表4-1-2所示。

控制截面应力统计 表4-1-2

控制截面应力统计(MPa)										
截面位置	辅助墩处		桥塔处		跨中		边跨1/4处		中跨1/4处	
应力方向	纵向	横向	纵向	横向	纵向	横向	纵向	横向	纵向	横向
上缘应力	5.15	1.78	2.25	-0.28	3.70	0.73	-0.96	0.25	0.69	-0.21
下缘应力	5.15	4.95	-6.31	4.68	5.24	4.96	-2.60	3.58	-1.73	3.70

进一步反算出对应截面的内力(弯矩和轴力)如下表4-1-3所示，再按普通钢筋混凝土构件计算其裂缝宽度。

控制截面内力计算 表4-1-3

控制截面内力计算										
截面位置	辅助墩处		桥塔处		跨中		边跨1/4处		中跨1/4处	
应力方向	纵向	横向	纵向	横向	纵向	横向	纵向	横向	纵向	横向
N(kN)	1339	1346	-812	880	1788	1138	-712	766	-208	698
M(kN·m)	0	42.3	-114.1	66.1	20.5	56.4	-21.9	44.4	-32.3	52.1

由于有限元模型中的钢材和混凝土均假定为线弹性，没有考虑混凝土开裂。近似地处理，可按上述计算所得的内力值计算桥面板的裂缝宽度。

由规范相关规定可知，混凝土桥面板的最大裂缝宽度W_{fk}可按下列公式计算：

$$W_{fk} = C_1 C_2 C_3 \frac{\sigma_{ss}}{E_s}\left(\frac{30+d}{0.28+10\rho}\right)(\mathrm{mm})$$

$$\rho = \frac{A_s + A_p}{bh_0 + (b_f - b)h_f}$$

取最不利荷载组合，计算各关键截面的最大裂缝宽度见表4-1-4。

裂缝宽度计算 表4-1-4

控制截面裂缝宽度(mm)										
截面位置	辅助墩处		桥塔处		跨中		边跨1/4处		中跨1/4处	
应力方向	纵向	横向	纵向	横向	纵向	横向	纵向	横向	纵向	横向
裂缝宽度	0.12	0.13	0.02	0.12	0.17	0.12	0.00	0.08	0.00	0.08

经计算可得：桥面板裂缝宽度在跨中达到最大值，为0.17mm。

第三节　组合梁剪力连接件形式及受力分析

一、概述

在钢—混组合结构中保证钢与混凝土能够协同工作的关键构件是二者间的连接件。连接件的强与弱直接影响到组合梁的受力性能，如果连接件具有足够的刚度，可以阻止钢与混凝土间的相对滑移，组合梁可以按照平截面假定计算其受力和变形；反之，如果连接件的连接刚度较弱，钢与混凝土界面上会产生滑移，在分析组合梁的受力和变形时必须考虑界面滑移效应的影响。在桥梁结构中采用的连接件一般具有足够的连接刚度。常见的剪力连接件形式有：钢筋连接件[图4-1-51a)]、型钢连接件[图4-1-51b)]、焊钉连接件[图4-1-51c)]以及比较新型的开孔板(PBL)连接件[图4-1-51d)]。

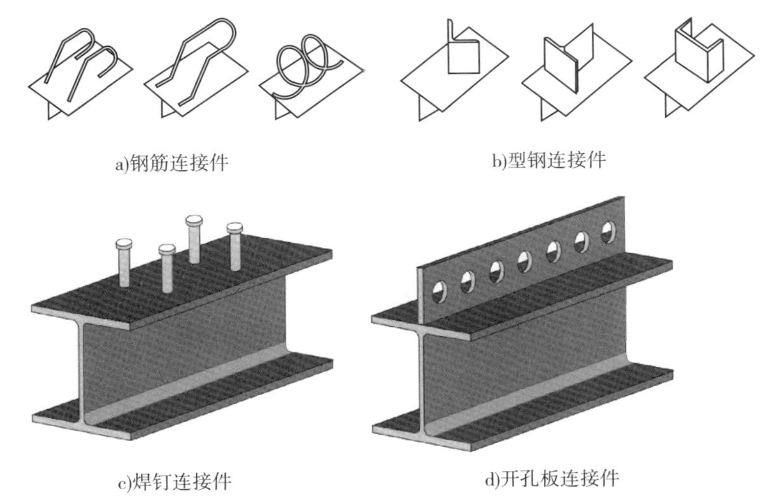

图4-1-51　连接件形式

二、钢与混凝土结合面连接件形式的比选

以上几种常见的连接件其特点如下：

(一)钢筋连接件

钢筋连接件是将螺纹钢筋焊接在钢板上，浇筑混凝土后被混凝土包裹的螺纹钢筋承担钢与混凝土间的剪力。(从左自右依次为弯起钢筋连接件、轮形钢筋连接件、螺旋钢筋连接件)。钢筋连接件具有制作简单、延性好的特点，但其刚度较小，极限承载力不高，设置需依受力方向而定。

(二)型钢连接件

型钢连接件是将角钢、工字钢、槽钢等型钢焊接于钢板上来抵抗混凝土与钢结构之间的相对滑移的一种连接件形式。图 4-1-51b)所示依次为用角钢、T 形钢、槽钢制作的型钢连接件。

型钢连接件有制作较为便捷、刚度大的特点,但其延性较差,混凝土和连接件间可能发生剥离破坏,而且型钢连接件还可能会影响桥面板钢筋的布置。型钢连接件的设置也需依从于受力方向。

(三)焊钉连接件

焊钉连接件是将大头钢钉经特殊的焊接工艺焊接于钢板上来抵抗钢与混凝土间的剪力的一种最为常用的连接件形式,如图 4-1-51c)所示。焊钉连接件的加工工艺成熟、连接可靠、有较好的延性和较为准确的承载力计算方法,是现行设计中最为常用的剪力连接件形式。焊钉连接件增大的头部能有效防止钢与混凝土间发生剥离,焊钉连接件不像其他连接件那样布置时要考虑主要受力方向,其力学性能也有各向相同的特点,但焊钉连接件的抗疲劳性能不是很理想。

(四)开孔板连接件

开孔钢板连接件是把钢板条上按一定的间距开设圆孔,并利用双面角焊缝将其连接到钢板上,利用开孔钢板中的混凝土销栓作用承担钢与混凝土间的剪力的一类剪力连接件。开孔板连接件延性较好、承载力大,布置贯通钢筋后可进一步提高延性和承载力。开孔板连接件制作简单,成本低廉,开孔处便于桥面板横向钢筋的布置,并可利用横向贯通钢筋提高抗剪承载力。开孔板连接件相比于焊钉连接件开孔板连接件有更好的抗疲劳性能,但其传力具有明确的方向限制。

根据椒江二桥钢梁与混凝土桥面板的结构特点,每个分离式的钢箱梁纵桥向通过两道翼缘板与混凝土相连,横桥向每隔 4.5m 有一道翼缘与混凝土相连。由于受到斜拉索空间索力作用,巨大的斜拉索索力在锚固区附近通过钢锚箱传递到钢梁,通过连接件将部分力传递到混凝土桥面板上。同时斜拉桥主梁受到的轴向力和弯矩作用也会在纵桥向有所变化。因此在椒江二桥中的组合梁受力比较复杂,钢梁与混凝土板间的传力方向性不明确,基于这种特点在椒江二桥组合梁连接件选择上选取不受传力方向限制的连接件,即焊钉连接件。

三、钢与混凝土结合面连接件的空间受力分析

(一)连接件空间受力分析概述

本节主要研究钢梁和混凝土桥面板之间剪力钉的受力情况,相关计算结果及分析均基于节段模型中混凝土桥面板采用实体单元的混合有限元模型,采用通用有限元软件 ANSYS 建模。全桥整体模型采用三主梁(Beam44 单元)杆系模型,索塔采用梁单元(Beam44),斜拉索采用拉杆单元(Link8),并通过刚臂与主梁和索塔连接。节段模型中,混凝土桥面板采用实体单元 Solid45,钢箱梁中混凝土填实段采用实体单元 Solid95,钢梁及其加劲肋采用板壳单元 Shell63,剪力钉采用线性弹簧单元 Combin14,并通过 Link8 单元模拟混凝土桥面板中的预应力束。

选取了三个受力情况较为复杂的梁段建立节段模型,即中跨跨中段、辅助墩段和过渡墩段,混合有限元模型如图 4-1-52 所示。

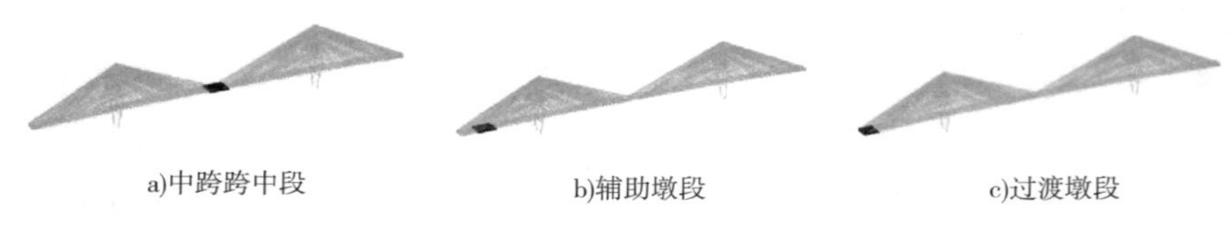

a)中跨跨中段　　b)辅助墩段　　c)过渡墩段

图 4-1-52　全桥混合有限元模型

(二)组合梁剪力钉布置

组合梁的钢梁和混凝土桥面板之间靠剪力钉连接。钢梁上翼缘的剪力钉间距从 125mm 至 300mm 不等,在腹板和横隔板相交处剪力钉布置得较密;腹板上翼缘共布置 6 排剪力钉,而横隔板上翼缘共布置五排剪力钉。标准梁段的剪力钉布置如图 4-1-53 所示,其他梁段的布置与之类似。

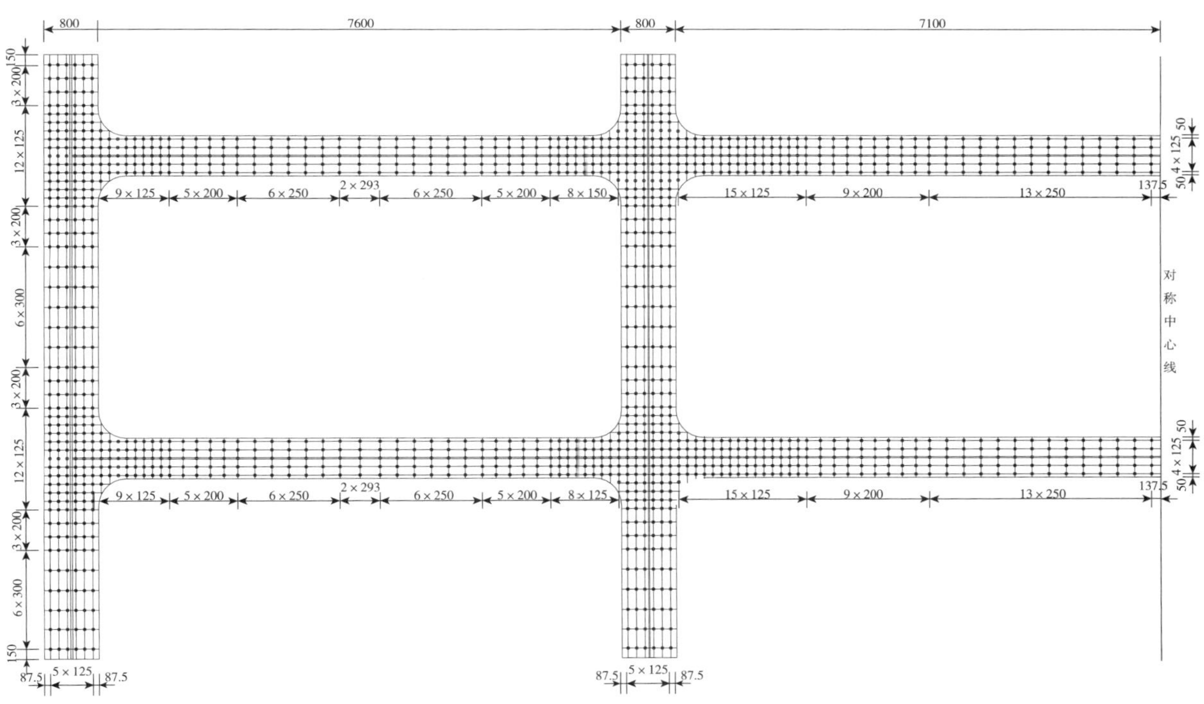

图 4-1-53 标准梁段的剪力钉布置示意图(尺寸单位:mm)

剪力钉刚度取值如下:抗剪刚度为 4.13×10^5kN/m,竖向抗拉拔刚度为 7.18×10^7kN/m。

以下各节列出的剪力钉受力计算结果中,内、外侧腹板的位置如图 4-1-54 所示,内、外腹板和横隔板上的剪力钉均只列出其中三排的计算结果,其位置见图 4-1-55,各横隔板的编号见各节所述;顺、横桥向方向及坐标轴原点如图 4-1-56 所示。荷载工况有恒载,预应力,收缩,徐变,正、负温度梯度,活载以及标准组合Ⅰ和标准组合Ⅱ等,其中标准组合Ⅰ和标准组合Ⅱ的定义同前述一致。

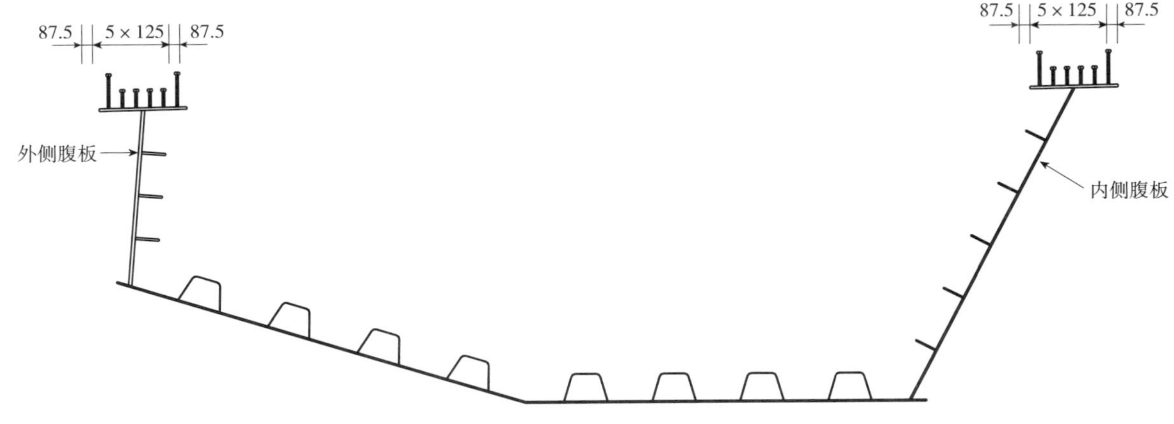

图 4-1-54 钢箱梁腹板上翼缘剪力钉布置示意图(尺寸单位:mm)

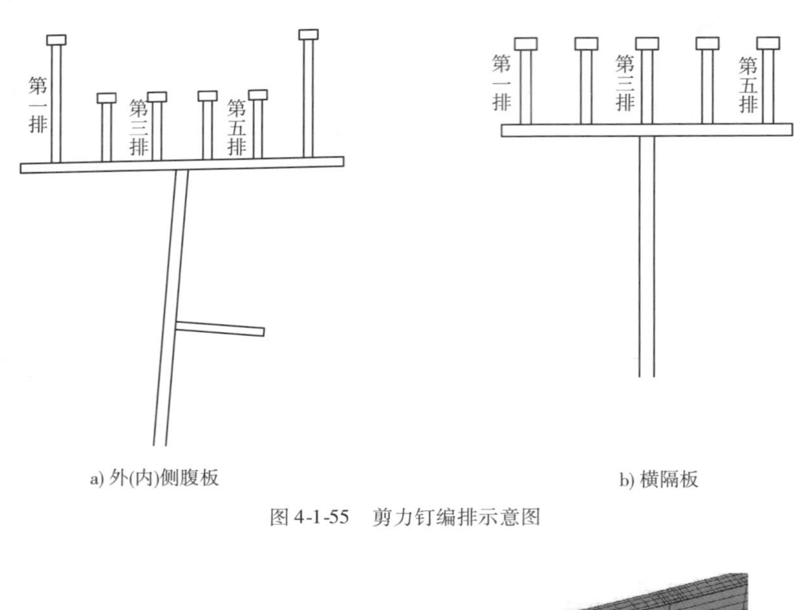

a) 外(内)侧腹板　　b) 横隔板

图 4-1-55　剪力钉编排示意图

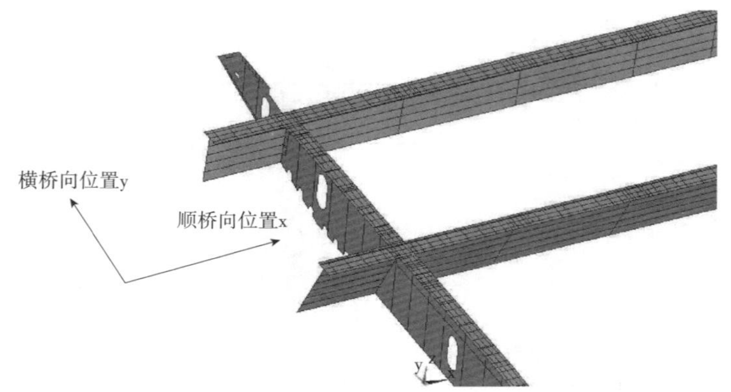

图 4-1-56　计算结果坐标轴示意图

(三)主跨跨中处受力分析

1. 计算模型

主跨跨中处的有限元计算模型如图 4-1-57 所示。

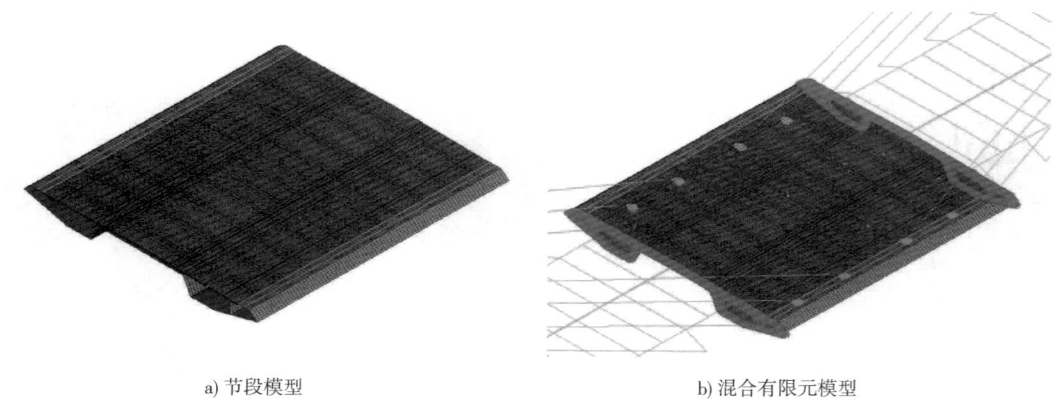

a) 节段模型　　b) 混合有限元模型

图 4-1-57　有限元模型

钢梁横隔板的编号见图 4-1-58,图中标出了节段模型最外横隔板的编号,其他各中横隔板的编号依此类推,其中横隔板 6 位于主跨跨中。考虑到节段模型和整体模型之间刚域连接的影响以及结构的对称性，这里选列出横隔板 3 ~ 6 的计算结果；对于腹板上翼缘的剪力钉，选列出顺桥向位置位于 10 ~ 35m（节段模型总长 45m）范围内的计算结果。具体结果详见以下各小节中的图表。

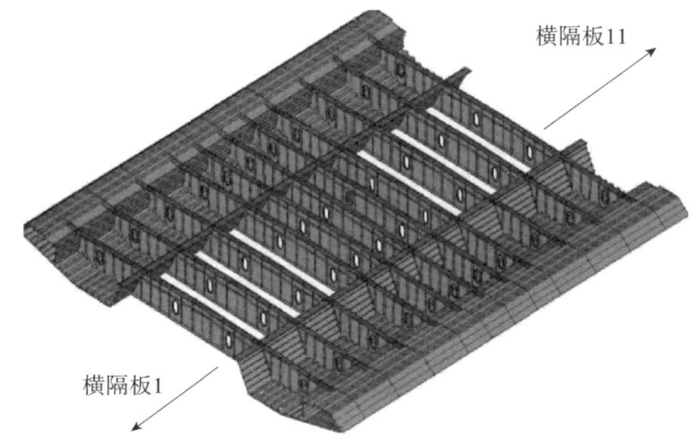

图 4-1-58 主跨跨中节段模型横隔板编号示意图

2. 计算结果

图 4-1-59 给出了恒载作用下内侧腹板的连接件在三个方向上的受力分布情况。

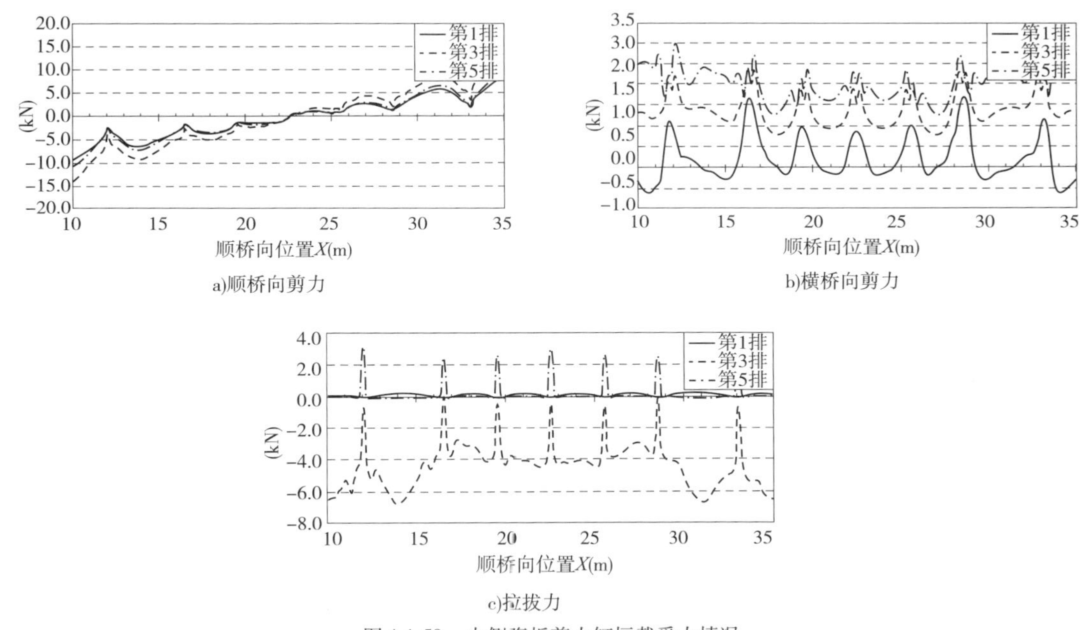

图 4-1-59 内侧腹板剪力钉恒载受力情况

从图中看出内侧腹板处焊钉的纵桥向剪力在跨中位置为零，向两边剪力逐渐增大，同一位置处靠近腹板位置的焊钉剪力比远离腹板位置的焊接剪力大，该部位焊钉的最大纵桥向剪力为 13.4kN；内腹板处焊钉的横桥向剪力较小，最大为 3.0kN；内腹板处焊钉的竖桥向受力较小，仅在靠近横隔板位置出现拉拔力，最大拉力为 3.2kN。

图 4-1-60 给出了恒载作用下外侧腹板的连接件在三个方向上的受力分布情况。

从图中看出外侧腹板处焊钉的纵桥向剪力在跨中位置为零，向两边剪力逐渐增大，同一位置处靠近腹板位置的焊钉剪力比远离腹板位置的焊接剪力大，该部位焊钉的最大纵桥向剪力为 23.0kN；外腹板处焊钉的横桥向剪力较小，最大为 4.0kN；外腹板处焊钉的竖桥向受力较小，仅在靠近横隔板位置出现拉拔力，最大拉力为 17.2kN。

图 4-1-61 ~ 图 4-1-64 给出了恒载作用下不同隔板（横隔板 3、4、5、6）处的连接件在三个方向上的受力分布情况。

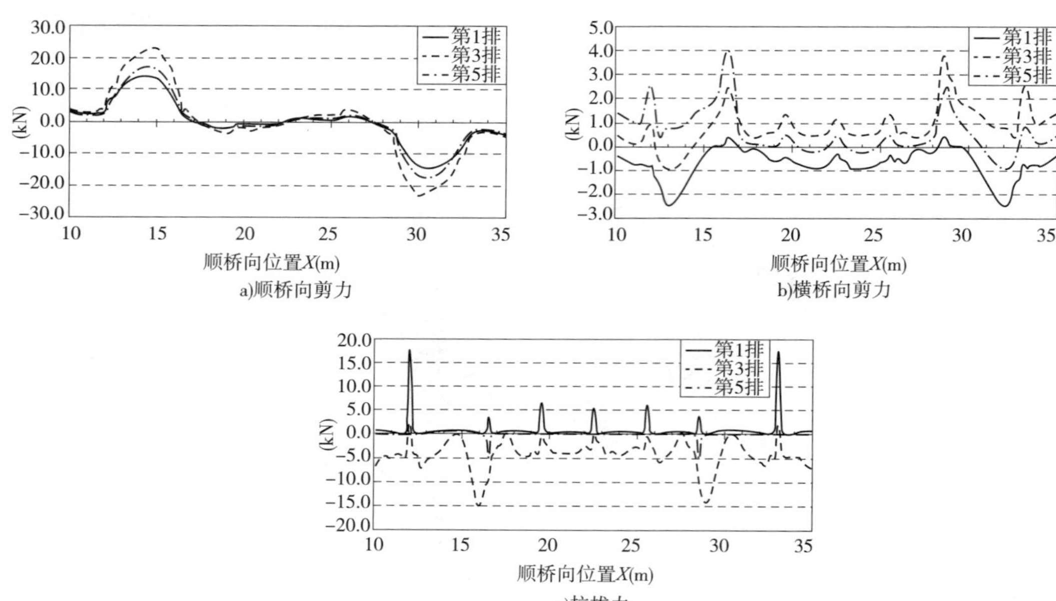

图 4-1-60 外侧腹板剪力钉恒载受力情况

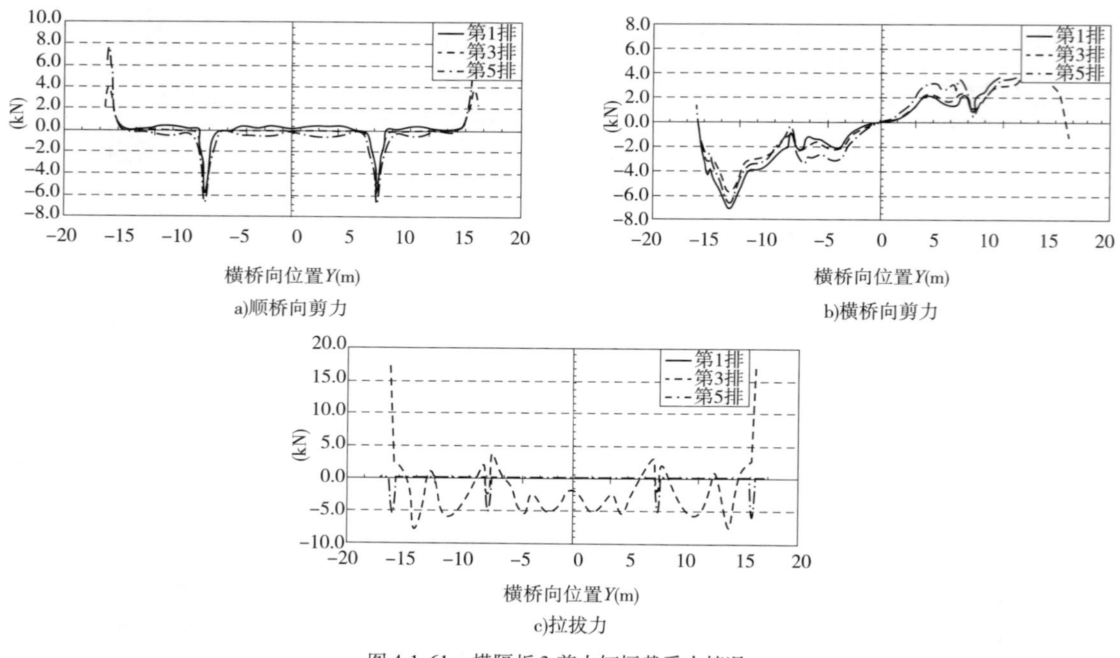

图 4-1-61 横隔板 3 剪力钉恒载受力情况

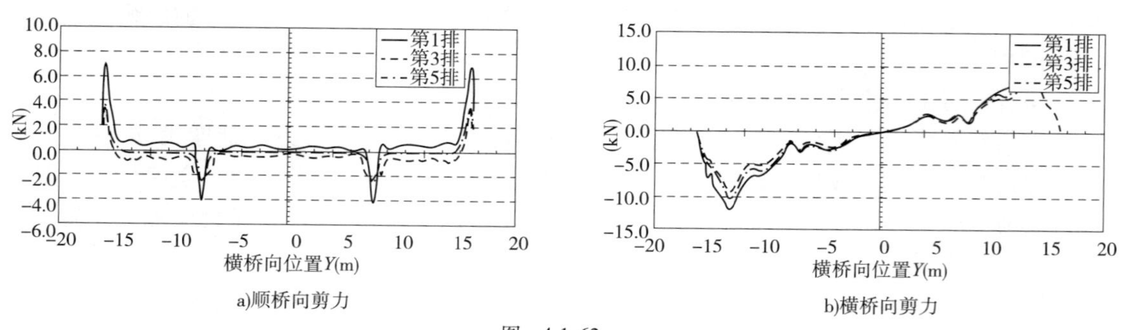

图 4-1-62

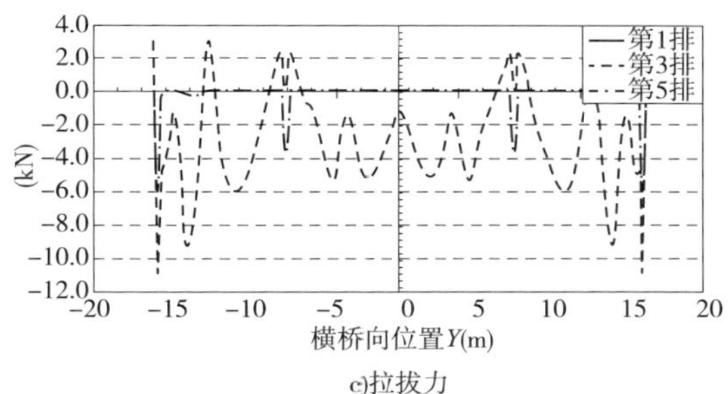

c)拉拔力

图 4-1-62　横隔板 4 剪力钉恒载受力情况

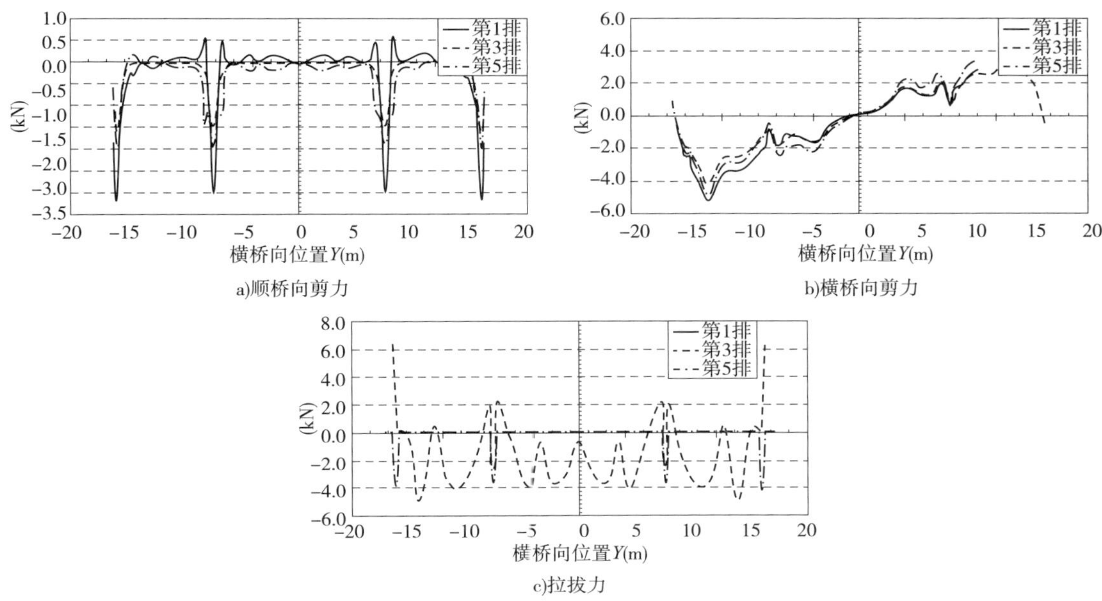

a)顺桥向剪力

b)横桥向剪力

c)拉拔力

图 4-1-63　横隔板 5 剪力钉恒载受力情况

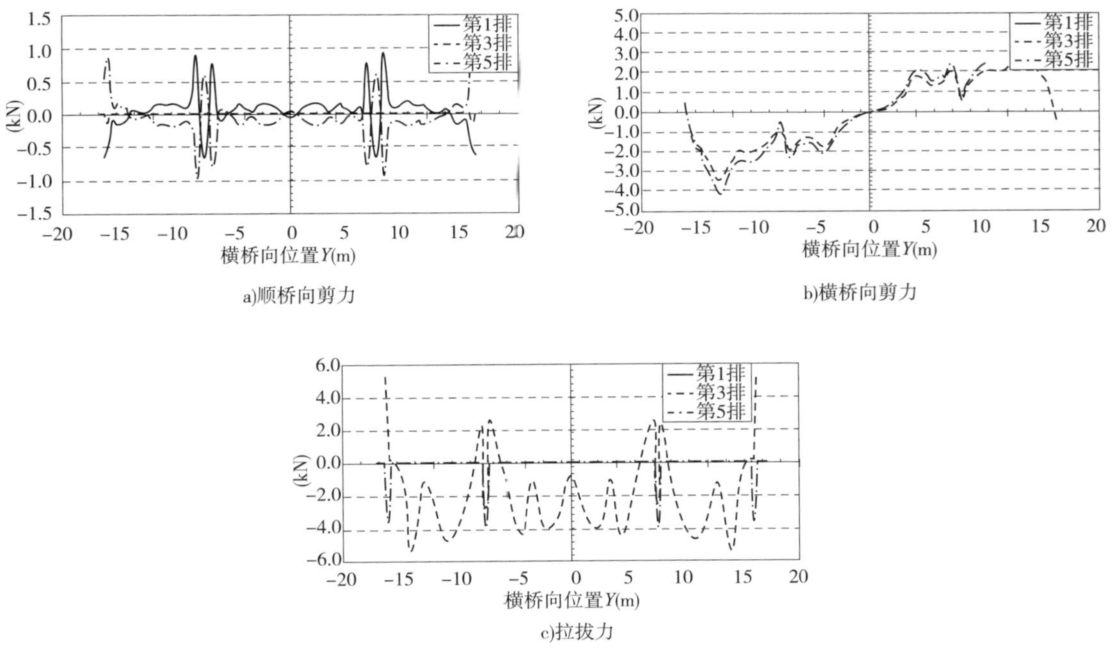

a)顺桥向剪力

b)横桥向剪力

c)拉拔力

图 4-1-64　横隔板 6 剪力钉恒载受力情况

从图中看出横隔板附近的连接件顺桥向剪力相对较小，在靠近内外腹板位置处焊钉剪力比其他位置大，最大值为4.1kN；横隔板附近的连接件横桥向剪力相对也较小，在内外腹板之间位置处焊钉剪力比其他位置大，最大值为12kN；横隔板附近的连接件竖桥向受力相对也较小，在靠近内外腹板位置处焊钉受力比其他位置大，最大值出现在在靠近拉索位置处，最大值为17kN。

在预应力作用下内侧腹板处焊钉的纵桥向剪力和横桥向剪力较小，最大为1.2kN；内腹板处焊钉的竖桥向受力较小，仅在靠近横隔板位置出现拉拔力，最大拉力为2.8kN。在预应力作用下外侧腹板处焊钉的纵桥向剪力和横桥向剪力较小，最大为1.5kN；内腹板处焊钉的竖桥向受力较小，仅在靠近横隔板位置出现拉拔力，最大拉力为3.1kN。在预应力作用下横隔板附近的连接件顺桥向剪力相对较小，在靠近内外腹板位置处焊钉剪力比其他位置大，最大值为3.1kN；横隔板附近的连接件横桥向剪力相对也较小，在内外腹板位置处焊钉剪力比其他位置大，最大值为1.7kN；横隔板附近的连接件竖桥向受力相对也较小，在靠近内外腹板位置处焊钉受力比其他位置大，最大值为3.0kN。

在混凝土收缩效应作用下内侧腹板处焊钉的纵桥向剪力在跨中位置为零，向两边剪力逐渐增大，该部位焊钉的最大纵桥向剪力为5.0kN；内腹板处焊钉的横桥向剪力以横隔板为界出现交替变化，最大为11.1kN；内腹板处焊钉的竖桥向受力较小，仅在靠近横隔板位置出现拉拔力，最大拉力为2.9kN。在混凝土收缩效应作用下外侧腹板处焊钉的纵桥向剪力在跨中位置为零，向两边剪力逐渐增大，该部位焊钉的最大纵桥向剪力为6.0kN；外腹板处焊钉的横桥向剪力较小，最大为15.2kN；外腹板处大部分焊钉的竖桥向受力较小，仅在靠近横隔板位置出现拉拔力，最大拉力为15.9kN。在混凝土收缩效应作用下横隔板附近的连接件顺桥向剪力大部分在8.0kN左右，由于负剪力滞效应，在靠近内外腹板位置处焊钉剪力比其他位置小；横隔板附近的连接件横桥向剪力相对也较小，在横桥向两端位置处焊钉剪力比其他位置大，最大值为15.0kN；横隔板附近的连接件竖桥向受力相对也较小，同一横隔板上在横桥向两端位置处焊钉剪力比其他位置大，最大值为16.2kN。

在混凝土徐变效应作用下内侧腹板处焊钉的纵桥向剪力在跨中位置为零，向两边剪力逐渐增大，该部位焊钉的最大纵桥向剪力为3.0kN；内腹板处焊钉的横桥向剪力以横隔板为界出现交替变化，最大为3.1kN；内腹板处焊钉的竖桥向受力较小，仅在靠近横隔板位置出现拉拔力，最大拉力为0.8kN。在混凝土徐变效应作用下外侧腹板处焊钉的纵桥向剪力在跨中位置为零，向两边剪力逐渐增大，该部位焊钉的最大纵桥向剪力为5.9kN；外腹板处焊钉的横桥向剪力较小，最大为6.0kN；外腹板处大部分焊钉的竖桥向受力较小，仅在靠近横隔板位置出现拉拔力，最大拉力为6.0kN。在混凝土徐变效应作用下横隔板附近的连接件顺桥向剪力大部分在1.8kN左右，由于负剪力滞效应，在靠近内外腹板位置处焊钉剪力比其他位置小；横隔板附近的连接件横桥向剪力相对也较小，在横桥向两端位置处焊钉剪力比其他位置大，最大值为6.0kN；横隔板附近的连接件竖桥向受力相对也较小，同一横隔板上在横桥向两端位置处焊钉剪力比其他位置大，最大值为6.2kN。

在正温度梯度作用下内侧腹板处焊钉的纵桥向剪力以横隔板为界交替变化，该部位焊钉的最大纵桥向剪力为5.2kN；内腹板处焊钉的横桥向剪力以横隔板为界出现交替变化，最大为11.8kN；内腹板处焊钉的竖桥向受力较小，仅在靠近横隔板位置出现拉拔力，最大拉力为2.5kN。在正温度梯度作用下外侧腹板处焊钉的纵桥向剪力在跨中位置为零，向两边剪力逐渐增大，该部位焊钉的最大纵桥向剪力为6.3kN；外腹板处焊钉的横桥向剪力以横隔板为界出现交替变化，最大为16.1kN；外腹板处大部分焊钉的竖桥向受力较小，仅在靠近横隔板位置出现拉拔力，最大拉力为16.0kN。在正温度梯度作用下横隔板附近的连接件顺桥向剪力大部分在8kN左右，由于负剪力滞效应，在靠近内外腹板位置处焊钉剪力比其他位置小；横隔板附近的连接件横桥向剪力相对也较小，在横桥向两端位置处焊钉剪力比其他位置大，最大值为15.0kN；横隔板附近的连接件竖桥向受力相对也较小，同一横隔板上在横桥向两端位置处焊钉剪力比其他位置大，最大值为14.8kN。

在负温度梯度作用下，连接件的受力情况与正温度梯度情况相反，数值相等。

在活载作用下内侧腹板处焊钉的纵桥向剪力从跨中向两边逐渐增大，该部位焊钉的最大纵桥向剪力为4.8kN；内腹板处焊钉的横桥向剪力总体上较少，最大为1.6kN；内腹板处焊钉的竖桥向受力较小，大部分位置的受力接近于零，跨中位置最大拉力为4.3kN。在活载作用下外侧腹板处焊钉的纵桥向剪力在跨中位置为零，向两边剪力逐渐增大，该部位焊钉的最大纵桥向剪力为3.5kN；外腹板处焊钉的横桥向剪力总体上较少，最大为1.0kN；外腹板处大部分焊钉的竖桥向受力较小，大部分位置的受力接近于零，跨中位置最大拉力为3.3kN。在活载作用下横隔板附近的连接件顺桥向剪力大部分在0kN左右，仅在靠近内外腹板位置处焊钉剪力稍大，最大值为2.5kN；横隔板附近的连接件横桥向剪力相对也较小，最大值为0.8kN；横隔板附近的连接件竖桥向受力相对也较小，同一横隔板上在横桥向两端位置处焊钉剪力比其他位置大，最大值为1.0kN。

采用标准组合Ⅰ时内侧腹板处焊钉的纵桥向剪力从跨中向两边逐渐增大，该部位焊钉的最大纵桥向剪力为25.1kN；内腹板处焊钉的横桥向剪力以横隔板为界交替变化，最大为21.9kN；内腹板处焊钉的竖桥向受力较小，大部分位置的受力接近于零，仅在靠近隔板处出现一定的拉拔力，最大拉力为15.0kN。采用标准组合Ⅰ时外侧腹板处焊钉的纵桥向剪力在跨中位置为零，向两边剪力逐渐增大，该部位焊钉的最大纵桥向剪力为20.0kN；外腹板处焊钉的横桥向剪力以横隔板为界交替变化，最大为26.1kN；外腹板处大部分焊钉的竖桥向受力较小，大部分位置的受力接近于零，在隔板位置拉拔力突然增大，最大拉力为41.2kN。采用标准组合Ⅰ时横隔板附近的连接件顺桥向剪力大部分在15kN左右，由于负剪力滞效应在靠近内外腹板位置处焊钉剪力较小；横隔板附近的连接件横桥向剪力在靠近内外腹板位置处大其他位置相对也较小，最大值为26.8kN；横隔板附近的连接件竖桥向受力相对也较小，同一横隔板上在横桥向两端位置处焊钉剪力比其他位置大，最大值为41kN。

采用标准组合Ⅱ时内侧腹板处焊钉的纵桥向剪力从跨中向两边逐渐增大，该部位焊钉的最大纵桥向剪力为15.0kN；内腹板处焊钉的横桥向剪力以横隔板为界交替变化，最大为4kN；内腹板处焊钉的竖桥向受力较小，大部分位置的受力接近于零，仅在靠近隔板处出现一定的拉拔力，最大拉力为6.0kN。采用标准组合Ⅱ时外侧腹板处焊钉的纵桥向剪力在跨中位置为零，向两边剪力逐渐增大，该部位焊钉的最大纵桥向剪力为15.2kN；外腹板处焊钉的横桥向剪力以横隔板为界交替变化，最大为6.1kN；外腹板处大部分焊钉的竖桥向受力较小，大部分位置的受力接近于零，在隔板位置拉拔力突然增大，最大拉力为13kN。采用标准组合Ⅱ时横隔板附近的连接件顺桥向剪力大部分在2kN左右，由于剪力滞效应在靠近内外腹板位置处焊钉剪力增大，最大值为8kN；横隔板附近的连接件横桥向剪力在靠近内外腹板位置处大其他位置相对也较小，最大值为8kN；横隔板附近的连接件竖桥向受力相对也较小，同一横隔板上在横桥向两端位置处焊钉剪力比其他位置大，最大值为13kN。

(四)辅助墩处受力分析

由混合有限元模型对恒载、活载、预应力、混凝土收缩、混凝土徐变、温度梯度各荷载工况的计算，以及对标准组合Ⅰ和标准组合Ⅱ的计算得到辅助墩附近的焊钉连接件的受力情况如下：

(1)辅助墩处的剪力钉受力比主跨跨中处略大，所受剪力一般均不超过30kN；外侧腹板和横隔板相交处的拉拔力较大，个别位置可达40kN以上，但均小于50kN，其余基本都在5kN以下。

(2)剪力钉的剪力主要是恒载引起的，预应力、收缩、徐变、温度梯度变化和活载的影响较小，且贡献相当；同样，对于拉拔力，恒载的贡献较大，收缩和温度梯度变化次之，徐变、预应力和活载的影响很小。

(3)由于所受荷载不对称，剪力钉受力分布规律不是很明显。总的来说，辅助墩处钢箱梁内混凝土填实段的剪力钉受力很小；内侧腹板剪力钉顺桥向剪力靠近辅助墩处较大，而外侧腹板剪力钉顺桥向剪力，在靠近桥塔侧距辅助墩约7~8m处较大；横桥向剪力分布比较均匀，在有横隔板经过的地方剪力值较小；而拉拔力则是在有横隔板经过的地方较大。除辅助墩处以外的各横隔板剪力钉受力规律类似，顺桥向剪力分布比较均匀，在有腹板经过的地方，剪力方向反向；横桥向剪力在有腹板经过的地方受力略大。辅助墩处横隔板剪力钉受力分布较其他横隔板而言，剪力峰值逐渐向两腹板之间移动，拉拔力均较小。

(五)过渡墩处受力分析

由混合有限元模型对恒载、活载、预应力、混凝土收缩、混凝土徐变、温度梯度各荷载工况的计算,以及对标准组合I和标准组合II的计算得到过渡墩附近的焊钉连接件受力情况如下。剪力钉受力分布的规律与辅助墩处类似。

(1)过渡墩处的剪力钉受力比主跨跨中处大,所受剪力一般均不超过40kN;外侧腹板和横隔板相交处的拉拔力较大,个别位置可达40kN左右,其余基本都在5kN以下。

(2)剪力钉的剪力主要是恒载引起的,收缩和温度梯度变化在梁端对顺桥向剪力的影响较大,徐变、预应力和活载的影响较小,徐变较后两者略大,徐变和活载使梁端剪力钉顺桥向剪力发生反向;同样,对于拉拔力,恒载的贡献较大,收缩和温度梯度变化次之,徐变、预应力和活载的影响很小。

(3)过渡墩顶钢箱梁内混凝土填实段的剪力钉受力很小;靠近过渡墩的其他位置,腹板顺、横桥向剪力分布都比较均匀,在有横隔板经过的地方剪力值较小;而拉拔力则是在有横隔板经过的地方较大。

第四节　组合梁施工方法和工艺

根据椒江二桥分离式半封闭双箱组合梁的结构特点及受力特性分析,为了有效减少组合梁中混凝土收缩效应产生的拉应力,采用了组合梁节段工厂预制的方法且存放180天以上的措施,并把完成好的组合梁节段运输到桥位进行现场吊装和拼接。这种组合结构的施工方法在国内外的大跨度斜拉桥中仅在希腊的Rion - Antirion桥和东海大桥采用过,为此对组合梁节段预制及现场安装的工艺和方法进行研究。

一、组合梁预制节段制作工艺和方法

组合梁节段由钢梁和混凝土桥面板组成。钢梁由两组纵桥向分离式的半封闭箱梁和一定数量的横桥向横梁组成,箱梁内设横隔板,横梁和横隔板在横桥向共面,横梁采用工形截面。全桥钢梁共计13种类型,一般准梁段由底板单元、横隔板单元、中腹板单元、锚腹板单元、横梁和风嘴单元等组成,如图4-1-65所示。

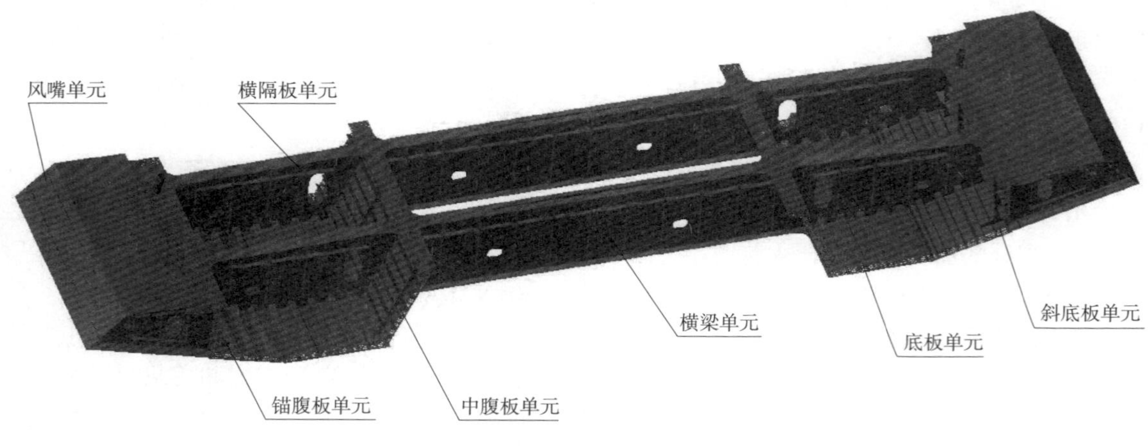

图4-1-65　钢梁节段结构单元示意图

组合梁预制节段制造与安装划分为4个阶段:即钢箱梁板单元制造、梁段总拼及一期预拼装、二期预拼及混凝土浇筑、桥位环口焊接(仅限于焊接环口)。

工艺流程:板单元制造→钢箱梁梁段连续匹配组焊及一期预拼装→下胎→剪力钉焊接→上二期预拼胎架→按制造线形预拼装→浇筑混凝土→环口连接板抹孔及复位→下胎→附属件安装→混凝土养护→

涂装→称重→存放→梁段装船→梁段吊装定位→梁段环口高强度螺栓施拧或焊接→桥位涂装→交付。

组合梁预制节段具体的施工工艺简述如下:(详见第三篇、第二章、第一节:"组合梁梁段制造、运输")。

(一)钢箱梁制造工艺

椒江二桥钢箱主梁分为107个梁段,每个梁段划分为若干个板单元单独加工。钢箱梁一期总拼整体组装全部在总拼胎架上完成,下胎后在场地的二期胎架进行二期预拼和混凝土浇筑。

板单元制造按照"钢板赶平及预处理→数控精确下料→零件加工(含U形肋制造)→胎型组装→反变形焊接→局部修整"的顺序进行

板单元制造完成后,在总拼胎架(图4-1-66)上进行多梁段连续匹配组装及一期预拼装。

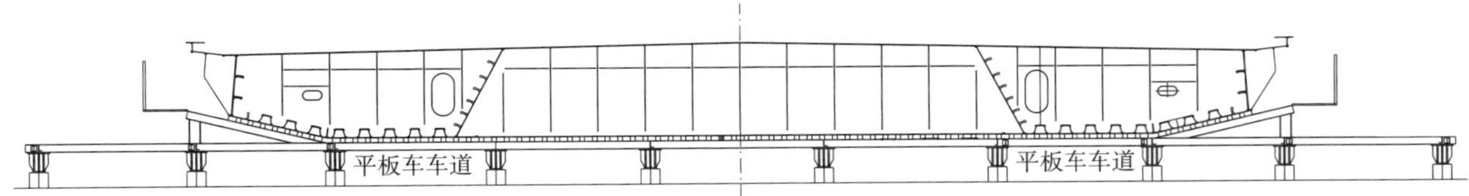

图4-1-66 多梁段一期连续总拼胎架

钢箱梁的制作包括以下几个过程:

(1)组焊平底板;

(2)组焊斜底板;

(3)组焊中间横梁;

(4)组焊中腹板;

(5)组焊横隔板单元;

(6)组装锚腹板单元;

(7)线形检查;

(8)下胎。

(二)梁段二期预拼和混凝土浇筑

二期预拼胎架的强度比总拼胎架大,胎架如图4-1-67所示。

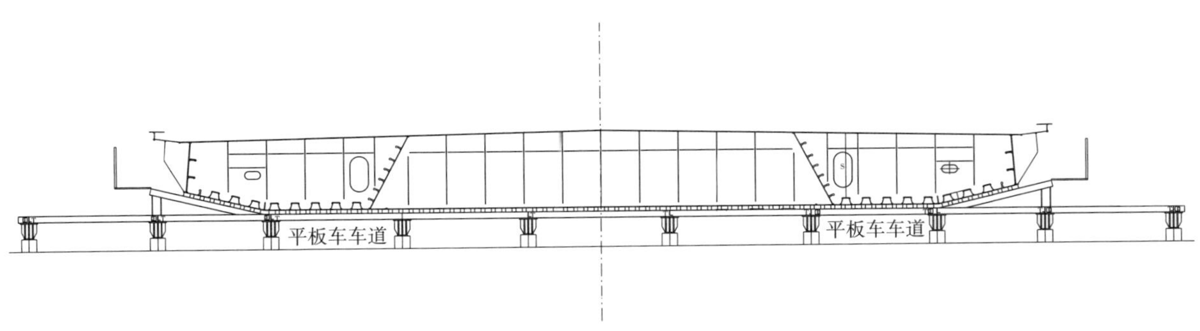

图4-1-67 多梁段二期连续总拼胎架

梁段上预拼胎架后,调整和测量线形、长度、端口尺寸、直线度等,重点检查:桥梁纵向线形、梁段纵向累加长度、扭曲,梁段间端口匹配情况等。预拼尺寸合格后用工艺连接板进行连接,准备混凝土桥面板的浇筑。

混凝土浇筑后,组合梁自身重量增加,梁段纵向线形有向下的变化,需增加胎架的刚度以保证梁段的纵向线形。

受混凝土重力和徐变的影响,组合梁横向有下绕的变形,在横向预设这部分的反变形量。

混凝土到达设计强度的80%以上后组合梁才能解体下胎。

二期预拼完成后，按设计图纸和工艺要求进行桥面板施工支架的搭设及桥面板钢筋的绑扎，直接在钢箱梁上浇筑，形成组合梁。

桥面板支架布置如图 4-1-68 所示。

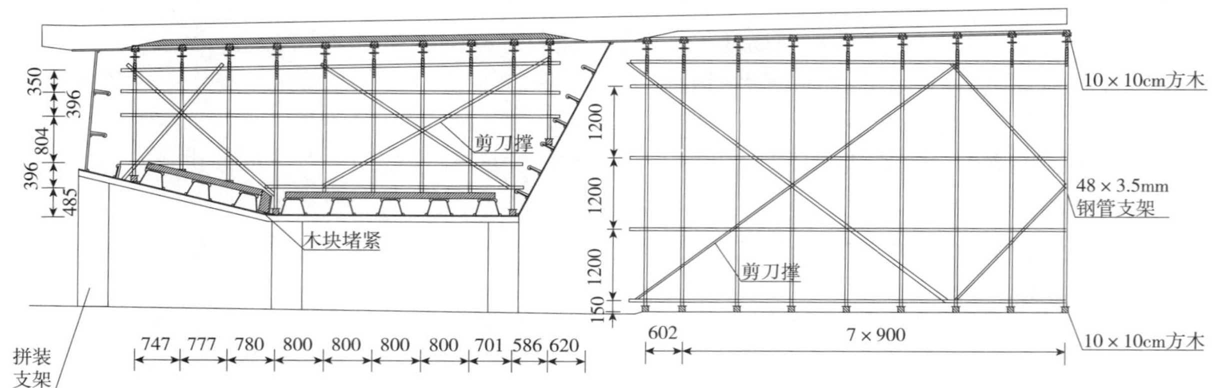

图 4-1-68　支架布置示意图(尺寸单位:mm)

标准梁段桥面板钢筋构造如图 4-1-69 所示。

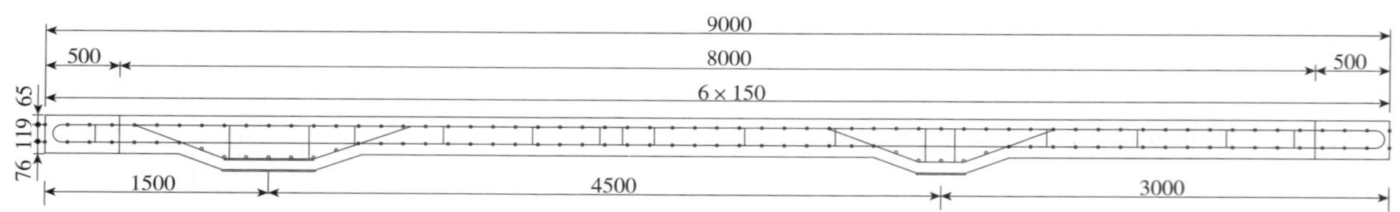

图 4-1-69　桥面板钢筋布置示意图(尺寸单位:mm)

椒江二桥组合梁桥面板预制部分采用 C60 混凝土，现浇部分采用 C60 微膨胀混凝土，混凝土采用拌和站集中拌制，混凝土设计坍落度较小(6～8)，采用普通振捣方式。

二、组合梁预制节段安装工艺和方法

(一)概述

椒江二桥主桥组合梁施工南北两岸同步进行，组合梁安装分"支架＋浮吊安装法"和桥面吊机提升法两种方式，各区段采用不同安装方式如图 4-1-70 所示(以北岸为例)。

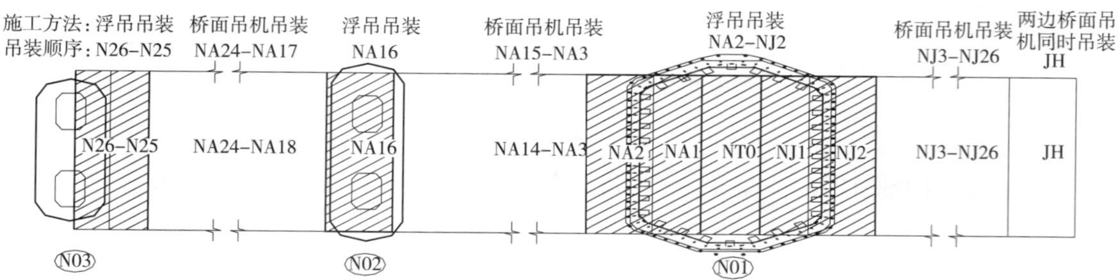

图 4-1-70　梁段安装方式示意图

主桥组合梁的具体施工示意图如表 4-1-5 所示。

主桥结构施工工艺流程 表 4-1-5

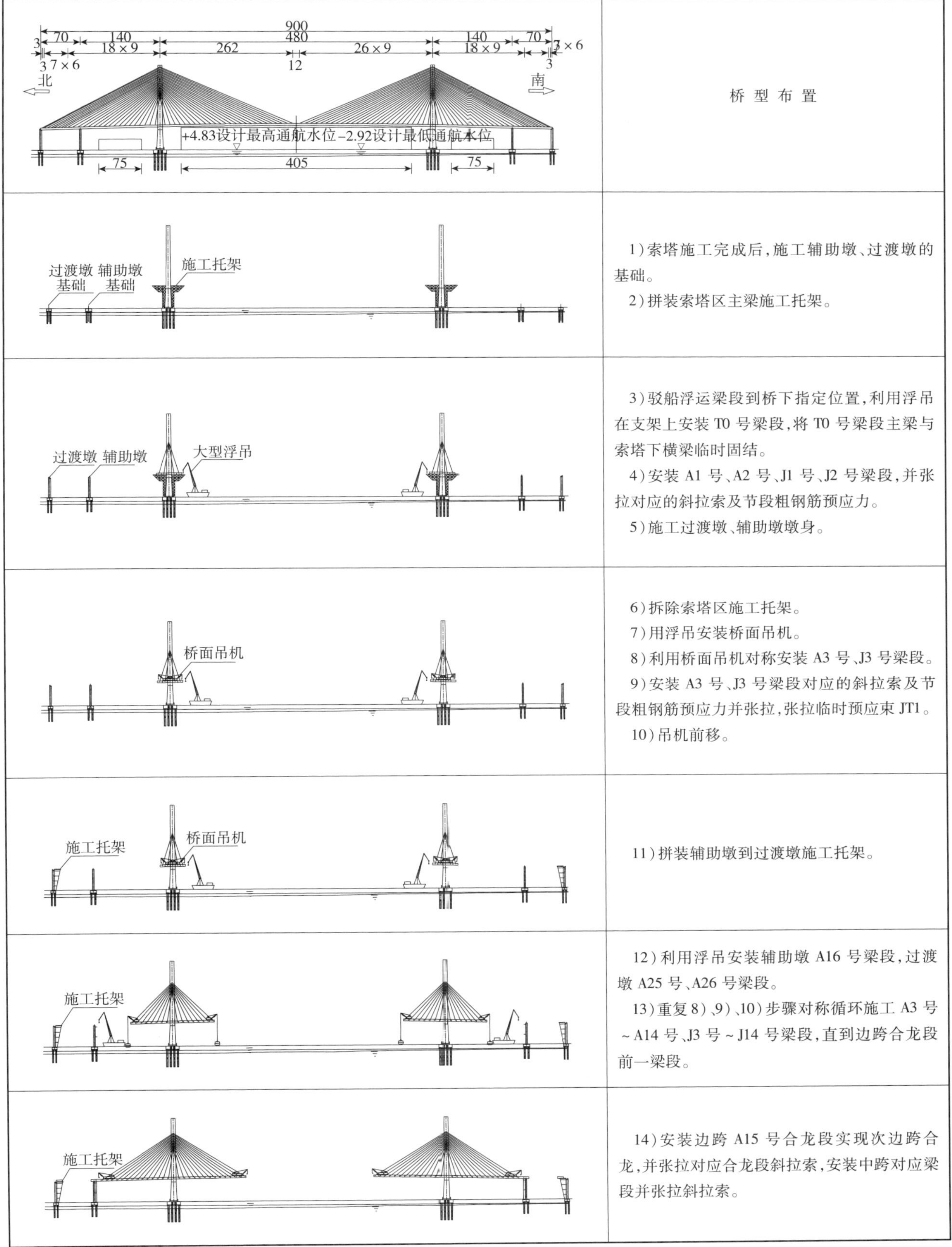

	桥 型 布 置
	1）索塔施工完成后，施工辅助墩、过渡墩的基础。 2）拼装索塔区主梁施工托架。
	3）驳船浮运梁段到桥下指定位置，利用浮吊在支架上安装T0号梁段，将T0号梁段主梁与索塔下横梁临时固结。 4）安装A1号、A2号、J1号、J2号梁段，并张拉对应的斜拉索及节段粗钢筋预应力。 5）施工过渡墩、辅助墩墩身。
	6）拆除索塔区施工托架。 7）用浮吊安装桥面吊机。 8）利用桥面吊机对称安装A3号、J3号梁段。 9）安装A3号、J3号梁段对应的斜拉索及节段粗钢筋预应力并张拉，张拉临时预应束JT1。 10）吊机前移。
	11）拼装辅助墩到过渡墩施工托架。
	12）利用浮吊安装辅助墩A16号梁段，过渡墩A25号、A26号梁段。 13）重复8）、9）、10）步骤对称循环施工A3号～A14号、J3号～J14号梁段，直到边跨合龙段前一梁段。
	14）安装边跨A15号合龙段实现次边跨合龙，并张拉对应合龙段斜拉索，安装中跨对应梁段并张拉斜拉索。

续上表

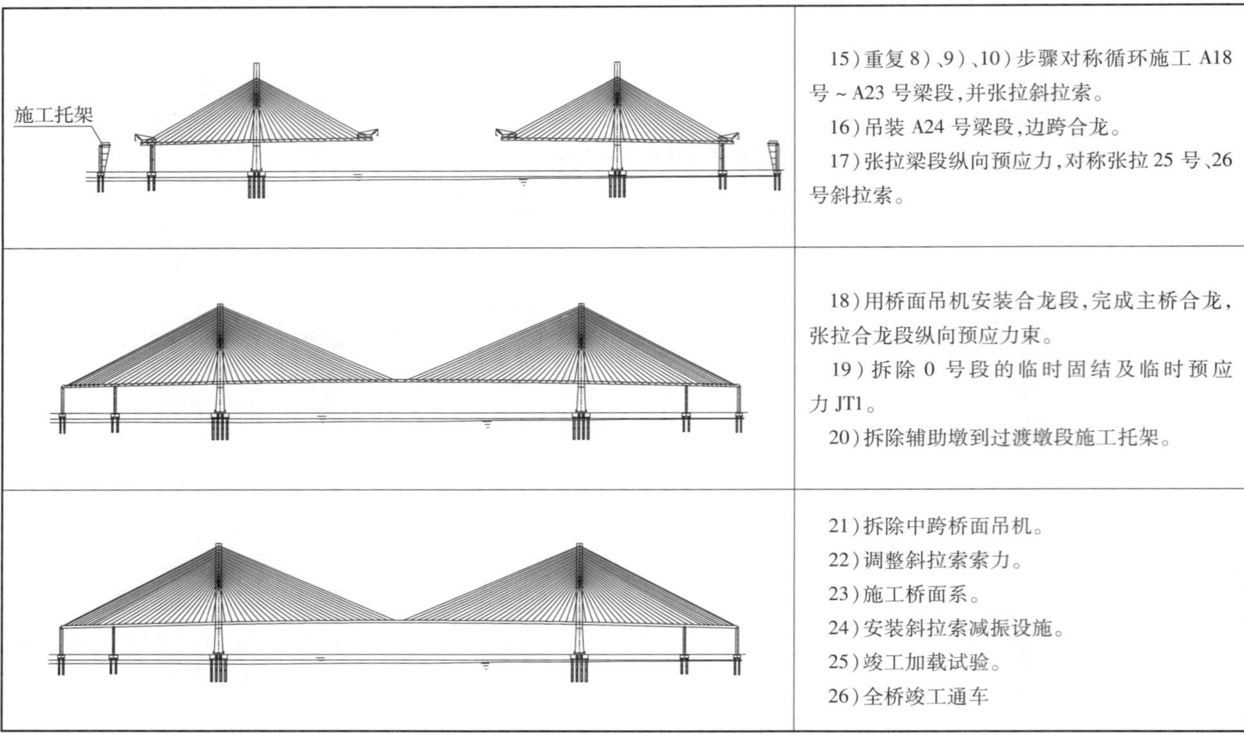

	15)重复8)、9)、10)步骤对称循环施工 A18 号～A23 号梁段,并张拉斜拉索。 16)吊装 A24 号梁段,边跨合龙。 17)张拉梁段纵向预应力,对称张拉 25 号、26 号斜拉索。
	18)用桥面吊机安装合龙段,完成主桥合龙,张拉合龙段纵向预应力束。 19)拆除 0 号段的临时固结及临时预应力 JT1。 20)拆除辅助墩到过渡墩段施工托架。
	21)拆除中跨桥面吊机。 22)调整斜拉索索力。 23)施工桥面系。 24)安装斜拉索减振设施。 25)竣工加载试验。 26)全桥竣工通车

椒江二桥主桥组合梁的具体施工包括索塔区梁段施工、辅助墩(过渡墩)梁段施工、标准梁段施工、桥面板湿接缝施工、跨中梁段合龙等,详见第三篇第二章第二节:“组合梁安装施工关键技术”。

(二)索塔区梁段施工

主桥索塔区钢箱梁安装共三种梁段南北各 5 个块段,最大起吊重量约 4218kN,起吊高度约 48m,平面布置见图 4-1-71。

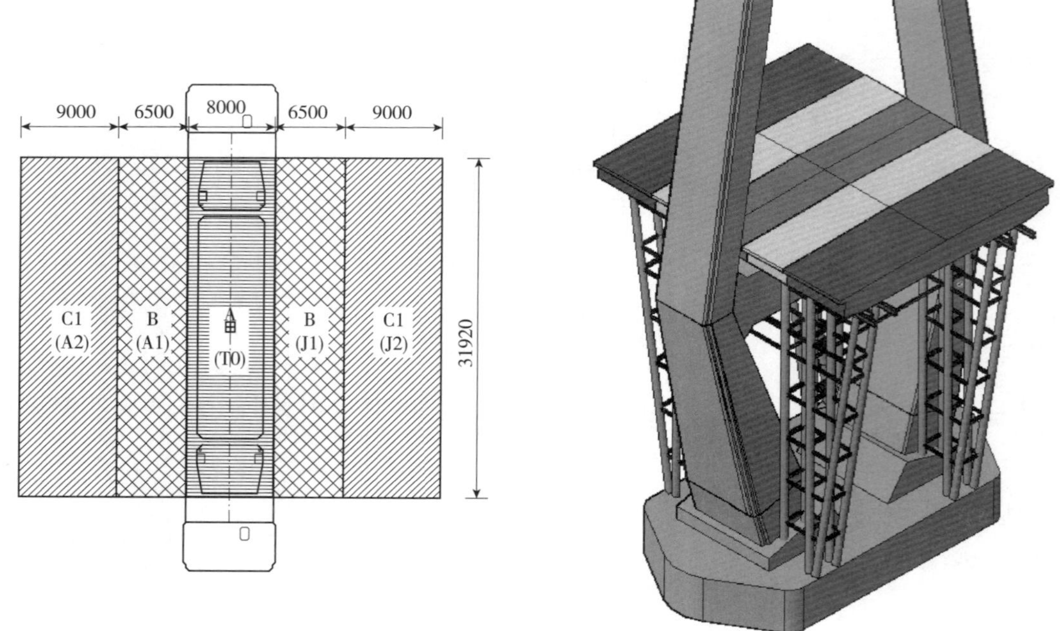

图 4-1-71　索塔区钢箱梁梁段示意图(尺寸单位:mm)

索塔区梁段均利用吊装能力为1300t大型浮吊将其吊放于索塔处支架上，然后再进行定位与栓接。5个梁段一次（分块）吊装至支架上，全部吊装完成后再进行梁段位置的调整、连接等工作。

（三）辅助墩、过渡墩墩顶梁段施工

辅助墩、过渡墩墩顶梁段南北两侧各3片，其中辅助墩墩顶各1片，过渡墩墩顶各2片。均采用浮吊吊装至钢管支架上完成安装。

（四）标准梁段施工

标准梁段采用桥面吊机两侧对称吊装的方式进行。

1. 桥面吊机

桥面吊机主架由10.9级螺栓连接、现场组装，每套桥面吊机采用2台350t液压油缸提升（总起吊能力为700t）。单个吊机前后支点距离为18m、单片主桁的横向两支点间距为3m；横向两吊机中心间距为26m。

组合梁标准梁段长度9m，最大起吊重量约565t，最大起吊高度约50m。

2. 节段施工方法

标准梁段施工分单节段施工及双节段施工两种，其中单节段施工的梁段编号有：

岸侧：A3号、A4号、A13号、A14号、A15号、A16号、A17号、A18号、A24号、A25号、A26号、JH（中跨合龙段）双节段施工的梁段编号有：A5号~A6号、A7号~A8号、A9号~A10号、A11号~A12号、A19号~A20号、21号~22号。

江侧：J3号、J4号、J23号、J24号双节段施工的梁段编号有：J5号~J6号、J7号~J8号、J9号~J10号、J11号~J12号、J13号~J14号、J15号~J15号、J17号~J18号、J19号~J20号、J21号~J22号、J25号~J26号。

标准梁段施工单节段（以3号为例）安装流程见图4-1-72。

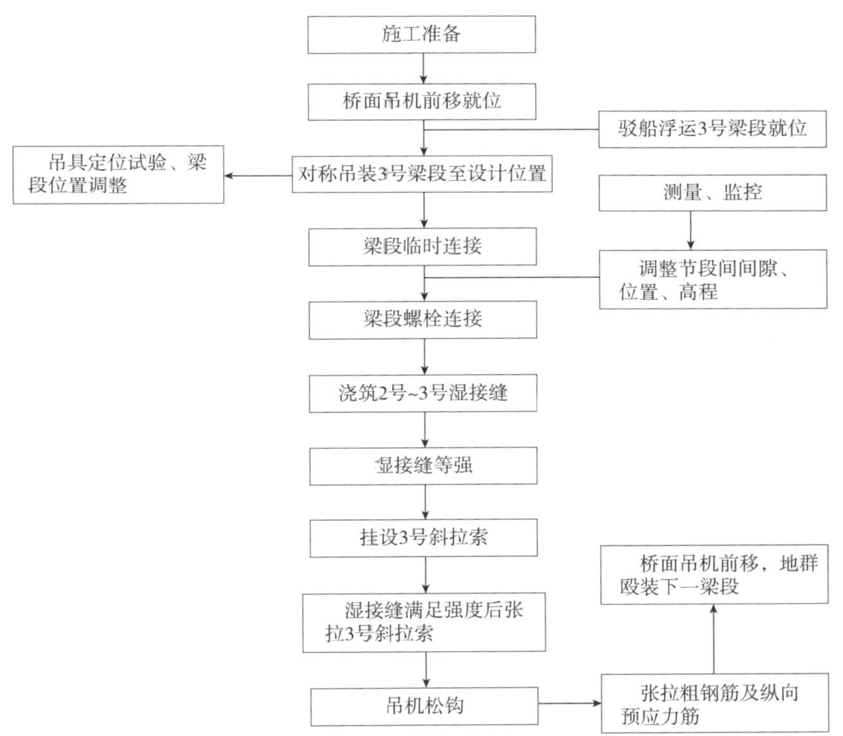

图4-1-72　标准梁段单节段施工工艺流程图

双节段（以相邻两梁段5号~6号为例）安装流程见图4-1-73。

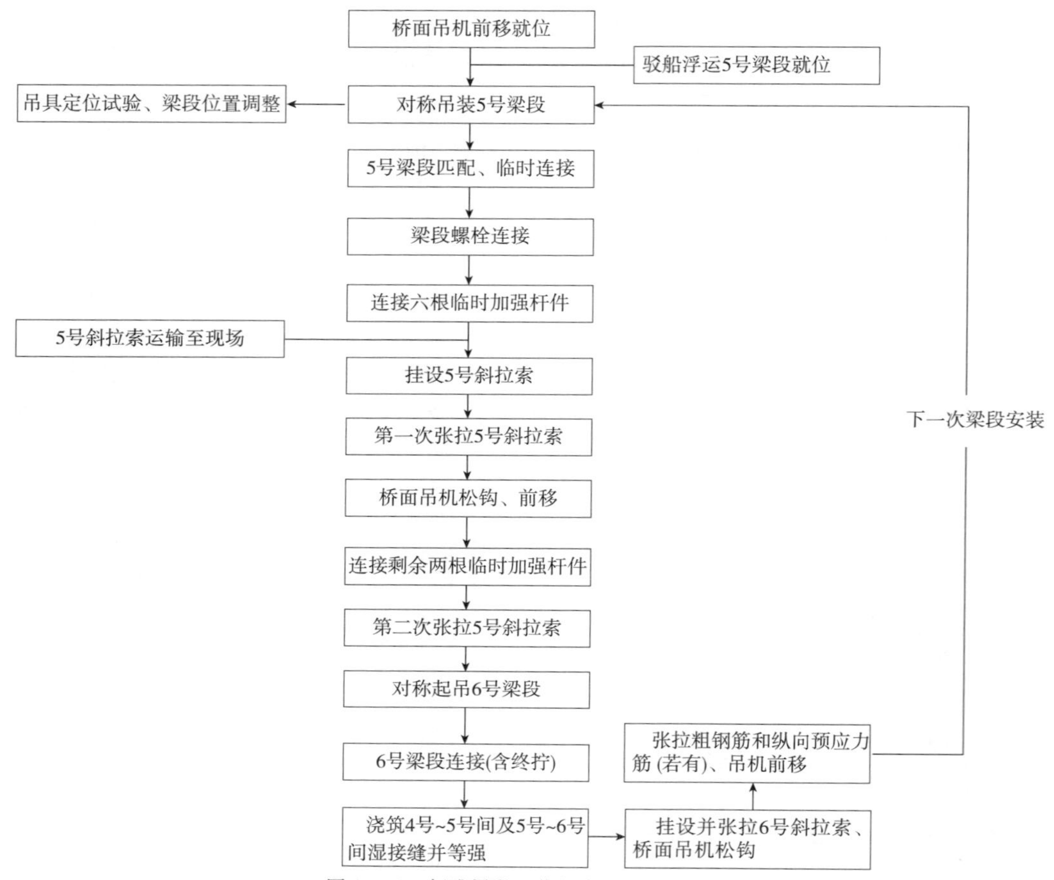

图 4-1-73 标准梁段双节段施工工艺流程图

(五)桥面板湿接缝施工

椒江二桥主桥桥面板接缝混凝土采用强度等级为 C60 的微膨胀混凝土,主桥顶板横向接缝宽 1m 长 34.72m。桥面板接缝混凝土按以下施工流程进行:桥面板预留钢筋连接→桥面板预留波纹管连接→模板吊设→缝内钢筋绑扎→清理接缝内垃圾、浇筑前缝内浇水湿润→混凝土拌制、运输→浇捣→养护。接缝混凝土由拌和站集中拌制,泵送至梁段接缝处浇筑。

湿接缝的混凝土采用“吊架”进行,吊架平面布置如图 4-1-74 所示。

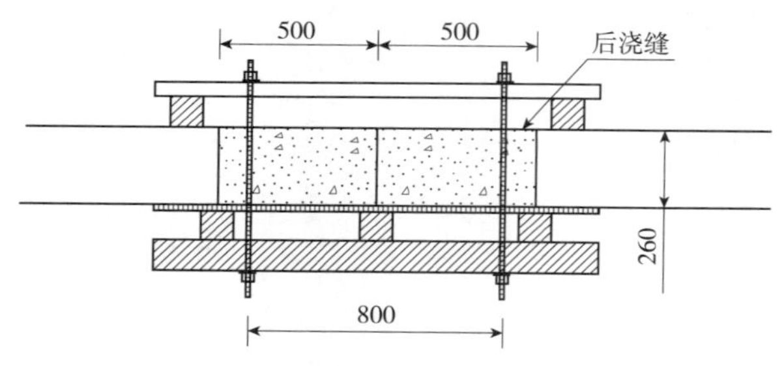

图 4-1-74 桥面湿接缝浇筑示意(尺寸单位:mm)

(六)跨中梁段合龙

椒江二桥中跨合龙段施工采用合龙梁段在工厂配切,在预定合龙温度下自然合龙。

1. 合龙前的准备工作

(1)合龙 JH 梁段(段)半侧不开孔并留有长度余量;

(2)根据气象资料确定最佳合龙温度,计算总温差变形量;

(3)在合龙前 20 天(提前 2 个节段开始)精确多次测量两悬臂端之间的长度,结合理论计算合龙温度时拢口的宽度进行 JH 梁段厂内二次配切工作;

(4)对两悬臂端钢箱梁节段进行调索,使高程及线型达到预期目的;

(5)将桥面吊机各向前移动安装合龙段专用的吊具。

2. 中跨合龙段安装

(1)提前起吊 JH 梁段至已安装梁下方,待温度开始下降时密切观察合龙口宽度的变化,选择拢口宽度大于梁长时将 JH 梁段提起,如图 4-1-75 所示。

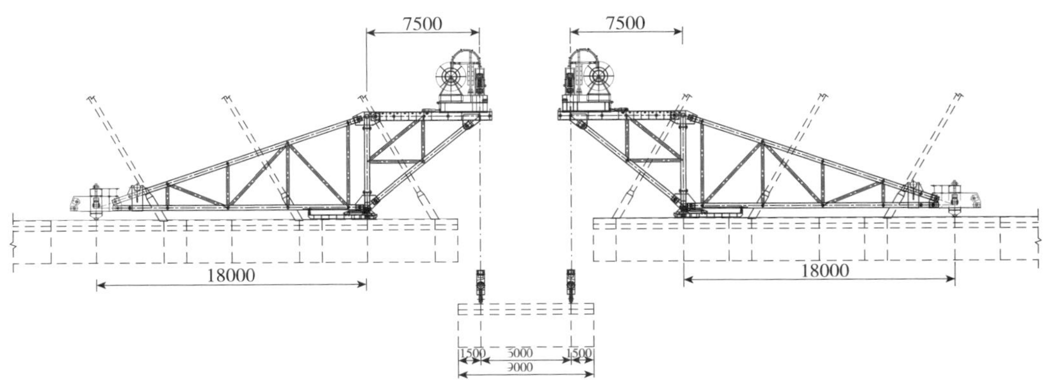

图 4-1-75 吊机到位起吊(尺寸单位:mm)

(2)先将 SJ26 - JH 接缝打上冲钉并进行高强螺栓施工,再将 NA26 - JH 接缝处的大块连接板安放到 NA26 梁段上,打上冲钉安装工艺螺栓固定。根据温度的变化观察缝宽,当连接板与 JH 梁段螺栓孔接近一致时开始打冲钉、安装工艺螺栓,完成合龙,进行高强螺栓施工。

3. 合龙施工的质量保证措施

(1)钢箱梁整体刚度较大,温度影响的扭曲变形较小,对每个梁段均进行精确测量、保证匹配精度,从而保证合龙顺利;

(2)加强精度控制,控制二拼线型,保证连接板的加工精度;

(3)必要时采用对角斜拉,消除轴线偏位误差。

第五节 加快施工措施研究

一、概述

浙江省台州市位于强台风区,为了防止处于较大悬臂施工状态下的桥梁结构避开台风期,保证主桥在台风期前完成主梁合龙,需采取有效的措施加快施工进度。

原施工方案标准施工步骤(图 4-1-76)为:

(1)起吊 i 梁段钢结构并栓接,浇筑 h、i 梁段混凝土板湿接缝,待湿接缝混凝土达到设计强度后,张拉 i 梁段斜拉索;

(2)吊机前移,吊装 j 梁段。显然每个节点施工时均需要等待混凝土养护这道工序,等待时间较长。为此提出了双节段吊装方法。

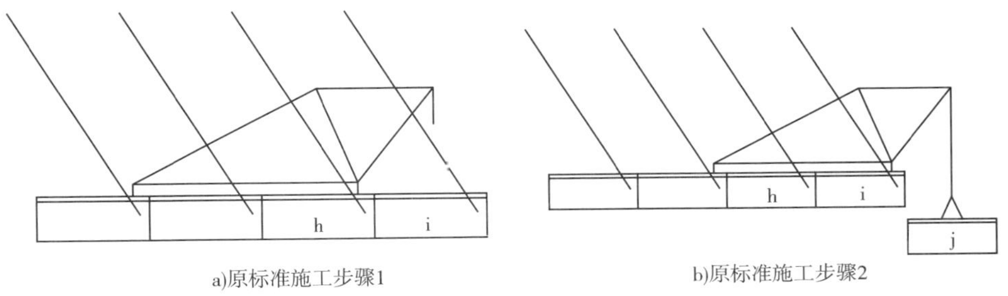

图 4-1-76 原施工方案标准施工步骤

双节段吊装施工的标准施工步骤(图 4-1-77)为:

(1)起吊 i 梁段钢结构并栓接,首次张拉 i 梁段斜拉索;

(2)吊机前移,第二次张拉 i 梁段斜拉索;

(3)吊机吊装 j 梁段;

(4)j 梁段钢结构栓接,吊机不松钩,浇筑 i、j 梁段混凝土板湿接缝,待湿接缝混凝土达到设计强度后,张拉 j 梁段斜拉索,索力 N_j,张拉 i、j 梁段预应力。

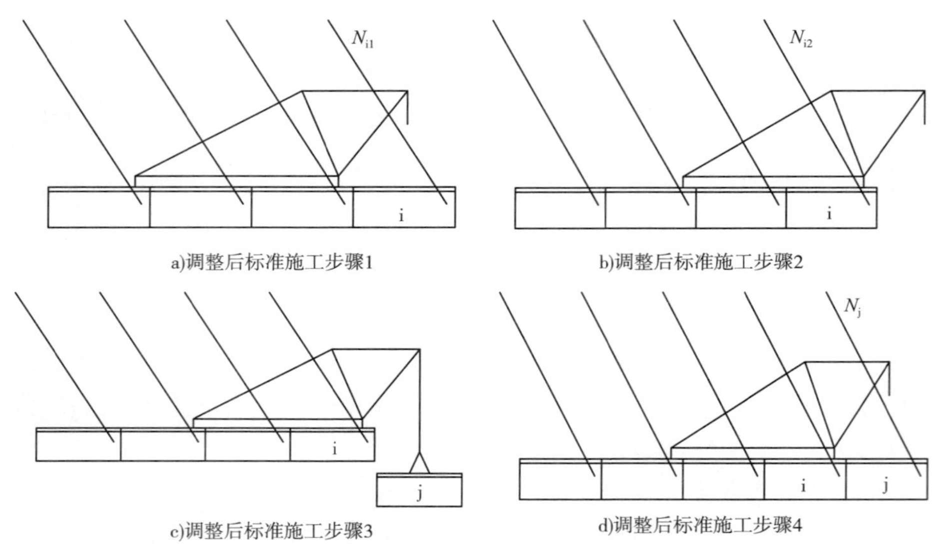

图 4-1-77 施工方案调整后标准施工步骤

在双节段吊装施工方案中,为了改善施工过程中钢梁与剪力钉的受力,提出了施工阶段临时加固措施,如图 4-1-78 所示。

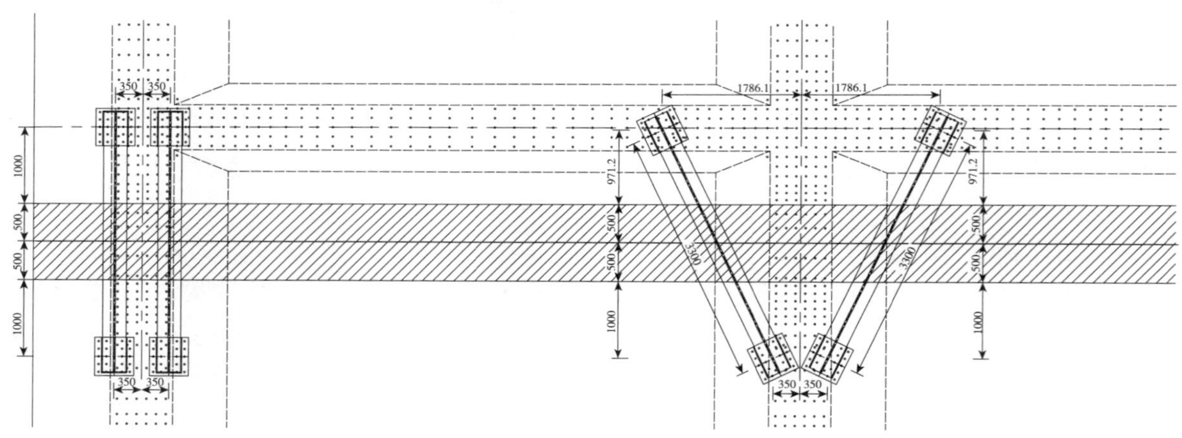

图 4-1-78 施工阶段临时加固措施(尺寸单位:mm)

为了分析双节段吊装施工方法中钢梁的受力情况,检验施工阶段采用临时加固措施的合理性,对双节段吊装施工过程中主梁的受力以及剪力钉受力进行了计算分析。

二、双节段吊装施工主梁受力分析

(一)计算模型

双节段吊装过程主梁受力分析,采用 ANSYS 建立空间杆系与空间板壳单元结合的混合有限元模型,索塔采用梁单元(Beam44),斜拉索采用杆单元(Link8),主梁采用壳单元(Shell63)。有限元模型如图 4-1-79所示。选取受力较为不利的施工步骤(施工 NJ3 号、NJ4 号梁段)进行计算。

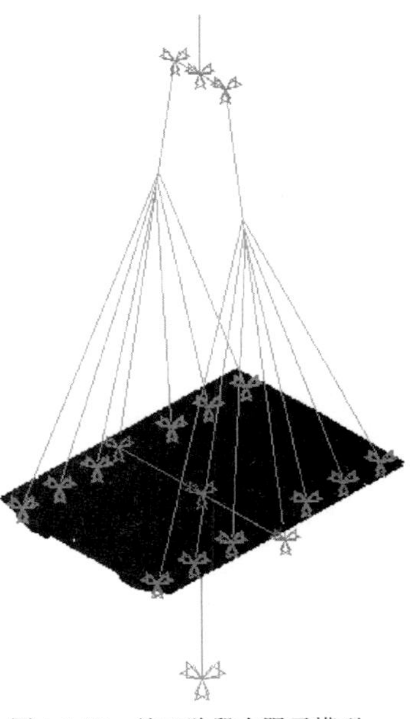

图 4-1-79 施工阶段有限元模型

计算共考虑三个工况,分别为:

工况一,吊装 3 号梁段并第一次张拉 3 号索;

工况二,吊机前移并第二次张拉 3 号索;

工况三,吊机吊装 4 号梁段。

在各工况均分别按照考虑与不考虑施工阶段临时加固措施两种情况,对主梁受力进行计算分析。

(二)工况一计算结果

1. 不考虑施工阶段临时加固措施

工况一混凝土桥面板在斜拉索位置存在应力集中,在拉索锚固点附近混凝土桥面板上缘出现 1.6MPa 的拉应力,其余大部分区域都为 -2 ~ 0.6MPa,如图 4-1-80 所示。

工况一钢梁上缘湿接缝处压应力较大,达到 -40MPa,下缘靠桥塔侧拉应力较大,达到 20MPa,其余位置钢梁应力为 -10 ~ 10MPa,如图 4-1-81 所示。

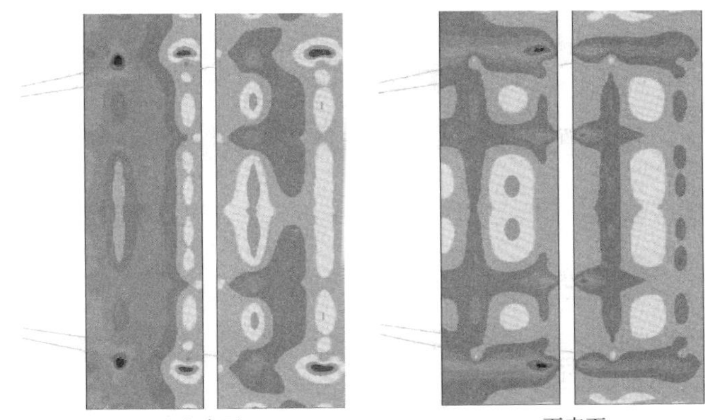

图 4-1-80 工况一混凝土桥面板纵桥向正应力(kPa)

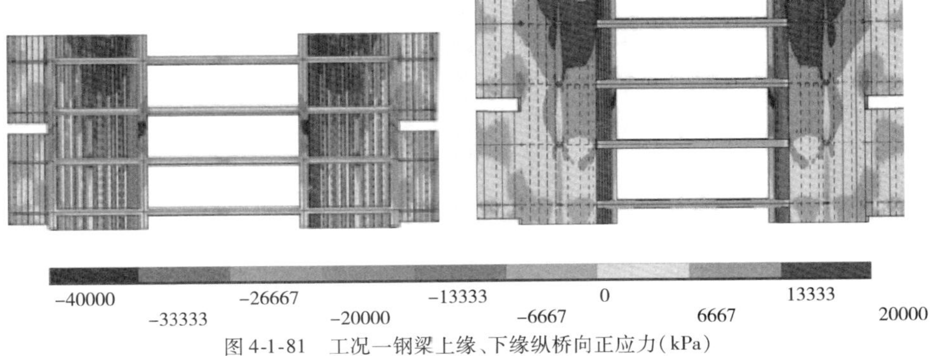

图 4-1-81 工况一钢梁上缘、下缘纵桥向正应力(kPa)

2. 考虑施工阶段临时加固措施

考虑临时加固措施后工况一混凝土桥面板应力变化不大,在斜拉索位置存在应力集中,在拉索锚固点附近混凝土桥面板上缘出现 1.6MPa 的拉应力,其余大部分区域都为 -2MPa ~ 0.6MPa,如图 4-1-82 所示。

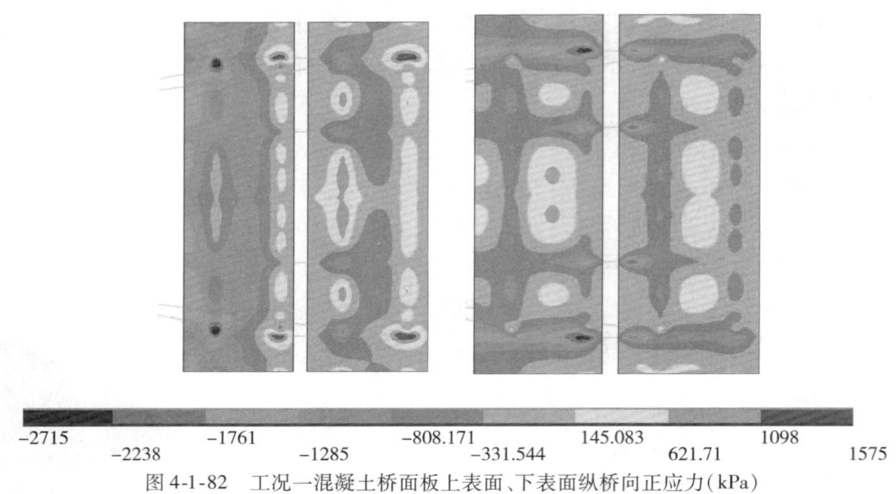

图 4-1-82　工况一混凝土桥面板上表面、下表面纵桥向正应力(kPa)

考虑临时加固措施后工况一钢梁上缘湿接缝处压应力较大下降到 -25MPa，下缘靠桥塔侧拉应力较大，达到 20MPa，其余位置钢梁应力为 -5MPa ~ 5MPa，如图 4-1-83 所示。

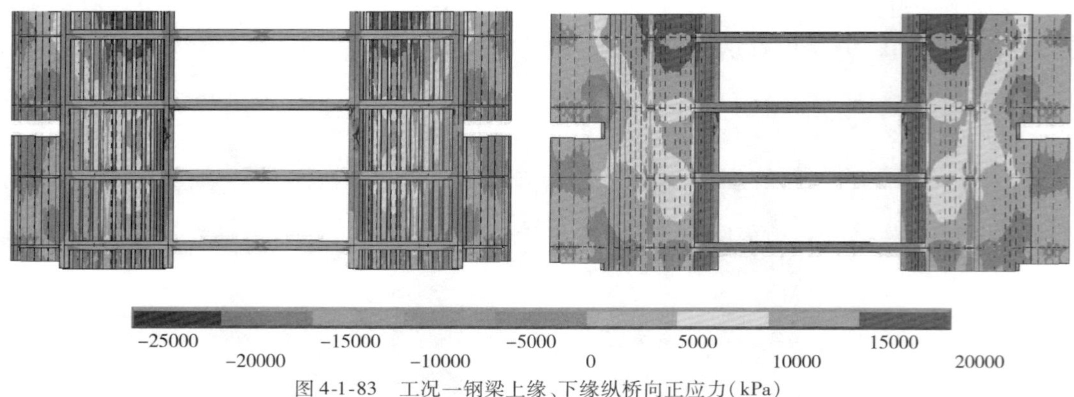

图 4-1-83　工况一钢梁上缘、下缘纵桥向正应力(kPa)

(三)工况二计算结果

1. 不考虑施工阶段临时加固措施

工况二混凝土桥面板在斜拉索位置存在应力集中，在拉索锚固点附近混凝土桥面板上缘出现 2.1MPa 的拉应力，其余大部分区域都为 -3MPa ~ 0.9MPa，如图 4-1-84 所示。

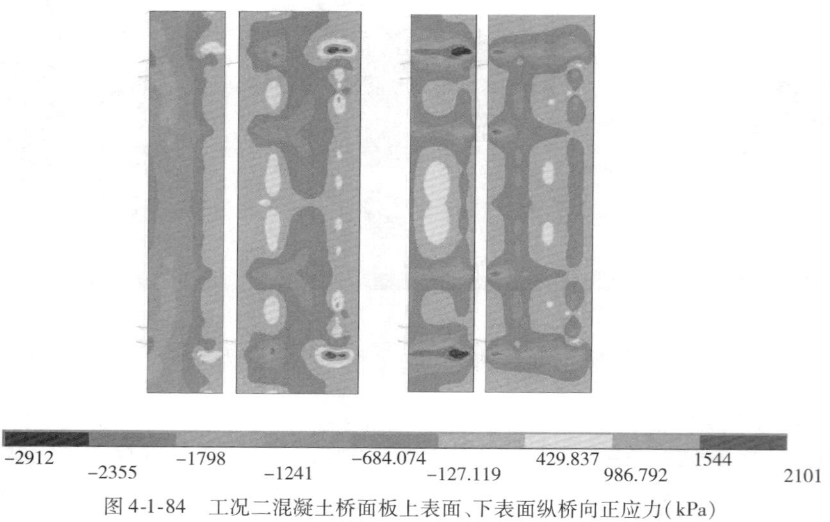

图 4-1-84　工况二混凝土桥面板上表面、下表面纵桥向正应力(kPa)

工况二钢梁上缘湿接缝处压应力较大，达到 −50MPa，下缘靠桥塔侧拉应力较大，达到 20MPa，其余位置钢梁应力为 −11MPa ~ 5MPa，如图 4-1-85 所示。

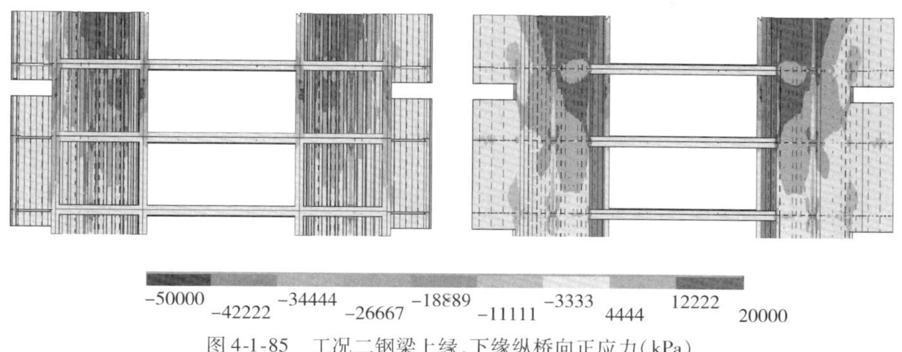

图 4-1-85　工况二钢梁上缘、下缘纵桥向正应力（kPa）

2. 考虑施工阶段临时加固措施

考虑临时加固措施后工况二混凝土桥面板应力变化不大，在斜拉索位置存在应力集中，在拉索锚固点附近混凝土桥面板上缘出现 2.1MPa 的拉应力，其余大部分区域都为 −3MPa ~ 0.9MPa，如图 4-1-86 所示。

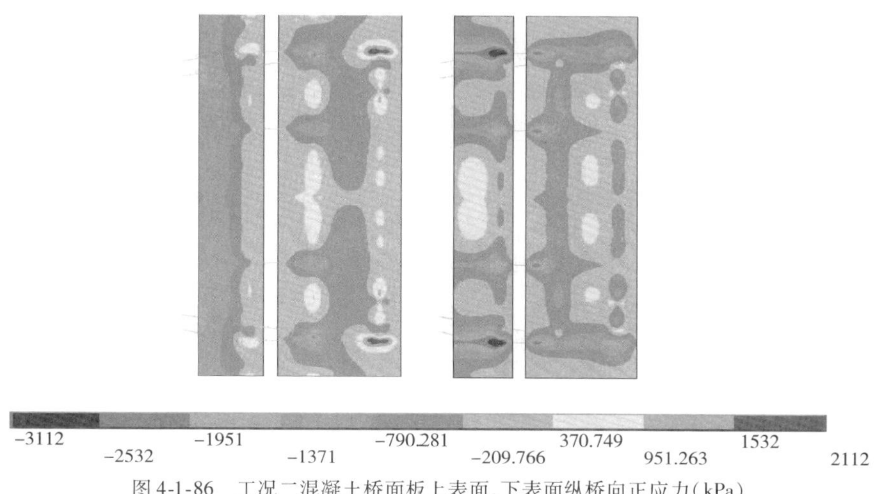

图 4-1-86　工况二混凝土桥面板上表面、下表面纵桥向正应力（kPa）

考虑临时加固措施后工况二钢梁上缘湿接缝处压应力较大下降到 −25MPa，下缘靠桥塔侧拉应力较大，达到 20MPa，其余位置钢梁应力为 −5MPa ~ 5MPa，如图 4-1-87 所示。

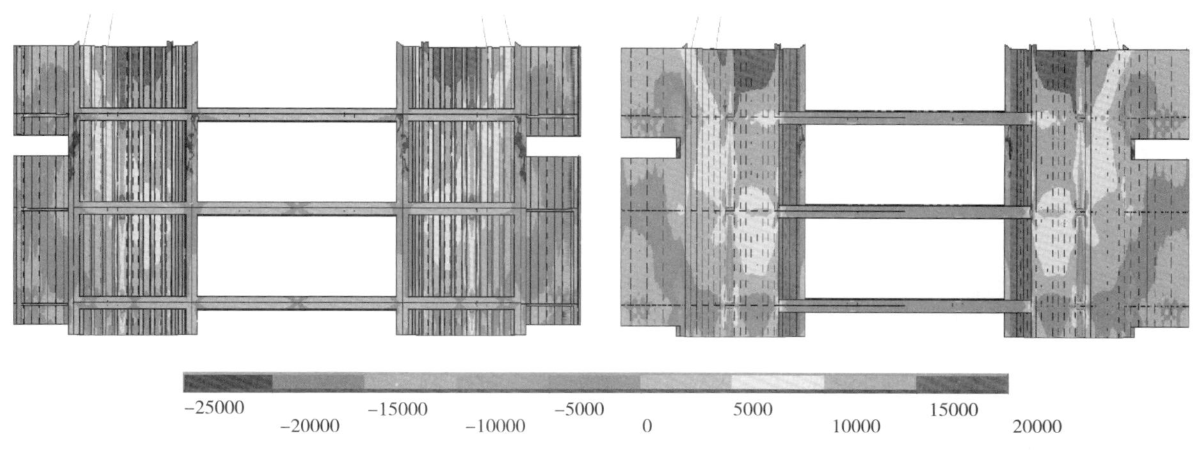

图 4-1-87　工况二钢梁上缘、下缘纵桥向正应力（kPa）

(四)工况三计算结果

1. 不考虑施工阶段临时加固措施

工况三混凝土桥面板在斜拉索位置以及吊机剪支点处存在应力集中,在拉索锚固点附近混凝土桥面板上缘出现3.7MPa的拉应力,吊机前支点处混凝土上表面出现3.2MPa的压应力,下表面出现2.5MPa的拉应力,其余大部分区域都为-2.5MPa~1.4MPa,如图4-1-88所示。

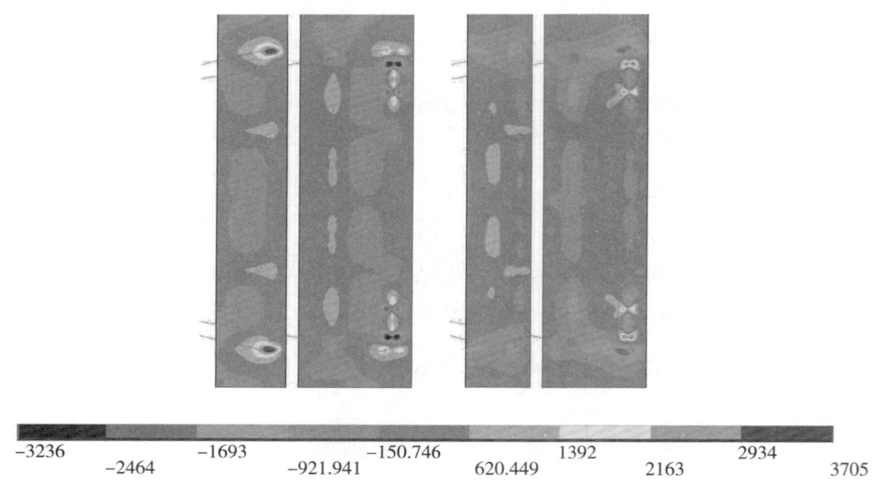

图4-1-88　工况三混凝土桥面板上表面、下表面纵桥向正应力(kPa)

工况三钢梁上缘湿接缝处出现较大的拉应力,达到35MPa,下缘靠桥塔侧压应力较大,达到-25MPa,其余位置钢梁应力为-12MPa~8MPa,如图4-1-89所示。

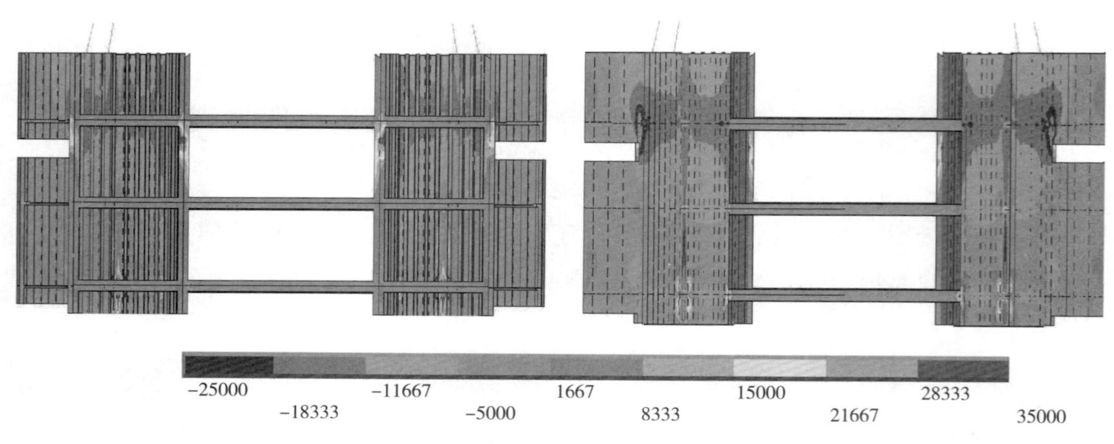

图4-1-89　工况三钢梁上缘、下缘纵桥向正应力(kPa)

2. 考虑施工阶段临时加固措施

考虑临时加固措施后工况三混凝土桥面板应力变化不大,在斜拉索位置以及吊机剪支点处存在应力集中,在拉索锚固点附近混凝土桥面板上缘出现3.7MPa的拉应力,吊机前支点处混凝土上缘出现-3.2MPa的压应力,混凝土下缘出现2.5MPa的拉应力,其余大部分区域都为-2.5MPa~1.4MPa,如图4-1-90所示。

考虑临时加固措施后工况三钢梁上缘湿接缝处拉应力较大下降到20MPa,下缘靠桥塔侧压应力较大,达到-20MPa,其余位置钢梁应力为-11MPa~6MPa,如图4-1-91所示。

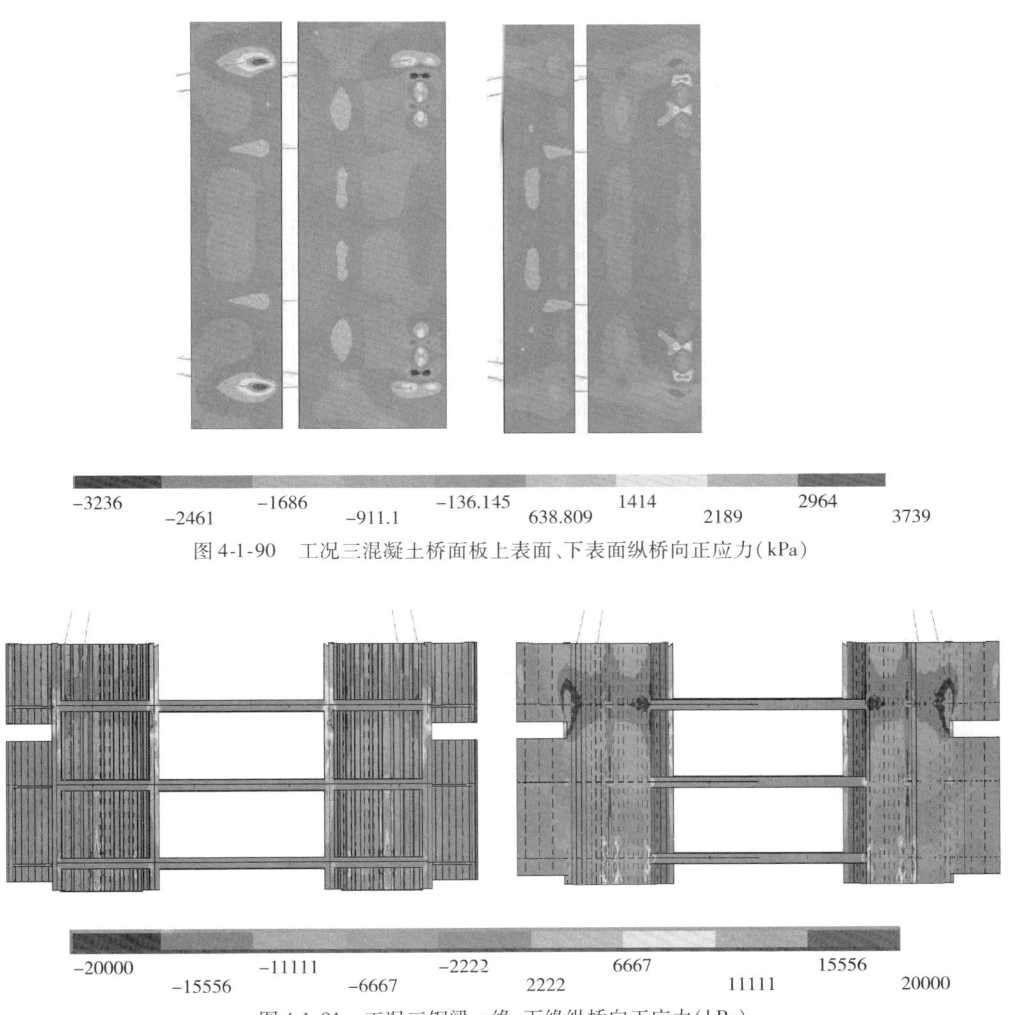

图 4-1-90　工况三混凝土桥面板上表面、下表面纵桥向正应力（kPa）

图 4-1-91　工况三钢梁上缘、下缘纵桥向正应力（kPa）

三、双节段吊装施工剪力钉受力分析

（一）计算模型

双节段吊装施工时湿接缝及其附近区域钢梁上缘应力变化较大，剪力钉受力较为不利，选取 4 个节段采用 ANSYS 建立板壳实体有限元模型，主梁钢结构部分采用壳单元（Shell63），混凝土部分采用实体单元（Solid45），剪力钉采用线性弹簧单元（Combin14），剪力钉剪切刚度采用 4.13×10^5 kN/m。钢结构采用 Q345qD，弹性模量 $E = 2.1 \times 10^5$ MPa，泊松比 $\nu = 0.3$；混凝土桥面板采用 C60 混凝土，弹性模量 $E = 3.6 \times 10^4$ kN/m，泊松比 $\nu = 0.1667$。由于结构横桥向对称，选取横桥向一半的结构进行计算分析，有限元模型如图 4-1-92 所示。

计算共考虑两种工况：

工况一，钢梁上缘压应力最大阶段，即吊装 25 号梁段，第一次张拉 25 号索。

工况二，钢梁上缘拉应力最大阶段，即吊机前移，第二次张拉 25 号索，吊装 26 号梁段。

每种工况下对三种方案进行对比分析：

方案 1，剪力钉布置采用原设计方案；

方案 2，剪力钉布置采用加密后的方案；

方案 3，剪力钉布置采用加密后的方案，同时考虑施工阶段临时加固措施的作用。

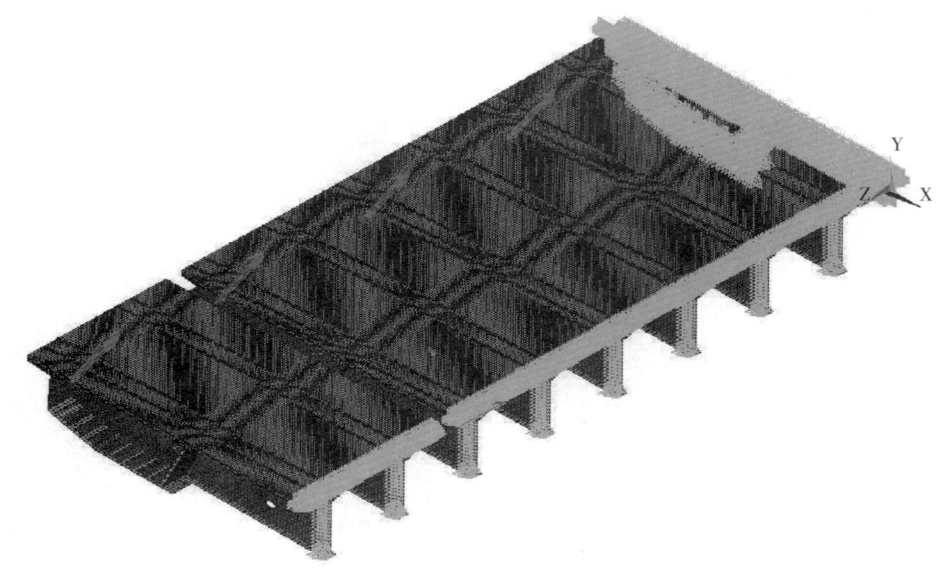

图 4-1-92　节段有限元模型

原设计剪力钉布置方案以及加密后的剪力钉布置方案如图 4-1-93 所示。

计算结果表明剪力钉横桥向剪力较小，因此仅列出剪力钉纵桥向剪力计算结果，剪力钉纵桥向由湿接缝往桥塔方向第一排至第五排剪力钉分别编号为 -1 ~ -5，由湿接缝远离桥塔方向第一排至第五排剪力钉分别编号为 1 ~5。箱梁的外腹板和内腹板处的翼缘上各布置了 6 排剪力钉，共 12 排剪力钉，由钢梁上缘最外侧往桥梁中心线方向分别编号为 A ~ L（外腹板 A ~ F、内腹板 G ~ L）。

（二）工况一（图 4-1-94）

由图 4-1-94 可知，方案一纵桥向近湿接缝位置第一排剪力钉剪力较大，第一排往第五排剪力钉剪力逐渐减小。由于横向效应的影响，剪力钉剪力沿横桥向分布也不均匀（钢梁外腹板上缘纵桥向剪力外侧小内侧大、由 A→F 逐渐增加，内腹板则剪力反向、且由 G→L 逐渐减小）。剪力钉最大纵桥向剪力达到 76. 9kN，位于纵桥向位置 1 横桥向位置 G 处。

工况一方案 2 与方案 3 剪力钉分布规律与方案 1 相同，三个方案各排剪力钉最大纵桥向剪力对比如图 4-1-95 所示。由图可知工况一中各方案焊钉纵桥向剪力由第一排至第五排逐渐减小，第一排剪力钉纵桥向剪力均较大，但优化后的方案 2 和方案 3 在靠近湿接缝附近的焊钉剪力有明显减少。采用方案 2 时外腹板和内腹板位置处的翼缘上焊钉最大剪力比方案 1 分别减少 10. 4kN 及 11. 2kN，采用方案 3 时外腹板和内腹板位置处的翼缘上焊钉最大剪力比方案 1 分别减少 22kN 及 22. 4kN。

（三）工况二（图 4-1-96）

由图 4-1-96 可知，工况二方案一纵桥向近湿接缝位置第一排剪力钉剪力较大，第一排往第五排剪力钉剪力逐渐减小。由于横向效应的影响，剪力钉剪力沿横桥向分布也不均匀。剪力钉最大纵桥向剪力达到 83. 8kN，位于内腹板纵桥向位置 -1 横桥向位置 G 处。

工况二方案 2 与方案 3 剪力钉分布规律与方案 1 相同，三个方案各排剪力钉最大纵桥向剪力对比如图 4-1-97 所示。由图可知工况二中各方案焊钉纵桥向剪力由第一排至第五排逐渐减小，第一排剪力钉纵桥向剪力均较大，但优化后的方案 2 和方案 3 在靠近湿接缝附近的焊钉剪力有明显减少。采用方案 2 时外腹板和内腹板位置处的翼缘上焊钉最大剪力比方案 1 分别减少 7. 2kN 及 12. 4kN，采用优化方案 3 时外腹板和内腹板位置处的翼缘上焊钉最大剪力比方案 1 分别减少 21. 2kN 及 30. 6kN。

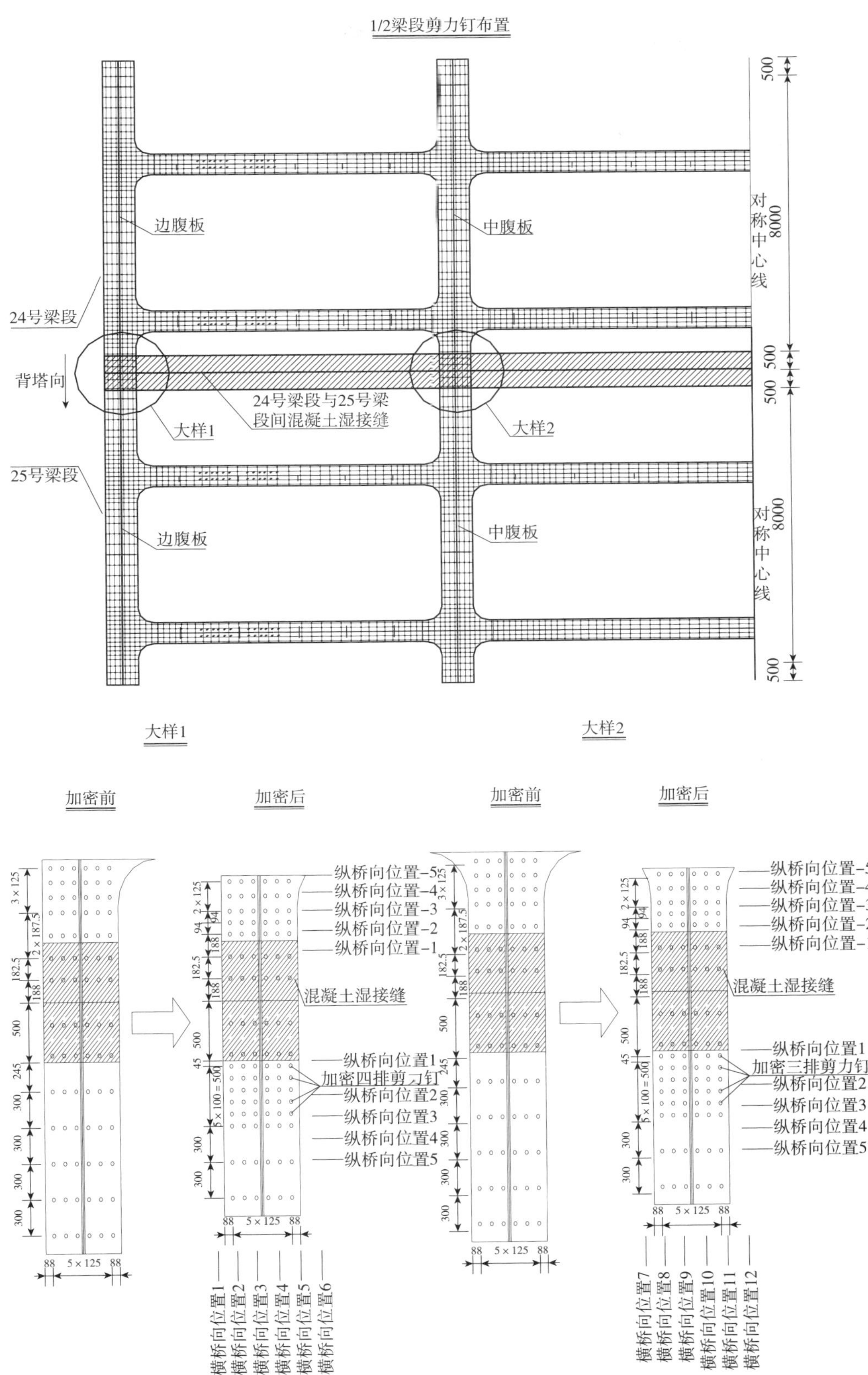

图 4-1-93　剪力钉加密前与加密后的布置(尺寸单位:mm)

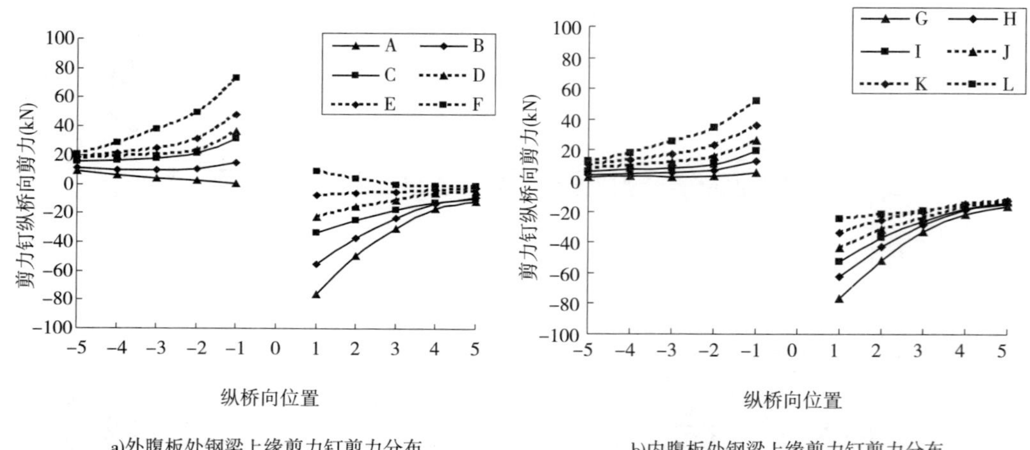

a)外腹板处钢梁上缘剪力钉剪力分布

b)内腹板处钢梁上缘剪力钉剪力分布

图 4-1-94 方案一各列剪力钉纵桥向剪力分布

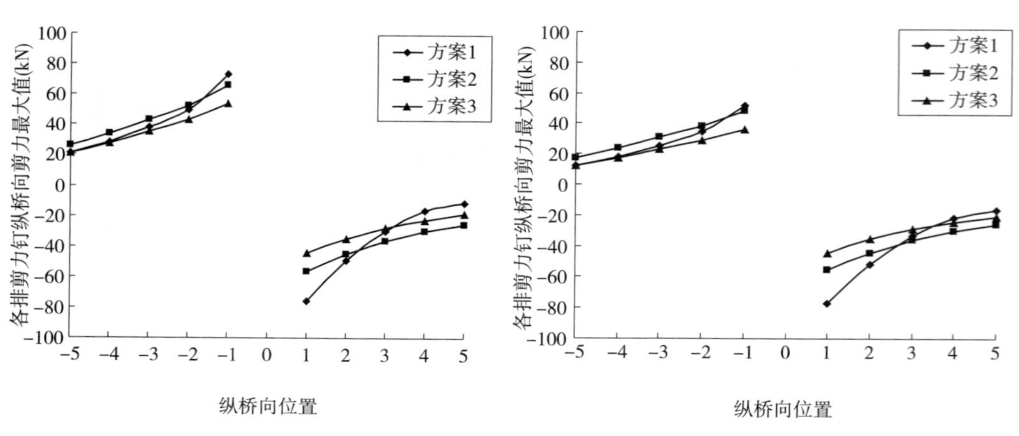

a)外腹板处钢梁上缘剪力钉纵向剪力分布

b)内腹板处钢梁上缘剪力钉纵向剪力分布

图 4-1-95 工况一各方案剪力钉纵桥向剪力分布各方案对比

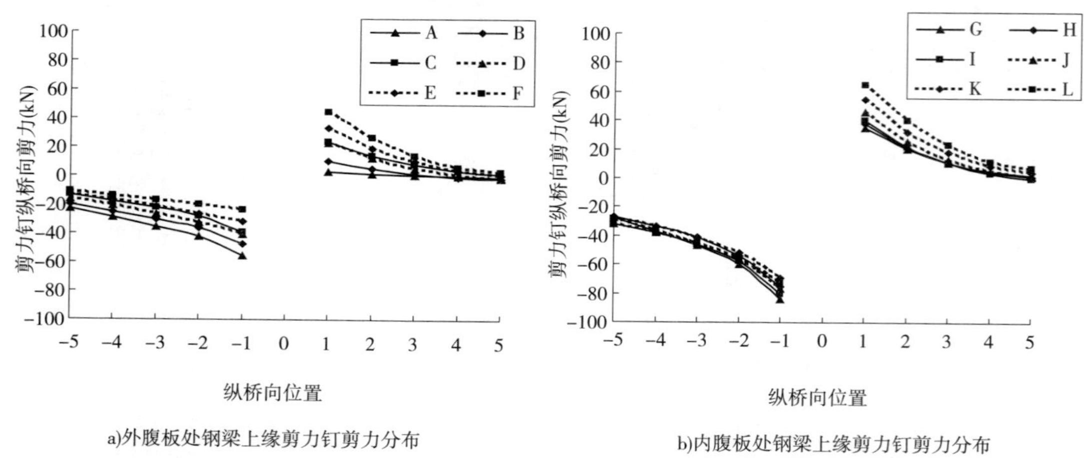

a)外腹板处钢梁上缘剪力钉剪力分布

b)内腹板处钢梁上缘剪力钉剪力分布

图 4-1-96 工况二方案一各列剪力钉纵桥向剪力分布

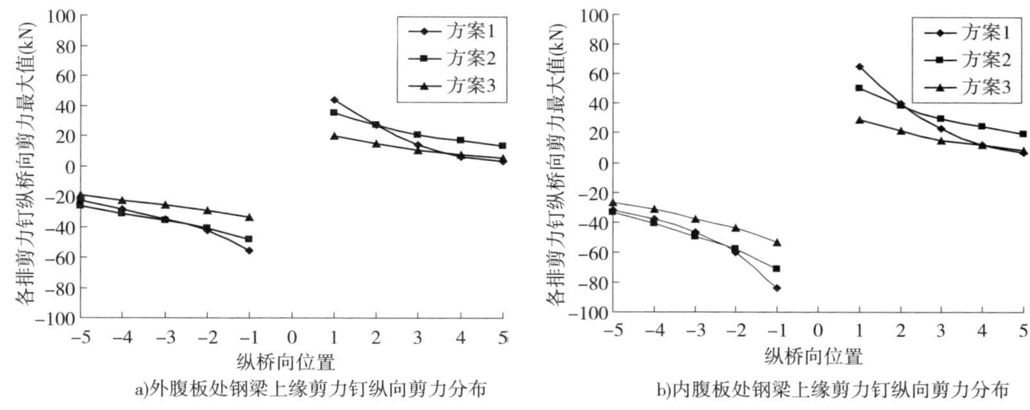

图 4-1-97　工况二各方案剪力钉纵桥向剪力分布各方案对比

(四)小结

剪力钉最大纵桥向剪力方案二及方案三比方案一有明显减小。

工况一、二各方案剪力钉分布规律相同,均为近湿接缝位置第一排剪力钉剪力较大,第一排往第五排剪力钉剪力逐渐减小。由于横向效应,剪力钉剪力沿横桥向分布也不均匀。各方案剪力钉最大纵桥向剪力对比如表 4-1-6 所示。

工况一和工况二各方案剪力钉最大纵桥向剪力　　表 4-1-6

工况	方案	纵桥向剪力最大值/kN		备　注
		外腹板	内腹板	
工况一	方案 1	76.1	76.9	纵桥向位置 1、横桥向位置 G 处
	方案 2	65.7	55.7	
	方案 3	54.1	44.5	
工况二	方案 1	55.3	83.8	纵桥向位置 -1、横桥向位置 G 处
	方案 2	48.1	71.4	
	方案 3	34.1	53.2	

剪力钉的最大计算剪力 83.8kN,远小于标准推出试验测得的焊钉极限承载力 181.6kN。

第六节　组合梁理论计算与监控结果对比

为了检验及监控桥梁施工过程中组合梁的实际应力变化情况,选取了适当位置的梁段布置测点,监控和测量钢梁与混凝土的应力。

一、测试元件及测点布置

(一)测试元件

测试元件选用 MHY-150 型混凝土钢弦式应变传感器,配合使用应变计。其中用于混凝土的埋入式应变计和钢梁上的表贴式应变计如图 4-1-98 和图 4-1-99 所示。

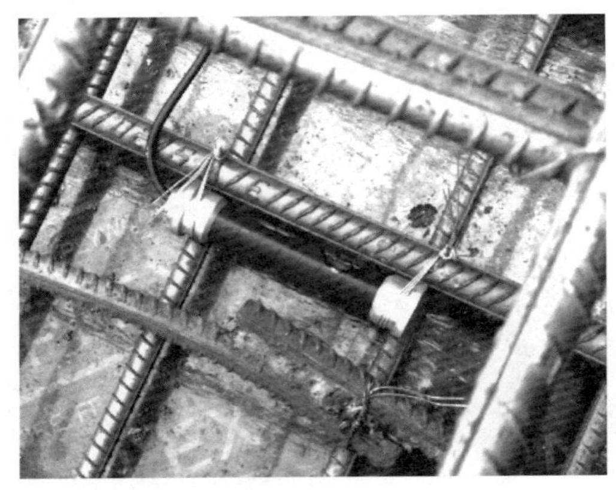

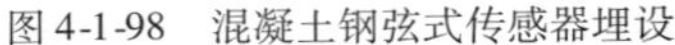

图 4-1-98　混凝土钢弦式传感器埋设

图 4-1-99　表面式钢弦式传感器

（二）主梁、墩塔测点布置

根据本桥结构和施工特点，主梁布设应力测点的断面包括：

（1）测试主梁纵向力的断面有：主梁过渡跨跨中、辅助墩顶、边跨跨中、桥塔处边跨侧主梁、桥塔处中跨侧主梁、主跨 1/4 及跨中断面。

测点在断面上的布设位置有：混凝土桥面板、钢纵梁及双结合段。

（2）测试横梁横向力的断面为主跨 1/4 断面有索区和无索区横隔梁。

具体测点布设断面及断面的测点布设见图 4-1-100。

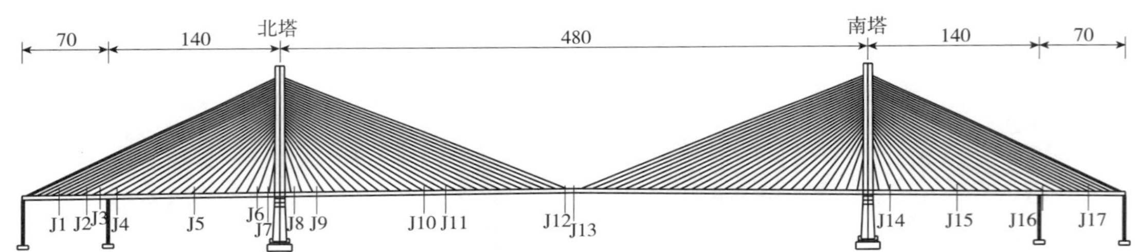

a)主梁应力测试断面布置图(尺寸单位：m)

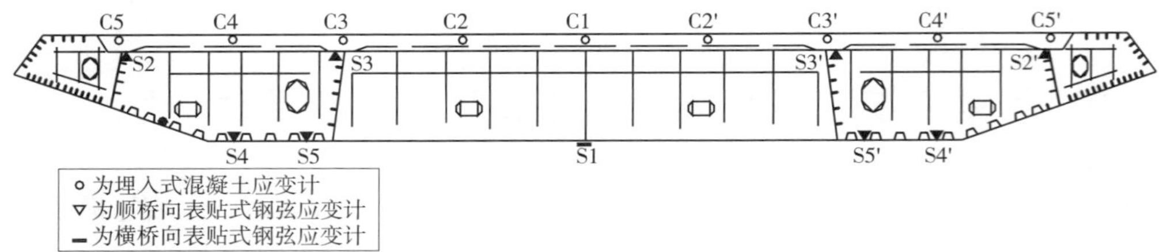

b)主梁断面测点示意图

图 4-1-100　主梁应力测试

（3）桥塔应力测点根据桥塔结构和施工特点布设，计有：下塔柱断面、上塔柱下侧断面及主塔合龙封顶最大悬臂位置。断面具体位置根据监控计算结果以及实际工程情况综合考虑确定。测点在断面上的布置见图 4-1-101。

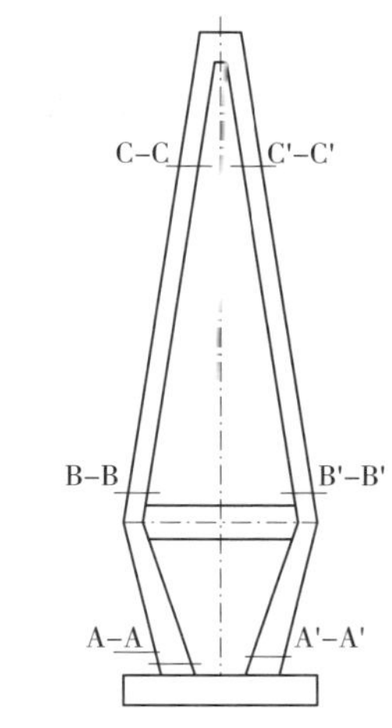

a)塔柱应力测试断面示意图

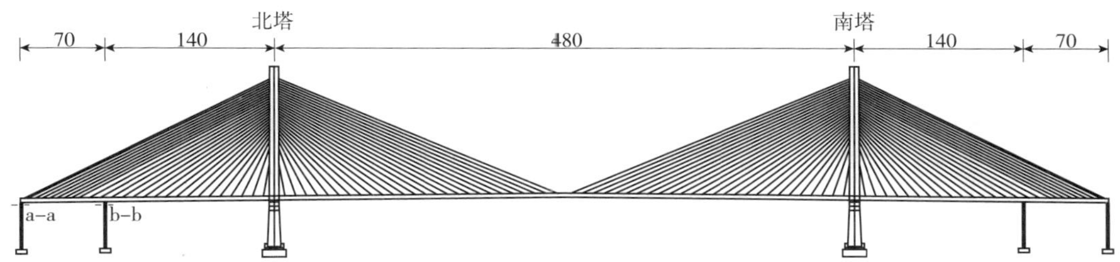

b)辅助墩过渡墩应力测试断面(尺寸单位：m)

● 支座垫石内埋设传感器

c)支座垫石应力测试断面测点布置图

图 4-1-101 塔柱及辅助墩应力测试及断面测点布置示意图

二、施工阶段划分

椒江二桥上部梁段较多，且单个梁段工序复杂，表 4-1-7 示出了上部结构施工监控计算模拟施工过程划分的施工阶段。

主要施工过程模拟划分表 表 4-1-7

序 号	主要节段施工内容	备 注
1	主塔施工封顶	
2	搭设 T0、A1J1、A2J2 支架	
3	T0、A1J1、A2J2 梁段施工、安装桥面吊机、拆除塔区支架	
4	桥面吊机前移到位	
	起吊 A3J3 梁段并与 A2J2 拼接板连接	单节段施工
	浇筑 A2J2 与 A3J3 湿接缝	
	张拉 A3J3 斜拉索及预应力施工	

续上表

序　号	主要节段施工内容	备　　注
5	起吊 A4J4 梁段并与 A3J3 拼接板连接	双节段施工
	安装临时加固杆件	
	一次张拉 A4J4 斜拉索、桥面吊机前移、二次张拉 A4J4 斜拉索	
	吊装 A5J5 梁段并与 A4J4 梁段拼接板连接	
	浇筑 A3J3A4J4 和 A4J4A5J5 两条湿接缝	
	张拉 A5J5 斜拉索及预应力施工	
6	A6J6A7J7、A8J8A9J9、A10J10A11J11、A12J12A13J13 双节段施工	
7	A14J14、A15J15 单节段施工，同时吊装 A16 至辅助墩	
8	A15 与 A16 辅助墩合龙、调整 A15 斜拉索	
9	起吊 J16 梁段并与 J15 拼接板连接	
10	施工 J15 与 J16 湿接缝	
11	张拉 A16J16 斜拉索	
12	A17J17、A18J18 单节段施工，同时吊装 A25A26 梁段至支架	
13	A19J19A20J20、A21J21A22J22、A23J23A24J24 双节段施工	
14	A24 与 A25 过渡墩合龙	
15	J25J26 双节段施工	
16	南北岸对称起吊合龙段 JH	
17	中跨合龙、浇筑湿接缝、预应力施工、体系转换	
18	二次调索	
19	二恒施工	

三、关键施工阶段应力测试结果

关键施工阶段测试截面如表 4-1-8 所示。

关键施工阶段测试截面　　表 4-1-8

工况	测试施工阶段	测 试 截 面
工况一	A3J3 吊装过程中	主梁 J7、J8 主塔 A-A、A′-A′
工况二	A10J10 张拉完毕	主梁 J5 ~ J9
工况三	A15J15 张拉完毕，合龙之前	主梁 J5 ~ J9J11
工况四	吊装 A18J18 过程中	主梁 J3、J4、J8、J11 辅助墩支座垫石
工况五	吊装 A24J24 过程中	主梁 J1
工况六	全桥合龙	主梁 J1、J3 ~ J12 主塔 A-A、A′-A′、B-B、B′-B′
工况七	二次调索	主梁 J1、J3 ~ J12 主塔 A-A、A′-A′、B-B、B′-B′

由于测试截面较多，选取表 4-1-8 关键施工工况一、四和七的应力进行测试对比。

以下对一、四、七工况测试截面应力与理论应力进行对比，对应表格为实测数据与理论数据对比，编号为 C 表示混凝土桥面板应力，编号为 S 表示钢梁应力。

(1)工况一:A3J3 吊装过程中应力实测数据对比见表4-1-9~表4-1-11

J7 截面钢梁上下缘应力(工况一) 表4-1-9

编号	实测应力(MPa)	理论应力(MPa)	差值(MPa)	编号	实测应力(MPa)	理论应力(MPa)	差值(MPa)
S2	-11.61	-11.6	-0	C5	-1.62	-2.2	0.58
S3	-11.62	-11.6	-0	C4	-1.24	-2.2	0.96
S3′	-13.18	-11.6	-1.6	C3	-1.99	-2.2	0.21
S2′	-10.54	-11.6	1.06	C2	-2.12	-2.2	0.08
S4	6.59	8.3	-1.7	C2′	-1.93	-2.2	0.27
S5	9.79	8.3	1.49	C3′	-2.00	-2.2	0.2
S4′	8.77	8.3	0.47	C4′	-1.89	-2.2	0.31
S5′	—	8.3	—	C5′	-2.53	-2.2	-0.3

J8 截面混凝土桥面板上缘应力(工况一) 表4-1-10

编号	实测应力(MPa)	理论应力(MPa)	差值(MPa)
C5	-2.66	-2.3	-0.4
C4	-2.54	-2.3	-0.2
C3	-2.67	-2.3	-0.4
C2	-1.34	-2.3	0.96
C1	-1.25	-2.3	1.05
C3′	-2.27	-2.3	0.03
C4′	-1.45	-2.3	0.85
C5′	-2.81	-2.3	-0.5

主塔 A-A 和 A′-A′截面混凝土桥面板上缘应力(工况一) 表4-1-11

A-A	实测应力(MPa)	理论应力(MPa)	差值(MPa)	A′-A′	实测应力(MPa)	理论应力(MPa)	差值(MPa)
1	-4.40	-3.5	-0.9	1	-4.47	-3.5	-1
2	-3.06	-3.5	0.44	2	-2.92	-3.5	0.58
3	-3.27	-3.5	0.23	3	-2.69	-3.5	0.81
4	-3.39	-3.5	0.11	4	-2.72	-3.5	0.78
1	-4.22	-3.5	-0.7	1	-3.69	-3.5	-0.2
2	-3.70	-3.5	-0.2	2	-3.12	-3.5	0.38
3	-2.71	-3.5	0.79	3	-3.38	-3.5	0.12
4	—	-3.5	—	4	-2.51	-3.5	0.99

(2)工况四:吊装 A18J18 过程中应力实测数据对比见表 4-1-12 ~ 表 4-1-15

J3J4 截面钢梁上下缘应力(工况四) 表 4-1-12

编号	实测应力(MPa)	理论应力(MPa)	差值(MPa)	编号	实测应力(MPa)	理论应力(MPa)	差值(MPa)
S2	-13.51	-11.50	-2.01	C5	-0.76	0.50	-1.26
S3	-11.12	-11.50	0.38	C4	-0.80	0.50	-1.30
S3′	-8.78	-11.50	2.72	C3	0.02	0.50	-0.48
S2′	-11.61	-11.50	-0.11	C2	1.71	0.50	1.21
S4	-38.21	-36.00	-2.21	C2′	1.07	0.50	0.57
S5	-38.30	-36.00	-2.30	C3′	0.17	0.50	-0.33
S4′	-38.83	-36.00	-2.83	C4′	1.11	0.50	0.61
S5′	-38.38	-36.00	—	C5′	0.45	0.50	-0.05

J8 截面钢梁上下缘应力(工况四) 表 4-1-13

编号	实测应力(MPa)	理论应力(MPa)	差值(MPa)
C5	-6.13	-7.60	1.47
C4	-8.16	-7.60	-0.56
C3	-8.70	-7.60	-1.10
C2	-7.07	-7.60	0.53
C1	-8.14	-7.60	-0.54
C3′	-8.47	-7.60	-0.87
C4′	-7.74	-7.60	-0.14
C5′	-6.79	-7.60	0.81

J11 截面钢梁上下缘应力(工况四) 表 4-1-14

编号	实测应力(MPa)	理论应力(MPa)	差值(MPa)	编号	实测应力(MPa)	理论应力(MPa)	差值(MPa)
S2	-20.93	-19.60	-1.33	C5	-0.11	-1.00	0.89
S3	-17.63	-19.60	1.97	C4	-1.90	-1.00	-0.90
S3′	-16.86	-19.60	2.74	C3	-1.45	-1.00	-0.45
S2′	-19.20	-19.60	0.40	C2	0.36	-1.00	1.36
S4	-50.78	-51.40	0.62	C2′	-1.29	-1.00	-0.29
S5	-52.73	-51.40	-1.33	C3′	0.27	-1.00	1.27
S4′	-51.95	-51.40	-0.55	C4′	-0.34	-1.00	0.66
S5′	——	-51.40	——	C5′	-2.33	-1.00	-1.33

N02 垫石应力(工况四) 表 4-1-15

编 号		实测应力(MPa)	理论应力(MPa)	差值(MPa)
上游	江侧	0.06	-1.30	1.36
		-0.62	-1.30	0.68
	岸侧	-2.22	-1.30	-0.92
		-1.57	-1.30	-0.27
下游	江侧	-2.19	-1.30	-0.89
		-1.34	-1.30	-0.04
	岸侧	-1.70	-1.30	-0.40
		-0.76	-1.30	0.54

(3)工况七:二次调索应力实测数据对比见表4-1-16~表4-1-22

J1截面钢梁、混凝土应力(工况七) 表4-1-16

编号	实测应力(MPa)	理论应力(MPa)	差值(MPa)	编号	实测应力(MPa)	理论应力(MPa)	差值(MPa)
S2	-31.93	-34.80	2.87	C5	-5.80	-4.00	-1.80
S3	-33.21	-34.80	1.59	C4	-5.02	-4.00	-1.02
S3′	-32.65	-34.80	2.15	C3	-5.61	-4.00	-1.61
S2′	-36.14	-34.80	-1.34	C2	-2.87	-4.00	1.13
S4	-72.85	-74.60	1.75	C2′	-5.15	-4.00	-1.15
S5	-75.87	-74.60	-1.27	C3′	—	-4.00	—
S4′	-73.61	-74.60	0.99	C4′	-4.31	-4.00	-0.31
S5′	-70.67	-74.60	3.93	C5′	-3.93	-4.00	0.07

J3J4截面钢梁、混凝土应力(工况七) 表4-1-17

编号	实测应力(MPa)	理论应力(MPa)	差值(MPa)	编号	实测应力(MPa)	理论应力(MPa)	差值(MPa)
S2	-64.96	-61.40	-3.56	C5	-5.20	-6.40	1.20
S3	-59.26	-61.40	2.14	C4	-7.50	-6.40	-1.10
S3′	-61.72	-61.40	-0.32	C3	-7.57	-6.40	-1.17
S2′	-62.41	-61.40	-1.01	C2	-6.21	-6.40	0.19
S4	-71.15	-69.70	-1.45	C2′	-5.92	-6.40	0.48
S5	-73.35	-69.70	-3.65	C3′	-5.10	-6.40	1.30
S4′	-65.71	-69.70	3.99	C4′	-4.76	-6.40	1.64
S5′	——	-69.70	——	C5′	-5.02	-6.40	1.38

J5截面钢梁、混凝土应力(工况七) 表4-1-18

编号	实测应力(MPa)	理论应力(MPa)	差值(MPa)	编号	实测应力(MPa)	理论应力(MPa)	差值(MPa)
S2	-83.18	-84.20	1.02	C5	-9.85	-8.40	-1.45
S3	-84.18	-84.20	0.02	C4	-6.97	-8.40	1.43
S3′	-87.38	-84.20	-3.18	C3	-7.32	-8.40	1.08
S2′	-86.19	-84.20	-1.99	C2	-6.83	-8.40	1.57
S4	-84.32	-85.20	0.88	C2′	-6.89	-8.40	1.51
S5	-82.58	-85.20	2.62	C3′	-6.50	-8.40	1.90
S4′	-86.82	-85.20	-1.62	C4′	-7.35	-8.40	1.05
S5′	—	-85.20	—	C5′	-10.31	-8.40	-1.91

J6截面钢梁、混凝土应力(工况七) 表4-1-19

编号	实测应力(MPa)	理论应力(MPa)	差值(MPa)	编号	实测应力(MPa)	理论应力(MPa)	差值(MPa)
S2	-113.88	-113.60	-0.28	C5	-9.62	-10.00	0.38
S3	-116.92	-113.60	-3.32	C4	-11.18	-10.00	-1.18
S3′	-115.39	-113.60	-1.79	C3	-8.59	-10.00	1.41
S2′	-112.92	-113.60	0.68	C2	-11.59	-10.00	-1.59
S4	-79.28	-75.40	-3.88	C2′	-11.58	-10.00	-1.58
S5	-80.37	-75.40	-4.97	C3′	-10.97	-10.00	-0.97
S4′	-70.63	-75.40	4.77	C4′	-11.79	-10.00	-1.79
S5′	—	-75.40	—	C5′	-8.94	-10.00	1.06

J7J8 截面应力(工况七)　　表 4-1-20

编号	实测应力(MPa)	理论应力(MPa)	差值(MPa)	编号	实测应力(MPa)	理论应力(MPa)	差值(MPa)
C5	-13.37	-11.60	-1.77	C5	-9.97	-11.90	1.93
C4	-11.78	-11.60	-0.18	C4	-11.98	-11.90	-0.08
C3	-13.17	-11.60	-1.57	C3	-11.79	-11.90	0.11
C2	-11.60	-11.60	0.00	C2	-10.45	-11.90	1.45
C1	-13.00	-11.60	-1.40	C1	-12.69	-11.90	-0.79
C3′	-9.84	-11.60	1.76	C3′	-10.84	-11.90	1.06
C4′	-10.17	-11.60	1.43	C4′	-13.48	-11.90	-1.58
C5′	-11.69	-11.60	-0.09	C5′	-12.05	-11.90	-0.15

J9 截面应力(工况七)　　表 4-1-21

编号	实测应力(MPa)	理论应力(MPa)	差值(MPa)	编号	实测应力(MPa)	理论应力(MPa)	差值(MPa)
S2	-114.35	-112.60	-1.75	C5	-10.53	-10.70	0.17
S3	-109.99	-112.60	2.61	C4	-10.59	-10.70	0.11
S3′	-115.83	-112.60	-3.23	C3	-9.35	-10.70	1.35
S2′	-109.63	-112.60	2.97	C2	-10.52	-10.70	0.18
S4	-66.86	-68.40	1.54	C2′	-12.15	-10.70	-1.45
S5	-68.89	-68.40	-0.49	C3′	-12.10	-10.70	-1.40
S4′	-68.68	-68.40	-0.28	C4′	-12.18	-10.70	-1.48
S5′	—	-68.40	—	C5′	-10.03	-10.70	0.67

J11J12 截面应力(工况七)　　表 4-1-22

编号	实测应力(MPa)	理论应力(MPa)	差值(MPa)	编号	实测应力(MPa)	理论应力(MPa)	差值(MPa)
S2	-77.46	-79.50	2.04	C5	-3.04	-3.00	-0.04
S3	-76.84	-79.50	2.66	C4	-4.17	-3.00	-1.17
S3′	-77.81	-79.50	1.69	C3	-4.17	-3.00	-1.17
S2′	-75.52	-79.50	3.98	C2	-1.05	-3.00	1.95
S4	-66.55	-66.30	-0.25	C2′	-1.73	-3.00	1.27
S5	-64.81	-66.30	1.49	C3′	-4.98	-3.00	-1.98
S4′	-71.00	-66.30	-4.70	C4′	-1.23	-3.00	1.77
S5′	—	-66.30	—	C5′	-4.98	-3.00	-1.98

第七节　结　　论

一、整体受力

通过对椒江二桥整体和局部受力特性计算,得到混凝土桥面板纵桥向应力在正常使用短期组合下一般为约 2.0MPa 的压应力,在桥塔处短期组合压应力峰值可达 7.3MPa,边跨 1/4 和中跨 1/4 的混凝土桥面板压应力大小在 6MPa 以内。在辅助墩和跨中区域都仍有拉应力存在,短期组合中最大拉应力为 5.1MPa,桥面板裂缝宽度在跨中达到最大值为 0.17mm。钢梁在各分项荷载以及荷载组合作用下,在辅助墩处、桥塔处、中跨 1/4 处和边跨 1/4 处纵桥向应力以压应力为主，应力分布比较均匀，大部分压应力都在 150MPa 以下，在跨中处的钢梁大部分区域为拉应力，大部分区域应力在 65MPa 以内。

二、剪力钉受力

剪力钉的剪力主要是恒载引起的，收缩、徐变和温度梯度变化的贡献较小，而预应力和活载的影响更小；但对于拉拔力，收缩和温度梯度变化的影响较大，比恒载的贡献略大，徐变、预应力和活载的影响很小。主跨跨中处的剪力钉受力不大，所受剪力一般均不超过 25kN；辅助墩处的剪力钉剪力一般均不超过 30kN；过渡墩处的剪力钉所受剪力一般均不超过 40kN。

三、组合梁施工工艺

根据椒江二桥主桥分离式半封闭双箱组合梁的结构特点，制定了适合组合箱梁加工制作的方法和工艺，通过板单元制作、一次胎架钢结构组拼、二次胎架梁段组装及混凝土桥面板浇筑等流程，保证了组合箱梁预制节段的成功预制。根据椒江二桥主梁不同节段的具体位置提出了不同的梁体节段施工方法，采用浮吊和桥面吊机相结合的方法完成了主梁节段的吊装，采用“吊架”方法进行湿接缝的混凝土施工，保证了混凝土桥面板的有效连接。

为了缩短施工工期提出的两节段施工方法是可行的，通过施工临时加固措施和局部焊钉加密的方法保证了组合梁节段在施工期间的局部受力安全。

四、组合梁施工应力测试

组合梁在施工过程中选取关键施工阶段进行组合梁的结构应力测试，实测应力与理论计算应力对比表明，钢梁应力相对误差为 2% ~4%，混凝土应力绝对误差在 1.9MPa 以内，实测应力与理论计算应力吻合较好。

应力监测结果既说明施工结构的实际状态符合和达到了设计预期，也证实理论计算的假定和模拟计算体系符合实际结构的边界条件和荷载状况，说明设计计算的各项成果能够用来正确描述结构的受力情况。

第二章　椒江二桥组合梁群钉连接件承载力试验研究

第一节　单个焊钉连接件基本力学性能试验研究

一、概述

目前国内外已经进行了大量焊钉连接承载力测试的相关试验，包括变化焊钉连接件直径、长度以及变化混凝土强度等，但是对于椒江二桥这种高强度、干硬性混凝土的焊钉连接件基本力学性能的测试还未见诸报道。为了解和掌握这种连接件的基本力学性能，为数值计算分析组合梁受力时提供基本力学参数，以及检验连接件的安全性能，进行了椒江二桥实际混凝土强度的焊钉连接件的承载力试验。

二、试验方案

(一)试件设计与加工

抗剪试验采用焊接工字钢及在两翼缘板上浇筑混凝土块，两者间通过焊钉连接的试验方式进行抗剪承载力试验。选取 $\phi22\times200$mm 的焊钉规格，采用 1 组 3 个试件来研究焊钉的抗剪承载能力及其变形能力。试件结构构造见图 4-2-1，焊钉材质及其焊接工艺等按照 GB/T10433—2002 的要求。测试 3 个混凝土试块在 28d 时的立方体强度为 68.2MPa，焊钉连接件的极限抗拉强度 $f_u=519$MPa。

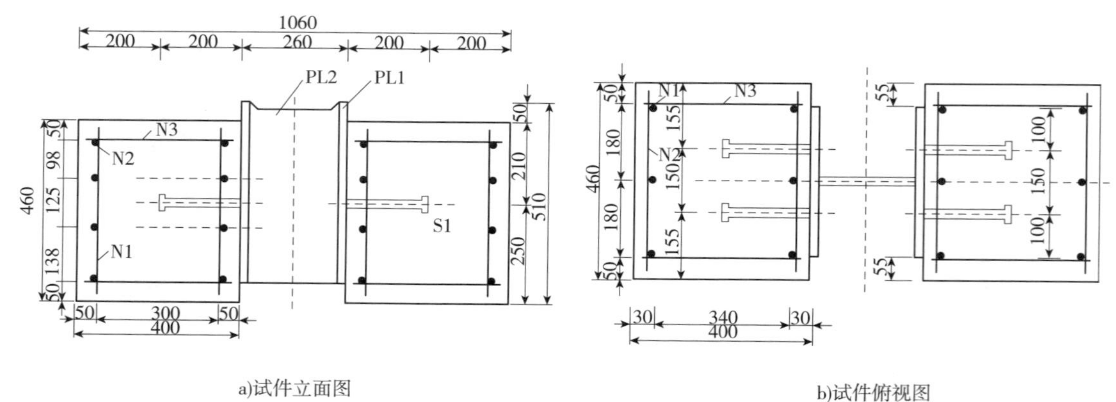

图 4-2-1　焊钉连接件模型试件构造图(尺寸单位:mm)

混凝土均采用试件侧立的方式进行浇筑，如图 4-2-2 所示。并在试件钢结构翼缘表面进行涂抹润滑油处理，防止与混凝土黏着。

(二)试验加载方案

采用较通用的推出试验方法，即两侧对称加载的方式，保证均匀给每根连接件施加剪力。通过对工字钢翼缘施加推压力 V，来测试翼缘板上的连接件的承载性能，如图 4-2-3 所示。试件底部设置细砂垫层，保证混凝土底部的均匀受力。

a)试件钢结构加工

b)试件混凝土浇筑模板加工

图 4-2-2 试件加工制作

(1)测试连接件的剪力与相对滑移曲线。位移计布置在左右混凝土块的两个侧面上,共需 4 个,如图 4-2-4 所示。

(2)测试试件的最大承载力、最大相对滑移量。

(3)观察试件混凝土表面裂缝、连接件的断裂等破坏现象。

图 4-2-3 加载试验体系

三、试验结果的整理与分析

根据试验测试结果,绘制出试件的荷载—滑移曲线,并求出试验试件的极限承载力及单根焊钉连接件抗剪承载力,以及其承载能力状态下所对应的相对滑移。进而研究焊钉连接件的基本力学性能。

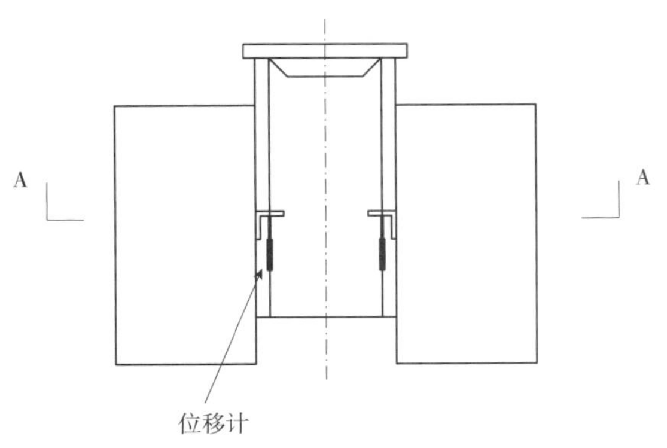

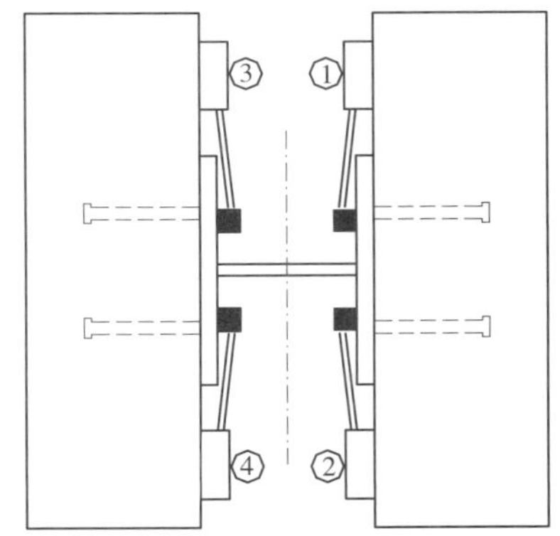

图 4-2-4 连接件试验位移计布置

(一)焊钉连接件试验结果

焊钉连接件各试验试件的荷载—滑移曲线如图 4-2-5、图 4-2-6 所示,连接件的抗剪极限承载力及对应的极限滑移如表 4-2-1 所示。

由图 4-2-5、图 4-2-6 可以看出,3 个试件在加载初期重复性较好,在进入非弹性阶段 3 个试件的力学性能出现一定的差别,主要是焊钉焊接质量的影响造成的。SS-3 试件的承载能力相比其他两个试件较大,但承载能力所对应的极限滑移相差不多。

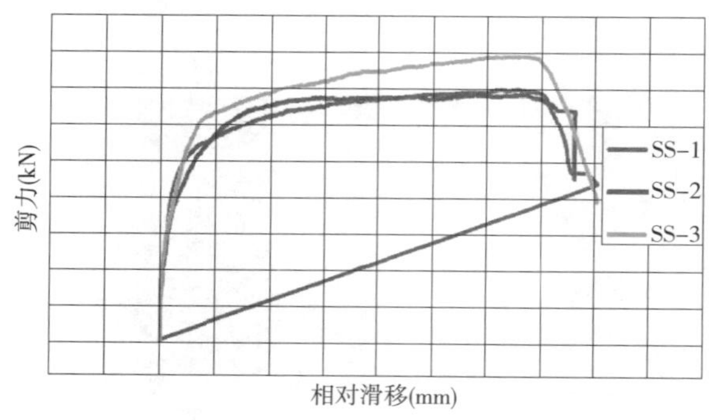

图 4-2-5　试件荷载—滑移曲线

剪力(kN)
SS-1
SS-2
SS-3
相对滑移(mm)

图 4-2-6　试件单钉荷载—滑移曲线

焊钉连接件抗剪承载性能试验结果　　表 4-2-1

试件分组		极限承载力(kN)	平均值(kN)	单钉承载力(kN)	平均值(kN)	滑移(mm)	平均值(mm)
SS	1	700. 5	726. 5	175. 1	181. 6	6. 605	6. 651
	2	686. 6		171. 7		6. 689	
	3	792. 3		198. 1		6. 660	

(二)焊钉连接件破坏模态

图 4-2-7 为焊钉连接件破坏形态,焊钉连接件试件破坏均为接合面焊钉被剪断。由图 4-2-7b)、c)、d)可以看出,大部分焊钉连接件断裂面光滑,高于瓷环,且可以看到明显的剪切变形。

a)焊钉连接件破坏状态1

b)焊钉连接件破坏状态2

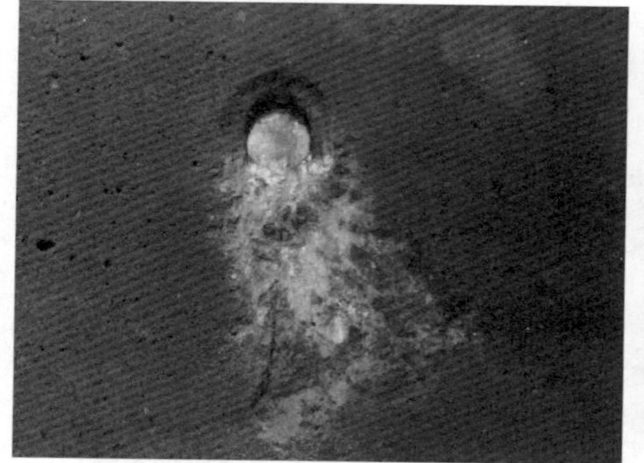

c)混凝土面上的断痕

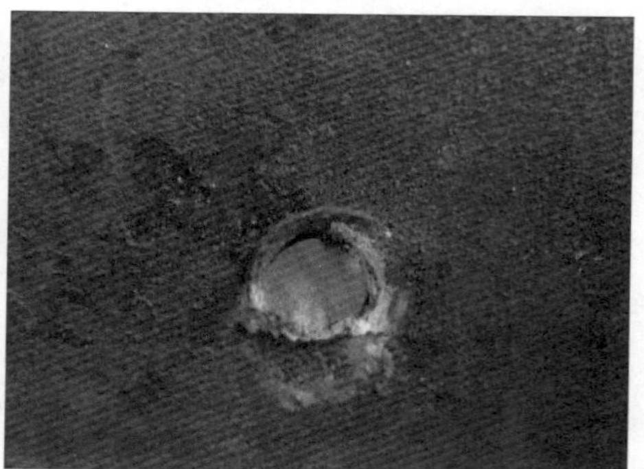

d)钢板面上的断痕

图 4-2-7　焊钉连接件抗剪破坏形态

单钉推出试验表明，采用高强度干硬性混凝土的焊钉连接件其单钉的抗剪极限强度在 170kN 以上，考虑到预留安全系数 1.7 得到的焊钉强度为 100kN，大于椒江二桥中焊钉剪力计算值。

第二节　多排焊钉连接件承载力试验研究

一、概述

根据预制组合梁节段中连接件在靠近湿接缝附近受力复杂、焊钉加密布置的特点，对该部位的焊钉连接件进行了群钉（多排焊钉）承载力试验，以了解和考察该部位连接件的受力情况和承载力的储备情况，并与不同形式的连接件布置情况的受力特点进行比较研究。

二、试验方案

（一）试件设计与加工

群钉抗剪试验采用焊接工字钢及在两翼缘板上浇筑混凝土块，两者间通过焊钉群连接的试验方式进行抗剪承载力试验。采取与实桥相同焊钉布置方式，每排 6 根，单排两侧 2 根采用 $\phi22\times300$mm 规格的焊钉，而中间 4 根采用 $\phi22\times200$mm 规格的焊钉，并将试件按焊钉排数分为 6 排（GS-36）、4 排（GS-24）、3 排（GS-18）、2 排（GS-12）4 四组（表 4-2-2），单侧 6 排（GS-36）组有 3 个试件，其余 3 组均为 1 个试件。试件结构构造见图 4-2-8，焊钉材质及其焊接工艺等均需满足 GB/T10433—2002 的要求。

群钉连接件试件分组　　表 4-2-2

试件分组	焊钉规格	焊钉数
GS－36	$\phi22\times200$mm	48
	$\phi22\times300$mm	24
GS－24	$\phi22\times200$mm	32
	$\phi22\times300$mm	16
GS－18	$\phi22\times200$mm	24
	$\phi22\times300$mm	12
GS－12	$\phi22\times200$mm	16
	$\phi22\times300$mm	8

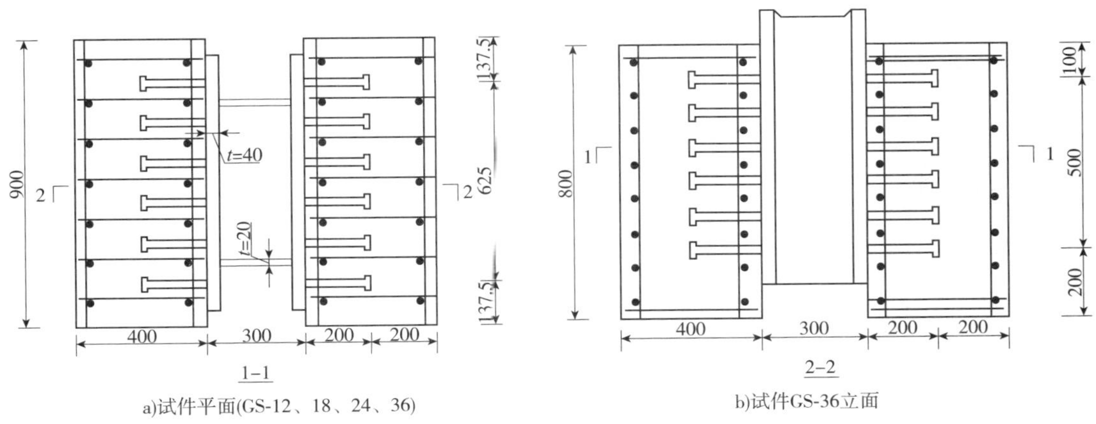

a)试件平面(GS-12、18、24、36)　　b)试件GS-36立面

图 4-2-8

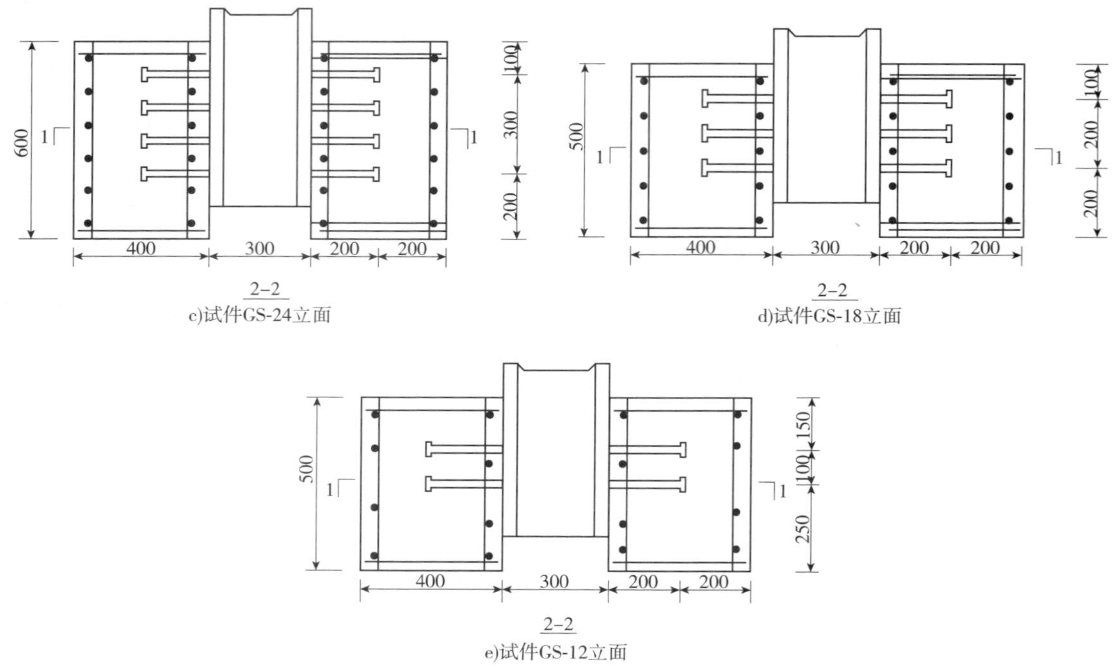

c)试件GS-24立面

d)试件GS-18立面

e)试件GS-12立面

图 4-2-8　群钉接头试件构造图(尺寸单位:mm)

试件混凝土均采取侧立的方式进行浇筑,并严格控制振捣密实。试件钢结构加工及混凝土浇筑如图 4-2-9所示。

a)群钉接头试件钢结构加工

b)群钉接头试件混凝土浇筑模板加工

图 4-2-9　群钉接头试件加工制作

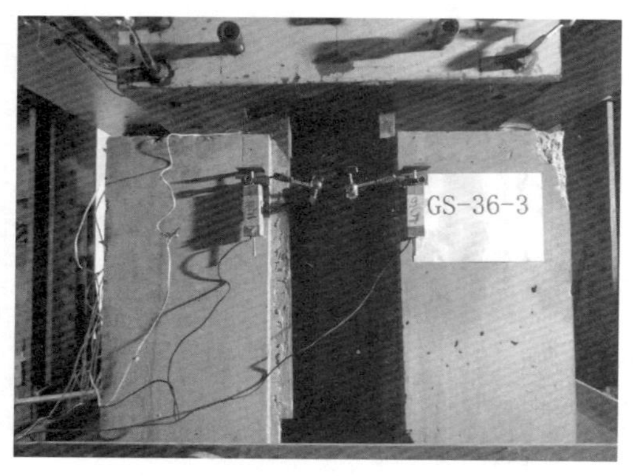

图 4-2-10　加载试验体系

(二)试验加载方案

采用较通用的推出试验方法,即两侧对称加载的方式,保证均匀给每根连接件施加剪力。通过对工字钢翼缘施加推压力 V,来测试翼缘板上的连接件的承载性能,如图 4-2-10 所示。在试件底部设置细砂垫层,保证混凝土底部均匀受力。

(三)主要测试内容

(1)测试连接件的剪力与相对滑移曲线。位移计布置在左右混凝土块的两个侧面上,共需 6 个。

(2)测试试件的最大承载力、最大相对滑移量。

(3)观察试件混凝土表面裂缝、连接件的断裂等破坏现象。

三、试验结果的整理与分析

(一)群钉接头试验结果

群钉接头各试验试件荷载—滑移曲线如图 4-2-11 所示。群钉接头试件中,单钉所对应的荷载—滑移曲线如图 4-2-12 所示。试验试件的抗剪极限承载力及对应的极限滑移如表 4-2-3 所示。

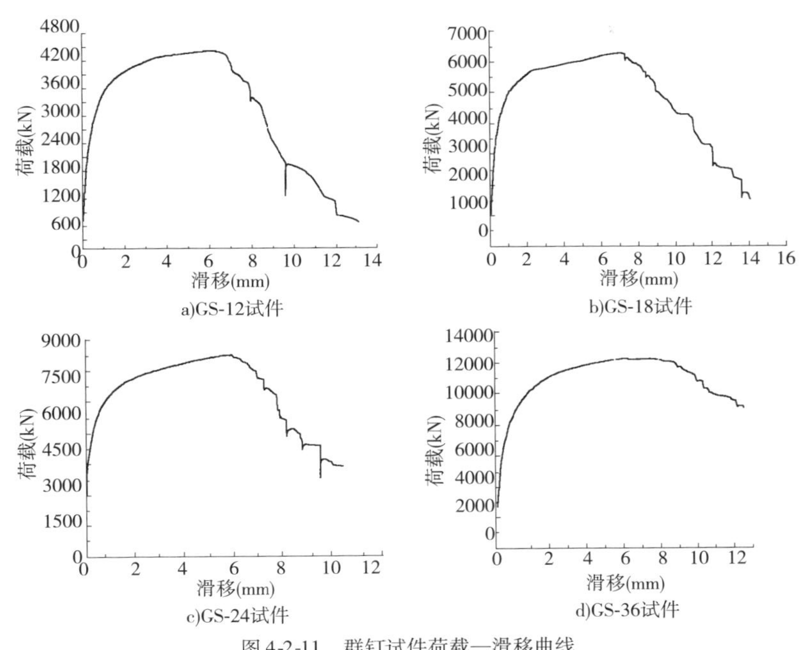

图 4-2-11　群钉试件荷载—滑移曲线

由图 4-2-11 可以看出,群钉接头试件的变形能力相差不大,但平均单钉承载能力随着群钉数目的增多而逐渐降低。

所有试件的极限抗剪承载力 P_t、单钉抗剪承载力 P_u、极限抗剪承载力对应的滑移 S_u 以及最大滑移 S_{max} 结果见表 4-2-3。从表中可以看出,焊钉排数对焊钉的承载力有较大的影响,随着焊钉排数的增加,单钉承载力降低程度增大。由此可见,焊钉排数对焊钉静力是不可忽视的。

从表 4-2-3 可以看出焊钉排数对 S_u 的影响不明显,除了试件 GS-36 外,其他试件的 S_u 均超过了 6mm。根据 Eurocode-4[9] 规定,当一个连接件的特征滑移量(荷载下降到极限承载力 85% 时对应的滑移量)超过 6mm 时可以视为延性连接件。从图 4-2-12 可以看出,试件 GS-36 的特征滑移量已经大于 6mm。由此可见,焊钉排数不改变焊钉作为延性连接件的性质。

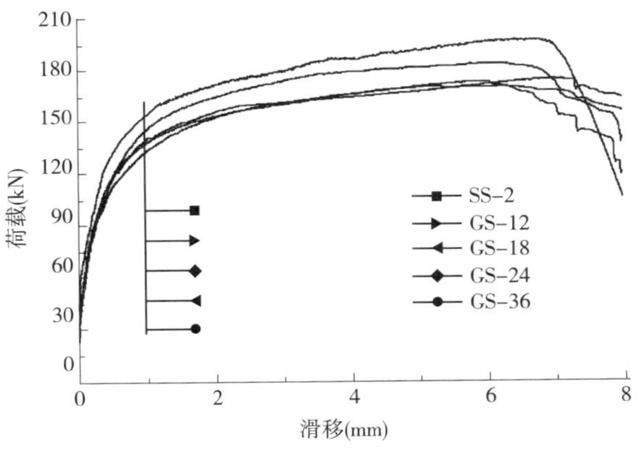

图 4-2-12　群钉试件中单根焊钉荷载—滑移曲线

群钉接头试件抗剪承载性能试验结果　　表 4-2-3

试件编号	P_t(kN)	P_u(kN)	S_u(mm)	S_{max}(mm)
GS-12	4423. 2	184. 3	6. 25	13. 11
GS-18	6310. 8	175. 3	6. 96	14. 09
GS-24	8347. 2	173. 9	6. 02	10. 55
GS-36	12319. 2	171. 1	5. 27	10. 06

(二)群钉接头试件破坏模态

图4-2-13为焊钉连接件破坏形态,焊钉连接件试件破坏均为接合面焊钉被剪断,如图4-2-13a)所示。由图4-2-13b)、c)、d)可以看出,大部分焊钉连接件断裂面光滑,可以看到明显的剪切变形,混凝土在角隅处被压碎。

a)焊钉连接件破坏状态

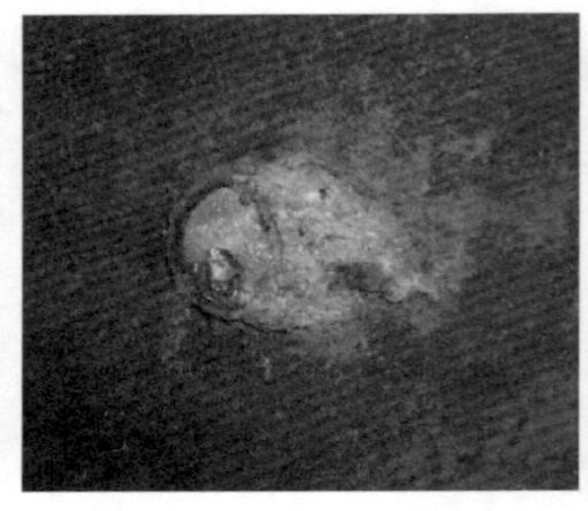

b)钢板面上的断痕

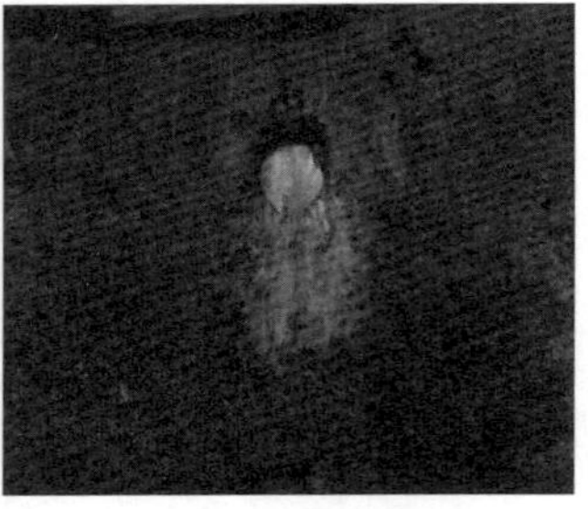

c)混凝土面上的断痕

d)各焊钉破坏形态(GS-18)

图4-2-13　焊钉连接件抗剪破坏形态

第三节　焊钉—螺栓混合接头承载力试验研究

一、概述

预制组合梁节段的两端各留出0.5m的后浇带,待预制组合梁通过桥面吊机吊装就位后,在桥梁现场通过高强度螺栓把钢梁的翼缘、腹板和底板相连。其中钢梁翼缘的连接相对复杂,一方面要通过高强度螺栓和拼接板把钢翼缘相连,另一方面钢拼接板上还焊有一定数量的焊钉连接件。这种焊钉与高强度螺栓混合连接的构造应用还不多,同时对这种混合连接方式的结构承载力情况还没有相关的资料可借鉴采用,为此,进行了不同焊钉—螺栓混合接头的承载力试验。

二、试验方案

(一)试件设计与加工

焊钉—螺栓混合接头抗剪试验采用焊接工字钢,并在钢梁翼缘下端安装高强螺栓拼接板,进而在两翼缘板上浇筑混凝土块,混凝土块与工字钢两者间通过焊钉、螺栓以及部分拼接板的端承作用来进行连接。试件除GSP-27-120采用4排焊钉外(2排焊接于钢翼缘,2排焊接于拼接板),其余均采用2排焊钉焊接与工字钢翼缘的结构形式。每排两侧的2根焊钉采用$\phi22\times300$mm的规格,中间4根采用$\phi22\times200$mm的规格。试件按照螺栓直径及螺杆长度分为GSP-22-160(表示直径22mm螺杆长度160mm)、GSP-22-200、GSP-27-120、GSP-27-160、GSP-27-200五种形式(表4-2-4),每种混合接头形式的试件均为1个。试件GSP-27-120结构构造见图4-2-14、其余试件构造见图4-2-15,焊钉材质及其焊接工艺等均需满足GB/T10433—2002的要求。

焊钉—螺栓混合接头试件分组　　表 4-2-4

试件分组		焊钉规格	焊钉数	螺栓规格	螺栓数
GSP-22	1	$\phi22\times200$mm	16	$\phi22\times160$mm	64
		$\phi22\times300$mm	8		
	2	$\phi22\times200$mm	16	$\phi22\times200$mm	64
		$\phi22\times300$mm	8		
GSP-27	1	$\phi22\times200$mm	32	$\phi27\times120$mm	64
		$\phi22\times300$mm	16		
	2	$\phi22\times200$mm	16	$\phi27\times160$mm	64
		$\phi22\times300$mm	8		
	3	$\phi22\times200$mm	16	$\phi27\times200$mm	64
		$\phi22\times300$mm	8		

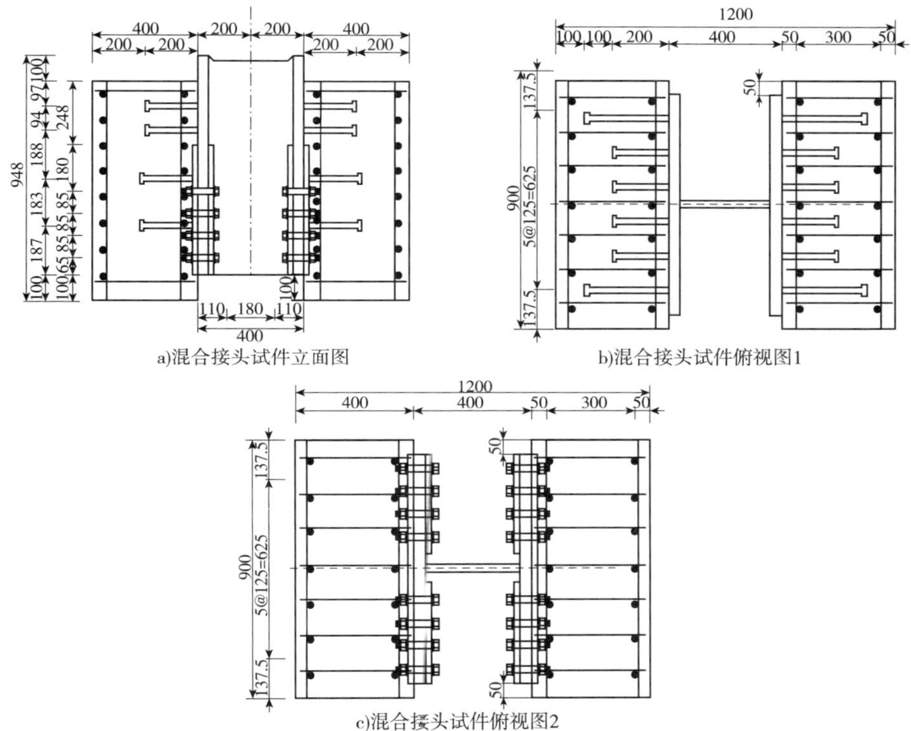

a)混合接头试件立面图　　b)混合接头试件俯视图1

c)混合接头试件俯视图2

图 4-2-14　试件构造图(编号:GPS-27-120)(尺寸单位:mm)

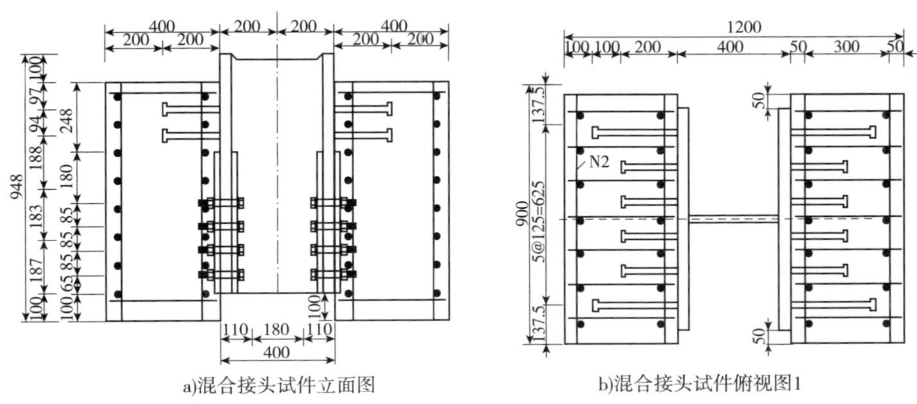

a)混合接头试件立面图　　b)混合接头试件俯视图1

图　4-2-15

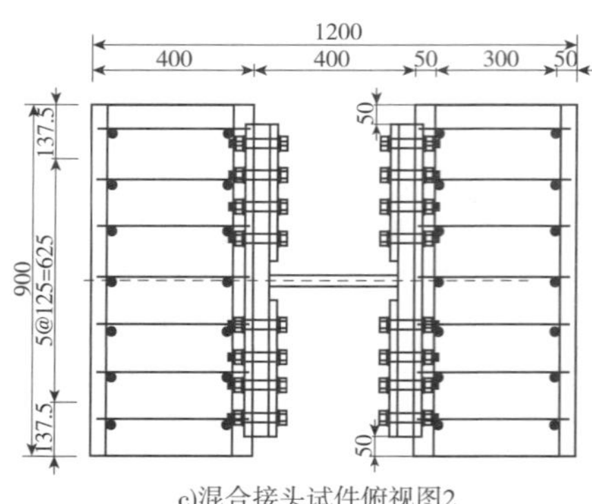

c)混合接头试件俯视图2

图 4-2-15　试件构造图(编号:GPS-22-160、200。GPS-27-160、200)(尺寸单位:mm)

试件混凝土均采取侧立的方式进行浇筑,并严格控制振捣密实。试件钢结构加工及混凝土浇筑如图 4-2-16、图 4-2-17 所示。

a)混合接头剪力钉加工

b)混合接头螺栓加工

图 4-2-16　混合接头试件钢结构部加工制作

(二)试验加载方案

采用较通用的推出试验方法,即两侧对称加载的方式,保证均匀给每根连接件施加剪力。通过对工字钢翼缘施加推压力 V,来测试翼缘板上的连接件的承载性能,如图 4-2-18 所示。在试件底部设置细砂垫层,保证混凝土底部均匀受力。

图 4-2-17　混合接头试件混凝土模板制作

图 4-2-18　加载试验体系

(三)主要测试内容

(1)测试连接件的剪力与相对滑移曲线。位移计布置在左右混凝土块的两个侧面上,共需6个。

(2)测试试件的最大承载力、最大相对滑移量。

(3)观察试件混凝土表面裂缝、连接件的断裂等破坏现象。

三、试验结果的整理与分析

(一)混合接头试验结果

混合接头各试验试件的荷载—滑移曲线如图4-2-19、图4-2-20所示,其抗剪极限承载力及对应的极限滑移如表4-2-5所示。

由图4-2-19、图4-2-20可以看出,GSP-22试件中,螺杆长度对试件的承载能力影响不大,相对于160mm和200mm长度的螺杆,试件的承载能力分别达到了13700kN和13856kN,但螺杆长度对试件的变形能力影响较大,长度为200mm的螺杆试件相比于长度为160mm的螺杆试件具有更大的变形能力和更好的延性。而在GSP-27试件中,由于螺杆较粗,因此发现螺杆长度对试件的承载能力有很大影响,相对于120mm、160mm和200mm长度的螺杆,试件的承载能力分别达到了9771kN、12350kN和17505kN,而试件的变形能力和延性也随着螺杆长度的加大而逐渐得到改善。

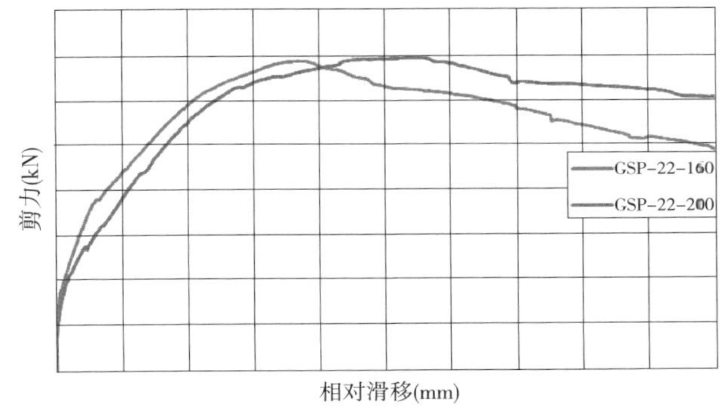

图4-2-19 GSP-22试件荷载—滑移曲线

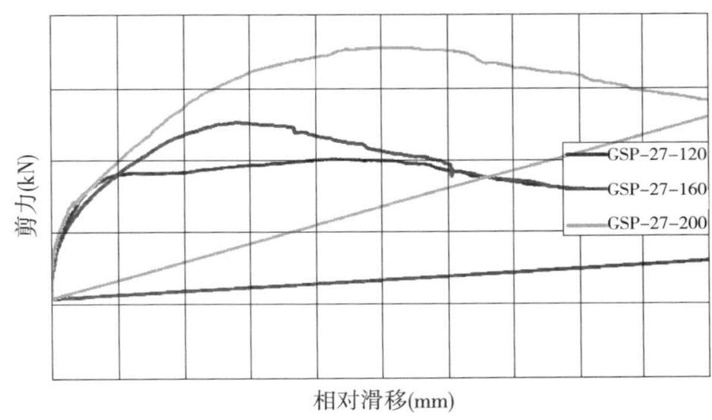

图4-2-20 GSP-27试件荷载—滑移曲线

焊钉连接件抗剪承载性能试验结果 表4-2-5

试件分组		螺杆长度(mm)	极限承载力(kN)	滑移(mm)
GSP-22	1	160	13700.7	7.394
	2	200	13856.2	10.724
GSP-27	1	120	9653.5	4.032
	2	160	12350.3	5.660
	3	200	17504.7	10.005

(二)混合接头试件破坏模态

图4-2-21为焊钉连接件破坏形态,焊钉连接件试件破坏均为接合面焊钉被剪断,如图4-2-21a)所示。由图4-2-21b)、c)、d)、e)可以看出,大部分焊钉连接件断裂面光滑,可以看到明显的剪切变形,与螺栓连接的混凝土被整块剪切下来,螺栓没有破坏,仅最底部一排有少许剪切变形。

a)混合接头试件破坏状态

b)钢板面上的断痕

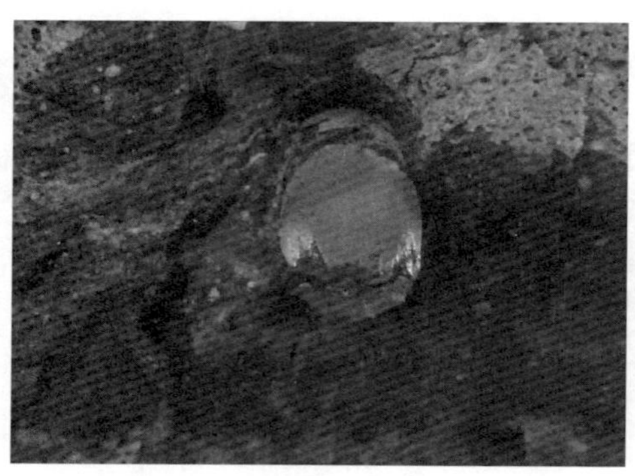

c)混凝土面上的断痕

d)螺栓破坏形态

e)混凝土块破坏形态

图 4-2-21 混合接头抗剪破坏形态

第四节 结 论

在单钉推出试验中焊钉的数量少,试验结果的离散性较大,主要是由于焊钉的焊接质量对焊钉承载力的影响较大造成的,即便承载力最低的试件其抗剪强度也远远高于实桥中的焊钉承受的剪力。

群钉中焊钉数量对单个焊钉的承载力有影响,随焊钉数量的增加单个焊钉的承载力有所减少,但仍远高于椒江二桥混凝土接缝处实际焊钉的受力。

采用高强度螺栓和焊钉的混合接头试件的承载力均高于只有群钉试件的承载力,高强度螺栓会大幅提高接头的承载力,同时混合接头的承载力随螺栓长度的增长而增大,当螺杆端头超过第一层横桥向受力钢筋的距离为 1 倍螺栓直径时已经有足够的承载力。

第三章　椒江二桥工程主梁节段模型风洞试验和数值分析

第一节　概　　述

一、工程及项目概述

椒江二桥及接线工程，桥位距上游椒江大桥约7km，距椒江入海口5～6km，离下游沿海高速公路（甬台温复线）“工可”桥位约3.8km。主桥设计方案为一主跨480m的斜拉桥，跨中桥面离最低水位水面的高度55m。椒江二桥工程起于临海杜桥镇与椒江前所街道交界处的道感堂村附近里程K62＋294，沿老路向南200m后偏向西走新线至大树岙村西侧，于里程K64＋000至老鼠屿跨越椒江，沿台东大道线位向南，至终点太和二路，终点里程为K70＋387。路线全长8.09km。

椒江二桥地处我国的东南部沿海地区，为台风频袭地区，当地的设计风速要求很高，因此，对该桥进行全面的抗风性能研究是非常必要的。为保证该桥在成桥运营状杰和施工期间的抗风安全，进行了椒江二桥主桥抗风性能试验与分析研究。

按建设方和设计方的要求，该桥梁的抗风研究工作分3个阶段进行：

第1阶段工作是采用数值分析方法计算，4个设计方案的主梁和桥塔气动力系数，并对它们的颤振稳定性进行评估，以确定初步设计阶段的主推方案和主要比选方案；

第2阶段工作是主要对初步设计阶段主推方案（半封闭双箱叠合梁方案）和主要比较方案（全封闭钢箱梁方案）的颤振稳定性、涡激共振性能等进行节段模型风洞试验和数值分析研究；

第3阶段工作是对最终入选方案的施工图设计阶段桥梁结构进行全面的抗风性能研究。

本报告仅对施工图设计阶段桥梁抗风性能研究中有关节段模型风洞试验、桥塔CFD分析和全桥风致响应数值分析工作进行总结。

需要说明的是，通过方案比选阶段和初步设计阶段的研究工作，并经初步设计审查，确定该桥最终主梁截面采用半封闭双箱叠合梁方案，桥塔采用钻石型混凝土桥塔，塔顶高程157m，承台顶高程约4.83m。而根据初步设计阶段的抗风研究结果，竖向涡激共振响应幅值远远高于规范的允许值，为了减小涡振幅值，在施工图设计阶段对主梁的风嘴进行了修改，在保持风嘴底板倾角和风嘴尖高度基本不变的前提下，把风嘴向外延伸，使其顶板倾角变小，见图4-3-1半封闭双箱叠合梁桥跨总体布置、图4-3-2半封闭双箱叠合梁标准断面图及图4-3-3桥塔总体布置图。

二、工作范围

根据椒江二桥施工图设计阶段的有关资料进行节段模型风洞试验及相关分析研究。具体内容包括：

(1)施工图设计方案成桥状态和主要施工状态下的结构动力特性分析。

(2)利用二维节段模型测振试验对施工图设计方案的成桥和最不利施工状态在均匀流场中的颤振稳定性进行检验和颤振导数测定，风攻角考虑－30°，0°，＋30°三种。

(3)利用二维节段模型测振试验对施工图设计方案的成桥状态在均匀流场和紊流场中的涡激共振性能进行检验，必要时测定涡激共振的发生或锁定风速及振幅。风攻角考虑－50°，－30°，0°，＋30°，＋50°5种。

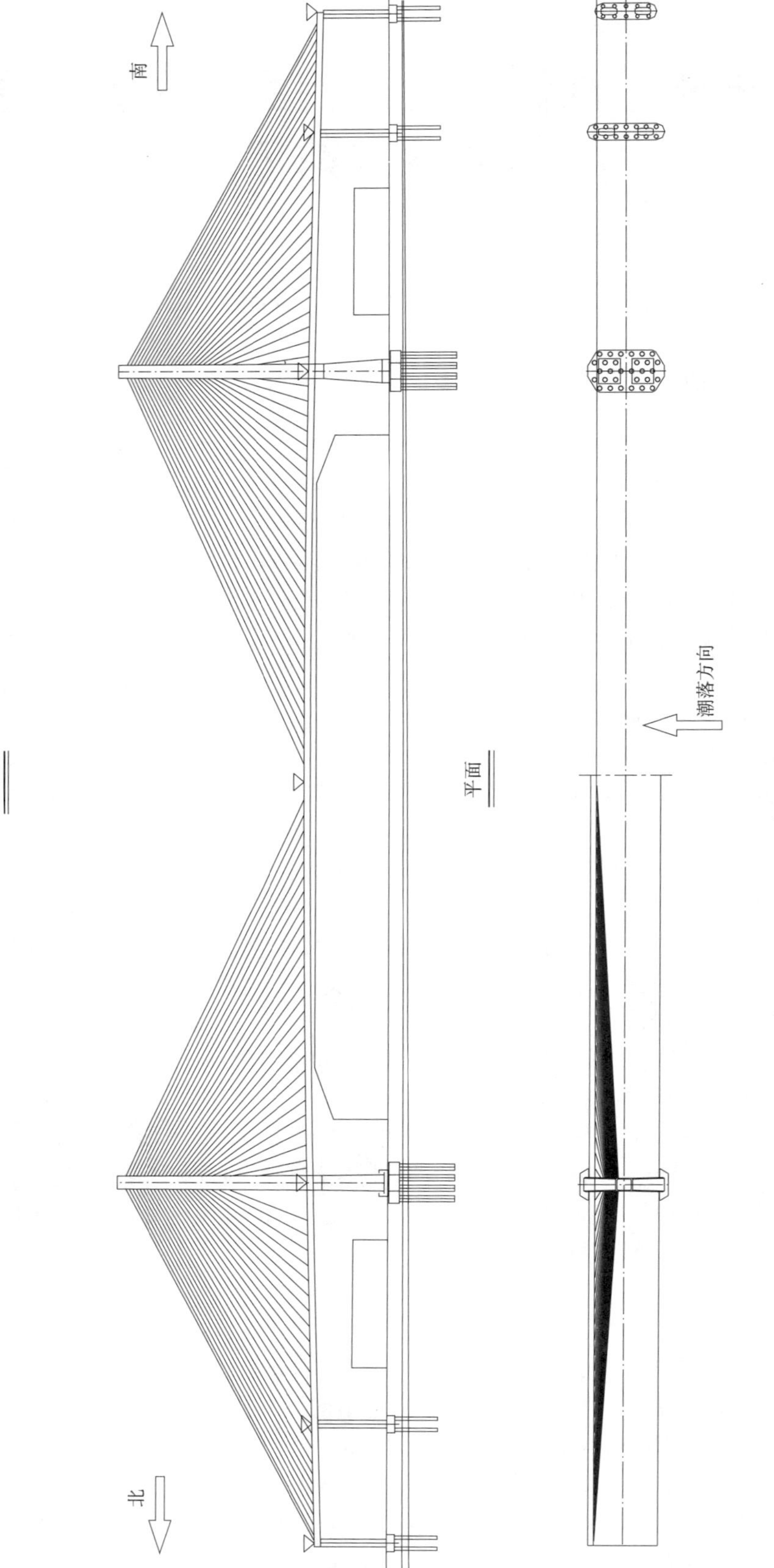

图4-3-1 半封闭双箱叠合梁桥跨总体布置

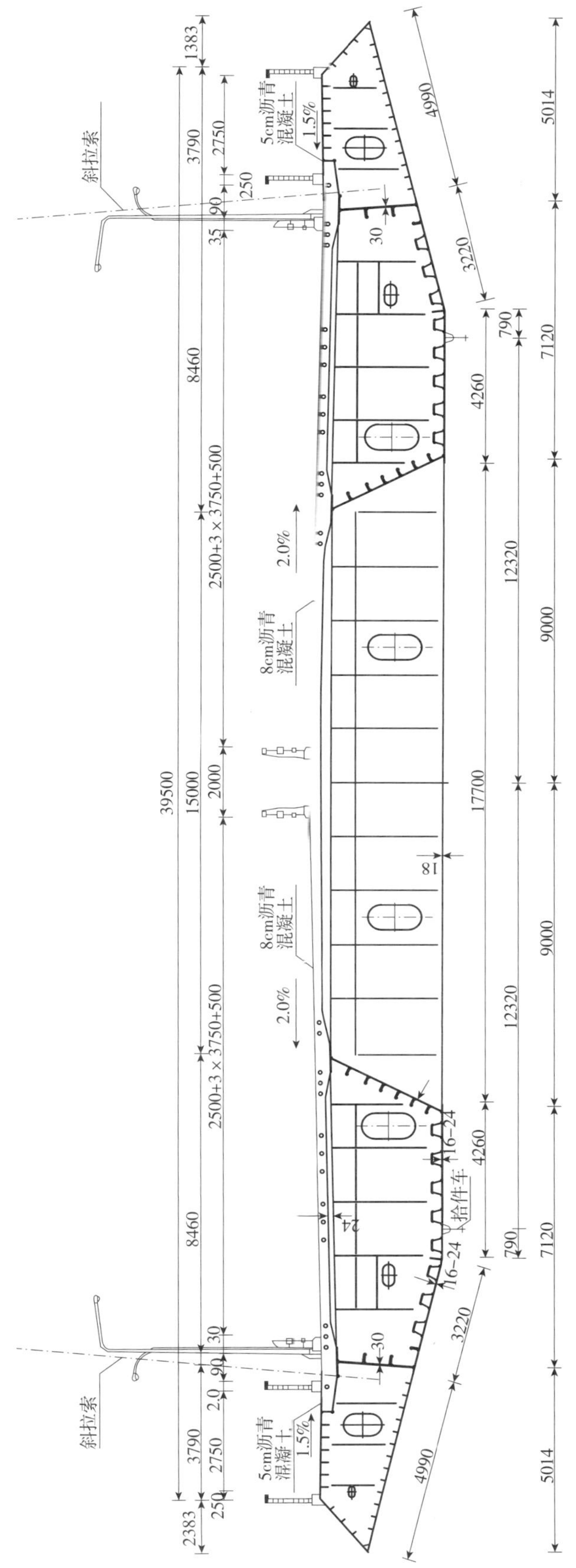

图4-3-2 半封闭双箱叠合梁标准断面图(尺寸单位：mm)

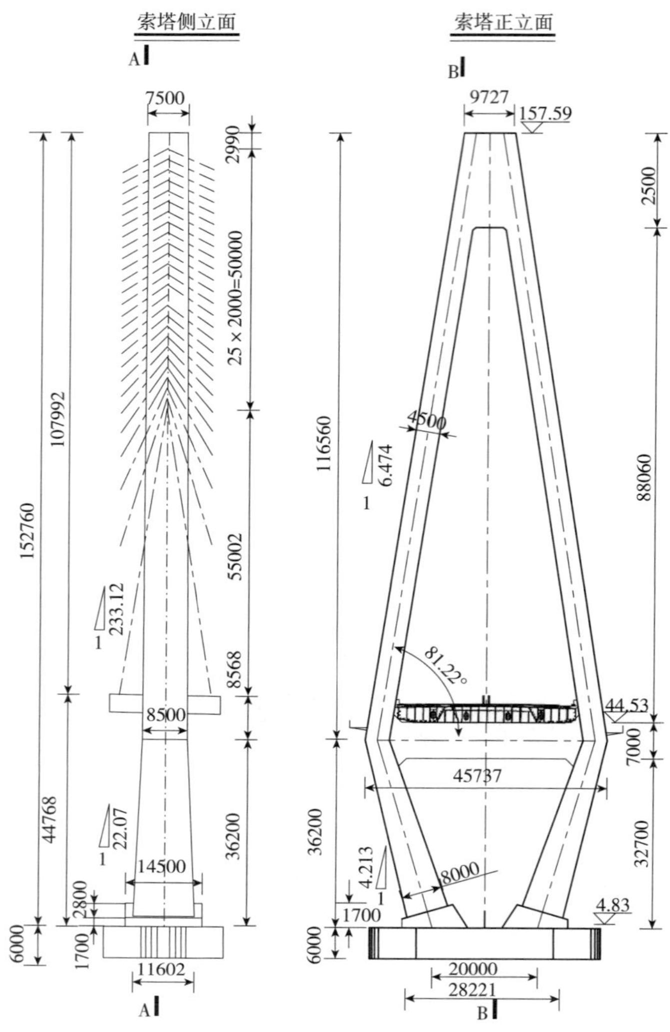

图 4-3-3　桥塔总体布置图(尺寸单位:mm)

(4)利用均匀流场中的二维节段模型测力试验确定施工图设计方案的成桥和施工状态主梁静力气动 3 分力系数。风攻角范围内为 -100° ~ +100°,间隔 10°。

(5)采用 CFD 数值计算方法确定施工图设计方案的钻石型桥塔塔柱截面气动系数。

(6)采用二维线性静风稳定性分析方法对施工图设计方案的成桥和主要施工状态的静风稳定性进行分析,风攻角考虑 0°。

(7)成桥状态和主要施工状态 -30°,0°, +30°风攻角下桥梁三维颤振稳定性分析。

(8)成桥状态和主要施工状态 0°风攻角下桥梁结构的静风荷载响应分析。

(9)成桥状态和主要施工状态 0°风攻角下桥梁结构的耦合抖振响应分析。

第二节　风速及结构动力特性计算

一、基本风速、设计基准风速、颤振检验风速的确定

(一)桥址处基本风速 U_{10}

在初步设计阶段,桥址处的场地类别参数和基本风速(高度 10m 处、100 年重现期、年最大 10min 平

均风速)是按照浙江省气候中心提供的《沿海高速公路(台州段)气象专题研究报告》确定,近地层风速随高度变化的风速廓线方程中参数 a 的取值为0.158,即桥址处场地类别接近B类;桥址处基本风速 $Us_{10}=42.7\text{m/s}$。

而在施工图设计阶段抗风研究过程中,浙江省气候中心提供了最新的通过了专家评审的《椒江二桥及接线工程气象专题研究报告》中,本工程项目近地层风速随高度变化的平均风速剖面幂函数指数 a 的值仍取为0.158,即桥址处场地类别仍为接近B类;但基本风速取值与初步设计阶段的取值有所不同,桥址处基本风速为:

$$Us_{10}=45.0\text{m/s} \tag{4-3-1}$$

(二)桥梁设计基准风速 U_d

椒江二桥主桥跨中桥面高程为52m,设计最高和最低通航水位分别为4.83m 和 -2.92m。这样,偏安全地以最低水位为参考,主桥桥面离水面的高度取为55m,则该桥桥面设计基准风速为:

$$U_d=Us_{10}(55/10)^{0.158}=45.0\times1.309=58.9\text{m/s} \tag{4-3-2}$$

对于施工阶段,重现期按10年考虑,则其设计基准风速为:

$$U_d^S=0.84U_d=0.84\times58.9=49.5\text{m/s} \tag{4-3-3}$$

(三)颤振检验风速[U]

椒江二桥主跨长480m,参照《公路桥梁抗风设计规范》按Ⅱ类场地、考虑风速的脉动影响及水平相关特性的无量纲修正系数 $\mu_f=1.28$,并取考虑风洞试验误差及设计、施工中不确定因素的综合安全系数 $K=1.2$。则100年重现期颤振检验风速为:

$$[U_{cr}]=K_{\mu f}U_d=1.2\times1.28\times58.9=90.5\text{m/s} \tag{4-3-4}$$

施工阶段的颤振检验风速为:

$$[U_{sr}^S]=1.2\times1.28\times49.5=76.0\text{m/s} \tag{4-3-5}$$

二、结构动力特性分析

结构动力特性分析采用ANSYS空间有限元动力分析程序,对椒江二桥施工图设计方案的成桥运营状态、施工阶段最长单悬臂状态和最长双悬臂状态进行了结构动力特性分析。由于该桥梁设计方案采用斜拉索空间索面体系,并且主梁采用的不是开口薄壁断面,而是自由扭转刚度较大的半封闭双箱组合梁断面,由此主梁约束扭转刚度对固有动力特性的影响很小,故在分析中采用鱼骨式主梁模型。

在有限元模型中,桥塔和主梁采用了三维梁单元,斜拉索采用了杆单元,并使用了等效弹性模量来考虑斜拉索的初始拉力和重力对刚度的影响,相应的结构及约束情况如下所述。

(一)成桥状态

跨径布置为(70+140+480+140+70-900)m,斜拉索数量为8×26根。约束条件:在锚固墩处,主梁的竖向运动、侧向运动和绕顺桥水平轴三个自由度受到锚固墩的约束;在辅助墩处,主梁的竖向运动和绕顺桥水平轴二个自由度受到辅助墩的约束;桥塔在各自的承台处固定;在桥塔处主梁仅有侧向运动一个自由度受到桥塔的约束。

(二)施工最长单悬臂状态

主梁与边墩合龙,中跨半桥,悬臂长度为235.5m,斜拉索数量为4×26根。约束条件:在锚固墩处,主梁的竖向运动、侧向运动和绕顺桥水平轴三个自由度受到锚固墩的约束;在辅助墩处,主梁的竖向运动和绕顺桥水平轴二个自由度受到辅助墩的约束;在桥塔处的主梁纵桥向、竖向和横桥向的线位移以及绕纵桥向的扭转位移受桥塔约束。

(三)施工最长双悬臂状态

主梁与边墩即将合龙,中跨与边跨对称布置,悬臂长度为132.2m,斜拉索数量为4×13根。约束条件:在锚固墩处,主梁的竖向运动、侧向运动和绕顺桥水平轴三个自由度受到锚固墩的约束;在辅助墩处,主梁的竖向运动和绕顺桥水平轴二个自由度受到辅助墩的约束;在桥塔处的主梁纵桥向、竖向和横桥向的线位移以及绕纵桥向的扭转位移受桥塔约束。

按文献在进行节段模型质量系统模拟时应使用考虑了全桥振动效应的等效质量和等效质量惯矩。由于在计算时振型值已按质量及质量惯矩进行了规一化处理,即各阶模态所对应的广义质量等于1,所以等效质量和等效质量惯矩可

按下式计算:

$$m_{eq}^{x}/\int_{L}\phi_{x}^{2}(x)\,\mathrm{d}x \tag{4-3-6a}$$

$$m_{eq=1}^{y}/\int_{L}\phi_{y}^{2}(x)\,\mathrm{d}x \tag{4-3-6b}$$

$$m_{eq=1}^{z}/\int_{L}\phi_{z}^{2}(x)\,\mathrm{d}x \tag{4-3-6c}$$

$$J_{eq=1}^{x}/\int_{L}\phi_{\theta x}^{2}(x)\,\mathrm{d}x \tag{4-3-6d}$$

式中:$\phi_{x}(x)$——各阶固有模态主梁 x 处沿纵桥向振型值;

$\phi_{y}(x)$——各阶固有模态主梁 x 处沿竖向振型值;

$\phi_{z}(x)$——各阶固有模态主梁 x 处沿侧向振型值;

$\phi_{\theta x}(\mathrm{x})$——各阶固有模态主梁 x 处绕纵桥向转角的振型值;

x、y、z——桥轴纵向、竖向及横向坐标;

L——大桥主梁全长。

动力计算中使用的半封闭双箱组合梁主梁、斜拉索、桥塔、桥墩截面几何特性及材料特性均按图4-3-1半封闭双箱叠合梁桥梁总体布置图、图4-3-2主梁标准断面图及图4-3-3桥塔总体布置图等施工图设计给出。钢材弹性模量 $E=2.1\times10^{11}\mathrm{Pa}$,泊松比 $\gamma=0.3$;C50号混凝土弹性模量 $E=3.5\times10^{10}\mathrm{Pa}$,泊松比 $\gamma=0.0.1667$,密度为 $2600\mathrm{kg/m^3}$;斜拉索等效弹性模量 $E=2.0\times10^{11}\mathrm{Pa}$,泊松比 $\gamma=0.3$,等效密度 $8500\mathrm{kg/m^3}$。斜拉索索力取设计恒载状态索力;主梁施工吊机每台质量 $M=100\mathrm{t}$。组合梁截面特性,均为按钢材材料特性的等效结果。

采用半封闭双箱组合梁成桥状态鱼骨梁式有限元分析模型。表4-3-1列出了计算所得成桥状态的前20阶固有模态的频率、周期和振型主要特征。表4-3-2给出了成桥状态对应于各主要振型的等效质量和等效质量惯矩。从中可以看出,成桥状态主梁一阶对称扭转基频为0.630Hz;一阶对称竖弯基频为0.286Hz;一阶对称侧弯基频为0.352Hz,对称振型扭弯频率比为2.203。

成桥状态的前20阶固有模态的频率、周期和振型 表4-3-1

振型号	频率(Hz)	周期(s)	振型描述
1	0.120	8.305	主梁纵飘
2	0.286	3.500	主梁一阶对称竖弯
3	0.352	2.844	主梁一阶对称侧弯
4	0.374	2.672	主梁一阶反对称竖弯
5	0.441	2.267	桥塔反对称侧弯
6	0.478	2.094	桥塔对称侧弯
7	0.563	1.775	主梁二阶对称竖弯
8	0.630	1.588	主梁一阶对称扭转
9	0.703	1.422	主梁二阶反对称竖弯

续上表

振型号	频率(Hz)	周期(s)	振型描述
10	0. 790	1. 265	主梁三阶对称竖弯
11	0. 833	1. 201	主梁三阶反对称竖弯
12	0. 855	1. 170	主梁一阶反对称扭转
13	0. 917	1. 091	主梁四阶对称竖弯
14	1. 002	0. 998	边跨主梁对称竖弯
15	1. 029	0. 971	主梁一阶反对称侧弯
16	1. 038	0. 963	边跨主梁反对称竖弯
17	1. 078	0. 928	主梁二阶对称扭转
18	1. 104	0. 906	主梁一阶对称扭转
19	1. 142	0. 876	主梁四阶反对称竖弯
20	1. 240	0. 806	主梁二阶反对称扭转

成桥状态各主要振型的等效质量和等效质量惯矩 表 4-3-2

振型号	m_{eq}^{x}(kg/m)	m_{eq}^{y}(kg/m)	m_{eq}^{z}(kg/m)	J_{meq}^{x}(kg·m²/m)
1	9.451×10^{4}	1.917×10^{6}	3.815×10^{23}	6.135×10^{23}
2	1.823×10^{8}	6.792×10^{4}	1.320×10^{23}	1.335×10^{24}
3	2.584×10^{23}	1.263×10^{22}	7.750×10^{4}	1.703×10^{9}
4	2.266×10^{7}	6.937×10^{4}	1.507×10^{22}	1.367×10^{24}
5	9.367×10^{23}	3.901×10^{23}	1.195×10^{6}	5.710×10^{9}
6	1.204×10^{26}	6.089×10^{24}	2.496×10^{5}	8.728×10^{9}
7	2.487×10^{8}	6.457×10^{4}	8.884×10^{23}	3.964×10^{23}
8	1.273×10^{22}	1.006×10^{21}	2.469×10^{7}	9.048×10^{6}
9	1.329×10^{8}	6.583×10^{4}	2.397×10^{24}	5.109×10^{23}
10	3.237×10^{7}	6.489×10^{4}	3.480×10^{24}	7.724×10^{23}
11	4.016×10^{7}	6.278×10^{4}	3.510×10^{24}	6.189×10^{22}
12	2.149×10^{21}	2.896×10^{20}	$4.837\times10^{0}8$	9.281×10^{6}
13	2.090×10^{7}	6.488×10^{4}	4.441×10^{23}	2.591×10^{23}
14	1.203×10^{6}	1.566×10^{5}	1.665×10^{21}	1.203×10^{22}
15	3.773×10^{21}	2.444×10^{20}	6.675×10^{4}	5.503×10^{8}
16	2.163×10^{6}	8.071×10^{4}	2.025×10^{20}	8.110×10^{22}
17	9.938×10^{21}	7.933×10^{19}	4.728×10^{7}	9.303×10^{6}
18	1.003×10^{7}	6.796×10^{4}	3.655×10^{22}	1.445×10^{23}
19	5.779×10^{5}	1.050×10^{5}	1.099×10^{22}	2.550×10^{22}
20	3.698×10^{21}	3.649×10^{20}	1.654×10^{5}	2.156×10^{7}

采用半封闭双箱组合梁方案施工阶段最长单悬臂状态鱼骨梁式有限元分析模型。表 4-3-3 列出了计算所得施工阶段最长单悬臂状态的前 10 阶固有模态的频率、周期和振型主要特任。表 4-3-4 给出了最长单悬臂状态对应于各主要振型的等效质量和等效质量惯矩值。从中可以看出，施工阶段最长单悬臂状态主梁扭转基频为 0. 659Hz；竖弯基频为 0. 284Hz；侧弯基频为 0. 240Hz，扭弯频率比为 2. 32。

施工阶段最长单悬臂状态前 10 阶固有模态的频率、周期和振型　　表 4-3-3

振型号	频率(Hz)	周期(s)	振型描述
1	0.240	4.164	主梁一阶侧弯
2	0.284	3.526	主梁一阶竖弯
3	0.458	2.182	桥塔侧弯
4	0.498	2.007	主梁二阶竖弯
5	0.659	1.517	主梁一阶扭转
6	0.732	1.366	主梁三阶竖弯
7	0.895	1.117	主梁四阶竖弯
8	0.926	1.080	主梁五阶竖弯
9	1.135	0.881	主梁二阶扭转
10	1.158	0.863	边跨主梁竖弯

最长单悬臂状态对应各主要振型等效质量和等效质量惯矩值　　表 4-3-4

振型号	m_{eq}^{x}(kg/m)	m_{eq}^{y}(kg/m)	m_{eq}^{z}(kg/m)	J_{meq}^{x}(kg·m²/m)
1	5.842×10^{25}	5.164×10^{23}	5.648×10^{4}	1.594×10^{9}
2	2.960×10^{7}	6.324×10^{4}	1.164×10^{24}	5.883×10^{24}
3	4.986×10^{24}	1.065×10^{23}	9.488×10^{5}	5.538×10^{9}
4	3.631×10^{6}	6.696×10^{4}	3.080×10^{23}	4.335×10^{23}
5	1.972×10^{22}	1.180×10^{21}	9.899×10^{6}	8.219×10^{6}
6	3.653×10^{5}	1.077×10^{5}	2.195×10^{23}	2.366×10^{23}
7	4.554×10^{5}	7.379×10^{4}	7.424×10^{23}	1.879×10^{24}
8	6.003×10^{6}	5.530×10^{4}	4.708×10^{24}	4.870×10^{24}
9	1.306×10^{21}	5.280×10^{20}	1.361×10^{7}	8.470×10^{6}
10	6.709×10^{5}	8.076×10^{4}	1.042×10^{23}	4.227×10^{22}

表 4-3-5 列出了计算所得施工阶段最长双悬臂状态的前 10 阶固有模态的频率、周期和振型主要特征。表 4-3-6 给出了最长双悬臂状态对应于各主要振型的等效质量和等效质量惯矩值。从中可以看出，施工阶段最长双悬臂状态主梁扭转基频为 0.984Hz；竖弯基频为 0.166Hz；侧弯基频为 0.442Hz，扭弯频率比为 5.928。

施工阶段最长双悬臂状态前 10 阶固有模态频率、周期和振型　　表 4-3-5

振型号	频率(Hz)	周期(s)	振型描述
1	0.166	6.026	主梁一阶反对称竖弯
2	0.442	2.264	桥塔侧弯
3	0.486	2.065	主梁一阶反对称侧弯
4	0.668	1.496	主梁一阶对称竖弯
5	0.795	1.258	主梁二阶反对称竖弯
6	0.968	1.034	主梁一阶反对称扭转
7	0.984	1.017	主梁侧弯加扭转
8	0.999	1.001	主梁竖弯
9	1.061	0.943	主梁竖弯
10	1.113	0.898	主梁一阶对称扭转

最长双悬臂状态对应主要振型等效质量和等效质量惯矩值 表 4-3-6

振型号	m_{eq}^{x}(kg/m)	m_{eq}^{y}(kg/m)	m_{eq}^{z}(kg/m)	J_{meq}^{x}(kg·m²/m)
1	2.048×10^{7}	1.322×10^{5}	3.162×10^{21}	1.152×10^{24}
2	8.401×10^{25}	2.212×10^{24}	7.655×10^{5}	3.548×10^{9}
3	2.563×10^{23}	2.599×10^{21}	6.035×10^{4}	2.088×10^{10}
4	9.053×10^{7}	6.241×10^{4}	5.785×10^{23}	3.283×10^{24}
5	1.918×10^{6}	1.011×10^{5}	1.044×10^{22}	2.085×10^{23}
6	1.126×10^{22}	4.425×10^{19}	1.089×10^{7}	8.862×10^{6}
7	1.940×10^{24}	9.544×10^{20}	8.900×10^{4}	3.283×10^{7}
8	2.471×10^{7}	6.307×10^{4}	2.274×10^{21}	6.420×10^{21}
9	1.259×10^{8}	5.639×10^{4}	3.795×10^{22}	6.246×10^{23}
10	9.663×10^{25}	2.815×10^{22}	2.373×10^{5}	1.132×10^{7}

表 4-3-7 为椒江二桥成桥和施工各状态主梁各方向振动固有模态基频的汇总。

桥梁各结构状态主梁各方向振动固有模态基频汇总表 表 4-3-7

基频	成桥状态	最长单悬臂状态	最长双悬臂状态
一阶竖弯基频(Hz)	0.352	0.284	0.166
一阶扭转基频(Hz)	0.630	0.659	0.984
一阶侧弯基频(Hz)	0.286	0.240	0.442

第三节　节段模型颤振试验

一、试验设备和测量仪器

节段模型测振试验在 TJ-1 边界层风洞中进行。TJ-1 边界层风洞是一座直流开口式低速风洞，试验段尺寸为 1.8m(宽)×1.8m(高)×14m(长)。风洞收缩比为 3.56，电机功率为 90kW，空风洞试验风速范围为 0.5～30m/s。流场不均匀性指标 $\delta U/U\leqslant1.0\%$，湍流度 $I_u\leqslant1.0\%$，气流竖向偏角 $\Delta\alpha\leqslant\pm0.5°$，水平偏角 $\Delta\beta\leqslant\pm1°$。风致振动信号采用压电式加速度传感器、TS5865 型电荷放大器、美国 NI 公司的 PCI-6052E 数据采集 A/D 板、计算机和相应的信号采集、处理软件所组成的系统进行测量与分析。

二、相似条件与模型参数

试验采用弹簧悬挂二元刚体节段模型，节段模型通过 8 根弹簧悬挂在外置式支架上。根据实桥主梁断面尺寸和风洞试验段尺寸以及直接试验法的要求，半封闭双箱叠合梁方案节段模型的缩尺比取为 $\lambda_L=1/80$。为了减少节段模型端部三维流动的影响，模型的总长度取为 1.74m，节段模型两端与风洞竖壁的间隙只有 3cm。刚体节段模型的骨架由金属构成。桥面用木材制作并保证外形的几何相似性。桥面的栏杆与防撞栏用 ABS 塑料板由电脑雕刻制成。

弹簧悬挂二元刚体节段模型风洞试验，除了要求模型与实桥之间满足几何外形相似外，原则上还应满足以下 3 组无量纲参数的一致性条件。

弹性参数：$\frac{U}{f_v B}$，$\frac{U}{f_t B}$或$\frac{f_t}{f_v}$(频率比)

惯性参数：$\dfrac{m_{eq}}{\rho b^2}$，$\dfrac{J_{meq}}{\rho b^4}$或$\dfrac{\gamma}{b}$（惯性半径比）

阻尼参数：ξ_v，ξ_t（阻尼比）

式中：U——平均风速；

f_v，f_t——弯曲和扭转振动固有频率；

B——桥宽；

b——半桥宽；

m_{eq}、J_{meq}——单位桥长的等效质量和等效质量惯性矩；

ρ——空气密度；

γ——回转半径；

ξ_v，ξ_t——竖向弯曲、扭转振动的阻尼比。

参照《公路桥梁抗风设计规范》中有关桥梁阻尼比取值的建议，半封闭双箱叠合梁方案实桥各阶模态阻尼比均取为1.0%。

表4-3-8及表4-3-9为按以上相似条件得到的半封闭双箱组合梁成桥状态和施工阶段最长单悬臂状态原型参数、模型系统的设计及实测参数，试验弹性参数模拟了成桥状态以及最长单悬臂状态一阶扭转和一阶竖向弯曲振动。由于不同的模型姿态，实测竖弯和扭转阻尼比在一定的范围内稍有波动。

半封闭双箱组合梁成桥状态节段模型设计及实测参数 表4-3-8

参数名称	符号	单位	实桥值	缩尺		模型值	
				颤振	涡振	颤振	涡振
注梁长度	L	m	139.2	1/80		1.740	
注梁宽度	B	m	42.136	1/80		0.5267	
注梁高度	H	m	3.5	1/80		0.04375	
等效质量	m_{eq}	kg/m	6.69×10^4	$1/80^2$		10.460	
等效质量惯矩	J_{eq}	kg·m²/m	9.06×10^6	$1/80^4$		0.2211	
惯性半径	r	m	11.631	1/80		0.1454	
竖弯基频	f_v	Hz	0.286	7.531	18.927	2.154	5.413
扭转基频	f_t	Hz	0.630	7.460	17.989	4.700	11.333
扭弯频率比	ε	—	2.184	1.0	0.96	2.182	2.094
竖弯阻尼比	ξ_v	—	1.0%	—	—	0.97%	1.0%
扭转阻尼比	ξ_t	—	1.0%	—	—	0.99%	1.0%

施工阶段最长单悬臂状态节段模型设计及实测参数 表4-3-9

参数名称	符号	单位	实桥值	缩尺	模型值
				颤振	颤振
主梁长度	L	m	139.2	1/80	1.740
主梁宽度	B	m	42.136	1/80	0.5267
主梁高度	H	m	3.5	1/80	0.04375
等效质量	m_{eq}	kg/m	6.24×10^4	$1/80^2$	9.743

续上表

参数名称	符号	单位	实桥值	缩尺	模型值
				颤振	颤振
等效质量惯矩	J_{eq}	kg · m²/m	8.22×10^{6}	$1/80^{4}$	0.2007
惯性半径	r	m	11.483	1/80	0.1435
竖弯基频	f_v	Hz	0.284	7.891	2.241
扭转基频	f_t	Hz	0.659	7.857	5.178
扭弯频率比	ε	—	2.304	1.0	2.311
竖弯阻尼比	ξ_v	—	1.0%	—	0.99%
扭转阻尼比	ξ_t	—	1.0%	—	0.98%

三、颤振试验

试验在均匀流场中进行，风洞试验工况一览表见表4-3-10。采用直接试验法对该方案的成桥状态和施工最长单悬臂状态进行了 -30° ~ +30°攻角范围的竖弯和扭转两自由度耦合颤振试验，实测模型结构阻尼比均接近1%。图4-3-4为置于风洞内的节段模型姿态。图4-3-5为悬挂于风洞中的节段模型和试验现场。

风洞试验工况一览表 表4-3-10

序号	设计方案	结构状态	试验内容	攻角	试验风速(m/s)	风速比
1	原方案	成桥状态	颤振临界风速气动导数	+3°	0 ~ 12	C_r = 10.69
2				0°	0 ~ 16.5	
3				+3°	0 ~ 18	
4		施工状态	颤振临界风速气动导数	+3°	0 ~ 15.5	C_r = 10.15
5				0°	0 ~ 18	
6				+3°	0 ~ 18	
7		成桥状态	均匀流场涡振试验	+5°	0 ~ 14.0	C_r = 4.43
8				+3°	0 ~ 14.0	
9				0°	0 ~ 14.0	
10				+3°	0 ~ 14.0	
11				+5°	0 ~ 14.0	
12			紊流场涡振试验	+5°	0 ~ 9.0	C_r = 4.43
13				+3°	0 ~ 9.0	
14		成桥状态	测三分力	-10° ~ +10°	10.0	
15		施工状态		-10° ~ +10°	10.0	
16	检修轨道布置方案一	成桥状态	均匀流场涡振试验	+5°	0 ~ 9.0	C_r = 4.43
17				+3°	0 ~ 9.0	
18	检修轨道布置方案二	成桥状态	均匀流场涡振试验	+5°	0 ~ 9.0	C_r = 4.43
19				+3°	0 ~ 9.0	
20	检修轨道布置方案三	成桥状态	均匀流场涡振试验	+5°	0 ~ 9.0	C_r = 4.43
21				+3°	0 ~ 9.0	

a)成桥状态

b)施工状态

图 4-3-4 置于风洞内的节段模型姿态

图 4-3-5 悬挂于风洞中的节段模型和试验现场

图 4-3-6 给出了成桥状态节段模型在均匀流场中弯扭二个自由度运动状态下的系统扭转阻尼比随试验风速变化的($\xi - U_{m}$)曲线。成桥状态颤振试验的风速比为 10.69,最大试验风速为 12 ~ 18m/s。在 +30°和 0°攻角时出现了颤振,且 +30°攻角为最不利情况,试验中对应的颤振临界风速为 11.0m/s,换算到实桥成桥状态的颤振临界风速已达到 118m/s,远大于实桥成桥状态颤振检验风速 90.5m/s。对于 -3°攻角,由于在试验风速范围内均未出现颤振现象,其颤振临界风速将大于 180m/s,由此可见,该桥成桥状态具有足够的抗风稳定性。

图 4-3-7 给出了施工状态节段模型在均匀流场中弯扭二个自由度运动状态下的系统阻尼比随试验风速变化($\xi - U_{m}$)曲线。最长单悬臂状态颤振试验的风速比为 10.15,最大试验风速为 15.5 ~ 18m/s。在 -3° ~ +3°攻角范围内,只有在 +3°攻角时出现了颤振,试验中对应的颤振临界风速为 11.0m/s,换算到实桥成桥状态的颤振临界风速已达到 144m/s,远远超过了该桥施工阶段颤振检验风速 76. m/s。同样,对于 -3°和 0°攻角,由于在试验风速范围内均未出现颤振现象,其颤振临界风速将大于 180m/s,因此,该桥在施工阶段的抗风稳定性也是足够的。

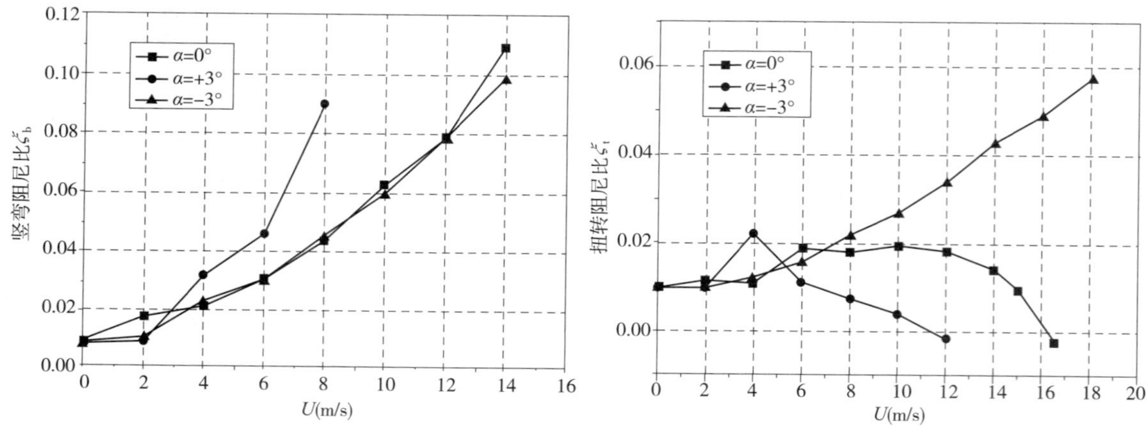

图 4-3-6 成桥状态系统阻尼比 - 风速变化曲线

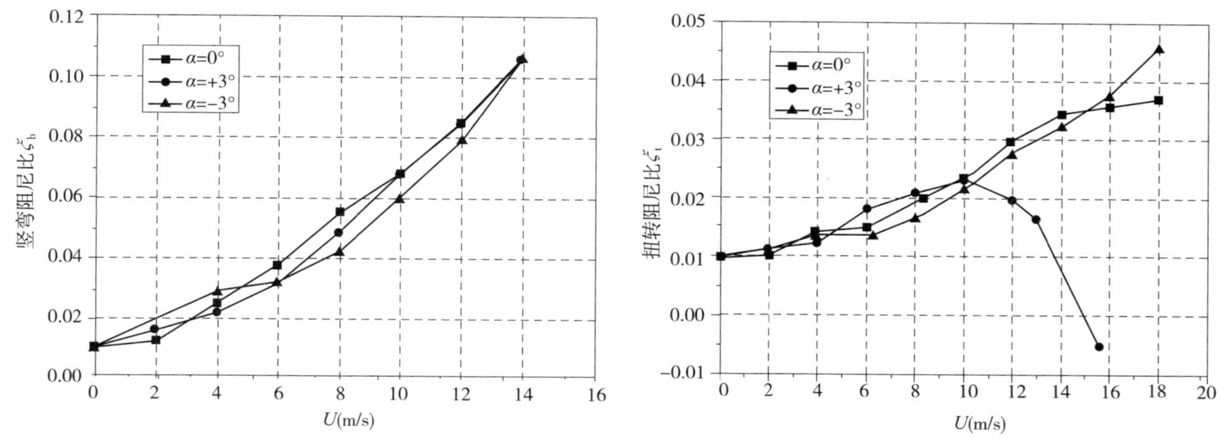

图 4-3-7 施工状态系统阻尼比－试验风速曲线

各个攻角下成桥和施工阶段最长单悬臂状态颤振试验结果汇总在表 4-3-11 中。

半封闭钢箱组合梁方案颤振风速 表 4-3-11

状态	来流攻角	颤振临界风速(m/s)		颤振检验风速(m/s)
		初步设计方案	施工图设计方案	
成桥状态	α = +3°	114	118	[90.5]
	α = 0°	200	172	
	α = −3°	>200	>180	
施工状态	α = +3°	155	144	[76.0]
	α = 0°	>200	>180	
	α = −3°	>200	>180	

四、颤振导数测定

半封闭双箱组合梁方案主梁颤振导数测定试验用的是测振试验的同一个节段模型，整个试验在均匀流场中进行。针对成桥和施工状态在 0°、+3°和 −3°攻角范围内采用了竖弯和扭转两自由度耦合振动，运用了气动导数识别的修正最小二乘法进行了颤振导数测定试验，其中，气动自激力的表达式如下：

$$L_{se}=\rho U^2 B\left[KH_1^*(K)\frac{\dot{h}}{U}+KH_2^*(K)\frac{B\dot{\alpha}}{U}+K^2H_3^*(K)\alpha+K^2H_4^*(K)\frac{h}{b}\right] \tag{4-3-7}$$

$$M_{se}=\rho U^2 B^2\left[KA_1^*(K)\frac{\dot{h}}{U}+KA_2^*(K)\frac{B\dot{\alpha}}{U}+K^2A_3^*(K)\alpha+K^2A_4^*(K)\frac{h}{B}\right] \tag{4-3-8}$$

式中，L_{se}为自激升力；M_{se}为自激俯仰扭矩，$\rho=1.225\text{kg/m}^3$为空气密度；B 为桥面宽度；U 为风速，$K=B\omega/U$ 为约化频率；h 和 α 分别为竖向运动和扭转运动位移；(·)表示对时间的导数。

从所记录的耦合振动信号中识别出各折减风速下的 8 个颤振导数 A_i^* 和 H_i^* $(i=1\cdots,4)$，用于颤振分析和抖振分析。表 4-3-12、表 4-3-13 分别列出了该桥成桥状态和施工状态主梁断面颤振导数的试验数据，主梁颤振导数随折减风速变化的曲线如图 4-3-8 和图 4-3-9 所示。

成桥状态主梁断面气动导数 表 4-3-12

成桥状态主梁断面气动导数(α=0)							
U/fB	A_1^*	U/fB	A_2^*	U/fB	A_3^*	U/fB	A_4^*
0. 0000	0. 0000	0. 0000	0. 0000	0. 0000	0. 0000	0. 0000	0. 0000
0. 8295	0. 0840	0. 8295	-0. 0062	0. 8295	0. 0138	0. 8295	0. 0109
1. 6580	0. 1677	1. 6580	-0. 0039	1. 6580	0. 0125	1. 6580	0. 0219
2. 5075	0. 2085	2. 5075	-0. 0418	2. 5075	0. 0575	2. 5075	0. 0376
3. 3799	0. 2433	3. 3799	-0. 0384	3. 3799	0. 1208	3. 3799	0. 0556
4. 3006	0. 3286	4. 3006	-0. 0511	4. 3006	0. 2241	4. 3006	0. 1083
5. 2446	0. 4302	5. 2446	-0. 0561	5. 2446	0. 3212	5. 2446	0. 1724
6. 2304	0. 4546	6. 2304	-0. 0435	6. 2304	0. 4409	6. 2304	0. 1079
6. 7384	0. 4608	6. 7384	-0. 0283	6. 7384	0. 5083	6. 7384	0. 0655
7. 4879	0. 5468	7. 4879	0. 0082	7. 4879	0. 5864	7. 4879	0. 0584
U/fB	H_1^*	U/fB	H_2^*	U/fB	H_3^*	U/fB	H_4^*
0. 0000	0. 0000	0. 0000	0. 0000	0. 0000	0. 0000	0. 0000	0. 0000
0. 8295	-0. 2537	0. 8295	-0. 1673	0. 8295	-0. 0609	0. 8295	-0. 0966
1. 6580	-0. 4967	1. 6580	-0. 1762	1. 6580	-0. 1062	1. 6580	-0. 1939
2. 5075	-0. 6241	2. 5075	-0. 2790	2. 5075	-0. 1877	2. 5075	-0. 2263
3. 3799	-0. 7174	3. 3799	-0. 2540	3. 3799	-0. 4565	3. 3799	-0. 2524
4. 3006	-0. 9687	4. 3006	-0. 2504	4. 3006	-0. 7922	4. 3006	-0. 3460
5. 2446	-1. 2616	5. 2446	-0. 1912	5. 2446	-1. 2435	5. 2446	-0. 4617
6. 2304	-1. 6847	6. 2304	-0. 1200	6. 2304	-1. 7555	6. 2304	-0. 6395
6. 7384	-1. 8938	6. 7384	0. 0880	6. 7384	-2. 1993	6. 7384	-0. 7428
7. 4879	-2. 2394	7. 4879	0. 2969	7. 4879	-2. 8842	7. 4879	-0. 8465
成桥状态主梁断面气动导数(α=3°)							
U/fB	A_1^*	U/fB	A_2^*	U/fB	A_3^*	U/fB	A_4^*
0. 0000	0. 0000	0. 0000	0. 0000	0. 0000	0. 0000	0. 0000	0. 0000
0. 8290	0. 0370	0. 8290	0. 0010	0. 8290	0. 0014	0. 8290	-0. 0187
1. 6764	0. 0714	1. 6764	-0. 0529	1. 6764	0. 0567	1. 6764	-0. 0355
2. 5177	0. 2147	2. 5177	-0. 0041	2. 5177	0. 0631	2. 5177	-0. 0336
3. 3809	0. 3713	3. 3809	-0. 0010	3. 3809	0. 1110	3. 3809	-0. 0213
4. 2241	0. 3575	4. 2241	0. 0091	4. 2241	0. 1157	4. 2241	0. 0056
5. 1262	0. 2934	5. 1262	0. 0315	5. 1262	0. 1967	5. 1262	0. 0409

续上表

U/fB	H_1^*	U/fB	H_2^*	U/fB	H_3^*	U/fB	H_4^*
0. 0000	0. 0000	0. 0000	0. 0000	0. 0000	0. 0000	0. 0000	0. 0000
0. 8290	-0. 0096	0. 8290	-0. 0489	0. 8290	-0. 0111	0. 8290	-0. 0402
1. 6764	-0. 0332	1. 6764	-0. 3387	1. 6764	0. 1177	1. 6764	-0. 0766
2. 5177	-0. 5942	2. 5177	-0. 0224	2. 5177	0. 1220	2. 5177	-0. 5138
3. 3809	-1. 2343	3. 3809	0. 3571	3. 3809	-0. 6190	3. 3809	-1. 0608
4. 2241	-1. 7018	4. 2241	0. 4683	4. 2241	-1. 0601	4. 2241	-1. 1419
5. 1262	-2. 1524	5. 1262	0. 4392	5. 1262	-2. 0951	5. 1262	-1. 1358
U/fB	A_1^*	U/fB	A_2^*	U/fB	A_3^*	U/fB	A_4^*
0. 0000	0. 0000	0. 0000	0. 0000	0. 0000	0. 0000	0. 0000	0. 0000
0. 8278	0. 0075	0. 8278	-0. 0007	0. 8278	-0. 0003	0. 8278	-0. 0523
1. 6580	0. 0145	1. 6580	-0. 0102	1. 6580	0. 0080	1. 6580	-0. 1043
2. 4982	0. 0705	2. 4982	-0. 0253	2. 4982	0. 0353	2. 4982	-0. 0999
3. 3700	0. 1375	3. 3700	-0. 0548	3. 3700	0. 1036	3. 3700	-0. 0809
4. 2766	0. 2258	4. 2766	-0. 0869	4. 2766	0. 1895	4. 2766	-0. 0197
5. 2279	0. 3228	5. 2279	-0. 1336	5. 2279	0. 2960	5. 2279	0. 0583
6. 2522	0. 4661	6. 2522	-0. 1951	6. 2522	0. 4518	6. 2522	0. 0198
7. 3531	0. 6274	7. 3531	-0. 2454	7. 3531	0. 6680	7. 3531	-0. 0190
8. 6669	0. 8590	8. 6669	-0. 3474	8. 6669	0. 9596	8. 6669	0. 0771
U/fB	H_1^*	U/fB	H_2^*	U/fB	H_3^*	U/fB	H_4^*
0. 0000	0. 0000	0. 0000	0. 0000	0. 0000	0. 0000	0. 0000	0. 0000
0. 8278	-0. 0497	0. 8278	-0. 0011	0. 8278	-0. 0981	0. 8278	-0. 0854
1. 6580	-0. 1041	1. 6580	-0. 0929	1. 6580	-0. 1048	1. 6580	-0. 1690
2. 4982	-0. 4249	2. 4982	-0. 3495	2. 4982	-0. 2704	2. 4982	-0. 2473
3. 3700	-0. 8087	3. 3700	-0. 5933	3. 3700	-0. 5582	3. 3700	-0. 3341
4. 2766	-1. 0725	4. 2766	-0. 6809	4. 2766	-0. 7917	4. 2766	-0. 4051
5. 2279	-1. 2905	5. 2279	-0. 7191	5. 2279	-1. 1465	5. 2279	-0. 4730
6. 2522	-1. 7320	6. 2522	-0. 7270	6. 2522	-1. 6433	6. 2522	-0. 5917
7. 3531	-2. 2541	7. 3531	-1. 4917	7. 3531	-2. 2686	7. 3531	-0. 7664
8. 6669	-2. 7698	8. 6669	-0. 8188	8. 6669	-2. 8379	8. 6669	-0. 5913

施工状态主梁断面气动导数 表 4-3-13

施工状态主梁断面气动导数($\alpha=0$)							
U/fB	A_1^*	U/fB	A_2^*	U/fB	A_3^*	U/fB	A_4^*
0.0000	0.0000	0.0000	0.0000	0.0000	0.0000	0.0000	0.0000
0.7505	0.0235	0.7505	-0.0028	0.7505	-0.0040	0.7505	0.0128
1.5031	0.0465	1.5031	-0.0240	1.5031	0.0055	1.5031	0.0249
2.2669	0.0846	2.2669	-0.0271	2.2669	0.0328	2.2669	-0.0188
3.0644	0.1290	3.0644	-0.0539	3.0644	0.1000	3.0644	-0.0891
3.8764	0.1352	3.8764	-0.0818	3.8764	0.1641	3.8764	-0.1156
4.7478	0.1022	4.7478	-0.1132	4.7478	0.2685	4.7478	-0.1009
5.6701	0.2365	5.6701	-0.1556	5.6701	0.3934	5.6701	-0.0710
6.6388	0.5329	6.6388	-0.2040	6.6388	0.5527	6.6388	-0.0214
7.7611	0.7378	7.7611	-0.2651	7.7611	0.7717	7.7611	-0.0324
U/fB	H_1^*	U/fB	H_2^*	U/fB	H_3^*	U/fB	H_4^*
0.0000	0.0000	0.0000	0.0000	0.0000	0.0000	0.0000	0.0000
0.7505	-0.0629	0.7505	-0.0488	0.7505	-0.0676	0.7505	-0.0642
1.5031	-0.1250	1.5031	-0.2080	1.5031	-0.1366	1.5031	-0.1334
2.2669	-0.3719	2.2669	-0.2459	2.2669	-0.2384	2.2669	-0.2096
3.0644	-0.7051	3.0644	-0.2140	3.0644	-0.4489	3.0644	-0.2943
3.8764	-1.0419	3.8764	-0.3572	3.8764	-0.8665	3.8764	-0.3572
4.7478	-1.4162	4.7478	-0.3877	4.7478	-1.2371	4.7478	-0.3802
5.6701	-1.8430	5.6701	-0.3194	5.6701	-1.7169	5.6701	-0.2157
6.6388	-2.3061	6.6388	-0.8337	6.6388	-2.2762	6.6388	0.0823
7.7611	-2.7267	7.7611	-0.3493	7.7611	-3.0045	7.7611	0.2735
施工状态主梁断面气动导数($\alpha=3°$)							
U/fB	A_1^*	U/fB	A_2^*	U/fB	A_3^*	U/fB	A_4^*
0.0000	0.0000	0.0000	0.0000	0.0000	0.0000	0.0000	0.0000
0.7528	0.0657	0.7528	-0.0070	0.7528	0.0030	0.7528	0.0225
1.5084	0.1303	1.5084	-0.0134	1.5084	0.0137	1.5084	0.0454
2.2781	0.1786	2.2781	-0.0415	2.2781	0.0484	2.2781	0.0590
3.0723	0.2203	3.0723	-0.0565	3.0723	0.1031	3.0723	0.0701
3.8978	0.2511	3.8978	-0.0719	3.8978	0.1733	3.8978	0.0715
4.7753	0.2703	4.7753	-0.0717	4.7753	0.2799	4.7753	0.0650
5.2293	0.2899	5.2293	-0.0611	5.2293	0.3288	5.2293	0.0601
6.4929	0.5121	6.4929	-0.0202	6.4929	0.5505	6.4929	0.0090

续上表

U/fB	H_1^*	U/fB	H_2^*	U/fB	H_3^*	U/fB	H_4^*
0.0000	0.0000	0.0000	0.0000	0.0000	0.0000	0.0000	0.0000
0.7528	-0.1608	0.7528	-0.1378	0.7528	-0.0532	0.7528	-0.1537
1.5084	-0.3194	1.5084	-0.2064	1.5084	-0.1231	1.5084	-0.3057
2.2781	-0.4818	2.2781	-0.3048	2.2781	-0.1453	2.2781	-0.3801
3.0723	-0.6430	3.0723	-0.2806	3.0723	-0.2642	3.0723	-0.4154
3.8978	-0.8645	3.8978	-0.1482	3.8978	-0.4772	3.8978	-0.4983
4.7753	-1.1341	4.7753	-0.1244	4.7753	-1.0257	4.7753	-0.6443
5.2293	-1.2947	5.2293	0.2072	5.2293	-1.1616	5.2293	-0.6983
6.4923	-1.9134	6.4929	0.6940	6.4929	-2.3576	6.4929	-0.8621

U/fB	A_1^*	U/fB	A_2^*	U/fB	A_3^*	U/fB	A_4^*
0.0000	0.0000	0.0000	0.0000	0.0000	0.0000	0.0000	0.0000
0.7497	0.0461	0.7497	-0.0051	0.7497	-0.0157	0.7497	0.0166
1.5103	0.0906	1.5103	-0.0170	1.5103	0.0208	1.5103	0.0336
2.2604	0.1464	2.2604	-0.0193	2.2604	0.0123	2.2604	0.0219
3.0446	0.2077	3.0446	-0.0092	3.0446	0.0607	3.0446	-0.0015
3.8557	0.2262	3.8557	-0.0581	3.8557	0.1324	3.8557	0.0216
4.7182	0.3229	4.7182	-0.0892	4.7182	0.2294	4.7182	0.1017
5.6167	0.4341	5.6167	-0.1393	5.6167	0.3343	5.6167	0.1560
6.6011	0.6107	6.6011	-0.2061	6.6011	0.5022	6.6011	0.1836
7.7620	0.7397	7.7620	-0.2853	7.7620	0.7642	7.7620	0.1583

U/fB	H_1^*	U/fB	H_2^*	U/fB	H_3^*	U/fB	H_4^*
0.0000	0.0000	0.0000	0.0000	0.0000	0.0000	0.0000	0.0000
0.7497	-0.2496	0.7497	-0.1651	0.7497	0.1068	0.7497	-0.1938
1.5103	-0.4999	1.5103	-0.3439	1.5103	0.1133	1.5103	-0.3927
2.2604	-0.7521	2.2604	-0.4146	2.2604	-0.0191	2.2604	-0.4297
3.0446	-1.0774	3.0446	-0.5206	3.0446	1.2164	3.0446	-0.3981
3.8557	-1.2051	3.8557	-0.7512	3.8557	-0.2278	3.8557	-0.4533
4.7182	-1.2935	4.7182	-0.6776	4.7182	-0.2013	4.7182	-0.5681
5.6167	-1.4300	5.6167	-0.7625	5.6167	-1.1812	5.6167	-0.6232
6.6011	-1.6816	6.6011	-1.2225	6.6011	-2.0667	6.6011	-0.6446
7.7620	-2.2137	7.7620	-1.1503	7.7620	-2.7963	7.7620	-0.5765

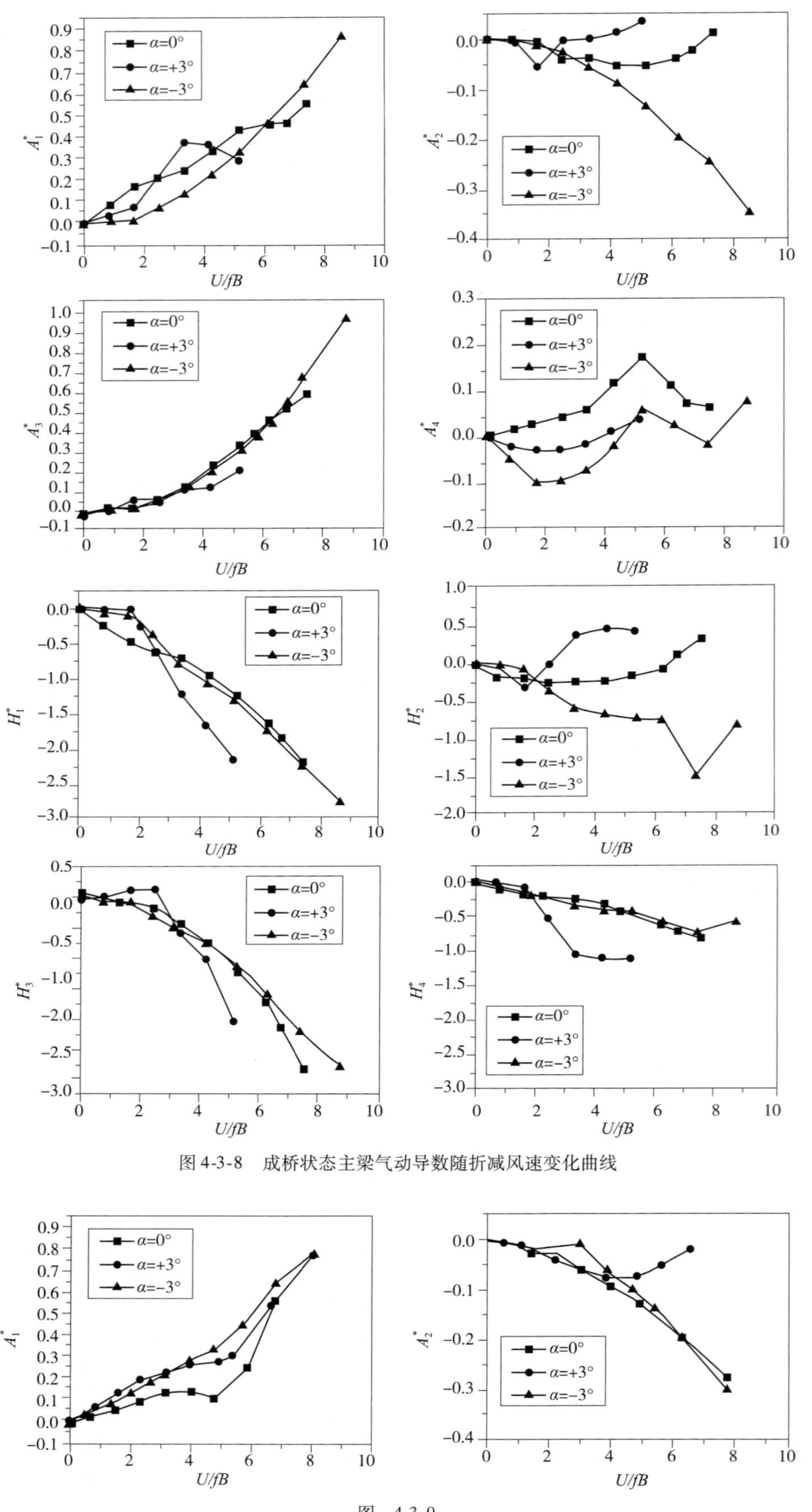

图 4-3-8　成桥状态主梁气动导数随折减风速变化曲线

图　4-3-9

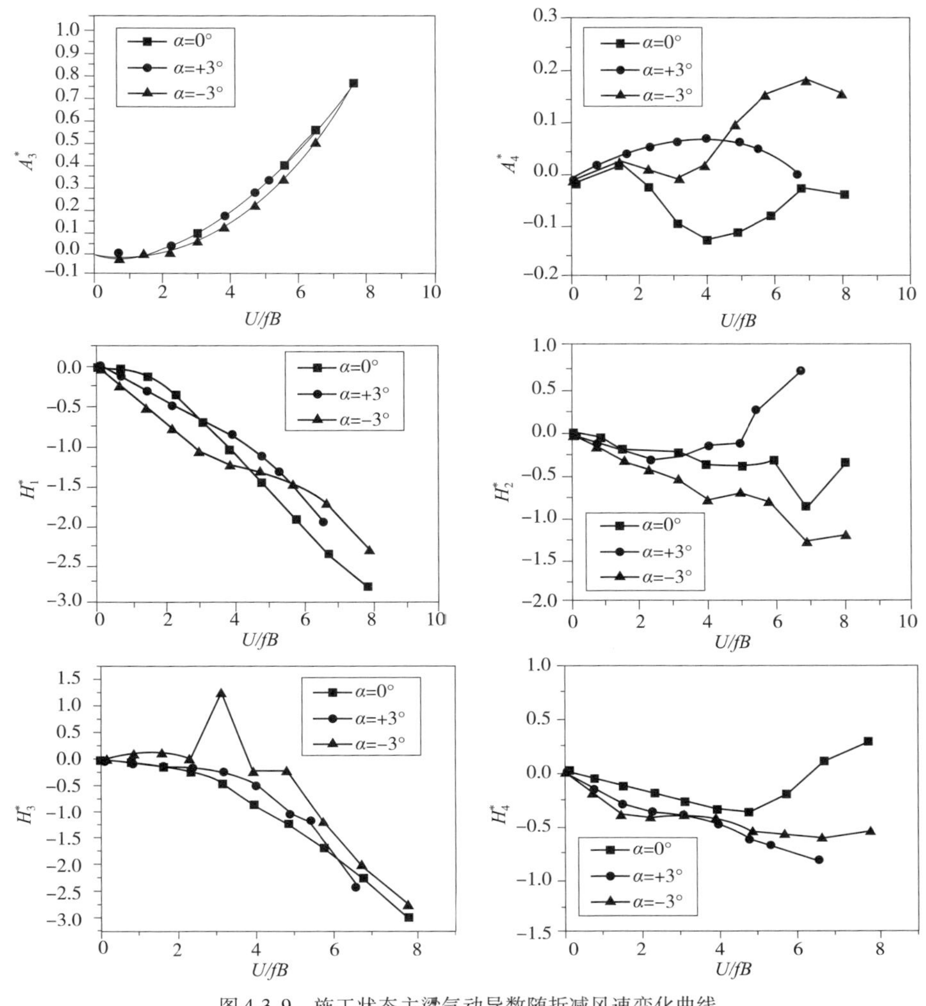

图 4-3-9　施工状态主梁气动导数随折减风速变化曲线

第四节　主梁涡激共振试验

一、试验简况

涡激共振试验主要针对实际采用的主梁半封闭双箱组合梁方案成桥状态进行,试验也在 TJ-1 风洞进行,试验模型系统与颤振试验基本相同。区别在于在涡激共振试验中采用了刚度相对较大的弹簧,以降低风速比,提高风速分辨率。此外,在涡激共振试验中,振动位移采用日本 Matsushita 公司 ML SLM-lOANR1215 型激光位移传感器测量。

涡振试验在均匀流场和 6% 紊流度紊流场两种流场中进行,试验风攻角范围为 +50° ~ -50°。首先根据估算的涡振风速范围以及风洞最大风速,初定一个风速比,由此选择涡振试验的弹簧,最后根据实测频率确定实际风速比为 4.43。试验风速范围为 0 ~ 14m/s,相当于实桥风速 0 ~ 59m/s,略高于成桥阶段设计基准风速 58.9m/s。涡激共振试验的详细工况见风洞试验一览表 4-3-10,结构阻尼比调整为 1% 左右。

二、节段模型和实桥涡激共振幅值的换算

与颤振试验一样,由于节段模型为两维模型,为了考虑全桥振动的三维空间效应,涡激共振节段模型

的质量和质量惯性矩同样需要按实桥主梁的等效质量和等效质量惯性矩来模拟。此外,在由试验结果计算实桥的涡激共振幅值时,除了按几何缩尺比换算外,还需要引入振型修正系数,用来考虑实桥振型函数的影响,即:

$$y_{\max} = C_{Rv} C_{\varphi v\max} y_{0m} / \lambda_L \tag{4-3-9}$$

$$\alpha_{\max} = C_{Rt} C_{\varphi t\max} \alpha_{0m} \tag{4-3-10}$$

其中,$y_{\max}$,$\alpha_{\max}$分别为实桥主梁竖向弯曲和扭转涡激共振位移幅值沿桥跨方向的最大值;y_{0m},α_{0m}分别为试验所得节段模型竖向和扭转涡激共振位移幅值;λ_L 为几何缩尺比;$C_{Rv}C_{Rt}$为小于 1.0 折减系数,用来考虑由于紊流等因素引起的涡激力沿桥跨方向不完全相关效应,当涡激共振发生时,由于结构振动对涡脱的诱导作用,涡激力沿桥跨方向相关性要高于非共振时的涡激力相关性,因此,在实际应用中有时可偏安全地认为 $C_{Rv} = C_{Rt} = 1.0$;$C_{\varphi v\max}$,$C_{\varphi t\max}$分别为竖弯和扭转涡激共振位移最大幅值振型修正系数,定义如下:

$$C_{\varphi v\max} = \varphi_{v\max} \int_0^{Lg} |\varphi_{yv}(x)| \mathrm{d}x / \int_0^{Lg} \varphi_{yv}^2(x) \mathrm{d}x \tag{4-3-11}$$

$$C_{\varphi t\max} = \varphi_{t\max} \int_0^{Lg} |\varphi_{at}(x)| \mathrm{d}x / \int_0^{Lg} \varphi_{at}^2(x) \mathrm{d}x \tag{4-3-12}$$

式中:$\varphi_{v\max}$,$\varphi_{t\max}$——主梁竖弯和扭转固有模态的振型函数沿桥跨方向的最大值;

$\varphi_{yv}(x)$,$\varphi_{at}(x)$——主梁上坐标为 x 处的竖弯 x 振型对应的竖弯振型函数值和扭转振型对应的扭转振型函数值;

Lg——主梁长度。经计算,对于成桥状态的一阶对称竖弯和一阶对称扭转模态;

$C_{\varphi v\max} = 1.586$,$C_{\varphi t\max} = 1.478$。

三、试验结果

在节段模型试验中,风嘴形状改变后的施工图设计阶段原设计方案成桥状态只在 +3°和 +5°攻角情况下出现了明显的竖向和扭转涡激共振,其他攻角情况下,节段模型均未见竖向或扭转涡激共振现象。图 4-3-10 给出了 +3°和 +5°攻角下竖向和扭转涡振的响应根方差随风速的变化曲线,即风速与位移关系曲线,图中风速已换算成实桥的实际风速,响应根方差已进行了振型修正。相应的涡激共振发生风速范围和振幅见表 4-3-14。

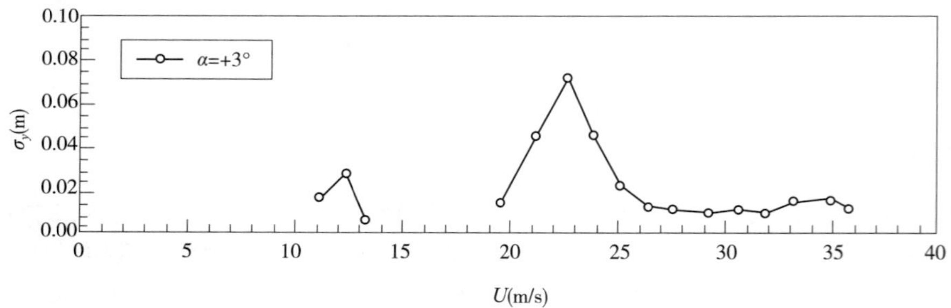

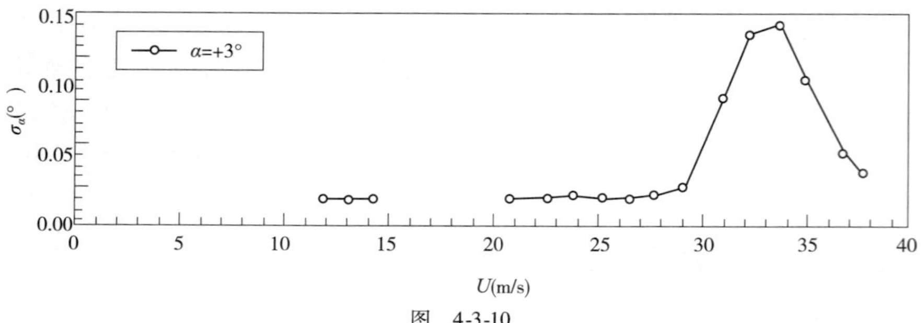

图 4-3-10

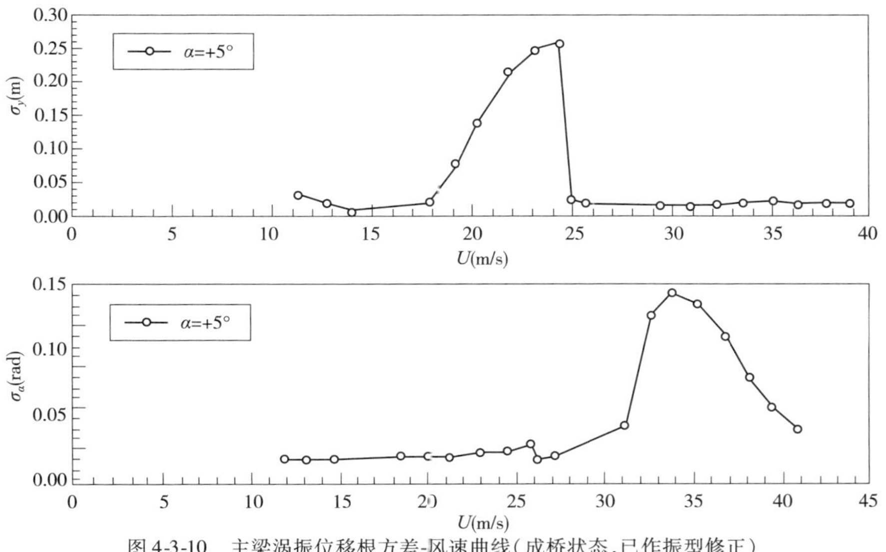

图 4-3-10 主梁涡振位移根方差-风速曲线(成桥状态,已作振型修正)

涡激共振试验主要结果 表 4-3-14

检修轨道位置	流场	攻角	竖弯涡振			扭转涡振		
			涡振风速锁定区间(m/s)	最大单峰振幅(m)		涡振风速锁定区间(m/s)	最大单峰振幅(°)	
				未修正	修正		未修正	修正
检修轨道在底板外侧(原方案)	均匀流	−5°	—	—	—	—	—	—
		−3°	—	—	—	—	—	—
		0°	—	—	—	—	—	—
		+3°	11~14	0.0238	0.0378	—	—	—
			20~26	0.0635	0.1008	29~38	0.1325	0.1959
		+5°	11~15	0.0239	0.0380	—		
			18~25	0.2247	0.3564	31~41	0.1329	0.1964
	6%紊流	+3°	—	—	—	—	—	—
		+5°	—	—	—	—	—	—
无检修轨道	均匀流	+3°	10~13	0.0182	0.0288	27~37	0.0232	0.0344
		+5°	19~26	0.1092	0.1731	30~38	0.1025	0.1515
修改方案一:上下两对检修轨道	均匀流	+3°	—	—	—	—	—	—
		+5°	10~13	0.0092	0.0146	—		
			19~27	0.098	0.1554	32~36	0.0832	0.1229
修改方案二:下斜腹板9:1位置处	均匀流	+3°	10~13	0.0141	0.0223	—		
			20~28	0.1242	0.1970	31~40	0.1657	0.2449
		+5°	10~12	0.0205	0.0325	—		
			18~25	0.253	0.4014	31~40	0.1438	0.2126
修改方案三:下斜腹板中点位置处	均匀流	+3°	19~27	0.0694	0.1102	30~37	0.2061	0.3045
		+5°	17~26	0.1775	0.2814	28~39	0.2321	0.3431
允许振幅				0.14m			0.17°	

注:1."—"表示未出现涡振;

2. 风速已换算为实际风速,振幅的修正值指考虑振型修正后的实桥振幅值。

由图4-3-10和表4-3-14可见，在均匀流场中，在+3°攻角情况下，节段模型出现明显的竖向和扭转涡激共振。竖向涡激共振在11~14m/s的较低锁定风速范围和20~26m/s的高锁定风速范围内两次出现，试验测得最大振动响应根方差分别为0.017m相0.045m，响应的单峰振幅为根方差的$\sqrt{2}$倍，分别为0.024m和0.064m，考虑振型修正后涡振响应最大幅值分别为0.038m和0.101m。扭转涡激共振只在29~38m/s锁定风速范围内出现一次，最大根方差值、最大单峰振幅和考虑振型修正后的最大单峰振幅分别为0.09°、0.14°和0.20°。

在均匀流场中，在+5°攻角情况下，节段模型也出现明显的竖向涡振和扭转涡振。竖向涡激共振也出现两次，锁定风速范围分别为较低11~15m/s和较高的18~25m/s，最大振动响应根方差分别为0.017m和0.159m，响应的单峰振幅分别为0.024m和0.225m，考虑振型修正后涡振响应最大幅值分别为0.038m和0.356m。扭转涡激共振也只在31~41m/s锁定风速范围内出现一次，最大根方差值、最大单峰振幅和考虑振型修正后的最大单峰振幅，与+3°攻角时相近，分别为0.09°、0.14°和0.20°。

参照《公路桥梁抗风设计规范》，施工图设计方案成桥状态竖弯和扭转涡振允许振幅分别为：

$$[ha] = 0.04/fv = 0.04/0.286 = 0.14\text{m} \tag{4-3-13a}$$

$$[\theta a] = 4.56/Bft = 4.56/(42.136 \times 0.630) = 0.172° \tag{4-3-13b}$$

由此可见，在均匀流场中，该桥梁成桥状态的+5°风攻角的竖弯涡振幅值、及+3°和+5°风攻角的扭转涡振幅值均超过了涡振允许振幅，其他情况下的涡激共振幅值均小于允许值。然而，上述的涡激共振允许幅值仅为主跨的1/3429，似乎过于严格。

此外，与风嘴较钝的初步设计阶段主梁断面相比较，采取改尖风嘴气动措施后的施工图设计阶段主梁的竖向涡激共振幅值明显降低，从原来的+3°和+5°风攻角对应的0.485m和0.596m分别降低到0.225m和0.356m，分别为主跨度的1/2133和1/1348。显然，改尖风嘴气动措施对竖向涡激共振的减振效果十分明显，但是对扭转涡激共振有点不利的影响。风嘴较钝的初步设计阶段主梁断面没有出现明显的扭转涡激共振，而改尖风嘴后，+3°和+5°风攻角下均出现了扭转涡激共振，但幅值只略微超出严格的允许值。

由均匀流场风洞试验结果可知，椒江二桥施工图设计方案成桥状态发生超过允许振幅的涡激共振的实际风速均接近或超过20m/s（见图4-3-10）。在这种较高风速的情况下，实际桥梁所处的大气边界层风场应具有显著的紊流特性，因此，紊流场中的节段模型涡激共振风洞试验结果将更接近处于大气边界层中的桥梁结构的实际涡激共振特性。

图4-3-11　在TJ-1风洞中紊流场格栅装置和主梁节段模型

按照《公路桥梁抗风设计规范》的规定，椒江二桥所处的地貌（Ⅱ类）在桥面高度处的紊流强度约为14%，据此在TJ-1风洞中偏安全地模拟了紊流度约为6%的格栅紊流（见图4-3-11），进行了紊流场涡激共振风洞试验。试验攻角范围为+5°~-5°，风速范围为0~14m/s，相当于实桥风速的0~59.2m/s，略高于成桥阶段设计基准风速58.9m/s。图4-3-11为TJ-1风洞紊流场中节段模型情况。在试验风速范围内均未观察到涡激共振现象，说明处于大气边界层紊流场中的椒江二桥发生明显涡激共振现象的可能性非常小。

四、检修轨道位置对桥梁涡激共振的影响

根据以往研究的经验，不同的检修轨道位置可能会对桥梁的涡激共振产生显著影响。为此，首先对无检修轨道的虚拟极端情况进行了涡激共振性能研究，其锁定风速范围和幅值的试验结果也列于表4-3-14中。结果显示，去除检修轨道后，该桥的竖向和扭转涡激共振的幅值显著下降，+3°风攻角时的竖向和扭

转涡激共振幅值以及 +5°风攻角时扭转涡激共振幅值均小于规范规定的允许值，满足要求，幅值以及 +5°风攻角时的竖向涡激共振幅值比规范规定的允许幅值高出了约24%。由此可见，检修轨道对桥梁涡激共振的影响是显著的。

由于实际桥梁上的检修轨道是必需的，不能去除。为此，还在均匀流场中对如图 4-3-12 所示的 3 种不同的检修轨道位置修改方案的涡激共振性能进行了进一步的试验研究，即：

(1)检修轨道修改方案一：共四条检修轨道，底板上两条检修轨道距中轴线各 1m，两侧风嘴上斜腹板上修轨道位于上斜腹板靠近项板三分点处；

(2)检修轨道修改方案二：共两条检修轨道，分别位于两侧风嘴下斜腹板上靠近底板的 9:1 位置处；

(3)检修轨道修改方案三：共两条检修轨道，分别位于两侧风嘴下斜腹板的中间位置。

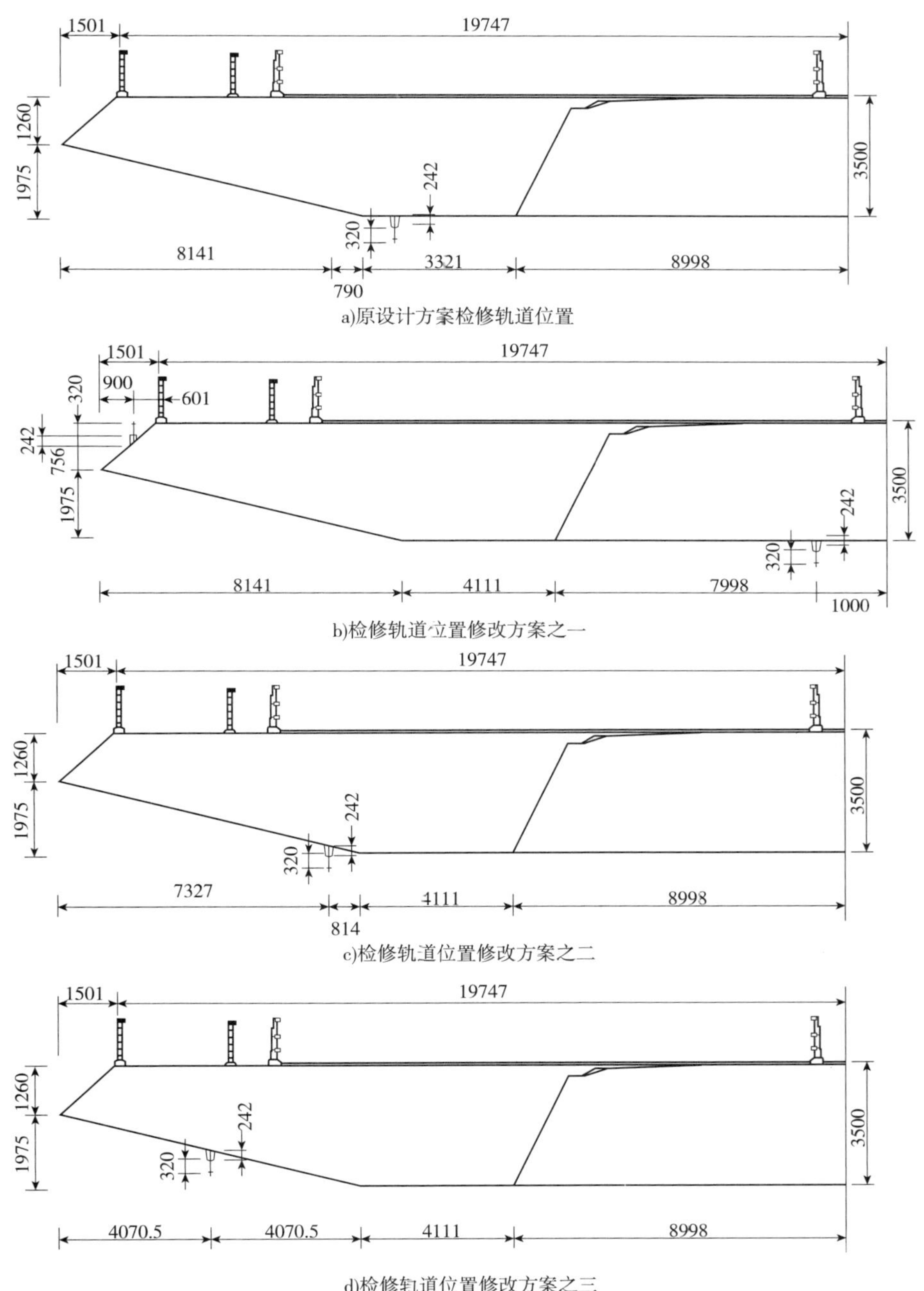

图 4-3-12 检修轨道位置方案示意图(尺寸单位:mm)

三种检修轨道修改方案的涡激共振试验结果见表4-3-14。检修轨道修改方案一只在+5°攻角下出现了竖向和扭转涡激共振现象，其响应根方差随风速的变化曲线见图4-3-13。+5°攻角下的竖向涡激共振在10～13m/s的较低风速范围和19～27m/s的高风速范围内两次出现，其中较低风速内的竖向涡激共振的最大幅值只有约0.015m，远小于允许值；而高风速范围内的涡激共振最大振幅为0.155m，明显小于原方案的涡激共振振幅，并且还略低于无检修轨道时的振幅值，比规范允许值仅高出11%。+5°攻角下的扭转涡激共振仅在32～36m/s的高风速范围内出现，最大振幅为0.120。明显小于原方案的涡激共振振幅，并且还略低于无检修轨道时的振幅值，也低于规范允许值，满足要求。考虑到在接近或高于20m/s风速的情况下，一方面风攻角达到+5°的概率较低，另一方面实际自然边界层风场应该为紊流场，因此，采用检修轨道修改方案一的实际桥梁出现幅值超过规范规定允许值的可能性非常小。

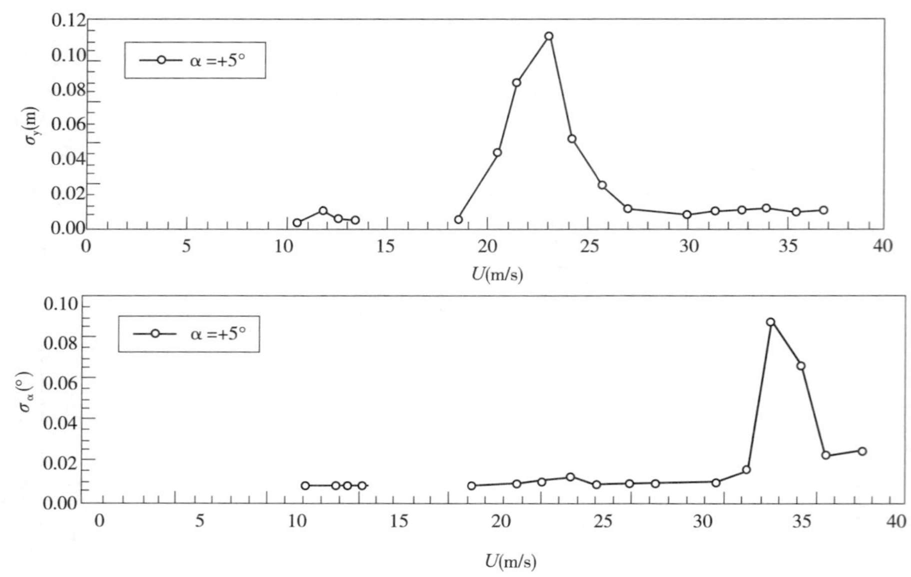

图4-3-13　主梁涡振位移根方差-风速曲线

（方案一，已作振型修正）

与原方案类似，检修轨道修改方案二在+3°和+5°攻角下均出现竖向和扭转涡激共振现象，其响应根方差随风速的变化曲线见图4-3-14。结果显示：其竖向涡激共振出在10～13m/s的较低风速范围和18～28m/s的高风速范围内两次出现，扭转涡激共振只在31～40m/s风速范围内出现一次。该修改方案除了在低锁定风速范围内的竖向涡激共振幅值小于原方案的值以外，其他其情况下的竖向和扭转涡激共振幅值均超过了原方案，也明显高于规范允许值，因此，该方案不可取。

检修轨道修改方案三也在+3°和+5°攻角下出现了竖向和扭转涡激共振现象，其响应根方差随风速的变化曲线见图4-3-15所示。结果显示：其竖向和扭转涡激共振均只在20m/s左右或以上的高风速范围出现一次；对于竖向涡激共振，风攻角为+5°时的振幅值略低于原方案的值，而风攻角为+3°时的振幅值则略高于原方案的值；但是其扭转涡激共振的幅值均明显高于原方案的值和规范允许值，因此，该方案不可取。

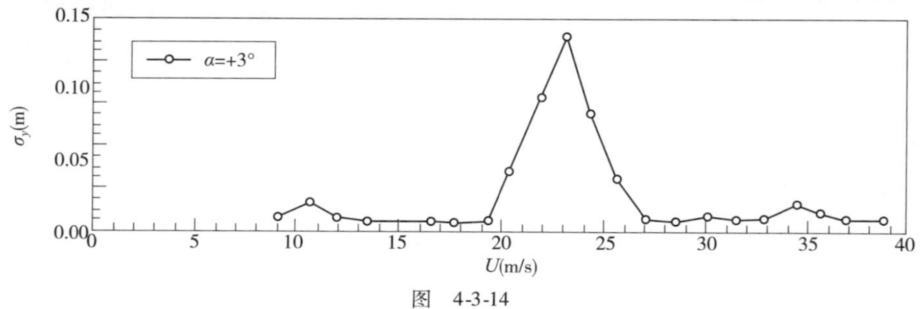

图　4-3-14

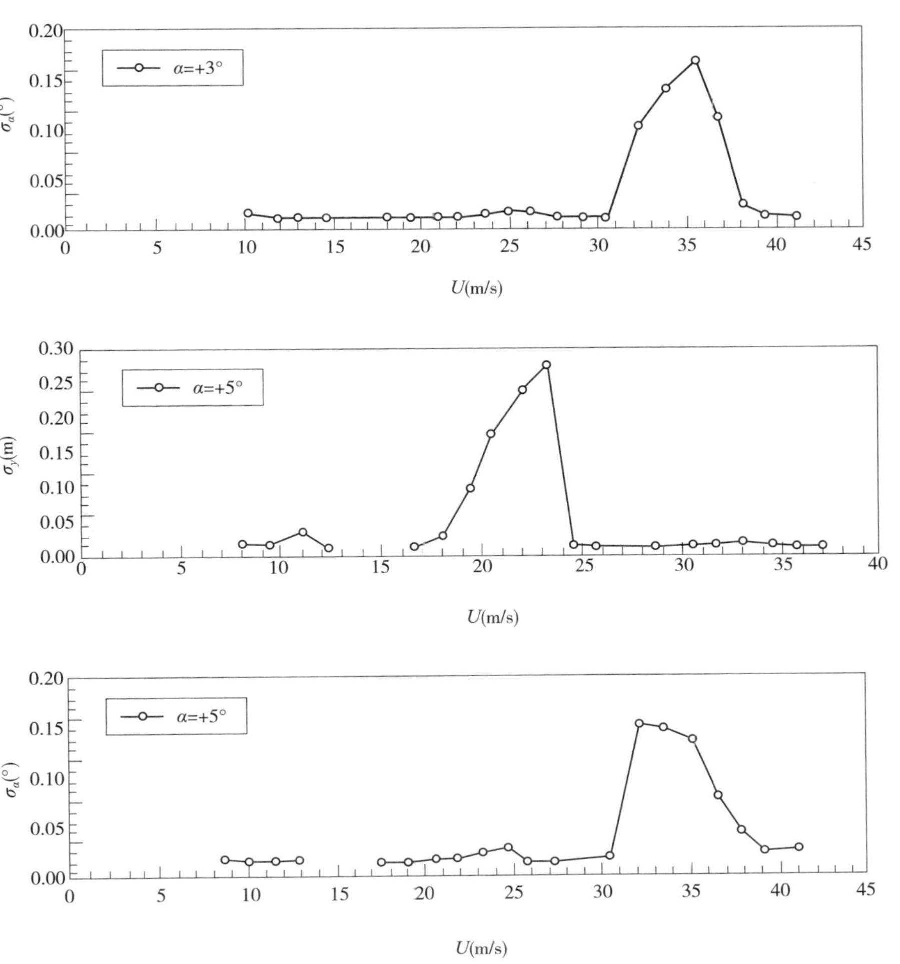

图 4-3-14 主梁涡振位移根方差-风速曲线
（方案二，已作振型修正）

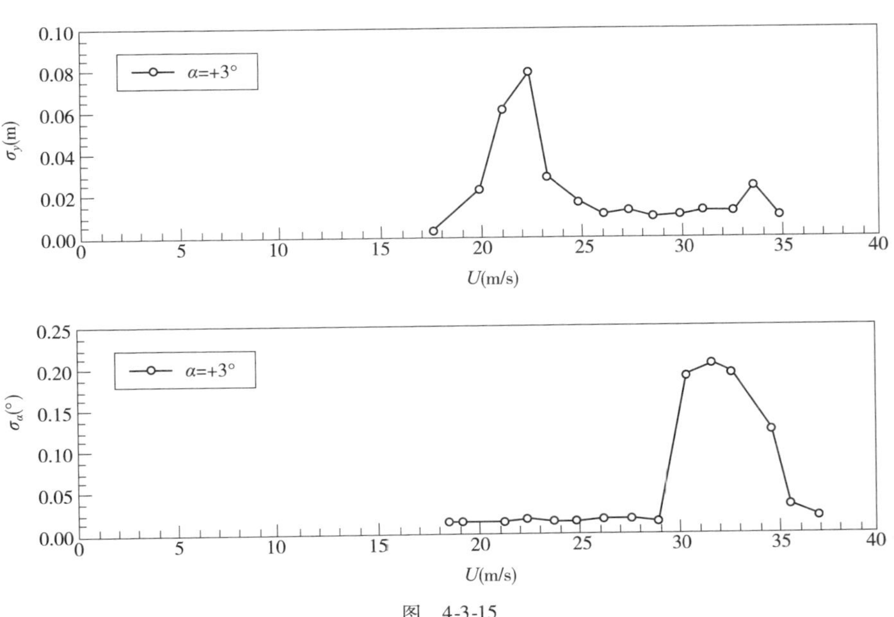

图 4-3-15

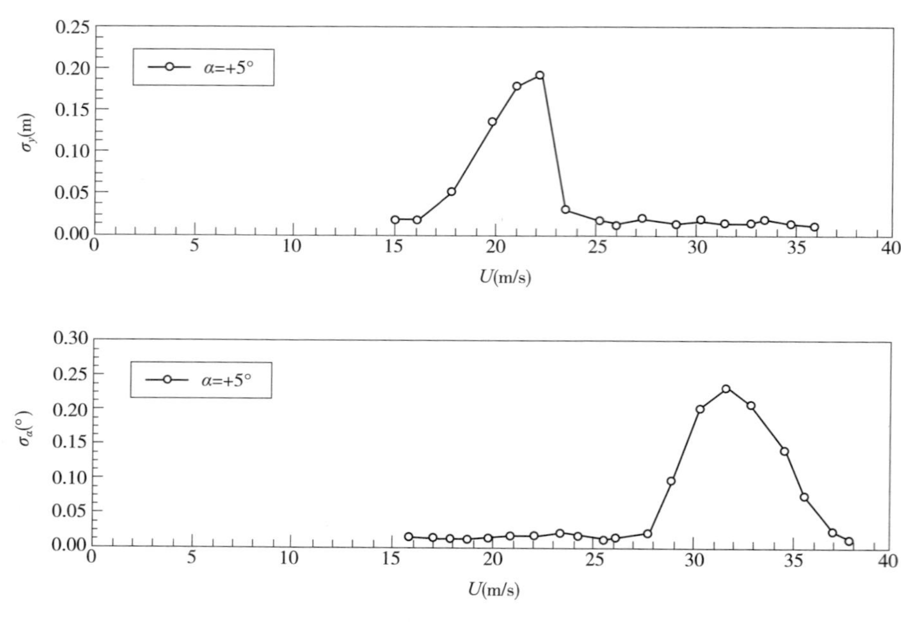

图 4-3-15　主梁涡振位移根方差-风速曲线
（方案三,已作振型修正）

五、检修轨道修改方案一的颤振性能

从上述涡激共振试验结果可知,三种检修轨道修改方案中只有方案一(即把检修轨道布置在风嘴的上斜板和主梁底部横梁上的中轴线附近)是可取的,并且基本上能够满足规范对涡激共振的要求。但是,方案一要在空气动力性能较敏感的风嘴斜板上布置检修轨道,是否会对桥梁的颤振性能带来影响,需要通过试验来确定。为此,又对该方案的主梁断面进行了节段模型颤振试验。结果显示: +3°风攻角范围内,其成桥状态和施工最长单悬臂状态的 +3°风攻角下颤振临界风速均最低,成桥状态的值为 130. 5m/s,比原方案反而高了约 10%;施工最长单悬臂状态的值为 128. 5m/s,比原方案低了约 10%;检修道修改方案一的成桥和施工状态的颤振临界风速均远高于相应的颤振检验风速。

综上所述,从空气动力学角度看,检修轨道修改方案一既可基本满足规范对涡激共振的要求,又具有足够的颤振稳定性,可作为优化设计中的一个选择。

第五节　节段模型测力风洞试验

图 4-3-16　气动三分力测试现场

一、试验设备和测量仪器

椒江二桥主梁气动力系数测试节段模型风洞试验在同济大学 TJ-1 边界层风洞中进行。在试验中节段模型被竖直地安装在风洞中的转盘上(图 4-3-16),由位于风洞底板下、转盘机构上的自行开发的高精度、高灵敏度底支式五分量应变天平支撑,作用在节段模型上的气动力该五分量应变天平进行测量。测试分成桥状态(有桥面栏杆、防撞栏)和施工状态两个工况进行(表 4-3-10),试验风速为 10m/s。

二、主梁断面三分力系数

如图4-3-17所示，作用在主梁上的气动三分力可用体轴系中的竖向气动力 F_V、横向气动力 F_H 和绕纵轴气动俯仰扭矩 M 来表示，也可以用风轴系中的气动阻力 F_D、气动升力 F_L 和气动俯仰扭矩 M 来表示，其中两个参考坐标系中的气动俯仰扭矩一致，α 为风攻角，当平均风向上时为正。

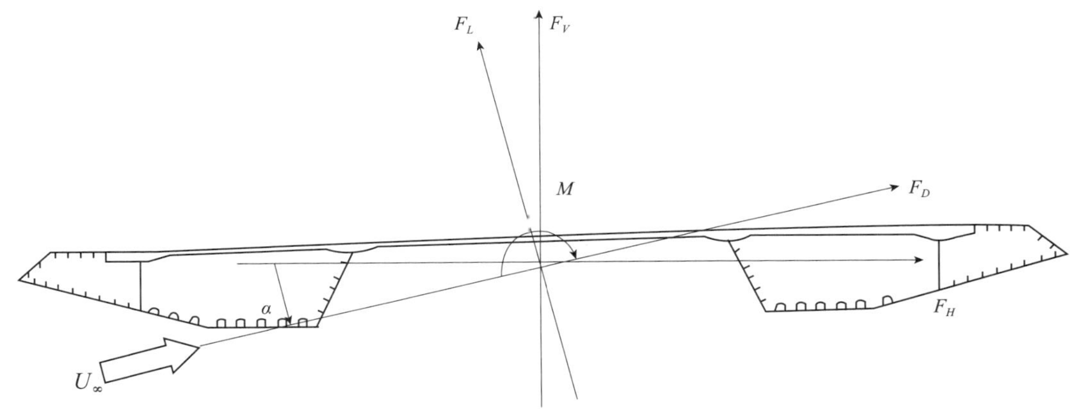

图4-3-17 桥面结构静气动力坐标系

体轴系下的三分力系数定义如下。

横向气动力系数：

$$C_H=\frac{F_H}{1/2\rho U^2DL} \tag{4-3-14a}$$

竖向气动力系数：

$$C_V=\frac{F_V}{1/2\rho U^2BL} \tag{4-3-14a}$$

气动俯仰扭矩系数：

$$C_M=\frac{M}{1/2\rho U^2B^2L} \tag{4-3-14c}$$

这里 U 为试验风速，空气密度 $\rho=1.225\text{kg/m}^3$，L 为节段模型长度，其中横向气动力系数以主梁高度 D 为参考长度，竖向气动力系数和气动俯仰扭矩系数以主梁断面的宽度 B 为参考长度。

风轴系气动力三分力系数的定义及其与体轴系气动力系数之间的转换关系如下。

风轴气动阻力系数：

$$C_D=\frac{F_D}{1/2\rho U^2DL}=C_H\cos\alpha+C_V,B/D\sin\alpha \tag{4-3-15a}$$

风轴气动升力系数：

$$C_L=\frac{F_L}{1/2\rho U^2BL}=-C_HD/B\text{sina}+C_V,\cos\alpha \tag{4-3-15b}$$

其中，在两个参考坐标系中气动俯仰扭矩系数相同。

半封闭钢箱组合梁断面气动力系数测试节段模型采用1:80几何缩尺比，模型的长度 L 为1.74m，宽度 B 和高度 D 分别0.527m和0.044m，对应于实桥为42.136m和3.5m。试验所得的半封闭钢箱组合梁成桥和施工状态主梁断面气动力系数随风攻角变化曲线如图4-3-18和图4-3-19所示，相应的数据列于表4-3-15和表4-3-16中。

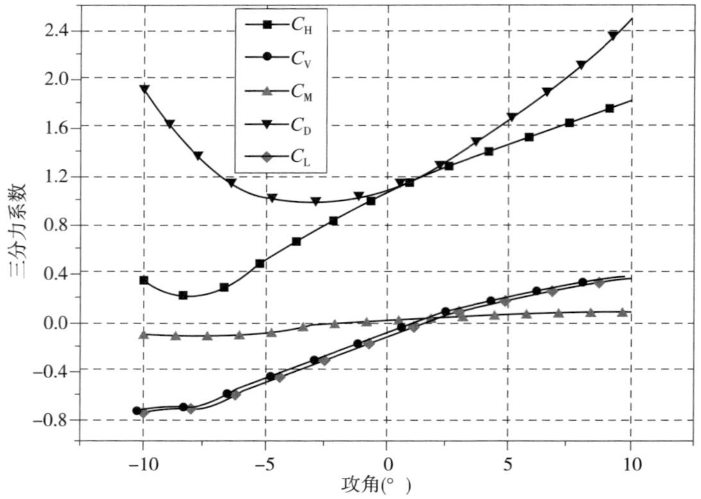

图 4-3-18　半封闭双箱主梁段面三分力系数曲线(成桥状态)

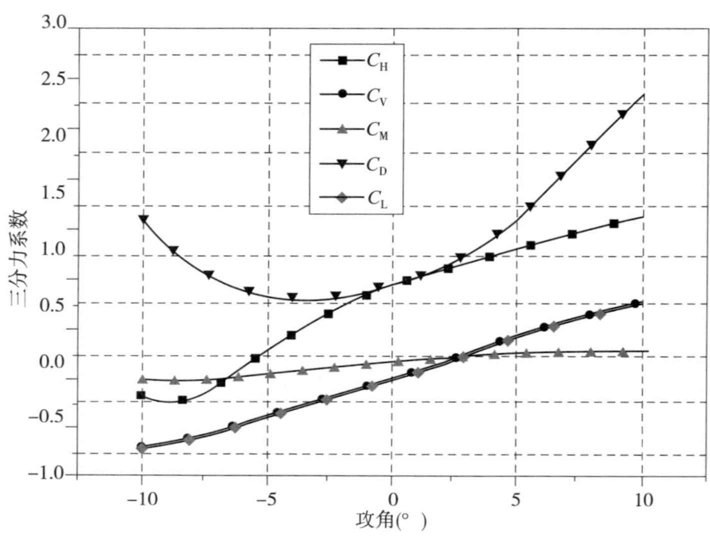

图 4-3-19　半封闭双箱主梁段面三分力系数曲线(施工状态)

成桥状态主梁段面均匀流静力三分力系数　　表 4-3-15

序号	α(°)	C_H	C_V	C_M	C_D	C_L
1	-10	0.3421	-0.7465	-0.0922	1.9107	-0.7302
2	-9	0.2654	-0.7253	-0.0984	1.6398	-0.7130
3	-8	0.2165	-0.7170	-0.1065	1.4259	-0.7075
4	-7	0.2549	-0.6461	-0.1054	1.2090	-0.6387
5	-6	0.3676	-0.5585	-0.0910	1.0745	-0.5523
6	-5	0.5111	-0.4850	-0.0706	1.0224	-0.4794
7	-4	0.6414	-0.4085	-0.0490	0.9859	-0.4039
8	-3	0.7585	-0.3383	-0.0286	0.9725	-0.3346
9	-2	0.8670	-0.2731	-0.0097	0.9821	-0.2704
10	-1	0.9755	-0.2042	0.0084	1.0186	-0.2027

续上表

序号	α(°)	C_H	C_V	C_M	C_D	C_L
11	0	1.0674	−0.1276	0.0250	1.0674	−0.1276
12	1	1.1328	−0.0604	0.0363	1.1198	−0.0620
13	2	1.2325	0.0237	0.0481	1.2418	0.0202
14	3	1.3018	0.1009	0.0547	1.3641	0.0951
15	4	1.3782	0.1447	0.0575	1.4975	0.1365
16	5	1.4406	0.1775	0.0595	1.6229	0.1665
17	6	1.5100	0.2074	0.0613	1.7649	0.1933
18	7	1.5997	0.2420	0.0652	1.9459	0.2242
19	8	1.6519	0.2728	0.0689	2.0968	0.2512
20	9	1.7215	0.3129	0.0739	2.2947	0.2869
21	10	1.7792	0.3437	0.0781	2.4767	0.3130

施工状态主梁段面均匀流静力三分力系数 表 4-3-16

序号	α(°)	C_H	C_V	C_M	C_D	C_L
1	−10	−0.2875	−0.7573	−0.1082	1.3136	−0.7499
2	−9	−0.3428	−0.7421	−0.1169	1.0709	−0.7374
3	−8	−0.2994	−0.6907	−0.1177	0.8707	−0.6875
4	−7	−0.1707	−0.6039	−0.1043	0.7241	−0.6011
5	−6	−0.0134	−0.5248	−0.0834	0.6527	−0.5220
6	−5	0.1462	−0.4456	−0.0615	0.6173	−0.4429
7	−4	0.2909	−0.3736	−0.0408	0.6066	−0.3710
8	−3	0.4213	−0.3073	−0.0213	0.6160	−0.3050
9	−2	0.5261	−0.2383	−0.0028	0.6268	−0.2367
10	−1	0.6264	−0.1754	0.0149	0.6634	−0.1744
11	0	0.7097	−0.1040	0.0332	0.7097	−0.1040
12	1	0.7903	−0.0469	0.0520	0.7803	−0.0480
13	2	0.8488	0.0277	0.0679	0.8600	0.0252
14	3	0.9281	0.1134	0.0855	0.9989	0.1093
15	4	0.9704	0.1996	0.0986	1.1371	0.1935
16	5	1.0136	0.2866	0.1076	1.3130	0.2782
17	6	1.0936	0.3739	0.1131	1.5621	0.3624
18	7	1.1424	0.4304	0.1144	1.7708	0.4158
19	8	1.1944	0.4657	0.1115	1.9697	0.4475
20	9	1.2524	0.4960	0.1114	2.1791	0.4737
21	10	1.2920	0.5289	0.1135	2.3875	0.5024

第六节　二维静风扭转稳定性分析

假设风速及主梁气动扭矩系数一风攻角曲线的斜率沿跨度方向保持常数。从

图 4-3-18、图 4-3-19 可见，半封闭双箱组合梁方案的扭矩一风攻角曲线总体上呈现正斜率，因此，作用在主梁上的气动扭矩将随风攻角的增大而增加。在静风扭矩的作用下，主梁的静风扭转角将使相对风攻角增加，从而使静风扭矩进一步增加。显然，静风扭矩的这种非线性特性削弱了桥梁的扭转刚度。当风速达到某一临界值时，桥梁结构在静止空气中的模态扭转刚度 k_t 被负的气动模态扭转刚度 $k_M = -\mathrm{d}M/\mathrm{d}\alpha$ 抵消，桥梁将在静风作用下发生扭转失稳。考虑到图 4-3-18、图 4-3-19 中所示的气动扭矩系数一风攻角曲线的斜率在 ±5°风攻角范围变化并不显著，所以静风扭转稳定性可近似按下式所示的二维线性方法验算：

$$U_{div} = \sqrt{\frac{2k_t}{\rho B^2 C_M^\alpha}} = 2\pi f_t \sqrt{\frac{2J_{meq}}{\rho B^2 C_M^\alpha}} > 2U_d \tag{4-3-16}$$

式中：U_{div}——静风扭转失稳的临界风速；

C_M^α——气动扭矩系数一风攻角曲线的斜率 $C_M^\alpha = \mathrm{d}C_M/\mathrm{d}\alpha$；

f_t——扭转基频。

按上式，计算的施工图设计方案成桥和施工最长单悬臂状态的静风扭转失稳临界风速（表 4-3-17）都远远高于相应的静风稳定检验风速（等于 2 倍设计基准风速），因此，上述两个方案的静风稳定性满足要求。鉴于按上述二维分析方法所得的静风扭转失稳临界风速非常高，因此，不再对其进行全桥三维非线性静风扭转失稳分析。

静风扭转失稳临界风速估算值　　表 4-3-17

结构状态		成桥状态			施工状态		
风攻角		+3°	0°	-3°	+3°	0°	-3°
半封闭双箱叠合梁方案	C_M^α	0.268	0.797	1.122	0.876	1.059	1.085
	U_{div}(m/s)	697	404	341	386	351	346
检验风速(m/s)		118			99		

第七节　桥塔断面气动力系数 CFD 计算

桥塔断面气动力系数定义如下：

$$C_X = Fx/(q_w H) \tag{4-3-17a}$$

$$Cz = Fz/(q_w H) \tag{4-3-17b}$$

式中：q_w——来流动压，$q_w = (1/2)\rho U^2$；

ρ 和 U——空气密度和来流速度；

Fx 和 Fz——桥塔横桥向和顺桥向每延米气动力；

H——桥塔柱顺桥向宽度。

塔柱由上至下分别计算了 4 个断面，其位置：断面 1 塔顶实体段中间，断面 2 中塔柱锚索区中间，断面 3 中塔柱无索区中间，断面 4 下塔柱中间。流场分布如图 4-3-20 所示；风偏角示意图如图 4-3-21所示；图 4-3-20 各计算位置桥塔断面体轴下的气动力系数随风偏角的变化如表 4-3-18 ~ 表 4-3-21所示。

a)主塔计算断面一75° 风偏角涡元粒子分布

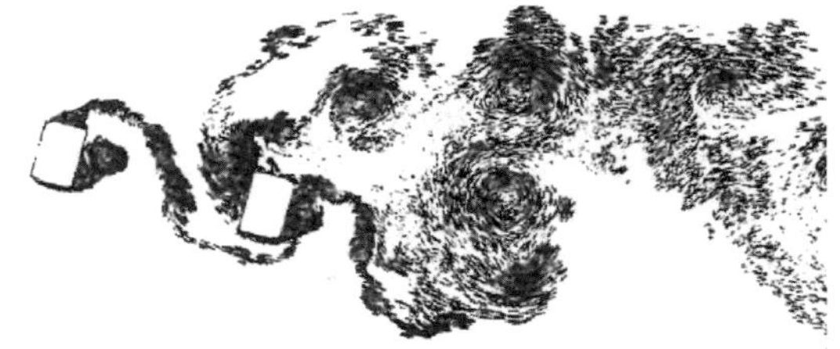

b)主塔计算断面二30° 风偏角涡元粒子分布

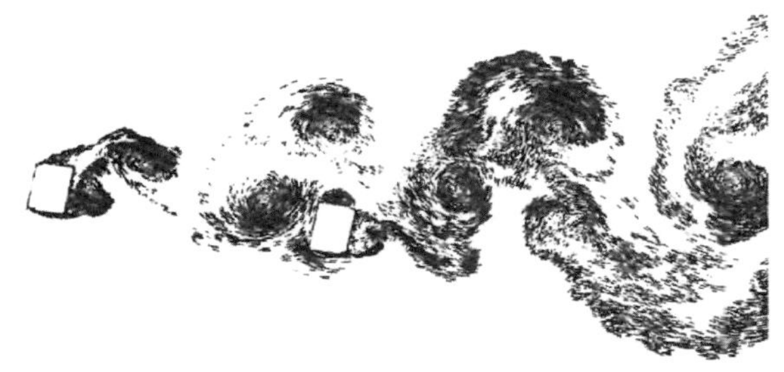

c)主塔计算断面三20° 风偏角涡元粒子分布

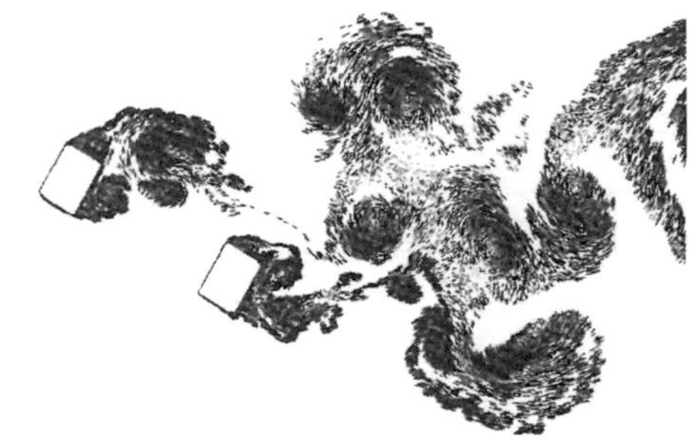

d)主塔计算断面四30° 风偏角涡元粒子分布

图 4-3-20 主塔计算断面流场分布图

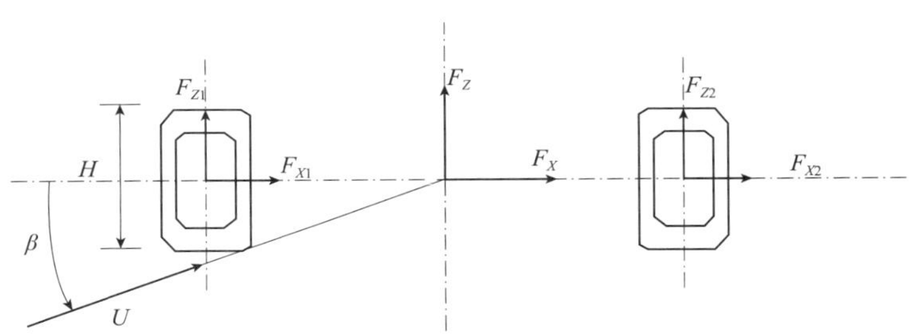

图 4-3-21 桥塔截面气动力作用点及方向

主塔计算断面一气动力系数随风偏角的变化关系(体轴) 表 4-3-18

风 偏 角(°)	C_x	C_z
0	1.47	-0.03
2	1.45	-0.09
5	1.42	0.16
10	1.48	0.41
15	1.77	0.78
20	2.23	1.43
30	2.88	2.22
45	3.70	3.70
60	3.48	4.52
75	1.85	4.01
90	-0.06	3.45

主塔计算断面二气动力系数随风偏角的变化关系(体轴) 表 4-3-19

风偏角(°)	C_x			C_z		
	合力	迎风塔柱	背风塔柱	合力	迎风塔柱	背风塔柱
0	2.61	2.10	0.52	0.01	0.00	0.1
2	2.24	2.10	0.14	0.23	0.17	0.06
5	2.39	1.89	0.50	-0.29	-0.22	-0.08
10	2.71	1.72	0.99	-0.19	-0.19	0.00
15	2.86	1.68	1.19	0.06	-0.04	0.10
20	2.69	1.60	1.09	0.18	0.07	0.10
30	2.49	1.47	1.02	0.99	0.56	0.43
45	2.04	1.03	1.01	2.04	1.03	1.01
60	1.04	0.53	0.51	2.36	1.14	1.21
75	0.40	0.26	0.14	2.19	1.06	1.12
90	0.00	-0.01	0.02	2.06	1.05	1.01

主塔计算断面三气动力系数随风偏角的变化关系(体轴) 表 4-3-20

风偏角(°)	C_x			C_z		
	合力	迎风塔柱	背风塔柱	合力	迎风塔柱	背风塔柱
0	2.57	2.07	0.50	-0.02	-0.02	0.00
2	2.39	1.87	0.52	0.12	0.16	-0.04
5	2.61	2.00	0.60	-0.19	-0.19	0.00
10	2.73	1.65	1.08	0.03	-0.05	0.08
15	3.32	1.91	1.40	0.26	0.10	0.16
20	3.26	1.69	1.57	0.40	0.10	0.31
30	2.66	1.42	1.25	0.77	0.46	0.31
45	2.01	0.99	1.02	2.01	0.99	1.02
60	0.99	0.53	0.46	2.32	1.16	1.16
75	0.57	0.14	0.42	2.27	1.13	1.13
90	0.00	-0.01	0.01	2.00	1.01	0.99

主塔计算断面四气动力系数随风偏角的变化关系(体轴) 表 4-3-21

风偏角(°)	C_x			C_z		
	合力	迎风塔柱	背风塔柱	合力	迎风塔柱	背风塔柱
0	2.33	2.20	0.13	0.04	0.04	0.00
2	2.37	2.13	0.23	0.28	0.18	0.10
5	3.30	1.98	1.32	-0.05	-0.17	0.13
10	3.18	1.99	1.19	-0.11	-0.17	0.07
15	3.44	1.82	1.61	0.09	-0.08	0.17
20	2.90	1.67	1.23	0.37	0.07	0.30
30	2.90	1.67	1.23	1.31	0.72	0.59
45	2.42	1.34	1.08	2.42	1.34	1.08
60	1.21	0.75	0.46	2.78	1.50	1.28
75	0.92	0.50	0.43	2.97	1.43	1.54
90	-0.01	-0.01	0.01	2.60	1.31	1.29

第八节　颤振稳定性分析

对椒江二桥的均匀流耦合颤振问题进行频域分析时,应用了大跨度桥梁耦合颤振的多模态颤振自动分析方法。根据节段模型风洞试验所测得的主梁断面颤振导数结果,用自行开发的桥梁颤抖振分析程序AutoFBA对椒江二桥成挢状态和主要施工状态－3°,0°,＋3°风攻角下桥梁结构的颤振稳定性进行了分析。在分析中桥梁结构各固有模态的结构阻尼比均取为0.01。

桥塔截面的气动力系数采用了CFD计算结果。由于斜拉索断面气动力没有试验和计算结果,这里参照《公路桥梁抗风设计规范》,斜拉索截面的风阻力系数偏安全地取为0.8。

主梁断面的颤振导数采用本系列报告中的节段模型试验结果。由于与横向振动相关的颤振导数通常没有试验结果,以下将按拟静力理论进行估算。桥梁其他部分(桥塔和斜拉索)的颤振导数也按拟静力理论计算。

一、成桥状态颤振

成桥状态耦合颤振分析时,采用了自振特性分析的前30阶模态作为颤振的参与模态。该斜拉桥成桥状态在不同来流攻角下的耦合颤振分析结果和相应的节段模型试验结果列于表4-3-22,由此可见:该桥成桥状态在0°和＋3°来流攻角时桥梁的颤振临界风速分别为172.2m/s和124.5m/s。且＋3°为最不利攻角,此时颤振临界风速最低,对比节段模型风洞试验结果118m/s,两个结果很接近,但均高于颤振检验风速90.5m/s。图4-3-22分别给出了来流攻角为＋3°时,成桥状态对称扭转颤振复模态中各结构固有模态参与的相对幅值、能量百分比和相位的比较情况,从中可以看出,主梁一阶对称扭转模态为颤振的主要参与者,而主梁一阶和三阶竖弯两个模态也一定程度上参与了颤振运动。在＋3°攻角来流下的颤振运动中,桥面主梁竖向、横向和扭转位移的相对振幅见图4-3-23所示。从图中同样可以看出,该斜拉桥的颤振是以对称扭转振动为主的耦合颤振,主梁竖弯振动和横向振动模态在颤振运动中的参与程度较小。当来流攻角为－j0时,计算表明该桥梁成桥状态的颤振临界风速不低于180m/s,满足颤振稳定性要求。

椒江二桥三维空间耦合颤振的试验与分析结果($\xi=1\%$)　　表4-3-22

	来流攻角	颤振分析结果		节段模型试验结果(m/s)	颤振检验风速(m/s)
		颤振风速(m/s)	颤振频率(Hz)		
成桥状态	$\alpha=+3°$	124.5	0.607	118	[90.5]
	$\alpha=0°$	172.2	0.566	172	
	$\alpha=-3°$	>180	—	>180	
最长单悬臂施工状态	$\alpha=+3°$	166.6	0.581	144	[76.0]
	$\alpha=0°$	>180	—	>180	
	$\alpha=-3°$	>180	—	>180	
最长双悬臂施工状态	$\alpha=+3°$	234.3	0.876	—	
	$\alpha=0°$	>180	—	—	
	$\alpha=-3°$	>180	—	—	

二、施工状态颤振

在施工阶段最长单悬臂状态和双悬臂状态耦合颤振分析时,均采用了自振特性分析的前30阶模态作为颤振的参与模态。该斜拉桥施工状态在不同来流攻角下的耦合颤振分析结果和相应的节段模型试验结果也列于表4-3-22。

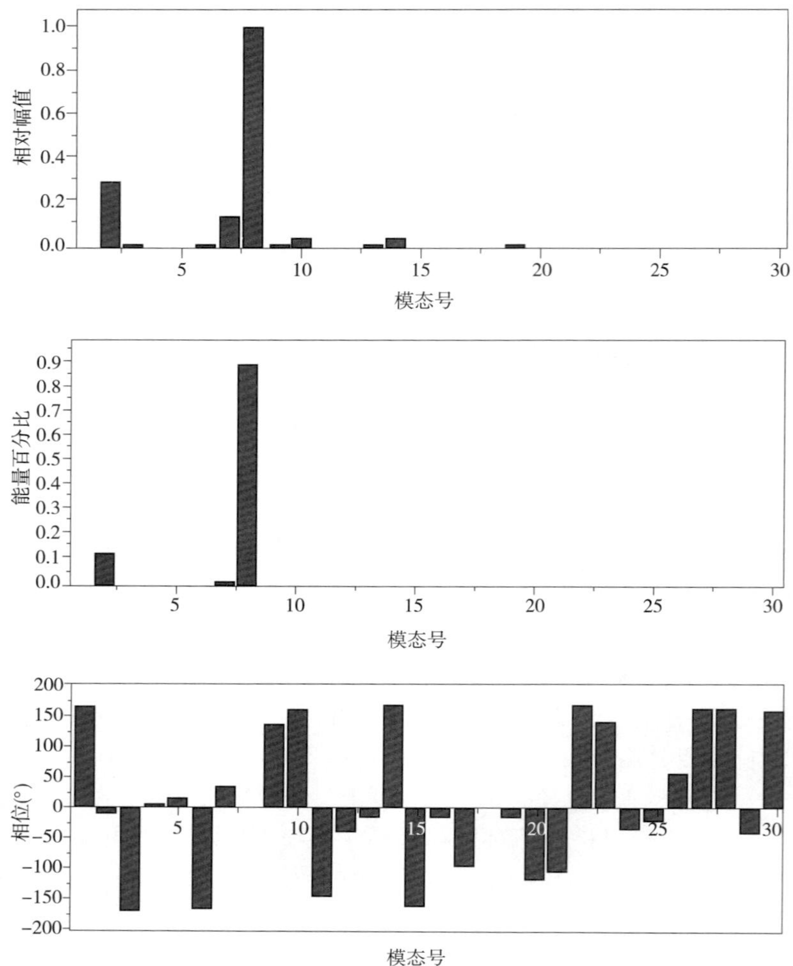

图 4-3-22　成桥状态颤振运动各固有模态的参与情况（$\alpha = +3$）

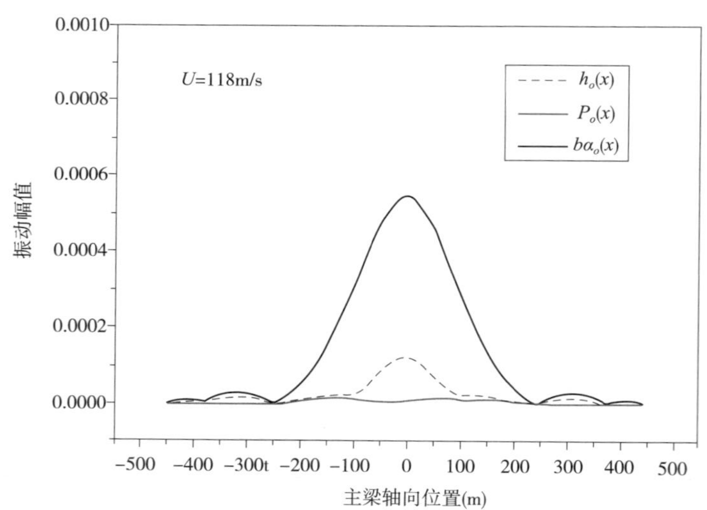

图 4-3-23　成桥状态颤振运动主梁各方向位移的振幅（$\alpha = +3$）

对于该桥施工阶段最长单悬臂状态，在 +3°来流攻角时桥梁的颤振临界风速为 166.6m/s，与节段模型风洞试验结果 144m/s 偏高，均远高于施工阶段颤振检验风速 76.0m/s。图 4-3-24 分别给出了来流攻角为 +3°时，施工最长单悬臂状态扭转颤振复模态中各结构固有模态参与的相对幅值、能量百分比和相位的比较情况，从中可以看出，主梁一阶扭转模态为颤振的主要参与者，其他结构固有模态较少参与颤振运动。在 +3°攻角来流下的颤振运动中，桥面主梁竖向、横向和扭转位移的相对振幅见图 4-3-25 所示。从图中同样可以看出，该斜拉桥的颤振是以扭转振动为主的耦合颤振，主梁竖向和横向振动模态的参与程度较小。当来流攻角 -3 和 0 时，计算表明施工最长单悬臂状态的颤振临界风速都不低于 180m/s，满足颤振稳定性要求。

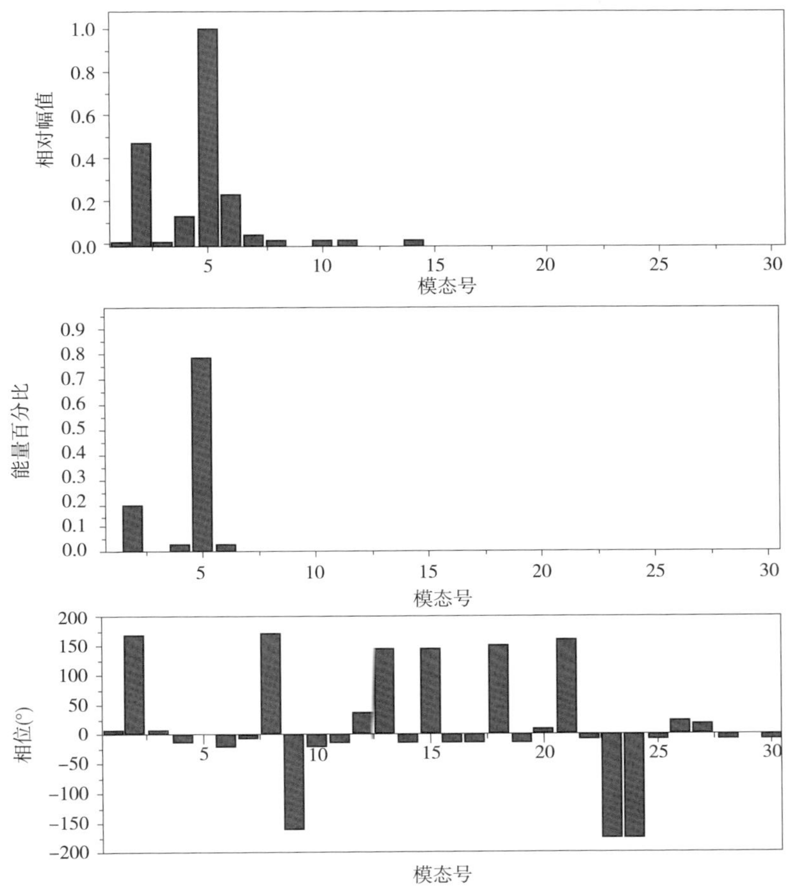

图 4-3-24 最长单悬臂状态颤振运动各固有模态的参与情况(α = +3)

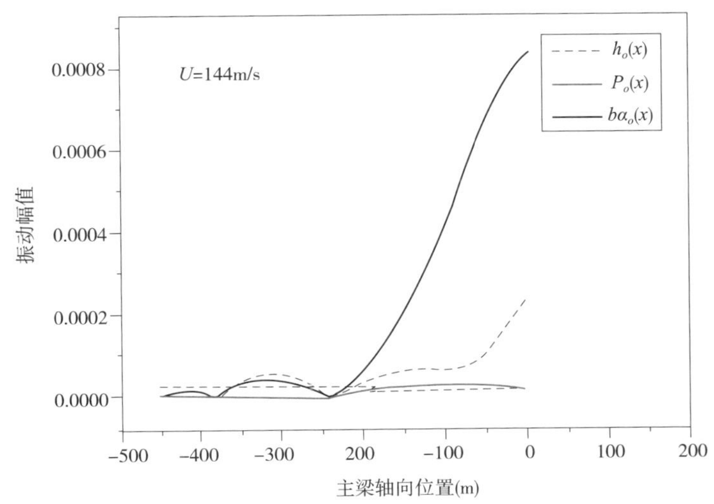

图 4-3-25 最长单悬臂状态颤振运动主梁各方向位移的振幅(α = +3)

对于该桥施工阶段双悬臂状态，在+3°来流最不利攻角时桥梁的颤振临界风速为234.3m/s，远高于施工阶段颤振检验风速。当来流攻角为0和-3°时，计算表明施工双悬臂状态的颤振临界风速都不低于180m/s，满足颤振稳定性要求。

第九节　结构风荷载响应分析

作用于桥梁结构上的风荷载由设计基准风速下的静风荷载和抖振力风荷载叠加而成，因而桥梁结构的风荷载响应包括静风荷载响应和抖振荷载响应。

一、静风荷载响应

对于该桥成桥状态0°来流攻角的情况，在设计基准风速58.9m/s下，计算了主梁中跨跨中和四分点以及桥塔顶静风位移，主梁和桥塔各主要截面的静风载内力。

对于施工阶段最长单悬臂状态零度来流攻角的情况，在设计基准风速49.5m/s下，计算了主梁中跨端部和四分点以及桥塔顶静风位移，主梁和桥塔各主要截面的静风载内力。

对于该桥施工阶段双悬臂状态，参照《公路桥梁抗风设计规范》，需要考虑对称和不对称两种静风荷载情况，实际使用时应取两种加载结果的较大值。在设计基准风速49.5m/s下，计算了双悬臂状态对称加载主梁中跨端部以及塔顶静风位移，主梁和桥塔各主要截面的静风载内力；不对称加载主梁中跨端部以及塔顶静风位移，主梁和桥塔各主要截面的静风载内力。

各状态主要截面的静风位移如表4-3-23所示，中跨主梁根部截面静风内力如表4-3-24所示，桥塔柱根部截面静风内力如表4-3-25所示。计算结果表明，在横桥向风作用下，成桥状态主梁跨中静风位移：竖向为0.06m，侧向为0.081m；施工最长单悬臂状态中跨主梁端部静风位移：竖向为0.042m，侧向为0.125m；施工最长双悬臂状态中跨主梁端部最大静风位移：竖向为0.019m，侧向为0.032m。

主要截面静风位移　　表4-3-23

结构状态	截面位置	纵向位移(m)	竖向位移(m)	侧向位移(m)
成桥状态	中跨跨中	5×10^{-9}	0.06	0.081
	塔顶	0.015	0.001	0.094
最长单悬臂状态	中跨悬臂端	2×10^{-4}	0.042	0.125
	塔顶	0.009	1×10^{-3}	0.066
双悬臂状态	中跨悬臂端	9×10^{-4}	0.019	0.032
	塔顶	0.015	8×10^{-4}	0.054

中跨主梁根部静风内力　　表4-3-24

结构状态	轴力(kN)	竖向剪力(kN)	横桥向剪力(kN)	扭矩(kNm)	横桥向弯矩(kNm)	竖向弯矩(kNm)
成桥状态	3211	57	2690	1829	172300	1315
最长单悬臂状态	1955	123	1473	3192	223700	3014
双悬臂状态	687	131	659	1489	57840	3002

桥塔柱根部静风内力　　表4-3-25

结构状态	轴力(kN)	塔面内剪力(kN)	塔面外剪力(kN)	扭矩(kNm)	塔面外弯矩(kNm)	塔面内弯矩(kNm)
成桥状态	19560	15730	16	3665	9520	438700
最长单悬臂状态	14260	11170	100	2143	2501	311600
双悬臂状态	12220	8971	335	743	23690	250000

二、耦合抖振响应

利用基于有限元 CQC 方法的 AutoFBA 程序的多振型耦合抖振分析模块，对椒江二桥成桥状态及施工阶段最长单悬臂状态、双悬臂状态在0°攻角时横桥向风作用下的抖振响应进行了分析。在分析中，有关参数取值如下：反映空间相关性的纵向和竖向脉动风速指数衰减系数 C_z、C_v 和 C_w 均取为7；脉动风谱按规范规定公式计算；桥梁跨中桥面离水面高度约55m，地貌为Ⅱ类，平均风剖面幂函数指数为0.158，地面粗糙长度取为0.05m；桥梁结构各固有模态的结构阻尼比均取为0.01；气动导纳分别按1.0和Sears函数的Liepmann简化公式两种情况计算；抖振响应峰值因子均取为3.5；成桥运营状态桥面高度处的抖振计算风速取设计基准风速58.9m/s。施工状态桥面高度处的抖振计算风速取为49.5m/s。

在设计基准风速下，气动导纳取为Sears函数和1.0时，计算了桥成桥状态主梁跨中和四分点以及塔顶的各个方向抖振位移，主梁和桥塔各主要断面的抖振风载内力；施工阶段最长单悬臂状态主梁中跨悬臂端和四分点以及塔顶的各个方向抖振位移，主梁和桥塔各主要断面的抖振风载内力；施工阶段双悬臂状态主梁悬臂端以及塔顶的各个方向抖振位移，主梁和桥塔各主要断面的抖振风载内力。

各状态主梁和桥塔各主要截面沿主要方向的抖振位移峰值如表4-3-26所示，中跨主梁根部截面抖振内力峰值如表4-3-27所示，桥塔柱根部截面抖振内力峰值如表4-3-28所示。计算结果表明，抖振位移峰值：竖向为0.35～0.703m，在横桥向风作用下，成桥状态主梁跨中侧向为0.091～0.108m；施工最长单悬臂状态中跨主梁端部抖振位移峰值：竖向为0.332～0.736m，侧向为0.165～0.274m：施工双悬臂状态中跨主梁端部抖振位移峰值：竖向为0.4～0.758m，侧向为0.023～0.035m。其中下限和上限分别对应于气动导纳为Sears和气动导纳为1。

主要截面抖振位移峰值 表4-3-26

结构状态	截面位置	纵向位移(m)		竖向位移(m)		侧向位移(m)	
		气动导纳 Sears	气动导纳 1	气动导纳 Sears	气动导纳 1	气动导纳 Sears	气动导纳 1
成桥状态	中跨跨中	0.223	0.359	0.35	0.703	0.091	0.108
	塔顶	0.269	0.452	0.002	0.004	0.093	0.096
最长单悬臂状态	中跨悬臂端	0.006	0.017	0.332	0.736	0.165	0.274
	塔顶	0.071	0.154	0.001	0.003	0.062	0.065
双悬臂状态	中跨悬臂端	0.023	0.044	0.4	0.758	0.023	0.035
	塔顶	0.362	0.682	9×10^{-4}	0.001	0.059	0.06

中跨主梁根部抖振内力峰值 表4-3-27

结构状态		轴力(kN)	竖向剪力(kN)	横桥向剪力(kN)	扭矩(kNm)	横桥向弯矩(kNm)	竖向弯距(kNm)
成桥状态	导纳 Sears	16384	1792	4337	4960	326900	8033
	导纳1	33796	2961	5513	12719	392700	21511
最长单悬臂状态	导纳 Sears	9790	314	2419	6626	378000	8932
	导纳1	20752	960	4543	14644	627900	23401
双悬臂状态	导纳 Sears	3574	588	1227	6034	105595	10462
	导纳1	8747	1318	3113	13451	281190	25284

桥塔柱根部抖振内力峰值 表 4-3-28

结构状态		轴力(kN)	桥面外剪力(kN)	桥面内剪力(kN)	扭矩(kNm)	塔面外弯矩(kNm)	塔面内弯距(kNm)
成桥状态	导纳 Sears	27916	14448	3499	45640	354900	409850
	导纳 1	34962	15278	6972	80150	630700	432600
最长单悬臂状态	导纳 Sears	18162	9702	2880	14966	138320	275380
	导纳 1	22589	10742	9702	43260	393750	303240
双悬臂状态	导纳 Sears	15652	9359	2650	50295	389550	265475
	导纳 1	17973	9786	6356	94815	747950	276605

三、总风荷载响应

用于桥梁结构设计的总风荷载响应应取为由平均风引起的静风荷载响应和
由脉动风引起的抖振响应峰值的不利组合,即极大值。

在设计基准风速下,气动导纳取为 Sears 函数和 1.0 时,计算了该桥成桥状态主梁中跨跨中和四分点以及塔顶的各个方向总风荷载位移极大值,主梁和桥塔各主要断面的总风荷载内力极大值,施工最长单悬臂状态主梁中跨悬臂端和四分点以及塔顶的各个方向总风荷载位移极大值,主梁和桥塔各主要断面的总风荷载内力极大值,施工阶段双悬臂状态主梁悬臂端以及塔顶的各个方向总风荷载位移极大值,主梁和桥塔各主要断面的总风荷载内力极大值。

各状态主梁和桥塔各主要截面沿主要方向的总风荷载位移极大值如表 4-3-29 所示,中跨主梁根部截面总风荷载内力极大值如表 4-3-30 所示,桥塔柱根部截面总风荷载内力极大值如表 4-3-31 所示。计算结果表明,在横桥向风作用下,成桥状态主梁跨中总风荷载位移极大值:竖向为 0.4 ~0.763m,侧向为 0.172 ~0.189m;施工最长单悬臂状态中跨主梁端部总风荷载位移极大值:竖向为 0.374 ~0.778m,侧向为 0.29 ~0.399m;施工双悬臂状态中跨主梁端部总风荷载位移极大值:竖向为 0.419 ~0.777m,侧向为 0.055 ~0.067m。其中下限和上限分别对应于气动导纳为 Sears 和气动导纳为 1。

主要截面总风荷载位移极大值 表 4-3-29

结构状态	截面位置	纵向位移(m)		竖向位移(m)		侧向位移(m)	
		气动导纳 Sears	气动导纳 1	气动导纳 Sears	气动导纳 1	气动导纳 Sears	气动导纳 1
成桥状态	中跨跨中	0.223	0.359	0.41	0.763	0.172	0.189
	塔顶	0.284	0.467	0.004	0.005	0.186	0.19
最长单悬臂状态	中跨悬臂端	0.006	0.017	0.374	0.778	0.29	0.399
	塔顶	0.08	0.163	0.002	0.003	0.128	0.132
双悬臂状态	中跨悬臂端	0.024	0.045	0.419	0.777	0.055	0.067
	塔顶	0.376	0.696	0.002	0.002	0.113	0.114

中跨主梁根部总风荷载内力极大值 表 4-3-30

结构状态		轴力(kN)	竖向剪力(kN)	横桥向剪力(kN)	扭矩(kNm)	横桥向弯矩(kNm)	竖向弯矩(kNm)
成桥状态	导纳 Sears	19595	1848	7027	6789	499200	9348
	导纳 1	37007	3018	8203	14548	565000	22826

续上表

结构状态		轴力(kN)	竖向剪力(kN)	横桥向剪力(kN)	扭矩(kNm)	横桥向弯矩(kNm)	竖向弯矩(kNm)
最长单悬臂状态	导纳 Sears	11745	437	3892	9818	601700	11946
	导纳 1	22707	1083	6016	17836	851600	26415
双悬臂状态	导纳 Sears	4261	719	1886	7523	163435	13464
	导纳 1	9434	1449	3772	14940	339030	28286

桥塔柱根部总风荷载内力极大值 表 4-3-31

结构状态		轴力(kN)	桥面外剪力(kN)	桥面内剪力(kN)	扭矩(kNm)	塔面外弯矩(kNm)	塔面内弯距(kNm)
成桥状态	导纳 Sears	47476	30178	3515	49305	364420	848550
	导纳 1	54522	31008	6988	83815	640220	871300
最长单悬臂状态	导纳 Sears	32422	20872	2981	17109	140821	586980
	导纳 1	36849	21912	9802	45403	396251	614840
双悬臂状态	导纳 Sears	27872	18330	2984	51038	413240	515475
	导纳 1	30193	18757	6691	95558	771640	526605

从计算结果可以看出,成桥状态主要断面总风载内力的主要结果如下(气动导纳为 1):主梁跨中轴力为 37007kN,侧弯(横桥向弯曲)弯矩为 565000kNm,竖弯弯矩 22826kNm;塔根轴力为 54522kN,塔平面外弯矩为 640220kNm,面内弯矩为 871300kNm。

施工最长单悬臂状态主要断面总风载内力的主要结果如下(气动导数为 1):主梁中跨根部轴力为 22707kN,侧弯弯矩为 851600kNm,竖弯弯矩 26415kNm;塔根轴力为 36849kN,面外弯矩为 396251kNm,面内弯矩为 614840kNm。

施工双悬臂状态主要断面最不利总风载内力的主要结果如下(气动导纳为 1):主梁中跨根部轴力为 9434kN,侧弯弯矩为 339030kNm,竖弯弯矩为 28285kNm;塔根轴力为 30193kN,面外弯矩为 771640kNm,面内弯矩为 526605kNm。

第十节 结 论

通过椒江二桥施工图设计阶段主桥结构的动力特性计算分析,以及对二元刚体节段模型试验和研究,从抗风稳定性、涡振及气动力等方面研究了椒江二桥的抗风性能。现将主要结果归纳如下:

(1)基于浙江省气候中心提供的《沿海高速公路(台州段)气象专题研究报告》,椒江二桥桥址处基本风速取为 45.0m/s,桥面高度处的设计基准风速为 58.9m/s,成桥状态的颤振检验风速为 90.5m/s,施工状态的颤振检验风速为 76.0m/s。

(2)大桥成桥状态主梁对称扭转基频为 0.630Hz;对称竖弯基频为 0.286Hz;对称侧弯基频为 0.352Hz,对称振型扭弯频率比为 2.203。

(3)大挢施工阶段最长单悬臂状态主梁扭转基频为 0.659Hz;竖弯基频为 0.284Hz;侧弯基频为 0.240Hz,扭弯频率比为 2.32。施工阶段最长双悬臂状态主梁扭转基频为 0.984Hz;竖弯基频为 0.166Hz;侧弯基频为 0.442Hz,扭弯频率比为 5.928。

(4)二维节段模型风洞试验和三维颤振稳定性分析结果均显示:对于成桥和施工状态大桥颤振稳定性最不利风攻角均为 +3°。此时,成桥状态颤振临界风速的试验和分析结果分别为 118m/s 和 124.5m/s,两者比较接近,且均高于成桥阶段颤振检验风速。对于施工阶段最不利的最长单悬臂状态,+3°风攻角时的颤振临界风速分别为 144m/s 和 166.6m/s，两者比较接近，且也远远高于施工阶段的颤振检验风速。由此可见，椒江二桥施工图设计方案的成桥和施工状态均有足够的颤振稳定性。

(5)二维线性方法验算表明，椒江二桥施工图设计方案成桥和施工最长单悬臂状态的静风扭转失稳临界风速都远远高于相应的静风稳定检验风速，静风稳定性满足要求。

(6)改尖风嘴气动措施对竖向涡激共振的减振效果十分明显，但是对扭转涡激共振有点不利的影响。在紊流度为 6% 的紊流场中。在试验风速范围内未观察到涡激共振现象，因此，处于大气边界层紊流场中的椒江二桥不会发生明显的梁涡激共振现象。

(7)在设计基准风速下，成桥状态主梁跨中总风荷载位移极大值：竖向为 0.41 ~ 0.763m，侧向为 0.172 ~ 0.189m；施工最长单悬臂状态中跨主梁端部总风荷载位移极大值：竖向为 0.374 ~ 0.778m，侧向为 0.29 ~ 0.399m；施工双悬臂状态中跨主梁端部总风荷载位移极大值：竖向为 0.419 ~ 0.777m，侧向为 0.055 ~ 0.067m。其中下限和上限分别对应于气动导纳为 Sears 和气动导纳为 1。

(8)在设计基准风速下，成桥状态主要断面总风载内力的主要结果（气动导纳为 1）如下：主梁跨中轴力为 37007kN，侧弯（横桥向弯曲）弯矩为 565000kNm，竖弯弯矩为 22826kNm；塔根轴力为 54522kN，塔平面外弯矩为 640220kNm，面内弯矩为 871300kNm，供设计单位参考。

(9)施工最长单悬臂状态主要断面总风载内力的主要结果（气动导纳为 1）如下：主梁中跨根部轴力为 22707kN，侧弯弯矩为 851600kNm，竖弯弯矩 26415kNm；塔根轴力为 36849kN，面外弯矩为 396251kNm，面内弯矩为 614840kNm。施工双悬臂状态主要断面最不利总风载内力的主要结果（气动导纳为 1）如下：主梁中跨根部轴力为 9434kN，侧弯弯矩为 339030kNm，竖弯弯矩为 28286kNm；塔根轴力为 30193kN，面外弯矩为 771640kNm，面内弯矩为 526605kNm。

第四章 椒江二桥工程结构抗震性能研究

第一节 概 述

一、椒江二桥工程概况

施工图设计最终选定钻石形主塔双边箱组合梁主梁方案。具体布置为:全桥桥塔对称布置,塔高152.76m,桥塔布置如图4-4-1所示。双边箱组合梁标准节段横截面如图4-4-2所示。主跨480m,主桥全长900m,纵坡2.45%,斜拉索主间距为9m,主桥岸侧设辅助墩,跨径布置210+480+210m,如图4-4-3所示。辅助墩及过渡墩布置如图4-4-4所示。

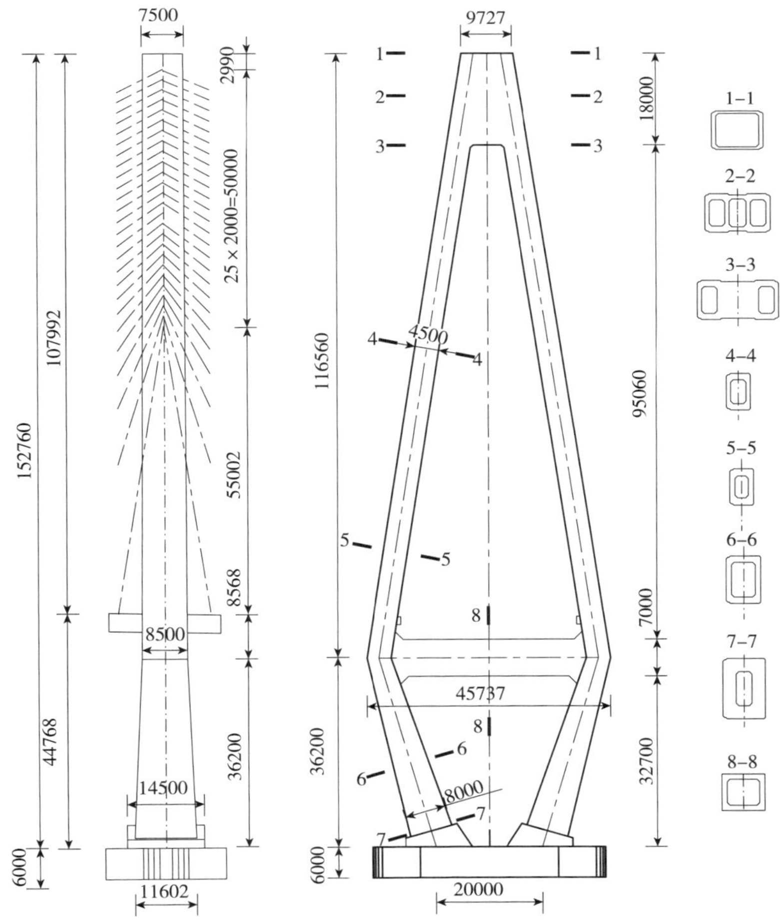

图4-4-1 钻石形桥塔构造图(尺寸单位:mm)

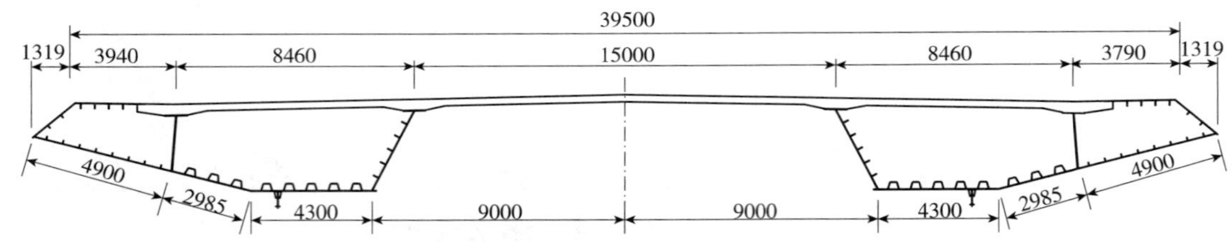

图 4-4-2　双边箱组合梁横断面(尺寸单位:mm)

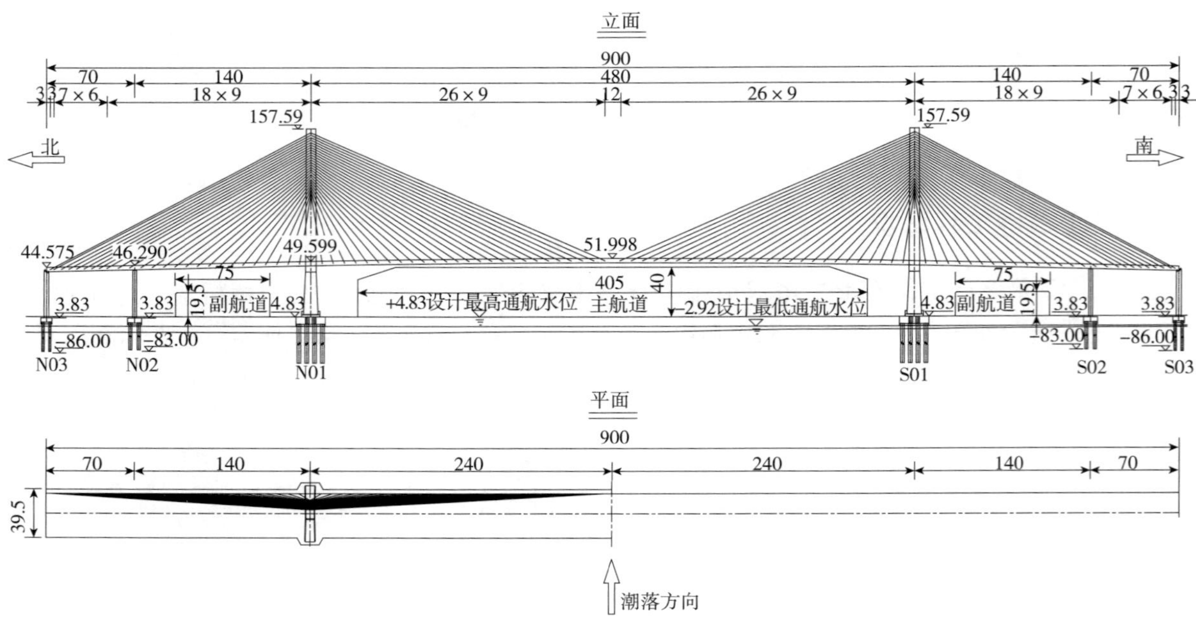

图 4-4-3　椒江二桥主推方案总体布置图(尺寸单位:m)

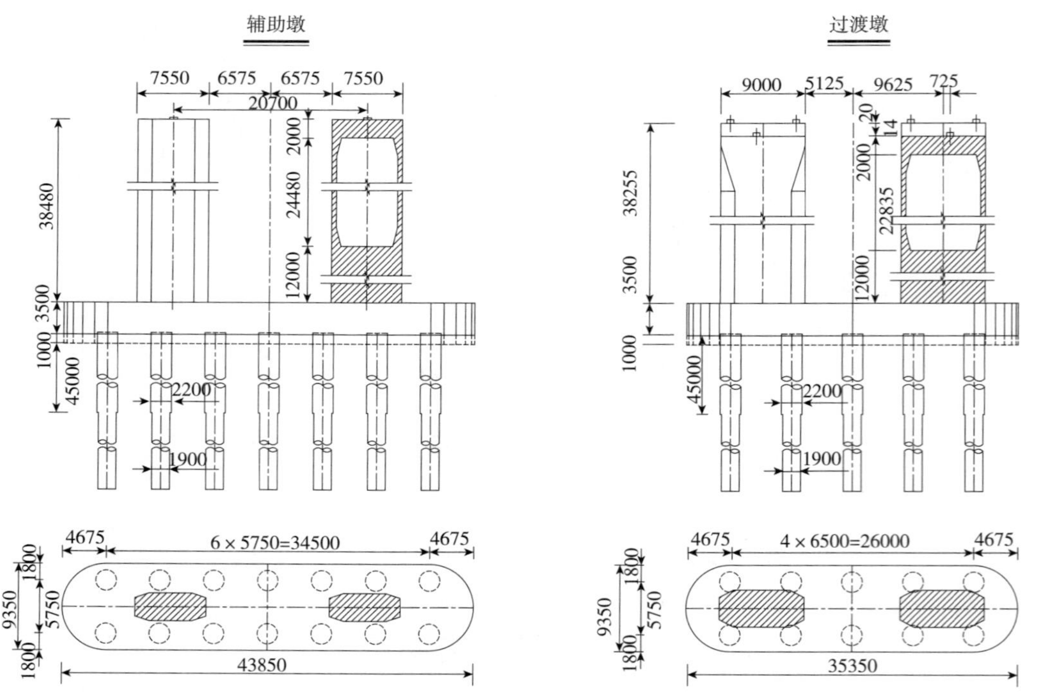

图 4-4-4　辅助墩及过渡墩构造图(尺寸单位:cm)

与主桥相邻的引桥为80m连续刚构，北侧引桥布置见图4-4-5，南侧引桥布置见图4-4-6，连续刚构典型截面见图4-4-7。与刚构相邻的为50m连续梁。

二、主要的研究内容

椒江二桥的抗震分析研究，分主桥和引桥两部分。主桥采用完全漂浮体系而不在主桥设置限位阻尼装置，主桥梁端及索塔塔顶会在地震作用下产生过大位移。本次研究采用反应谱和时程分析方法对椒江二桥的线性和非线性地震反应、塔梁间设置限位阻尼装置的合理参数进行系统研究。主要研究分析工况如表4-4-1所示。

引桥抗震研究的结构布置，取以下典型引桥结构进行研究：连续刚构；北侧刚构跨径布置：45+60+4×80+60m；南侧刚构跨径布置：60+2×80+60m；南岸一跨连续梁。

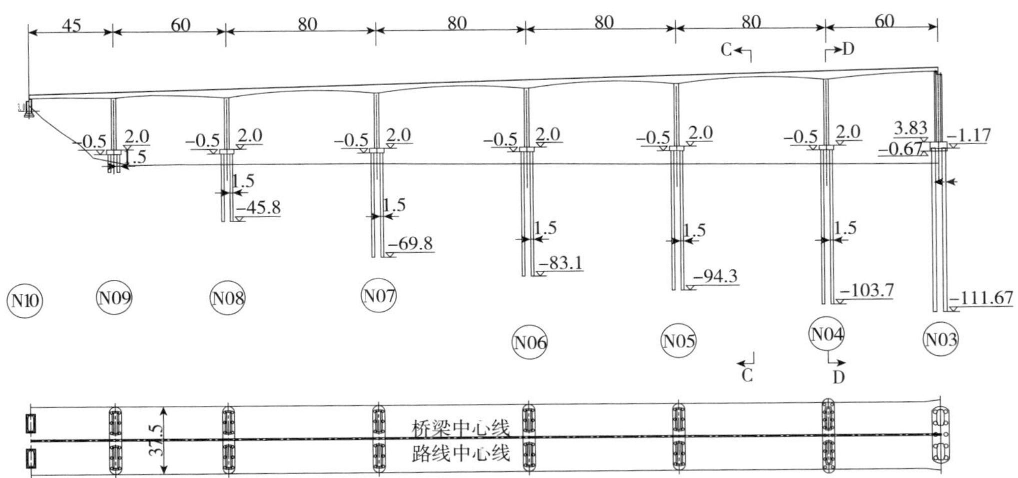

图4-4-5 北引桥布置示意图（尺寸单位：cm）

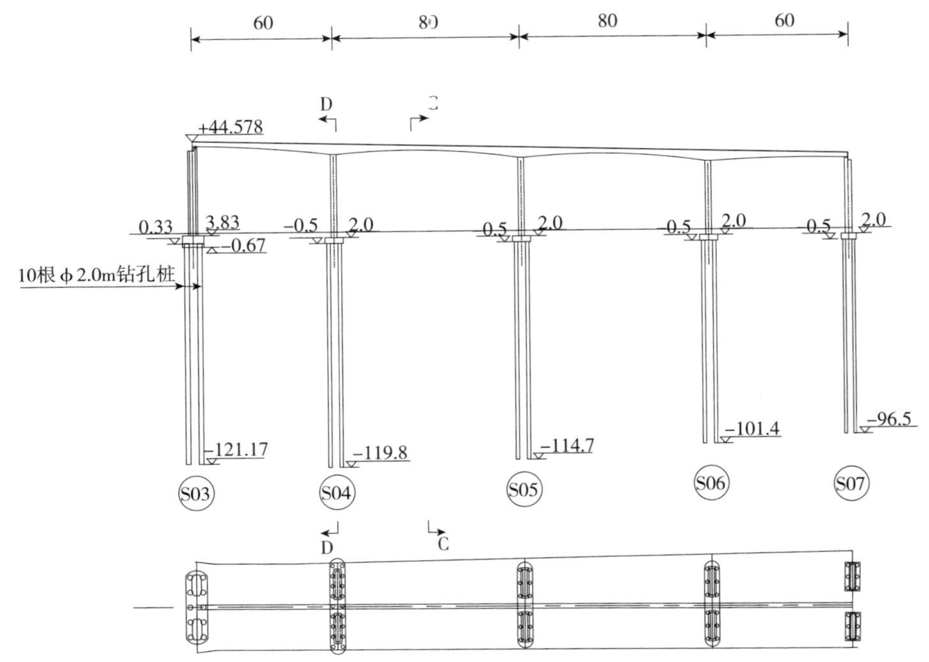

图4-4-6 南引桥布置示意图（尺寸单位：cm）

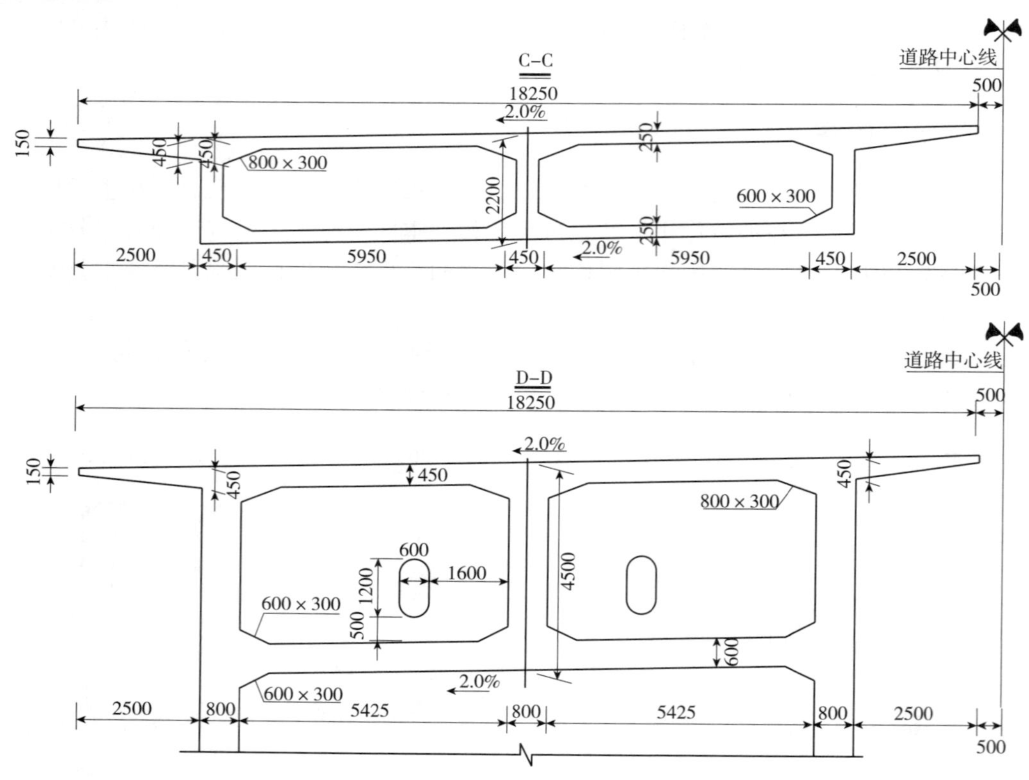

图 4-4-7　引桥连续刚构典型截面图(尺寸单位:cm)

椒江二桥研究分析工况　　表 4-4-1

工况	支撑条件								说　明
	纵桥向				横桥向				
	索　塔	辅助墩	过渡墩	引桥	索塔	辅助墩	过渡墩	引桥	
1	滑动	滑动			固定	固定			反应谱法
2	滑动	滑动			固定	固定			线性时程法
3	不同参数阻尼器	盆式橡胶支座			固定	固定			阻尼器参数分析 非线性时程分析
4	黏滞阻尼器,C 取 10000,ξ 取 0.2	盆式橡胶支座			固定	固定			非线性时程分析

第二节　抗震设防水准、性能目标及地震动输入

一、抗震设防水准及性能目标

确定工程的抗震设防标准需要在经济与安全之间进行合理平衡,这是桥梁抗震设防的合理原则。根据前期研究结果,椒江二桥采用 100 年 10%(水准ⅠP1 概率)和 100 年 4%(水准ⅡP2 概率)两种超越概率地震动进行抗震设防,分别对应于设计地震和罕遇地震,见表 4-4-2。

椒江二桥抗震设防水准　　表 4-4-2

抗震设防水准	100 年超越概率
水准Ⅰ(P1)	100 年超越概率 10%,(相当于重现期 950 年)
水准Ⅱ(P2)	100 年超越概率 4%,(相当于重现期 2450 年)

不同结构设防标准与相应的性能目标见表 4-4-3。

设防标准与相应的性能目标　　表 4-4-3

场地地震动	桥塔、基础等重要构件	桥　墩
地震水平Ⅰ	结构保持在弹性范围工作，地震反应小于初始屈服弯矩	局部可发生可修复的损伤，地震发生后，基本不影响车辆的通行，地震反应小于等效屈服弯矩
地震水平Ⅱ	局部可发生可修复的损伤，地震发生后，基本不影响车辆的通行，地震反应小于等效屈服弯矩	结构不倒塌，震后可以修复，可供紧急救援车辆通过，可延性设计

二、地震输入确定

地震动输入应包括经过专门研究的考虑特定场地条件的地震动反应谱和地震加速度时程，并且两者应相互吻合。反应谱及时程波均由浙江省工程地震研究所提供，各规定以《椒江二桥工程场地(长周期)设计地震动参数初步结果》为准。

(一)反应谱

根据国家地震局发布的 1：400 万《中国地震动参数区划图》(GB 18306—2001)，桥址所处场地设计基本地震加速度值为 0.05g，特征周期 0.35s，路线穿越区大部分地段位于温黄滨海淤积平原，上部分布厚约 10.0～120.0m 的覆盖层，场地土属Ⅳ类土。

根据椒江二桥两个主墩位置 ZK11 和 ZK12 钻孔场地土层反应分析计算模型，以 2 个超越概率(100 年 10% 和 4%)水平下的 12 条基岩人工合成地震动时程作为输入，进行相应概率水平下的场地土层地震反应计算，得到冲刷层深度(12m)加速度峰值，通过加速度时程即可计算得到场地冲刷层深度水平加速度反应谱。为方便工程应用，考虑到工程设计使用的安全性和合理性以及与相应规范的衔接，工程场地水平加速度反应谱以地震影响系数的形式给出。工程场地北岸和南岸 100 年超越概率 10% 和 4% 的水平加速度反应谱的地震影响系数如表 4-4-4 所示。

工程场地设计地震动参数(冲刷层埋深，阻尼比 3%)　　表 4-4-4

地震动参数		A_m(g)	β_m	α_m(g)	T_1(s)	T_g(s)
北岸	100 年超越概率 10%	0.050	2.8	0.140	0.1	0.8
	100 年超越概率 4%	0.075	2.8	0.210	0.1	0.8
南岸	100 年超越概率 10%	0.046	2.8	0.129	0.1	0.8
	100 年超越概率 4%	0.069	2.8	0.193	0.1	0.9
设计	100 年超越概率 10%	0.050	2.8	0.140	0.1	0.8
	100 年超越概率 4%	0.075	2.8	0.210	0.1	0.8

竖向反应谱取为水平反应谱的 2/3。最终得到的设计用桥址包络反应谱如图 4-4-8 所示。

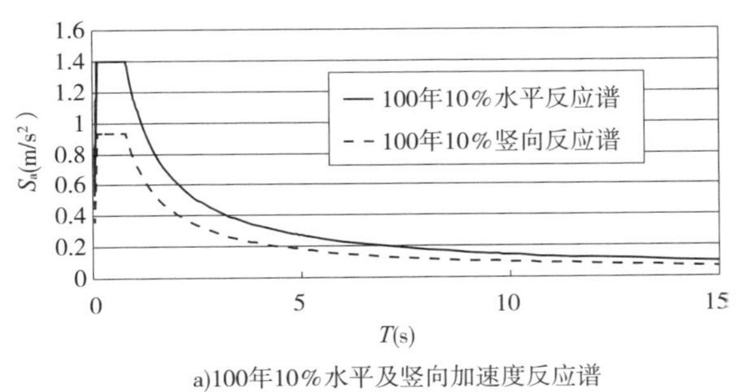

a)100年10%水平及竖向加速度反应谱

b)100年4%水平及竖向加速度反应谱

图 4-4-8　椒江二桥计算用反应谱

(二)地震动加速度时程

与图4-4-8所示反应谱相对应,浙江省工程地震研究所的《椒江二桥工程场地(长周期)设计地震动参数初步结果》提供了南岸和北岸处地表和冲刷层深度的地震动加速度时程。P1概率和P2概率下的加速度时程各6条,如图4-4-9和图4-4-10所示。从图4-4-9和图4-4-10中可以看出,100年10%和100年4%6条地震波的频谱、强震持续时间和峰值加速度是比较一致的。

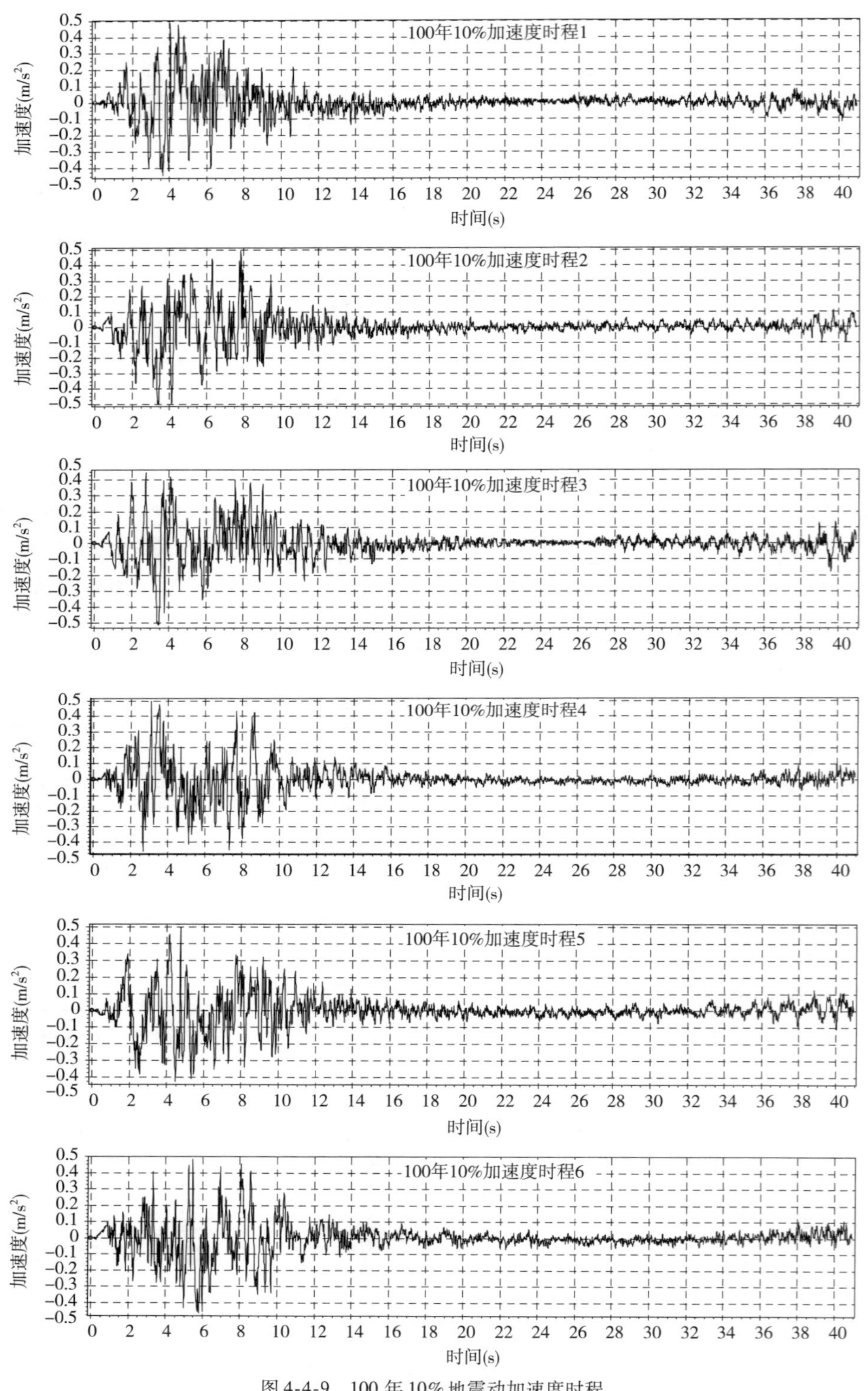

图4-4-9　100年10%地震动加速度时程

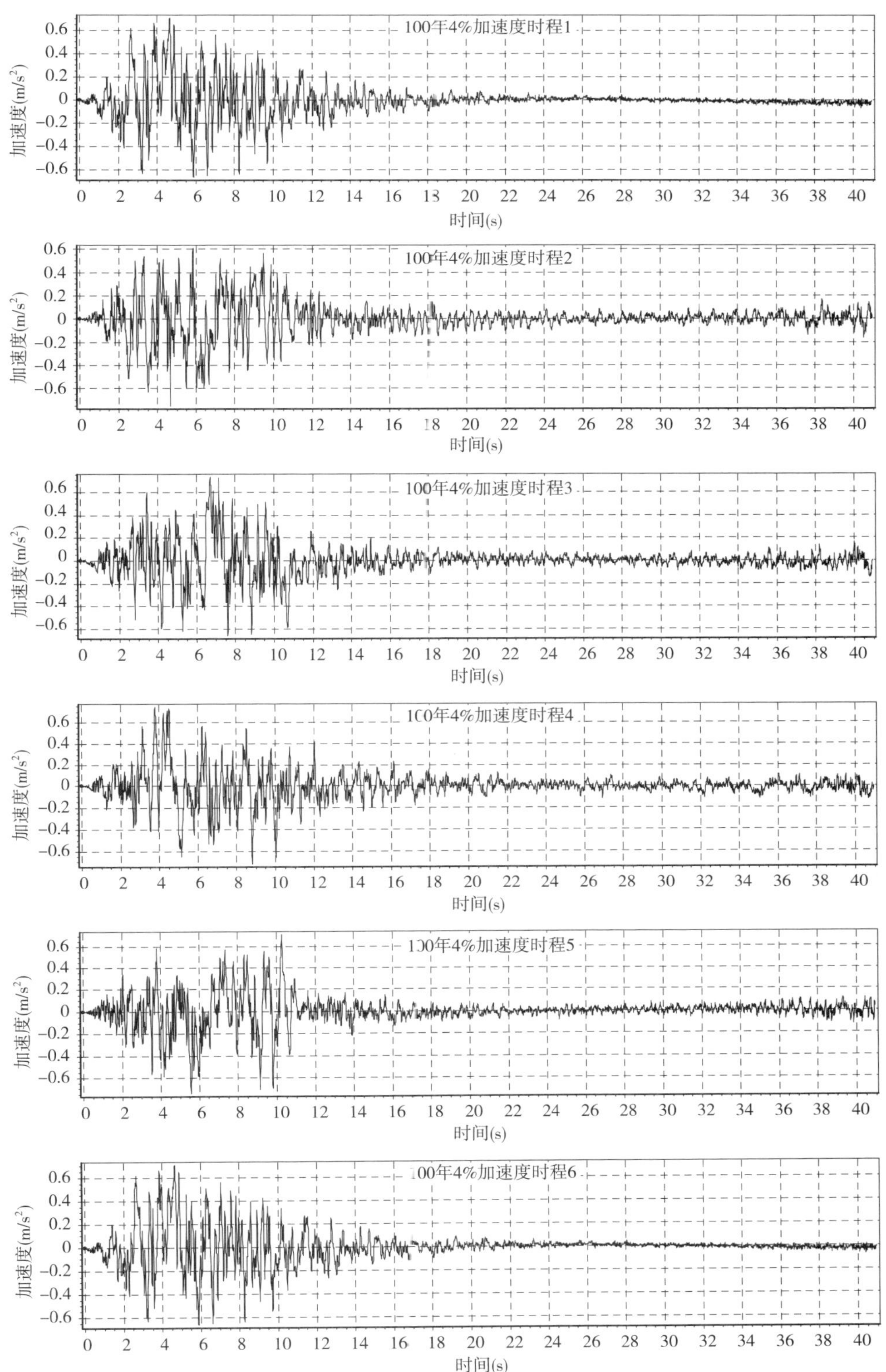

图 4-4-10 100 年 4% 地震动加速度时程

(三)地震波与反应谱的比较分析

将不同概率水平的地震波人工生成反应谱,并与相关单位提供的反应谱进行比较,由于竖向加速度时程和竖向反应谱分别取为水平加速度时程各相应加速度值和水平反应谱 2/3,因此这里只给出水平加速度时程生成反应谱与设计反应谱的比较结果,如图 4-4-11 和图 4-4-12 所示。

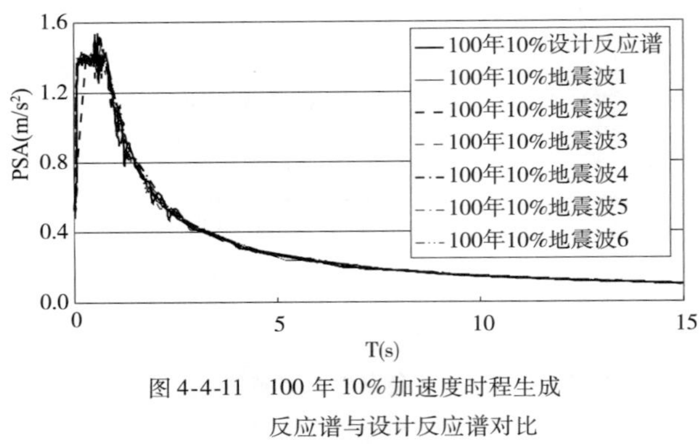

图 4-4-11　100 年 10% 加速度时程生成反应谱与设计反应谱对比

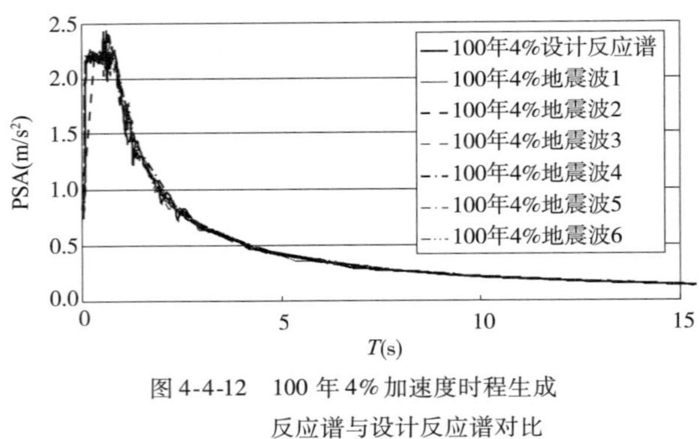

图 4-4-12　100 年 4% 加速度时程生成反应谱与设计反应谱对比

可以看出，两概率水平 6 条地震波生成的反应谱与同概率水平下的设计反应谱基本吻合。

三、结构动力特性分析

（一）动力计算模型的建立

根据设计单位提供的椒江二桥设计方案，采用 SAP2000 Nonlinear 有限元程序，应用三维有限元模型分别建立了两个方案的动力计算模型进行抗震性能分析，计算模型均以顺桥向为 X 轴，横桥向为 Y 轴，竖向为 Z 轴。模型中主桥主塔、主引桥主梁、主引桥桥墩均离散为空间梁单元，其中主桥主梁采用单梁式力学模型，并通过主从约束同斜拉索形成“鱼骨式”模型；斜拉索采用空间桁架单元，并考虑拉索垂度效应以及恒载几何刚度的影响；承台采用集中质量进行模拟；各处基础采用 6×6 弹簧模型加以模拟，塔梁连接处摆放支座和阻尼器，模型中各部分约束条件详见表 4-4-5。建模时考虑了主桥和引桥的相互作用。动力计算图式见图 4-4-13。

椒江二桥动力计算模型边界和连接条件　　表 4-4-5

位　　置	自由度					
	x	y	z	θx	θy	θz
主塔塔底，桥墩墩底	s	s	s	s	s	s
主塔和主梁间支座	0	1	1	1	0	1
辅助墩、过渡墩支座	0	1	1	1	0	1
拉索和主梁	1	1	1	1	1	1
拉索和主塔	1	1	1	1	1	1
承台、墩底、桩基顶部	1	1	1	1	1	1
N04 ~ N08 与引桥主梁	1	1	1	1	1	1
N09 ~ N10 与引桥主梁	0	1	1	1	0	1
S04 ~ S06 与引桥主梁	1	1	1	1	1	1
S07 与引桥主梁	0	1	1	1	0	1

注：表中 x 为纵桥向，y 为横桥向，z 为竖向；0 表示自由，1 表示主从或固结，s 表示弹簧约束。

（二）动力计算结果

按动力计算模型，进行结构动力特性分析。表 4-4-6 列出了钻石主塔双边箱组合梁方案前 20 阶周期、频率和振型特征描述。

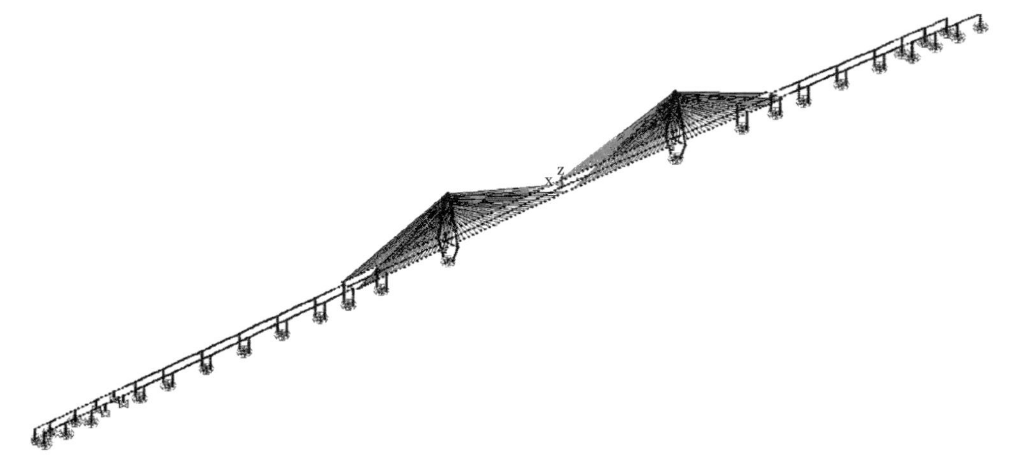

图 4-4-13 椒江二桥计算模型

椒江二桥前 20 阶振型特征 表 4-4-6

振型顺序	周期（s）	频率（Hz）	振型描述
1	8.402	0.119	主桥主梁纵飘
2	7.211	0.139	南引桥连续梁右幅主梁纵飘
3	5.933	0.169	南引桥连续梁左幅主梁纵飘
4	5.355	0.187	南引桥连续梁主梁纵飘
5	3.209	0.312	主桥主梁一阶对称竖弯
6	3.132	0.319	S08 桥墩纵向振动
7	2.878	0.347	南刚构纵向振动
8	2.822	0.354	主桥主梁一阶对称侧弯
9	2.737	0.365	北刚构纵向振动
10	2.410	0.415	主桥主梁一阶反对称竖弯
11	2.296	0.436	主桥主梁一阶反对称侧弯
12	2.158	0.463	南引桥侧向振动
13	2.115	0.473	S10 桥墩纵向振动
14	1.978	0.506	S09 桥墩纵向振动
15	1.977	0.506	主引桥主梁二阶对称侧弯
16	1.910	0.523	南引桥侧向振动
17	1.820	0.549	N04 桥墩纵向振动
18	1.750	0.572	N14 桥墩纵向振动
19	1.748	0.572	主桥主梁二阶反对称侧弯
20	1.743	0.574	主桥主梁三阶对称侧弯

四、减隔震装置及其计算模型

支座是连接主梁和墩、台的非常重要的构件，阻尼器是减小主梁地震位移反应的有效装置。在地震荷载作用下，支座和阻尼器作为非线性构件可以起到耗能作用并显著改变结构的地震响应，因此在非线性时程分析中必须合理模拟支座和阻尼器的非线性行为。

(一)摩擦支座

大桥主桥梁体在纵向均为滑动摩擦支座连接,考虑支座处地震动轴压力与恒载轴压力相比较小,且可忽略滑动速度对支座动摩擦系数的影响,对滑动摩擦支座近似采用理想弹塑性连接单元进行模拟,其典型滞回曲线如图 4-4-14 示。

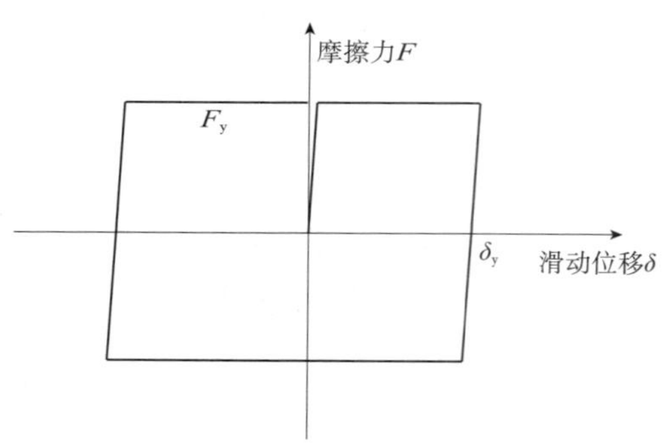

图 4-4-14　滑动摩擦支座的理想弹塑性简化滞回模型

图 4-4-14 中滞回曲线屈服力 F_y(即滑动起始摩擦力)取支座恒载轴压力 N 乘以动摩擦系数,动摩擦系数对所有滑动摩擦支座均取 0.02,即:

$$F_y = N \times 0.02 \tag{4-4-1}$$

初始刚度 K 为屈服力 F_y 与屈服位移 δ_y(即滑动起始静位移,取 $\delta_y = 0.002\text{m}$)之比:

$$K = F_y/\delta_y = N \times 0.02/0.002 = 10 \times N \quad (\text{kN/m}) \tag{4-4-2}$$

(二)阻尼器

阻尼器的种类较多,有铅压阻尼器、钢阻尼器、摩擦阻尼器以及液压黏滞阻尼器等。其中,较为成熟且适用于大跨度桥梁的主要是液压黏滞阻尼器。液压黏滞阻尼器基本构造如图 4-4-15 所示,由活塞、油缸及阻尼孔组成。所谓阻尼孔是比油缸截面积小的流通通路。此类装置利用活塞前后压力差使油流过阻尼孔而产生阻尼力。

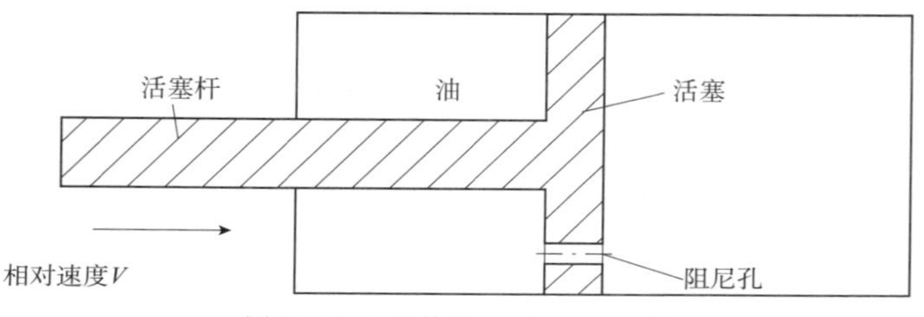

图 4-4-15　黏滞阻尼器的工作机理

常用的黏滞阻尼器从力学特性划分为线性的和非线性黏滞阻尼器,其恢复力特性可用下式表示:

$$F = CV^{\xi} \tag{4-4-3}$$

式中,F 为阻尼力;C 为阻尼系数;V 为阻尼器相对速度;ξ 为速度指数(其值范围在 0.1～2.0,桥梁抗震实际工程中常用值一般在 0.2～0.5 范围内)。

当黏滞阻尼器的阻尼力与相对速度成比例时,称为线性阻尼器,其恢复力特性如图中的 $\xi = 1.0$ 曲线所示,形状近似椭圆,如图 4-4-16 所示。

当阻尼力与相对速度不成比例时,称为非线性阻尼器,其恢复力特性如图 4-4-16 中 $\xi = 1.0$ 的曲线所示,形状趋近于矩形。

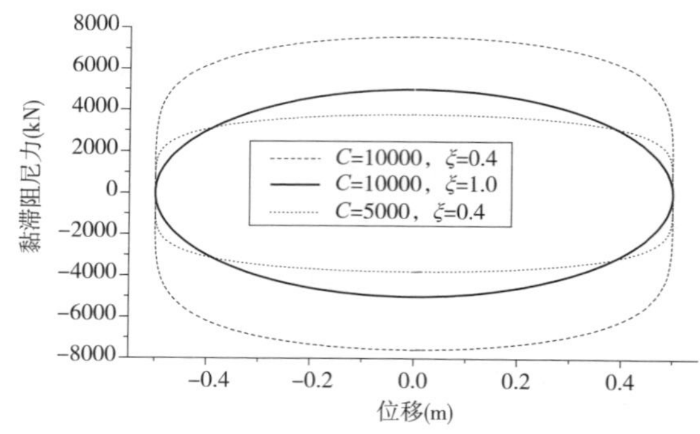

图 4-4-16　黏滞阻尼器滞回环

从图中可以看出:在塔梁相对位移达到最大时,黏滞阻尼器的阻尼力最小,接近于零;而黏滞阻尼器的阻尼力最大时,塔梁相对位移最小,弹性力也最小。黏滞阻尼器的阻尼力和结构的弹性力之间有 90°的相位差,因此,黏滞阻尼器并不增加主塔的受力。实际工程中使用的黏滞阻尼器一般为非线性阻尼器。对于黏滞阻尼器,当系数 ξ 给定后,阻尼器装置因其反力与速度成比例,因此具有以下特点:

黏滞阻尼器在温度蠕变变形下的抗力接近于零。

在动力荷载作用下（列车、汽车制动力、地震荷载等），当塔、梁相对位移达到最大变形时，阻尼器的阻尼力反而最小，接近于零；在塔、梁相对位移最小时（塔、梁相对变形速度最大时），阻尼器阻尼力达到最大。

五、线性反应谱分析结果

在进行椒江二桥全桥反应谱分析时，利用前述分析动力特性所采用的结构有限元模型，分别输入 100 年超越概率 10% 和 100 年超越概率 4% 下的加速度反应谱，对结构进行反应谱分析，取前 300 阶振型，按 CQC 方法进行组合。地震输入采用两种方式：（纵向 + 竖向）组合和（横向 + 竖向）组合，方向组合采用 SRSS 方法。

设计方案采用钻石形主塔，双边箱组合梁主梁，桥跨布置 210 + 480 + 210m，斜拉索采用平行钢丝索，纵向不考虑支座的约束作用。主塔受力控制截面位置可取为 1 ~ 5 号，如图 4-4-17 所示。

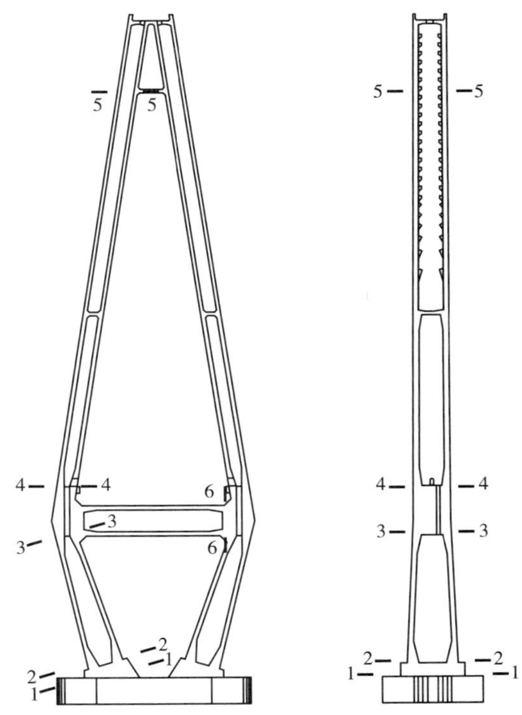

图 4-4-17　桥塔受力控制截面位置

（一）纵向 + 竖向组合地震输入（100 年 10%）

1. 塔墩控制截面内力

（1）主桥控制截面内力

在超越概率为 100 年 10% 的设计地震纵向 + 竖向组合输入下，反应谱分析得到的主桥控制截面内力见表 4-4-7 所示。

主桥控制截面内力　表 4-4-7

位　置	轴力 P(kN)	剪力 V(kN)	弯矩 M(kN·m)
北横梁	3.70×10^3	1.27×10^3	5.89×10^4
南横梁	3.60×10^3	1.23×10^3	5.75×10^4
北主塔 1 号	1.16×10^4	7.18×10^3	4.48×10^5
北主塔 2 号	1.10×10^4	6.81×10^3	4.32×10^5
北主塔 3 号	9.63×10^3	5.62×10^3	2.92×10^5
北主塔 4 号	7.49×10^3	4.71×10^3	3.01×10^5
北主塔 5 号	1.87×10^3	1.67×10^3	1.83×10^4
南主塔 1 号	1.12×10^4	6.86×10^3	4.34×10^5
南主塔 2 号	1.06×10^4	6.52×10^3	4.18×10^5
南主塔 3 号	9.25×10^3	5.41×10^3	2.85×10^5
南主塔 4 号	7.25×10^3	4.56×10^3	2.93×10^5
南主塔 5 号	1.81×10^3	1.67×10^3	1.83×10^4
北辅助墩	4.27×10^3	1.66×10^3	4.04×10^4
南辅助墩	4.45×10^3	1.76×10^3	4.25×10^4
北过渡墩	3.18×10^3	1.66×10^3	4.58×10^4
南过渡墩	3.58×10^3	1.75×10^3	4.76×10^4

注：表中 P 为轴力，V 为纵桥向剪力，M 为绕横桥向弯矩。

(2)引桥刚构控制截面内力

在超越概率为 100 年 10% 的设计地震纵向 + 竖向输入下,反应谱分析得到的引桥刚构控制截面内力见表 4-4-8 所示。

引桥刚构控制截面内力 表 4-4-8

位置			轴力 P(kN)	剪力 V(kN)	弯矩 M(kN·m)
北刚构引桥	N04	墩顶	3.20×10^3	1.96×10^3	7.87×10^4
		墩底	3.98×10^3	2.58×10^3	7.70×10^3
	N05	墩顶	2.78×10^3	2.21×10^3	9.35×10^4
		墩底	3.60×10^3	2.83×10^3	7.99×10^3
	N06	墩顶	2.45×10^3	2.38×10^3	9.35×10^4
		墩底	3.11×10^3	2.97×10^3	7.30×10^3
	N07	墩顶	2.32×10^3	2.81×10^3	1.02×10^5
		墩底	2.95×10^3	3.35×10^3	8.81×10^3
	N08	墩顶	2.67×10^3	3.04×10^3	9.39×10^4
		墩底	3.36×10^3	3.43×10^3	7.59×10^3
	N09	墩底	2.64×10^3	1.48×10^3	2.68×10^4
	N10	墩底	8.71×10^2	2.33×10^2	1.63×10^3
南刚构引桥	S04	墩顶	3.30×10^3	2.12×10^3	8.55×10^4
		墩底	4.12×10^3	2.73×10^3	7.12×10^3
	S05	墩顶	3.47×10^3	2.55×10^3	1.13×10^5
		墩底	4.89×10^3	3.31×10^3	1.29×10^4
	S06	墩顶	3.69×10^3	2.29×10^3	9.41×10^4
		墩底	4.84×10^3	3.01×10^3	8.28×10^3
	S07	墩底	2.19×10^3	9.97×10^2	2.24×10^4

注:表中 P 为轴力,V 为纵桥向剪力,M 为绕横桥向弯矩。

(3)引桥连续梁控制截面内力

在超越概率为 100 年 10% 的设计地震纵向 + 竖向输入下,反应谱分析得到的引桥连续梁控制截面内力见表 4-4-9 所示。

引桥连续梁控制截面内力 表 4-4-9

位置	轴力 P(kN)	剪力 V(kN)	弯矩 M(kN·m)
S08 墩底	2.99×10^3	1.54×10^3	4.28×10^4
S09 墩底	3.21×10^3	7.56×10^2	1.27×10^4
S10 墩底	1.35×10^3	8.97×10^2	1.56×10^4

注:表中 P 为轴力,V 为纵桥向剪力,M 为绕横桥向弯矩。

2. 桩基控制截面内力

(1)承台底反力

在超越概率为 100 年 10% 的设计地震纵向 + 竖向组合输入下,反应谱分析得到的承台底反力见表 4-4-10 所示。

承台底反力　表4-4-10

位　置		轴力 P(kN)	剪力 V(kN)	弯矩 M(kN·m)
主桥	北主塔	3.41×10^4	2.47×10^4	9.59×10^5
	南主塔	3.33×10^4	2.38×10^4	9.26×10^5
	北辅助墩	1.04×10^4	6.40×10^3	9.34×10^4
	南辅助墩	1.09×10^4	6.73×10^3	9.89×10^4
	北过渡墩	9.10×10^3	5.68×10^3	1.02×10^5
	南过渡墩	1.05×10^4	5.83×10^3	1.06×10^5
北引桥	N04桥墩	8.61×10^3	5.54×10^3	2.52×10^4
	N05桥墩	7.85×10^3	6.04×10^3	9.31×10^3
	N06桥墩	6.79×10^3	6.30×10^3	8.82×10^3
	N07桥墩	6.47×10^3	7.11×10^3	1.04×10^4
	N08桥墩	7.37×10^3	7.29×10^3	1.95×10^4
	N09桥墩	5.83×10^3	3.56×10^3	6.10×10^4
	N10桥墩	8.71×10^2	2.33×10^2	2.08×10^3
南引桥	S04桥墩	8.88×10^3	5.80×10^3	2.33×10^4
	S05桥墩	1.07×10^4	7.00×10^3	1.23×10^4
	S06桥墩	1.05×10^4	6.32×10^3	7.98×10^3
	S07桥墩	2.50×10^3	1.29×10^3	2.45×10^4
	S08桥墩	3.41×10^3	1.71×10^3	4.65×10^4
	S09桥墩	3.66×10^3	1.01×10^3	1.59×10^4
	S10桥墩	1.72×10^3	1.17×10^3	1.78×10^4

注：表中 P 为轴力，V 为纵桥向剪力，M 为绕横桥向弯矩。

(2)单桩控制截面内力

在超越概率为100年10%的设计地震纵向+竖向输入下，反应谱分析得到的单桩控制截面内力见表4-4-11所示。

单桩控制截面内力　表4-4-11

位　置		轴力 P(kN)	剪力 V(kN)	弯矩 M(kN·m)
主桥	北主塔	7.94×10^3	8.23×10^2	4.86×10^3
	南主塔	7.58×10^3	7.93×10^2	5.09×10^3
	北辅助墩	3.18×10^3	4.57×10^2	3.73×10^3
	南辅助墩	3.52×10^3	4.81×10^2	3.49×10^3
	北过渡墩	4.44×10^3	5.68×10^2	5.06×10^3
	南过渡墩	4.89×10^3	5.83×10^2	4.77×10^3
北引桥	N04桥墩	1.76×10^3	3.08×10^2	1.56×10^3
	N05桥墩	2.22×10^3	5.03×10^2	2.36×10^3
	N06桥墩	2.21×10^3	5.25×10^2	2.55×10^3
	N07桥墩	2.46×10^3	5.93×10^2	2.97×10^3
	N08桥墩	2.99×10^3	6.08×10^2	3.13×10^3
	N09桥墩	2.97×10^3	2.97×10^2	1.07×10^3

续上表

位置		轴力 P(kN)	剪力 V(kN)	弯矩 M(kN·m)
南引桥	S04 桥墩	2.37×10^3	4.83×10^2	2.44×10^3
	S05 桥墩	2.48×10^3	5.83×10^2	2.80×10^3
	S06 桥墩	2.27×10^3	5.27×10^2	2.68×10^3
	S07 桥墩	2.48×10^3	2.15×10^2	1.78×10^3
	S08 桥墩	4.18×10^3	2.85×10^2	2.91×10^3
	S09 桥墩	2.02×10^3	1.68×10^2	1.27×10^3
	S10 桥墩	1.89×10^3	1.95×10^2	1.45×10^3

注:表中 P 为轴力,V 为纵桥向剪力,M 为绕横桥向弯矩。

3. 关键位移

在超越概率为100年10%的设计地震纵向+竖向输入下,反应谱分析得到的主梁关键截面位移见表4-4-12所示。

关键位移　　表4-4-12

位置	U_X(m)	U_Z(m)
主桥主梁北梁端	0.375	0.002
主桥主梁跨中	0.374	0.096
主桥主梁南梁端	0.375	0.002
北主塔塔顶	0.419	0.002
南主塔塔顶	0.419	0.002
北刚构北梁端	0.085	0
北刚构南梁端	0.085	0.002
南刚构北梁端	0.091	0.002
南刚构南梁端	0.091	0.001
北连续梁梁端	0.169	0.001
南连续梁梁端	0.239	0.004

(二)横向+竖向组合地震输入(100年10%)

1. 塔墩控制截面内力

(1)主桥控制截面内力

在超越概率为100年10%的设计地震横向+竖向输入下,反应谱分析得到的主桥控制截面内力见表4-4-13所示。

主桥控制截面内力　　表4-4-13

位置	轴力 P(kN)	剪力 V(kN)	弯矩 M(kN·m)
北横梁	7.20×10^3	8.81×10^3	1.54×10^5
南横梁	7.08×10^3	9.13×10^3	1.58×10^5
北主塔1号	2.05×10^4	1.24×10^4	3.69×10^5
北主塔2号	2.01×10^4	1.23×10^4	3.29×10^5
北主塔3号	1.92×10^4	1.20×10^4	9.27×10^4

续上表

位　　置	轴力 P(kN)	剪力 V(kN)	弯矩 M(kN·m)
北主塔 4 号	1.50×10^4	3.57×10^3	9.54×10^4
北主塔 5 号	1.30×10^4	1.30×10^3	5.73×10^4
南主塔 1 号	2.05×10^4	1.28×10^4	3.81×10^5
南主塔 2 号	2.01×10^4	1.27×10^4	3.41×10^5
南主塔 3 号	1.93×10^4	1.24×10^4	9.50×10^4
南主塔 4 号	1.49×10^4	3.59×10^3	9.39×10^4
南主塔 5 号	1.29×10^4	1.27×10^3	5.68×10^4
北辅助墩	4.86×10^3	2.07×10^3	4.06×10^4
南辅助墩	5.20×10^3	2.14×10^3	4.21×10^4
北过渡墩	6.31×10^3	2.90×10^3	5.25×10^4
南过渡墩	6.80×10^3	3.12×10^3	5.67×10^4

注：表中 P 为轴力，V 为横桥向剪力，M 为绕纵桥向弯矩。

(2)引桥刚构控制截面内力

在超越概率为 100 年 10% 的设计地震横向 + 竖向输入下，反应谱分析得到的引桥刚构控制截面内力见表 4-4-14 所示。

引桥刚构控制截面内力　　表 4-4-14

位　　置			轴力 P(kN)	剪力 V(kN)	弯矩 M(kN·m)
北刚构引桥	N04	墩顶	3.10×10^3	3.19×10^3	9.22×10^3
		墩底	3.91×10^3	4.14×10^3	1.44×10^5
	N05	墩顶	2.90×10^3	3.19×10^3	6.92×10^3
		墩底	3.76×10^3	4.56×10^3	1.40×10^5
	N06	墩顶	2.60×10^3	3.54×10^3	7.30×10^3
		墩底	3.30×10^3	4.76×10^3	1.44×10^5
	N07	墩顶	2.43×10^3	2.83×10^3	7.66×10^3
		墩底	3.12×10^3	3.71×10^3	1.07×10^5
	N08	墩顶	2.59×10^3	1.60×10^3	6.17×10^3
		墩底	3.34×10^3	2.31×10^3	6.06×10^4
	N09	墩底	2.42×10^3	2.04×10^3	5.56×10^4
	N10	墩底	8.04×10^2	3.72×10^3	3.09×10^4
南刚构引桥	S04	墩顶	6.60×10^3	2.60×10^3	4.59×10^4
		墩底	7.16×10^3	3.53×10^3	6.76×10^4
	S05	墩顶	3.60×10^3	1.97×10^3	5.11×10^3
		墩底	5.06×10^3	2.99×10^3	8.91×10^4
	S06	墩顶	3.52×10^3	3.89×10^3	1.37×10^4
		墩底	4.71×10^3	4.97×10^3	1.59×10^5
	S07	墩底	2.07×10^3	2.00×10^3	5.07×10^4

注：表中 P 为轴力，V 为横桥向剪力，M 为绕纵桥向弯矩。

(3)引桥连续梁控制截面内力

在超越概率为100年10%的设计地震横向+竖向输入下,反应谱分析得到的引桥连续梁控制截面内力见表4-4-15所示。

引桥连续梁控制截面内力　表4-4-15

位　置	轴力 P(kN)	剪力 V(kN)	弯矩 M(kN·m)
S08 墩底	2.99×10^3	1.92×10^3	4.55×10^4
S09 墩底	3.21×10^3	1.98×10^3	4.87×10^4
S10 墩底	1.87×10^3	2.26×10^3	5.66×10^4

注:表中 P 为轴力,V 为横桥向剪力,M 为绕纵桥向弯矩。

2. 桩基控制截面内力

(1)承台底反力

在超越概率为100年10%的设计地震横向+竖向输入下,反应谱分析得到的承台底反力见表4-4-16所示。

承台底反力　表4-4-16

位　置		轴力 P(kN)	剪力 V(kN)	弯矩 M(kN·m)
主桥	北主塔	3.34×10^4	2.55×10^4	1.17×10^6
	南主塔	3.26×10^4	2.54×10^4	1.22×10^6
	北辅助墩	8.20×10^3	7.43×10^3	1.74×10^5
	南辅助墩	8.95×10^3	7.51×10^3	1.81×10^5
	北过渡墩	8.50×10^3	8.07×10^3	2.31×10^5
	南过渡墩	1.00×10^4	8.31×10^3	2.48×10^5
北引桥	N04 桥墩	8.10×10^3	8.89×10^3	3.19×10^5
	N05 桥墩	7.67×10^3	9.94×10^3	3.18×10^5
	N06 桥墩	6.72×10^3	1.03×10^4	3.26×10^5
	N07 桥墩	6.35×10^3	8.14×10^3	2.44×10^5
	N08 桥墩	7.04×10^3	5.31×10^3	1.41×10^5
	N09 桥墩	5.30×10^3	4.45×10^3	1.23×10^5
	N10 桥墩	8.04×10^2	3.72×10^3	3.83×10^4
南引桥	S04 桥墩	8.37×10^3	7.65×10^3	2.69×10^5
	S05 桥墩	1.06×10^4	6.91×10^3	2.18×10^5
	S06 桥墩	9.95×10^3	9.07×10^3	2.94×10^5
	S07 桥墩	2.40×10^3	2.27×10^3	5.55×10^4
	S08 桥墩	3.41×10^3	2.17×10^3	5.03×10^4
	S09 桥墩	3.66×10^3	2.21×10^3	5.38×10^4
	S10 桥墩	2.16×10^3	2.48×10^3	6.23×10^4

注:表中 P 为轴力,V 为横桥向剪力,M 为绕纵桥向弯矩。

(2)单桩控制截面内力

在超越概率为100年10%的设计地震横向+竖向输入下,反应谱分析得到的单桩控制截面内力见表4-4-17所示。

单桩控制截面内力 表 4-4-17

位置		轴力 P(kN)	剪力 V(kN)	弯矩 M(kN·m)
主桥	北主塔	7.14×10^3	8.50×10^2	4.57×10^3
	南主塔	7.29×10^3	8.47×10^2	4.20×10^3
	北辅助墩	2.68×10^3	5.31×10^2	3.66×10^3
	南辅助墩	2.82×10^3	5.36×10^2	3.78×10^3
	北过渡墩	5.17×10^3	8.07×10^2	4.97×10^3
	南过渡墩	5.63×10^3	8.31×10^2	5.26×10^3
北引桥	N04 桥墩	3.50×10^3	4.94×10^2	3.14×10^3
	N05 桥墩	4.88×10^3	8.28×10^2	5.11×10^3
	N06 桥墩	4.92×10^3	8.58×10^2	5.33×10^3
	N07 桥墩	3.33×10^3	6.78×10^2	4.26×10^3
	N08 桥墩	2.54×10^3	4.43×10^2	2.82×10^3
	N09 桥墩	1.97×10^3	3.71×10^2	1.13×10^3
南引桥	S04 桥墩	4.25×10^3	6.38×10^2	4.09×10^3
	S05 桥墩	3.58×10^3	5.76×10^2	3.83×10^3
	S06 桥墩	4.45×10^3	7.56×10^2	5.05×10^3
	S07 桥墩	3.70×10^3	3.78×10^2	1.63×10^3
	S08 桥墩	3.57×10^3	3.62×10^2	1.61×10^3
	S09 桥墩	3.78×10^3	3.68×10^2	1.65×10^3
	S10 桥墩	3.61×10^3	4.14×10^2	1.95×10^3

注:表中 P 为轴力,V 为横桥向剪力,M 为绕纵桥向弯矩。

3. 关键位移

在超越概率为 100 年 10% 的设计地震横向 + 竖向输入下,反应谱分析得到的主梁关键截面位移见表 4-4-18所示。

关 键 位 移 表 4-4-18

位置	U_Y(m)	U_Z(m)
主桥主梁北梁端	0.046	0.002
主桥主梁跨中	0.18	0.096
主桥主梁南梁端	0.045	0.002
北主塔塔顶	0.116	0.002
南主塔塔顶	0.128	0.002
北刚构北梁端	0.039	0.005
北刚构南梁端	0.039	0.005
南刚构北梁端	0.036	0.004
南刚构南梁端	0.076	0.001
北连续梁梁端	0.061	0.001
南连续梁梁端	0.077	0.001

(三)纵向+竖向地震输入(100年4%)

1. 塔墩控制截面内力

(1)主桥控制截面内力

在超越概率为100年4%的罕遇地震纵向+竖向输入下，反应谱分析得到的主桥控制截面内力见表4-4-19所示。

主桥控制截面内力表 表4-4-19

位　置	轴力 P(kN)	剪力 V(kN)	弯矩 M(kN·m)
北横梁	6.03×10^3	2.06×10^3	9.61×10^4
南横梁	5.88×10^3	2.01×10^3	9.37×10^4
北主塔1号	1.89×10^4	1.17×10^4	7.31×10^5
北主塔2号	1.80×10^4	1.11×10^4	7.04×10^5
北主塔3号	1.57×10^4	9.17×10^3	4.77×10^5
北主塔4号	1.22×10^4	7.68×10^3	4.90×10^5
北主塔5号	3.05×10^3	2.72×10^3	2.99×10^4
南主塔1号	1.82×10^4	1.12×10^4	7.07×10^5
南主塔2号	1.73×10^4	1.06×10^4	6.82×10^5
南主塔3号	1.51×10^4	8.81×10^3	4.64×10^5
南主塔4号	1.18×10^4	7.44×10^3	4.77×10^5
南主塔5号	2.96×10^3	2.73×10^3	2.99×10^4
北辅助墩	6.96×10^3	2.70×10^3	6.58×10^4
南辅助墩	7.25×10^3	2.87×10^3	6.92×10^4
北过渡墩	5.18×10^3	2.71×10^3	7.47×10^4
南过渡墩	5.84×10^3	2.85×10^3	7.77×10^4

注：表中 P 为轴力，V 为纵桥向剪力，M 为绕横桥向弯矩。

(2)引桥刚构控制截面内力

在超越概率为100年4%的罕遇地震纵向+竖向输入下，反应谱分析得到的引桥刚构控制截面内力见表4-4-20所示。

引桥刚构控制截面内力 表4-4-20

位　置			轴力 P(kN)	剪力 V(kN)	弯矩 M(kN·m)
北刚构引桥	N04	墩顶	4.79×10^3	2.94×10^3	1.18×10^5
		墩底	5.96×10^3	3.87×10^3	1.15×10^4
	N05	墩顶	4.17×10^3	3.31×10^3	1.40×10^5
		墩底	5.40×10^3	4.24×10^3	1.20×10^4
	N06	墩顶	3.67×10^3	3.57×10^3	1.40×10^5
		墩底	4.67×10^3	4.45×10^3	1.09×10^4
	N07	墩顶	3.49×10^3	4.22×10^3	1.52×10^5
		墩底	4.43×10^3	5.03×10^3	1.32×10^4
	N08	墩顶	4.01×10^3	4.55×10^3	1.41×10^5
		墩底	5.04×10^3	5.15×10^3	1.14×10^4
	N09	墩底	3.96×10^3	2.22×10^3	4.03×10^4
	N10	墩底	1.31×10^3	3.49×10^2	2.44×10^3

续上表

位置			轴力 P(kN)	剪力 V(kN)	弯矩 M(kN·m)
南刚构引桥	S04	墩顶	4.95×10^3	3.18×10^3	1.28×10^5
		墩底	6.17×10^3	4.09×10^3	1.07×10^4
	S05	墩顶	5.21×10^3	3.83×10^3	1.70×10^5
		墩底	7.34×10^3	4.97×10^3	1.94×10^4
	S06	墩顶	5.53×10^3	3.43×10^3	1.41×10^5
		墩底	7.26×10^3	4.52×10^3	1.24×10^4
	S07	墩底	3.28×10^3	1.49×10^3	3.36×10^4

注：表中 P 为轴力，V 为纵桥向剪力，M 为绕横桥向弯矩。

(3)引桥连续梁控制截面内力

在超越概率为 100 年 4% 的罕遇地震纵向 + 竖向输入下，反应谱分析得到的引桥连续梁控制截面内力见表 4-4-21 所示。

引桥连续梁控制截面内力 表 4-4-21

位置	轴力 P(kN)	剪力 V(kN)	弯矩 M(kN·m)
S08 墩底	4.49×10^3	2.31×10^3	6.43×10^4
S09 墩底	4.81×10^3	1.13×10^3	2.10×10^4
S10 墩底	2.03×10^3	1.35×10^3	2.34×10^4

注：表中 P 为轴力，V 为纵桥向剪力，M 为绕横桥向弯矩。

2. 桩基控制截面内力

(1)承台底反力

在超越概率为 100 年 4% 的罕遇地震纵向 + 竖向输入下，反应谱分析得到的承台底反力见表 4-4-22 所示。

承台底反力 表 4-4-22

位置		轴力 P(kN)	剪力 V(kN)	弯矩 M(kN·m)
主桥	北主塔	5.56×10^4	4.02×10^4	1.56×10^6
	南主塔	5.43×10^4	3.88×10^4	1.51×10^6
	北辅助墩	1.69×10^4	1.04×10^4	1.52×10^5
	南辅助墩	1.78×10^4	1.10×10^4	1.61×10^5
	北过渡墩	1.48×10^4	9.26×10^3	1.66×10^5
	南过渡墩	1.71×10^4	9.50×10^3	1.73×10^5
北引桥	N04 桥墩	1.29×10^4	8.31×10^3	3.78×10^4
	N05 桥墩	1.18×10^4	9.06×10^3	1.40×10^4
	N06 桥墩	1.02×10^4	9.45×10^3	1.32×10^4
	N07 桥墩	9.71×10^3	1.07×10^4	1.56×10^4
	N08 桥墩	1.11×10^4	1.09×10^4	2.93×10^4
	N09 桥墩	8.74×10^3	5.34×10^3	9.15×10^4
	N10 桥墩	1.31×10^3	3.49×10^2	3.12×10^3

续上表

位置		轴力 P(kN)	剪力 V(kN)	弯矩 M(kN·m)
南引桥	S04 桥墩	1.33×10^4	8.70×10^3	3.50×10^4
	S05 桥墩	1.60×10^4	1.05×10^4	1.85×10^4
	S06 桥墩	1.57×10^4	9.48×10^3	1.20×10^4
	S07 桥墩	3.75×10^3	1.93×10^3	3.67×10^4
	S08 桥墩	5.12×10^3	2.57×10^3	6.98×10^4
	S09 桥墩	5.49×10^3	1.51×10^3	2.38×10^4
	S10 桥墩	2.58×10^3	1.75×10^3	2.67×10^4

注:表中 P 为轴力,V 为纵桥向剪力,M 为绕横桥向弯矩。

(2)单桩控制截面内力

在超越概率为 100 年 4% 的罕遇地震纵向 + 竖向输入下,反应谱分析得到的单桩控制截面内力见表 4-4-23 所示。

单桩控制截面内力 表 4-4-23

位置		轴力 P(kN)	剪力 V(kN)	弯矩 M(kN·m)
主桥	北主塔	1.29×10^4	1.34×10^3	7.91×10^3
	南主塔	1.24×10^4	1.29×10^3	8.31×10^3
	北辅助墩	5.17×10^3	7.43×10^2	6.07×10^3
	南辅助墩	5.74×10^3	7.86×10^2	5.70×10^3
	北过渡墩	7.23×10^3	9.26×10^2	8.24×10^3
	南过渡墩	7.97×10^3	9.50×10^2	7.78×10^3
北引桥	N04 桥墩	2.64×10^3	4.62×10^2	2.34×10^3
	N05 桥墩	3.33×10^3	7.55×10^2	3.53×10^3
	N06 桥墩	3.31×10^3	7.88×10^2	3.82×10^3
	N07 桥墩	3.70×10^3	8.92×10^2	4.47×10^3
	N08 桥墩	4.48×10^3	9.08×10^2	4.68×10^3
	N09 桥墩	4.46×10^3	4.45×10^2	1.60×10^3
南引桥	S04 桥墩	3.55×10^3	7.25×10^2	3.66×10^3
	S05 桥墩	3.72×10^3	8.75×10^2	4.19×10^3
	S06 桥墩	3.40×10^3	7.90×10^2	4.03×10^3
	S07 桥墩	3.72×10^3	3.22×10^2	2.67×10^3
	S08 桥墩	6.28×10^3	4.28×10^2	4.36×10^3
	S09 桥墩	3.03×10^3	2.52×10^2	1.90×10^3
	S10 桥墩	2.83×10^3	2.92×10^2	2.16×10^3

注:表中 P 为轴力,V 为纵桥向剪力,M 为绕横桥向弯矩。

3. 关键位移

在超越概率为 100 年 4% 的罕遇地震纵向 + 竖向输入下,反应谱分析得到的主梁关键截面位移见表 4-4-24所示。

关键位移　　表 4-4-24

位　　置	U_X(m)	U_Z(m)
主桥主梁北梁端	0.611	0.003
主桥主梁跨中	0.611	0.157
主桥主梁南梁端	0.611	0.004
北主塔塔顶	0.683	0.004
南主塔塔顶	0.683	0.004
北刚构北梁端	0.128	0
北刚构南梁端	0.128	0.003
南刚构北梁端	0.136	0.003
南刚构南梁端	0.136	0.002
北连续梁梁端	0.253	0.002
南连续梁梁端	0.358	0.006

(四)横向＋竖向地震输入(100 年 4%)

1. 塔墩控制截面内力

(1)主桥控制截面内力

在超越概率为 100 年 4% 的罕遇地震横向＋竖向输入下,反应谱分析得到的主桥控制截面内力见表 4-4-25所示。

主桥控制截面内力　　表 4-4-25

位　　置	轴力 P(kN)	剪力 V(kN)	弯矩 M(kN·m)
北横梁	1.17×10^{4}	1.44×10^{4}	2.51×10^{5}
南横梁	1.15×10^{4}	1.49×10^{4}	2.58×10^{5}
北主塔 1 号	3.34×10^{4}	2.02×10^{4}	6.01×10^{5}
北主塔 2 号	3.28×10^{4}	2.01×10^{4}	5.37×10^{5}
北主塔 3 号	3.14×10^{4}	1.95×10^{4}	1.51×10^{5}
北主塔 4 号	2.45×10^{4}	5.82×10^{3}	1.56×10^{5}
北主塔 5 号	2.12×10^{4}	2.13×10^{3}	9.34×10^{4}
南主塔 1 号	3.34×10^{4}	2.08×10^{4}	6.22×10^{5}
南主塔 2 号	3.28×10^{4}	2.07×10^{4}	5.55×10^{5}
南主塔 3 号	3.15×10^{4}	2.02×10^{4}	1.55×10^{5}
南主塔 4 号	2.43×10^{4}	5.85×10^{3}	1.53×10^{5}
南主塔 5 号	2.11×10^{4}	2.06×10^{3}	9.27×10^{4}
北辅助墩	7.92×10^{3}	3.38×10^{3}	6.62×10^{4}
南辅助墩	8.47×10^{3}	3.49×10^{3}	6.86×10^{4}
北过渡墩	1.03×10^{4}	4.72×10^{3}	8.56×10^{4}
南过渡墩	1.11×10^{4}	5.08×10^{3}	9.24×10^{4}

注:表中 P 为轴力,V 为横桥向剪力,M 为绕纵桥向弯矩。

(2)引桥刚构控制截面内力

在超越概率为100年4%的罕遇地震横向+竖向输入下,反应谱分析得到的引桥刚构控制截面内力见表4-4-26所示。

引桥刚构控制截面内力

表4-4-26

位置			轴力 P(kN)	剪力 V(kN)	弯矩 M(kN·m)
北刚构引桥	N04	墩顶	4.66×10^3	4.79×10^3	1.38×10^4
		墩底	5.86×10^3	6.21×10^3	2.16×10^5
	N05	墩顶	4.35×10^3	4.79×10^3	1.04×10^4
		墩底	5.64×10^3	6.84×10^3	2.10×10^5
	N06	墩顶	3.90×10^3	5.31×10^3	1.10×10^4
		墩底	4.96×10^3	7.15×10^3	2.16×10^5
	N07	墩顶	3.65×10^3	4.24×10^3	1.15×10^4
		墩底	4.68×10^3	5.57×10^3	1.61×10^5
	N08	墩顶	3.89×10^3	2.41×10^3	9.26×10^3
		墩底	5.01×10^3	3.47×10^3	9.10×10^4
	N09	墩底	3.63×10^3	3.05×10^3	8.34×10^4
	N10	墩底	1.21×10^3	5.58×10^3	4.64×10^4
南刚构引桥	S04	墩顶	9.90×10^3	3.90×10^3	6.88×10^4
		墩底	1.07×10^4	5.30×10^3	1.01×10^5
	S05	墩顶	5.40×10^3	2.96×10^3	7.66×10^3
		墩底	7.59×10^3	4.48×10^3	1.34×10^5
	S06	墩顶	5.28×10^3	5.84×10^3	2.06×10^4
		墩底	7.07×10^3	7.45×10^3	2.38×10^5
	S07	墩底	3.11×10^3	2.99×10^3	7.60×10^4

注:表中 P 为轴力,V 为横桥向剪力,M 为绕纵桥向弯矩。

(3)引桥连续梁控制截面内力

在超越概率为100年4%的罕遇地震横向+竖向输入下,反应谱分析得到的引桥连续梁控制截面内力见表4-4-27所示。

引桥连续梁控制截面内力

表4-4-27

位置	轴力 P(kN)	剪力 V(kN)	弯矩 M(kN·m)
S08 墩底	4.48×10^3	2.88×10^3	6.83×10^4
S09 墩底	4.81×10^3	2.97×10^3	7.31×10^4
S10 墩底	2.81×10^3	3.39×10^3	8.49×10^4

注:表中 P 为轴力,V 为横桥向剪力,M 为绕纵桥向弯矩。

2. 桩基控制截面内力

(1)承台底反力

在超越概率为100年4%的罕遇地震横向+竖向输入下,反应谱分析得到的承台底反力见表4-4-28所示。

承台底反力 表 4-4-28

位置		轴力 P(kN)	剪力 V(kN)	弯矩 M(kN·m)
主桥	北主塔	5.45×10^{4}	4.16×10^{4}	1.92×10^{6}
	南主塔	5.31×10^{4}	4.13×10^{4}	1.98×10^{6}
	北辅助墩	1.34×10^{4}	1.21×10^{4}	2.83×10^{5}
	南辅助墩	1.45×10^{4}	1.23×10^{4}	2.95×10^{5}
	北过渡墩	1.39×10^{4}	1.32×10^{4}	3.77×10^{5}
	南过渡墩	1.63×10^{4}	1.35×10^{4}	4.04×10^{5}
北引桥	N04 桥墩	1.21×10^{4}	1.33×10^{4}	4.79×10^{5}
	N05 桥墩	1.15×10^{4}	1.49×10^{4}	4.77×10^{5}
	N06 桥墩	1.01×10^{4}	1.54×10^{4}	4.89×10^{5}
	N07 桥墩	9.52×10^{3}	1.22×10^{4}	3.66×10^{5}
	N08 桥墩	1.06×10^{4}	7.96×10^{3}	2.11×10^{5}
	N09 桥墩	7.95×10^{3}	6.67×10^{3}	1.85×10^{5}
	N10 桥墩	1.21×10^{3}	5.58×10^{3}	5.75×10^{4}
南引桥	S04 桥墩	1.26×10^{4}	1.15×10^{4}	4.03×10^{5}
	S05 桥墩	1.59×10^{4}	1.04×10^{4}	3.26×10^{5}
	S06 桥墩	1.49×10^{4}	1.36×10^{4}	4.41×10^{5}
	S07 桥墩	3.60×10^{3}	3.40×10^{3}	8.33×10^{4}
	S08 桥墩	5.11×10^{3}	3.25×10^{3}	7.55×10^{4}
	S09 桥墩	5.49×10^{3}	3.31×10^{3}	8.07×10^{4}
	S10 桥墩	3.24×10^{3}	3.73×10^{3}	9.35×10^{4}

注:表中 P 为轴力,V 为横桥向剪力,M 为绕纵桥向弯矩。

(2)单桩控制截面内力

在超越概率为 100 年 4% 的罕遇地震横向 + 竖向输入下,反应谱分析得到的单桩控制截面内力见表 4-4-29所示。

单桩控制截面内力 表 4-4-29

位置		轴力 P(kN)	剪力 V(kN)	弯矩 M(kN·m)
主桥	北主塔	1.17×10^{4}	1.39×10^{3}	7.44×10^{3}
	南主塔	1.18×10^{4}	1.38×10^{3}	6.84×10^{3}
	北辅助墩	4.37×10^{3}	8.64×10^{2}	5.96×10^{3}
	南辅助墩	4.60×10^{3}	8.79×10^{2}	6.19×10^{3}
	北过渡墩	3.44×10^{3}	1.32×10^{3}	8.13×10^{3}
	南过渡墩	9.16×10^{3}	1.35×10^{3}	8.55×10^{3}
北引桥	N04 桥墩	4.94×10^{3}	7.39×10^{2}	4.70×10^{3}
	N05 桥墩	7.31×10^{3}	1.24×10^{3}	7.66×10^{3}
	N06 桥墩	7.37×10^{3}	1.28×10^{3}	7.97×10^{3}
	N07 桥墩	5.74×10^{3}	1.02×10^{3}	6.38×10^{3}
	N08 桥墩	3.81×10^{3}	6.63×10^{2}	4.23×10^{3}
	N09 桥墩	2.96×10^{3}	5.56×10^{2}	1.69×10^{3}

续上表

位　　置		轴力 P(kN)	剪力 V(kN)	弯矩 M(kN·m)
南引桥	S04 桥墩	6.37×10^3	9.58×10^2	6.15×10^3
	S05 桥墩	5.36×10^3	8.67×10^2	5.76×10^3
	S06 桥墩	6.68×10^3	1.13×10^3	7.58×10^3
	S07 桥墩	5.55×10^3	5.67×10^2	2.44×10^3
	S08 桥墩	5.35×10^3	5.42×10^2	2.40×10^3
	S09 桥墩	5.67×10^3	5.52×10^2	2.48×10^3
	S10 桥墩	5.41×10^3	6.21×10^2	2.93×10^3

注:表中 P 为轴力,V 为横桥向剪力,M 为绕纵桥向弯矩。

3. 关键位移

在超越概率为 100 年 4% 的罕遇地震横向 + 竖向输入下,反应谱分析得到的主梁关键截面位移见表 4-4-30所示。

关 键 位 移　　表 4-4-30

位　　置	U_Y(m)	U_Z(m)
主桥主梁北梁端	0.075	0.003
主桥主梁跨中	0.294	0.157
主桥主梁南梁端	0.074	0.004
北主塔塔顶	0.189	0.003
南主塔塔顶	0.209	0.004
北刚构北梁端	0.059	0.008
北刚构南梁端	0.059	0.008
南刚构北梁端	0.054	0.007
南刚构南梁端	0.115	0.002
北连续梁梁端	0.091	0.002
南连续梁梁端	0.115	0.002

六、线性时程分析结果

为与反应谱分析方法进行比较,在前述动力特性分析所采用的线弹性有限元结构模型基础上进行线性时程分析。对此模型输入前述 100 年 10% 和 100 年 4% 两种超越概率下的加速度时程,地震输入方式为:(纵向 + 竖向)组合;(横向 + 竖向)组合两种,分析方法采用线性直接积分方法。两种超越概率下的地震加速度时程分别选用 6 条时程波(见第二节),并取 6 条波的平均反应作为最终输出结果。线性时程分析与反应谱分析时所取的截面内力及位移相同,计算结果如下。

(一)纵向 + 竖向组合地震输入(100 年 10%)

1. 塔墩控制截面内力

(1)主桥控制截面内力

在超越概率为 100 年 10% 的设计地震纵向 + 竖向输入下,线性时程分析得到的主桥控制截面内力见表 4-4-31 所示。

主桥控制截面内力　　表 4-4-31

位　　置	轴力 P(kN)	剪力 V(kN)	弯矩 M(kN·m)
北横梁	3.63×10^3	1.13×10^3	5.49×10^4
南横梁	3.73×10^3	1.23×10^3	5.80×10^4
北主塔 1 号	1.13×10^4	6.55×10^3	4.27×10^5
北主塔 2 号	1.07×10^4	6.27×10^3	4.10×10^5
北主塔 3 号	9.40×10^3	5.37×10^3	2.65×10^5
北主塔 4 号	7.63×10^3	4.62×10^3	2.72×10^5
北主塔 5 号	2.08×10^3	1.63×10^3	1.94×10^4
南主塔 1 号	1.13×10^4	7.19×10^3	4.38×10^5
南主塔 2 号	1.08×10^4	6.88×10^3	4.19×10^5
南主塔 3 号	9.62×10^3	5.88×10^3	2.78×10^5
南主塔 4 号	7.55×10^3	4.79×10^3	2.85×10^5
南主塔 5 号	1.92×10^3	1.68×10^3	1.94×10^4
北辅助墩	4.28×10^3	1.51×10^3	3.83×10^4
南辅助墩	4.75×10^3	1.65×10^3	4.08×10^4
北过渡墩	3.21×10^3	1.45×10^3	4.34×10^4
南过渡墩	3.37×10^3	1.53×10^3	4.44×10^4

注:表中 P 为轴力,V 为纵桥向剪力,M 为绕横桥向弯矩。

(2)引桥刚构控制截面内力

在超越概率为 100 年 10% 的设计地震纵向 + 竖向输入下,线性时程分析得到的引桥刚构控制截面内力见表 4-4-32 所示。

引桥刚构控制截面内力　　表 4-4-32

<table>
<tr><th colspan="3">位　　置</th><th>轴力 P(kN)</th><th>剪力 V(kN)</th><th>弯矩 M(kN·m)</th></tr>
<tr><td rowspan="12">北刚构引桥</td><td rowspan="2">N04</td><td>墩顶</td><td>3.46×10^3</td><td>2.08×10^3</td><td>8.00×10^4</td></tr>
<tr><td>墩底</td><td>4.36×10^3</td><td>2.66×10^3</td><td>8.49×10^3</td></tr>
<tr><td rowspan="2">N05</td><td>墩顶</td><td>3.08×10^3</td><td>2.32×10^3</td><td>9.41×10^4</td></tr>
<tr><td>墩底</td><td>4.03×10^3</td><td>2.89×10^3</td><td>9.17×10^3</td></tr>
<tr><td rowspan="2">N06</td><td>墩顶</td><td>2.87×10^3</td><td>2.43×10^3</td><td>9.42×10^4</td></tr>
<tr><td>墩底</td><td>3.71×10^3</td><td>2.99×10^3</td><td>7.86×10^3</td></tr>
<tr><td rowspan="2">N07</td><td>墩顶</td><td>2.57×10^3</td><td>2.94×10^3</td><td>1.04×10^5</td></tr>
<tr><td>墩底</td><td>3.24×10^3</td><td>3.40×10^3</td><td>9.05×10^3</td></tr>
<tr><td rowspan="2">N08</td><td>墩顶</td><td>2.87×10^3</td><td>3.22×10^3</td><td>9.67×10^4</td></tr>
<tr><td>墩底</td><td>3.69×10^3</td><td>3.48×10^3</td><td>6.77×10^3</td></tr>
<tr><td>N09</td><td>墩底</td><td>3.13×10^3</td><td>1.33×10^3</td><td>2.38×10^4</td></tr>
<tr><td>N10</td><td>墩底</td><td>9.13×10^2</td><td>2.63×10^2</td><td>1.90×10^3</td></tr>
</table>

续上表

位置			轴力 P(kN)	剪力 V(kN)	弯矩 M(kN·m)
南刚构引桥	S04	墩顶	3.25×10^3	2.31×10^3	8.74×10^4
		墩底	4.17×10^3	2.73×10^3	7.68×10^3
	S05	墩顶	3.50×10^3	2.67×10^3	1.15×10^5
		墩底	4.93×10^3	3.36×10^3	1.41×10^4
	S06	墩顶	4.04×10^3	2.44×10^3	9.50×10^4
		墩底	5.25×10^3	3.03×10^3	9.42×10^3
	S07	墩底	2.47×10^3	1.06×10^3	2.34×10^4

注:表中 P 为轴力,V 为纵桥向剪力,M 为绕横桥向弯矩。

(3)引桥连续梁控制截面内力

在超越概率为100年10%的设计地震纵向+竖向输入下,线性时程分析得到的引桥连续梁控制截面内力见表4-4-33所示。

引桥连续梁控制截面内力　　表4-4-33

位置	轴力 P(kN)	剪力 V(kN)	弯矩 M(kN·m)
S08 墩底	2.92×10^3	1.60×10^3	4.45×10^4
S09 墩底	3.13×10^3	7.49×10^2	1.30×10^4
S10 墩底	1.37×10^3	9.03×10^2	1.64×10^4

注:表中 P 为轴力,V 为纵桥向剪力,M 为绕横桥向弯矩。

2. 桩基控制截面内力

(1)承台底反力

在超越概率为100年10%的设计地震纵向+竖向输入下,线性时程分析得到的承台底反力见表4-4-34所示。

承台底反力　　表4-4-34

位置		轴力 P(kN)	剪力 V(kN)	弯矩 M(kN·m)
主桥	北主塔	3.25×10^4	2.39×10^4	9.33×10^5
	南主塔	3.19×10^4	2.61×10^4	9.59×10^5
	北辅助墩	9.83×10^3	6.16×10^3	9.14×10^4
	南辅助墩	1.10×10^4	6.59×10^3	9.88×10^4
	北过渡墩	8.28×10^3	5.43×10^3	9.45×10^4
	南过渡墩	8.47×10^3	5.43×10^3	9.68×10^4
北引桥	N04 桥墩	9.47×10^3	5.91×10^3	2.75×10^4
	N05 桥墩	8.78×10^3	6.27×10^3	1.14×10^4
	N06 桥墩	8.10×10^3	6.41×10^3	8.20×10^3
	N07 桥墩	7.11×10^3	7.20×10^3	8.70×10^3
	N08 桥墩	8.13×10^3	7.29×10^3	2.03×10^4
	N09 桥墩	6.95×10^3	3.43×10^3	5.32×10^4
	N10 桥墩	1.15×10^3	7.54×10^2	2.90×10^3

续上表

位置		轴力 P(kN)	剪力 V(kN)	弯矩 M(kN·m)
南引桥	S04 桥墩	9.08×10^3	6.06×10^3	2.64×10^4
	S05 桥墩	1.08×10^4	7.15×10^3	1.36×10^4
	S06 桥墩	1.14×10^4	6.44×10^3	9.01×10^3
	S07 桥墩	2.82×10^3	1.41×10^3	2.50×10^4
	S08 桥墩	3.39×10^3	1.09×10^3	2.20×10^4
	S09 桥墩	3.48×10^3	1.11×10^3	2.43×10^4
	S10 桥墩	1.77×10^3	9.58×10^2	1.58×10^4

注:表中 P 为轴力,V 为纵桥向剪力,M 为绕横桥向弯矩。

(2)单桩控制截面内力

在超越概率为 100 年 10% 的设计地震纵向 + 竖向输入下,线性时程分析得到的单桩控制截面内力见表 4-4-35 所示。

单桩控制截面内力 表 4-4-35

位置		轴力 P(kN)	剪力 V(kN)	弯矩 M(kN·m)
主桥	北主塔	7.70×10^3	7.97×10^2	4.72×10^3
	南主塔	7.82×10^3	8.70×10^2	5.41×10^3
	北辅助墩	3.07×10^3	4.40×10^2	3.62×10^3
	南辅助墩	3.51×10^3	4.71×10^2	3.46×10^3
	北过渡墩	4.13×10^3	5.43×10^2	4.75×10^3
	南过渡墩	4.37×10^3	5.43×10^2	4.40×10^3
北引桥	N04 桥墩	1.91×10^3	3.28×10^2	1.67×10^3
	N05 桥墩	2.41×10^3	5.23×10^2	2.41×10^3
	N06 桥墩	2.32×10^3	5.34×10^2	2.61×10^3
	N07 桥墩	2.48×10^3	6.00×10^2	3.04×10^3
	N08 桥墩	3.08×10^3	6.08×10^2	3.12×10^3
	N09 桥墩	2.79×10^3	2.86×10^2	9.77×10^2
南引桥	S04 桥墩	2.51×10^3	5.05×10^2	2.60×10^3
	S05 桥墩	2.55×10^3	5.96×10^2	2.83×10^3
	S06 桥墩	2.39×10^3	5.37×10^2	2.72×10^3
	S07 桥墩	2.62×10^3	2.35×10^2	1.88×10^3
	S08 桥墩	2.39×10^3	1.82×10^2	1.56×10^3
	S09 桥墩	2.56×10^3	1.85×10^2	1.66×10^3
	S10 桥墩	1.68×10^3	1.60×10^2	1.23×10^3

注:表中 P 为轴力,V 为纵桥向剪力,M 为绕横桥向弯矩。

3. 关键位移

在超越概率为 100 年 10% 的设计地震纵向 + 竖向输入下,线性时程分析得到的主梁关键截面位移见表 4-4-36 所示。

关键位移

表 4-4-36

位　　置	U_X(m)	U_Z(m)
主桥主梁北梁端	0.329	0.002
主桥主梁跨中	0.330	0.088
主桥主梁南梁端	0.331	0.002
北主塔塔顶	0.364	0.002
南主塔塔顶	0.384	0.002
北刚构北梁端	0.067	0
北刚构南梁端	0.067	0.002
南刚构北梁端	0.072	0.002
南刚构南梁端	0.072	0.001
北连续梁梁端	0.066	0.001
南连续梁梁端	0.131	0.003

(二)横向＋竖向地震输入(100 年 10%)

1. 塔墩控制截面内力

(1)主桥控制截面内力

在超越概率为 100 年 10% 的设计地震横向＋竖向输入下,线性时程分析得到的主桥控制截面内力见表 4-4-37 所示。

主桥控制截面内力

表 4-4-37

位　　置	轴力 P(kN)	剪力 V(kN)	弯矩 M(kN·m)
北横梁	8.38×10^3	8.32×10^3	1.44×10^5
南横梁	7.53×10^3	8.58×10^3	1.51×10^5
北主塔 1 号	2.20×10^4	1.13×10^4	3.38×10^5
北主塔 2 号	2.15×10^4	1.13×10^4	3.02×10^5
北主塔 3 号	2.02×10^4	1.10×10^4	8.71×10^4
北主塔 4 号	1.53×10^4	3.62×10^3	8.84×10^4
北主塔 5 号	1.28×10^4	1.11×10^3	5.79×10^4
南主塔 1 号	2.16×10^4	1.16×10^4	3.49×10^5
南主塔 2 号	2.12×10^4	1.17×10^4	3.12×10^5
南主塔 3 号	2.01×10^4	1.14×10^4	9.18×10^4
南主塔 4 号	1.55×10^4	3.65×10^3	9.67×10^4
南主塔 5 号	1.26×10^4	1.21×10^3	5.62×10^4
北辅助墩	5.54×10^3	2.09×10^3	4.18×10^4
南辅助墩	5.50×10^3	2.07×10^3	4.01×10^4
北过渡墩	6.30×10^3	2.76×10^3	5.10×10^4
南过渡墩	6.46×10^3	2.83×10^3	5.18×10^4

注:表中 P 为轴力,V 为横桥向剪力,M 为绕纵桥向弯矩。

(2)引桥刚构控制截面内力

在超越概率为 100 年 10% 的设计地震横向＋竖向输入下,线性时程分析得到的引桥刚构控制截面内力见表 4-4-38 所示。

引桥刚构控制截面内力 表 4-4-38

位置			轴力 P(kN)	剪力 V(kN)	弯矩 M(kN·m)
北刚构引桥	N04	墩顶	2.41×10^3	3.03×10^3	8.39×10^3
		墩底	3.20×10^3	3.94×10^3	1.37×10^5
	N05	墩顶	2.38×10^3	2.76×10^3	7.20×10^3
		墩底	3.14×10^3	3.98×10^3	1.21×10^5
	N06	墩顶	2.29×10^3	2.98×10^3	6.85×10^3
		墩底	3.02×10^3	4.10×10^3	1.20×10^5
	N07	墩顶	1.98×10^3	2.57×10^3	7.15×10^3
		墩底	2.62×10^3	3.43×10^3	9.72×10^4
	N08	墩顶	2.33×10^3	1.54×10^3	6.34×10^3
		墩底	3.06×10^3	2.09×10^3	5.59×10^4
	N09	墩底	2.42×10^3	2.06×10^3	5.31×10^4
	N10	墩底	9.02×10^2	4.10×10^3	3.41×10^4
南刚构引桥	S04	墩顶	7.20×10^3	2.92×10^3	5.14×10^4
		墩底	7.81×10^3	3.91×10^3	7.59×10^4
	S05	墩顶	2.71×10^3	2.17×10^3	5.29×10^3
		墩底	3.86×10^3	3.36×10^3	9.82×10^4
	S06	墩顶	2.79×10^3	4.17×10^3	1.45×10^4
		墩底	3.85×10^3	5.32×10^3	1.70×10^5
	S07	墩底	2.11×10^3	2.17×10^3	5.49×10^4

注:表中 P 为轴力,V 为横桥向剪力,M 为绕纵桥向弯矩。

(3)引桥连续梁控制截面内力

在超越概率为 100 年 10% 的设计地震横向 + 竖向输入下,线性时程分析得到的引桥连续梁控制截面内力见表 4-4-39 所示。

引桥连续梁控制截面内力 表 4-4-39

位置	轴力 P(kN)	剪力 V(kN)	弯矩 M(kN·m)
S08 墩底	2.93×10^3	1.88×10^3	4.49×10^4
S09 墩底	3.12×10^3	1.72×10^3	4.48×10^4
S10 墩底	1.90×10^3	2.14×10^3	4.92×10^4

注:表中 P 为轴力,V 为横桥向剪力,M 为绕纵桥向弯矩。

2. 桩基控制截面内力

(1)承台底反力

在超越概率为 100 年 10% 的设计地震横向 + 竖向输入下,线性时程分析得到的承台底反力见表 4-4-40所示。

承台底反力 表 4-4-40

位置		轴力 P(kN)	剪力 V(kN)	弯矩 M(kN·m)
主桥	北主塔	3.11×10^4	2.68×10^4	1.13×10^6
	南主塔	3.12×10^4	2.61×10^4	1.16×10^6
	北辅助墩	7.75×10^3	7.52×10^3	1.86×10^5
	南辅助墩	7.87×10^3	7.45×10^3	1.82×10^5
	北过渡墩	7.68×10^3	9.72×10^3	2.55×10^5
	南过渡墩	8.52×10^3	8.98×10^3	2.61×10^5

续上表

位置		轴力 P(kN)	剪力 V(kN)	弯矩 M(kN·m)
北引桥	N04 桥墩	8.37×10^3	8.59×10^3	3.05×10^5
	N05 桥墩	8.63×10^3	8.81×10^3	2.76×10^5
	N06 桥墩	7.87×10^3	9.08×10^3	2.72×10^5
	N07 桥墩	7.00×10^3	7.58×10^3	2.25×10^5
	N08 桥墩	7.68×10^3	4.94×10^3	1.30×10^5
	N09 桥墩	6.02×10^3	4.64×10^3	1.20×10^5
	N10 桥墩	1.13×10^3	4.41×10^3	4.26×10^4
南引桥	S04 桥墩	9.07×10^3	8.54×10^3	3.04×10^5
	S05 桥墩	1.08×10^4	7.85×10^3	2.31×10^5
	S06 桥墩	1.06×10^4	1.02×10^4	3.38×10^5
	S07 桥墩	2.46×10^3	2.59×10^3	5.97×10^4
	S08 桥墩	3.36×10^3	2.27×10^3	4.93×10^4
	S09 桥墩	3.56×10^3	2.00×10^3	4.87×10^4
	S10 桥墩	2.16×10^3	2.42×10^3	5.43×10^4

注：表中 P 为轴力，V 为横桥向剪力，M 为绕纵桥向弯矩。

(2)单桩控制截面内力

在超越概率为100年10%的设计地震横向+竖向组合输入下，线性时程分析得到的单桩控制截面内力见表4-4-41所示。

单桩控制截面内力 表4-4-41

位置		轴力 P(kN)	剪力 V(kN)	弯矩 M(kN·m)
主桥	北主塔	6.93×10^3	8.93×10^2	4.94×10^3
	南主塔	7.00×10^3	8.70×10^2	4.47×10^3
	北辅助墩	2.77×10^3	5.37×10^2	3.68×10^3
	南辅助墩	2.75×10^3	5.32×10^2	3.74×10^3
	北过渡墩	5.63×10^3	9.72×10^2	6.08×10^3
	南过渡墩	5.75×10^3	8.98×10^2	5.71×10^3
北引桥	N04 桥墩	3.19×10^3	4.77×10^2	3.04×10^3
	N05 桥墩	4.41×10^3	7.34×10^2	4.53×10^3
	N06 桥墩	4.33×10^3	7.57×10^2	4.71×10^3
	N07 桥墩	3.63×10^3	6.32×10^2	3.96×10^3
	N08 桥墩	2.45×10^3	4.12×10^2	2.63×10^3
	N09 桥墩	2.00×10^3	3.87×10^2	1.18×10^3
南引桥	S04 桥墩	4.76×10^3	7.12×10^2	4.56×10^3
	S05 桥墩	3.80×10^3	6.54×10^2	4.37×10^3
	S06 桥墩	5.03×10^3	8.50×10^2	5.68×10^3
	S07 桥墩	4.00×10^3	4.32×10^2	1.90×10^3
	S08 桥墩	3.54×10^3	3.78×10^2	1.72×10^3
	S09 桥墩	3.46×10^3	3.33×10^2	1.50×10^3
	S10 桥墩	3.13×10^3	3.28×10^2	1.51×10^3

注：表中 P 为轴力，V 为横桥向剪力，M 为绕纵桥向弯矩。

3. 关键位移

在超越概率为100年10%的设计地震横向+竖向输入下,线性时程分析得到的主梁关键截面位移见表4-4-42所示。

关键位移 表4-4-42

位置	U_Y(m)	U_Z(m)
主桥主梁北梁端	0.042	0.002
主桥主梁跨中	0.169	0.088
主桥主梁南梁端	0.037	0.002
北主塔塔顶	0.103	0.002
南主塔塔顶	0.114	0.002
北刚构北梁端	0.038	0.005
北刚构南梁端	0.038	0.005
南刚构北梁端	0.038	0.005
南刚构南梁端	0 06	0.001
北连续梁梁端	0.053	0.001
南连续梁梁端	0.069	0.001

(三)纵向+竖向地震输入(100年4%)

1. 塔墩控制截面内力

(1)主桥控制截面内力

在超越概率为100年4%的罕遇地震纵向+竖向输入下,线性时程分析得到的主桥控制截面内力见表4-4-43所示。

主桥控制截面内力 表4-4-43

位置	轴力P(kN)	剪力V(kN)	弯矩M(kN·m)
北横梁	5.69×10^3	1.69×10^3	8.27×10^4
南横梁	5.23×10^3	1.76×10^3	8.45×10^4
北主塔1号	1.75×10^4	1.01×10^4	6.31×10^5
北主塔2号	1.67×10^4	9.70×10^3	6.04×10^5
北主塔3号	1.47×10^4	7.86×10^3	4.00×10^5
北主塔4号	1.14×10^4	6.78×10^3	4.11×10^5
北主塔5号	2.85×10^3	2.27×10^3	2.63×10^4
南主塔1号	1.52×10^4	1.04×10^4	6.19×10^5
南主塔2号	1.46×10^4	9.91×10^3	5.92×10^5
南主塔3号	1.33×10^4	8.23×10^3	4.04×10^5
南主塔4号	1.10×10^4	6.79×10^3	4.14×10^5
南主塔5号	2.99×10^3	2.25×10^3	2.75×10^4
北辅助墩	5.98×10^3	2.18×10^3	5.50×10^4
南辅助墩	6.81×10^3	2.31×10^3	5.69×10^4
北过渡墩	4.64×10^3	2.20×10^3	6.56×10^4
南过渡墩	4.71×10^3	2.21×10^3	6.51×10^4

注:表中P为轴力,V为纵桥向剪力,M为绕横桥向弯矩。

(2)引桥刚构控制截面内力

在超越概率为100年4%的罕遇地震纵向+竖向输入下，线性时程分析得到的引桥刚构控制截面内力见表4-4-44所示。

引桥刚构控制截面内力 表4-4-44

位置			轴力 P(kN)	剪力 V(kN)	弯矩 M(kN·m)
北刚构引桥	N04	墩顶	5.28×10^3	3.04×10^3	1.17×10^5
		墩底	6.41×10^3	3.86×10^3	1.30×10^4
	N05	墩顶	4.71×10^3	3.39×10^3	1.40×10^5
		墩底	6.15×10^3	4.26×10^3	1.36×10^4
	N06	墩顶	4.04×10^3	3.62×10^3	1.39×10^5
		墩底	5.16×10^3	4.40×10^3	1.22×10^4
	N07	墩顶	3.71×10^3	4.19×10^3	1.52×10^5
		墩底	4.85×10^3	5.02×10^3	1.35×10^4
	N08	墩顶	3.95×10^3	4.87×10^3	1.47×10^5
		墩底	5.14×10^3	5.24×10^3	9.88×10^3
	N09	墩底	4.66×10^3	1.91×10^3	3.41×10^4
	N10	墩底	1.55×10^3	3.97×10^2	2.80×10^3
南刚构引桥	S04	墩顶	5.19×10^3	3.26×10^3	1.27×10^5
		墩底	6.51×10^3	3.98×10^3	1.13×10^4
	S05	墩顶	5.15×10^3	3.97×10^3	1.72×10^5
		墩底	7.45×10^3	4.98×10^3	2.20×10^4
	S06	墩顶	5.65×10^3	3.51×10^3	1.39×10^5
		墩底	7.47×10^3	4.43×10^3	1.37×10^4
	S07	墩底	3.61×10^3	1.59×10^3	3.69×10^4

注：表中 P 为轴力，V 为纵桥向剪力，M 为绕横桥向弯矩。

(3)引桥连续梁控制截面内力

在超越概率为100年4%的罕遇地震纵向+竖向输入下，线性时程分析得到的引桥连续梁控制截面内力见表4-4-45所示。

引桥连续梁控制截面内力 表4-4-45

位置	轴力 P(kN)	剪力 V(kN)	弯矩 M(kN·m)
S08 墩底	4.56×10^3	2.31×10^3	6.42×10^4
S09 墩底	4.58×10^3	1.14×10^3	2.11×10^4
S10 墩底	2.24×10^3	1.38×10^3	2.46×10^4

注：表中 P 为轴力，V 为纵桥向剪力，M 为绕横桥向弯矩。

2. 桩基控制截面内力

(1)承台底反力

在超越概率为100年4%的罕遇地震纵向+竖向输入下，线性时程分析得到的承台底反力见表4-4-46所示。

承台底反力 表 4-4-46

位置		轴力 P(kN)	剪力 V(kN)	弯矩 M(kN·m)
主桥	北主塔	4.78×10^{4}	3.51×10^{4}	1.43×10^{6}
	南主塔	4.36×10^{4}	3.60×10^{4}	1.40×10^{6}
	北辅助墩	1.48×10^{4}	9.37×10^{3}	1.40×10^{5}
	南辅助墩	1.66×10^{4}	9.12×10^{3}	1.45×10^{5}
	北过渡墩	1.24×10^{4}	8.69×10^{3}	1.49×10^{5}
	南过渡墩	1.29×10^{4}	8.68×10^{3}	1.51×10^{5}
北引桥	N04 桥墩	1.38×10^{4}	8.53×10^{3}	4.02×10^{4}
	N05 桥墩	1.34×10^{4}	9.30×10^{3}	1.68×10^{4}
	N06 桥墩	1.13×10^{4}	9.63×10^{3}	1.38×10^{4}
	N07 桥墩	1.07×10^{4}	1.08×10^{4}	1.36×10^{4}
	N08 桥墩	1.14×10^{4}	1.12×10^{4}	3.09×10^{4}
	N09 桥墩	1.04×10^{4}	4.92×10^{3}	7.66×10^{4}
	N10 桥墩	1.94×10^{3}	1.11×10^{3}	4.30×10^{3}
南引桥	S04 桥墩	1.41×10^{4}	8.82×10^{3}	3.61×10^{4}
	S05 桥墩	1.64×10^{4}	1.09×10^{4}	2.10×10^{4}
	S06 桥墩	1.64×10^{4}	9.44×10^{3}	1.21×10^{4}
	S07 桥墩	4.20×10^{3}	2.19×10^{3}	3.90×10^{4}
	S08 桥墩	5.24×10^{3}	1.41×10^{3}	2.68×10^{4}
	S09 桥墩	5.31×10^{3}	1.45×10^{3}	2.96×10^{4}
	S10 桥墩	2.88×10^{3}	1.36×10^{3}	2.23×10^{4}

注：表中 P 为轴力，V 为纵桥向剪力，M 为绕横桥向弯矩。

(2)单桩控制截面内力

在超越概率为 100 年 4% 的罕遇地震纵向 + 竖向输入下，线性时程分析得到的单桩控制截面内力见表 4-4-47 所示。

单桩控制截面内力 表 4-4-47

位置		轴力 P(kN)	剪力 V(kN)	弯矩 M(kN·m)
主桥	北主塔	1.17×10^{4}	1.17×10^{3}	7.09×10^{3}
	南主塔	1.12×10^{4}	1.20×10^{3}	7.70×10^{3}
	北辅助墩	4.68×10^{3}	6.69×10^{2}	5.53×10^{3}
	南辅助墩	5.10×10^{3}	6.51×10^{2}	4.93×10^{3}
	北过渡墩	6.47×10^{3}	8.69×10^{2}	7.54×10^{3}
	南过渡墩	6.83×10^{3}	8.68×10^{2}	6.93×10^{3}
北引桥	N04 桥墩	2.77×10^{3}	4.74×10^{2}	2.42×10^{3}
	N05 桥墩	3.60×10^{3}	7.75×10^{2}	3.58×10^{3}
	N06 桥墩	3.46×10^{3}	8.03×10^{2}	3.89×10^{3}
	N07 桥墩	3.73×10^{3}	9.00×10^{2}	4.55×10^{3}
	N08 桥墩	4.63×10^{3}	9.33×10^{2}	4.79×10^{3}
	N09 桥墩	4.04×10^{3}	4.10×10^{2}	1.40×10^{3}

续上表

位　置		轴力 P(kN)	剪力 V(kN)	弯矩 M(kN·m)
南引桥	S04 桥墩	3.67×10^3	7.35×10^2	3.72×10^3
	S05 桥墩	3.89×10^3	9.08×10^2	4.31×10^3
	S06 桥墩	3.46×10^3	7.87×10^2	4.01×10^3
	S07 桥墩	4.05×10^3	3.65×10^2	2.92×10^3
	S08 桥墩	3.14×10^3	2.35×10^2	1.95×10^3
	S09 桥墩	3.34×10^3	2.42×10^2	2.08×10^3
	S10 桥墩	2.44×10^3	2.27×10^2	1.74×10^3

注：表中 P 为轴力，V 为纵桥向剪力，M 为绕横桥向弯矩。

3. 关键位移

在超越概率为 100 年 4% 的罕遇地震纵向 + 竖向输入下，线性时程分析得到的主梁关键截面位移见表 4-4-48 所示。

关 键 位 移　　表 4-4-48

位　置	U_X(m)	U_Z(m)
主桥主梁北梁端	0.483	0.003
主桥主梁跨中	0.483	0.136
主桥主梁南梁端	0.483	0.003
北主塔塔顶	0.54	0.003
南主塔塔顶	0.555	0.003
北刚构北梁端	0.11	0
北刚构南梁端	0.11	0.003
南刚构北梁端	0.12	0.003
南刚构南梁端	0.119	0.002
北连续梁梁端	0.123	0.001
南连续梁梁端	0.221	0.005

(四)横向 + 竖向组合地震输入(100 年 4%)

1. 塔墩控制截面内力

(1)主桥控制截面内力

在超越概率为 100 年 4% 的罕遇地震横向 + 竖向输入下，线性时程分析得到的主桥控制截面内力见表 4-4-49 所示。

主桥控制截面内力　　表 4-4-49

位　置	轴力 P(kN)	剪力 V(kN)	弯矩 M(kN·m)
北横梁	1.28×10^4	1.36×10^4	2.30×10^5
南横梁	1.18×10^4	1.37×10^4	2.25×10^5
北主塔 1 号	3.02×10^4	1.85×10^4	5.39×10^5
北主塔 2 号	2.94×10^4	1.82×10^4	4.81×10^5
北主塔 3 号	2.75×10^4	1.75×10^4	1.39×10^5

续上表

位　　置	轴力 P(kN)	剪力 V(kN)	弯矩 M(kN·m)
北主塔4号	2.00×10^4	4.96×10^3	1.39×10^5
北主塔5号	1.74×10^4	1.83×10^3	8.40×10^4
南主塔1号	3.00×10^4	1.87×10^4	5.47×10^5
南主塔2号	2.92×10^4	1.86×10^4	4.87×10^5
南主塔3号	2.75×10^4	1.77×10^4	1.42×10^5
南主塔4号	1.97×10^4	4.98×10^3	1.36×10^5
南主塔5号	1.70×10^4	1.77×10^3	7.93×10^4
北辅助墩	7.19×10^3	3.16×10^3	6.14×10^4
南辅助墩	7.75×10^3	2.91×10^3	5.64×10^4
北过渡墩	8.97×10^3	4.28×10^3	7.66×10^4
南过渡墩	1.02×10^4	4.26×10^3	7.80×10^4

注:表中 P 为轴力,V 为横桥向剪力,M 为绕纵桥向弯矩。

(2)引桥刚构控制截面内力

在超越概率为100年4%的罕遇地震横向+竖向输入下,线性时程分析得到的引桥刚构控制截面内力见表4-4-50所示。

引桥刚构控制截面内力 表4-4-50

位　　置			轴力 P(kN)	剪力 V(kN)	弯矩 M(kN·m)
北刚构引桥	N04	墩顶	3.59×10^3	4.87×10^3	1.44×10^4
		墩底	4.69×10^3	6.35×10^3	2.20×10^5
	N05	墩顶	3.20×10^3	4.77×10^3	1.18×10^4
		墩底	4.32×10^3	6.96×10^3	2.10×10^5
	N06	墩顶	3.15×10^3	5.22×10^3	1.14×10^4
		墩底	4.22×10^3	6.98×10^3	2.11×10^5
	N07	墩顶	2.95×10^3	4.22×10^3	1.22×10^4
		墩底	3.90×10^3	5.50×10^3	1.58×10^5
	N08	墩顶	3.27×10^3	2.41×10^3	9.74×10^3
		墩底	4.39×10^3	3.32×10^3	8.66×10^4
	N09	墩底	3.70×10^3	3.07×10^3	8.05×10^4
	N10	墩底	1.40×10^3	5.91×10^3	4.96×10^4
南刚构引桥	S04	墩顶	1.15×10^4	4.46×10^3	7.81×10^4
		墩底	1.24×10^4	6.12×10^3	1.15×10^5
	S05	墩顶	3.88×10^3	3.51×10^3	7.80×10^3
		墩底	5.57×10^3	5.33×10^3	1.58×10^5
	S06	墩顶	3.99×10^3	6.63×10^3	2.21×10^4
		墩底	5.46×10^3	8.35×10^3	2.67×10^5
	S07	墩底	3.43×10^3	3.17×10^3	8.01×10^4

注:表中 P 为轴力,V 为横桥向剪力,M 为绕纵桥向弯矩。

(3)引桥连续梁控制截面内力

在超越概率为100年4%的罕遇地震横向+竖向输入下,线性时程分析得到的引桥连续梁控制截面内力见表4-4-51所示。

引桥连续梁控制截面内力　　表4-4-51

位　置	轴力 P(kN)	剪力 V(kN)	弯矩 M(kN·m)
S08 墩底	4.51×10^{3}	2.85×10^{3}	6.72×10^{4}
S09 墩底	4.61×10^{3}	2.76×10^{3}	7.11×10^{4}
S10 墩底	3.09×10^{3}	3.33×10^{3}	8.08×10^{4}

注:表中 P 为轴力,V 为横桥向剪力,M 为绕纵桥向弯矩。

2. 桩基控制截面内力

(1)承台底反力

在超越概率为100年4%的罕遇地震横向+竖向输入下,线性时程分析得到的承台底反力见表4-4-52所示。

承台底反力　　表4-4-52

位　置		轴力 P(kN)	剪力 V(kN)	弯矩 M(kN·m)
主桥	北主塔	4.57×10^{4}	3.95×10^{4}	1.80×10^{6}
	南主塔	4.20×10^{4}	3.77×10^{4}	1.79×10^{6}
	北辅助墩	1.14×10^{4}	1.12×10^{4}	2.75×10^{5}
	南辅助墩	1.17×10^{4}	1.11×10^{4}	2.59×10^{5}
	北过渡墩	1.09×10^{4}	1.44×10^{4}	3.85×10^{5}
	南过渡墩	1.22×10^{4}	1.40×10^{4}	3.88×10^{5}
北引桥	N04 桥墩	1.28×10^{4}	1.38×10^{4}	4.92×10^{5}
	N05 桥墩	1.22×10^{4}	1.55×10^{4}	4.78×10^{5}
	N06 桥墩	1.10×10^{4}	1.51×10^{4}	4.81×10^{5}
	N07 桥墩	1.08×10^{4}	1.22×10^{4}	3.63×10^{5}
	N08 桥墩	1.11×10^{4}	7.46×10^{3}	2.05×10^{5}
	N09 桥墩	9.03×10^{3}	6.96×10^{3}	1.83×10^{5}
	N10 桥墩	1.80×10^{3}	6.25×10^{3}	6.18×10^{4}
南引桥	S04 桥墩	1.35×10^{4}	1.36×10^{4}	4.55×10^{5}
	S05 桥墩	1.68×10^{4}	1.23×10^{4}	3.78×10^{5}
	S06 桥墩	1.57×10^{4}	1.53×10^{4}	4.92×10^{5}
	S07 桥墩	3.98×10^{3}	3.71×10^{3}	8.76×10^{4}
	S08 桥墩	5.21×10^{3}	3.38×10^{3}	7.42×10^{4}
	S09 桥墩	5.30×10^{3}	3.12×10^{3}	7.78×10^{4}
	S10 桥墩	3.54×10^{3}	3.72×10^{3}	8.92×10^{4}

注:表中 P 为轴力,V 为横桥向剪力,M 为绕纵桥向弯矩。

(2)单桩控制截面内力

在超越概率为100年4%的罕遇地震横向+竖向输入下,线性时程分析得到的单桩控制截面内力见表4-4-53所示。

单桩控制截面内力 表 4-4-53

位置		轴力 P(kN)	剪力 V(kN)	弯矩 M(kN·m)
主桥	北主塔	1.08×10^{4}	1.32×10^{3}	7.09×10^{3}
	南主塔	1.05×10^{4}	1.26×10^{3}	6.27×10^{3}
	北辅助墩	4.09×10^{3}	8.00×10^{2}	5.49×10^{3}
	南辅助墩	3.98×10^{3}	7.93×10^{2}	5.60×10^{3}
	北过渡墩	8.39×10^{3}	1.44×10^{3}	8.97×10^{3}
	南过渡墩	8.57×10^{3}	1.40×10^{3}	8.97×10^{3}
北引桥	N04 桥墩	5.10×10^{3}	7.67×10^{2}	4.88×10^{3}
	N05 桥墩	7.43×10^{3}	1.29×10^{3}	7.98×10^{3}
	N06 桥墩	7.34×10^{3}	1.26×10^{3}	7.81×10^{3}
	N07 桥墩	5.81×10^{3}	1.02×10^{3}	6.38×10^{3}
	N08 桥墩	3.75×10^{3}	6.22×10^{2}	3.96×10^{3}
	N09 桥墩	3.03×10^{3}	5.80×10^{2}	1.77×10^{3}
南引桥	S04 桥墩	7.13×10^{3}	1.13×10^{3}	7.31×10^{3}
	S05 桥墩	6.10×10^{3}	1.03×10^{3}	6.82×10^{3}
	S06 桥墩	7.38×10^{3}	1.28×10^{3}	8.53×10^{3}
	S07 桥墩	5.91×10^{3}	6.18×10^{2}	2.70×10^{3}
	S08 桥墩	5.35×10^{3}	5.63×10^{2}	2.56×10^{3}
	S09 桥墩	5.45×10^{3}	5.20×10^{2}	2.35×10^{3}
	S10 桥墩	5.26×10^{3}	6.20×10^{2}	2.96×10^{3}

注:表中 P 为轴力,V 为横桥向剪力,M 为绕纵桥向弯矩。

3. 关键位移

在超越概率为 100 年 4% 的罕遇地震横向 + 竖向输入下,线性时程分析得到的主梁关键截面位移见表 4-4-54 所示。

关 键 位 移 表 4-4-54

位置	U_Y(m)	U_Z(m)
主桥主梁北梁端	0.063	0.003
主桥主梁跨中	0.243	0.136
主桥主梁南梁端	0.06	0.003
北主塔塔顶	0.168	0.003
南主塔塔顶	0.177	0.003
北刚构北梁端	0.056	0.007
北刚构南梁端	0.056	0.007
南刚构北梁端	0.055	0.007
南刚构南梁端	0.102	0.002
北连续梁梁端	0.073	0.001
南连续梁梁端	0.102	0.002

(五)线性时程与反应谱结果比较

将线性时程分析与反应谱分析关键截面内力计算结果的对比列于表4-4-55中。从表中可以看出,两者还是比较吻合的,证明了计算模型所取参数的正确性。

线性时程与反应谱结果比较　　表4-4-55

项目		100年10%			100年4%		
		反应谱	线性时程	相差	反应谱	线性时程	相差
纵桥向	北塔塔底 M_{max}	4.48×10^5	4.27×10^5	5%	7.31×10^5	6.31×10^5	14%
	北塔塔底 V_{max}	7.18×10^3	6.55×10^3	9%	1.17×10^4	1.01×10^4	14%
	北塔塔底 P_{max}	1.16×10^4	1.13×10^4	3%	1.89×10^4	1.75×10^4	7%
	南塔塔底 M_{max}	4.34×10^5	4.38×10^5	1%	7.07×10^5	6.19×10^5	12%
	南塔塔底 V_{max}	6.86×10^3	7.19×10^3	5%	1.12×10^4	1.04×10^4	7%
	南塔塔底 P_{max}	1.12×10^4	1.13×10^4	1%	1.82×10^4	1.52×10^4	16%
	辅助墩墩底 M_{max}	4.25×10^4	4.08×10^4	4%	6.92×10^4	5.69×10^4	18%
	过渡墩墩底 M_{max}	4.76×10^4	4.44×10^4	7%	7.77×10^4	6.56×10^4	16%
	北刚构墩顶 M_{max}	1.02×10^5	1.04×10^5	2%	1.52×10^5	1.52×10^5	0%
	南刚构墩顶 M_{max}	1.13×10^5	1.15×10^5	2%	1.70×10^5	1.72×10^5	1%
	主塔单桩 M_{max}	5.09×10^3	5.41×10^3	6%	8.31×10^3	7.70×10^3	7%
	辅助墩单桩 M_{max}	3.73×10^3	3.62×10^3	3%	6.07×10^3	5.53×10^3	9%
	过渡墩单桩 M_{max}	5.06×10^3	4.75×10^3	6%	8.24×10^3	7.54×10^3	8%
	北刚构单桩 M_{max}	3.13×10^3	3.12×10^3	0%	4.68×10^3	4.79×10^3	2%
	南刚构单桩 M_{max}	2.80×10^3	2.83×10^3	1%	4.19×10^3	4.31×10^3	3%
横桥向	北塔塔底 M_{max}	3.69×10^5	3.38×10^5	8%	6.01×10^5	5.39×10^5	10%
	北塔塔底 V_{max}	1.24×10^4	1.13×10^4	9%	2.02×10^4	1.85×10^4	8%
	北塔塔底 P_{max}	2.05×10^4	2.20×10^4	7%	3.34×10^4	3.02×10^4	10%
	南塔塔底 M_{max}	3.81×10^5	3.49×10^5	8%	6.22×10^5	5.47×10^5	12%
	南塔塔底 V_{max}	1.28×10^4	1.16×10^4	9%	2.08×10^4	1.87×10^4	10%
	南塔塔底 P_{max}	2.05×10^4	2.16×10^4	5%	3.34×10^4	3.00×10^4	10%
	辅助墩墩底 M_{max}	4.21×10^4	4.18×10^4	1%	6.86×10^4	6.14×10^4	10%
	过渡墩墩底 M_{max}	5.67×10^4	5.18×10^4	9%	9.24×10^4	7.80×10^4	16%
	北刚构墩顶 M_{max}	1.44×10^5	1.37×10^5	5%	2.16×10^5	2.20×10^5	2%
	南刚构墩顶 M_{max}	8.91×10^4	9.82×10^4	10%	1.34×10^5	1.58×10^5	18%
	主塔单桩 M_{max}	4.57×10^3	4.94×10^3	8%	7.44×10^3	7.09×10^3	5%
	辅助墩单桩 M_{max}	3.78×10^3	3.74×10^3	1%	6.19×10^3	5.60×10^3	10%
	过渡墩单桩 M_{max}	5.26×10^3	6.08×10^3	16%	8.55×10^3	8.97×10^3	5%
	北刚构单桩 M_{max}	5.33×10^3	4.71×10^3	12%	7.97×10^3	7.98×10^3	0%
	南刚构单桩 M_{max}	5.05×10^3	5.68×10^3	12%	7.58×10^3	8.53×10^3	13%

七、非线性时程分析结果

考虑到结构抗风限位装置的需要，经过塔梁间纵向阻尼器设计参数分析研究，以 P_2 地震作用下塔梁相对位移小于0.14m为主要目标，兼顾主塔和阻尼器内力因素，推荐采用的阻尼参数为：阻尼系数 $C=10000$，阻尼指数 $\xi=0.2$。

在前述线性有限元模型基础上，添加用以模拟黏滞阻尼器和摩擦支座的非线性连接单元，形成本分析工况的非线性有限元模型。南塔和北塔塔梁连接处黏滞阻尼器的参数为：阻尼常数 C 取10000，速度指数 ξ 取0.2。摩擦支座的参数为辅助墩单个支座竖向反力800kN，过渡墩单个支座竖向反力300kN，引桥支座恒载反力均按设计院提供值计算。

分析方法采用非线性直接积分方法。非线性时程分析与反应谱分析时所取的截面内力及位移相同，同时给出了主桥阻尼器等非线性构件的地震反应。

（一）纵向+竖向组合地震输入（100年10%）

1. 塔墩控制截面内力

（1）主桥控制截面内力

在超越概率为100年10%的设计地震纵向+竖向输入下，非线性时程分析得到的主桥控制截面内力见表4-4-56所示。

主桥控制截面内力　　表4-4-56

位　置	轴力 P(kN)	剪力 V(kN)	弯矩 M(kN·m)
北横梁	3.13×10^3	4.10×10^3	3.09×10^4
南横梁	3.46×10^3	4.33×10^3	3.00×10^4
北主塔1号	1.07×10^4	6.01×10^3	2.01×10^5
北主塔2号	1.01×10^4	5.92×10^3	1.87×10^5
北主塔3号	8.58×10^3	5.53×10^3	8.29×10^4
北主塔4号	6.45×10^3	2.26×10^3	8.18×10^4
北主塔5号	1.71×10^3	1.55×10^3	1.62×10^4
南主塔1号	1.08×10^4	5.84×10^3	2.30×10^5
南主塔2号	1.03×10^4	5.78×10^3	2.16×10^5
南主塔3号	8.91×10^3	5.96×10^3	8.02×10^4
南主塔4号	6.94×10^3	2.60×10^3	8.05×10^4
南主塔5号	1.90×10^3	1.63×10^3	1.56×10^4
北辅助墩	2.79×10^3	7.47×10^2	2.43×10^4
南辅助墩	3.52×10^3	8.47×10^2	2.43×10^4
北过渡墩	2.92×10^3	1.11×10^3	3.71×10^4
南过渡墩	3.10×10^3	1.14×10^3	3.77×10^4

注：表中 P 为轴力，V 为纵桥向剪力，M 为绕横桥向弯矩。

（2）引桥刚构控制截面内力

在超越概率为100年10%的设计地震纵向+竖向输入下，非线性时程分析得到的引桥刚构控制截面内力见表4-4-57所示。

引桥刚构控制截面内力

表 4-4-57

位置			轴力 P(kN)	剪力 V(kN)	弯矩 M(kN·m)
北刚构引桥	N04	墩顶	3.48×10^{3}	2.02×10^{3}	7.56×10^{4}
		墩底	4.35×10^{3}	2.52×10^{3}	8.03×10^{3}
	N05	墩顶	3.12×10^{3}	2.21×10^{3}	8.95×10^{4}
		墩底	4.00×10^{3}	2.73×10^{3}	8.91×10^{3}
	N06	墩顶	2.86×10^{3}	2.35×10^{3}	8.97×10^{4}
		墩底	3.70×10^{3}	2.82×10^{3}	7.66×10^{3}
	N07	墩顶	2.58×10^{3}	2.89×10^{3}	9.82×10^{4}
		墩底	3.25×10^{3}	3.15×10^{3}	8.77×10^{3}
	N08	墩顶	2.81×10^{3}	3.00×10^{3}	9.18×10^{4}
		墩底	3.62×10^{3}	3.33×10^{3}	6.78×10^{3}
	N09	墩底	3.23×10^{3}	1.25×10^{3}	2.85×10^{4}
	N10	墩底	1.04×10^{3}	6.31×10^{2}	3.69×10^{3}
南刚构引桥	S04	墩顶	3.27×10^{3}	2.28×10^{3}	8.99×10^{4}
		墩底	4.19×10^{3}	2.82×10^{3}	7.96×10^{3}
	S05	墩顶	3.44×10^{3}	2.92×10^{3}	1.18×10^{5}
		墩底	4.94×10^{3}	3.27×10^{3}	1.47×10^{4}
	S06	墩顶	4.07×10^{3}	2.61×10^{3}	9.84×10^{4}
		墩底	5.28×10^{3}	3.07×10^{3}	9.48×10^{3}
	S07	墩底	2.47×10^{3}	8.68×10^{2}	1.81×10^{4}

注:表中 P 为轴力,V 为纵桥向剪力,M 为绕横桥向弯矩。

(3)引桥连续梁控制截面内力

在超越概率为100年10%的设计地震纵向+竖向输入下,非线性时程分析得到的引桥连续梁控制截面内力见表4-4-58所示。

引桥连续梁控制截面内力

表 4-4-58

位置	轴力 P(kN)	剪力 V(kN)	弯矩 M(kN·m)
S08 墩底	2.94×10^{3}	7.68×10^{2}	2.05×10^{4}
S09 墩底	3.08×10^{3}	8.34×10^{2}	2.11×10^{4}
S10 墩底	1.55×10^{3}	6.57×10^{2}	1.47×10^{4}

注:表中 P 为轴力,V 为纵桥向剪力,M 为绕横桥向弯矩。

2. 桩基控制截面内力

(1)承台底反力

在超越概率为100年10%的设计地震纵向+竖向输入下,非线性时程分析得到的承台底反力见表4-4-59所示。

承台底反力

表 4-4-59

位置		轴力 P(kN)	剪力 V(kN)	弯矩 M(kN·m)
主桥	北主塔	3.26×10^{4}	2.05×10^{4}	4.43×10^{5}
	南主塔	3.25×10^{4}	2.07×10^{4}	4.94×10^{5}
	北辅助墩	7.68×10^{3}	3.76×10^{3}	5.18×10^{4}
	南辅助墩	9.51×10^{3}	3.85×10^{3}	5.27×10^{4}
	北过渡墩	8.86×10^{3}	4.45×10^{3}	7.80×10^{4}
	南过渡墩	9.29×10^{3}	4.48×10^{3}	8.02×10^{4}

续上表

位置		轴力 P(kN)	剪力 V(kN)	弯矩 M(kN·m)
北引桥	N04 桥墩	9.47×10^{3}	5.64×10^{3}	2.62×10^{4}
	N05 桥墩	8.71×10^{3}	5.97×10^{3}	1.13×10^{4}
	N06 桥墩	8.08×10^{3}	6.11×10^{3}	7.99×10^{3}
	N07 桥墩	7.08×10^{3}	6.82×10^{3}	8.13×10^{3}
	N08 桥墩	8.03×10^{3}	7.06×10^{3}	1.93×10^{4}
	N09 桥墩	7.25×10^{3}	3.07×10^{3}	6.27×10^{4}
	N10 桥墩	1.26×10^{3}	1.01×10^{3}	5.02×10^{3}
南引桥	S04 桥墩	9.14×10^{3}	6.19×10^{3}	2.73×10^{4}
	S05 桥墩	1.08×10^{4}	7.39×10^{3}	1.42×10^{4}
	S06 桥墩	1.15×10^{4}	6.57×10^{3}	9.33×10^{3}
	S07 桥墩	2.80×10^{3}	1.19×10^{3}	1.96×10^{4}
	S08 桥墩	3.39×10^{3}	1.09×10^{3}	2.20×10^{4}
	S09 桥墩	3.48×10^{3}	1.11×10^{3}	2.43×10^{4}
	S10 桥墩	1.77×10^{3}	9.58×10^{2}	1.58×10^{4}

注:表中 P 为轴力,V 为纵桥向剪力,M 为绕横桥向弯矩。

(2)单桩控制截面内力

在超越概率为 100 年 10% 的设计地震纵向 + 竖向输入下,非线性时程分析得到的单桩控制截面内力见表 4-4-60 所示。

单桩控制截面内力 表 4-4-60

位置		轴力 P(kN)	剪力 V(kN)	弯矩 M(kN·m)
主桥	北主塔	4.62×10^{3}	6.84×10^{2}	3.08×10^{3}
	南主塔	4.88×10^{3}	6.91×10^{2}	3.45×10^{3}
	北辅助墩	1.93×10^{3}	2.69×10^{2}	2.13×10^{3}
	南辅助墩	2.18×10^{3}	2.75×10^{2}	1.93×10^{3}
	北过渡墩	3.61×10^{3}	4.45×10^{2}	3.91×10^{3}
	南过渡墩	5.85×10^{3}	4.48×10^{2}	3.63×10^{3}
北引桥	N04 桥墩	1.84×10^{3}	3.13×10^{2}	1.60×10^{3}
	N05 桥墩	2.34×10^{3}	4.98×10^{2}	2.29×10^{3}
	N06 桥墩	2.25×10^{3}	5.09×10^{2}	2.48×10^{3}
	N07 桥墩	2.37×10^{3}	5.68×10^{2}	2.88×10^{3}
	N08 桥墩	2.99×10^{3}	5.88×10^{2}	3.02×10^{3}
	N09 桥墩	3.09×10^{3}	2.56×10^{2}	1.01×10^{3}
南引桥	S04 桥墩	2.56×10^{3}	5.16×10^{2}	2.66×10^{3}
	S05 桥墩	2.61×10^{3}	6.16×10^{2}	2.92×10^{3}
	S06 桥墩	2.44×10^{3}	5.48×10^{2}	2.77×10^{3}
	S07 桥墩	2.19×10^{3}	1.98×10^{2}	1.53×10^{3}
	S08 桥墩	2.39×10^{3}	1.82×10^{2}	1.56×10^{3}
	S09 桥墩	2.56×10^{3}	1.85×10^{2}	1.66×10^{3}
	S10 桥墩	1.68×10^{3}	1.60×10^{2}	1.23×10^{3}

注:表中 P 为轴力,V 为纵桥向剪力,M 为绕横桥向弯矩。

3. 关键位移

在超越概率为100年10%的设计地震纵向+竖向输入下，非线性时程分析得到的主梁关键截面位移见表4-4-61所示。

关 键 位 移　　表4-4-61

位　　置	U_X(m)	U_Z(m)
主桥主梁北梁端	0.071	0.002
主桥主梁跨中	0.072	0.085
主桥主梁南梁端	0.072	0.002
北主塔塔顶	0.081	0.002
南主塔塔顶	0.029	0.002
北刚构北梁端	0.06	0.002
北刚构南梁端	0.06	0.002
南刚构北梁端	0.074	0.002
南刚构南梁端	0.074	0.001
北连续梁梁端	0.066	0.001
南连续梁梁端	0.131	0.003

4. 阻尼器反应

在超越概率为100年10%的设计地震纵向+竖向输入下，非线性时程分析得到的阻尼器反应见表4-4-62所示。

阻 尼 器 反 应　　表4-4-62

项　　目	北塔	南塔
最大行程(m)	0.055	0.052
最大剪力(kN)	6301	6157

(二)横向+竖向地震输入(100年10%)

1. 塔墩控制截面内力

(1)主桥控制截面内力

在超越概率为100年10%的设计地震横向+竖向输入下，非线性时程分析得到的主桥控制截面内力见表4-4-63所示。

主桥控制截面内力　　表4-4-63

位　　置	轴力 P(kN)	剪力 V(kN)	弯矩 M(kN·m)
北横梁	8.32×10^{3}	8.31×10^{3}	1.44×10^{5}
南横梁	7.57×10^{3}	8.58×10^{3}	1.51×10^{5}
北主塔1号	2.21×10^{4}	1.13×10^{4}	3.38×10^{5}
北主塔2号	2.16×10^{4}	1.13×10^{4}	3.02×10^{5}
北主塔3号	2.03×10^{4}	1.10×10^{4}	8.70×10^{4}
北主塔4号	1.53×10^{4}	3.64×10^{3}	8.87×10^{4}
北主塔5号	1.28×10^{4}	1.12×10^{3}	5.78×10^{4}
南主塔1号	2.18×10^{4}	1.16×10^{4}	3.50×10^{5}

续上表

位　　置	轴力 P(kN)	剪力 V(kN)	弯矩 M(kN·m)
南主塔2号	2.13×10^4	1.17×10^4	3.12×10^5
南主塔3号	2.03×10^4	1.14×10^4	9.18×10^4
南主塔4号	1.55×10^4	3.63×10^3	9.66×10^4
南主塔5号	1.25×10^4	1.19×10^3	5.62×10^4
北辅助墩	5.55×10^3	2.09×10^3	4.18×10^4
南辅助墩	5.53×10^3	2.07×10^3	4.01×10^4
北过渡墩	6.30×10^3	2.76×10^3	5.10×10^4
南过渡墩	6.45×10^3	2.83×10^3	5.17×10^4

注:表中 P 为轴力,V 为横桥向剪力,M 为绕纵桥向弯矩。

(2)引桥刚构控制截面内力

在超越概率为100年10%的设计地震横向+竖向输入下,非线性时程分析得到的引桥刚构控制截面内力见表4-4-64所示。

引桥刚构控制截面内力　　表4-4-64

位　　置			轴力 P(kN)	剪力 V(kN)	弯矩 M(kN·m)
北刚构引桥	N04	墩顶	2.43×10^3	3.03×10^3	8.39×10^3
		墩底	3.27×10^3	3.94×10^3	1.37×10^5
	N05	墩顶	2.37×10^3	2.76×10^3	7.20×10^3
		墩底	3.11×10^3	3.98×10^3	1.21×10^5
	N06	墩顶	2.24×10^3	2.98×10^3	6.87×10^3
		墩底	2.95×10^3	4.10×10^3	1.21×10^5
	N07	墩顶	1.90×10^3	2.57×10^3	7.18×10^3
		墩底	2.61×10^3	3.43×10^3	9.71×10^4
	N08	墩顶	2.23×10^3	1.54×10^3	6.36×10^3
		墩底	2.91×10^3	2.09×10^3	5.59×10^4
	N09	墩底	2.42×10^3	2.06×10^3	5.30×10^4
	N10	墩底	9.08×10^2	4.06×10^3	3.38×10^4
南刚构引桥	S04	墩顶	7.19×10^3	2.91×10^3	5.13×10^4
		墩底	7.80×10^3	3.91×10^3	7.59×10^4
	S05	墩顶	2.71×10^3	2.18×10^3	5.26×10^3
		墩底	3.85×10^3	3.36×10^3	9.82×10^4
	S06	墩顶	2.77×10^3	4.17×10^3	1.45×10^4
		墩底	3.83×10^3	5.31×10^3	1.70×10^5
	S07	墩底	2.11×10^3	2.17×10^3	5.48×10^4

注:表中 P 为轴力,V 为横桥向剪力,M 为绕纵桥向弯矩。

(3)引桥连续梁控制截面内力

在超越概率为100年10%的设计地震横向+竖向输入下,非线性时程分析得到的引桥连续梁控制截面内力见表4-4-65所示。

引桥连续梁控制截面内力

表 4-4-65

位　　置	轴力 P(kN)	剪力 V(kN)	弯矩 M(kN·m)
S08 墩底	2.92×10^{3}	1.89×10^{3}	4.32×10^{4}
S09 墩底	3.13×10^{3}	1.72×10^{3}	4.49×10^{4}
S10 墩底	1.87×10^{3}	2.14×10^{3}	4.92×10^{4}

注:表中 P 为轴力,V 为横桥向剪力,M 为绕纵桥向弯矩。

2. 桩基控制截面内力

(1)承台底反力

在超越概率为 100 年 10% 的设计地震横向 + 竖向输入下,非线性时程分析得到的承台底反力见表 4-4-66所示。

承 台 底 反 力

表 4-4-66

位　　置		轴力 P(kN)	剪力 V(kN)	弯矩 M(kN·m)
主桥	北主塔	3.14×10^{4}	2.68×10^{4}	1.13×10^{6}
	南主塔	3.15×10^{4}	2.60×10^{4}	1.16×10^{6}
	北辅助墩	7.84×10^{3}	7.52×10^{3}	1.86×10^{5}
	南辅助墩	7.99×10^{3}	7.46×10^{3}	1.82×10^{5}
	北过渡墩	7.56×10^{3}	9.71×10^{3}	2.55×10^{5}
	南过渡墩	8.54×10^{3}	8.97×10^{3}	2.61×10^{5}
北引桥	N04 桥墩	8.41×10^{3}	8.59×10^{3}	3.05×10^{5}
	N05 桥墩	8.58×10^{3}	8.81×10^{3}	2.76×10^{5}
	N06 桥墩	7.72×10^{3}	9.08×10^{3}	2.72×10^{5}
	N07 桥墩	6.83×10^{3}	7.58×10^{3}	2.25×10^{5}
	N08 桥墩	7.45×10^{3}	4.94×10^{3}	1.30×10^{5}
	N09 桥墩	6.01×10^{3}	4.63×10^{3}	1.20×10^{5}
	N10 桥墩	1.17×10^{3}	4.36×10^{3}	4.22×10^{4}
南引桥	S04 桥墩	9.04×10^{3}	8.54×10^{3}	3.04×10^{5}
	S05 桥墩	1.08×10^{4}	7.84×10^{3}	2.31×10^{5}
	S06 桥墩	1.06×10^{4}	1.02×10^{4}	3.37×10^{5}
	S07 桥墩	2.46×10^{3}	2.59×10^{3}	5.97×10^{4}
	S08 桥墩	3.36×10^{3}	2.27×10^{3}	4.93×10^{4}
	S09 桥墩	3.56×10^{3}	2.00×10^{3}	4.87×10^{4}
	S10 桥墩	2.16×10^{3}	2.42×10^{3}	5.43×10^{4}

注:表中 P 为轴力,V 为横桥向剪力,M 为绕纵桥向弯矩。

(2)单桩控制截面内力

在超越概率为 100 年 10% 的设计地震横向 + 竖向输入下,非线性时程分析得到的单桩控制截面内力见表 4-4-67 所示。

单桩控制截面内力 表 4-4-67

位置		轴力 P(kN)	剪力 V(kN)	弯矩 M(kN·m)
主桥	北主塔	6.94×10^3	8.93×10^2	4.94×10^3
	南主塔	7.01×10^3	8.67×10^2	4.45×10^3
	北辅助墩	2.77×10^3	5.37×10^2	3.68×10^3
	南辅助墩	2.76×10^3	5.33×10^2	3.75×10^3
	北过渡墩	5.51×10^3	9.71×10^2	6.07×10^3
	南过渡墩	5.75×10^3	8.97×10^2	5.70×10^3
北引桥	N04 桥墩	3.19×10^3	4.77×10^2	3.04×10^3
	N05 桥墩	4.41×10^3	7.34×10^2	4.53×10^3
	N06 桥墩	4.31×10^3	7.57×10^2	4.71×10^3
	N07 桥墩	3.62×10^3	6.32×10^2	3.96×10^3
	N08 桥墩	2.43×10^3	4.12×10^2	2.63×10^3
	N09 桥墩	2.00×10^3	3.86×10^2	1.18×10^3
南引桥	S04 桥墩	4.75×10^3	7.12×10^2	4.56×10^3
	S05 桥墩	3.80×10^3	6.53×10^2	4.36×10^3
	S06 桥墩	5.02×10^3	8.50×10^2	5.68×10^3
	S07 桥墩	4.00×10^3	4.32×10^2	1.90×10^3
	S08 桥墩	3.54×10^3	3.78×10^2	1.72×10^3
	S09 桥墩	3.46×10^3	3.33×10^2	1.50×10^3
	S10 桥墩	3.26×10^3	4.04×10^2	1.96×10^3

注:表中 P 为轴力,V 为横桥向剪力,M 为绕纵桥向弯矩。

3. 关键位移

在超越概率为 100 年 10% 的设计地震横向 + 竖向输入下,非线性时程分析得到的主梁关键截面位移见表 4-4-68 所示。

关 键 位 移 表 4-4-68

位置	U_Y(m)	U_Z(m)
主桥主梁北梁端	0.042	0.002
主桥主梁跨中	0.169	0.09
主桥主梁南梁端	0.037	0.002
北主塔塔顶	0.103	0.002
南主塔塔顶	0.114	0.002
北刚构北梁端	0.038	0.005
北刚构南梁端	0.038	0.005
南刚构北梁端	0.038	0.005
南刚构南梁端	0.06	0.001
北连续梁梁端	0.053	0.001
南连续梁梁端	0.069	0.001

(三)纵向+竖向组合地震输入(100 年 4%)

1. 塔墩控制截面内力

(1)主桥控制截面内力

在超越概率为 100 年 4% 的罕遇地震纵向+竖向输入下,非线性时程分析得到的主桥控制截面内力见表 4-4-69 所示。

主桥控制截面内力 表 4-4-69

位置	轴力 P(kN)	剪力 V(kN)	弯矩 M(kN·m)
北横梁	4.90×10^{3}	5.04×10^{3}	4.76×10^{4}
南横梁	5.21×10^{3}	5.33×10^{3}	4.74×10^{4}
北主塔 1 号	1.59×10^{4}	8.60×10^{3}	3.13×10^{5}
北主塔 2 号	1.50×10^{4}	8.39×10^{3}	2.93×10^{5}
北主塔 3 号	1.29×10^{4}	7.45×10^{3}	1.63×10^{5}
北主塔 4 号	9.58×10^{3}	3.63×10^{3}	1.66×10^{5}
北主塔 5 号	2.44×10^{3}	2.10×10^{3}	2.17×10^{4}
南主塔 1 号	1.51×10^{4}	8.68×10^{3}	3.63×10^{5}
南主塔 2 号	1.44×10^{4}	8.59×10^{3}	3.43×10^{5}
南主塔 3 号	1.28×10^{4}	8.21×10^{3}	1.66×10^{5}
南主塔 4 号	1.03×10^{4}	4.16×10^{3}	1.70×10^{5}
南主塔 5 号	2.99×10^{3}	2.19×10^{3}	2.22×10^{4}
北辅助墩	3.89×10^{3}	1.23×10^{3}	3.53×10^{4}
南辅助墩	5.82×10^{3}	1.41×10^{3}	3.74×10^{4}
北过渡墩	4.57×10^{3}	1.90×10^{3}	5.51×10^{4}
南过渡墩	4.69×10^{3}	1.81×10^{3}	5.49×10^{4}

注:表中 P 为轴力,V 为纵桥向剪力,M 为绕横桥向弯矩。

(2)引桥刚构控制截面内力

在超越概率为 100 年 4% 的罕遇地震纵向+竖向输入下,非线性时程分析得到的引桥刚构控制截面内力见表 4-4-70 所示。

引桥刚构控制截面内力 表 4-4-70

位置			轴力 P(kN)	剪力 V(kN)	弯矩 M(kN·m)
北刚构引桥	N04	墩顶	5.27×10^{3}	3.10×10^{3}	1.14×10^{5}
		墩底	6.40×10^{3}	3.70×10^{3}	1.26×10^{4}
	N05	墩顶	4.67×10^{3}	3.28×10^{3}	1.34×10^{5}
		墩底	6.15×10^{3}	4.06×10^{3}	1.29×10^{4}
	N06	墩顶	4.08×10^{3}	3.50×10^{3}	1.34×10^{5}
		墩底	5.19×10^{3}	4.20×10^{3}	1.16×10^{4}
	N07	墩顶	3.76×10^{3}	4.15×10^{3}	1.46×10^{5}
		墩底	4.86×10^{3}	4.76×10^{3}	1.31×10^{4}
	N08	墩顶	3.93×10^{3}	4.52×10^{3}	1.39×10^{5}
		墩底	5.10×10^{3}	5.06×10^{3}	9.80×10^{3}
	N09	墩底	4.77×10^{3}	1.66×10^{3}	3.50×10^{4}
	N10	墩底	1.72×10^{3}	9.65×10^{2}	4.99×10^{3}

续上表

位置			轴力 P(kN)	剪力 V(kN)	弯矩 M(kN·m)
南刚构引桥	S04	墩顶	5.17×10^3	3.38×10^3	1.31×10^5
		墩底	6.57×10^3	4.15×10^3	1.15×10^4
	S05	墩顶	5.15×10^3	4.34×10^3	1.75×10^4
		墩底	7.44×10^3	4.87×10^3	2.28×10^4
	S06	墩顶	5.64×10^3	3.67×10^3	1.42×10^5
		墩底	7.51×10^3	4.48×10^3	1.39×10^4
	S07	墩底	3.61×10^3	1.32×10^3	2.80×10^4

注：表中 P 为轴力，V 为纵桥向剪力，M 为绕横桥向弯矩。

(3)引桥连续梁控制截面内力

在超越概率为100年4%的罕遇地震纵向+竖向输入下，非线性时程分析得到的引桥连续梁控制截面内力见表4-4-71所示。

引桥连续梁控制截面内力　　表4-4-71

位置	轴力 P(kN)	剪力 V(kN)	弯矩 M(kN·m)
S08 墩底	4.53×10^3	1.34×10^3	2.46×10^4
S09 墩底	4.61×10^3	1.18×10^3	2.70×10^4
S10 墩底	2.27×10^3	1.24×10^3	2.03×10^4

注：表中 P 为轴力，V 为纵桥向剪力，M 为绕横桥向弯矩。

2. 桩基控制截面内力

(1)承台底反力

在超越概率为100年4%的罕遇地震纵向+竖向输入下，非线性时程分析得到的承台底反力见表4-4-72所示。

承台底反力　　表4-4-72

位置		轴力 P(kN)	剪力 V(kN)	弯矩 M(kN·m)
主桥	北主塔	4.80×10^4	3.14×10^4	6.86×10^5
	南主塔	4.45×10^4	3.23×10^4	7.86×10^5
	北辅助墩	1.12×10^4	5.33×10^3	7.63×10^4
	南辅助墩	1.39×10^4	5.65×10^3	8.25×10^4
	北过渡墩	1.38×10^4	7.40×10^3	1.19×10^5
	南过渡墩	1.40×10^4	7.33×10^3	1.19×10^5
北引桥	N04 桥墩	1.39×10^4	8.21×10^3	3.88×10^4
	N05 桥墩	1.34×10^4	8.86×10^3	1.67×10^4
	N06 桥墩	1.13×10^4	9.23×10^3	1.35×10^4
	N07 桥墩	1.08×10^4	1.04×10^4	1.32×10^4
	N08 桥墩	1.14×10^4	1.07×10^4	3.01×10^4
	N09 桥墩	1.06×10^4	4.15×10^3	7.51×10^4
	N10 桥墩	2.11×10^3	1.56×10^3	6.36×10^3

续上表

位置		轴力 P(kN)	剪力 V(kN)	弯矩 M(kN·m)
南引桥	S04 桥墩	1.43×10^4	8.92×10^3	3.75×10^4
	S05 桥墩	1.64×10^4	1.11×10^4	2.21×10^4
	S06 桥墩	1.65×10^4	9.60×10^3	1.23×10^4
	S07 桥墩	4.17×10^3	1.79×10^3	2.99×10^4
	S08 桥墩	5.24×10^3	1.41×10^3	2.68×10^4
	S09 桥墩	5.31×10^3	1.45×10^3	2.96×10^4
	S10 桥墩	2.88×10^3	1.36×10^3	2.23×10^4

注:表中 P 为轴力,V 为纵桥向剪力,M 为绕横桥向弯矩。

(2)单桩控制截面内力

在超越概率为 100 年 4% 的罕遇地震纵向 + 竖向输入下,非线性时程分析得到的单桩控制截面内力见表 4-4-73 所示。

单桩控制截面内力 表 4-4-73

位置		轴力 P(kN)	剪力 V(kN)	弯矩 M(kN·m)
主桥	北主塔	7.06×10^3	1.05×10^3	4.73×10^3
	南主塔	7.49×10^3	1.08×10^3	5.43×10^3
	北辅助墩	2.80×10^3	3.81×10^2	3.08×10^3
	南辅助墩	3.29×10^3	4.04×10^2	2.93×10^3
	北过渡墩	5.66×10^3	7.40×10^2	6.21×10^3
	南过渡墩	5.87×10^3	7.33×10^2	5.64×10^3
北引桥	N04 桥墩	2.70×10^3	4.56×10^2	2.33×10^3
	N05 桥墩	3.51×10^3	7.38×10^2	3.39×10^3
	N06 桥墩	3.37×10^3	7.69×10^2	3.72×10^3
	N07 桥墩	3.64×10^3	8.67×10^2	4.38×10^3
	N08 桥墩	4.49×10^3	8.92×10^2	4.57×10^3
	N09 桥墩	3.92×10^3	3.46×10^2	1.28×10^3
南引桥	S04 桥墩	3.74×10^3	7.43×10^2	3.79×10^3
	S05 桥墩	3.96×10^3	9.25×10^2	4.37×10^3
	S06 桥墩	3.50×10^3	8.00×10^2	4.07×10^3
	S07 桥墩	3.31×10^3	2.98×10^2	2.31×10^3
	S08 桥墩	3.14×10^3	2.35×10^2	1.95×10^3
	S09 桥墩	3.34×10^3	2.42×10^2	2.08×10^3
	S10 桥墩	2.44×10^3	2.27×10^2	1.74×10^3

注:表中 P 为轴力,V 为纵桥向剪力,M 为绕横桥向弯矩。

3. 关键位移

在超越概率为 100 年 4% 的罕遇地震纵向 + 竖向输入下,非线性时程分析得到的主梁关键截面位移见表 4-4-74 所示。

关键位移

表 4-4-74

位　置	U_X(m)	U_Z(m)
主桥主梁北梁端	0.159	0.003
主桥主梁跨中	0.16	0.133
主桥主梁南梁端	0.161	0.003
北主塔塔顶	0.18	0.003
南主塔塔顶	0.046	0.003
北刚构北梁端	0.102	0.003
北刚构南梁端	0.102	0.003
南刚构北梁端	0.122	0.003
南刚构南梁端	0.122	0.002
北连续梁梁端	0.123	0.001
南连续梁梁端	0.221	0.005

4. 阻尼器反应

在超越概率为 100 年 4% 的罕遇地震纵向 + 竖向输入下，非线性时程分析得到的阻尼器反应见表 4-4-75所示。

阻尼器反应

表 4-4-75

项　目	北塔	南塔
最大行程(m)	0.139	0.137
最大剪力(kN)	7142	7120

(四)横向 + 竖向组合地震输入(100 年 4%)

1. 塔墩控制截面内力

(1)主桥控制截面内力

在超越概率为 100 年 4% 的罕遇地震横向 + 竖向输入下，非线性时程分析得到的主桥控制截面内力见表 4-4-76 所示。

主桥控制截面内力

表 4-4-76

位　置	轴力 P(kN)	剪力 V(kN)	弯矩 M(kN·m)
北横梁	1.27×10^4	1.36×10^4	2.30×10^5
南横梁	1.18×10^4	1.37×10^4	2.25×10^5
北主塔 1 号	3.01×10^4	1.86×10^4	5.40×10^5
北主塔 2 号	2.93×10^4	1.83×10^4	4.82×10^5
北主塔 3 号	2.74×10^4	1.74×10^4	1.39×10^5
北主塔 4 号	1.99×10^4	4.99×10^3	1.39×10^5
北主塔 5 号	1.74×10^4	1.85×10^3	8.41×10^4
南主塔 1 号	3.02×10^4	1.88×10^4	5.48×10^5
南主塔 2 号	2.95×10^4	1.86×10^4	4.88×10^5
南主塔 3 号	2.78×10^4	1.77×10^4	1.42×10^5

续上表

位　　置	轴力 P(kN)	剪力 V(kN)	弯矩 M(kN·m)
南主塔4号	1.98×10^4	4.96×10^3	1.35×10^5
南主塔5号	1.70×10^4	1.74×10^3	7.95×10^4
北辅助墩	7.22×10^3	3.16×10^3	6.14×10^4
南辅助墩	7.69×10^3	2.91×10^3	5.64×10^4
北过渡墩	8.90×10^3	4.27×10^3	7.65×10^4
南过渡墩	1.01×10^4	4.26×10^3	7.80×10^4

注：表中 P 为轴力，V 为横桥向剪力，M 为绕纵桥向弯矩。

(2)引桥刚构控制截面内力

在超越概率为100年4%的罕遇地震横向＋竖向输入下，非线性时程分析得到的引桥刚构控制截面内力见表4-4-77所示。

引桥刚构控制截面内力　　表4-4-77

位　　置			轴力 P(kN)	剪力 V(kN)	弯矩 M(kN·m)
北刚构引桥	N04	墩顶	3.56×10^3	4.87×10^3	1.44×10^4
		墩底	4.66×10^3	6.35×10^3	2.20×10^5
	N05	墩顶	3.26×10^3	4.76×10^3	1.18×10^4
		墩底	4.37×10^3	6.96×10^3	2.10×10^5
	N06	墩顶	3.21×10^3	5.22×10^3	1.14×10^4
		墩底	4.30×10^3	6.98×10^3	2.11×10^5
	N07	墩顶	2.94×10^3	4.22×10^3	1.22×10^4
		墩底	3.94×10^3	5.49×10^3	1.58×10^5
	N08	墩顶	3.19×10^3	2.42×10^3	9.76×10^3
		墩底	4.31×10^3	3.32×10^3	8.66×10^4
	N09	墩底	3.67×10^3	3.07×10^3	8.05×10^4
	N10	墩底	1.31×10^3	5.85×10^3	4.92×10^4
南刚构引桥	S04	墩顶	1.15×10^4	4.46×10^3	7.80×10^4
		墩底	1.24×10^4	6.11×10^3	1.15×10^5
	S05	墩顶	3.88×10^3	3.51×10^3	7.79×10^3
		墩底	5.57×10^3	5.32×10^3	1.57×10^5
	S06	墩顶	3.99×10^3	6.62×10^3	2.21×10^4
		墩底	5.45×10^3	8.33×10^3	2.66×10^5
	S07	墩底	3.43×10^3	3.17×10^3	8.01×10^4

注：表中 P 为轴力，V 为横桥向剪力，M 为绕纵桥向弯矩。

(3)引桥连续梁控制截面内力

在超越概率为100年4%的罕遇地震横向＋竖向输入下，非线性时程分析得到的引桥连续梁控制截面内力见表4-4-78所示。

引桥连续梁控制截面内力 表 4-4-78

位　　置	轴力 P(kN)	剪力 V(kN)	弯矩 M(kN·m)
N14 墩底	2.30×10^3	3.15×10^3	4.09×10^4
S08 墩底	4.50×10^3	2.85×10^3	6.72×10^4
S09 墩底	4.61×10^3	2.76×10^3	7.11×10^4
S10 墩底	3.06×10^3	3.33×10^3	8.08×10^4

注：表中 P 为轴力，V 为横桥向剪力，M 为绕纵桥向弯矩。

2. 桩基控制截面内力

(1)承台底反力

在超越概率为 100 年 4% 的罕遇地震横向 + 竖向输入下，非线性时程分析得到的承台底反力见表 4-4-79所示。

承 台 底 反 力 表 4-4-79

位　　置		轴力 P(kN)	剪力 V(kN)	弯矩 M(kN·m)
主桥	北主塔	4.59×10^4	3.95×10^4	1.80×10^6
	南主塔	4.22×10^4	3.77×10^4	1.79×10^6
	北辅助墩	1.16×10^4	1.12×10^4	2.75×10^5
	南辅助墩	1.18×10^4	1.11×10^4	2.59×10^5
	北过渡墩	1.10×10^4	1.44×10^4	3.84×10^5
	南过渡墩	1.22×10^4	1.40×10^4	3.88×10^5
北引桥	N04 桥墩	1.27×10^4	1.38×10^4	4.92×10^5
	N05 桥墩	1.22×10^4	1.55×10^4	4.78×10^5
	N06 桥墩	1.11×10^4	1.51×10^4	4.81×10^5
	N07 桥墩	1.09×10^4	1.23×10^4	3.62×10^5
	N08 桥墩	1.09×10^4	7.46×10^3	2.05×10^5
	N09 桥墩	8.97×10^3	6.95×10^3	1.83×10^5
	N10 桥墩	1.73×10^3	6.23×10^3	6.12×10^4
南引桥	S04 桥墩	1.34×10^4	1.36×10^4	4.55×10^5
	S05 桥墩	1.68×10^4	1.23×10^4	3.78×10^5
	S06 桥墩	1.57×10^4	1.53×10^4	4.92×10^5
	S07 桥墩	3.98×10^3	3.70×10^3	8.75×10^4
	S08 桥墩	5.21×10^3	3.38×10^3	7.42×10^4
	S09 桥墩	5.30×10^3	3.12×10^3	7.78×10^4
	S10 桥墩	3.54×10^3	3.72×10^3	8.92×10^4

注：表中 P 为轴力，V 为横桥向剪力，M 为绕纵桥向弯矩。

(2)单桩控制截面内力

在超越概率为 100 年 4% 的罕遇地震横向 + 竖向输入下，非线性时程分析得到的单桩控制截面内力见表 4-4-80 所示。

单桩控制截面内力

表 4-4-80

位置		轴力 P(kN)	剪力 V(kN)	弯矩 M(kN·m)
主桥	北主塔	1.08×10^4	1.32×10^3	7.09×10^3
	南主塔	1.05×10^4	1.26×10^3	6.27×10^3
	北辅助墩	4.11×10^3	8.00×10^2	5.49×10^3
	南辅助墩	3.99×10^3	7.93×10^2	5.60×10^3
	北过渡墩	8.39×10^3	1.44×10^3	8.97×10^3
	南过渡墩	8.57×10^3	1.40×10^3	8.97×10^3
北引桥	N04 桥墩	5.10×10^3	7.67×10^2	4.88×10^3
	N05 桥墩	7.43×10^3	1.29×10^3	7.98×10^3
	N06 桥墩	7.35×10^3	1.26×10^3	7.81×10^3
	N07 桥墩	5.82×10^3	1.03×10^3	6.44×10^3
	N08 桥墩	3.73×10^3	6.22×10^2	3.96×10^3
	N09 桥墩	3.03×10^3	5.79×10^2	1.77×10^3
南引桥	S04 桥墩	7.17×10^3	1.13×10^3	7.31×10^3
	S05 桥墩	6.10×10^3	1.03×10^3	6.82×10^3
	S06 桥墩	7.38×10^3	1.28×10^3	8.53×10^3
	S07 桥墩	5.90×10^3	6.17×10^2	2.69×10^3
	S08 桥墩	5.35×10^3	5.63×10^2	2.56×10^3
	S09 桥墩	5.45×10^3	5.20×10^2	2.35×10^3
	S10 桥墩	5.26×10^3	6.20×10^2	2.96×10^3

注：表中 P 为轴力，V 为横桥向剪力，M 为绕纵桥向弯矩。

3. 关键位移

在超越概率为 100 年 4% 的罕遇地震横向 + 竖向输入下，非线性时程分析得到的主梁关键截面位移见表 4-4-81 所示。

关键位移

表 4-4-81

位置	U_Y(m)	U_Z(m)
主桥主梁北梁端	0.063	0.003
主桥主梁跨中	0.243	0.14
主桥主梁南梁端	0.06	0.003
北主塔塔顶	0.168	0.003
南主塔塔顶	0.177	0.003
北刚构北梁端	0.056	0.007
北刚构南梁端	0.056	0.007
南刚构北梁端	0.055	0.007
南刚构南梁端	0.102	0.002
北连续梁梁端	0.073	0.001
南连续梁梁端	0.102	0.002

(五)非线性时程与线性时程、反应谱结果比较

将非线性时程分析与反应谱和线性时程分析关键截面内力计算结果的对比列于表4-4-82中,其中以反应谱的结果做为基准1。从表中可以看出,考虑纵向非线性耗能单元和阻尼限位装置后,纵桥向内力和位移均有较大减少,而在没有耗能装置的横桥向,各分析工况的计算结果均比较接近。

各分析工况结果比较　　表4-4-82

项目		100年10%			100年4%		
		反应谱	线性时程	非线性时程	反应谱	线性时程	非线性时程
纵桥向	北塔塔底 M_{max}	1.00	0.95	0.45	1.00	0.86	0.43
	北塔塔底 V_{max}	1.00	0.91	0.84	1.00	0.86	0.74
	北塔塔底 P_{max}	1.00	0.97	0.92	1.00	0.93	0.84
	南塔塔底 M_{max}	1.00	1.01	0.53	1.00	0.88	0.51
	南塔塔底 V_{max}	1.00	1.05	0.85	1.00	0.93	0.78
	南塔塔底 P_{max}	1.00	1.01	0.96	1.00	0.84	0.83
	辅助墩墩底 M_{max}	1.00	0.96	0.57	1.00	0.82	0.54
	过渡墩墩底 M_{max}	1.00	0.93	0.79	1.00	0.84	0.71
	北刚构墩顶 M_{max}	1.00	1.02	0.96	1.00	1.00	0.96
	南刚构墩顶 M_{max}	1.00	1.02	1.04	1.00	1.01	1.03
	主塔单桩 M_{max}	1.00	1.06	0.68	1.00	0.93	0.65
	辅助墩单桩 M_{max}	1.00	0.97	0.57	1.00	0.91	0.51
	过渡墩单桩 M_{max}	1.00	0.94	0.77	1.00	0.92	0.75
	北刚构单桩 M_{max}	1.00	1.00	0.96	1.00	1.02	0.98
	南刚构单桩 M_{max}	1.00	1.01	1.04	1.00	1.03	1.04
横桥向	北塔塔底 M_{max}	1.00	0.92	0.92	1.00	0.90	0.90
	北塔塔底 V_{max}	1.00	0.91	0.91	1.00	0.92	0.92
	北塔塔底 P_{max}	1.00	1.07	1.08	1.00	0.90	0.90
	南塔塔底 M_{max}	1.00	0.92	0.92	1.00	0.88	0.88
	南塔塔底 V_{max}	1.00	0.91	0.91	1.00	0.90	0.90
	南塔塔底 P_{max}	1.00	1.05	1.06	1.00	0.90	0.90
	辅助墩墩底 M_{max}	1.00	0.99	0.99	1.00	0.90	0.90
	过渡墩墩底 M_{max}	1.00	0.91	0.91	1.00	0.84	0.84
	北刚构墩顶 M_{max}	1.00	0.95	0.95	1.00	1.02	1.02
	南刚构墩顶 M_{max}	1.00	1.10	1.10	1.00	1.18	1.17
	主塔单桩 M_{max}	1.00	1.08	1.08	1.00	0.95	0.95
	辅助墩单桩 M_{max}	1.00	0.99	0.99	1.00	0.90	0.90
	过渡墩单桩 M_{max}	1.00	1.16	1.15	1.00	1.05	1.05
	北刚构单桩 M_{max}	1.00	0.88	0.88	1.00	1.00	1.00
	南刚构单桩 M_{max}	1.00	1.12	1.12	1.00	1.13	1.13

八、截面验算

验算取非线性时程分析的地震反应计算结果。

(一)性能目标与验算原则

桥梁抗震的目标是减轻桥梁工程的地震破坏,保障人民生命财产的安全,减少经济损失。因此,既要使震前用于抗震设防的经济投入不超过当前的经济能力,又要使地震中桥梁的破坏程度限制在可以承受的范围内。换言之,需要在经济与安全之间进行合理平衡,这是桥梁抗震设防的合理安全度原则。对于椒江二桥,在综合考虑工程造价、结构遭遇的地震作用水平、紧急情况下维持交通能力的必要性以及结构的耐久性和修复费用等因素,后来确定对应地震水平下结构的抗震性能目标。在施工图设计阶段,对主塔、桥墩和桩基础进行了抗震最小配筋率的验算,各部分具体的性能目标及检算准则见表 4-4-83。

椒江二桥抗震性能目标及检算准则 表 4-4-83

设防水平	性能目标	检算准则
超越概率 100 年 10%	主塔各处、桩基础保持弹性	$M < M_y$
	辅助墩可发生可修复的损伤	$M < M_{eq}$
	引桥桥墩可发生可修复的损伤	$M < M_{eq}$
超越概率 100 年 4%	主塔各处、桩基局部可发生可修复的损伤	$M < M_{eq}$
	辅助墩可进入塑性状态,但不倒塌,震后可修复,可供紧急救援车辆通行	塑性铰极限转角变形检算
	引桥桥墩可进入塑性状态,但不倒塌,震后可修复,可供紧急救援车辆通行	塑性铰极限转角变形检算

注:1. M——按恒载和地震作用最不利组合计算;

2. M_y——截面相应于最不利轴力时的最外层钢筋首次屈服时对应的弯矩;

3. M_{eq}——截面相应于最不利轴力时等效抗弯强度。

主塔和桩基的抗弯强度采用纤维单元法进行的 $M—\phi$ 分析得到,初始屈服弯矩 M_y 为截面最外层钢筋首次屈服(考虑相应轴力)时对应的弯矩,而等效屈服弯矩 M_{eq} 为根据截面 $M—\phi$ 分析(考虑相应轴力),把截面 $M—\phi$ 曲线等效为双线性所得到的弯矩,如图 4-4-18 所示。

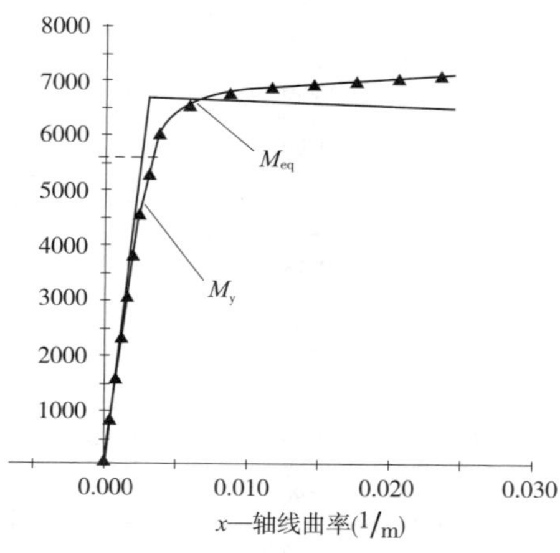

图 4-4-18 截面等效弯矩计算示意图

由于地震为偶遇荷载,故对于超越概率 100 年 10% 的地震反应,验算中采用的相应的材料强度为规范中相应的设计值;对于超越概率 100 年 4% 的地震反应,验算中采用的相应的材料强度为规范中相应的标准值。同时,不再考虑材料的安全分项系数。

(二)截面验算

1. 验算方法

主塔、墩柱和桩基关键截面的抗震性能验算,具体方法及过程如下。

首先,将桥墩、索塔和桩基截面划分为纤维单元,在划分纤维单元时,混凝土和钢筋单元分别划分,钢筋和混凝土单元分别采用实际的钢筋和混凝土应力—应变关系。利用实际的钢筋和混凝土应力—应变关系，采用截面数值积分法进行弯矩—曲率分析（考虑响应轴力），得到图 4-4-18 所示弯矩—曲率曲线。图 4-4-18 中，M_y 为截面最外层钢筋首次屈服时对应的初始屈服弯矩，M_{eq}为截面等效抗弯屈服弯矩，即把实际弯矩—曲率曲线等效为图 4-4-18 中所示弹塑性双线性恢复模型时的等效抗弯屈服弯矩。

地震水平 I 作用下，桥塔、桩基截面要求其在地震作用下的截面弯矩应小于截面初始屈服弯矩（考虑轴力）M_y。由于 M_y 为截面最外层钢筋首次屈服时对应的初始屈服弯矩，因此当地震反应弯矩小于初始屈服弯矩时，整个截面保持在弹性，研究表明：截面的裂缝宽度不会超过容许值，结构基本无损伤。

桥塔、桩基截面在地震水平 II 作用下，要求在地震作用下其截面弯矩小于截面等效抗弯屈服弯矩 M_{eq}（考虑轴力）。M_{eq}是把实际弯矩—曲率曲线等效为图中所示理想弹塑性双线性模型时所得到等效抗弯屈服弯矩。从理想弹塑性双线性模型看，当地震反应小于等效抗弯屈服弯矩 M_{eq}时，结构整体反应还在弹性范围内。实际上，在地震过程中，对应于等效抗弯屈服弯矩 M_{eq}，截面上还是有部分钢筋进入了屈服，研究表明：截面的裂缝宽度可能会超过容许值，但混凝土保护层还是完好的（对应保护层损伤的弯矩为截面极限弯矩 M_u，$M_{eq} \leqslant M_u$）。由于地震过程的持续时间比较短，地震后，由于结构自重，地震过程开展的裂缝一般可以闭合，不影响使用。在地震水平 II 作用下，桥墩等桥梁结构中比较容易修复的构件和辅助墩、过渡墩以及引桥桥墩（地震水平 II 作用），可按延性抗震设计。

2. 主桥截面验算

取“验算轴力 = 恒载轴力 - 地震动轴力”。根据前述性能目标，在超越概率为 100 年 10% 的地震作用下，过渡墩和辅助墩截面的抗弯能力取初始屈服弯矩，索塔各截面和桩基截面的抗弯能力取初始屈服弯矩。在超越概率为 100 年 4% 的地震作用下，过渡墩和辅助墩截面的抗弯能力应验算塑性铰极限转角，对于椒江二桥，地震动水平较低，在超越概率为 1C0 年 4% 的地震作用下，主桥仍处于弹性状态，但因此这里仍采用等效屈服强度对过渡墩和辅助墩进行验算。索塔各截面和桩基截面的抗弯能力取等效屈服弯矩。主桥验算截面划分的纤维单元。

主桥主塔截面，在超越概率为 100 年 10% 的地震荷载和超越概率为 100 年 4% 的地震荷载作用下，“纵桥向 + 竖向”组合和“横桥向 + 竖向”组合输入的验算结果如表 4-4-84 所示。

主塔抗震验算 表 4-4-84

位置			恒载轴力—地震轴力（kN）	恒载弯矩（kN·m）	地震弯矩（kN·m）	抗震需求组合值（kN·m）	截面抗弯承载能力（kN·m）	验算
100 年 10%	纵桥向	1 号	1.78×10^5	2.57×10^5	2.30×10^5	4.87×10^5	1.62×10^6	√
		2 号	1.66×10^5	2.51×10^5	2.16×10^5	4.67×10^5	1.10×10^6	√
		3 号	1.38×10^5	1.85×10^5	8.29×10^4	2.68×10^5	6.14×10^5	√
		4 号	1.22×10^5	1.90×10^5	8.18×10^4	2.72×10^5	5.28×10^5	√
		5 号	2.85×10^4	8.22×10^3	1.62×10^4	2.44×10^4	2.76×10^5	√
	横桥向	1 号	1.67×10^5	1.98×10^5	3.50×10^5	5.47×10^5	1.29×10^6	√
		2 号	1.54×10^5	1.53×10^5	3.12×10^5	4.65×10^5	7.47×10^5	√
		3 号	1.26×10^5	9.44×10^4	9.18×10^4	1.86×10^5	3.28×10^5	√
		4 号	1.14×10^5	5.88×10^4	9.66×10^4	1.55×10^5	2.84×10^5	√
		5 号	1.75×10^4	4.04×10^4	5.78×10^4	9.82×10^4	1.44×10^5	√

续上表

位置			恒载轴力-地震轴力(kN)	恒载弯矩(kN·m)	地震弯矩(kN·m)	抗震需求组合值(kN·m)	截面抗弯承载能力(kN·m)	验算
100 年 4%	纵桥向	1 号	1.73×10^5	2.57×10^5	3.63×10^5	6.20×10^5	2.11×10^6	√
		2 号	1.61×10^5	2.51×10^5	3.43×10^5	5.94×10^5	1.61×10^6	√
		3 号	1.34×10^5	1.85×10^5	1.66×10^5	3.51×10^5	8.38×10^5	√
		4 号	1.19×10^5	1.90×10^5	1.70×10^5	3.60×10^5	7.28×10^5	√
		5 号	2.74×10^4	8.22×10^3	2.22×10^4	3.04×10^4	4.29×10^5	√
	横桥向	1 号	1.59×10^5	1.98×10^5	5.48×10^5	7.45×10^5	1.65×10^6	√
		2 号	1.46×10^5	1.53×10^5	4.88×10^5	6.41×10^5	1.07×10^6	√
		3 号	1.19×10^5	9.44×10^4	1.42×10^5	2.37×10^5	4.26×10^5	√
		4 号	1.09×10^5	5.88×10^4	1.39×10^5	1.98×10^5	3.73×10^5	√
		5 号	1.30×10^4	4.04×10^4	8.41×10^4	1.24×10^5	2.05×10^5	√

注:√为合格。

主桥桩基截面,在超越概率为 100 年 10% 的地震荷载和超越概率为 100 年 4% 的地震荷载作用下,"纵向 + 竖向"组合和"横桥向 + 竖向"组合输入的验算结果如表 4-4-85 所示。

主桥桩基强度验算 表 4-4-85

概率	位置		恒载轴力—地震轴力(kN)	抗震需求(kN·m)	抗弯能力(kN·m)	验算
100 年 10%	纵桥向	主塔	1.29×10^4	3.36×10^3	3.21×10^4	√
		辅助墩	2.39×10^3	2.14×10^3	1.31×10^4	√
		过渡墩	2.51×10^3	3.89×10^3	1.32×10^4	√
	横桥向	主塔	1.08×10^4	4.94×10^3	3.07×10^4	√
		辅助墩	1.82×10^3	3.75×10^3	1.28×10^4	√
		过渡墩	5.38×10^2	6.07×10^3	1.20×10^4	√
100 年 4%	纵桥向	主塔	1.03×10^4	5.16×10^3	4.80×10^4	√
		辅助墩	1.28×10^3	3.14×10^3	2.11×10^4	√
		过渡墩	4.86×10^2	6.22×10^3	2.06×10^4	√
	横桥向	主塔	6.99×10^3	7.09×10^3	4.54×10^4	√
		辅助墩	5.85×10^2	5.60×10^3	2.07×10^4	√
		过渡墩	-2.42×10^3	8.97×10^3	1.87×10^4	√

注:√为合格。

主桥过渡墩和辅助墩截面,在超越概率为 100 年 10% 的地震荷载和超越概率为 100 年 4% 的地震荷载作用下,"纵向 + 竖向"组合和"横向 + 竖向"组合输入的验算结果如表 4-4-86 所示。

辅助墩墩底截面验算 表 4-4-86

概率	位置		恒载轴力(kN)	地震轴力(kN)	恒载轴力—地震轴力(kN)	地震弯矩需求(kN·m)	截面承载力(kN·m)	验算
100 年 10%	纵桥向	辅助墩墩底	2.10×10^4	3.52×10^3	1.74×10^4	2.43×10^4	7.37×10^4	√
		过渡墩墩底	2.94×10^4	3.10×10^3	2.62×10^4	3.77×10^4	8.35×10^4	√
	横桥向	辅助墩墩底	2.10×10^4	5.55×10^3	1.55×10^4	4.18×10^4	1.54×10^5	√
		过渡墩墩底	2.94×10^4	6.45×10^3	2.29×10^4	5.17×10^4	1.59×10^5	√

续上表

概率	位置		恒载轴力(kN)	地震轴力(kN)	恒载轴力—地震轴力(kN)	地震弯矩需求(kN·m)	截面承载力(kN·m)	验算
100年4%	纵桥向	辅助墩墩底	2.10×10^4	5.82×10^3	1.51×10^4	3.74×10^4	9.88×10^4	√
		过渡墩墩底	2.94×10^4	4.69×10^3	2.48×10^4	5.51×10^4	1.05×10^5	√
	横桥向	辅助墩墩底	2.10×10^4	7.22×10^3	1.38×10^4	6.14×10^4	2.18×10^5	√
		过渡墩墩底	2.94×10^4	1.04×10^4	1.90×10^4	7.80×10^4	2.13×10^5	√

注:√为合格。

3. 引桥刚构截面验算

取“验算轴力 = 恒载轴力 - 地震动轴力”。对于椒江二桥,地震动水平较低,根据前述性能目标,在超越概率为100年10%的地震作用下,引桥刚构各截面的抗弯能力取初始屈服弯矩;在超越概率为100年4%的地震作用下,引桥刚构各截面的抗弯能力取等效屈服强度。

引桥桥墩截面,在超越概率为100年10%的地震荷载和超越概率为100年4%的地震荷载作用下,“纵向 + 竖向”组合和“横向 + 竖向”组合输入的验算结果如表4-4-87所示。

刚构桥墩截面验算 表4-4-87

位置			恒载轴力—地震轴力(kN)	抗震需求(kN·m)	抗弯能力(kN·m)	验算
100年10%	纵桥向	北刚构墩顶	4.68×10^4	9.82×10^4	2.69×10^5	√
		北刚构墩底	4.05×10^4	2.85×10^4	9.23×10^4	√
		N10墩底	1.79×10^4	3.69×10^3	7.72×10^4	√
		南刚构墩顶	4.55×10^4	1.18×10^5	3.22×10^5	√
		南刚构墩底	4.28×10^4	1.81×10^4	1.15×10^5	√
	横桥向	北刚构墩顶	4.69×10^4	8.39×10^3	8.38×10^5	√
		北刚构墩底	7.25×10^4	1.37×10^5	7.76×10^5	√
		N10墩底	1.80×10^4	3.38×10^4	1.86×10^5	√
		南刚构墩顶	4.20×10^4	5.13×10^4	8.17×10^5	√
		南刚构墩底	7.49×10^4	9.82×10^4	1.12×10^6	√
100年4%	纵桥向	北刚构墩顶	4.56×10^4	1.46×10^5	3.81×10^5	√
		北刚构墩底	3.90×10^4	3.50×10^4	1.18×10^5	√
		N10墩底	1.72×10^4	4.99×10^3	1.02×10^5	√
		南刚构墩顶	4.37×10^4	1.75×10^5	4.59×10^5	√
		南刚构墩底	4.17×10^4	2.80×10^4	1.47×10^5	√
	横桥向	北刚构墩顶	4.57×10^4	1.44×10^4	1.42×10^6	√
		北刚构墩底	7.11×10^4	2.20×10^5	1.19×10^6	√
		N10墩底	1.76×10^4	4.92×10^4	2.93×10^5	√
		南刚构墩顶	3.77×10^4	7.80×10^4	1.38×10^6	√
		南刚构墩底	7.32×10^4	1.57×10^5	1.75×10^6	√

注:√为合格。

引桥桩基截面,在超越概率为100年10%的地震荷载和超越概率为100年4%的地震荷载作用下,“纵桥向 + 竖向”和“横桥向 + 竖向”输入的验算结果如表4-4-88所示。

4. 引桥连续梁截面验算

取“验算轴力 = 恒载轴力 - 地震动轴力”。对于椒江二桥,地震动水平较低,根据前述性能目标,在超越概率为100年10%的地震作用下,引桥连续梁各截面的抗弯能力取初始屈服弯矩,在超越概率为100年4%的地震作用下,引桥连续梁各截面的抗弯能力取等效屈服强度。

刚构桩基强度验算 表4-4-88

概率	位置		恒载轴力—地震轴力(kN)	抗震需求(kN·m)	抗弯能力(kN·m)	验算
100年10%	纵桥向	N04墩	8.63×10^3	1.60×10^3	5.02×10^3	√
		N05墩	1.24×10^4	2.29×10^3	5.53×10^3	√
		N06墩	1.25×10^4	2.48×10^3	5.53×10^3	√
		N07墩	1.24×10^4	2.88×10^3	4.82×10^3	√
		N08墩	1.17×10^4	3.02×10^3	4.84×10^3	√
		N09墩	7.92×10^3	1.01×10^3	4.69×10^3	√
		S04墩	1.31×10^4	2.66×10^3	1.22×10^4	√
		S05墩	1.24×10^4	2.92×10^3	1.19×10^4	√
		S06墩	1.25×10^4	2.77×10^3	1.20×10^4	√
		S07墩	1.10×10^4	1.53×10^3	4.89×10^3	√
	横桥向	N04墩	7.28×10^3	3.04×10^3	4.73×10^3	√
		N05墩	1.04×10^4	4.53×10^3	5.62×10^3	√
		N06墩	1.05×10^4	4.71×10^3	5.62×10^3	√
		N07墩	1.12×10^4	3.96×10^3	4.85×10^3	√
		N08墩	1.22×10^4	2.63×10^3	4.82×10^3	√
		N09墩	9.01×10^3	1.18×10^3	4.81×10^3	√
		S04墩	1.09×10^4	4.56×10^3	1.14×10^4	√
		S05墩	1.12×10^4	4.36×10^3	1.15×10^4	√
		S06墩	9.96×10^3	5.68×10^3	1.10×10^4	√
		S07墩	9.19×10^3	1.90×10^3	4.87×10^3	√
100年4%	纵桥向	N04墩	7.77×10^3	2.33×10^3	6.57×10^3	√
		N05墩	1.13×10^4	3.39×10^3	8.61×10^3	√
		N06墩	1.14×10^4	3.72×10^3	8.62×10^3	√
		N07墩	1.12×10^4	4.38×10^3	7.13×10^3	√
		N08墩	1.02×10^4	4.57×10^3	6.92×10^3	√
		N09墩	7.09×10^3	1.28×10^3	6.02×10^3	√
		S04墩	1.20×10^4	3.79×10^3	1.71×10^4	√
		S05墩	1.10×10^4	4.37×10^3	1.67×10^4	√
		S06墩	1.15×10^4	4.07×10^3	1.69×10^4	√
		S07墩	9.88×10^3	2.31×10^3	6.84×10^3	√
	横桥向	N04墩	5.37×10^3	4.88×10^3	5.73×10^3	√
		N05墩	7.34×10^3	7.98×10^3	7.98×10^3	√
		N06墩	7.43×10^3	7.81×10^3	7.82×10^3	√
		N07墩	8.99×10^3	6.44×10^3	6.59×10^3	√
		N08墩	1.09×10^4	3.96×10^3	7.07×10^3	√
		N09墩	7.98×10^3	1.77×10^3	6.27×10^3	√
		S04墩	8.53×10^3	7.31×10^3	1.56×10^4	√
		S05墩	8.86×10^3	6.82×10^3	1.58×10^4	√
		S06墩	7.60×10^3	8.53×10^3	1.52×10^4	√
		S07墩	7.29×10^3	2.69×10^3	6.12×10^3	√

注:√为合格。

引桥连续梁的桥墩截面，在超越概率为100年10%的地震荷载和超越概率为100年4%的地震荷载作用下，“纵桥向＋竖向”和“横桥向＋竖向”输入的验算结果如表4-4-89所示。

连续梁桥墩截面验算　表4-4-89

位置			恒载轴力—地震轴力(kN)	抗震需求(kN·m)	抗弯能力(kN·m)	验算
100年10%	纵桥向	S08桥墩	3.67×10^{4}	2.05×10^{4}	1.10×10^{5}	√
		S09桥墩	3.75×10^{4}	2.11×10^{4}	1.10×10^{5}	√
		S10桥墩	2.48×10^{4}	1.47×10^{4}	7.68×10^{4}	√
	横桥向	S08桥墩	3.67×10^{4}	4.32×10^{4}	2.78×10^{5}	√
		S09桥墩	3.74×10^{4}	4.49×10^{4}	2.79×10^{5}	√
		S10桥墩	2.50×10^{4}	5.75×10^{4}	2.58×10^{5}	√
100年4%	纵桥向	S08桥墩	3.51×10^{4}	2.46×10^{4}	1.48×10^{5}	√
		S09桥墩	3.60×10^{4}	2.70×10^{4}	1.48×10^{5}	√
		S10桥墩	2.40×10^{4}	2.03×10^{4}	1.01×10^{5}	√
	横桥向	S08桥墩	3.51×10^{4}	6.72×10^{4}	4.43×10^{5}	√
		S09桥墩	3.60×10^{4}	7.11×10^{4}	4.49×10^{5}	√
		S10桥墩	2.41×10^{4}	9.44×10^{4}	4.10×10^{5}	√

注：√为合格。

引桥桩基截面，在超越概率为100年10%的地震荷载和超越概率为100年4%的地震荷载作用下，“纵桥向＋竖向”和“横桥向＋竖向”输入的验算结果如表4-4-90所示。

连续梁桩基强度验算　表4-4-90

位置			恒载轴力—地震轴力(kN)	抗震需求(kN·m)	抗弯能力(kN·m)	验算
100年10%	纵桥向	S08桥墩	5.22×10^{3}	1.56×10^{3}	3.90×10^{3}	√
		S09桥墩	5.20×10^{3}	1.66×10^{3}	3.90×10^{3}	√
		S10桥墩	5.98×10^{3}	1.23×10^{3}	4.15×10^{3}	√
	横桥向	S08桥墩	4.07×10^{3}	1.72×10^{3}	3.50×10^{3}	√
		S09桥墩	4.30×10^{3}	1.50×10^{3}	3.59×10^{3}	√
		S10桥墩	4.28×10^{3}	1.96×10^{3}	3.58×10^{3}	√
100年4%	纵桥向	S08桥墩	4.47×10^{3}	1.95×10^{3}	5.08×10^{3}	√
		S09桥墩	4.42×10^{3}	2.08×10^{3}	5.07×10^{3}	√
		S10桥墩	5.28×10^{3}	1.74×10^{3}	5.39×10^{3}	√
	横桥向	S08桥墩	2.26×10^{3}	2.56×10^{3}	4.13×10^{3}	√
		S09桥墩	2.31×10^{3}	2.35×10^{3}	4.15×10^{3}	√
		S10桥墩	2.28×10^{3}	2.96×10^{3}	4.14×10^{3}	√

注：√为合格。

(三)结论

由以上计算结果可以看出，椒江二桥施工图阶段设计配筋下各个关键截面的抗震能力均能满足既定抗震目标。

九、结论

针对椒江二桥施工图设计方案,建立了空间动力线性计算模型,研究了该结构的动力特性,采用反应谱和非线性时程分析方法,研究了两设防水准地震作用下结构主要构件(含基础)的抗震性能和抗震能力并对结构进行了验算,研究确定了主塔采用黏滞阻尼器的合理参数和减震效果,主要结论如下:

(1)主桥纵桥向第一阶振型为主梁纵飘,自振周期为8.402s;主桥横桥向第一阶振型为主梁一阶对称侧弯,自振周期为2.822s。

(2)摩擦支座、黏滞阻尼器的设置有效减小了主桥梁端的纵向地震位移响应,并使地震内力响应在各个桥墩和索塔内重新分配。

反应谱分析中,100年10%概率水平下,主塔塔底单肢最大地震弯矩纵向4.48×10^5kN·m,横向3.81×10^5kN·m,梁端的最大纵向地震位移响应为0.375m,跨中最大横向地震位移响应为0.180m;100年4%概率水平下,主塔塔底最大地震弯矩纵向7.31×10^5kN·m,横向6.22×10^5kN·m,梁端的最大纵向地震位移响应为0.611m,跨中最大横向地震位移响应为0.294m。

在考虑摩擦支座和阻尼器的非线性时程分析中,100年10%概率水平下,主塔塔底单肢最大地震弯矩纵向2.30×10^5kN·m,横向3.50×10^5kN·m,梁端的最大纵向地震位移响应为0.072m,跨中最大横向地震位移响应为0.169m;100年4%概率水平下,主塔塔底最大地震弯矩纵向3.63×10^5kN·m,横向5.48×10^5kN·m,梁端的最大纵向地震位移响应为0.161m,跨中最大横向地震位移响应为0.243m。

(3)根据阻尼器参数分析结果,地震下每个主塔处选取的一套阻尼装置参数为:阻尼系数C取10000,速度指数ξ取0.2,塔梁连接处阻尼装置的最大阻尼力为±7142kN,行程±0.140m(最终阻尼器参数取值应考虑与梁体温度位移组合)。

(4)在“恒载轴力减动轴力”的不利情况下,椒江二桥施工图阶段设计配筋下各个关键截面的抗震能力均能满足既定抗震目标。

第五章　基于应力的混凝土配筋设计方法在半封闭钢箱组合梁斜拉桥的应用研究

第一节　概　　述

一、研究的目的和意义

(一)立项依据

椒江二桥的半封闭钢箱组合梁截面为国内外首次采用,见图4-5-1。其受力特点不同于其他的钢混组合梁结构;大跨径斜拉桥采用这种组合梁截面,必须进行详尽的整体空间受力分析,并依据分析结果对混凝土桥面板进行配筋,以满足结构的受力和构造要求。

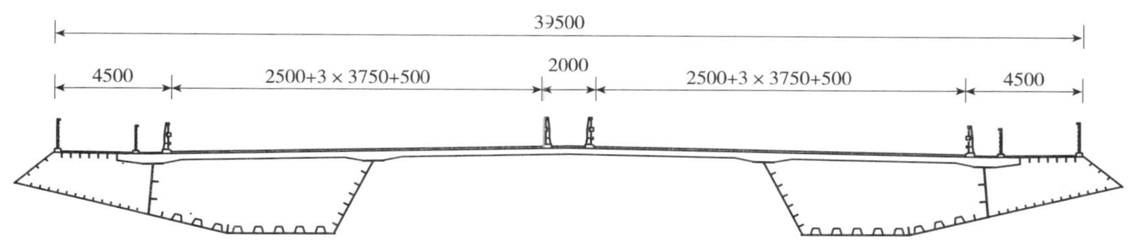

图4-5-1　椒江二桥主梁横截面示意图(尺寸单位:mm)

(二)桥梁结构分析

1.箱梁结构空间分析的指标应力

复杂桥梁的结构效应可以分为主梁(或索结构中的加劲梁)以外的"外部"结构效应、荷载效应和主梁截面本身"内部"的空间效应几部分。悬索桥的主缆和吊索、斜拉桥中的斜拉索等是"外部"结构效应,荷载效应主要包括活载、初应变(徐变、收缩、局部温度)、沉降等。"内部"效应包括薄壁效应(扭转、畸变)、剪力滞效应、泊松效应等。"外部"和"内部"效应通过结构分析最终反映为截面的指标应力。

现行桥梁结构设计规范的配束配筋计算体系只是针对柔细梁的,相关的指标应力一般仅为3个,即截面上缘正应力、截面下缘正应力和腹板主应力。这3个指标应力实际上并没有完全反映桥梁结构的真实受力情况。

块单元有限元分析是整体计算方法的一个重要进步,但块单元分析混淆了整体效应和局部效应,无法提炼出交付配筋的指标应力,故多被采用来作局部分析。

表4-5-1为箱梁结构的9个指标应力,表中一维应力产生的裂缝从截面边缘开始,并不会贯穿板厚,剪应力照样可以传递;而二维应力产生的裂缝是全截面、即贯穿板厚的,剪应力无法传递。

箱梁结构 9 个指标应力 表 4-5-1

构件	受力方向	应力特征	与传统关注应力比照
箱梁顶板	纵向面外上缘	一维应力	整体截面上缘应力
	横向面外上缘	一维应力	另外进行桥面板局部计算
	横向面外下缘	一维应力	另外进行桥面板局部计算
	中间层面内	二维应力	常被遗漏
箱梁底板	纵向面外下缘	一维应力	整体截面下缘应力
	横向面外上缘	一维应力	主要为计算底板钢束的外崩力,简化计算方法仍不完善
	中间层面内	二维应力	常被遗漏
箱梁腹板	中间层面内	二维应力	腹板主应力

同时,这些指标应力与材料无关、适用于钢结构、结合梁结构和混凝土结构。可以用来判断所有桥梁结构的受力情况。

如表 4-5-1 中所述,箱梁顶板和底板的中间层面内二维应力常被现行规范计算体系遗漏,造成相应的结构计算和规范的缺失。例如在桥梁结构的极限承载力非线性分析中,一般只关注抗弯承载力,主应力方向常被忽视。在混凝土结构设计规范中,没有斜裂缝计算和控制的条文。实际上,从断面角度而言,较宽的斜裂缝意味着裂缝截面斜向的少筋破坏。

2. 桥梁结构的分析方法

表 4-5-2 是目前桥梁结构有限元分析时常用的整体计算模型 A、B、C 及其计算关注点。模型 A 为脊骨梁模型,以 1 根梁单元模拟主梁,斜拉索与主梁之间用刚臂连接;模型 B 分别用 3 根单梁模拟混凝土桥面板及两个钢箱室,单梁之间及单梁与斜拉索之间用刚臂连接;模型 C 是平面梁格模型,通过纵横连接的梁单元来模拟相应位置的箱梁受力。

桥梁结构整体分析的常用建模方式 表 4-5-2

计算模型	截面划分	有限元网格	模型及关注点
A			单梁鱼骨模型,关注截面上下缘正应力及位移
B			用刚臂连接的单梁模型,关注截面上下缘正应力及位移
C			平面梁格模型,考虑了剪力滞效应,关注截面上下缘正应力及位移

这 3 种整体计算模型都无法考虑截面中混凝土桥面板的面内剪应力,而采用独立的桥面板局部分析只能得到桥面板面外的一维正应力,也无法支持该混凝土截面需要特别关注的桥面板面内配筋。

(三)小结

总之,常用的有限元模型计算分析不能很好反映椒江二桥的半封闭钢箱组合梁结构的 9 个指标应力;本研究采用新颖的空间网格模型进行结构分析,结果除了箱梁纵向上下缘应力、顶底板横向上下缘应力以外,空间网格模型能更好地反映腹板中间层面内的二维主拉应力,以及常被遗漏的顶底腹板中间层面内的二维应力。从而为椒江二桥主梁混凝土桥面板的纵横向配筋设计提供合理的数据基础;同时采用基于应力的混凝土配筋设计方法——“拉应力域”配筋设计理论,为桥面板的纵横向配筋提供相关配筋建议。此外,由于采用了空间网格模型进行计算,可为设计提供独立的核算结果。

二、本课题研究重点和研究内容

(一)面向配筋的空间网格分析方法研究——配筋应力的来源

所有复杂的桥梁结构可以离散成有规律受力的基本“板”构件,例如一个箱梁可以分解为顶板、底板以及多块腹板构成,如图 4-5-2 所示。这些板可以是钢、混凝土、或其他任意材料的。于是,这些板元便可以“组合”成全混凝土截面、全钢截面、部分是钢部分是混凝土的钢—混凝土结合截面、以及其他任意几种不同材料组成的截面。

一个板元可进一步由十字交叉的正交梁格来表达,空间桥梁结构可以用空间网格来表达,如图 4-5-3 所示。

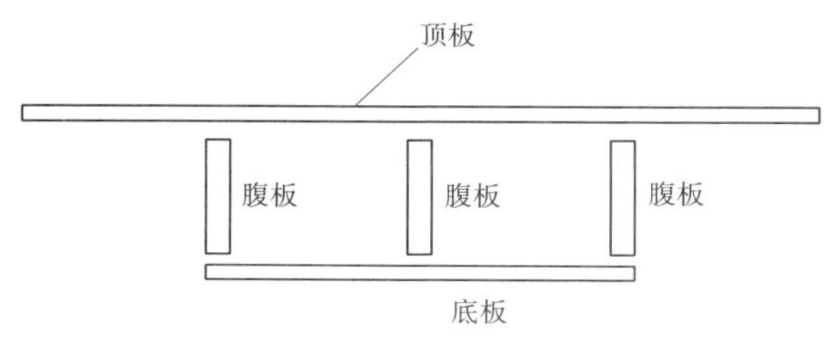

图 4-5-2 由“板”表达的单箱双室箱梁截面

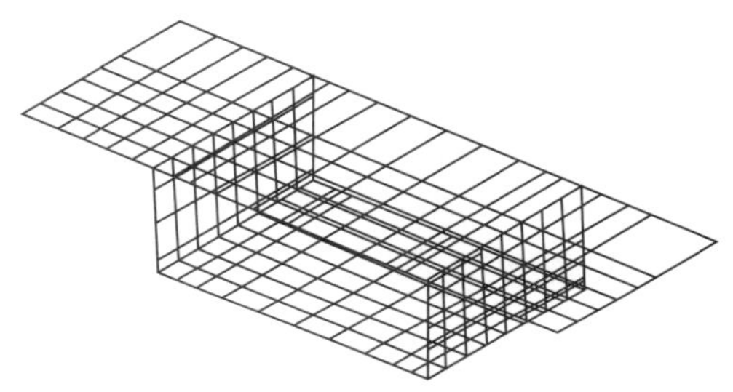

图 4-5-3 由空间网格表达的单箱单室箱梁截面

椒江二桥独特的半封闭钢混组合箱梁截面,通过如图 4-5-4 所示的转化来实现箱梁截面的离散化。

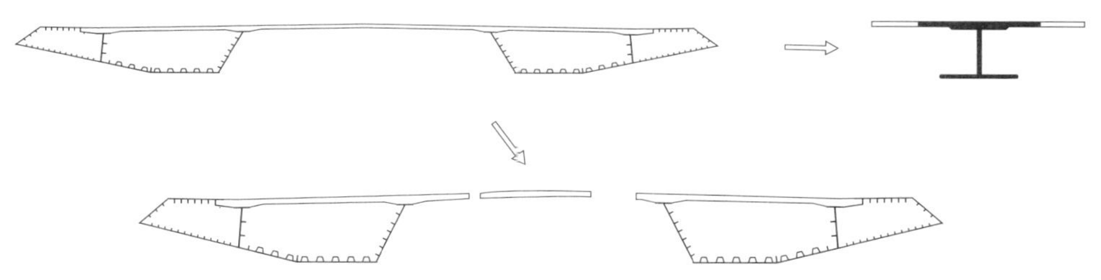

图 4-5-4 椒江二桥箱梁截面的离散化

建立的空间网格模型如图 4-5-5,几个索距的详细模型如图 4-5-6 所示。

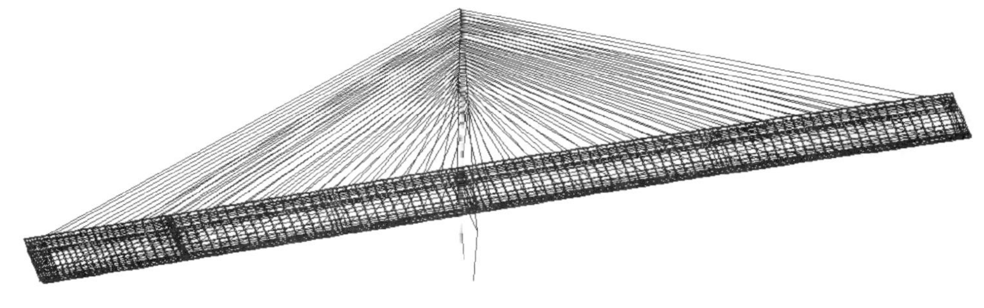

图 4-5-5 半桥空间网格计算模型

在空间网格计算中，一个截面输出的应力包括上缘、中间层、下缘 3 个指标应力位置，并表达不同的物理意义。

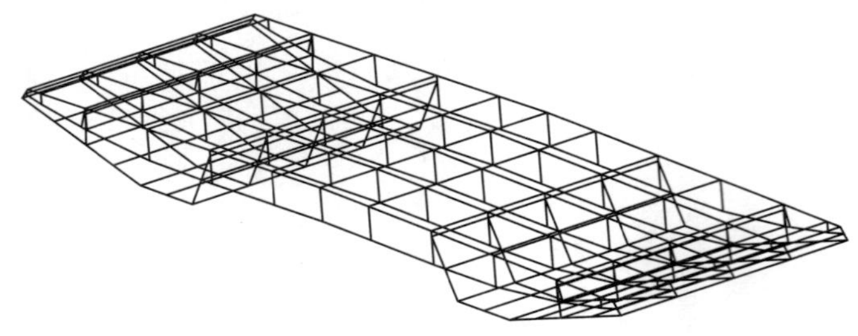

图 4-5-6 几个索距的空间网格模型

其中，上缘和下缘的应力是单轴的，对于椒江二桥，顶板上下缘应力代表桥面板的纵向应力效应，主要反映车辆荷载及局部温度等引起的局部弯曲效应，即钢结构中所谓的“第二体系”应力；中间层应力表示结构的整体弯曲效应，各纵梁应力即钢结构中所谓的“第一体系”应力，各纵梁应力的不同实际上即为剪力滞效应，中间层的应力状态是面内双轴的，正应力将与面内剪应力一起合成为面内的主拉应力和主压应力。

采用空间网格计算能直接面向配筋需要：上下缘的一维应力和中间层的二维主应力将提供给“拉应力域”混凝土配筋设计方法进行面外和面内配筋，两者比较后综合形成最后的截面配筋。

（二）混凝土构件“拉应力域”配筋理论的应用

混凝土、钢筋混凝土不同构件的抗剪配筋设计是目前世界各国规范尚未完全解决的难点。本项目在混凝土抗剪设计研究已有成果的基础上，结合应用混凝土构件“拉应力域”抗剪配筋新理论，对椒江二桥主梁混凝土桥面板纵横向配筋提供合理化建议。

“拉应力域”混凝土配筋方法是一种新的配筋概念和设计方法，针对应力有规律分布的混凝土构件、涵盖构件承弯（包括深梁）、承拉（压）、承扭、承剪的配筋设计。图 4-5-7 是受剪构件中的“拉应力域”，承受面内主拉应力和主压应力，其受力规律及需要的配筋为针对面内斜向主拉应力。

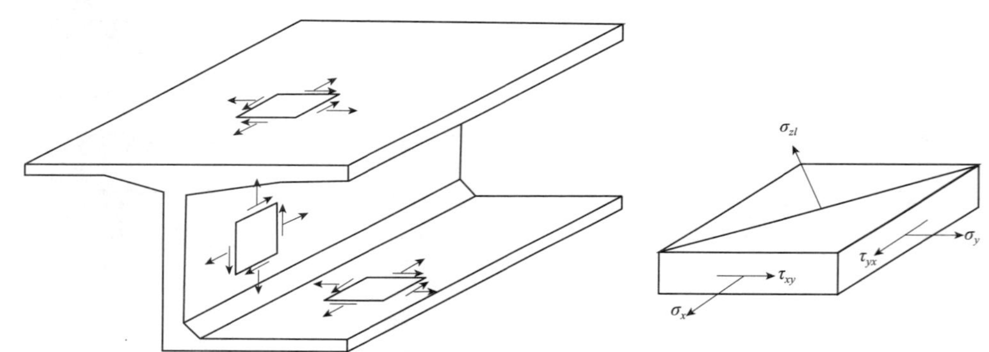

图 4-5-7 受剪构件中的拉应力域

由图 4-5-7 可见，一个箱梁截面不仅只有腹板受剪，有剪应力分布的所有构件，即除腹板外，还应包括顶板和底板。抗剪配筋是双向的，以承担主拉应力的两个正交分量。现行主要规范的缺陷就在于仅用单方向的竖直箍筋去承担斜向的主拉应力，以至混凝土中的抗剪配筋理论至今不完善。仅我国的规范就有三种不同的方法，分别来源于原苏联规范中的脱离体理论、脱离体理论与 ACI 的经典桁架理论的结合以及容许应力法。

混凝土构件“拉应力域”抗剪配筋理论的核心理念为：

（1）所有二维受力板式构件均是承剪构件，均需要剪切配筋。这意味着桥梁结构中的抗剪构件并不仅仅是腹板，所有承受主拉应力的构件均是承剪构件，这包括了箱梁的顶板和底板，以及图 4-5-1 中钢—混凝土组合梁的混凝土桥面板。

（2）所有二维受力构件的纵横向钢筋均是抗剪钢筋。这意味着抗剪钢筋并非仅仅指腹板的竖直箍筋。腹板的水平纵向钢筋、箱梁顶底板的纵向和横向钢筋均是抗剪钢筋，都需要与箍筋同样受重视、都同样是需要设计计算的受力钢筋，而不是传统意义上的构造钢筋。从这个角度上来说，配筋所面向的桥梁结构整体效应，只要满足“拉应力域”理论的配筋条件，板式受力构件中所有的纵横向钢筋均是需要设计计算的剪切受力钢筋，不再有构造钢筋。

在椒江二桥中，半封闭钢—混凝土组合梁桥面板的中间层二维受力，其主应力是承弯、承拉（压）、承扭、承剪共同作用，并根据不同荷载组合分别按最不利效应得到的；而桥面板上下缘正应力是局部承弯作用及承拉（压）作用组合而成。桥面板的配筋将针对两者（中间层、上下缘）分别设计计算，以保证构件在使用状态下裂缝宽度或对应的钢筋应力满足设计规范或设计经验相关要求，在极限状态下配筋用量足够，能满足极限承载力的要求。

（三）研究内容

以图 4-5-5 所示的空间网格模型为基础，对椒江二桥进行结构恒、活载效应的全面分析，包括：

1. 恒载分析

包括结合桥面吊机的施工阶段分析、调索分析、徐变收缩分析、预应力效应分析以及全桥的整体升降温和局部混凝土顶板的升降温分析等。

2. 活载分析

包括全桥影响面加载，得到全桥各构件的影响面，按最不利内力进行加载，计算活载位移包络图、应力包络图及斜拉索的应力幅值等。

3. 弹性稳定性分析

在空间网格模型基础上对全桥结构进行弹性稳定性分析，包括施工阶段弹性稳定性（包括侧桥向静风荷载）以及成桥阶段的弹性稳定性分析。

4. 混凝土桥面配筋

在空间网格模型分析结果的基础上，采用“拉应力域”配筋设计方法对桥面板进行配筋。包括全桥桥面板横向受力的上缘和下缘配筋以及全桥桥面板纵向受力的上缘和下缘配筋；全桥桥面板面内的主应力配筋将分别布置到构件的上下缘，与纵向和横向的单向配筋统一考虑。

第二节 计 算 模 型

一、网格模型

半桥空间网格模型见前图 4-5-5，组合截面的划分如图 4-5-8 所示。

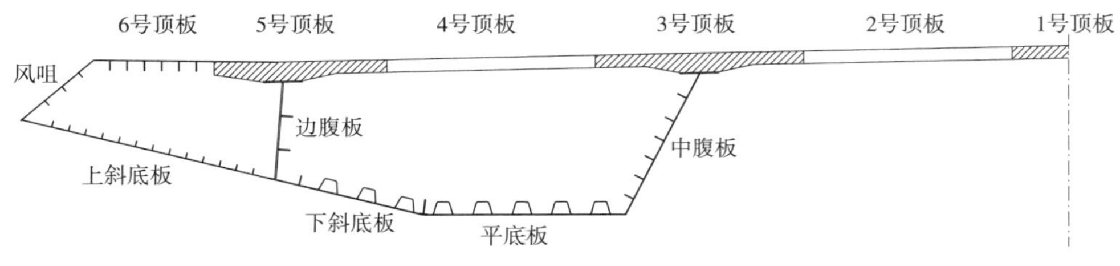

图 4-5-8 组合截面网格划分

混凝土桥面板依次划分为 1 号 ~5 号顶板；钢箱划分为边腹板、中腹板、上斜底板、下斜底板、平底板等几部分；横隔板横向划分为 12 个单元；拉索采用受拉桁架单元来模拟。

二、计算参数

基本资料取自《椒江二桥及接线工程两阶段施工图设计——送审稿(2009.1)》。

（一）计算荷载

1. 结构自重

材料容重取值：钢板：78.5kN/m^3；C50、C60混凝土：26kN/m^3；C30混凝土：25kN/m^3。

2. 桥面系

人行道桥面铺装为5cm沥青混凝土，车行道桥面铺装为8cm沥青混凝土。

3. 可变荷载

活载采用汽车公路Ⅰ级荷载，按双向八车道加载，人群荷载采用2.5kN/m^2。

其他可变荷载计算主要包括温度荷载和风荷载。荷载值参见《公路桥涵设计通用规范》JTG D60—2004和《公路斜拉桥设计细则》的有关规定。其中：

体系温度：按整体升温+26.3℃和整体降温-29.4℃来计算。

桥梁结构计算考虑温度梯度效应为桥面板±15℃。

拉索与主梁、主塔间的温差采用±15℃。

4. 压重

将辅助墩（过渡墩）支座附近3（5）号横隔板全宽范围内顶底板封闭形成全封闭钢箱（单箱三室），在钢箱内填充铁砂混凝土。其中，辅助墩填芯段宽3m，过渡墩填芯段宽4.72m。

（二）边界条件

塔底承台处将6个自由度全部约束，锚固墩及辅助墩处设置竖向约束，塔底主梁处设置横桥向位移约束。对于半桥网格模型，跨中各节点采用对称约束。

（三）应力及配筋位置的选取

1. 纵向应力位置

网格计算中，箱梁断面混凝土桥面板横向分为如图4-5-9所示的1号~5号板，依次构成纵向的1号~5号梁，后面的纵向应力和配筋均按这5根梁分别计算，分析结果和配筋结果也分别按这5根梁给出。

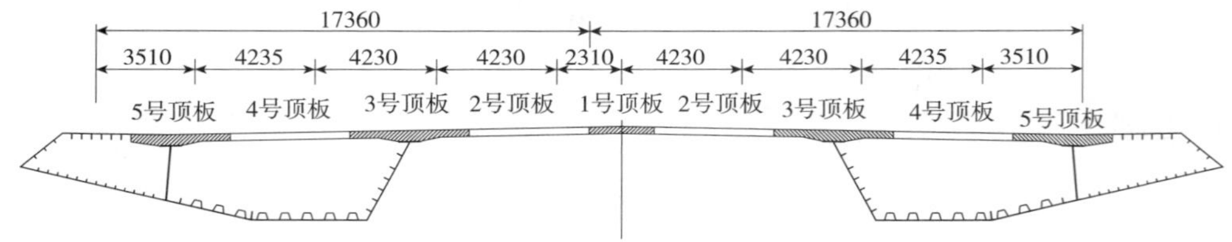

图4-5-9 关键截面详细配筋横向各板位置示意图（尺寸单位：mm）

2. 横向应力位置

通过全桥结构分析，选取6个关键部位的横梁位置4个计算截面进行桥面板的应力及配筋计算，纵桥向依次为端锚索、辅助墩、A7号拉索、塔底、J13号拉索和跨中，如图4-5-10所示。

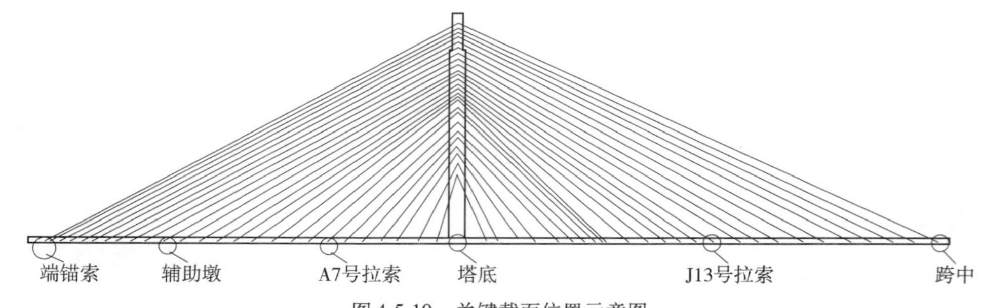

图4-5-10 关键截面位置示意图

各个关键截面选取的详细配筋位置见图 4-5-11。

其中 A7 吊索和 J13 吊索关键截面[图 4-5-11c)、e)]包括有索横梁、无索横梁及其间的无横梁截面，此配筋结果适用于全桥有索区的截面配筋。

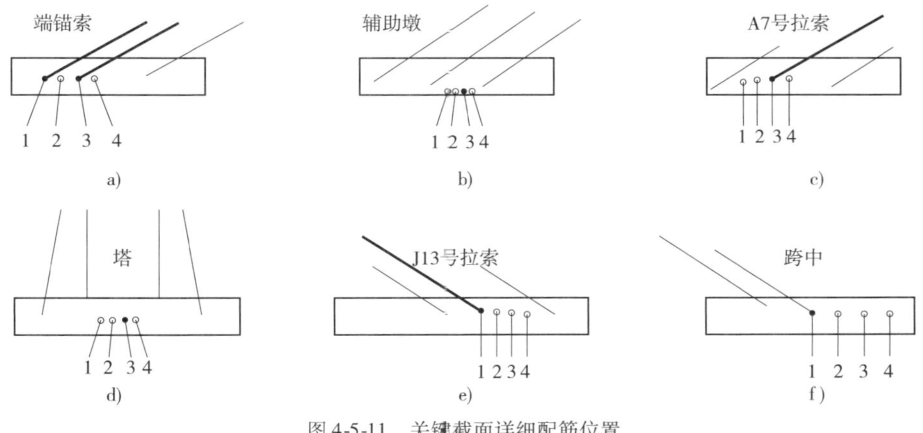

图 4-5-11　关键截面详细配筋位置

第三节　空间计算分析结果

一、施工分析

（一）施工步骤及参数

在调索确定本桥成桥状态目标后，从斜拉桥的成桥状态出发（即理想的恒载状态出发），用与实际施工步骤相反的顺序，进行逐步倒退计算来获得各施工阶段的控制参数。根据这些参数，并考虑桥面吊机、混凝土徐变及预应力效用，进行正装计算分析。正装分析的主要施工步骤见下表 4-5-3，箱梁节段吊装及安装如图 4-5-12 所示。经过若干次正装、倒拆的反复计算，正装、倒拆的计算结果基本闭合，且正装完成的成桥位移略高于倒拆初始的成桥线形（本桥跨中为 10cm）。

施工步骤说明　　表 4-5-3

施工步骤	施工内容
1	安装 T0/A1/A2/J1/J2 梁段，并张拉相应拉索
2	拆除索塔区施工托架
3	安装桥面吊机，并吊装 A3/J3 梁段
4	对称安装 A3/J3 梁段，并张拉相应拉索
5	吊机前移，并吊装 A4/J4 梁段
6	对称安装 A4/J4 梁段，并张拉相应拉索
7	重复 5、6 步骤，施工 A5-A13 梁段、J5-J13 梁段
8	安装边跨支架，并吊装 A25-A15 梁段
9	安装边跨合龙段
10	安装中跨 J14 梁段，并张拉 A14/J14 对应拉索
11	拆除边跨吊机，前移中跨吊机，并吊装 J15 梁段
12	安装 J15 梁段，并张拉 A15/J15 梁段对应拉索
13	前移中跨吊机，并吊装 J16 梁段

续上表

施工步骤	施工内容
14	安装J16梁段,并张拉A16/J16梁段对应拉索
15	重复13、14步骤,施工J17—J26梁段
16	前移中跨吊机,并吊装中跨合龙段
17	安装中跨合龙段,实现主桥合龙
18	拆除中跨桥面吊机
19	拆除0号段临时固结
20	拆除辅助墩到过渡墩施工托架
21	施工桥面系

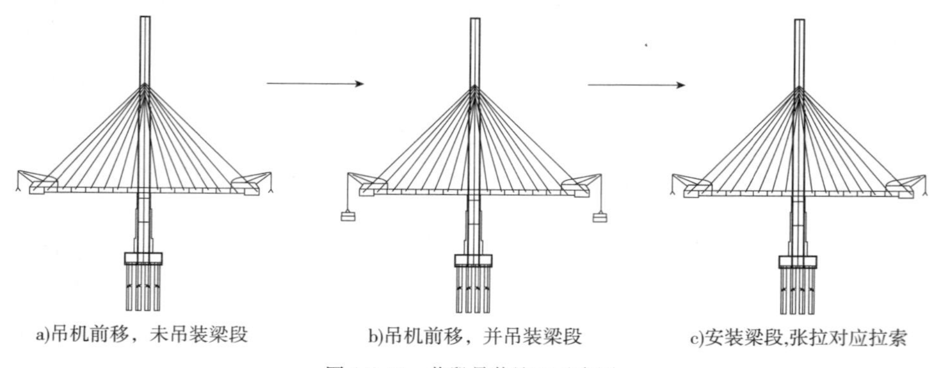

图4-5-12　节段吊装施工示意图

图4-5-12中,图a)为吊机前移,暂未吊装梁段;图b)为吊机前移,并吊装梁段;图c)安装梁段,并张拉相应拉索。过程b)比过程a)对结构更不利,在施工模拟中仅对过程b)和c)来分析。

施工中桥面吊机重暂按单侧1000kN计,前、后支点距离18m;空载时前支点反力按1000kN(↓)、后支点0kN考虑。吊机前、后支点横向中心间距26m,前支点作用在已安装节段最前端的一道横隔板上。标准节段梁重按3800kN取值。

(二)施工阶段应力包络图

此处仅列出施工阶段1~5号桥面板的应力包络图,有关施工过程中的拉索索力和梁塔位移见成桥分析。

1.1号板施工应力包络图(图4-5-13)

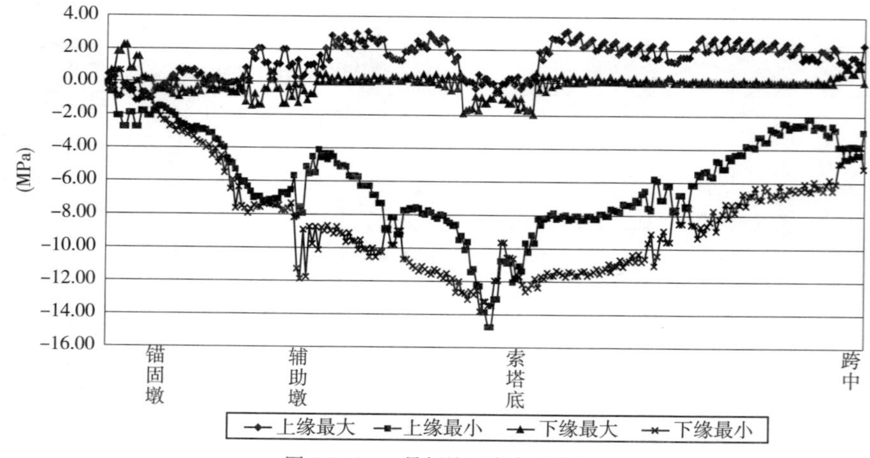

图4-5-13　1号板施工应力包络图

2.2号板施工应力包络图(图4-5-14)

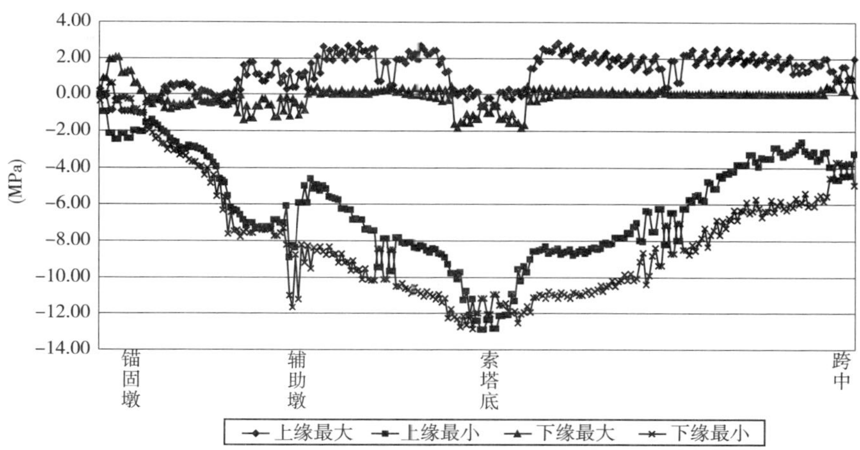

图4-5-14 2号板施工应力包络图

3.3号板施工应力包络图(图4-5-15)

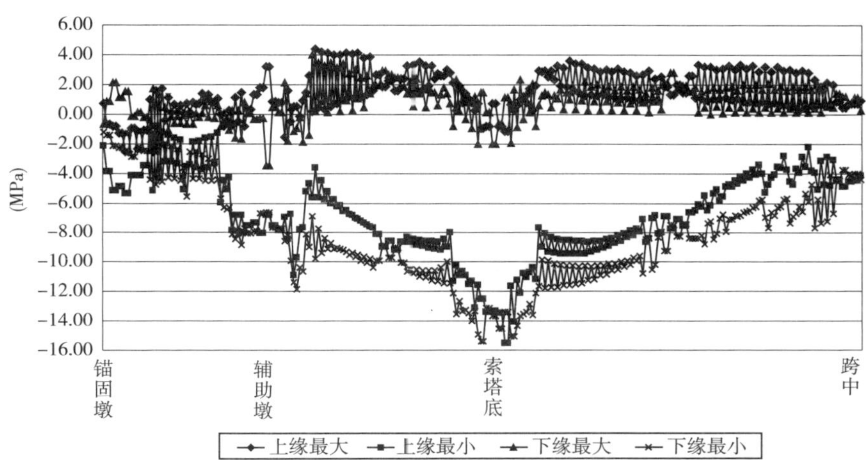

图4-5-15 3号板施工应力包络图

4.4号板施工应力包络图(图4-5-16)

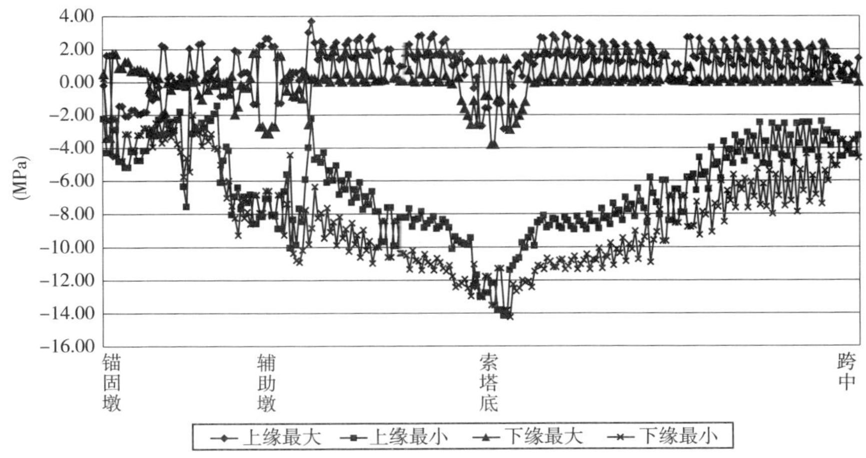

图4-5-16 4号板施工应力包络图

5.5 号板施工应力包络图(图 4-5-17)

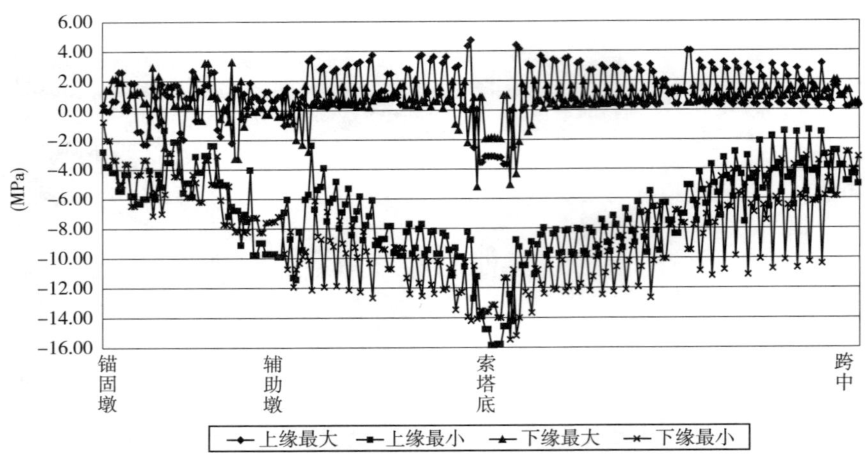

图 4-5-17　5 号板施工应力包络图

二、成桥分析

(一)永久作用效应

1. 成桥及施工阶段索力

结合施工分析得到成桥及施工阶段索力表如表 4-5-4 所示。

成桥及施工阶段索力表　　表 4-5-4

索号	初始张拉索力(kN)	施工阶段最大索力(kN)	成桥索力(kN)	索号	初始张拉索力(kN))	施工阶段最大索力(kN)	成桥索力(kN)
A26	5905.7	7016.5	6999.6	J1	4355.9	4597.7	3626.7
A25	5944.4	6950.4	6931.8	J2	2794.0	3494.2	2402.1
A24	4379.7	5122.0	5107.0	J3	2426.9	3395.1	2434.5
A23	3843.9	4588.4	4569.3	J4	2221.2	3344.6	2502.3
A22	3655.4	4431.3	4404.7	J5	2241.6	3428.4	2680.6
A21	3347.9	4044.2	4014.1	J6	2311.0	3527.4	2827.2
A20	3418.5	4200.1	4160.1	J7	2294.5	3527.1	2744.0
A19	3859.2	4716.0	4666.0	J8	2722.8	3968.3	3214.5
A18	4319.8	5186.1	5130.0	J9	2693.2	4189.7	3270.5
A17	4417.2	5283.8	5221.6	J10	2917.8	4352.5	3472.8
A16	4531.6	5361.8	5291.6	J11	3062.1	4472.3	3602.1
A15	4400.3	5097.1	5025.2	J12	3250.6	4832.7	3913.5
A14	3837.9	4628.1	4326.3	J13	3231.8	4740.8	3813.4
A13	3444.9	5017.7	4652.6	J14	3508.0	4944.3	4075.1
A12	3139.3	4746.4	4124.5	J15	3539.3	4987.5	4087.3
A11	2943.3	4367.4	3706.6	J16	3719.7	5202.3	4275.0

续上表

索号	初始张拉索力(kN)	施工阶段最大索力(kN)	成桥索力(kN)	索号	初始张拉索力(kN))	施工阶段最大索力(kN)	成桥索力(kN)
A10	2852. 7	4291. 6	3615. 2	J17	3863. 7	5364. 6	4438. 3
A9	2686. 2	4152. 5	3434. 1	J18	4014. 6	5519. 3	4635. 8
A8	2891. 0	4060. 6	3457. 2	J19	3986. 2	5487. 5	4615. 7
A7	2470. 2	3642. 8	2898. 1	J20	4145. 7	5641. 1	4806. 6
A6	2268. 2	3469. 6	2694. 0	J21	4378. 5	5871. 4	5127. 8
A5	2415. 6	3598. 8	2821. 0	J22	4347. 0	6015. 9	5285. 3
A4	2337. 0	3459. 3	2510. 6	J23	4439. 4	6059. 3	5439. 6
A3	2482. 4	3448. 2	2364. 2	J24	4774. 1	6366. 1	5935. 9
A2	2756. 7	3453. 2	2274. 2	J25	4769. 5	6461. 5	6201. 1
A1	4513. 7	4758. 4	3736. 3	J26	5016. 6	6471. 6	6396. 1

2. 支座反力(表 4-5-5)

成桥支座反力表 表 4-5-5

支座编号	成桥支反力(kN)
过渡墩	1860. 8
辅助墩	4186. 5

3. 梁塔位移

(1)主梁位移见图 4-5-18。

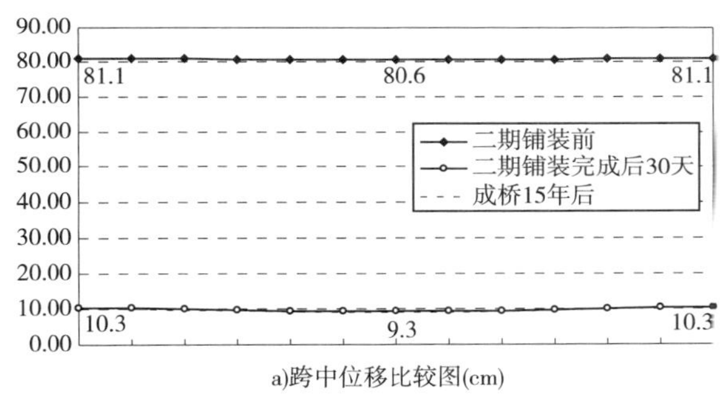

a)跨中位移比较图(cm)

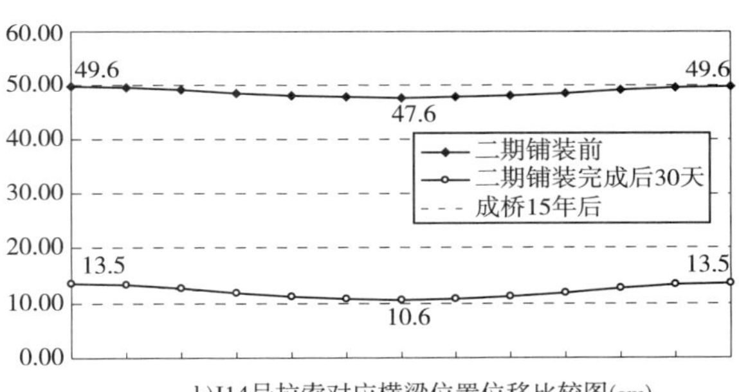

b)J14号拉索对应横梁位置位移比较图(cm)

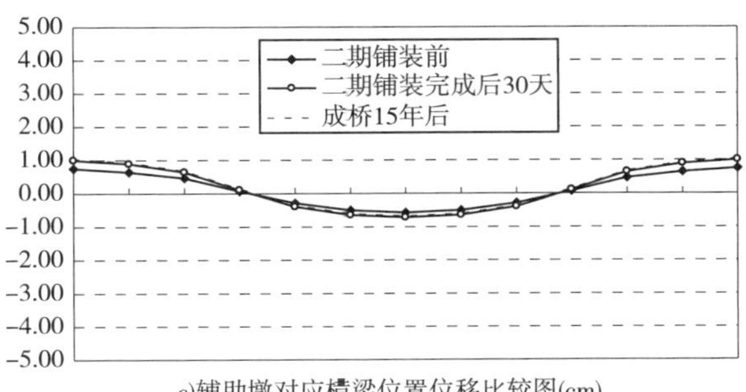

c)辅助墩对应横梁位置位移比较图(cm)

图 4-5-18 主梁位移

由图 4-5-18a)可知主跨跨中最大挠度为 10. 3cm。

由图 4-5-18b)可知各点竖向最大位移差为 2. 9cm。

(2)主塔位移见图4-5-19。

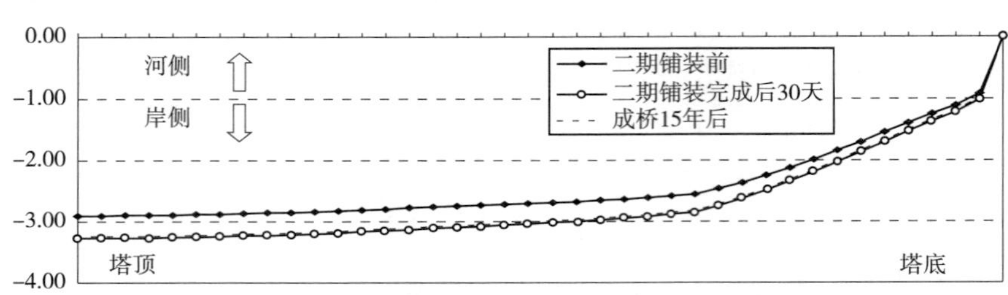

图4-5-19　主塔成桥位移(cm)

可知主塔纵向位移为3.2cm,偏向河岸方向。

4.纵向应力

1号~5号顶板成桥状态纵向应力见图4-5-20。

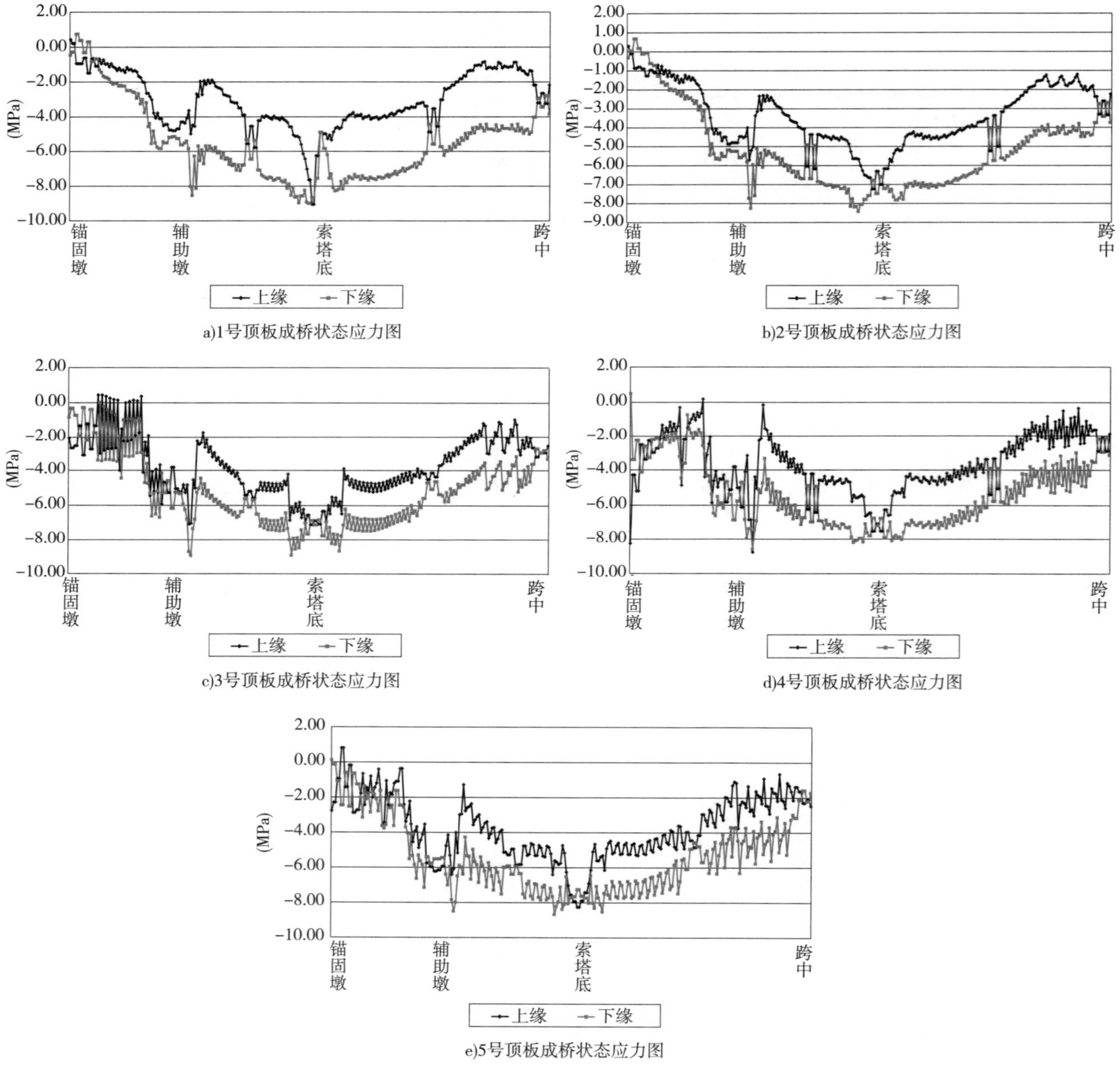

a)1号顶板成桥状态应力图

b)2号顶板成桥状态应力图

c)3号顶板成桥状态应力图

d)4号顶板成桥状态应力图

e)5号顶板成桥状态应力图

图4-5-20　1~5号顶板成桥状态纵向应力图

5. 横向应力

6 个关键部位(端锚索、辅助墩、A7 号拉索、塔底、J13 号拉索和跨中),每个部位包括 4 个截面(如图 4-5-11中所示截面 1 ~4:有索横梁、无索横梁及其间的无横梁截面)。

(1)端锚索区域横向应力见图 4-5-21。

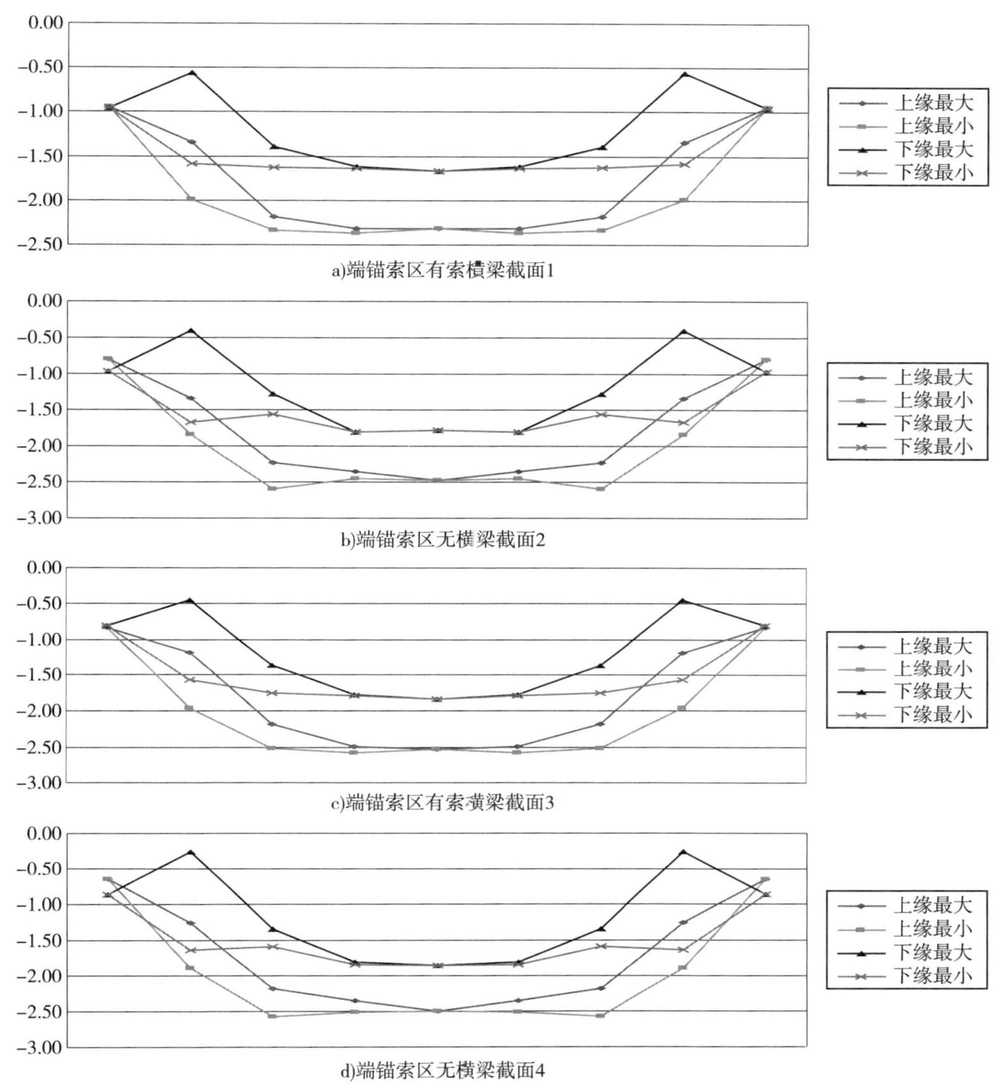

a)端锚索区有索横梁截面1

b)端锚索区无横梁截面2

c)端锚索区有索横梁截面3

d)端锚索区无横梁截面4

图 4-5-21 端锚索区域横向应力图

(2)辅助墩区域横向应力见图 4-5-22。

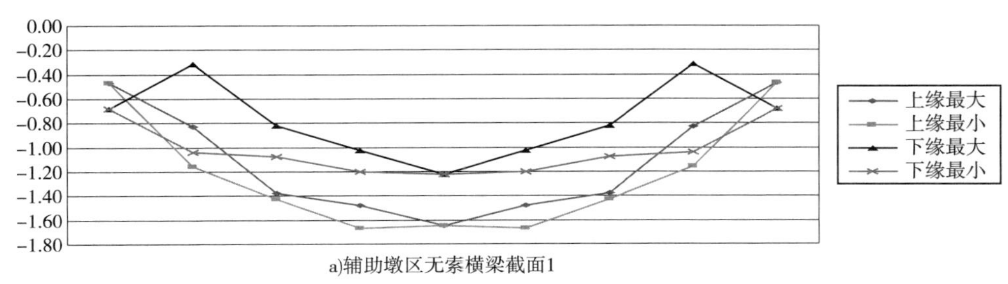

a)辅助墩区无索横梁截面1

图 4-5-22

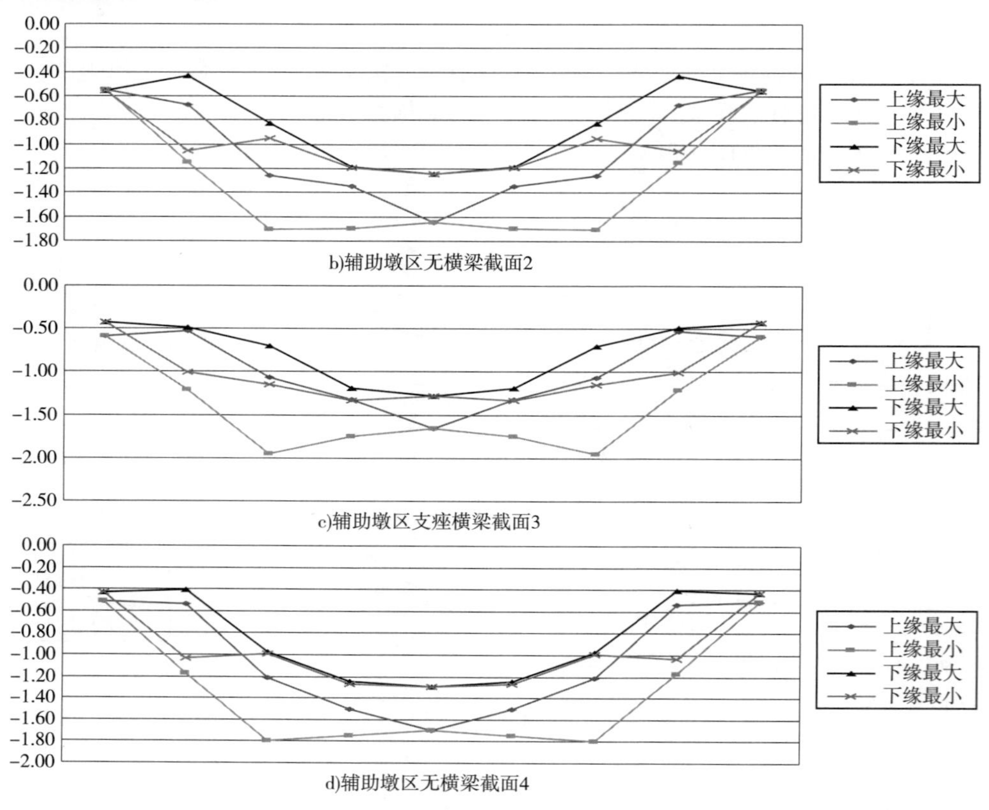

b)辅助墩区无横梁截面2

c)辅助墩区支座横梁截面3

d)辅助墩区无横梁截面4

图 4-5-22 辅助墩区域横向应力图

(3)A7 拉索区域横向应力见图 4-5-23。

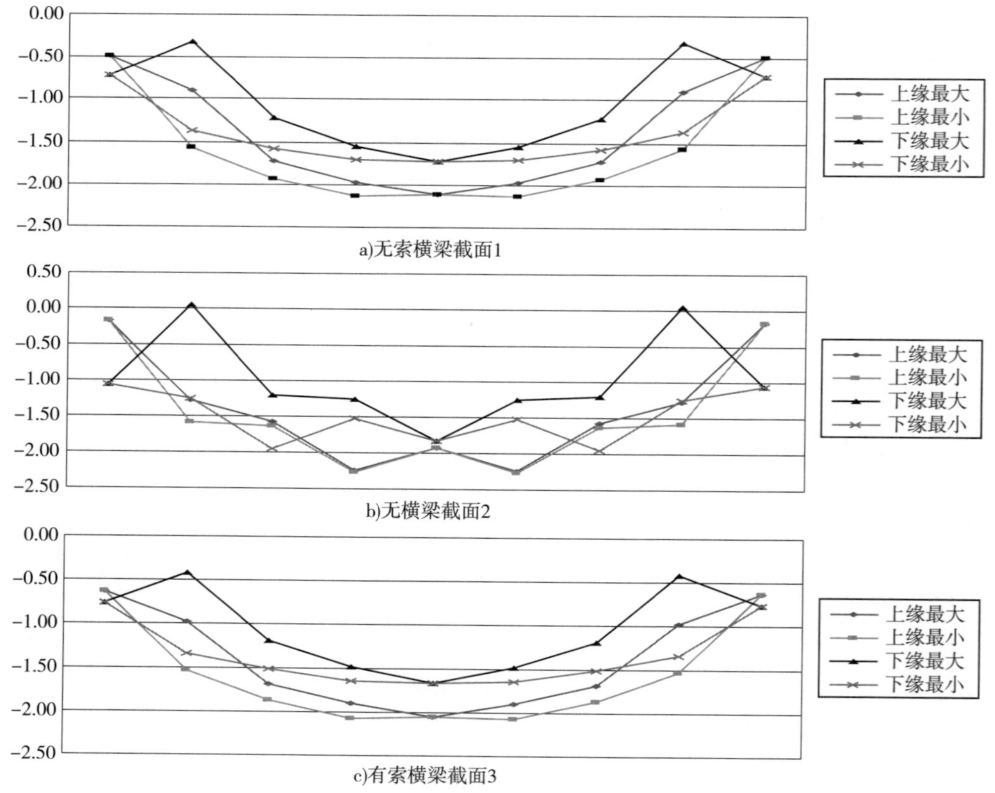

a)无索横梁截面1

b)无横梁截面2

c)有索横梁截面3

图 4-5-23

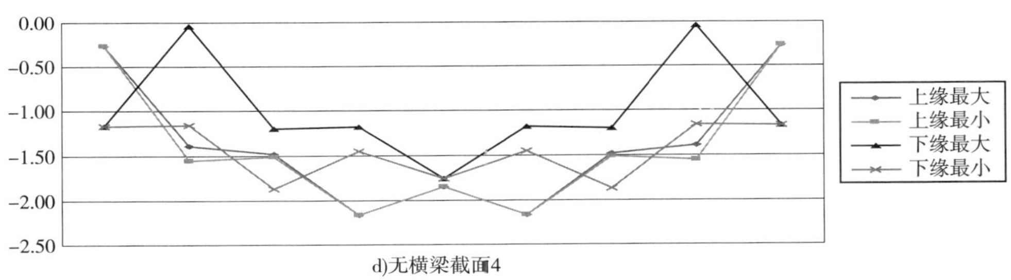

d)无横梁截面4

图4-5-23 A7拉索区域横向应力图

(4)塔底区域横向应力见图4-5-24。

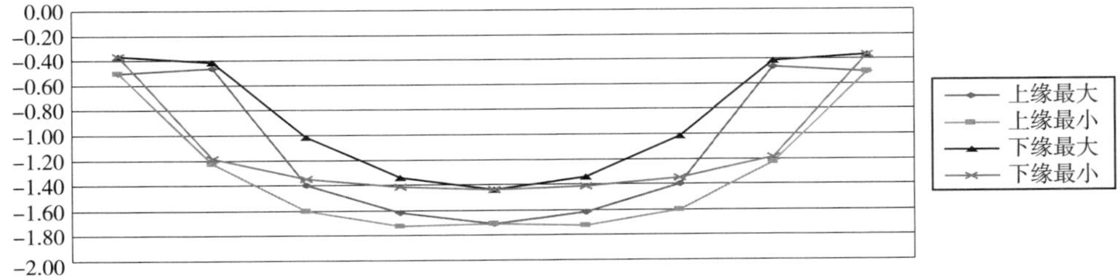

a)塔底区无索横梁截面1

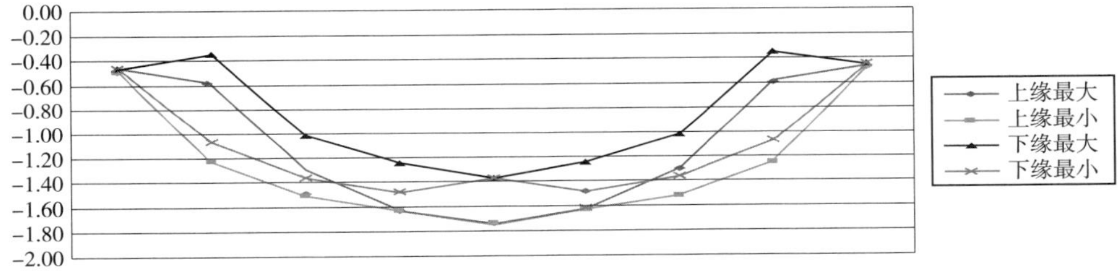

b)塔底区无横梁截面2

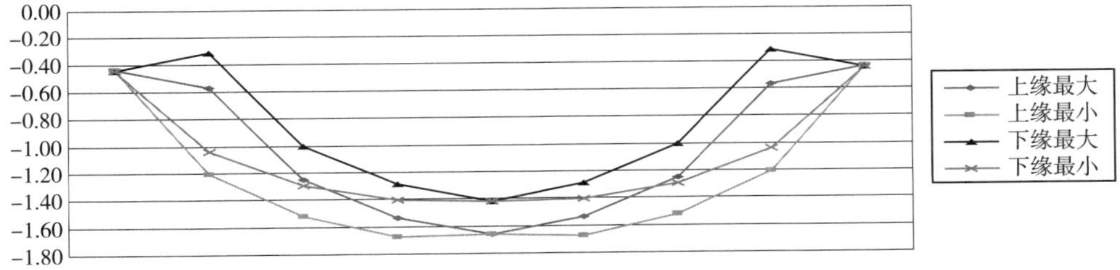

c)塔底横梁截面3

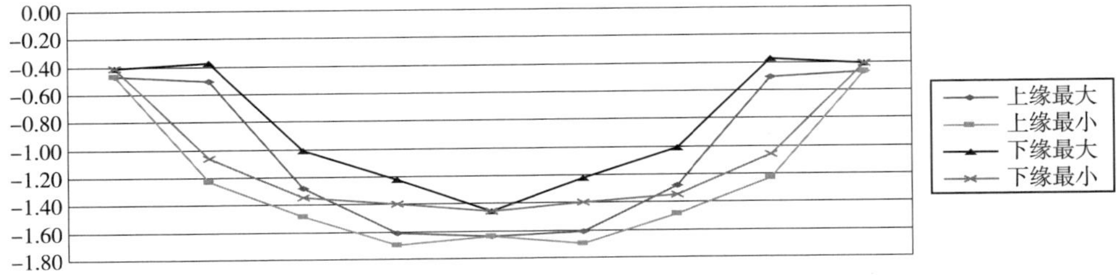

d)塔底区无横梁截面4

图4-5-24 塔底区域横向应力图

(5)J13拉索区域横向应力见图4-5-25。

(6)跨中区域横向应力见图4-5-26。

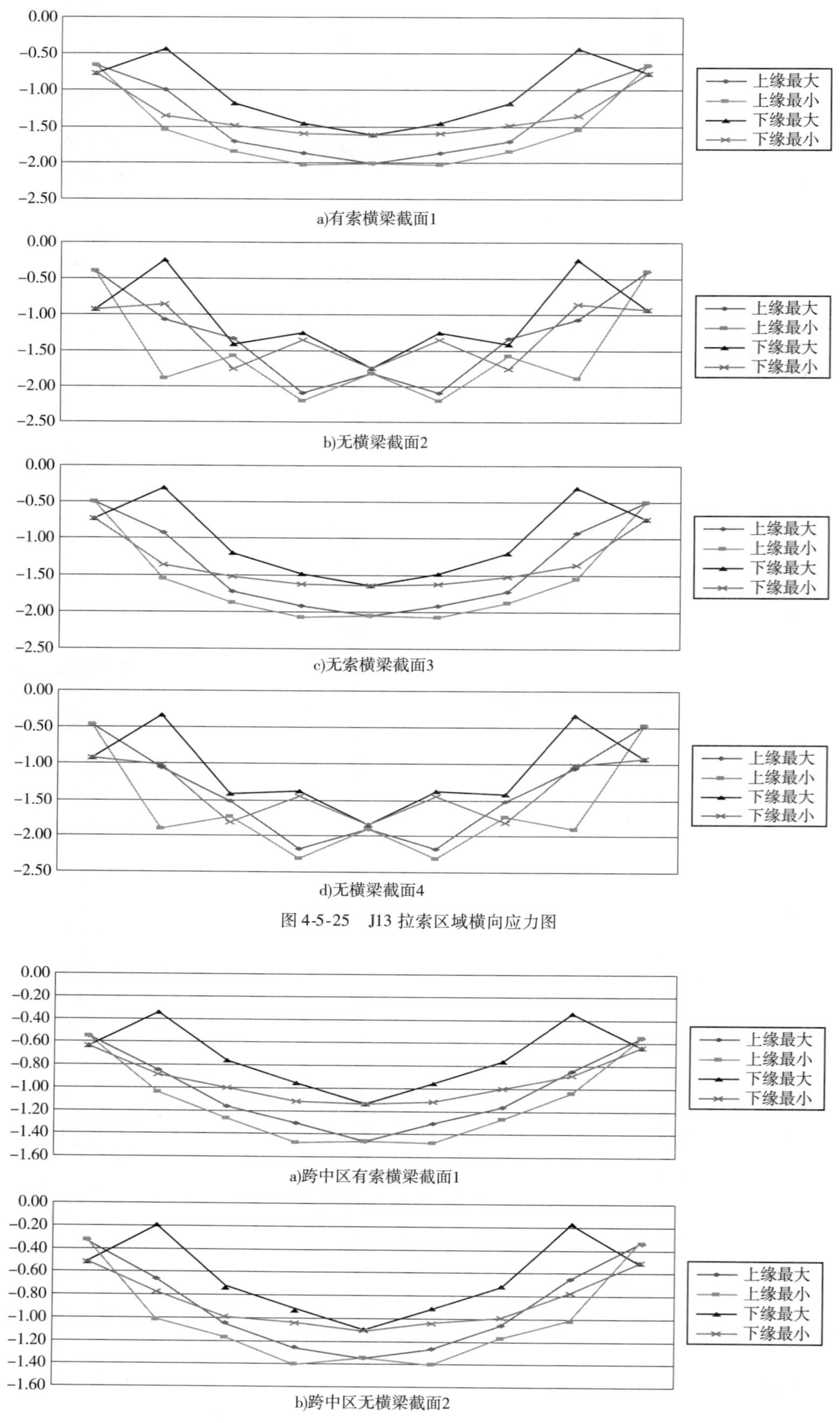

图 4-5-25　J13 拉索区域横向应力图

图　4-5-26

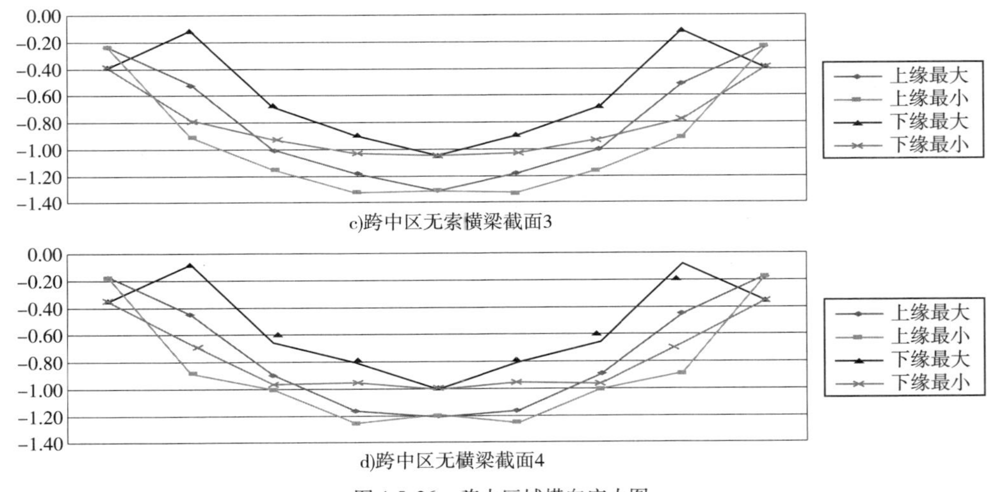

c)跨中区无索横梁截面3

d)跨中区无横梁截面4

图 4-5-26　跨中区域横向应力图

(二)可变作用效应

1. 汽车活载

(1)索力及应力幅见表 4-5-6。

汽车活载索力及应力幅　　表 4-5-6

索　号	最大(kN)	最小(kN)	应力幅(MPa)	索号	最大(kN)	最小(kN)	应力幅(MPa)
A26	465.2	-103.8	47.2	J1	616.3	-63.1	116.9
A25	462.3	-101.5	46.8	J2	554.1	-57.7	105.3
A24	427.2	-95.9	48.0	J3	523.7	-50.5	98.8
A23	438.1	-101.9	49.6	J4	511.6	-43.5	95.5
A22	466.7	-110.7	53.0	J5	506.6	-37.0	93.5
A21	425.1	-109.6	57.6	J6	501.9	-31.2	91.7
A20	447.7	-128.1	62.1	J7	493.8	-26.4	89.5
A19	462.7	-148.6	65.9	J8	481.9	-23.6	87.0
A18	468.8	-170.0	68.9	J9	617.6	-29.5	84.5
A17	480.0	-192.8	72.5	J10	868.2	-42.6	118.9
A16	580.5	-244.0	88.9	J11	621.5	-30.8	85.2
A15	584.2	-226.1	87.4	J12	634.9	-30.5	71.7
A14	579.5	-183.5	82.3	J13	644.8	-28.1	72.5
A13	453.7	-108.8	60.6	J14	639.2	-24.6	71.6
A12	500.0	-89.6	63.6	J15	631.9	-20.7	70.4
A11	651.9	-89.3	96.8	J16	628.3	-17.8	69.7
A10	570.1	-59.0	82.1	J17	623.3	-15.8	68.9
A9	596.9	-46.2	84.0	J18	744.7	-16.6	82.1
A8	475.5	-29.4	86.9	J19	732.4	-14.7	80.5
A7	500.2	-27.1	90.7	J20	720.0	-18.0	79.6
A6	515.4	-27.6	93.4	J21	829.2	-27.8	92.4
A5	522.2	-31.0	95.2	J22	813.2	-38.0	78.1
A4	524.6	-33.0	95.9	J23	798.0	-51.4	78.0
A3	529.7	-34.2	97.0	J24	783.6	-67.4	78.1
A2	552.3	-39.9	101.9	J25	852.6	-95.7	78.7
A1	610.2	-49.4	113.5	J26	840.7	-119.3	79.7

(2)支座反力见表4-5-7。

汽车活载支座反力　　表4-5-7

支座编号	最　大	最　小
过渡墩	1926.6	−882.1
辅助墩	4040.3	−2421.8

(3)梁塔位移:主梁中线、主梁吊点、主塔处汽车活载位移见图4-5-27。

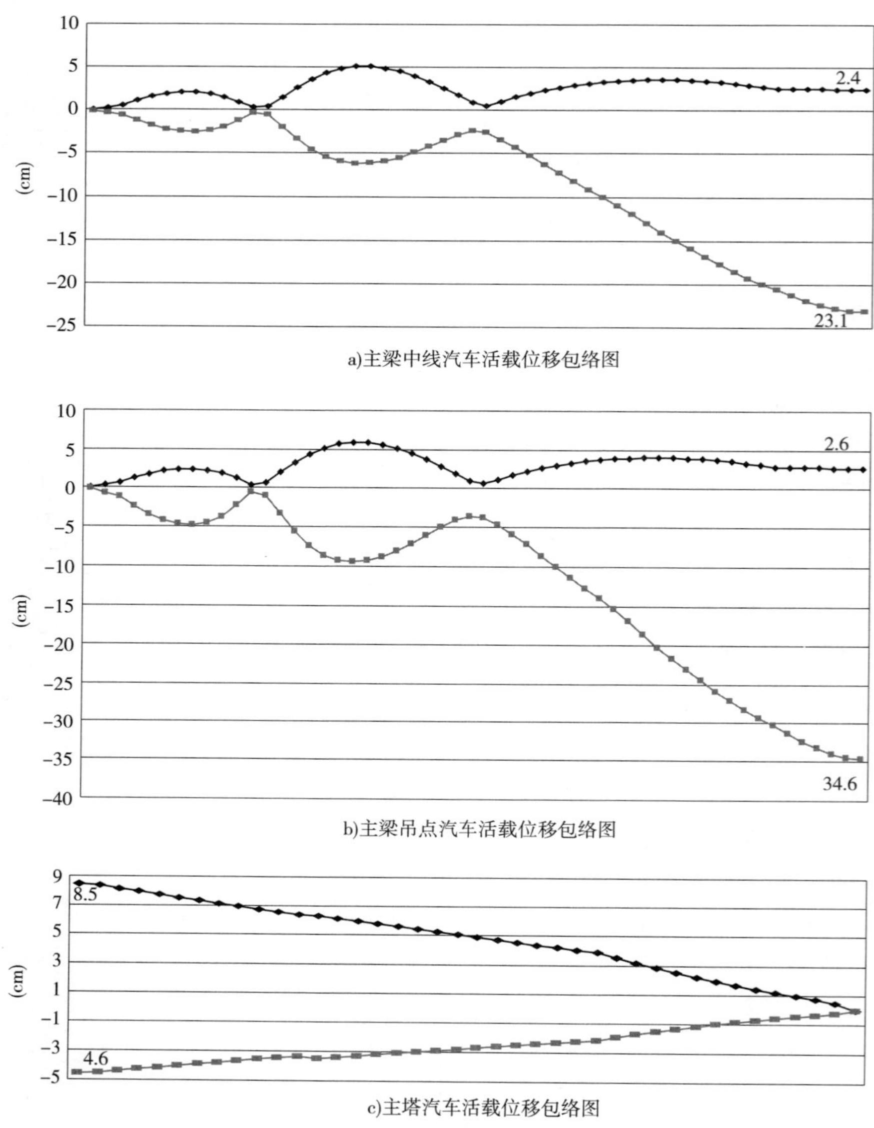

图4-5-27　梁塔位移图

由图4-5-27a)可知主梁中线位移为−23.1~2.4cm。

由图4-5-27b)可知主梁吊点位移为−34.6~2.6cm。

由图4-5-27c)可知主塔位移为−4.6~8.5cm。

(4)1号~5号顶板汽车活载纵向应力见图4-5-28。

(5)汽车活载横向应力:

①端锚索区域横向应力见图4-5-29。

②辅助墩区域横向应力见图4-5-30。

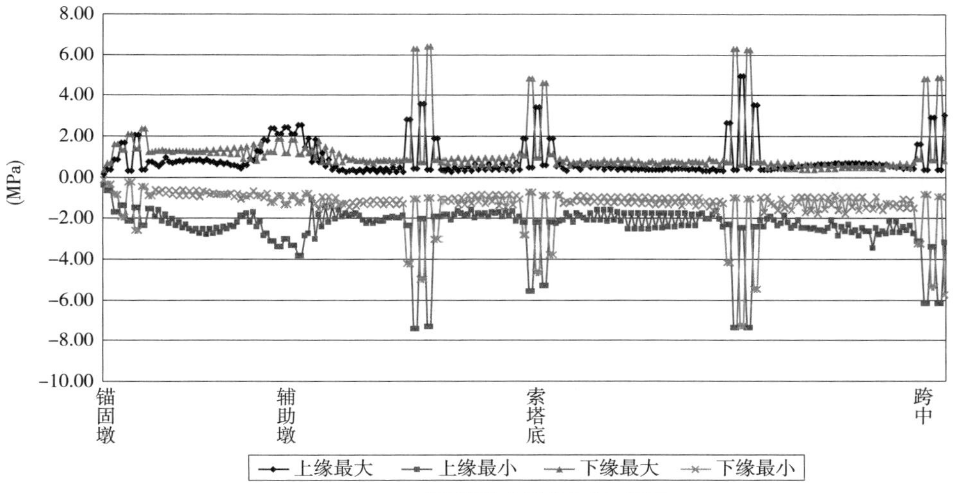

a)1号顶板汽车活载应力包络图

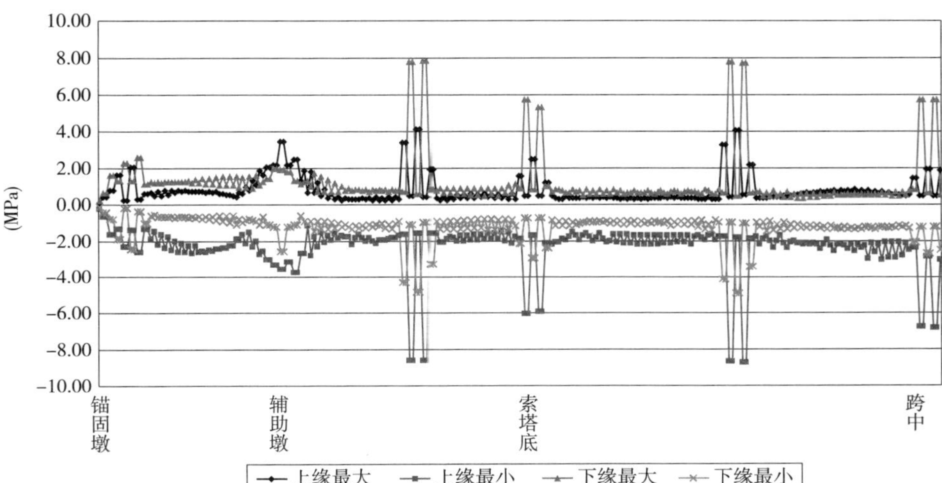

b)2号顶板汽车活载应力包络图

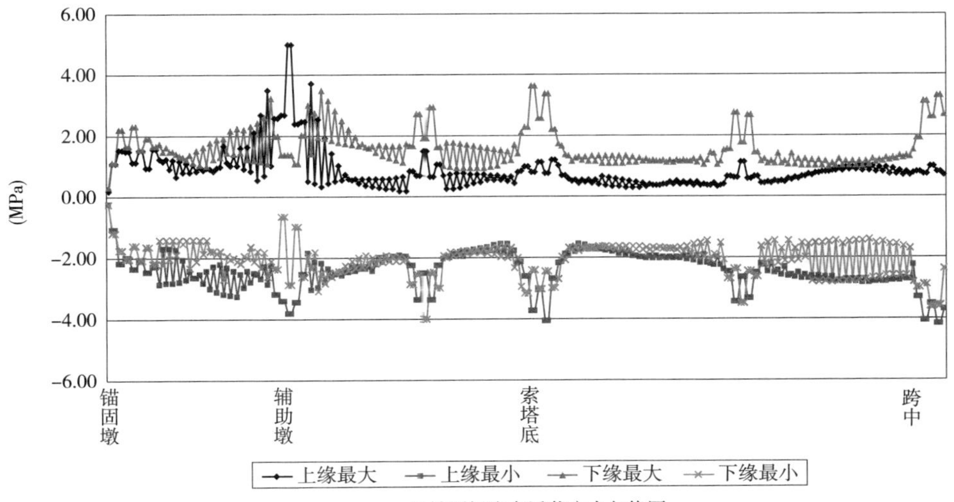

c)3号顶板汽车活载应力包络图

图 4-5-28

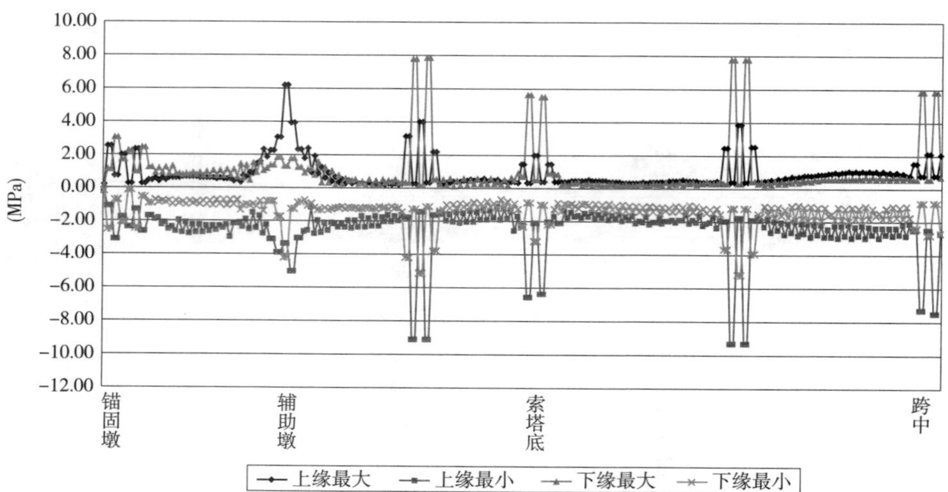

d)4号顶板汽车活载应力包络图

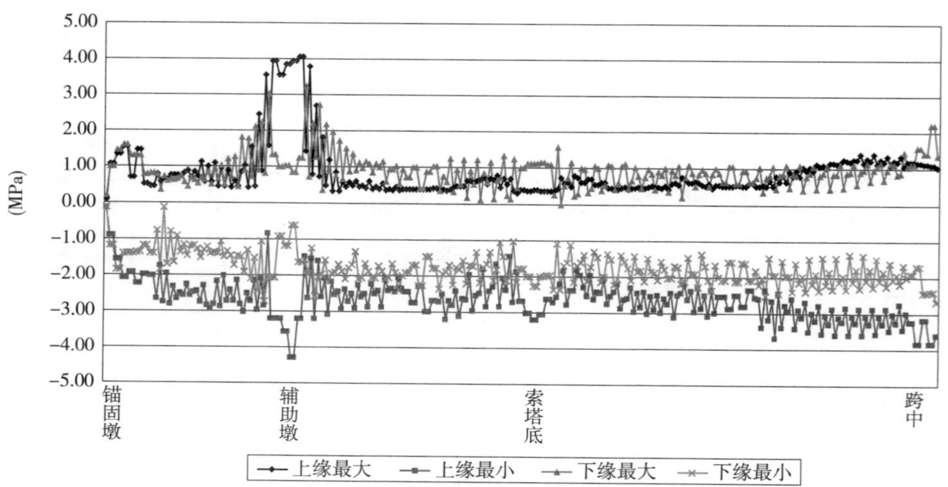

e)5号顶板汽车活载应力包络图

图 4-5-28　1 ~ 5 号顶板汽车活载纵向应力图

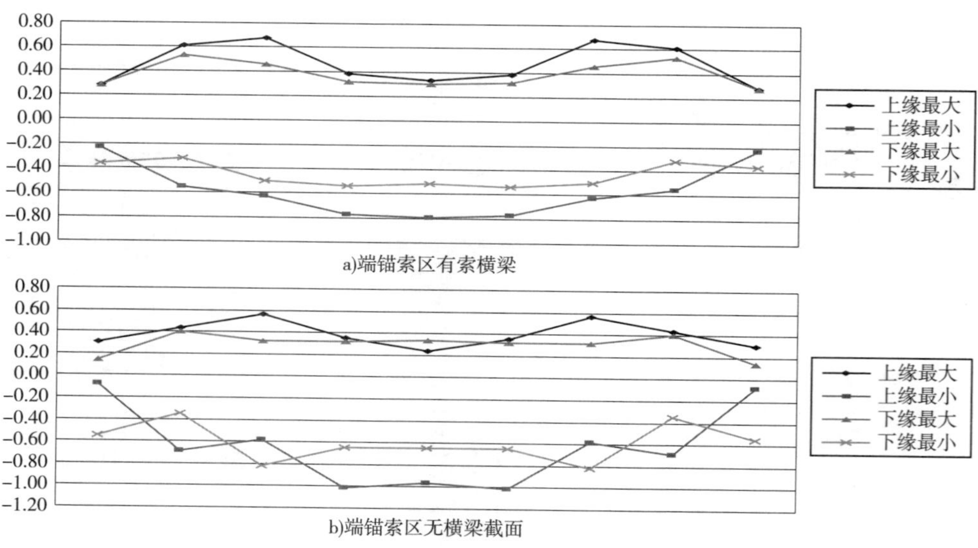

a)端锚索区有索横梁

b)端锚索区无横梁截面

图　4-5-29

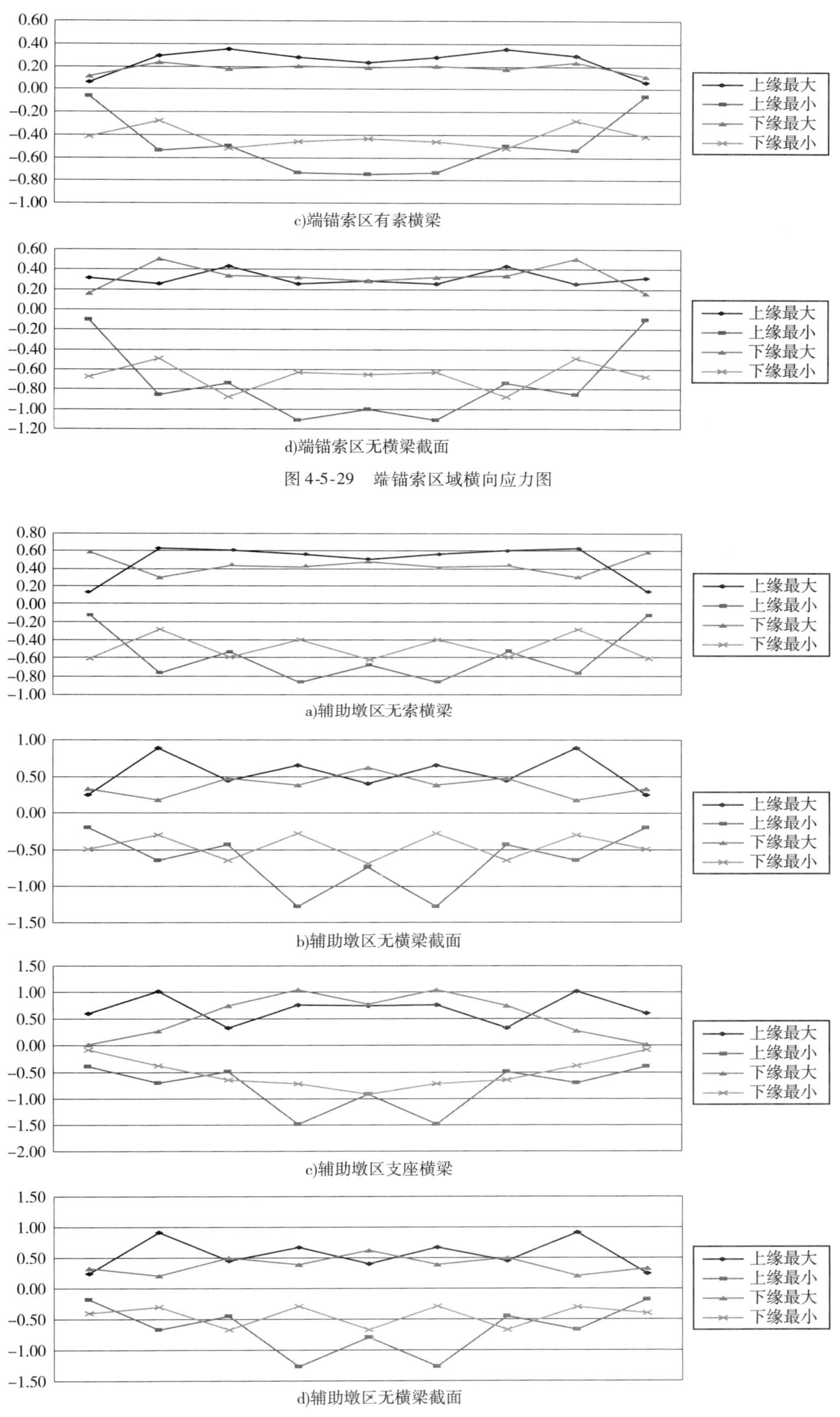

c)端锚索区有索横梁

d)端锚索区无横梁截面

图 4-5-29 端锚索区域横向应力图

a)辅助墩区无索横梁

b)辅助墩区无横梁截面

c)辅助墩区支座横梁

d)辅助墩区无横梁截面

图 4-5-30 辅助墩区域横向应力图

③A7 拉索区域横向应力见图 4-5-31。

④塔底区域横向应力见图 4-5-32。

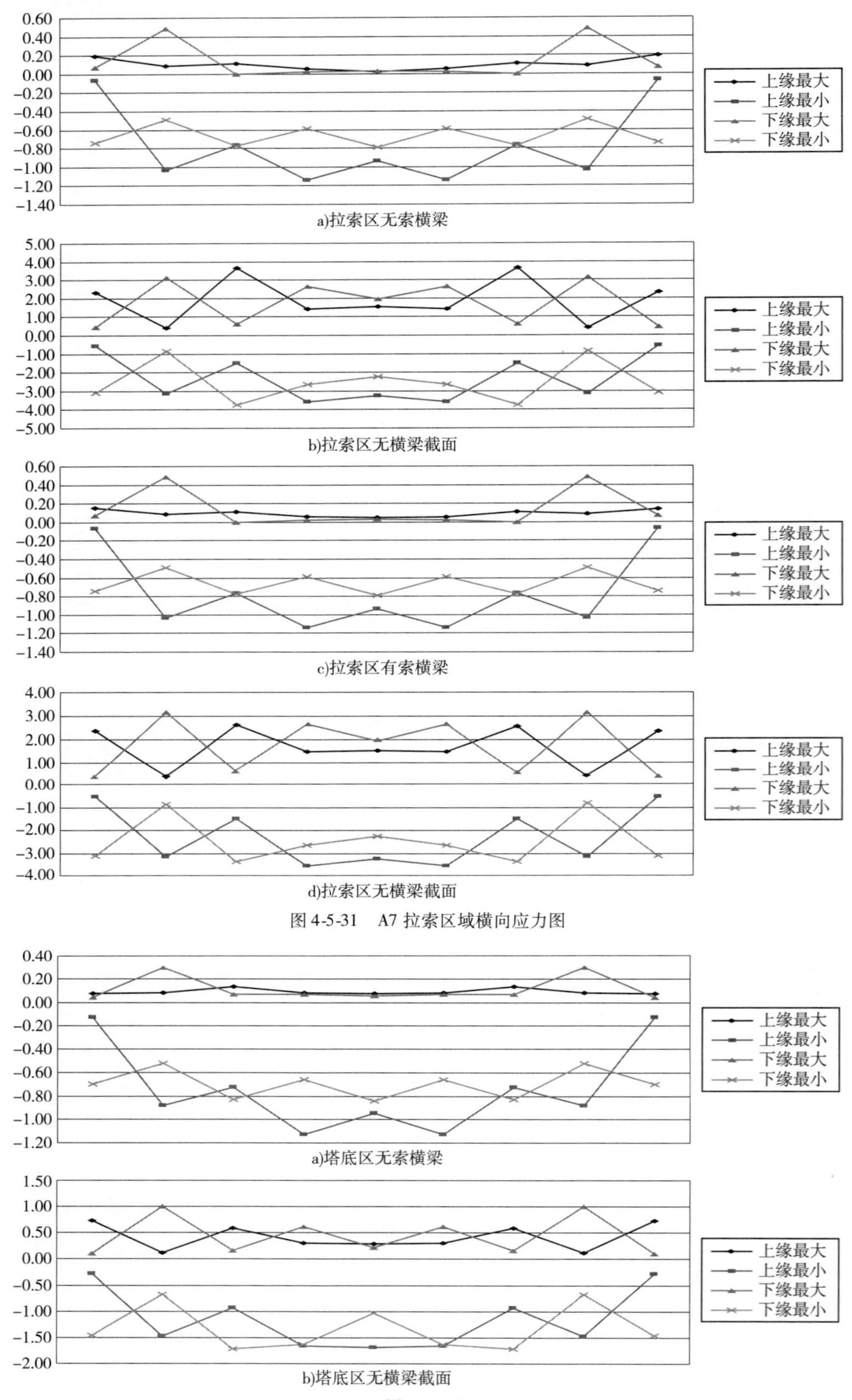

a)拉索区无索横梁

b)拉索区无横梁截面

c)拉索区有索横梁

d)拉索区无横梁截面

图 4-5-31 A7 拉索区域横向应力图

a)塔底区无索横梁

b)塔底区无横梁截面

图 4-5-32

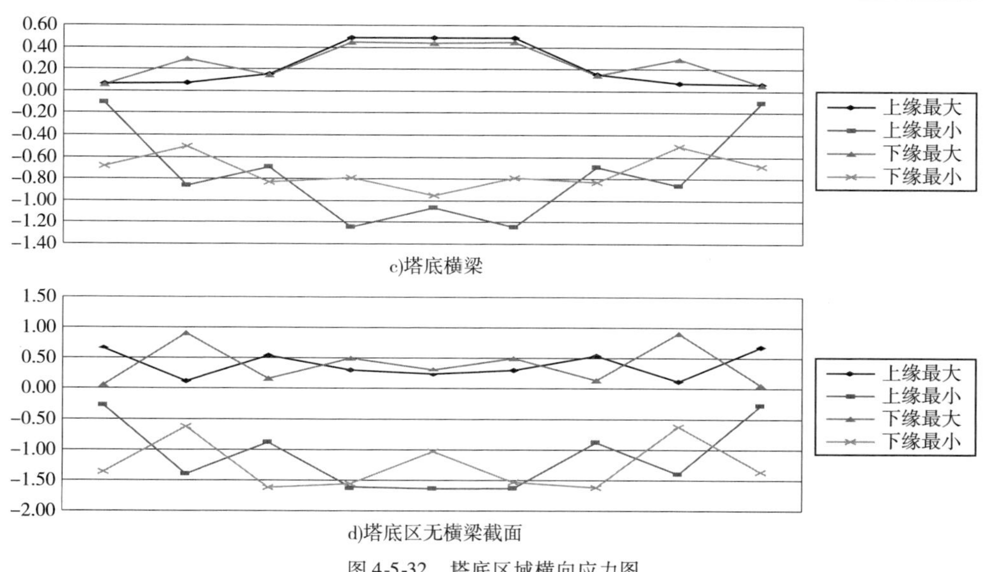

图 4-5-32　塔底区域横向应力图

⑤J13 拉索区域横向应力见图 4-5-33。

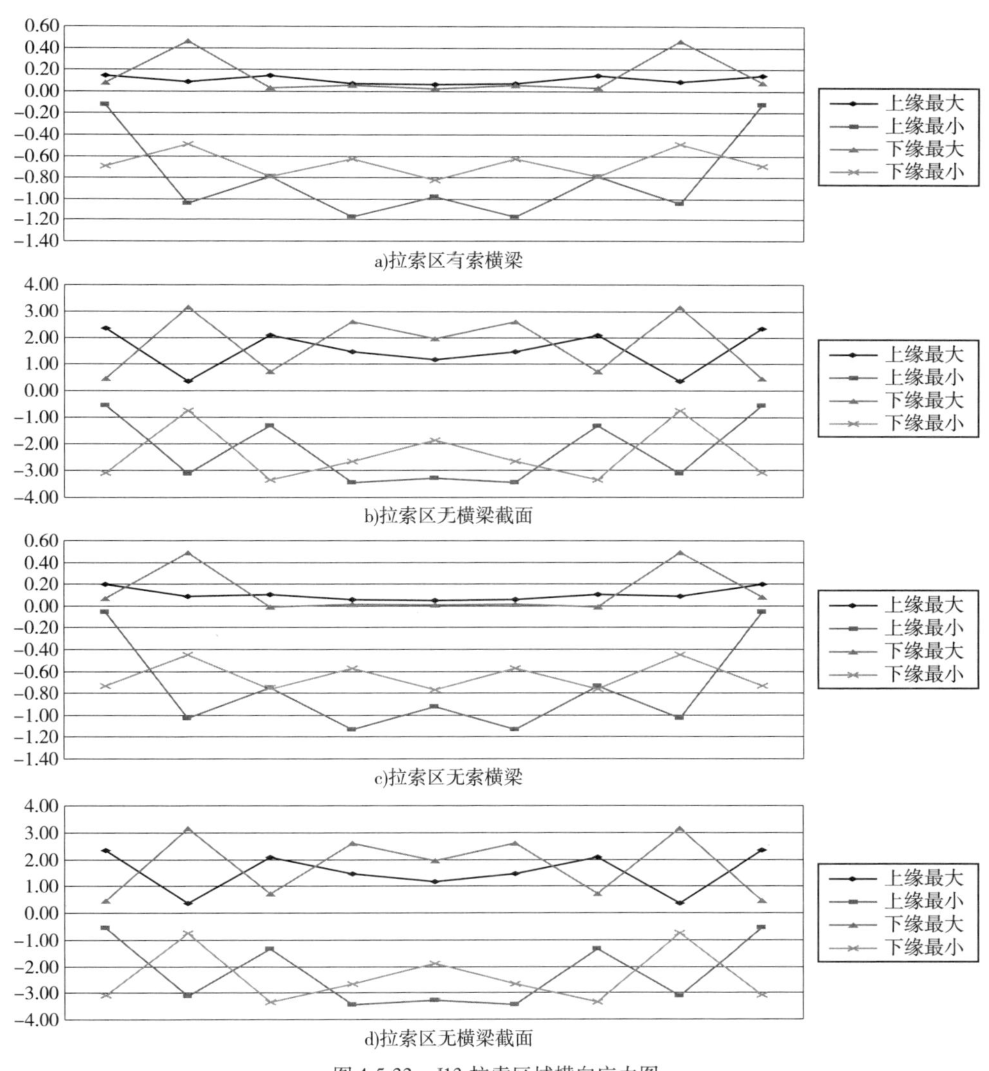

图 4-5-33　J13 拉索区域横向应力图

⑥跨中区域横向应力见图4-5-34。

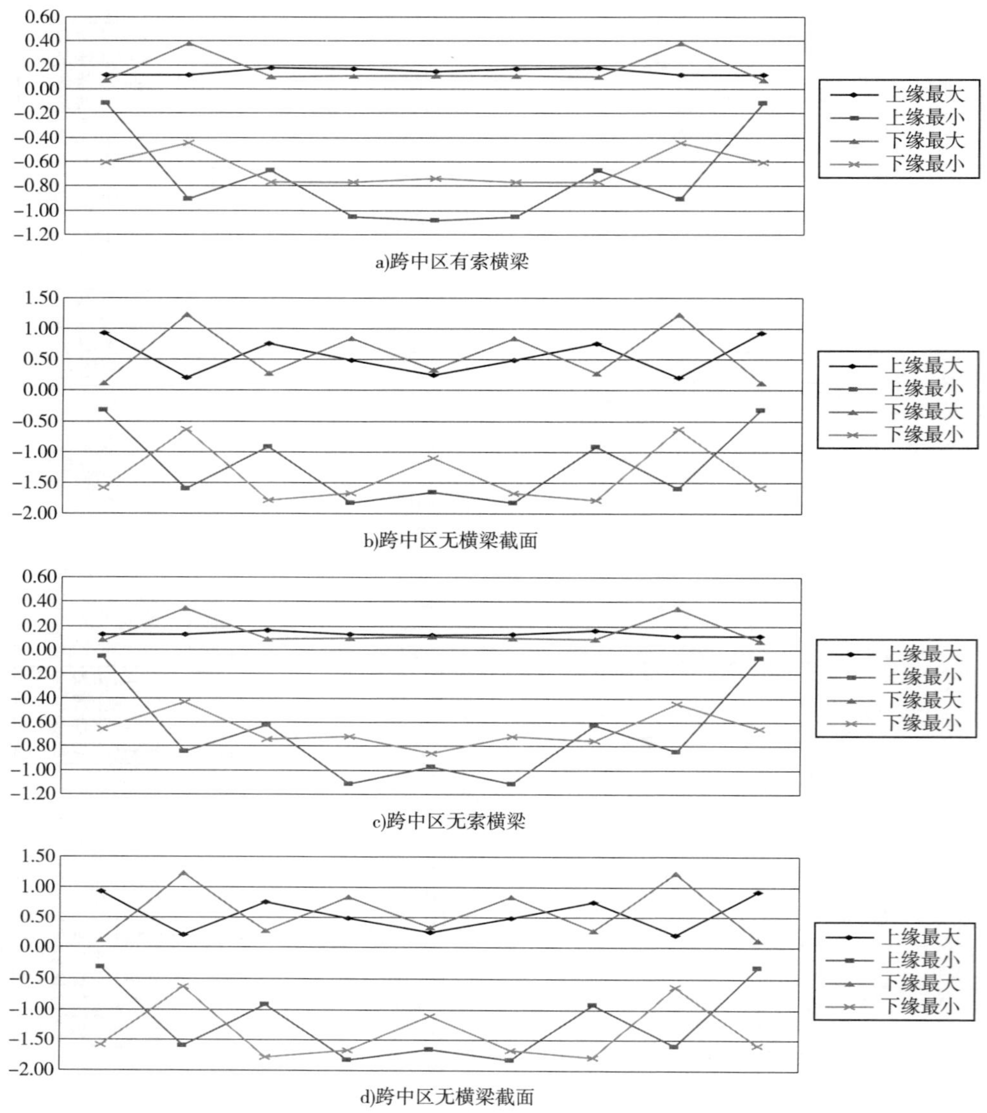

a)跨中区有索横梁

b)跨中区无横梁截面

c)跨中区无索横梁

d)跨中区无横梁截面

图4-5-34 跨中区域横向应力图

2. 人群活载

提供人群活载作用下的计算结果，计算项目同汽车活载，具体为：

(1)索力及应力幅；

(2)支座反力(过渡墩、辅助墩)；

(3)梁塔位移(主梁中线、主梁吊点、主塔)；

(4)纵向应力(1~5号顶板)；

(5)横向应力：6个关键部位(纵桥向依次为端锚索、辅助墩、A7号拉索、塔底、J13号拉索和跨中区域)、每个部位包括4个配筋截面(如图4-5-11中所示截面1~4：有索横梁、无索横梁及其间的无横梁截面)。

其中人群活载作用下的梁塔位移如图4-5-35所示。

由图4-5-35a)可知主梁中线位移为-9.2~1.0cm。

由图4-5-35b)可知主梁吊点位移为-9.2~1.0cm。

由图4-5-35c)可知主塔位移为 -1.9 ~ 3.8cm。

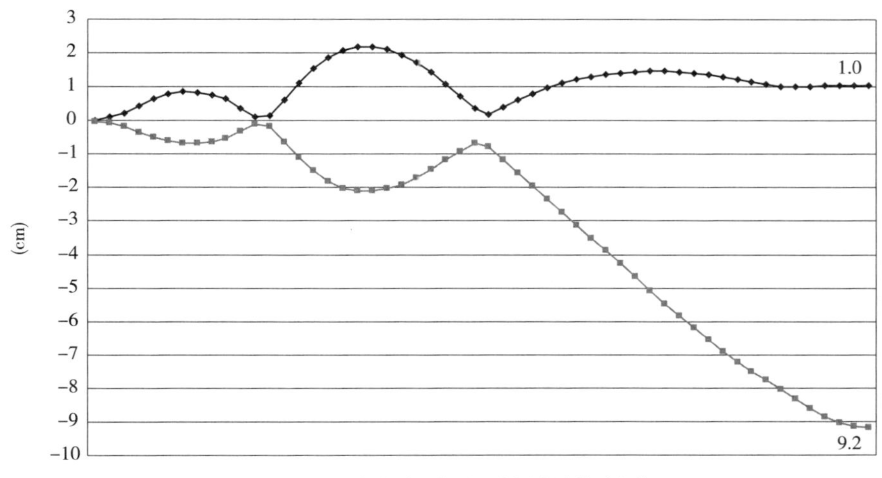

a)主梁中线人群活载位移包络图，主梁中线位移包络-9.2~1.0cm

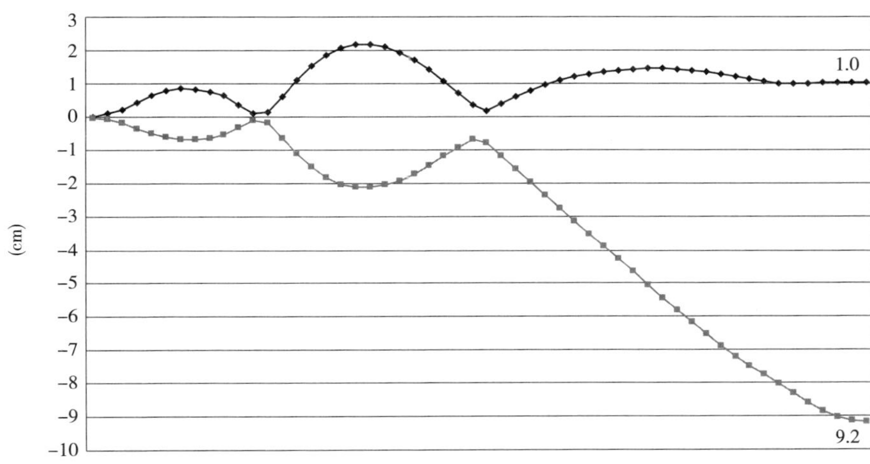

b)主梁吊点人群活载位移包络图，主梁吊点位移包络9.2~1.0cm

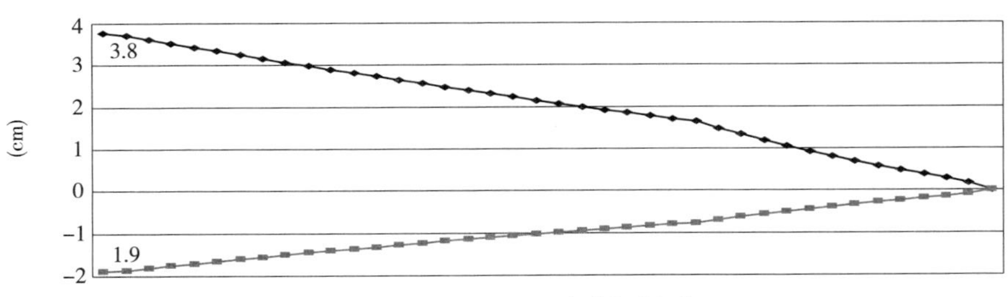

c)主塔人群活载位迻包络图，主塔位移包络-1.9~3.8cm

图4-5-35 人群活载作用下的梁塔位移

3. 均匀升降温

提供均匀升降温作用下的计算结果：计算项目同汽车活载及人群活载。相关图表、曲线从略。

4. 梯度升降温

提供梯度升降温作用下的计算结果：计算项目同汽车活载及人群活载。相关图表、曲线从略。

5. 索梁温差

提供索梁温差作用下的计算结果：计算项目同汽车活载及人群活载。相关图表、曲线从略。

三、组合效应

(一)标准组合

1. 拉索索力(表4-5-8)

标准组合索力　　表4-5-8

索号	最大	最小	索号	最大	最小
A26	7784.5	6717.5	J1	4400.0	3486.6
A25	7681.8	6683.9	J2	3097.8	2275.6
A24	5760.3	4913.4	J3	3082.3	2330.1
A23	5233.3	4370.6	J4	3126.3	2416.2
A22	5118.5	4177.0	J5	3292.3	2609.4
A21	4666.1	3789.6	J6	3429.7	2767.5
A20	4848.5	3905.4	J7	3333.8	2694.6
A19	5383.3	4379.4	J8	3790.1	3170.9
A18	5888.5	4790.0	J9	4011.2	3215.9
A17	6034.8	4820.6	J10	4515.7	3397.8
A16	6276.1	4794.3	J11	4355.4	3543.2
A15	6024.3	4537.6	J12	4689.1	3849.4
A14	5305.3	3897.0	J13	4602.6	3750.7
A13	5416.0	4344.6	J14	4857.5	4018.4
A12	4902.0	3866.4	J15	4863.6	4034.8
A11	4612.0	3491.3	J16	5049.8	4224.3
A10	4384.3	3461.9	J17	5209.7	4388.4
A9	4207.8	3314.9	J18	5553.9	4583.6
A8	4054.2	3384.9	J19	5518.4	4567.3
A7	3510.5	2837.8	J20	5691.3	4758.8
A6	3317.8	2636.8	J21	6138.7	5074.0
A5	3453.0	2758.1	J22	6275.9	5222.0
A4	3148.2	2441.7	J23	6435.4	5338.0
A3	3013.6	2287.9	J24	6943.9	5786.4
A2	2956.6	2184.1	J25	7337.5	5971.4
A1	4498.0	3620.8	J26	7562.6	6091.6

2. 支座反力(表4-5-9)

标准组合支座反力　　表4-5-9

支座编号	最大	最小
锚固墩	4592.8	85.5
辅助墩	10180.2	-228.7

3.标准组合1~5号顶板纵向应力(图4-5-36)

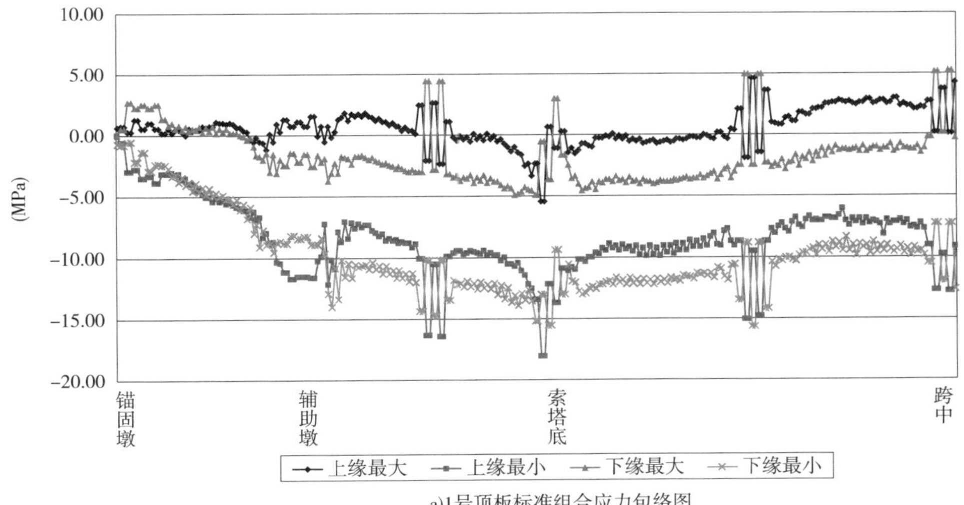

a)1号顶板标准组合应力包络图

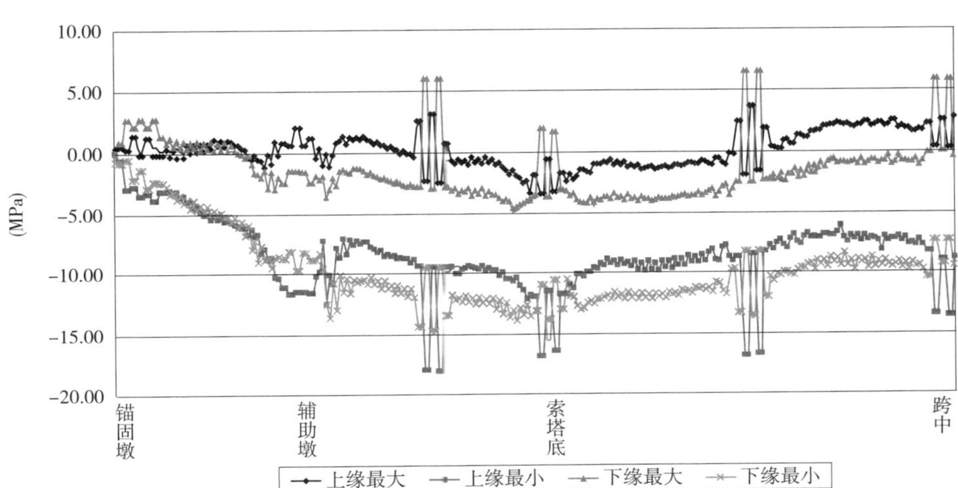

b)2号顶板标准组合应力包络图

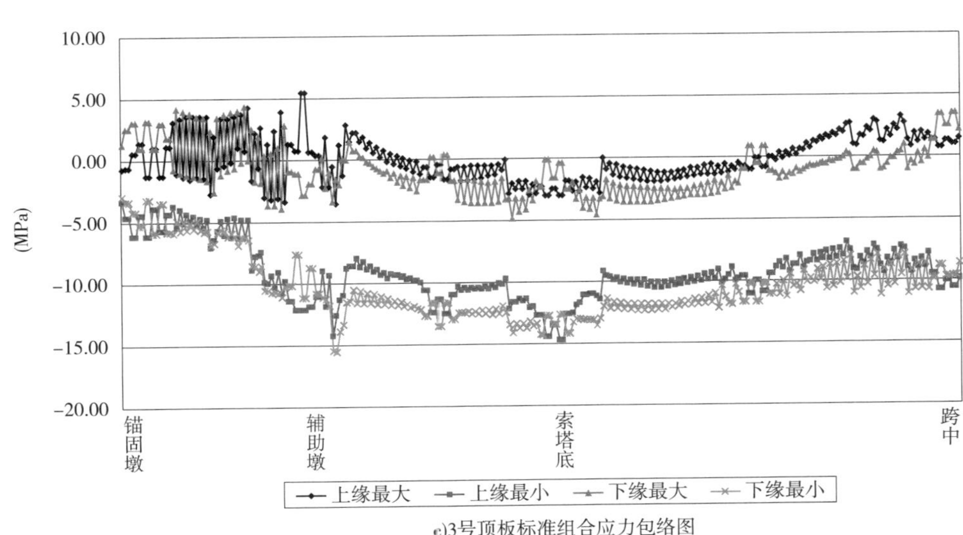

c)3号顶板标准组合应力包络图

图 4-5-36

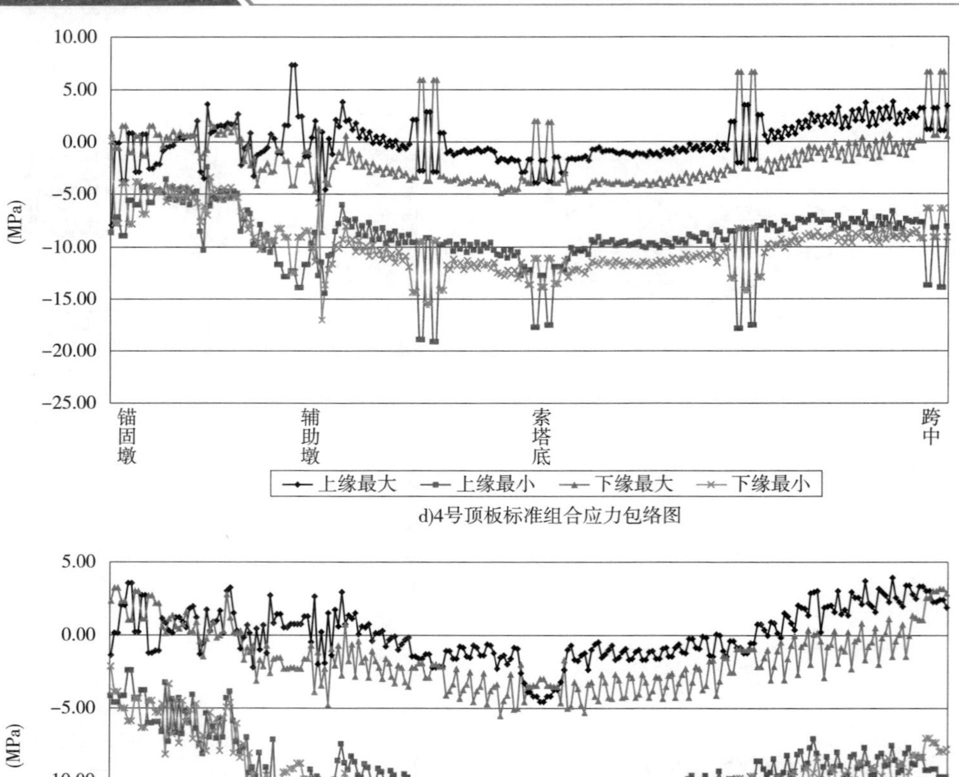

d)4号顶板标准组合应力包络图

e)5号顶板标准组合应力包络图

图 4-5-36 1～5 号顶板纵向应力图

4. 横向应力

(1)端锚索区域见图 4-5-37。

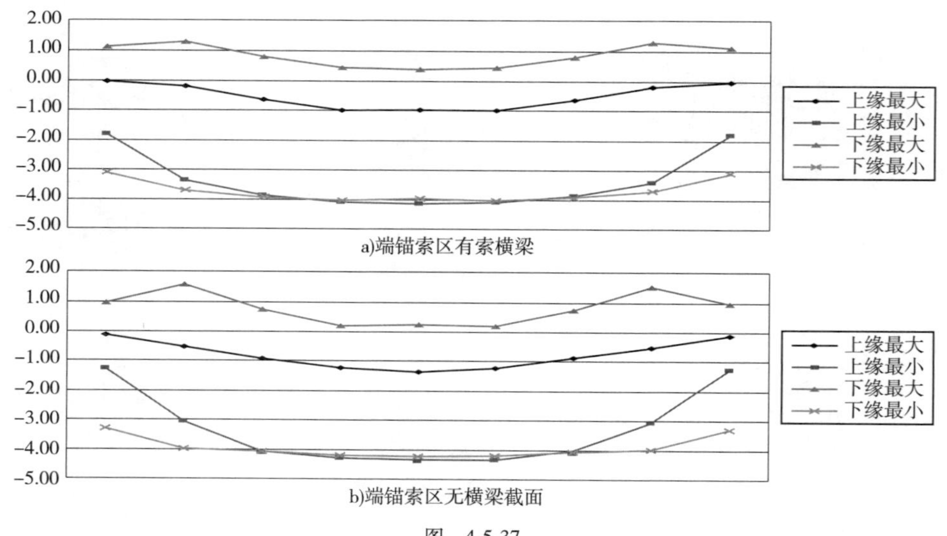

a)端锚索区有索横梁

b)端锚索区无横梁截面

图 4-5-37

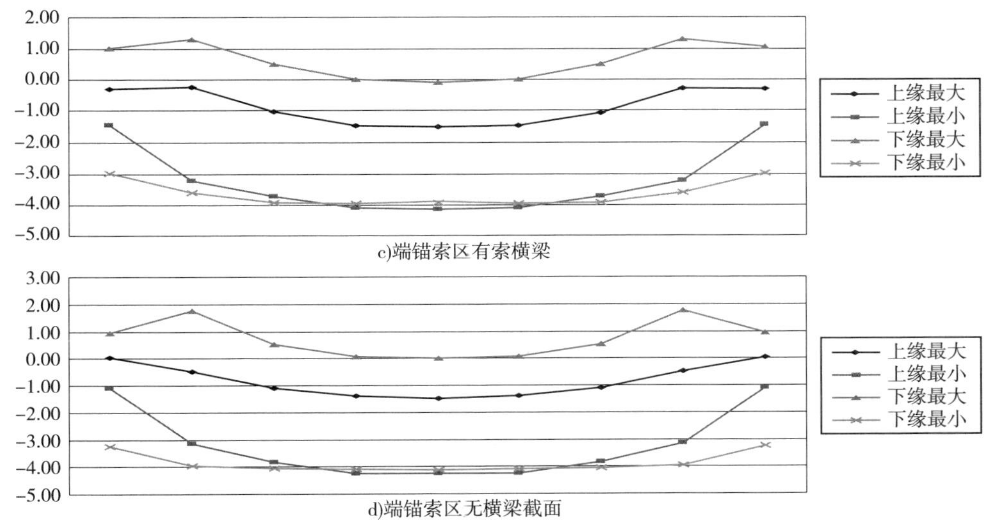

c)端锚索区有索横梁

d)端锚索区无横梁截面

图 4-5-37 端锚索区域横向应力

(2)辅助墩区域见图 4-5-38。

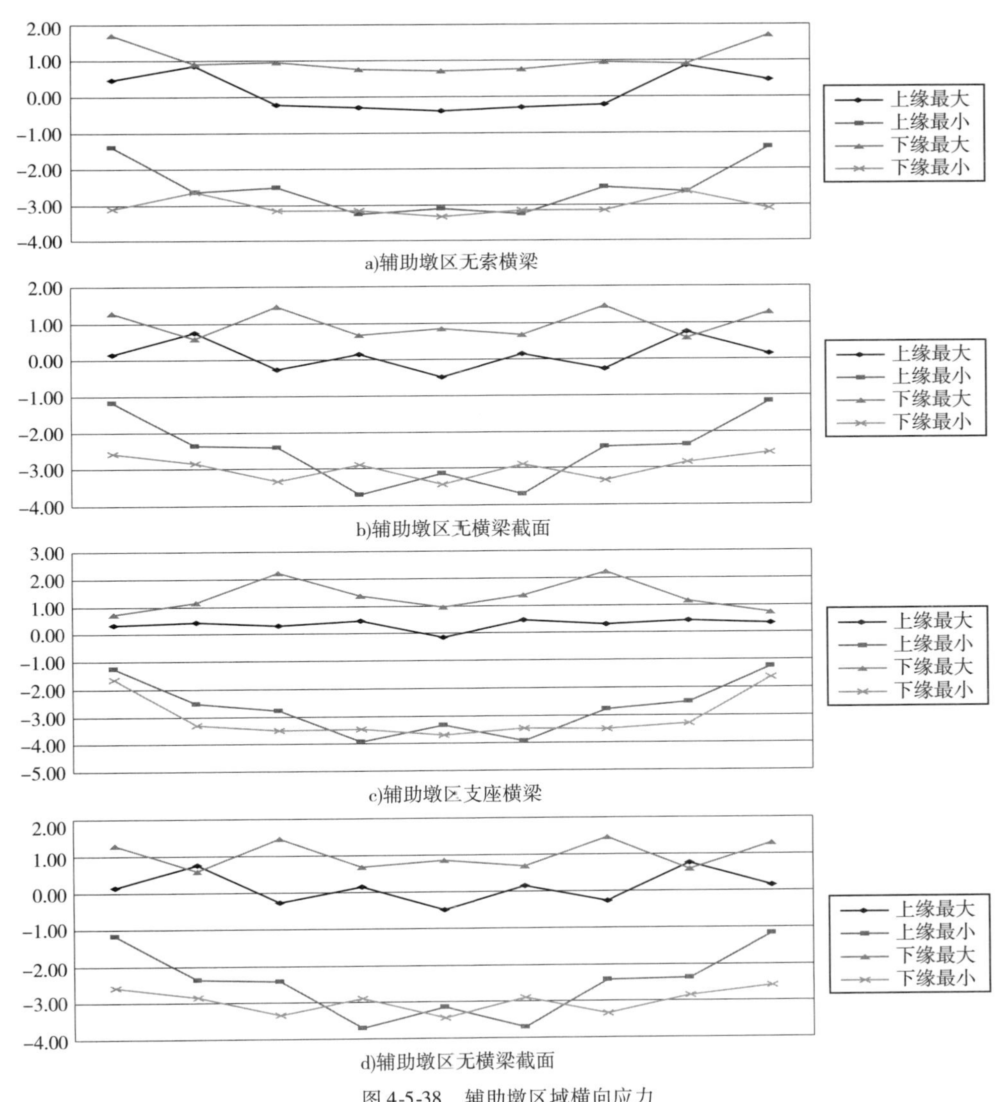

a)辅助墩区无索横梁

b)辅助墩区无横梁截面

c)辅助墩区支座横梁

d)辅助墩区无横梁截面

图 4-5-38 辅助墩区域横向应力

(3)A7 拉索区域见图 4-5-39。

(4)塔底区域见图 4-5-40。

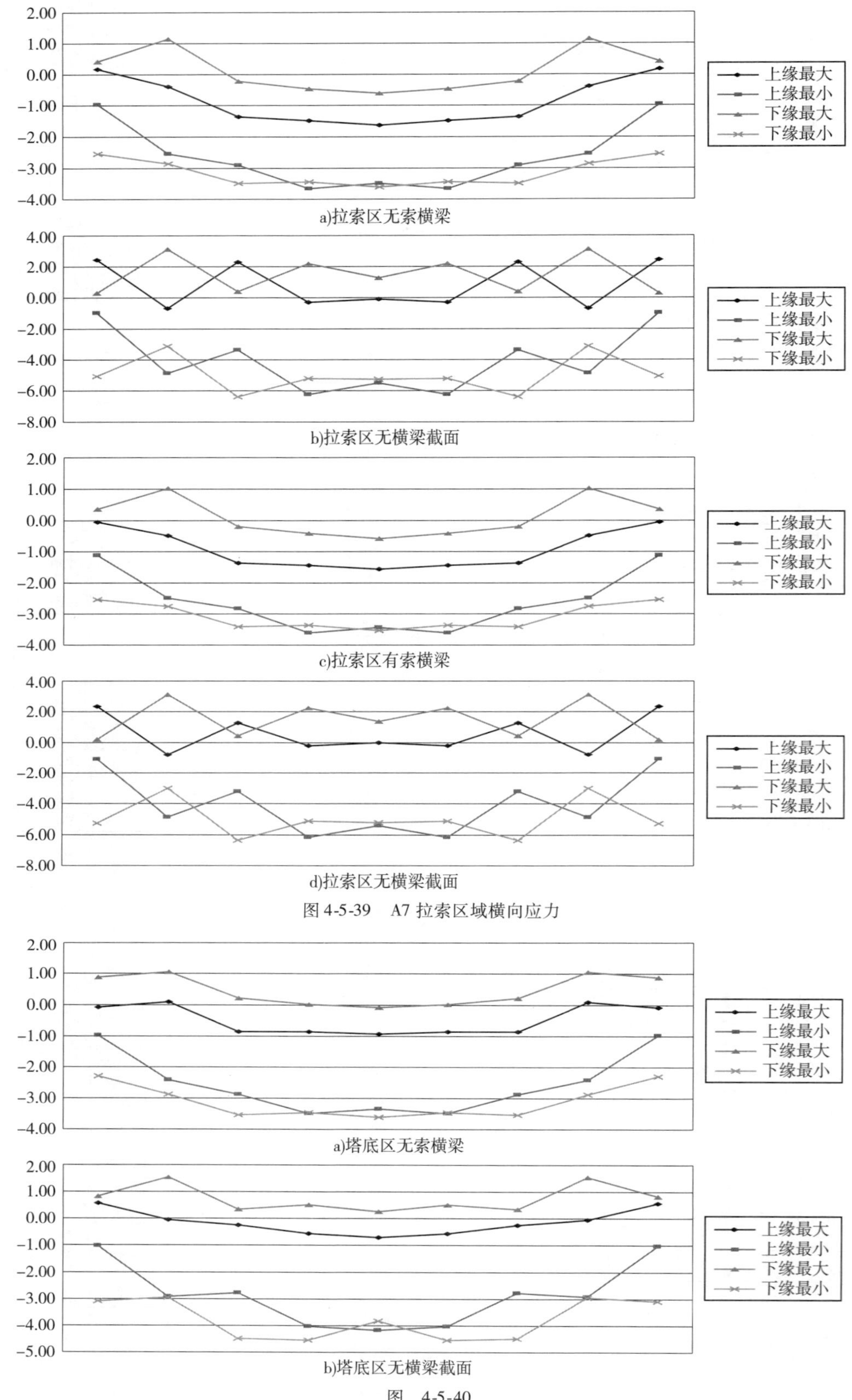

a)拉索区无索横梁

b)拉索区无横梁截面

c)拉索区有索横梁

d)拉索区无横梁截面

图 4-5-39　A7 拉索区域横向应力

a)塔底区无索横梁

b)塔底区无横梁截面

图　4-5-40

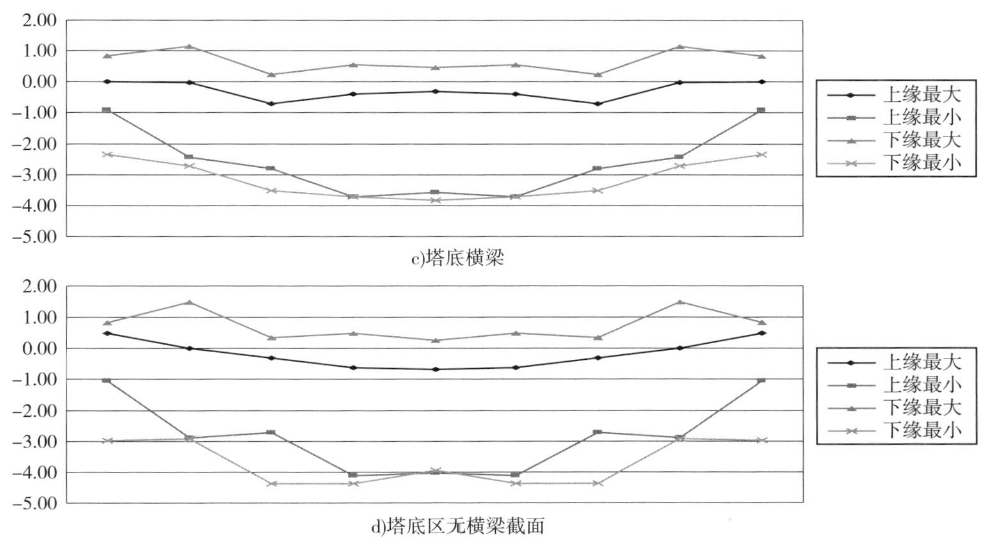

图 4-5-40 塔底区域横向应力

(5)J13 拉索区域见图 4-5-41。

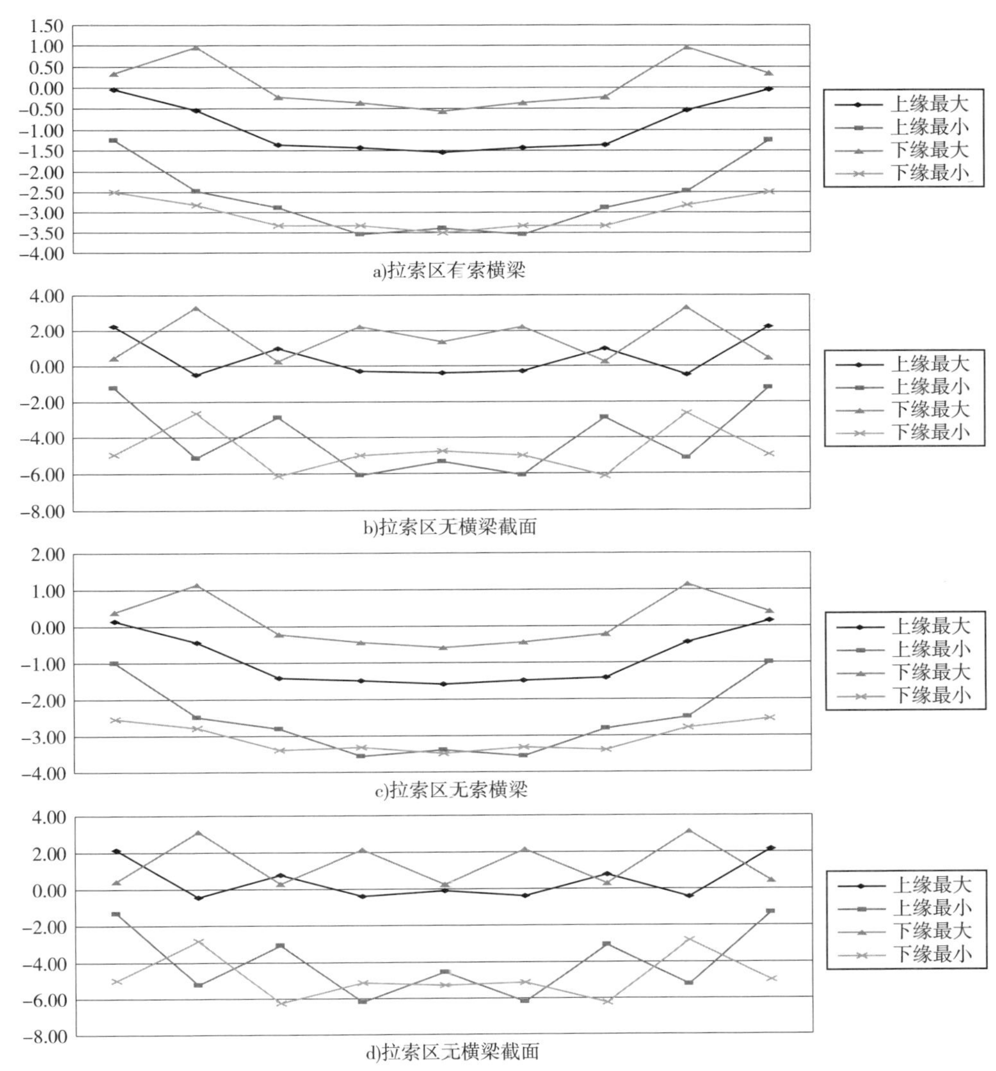

图 4-5-41 J13 拉索区域横向应力

(6)跨中区域见图 4-5-42。

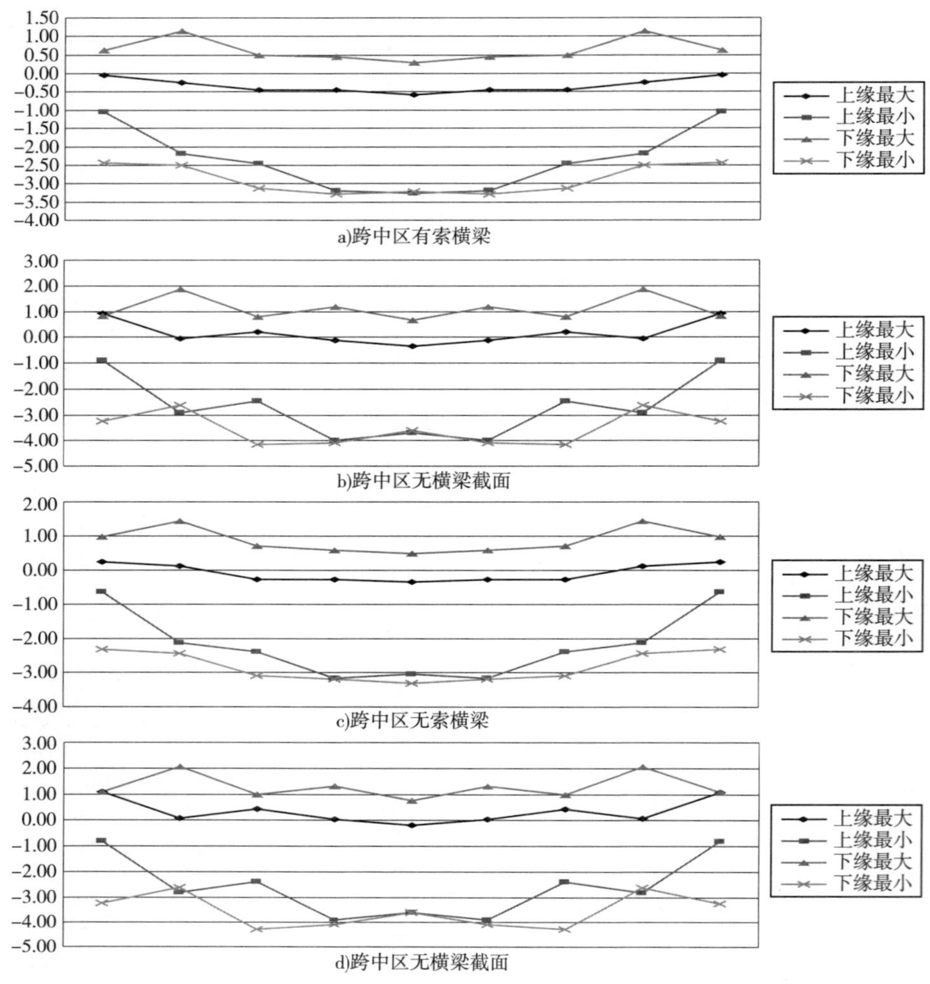

图 4-5-42 跨中区域横向应力

(二)短期效应组合

1. 短期组合 1~5 号顶板纵向应力(图 4-5-43)

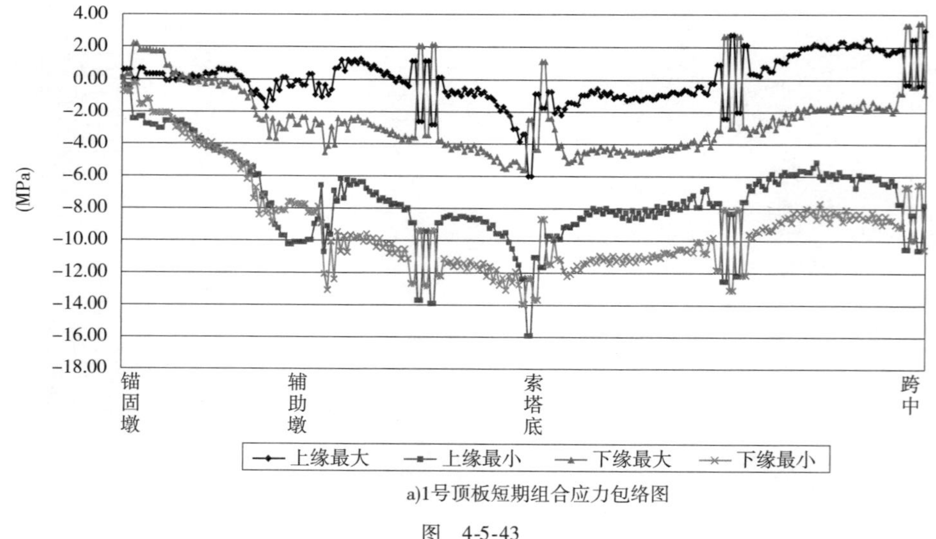

a)1号顶板短期组合应力包络图

图 4-5-43

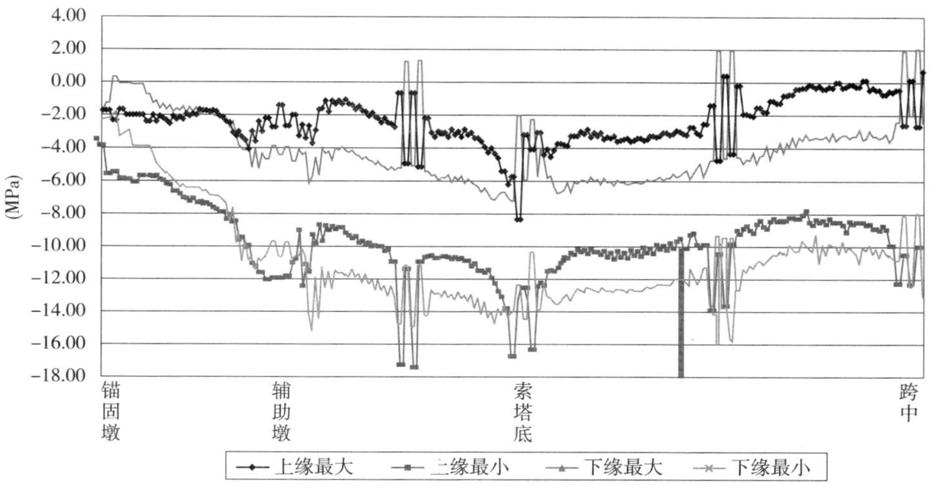

b)2号顶板短期组合应力包络图

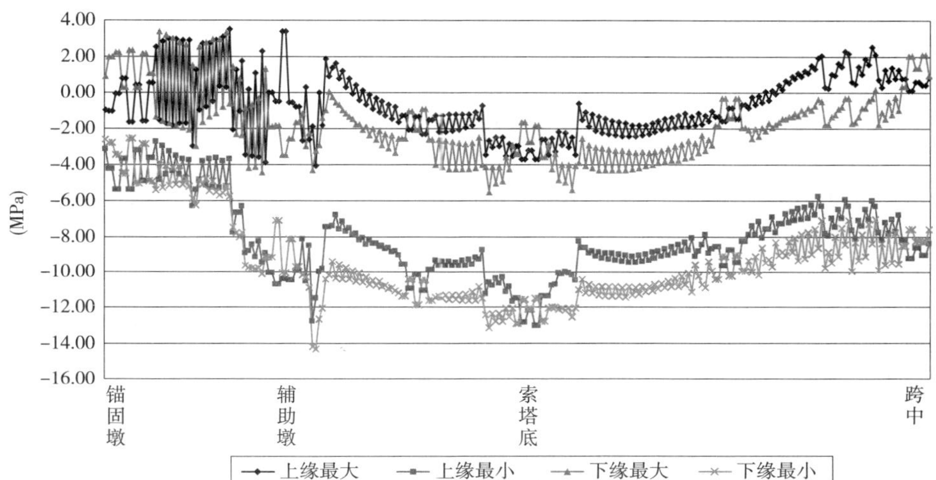

c)3号顶板短期组合应力包络图

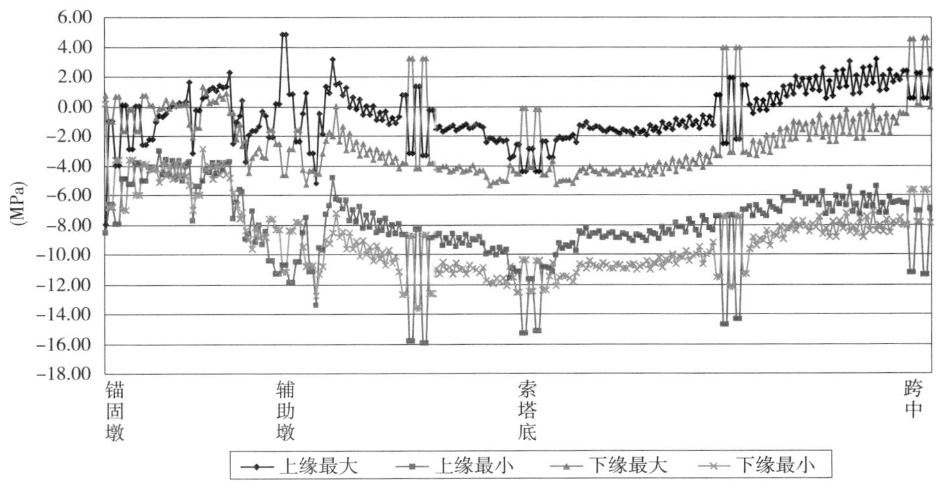

d)4号顶板短期组合应力包络图

图 4-5-43

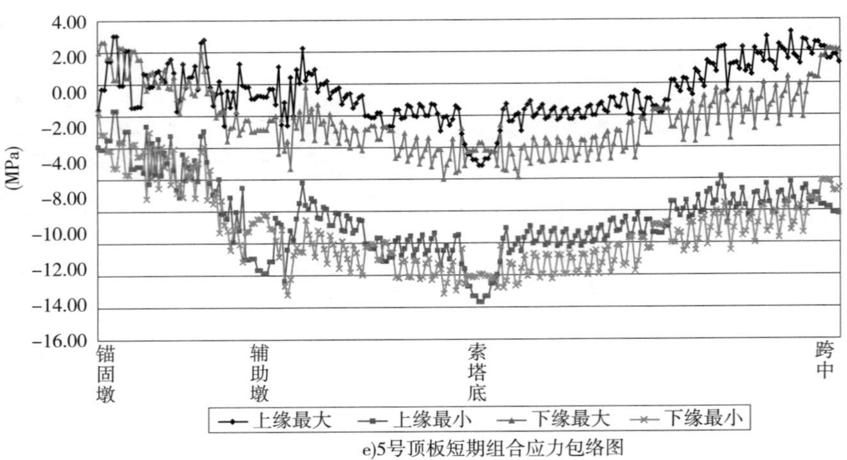

e)5号顶板短期组合应力包络图

图 4-5-43　短期组合 1 ~ 5 号顶板纵向应力图

2. 横向应力

横向应力相关图表、曲线从略。

(三)长期效应组合

1. 长期组合 1 ~ 5 号顶板纵向应力(图 4-5-44)

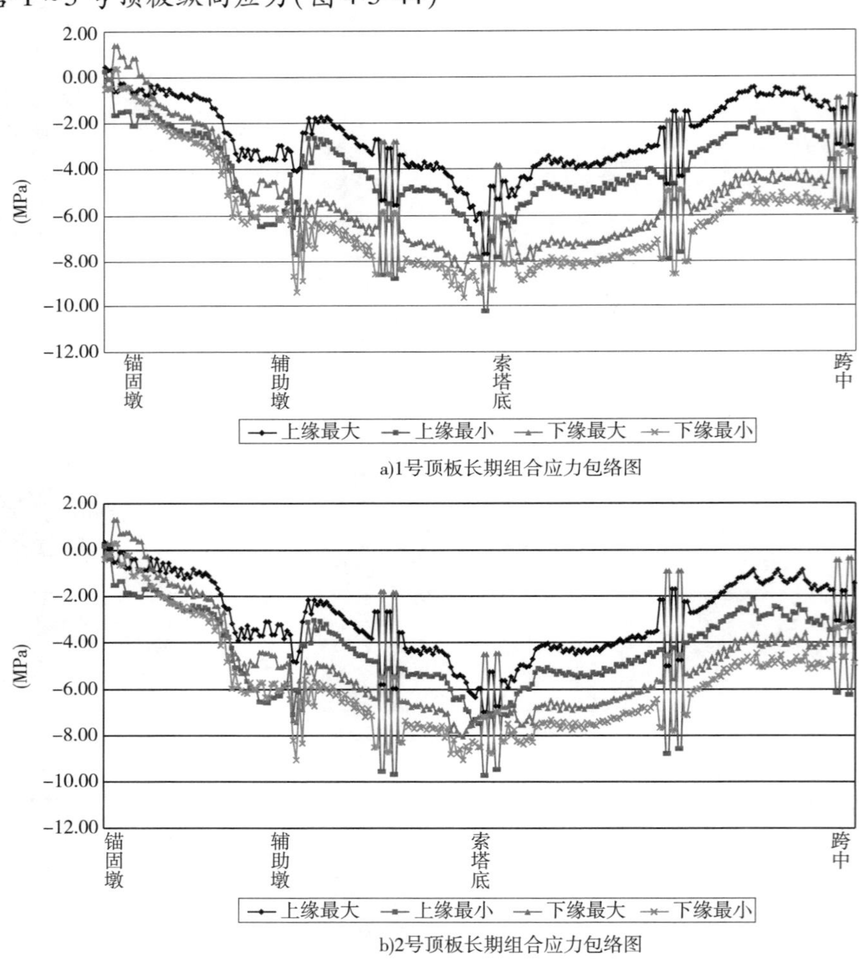

a)1号顶板长期组合应力包络图

b)2号顶板长期组合应力包络图

图　4-5-44

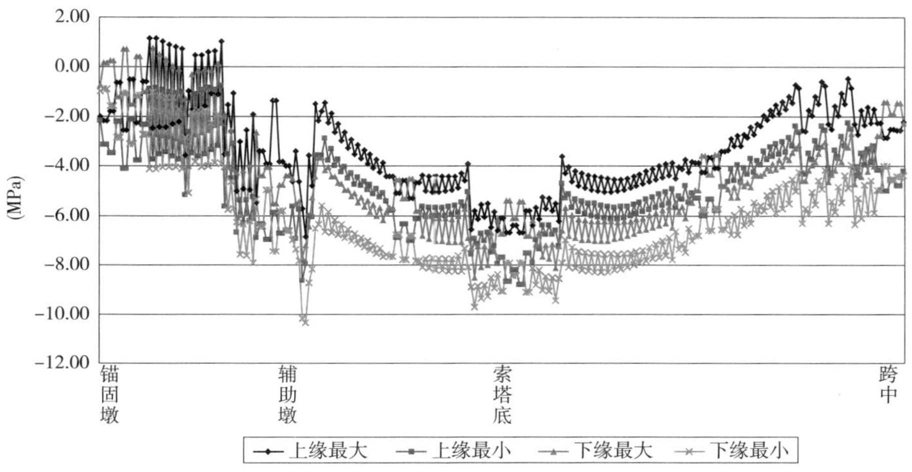

c)3号顶板长期组合应力包络图

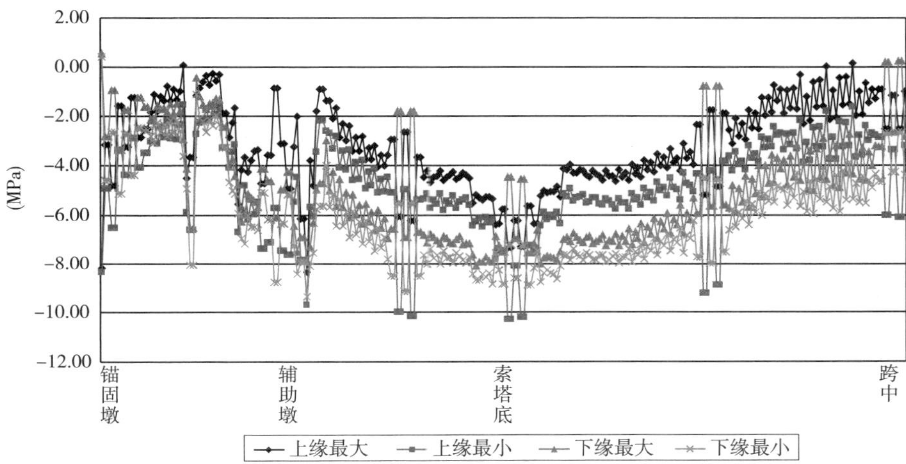

d)4号顶板长期组合应力包络图

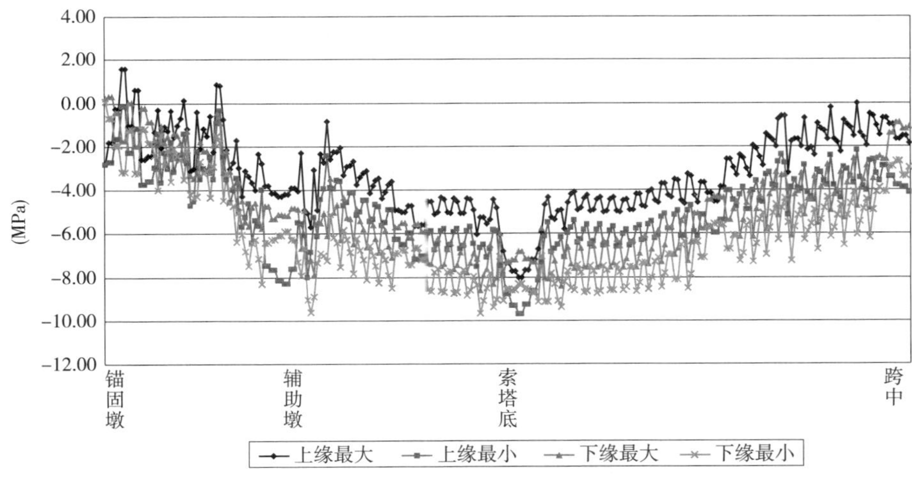

e)5号顶板长期组合应力包络图

图 4-5-44　长期组合 1 ~ 5 号顶板纵向应力图

2. 横向应力

横向应力相关图表、曲线从略。

四、弹性稳定分析

(一)成桥阶段稳定分析

全桥成桥阶段整体弹性稳定性计算分析工作主要进行恒载稳定计算,包括一期恒载和二期恒载,索力为经过调索后最终确定的索力。

在恒载计算基础上,增加活载作用,共考虑3种工况:

(1)恒载;

(2)在桥面上满布公路I级荷载和人群荷载;

(3)只在纵桥向半桥布置活载。

计算结果如下:

恒载情况下,全桥整体弹性稳定系数为6.89。

恒载+满活情况下,全桥整体弹性稳定系数为5.92。

恒载+半活情况下,全桥整体弹性稳定系数为6.36。

失稳图形均为反对称失稳,如图4-5-45。

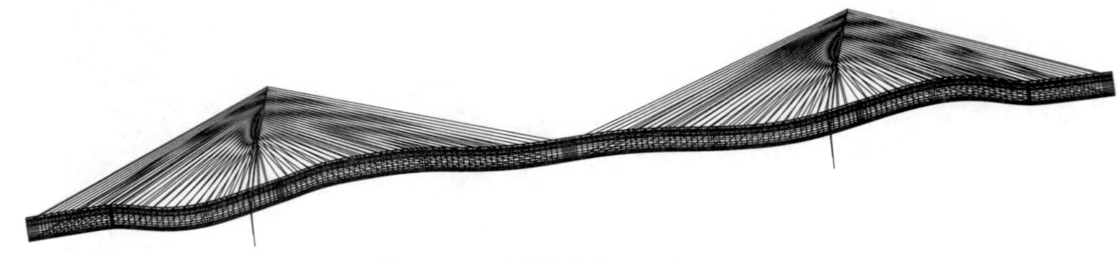

图4-5-45 全桥整体第一阶失稳图形

(二)施工阶段稳定分析

施工阶段稳定分析主要考虑如下3种工况:

(1)施工至最大双悬臂阶段(辅助墩处边跨合龙前);

(2)最大双悬臂阶段,包含侧向静风荷载;

(3)施工至最大单悬臂阶段(中跨合龙前),包含侧向静风荷载。

计算结果如下。

最大双悬臂情况下:弹性稳定系数为23.06。失稳图形如图4-5-46所示。

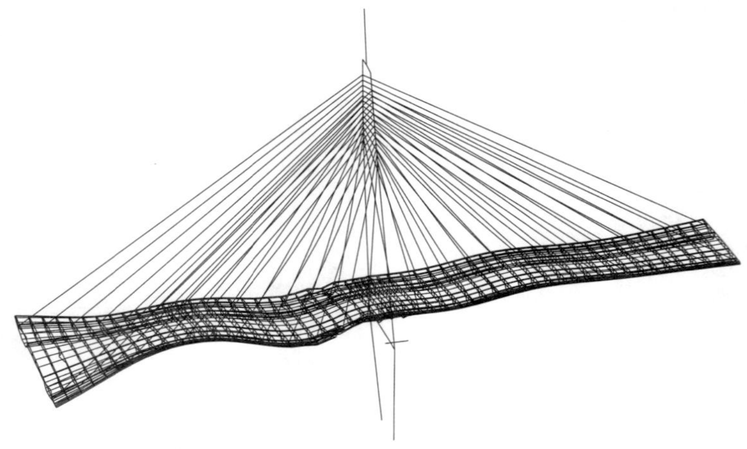

图4-5-46 最大双悬臂阶段第一阶失稳图形

最大双悬臂(包含侧向静风荷载)情况下:弹性稳定系数为13.45。失稳图形如图4-5-47所示。

最大单悬臂(包含侧向静风荷载)情况下:弹性稳定系数为8.59。失稳图形如图4-5-48所示。

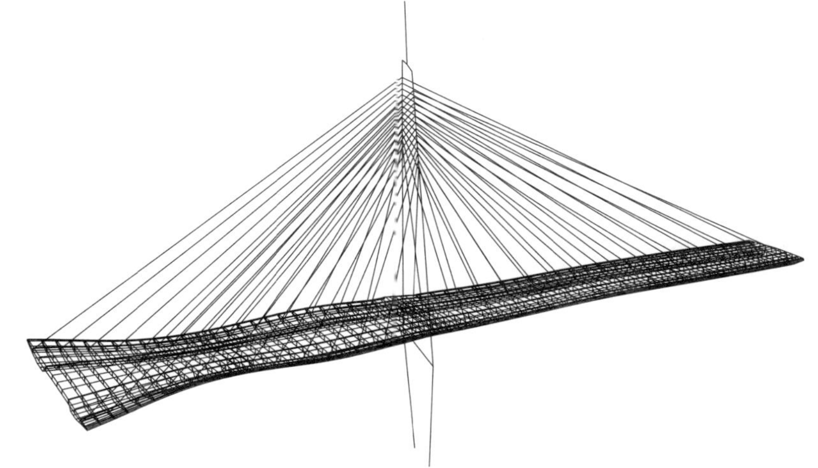

图4-5-47 最大双悬臂阶段(含侧向静风荷载)第一阶失稳图形

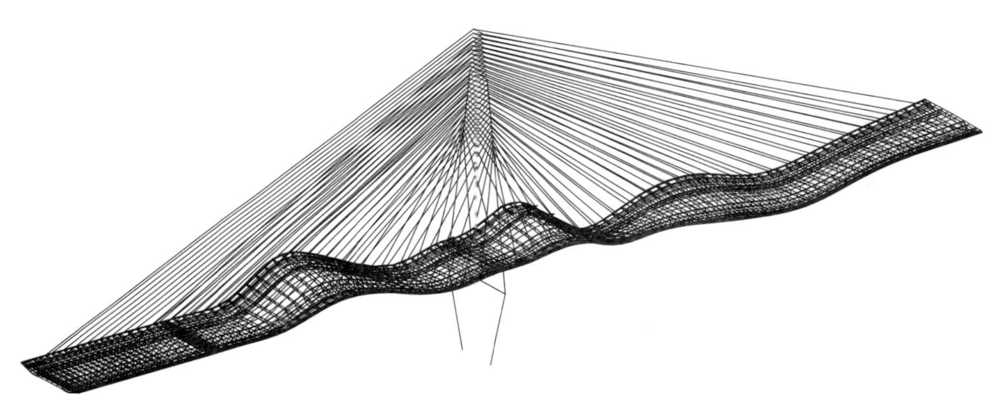

图4-5-48 最大单悬臂阶段第一阶失稳图形

五、小结

(一)位移

空间网格模型按施工过程模拟计算(考虑预应力效应及成桥15年徐变)。

1. 主梁位移

竖向位移:主跨跨中挠度最大为10.3cm;混凝土桥面板各点竖向位移差最大为2.9cm,位于J14拉索处,桥面板各点中桥面中点挠度最大。

在汽车荷载下,主梁中线位移包络 -23.1 ~ +2.4cm;主梁吊点位移包络 -34.6 ~ +2.6cm;在人群荷载下,主梁中线位移包络 -9.2 ~ +1.0cm;主梁吊点位移包络 -9.2 ~ +1.0cm;最大值均在跨中。

2. 主塔

主塔纵向位移为 +3.2cm,偏向河岸方向。

在汽车荷载下,主塔位移包络 -4.6 ~ +8.5cm;在人群荷载下,主塔位移包络 -1.9 ~ +3.8cm。

(二)应力

1. 混凝土桥面板纵向应力

施工过程中:最大拉应力在4MPa以内,最大压应力在16MPa以内;

成桥状态:全桥混凝土桥面板基本处于受压状态,最大压应力 9MPa 左右;

短期组合下:最大压应力不超过 16MPa,大部分拉应力不超过 2MPa,辅助墩墩顶拉应力最大达 5MPa;

长期组合下:最大压应力不超过 10MPa,边跨个别跳跃点出现 1MPa 拉应力;

标准组合下:最大压应力不超过 20MPa,大部分拉应力不超过 4MPa,辅助墩墩顶拉应力最大达 7.5MPa。

2. 混凝土桥面板横向应力

成桥状态:全桥混凝土桥面板基本处于受压状态,最大 2.5MPa;

标准组合下:最大压应力不超过 6MPa,大部分拉应力不超过 2.5MPa;

短期组合下:最大压应力不超过 5MPa,大部分拉应力不超过 2MPa;

长期组合下:全桥混凝土桥面板基本处于受压状态,最大 4MPa。

(三)斜拉索应力幅

1. 汽车荷载作用

应力幅为 47.2MPa ~ 118.9MPa。

2. 人群荷载作用

应力幅为 14.7MPa ~ 32.6MPa。

(四)稳定

1. 成桥状态

恒载、恒载 + 满活、恒载 + 半活情况下,全桥整体弹性稳定系数分别为 6.89、5.92、6.36。

2. 施工过程中

最大双悬臂、最大双悬臂(侧向静风)、最大单悬臂(侧向静风)情况下,弹性稳定系数分别为 23.06、13.45、8.59。

可以看出,不管是在成桥状态还是在施工过程中,稳定性均满足要求。

第四节　桥面板配筋

一、桥面板配筋介绍

(一)配筋截面位置的选取

通过全桥结构分析,选取关键部位进行桥面板配筋计算,在纵桥向选取 6 个部位,纵桥向位置依次为端锚索、辅助墩、A7 号拉索、塔底、J13 号拉索和跨中,见前图 4-5-10 所示。

各个关键部位选取的详细配筋位置见前图 4-5-11。

其中 A7 吊索和 J13 吊索计算截面包括有索横梁、无索横梁及其间的无横梁截面,此配筋结果适用于全桥有索区的截面配筋。

网格计算中,箱梁断面混凝土桥面板横桥向划分为如前图 4-5-9 所示的 1 号 ~ 5 号板,分别对各块板进行配筋。

(二)桥面板配筋说明

在桥面板单向受力配筋计算中,分别按照

(1)裂缝宽度为 0.15mm;

(2)钢筋应力为 140MPa;

(3)钢筋应力为 120MPa 3 种情况进行配筋。

在桥面板主应力配筋计算中,均按钢筋应力为 150MPa 来计算。

每个位置的混凝土桥面分别配置上下两层钢筋。

上层钢筋：在短期效应组合下，按照“拉应力域”配筋方法来配筋，分别比较ф20 和ф22 两种钢筋型号配筋的结果。

下层钢筋：在短期效应组合下，按照“拉应力域”配筋方法来配筋，分别比较ф20 和ф22 两种钢筋型号配筋的结果。

二、配筋结果及优化

(一)控制裂缝宽度为 0.15mm 配筋

1.1 号板配筋结果

(1)1 号板纵向正应力配筋结果：分为上下两层配筋，见表 4-5-10、表 4-5-11。

1 号桥面板纵向正应力上层配筋结果 表 4-5-10

位置		钢筋类型			
		ϕ20		ϕ22	
		钢筋间距(mm)	钢筋应力(MPa)	钢筋间距(mm)	钢筋应力(MPa)
端锚索	1(有索横梁)	—	构造	—	构造
	2(无横梁截面)	—	构造	—	构造
	3(有索横梁)	—	构造	—	构造
	4(无横梁截面)	—	构造	—	构造
辅助墩	1(无索横梁)	—	构造	—	构造
	2(无横梁截面)	—	构造	—	构造
	3(支座横梁)	—	构造	—	构造
	4(无横梁截面)	—	构造	—	构造
A7 拉索处	1(无索横梁)	—	构造	—	构造
	2(无横梁截面)	—	构造	—	构造
	3(有索横梁)	—	构造	—	构造
	4(无横梁截面)	—	构造	—	构造
塔底	1(无索横梁)	—	构造	—	构造
	2(无横梁截面)	—	构造	—	构造
	3(塔底横梁)	—	构造	—	构造
	4(无横梁截面)	—	构造	—	构造
J13 拉索处	1(有索横梁)	—	构造	—	构造
	2(无横梁截面)	—	构造	—	构造
	3(无索横梁)	144	161.7	169	156.6
	4(无横梁截面)	—	构造	—	构造
跨中	1(有索横梁)	194	152.2	227	147.2
	2(无横梁截面)	—	构造	—	构造
	3(无索横梁)	159	158.2	187	153.1
	4(无横梁截面)	—	构造	—	构造

1 号桥面板纵向正应力下层配筋结果 表 4-5-11

位置		钢筋类型			
		ϕ20		ϕ22	
		钢筋间距(mm)	钢筋应力(MPa)	钢筋间距(mm)	钢筋应力(MPa)
端锚索	1(有索横梁)	183	143.5	214	138.6
	2(无横梁截面)	183	143.5	214	138.6
	3(有索横梁)	192	142.6	225	137.7
	4(无横梁截面)	196	142.3	229	137.4
辅助墩	1(无索横梁)	—	构造	—	构造
	2(无横梁截面)	—	构造	—	构造
	3(支座横梁)	—	构造	—	构造
	4(无横梁截面)	—	构造	—	构造
A7 拉索处	1(无索横梁)	—	构造	—	构造
	2(无横梁截面)	180	154.3	211	149.3
	3(有索横梁)	—	构造	—	构造
	4(无横梁截面)	181	154.2	212	149.2
塔底	1(无索横梁)	—	构造	—	构造
	2(无横梁截面)	—	构造	—	构造
	3(塔底横梁)	—	构造	—	构造
	4(无横梁截面)	—	构造	—	构造
J13 拉索处	1(有索横梁)	—	构造	—	构造
	2(无横梁截面)	150	160.1	176	155.1
	3(无索横梁)	—	构造	—	构造
	4(无横梁截面)	151	160.1	177	155.0
跨中	1(有索横梁)	—	构造	—	构造
	2(无横梁截面)	123	168.3	144	163.1
	3(无索横梁)	—	构造	—	构造
	4(无横梁截面)	121	168.7	142	163.5

(2)1 号板横向正应力配筋结果:分为上下两层配筋,见表 4-5-12、4-5-13。

1 号桥面板横向正应力上层配筋结果 表 4-5-12

位置		钢筋类型			
		ϕ20		ϕ22	
		钢筋间距(mm)	钢筋应力(MPa)	钢筋间距(mm)	钢筋应力(MPa)
端锚索	1(有索横梁)	—	构造	—	构造
	2(无横梁截面)	—	构造	—	构造
	3(有索横梁)	—	构造	—	构造
	4(无横梁截面)	—	构造	—	构造
辅助墩	1(无索横梁)	—	构造	—	构造
	2(无横梁截面)	—	构造	—	构造
	3(支座横梁)	—	构造	—	构造
	4(无横梁截面)	—	构造	—	构造

续上表

位置		钢筋类型			
		φ20		φ22	
		钢筋间距(mm)	钢筋应力(MPa)	钢筋间距(mm)	钢筋应力(MPa)
A7 拉索处	1(无索横梁)	—	构造	—	构造
	2(无横梁截面)	—	构造	—	构造
	3(有索横梁)	—	构造	—	构造
	4(无横梁截面)	—	构造	—	构造
塔底	1(无索横梁)	—	构造	—	构造
	2(无横梁截面)	—	构造	—	构造
	3(塔底横梁)	—	构造	—	构造
	4(无横梁截面)	—	构造	—	构造
J13 拉索处	1(有索横梁)	—	构造	—	构造
	2(无横梁截面)	—	构造	—	构造
	3(无索横梁)	—	构造	—	构造
	4(无横梁截面)	—	构造	—	构造
跨中	1(有索横梁)	—	构造	—	构造
	2(无横梁截面)	—	构造	—	构造
	3(无索横梁)	—	构造	—	构造
	4(无横梁截面)	—	构造	—	构造

1 号桥面板横向正应力下层配筋结果 表 4-5-13

位置		钢筋类型			
		φ20		φ22	
		钢筋间距(mm)	钢筋应力(MPa)	钢筋间距(mm)	钢筋应力(MPa)
端锚索	1(有索横梁)	—	构造	—	构造
	2(无横梁截面)	—	构造	—	构造
	3(有索横梁)	—	构造	—	构造
	4(无横梁截面)	—	构造	—	构造
辅助墩	1(无索横梁)	—	构造	—	构造
	2(无横梁截面)	—	构造	—	构造
	3(支座横梁)	—	构造	—	构造
	4(无横梁截面)	—	构造	—	构造
A7 拉索处	1(无索横梁)	—	构造	—	构造
	2(无横梁截面)	—	构造	—	构造
	3(有索横梁)	—	构造	—	构造
	4(无横梁截面)	—	构造	—	构造
塔底	1(无索横梁)	—	构造	—	构造
	2(无横梁截面)	—	构造	—	构造
	3(塔底横梁)	—	构造	—	构造
	4(无横梁截面)	—	构造	—	构造

续上表

位　置		钢筋类型			
		φ20		φ22	
		钢筋间距(mm)	钢筋应力(MPa)	钢筋间距(mm)	钢筋应力(MPa)
J13 拉索处	1(有索横梁)	—	构造	—	构造
	2(无横梁截面)	—	构造	—	构造
	3(无索横梁)	—	构造	—	构造
	4(无横梁截面)	—	构造	—	构造
跨中	1(有索横梁)	—	构造	—	构造
	2(无横梁截面)	—	构造	—	构造
	3(无索横梁)	—	构造	—	构造
	4(无横梁截面)	—	构造	—	构造

(3)1 号板主拉应力配筋结果。

主拉应力分配到纵向和横向两个方向,每个方向单独配,钢筋开裂应力按 150MPa 计算。纵横向配筋结果一样。

1 号板主拉应力纵向配筋结果:根据主拉应力分配到纵向上的力进行配筋,将配筋结果均分到桥面上下层,见表 4-5-14。

1 号桥面板主拉应力纵向配筋结果(单层)　　表 4-5-14

位　置		钢筋类型			
		φ20		φ22	
		钢筋间距(mm)	钢筋应力(MPa)	钢筋间距(mm)	钢筋应力(MPa)
端锚索	1(有索横梁)	—	构造	—	构造
	2(无横梁截面)	—	构造	—	构造
	3(有索横梁)	211	150.0	255	150.0
	4(无横梁截面)	—	构造	—	构造
辅助墩	1(无索横梁)	—	构造	—	构造
	2(无横梁截面)	—	构造	—	构造
	3(支座横梁)	164	150.0	198	150.0
	4(无横梁截面)	159	150.0	193	150.0
A7 拉索处	1(无索横梁)	105	150.0	127	150.0
	2(无横梁截面)	158	150.0	191	150.0
	3(有索横梁)	104	150.0	126	150.0
	4(无横梁截面)	155	150.0	187	150.0
塔底	1(无索横梁)	166	150.0	201	150.0
	2(无横梁截面)	—	构造	—	构造
	3(塔底横梁)	134	150.0	162	150.0
	4(无横梁截面)	217	150.0	263	150.0

续上表

位置		钢筋类型			
		ϕ20		ϕ22	
		钢筋间距(mm)	钢筋应力(MPa)	钢筋间距(mm)	钢筋应力(MPa)
J13 拉索处	1(有索横梁)	120	150.0	145	150.0
	2(无横梁截面)	214	150.0	259	150.0
	3(无索横梁)	119	150.0	144	150.0
	4(无横梁截面)	208	150.0	252	150.0
跨中	1(有索横梁)	225	150.0	273	150.0
	2(无横梁截面)	—	构造	—	构造
	3(无索横梁)	227	150.0	274	150.0
	4(无横梁截面)	—	构造	—	构造

1 号板主拉应力横向配筋结果:根据主拉应力分配到横向上的力进行配筋,将配筋结果均分到桥面上下层,见 4-5-15。

1 号桥面板主拉应力横向配筋结果(单层) 表 4-5-15

位置		钢筋类型			
		ϕ20		ϕ22	
		钢筋间距(mm)	钢筋应力(MPa)	钢筋间距(mm)	钢筋应力(MPa)
端锚索	1(有索横梁)	—	构造	—	构造
	2(无横梁截面)	—	构造	—	构造
	3(有索横梁)	211	150.0	255	150.0
	4(无横梁截面)	—	构造	—	构造
辅助墩	1(无索横梁)	—	构造	—	构造
	2(无横梁截面)	—	构造	—	构造
	3(支座横梁)	164	150.0	198	150.0
	4(无横梁截面)	159	150.0	193	150.0
A7 拉索处	1(无索横梁)	105	150.0	127	150.0
	2(无横梁截面)	158	150.0	191	150.0
	3(有索横梁)	104	150.0	126	150.0
	4(无横梁截面)	155	150.0	187	150.0
塔底	1(无索横梁)	166	150.0	201	150.0
	2(无横梁截面)	—	构造	—	构造
	3(塔底横梁)	134	150.0	162	150.0
	4(无横梁截面)	217	150.0	263	150.0
J13 拉索处	1(有索横梁)	120	150.0	145	150.0
	2(无横梁截面)	214	150.0	259	150.0
	3(无索横梁)	119	150.0	144	150.0
	4(无横梁截面)	208	150.0	252	150.0
跨中	1(有索横梁)	225	150.0	273	150.0
	2(无横梁截面)	—	构造	—	构造
	3(无索横梁)	227	150.0	274	150.0
	4(无横梁截面)	—	构造	—	构造

(4)1 号板组合配筋结果。

桥面正应力配筋结果和主应力配筋结果分别在纵横向进行组合,得到最终的配筋数值。

1 号板纵向组合配筋结果:分为上下两层,见表 4-5-16、4-5-17。

1 号桥面板纵向上层组合配筋结果 表 4-5-16

位置		钢筋类型			
		$\phi 20$		$\phi 22$	
		钢筋间距(mm)	钢筋应力(MPa)	钢筋间距(mm)	钢筋应力(MPa)
端锚索	1(有索横梁)	—	构造	—	构造
	2(无横梁截面)	—	构造	—	构造
	3(有索横梁)	211	150.0	255	150.0
	4(无横梁截面)	—	构造	—	构造
辅助墩	1(无索横梁)	—	构造	—	构造
	2(无横梁截面)	—	构造	—	构造
	3(支座横梁)	164	150.0	198	150.0
	4(无横梁截面)	159	150.0	193	150.0
A7 拉索处	1(无索横梁)	105	150.0	127	150.0
	2(无横梁截面)	158	150.0	191	150.0
	3(有索横梁)	104	150.0	126	150.0
	4(无横梁截面)	155	150.0	187	150.0
塔底	1(无索横梁)	166	150.0	201	150.0
	2(无横梁截面)	—	构造	—	构造
	3(塔底横梁)	134	150.0	162	150.0
	4(无横梁截面)	217	150.0	263	150.0
J13 拉索处	1(有索横梁)	120	150.0	145	150.0
	2(无横梁截面)	—	构造	—	构造
	3(无索横梁)	119	150.0	144	150.0
	4(无横梁截面)	208	150.0	252	150.0
跨中	1(有索横梁)	194	152.2	227	147.2
	2(无横梁截面)	—	构造	—	构造
	3(无索横梁)	159	158.2	187	153.1
	4(无横梁截面)	—	构造	—	构造

1 号桥面板纵向下层组合配筋结果 表 4-5-17

位置		钢筋类型			
		$\phi 20$		$\phi 22$	
		钢筋间距(mm)	钢筋应力(MPa)	钢筋间距(mm)	钢筋应力(MPa)
端锚索	1(有索横梁)	183	143.5	214	138.6
	2(无横梁截面)	183	143.5	214	138.6
	3(有索横梁)	192	142.6	225	137.7
	4(无横梁截面)	196	142.3	229	137.4

续上表

位　　置		钢筋类型			
		φ20		φ22	
		钢筋间距(mm)	钢筋应力(MPa)	钢筋间距(mm)	钢筋应力(MPa)
辅助墩	1(无索横梁)	—	构造	—	构造
	2(无横梁截面)	—	构造	—	构造
	3(支座横梁)	164	150.0	198	150.0
	4(无横梁截面)	159	150.0	193	150.0
A7 拉索处	1(无索横梁)	105	150.0	127	150.0
	2(无横梁截面)	158	150.0	191	150.0
	3(有索横梁)	104	150.0	126	150.0
	4(无横梁截面)	155	150.0	187	150.0
塔底	1(无索横梁)	166	150.0	201	150.0
	2(无横梁截面)	—	构造	—	构造
	3(塔底横梁)	134	150.0	162	150.0
	4(无横梁截面)	217	150.0	263	150.0
J13 拉索处	1(有索横梁)	120	150.0	145	150.0
	2(无横梁截面)	150	160.1	176	155.1
	3(无索横梁)	119	150.0	144	150.0
	4(无横梁截面)	151	160.1	177	155.0
跨中	1(有索横梁)	225	150.0	273	150.0
	2(无横梁截面)	123	168.3	144	163.1
	3(无索横梁)	227	150.0	274	150.0
	4(无横梁截面)	121	168.7	142	163.5

1 号板横向组合配筋结果:分为上下两层,见表 4-5-18、4-5-19。

1 号桥面板横向上层组合配筋结果　　表 4-5-18

位　　置		钢筋类型			
		φ20		φ22	
		钢筋间距(mm)	钢筋应力(MPa)	钢筋间距(mm)	钢筋应力(MPa)
端锚索	1(有索横梁)	—	构造	—	构造
	2(无横梁截面)	—	构造	—	构造
	3(有索横梁)	211	150.0	255	150.0
	4(无横梁截面)	—	构造	—	构造
辅助墩	1(无索横梁)	—	构造	—	构造
	2(无横梁截面)	—	构造	—	构造
	3(支座横梁)	164	150.0	198	150.0
	4(无横梁截面)	159	150.0	193	150.0

续上表

位置		φ20 钢筋间距(mm)	φ20 钢筋应力(MPa)	φ22 钢筋间距(mm)	φ22 钢筋应力(MPa)
A7 拉索处	1(无索横梁)	105	150.0	127	150.0
	2(无横梁截面)	158	150.0	191	150.0
	3(有索横梁)	104	150.0	126	150.0
	4(无横梁截面)	155	150.0	187	150.0
塔底	1(无索横梁)	166	150.0	201	150.0
	2(无横梁截面)	—	构造	—	构造
	3(塔底横梁)	134	150.0	162	150.0
	4(无横梁截面)	217	150.0	263	150.0
J13 拉索处	1(有索横梁)	120	150.0	145	150.0
	2(无横梁截面)	214	150.0	259	150.0
	3(无索横梁)	119	150.0	144	150.0
	4(无横梁截面)	208	150.0	252	150.0
跨中	1(有索横梁)	225	150.0	273	150.0
	2(无横梁截面)	—	构造	—	构造
	3(无索横梁)	227	150.0	274	150.0
	4(无横梁截面)	—	构造	—	构造

1 号桥面板横向下层组合配筋结果 表 4-5-19

位置		φ20 钢筋间距(mm)	φ20 钢筋应力(MPa)	φ22 钢筋间距(mm)	φ22 钢筋应力(MPa)
端锚索	1(有索横梁)	—	构造	—	构造
	2(无横梁截面)	—	构造	—	构造
	3(有索横梁)	211	150.0	255	150.0
	4(无横梁截面)	—	构造	—	构造
辅助墩	1(无索横梁)	—	构造	—	构造
	2(无横梁截面)	—	构造	—	构造
	3(支座横梁)	164	150.0	198	150.0
	4(无横梁截面)	159	150.0	193	150.0
A7 拉索处	1(无索横梁)	105	150.0	127	150.0
	2(无横梁截面)	158	150.0	191	150.0
	3(有索横梁)	104	150.0	126	150.0
	4(无横梁截面)	155	150.0	187	150.0

续上表

位置		钢筋类型			
		φ20		φ22	
		钢筋间距(mm)	钢筋应力(MPa)	钢筋间距(mm)	钢筋应力(MPa)
塔底	1(无索横梁)	166	150.0	201	150.0
	2(无横梁截面)	—	构造	—	构造
	3(塔底横梁)	134	150.0	162	150.0
	4(无横梁截面)	217	150.0	263	150.0
J13 拉索处	1(有索横梁)	120	150.0	145	150.0
	2(无横梁截面)	214	150.0	259	150.0
	3(无索横梁)	119	150.0	144	150.0
	4(无横梁截面)	208	150.0	252	150.0
跨中	1(有索横梁)	225	150.0	273	150.0
	2(无横梁截面)	—	构造	—	构造
	3(无索横梁)	227	150.0	274	150.0
	4(无横梁截面)	—	构造	—	构造

2.2 号板配筋结果

与1号板类似,先分别按纵向正应力、横向正应力分上下两层配筋;再按中间层主拉应力并分配到纵向和横向两个方向单独配筋,钢筋开裂应力按150MPa计算,将配筋结果均分到桥面上下层。具体数据从略。

然后将桥面正应力配筋结果和主应力配筋结果分别在纵横向进行组合,得到最终的纵横向上下层配筋数值。2号板组合配筋结果见表4-5-20~表4-5-23。

2号桥面板纵向上层组合配筋结果 表4-5-20

位置		钢筋类型			
		φ20		φ22	
		钢筋间距(mm)	钢筋应力(MPa)	钢筋间距(mm)	钢筋应力(MPa)
端锚索	1(有索横梁)	—	构造	—	构造
	2(无横梁截面)	—	构造	—	构造
	3(有索横梁)	189	150.0	229	150.0
	4(无横梁截面)	—	构造	—	构造
辅助墩	1(无索横梁)	—	构造	—	构造
	2(无横梁截面)	—	构造	—	构造
	3(支座横梁)	—	构造	—	构造
	4(无横梁截面)	—	构造	—	构造
A7 拉索处	1(无索横梁)	106	150.0	128	150.0
	2(无横梁截面)	149	150.0	181	150.0
	3(有索横梁)	106	150.0	128	150.0
	4(无横梁截面)	149	150.0	181	150.0

续上表

位置		钢筋类型			
		$\phi20$		$\phi22$	
		钢筋间距(mm)	钢筋应力(MPa)	钢筋间距(mm)	钢筋应力(MPa)
塔底	1(无索横梁)	152	150.0	184	150.0
	2(无横梁截面)	—	构造	—	构造
	3(塔底横梁)	150	150.0	182	150.0
	4(无横梁截面)	—	构造	—	构造
J13 拉索处	1(有索横梁)	120	150.0	146	150.0
	2(无横梁截面)	198	150.0	240	150.0
	3(无索横梁)	120	150.0	145	150.0
	4(无横梁截面)	161	150.0	195	150.0
跨中	1(有索横梁)	218	150.0	264	150.0
	2(无横梁截面)	—	构造	—	构造
	3(无索横梁)	219	150.0	265	150.0
	4(无横梁截面)	—	构造	—	构造

2 号桥面板纵向下层组合配筋结果　　表 4-5-21

位置		钢筋类型			
		$\phi20$		$\phi22$	
		钢筋间距(mm)	钢筋应力(MPa)	钢筋间距(mm)	钢筋应力(MPa)
端锚索	1(有索横梁)	189	142.9	221	138.0
	2(无横梁截面)	161	146.2	188	141.3
	3(有索横梁)	189	150.0	229	150.0
	4(无横梁截面)	166	145.4	195	140.5
辅助墩	1(无索横梁)	—	构造	—	构造
	2(无横梁截面)	—	构造	—	构造
	3(支座横梁)	—	构造	—	构造
	4(无横梁截面)	—	构造	—	构造
A7 拉索处	1(无索横梁)	106	150.0	128	150.0
	2(无横梁截面)	123	168.0	145	162.8
	3(有索横梁)	106	150.0	128	150.0
	4(无横梁截面)	125	167.5	146	162.3
塔底	1(无索横梁)	152	150.0	184	150.0
	2(无横梁截面)	—	构造	—	构造
	3(塔底横梁)	150	150.0	182	150.0
	4(无横梁截面)	—	构造	—	构造

续上表

位置		钢筋类型			
		ϕ20		ϕ22	
		钢筋间距(mm)	钢筋应力(MPa)	钢筋间距(mm)	钢筋应力(MPa)
J13 拉索处	1(有索横梁)	120	150.0	146	150.0
	2(无横梁截面)	110	173.2	129	168.0
	3(无索横梁)	120	150.0	145	150.0
	4(无横梁截面)	110	173.2	129	168.0
跨中	1(有索横梁)	218	150.0	264	150.0
	2(无横梁截面)	107	174.4	126	169.2
	3(无索横梁)	219	150.0	265	150.0
	4(无横梁截面)	110	173.1	130	167.9

2 号桥面板横向上层组合配筋结果 表 4-5-22

位置		钢筋类型			
		ϕ20		ϕ22	
		钢筋间距(mm)	钢筋应力(MPa)	钢筋间距(mm)	钢筋应力(MPa)
端锚索	1(有索横梁)	—	构造	—	构造
	2(无横梁截面)	—	构造	—	构造
	3(有索横梁)	189	150.0	229	150.0
	4(无横梁截面)	—	构造	—	构造
辅助墩	1(无索横梁)	—	构造	—	构造
	2(无横梁截面)	—	构造	—	构造
	3(支座横梁)	—	构造	—	构造
	4(无横梁截面)	—	构造	—	构造
A7 拉索处	1(无索横梁)	106	150.0	128	150.0
	2(无横梁截面)	149	150.0	181	150.0
	3(有索横梁)	106	150.0	128	150.0
	4(无横梁截面)	149	150.0	181	150.0
塔底	1(无索横梁)	152	150.0	184	150.0
	2(无横梁截面)	—	构造	—	构造
	3(塔底横梁)	150	150.0	182	150.0
	4(无横梁截面)	—	构造	—	构造
J13 拉索处	1(有索横梁)	120	150.0	146	150.0
	2(无横梁截面)	198	150.0	240	150.0
	3(无索横梁)	120	150.0	145	150.0
	4(无横梁截面)	161	150.0	195	150.0
跨中	1(有索横梁)	218	150.0	264	150.0
	2(无横梁截面)	—	构造	—	构造
	3(无索横梁)	219	150.0	265	150.0
	4(无横梁截面)	—	构造	—	构造

2 号桥面板横向下层组合配筋结果　　表 4-5-23

位置		钢筋类型			
		ϕ20		ϕ22	
		钢筋间距(mm)	钢筋应力(MPa)	钢筋间距(mm)	钢筋应力(MPa)
端锚索	1(有索横梁)	—	构造	—	构造
	2(无横梁截面)	—	构造	—	构造
	3(有索横梁)	189	150.0	229	150.0
	4(无横梁截面)	—	构造	—	构造
辅助墩	1(无索横梁)	—	构造	—	构造
	2(无横梁截面)	—	构造	—	构造
	3(支座横梁)	—	构造	—	构造
	4(无横梁截面)	—	构造	—	构造
A7 拉索处	1(无索横梁)	106	150.0	128	150.0
	2(无横梁截面)	149	150.0	181	150.0
	3(有索横梁)	106	150.0	128	150.0
	4(无横梁截面)	149	150.0	181	150.0
塔底	1(无索横梁)	152	150.0	184	150.0
	2(无横梁截面)	—	构造	—	构造
	3(塔底横梁)	150	150.0	182	150.0
	4(无横梁截面)	—	构造	—	构造
J13 拉索处	1(有索横梁)	120	150.0	146	150.0
	2(无横梁截面)	198	150.0	240	150.0
	3(无索横梁)	120	150.0	145	150.0
	4(无横梁截面)	161	150.0	195	150.0
跨中	1(有索横梁)	218	150.0	264	150.0
	2(无横梁截面)	—	构造	—	构造
	3(无索横梁)	219	150.0	265	150.0
	4(无横梁截面)	—	构造	—	构造

3.3 号板配筋结果

与 1、2 号板类似,3 号板组合配筋结果见表 4-5-24 ~ 表 4-5-27。

3 号桥面板纵向上层组合配筋结果　　表 4-5-24

位置		钢筋类型			
		ϕ20		ϕ22	
		钢筋间距(mm)	钢筋应力(MPa)	钢筋间距(mm)	钢筋应力(MPa)
端锚索	1(有索横梁)	159	150.0	192	150.0
	2(无横梁截面)	167	150.0	202	150.0
	3(有索横梁)	178	150.0	216	150.0
	4(无横梁截面)	185	150.0	224	150.0

续上表

位置		钢筋类型			
		ϕ20		ϕ22	
		钢筋间距(mm)	钢筋应力(MPa)	钢筋间距(mm)	钢筋应力(MPa)
辅助墩	1(无索横梁)	—	构造	—	构造
	2(无横梁截面)	—	构造	—	构造
	3(支座横梁)	136	150.1	159	145.2
	4(无横梁截面)	113	150.0	136	150.0
A7 拉索处	1(无索横梁)	108	150.0	130	150.0
	2(无横梁截面)	130	150.0	158	150.0
	3(有索横梁)	107	150.0	130	150.0
	4(无横梁截面)	130	150.0	157	150.0
塔底	1(无索横梁)	150	150.0	181	150.0
	2(无横梁截面)	—	构造	—	构造
	3(塔底横梁)	149	150.0	180	150.0
	4(无横梁截面)	—	构造	—	构造
J13 拉索处	1(有索横梁)	120	150.0	145	150.0
	2(无横梁截面)	167	150.0	202	150.0
	3(无索横梁)	119	150.0	144	150.0
	4(无横梁截面)	166	150.0	200	150.0
跨中	1(有索横梁)	203	150.0	245	150.0
	2(无横梁截面)	—	构造	—	构造
	3(无索横梁)	200	150.0	242	150.0
	4(无横梁截面)	—	构造	—	构造

3 号桥面板纵向下层组合配筋结果 表 4-5-25

位置		钢筋类型			
		ϕ20		ϕ22	
		钢筋间距(mm)	钢筋应力(MPa)	钢筋间距(mm)	钢筋应力(MPa)
端锚索	1(有索横梁)	159	150.0	192	150.0
	2(无横梁截面)	143	148.9	167	144.0
	3(有索横梁)	178	150.0	216	150.0
	4(无横梁截面)	158	146.5	185	141.6
辅助墩	1(无索横梁)	—	构造	—	构造
	2(无横梁截面)	—	构造	—	构造
	3(支座横梁)	202	150.0	244	150.0
	4(无横梁截面)	113	150.0	136	150.0

续上表

位置		钢筋类型			
		φ20		φ22	
		钢筋间距(mm)	钢筋应力(MPa)	钢筋间距(mm)	钢筋应力(MPa)
A7 拉索处	1(无索横梁)	108	150.0	130	150.0
	2(无横梁截面)	130	150.0	158	150.0
	3(有索横梁)	107	150.0	130	150.0
	4(无横梁截面)	130	150.0	157	150.0
塔底	1(无索横梁)	150	150.0	181	150.0
	2(无横梁截面)	—	构造	—	构造
	3(塔底横梁)	149	150.0	180	150.0
	4(无横梁截面)	—	构造	—	构造
J13 拉索处	1(有索横梁)	120	150.0	145	150.0
	2(无横梁截面)	167	150.0	202	150.0
	3(无索横梁)	119	150.0	144	150.0
	4(无横梁截面)	166	150.0	200	150.0
跨中	1(有索横梁)	203	150.0	245	150.0
	2(无横梁截面)	176	155.0	206	150.0
	3(无索横梁)	200	150.0	242	150.0
	4(无横梁截面)	221	148.8	258	143.8

3 号桥面板横向上层组合配筋结果　　表 4-5-26

位置		钢筋类型			
		φ20		φ22	
		钢筋间距(mm)	钢筋应力(MPa)	钢筋间距(mm)	钢筋应力(MPa)
端锚索	1(有索横梁)	159	150.0	192	150.0
	2(无横梁截面)	167	150.0	202	150.0
	3(有索横梁)	178	150.0	216	150.0
	4(无横梁截面)	185	150.0	224	150.0
辅助墩	1(无索横梁)	—	构造	—	构造
	2(无横梁截面)	—	构造	—	构造
	3(支座横梁)	202	150.0	244	150.0
	4(无横梁截面)	113	150.0	136	150.0
A7 拉索处	1(无索横梁)	108	150.0	130	150.0
	2(无横梁截面)	130	150.0	158	150.0
	3(有索横梁)	107	150.0	130	150.0
	4(无横梁截面)	130	150.0	157	150.0
塔底	1(无索横梁)	150	150.0	181	150.0
	2(无横梁截面)	—	构造	—	构造
	3(塔底横梁)	149	150.0	180	150.0
	4(无横梁截面)	—	构造	—	构造

续上表

位置		钢筋类型			
		φ20		φ22	
		钢筋间距(mm)	钢筋应力(MPa)	钢筋间距(mm)	钢筋应力(MPa)
J13 拉索处	1(有索横梁)	120	150.0	145	150.0
	2(无横梁截面)	167	150.0	202	150.0
	3(无索横梁)	119	150.0	144	150.0
	4(无横梁截面)	166	150.0	200	150.0
跨中	1(有索横梁)	203	150.0	245	150.0
	2(无横梁截面)	—	构造	—	构造
	3(无索横梁)	200	150.0	242	150.0
	4(无横梁截面)	—	构造	—	构造

3 号桥面板横向下层组合配筋结果 表 4-5-27

位置		钢筋类型			
		φ20		φ22	
		钢筋间距(mm)	钢筋应力(MPa)	钢筋间距(mm)	钢筋应力(MPa)
端锚索	1(有索横梁)	159	150.0	192	150.0
	2(无横梁截面)	167	150.0	202	150.0
	3(有索横梁)	178	150.0	216	150.0
	4(无横梁截面)	185	150.0	224	150.0
辅助墩	1(无索横梁)	—	构造	—	构造
	2(无横梁截面)	—	构造	—	构造
	3(支座横梁)	202	150.0	237	136.8
	4(无横梁截面)	113	150.0	136	150.0
A7 拉索处	1(无索横梁)	108	150.0	130	150.0
	2(无横梁截面)	130	150.0	158	150.0
	3(有索横梁)	107	150.0	130	150.0
	4(无横梁截面)	130	150.0	157	150.0
塔底	1(无索横梁)	150	150.0	181	150.0
	2(无横梁截面)	—	构造	—	构造
	3(塔底横梁)	149	150.0	180	150.0
	4(无横梁截面)	—	构造	—	构造
J13 拉索处	1(有索横梁)	120	150.0	145	150.0
	2(无横梁截面)	167	150.0	202	150.0
	3(无索横梁)	119	150.0	144	150.0
	4(无横梁截面)	166	150.0	200	150.0
跨中	1(有索横梁)	203	150.0	245	150.0
	2(无横梁截面)	—	构造	—	构造
	3(无索横梁)	200	150.0	242	150.0
	4(无横梁截面)	—	构造	—	构造

4.4 号板配筋结果

与1、2、3号板类似,4号板组合配筋结果见表4-5-28~表4-5-31。

4号桥面板纵向上层组合配筋结果 表4-5-28

位置		钢筋类型			
		φ20		φ22	
		钢筋间距(mm)	钢筋应力(MPa)	钢筋间距(mm)	钢筋应力(MPa)
端锚索	1(有索横梁)	110	150.0	133	150.0
	2(无横梁截面)	119	150.0	144	150.0
	3(有索横梁)	115	150.0	139	150.0
	4(无横梁截面)	112	150.0	136	150.0
辅助墩	1(无索横梁)	—	构造	—	构造
	2(无横梁截面)	—	构造	—	构造
	3(支座横梁)	98	160.1	115	155.1
	4(无横梁截面)	—	构造	—	构造
A7拉索处	1(无索横梁)	108	150.0	130	150.0
	2(无横梁截面)	135	150.0	164	150.0
	3(有索横梁)	108	150.0	130	150.0
	4(无横梁截面)	176	150.0	213	150.0
塔底	1(无索横梁)	146	150.0	177	150.0
	2(无横梁截面)	—	构造	—	构造
	3(塔底横梁)	146	150.0	177	150.0
	4(无横梁截面)	—	构造	—	构造
J13拉索处	1(有索横梁)	117	150.0	141	150.0
	2(无横梁截面)	162	150.0	196	150.0
	3(无索横梁)	116	150.0	141	150.0
	4(无横梁截面)	159	150.0	192	150.0
跨中	1(有索横梁)	182	154.0	213	149.0
	2(无横梁截面)	220	150.0	267	150.0
	3(无索横梁)	174	155.3	204	150.4
	4(无横梁截面)	—	构造	—	构造

4号桥面板纵向下层组合配筋结果 表4-5-29

位置		钢筋类型			
		φ20		φ22	
		钢筋间距(mm)	钢筋应力(MPa)	钢筋间距(mm)	钢筋应力(MPa)
端锚索	1(有索横梁)	110	150.0	133	150.0
	2(无横梁截面)	119	150.0	144	150.0
	3(有索横梁)	115	150.0	139	150.0
	4(无横梁截面)	112	150.0	136	150.0

续上表

位置		钢筋类型			
		ϕ20		ϕ22	
		钢筋间距(mm)	钢筋应力(MPa)	钢筋间距(mm)	钢筋应力(MPa)
辅助墩	1(无索横梁)	—	构造	—	构造
	2(无横梁截面)	—	构造	—	构造
	3(支座横梁)	—	构造	—	构造
	4(无横梁截面)	—	构造	—	构造
A7 拉索处	1(无索横梁)	108	150.0	130	150.0
	2(无横梁截面)	122	168.3	144	163.2
	3(有索横梁)	108	150.0	130	150.0
	4(无横梁截面)	122	168.5	143	163.3
塔底	1(无索横梁)	146	150.0	177	150.0
	2(无横梁截面)	—	构造	—	构造
	3(塔底横梁)	146	150.0	177	150.0
	4(无横梁截面)	—	构造	—	构造
J13 拉索处	1(有索横梁)	117	150.0	141	150.0
	2(无横梁截面)	111	172.9	130	167.7
	3(无索横梁)	116	150.0	141	150.0
	4(无横梁截面)	112	172.3	132	167.2
跨中	1(有索横梁)	186	150.0	225	150.0
	2(无横梁截面)	96	180.5	113	175.2
	3(无索横梁)	186	150.0	226	150.0
	4(无横梁截面)	97	179.6	114	174.3

4 号桥面板横句上层组合配筋结果 表 4-5-30

位置		钢筋类型			
		ϕ20		ϕ22	
		钢筋间距(mm)	钢筋应力(MPa)	钢筋间距(mm)	钢筋应力(MPa)
端锚索	1(有索横梁)	110	150.0	133	150.0
	2(无横梁截面)	119	150.0	144	150.0
	3(有索横梁)	115	150.0	139	150.0
	4(无横梁截面)	112	150.0	136	150.0
辅助墩	1(无索横梁)	—	构造	—	构造
	2(无横梁截面)	—	构造	—	构造
	3(支座横梁)	—	构造	—	构造
	4(无横梁截面)	—	构造	—	构造
A7 拉索处	1(无索横梁)	108	150.0	130	150.0
	2(无横梁截面)	135	150.0	164	150.0
	3(有索横梁)	108	150.0	130	150.0
	4(无横梁截面)	176	150.0	213	150.0

续上表

位　　置		钢筋类型			
		ϕ20		ϕ22	
		钢筋间距(mm)	钢筋应力(MPa)	钢筋间距(mm)	钢筋应力(MPa)
塔底	1(无索横梁)	146	150.0	177	150.0
	2(无横梁截面)	—	构造	—	构造
	3(塔底横梁)	146	150.0	177	150.0
	4(无横梁截面)	—	构造	—	构造
J13 拉索处	1(有索横梁)	117	150.0	141	150.0
	2(无横梁截面)	162	150.0	196	150.0
	3(无索横梁)	116	150.0	141	150.0
	4(无横梁截面)	159	150.0	192	150.0
跨中	1(有索横梁)	186	150.0	225	150.0
	2(无横梁截面)	220	150.0	267	150.0
	3(无索横梁)	186	150.0	226	150.0
	4(无横梁截面)	—	构造	—	构造

4 号桥面板横向下层组合配筋结果 表 4-5-31

位　　置		钢筋类型			
		ϕ20		ϕ22	
		钢筋间距(mm)	钢筋应力(MPa)	钢筋间距(mm)	钢筋应力(MPa)
端锚索	1(有索横梁)	110	150.0	133	150.0
	2(无横梁截面)	119	150.0	144	150.0
	3(有索横梁)	115	150.0	139	150.0
	4(无横梁截面)	112	150.0	136	150.0
辅助墩	1(无索横梁)	—	构造	—	构造
	2(无横梁截面)	—	构造	—	构造
	3(支座横梁)	—	构造	—	构造
	4(无横梁截面)	—	构造	—	构造
A7 拉索处	1(无索横梁)	108	150.0	130	150.0
	2(无横梁截面)	135	150.0	164	150.0
	3(有索横梁)	108	150.0	130	150.0
	4(无横梁截面)	162	157.6	190	152.6
塔底	1(无索横梁)	146	150.0	177	150.0
	2(无横梁截面)	—	构造	—	构造
	3(塔底横梁)	146	150.0	177	150.0
	4(无横梁截面)	—	构造	—	构造

续上表

位置		钢筋类型			
		φ20		φ22	
		钢筋间距(mm)	钢筋应力(MPa)	钢筋间距(mm)	钢筋应力(MPa)
J13 拉索处	1(有索横梁)	117	150.0	141	150.0
	2(无横梁截面)	162	150.0	196	150.0
	3(无索横梁)	116	150.0	141	150.0
	4(无横梁截面)	159	150.0	192	150.0
跨中	1(有索横梁)	186	150.0	225	150.0
	2(无横梁截面)	220	150.0	267	150.0
	3(无索横梁)	186	150.0	226	150.0
	4(无横梁截面)	226	148.2	264	143.3

5.5 号板配筋结果

与 1～4 号板类似,5 号板组合配筋结果见表 4-5-32～表 4-5-35。

5 号桥面板纵向上层组合配筋结果 表 4-5-32

位置		钢筋类型			
		φ20		φ22	
		钢筋间距(mm)	钢筋应力(MPa)	钢筋间距(mm)	钢筋应力(MPa)
端锚索	1(有索横梁)	113	150.0	137	150.0
	2(无横梁截面)	141	150.0	171	150.0
	3(有索横梁)	91	150.0	111	150.0
	4(无横梁截面)	114	150.0	138	150.0
辅助墩	1(无索横梁)	—	构造	—	构造
	2(无横梁截面)	—	构造	—	构造
	3(支座横梁)	—	构造	—	构造
	4(无横梁截面)	—	构造	—	构造
A7 拉索处	1(无索横梁)	104	150.0	126	150.0
	2(无横梁截面)	153	150.0	185	150.0
	3(有索横梁)	104	150.0	126	150.0
	4(无横梁截面)	149	150.0	180	150.0
塔底	1(无索横梁)	137	150.0	165	150.0
	2(无横梁截面)	—	构造	—	构造
	3(塔底横梁)	137	150.0	166	150.0
	4(无横梁截面)	—	构造	—	构造
J13 拉索处	1(有索横梁)	111	150.0	134	150.0
	2(无横梁截面)	172	150.0	208	150.0
	3(无索横梁)	111	150.0	134	150.0
	4(无横梁截面)	172	150.0	209	150.0
跨中	1(有索横梁)	154	159.2	181	154.2
	2(无横梁截面)	211	149.9	246	145.0
	3(无索横梁)	156	150.0	188	150.0
	4(无横梁截面)	—	构造	—	构造

5 号桥面板纵向下层组合配筋结果

表 4-5-33

位置		钢筋类型			
		ϕ20		ϕ22	
		钢筋间距(mm)	钢筋应力(MPa)	钢筋间距(mm)	钢筋应力(MPa)
端锚索	1(有索横梁)	113	150.0	137	150.0
	2(无横梁截面)	141	150.0	171	150.0
	3(有索横梁)	91	150.0	111	150.0
	4(无横梁截面)	114	150.0	138	150.0
辅助墩	1(无索横梁)	—	构造	—	构造
	2(无横梁截面)	—	构造	—	构造
	3(支座横梁)	—	构造	—	构造
	4(无横梁截面)	—	构造	—	构造
A7 拉索处	1(无索横梁)	104	150.0	126	150.0
	2(无横梁截面)	153	150.0	185	150.0
	3(有索横梁)	104	150.0	126	150.0
	4(无横梁截面)	149	150.0	180	150.0
塔底	1(无索横梁)	137	150.0	165	150.0
	2(无横梁截面)	—	构造	—	构造
	3(塔底横梁)	137	150.0	166	150.0
	4(无横梁截面)	—	构造	—	构造
J13 拉索处	1(有索横梁)	111	150.0	134	150.0
	2(无横梁截面)	172	150.0	208	150.0
	3(无索横梁)	111	150.0	134	150.0
	4(无横梁截面)	172	150.0	209	150.0
跨中	1(有索横梁)	155	150.0	188	150.0
	2(无横梁截面)	157	158.6	184	153.5
	3(无索横梁)	156	150.0	188	150.0
	4(无横梁截面)	160	157.9	188	152.9

5 号桥面板横向上层组合配筋结果

表 4-5-34

位置		钢筋类型			
		ϕ20		ϕ22	
		钢筋间距(mm)	钢筋应力(MPa)	钢筋间距(mm)	钢筋应力(MPa)
端锚索	1(有索横梁)	113	150.0	137	150.0
	2(无横梁截面)	141	150.0	171	150.0
	3(有索横梁)	91	150.0	111	150.0
	4(无横梁截面)	114	150.0	138	150.0
辅助墩	1(无索横梁)	—	构造	—	构造
	2(无横梁截面)	—	构造	—	构造
	3(支座横梁)	—	构造	—	构造
	4(无横梁截面)	—	构造	—	构造

续上表

位置		钢筋类型			
		$\phi20$		$\phi22$	
		钢筋间距(mm)	钢筋应力(MPa)	钢筋间距(mm)	钢筋应力(MPa)
A7 拉索处	1(无索横梁)	104	150.0	126	150.0
	2(无横梁截面)	153	150.0	185	150.0
	3(有索横梁)	104	150.0	126	150.0
	4(无横梁截面)	149	150.0	180	150.0
塔底	1(无索横梁)	137	150.0	165	150.0
	2(无横梁截面)	—	构造	—	构造
	3(塔底横梁)	137	150.0	166	150.0
	4(无横梁截面)	—	构造	—	构造
J13 拉索处	1(有索横梁)	111	150.0	134	150.0
	2(无横梁截面)	172	150.0	208	150.0
	3(无索横梁)	111	150.0	134	150.0
	4(无横梁截面)	172	150.0	209	150.0
跨中	1(有索横梁)	155	150.0	188	150.0
	2(无横梁截面)	—	构造	—	构造
	3(无索横梁)	156	150.0	188	150.0
	4(无横梁截面)	—	构造	—	构造

5 号桥面板横向下层组合配筋结果 表 4-5-35

位置		钢筋类型			
		$\phi20$		$\phi22$	
		钢筋间距(mm)	钢筋应力(MPa)	钢筋间距(mm)	钢筋应力(MPa)
端锚索	1(有索横梁)	113	150.0	137	150.0
	2(无横梁截面)	141	150.0	171	150.0
	3(有索横梁)	91	150.0	111	150.0
	4(无横梁截面)	114	150.0	138	150.0
辅助墩	1(无索横梁)	211	141.0	247	136.1
	2(无横梁截面)	—	构造	—	构造
	3(支座横梁)	—	构造	—	构造
	4(无横梁截面)	—	构造	—	构造
A7 拉索处	1(无索横梁)	104	150.0	126	150.0
	2(无横梁截面)	153	150.0	185	150.0
	3(有索横梁)	104	150.0	126	150.0
	4(无横梁截面)	149	150.0	180	150.0
塔底	1(无索横梁)	137	150.0	165	150.0
	2(无横梁截面)	—	构造	—	构造
	3(塔底横梁)	137	150.0	166	150.0
	4(无横梁截面)	—	构造	—	构造

续上表

位置		钢筋类型			
		ϕ20		ϕ22	
		钢筋间距(mm)	钢筋应力(MPa)	钢筋间距(mm)	钢筋应力(MPa)
J13拉索处	1(有索横梁)	111	150.0	134	150.0
	2(无横梁截面)	172	150.0	208	150.0
	3(无索横梁)	111	150.0	134	150.0
	4(无横梁截面)	172	150.0	209	150.0
跨中	1(有索横梁)	155	150.0	188	150.0
	2(无横梁截面)	—	构造	—	构造
	3(无索横梁)	156	150.0	188	150.0
	4(无横梁截面)	—	构造	—	构造

(二)控制钢筋应力为120MPa配筋

主要计算纵向正应力、中间层主拉应力以及纵向组合配筋下的钢筋间距,并计算裂缝宽度。纵向正应力配筋计算时控制钢筋应力采用120MPa,主拉应力配筋计算时控制钢筋应力仍为150MPa,由于纵向组合时截面的配筋多由主应力配筋控制,因此控制钢筋应力大部分仍为150MPa。

配筋计算方法和步骤与前面类似,即先分别按纵向正应力分上下两层计算配筋;再按中间层主拉应力根据主拉应力分配到纵向上的力单独计算配筋,将配筋结果均分到桥面上下层。

然后将桥面正应力和主应力纵向配筋结果进行组合,得到最终的纵向上下层配筋数值。

此处仅列出ϕ20钢筋型号配筋的结果,ϕ22钢筋配筋可以通过等强度换算得到。

1.1号板配筋结果

1号板纵向正应力、中间层主拉应力及组合配筋结果及组合配筋裂缝宽度见表4-5-36。

1号板纵向配筋表(钢筋应力120MPa)　　表4-5-36

位置		ϕ20钢筋间距(mm)						
		纵向正应力		中间层主拉应力	组合配筋		裂缝宽度(mm)	
		上层	下层	上/下层	上层	下层	上层	下层
端锚索	1(有索横梁)	构造	153*	—	—	153*	—	0.12*
	2(无横梁截面)	构造	153*	—	—	153*	—	0.12*
	3(有索横梁)	构造	162*	211	211	162*	—	0.12*
	4(无横梁截面)	构造	165*	构造	构造	165*	—	0.12*
辅助墩	1(无索横梁)	构造	构造	构造	构造	构造	—	—
	2(无横梁截面)	构造	构造	构造	构造	构造	—	—
	3(支座横梁)	构造	构造	164	164	164	—	—
	4(无横梁截面)	构造	构造	159	159	159	—	—
A7拉索处	1(无索横梁)	构造	构造	105	105	105	—	—
	2(无横梁截面)	构造	140*	158	158	140*	—	0.10*
	3(有索横梁)	构造	构造	104	104	104	—	—
	4(无横梁截面)	构造	141*	155	155	141*	—	0.10*

续上表

位置		ϕ20 钢筋间距(mm)						
		纵向正应力		中间层主拉应力	组合配筋		裂缝宽度(mm)	
		上层	下层	上/下层	上层	下层	上层	下层
塔底	1(无索横梁)	构造	构造	166	166	166	—	—
	2(无横梁截面)	构造	构造	构造	构造	构造	—	—
	3(塔底横梁)	构造	构造	134	134	134	—	—
	4(无横梁截面)	构造	构造	217	217	217	—	—
J13 拉索处	1(有索横梁)	构造	构造	120	120	120	—	—
	2(无横梁截面)	构造	113 *	214	214	113 *	—	0.10 *
	3(无索横梁)	107 *	构造	119	107 *	119	0.10 *	—
	4(无横梁截面)	构造	113 *	208	208	113	—	0.10 *
跨中	1(有索横梁)	153 *	构造	225	153 *	225	0.11 *	—
	2(无横梁截面)	构造	87 *	构造	构造	87 *	—	0.09 *
	3(无索横梁)	121 *	构造	227	121 *	227	0.10 *	—
	4(无横梁截面)	构造	86 *	构造	构造	86 *	—	0.09 *

注:表中带“ * ”者控制钢筋应力为120MPa,其余控制钢筋应力为150MPa。

2.2 号板配筋结果

2 号板纵向正应力、中间层主拉应力及组合配筋结果及组合配筋裂缝宽度见表4-5-37。

2 号板纵向配筋表(钢筋应力120MPa)　　表4-5-37

位置		ϕ20 钢筋间距(mm)						
		纵向正应力		中间层主拉应力	组合配筋		裂缝宽度(mm)	
		上层	下层	上/下层	上层	下层	上层	下层
端锚索	1(有索横梁)	—	159 *	—	—	159 *	—	0.12 *
	2(无横梁截面)	—	132 *	—	—	132 *	—	0.12 *
	3(有索横梁)	—	173 *	189	189	173 *	—	0.12 *
	4(无横梁截面)	—	137 *	—	—	137 *	—	0.12 *
辅助墩	1(无索横梁)	—	—	—	—	—	—	—
	2(无横梁截面)	—	—	—	—	—	—	—
	3(支座横梁)	—	—	—	—	—	—	—
	4(无横梁截面)	—	—	—	—	—	—	—
A7 拉索处	1(无索横梁)	—	—	106	106	106	—	—
	2(无横梁截面)	—	88 *	149	149	88 *	—	0.09 *
	3(有索横梁)	216 *	—	106	106	106	—	—
	4(无横梁截面)	—	89 *	149	149	89 *	—	0.09 *

续上表

位置		ϕ20 钢筋间距(mm)						
		纵向正应力		中间层主拉应力	组合配筋		裂缝宽度(mm)	
		上层	下层	上/下层	上层	下层	上层	下层
塔底	1(无索横梁)	—	—	152	152	152	—	—
	2(无横梁截面)	—	—	—	—	—	—	—
	3(塔底横梁)	—	—	150	150	150	—	—
	4(无横梁截面)	—	—	—	—	—	—	—
J13 拉索处	1(有索横梁)	—	—	120	120	120	—	—
	2(无横梁截面)	—	76*	198	198	76*	—	0.09*
	3(无索横梁)	143*	—	120	120	120	—	
	4(无横梁截面)	—	76*	161	161	76*	—	0.09*
跨中	1(有索横梁)	191*	—	218	191*	218	0.11	—
	2(无横梁截面)	—	74*	—	—	74*	—	0.08*
	3(无索横梁)	190*	—	219	190*	219	0.11	—
	4(无横梁截面)	—	77*	—	—	77*	—	0.09*

注:表中带"*"者控制钢筋应力为120MPa,其余控制钢筋应力为150MPa。

3.3 号板配筋结果

3 号板纵向正应力、中间层主拉应力及组合配筋结果及组合配筋裂缝宽度见表4-5-38。

3 号板纵向配筋表(钢筋应力120MPa)　　表4-5-38

位置		ϕ20 钢筋间距(mm)						
		纵向正应力		中间层主拉应力	组合配筋		裂缝宽度(mm)	
		上层	下层	上/下层	上层	下层	上层	下层
端锚索	1(有索横梁)	—	—	159	159	159	—	—
	2(无横梁截面)	—	115*	167	167	115*	—	0.12*
	3(有索横梁)	—	—	178	178	178	—	—
	4(无横梁截面)	—	129*	185	185	129*	—	0.12*
辅助墩	1(无索横梁)	—	—	—	—	—	—	—
	2(无横梁截面)	—	—	—	—	—	—	—
	3(支座横梁)	109*		202	109*	202	0.12*	—
	4(无横梁截面)	—	—	113	113	113	—	—
A7 拉索处	1(无索横梁)	—	—	108	108	108	—	—
	2(无横梁截面)	—	—	130	130	130	—	—
	3(有索横梁)	—	—	107	107	107	—	—
	4(无横梁截面)	—	—	130	130	130	—	—

续上表

位置		φ20 钢筋间距(mm)						
		纵向正应力		中间层主拉应力	组合配筋		裂缝宽度(mm)	
		上层	下层	上/下层	上层	下层	上层	下层
塔底	1(无索横梁)	—	—	150	150	150	—	—
	2(无横梁截面)	—	—	—	—	—	—	—
	3(塔底横梁)	—	—	149	149	149	—	—
	4(无横梁截面)	—	—	—	—	—	—	—
J13 拉索处	1(有索横梁)	—	—	120	120	120	—	—
	2(无横梁截面)	—	—	167	167	167	—	—
	3(无索横梁)	—	—	119	119	119	—	—
	4(无横梁截面)	—	—	166	166	166	—	—
跨中	1(有索横梁)	—	—	203	203	203	—	—
	2(无横梁截面)	—	136*	—	—	136*	—	0.11*
	3(无索横梁)	—	202*	200	200	200	—	—
	4(无横梁截面)	—	136*	—	—	136*	—	0.11*

注:表中带"*"者控制钢筋应力为120MPa,其余控制钢筋应力为150MPa。

4.4 号板配筋结果

4 号板纵向正应力、中间层主拉应力及组合配筋结果及组合配筋裂缝宽度见表 4-5-39。

4 号板纵向配筋表(钢筋应力 120MPa) 表 4-5-39

位置		φ20 钢筋间距(mm)						
		纵向正应力		中间层主拉应力	组合配筋		裂缝宽度(mm)	
		上层	下层	上/下层	上层	下层	上层	下层
端锚索	1(有索横梁)	—	—	110	110	110	—	—
	2(无横梁截面)	—	—	119	119	119	—	—
	3(有索横梁)	—	—	115	115	115	—	—
	4(无横梁截面)	—	—	112	112	112	—	—
辅助墩	1(无索横梁)	—	—	—	—	—	—	—
	2(无横梁截面)	—	—	—	—	—	—	—
	3(支座横梁)	73*	—	—	73*	—	0.10*	—
	4(无横梁截面)	—	—	—	—	—	—	—
A7 拉索处	1(无索横梁)	—	—	108	108	108	—	—
	2(无横梁截面)	—	87*	135	135	87	—	0.09
	3(有索横梁)	199*	—	108	108	108	—	—
	4(无横梁截面)	—	87*	176	176	87*	—	0.09*

续上表

位置		φ20 钢筋间距(mm)						
		纵向正应力		中间层主拉应力	组合配筋		裂缝宽度(mm)	
		上层	下层	上/下层	上层	下层	上层	下层
塔底	1(无索横梁)	—	—	146	146	146	—	—
	2(无横梁截面)	—	—	—	—	—	—	—
	3(塔底横梁)	—	—	146	146	146	—	—
	4(无横梁截面)	—	—	—	—	—	—	—
J13 拉索处	1(有索横梁)	—	—	117	117	117	—	—
	2(无横梁截面)	—	77 *	162	162	77 *	—	0.09 *
	3(无索横梁)	173 *	—	116	116	116	—	—
	4(无横梁截面)	—	78 *	159	159	78 *	—	0.09 *
跨中	1(有索横梁)	142 *	—	186	142 *	186	0.10 *	—
	2(无横梁截面)	—	64 *	220	220	64 *	—	0.08 *
	3(无索横梁)	134 *	—	186	134 *	186	0.11 *	—
	4(无横梁截面)	—	65 *	—	—	65 *	—	0.08 *

注:表中带“ * ”者控制钢筋应力为120MPa,其余控制钢筋应力为150MPa。

5.5 号板配筋结果

5 号板纵向正应力、中间层主拉应力及组合配筋结果及组合配筋裂缝宽度见表 4-5-40。

5 号板纵向配筋表(钢筋应力 120MPa) 表 4-5-40

位置		φ20 钢筋间距(mm)						
		纵向正应力		中间层主拉应力	组合配筋		裂缝宽度(mm)	
		上层	下层	上/下层	上层	下层	上层	下层
端锚索	1(有索横梁)	100 *	—	113	100 *	113	0.11 *	—
	2(无横梁截面)	—	131	141	141	131	—	0.12
	3(有索横梁)	138 *	—	91	91	91	—	—
	4(无横梁截面)	—	137	114	114	114	—	—
辅助墩	1(无索横梁)	—	—	—	—	—	—	—
	2(无横梁截面)	—	—	—	—	—	—	—
	3(支座横梁)	—	—	—	—	—	—	—
	4(无横梁截面)	—	—	—	—	—	—	—
A7 拉索处	1(无索横梁)	—	—	104	104	104	—	—
	2(无横梁截面)	—	—	153	153	153	—	—
	3(有索横梁)	—	—	104	104	104	—	—
	4(无横梁截面)	—	—	149	149	149	—	—

续上表

位　　置		ϕ20 钢筋间距(mm)						
		纵向正应力		中间层主拉应力	组合配筋		裂缝宽度(mm)	
		上层	下层	二/下层	上层	下层	上层	下层
塔底	1(无索横梁)	—	—	137	137	137	—	—
	2(无横梁截面)	—	—	—	—	—	—	—
	3(塔底横梁)	—	—	137	137	137	—	—
	4(无横梁截面)	—	—	—	—	—	—	—
J13 拉索处	1(有索横梁)	—	—	111	111	111	—	—
	2(无横梁截面)	—	—	172	172	172	—	—
	3(无索横梁)	—	—	111	111	111	—	—
	4(无横梁截面)	—	—	172	172	172	—	—
跨中	1(有索横梁)	116*	—	155	116*	155	0.10*	—
	2(无横梁截面)	169*	119*	—	169*	119*	0.11*	0.10*
	3(无索横梁)	201*	130*	156	156	130*	—	0.10*
	4(无横梁截面)	207*	122*	—	207*	122*	0.11*	0.10*

注:表中带"*"者控制钢筋应力为 120MPa,其余控制钢筋应力为 150MPa。

(三)控制钢筋应力为 140MPa 配筋

同上,主要计算纵向正应力、中间层主拉应力以及纵向组合配筋下的钢筋间距,并计算裂缝宽度。纵向正应力配筋计算时控制钢筋应力采用 140MPa,主拉应力配筋计算时控制钢筋应力仍为 150MPa,由于纵向组合时截面的配筋多由主应力配筋控制,因此控制钢筋应力大部分仍为 150MPa。

配筋计算方法和步骤与前面类似,即先分别按纵向正应力分上下两层计算配筋;再按中间层主拉应力根据主拉应力分配到纵向上的力单独计算配筋,将配筋结果均分到桥面上下层;然后将桥面正应力和主应力纵向配筋结果进行组合,得到最终的纵向上下层配筋数值。

此处仅列出 1 号板纵向配筋计算结果,以资比较。

1. 1 号板配筋结果

1 号板纵向正应力、中间层主拉应力及组合配筋结果及组合配筋裂缝宽度见表 4-5-41。

1 号板纵向配筋表(钢筋应力 140MPa)　　表 4-5-41

位　　置		ϕ20 钢筋间距(mm)						
		纵向正应力		中间层三拉应力	组合配筋		裂缝宽度(mm)	
		上层	下层	上/下层	上层	下层	上层	下层
端锚索	1(有索横梁)	—	179*	—	—	179*	—	0.14*
	2(无横梁截面)	—	178*	—	—	178*	—	0.14*
	3(有索横梁)	—	189*	211	211	189*	—	0.14*
	4(无横梁截面)	—	193*	—	—	193*	—	0.15*

续上表

位置		φ20 钢筋间距(mm)						
		纵向正应力		中间层主拉应力	组合配筋		裂缝宽度(mm)	
		上层	下层	上/下层	上层	下层	上层	下层
辅助墩	1(无索横梁)	—	—	—	—	—	—	—
	2(无横梁截面)	—	—	—	—	—	—	—
	3(支座横梁)	—	—	164	164	164	—	—
	4(无横梁截面)	—	—	159	159	159	—	—
A7 拉索处	1(无索横梁)	—	—	105	105	105	—	—
	2(无横梁截面)	—	163*	158	158	158	—	—
	3(有索横梁)	—	—	104	104	104	—	—
	4(无横梁截面)	—	164*	155	155	155	—	—
塔底	1(无索横梁)	—	—	166	166	166	—	—
	2(无横梁截面)	—	—	—	—	—	—	—
	3(塔底横梁)	—	—	134	134	134	—	—
	4(无横梁截面)	—	—	217	217	217	—	—
J13 拉索处	1(有索横梁)	—	—	120	120	120	—	—
	2(无横梁截面)	—	132*	214	214	132*	—	0.12*
	3(无索横梁)	125*	—	119	119	119	—	—
	4(无横梁截面)	—	132*	208	208	132*	—	0.12*
跨中	1(有索横梁)	178*	—	225	178*	225	0.13*	—
	2(无横梁截面)	—	102*	—	—	102*	—	0.11*
	3(无索横梁)	141*	—	227	141*	227	0.12*	—
	4(无横梁截面)	—	101*	—	—	101*	—	0.11*

注:表中带"*"者控制钢筋应力为140MPa,其余控制钢筋应力为150MPa。

2.2 号板配筋结果(从略)

3.3 号板配筋结果(从略)

4.4 号板配筋结果(从略)

5.5 号板配筋结果(从略)

三、小结

1. 纵向正应力钢筋

上层钢筋配筋区域主要集中在无索横梁处及辅助墩支座横梁位置,正应力下层钢筋配筋区域主要集中在无横梁截面处。

2. 横向正应力钢筋

大部分区域不用进行横向配筋;但是在辅助墩支座横梁位置需配置横向钢筋。

3. 主应力配筋

大部分截面纵横向都需要按照主应力进行配筋,且截面的配筋多由主应力配筋控制。

第五节 结 论

一、结构受力合理性

通过建立空间网格有限元模型进行计算分析,包括结合桥面吊机的施工阶段分析(考虑混凝土徐变收缩、预应力效应)、全桥温度荷载效应分析、活载效应分析(全桥空间影响面加载)、弹性稳定性分析等,由前述分析数据可以看出,结构受力合理,满足相关规范要求。

二、空间网格有限元分析方法的应用

采用空间网格模型可以将椒江二桥半封闭钢—混凝土组合梁结构的空间效应完全“拆解”,将桥梁结构中的箱梁分解为多块顶板、底板以及腹板等有规律受力的基本构件,从而更好的反映表述箱梁结构需要关注的9个指标应力,克服了常用计算模型的局限性,能细致考虑计算截面中混凝土桥面板的面内剪应力,最终为椒江二桥主梁混凝土桥面板的纵横向配筋设计提供合理的数据基础。

三、“拉应力域”的配筋新理论的应用

在椒江二桥混凝土桥面板的纵横向配筋设计中,应用了近年提出的混凝土结构有规律应力分布“拉应力域”的配筋新理论,通过网格配筋方式以承担混凝土拉应力的正交分量。该设计理论的特点是,在使用阶段控制参数为限制混凝土裂缝宽度的钢筋拉应力;在极限阶段控制参数为纵横向钢筋的面积。在抗剪设计方面,“拉应力域”为双向二维应力中的主拉应力,这种设计理论强调网格钢筋的抗剪作用,即将原来抗剪钢筋仅为腹板箍筋,扩大到更为广泛的领域,即所有组成箱梁断面的板式结构的面内纵横向配筋都是需要进行设计计算的抗剪钢筋。在体外预应力桥梁的转向结构和锚固结构配筋方面,“拉应力域”为双向一维应力(竖向、横向拉应力)。

混凝土结构“拉应力域”配筋新理论的研究成果为椒江二桥混凝土桥面板的纵横向配筋设计提供了理论基础。它不同于以往所有配筋理论,可以覆盖现有配筋理论的许多“死角”,具有宽广的应用前景。

第六章　椒江二桥防船撞研究

第一节　研究工作概述

根据事故调查分析,船舶撞击导致的各类大型桥梁坍塌事故,在20世纪70年代以前就始终占据桥梁坍塌总数的第3位,船舶撞毁桥梁的问题已经成为桥梁工程界面临的严重问题之一。在过去的几十年,国内外发生数起重特大船舶撞击桥梁事故,不仅造成船毁桥塌,而且造成巨大的人员伤亡和经济损失。

国外著名的船舶撞击桥梁事故如:美国阿肯色河船撞桥事故,桥梁主孔倒塌;美国曲弦桁梁桥阳光大桥,船撞部分结构掉入河中。

自1959年至2004年间我国桥梁船撞事故251起,其中249起发生在内陆河流,2起发生在海面上,共涉及68座桥梁。内陆河流中,发生在长江干线有177起,大约占71.1%。按年代统计分析的年平均桥梁船撞事故数如图4-6-1所示。值得一提的是,2007年6月15日发生了广东九江大桥遭运沙船撞击垮塌恶性事故。

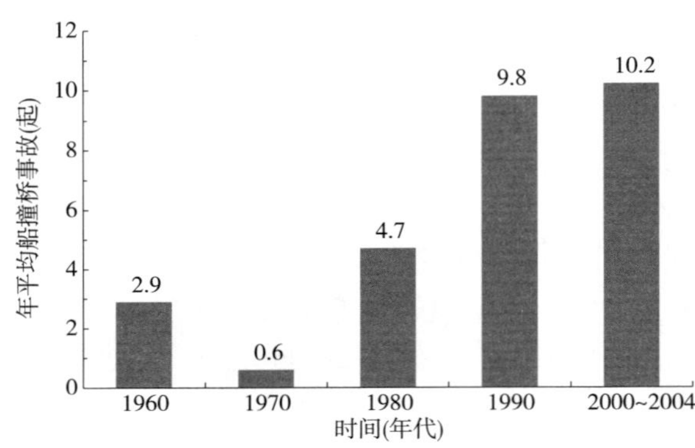

图4-6-1　我国各年代年平均桥梁船撞事故统计

对本桥梁工程而言,大桥上下游河段航道复杂,码头、锚地多,同时通航船舶的大型化、高密度,位于航道中的桥墩与船舶的碰撞问题突出。由于该桥有许多桥墩位于航道中或航道边缘,并且距离港口码头与造船出厂近等原因,因此需要深入研究如下防船撞的相关问题:

(1)椒江二桥防船撞研究。包括:大桥船撞设防标准研究,码头船舶对桥梁安全的影响评估和大桥防撞方案与防撞设计研究。

(2)多级主动防撞系统研究:桥区船舶航行监控与服务,桥梁船撞风险评估与预警和桥梁船撞监测与灾后评估。

第二节　桥位现场航运条件

一、桥区航运条件

(一)桥区河床演变

本工程的老鼠山桥位跨越椒江河口,江面宽1700m左右,水下地形较为平坦,桥位断面处河床呈"U"型。从历次海图和水下地形图资料比较,多年来深泓线走向基本稳定,与现有航道走向一致。近年来桥位断面出现北部河床少量冲刷,南部河床少量淤积的现象,主槽有向北略微摆动的趋势。

大桥建成后,由于桥墩的阻水作用,使桥位处涨落潮流速总体上有所减小,但由于桥梁墩台的束水作用,而且主通航孔在深泓主流区,主航道处的涨落潮流速将增大10%~20%,因此主航道在建桥后将会出现0.4m~0.6m的冲刷。

(二)桥区通航条件

桥位位于椒江口外航道,桥位处水域宽阔,江面宽1700m左右,江底平坦,水流平缓,航道走向基本稳定。主槽宽度600m左右,水深4m左右(理论最低潮位下)。近年来略有增深,目前乘潮可通航5000吨级船舶和浅吃水万吨级海轮,规划可乘潮通航常规万吨级海轮。大桥轴线与航道的夹角为90.5°,基本正交。

(三)桥梁通航净空尺度

设计最高通航水位采用海门站20年一遇的高潮位4.83m(85国家高程基面),通航净空尺度结果见表4-6-1。

桥梁通航净空尺度表 表4-6-1

桥位	船舶吨级	通航净空尺度(m)				
		空载水线以上至最高固定点高度	富裕高度	通航净空高度	通航净空宽度	
					单向	双向
老鼠山桥位	10000吨级海轮	35.5	4.0+0.5	40.0	220	405

二、航道现状及发展规划

拟建椒江二桥位于椒(灵)江航道。椒(灵)江航道是台州市内河航道网中的主要干线航道,也是浙江省的骨干航道之一。该航道起点为椒江口的松浦闸,终点为临海市永丰镇三江村,全长65.15km。由于航道沿线水深、宽度及通航条件差异较大,现状以四号码头、红光码头、水银塘码头、临海下桥码头和三江村为节点将该航道划分为6段。椒江二桥3个桥位方案位于松浦闸—四号码头—红光码头航段之间。

桥位位于松浦闸~四号码头航段。松浦闸~四号码头段位于椒(灵)江下游,是椒江紧靠入海口的一段,航道长8.12km。该段河势顺直,河床宽浅,平均宽度为1500m以上,最大河流宽度2000m多,水深3~6m,主航道宽度在500m左右,航道水深在3.0m以上,基本达到3级航道标准,5000吨级以下海轮基本上可乘潮通行,只是乘潮保证率偏低。

根据规划,松浦闸~四号码头航段近期按底宽250m,水深4.2m的标准进行整治,使其满足5000吨级和浅吃水万吨级海轮乘潮双向通航的需要。远期加大对该段航道的整治力度,使航道水深达到5.4m,满足常规万吨级海轮乘潮通航需要。

本桥位附近的港口是台州港,台州港是浙江省沿海中部地区重要港口,2005年全港货物吞吐量达到2820万吨。根据《台州港总体规划》,全港分为大麦屿、临海、海门、黄岩、温岭和健跳6大港区,与本工程建设有关的主要港区为:位于椒江口门的海门港区、位于三江口附近的黄岩港区和位于椒江上游灵江的临海港区。

(一)海门港区

海门港区位于椒江口内,是目前台州港码头最集中的区域,分布在椒江口内的前所、台州电厂、椒江口南岸、三山等地区。海门港区共有各类泊位42个,码头长度2889m,其中:3000吨级泊位5个,5000吨级泊位4个,万吨级泊位1个。海门港区以承担台州主城区的生活、生产物资中小船运输为主,并发展旅游客运、城市观光、发展临港加工业和物流,为市区经济发展服务的综合性港区。根据《台州港总体规划》海门港区分为前所作业区、三山作业区和椒江大桥~牛头颈作业区,其港口发展及岸线规划如下。

前所作业区:椒江北岸中山矶头至台州电厂东侧粉煤灰码头1.4km岸线现状为台州电厂码头,最大泊位10000吨级。台电码头东侧至老鼠屿,现有岸线800m,规划为3000~5000吨级的泊位5个;老鼠屿山体沿岸370m,用于绿化及过江电缆保护区;老鼠屿东侧至松浦闸,除椒江二桥占用岸线外,规划为临时工业及修造船发展区。

三山作业区：三山作业区分为两个区块，自吉祥船厂至过江通讯电缆西侧警示牌之间为三山作业一区，岸线长1450m。已建有500～1000吨级泊位8个，以煤炭、钢材、木材、矿建材料运输为主。规划通过对现有码头泊位延长、功能调整以及新建泊位等，形成散货（矿建、煤炭）和件杂（钢材、木材）两个功能区；跨江电缆铁塔东侧至椒江大桥西侧300m处为三山作业二区，岸线长约1220m，该区块目前除一些沙场简易码头外，均处于自然状态，规划建造3000吨级以下的小型泊位。椒江大桥～牛头颈作业区：椒江大桥至牛头颈河段长5.3km，主流和深水区靠近南岸，且相对稳定。目前，南岸椒江大桥至葭芷浦1.6km岸线建有水产码头；葭芷浦至汽车渡码头1.4km岸线，主要有木材公司码头、船厂码头的汽车渡码头；汽车渡码头至人渡码头0.7km为江滨公园。人渡码头至牛头颈岸线1.6km，是椒江口内水深条件最好岸线，建有一批公用性码头和石油公司码头、部队码头。最大泊位5000吨级。北岸椒江大桥至临海石油公司码头3.2km岸线无码头，临海石油公司码头至小园山2.1km岸线，有临海石油码头、水产码头、回浦码头、轮渡码头。最大泊位500吨级。根据规划，椒江大桥至人渡码头岸线长3700m为城市生活景观岸线，可适当建设港航支持系统的管理码头；人渡码头至商业冷库码头作为公用码头岸线为城市经济发展服务。

海门港区有口外锚地和口内锚地，与桥位有关的是口内锚地。口内2块锚地设在椒江牛头颈以西深槽中，锚地面积0.835km^2，分别为海门港区港内锚地A和海门港区港内锚地B，水深为2.3～10.3m，主要功能是满足港区内的船舶待泊。根据锚地规划，近期对海门港区小型机动船舶锚地（原海门港港区内锚地B）进行改建，改建后的锚地的面积为0.6km^2，水深1.8～3m，可停靠300吨级船舶10艘左右。远期在椒江口附近新建海门港区机和椒江老鼠屿临时锚地。新建海门港区机动船舶锚地位于牛头颈以西的深槽中，锚地的面积为0.28km^2，水深4.5～7m，可停靠3000吨级船舶2艘左右。新建椒江老鼠屿临时锚地，位于椒江口外、牛头颈以东的水域，锚地的面积为0.27km^2，水深2～3.5m，可停靠500吨级船舶3艘左右。

（二）黄岩港区

黄岩港区目前有芦村500吨级和千吨级码头泊位各1个，其他货主码头泊位5个，受椒江大桥和前沿水深影响，作业区以3000吨级以下船舶运输为主。

（三）临海港区

临海港区灵江作业区介于红光码头至灵江二桥之间，目前主要是红光码头作业点和邵家渡、汛桥、江南、马头山、涌泉等6个作业点。已建有200～1000吨级码头泊位9个，最大码头是红光3000吨级液化气泊位。规划新建1个3000吨级泊位和2个1000吨级泊位。

第三节　椒江二桥防船撞研究

一、大桥船撞设防标准研究

（一）设防船撞力确定的基本方法

当前在桥梁船撞设计方面，美国的AASHTO规范是相对比较完善的设计指南，故本报告按其提供的基于风险的方法和思路来确定桥梁船撞力的设防标准。其基本流程与桥梁船撞风险分析的过程如图4-6-2所示。

（二）桥梁各桥墩设防船撞力计算的基本参数

1.L_{OA}的选取

根据AASHTO（1991年）methodⅠ方法的规定，初步选定8000DWT货轮作为L_{OA}值的代表船舶，其代表船长取为$L_{OA}=140m$，仅用于计算撞击速度和几何概率。对于在$3\times L_{OA}$范围以外的区域不采用此船型。

2. 计算区域的选取

对于椒江二桥及其接线工程而言,由于在深水区中的桥墩数目较多,不仅主桥部分的主塔、辅助墩和过渡墩都在深水区域,而且引桥部分也有许多桥墩处于深水区域,如 N05、N06、N07 桥墩等,所以报告参考 AASHTO(2004 年)规范中荷载部分第 3.14.5 条的规定来确定用以计算船撞桥风险事件的概率的区域。

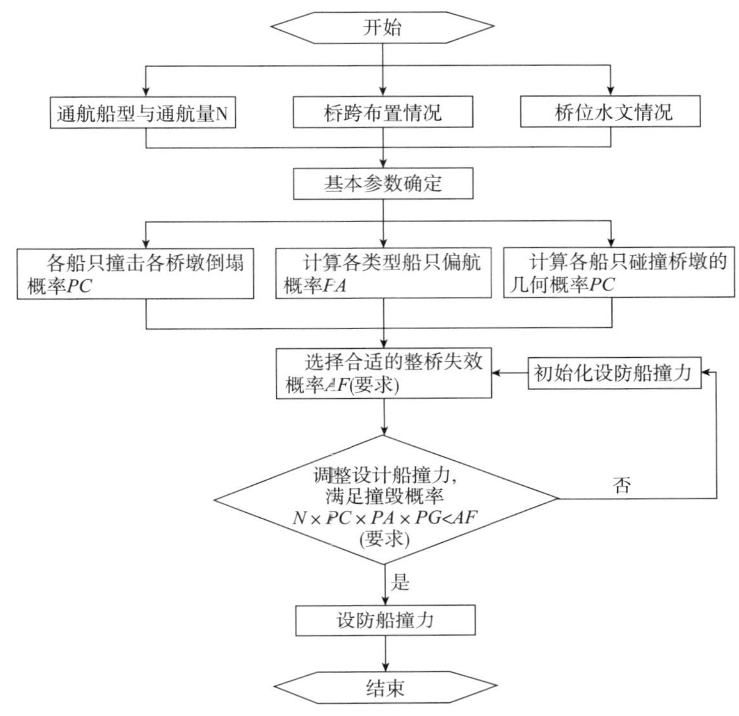

图 4-6-2 基于风险的船撞力设防标准的确定方法

根据 AASHTO(2004 年)规范中荷载部分第 3.14.5 条规定,选择距离每条船行中心线(区分上行、下行,航道布置见图 4-6-3。$3 \times L_{OA}$范围内的桥墩作为船撞风险分析的对象。因此,椒江二桥及其接线工程概率计算的区域包括主桥的主塔、辅助墩和过渡墩,以及引桥部分最靠近航道的桥墩。而对于在此范围以外的水域中的桥墩可参照 AASHTO(2004 年)规范第 3.14.1 条最小撞击力要求进行设计。

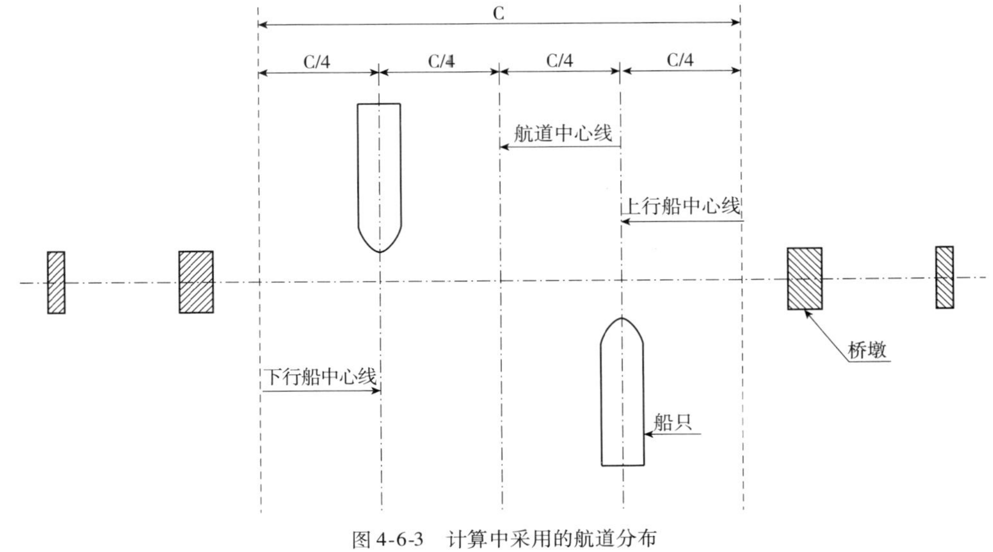

图 4-6-3 计算中采用的航道分布

(三)船舶通航量及通航船舶基本参数

根据《椒江二桥通航论证报告》可知,计算中采用如表4-6-2所示的预测通航量。同时,采用如表4-6-3所示的通航船舶的基本参数,处于中间吨位的通航船舶的基本参数采用插值方法估计。

通过椒江二桥的货运量及船舶数预测　　表4-6-2

通过量		单位	2010年	2015年	2020年	2025年	2030年
货运量		万t	2505	2780	3090	3180	3270
船舶	10000吨级以下~5000吨级	艘	668	741	824	848	850
	5000吨级以下~3000吨级	艘	1879	2085	2395	2544	2698
	3000吨级以下~1000吨级	艘	4384	5004	5408	5406	5477
	1000吨级以下	艘	3758	3892	4326	4452	4578
	合计	艘	10688	11722	12952	13250	13603
船舶密度		艘/日	34	37	41	42	43

通航船舶基本参数　　表4-6-3

船型	船长(m)	船宽(m)	型深(m)	满载吃水深度(m)
主通航孔10000吨浅吃水散货轮	150	22.2	13.2	8.8
主通航孔5000吨海轮代表船型	125	18.5	10.5	7.4
主通航孔3000吨海轮代表船型	108	16.0	8.0	6.0
副通航孔500吨代表船型	54.0	8.8	4.2	3.4

(四)船舶过桥速度及流速

根据《椒江二桥通航论证报告》,并结合国内同类桥梁的设计情况,船舶设计过桥速度一般取为3~4m/s,即7~8kn。在本研究中,考虑椒江二桥的重要性,采用上限值4m/s作为研究的参数。同时,根据该报告还可知桥区的平均水流速度为1.1m/s,取该参数作为研究的初始参数。

二、桥梁各桥墩设防船撞力计算及汇总

$3\times L_{OA}$范围内桥墩计算,各桥墩船撞力设防标准如表4-6-4所示。根据前面建立的方法和确定的参数值,以及《椒江二桥通航论证报告》中不同时间的通航预测量,可分别计算得到由2010年至2030年的船撞桥的风险事件的概率,通过调整$3\times L_{OA}$范围内桥墩的设防船撞力,使其概率低于确定的可接受风险为1×10^{-4}。

$3\times L_{OA}$范围内各桥墩船撞力设防标准　　表4-6-4

桥墩	船撞力(MN)		荷载作用高度(m)		
	横桥向	纵桥向	总高度	最高撞击位置	最低撞击高度
主塔桥墩	41.0	20.5	11.8	5.7	-6.1
辅助墩	21.5	10.8	11.8	5.7	-6.1
过渡墩	13.0	6.5	11.8	5.7	-6.1
近主桥第一墩	6.5	3.3	4.2	2	-2.2

在确定了设防船撞力的情况下,计算所得不同时间的船撞风险事件的概率变化情况如图4-6-4所示。

由图4-6-4可知,随着时间的变化桥区通航量增加,从而导致了发生船撞桥的风险事件概率的增加。但总体上来讲,对2030年的通航量而言,桥梁因船撞而损毁的概率仍然满足可接受风险10^{-4}的

要求,说明设防船撞力标准满足较远期通航量增加的情况下的设防要求。此外,从图中可知参与风险分析的各桥墩占有的概率基本上相等。同时,考虑各桥墩的重要性的区别,引桥部分风险又略高于其他部分。

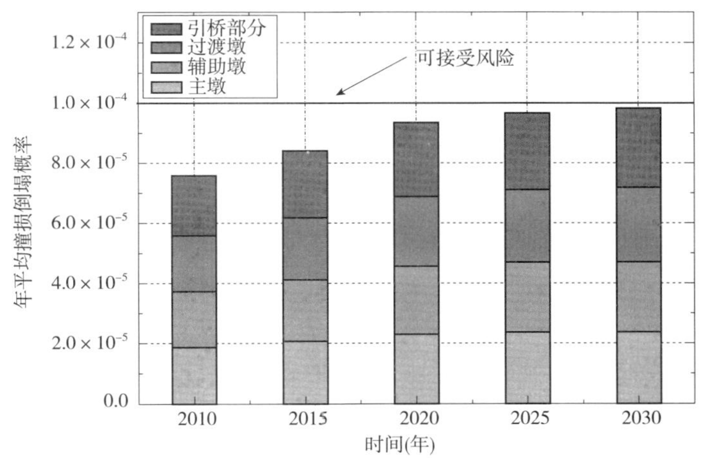

图 4-6-4 在设防标准下不同时间的船撞风险

同时,根据上述分析和计算所得,对应于表 4-6-4 设防标准的设计代表船舶如表 4-6-5 所示。需要说明的是,此设计代表船舶区别于确定通航净空的船舶,仅仅是从概率上作为一个对应于设防标准的代表船舶。同时,仅考虑设计代表船舶的吨位而不考虑撞击速度来讨论设防标准是没有意义的。

对应设防标准的设计代表船舶 表 4-6-5

桥 墩	横桥向船撞力(MN)	设计代表船舶(DWT)	设计撞击速度(m/s)
主塔桥墩	41	8000	3.77
辅助墩	21.5	5000	2.44
过渡墩	13	3000	1.79
近主桥第一墩	6.5	1900	1.24

根据 AASHTO 规范第 3.14.14 条款的建议,即纵桥向设防船撞力取为横桥向设防船撞力的一半,结合表 4-6-4 和表 4-6-5 计算结果汇总,得到表 4-6-6 所示设防船撞力结果。

椒江二桥及其接线工程设防船撞力标准 表 4-6-6

<table>
<tr><th rowspan="2" colspan="2">桥 墩</th><th colspan="2">船撞力(MN)</th><th colspan="4">荷载作用高度(m)</th></tr>
<tr><th>横桥向</th><th>纵桥向</th><th>总高度</th><th>最高撞击位置</th><th colspan="2">最低撞击高度</th></tr>
<tr><td rowspan="3">主桥</td><td>主塔桥墩</td><td>41.0</td><td>20.5</td><td>11.8</td><td>5.7</td><td>-6.1</td></tr>
<tr><td>辅助墩</td><td>21.5</td><td>10.8</td><td>11.8</td><td>5.7</td><td>-6.1</td></tr>
<tr><td>过渡墩</td><td>13.0</td><td>6.5</td><td>11.8</td><td>5.7</td><td>-6.1</td></tr>
<tr><td rowspan="2">引桥</td><td>近主桥第一桥墩</td><td>6.5</td><td>3.3</td><td>4.2</td><td>2</td><td>-2.2</td></tr>
<tr><td>其他非通航孔墩</td><td>3.5</td><td>1.8</td><td>4.2</td><td>2</td><td>-2.2</td></tr>
</table>

三、码头船舶对桥梁安全的影响评估

首先对基本的船撞桥安全事故进行必要的分析和讨论,主要内容是:船撞桥的事故分析,以帮助了解海螺水泥厂码头船舶可能引起船撞桥梁事故发生的原因;撞击部分的分析,以便知道桥梁在船撞作用下的易损部位;事故的损失分析,帮助了解一旦海螺水泥厂码头船舶撞击桥梁可能导致的损失和影响。

(一)桥梁船撞事故基本分析

1. 桥梁船撞事故原因分析

Henrik Gluver 和 Dan Olsen 对造成桥梁船撞事故的各种原因进行归纳和总结(Henrik Gluver,1998),较系统地阐述了桥梁船撞事故的主要原因。在此基础上,结合目前对此问题一些最新的认识,最终得到船舶撞击桥梁的主要原因如图 4-6-5 所示。

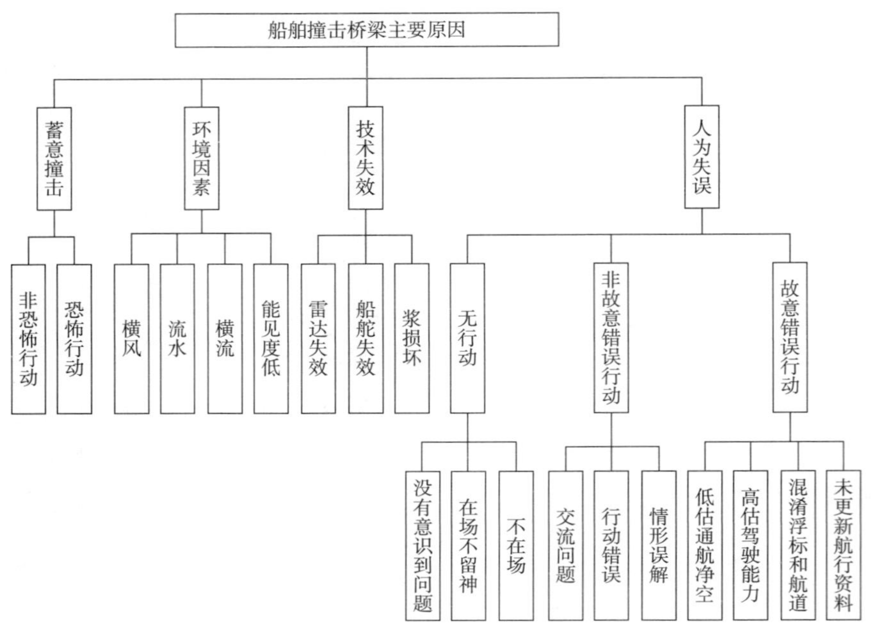

图 4-6-5 船舶撞击桥梁主要原因

为了更好地研究桥梁船撞问题,PINAC 第 19 国际工作小组于 1995 年成立。从他们对桥梁船撞事故原因的研究可知:三大类事故原因所占比例为 20%,70%,10%,如图 4-6-6 所示。从图中可知,人为失误占 70%,居第一位,环境和技术失误分别占 20% 和 10%。同时,在我国 152 起明确指出原因的桥梁船撞事故中,有 107 起主要由人员失误造成,占 70.4%;有 34 起主要由恶劣的自然环境造成,占 22.4%;另外有 11 起由机械故障造成,占 7.2%。

2. 船舶撞击桥梁主要损伤部位

据统计,自 1959 年到 2000 年 40 年间,在长江干线上的十余座桥梁,共发生了 172 起桥梁船撞事故。其中,撞击桥墩的事故 133 起,占 77%,撞击桥墩防撞装置的 17 起,约占 10%,两者共计近 90%,撞击桥梁上部结构的 8 起,接近 5%,如图 4-6-7 所示。从这一统计中可知,由于在桥梁设计中严格遵照航道通航净空要求,桥梁上部很少受到船舶撞击。因此,为了突出所研究的问题的重点,下文将不再区分船舶撞击桥梁与撞击桥墩的概念,除特别说明外。

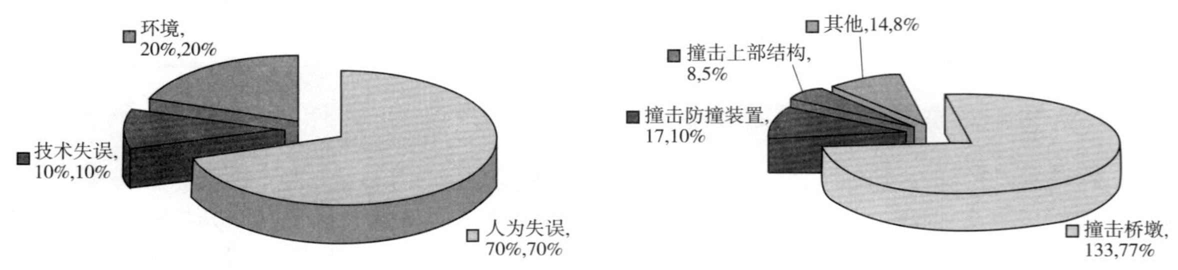

图 4-6-6 桥梁船撞事故原因分析

图 4-6-7 船舶撞击各桥梁部位比例

3. 桥梁船撞损失分析

拉尔森(Larsen,O. D. ,1993)将桥梁船撞事故的损失分为6种类型,包括3种直接损失和3种间接损失,如表4-6-7所示。

拉尔森桥梁船撞损失分类 表4-6-7

损失分类		细节描述
直接损失	桥梁损失	包括桥梁结构修补或重建费用、打捞桥梁受损部件费用、收取通行的桥梁在修补或重建期间的收益损失、事故发生后因政府提出更严格要求而导致额外修补或重建费用
	桥梁使用者损失	包括人员伤亡、车辆及货物的损失等
	船舶及船上货物损失	包括人员死亡、船舶打捞费用、船舶修理或重造费用及在此期间收益的减少、船上的货物损失、桥梁所有者和使用者的索赔、增加的保险费用等
间接损失	给社会和商业带来不便的费用	包括公路和铁路造成交通中断或限制通行等产生不便的费用、由于航运中断而导致的港口中断费用、船主的损失、货主的损失等
	社会损失	间接的社会影响,很难用货币来衡量
	环境损失	船内或桥上货物中泄漏和逸出物质对环境造成的影响,包括清除或恢复自然状态费用、长期生态损害等

(二)码头船舶影响范围分析

以上我们知道了关于桥梁船撞事故的一些基本分析,并意识到了码头船舶对桥梁结构物安全的威胁性以及由此可能导致的相应损失,如果不采取任何措施的话,发生码头船舶撞击桥墩的恶性事故的风险很高。因此,接下来本报告首先明确码头船舶在桥区的影响范围,为进一步的研究提供基础。

在拟建椒江二桥桥址的上游470m左右存在一码头——海螺水泥厂码头,该码头有两个5000吨级以下通用泊位。由于码头的存在,船舶靠离泊码头或者掉头时对椒江二桥有着潜在的撞击危险。

1. 码头船舶正常通航需要水域分析

参考相关文献对码头船舶靠离泊的相关研究得知,船舶在停靠码头或离开码头转向或掉头时所需要的水域范围叫做回旋水域。回旋水域为一包括船舶从开始转向到完成转向的圆形水域,如图4-6-8和图4-6-9所示。

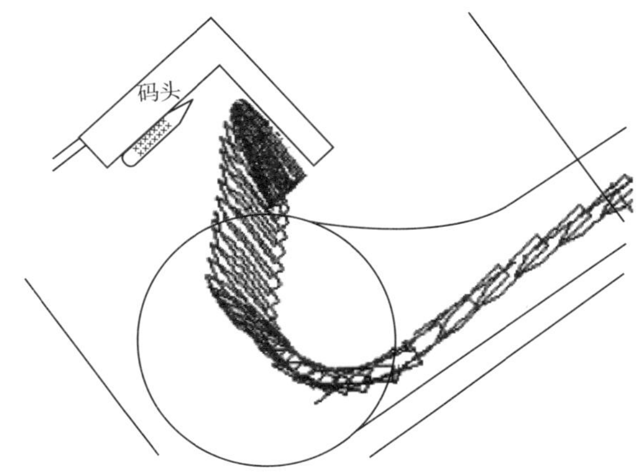

图4-6-8 船舶停靠轨迹和回旋水域(转向)

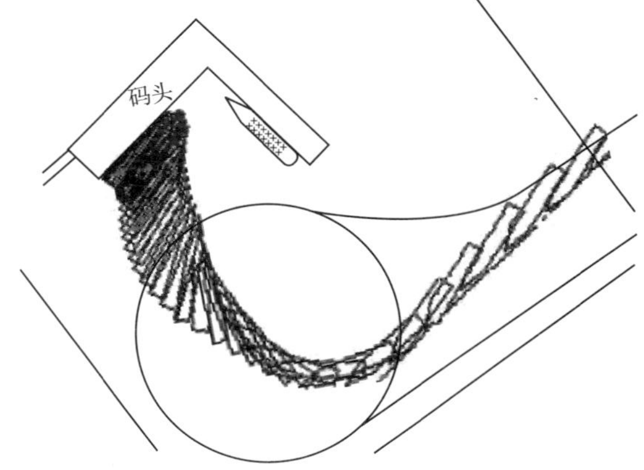

图4-6-9 船舶停靠轨迹和回旋水域(掉头)

图中,圆形区域即是船舶转向(图4-6-8)或掉头(图4-6-9)的回旋水域。

根据《海港总平面设计规范》可知不同水域的船舶回旋水域尺度如表4-6-8所示。其中,回旋水域可占用航行水域,当船舶进出频繁时,经论证可单独设置;L为设计船长(m)。

海港总平面设计船舶回旋水域尺度表　　表 4-6-8

适用范围	回旋直径(m)
有掩护的水域,港作拖船条件较好,可借岸标定位	2.0L
无掩护的开敞水域或缺乏港作拖船的港口	2.5L
允许借码头或者转头墩协助转头的水域	1.5L
受水流影响较大的港口,垂直水流方向的回旋水域宽度为(1.5~2.0)L;沿水流方向的长度为(2.5~3.0)L	

对于海螺水泥厂码头,选取泊位最大能力为 5000DWT 的船舶为代表船舶。根据实际情况,海螺水泥厂码头属于"无掩护的开敞水域或缺乏港作拖船的港口"的范畴,回旋水域为直径为设计船长 2.5 倍的圆形水域。根据表 4-6-8 以及设计船型长度可计算出代表船舶在进行调头操作时的回旋水域尺度如表 4-6-9 所示。

回旋水域尺度计算　　表 4-6-9

船舶吨级	设计船型长度(m)	回旋水域直径计算值(m)
5000DWT 杂货船	125	312.5
5000DWT 集装箱船	121	302.5

在码头船舶的正常通航条件下,船舶转向或掉头需要水域的一般情况和最不利情况分别如图 4-6-10 和图 4-6-11 所示,图中圆形区域即为码头船舶正常转向或掉头需要的水域。

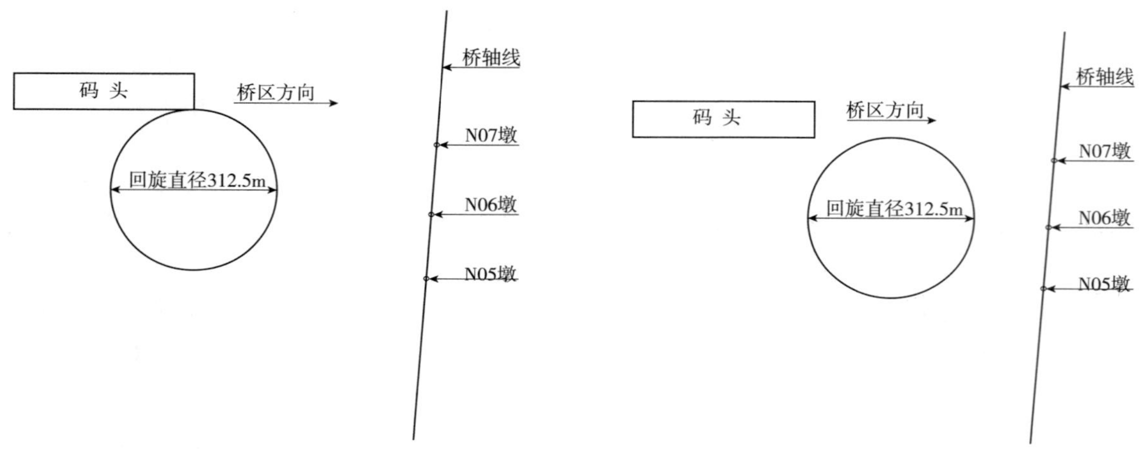

图 4-6-10　码头船舶正常转向或掉头需要水域的一般情况　　图 4-6-11　码头船舶正常转向或掉头需要水域的最不利情况

2. 码头船舶失控时的影响范围

上面给出的回旋水域直径计算值是船舶正常航行时的理论值,但在该项目中由于码头离桥址较近,船舶一旦出现异常将有可能对桥的安全造成威胁,故有必要考虑船舶出现异常状况时的影响范围。在排除人为故意驾船撞桥这种极端情况下,最危险的情况是船舶失去动力,在水流和风的作用下漂流至桥区对桥墩造成威胁。

针对上述情况,参考失控船舶在风、浪、流等环境因素作用下的的航迹研究成果可知:风对失控船舶航迹的影响相对较小,流和波浪对失控船舶航迹的影响较大。根据船舶失控时的环境及条件要素,忽略次要因素而考虑主要因素的影响,在船舶漂移时间不太长,环境要素变化不太复杂的条件下,引用"苏通大桥船舶失控漂移对桥梁的影响研究"专题项目中的数学模型。根据该模型,船舶在沿河流方向的漂流位移公式为:

$$S_X = 30.864 V_0 T_{st}(1 - e^{-t/60T_{st}})t\cos\alpha\cos\beta \tag{4-6-1}$$

式中:V_0——船舶失控时的初始速度(节);

α——船舶失控时的航向(度);

T_{st}——船舶停车惯性减速常数(min);

t——失控时间(s);

β——流向(度)。

船舶在垂直河流方向的漂流位移公式为:

$$S_Y = 30.864V_0T_{st}(1-e^{-t/60T_{st}})\sin\alpha + Ut\sin\beta + k(B_a/B_w)^{0.5}e^{-0.07v_0}U_w t\sin(180+\theta-\alpha)\cos(-\alpha) \tag{4-6-2}$$

式中:U_w——相对风速(m/s);

k——风至漂移系数,取0.041;

B_a——船舶水线上侧受风面积;

B_w——船舶水线下侧受风面积;

其余参数和式(4-6-1)中相同。

式(4-6-1)、式(4-6-2)两式分别是船舶在沿河流方向的漂流位移 S_X 和船舶在垂直河流方向的漂流位移 S_Y 关于船舶失控时间 t 的函数。为了得到直观的 S_X 和 S_Y 的函数关系即失控船舶的航迹图,用matlab的隐函数绘图功能通过隐函数关系式绘制隐函数的二维关系,得到失控船舶的航迹图如图4-6-12所示。

根据失控船舶的航迹图,考虑最为极端的情况即船舶在风和水流作用下可能向岸侧漂流,所以在满足吃水要求的前提下,失控船舶靠岸侧的影响范围最远可至北岸侧的N07桥墩(包括N07桥墩),如图4-6-13所示。同时,考虑从航道靠离泊码头的船舶频繁,故保守估计在航道以北的桥墩都可能受到影响。因此,处于这两条边界内的桥墩即为码头船舶失控情况下的影响范围,即为N07、N06、N05和N04墩,过渡墩和辅助墩,主塔桥墩。但考虑到辅助通航孔的通航问题以及辅助墩和主塔桥墩本身的船撞力设防标准就等于或者高于码头船舶以漂流速度撞击桥墩的5000DWT,故不需要考虑这些桥墩防码头船舶的撞击问题。综上所述,在设置拦截防撞设置时,仅考虑N07、N06、N05和N04墩以及过渡墩的防撞问题,初步确定其防撞设施的长度为500m,距离桥梁结构物为100m。根据AASHTO规范的几何概率的含义,可以推知大于3倍船长以外的几何概率是非常低的,码头船舶到南岸附近桥墩距离都大于3倍船长,因此认为码头船舶几乎不可能影响到南岸部分桥墩。

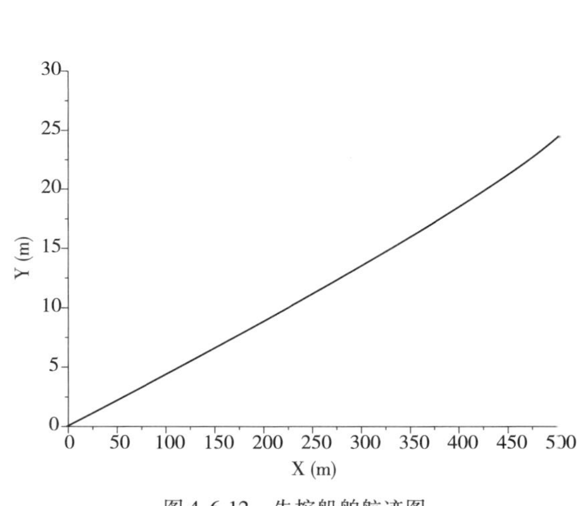

图4-6-12　失控船舶航迹图

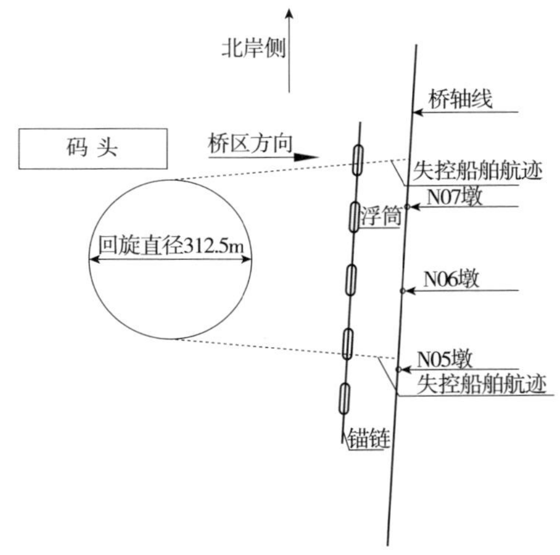

图4-6-13　码头船舶失控时的影响范围和防撞锚链示意图

同时,考虑到拦截装置的存在,可能会造成桥梁另一侧的船舶在不知道其存在的情况下,从桥的另一侧误入拦截区域,因此在桥梁的另一侧(非码头侧)也设置较为简单的拦截装置,防止船舶从另一侧误入拦截区域,而且这样也可以使引桥部分(保护范围内)的桥梁桩基础承台的设计高程不受船撞问题控制。

通常,要使船舶不能撞击到桥梁桩基础,一般使基础的承台降得较低,这样也可以帮助减少承台施工费用。

(三)上述分析得出如下几点结论

防撞装置设置距离桥梁结构物100m的地方,能够满足码头船舶正常运行的要求。并且,初步认为船舶能够影响的范围为北岸的N05、N06和N07墩,以及相应北岸的过渡墩、辅助墩和主塔桥墩。但由于辅助墩和主塔桥墩都以高于或者等于5000DWT船舶进行设防,同时为了保证辅助通航孔的作用,因此确定防护的对象为N04、N05、N06、N07和北岸过渡墩。最终,初步确定设置柔性防撞装置需要长度为500m左右,以保护上述对象的安全。

针对码头船舶对桥梁结构物安全影响的问题,提出了两种柔性防撞方案,即浮筒拦截链方案和钢支撑拦截链方案。通过比选,确定浮筒拦截链方案作为推荐方案。

针对提出的柔性防撞装置,建立较为精细的有限元模型。分别计算了5000DWT船舶以1.1m/s和2m/s的速度正撞装置中部情况,结果表明装置都能将船舶行驶速度降为零,说明装置能够有效地拦截失控船舶。但在2m/s情况下,部分锚块组会因为撞击而被拖行较远距离。因此,发生碰撞后要注意锚块组的复位工作,以保证装置在桥梁全寿命期内的可靠性。

四、桥梁防撞方案研究与防撞设计

(一)国内外桥梁防船撞设计概述

当前国际上有多种类型的桥墩防撞设计方案及措施,其基本原理都是基于能量吸收、动量缓冲而设计的,各种防撞设施都有其特点和使用条件。本节通过对国内外桥梁防撞措施的调查,归纳汇总了目前采用的主要防撞设计方案的类型、特点和适用情况。

1.缓冲块件

主要采用木材、橡胶等受力后易变形的材料,形成桥墩周围的缓冲保护层,在船舶撞击的过程中通过这些缓冲材料的变形消能而达到减少撞击力的目的。此种防撞方案适用于小型船舶碰撞情况,或与其他防撞设施配合使用。

1981年9月至1983年5月期间作为试验在濑户大桥5号桥墩周围设置了由橡胶制空气式缓冲材料和钢制缓冲材料制成的防撞设施。该防撞设施由6个直径4.5m、长12.0m和6个直径为4.5m、长9.0m的缓冲件共同构成,缓冲件之间在其断面中心处用链条连接。

2.缓冲结构

主要采用木材、钢材、钢筋混凝土等形成的防撞结构体系,在船舶碰撞过程中,通过防撞设施与碰撞船舶的钢板、骨材等相互之间的碰撞而发生变形破裂或者崩溃,从而达到吸收消能和减少撞击力的目的。此种防撞设施适应性强,用途较广,规模可大可小,主要用于中型、大型防撞设施工程。

美国Richmond-San Rafaei在易撞桥墩周围设置了缓冲木制桁架结构,如图4-6-14所示。该缓冲结构涉及的水深范围为+4.5m~-1.5m。1951年8月5日,美国海军一艘排水量为1450t的舰只由于舵故障而冲撞该防撞设施,受冲撞部分完全被破坏,桥墩无损伤,冲撞舰只轻微损伤。

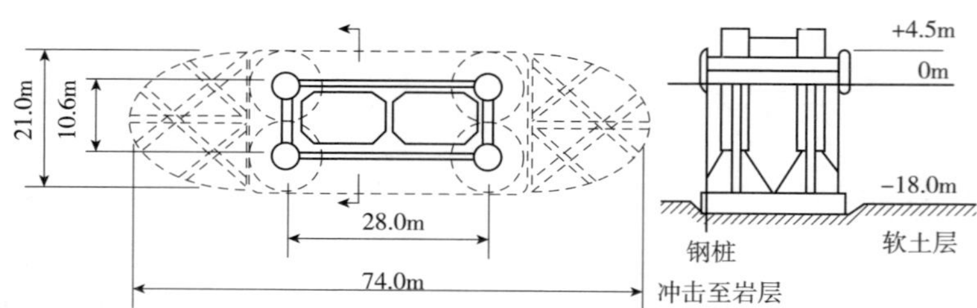

图4-6-14 木制桁架构造防撞结构

3. 重力式防撞墩

薄壳筑沙围堰防护系统是目前比较成功的防撞保护系统之一。它造价相对较低,施工简捷,维护工作量少,能根据抵抗撞击的需要进行相应的设计,有很大的吸收撞击能量的能力,同时还能有效地保护肇事船仅受轻微损伤。薄壳筑沙围堰的外壳一般选用圆柱形式,其典型的是钢圆柱形围堰外壳,内部用混凝土或松散的材料填充。该类型防撞设计的示例分别如图 4-6-15 和图 4-6-16 所示。

a)防撞墩布置

b)防撞墩

图 4-6-15 美国的新阳光桥防撞墩

图 4-6-16 Dames Point 桥的防护墩

4. 围堰和套箱

在桥墩施工结束后,利用原施工平台作为防撞设施的支承结构,对其进行适当的改建即可改造为新的防撞设施。该种改建设计一方面可以达到有效的防撞消能目的,另一方面还可减少工程建设的投资。需要注意的是:

(1)钢围堰采取适当的防腐措施(采用防腐漆,阴极防护)以延长其使用寿命;

(2)在钢围堰周围布置缓冲构件,以对碰撞船舶和钢围堰进行适当的保护;

(3)对最终传递到桥墩承台或桩基的碰撞力应进行有效控制。

国内的洛溪大桥位于广州市南郊,它跨越沥滘水道,江面宽 461m,是跨越珠江出海主航道上第一座特大型桥梁。该桥主墩为双柱式柔性墩,防撞能力很弱,而航运又要求通过 5000 吨并兼顾 7000 吨海轮,船舶的撞击力较大,下部结构设计中需要考虑船舶的撞击,其采用的就是钢围堰防撞方案,如图 4-6-17 所示。

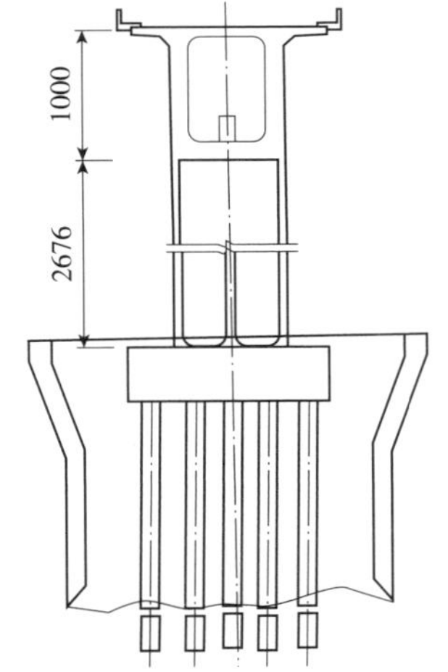

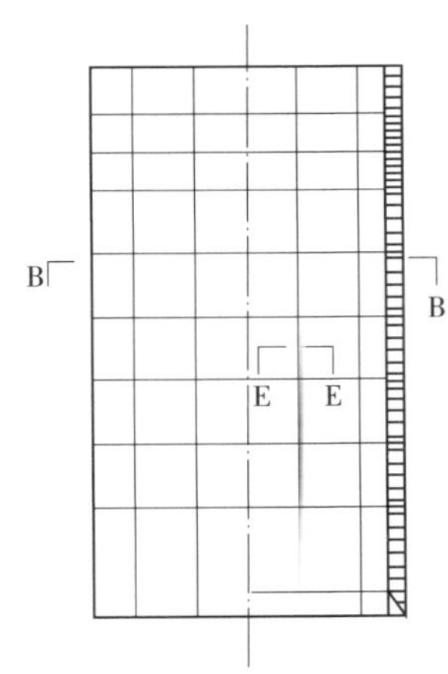

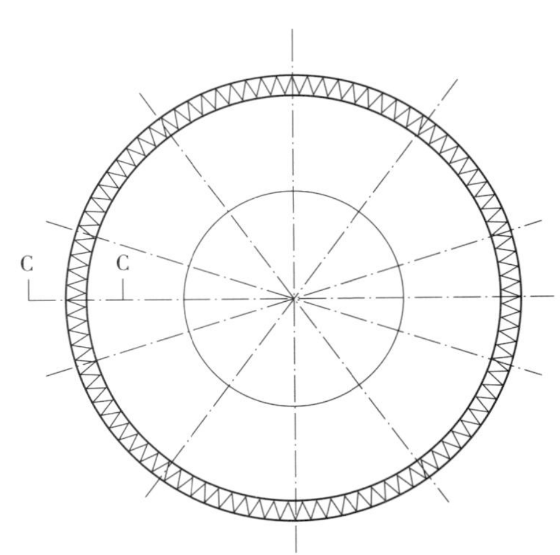

图 4-6-17 洛溪桥钢围堰防撞设施(尺寸单位:mm)

5. 桩式防撞设施

集群式护墩桩由斜桩或竖直桩组成,主要通过群桩联合变形而缓冲消能。桩径可根据撞击力的大小而选择,整个防护系统可根据需要沿顺桥方向或横桥向延伸,布设非常方便;同时受到船舶撞击而产生破坏的只是少数单元,有利于撤换和修复。挪威的 Tromsϕ 桥即采用此种防撞设施。

挪威 Tromϕ 桥全长 1016m，主跨径为 80m，航道宽为 60m。防撞设施于 1959 年设置，为护舷物方式，如图 4-6-18a)所示。1961 年 11 月，一艘载重量为 10000t 的货轮冲撞东侧护舷物，使大部分水平板和混凝土桩被撞坏沉入海底。于是在 1975 年，又设置了环状护舷物式防撞设施。如图 4-6-18b)所示，它在钢桩上配置了钢筋混凝土，钢筋混凝土包围着主跨墩的 4 根桩柱。1975 年 7 月，一艘游船撞上该环状护舷物。船侧以及 4 个船舱裂纹，安装在护舷物上的木材被压溃，可是，混凝土和钢制护舷物本体无损。由此可见，如果没有设置该防护设施，该桥被冲撞的后果将不堪设想。

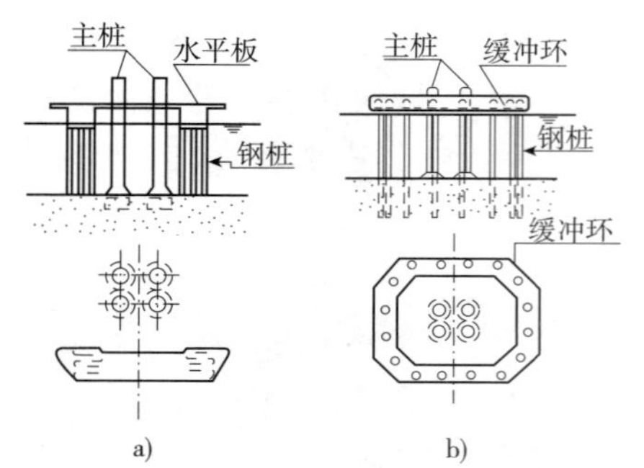

图 4-6-18　桩式防撞设施

阿根廷的 Parana River 桥也采用的是多群桩式独立防撞设施，如图 4-6-19 所示。

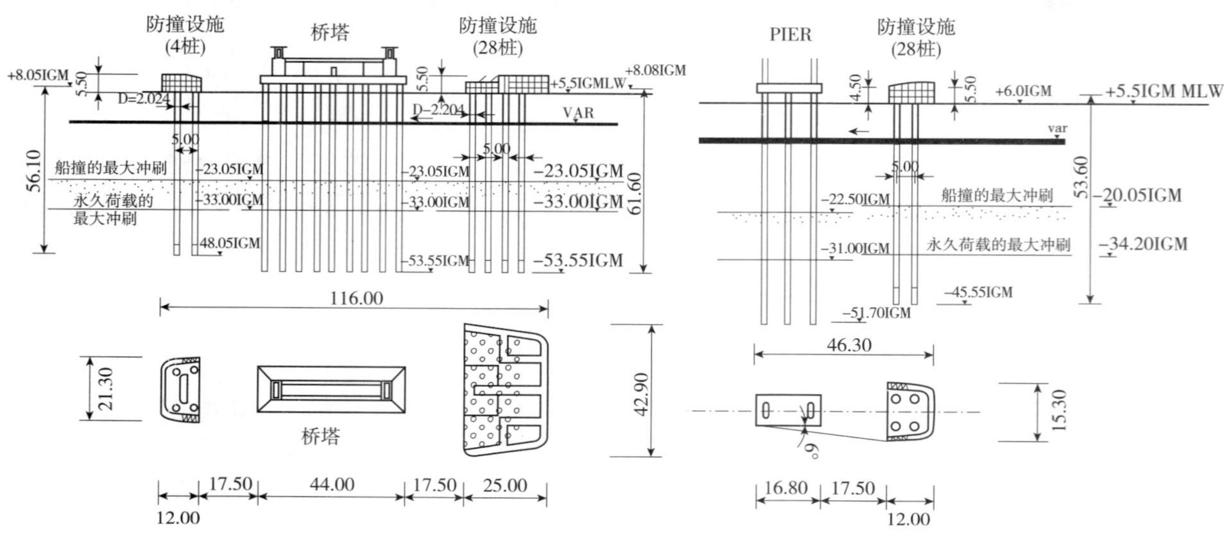

图 4-6-19　Parana River 桥的防撞设施

6. 人工岛

人工岛能向桥梁提供良好的防撞能力，一般与桥墩基础一起建造，可由砂、石块等砌筑而成。顶部一般在水面以上，有很平缓的斜坡，通过使使船舶搁浅而防止船舶撞击桥墩。这种方法施工简便，造价较低，撞击后的修复也很简便，特别适用于大型船舶的高能量碰撞。但这种系统由于多采用自然边坡，占用航道位置较多，会压缩过水断面，增加流速，加剧河床的冲刷。在地质条件较差的桥位不宜采用。人工岛的两个例子分别如图 4-6-20 和图 4-6-21 所示。

图 4-6-20　美国 Texas 州的休斯敦舰海峡大桥的人工防撞岛

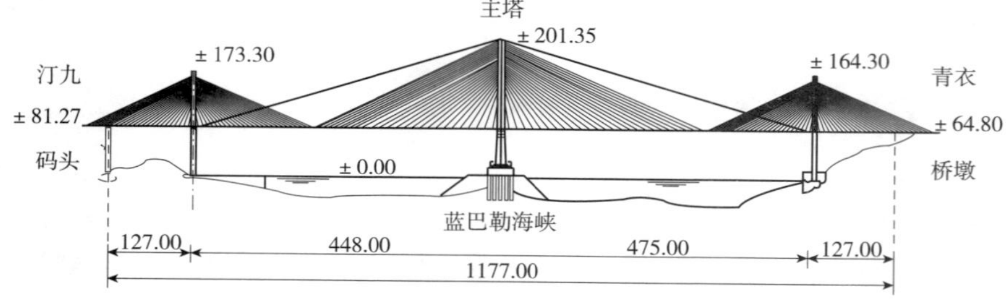

图 4-6-21　汀九桥的人工防护岛(尺寸单位:m)

7. 浮式消能防撞设施

浮式消能防撞设施通过在主墩周围安装套箱或浮箱，利用钢材和橡胶等材料的材料性能达到消能的目的。浮式消能防撞设施的钢结构主体由甲板结构、平台结构、底板结构、纵横舱壁、内围壁、外围壁、水平桁等构件组成，同时可由内外围壁形成多个水密舱室而作为压载水舱，内围壁上设置的橡胶件可改善该防撞设施与桥墩承台的接触性能。浮式防撞设施的优点是可在浮力作用下，沿桥墩上下移动从而能适应水位变化，保护桥墩的范围较大；缺点是设计复杂，对桥墩和承台的外形有要求。国内的黄石大桥浮式防撞设施如图 4-6-22所示。

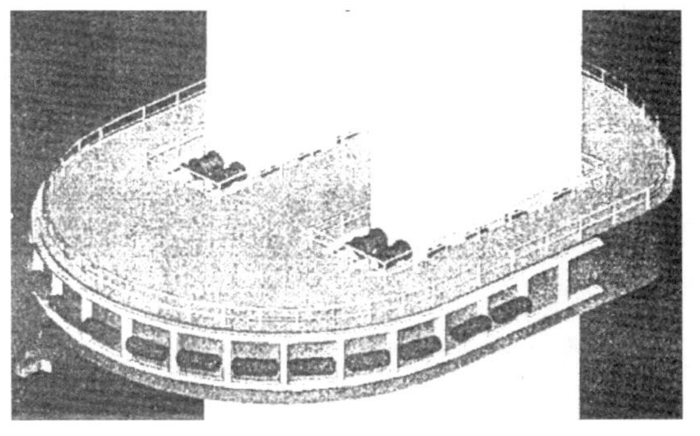

图 24-6-22　黄石长江大桥主墩浮式消能防撞设施

(二)桥梁防船撞设施设计基本原则

防撞设施的设计需要根据桥墩自身的抗撞能力、桥墩的位置、桥墩的外形、水流的速度、水位变化情况、通航船舶的类型、碰撞速度等因素进行。防撞设计一般应满足如下一些基本原则：

(1)通过设置防撞设施，满足保证桥梁结构物的安全要求或者正常使用要求。

(2)防撞设施需经久耐用，功能可靠；设置的防撞设施不能影响航道通航要求，占用航道范围尽可能少，不产生不利用于行船的漩涡等。

(3)水中结构物在航道内被撞击的几率大于航道外被撞的概率，同时船舶撞击时对航道内被撞结构物的法向速度亦大于航道外被撞结构物的法向速度。因此，一般来说近航道的防撞设施应强于远离航道的防撞设施。

(4)合理优化防撞设施的结构形式和材料，尽可能减少船舶和防撞结构的损伤。

(5)防撞结构物在满足其功能的前提下，应尽可能地减少其建设费用和日常的维修养护的费用，并应考虑其在被撞坏后较易修复。

(三)椒江二桥防船撞设计

1. 防撞方案比选

(1)防撞钢套箱方案

钢套箱防撞装置一般安装在承台或者桥墩周围，主要是靠钢材的塑性变形和破损来吸收撞击能量，属于直接构造压坏变形型防撞装置。钢套箱防撞装置可以通过采用橡胶或钢丝绳防撞圈等防撞吸能元件作为辅助装置来改善其防撞性能。这种防撞装置与水深和地质条件关系不大，而且吸能范围较大，适用范围500 吨级到50000 吨级船舶的撞击，是使用非常广泛的防撞设施之一。典型的防撞钢套箱如图 4-6-23 所示。

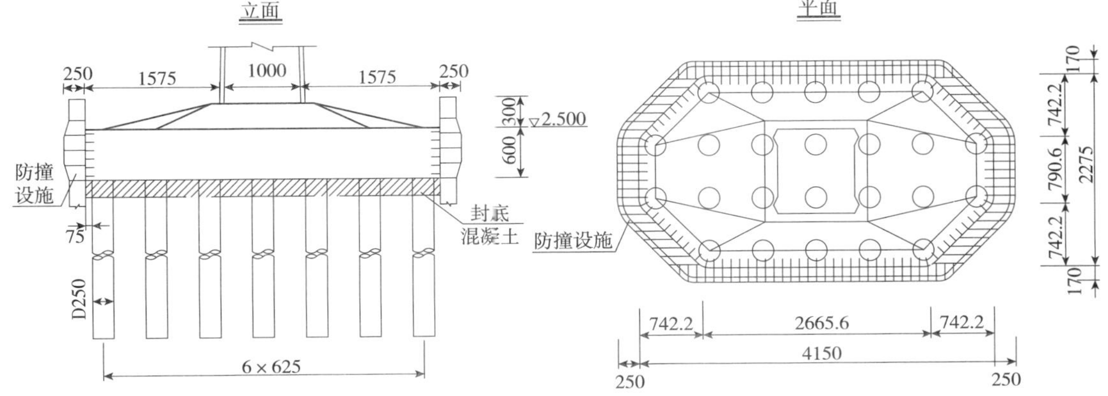

图 4-6-23　典型的防撞钢套箱装置(尺寸单位：cm)

近年来，更为通用的方法是将桥梁基础的施工套箱经过专门的设计在基础施工完成后转变为桥墩的防撞设施，其最早在日本的鸣门大桥得以具体实现。我国近几年来在多座大桥的防撞设计中考虑了这种方案并加以完善和改进，如东海大桥、上海长江大桥、金塘大桥、青岛海湾大桥（一期）和苏通大桥等。这种方案在经济方面和施工方面有较多的可取之处，其主要特点是：可以在整个桥墩范围起到防护作用；与施工套箱共用一笔费用，节省投资；施工与承台同时完成；与水深和地质条件无关；对钢套箱的防腐要求较高。

（2）独立式防撞方案

独立防撞有多种形式，如薄壳筑沙围堰、桩基独立防撞墩等。薄壳筑沙围堰防护系统造价相对较低，施工简捷，维护工作量少。薄壳筑沙围堰的外壳一般选用圆柱形式，其典型的结构是用钢板桩联结在一起形成圆柱形围堰外壳，内部用混凝土或松散的材料填充。但地址条件和水深对独立防撞墩的合理性起控制作用。薄壳筑沙围堰防撞方案国内外有较多的应用，如美国的 Outer 桥（沉箱方式）、美国的达姆角桥、巴西里约热内卢桥、伊利诺伊河桥、中国的虎门大桥等。图 4-6-15 便是薄壳筑沙围堰防撞方案应用美国新阳光大桥的例子。独立防撞墩还经常采用桩基形式，如阿根廷在修建 Parana River 桥时采用的桩基独立防撞墩方案，如图 4-6-19 所示。

独立防撞墩的主要特点是：可以在主要角度（设计角度范围）隔离船舶对桥墩的撞击；不能完全防止船舶对桥墩的撞击（对部分角度）；合理性与地质条件和水深有关；增加一笔额外的投资；耐久性好。

对椒江二桥，如果采用独立式防撞方案，可采取如图 4-6-24 所示方案。采用独立式防撞桩方案，在距离承台 70m 的地方设置防撞桩，桩径为 3.0m，总共有 5 根防撞桩。防撞桩斜向设置，有利于船舶改变航行的方向，桩顶采用横梁联结，横梁的截面为 4×4m，中间采用圆弧连接。当船舶的吨位比较小时，防撞桩能够直接阻止船舶靠近承台，当船舶的吨位很大，速度较快时，防撞桩可以消耗一部分的船舶的动能，减小船撞力。但由于椒江二桥的特殊地质条件，淤泥层非常厚，因此独立式防撞墩方案需要的投资非常巨大，故而适用性受到限制。

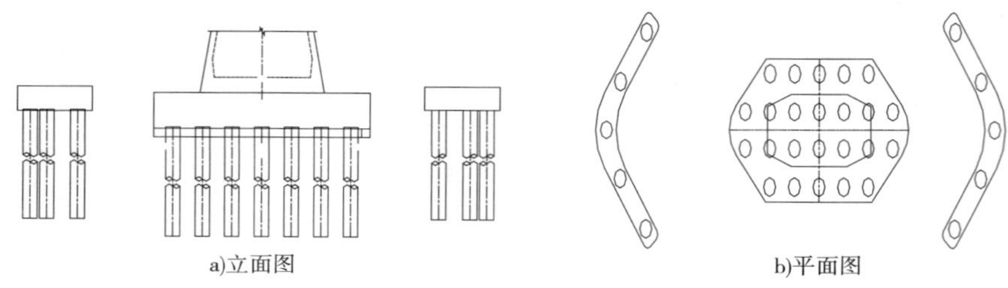

图 4-6-24　独立式防撞方案

（3）附着式防撞方案

附着式防撞方案的设想如图 4-6-25 所示。其防撞墩的外形与承台相似，当船撞发生时与主塔的基础共同承受船撞力。墩的高度约 10m，防撞墩的上部高出承台顶部 1m，下部位于承台底以下 3m，基础采用桩径 1.2m 的钢管桩，墩和承台之间设置橡胶护舷，在发生船撞时可以吸收一小部分的能量。但由于椒江二桥的特殊地质条件，淤泥层非常厚，因此附着式防撞方案需要的投资非常巨大，故而适用性也受到限制。

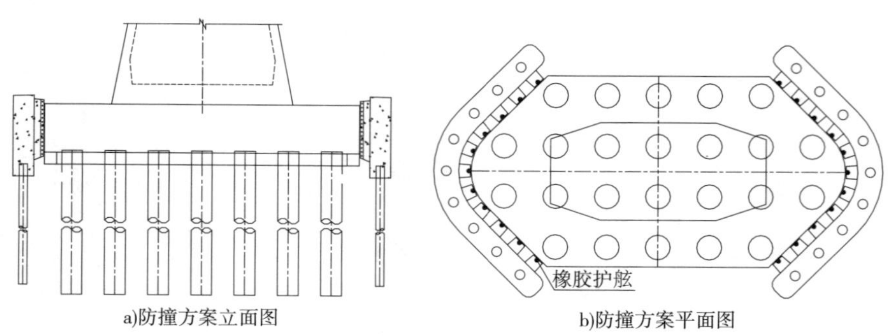

图 4-6-25　独立式防撞墩方案示意图

附着式防撞方案的主要特点是：可以在部分桥墩范围起到防护作用；与水深和地质条件关系一定程度上相关；与施工套箱方案相比，费用有所增加，但增加的费用明显少于独立防撞方案；施工与承台同时完成；耐久性好，与承台同。

2. 方案的比较

各种方案之间的比较如表4-6-10所示。

防撞方案比较　　表4-6-10

项　目	钢套箱方案	附着式防撞方案	桩式独立防撞方案
投资估算	可与施工套箱共用一笔费用，或略有增加	部分套箱可作为防撞设施的一部分；增加桩支撑分离式承台和缓冲块，因此需要增加一定的额外费用	额外的费用，与桥梁桩基础的费用计算方法类似
构造	类似一般的箱式钢结构	类似一般的桩基础	类似一般的桩基础
结构可靠性	能较好地保护桥墩，降低船舶损伤程度；桥墩承受的撞击力下降程度依赖于具体情况（一般约10%～30%）	能较好地保护桥墩，降低船舶损伤程度；桥墩承受的撞击力下降程度依赖于具体设计情况	在主要的防撞角度范围可以有效地保护桥墩免受桥梁撞击，但防撞方位以外桥墩可能遭受船舶的撞击
环境适应性	对波浪、水流的影响适应性一般；防腐保护措施要求较高	对波浪、水流的影响适应性好；耐久性同桩基础	对波浪、水流的影响适应性一般
施工可行性	对地质条件无要求和影响；与施工钢套箱同；可分阶段修复和更换	对地质条件的要求和影响同桩基础；施工类似于桩基础，可与桩基础同时施工；破坏后的维修和加固同桩基础	地质条件影响防撞墩的设计，防撞墩对其周围的局部冲刷也有一定影响； 施工类似桩基础；破坏后需重新建造

根据上述分析比较，结合椒江二桥情况，建议主塔桥墩采用钢套箱防撞方案。

3. 防撞钢套箱性能评估

根据上述分析，初步将钢套箱方案作为主塔桥墩的推荐防撞方案。为了更进一步明确该防撞方案及装置的性能，采用有限元进行钢套箱方案的碰撞模拟分析。并为了分析该装置的性能及功用，同时开展了没有该防撞装置的情况下的船桥碰撞分析，以便进行对比，进而为设计提供指导。

椒江二桥主塔桥墩的设防代表船舶为8000DWT货轮，该船舶以3.77m/s的速度撞击桥梁。其中，撞击速度根据AASHTO规范关于撞击速度的确定方法来计算。仅考虑常水位（高程+2.83m）和最高通航水位（高程+4.83m）情况下船舶碰撞桥梁的情况。并且仅考虑8000DWT船舶正撞主塔下承台的情况。为了对比分析防撞设置——钢套箱的效果，同时计算了相应条件下没有防撞设施的情况下船撞桥的工况，以使分析结果更为合理及可靠。工况的安排示意图见图4-6-26，其具体汇总于见表4-6-11。

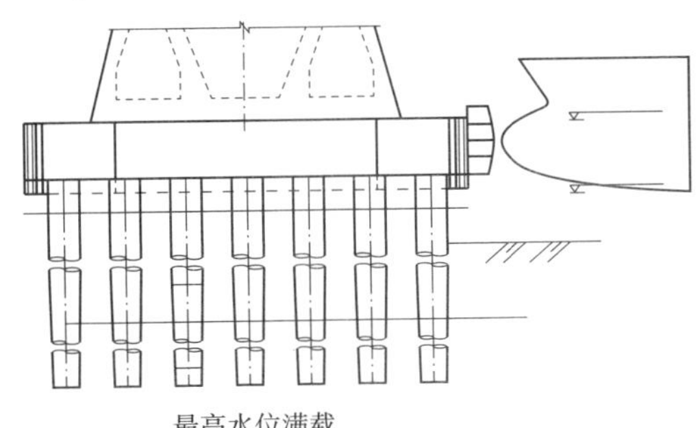

最高水位满载

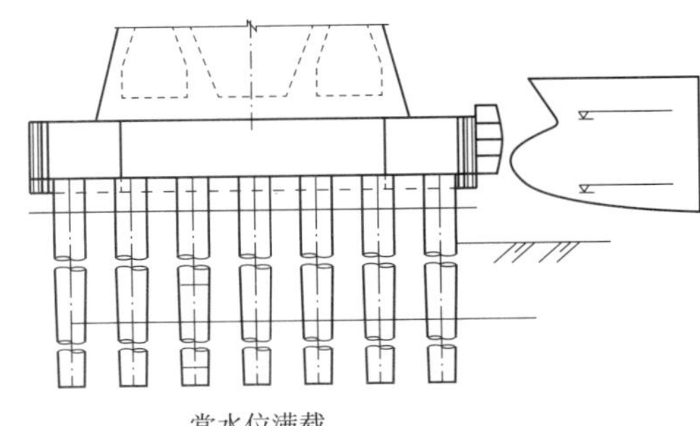

常水位满载

图4-6-26　各工况的碰撞示意图

工 况 安 排 汇 总　　表 4-6-11

防撞设施	工况	工况描述	撞击水位	撞击角度	撞击速度	船舶吨位
无	1	高水位下正撞南塔承台	+4.83m	与桥轴法线夹 0°	3.77m/s	满载 8000DWT
	2	常水位下斜撞南塔承台	+2.83m	与桥轴法线夹 0°	3.77m/s	
有	3	高水位下正撞南塔承台	+4.83m	与桥轴法线夹 0°	3.77m/s	
	4	高水位下斜撞南塔承台	+2.83m	与桥轴法线夹 0°	3.77m/s	

4. 比选结果及分析

针对上述各工况进行了有限元计算，对比各工况的计算结果可得如下结论：

(1)由计算结果可知，各工况船撞力的计算最大值以工况 1 的值为最大，达到 35.7MN，工况 3 的值为最小，为 30.9MN。总体上，所有碰撞模拟工况的计算船撞力最大值都低于 AASHTO 规范计算所得的设防船撞力 41MN。考虑到桥梁全寿命期内桥区水域的通航量和通航船舶的吨位将不断增大，推荐依据 AASHTO 规范计算的船撞力 41MN 作为设防船撞力。

(2)由图 4-6-27 可知，工况 3 的承台位移峰值低于工况 1 的承台位移峰值，约减小了 27.5%，说明在高水位情况下防撞钢套箱能起到降低承台位移的作用，从而降低桩基础的内力。对于工况 4 而言，其峰值船撞力和工况 2 相差不大，但其承台位移值低于工况 2 的相应值，约减小了 10.9%，同样说明在常水位情况下防撞套箱能起到降低承台位移的作用，故而承台下的桩基础内力相应减小。另外也可以看出，在常水位情况下防撞钢套箱对桩基础的内力减小效果低于高水位情况下防撞钢套箱对桩基础的内力减小效果。

(3)根据计算结果，考虑防撞钢套箱的总厚为 2.5m 和承台的位移值，可以计算出船艏损伤的深度，如图 4-6-28 所示。可以看出，工况 3 与工况 1 相比，船艏损伤的深度减小了 24.4%，说明在常水位条件下防撞钢套箱能减小船艏损伤；工况 4 与工况 2 相比，船艏损伤的深度减小了 20.9%，即在高水位条件下防撞钢套箱也能够起到减小船艏损伤的作用。

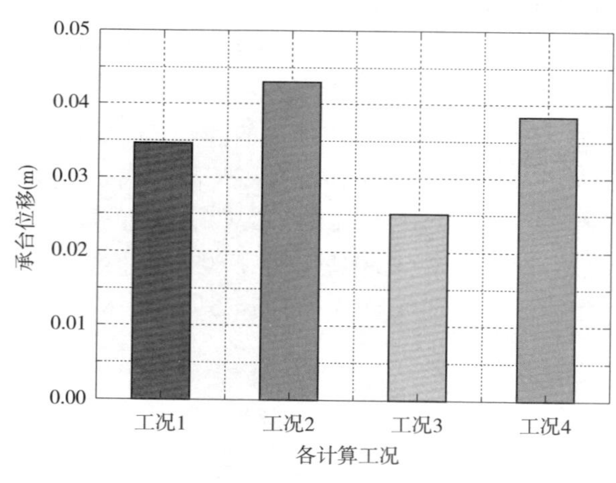

图 4-6-27　各工况承台位移值对比

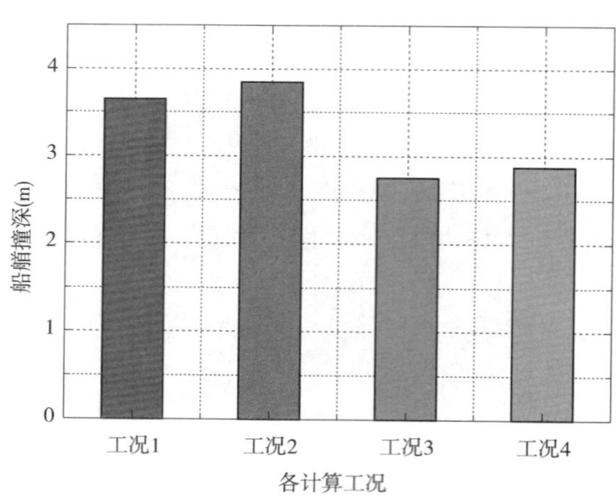

图 4-6-28　各工况船艏撞深值对比

(4)工况 3 的船撞力峰值低于工况 1 的船撞力峰值，大概减少了 16%，说明在高水位情况下防撞钢箱能起到延长碰撞时间和减小船撞力的作用；但工况 4 的船撞力峰值与工况 2 的船撞力峰值相差不大，说明在常水位情况下防撞钢套箱能起到延长碰撞时间的作用，但对船撞力峰值的减小作用不太明显。然而，这并不是等于说防撞套箱对主塔桥墩的防撞没有效果，实际上正如上文所述其对主墩的防撞较有效的。

第四节 椒江二桥多级主动防撞系统研究

一、桥区船舶航行监控与服务系统研究

(一)船舶航行监控与服务系统设计

桥区船舶航行监控与服务系统是桥梁多级主动防撞系统的基础。AIS 是主要的船舶导航设备之一。近十年来,AIS 开始得到广泛应用。IMO 海上安全委员会要求:所有 300 总吨及以上的国际航行船舶、500 总吨及以上的非国际航行船舶以及所有客船应配备一台 AIS。国家海事局也规定:沿海航行所有客船、500 总吨及以上的油船、危险化学品船、集装箱船必须于 2006 年 4 月 30 日之前配备 AIS。使用 AIS,对于船上人员而言,可获得附近水域的全景交通图像,可提高航行安全度;但对于桥梁业主或管理者而言,他们无法监控桥区船舶航行情况,因而无法提前预警船撞事故或主动采取防撞措施避免船撞发生。鉴于此,本项目将 AIS 引入桥梁工程领域,开发基于 AIS 的桥区船舶航行监控系统,使得桥梁业主或管理者可实时监控桥区船舶航行情况,为实时评估桥梁船撞风险提供信息来源。

在桥梁监控中心安装 AIS,接收桥区水域内船舶的静动态航行信息。船舶的静态信息包括:IMO 编号、呼号、名称、型号、尺寸等。船舶的动态信息包括:船位、对地航速、对地航向、船首向、航行状态、位置精度、转向率等。另外,AIS 还提供航行相关信息,如:目的港、预计到达时间、航行计划、船货类型、船舶吃水深度等。AIS 尚未在所有船舶中普及使用,我国还有大量非公约船舶、渡轮和渔船,这些船舶一般通信手段比较单一、通信性能也比较差。对于未装备 AIS 的船舶,桥梁监控中心的 AIS 仍无法监控其航行情况。为兼顾这一特点,并满足全方位船舶监控需求,本项目为桥区船舶航行监控与服务系统设计了智能视频监控系统,使其可覆盖未安装 AIS 的船舶。一方面,智能视频监控系统可获取未装备 AIS 的船舶的航行静动态信息,以对其进行监控。另一方面,对于装备 AIS 的船舶,智能视频监控系统获取的目标信息可与 AIS 获取的目标信息交叉验证,从而提高系统目标识别的准确性。AIS 和智能视频监控系统的监测信息将提供给桥梁船撞风险评估与预警系统使用。

(二)船舶航行监控与服务系统原型开发

椒江二桥桥区船舶航行监控主要是利用广泛应用于航海的 AIS 系统与在安防领域的智能视频监控系统捕获在监控区域内的船舶航行信息,如图 4-6-29 所示。

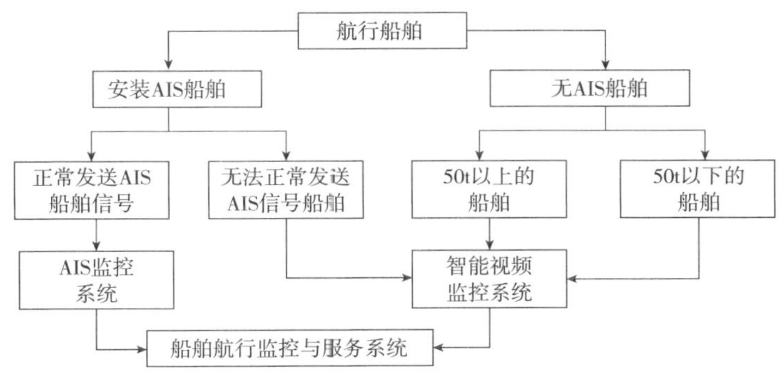

图 4-6-29 船舶航行监控与服务系统工作流程

安装有 AIS 收发机的船舶主要由 AIS 监控系统跟踪监控,智能视频监控系统主要是负责跟踪监控没有安装有 AIS 的船舶。两个系统相互补充协调工作,组成船舶航行监控与服务系统,为桥梁防撞风险评估与预警系统提供信息。

1. AIS 监控

桥区船舶航行监控与服务是桥梁多级主动防撞系统的基础。将 AIS 引入桥梁工程领域,使得桥梁业

主或管理者可实时监控桥区船舶航行动态，为实时动态评估桥梁船撞风险提供信息来源。桥区船舶航行监控与服务的研究内容包括：架构设计、设备选型、布置优化、软件二次开发等。

AIS 监控系统工作流程如图 4-6-30 所示，在桥梁监控中心安装 AIS，接收桥区水域内船舶的静动态航行信息。船舶的静态信息包括：IMO 编号、呼号、名称、型号、尺寸等。船舶的动态信息包括：船位、对地航速、对地航向、船首向、航行状态、位置精度、转向率等。另外，AIS 还提供航行相关信息，如：目的港、预计到达时间、航行计划、船货类型、船舶吃水深度等。

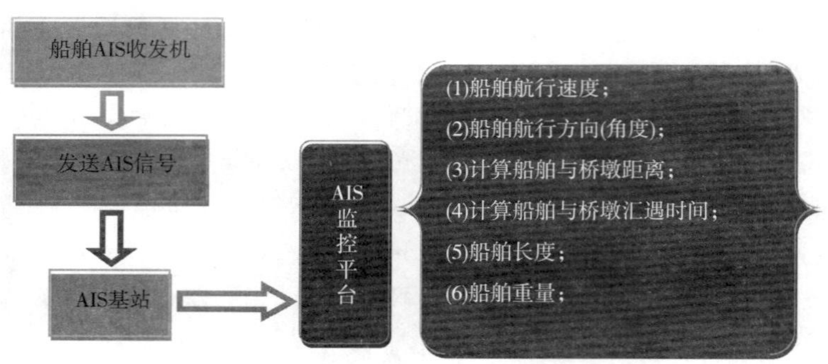

图 4-6-30　AIS 监控系统工作流程

航海船舶安装的 AIS 收发机，发送 AIS 报文。船舶 AIS 收发机发送的 AIS 报文内容包括：船名、IMO、MMSI、呼号、船旗、船长、船宽、位置坐标、航向、航速、ETA、航行状态、目的港等等。AIS 监控平台通过解析 AIS 报文内容，就可以获取到船舶的航速、航向、位置坐标等关键信息，通过船舶位置坐标信息，可以计算出船舶与桥墩的距离；结合已监测到的船舶航速，可以计算出船舶与桥墩汇遇时间。

本项目采用 AWRB-100 型 AIS 接收基站。AWRB-100 型 AIS 接收基站设备包含：基站主机、基站服务器、天线及天线控制器、电源、电缆等五大部分。

表 4-6-12 为 AIS 接收基站设备参数表。AIS 接收基站天线主要由 AIS 天线、射频馈线和 GPS 天线三个部分组成，各部分规格参数如表 4-6-13 所示。

AIS 接收基站设备参数表　　表 4-6-12

模　块	性　能	技　术　指　标
AIS 接收机	数量	2 通道
	灵敏度	-110dBm
	频率范围	156.025 ~ 162.025MHz
	频率稳定度	< ±2ppm
	信道带宽	25kHz
	解调方式	GMSK
	数据速率	9600bps
	数据编码	NRZI
	访问协议	TDMA
	邻道选择性	≥70dB
	杂散响应抑制	≥70dB
	互调响应抑制	20% PER
	失真度	≤10%
	射频输入阻抗	50Ω
GPS 接收机	定位精度	≤10m

续上表

模　　块	性　　能	技　术　指　标
接口	支持标准	IEC-61162
	接口类型	10/100Base T≥1
		串口(RS232、RS422 等)≥2
		AIS 收发天线接口 1 个
		GPS 天线接口 1
默认频率	AIS1(CH87B)	161.975MHz
	AIS2(CH88B)	162.025MHz
	DSC(CH70)	156.525MHz
电气指标	功耗	峰值 <30W;平均值 <10W
	电源	220VAC(45 ~60Hz)
环境条件	温度	-10 ~55℃
	湿度	10% ~90 %

AIS 基站天线参数 表 4-6-13

AIS 天线	性能	技术指标
	频率范围	150.000 ~170.000MHz
	增益	约 3.5dB
	输入阻抗	50Ω
	极化方式	垂直极化
	方向性	水平面全向
	电压驻波比	≤1.5
	抗风	60m/s
	天线接口	SL-16
GPS 天线	标准模式即可	
射频馈线	性能	技术指标
	馈线阻抗	50Ω
	馈线损耗(投标商应根据馈线的长度,选择适合的射频电缆)	馈线损耗小于 0.1dB/m

2. 智能视频监控

本系统是基于视觉监控技术和数字图像处理技术并利用虚拟仪器平台进行开发的桥梁防船撞智能视频监控系统。以视频监控技术搭建的硬件平台主要包括多路远程监控模拟相机、变焦镜头、多通道视频编码器和计算机平台,以先进的数字图像处理技术为视频信号分析理论核心,并以虚拟仪器软件平台开发此系统软件。此系统以实现多艘船舶静动态识别、数据实时显示、航迹描绘、数据库保存和多级智能报警系统等主要目标构成了椒江二桥防船撞智能视频监控系统。

远程视频监控系统硬件主要包括监控摄像机 3 台、视频编码器 1 台、供电电源一套、监控电脑一套。

桥区船舶航行监控与服务是桥梁多级主动防撞系统的基础。将 AIS 和智能视频监控引入桥梁工程领域,使得桥梁业主或管理者可实时监控桥区船舶航行动态,为实时动态评估桥梁船撞风险提供信息来源。

二、桥梁船撞风险评估和预警系统研究

(一)桥梁船撞风险评估

桥梁船撞风险评估的目的在于明确桥梁遭受船舶撞击的可能性与可能后果,并为桥梁方案的设计(对于拟建桥梁)和防撞方案的设计(对于拟建或已建桥梁)提供依据。管理部门借助于风险评估所获得的数据和结论,并综合考虑政治、经济、环境等因素,制定适当的降低桥梁船撞风险的措施,然后重新进行安全评估,直到满足一定的接受准则。

桥梁船撞风险评估过程,美国的 AASHTO 规范是相对比较完善的桥梁船撞风险评估设计指南,故本报告按其制定的方法和思路来评估桥梁船撞风险。

1. 年倒塌频率的确定

根据美国 AASHTO 的《公路桥梁防撞设计指导文件》,桥梁各桥墩的年倒塌频率可按以下公式计算:

$$AF = N \times PA \times PG \times PC \tag{4-6-3}$$

式中:AF——桥梁的年倒塌频率;

N——根据船舶类型、尺度和装载情况分类的船舶年通航量;

PA——船舶的偏航概率;

PG——碰撞的几何概率,用正态分布进行模拟;

PC——桥梁倒塌概率。

公式中去除桥梁倒塌概率一项后是桥梁遭受船舶撞击的年频率。

2. 偏航概率 PA

偏航概率 PA 代表船舶由于人员失误、机械故障、恶劣环境条件等原因而偏离正常航线并可能会撞击桥梁的统计概率。对某一桥址,PA 可由船舶碰撞搁浅的历史数据统计得到,或按下式进行计算。

$$PA = BR \times R_B \times R_C \times R_{XC} \times R_D \tag{4-6-4}$$

式中:BR——偏航基准概率,对轮船,取 $BR = 0.6 \times 10^{-4}$;对驳船,取 $BR = 1.2 \times 10^{-4}$;

R_B——桥位修正系数。桥区位于直航道上时,取 $R_B = 1.0$;桥区位于航道转向点 914m 以内时,$R_B = 1 + \theta/45°$(θ 为航道转角或航道弯曲度);桥区位于航道转向点 914 ~ 1828m 时,$R_B = 1 + \theta/90°$;

R_C——平行水流修正系数,$R_C = 1 + V_c/19$(V_c 为平行于航线方向的水流流速);

R_{XC}——横流修正系数,$R_{XC} = 1 + 0.54V_{XC}$(V_{XC}为垂直于航线方向的水流流速);

R_D——船舶交通密度修正系数,规定低密度时 $R_D = 1.0$,平均密度时 $R_D = 1.3$,高密度时 $R_D = 1.6$。

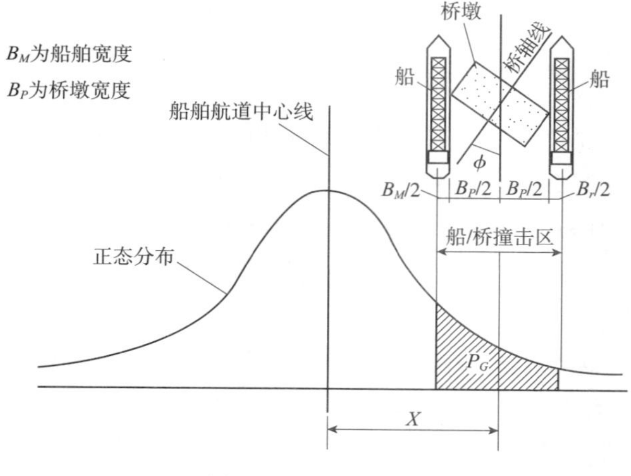

图 4-6-31 几何概率定义

3. 几何概率 PG

几何概率 PG 属于条件概率,是在船舶贴近桥梁的地方已经失去控制而偏航的概率。AASHTO 模型采用正态分布来模拟靠近桥墩的偏航船舶的航线,本报告以航道中心线为正态曲线的均值位置,以船舶的典型长度 L_{OA} 作为正态分布的标准差,对应的船舶撞击区以下的面积即为 PG,如图 4-6-31 所示。

4. 倒塌概率 PC

倒塌概率 PC 是许多变量的函数,如船舶大小、类型、航速、撞击方向等等,PC 也依赖于桥墩本身的抗冲击能力。AASHTO 指南中 PC 是根据桥梁的极限抗力与船舶撞击力的比值来确定的。H 是桥梁抗

力，P 是船舶撞击力。

PC 的取值分下面几种情况：

$$0 \leqslant \frac{H}{P} < 0.1 \text{时}, PC = 0.1 + 9\left(0.1 - \frac{H}{P}\right) \tag{4-6-5}$$

$$0.1 \leqslant \frac{H}{P} < 1.0 \text{时}, PC = \frac{1}{9}\left(1 - \frac{H}{P}\right)$$

$$\frac{H}{P} > 1.0 \text{时}, PC = 0$$

倒塌概率曲线如图 4-6-32 所示。

5. 船舶撞击力

对于轮船的撞击力，美国 AASHTO 指南提供了计算公式：

$$P_S = 1.2 \times 10^5 V \sqrt{DWT} \tag{4-6-6}$$

式中，V 为船舶撞击速度；DWT 为船舶排水量。对于驳船的撞击力计算而言，当驳船穿透损坏长度 $\alpha_B < 100\text{mm}$ 时，$P_S = 6.0 \times 10^4 \alpha_B$；当 $\alpha_B \geqslant 100\text{mm}$ 时，$P_S = 6.0 \times 10^6 + 1600\alpha_B$。驳船船头损坏长度 α_B（mm）按下式计算：

$$\alpha_B = 3100\left(\sqrt{1 + 1.3 \times 10^{-7} KE} - 1\right) \tag{4-6-7}$$

KE 为船舶撞击能量，计算公式为：

$$KE = 500 C_H M V^2 \tag{4-6-8}$$

式中：M——船舶排水量；

C_H——水动力质量系数，根据航道水深取为 1.05～1.25；

V——船舶撞击速度。

6. 船舶撞击速度

根据 AASHTO 指南的规定，在模拟偏航船只的速度分布时，选用了三角形分布，认为船舶航速的降低规律是从航道边缘到 $3 \times L_{OA}$ 的距离内进行线性减小，最大航速取船舶的典型航速，最小速度取平均水流速度，如图 4-6-33 所示。

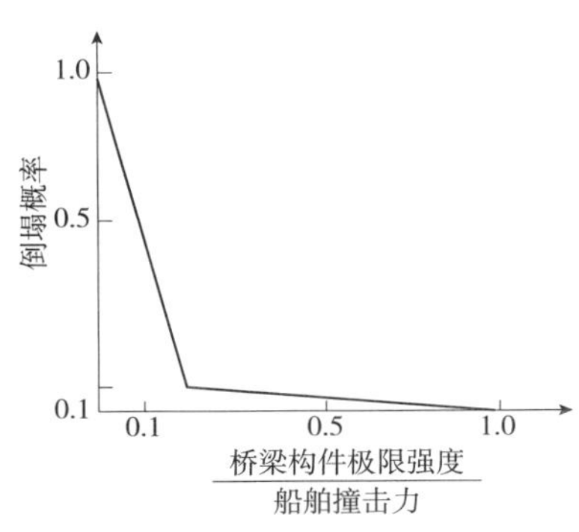

图 4-6-32 倒塌概率分布

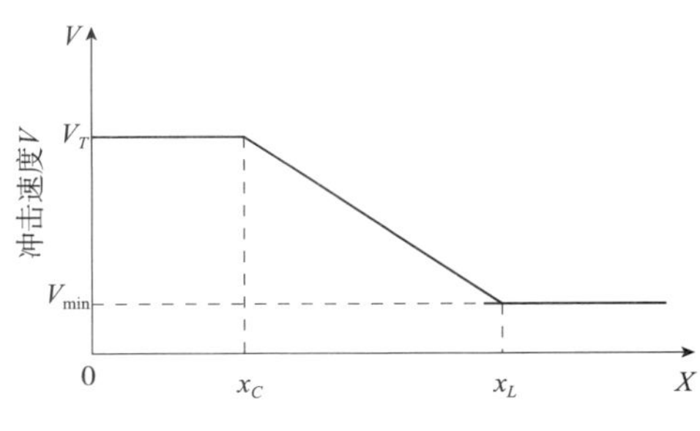

图 4-6-33 船舶撞击速度分布图

图 4-6-33 中，V 为设计撞击速度；V_T 为航道内的船舶典型通航速度；V_{min} 为最小撞击速度（与水道中的水流有关）；x 为船舶距桥墩的距离；x_C 为船舶距航道边缘的距离；x_L 为离船舶航道中心线 $3 \times L_{OA}$ 的距离。

7. 桥墩撞损概率

根据 AASHTO 规范，对于一般桥梁整桥的最大年倒塌频率应小于 10^{-3}，对于关键性桥梁，整桥的最大年倒塌频率应小于 10^{-4}。椒江二桥属大型工程，投资大，使用年限长，应尽量减少大桥受船舶撞损的风险，桥墩整体采用 10^{-4} 撞损频率符合大桥的要求。

因此，本项目椒江二桥的年倒塌可接受风险确定为 $AF_{accept}=1\times10^{-4}$。风险分配总体原则为各可能受撞桥墩基本平分，并且考虑到主塔的重要性，主塔桥墩的风险略小于过渡墩和辅助墩等的风险。

（二）桥区多级警戒区设置

桥梁船撞风险评估与预警系统将桥区水域划分为多级警戒区，为每个警戒区设计不同等级的预警策略。就椒江二桥桥区水域而言，划分为一级警戒区、二级警戒区以及三级警戒区三个级别。对于进入三级警戒区的船舶，桥区船舶航行监控与服务系统自动跟踪其航行动态。桥梁船撞风险评估与预警系统基于桥区船舶航行监控与服务系统的距离、航速、航向、最近会遇点、达到最近会遇点时间等实测数据，监控船舶是否存在超速、偏航等现象。当发现船舶的违规操作行为时，主动发出提醒，避免因船舶违规操作而导致船撞事故。对于进入二级警戒区的船舶，桥梁船撞风险评估与预警系统实时评估船撞风险。船撞风险模型由最小安全会遇距离和最短操纵时间组成，最小安全汇遇距离和最短操纵时间根据船速、船型、吨位、尺度和船位周遍的环境状况决定。桥梁船撞风险评估与预警系统实时接收桥区船舶航行监控与服务系统的距离、航速、航向、最近会遇点、达到最近会遇点时间等实测数据，不间断地监控最小安全会遇距离和到达最小安全会遇距离时间，实时动态判断是否存在船撞危险。当船舶进入一级警戒区出现船撞危险时，主动发出船撞预警，通知船舶采取避让措施，最大限度地避免船撞事故。对于安装 AIS 的船舶，将通过 AIS 发出船舶违规提醒或船撞预警。对于未安装 AIS 的船舶，将通过对讲机或喇叭发出船舶违规提醒或船撞预警。当然，完全避免船撞事故是极其困难的。当船撞事故不可避免时，桥梁船撞风险评估与预警系统自动发布船撞警报，为疏散桥上及桥下人员、车辆及船舶争取主动，尽可能避免人员伤亡。

1. 桥区监控区域划分

椒江二桥主动防撞系统监控区域划分图，如图 4-6-34 所示。监控对象包括：船舶航行速度；船舶航行方向（角度）；船舶与桥墩距离；船舶与桥墩汇遇时间；船舶长度；船舶重量。图 4-6-34 中各监控警戒区域的说明如下。

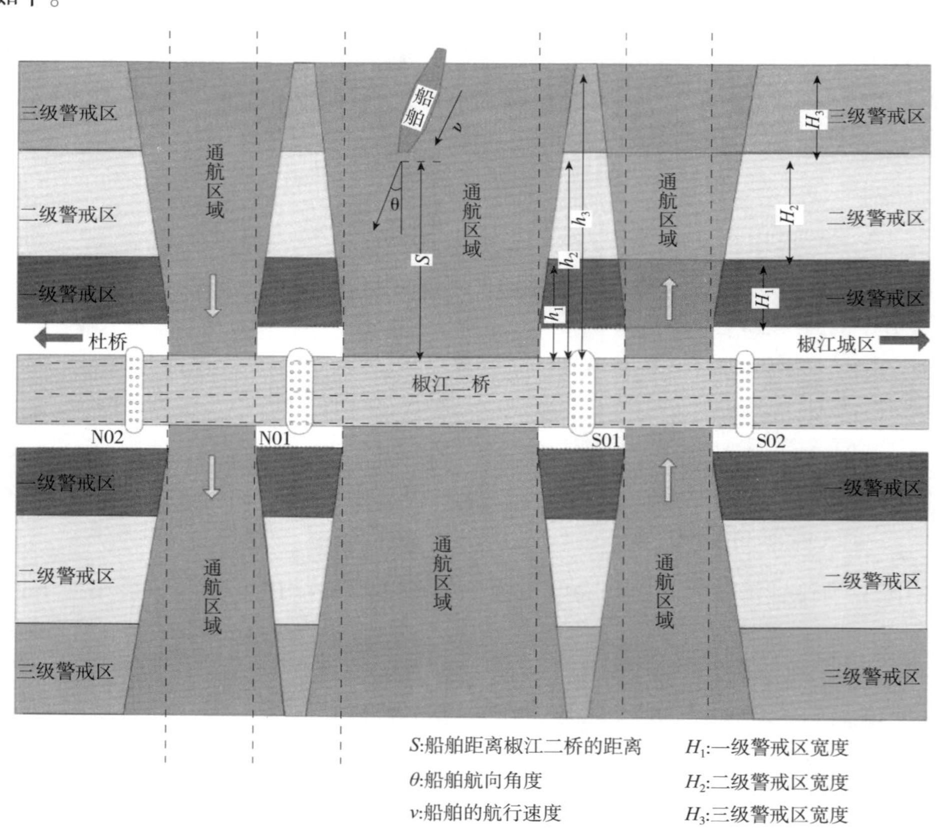

图 4-6-34　椒江二桥主动防撞系统监控区域划分示意图

三级监控警戒区域，是船舶进入监控范围的首个区域。在此区域内，AIS 系统和智能视频监控对所有进入该区域的船舶进行监控。

二级监控警戒区域，船舶进入二级监控警戒区域内，AIS 系统和智能视频监控继续跟踪船舶航行情况，启动摄像监控系统对所有进入警戒区内的船舶进行监控。主要监控的区域是非通航区，如果有船舶进入此区域，就利用 VHF 对讲系统和喇叭广播、提示灯等方式进行提醒，使其向通航区行驶。

一级监控警戒区域，密切注意船舶航行的情况。对进入非通航区的船舶利用 VHF 对讲系统和喇叭广播、提示灯警告。

船舶从非通航孔通过，闭路电视监控系统（CCTV）将记录下全过程。在桥墩监测方面主要采用压电传感器监测桥墩船撞力的情况，同时利用闭路电视监控系统（CCTV）对船撞击桥墩过程进行记录。

根据椒江二桥施工期间水上交通示意图提供的信息，如 4-6-35 所示，与椒江二桥现场实际情况。

图 4-6-35 椒江二桥施工期间水上交通示意图

椒江二桥双向通行主航道的宽度为 405m，两个单向通行的副航道为 75m。依据椒江二桥桥区的相关信息以及潜在的桥梁船撞的危险性，设定大桥通航区内 700m 范围和非通航区的 400m 范围作为大桥的目标监测区域，大桥的目标监控区和实际监控区如图 4-6-36 所示。

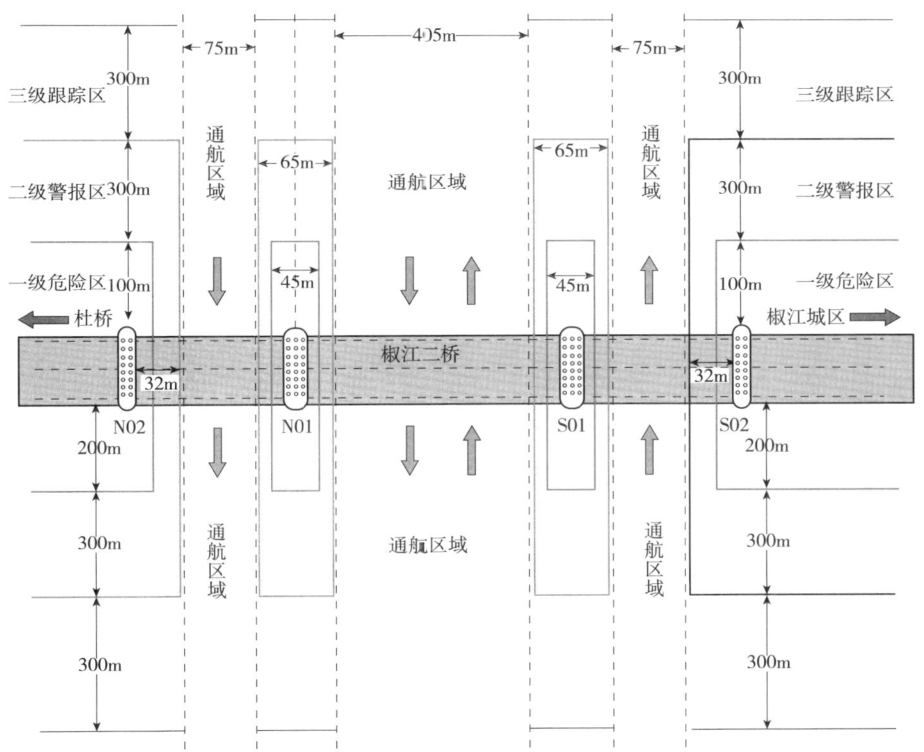

图 4-6-36 椒江二桥主动防撞系统监控区域划分图

依据发生船撞的可能性和航道规划，将监控区域划分为通航区域、一级危险区、二级警告区、三级跟踪区四类。通航区域为以航道中心线宽 405m 的区域。危险区域是离桥梁承台中心线宽为 45m，长为 100m 的区域。警告区域是离桥墩中心线宽为 65m，长度为 400m。桥墩附近的危险区域与航道线以外的区域共同构成限制通航区。

2. 系统预警触发方法

当船舶进入警告区域后，系统自动启动瞬态预测预警。瞬态预测预警依据船舶当前的航行状态和过去短时间内的航行轨迹来预测船舶短时间内的行为状态和运动位置，并依据预测的结果决定是否需要提高当前的预警级别，以便能够提供更多的报警反应时间。主动预测预警是基于船舶在监测区域内的航行轨迹、航速、航向等信息提取船舶的航行特性，主动预测船撞概率，并进行预警，能提供最多的预警处理时间。系统预警触发分类如图 4-6-37 所示。

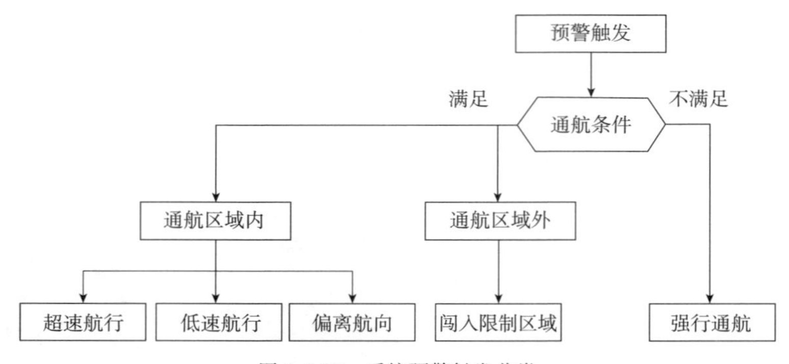

图 4-6-37　系统预警触发分类

3. 预警事件危险性评估

桥梁船撞预警应综合考虑桥梁船撞的可能性和危险性两个方面，桥梁船撞的可能性依据船舶的离桥梁的相对位置进行考虑，而桥梁船撞的危险性针对某一特定结构而言，其主要与船舶的重量、航速、撞击方向有关，船舶的重量很难通过视频监控获得准确的数据，因此采用船舶的长度代替船舶的重量来评价船撞的危险性。当发生预警事件时，系统将依据发生预警事件的位置、船舶大小、速度、航向等信息获得相应的危险评估分数，然后再进行加权求和，计算预警分数，判别预警级别。系统可以依据监测船舶的位置、船舶大小、速度、航向等信息获得相应的危险评估分数，然后再进行加权求和，计算预警分数。具体公式如下所示，监控区域、船舶大小、航行速度以及船舶航行方向的危险性分数如表 4-6-14 所示。

$$Q = \sum_{i=1}^{4} A_i \cdot \omega_i \tag{4-6-9}$$

式中：Q——预警分数；

A_i——预警事件行为特征危险性分数；

ω_i——预警事件行为特征权重（表 4-6-15）。

危 险 性 分 数　　　　表 4-6-14

危险情况	危 险 分 数		预警分数标定		
监控区域	A_1	1	一级区域		
		0.5	二级区域		
		0.25	三级区域		
船舶大小	A_2		船舶尺寸定义	船舶吨位	船舶长度
		1	大	1000t 以上	>61m
		0.5	中	500t ~ 1000t	47 ~ 61m 之间
		0.25	小	500t 以下	20 ~ 47m 之间
		0	特小	50t 以下	<20m

续上表

危险情况	危险分数		预警分数标定	
航行速度	A_3		船舶速度定义	船舶速度
		1	快	≤5km
		0.5	慢	<5km
船舶航行方向	A_4		船舶航向定义	船舶航向
		1	靠近桥	±71.5°(船舶正对前方所偏移的方向)
		0.5	远离桥	其他方向

不同因素的分析权重 表 4-6-15

序号	监控区域	船舶大小	船舶航速	船舶航向
权重 ω_i	0.3	0.3	0.1	0.3

然后根据以上得出的船舶预警分数确定桥梁船撞预警级别，并采取相应的预警措施，具体如表 4-6-16 所示。

预警分数及预警措施 表 4-6-16

序号	预警分数的区间	预警级别
1	[0,0.7]	无预警
2	[0.7,0.8]	初级预警
3	[0.8,0.9]	中级预警
4	[0.9,1]	紧急预警

(三)预警系统设计与研究

椒江二桥桥梁防撞风险评估与预警系统工作流程如图 4-6-38 所示。桥梁防船撞监测预警系统的设计目标：

(1)24 小时不间断监测桥梁上游一定范围内的航行的船舶，包括通航区和非通航区；

(2)能够识别监测范围内的船舶大小、位置、航速、方向、航迹、数量，并依据识别的结果进行桥梁防船撞预警；

(3)在发生预警事件后能采用声、光、通讯等方式与船舶进行沟通、报警；

(4)用户操作界面简单易用、人性化；

(5)在积累一定量的数据后，进行船舶瞬态预测预警和主动预警；

(6)向海事部门提供报警信息，协同海事部门对违规航行船舶进行处理。

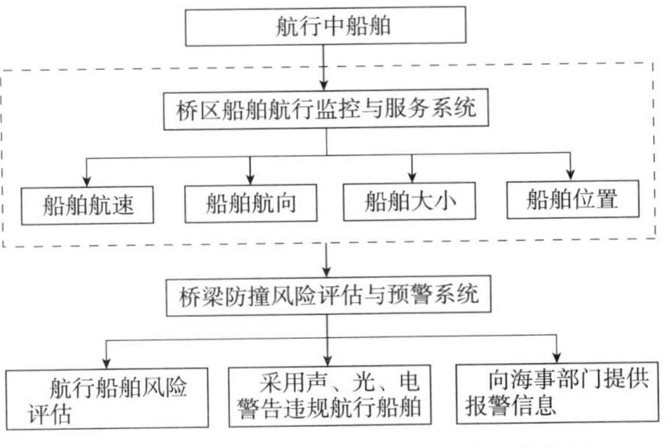

图 4-6-38 桥梁防撞风险评估与预警系统工作流程

1. AIS 监控系统

椒江二桥多级主动防撞系统 AIS 监控系统软件，利用开源海图软件经过二次开发完成。AIS 监控软件将 AIS 接收基站的数据进行处理，显示在标准的海图上。通过配置桥梁与监控区域定位文件 command.txt 文件，实现椒江二桥在 AIS 软件上定位与监控区域的划分。通过计算接收到的 AIS 数据，实现船舶船名、MMSI、速度以及与最近桥墩的距离。

船舶进入监测区域，触发报警条件，系统响起报警声。根据船舶进入不同的监测区域，报警声的播报频率出现不同的变化。

AIS 监控平台安装了 AIS 监控软件，AIS 监控软件如图 4-6-39 所示。

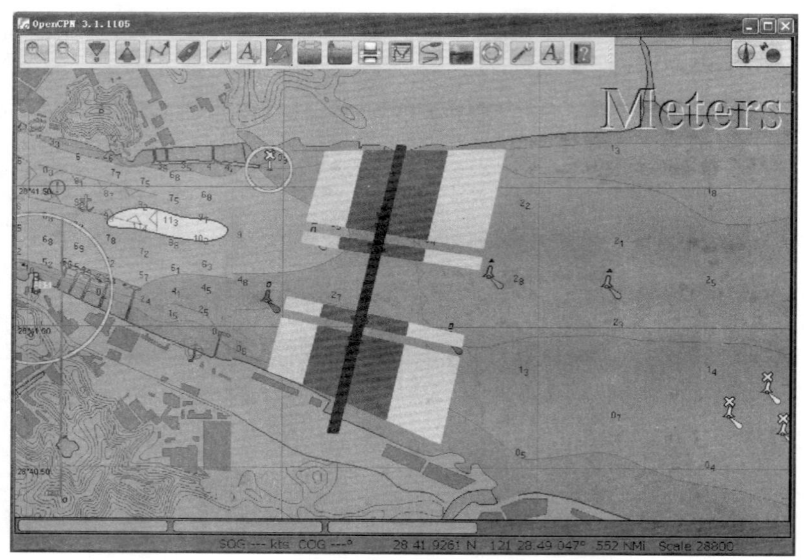

图 4-6-39　AIS 监控软件显示界面

AIS 监控软件具有海图放大缩小功能、AIS 软件系统配置功能、AIS 目标列表显示功能、监测区域内 AIS 目标显示等功能，如图 4-6-40 所示。

图 4-6-40　AIS 软件功能栏

AIS 目标列表显示功能主要是显示船舶的船名“name”、船舶的呼号“Call”、MMSI、船舶的类型 class A 或者 class B、还有船舶的航行状态等信息，如图 4-6-41 所示。

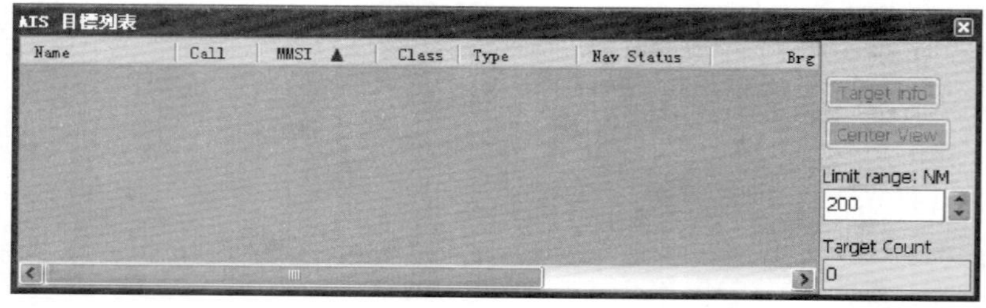

图 4-6-41　AIS 目标列表

监测区域内的 AIS 目标列表主要是显示船舶的 MMSI、船名、经纬度、航速、还有与桥墩的最近距离，如图 4-6-42 所示。

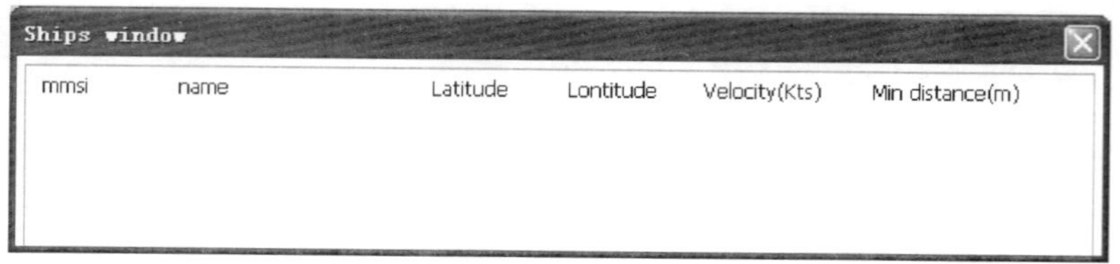

图 4-6-42　监测区域内 AIS 目标列表

AIS 监控软件的功能配置如图 4-6-43 所示。

桥梁信息配置、桥墩信息配置与监测区域划分配置执行文件,如图 4-6-44 所示。

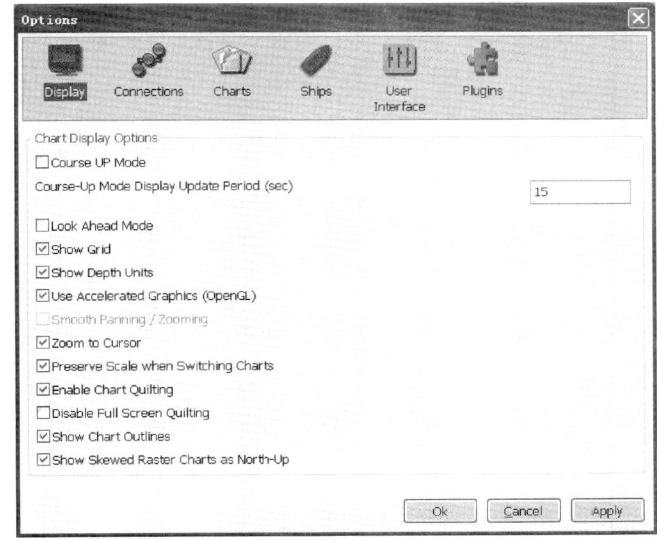

图 4-6-43 AIS 软件配置

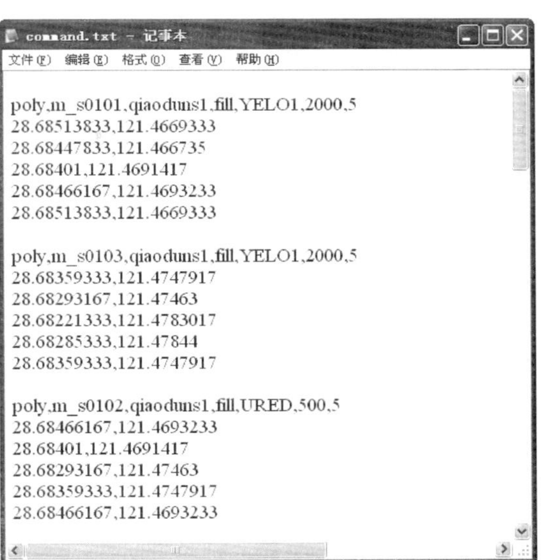

command.txt - 记事本

文件(F) 编辑(E) 格式(O) 查看(V) 帮助(H)

poly,m_s0101,qiaoduns1,fill,YELO1,2000,5
28.68513833,121.4669333
28.68447833,121.466735
28.68401,121.4691417
28.68466167,121.4693233
28.68513833,121.4669333

poly,m_s0103,qiaoduns1,fill,YELO1,2000,5
28.68359333,121.4747917
28.68293167,121.47463
28.68221333,121.4783017
28.68285333,121.47844
28.68359333,121.4747917

poly,m_s0102,qiaoduns1,fill,URED,500,5
28.68466167,121.4693233
28.68401,121.4691417
28.68293167,121.47463
28.68359333,121.4747917
28.68466167,121.4693233

图 4-6-44 桥梁信息与监控区域配置文件

AIS 监控平台测试包括 AIS 监控平台实验室测试和现场测试。

AIS 接收基站安装在室内,AIS 接收基站天线安装在露天室外。AIS 监控范围是珠江口水域。在珠江口虚拟出一座桥梁,根据桥梁的前面经纬度,桥墩经纬度与监测区域的经纬度,绘制出桥梁与监测区域。

桥梁与监测区域绘制完成后,接上 AIS 接收基站。在 AIS 监控软件界面上就出现黄色三角形的船舶符号,如图 4-6-45 所示。

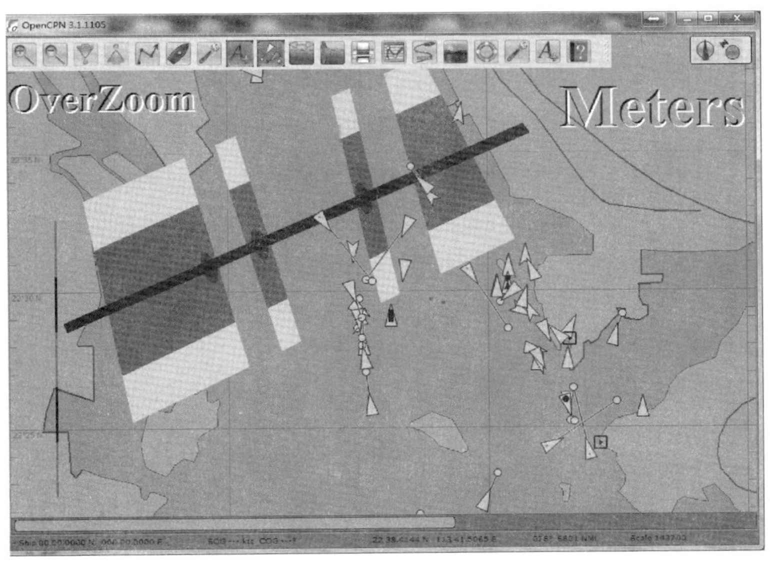

图 4-6-45 AIS 监控软件测试

打开 AIS 列表显示功能,在列表里面显示了 40 海里内的 AIS 船舶信号,如图 4-6-46 所示。

此时,监测区域内有船舶进入,在监测区域内 AIS 列表显示了进入报警区的船舶信息,如图 4-6-47 所示。

将鼠标放在 AIS 船舶上,在此船舶附近显示出船舶的名称、MMSI、船舶类型、航速、与桥墩的最小距离等信息，如图 4-6-48 与图 4-6-49 所示。

同时，通过使用软件 AIS 目标信息显示功能，可以完整的显示 AIS 目标的信息，如图 4-6-50 所示。

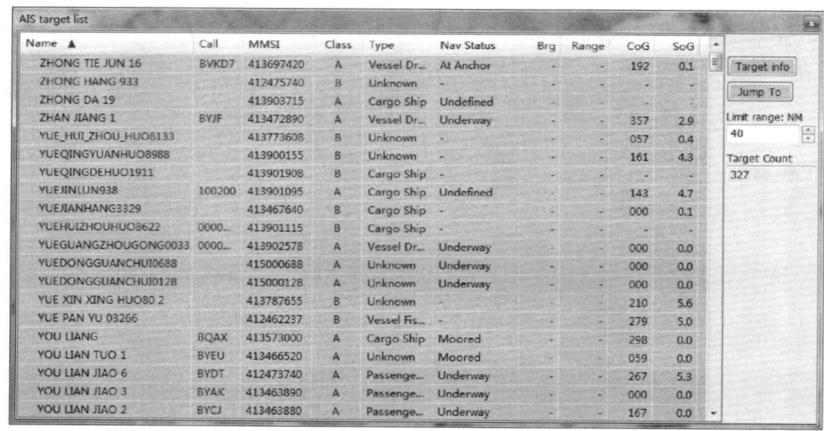

AIS target list

Name ▲	Call	MMSI	Class	Type	Nav Status	Brg	Range	CoG	SoG
ZHONG TIE JUN 16	BVKD7	413697420	A	Vessel Dr...	At Anchor	-	-	192	0.1
ZHONG HANG 933		412475740	B	Unknown	-	-	-	-	-
ZHONG DA 19		413903715	A	Cargo Ship	Undefined	-	-	-	-
ZHAN JIANG 1	BYJF	413472890	A	Vessel Dr...	Underway	-	-	357	2.9
YUE_HUI_ZHOU_HUO8133		413773608	B	Unknown	-	-	-	057	0.4
YUEQINGYUANHUO8988		413900155	B	Unknown	-	-	-	161	4.3
YUEQINGDEHUO1911		413901908	B	Cargo Ship	-	-	-	-	-
YUEJINLUN938	100200	413901095	A	Cargo Ship	Undefined	-	-	143	4.7
YUEJIANHANG3329		413467640	B	Cargo Ship	-	-	-	000	0.1
YUEHUIZHOUHUO8622	0000...	413901115	B	Cargo Ship	-	-	-	-	-
YUEGUANGZHOUGONG0033	0000...	413902578	A	Vessel Dr...	Underway	-	-	000	0.0
YUEDONGGUANCHUI0688		415000688	A	Unknown	Underway	-	-	000	0.0
YUEDONGGUANCHUI0128		415000128	A	Unknown	Underway	-	-	000	0.0
YUE XIN XING HUO80 2		413787655	B	Unknown	-	-	-	210	5.6
YUE PAN YU 03266		412462237	B	Vessel Fis...	-	-	-	279	5.0
YOU LIANG	BQAX	413573000	A	Cargo Ship	Moored	-	-	298	0.0
YOU LIAN TUO 1	BYEU	413466520	A	Unknown	Moored	-	-	059	0.0
YOU LIAN JIAO 6	BYDT	412473740	A	Passenge...	Underway	-	-	267	5.3
YOU LIAN JIAO 3	BYAK	413463890	A	Passenge...	Underway	-	-	000	0.0
YOU LIAN JIAO 2	BYCJ	413463880	A	Passenge...	Underway	-	-	167	0.0

Target info
Jump To
Limit range: NM
40
Target Count
327

图 4-6-46　AIS 目标列表

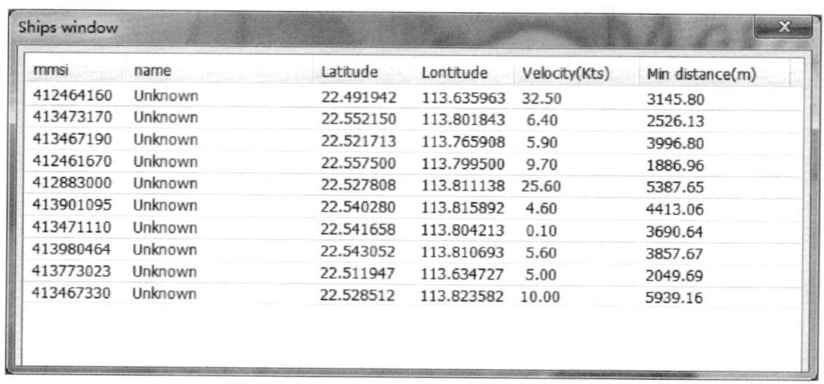

Ships window

mmsi	name	Latitude	Lontitude	Velocity(Kts)	Min distance(m)
412464160	Unknown	22.491942	113.635963	32.50	3145.80
413473170	Unknown	22.552150	113.801843	6.40	2526.13
413467190	Unknown	22.521713	113.765908	5.90	3996.80
412461670	Unknown	22.557500	113.799500	9.70	1886.96
412883000	Unknown	22.527808	113.811138	25.60	5387.65
413901095	Unknown	22.540280	113.815892	4.60	4413.06
413471110	Unknown	22.541658	113.804213	0.10	3690.64
413980464	Unknown	22.543052	113.810693	5.60	3857.67
413773023	Unknown	22.511947	113.634727	5.00	2049.69
413467330	Unknown	22.528512	113.823582	10.00	5939.16

图 4-6-47　监测区域内 AIS 别表

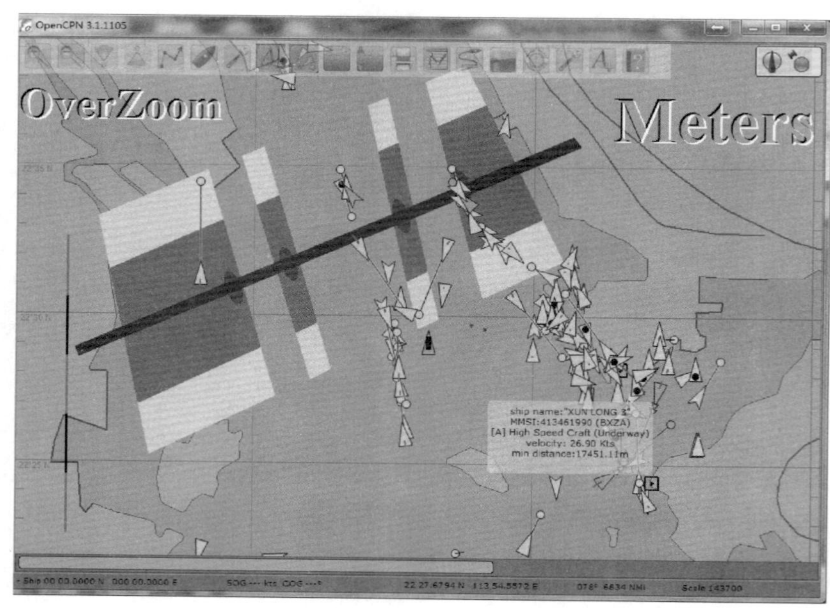

图 4-6-48　AIS 目标显示

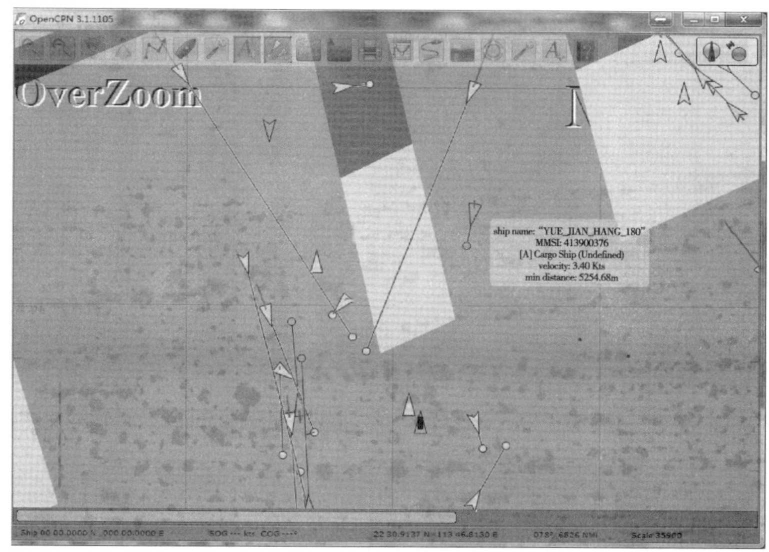

图 4-6-49 AIS 目标显示

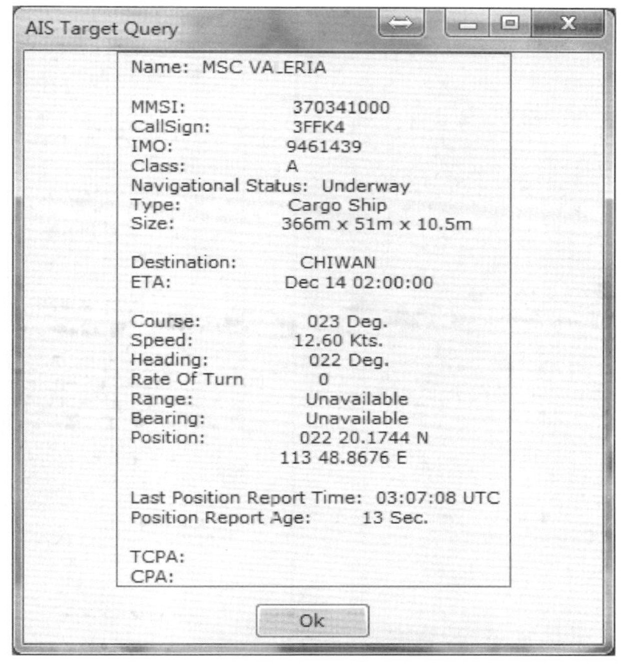

图 4-6-50 船舶 AIS 信号

AIS 监控平台现场测试。为 AIS 接收基站调试使用测试记录。港口安装 AIS 的船舶发射信号，AIS 接收基站通过信号接收天线收到信号，然后反映到装有 AIS 显示软件的电脑中。通过 AIS 显示软件，可以接收桥区水域内船舶的静动态航行信息。对于装备 AIS 的船舶，装有 AIS 的桥梁主动防撞系统可以获取船舶信息，并提供给桥梁船撞风险评估与预警系统使用。

椒江二桥桥区航向区域如图 4-6-51 所示，一艘货船正通过椒江二桥主航道。

椒江二桥 AIS 系统测试设备安装在椒江二桥桥面上，如图 4-6-52 所示。整套系统由 AIS 接收基站、AIS 天线、AIS 监控平台组成。

在椒江二桥实验现场，对 AIS 监控进行了现场调试，如图 4-6-53 所示。AIS 接收天线安装在户外露天位置，如图 4-6-54 所示。在 AIS 监控平台上运行 AIS 监控软件，如图 4-6-55 所示。

图 4-6-51　椒江二桥航行的船舶

图 4-6-52　椒江二桥现场测试 AIS 监控系统

图 4-6-53　AIS 接收基站调试现场

图 4-6-54　AIS 接收基站信号接收天线

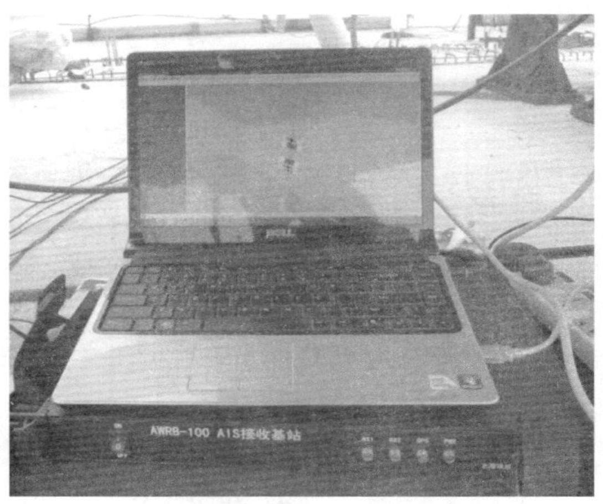

图 4-6-55　AIS 接收基站与 AIS 监控平台

经过测试,AIS 接收基站能够正常接收 40 海旦以上的船舶 AIS 信号。AIS 监控平台软件,将船舶 AIS 信号实现数字化显示。AIS 的船舶进入了相应的监测区域时,报警根据设定的情况工作。

2. 防撞智能视频监控系统

本系统是基于视觉监控技术和数字图像处理技术并利用虚拟仪器平台进行开发的桥梁防船撞智能视频监控系统。以视频监控技术搭建的硬件平台主要包括多路远程监控模拟相机、变焦镜头、多通道视频编码器和计算机平台,以先进的数字图像处理技术为视频信号分析理论核心,并以虚拟仪器软件平台开发此系统软件。此系统以实现多艘船舶静动态识别、数据实时显示、航迹描绘、数据库保存和多级智能报警系统等主要目标构成了椒江二桥防船撞智能视频监控系统。

1)防撞智能视频监控系统硬件

远程视频监控系统硬件主要包括监控摄像机 3 台、视频编码器 1 台、供电电源一套、监控电脑一套。监控摄像机如图 4-6-56 所示,系统电源如图 4-6-57 所示、监控电脑如图 4-6-58 所示。

图 4-6-56 监控摄像机

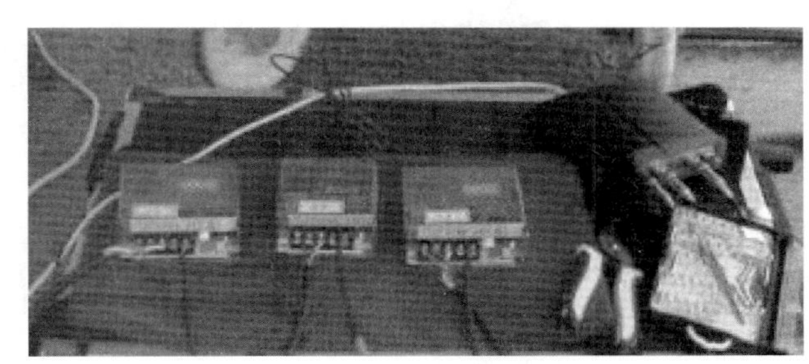

图 4-6-57 摄像机供电系统与视频编码器

图 4-6-58 远程视频监控电脑

2)防撞智能视频监控系统软件

椒江二桥防撞智能视频监控系统作为椒江二桥多级主动防撞系统的一部分,其系统软件经过二次开发后具有以下功能,实时船舶视频监控、船舶航至描绘、监控数据显示、预警信息显示、数据存储、报表生成、即时帮助、系统参数配置。

软件登陆界面如图 4-6-59 所示,整个软件运行情况如图 4-6-60 所示。

(1)实时船舶视频监控界面。三个相机的监测画面能同时实时显示。在画面中能显示用黄线和红线划分的三个级别监测区域,同时如果有识别到的船舶会用矩形框实时锁定静态和动态船舶。另外三个监测画面窗口可以进行缩放,如图 4-6-61 所示。

(2)船舶航迹描绘。三个相机能分别实时显示船舶移动过的路线轨迹,同时航迹图的背景颜色也融合显示了三个级别监测区域,另外航迹图有坐标显示,坐标值范围可以根据实际值进行标定输入,如图 4-6-62 所示。

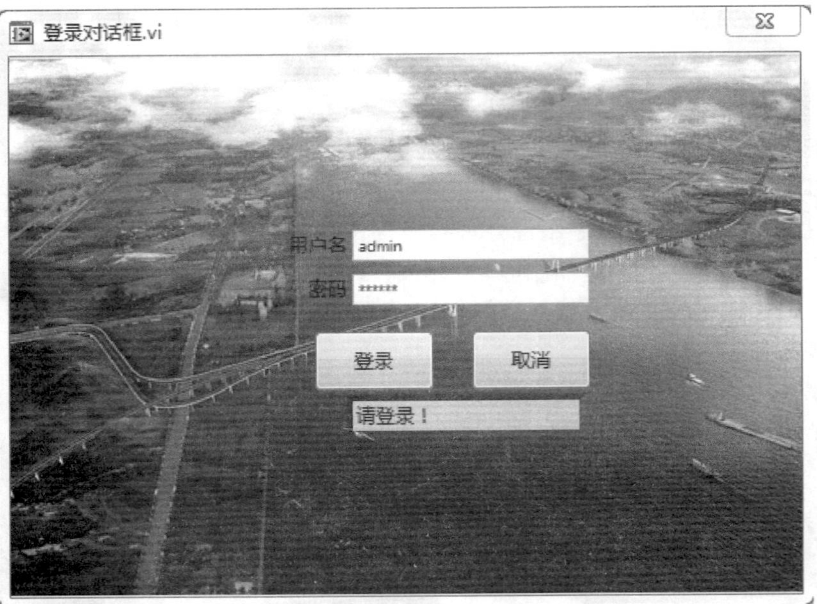

图 4-6-59　软件登录界面

图 4-6-60　软件主界面

图 4-6-61　实时船舶视频监控界面

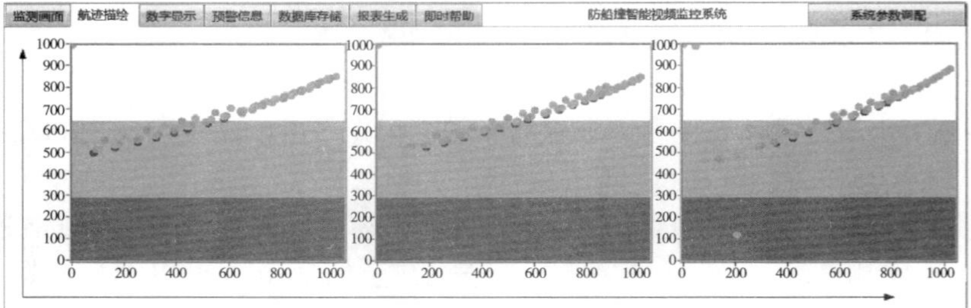

图 4-6-62　船舶航迹描绘

(3)实时数据显示。三个相机分别跟踪识别到的船舶的数量,各艘船舶的大小、坐标、速度和方向这些数据能实时显示,如图 4-6-63 所示。

图 4-6-63 实时数据显示

(4)预警子系统。根据三个相机分别监测到的船舶的大小、航速、方向和所在监测区域进行加权求和得出预警分数,并实时显示预警分数;同时将预警分数通过划分为三个级别(初级预警、中级预警、紧急预警),并通过相应阀值分别亮不同颜色的灯,如下图所示说明,当为紧急预警时则自动触发报警铃声进行报警,如图 4-6-64 所示。

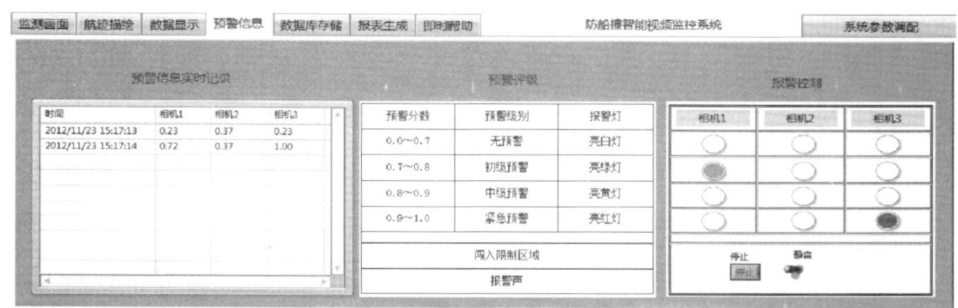

图 4-6-64 预警信息显示

限制区域设定——在三个相机监测画面中可以人为划定限制区域,如图 4-6-65 的蓝色矩形框所示。当监测船舶驶入限制区域内自动直接亮红灯并直接触发报警声。

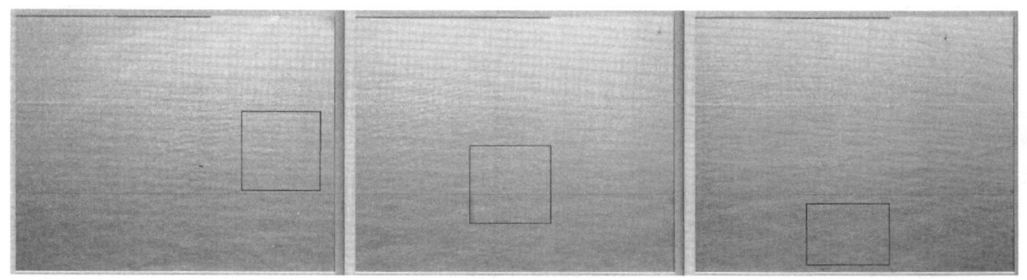

图 4-6-65 限制区域设定

(5)数据存储。对三个相机监测数值数据(包括预警信息数据)的保存建立数据库 SQL 以便适合长期的监测数据保存,另外,有视频智能保存:当识别到船舶时才自动保存,这样减少了保存内存容量,如图 4-6-66所示。

图 4-6-66 数据存储

(6)报表生成。对本次监测时段可自动生成相关内容的报告表格,内容主要有本次监测的人事、时间记录和监测环境截图以及主要的数据统计如最大船舶大小、最大航速、最大航速和预警信息等等简要内容。

即时帮助。对此系统的操作说明和调试系统参数等的说明以及其中涉及到的算法的简单介绍。

(7)系统配置。系统配置包括硬件调节和软件调节。

首先要调整镜头的焦距和光圈以更好的视野和清晰度监测江面船舶。然后再调节软件系统识别参数,包括静态识别参数和动态识别参数以及目标追踪参数。具体调节参数如图 4-6-67 所示。

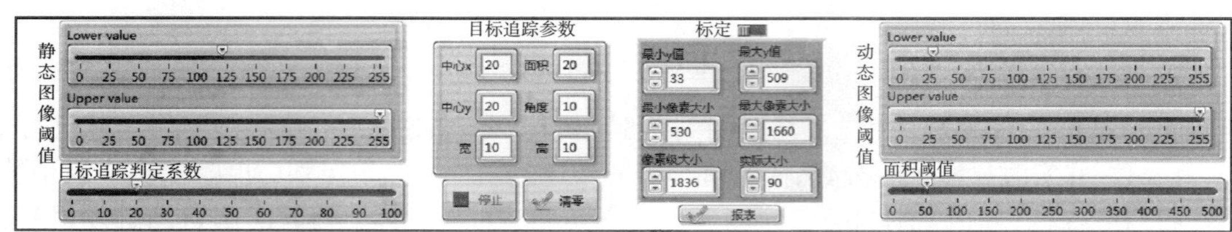

图 4-6-67　系统配置

3. 系统现场测试

1)现场环境

本次实验由于实验环境和天气原因都比较恶劣,故三个相机都只在桥梁的南桥墩的上游一侧同时监测江面船舶,如图 4-6-68 与图 4-6-69 所示。其中椒江二桥江面船舶航行情况如图 4-6-70 所示。

图 4-6-68　摄像机安装监测现场

图 4-6-69　现场安装摄像机

图 4-6-70　椒江二桥江面船舶航行情况

2)系统调参

由于现场环境和实验环境有很大差别,故要根据现场环境实际情况(如江面背景颜色、能见度以及监测距离远近等等)进行系统调参。

系统调参包括硬件调节和软件调节。

首先要调整镜头的焦距和光圈以较好的视野监测江面船舶。然后再调节系统识别参数，包括静态识别参数和动态识别参数。具体调节参数如图 4-6-71 所示。

3）现场测试实验

（1）静态多艘船舶识别

根据现场环境，调试摄像机监测椒江二桥江面上停泊的船只，软件系统能够将多艘停泊船只进行识别，如图 4-6-72 所示。

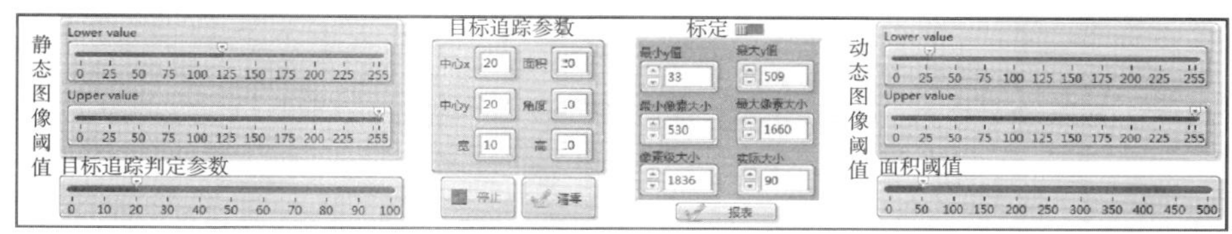

图 4-6-71　软件系统参数配置

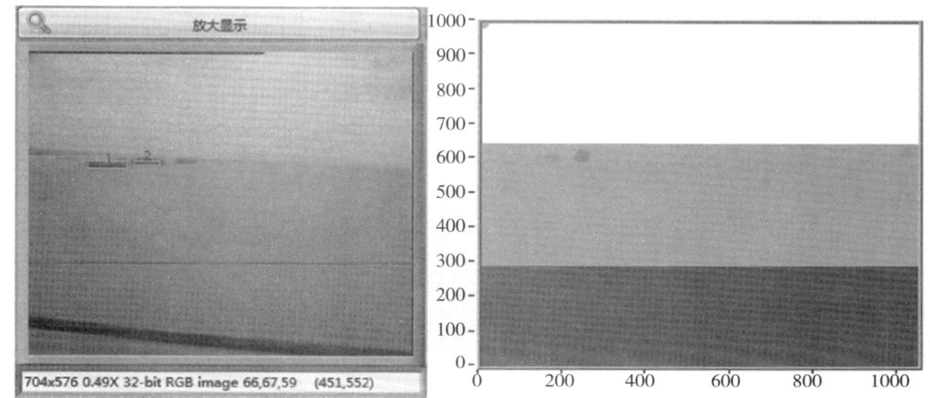

图 4-6-72　静态监测窗口与轨迹描绘

（2）动态多艘识别

根据现场环境，调试摄像机监测椒江二桥江面上航行的船只，软件系统能够将多艘正在航行的船舶进行识别，如图 4-6-73 所示。

图 4-6-73　动态监测窗口与轨迹描绘

（3）标定实验

标定船舶大小大概 3m × 20m，航速大概为 2m/s 且基本保持匀速，视频画面如图 4-6-74 所示。

将实际大小 3m × 20m = 60（m^2）输入相应的标定控件中，然后根据测试数据和实际值进行比较，如图 4-6-75 所示。

监测数据如图 4-6-76 所示。

图 4-6-74　标定船舶

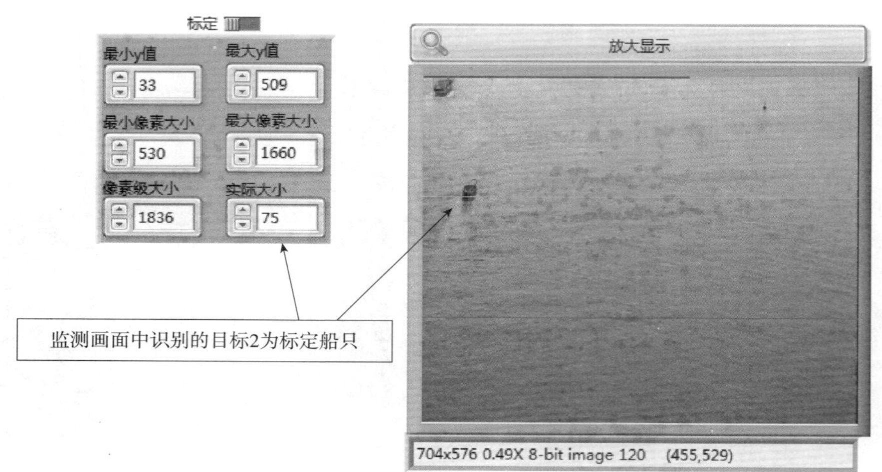

图 4-6-75　船舶标定

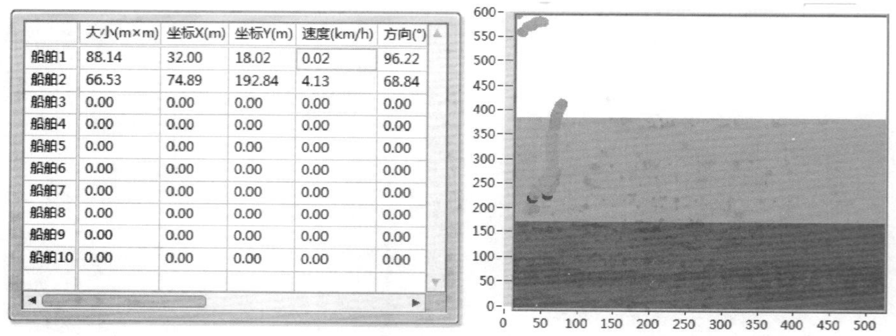

	大小(m×m)	坐标X(m)	坐标Y(m)	速度(km/h)	方向(°)
船舶1	88.14	32.00	18.02	0.02	96.22
船舶2	66.53	74.89	192.84	4.13	68.84
船舶3	0.00	0.00	0.00	0.00	0.00
船舶4	0.00	0.00	0.00	0.00	0.00
船舶5	0.00	0.00	0.00	0.00	0.00
船舶6	0.00	0.00	0.00	0.00	0.00
船舶7	0.00	0.00	0.00	0.00	0.00
船舶8	0.00	0.00	0.00	0.00	0.00
船舶9	0.00	0.00	0.00	0.00	0.00
船舶10	0.00	0.00	0.00	0.00	0.00

图 4-6-76　监测数据实时显示

(4)数据保存

对三个相机监测数值数据(包括预警信息数据)的保存建立数据库 SQL 以便适合长期的监测数据保存,另外,有视频智能保存:当识别到船舶时才自动保存,这样减少了保存内存容量,如图 4-6-77 ~ 图 4-6-79 所示。

(5)预警信息

根据加权求和得出实时的预警分数,然后根据预警分数判别预警级别,最后根据预警级别采取相应措施,包括亮不同颜色的报警灯和自动拉响报警声。

另外,通过人为地划定出限制航行区域,当有船舶驶入限制区域时会直接触发最高级别预警——亮红灯和自动拉响报警声,如图 4-6-80 所示。

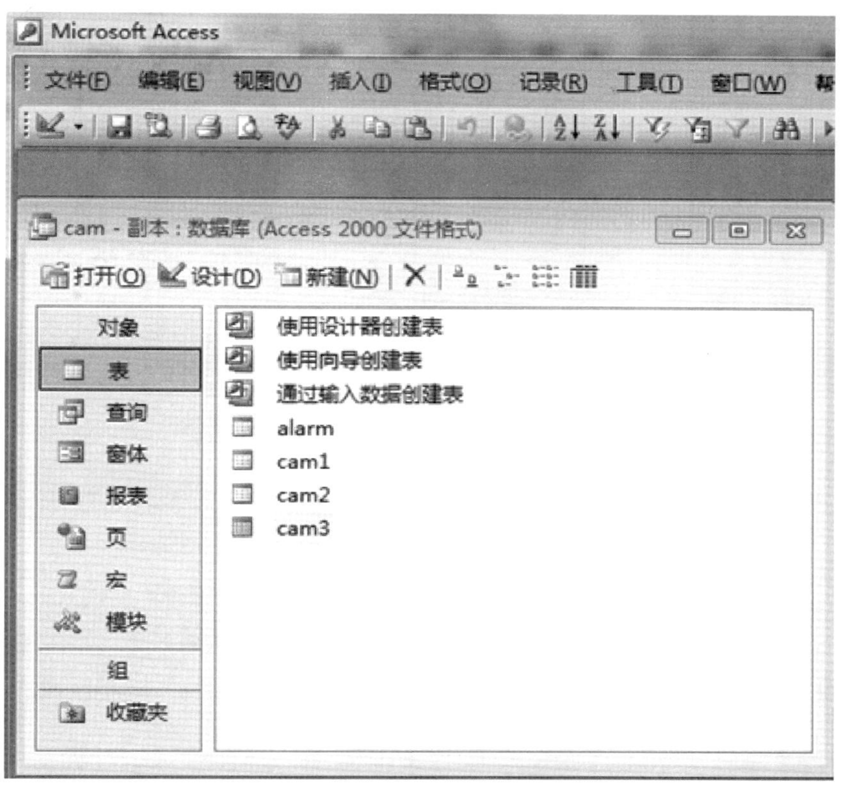

图 4-6-77　数据存储界面

cam1 : 表

time	number	size	coordinateX	coordinateY	speed	direction
1123155401	2	549	315.54	24.15	0	0
1123155401	2	545	316.43	23.73	0	0
1123155401	2	541	316.64	23.62	0	114.79
1123155402	2	557	316.98	23.47	0	114.79
1123155402	2	555	317.03	23.48	0	114.79

记录: 1 共有记录数: 46256

cam2 : 表

time	number	size	coordinateX	coordinateY	speed	direction
1123135923	3	85	264.05	11.62	1.43	16.28
1123135923	3	273	511.63	18.5	1.32	2.52
1123135925	3	56	268.5	81	0	0
1123135926	3	71	200.94	11.55	1.4	16.79
1123135926	3	72	322	12.5	1.01	3.29

记录: 1 共有记录数: 42420

cam3 : 表

time	number	size	coordinateX	coordinateY	speed	direction
1120213908	1	3124	365.01	382.66	0	0
1120213908	1	2994	364.76	382.82	0	0

图 4-6-78　数据库存储

名称	日期	类型	大小
121123_cam1_153453	2012/11/23 15:34	MPG 文件	29,784 KB
121123_cam1_152942	2012/11/23 15:29	MPG 文件	22,488 KB
121123_cam1_151134	2012/11/23 15:11	MPG 文件	19,650 KB
121123_cam1_151824	2012/11/23 15:18	MPG 文件	18,542 KB
121123_cam1_103658	2012/11/23 10:37	MPG 文件	17,259 KB
121123_cam3_153451	2012/11/23 15:34	MPG 文件	17,153 KB
121123_cam2_155248	2012/11/23 15:52	MPG 文件	16,143 KB
121123_cam2_150719	2012/11/23 15:07	MPG 文件	15,492 KB
121123_cam2_153453	2012/11/23 15:34	MPG 文件	15,422 KB
121123_cam3_102045	2012/11/23 10:20	MPG 文件	15,413 KB

图 4-6-79　视频保存

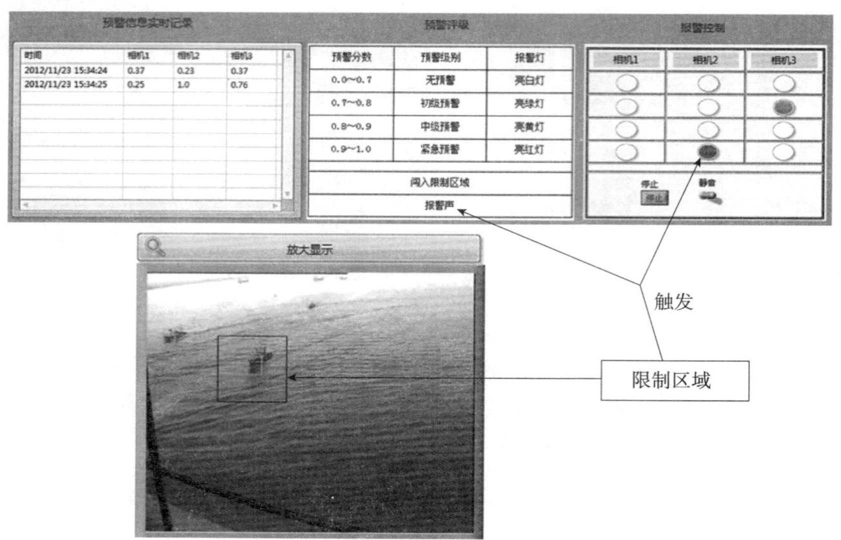

图 4-6-80　预警系统

此系统经过实验室标定和测试，以及椒江二桥现场的标定和测试验证了系统的多艘船舶静动态识别、数据实时显示、航迹描绘、数据库保存(包括数值数据保存和视频智能化保存)和多级智能报警子系统，其中多级智能报警子系统测试了根据危险系数阀值进行触发报警和闯入限制区域进行触发报警。同是也测试了数据保存功能和轨迹描绘功能。基本达到了预期系统功能的实现。

第五节　桥梁船撞监测与灾后评估系统研究

桥梁船撞监测与灾后评估系统是桥梁多级主动防撞系统的最后防线，它应对船撞已不可避免的情况。完全杜绝船撞事故是极其困难的，其实，小的船撞事故时有发生。由于缺乏必要的监控手段，这些小船在肇事之后往往逃之夭夭，导致桥梁业主或管理者因无从追究责任而需自己承担损失。另外，船撞后桥梁状态关乎是否封闭桥梁交通、是否需要维修加固等决策，是桥梁业主或管理者最关心的问题。因此，桥梁船撞监测与灾后评估系统也极为重要。

桥梁船撞监测与灾后评估系统由 3 个部分组成，即船撞摄像监测系统、船撞力压电传感器监测系统、船撞后桥梁评估系统，如图 4-6-81 所示。AIS 具有事件跟踪回放功能。由于我国还有大量非公约船舶、渡轮和渔船，这些船舶的通信手段比较单一、通信性能也比较差，因此，AIS 尚不能满足全方位船撞事件监测需求。为兼顾这一特点，本项目采用摄像系统记录船撞全程，它可覆盖所有船舶类型，实现全方位船撞事件摄像。船舶撞击力是桥梁被动防撞设计的关键因素。目前，尚未有切实可行的船撞力直接监测方法。一般通过求解反问题估算船撞力，即由实测结构响应反推船撞力，但真正的船撞力仍不得而知。本项目采用压电传感器直接测量船撞力。在桥墩或其他可能发生船撞的位置预埋压电传感器测量其所在位置的船撞力。通过试验研究或仿真分析，建立船撞力分布模型。根据压电传感器实测船撞力，利用船撞力分布模型，得到结构表面船撞力。除少数船撞事件导致桥梁整体倒塌之外，大多数船撞事件往往导致不可见的结构损伤。这种损伤往往被结构的表面完整性所掩盖，可能危及桥梁

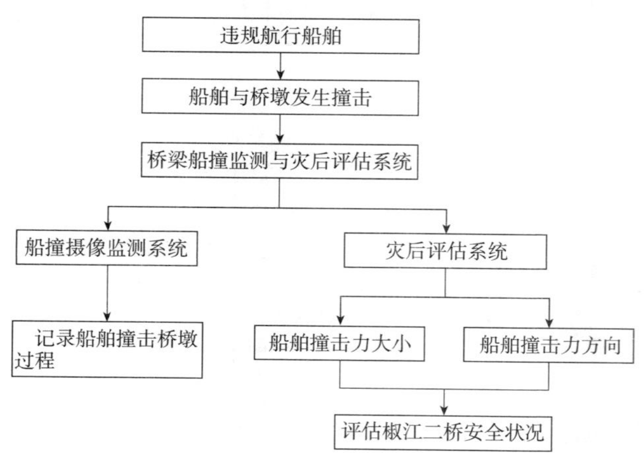

图 4-6-81　桥梁船撞监测与灾后评估系统工作流程

安全。因此,桥梁船撞后状态或损伤评估极其重要,为制定桥梁封闭/开放、维修、养护等决策提供依据。本项目提出一套基于 HHT 变换的船撞后桥梁状态评估方法。

一、船撞摄像监测系统

船撞摄像监测系统功能与智能视频监测系统相结合,将视频摄像机装在桥面下方,摄像机捕捉桥墩近距离的图像,采用触发记录方式。将撞击桥墩的船舶的违规过程记录下来,它可覆盖所有船舶类型,实现全方位船撞事件摄像,为业主单位的索赔工作保留证据。

二、船撞力压电传感器测量方法

本项目采用压电传感器直接测量船撞力。在桥墩或其他可能发生船撞的位置预埋压电传感器测量其所在位置的船撞力。通过试验研究,建立船撞力分布模型。根据压电传感器实测船撞力,利用船撞力分布模型,得到结构表面船撞力。

(一)压电传感器不同船撞力电压信号模型试验

本试验主要目的是对桥墩模型施加瞬态冲击力模拟船撞力,测量埋在桥墩模型中的压电传感器在不同冲击力作用下的电压信号,建立电压信号与冲击力之间的相互关系,为改善桥梁被动防撞设计提供实测数据。

模型是根据结构的原型,按照一定比例而制成的缩尺结构,它具有原型的全部或部分特征。对模型进行试验可以得到和原型相似的结论,从而可以对原型结构的工作性能进行了解和研究。模型试验一般包括模型设计、制作、测试和分析总结等 4 个内容,而关键的一步是设计模型,模型要按照相似理论的要求和原型相似。

结构模型试验要求满足几何条件、物理条件和边界条件的相似(表 4-6-17)。其中模型与原型的几何条件相似是指模型与原型结构之间所有对应部分尺寸成比例,模型比例即为几何相似常数。

试验模型中各物理量相似常数 表 4-6-17

类　型	物理量	相似常数
材料性能	应力 σ	1
	应变 ε	1
	弹性模量 E	1
	质量密度 ρ	1
	泊松比 ν	1
几何特性	长度 l	1/10
	线位移 x	1/10
	角位移 θ	1
	面积 A	1/100
	截面模量 W	1/1000
	惯性矩 I	1/10000
动力特性	质量 m	1/1000
	刚度	1/10
	时间 t	1/10
	速度 $\dot{x}$	1
	加速度 $\ddot{x}$	10
	频率	10
荷载特性	集中力 P	1/100
	集中力矩 M	1/1000
	能量	1/1000

本试验模拟过渡墩无钢套箱的情况，试验模型如图4-6-82所示。

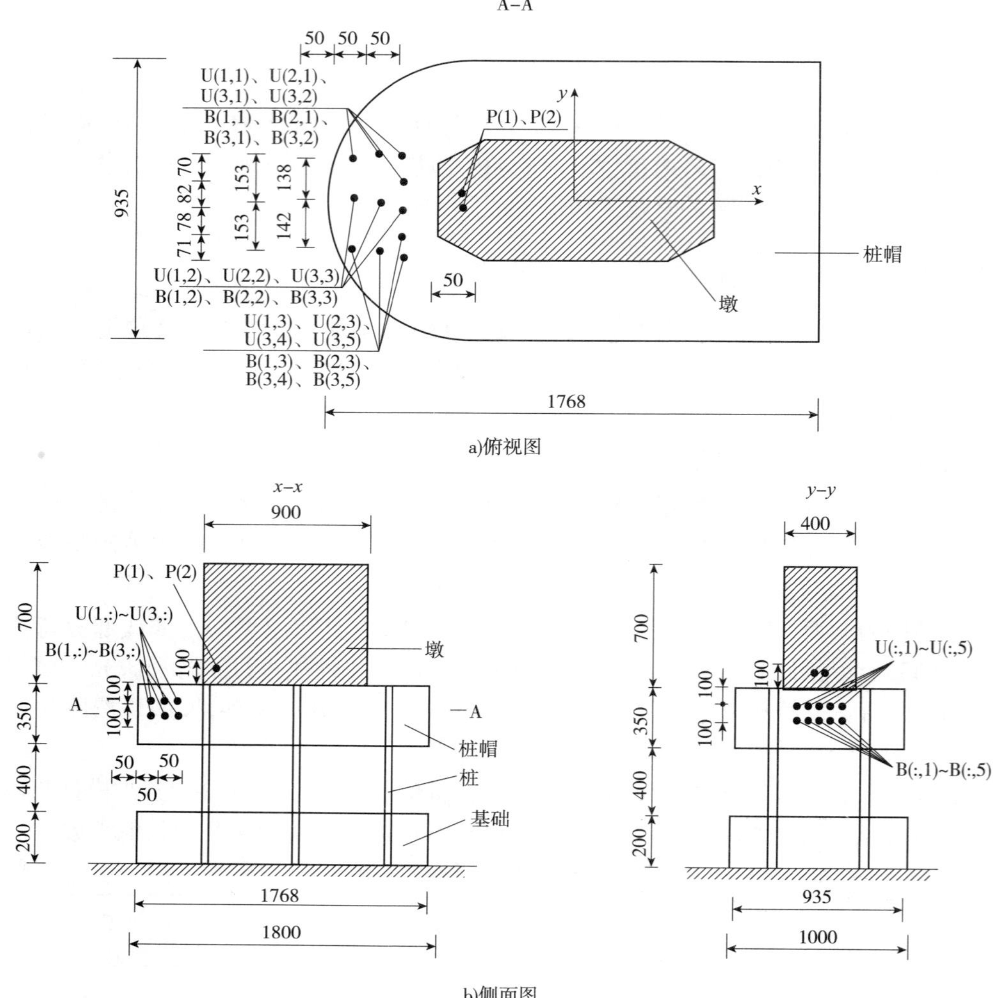

b)侧面图

图4-6-82　试验模型图(尺寸单位:mm)

压电效应是Curie兄弟于1880年发现的。当对压电元件施加外力产生机械变形时，会引起内部正负电荷中心发生相对移动而产生点的极化，从而导致元件两个表面上出现符号相反的束缚电荷，且电荷密度与外力成比例，如图4-6-83所示。其正压电效应的压电方程可表示为：

$$D = dT + \varepsilon^{T}E \tag{4-6-10}$$

式中：D——电位移；

d——压电应变系数；

T——施加的应力；

ε^{T}——介电常数；

E——电场强度。

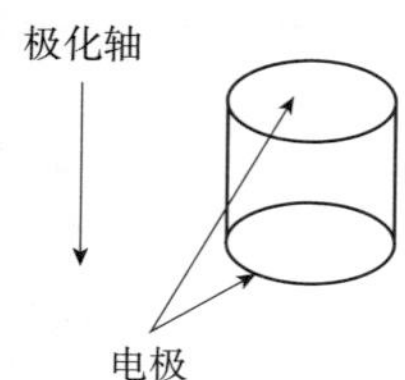

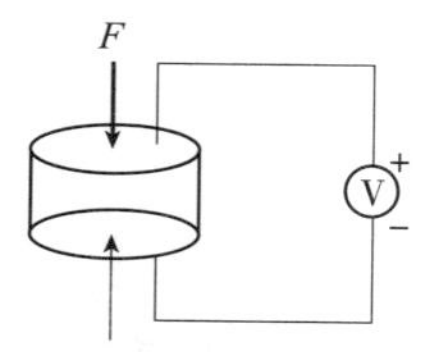

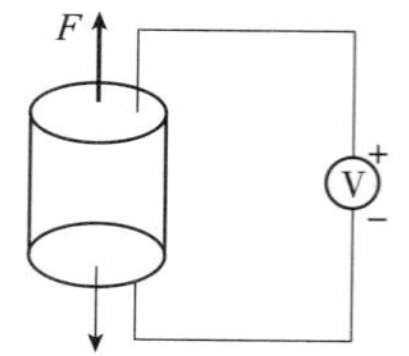

图4-6-83　正压电效应

试验采用的仪器设备包括：压电传感器、力传感器、加速度传感器、电荷放大器、数据采集仪。仪器设备如表 4-6-18 所示。

仪器设备 表 4-6-18

仪器设备	型号	数量
压电传感器	PZT_A	6
	PZT_B	18
力传感器	CL-YD-305	1
电荷放大器	HK9308	2
	B&K2635	3
采集仪	DT9800	1

当压电传感器受到外力 F 作用时，压电传感器会产生电压 U，表达如下：

$$U=\frac{g_{33}Ft}{A} \tag{4-6-11}$$

式中：g_{33}——压电电压常数，其物理意义为在单位应力作用下产生的电场强度；

t——PZT 片厚度；

A——PZT 片的面积。

根据式（4-6-11），由测得的电压 U，可以计算作用上压电传感器的外力 F。这是基于压电传感器的船撞力识别的基本原理。

浇筑好的试验模型放置于香港理工大学土木及结构工程学系实验室，如图 4-6-84 所示。

为了能够实现冲击力撞击桥墩模型来实现船撞力的模拟，制作钢框架和悬摆，如图 4-6-85 所示。悬摆底部焊接钢锤，在钢锤顶部放置力传感器，如图 4-6-86 所示。试验模型中撞击点位置，如图 4-6-87 所示。当把悬摆拉到一定高度松手使之自由滑落，重力势能转化为动能，从而产生冲击力撞击桥墩模型。当钢锤撞击桥墩模型时，采集仪记录力传感器产生瞬态的脉冲信号，同时埋在桥墩模型里的压电传感器也产生电压信号。

图 4-6-84 试验模型

图 4-6-85 钢框架

图 4-6-86 钢锤和力传感器

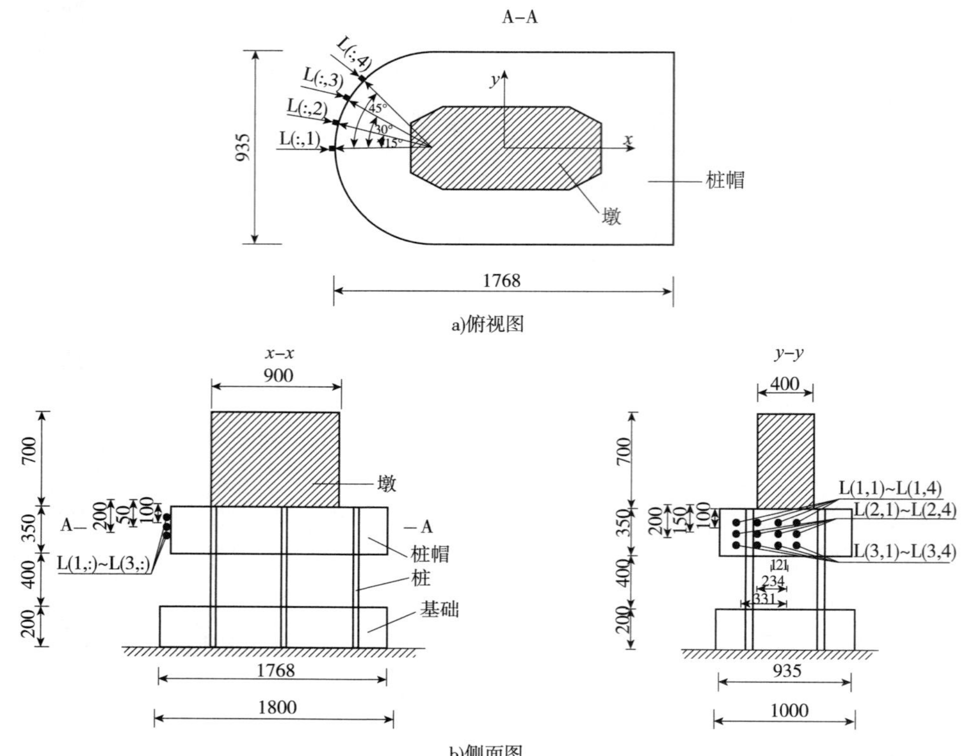

图 4-6-87　试验模型中撞击点位置示意图(尺寸单位:mm)

通过调整钢锤的高度和质量,建立冲击力和压电传感器产生的电压之间的关系。钢锤的高度分别为 7mm、10mm、15mm、20mm 和 26mm。钢锤的质量分别为 2. 69kg、5. 01kg 和 6. 72kg。每个工况撞击 10 次,取平均值来抵消试验中的误差。

(二)试验结果

1. 输出电压分析

图 4-6-88 为钢锤高度为 26mm 和质量为 6. 72kg,撞击位置在 L(1,1)时撞击桥墩模型的结果。图 4-6-88a)为力传感器输出的力,图 4-6-88b) ~ d)为压电传感器 B(1,3)、U(3,5)和 B(2,2)的输出电压。从图 4-6-88b)可以看出,B(1,3)没有产生峰值电压信号,因为力传感器撞击桥墩模型时产生的应力波传到 B(1,3)位置时,已经衰减为 0,从而 B(1,3)不能感应到力。从图 4-6-88c) ~ d)可以看出,U(3,5)和 B(2,2)产生峰值电压信号,说明 U(3,5)和 B(2,2)可以感应到力,从而产生明显的峰值信号。

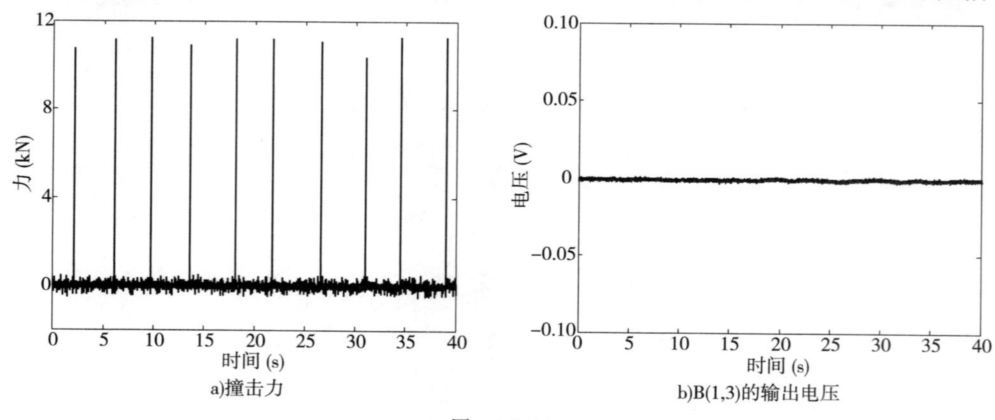

图　4-6-88

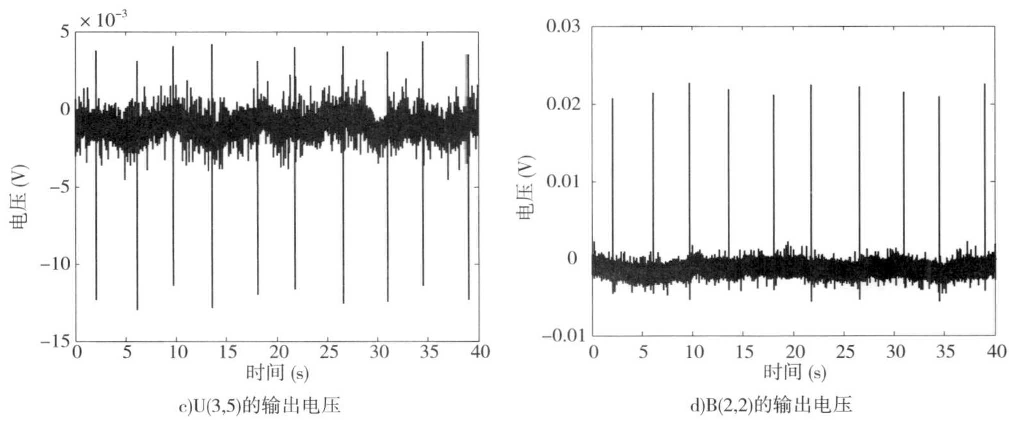

c)U(3,5)的输出电压　　d)B(2,2)的输出电压

图 4-6-88　撞击力和压电传感器产生电压[撞击位置在 L(1,1)时]

2. 撞击位置分析

图 4-6-89 和图 4-6-90 分别为钢锤高度为 26mm 和质量为 6.72kg，撞击位置在 L(2,1) 和 L(3,1) 时撞击桥墩模型的结果。

从图 4-6-88b)、图 4-6-89b) 和图 4-6-90b) 可以看出压电传感器 B(1,3) 在 L(2,1) 和 L(3,1) 时产生峰值信号，在 L(1,1) 时没有峰值信号。表明压电传感器和撞击点的位置之间的距离影响着峰值信号的产生。B(1,3) 与 L(1,1) 之间的距离比与 L(2,1) 或 L(3,1) 之间的距离大，表明 B(1,3) 在撞击位置位于 L(1,1) 处时不能感应到撞击后传递过来的应力波。同样的现象发生在压电传感器 U(3,5) 上。

从图 4-6-88d)、图 4-6-89d) 和图 4-6-90d) 可以看出，随着压电传感器 B(2,2) 与撞击点之间距离的增大，B(2,2) 产生的电压也逐渐增大。

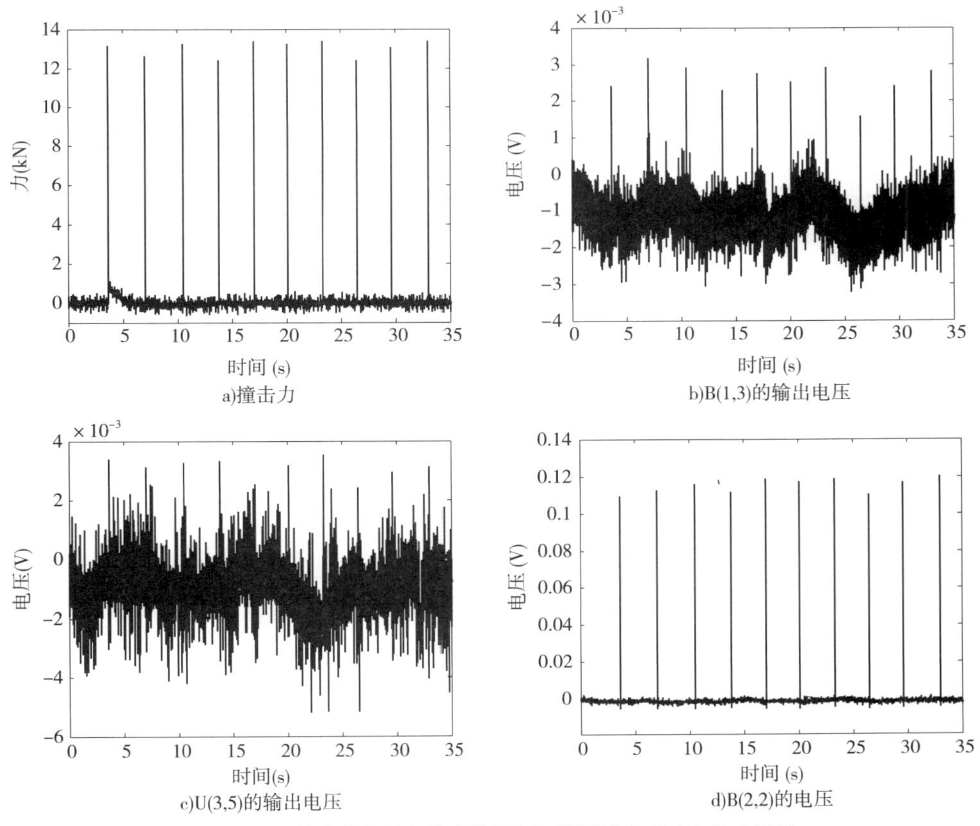

c)U(3,5)的输出电压　　d)B(2,2)的电压

图 4-6-89　撞击力和压电传感器产生电压[撞击位置在 L(2,1)时]

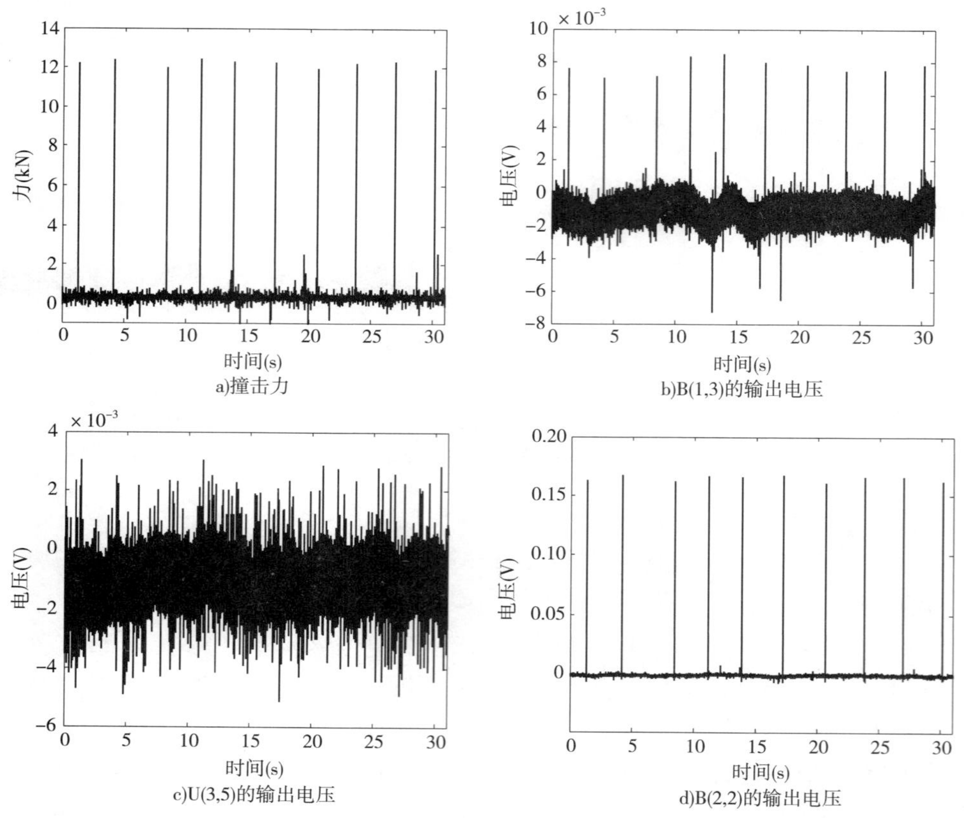

图 4-6-90　撞击力和压电传感器产生电压[撞击位置在 L(3,1)时]

压电传感器在各个撞击点产生峰值信号的情况如图 4-6-91 所示。

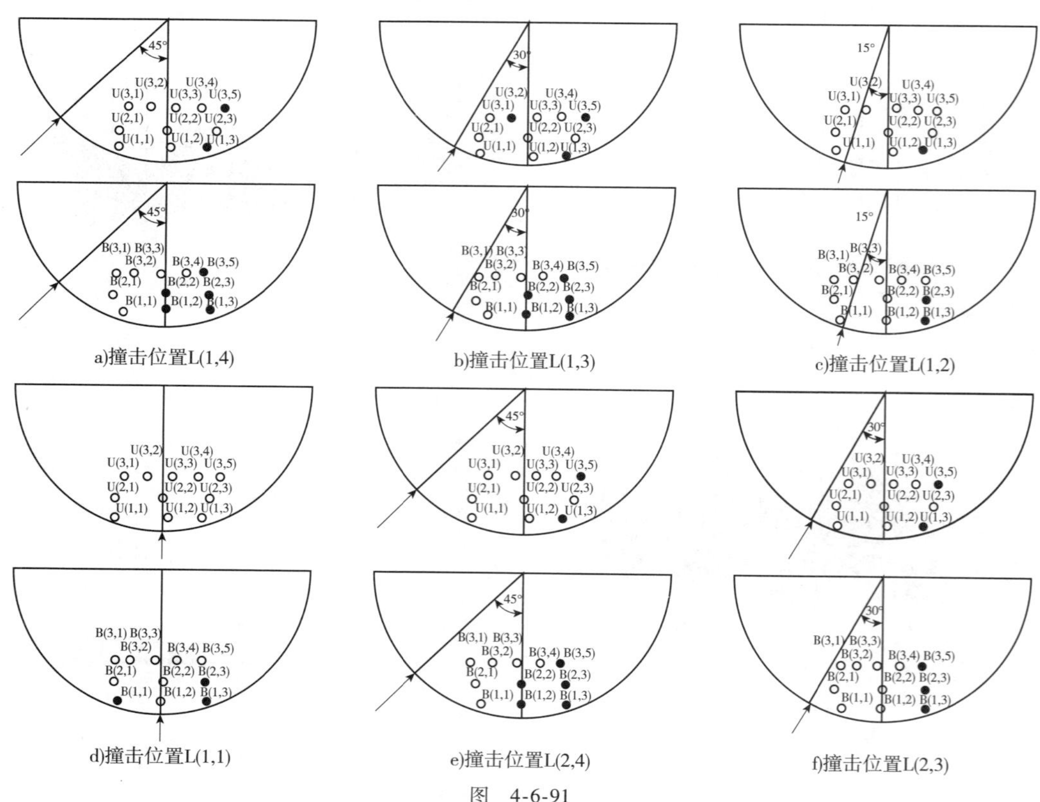

图　4-6-91

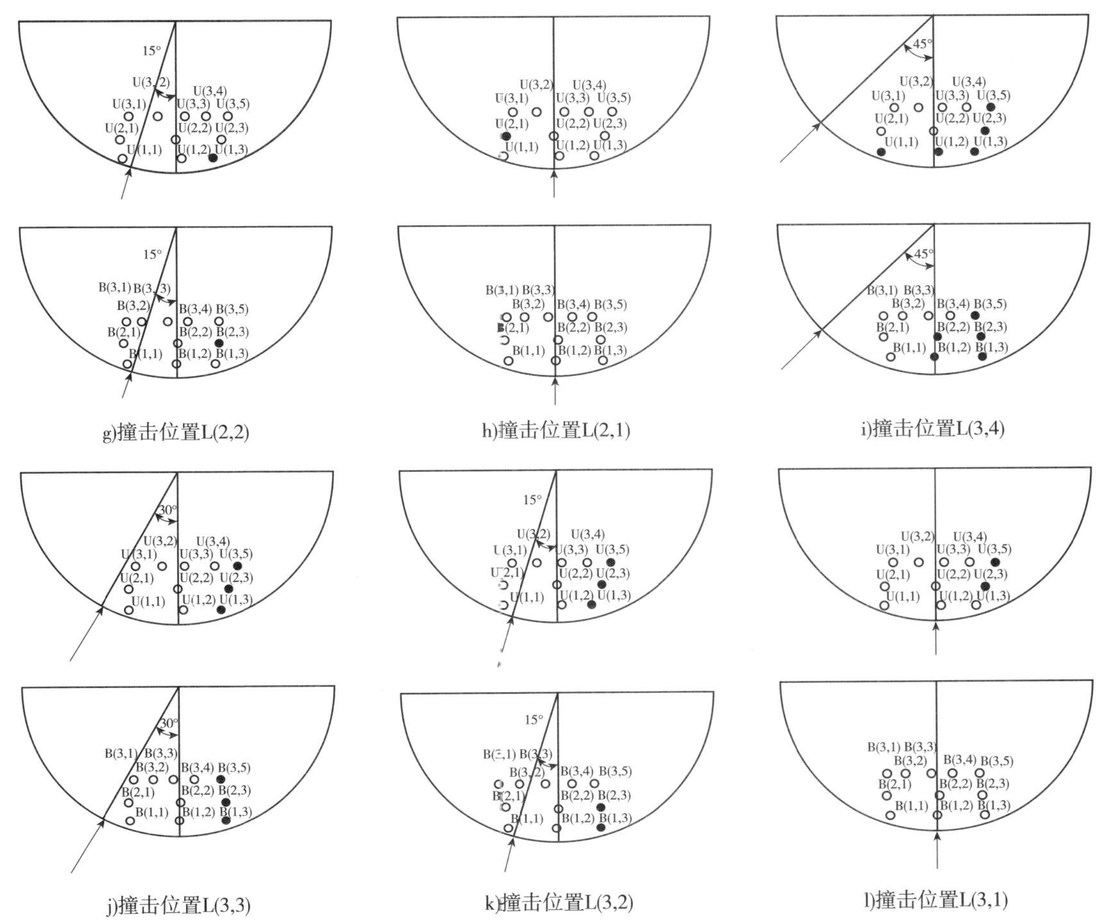

g)撞击位置L(2,2)　h)撞击位置L(2,1)　i)撞击位置L(3,4)

j)撞击位置L(3,3)　k)撞击位置L(3,2)　l)撞击位置L(3,1)

图 4-6-91　压电传感器在各个撞击点下产生峰值信号图

空心表明有出现峰值信号,实心表明没有出现峰值信号。当撞击位置从 L(1,1) 到 L(1,4),L(2,1) 到 L(2,4),L(3,1) 到 L(3,4) 依次偏移时,即撞击位置与压电传感器的距离增大时,没有峰值信号出现的压电传感器数量随着增多。

由图 4-6-91 的 a)、e) 和 i) 可以看出,U(1,1) 和 U(1,2) 在撞击位置位于 L(1,4) 和 L(2,4) 时可以产生峰值信号,而在 L(3,4) 时,不能产生峰值信号。因为 U(1,1) 与 L(3,4) 之间的距离比 U(1,1) 与 L(1,4) 或 L(2,4) 之间的距离远。相似的现象发生在 U(1,2),B(1,2) 和 B(2,2) 上。

有了图 4-6-91 中撞击位置与峰值信号之间的关系,可以通过传感器阵列的方式大致判断撞击点的位置。

(三)回归分析

通过以上分析,可以大致判断压电传感器输出电压和撞击力之间是线性关系。因此,对压电传感器的输出电压和撞击力进行线性拟合,线性拟合公式如下:

$$U = c_0 + c_1 F \tag{4-6-12}$$

式中:U——压电传感器的输出电压;

F——撞击力;

c_0 和 c_1——线性拟合参数,可以通过以下公式计算:

$$c_1 = \frac{S_{UF}}{S_{FF}} \tag{4-6-13}$$

$$c_0 = \overline{U} - c_1 \overline{F} \tag{4-6-14}$$

式中：S_{FF}——撞击力 F 的方差；

S_{UF}——U and F 的协方差；

$\overline{U}$ 和 $\overline{F}$——U 和 F 的平均值。用系数 r^2 用来衡量回归曲线和测量值之间的近似程度，其公式如下：

$$r^2 = 1 - \frac{\sum_{i}^{n} (U_i - \hat{U}_i)^2}{\sum_{i}^{n} (U_i - \overline{U})^2} \tag{4-6-15}$$

式中：U_i——U 的观测值；

$\hat{U}_i$——U_i 的估计值；

$\overline{U}$——U_i 的平均值；

n——测量点数目。

图 4-6-92 为撞击力与压电传感器的输出电压之间的关系，表 4-6-19 为通过式(4-6-13)～式(4-6-15)得到的拟合参数。通过图 4-6-92 和表 4-6-19 撞击位置在 L(1,1)时回归分析中统计参数，发现确定系数 r^2 超过 0.91，表明撞击力与压电传感器的输出电压之间关系呈线性关系。通过这种线性关系和测量的压电传感器的电压信号，可以得到撞击力。B(1,1)、B(1,3)和 B(2,3)在撞击力作用下未能产生峰值信号，因此未做线性拟合。

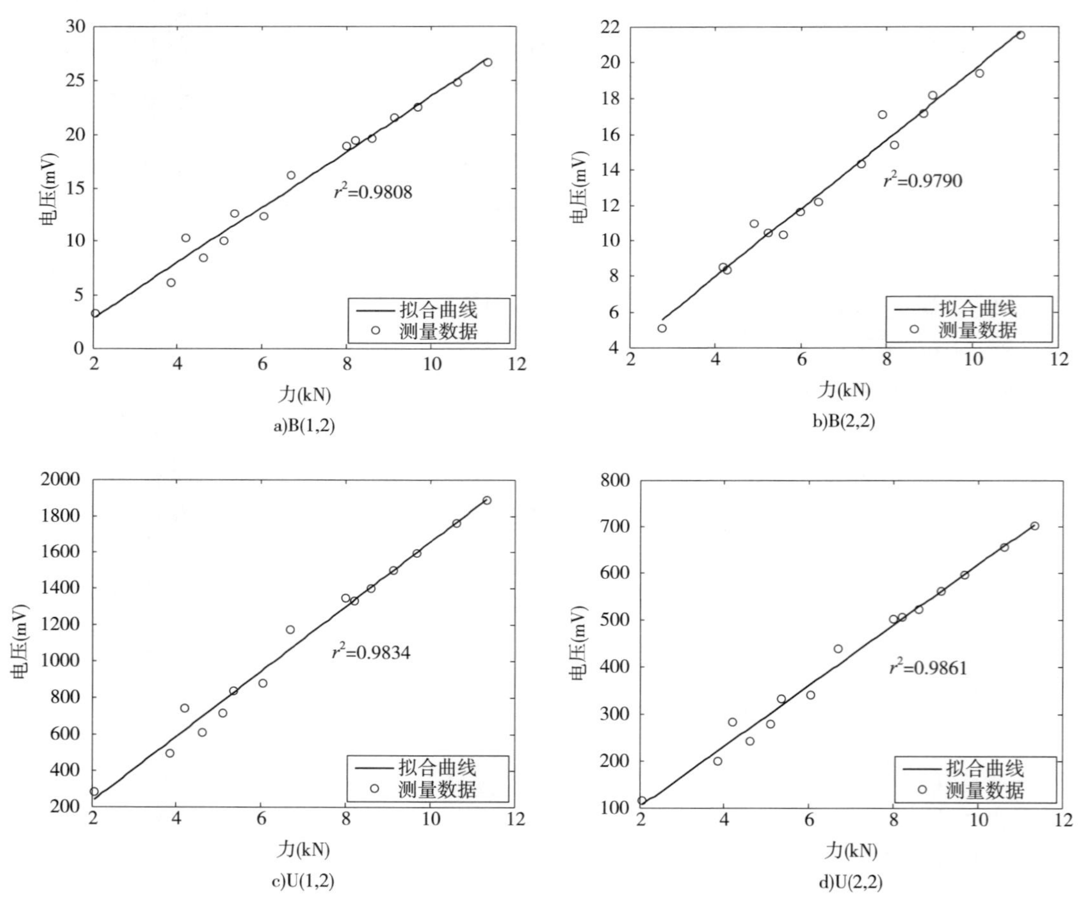

图 4-6-92　撞击力和输出电压相互关系[撞击位置在 L(1,1)时]

撞击位置在 L(1,1)时回归分析中统计参数　　表 4-6-19

参数	U(1,1)	U(1,2)	U(1,3)	U(2,1)	U(2,2)	U(2,3)	U(3,1)	U(3,2)	U(3,3)	U(3,4)	U(3,5)
c_0	-0.7494	-126.665	-0.3275	-1.8683	-26.873	-1.4312	-4.4674	-9.1345	-3.5893	1.2558	-1.0247
c_1	0.0013	0.1780	0.0016	0.0016	0.0645	0.0034	0.0095	0.0184	0.0071	0.0019	0.0010
r^2	0.9732	0.9834	0.9955	0.9389	0.9861	0.9764	0.9863	0.9839	0.9865	0.9879	0.9138
参数	B(1,1)	B(1,2)	B(1,3)	B(2,1)	B(2,2)	B(2,3)	B(3,1)	B(3,2)	B(3,3)	B(3,4)	B(3,5)
c_0	—	-2.3604	—	-1.6805	0.2728	—	0.1503	2.3151	2.5197	4.2584	0.9898
c_1	—	0.0026	—	0.0011	0.0019	—	0.0012	0.0048	0.0054	0.0070	0.0013
r^2	—	0.9808	—	0.9231	0.9790	—	0.9892	0.9255	0.9884	0.9863	0.9677

三、船撞后桥梁评估方法

(一)背景介绍

基于工程结构振动信号的分析与处理识别结构的模态参数，是结构健康监测和损伤诊断的重要手段之一，也是当前国内外研究的热点问题之一。1965 年，美国的库利和图基设计出快速傅里叶变换(FFT)算法，数字信号的处理的理论得到了迅猛的发展。但傅里叶分析方法建立在线性、平稳信号假定的基础上。另外，傅里叶分析是一种单纯的频域分析方法，即振动信号经傅里叶变换后不能提供任何时域的信息。这一缺陷导致在信号分析中时域和频域信息互不可见。傅里叶分析还会导致振动信号能量在时频域转换过程中出现泄漏效应。后来提出的短时傅里叶变换方法虽然能够在一定程度上描述信号的瞬时频率含量，但是不能同时在时域和频域内获得较高的分辨率。

由于船撞引起的桥梁结构动态响应是瞬时的，非平稳和非线性的，传统的以傅里叶变换为基础的信号处理方法显然不适用。Huang 等人于 1998 年提出了经验模态分解(EMD)，并将其与著名的 Hilbert 谱分析相结合，组成了一种新的信号处理方法，被称为 Hilbert-Huang 变换(HHT)。HHT 方法是专为非线性、非平稳数据分析而设计的。EMD 是 HHT 的关键部分，任何复杂的信号可以通过 EMD 分解成有限的、少量的固有模态函数(IMF)。对于处理非线性、非平稳信号有具体的物理意义，能够得到信号的振幅—时间—频率分布特征。HHT 没有一个先验的基函数，其分解过程基于数据本身的特性。这种分解方法是自适应的，因此也是高效的，非常适用于非线性和非平稳信号处理。本项目将采用 HHT 方法处理发生船撞事故时桥梁结构动态响应数据，进行桥梁船撞后状态或损伤评估。

(二)基于 HHT 的船撞后桥梁状态评估方法

EMD 方法假设：任何信号由不同的固有振动模态组成，每一模态不论是线性或是非线性的，其极值点数和零交叉点数相同，在相邻的两个零交叉点之间只有一个极值点，任何两个模态之间是相互独立的，这样任何一个信号就可以被分解为有限个 IMF 之和，其中任何一个 IMF 都满足以下条件：在整个数据段内，极值点的个数和零交叉点的个数必须相等或相差最多不能超过一个。

在任何一点，由局部极大值点形成的包络线和由局部极小值点形成的包络线的平均值为零。和简单的单调函数相比，一个 IMF 代表了一个简单的振动模态，运用了 IMF 可以把任何信号按如下步骤进行分解：

确定信号所有的局部极值点，然后用三次样条线将所有的局部极大值点连接起来形成上包络线。用三次样条线将所有的局部极小值点连接起来形成下包络线。上下包络线应该包络所有的数据点。上下包络线的平均值记为 m_1，求出

$$x(t) - m_1 = h_1 \tag{4-6-16}$$

理想地，如果 h_1 是一个 IMF，那么 h_1 就是 $x(t)$ 的第一个分量。

如果 h_1 不满足 IMF 的条件，把 h_1 作为原始数据，重复以上三个步骤，得到上下包络线的平局值 m_{11}，再判断 $h_{11}=h_1-m_{11}$ 是否满足 IMF 的条件，如不满足，则重复循环 k 次，得到 $h_1(k-1)-m_{1k}=h_{1k}$，使得 h_{1k} 满足 IMF 的条件。记 $c_1=h_{1k}$，则 c_1 为信号 $x(t)$ 的第一个满足 IMF 条件的分量。

将 c_1 从 $x(t)$ 中分离出来，得到

$$r_1-x(t)=c_1 \tag{4-6-17}$$

将 r_1 作为原始数据重复以上过程，得到 $x(t)$ 的第二个满足 IMF 条件的分量 c_2，重复循环 n 次，得到信号 $x(t)$ 的 n 个满足 IMF 条件的分量。这样就有

$$r_1-c_2=r_2,\cdots,r_{n-1}-c_n=r_n \tag{4-6-18}$$

当 r_n 成为一个单调函数不能再从中提取满足 IMF 条件的分量时，循环结束。这样由式(4-6-17)和式(4-6-18)得到

$$x(t)=\sum_{j=1}^{n}c_j+r_n \tag{4-6-19}$$

因此可以把任何一个信号 $x(t)$ 分解为 n 个 IMF 和一个残量 r_n 之和。这些固有模态函数包含了信号从高到低不同频率段的成分，每一频率段所包含的频率成分是不同的，而且是随着信号本身的变化而变化的。对式(4-6-20)中的每个固有模态函数 $c_i(t)$ 作 Hilbert 变换得到

$$H[c_i(t)]=\frac{1}{\pi}\int_{-\infty}^{\infty}\frac{c_i(t')}{t-t'}\mathrm{d}t' \tag{4-6-20}$$

构造解析信号

$$z_i(t)=c_i(t)+jH[c_i(t)]=a_i(t)c^{j\Phi_i(t)} \tag{4-6-21}$$

于是得到瞬时幅值函数

$$a_i(t)=\sqrt{c_i^2(t)+H^2[c_i(t)]} \tag{4-6-22}$$

和相位函数

$$\Phi_i(t)=\arctan\frac{H[c_i(t)]}{c_i(t)} \tag{4-6-23}$$

进一步可以求出瞬时频率

$$\omega_i(t)=\frac{\mathrm{d}\Phi_i(t)}{\mathrm{d}t} \tag{4-6-24}$$

这样可以得到

$$x(t)=Re\sum_{i=1}^{n}a_i(t)e^{j\Phi_i(t)}=Re\sum_{i=1}^{n}a_i(t)e^{j\int\omega_iL(t)\mathrm{d}t} \tag{4-6-25}$$

Re 表示取实部，展开式(10)称为 Hilbert 谱，记作

$$H(\omega,t)=Re\sum_{i=1}^{n}a_i(t)e^{j\int\omega_i(t)\mathrm{d}t} \tag{4-6-26}$$

再定义 Hilbert 边际谱

$$h(\omega)=\int_{-\infty}^{\infty}H(\omega,t)\mathrm{d}t \tag{4-6-27}$$

Hilbert 谱精确地描述了信号的幅值在整个频率段上随时间和频率的变化规律，而 Hilbert 边际谱反映了信号的幅值在整个频率段上随频率的变换情况。

对于结构的加速度信号分解，EMD 无法分解密集的频率，即分解完的模态分量(IMF)含有多个实际模态频率在里面，从而造成所萃取的瞬时频率不规则。为克服这种现象，本项目将采用改进的 HHT

方法对船撞后桥梁状态进行评估。首先利用 FFT 和带通滤波器,将实际船撞结构响应通过带通滤波器分解成多个窄带信号,最后再利用 Hilbert 变换把信号在时频域上展现出来,从而对桥梁的状态进行评估。

第六节　椒江二桥防船撞问题研究结论及总结

一、椒江二桥的防船撞研究结论

通过椒江二桥防船撞专题研究,关于船撞力设防标准、码头船舶对桥梁影响的范围及柔性防撞设施方案、主塔桥墩的防撞设计方案等得到如下研究结论:

(1)采用 AASHTO 指南的基本方法,不考虑码头船舶影响的情况下,确定椒江二桥的船撞力设防标准:

①主塔桥墩的设防船撞力为 41MN;

②辅助墩的设防船撞力为 21.5MN;

③过渡墩的设防船撞力为 13MN;

④靠近主桥第一个引桥桥墩的设防船撞力为 6.5MN;

⑤其他部分的设防船撞力为 3.5MN。参见表 4-6-6。

(2)较为系统地研究了海螺水泥厂码头船舶对桥梁安全的影响。确定码头船舶对桥梁影响的范围为北岸水中部分桥墩,由于辅助墩和主塔桥墩设防标准高于或者等于 5000DWT,考虑到经济等方面的因数,在距离桥梁结构物 100m 左右范围内设置长度为 500m 的柔性防撞设施。

(3)针对码头船舶的特殊防撞问题,提出了两种柔性防撞设施方案,通过方案比选推荐浮筒拦截链方案作为实施方案。

(4)针对码头船舶防撞问题所推荐的柔性防撞方案,建立较为精细的有限元模型,模拟了 2 种不同速度(1.1m/s 和 2.0m/s)下满载 5000DWT 船舶撞击柔性防撞设施的中部的工况,结果表明:该装置都能将船舶行驶速度降为零,说明该装置能够有效地拦截失控船舶。

(5)针对主塔桥墩的防撞问题,进行了必要的方案比选研究,并推荐钢套箱方案为主塔桥墩的防撞设计方案。

(6)钢套箱的防船撞性能的 4 种不同工况下船桥碰撞的数值模拟研究结果表明:

①不论在高水位还是在常水位,钢套箱都能有效地降低承台位移,说明起到了降低桩基础内力的作用,这是我们设置防撞装置主要目的之一;

②防撞套箱能有效避免船舶直接撞击承台而造成损伤,同时也减小了碰撞船舶的船艏的损伤;

③在高水位情况下,钢套箱能够较为有效地降低船撞力,在常水位情况下,对船撞力的降低效果不太明显。

二、多级主动防撞系统研究总结

(1)桥梁船撞风险评估与预警是桥梁多级主动防撞系统的核心。利用距离、航速、航向、最近会遇点、达到最近会遇点时间等实测数据,主动提醒船舶违规操作,实时评估船撞风险,主动预警船撞危险、自动报警船撞事故,转变桥梁“被动抵抗”局面,实现“主动防御”功能。以实时监控桥区船舶航行情况、主动提醒船舶违规操作(超速、偏航等)、实时评估船撞风险、主动预警船撞危险、最大限度避免船撞事故、自动报警船撞事件以及全程记录船撞事件。

(2)基于压电传感器的船撞桥墩的船撞力监测分析方法,由埋入到钢筋混凝土桥墩的压电传感器产生的电压信号识别出船撞桥墩的船撞力。通过在桥墩或其他可能发生船撞的位置预埋压电传感器,通过试验研究,建立船撞力分布模型,得到各个预埋位置压电传感器与船撞力之间的关系。然后利用船撞力分布模型，通过测量压电传感器产生的电压信号，得到船撞桥墩的船撞力。埋入到混凝土中的压电传感器在受到撞击时可以产生峰值信号，由此可以判定结构是否收到撞击。通过获取压电传感器在不同的撞击位置是否产生峰值信号的信息，可以判断撞击力的位置。用线性函数建立撞击力与压电传感器输出的峰值电压信号之间的关系，得到的确定系数比较高，可以通过输出的电压信号估计撞击力。

同时提出了一套基于 HHT 变换的船撞后桥梁评估方法，采用 HHT 方法处理发生船撞事故时桥梁结构动态响应数据，进行桥梁船撞后状态或损伤评估。

第七章　椒江二桥工艺试桩专题研究

第一节　概　　述

一、专题来源

椒江二桥及接线工程位于台州市东部临海市和椒江区境内，其中椒江二桥是项目的控制性工程；在椒江口老鼠屿处跨越椒江，其桥位距上游椒江大桥约 7 km，离下游沿海高速公路（甬台温复线）“工可”桥位约 3.8km；主跨为 480m 的双塔组合梁斜拉桥，桥址处淤泥层较厚，桩长较长，按端承桩设计。桥位处河床宽浅、潮强流急，上覆淤泥层厚达 40m 左右，中部有厚度 20m 左右的漏浆层，底部基岩为斜岩面，下部结构需依托栈桥施工，基础施工难度大。

考虑到以上特点，为了满足结构的承载力及稳定性要求，水中区主塔桩基础采用了直径 2.8 ~2.5m 的大直径钻孔灌注桩，南塔处单桩设计最长桩长为 137m。如此大直径超长桩在国内外建桥史上尚属首例。

鉴于此，根据椒江二桥及接线工程初步设计审查会专家组意见，受椒江二桥工程建设指挥部委托，路桥集团国际建设股份有限公司进行了 2.8 ~2.5m 大直径钻孔灌注桩工艺试桩专题研究工作。根据施工栈桥实际施工情况及工艺试桩施工需要，工艺试桩实施位置为大桥主航道桥南侧南塔附近施工栈桥东侧，初勘钻孔 ZK12 附近。试桩为非工程桩，静载试验采用自平衡法。

二、专题研究的目的及意义

本次工艺试桩的重点为施工工艺试桩及承载力试桩，目的是通过施工工艺试桩研究桥址处 2.8 ~2.5m 大直径钻孔灌注桩成孔及成桩施工工艺，并研究大直径超长桩的关键施工设备、关键施工组织和关键技术参数；通过承载力试桩确定单桩极限承载力、获得各土层及桩端持力层有关参数、测定桩基沉降和变形，为确定 2.8 ~2.5m 直径桩基础桩基相关设计参数提供依据。

工艺试桩专题研究成果对于大桥建设相关参建单位确定桩基施工工艺、进行施工组织设计及主要施工设备选择具有重要指导意义，对椒江二桥工程的顺利实施具有重要现实意义。

三、桥位处地质、气象、水文条件

（一）地形地貌

桥位位于台州湾椒江入海口，海域开阔、岸线较平直、潮滩发育、水深大多小于 10m。台州湾椒江河口两侧为大片的黏土质粉沙浅滩，其中南侧为台州浅滩，宽约 7km，南北长约 15km；河口北侧顺河岸为南洋海涂，宽约 2.5km，顺岸长达 9km。椒江两岸陆域河网密布，地势平坦，高程一般在 2 ~5m（85 国家高程系统）之间，局部地段有山丘分布。椒江二桥拟建区段椒江河口平面呈典型的喇叭形，以北岸的淞浦闸至南岸的九塘一线划分，小园山至淞浦闸河段岸线平直，河面宽度往东逐渐展开，水面宽度由 970m 扩展到 3900m，其中老鼠屿附近河面扩展到 1800m 左右。

（二）地质构造

椒江两岸地势西高东低，区域地质构造以断裂构造为主，褶皱构造不发育。断裂带多以北东向、北北东向和北东东向为主，局部有近东西向断裂，其构造体系以新华夏系为主。从《浙江省主要褶皱、断裂构造分布图》来看，对本区影响最大的深大断裂为北东向的鹤溪大断裂、温州—镇海大断裂、泰顺—黄岩大断裂和东西向的衢县—天台大断裂。本项目所经区域内跨越椒江流域，整个桥位河床高程在 -0.2 ~ -6.0m左右，表层分布海积成因③大层淤（海）泥及淤泥质土，层厚约 39.7 ~ 40.1m，流塑，高含水量，高灵敏度，高压缩性，抗剪切强度低，透水性差，固结时间长，物理力学性质差；上部分布冲海积成因④大层黏土、含粉质黏土卵石，层厚约 11.8 ~ 11.9m，软塑 ~ 中密，中等 ~ 高压缩性，物理力学性质一般较好；中部分布冲积成因⑤大层含粉质黏土圆砾、粉质黏土，层厚约 20.6 ~ 23.3m，硬塑—密实，力学性质较好；下部分布冲湖积成因下段⑦大层粉质黏土、黏土，层厚约 25.2 ~ 42.9m，硬塑，局部软塑，低—中等压缩性，物理力学性质较好；底部分布残坡积成因⑧大层碎石土，层厚 7.0 ~ 7.7m，硬塑 ~ 中密，力学性质较好；下伏凝灰岩，中风化基岩面埋深为 -123.63 ~ -135.17m（黄海高程），力学性质良好。

（三）气象水文

本项目通过地区属亚热带季风海洋性气候，气候温暖湿润，光照充足，四季分明，雨量充沛。年平均气温在 17℃左右，极端最高气温为 40.3℃，极端最低气温为 -7.1℃。

本区降水充沛，历年平均降水量 1652mm，平均降雨天数 166 天，最高年降水量 2371 mm，最低年降水量 913mm。台风是本区域又一重大气象要素。台风影响一般规律为平均每年 1 ~ 2 次，最多可达 3 ~ 4 次，影响季节一般为 7—9 月，最早 5 月，最迟 11 月。

椒江口潮流的速度具有一定强度，且流速大，涨潮时最大流速达 1.44 ~ 1.97m/s，落潮时最大流速在 0.71 ~ 1.32m/s，涨潮流速明显要大于落潮流速，为涨潮优势流，且潮位变化较大，平均高潮位为 +2.45m 左右，平均低潮位为-1.54m，平均潮差 4.02m；本海域属开敞式海湾，盛行混合浪，其中以涌浪为主的混合浪居多，其季节变化明显，风浪浪向以 N—NE 方向最多。累年平均波高 1.2m，最大波高为 14.4m，波向 E，7—11 月波高最大，月平均波高 1.3 ~ 1.4m，月最大波高 6.0 ~ 14.4m。累年平均周期 5.6s，最大周期 18.1s，7—10 月周期较长，月平均周期 5.8 ~ 6.1s，月最大周期 14.5 ~ 18.1s。

四、报告编制依据

（1）椒江二桥及接线工程 2.8 ~ 2.5m 大直径钻孔灌注桩工艺试桩技术要求；
（2）《公路桥涵施工技术规范》（JTJ041—2000）；
（3）《港口工程桩基规范》（JTJ245—98）；
（4）《椒江二桥及接线工程地质勘查报告》（初、详勘）；
（5）《椒江二桥及接线工程试桩 1 成孔及成桩检测报告》；
（6）《椒江二桥及接线工程试桩 1 荷载试验报告》；
（7）《椒江二桥及接线工程试桩 1 施工资料》。

五、工艺试桩专题实施过程简述

2009 年 11 月 4 日，试桩 1 施工方案设计及试桩检测方案在杭州通过专家会评审。

试桩 1 现场施工工作于 2009 年 10 月 18 日正式开始，10 月 18 日—10 月 27 日完成钻孔平台施工，用时 10 天。

钢护筒于 10 月 27 日运输至施工平台，10 月 28 日上午采用 DZJ480 双联动振动锤对钢护筒振沉施工，当晚 20:00 左右振设到位，钢护筒底高程施沉至 -46.2m，满足设计底高程 -46.17m 的要求，钢护筒施工顺利结束。

钻孔施工于 11 月 12 日开始，于 12 月 12 日结束，共用时 31 天。

钢筋笼加工于 11 月 20 日下午开始，至 12 月 14 日完成，历时 25 天。钢筋笼下放施工于 12 月 15 日开始,至12月17日下放完毕,共用时48小时。

混凝土灌注施工于12月18日上午开始,至12月18日晚上结束,共用时10小时。

试桩成桩质量检验工作于2010年1月6日进行。检验结果表明试桩桩身完整性较好,混凝土匀质性较好,在离桩顶126~127m位置因荷载箱缘故该处混凝土有缺陷,判定为Ⅱ类桩。

1月19日~1月23日进行自平衡静载试验,共用时4天。

本报告在以下章节中,将就工艺试桩中钻孔施工平台搭设、钢护筒加工及施沉、钻孔施工、钢筋笼加工及下放、混凝土灌注施工等各重点环节逐一进行深入阐述。

第二节 钻孔平台的设计及施工

一、钻孔平台功能要求

钻孔平台应依托既有施工栈桥,其承载力及空间尺寸应满足以下功能要求:

(1)钢护筒施沉施工过程中,平台应能布置大吨位起吊设备并具备钢护筒节段及大功率震动锤的临时存放空间。

(2)钻孔施工过程中,平台上应可同时布置大吨位起吊设备、大功率钻机、泥浆循环池、水箱、发电机、空气压缩机、泥浆净化器、钻杆等机具设备,并具有施工通道的功能。

(3)钢筋笼下放及混凝土灌注施工过程中,平台尺寸应同时满足钢筋笼节段临时存放、混凝土灌注导管存放、大吨位起吊设备作业以及混凝土泵车、罐车作业的需要。图4-7-1为钻孔施工过程中的平台功能划分图。

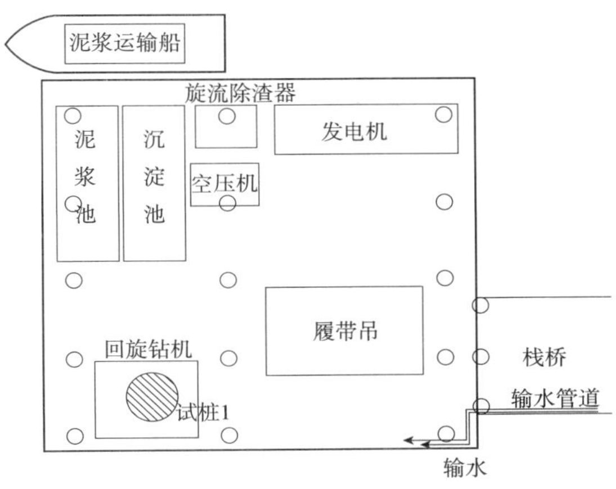

图4-7-1 平台功能划分图

二、钻孔平台设计

钻孔平台的设计应能满足工艺试桩的全部施工要求,在保证结构的安全性、稳定性、可操作性、实用性的前提下,力求结构设计科学合理,施工便捷快速,成本经济划算,为今后主桥实际施工时钻孔平台设计提供依据、积累经验。

试桩1钻孔平台的下部结构采用15根$\phi800\times12$mm钢管桩,桩顶高程+5.5m,桩底高程-45.3m,桩尖持力层为④1黏土层,钢管桩平联$\phi300\times8$mm钢管,为了增加平台的整体稳定性,在上、下层平联之间采用[22a剪刀撑;桩顶采用2HN450×200型钢横梁与钢管桩焊接连接;平台上部结构采用单层双排贝雷架、I20b工字钢和10mm厚的花纹钢板构成。平台的最终顶高程为+7.5m。

图4-7-2~图4-7-4为钻孔平台构造图。

三、钻孔平台施工

钻孔平台施工依托主栈桥,利用悬臂式导向架逐步向前展开作业面。钢管桩基础采用路桥建设“起重2号”配合DZJ90型振动锤进行施打。上部结构直接利用50t履带吊拼装。钻孔平台施工共用时10天,用钢量约300t。

四、总结及建议

(1)实际施工时,钻孔平台应采用一端依托栈桥的“日”形钢平台。一个平台应能满足横桥向两幅桥下部结构桩基础施工、墩(塔)身施工及墩顶0号块施工的要求。

(2)钻孔平台强度应能抵御波浪力及涌潮力作用并满足大型施工设备承载力要求。考虑到本工程主桥桩基在南北侧接近600m的区域内平台尺寸及使用功能不同,应分区域对钻孔平台进行结构设计。

(3)实际施工时,栈桥交通将比较繁忙。因此钻孔平台空间尺寸应能满足下部结构施工各环节施工设备布置、操作及施工材料存放的要求。施工材料、设备、机械不得占用栈桥空间。

(4)钻孔平台构造应易于拆卸、方便周转,以提高施工材料的循环利用率。

(5)钻孔平台施工应依托主栈桥进行,相比较而言,对施工设备要求不高。施工单位宜根据实际情况和自身条件选择适合的施工设备。

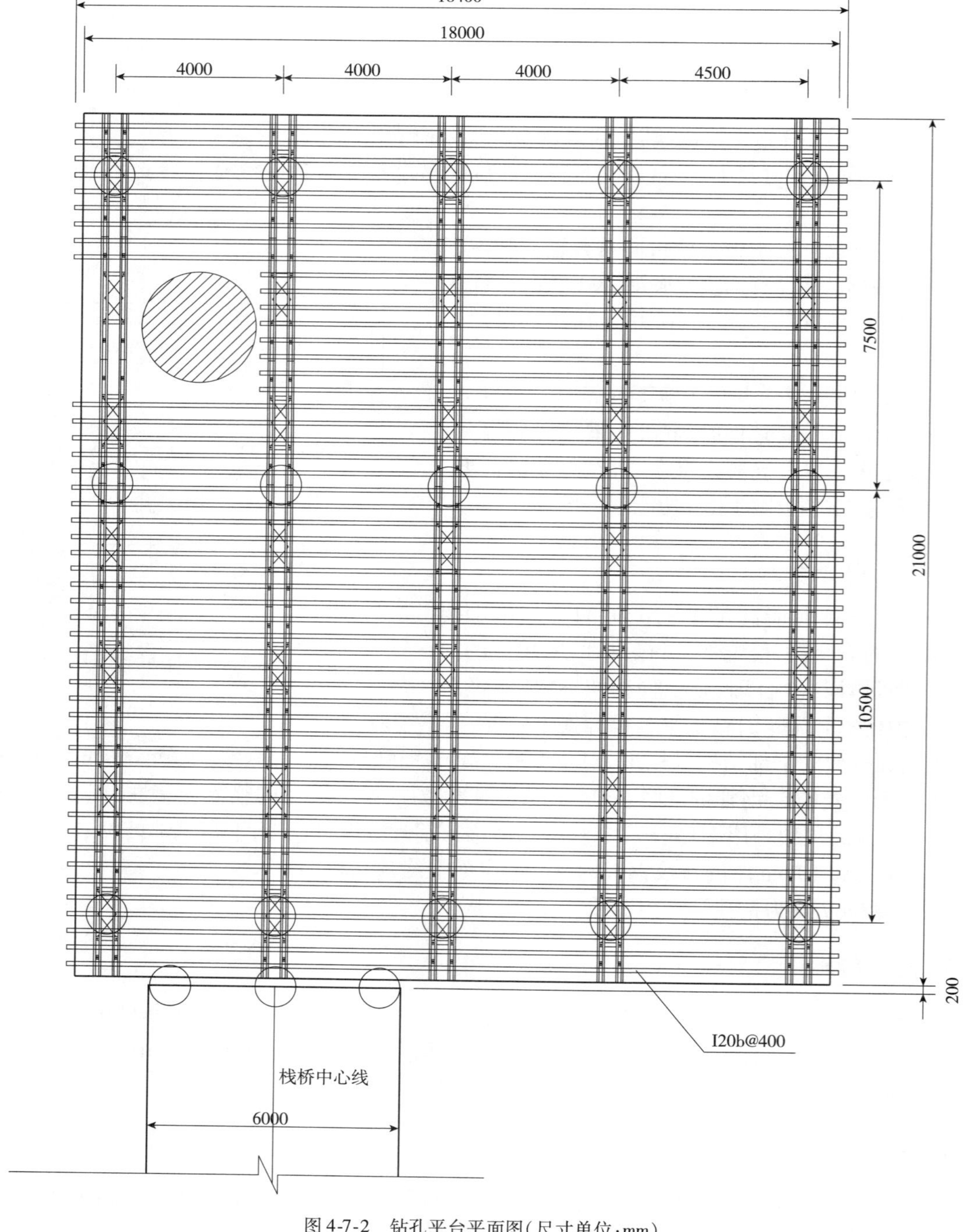

图4-7-2 钻孔平台平面图(尺寸单位:mm)

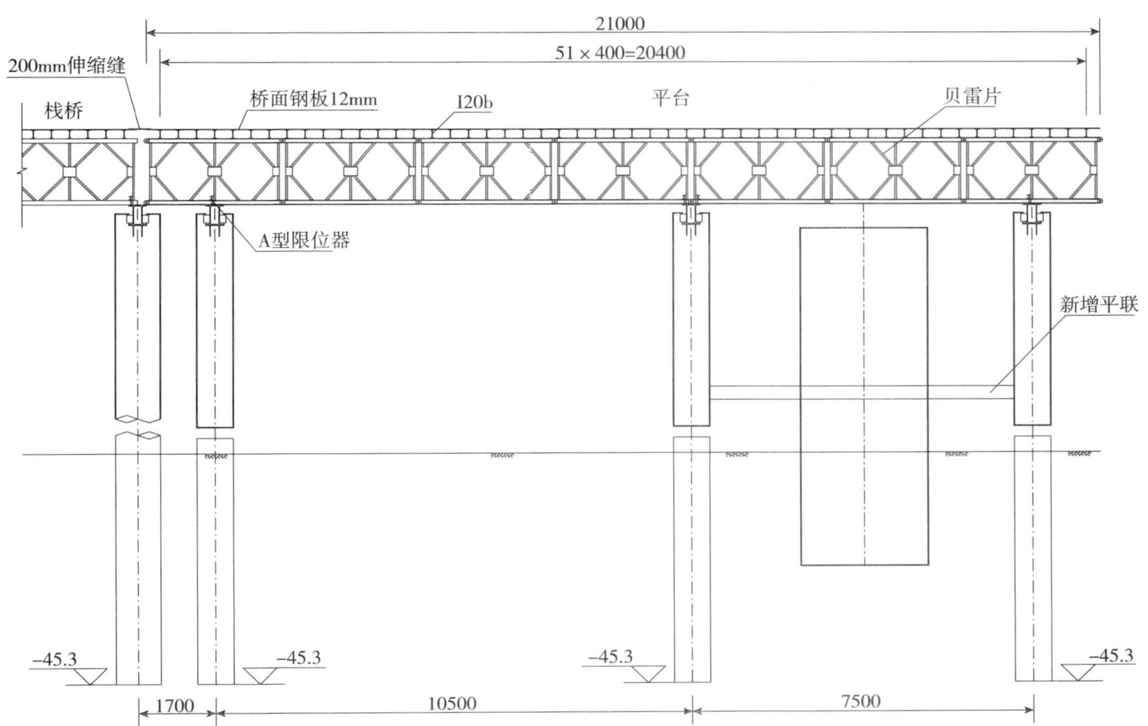

图 4-7-3　钻孔平台顺桥向立面图(尺寸单位:mm)

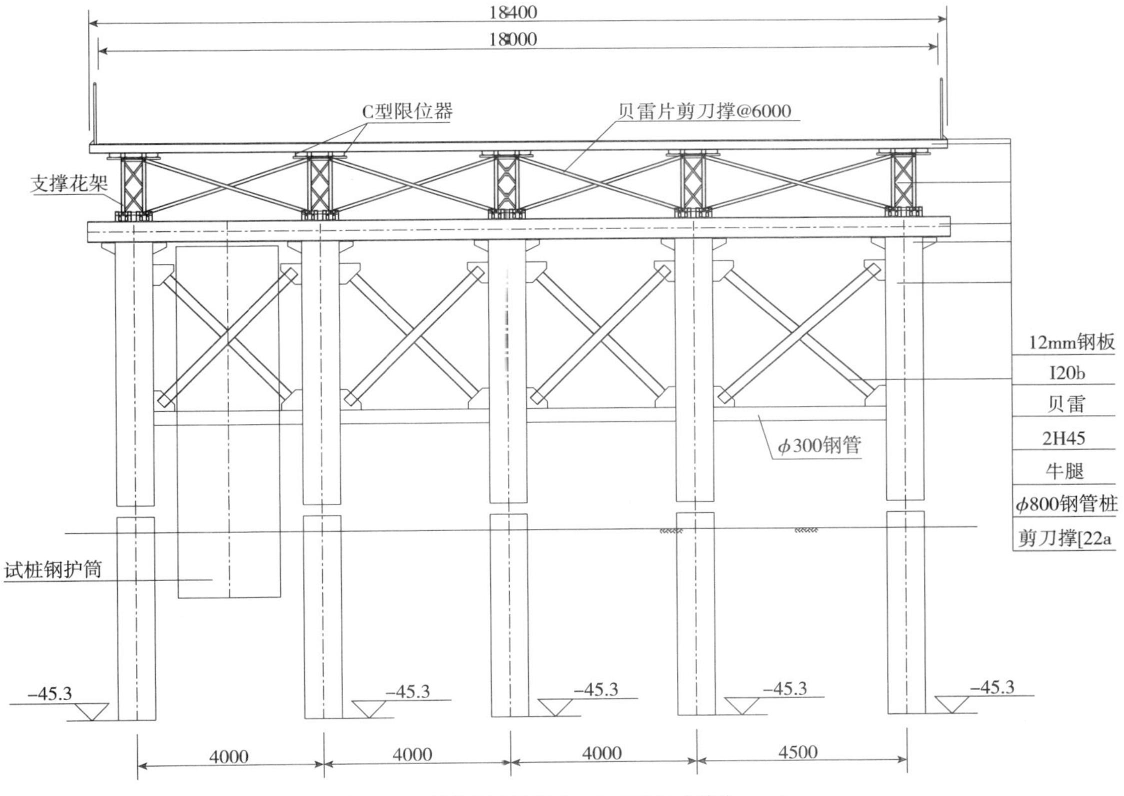

图 4-7-4　钻孔平台横桥向立面图(尺寸单位:mm)

第三节　试桩施工工艺

一、钢护筒施工

（一）钢护筒加工及运输

1. 钢护筒长度

工艺试桩技术要求规定试桩1桩基钢护筒底口高程为-46.17m，根据水文资料，考虑施工期间可能遇到的最高水位+4.83m和护筒内外液面的高差，桩顶高程根据平台高程定为+7.5m，与钻孔平台顶面高程一致，故钢护筒全长53.7m。

2. 钢护筒材质、内径及壁厚

根据工艺试桩技术要求并考虑实际施工需要，钢护筒材质采用Q235A钢，内径为ϕ3.0m，壁厚18mm。为了减小钢护筒施沉过程中的阻力及防止钢护筒底口变形，钢护筒底口设置刃脚，并在底口以上100cm范围内护筒外侧加焊18mm厚钢板进行局部加强。

3. 钢护筒加工

钢护筒加工在工厂内进行，采用直缝法。为方便运输，钢护筒分节制作。为减小钢护筒在运输和吊装过程中的局部变形，在每节钢护筒两端设m字交叉的槽钢支撑。钢护筒节段划分见表4-7-1。

钢护筒节段划分　　表4-7-1

编　号	施工节段	壁厚	长度	钢护筒自重	加强支撑	总重	重量合计
		(mm)	(m)	(kg)	(kg)	(kg)	(t)
1	首节	36	1	2680	90	25487	74.123
2		18	17	22627	90		
3	中间节	18	18	23958	180	24138	
4	顶节	18	18	23958	. 180	24138	

4. 钢护筒运输

钢护筒单节最大重量为25t，采用底底盘的30t平板车运输。钢护筒内径3.0m，最长节段长18m，为超长、超高构件，实际公路运输过程中困难较大。鉴于钢护筒采用公路运输困难，并考虑到本工程2.8m桩钢护筒用量较大（主桥工程南、北主塔桩基各30根），建议工程实际开工时，施工单位采用打桩船一次性振设钢护筒，钢护筒运输可由船运至施工现场。

（二）施工设备选择

1. 起吊设备选择

试桩钢护筒总重74t。首节施沉钢护筒长18m，重约25.5t。故对起吊设备要求高。考虑试桩施工实际情况，采用100t起重2号浮吊作为钢护筒施工的起吊设备。100t起重2号浮吊在旋转半径25m，吊杆角度为60°时可起吊重量为42t，满足钢护筒施工要求。

本次试桩施工，起吊重量的控制环节为钢筋笼下放。本报告将在钢筋笼施工章节中就起吊设备选择进行深入论述并针对实际施工需要提出建议。

2. 振动锤选择

试桩钢护筒内径3.0m，底口高程为-46.2m，入土深度超过40m，故对振动锤规格要求教高。根据钢护筒施工实际情况，并考虑到实际施工时振动锤各项技术参数应留有余量以应对异常情况，在经过对国内外震动锤型号进行调查后，确定本次试桩钢护筒施沉采用由国产瑞安市永安机械有限公司生产的ZJ480型可调偏心力矩振动桩锤，其性能参数如表4-7-2。

DZJ480型双联动震动锤参数表 表4-7-2

型 号	电机功率	静偏心力矩	激振力	空载振幅	自 重
DZJ480	480kW	0～35000Nm	0～3640kN	0～33.5mm	31t

(三)护筒施沉施工

1. 钢护筒定位导向架设计

考虑到试桩对钢护筒斜率及钻孔斜率要求较高，故钢护筒下沉采用双层定位导向架。导向架为钢桁架结构，由立柱、立柱间横向联系及斜撑等组成，立柱及立柱间横向联系采用两根20号槽钢对拼而成，斜撑采用10号槽钢。导向架结构为四边形，平面尺寸为530cm(长)×320cm(宽)，导向架的长度为14.2m，用浮吊吊装移位，并锚固在已完成的钻孔平台上，在导向架前端设置2层层距5m的上、下导向定位装置，导向装置内设置有供钢护筒定位、施沉过程中纠偏、调整的千斤顶和锁定装置。定位导向架结构形式和固定位置如图4-7-5、图4-7-6所示。

在实际施工过程中，由于分节式钢护筒振沉受到潮流、天气及操作精度等条件的制约，在数量多、规格大的钢护筒群施工中可能会延长工期，建议在主体工程施工主墩采用打桩船一次性振设整根钢护筒，以提高精度及加快施工速度。辅助墩、过渡墩及引桥区下部钢护筒直径较小，施工过程中对桩基中心平面位置精度及桩身垂直度精度要求教高。实际护筒施工时，应采用双层定位导向架且导向架应能提供足够的平面刚度，以利于基础施工精度的保证。

2. 钢护筒施沉施工过程

1)导向架就位

测量放出导向架的平面位置，然后导向架就位，调整导向架的垂直度。导向架上口采用手拉葫芦与平台成30°左右在四个方向固定，上层导向架与平台间采用螺栓或焊接连接，下层导向架与平台上、下层平联焊接固定。

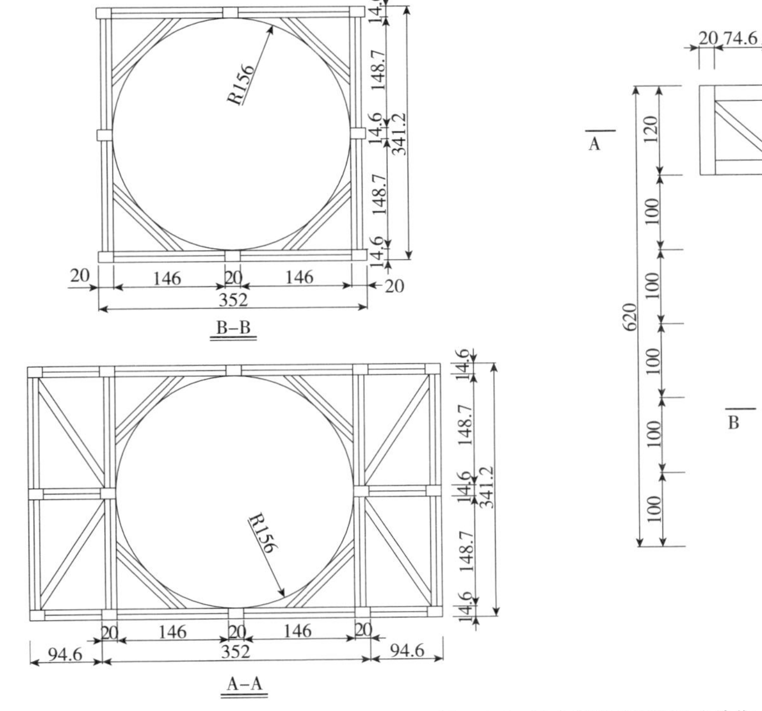

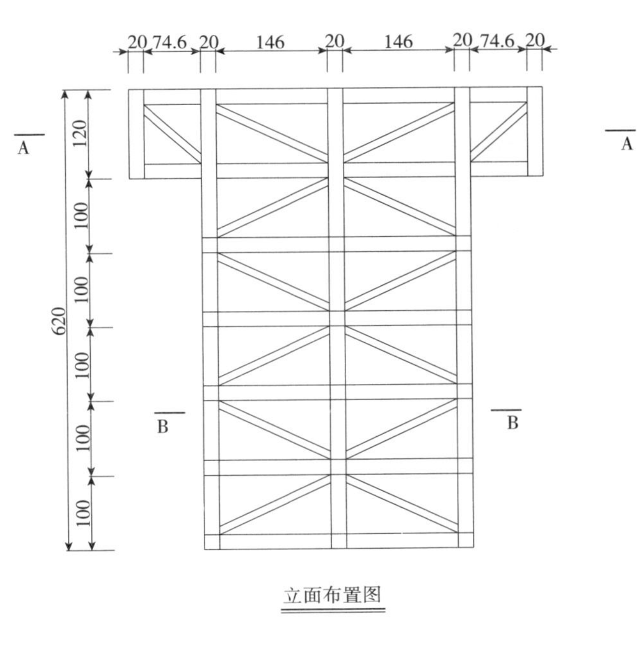

图4-7-5 导向架结构图(尺寸单位:cm)

2)钢护筒起吊、就位

采用起重2号吊起钢护筒。钢护筒采用三点起吊,一个吊点在钢护筒顶面,另两个吊点分别在护筒上、下端0.207L的位置。起重船两个钩水平吊起钢护筒,水平吊起后,一钩起一钩落,逐渐使钢护筒垂直;然后打开导向架的开口销,钢护筒缓慢进入导向架内,上好锁口拉杆。选择在平潮或流速较小时将钢护筒缓慢下放,直至入泥稳定(若流速较大,护筒下部带下拉缆以克服水流力),待钢护筒下沉稳定后才能脱钩。首节钢护筒的准确定位是保证钢护筒整体平面位置和垂直度的关键,因此选在水流相对平稳的平潮时进行吊装、下放,下放就位后用全站仪沿相互垂直的两个方向进行测量并微调,以确保其平面位置及垂直度精度。

钢护筒起吊、定位及对接施工见图4-7-7。

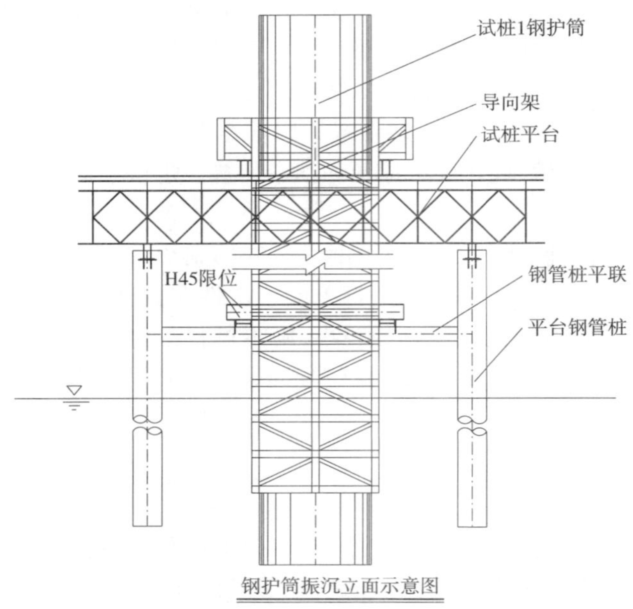

图4-7-6 导向架施工示意图

图4-7-7 钢护筒起吊、定位及对接施工照片

3)振动锤安装及振动下沉

安放振动锤时,将液压钳对位后,夹住护筒,缓慢松钩,测量垂直度,进行点振,测量观察护筒垂直度和平面位置,直接施振下沉到位。

图4-7-8 DZJ480型双联动振动锤施工照片

4)钢护筒连接

首节护筒施沉到位后,沿护筒顶口均布焊接12块限位钢板。起吊次节钢护筒(18m)就位,待全站仪两个方向测量后,进行两节钢护筒之间的环向接缝焊接。环缝焊接完毕后,将限位钢板扳为铅垂状与次节护筒密贴并牢固焊接,使限位板变为接缝加强钢板。

DZJ480型双联动振动锤到达施工现场调试完毕后,进行第一节钢护筒下放及第一节与第二节的对接,最后完成钢护筒的振设施工。根据该型号振动锤的输出表盘显示,最终振动锤的输出激振力约为2800kN,约为其最大激振力的77%。

DZJ480型双联动振动锤施工见图4-7-8。

(四)施工工艺总结及建议

(1)3.0m桩钢护筒节段为超长、超高构件,采用公路运输存在一定困难。本工程3.0m桩钢护筒用量大,建议主体工程参建施工单位可考虑采用船运至施工现场。

(2)本工程对桩基中心平面位置精度及桩基垂直度精度要求较高。如采用振动锤振沉时,应采用双层定位导向架,导向架应能提供足够的平面刚度并具备用于钢护筒施工精度调整的构造,以利于基础施工精度的保证。如采用打桩船整根振入,则可明显提高施工精度及进度。

(3)采用振动锤分节振沉时,钢护筒施沉施工应连续进行,中间应严格避免长时间停顿。且应尽量减少分节,永久护筒宜分两节施沉以减少工地接缝及施沉间隔时间。钢护筒顶口必须进行有效局部加劲以避免在施沉施工过程中产生破坏,护筒顶口及加劲构造宜采用高强度钢材。振动锤液压夹钳宜采用“m”字形布置以利用施沉时能量有效传递,液压夹钳行程、齿板面积、夹钳构造等细部构造应根据实际施工需要进行改进、加强。

(4)结合试桩施工实际情况及其所需的激振力,通过对国内外振动锤规格进行调查,可供本工程参建施工单位参考选择的振动锤有:DZJ480 型双联动振动锤、ICE V360 型双联动振动锤、APE400B 型双联动振动锤等(不完全统计)。

(5)实际工程施工时,如果钢护筒下沉困难应具体问题具体分析。如此时钢护筒底高程与设计值差距较大,考虑到桥位处局部冲刷大,为保证结构受力安全,保证钻孔过程中钢护筒稳定及避免塌孔、穿孔等事故的发生,必须采取措施。如果钢护筒底高程已经很接近设计值则不宜强行继续施沉,以免护筒底口变形影响钻孔施工。

二、钻孔施工及泥浆制备

(一)钻孔泥浆

1. 泥浆类型选择

桥梁桩基钻孔常用泥浆有水泥浆、黏土水泥浆、黏土浆、石灰浆及化学泥浆如聚氨酯类、木质素类、硅酸盐类等。化学泥浆主要适用于小直径桩钻孔,其优点是不易糊钻、相对环保,缺点是造价高。故化学泥浆不适用于本工程。

泥浆的种类从用水上可分为淡水泥浆和海水泥浆。从泥浆性能指标上看,淡水泥浆性能稳定,胶体率宜保证,性能优于海水泥浆。本工程栈桥上设有供水管,具备淡水造浆的条件。故选择淡水泥浆。

考虑大直径钻孔桩的施工特点及本工程地质情况,选择 PHP 泥浆作为试桩钻孔施工用浆。采用淡水造浆工艺。PHP 泥浆的主要优点是不分散、低固相、黏度高。泥浆的制备在泥浆船上进行,钻进过程中,泥浆通过净化器使直径在 0.074mm 以上的颗粒筛分到储渣池内,处理后的泥浆通过连接管流入钻孔孔内。

实际施工情况表明 PHP 泥浆完全适用于本工程钻孔施工。

2. 泥浆配合比及性能指标控制

PHP 泥浆的主要成分包括膨润土、CMC、碳酸钠、FCI、PHP、加重剂等。PHP 泥浆配合比见表 4-7-3。

PHP 泥浆配合比(单位:kg) 表 4-7-3

成分	淡水	膨润土	CMC	纯碱	FCI	PHP	加重剂
配合比	1000	100 ~ 80	0.04 ~ 0.08	1 ~ 4	1 ~ 3	0.03	试验确定

在钻孔施工过程中,PHP 泥浆的控制指标见表 4-7-4。

钻孔过程中泥浆控制指标 表 4-7-4

地 层	相对密度	黏 度	含砂率(%)	胶体率(%)	泥皮厚度(mm/30min)	pH
淤泥质黏土	1.2 ~ 1.23	19 ~ 22	3 ~ 4	≥95	≤3	8 ~ 10
淤泥	1.2 ~ 1.35	19 ~ 22	2 ~ 4	≥95	≤3	8 ~ 10
黏土	1.05 ~ 1.2	19 ~ 22	1.5 ~ 4	≥95	≤3	8 ~ 10

续上表

地层	相对密度	黏度	含砂率(%)	胶体率(%)	泥皮厚度(mm/30min)	pH
含粉质黏土卵石	1.1~1.3	19~22	2~4	≥95	≤3	8~10
含碎石粉质黏土	1.1~1.25	19~22	2~4	≥95	≤3	8~10
强风化凝灰岩	1.1~1.25	19~22	2~4	≥95	≤3	8~10

(二)钻孔施工设备选择

1.钻机选择

根据试桩钻孔施工要求,试桩1从平台到孔底近146m,对钻机的扭矩及钻杆质量提出了较高要求,因此拟选用技术性能先进,提升能力和配重较大的大型全液压钻机投入主墩钻孔桩施工,通过对国内外钻机设备进行调研,考虑到RC-300型钻机最大扭矩为达到300kN. m,最大钻孔深度达150m,配套钻杆规格为330mm×25mm×3000mm,曾参与上海长江大桥、武汉二七大桥及国外印尼苏拉马都大桥等大直径超长基桩施工,其各项性能指标均能满足要求,故最终选用RC-300型液压动力头钻机进行钻孔施工。

实际钻孔施工表明,RC-300型钻机各项性能指标能够满足本工程ϕ3.0m大直径钻孔灌注桩施工要求。RC-300型钻机各项性能指标见表4-7-5。

RC-300型液压动力头钻机技术性能表 表4-7-5

主要项目		单位	参数
钻孔直径	岩层($\sigma_c \leq$120MPa)	m	ϕ3.0
最大钻孔深度		m	150
排渣方式			气举、泵吸反循环
动力头转速		rpm	0~6
动力头扭矩		kN·m	300
动力头提升能力		kN	1900
钻架倾斜角度			0~33°
钻杆(外径×壁厚×长度)		mm	330×25×3000
钻杆单重		kg	1498
总功率		kW	224
主机重量(不含钻具、液压站)		kN	350
液压发电机重量		kN	80
钻具系统(按145m计,不含钻头)		kN	1320
总重量		kN	1850

考虑ϕ3.0m大直径超长桩钻孔要求,结合试桩钻孔实际情况,实际施工所选用的钻机宜满足以下条件:

(1)试桩施工中,钻机在弱风化凝灰岩中的最大扭矩达到了260kN·m。考虑到实际施工过程中的成桩效率,所选钻机扭矩不宜小于300kN·m,钻孔最大深度应超过145m。

(2)钻杆的强度及刚度是保证成孔质量,减少钻孔施工事故的重要因素,所选钻机钻杆外径不宜小于330mm,壁厚不宜小于25mm。

(3)应为液压动力头钻机,以利于施工过程中钻压控制。应可在钻头上部设置下配重,以利于保证钻孔垂直度。

(4)钻机应具有较高自动化程度,拆卸、安装方便,以方便施工。

参考试桩钻孔施工时间，要满足大桥总工期要求，实际施工时，南、北塔主墩应投入至少10台大型钻机。国内现有钻机设备数量可满足施工需求。

2. 钻头选择

本次试桩钻孔需穿越的地层主要有：亚砂土、粉细砂、淤泥质亚黏土、亚黏土、圆砾层、卵石层、泥质砂岩层等。根据地质情况，试桩钻孔选择了两种钻头：一种是单环六翼刮刀钻头，用于在黏土、砂、圆砾及卵石等地层中钻进；另一种是滚刀钻头，用于在泥质砂岩中钻进。钻杆为气举与泵吸反循环两用钻杆。采用气举反循环时，钻具设有两个空气混合室。图4-7-9为钻头照片。

图4-7-9 钻头照片

本工程圆砾层及卵石层比较密实且埋得较深，实际施工时，为减少提钻次数、节省工期，刮刀钻头构造应加强，钻齿数量应加密且应采用大尺寸合金钻齿。另实际施工时应结合钻孔工作面展开的数量，考虑几台钻机设一个备用钻头，以保证钻头维修、加强时，钻孔施工不间断。

3. 其他钻孔设备选择

采用300kW大功率发电机一台、功率为21.5m^3/min空压机的一台，ZL800型泥浆搅拌机一台，ZX-250型泥浆分离器1台，3PS泥浆泵3台，3m×3m×7.5m的泥浆循环池一个。实际施工时上述设备能够满足钻孔施工要求，但因为设备维修、配件更换等原因，曾几次导致钻孔施工短暂中断。

（三）钻孔施工各重点环节的控制

1. 泥浆循环方式及性能指标控制

初始钻孔时，采用正循环方式开口。当钻头钻进至钢护筒底口附近时改用反循环方式排渣。当钻孔深度超过50m后（从孔内水面算起），反循环改用中间气室出气。在钻进过程中，随时对泥浆指标进行测试，当泥浆指标偏离要求时，及时开启泥浆分离净化器净化泥浆并加入泥浆制作材料调整泥浆指标。建议的具体泥浆控制指标见表4-7-6。

基桩施工过程泥浆性能控制指标　　表4-7-6

地层情况		相对密度	黏度(Pa.s)	含砂率(%)	胶体率(%)	失水率	泥皮厚	酸碱度(pH)
钻进过程	一般地层	1.05~1.20	17~20	≤4	≥95	20	≤3	8~10
	易坍地层	1.10~1.30	19~22	≤4	≥95	20	≤3	8~10
一清		1.15~1.17	18~20	≤1	≥95	20	≤0.5	8~10
二清		1.12~1.14	18~20	≤1	≥95	20	≤0.5	8~10

2. 护筒内外水头差控制

桥位处潮汐为不规则半日潮，且潮差较大（平均潮差超过6m）。实际施工时，如根据潮水变化情况不断调整护筒内水头，施工操作难度较大。考虑到钢护筒入土深度较深，经计算不易发生穿孔现象，故主要从防止塌孔的角度考虑，将护筒内水头始终保持在略高于高潮位的位置。实际施工中未因此发生异常情况。

3. 钻孔垂直度的控制

为了保证钻孔的垂直度，在钻头上部设置了导正器并设两个单重200kN的配重钻杆，使钻具在重力的作用下始终垂直向下；在护筒内的钻杆上按20~30m的间距设置两个钻具扶正器，以减少钻杆的自由变形长度；钻机转盘始终保持水平，每加2~3节钻杆，检查一次钻机水平度和钻杆垂直度情况。

4. 钻进速度的控制

钻孔过程中根据不同地层，调整钻压、钻速。在一般淤泥层，采用低档慢速。在胶结砾砂层，采用中档中速，并适当增加钻压。在密实的黏土砂层中，采用快速钻进，始终保持减压钻进，孔底承受的钻压控制在钻具重力之和(扣除浮力)的80%以下，以确保钻孔的垂直度。

实际施工过程中，不同地层的钻进参数详见表4-7-7。

不同地层钻进参数表 表4-7-7

地　　层	钻压(MPa)	转数(n/min)	钻进速度(m/h)
护筒底口地层	<100	5~10	0.3~0.8
砂质粉土层	100~150	10~15	1.5~2.0
粉质黏土层	100~120	10~15	1~2
淤泥质黏土黏土层	100~150	10~20	2~3
卵石及圆砾层	150~200	6~10	1~2
凝灰岩	300~500	6~10	0.5~1

5. 对孔底沉淤的控制

用优质膨润土和化学外加剂提高泥浆黏度，以减缓砂粒沉淀速度；随时对泥浆指标进行测试，及时降低泥浆含砂率；严格要求钻杆接头的密封性，确保泥浆反循环排渣效率；及时排除废弃泥浆，勤捞沉淀池中的沉渣，及时补充泥浆。

6. 对钻孔事故的预防措施

孔内事故的发生，往往是由于操作人员违反操作规程，麻痹大意造成的。在钻进过程中，施工人员应该细致谨慎，严格遵守造作规程，一旦发现隐患，要及时予以排除。在试验桩钻孔施工中，主要进行了下列措施，有效地防止了施工事故的发生：对护筒内水头随时监控，以防止穿孔、塌孔情况的发生；在护筒口设置保护网，防止杂物坠入孔内；在钻进过程中，随时检查泥浆循环情况，如有异常，立即查找原因；在钻进过程中，随时检查钻机操作室仪表读数，如有异常，立即降低钻进压力并排除故障；如果问题依然存在，当停钻检查并分析原因。对钻机、空压机、泥浆净化器、发电机等钻孔设备定期维护，设备所需润滑油、燃料应设专人负责补充；准备空压机、发电机等关键设备的易损部件以备更换，保证钻进的连续性。

(四)钻孔施工过程

试桩钻孔施工于2009年11月12日开始，于2009年12月12日结束，共用时31天。

护筒内钻孔施工于11月12日开始，至11月14日钻进至高程-45.3m左右，钻进过程比较顺利。期间，根据施工需要，泥浆循环方式由开孔时的正循环变为气举反循环。由于即将出护筒需要，考虑到下伏的含粉质黏土圆砺及砂砾层漏浆严重而新拌制泥浆60m^3，更换钻头及加工配套水箱等，约耽误5天。

11月21日早上继续进行钻孔施工并钻出护筒，采用刮刀钻头钻进。孔底高程至-50.48m后，钻头进入含粉质黏土圆砾层，以大量的圆砾卵石和少量的砾石、砺砂为主。至11月27日钻进至孔底高程-84.3m，分别穿越含粉质黏土圆砺层、含粉质黏土砂砺层，钻进施工漏浆严重，上水量时大时小，钻具摆动严重、仪表的电流电压表指针摆动异常，砺层最大粒径与地质钻探孔相差较大，约为10~15cm以上，漏浆速度较快，起初约为7m^3/h，后采取添加大量片状锯木屑及少量水泥堵漏后，漏浆速度变缓。该地层钻进过程需不断补充新拌制泥浆，钻进时调慢钻速，将钻头提起1m左右进行扫孔，反复进行2~3次，并严格控制泥浆的各项性能指标，适时加大比重和黏度，严格控制孔内水头，保持内外液面的高差。

孔底高程至 -84.3m 后，钻头进入粉质黏土层。从 11 月 27 日至 11 月 29 日钻进至高程为 -114.28m 黏土层位置时，因该层较厚，钻头不可避免出现黏钻现象，钻杆晃动逐渐明显且钻机钻盘往单向偏斜，泥浆排渣量逐渐变小。现场要求每钻进 1.0m，提钻 30cm 左右正反转一次，泥浆排量仍较小，通过实际排渣情况分析，钻头在黏土层出现大面积糊钻，将出浆口部分堵住。现场往孔内投入约 $5m^3$ 卵石（在孔内深度需达到 1.0m），提钻 1.2m 左右采用正循环钻进 1.0m 左右，往返 3 ~ 5 次，但仍未解决糊钻问题。现场采取提钻清理钻头的方式，于 11 月 30 日凌晨开始提钻。为防止因钻头糊钻而导致的孔偏斜，在提钻完毕后进行第一次成孔检测，及时发现钻头往东南方向偏斜，在重新下钻后有针对性地扫孔，确保钻孔的垂直度，并于 12 月 2 日恢复正常钻进。糊钻钻头见图 4-7-10。

图 4-7-10 糊钻钻头照片

12 月 6 日中午钻至高程 -128.28 时钻渣开始出现强风化凝灰岩样，渣样棱角不明显，多为次棱及次圆形，粒径一般为 5 ~ 12cm，硬度较低，矿物风化蚀变较强，多见为石英及长石颗粒。该日下午设计代表及地质工程师根据渣样判断为强风化凝灰岩样，与原地质钻探孔 -132.47 为强风化凝灰岩相差约 4.2m。继续钻进，在 12 月 7 日凌晨开始出现弱风化凝灰岩样，岩样多为棱角及刃角形，呈灰色、青灰色及褐灰色，粒径约为 3 ~ 8cm，硬度较高，矿物较新鲜。根据设计及地质工程师判岩，弱风化凝灰岩层顶高程约为 -129.28。现场控制在开始采用滚刀钻进和强风化进入微风化钻进时，单次循环钻进 20 ~ 30cm 后（单把滚刀刀座的高度），提起钻杆扫孔，已没有任何阻力；即电流表没反映或回转压力表没有变化时再钻进，如此反复钻进，入岩约 1.5m（待滚刀胎体完全进入岩层的高度）后才允许按照正常的操作钻进岩层。

调浆后现场于 12 月 8 日凌晨开始起钻，12 月 10 日换为滚刀钻头后继续钻进，在 12 月 12 日下午钻至高程 -133.00 处，进入弱风化（不少于 3.5m，满足设计的要求），与原设计底高程 -138.17 相差 5.3m 左右。该岩层内钻速基本在 5 ~ 7cm/h 左右，钻机晃动幅度较小，钻进过程中泥浆比重在 1.2 左右，黏度 20s，砂率 2.0%，胶体率在 97% 以上。

终孔后，将钻头提至离孔底 30cm，空转清孔。当泥浆含砂率含砂率减至 0.5% 以下，沉淀厚度满足规定要求后，停止清孔。拆除钻具，移走钻机，钻孔施工结束。

根据钻孔施工过程分析，本工程圆砾层、卵石层及以上土层适宜用刮刀钻头钻进。岩层适宜采用滚刀钻头钻进。因大直径超长桩钻孔设备体量庞大，提钻一次费时费力，故刮刀钻头应充分加强，采用大尺寸合金钻齿并加密钻齿数量，以减少提钻维修次数，节省工期，并在较厚黏土层钻进时严格控制钻进速度，尽量防止糊钻的发生。

（五）成孔质量检测

试桩终孔后，对成孔质量进行检测。成孔检测设备采用交通部公路科学研究所的日本进口 KE-200 型超声波孔壁测试仪，其测试原理是利用超声波在均匀介质中传播速度恒定理论，通过实测超声波的发射，接收时间差直接得到探测器至孔壁距离。实际检测过程中，由绞车将探测器自动放下并靠探测器自重保持测试中心处于铅垂位置，各种测试数据由记录仪做同步放大并产生高压脉冲电流，利用记录笔的高压放电在专用记录纸上同时记录两孔壁信号。

成孔检测结果如下：

（1）该试桩实测孔底高程 -133.0m；

（2）钻孔垂直度 0.25%。

KE-200（改进型）超声波孔壁测定仪技术参数见表 4-7-8。

KE-200(改进型)**超声波孔壁测定仪技术参数表** 表 4-7-8

主要项目	参数
测量系统	超声脉冲反射系统
通道	二通道
记录方式	电敏打印
测试范围(半径)	0.5～4.0m
测量精度	±0.2%
最大测量深度	150m
探头下降/提升速度	0～24m/min
电源	110V

(六)对实际施工应投入钻机数量及单桩钻机工作时间预估

椒江二桥主体工程实际建设中,全桥工期的控制点为主桥。其中,南北主塔墩60根2.8～2.5m大直径钻孔桩是主桥施工的主要难点,而桩基础施工的控制施工资源为大功率钻机。

考虑到钻孔桩施工时,施工平台搭设、钢护筒施沉、钢筋笼下放及混凝土灌注等施工工序均可交替进行,故施工钻机的投入数量及钻机单桩工作时间是控制主桥工期的关键因素,亦是二桥总体工期控制的一个重要因素。

试桩施工钻孔时间统计表见表4-7-9。

试桩钻孔施工时间统计表 表 4-7-9

孔深	钻孔时间	施工经历时间	纯钻孔时间	接钻杆和其他时间	平均钻孔速度
140.5m	11月12日11:18～12月12日20:00	753.2h	335.2h	418 h	0.42m/h

由表中数据可以看出,试桩纯钻孔时间为335.2h,约14天。考虑到实际施工时钻孔工艺将逐渐成熟,实际施工时,纯钻孔时间应可在12天内。

表4-7-9中其他时间为418h,约17天,其中因反复换钻头而提钻用时约5天,等待、制浆及设备故障耗时12天。

按正常施工时钻孔工艺基本稳定,施工设备保障良好的状态考虑,对钻机单桩平均工作时间进行预估,内容详见表4-7-10。

实际正常施工钻机单桩工作时间预估 表 4-7-10

序号	工序	时间(天)	备注
1	准备工作	2	钻机拼装到就位
2	钻孔	12	
3	提钻	4	按两次考虑
4	清孔	0.5	
5	钻机拆除	1.5	
6	设备故障	2	保守考虑
合计		23	

表中结果表明,钻机单桩平均工作时间为一个月。根据椒江二桥实际建设条件,按全年桩基础可施工工期为8个月(依托桩基础施工)考虑,主桥60根2.8～2.5m大直径桩共投入10台钻机,则桩基础施工可在6个月内完成。

(七)施工工艺总结及建议

(1)结合椒江二桥总体工期要求,建议全桥共投入10台以上RC-300或性能大于RC-300型号钻机。

根据钻机调查情况国内现有设备数量可满足要求。

(2)根据试桩施工情况分析,圆砾层、卵石层及以上土层适宜采用刮刀钻头钻进。岩层适宜采用滚刀钻头钻进。刮刀钻头构造应充分加强,采用大尺寸合金钻齿并加密钻齿数量,以减少提钻次数,节约工期。另实际施工时应结合钻孔工作面展开数量,考虑几台钻机设一个备用钻头,以保证钻头维修、加强时,钻孔施工不间断。

(3)空压机、泥浆分离器及发电机等辅助设备的规格、数量应能满足实际施工需要,并应结合实际工作面展开数量准备一定数量的备用设备,以保证设备故障时,钻孔施工的连续进行。

(4)钻孔泥浆应采用不分散、低固相、高黏度的 PHP 泥浆或 CMC 泥浆。泥浆应采用淡水造浆。施工过程中建议重点控制泥浆的黏度及胶体率,为了保证施工各阶段的泥浆性能指标,在钻孔施工过程中对泥浆性能指标定期进行检测。开钻施工期间每 1h 检测一次,等泥浆性能稳定后每 4h 检测一次,并根据钻进过程中地层变化情况尤其是在漏浆地层应适当增加检测频率。

(5)2.8~2.5m 大直径桩桩径大、桩长长,常规规格的检孔设备难以满足成孔质量检测要求。经试桩应用,交通部公路科学研究所的日本进口 KE-200(改进型)超声波孔壁测定仪可满足 2.8~2.5m 大直径桩成孔质量检测要求(不完全调查)。

(6)实际钻孔施工时,应结合护筒入土深度,泥浆性能指标等条件,并考虑施工操作方便,对护筒内外水头差进行合理控制,严格避免塌孔、穿孔事故的发生。

三、钢筋笼施工

(一)钢筋笼加工

1. 钢筋笼加工场地布置

钢筋笼加工在后场钢筋笼加工场地进行。钢筋笼加工场分为钢筋笼加工区和钢筋笼存放区。钢筋笼加工及存放区均在水泥混凝土硬地上进行,加工区支撑横梁采用 I 20b 工字钢间距为 2m。钢筋笼存放区的支撑横梁采用方木,间距为 3m。钢筋笼在加工区加工完成后,吊入存放区存放。钢筋笼加工照片见图 4-7-11。

图 4-7-11 钢筋笼加工照片

2. 钢筋笼节段划分

钢筋笼标准节段根据单根钢筋长度,定长 12m,具体节段划分见表 4-7-11。

钢筋笼节段划分表 表 4-7-11

节数	长度(m)	重量(t)	累计重(t)	备注
第 1 节	11.85	3.98 +7	10.98	底节,7t 为荷载箱重
第 2 节	12	3.98	14.96	
第 3 节	12	3.98	18.94	
第 4 节	12	3.98	22.92	
第 5 节	12	3.98	26.90	
第 6 节	12	6.58	33.48	
第 7 节	12	8.58	42.06	
第 8 节	12	10.75	52.81	
第 9 节	12	11.79	64.6	
第 10 节	12	11.79	76.39	
第 11 节	12	11.79	88.18	
总计	131.85	88.18	88.18	

3. 钢筋笼加工

钢筋笼加工采用长线法，利用胎座辅助制作。主筋接头采用镦粗直螺纹连接器。钢筋应变计按试桩要求的位置安装在主筋上。在绑扎和焊接钢筋笼时，位移棒外护管、声测管连接用套筒围焊同时安装。为确保不渗泥浆，位移棒采用丝扣连接，并用管子钳拧紧，与钢筋笼绑扎成整体。钢筋笼按加工顺序编号，以方便钢筋笼对接。钢筋笼加强箍圈采用Φ40 三级钢，每隔 2m 设置一道。加劲箍圈设“#”字形或十字形内支撑，以保证钢筋笼节段在存放及吊装时的刚度。

钢筋笼最后两个节段下放时，总重超过 80t。故有必要对钢筋笼施工吊点进行专门设计。钢筋笼每节段沿圆周方向均布 4 个牛腿和 4 个吊环，吊环是吊架下放时的吊点，吊点具体构造为一块 60cm × 40cm，厚度为 25mm 的钢板与纵向四根主筋满焊连接，牛腿是架设扁担梁使用，最上一节的牛腿也起钢筋笼定位作用。吊环、牛腿均与主筋焊接。扁担梁使用 120b 加劲板做成。

钢筋笼加工于 11 月 20 日下午开始，至 12 月 14 日完成，历时 25 天。

（二）钢筋笼施工起吊设备选择

钢筋笼总重量约为 88.2t，是本次试桩工程起吊重量的控制点。考虑到试桩工程情况特殊，许多施工资源无法利用，故采用 70t 履带吊配合下放导向架和卷扬机作为钢筋笼施工的起吊设备。实际施工时，施工单位可兼顾横桥向并排两个桩的施工，采用可横桥向行走的龙门吊作为桩基施工的起吊设备。也可考虑采用移动式大吨位塔吊作为起吊设备。

（三）钢筋笼下放施工

钢筋笼运至施工平台后，在孔口利用 70t 履带吊和 25t 汽车吊配合起吊，70t 履带吊钩住钢筋笼顶端吊点，25t 吊车钩住下端。通过两个吊车同时操作竖起钢筋笼，然后松下 25t 吊车，通过 70t 履带吊车将钢筋笼吊放到位进行对接、下放。下放完毕的钢筋笼利用挂钩挂在钢护筒上。挂钩采用 40mm 厚钢板加工而成，一端挂在钢护筒边上，另一端挂在钢筋笼吊点上。

图 4-7-12　钢筋笼下放施工照片

最后两个节段总重超过 85t，利用下放导向架和卷扬机下放，专用吊架的起吊设备为 2 台 10t 卷扬机、2 台 6 门滑车组，卷扬机使用 ϕ28 钢丝绳走 12 线下放钢筋笼，连接滑车组和钢筋笼主吊绳为 ϕ36.0 钢丝绳，满足下放钢筋笼的需要。

本次试桩声测管采用设计的 $\phi57 \times 3$mm 的焊管和薄壁套筒式专用声测管，施工在最后的检测中，普通焊管的连接受作业环境及操作工人水平的限制，部分存在焊接不严导致的进浆现象，而专用声测管则操作方便，效果良好。钢筋笼下放施工照片见图 4-7-12。

钢筋笼下放施工于 12 月 15 日开始，12 月 17 日结束，用时 48h。

（四）施工工艺总结及建议

（1）实际施工时，钢筋笼存放及加工场地支撑横梁间距不宜大于 2m。支撑横梁应具有一定刚度，另外支撑横梁下地基应进行加强处理以避免因不均匀沉降而导致钢筋笼局部变形。

（2）2.8 ~ 2.5m 大直径桩钢筋笼自重较大，其施工吊点应根据受力需要进行专门设计以确保施工安全。

（3）钢筋笼下放施工为 2.8 ~ 2.5m 大直径桩施工起吊重量的控制点。70t 履带吊配合专用下放架可以满足施工要求，实际施工时，施工单位可兼顾横桥向并排两个桩的施工需要，采用可横桥向行走的龙门吊作为桩基施工的起吊设备。也可考虑采用移动式大吨位塔吊作为基础施工起吊设备。

(4)本次试桩声测管采用设计的 $\phi57\times3$mm 的焊管和薄壁套筒式专用声测管,施工在最后的检测中,普通焊管的焊接连接受作业环境及操作工人水平的限制,部分存在焊接不严导致的进浆现象,而专用声测管则操作方便,连接速度较快,效果良好。建议在主体工程施工时采用薄壁套筒式专用声测管,可提高钢筋笼下放速度并保证其正常使用。

四、混凝土灌注施工

(一)混凝土供应源

考虑到试桩工程实际情况,试桩混凝土由商品混凝土拌和站进行生产、供应。该拌和站有 2 台 120m^{3}拌和机,生产能力满足试桩施工要求。为保证混凝土质量,混凝土原材料由试桩施工单位统一采购,混凝土的配合比由试桩施工单位设计、提供。

该混凝土搅拌站距施工现场 7.6km,沿途道路情况良好。正常情况下,混凝土罐车可在 15min 内到达施工现场。为满足混凝土灌注时间要求,灌孔时,采用 12 辆 8m^{3}混凝土罐车运输混凝土至施工现场。

实际试桩混凝土灌注施工过程中,混凝土生产、运输环节未发生异常情况。

(二)混凝土配合比设计

本次试桩采用 C35 海工混凝土,单桩混凝土方量超过 750m^3,因此对于混凝土的强度、和易性及初凝时间均有较高要求。本次试桩混凝土配合比以东海大桥、上海长江大桥、舟山连岛工程海工混凝土配合比为基础,并考虑本次试桩特点,采用胶材双掺(粉煤灰、矿粉)技术,进行配合比设计。实际混凝土性能指标见表 4-7-12。

试桩混凝土性能表 表 4-7-12

<table>
<tr><td>项目</td><td>水泥</td><td colspan="2">矿粉</td><td>砂</td><td>大碎石</td><td>小碎石</td><td>水</td><td>外加剂</td><td>粉煤灰</td></tr>
<tr><td>出产地</td><td>台州海螺
P. Ⅱ2.5</td><td colspan="2">安徽巢湖</td><td>闽江中砂</td><td colspan="2">黄岩碎石 5 ~ 31.5mm</td><td>饮用水</td><td>鲁班特种羧酸
LJ-202-4 型</td><td>台州电厂Ⅱ级</td></tr>
<tr><td>每 m^{3}所需
材料用量
(kg)</td><td>234</td><td colspan="2">63</td><td>704</td><td>661</td><td>441</td><td>168</td><td>5.96</td><td>128</td></tr>
<tr><td>试配号</td><td colspan="2">水灰比</td><td colspan="2">龄期(d)</td><td>强度</td><td colspan="2">平均强度(MPa)</td><td>28d 强度</td><td>平均强度</td></tr>
<tr><td rowspan="3">试配</td><td colspan="2" rowspan="3">0.42</td><td colspan="2">7</td><td>42.0</td><td colspan="2" rowspan="3">43.8</td><td>56.1</td><td rowspan="3">56.2</td></tr>
<tr><td colspan="2">7</td><td>44.4</td><td>54.2</td></tr>
<tr><td colspan="2">7</td><td>45.0</td><td>58.4</td></tr>
</table>

试桩混凝土采用的主要原材料有:水泥、粉煤灰、矿粉、砂、碎石、外加剂。混凝土拌和用水采用生活饮用水。

水泥采用普通硅酸盐 42.5 水泥,采用浙江台州海螺水泥。其材料试验检测结果符合 GB 175—2007 中 P. O 42.5 水泥的技术要求。

粉煤灰采用台州电厂Ⅱ级粉煤灰。为了使聚羧酸外加剂更有效的体现其性能,在混凝土中掺加粉煤灰,不仅会提高混凝土的强度,而且混凝土和易忙有明显的改善。该粉煤灰性能试验检测结果符合 GB/T 1596—2005 中Ⅱ级粉煤灰的技术要求。

矿粉采用安徽巢湖矿粉 S95 级矿粉。在降低水泥用量,减少水泥产生水化热的基础上,采用粉煤灰与矿粉双掺的技术,经试拌掺入矿粉的混凝土性能不仅良好,并且在材料成本上有所降低,在性能上有很大提高。所使用矿粉的各项性能经试验检测均符合 GB/T 18046—2008 中 S95 级粒化高炉矿渣粉的技术要求。

砂采用福建闽江中砂。考虑到机制砂质量无法满足试桩混凝土性能的要求，故选用福建闽江江砂，其砂子颗粒级配较好，含泥量小，有利于混凝土和易性的保证。闽江中粗砂试验检测结果符合 JTJ 041—2000 中规定的Ⅱ区中砂的技术要求。

碎石采用黄岩石厂生产的 5 ~ 25mm 连续级配碎石。因试桩直径较大，考虑集料粒径影响混凝土流动性以及施工中混凝土翻浆等因素，故选用粗集料粒径不大于 25mm 碎石。该碎石质地坚硬、级配良好，针片状含量极少，有利于提高混凝土流动性，保证混凝土强度。其碎石各项试验检测结果符合 JTJ 041—2000 中规定的 5 ~ 25mm 连续级配碎石的技术要求。

外加剂采用上海鲁班特种聚羧酸系列缓凝高效减水剂，以利于混凝土初凝时间的保证。外加剂试验检测结果符合 JG/T 223—2007 中聚羧酸高性能减水剂的技术要求。

（三）首灌料斗、混凝土灌注导管构造及施工

1. 首灌料斗构造

首灌混凝土的数量应满足导管首次埋深≥1.5m 和填充导管底部的需要，按首灌时导管距孔底 0.4m 计算，首灌需要 14.6m^3 混凝土。首灌料斗容积设计成 4m^3，首灌施工时，先将一台 8m^3 混凝土罐车一次性将料斗注满混凝土，在拔球的同时将另外 2 台 8m^3 混凝土罐车继续供料，以确保首批料不少于 20m^3。混凝土正常灌注采用 1m^3 小料斗，结构形式常规，在此不再复述。首灌料斗安装照片见图 4-7-13。

图 4-7-13　首灌料斗安装照片

2. 混凝土灌注导管构造及下放施工

1）导管设计及加工

考虑实际混凝土灌注施工要求，导管采用 Q235 无缝钢管加工制作，接头形式为丝扣式，导管内径为 325mm，壁厚为 8mm，底节导管长为 9m，中间每节长 2.5m，调整节长度为 1m 和 0.5m。每节导管距顶口 50cm 处围焊 ϕ8 钢筋作为限位构造。

2）导管水密性检验

为保证混凝土灌注施工质量，在灌注施工前对导管水密性进行检验。检验工作在厂家上进行，一次性将导管全部对接好，采用高压水枪对导管注入高压水，其注压值控制在 3MPa 以上，并持荷 5 分钟。检验满足要求后，及时对各节导管进行编号，灌注时按照编号下放导管。

3）导管下放施工

考虑到施工操作方便，本次试桩采用单导管法灌注混凝土。首先调整护筒顶口处导管限位卡板的中心与钻孔中心在同一直线上，然后下放底节导管，利用卡板卡住导管顶部 ϕ8 钢筋，在导管接头处装入密封圈，同时在丝扣上涂抹黄油，以保证密封效果。采用吊车起吊第二节导管与首节导管对接，借助外力将丝扣拧紧，最后缓慢下放。循环重复上述操作，直至将导管下放完毕。当导管穿越荷载箱时，必须缓慢下放，避免与荷载箱卡死。

本次灌孔施工，导管总重量超过了 100kN，选用 70t 履带吊作为导管下放和灌孔施工时拔导管的起吊设备。

（四）混凝土灌注施工

1. 二次清孔

导管安装完毕后，利用导管安装风管，采用气举反循环方法进行二次清孔。风管的风压应控制在5 ~ 8bar，不宜过大或过小。气压过大可能会损坏泥浆壁，造成塌孔。气压过小则不能使沉渣翻滚，不利于清

孔效果。清孔后,用测绳测量孔深,与终孔时的孔深比较,沉渣厚度应满足规定值。若沉渣厚度大于规定值,则要继续清孔,直到符合要求为止。

2. 混凝土首灌施工设备布置及交通组织

混凝土首灌采用3台混凝土灌车,将20m^{3}混凝土输送至大料斗内并在首灌同时持续供料。首灌时前两辆罐车沿卸料线路直接就位为泵车供料,后续罐车按顺序停靠在平台南侧栈桥上,待前一辆混凝土罐车灌注完毕后按既定路线就位,完成卸料工作。基桩首灌照片见图4-7-14。

3. 混凝土正常灌注设备布置及交通组织

正常灌注时采用1辆混凝土罐车同时灌注,以加快混凝土的灌注速度。混凝土罐车到达施工现场后,先在栈桥头按顺序等待,待前一辆混凝土罐车灌注完毕后沿既定路线就位灌注。完成卸料工作后按离开线路驶出灌注平台。每一辆罐车驾驶员必须听从统一调配,按照交通组织要求有序进出工作区域。正常灌注照片见图4-7-15。

图4-7-14 基桩首灌照片

图4-7-15 正常灌注照片

4. 混凝土运输线路交通组织

混凝土灌注前,施工单位提前与交通管路部门沟通协调,以保证运输道路畅通,便于混凝土运输途中事故的及时处理。由于混凝土灌注时间集中,施工罐车数量多,为保证高效作业及有效管理,预先对施工罐车进行编号。所有罐车驾驶员配备对讲机或手机,以保证信息畅通。罐车司机每隔5min汇报一次所在位置及运行情况,便于总体调度。主要路口设置巡逻指挥人员,一方面预防交通事故,另一方面记录罐车运行情况并及时汇报。沿线配备巡逻车,及时处理突发事件。由于栈桥宽度有限,施工单位派专人对栈桥交通进行指挥,并加强栈桥桥头、施工平台等重点位置的指挥力度,以保证栈桥畅通。所有施工车辆严格按照既定交通组织线路行驶及停放。

实际施工时,按常规,混凝土搅拌站应设在岸边施工现场,故不存在混凝土远距离运输交通的问题。栈桥交通通畅是确保混凝土连续不间断供应的控制因素。每次灌孔施工前,实际施工单位应提前通知业主及其他标段施工单位。建议由业主对每次灌孔施工期间栈桥交通进行统一指挥、控制,以确保栈桥交通通畅。

5. 混凝土灌注施工过程

混凝土首灌施工于12月18日10时18分开始,施工过程顺利。首灌结束后导管埋深大于1.5m。混凝土首灌完毕后,拆除大料斗,安装1m^{3}小料斗,通过小料斗采用1辆混凝土罐车进行混凝土正常灌注。

混凝土正常灌注过程中沿钻孔桩四周布置了4个观测点,4名技术员定时同时测量孔内混凝土面高程并记录,确保导管的埋置深度不小于5m也不大于10m,并绘制混凝土灌入量与孔内混凝土面升高值的过程曲线,用以分析扩孔率。

混凝土在灌注至底部荷载箱位置时,放慢了灌注的速度以利于荷载箱处混凝土灌注密实。

在灌注将近结束时,核对混凝土的灌入数量,以判定所测混凝土灌注高度是否正确。

最后一节导管拔出时应使导管内混凝土充满,并缓慢拔出,以免桩顶混凝土夹入泥芯或形成空洞。

混凝土正常灌注施工实现了连续、不间断进行。灌注结束时,孔内混凝土顶面高程为 -0.2m,高出桩顶设计高程近1m。

混凝土灌注施工于12月18日19时28分结束,共用时9h10min。

混凝土灌注施工实际情况表明,2.8~2.5m大直径超长钻孔桩混凝土灌注可采用单导管施工,在混凝土供应及时的前提下,内径为325mm的导管完全可以满足灌孔施工时间要求。

(五)成桩质量检测

2010年1月6日,在混凝土灌注施工结束18d后,宁波市交通建设工程试验检测中心对试桩成桩质量进行了检测。

声波透射法检测结果表明:

试桩在距桩顶126~127m为自平衡荷载箱,该部分因荷载箱缘故桩身混凝土有缺陷(主要为缩径),为正常情况,在其余测段的混凝土平均声速为4314m/s,声幅正常,声速和声幅的离差系数较小,混凝土匀质性较好,为Ⅱ类桩。

(六)施工工艺总结及建议

(1)考虑到2.8~2.5m大直径超长桩的灌注施工特点,在进行桩基混凝土配合比设计时,应着重确保混凝土具有良好的和易性,适当延长混凝土的初凝时间,参加适量粉煤灰以降低混凝土水化热。

(2)导管宜采用无缝钢管加工,由专业厂家生产。导管直径、壁厚应满足施工要求。实际施工前应对导管进行水密性检验。

(3)混凝土灌注施工前,应认真进行二次清底,确保桩端沉淀厚度满足设计要求。

(4)从方便施工的角度考虑,混凝土灌注施工宜采用单导管。内径为325mm的导管完全可以满足灌孔施工时间要求。

(5)实际施工时,栈桥交通通畅是确保混凝土连续不间断供应的控制因素。每次灌孔施工前,实际施工单位应提前通知业主及其他标段施工单位。建议由业主对每次灌孔施工期间栈桥交通进行统一指挥、控制,以确保栈桥交通通畅。

(6)试桩成桩质量检测结果。除因非施工原因在荷载箱位置桩身混凝土有缺陷外,其余情况良好,证明了本次试桩混凝土配合比设计及混凝土灌注施工是成功的。

第四节　试桩施工总结

试桩1施工总体实施过程比较顺利,除因施工准备不足,以及对施工现场地质情况缺乏直观认识,反复摸索钻孔施工工艺导致钻孔施工时间相对过长外,其他各主要环节均实施顺利。成桩质量检测结果表明本次试桩桩身质量良好,后期桩基竖向抗压静载试验结果表明试桩承载能力情况良好,能够满足结构受力要求。

以上情况证明了本次工艺试桩的施工组织设计、关键技术参数确定,关键施工设备选择、混凝土配合比设计及总体施工工艺是成功的,为椒江二桥的实际工程建设积累了经验。

以下内容是对本次工艺试桩施工方面的总结、汇总。供椒江二桥工程实际参建施工单位参考、借鉴。

一、主要施工设备选择

椒江二桥2.8~2.5m大直径超长桩对施工设备的规格、性能及质量要求较高。对于基础施工主要设备,参建施工单位应慎重选择。

(1)结合钢护筒施沉施工实际情况,通过对国内外振动锤规格进行调查,可供本工程选择的振动锤有:DZJ480 型双联动振动锤、ICE V360 型双联动振动锤、APE400B 型双联动震动锤等(不完全统计)。如采用振动锤振沉时,应采用双层定位导向架,导向架应能提供足够的平面刚度并具备用于钢护筒施工精度调整的构造,以利于基础施工精度的保证。如采用打桩船整根振入,则可明显提高施工精度及进度。

(2)考虑到实际施工过程中的成桩效率的保证,钻孔施工所选钻机扭矩不宜小于 300kN·m,钻孔最大深度应超过 150m。钻机应采用液压动力钻头,以利于施工过程中钻压控制。钻机应具有较高自动化程度,拆卸、安装方便。

(3)结合大桥总体工期要求,建议单个主塔墩共投入 5 台以上上述型号钻机。根据钻机调查情况国内现有设备数量应可满足要求。

(4)对于 2.8~2.5m 大直径超长钻孔桩,常规的检孔设备难以满足成孔质量检测要求。经调查,交通部公路科学研究所的日本进口的 KE-200(改进型)超声波孔壁测定仪可满足 2.8~2.5m 大直径超长桩成孔质量检测要求(不完全调查)。

(5)2.8~2.5m 大直径超长桩钻孔桩施工中钢护筒施沉、钻孔、钢筋笼下放及混凝土灌注等环节对起吊设备要求均较高。其中钢筋笼下放应为施工起吊重量的控制环节。实践证明,70t 履带吊配合专用下放架可以满足施工要求。实际施工时,建议施工单位兼顾横桥向并排两根桩的施工需要,采用可横桥向行走的龙门吊作为施工起吊设备,或根据需要采用大吨位移动式塔吊作为施工起吊设备。

(6)考虑施工需要及本工程施工混凝土用量,施工单位应在岸边自建混凝土搅拌站。混凝土搅拌站的生产能力应满足 2.8~2.5m 大直径超长桩灌孔大规模施工的要求。

二、钻孔施工平台

(1)实际施工时,钻孔平台应采用一端依托栈桥的“日”形钢平台。一个平台应能满足横桥向两幅桥下部结构桩基础施工、墩(塔)身施工及墩顶 0 号块施工的要求。

(2)钻孔平台强度应能抵御波浪力及涌潮力作用并满足大型施工设备承载力要求。考虑到本工程主桥桩基在南北侧接近 600m 的区域内平台尺寸及使用功能不同,应分区域对钻孔平台进行结构设计。

(3)实际施工时,栈桥交通将比较繁忙。因此钻孔平台空间尺寸应能满足下部结构施工各环节施工设备布置、操作及施工材料存放的要求。施工材料、设备、机械不得占用栈桥空间。

(4)钻孔平台构造应易于拆卸、方便周转,以提高施工材料的循环利用率。

(5)钻孔平台施工应依托主栈桥进行,相比较而言,对施工设备要求不高。施工单位宜根据实际情况和自身条件选择适合的施工设备。

三、钢护筒

(1)3.0m 钢护筒节段为超长、超高构件,采用公路运输存在一定困难。本工程 3.0m 钢护筒用量大,建议主体工程参建施工单位可考虑采用船运至施工现场。

(2)本工程对桩基中心平面位置精度及桩基垂直度精度要求较高。如采用振动锤振沉时,应采用双层定位导向架,导向架应能提供足够的平面刚度并具备用于钢护筒施工精度调整的构造,以利于基础施工精度的保证。如采用打桩船整根振入,则可明显提高施工精度及进度。

(3)采用振动锤分节振沉时,钢护筒施沉施工应连续进行,中间应严格避免长时间停顿。且应尽量减少分节,永久护筒宜分两节施沉以减少工地接缝及施沉间隔时间。钢护筒顶口必须进行有效局部加劲以避免在施沉施工过程中产生破坏,护筒顶口及加劲构造宜采用高强度钢材。振动锤液压夹钳宜采用“m”字形布置以利用施沉时能量有效传递,液压夹钳行程、齿板面积、夹钳构造等细部构造应根据实际施工需要进行改进、加强。

(4)结合试桩施工实际情况及其所需的激振力,通过对国内外振动锤规格进行调查,可供本工程参建施工单位参考选择的震动锤有:DZJ480 型双联动振动锤、ICE V360 型双联动振动锤、APE400B 型双联动震动锤等(不完全统计)。

(5)实际工程施工时,如果钢护筒下沉困难应具体问题具体分析。如此时钢护筒底高程距设计值差距较大,考虑到桥位处局部冲刷大,为保证结构受力安全,保证钻孔过程中钢护筒稳定及避免塌孔、穿孔等事故的发生,必须采取措施。如果钢护筒底高程已经很接近设计值则不宜强行继续施沉,以免护筒底口变形影响钻孔施工。

四、钻孔

(1)结合椒江二桥总体工期要求,建议全桥共投入10台以上RC-300或性能大于RC-300型号钻机。根据钻机调查情况国内现有设备数量可满足要求。

(2)根据试桩施工情况分析,圆砾层、卵石层及以上土层适宜采用刮刀钻头钻进。岩层适宜采用滚刀钻头钻进。刮刀钻头构造应充分加强,采用大尺寸合金钻齿并加密钻齿数量,以减少提钻次数,节约工期。另实际施工时应结合钻孔工作面布置钻机数量,考虑几台钻机设一个备用钻头,以保证钻头维修、加强时,钻孔施工不间断。

(3)空压机、泥浆分离器及发电机等辅助设备的规格、数量应能满足实际施工需要,并应结合实际工作面展开数量,并准备一定数量的备用设备,以保证设备故障时,钻孔施工的连续进行。

(4)钻孔泥浆应采用不分散、低固相、高黏度的PHP泥浆或CMC泥浆。泥浆应采用淡水造浆。施工过程中建议重点控制泥浆的黏度及胶体率,为了保证施工各阶段的泥浆性能指标,在钻孔施工过程中对泥浆性能指标定期进行检测。开钻施工期间每1h检测一次,等泥浆性能稳定后每4h检测一次,并根据钻进过程中地层变化情况尤其是在漏浆地层应适当增加检测频率。

(5)2.8~2.5m大直径桩桩径大、桩长长,常规规格的检孔设备难以满足成孔质量检测要求。经试桩应用,交通部公路科学研究所的日本进口KE-200(改进型)超声波孔壁测定仪可满足2.8~2.5m大直径桩成孔质量检测要求(不完全调查)。

(6)实际钻孔施工时,应结合护筒入土深度,泥浆性能指标等条件,并考虑施工操作方便,对护筒内外水头差进行合理控制,严格避免塌孔、穿孔事故的发生。

五、钢筋笼

(1)实际施工时,钢筋笼存放及加工场地支撑横梁间距不宜大于2m。支撑横梁应具有一定刚度,另外支撑横梁下地基应进行加强处理以避免因不均匀沉降而导致钢筋笼局部变形。

(2)2.8~2.5m大直径桩钢筋笼自重较大,其施工吊点应根据受力需要进行专门设计以确保施工安全。

(3)钢筋笼下放施工为2.8~2.5m大直径桩施工起吊重量的控制点。70t履带吊配合专用下放架可以满足施工要求,实际施工时,施工单位可兼顾横桥向并排两个桩的施工需要,采用可横桥向行走的龙门吊作为桩基施工的起吊设备。也可考虑采用移动式大吨位塔吊作为基础施工起吊设备。

(4)本次试桩声测管采用设计的ϕ57mm×3mm的焊管和薄壁套筒式专用声测管,施工在最后的检测中,普通焊管的焊接连接受作业环境及操作工人水平的限制,部分存在焊接不严导致的进浆现象,而专用声测管则操作方便,速度较快,效果良好。建议在主体工程施工时采用薄壁套筒式专用声测管,可提高钢筋笼下放速度并保证其正常使用。

六、混凝土灌注

(1)考虑到ϕ2.8~2.5m大直径超长桩的灌注施工特点,在进行桩基混凝土配合比设计时,应着重确保混凝土具有良好的和易性,适当延长混凝土的初凝时间,参加适量粉煤灰以降低混凝土水化热。

(2)导管宜采用无缝钢管加工,由专业厂家生产。导管直径、壁厚应满足施工要求。实际施工前应对导管进行水密性检验。

(3)混凝土灌注施工前,应认真进行二次清底,确保桩端沉淀厚度满足设计要求。

(4)从方便施工的角度考虑,混凝土灌注施工宜采用单导管。内径为325mm的导管完全可以满足灌孔施工时间要求。

(5)实际施工时,栈桥交通通畅是确保混凝土连续不间断供应的控制因素。每次灌孔施工前,实际施工单位应提前通知业主及其他标段施工单位。建议由业主对每次灌孔施工期间栈桥交通进行统一指挥、控制,以确保栈桥交通通畅。

第八章　施工控制试验研究

第一节　施工监控概述

一、项目概况

椒江二桥及接线工程的地理位置、主要技术标准、主桥和引桥的跨径布置和结构构造组成详见第一篇“椒江二桥工程概述”。

椒江二桥主桥为双塔双索面半封闭钢箱组合梁斜拉桥,斜拉索为扇形空间索面布置,斜拉索标准间距主梁上为9m,在边跨尾索区为6m,索塔上为2m,全桥共4×26×2＝208根斜拉索;主塔采用钻石型混凝土塔,由上、下两段塔柱和横梁及桥塔附属结构设施构成,其中上塔柱为分离的倾斜塔柱,上塔柱高度为116.56m,下塔柱高度为36.2m,桥塔在桥面以上高度为107.97m,桥塔上塔柱顺桥宽度由塔顶的7.5m变化到8.5m,下塔柱顺桥向宽度由塔顶的8.5m变化到11.5m;主梁采用流线型扁平半封闭钢箱组合梁,索塔为钻石型结构,跨径布置为70＋140＋480＋140＋70＝900m,采用五跨连续漂浮体系,空间密索型布置;边跨各设一个辅助墩,边中跨比为0.4375∶1,塔的高跨比为0.318∶1。主桥中跨位于R＝12000m的竖曲线范围内,与两侧边跨顺接(纵坡2.45%)。

二、主要施工程序概述

(一)主桥索塔施工顺序

(1)塔柱施工标准节段高度为6m,根据实际施工需求,在上塔柱钢锚梁节段及下塔柱设置调整段;起步段采用满堂支架施工工艺,其他节段采用液压自爬模工艺进行施工。内模标准节段(指除塔腔上下倒角及上塔柱含牛腿区)采用与外模板相同的结构(工字木梁及胶合板)形式。内模非标节段及上下倒角采用普通竹胶板进行,内模不采用爬模工艺,采用逐节预埋支撑搭设临时工作平台立模施工的工艺进行。

(2)下横梁采用支架法施工,考虑上下塔柱的结构,下横梁与塔柱交汇段分两次同步现浇完成。

(3)上塔柱钢锚梁在工厂制作为半成品,采用汽车通过栈桥运输至施工现场安装。

(4)塔头合龙段首节采用原液压爬模的埋件件(爬锥)作为受力支撑构件,上面搭设分配梁、底模的方式进行施工。塔头合龙段以上节段采用和标准段爬模施工相同的方法进行施工。

(二)主桥主梁及斜拉索施工顺序

主桥主梁及斜拉索施工顺序详见第三篇“桥梁结构施工关键技术”的第二章“上部结构施工”。

三、施工监控的目的和目标

按照《公路斜拉桥设计细则》第8条规定,斜拉桥施工过程必须进行施工监控。斜拉桥是高次超静定的力学体系。在施工过程中其塔、梁、索力与变形相互影响,同时又受温度和众多施工随机因素影响,整个施工过程是个力学体系复杂的演变过程。在此过程中,温度、施工过程中的自重、计算的数学模型和结构的差异,以及线形、索力的测量误差等诸多因素使得每个施工工序实际的线形和索力达不到最终设计要求,超出规定的允许范围。只有通过施工监控,才能在斜拉桥的施工过程中通过温度、应力、线形、索力、节段尺寸和质量,对结构体系计算所采用的参数进行识别、计算和修正,才能消除或减少实际线形和索力与设计目标值的偏差,以求得到成桥线形、索力和应力满足设计要求。因此实施监控是非常重要也是必不可少的。

施工监控的目的首先是以施工图设计内容为基础,进行复核和对施工过程的细化;其次是对施工过程中控制数据进行监测,对参数进行识别与修正并进行分析,适时掌握施工过程中结构的真实状态,消除或减少偏差量的积累,确保施工过程中结构安全;最终确保成桥后,主体结构的线形达到设计理想的线形,并且使结构的内力分布与设计理想的内力状态相一致。

主桥施工监控的总目标是:通过实测与理论值对比分析,确保椒江二桥主桥桥梁施工过程中的安全和顺利合龙;在施工各阶段应及时测试应力、温度、索力、支座反力及高程,保证主桥索、梁、塔高程、应力、索力在设计控制范围内,确保结构内力处于最优状态,确保主桥成桥线形符合设计要求,满足成桥验收要求。

椒江二桥主桥主体工程施工监控主要控制目标限差见表4-8-1。

椒江二桥主桥施工监控控制目标值 表4-8-1

序号	监 控 项 目	限 差
1	钢箱梁各施工控制节段高程误差	±20mm
2	钢箱梁横桥向各对称点高程误差	5mm
3	合龙段两侧梁段允许高差	±20mm
4	斜拉桥索力误差	±5%
5	横向两根对称斜拉索索力相对误差	+2%
6	索塔倾斜度误差	H/3000(H为塔高)且<±30mm
7	钢箱梁的中心线误差	±20mm
8	桥长偏差	+30、-100mm
9	成桥高程	L/5000,最大不超过±50mm

四、施工监控的重点及难点

监测数据是确定和调整监控参数的依据。由于本桥跨度大,控制点与测点距离远,使得测量精度较难保证。同时,由于本桥结构的自然振动频率较低,在环境风作用下,颤振、涡激振动和抖振都容易发生,给测量工作带来难度。主要的对策是制定合理的测量方案、加密测量频次;采用GPS、测量机器人、精密水准仪等几种先进手段相互配合和补充;静态测量、天顶距、直接坐标法、水准测量法综合利用。

对于应力、温度监测,由于交叉施工的影响,经常导致测点损坏,数据缺失,另外传感器的温飘、时飘效应也会导致数据精度降低。主要的对策是选月性能稳定的高精度测试元件和传感器,采用可靠的安装和埋设工艺,建立自动化测试系统,提高测试频率等。

(一)钢主梁制造预拼施工监控

钢主梁的制造线形直接影响到钢主梁的安装线形和组合梁成桥线形,需要采用多种手段进行精确分析。根据计算结果,提供预拼线形目标值。预拼完毕再对钢主梁线形进行测量校核。

在确定钢主梁的预拼线形前,可对梁段的重量、尺寸进行测试,以作为修正的依据。

(二)组合梁与斜拉索安装施工监控

一般要求索力和线形都能够与目标状态较好地吻合,即"双控"原则。考虑到与索力相比,线形的测量精度相对较高,同时由于本桥跨度大,线形变化敏感,为提高可操作性,对于小悬臂状态,采取索力和线形双控的原则;对于大悬臂状态,应以线形控制为主,索力控制为辅。

组合梁和斜拉索安装控制是本桥施工控制的最主要的工作内容,组合梁施工工序多,工艺复杂。主梁的制造线形、现浇湿接缝的时机和斜拉索的张拉吨位和次数均会对主梁结构受力和结构线形造成影响。

在保证主梁外形(或形心线)连续和顺的条件下,可以通过调整钢梁拼接面上、下缘允许微小空隙来改变钢梁前段的安装高程值。在浇筑接缝混凝土前,钢梁的刚度较小,可以利用较小索力改变钢梁前端的高程,来达到调整高程的目的。

(三)主梁合龙施工控制

合龙方案的确定是施工控制的关键,有以下几个方面需要考虑:

(1)合龙温度的确定:该温度的持续时间,应能满足安装就位以及合龙段锁定连接所需的时间。

(2)合龙段钢梁长度的确定:确定合龙段钢梁长度需考虑温度变形量的影响。

(3)合龙段的安装:合龙段钢梁的安装是一个抢时间、抢速度的施工过程,必须在有限的时间里完成,因此,在合龙前必须做好一切准备工作和各种预案。

(4)临时固结的解除:中孔一旦合龙,必须马上解除临时固结,否则由于温度变化所产生的结构变形和内力,会使结构难以承受。

(四)温度场效应复杂

温度场对超大跨度斜拉桥的影响显著;组合梁斜拉桥主梁采用了不同传热属性的两种材料,使得本桥的温度场分布和效应的复杂程度远大于一般的大跨度斜拉桥。

因此,监控状态的线形和索力测试应尽量在夜间温度稳定时段进行,以尽量减小温差效应;另一方面,需要通过布置合适的测点,实测温度场的实时分布,作为修正结构状态的依据。

另外在确定梁段安装高程时和调整索力时,可以适当利用一些对温度不敏感的参数和手段进行控制,如相对高程法和无应力状态法等。

(五)组合梁斜拉桥的抗裂措施

组合梁斜拉桥结构是由两种不同材料构成,而混凝土抗裂性较差,容易出现裂缝。从已经建成的桥梁上来看,混凝土桥面板的裂缝主要分布在负弯矩区、钢混连接部位、索梁锚固区等。

裂缝出现的原因是多方面的,主要包括受弯裂缝、受剪裂缝、收缩徐变裂缝、温度裂缝、设计施工缺陷等。需分析施工过程中各种可能引起开裂的原因,并采取相应的应对措施,如调整拉索的张拉顺序,使得施工过程尽量不出现负弯矩;控制湿接缝的浇筑时间,提高混凝土桥面板中的压应力储备;增加桥面板的龄期;优化构造配筋等。

(六)关键施工工况

(1)为了使结构受力明确,A、B、C1 阶段托架安装的梁段待相对应的斜拉索张拉到位完毕后拆除。

(2)阶段安装时,待桥面吊机将安装梁段调整到安装高程时,锁定桥面吊机,开始打冲钉并拧紧高强螺栓,待高强螺栓施工完毕后,斜拉索张拉到位,桥面吊机松钩。

(3)边跨辅助墩及过渡墩的主梁合龙,参考中跨合龙方案。

(4)辅助墩每次压重的前后,对辅助墩支座垫块预埋设的传感器进行测量,进而计算推测支座是否脱空,并为下一批压重提供参考。

五、监控项目的组织与工作体系

施工监控是一个大型的系统工程,必须事先建立完善、有效的控制体系才能达到预期的控制目标。

(一)组织体系

施工控制涉及到业主、设计、监理、施工承包人等多个部门与单位,这些单位都将在施工控制中起到不同程度的作用。施工控制是靠多方协作、共同努力来实现的一个系统工程。

为保证施工监控工作的顺利展开,应建立施工监控领导小组。施工监控领导小组由业主、设计、监理、施工、监控单位的相关负责人员组成。监控实施过程中重大技术问题由领导小组讨论决定,并明确各单位或部门的相互关系和分工:

1. 业主

协调参与施工监控各单位的工作,及时主持召开施工监控会议。

2. 设计单位

(1)提供结构计算数据文件、图纸、结构最终成桥状态;

(2)会签施工监控指令,对施工控制内容、目标提供参考意见;

(3)讨论、决定重大设计修正。

3. 施工单位

(1)编制施工组织设计及进度安排;

(2)施工荷载的调查及控制;

(3)测量材料弹模、容重、结构实际尺寸、混凝土浇筑量的大小等;

(4)现场协助测试元(器)件的埋设和保护,并为现场测试提供便利条件;

(5)测量主梁线形、墩顶偏位及沉降等施工参数,并及时提交监理单位,经监理单位签收后提供给监控单位。

4. 监理单位

(1)组织会签施工监控指令单,并向各单位转发监控指令单;

(2)向施工单位传达施工监控指令,并监督执行;

(3)协助监控单位收集材料弹模、容重、结构实际尺寸、混凝土浇筑量的大小等物理参数。

5. 监控单位

监控单位应本着严格监控、热情服务、秉公办事、一丝不苟的原则,以监控合同文件和施工合同文件为依据,独立、公正、有效地开展工作。

(1)制定施工监控方案;

(2)监测施工过程中的结构受力与环境参数,与施工单位协同监测结构变形;

(3)识别设计参数误差,并进行有效预测;

(4)优化调整分析;

(5)预告下阶段的控制参数,提交各梁段立模高程和合龙顶推力及顶推位移量,以监控指令单的形式发至监理单位;

(6)发生重大修正应向施工监控领导小组汇报并会同各单位提出调整方案;

(7)施工过程汇总提供中间阶段报告,竣工后提交施工监控总结报告。

(二)监控协作体系(图 4-8-1)

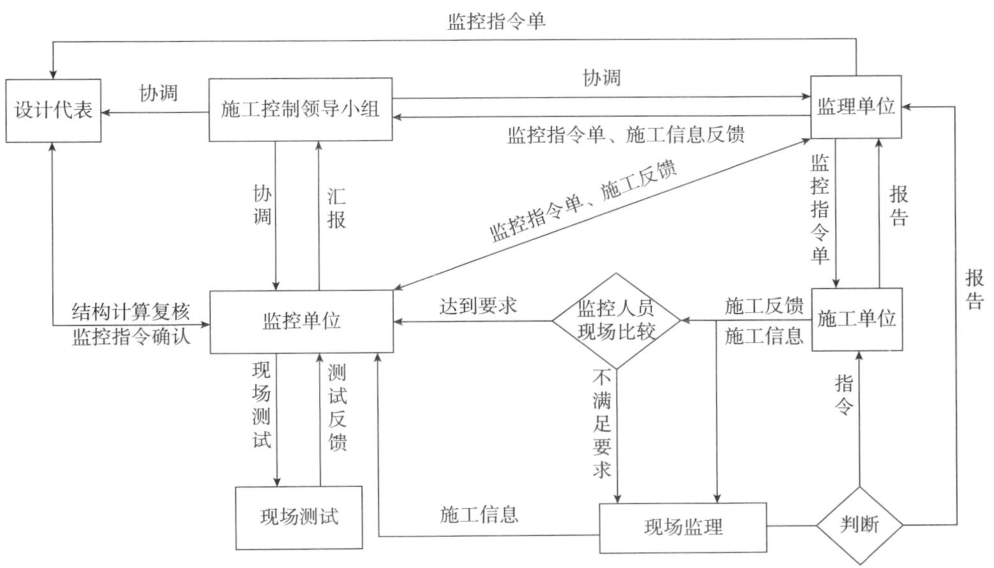

图 4-8-1　监控协作体系

(三)现场监控工作实施体系

桥梁的施工监控与桥梁设计、施工及监理是密切联系的。通过实时测量体系和现场测量体系,可以采集到桥梁施工过程中的各类控制所关心的数据信息。借助桥梁施工控制的计算体系,对采集的数据信息进行分析,尤其是对施工中各类结构响应数据(如变形、内力、应力、温度场等)的分析。可以对施工误差作出评价,并根据需要研究制订出精度控制和误差调整的具体措施。最后以施工控制指令的形式为桥梁的施工提供指导信息。

为了现场监控工作的展开,明确各自的职责,现场工作由项目负责人总体负责具体工作安排。具体监控实施体系见图4-8-2。

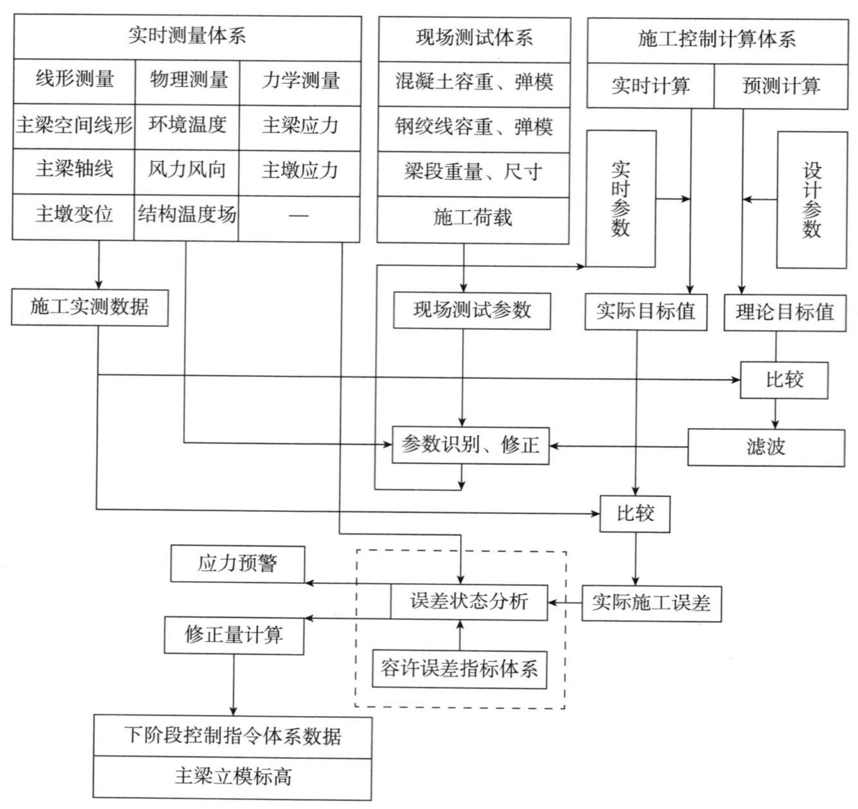

图4-8-2　监控实施体系

(四)监控工作一般步骤与内容

(1)提交待浇筑梁段监控指令,明确本阶段立模高程与测试内容,并由设计单位确认,由监理单位转发给施工单位并监督实施。

(2)待浇筑梁段施工,并在施工过程中进行以下工作内容:

①由监理单位协助,施工单位收集混凝土容重、弹模、结构尺寸,节段混凝土浇筑方量等相关数据。

②由施工单位提供“待浇筑梁段”施工前、后的实际高程及轴线偏位。

③“待浇筑梁段”施工后对相关应力、温度控制断面进行测试。

④在需要埋设测试元件的节段,由施工单位在施工前予以通知,并在埋设过程中提供所需配合。

(3)对收集的数据进行整理、分析。

(4)提交下节段的监控指令。

第二节 监控计算

桥梁的施工控制计算分析不仅应能够对整个施工过程进行正确描述,反映整个施工过程结构的真实受力行为,而且也能确定结构各个阶段的理想状态,为施工提供中间阶段结构状态。

本项目监控计算采用多套软件进行,对桥梁复核计算和施工架设过程采用“桥梁博士”和“MIDAS/Civil”进行平面和空间计算。对桥梁监控计算采用正装法进行计算,整个计算步骤按主桥施工架设过程进行,直至主跨合龙。

监控计算是施工控制的核心依据,利用三维空间结构分析程序计算分析施工全过程、成桥状态的内力及变形等,考虑结构空间的变形和内力的影响。监控计算的成果需要与设计计算结果比较分析,差别应在容许范围内。根据工程进展,监控计算工作主要包括以下内容。

一、计算模型的建立

计算模型是施工监控计算的基础,一个好的计算模型首先应该尽可能真实模拟设计图纸的各个构造(包括截面和边界条件等),将结构离散;然后根据现场施工方案划分施工阶段,在划分施工阶段的时候应该区分一般施工工况和重点施工工况,为了简化计算模型,对于一般工况可以在施工阶段中不单独列出,但重点工况必须有单独的施工阶段。计算参数在施工计算前期可以结合规范和经验取值,在施工过程中应结合现场实测结构效应,进行参数的识别和修正。

二、主要计算参数

(一)混凝土

上部构造:桥面板采用C60混凝土,防撞护栏为C30混凝土。

下部构造:主墩墩身采用C50混凝土,承台、基桩采用C30混凝土;过渡墩墩身、盖梁、挡块采用C40混凝土,承台及桩基采用C30混凝土。支座垫块采用C50小石子混凝土。混凝土力学性能指标见表4-8-2。

混凝土力学性能指标表 表4-8-2

力学性能指标	C60混凝土	C50混凝土	C40混凝土	C30混凝土
弹性模量E(MPa)	36000	34500	32500	30000
轴心抗压强度标准值(MPa)f_{ck}	38.5	32.4	26.8	20.1
轴心抗拉强度标准值(MPa)f_{tk}	2.85	2.65	2.4	2.01
轴心抗压强度设计值(MPa)f_{cd}	26.5	22.4	18.4	13.8
轴心抗拉强度设计值(MPa)f_{td}	1.96	1.83	1.65	1.39
容重(kN/m^3)	26	26	26	26
热膨胀系数(1/℃)	0.00001	0.00001	0.00001	0.00001

混凝土的徐变收缩参数按(JTG D62—2004)考虑,环境湿度按70%取,构件的理论厚度按每个单元的实际截面特性计算,水泥的种类系数取5.0,考虑十年(3650d)的混凝土收缩徐变时间。

(二)钢材

(1)预应力钢绞线:采用高强度低松弛预应力钢绞线,其技术性能必须符合《预应力混凝土用钢绞线》(GB/T 5224—2003)的规定。

(2)用于预应力混凝土结构的精轧螺纹粗钢筋的力学指标及表面质量应符合《公路桥涵施工技术规范》(JTJ 041—2000)附录G-6的规定。

（3）普通钢筋：设计采用 R235 级和 HRB335 级钢筋；带肋钢筋的技术标准应符合《钢筋混凝土用热轧带肋钢筋》（GB 1499—1998）的规定；光圆钢筋应符合《钢筋混凝土用热轧光圆钢筋》（GB 13013—1991）的规定。

（4）Q235C 及 Q345C 级板材、型钢应分别符合《碳素结构钢》（GB/T 700—2006）、《低合金高强度结构钢》（GB/T 1591—1994）的规定。

结构预应力钢筋力学性能指标表见表 4-8-3，预应力钢筋计算参数表见表 4-8-4。

预应力钢筋力学性能指标表 表 4-8-3

力学性能指标	钢绞线	预应力粗钢筋
弹性模量 E（MPa）	195000	200000
抗拉标准强度（MPa）	1860	785

预应力钢筋计算参数表 表 4-8-4

主要参数	纵向预应力束	横向预应力束	竖向预应力筋
型号	25、21、17、16 − 15.24	3 − 15.24	Φ32 精轧螺纹钢
弹性模量（MPa）	1.95×10^5	1.95×10^5	2.0×10^5
锚下控制应力（MPa）	1395	1395	550kN
孔道偏差系数 K	0.0015	0.0015	—
孔道摩阻系数 μ	0.17	0.17	—
松弛系数 ξ	0.3	0.3	—
锚具变形及回缩量（mm）	6	6	—

（三）施工过程及边界条件

根据本章“第一节第二项”施工程序概述中的施工方法及第三篇“桥梁结构施工关键技术”第二章“上部结构施工”的施工过程，按照结构受力可分为 80 个施工阶段。基础完成后，N01、S01 为塔和梁临时固结，N02、N03 及 S02、S03 为墩梁简支。按施工过程及边界条件等参数用 MIDAS 进行计算分析。

三、索塔施工过程中的模拟计算

索塔线形是采用 MIDAS7.4.1 来模拟索塔施工全过程进行的模拟计算。桥梁纵向为 X 轴，索塔垂直高度方向为 Z 轴，桥梁的横向为 Y 轴方向。

塔柱悬臂较短时，侧向位移不大，最大悬臂位移为向外侧 0.535mm。横梁张拉前后，塔柱与横梁交接点的侧向位移，在预应力的作用下，横梁压缩，塔柱与横梁交接点向内侧向位移为 6.175mm。

索塔应力模型计算分析，由于索塔施工节段较多，选取关键施工节段来描述索塔的内侧和外侧的应力。索塔在整个施工过程中，个别截面出现微小的拉应力，不超过 0.3MPa。上塔柱在施工过程中，上塔柱与横梁固结处，为压应力 −4.470MPa。

索塔索导管预偏考虑了后期桥面吊装重量恒载作用、二期恒载、十年收缩徐变及活载作用下的影响后计算椒江二桥 A1J1—A26J26 塔端索导管出塔点坐标。

四、施工阶段主梁线形

主梁在悬臂拼装过程中，每个梁段的线形时刻发生着变化。但是对于悬臂拼装阶段，施工监控最关心的是悬臂端部的高程、端部的转角及上下游高差，因为这些因素直接影响下一个梁段的安装。监控计算给出了关键施工阶段主梁的位移。

监控计算主梁无应力预制线形时，制作预拱度考虑了恒载（包括 10 年收缩徐变）+1/2 活载，并根据设计线形及制作预拱度给出了钢梁制作线形的里程、高程及制作梁长。

五、主梁施工阶段主梁应力

主梁在悬臂拼装过程中应力在不断的变化，监控计算给出了关键施工节段桥面板及钢梁上下缘应力。

六、主梁施工阶段斜拉索索力

主梁悬臂拼装有单节段和双节段施工，单节段梁段施工只有一次张拉索力，双节段安装第一个梁段只有一次张拉索力，第二个梁段有一次张拉和二次张拉索力。监控计算给出了每个梁段安装的索力张拉值及对应悬臂端部高程。

七、斜拉索无应力长度

斜拉索是斜拉桥的重要受力构件之一，精确地计算斜拉索下料长度对于顺利、安全地施工是非常重要的。索长太长则安装过程中必须加垫块进行处理，不利于局部受力；索长太短则根本无法安装。在计算下料长度的时候，需充分考虑斜拉索垂度、材料弹性模量等修正。斜拉索无应力长度计算方法常用的有悬链线计算方法和抛物线计算方法。有研究证明两种方法计算相差微小，抛物线代替悬链线的方法可以满足工程精度要求。

由斜拉索两端锚点的坐标可以求出直线段的长度 L_c，但实际的拉索在自重作用下是一条曲线，设曲线段的长度为 S。

弹性伸长量：

$$\Delta L_e = TL_c/(EA) \tag{4-8-1}$$

垂度影响的伸长量：

$$\Delta L_f = S - L_c \tag{4-8-2}$$

在轴向力 T 及自重作用下，斜拉索呈现为悬链线形状，见图 4-8-3。

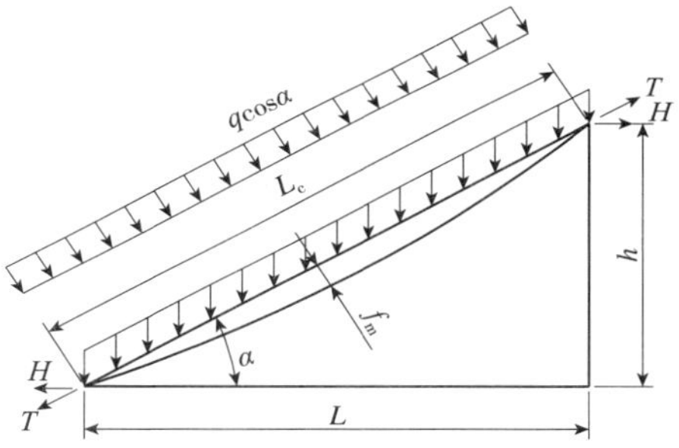

图 4-8-3　斜拉索受力示意图

拉索的垂度较小时，可用抛物线代替悬链线。抛物线的弧长为：

$$S = L_c + 8f_m^2/(3L_c) \tag{4-8-3}$$

于是：

$$\Delta L_f = S - L_c = 8f_m^2/(3L_c) \tag{4-8-4}$$

由外力弯矩平衡可得：

$$f_m = L_c^2 q\cos\alpha/(8T) \tag{4-8-5}$$

将式(4-8-5)代入式(4-8-4)得：

$$\Delta L_f = L_c^3 q^2 \cos^2\alpha/(24T^2) \tag{4-8-6}$$

因此，拉索的无应力长度为：

$$L = L_c + \Delta L_f - \Delta L_e \tag{4-8-7}$$

考虑成桥 10 年收缩徐变后，斜拉索无应力长度见表 4-8-5。

斜拉索无应力制造长度　　表 4-8-5

斜拉索编号	无应力长度 L_1(m)	斜拉索编号	无应力长度 L_1(m)
A1	42.516	J1	42.256
A2	53.949	J2	53.349
A3	61.428	J3	60.522
A4	68.495	J4	67.321
A5	75.719	J5	74.313

续上表

斜拉索编号	无应力长度 L_1(m)	斜拉索编号	无应力长度 L_1(m)
A6	83.226	J6	81.56
A7	90.957	J7	89.012
A8	99.435	J8	97.383
A9	107.702	J9	105.505
A10	116.141	J10	113.813
A11	124.622	J11	122.181
A12	133.276	J12	130.726
A13	141.929	J13	139.288
A14	150.663	J14	147.904
A15	159.423	J15	156.612
A16	168.253	J16	165.388
A17	177.127	J17	174.2
A18	186.055	J18	183.035
A19	192.314	J19	191.901
A20	198.595	J20	200.773
A21	204.894	J21	209.692
A22	211.257	J22	218.744
A23	217.553	J23	227.728
A24	223.846	J24	236.721
A25	230.218	J25	245.795
A26	233.821	J26	254.791

第三节　主要监测内容及监测结果

一、沉降观测

(一)检测目的

基础沉降变形的监控工作包括沉降变形量的预判与主梁施工期间的基础沉降变形的长期监控工作。施工监控单位根据既往施工经验,随着上部结构梁段的架设,主塔承受的压力逐渐增大,通过对主塔承台沉降观测可以定量确定其在施工过程中随加载所产生的沉降及不均匀沉降过程,形成相关预警机制,指导上部结构施工。

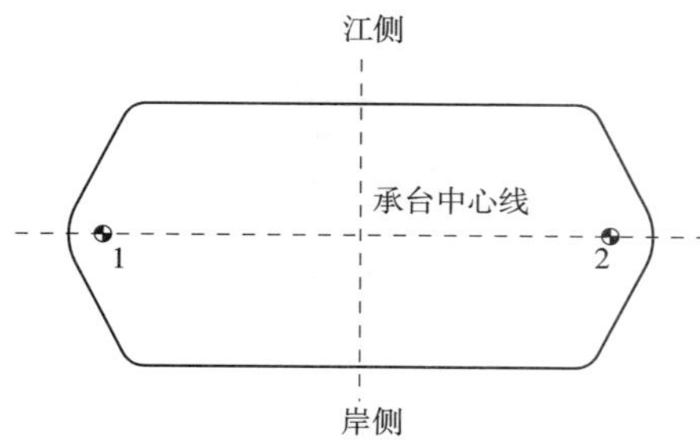

图 4-8-4　S01、N01 主墩沉降测点布置图

◉ – 沉降观测点

(二)监测方法及测点布置

主墩承台沉降监控监测严格按照《椒江二桥主桥施工监控实施细则》的测点布置、测试时间安排及测试工况进行。承台沉降监测采用水准仪测量全站仪校核。

在各主墩承台的 2 个角点位置,各布设一个永久性观测点,在承台以外山体上设置一固定不变的点作为基准点,采用全站仪测量其相对高差的变化,用以判断墩柱沉降及不均匀沉降;基础沉降点位布置示意如图 4-8-4。

(三)监测结果

监测频率:主墩封顶测量一次,主梁施工过程中每月测量一次。

从监测结果可看出,随着中跨悬臂长度的增加,上部结构重量逐渐增大,主塔沉降也是逐渐增加,但是沉降逐渐趋于稳定,测点最大沉降量为 S01 墩 -22mm;N01 基础沉降总体都不大为 -23mm 左右,可判定为轻微均匀沉降,基础较好。

二、应力监测

(一)检测目的

结构的应力测试结果一方面用来评价施工质量,另一方面还可用于桥梁施工过程中结构安全和竣工后的跟踪监测。对大跨度预应力混凝土桥梁而言,由于混凝土材料的非均匀性,受设计参数(如材料特性、密度、截面特性等参数)、施工状况(施工荷载、混凝土收缩徐变、预应力损失、温度、湿度、时间等参数)和结构分析模型等诸多因素的影响,结构的实际应力与设计应力很难完全吻合,即计算应力很难准确反映结构的实际应力状态。因此,在预应力混凝土结构的应变实际测试中,通过系统识别、偏差分析与处理,使测试应力尽可能地接近于实际,从而较准确地掌握结构的真实应力状态。为了排除非受力应变,在埋入工作应力计的同时,也埋设无应力计,测试混凝土的非应力应变,再根据混凝土的应力应变关系,可以推算混凝土在不同应力状态下的单轴应变计算公式,从而计算混凝土的应力。

(二)监测方法和测点布置

1. 应力测试元件

通过以前测试经验和对国内元件及仪器综合分析比较,决定测试元件选用 MHY-150 型混凝土钢弦式应变传感器,配合使用无应力计。检测仪器为 ZX-16 型钢弦频率巡检仪。通过应变——频率标定曲线,换算出混凝土和钢结构的实际应变,再根据混凝土和钢结构的弹性模量推算应力。

2. 主梁及主塔应力测试

根据本桥结构和施工特点主梁布设应力测点的断面包括:

(1)测试主梁纵向力的断面有:主梁过渡跨跨中、辅助墩顶、边跨跨中、桥塔处边跨侧主梁、桥塔处中跨侧主梁、主跨 1/4 及跨中断面。

测点在断面上的布设位置有:混凝土桥面板、钢纵梁及双结合段。

(2)测试横梁横向力的断面为主跨 1/4 断面有索区和无索区横隔梁。

测量工况:

①每个标准主梁安装完毕;

②索力调整前后;

③合龙及铺装前后。

3. 钢弦应变计埋设

为保证埋设的钢弦应变计有较高的成活率,需对埋设的应变计适当处理和进行多项检查。在操作中尽可能准确地使钢弦应变计与纵向应力方向保持一致。为防止混凝土浇筑过程中传感器的窜位和角度改变,埋设时用扎丝将传感器较牢捆扎在钢筋上。为保护组件不受损坏,施工过程中应注意保护,杜绝电焊和混凝土振捣棒与其接触。对钢结构则将钢弦应变计按受力方向牢固的附着在测点表面。

(三)监测结果

从关键施工阶段对钢梁和混凝土的截面应力测试来看,混凝土和钢梁所有测点的实测应力与计算应力吻合较好,结构完全处于可控状态。辅助支墩成桥后上缘有较小的拉应力,其他全部为压应力。

三、温度监测

（一）监测目的

结构受力状态及线形的变化除与结构外荷载状态等因素有关外，还与结构体系的温度场相关。桥梁结构在桥位处各种环境因素影响下，其温度场的变化主要体现在长期季节温差和短期体系温差两种形式上。长期季节温差主要是由于季节变换（环境气温）而引起结构整体升降温，对结构的影响主要体现在：结构整体升降温及合龙温度监控；短期体系温差主要指桥梁结构在日照等因素影响下，在结构内部产生不均匀温度场，形成温度梯度。施工过程中，这两种形式的温差将对结构的内力及线形产生重要影响。因此，必须在施工过程中对温度场进行监测。

（二）监测方法和测点布置

大跨度桥梁的内力和变形对温度场变化十分敏感，应力测试、几何测试的同时都需要进行温度场测试，以对实测数据进行修正便于分析。

本桥构件温度场的测量采用数字式温度传感器进行测试。

数字式温度传感器中封装了感温元件和一个存储器。每个温度传感器都有一个唯一的 ID 码，测试时可直接读取 ID 码和温度数据。现场温度和 ID 号可以直接以“一线总线”的数字方式通过测控仪采集，以无线或有线传输至接收系统。该温度测试系统由于采用数字信号采集传输，数据不会失真，提高了系统的稳定性和抗干扰性，同时大大减少了系统的电缆数，更保证了温度测量的同步性，且感温元件的制作精度高，传感器也无须另外标定。相比于传统的热敏电阻和点温计数字式具有精度高、性能稳定、测试方便快捷等优点。

选择主梁具有代表性的截面布置传感器，通过测量了解主梁温度场情况。选取的断面有主梁过渡跨跨中、边跨 1/4 断面、桥塔处中跨侧主梁、主跨 1/4 断面。

并对现浇混凝土进行温度梯度测试。在每次主梁应力测试的同时进行主梁温度测试。

（三）结果分析

通过实验结果得出以下结论：

（1）现场实测温度梯度与规范规定的温度梯度模式基本吻合。

（2）由于测试期处于雨季，湿度较大，虽然有晴天，但日照仍不十分强烈，这可能会影响测试结果。规范确定的温度梯度模式是否反映了夏季强辐射天气下的实际温度梯度，仍待做广泛深入的研究。

四、主梁线形监测

（一）监测目的

箱梁在施工过程中受混凝土自重、预应力筋张拉、施工荷载、温度、混凝土收缩徐变等因素影响，将产生竖向挠度。为了保证合龙时两侧悬臂端高程偏差达到规范要求，确保成桥后上部结构（主梁、防撞护栏等）线形满足设计要求，同时也是为了确保施工过程的安全性，必须对各个节段的线形进行实时监测，为施工单位提供准确有效的高程控制指令，及时发现施工偏差并调整有关参数，保证施工顺利进行。

（二）监测方法及测量工况

1. 监测方法

线形测量是桥梁施工线形控制工作的基础。根据要求，采用施工单位承担桥梁施工线形高程测量工作，监控单位关键节段复核测量的方式。

主梁线形监测包括高程测量和中线测量。

主梁高程测量的仪器为精密水准仪，从塔柱基准点引出测量主梁测点高程。为保证测量数据准确，定期采用大地基准点和大桥控制点对高程基准点进行复核。

事先在单幅每节段主梁距离前端30cm处布置3个测点，即主梁中心和上、下游处，可以用埋设在桥面板上的铁钉作为测点，需要注意测点的保护，在桥面施工前应该将测点转换成永久性测量标志，以便适应长期观测的需要。线形测点示意图见图4-8-5。

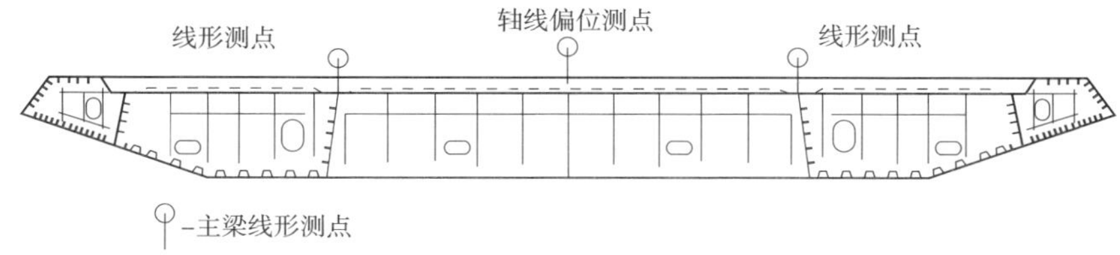

图4-8-5 主梁线形测点示意图

2.测试工况

(1)斜拉索张拉、梁段拼装、接缝浇筑等过程，对前端多个梁段高程进行测量。

(2)主要工况需对所有测点进行测量。

(3)主梁中线测量及里程测量采用智能型全站仪。在主梁前端中心点处架设棱镜，利用全站仪测出其平面坐标，与设计值进行对比，便可以得出实际偏差值。

①在每次梁段安装时或斜拉索张拉完成后，对前端5个梁段中线偏位进行测量。

②索力调整、合龙及铺装前后进行部分或全桥测量。

(三)结果分析

从监测结果可以看出，斜拉索张拉到位后，主梁线形实测值与理论值差值基本在2cm之内，上下游高差亦控制在2cm之内，为悬臂拼装提供良好的基础条件，也从侧面反映出理论计算重量和刚度的准确性。

五、斜拉索索力监测

(一)监测目的

斜拉索是斜拉桥非常重要的受力构件，索力是斜拉索结构的一个重要参数，施工过程中索力控制是事先施工过程中结构内力和成桥线形等的重要施工环节，因此施工过程中必须借助精度较高的索力测定技术确定斜拉索张拉控制力。

(二)监测方法及测试工况

斜拉索索力一般采用频谱分析法。通过振动传感器测量斜拉索的固有频率来间接计算斜拉索的索力。斜拉索的固有频率处在低频区域(0.5~20Hz)，因此选用压电式低频加速度传感器。

测试工况：

(1)每根斜拉索张拉到位后，对前端5对斜拉索索力进行测量；

(2)斜拉索调整过程中，根据需要进行全桥或部分索力测量；

(3)合龙前后进行全桥的索力测量；

(4)铺装后成桥索力测量；

(5)减振器安装前后。

(三)结果分析

斜拉索张拉要兼顾索力大小和线形情况，从施工过程来看，斜拉索张拉到位后悬臂端高程与理论值基本一致，误差较小，计算所采用的梁的刚度和重量与实际准确吻合；二期恒载施加后，全桥索力与理论索力吻合较好，完全满足设计和规范的要求。

六、主梁轴线监测

椒江二桥梁段连接为高强螺栓连接，由于钢梁在制造、拼接、运输、吊装等过程中，难免会局部变形，而高强螺栓连接可以调整的余地非常小,可能会产生梁段拼接轴线偏位,椒江二桥南北塔在主梁安装时轴线偏位如图 4-8-6 所示。

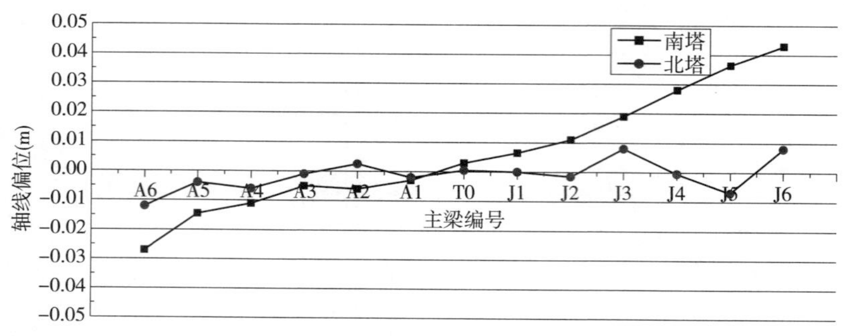

图 4-8-6　南北塔主梁安装轴线偏位

从图 4-8-6 可以看出主梁轴线偏位随着主梁悬拼长度的变化,北塔江侧和岸侧轴线偏位基本上在零点附近上下变化,且偏位绝对值不大。而南塔江侧向上游偏,且有增大的趋势。应采取有效的措施进行纠偏。

图 4-8-7 为南塔经过一定的措施纠偏后主梁安装轴线偏位,轴线基本在 0 点附近,纠偏效果良好。

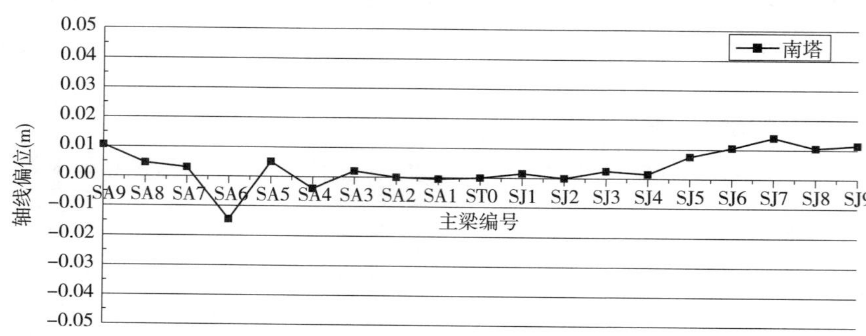

图 4-8-7　南塔主梁安装轴线偏位(纠偏后)

七、中跨合龙段监测

(一)监测目的

合龙施工方案的选取对于中跨合龙质量有着重要的意义。目前国内外斜拉桥的中跨合龙方法可分为几何控制法和梁段配切法两类。几何控制法合龙是严格按照设计标准温度下的设计长度制造合龙段长度,当合龙温度与设计标准温度不一致时,通过改变合龙口的宽度来适应合龙段长度,这相当于清除合龙温度与基准温度不一致对结构体系的影响,使得主梁的应力状态、线形与设计状态一致。梁段配切法是当合龙温度与设计基准温度不一致时,根据合龙时实际的温度状况,确定合龙口宽度,然后根据合龙口宽度现场切割合龙段长度,最后完成合龙。

(二)中跨合龙施工步骤

1. 主桥中跨合龙安装方案

(1)考虑桥位施工便利,确定合龙口为:NJ26 与 JH 环口,即 JH 北侧为合龙侧。

(2)NJ26 号梁段发运前,在 NJ26 梁段南侧环口腹板外侧上安装半幅工艺拼接板,每块工艺拼接板至少安装 20% 的冲钉和若干工艺螺栓固定。

(3)完成 NJ26、SJ26 号梁段安装后,利用梁段上吊耳及钢绞线对此两梁段进行斜向对拉,保证两梁段桥面中轴线一致。

(4)在中跨合龙前,对 NJ25 和 SJ25 进行典型天气 24 小时连续观测以确定合龙温度和准确拟定 NJ26

号段与 SJ26 号段合龙口长度,并将数据反馈至厂方。

(5)厂方根据合龙口长度,配切 JH 段两端余量。

(6)JH 号梁段发运前,在 JH 号梁段北侧环口上安装另外半幅工艺拼接板(连接板编号同 NJ26,每块工艺拼接板至少安装 20% 的冲钉和若干工艺螺栓固定)。

(7)JH 号梁段装船,发运至桥位处。按拟定的施工步骤选择凌晨 0 点气温趋于稳定后,进行二次合龙安装

(8)在合龙侧完成锁定后,及时解除塔区临时约束(竖向预应力钢绞线、纵向临时拉压杆),保证在温度上升前完成。

(9)箱内 U 肋、I 肋拼接板抹孔、钻孔后并安装,完成其他合龙相关工作,实现全桥合龙。

2. 中跨合龙施工步骤(图 4-8-8)

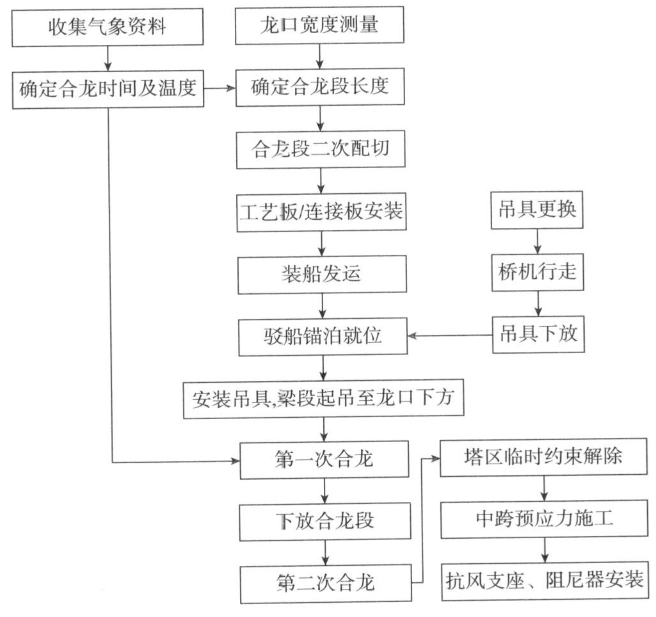

图 4-8-8 中跨合龙段施工步骤图

八、主梁成桥线形

二期恒载铺装后,对全桥进行线形测量,图 4-8-9 为理论成桥线形与实测值。

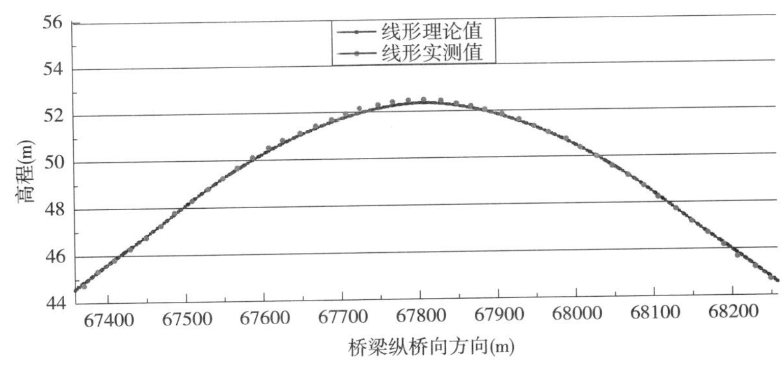

图 4-8-9 理论成桥线形与实测值对比图

从图 4-8-9 可以看出,实测成桥高程稍微高于理论成桥线形,总体与理论值吻合较好,跨中成桥线形与理论成桥线形相差 3.1cm,线形高程误差满足规范规定的 $L/5000$ 和不大于 ±5cm 的规定。

九、主梁成桥索力

桥面铺装后，对全桥索力进行测量，表4-8-6～表4-8-9为实测索力与理论索力对比值。

南岸下游索力实测值　　表4-8-6

编号	理论值(kN)	南岸下游(kN)	差值	编号	理论值(kN)	南岸下游(kN)	差值
A26	6774.5	6736.5	-0.6%	J1	3616.3	3545.0	-2.0%
A25	6485.2	6560.1	1.2%	J2	2937.6	3018.1	2.7%
A24	6051.2	5875.2	-2.9%	J3	2738.7	2721.0	-0.6%
A23	5880.4	5973.6	1.6%	J4	2744.3	2764.9	0.7%
A22	5716.2	5775.2	1.0%	J5	2783.5	2719.8	-2.3%
A21	5344.2	5365.4	0.4%	J6	2889.9	2862.5	-0.9%
A20	5325.5	5443.1	2.2%	J7	2980.1	2962.9	-0.6%
A19	5208.7	5150.5	-1.1%	J8	3065.9	3108.5	1.4%
A18	4915.7	5096.9	3.7%	J9	3465.4	3369.1	-2.8%
A17	5042.4	5083.3	0.8%	J10	3558.0	3569.9	0.3%
A16	5013.2	5027.2	0.3%	J11	3630.3	3618.1	-0.3%
A15	4760.2	4661.2	-2.1%	J12	4071.2	4203.3	3.2%
A14	4501.2	4524.5	0.5%	J13	4279.1	4162.5	-2.7%
A13	4231.6	4233.2	0.0%	J14	4689.2	4723.8	0.7%
A12	4040.5	4180.5	3.5%	J15	4709.0	4894.9	3.9%
A11	3715.7	3820.7	2.8%	J16	4633.9	4662.4	0.6%
A10	3625.7	3575.6	-1.4%	J17	4667.0	4800.1	2.9%
A9	3777.9	3901.0	3.3%	J18	4875.3	4895.9	0.4%
A8	3385.7	3484.4	2.9%	J19	5010.4	4881.5	-2.6%
A7	3275.5	3356.4	2.5%	J20	5372.1	5294.4	-1.4%
A6	3112.3	3108.4	-0.1%	J21	5552.7	5703.6	2.7%
A5	3085.3	3022.4	-2.0%	J22	5703.1	5845.7	2.5%
A4	3058.5	3051.4	-0.2%	J23	5767.5	5873.5	1.8%
A3	2899.9	2883.8	-0.6%	J24	5937.3	6055.6	2.0%
A2	3039.0	2952.7	-2.8%	J25	6348.3	6364.2	0.3%
A1	3606.7	3502.3	-2.9%	J26	6750.4	6814.8	1.0%

南岸上游索力实测值　　表4-8-7

编号	理论值(kN)	南岸下游(kN)	差值	编号	理论值(kN)	南岸下游(kN)	差值
A26	6774.5	6620.7	-2.3%	A20	5325.5	5512.1	3.5%
A25	6485.2	6518.4	0.5%	A19	5208.7	5361.4	2.9%
A24	6051.2	5923.5	-2.1%	A18	4915.7	4842.3	-1.5%
A23	5880.4	5983.6	1.8%	A17	5042.4	5138.8	1.9%
A22	5716.2	5803.8	1.5%	A16	5013.2	5074.2	1.2%
A21	5344.2	5213.8	-2.4%	A15	4760.2	4900.3	2.9%

续上表

编号	理论值(kN)	南岸下游(kN)	差值	编号	理论值(kN)	南岸下游(kN)	差值
A14	4501.2	4626.4	2.8%	J7	2980.1	3042.0	2.1%
A13	4231.6	4108.6	-2.9%	J8	3065.9	2996.7	-2.3%
A12	4040.5	4018.8	-0.5%	J9	3465.4	3474.8	0.3%
A11	3715.7	3646.8	-1.9%	J10	3558.0	3686.3	3.6%
A10	3625.7	3537.1	-2.4%	J11	3630.3	3775.2	3.9%
A9	3777.9	3796.9	0.5%	J12	4071.2	4190.1	2.9%
A8	3385.7	3469.7	2.5%	J13	4279.1	4305.4	0.6%
A7	3275.5	3223.9	-1.6%	J14	4689.2	4766.3	1.6%
A6	3112.3	3160.6	1.6%	J15	4709.0	4595.0	-2.4%
A5	3085.3	3196.9	3.6%	J16	4633.9	4690.2	1.2%
A4	3058.5	3176.7	3.9%	J17	4667.0	4808.4	3.0%
A3	2899.9	2917.2	0.6%	J18	4875.3	5011.4	2.8%
A2	3039.0	3002.5	-1.2%	J19	5010.4	4958.3	-1.0%
A1	3606.7	3696.3	2.5%	J20	5372.1	5400.6	0.5%
J1	3616.3	3572.8	-1.2%	J21	5552.7	5765.1	3.8%
J2	2937.6	2968.9	1.1%	J22	5703.1	5658.7	-0.8%
J3	2738.7	2794.3	2.0%	J23	5767.5	5816.4	0.8%
J4	2744.3	2789.0	1.6%	J24	5937.3	5789.7	-2.5%
J5	2783.5	2822.0	1.4%	J25	6348.3	6554.3	3.2%
J6	2889.9	2870.6	-0.7%	J26	6750.4	6987.5	3.5%

北岸下游索力实测值 表4-8-8

编号	理论值(kN)	南岸下游(kN)	差值	编号	理论值(kN)	南岸下游(kN)	差值
A26	6774.5	6714.6	-0.9%	J1	3616.3	3698.6	2.3%
A25	6485.2	6497.6	0.2%	J2	2937.6	2883.7	-1.8%
A24	6051.2	6059.8	0.1%	J3	2738.7	2843.1	3.8%
A23	5880.4	5931.4	0.9%	J4	2744.3	2789.8	1.7%
A22	5716.2	5588.1	-2.2%	J5	2783.5	2739.4	-1.6%
A21	5344.2	5530.1	3.5%	J6	2889.9	2833.2	-2.0%
A20	5325.5	5168.7	-2.9%	J7	2980.1	3081.9	3.4%
A19	5208.7	5183.0	-0.5%	J8	3065.9	3094.7	0.9%
A18	4915.7	4959.3	0.9%	J9	3465.4	3551.4	2.5%
A17	5042.4	4894.6	-2.9%	J10	3558.0	3572.4	0.4%
A16	5013.2	4890.9	-2.4%	J11	3630.3	3629.1	0.0%
A15	4760.2	4933.5	3.6%	J12	4071.2	4124.4	1.3%
A14	4501.2	4421.3	-1.8%	J13	4279.1	4299.3	0.5%
A13	4231.6	4369.6	3.3%	J14	4689.2	4869.1	3.8%
A12	4040.5	4197.7	3.9%	J15	4709.0	4753.0	0.9%

续上表

编号	理论值(kN)	南岸下游(kN)	差值	编号	理论值(kN)	南岸下游(kN)	差值
A11	3715.7	3858.5	3.8%	J16	4633.9	4580.6	-1.1%
A10	3625.7	3653.3	0.8%	J17	4667.0	4823.3	3.3%
A9	3777.9	3756.5	-0.6%	J18	4875.3	5011.5	2.8%
A8	3385.7	3393.8	0.2%	J19	5010.4	4967.5	-0.9%
A7	3275.5	3206.5	-2.1%	J20	5372.1	5570.4	3.7%
A6	3112.3	3152.1	1.3%	J21	5552.7	5395.0	-2.8%
A5	3085.3	3099.2	0.5%	J22	5703.1	5546.8	-2.7%
A4	3058.5	3111.8	1.7%	J23	5767.5	5833.9	1.2%
A3	2899.9	2817.3	-2.8%	J24	5937.3	6018.1	1.4%
A2	3039.0	2968.2	-2.3%	J25	6348.3	6191.5	-2.5%
A1	3606.7	3651.5	1.2%	J26	6750.4	6614.5	-2.0%

北岸上游索力实测值

表 4-8-9

编号	理论值(kN)	南岸下游(kN)	差值	编号	理论值(kN)	南岸下游(kN)	差值
A26	6774.5	6571.4	-3.0%	J1	3616.3	3668.9	1.5%
A25	6485.2	6351.8	-2.1%	J2	2937.6	3038.4	3.4%
A24	6051.2	5949.2	-1.7%	J3	2738.7	2670.7	-2.5%
A23	5880.4	5870.5	-0.2%	J4	2744.3	2726.9	-0.6%
A22	5716.2	5649.0	-1.2%	J5	2783.5	2745.7	-1.4%
A21	5344.2	5393.1	0.9%	J6	2889.9	2980.7	3.1%
A20	5325.5	5387.2	1.2%	J7	2980.1	2916.1	-2.1%
A19	5208.7	5185.1	-0.5%	J8	3065.9	3072.3	0.2%
A18	4915.7	4779.9	-2.8%	J9	3465.4	3361.9	-3.0%
A17	5042.4	5154.9	2.2%	J10	3558.0	3615.7	1.6%
A16	5013.2	5149.7	2.7%	J11	3630.3	3747.5	3.2%
A15	4760.2	4654.2	-2.2%	J12	4071.2	3965.8	-2.6%
A14	4501.2	4611.7	2.5%	J13	4279.1	4252.3	-0.6%
A13	4231.6	4243.2	0.3%	J14	4689.2	4777.4	1.9%
A12	4040.5	4195.0	3.8%	J15	4709.0	4615.9	-2.0%
A11	3715.7	3825.2	2.9%	J16	4633.9	4729.9	2.1%
A10	3625.7	3618.4	-0.2%	J17	4667.0	4632.2	-0.7%
A9	3777.9	3875.0	2.6%	J18	4875.3	4762.5	-2.3%
A8	3385.7	3290.9	-2.8%	J19	5010.4	5066.1	1.1%
A7	3275.5	3301.9	0.8%	J20	5372.1	5568.5	3.7%
A6	3112.3	3138.5	0.8%	J21	5552.7	5583.8	0.6%
A5	3085.3	3206.5	3.9%	J22	5703.1	5924.9	3.9%
A4	3058.5	3155.0	3.2%	J23	5767.5	5881.1	2.0%
A3	2899.9	2886.6	-0.5%	J24	5937.3	5835.1	-1.7%
A2	3039.0	3093.3	1.8%	J25	6348.3	6562.4	3.4%
A1	3606.7	3520.4	-2.4%	J26	6750.4	6664.5	-1.3%

可以看出，实测索力与理论索力吻合较好，基本控制在±3.5%之内，满足规范规定索力精度控制的要求。

十、结论

（一）施工控制验算

采用MIDAS有限元分析软件，对椒江二桥建立了施工控制计算模型，采用设计计算的主要参数和设计计算中假定的施工工序进行了施工阶段控制验算，并根据实际施工测量数据对这些参数进行了分析拟合。桥面板在中跨合龙后上缘最大-10.45MPa，下缘最大-9.78MPa，钢梁在中跨合龙后上缘最大-106.34MPa，下缘最大出现在AJ12斜拉索张拉完成后，出现在塔区J12梁段下缘60.12MPa，均满足规范的要求。在施工过程中，根据实际施工参数进行修改和微调，指导了实际施工。

（二）主梁应力监测

本桥主梁应力监测断面的实测应力值与理论应力值基本吻合，桥面板最大应力出现在最大悬臂时，在塔区0号块附近-9.84MPa和辅助墩墩顶-8.84MPa，钢梁最大应力出现在塔区0号附近-106.17MPa，从整个施工过程检测数据来看，变化较有规律，这也反映出该桥的预应力钢束张拉是有效的且符合设计要求。从整个施工过程应力变化趋势及线形高程数据上看，施工过程结构应力处于安全可控状态。

（三）主梁温度场监测

现场实测温度梯度与规范规定的温度梯度模式基本吻合。通过温度场的监测，对施工节段温度对施工控制的影响进行了分析，修正了实测及计算结果。合龙时的温度监测结果为精确确定合龙段长度提供了有效的技术参数。从主梁纵向不同截面的温度实测值来看，温度梯度沿着纵向变化基本一致。

（四）主梁线形监测

本桥各梁段施工过程中，实际立模高程与指令高程基本吻合，施工变形也与理论值基本一致。二期恒载施工后，实测高程与相应设计高程吻合很好，实测成桥高程稍微高于理论成桥线形，总体与理论值吻合较好，跨中成桥线形与理论成桥线形相差3.1cm，线形高程误差满足规范规定的$L/5000$和不大于±5cm的规定。

（五）轴线偏位

针对主桥上部结构悬臂拼装过程中出现的轴线偏位，最大值出现在悬臂AJ6时，最大偏差0.043m（上游），采取合理的纠偏措施后与理论轴线基本一致，跨中相对最大轴线偏差1.2cm，满足规范的要求。

（六）斜拉索索力

从施工过程来看，斜拉索张拉到位后悬臂端高程与理论值基本在±3.0cm之内，误差较小，计算所采用的梁的刚度和重量与实际准确吻合；二期恒载施加后，实测索力与理论索力吻合较好，基本控制在±3.5%之内，满足规范规定索力精度控制的要求。满足规范规定±5%的要求。

综上所述，在参建方的大力支持下，椒江二桥成桥状态多项指标均满足设计及规范的要求，可以按照设计荷载投入运营。

第九章　椒江二桥健康监测系统研究

第一节　系统设计构建概述

一、系统构建背景

(一)健康监测技术发展现状

早在20世纪80年代中期,欧、美、日等桥梁强国就开始对不同规模的桥梁建立健康监测系统。我国健康监测技术研究起步相对较晚,自2002年以后,我国内地已设计安装或准备安装结构监测系统的大型桥梁有近40座,代表性的桥梁见表4-9-1。

国内安装监测系统的典型代表性桥梁一览表　　表4-9-1

编号	桥 梁 名 称	结构类型	跨　度　(m)	国家或地区
1	圆山桥	连续梁	95 + 155 + 140	中国台湾
2	昂船洲桥	斜拉桥	1018	中国香港
3	青马桥	悬索桥	455 + 1375 + 300	中国香港
4	徐浦大桥	斜拉桥	590	中国
5	江阴大桥	悬索桥	1385	中国
6	虎门大桥	悬索桥	888	中国
7	南京长江二桥	斜拉桥	628	中国
8	芜湖长江大桥	斜拉桥	180 + 312 + 180	中国
9	钱江四桥	拱桥	190	中国
10	东海大桥	斜拉桥	430	中国
11	杭州湾大桥北航道桥	斜拉桥	448	中国
12	杭州湾大桥南航道桥	斜拉桥	318	中国
13	贵州坝凌河大桥	悬索桥	1088	中国
14	南京长江第三大桥	斜拉桥	主跨648	中国
15	舟山连岛工程西堠门大桥	悬索桥	主跨1650	中国
16	舟山连岛工程金塘大桥	斜拉桥	77 + 218 + 620 + 218 + 77	中国
17	宁波青林湾大桥	斜拉桥	100 + 180 + 100	中国
18	宁波外滩大桥	斜拉桥	主跨315	中国
19	宁波明州大桥	拱桥	100 + 450 + 100	中国

由于目前我国国家、交通运输部、住房和城乡建设部、铁道部均未有相关的桥梁结构监测系统构建和验收的标准、规范和技术的指南，桥梁结构安全监测目前处于科研、实践、再改进的特殊历史阶段。

（二）系统设计构建目标

中交公路规划设计院有限公司承担椒江二桥运营期健康监测系统（以下简称"监测系统"）的设计及实施工作，力求利用当代传感测试技术、风险管理技术、计算机科学技术、光电子信息技术、桥梁计算分析技术等最新科技成果构建椒江二桥运营期健康监测系统，系统预期达到如下目标：

（1）以"全寿命周期内的监管养护"为目标。通过数字化养护，全寿命期的数字化、信息化档案，服务于椒江二桥运营期的监管养护工作；

（2）定制并规范桥梁全寿命期的养护维修，力求进行主动管养，制定预防性养护措施，努力使桥梁结构达到设计基准寿命；

（3）及时监控"感知桥梁"，尽早发现桥梁结构自身及行车所面临的危险状况，在桥梁结构危险萌芽阶段发出预警；

（4）收集桥梁自然环境和结构响应参数，为桥梁安全监测的国家及行业规范或标准的制定提供技术参考依据。

二、系统设计思路

桥梁工程结构因运营时间的延续，结构本身病害将会增加，需要运营期实时监管结构的安全使用状态。根据欧美国家几十年来的桥梁监管养护经验，良好地将结构的巡检（检测）与监测技术结合，可在桥梁全寿命期内提高养护和维修的工作效率。

椒江二桥桥址区位于台州市东部临海市和椒江区境内，将结构面临的危险源划分为结构损伤和结构状态的不利性改变两大类，并根据当前技术水平提出针对不同危险源情况采取不同的监测和巡检养护手段策略。

椒江二桥大桥巡检（检测）与监测技术结合图示见图4-9-1。

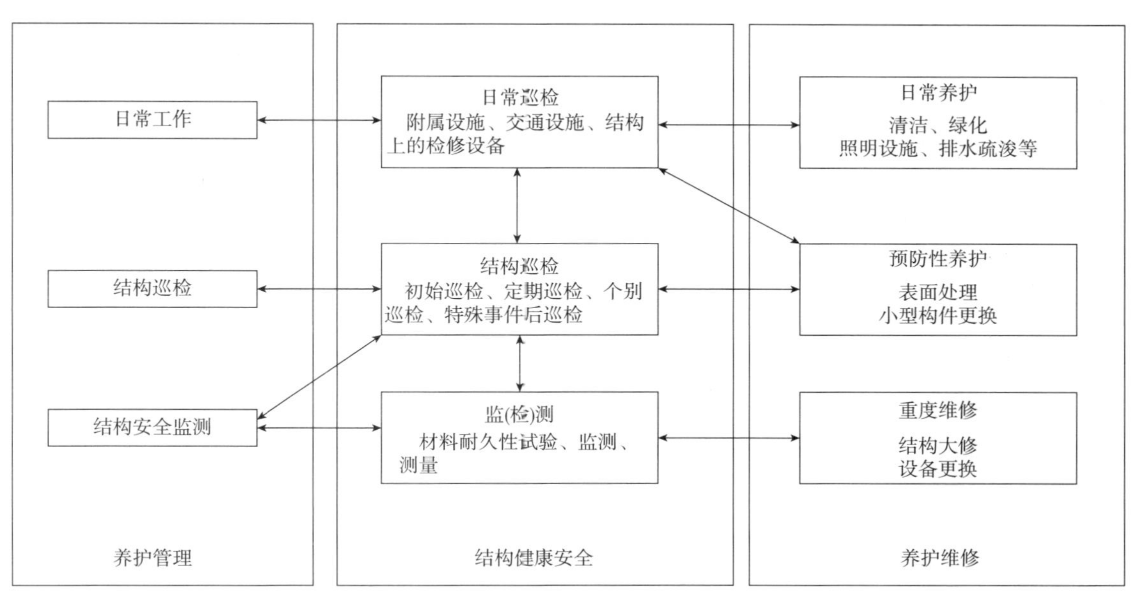

图4-9-1　巡检（检测）、监测技术结合

（1）系统的统一性：系统的监控设备和软件统一设计规划、安装、集成与调试，统一维护和管理，纳入项目监控中心及省级高速公路网交通监控管理体系；

(2)系统的经济性:采用有代表性、少而精的监测信息;供电通信缆线尽量利用交通工程已有的桥架和预留孔洞;控制设备尽可能与三大机电系统资源共享;

(3)系统的整合性:采用多种不同信号类型的监测、传感、采集传输、供电通信防雷;

(4)系统的可靠性与实用性:监测及其附属设施安装稳固可靠,真实反映桥梁所处自然环境、运营环境以及结构响应;真正保障行车安全和结构安全,指导运营管养以及设计检验;

(5)系统的技术先进性:系统应具有技术先进性和前瞻性,充分考虑各项相关术的进步,与其他桥梁监控技术的兼容需求;

(6)系统的针对性,根据危险性分析结果,确定大桥典型结构部位、易损部位、控制和损伤敏感部位,如变形控制点、应力集中及动力响应敏感点等;

(7)系统的分步性:依据结构受力特点、施工进度、各结构系统目标以及未来养护计划以及资金到位情况分步实施;

(8)系统的可扩展性:在运营期内,系统的架构和使用可随时根据管理部门的需要以及科技水平的发展,扩充监测和巡检内容。

三、系统总体架构

系统包括以下子系统:

(1)自动化传感测试信号采集分析与控制子系统;

(2)电子化人工巡检养护管理子系统;

(3)结构安全预警评估子系统;

(4)中心数据库子系统;

(5)用户界面子系统。

系统总体架构见图4-9-2。

四、系统包含内容及覆盖范围

运营监测养护管理系统见图4-9-3。

椒江二桥运营期养护管理系统设计中桥梁信息管理系统包括:椒江二桥及其接线工程(K62 + 294 ~ K70 + 38)段内所有的结构物;结构自动化监测的范围包括:大桥跨江主桥工程,北引桥有代表性的一联连续刚构引桥;电子化人工巡检的范围包括:大桥跨江主桥工程,北引桥有代表性的一联连续刚构引桥。

五、结构安全信息的定义

(一)椒江二桥的结构安全特征信息(图4-9-4)

结构安全信息来源于如下几个主要途径:

(1)数据采集系统获得力学指标的监测结果;

(2)利用人工巡检获得的结构损伤的直接检测结果。

(二)基于风险管理的结构评估

工程在设计、施工及运营各个阶段都可能遭受的风险,风险评估过程包括风险识别、风险概率估计及后果估计、风险评价、风险策略4个阶段。

结构风险评估流程:结构解析、总体风险评估、单元风险评估、比例效应、巡检计划养护策略。

1. 结构解析

单元划分原则:环境一致、材料一致和结构形式一致。大桥全桥结构解析见表4-9-2。

用户界面模块
显示模块
实时报警模块
趋势曲线模块
报表打印模块
结构预警安全评估模块
结构预警安全评估服务器
结构状态评估模块
结构损伤识别模块
结构响应预警模块
电子化人工巡检养护管理模块
电子化人工巡检养护管理服务器
养护手册
巡检任务
巡检结果，管理，归档等
结构安全预警与评估系统
授权用户
Internet网络
读取实时、历史数据
读取实时、历史数据
读取实时、历史数据
WEB服务器模块
WEB服务器
WEB SERVEB服务应用程序
中心数据库模块
中心数据库服务器
历史数据库
实时数据库
结构状态基准、模型、设计施工信息，历史数据库、状态检测数据库
传感器测点实时数据
读取写入数据
数据处理与控制模块
采集站数据处理与控制服务器
数据处理与控制实时解算模块
系统控制管理
输入输出接口
高速动态称重服务器
动态称重系统数据处理与控制模块
系统运行管理
输入输出接口
数据处理与控制系统
光纤通讯
TCP/IP
数据采集站1
数据采集站2
数据采集站3
数据采集站4
数据采集站5
数据采集站6
数据采集与传输模块
传感器模块
外场数据采集与传输系统

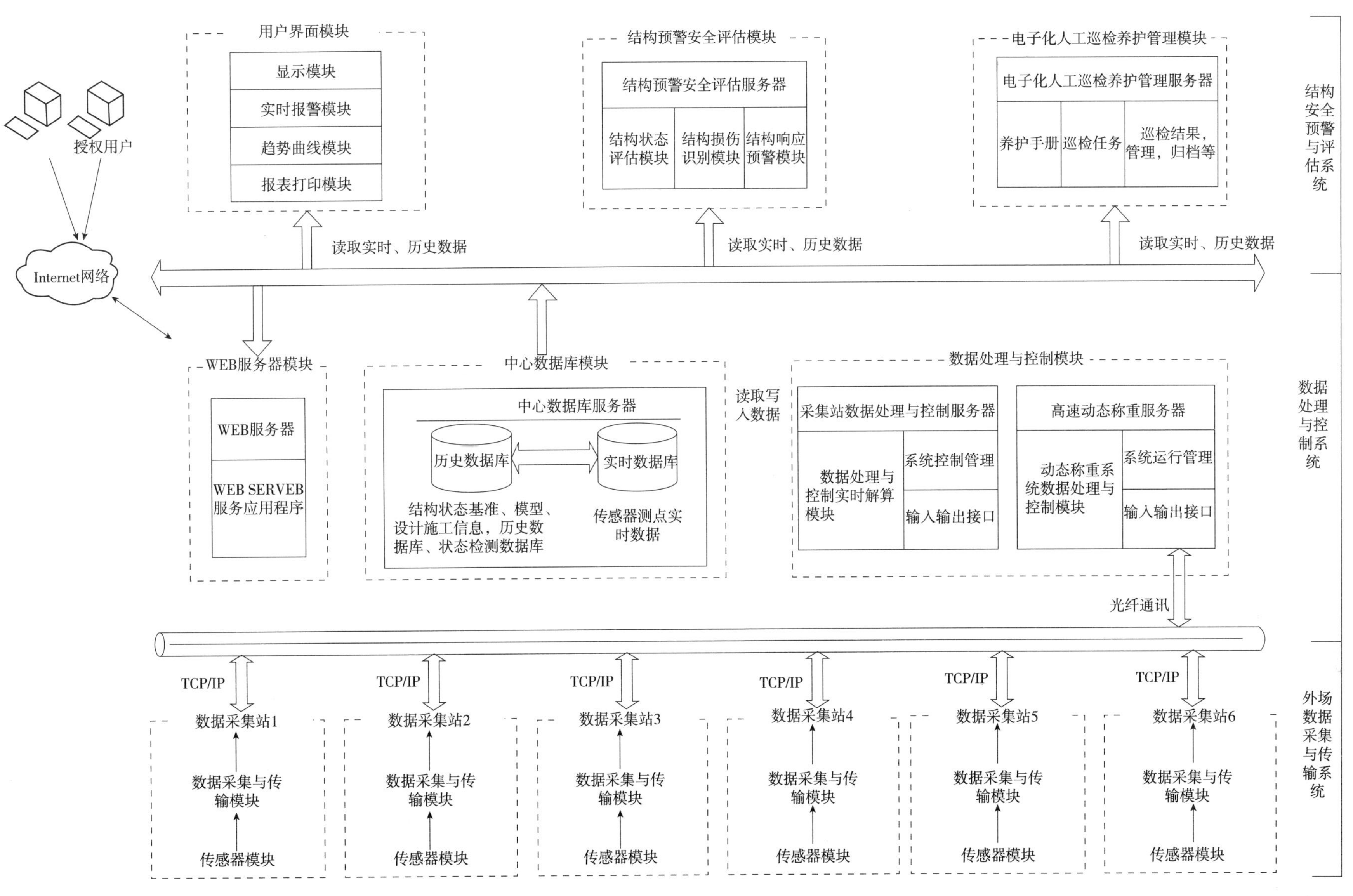

图4-9-2 系统总体架构

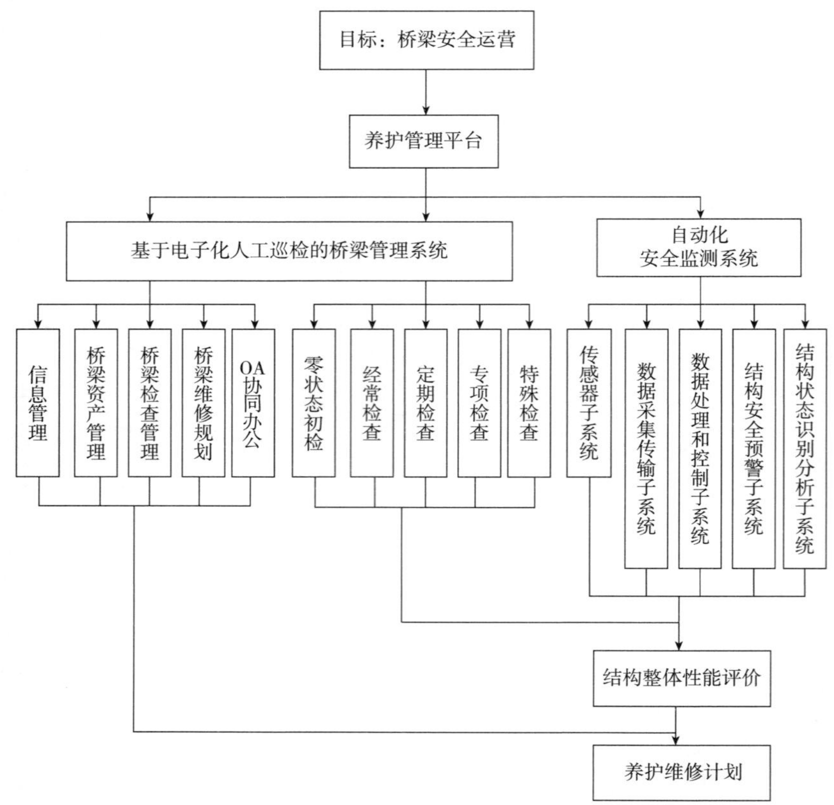

图 4-9-3　运营监测养护管理系统

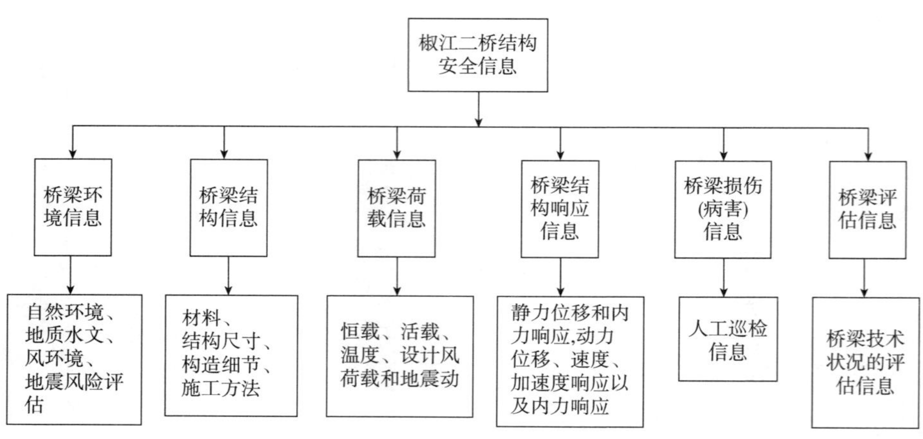

图 4-9-4　椒江二桥的结构安全特征信息

椒江二桥结构解析　　表 4-9-2

第一层	第二层	第三层	第四层
主桥(斜拉桥)	桥塔	基础	
		承台	
		下塔柱	
		中塔柱	
		上塔柱	
		设施	竖向支座,纵向阻尼器

续上表

第一层	第二层	第三层	第四层
主桥(斜拉桥)	辅助墩	基础	
		混凝土承台	
		混凝土墩身	
		设施	竖向支座
	过渡墩	基础	
		混凝土承台	
		混凝土墩身	
		设施	竖向支座
	主梁	典型节段	
		塔柱节段	
		辅助墩节段	
		过渡墩节段	
		设施	风嘴,伸缩缝
	斜拉索	索塔锚头	
		自由长度	
		索梁锚头	
		设施	阻尼器
北引桥	基础		
	典型桥墩		
	预应力混凝土箱梁		
	设施	支座,伸缩缝	

2. 总体风险评估

总体风险评估是以风险发生的概率以及风险的严重程度为指标建立风险评估矩阵,对每个结构单元的所有风险进行量化评估,并定义风险的探测方法,对于识别出的关键风险,研究其风险控制措施。

风险概率:一年数次,一年一次,十年一次,百年一次。

风险的严重程度取值:见表 4-9-3。

风险严重度取值表 表 4-9-3

对结构的影响	对人身安全的影响	严重度
较大影响 - 桥梁坍塌	数人死亡	4
较大影响 - 桥梁不坍塌	一人死亡	3
局部影响	一人受伤	2
可忽略的影响	无人身伤亡	1

运营期间风险主要来自:材料劣化,材料腐蚀、疲劳,基础沉降冲刷,荷载作用,特殊事件,施工缺陷,维修不当,人为破坏。

根据进一步的分析,识别出大桥的危险源(表4-9-4、表4-9-5)。

椒江二桥危险源表 表4-9-4

材料	混凝土	侵蚀,碱骨料反应,硫酸盐侵蚀,碳化反应,氯化反应
	普通钢材	腐蚀,疲劳
	高强度钢	脆断,腐蚀,预应力损失,斜拉索疲劳,预应力筋疲劳
外部因素	结构	超载–局部效应,结构性能不足,装置性能不足
	土壤	冲刷,液化,沉降
	灾害的局部事件	地震–局部效应,波浪–局部效应,海啸,闪电,风动力效应,静风的局部影响
	事故	车辆事故,船撞,火灾
	人为因素	养护不足,人为破坏

椒江二桥大桥各构件风险分析节选示意表 表4-9-5

构件类型	危险性
叠合梁	凹坑;油漆开裂或脱落;开裂;缺口、变形、挠曲、扭曲;表面磨损和粗糙;渗漏;螺栓松弛;螺栓缺失或断裂;焊缝开裂
斜拉索	锚固区开裂;斜拉索保护层破损;斜拉索索力急剧变化;斜拉索钢丝锈蚀;斜拉索钢丝断丝
混凝土箱梁	钢筋或预应力筋外露;钢筋锈蚀;混凝土开裂;变形、挠曲;表面磨损和粗糙;混凝土脱落;渗漏;氯化物入侵;碳化
墩柱	钢筋锈蚀;混凝土开裂;表面磨损和粗糙;混凝土脱落;渗漏;氯化物入侵;碳化;倾斜
桥塔	钢筋锈蚀;混凝土开裂;表面磨损和粗糙;混凝土脱落;渗漏;氯化物入侵;碳化;倾斜
承台	钢筋锈蚀;混凝土开裂;表面磨损和粗糙;混凝土脱落;渗漏;氯化物入侵;碳化;倾斜;沉降
桩基	冲刷;沉降;倾斜;海洋动植物生长
支座	变形;开裂;脱空;材料老化;卡死
伸缩缝	钢结构断裂;堵塞;止水带脱落;不均匀伸缩;跳车严重;噪音

3. 单元风险评估

单元风险评估是在总体风险评估基础上针对每一单元深入分析。单元风险评估包括:(1)结构风险;(2)巡检频率;(3)巡检方法;(4)发现损伤后的控制策略。

通过单元风险评估确定需要控制的损伤及其产生部位,确定单元巡检的控制点以及巡检频率,从而定义椒江二桥的巡检日历,并制定出各单元的巡检表格(表4-9-6、表4-9-7)。

单元控制点主要包括以下部位:(1)材料老化速度加速的部位;(2)有特殊结构风险的部位;(3)有疲劳风险的部位。

斜拉索单元风险分析节选 表4-9-6

关键点	风险	巡检类型	巡检方法	控制策略
斜拉索腐蚀	材料老化	A	人工电子直接巡检+望远镜观测	重做防腐涂装
HPDE 防护损伤	阵风	特殊巡检	人工直接巡检	参见巡检表格
HPDE 防护损伤	地震	特殊巡检	人工直接巡检	参见巡检表格
斜拉索破损	车撞	特殊巡检	人工直接巡检	参见巡检表格
斜拉索破损	火灾	特殊巡检	人工直接巡检	由设计人员进行分析
防腐涂装劣化钢材腐蚀	钢材劣化	A	人工直接巡检	重做防腐涂装
钢锚箱疲劳裂纹	结构不足	B	人工直接巡检	由设计人员进行分析
钢锚箱破损	结构不足	B	人工直接巡检	由设计人员进行分析

续上表

关键点	风险	巡检类型	巡检方法	控制策略
钢锚箱破损	阵风	特殊巡检	人工直接巡检	由设计人员进行分析
钢锚箱破损	地震	特殊巡检	人工直接巡检	由设计人员进行分析
钢锚箱整体性	地震	特殊巡检	人工直接巡检	由设计人员进行分析

预应力混凝土主梁单元风险分析节选 表 4-9-7

项目	风险	巡检类型	巡检方法	控制策略
混凝土渗水	材料老化	B	人工电子直接巡检	参见巡检表格
预应力锚头附近渗水迹象	材料老化	B	人工直接巡检	参见巡检表格
预应力锚头附近裂缝	结构不足	B	人工直接巡检	参见巡检表格
裂缝 龟裂 水迹和滞水 其他变化	材料老化	C	人工直接巡检 + 桥检车	参见巡检表格
1/4 ~ 3/4 跨之间大于 0.1mm 的横向裂缝	结构不足	C	人工直接巡检 + 桥检车	参见巡检表格
支座区域裂缝	结构不足	C	人工巡检 + 桥检车	参见巡检表格
纵向裂缝，沿纵向预应力钢筋 桥面板横向裂缝，沿横向预应力钢筋	结构不足	C	人工直接巡检 + 桥检车	参见巡检表格
主梁线形	地震	特殊巡检	测量	由设计人员进行分析
支座附近的混凝土裂缝和剥落	地震	特殊巡检	人工巡检 + 桥检车	由设计人员进行分析
跨中横向裂缝	地震	特殊巡检	人工巡检 + 桥检车	由设计人员进行分析
主梁线形	船撞	特殊巡检	测量	由设计人员进行分析
主梁破损	船撞	特殊巡检	人工巡检 + 桥检车	由设计人员进行分析

4. 比例效应

在制定巡检计划的过程中应考虑比例效应，即对于结构类似的单元，按照一定的比例进行抽检，每次巡检抽取的单元应该有一定的覆盖率，即在上次巡检的单元中抽取少量单元，同时抽取新的单元，确保在一定巡检期限内遍历所有单元，从而达到既能覆盖全桥又能减小巡检工作量的目的。

第二节　总体设计方案

一、系统总体组成

本系统包括以下子系统：

(1)自动化传感测试子系统，包括以下三大模块：①传感器模块；②数据采集与传输模块；③数据处理与控制模块。

(2)电子化人工巡检养护管理子系统。

(3)结构安全预警评估子系统。

(4)中心数据库子系统。

(5)用户界面子系统。

其中(4)中心数据库子系统以及(5)用户界面子系统为辅助的软件管理和展示子系统。

自动化传感测试子系统的传感器模块以及数据采集模块全部设置在大桥现场;其余的数据处理和分析模块以及巡检软件模块、预警安全评估模块、中心数据库模块以及用户界面模块全部设置在监控中心。

(一)外场(现场)

1. 自动化传感测试子系统——传感器模块

该模块主要包括监测元器件及其附属及保护设施,主要功能是:在桥梁代表性的关键截面和部位,接受监控中心发出的指令,拾取结构荷载源参数和结构响应参数。并将这些参数值转换为电压、电流、电荷、电极、频率或数字等模拟电量或物理量。

2. 自动化传感测试子系统——数据采集与传输模块

该模块由若干个数据采集站、光纤信号传输网络和支撑供配电系统组成。数据采集站确保系统的稳定性、可靠性、耐久性和高精度。光纤信号传输网络采用光纤冗余环网拓扑结构,以保证信号传输的高度可靠性。供配电系统采用全面防干扰技术对仪器仪表系统供配电,保证供配电质量和可靠工作。

(二)内场(监控中心)

1. 自动化传感测试子系统——数据处理与控制模块

该模块包含监控中心计算机设备和相应的数据处理和分析软件。主要功能是由计算机系统完成信号数据的预处理、后处理、归档、显示和存储等数据管理;并通过网络设置和控制外场桥梁现场的各个数据采集站、调理器设备和传感测试设备的工作。

2. 电子化人工巡检养护管理子系统

制订巡检体制以及巡检养护手册,并根据手册设定的巡检任务,定期安排人员、设备进行各结构的巡检,完成整个工程所有受控结构全寿命期巡检的管理、记录、归档、分析和评估等工作。

3. 结构预警安全评估子系统

子模块硬件包含监控中心计算机设备和相应各结构环境场以及结构的响应预警、状态评估和损伤识别软件模块。主要功能是利用各种结构静、动态结构计算分析软件和巡检表观损伤结果,定期完成结构的预警和状态评估工作,定期编制并提交监测报告。

4. 中心数据库子系统

这是桥梁信息化、数据化管理的核心。主要功能是管理和储存整个监测系统各结构主体的全寿命静态资料信息和动态监测数据。

静态资料信息包括桥梁基本设计资料、荷载试验资料、监测系统所有软硬件技术资料、参数、图片,以及监测系统各类监测巡检数据文件信息、操作人员权限信息等。

动态监测数据则是指系统实时采集的结构监测项目原始数据,包括当前数据和历史数据。

5. 用户界面子系统

该子模块是整个监测系统的一张“脸”,所有各类监测信息、巡检信息、评估报告信息等都将通过这张“脸”展示给本工程桥梁各级结构管养机构部门及人员,并且接受用户对系统的控制与输入(出)自检操作。

6. 子系统相互关系

大桥监测巡检管理系统架构分为两区域三层,两区域为外场和内场,三层为传感器层、数据采集层、数据处理与分析层。

WEB 服务器模块包含 WEB SERVER 应用程序,提供外部 INTERNET 授权客户的 WEB 访问服务。系统数据网络构成见图 4-9-5。

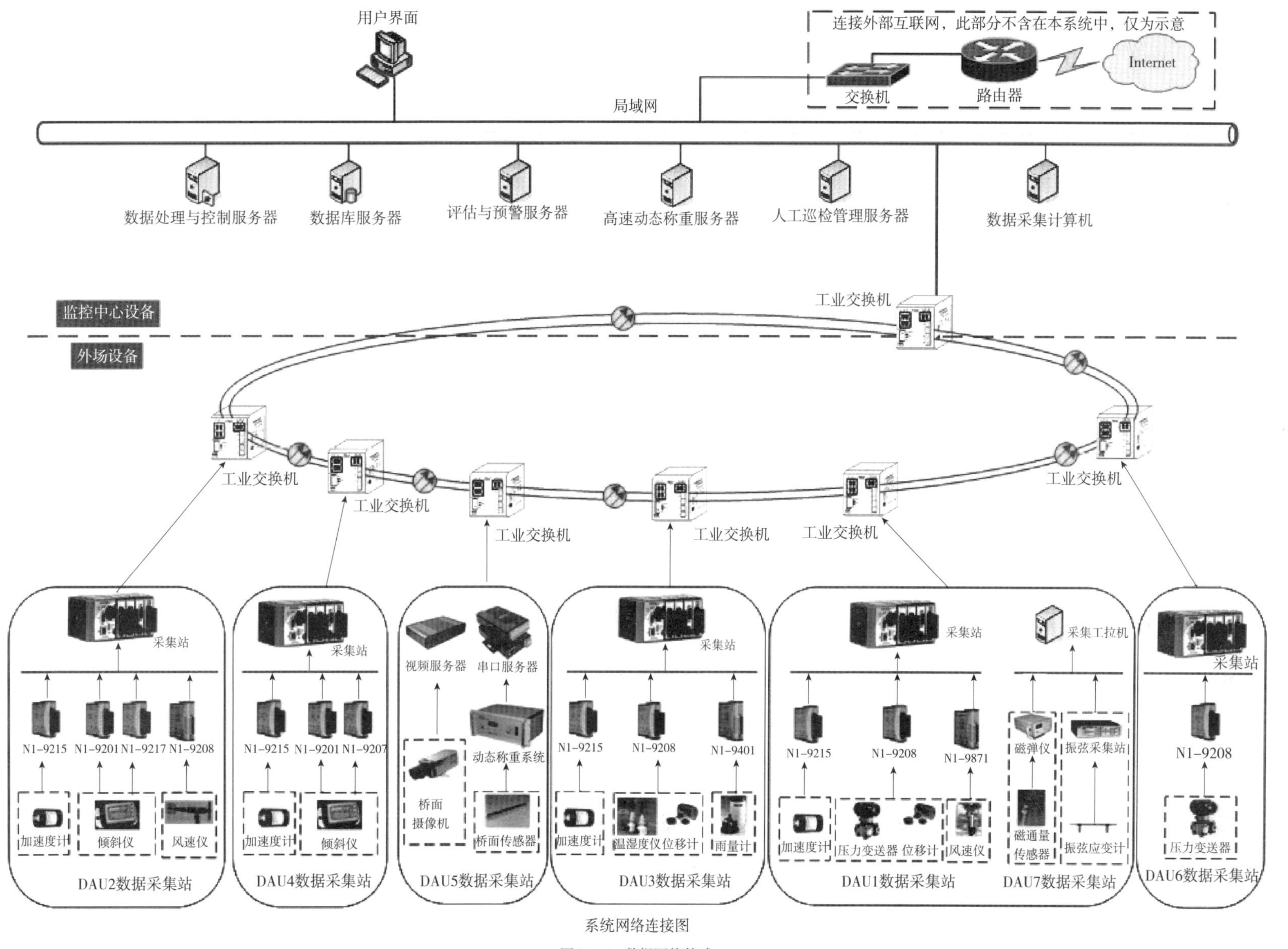

系统网络连接图

图4-9-5　数据网络构成

二、自动化传感测试子系统

充分考虑了结构危险性分析和进行结构复核计算，确定对主桥以及北引桥一联跨的代表性和控制性构件（部位）布设传感器进行自动化监测，实施方案如下。

（一）监测项目及监测点

监测项目分为荷载源和结构静动力响应两大部分。

1. 监测项目及测点选则

根据桥梁环境特点对大桥结构受力影响因素、危险性分析结果、构件代表性及变形监测控制点、代表性斜拉索、构件在结构安全中的重要性、构件的易损性、结构状态评估的需要和运营养护管理需求、动力响应敏感点等，进行监测项目及监测点选择。并充分利用结构对称性，考虑经济性，实时监测与定期巡检相结合。

2. 监测项目及测点汇总

1）荷载源

荷载源包括重要的运营环境荷载（风速/风向、环境温湿度、雨量、地震/船撞）；动态交通荷载。

2）结构监测

结构监测包括：代表性斜拉索受力及振动监测；主桥整体空间变位（包括主梁竖向位移、主梁、索塔横桥向、纵桥向位移）以及北引桥一联跨中竖向挠度；主桥代表性控制截面的应变及温度；主桥结构整体动力及振动特性。

监测项目及测点的对比汇总见表4-9-8和表4-9-9。

椒江二桥结构安全监测项目一览表 表4-9-8

序号	监测项目内容		设备名称	单位	招标数量	设计数量	变动数量
1	环境监测	风速、风向	风速风向仪	个	2	2	0
		空气温湿度	温湿度计	个	1	1	0
		地震及船撞	地震仪（三向加速度传感器）	个	1	1	0
		雨量	雨量计	个	1	1	0
2	结构温度	叠合梁/索塔温度	温度传感器	个	30	30	0
3	交通荷载	车轴车重车速	车轴车速仪摄像机	套	1	1	0
4	变形监测	箱梁挠度及扭曲	位移传感器（竖向，压力变送器）	个	36	32	-4
		梁端位移	位移传感器	个	4	4	0
		索塔倾斜	倾斜仪	个	8	8	0
5	索力及索振监测	索力	磁通量传感器	个	0	5	+5
			索振动单向加速度传感计（电容高频）	个	8	8	0
6	动力监测	主梁部振动	加速度传感器（结构振动单向伺服式超低频）	个	15	15	0
		索塔振动	加速度传感器（结构振动单向伺服式超低频）	个	8	8	0
7	静应力监测	索塔应变	应变传感器（振弦式应变计）	个	0	10	+10
		主梁应变	应变传感器（振弦式应变计）	个	30	20	-10
8	冲刷监测	基础冲刷	水位计，波速仪	套	1	0	-1
9	合计			个	146	146	0

北引桥监测项目及测点一览表

表 4-9-9

监测项目内容		设备名称	单位	招标数量	设计数量	变动数量
结构温度	主梁温度	温度传感器(振弦式温度计)	个	10	10	0
结构应变	主梁应变	应变传感器(振弦式应变计)	个	10	10	0
变形监测	主梁挠度及桥墩沉降	位移传感器(竖向,压力变送器)	个	12	16	+4
合计			个	32	36	+4

(二)传感器模块

各种传感器布设数量及位置见表 4-9-10 ~ 表 4-9-21。

1. 风场监测——风速仪(表 4-9-10)

风速仪布设一览表

表 4-9-10

序号	传感器类型	单位	数量	位置
1	三向超声风速仪	个	1	主桥跨中桥面
2	螺旋桨式风速仪	个	1	主桥北索塔塔顶

2. 温度、湿度监测——温湿度仪(表 4-9-11)

温湿度仪布设一览表

表 4-9-11

序号	传感器类型	单位	数量	位置
1	温湿度仪	个	1	主桥跨中桥面上

3. 雨量监测—雨量计(表 4-9-12)

雨量计布设位置及数量

表 4-9-12

序号	传感器类型	单位	数量	位置
1	雨量计	个	1	主桥跨中桥面上

4. 结构温度的监测(表 4-9-13)

温度计布设一览表

表 4-9-13

序号	传感器类型	单位	数量	位置
1	振弦式温度计	个	10	N02 墩支座处叠合梁截面
2	振弦式温度计	个	10	北塔上塔柱顶部(与塔头交界处)
3	振弦式温度计	个	10	主跨跨中截面
4	振弦式温度计	个	10	北引桥第一联第四跨跨中截面

5. 环境震动监测——三向加速度传感器(表 4-9-14)

三向加速度传感器布设一览表

表 4-9-14

序号	传感器类型	单位	数量	位置
1	三向加速度计	个	1	N01 塔根部

6. 动态交通荷载(表 4-9-15)

动态称重系统布设位置及数量

表 4-9-15

序号	传感器类型	单位	数量	位置
1	动态称重系统	套	1	与主桥相连的南引桥伸缩缝处桥面

7. 结构应力监测(表 4-9-16)

应变计布设一览表　　表 4-9-16

序号	传感器类型	单位	数量	位　置
1	振弦式应变计	个	10	N02 墩支座处叠合梁截面
2	振弦式应变计	个	10	北塔上塔柱顶部(与塔头交界处)
3	振弦式应变计	个	10	主跨跨中截面
4	振弦式应变计	个	10	北引桥第一联第四跨跨中截面

8. 梁体下挠以及扭转(主桥及北引桥)——压力变送器(表 4-9-17)

主梁空间变位监测压力变送器布设一览表　　表 4-9-17

序号	传感器类型	单位	数量	位　置
1	压力变送器	个	16	N031 ~ S03 墩叠合梁内东侧
2	压力变送器	个	16	N031 ~ S03 墩叠合梁内西侧
3	压力变送器	个	16	与主桥相连北引桥混凝土箱梁内

9. 梁体整体相对位移监测——位移计(表 4-9-18)

主梁整体相对位移监测拉绳式位移计布设一览表　　表 4-9-18

序号	传感器类型	单位	数量	位　置
1	位移计	个	2	主桥北侧梁端部
2	位移计	个	2	主桥南侧梁端部

10. 索塔空间变位——倾斜仪(表 4-9-19)

倾斜仪布设位置及数量　　表 4-9-19

序号	传感器类型	单位	数量	位　置
1	双向倾斜仪	个	4	北主塔塔柱顶部、1/4、3/4 和塔梁相交处
2	双向倾斜仪	个	4	南主塔塔柱顶部、1/4、3/4 和塔梁相交处

11. 斜拉索索力(索振)电容式加速度传感器和磁通量传感器(表 4-9-20)

索力传感器布设一览表　　表 4-9-20

序号	传感器类型	单位	数量	位　置
1	加速度传感器	个	8	北塔侧第 J11、J19、J26 号斜拉索 北塔侧第 A26、A23、A21、A12、A9 号斜拉索
2	磁通量传感器	个	5	北塔侧第 J1、J5、J10、J23、J26 号斜拉索

12. 钢结构和混凝土结构振动—伺服式超低频加速度计(表 4-9-21)

主梁、索塔动力及振动特性单向加速度计布设一览表　　表 4-9-21

序号	传感器类型	单位	数量	位　置
1	单向加速度传感器	个	8	南北主塔柱内顶部、中部处
2	单向加速度传感器	个	9	主桥主跨跨中、1/4、3/4 叠合梁内
3	单向加速度传感器	个	6	主桥边跨跨中叠合梁内

13. 冲刷监测

本桥冲刷监测采用桥梁运营期间有业主安排定期人工检测,与结构检测同期进行。

(三)数据采集与传输模块

数据采集与传输模块是整个自动化传感测试子系统的中枢与关键,主要完成原始数据的获取与传输,是连接现场采集设备和监控中心应用软件的中转站,要求系统稳定性和可自修复性。本阶段针对椒江二桥12个监测项目、182个采集点采集硬件主要采用美国NI国家仪器公司的cRIO工业级数据采集与控制产品，软件采用当今主流Linux平台+cRIO RT软件系统作为采集软件的开发运行平台，Linux系统负责监控中心的数据采集与整理，cRIO作为现场物理信号采集终端。

监测系统在大桥现场外站和监控中心各布置一台Linux平台数据采集与传输服务器。两台服务器互为备用。

1. 数据采集和传输模块总体方案

数据采集与传输子系统负责传感器信号的采集、调理、预处理和传输等。

1)采集系统总体原则

保证系统可靠性、易维护、标准化、快速、实时、易扩充性与开放性。

数据采集传输方案：采用分布式数据采集设备NI CompactRIO(简称CRIO)和工业光纤以太网。基于CRIO硬件平台，利用NI LabVIEW开发一套采集终端，直接进行高速的数据采集工作。CompactRIO是美国国家仪器公司(NI)推出的一种可编程自动化控制器(PAC)，专为严酷环境要求的应用而设计，工作温度范围-40℃~70℃。据采集与传输子系统架构见图4-9-6。

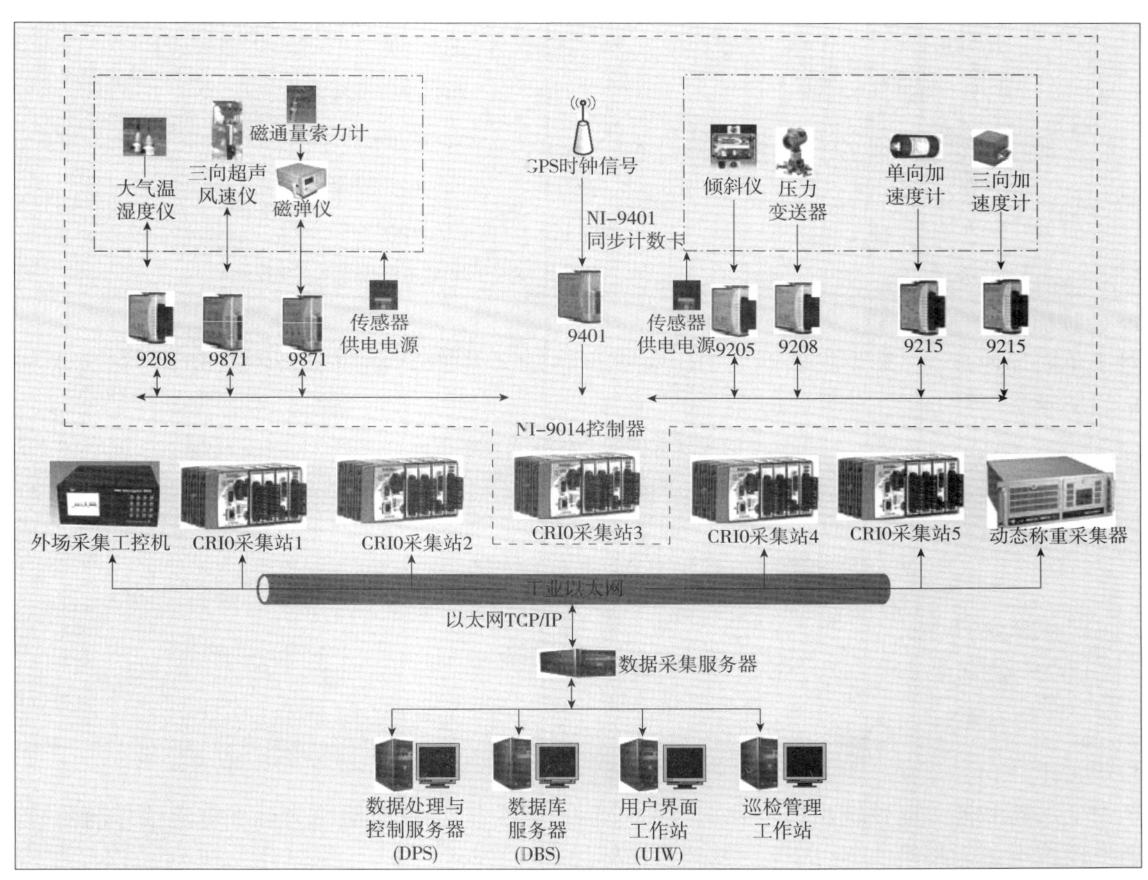

图4-9-6 数据采集与传输子系统架构

结构应力和结构温度监测采用振弦应变传感器和温度传感器，通过以太网络传输到振弦采集仪进行分析和处理，输出数字温度和应变信号。构成相对独立的应变采集系统。

整个系统共设置5个CRIO采集站，1个动态称重采集站，1个振弦应变采集站。

2)数据传输模块总体方案

分布式测控技术，按照传感器类型的不同，采用不同的采集设备。CRIO采集主机、振弦采集服务器、动态称重系统车速仪输出均为以太网信号，由于采用了工业以太网进行数据传输，现场传感器和监控中心的计算机构成了一个完整的测控局域网，如图4-9-6所示。

数据传输采用工业以太网交换机+光纤传输方案。

2. 数据采集详细设计

椒江二桥自动化传感测试子系统主要监测12大类监测项目,共182个监测点。本阶段,根据传感器输出信号以及各类采集软件的开发需求,将其分类为6类信号源,分别为高频加速度信号、电流电压信号、串口信号、振弦信号、雨量计频率信号、磁通量信号,分类进行数据采集设计。对于不同类型的传感器选用合适的采集设备和方案。

1)信号采集控制器

CRIO可编程工业I/O系统具有嵌入式控制器和机箱,选配多种功能的信号采集卡,完全工业级的设计。基本配置如表4-9-22所示。

CRIO采集系统基本配置表 表4-9-22

模 块 名	功能和指标
NI-9114	8槽300万门可编程机箱
NI-9025	实时控制器
NI-9401	8通道高速数字I/O,加速度同步
NI-9215	同步采集模块
NI-9208	8通道电流采集模块
NI-9217	4通道RTD测量
NI-9871	4端口485模块
NI-9205	16通道差分电压采集模块

2)高频加速度信号采集

对于单向加速度计,采集设备为CRIO采集设备的4通道高速同步数据采集卡,其技术指标如表4-9-23所示。

同步采集模块NI-9215性能指标 表4-9-23

项 目	指 标
输入接口	mV,V
采样率	100kHz
有效分辨率	16
动态范围	110dB
滤波器	滤波器,多种放大倍数

3)电流电压信号采集

压力变送器和温湿度仪输出信号分别为4~20mA电流,对于这类输出为标准电流信号的传感器,采用8通道模拟电流采集模块NI-9208。其技术指标见表4-9-24。

标准模拟电流采集模块NI-9208性能指标 表4-9-24

项 目	指 标
输入接口	8通道,±20mA,0~20mA可编程输入范围
采样率	200Hz,200kS/s总采样速率
分辨率	有效分辨率16位以上,分辨率24位
校准	NIST校准

倾斜仪和其他电压信号采用9205数据采集模块,其技术指标如表4-9-25所示。

标准电压采集模块 NI-9205 性能指标 表 4-9-25

项　　目	指　　标
输入接口	16 通道差分，±200mV、±1V、±5V 和 ±10V 可编程输入范围
采样率	200Hz,250kS/s 总采样速率
分辨率	16 位
校准	NIST 校准

4）串口信号采集

传感器模块中的三向超声风速仪、磁弹仪等输出为 RS232/485 信号，可以接入串口信号采集板卡进行数据采集。

磁通量传感器采用磁弹仪进行采集，其输出为 485 信号，接入标准 RS485 通讯卡 NI-9871。磁弹仪技术性能指标见表 4-9-26，通讯卡技术性能指标见表 4-9-27。

磁弹仪技术性能指标 表 4-9-26

项　　目	指　　标
测量精度	0.5% F. S.（0～90% 屈服应力）
测量分辨率	0.1% F. S
输入通道	通过接线箱可扩展至 8,16,32
使用环境	-20℃～70℃
输出类型	RS232 或 RS485
供电电压	AC100-240V,60/50Hz

NI-9871 通讯卡技术性能指标 表 4-9-27

项　　目	指　　标
输入信号	4 通道
输入信号	RS-485（2 线）：Data+、Data-、GND RS-485（4 线）：Rx+、Tx-、Rx+、GND
校验位	None,Even,Odd,Space,Mark
数据位	5,6,7,8
停止位	1,1.5,2

5）振弦信号数据采集

振弦式信号采集仪主要采集包括振弦应变计、温度计等所有以振弦频率来感知信号的传感器的信号，该采集仪有两种型号：PRM-VW01-08 和 PRM-VW01-16，分别对应同步采集 8 个通道和 16 个通道的采集振弦信号。具有连续同步采样和单点/多点定时采样等多种模式，工作模式可远程实时控制。振弦式信号采集仪主要用于土木工程结构的施工监测和长期健康监测，支持温度、应变、钢筋测力、位移等多种振弦信号的监测和多种类型传感器混合监测。其输出为以太网信号和 RS232/485 信号。技术性能指标见表 4-9-28。

振弦采集仪性能指标 表 4-9-28

项　　目	指　　标
通道数	8 或 16
温度	分辨率：0.1℃；测量精度：±0.5℃
应变	分辨率：1$\mu\varepsilon$；测量精度：±3$\mu\varepsilon$
频率分辨率	0.1Hz

续上表

项　目	指　标
连接形式	FC/APC 或其他
接口	COM ×1、RJ 45 ×1
电源供电	交流 220V ±10%，50Hz
工作温度	0 ~40℃
工作湿度	0 ~80% 无结露
存储环境	-20 ~80℃
存储湿度	0 ~95% 无结露

6）雨量信号采集

雨量计为数字脉冲信号，通过脉冲信号采集模块的脉冲数据采集通道进行采集。脉冲信号采集技术指标如表 4-9-29 所示。

脉冲信号采集模块 NI-9401 性能指标　表 4-9-29

项　目	指　标
输入接口	8 通道，TTL 脉冲
采样率	100ns
有效分辨率	16 位
校准	NIST 校准

7）视频信号采集

视频摄像机信号集中在车速仪所在桥面。设计采用基于网络的视频编解码器构成数字视频系统进行信号采集。基于视频编解码器的网络数字视频系统属于第三代视频监控系统，系统具有良好的扩展性和兼容性。

采用高质量视频编解码器连接摄像机，将视频信号转换为太网信号，通过专门设计的视频传输 TCP/IP 以太网与监控中心建立连接。主要视频信号采集设备为高清晰视频编解码器，视频编码器采用模块化机箱可以方便地安装在机柜内部。

8）数据采集的控制

通过向 CRIO 采集站发送网络命令报文实现数据采集和控制功能。

控制传感器进行数据采集；查询传感器和采集单元、控制器的工作状态；查看、修改采集单元的参数，标签等信息。

整个数据采集终端的软件由数据采集和通信两大部分组成，见图 4-9-7 CRIO 数据采集站软件架构。数据采集部分又可分为数据采集模块、数据采集引擎、数据存储引擎。通信部分则由数据接口、控制接口和调试接口组成。

9）采集同步方案

（1）同步方案

分布式采集系统相对集中式采集系统布线成本低、抗干扰能力强，安装调试困难较少，但是梁体振动加速度需要很好的同步性（毫秒级）和实时性，其余数据采集也需要同步性。考虑到桥梁结构受力缓变的特点，本系统设计 GPS 卫星精确时钟同步方案，采用 GPS 时钟接收机配合 CRIO 高速数字量采集卡，开发高精度软件同步功能算法来保证实时性和同步性。

（2）数据采集站的布置

系统选用的采集设备如信号采集板卡和交换机都是工业级别的，CRIO 控制器机箱、交换机、直流电源、UPS 电源均安装在户外机柜内，户外机柜内设备统称采集站。根据本次设计的系统监测内容、监测点布点方案,考虑到大桥结构布设对应的采集站布置方案如表 4-9-30 所示。在主桥布置采集站 5 套、1 套振弦采集服务器,引桥布置采集站 1 套,作为采集子系统的一部分。

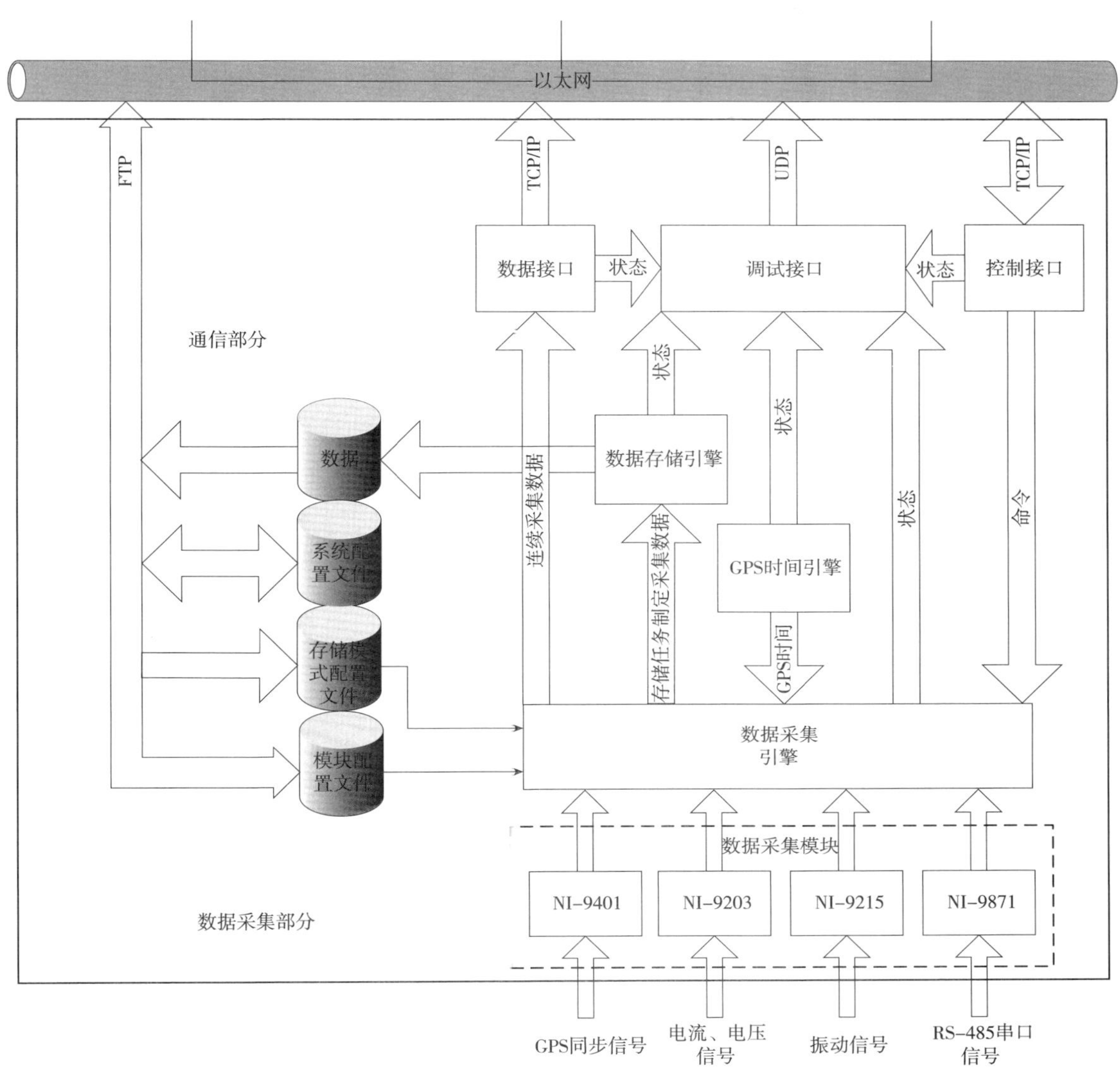

图 4-9-7 CRIO 数据采集站软件架构

采集站布置一览表 表 4-9-30

采集站	模 块 名	功能和指标	数量	位 置
DAU_1	NI-9114	8 槽机箱	1	北侧索塔塔梁结合处
	NI-9025	800M/512M/4G 实时控制器	1	
	NI-9401	8 通道高速数字 I/O,加速度同步	1	
	NI-9215	4 通道/100kHz/16 位/ ±10V 同步采集模块	4	
	NI-9208	8 通道/200Hz/16 位/ ±20mA 电流采集模块	2	
	NI-9871	4 端口 485 模块	1	
	振弦采集服务器	主频 2.4G/网口	1	
	振弦采集仪	16 通道、8 通道	2	

续上表

采集站	模 块 名	功能和指标	数量	位 置
DAU_2	NI-9114	8 槽 300 万门机箱	1	北侧索塔塔根部
	NI-9025	400M/128M/2G 实时控制器	1	
	NI-9401	8 通道高速数字 I/O,加速度同步	1	
	NI-9215	4 通道/100kHz/16 位/ ±10V 电压同步采集模块	1	
	NI-9205	8 通道/200Hz/16 位/ ±10V 电压采集模块	1	
	NI-9208	8 通道/200Hz/16 位/ ±20mA 电流采集模块	1	
	NI-9217	4 通道 RTD 测量	1	
DAU_3	NI-9114	8 槽 300 万门机箱	1	南侧索塔塔梁结合处
	NI-9025	400M/128M/2G 实时控制器	1	
	NI-9401	8 通道高速数字 I/O,加速度同步	1	
	NI-9215	4 通道/100kHz/16 位/ ±10V 同步采集模块	3	
	NI-9208	8 通道/200Hz/16 位/ ±20mA 电流采集模块	3	
	振弦采集仪	16 通道	1	
DAU_4	NI-9114	8 槽 300 万门机箱	1	南侧索塔塔塔根
	NI-9025	400M/128M/2G 实时控制器	1	
	NI-9401	8 通道高速数字 I/O,加速度同步	1	
	NI-9215	4 通道/100kHz/16 位/ ±10V 同步采集模块	1	
	NI-9208	8 通道/200Hz/16 位/ ±20mA 电流采集模块	1	
	NI-9205	8 通道/200Hz/16 位/ ±10V 电压采集模块	1	
	NI-9217	4 通道 RTD 测量	1	
DAU_6	NI-9114	8 槽 300 万门机箱	1	北引桥 N03 墩箱梁内
	NI-9025	400M/128M/2G 实时控制器	1	
	NI-9401	8 通道高速数字 I/O,加速度同步	1	
	NI-9208	8 通道/200Hz/16 位/ ±20mA 电流采集模块	1	
	振弦采集仪	16 通道	1	
DAU_5	动态称重系统	双向 6 车道,视频摄像机 1 台	1	南侧 S02 墩顶

系统根据传感器和数据采集设备的不同,支持的采样率可以完全满足本系统的数据采集要求,为了保证系统未来稳定可靠运行,在系统建设初期进行大容量软件、硬件方案配置,并进行满负荷、可靠性、大容量测试,建议大桥通车前 2 年监测设备设置的自动采样频率如表 4-9-31 所示。系统软件设计已考虑灵活性和可配置性,可以支持通过配置程序修改采样制式和频率,系统的采集制式支持人工干预、环境触发采集、按定制模式采集,三种制式的可选优先级依次降低。

大桥通车期初配置采样频率 表 4-9-31

监 测 项 目	传感器类型	采样频率(Hz)
风速	三向超声风速仪	10
	机械式风速仪	10
雨量	雨量计	1
交通荷载	动态称重系统	1

续上表

监 测 项 目	传感器类型	采样频率(Hz)
大气温湿度	温湿度仪	1
结构温度	温度计	1/10
结构应力	应变计	1/10
主梁变形	压力变送器	1
索塔变形	倾斜仪	10
动力特性(结构振动)	单向加速度传感器	50
地震动	三向加速度传感器	50
斜拉索索力	单向加速度传感器	50
	磁通量传感器	0.0167
整体位移	位移计	1

注:以上采集全部在监控中心可调可控,可以根据管养需求定义设置定期采集、实时采集等。

10)数据采集设备主要工程数量

具体数量如表4-9-32所示。

数据采集设备主要工程数量表 表4-9-32

序号	采集与传输设备	单位	投标数量	投标型号	设计数量	变更数量
1	CRIO 主控制机箱	块	6	美国 NI-9114	5	-1
2	CRIO 主控制器	块	6	美国 NI-9025	5	-1
3	CRIO 高速数字 I/O 加速度同步采集卡	块	6	美国 NI-9401	5	-1
4	8 通道/±20mA 电流采集模块	块	12	美国 NI-9208	8	-4
5	8 通道/±5V 电压采集模块	块	0	美国 NI-9205	2	2
6	4 通道/100kHz/16 位/±10V 同步采集模块	块	8	美国 NI-9215	9	1
7	4 端口 485 模块	块	2	美国 NI-9871	1	-1
8	热电阻采集模块	块	0	美国 NI-9217	2	2
9	振弦采集仪	台	0	珠海精实测控	4	4
10	振弦采集服务器	台	0	研华科技	1	1
11	磁弹仪	台	0	珠海精实测控	1	1
12	视频解码器(2 通道)	台	0	安维思、Omate	1	1
13	串口服务器	台	0	MOXA	1	1

3.数据传输方案

1)安全性和可靠性

本项目数据传输方案分为两级,第一级采用工业级以太网环网进行数据传输,采用总线型网络进行视频数据传输;第二级CRIO控制器,振弦采集服务器主机等设备连接到普通工业以太网交换机(非管理型),工业以太网交换机(非管理型)连接到主干管理型交换机上。

采用管理型以太网交换机构建光纤冗余环网用于信号数据传输,实现大桥外场各信号采集器与监控中心上位机的实时通讯。工业级交换机具有实时性强,可靠性好的特点。

主桥、北引桥的采集站通过光纤以太网交换机与监控中心组成通信环网进行数据通信。监控中心设备具有千兆以太网接口,方便后期接入更高一级的管理系统中进行统一监管。

为了更好地融合椒江大桥和椒江二桥的结构安全监测系统,在数据管理层次将两者纳为一个体系。

要求把数据、监控录像实时的传到椒江二桥的主干网络上去。椒江大桥与椒江二桥之间的距离约有7km，可以采用无线网络传输技术。

2）数据传输主要设备工程数量

本次设计在传感器模块和采集模块设计的基础上进行了优化调整和补充，确定的主要传输设备如表4-9-33所示。

数据传输交换机一览表 表4-9-33

序号	项　　目	单位	投标数量	投标型号	当前数量	当前型号	数量变化	型号变化
1	工业以太网交换机（8端口）	台	6		6	MOXA、科动	0	无
2	工业以太网交换机（14端口）	台	1		1	MOXA、科动	0	无

4.数据采集与传输供配电主要设备工程数量

为保证系统连续正常运转，本子系统设计高效可靠的供配电设施，按照桥梁走向布置1套UPS不间断电源。数据采集与传输模块供电设备和材料、传输信号电缆与供配电设备详见表4-9-34。

数据采集与传输供配电设置一览表 表4-9-34

序号	项　　目	单位	投标数量	投标型号	设计数量	变更数量
1	工业直流电源24V	台	8	朝阳、明维	8	0
2	光缆熔接端	台	4	长飞	7	3
3	防雷模块	批	1	楚邦科技	1	0
4	电力监控模块STC-RTU	处	6	易控	7	1
5	户外机柜	台	6	日海通信	6	0
6	UPS电源	台	1	山特，APC	1	0
7	电力电缆	米	1500	金龙羽	2000	500
8	屏蔽信号线（4芯）	米	2000	宏声、联嘉祥	25000	23000
9	跳线和尾纤	条	50	长飞	50	0

为保证系统的正常运行，方便调试和远程控制，特在每个采集站机柜内部设计电力监控模块，控制电源工作状态，监控系统设备的运行状况。

（四）数据采集与传输模块软件设计

在数据采集与传输工业计算机上编写CRIO信号采集软件，振弦应变采集软件，动态称重数据采集软件。

1.数据采集传输软件设计

1）数据软件功能

采集终端软件工作在Linux环境下，在终端硬件采集器与传感器的支持下主要完成对信号数据与物理数据的采集和存储。用户不直接与其进行交互，但其提供一系列的标准接口和命令与用户所在的控制终端、监测终端和数据存储终端进行交互。

2）采集软件技术特点

采集子模块安装运行在桥梁现场，和现场采集器等设备通讯，采集各种参数数据，并将数据转存至安装在控制室的实时数据库系统。

3）采集软件结构设计

充分考虑：统一的软件架构；上位机能通过一致的接口与采集终端交互命令、状态与数据；所有终端使用同一套代码，方便开发人员维护，降低出错的概率；模块化、可扩展数据采集功能。

各数据采集软件总体架构见图4-9-8。

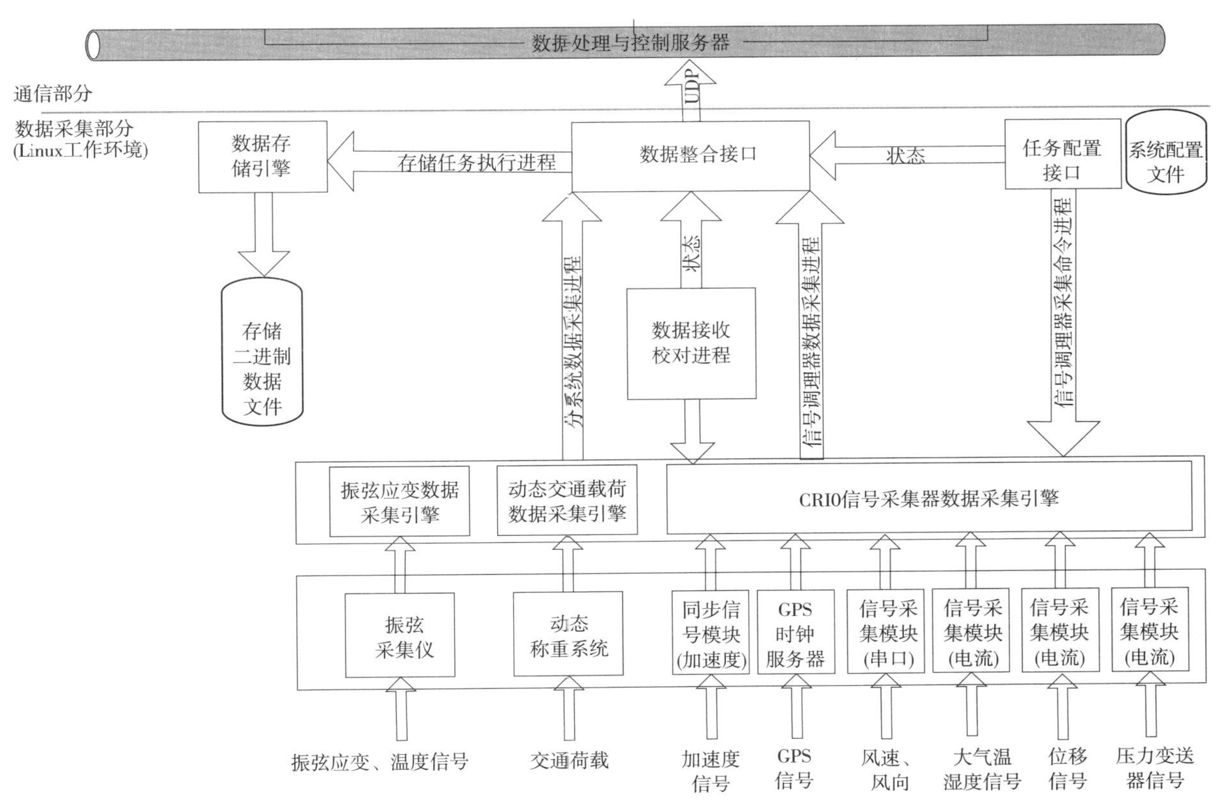

图 4-9-8 数据采集软件总体架构图

4）总体数据流图

桥梁结构监测考虑最大容量系统的承受力，如：破坏性的所有项目实时监测数据流庞大，这不但要求极高的实时性，而且对加速度等高速率数据也有精确的时间同步。按照采集方式，可将数据采集模块分为基于 CRIO 采集子模块、振弦应变采集子模块和动态交通荷载监测子模块。

总体数据流图见图 4-9-9。

（五）数据处理、存储与分析模块

1. 功能需求分析

数据处理、存储与控制子系统管理和控制数据采集子系统的工作；所有数据采集和数据预处理均由数据采集系统完成，而所有数据的二次处理则由数据处理、存储与控制服务器和视频图像采集与管理服务器完成；数据处理、存储与控制服务器管理一个用于存储原始数据及其预处理结果的动态数据库；原始数据在动态数据库中至少保存 45d，预处理结果在动态数据库中至少保存 1 年。数据需定期存档、备份，以保持数据的连续性；授权用户可通过软件访问动态数据库。

2. 数据预处理软件模块功能定位

作为监测系统关键的一部分，数据处理及控制服务器主要在数据采集服务器与结构评估服务器之间完成桥梁作用。此服务器的主要目的在于分担整个系统的处理压力，它主要完成数据处理、整合与存储功能，完成现场设备的管理与控制，尽量减少结构评估服务器的处理任务。

数据处理、存储与控制软件结构框图见图 4-9-10。

数据预处理是数据入库之前的必备工作，数据流的逻辑关系清晰与否是数据库表结构能够正常工作的前提和关键。

结构健康监测系统总体数据流图
数据采集系统
CRIO采集引擎
静态监测系统
动态称重系统
动态交通荷载监测系统
振弦应变系统
存储管理系统
动态应变文件
动态振动文件
历史数据库
日记数据库
报警数据库
采样频率改变
趋势预警
结构报警
数据报警
采样频率改变
数据
预处理数据
操作员
默认采集方式
采集引擎
数据预处理引擎
离线分析
历史数据调用
结果
图文数据报表
操作员
应急监测
手动采集方式
实时数据显示
信号分析
时域分析
频域分析
结构特征提取

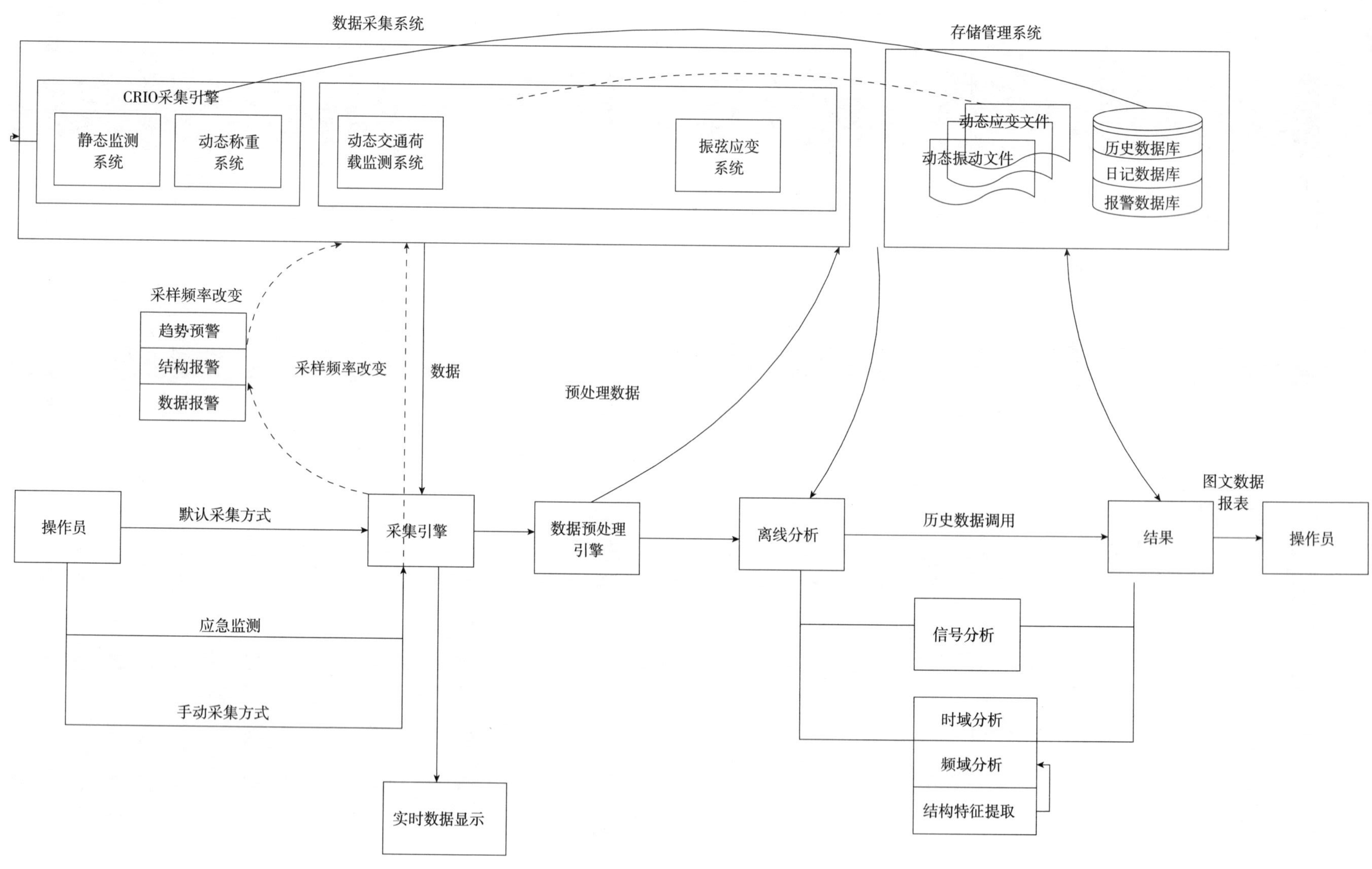

图4-9-9　总体数据流图

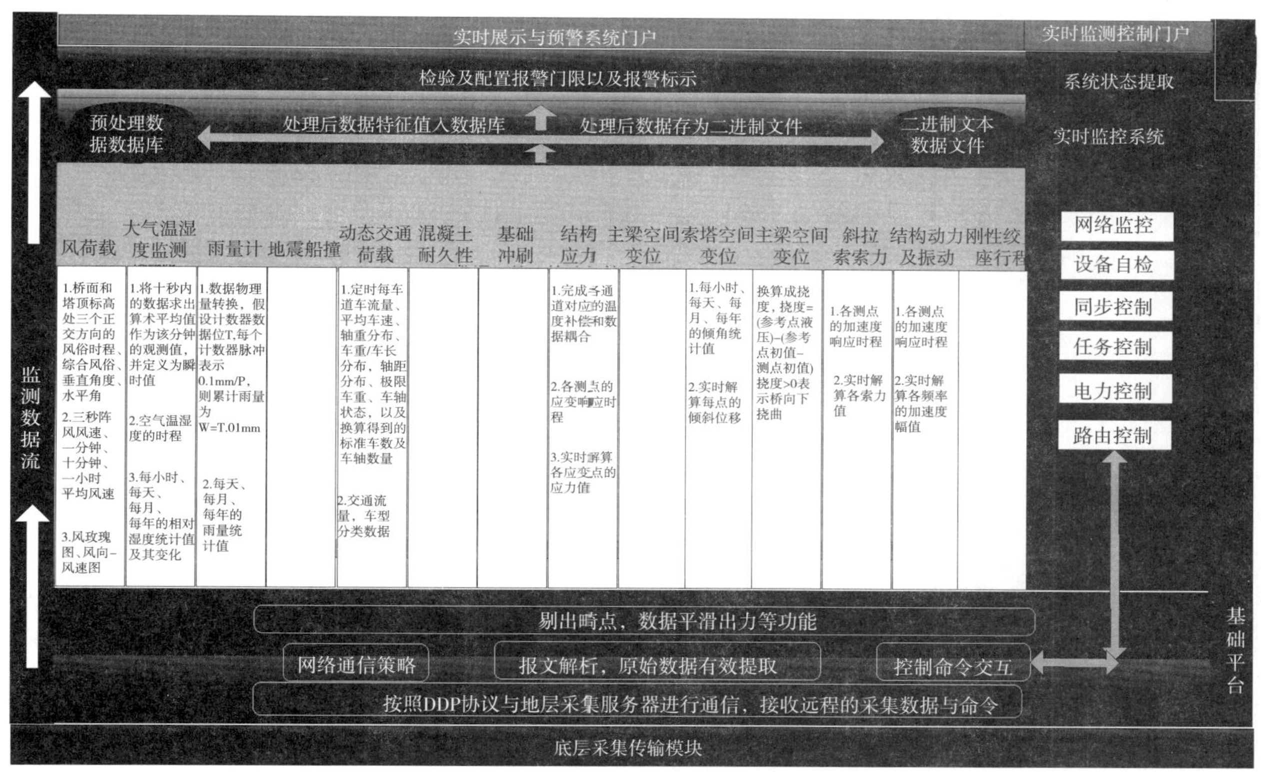

图 4-9-10　数据处理、存储与控制软件结构框图

3.数据处理软件设计要点

1)跨平台

目标：软件要能够在工控 PC 机上运行，也能够在嵌入式计算机上运行，只要硬件平台支持 linux 和 windows 两个操作系统。

技术要点：使用 c/c++编程，不使用任何除了标准 c 库以外的第三方库。

2)可扩展

目标：面对现场不同的设备，数据处理、存储与控制软件应该能够适应。

技术要点：windows 和 linux 操作系统支持动态库(共享库)，利用这一点，和具体设备通讯的协议模块将使用插件技术，以便随时增加插件。

3)可靠性

目标：可靠性的设计是软件每个部分都需要的，需要强调数据处理、存储与控制软件自身和与上位机软件系统的通讯的可靠性。

技术要点：高内聚，低耦合，管道—过滤器模式的软件架构，软件自愈合。

4.各监测项数据处理功能汇总见表 4-9-35。

各监测项数据处理功能汇总表　　　　表 4-9-35

序号	项　目	功　能
1	三向超声风速仪	数据的预处理，剔出畸点，滤波等功能； 写入数据库数据； 桥面和塔顶高程处三个正交方向的风速时程； 三秒阵风风速，一分钟、十分钟、一小时平均风速； 风玫瑰图、风向－风速图； 风向风速与纵向位移的对应关系； 配置报警门限以及报警方式

续上表

序号	项　　目	功　　能
2	雨量计	每天、每月、每年的雨量统计值
3	温度传感器	数据的预处理,剔出畸点,滤波等功能; 写入数据库数据; 每小时、每天、每月、每年的温度统计值及温差; 每10秒进行温度采样,每10分钟对6个采样值进行计算,去掉1个最大值,1个最小值,用剩下的4个样本值求出算术平均值作为该分钟的观测值,并定义为瞬时值,从每分钟的温度观测中挑出1小时的最高、最低温度及相应的出现时间,存储温度各观测值; 温度梯度场; 配置报警门限以及报警方式
4	大气温湿度传感器	数据的预处理,剔出畸点,滤波等功能; 写入数据库数据; 每10秒进行温度采样,每10分钟对6个采样值进行计算,去掉1个最大值,1个最小值,用剩下的4个样本值求出算术平均值作为该分钟的观测值,并定义为瞬时值,从每分钟的温度观测中挑出1小时的最高、最低温度及相应的出现时间,存储温度各观测值; 每10秒进行湿度采样,每10分钟对6个采样值进行计算,去掉1个最大值,1个最小值,用剩下的4个样本值求出算术平均值作为该分钟的观测值,并定义为瞬时值,从每分钟的温度观测中挑出1小时的最高、最低湿度及相应的出现时间,存储湿度各观测值; 空气相对湿度的时程; 每小时、每天、每月、每年的相对湿度统计值及其变化; 配置报警门限以及报警方式
5	车速车轴仪	数据的预处理,剔出畸点,滤波等功能; 写入数据库数据; 定时每车道车流量、平均车速、轴重分布、车重/车长分布、轴距分布、极限车重、车轴状态,以及换算得到的标准车数及车轴数; 交通流量,车型分类数据; 配置报警门限以及报警方式
6	倾斜仪	数据的预处理,剔出畸点,滤波等功能; 写入数据库数据; 每小时、每天、每月、每年的倾角统计值; 实时解算每点的倾斜位移; 配置报警门限以及报警方式
7	位移传感器	数据的预处理,剔出畸点,滤波等功能; 写入数据库数据; 主梁相对于索塔、桥墩的纵向位移时程; 每小时、每天、每月、每年相对位移统计值; 配置报警门限以及报警方式
8	单向加速度传感器	数据的预处理,剔出畸点,滤波等功能; 写入数据库数据; 各测点的加速度响应时程; 实时解算各频率的加速度幅值,功率谱; 配置报警门限以及报警方式
9	三向加速度传感器	数据的预处理,剔出畸点,滤波等功能; 写入数据库数据; 各测点的加速度响应时程; 实时解算各频率的加速度幅值,功率谱; 配置报警门限以及报警方式

续上表

序号	项　目	功　能
10	索力加速度传感器	数据的预处理,剔出畸点,滤波等功能; 写入数据库数据; 各测点的加速度响应时程; 实时解算各索力值; 配置报警门限以及报警方式
11	应变传感器	数据的预处理,剔出畸点,滤波等功能; 写入数据库数据; 完成各通道对应的温度补偿和数据耦合; 各测点的应变响应时程; 实时解算各应变点的应力值; 配置报警门限以及报警方式
12	压力变送器	数据的预处理,剔出畸点,滤波等功能; 写入数据库数据; 完成各通道对应的数据耦合; 压力变送器的截面数据耦合; 实时解算各测点的挠度时程; 配置报警门限以及报警方式
13	位移计	数据的预处理,剔出畸点,滤波等功能; 写入数据库数据; 瞬时位移与历史累积位移; 配置报警门限以及报警方式

5. 数据预处理软件模块构成(表 4-9-36)

各监测项数据处理模块及功能汇总表　　表 4-9-36

序号	模块名称	主 要 功 能
1	通讯模块	与数据采集服务器进行通信和命令交互,接收远程的采集数据
2	阈值筛选模块	剔除实时数据由于物理干扰和噪声而产生的野值
3	数据提取模块	对所采集的数据进行预处理(包括有效数据提取、挖掘、通道间的数据耦合、转换、温度补偿)
4	算法仓库模块	针对个别监测项开发相应的算法,进行实时处理分析(索力、交通荷载实时定位),使输出的数据均为结构参数
5	数据整理模块	针对具体实时展示监测项,为前台预警界面计算准备数据
6	特征值计算模块	实时解算各通道的特征值,并定期入库
7	预警判断模块	预警判断,提供预警标志位
8	历史数据回放模块	定制离线处理功能,实现对处理结果的查看,回放,手动调用进行数据文件的处理功能
9	处理算法配置模块	针对监测项的通用算法,可灵活配置各通道处理算法工厂及处理流程

6. 海量数据存储功能模块(二期规划)

软件结构示意图如图 4-9-11 所示。

根据上文的监测点个数和拟采用的采集频率,可计算椒江二桥各个阶段的数据量。全部监测点存储量可达 270.9253 GB/年。

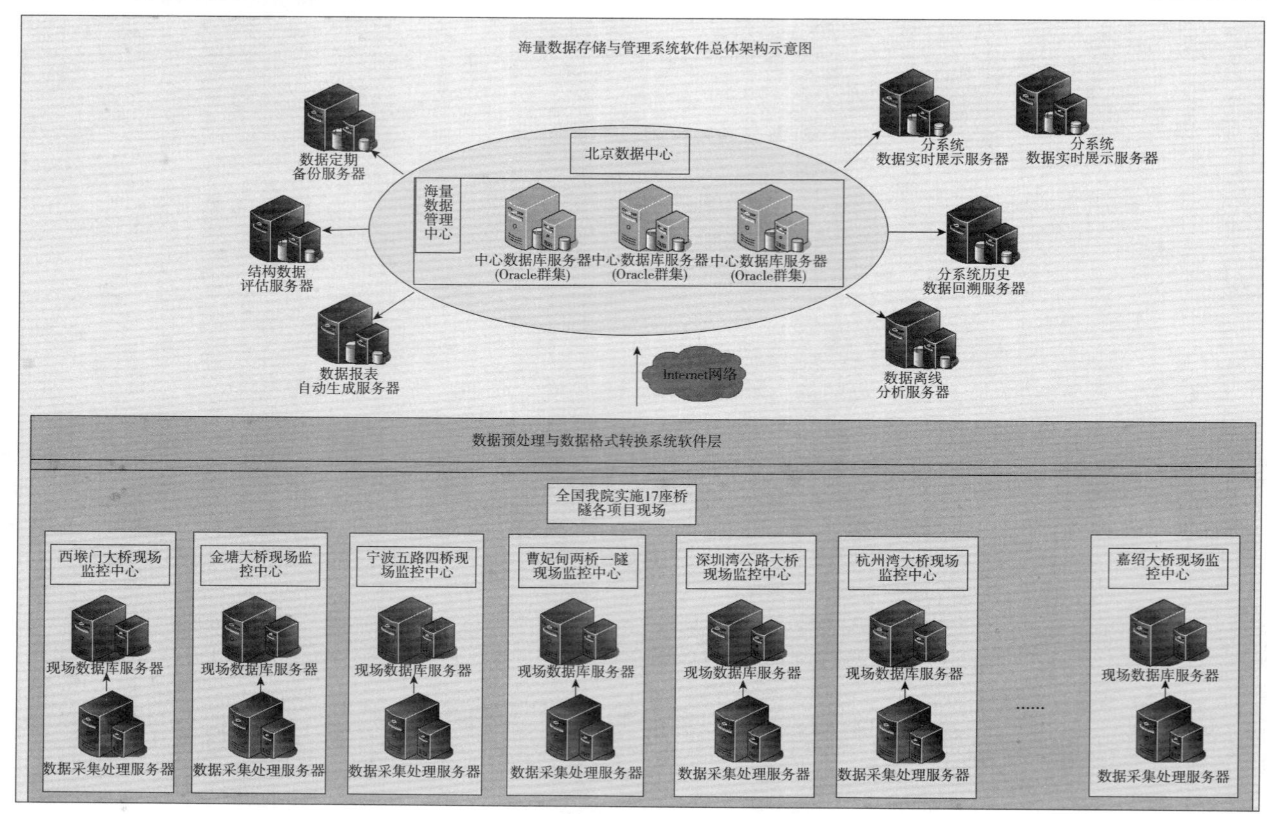

图 4-9-11 海量数据存储与管理总体结构布局

1）数据存储软件模块构成

数据同步更新模块；数据库状态管理模块；数据格式导入导出模块；数据多级备份模块；数据历史数据回放模块。

2）海量数据库管理模块

数据存储服务器主要用于海量历史数据的存储管理。

各监测项数据处理功能如表 4-9-37 所示。

各监测项数据处理功能汇总表 表 4-9-37

序号	模块名称	功能
1	现场数据库及管理模块	按照数据库表结构海量数据实时写入；一段时间内历史数据的再现和查询分析；数据库的定期备份；数据库的定期清除管理；提供数据库的导入、导出工具；数据库日志管理和容错控制；
2	特征数据库及管理模块	每小时的最大值、最小值、平均值、方差的特征值插入；数据库的定期备份和故障恢复；
3	中央数据库及管理模块	按照数据库表结构现场数据库的定期导入；历史数据的查询分析和数据再现；支持数据记录的主键查询和条件筛选；提供针对评估软件的数据文件的导入、导出工具；数据库的定期备份；支持数据筛选，能导入指定时间区间的原始数据；支持数据库的 Web 接口接入；数据库日志管理和容错控制；
4	数据库监控模块	此模块要求提供数据的离线管理校验，定期评估数据库的风险和运行状态，实时报告数据的有效性和完整性。
5	中央数据库接口管理模块	针对上层有关评估软件的文件及数据接口需求，定制实现相关格式数据和数据流接口输出。

7. 数据离线分析功能模块

动态信号离线处理分析软件主要用于对振动、应变、温度、风速和压力等物理参数的事后处理分析，包括数据预处理、时域分析、频域分析、统计分析、信号批处理和信号生成等多种功能。本模块主要功能之一是验证采集数据的准确性、同步性、有效性等，见图 4-9-12。

数据离线分析软件总体示意图

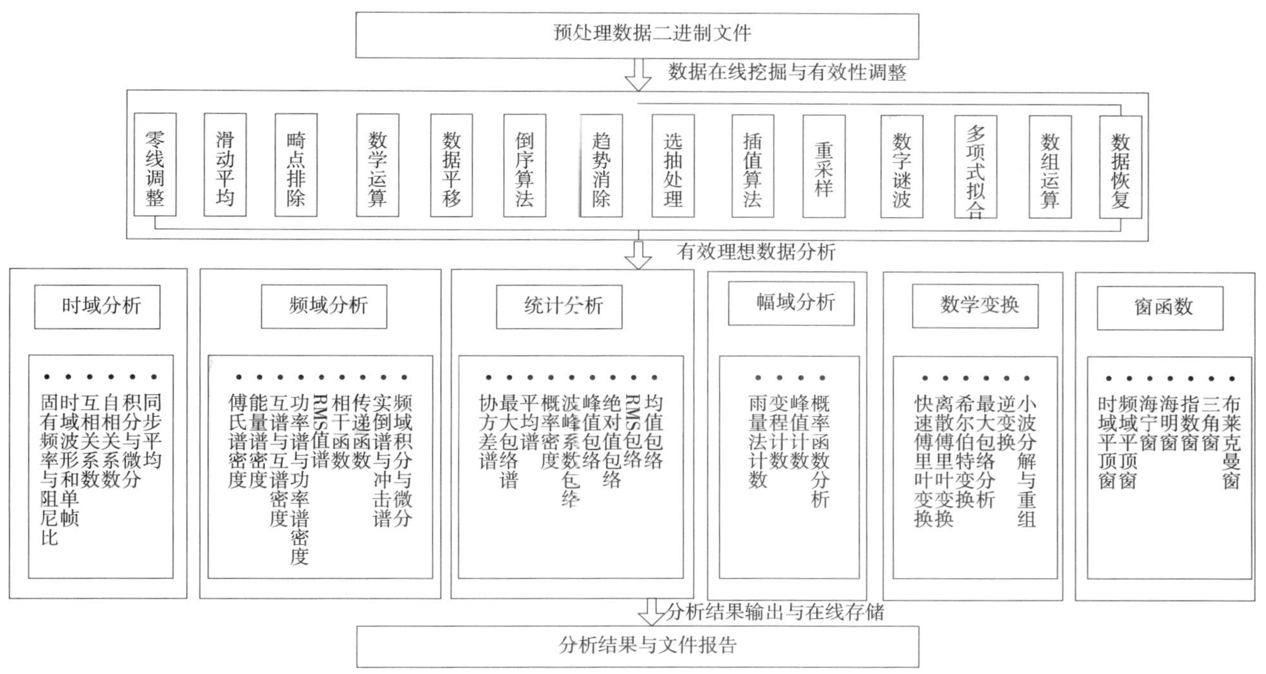

图 4-9-12　离线分析总体结构布局

三、电子化人工巡检子系统

（一）电子化人工巡检管理子系统工作内容

建立椒江第二大桥主桥巡检任务制定与管理模块；编制主桥及北引桥第一联的巡检养护手册；指导管养人员使用巡检任务制定与管理模块软件以及主桥的巡检养护手册对大桥开展巡检管理工作。

（二）系统目标

椒江二桥基于桥梁全寿命的设计管养理念，工作目标就为椒江二桥主桥及北引桥第一联未来的巡检养护工作建立合理的依据，科学的制度，先进的平台以及创造必要的巡检条件。

（1）为椒江二桥的巡检养护工作建立合理的依据。

现行交通部颁布的《公路桥涵养护规范》（JTG H11—2004）是我国桥梁巡检养护工作的重要依据，并借鉴《公路桥涵养护规范》（JTG H11—2004）的理念和方法的基础上，结合国内交通运输部、浙江省桥梁管养的实际需求，广泛调研国内外相关领域的文献，建立适合椒江二桥巡检养护工作的合理的依据。

（2）为椒江二桥的巡检养护工作建立科学的制度。

巡检制度内容必须遵循参考《公路桥涵养护规范》（JTG H11—2004）的规定，但又必须密切联系椒江二桥的实际结构构造情况。

（3）为椒江二桥的巡检管理工作建立先进的技术平台，满足这座特大型特殊桥梁的全寿命期数字化和信息化的养护管理需要。

（4）为椒江二桥的巡检养护工作建立必要的条件。

按照以上系统目标，椒江二桥的电子化人工巡检管理子系统建议补充如下内容：

①根据全桥的运营环境以及结构特点进行分析，将大桥解析为不同的构件类型，并对这些构件类型进行风险评估，以指导运营期巡检养护工作。

②在充分调研国内外桥梁巡检养护系统和桥梁管理系统的基础上，设计先进、全面系统的电子化人工巡检养护模块，增补完善各功能模块，便于全寿命期大桥养护管理人员及巡检人员使用。

③按照巡检养护工作的需要，对大桥全桥管辖范围内所有的巡检通道进行确认，对于不满足巡检要求的提出整改意见和建议。

（三）桥梁巡检管养概述

对桥梁进行有目标针对性地巡检和管养的目的是基于主动、预防式的理念，在桥梁灾难性事故没有到来之前进行有计划、专业、标准的检查（测）桥梁构件及其附属设施的局部表观损伤，然后跟踪这些损伤的发展趋势，及时采取有效的养护、维修、加固或更换措施，使大桥一直保持处于可被接受的可控的安全服务水平，减少桥梁灾难性事故发生的概率，尽最大可能延长桥梁的使用寿命。

桥梁巡检管养是一种基于人工借助专业仪器设备进行的桥梁巡检管理养护技术。相对欧、美、日等国家几十年的桥梁监管养护经验，我国起步晚、体制造成的养护维修经费不足，专业机构和从业技术人员相对较少，技术手段和水平亦相对滞后，主要面临如下问题：

（1）信息化程度不高。

首先，大量工作依赖于技术人员手工处理，有待进行系统的信息化改造。

其次，大量采用打印报表，时效性差，非常不利于信息检索和数据共享。

最后，正在飞速发展的 GIS 技术、智能识别技术以及网络技术成果应用非常有限。

（2）巡检人员的技术水平在桥梁病害评估过程中有着复杂的影响。

巡检人员由于个人知识构成、经验水平以及认知程度的不同，在评估同一桥梁病害对结构的影响时常常会得出迥异的判断结果，建立在人工认知基础上的这类桥梁病害程度的评估方法很难得到符合客观实际的结论。

另外，由于桥梁养护规范需要兼顾全国范围内各类情况以及不能及时涵盖各类缆索体系桥梁，造成具体条文限定过宽，适用过程尺度难以把握。

（3）桥梁信息描述格式缺少标准化、规范化的标准。

各地区、各桥梁养护管理单位分别制定本地区、本单位的桥梁信息数据库，由于数据格式以及描述语言的差异，造成信息检索效率低，并且常导致耗费大量人力物力调查得来的数据难以共享。

桥梁损伤的原因总体上可归纳为以下三点：

交通荷载引起的病害，如桥面铺装开裂、钢构件裂纹及梁体塑性变形等；

环境因素（包括自然环境因素和人为环境因素）造成的病害，如氯离子浓度、钢筋锈蚀、温差变化等；

材料退化而引起的病害，比如混凝土炭化等。

桥梁的养护对桥梁状态的退化速度具有重要的作用。国外关于桥梁退化规律的研究往往是基于一定的养护水平上的。图 4-9-13 是美国统计的桥梁养护对桥梁构件耐久性的作用。其中，未经养护的构件使用寿命是实际的统计结果，而最佳养护的使用寿命并非是实际统计结果，而是根据目前的研究结论得出的期望使用寿命。

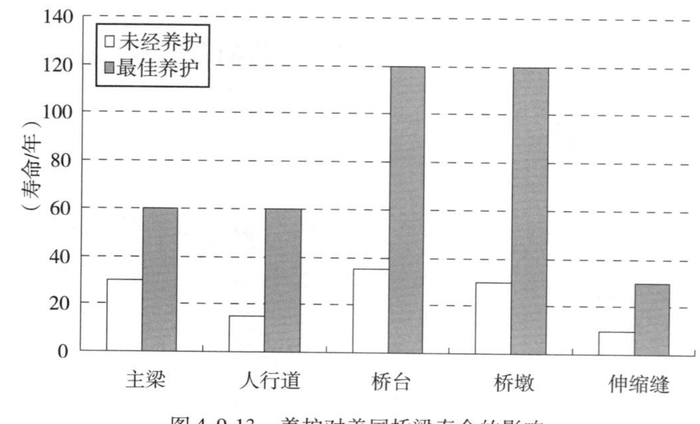

图 4-9-13　养护对美国桥梁寿命的影响

与常规桥梁相比，椒江二桥作为处于临海环境中的特大型桥梁具有桥型多样、构件复杂、巡检工程量大、运营环境恶劣的特点。按国家行业以及地方省政府交通主管部门的要求，需要定制成套的巡检养护制度。但有的地方以巡检养护手册的形式体现，有的则是基于电子化的人工巡检系统出现。基于实用性、全面性，需要采用巡检养护手册和电子化的人工巡检系统相结合的方式。

（四）国内外特大桥巡检制度概况

1. 中国现状

中国现行《公路桥涵养护规范》将桥梁检查分为经常检查、定期检查和特殊检查。

（1）经常检查：主要指对桥面没施、上部结构、下部结构及附属构造物的技术状况进行的检查。

（2）定期检查：为评定桥梁使用功能，制定管理养护计划提供基本数据，对桥梁主体结构及其附属构造物的技术状况进行的全面检查，它为桥梁养护管理系统搜集结构技术状态的动态数据。

（3）特殊检查：查清桥梁的病害原因、破损程度、承载能力、抗灾能力，确定桥梁技术状况。

特殊检查分为专门检查和应急检查。

①专门检查：根据经常检查和定期检查的结果，对需要进一步判明损坏原因、缺损程度或使用能力的桥梁，针对病害进行专门的现场试验检测、验算与分析等鉴定工作。

②应急检查：当桥梁受到灾害性损伤后，为了查明破损状况，采取应急措施，组织恢复交通，对结构进行的详细检查和鉴定工作。

（4）伴随着“设计终身责任制”以及“大桥全寿命期可到达、可维护”“主动预防式”的巡检养护制度和设计理念的日趋完善，2007 年交通部以《公路桥梁养护管理工作制度》交公路发〔2007〕336 号文要求对于特别重要的特大型桥梁应建立符合自身特点的电子化档案和养护管理系统。”

2. 国外现状

1）巡检目的

巡检目的具体包括：探察结构缺陷和危险信号；确认材料退化的发生、程度和成因；探察影响安全性和耐久性的因素；评估各种修复技术的效果；为承载力评定提供信息；确定结构状况或某特定单元分数。

2）巡检内容

巡检内容包括结构外观检查；现场测试或采样后室内实验；评定设备的使用；交通管理工作；完成标准格式的报告。

不同的巡检流程和技术在欧洲各城市投入使用。主要的差别在于桥梁的定义，检测的广度和深度，以及巡检的间隔时间。巡检流程仅为桥梁而发展，但在某些，城市报告中已经把这个流程应用公路上的其他结构。

3）小结

本项目比较全面地调查研究了已经应用在欧洲（奥地利、丹麦、法国、德国、挪威、西班牙、瑞典、瑞士、英国）和美国的许多城市的巡检流程，对比分析了它们共同的特点和显著的差异。

大多数国家应用的巡检流程都遵循三种基本类型的巡检：浅表性、重点和特殊。实际应用中，重点（Principal）通常被分为一般性巡检（General Inspection）和重点巡检（Major Inspection）。对于每类巡检，许多国家采用的流程都有许多相同之处，但也有不同。巡检频率和细节小结如下：

（1）浅表性巡检（Superficial Inspection）。此类型巡检通常由养护人员进行，这些人员并不一定具有高速公路桥梁的相关知识。这种巡检比粗略的检查要细致些：借由地面、桥面或结构上的通道或平台开展。目的是评估结构总体状况，标记状况的变化，并确认可能对公共安全产生影响或导致高额养护费用的结构和邻近结构的主要异常（缺陷）。在部分城市，此类型巡检按年开展，但大部分城市都是由巡检养护人员连续或有效开展。

（2）一般性巡检（General Inspection）。此类型巡检包含了结构不需要特殊设备即可接近的所有部分的视觉检查。巡检的目的是探明所有能从地面看到的缺陷，并评价结构的状况。巡检由经过一定结构知识培训的技术人员进行。有资质或经验的巡检人员需要针对特别复杂的结构开展工作。此类型巡检的建议巡检频率为 2 ~ 3 年，浅表性巡检的内容也同时纳入其中。需要时巡检的结果可包含缺陷的描述和下次详细巡检的建议。

(3)重点巡检(Major Inspection)。此类型巡检包括了结构所有可接近部位和相邻的土方工程和水利工程的近距离视觉检查。在部分城市,也包含了有限的测试过程。特定的设备或装置可以用来保证巡检人员足够接近结构。在部分城市,检查需要在可接触的近距离,但其他处允许使用望远镜等。结构的复杂程度和状况决定了检查的深度。经过充分结构知识培训的工程师才能开展或管理巡检。此类型巡检推荐的频率是5~10年,也可根据结构状况、承载能力、变形、沉降和接缝开口等因素采取更长一点的间隔。巡检报告必须提供已发现缺陷的细节、结构状况评估和进一步巡检与修复工作的建议。缺陷的程度和严重度需要描述得足够仔细,保证工程师能估计修复工作的费用。巡检也是用来发现不良养护细节的机会。

(4)特殊类型的重点巡检,如接受性巡检(Acceptance Inspection)和保证性巡检(Guarantee Inspection),在某些城市也在开展。接受性巡检是在新结构通行交通前进行(目的是确认和记录在合同下的工作),或者是在役结构在责任转给养护公司前进行。保证性巡检在保证期结束前开展。

(5)特殊巡检(Special Inspection)。此类型的巡检在需要详细信息时开展。包括在结构巡检或其他类似结构中发现的特殊缺陷的检查(新近的范例是在英国的后张法预应力混凝土桥梁时开展的巡检)。特殊巡检也可在需要常规监测的结构上进行:包含现浇混凝土结构、铆接板加强的结构、交通限制的结构和需要通行超常重载的结构。这种巡检也发生在某些影响结构表现的特殊事件后。这些事件包括基础可能面临冲刷、地震、滑坡、车祸和化学药品洒落或结构上的火灾的情况。尽量保证巡检能在整个结构上开展,但也可在特殊的结构部件或单元上进行。特殊巡检并包括了现场测量和室内试验。

(五)国内外典型特大桥电子化巡检养护管理系统概况

1. 国外

20世纪70年代中期,美国开始了对监测程序和分析方法的研究工作,随后美国联邦公路管理局(FHWA)启动了示范项目1DP71,开始开发通用桥梁管理系统(BMS),就是著名的PONTIS的前身。目前,PONTIS系统和联邦公路研究合作组1986年开发的BRIDGIT系统在美国被广泛使用。PONTIS系统以单元为基础,对每个单元规定了5种状态;采用网络优化模型对桥梁维护和维修做出优化。BRIDGIT系统主要区别是在优化模型上,BRIDGIT能够进行多年的分析,并且能考虑某个桥梁的行为。

本项目比较详细地调查了(1)美国;(2)加拿大Alberta州TIMS系统;(3)欧洲;(4)日本等国家桥梁监测维护的情况。经过40多年的努力,目前,美国、加拿大、南非、英国、丹麦、澳大利亚、日本等国家和地区已经建立了较为成熟的桥梁管理系统。

这些系统对于改善桥梁维护和管理水平,确保车辆和行人桥上通行安全,最合理地利用有限的维护资金起到了很好的作用。自1990以来,国际性桥梁管理会议已成功举办了8次,桥梁维护管理已在世界范围获得广泛的重视。

2. 国内

按照行业发展的迫切需求,在交通部的鼓励和支持下,国内公路交通系统自20世纪90年代后期开始陆续研发公路桥梁管理系统。历时10年国内桥梁管理系统的发展大致经历了3个阶段:第一代桥梁管理系统采用简单的数据库存储既有桥梁的各种信息,同时可以进行检索,统计等功能;第二代桥梁管理系统包括桥梁数据库、桥梁检测和养护、维修信息等,其中不仅包含桥梁物理信息,而且包含桥梁构件的检测数据、评定等级、维修历史等;第三代桥梁管理系统添加了桥梁的仿真分析和决策功能,通过数学和经济知识进行维护优化,制订维护策略,目标协助桥梁管理者做出决策。

但这10年来国内的实际情况是,桥梁管理系统的三代产品基本都是基于各大科研、院校的软件开发人员,在科技部、交通部、建设部、铁道部科研资金的资助下,按照国内针对中小梁式桥梁的养护规范编写开发的。其他斜拉桥、悬索桥、钢箱拱等桥梁结构的养护规范还未汇编及出版,这些往往均需交通部、铁道部各大设计院负责编写。绝大部分开发桥梁管理系统的人员,由于缺乏桥梁的设计经验,特别是跨海的特大型缆索承重桥梁,因此导致这几版桥梁管理系统针对性、实用性较差,实践证明不能满足现代桥梁需要专业养护管理的需求。

但随着时间的推移，特别是随着大型、特大型的跨海、跨江大跨斜拉桥、悬索桥的涌现，各地养护管理机构均有不同的意见和建议凸现，这种基于桥梁静态信息偏重资料管理的桥梁管理系统，已开始逐渐更新。自 2005 年以后，随着“设计终身责任制”以及“大桥全寿命期可维护、可到达”的设计理念推出，各大桥梁设计院、设计咨询公司开始陆续介入桥梁运营期的桥梁监控、养护、维修工作，真正开始桥梁“全寿命期”专业化地服务管养；目前国内桥梁管理系统已开始向专业化、系统化、信息化和数字化的方向快步推进。

交通部公路所于 2000 年左右推出的中国公路桥梁管理系统 CBMS（China Bridge Management System），被列为推广应用项目，该成果采用现代化的计算机技术，以桥梁静态数据库、动态数据库、文档数据库和评价决策数据库为基本构成；集图形服务、图像处理、综合评价、费用分析和旧桥加固智能推理功能为一体；设有数据管理、基本应用、统计处理、图形图像、评价对策、费用分析、维修计划等系统。

上海市在进入 21 世纪也进行了“上海市城市桥梁管理系统”的开发。上海的 BMS 系统是基于 C/S 架构，在局域网内运行的。系统能够采用 PDA 进行数据采集，提供了与 PDA 的数据接口。系统主要包括桥梁档案管理，技术评价，维修对策确定等功能，但在桥梁状况评定、分析等方面功能还有待增加。

2002 年底，杭州市市政管理部门与同济大学桥梁工程系共同研究了一种桥梁综合评估方法，开发了一套城市桥梁管理系统程序，作为杭州市城市桥梁管理系统。这套系统目前运营良好，发挥着重要作用，但管理系统中的模型、参数、标准的建立与完善需要不断的积累各类历史数据。

广州市同样也开发了城市桥梁管理，并早已投入运营。该系统工作原理相似于中国公路桥梁管理系统，主要由 6 大部分组成：网络管理、平台数据库管理系统、静态数据库、动态数据库、网级桥梁管理和项目级桥梁管理。

同济大学开发的《集成桥梁信息管理系统》以及东大智能系统科技有限公司的《江苏省桥梁养护管理系统》等系统，主要解决了桥梁养护管理过程中的信息流组织问题，并对 GIS 在桥梁养护管理方面的应用提出了一些方案。同济大学的《集成桥梁信息管理系统》首次引入了桥梁性能退化概念，并采用了规范以外的新体系建立了一套桥梁整体性能评分评估的算法，开始进行实桥验证。

相比以往的桥梁养护管理工作，现代桥梁的监管养护要求研发建立的系统注重强调桥梁养护标准化、系统专业化和电子化。桥梁巡检养护的标准化是指桥梁检查和评估工作都要遵循相关的标准（例如，《公路桥梁养护规范》（JTG H11—2004）、《城市桥梁养护技术规范》（CJJ99—2003）等）进行，这样才能够做到桥梁的检查数据和桥梁状态的评估结果具有权威性。桥梁巡检养护的系统专业化是指桥梁巡检养护是其各项子工作所组成的整体。桥梁结构的分解解码、检查、记录、评估、维修互为因果，相互协调，桥梁的养护工作才能更加针对有效，必须依靠专业桥梁技术人员来规定定义。桥梁巡检养护的电子化是指桥梁养护巡检工作中应用了大量的电子、通信和计算机技术。电子化系统的优点之一是可以全寿命保存所有的文字、图纸、照片、影像等资料，并可以与地理信息系统（GIS）相连，做到全寿命期桥梁资料的可溯、可查、可检，并在未来高速公路或城市道路联网养护一体化管理时，操作便捷。电子化系统的另一个优点是可以很迅速及时地分析信息。例如，有病害发生时，可快速通过互联网授权从电脑确定出这种病害与特定的结构形式、桥龄、交通状况之间的关系，及时服务于管养。这类的信息对于建立退化模型有重大的帮助，对于目前正在致力建立的国家级省级桥梁病害库有极大的帮助，可以彻底改变以往桥梁数据采集通常依靠非专业人员将不专业的检查结果填写在纸上保存的落后状况。

在消化吸收美国、欧洲和日本先进的桥梁巡检养护理论和技术的基础上，部分桥梁设计单位开始将桥梁技术与我国的巡检养护规范相结合，陆续开发适宜于我国规范与桥梁实际情况的电子化桥梁管理养护系统（BMS）。系统实施的宗旨是为桥梁建立风险管理过程，实施“主动、预防性、专业化”养护管理为主的桥梁巡检养护策略，BMS 系统具有信息管理、报告查询、巡检日历、巡检计划、状态评估、结构退化预测和图形化现场检查等多个功能模块：

（1）桥梁结构和资产养护管理电子化，集成新闻和固定资产管理功能，实现管养单位跨部门协同办

公,办公网络化;

(2)地理信息系统无缝集成,实现了系统各类业务功能的良好交互信息平台;

(3)电子化管理、桥梁静态信息及相关各图文影视等资料;

(4)按既定的巡检体制及巡检策略、时间和巡检频率制定相应的日常、周期和定期巡检计划与任务;

(5)根据各类表观和内在的损伤的程度及发展趋势,实行预防性养护策略,降低结构寿命期内的总养护费用;

(6)根据风险分析制定巡检养护手册,将具体巡检内容与结构部件、单元的风险管理相对应,利用巡检养护手册作为巡检指引;

(7)利用结构退化模型,建立损伤管理机制,对损伤的发展趋势进行对比分析及预测,评估损伤的危险程度和预期发展;

(8)提供结构统计分析报告,报告内容包括桥梁基本信息状况、结构损伤记录、照片、录影、结构单元评分和桥梁技术状况评估等信息。

系统接口开放,实现不同系统(比如监测系统)集成和动、静态数据资源共享。

(六)系统总体方案

1. 概述

本项目比较认真地分析研究了国内外大型桥梁:(1)希腊里翁桥;(2)法国诺曼底桥;(3)葡萄牙达伽玛桥;(4)南京长江第三大桥;(5)美国麦基诺海峡桥;(6)美国纽约市布鲁克林桥、华盛顿桥和维拉扎诺桥;(7)意大利墨西拿桥;(8)加拿大联邦大桥;(9)舟山连岛工程－西堠门大桥(悬索桥)、金塘大桥(斜拉桥);(10)宁波五路四桥;(11)曹妃甸工业区1号桥等的电子化人工巡检管理系统的应用实例。

计划开发设计架构的椒江二桥大桥结构监测巡检管理系统是一个结合国内外相关专业最新技术的一个庞大的系统工程,核心内容包括桥梁电子化巡检管理、自动化传感测试监测、未来的结构荷载试验和结构零状态初检等模块,系统建设初期包括主桥以及北引桥第一联刚构的桥梁电子化巡检管理的软件模块以及自动化传感测试监测子系统,其余模块目前暂不纳入。

电子化巡检模块是研究和开发斜拉桥巡检管理的软件模块。以中国规范和标准为基础,吸纳国内外桥梁巡检管理技术的优点,具有技术先进、功能强大、界面友好、操作方便的特点。椒江二桥主桥的巡检养护手册以及基于电子化信息化的巡检管理软件模块是本次研发的主要内容。

2. 系统软件

设计规划共划分为6个模块,分别是桥梁管理模块、桥梁巡检模块、桥梁评估模块、桥梁养护与维修模块、系统自定义模块、机构管理模块。初期只有桥梁管理以及巡检模块。在软件平台设计研发中,吸取国内外经验,按框架设计分批开发扩充,力争使本软件模块初期实用、先进,未来扩展后达到“国内领先,国际先进”。软件平台在功能的多样性,信息载体的多样性上均要达到当前国内巡检管理技术中的领先水平。

1)基于B/S平台的网络化

本系统设计允许多个用户通过网络同时访问系统,系统维护和升级大大简化。信息集中存放在服务器的数据库中,便于统一管理,不易丢失。

2)基于Web/GIS的地理信息功能

地图定位功能是当前桥梁管理系统的必备功能之一,椒江二桥巡检管理模块软件基于Web/GIS的网络化地理信息技术。未来扩展补充模块后不仅支持地图的显示,而且支持网络访问。

3)分工协作的工作模式

未来补充模块后可通过“机构管理”功能,可以为不同的用户设定不同的岗位,从而赋予不同用户不同的权限。用户按自己的账号登陆后,只看到属于自己的界面,完成属于自己的工作。加上网络化的访问模式,真正实现了协同办公的理念。

4）开放式的系统架构

椒江二桥巡检管理软件模块采用了开放式的架构方法，实现了系统和用户之间的充分互动。经后期扩展补充后用户可以在桥型、构件类型、损伤类型、评分方法、维修方法、巡检类型等各方面对系统进行自定义。这样的架构方式使得系统处于不断完善的过程中，不会随着时间的推移而变的陈旧落伍。

5）突出对于桥梁损伤的管理

目前国内外的桥梁管理系统多以对构件的管理为核心，而比构件层次更低的损伤的管理就不够精细。然而实际上检查、维修工作却往往与损伤密切相关。南非国家公路局已经将基于构件状况的桥梁管理系统改变为基于损伤的系统。椒江二桥巡检管理模块的开发并未抛弃以构件为核心的架构理念，而是刻意同时突出了对桥梁损伤的管理，目标直接服养护业务。

6）电子信息化巡检与纸质巡检并重

（七）巡检工作主要内容

椒江二桥的巡检共分为 6 种类型：零状态巡检、日常巡检、定期巡检、特殊巡检、专项巡检和跟踪巡检。

按结构形式进行分类，在巡检内容中，北引桥第一联因其属于预应力混凝土连续箱梁，需进行单独叙述。

1. 零状态巡检

零状态巡检是指在椒江二桥全桥建成通车初期业主委托专业单位进行的全面巡检，主要包括：

（1）椒江二桥全桥结构静态信息初始录入，包括大桥设计资料、计算资料、各专题研究资料、施工监控成果资料以及桥梁荷载试验成果资料等动态信息基准的确认；

（2）确定椒江二桥各桥梁结构上部、下部结构主体以及大桥各附属构件伸缩缝、阻尼、支座、锚固系统等的表观初始状况，作为评价桥梁构件性能退化的基准线；

（3）确认椒江二桥运营自然环境对桥梁结构的早期影响，包括风、雨、冲刷和海洋性气候对椒江二桥的影响，作为未来桥梁运营环境变化分析输入的起点；

（4）确认包括椒江二桥大桥所有永久性巡检通道和临时性巡检方式在桥梁现有环境及结构设计状况下的可到达性，特别是主桥叠合梁、主梁梁底、索塔锚固区域巡检、养护、维修的可到达性；

（5）主动预防性养护策略在内的养护需求信息；

（6）确认发现桥梁潜在的危险源，如施工缺陷；

（7）对需重点关注的结构或构件进行确认，对桥梁易损构件或与设计要求差距较大的构件及安全储备。

需要说明的是，椒江二桥零状态巡检需由业主另行委托相关巡检单位在桥梁投入使用之初进行实施。零状态巡检的核心工作包括施工缺陷调查，以及设计、施工、桥梁环境状况等技术资料的收集和系统录入。

2. 日常巡检

1）斜拉桥

（1）主桥叠合梁

主梁是直接承受汽车荷载的部位，其结构是否健全直接关系着行车的安全性和舒适性。因此，主梁的日常巡检及养护对于保证桥梁的正常运营相当重要。

主梁日常巡检应重点关注：

梁内照明设施是否能正常使用；防腐涂装的劣化；螺栓及连接件；主梁节段间焊缝、支座处螺栓；主梁内外是否清洁及干燥。

（2）斜拉索

斜拉索日常巡检应重点关注：

拉索护套有无破损、鼓起异常状况；拉索套管状况；斜拉索螺旋线状况；斜拉索阻尼器防腐涂装；斜拉索异常振动；斜拉索阻尼器上、下容器相对位移。

(3)索塔及横梁

塔身及横梁为混凝土结构。因此，混凝土材料劣化、结构裂缝、钢筋锈蚀等成为危害桥塔正常使用、缩短寿命的最大因素。

桥塔日常巡检应重点关注：

塔内电梯、照明设施是否能正常使用；桥塔及桥塔内部是否清洁及干燥；塔内混凝土表面裂缝；横梁内部是否存在有渗水或积水迹象。

(4)主桥桥面清洁及交通清障

桥面应每日定时定人打扫卫生，应保持桥面车道、分隔带、防撞带、检修道及扶手、斜拉索锚固区等的清洁卫生；不得有污物及过往行人或车辆丢弃的杂物。

妥当处理交通事故与交通疏通工作，并检查是否对桥面设施造成破坏或损伤。协同有关部门及时清理故障车辆，保持正常的交通秩序。

重点关注交通事故后结构物的损伤。

清理桥面时应着重注意安全问题及不影响交通。

(5)主桥桥面铺装

依据桥面铺装养护管理规定进行相关工作。

重点关注桥面铺装裂缝、沉陷、车辙、推移/壅包、坑槽、网裂等现象。

巡检桥面铺装时应着重注意安全问题及不影响交通。

(6)主桥排水设施

主梁的防腐与排水密切相关，积水会加剧钢结构的锈蚀速度。因此，必须经常检查排水管道是否通畅，及时清除排水管中堵塞的泥土杂物，保持排水设备的良好工作状态。

(7)主桥防撞护栏

应经常检查防撞护栏是否被撞伤或锈蚀，如发现问题均应及时处理或更换，护栏应定期刷涂料作防腐保养。

应重点关注：

防撞护栏的防腐涂装劣化；交通事故后护栏的损坏情况。

(8)主桥伸缩缝

为保证伸缩缝能自由伸缩变形及车辆运行平稳，应经常清扫缝隙，勿使杂物堵塞或嵌入。并要检查其橡胶是否老化、失去弹性或开裂等。

应重点关注：

伸缩缝缝隙是否清洁堵塞；伸缩缝橡胶的损伤、老化；伸缩缝缝内积水。

(9)主桥支座

主桥支座分为竖向支座和抗风支座两大类。支座是桥梁的关键部位，支座的日常巡检和养护就显得极其重要。

应重点关注：

球型支座和相关的连接螺栓腐蚀与松动；支座座板是否固定牢靠并密贴(局部缝隙不大于0.5mm)；支座的位移量；同一高程的支座的高差(不应大于2mm)；支座橡胶损坏、老化现象。

(10)主桥阻尼器

应重点关注：

阻尼器漏油现象；阻尼器防腐涂装的劣化；防护套的完整性；阻尼器底座混凝土裂缝。

(11)主桥标志、标线

经常检查桥上的交通信号标志、水上助航标志及照明设施是否完好并正常工作，路面标线是否清晰，交通标志是否齐全，是否需要调整。

对各种标志、标线、轮廓标等的反光情况、完好状况及夜间照明情况要进行夜间巡查。

巡视检查人员在检查中发现交通信号、标志及照明设施不正常时，应详细记录、及时处理，及时反映给有关管理部门处理。

(12)主桥防雷设施

主桥防雷设施应由业内专业机构进行检查。

在每年三月份春雷来临之前及夏秋季节分两次检查测试全桥接地、避雷装置的接地电阻值，电阻值应小于10Ω，并对接地、避雷引线暴露段进行油漆防腐保护；裸露的导体是否被腐蚀，防腐蚀保护、涂装是否失效；对电焊接头进行检查是否有脱焊现象，脱焊时应双面补焊并量测电阻值是否小于10Ω。对地电阻值是否超过规范规定的10Ω限值，并查清电阻增大的原因。必要时，重新涂装、紧固或更换接头或导体，然后重新进行接地电阻试验，使满足要求。

避雷杆端航空灯要保证发光正常，如发现灯光失明要及时更换，竖杆底部焊缝每年至少要检查一次，如发现焊缝开裂要及时补焊，所有不锈钢结构部分每年至少擦揩一次，轻涂油脂加以保护。

(13)主桥抽湿设备

主桥钢主梁内抽湿设备是钢主梁内部涂装保护的主要装置，要保证经常处于使用状态，保持叠合梁内部湿度不大于50%，根据干燥程度可以间断地停开抽湿设备，但要定人定责地保养设备，要有定时的保养制度，并根据设备厂家的技术要求进行定期的大修保养。

除湿设备属通风机电设备，一般对各式通风机、管道、机电、动电设备等应每月进行一次运转情况检修，每年进行一次全面检修。

(14)永久性标志点

任何单位和个人不得损毁或擅自移动这些永久性测量标志和正在使用的临时性标志。不得侵占永久性测量标志用地，不得在永久性测量标志安全控制范围内从事危害测量标志和使用效能的活动。应经常检查这些标志点是否因环境、气候变化而导致模糊不清。金属标志需注意防锈、防腐蚀，应确保观测时清晰可辨，随时可以使用。

(15)监测系统外场设备

巡检人员在开展日常巡检时，应按照每两个月遍历结构一次的同时、对所有可到达的监测系统设备的工作情况进行巡检。发现仪器、电缆、电线的异常或可能导致仪器设备受损的潜在危险需要做详细记录，并尽快通知桥梁管理管理人员采取相应预防性养护措施，确保外场监控设备的正常使用。

2)连续刚构

椒江二桥引桥主要选取北引桥高墩区代表性一联连续刚构。

(1)预应力混凝土梁重点关注

梁体顶板的纵向裂缝；梁体翼缘根部的纵向裂缝；梁体底板跨中附近的横向裂缝；梁体顶板支座附近的横向裂缝；墩顶腹板的斜裂缝；梁体顶板的渗水迹象；预应力锚固齿板裂缝。

(2)桥墩

桥墩大多数位于海水与淡水交替往复的环境中，水中浸泡、大规模潮汐冲刷及海洋附生生物等都易导致桥墩的混凝土劣化、钢筋腐蚀，因此应加强桥墩的日常巡检和养护，以及时发现并解决危害桥墩结构安全的问题。

应重点关注：

墩底附近的横向裂缝；墩身的竖向裂缝；墩身附生生物。

(3)桥面铺装

依据桥面铺装养护管理规定进行相关工作。

重点关注桥面铺装裂缝、沉陷、车辙、推移/壅包、坑槽、网裂等现象。

巡检桥面铺装时应着重注意安全问题及是否影响交通。

(4)排水设施

排水设施的正常使用与否,直接关系到桥面行车的舒适度与安全性,桥面积水还易使水分渗透至箱梁混凝土结构,导致钢筋的锈蚀。因此,必须经常检查排水管道是否通畅,及时清除排水管中堵塞的泥土杂物,保持排水设备的良好工作状态。

(5)防撞护栏

应经常检查防撞护栏是否被撞伤或锈蚀,如发现问题均应及时处理或更换,应定期刷涂料作防腐保养。

应重点关注:

防撞护栏的防腐涂装劣化;交通事故后护栏的损坏情况。

(6)支座

支座的日常巡检和养护极其重要。参见支座使用说明书。

应重点关注:

支座和相关的连接螺栓腐蚀与松动;支座座板是否固定牢靠并密贴(局部缝隙不大于0.5mm);支座的位移量;关注同一高程的支座的高差(不应大于2mm);支座橡胶损坏、老化现象。

(7)伸缩缝

为保证伸缩缝能自由伸缩变形及车辆运行平稳,应经常清扫缝隙,勿使杂物堵塞或嵌入。并要检查其伸缩缝梳齿板是否破损、翘起、变形、移位等。

应重点关注:

伸缩缝缝隙是否清洁;齿板的变形、破损。

(8)永久性标志点

任何单位和个人不得损毁或擅自移动这些永久性测量标志和正在使用的临时性标志。不得侵占永久性测量标志用地,不得在永久性测量标志安全控制范围内从事危害测量标志和使用效能的活动。应经常检查这些标志点是否因环境、气候变化而导致模糊不清。金属标志需注意防锈、防腐蚀,应确保观测时清晰可辨,随时可以使用。

3.定期巡检

定期巡检是对椒江二桥主体结构及其附属构造物进行桥梁技术状况评定的全面检查。是为电子化人工巡检管理子系统中采集结构动态数据,评定桥梁等级,确定桥梁使用功能,制定养护计划提供基本数据的重要内容。

定期巡检主要包括材料巡检、结构巡检、其他缺陷巡检3个方面。材料巡检针对材料本身的劣化,结构巡检则针对单元力学特征造成的损伤;材料巡检具有共性,即同种材料的结构单元其材料巡检内容基本相同,结构巡检、其他缺陷巡检则与具体结构形式有关。

椒江二桥主要有钢与混凝土两种材料,特殊结构有斜拉索、阻尼器等。

1)材料巡检

(1)混凝土材料巡检

混凝土结构劣化原因十分复杂,主要取决于以下4个方面:

混凝土材料自身特性;设计、施工质量;混凝土结构所处的环境;混凝土结构使用条件与防护措施。

椒江二桥是一座大型桥梁,环境因素、使用条件与防护措施引起的混凝土结构劣化尤其值得重视,巡检员需要检测任何可能改变混凝土整体性和强度的损伤。

预应力混凝土结构与普通钢筋混凝土结构的损伤基本类似,不同之处在于不允许出现垂直于预应力钢束平面上的裂缝,因此,对于混凝土来说,应特别关注垂直于预应力钢束平面的裂缝。

混凝土材料巡检主要包括:

①裂缝

混凝土结构的裂缝是由材料内部的初始缺陷、微裂缝的扩展而引起的,主要有结构性裂缝与非结构性裂缝。非结构性裂缝包括收缩裂缝、温度裂缝、施工缝裂纹、钢筋锈胀裂缝。

一般认为,如果裂缝宽度小于 0.15mm 就不会造成混凝土结构的劣化,因此裂缝标记的标准为 0.15mm。如果由于裂缝开展使得钢筋外露,则应在混凝土上标出裂缝的范围。如果不能做标记,则应精确拍照以追踪裂缝的发展。某些情况下,裂缝只有在一定的背景下才能显现,因此很难拍照,如果此类裂缝对结构有重大影响,则应用永久标记标出裂缝轮廓然后再拍照。

②龟裂

引起结构龟裂的原因很多,每种都是对结构有害的。因此必须:

记录每一龟裂区域;

对比新旧照片,分析原因及其发展情况。

③水迹和滞水

混凝土内部滞水对结构安全有较大危害,因此必须:

记录每一有水迹或者滞水区域;

对比新旧照片,分析原因及其发展情况。

④其他变化

可以在混凝土表面观测到许多变化,如风化、表层剥落、局部破损等。若其产生原因是外部的,偶然的或不会产生严重后果的,通常不会对结构造成危害,因此,仅列出需要修补和养护的变化即可。

⑤预应力混凝土结构

预应力混凝土结构与普通钢筋混凝土结构的损伤基本类似,不同之处在于不允许出现垂直于预应力钢束平面上的裂缝,因此,对于混凝土来说,应特别关注垂直于预应力钢束平面的裂缝。

所有垂直于预应力钢束的平面上的任何裂缝应该立即标记并报告。还应该明确的是巡检员如果不充分接近混凝土结构,就不可能完成对预应力混凝土结构的巡检。

(2)钢材巡检

钢材腐蚀是造成钢桥破坏的主要原因之一,钢材的腐蚀将导致构件断面削弱,直至丧失承载能力。为此,需要采用涂装防止腐蚀,养护管理中应适时检查涂装的劣化程度。对于椒江二桥这样的跨江大桥来说,钢材(包括钢板、螺栓以及钢丝)的腐蚀更需要高度关注。

钢材巡检内容主要包括:

①防腐涂装劣化

涂装劣化是钢材开始腐蚀的前兆,主要有锈蚀、剥离、裂纹、鼓泡、变色、褪色等类型,因此巡检过程中必须:

确定劣化的类型以及严重程度;测量劣化面积,分析原因及其发展趋势。

②钢材锈蚀

钢板锈蚀将导致截面的削弱,因此巡检过程中必须:

确定锈蚀的类型以及严重程度;测量锈蚀面积以及深度,分析原因及其发展趋势。

③螺栓损伤

确定松动、破损、缺失的螺栓数量;确定锈蚀的严重程度;确定是否有螺栓断裂。

④钢板板材裂纹

确认组成结构的板材本身是否出现裂纹或裂缝。

⑤焊缝处裂纹

检查焊缝处涂层是否开裂;焊缝焊趾是否完好,有无裂纹、锈蚀;焊缝边缘是否有较大裂缝或严重脱开。

2)结构巡检

椒江二桥主要结构包括索塔塔身、预应力混凝土梁、以叠合梁为代表的钢结构和混凝土桥墩,这些结构典型病害分裂如下:

(1)预应力混凝土梁

预应力混凝土梁结构裂缝形式主要有支承裂缝、弯曲裂缝、斜裂缝,见图 4-9-14。

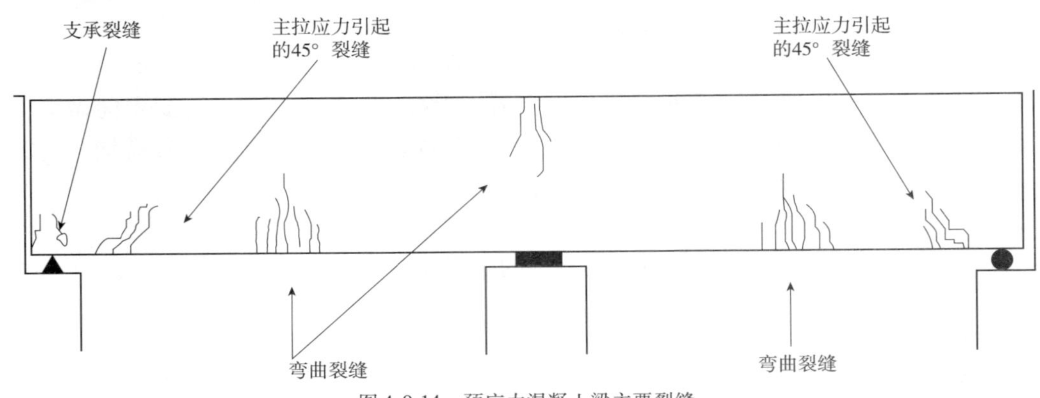

图 4-9-14　预应力混凝土梁主要裂缝

①支承裂缝

混凝土局部承压时，由泊松效应引起的大致平行于压力方向的混凝土裂缝，除了出现在支承部位外，在预应力钢束锚头附近也容易出现这种裂缝。

②弯曲裂缝

正截面混凝土拉应力超过混凝土抗拉强度引起的横向裂缝。

③斜裂缝

斜截面混凝土主拉应力超过混凝土抗拉强度引起的斜向裂缝。

(2)混凝土桥墩

混凝土桥墩裂缝形式主要有支座周围混凝土的损伤，桥墩水平裂缝和顺主筋方向的竖向裂缝，以及斜向裂缝。

①支座垫石混凝土裂缝和碎裂

②底部水平裂缝

在墩顶水平力作用下，由于正截面混凝土拉应力超过混凝土抗拉强度引起的水平裂缝。

③竖向裂缝

由于基础不均匀沉降引起的裂缝。

④斜裂缝

由于斜截面混凝土主拉应力超过混凝土抗拉强度引起的斜向裂缝，通常在强震作用下才会发生。

(3)混凝土桥塔

桥塔混凝土结构损伤主要包括：

斜拉索上锚固区索塔表面裂缝；塔柱与横梁接头处的裂缝，由于接头处弯矩引起的混凝土拉应力超过其抗拉强度引起的裂缝或者局部应力引起的裂缝；支座垫石和阻尼器的支承位置混凝土裂缝和碎裂；横梁混凝土拉应力超过混凝土抗拉强度引起的横向裂缝；横梁混凝土龄期不同引起的收缩裂缝；塔座底部混凝土水平裂缝。

(4)钢结构主要结构损伤

钢结构结构损伤主要关注在外部荷载作用下导致的结构损伤，主要损伤类型包括：

疲劳损伤；结构构件(板件)发生过大变形或者永久变形；连接破坏，如焊缝撕裂脱开，螺栓剪断，滑移。

3)其他缺陷巡检

椒江二桥的特征结构主要包括斜拉索和阻尼器。因为本身结构特点，会产生与混凝土、钢结构不完全相同的损伤。在定期巡检关注：

(1)斜拉索

斜拉索锚固区和索体自由段的外表面不应有裂缝或者破损出现，若存在，则说明护套内拉索已遭到外界湿气或水的侵蚀，有可能或已经发生了锈蚀。内部钢丝的锈蚀将使钢丝较低的应力水平出现疲劳断裂，进而维修结构安全。斜拉索定期巡检主要内容：

①斜拉索护套完整性。检查聚乙烯护套有无裂缝、划伤破损、老化和积水；

②端部密封完整性。检查橡胶有无破损、老化、开裂，紧固圈有无松动，密封材料是否完好等；

③仔细观察拉索护套外有无锈水流出或流过痕迹；

④检查拉索护套是否有鼓包、锈胀、开裂、断裂及变形现象。有条件的情况下，根据护套损坏典型情况，剥开护套抽检索内干湿情况；

⑤检查塔端和梁端锚箱及周围结构的外观情况，检查锚具是否渗水、漏油、锚头是否锈蚀，周围结构是否有明显开裂以及是否有锈水流出痕迹。

(2)阻尼器

椒江二桥的阻尼器包括塔梁纵向阻尼器和斜拉索黏滞阻尼器两种类型。这两种阻尼器在定期巡检中需要重点关注：

检查阻尼器外观是否清洁，周围有无杂物堆积；涂装有无粉化、起泡、脱落、锈蚀、裂缝等病害；阻尼器有无漏油等缺损；与主体结构的连接处的紧固件有无锈蚀、松动、缺失等现象。

4. 特殊巡检

椒江二桥在运营期的养护管理会面对风、地震、车撞、船撞、火灾、特种车辆过桥等特殊状况，针对这些特殊情况，需要为大桥设定相应的巡检工作重点。

1)风

阵风或台风引起的桥梁损伤主要来自其动力作用，动力作用主要包括两种，一种是气动弹性作用，如主梁的颤振失稳破坏，这是必须要避免的，或者斜拉索的雨振都是，结构在较低风速下的涡激振动，它会导致结构的疲劳破坏；另一种是由自然风中的紊流引发的抖振，这是一种强迫振动，虽然抖振是一种限幅振动，但会使桥梁承受交变的抖振力，导致结构的疲劳损伤。

浙江地区频繁的阵风或台风不但影响结构安全，还会危及行车安全，通常桥面风速大于15m/s时，部分类型车辆在大桥上的行驶安全将可能受到威胁；如果发生大于25m/s的阵风后，应立即由桥梁管理人员上桥进行应急巡检。

(1)巡检通道

阵风及台风可能导致巡检通道损坏，而巡检通道是完成巡检人员达到巡检对象必需的通道，所以需要首先确认巡检通道的安全。注意梁底维护检查车。

(2)主梁

台风可能会造成加劲梁变形与裂纹，应重点关注以下部位：

主桥支座周围钢板；阻尼器位置节段钢板；斜拉索锚固钢板。

(3)索塔

测量索塔有无不可恢复的偏移；索塔根部混凝土裂缝和碎裂；索塔托架和塔柱接头处混凝土裂缝和碎裂；索塔托架根部混凝土横向裂缝。

(4)斜拉索

检查斜拉索防护是否有损伤；索梁锚固结构构件变形，缺失或者功能失效；索塔钢锚梁构件变形和其他损伤。

(5)支座

检查支座移动是否在设计范围之内；支座垫石混凝土完整性。

(6)阻尼器

检查阻尼器是否漏油，钢构件是否有变形；阻尼器周围混凝土完整性。

2)地震

如果发生索塔根部加速度大于0.1g的地震，理应立即禁止通行，并在震后进行应急性巡检，巡检内容分述如下。

(1)主桥

①巡检通道

地震可能导致巡检通道损坏,而巡检通道是完成巡检人员达到巡检对象必须的通道,所以需要首先确认巡检通道的安全。

②主梁

检查横向连接与叠合梁接头部位钢板;主桥支座周围加劲梁变形;阻尼器周围加劲梁变形;锚箱周围钢板变形。

③索塔

测量主塔有无不可恢复的偏移;索塔根部混凝土裂缝和碎裂;索塔横梁和塔柱接头处混凝土裂缝和碎裂;索塔横梁混凝土横向裂缝。

④斜拉索

检查斜拉索防护是否有损伤;索梁锚固结构构件变形,缺失或者功能失效;索塔钢锚梁、牛腿等构件变形和其他损伤。

⑤辅助墩与过渡墩

检查参考点处的桥墩垂直度;桥墩混凝土斜裂缝;桥墩底部混凝土水平裂缝。

⑥支座

检查支座位移;支座破损;支座垫石混凝土完整性。

⑦伸缩缝

检查伸缩缝封闭或者拉开;螺栓损坏;构件变形;伸缩缝两端桥面铺装损坏。

⑧阻尼器

构件损坏;构件变形;漏油;周围混凝土完整性。

(2)引桥

①预应力混凝土箱梁

进行线形测量;检查支座附近的混凝土裂缝和剥落;跨中横向裂缝;墩梁固结位置梁上混凝土碎裂和裂纹。

②桥墩

检查参考点处的桥墩垂直度;桥墩混凝土斜裂缝;桥墩底部混凝土水平裂缝;墩梁固结位置墩上混凝土碎裂和裂纹。

③支座

检查支座位移;支座构件破损;支座垫石混凝土完整性。

④伸缩缝

检查伸缩缝封闭或者拉开;构件变形;伸缩缝两端桥面铺装损坏。

3)车撞

椒江二桥的车撞是桥面上发生的车辆撞击,主要对桥面铺装和桥面上的结构物构成威胁。

桥面发生的车辆撞击一般不会对结构整体产生较大的影响,但可能造成结构的局部损伤,并影响桥面交通;因此,如果发生车辆撞击事件,应立即清理肇事车辆,进行巡检,恢复交通。桥下发生的车辆撞击可能对结构造成较大的影响,如桥墩发生较大的变形或失效,或者是超限车辆直接撞击预应力混凝土梁。

发生车撞事故后,应立即通知路政交警和保险部门,对责任、对财产损失等进行界定,并尽快清理事故现场,根据撞击的破坏情况实施交通控制。

对事故发生的位置和车辆的基本情况进行登记。

车辆撞击后可能发生的破坏,参照定期巡检对破损区域的结构进行巡检:

安全护栏破损;分隔带栏杆破损;斜拉索破损;桥面铺装破损。

4)船撞

椒江二桥的船撞可能对主桥造成损害。船撞对主桥结构易造成较大的影响,如桥墩发生较大的变形或失效;混凝土梁发生移位、损坏或者损毁叠合梁的损坏以及其他设备和附属设施的损坏。船撞后的第一次巡检旨在初步评估结构的损坏程度,进而决定是否需要额外的评估和进一步的检测。

发生船撞事故后,应立即通知路政交警、海事部门和保险部门,对责任和财产损失等进行界定,并尽快清理事故现场,根据撞击的破坏情况实施交通控制。

对事故发生的位置和船只的基本情况进行登记。

船撞事故后可能发生的破坏,参照定期巡检对破损区域的结构进行巡检:

安全护栏破损;分隔带栏杆破损;主梁损坏;斜拉索损坏;桥墩损坏;预应力混凝土梁线形变化及损坏;索塔基础损坏。

5)火灾

造成桥梁火灾的主要原因如下:

电致火灾;

桥面交通事故导致的火灾。

如发生火灾事故,应立即启动消防预案。

若因行驶在桥上的普通车辆或者其他运载易燃物品的车辆发生意外引起的火灾,应在灭火后并对残留易燃物进行处理,并将肇事车辆清理,实施桥面交通控制。

路政交警和保险部门在灭火后,对责任、财产损失等进行界定。

如果是电致火灾,应通知机电部门,查明引起火灾原因并排除隐患。

对事故发生的位置和引发原因进行登记。

必须在确认对人的安全没有危险后才能进行巡检。

视火灾发生的位置如主桥桥面、封闭空间(主梁、索塔)、引桥桥面以及引桥下面,巡检内容可能包括以下内容:

火灾影响范围内的桥面、伸缩缝和主梁;检查斜拉索防护和索梁锚固结构的完整性,如果 HPDE 管被烧,还应进一步检查斜拉索钢丝是否受损;混凝土完整性;支座。

6)特种车辆过桥

①超重车辆过桥

超重车过桥应按照规定办理。事先必须经过有关部门的检算、批准。超重车应按照指定的路线单独过桥,禁止其他车辆同时通行。

超重车辆过桥应选择在温度适中、风速适中和交通量较小的时间段,并事前通告,并请高速交警、路政部门配合,设立超重车可通行线路,采取限制与疏导相结合的方法,以确保结构和交通安全。

车载货物应尽可能拆散分车装运,使重量尽量在较大的范围内分布,以减少单位长度的压力。货物应装载平稳、适中,避免偏载。在过桥前,应进一步核查车辆总重和轴重,以免出现总重量虽未超过原来货主提交的荷载,但却因偏载造成个别轴重超过验算荷载的情况。

在超重车行进中与离桥后都必须进行必要的观测与检查。

超重车辆通过桥梁后,应填写通行记录并存档。

在行进过程中,主要应对主桥挠度、桥面线形变化和裂纹开展情况进行追踪测量。安全监测系统在超重车通过过程中开机实时测量。

超重车辆离开主桥 1h 后,首先应当对桥面线形变化进行测量,看是否留下残余挠度。如果有残余挠度,需要组织养护人员查看桥面及加劲梁内有无可见的裂纹,伸缩缝有无损坏。如有损坏,应组织有关人员讨论修补或其他处理方案。如有条件,还应对主缆、吊索等进行力学检查,判断重载车过桥有无对其产生不利影响。同时,还需要对锚室顶板、桥墩以及支座等进行检查。

②危险品载运车辆过桥

危险品载运车辆过桥应按照规定办理。事先必须经过有关部门的批准,应按照指定的路线单独过桥,禁止其他车辆同时通行。

危险品载运车辆过桥应选择在交通量较小的时间段,并事前通告,并请交警和路政部门配合,采取限制与疏导相结合的方法,以确保危险品载运车辆的安全通过。

危险品载运车辆通过桥梁后,应填写通行记录并存档。

5. 专项巡检

专项巡检主要是针对在日常巡检或定期巡检过程中发现的较严重的损伤或者损伤严重的结构进行的细致巡检,因此,在巡检进行之前应该做相应的准备工作,收集相关资料,如设计、施工资料,以往巡检记录等,具体见表4-9-38。

专项巡检调查资料 表4-9-38

资料名称	清单
设计资料	施工图、设计计算书等 材料清单
施工记录	施工过程记录 施工缺陷记录
以往巡检资料	零状态巡检资料 日常巡检资料 定期巡检资料 特殊巡检资料
其他资料	竣工资料 灾害记录 实际荷载状况 环境状况 养护维修记录

运营期规划设计的椒江二桥合同约定范围内的专项巡检是针对性巡检,可能针对个别损伤,也可能针对个别单元,因此,专项巡检比定期巡检针对性更强,巡检内容也更为详细,除应对定期巡检中涉及到的相应内容进行细致巡检外,必要时还需要进行检测以及分析计算,主要巡检内容包括:

涂装劣化;钢材腐蚀;高强螺栓;混凝土梁疲劳裂纹;斜拉索索力测量;混凝土结构耐久性;桥梁荷载试验。

1)涂装劣化

海上钢结构涂装劣化将直接导致钢材的腐蚀,继而造成构件截面削弱,直至丧失承载能力。为此,维修管理中应适时把握涂装的劣化程度,采取更换涂装措施,确保钢材的防腐蚀性。

综合椒江二桥所处环境与自身涂装体系的特点分析表明,可能的涂装劣化类型主要有以下5种:

(1)铁锈

铁锈是涂装劣化类型中最严重的一种,分为非鼓泡产生的锈和鼓泡破裂产生的锈,以及涂装裂纹或破损形成的锈。锈蚀状态分为均匀分布,局部密集分布,线状分布等多种。

(2)剥离

剥离是涂膜与钢材表面,涂层与涂层之间因附着力较低而产生的涂膜脱落状态,通常发生在易发生结露的构件下侧,或者附着盐分的部位。

(3)裂纹

涂膜裂纹(龟裂、裂纹)是涂膜内部应变导致的。龟裂是涂膜表面产生的轻微裂纹,初期勉强可目视发现。裂纹是达到涂膜深处或直达钢材表面,很容易目视发现。

(4)鼓泡

鼓泡是由于各涂层之间或涂膜与钢材表面之间渗入气体或者液体引起压力所致,当压力大于涂膜黏着力或凝聚力时候产生鼓泡,或者残留的锈胀而引起的涂膜鼓泡(锈的体积是铁体积的2.5~4.0倍),一般情况下,鼓泡是在浸水或高温等条件容易产生的一种劣化现象。

(5)变色、褪色

涂膜中色相原料在紫外线作用下发生变质,或者涂膜中特定颜料脱落等原因破坏色相平衡,使涂膜颜色发生变化,称为变色。

在紫外线作用下,有机涂料的分子结构产生分解,变成粉状,进而产生龟裂,降低了涂膜中的颜料性能,使涂膜颜色变淡,称为褪色。

涂装劣化专项巡检中,应重点关注的部位及涂装劣化类型见表4-9-39。

重点部位及劣化类型 表4-9-39

结 构	重点关注部位	劣 化 类 型
主梁	构件锐角处	线状锈蚀
	焊接接头处	锈、剥离、裂纹、鼓泡
	焊缝处	剥离、鼓泡、裂纹、锈
	伸缩缝周边、支座处	剥离、锈
	桥面板背阴处	剥离、锈
	风嘴内部	剥离、锈
	排水管及接头处	剥离、锈、鼓泡
斜拉索及锚固结构	锚箱	剥离、锈
	钢套管	剥离、锈

涂装劣化巡检以目视检查为主,辅以必要的工具,如平板电脑、摄录仪、单反相机、小锤、钢尺等。巡检过程中需现场确认劣化类型并测量劣化范围。

2)钢材腐蚀

钢材(包括螺栓)在潮湿、存水和酸碱盐腐蚀性环境中容易生锈,导致截面削弱,承载力下降。钢材的腐蚀程度可由其截面厚度的变化来衡量,因此,钢材腐蚀巡检主要是测量钢材厚度的变化。

钢材厚度检测主要有两种方法:

(1)人工测量

采用游标卡尺直接进行测量。

(2)超声波检测

超声波测厚仪采用脉冲反射波法。超声波从一种均匀介质向另一种介质传播时,在界面会发生反射,测厚仪可测出探头自发出超声波至收到界面反射回波的时间。超声波在各种钢材中的传播速度已知,或通过实测确定,由波速和传播时间测算出钢材的厚度,对于数字超声波测厚仪,厚度值会直接显示在显示屏上。

两种方法各有优点,应根据构件具体情况,确定使用何种检测方法,在检测之前,一定要先清除钢材表面锈迹。

3)高强螺栓

高强螺栓专项检测应主要针对延迟断裂。高强螺栓延迟断裂是指经调质处理的高强度螺栓在静荷载下(承受较高的应力状态),经过一定的时间,由缺口、疲劳裂纹、腐蚀坑等应力集中处产生断裂,在不产生塑性变形情况下发生的突然脆性破坏现象,又称为静疲劳破坏。

螺栓延迟断裂检测方法主要有两种：

(1)锤击法

简单、易行，检测成本低，适宜破坏比率较小的部位。

(2)超声波法

检测成本高，适宜破坏比率较大的部位。

4)主梁疲劳裂纹

疲劳定义为由反复荷载引起的裂纹起始和缓慢扩展而产生的结构部件的损伤，在承受反复荷载的应力集中部位，当构件所受的标称应力低于弹性极限时就可能发生疲劳裂纹。因为疲劳裂纹发展的最后阶段——失稳扩展(断裂)是突然发生的，没有预兆，无明显塑性变形，难以采取防范措施，所以疲劳裂纹对结构的安全性具有严重的威胁。

国内外研究表明，叠合梁疲劳裂纹主要出现在位于重车道部位的横隔板上，因此，应重点关注重车道部位正交异性桥面板。

椒江二桥叠合梁疲劳裂纹未来巡检主要人工目视巡检、磁粉探伤测试、涡流探伤测试、超声波衍射时差法、超声波测试等方法，参见表4-9-40。

疲劳裂纹巡检方法　　表4-9-40

巡检方法	适用范围
人工目视巡检(VT)	钢材表面裂纹
磁粉探伤测试(MT)	钢材表面裂纹
浸透探伤测试(PT)	钢材表面裂纹
涡流探伤测试(ET)	钢材表面裂纹
超声波衍射时差法(TOFD)	钢材内部裂纹
超声波测试(UT)	钢材内部裂纹

(1)人工目视巡检(VT)

人工目视巡检是最常见的巡检手段，巡检人员借助放大镜进行肉眼观测。

(2)磁粉探伤测试(MT)

在待检测部位表面上均匀喷洒微粒磁粉(平均粒度为5~10μm)，如果不存在裂纹，磁粉是均匀分布的。若存在裂纹，使裂纹处产生漏磁场，并形成一个小小的N-S磁极，使磁粉在裂纹处形成堆积现象。

(3)浸透探伤测试(PT)

在构件表面涂抹浸透液，待浸透液充分浸透后，擦去钢材表面液体，肉眼观察，如果有浸透液浮出钢材表面，则表明该部位存在裂纹，否则，可判定该处无裂纹。

(4)涡流探伤测试(ET)

涡流探伤是以电磁感应原理为基础，当将通交流电的线圈放在钢材表面时，如果钢材存在裂纹，则会使涡流场发生变化，导致线圈的阻抗或感应电压产生变化。

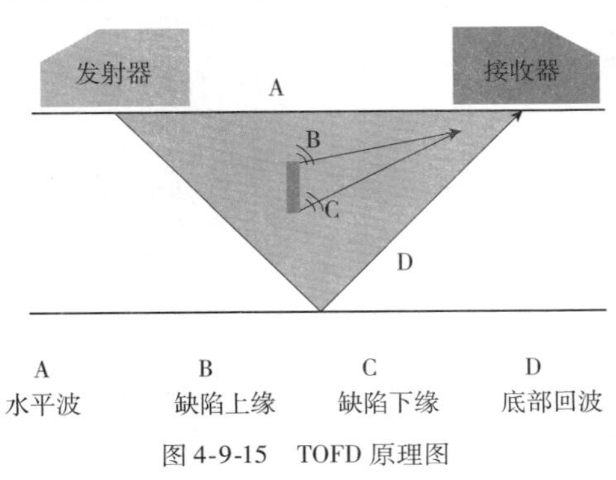

图4-9-15　TOFD原理图

(5)超声波衍射时差法(TOFD)

TOFD技术以一发一收的方式安放一对探头，主压力波的反射角范围是45°~70°。通过接收探头接收衍射信号，并使用可以生成B扫描图形的超声波图形系统进行判定。

超声波入射到线性缺陷上时，在它的两端除普通的反射波以外还会发生衍射。衍射能在很大角度范围内传播并且假定它们都源于缺陷的端部。这与传统的超声波完全不同，传统超声波主要依靠从缺陷上反射的能量大小来判断缺陷，TOFD的原理图见图4-9-15。

(6)超声波测试(UT)

超声波检测原理是超声波在异质界面产生反射,反射波回波被换能器接收,从而发现裂纹,当裂纹达到一定尺寸时可以检出,尺寸太小则反射信号弱,容易造成漏检。

组合梁疲劳巡检技术难度大,专业性强,应该根据结构特点以及裂纹型式等具体情况,选择恰当的巡检方法,必要时可以几种方法配合使用。

5)斜拉索索力测量

主桥斜拉索的工作状态是桥梁是否处于正常工作状态的重要指标之一,定期精确测定索力对了解大桥工作状态十分重要。而在换索过程中能够进行调整的只有索力一项,无论是使换索后的桥梁与换索前的桥梁工作状态保持一致,还是希望通过换索对桥梁的状态进行改善,都必须以测定索力为前提。

成桥后索力测量国内基本全部采用频率法。已知斜拉索的长度、每延米斜拉索的质量以及支承条件,只要测出振动频率,即可求出索力。

在环境随机振源的激励下,斜拉索的振动也是一种随机振动,可利用频谱分析仪对斜拉索的随机信号进行频谱分析,一般可以得到斜拉索的前几阶振动频率。随机振动法测量斜拉索的振动频率不需要对斜拉索进行人工激振,测试结果准确可靠。

6)混凝土结构耐久性

椒江二桥地处海洋大气腐蚀环境,空气与水中 Cl 离子含量随每日潮涌往复不断变化,属高腐蚀区,混凝土结构耐久性问题相当突出。专项巡检中除进行比定期巡检更为细致的表观巡检外,还应根据桥梁实际状况进行以下检测:

几何参数测定、裂缝检测、混凝土保护层厚度测定、氯离子含量及分布检测、碳化深度检测、混凝土渗透性能检测、钢筋锈蚀检测、化学腐蚀检测等。

实践证明,混凝土结构的任何耐久性损伤与破坏,一般都是首先在混凝土中出现裂缝,裂缝是反映混凝土结构损伤的晴雨表,所以对混凝土结构的损伤诊断,应从对结构的裂缝巡检入手。

(1)预应力混凝土箱梁裂缝检测

预应力混凝土箱梁裂纹型式主要有斜裂缝、横向裂缝、纵向裂缝、混凝土劈裂、横隔板裂缝、齿板裂缝等,其中尤其以斜裂缝、横向裂缝、纵向裂缝最为常见,而且对结构影响较大。

①斜裂缝

斜裂缝是出现最多的梁体裂缝。往往首先发生在剪应力大而截面抗剪能力不足的支座 $L/4$ 区域,与梁轴线呈 25°~50°开裂,随时间的推移,裂缝数也会增加,并且不断向受压区以及跨中方向发展。斜裂缝的另一个特征是箱内腹板斜裂缝要比箱外腹板斜裂缝严重。

斜裂缝的宽度如在 0.2mm 以下,而且其长度、宽度和数量已趋稳定,不再发展,则不需加固,但要注意观察,要封闭。

②纵向裂缝

纵向裂缝是与桥轴方向平行的裂缝,较多地出现在顶底板,也是出现很多的一种裂缝。

③横向裂缝

无论是全预应力或部分预应力 A 类构件,都不应该出现横向裂缝。出现横向裂缝,反映了正截面强度的不足。

④巡检方法

裂缝检测一般采取人工观测的方法,应注意观察构件表面裂缝的部位,目测并绘制裂缝分布图,准确记录裂缝的形态、条数、位置、长度和走向,对于较为严重的裂缝还需要测定其宽度和深度。

⑤裂缝宽度检测

测位处混凝土表面应清洁、平整,裂缝内部不应有灰尘或泥浆,宜选择裂缝张开状态下检测。一条连续裂缝上宜布置 2 个以上裂缝宽度测位,在裂缝分布图中标注检测部位和最大裂缝宽度部位。现有的裂缝宽度的测量方法分 3 类:

a. 塞尺或裂缝宽度对比卡检测

方法简单,但只能用于粗测,测试精度低。

b. 裂缝显微镜观测

读数精度一般为0.02mm～0.05mm,需要人工近距离调节焦距并读数和记录,有些还需另配光源,检测速度慢,测试工作的劳动强度大,而且有较大的人为读数误差。

裂缝显微镜观测裂缝是目前裂缝检测的主要方法。

c. 裂缝宽度测试仪测量

将放大的裂缝图像显示在测试仪显示屏上,再人工读取裂缝宽度,这种测试仪避免了裂缝显微镜必须近距离调节焦距的要求,降低了裂缝测试的劳动强度,但仍需人工估测和记录宽度。

⑥裂缝深度检测

裂缝深度检测宜采用超声法,根据裂缝深度与被测构件厚度的关系以及检测表面情况可选择采用单面平测法、双面斜测法、钻孔对测法。

当裂缝部位只有一个可测表面,裂缝的估计深度不大于被测构件厚度的一半且不大于500mm时,可采用单面平测法。要求在裂缝测位的两侧分别具有清洁、平整且无裂缝的可进行检测的混凝土表面,裂缝两侧的可测试表面宽度分别不小于估计缝深,通过检测裂缝的声时和混凝土声速,可计算测点处的裂缝深度。

当裂缝部位具有两个相互平行的测试表面时,可采用双面穿透斜测法。双面斜测法主要用于检测深裂缝,并判定裂缝是否贯穿构件。在保证所有测线的测距、倾斜角度以及测试系统一致的条件下,将通过裂缝断面的测线与不通过裂缝断面的测线比较,根据声参量的变化,判定裂缝深度以及在断面内是否贯通。

钻孔对测法适用于大体积混凝土,预测深度在500mm以上的裂缝检测。在裂缝两侧钻测试孔,在孔中用径向振动式换能器自上而下逐点检测,绘制深度—波幅图,波幅达到最大并基本稳定的位置对应裂缝深度。

(2)混凝土抗压强度检测

混凝土抗压强度检测方有无损检测法与半破损检测两类,检测时应根据结构具体情况以及检测要求,选择合适的检测方法。

①无损检测

无损检测的特点是测试方便、费用低廉,但其测试结果的可靠性主要取决于被测物理量与强度之间的相关性。因此,必须在测试前建立严格的相关公式或校准曲线。目前国内常用的检测方法主要是回弹法,超声脉冲法、超声回弹综合法。

回弹法和超声法在我国已普遍用于工程检测,并已制定相应的技术规程。成熟度法已有研究相应的报道,它主要以温度时间积作为评定强度的依据。

超声波检测混凝土的强度基本依据是超声波传播速度与混凝土的弹性性质的密切关系。在实际检测中,超声波速又通过混凝土弹性模量与其力学强度的内在联系与混凝土抗压强度建立相关关系并借以推定混凝土的强度。

超声回弹综合法是通过一定的数学模型建立混凝土强度与声速、回弹值之间的关系曲线,综合了超声法和回弹法的优点,相互补充,使得测强精度有了一定程度的提高。

②半破损检测

半破损检测法以不影响结构或构件的承载力为前提,在结构或构件上直接进行局部破坏性试验,或直接钻取芯样进行破坏性试验,然后根据试验值与结构混凝土标准强度的相关关系,换算成强度标准值,并据此推算出强度标准值的推定值或特征强度。半破损检测主要有钻芯法、拔出法,拔脱法等。这类方法的特点是以局部破坏性试验获得结构的实际抵抗能力,因而,结果直观可靠,但是缺点在于会对结构产生局部破坏,需进行修补,不适于大面积检测。

钻芯法是从混凝土结构中钻取芯样,制作试件后进行试验,并计算得出混凝土的抗压强度。

拔出法则是在混凝土表面进行钻孔、磨槽、嵌入锚固件,使用拔出仪器进行拔出试验,测定极限拔出力,并根据预先建立的拔出力与混凝土强度之间的相关关系推定混凝土强度。

(3)碳化深度检测

混凝土碳化深度检测一般采用以下方法:先用合适的工具在测区表面挖直接约15mm的孔洞,其深度应大于碳化深度;然后清除孔洞中的粉末和碎屑(不得用水冲洗),最后将浓度为1% ~2%的酚酞酒精溶剂喷在混凝土的新鲜破损面,根据指示剂颜色的变化,测量混凝土的碳化深度,量测精度准确至mm。

在进行构件混凝土碳化深度检测时,因为要将混凝土表面凿开露出新鲜破损面才能滴入化学试剂进行测试,因此凿孔时在保证检测精度的情况下应该尽量减少对构件产生的破损面。

(4)钢筋锈蚀监测和检测

将椒江二桥的混凝土典型结构进行分类,对索塔塔身、索塔基础、预应力混凝土梁、桥墩及基础等各取代表性的构件。混凝土梁外观有脱落、掉脚、露筋或混凝土有鼓包、不平整的部位中选取代表性部位采用钢筋锈蚀仪DJXS-05进行测试。其测试原理如下:

水泥在水化过程中产生大量氢氧化钙、氢氧化钾和氢氧化钠等化合物,使硬化水泥的pH值达到12~13的强碱状态,其中氢氧化钙为主要成分。此时,混凝土中的水泥对钢筋有一定的保护作用,使钢筋四周形成一层钝化膜(保护性氧化膜),在正常使用状态下对钢筋提供了良好的保护条件,使之免受腐蚀。当由于混凝土质量差,海洋环境恶劣等原因,使结构产生各种裂缝,致使氧气、水分或有害的酸性物质侵入,发生电化学腐蚀现象,再成钢筋的锈蚀。另外,混凝土受碳化影响pH值降低,破坏了混凝土对钢筋钝化状态而使之发生锈蚀。

钢筋锈蚀对结构的危害首先体现在钢筋锈蚀降低了钢筋的有效截面积,严重影响了结构的承载能力,其次,钢筋锈蚀到一定程度,钢筋体积将急剧膨胀,通常锈蚀钢筋的体积为未锈蚀钢筋体积的四倍,混凝土表面出现沿钢筋(主要是主筋)关系的纵向裂缝。纵向裂缝出现后,钢筋即与外界接触而使锈蚀发展更加迅速,致使混凝土保护层脱落、掉角及露筋,混凝土保护层破坏后,进一步加快了钢筋锈蚀速度,形成一个恶性循环。老化严重出混凝土表面成酥松剥落状态,从外观即可判别。

由于混凝土中钢筋锈蚀是一个电化学的过程,钢筋因锈蚀而在表面有腐蚀电流存在,使电位发生变化。因此在检测钢筋锈蚀程度时,采用有硫酸铜作为参考电极的半电池探头的钢筋锈蚀测量仪,用半电池电位法测量钢筋表面与探头之间的电位差,利用钢筋锈蚀程度与电位间建立一定的关系,由电位高低变化的规律,可用以判断钢筋锈蚀的可能性及其锈蚀程度。

(5)混凝土保护层厚度检测

混凝土保护层可以有效隔绝外界环境对钢筋的腐蚀,保护层越厚,这种保护作用持续时间也就越长,因此需对主梁、立柱等部位进行保护层厚度测试。混凝土保护层厚度检测一般采用非破坏性的方法,及采用钢筋混凝土保护层测定仪。采用钢筋混凝土保护层测定仪检测混凝土保护层厚度的检测技术要求如下:

每个构件上的测区数不应少于3个;测区应均匀分布,相邻两测区的间距不宜小于2m;测区应注明编号,并记录测区位置和外观情况;每一测区应检测不少于10个测点;钢筋保护层厚度测读时应将传感器置于钢筋所在位置正上方,并左右稍稍移动,读取仪器显示最小值即为该处保护层厚度;每一测点值宜读取2~3次稳定读数,取其平均值,准确至1mm;钢筋位置测试时应选择垂直钢筋走向断面,并在结构混凝土表面缓慢移动,测其钢筋分布位置和情况。

(八)系统功能模块参见图4-9-16

1.桥梁管理模块

巡检管理模块主要负责桥梁信息的录入、维护与导出,主要功能如下:

1)地理信息GIS功能

地理信息系统(Geographic Information System或GIS)有时又称为“地学信息系统”,地理信息技术主

要为用户提供以下功能:

桥梁各结构的查询;桥梁各结构的定位;桥梁信息显示;桥梁功能接口。进入其他的桥梁管理模块,实现功能之间的互动。

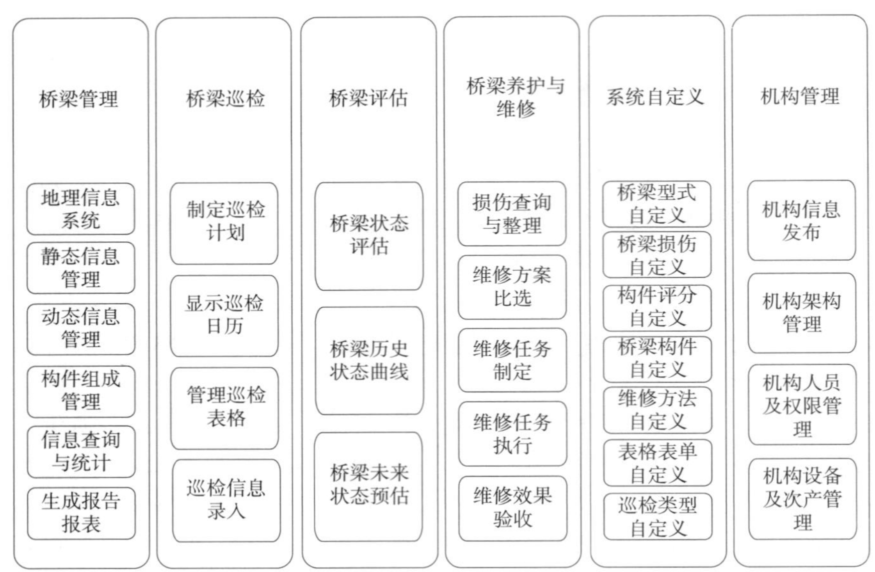

图 4-9-16 系统功能模块划分图

2)信息管理功能

信息管理主要包括静态信息管理和动态信息管理两大功能。静态信息是指桥梁的设计资料、建设资料、桥梁名称、桥梁建设年代等恒定不变的信息。动态信息则是指桥梁全寿命期各类(次)检查、检测、维修、病害等不断变化的信息。

巡检养护子系统中信息的格式不仅包括常规的文本、照片等,还可以以附件的形式上传并储存视频、文档、电子图纸等各种格式的文件。

当前国内已有的巡检管理子系统中信息条目不全,在椒江二桥巡检养护子系统中,为用户设计架构了自设置信息条目的功能。

3)构件组成管理功能

椒江二桥各结构构件组成复杂,跨越距离长。对于构件组成的管理是巡检养护子系统的重要功能。就构件组成管理提供了对构件参数的填写、构件资料(如构件说明、构件照片、影音录像、视频、电子图纸等)的上传与管理功能。使得用户根据权限可以通过该模块清晰的对桥梁的每一个构件的所有历史资料进行分级授权调阅。

构件组成管理还为不同的构件定义了不同的权重,是桥梁等级的评价的基础。

4)信息查询与统计功能

对于椒江二桥这样的特大型桥梁来说,基于100年桥梁的档案信息数据量将会十分庞大。为此,本巡检养护子系统设置了信息查询与统计功能来方不同历史时期管理方或用户对椒江二桥全寿命期电子化记录的信息进行管理和统计以及调用。

5)生成报告功能

按照现有交通运输部以及各高速公路大桥管理局的要求,桥梁巡检和养护工作要面临大量的定期报告和报表制定和输出。比如历次桥梁巡检报告、历次桥梁评估报告、历史桥梁信息统计表等。

2. 桥梁巡检模块

本模块是椒江二桥合同约定的必备模块,桥梁巡检任务的制定、下发和管理是电子化巡检养护系统的重要内容,主要在巡检计划的制定、巡检任务的显示、巡检表格的管理、损伤的录入等方面为用户目标性、系统性、专业性提供支持。

1）巡检计划的制定

主要包括以下3个步骤。各个步骤由具有不同权限的用户操作。

（1）制定并提交计划

系统按规范、经验或大桥管养建设方用户要求，制定巡检计划。计划中，包含各种巡检任务，每个任务中，用户可以定义对哪些桥梁或构件进行何种类型的检查。系统还可以帮助用户定制循环任务，例如每日、每周或每月需进行的巡检任务。在制定计划的同时，桥梁各构件的电子巡检图纸会自动程序化与涉及到的桥梁构件相关联，供用户在巡检现场使用。

（2）审查计划

巡检计划制定并提交后，需要经过具有相应权限的用户领导、养护计划的审查确认及批复。子系统会向用户展示整个计划的摘要、各任务的时间间隔、人员要求、设备要求等。经审查无误后，用户可对计划进行批准后由特定的养护机构或部门执行。

（3）安排计划

在计划被安排前，系统会向用户展示整个计划的甘特图，以方便用户做最后的校核。计划一旦被安排确认和批准，所有的巡检任务就会自动程序化出现在巡检日历中，指示巡检人员按要求带设备进行执行。

2）显示巡检日历

巡检日历贯彻“主动预防式”养护理念，巡检日历列出了整个工程单位计划每年、每季、每月、每周、每天的工作任务，具有相应权限的用户登陆后可以看见该日历。针对某个巡检人员的巡检日历则只列出了登陆者本人的工作任务。

3）管理巡检表格

当代电子化的巡检模式，即用户持掌上电脑在现场根据设定的巡检表单进行程序化巡检，巡检人员只要在巡检表单中客观真实记录或摄录现场巡检信息后到掌上电脑，然后上传到巡检养护子系统台式机中，即完成了巡检任务；后由系统和专业人员对电子记录下的现场结构缺陷进行分析。专业化分工、电子化、信息化记录代表了桥梁巡检技术最新的国际发展方向。

在过渡时期内椒江二桥巡检养护子系统支持两种巡检方式。系统按照每个巡检任务的类型及所包含的桥梁、构件等，自动为用户准备合适的巡检表格，并提供纸质巡检表格的打印。巡检表格的格式支持用户自定义表格格式。

4）巡检信息录入

用户有两种录入方式。用户可以将信息填写在纸质表格上，然后在输入到巡检系统中。用户还可以在现场采用欧美日等桥梁强国目前通用的做法将现场信息直接输入平板电脑中，然后直接上传到巡检养护子系统处理服务器中。

3. 桥梁评估模块

本模块为未来建议扩充的模块。

桥梁安全等级评估模块主要是根据欧、美、日国家目前巡检分级通用的做法，按照我国交通运输部现行的《公路桥涵养护规范》（JTG H11—2004）的评估方法，根据电子化上传的巡检填写的结构损伤信息，基于各构件的相对权重，完成对桥梁的评价工作。主要包括桥梁状态评估、桥梁历史状态曲线绘制、桥梁未来状态预估等功能。

4. 桥梁养护与维修模块

本模块为未来建议扩充的模块。

桥梁养护与维修模块主要目标是辅助未来椒江二桥管养人员针对桥梁结构的损伤，合理的制定养护与维修方案。主要包括损伤的查询与整理、维修方案的比选、维修任务的制定、维修任务的执行、维修效果的验收等功能。

四、结构安全预警评估子系统

(一)子系统架构

结构预警安全评估子系统是椒江二桥运营期健康监测系统的目标核心。自动化传感测试子系统所采集的监测数据和电子化人工巡检所获取的巡检结果都是为预警与评估子系统服务的,依据上述两者信息进行结构的实时预警以及安全性评估、适用性评估、耐久性评估和综合评估。

本子系统包括预警模块、评估模块。其中预警模块又分为在线预警、离线预警两类,离线预警又包含结构状态预警和趋势预警。预警模块主要利用结构监测数据进行分析,实现其功能。评估模块主要由内力状态识别模块、结构模态识别、结构状态趋势比对分析模块与风致振动分析模块构成,最后根据分析结果对结构的安全性、适用性、耐久性给出定期的评价,生成各类评估报告(月报、季报、年报或临时事件评估报告等),对大桥的结构运营状态进行定性或定量的评价,并明确给出桥梁的运营状况或维修建议,为桥梁维护、维修与管理决策提供指导和依据。参见图4-9-17。

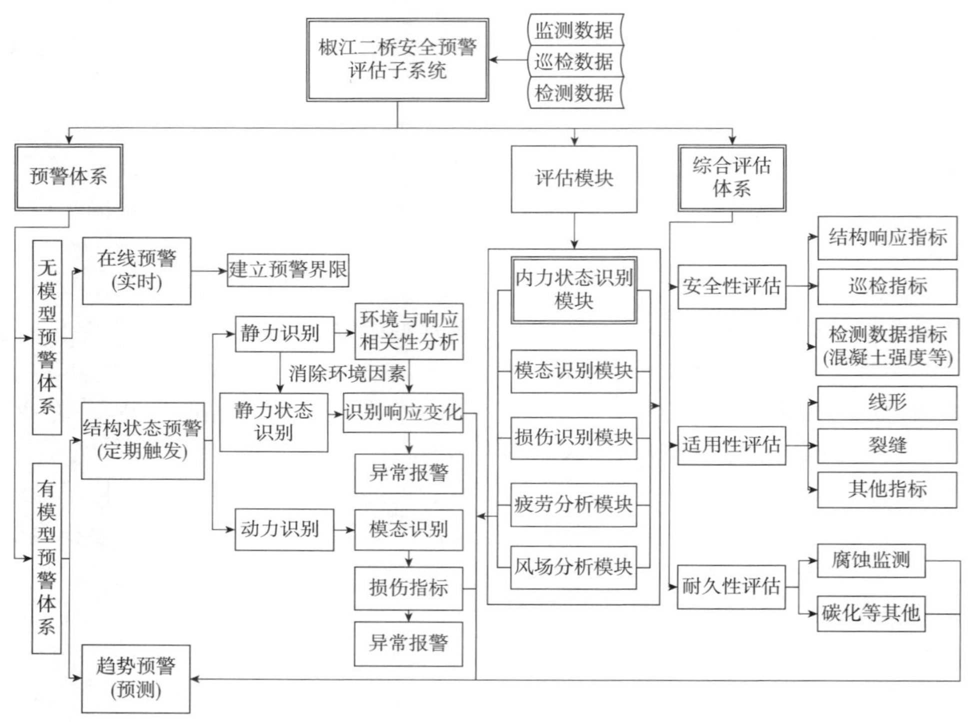

图4-9-17 椒江二桥预警与评估子系统架构

(二)系统开发原则

椒江二桥结构预警安全评估子系统的开发遵循以下原则:

(1)在桥梁设计基准期内分阶段进行预警和评估,服务于大桥各阶段的管理和养护;

(2)与整个监测系统各子系统无缝衔接,数据调用快捷,软件界面清晰。

(三)预警体系

预警体系主要作用是在结构实时监测过程中对发生的可能威胁到桥梁结构运营安全的可变荷载(如风载、地震、超重车等)以及结构对其的响应指标(索力、主梁变形等)进行预警,提供桥梁在特殊气候、交通条件下或桥梁营运状况异常时所触发的预警信号,提醒桥梁管理养护人员关注结构的运营与安全状况,并根据需要临时启动识别和评估机制以确定结构是否处于安全状态。

1. 在线预警

在线预警属于无模型预警体系,对系统预设的结构主要监测点的力学指标和环境参数进行预警,主要基于监测数据统计及数据分析。

预警界限的设定原则和依据:

(1)预警系统对实时监测的关键性结构响应指标参数(变形/索力/应力等)及台风进行预警;

(2)设定红、黄两级预警,对不同的预警标准启动相对的应急预案;

(3)基于桥梁设计规范、材料允许值、设计最不利值、行车安全性等建立预警界限值。

主桥拟设置的预警项有:

桥面风速;超载车辆;主梁竖向位移;梁端纵向位移;塔顶偏位;斜拉索索力;组合梁断面应力;引桥拟设置主梁挠度为预警项。

2. 离线预警

1)结构状态预警

结构状态预警属于有模型预警体系,是预警体系中的关键环节,它通过对监测数据进行深度分析获得结构状态的变化。结构状态预警包含静力状态识别预警和动力状态识别预警,两者均可通过定期分析或特殊事件触发(如超载、船撞、地震等),启动在线内力状态识别模块和结构模态识别模块进行分析预警。

静力状态识别预警通过结构静力响应指标对比的方法予以实现。静力响应指标对比首先需进行结构静力响应与环境参数的相关性分析,建立桥梁竣工至通车运营期间无车恒载状态下(或运营期头1~2年)结构响应与环境变量(主要是风和温度)的相关函数。然后利用该函数关系,对未知状态的数据进行分析,滤除环境因素的影响获得结构准恒载状态,将分析得到的当前结构状态与成桥恒载基准状态的相应静力响应指标进行对比,即可达到对结构异常状态的预警。

椒江二桥静力状态识别预警流程见图4-9-18。

动力状态识别预警是借助动力性能指标对比来实现。监测系统加速度传感器所获得的时程数据进行模态计算分析,从而得出结构模态参数(频率、振型、阻尼比),然后将当前状态的动力性能指标(频率、基于振型的曲率模态、模态柔度等)与成桥时的动力性能指标进行对比,判断结构动力特性是否发生异常。

椒江二桥大桥动力状态识别预警流程见图4-9-19。

2)趋势预警

趋势预警主要考虑结构的累积性损伤随时间的发展,并进行分析及预测。预测的内容包括静力指标(主要是结构内力和线形)、动力状态指标如频率等。预测的方法采用回归分析及时间序列分析。每次所获得结构准恒载状态数据后,也需进行趋势分析,获得准恒载状态随时间的变化趋势,从而掌握结构整体状态的变化趋势或规律。趋势预警是个长期过程,需要样本的不断积累,因此每次的动、静力状态识别预警的分析结果均需进行存档。参见图4-9-20。

(四)评估模块

设计涵盖的评估模块有斜拉桥内力状态识别模块、结构模态识别、疲劳分析模块,从而实现利用监测系统实测数据对结构安全性、适用性、耐久性3个方面的评估。

1. 内力状态模块

1)模块功能

内力状态识别模块在大桥建成初期固化结构设计参数和施工监控计算参数,建立精细化的有限元模型,通过准恒载状态下所采集的风速、温度等环境参数,实时计算求解当前状态的结构内力和线形。

2)技术路线

椒江二桥主桥为斜拉桥,斜拉桥内力状态识别模块基于大型通用有限元软件ANSYS进行APDL二次开发获得，由施工全过程建模与求解程序、成桥状态及典型荷载分析程序和内力状态识别程序三大部分组成。在成桥状态的基础上，将主梁及索塔的空间位置状态（主梁挠度与索塔偏位）、部分斜拉索索力、环境参数（风、温度）等监测数据作为已知数据进行内力状态识别，最后获得识别结果，包括索、梁、塔的内力、位移等全部响应。

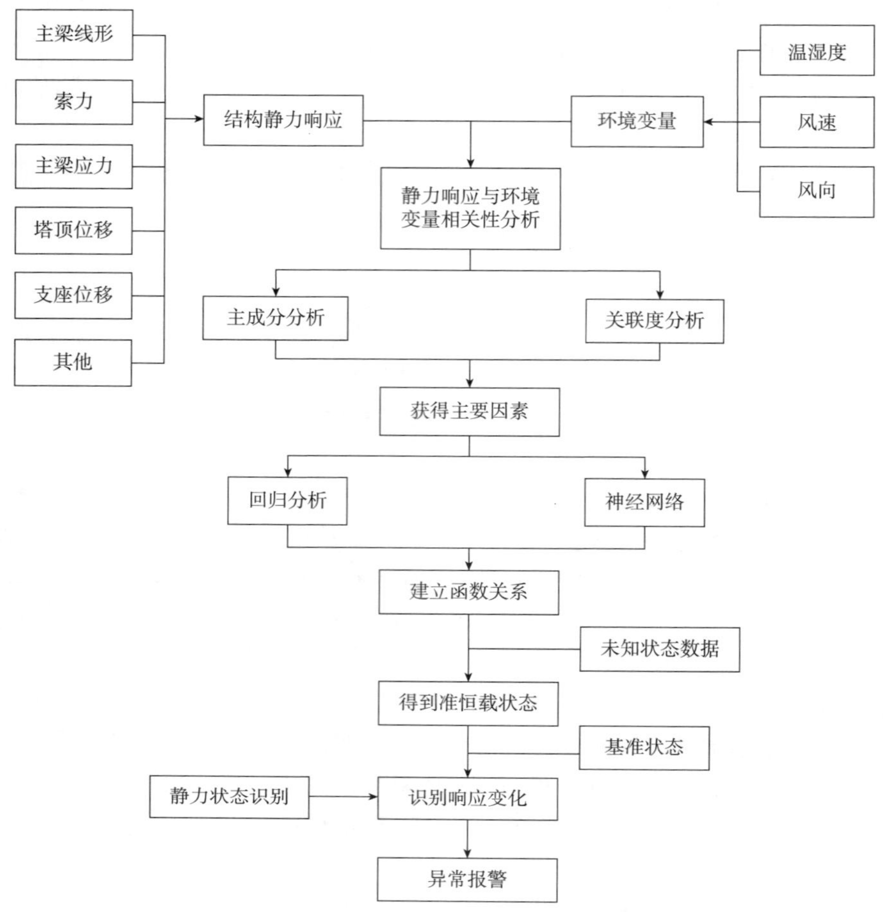

图 4-9-18　椒江二桥静力状态识别预警流程

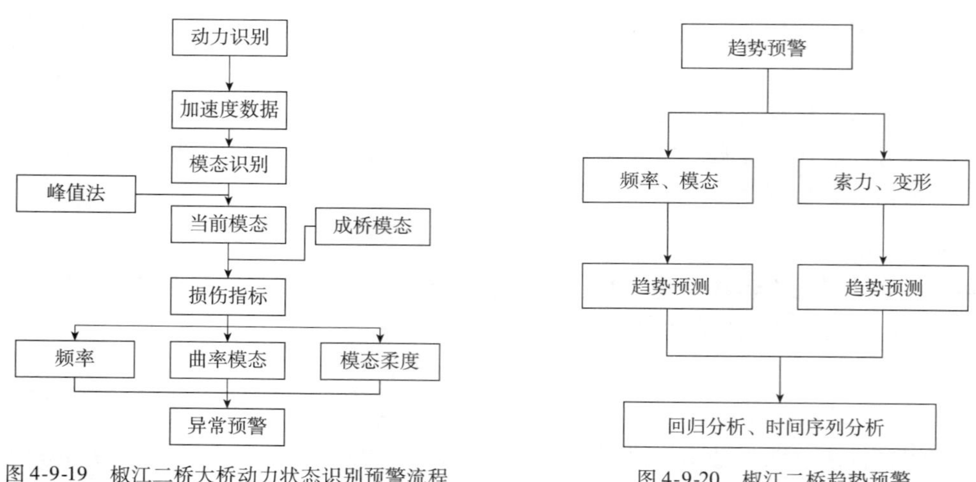

图 4-9-19　椒江二桥大桥动力状态识别预警流程

图 4-9-20　椒江二桥趋势预警

2. 模态识别模块

结构的模态参数包括自振频率、振型和阻尼比，对桥梁抗震抗风设计、健康监测和损伤诊断至关重要,当桥梁处于地震多发带和强风作用区尤其如此。模态参数的识别是损伤识别的基础。

1)椒江二桥大桥模态参数识别方法

传统的结构模态参数识别是由已知系统的输出与输入来求得频域内的频率响应函数或时域内的脉冲响应函数,从而实现对系统模态参数识别。主要利用环境激励,桥梁结构的振动响应(输出)由安装在桥上各部位的振动传感器测得。

椒江二桥结构模态参数识别采用峰值法(PP)和随机子空间方法(SSI)相结合。首先通过峰值法进行模态参数的初步判定和识别,然后采用随机子空间方法进行校验和精确分析,并与成桥荷载试验相比较,这样能够确保模态参数识别的可靠、精确。

(1)固有模态及相应频率的识别

对于大型桥梁结构,其固有模态一般比较复杂。即使是我们所关心的前若干阶低阶模态,都可能包含横向弯曲、竖向弯曲、扭转或者弯扭耦合等多种型式。因此,对这种结构进行振动测量时在同一断面上通常要布置横、竖 2 个方向的传感器。通过考察不同测点不同方向之间振动信号的相干函数及相位关系可以识别出结构的固有模态及其相应频率。

(2)振型的识别

对于各个模态频率分得比较开,阻尼比较小的多自由度结构(一般桥梁均属此类),在随机激励下,当 $\omega \approx \omega_i$ 时(即结构的某阶自振频率处),响应信号的互谱与自谱峰值之比近似为振幅之比。

(3)阻尼估计

从环境振动试验中估计阻尼比,一般都采用半功率带宽法。通常,只能对所有测点记录的振动信号进行阻尼分析,以获得一组阻尼比数据序列,由此确定模态的阻尼比估计范围及估计值(平均值)。椒江二桥模态识别流程参见图 4-9-21。

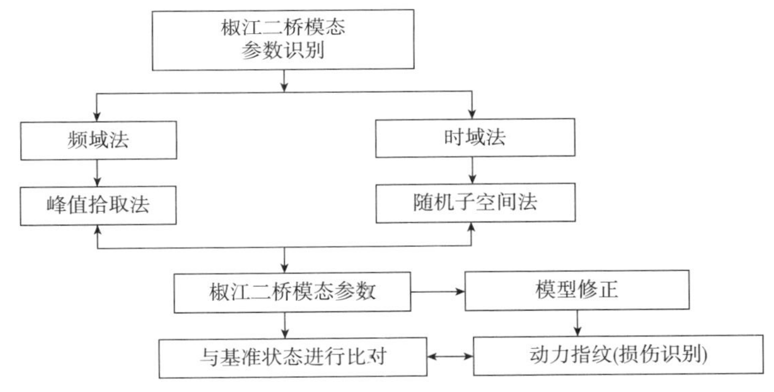

图 4-9-21 椒江二桥模态识别流程

2)工程应用实例

舟山连岛工程金塘大桥(双塔钢箱梁斜拉桥)模态参数识别模块功能:

对采集到的振动原始数据文件进行提取、合并等二次处理,生成可用于计算分析的数据文件;查看结构的振动分析模型;查看导入的各个振动传感器数据,并可以进行降采样、加窗函数、滤波等信号处理,查看数据的时间历程曲线、自功率谱、FFT 幅值谱,识别出桥梁的振动频率;将识别出的当前桥梁频率与成桥时的频率对比,查看指定时间段内桥梁频率的变化趋势,从而判断桥梁整体刚度是否发生变化或损伤。

3. 损伤识别模块

基于动力指纹的结构损伤识别,同样属于由结构响应获得结构损伤状况的反问题,基本前提是可靠的理论基础和合理的方案设计。技术路线如下:正演与反演相结合;局部细观尺度模拟与结构全尺度模拟相结合;损伤过程仿真模拟与现场无损检测信息的利用相结合。

主要方法为动力指纹识别与模型修正相结合,具体步骤如下:

1）损伤识别方案

选用两种动力指纹结合模型修正技术，对结构进行损伤识别。

（1）利用结构现场实测的振动信息对桥梁有限元模型进行参数修正，通过迭代过程，采用基于特征灵敏度的优化设计方法，使得分析模态和试验模态之间的误差在给定的收敛边界内达到最小，对大桥进行模型修正，为大桥的结构损伤识别提供可靠的依据；

（2）进行不同动力指纹的计算分析，得出对各不同大桥刚度变化敏感的动力指纹（如基于柔度矩阵的损伤指标、曲率模态损伤指标、基于模态应变能的损伤指标等）；

（3）由于大桥上动力测点数量有限，因此，根据测点的分布，进行不完备模态指标的分析，选取两种适用的动力指纹，互相补充，对结构进行损伤识别；

（4）利用动力指纹，并通过模态扩展 Guyan 法等实现对结构的损伤识别。

损伤识别流程见图 4-9-22。

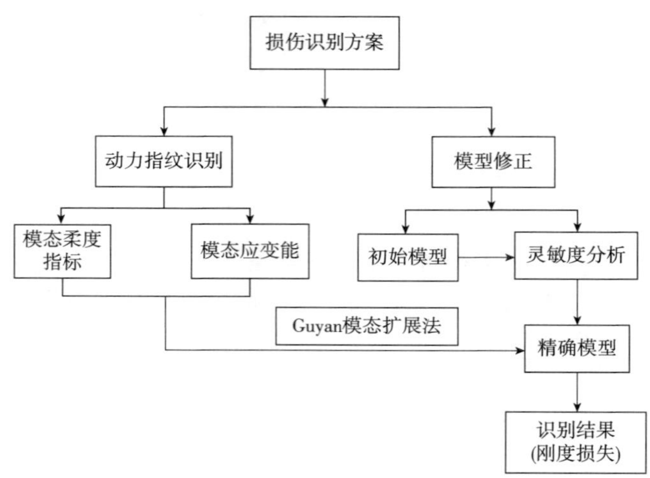

图 4-9-22　损伤识别流程图

2）动力指纹直接识别

利用结构损伤前后的自振特性建立指纹，本系统中采用三种动力指纹进行识别，即曲率模态指标、模态柔度指标和应变能指标。

（1）损伤指标的标准化

$$\text{标准损伤指标 } Z_i = \frac{Index(i) - M(Index)}{\sigma(Index)}$$

式中：$Index$ 为损伤指标；$M(Index)$ 和 $\sigma(Index)$ 分别为损伤指标的平均值和标准差；Z_i 为相应指标的 Z 值，用 Neyman-Pearson 准则来判断：当 $Z_f \geqslant 3$ 时，判定为损伤位置；$Z_f < 3$ 时，不是损伤位置。该准则认为，损伤指标 $Index$ 是符合正态分布的随机变量。

利用损伤前后前 3 ~4 阶模态的分量，计算出相应的 Z 值，可以画出 Z 值与分段编号的关系图，根据 Neyman-Pearson 准则可以判定损伤位置（分段编号）。根据前三阶模态计算的 Z 值，如有两阶模态 Z 值指示的损伤位置相同，则不再计算第四阶模态 Z 值，否则还应计算第四阶模态 Z 值。对在前三阶或四阶模态中有两阶（或以上）模态的 Z 值指示出相同的损伤位置，则可认定该位置为损伤位置。

（2）动力指纹指标综合分析

采用模态曲率灵敏度系数仅需前几阶低级模态即可实现复杂结构的损伤识别；曲率和柔度指标在损伤定位上显现一定的互补性。损伤发生在桥面支撑体系时，柔度指标明显好于曲率指标。而损伤发生于主跨结构时，曲率指标好于柔度指标。这意味着对不同类型的损伤情况宜选用不同的损伤指标，最后进行综合判断。

3）模型修正

模型修正方法是利用结构的振动测试数据（模态参数、频率响应函数）与原先的模型计算结果进行对比，不断地修正模型中的刚度分布，从而得到结构刚度变化的信息，实现结构的损伤判别与定位。

由于大跨多塔斜拉桥桥梁的非线性特征，往往在若干结构参数的选取上存在着较大的不确定性，使得其动力模型的建立较为复杂。利用优化设计原理，采用基于灵敏度分析的迭代方法，对原始有限元模型进行修正，使得原始模型大大逼近于实际结构。该方法收敛速度快，可为桥梁结构健康监测研究提供了较可靠的有限元模型。

4. 风场分析模块

1)模块功能

对于大跨度缆索承重桥梁结构而言，其柔性大，阻尼小，风致振动现象较为明显。为了获得大跨度桥梁实桥风场特性和风效应特性以及克服风洞试验存在的尺寸效应的局限性，有必要对大跨度桥梁风场和风效应进行现场监测和研究分析。

风对结构的作用十分复杂，受风的自然特性、结构动力性能以及风与结构相互作用三方面的制约。当平均风速带着脉动风速绕过非流线型截面的大跨度结构物时，会产生漩涡和流动的分离，形成复杂的作用力。这种作用力将引起大跨度结构物的振动（风致振动），而振动起来的大跨度结构物又反过来影响流场，改变空气作用力，形成风与结构相互作用机制。

通过分析自由风场的平均风速和平均风向角、湍流强度、脉动风功率谱密度函数以及湍流积分尺度，获得桥梁实际风场的数据信息，从而掌握风场特性，为后续的结构风致振动分析提供有效基础数据。

本风场分析模块可实现如下功能：

获取 10min 平均风速；获得平均风向角和平均风攻角；获得湍流强度及湍流积分尺度；获得三个方向风速的实测功率谱和拟合 Von-Karman 谱；获得三个方向脉动风的相干函数。

2)模块原理

分别计算：①风速和风向；②脉动风速；③湍流强度；④湍流积分尺度；⑤Von-Karman 谱；⑥相干函数。

（五）综合评估体系

椒江二桥综合评估体系内容包括未来定期的安全性评估、适用性评估、耐久性评估。

安全性评估：主要针对桥梁各主要构件的承载能力、构件应力、构件刚度、结构性损伤等进行评估。

耐久性评估：主要针对桥梁各主要构件的耐久性损伤（如：混凝土裂缝及腐蚀、混凝土保护层损伤及碳化深度、氯离子含量、钢构件的锈蚀、构件的疲劳损伤等）进行评估。

适用性评估：即功能性评估，主要针对桥梁的功能性损伤（如：主梁线形、桥面铺装层以及附属设施损坏等）进行评估。

此外，在进行安全性、适用性及耐久性评估时均需要利用人工巡检评估结果。综合三大部分内容生成各类评估报告（月报、年报、临时事件评估报告等），对大桥的结构运营状态进行定性或定量的评价，并明确给出桥梁的运营状况或维修建议。参见图 4-9-23。

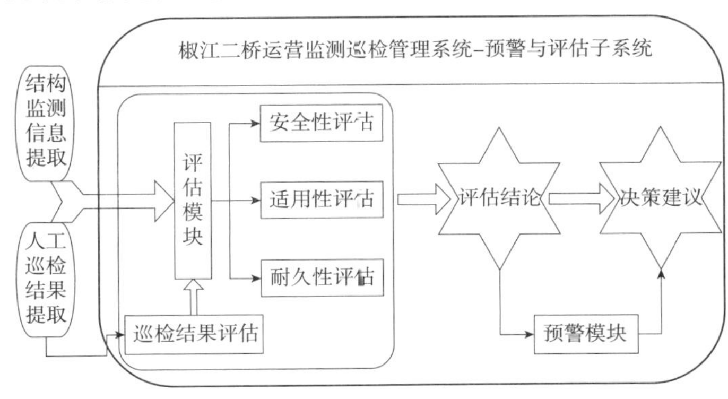

图 4-9-23　椒江二桥主桥综合评估体系

1. 安全性评估

内力状态识别包括：(1)结构动力损伤识别结果；(2)人工巡检信息数据反馈。安全性评估的重点放在结构承载能力安全指标及承载能力安全储备两个方面。两方面信息均可为结构运营养护决策提供重要依据。承载能力安全指标超限或结构安全储备不足时可以采用限载等措施保证结构安全。

结构承载能力评估的思路为：首先根据监测和人工巡检所发现的结构异常，分析成因，检查构件损伤状况；其次依据结构损伤敏感性分析，确定结构损伤位置（损伤定位）和损伤程度（损伤定量）的反问题最优解；最后根据所获得的结构损伤信息，修正结构有限元模型，进行加载求得结构实际承载能力。由于目前损伤结构承载力的评估技术还不足以满足和实现上述的评估功能和要求，故只能将损伤结构承载力评估纳入到离线评估之中，借助专业人员的技术和经验进行该方面的部分工作。

在线的承载力评估有以下两点内容：(1)可以在结构恒载内力状态的基础上，考虑当前的活载情况依据当前结构的损伤和功能退化信息，通过名义应力与极限应力（或规范允许应力）所得到的安全系数进行结构安全性评估。(2)通过监测系统直接采集获取的构件应变测点的应力水平来反映结构构件的强度和疲劳性能，评价其安全性。参见图 4-9-24。

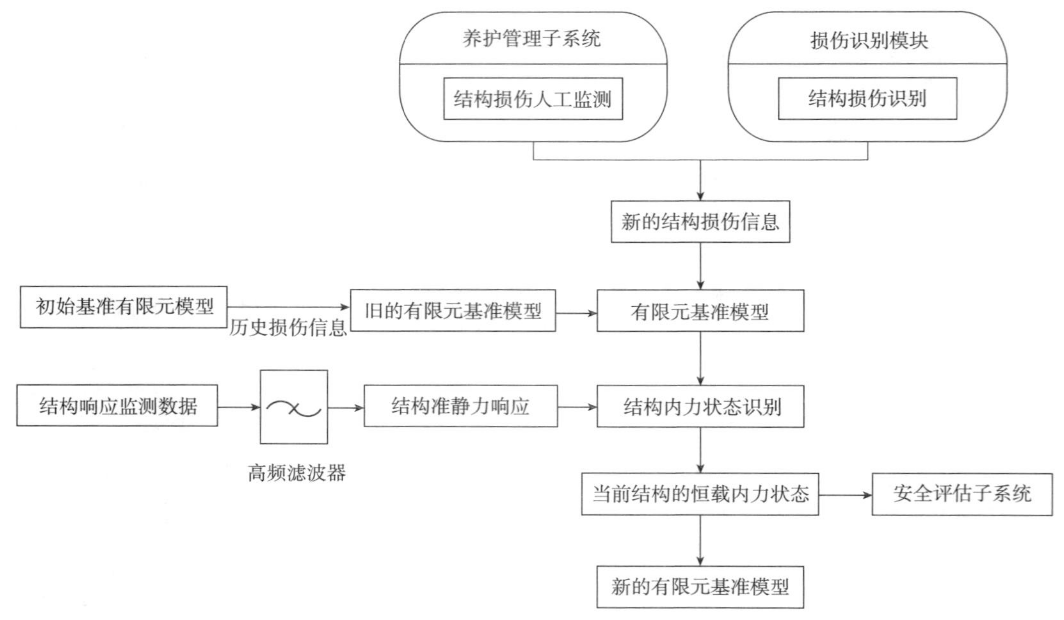

图 4-9-24　椒江二桥安全性评估

2. 适用性评估

适用性评估根据主梁挠度、自振频率、风荷载下结构响应等信息完成。适用性评估主要对桥梁结构是否能够充分满足正常运营进行评估。适用性评估信息来源是巡检系统和监测系统所获得的主梁挠度、桥面平整度、自振频率、重要构件的裂缝宽度等信息。其主要功能是为结构安全使用状态的综合评估提供参考。当主梁挠度、自振频率、重要构件的裂缝宽度等超限时，通过对交通量进行调整、对刚度进行检查等手段改善其适用性，并参照其他模块对结构的安全使用状态进行综合评估。监测系统的适用性评估主要包括：(1)活载的挠跨比；(2)人车对结构振动的敏感度指标；(3)基于人工巡检数据所反映出的路面平整度、裂缝宽度等。适用性评估需要结合桥梁相关设计规范和养护规范。

3. 耐久性评估

耐久性评估主要针对工程材料而言，分为混凝土耐久性评估和钢结构耐久性评估两部分。耐久性的评估主要通过人工巡检系统得到。人工巡检所获得的钢构件防腐涂装及索 PE 保护层完好程度、钢结构锈蚀程度、混凝土开裂与碳化等信息是耐久性评估的重要组成部分。此外，人工巡检所获得的钢构件防腐涂装及索PE保护层完好程度、钢结构锈蚀程度、混凝土开裂与碳化等信息也是耐久性评估的重要组成部分。

4. 巡检结果评估

结构的巡检状态信息按构件类型进行分类（如斜拉桥按塔、梁、索、支座、伸缩缝、附属设施进行分类）、按子构件位置进行编号。

根据构件的损伤严重度指标和损伤衍变指标，将构件的当前安全使用状态分为5个等级（安全状态；加强监测状态；调整限载状态；交通管制状态；封桥状态）。汇总和统计提取后，形成评估初步结论和养护维修建议。

巡检评估两个主要指标：

（1）代表性指标：一类构件中的最大得分反映出是否存在某种程度的损伤。

（2）普遍性指标：最大得分的子构件数据占子构件总数的比例，反映出某种程度的损伤的发生是否存在普遍性。

5. 评估报告

评估报告分为月报、年报和临时事件报告3种形式。

五、用户界面子系统

近5年来，我国桥梁结构监测巡检管理系统软件取得了快速发展，产业规模逐渐扩大，本设计立足于监测巡检行业软件开发的已有积累，紧追行业发展需求，兼顾当前软件开发主流技术，为椒江二桥进行专项研究设计。

完成软件的相关需求分析、总体设计、功能设计、数据库设计。

（一）功能需求

1. 监控系统主界面

展示本系统涵盖范围内的地形、地貌、结构物以及系统设备、附属物等信息，并可以实现查询、统计、分析、定位等功能。

2. 静态资料管理

主要包括结构的设计资料、施工资料、竣工资料、成桥荷载试验资料以及本系统的设计实施资料和与系统和结构有关的其他资料，通过友好的用户界面向用户展示各种信息，并提供数据查询功能。

3. 实时数据与预警展示

主要包括实时数据的展示、与模型的关联、系统设备工作工况的查看以及监测系统提供的专业专题，比如温度场、变形等专题，方便用户查看，同时提供与模型的接口，可以直接提取到实时数据。

4. 历史数据管理与报告

（二）子系统总体设计

1. 设计原则

立足于桥梁监测巡检管理养护信息化、电子化。通过集中体系内的动态信息，监控桥梁的各个状态，对桥梁进行监控管理养护；基于海量数据，借助大型商业数据库，基于商业智能工具和决策分析模型，进行数据分析和报表管理。

2. 总体框架

1）数据流程与总体架构（图4-9-25）

椒江二桥监测系统用户界面通过的空间模型。目标完成基于WEB GIS的结构监测巡检管理系统。离散化的构件可以与静态资料数据、实时监测数据、巡检管理数据进行关联和查看。

控制包括对数据采集与传输系统的参数控制、数据分析处理控制、显示分析结果控制和数据库备份与归档的控制。系统数据采集和传输的控制通过网络发送定制的通讯协议进行控制，数据分析和处理控制通过定制定时的处理方案和手动处理方案进行控制，系统数据库备份与归档通过界面定制各种备份参数，根据各种数据的特性和量进行数据的存储，数据存储基于数据的存储方式，备份执行进行数据压缩，归档整理最后存储入磁带机中。

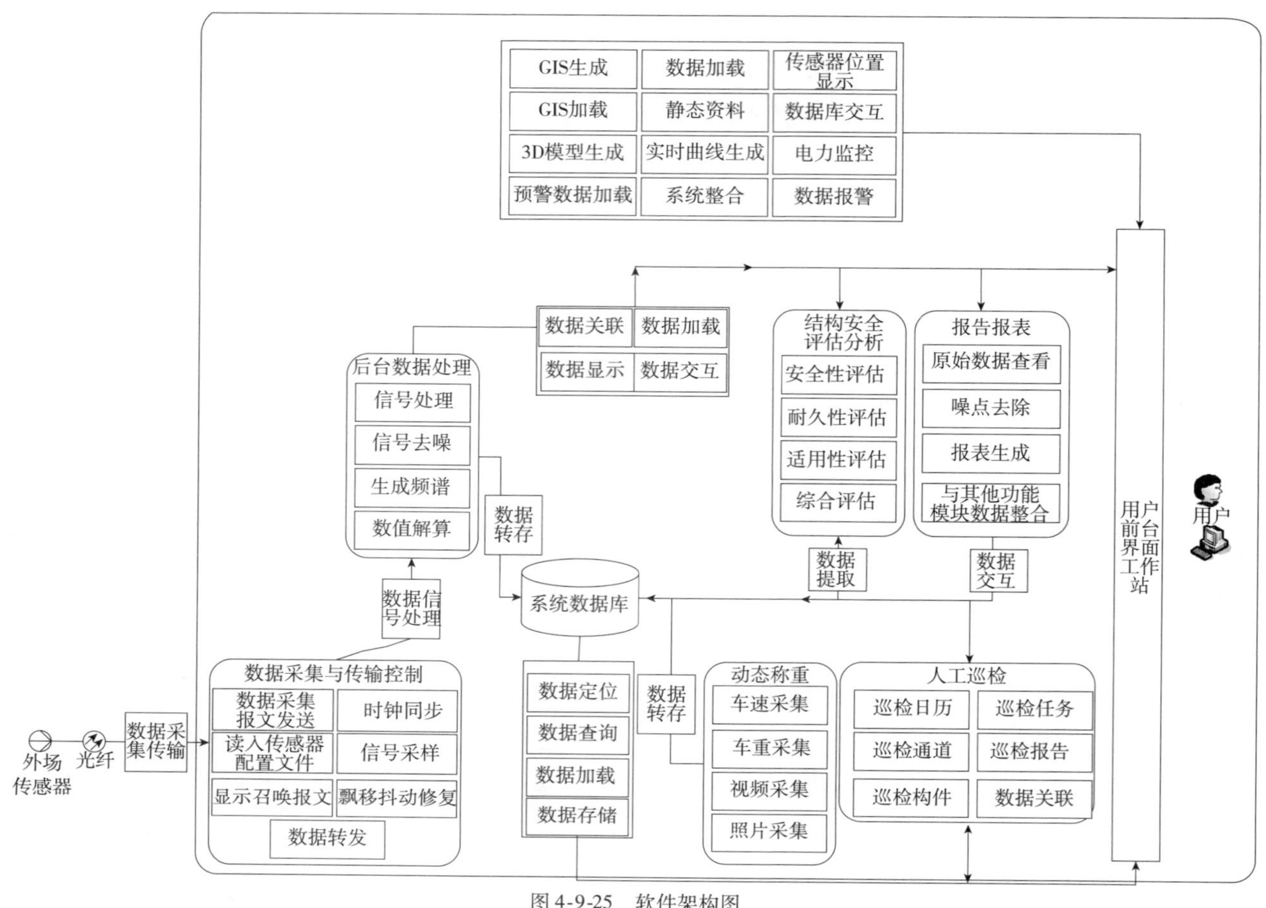

图 4-9-25　软件架构图

2）框架设计

本子系统框架由系统框架层、基础服务平台层、应用管理层构成。

系统框架层包括基础网络平台，操作系统和数据库管理平台。通过核心交换机、路由器和防火墙等硬件设施构建起安全高效、资源共享的基础网络平台，同时，利用高性能的操作系统和数据库系统实现数据的集中管理与维护，并对数据进行深入挖掘与分析。

基础服务平台层建立在系统框架层之上。为应用管理层提供技术支持和封装。它包括技术框架层、应用框架层和开发管理工具集。包括监控界面展示、实时数据与预警等功能。

应用管理层包括数据报告与报表、评估分析、静态资料管理等。

3）安全体系

通过对桥梁结构监测巡检管理系统现状和需求充分调研的基础上，本软件系统考虑以下安全问题：

保证硬件设备的安全；保证服务器操作系统安全；避免用户的非授权访问；保证数据库系统的安全；保证系统数据访问与传输安全。

4）数据集成

利用数据集成平台，可以将其他系统的数据集成到本管理系统中，也可以向外系统提供数据。利用数据集成平台可灵活配置外部系统等信息，可根据不同外部系统的数据格式定义转换规则。支持多种数据格式系统支持输入输出格式包括 TXT、EXCEL、WORD 等格式文件。

（三）应用软件设计

1. 基础服务平台技术架构

采用先进的多层应用体系结构，包括跨操作系统和数据库的系统平台、中间件和组件化服务的核心技术平台、预警平台数据库应用平台，以及架构在应用平台之上的管理专业应用组件。

2. 管理系统构成（图 4-9-26）

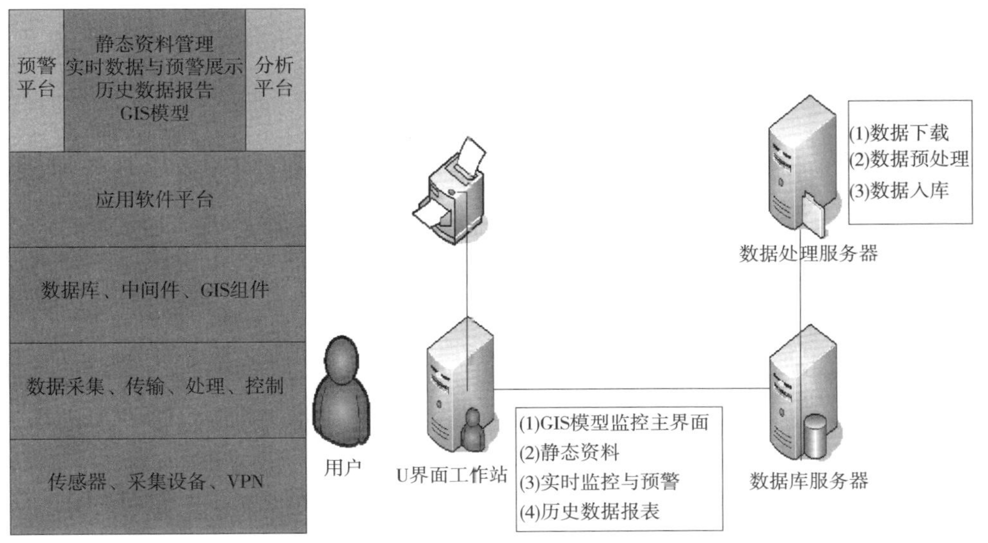

图 4-9-26 管理系统构成图

1）监控系统主界面

本模块用于系统而形象地展示区域内所涉及管理的桥梁、相应桥梁的各自信息（文字、图片）。参见图 4-9-27。

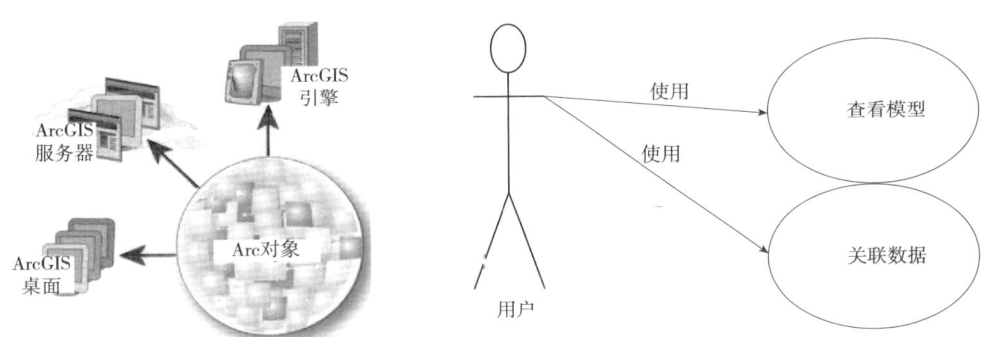

图 4-9-27 软件基础架构图

在该模块中，用户可以查看模型，并进行数据关联，模块切换。

2）静态资料管理

静态信息管理模块是用来表现桥梁以及本系统相应信息的。通过对使用本系统桥梁各种信息资料的关联来提取信息。可以关联的资料包括文件、图片、模型等，能够以丰富的形式详实的表达桥梁与本监测系统的相关的资料信息。

本模块以每个桥为单位、以树形结构形式来组织资料信息，针对各个桥包括：结构基本信息、运营监测管理信息、施工资料、竣工资料、成桥试验资料等相关信息。

结构基本信息：本部分用来存储施工设计文件以及专题报告等资料，用来存储桥梁结构的图纸、文件等基本信息。

运营监测管理:本部分用来存储自动传感器测试以及人工巡检信息,将本监测系统所使用的在各个位置的传感器的位置、安装方式、数量、编号、电器原理、走线等一系列相应信息作了记录和显示。

施工资料:用来存储施工变更以及施工监控等资料。

竣工资料:用来存储竣工图纸以及设计总结等资料。

成桥试验资料:用来存储静载试验结果及其分析、动载试验结果及其分析以及桥梁承载力评定等资料。

在该模块中,用户可以查静态资料,进行模型关联。

3)历史数据报告(风玫瑰图)

(1)历史数据报告需求描述

椒江二桥桥梁结构运营监测综合管理系统涉及数十项监测类型包括:倾斜、挠度、位移变形、塔振动、索振动、梁振动、温度场、大气温湿度、风荷载、雨量、索力、应力等,数据报表需要根据不同监测类型的特点进行分类,分别制作报表的模板。

大桥监测点有数百个,在很高的采样频率下每天都会产生大量的数据,如何从海量的数据中获取有效的、关键的数据形成数据报告是非常重要的,数据报告的制作是一项复杂而繁琐的工作,它的作用是提供给管理人员与数据分析人员查看历史数据的渠道,掌握监测点的变化趋势,从而更好的了解桥梁结构的运行状态。历史数据报告软件模块具有数据处理、统计分析、生成报表、报表编辑、报表数据导出、报表打印等功能。

系统主界面采用目前主流 WINDOWS 窗体风格,使用 MDI 多文档窗体的模式。界面元素包括:菜单栏、工具栏、窗体切换栏、状态栏等。

为方便用户统计不同时间范围内的数据报表,系统需要提供监测点的日报表、月报表、季度报表、年报表和用户自定义时间段的报表等多种报表模式。

(2)历史数据报告软件系统构成(图 4-9-28)

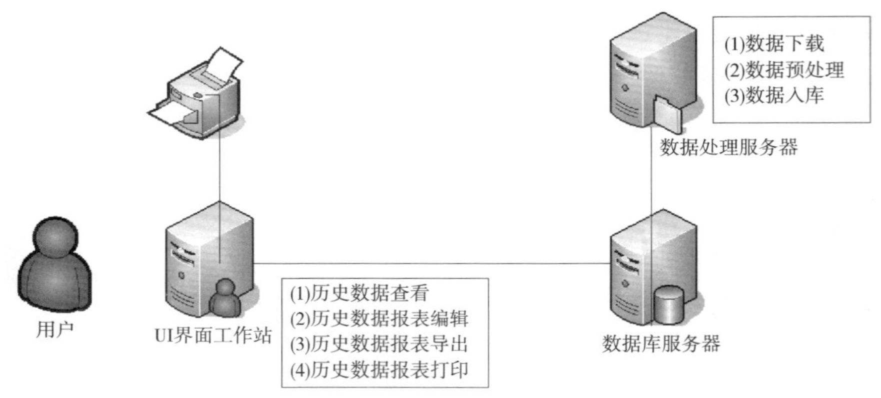

图 4-9-28　历史数据报表软件系统构成图

构成图说明:应用程序部分:数据处理服务器首先对下载回来的原始数据进行预处理,预处理程序将原始文件中的特征值提取出来,进行初步的过滤、修正、运算等操作将数据保存到报表数据库中,完成数据处理的过程。

用户部分:系统的管理人员可以通过历史数据报表界面对数据进行查询,用户还可以通过报表模块生成相关监测点的日报表、月报表、季度报表、年报表和用户自定义时间段的报表。用户也可以通过选择某一个结构监测单元来生成该监测单元所有监测点的日报表、月报表、季度报表、年报表和用户自定义时间段的报表。生成的报表可以直接打印,也可以由用户选择导出为 PDF 格式或者 EXCEL 格式的文件,方便用户保存与修改。

4)数据库原始数据查看

数据库原始数据查看模块提供给用户一个快速查看数据的工具,界面左侧有本桥的结构目录树,用户通过单击目录树上的节点便可以调出数据库中存储的数据，数据的组织形式为图形化显示和列表显示，图形化显示可以直观的显示出数据的变化趋势，列表显示展示出了数据的具体数值。同时，用户开可以查询出该监测点的布点位置图和该监测点的预警值信息及最大、最小值等统计信息。

(1)页面式样和功能描述(图4-9-29，表4-9-41)

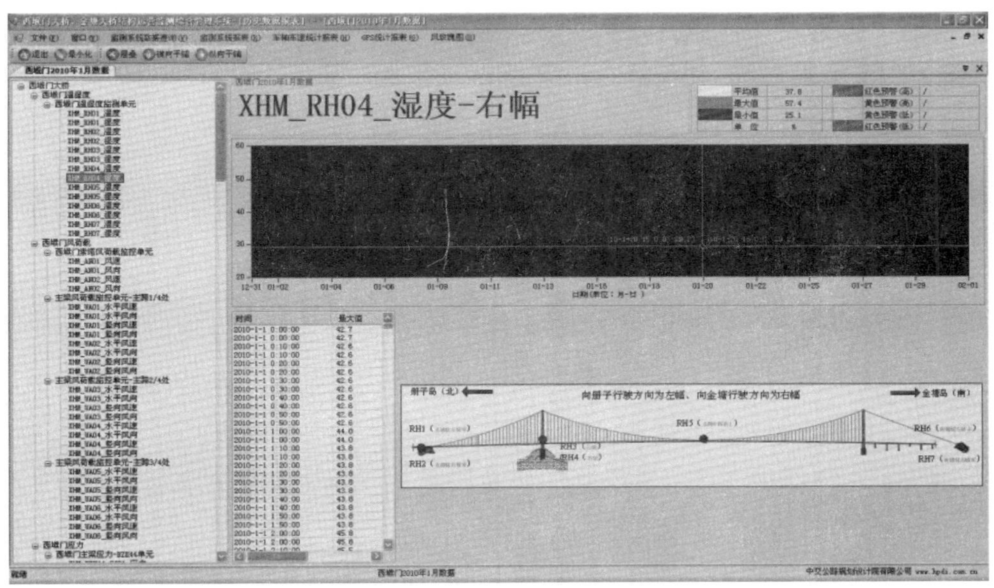

图4-9-29　原始数据查看界面示意

原始数据查看界面元素示意表　　表4-9-41

画面ID	REPORT_VIEW_DB		
画面名称	数据库原始数据查看		
画面标题	数据查询		
画面说明	用户查询数据库数据		
备注			
画面项目			
序号	项目名称	控件	说明
1	结构目录树	TreeView	桥梁结构目录树
2	列表显示	ListView	显示列表数据信息
3	图形显示	Plot	图形曲线显示
4	显示图片	PicBox	显示布点位置图

(2)功能描述(表4-9-42)

数据处理功能列表　　表4-9-42

功 能 点	功 能 描 述
用户选择时间段	用户可以按照日、月、季、年、自定义模式选择需要查看的数据
展示结构目录树	TreeView控件来展示监测项目的结构目录树
显示时程曲线	按照时间的先后顺序，展示数据的时程曲线及预警值曲线
列表显示数据	按照时间的先后顺序，在列表中显示数据详细信息
展示布点位置图	在界面中显示用户选择的监测点的布点位置图
展示预警、统计信息	在界面中展示预警值信息及统计值信息

5)数据报表编辑

数据报表编辑模块提供一个开放式的平台可以让用户编辑报表,用户可以选择按照日报表、月报表、季度报表、年报表、用户自定义时间段报表几种时间模式导入数据。

进入主界面后,用户可以选择2种报表模式:第一种是单点报表,第二种是单元报表;单点报表展示一个监测点的历史数据情况,单元报表展示的是一个单元多个监测点的数据对比情况。

(四)软件支撑设计

1. 软件安全设计

(1)物理层安全:①机房保障;②设备冗余和链路备份;③主机集群热备。

(2)网络层安全:①访问控制;②防火墙;③传输加密。

(3)系统层安全:①防病毒系统;②入侵检测系统;③安全审计和监控。

(4)数据权限安全。

(5)数据库安全方案:①用户标识和鉴定;②存取控制;③视图机制;④审计功能,以监视不合法行为。

(6)备份方案。

(7)安全管理制度。

安全制度包括以下内容:网络安全管理、软件安全管理、人员安全管理制度、操作安全管理制度、场地与设施安全管理制度、设备使用安全管理制度、运行日志安全管理、备份安全管理、应急管理制度、运行维护安全规定。

2. 客户端配置方案

(1)PC终端硬件主要配置:主板CPU,主频≥3.0G;硬盘≥500G;内存≥2GB RAM;千百兆自适应网卡。

(2)移动终端硬件主要配置:主板CPU,主频≥2.0G;硬盘≥250G;内存≥2GB RAM;千百兆自适应网卡。

3. 配套软件方案

主要包括:操作系统软件、数据库软件、应用服务器软件、备份软件、基础技术平台软件、防病毒软件。

(1)操作系统软件

采集服务器采用linux,后台处理服务器采用linux或者Windows 2003 Server企业版或更高版本。其他服务器采用Windows 2003 Server企业版或更高版本。

(2)数据库软件

椒江二桥基础数据库采用SQLSEVER,详见《数据库设计》。

(3)应用服务器软件

为主要Web服务开放标准提供集成支持。

(4)存储管理软件

设计采用在存储管理软件方面处于领先地位的备份管理软件,用于数据保护、应用高可用性和灾难恢复。采用业界成熟的备份管理软件解决方案,适用于各种应用、服务器、存储硬件和相关设备并实现互操作。

六、数据库子系统

为确保椒江二桥设计基准期结构安全监管数字化、信息化档案的完整性及可追溯性,要求本中心数据库子系统设计必须可靠、稳定、技术先进并可扩展。

对于椒江二桥结构安全监测系统而言,中心数据库主要基于桥梁全寿命期档案管理理念,分为设计施工期以及通车运营期两大阶段的资料数据的信息化管理,主要有设计施工期的大桥各类结构构件资料、机电、附属工程等设计资料、施工资料、成桥荷载试验资料、通车前的零状态结构表观损伤纪录资料的存储及管理;以及通车运营后的结构内(外)部环境监测数据、结构静(动)力指标监测数据、结构边界条件及荷载监测数据、结构分析、逆分析数据、日常巡检、养护、维修数据、事故、灾害处理数据、管养公司基础设施数据、资产数据、管理单位人员资料、各种养护评估状态预测标准、分析评估权重指数、各类关键指数、各类管理流程方法、病害库、维修措施库、维修成本库、病害成因库、决策方法库等数据的存储及管理。数据与其他模块数据交互见图 4-9-30。

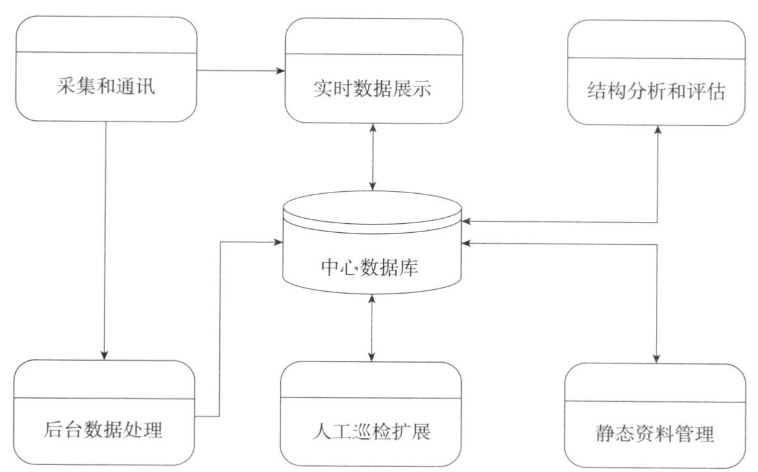

图 4-9-30　数据与其他模块数据交互图

中心数据库是系统数据交换、存储、查询、分析、评估、处理的核心。包括实时监测数据数据库、动态称重数据数据库、报告报表数据数据库、巡检养护数据数据库、结构分析数据库、静态信息数据数据库。数据库总体框架如图 4-9-31 所示。

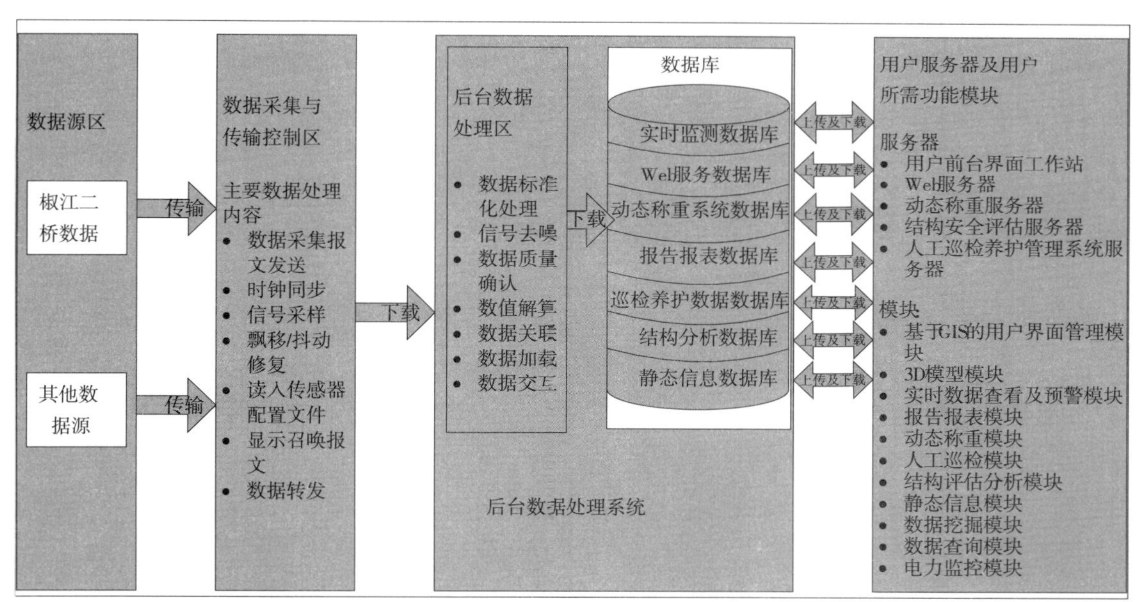

图 4-9-31　数据库总体框架图

第三节　系统研发、安装、调试要点

一、自动化传感测试传输控制子系统

监测系统项目集科研与工程实施于一体，在实施时既要考虑科研工作的探索创新、也要考虑工程施工的稳定耐用和以往许多类似项目有成功和失败的经验教训。系统研究设计务必要关注实验室装配测试以及现场集成调试的质量，所有软硬件在实验室安装集成调试，严格进行检定测试后才能现场安装。研究设计、现场集成测试、机柜安装调试实验均需按规定流程进行。

（一）传感测试子系统实验室验证

结构安全监测系统处于探索实践阶段，研究设计的成果内容必须在实验室进行逐项测试验证，然后在现场安装。

为此，实验室的验证测试就非常重要，关系到系统的成败。椒江二桥监测巡检管理系统需针对监测项目及其附属设备搭建小系统、并进行实验室验证测试，对每类传感器必须进行720h验证试验，验证各产品主要技术指标。见表4-9-43。

实验室分项传感测试验证系统列表　　表4-9-43

序号	项　目	主要测试参数	支撑设备	传感测试软件系统（LabVIEW）
1	机柜安装与测试	设备上架、端子、接线等安装。上电测试、绝缘测试、长期通电测试、高低温、温湿度环境测试、盐雾环境测试、防水测试、涂层厚度等测试	安装工具一批、线号机、直流电源、绝缘电阻测试仪、万用表、恒温箱、高低温箱、盐雾实验箱等	—
2	结构振动测试试验系统	振动传感器测试：灵敏度测试、低频响应测试、温漂特性、时漂特性等	振动实验梁、激振器、小型低频振动台、高精度振动传感器，频谱分析仪，环境实验箱	基于FFT频谱分析的在线振动测试分析软件
		振动采集设备测试：精度、动态范围、同步性、温漂特性、时漂特性、通信特性等	信号发生器、数字示波器、高精度振动采集设备、振动测试分析软件等，环境实验箱	—
3	索力测试试验系统	索力传感器测试	索力张拉锚固系统（反力支座、穿心千斤顶组、试验锚具等）、高精度压力环、高精度电容式传感器等，环境实验箱	基于FFT峰值自动识别的索力测试分析软件
		索力采集设备测试	大吨位力传感器，信号发生器、数字示波器、高精度振弦式采集设备，高精度光纤光栅解调仪，索力测试分析软件等，环境实验箱	—
4	静态应变测试试验系统	静态应变传感器测试：蠕变特性、应变范围、桥路贴法、温漂特性、时漂特性等	等强度梁系统、高精度应变片，高精度振弦式应变计，高精度光纤应变计，高低温环境实验箱等	静态应变测试分析软件
		静态应变采集设备测试：测试范围、蠕变特性、温漂特性、时漂特性、通信特性等	高精度应变校准仪、高精度电阻应变仪，高精度振弦式采集器，MOI光纤解调仪，光谱仪、光功率计、静态应变测试分析软件等	—
5	动态应变测试试验系统	动态应变传感器测试：动态响应特性、疲劳寿命特性等	等强度梁+动力系统，高精度应变片，高精度光纤应变计，高低温环境实验箱等	动态应变测试分析软件
		动应变采集设备测试：动态范围、动态响应、精度、灵敏度、通信特性等	高精度动态应变仪，MOI光纤解调仪，动态测试分析软件等	—
6	主梁挠度测试试验系统	挠度监测传感器测试：精度、同步特性、动态特性、测量范围、温漂特性、时漂特性等	实验梁+水路系统，加载设备，激振器，位移计，电阻应变仪，环境实验箱等	挠度测试分析软件
		挠度采集设备测试：位移精度、动态响应、通信特性等	罗斯蒙特手操器，多功能校准器，万用表，数字电压表，挠度测试分析软件等	—

续上表

序号	项　　目	主要测试参数	支 撑 设 备	传感测试软件系统(LabVIEW)
7	索塔倾斜测试试验系统	倾斜传感器测试:精度、动态特性、测量范围、温漂特性、时漂特性等	倾斜实验台,高精度倾斜仪,环境实验箱等	倾斜测试分析软件
		倾斜采集器测试:倾角精度、动态响应、通信特性等	高精度采集器,倾斜测试分析软件等	—
8	结构位移测试试验系统	位移传感器测试:精度、线性度、动态特性、测量范围、温漂特性、时漂特性等	GPS 系统,位移实验台,高精度位移计,环境试验箱等	位移测试分析软件
		位移采集器测试:精度、动态响应、通信特性等	高精度采集器,位移测试分析软件等	—
9	结构温度测试试验系统	温度传感器测试:精度、漂移特性等	二级制冷恒温槽,标准温度计,标准光纤温度计等	温度测试分析软件
		温度采集器测试:精度、通信特性等	高精度温度采集器,MOI 光纤解调仪,温度测试分析软件等	—
10	环境测试系统	温湿度、风速等测试:风速、风向、大气温湿度等	标准温湿度计,标准风速仪,风洞,温湿度试验箱等	环境温湿度、风俗测试分析软件
		采集器测试:通信特性测试,精度测试等	串口服务器,高精度电流电压采集器,测试分析软件等	—
11	动态称重测试试验系统	系统测试:压电传感器、压电石英传感器、弯板传感器等系统	标准载重车,车道,各种原理的称重系统搭建	动态称重系统测试分析软件
12	通信系统测试	通信压力测试、通信 BER 测试、网络拓扑研究等	高性能交换机,误码测试仪,TCP/IP 网络测试仪,信号发生器,测试软件等	—
13	供配电系统测试	供配电质量、断电 UPS 供电时间,电力控制等	UPS 设备,电能表,电力控制模块,供配电系统测试软件等	—
14	整体功能测试	功能性测试,硬件统一测试,软件统一测试等	桥梁模型,各种专业分析软件,实验室结构监测测试综合软件分析系统	实时数据库为核心的数据采集处理系统软件

1. 机柜安装与调试

监测系统机柜安装和测试工作放在实验室环境进行,可以在机柜安装后对采集设备、每项每通道在严格环境下进行实验与测试,并且对采集软件功能进行实验测试,真正达到集中人力与物力解决高端问题,保证系统的各个环节正确、可靠,保证未来信号、数据的真实、可靠。

北京监测实验室专门开辟一块场地高质量地完成机柜的安装和测试,无论是设备安装、定制、打线,还是设备性能测试、实验。

机柜安装调试实验流程为安装、硬件调试、软件调试、拷机运行、出厂测试、装箱发货 6 个步骤,环环相扣,密不可分,层层把关,控制质量。机柜安装标准:详见 JTG F80/2—2004 标准。

2. 结构振动测试试验

结构振动测试实验系统可以针对振动加速度系统进行标定,包括由传感器、线缆、采集器,传感器安装、软件等组成的加速度系统标定,可以测试振动系统的低频特性,测试振动系统的同步精度特性,测试振动系统的长期稳定性等。见结构振动测试试验设备一览表4-9-44。

结构振动测试实验设备一览表

表4-9-44

序号	项　　目	实验测试设备	图　　片
1	传感器灵敏度实验测试	YVC-1 振动传感器校准仪	
2	传感器低频响应实验测试	联合航天304所进行实验、标定	
3	传感器温漂特性实验测试	大型定制苏州山岛高低温湿热试验箱 GDS-012 1.2 立方米高低温温控实验箱	
4	传感器时漂特性实验测试	长时间运行观看	
5	传感器比对	美国 WILCOXON 振动传感器	
6	传感器比对	EpiSensor 振动传感器	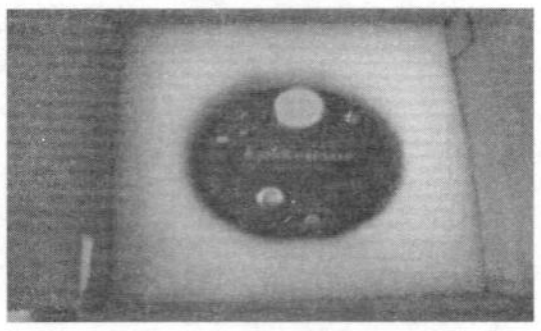
7	传感器比对	振动传感器	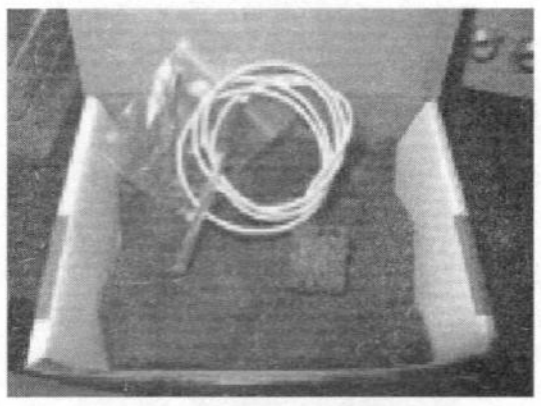
8	采集器精度测试	美国 Agilent 33220A 函数信号发生器	

续上表

序号	项　目	实验测试设备	图　片
9	采集器同步特性测试	美国 Agilent DSO5032A 高精度示波器	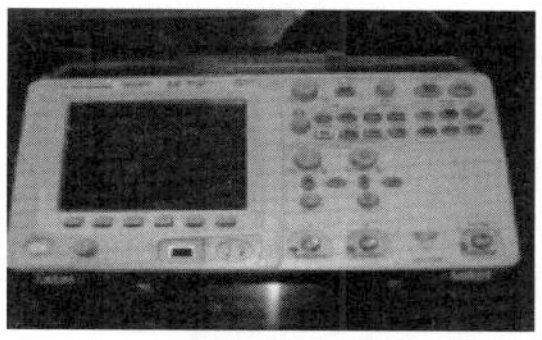
10	温漂特性	定制苏州山岛高低温湿热试验箱 GDS-012 1.2 立方米高低温温控实验箱	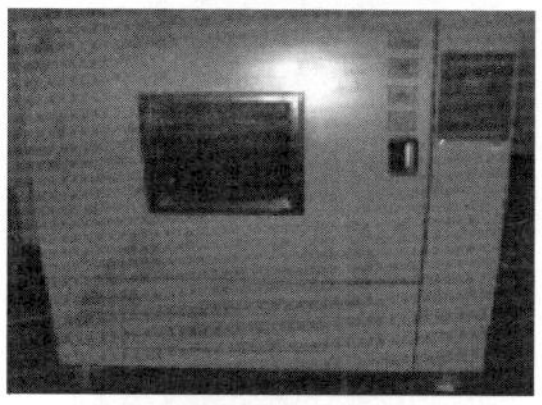
11	盐雾特性	定制苏州山岛湿热盐雾腐蚀试验箱 YWX/Q-750	
12	时漂特性	长时间运行观看	
13	通信特性	Linux 下的实时 C 语言	
14	模态特性	6m 工字钢	

3. 索力测试试验

索力测试试验系统由索力张拉锚固系统(反力支座、穿心千斤顶组、试验锚具等)、高精度压力环、高精度电容式传感器等构成。并且通过大吨位力传感器,信号发生器、数字示波器、高精度振弦式采集设备,高精度光纤光栅解调仪,环境实验箱等设备进行系统的比对测试,通过专业基于 FFT 峰值自动识别的索力测试分析软件进行分析。见索力测试实验设备一览表 4-9-45。

索力振动测试实验设备一览表　　表 4-9-45

序号	项　目	实验测试设备	图　片
1	传感器测量值比对	长沙金码索力动测仪	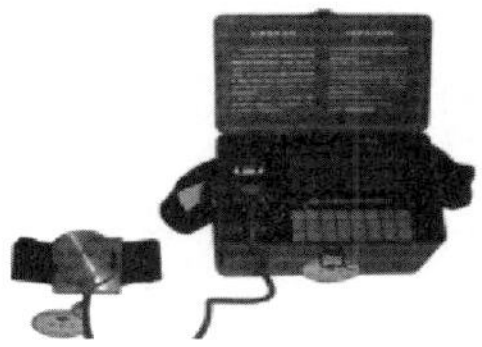
2	传感器频谱分析	美国安捷伦频谱分析仪	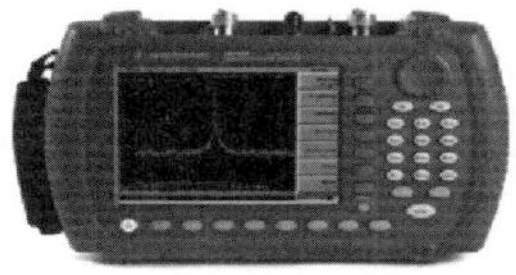
3	传感器温漂特性实验测试	定制苏州山岛高低温湿热试验箱 GDS-012 1.2m^3 高低温温控实验箱	
4	传感器时漂特性实验测试	长时间运行观看	

续上表

序号	项　目	实验测试设备	图　片
5	采集器精度测试	美国 Agilent 33220A 函数信号发生器	
6	采集器同步特性测试	美国 Agilent DSO5032A 高精度示波器	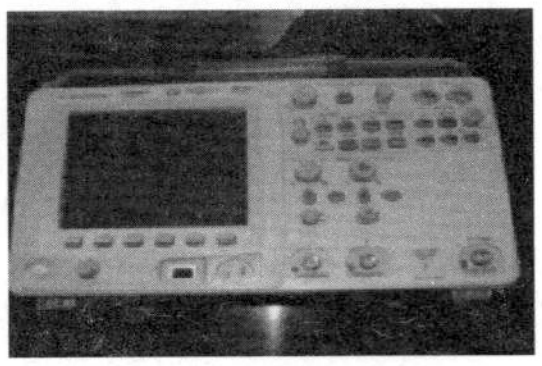
7	采集器温漂特性	定制苏州山岛高低温湿热试验箱 GDS-012 1.2m^3 高低温温控实验箱	
8	采集器盐雾特性	定制苏州山岛湿热盐雾腐蚀试验箱 YWX/Q-750	
9	时漂特性	长时间运行观看	
10	通信特性	Linux 下的实时 C 语言	

4. 静态应变测试试验

通过等强度梁系统、高精度应变片，高精度振弦式应变计，高低温环境实验箱等搭建静应变传感试验环境。并且通过高精度应变校准仪、高精度电阻应变仪，高精度振弦式采集器，静态应变测试分析软件等进行静应变采集设备测试。见静态应变测试试验实验设备一览表 4-9-46。

静态应变测试试验实验设备一览表　　表 4-9-46

序号	项　目	实验测试设备	图　片
1	传感器测量值标定检验	30CM 等强度梁	
2	各种应变计比对	德国 HBM 应变计	

续上表

序号	项　目	实验测试设备	图　片
3	各种应变计比对	美国 MOI OS3100 光纤应变计	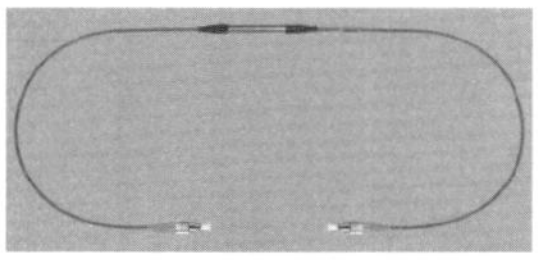
4	各种应变计比对	美国基康振弦式应变计	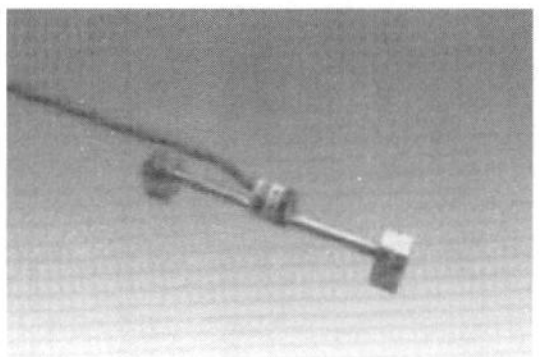
5	应变片安装工具	应变片安装套件工具箱	
6	采集器精度测试	中国计量院 DR-6 应变校准仪	
7	振弦式应变计采集比对	美国基康便携式振弦应变采集器	
8	光纤光栅应变计采集比对	美国 MOI SM130 光纤光栅解调仪	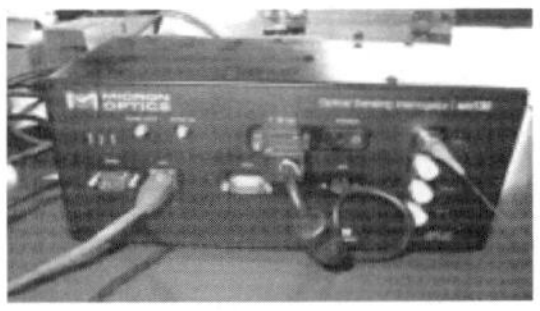
9	电阻应变片采集比对	定制江苏靖江东华 DH3815N 数据采集器	
10	采集器温漂特性	定制苏州山岛高低温湿热试验箱 GDS-012，1.2 m^3 高低温温控实验箱	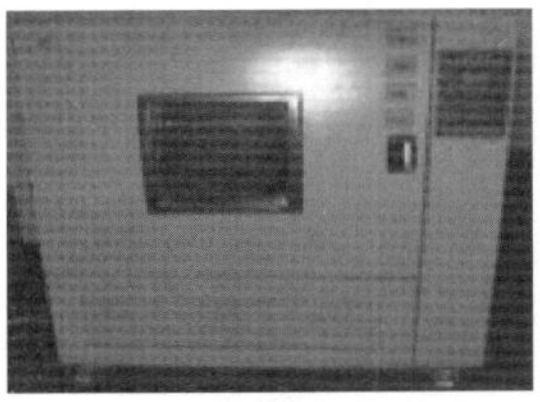
11	采集器盐雾特性	定制苏州山岛湿热盐雾腐蚀试验箱 YWX/Q-750	
12	时漂特性	长时间运行观看	
13	通信特性	Linux 下的实时 C 语言	

5. 整体功能测试试验

实验系统环境由桥梁模型，各种专业分析软件，实验室结构监测测试综合软件和分析系统组成进行功能性测试，硬件统一测试，软件统一测试等。见整体功能测试实验设备一览表4-9-47。

整体功能测试实验设备一览表

表4-9-47

序号	项　　目	实验测试设备	图　　片
1	结构振动单点配置测试	结构振动测试试验系统	
2	索力单点配置测试	索力测试试验系统	
3	静态应变单点配置测试	静态应变测试试验系统	
4	动态应变单点配置测试	动态应变测试试验系统	
5	主梁挠度单点配置测试	主梁挠度测试试验系统	
6	索塔倾斜单点配置测试	索塔倾斜测试试验系统	
7	结构位移单点配置测试	结构位移测试试验系统	
8	结构温度单点配置测试	结构温度测试试验系统	
9	环境单点配置测试	环境测试系统	

续上表

序号	项　目	实验测试设备	图　片
10		动态称重测试试验系统	
11	通信系统压力测试	通信系统测试	
12	供电系统联动测试	供配电系统测试	
13	模态分析软件	OMAS 工作模态分析软件	
14	数据处理软件	DDP 动态信号后处理软件	

（二）软件开发要点

椒江二桥结构监测系统软件，数据流业务流复杂，软件涉及大型数据库、大容量存储与备份、数据采集与通信、多线程、文件、AJAX、Silverlight、WEB-GIS、COM 等综合软件技术，软件开发难度大、涉及 linux、windows 等平台，跨学科（计算机、通信、工控、传感器、数据挖掘、信息处理、桥梁工程、管理科学与工程、智能决策与辅助分析、系统工程），软件开发时间紧、任务重、功能多、项目管理复杂度高。

软件组按以下 8 个方面内容编写文档：

（1）软件需求规格说明书（SRS）；（2）软件设计说明书（SDD），对一些规模较大或复杂性较高的项目，应该把本文档分成概要设计说明书（PDD）与详细设计说明书（DDD）两个文档；（3）软件测试计划（STP）；（4）软件测试报告（STR）；（5）用户手册（SUM）；（6）源程序清单（SCL）；（7）项目实施计划（PIP）；（8）项目开发总结（PDS）。

软件开发按照国际 CMM 要求进行，开发流程参见图 4-9-32。

1. 用户主界面

实时数据与预警是系统的核心模块，设计核心是采集和通讯接口、界面显示效率、界面显示效果、实时预警。

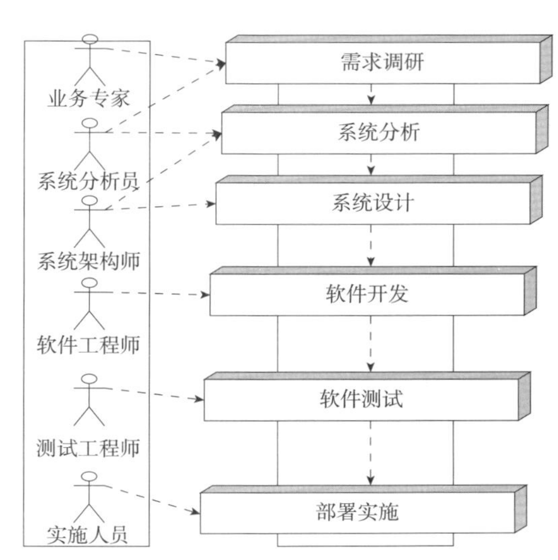

图 4-9-32　椒江二桥结构监测巡检管理系统软件开发流程

数字化桥梁模型展示，通过美国 ESRI 公司开发的 GIS 平台，展示本系统涵盖范围内的地形、地貌、结构物以及系统设备、附属物等信息，并可以实现查询、统计、分析、定位等功能。

实时数据，通过通讯接口获得数据并进行解析。关键是通信接口设计提供了很大的便捷性和直观性。用户可以根据桥梁结构相应数据对桥梁状况进行判定，以做到实时监控、实时预警。

静态资料管理，建立各类资料的关系和目录，关键在于数据库关系的设计。以每个桥为单位、以树形结构为形式来组织资料信息，针对各个桥包括：结构基本信息、运营监测管理信息、施工资料、竣工资料、成桥试验资料等相关信息。

2. 采集与处理

数据采集与传输要求系统有较高的稳定性和可自修复性。采用当今主流 Linux 平台作为运行平台。

数据采集与传输模块主要完成对信号数据与物理数据的采集、传输与存储。

数据预处理模块由放置在椒江二桥监控中心内的数据处理服务器及存储设备组成，主要通过 FDDI 双环光纤网络或以太网配合安装在桥梁上的数据采集单元，实现数据的接收、存储、预处理的功能。数据前处理的主要目的通过数据算法和耦合关系，获取符合质量要求和用户能理解的监测数据。

3. 数据库与报表

椒江二桥大桥结构监测及巡检养护管理系统中心数据库要容纳多个子系统的大量数据，数据库的稳定性要求极高。本系统安装在高性能的数据库服务器上，数据处理能力可以满足多个子系统同时读写数据的要求。标配大容量 SAS 硬盘形成 RAID5 磁盘阵列满足长期数据的保存与数据的完整性要求。系统设置合理的数据库差异备份、完整备份及冗余数据删除的计划，保证了数据的可恢复性并减轻了现场管理员的工作负担。数据库设计采用规范化的设计方法，对表格、视图、索引、存储过程等进行合理规划，提高了系统的稳定性和可维护性。

椒江二桥大桥结构监测及巡检养护管理系统历史数据报表，利用面向对象的设计方法，采用可扩展、高内聚、低耦合的设计思路，提供了灵活的展示模式。用户可以选择日报表、月报表、季度报表、年度报表、自定义时间段报表这 5 种显示模式，实现了任意时间段数据的统计与处理功能。在报表编辑的功能上也为用户提供了按照条目统计、按照小时统计、按照日统计、按照月统计、按照季度统计、按照年度统计几种模式，用户可以选择合理的显示模式来编辑报表。生成的报表可以直接打印也可以导出为 PDF 格式的文件或 EXCEL 格式的文件，其中 PDF 格式的文件可以作为报表的电子档案来保存，EXCEL 格式的报表可以进行二次编辑并保存。

4. 软件测试与部署

为了保证系统正确并高效的运转，系统需要针对项目和各功能模块具体情况部属建立合理的系统架构、并对其设定合理的测试方案，对产品本身及其各项组成模块进行各项功能和性能测试以确保其符合需求可以高效、健康、稳定的运行。

二、电子化人工巡检子系统

重点关注核心为巡检养护手册和电子化人工巡检管理软件。

(1)电子化人工巡检管理软件重点突出主动、预防性的巡检养护理念，按椒江二桥大桥主桥结构的量化管理方式，实现巡检养护管理工作的专业化、制度化、标准化以及网络信息化。

(2)巡检养护手册重点关注的针对椒江二桥结构运营环境和南北汉桥受力特点，基于运营期风险管理理念，在危险性分析的基础上制定全面的日常、定期、特殊、专项巡检制度，实现手册对巡检养护工作的指导性和可实施性。

(3)子系统和监测子系统的界面划分：巡检子系统的数据可以通过数据库查询功能被主系统界面调用。

(4)巡检通道与检修策略和危险性分析密切相关，明确检修通道是检修策略正确实施的体现，也是为危险性分析提供完整资料的保障。明确巡检通道,确保桥梁百年的可到达,可维护。

(5)损伤库的建立有利于定性或者定量描述可能发生的损伤,使巡检人员可以准确的识别损伤,按照标准的格式和流程记录损伤,实现损伤管理的规范性和科学性。

三、预警和评估子系统

(一)预警体系

预警体系分为在线预警和离线预警,在线实时预警项是最直接、初级的预警,而离线预警的结构状态识别预警和趋势预警则需在结构成桥恒载状态(基态或零状态)基础上建立对比机制。因此,桥梁基态的确定对结构预警体系甚为关键。

结构主要的预警值应在零状态初检后由系统设计单位提出、由结构主体设计单位确认后确定,桥梁结构成桥恒载状态作为桥梁健康的基准状态,桥梁结构运营过程中所有的结构内力和线形的变化均在此基础上进行对比和推断。桥梁运营过程中的结构静动力响应均应与基态数据相比较,因此建立桥梁成桥信息档案是十分必要的,这些成桥信息包括斜拉索索力、主梁线形、索塔偏位、应变初始值、结构动力特性参数等.

建立预警体系所需采取的关键措施:

(1)必须委托专业单位进行结构零状态巡检;

(2)由业主协调获取桥梁监控计算模型、监控指令和监控报告,获得结构成桥恒载状态的内力线形;

(3)获取成桥结构静动荷载试验报告,进行静动荷载试验对比验证;

(4)进行环境参数对结构响应的修正,建立两者的映射关系;

(5)测定并保存传感器安装后的初始值。

(二)结构内力状态识别

结构内力状态识别是结构评估的关键技术,依据监测传感器采集获取的环境参数和结构响应识别出当前状态的结构内力和线形,达到通过监测代表性构件力学参数来获取全桥所有构件力学指标的目的,更为准确全面地把握大桥结构的力学行为。

椒江二桥主桥为斜拉桥,其有自身独有的力学行为和构造特点,因此结构内力状态识别的关键技术措施有:

(1)熟悉掌握结构构造要点和施工方法、流程,经过业主协调获取监控计算报告资料,大桥施工全过程建模与求解程序;

(2)编制成桥恒载状态下加载典型荷载的计算分析程序。成桥恒载状态需要与监控计算的成桥状态相吻合;

(3)基于上述两程序编制内力状态识别程序,设置状态变量和目标函数进行优化求解,获取结构内力线形的识别结果;

(4)有关计算识别结果图形的自动展示。

第十章 结构静、动载荷载试验

第一节 试验概述

一、椒江二桥及接线工程

椒江二桥及接线工程的地理位置、主要技术标准、主桥和引桥的跨径布置和结构构造组成见第一篇“椒江第二大桥工程概述”。

二、试验概述

(一)试验对象

成桥动静载试验,具体试验桥梁见表4-10-1。

试验桥梁一览表

表4-10-1

试验桥梁		跨径布置	结构形式
主桥		(70+140+480+140+70)m	连续漂浮双索面结合梁斜拉桥
北引桥	第一联(右幅)	(60+4×80+60+45)m	连续刚构-连续梁组合箱梁桥
	第五联(右幅一跨)	(8×30)m	简支变连续预应力混凝土小箱梁桥
南引桥	第一联(右幅)	(60+2×80+60)m	预应力混凝土连续刚构桥
	第二联(右幅)	(4×45)m	预应力混凝土变宽度连续箱梁桥
	第四联(右幅)	(2×50+40)m	预应力混凝土连续箱梁桥

(二)试验目的、内容、依据及仪器设备

1. 试验目的

(1)检验设计、施工质量,验证结构安全性,为工程质量评定提供依据。

(2)直接了解椒江二桥在试验荷载作用下的实际工作状态,判断实际承载能力和动力性能,评价其在设计使用荷载下的安全承载能力和使用条件,并为今后营运管养部门提供初始状态数据。

(3)了解桥跨结构的固有振动特性以及使用荷载阶段的动载性能,为论证其抗风、抗震性能提供依据。

(4)检验健康监测测试元件的完好性,为长期监测提供初始数据。

2. 试验内容

根据椒江二桥的结构特点和委托要求,成桥荷载试验的主要内容包括:

(1)外观检查;

(2)结构几何状态测量;

(3)恒载索力测定;

(4)静载试验;

(5)动载试验;

(6)动力特性参数测定。

3. 试验依据。

试验依据是椒江二桥设计文件,设计、施工相关规范及标准。详见第二篇“桥梁勘测与设计”。

4. 试验仪器设备

椒江二桥成桥荷载试验采用的主要仪器设备见表4-10-2。

主要仪器设备

表4-10-2

测试内容		专业仪器设备	数量	站内编号
外观检查	裂缝宽度	Endoscope 裂缝显微镜	1台	TJ/SBQL0013
	裂缝深度	Tico 超声波测试仪	1台	TJ/SBQL0016-6
几何测量	控制测量	TCA2003 高精度全站仪	4台	TJ/SBQL0008 ~ 0012
	高程测量	DNA03 精密电子水准仪	4台	TJ/SBQL0012-1-4
恒载索力测定	信号采集	INV306 动态信号采集系统	1套	TJ/SBQL0006-1
	信号放大	SV-324 型测振放大器	1台	TJ/SBQL0004
	加速度	VS99 型压电式加速度计	12个	TJ/SBQL0017-1 ~ 12
静载试验	形变测量	TCA2003 高精度全站仪	4台	TJ/SBQL0008 ~ 0012
	静应变采集	DH3815 静态应变采集分析系统	2套	TJ/SBQL0002-1 ~ 6
		DH3815N 静态应变采集分析系统	2套	TJ/SBQL0002-7 ~ 8
	活载索力	INV306 动态信号采集系统	1套	TJ/SBQL0006-1
		SV-324 型测振放大器	1台	TJ/SBQL0004
		VS99 型压电式加速度计	2个	TJ/SBQL0017-1 ~ 2
动载试验	动应变采集	DH3817 动态数据采集系统	3套	TJ/SBQL0011-3 ~ 5
	动挠度	ASQ-1CA 伺服式传感器	2个	TJ/SBQL0018-1 ~ 2
	信号放大	VAQ-700A 信号调理器	1台	TJ/SBQL0004-4
动力特性参数测定	加速度	VS99 型压电式加速度计	12个	TJ/SBQL0017-1 ~ 12
	信号放大	SV-324 型测振放大器	1台	TJ/SBQL0004
	信号采集	INV306 动态信号采集系统	1套	TJ/SBQL0006-1
辅助设备		桥梁检测车徐工 XZJ5292JQJ16L	1辆	—
		数码照相机	2台	—
		小锤、钢卷尺、皮尺等	若干	—

第二节 外观检查

一、主桥

(一)钢箱组合梁表观状况检查

(1)钢箱梁的横梁、底板、腹板、横隔板、加劲肋、高强螺栓、焊缝等构件表观状况良好,无扭曲变形、大面积油漆剥落或起皮、锈蚀、裂纹、螺栓松动、箱内积水等缺陷或病害。

(2)箱内混凝土桥面板的预应力束锚头整体外观良好。

(3)组合梁的桥面板底部(包括东西箱室内及两箱室之间)存在纵桥向裂缝,裂缝长度大部分在1.0 ~ 4.5m之间,宽度0.08 ~ 0.15mm,深度1 ~ 3cm。

(二)索塔表观状况检查

(1)南、北索塔内、外表面状况整体良好,无混凝土剥落、开裂、大面积破损等缺陷;大部分拉索上锚头、锚具外观正常;钢锚梁及高强螺栓的整体表观状况良好。

(2)南塔西肢西侧内壁从下往上第2号、3号及7号平台处存在竖向裂缝;南塔东肢东侧内壁第8号平台处存在竖向裂缝;裂缝长度1~1.5m,宽度0.08~0.1mm。

(3)南塔西肢第17号、26号索,北塔西肢第8#索钢锚梁均存在高强螺栓未拧紧、螺杆或螺母锈蚀、未涂油漆保护层等现象。

(三)斜拉索表观状况检查

全桥斜拉索的索体外观整体良好,拉索护套无大面积破损、开裂、鼓胀等缺陷,钢护筒表观良好,约20%拉索护套护套表观存在局部磨损;拉索阻尼器外观正常。

(四)支座、阻尼器表观状况检查

全桥竖向支座、横向抗风支座及纵向阻尼器表观状况良好。

(五)墩台表观状况检查

过渡墩、辅助墩的墩身及承台混凝土外观良好,无开裂、破损、露筋等缺陷。

二、北引桥

北引桥第一联、第五联右幅外观检查结果表明:

(1)北引桥第一联桥面系、主梁、桥墩、承台等结构外观状况良好,无显著缺陷或病害。

(2)北引桥第五联桥面系、小箱梁、横隔板、盖梁、墩身、桥台、支座等结构或构件外观状况良好,无显著缺陷或病害。

三、南引桥

南引桥第一联、第二联及第四联右幅外观检查结果表明:南引桥第一联、第二联及第四联桥面系、主梁、桥墩、承台等结构外观状况良好,无显著缺陷或病害。

第三节 桥面高程及恒载索力测量

一、主桥及南、北引桥桥面高程测量

以椒江二桥两岸已有测量控制点为起始点进行结构几何状态测量。

(一)测点布置

在主桥及南、北引桥的桥面横桥向布置高程测量断面,主桥断面横向布置4点,分别布设于主梁上下游两侧和中央分隔带两侧的路缘石旁15cm。南、北引桥断面横向布置两点(统一选择右幅),测点设在主梁上下游两侧。测点采用钻孔埋设不锈钢永久测量标志。主桥桥面共设置132个高程测量点;北引桥第一联设置58个高程测点,第五联设置66个测点;南引桥第一联设置34个测点,第二联设置34个测点,第四联设置26个测点。

主桥及南、北引桥桥面高程的测量时间均在凌晨2点至凌晨6点,气温为1℃~3℃,东北风3~4级。

(二)主桥及南、北引桥桥面线形测量结果

(1)主桥上下游高程基本一致,实测最大高差约4.45cm。

(2)主桥及南、北引桥桥面纵坡平顺。主桥左、右幅实测纵坡与计算纵坡的差值在-0.37%~0.46%

范围内;北引桥在 -0.86% ~0.87% 范围内;南引桥在 -0.42% ~0.78% 范围内。

(3)主桥桥面实测横坡为 1.52% ~1.97%,北引桥实测桥面横坡为 1.73% ~2.14%,南引桥实测桥面横坡为 1.56% ~3.92%。

二、恒载索力测量

恒载作用下的斜拉索拉力是反映斜拉桥恒载内力状态的重要参数。本次试验采用环境随机振动法来测定主桥斜拉索的恒载索力。恒载索力测试结果见表 4-10-3 ~ 表 4-10-10。

北塔岸侧东索面恒载索力测试结果　　表 4-10-3

索　号	实测索力(kN)	设计成桥索力(kN)	与设计索力相对偏差(%)	施工监控成桥索力(kN)	与施工监控索力相对偏差(%)
NEA-1	3970.1	3393.0	17.1	4137.4	-4.0
NEA-2	3222.5	2813.0	14.5	3352.1	-3.8
NEA-3	2993.1	2651.0	12.9	3033.8	-1.3
NEA-4	3187.8	2749.0	16.0	3429.6	-7.1
NEA-5	3338.9	2844.0	17.4	3319.1	0.6
NEA-6	3362.5	2933.0	14.6	3498.0	-3.9
NEA-7	3522.4	3137.0	12.3	3509.5	0.4
NEA-8	3829.4	3281.0	16.7	3839.8	-0.3
NEA-9	4248.5	3681.0	15.4	4431.5	-4.1
NEA-10	4138.8	3778.0	9.5	4267.3	-3.0
NEA-11	4083.9	3851.0	6.0	4105.1	-0.5
NEA-12	4301.5	4225.0	1.8	4334.9	-0.8
NEA-13	4532.5	4394.0	3.2	4547.4	-0.3
NEA-14	4782.2	4574.0	4.6	4787.1	-0.1
NEA-15	5079.9	4776.0	6.4	5096.0	-0.3
NEA-16	5300.5	5038.0	5.2	5540.8	-4.3
NEA-17	5400.8	5007.0	7.9	5377.2	0.4
NEA-18	5114.2	4721.0	8.3	5195.3	-1.6
NEA-19	5548.2	4994.0	11.1	5563.3	-0.3
NEA-20	5664.7	5164.0	9.7	5649.0	0.3
NEA-21	5646.4	5154.0	9.6	5680.9	-0.6
NEA-22	5887.9	5455.0	7.9	5894.3	-0.1
NEA-23	6138.9	5574.0	10.1	6165.2	-0.4
NEA-24	6470.3	5776.0	12.0	6455.7	0.2
NEA-25	6805.1	6117.0	11.2	6832.4	-0.4
NEA-26	7108.5	6343.0	12.1	7110.2	0.0

注:1. 与设计索力对比偏差 = $(T_{本次测试}/T_{设计} - 1) \times 100$;

2. 与施工监控测试索力对比偏差 = $(T_{本次测试}/T_{施工监控} - 1) \times 100$,下同。

北塔岸侧西索面恒载索力测试结果 表4-10-4

索　号	实测索力(kN)	设计成桥索力(kN)	与设计索力相对偏差(%)	施工监控成桥索力(kN)	与施工监控索力相对偏差(%)
NWA-1	3693.2	3393.0	8.8	3675.4	0.5
NWA-2	3172.9	2813.0	12.8	3178.5	-0.2
NWA-3	2988.2	2651.0	12.7	2989.1	0
NWA-4	3105.5	2749.0	13.0	3107.0	0
NWA-5	3172.1	2844.0	11.5	3163.9	0.3
NWA-6	3231.1	2933.0	10.2	3229.9	0
NWA-7	3533.4	3137.0	12.6	3535.2	0
NWA-8	3764.0	3281.0	14.7	3764.8	0
NWA-9	4131.9	3681.0	12.2	4139.3	-0.2
NWA-10	4012.0	3778.0	6.2	4031.9	-0.5
NWA-11	4139.1	3851.0	7.5	4159.8	-0.5
NWA-12	4319.5	4225.0	2.2	4326.1	-0.2
NWA-13	4382.4	4394.0	-0.3	4417.5	-0.8
NWA-14	4686.9	4574.0	2.5	4689.7	-0.1
NWA-15	4783.5	4776.0	0.2	4822.5	-0.8
NWA-16	5385.4	5038.0	6.9	5393.8	-0.2
NWA-17	5284.5	5007.0	5.5	5315.6	-0.6
NWA-18	5080.9	4721.0	7.6	5091.5	-0.2
NWA-19	5486.6	4994.0	9.9	5500.4	-0.3
NWA-20	5698.0	5164.0	10.3	5694.3	0.1
NWA-21	5628.2	5154.0	9.2	5633.2	-0.1
NWA-22	5989.4	5455.0	9.8	6015.8	-0.4
NWA-23	5895.0	5574.0	5.8	5899.7	-0.1
NWA-24	6244.4	5776.0	8.1	6307.0	-1.0
NWA-25	6724.3	6117.0	9.9	6781.2	-0.8
NWA-26	6976.6	6343.0	10.0	7005.5	-0.4

北塔江侧东索面恒载索力测试结果 表4-10-5

索　号	实测索力(kN)	设计成桥索力(kN)	与设计索力相对偏差(%)	施工监控成桥索力(kN)	与施工监控索力相对偏差(%)
NEJ-1	4067.4	3339.0	21.8	4232.6	-3.9
NEJ-2	3218.3	2765.0	16.4	3326.0	-3.2
NEJ-3	2713.8	2642.0	2.7	2724.9	-0.4
NEJ-4	2895.0	2682.0	7.9	2903.7	-0.3
NEJ-5	2788.4	2708.0	3.0	2790.0	-0.1
NEJ-6	3073.4	2785.0	10.3	2973.9	3.3
NEJ-7	3095.5	3062.0	1.1	3086.3	0.3

续上表

索　号	实测索力（kN）	设计成桥索力（kN）	与设计索力相对偏差（%）	施工监控成桥索力（kN）	与施工监控索力相对偏差（%）
NEJ-8	3291.1	3169.0	3.9	3286.8	0.1
NEJ-9	4021.1	3361.0	19.6	3738.2	7.6
NEJ-10	3916.6	3483.0	12.4	3806.8	2.9
NEJ-11	3970.4	3558.0	11.6	4003.5	-0.8
NEJ-12	3930.2	3913.0	0.4	3808.4	3.2
NEJ-13	4469.8	4068.0	9.9	4463.0	0.2
NEJ-14	4945.1	4245.0	16.5	4976.8	-0.6
NEJ-15	5304.8	4443.0	19.4	5298.6	0.1
NEJ-16	5023.4	4559.0	10.2	5029.6	-0.1
NEJ-17	4760.3	4691.0	1.5	4783.8	-0.5
NEJ-18	5127.2	4851.0	5.7	5173.8	-0.9
NEJ-19	5225.4	5049.0	3.5	5222.9	0
NEJ-20	5935.8	5267.0	12.7	5962.5	-0.4
NEJ-21	6139.3	5296.0	15.9	6123.2	0.3
NEJ-22	6032.5	5672.0	6.4	6087.8	-0.9
NEJ-23	6125.8	5761.0	6.3	6332.0	-3.3
NEJ-24	6223.5	5893.0	5.6	6229.6	-0.4
NEJ-25	6647.7	6155.0	8.0	6700.8	-0.8
NEJ-26	6960.7	6212.0	12.1	6983.2	-0.3

北塔江侧西索面恒载索力测试结果　　表 4-10-6

索　号	实测索力（kN）	设计成桥索力（kN）	与设计索力相对偏差（%）	施工监控成桥索力（kN）	与施工监控索力相对偏差（%）
NWJ-1	3740.0	3339.0	12.0	3766.1	-0.7
NWJ-2	2888.6	2765.0	4.5	2881.2	0.3
NWJ-3	2695.7	2642.0	2.0	2709.9	-0.5
NWJ-4	2825.4	2682.0	5.3	2873.6	-1.7
NWJ-5	2653.5	2708.0	-2.0	2669.7	-0.6
NWJ-6	2733.5	2785.0	-1.9	2732.8	0
NWJ-7	3189.9	3062.0	4.2	3200.1	-0.3
NWJ-8	3255.2	3169.0	2.7	3275.9	-0.6
NWJ-9	3830.4	3361.0	14.0	3933.5	-2.6
NWJ-10	3803.2	3483.0	9.2	3951.0	-3.7
NWJ-11	3986.7	3558.0	12.0	4042.2	-1.4
NWJ-12	4401.2	3913.0	12.5	4601.4	-4.4
NWJ-13	4520.2	4068.0	11.1	4524.6	-0.1
NWJ-14	4951.5	4245.0	16.6	4975.8	-0.5

续上表

索　号	实测索力（kN）	设计成桥索力（kN）	与设计索力相对偏差（%）	施工监控成桥索力（kN）	与施工监控索力相对偏差（%）
NWJ-15	4931.9	4443.0	11.0	4928.9	0.1
NWJ-16	4942.7	4559.0	8.4	4929.2	0.3
NWJ-17	4884.2	4691.0	4.1	5068.6	-3.6
NWJ-18	5298.4	4851.0	9.2	5417.3	-2.2
NWJ-19	5410.8	5049.0	7.2	5457.7	-0.9
NWJ-20	5697.2	5267.0	8.2	5623.1	1.3
NWJ-21	5875.4	5296.0	10.9	5887.2	-0.2
NWJ-22	6150.1	5672.0	8.4	6113.0	0.6
NWJ-23	6083.9	5761.0	5.6	6079.0	0.1
NWJ-24	6223.5	5893.0	5.6	6192.5	0.5
NWJ-25	6791.8	6155.0	10.3	6917.1	-1.8
NWJ-26	6855.1	6212.0	10.4	6955.4	-1.4

南塔岸侧东索面恒载索力测试结果　　表 4-10-7

索　号	实测索力（kN）	设计成桥索力（kN）	与设计索力相对偏差（%）	施工监控成桥索力（kN）	与施工监控索力相对偏差（%）
SEA-1	3832.9	3393.0	13.0	3771.1	1.6
SEA-2	2966.6	2813.0	5.5	2942.6	0.8
SEA-3	2936.6	2651.0	10.8	2846.8	3.2
SEA-4	2996.6	2749.0	9.0	3009.9	-0.4
SEA-5	3047.5	2844.0	7.2	3132.3	-2.7
SEA-6	3119.2	2933.0	6.3	3154.6	-1.1
SEA-7	3461.7	3137.0	10.4	3453.5	0.2
SEA-8	3665.9	3281.0	11.7	3587.2	2.2
SEA-9	4043.0	3681.0	9.8	4018.0	0.6
SEA-10	4023.8	3778.0	6.5	3981.9	1.1
SEA-11	3819.1	3851.0	-0.8	3724.8	2.5
SEA-12	4318.5	4225.0	2.2	4304.6	0.3
SEA-13	4367.2	4394.0	-0.6	4357.1	0.2
SEA-14	4752.8	4574.0	3.9	4748.4	0.1
SEA-15	4946.0	4776.0	3.6	5008.1	-1.2
SEA-16	5474.3	5038.0	8.7	5414.2	1.1
SEA-17	5336.3	5007.0	6.6	5413.2	-1.4
SEA-18	5265.4	4721.0	11.5	5221.8	0.8
SEA-19	5545.7	4994.0	11.0	5580.0	-0.6
SEA-20	5692.2	5164.0	10.2	5732.1	-0.7
SEA-21	5568.8	5154.0	8.0	5687.5	-2.1

续上表

索　号	实测索力（kN）	设计成桥索力（kN）	与设计索力相对偏差(%)	施工监控成桥索力(kN)	与施工监控索力相对偏差(%)
SEA-22	6132.2	5455.0	12.4	6278.6	-2.3
SEA-23	6299.2	5574.0	13.0	6251.3	0.8
SEA-24	6227.8	5776.0	7.8	6444.8	-3.4
SEA-25	6554.4	6117.0	7.2	6614.2	-0.9
SEA-26	7071.2	6343.0	11.5	7091.1	-0.3

南塔岸侧西索面恒载索力测试结果　　表 4-10-8

索　号	实测索力（kN）	设计成桥索力（kN）	与设计索力相对偏差(%)	施工监控成桥索力(kN)	与施工监控索力相对偏差(%)
SWA-1	3810.7	3393.0	12.3	3708.6	2.8
SWA-2	2922.4	2813.0	3.9	2944.3	-0.7
SWA-3	2965.2	2651.0	11.9	2932.4	1.1
SWA-4	3041.9	2749.0	10.7	3118.8	-2.5
SWA-5	3138.6	2844.0	10.4	3195.2	-1.8
SWA-6	3071.3	2933.0	4.7	3207.2	-4.2
SWA-7	3384.9	3137.0	7.9	3493.3	-3.1
SWA-8	3644.2	3281.0	11.1	3750.0	-2.8
SWA-9	3957.0	3681.0	7.5	4026.1	-1.7
SWA-10	3673.5	3778.0	-2.8	3732.9	-1.6
SWA-11	3855.6	3851.0	0.1	3916.2	-1.5
SWA-12	4153.5	4225.0	-1.7	4117.6	0.9
SWA-13	4336.7	4394.0	-1.3	4414.0	-1.8
SWA-14	4567.6	4574.0	-0.1	4632.0	-1.4
SWA-15	5092.6	4776.0	6.6	5156.2	-1.2
SWA-16	5410.0	5038.0	7.4	5489.5	-1.4
SWA-17	5290.2	5007.0	5.7	5329.2	-0.7
SWA-18	5132.8	4721.0	8.7	5179.2	-0.9
SWA-19	5555.3	4994.0	11.2	5590.1	-0.6
SWA-20	5596.5	5164.0	8.4	5634.9	-0.7
SWA-21	5727.1	5154.0	11.1	5792.1	-1.1
SWA-22	6104.2	5455.0	11.9	6125.7	-0.4
SWA-23	6150.4	5574.0	10.3	6111.8	0.6
SWA-24	6458.4	5776.0	11.8	6247.3	3.4
SWA-25	6634.7	6117.0	8.5	6661.1	-0.4
SWA-26	7116.0	6343.0	12.2	7169.4	-0.7

南塔江侧东索面恒载索力测试结果 表 4-10-9

索号	实测索力(kN)	设计成桥索力(kN)	与设计索力相对偏差(%)	施工监控成桥索力(kN)	与施工监控索力相对偏差(%)
SEJ-1	4161.3	3339.0	24.6	4211.8	-1.2
SEJ-2	2864.7	2765.0	3.6	3006.4	-4.7
SEJ-3	2724.5	2642.0	3.1	2729.6	-0.2
SEJ-4	2728.2	2682.0	1.7	2794.4	-2.4
SEJ-5	2766.6	2708.0	2.2	2779.9	-0.5
SEJ-6	2933.9	2785.0	5.3	2910.8	0.8
SEJ-7	3033.6	3062.0	-0.9	3070.7	-1.2
SEJ-8	3291.1	3169.0	3.9	3404.7	-3.3
SEJ-9	3645.0	3361.0	8.5	3630.5	0.4
SEJ-10	3843.7	3483.0	10.4	3802.1	1.1
SEJ-11	3903.1	3558.0	9.7	3986.0	-2.1
SEJ-12	4236.0	3913.0	8.3	4218.4	0.4
SEJ-13	4416.8	4068.0	8.6	4413.1	0.1
SEJ-14	5044.3	4245.0	18.8	5053.8	-0.2
SEJ-15	4819.1	4443.0	8.5	4831.4	-0.3
SEJ-16	4779.8	4559.0	4.8	4768.7	0.2
SEJ-17	4953.3	4691.0	5.6	5045.7	-1.8
SEJ-18	5211.7	4851.0	7.4	5239.1	-0.5
SEJ-19	5475.0	5049.0	8.4	5449.0	0.5
SEJ-20	5823.5	5267.0	10.6	5790.0	0.6
SEJ-21	5920.3	5296.0	11.8	6087.1	-2.7
SEJ-22	5974.7	5672.0	5.3	6191.8	-3.5
SEJ-23	6081.9	5761.0	5.6	6094.1	-0.2
SEJ-24	6145.0	5893.0	4.3	6099.1	0.8
SEJ-25	6404.0	6155.0	4.0	6450.5	-0.7
SEJ-26	6924.0	6212.0	11.5	6918.7	0.1

南塔江侧西索面恒载索力测试结果 表 4-10-10

索号	实测索力(kN)	设计成桥索力(kN)	与设计索力相对偏差(%)	施工监控成桥索力(kN)	与施工监控索力相对偏差(%)
SWJ-1	3896.0	3339.0	16.7	3783.8	3.0
SWJ-2	3037.5	2765.0	9.9	3056.1	-0.6
SWJ-3	2748.8	2642.0	4.0	2746.9	0.1
SWJ-4	2804.4	2682.0	4.6	2865.6	-2.1
SWJ-5	2885.4	2708.0	6.6	2819.8	2.3
SWJ-6	2971.5	2785.0	6.7	3045.6	-2.4
SWJ-7	3190.2	3062.0	4.2	3304.5	-3.5

续上表

索 号	实测索力（kN）	设计成桥索力（kN）	与设计索力相对偏差（%）	施工监控成桥索力（kN）	与施工监控索力相对偏差（%）
SWJ-8	3373.0	3169.0	6.4	3473.6	-2.9
SWJ-9	3831.5	3361.0	14.0	3914.6	-2.1
SWJ-10	4100.4	3483.0	17.7	4210.6	-2.6
SWJ-11	4013.5	3558.0	12.8	4048.3	-0.9
SWJ-12	3753.3	3913.0	-4.1	3786.6	-0.9
SWJ-13	4648.8	4068.0	14.3	4797.9	-3.1
SWJ-14	5067.7	4245.0	19.4	5170.3	-2.0
SWJ-15	5043.5	4443.0	13.5	5067.8	-0.5
SWJ-16	5079.9	4559.0	11.4	5113.0	-0.6
SWJ-17	5152.0	4691.0	9.8	5286.9	-2.6
SWJ-18	5183.5	4851.0	6.9	5370.7	-3.5
SWJ-19	5298.1	5049.0	4.9	5543.6	-4.4
SWJ-20	5895.9	5267.0	11.9	6111.1	-3.5
SWJ-21	5969.1	5296.0	12.7	6241.8	-4.4
SWJ-22	6016.3	5672.0	6.1	6243.7	-3.6
SWJ-23	5836.5	5761.0	1.3	5968.5	-2.2
SWJ-24	6103.6	5893.0	3.6	6311.2	-3.3
SWJ-25	6351.2	6155.0	3.2	6562.1	-3.2
SWJ-26	6934.0	6212.0	11.6	6955.4	-0.3

主桥斜拉索恒载索力的测试结果表明：

（1）全桥斜拉索实测恒载索力与施工监控成桥索力吻合（相对偏差均小于5%）。

（2）全桥东、西两侧索面对应斜拉索的恒载索力对称、均衡。

第四节 静载试验

静载试验主要是通过在桥梁上施加与设计活载或使用荷载基本相当的外载，测试控制部位和控制断面在荷载作用下的挠度、应力、横向分布等特性的变化，从而了解桥梁的实际工作状态，并对结构的刚度、强度和整体性能进行评价。

一、主桥

（一）试验荷载

根据静力荷载效率要求及主要控制断面的设计内力计算结果，再考虑加载车辆的特性及现场组织车辆的条件，选用了38辆单车满载总重约30t的载重车作加载车辆。实际试验车辆的前后轴轮距为180cm，前中轴轴距为410cm左右。

（二）测试控制部位

根据椒江二桥主桥结构分析计算结果，在全桥范围内拟选取S1～S11共11个控制部位（断面），具体位置及说明见表4-10-11；图4-10-1为各测试部位示意图。

主桥加载测试控制部位

表 4-10-11

断　　面	具 体 部 位	说　　明
S1	NO3 ~ NO2 墩 L/2 主梁断面	全桥正弯矩较大及挠度较大
S2	NO2 墩墩顶主梁断面	全桥主梁负弯矩、扭矩最大
S3	NO2 ~ NO1 墩 L/2 主梁断面	全桥正弯矩较大及挠度较大
S4	NO1 ~ SO1 墩 L/4 主梁断面	全桥正弯矩较大及挠度较大
S5	NO1 ~ SO1 墩 L/2 主梁断面	全桥主梁正弯矩最大及挠度最大
S6	NO1 ~ SO1 墩 3L/4 主梁断面	全桥正弯矩较大及挠度较大
S7	北塔 J26 索钢锚箱	J26 拉索钢锚箱局部应力
S8	北塔 J26 索钢锚梁	主塔钢锚梁应力、J26 索力增量最大
S9	北塔塔顶	索塔最大变位处
S10	北塔塔根(距承台顶面 3.1m 处)	索塔最大弯矩处
S11	主梁北端断面	主梁纵向位移

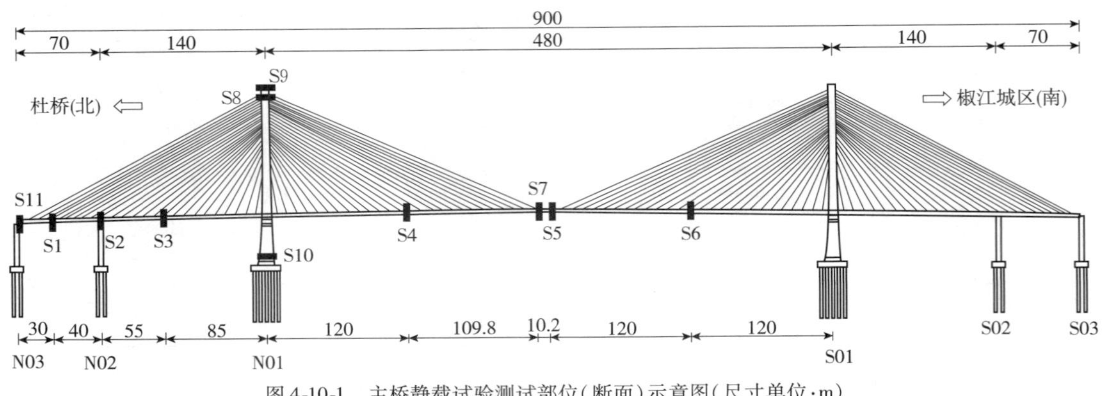

图 4-10-1　主桥静载试验测试部位(断面)示意图(尺寸单位:m)

(三)测试内容

静载试验测试内容见表 4-10-12。

静载试验测试内容

表 4-10-12

测试项目	测 试 内 容	测 试 工 况
结构形变	主梁(桥面)挠度(正、偏载)	全部加载工况
	主梁北端 S11 断面纵向位移	对应工况
	索塔 S9 断面水平变位	对应工况
结构应力	S1 断面应力	对应最不利工况
	S2 断面应力	对应最不利工况
	S3 断面应力(正、偏载)	对应最不利工况
	S4 断面应力(正、偏载)	对应最不利工况
	S5 断面应力(正、偏载)	对应最不利工况
	S6 断面应力	对应最不利工况
	S7 中跨东侧 J26 索钢锚箱局部应力	对应工况
	S8 北塔 J26 索钢锚梁局部应力	对应工况
	S10 塔根断面应力	对应最不利工况
索力增量	中跨跨中附近 J26 索	对应最不利工况
温度	S5 断面钢箱梁温度	全部加载工况

注:表中没有特殊说明的工况均为对称加载(正载)工况,下同。

（四）测点布置

1. 主梁（桥面）挠度

在主跨的八分点，主梁 N01 ~ N02 墩、S01 ~ S02 墩的四分点，主梁 N02 ~ N03 墩、S02 ~ S03 墩的二分点的上、下游两侧箱梁边缘布置测点，共计布置测点 30 点（上、下游各 15 点）。图 4-10-2 为测点布置示意图。

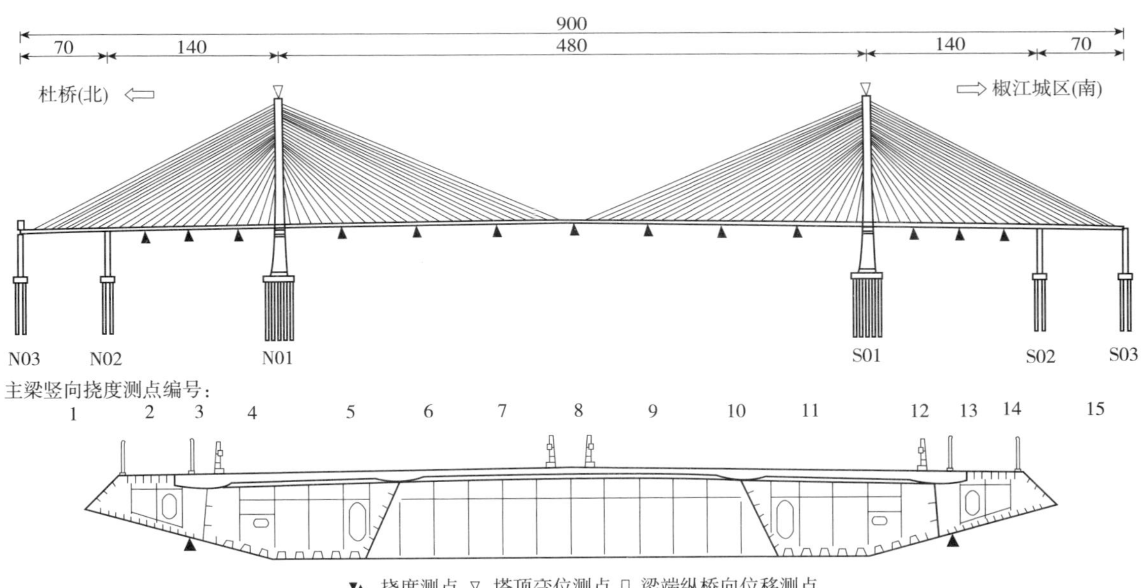

图 4-10-2 挠度、梁端位移及塔顶变位测点布置图（尺寸单位：m）

2. 主梁梁端纵桥向位移

主梁南、北两端沿横桥向上下游两侧护栏上各布置 1 个测点，共 2 个测点（参见图 4-10-2）。

3. 索塔塔顶变位测点

在南塔和北塔塔顶中心线位置，面朝对应的测试全站仪方向分别布设一个塔顶变位测点（图 4-10-2）。

4. 静应力测点

钢箱组合梁 S1、S2、S3、S4、S5、S6 断面静应力测点有混凝土桥面板纵桥向应力测点，钢箱梁底板纵桥向应力测点和横桥向应力测点，钢箱梁底板 U 肋纵桥向应力测点和横隔板主应力测点，具体位置见图 4-10-3。

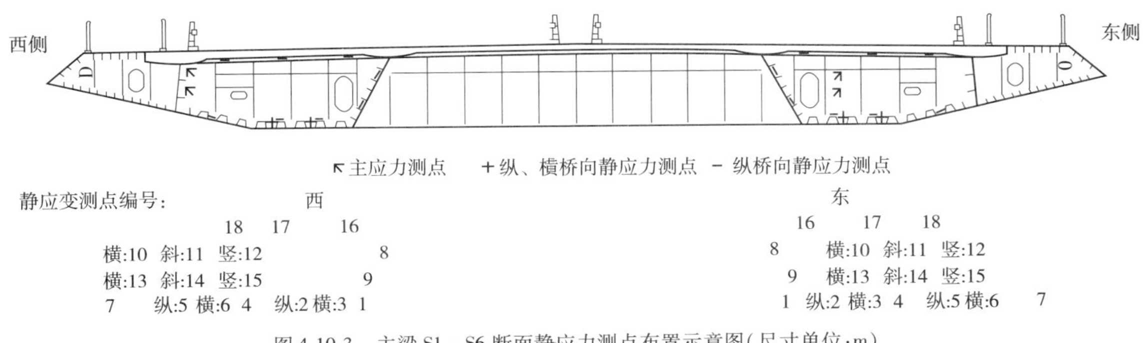

图 4-10-3 主梁 S1 ~ S6 断面静应力测点布置示意图（尺寸单位：m）

钢箱组合梁钢锚箱 S7 断面静应力测点布置示意图见图 4-10-4。

北塔钢锚梁 S8 断面静应力测点布置示意图见图 4-10-5。

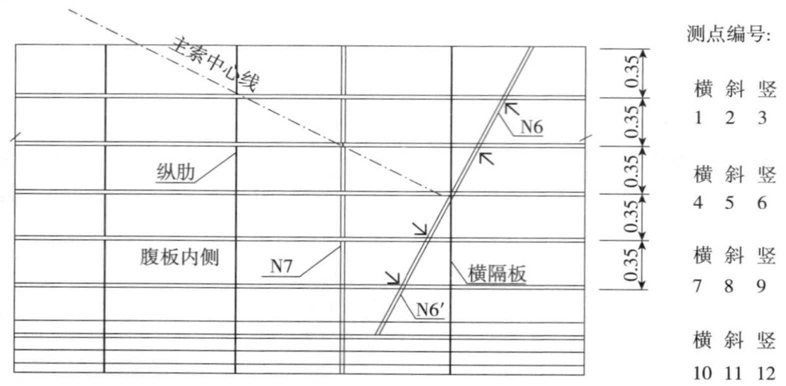

图 4-10-4 中跨东侧 J26 索钢锚箱 S7 断面静应力测点布置示意图(尺寸单位:m)

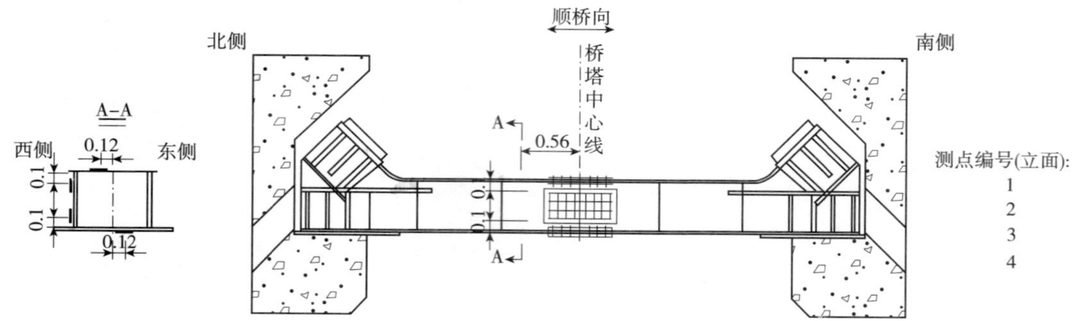

图 4-10-5 北塔 J26 索钢锚梁 S8 断面静应力测点布置示意图(尺寸单位:m)

北塔 S10 断面混凝土静应力测点见图 4-10-6。

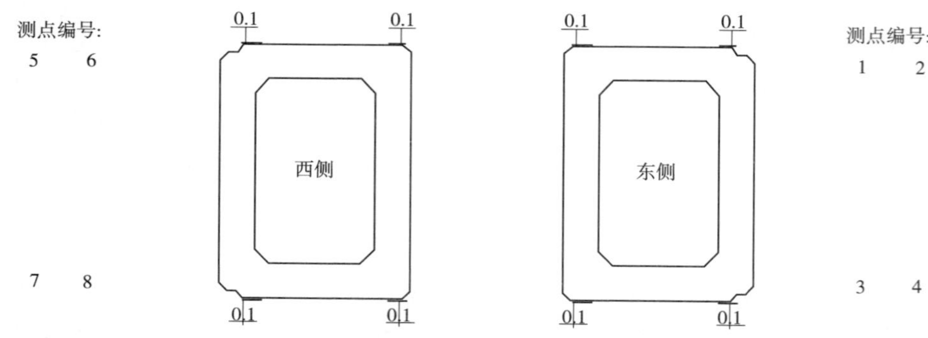

图 4-10-6 北塔塔根 S10 断面混凝土静应力测点布置示意图(尺寸单位:m)

5. 钢箱梁温度分布测量

S5 断面面钢箱梁温度测点位置见图 4-10-7。

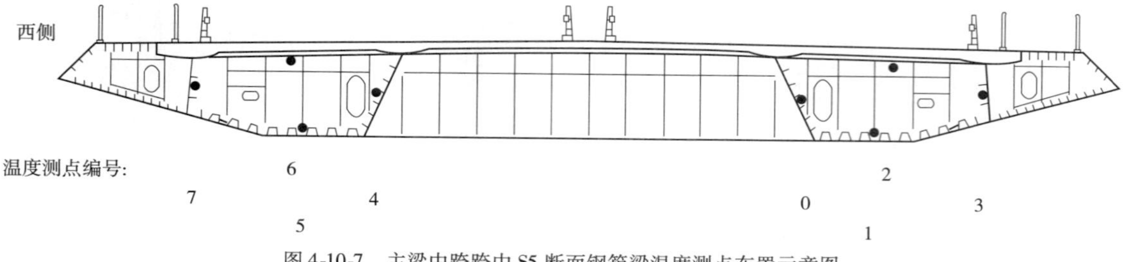

图 4-10-7 主梁中跨跨中 S5 断面钢箱梁温度测点布置示意图

6. 裂缝测量

外观检查中发现的组合梁桥面板底部裂缝,采用百分表对典型裂缝在各加载工况下的开展状况进行监测。

（五）加载效率

表 4-10-13 给出了主桥静载试验各加载工况的主要结构内力的理论计算值以及相应的荷载效率 η。各试验工况的荷载效率系数介于 0.61 ~ 1.02 之间。

主桥控制部位试验荷载效率系数　　表 4-10-13

断面	效　　应	设计荷载效应	试验荷载效应	荷载效率 η
S1	距 NO3 墩 30m 处主梁断面正弯矩（kN · m）	41386.0	41527.4	1.00
	距 NO3 墩 30m 处主梁断面挠度（mm）	28.5	29.1	1.02
S2	NO2 墩墩顶主梁断面负弯矩（kN · m）	-66211.5	-64673.9	0.98
	NO2 墩墩顶主梁断面扭矩（kN · m）	26117.3	26384.9	1.01
S3	NO2 ~ NO1 墩局 NO2 墩 55m 处主梁正弯矩（kN · m）	42289.1	42987.7	1.02
	NO2 ~ NO1 墩局 NO2 墩 55m 处主梁挠度（mm）	84.5	77.1	0.91
S4	NO1 ~ SO1 墩 L/4 主梁断面正弯矩（kN · m）	32706.6	31435.2	0.96
S5	NO1 ~ SO1 墩 L/2 主梁断面正弯矩（kN · m）	53208.0	51786.2	0.97
	NO1 ~ SO1 墩 L/2 主梁断面挠度（mm）	374.7	336.7	0.90
S6	NO1 ~ SO1 墩 3L/4 主梁断面正弯矩（kN · m）	32706.5	31515.3	0.96
S7	中跨 J26 斜拉索钢锚箱应力	—		
S8	北塔 J26 斜拉索钢锚梁应力	—		
S9	NO1 塔塔顶水平位移（mm）	146.6	89.5	0.61
S10	NO1 塔塔根弯矩（kN · m）	127666.9	94365.3	0.74
S11	主梁北端纵桥向位移（mm）	104.9	73.2	0.70
中跨东索面 J26 索索力增量（kN）		752.6	716.7	0.95

（六）试验结果与分析

对静载试验中测量得到的应变和变形原始数据进行处理，得到各测试部位在相应试验荷载下的实测应力和变形。

1. 应力测试结果与分析

静载试验各控制断面应力测试结果及与理论值的比较见表 4-10-14 ~ 表 4-10-23，表中应力正值表示拉应力，负值表示压应力。所有试验工况下各测点的残余应变均小于 5%。另外，各试验工况下，钢箱梁底板横桥向应力最大拉应力为 3.2MPa，最大压应力为 -8.51MPa。

S1 断面应力实测结果与计算值比较（单位：MPa）　　表 4-10-14

测　　点			工况 1	
			实测值	计算值
顶板纵向应力	西	16	-0.29	-1.07
		17	-0.45	-0.97
		18	-0.53	-0.84
	东	16	-0.27	-1.07
		17	-0.35	-0.97
		18	-0.24	-0.84

续上表

测点			工况1	
			实测值	计算值
底板纵向应力	西	2	27.62	31.70
		5	27.41	31.70
		7	24.89	27.05
	东	2	26.99	31.70
		5	26.15	31.70
		7	24.36	27.05
横隔板主应力	西	10~12	最大主应力 -1.89	—
		13~15	最大主应力 2.65	—
	东	10~12	最大主应力 -2.73	—
		13~15	最大主应力 5.43	—
斜腹板纵向应力	西	8	6.04	6.05
		9	18.90	20.30
	东	8	6.04	6.05
		9	18.43	20.30
底板 U 肋纵向应力	西	1	18.80	28.47
		4	20.47	28.47
	东	1	21.42	28.47
		4	18.06	28.47

测点			工况3	
			实测值	计算值
顶板纵向应力	西	16	-0.19	-0.61
		17	-0.11	-0.55
		18	-0.12	-0.48
	东	16	-0.35	-0.45
		17	-0.26	-0.41
		18	-0.26	-0.36
底板纵向应力	西	2	17.54	18.23
		5	17.54	18.23
		7	14.59	15.55
	东	2	10.29	13.47
		5	9.35	13.47
		7	8.72	11.49
横隔板主应力	西	10~12	最大主应力 1.96	—
		13~15	最大主应力 -6.20	—
	东	10~12	最大主应力 -1.89	—
		13~15	最大主应力 13.57	—

续上表

测点			工况3	
			实测值	计算值
斜腹板纵向应力	西	8	2.36	3.48
		9	10.29	11.67
	东	8	1.73	2.57
		9	5.83	8.63
底板U肋纵向应力	西	1	11.24	16.37
		4	12.08	16.37
	东	1	7.77	12.10
		4	5.36	12.10

注:表中“西”表示西侧箱室,“东”表示东侧箱室。下同。

S2 断面应力实测结果与计算值比较(单位:MPa)　　表4-10-15

测点			工况7	
			实测值	计算值
顶板纵向应力	西	16	0.48	1.78
		17	0.56	1.61
		18	0.88	1.42
	东	16	0.45	1.78
		17	0.62	1.61
		18	0.69	1.42
底板纵向应力	西	2	-31.45	-48.74
		5	-29.24	-48.74
		7	-24.52	-41.49
	东	2	-29.40	-48.74
		5	-27.19	-48.74
		7	-28.14	-41.49
横隔板主应力	西	10~12	最大主应力-3.36	—
		13~15	最大主应力-3.10	—
	东	10~12	最大主应力1.98	—
		13~15	最大主应力2.02	—
斜腹板纵向应力	西	8	-3.68	-8.79
		9	-22.00	-30.98
	东	8	-4.52	-8.79
		9	-20.90	-30.98
底板U肋纵向应力	西	1	-22.47	-43.71
		4	-21.37	-43.71
	东	1	-23.00	-43.71
		4	-41.25	-43.71

续上表

测点			工况5	
			实测值	计算值
顶板纵向应力	西	16	0.29	0.76
		17	0.23	0.69
		18	0.24	0.61
	东	16	0.19	0.56
		17	0.22	0.51
		18	0.20	0.45
底板纵向应力	西	2	-12.13	-20.62
		5	-10.24	-20.62
		7	-6.88	-17.55
	东	2	-2.52	-15.24
		5	-3.43	-15.24
		7	-5.25	-12.97
横隔板主应力	西	10~12	最大主应力1.80	—
		13~15	最大主应力2.19	—
	东	10~12	最大主应力-2.10	—
		13~15	最大主应力-1.20	—
斜腹板纵向应力	西	8	-2.84	-3.70
		9	-12.49	-13.10
	东	8	-1.32	-2.73
		9	-8.56	-9.68
底板U肋纵向应力	西	1	-9.77	-18.49
		4	-8.03	-18.49
	东	1	-11.47	-13.67
		4	-12.23	-13.67

S3断面应力实测结果与计算值比较(单位:MPa) 表4-10-16

测点			工况7	
			实测值	计算值
顶板纵向应力	西	16	-0.74	-0.96
		17	-0.28	-0.85
		18	-0.24	-0.73
	东	16	-0.59	-0.96
		17	-0.66	-0.85
		18	-0.69	-0.73

续上表

测点			工况7	
			实测值	计算值
底板纵向应力	西	2	28.35	33.65
		5	27.09	33.65
		7	23.63	28.83
	东	2	28.98	33.65
		5	29.19	33.65
		7	23.52	28.83
横隔板主应力	西	10~12	最大主应力2.49	—
		13~15	最大主应力-7.10	—
	东	10~12	最大主应力-2.50	—
		13~15	最大主应力-1.60	—
斜腹板纵向应力	西	8	4.15	7.09
		9	18.80	21.84
	东	8	6.35	7.09
		9	21.53	21.84
底板U肋纵向应力	西	1	17.12	30.30
		4	23.73	30.30
	东	1	27.51	30.30
		4	25.31	30.30

测点			工况9	
			实测值	计算值
顶板纵向应力	西	16	-0.12	-0.55
		17	-0.13	-0.49
		18	-0.17	-0.42
	东	16	-0.36	-0.41
		17	-0.31	-0.36
		18	-0.27	-0.31
底板纵向应力	西	2	18.69	19.35
		5	18.17	19.35
		7	15.75	16.58
	东	2	9.35	14.30
		5	9.05	14.30
		7	6.09	12.25
横隔板主应力	西	10~12	最大主应力2.69	—
		13~15	最大主应力-5.50	—
	东	10~12	最大主应力2.96	—
		13~15	最大主应力3.10	—

续上表

测点			工况9	
			实测值	计算值
斜腹板纵向应力	西	8	1.89	4.08
		9	12.01	12.56
	东	8	1.89	3.01
		9	6.83	9.28
底板U肋纵向应力	西	1	11.66	17.42
		4	15.96	17.42
	东	1	8.61	12.88
		4	7.88	12.88

S4断面应力实测结果与计算值比较(单位:MPa) 表4-10-17

测点			工况11	
			实测值	计算值
顶板纵向应力	西	16	-0.69	-0.92
		17	-0.45	-0.84
		18	-0.35	-0.75
	东	16	-0.54	-0.92
		17	-0.40	-0.84
		18	-0.55	-0.75
底板纵向应力	西	2	20.94	23.37
		5	20.57	23.37
		7	19.53	19.85
	东	2	22.82	23.37
		5	19.51	23.37
		7	17.16	19.85
横隔板主应力	西	10~12	最大主应力-2.20	—
		13~15	最大主应力1.29	—
	东	10~12	最大主应力4.93	—
		13~15	最大主应力2.91	—
斜腹板纵向应力	西	8	2.78	3.95
		9	12.39	14.74
	东	8	3.83	3.95
		9	12.69	14.74
底板U肋纵向应力	西	1	15.04	20.92
		4	19.85	20.92
	东	1	19.21	20.92
		4	20.79	20.92

续上表

测点			工况 13	
			实测值	计算值
顶板纵向应力	西	16	-0.23	-0.53
		17	-0.39	-0.48
		18	-0.26	-0.43
	东	16	-0.38	-0.39
		17	-0.19	-0.36
		18	-0.17	-0.32
底板纵向应力	西	2	11.80	13.44
		5	11.17	13.44
		7	10.44	11.41
	东	2	6.98	9.93
		5	8.09	9.93
		7	6.30	8.44
横隔板主应力	西	10~12	最大主应力 -1.50	—
		13~15	最大主应力 -1.90	—
	东	10~12	最大主应力 2.79	—
		13~15	最大主应力 2.80	—
斜腹板纵向应力	西	8	2.15	2.27
		9	8.03	8.48
	东	8	0.00	1.68
		9	5.72	6.26
底板 U 肋纵向应力	西	1	10.78	12.03
		4	10.81	12.03
	东	1	6.25	8.89
		4	5.67	8.89

S5 断面应力实测结果与计算值比较(单位:MPa) 表 4-10-18

测点			工况 15	
			实测值	计算值
顶板纵向应力	西	16	-1.02	-1.28
		17	-0.81	-1.15
		18	-0.68	-0.99
	东	16	-0.95	-1.28
		17	-1.04	-1.15
		18	-0.93	-0.99

续上表

测点			工况15	
			实测值	计算值
底板纵向应力	西	2	38.85	39.86
		5	38.00	39.86
		7	33.05	34.05
	东	2	38.03	39.86
		5	38.36	39.86
		7	30.54	34.05
横隔板主应力	西	10~12	最大主应力4.34	—
		13~15	最大主应力13.40	—
	东	10~12	最大主应力-2.70	—
		13~15	最大主应力-2.50	—
斜腹板纵向应力	西	8	5.99	7.87
		9	22.21	25.64
	东	8	6.72	7.87
		9	24.20	25.64
底板U肋纵向应力	西	1	34.18	35.83
		4	34.59	35.83
	东	1	33.26	35.83
		4	32.10	35.83

测点			工况17	
			实测值	计算值
顶板纵向应力	西	16	-0.59	-0.73
		17	-0.60	-0.66
		18	-0.46	-0.57
	东	16	-0.23	-0.54
		17	-0.29	-0.49
		18	-0.24	-0.42
底板纵向应力	西	2	20.72	22.92
		5	20.47	22.92
		7	19.46	19.58
	东	2	15.75	16.94
		5	15.43	16.94
		7	13.23	14.47
横隔板主应力	西	10~12	最大主应力3.98	—
		13~15	最大主应力3.78	—
	东	10~12	最大主应力-0.90	—
		13~15	最大主应力-1.40	—

续上表

测点			工况 17	
			实测值	计算值
斜腹板纵向应力	西	8	4.42	4.52
		9	13.86	14.74
	东	8	2.21	3.34
		9	10.29	10.90
底板 U 肋纵向应力	西	1	18.21	20.60
		4	18.52	20.60
	东	1	14.33	15.23
		4	14.49	15.23

S6 断面应力实测结果与计算值比较(单位:MPa)　　表 4-10-19

测点			工况 19	
			实测值	计算值
顶板纵向应力	西	16	-0.45	-0.92
		17	—	-0.84
		18	-0.40	-0.75
	东	16	-0.80	-0.92
		17	-0.74	-0.84
		18	-0.62	-0.75
底板纵向应力	西	2	20.68	23.42
		5	20.52	23.42
		7	18.63	19.89
	东	2	20.52	23.42
		5	20.18	23.42
		7	21.95	19.89
横隔板主应力	西	10~12	最大主应力 3.24	—
		13~15	最大主应力 3.65	—
	东	10~12	最大主应力 -5.10	—
		13~15	最大主应力 -4.50	—
斜腹板纵向应力	西	8	3.89	3.95
		9	13.17	14.77
	东	8	3.10	3.95
		9	13.22	14.77
底板 U 肋纵向应力	西	1	20.58	20.97
		4	19.95	20.97
	东	1	18.74	20.97
		4	17.69	20.97

续上表

测点			工况21	
			实测值	计算值
顶板纵向应力	西	16	-0.49	-0.53
		17	—	-0.49
		18	-0.38	-0.43
	东	16	-0.21	-0.39
		17	-0.22	-0.36
		18	-0.20	-0.32
底板纵向应力	西	2	12.43	13.47
		5	11.96	13.47
		7	10.91	11.44
	东	2	6.25	9.95
		5	6.48	9.95
		7	7.67	8.45
横隔板主应力	西	10~12	最大主应力3.12	—
		13~15	最大主应力4.30	—
	东	10~12	最大主应力1.03	—
		13~15	最大主应力1.62	—
斜腹板纵向应力	西	8	1.96	2.27
		9	7.24	8.49
	东	8	1.32	1.68
		9	5.46	6.28
底板U肋纵向应力	西	1	11.18	12.06
		4	11.55	12.06
	东	1	6.46	8.91
		4	5.72	8.91

注:表中实测值为"—"表示该处测点已损坏,下同。

钢锚箱S7断面应力实测结果(单位:MPa) 表4-10-20

测点		工况15
		实测值
西侧钢锚箱主应力	1~3	最大主应力6.56
	4~6	最大主应力-5.7
	7~9	最大主应力16.45
	10~12	最大主应力22.3

续上表

测点		工况17
		实测值
西侧钢锚箱主应力	1~3	最大主应力2.67
	4~6	最大主应力2.57
	7~9	最大主应力5.48
	10~12	最大主应力8.20

钢锚梁S8断面应力实测结果与计算值比较(单位:MPa) 表4-10-21

测点	工况15	
	实测值	计算值
1	10.92	12.74
2	10.15	10.77
3	3.06	3.22
4	0.81	1.25
测点	工况17	
	实测值	计算值
1	3.99	5.41
2	4.20	4.58
3	1.05	1.37
4	0.35	0.53

北塔塔根S10断面应力实测结果与计算值比较(单位:MPa) 表4-10-22

测点		工况25	
		实测值	计算值
东塔柱	1	0.25	0.57
	2	0.28	0.57
	3	-0.39	-0.59
	4	-0.30	-0.59
西塔柱	5	0.26	0.57
	6	0.28	0.57
	7	-0.53	-0.59
	8	-0.56	-0.59

北塔中跨J26斜拉索索力增量实测值与理论值比较 表4-10-23

索号	工况15			工况17		
	索力增量(kN)		拉索应力(MPa)	索力增量(kN)		拉索应力(MPa)
	实测值	计算值		实测值	计算值	
NWJ-26	689.7	716.7	654.5	520.2	520.4	640.1
NEJ-26	694.2	716.7	649.9	196.2	196.4	608.9

2.主梁挠度测试结果与分析

(1)在各主要加载工况下,主梁竖向挠度实测值与理论计算值的比较列于表4-10-24中。可见,试验中主梁上下游的变形协调,且主要测点的挠度实测值小于理论计算值。边跨实测最大挠度为0.056m(计算值为0.073m);中跨实测最大挠度为0.335m(计算值为0.337m)。试验数据还表明,各控制荷载卸载后的结构相对残余挠度均小于5%。

各工况下主梁竖向挠度实测值与理论值的比较(单位:mm) 表 4-10-24

工况			1	2	3	4	5	6	7	8	9	10	11	12	13	14	15
1	实测	西	18.9	-8.3	-2.3	-0.7	-3.7	-6.9	-9.2	-7.1	-4.1	-0.5	-0.2	0.2	0.5	0.3	0.6
		东	18.9	-6.9	-	-0.3	-3.5	-6.3	-11.4	-7.6	-4.9	-1.5	-0.4	0.3	0.6	0.4	0.7
	计算		31.5	-8.5	-3.3	-1.0	-4.0	-7.1	-12.4	-7.9	-5.3	-2.3	-1.0	0.7	1.0	0.7	0.1
3	实测	西	13.8	-4.6	-0.8	-0.6	-5.0	-10.0	-13.6	-7.5	-6.4	-3.1	-1.4	-0.5	-0.6	0.3	0.8
		东	4.2	-2.4	-	-0.8	-4.6	-7.7	-8.8	-9.0	-5.6	-3.0	-1.3	-0.7	-1.0	0.3	0.2
	计算	西	18.1	-4.9	-1.9	-1.5	-7.6	-12.4	-14.2	-15.4	-8.3	-5.8	-3.6	-1.4	-1.6	0.5	1.0
		东	13.4	-3.6	-1.4	-1.0	-5.4	-8.7	-9.1	-12.5	-6.0	-3.6	-2.4	-0.9	-1.4	0.4	0.6
5	实测	西	-4.7	23.2	17.6	5.7	-2.8	-1.8	-2.1	0.1	0.3	1.4	0.6	-0.5	-1.0	-1.2	0.5
		东	-5.4	13.0	-	3.6	-2.8	-2.2	-3.7	-1.8	0.2	1.0	0.7	-0.5	-0.8	-0.4	0.3
	计算	西	-6.4	29.3	22.2	8.5	-8.5	-11.6	-10.1	-4.9	0.5	3.4	3.4	-2.5	-3.3	-2.1	0.6
		东	-5.8	21.6	16.4	6.3	-6.3	-8.6	-7.5	-3.7	0.4	2.5	2.5	-1.8	-2.4	-1.5	0.6
7	实测	西	6.6	44.9	56.1	23.8	-15.0	-22.6	-26.9	-17.5	-5.0	-2.2	-1.5	-0.3	-1.5	-1.0	2.0
		东	8.9	45.3	-	25.1	-14.1	-23.2	-24.2	-16.1	-3.8	-2.1	-1.9	-0.3	-1.2	-1.8	1.8
	计算		9.2	58.6	73.4	33.7	-27.1	-37.4	-34.5	-18.1	-6.5	-9.8	-10.0	-7.3	-9.6	-6.1	3.3
9	实测	西	2.5	29.3	37.0	14.3	-5.1	-6.7	-7.9	-4.0	0.5	2.4	1.1	-2.2	-5.3	-3.4	2.1
		东	0.9	15.6	-	9.0	-5.3	-7.7	-8.3	-1.3	0.5	3.6	0.8	-2.5	-3.3	-1.6	2.0
	计算	西	4.2	33.7	42.2	19.4	-15.6	-21.5	-19.8	-10.4	0.9	5.6	5.8	-4.2	-5.5	-4.5	2.8
		东	3.1	24.9	31.2	14.3	-11.5	-15.9	-14.6	-7.7	0.7	4.2	4.3	-3.1	-4.1	-2.6	2.6
11	实测	西	-4.1	-12.8	-18.2	-13.4	35.3	99.5	67.9	31.5	5.4	-1.1	0.3	0.4	1.1	-0.2	-0.7
		东	-3.7	-12.9	-	-13.5	37.4	101.2	69.0	29.8	6.2	-1.3	0.2	0.3	0.4	-0.6	-1.1
	计算		-4.5	-18.7	-28.2	-20.0	42.8	108.1	73.1	39.0	7.3	-9.2	-9.2	6.7	8.8	5.6	-1.4
13	实测	西	-1.7	-6.7	-8.8	-6.6	21.6	61.8	41.9	19.8	6.4	-2.3	-0.8	2.4	4.5	3.0	-0.1
		东	-1.9	-6.8	-	-5.9	14.0	39.3	29.1	13.7	2.9	-1.1	-0.3	2.2	4.8	2.2	-0.2
	计算	西	-2.6	-10.8	-16.2	-11.5	24.6	62.1	42.0	21.7	7.2	-5.3	-5.3	3.9	6.0	3.2	-0.8
		东	-1.9	-8.0	-12.0	-8.5	18.2	45.9	31.1	15.3	4.1	-3.9	-3.9	2.9	5.7	2.4	-0.6
15	实测	西	-9.5	-20.3	-29.0	-20.1	26.9	89.2	225.7	329.5	215.2	65.0	20.9	-16.4	-24.2	-14.4	-7.9
		东	-9.0	-18.7	-	-19.9	27.1	93.0	231.8	335.4	216.7	64.9	21.0	-16.0	-24.2	-14.6	-8.6
	计算		-14.5	-21.5	-31.5	-20.4	31.9	97.4	235.4	336.7	220.6	72.2	23.8	-17.3	-24.5	-16.8	-13.8
17	实测	西	-5.0	-9.4	-15.2	-10.1	15.4	55.2	138.0	199.3	131.8	40.4	13.0	-8.3	-12.7	-7.5	-4.4
		东	-7.0	-9.6	-	-9.2	10.5	35.1	89.7	129.5	82.5	23.4	8.0	-7.4	-11.4	-7.1	-4.3
	计算	西	-8.4	-12.4	-18.1	-11.7	18.4	56.0	135.3	203.6	126.8	41.5	13.7	-8.8	-14.1	-9.7	-7.9
		东	-7.2	-10.1	-13.4	-9.7	13.6	41.4	100.0	143.1	93.7	30.7	10.1	-7.5	-12.4	-8.1	-5.9
19	实测	西	-0.8	0.6	0.5	-0.2	-1.2	-1.5	7.8	33.5	72.7	99.6	34.6	-12.8	-13.5	-10.3	-1.5
		东	-1.6	1.4	-	-0.5	-0.6	-1.8	6.6	29.6	73.3	100.1	34.1	-12.8	-17.7	-9.7	-2.4
	计算		-1.4	5.6	8.7	-6.7	-9.1	-9.2	8.3	34.2	74.5	108.3	42.6	-20.0	-28.2	-18.7	-4.4

续上表

工况			测点 1	2	3	4	5	6	7	8	9	10	11	12	13	14	15
21	实测	西	-0.2	-0.9	0.4	0.1	0.6	-1.0	7.3	19.2	42.9	62.2	21.7	-6.3	-8.7	-5.0	-1.2
		东	-1.4	-0.5	-	0.3	-0.2	-1.0	2.1	12.4	30.1	37.5	13.0	-5.7	-7.9	-4.7	-1.5
	计算	西	-0.8	-3.2	5.0	3.9	-5.3	-5.3	8.2	21.8	44.3	64.3	24.5	-11.5	-16.2	-10.8	-2.5
		东	-1.6	-2.4	3.7	2.9	-3.9	-3.9	5.1	13.4	31.2	46.0	18.1	-8.5	-12.0	-8.0	-1.9
23	实测	西	-0.9	-0.3	-0.5	-0.8	0.7	4.4	38.3	110.6	160.9	175.9	91.4	-29.4	-39.9	-24.1	-4.1
		东	-1.3	-2.0	-	-0.2	0.6	5.1	37.1	109.3	159.6	175.5	91.6	-28.9	-40.2	-23.1	-4.3
	计算		-4.4	-9.7	-15.3	-12.1	1.2	11.6	44.5	114.0	161.8	190.5	105.8	-42.6	-59.3	-39.3	-9.4

注:1. 测点具体位置见图 4-10-2;

2. 表中“西”为主梁断面西侧测点,“东”为主梁断面东侧测点;

3. 竖向挠度以向下为正,向下为负;

4. 3 号东测点因测量前方向被变动,无法施测。

3. 塔顶变位、梁端位移及桥面板裂缝测试结果与分析

1)塔顶变位

在各主要加载工况下,南、北索塔纵桥向变位的实测值与理论计算值的比较列于表 4-10-25 中。可见,索塔变位的实测值小于理论计算值。北索塔塔顶最大纵桥向位移为 77.7mm(计算值为 89.5mm);南索塔塔顶最大纵桥向位移,为 37.8mm(计算值为 53.7mm)。

各工况下主塔塔顶顺桥向位移实测值与理论值的比较(单位:mm)　表 4-10-25

工况 \ 测点	北塔塔顶测点		南塔塔顶测点	
	实测值	计算值	实测值	计算值
1	-14.1	-18.6	-2.1	-4.3
3	-8.4	-10.3	-1.4	-2.2
5	-11.6	-13.4	-1.8	-2.7
7	-16.4	-25.6	-4.1	-6.7
9	8.3	12.7	-1.8	-3.4
11	46.1	59.3	-15.2	-19.5
13	25.8	29.2	-7.3	-10.8
15	61.6	71.5	-60.4	-71.6
17	29.2	30.7	-29.9	-35.8
19	9.1	12.2	-23.3	-29.5
21	5.3	6.7	-11.9	-15.1
23	77.7	89.5	37.8	53.7

注:1. 测点具体位置见图 4-10-2;

2. 表中位移以向南为正,向北为负。

2)梁端位移

在各主要加载工况下,主梁梁端测点纵桥向位移实测值与理论计算值的比较列于表 4-10-26 中。可见,试验中梁端东、西侧的变形协调,且实测值小于理论计算值。主梁梁端实测最大纵向位移为 20.3mm(计算值为 42.4mm)。

梁端纵桥向位移实测值与理论值的比较(单位:mm) 表 4-10-26

工况＼测点	北端测点			南端测点		
	实测值		计算值	实测值		计算值
	西	东		西	东	
1	14.0	14.0	15.8	-14.0	-14.0	-15.1
3	11.3	12.1	13.6	-11.3	-11.1	-12.4
5	10.1	10.3	12.9	-10.5	-10.7	-12.3
7	10.0	13.0	38.3	-17.0	-17.0	-37.2
9	10.0	12.0	19.2	-15.0	-15.0	-18.6
11	15.5	15.2	23.8	-11.0	-12.0	-24.7
13	10.0	11.0	16.9	-16.0	-16.0	-17.3
15	5.0	9.0	11.2	-7.2	-8.3	-10.0
17	5.0	8.0	16.6	-11.5	-11.3	-15.0
19	10.0	9.0	24.6	16.2	16.4	23.7
21	6.0	5.0	17.3	15.0	15.0	16.9
23	20.1	20.4	42.4	19.0	19.0	40.2

注:1. 测点具体位置见图 4-10-2;

2. 表中"西"为主梁断面西侧测点,"东"为主梁断面东侧测点;

3. 表中位移以向南为正,向北为负。

3)桥面板裂缝

主桥静载试验过程中对外观检查中发现的桥面板底部纵桥向裂缝(见第二节)进行了监测,测试结果表明:混凝土桥面板底部的纵桥向裂缝在静载试验过程中,其宽度和长度未见明显变化。

4. 温度测试

静载试验对中跨跨中 S5 断面钢箱梁的温度进行了监测,测点布置见图 4-10-7。

测试结果表明:

(1)主梁中跨跨中断面箱梁顶、底板及腹板温度变化规律基本一致;

(2)钢箱梁顶板的温度在 12.1 ~ 13.7℃之间,底板温度在 10.7 ~ 13.4℃之间,腹板温度在 11.2 ~ 13.8℃之间。

(七)小结

主桥静载试验测试结果表明:

(1)主桥所有控制断面的实测应力、各测点的主梁挠度、南北塔顶变位、梁端纵桥向位移以及斜拉索索力增量均小于理论计算值。

(2)各试验控制断面主要应力测点的试验校验系数为 0.45 ~ 0.98;主梁挠度测点的试验校验系数为 0.46 ~ 0.96;塔顶变位测点的试验校验系数为 0.49 ~ 0.95;梁端位移测点的试验校验系数为0.30 ~ 0.92。

(3)在横向对称加载情况下,加劲梁竖向挠度、索塔变形以及主梁应力对称性良好,表明大桥整体上受力均衡,整体性好。

(4)试验过程中,钢组合梁的桥面板纵向最大压应力为 1.24MPa;底板最大拉应力为 38.85MPa;横隔板主应力绝对值均小于 15MPa;腹板纵桥向拉应力最大值为 24.2MPa;底板 U 肋纵桥向拉应力最大值为 41.25MPa;底板横桥向应力绝对值最大为 8.51MPa。

(5)试验中,边跨实测最大挠度为 0.056m;中跨实测最大挠度为 0.335m。

(6)静力加载过程中,桥面板既有纵桥向裂缝未见明显变化。

(7)试验数据还表明,各控制荷载卸载后的结构相对残余应变和相对残余挠度均远小于20%,桥梁一直处于弹性工作阶段。

二、北引桥

(一)试验荷载

根据静力荷载效率要求及主要控制断面的设计内力计算结果,再考虑加载车辆的特性及现场组织车辆的条件,选用了12辆单车满载总重约300kN的载重车作北引桥的加载车辆。实际试验车辆的前后轴轮距为180cm,前中轴轴距为410cm左右。

(二)测试控制部位、测试内容及测点布置

1.测试区域

根据北引桥第一联及第五联的结构受力特点及委托要求,选择最不利的控制断面作为静载试验的测试位置,具体位置及说明详见图4-10-8及表4-10-27。

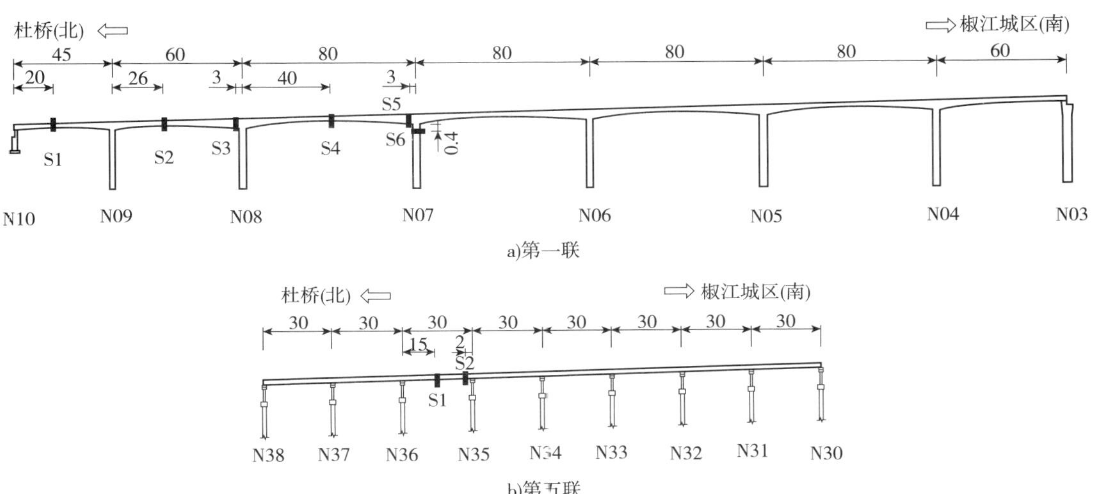

图4-10-8 北引桥静载试验测试断面示意图(尺寸单位:m)

静载试验测试控制断面说明 表4-10-27

断面		具体部位	说明
第一联	S1	N09~N10墩近L/2主梁断面	正弯矩、挠度较大
	S2	N08~N09墩近L/2主梁断面	正弯矩、挠度较大
	S3	N08墩墩顶主梁断面	负弯矩最大
	S4	N07~N08墩L/2主梁断面	正弯矩、挠度较大
	S5	N07墩墩顶主梁断面	负弯矩较大
	S6	N07墩墩柱顶断面弯矩	墩柱弯矩较大
第五联	S1	N35~N36墩L/2主梁断面	正弯矩、挠度较大
	S2	N35墩墩顶主梁断面	负弯矩最大

2.测试内容

北引桥静载试验测试内容见表4-10-28。

北引桥静载试验测试内容　　表 4-10-28

测试项目		测试内容
第一联	结构挠度	S1、S2、S4 断面挠度
	结构应力	S1 断面应力（正、偏载）
		S2 断面应力（正、偏载）
		S3 断面应力
		S4 断面应力（正、偏载）
		S5 断面应力
		S6 断面应力
第五联	结构挠度	S1 断面挠度
	结构应力	S1 断面应力（正、偏载）
		S2 断面应力

3. 测点布置

北引桥静载试验各测试断面应力、挠度测点布置见图 4-10-9 ~ 图 4-10-12。

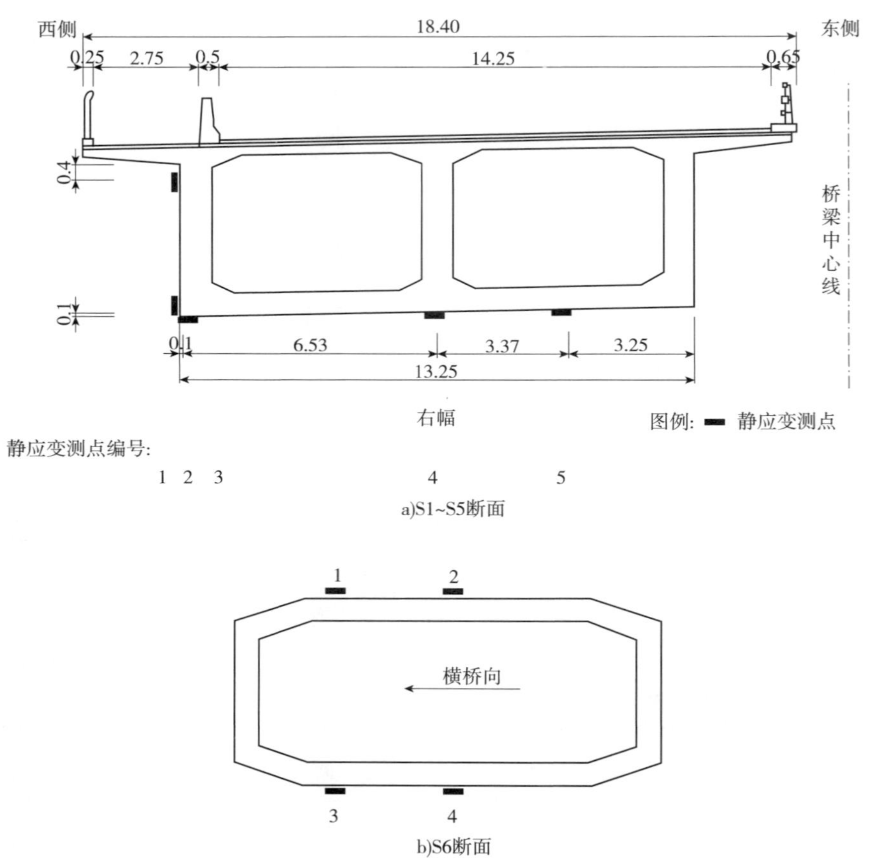

图 4-10-9　北引桥第一联 S1 ~ S6 断面静应力测点布置示意图（尺寸单位：m）

（三）加载效率

根据确定的各项静载试验测试内容、加载工况，逐项进行加载测试。表 4-10-29 和表 4-10-30 给出了北引桥第一联及第五联静载试验各加载工况的主要结构内力的理论计算值以及相应的荷载效率 η。各试验工况的荷载效率系数介于 0.95 ~ 1.04 之间。

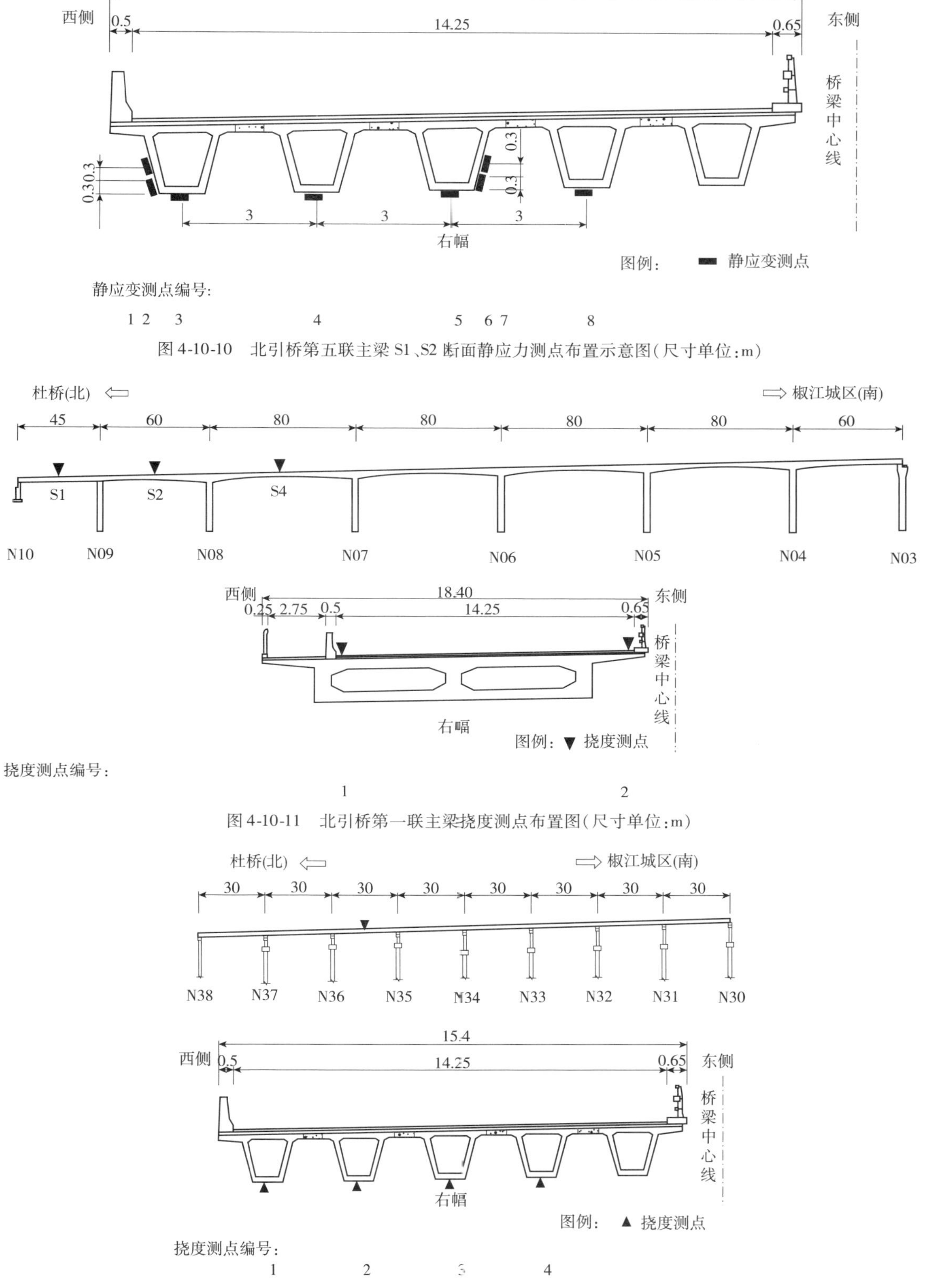

图 4-10-10 北引桥第五联主梁 S1、S2 断面静应力测点布置示意图(尺寸单位：m)

图 4-10-11 北引桥第一联主梁挠度测点布置图(尺寸单位：m)

图 4-10-12 北引桥第五联主梁挠度测点布置图(尺寸单位：m)

(四)试验结果和分析

对静载试验中测量得到的应变和变形原始数据进行处理，得到各测试部位在相应试验荷载下的实测应力和变形。静载试验结果及与理论值的比较见表4-10-31～表4-10-45，表中混凝土应力正值表示拉应力，负值表示压应力，表中应力绝对值较小（<0.2MPa）的测点未列出其校验系数值。所有试验工况下各测点的残余应变均小于5%。

北引桥第一联控制部位试验荷载效率系数 表4-10-29

断面	效应	设计荷载效应	试验荷载效应	荷载效率η
S1	N09～N10墩近L/2主梁截面正弯矩（kN·m）	16590.7	15820.8	0.95
S2	N08～N09墩近L/2主梁截面正弯矩（kN·m）	13210.2	12888.7	0.98
S3	N08墩墩顶主梁截面负弯矩（kN·m）	−26686.4	−25533.3	0.96
S4	N07～N08墩L/2主梁截面正弯矩（kN·m）	14352.6	13605.2	0.95
S5	N07墩墩顶主梁截面负弯矩（kN·m）	−34439.5	−35375.8	1.03
S6	N07墩墩顶截面弯矩（kN·m）	29403.8	30606.1	1.04

北引桥第五联控制部位试验荷载效率系数 表4-10-30

断面	效应	设计荷载效应	试验荷载效应	荷载效率η
S1	N35～N36墩主梁L/2断面正弯矩（kN·m）	7227.7	6477.8	0.90
S2	N35墩墩顶断面负弯矩（kN·m）	−4510.6	−4552.9	1.01

1. 第一联

北引桥第一联静载试验结果及与理论值的比较见表4-10-31～表4-10-41。

S1断面正弯矩对称加载工况混凝土应力比较表 表4-10-31

混凝土应力	测点				
	1	2	3	4	5
实测值（MPa）	−0.09	1.03	1.36	1.62	1.66
计算值（MPa）	−0.05	1.59	1.72	1.72	1.72
实测值/计算值	—	0.65	0.79	0.94	0.97

S1断面正弯矩偏载工况混凝土应力比较表 表4-10-32

混凝土应力	测点				
	1	2	3	4	5
实测值（MPa）	−0.18	1.17	1.61	1.64	1.40
计算值（MPa）	−0.05	1.82	1.97	1.72	1.55
实测值/计算值	—	0.64	0.82	0.95	0.90

S2断面正弯矩对称加载工况混凝土应力比较表 表4-10-33

混凝土应力	测点				
	1	2	3	4	5
实测值（MPa）	−0.09	0.99	1.57	1.54	1.56
计算值（MPa）	−0.08	1.70	1.85	1.85	1.85
实测值/计算值	—	0.58	0.85	0.83	0.84

S2 断面正弯矩偏载工况混凝土应力比较表

表 4-10-34

混凝土应力	测 点				
	1	2	3	4	5
实测值(MPa)	-0.20	1.21	1.72	1.51	1.25
计算值(MPa)	-0.09	1.95	2.12	1.85	1.66
实测值/计算值	—	0.62	0.81	0.82	0.75

S3 断面负弯矩对称加载工况混凝土应力比较表

表 4-10-35

混凝土应力	测 点				
	1	2	3	4	5
实测值(MPa)	0.33	-0.78	-0.57	-0.55	-0.60
计算值(MPa)	0.57	-0.85	-0.89	-0.89	-0.89
实测值/计算值	0.58	0.92	0.64	0.62	0.67

S4 断面正弯矩对称加载工况混凝土应力比较表

表 4-10-36

混凝土应力	测 点				
	1	2	3	4	5
实测值(MPa)	-0.08	1.44	1.71	1.88	1.78
计算值(MPa)	-0.14	1.89	2.05	2.05	2.05
实测值/计算值	—	0.76	0.83	0.92	0.87

S4 断面正弯矩偏载工况混凝土应力比较表

表 4-10-37

混凝土应力	测 点				
	1	2	3	4	5
实测值(MPa)	-0.12	1.79	2.09	1.78	1.49
计算值(MPa)	-0.16	2.11	2.35	2.05	1.84
实测值/计算值	—	0.85	0.89	0.87	0.81

S5 断面负弯矩对称加载工况混凝土应力比较表

表 4-10-38

混凝土应力	测 点				
	1	2	3	4	5
实测值(MPa)	0.30	-0.98	-1.10	-1.02	-1.13
计算值(MPa)	0.72	-1.25	-1.30	-1.30	-1.30
实测值/计算值	0.42	0.78	0.85	0.78	0.87

S6 断面弯矩对称加载工况混凝土应力比较表

表 4-10-39

混凝土应力	测 点			
	1	2	3	4
实测值(MPa)	0.83	0.94	-1.23	-1.28
计算值(MPa)	1.29	1.29	-1.50	-1.50
实测值/计算值	0.64	0.73	0.82	0.85

S1、S2 断面加载工况挠度比较表　　表 4-10-40

挠度(mm)	S1 断面				S2 断面			
	对称加载		偏载		对称加载		偏载	
	测点 1	测点 2	测点 1	测点 2	测点 1	测点 2	测点 1	测点 2
实测值	5.6	5.2	6.8	4.1	6.2	6.1	8.4	4.7
计算值	7.7	7.7	8.8	6.5	9.3	9.3	10.7	7.9
实测值/计算值	0.73	0.68	0.77	0.63	0.67	0.66	0.79	0.59

S4 断面加载工况挠度比较表　　表 4-10-41

挠度(mm)	对称加载		偏载	
	测点 1	测点 2	测点 1	测点 2
实测值	11.7	11.4	13.7	9.5
计算值	13.6	13.6	15.6	11.6
实测值/计算值	0.86	0.84	0.88	0.82

2. 第五联

北引桥第五联静载试验结果及与理论值的比较见表 4-10-42 ~ 表 4-10-45。

S1 断面正弯矩对称加载工况混凝土应力比较表　　表 4-10-42

混凝土应力	测点							
	1	2	3	4	5	6	7	8
实测值(MPa)	0.56	0.92	1.10	1.44	1.39	1.22	0.91	1.18
计算值(MPa)	1.48	2.52	3.56	3.56	3.56	2.52	1.48	3.56
实测值/计算值	0.38	0.37	0.31	0.40	0.39	0.48	0.61	0.33

S1 断面正弯矩偏载工况混凝土应力比较表　　表 4-10-43

混凝土应力	测点							
	1	2	3	4	5	6	7	8
实测值(MPa)	1.47	1.90	3.06	2.19	2.53	1.30	1.16	1.37
计算值(MPa)	1.88	3.21	4.53	4.05	3.56	2.52	1.48	3.07
实测值/计算值	0.78	0.59	0.68	0.54	0.71	0.52	0.78	0.45

S2 断面负弯矩对称加载工况混凝土应力比较表　　表 4-10-44

混凝土应力	测点							
	1	2	3	4	5	6	7	8
实测值(MPa)	-0.39	-0.59	-0.70	-1.06	-1.29	-1.01	-0.69	-1.46
计算值(MPa)	-1.02	-1.75	-2.47	-2.47	-2.47	-1.75	-1.02	-2.47
实测值/计算值	0.38	0.34	0.28	0.43	0.52	0.59	0.68	0.59

S1 断面加载工况挠度比较表　　表 4-10-45

挠度(mm)	对称加载				偏载			
	测点 1	测点 2	测点 3	测点 4	测点 1	测点 2	测点 3	测点 4
实测值	3.7	4.1	4.4	4.5	5.4	5.0	4.4	3.2
计算值	7.7	7.7	7.7	7.7	9.8	8.8	7.7	6.6
实测值/计算值	0.48	0.53	0.57	0.58	0.55	0.57	0.57	0.48

（五）小结

北引桥第一联和第五联静载试验测试结果表明：

（1）第一联所有试验控制断面混凝土应力主要测点的试验校验系数为 0.42～0.97；箱梁挠度测点的试验校验系数为 0.63～0.88。

（2）第五联所有试验控制断面混凝土应力主要测点的试验校验系数为 0.28～0.78；箱梁挠度测点的试验校验系数为 0.48～0.58。

（3）在横向对称加载情况下，主梁截面应力分布和挠度分布均匀性好。在横向偏心荷载作用下，应力和挠度的实测值与理论计算值相吻合。

（4）试验数据还表明，各控制荷载卸载后的结构相对残余应变和相对残余挠度均远小于20%，桥梁处于弹性工作阶段。

三、南引桥

（一）试验荷载

根据静力荷载效率要求及主要控制断面的设计内力计算结果，再考虑加载车辆的特性及现场组织车辆的条件，选用了 12 辆单车满载总重约 340kN 的载重车作南引桥的加载车辆。实际试验车辆的前后轴轮距为 180cm，前中轴轴距为 410cm 左右。

（二）测试控制部位、测试内容及测点布置

1. 测试区域

根据南引桥第一联、第二联及第四联的结构受力特点，选择最不利的控制断面作为静载试验的测试位置，具体位置及说明详见图 4-10-13 及表 4-10-46。

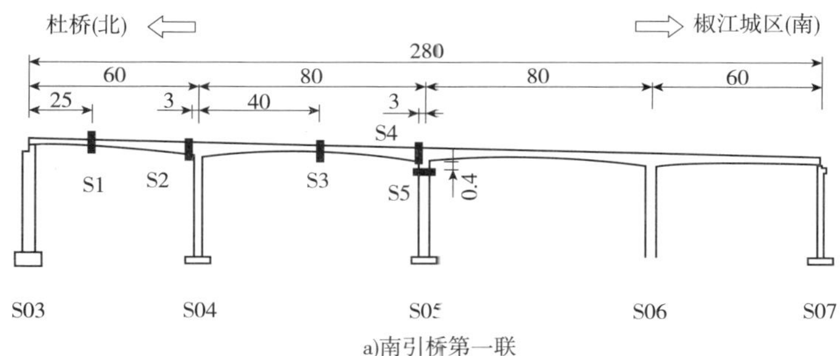

a)南引桥第一联

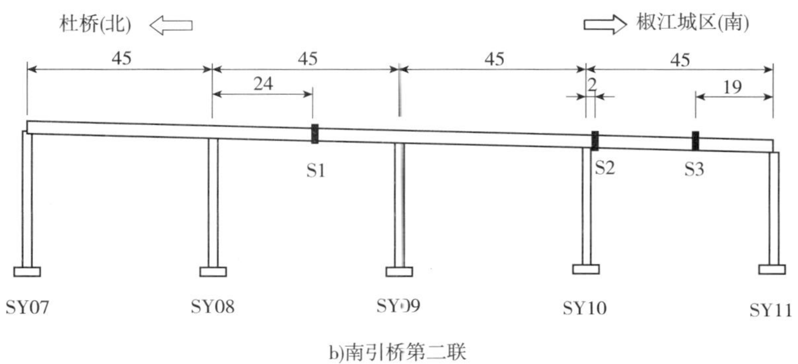

b)南引桥第二联

图 4-10-13

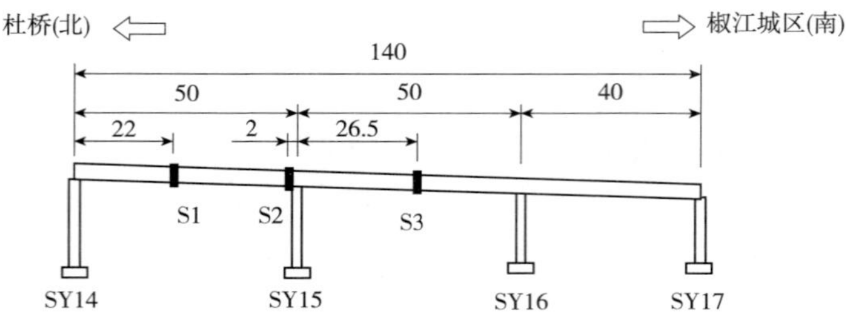

c)南引桥第四联

图 4-10-13　南引桥静载试验测试断面示意图(尺寸单位:m)

静载试验测试控制断面说明　　表 4-10-46

断面		具体部位	说明
第一联	S1	S03 ~ S04 墩近 L/2 主梁断面	正弯矩、挠度较大
	S2	S04 墩墩顶主梁断面	负弯矩较大
	S3	S04 ~ S05 墩 L/2 主梁断面	正弯矩、挠度较大
	S4	S05 墩墩顶主梁断面	负弯矩较大
	S5	S05 墩墩顶断面	墩柱弯矩较大
第二联	S1	SY08 ~ SY09 墩近 L/2 主梁断面	正弯矩、挠度较大
	S2	SY10 墩墩顶主梁断面	负弯矩较大
	S3	SY10 ~ SY11 墩近 L/2 主梁断面	正弯矩、挠度较大
第四联	S1	SY14 ~ SY15 墩近 L/2 主梁断面	正弯矩、挠度较大
	S2	SY15 墩墩顶主梁断面	负弯矩最大
	S3	SY15 ~ SY16 墩近 L/2 主梁断面	正弯矩、挠度最大

2. 测试内容

南引桥静载试验测试内容见表 4-10-47。

南引桥静载试验测试内容　　表 4-10-47

测试项目		测试内容
第一联	结构挠度	S1、S3 断面挠度
	结构应力	S1 断面应力(正、偏载)
		S2 断面应力
		S3 断面应力(正、偏载)
		S4 断面应力
		S5 断面应力
第二联	结构挠度	S1、S3 断面挠度
	结构应力	S1 断面应力(正、偏载)
		S2 断面应力
		S3 断面应力(正、偏载)
第四联	结构挠度	S1、S3 断面挠度
	支座位移、梁端转角	SY15 墩上支座位移、主梁两端转角(仅对称工况)
	结构应力	S1 断面应力(正、偏载)
		S2 断面应力
		S3 断面应力(正、偏载)

3.测点布置

南引桥静载试验各测试断面应力、挠度、转角测点布置见图4-10-14~图4-10-21。

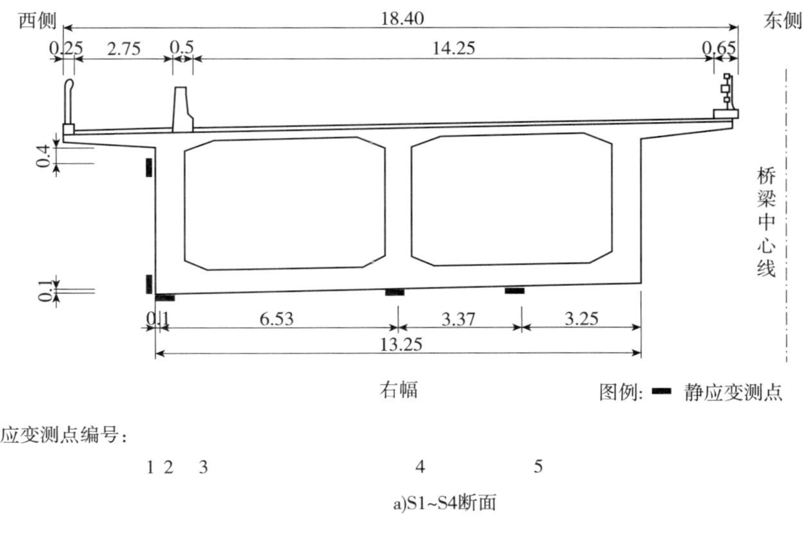

a)S1~S4断面

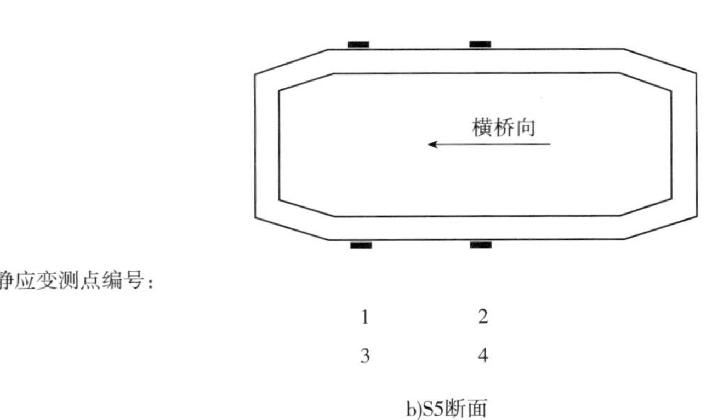

b)S5断面

图4-10-14 南引桥第一联S1~S5断面静应力测点布置示意图(尺寸单位:m)

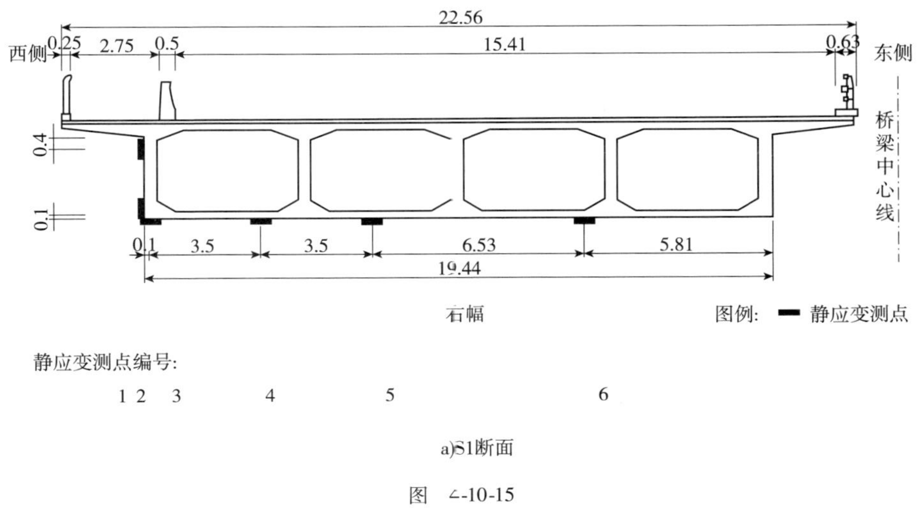

a)S1断面

图 ∠-10-15

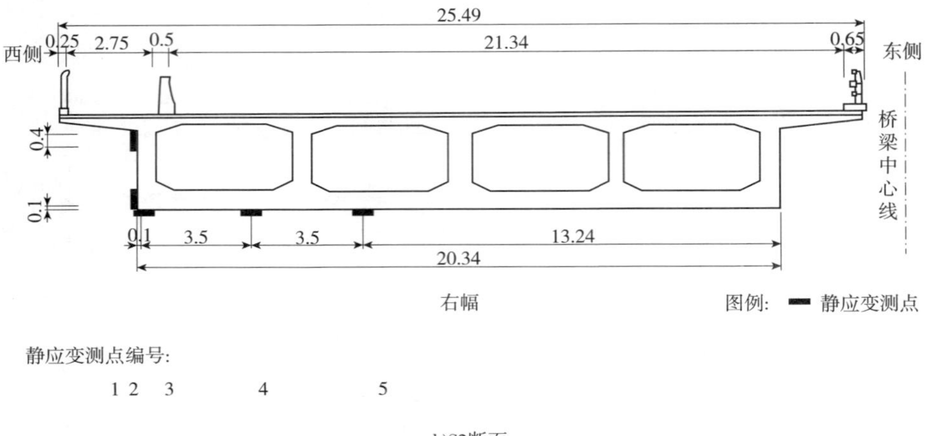

b)S2断面

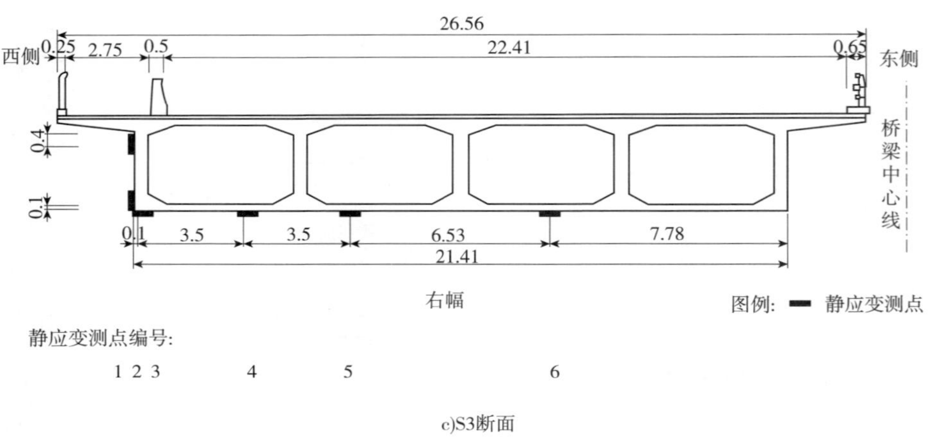

c)S3断面

图4-10-15 南引桥第二联S1～S3断面静应力测点布置示意图(尺寸单位:m)

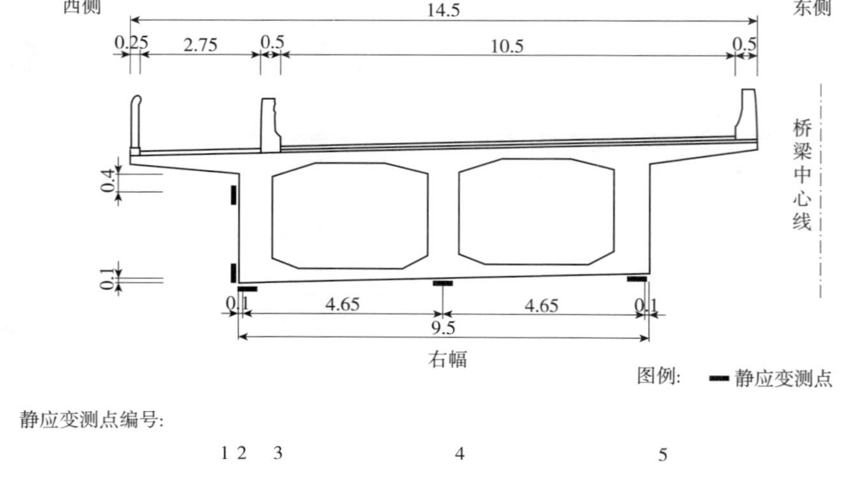

图4-10-16 南引桥第四联S1～S3断面静应力测点布置示意图(尺寸单位:m)

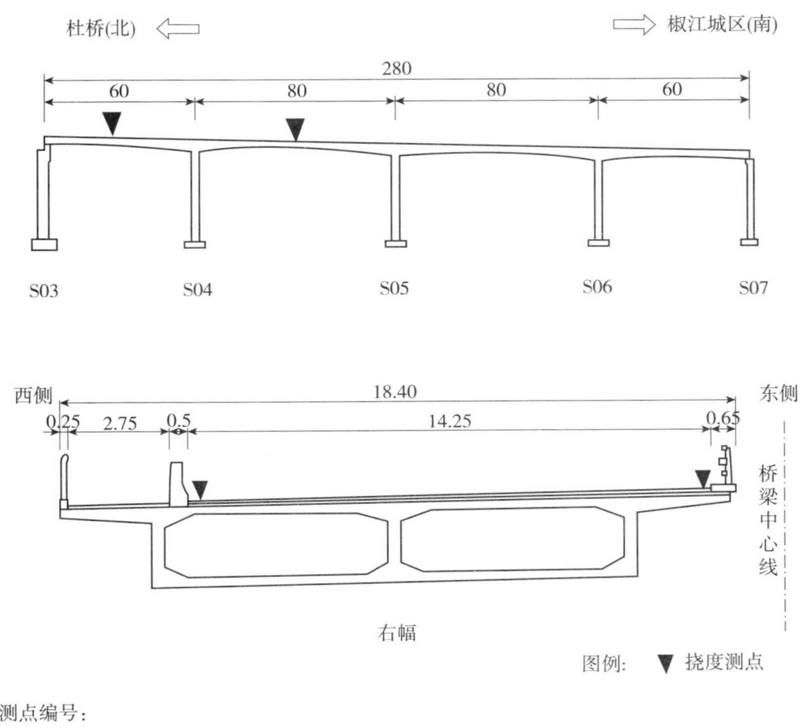

图 4-10-17　南引桥第一联主梁挠度测点布置示意图(尺寸单位:m)

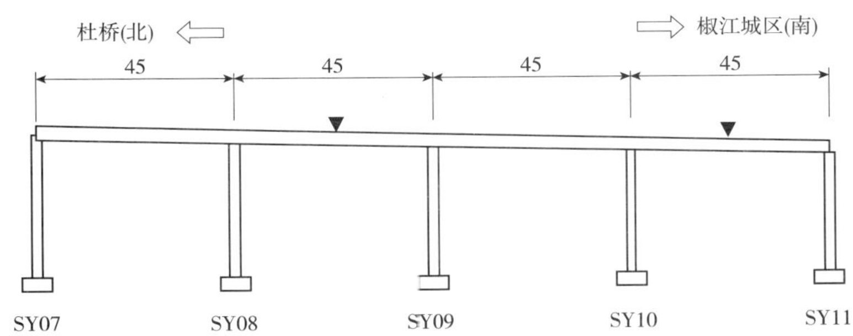

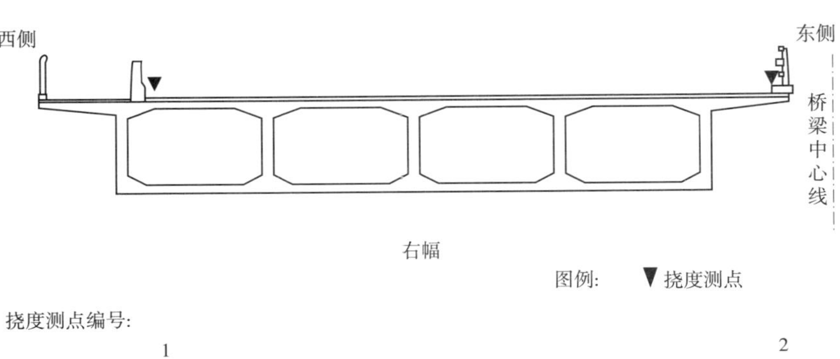

图 4-10-18　南引桥第二联主梁挠度测点布置示意图(尺寸单位:m)

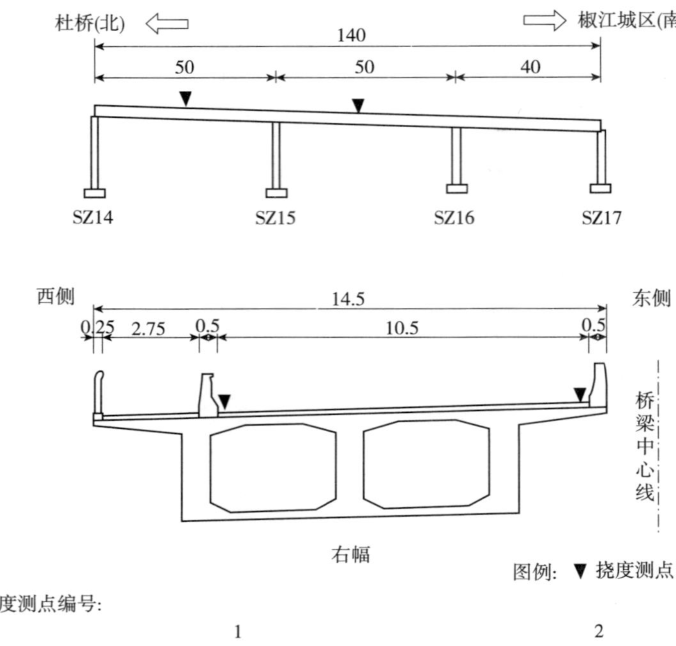

图 4-10-19　南引桥第四联主梁挠度测点布置示意图(尺寸单位:m)

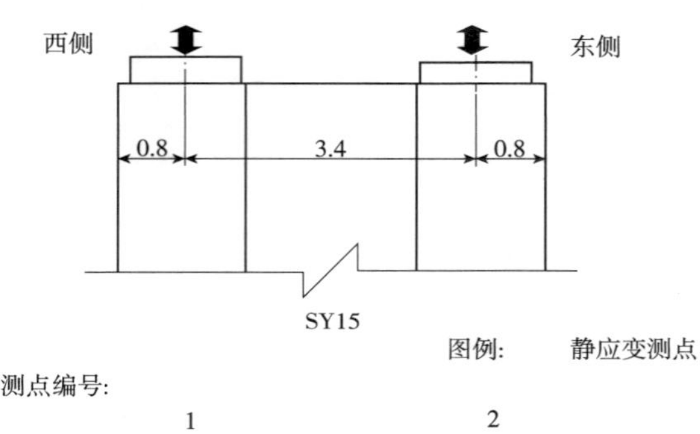

图 4-10-20　南引桥第四联支座位移测点布置示意图(尺寸单位:m)

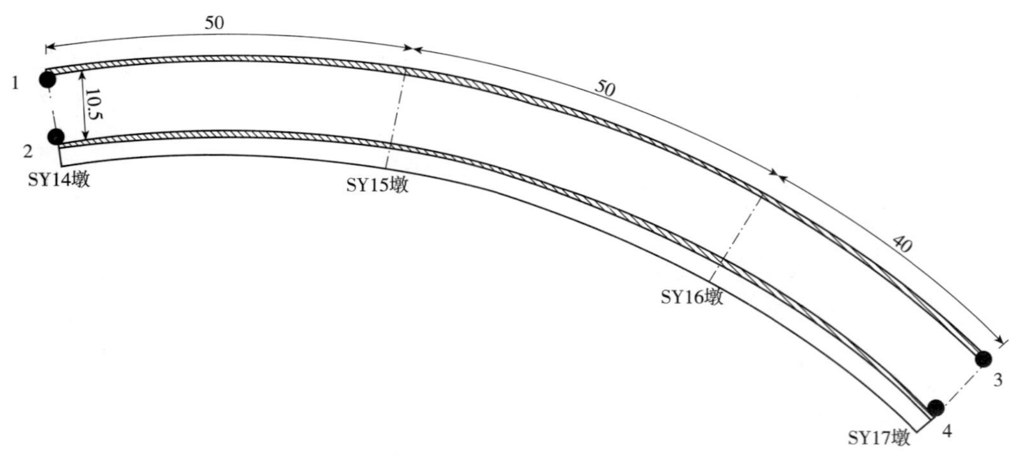

图 4-10-21　南引桥第四联梁端转角测点布置示意图(尺寸单位:m)

(三)加载效率

表 4-10-48 ~ 表 4-10-50 给出了南引桥第一联、第二联及第四联静载试验各加载工况的主要结构内力

的理论计算值以及相应的荷载效率 η。可见,各试验工况的荷载效率系数介于 0.90 ~ 1.00 之间。

南引桥第一联控制部位试验荷载效率系数　　表 4-10-48

断面	效　应	设计荷载效应	试验荷载效应	荷载效率 η
S1	S03 ~ S04 墩近 L/2 主梁截面正弯矩(kN·m)	18797.8	18804.0	1.00
S2	S04 墩墩顶主梁截面负弯矩(kN·m)	-39715.7	-35763.2	0.90
S3	S04 ~ S05 墩 L/2 主梁截面正弯矩(kN·m)	14559.5	14112.2	0.97
S4	S05 墩墩顶主梁截面负弯矩(kN·m)	-33752.7	-33705.9	1.00
S5	S05 墩墩顶截面弯矩(kN·m)	28656.3	27599.2	0.96

南引桥第二联控制部位试验荷载效率系数　　表 4-10-49

断面	效　应	设计荷载效应	试验荷载效应	荷载效率 η
S1	SY08 ~ SY08 墩近 L/2 主梁截面正弯矩(kN·m)	14675.7	14079.3	0.96
S2	近 SY10 墩墩顶主梁截面负弯矩(kN·m)	-11973.9	-11778.3	0.98
S3	SY10 ~ SY11 墩近 L/2 主梁截面正弯矩(kN·m)	20220.7	19165.2	0.95

南引桥第四联控制部位试验荷载效率系数　　表 4-10-50

断面	效　应	设计荷载效应	试验荷载效应	荷载效率 η
S1	SY14 ~ SY15 墩近 L/2 主梁截面正弯矩(kN·m)	18523.2	18687.1	1.01
S2	SZ15 墩墩顶主梁截面负弯矩(kN·m)	-11862.3	-11678.9	0.98
S3	SZ15 ~ SZ16 墩 L/2 主梁截面正弯矩(kN·m)	14706.9	14416.7	0.98

(四)试验结果和分析

对静载试验中测量得到的应变和变形原始数据进行处理,得到各测试部位在相应试验荷载下的实测应力和变形。静载试验结果及与理论值的比较见表 4-10-51 ~ 表 4-10-71,表中混凝土应力正值表示拉应力,负值表示压应力,表中应力绝对值较小(<0.2MPa)的测点未列出其校验系数值。所有试验工况下各测点的残余应变均小于 5%。

1. 第一联

南引桥第一联静载试验结果及与理论值的比较见表 4-10-51 ~ 表 4-10-58。

S1 断面正弯矩对称加载工况混凝土应力比较表　　表 4-10-51

混凝土应力	测　点				
	1	2	3	4	5
实测值(MPa)	-0.15	1.38	1.62	1.65	1.74
计算值(MPa)	-0.57	1.98	2.12	2.12	2.12
实测值/计算值	—	0.70	0.76	0.78	0.82

S1 断面正弯矩偏载工况混凝土应力比较表　　表 4-10-52

混凝土应力	测　点				
	1	2	3	4	5
实测值(MPa)	-0.43	1.80	1.95	1.61	1.58
计算值(MPa)	-0.66	2.28	2.44	2.12	1.90
实测值/计算值	0.65	0.79	0.80	0.76	0.83

S2 断面负弯矩对称加载工况混凝土应力比较表　　表 4-10-53

混凝土应力	测点				
	1	2	3	4	5
实测值(MPa)	0.33	-1.04	-1.16	-1.05	-1.08
计算值(MPa)	0.76	-1.20	-1.25	-1.25	-1.25
实测值/计算值	0.43	0.87	0.93	0.84	0.86

S3 断面正弯矩对称加载工况混凝土应力比较表　　表 4-10-54

混凝土应力	测点				
	1	2	3	4	5
实测值(MPa)	-0.10	1.59	1.90	1.83	1.86
计算值(MPa)	-0.44	2.02	2.18	2.18	2.18
实测值/计算值	—	0.79	0.87	0.84	0.85

S3 断面正弯矩偏载工况混凝土应力比较表　　表 4-10-55

混凝土应力	测点				
	1	2	3	4	5
实测值(MPa)	-0.49	1.78	2.10	1.88	1.62
计算值(MPa)	-0.51	2.32	2.51	2.18	1.96
实测值/计算值	0.96	0.77	0.84	0.86	0.83

S4 断面负弯矩对称加载工况混凝土应力比较表　　表 4-10-56

混凝土应力	测点				
	1	2	3	4	5
实测值(MPa)	0.64	-0.85	-1.07	-0.97	-0.96
计算值(MPa)	0.73	-1.17	-1.18	-1.18	-1.18
实测值/计算值	0.88	0.73	0.91	0.82	0.81

S6 断面弯矩对称加载工况混凝土应力比较表　　表 4-10-57

混凝土应力	测点			
	1	2	3	4
实测值(MPa)	1.09	1.03	-0.98	-1.06
计算值(MPa)	1.18	1.18	-1.26	-1.26
实测值/计算值	0.92	0.87	0.78	0.84

S1、S3 断面加载工况挠度比较表　　表 4-10-58

挠度(mm)	S1 断面				S3 断面			
	对称加载		偏载		对称加载		偏载	
	测点 1	测点 2	测点 1	测点 2	测点 1	测点 2	测点 1	测点 2
实测值	8.1	7.9	9.4	6.7	9.7	9.6	11.2	8.3
计算值	10.4	10.4	11.9	8.8	13.2	13.2	15.1	11.2
实测值/计算值	0.78	0.76	0.79	0.76	0.73	0.73	0.74	0.79

2. 第二联

南引桥第二联静载试验结果及与理论值的比较见表 4-10-59 ~ 表 4-10-64。

S1断面正弯矩对称加载工况混凝土应力比较表 表4-10-59

混凝土应力	测点					
	1	2	3	4	5	6
实测值(MPa)	0.09	0.70	0.80	0.84	0.85	0.89
计算值(MPa)	-0.23	0.88	0.93	0.93	0.93	0.93
实测值/计算值	—	0.80	0.86	0.90	0.91	0.96

S1断面正弯矩偏载工况混凝土应力比较表 表4-10-60

混凝土应力	测点					
	1	2	3	4	5	6
实测值(MPa)	-0.15	0.81	0.88	0.95	0.89	0.74
计算值(MPa)	-0.26	1.01	1.07	1.02	0.97	0.88
实测值/计算值	—	0.80	0.82	0.93	0.92	0.84

S2断面负弯矩偏载工况混凝土应力比较表 表4-10-61

混凝土应力	测点				
	1	2	3	4	5
实测值(MPa)	0.10	-0.40	-0.43	-0.39	-0.37
计算值(MPa)	0.24	-0.42	-0.45	-0.45	-0.45
实测值/计算值	—	0.95	0.96	0.87	0.82

S3断面正弯矩对称加载工况混凝土应力比较表 表4-10-62

混凝土应力	测点					
	1	2	3	4	5	6
实测值(MPa)	-0.12	0.76	0.86	0.98	0.97	0.94
计算值(MPa)	-0.36	1.06	1.13	1.13	1.13	1.13
实测值/计算值	—	0.72	0.76	0.87	0.86	0.83

S3断面正弯矩偏载工况混凝土应力比较表 表4-10-63

混凝土应力	测点					
	1	2	3	4	5	6
实测值(MPa)	-0.18	1.10	1.25	1.18	1.07	0.72
计算值(MPa)	-0.41	1.22	1.30	1.24	1.19	1.07
实测值/计算值	—	0.90	0.96	0.95	0.90	0.67

S1、S3断面加载工况挠度比较表 表4-10-64

挠度(mm)	S1断面				S3断面			
	对称加载		偏载		对称加载		偏载	
	测点1	测点2	测点1	测点2	测点1	测点2	测点1	测点2
实测值	2.1	2.3	2.7	1.7	2.8	2.7	3.3	2.3
计算值	2.8	2.8	3.2	2.3	3.5	3.5	4.0	3.0
实测值/计算值	0.75	0.82	0.84	0.74	0.80	0.77	0.83	0.77

3.第四联

南引桥第四联静载试验结果及与理论值的比较见表4-10-65~表4-10-71。

S1 断面正弯矩对称加载工况混凝土应力比较表 表 4-10-65

混凝土应力	测点				
	1	2	3	4	5
实测值(MPa)	-0.53	1.41	1.72	1.73	1.65
计算值(MPa)	-0.83	2.54	2.72	2.72	2.72
实测值/计算值	0.64	0.56	0.63	0.64	0.61

S1 断面正弯矩偏载工况混凝土应力比较表 表 4-10-66

混凝土应力	测点				
	1	2	3	4	5
实测值(MPa)	-0.61	1.52	1.85	1.78	1.32
计算值(MPa)	-0.91	2.79	2.99	2.72	2.44
实测值/计算值	0.67	0.54	0.62	0.65	0.54

S2 断面负弯矩对称加载工况混凝土应力比较表 表 4-10-67

混凝土应力	测点				
	1	2	3	4	5
实测值(MPa)	0.35	-0.90	-1.38	-1.56	-1.54
计算值(MPa)	0.61	-1.66	-1.78	-1.78	-1.78
实测值/计算值	0.57	0.54	0.78	0.88	0.87

S3 断面正弯矩对称加载工况混凝土应力比较表 表 4-10-68

混凝土应力	测点				
	1	2	3	4	5
实测值(MPa)	-0.66	1.67	2.10	1.98	1.66
计算值(MPa)	-0.68	2.05	2.19	2.19	2.19
实测值/计算值	0.97	0.81	0.96	0.90	0.76

S3 断面正弯矩偏载工况混凝土应力比较表 表 4-10-69

混凝土应力	测点				
	1	2	3	4	5
实测值(MPa)	-0.70	1.90	2.38	2.01	1.77
计算值(MPa)	-0.75	2.25	2.41	2.19	1.97
实测值/计算值	0.93	0.84	0.99	0.92	0.90

S1、S3 断面加载工况挠度比较表 表 4-10-70

挠度(mm)	S1 断面				S3 断面			
	对称加载		偏载		对称加载		偏载	
	测点 1	测点 2	测点 1	测点 2	测点 1	测点 2	测点 1	测点 2
实测值	6.7	6.2	8.3	5.2	4.5	4.1	5.0	3.7
计算值	12.2	12.2	13.4	10.9	8.9	8.9	9.8	8.0
实测值/计算值	0.55	0.51	0.62	0.48	0.51	0.46	0.51	0.46

S1、S3 断面加载工况梁端转角比较表 表 4-10-71

转角(°)	S1 对称加载				S3 对称加载			
	测点 1	测点 2	测点 3	测点 4	测点 1	测点 2	测点 3	测点 4
实测值	0.015	0.010	0	0	0.008	0.010	0.006	0.004
计算值	0.047	0.047	0.003	0.003	0.011	0.011	0.009	0.009
实测值/计算值	0.32	0.21	—	—	0.73	0.91	0.67	0.44

南引桥第四联静载试验过程中，SY15 墩墩顶支座位移两个测点的变形很小，支座变形值为0.06～0.14mm。

(五)小结

南引桥第一联、第二联和第四联静载试验测试结果表明：

(1)第一联所有试验控制断面混凝土应力主要测点的试验校验系数为 0.65～0.96；箱梁挠度测点的试验校验系数为 0.73～0.79。

(2)第二联所有试验控制断面混凝土应力主要测点的试验校验系数为 0.67～0.96；箱梁挠度测点的试验校验系数为 0.74～0.84。

(3)第四联所有试验控制断面混凝土应力主要测点的试验校验系数为 0.54～0.97；箱梁挠度测点的试验校验系数为 0.46～0.62。试验荷载下，墩顶支变形很小；梁两端的实测转角位移值最大为 0.15°，且实测值均小于理论值。

(4)在横向对称加载情况下，主梁截面应力分布和挠度分布均匀性好。在横向偏心荷载作用下，应力和挠度的实测值与理论计算值相吻合。

(5)试验数据还表明，各控制荷载卸载后的结构相对残余应变和相对残余挠度均远小于 20%，桥梁处于弹性工作阶段。

第五节 动载试验

桥梁结构在移动车辆荷载作用下产生振动、冲击等动力反应，此时桥梁各部位除产生静态应力和静态变形外，还产生动态应力和动态变形。移动车辆荷载作用下应力或变形的动态增长率称为动态增量。本次动载试验同时测量应力和挠度的动态增量。

一、主桥

(一)试验部位及测点布置

1. 测试部位

选取 2 个主梁动应力测试断面 S3、S5，断面位置详见图 4-10-22；选取中跨跨中断面 S5 为动挠度测试断面。

2. 测点布置

在 S3、S5 断面东、西箱室内混凝土桥面板布设 2 个纵桥向动应力测点，钢箱梁底板布设 2 个纵桥向、2 个横桥向动应力测点，底板 U 肋布设 2 个纵桥向动应力测点，共 8 个测点，具体测点布置见图 4-10-22。

在 S5 断面左、右幅桥面两侧距路缘石 20cm 左右各布设 1 个动挠度测点，共 2 个测点，具体测点布置见图 4-10-22。

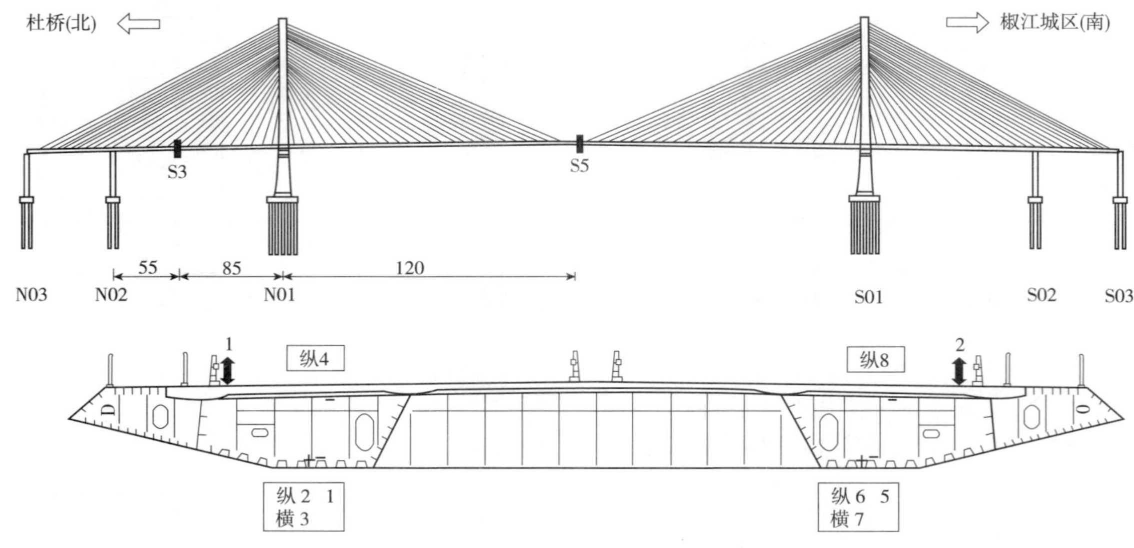

图 4-10-22 S3、S5 断面动应力测点及 S5 断面动挠度测点布置示意图(尺寸单位:m)

(二)试验内容

动载试验测试主梁在不同行车速度下的动应力和动挠度。以两辆载重车(车辆总重量与静载试验车辆重量相同)进行跑车,跑车速度为匀速 20、30、40、60km/h。测试程序按表 4-10-72 顺序进行。

动载试验测试程序 表 4-10-72

工况	车速(km/h)	加载方式	测试内容
D1	20	每幅一辆加载车并行,匀速驶过桥面	(1)采集 S3、S5 断面各动应变测点时程信号 (2)采集 S5 断面动挠度测点时程信号
D2	30		
D3	40		
D4	60		

(三)动应力和动挠度测试结果

主桥斜拉桥动载试验通过两辆满载总重 300kN 的加载车的跑车试验,测试了主梁 S3、S5 断面的动应力和 S5 断面的动挠度时程。数据分析结果表明:

(1)车辆在平整的桥面以正常速度行驶时引起的主梁 S3、S5 断面动态应力增量较小,动态放大系数均小于 1.10。

(2)主梁各测试断面的应力动态放大系数实测结果均在正常范围内,且与行车速度无显著关系。

(3)行驶车辆引起的大桥中跨跨中桥面(全桥最大挠度控制断面)的动挠度幅值小于 0.70mm。

二、北引桥

(一)试验部位及测点布置

1. 测试部位

对北引桥第一联(40m + 4 × 80m + 60m + 45m)右幅进行动载试验,选取 S1、S2、S4 断面为动应力测试断面,并选取 S4 断面为动挠度测试断面[见图 4-10-23a)]。

对北引桥第五联(8 × 30m)右幅进行动载试验,选取 S1 断面为动应力测试断面[见图 4-10-23b)]。

2. 测点布置

在北引桥第一联 S1、S2、S4 断面箱梁底板各布设 2 个纵向动应力测点,测点布置见图 4-10-24a)。

在北引桥第五联 S1 断面箱梁底板布设 2 个纵向动应力测点,测点布置见图 4-10-24b)。

在北引桥第一联 S4 断面右幅桥面西侧距路缘石 20cm 左右布设 1 个动挠度测点,具体测点布置见图 4-10-24a)。

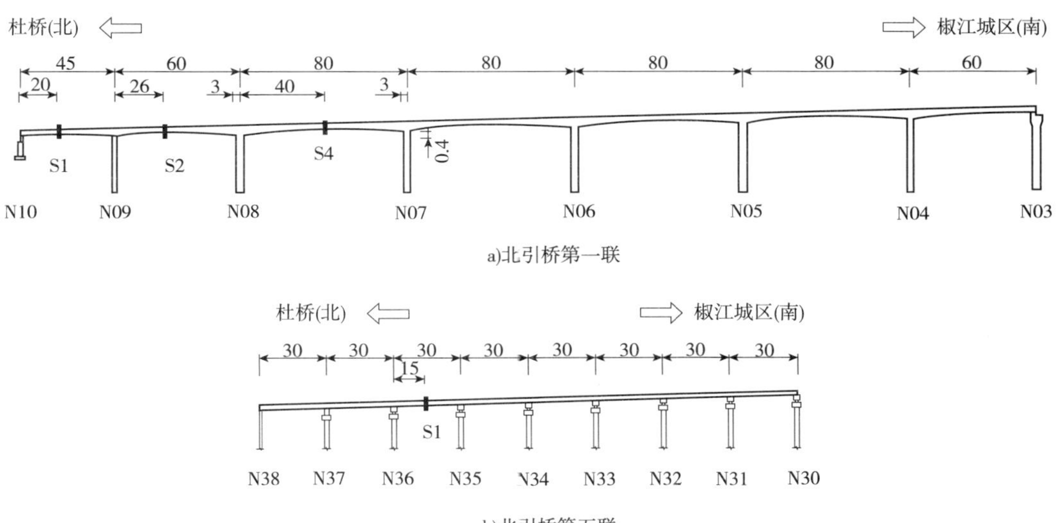

图 4-10-23 北引桥动载试验测试断面示意图(尺寸单位:m)

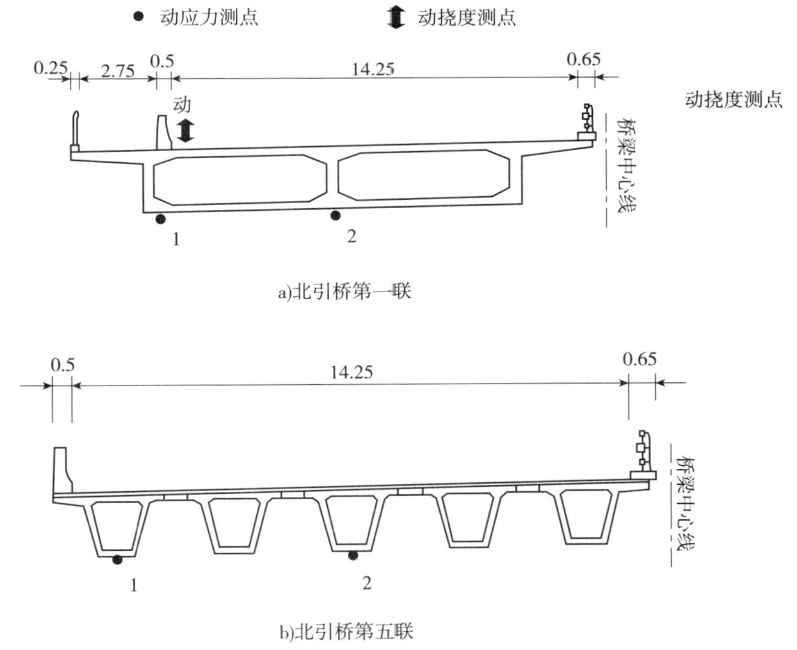

图 4-10-24 北引桥各联跨动应力测试断面测点布置示意图(尺寸单位:m)

(二)试验内容

动载试验测试主梁在不同行车速度下的动应力和动挠度。以两辆载重车(车辆总重量与静载试验车辆重量相同)进行跑车。测试程序按表 4-10-73 顺序进行。

动载试验测试程序　　表 4-10-73

工况	车速(km/h)	加载方式	测试内容
D1	20	两辆加载车并行，匀速驶过桥面	(1)采集第一联 S1、S2、S4 断面各动应变测点时程信号 (2)采集第一联 S4 断面动挠度测点时程信号
D2	30		
D3	40		
D1	10	两辆加载车并行，匀速驶过桥面	采集第五联 S1 断面各动应变测点时程信号
D2	20		
D3	40		

(三)动应力和动挠度测试结果

北引桥动载试验通过两辆满载总重 300kN 的加载车的跑车试验，测试了主梁第一联 S1、S2、S4 断面和的动应力和 S4 断面的动挠度时程，以及第五联 S1 断面的动应力时程。数据分析结果表明：

(1)车辆在平整的桥面以正常速度行驶时引起的主梁断面动态应力增量较小，动态放大系数均小于 1.10。

(2)主梁各测试断面的应力动态放大系数实测结果均在正常范围内，且与行车速度无显著关系。

(3)行驶车辆引起的第一联大桥中跨跨中桥面(全桥最大挠度控制断面)的动挠度幅值小于 0.50mm。

三、南引桥

(一)试验部位及测点布置

1. 测试部位

对南引桥第一联(60m + 2 × 80m + 60m)右幅进行动载试验，选取 S1、S3 断面为动应力测试断面，并选取 S3 断面为动挠度测试断面[见图 4-10-25a)]。

对南引桥第二联右幅(4 × 45m)进行动载试验，选取 S3 断面为动应力测试断面[见图 4-10-25b)]。

对南引桥第四联(2 × 50m + 40m)右幅进行动载试验，选取 S1、S3 断面为动应力测试断面[见图 4-10-25c)]。

2. 测点布置

在南引桥第一联 S1、S3 断面箱梁底板各布设 2 个纵向动应力测点，测点布置见图 4-10-26a)。

在南引桥第二联 S3 断面箱梁底板布设 2 个纵向动应力测点，测点布置见图 4-10-26b)。

在南引桥第四联 S1、S3 断面箱梁底板各布设 2 个纵向动应力测点，测点布置见图 4-10-26c)。

在南引桥第一联 S3 断面右幅桥面西侧距路缘石 20cm 左右布设 1 个动挠度测点，具体测点布置见图 4-10-26a)。

(二)试验内容

动载试验测试主梁在不同行车速度的动应力和动挠度。以两辆载重车(车辆总重量与静载试验车辆重量相同)进行跑车，跑车速度为匀速 20 ~ 40km/h。测试程序按表 4-10-74 顺序进行。

动载试验测试程序　　表 4-10-74

工况	车速(km/h)	加载方式	测试内容
D1	20	两辆加载车并行，匀速驶过桥面	(1)采集第一联 S1、S3 断面各动应变测点时程信号 (2)采集第二联 S3 断面各动应变测点时程信号 (3)采集第四联 S1、S3 断面各动应变测点时程信号 (4)采集第一联 S3 断面动挠度测点时程信号 (5)环境温度
D2	30		
D3	40		

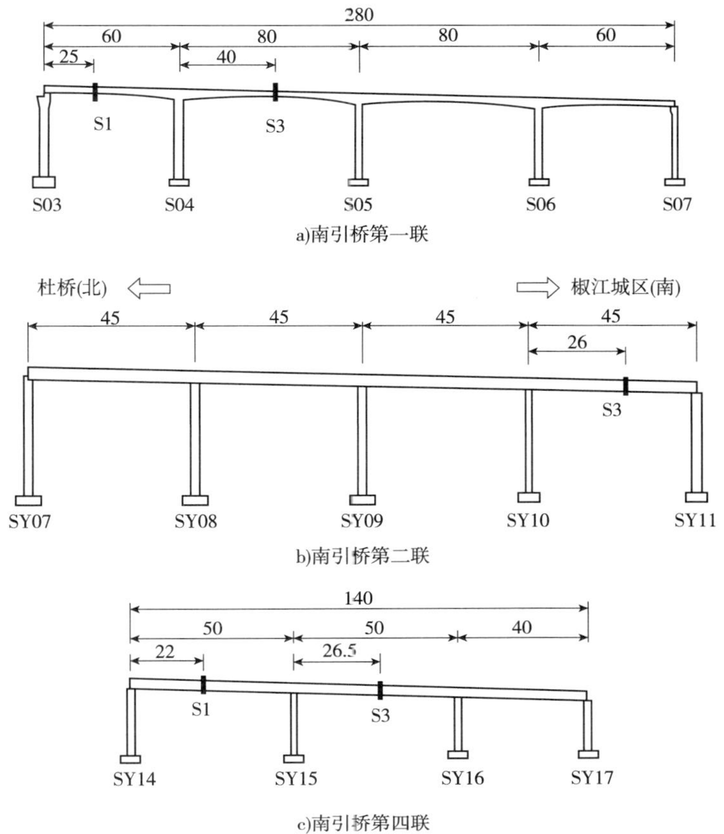

图 4-10-25　南引桥动载试验测试部位示意图(尺寸单位:m)

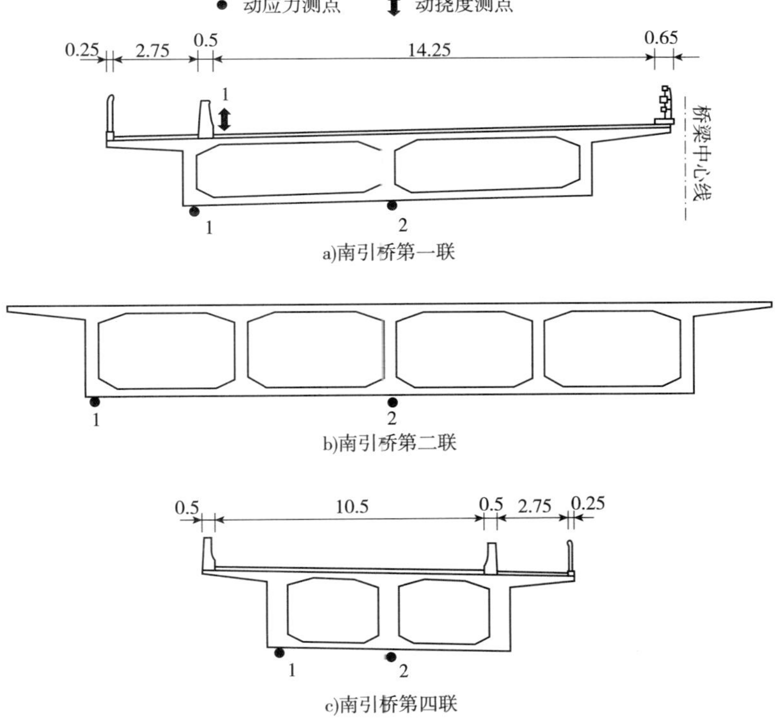

图 4-10-26　南引桥各联跨动应力测试断面测点布置示意图(尺寸单位:m)

（三）动应力和动挠度测试结果

南引桥动载试验通过两辆满载总重340kN的加载车的跑车试验，测试了主梁第一联S1、S3断面和的动应力和S3断面的动挠度时程，以及第二联S3断面和第四联S1、S3断面的动应力时程。数据分析结果表明：

（1）车辆在平整的桥面以正常速度行驶时引起的主梁断面动态应力增量较小，动态放大系数均小于1.15。

（2）主梁各测试断面的应力动态放大系数实测结果均在正常范围内，且与行车速度无显著关系。

（3）行驶车辆引起的第一联大桥中跨跨中桥面（全桥最大挠度控制断面）的动挠度幅值小于0.60mm。

第六节　动力特性参数测定

桥梁结构的动力特性参数（振动频率、振型及阻尼比）取决于结构本身的材料特性及结构刚度、质量的分布规律。结构固有振动特性是桥梁动力分析的基本参数，也是结构总体状态的一种表征，可以通过观察结构固有振动特性的变化来评估结构整体受力状况。测试期间大气温度3～9℃，风速为2～4m/s。

一、主桥

（一）测点布置

南、北索塔自塔顶至下横梁处沿塔身高度布置有9个纵桥向加速度测点和9个横桥向加速度测点，图4-10-27为索塔测点布置示意图。

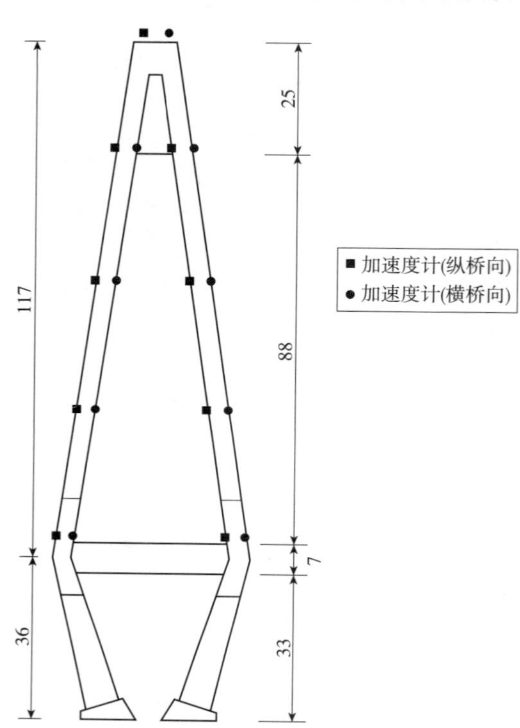

图4-10-27　索塔动力特性测点布置图（尺寸单位：m）

主梁布置25个测试断面，包括中跨八分点断面、边跨四分点断面和端部断面；25个断面均在上游和下游侧各布置1个竖向测点，并在上游或下游侧布置1个横桥向测点和纵桥向测点，用以拾取主梁竖向、横向和纵向加速度响应。具体测点布置见图4-10-28。

（二）测试结果

从主桥实测振动特性及与理论值比较结果可以看出：

（1）桥梁实测各阶固有振动频率及振型阶次与理论计算值吻合较好。桥梁实测各阶振动频率比理论计算值稍大，说明实际结构动力刚度大于计算值。

（2）主桥第一阶竖向弯曲、扭转振动频率分别为0.313、0.719Hz。第一阶扭弯频率比为2.30。

（3）环境振动下，桥梁前12阶振型的阻尼比大致介于0.72%～2.84%之间。

二、北引桥

（一）测点布置

北引桥第一联及第五联动力特性测试的测点布置见图4-10-29。

（二）测试结果

1. 第一联

从北引桥第一联现场实测动力特性及与理论值比较结果可以看出：

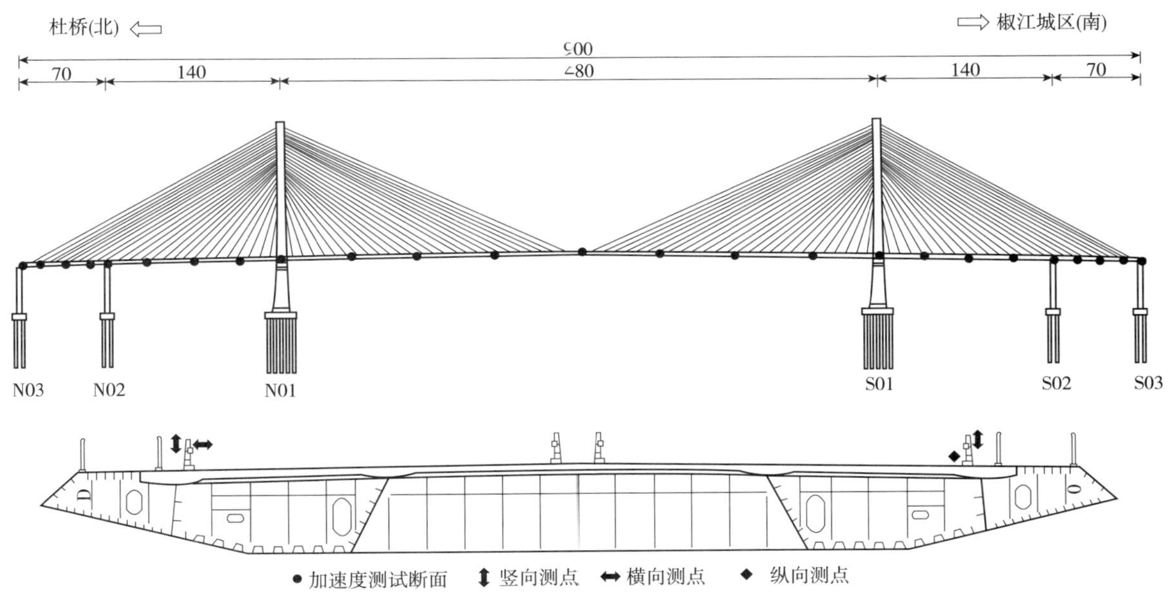

图 4-10-28　主桥主梁振动特性测试断面及断面测点布置图(尺寸单位:m)

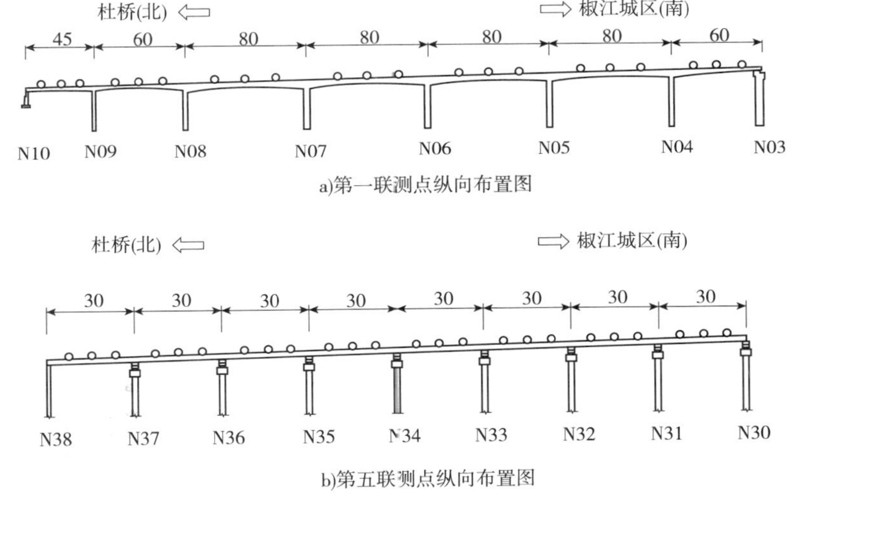

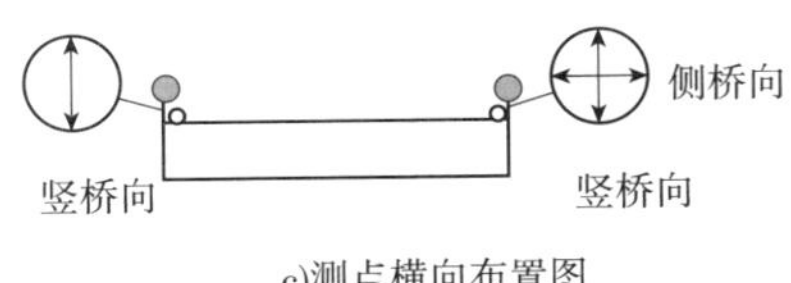

图 4-10-29　动力特性参数测试测点布置示意图(尺寸单位:m)

(1)桥梁实测各阶振动频率比理论计算值稍大,说明实际结构动力刚度大于计算值。

(2)环境振动下,桥梁前 5 阶振型的阻尼比大致介于 0.98% ~3.95% 。

2. 第五联

从北引桥第五联现场实测动力特性及与理论值比较结果可以看出:

(1)桥梁实测各阶振动频率比理论计算值稍大,说明实际结构动力刚度大于计算值。

(2)环境振动下,桥梁前 5 阶振型的阻尼比大致介于 0.68% ~2.76% 。

三、南引桥

（一）测点布置

南引桥第一联、第二联及第四联动力特性测试的测点布置见图 4-10-30。

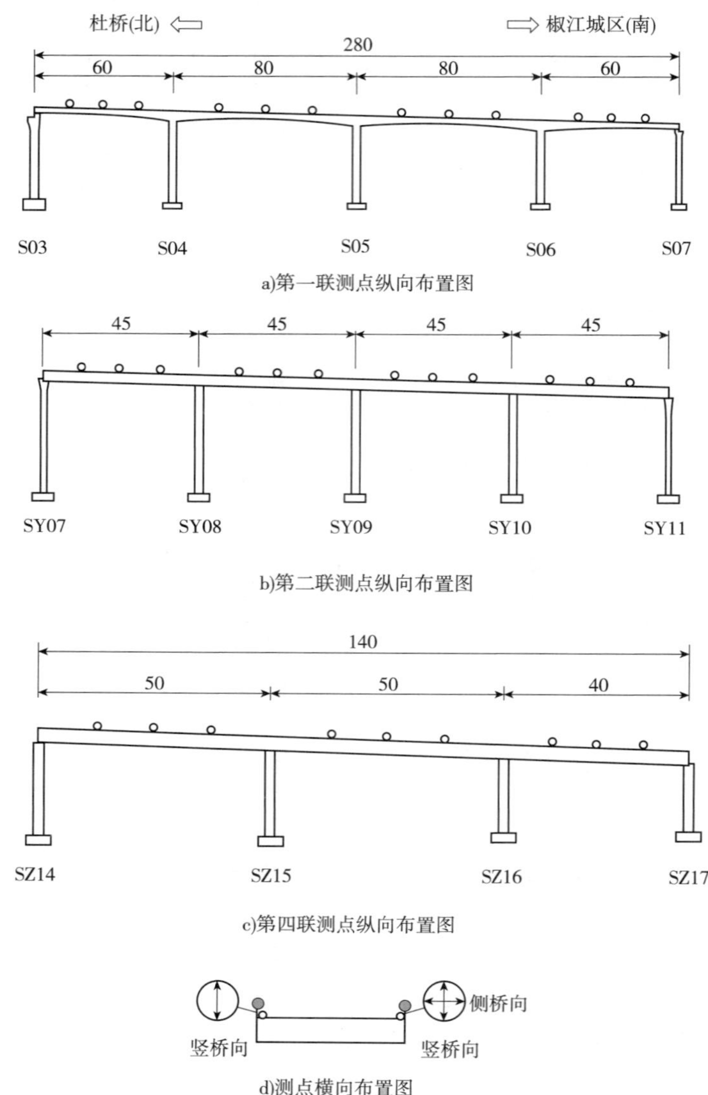

图 4-10-30　动力特性参数测试测点布置示意图（尺寸单位：m）

（二）测试结果

1. 第一联

从南引桥第一联现场实测动力特性及与理论值比较结果可以看出：

（1）桥梁实测各阶振动频率比理论计算值稍大，说明实际结构动力刚度大于计算值。

（2）环境振动下，桥梁前 5 阶振型的阻尼比大致介于 1.59% ~3.55%。

2. 第二联

从南引桥第二联现场实测动力特性及与理论值比较结果可以看出：

（1）桥梁实测各阶振动频率比理论计算值稍大，说明实际结构动力刚度大于计算值。

（2）环境振动下，桥梁前 5 阶振型的阻尼比大致介于 1.42% ~3.02%。

3. 第四联

从南引桥第四联现场实测动力特性及与理论值比较结果可以看出：

(1)桥梁实测各阶振动频率比理论计算值稍大，说明实际结构动力刚度大于计算值。

(2)环境振动下，桥梁前5阶振型的阻尼比大致介于1.65%～3.87%。

第七节 结 论

(1)钢箱组合梁（主桥）、混凝土箱梁（南、北引桥）、索塔、桥墩、斜拉索、支座、阻尼器等结构或构件整体外观质量良好，无显著结构性缺陷及病害。

(2)主桥及南、北引桥成桥阶段桥面线形平顺，桥面上下游高程一致。

(3)主桥斜拉索在恒载下的索力分布均衡，上下游拉索恒载索力对称性好；实测索力与监控索力吻合。

(4)静力试验荷载下，试验桥梁各控制断面的应力变化和变形、索力增量与理论值相吻合，实测值均小于理论计算值；对称荷载下，主梁中轴线两侧受力与变形对称性良好，说明桥梁整体上受力均衡，整体性良好。

(5)正常车辆动荷载作用下，试验桥梁实测动态应力放大系数在正常范围以内。

(6)试验桥梁实测固有频率均大于设计值，实际结构的动力刚度大于理论值。

总的来说，椒江二桥成桥荷载试验结果表明试验桥梁成桥状态及受力行为与设计计算相符，桥梁具有承受预定设计荷载的强度和刚度。

参 考 文 献

[1] 中华人民共和国行业标准. JTG D60—2004　公路桥涵设计通用规范[S]. 北京：人民交通出版社,2004.

[2] 中华人民共和国行业标准. JTG D62—2004　公路钢筋混凝土及预应力混凝土桥涵设计规范[S]. 北京：人民交通出版社,2004.

[3] 中华人民共和国行业标准. JTG/T F50—2011　公路桥涵施工技术规范[S]. 北京：人民交通出版社,2011.

[4] 中华人民共和国行业标准. JTG/T D60-01—2004　公路桥梁抗风设计规范[S]. 北京：人民交通出版社,2004.

[5] 椒江二桥多级主动防撞系统研究结题报告[R]. 台州：香港理工大学深圳研究院,2013.

[6] 椒江二桥成桥荷载试验方案[R]. 台州：上海同济建设工程质量检测站,2013.

[7] 椒江二桥成桥荷载试验报告[R]. 台州：上海同济建设工程质量检测站,2014.

[8] 椒江二桥及接线工程主桥抗风性能研究报告[R]. 上海：同济大学土木工程防灾国家重点实验室,2009.

[9] 椒江二桥及接线工程项目执行报告[R]. 台州：椒江二桥建设指挥部,2013.

[10] 椒江二桥及接线工程可行性研究报告[R]. 台州：上海林同炎李国豪土建工程咨询有限公司、同济大学建筑设计研究院、台州市交通勘察设计院,2010.

[11] 大跨度新型组合梁斜拉桥关键技术研究[G]. 台州：椒江二桥建设指挥部、同济大学建筑设计研究院(集团)有限公司桥梁工程设计院、同济大学、中交路桥建设有限公司、中铁大桥局集团武汉桥梁科学研究院,2013.

[12] 椒江二桥及接线工程第 2 标段施工报告[R]. 台州：中交路桥建设有限公司,2014.

[13] 椒江二桥及接线工程工艺试桩 1 专题施工总结报告[R]. 台州：路桥集团国际建设股份有限公司,2010.

[14] 椒江二桥健康监测系统设计与实施[G]. 北京：中交公路规划设计院有限公司,2011.

[15] 椒江二桥及接线工程焊接工艺评定试验总结报告[R]. 台州：江苏中泰桥梁钢构股份有限公司,2011.

[16] 台州市椒江二桥主桥斜拉桥施工监控总结报告[R]. 武汉：中铁大桥局集团武汉桥梁科学研究院有限公司,2013.